Conversion Factors

DIMENSION	METRIC	METRIC/ENGLISH
Acceleration	1 m/s^2 = 100 cm/s^2	1 m/s^2 = 3.2808 ft/s^2 1 ft/s^2 = 0.3048* m/s^2
Area	1 m^2 = 10^4 cm^2 = 10^6 mm^2 = 10^{-6} km^2	1 m^2 = 1550 in^2 = 10.764 ft^2 1 ft^2 = 144 in^2 = 0.09290304* m^2
Density	1 g/cm^3 = 1 kg/L = 1000 kg/m^3	1 g/cm^3 = 62.428 lbm/ft^3 = 0.036127 lbm/in^3 1 lbm/in^3 = 1728 lbm/ft^3 1 kg/m^3 = 0.062428 lbm/ft^3
Energy, heat, work, and specific energy	1 kJ = 1000 J = 1000 N · m = 1 kPa · m^3 1 kJ/kg = 1000 m^2/s^2 1 kWh = 3600 kJ	1 kJ = 0.94782 Btu 1 Btu = 1.055056 kJ = 5.40395 psia · ft^3 = 778.169 lbf · ft 1 Btu/lbm = 25,037 ft^2/s^2 = 2.326* kJ/kg 1 kWh = 3412.14 Btu
Force	1 N = 1 kg · m/s^2 = 10^5 dyne 1 kgf = 9.80665 N	1 N = 0.22481 lbf 1 lbf = 32.174 lbm · ft/s^2 = 4.44822 N 1 lbf = 1 slug · ft/s^2
Length	1 m = 100 cm = 1000 mm = 10^6 μm 1 km = 1000 m	1 m = 39.370 in = 3.2808 ft = 1.0926 yd 1 ft = 12 in = 0.3048* m 1 mile = 5280 ft = 1.6093 km 1 in = 2.54* cm
Mass	1 kg = 1000 g 1 metric ton = 1000 kg	1 kg = 2.2046226 lbm 1 lbm = 0.45359237* kg 1 ounce = 28.3495 g 1 slug = 32.174 lbm = 14.5939 kg 1 short ton = 2000 lbm = 907.1847 kg
Power	1 W = 1 J/s 1 kW = 1000 W = 1 kJ/s 1 hp‡ = 745.7 W	1 kW = 3412.14 Btu/h = 1.341 hp = 737.56 lbf · ft/s 1 hp = 550 lbf · ft/s = 0.7068 Btu/s = 42.41 Btu/min = 2544.5 Btu/h = 0.74570 kW 1 Btu/h = 1.055056 kJ/h
Pressure or stress, and pressure expressed as a head	1 Pa = 1 N/m^2 1 kPa = 10^3 Pa = 10^{-3} MPa 1 atm = 101.325 kPa = 1.01325 bar = 760 mm Hg at 0°C = 1.03323 kgf/cm^2 1 mm Hg = 0.1333 kPa	1 Pa = 1.4504×10^{-4} psi = 0.020886 lbf/ft^2 1 psi = 144 lbf/ft^2 = 6.894757 kPa 1 atm = 14.696 psi = 29.92 inches Hg at 30°F 1 inch Hg = 13.60 inches H_2O = 3.387 kPa
Specific heat	1 kJ/kg · °C = 1 kJ/kg · K = 1 J/g · °C	1 Btu/lbm · °F = 4.1868 kJ/kg · °C 1 Btu/lbmol · R = 4.1868 kJ/kmol · K 1 kJ/kg · °C = 0.23885 Btu/lbm · °F = 0.23885 Btu/lbm · R
Specific volume	1 m^3/kg = 1000 L/kg = 1000 cm^3/g	1 m^3/kg = 16.02 ft^3/lbm 1 ft^3/lbm = 0.062428 m^3/kg
Temperature	T(K) = T(°C) + 273.15 ΔT(K) = ΔT(°C)	T(R) = T(°F) + 459.67 = 1.8T(K) T(°F) = 1.8 T(°C) + 32 ΔT(°F) = ΔT(R) = 1.8* ΔT(K)
Velocity	1 m/s = 3.60 km/h	1 m/s = 3.2808 ft/s = 2.237 mi/h 1 mi/h = 1.46667 ft/s 1 mi/h = 1.6093 km/h
Viscosity, dynamic	1 kg/m · s = 1 N · s/m^2 = 1 Pa · s = 10 poise	1 kg/m · s = 2419.1 lbm/ft · h = 0.020886 lbf · s/ft^2 = 0.67197 lbm/ft · s

*Exact conversion factor between metric and English units.

‡Mechanical horsepower. The electrical horsepower is taken to be exactly 746 W.

DIMENSION	METRIC	METRIC/ENGLISH
Viscosity, kinematic	$1\ m^2/s = 10^4\ cm^2/s$ $1\ stoke = 1\ cm^2/s = 10^{-4}\ m^2/s$	$1\ m^2/s = 10.764\ ft^2/s = 3.875 \times 10^4\ ft^2/h$ $1\ m^2/s = 10.764\ ft^2/s$
Volume	$1\ m^3 = 1000\ L = 10^6\ cm^3$ (cc)	$1\ m^3 = 6.1024 \times 10^4\ in^3 = 35.315\ ft^3$ $= 264.17$ gal (U.S.) 1 U.S. gallon $= 231\ in^3 = 3.7854$ L 1 fl ounce $= 29.5735\ cm^3 = 0.0295735$ L 1 U.S. gallon = 128 fl ounces
Volume flow rate	$1\ m^3/s = 60{,}000\ L/min = 10^6\ cm^3/s$	$1\ m^3/s = 15{,}850\ gal/min = 35.315\ ft^3/s$ $= 2118.9\ ft^3/min$ (CFM)

*Exact conversion factor between metric and English units.

Some Physical Constants

PHYSICAL CONSTANT	METRIC	ENGLISH
Standard acceleration of gravity	$g = 9.80665\ m/s^2$	$g = 32.174\ ft/s^2$
Standard atmospheric pressure	$P_{atm} = 1\ atm = 101.325\ kPa$ $= 1.01325$ bar $= 760$ mm Hg (0°C) $= 10.3323\ m\ H_2O$ (4°C)	$P_{atm} = 1\ atm = 14.696$ psia $= 2116.2\ lbf/ft^2$ $= 29.9213$ inches Hg (32°F) $= 406.78$ inches H_2O (39.2°F)
Universal gas constant	$R_u = 8.31447\ kJ/kmol \cdot K$ $= 8.31447\ kN \cdot m/kmol \cdot K$	$R_u = 1.9859\ Btu/lbmol \cdot R$ $= 1545.37\ ft \cdot lbf/lbmol \cdot R$

Commonly Used Properties

PROPERTY	METRIC	ENGLISH
Air at 20°C (68°F) and 1 atm		
Specific gas constant*	$R_{air} = 0.2870\ kJ/kg \cdot K$ $= 287.0\ m^2/s^2 \cdot K$	$R_{air} = 0.06855\ Btu/lbm \cdot R$ $= 53.34\ ft \cdot lbf/lbm \cdot R$ $= 1716\ ft^2/s^2 \cdot R$
Specific heat ratio	$k = c_p/c_v = 1.40$	$k = c_p/c_v = 1.40$
Specific heats	$c_p = 1.007\ kJ/kg \cdot K$ $= 1007\ m^2/s^2 \cdot K$ $c_v = 0.7200\ kJ/kg \cdot K$ $= 720.0\ m^2/s^2 \cdot K$	$c_p = 0.2404\ Btu/lbm \cdot R$ $= 187.1\ ft \cdot lbf/lbm \cdot R$ $= 6019\ ft^2/s^2 \cdot R$ $c_v = 0.1719\ Btu/lbm \cdot R$ $= 133.8\ ft \cdot lbf/lbm \cdot R$ $= 4304\ ft^2/s^2 \cdot R$
Speed of sound	$c = 343.2\ m/s = 1236\ km/h$	$c = 1126\ ft/s = 767.7\ mi/h$
Density	$\rho = 1.204\ kg/m^3$	$\rho = 0.07518\ lbm/ft^3$
Viscosity	$\mu = 1.825 \times 10^{-5}\ kg/m \cdot s$	$\mu = 1.227 \times 10^{-5}\ lbm/ft \cdot s$
Kinematic viscosity	$\nu = 1.516 \times 10^{-5}\ m^2/s$	$\nu = 1.632 \times 10^{-4}\ ft^2/s$
Liquid water at 20°C (68°F) and 1 atm		
Specific heat ($c = c_P = c_v$)	$c = 4.182\ kJ/kg \cdot K$ $= 4182\ m^2/s^2 \cdot K$	$c = 0.9989\ Btu/lbm \cdot R$ $= 777.3\ ft \cdot lbf/lbm \cdot R$ $= 25{,}009\ ft^2/s^2 \cdot R$
Density	$\rho = 998.0\ kg/m^3$	$\rho = 62.30\ lbm/ft^3$
Viscosity	$\mu = 1.002 \times 10^{-3}\ kg/m \cdot s$	$\mu = 6.733 \times 10^{-4}\ lbm/ft \cdot s$
Kinematic viscosity	$\nu = 1.004 \times 10^{-6}\ m^2/s$	$\nu = 1.081 \times 10^{-5}\ ft^2/s$

* Independent of pressure or temperature

4th edition
FLUID MECHANICS
FUNDAMENTALS AND APPLICATIONS

유체역학

FLUID MECHANICS | FUNDAMENTALS AND APPLICATIONS

SI Units

4th edition

YUNUS A. ÇENGEL
JOHN M. CIMBALA

유체역학

최윤호 • 강태곤 • 김현정 • 박운진 • 이성혁 • 이 열 옮김

Fluid Mechanics: Fundamentals and Applications,

Fourth Edition in SI Units

1 2 3 4 5 6 7 8 9 10 MHE-KOREA 20 21

Original: Fluid Mechanics: Fundamentals and Applications, Fourth Edition
By Yunus A. Çengel, John M. Cimbala
ISBN 978-1-259-69653-4

Korean ISBN 979-11-321-0155-0 93560

Printed in Korea

유체역학, 제4판

발 행 일 2021년 2월 22일 발행
저 자 Yunus A. Çengel, John M. Cimbala
역 자 최윤호, 강태곤, 김현정, 박운진, 이성혁, 이 열
발 행 인 총텍멩(CHONG TECK MENG)
발 행 처 맥그로힐에듀케이션코리아 유한회사
등록번호 제 2013-000122호(2012.12.28)
주 소 서울시 마포구 양화로 45, 8층, 801호
(서교동, 메세나폴리스)
전 화 (02)325-2351
편집/교정 OPS design

ISBN 979-11-321-0155-0

판 매 처 (주)한티에듀
문 의 02-332-7993
정 가 39,000원

헌정사

이 책을
작지만 매력적인 유체역학이란 학문을 통해
경이로운 세계를 탐험하고자 하는 욕구를 자극시킬 수 있기를
바라는 마음으로 모든 학생들에게 바칩니다.
그리고 끊임없이 성원해 준 저자들의 아내인
Zehra와 Suzy에게 바칩니다.

저자들에 대하여

Yunus A. Çengel은 University of Nevada, Reno의 기계공학과 명예교수이다. 그는 Istanbul Technical University에서 기계공학 학사를, North Carolina State University에서 기계공학 석사와 박사 학위를 받았다. 그의 연구 분야는 재생 에너지, 탈염, 엑서지 해석, 열전달 향상, 복사 열전달 및 에너지 보존 등이다. 그는 1996년부터 2000년까지 University of Nevada, Reno에 있는 산업평가센터(IAC)의 소장으로 재직하였다. 그는 공과 대학생들로 구성된 팀들을 이끌고 북부 Nevada와 California에 있는 수많은 제조 시설에 대한 산업 평가를 수행해 오고 있으며, 그 시설들을 위한 에너지 보존, 폐기물 최소화 및 생산성 향상에 관한 보고서를 작성해 오고 있다.

Çengel 박사는 McGraw-Hill에서 간행되어 널리 채택되고 있는 대학 학부 교재인 *Thermodynamics: An Engineering Approach*, 제8판(2015)의 공동저자이다. 그는 또한 McGraw-Hill에서 간행한 교재 *Heat and Mass Transfer: Fundamentals & Applications*, 제5판(2015)과 *Fundamentals of Thermal-Fluid Sciences*, 제5판(2017)의 공동저자이다. 그의 몇몇 교재는 중국어, 일본어, 한국어, 스페인어, 터키어, 이탈리아어, 그리스어로 번역되었다.

Çengel 박사는 우수강의 교수상을 여러 차례 수상하였으며, 최우수 저작자에게 주어지는 미국공학교육학회(ASEE)의 Meriam/Wiley 수훈저자상을 1992년과 2000년에 수상한 바 있다.

Çengel 박사는 Nevada 주의 공인기술사이며, 미국기계학회(ASME)와 미국공학교육학회(ASEE)의 회원이다.

John M. Cimbala는 Pennsylvania State University, University Park의 기계공학과 교수이다. 그는 Penn State에서 항공공학 학사 학위를 받았고, California Institute of Technology(CalTech)에서 항공공학 석사 학위를 받았다. 그는 1984년에 CalTech에서 항상 감사하게 생각하는 Anatol Roshko 교수의 지도 아래 항공공학 박사 학위를 취득하였다. 그의 연구 분야는 실험 및 전산 유체역학과 열전달, 난류, 난류 모델링, 터보기계, 실내 공기 질, 공기 오염 제어 등이다. Cimbala 교수는 1993~1994년 동안에 NASA Langley 연구소에서 연구 연가를 보내며 전산유체역학(CFD)에 대한 지식을 쌓았으며, 2010~2011년 동안에는 Weir American Hydro사에서 연구 연가를 보내면서 CFD 해석을 수행하여 수력터빈의 설계를 도왔다.

Cimbala 박사는 Marcel-Dekker사가 발행한 교재 *Indoor Air Quality Engineering: Environmental Health and Control of Indoor Pollutants*(2003)와 McGraw-Hill사가 발행한 두 권의 교재 *Essentials of Fluid Mechanics: Fundamentals and Applications*(2008) 및 *Fundamentals of Thermal-Fluid Sciences*, 제5판(2017)의 공동저자이다. 그는 또한 여러 다른 저서에 부분적으로 참여하였으며, 수십 개의 저널과 학회 논문의 저자 또는 공동저자이다. 최근에 그는 소설 쓰기를 하고 있다. 보다 자세한 정보

는 www.mne.psu.edu/cimbala에서 찾아 볼 수 있다.

Cimbala 교수는 우수강의 교수상을 여러 차례 수상하였고, 저술 활동은 가르치는 것에 대한 사랑의 연장으로 보고 있다. 그는 미국기계학회(ASME), 미국공학교육학회(ASEE), 미국물리학회(APS)의 회원이다.

저자 머리말

배경

유체역학은 미시적인 생물계로부터 자동차, 항공기, 우주선 추진에 이르기까지 무한한 실용적 응용 범위를 갖는 흥미롭고 매력적인 주제이다. 그러나 여전히 유체역학은 학부생들에게는 전통적으로 가장 도전적인 과목 중의 하나이다. 이는 유체역학 문제의 해석은 개념에 관한 지식뿐만 아니라 물리적 직관과 경험을 필요로 하기 때문이다. 저자들의 바람은, 개념에 대한 세심한 설명과 수많은 실용적 예제, 스케치, 그림 및 사진들을 통해서, 이 책이 지식과 그 지식의 적절한 응용 사이의 간격을 이어주었으면 하는 것이다.

유체역학은 완숙한 주제로서 기본 방정식과 근사식이 잘 정립되어 있고, 이들은 수많은 유체역학 입문서에서 찾아볼 수 있다. 이 교재는 교재 내용을 단순한 것부터 보다 복잡한 것으로, 앞선 장들에서 깔아놓은 기초 위에 각 장을 쌓아올리는 식의 '**단계적인 순서**'로 제시함으로써 다른 입문서와는 차별된다. 유체역학은 본질적으로 매우 시각적인 주제이므로, 저자들은 다른 교재보다 더 많은 도표와 사진들을 제공한다. 논의된 개념을 그림으로 보여줌으로써, 학생들은 확실하게 내용의 수학적 중요성을 이해할 수 있다.

목표

이 책은 공과대학 학부생을 위한 첫 번째 유체역학 과정의 교재로 쓰이도록 집필되었다. 필요하다면, 두 개의 연속된 교과과정에 충분한 내용이 포함되어 있다. 우리는 학생들이 미적분학, 물리학, 공업역학, 열역학에 대해 적절한 기초를 갖고 있는 것으로 가정하였다. 본 교재의 목표는 다음과 같다.

- 유체역학의 **기본 원리**와 **방정식**을 제시한다.
- 공학 업무에서 유체역학 원리의 올바른 적용에 필요한 직관을 학생들에게 주기 위해 많은 다양한 실질적인 **공학 예제**들을 제시한다.
- 물리학을 강조하고, 삽화와 사진을 통하여 그 이해를 강화함으로써, 유체역학에 대한 **직관적 이해**를 발전시킨다.

본 교재는 교과목을 강의하는 데 상당한 유연함을 허용하는 충분한 양의 자료를 담고 있다. 예를 들면, 항공우주공학 엔지니어가 포텐셜 유동, 항력과 양력, 압축성 유동, 터보기계, CFD를 강조하는 반면, 기계공학 또는 토목공학 강사는 각각 파이프 유동과 개수로 유동을 강조하기 위해 선택할 수 있다.

4판에서 새로운 내용

지난 판의 모든 일반적인 내용은 그대로 유지된 반면, 새로운 내용이 추가되었고, 따라서 교재의 전체적인 내용은 크게 바뀌지 않았다. 눈에 띄는 변화는 책 전체에 걸쳐 몇몇 흥미로운 새로운 사진들이 추가된 점이다.

네 개의 새로운 세부 절이 추가되었다. 이들은 1장에 "균일 유동과 비균일 유동" 그리고 "방정식 풀이기", 11장에 Penn State Berks의 초청 저자 Azar Eslam Panah의 "자연에서의 비행", 그리고 15장에 Penn State의 초청 저자 Alex Rattner의 "이상 유동에 대한 CFD 방법"들이다. 8장에는 내재적인 Colebrook 방정식의 대안으로 외재적인 Churchill 방정식을 강조한다.

두 개의 새로운 응용분야 스포트라이트를 추가하였다. 이들은 4장에 Penn State의 Rui Ni에 의한 "음식의 냄새 맡기: 인간의 호흡기" 그리고 8장에 Penn State의 Michael McPhail과 Michael Krane에 의한 "멀티컬러 입자 음영 속도/가속도 측정법"이다.

교재에서 다수의 장 말미의 연습문제를 수정하였고, 또한 많은 연습문제를 새로운 연습문제로 교체하였다. 그리고 다수의 풀이 예제 역시 교체되었다.

철학과 목표

Fluid Mechanics: Fundamentals and Applications 제4판은 주저자 Yunus Çengel의 다른 교재들과 동일한 목적과 철학을 가진다.

- 미래의 엔지니어들과 **간단명료한 방법**으로 직접 의사소통을 한다.
- 유체역학의 **기본 원리**를 분명히 이해하여 자신의 것이 되도록 학생들을 이끈다.
- **창의적 사고** 및 유체역학에 대한 **보다 깊은 이해와 직관**을 개발하도록 격려한다.
- 단지 숙제 풀이를 위한 도움보다는 학생들이 **흥미**와 **열정**을 가지고 읽는 교재가 되도록 한다.

배움을 위한 최선의 방법은 연습뿐이다. 그러므로 앞에서 제시되었던(각 장에서뿐만 아니라 앞선 장들에서) 내용을 보강할 수 있도록 교재 전체에 걸쳐 특별한 노력을 경주하였다. 예시된 예제 문제와 각 장 끝에 있는 문제 중 다수는 종합적인 문제이므로 학생들로 하여금 앞선 장들에서 얻은 개념과 직관을 복습하도록 하였다.

교재 전반에 걸쳐 전산유체역학(CFD)으로 만들어진 예제가 제시되어 있으며, 또한 CFD 입문에 관한 장도 제공되어 있다. 저자들의 목표는 CFD에 관련된 수치 알고리즘에 관한 세부 사항을 가르치는 것이 아니다−이와 같은 사항은 별도의 교과목에서 보다 적절히 제시된다. 오히려 **공학적 도구**로써 CFD의 능력과 제약성을 학부 학생들에게 소개하려는 것이 저자들의 의도이다. 따라서 CFD 해답을 풍동 실험 결과를 이용하는 것과 마찬가지 방법으로 이용한다. 이는 유체 유동에 대한 물리적 이해를 보강하고, 유체의 거동을 설명하기 위하여 도움을 주는 양질의 유동가시화를 제공하기 위한 것이다. 수십 개가 넘는 장 말미의 CFD 연습문제들이 웹사이트에 게재되어 있어서, 강사들은 강의 과정 전체에 걸쳐 CFD의 기본 사항을 소개하기 위한 충분한 기회를 갖게 된다.

내용과 구성

이 교재는 15개의 장으로 구성되어 있으며, 유체, 유체 상태량과 유체 유동의 기본 개념으로 시작하여 전산유체역학의 소개로 끝난다.

- 제1장은 유체에 대한 기초적 소개, 유체 유동의 분류, 검사체적 대 시스템 수식화, 차원, 단위, 유효숫자, 문제-풀이 기술을 제공한다.
- 제2장은 밀도, 증기압, 비열, 음속, 점성, 표면장력과 같은 유체 상태량에 할애된다.
- 제3장은 마노미터와 기압계, 잠겨 있는 표면 위의 정수력, 부력과 안정성, 강체운동 중인 유체를 포함하여 유체 정역학 및 압력을 다룬다.
- 제4장은 유체 유동의 Lagrange와 Euler 기술방법 사이의 차이, 유동 패턴, 유동가시화, 와도와 회전성 및 Reynolds 수송이론과 같은 유체 운동학에 관련된 주제를 다룬다.
- 제5장은 질량, Bernoulli 및 에너지 방정식의 올바른 사용과 이들 방정식의 공학적 응용을 강조하면서 질량, 운동량 및 에너지의 기본적인 보존 법칙을 소개한다.
- 제6장은 Reynolds 수송이론을 선형운동량과 각운동량에 적용하고, 유한검사체적을 이용한 운동량해석의 실제적인 공학적 응용을 강조한다.
- 제7장은 차원의 동차성 개념을 보강하고 차원해석의 Buckingham Pi 이론, 역학적 상사 및 반복변수 방법을 소개한다. 이들은 과학과 공학의 많은 분야와 이 책의 나머지 부분에 걸쳐 유용한 내용이다.
- 제8장은 파이프와 덕트의 유동에 할애되어 있다. 층류와 난류 사이의 차이, 파이프와 덕트 내의 마찰 손실 및 배관망에서의 부차적 손실에 대해 논의한다. 또한 배관망에 적합한 펌프나 팬을 어떻게 선정하는가에 대해 설명한다. 끝으로 유량과 속도를 측정하는 데 이용되는 다양한 실험 장치를 설명하고, 생체유체역학에 대해 간단히 소개한다.
- 제9장은 유체 유동의 미분해석을 다루고, 연속 방정식, Cauchy 방정식, Navier-Stokes 방정식의 유도와 응용을 다룬다. 또한 유동함수를 소개하고, 이의 유체 유동의 해석에 있어서의 유용성을 기술하며, 생체유체에 대해 간단히 소개한다. 마지막으로 생체유체역학에 관한 미분해석의 특유한 측면을 언급한다.
- 제10장은 Navier-Stokes 방정식의 몇 가지 근사식을 논의하고, 이들 각각에 대한 예제 풀이를 제공한다. 이들 근사식은 크리핑 유동, 비점성 유동, 비회전(포텐셜) 유동 및 경계층을 포함한다.
- 제11장은 마찰항력과 압력항력 사이의 차이를 설명하고, 다수의 일반적 형상에 대한 항력계수를 제공함으로써 물체에 작용하는 힘(항력과 양력)을 다룬다. 이 장은 앞의 제7장에서 소개된 역학적 상사와 차원해석 개념과 연계하여 풍동 측정의 실제적인 응용을 강조한다.
- 제12장은 유체 유동 해석을 기체의 거동이 Mach 수에 의해 크게 영향을 받는 압축성 유동으로 확장하고, 팽창파, 수직과 경사 충격파, 초크 유동의 개념을 소개한다.

- 제13장은 개수로 유동 및 표면파와 수력 도약과 같은 자유표면을 갖는 액체의 유동에 관련된 몇 가지 독특한 특성을 다룬다.
- 제14장은 펌프, 팬, 터빈을 포함하여 터보기계를 보다 상세히 고찰한다. 여기서는 상세한 설계보다는 펌프와 터빈이 어떻게 작동하는지에 대해 주안점을 둔다. 또한 역학적 상사법칙과 단순화된 속도 벡터 해석에 기초하여 전반적인 펌프와 터빈의 설계에 대하여 논의한다.
- 제15장은 전산유체역학(CFD)의 기본 개념을 기술하고, 학생들에게 어떻게 상용 CFD 코드가 복잡한 유체역학 문제를 푸는 도구로 이용되는지를 보여 준다. CFD 코드에 이용된 알고리즘보다는 CFD의 응용을 강조한다.

각 장은 그 끝에 숙제를 위한 많은 문제를 담고 있다. 공기와 물을 포함하여 여러 가지 물질의 열역학적 상태량과 유체 상태량 및 유용한 그림과 표를 보여 주는 종합적인 부록 세트가 제공되어 있다. 각 장 끝에 있는 많은 문제들은 문제의 현실성을 높이기 위해 부록에 있는 물질의 상태량을 필요로 한다.

학습 도구

물리학에 대한 강조

이 책의 뚜렷한 특징은 수학적 표현과 계산에 더하여 물리적 측면을 강조하는 점이다. 저자들은 **기본적인 물리적 메커니즘에 대한 이해를 도모**하고, 엔지니어가 실생활에서 만나는 **실용적 문제 해결의 숙달**에 학부 교육의 주안점을 두어야 한다고 믿고 있다. 또한 직관적 이해의 계발은 학생들에게 본 교과를 더욱 동기유발적이고 보람 있는 경험이 되도록 만들 것이다.

연상의 효과적 이용

관찰력이 예리하고 주의 깊은 사람이라면 공학을 이해하는 데 아무런 어려움을 느끼지 않아야 한다. 요컨대 공학의 원리는 **일상적 경험과 실험적 관**찰에 기초한다. 그러므로 눈에 보이는 직관적인 접근 방식이 본 교재 전체에 걸쳐 사용된다. 때때로 주제 문제와 학생들의 일상 경험을 병행시켜 놓음으로써, 주제 문제를 학생들이 이미 알고 있는 사실과 연관시킬 수 있도록 하였다.

자기 학습

교재 내용은 보통의 학생이 편안하게 따를 수 있는 수준으로 소개된다. 교재 내용은 학생들과 이야기하며, 학생들 위에서 이야기하지 않는다. 사실상 본 교재 내용은 **자기 학습적**이다. 과학의 원리가 실험적 관찰에 기초하고 있음을 인식하여, 이 교재의 대부분 유도 과정은 대체로 물리적 논증에 기초하고, 따라서 이해하고 따라가기 쉽도록 되어 있다.

삽화 그림의 광범위한 이용

그림은 학생들이 "감을 잡도록" 도와주는 중요한 학습 도구이며, 따라서 본 교재는 그림을 효과적으로 이용하고 있다. 본 교재는 이런 종류의 다른 어떤 교재보다 더 많은 그림, 사진, 삽화를 담고 있다. 그림은 주의를 끌고 호기심과 흥미를 자극한다. 본 교재에 있는 대부분의 그림은 별도의 주의를 기울이지 않을 경우 모르는 채 지나칠 수 있는 몇몇 핵심 개념을 강조하기 위한 방법으로, 어떤 경우에는 그 페이지의 요약으로 사용되도록 의도적으로 삽입되었다.

체계적인 풀이 과정을 갖춘 다수의 예제 풀이

모든 장은 내용을 명확히 하고, 학생들이 직관을 계발할 수 있도록 기본 원리의 이용을 예시하는 다수의 **예제** 풀이를 포함하고 있다. 예제 문제를 푸는데 **직관적**이고 **체계적**인 접근법이 사용된다. 풀이 방법은 먼저 문제를 서술하는 것으로 시작해서, 모든 목표를 확인한다. 다음으로 가정과 근사가 그 정당성과 함께 기술된다. 문제 풀이에 필요한 상태량은 별도로 열거된다. 단위가 없는 숫자는 의미가 없음을 강조하기 위하여 수치는 항상 단위와 함께 사용된다. 각 예제 결과의 중요성은 해답 다음에 토의된다. 이 접근법은 장 끝의 문제에 대한 해답(강사에게 제공되는)에도 적용된다.

각 장 끝의 풍부하고 실제적인 문제

각 장의 끝에 있는 문제들은 강사와 학생들 모두가 문제를 쉽게 선정하도록 특정 주제로 묶여 있다. 각 그룹의 문제 속에는 기본 개념에 대한 학생들의 이해 수준을 확인하기 위하여 "**C**"로 표시된 **개념 질문**들이 있다. **공학 기초**(FE) 시험 문제들은 학생들이 기술사 자격을 준비할 때 필요한 **공학 기초** 시험을 준비하는 데 도움이 되도록 설계되었다. **복습 문제**들은 본질상 보다 종합적인 문제이고, 어느 한 장의 특정 부분에 제한되어 있지 않다. 어떤 경우 이들 문제들은 앞 장에서 배운 내용에 대한 복습을 필요로 한다. **설계 및 논술**로 이름 붙은 문제들은 학생들이 공학적인 판단을 내릴 수 있도록 하고, 관심 있는 주제를 독립적으로 개척할 수 있도록 하며, 또한 그들이 찾은 사실을 전문가적 방법으로 전달할 수 있도록 권장하고 있다. 아이콘이 붙은 문제는 본질상 종합적인 문제이며 컴퓨터와 적절한 소프트웨어를 이용해 풀도록 의도되었다. 몇몇 경제성과 안전성에 관련된 문제들을 섞어 놓아 공학도들의 비용과 안전에 대한 의식을 증진시키도록 하였다. 학생들에게 편리하도록, 일부 선정된 문제에 대한 답을 그 문제 바로 다음에 적어 넣었다.

보편적인 표기법의 이용

여러 공학 교과목에서 동일한 양에 대해 서로 다른 표기법을 사용하는 것이 오랫동안 불만과 혼동의 근원이 되어오고 있다. 예를 들면, 유체역학과 열전달 과목을 듣고 있는 한 학생이 Q라는 표기에 대하여 한 교과목에서는 체적유량으로, 또 다른 교과목에서는 열전달로 사용해야만 한다. 공학 교육에서 표기법을 통일하기 위한 필요성은, 재단 연합을 통해 미국과학재단에 의하여 재정지원을 받은 몇몇 학술대회 보고서를 포함하여 자주 제기되어 왔지만, 지금까지 노력에 대한 결과는 거의 없는 실정이다. 예를 들면, University of Wisconsin에서 2003년 5월 28일과 29일에 열린 "**에너지 스템 혁신에 관한 소학술대회**"의 최종 보고서를 참조하라. 본 교재에서 저자들은 친숙한 열역학적 표기인 $\dot{V}$를 체적유량에 대해 채택하고, 따라서 표기 Q를 열전달에 쓰도록 남겨둠으로써 이런 모순을 최소화하는 의식적인 노력을 하였다. 또한 저자들은 시간에 따른 변화율을 나타내기 위해 윗점을 찍는 방법을 일관되게 사용한다. 저자들은 학생과 강사 모두가 공통된 표기법을 발전시키려는 노력을 인정해 줄 것으로 생각한다.

BERNOULLI 방정식과 에너지 방정식의 통합적 기술

Bernoulli 방정식은 유체역학에서 자주 사용되는 방정식 중의 하나이지만, 또한 가장 남용되는 것 중의 하나이다. 그러므로 이 이상화된 방정식을 사용하는 데 대한 한계를 강조하고, 불완전성과 비가역 손실을 어떻게 적절히 고려하는지를 보여 주는 것이 중요하다. 이를 위하여 제5장에서 Bernoulli 방정식 바로 다음으로 에너지 방정식을 소개하고, Bernoulli 방정식을 이용하여 얻은 답과 많은 실제 공학 문제의 답이 어떻게 다른지를 보여 준다. 이는 학생들이 Bernoulli 방정식에 대한 현실적인 관점을 키우는 데 도움이 될 것이다.

별도의 CFD 장

상용 **전산유체역학**(CFD) 코드는 유동 시스템의 설계와 분석에 있어서의 공학적 응용에 넓게 이용된다. 그리고 엔지니어가 CFD의 기초, 능력 및 제약 조건에 대해 확고히 이해하는 것은 매우 중요하다. 대부분의 학부 공학 교과과정에 CFD에 관해 따로 과정을 개설할 만한 여유가 없다는 점을 인지하여, 여기서는 별도의 장을 마련하여 이런 결함을 보충하고, 학생들로 하여금 CFD의 강점과 약점에 관한 배경 지식을 갖추도록 하였다.

응용분야 스포트라이트

교재 전반에 걸쳐 유체역학의 실제 응용분야를 다룬 **응용분야 스포트라이트**라고 하는 돋보이는 예제를 볼 수 있다. 이 특별한 예제들의 특징은 이들이 초청 저자에 의해 작성되었다는 점이다. 응용분야 스포트라이트는 학생들에게 유체역학이 여러 분야에서 얼마나 다양하게 응용되는가를 보여 주도록 고안되었다. 또한 초청 저자들의 연구 결과로 얻은, 눈길을 끄는 사진들을 포함하고 있다.

변환계수

자주 사용되는 변환계수, 물리상수 및 자주 사용되는 20 °C와 대기압에서의 공기와 물의 상태량을 쉽게 참조할 수 있도록, 책의 맨 끝 부분에 배치하였다.

기호 설명

이 교재에 사용된 주요 기호, 하첨자 및 상첨자에 대한 일람표를 쉽게 참조할 수 있도록 책의 끝 부분에 배치하였다.

감사의 글

저자들은 수많은 값진 조언, 제안, 건설적인 비판 및 칭찬을 해준 아래의 평가자들과 검토자들에게 감사함을 표하고 싶다.

Bass Abushakra
Milwaukee School of Engineering

John G. Cherng
University of Michigan-Dearborn

Peter Fox
Arizona State University

Sathya Gangadbaran
Embry Riddle Aeronautical University

Jonathan Istok
Oregon State University

Tim Lee
McGill University

Nagy Nosseir
San Diego State University

Robert Spall
Utah State University

또한, 여기에 다시 언급하기엔 너무 많아 생략하였지만, 이 책의 1판, 2판과 3판에서 감사를 드렸던 모든 분들께도 다시 고마움을 표한다. Gaziantep University의 Mehmet Kanoglu 교수에게 특히 장 끝의 연습문제의 수정, 해답집의 편집과 개정, 그리고 전체 원고에 대한 비판적인 검토 등 소중한 기여에 특별한 고마움을 표한다. 또한 저자들은 Sakarya University의 Tahsin Engin 교수와 Inonu University의 Suat Canbazoglu 교수에게 장 끝의 여러 문제들을 제공함에 대하여, 그리고 Mohsen Hassan Vand 교수에게 이 책을 검토하고 다수의 오류를 지적해준 데 역시 감사드린다.

마지막으로 저자들의 가족, 특히 저자들의 아내인 Zehra Çengel과 Suzanne Cimbala에게 이 교재의 준비 과정 전반에 걸쳐 계속된 인내, 이해와 후원에 대하여 감사해마지 않는다. 저자들이 교재를 준비하는 기간에는 남편들의 얼굴이 컴퓨터 화면에 붙어 있었으므로 그녀들이 가정의 대소사를 혼자서 해결해야 했던 수많은 시간들이 함축되어 있다.

출판사도 역시 전체 원고를 비판적으로 검토해준 다음 교수들에게 고마움을 표한다.

Lajpat Rai
YMCA, Faridabad

Manoj Langhi
ITRAM, Gujarat

Masood Ahmed
MACET, Bihar

Yunus A. Çengel
John M. Cimbala

강사를 위한 온라인 자료

http://www.mhhe.com/cengel/fm4에서 이용 가능한 온라인 자료

유체역학에 대한 강의를 위한 홈페이지, Fluid Mechanics: Fundamentals and Applications 교재만을 위한 웹사이트는 패스워드로 보호되며, 강사들에게 자료를 제공한다.

- 전자 해답집–모든 교재 숙제 문제에 대한 자세한 풀이를 PDF 파일로 제공한다.
- 강의 슬라이드–교재 모든 장에 대한 파워포인트 강의 슬라이드를 제공한다.

역자에 대하여

최윤호
미국 Pennsylvania State University 기계공학과 대학원에서 공학박사 학위를 받았고, 현재 아주대학교 기계공학과 명예교수로 있다.

강태곤
포항공과대학교 기계공학과 대학원에서 공학박사 학위를 받았고, 현재 한국항공대학교 항공우주 및 기계공학부 교수로 있다.

김현정
미국 Texas A&M University 기계공학과 대학원에서 공학박사 학위를 받았고, 현재 아주대학교 기계공학과 교수로 있다.

박운진
미국 Pennsylvania State University 기계공학부 대학원에서 공학박사 학위를 받았고, 현재 한국기술교육대학교 기계정보공학부 명예교수로 있다.

이성혁
중앙대학교 기계공학부 대학원에서 공학박사 학위를 받았고, 현재 중앙대학교 기계공학부 교수로 있다.

이 열
미국 Pennsylvania State University 기계공학과 대학원에서 공학박사 학위를 받았고, 현재 한국항공대학교 항공우주 및 기계공학부 교수로 있다.

역자 머리말

유체란 우리에게 친숙한 공기나 물과 같은 기체와 액체를 통틀어 부르는 말로서, 역학적 관점에서 말하자면 물체에 전단응력이 작용될 때 이에 저항하여 제 형체를 유지하지 못하고 연속적으로 변형하며 흐르는 성질을 가지는 물체를 가리킨다. 이런 유체가 정지 상태로 있거나 또는 운동 중에 있을 때 이에 관련된 물리적 현상을 연구하는 학문을 유체역학이라고 한다. 우리가 살고 있는 지구라는 환경에서 살펴볼 때, 지구 표면은 약 70%가 물로 이루어진 바다이고 그 위로는 공기가 둘러싸고 있으므로, 결국 우리는 유체와 불가분의 관계 속에서 살고 있는 셈이다. 또한 공학적으로 살펴보더라도, 하늘을 나는 비행기와 우주선, 바다의 선박과 잠수함, 도로 위를 주행하는 다양한 자동차와 같은 운송 수단뿐만 아니라 여러 가지 형태의 발전소, 풍력 터빈 시스템과 같은 각종 에너지 및 산업 플랜트 등 현대 문명을 대표하는 기계 시스템의 설계, 제작, 운전에 유체역학적 지식이 필수적으로 요구되고 있다.

유체역학은 광범위한 적용 분야를 가지므로 대학의 전공과목으로서 매우 중요한 기본 교과목이지만, 학문적 전개 과정이 복잡하고, 수학적 표현 방법이 까다로우며, 다소 추상적인 개념이 포함되기 때문에, 많은 학생들이 기본역학 과목 중에서도 가장 어렵다고 생각하는 과목이다. 그러나 한편으로 유체 유동에 관련된 것들은 일상생활이나 자연 현상 등에서 자주 경험하게 되는 것이므로, 본 교재에서는 학생들에게 유체의 유동 현상을 눈으로 직접 볼 수 있도록 가시적인 다양한 자료를 제공함으로써 학생들이 복잡한 미적분과 벡터 연산과 같은 수학적 표현을 보다 구체적으로 체득할 수 있도록 하였다. 이제까지 외국에서 저술된 수많은 유체역학 교재가 원서 또는 번역서의 형태로 국내 대학에 알려져 왔으나, 이번의 교재처럼 유동가시화, CFD 애니메이션, 사진 또는 삽화 등 수많은 실제 유체 유동 현상을 형상화시킨 자료를 제공함으로써 학생들의 이해를 증진시키는 교재는 드물었던 것이 사실이다. 본 교재와 더불어 제공되는 여러 가지 보조 교재도 학생들뿐만 아니라 강의 진행자들에게도 많은 도움이 될 것으로 믿는다.

특히 이번 개정판에서는 1장에 "균일 유동과 비균일 유동"과 "방정식 풀이기", 11장에 "자연에서의 비행", 15장에 "이상 유동에 대한 CFD 방법" 그리고 8장에 Colebrook 방정식의 대안으로 외재적인 Churchill 방정식을 소개하는 네 개의 세부 절을 추가 및 수정하였다. 또한 두 개의 새로운 응용분야 스포트라이트, 4장의 "음식의 냄새 맡기: 인간의 호흡기"와 8장의 "멀티컬러 입자 음영 속도/가속도 측정법"를 추가하였다. 이들은 그 장에 포함된 내용에 관한 분야의 선도연구자에 의해 수행된 흥미로운 연구 과제와 산업적 응용을 학생들에게 소개한다. 끝으로 이 개정판의 편집에서 출판까지 좋은 번역서를 만들기 위해 전문 용어의 띄어쓰기 등 세심한 부분까지 아낌없는 노력을 해주신 맥그로힐 에듀케이션 코리아 담당자 여러분에게도 감사드린다.

2021년 1월

역자 일동

차례

CHAPTER 10 Navier–Stokes 방정식의 근사해

CHAPTER 11 외부 유동: 항력과 양력

CHAPTER 12 압축성 유동

CHAPTER 13 개수로 유동

CHAPTER 14 터보기계

CHAPTER 15 전산유체역학의 소개

CHAPTER

1

서론과 기본 개념

서론을 다루는 이번 장에서는 유체 유동의 해석에 통상적으로 사용되는 기본 개념을 소개한다. 이 장은 물질의 상에 대한 설명으로 시작하여 **점성 대 비점성 유동 영역**, **내부 대 외부 유동**, **압축성 대 비압축성 유동**, **층류 대 난류 유동**, **자연 대 강제 유동** 및 **정상 대 비정상 유동**과 같은 유체 유동 분류의 많은 방법에 대해 논의한다. 또한 고체-유체 계면에서의 **점착조건**에 대해 논의하고 간략한 유체역학의 발달사를 소개한다.

시스템과 **검사체적**에 대한 개념을 소개한 후, 본 교재에서 사용될 **단위계**를 복습한다. 다음으로 공학적 문제에 대한 수학적 모델을 어떻게 준비하는가와 이들 모델의 해석으로부터 얻은 결과를 어떻게 설명하는가에 대해 논의한다. 뒤이어 공학적 문제 풀이에 있어서 모델로 이용될 수 있는 직관적이고 체계적인 **문제-풀이 기술**이 제시된다. 마지막으로 공학 측정과 계산에서의 정확도, 정밀도 및 유효숫자에 대해 논의한다.

목표

이 장을 공부하면 다음과 관련된 지식을 얻을 수 있다.

- 유체역학의 기본 개념에 대한 이해
- 실제 현장에서 부닥치게 될 다양한 형태의 유체 유동 문제에 대한 인식
- 공학적 문제의 모델화와 체계적인 방법을 통한 해석
- 정확도, 정밀도 및 유효숫자에 대한 실제 지식과 공학 계산에 있어서 차원 동차성의 중요성에 대한 인식

독자들이 환상적인 유체역학의 세계로 들어온 것을 환영하는 Cimbala 교수와 그가 생성한 열 플룸을 보여주는 schlieren 영상.

Courtesy of Michael J. Hargather and John Cimbala.

그림 1–1
유체역학은 정지해 있거나 또는 운동 중인 액체와 기체를 다룬다.
© *Shutterstock / eskystudio*

1–1 ■ 서론

역학(mechanics)이란 힘의 영향 아래 정지하고 있거나 운동 중인 물체를 다루는 가장 오래된 물리적 과학이다. 정지하고 있는 물체를 다루는 역학의 갈래를 **정역학**(statics)이라 부르는 반면에 힘의 작용하에 운동 중에 있는 물체를 다루는 갈래는 **동역학**(dynamics)이라 한다. 소분류인 **유체역학**(fluid mechanics)은 정지 상태에 있거나(**유체 정역학**) 또는 운동 중인(**유체 동역학**) 유체의 거동과 유체가 고체 또는 다른 유체와 만나는 경계에서의 상호작용을 다루는 과학으로 정의된다. 유체역학은 또한 정지 상태의 유체를 영의 속도를 갖는 운동의 특수한 경우로 간주함으로써 **유체 동역학**(fluid dynamics)으로 불리기도 한다(그림 1-1).

유체역학 그 자체로도 몇 가지 범주로 나눠기도 한다. 비압축성으로 근사될 수 있는 유체(특히 물과 같은 액체와 저속의 기체)의 운동에 대한 연구는 통상적으로 **수역학**(hydrodynamics)이라 한다. 수역학의 소분류로 **수리학**(hydraulics)이 있으며 이는 파이프와 개수로에 흐르는 액체 유동을 다룬다. **기체역학**(gas dynamics)은 노즐을 통해 고속으로 흐르는 기체 유동과 같이 큰 밀도 변화를 거치는 유체 유동을 다룬다. **공기역학**(aerodynamics)의 범주는 고속 또는 저속에서 항공기, 로켓 및 자동차와 같은 물체 위의 기체(특히 공기) 유동을 다룬다. **기상학**(meteorology), **해양학**(oceanography) 및 **수문학**(hydrology)과 같은 몇몇 다른 특수한 범주는 자연적으로 발생하는 유동을 다룬다.

유체란 무엇인가?

독자들은 물리학으로부터 물질은 고체, 액체 및 기체의 세 가지 주된 상(phase)으로 존재한다는 사실을 기억할 것이다[매우 높은 온도에서 물질은 또한 플라스마(plasma)로도 존재한다]. 액체 또는 기체상의 물질을 가리켜 **유체**(fluid)라 한다. 고체와 유체는 물질의 모양을 변형시키려 가해진 전단(또는 접선방향) 응력에 저항하는 물질의 능력을 바탕으로 구분된다. 고체는 변형을 통해 전단응력에 저항할 수 있는 반면에, **유체는** 아무리 작더라도 **전단응력의 영향 아래 연속적으로 변형한다**. 고체에서 응력은 **변형량**(strain)에 비례하지만, 유체에서 응력은 **변형률**(strain rate)에 비례한다. 일정한 전단력이 적용될 때, 고체는 결국 어떤 정해진 변형각에서 변형을 멈추지만, 유체는 변형을 멈추지 않고 어떤 변형률로 접근해 간다.

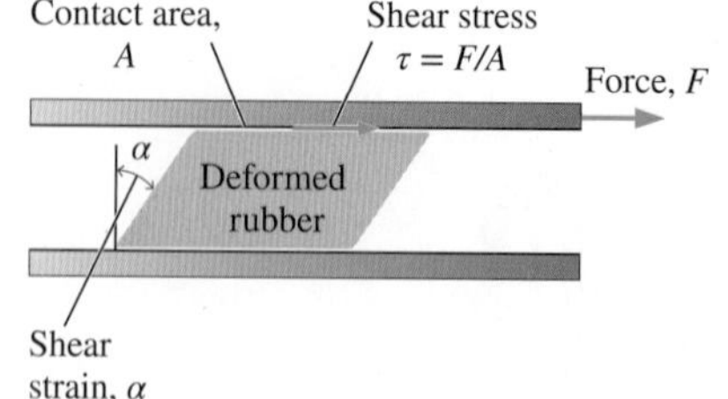

그림 1–2
전단력의 존재하에 두 개의 평행 판 사이에 놓인 고무 토막의 변형. 표시된 전단응력은 고무 위에 작용하고, 그와 크기는 같지만 방향이 반대인 전단응력이 위 판에 작용한다.

두 개의 판 사이에 밀착된 직사각형 고무 토막을 고려해보자. 아래 판이 고정되어 있는 동안, 위 판이 힘 F로 당겨짐에 따라 고무 토막은 그림 1-2와 같이 변형한다. 변형각(**전단 변형량** 또는 **각변위**라 불리는) α는 가해진 힘 F에 비례하여 증가한다. 고무와 판 사이에 미끄러짐이 없다고 가정하면, 아래 표면이 정지해 있는 동안 고무의 윗면은 위 판의 변위와 같은 크기만큼 이동한다. 평형 상태에서 수평 방향으로 판에 작용하는 순수 힘은 영이어야 하고, 따라서 F와 반대 방향이며 크기가 같은 힘이 판에 작용하여야만 한다. 이 반대 방향 힘은 마찰에 의해서 판-고무 계면에 발달하며 $F=\tau A$로 표현된다. 여기서 τ는 전단응력이고 A는 위 판과 고무 사이의 접촉 면적이다. 힘이 제거되면 고무는 원래의 위치로 돌아간다. 이 현상은 적용된 힘이 탄성 영역을 초과하지 않는 한, 강철 토막과 같은 다른 고체에서도 관찰될 수 있다. 이 실험이 유체에 대하여 반복될 경우(예를 들면, 많은 양의 물속에 놓인 두 개의 큰 평행 판), 힘 F가 아무리 작더라도 위 판과 접촉하는 유체 층은 판과 함께 판의 속도로 연속적으로 움직일 것이다. 유체 속도는 유체 층 사이의 마찰로 인하여 아래 판에서 영이 되기까지 깊이에 따라 감소한다.

독자들은 정역학으로부터 **응력**(stress)은 단위 면적당 힘으로 정의되고, 힘을 그 힘이 작용하는 면적으로 나눔으로써 결정된다는 사실을 기억할 것이다. 표면에 작용하는 단위 면적당 힘의 수직 성분은 **수직응력**(normal stress)이라 불리며, 표면에 작용하는 단위 면적당 힘의 접선 성분은 **전단응력**(shear stress)이라 불린다(그림 1-3). 정지상태의 유체에서 수직응력은 **압력**(pressure)이라 불린다. 정지상태의 유체는 영의 전단응력 상태에 있다. 벽이 제거되거나 또는 액체 용기가 기울어질 때, 자유표면이 수평이 되기 위해 액체가 운동하게 됨에 따라 전단응력이 발달하게 된다.

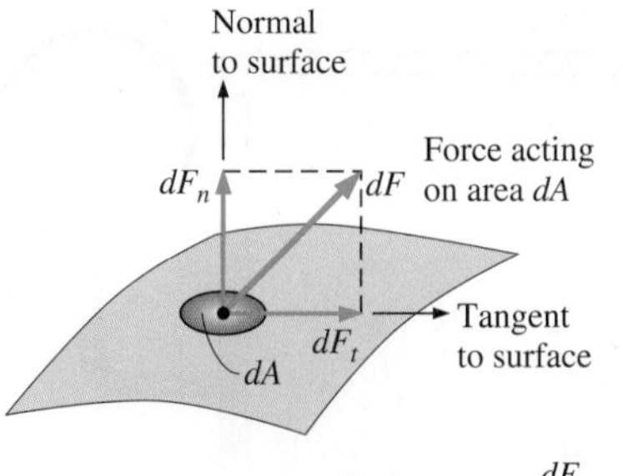

Normal stress: $\sigma = \dfrac{dF_n}{dA}$

Shear stress: $\tau = \dfrac{dF_t}{dA}$

그림 1-3
유체 요소 표면에서의 수직응력과 전단응력. 정지 유체에 대하여 전단응력은 영이며 압력은 유일한 수직응력이다.

액체에 있어서 분자의 집단은 서로 상대적으로 운동할 수 있으나, 분자간의 강한 응집력 때문에 부피는 거의 일정하게 유지된다. 그 결과로 액체는 그 액체가 담긴 용기의 모양을 취하고, 중력장에 놓여있는 큰 용기 내에서는 자유표면을 형성한다. 반면에 기체는 용기의 벽면에 마주칠 때까지 팽창하고 가용한 공간 전체를 채운다. 이는 기체 분자들이 넓게 분포하고 분자간의 응집력이 매우 작기 때문이다. 개방된 용기에 들어있는 기체는 액체와 달리 자유표면을 형성할 수 없다(그림 1-4).

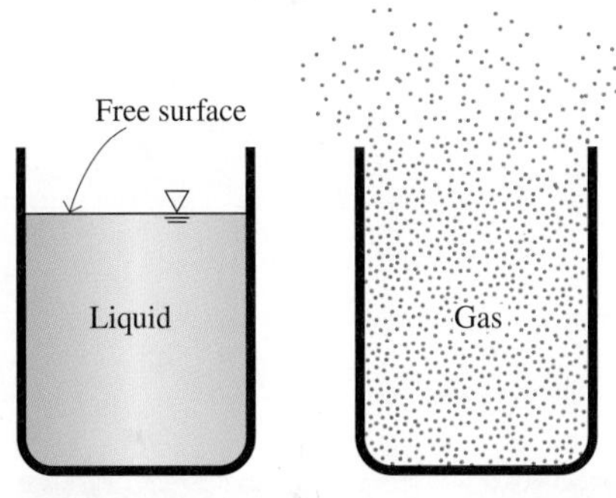

그림 1-4
액체와 달리 기체는 자유표면을 형성하지 않고 이용 가능한 공간 전체를 채우도록 팽창한다.

대부분의 경우 고체와 유체는 쉽게 구별되지만, 일부 경계선상의 경우 이런 구분이 분명하지 않다. 예를 들면 **아스팔트**는 짧은 시간 동안 전단응력을 견디기 때문에 고체처럼 거동하고 고체처럼 보인다. 그러나 이런 힘이 장기간에 걸쳐 작용될 때 아스팔트는 유체로서 거동하면서 천천히 변형한다. 몇몇 플라스틱, 납과 슬러리(slurry) 혼합물도 비슷한 거동을 보인다. 이와 같은 경계선상의 경우는 본 교재의 범위를 벗어난다. 본 교재에서 다룰 유체는 유체로서 분명히 인지될 수 있는 것들이다.

분자 사이의 결합력은 고체에서 가장 강하고 기체에서 가장 약하다. 한 가지 이유는 고체 분자들은 조밀하게 밀집되어 있는 반면에, 기체 분자들은 비교적 멀리 떨어져 있기 때문이다(그림 1-5). 고체에서 분자들은 전체적으로 반복되는 패턴으로 배열되어 있다. 고체에서는 분자간의 거리가 짧기 때문에 분자 상호간의 인력이 크고, 따라서 분자들을 고정된 위치에 유지시킨다. 액체 상태에서 분자간 거리는 고체 상태에

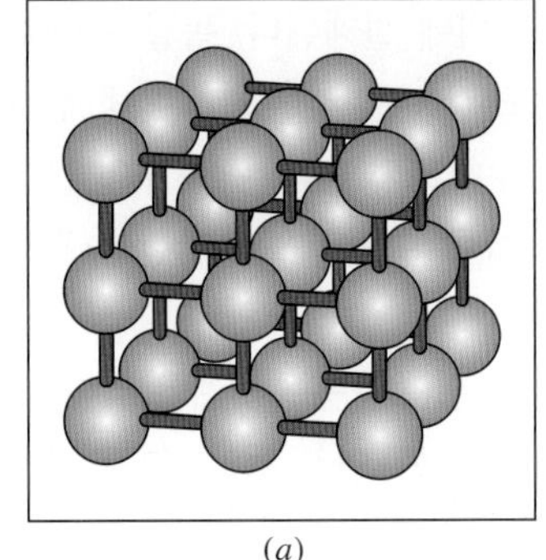
(*a*)

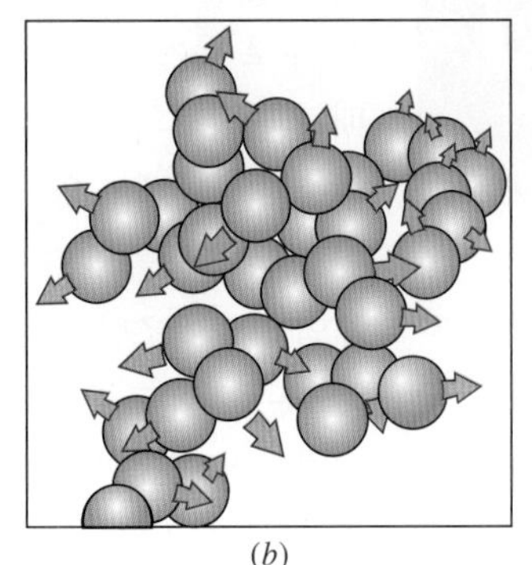
(*b*)

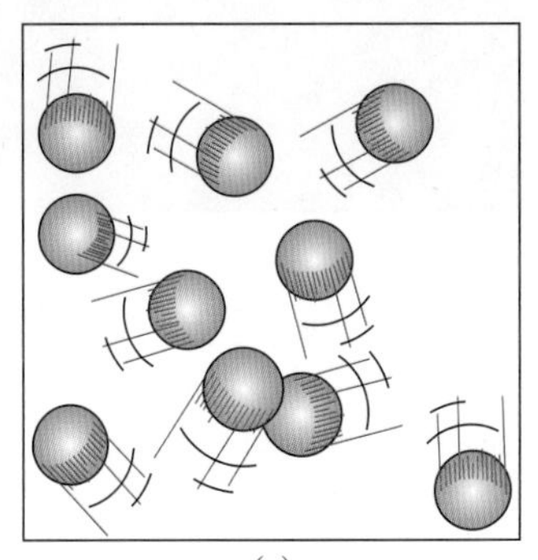
(*c*)

그림 1-5
각기 다른 상에서의 원자의 배열. (*a*) 고체에서 분자들은 상대적으로 고정된 위치에 있고, (*b*) 액체상에서 분자들의 집단은 서로에 대해 운동하며, (*c*) 기체상에서 개별 분자들은 무작위로 운동한다.

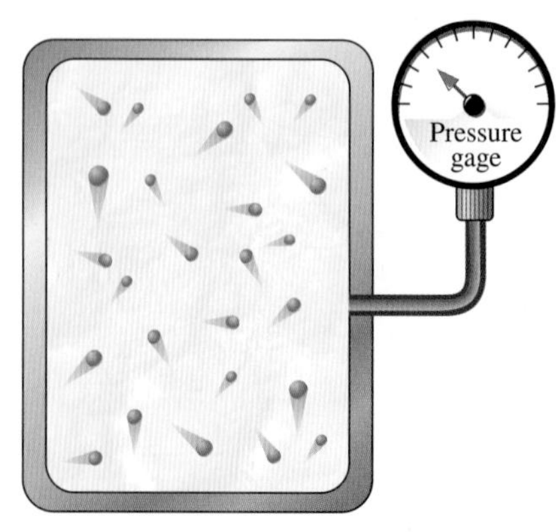

그림 1-6
미시적 규모에서 압력은 개별 기체 분자들의 상호작용에 의해 결정된다. 그러나 거시적 규모에서 압력은 압력계로 측정할 수 있다.

서와 그리 다르지 않다. 다만 분자들이 더 이상 서로 상대적으로 고정된 위치에 있지 않으며, 자유로이 회전하거나 병진 운동을 할 수 있다. 액체에서 분자간 힘은 고체에 비해 약하지만, 기체에 비해서는 여전히 강하다. 분자간 거리는 일반적으로 고체가 액체로 바뀔 때 약간 증가하는데, 물은 두드러진 예외인 경우이다.

기체 상태에서 분자들은 서로 멀리 떨어져 있고, 분자의 질서도 존재하지 않는다. 기체 분자들은 무작위로 움직이며, 이들은 끊임없이 서로 충돌하고 또는 담겨있는 용기의 벽면과 충돌한다. 특히 낮은 밀도에서 분자간 힘은 매우 작으며, 충돌만이 분자들 사이의 유일한 상호작용 방식이다. 기체 상태에서 분자들은 액체나 고체 상태에서보다 상당히 높은 에너지 준위에 놓여 있다. 그러므로 기체는 응축하거나 얼기 전에 다량의 에너지를 방출해야만 한다.

기체와 **증기**는 종종 동의어로 사용된다. 어떤 물질이 임계온도보다 위에 있을 때, 그 물질의 증기 상태를 통상적으로 **기체**라고 한다. **증기**는 보통 그 상태가 응축 상태로부터 멀리 떨어져 있지 않음을 의미한다.

모든 실제적인 유체 시스템은 수많은 분자들로 구성되며, 이 시스템의 상태량은 근본적으로 이들 분자의 거동에 달려 있다. 예를 들면 용기 속의 기체의 압력은 분자들과 용기 벽면 사이의 운동량 전달의 결과이다. 그러나 용기 내의 압력을 결정하기 위하여 기체 분자의 거동을 알 필요는 없다. 용기에 압력계를 부착하는 것으로 충분하다(그림 1-6). 이와 같은 거시적인 또는 **고전적인** 접근 방식은 개별 분자의 거동에 대한 지식을 필요로 하지 않으며, 공학문제의 해답을 얻기 위한 직접적이고 쉬운 길을 제공한다. 개별 분자들의 큰 집단의 평균 거동에 기초한 정교한 미시적 또는 **통계학적** 접근 방식은 상당히 복잡하며, 따라서 본 교재에서는 단지 보조 역할로서만 사용될 것이다.

유체역학의 응용분야

유체역학은 진공청소기에서 초음속 항공기까지 일상적 활동과 현대식 공학시스템의 설계 모두에서 광범위하게 사용되므로, 유체역학의 기본 원리에 대하여 충실히 이해하는 것은 중요하다. 예를 들어, 유체역학은 인체에서 매우 중요한 역할을 한다. 심장은 연속적으로 피를 동맥과 정맥을 통해 인체의 모든 부분으로 뿜어내며, 폐는 들고 나는 공기 유동의 현장이다. 모든 인공심장, 호흡장치와 투석 시스템은 유체역학을 이용하여 설계된다(그림 1-7).

그림 1-7
유체역학은 인공 심장의 설계에 널리 이용된다. 여기에 나타낸 것은 Penn State Electric Total Artificial Heart이다.
Courtesy of the Biomedical Photography Lab, Penn state Biomedical Engineering Institute. Used by permission.

하나의 평범한 주택은, 어떤 측면에서 보면, 유체역학의 응용으로 가득 찬 전시장이라 할 수 있다. 개별 가정과 도시 전체를 위한 물, 천연 가스와 하수의 배관 시스템은 주로 유체역학의 기초 위에 설계된다. 똑같은 사실이 난방과 공기조화 시스템의 배관과 덕트의 연결망에도 적용된다. 냉장고는 냉매가 흐르는 튜브, 냉매를 가압하는 압축기와 냉매가 열을 흡수하고 방출하는 두 개의 열 교환기를 포함한다. 유체역학은 이 모든 부품들의 설계에서 주된 역할을 담당한다. 일반적인 수도꼭지의 조작조차 유체역학에 기초한다.

자동차에도 유체역학의 수많은 응용사례가 있다. 연료 탱크로부터 실린더에 이르기까지의 연료의 수송—연료 선, 연료 펌프, 연료 분사기 또는 카뷰레터—뿐만 아니라 실린더 내에서 연료와 공기의 혼합과 배기 파이프 내에서 연소 가스의 소기에 관련된 모든 부품들은 유체역학을 이용하여 해석된다. 유체역학은 또한 난방과 공기조화 시스템, 유압 브레이크, 동력 조향장치, 자동 변속기, 윤활 시스템, 라디에이터와 물 펌프를 포함하는 엔진 블록의 냉각 계통과 타이어까지의 설계에 이용된다. 최신 모델 자동차의 매끈한 유선형 모양은 표면 위의 유동에 대한 광범위한 해석을 이용하여 항력을 최소화하기 위한 노력의 결과이다.

보다 폭넓은 규모에서 유체역학은 항공기, 보트, 잠수함, 로켓, 제트 엔진, 풍력 터빈, 생의학 장치, 전자 부품의 냉각 시스템 그리고 물, 원유 및 천연 가스의 수송 시스템에 관한 설계와 해석에서 중요한 역할을 담당한다. 바람에 의한 하중을 구조물이 지탱할 수 있는가를 확인하기 위해 건물, 교량과 심지어 광고 게시판의 설계에도 유체역학이 고려된다. 강수 주기, 날씨 패턴, 나무 꼭대기까지로의 지하수 상승, 바람, 해양 파도 및 해양 조류와 같은 수많은 자연 현상도 역시 유체역학의 원리에 의해 지배된다(그림 1-8).

자연 유동과 날씨
ⓒ *Jochen Schlenker/Getty Images RF*

보트
ⓒ *Doug Menuez/Getty Images RF*

비행기와 우주선
ⓒ *Purestock/SuperStock/RF*

발전소
U.S. Nuclear Regulatory Commission(NRC)

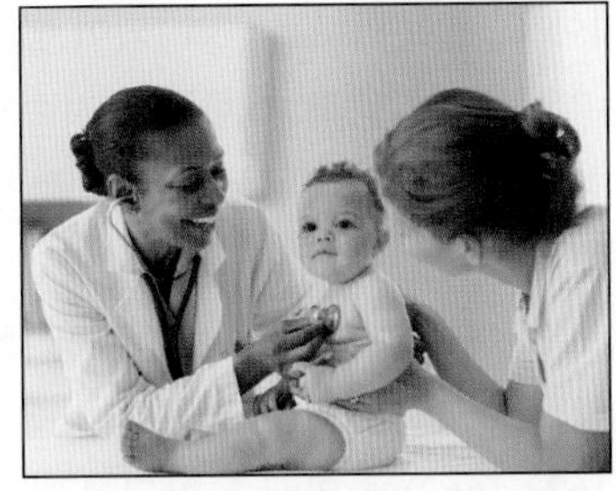
인체
ⓒ *Jose Luis Pelaez Inc/Blend Images LLC RF*

자동차
ⓒ *Ingram Publishing RF*

풍력 터빈
ⓒ *Mlenny Photograph/Getty Images RF*

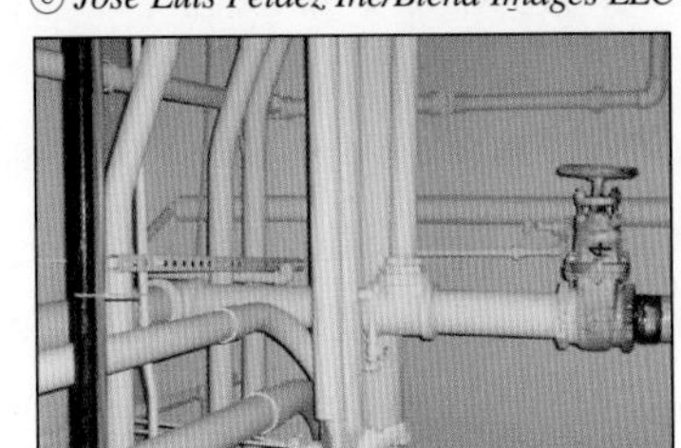
배관 시스템
Photo by John M. Cimbala.

산업 시설
ⓒ *123RF*

그림 1-8
유체역학의 여러 응용분야.

그림 1-9
Pergamon 파이프 라인의 일부 토관들
© Shutterstock/germesa

1-2 ■ 유체역학의 약사[1]

도시가 발달됨에 따라 인류가 마주친 최초의 공학적 과제는 가정에 사용할 물과 농작물을 위한 관개용수의 공급이었다. 도시의 생활양식은 풍부한 물이 공급됨으로써 유지될 수 있으며, 고고학으로부터 모든 성공적인 선사 문명은 물 시스템의 건설과 유지에 투자하였다는 사실은 명확하다. 일부분이 아직도 사용되고 있는 로마 수로관은 가장 잘 알려진 예이다. 그러나 기술적 관점에서 볼 때 가장 인상적인 공학기술은 아마도 지금의 터키에 있는 Pergamon의 그리스계 도시에서 수행된 것일 것이다. 기원전 283년부터 133년까지 그들은 납과 진흙으로 된 일련의 가압 파이프 라인(그림 1-9)을 설치하였다. 이는 45 km의 길이에 달하며 1.7 MPa (180 m의 수두)을 초과하는 압력하에 작동되었다. 불행히도 초기의 설치자들의 이름 대부분은 역사속으로 사라졌다.

유체역학 이론에 대하여 가장 초기로 인정받는 공헌은 그리스 수학자 Archimedes(285-212 BC)에 의한 것이다. 그는 Hiero 2세 왕의 왕관의 금 함유량을 결정하기 위한 역사상 최초의 비파괴검사에서 부력 원리를 수식화하고 적용하였다. 로마인들은 거대한 수로를 건설하고 깨끗한 물이 주는 이득에 대해 많은 피정복자들을 교육하였으나, 전반적으로 유체 이론에 대해 잘 이해하지는 못하였다. (아마도 Syracuse를 약탈했을 때 Archimedes를 죽이지 말아야 했을 것이다.)

중세 시대 동안 유체기계의 응용은 느리지만 꾸준히 확대되어 나갔다. 정교한 피스톤 펌프가 광산의 물을 퍼내기 위해 개발되었고, 곡식을 빻고, 금속을 단조하고, 다른 일들을 수행하도록 물레방아와 풍차가 완성되었다. 인류 역사상 최초로 사람이나 동물로부터 나오는 근육의 힘이 없이도 중대한 일이 수행되었으며, 일반적으로 이러한 발명들이 후대의 산업 혁명을 가능하게 하였다고 믿어진다. 이 대부분의 발명에 대한 창안자들은 알려져 있지 않지만, 그 장치들 자체는 Georgius Agricola와 같은 몇몇 기술 저술가에 의해 문서로 잘 정리되어 있다(그림 1-10).

그림 1-10
가역 수차 동력 장치에 의한 광산 기중기.
ⓒ University History Archive/Getty Images

르네상스는 유체 시스템과 기계들을 지속적으로 발전시켜 왔으나, 보다 중요한 점은 과학적 방법이 완성되고 전 유럽에 걸쳐 채택되었다는 점이다. 정수압 분포와 진공을 연구함으로써 유체에 과학적 방법을 최초로 적용시킨 사람들 가운데에는 Simon Stevin(1548-1617), Galileo Galilei(1564-1642), Edme Mariotte(1620-1684)와 Evangelista Torricelli(1608-1647)가 있다. 이 연구는 탁월한 수학자이자 철학자인 Blaise Pascal(1623-1662)에 의해 통합되고 개선되었다. 이탈리아 수도승, Benedetto Castelli(1577-1644)는 유체에 대한 연속 원리를 발표한 최초의 사람이었다. 고체에 대한 운동 방정식을 수식화한 것 이외에, Isaac Newton 경(1643-1727)은 그의 법칙을 유체에 적용하였고, 유체 관성과 저항, 자유 제트 및 점성을 탐구하였다. 그런 노력 위에 스위스의 Daniel Bernoulli(1700-1782)와 그의 동료 Leonard Euler(1707-1783)는 새로운 노력을 더하였다. 그들은 공동 연구를 통해 에너지와 운동량 방정식을 정의하였다. Bernoulli의 1738년의 고전적 논문 Hydrodynamica는 최초의 유체역학 교재로 간주된다. 끝으로, Jean d'Alembert(1717-1789)는 속도와 가속도 성분에 대한 개념, 연속식에 대한 미분 표현과 물체 주위의 정상 균일 운동에 대한 저항이 영이라는

[1] 이 절은 Oklahoma 주립대학교의 Glenn Brown 교수가 기고한 것이다.

그의 "역설"을 전개하였다.

18세기 말까지의 유체역학 이론의 발달은 공학에 별로 영향을 미치지 못하였다. 이는 유체의 상태량과 매개변수들이 제대로 정량화되지 못했고, 대부분의 이론이 설계 목적으로 쓰기엔 정량화되기 힘든 추상적인 것이었기 때문이다. 이는 Riche de Prony(1755-1839)가 이끈 프랑스 공학학교의 발달과 함께 변하게 되었다. Prony(축 동력을 측정하기 위한 브레이크로 알려져 있는)와 파리에 있는 École Polytechnique과 École des Ponts et Chaussées의 동료들이 최초로 공학 교과과정에 미적분학과 과학 이론을 통합시켰으며, 이것이 나머지 세계 전체에 대한 모델이 되었다(이제야 독자들은 고통스런 신입생 시절에 대해 누구를 비난해야 할지 알 것이다). Antonie Chezy(1718-1798), Louis Navier(1785-1836), Gaspard Coriolis(1792-1843), Henry Darcy(1803-1858)를 비롯한 유체 공학과 이론에 공헌한 많은 사람들은 그 학교들의 학생이거나 교수였다.

19세기 중반에 들어 여러 방면에서 근본적으로 진보하게 되었다. 의사인 Jean Poiseuille(1799-1869)은 다양한 유체들에 대해 모세관 내의 유동을 정밀하게 측정하였고, 반면에 독일인 Gotthilf Hagen(1797-1884)은 파이프 내에서 층류와 난류 사이의 차이를 구별하였다. 영국에서는 Osborne Reynolds 경(1842-1912)이 그 연구를 계속하였고(그림 1-11), 그의 이름을 딴 무차원 수를 개발하였다. 유사하게, Navier의 초기 연구와 병행하여, George Stokes(1819-1903)는 그들의 이름이 붙은 마찰을 갖는 유체 운동의 일반 방정식을 완성하였다. William Froude(1810-1879)는 거의 혼자서 물리적 모델 실험의 절차를 개발하고 그 가치를 증명하였다. 미국의 전문 기술은 James Francis(1815-1892)와 Lester Pelton(1829-1908)의 터빈에 있어서의 선구자적 업적과 Clemens Herschel(1842-1930)의 벤투리 미터의 발명에 의해 증명된 것처럼 유럽의 기술과 대등하게 되었다.

19세기 후반에는 Reynolds와 Stokes에 더하여 William Thomson, Lord Kelvin (1824-1907), William Strutt, Lord Rayleigh(1842-1919)와 Sir Horace Lamb(1849-1934)을 포함한 아일랜드와 영국의 과학자들에 의해 유체 이론에 많은 괄목할 만한 공헌이 이루어졌다. 이들은 차원해석, 비회전 유동, 와류 운동, 공동현상과 파동을 포함한 많은 문제들을 연구하였다. 넓은 의미에서, 그들의 연구는 유체역학, 열역학과

그림 1-11
1975년에 Manchester 대학에서 John Lienhard에 의해 운전 중인, 파이프 내의 난류의 발현을 보여주는 Osborne Reynolds의 원래 장치.
Courtesy of John Lienhard, University of Houston. Used by permission.

그림 1-12
Wright 형제가 Kitty Hawk에서 비행하고 있다.
Courtesy Library of Congress Prints & Photographs Division [LC-DIG-ppprs-00626].

그림 1-13
바람이 많이 부는 들판에 설치된 현대식 풍력 터빈들.
© *Shutterstock/oorka*

열전달 사이의 연관성을 탐구하는 것이었다.

20세기의 시작은 두 개의 기념비적 발전을 가져왔다. 첫 번째로 1903년에 독학의 Wright 형제(Wilbur, 1867-1912, Orville, 1871-1948)는 이론의 응용과 확실한 실험을 통하여 비행기를 발명하였다. 그들의 최초의 발명은 완벽하였으며 현대식 비행기의 모든 주요 양상들을 포함하였다(그림 1-12). Navier-Stokes 방정식은 풀기가 너무 어려웠기 때문에 이때까지 거의 쓸모가 없었다. 1904년의 선구자적 논문에서 독일인 Ludwig Prandtl(1875-1953)은 유체 유동을 벽면 근처의 마찰 효과가 중요한 **경계층**과 이러한 효과를 무시할 수 있으며 단순화된 Euler와 Bernoulli 방정식을 적용할 수 있는 외층으로 구분할 수 있다는 것을 보여주었다. 그의 제자들, Theodor von Kármán(1881-1963), Paul Blasius(1883-1970), Johann Nikuradse(1894-1979) 등은 그 이론에 기초하여 수리학과 공기역학적 응용에 대한 연구를 발전시켰다. (제2차 세계 대전 중에 Prandtl은 독일에 잔류하였고 반면에 그의 수제자인 헝가리 태생의 Theodor von Kármán은 미국에서 일함으로써 양쪽 편 모두가 그 이론으로부터 득을 보았다.)

20세기 중반은 유체역학의 응용에 있어 황금기로 간주될 수 있다. 기존 이론들이 그 당시 수행 중에 있던 업무에 적합하였고, 유체의 상태량과 매개변수들도 잘 정의되어 있었다. 이들이 항공학, 화학, 산업과 수자원 분야를 대규모로 확장하게 하였으며, 또한 이들 각각은 유체역학을 새로운 방향으로 나아가게 하였다. 20세기 후반의 유체역학 연구와 업무는 미국에서 개발한 디지털 컴퓨터에 의해 주도되었다. 지구 기후 모델링과 같이 대규모의 복잡한 문제를 풀 수 있는, 또는 터빈 블레이드의 설계를 최적화시키는 능력은 18세기의 유체역학 개발자들이 상상조차 할 수 없었던 이익을 사회에 주고 있다(그림 1-13). 앞으로 제시되는 원리들은 미시적 규모의 한 순간으로부터 하천 유역 전체에 대한 50년 동안의 모사 실험에 이르기까지 광범위한 유동에 적용되어 왔다. 이는 정말로 믿을 수 없도록 놀라운 것이다.

유체역학이 21세기에는 그리고 그 이후에는 어디로 갈 것인가? 솔직히 현재를 약간만 넘어서는 예측도 완전히 무의미할 것이다. 그러나 만약 역사가 무언가를 가르쳐 주려 한다면, 이는 엔지니어들은 그들이 아는 것을 사회에 보탬이 되도록 적용할 것이고, 그들이 모르는 것을 연구할 것이며, 그리고 그 과정에서 재미있는 시간을 가질 것이라는 점이다.

1-3 ■ 점착조건

유체 유동은 종종 고체 표면들로 둘러싸이게 되므로, 고체 표면의 존재가 어떻게 유체 유동에 영향을 미치는지를 이해하는 것은 중요하다. 강물은 큰 바위를 관통해 흐르지 못하고 돌아서 흐른다. 즉 바위 표면에 수직한 물의 속도는 반드시 영이 되어야 하고, 그 표면에 수직으로 접근하는 물은 그 표면에서 완전히 멈춰 서게 됨을 의미한다. 그리 명백하게 보이지 않는 점은 임의의 각도로 바위에 접근하는 물도 역시 바위 표면에서 완전히 멈춰 서게 되며, 따라서 바위 표면에서 물의 접선 속도도 역시 영이라는 점이다.

정지해 있는 파이프 내의 또는 기공이 없는(즉 유체가 침투할 수 없는) 고체 표면 위의 유체 유동을 고려하자. 모든 실험적 관찰은 운동 중인 유체는 표면에서 완전히 멈춰 서게 되고 그 표면에 대해 상대적으로 영의 속도를 가짐을 보인다. 즉 고체와 직접 접촉하고 있는 유체는 그 표면에 "달라붙게" 되어, 미끄러짐이 없게 된다. 이는 **점착조건**(no-slip condition)으로 알려져 있다. 점착조건과 경계층의 발달에 관련된 유체 상태량은 **점성**(viscosity)이며 이는 2장에서 논의된다.

그림 1-14의 사진은 뭉툭한 앞부분의 표면에 유체가 점착한 결과로 속도 구배가 발달하는 과정을 분명하게 보여준다. 표면에 점착한 층은 유체의 층들 사이의 점성력 때문에 인접한 유체 층의 속도를 늦추며, 이는 다시 그 다음 층의 속도를 늦추는 식이다. 점착조건의 한 가지 결과는 모든 속도 분포들이 유체와 고체면 사이의 접촉점에서 표면에 대해 영의 값을 가져야 한다는 것이다(그림 1-15). 따라서 점착조건이 속도 분포 발달의 원인이 된다. 점성효과(그리고 따라서 속도 구배)가 중요시되는 벽면에 인접한 유동 지역은 **경계층**(boundary layer)으로 불린다. 점착조건의 또 다른 결과는 **표면 항력**(surface drag) 또는 **표면 마찰 항력**(skin friction drag)이며, 이는 유체가 유동 방향으로 표면에 작용하는 힘이다.

유체를 실린더의 뒤편과 같은 곡면 위로 강제로 흐르게 할 때, 경계층은 표면에 더 이상 붙어 있지 못하고 표면으로부터 분리하게 되는데 이 과정을 **유동박리**(flow separation)라 한다(그림 1-16). 점착조건은 표면을 따라 **모든 곳**에 적용되고, 심지어 유동 박리점의 하류에도 적용된다는 점을 강조한다. 유동 박리는 9장에서 보다 상세하게 논의된다.

열전달에서도 점착조건과 유사한 현상이 발생한다. 서로 다른 온도의 두 물체가 접촉할 때, 접촉점에서 두 물체가 동일한 온도를 갖게 될 때까지 열전달이 일어난다. 따라서 유체와 고체 면은 접촉점에서 동일한 온도를 갖는다. 이는 **온도 급상승 불가 조건**(no-temperature-jump condition)이라 알려져 있다.

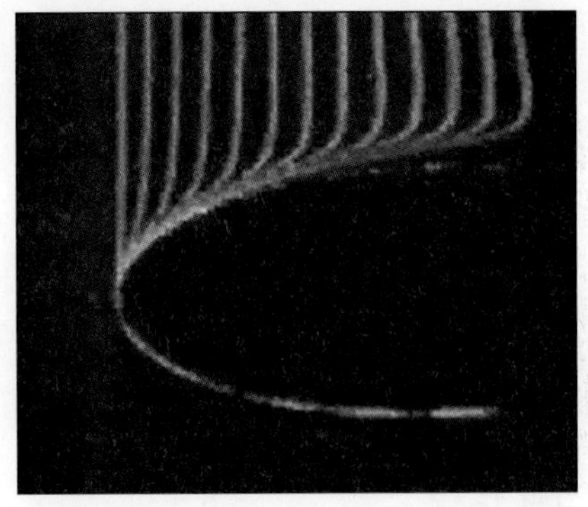

그림 1-14
뭉툭한 앞부분 위로 유체가 흐를 때 점착조건에 기인한 속도 분포의 발달.
"Hunter Rouse: Laminar and Turbulent Flow Film." Copyright IIHR-Hydroscience & Engineering, The University of Iowa. Used by permission.

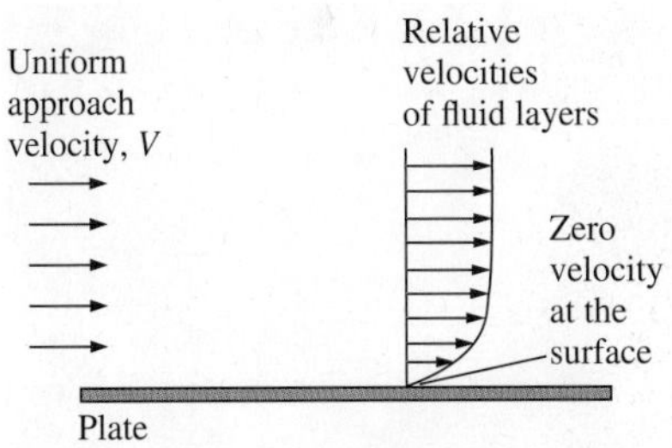

그림 1-15
정지해 있는 표면 위를 흐르는 유체는 점착조건 때문에 고체 표면에서 완전히 멈춰 서게 된다.

1-4 ■ 유체 유동의 분류

앞에서 **유체역학**은 정지 또는 운동 중인 유체의 거동을 다루고, 고체 또는 다른 유체와의 경계에서 유체의 상호작용을 다루는 과학으로 정의되었다. 실제 접하게 되는 유체 유동 문제들은 매우 다양하며, 따라서 이들을 집단으로 묶어 연구할 수 있도록 어떤 공통적인 특성을 바탕으로 이들을 분류하는 것이 편리하다. 유체 유동 문제를 분류하는 많은 방법이 있으며, 여기서는 몇몇 일반적인 범주를 제시한다.

점성 대 비점성 유동 영역

두 개의 유체 층이 서로 상대 운동할 때, 이들 유체층 사이에 마찰력이 발달되고 속도

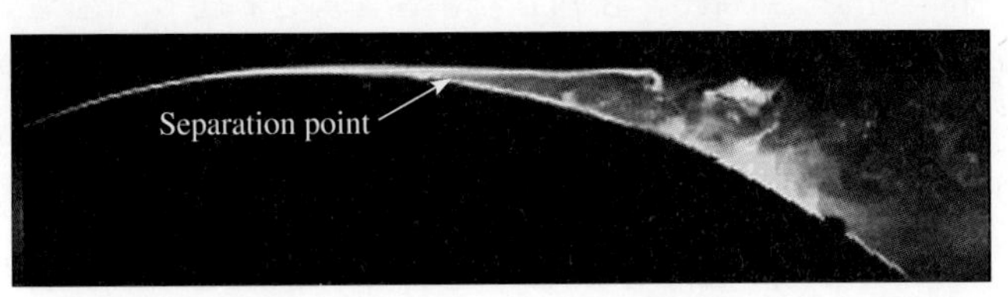

그림 1-16
곡면 위의 유동 중에 발생하는 유동 박리.
From Head, Malcolm R. 1982 in Flow Visualization II, W. Merzkirch. Ed., 399-403, Washington: Hemisphere.

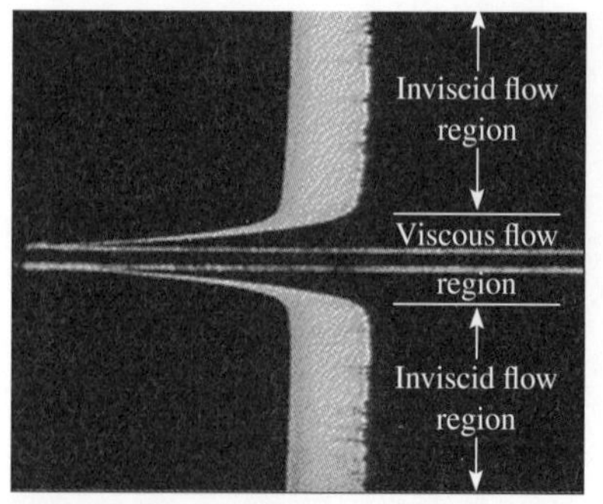

그림 1-17
평판 위로 원래는 균일 유체 흐름이었던 유동. 그리고 점성 유동 영역(판에 아래위쪽으로 인접한)과 비점성 유동 영역(판으로부터 멀리 떨어진).
Fundamentals of Boundary Layers, National Committee for Fluid Mechanics Films, © Education Development Center.

그림 1-18
테니스 공 위의 외부 유동과 그 뒤의 난류 후류 영역.
Courtesy of NASA and Cislunar Aerospace, Inc.

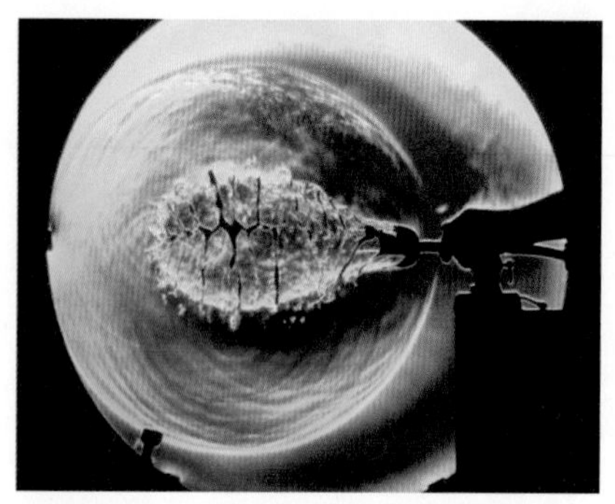

그림 1-19
Penn State 기체역학 실험실에서 풍선을 터뜨림으로써 발생된 구형 충격파의 schlieren 영상. 몇몇 이차 충격파가 풍선을 둘러싼 공기 중에 보인다.
© G.S. Settles, Gas Dynamics Lab, Penn State University. Used with permission.

가 늦은 층이 빠른 층을 늦추려고 한다. 이 유동에 대한 내부 저항은 유체의 상태량인 **점성**에 의해 정량화되며 이는 유체의 내부 점착성의 척도이다. 점성은 액체의 경우 분자간의 응집력에 기인하고, 기체의 경우 분자간의 충돌에 기인한다. 점성이 영인 유체는 없으며, 따라서 모든 유체 유동은 어느 정도 점성 효과를 가진다. 마찰 효과가 중요한 유동은 **점성유동**(viscous flow)이라 불린다. 그러나 많은 실제 유동에는 관성력이나 압력에 비교하여 점성력이 무시할 수 있을 정도로 작은 영역(대표적으로 고체 면에 근접하지 않은 영역)이 존재한다. 이와 같은 **비점성 유동 영역**(inviscid flow region)에서는 점성 항을 무시하여도 정확도의 큰 손실 없이 해석을 매우 단순화할 수 있다.

그림 1-17은 균일 속도의 유체 흐름 속에 평판을 평행하게 삽입한 결과에 따른 유동의 점성 및 비점성 영역의 발달을 나타낸다. 점착조건으로 인하여 유체는 판의 양쪽에 달라붙게 되고 판의 표면 근처에 점성 효과가 중대한 얇은 경계층이 **점성유동 영역**이다. 판으로부터 양쪽으로 멀리 떨어지고 판의 존재에 의해 영향을 받지 않는 유동 영역은 **비점성 유동 영역이**다.

내부 대 외부 유동

유체가 한정된 통로 안으로 또는 어떤 표면 위로 흐르는가에 따라 유체 유동은 내부 또는 외부 유동으로 분류된다. 판, 와이어 또는 파이프와 같은 표면 위의 제한되지 않은 유동은 **외부 유동**이다. 만약 유체가 완전히 고체 면으로 둘러싸인 파이프나 덕트 내로 흐른다면 그 유동은 **내부 유동**이다. 예를 들면 파이프 내 물의 유동은 내부 유동이고, 바람 부는 날에 둥근 공 또는 노출된 파이프 위의 공기 유동은 외부 유동이다(그림 1-18). 덕트의 일부만 액체로 채워져 있고 자유표면이 존재한다면, 이러한 덕트 내의 액체 유동을 **개수로 유동**이라 한다. 강이나 관개수로 내의 물의 유동은 이러한 유동의 예이다.

내부 유동에서는 점성의 영향이 유동장 전체를 지배한다. 외부 유동에서 점성 효과는 고체 면 근처의 경계층과 물체 하류의 후류 영역에 국한된다.

압축성 대 비압축성 유동

유동 중에 있는 유체의 밀도 변화의 정도에 따라 유동은 **압축성** 또는 **비압축성**으로 분류된다. 비압축성은 하나의 근사이며, 만약 밀도가 전체적으로 거의 일정하게 유지된다면 그 유동은 **비압축성**으로 불린다. 그러므로 유동이 비압축성으로 근사될 때 유체 모든 부분의 부피는 운동하는 과정에 걸쳐 변하지 않는다.

액체의 밀도는 본질적으로 일정하고, 따라서 액체 유동은 전형적으로 비압축성이다. 그러므로 액체는 보통 **비압축성 물질**로 간주된다. 예를 들면 210기압의 압력은 1기압하의 액체 상태 물의 밀도를 겨우 1퍼센트 변하게 한다. 반면에 기체는 매우 압축성이 높다. 예를 들면 단지 0.01기압의 압력 변화도 대기의 밀도를 1퍼센트 변하게 한다.

로켓, 우주선과 고속의 기체 유동이 관련되는 다른 시스템을 해석할 때(그림 1-19), 유동 속도는 종종 다음과 같은 무차원 수인 **Mach 수**로 표현된다.

$$\mathrm{Ma} = \frac{V}{c} = \frac{\text{유동의 속도}}{\text{소리의 속도}}$$

여기서 c는 **음속**으로 해수면의 실온 상태 공기에서 346 m/s의 값을 갖는다. Ma=1일 때 유동은 **음속**, Ma < 1일 때는 **아음속**, Ma > 1일 때 **초음속**이며, Ma ≫ 1일 때 **극초음속**이라 불린다. 무차원 매개변수들은 7장에서 상세하게 논의될 것이다. 그리고 압축성 유동은 12장에서 상세히 다룰 것이다.

액체 유동은 높은 수준의 정확도로 비압축성이다. 그러나 기체 유동에서 밀도 변화의 수준과 기체 유동을 비압축성 모델로 다루는 데 따르는 근사의 수준은 Mach 수에 의존한다. 기체 유동은 종종 약 5퍼센트 이하의 밀도 변화라면 비압축성으로 근사계산될 수 있으며, 이는 보통 Ma<0.3일 경우이다. 그러므로 실온에서 공기의 압축성 효과는 속도가 약 100 m/s이하에서 무시될 수 있다. 그러나 초음속 유동에서는 충격파와 같은 압축성 유동 현상이 발생하므로 압축성 효과를 무시해서는 안 된다(그림 1-19).

큰 압력 변화에 상응하는 액체의 작은 밀도 변화는 여전히 중요한 결과를 초래할 수 있다. 예를 들면 물 파이프 내에서 문제되는 "수격 현상(water hammer)"은 밸브를 갑자기 닫을 때 뒤따르는 압력파의 반사에 의해 발생하는 파이프의 진동 때문에 일어난다.

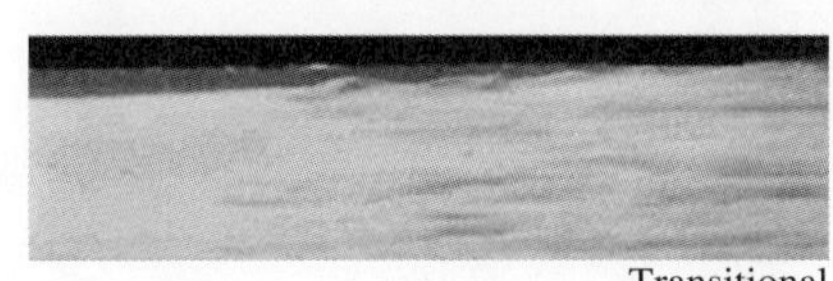

그림 1-20
평판 위의 층류, 천이와 난류 유동.
Courtesy of ONERA, Photo by Werlé.

층류 대 난류 유동

어떤 유동은 부드럽고 질서정연한 반면에 다른 유동은 상당히 무질서하다. 유체의 매끄러운 층들이 특징인 매우 질서정연한 유체 운동을 **층류**라 한다. **층류**(laminar)라는 단어는 "얇은 층으로 층층이" 함께 쌓인 인접한 유체 입자들의 운동으로부터 유래된다. 저속에서의 오일과 같은 고점성 유체의 유동은 전형적으로 층류이다. 일반적으로 고속에서 발생하고 속도 변동(velocity fluctuation)의 특징이 있는 매우 불규칙한 유체 운동을 **난류**(turbulent)라 한다(그림 1-20). 공기와 같은 저점성 유체의 고속에서의 유동은 전형적으로 난류이다. 층류와 난류 사이에서 교대로 변하는 유동은 **천이**(transitional) 유동이라 불린다. 1880년대에 Osborne Reynolds에 의해 수행된 실험의 결과로 무차원 **Reynolds 수**, Re가 파이프 내의 유동 영역을 결정하기 위한 핵심 매개변수라는 사실이 정립되었다(8장).

자연(또는 비강제) 대 강제 유동

유체 유동은 유체 운동이 어떻게 시작되었는가에 따라 자연 유동 또는 강제 유동으로 불린다. **강제 유동**에서는 유체는 펌프나 팬과 같은 외부 수단에 의해 표면 위로 또는 파이프 내로 강제로 흐르도록 되어있다. **자연 유동**에서는 모든 유체 운동은 부력 효과와 같은 자연적 수단에 기인한다. 이는 더운(따라서 가벼운) 유체가 상승하며 차가운(따라서 밀도가 높은) 유체가 하강하는 유동으로부터 명백하다(그림 1-21). 예를 들면 태양 열수 시스템에서 열 사이펀 효과는 통상적으로 물탱크를 태양광 집광기보다 충분히 높게 위치시킴으로써 펌프를 대체하기 위해 이용된다.

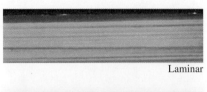

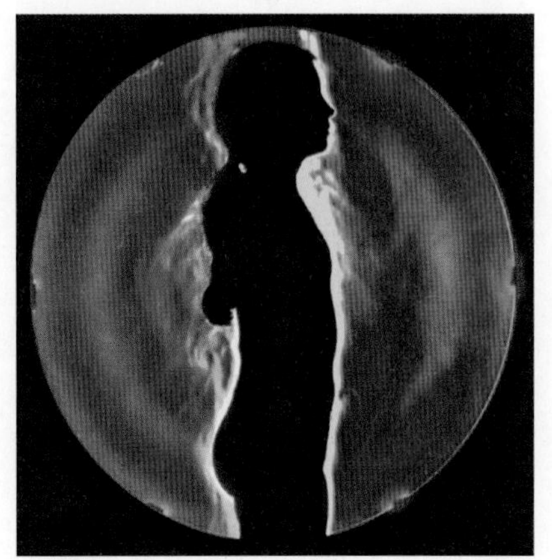

그림 1-21
수영복 차림 소녀의 schlieren 영상에서 신체에 근접한 가볍고 더운 공기의 상승은 인간과 온혈 동물들이 상승하는 더운 공기의 열 플룸(plume)에 의해 둘러싸여 있음을 보여준다.
© G.S. Settles, Gas Dynamics Lab, Penn State University. Used with permission.

정상 대 비정상 유동

정상과 **균일**이라는 용어들은 공학에서 자주 사용되며, 따라서 이들의 의미를 분명히 이해하는 것은 중요하다. **정상**(steady)이라는 용어는 **한 점에서 시간에 따른 상태량, 속도, 온도 등의 변화가 없음**을 의미한다. 정상의 반대는 **비정상**(unsteady)이다. **균일**(uniform)이라는 용어는 규정된 영역 전체에 대해 **위치에 따른 변화가 없음**을 의미한다. 이러한 의미들은 그 단어들의 일상적인 용례와 일치한다(변함 없는 여자친구, 균일 분포 등).

비정상과 **과도**(transient)라는 용어들은 종종 서로 바꿔 사용되지만, 이들 용어는 동의어가 아니다. 유체역학에서 **비정상**은 정상이 아닌 모든 유동에 대해서 적용되는 가장 일반적인 용어이지만, **과도**는 발달하는 유동에 전형적으로 쓰인다. 예를 들면 로켓 엔진이 점화될 때 엔진이 안정화되고 정상으로 운전될 때까지는 과도 효과(로켓 엔진 내부에서 압력이 축적되고, 유동이 가속되는 등)가 나타난다. **주기적**(periodic)이라는 용어는 정상적 평균(steady mean)을 기준으로 유동이 진동하는 일종의 비정상 유동을 가리킨다.

터빈, 압축기, 보일러, 응축기 및 열교환기와 같은 많은 장치들이 동일한 조건하에 장시간 운전될 경우, 이들은 **정상유동 장치**로 분류된다(터보기계의 회전 블레이드 근처의 유동장은 물론 비정상이지만, 장치들을 분류할 때 어떤 국부적인 곳에서의 세부사항보다는 전체적인 유동장을 고려함을 주의하라). 정상 유동 중에 유체의 상태량들은 장치 내에서 위치에 따라 변할 수 있지만, 이들은 한 고정 점에서는 일정하게 유지된다. 그러므로 정상유동 장치 또는 유동 단면의 부피, 질량 및 총에너지량은 정상 운전에서는 일정하게 유지된다. 간단한 비유는 그림 1-22와 같다.

정상유동 조건은 발전소나 냉동 시스템의 터빈, 펌프, 보일러, 응축기 및 열교환기와 같이 연속 운전을 하도록 의도된 장치들에 의해 밀접하게 근사될 수 있다. 왕복동

(*a*)

(*b*)

그림 1-22
(*a*) 폭포(비정상) 유동의 순간 정지사진, (*b*) 폭포 유동에 대한 장시간 노출 사진의 비교
(a) © Shutterstock/Mongkol Saikhunthod, (b) © Shutterstock/AlessandraRC

엔진 또는 압축기와 같은 몇몇 주기적 장치들은 입구나 출구에서의 유동이 맥동하고 정상이 아니므로 정상유동 조건을 만족시키지 못한다. 그러나 유체 상태량은 시간에 따라 주기적으로 변화하며, 따라서 이러한 장치를 통과하는 유동은 상태량에 대한 시간 평균값을 이용함으로써 여전히 정상유동 과정으로 해석될 수 있다.

유체 유동에 대한 멋있는 가시화 사진들이 Milton Van Dyke(1982)의 책, **유체운동 앨범**(Album of Fluid Motion)에 제공되어 있다. Van Dyke의 책에서 인용한 그림 1-23은 비정상 유동장의 멋진 예를 보여준다. 그림 1-23*a*는 고속 동영상으로부터의 순간 스냅 사진인데, 여기서 물체의 뭉툭한 기저로부터 크고, 교대로, 소용돌이치는 난류 에디(turbulent eddy)가 주기적으로 진동하는 후류 속으로 흘러 들어가는 것을 보이고 있다. 이 에디가 비정상 상태로 에어포일의 위쪽과 아래쪽 표면 위에서 교대로 상류 쪽으로 이동하는 충격파를 만들어낸다. 그림 1-23*b*는 동일한 유동장을 보이고 있으나, 필름이 장시간 동안 노출되어 있어서 그 영상이 12주기에 걸쳐 시간 평균된 것이다. 그 결과로 시간 평균된 유동장은 장시간의 노출 속에서 비정상 진동의 세부 특성이 사라졌기 때문에 "정상"으로 보인다.

엔지니어의 가장 중요한 업무 중의 하나는 문제에 대한 시간 평균된 "정상" 유동 특성만을 연구하는 것으로서 충분한지 또는 비정상 특성에 대한 보다 상세한 연구가 필요한지를 결정하는 것이다. 만약 엔지니어가 단지 유동장의 전반적인 상태량에만 관심이 있다면(시간 평균된 항력계수, 평균속도와 압력장과 같은), 그림 1-23*b*와 같은 시간 평균된 특성이나, 시간 평균된 실험 측정 또는 시간 평균된 유동장의 해석적 혹은 수치적 계산으로 충분할 것이다. 그러나 엔지니어가 유동에 기인하는 진동, 비정상 압력 맥동 또는 난류 에디나 충격파로부터 방출되는 음파와 같은 비정상 유동장에 대한 세부적 특성에 관심이 있다면, 유동장에 대한 시간 평균된 서술은 충분치 않을 것이다.

이 교재에서 제공되는 해석 및 계산 예제는, 필요할 때에는 몇몇 합당한 비정상 유동의 특성을 기술하기도 하지만, 대부분 정상 또는 시간 평균된 유동을 다룬다.

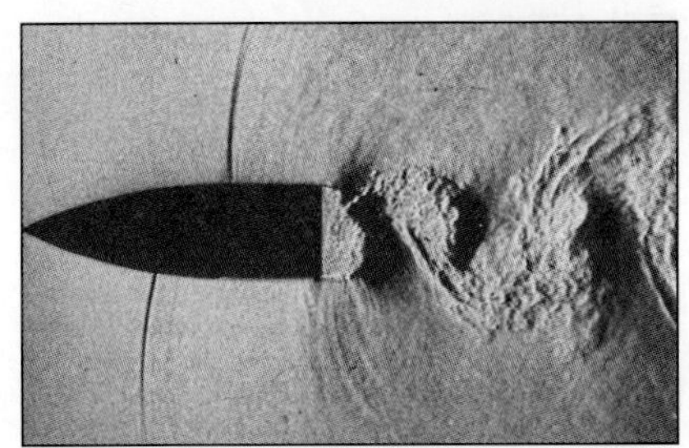

(*a*)

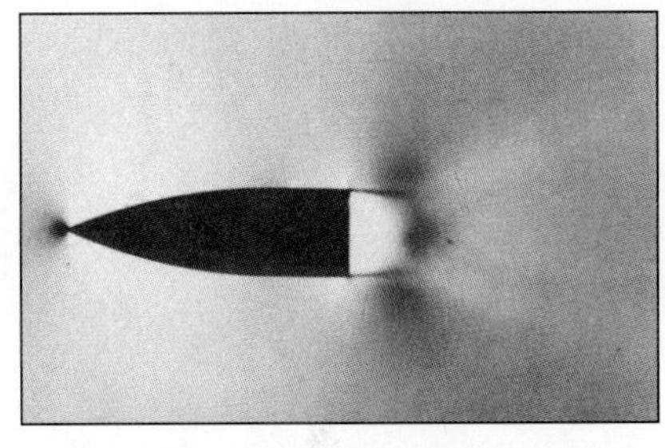

(*b*)

그림 1-23
Mach 수 0.6에서 뭉툭한 기저를 가진 에어포일의 진동하는 후류. 사진 (*a*)는 순간 영상이고, 반면에 사진 (*b*)는 장시간 노출된 (시간평균된) 영상이다.
(a) Dyment, A., Flodrops, J. P. & Gryson, P. 1982 in Flow Visualization II, W. Merzkirch, ed., 331-336. Washington: Hemisphere. Used by permission of Arthur Dyment.
(b) Dyment, A. & Gryson, P. 1978 in Inst. Mèc. Fluides Lille, No. 78-5. Used by permission of Arthur Dyment.

1차원, 2차원 및 3차원 유동

유동장은 속도 분포에 의해 가장 잘 나타나며, 따라서 만약 유동 속도가 한 개, 두 개, 또는 세 개의 주요 차원에서 변할 경우 유동은 각각 1차원, 2차원, 또는 3차원이라 불린다. 전형적인 유체 유동은 3차원의 기하학적 형상을 수반하고, 속도는 세 방향 모두에서 변할 수 있어서 유동이 3차원[직교좌표에서 $\vec{V}(x, y, z)$, 원통좌표에서 $\vec{V}(r, \theta, z)$]이 된다. 그러나 어떤 한 방향으로의 속도 변화는 다른 방향으로의 변화에 비해 상대적으로 작을 수 있으며 사소한 오차로 무시할 수 있다. 이와 같은 경우 유동을 보다 용이하게 해석할 수 있도록 편의상 1차원 또는 2차원으로 모델링할 수 있다.

큰 탱크로부터 원형 파이프 속으로 들어가는 유체의 정상 유동을 고려하자. 점착 조건으로 인하여 파이프 표면 모든 곳에서의 유체 속도는 영이고, 속도는 r과 z 방향으로 변하고 θ 방향으로는 변하지 않으므로 파이프의 입구 영역 내에서의 유동은 2차원이다. 입구로부터 일정 거리(그림 1-24에 보인 바와 같이 난류 유동에서 약 10 파이프 직경이고, 층류 파이프 유동에서는 이보다 길다) 이후엔, 속도 분포는 완전히 발달되어 변하지 않는다. 이 영역의 유동을 **완전발달**(fully developed) 유동이라 한다. 원

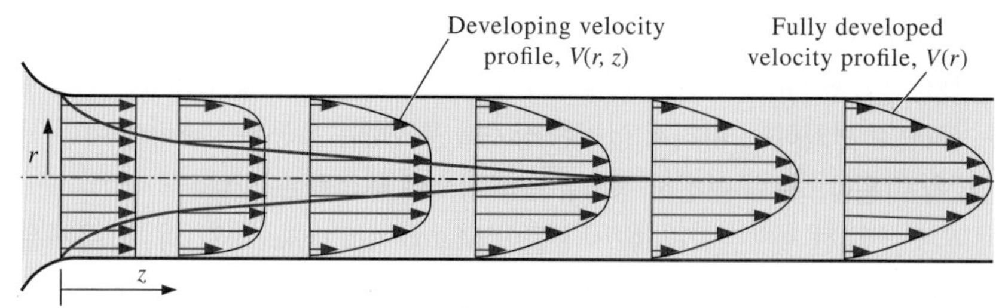

그림 1-24
원형 파이프에서 속도 분포의 발달. $V=V(r, z)$이고 따라서 유동은 입구 영역에서 2차원이고, 하류에서 속도 분포가 완전히 발달되어 유동 방향으로 변하지 않고 유지될 때 유동은 1차원, $V=V(r)$이 된다.

형 파이프 내의 완전발달 유동은 **1차원**이다. 이는 그림 1-24에 보인 바와 같이 속도가 반경 방향인 r 방향으로는 변하지만, 회전각 방향인 θ 또는 축 방향인 z 방향으로는 변하지 않기 때문이다. 즉, 속도 분포는 축 방향의 어떤 z 위치에서도 동일하며, 또한 파이프의 축에 대해 대칭이다.

유동의 차원성은 또한 좌표계와 좌표계 방향의 선택에 의존함을 주의하라. 예를 들면 앞서 논의한 파이프 유동은 원통 좌표계로는 1차원이지만, 직교 좌표계로는 2차원이 된다. 이는 가장 최적의 좌표계를 선정하는 것이 중요함을 예시한다. 또한 이런 단순한 유동에서조차 점착조건 때문에 파이프의 단면을 가로질러서 균일한 속도를 가질 수 없다는 것을 주의하라. 그러나 둥근 모서리를 가지는 파이프 입구에서, 속도 분포는 파이프를 가로질러 거의 균일한 것으로 근사될 수 있으며, 이는 속도가 파이프 벽에 바로 근접한 곳을 제외하고는 모든 반경 방향으로 거의 일정하기 때문이다.

종횡비가 매우 크고 유동이 긴 쪽 차원을 따라 크게 변하지 않을 때 유동은 **2차원**으로 근사될 수 있다. 예를 들면 자동차 안테나 주위의 공기 유동은 안테나의 끝 부분을 제외하고 2차원으로 간주될 수 있으며, 이는 안테나의 길이가 직경에 비해 매우 크며, 안테나에 부딪치는 공기 흐름이 상당히 균일하기 때문이다(그림 1-25).

그림 1-25
자동차 안테나 주위의 유동은 안테나의 위와 아래 근처를 제외하고 대략 2차원이다.

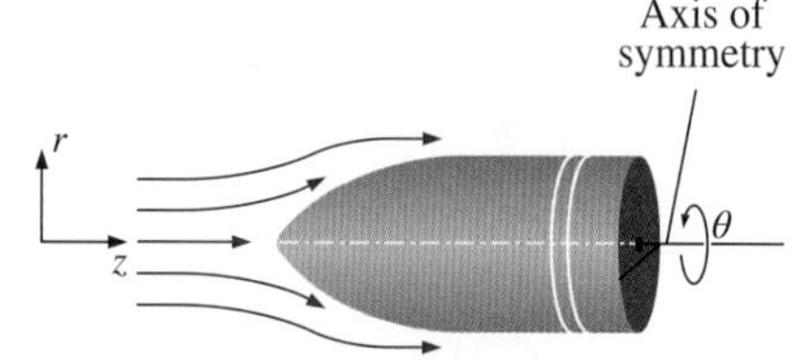

그림 1-26
총알 위를 지나는 축대칭 유동.

예제 1-1 총알 위를 지나는 축대칭 유동

고요한 공기를 짧은 시간 내에 관통하는 총알을 고려하자. 총알의 속도는 거의 일정하다. 총알이 날아갈 때 총알 위의 시간 평균된 공기흐름이 1차원, 2차원 또는 3차원인지를 구하라(그림 1-26).

풀이 총알 위의 공기 유동이 1차원, 2차원 또는 3차원인지를 결정하고자 한다.

가정 심한 바람이 불지 않으며 총알은 회전하지 않는다.

해석 총알은 대칭축을 가지며 따라서 축 대칭 물체이다. 총알 상류의 공기 흐름이 축에 평행하고, 시간 평균된 공기 유동은 축에 대해 회전 대칭(rotationally symmetric)일 것으로 예상하며 이러한 유동을 축 대칭이라 한다. 이 경우 속도는 축 방향 거리 z와 반경방향 거리 r에 따라 변하지만 회전각 θ에 따라 변하지는 않는다. 그러므로 총알 위의 시간 평균된 공기 유동은 **2차원**이다.

토의 시간 평균된 공기 유동은 축 대칭인 반면에, **순간** 공기 유동은 그림 1-23에 예시된 바와 같이 축 대칭이 아니다. 직교 좌표계에서 유동은 3차원이 될 것이다. 마지막으로 많은 총알은 회전한다.

균일 대 비균일 유동

균일 유동이란 속도, 압력, 온도 등의 모든 유체 상태량이 위치에 따라 변하지 않음을 의미한다. 예로써 풍동 시험 구간은 가능한 한 공기 흐름이 균일하도록 설계된다. 그럼에도 불구하고 앞서 언급한 대로 점착 조건과 경계층의 존재 때문에 풍동 벽면에 접근할수록 유동은 균일하게 유지되지 않는다. 잘 둥글게 다듬어진 파이프 입구(그림 1-24)의 바로 하류의 유동은, 또한 벽면에 근접한 매우 얇은 경계층을 제외하고는 거의 균일하다. 공학적 관행에서 덕트와 파이프의 입구와 출구에서, 실제로 그렇지 않을 경우에도 계산의 단순화를 위하여, 유동은 균일한 것으로 근사해석하는 것이 보통이다. 예로써 그림 1-24의 완전발달 파이프 유동의 속도 단면은 확실히 균일하지 않지만, 계산을 쉽게 할 목적으로, 그 유동을 파이프의 맨 왼쪽의 동일한 평균 속도를 갖는 균일한 단면으로 종종 근사적으로 해석한다. 이런 근사해석이 계산을 보다 쉽게 해주지만, 이로써 보정계수를 필요로 하는 약간의 오차를 초래하게 되는데, 이들에 대한 논의는 운동 에너지와 운동량에 대해 각각 5장과 6장에서 다루어진다.

1–5 ■ 시스템과 검사체적

시스템(system)은 **연구를 위해 선정된 일정량의 질량 또는 공간 내의 영역**으로 정의된다. 시스템 밖의 질량 또는 영역은 **주위**(surroundings)라 불린다. 시스템을 시스템의 주위로부터 분리하는 실제 또는 가상의 표면을 **경계**(boundary)라 한다(그림 1-27). 시스템의 경계는 **고정되거나** 또는 **움직일** 수 있다. 경계는 시스템과 주위 모두에 의해 공유되는 접촉 표면임을 주의하라. 수학적으로 말해서 경계는 두께가 영이며, 따라서 어떤 질량을 담거나 공간에서 어떤 부피를 점유할 수 없다.

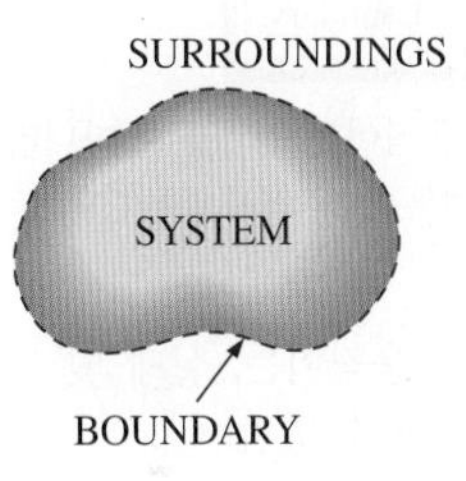

그림 1–27
시스템, 주위와 경계.

시스템은 연구를 위해 고정된 질량을 선정하는지 또는 공간 내의 부피를 선정하는지에 따라 **닫힌**(closed) 또는 **열린**(open) 시스템으로 고려할 수 있다. **닫힌 시스템**[또한 **검사질량**(control mass) 또는 문맥이 분명할 때는 간단히 **시스템**으로도 알려진]은 일정량의 질량으로 구성되고, 어떤 질량도 그 경계를 지나갈 수 없다. 그러나 열 또는 일의 형태로의 에너지는 경계를 지나갈 수 있으며, 닫힌 시스템의 부피는 일정할 필요가 없다. 특수한 경우로서 에너지조차도 경계를 지나가는 것이 허용되지 않는다면, 그 시스템은 **고립된 시스템**이라 불린다.

그림 1-28에 보인 피스톤-실린더 장치를 고려하자. 갇혀 있는 기체가 가열될 때 무슨 일이 일어나는지 알고자 한다고 하자. 현재 관심의 초점이 기체이므로, 기체가 시스템이 된다. 피스톤과 실린더의 내부 표면이 경계가 되며, 이 경계를 어떤 질량도 지나갈 수 없으므로, 이는 닫힌 시스템이다. 에너지는 경계를 지나갈 수 있고, 경계의 일부분(여기서는 피스톤의 내부 표면)이 움직일 수 있음을 주목하라. 피스톤과 실린더를 포함하여 기체 밖의 모든 것은 주위이다.

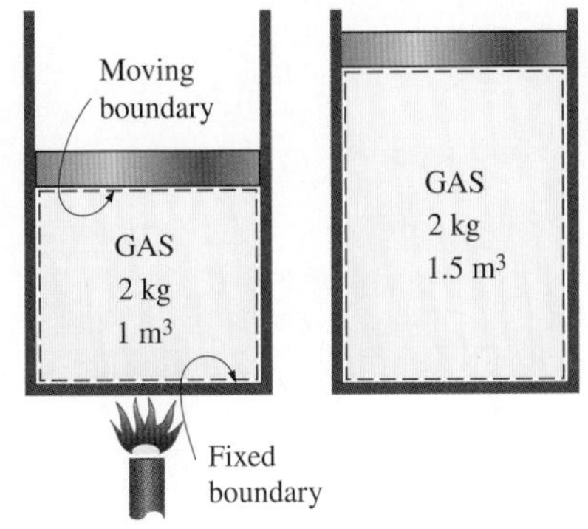

그림 1–28
움직이는 경계를 가진 닫힌 시스템.

종종 **검사체적**(control volume)이라 불리는 **열린 시스템은 공간 내에 적절히 선정된 영역**이다. 이는 압축기, 터빈 또는 노즐과 같이 질량 유동을 수반하는 장치를 통상적으로 포함한다. 이런 장치를 통하는 유동은 장치 내의 영역을 검사체적으로 선정함으로써 가장 잘 연구될 수 있다. 질량과 에너지는 모두 검사체적의 경계(**검사 표면**)를

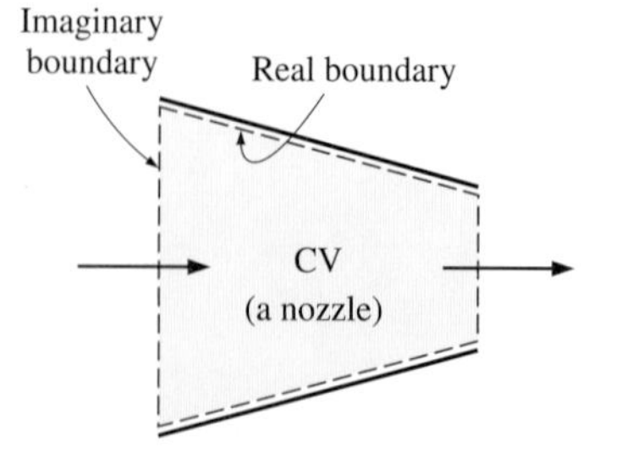

(*a*) 실제와 가상의 경계를 갖는 검사체적(CV)

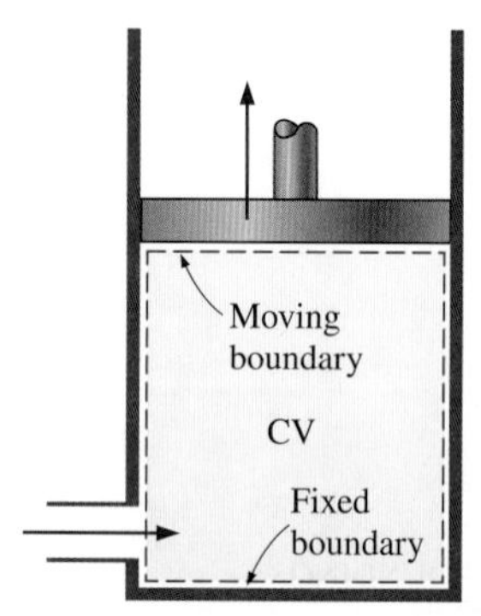

(*b*) 고정된 경계 및 움직이는 경계뿐만 아니라 실제와 가상 경계를 갖는 검사체적(CV)

그림 1-29
검사체적은 고정된, 움직이는, 실제 및 가상의 경계들을 포함할 수 있다.

지나갈 수 있다.

수많은 공학 문제가 열린 시스템을 출입하는 질량 유동을 수반하며, 따라서 **검사체적 모델**로 다루어진다. 물 히터, 자동차 라디에이터, 터빈과 압축기는 모두 질량 유동을 수반하며, 따라서 검사질량(닫힌 시스템) 대신에 검사체적(열린 시스템)으로 해석되어야만 한다. 일반적으로 **공간 내의 어떤 임의의 영역**도 검사체적으로 선정될 수 있다. 검사체적을 선정하기 위한 구체적인 법칙은 없지만, 현명한 선택은 확실히 해석을 훨씬 수월하게 한다. 예를 들면 노즐을 통한 공기의 유동을 해석한다면, 검사체적에 대한 좋은 선택은 노즐 내의 영역이 될 것이다.

노즐의 경우와 같이, 검사체적은 그림 1-29에 보인 것처럼 크기나 모양이 고정될 수도 있고, 또는 움직이는 경계를 포함할 수도 있다. 그러나 대부분의 검사체적은 고정된 경계를 가지며 따라서 어떤 움직이는 경계도 포함하지 않는다. 질량의 상호작용과 더불어, 검사체적은 닫힌 시스템에서와 같이 열과 일의 상호작용을 수반하기도 한다.

1-6 ■ 차원과 단위의 중요성

모든 물리적인 양은 **차원**이란 특징을 지닌다. 차원에 할당된 크기는 **단위**라 불린다. 질량 m, 길이 L, 시간 t 및 온도 T와 같은 몇몇 기초 차원은 **1차 차원**(primary dimension) 또는 **기본차원**으로 선택되고, 반면에 속도 V, 에너지 E 및 부피 V와 같은 다른 차원들은 1차 차원의 항으로 표현되며 **2차 차원**(secondary dimension) 또는 **유도차원**이라 불린다.

다수의 단위계가 세월을 거쳐 발달해왔다. 세계를 하나의 단위계로 통합하려는 과학계와 공학계의 강력한 노력에도 불구하고, 오늘날에도 일반적으로 두 가지 단위계가 여전히 사용되고 있다. 이들은 **미국 관습시스템**(United States Customary System, USCS)으로도 알려져 있는 **영미 시스템**(English system)과 **국제단위계**(International System)로도 알려져 있는 미터법에 의한 **SI**(Le Systéme International d'Unités) 단위계이다. SI는 다양한 단위들 사이의 십진법 관계에 기초한 단순하고 논리적인 시스템이며, 이는 영국을 포함한 대부분의 산업화된 국가에서 과학과 공학 업무에 이용되고 있다. 그러나 영미 시스템은 명확하고 체계적인 수치적 기초가 없고, 이 시스템 내의 다양한 단위들의 관계는 다소 임의적이다(12 in=1 ft, 1 mile=5280 ft, 4 qt=1 gal 등). 따라서 배우기가 혼란스럽고 어렵다. 미국은 아직도 완전히 미터법으로 전환하지 않은 유일한 산업화된 국가이다.

보편적으로 인정되는 단위계를 개발하려는 체계적인 노력은 1790년으로 거슬러 올라가며, 그 당시 프랑스 국회는 프랑스 과학원에 이러한 단위계를 제안하도록 지시하였다. 미터법의 초기 판이 프랑스에서 개발되었으나, 이것이 보편적으로 인정된 것은 1875년에 **미터 규정 조약**이 입안되고 미국을 포함한 17개국의 서명을 얻은 후부터이다. 이 국제조약에서 미터와 그램이 각각 길이와 질량에 대한 미터법 단위로 확립되었고, **도량형 일반 총회**(CGPM)가 설립되어서 매 6년마다 회의를 갖도록 하였다. 1960년에 CGPM은 6개의 기본 양에 기초한 SI를 만들었고, 이들의 단위는 1954년의 10차 도량형 일반 총회에서 채택되었다. 이들은 길이엔 **미터**(m), 질량엔 **킬로그**

램(kg), 시간엔 **초**(s), 전류엔 **암페어**(A), 온도엔 **켈빈 도**(degree Kelvin, °K) 및 조명강도(빛의 양)엔 **칸델라**(cd)이다. 1971년에 CGPM은 7번째 기본 양과 단위를 추가하였으며, 이는 물질의 양에 대한 몰(**mol**)이다.

1967년에 도입된 표기 계획을 기초로, 절대 온도 단위에서 도(°) 기호를 공식적으로 없애기로 하였고, 단위의 이름이 고유 명사로부터 유도되었을지라도 모든 단위 명은 대문자를 쓰지 않기로 하였다(표 1-1). 그러나 단위가 고유 명사로부터 유래된 경우에는 단위의 약자는 대문자로 써야 한다. 예를 들면 힘의 SI 단위는 Isaac Newton 경(1647-1723)의 이름을 따서 명명된 것인데, **newton**(Newton이 아님)이고, 이것의 약자는 N이다. 또한 단위의 원래 명칭은 복수형으로 쓸 수 있지만, 약자는 그렇지 않다. 예를 들면 물체의 길이는 5 m 또는 5 meters로 쓸 수 있지만, 5 ms 또는 5 meter로 **쓸 수 없다**. 끝으로 단위의 약자는 문장의 마지막에 오지 않는 한 마침표와 함께 쓰지 않는다. 예를 들면 meter의 적절한 약자는 m(m. 이 아닌)이다.

미국에서 최근 미터법 채택에 대한 움직임은, 미국을 제외한 전 세계에 대한 대응으로 하원이 미터법 연구 법안을 통과시킨 이후부터 시작되었다고 보인다. 하원은 1975년에 미터법 전환법을 통과시킴으로써 미터법으로의 자발적 전환을 지속적으로 증진시키도록 하고 있다. 1988년에 하원에 의해 통과된 통상 법안은 모든 연방 기관이 미터법으로 전환하도록 1992년 9월을 마감일로 정하였다. 그러나 그 마감일은 장래에 대한 분명한 계획 없이 뒤로 늦추어졌다.

지적한 바와 같이, SI는 단위들 사이의 십진법 관계에 기초를 두고 있다. 표 1-2는 다양한 단위의 배수를 표현하기 위해 사용되는 접두사를 열거하고 있다. 접두사들은 모든 단위에 대해 표준화되어 있고, 따라서 널리 사용되므로 학생들에게 이중 일부를 암기하기를 권장한다(그림 1-30).

몇몇 SI 및 영미 단위

SI에 있어서 질량, 길이와 시간의 단위는 각각 킬로그램(kg), 미터(m)와 초(s)이다. 이에 대응하는 영미 단위계는 파운드-질량(lbm), 풋(ft)과 초(s)이다. 파운드 기호 **lb**는 실제로는 **libra**의 약자인데, 이는 고대 로마의 중량 단위였다. 영국은 이 기호를 410년에 로마의 브리튼 점령이 끝난 뒤에도 계속 유지하였다. 두 가지 시스템에서의 질량과 길이 단위는 서로 다음과 같이 관련되어 있다.

$$1\ \text{lbm} = 0.45359\ \text{kg}$$

$$1\ \text{ft} = 0.3048\ \text{m}$$

영미 시스템에서 힘은 통상적으로 1차 차원의 하나로 간주되며, 이는 유도되지 않은 단위로 할당된다. 이것이 많은 공식에서 차원을 갖는 상수(g_c)의 이용을 필요로 하는 혼동과 오류의 원인이 된다. 이런 성가신 일을 피하기 위해, 힘을 Newton의 제 2법칙으로부터 유도되는 단위를 갖는 2차 차원으로 고려한다. 즉,

$$\text{힘} = (\text{질량})\ (\text{가속도})$$

또는

$$F = ma \tag{1-1}$$

표 1-1

7가지 기본차원과 SI로 표시된 단위

Dimension	Unit
Length	meter (m)
Mass	kilogram (kg)
Time	second (s)
Temperature	kelvin (K)
Electric current	ampere (A)
Amount of light	candela (cd)
Amount of matter	mole (mol)

표 1-2

SI 단위에서의 표준 접두사

Multiple	Prefix
10^{24}	yotta, Y
10^{21}	zetta, Z
10^{18}	exa, E
10^{15}	peta, P
10^{12}	tera, T
10^{9}	giga, G
10^{6}	mega, M
10^{3}	kilo, k
10^{2}	hecto, h
10^{1}	deka, da
10^{-1}	deci, d
10^{-2}	centi, c
10^{-3}	milli, m
10^{-6}	micro, μ
10^{-9}	nano, n
10^{-12}	pico, p
10^{-15}	femto, f
10^{-18}	atto, a
10^{-21}	zepto, z
10^{-24}	yocto, y

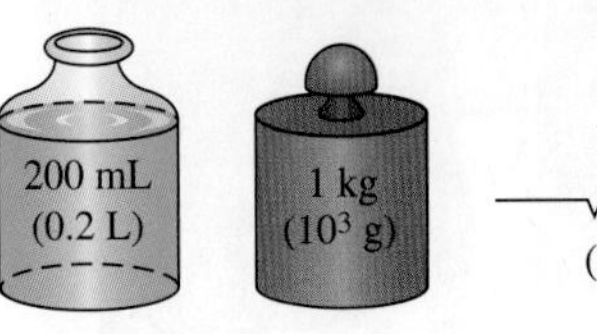

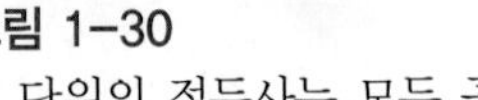

그림 1-30
SI 단위의 접두사는 모든 공학 분야에 사용된다.

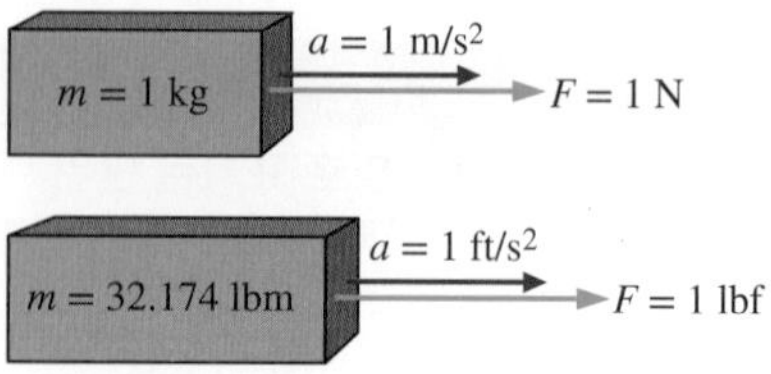

$m = 1$ kg $a = 1$ m/s² $F = 1$ N

$m = 32.174$ lbm $a = 1$ ft/s² $F = 1$ lbf

그림 1-31
힘의 단위에 대한 정의.

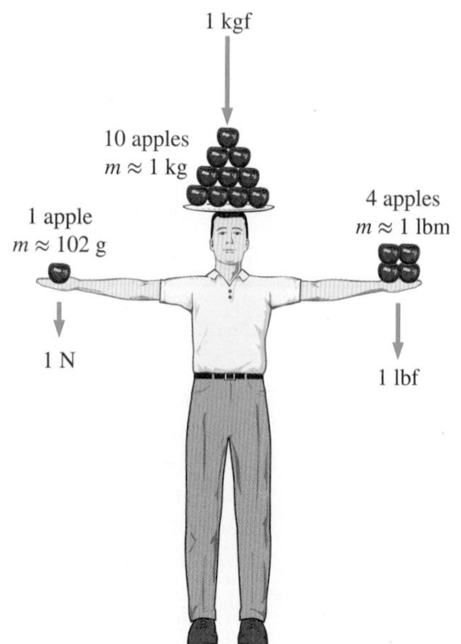

그림 1-32
힘의 단위 뉴턴(N), 킬로그램-힘(kgf)과 파운드-힘(lbf)의 상대적 크기.

그림 1-33
지구에서 몸무게 72 kgf는 달에서는 단지 12 kgf가 될 것이다.

SI에서 힘의 단위는 뉴턴(N)이고, 이는 **1 kg의 질량을 1 m/s²의 비율로 가속시키는데 필요한 힘**으로 정의된다. 영미 시스템에서 힘의 단위는 **파운드-힘**(lbf)이고, 이는 **32.174 lbm(1 slug)의 질량을 1 ft/s²의 비율로 가속시키는데 필요한 힘**으로 정의된다(그림 1-31). 즉,

$$1\ \text{N} = 1\ \text{kg}\cdot\text{m/s}^2$$
$$1\ \text{lbf} = 32.174\ \text{lbm}\cdot\text{ft/s}^2$$

그림 1-32에 보인 바와 같이, 1 N의 힘은 대략 작은 사과(m=102 g)의 중량에 해당하고, 1 lbf의 힘은 대략 중간 크기의 사과 네 개(m_{total}=454 g)의 중량에 해당한다. 유럽의 여러 국가에서 보편적으로 사용하고 있는 또 다른 힘의 단위는 **킬로그램-힘**(kgf)인데, 이는 해수면에서 질량 1 kg의 중량이다(1 kgf=9.807 N).

중량이란 용어는 종종 질량을 표현할 곳에 오용되는데, 특히 "체중에 신경 쓰는 사람"에 의해 잘못 사용된다. 질량과 달리 중량 W는 **힘**이다. 이는 어떤 물체에 작용하는 중력이고, 그 크기는 다음과 같은 Newton의 제 2법칙에 기초한 방정식으로부터 결정된다.

$$W = mg \qquad (\text{N}) \tag{1-2}$$

여기서 m은 물체의 질량이고, g는 국소 중력가속도(g는 위도 45°의 해수면에서 9.807 m/s² 또는 32.174 ft/s²)이다. 보통의 목욕탕 저울로 신체에 작용하는 중력을 측정한다. 물체의 단위 부피당 중량은 **비중량**(specific weight) γ로 불리고 이는 $\gamma=\rho g$로부터 결정되는데, 여기서 ρ는 밀도이다.

물체의 질량은 우주의 어느 곳에 있든지 동일하게 유지된다. 그러나 중량은 중력가속도가 바뀌면 따라 변한다. 고도에 따라 g가 (작은 양) 감소하기 때문에 산꼭대기에서 몸무게는 덜 나가게 된다(작은 양만큼). 달 표면에서 우주인의 몸무게는 보통 지구상에서 재는 체중의 약 6분의 1이 된다(그림 1-33).

그림 1-34에 예시한 바와 같이, 해수면에서 질량 1 kg은 9.807 N의 중량을 갖는다. 그러나 1 lbm의 질량은 1 lbf의 중량을 가진다. 이것이 사람들로 하여금 파운드-질량과 파운드-힘을 서로 교환하여 그냥 파운드(lb)로 사용할 수 있다고 믿도록 호도하는 것이며, 또한 영미 시스템에서 주된 오류의 원천이 되고 있다.

질량에 작용하는 **중력**은 질량들 사이의 **인력**에 기인하며, 따라서 이는 질량의 크기에 비례하고 질량들 사이의 거리의 제곱에 반비례한다는 점을 주목해야 한다. 그러므로 어떤 위치에서의 중력가속도 g는 **위도**, 지구 중심까지의 거리 그리고 비교적 작지만 달과 해의 위치에 의존한다. g의 값은 해수면 이하 4500 m에서 9.8295 m/s²부터, 해수면 위로 100,000 m에서 7.3218 m/s²까지 위치에 따라 변한다. 그러나 g의 변화는 고도 30,000 m까지는 해수면 값인 9.807 m/s²으로부터 1% 이내이다. 따라서 대부분의 실용적 목적에서 중력가속도는 9.807 m/s²인 **상수**로 가정할 수 있으며, 이는 종종 반올림하여 9.81 m/s²이다. 흥미로운 것은 해수면 아래의 위치에서, g의 값은 해수면으로부터의 거리에 따라 증가하다가 약 4500 m에서 최댓값에 도달하고, 그런 다음 감소하기 시작한다는 점이다(지구 중심에서 g의 값은 얼마라고 생각하는가?).

질량과 중량이 혼동되는 주된 원인은 질량이 통상적으로 그 질량에 작용하는 **중력**을 측정함으로써 **간접적**으로 측정되기 때문이다. 또한 이 접근 방법은 공기의 부력과 유체 운동과 같은 다른 효과들에 의해 작용하는 힘들은 무시할 수 있다고 가정한다. 이는 마치 별까지의 거리를 별의 적색편이(red shift)로 측정한다거나, 또는 비행기의 고도를 대기압으로 측정하는 것과 같다. 이들 모두는 역시 간접적 측정이다. 질량 측정의 올바른 **직접적** 방법은 측정하고자 하는 질량을 기존에 알고 있는 질량과 비교하는 것이다. 이는 성가신 일이지만, 보정(calibration)과 귀금속의 측정을 위해 대부분이 방법이 사용되고 있다.

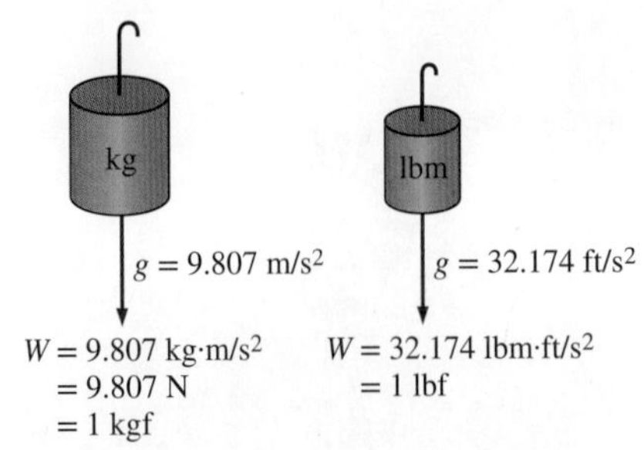

그림 1–34
해수면에서 단위 질량의 중량.

에너지의 한 형태인 **일**(work)은 힘 곱하기 거리로 간단히 정의될 수 있다. 그러므로 일은 "뉴턴-미터(N·m)"의 단위를 가지며 **줄**(J)이라 불린다. 즉,

$$1\ \text{J} = 1\ \text{N·m} \tag{1–3}$$

SI에서 에너지에 대한 보다 보편적인 단위는 킬로줄(1 kJ=103 J)이다. 영미 시스템에서 에너지 단위는 **Btu**(영국 열 단위)이며, 이는 68°F에서 물 1 lbm를 1°F 올리는데 필요한 에너지로 정의된다. 미터법에서는 14.5°C에서 물 1g을 1°C 올리는데 필요한 에너지의 양이 **1칼로리**(cal)로 정의되고, 1 cal=4.1868 J이다. 킬로줄과 Btu의 크기는 거의 같다(1 Btu=1.0551 kJ). 여기서 이런 단위들에 대한 감을 잡는 좋은 방법이 있다. 만약 보통 성냥 하나를 켜서 그것이 다 타버리도록 놔둘 때, 이것이 대략 1 Btu(또는 1 kJ)의 에너지를 만들어낸다(그림 1-35).

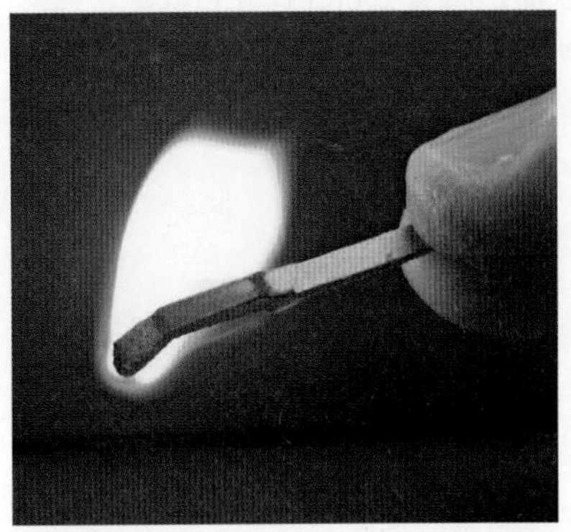

그림 1–35
한 개의 보통 성냥이 완전히 탈 경우 약 1 Btu (또는 1 kJ)의 에너지를 만들어낸다.
Photo by John M. Cimbala.

에너지의 시간률에 대한 단위는 초당 줄(J/s)이며, 이를 **와트**(watt, W)라 한다. 일의 경우에 있어서, 에너지의 시간률은 **동력**(power)이라 한다. 통상 사용되는 동력의 단위는 마력(horsepower, hp)이며 이는 745.7 W와 등가이다. 전기에너지는 보통 킬로와트-시(kWh)의 단위로 표현되며 이는 3600 kJ과 등가이다. 1 kW의 정격 동력을 가진 전기기구는 한 시간 동안 연속적으로 사용될 때 1 kWh의 전기를 소비한다. 전기 동력 발생을 다룰 때 kW 또는 kWh 단위는 종종 혼동된다. kW 또는 kJ/s는 동력의 단위이고 kWh는 에너지의 단위임을 유의하라. 그러므로 "새 풍력 터빈이 1년에 50 kW의 전기를 발전할 것이다"라는 말은 의미가 없고 부정확한 것이다. 올바른 표현은 "50 kW의 정격 동력을 가진 새 풍력 터빈이 1년에 120,000 kWh의 전기를 발전할 것이다"와 같은 말이 되어야 한다.

차원의 동차성

우리 모두는 사과와 오렌지는 서로 덧셈하지 않는다는 것을 알고 있다. 그러나 어쨌든 그런 일을 하곤 한다(물론 실수로). 공학에서 모든 방정식은 **차원의 동차성**(dimensional homogeneity)을 만족해야만 한다. 즉 방정식의 모든 항들은 동일한 차원을 가져야만 한다. 해석의 어떤 단계에서 다른 차원이나 단위를 갖는 두 개의 양을 더해야 한다면, 이는 앞선 단계에서 실수를 했다는 분명한 표시이다. 그러므로 차원(또는 단위)을 검산하는 것은 실수를 찾아내는 값진 도구로 이용될 수 있다.

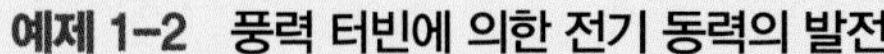

예제 1-2 풍력 터빈에 의한 전기 동력의 발전

어떤 학교가 전기 동력을 위해 \$0.09/kWh를 지불하고 있다. 전기 사용료를 줄이기 위해 학교에서 정격 동력이 30 kW인 풍력 터빈을 설치한다(그림 1-36). 만약 터빈이 1년에 정격 동력으로 2200시간 운전된다면 풍력 터빈에 의하여 발전된 전기에너지와 1년에 학교가 절약하게 되는 비용을 구하라.

그림 1-36
예제 1-2에서 논의된 풍력 터빈.
Photo by Andrew Cimbala.

풀이 전기를 발전하기 위해 풍력 터빈을 설치한다. 발전된 전기에너지의 양과 1년에 절약되는 비용을 구하고자 한다.

해석 풍력 터빈이 30 kW 또는 30 kJ/s의 비율로 전기에너지를 생산한다. 그러면 1년에 발전되는 전기에너지의 총량은

$$\begin{aligned}\text{총 에너지} &= (\text{단위 시간당 에너지})(\text{시간 간격}) \\ &= (30\ \text{kW})(2200\ \text{h}) \\ &= \mathbf{66{,}000\ kWh}\end{aligned}$$

1년에 절약되는 비용은 다음과 같이 결정되는 이 에너지의 금전적인 값이 된다.

$$\begin{aligned}\text{절약된 비용} &= (\text{총 에너지})(\text{에너지의 단가}) \\ &= (66{,}000\ \text{kWh})(\$0.09/\text{kWh}) \\ &= \mathbf{\$\ 5940}\end{aligned}$$

토의 연간 전기에너지 생산도 단위 조작에 의하여 다음과 같이 kJ로 결정될 수 있다.

$$\text{총 에너지} = (30\ \text{kW})(2200\ \text{h})\left(\frac{3600\ \text{s}}{1\ \text{h}}\right)\left(\frac{1\ \text{kJ/s}}{1\ \text{kW}}\right) = 2.38 \times 10^8\ \text{kJ}$$

이것은 66,000 kWh(1 kWh = 3600 kJ)와 등가이다.

단위를 문제 풀이 과정에 조심스럽게 사용하지 않을 경우, 이는 굉장한 두통거리가 된다는 점을 경험으로부터 알고 있을 것이다. 그러나 다소간의 주의와 수완으로 단위들은 유용하게 이용될 수 있다. 이들은 공식을 검산하는데 이용될 수 있으며, 다음 예제의 설명처럼 때때로 공식을 **유도하는** 데 이용될 수도 있다.

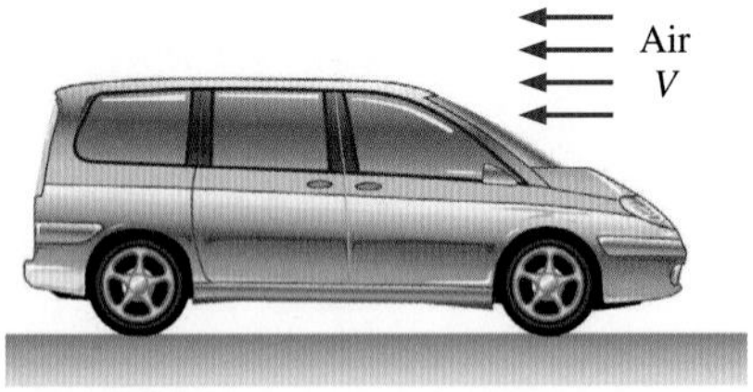

그림 1-37
예제 1-3에 대한 개략도.

예제 1-3 단위를 고려하여 공식 구하기

공기에 의해 자동차에 작용하는 항력은 무차원 항력계수, 공기 밀도, 자동차 속도, 자동차의 정면도 면적에 의존한다(그림 1-37). 즉, $F_D = F_D(C_{\text{drag}}, A_{\text{front}}, \rho, V)$. 단위만을 고려하여 항력에 대한 관계식을 구하라.

풀이 자동차에 작용하는 공기 항력에 대한 관계식을 항력계수, 공기 밀도, 자동차 속도, 자동차의 정면도 면적의 항들로 구한다.

해석 항력은 무차원 항력계수, 공기 밀도, 자동차 속도, 정면도 면적에 의존한다. 또한 힘 F의 단위는 뉴턴 N인데 이는 kg·m/s²과 동등하다. 그러므로 독립 변수들은 항력에 대해 결국 kg·m/s²의 단위를 갖도록 정리되어야만 한다. 주어진 정보를 넣어 예측해 보면 다음과 같다.

$$F_D[\text{kg}\cdot\text{m/s}^2] \Leftarrow C_{\text{drag}}[-],\ A_{\text{front}}[\text{m}^2],\ \rho[\text{kg/m}^3],\ \text{and}\ V[\text{m/s}]$$

항력에 대한 단위 "kg · m/s²"로 관계식을 완성하기 위해서는 항력계수는 비례 상수로서 역할을 하면서, 밀도를 속도의 제곱과 정면도 면적에 곱하는 길 외에 다른 방도가 없음이 분명하다. 그러므로 원하는 관계식은 아래와 같다.

$$F_D = C_{\text{drag}}\rho A_{\text{front}}V^2 \leftrightarrow \text{kg}\cdot\text{m/s}^2 = [\text{kg/m}^3][\text{m}^2][\text{m}^2/\text{s}^2]$$

토의 항력계수는 무차원이고 따라서 그것이 분자나 분모로 갈지 또는 지수의 항으로 처리될지 등등의 여부를 확신할 수 없다. 그러나 상식적으로 항력은 항력계수에 선형적으로 비례할 것으로 여겨진다.

차원적으로 동차가 아닌 공식은 틀림없이 잘못된 것이지만(그림 1-38), 차원적으로 동차인 공식도 반드시 옳은 것만은 아님을 독자들은 명심해야 한다.

단일 변환 비율

모든 1차 차원이 아닌 차원들은 1차 차원들의 적절한 결합으로 형성될 수 있는 것과 마찬가지로, **모든 1차 단위가 아닌 단위(2차 단위)들도 1차 단위들의 결합으로 형성될 수 있다**. 예를 들면 힘의 단위는 다음과 같이 표현될 수 있다.

$$\text{N} = \text{kg}\,\frac{\text{m}}{\text{s}^2} \qquad \text{및} \qquad \text{lbf} = 32.174\ \text{lbm}\,\frac{\text{ft}}{\text{s}^2}$$

이들은 또한 **단일 변환 비율**(unity conversion ratio)로 아래와 같이 보다 편리하게 표현될 수 있다.

$$\frac{\text{N}}{\text{kg}\cdot\text{m/s}^2} = 1 \qquad \text{및} \qquad \frac{\text{lbf}}{32.174\ \text{lbm}\cdot\text{ft/s}^2} = 1$$

단일 변환 비율은 정확히 1이고 단위가 없으며, 따라서 이러한 비율들(또는 역수들)은 단위를 적절히 변환하기 위한 어떤 계산에도 편리하게 포함될 수 있다(그림 1-39). 단위를 변환할 때 여기에 주어진 바와 같은 단일 변환 비율을 항상 사용할 것을 독자들에게 권장한다. 몇몇 교재들은 힘의 단위들을 맞추기 위하여 $g_c = 32.174$ lbm·ft/lbf·s² $=$ kg·m/N·s² $= 1$로 정의된 구식의 중력상수 g_c를 방정식에 포함하고 있다. 불필요한 혼동을 초래하므로, 저자들은 이를 사용하지 않도록 하고 있다. 대신에 학생들은 단일 변환 비율을 사용하기를 권장한다.

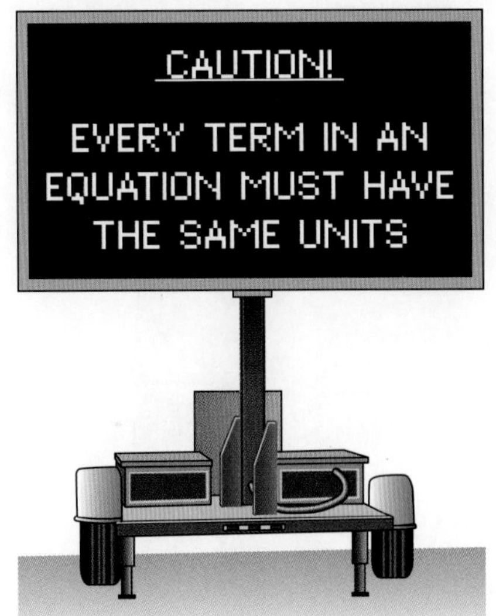

그림 1-38
계산에 있어서 항상 단위를 검토하라.

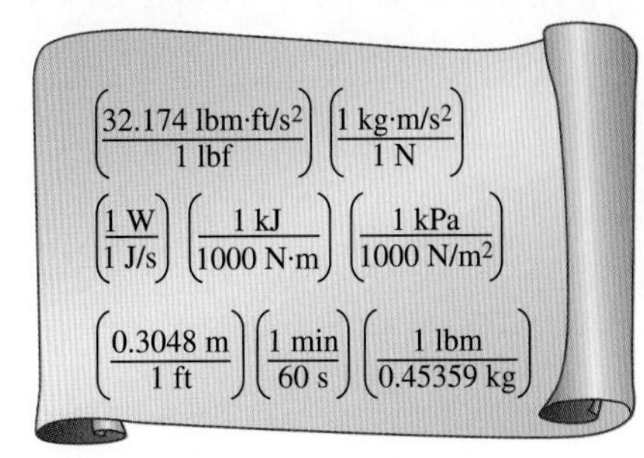

그림 1-39
모든 단일 변환 비율은(그것의 역수도 또한) 정확히 1과 같다. 여기 보인 것은 보통 이용되는 몇몇 단일 변환 비율이다.

예제 1-4 1 파운드-질량의 중량

단일 변환 비율을 이용하여, 1.00 lbm이 지구에서 1.00 lbf의 중량이 됨을 보여라(그림 1-40).

풀이 1.00 lbm의 질량은 표준 지구 중력을 받는다. 이 질량의 중량을 lbf 단위로 구하고자 한다.

가정 표준 해수면 조건을 가정한다.

상태량 중력 상수는 g=32.174 ft/s²이다.

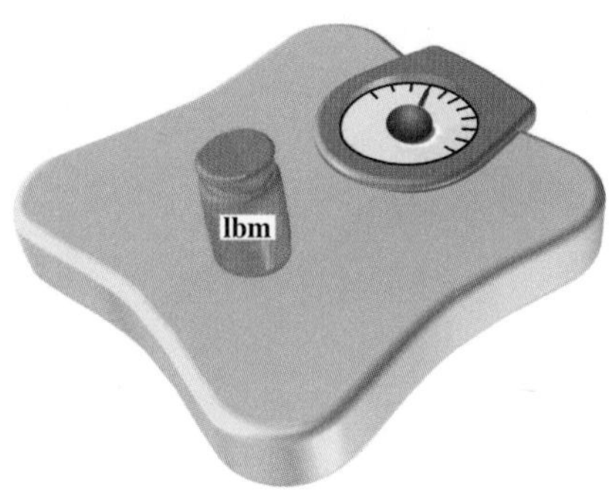

그림 1-40
질량 1 lbm는 지구에서 1 lbf의 중량이다.

해석 알고 있는 질량과 가속도에 상응하는 중량(힘)을 계산하기 위해 Newton의 제2법칙을 적용한다. 어떤 물체의 중량은 그 질량에 국소 중력가속도를 곱한 것과 같다. 따라서,

$$W = mg = (1.00\ \text{lbm})(32.174\ \text{ft/s}^2)\left(\frac{1\ \text{lbf}}{32.174\ \text{lbm}\cdot\text{ft/s}^2}\right) = \mathbf{1.00\ lbf}$$

토의 이 식에서 큰 괄호 내의 양은 단일 변환 비율이다. 질량은 그 질량의 위치와 관계없이 동일하다. 그러나 다른 중력가속도를 갖는 다른 행성에서는 1 lbm에 상응하는 중량은 여기서 계산된 것과는 다를 것이다.

아침 식사용 시리얼 한 박스를 샀을 때, 그 박스에는 "순 중량: 1파운드(454그램)"이라고 쓰여 있을 것이다(그림 1-41 참조). 기술적으로 이는 박스 속의 시리얼이 지구상에서 1.00 lbf의 중량이 나가고 453.6 g(0.4536 kg)의 질량을 가짐을 의미한다. Newton의 제2법칙을 이용하면, 미터법으로 지구상에서의 시리얼의 실제 중량은 다음과 같다.

$$W = mg = (453.6\ \text{g})(9.81\ \text{m/s}^2)\left(\frac{1\ \text{N}}{1\ \text{kg}\cdot\text{m/s}^2}\right)\left(\frac{1\ \text{kg}}{1000\ \text{g}}\right) = 4.49\ \text{N}$$

그림 1-41
미터법 단위에 있어서의 익살스런 한 마디.

1-7 ■ 공학에서의 모델링

공학적 장치 또는 과정은 **실험적으로**(시험과 측정 수행) 또는 **해석적으로**(해석 또는 계산에 의해) 연구될 수 있다. 실험적 접근법은 실제로 물리적 시스템을 다루는 이점을 가지며, 원하는 양은 측정에 의해 실험 오차의 한계 내에서 결정된다. 그러나 이 접근법은 비용이 많이 들고, 시간이 많이 들며, 따라서 종종 비실제적이다. 그 외에도 연구 중인 시스템이 존재조차 하지 않을 수도 있다. 예를 들면 건물의 전체 난방과 배관 시스템은 통상적으로 그 건물이 주어진 시방서에 따라 실제로 지어지기 **전에** 크기가 결정되어야만 한다. 해석적 접근법(수치적 접근법을 포함하여)은 빠르고 비싸지 않다는 이점을 갖지만, 산출 결과는 해석에서 사용한 가정, 근사와 이상화의 정확도에 의존한다. 공학 연구에서는 해석을 통하여 선택의 수를 단지 몇 개로 줄이고, 그 다음으로 찾아낸 사실을 실험적으로 검증함으로써 종종 좋은 타협점에 이르게 된다.

대부분의 과학적 문제에 대한 서술은 몇몇 핵심 변수들의 변화들을 서로 연계시키는 방정식을 수반한다. 보통은 변화하는 변수에서 선정된 증분이 작을수록 보다 일반적이고 정확한 서술이 된다. 변수의 극소(infinitesimal) 또는 미소(differential) 변화와 같은 극한의 경우, 변화율을 **도함수**로 나타냄으로써 물리적 원리와 법칙에 대한 정확한 수학적 공식을 제공하는 **미분 방정식**을 얻는다. 그러므로 과학과 공학에서의 다양한 문제를 연구하는데 미분 방정식이 이용된다(그림 1-42). 그러나 실제 부닥치는 많은 문제들은 미분 방정식과 이에 연관된 복잡함을 고려하지 않고도 해결될 수 있다.

물리적 현상의 연구는 두 가지 중요한 단계를 수반한다. 첫 번째 단계에서는, 현상에 영향을 미치는 모든 변수가 확인되고, 합리적인 가정과 근사가 설정되며, 그리고

이들 변수들의 상호의존성이 연구된다. 합당한 물리법칙과 원리가 인용되고, 문제가 수학적으로 수식화된다. 이 방정식은 그 자체로도 매우 교육적이며, 이는 이 방정식이 어떤 변수의 다른 변수들에 대한 종속성의 정도와 다양한 항들의 상대적 중요성을 보여주기 때문이다. 두 번째 단계에서는, 문제는 적절한 접근법을 이용하여 해결되고, 그 결과의 의미가 해석된다.

자연에서 일정한 순서 없이 무작위로 발생하는 것처럼 보이는 많은 과정들은, 사실상, 몇몇 가시적인 또는 비가시적인 물리 법칙들에 의해 지배되고 있다. 알아차리던 못하든 간에, 이들 법칙은 일상적인 사건처럼 보이는 것을 일관되고 예측 가능하게 지배하면서 존재하고 있다. 이들 법칙의 대부분은 과학자들에 의해 잘 정의되고 이해되고 있다. 이는 사건이 실제 일어나기 전에 사건의 과정을 예측하거나, 또는 비용과 시간을 소비하는 실험을 실제적으로 수행하지 않고 사건의 다양한 측면을 수학적으로 연구하는 것을 가능토록 한다. 여기에 바로 해석의 힘이 존재한다. 적합하고 현실적인 수학적 모델을 이용하여, 의미 있고 실용적인 문제에 대한 매우 정확한 결과를 상대적으로 적은 노력을 들여 얻을 수 있다. 이와 같은 모델을 준비하기 위해서는 관련된 자연 현상에 대한 적합한 지식과 합당한 법칙 및 건전한 판단을 요구한다. 비현실적인 모델은 분명히 부정확하고 따라서 받아들일 수 없는 결과를 산출할 것이다.

공학 과제를 다루는 해석자는 종종 매우 정확하나 복잡한 모델과 단순하나 그렇게 정교하지 못한 모델 사이에서 선택을 강요당하는 자신들을 발견하곤 한다. 올바른 선택은 당면한 상황에 달려있다. 올바른 선택은 보통 만족할 만한 결과를 초래하는 가장 단순한 모델이다(그림 1-43). 또한 장비를 선정할 때 실제 운전조건을 고려하는 것이 중요하다.

매우 정확하나 복잡한 모델을 준비하는 것은 그리 어렵지 않다. 그러나 이러한 모

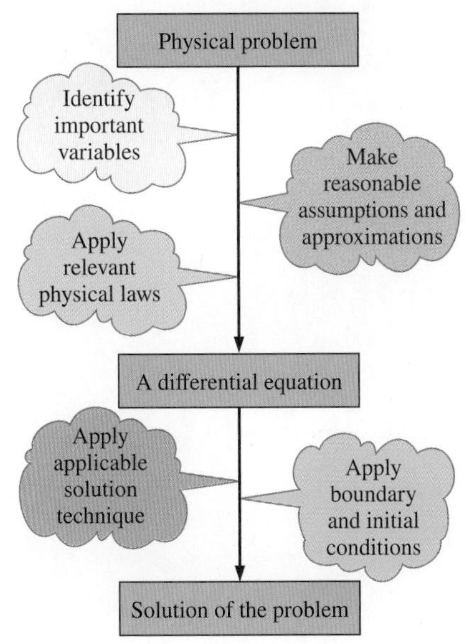

그림 1–42
물리 문제의 수학적 모델링.

(*a*) 실제 공학 문제

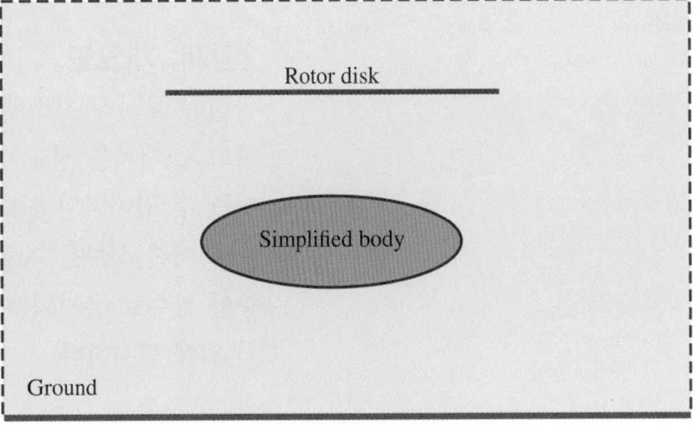

(*b*) 공학 문제의 최소한의 필수적 모델

그림 1–43
어려운 공학 문제에 대한 근사적인 해를 얻기 위해 유체역학에서는 단순화된 모델이 자주 이용된다. 여기서 헬리콥터의 로터는 하나의 원판으로 모델링되었는데, 그것을 가로질러서 압력의 급작스런 변화가 부과되어 있다. 헬리콥터의 몸체는 단순한 타원으로 모델링되었다. 이 단순화된 모델은 지면 근처의 전체 공기 유동장에 대한 필수적인 특징을 도출한다.
(a) Photo by John M. Cimbala.

델은 풀기가 매우 어렵고 시간을 소비하므로 해석자에게 많이 이용되지 못한다. 최소한으로 모델은 그것이 대표하는 물리적 문제의 근본적 특징을 반영해야만 한다. 단순한 모델로 해석될 수 있는 많은 중요한 실제 문제가 있다. 그러나 해석으로부터 얻은 결과는 고작해야 문제를 단순화시키는 과정에서 만들어진 가정만큼 정확하다는 사실을 항상 명심해야만 한다. 그러므로 얻은 해답은 원래의 가정이 유효하지 않는 상황에 적용되어서는 안 된다.

문제의 관찰된 속성과 잘 일치하지 않는 해답은 사용한 수학적 모델이 너무 단순화되었음을 의미한다. 이와 같은 경우, 하나 또는 그 이상의 의문스런 가정을 제거함으로써 보다 현실적인 모델을 준비해야 한다. 이는 물론 풀기가 훨씬 어려운 더욱 복잡한 문제로 귀결된다. 따라서 문제에 대한 모든 해답은 그 수식의 배경 내에서 해석되어야 한다.

1-8 ■ 문제 풀이 기술

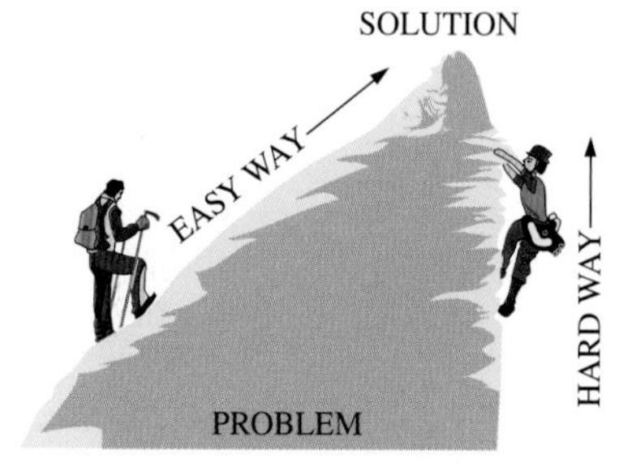

그림 1-44
단계별 접근법이 문제 풀이를 크게 단순화시킨다.

모든 과학을 배우는 첫 단계는 원리를 파악하고 과학에 대한 올바른 지식을 습득하는 것이다. 다음 단계는 이 지식을 시험해봄으로써 원리를 숙달하는 것이다. 이는 중요한 실제 문제를 풀어봄으로써 달성된다. 이와 같은 문제를 푸는 것, 특히 복잡한 것들은 체계적인 접근법을 요구한다. 단계별 접근법을 이용하여, 엔지니어는 복잡한 문제의 풀이를 일련의 단순한 문제들의 풀이로 줄일 수 있다(그림 1-44). 문제를 풀 때 가능한 한 다음 단계들을 사용할 것을 권장한다. 이러한 방법은 문제 풀이에 관련하여 흔히 있는 함정을 피할 수 있게 할 것이다.

1단계: 문제 설명

당면한 문제, 주어진 핵심 정보, 그리고 찾아내야 하는 양을 자신만의 언어로 간단히 서술한다. 이는 문제를 풀기 전에 문제와 목적을 이해하고 있는지를 확인하는 것이다.

2단계: 개요도

관련된 물리적 시스템의 현실적인 스케치를 그리고, 그림 위에 적합한 정보를 나열하라. 스케치를 정교하게 할 필요는 없지만, 실제 시스템을 닮고 핵심적인 특징을 보여줄 수 있어야만 한다. 주위와 상호작용하는 에너지와 질량을 표시하라. 스케치 위에 주어진 정보를 나열하는 것은 문제 전체를 한 번에 볼 수 있도록 한다. 또한 과정 중에 상수로 유지되는 상태량(등온 과정 중의 온도와 같은)을 검토하고 그들을 스케치 위에 표시한다.

3단계: 가정과 근사

문제에 대한 답을 얻을 수 있도록 문제를 단순화시키는데 사용한 적절한 가정과 근사를 기술한다. 의심스러운 가정의 정당성을 검토하라. 필요한 누락 양에 대하여 합리적인 값을 가정하라. 예를 들면 대기압에 대한 상세한 자료가 없을 경우, 이는 1기압으로 간주될 수 있다. 그러나 해석에서 주목해야 할 사항은 대기압은 고도의 증가에 따라 감소한다는 점이다. 예를 들면 대기압은 Denver(고도 1610 m)에서 0.83기압으로 떨어진다(그림 1-45).

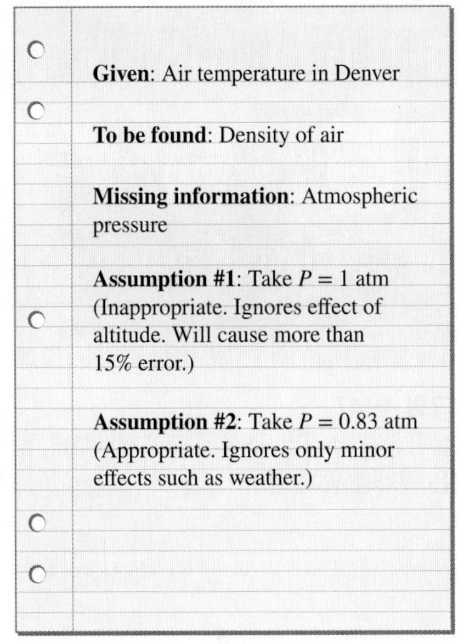
Given: Air temperature in Denver

To be found: Density of air

Missing information: Atmospheric pressure

Assumption #1: Take P = 1 atm (Inappropriate. Ignores effect of altitude. Will cause more than 15% error.)

Assumption #2: Take P = 0.83 atm (Appropriate. Ignores only minor effects such as weather.)

그림 1-45
공학 문제 풀이 중에 설정된 가정은 합리적이고 정당성이 있어야 한다.

4단계: 물리 법칙

관련된 모든 기본 물리 법칙과 원리(질량 보존과 같은)를 적용하라. 그리고 설정한 가정을 이용하여 이들을 가장 단순한 형태로 줄여라. 그러나 물리 법칙이 적용되는 영역이 우선 분명히 확인되어야 한다. 예를 들면 노즐을 통해 흐르는 물의 속도 증가는 노즐의 입구와 출구 사이의 질량 보존을 적용함으로써 해석된다.

5단계: 상태량

주어진 상태에서 문제를 풀기 위해 필수적인 미지의 상태량을 상태량 관계식 또는 표로부터 구하라. 상태량들을 별도로 나열하고, 밝힐 수 있다면 출처를 표시하라.

6단계: 계산

단순화된 관계식에 알고 있는 수치를 대입하고, 미지수를 결정하기 위해 계산을 수행하라. 단위들과 단위의 상쇄에 특별한 주의를 기울이고, 단위가 없는 차원 양(dimensional quantity)은 무의미함을 기억하라. 또한 계산기의 화면에 보이는 숫자의 모든 자릿수를 옮겨쓰면 높은 정밀도를 얻는다는 잘못된 생각을 갖지 말고, 최종 결과를 유효숫자의 적절한 자릿수로 반올림하라(1-10절).

7단계: 추론, 검증 및 토의

결과가 합리적이고 직관적인지를 확인하기 위해 검토하고, 의심스러운 가정의 타당성을 검증하라. 비합리적인 값을 초래한 계산을 반복하라. 예를 들면 자동차의 형상을 유선형화한 다음, 동일한 시험 조건하에서 자동차의 공기역학적 항력이 증가해서는 **안 된다**(그림 1-46).

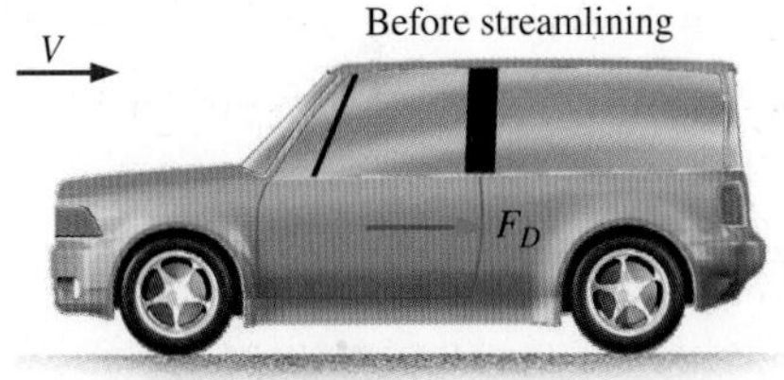

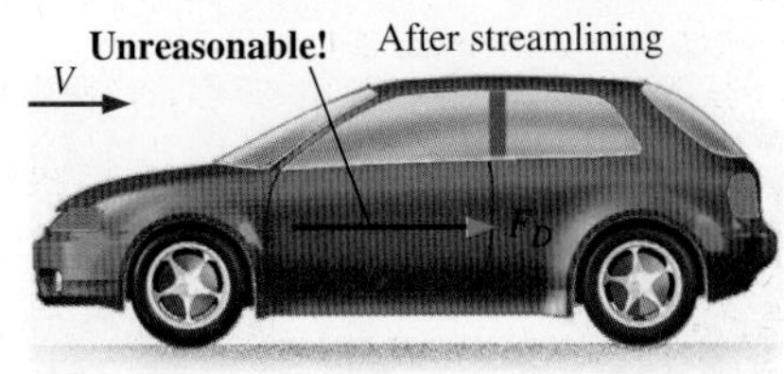

그림 1-46
공학 해석으로부터 얻은 결과는 합리성이 검토되어야만 한다.

또한 결과의 중요성을 지적하고, 결과가 내포하고 있는 의미를 토의하라. 결과로부터 끌어낼 수 있는 결론과 그로부터 얻은 권장사항들을 기술하라. 결과를 적용할 수 있는 제약 사항들을 강조하고, 결과로부터 어떤 오해가 발생하지 않도록 주의하며, 그리고 설정된 가정들이 통하지 않는 상황에 그 결과를 이용하지 않도록 주의하라. 예를 들면 제안된 송수관에 구경이 큰 파이프를 사용하기로 결정해서, 재료비로 $5000의 추가 비용이 들지만, 그러나 이는 펌프 운전비용을 연간 $3000씩 낮춰줄 것이라면, 큰 구경의 송수관이 전기를 절약함으로써 설치비용의 차이를 2년 이내에 갚을 수 있을 것임을 표시하라. 그렇지만, 단지 큰 구경의 송수관에 관련된 추가 재료비만 해석에 고려되었음도 또한 서술하라.

담당 강사에게 제출할 해답이나 다른 사람에게 제출된 어떤 공학 해석결과도 의사소통의 형태임을 명심하라. 그러므로 깔끔함, 조직적 구성, 완성도와 시각적 외형은 최대 효과를 얻기 위해 극히 중요하다(그림 1-47). 그밖에도 깔끔함은 또한 훌륭한 검토 도구로써의 역할을 하는데 이는 깔끔한 작업을 통해 오류와 불일치사항을 찾기가 매우 쉽기 때문이다. 부주의나 시간을 절약하기 위해 단계를 뛰어넘는 것은 때때로 보다 많은 시간을 소비하고 불필요한 걱정거리를 초래하게 된다.

그림 1-47
깔끔함과 조직적 구성은 고용자로부터 높은 평가를 받게 한다.

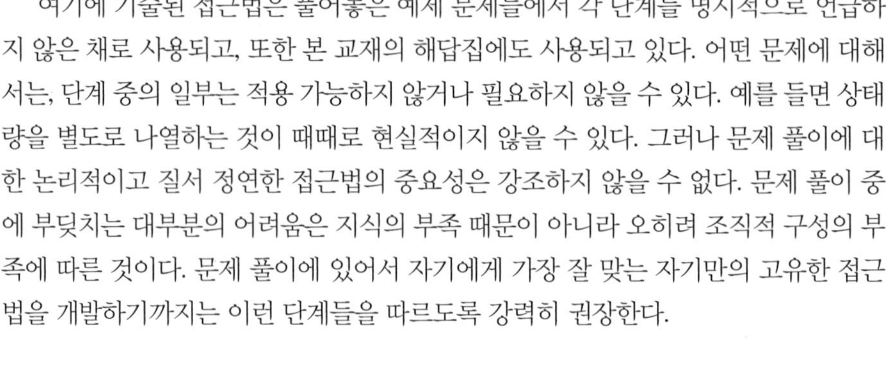

여기에 기술된 접근법은 풀어놓은 예제 문제들에서 각 단계를 명시적으로 언급하지 않은 채로 사용되고, 또한 본 교재의 해답집에도 사용되고 있다. 어떤 문제에 대해서는, 단계 중의 일부는 적용 가능하지 않거나 필요하지 않을 수 있다. 예를 들면 상태량을 별도로 나열하는 것이 때때로 현실적이지 않을 수 있다. 그러나 문제 풀이에 대한 논리적이고 질서 정연한 접근법의 중요성은 강조하지 않을 수 없다. 문제 풀이 중에 부딪치는 대부분의 어려움은 지식의 부족 때문이 아니라 오히려 조직적 구성의 부족에 따른 것이다. 문제 풀이에 있어서 자기에게 가장 잘 맞는 자기만의 고유한 접근법을 개발하기까지는 이런 단계들을 따르도록 강력히 권장한다.

1-9 ■ 공학 소프트웨어 패키지

무엇 때문에 또 다른 공학의 원리를 깊이 있게 연구하려고 하는지 의아해할 수 있다. 결국, 실제로 접하게 될 문제의 거의 대부분은 오늘날 시장에서 즉석으로 구입해 사용할 수 있는 몇 가지 정교한 소프트웨어 패키지를 이용하여 해결할 수 있다. 이들 소프트웨어 패키지는 원하는 수치 결과를 제공할 뿐만 아니라 인상적인 발표를 위한 화려하고 다채로운 출력물을 제공한다. 공학 업무를 수행하는데 이런 종류의 패키지를 사용하지 않는 것은 오늘날 생각하기 어렵다. 이와 같이 단추만 누르면 이용 가능한 엄청난 계산 능력은 축복도 되고 저주도 된다. 이는 엔지니어로 하여금 문제를 쉽고 빠르게 풀 수 있도록 해주지만, 또한 남용과 그릇된 정보의 통로가 되기도 한다. 제대로 교육받지 못한 사람의 수중에 있는 이런 소프트웨어 패키지는 잘 훈련받지 못한 군인들의 수중에 있는 정교하고 강력한 무기처럼 위험한 것이다.

기본 원리에 관한 적절한 훈련 없이 공학 소프트웨어 패키지를 단지 사용할 줄만 아는 사람이 공학 업무를 수행할 수 있다고 생각하는 것은, 마치 렌치를 사용할 줄 아는 사람이 자동차 정비사처럼 일할 수 있다고 생각하는 것과 같다. 만약 현실적으로 모든 것이 컴퓨터를 이용해 빠르고 쉽게 해결될 수 있기 때문에, 공학도들이 그들이 수강하고 있는 모든 기초 과목들을 필요로 하지 않는다는 것이 사실이라면, 워드 프로세싱 프로그램을 사용할 줄 아는 사람은 누구나 그러한 소프트웨어 패키지를 이용하는 방법을 배울 수 있기 때문에, 고용주들이 더 이상 고연봉의 엔지니어를 필요로 하지 않을 것이라는 것 또한 사실이어야 한다. 그러나 통계는 이러한 강력한 패키지를 이용할 수 있음에도 불구하고, 엔지니어에 대한 수요는 감소가 아닌 증가 추세에 있음을 보여준다.

오늘날 이용 가능한 모든 계산 능력과 엔지니어링 소프트웨어 패키지는 단지 **도구**일 뿐이며, 도구는 숙련된 사람의 손에 있을 때에만 비로소 의미를 갖는다는 사실을 항상 기억해야만 한다. 가장 좋은 워드 프로세싱 프로그램을 가졌다고, 그 사람을 좋은 작가로 만들지는 못하지만, 그런 좋은 작가의 작업을 훨씬 쉽게 하고 더 생산적으로 만드는 것은 확실하다(그림 1-48). 휴대 계산기가 아이들에게 더하고 빼는 방법을 가르쳐야 할 필요성을 없애지 못하며, 복잡한 의료 소프트웨어 패키지가 의과 대학의 훈련을 대체할 수 없다. 마찬가지로 공학 소프트웨어 패키지가 전통적인 공학 교육을 대체할 수 없다. 그들은 단순히 교과과정에 있어서 강조점을 수학으로부터 물

그림 1-48
뛰어난 워드프로세싱 프로그램이 사람을 훌륭한 작가로 만드는 것이 아니라 훌륭한 작가를 보다 효율적인 작가로 만든다.
ⓒ *Caia Images/Glow Images RF*

리학으로 바꾸도록 하는 원인이 될 것이다. 즉 문제의 물리적 측면을 강의실에서 보다 상세하게 토의하는데 더 많은 시간을 사용하고, 풀이 절차의 기교에 보다 적은 시간을 쓰게 될 것이다.

오늘날 이용 가능한 이 모든 경이롭고 강력한 도구들은 오늘의 엔지니어들에게 추가적인 짐이 되고 있다. 그들은 그들 선배들과 마찬가지로 여전히 원리를 완벽히 이해해야 하고, 물리적 현상에 대한 "감(feel)"을 잡아야 하고, 자료를 올바로 볼 수 있어야 하고, 올바른 공학적 판단을 내려야 한다. 그러나 오늘날 이용 가능한 강력한 도구로 인해, 엔지니어들은 보다 현실적인 모델을 이용하여 보다 훌륭하게, 그리고 보다 빠르게 문제를 풀어야 한다. 과거의 엔지니어들은 수계산, 계산자 그리고 그 후엔 휴대 계산기와 컴퓨터에 의지해야 했다. 오늘날 엔지니어들은 소프트웨어 패키지에 의지한다. 이러한 능력에 대한 용이한 접근성과 큰 손해를 초래할 단순한 오류의 가능성으로 인해, 오늘날 공학 기초에 관한 확고한 훈련은 전에 없이 더욱 중요하다. 본 교재에서는 풀이 절차의 수학적인 세부 사항 대신에 자연 현상의 물리적 이해와 직관을 계발하는 데 중점을 두도록 더 많은 노력을 기울인다.

방정식 풀이기

독자들은 아마도 Microsoft Excel과 같은 스프레드시트의 방정식 풀이 역량에 익숙할 것이다. 단순함에도 불구하고, Excel은 공학과 재정 분야에서 방정식 시스템을 푸는 데 보편적으로 이용되고 있다. 이것은 사용자들이 매개변수 연구(parametric study)를 수행하고, 그 결과를 그림으로 나타내며, "만약 무엇이라면(what if)" 형식의 문제에 질문해 볼 수 있도록 해준다. 또한 그것은, 만약 적합하게 수립된 방정식들의 조합이라면, 연립 방정식들을 풀 수도 있다. 선형의 또는 비선형의 대수 방정식이나 미분 방정식 시스템들을 수치적으로 쉽게 풀어주는 프로그램인 공학 방정식 풀이기(Engineering Equation Solver, EES)와 같은 다수의 정교한 방정식 풀이기(Equation Solver)가 실제 공학설계 현장에서 보편적으로 이용되고 있다. 이 프로그램은 자체적으로 내장된 열역학 상태량 함수와 수학적 함수의 방대한 라이브러리를 가지고 있으며, 사용자가 직접 추가적인 상태량 자료를 프로그램 속에 보충해 넣을 수도 있도록 허용한다.

일부 소프트웨어 패키지와 달리, 방정식 풀이기들은 공학 문제를 직접 푸는 것이 아니라, 단지 사용자가 공급한 방정식만 푼다. 그러므로 사용자는 문제를 이해해야 하고, 적절한 물리 법칙과 관계식을 적용하여 그 문제를 수식화해야 한다. 방정식 풀이기들은 이런 과정의 결과로 나타난 수학적 방정식을 간단히 풀음으로써 사용자의 시간과 노력을 상당히 덜어준다. 이는 수계산으로 적합하지 않은 중요한 공학 문제를 시도하고, 매개변수 연구를 빠르고 편하게 수행할 수 있게 해준다.

예제 1-5 수치적으로 연립방정식 풀기

두 수의 차이가 4이고, 이 두 수의 제곱의 합은 그 수들과 20을 모두 더한 합과 같다. 이 두 수를 구하라.

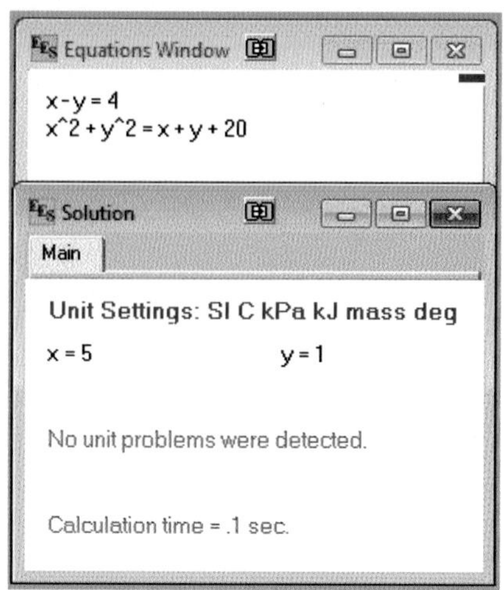

그림 1-49
예제 1-5에 대한 EES 스크린 영상.

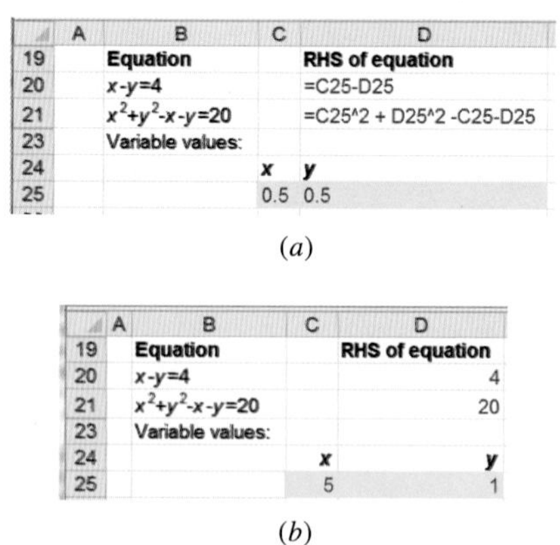

	A	B	C	D
19		Equation		RHS of equation
20		x-y=4		=C25-D25
21		x^2+y^2-x-y=20		=C25^2 + D25^2 -C25-D25
23		Variable values:		
24			x	y
25			0.5	0.5

(*a*)

	A	B	C	D
19		Equation		RHS of equation
20		x-y=4		4
21		x^2+y^2-x-y=20		20
23		Variable values:		
24			x	y
25			5	1

(*b*)

그림 1-50
예제 1-5에 대한 Excel 스크린 영상. (*a*) 초기 가정값이 강조된 방정식, (*b*) Excel Solver를 이용하여 구한 최종 결과. 수렴 값이 강조되어 있다.

풀이 두 수의 차이와 두 수의 제곱의 합에 대한 관계가 주어져 있다. 두 수를 결정하고자 한다.

해석 우선 EES를 이용하여 문제를 푼다. EES 아이콘을 두 번 클릭하여 EES 프로그램을 시작하고, 새로운 파일을 열고, 빈 화면에 다음을 입력해 넣으면 아래와 같다.

$$x - y = 4$$
$$x\,\hat{}\,2 + y\,\hat{}\,2 = x + y + 20$$

이는 문제에 대한 엄밀한 수학식이며, x와 y는 미지의 숫자를 뜻한다. 두 개의 미지수를 가지는 방정식들(선형 방정식 한 개와 비선형 방정식 한 개)로 구성된 시스템의 해는 작업표시줄(taskbar) 상의 "계산기(calculator)" 아이콘을 한번 클릭하여 얻으며, 이는 다음과 같다(그림 1-49).

$$\mathbf{x = 5 \quad \text{및} \quad y = 1}$$

그러면 이제 동일한 문제를 Excel을 이용하여 풀어 보자. Excel을 시작한다. <u>File</u>/<u>Options</u>/<u>Add-Ins</u>/<u>Solver-Add-In</u>/<u>OK</u>, 여기서 밑줄 친 글자의 의미는 그 옵션을 클릭하라는 것이고 사선(slash)은 각 순차적 옵션을 분리시킨 것이다. x에 대해 하나의 셀과 y에 대해 하나의 셀을 선택하여 각각에 초기 가정값을 입력한다(여기서 예로써 셀 C25와 D25를 선택하고 0.5와 0.5를 가정한다). 다음으로 두 개의 방정식을 재배열하여 우변(RHS)에는 상수 외에는 아무런 변수도 남지 않게 해야 한다: $x - y = 4$와 $x^2 + y^2 - x - y = 20$. 각 방정식의 RHS에 대해 하나의 셀을 선택하고 거기에 공식을 입력한다(여기서 예로써 D20과 D21 셀들을 선택하였다. 그리고 그림 1-50*a*의 방정식들을 참고하라). Data/Solver. 첫 식의 RHS에 대한 셀(D20)을 "Objective"로서 4로 설정하고, 제한조건을 따르는 것들로서 x와 y(C25:D25)에 대한 셀들을 설정하며, 두 번째 식의 RHS에 대한 셀(D21)이 반드시 20과 같아지도록 제한조건을 설정한다. Solve/OK. 각각 $x = 5$와 $y = 1$의 올바른 최종값들에 도달하도록 풀이를 반복한다(그림 1-50*b*). 주의: 보다 빠르게 수렴하도록 <u>Data</u>/<u>Solver</u>/<u>Options</u>에서 정밀도, 허용 반복 횟수 등을 변경할 수 있다.

토의 위에서 처리한 모든 작업은 마치 우리가 종이 위에서 수행하던 작업처럼 문제를 수식화한 것임을 주목하라. EES 또는 Excel은 풀이 과정의 모든 수학적 세부 사항을 처리하였다. 또한 방정식은 선형 또는 비선형일 수 있으며, 미지수의 좌·우변 위치에 상관없이 어떤 순서로든지 입력될 수 있음을 주지하라. EES와 같은 방정식 풀이기는 사용자들이 도출된 방정식 시스템의 해석과 연관된 수학적인 복잡성에 대해 걱정할 필요 없이 문제의 물리적 관점에만 집중할 수 있도록 해준다.

CFD 소프트웨어

전산유체역학(CFD)은 공학과 연구에 광범위하게 이용되며 이는 15장에서 보다 상세히 논의된다. CFD 그래픽은 실험실에서 유동가시화할 수 있는 범위를 뛰어넘어 유동의 유선들, 속도, 그리고 압력분포 등을 보여줄 수 있기 때문에 교재 전반에 걸쳐 CFD로부터 구한 예제 풀이가 소개되어 있다(그림 1-51). 그러나 여러 가지 다른 상용 CFD 패키지들이 사용자들에 의해 이미 이용되고 있을 뿐 아니라 학생들이 이들 코드에 접근하기 위해서는 각 학과의 사용계약 조건을 살펴봐야 하기 때문에 여기서는 어느 특정 CFD 패키지와 연계된 문제들은 장 말미의 CFD 연습문제에 포함하지 않았다. 대신에 몇몇 일반적인 CFD 문제를 15장에서 제공하고 있으며, 그리고 여러 가지 다양한 CFD 프로그램을 이용하여 풀 수 있는 CFD 문제들을 포함하는 웹사이트(www.mhhe.com/cengel 참조) 또한 전과 같이 유지하고 있다. CFD와 친숙해지도록 학생들에게 이들 문제의 일부를 공부할 것을 권장한다.

그림 1-51
방출 계수가 0.34에서 작동하는 Francis 터빈 모델의 흡출관 내에 형성되는 비정상 와동 로프(vortex rope). 로프는 상용 CFD 소프트웨어인 ANSYS-FLUENT를 이용하여 모사되었다. 그림에 보이는 것은 소용돌이 강도(swirling strength)의 등분포도들이다.
ⓒ *Girish Kumar Rajan. Used by permission.*

1-10 ■ 정확도, 정밀도 및 유효숫자

공학 계산에 있어서 제공된 정보는 유효숫자의 일정한 자릿수, 보통은 3자리, 이상은 알 수 없다. 따라서 얻은 결과는 유효숫자의 자릿수 이상으로 정밀할 수 없다. 결과를 유효숫자의 자릿수 이상으로 보고하는 것은 실제보다 더 정밀한 것으로 오인할 수 있으므로 피해야 한다.

채택된 단위계와 관계없이 엔지니어는 숫자의 적합한 사용을 좌우하는 정확도, 정밀도와 유효숫자의 세 가지 원칙을 알아야 한다. 공학 계측을 위하여 이들은 다음과 같이 정의된다.

- **정확도 오차**(**부정확도**)는 한 개의 계측값에서 참값을 뺀 값이다. 일반적으로 계측값 집합의 정확도는 참값에 대한 평균 측정값의 근접도를 말한다. 정확도는 일반적으로 반복 가능한, 고정 오차와 관련된다.
- **정밀도 오차**는 한 개의 계측값에서 계측값들의 평균을 뺀 값이다. 일반적으로 계측값 집합의 정밀도는 해상도의 조밀함과 계측기의 반복성을 말한다. 정밀도는 일반적으로 반복될 수 없는, 무작위한 오차와 관련된다.
- **유효숫자**는 적절하고 의미 있는 자릿수를 말한다.

측정값 또는 계산값은 매우 정확하지 않아도 매우 정밀할 수 있고, 그 역도 성립한다. 예를 들면 풍속의 참값이 25.00 m/s라고 가정하자. 2개의 풍속계 A와 B가 각각 5개의 속도 계측값을 다음과 같이 얻는다.

풍속계 A: 25.50, 25.69, 25.52, 25.58과 25.61 m/s. 모든 계측값의 평균 = 25.58 m/s.

풍속계 B: 26.3, 24.5, 23.9, 26.8과 23.6 m/s. 모든 계측값의 평균 = 25.02 m/s.

분명히 풍속계 A가 더 정밀하다. 이는 어떤 계측값도 평균으로부터 0.11 m/s보다 큰 차이가 나지 않기 때문이다. 그러나 평균은 25.58 m/s로서 참 풍속보다 0.58 m/s가 크며, 이는 **불변 오차**(constant error) 또는 **계통 오차**(systematic error)라고도 불리는 심각한 **편향 오차**(bias error)를 보여준다. 반면에 풍속계 B는 아주 정밀하지는 않다. 이는 계측값이 평균으로부터 심하게 진동하기 때문이다. 그러나 전체적인 평균은 참값에 훨씬 더 근접해 있다. 따라서 적어도 이 계측값 집단에 대해서, 풍속계 B가 풍속계 A보다 덜 정밀하지만 더욱 정확하다. 그림 1-52에 보인 바와 같이, 정확도와 정밀도 사이의 차이는 표적 사격에 유추하여 효과적으로 예시될 수 있다. 사수 A는 매우 정밀하나 아주 정확하지는 않으며, 반면에 사수 B는 보다 나은 전반적인 정확도를 갖지만 덜 정밀하다.

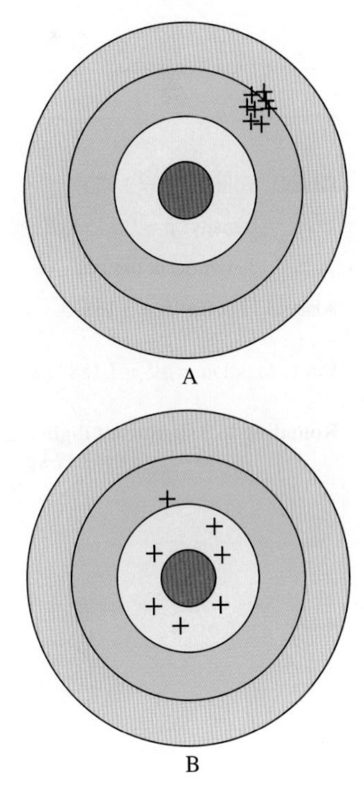

그림 1-52
정확도 대 정밀도의 예시. 사수 A는 더 정밀하지만 덜 정확하고, 반면에 사수 B는 더 정확하지만 덜 정밀하다.

표 1-3
유효숫자

Number	Exponential Notation	Number of Significant Digits
12.3	1.23×10^1	3
123,000	1.23×10^5	3
0.00123	1.23×10^{-3}	3
40,300	4.03×10^4	3
40,300	4.0300×10^4	5
0.005600	5.600×10^{-3}	4
0.0056	5.6×10^{-3}	2
0.006	$6. \times 10^{-3}$	1

많은 엔지니어들은 계산 시 유효숫자의 자릿수에 적절한 주의를 기울이지 않는다. 한 숫자에서 중요성이 가장 작은 수가 계측 또는 계산의 정밀도를 의미한다. 예를 들면 어떤 결과를 1.23으로(유효숫자 3자리) 기재할 경우, 그 결과는 소수점 둘째 자리에서 한 자리 내에서 정밀함을 **의미한다**. 즉 그 수는 1.22와 1.24 사이에 있게 될 것이다. 이 수를 더 많은 자릿수로 표현하는 것은 잘못된 것이다. 유효숫자의 자릿수는 그 수가 지수 표기법으로 기재될 때 가장 쉽게 구해진다. 즉 영들을 포함하여, 유효숫자의 자릿수는 간단히 셀 수 있다. 대안으로 저자의 의도를 표시하기 위해 최소 유효숫자에 밑줄을 그을 수 있다. 몇 가지 예들이 표 1-3에 제시되어 있다.

여러 변수의 계산 또는 조작을 수행할 때, 최종 결과는 일반적으로 문제에서 정밀도가 가장 낮은 변수만큼 정밀할 뿐이다. 예를 들어, A와 B를 곱하여 C를 얻는다고 가정하자. 만약 $A=2.3601$(유효숫자 5자리)이고, $B = 0.34$(유효숫자 2자리)라면, $C = 0.80$(최종 결과에서 단지 2자리만 유효하다)이 된다. 대부분의 학생들은 이들 두 수를 곱한 뒤에 계산기에 표시된 그대로 유효숫자 6자리인 $C = 0.802434$로 쓰려고 할 텐데 주의해야 한다.

이 간단한 예를 조심스럽게 분석해 보자. B의 정확한 값이 0.33501인데, 측정기로는 0.34로 읽힌다고 가정하자. 또한 A는 더욱 정확하고 정밀한 측정기로 측정되고, 이를 정확히 2.3601이라 가정하자. 이 경우, $C = A \times B = 0.79066$으로 유효숫자가 5자리이다. 첫 번째 답을 주목하면, $C=0.80$은 소수점 둘째 자리에서 한 자리를 반올림한 것이다. 마찬가지로 만약 B가 0.34499이고, 측정기로 0.34로 읽힌다면, A와 B의 곱은 유효숫자 5자리로 0.81421이 될 것이다. 원래 답인 0.80은 다시 소수점 둘째 자리에서 한 자리를 반올림한 것이다. 여기서 요점은 0.80 (유효숫자 2자리인)이 현재의 곱셈으로 기대되는 최선의 값이며, 이는 무엇보다도 값들 중의 한 개가 단지 두 자리 유효숫자만을 가지기 때문이다. 이를 바라보는 또 다른 방법은 답에서 처음 두 자리를 넘어서서, 잔여 자릿수는 무의미하거나 혹은 중요하지 않다고 말하는 것이다. 예를 들면 누군가가 계산기가 나타내는 2.3601 곱하기 0.34는 0.802434와 같다고 보고한다면, 마지막 4자리의 숫자는 의미가 없다. 앞서 보인 바와 같이, 최종 결과는 0.79와 0.81 사이에 있을 것이며, 유효숫자 두 자리를 넘어서는 자릿수는 의미가 없을 뿐만 아니라, 결과를 호도할 수 있다. 이는 그 숫자를 읽는 사람에게 실제보다 더 정밀하다는 그릇된 암시를 줄 수 있기 때문이다.

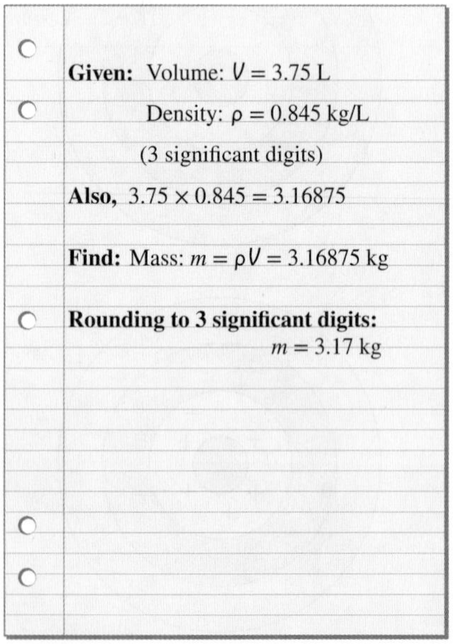

Given: Volume: $V = 3.75$ L
Density: $\rho = 0.845$ kg/L
(3 significant digits)
Also, $3.75 \times 0.845 = 3.16875$

Find: Mass: $m = \rho V = 3.16875$ kg

Rounding to 3 significant digits:
$m = 3.17$ kg

그림 1-53
주어진 데이터의 유효숫자보다 더 많은 유효숫자를 갖는 결과가 더 정밀하다는 것은 잘못된 암시를 나타낸다.

또 다른 예로, 밀도가 0.845 kg/L인 가솔린으로 채워진 3.75 L짜리 용기를 고려하고, 그 질량을 결정하자. 아마도 처음 떠오르는 생각은 부피와 밀도를 곱해 질량 3.16875 kg을 얻는다는 것일 텐데, 이는 이와 같이 계산된 질량이 유효숫자 6자리의 정밀도를 가진다고 오도하는 것이다. 그러나 실제는 부피와 밀도가 단지 3자리 유효숫자의 정밀도만 가지므로 질량은 유효숫자 3자리보다 더 정밀할 수 없다. 그러므로 결과는 유효숫자 3자리로 반올림되어야만 하고, 질량은 계산기가 표시하는 값 대신에 3.17 kg으로 보고되어야 한다(그림 1-53). 3.16875 kg이란 결과는 만약 부피와 밀도가 각각 3.75000 L 및 0.845000 kg/L일 경우에만 정답이 될 것이다. 3.75 L란 값은 그 부피가 ±0.01 L 이내에서 정밀하고, 3.74 혹은 3.76 L이 될 수 없음을 의미한다. 그러나 그 부피는 3.746, 3.750, 3.753 등이 될 수 있는데, 이는 이들 모두가 3.75 L로 반올림이 되기 때문이다.

보다 정확한 자료를 찾기 위한 수고를 덜기 위해, 종종 의도적으로 작은 오차를 개입시킬 때가 있다는 사실 또한 주의해야 한다. 예를 들면 액체상의 물을 다룰 때, 종종 밀도에 대해 1,000 kg/m^{3}의 값을 사용하는데, 이는 0℃에서 순수한 물의 밀도 값이다. 이 값을 75 ℃에서 사용하면 2.5%의 오차가 발생되는데, 그 이유는 이 온도에서의 밀도는 975 kg/m^{3}이기 때문이다. 물속의 광물질과 불순물이 추가적인 오차를 개입시킬 수 있다. 이와 같은 경우, 최종 결과를 유효숫자의 적당한 자릿수로 주저 없이 반올림하여야 한다. 그 외에도, 공학 해석의 결과에 있어서 통상적으로 몇 퍼센트의 불확실성을 갖는다는 것은 규범이며, 예외가 아니다.

계산에서 중간 결과를 쓸 때, 반올림 오차를 피하기 위해 몇 개의 "여분의" 자릿수를 유보하도록 권하지만, 그러나 최종 결과는 고려된 유효숫자의 자릿수로 기재되어야 한다. 결과에 있어서 유효숫자의 어떤 일정 자릿수의 정밀도가 반드시 동일한 자릿수의 전체적인 정확도를 의미하는 것은 아님을 명심해야만 한다. 예를 들면 하나의 측정값에서의 편향 오차는 결과의 전체적 정확도를 크게 감소시킬 수 있다. 이는 아마도 마지막 유효숫자를 무의미하게 만들 수도 있고, 신뢰 가능한 자릿수를 한 자리만큼 감소시킬 수도 있다. 실험적으로 결정된 값은 측정 오차를 가지며, 이러한 오차는 구한 결과에 반영된다. 예를 들면 어떤 물질의 밀도가 2퍼센트의 불확실성을 갖는다면, 이 값을 이용해 결정된 질량은 역시 2퍼센트의 불확실성을 가질 것이다.

끝으로 유효숫자의 자릿수를 모를 때, 인정되는 공학 표준은 3자리 유효숫자이다. 그러므로 만약 파이프의 길이가 40 m로 주어진다면, 최종 결과에서 3자리 유효숫자의 사용을 정당화하기 위해 그것이 40.0 m인 것으로 가정할 것이다.

예제 1–6 유효숫자와 체적 유량

제니퍼는 정원 호스로부터의 냉각수를 이용하는 실험을 수행하고 있다. 호스를 통한 물의 체적 유량을 계산하기 위해, 그녀는 용기를 채우는데 걸리는 시간을 측정한다(그림 1-54). 스톱워치로 측정하였더니, 수집된 물의 부피가 $\Delta t = 45.62$ s인 시간 동안에 V=4.2 L이다. 호스를 통한 물의 체적 유량을 m^3/min의 단위로 계산하라.

풀이 부피와 시간을 측정함으로써 체적 유량을 구하고자 한다.

가정 **1** 제니퍼는 부피 측정은 2자리 유효숫자로 정밀하게, 반면에 시간 측정은 4자리 유효숫자로 정밀하도록 측정값을 기록하였다. **2** 용기 밖으로 물이 튀어나가 생기는 손실량은 없다.

해석 체적 유량 $\dot{V}$는 단위 시간당 채워진 부피이고 다음과 같이 표현된다.

체적 유량: $$\dot{V} = \frac{\Delta V}{\Delta t}$$

측정값을 대입하면, 체적 유량은 다음과 같이 결정된다.

$$\dot{V} = \frac{4.2\ \text{L}}{45.62\ \text{s}}\left(\frac{1\ \text{m}^3}{1000\ \text{L}}\right)\left(\frac{60\ \text{s}}{1\ \text{min}}\right) = \mathbf{5.5 \times 10^{-3}\ m^3/min}$$

토의 최종 결과는 2자리 유효숫자로 기재되었는데, 이는 더 이상 정밀한 값을 자신할 수

그림 1–54
체적유량의 측정에 대한 예제 1-6의 사진.
Photo by John M. Cimbala.

그림 1-55
많은 자릿수의 해상도를 가진 측정기(스톱워치 *c*)가 적은 자릿수의 해상도를 가진 측정기(스톱워치 *a*)보다 덜 정확할 수 있다. 스톱워치 *b*와 *d*에 대해서는 어떻게 말할 수 있는가?

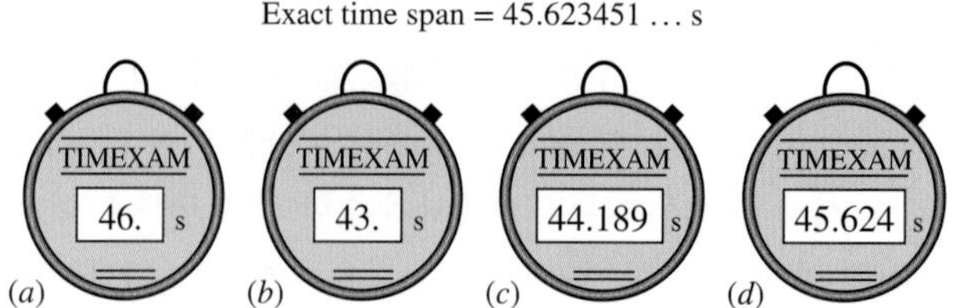

없기 때문이다. 만약 위 계산이 계속되는 계산의 중간 단계였다면, 축적되는 반올림 오차를 피하기 위해 몇 개의 여분의 자릿수를 계속 가져갔을 것이다. 이와 같은 경우 체적 유량은 $\dot{V} = 5.5239 \times 10^{-3}\ m^3/min$로 기재될 것이다. 위에 주어진 정보를 바탕으로 결과의 **정확도**에 대해 아무것도 말할 수 없다. 이는 부피 측정이나 시간 측정에 있어 계통 오차에 대한 정보를 갖고 있지 않기 때문이다.

또한 좋은 정밀도가 좋은 정확도를 보장하지 않는다는 것을 명심하라. 예를 들면 스톱워치 속의 건전지가 약해졌다면, 시계에 표시되는 글자는 여전히 4자리 유효숫자의 정밀도를 나타내겠지만, 그 정확도는 상당히 나쁠 수 있다.

통상적인 경우, 정밀도는 종종 **해상도**와 연관된다. 여기서 해상도는 측정기가 측정의 결과를 얼마나 세밀하게 보고할 수 있는가를 나타내는 척도이다. 예를 들면 5자리의 표시창이 있는 디지털 전압계는 단지 3자리의 디지털 전압계보다 더 정밀하다고 말한다. 그러나 표시되는 자릿수는 측정값의 전체적인 정확도와는 상관이 없다. 측정기는 상당히 큰 편향 오차가 있을 때 매우 정확하지는 못하지만 매우 정밀할 수는 있다. 유사하게, 단지 몇 개의 표시 자릿수를 가진 측정기가 많은 자릿수를 가진 것보다 더 정확할 수 있다(그림 1-55).

요약

이 장에서는 몇몇 유체역학의 기본 개념을 소개하고 논의하였다. 액체와 기체 상태의 물질을 **유체**라 한다. **유체역학**은 정지하고 있거나 또는 운동 중인 유체의 거동과 경계에서 유체와 고체 또는 다른 유체 사이의 상호작용을 다루는 과학이다.

표면 위를 지나는 구속되지 않는 유체의 유동은 **외부 유동**이고, 유체가 완전히 고체 표면으로 구속되어 있다면 파이프 또는 덕트 내의 유동은 **내부 유동**이다. 유동 중인 유체의 밀도 변화에 따라서, 유체 유동은 **압축성** 또는 **비압축성**으로 분류된다. 액체의 밀도는 본질적으로 일정하고, 따라서 액체의 유동은 전형적인 비압축성이다. **정상**이라는 용어는 **시간에 따른 변화가 없음**을 의미한다. 정상의 반대는 **비정상**이다. **균일**이라는 용어는 특정한 영역에 걸쳐서 **위치에 따른 변화가 없음**을 의미한다. 단지 하나의 차원으로만 상태량이나 변수가 변할 때 그 유동을 **1차원**이라 한다. 고체 표면과 직접 접촉하고 있는 유체는 표면에 달라붙어서 미끄러짐이 없다. 이 현상은 **점착조건**으로 알려져 있으며, 이 때문에 고체 표면을 따라서 **경계층**이 형성된다. 본 교재에서는 내부와 외부 유동 모두에 대해 정상 비압축성 점성 유동을 집중적으로 다루고 있다.

일정한 질량의 시스템은 **닫힌 시스템**이라 불리고, 경계를 가로질러 질량 전달을 수반하는 시스템은 **열린 시스템** 또는 **검사체적**이라 불린다. 많은 공학 문제는 시스템을 출입하는 질량 유동을 수반하며, 따라서 검사체적으로 모델링된다.

공학 계산에 있어서, 단위의 불일치 때문에 생기는 실수를 피하기 위해 양들의 단위에 특별히 주의를 기울이는 것과, 체계적인 접근법을 따르는 것이 중요하다. 주어진 정보가 어떤 유효숫자의 자릿수 이상은 알 수 없고, 따라서 얻은 결과가 아마도 유효숫자보다 더 정확할 수 없다는 것을 인식하는 것도 또한 중요하다. 차원과 단위, 문제-풀이 기술 및 정확도, 정밀도, 유효숫자에 관해 주어진 정보는 본 교재 전체에 걸쳐 이용될 것이다.

응용분야 스포트라이트 ■ 핵폭발과 빗방울의 공통점은 무엇인가?

초청 저자: Lorenz Sigurdson, 와류 유체역학 실험실, University of Alberta

그림 1-56의 두 개의 영상이 왜 비슷하게 보일까? 그림 1-56b는 1957년에 미국 에너지 부에 의해 수행된 지상 핵실험을 보여준다. 핵폭발은 직경이 100 m의 규모로 화구(fireball)를 생성하였다. 팽창은 매우 빨라서 팽창하는 구형 충격파와 같은 압축성 유동의 특성이 생긴다. 그림 1-56*a*에 보인 영상은 평범한 일상으로 물감이 묻은 물방울을 물웅덩이로 떨어뜨린 뒤의 그 물방울에 대한 **역상**으로, 웅덩이 수면 아래로부터 쳐다본 것이다. 이는 찻숟갈로부터 커피 잔에 떨어진 것일 수도 있고, 또는 빗방울이 호수와 부딪힌 뒤 부차적으로 튀어 오른 것일 수도 있다. 왜 이렇게 강한 유사성이 이들 두 가지 전혀 다른 사건 사이에 존재하는가? 해답의 많은 부분을 이해하는데 이 교재에서 배운 유체역학 기본 원리의 응용이, 어떤 이는 보다 깊게 들어갈 수도 있겠지만, 도움을 줄 것이다.

물은 공기보다 **밀도**가 높으며(2장), 따라서 충돌하기 전, 물방울이 공기 중을 통해 떨어질 때 물방울은 음의 부력(3장)을 받게 된다. 뜨거운 기체의 화구는 그것을 둘러싼 차가운 공기보다 밀도가 낮고, 따라서 화구는 양의 **부력**을 가지며 상승한다. 땅으로부터 반사된 **충격파**(12장) 또한 위쪽을 향한 양의 힘을 화구에 전달한다. 각 영상의 위 부분에 있는 주요 구조는 **와류 고리**(vortex ring)라 불린다. 이 고리 모양은 집중된 **와도**(4장)의 소형 토네이도로 그 끝이 빙 둘러서 그 자체로 닫히도록 되어있다. **운동학**의 법칙(4장)은 이 와류 고리가 이 지면의 위쪽으로 유체를 운반할 것임을 알려준다. 이는 적용된 힘과 **검사체적 해석**(5장)을 통해 적용된 운동량 보존 법칙의 두 가지 경우 모두로부터 기대된다. 이 문제는 또한 **미분해석**(9장)이나 또는 **전산유체역학**(15장)으로 해석될 수 있다. 그러나 왜 추적 물질의 형상이 그렇게 같아 보일까? 이는 근사적인 **기하학적** 및 **운동학적 상사성**(7장)이 있을 경우, 그리고 만약 **유동가시화**(4장) 기술이 유사할 경우에 발생한다. 폭탄에 대한 열과 먼지의 수동적 추적자 및 물방울에 대한 형광 물감들은 그림의 표제에서 설명한 것과 유사한 방식으로 주입되었다.

Sigurdson(1997) 및 Peck과 Sigurdson(1994)에 의해 논의된 바와 같이, 운동학과 와류 동역학에 대한 더 깊은 지식은 영상에 나타나는 와류 구조의 상사성을 보다 상세하게 설명할 수 있게 할 것이다. 주 와류 고리의 아래쪽에 매달려있는 둥근 돌출부, "줄기(stalk)"에서의 줄무늬 및 각 구조의 기저에 있는 고리 모양을 보라. 또한 이 구조는 난류에서 발생하는 다른 와류 구조에 대해 구조적(topological) 상사성도 있다. 물방울과 폭탄의 비교는 어떻게 난류 구조가 만들어지고 발달되는가에 대한 보다 나은 이해를 제공한다. 이들 두 가지 유동 사이의 상사성을 설명하는데 밝혀져야 할 유체역학의 남겨진 다른 비밀들은 무엇일까?

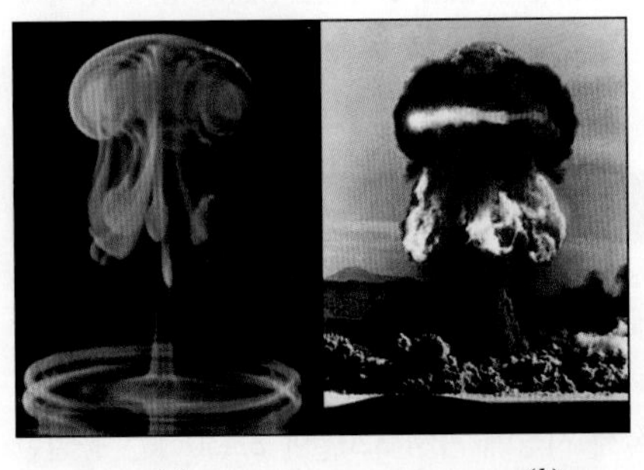

(*a*) (*b*)

그림 1-56
다음 두 가지에 의하여 생성된 와류 구조의 비교. (*a*) 물웅덩이에 부딪힌 뒤의 물방울(역상, Peck and Sigurdson, 1944), (*b*) 1957년 Nevada에서의 지상 핵실험(미국 에너지부). 2.6 mm 물방울은 형광 추적자로 염색되었고, 물방울이 35 mm 낙하해서 잔잔한 웅덩이에 부딪힌 50 ms 뒤에 스트로브 플래시에 의해 조명되었다. 물방울은 잔잔한 물웅덩이와 부딪히는 그 순간에는 거의 구형이었다. 낙하하는 물방울에 의한 레이저 광선의 간섭은 물방울의 충돌 뒤에 스트로브 플래시의 시간을 제어하는 타이머를 작동시키기 위해 사용되었다. 물방울 사진을 만들기 위해 필요한 실험 절차의 세부 사항은 Peck과 Sigurdson(1994) 및 Peck et al.(1995)에 설명되어 있다. 폭탄의 경우 유동에 첨가한 추적자는 주로 열과 먼지였다. 열은 원래의 화구(fireball)로부터 오며, 이 특정한 시험에서(Operation Plumbob의 "Priscilla" 사건) 화구는 폭탄이 최초에 떠 있던 곳으로부터 땅에 닿을 만큼 대규모였다. 그러므로 추적자의 최초 기하학적 조건은 지면을 교차하는 구(sphere)였다.
(a) From Peck, B., and Sigurdson, L. W., Phys. Fluids, 6(2)(Part 1), 564, 1994. Used with Permission.
(b) © Galerie Bilderwelt/Getty Images

참고 문헌

Peck, B., and Sigurdson, L.W., "The Three-Dimensional Vortex Structure of an Impacting Water Drop," *Phys. Fluids*, 6(2) (Part 1), p. 564, 1994.

Peck, B., Sigurdson, L.W., Faulkner, B., and Buttar, I., "An Apparatus to Study Drop-Formed Vortex Rings," *Meas. Sci. Tech*., 6, p. 1538, 1995.

Sigurdson, L.W., "Flow Visualization in Turbulent Large-Scale Structure Research," Chapter 6 in *Atlas of Visualization,* Vol. III, Flow Visualization Society of Japan, eds., CRC Press, pp. 99-113, 1997.

참고 문헌과 권장 도서

1. American Society for Testing and Materials. *Standards for Metric Practice*. ASTM E 380-79, January 1980.
2. G. M. Homsy, H. Aref, K. S. Breuer, S. Hochgreb, J. R. Koseff, B. R. Munson, K. G. Powell, C. R. Robertson, and S. T. Thoroddsen. *Multi-Media Fluid Mechanics* (CD). Cambridge: Cambridge University Press, 2000.
3. M. Van Dyke. *An Album of Fluid Motion*. Stanford, CA: The Parabolic Press, 1982.

연습문제*

서론, 분류, 시스템

1-1C 내부, 외부, 개수로 유동을 정의하라.

1-2C 비압축성 유동과 비압축성 유체를 정의하라. 압축성 유체의 유동은 필수적으로 압축성으로 취급되어야만 하는가?

1-3C 강제 유동은 무엇인가? 이는 자연 유동과 어떻게 다른가? 바람에 의한 유동은 강제 유동인가, 자연 유동인가?

1-4C 유동의 Mach 수는 어떻게 정의되는가? Mach 수 2가 무엇을 의미하는가?

1-5C 비행기가 지상에 대해 일정한 속도로 비행하고 있을 때, 이 비행기의 Mach 수도 역시 일정하다고 말하는 것이 옳은가?

1-6C Mach 수가 0.12인 공기의 유동을 고려해 보자. 이 유동이 비압축성으로 근사되어야 하는가?

1-7C 점착조건이란 무엇인가? 이는 무엇 때문인가?

1-8C 경계층은 무엇인가? 경계층이 발달하게 되는 원인은 무엇인가?

1-9C 정상-유동 과정이란 무엇인가?

1-10C 응력, 수직응력, 전단응력, 압력을 정의하라.

1-11C 시스템, 주위, 경계란 무엇인가?

1-12C 기체가 노즐을 통해 흐르면서 기체가 가속되는 것을 해석할 때 무엇을 시스템으로 선택할 것인가? 이 시스템은 어떤 형식인가?

1-13C 어떤 경우 시스템을 닫힌 시스템이라 하고, 어떤 경우 시스템을 검사체적이라 하는가?

1-14C 왕복동 공기 압축기(피스톤-실린더 장치)가 어떻게 작동되는지 이해하고자 한다. 어떤 시스템을 이용할 것인가? 이 시스템은 어떤 형식인가?

질량, 힘, 단위

1-15C 파운드-질량과 파운드-힘 사이의 차이는 무엇인가?

1-16C 광년이 길이의 차원을 갖는지 설명하라.

1-17C 70 km/h의 일정 속도로 운행하는 자동차에 작용하는 순수 힘은 (a) 수평인 길에서 (b) 오르막길에서 얼마인가?

1-18 어떤 사람이 저녁을 위해 스테이크를 사려고 재래시장에 간다. 그는 12 oz(1 lbm = 16 oz)에 $3.15하는 스테이크를 보았다. 그는 다시 인근 국제 시장에 가서 320 g에 $3.30하는 동일한 질의 스테이크를 보았다. 어느 스테이크를 사는 것이 나은가?

1-19 g = 9.6 m/s^{2}인 지역에서 질량이 200 kg인 물체의 중량은 몇 N인가?

1-20 1 kg인 물질의 중량은 N, kN, kg·m/s^2, kgf, lbm·ft/s^2, lbf 단위로 얼마인가?

1-21 크기가 3 m×5 m×7 m인 방 안에 담겨 있는 공기의 질량과 중량을 구하라. 공기의 밀도는 1.16 kg/m^{3}으로 가정하라.
답: 122 kg, 1195 N

1-22 물 가열기에서 3 kW 저항 가열기가 물의 온도를 요구되는 수준으로 올리기 위해 2시간 작동된다. 사용된 전기에너지의 양을 kWh와 kJ 단위 두 가지 모두로 구하라.

1-23 고속 항공기의 가속도는 종종 몇 g(표준 중력 가속도의 배수)로 표현된다. 가속도가 6 g인 항공기 내에서 체중 90 kg인 사람이 경험하게 될 순 힘을 N 단위로 구하라.

1-24 국소 중력가속도가 9.79 m/s^{2}인 곳에서, 10 kg인 바위를 280 N의 힘으로 위로 던져 올린다. 바위의 가속도를 m/s^2 단위로 구하라.

1-25 적절한 소프트웨어를 이용하여 문제 1-24를 푼다. 적합한 단위를 가진 수치 결과를 포함하는 전체 해를 출력하라.

1-26 중력가속도 g의 값은 해수면에서 9.807 m/s^{2}로부터 대형 여객 항공기가 순항하는 고도 13,000 m에서 9.767 m/s^{2}까지 고도에 따라 감소한다. 해수면에서의 항공기 중량에 비해 13,000 m에서 순항하는 항공기 중량의 감소 퍼센트를 구하라.

1-27 위도 45°에서 중력가속도는 해수면 위의 고도 z의 함수로서 $g = a - bz$로 주어진다. 여기서 a = 9.807 m/s^{2}이고 b = 3.32×10^{-6} s^{-2}이다. 물체의 무게가 1퍼센트 감소하는 해수면 위의 높이를 구하라. 답: 29,500m

1-28 해수면에서 중력 상수 g는 9.807 m/s^{2}이지만, 고도가 높아짐에 따라 감소한다. g의 감소에 대한 유용한 방정식은 $g = a - bz$인데, 여기서 z는 해수면으로부터의 고도, a = 9.807 m/s^2, 그리

*"C"로 표시된 문제는 개념 문제로서, 학생들에게 모든 문제에 대하여 답하도록 권장한다. 아이콘 으로 표시된 문제는 본질적으로 종합적인 문제로서, 적절한 소프트웨어를 사용하여 풀도록 의도된 것이다.

고 $b=3.32\times10^{-6}$ 1/s^{2}이다. 어떤 우주인의 체중이 해수면에서 80.0 kg으로 '측정(weigh)'된다고 하자. [이는 기술적으로 그의 질량이 80.0 kg임을 뜻한다.] 이 우주인이 국제 우주정거장(z=354 km) 안에서 떠돌아다닐 때, 이 사람의 몸무게를 N 단위로 계산하라. 만약 우주정거장이 갑자기 그 궤도 안에서 멈춘다면, 위성이 움직임을 멈춘 즉시 우주인이 느낄 중력가속도는 얼마가 될까? 예상되는 답에 연관지어, 우주인이 우주정거장에서 "무중력" 상태를 느끼게 되는 이유를 설명하라.

1-29 평균적으로 성인은 1분당 7.0 리터의 공기를 호흡한다. 대기압과 20℃의 공기 온도를 가정하여, 한 사람이 하루에 호흡하는 공기 질량을 kg 단위로 예측하라.

1-30 문제를 풀 때, 어떤 단계의 결과가 방정식 E=16 kJ + 7 kJ/kg으로 나왔다. 여기서 E는 총 에너지이고 kJ의 단위를 갖는다. 오류를 고치는 방법을 결정하고 그것을 초래한 원인이 무엇인지 논의하라.

1-31 비행기가 수평으로 70 m/s로 날고 있다. 비행기의 프로펠러는 공기역학적 항력(후방을 향한 힘)을 극복하기 위해 1500 N의 추력(전방을 향한 힘)을 발생한다. 차원적 추론과 단일 변환 비율을 이용하여 프로펠러에 의해 발생되는 유용한 동력을 kW와 마력 단위로 계산하라.

1-32 문제 1-31의 비행기의 무게가 1700 lbf라면, 비행기가 70.0 m/s로 비행할 때 날개에 의해 발생되는 양력을 예측하라(lbf와 N 단위로).

1-33 건물 화재를 진화하기 위해 소방차의 붐(boom)이 소방관(그리고 그의 장비, 총 무게 1,250 N)을 18 m 상공으로 들어올린다. (a) 단일 변환 비율을 이용하여 그리고 모든 계산과정을 보이면서, kJ 단위로 소방차의 붐이 소방관에게 행한 일을 계산하라. (b) 만약 소방관을 들어올리기 위해 붐에 공급된 유용한 동력이 2.60 kW라면, 소방관을 들어올리기 위해 걸린 시간을 예측하라.

1-34 부피가 0.18 m^{3}인 6 kg의 플라스틱 탱크가 액체 상태의 물로 채워져 있다. 물의 밀도는 1000 kg/m^{3}이라 가정할 때, 통합 시스템의 중량을 구하라.

1-35 정원 호스로부터 15℃의 물이 2.85초에 1.5 L 용기에 채워지고 있다. 단일 변환 비율을 이용하여 그리고 모든 계산과정을 보이면서, 분당 리터(Lpm)로 체적유량과 kg/s로 질량유량을 계산하라.

1-36 지게차가 90.5 kg의 짐을 1.80 m 들어올린다. (a) 단일 변환 비율을 이용하여 그리고 모든 계산과정을 보이면서, kJ의 단위로 지게차가 크레인에 행한 일을 계산하라. (b) 만약 짐을 들어 올리는데 12.3초가 걸린다면 kW 단위로 짐에 공급된 유용한 동력을 계산하라.

1-37 일정한 유량으로 휘발유를 방출하는 노즐을 이용하여 차의 가스 탱크를 채우고 있다. 양(quantity)의 단위에 기초하여 탱크의 부피 V(L 단위로)와 휘발유의 방출률($\dot{V}$, L/s 단위로)의 항으로 충전 시간에 대한 관계식을 구하라.

1-38 부피가 V(m^3 단위로)인 풀(pool)을 직경이 D(m 단위로)인 호스를 이용해 물로 채운다. 만약 평균 방출 속도가 V(m/s 단위로)이고 충전 시간이 t(초 단위로)라면, 관련된 양의 단위에 기초하여 풀의 부피에 대한 관계식을 구하라.

1-39 단위에만 기초하여 질량 m(kg 단위로)인 차를 정지 상태로부터 속도 V(m/s 단위로)까지 시간 간격 t(초 단위로) 내에 가속하기 위하여 필요한 동력은 질량과 차의 속도의 제곱에 비례하고, 시간 간격에 역으로 비례함을 보여라.

모델링과 공학 문제 풀기

1-40C 공학에 있어서 모델링의 중요성은 무엇인가? 공학 과정에 대한 수학적 모델은 어떻게 준비하는가?

1-41C 공학 문제에 대한 해석적 및 실험적 접근법 사이의 차이는 무엇인가? 각 접근법의 장단점을 토의하라.

1-42C 공학 과정을 모델링할 때, 간단하지만 대략적인 모델과 복잡하지만 정확한 모델 사이에 어떻게 올바른 선택을 하는가? 복잡한 모델이 보다 정확하기 때문에 반드시 더 나은 선택이 되는가?

1-43C 정밀도와 정확도 사이의 차이는 무엇인가? 매우 정밀하지만 부정확한 측정이 가능한가? 설명하라.

1-44C 물리적 문제의 연구에서 미분 방정식은 어떻게 생기는가?

1-45C (a) 공학 교육에서 그리고 (b) 공학 실제에서 공학 소프트웨어 패키지의 가치는 무엇인가?

1-46 적절한 소프트웨어를 이용하여 세 개의 미지수를 갖는 세 개의 방정식 시스템을 계산하라.

$$2x - y + z = 9$$
$$3x^2 + 2y = z + 2$$
$$xy + 2z = 14$$

1-47 적절한 소프트웨어를 이용하여 두 개의 미지수를 갖는 두 개의 방정식 시스템을 계산하라.

$$x^3 - y^2 = 10.5$$
$$3xy + y = 4.6$$

1-48 적절한 소프트웨어를 이용하여 다음 방정식의 양의 실근을 구하라.

$$3.5x^3 - 10x^{0.5} - 3x = -4$$

1-49 적절한 소프트웨어를 이용하여 세 개의 미지수를 갖는 세 개의 방정식 시스템을 계산하라.

$$x^2y - z = 1.5$$
$$x - 3y^{0.5} + xz = -2$$
$$x + y - z = 4.2$$

복습 문제

1-50 고도에 따라 중력가속도 g가 변하므로 몸무게는 지역에 따라 다소 변할 수 있다. 문제 1-27의 관계식을 이용한 이런 변화를 감안하여, 65 kg인 사람의 해수면에서($z = 0$), Denver에서($z = 1610$ m)와 에베레스트 산 꼭대기($z = 8848$ m)에서의 몸무게를 구하라.

1-51 비행기를 앞으로 추진하기 위해 제트 엔진에 의해 생성된 반작용 힘을 추력이라 한다. 보잉 777 엔진에 의해 생성된 추력은 약 85,000 lbf이다. 이 추력을 N과 kgf로 표현하라.

1-52 액체에 대해, 역학적 점성계수 μ는 유동에 대항하는 저항의 척도이고 $\mu = a10^{b/(T-c)}$로 근사되며, 여기서 T는 절대 온도이고, 그리고 a, b, c는 실험 상수이다. 20℃, 40℃ 및 60℃에서 메탄올에 대하여 표 A-7에 기재된 데이터를 이용하여 상수 a, b, c를 구하라.

1-53 고체-액체 혼합물의 2상 파이프 유동에서 중요한 설계 고려사항은 종단 안정화 속도(terminal settling velocity)인데, 이 속도 이하에서 유동은 불안정해지고 그리고 결국엔 파이프가 막히게 된다. 장기간의 수송시험을 토대로, 정지해 있는 물속에서 고체 입자의 종단 안정화 속도는 $V_L = F_L\sqrt{2gD(S-1)}$로 주어지며 여기서 F_L은 실험 계수, g는 중력가속도, D는 파이프 직경, 그리고 S는 고체 입자의 비중이다. F_L의 차원은 무엇인가? 이 방정식이 차원적으로 동차인가?

1-54 직경 D(m 단위로)의 면적을 휩쓰는(sweep) 블레이드를 가진 풍력 터빈을 통과하는 공기 유동을 고려해 보자. 쓸린 면적을 통과하는 공기의 평균속도는 V(m/s 단위로)이다. 관련된 양의 단위에 기초하여 쓸린 면적을 통과한 공기의 질량유량(kg/s 단위로)은 공기 밀도, 풍속, 그리고 쓸린 면적의 직경의 제곱에 비례함을 보여라.

1-55 밀도가 $\rho = 850$ kg/m^{3}인 기름이 탱크에 채워져 있다. 탱크의 부피가 $V = 2$ m^{3}이라면, 탱크 안의 질량 m을 구하라.

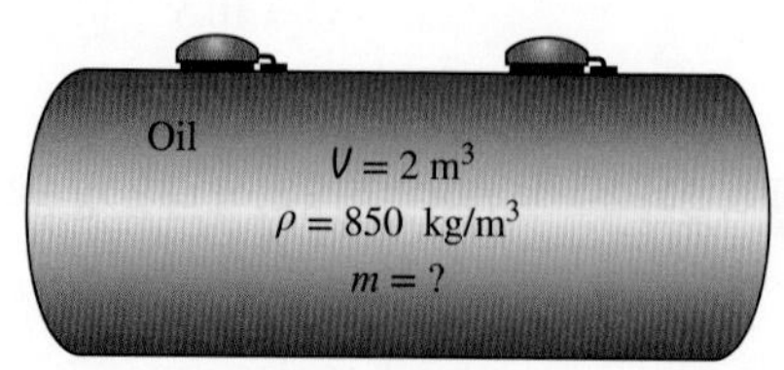

그림 P1-55

공학 기초(FE) 시험 문제

1-56 만약 질량, 열, 그리고 일이 한 시스템의 경계를 가로지르는 것을 허용하지 않을 경우, 이 시스템의 명칭은 무엇인가?
(a) 고립 시스템 (b) 등온 시스템 (c) 단열 시스템 (d) 검사 질량 시스템 (e) 검사 체적 시스템

1-57 항공기의 속도는 공기 중에서 260 m/s로 주어진다. 만약 그 위치에서 음속이 330 m/s라면, 항공기의 비행은 무엇인가?
(a) 음속 (b) 아음속 (c) 초음속 (d) 극초음속

1-58 다음 중 1 kJ과 같지 않은 것은?
(a) 1 kPa·m^3 (b) 1 kN·m/kg (c) 0.001 kJ (d) 1 N·m (e) 1 m^2/s^2

1-59 다음 중 동력의 단위는 어느 것인가?
(a) Btu (b) kWh (c) kcal (d) hph (e) kW

1-60 항공기의 속도가 950 km/h로 주어진다. 만약 그 위치에서 음속이 315 m/s라면 Mach 수는 얼마인가?
(a) 0.63 (b) 0.84 (c) 1.0 (d) 1.07 (e) 1.20

1-61 해수면에서 10 kg의 중량은 무엇인가?
(a) 9.81 N (b) 32.2 kgf (c) 98.1 N (d) 10 N (e) 100 N

1-62 1-lbm의 중량은 어느 것인가?
(a) 1 lbm·ft/s^2 (b) 9.81 lbf (c) 9.81 N (d) 32.2 lbf (e) 1 lbf

1-63 어떤 수력발전소가 정격 동력 12 MW로 운전된다. 만약 이 발전소가 어떤 해에 2천 6백만 kWh를 생산했다면, 이 발전소는 그 해에 몇 시간 운전되었을까?
(a) 2167 h (b) 2508 h (c) 3086 h (d) 3710 h (e) 8760 h

설계 및 논술 문제

1-64 지난 역사에 걸쳐 사용된 다양한 질량과 체적 측정 장치에 관한 에세이를 작성하라. 또한 질량과 체적에 대한 현대식 단위의 발전을 설명하라.

1-65 유효숫자 자리수를 고려하면서 적절히 덧셈과 뺄셈을 하는 방법을 찾아내기 위해 인터넷 검색을 하라. 적절한 기술을 요약해 적고, 그런 뒤에 다음 경우를 푸는데 그 기술을 이용하라: (a) 1.006 + 23.47, (b) 703,200 − 80.4, (c) 4.6903 − 14.58. 적합한 수의 유효숫자로 최종 답을 표현하도록 주의하라.

1-66 대부분의 유럽에서 쓰이는 또 다른 힘의 단위는 kgf인데, 이것

은 kp(kilopond)로 정의된다. kilopond(kp = kgf)와 kilopound (10^3 lbf) 간의 차이를 힘 단위 측면에서 설명하고 둘 사이의 단일 변환 인자를 적어라. 4℃에서의 물 밀도는 1000 kg/m^{3}이다. 이 밀도 값을 kp m^{-4}s^2 단위로 표현하라.

1-67 고압의 질소, 공기, 산소 등의 기체를 담고 있는 증기 보일러, 파이프, 탱크와 같은 압력 용기의 압력 시험은 물이나 유압 오일과 같은 액체를 이용하여 정수압적으로 수행되는 이유에 대해 논의하라.

CHAPTER 2

유체의 상태량

이 장에서는 유체 유동을 해석할 때 만나게 되는 상태량을 토의한다. 우선 **강성적** 및 **종량적 상태량**을 토의하고 **밀도**와 **비중**을 정의한다. 다음으로 상태량인 **증기압**, **에너지**와 그의 다양한 형태, **이상기체**와 비압축성 물질의 **비열**, **압축성 계수**, 그리고 **음속**을 토의한다. 그 뒤, 유체 유동의 거의 모든 측면에서 지배적인 역할을 하는 상태량인 점성을 토의한다. 끝으로 상태량인 **표면장력**을 소개하고, 정적 평형조건으로부터 **모세관 상승**을 결정한다. 상태량인 **압력**은 유체 정역학과 더불어 3장에서 논의한다.

목표

이 장을 공부하면 다음과 관련된 지식을 얻을 수 있다.

- 유체의 기본 상태량에 대한 실질적 지식의 습득과 연속체 가정에 대한 이해
- 점성과 유체 유동에서 점성이 야기하는 마찰 효과의 결과에 대한 실질적 지식의 습득
- 표면장력 효과에 기인하는 튜브 내의 모세관 상승(또는 하강)의 계산

액체가 작은 관으로부터 강제로 밀려나올 때 액적을 형성한다. 액적의 모양은 압력, 중력, 표면장력에 의한 힘들의 평형에 의해 결정된다.

2-1 ■ 서론

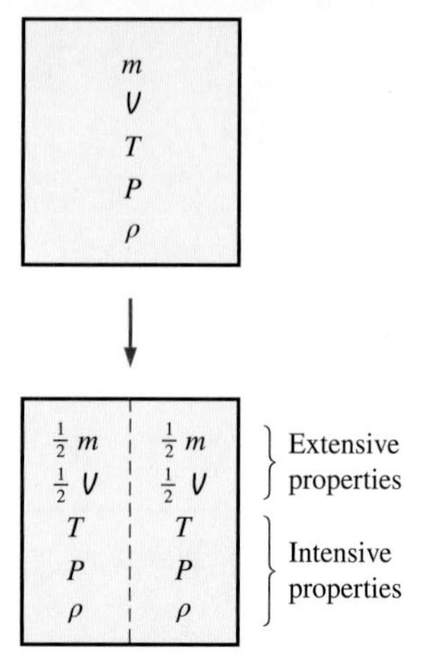

그림 2-1
강성적 상태량과 종량적 상태량을 구분하는 기준.

한 시스템의 어떤 특성을 **상태량**(property)이라 한다. 몇몇 친숙한 상태량은 압력 P, 온도 T, 부피 V와 질량 m이다. 이들은 점성, 열전도도, 탄성계수, 열팽창 계수, 전기저항 그리고 심지어 속도와 고도 같은 덜 친숙한 것들을 포함하여 확장될 수 있다.

상태량은 **강성적** 또는 **종량적** 중의 하나로 간주된다. **강성적 상태량**(intensive property)은 시스템의 질량과 무관한 상태량으로, 온도, 압력 및 밀도와 같은 것들이다. **종량적 상태량**(extensive property)은 시스템의 크기—또는 범위—에 따라 결정되는 상태량이다. 총 질량, 총 체적과 총 운동량은 종량적 상태량의 일부 예이다. 그림 2-1에 보인 바와 같이, 상태량이 강성적인지 또는 종량적인지를 결정하는 쉬운 방법은 시스템을 가상의 분할 판을 이용하여 동일한 두 부분으로 나눠보는 것이다. 각 부분의 강성적 상태량의 값은 원래의 시스템과 동일할 것이지만, 종량적 상태량의 값은 절반이 될 것이다.

일반적으로 대문자는 종량적 상태량을 표시하는 데 사용되고(질량 m을 주된 예외로 하며), 소문자는 강성적 상태량에(압력 P와 온도 T는 분명한 예외로 하며) 사용된다.

단위 질량당 종량적 상태량은 **비상태량**(specific property)이라 불린다. 몇 가지 비상태량의 예로 비체적($v = V/m$)과 비총에너지($e = E/m$)가 있다.

시스템의 상태는 시스템의 상태량으로 기술된다. 그러나 경험으로부터 상태를 확정하기 위해 모든 상태량을 규정할 필요는 없음을 알고 있다. 충분한 수의 상태량 값들이 규정되어 있다면, 그 나머지 상태량들도 어떤 값들을 갖게 되어 있다. 즉 하나의 상태를 확정하기 위해 몇몇 개수의 상태량을 규정하는 것으로 충분하다. 시스템의 상태를 확정하기 위해 필요한 상태량의 개수는 **상태 가설**(state postulate)로 주어지며, 이는 **단순 압축성 시스템의 상태는 두 개의 독립적인 강성적 상태량에 의해 완전히 규정된다**는 것이다.

하나의 상태량이 다른 하나의 상태량을 일정하게 유지한 채 변화할 수 있다면, 이 두 개의 상태량은 독립적이다. 모든 상태량이 독립적인 것은 아니며, 2-2절에 설명된 바와 같이 일부는 다른 상태량들의 항으로 정의된다.

연속체

그림 2-2
비행 중인 갈매기들처럼 대부분의 유동과 관련된 길이 척도는 공기 분자의 평균자유행로보다 수 차수 크다. 그러므로 이 교재에서 고려되는 모든 유체 유동에 대해서 연속체 이상화는 적절하다.

유체는 공간상으로 넓게 떨어져 있는 원자들로 구성되어 있으며 특히 기체상에서 그렇다. 그러나 물질의 원자적 본질을 무시하고 그것을 구멍이 없는 연속적이고, 균질적인 물질로, 즉 **연속체**(continuum)로 보는 것이 편리하다. 연속체로 이상화하는 것은 상태량을 점 함수로 다룰 수 있도록 하며, 상태량이 공간에서 급격한 불연속이 없이 연속적으로 변하는 것을 가정할 수 있도록 한다. 이와 같은 이상화는 다루는 시스템의 크기가 분자 사이의 공간에 비해 클 경우에 한하여 성립한다(그림 2-2). 이는 몇몇 특수한 경우를 제외하고, 실제적으로 모든 문제에 해당되는 경우이다. 연속체 이상화는 "유리잔 속의 물의 밀도는 어느 점에서나 동일하다"라는 것과 같은 우리가 사용하는 많은 문장 속에 함축되어 있다.

분자 수준에 관련된 거리의 개념을 갖기 위해, 대기압 조건에서 산소로 채워져 있는 용기를 고려하자. 산소 분자의 직경은 약 3×10^{-10} m이고 그 질량은 5.3×10^{-26} kg이다. 또한 1기압 및 20 ℃에서 산소의 **평균자유행로** λ는 6.3×10^{-8} m이다. 즉 산소 분자는 다른 분자와 충돌하기 전에 평균적으로 6.3×10^{-8} m의 거리(약 분자 직경의 200배)를 이동한다.

또한 1기압과 20 ℃에서 1 mm³의 작은 부피 내에 약 3×10^{16}개의 산소 분자가 있다(그림 2-3). 연속체 모델은 시스템의 특성 길이(시스템의 직경과 같은)가 분자의 평균자유행로보다 매우 클 경우 적용 가능하다. 매우 낮은 압력, 즉 매우 높은 고도에서, 평균자유행로는 커질 수 있다(예로써, 100 km의 고도에서 대기의 평균자유행로는 약 0.1 m이다). 이와 같은 경우에 대하여 **희박기체 유동 이론**이 사용되어야 하고, 개별 분자의 충돌이 고려되어야 한다. 본 교재에서는 연속체로 모델링될 수 있는 물질에 한정하여 고려한다. 정량적으로 Knudsen 수라 하는 무차원 수가 $\text{Kn}=\lambda/L$로 정의되는데, 여기서 λ는 유체 분자의 평균자유행로이고 L은 유체 유동의 어떤 특성 길이 척도이다. 만약 Kn이 매우 작다면(전형적으로 약 0.01 이하), 유체 매체는 연속체 매체로 근사될 수 있다.

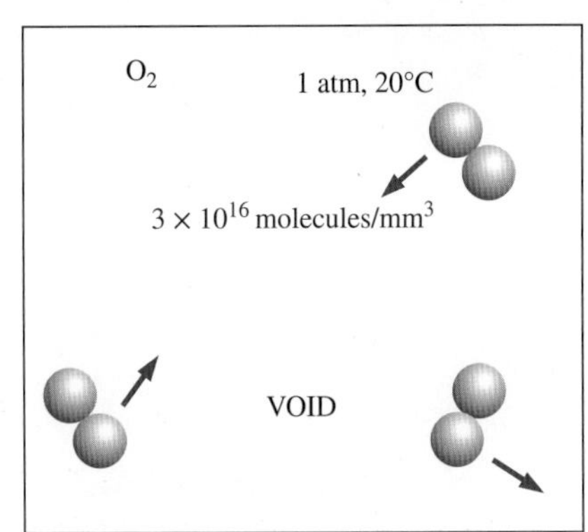

그림 2-3
분자들 사이의 상대적으로 넓은 간격에도 불구하고, 극단적으로 작은 부피 내에서조차 매우 많은 수의 분자들로 인해 기체는 보통 연속체로서 취급될 수 있다.

2-2 ■ 밀도와 비중

밀도는 **단위 부피당 질량**으로 정의된다(그림 2-4). 즉,

밀도: $$\rho = \frac{m}{V} \quad (\text{kg/m}^3) \tag{2-1}$$

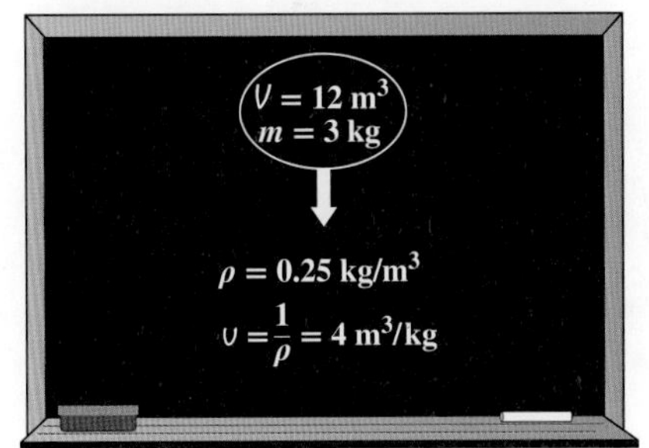

그림 2-4
밀도는 단위 체적당 질량이고, 비체적은 단위 질량당 체적이다.

밀도의 역수는 **비체적** υ인데, 이는 **단위 질량당 부피**로 정의된다. 즉, $\upsilon=V/m=1/\rho$이다. 미소 체적 요소의 질량 δm과 부피 δV에 대해, 밀도는 $\rho=\delta m/\delta V$로 표현될 수 있다.

일반적으로, 물질의 밀도는 온도와 압력에 의존한다. 대부분 기체의 밀도는 압력에 비례하고 온도에 반비례한다. 반면에 액체와 고체는 본질적으로 비압축성 물질이며, 그들의 압력에 따른 밀도 변화는 보통 무시할 만하다. 예를 들면 20 ℃에서 물의 밀도는 1기압에서 998 kg/m³으로부터 100기압에서 1003 kg/m³까지, 고작 0.5퍼센트 변화한다. 액체와 고체의 밀도는 압력보다는 온도에 보다 강하게 의존한다. 예를 들면 1기압에서 물의 밀도는 20 ℃에서 998 kg/m³으로부터 75 ℃에서 975 kg/m³까지, 2.3퍼센트 변하며, 이는 많은 공학 해석에서 여전히 무시할 수 있다.

때때로 물질의 밀도는 잘 알려진 물질의 밀도와 상대적인 값으로 주어진다. 그리고 이를 **비중**(specific gravity) 또는 **상대 밀도**라고 하며, **규정된 온도에서 표준물질의 밀도**(보통은 4 ℃의 물, $\rho_{H_2O}=1000$ kg/m³)**에 대한 고려하는 물질의 밀도의 비**로 정의된다. 즉,

비중: $$\text{SG} = \frac{\rho}{\rho_{H_2O}} \tag{2-2}$$

물질의 비중은 무차원 양인 것에 주목하라. 그러나 물질의 비중의 수치값은 SI 단위로 g/cm³ 또는 kg/L(또는 kg/m³으로 표시된 밀도의 0.001배)로 표시한 그 물질의 밀

표 2-1
1기압 및 20 ℃(별도로 언급하지 않은 한)에서 몇몇 물질의 비중

Substance	SG
Water	1.0
Blood (at 37°C)	1.06
Seawater	1.025
Gasoline	0.68
Ethyl alcohol	0.790
Mercury	13.6
Balsa wood	0.17
Dense oak wood	0.93
Gold	19.3
Bones	1.7–2.0
Ice (at 0°C)	0.916
Air	0.001204

도와 똑같으며, 이는 4 °C에서 물의 밀도는 1 g/cm^3 = 1kg/L = 1000 kg/m^{3}이기 때문이다. 예를 들면 20 °C에서 수은의 비중은 13.6이다. 그러므로 20 °C에서 수은의 밀도는 13.6 g/cm^3 = 13.6 kg/L = 13,600 kg/m^{3}이다. 20 °C에서 몇몇 물질의 비중이 표 2-1에 주어져 있다. 비중이 1보다 작은 물질은 (만약 섞이지 않는다면) 물보다 가벼워서 물 위로 뜰 것임에 주목하라.

물질의 단위 체적의 중량은 **비중량**(specific weight) 또는 **중량 밀도**(weight density)라 불리며 다음과 같이 표현된다.

비중량: $$\gamma_s = \rho g \qquad (\text{N/m}^3) \tag{2-3}$$

여기서 g는 중력 가속도이다.

1장으로부터 액체의 밀도는 기본적으로 일정하고, 따라서 정확도에 큰 손실 없이 대부분의 과정 중에 비압축성 물질로 종종 간주할 수 있음을 기억하라.

이상기체의 밀도

상태량 표는 상태량에 대하여 매우 정확하고 정밀한 정보를 제공하지만, 종종 충분히 일반적이고 꽤 정확한 상태량 사이의 단순한 관계식을 갖고 있는 것이 편리하다. 물질의 압력, 온도와 밀도(또는 비체적)를 연관시키는 방정식을 **상태 방정식**(equation of state)이라 한다. 기체 상태의 물질에 대해 가장 잘 알려진 상태 방정식은 **이상기체 상태 방정식**이며, 다음과 같이 표현된다.

$$P\upsilon = RT \qquad \text{또는} \qquad P = \rho RT \tag{2-4}$$

여기서 P는 절대 압력, υ는 비체적, T는 열역학적 (절대) 온도, ρ는 밀도 그리고 R은 기체상수이다. 기체상수 R은 각 기체마다 다르며 $R = R_u/M$으로부터 결정된다. 여기서 R_u는 **일반 기체상수**로서 그 값은 $R_u = 8.314$ kJ/kmol·K이고, M은 기체의 **몰 질량**(또한 **분자량**이라고도 함)이다. 여러 가지 물질에 대한 R과 M의 값이 표 A-1에 주어져 있다.

열역학적 온도 척도는 SI에서 **Kelvin 척도**이고, 이 척도의 온도 단위는 **켈빈**이며, K로 표시된다. 영미 시스템에서 열역학적 온도 척도는 **Rankine 척도**이고, 이 척도의 온도 단위는 **랭킨** R이다. 다양한 온도 척도들은 서로 다음과 같이 관련되어 있다.

$$T(\text{K}) = T(°\text{C}) + 273.15 = T(\text{R})/1.8 \tag{2-5}$$

$$T(\text{R}) = T(°\text{F}) + 459.67 = 1.8\,T(\text{K}) \tag{2-6}$$

상수 273.15와 459.67은 각각 273과 460으로 반올림하는 것이 통상 관례이지만 이를 권장하지는 않는다.

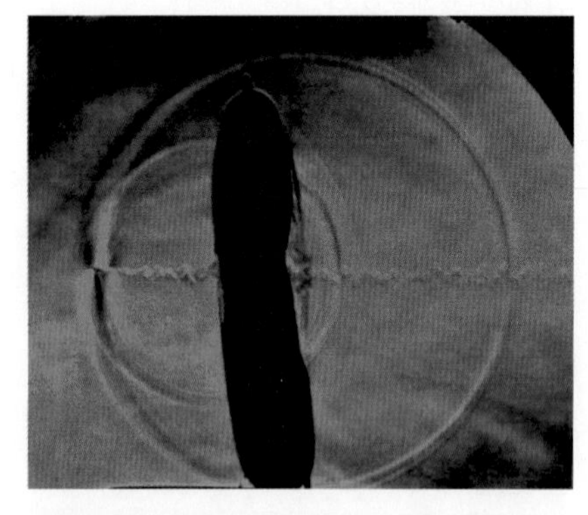

그림 2-5
공기는 매우 빠른 속도에서조차 이상기체로 거동한다. 이 schlieren 영상에서 거의 음속으로 날아가는 총알이 두 개의 팽창하는 충격파를 형성하면서 풍선의 양쪽 면 모두를 관통해 지나간다. 또한 총알의 난류 후류도 볼 수 있다.

이상기체 상태 방정식인 식 (2-4)는 또한 간단히 **이상기체 관계식**이라 불리며, 이 관계식을 따르는 기체를 **이상기체**라 한다. 부피 V, 질량 m과 몰 수가 $N = m/M$인 이상기체에 대하여, 이상기체 상태 방정식은 $PV = mRT$ 또는 $PV = NR_uT$로 쓸 수 있다. 일정한 질량 m에 대해, 이상기체 관계식을 두 번 쓰고 단순화하면, 두 개의 다른 상태에서 이상기체의 상태량은 $P_1V_1/T_1 = P_2V_2/T_2$에 의해 연계된다.

이상기체는 $P\upsilon = RT$의 관계식을 따르는 가상의 물질이다. 이상기체 관계식이 낮은 밀도에서 실제 기체의 P-v-T 거동을 매우 잘 근사하는 것이 실험적으로 관찰되었다. 낮은 압력과 높은 온도에서 기체의 밀도는 감소하고 기체는 이상기체처럼 거동한다(그림 2-5). 실제로 관심있는 범위 내에서 공기, 질소, 산소, 수소, 헬륨, 아르곤, 네온과 크립톤과 같은 많은 친숙한 기체들과 이산화탄소와 같은 무거운 기체조차도 무시할 만한 오차(종종 1퍼센트 미만)를 갖는 이상기체로 취급된다. 그러나 증기 화력 발전소의 수증기와 냉장고의 냉매 증기와 같은 밀도가 높은 기체는 이상기체로 취급되어서는 안 되며, 이는 이들이 보통 포화 상태 근처에서 존재하기 때문이다.

예제 2-1 실내 공기의 밀도, 비중과 질량

크기가 4 m×5 m×6 m인 실내에서 100 kPa, 25 °C의 공기의 밀도, 비중과 질량을 구하라(그림 2-6).

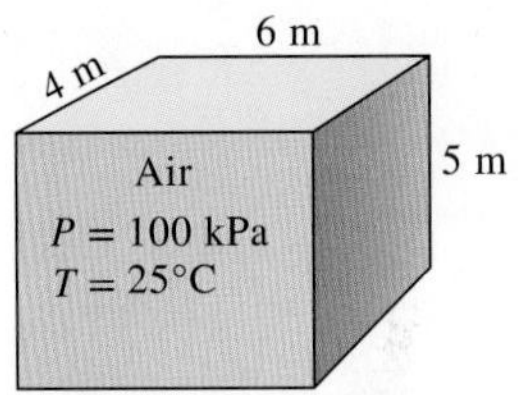

그림 2-6
예제 2-1에 대한 개략도.

풀이 실내 공기의 밀도, 비중과 질량을 결정하고자 한다.

가정 주어진 조건에서 공기는 이상기체로 취급할 수 있다.

상태량 공기의 기체상수는 $R = 0.287\ \text{kPa}\cdot\text{m}^3/\text{kg}\cdot\text{K}$이다.

해석 공기의 밀도는 이상기체 관계식 $P = \rho RT$로부터 결정된다.

$$\rho = \frac{P}{RT} = \frac{100\ \text{kPa}}{(0.287\ \text{kPa}\cdot\text{m}^3/\text{kg}\cdot\text{K})(25 + 273.15)\ \text{K}} = \mathbf{1.17\ kg/m^3}$$

따라서 공기의 비중은 다음과 같다.

$$\text{SG} = \frac{\rho}{\rho_{H_2O}} = \frac{1.17\ \text{kg/m}^3}{1000\ \text{kg/m}^3} = \mathbf{0.00117}$$

끝으로 실내 공기의 부피와 질량은

$$V = (4\ \text{m})(5\ \text{m})(6\ \text{m}) = \mathbf{120\ m^3}$$

$$m = \rho V = (1.17\ \text{kg/m}^3)(120\ \text{m}^3) = \mathbf{140\ kg}$$

토의 온도를 이상기체 관계식에 사용하기 전에 °C 단위로부터 K 단위로 변환시켰음을 주목하라.

2-3 ■ 증기압과 공동현상

상변화 과정 중의 순수 물질에 대한 온도와 압력은 종속적인 상태량이란 사실은 잘 정립된 것이며, 따라서 온도와 압력 사이에 1대 1의 대응이 존재한다. 주어진 압력에서 순수 물질이 상변화를 하는 온도를 **포화 온도** T_{sat}라고 한다. 이와 마찬가지로, 주어진 온도에서 순수 물질이 상변화를 하는 압력을 **포화 압력** P_{sat}라고 한다. 예를 들면 절대 압력 1표준대기압(1기압 또는 101.325 kPa)에서 물의 포화 온도는 100 °C이다. 반대로 온도 100 °C에서 물의 포화 압력은 1기압이다.

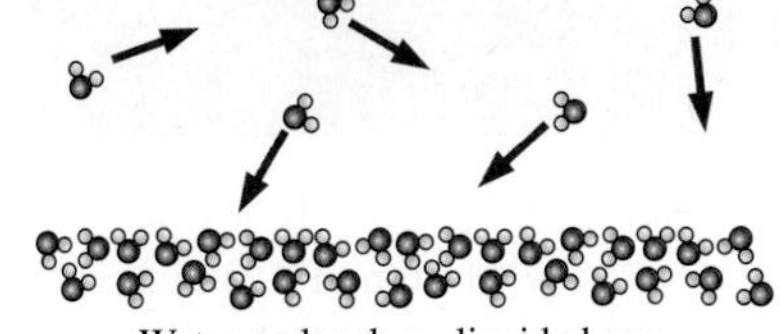

그림 2-7
순수 물질(예로써 물)의 증기압(포화 압력)은 그 시스템이 주어진 온도에서 액체 분자와 상평형에 있을 때 순수 물질의 증기 분자가 가한 압력이다.

순수 물질의 **증기압** P_v는 **주어진 온도에서 액체와 상평형에 있는 증기가 가한 압력**으로 정의된다(그림 2-7). P_v는 순수 물질의 상태량이며, 따라서 결국 액체의 포화 압력 P_{sat}와 같게 된다($P_v = P_{sat}$). 여기서 증기압을 **분압**과 혼동하지 않도록 조심해야

표 2-2

다양한 온도에서 물의 포화(또는 증기) 압력

Temperature T, °C	Saturation Pressure P_{sat}, kPa
−10	0.260
−5	0.403
0	0.611
5	0.872
10	1.23
15	1.71
20	2.34
25	3.17
30	4.25
40	7.38
50	12.35
100	101.3 (1 atm)
150	475.8
200	1554
250	3973
300	8581

한다. **분압**은 **다른 기체들과의 혼합물 중에서 한 가지 기체나 증기의 압력**으로 정의된다. 예를 들면 대기는 건조 공기와 수증기의 혼합물이고, 대기압은 건조 공기의 분압과 수증기 분압의 합이다. 수증기의 분압은 대기압의 작은 일부(보통 3퍼센트 이하)를 구성하며, 이는 공기의 대부분이 질소와 산소이기 때문이다. 액체가 존재하지 않는다면, 증기의 분압은 증기압보다 낮거나 또는 같아야만 한다. 그러나 증기와 액체가 공존하고 시스템이 상평형하에 있을 때, 증기의 분압은 증기압과 같아야만 하고, 따라서 그 시스템은 **포화되었다**고 한다. 호수와 같은 개방된 물웅덩이로부터의 증발률은 증기압과 분압 사이의 차이에 의해 조절된다. 예를 들면 20 °C에서 물의 증기압은 2.34 kPa이다. 그러므로 1기압의 건조 공기가 차있는 방에 놓아둔 20 °C의 물 양동이는 다음 두 가지 중 하나가 일어날 때까지 계속 증발할 것이다. 즉 물이 다 증발해 버리거나(방 안에 상평형을 정립하기에는 물이 충분하지 않다) 또는 방 안의 수증기 분압이 상평형이 정립되는 2.34 kPa에 이를 때 증발이 그친다.

순수 물질의 액체와 기체 상들 사이의 상변화 과정 중에 포화 압력과 증기압은 서로 동등하게 되며, 이는 증기가 순수하기 때문이다. 압력 값은 증기상에서 또는 액체상에서 측정되었건 간에(정수압 효과를 피하기 위해 액체-증기 계면에 근접한 위치에서 측정된다면) 동일할 것이다. 증기압은 온도에 따라 증가한다. 따라서 보다 높은 압력에서의 물질은 보다 높은 온도에서 끓는다. 예를 들면 절대 압력 3기압에서 작동되는 압력 조리기 내에서 물은 134 °C에서 끓지만, 대기압이 0.8기압인 2000 m 고도에서 일반 냄비의 물은 93 °C에서 끓는다. 다양한 물질에 대한 포화(또는 증기)압력이 부록 1과 2에 주어져 있다. 표 2-2는 물에 대한 포화 압력 자료를 쉽게 참고할 수 있도록 한다.

증기압에 대해 관심을 가지는 이유는 액체-유동 시스템에서 액체의 압력이 어떤 위치에서 증기압 아래로 떨어져서, 예상하지 않은 증발이 발생할 가능성 때문이다. 예를 들면 10 °C의 물은 압력이 1.23kPa 아래로 떨어지는 위치(임펠러의 팁 부분 또는 펌프의 흡입부와 같은)에서 증발하고 기포를 형성할 수 있다. 증기 기포는[이들이 액체 속에서 "공동(cavity)"을 형성하므로 **공동 기포**라 불리는] 이들이 저압 지역으로부터 휩쓸려 지나감에 따라 매우 파괴적이고, 극도로 높은 압력파를 발생하면서 붕괴한다. 성능의 저감과 임펠러 블레이드의 마모에 대한 통상적인 원인이 되는 이 현상은 **공동현상**(cavitation)이라 불리며, 이는 수력 터빈과 펌프의 설계에 있어서 중요한 고려 사항이다.

공동현상은 대부분의 유동 시스템 내에서 성능을 떨어뜨리고, 귀에 거슬리는 진동과 소음을 발생시키며, 장비를 파손시키는 원인이 되기 때문에 반드시 피해야(또는 적어도 최소화하여야) 한다. 고속의 "초공동현상(supercavitating)" 어뢰의 예처럼 어떤 유동 시스템에서는 공동현상이 **이점**으로 이용되는 경우도 있다. 장기간에 걸쳐 많은 수의 기포가 고체 표면 근처에서 붕괴함으로 인해 생기는 압력 스파이크(pressure spike)는 마모, 표면 패임, 피로 파괴 그리고 부품 또는 기계의 종국적인 파괴를 초래할 수 있다(그림 2-8). 유동 시스템에서 공동현상의 존재는 그의 특징적인 붕괴음에 의해 감지될 수 있다.

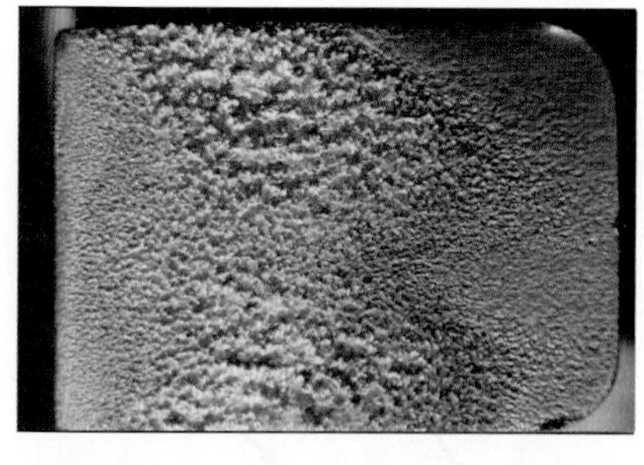

그림 2-8
공동현상으로 인해 16 mm×23 mm 크기의 알루미늄 시편이 받은 손상(60 m/s에서 2.5시간 동안 시험하였음). 공동 발생기는 시편을 크게 손상시킬 수 있도록 특별히 설계되었으며, 현재의 시편은 공동 발생기 하류의 공동 붕괴 지역에 위치하였다.
Photograph by David Stinebring, ARL/Pennsylvania State University.Used by permission.

예제 2-2 프로펠러에서 공동현상의 위험

20℃ 물속에서 작동하는 프로펠러에 대한 해석은 프로펠러 팁에서의 압력이 고속에서 2 kPa로 떨어진다는 것을 보여준다. 이 프로펠러에서 공동현상이 발생할 위험이 있는지를 결정한다.

풀이 프로펠러에서의 최소 압력이 주어진다. 공동현상이 발생할 위험이 있는지를 결정하고자 한다.

상태량 20℃ 물의 증기압은 2.34 kPa이다(표 2-2).

해석 공동현상을 피하기 위해서는 주어진 온도에서 유동 내 모든 곳의 압력이 증기(또는 포화) 압력 이상을 유지해야 한다. 즉,

$$P_v = P_{\text{sat@20°C}} = 2.34 \text{ kPa}$$

프로펠러 팁에서의 압력은 2 kPa이며, 이는 증기압보다 작다. 따라서 **이 프로펠러는 공동현상의 위험이 있다.**

토의 온도 증가에 따라 증기압도 증가하며, 따라서 공동현상의 위험은 유체 온도가 높을수록 더 커진다는 사실에 주의하라.

2-4 ■ 에너지와 비열

에너지는 열, 기계, 운동, 위치, 전기, 자기, 화학 및 핵 에너지와 같은 수많은 형태로 존재할 수 있으며(그림 2-9), 이들의 합은 시스템의 **총에너지** E(또는 단위 질량 기준으로 e)를 구성한다. 시스템의 분자 구조와 분자의 활동 정도에 관련된 에너지의 형태는 **미시적 에너지**로 불린다. 모든 미시적 형태의 에너지의 합은 시스템의 **내부 에너지**라 불리고, U(또는 단위 질량 기준으로 u)로 표시된다.

시스템의 **거시적 에너지**는 운동에 관련되어 있고 중력, 자력, 전기와 표면장력과 같은 일부 외부 효과의 영향에 관련되어 있다. 시스템의 운동 결과로 시스템이 보유하는 에너지는 **운동 에너지**라 불린다. 시스템의 모든 부분이 같은 속도로 움직일 때, 단위 질량당 운동 에너지는 $\text{ke} = V^2/2$로 표현되며, 여기서 V는 어떤 고정된 좌표계에 상대적인 시스템의 속도를 나타낸다. 중력장 내에서 시스템의 고도에 따른 결과로 시스템이 보유하는 에너지는 **위치 에너지**라 불리며, 단위 질량 기준으로 $\text{pe} = gz$로 표현된다. 여기서 g는 중력 가속도이고, z는 임의로 선정된 기준면에 상대적인 시스템의 무게 중심의 고도이다.

일상생활에서 지각할 수 있거나 잠재적인 형태의 내부 에너지를 종종 **열**이라 부르며, 신체의 열 함량에 대해 이야기한다. 그러나 공학에서 이러한 형태의 에너지는 일반적으로 **열전달**과 혼동을 피하기 위해 **열 에너지**(thermal energy)로 부른다.

에너지의 국제 단위는 **줄**(J) 또는 **킬로줄**(1 kJ = 1000 J)이다. 1 J은 1 N에 1 m를 곱한 것이다. 영미 단위계에서 에너지의 단위는 **영국 열 단위**(Btu)이고, 이는 68 ℉에서 물 1 lbm의 온도를 1 ℉ 올리는데 필요한 에너지로 정의된다. kJ과 Btu의 크기는 거의 같다(1 Btu = 1.0551 kJ). 에너지의 또 다른 잘 알려진 단위는 **칼로리**(1 cal = 4.1868 J)이며, 이는 14.5 ℃에서 물 1 g의 온도를 1 ℃ 올리는데 필요한 에너

(a)

(b)

그림 2-9
원자력 발전소로부터 한 가정까지 전력을 끌어올 때 관련된 적어도 6가지의 서로 다른 에너지의 형태: 원자력, 열, 기계, 운동, 자기 그리고 전기 형태의 에너지.
(a) ⓒ Creatas/PunchStock RF

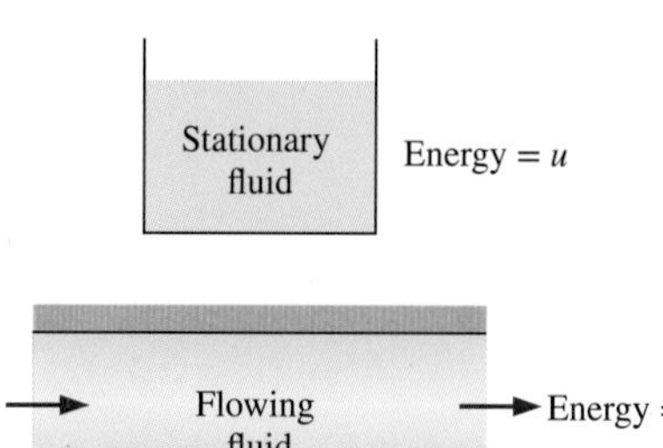

그림 2–10
내부 에너지 u는 단위 질량당 유동하지 않는 유체의 미시적 에너지를 나타내며, 이에 반해 **엔탈피** h는 단위 질량당 유동하는 유체의 미시적 에너지를 나타낸다.

지로 정의된다.

유체 유동과 관련된 시스템의 해석에서 우리는 상태량 u와 $P\upsilon$의 조합을 자주 접하게 된다. 편의상, 이 조합을 **엔탈피** h라 한다. 즉,

엔탈피: $$h = u + P\upsilon = u + \frac{P}{\rho} \qquad \textbf{(2-7)}$$

여기서 P/ρ는 **유동 에너지**, 또한 **유동 일**이라 불리며, 이는 유체를 움직이고 유동을 유지하기 위해 필요한 단위 질량당 에너지이다. 유동하는 유체의 에너지 해석에서 유체의 에너지의 일부분으로 유동 에너지를 취급하고, 유체 흐름의 미시적 에너지를 엔탈피 h로 대표하는 것이 편리하다(그림 2-10). 엔탈피는 단위 질량당의 양이며 따라서 이는 **비상태량**(specific property)임을 주의하라.

자기, 전기 및 표면장력과 같은 영향이 없을 경우에 시스템은 단순 압축성 시스템이라 불린다. 단순 압축성 시스템의 총에너지는 내부, 운동 및 위치 에너지의 세 부분으로 구성되어 있다. 단위 질량 기준으로, 이는 $e = u + \text{ke} + \text{pe}$로 표현된다. 검사체적을 출입하는 유체는 추가적인 형태의 에너지를 가지며, 이는 **유동 에너지** P/ρ이다. **유동하는 유체**의 단위 질량당 총에너지는 다음과 같이 된다.

$$e_{\text{flowing}} = P/\rho + e = h + \text{ke} + \text{pe} = h + \frac{V^2}{2} + gz \qquad \text{(kJ/kg)} \qquad \textbf{(2-8)}$$

여기서 $h = P/\rho + u$는 엔탈피, V는 속도의 크기, 그리고 z는 어떤 기준점에 대하여 상대적인 시스템의 위치이다.

유동하는 유체의 에너지를 대표하기 위하여 내부 에너지 대신에 엔탈피를 이용함으로써 유동 일을 고려할 필요가 없다. 유체를 미는데 연관된 에너지는 엔탈피에 의해 자동적으로 고려된다. 사실상, 이와 같은 점이 엔탈피라는 상태량을 정의한 주된 이유이다.

이상기체의 내부 에너지와 엔탈피에서의 미소 변화는 비열의 항으로 다음과 같이 표현될 수 있다.

$$du = c_\upsilon\, dT \quad \text{그리고} \quad dh = c_p\, dT \qquad \textbf{(2-9)}$$

여기서 c_υ와 c_p는 이상기체의 정적 비열 및 정압 비열이다. 평균 온도에서의 비열 값을 이용하면, 내부 에너지와 엔탈피에서의 유한 변화는 대략 다음과 같이 표현된다.

$$\Delta u \cong c_{\upsilon,\text{avg}}\, \Delta T \quad \text{그리고} \quad \Delta h \cong c_{p,\text{avg}}\, \Delta T \qquad \textbf{(2-10)}$$

비압축성 물질에 대하여 정적 비열과 정압 비열은 동일하다. 그러므로 액체에 대해 $c_p \cong c_\upsilon \cong c$이고, 액체의 내부 에너지의 변화는 $\Delta u \cong c_{\text{avg}}\Delta T$로 표현할 수 있다.

비압축성 물질에 대해 ρ는 상수임을 주목하면, 엔탈피 $h = u + P/\rho$의 미분은 $dh = du + dP/\rho$가 된다. 적분하면 엔탈피 변화는 다음과 같다.

$$\Delta h = \Delta u + \Delta P/\rho \cong c_{\text{avg}}\, \Delta T + \Delta P/\rho \qquad \textbf{(2-11)}$$

그러므로 등압 과정에 대해 $\Delta h \cong \Delta u \cong c_{\text{avg}}\Delta T$이고, 액체의 등온 과정에 대해 $\Delta h = \Delta P/\rho$이다.

2–5 ■ 압축성 계수와 음속

압축성 계수

경험으로부터 유체의 부피(또는 밀도)는 유체의 온도나 압력의 변화에 따라 달라지는 것을 알고 있다. 유체는 보통 가열되거나 압력이 떨어지면 팽창하고, 냉각되거나 압력이 높아지면 수축한다. 그러나 체적의 변화량은 유체의 종류에 따라 달라지며, 따라서 압력과 온도의 변화에 따른 체적 변화에 관련된 상태량을 정의할 필요가 있다. 이와 같은 두 가지 상태량이 체적 탄성계수(bulk modulus of elasticity) κ와 체적팽창률 계수(coefficient of volume expansion) β이다.

유체는 보다 큰 압력이 가해지면 수축하고, 작용하는 압력이 감소하면 팽창한다는 것은 일상적으로 관찰되는 현상이다(그림 2-11). 즉, 유체는 압력에 대해 탄성체처럼 거동한다. 그러므로 고체에 대한 Young의 탄성계수와 유사하게, 유체에 대해 **압축성 계수**(coefficient of compressibility)[또한 **체적 압축률**(bulk modulus of compressibility) 또는 **체적 탄성계수**로도 불리는] κ를 다음과 같이 정의한다.

$$\kappa = -\upsilon\left(\frac{\partial P}{\partial \upsilon}\right)_T = \rho\left(\frac{\partial P}{\partial \rho}\right)_T \quad \text{(Pa)} \tag{2-12}$$

이는 또한 유한차분의 항으로 다음과 같이 개략적으로 표현될 수 있다.

$$\kappa \cong -\frac{\Delta P}{\Delta \upsilon/\upsilon} \cong \frac{\Delta P}{\Delta \rho/\rho} \quad (T = \text{constant}) \tag{2-13}$$

$\Delta\upsilon/\upsilon$ 또는 $\Delta\rho/\rho$는 무차원이므로, κ는 압력의 차원(Pa)이 되어야 함에 유의하라. 또한 온도가 일정하게 유지되는 동안에, 압축성 계수는 유체의 부피나 밀도의 분율변화(fractional change)에 대한 압력 변화를 나타낸다. 따라서 순수하게 비압축성인 물질의 압축성 계수는 무한대가 된다(υ = 일정).

큰 κ값은 부피의 작은 분율변화를 만들기 위해 압력이 크게 변화할 필요가 있음을 나타내며, 따라서 큰 κ값을 갖는 유체는 본질적으로 **비압축성**이다. 이는 액체가 대표적인 경우이며, 왜 액체가 보통 비압축성으로 간주되는지를 설명한다. 예를 들면, 대기 조건에서 물을 1퍼센트 압축하기 위해 물의 압력은 210기압까지 끌어올려야 하며, 이는 압축성 계수값 $\kappa = 21{,}000$ atm에 해당한다.

또한 액체에서 작은 밀도 변화는 배관계에서 **수격 현상**(water hammer)과 같은 흥미 있는 현상을 유발하는데, 이 현상은 파이프를 "타격할 때" 발생하는 음을 닮은 소리가 나는 특징이 있다. 이는 배관망 내의 액체가 급격한 유동 억제장치(밸브를 닫는 것과 같은)를 만나서 국소적으로 압축될 때 발생한다. 발생된 음향파는 파이프를 따라서 전파되고 반사되며, 이에 따라 파이프의 표면, 벤드 및 밸브를 쳐서 파이프가 진동하고 귀에 익은 소리의 발생을 유발한다. 귀에 거슬리는 소리뿐만 아니라 수격 현상은 매우 파괴적일 수 있어서 관을 새게 하거나 또는 구조물의 손상까지도 초래한다. 이 효과는 **수격 현상 억제장치**(그림 2-12)로 완화될 수 있는데, 이는 충격을 흡수하기 위해 주름상자(bellows)나 피스톤 중의 하나를 포함하는 용적실이다. 대형 배관에 대해서는 **서지 타워**(surge tower)라 불리는 수직관이 종종 이용된다. 서지 타워는 상부에 공기의 자유표면을 가지며 유지보수가 거의 필요하지 않다. 다른 배관에 대하

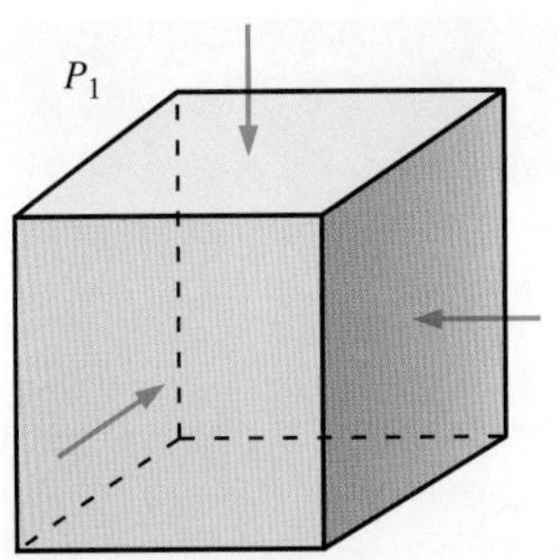

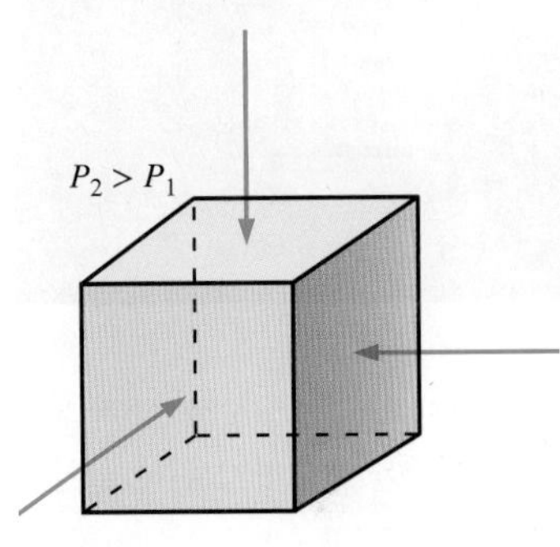

그림 2–11
고체와 같이 유체는 적용된 압력이 P_1에서 P_2로 증가할 때 압축된다.

그림 2-12
수격현상 억제장치: 수격현상에 의한 손상에 대비하여 배관을 보호하기 위해 설치된 서지 타워.
© *Shutterstock/smith371*

여는 폐쇄식 **수력축압탱크**(hydraulic accumulator tank)를 사용하며, 여기서는 충격을 완화하기 위해 공기나 질소와 같은 기체가 축압탱크에서 압축된다.

부피와 압력은 역비례하고(압력이 증가함에 따라 부피가 감소하고, 따라서 $\partial P/\partial \upsilon$가 음수이다), 정의(식 2-12)에서 음의 부호는 κ가 양수임을 보장한다는 점을 주의하라. 또한 $\rho = 1/\upsilon$를 미분하면 $d\rho = -d\upsilon/\upsilon^2$이 되고, 이는 다음과 같이 다시 쓸 수 있다.

$$\frac{d\rho}{\rho} = -\frac{d\upsilon}{\upsilon} \tag{2-14}$$

즉 유체의 비체적과 밀도에 있어서 분율변화의 크기는 동일하지만 부호가 반대이다.

이상기체에 대해 $P = \rho RT$이고 $(\partial P/\partial \rho)_T = RT = P/\rho$이며, 따라서

$$\kappa_{\text{ideal gas}} = P \qquad \text{(Pa)} \tag{2-15}$$

그러므로 이상기체의 압축성 계수는 그 절대 압력과 같으며, 따라서 기체의 압축성 계수는 압력이 증가함에 따라 증가한다. $\kappa = P$를 압축성 계수의 정의에 대입하고 다시 쓰면 아래와 같다.

이상기체: $$\frac{\Delta\rho}{\rho} = \frac{\Delta P}{P} \qquad (T = \text{constant}) \tag{2-16}$$

그러므로 등온 압축 중에 이상기체의 밀도의 백분율 증가는 압력의 백분율 증가와 같다.

1 atm 압력의 공기에 대해 $\kappa = P = 1$ atm이고, 부피의 1퍼센트 감소($\Delta V/V = -0.01$)는 압력에 있어서 $\Delta P = 0.01$ atm의 증가에 상응한다. 그러나 1000 atm의 공기에 대해, $\kappa = 1000$ atm이고, 부피의 1퍼센트 감소는 압력에 있어서 $\Delta P = 10$ atm의 증가에 상응한다. 그러므로 기체 부피의 작은 변화는 매우 높은 압력에서는 압력의 큰 변화를 유발할 수 있다.

압축성 계수의 역수는 **등온 압축률**(isothermal compressibility) α라 불리며 다음과 같이 표현된다.

$$\alpha = \frac{1}{\kappa} = -\frac{1}{\upsilon}\left(\frac{\partial \upsilon}{\partial P}\right)_T = \frac{1}{\rho}\left(\frac{\partial \rho}{\partial P}\right)_T \qquad \text{(1/Pa)} \tag{2-17}$$

유체의 등온 압축율은 압력의 단위 변화에 상응하는 부피 또는 밀도의 분율변화를 나타낸다.

체적 팽창계수

일반적으로 유체의 밀도는 압력보다는 온도에 보다 강하게 의존하고, 온도에 따른 밀도의 변화는 바람, 해양의 조류, 굴뚝에서 연기의 상승, 열기구 운전, 자연 대류에 의한 열전달 및 더운 공기의 상승과 그에 따른 "열이 올라가네(heat rises)"라는 문구와 같은 수많은 자연 현상의 원인이 된다(그림 2-13). 이들 효과를 정량화하기 위해 **등압하의 온도에 따른 유체의 밀도 변화**를 나타내는 상태량을 필요로 한다.

이와 같은 정보를 제공하는 상태량은 **체적 팽창계수**(또는 **체적 팽창률**) β이며, 다음과 같이 정의된다(그림 2-14).

$$\beta = \frac{1}{\upsilon}\left(\frac{\partial \upsilon}{\partial T}\right)_P = -\frac{1}{\rho}\left(\frac{\partial \rho}{\partial T}\right)_P \quad (1/\text{K}) \tag{2-18}$$

이는 또한 유한 변화의 항으로 다음과 같이 개략적으로 표현될 수 있다.

$$\beta \approx \frac{\Delta \upsilon/\upsilon}{\Delta T} = -\frac{\Delta\rho/\rho}{\Delta T} \quad (P\text{가 일정할 때}) \tag{2-19}$$

유체에 대해 큰 값의 β는 온도에 따른 밀도의 변화가 큼을 의미하고, 따라서 $\beta\Delta T$ 값은 일정한 압력하에서 ΔT의 온도 변화에 상응하는 유체의 체적 변화의 분율을 나타낸다.

온도 T에서 **이상기체**($P = \rho RT$)의 체적 팽창계수는 온도의 역수와 동등함을 알 수 있다.

$$\beta_{\text{ideal gas}} = \frac{1}{T} \quad (1/\text{K}) \tag{2-20}$$

여기서 T는 **절대** 온도이다.

자연대류 흐름의 연구에 있어서, 유한한 고온 또는 저온 영역을 둘러싸고 있는 유체 주요부의 조건은 하첨자 "∞(무한대)"에 의해 표시된다. 이러한 표현을 사용하는 것은 고온 또는 저온 영역의 존재가 느껴지지 않는 멀리 떨어진 곳의 값이라는 것을 상기시키기 위함이다. 이런 경우에 체적 팽창계수는 근사적으로 다음과 같이 표현될 수 있다.

$$\beta \approx -\frac{(\rho_\infty - \rho)/\rho}{T_\infty - T} \quad \text{또는} \quad \rho_\infty - \rho = \rho\beta(T - T_\infty) \tag{2-21}$$

여기서 ρ_∞와 T_∞는 제한된 고온 또는 저온 유체 공간으로부터 멀리 떨어진 곳에 정지해 있는 유체의 밀도와 온도이다.

3장에서 자연대류 흐름은 **부력**에 의해 야기됨을 볼 것이다. 부력은 **밀도 차이**에 비례하고, 이 밀도 차이는 다시 등압하에서 **온도 차이**에 비례한다. 그러므로 고온 또는 저온의 유체 공간과 그들을 둘러싸고 있는 유체 주요부 사이의 온도 차이가 크면 클수록 부력이 **더 커지고** 따라서 자연대류의 흐름이 **더 강해**진다. 이에 관련된 현상이 비행기가 음속 가까이 비행할 때 종종 발생한다. 온도의 갑작스러운 하강이 가시적인 증기 구름으로 수증기의 응축을 발생시킨다(그림 2-15).

유체의 체적 변화에 미치는 압력과 온도 변화의 결합된 영향은 비체적을 T와 P의 함수가 되도록 취함으로써 결정할 수 있다. $\upsilon = \upsilon(T, P)$를 미분하고, 압축 및 팽창계수 α 및 β의 정의를 이용하면 다음을 얻는다.

$$d\upsilon = \left(\frac{\partial \upsilon}{\partial T}\right)_P dT + \left(\frac{\partial \upsilon}{\partial P}\right)_T dP = (\beta\, dT - \alpha\, dP)\upsilon \tag{2-22}$$

다음으로 압력과 온도 변화에 기인하는 체적(또는 밀도)의 분율변화는 근사적으로 다음과 같이 표현될 수 있다.

$$\frac{\Delta \upsilon}{\upsilon} = -\frac{\Delta\rho}{\rho} \cong \beta\,\Delta T - \alpha\,\Delta P \tag{2-23}$$

그림 2-13
여자 손 위의 자연 대류.

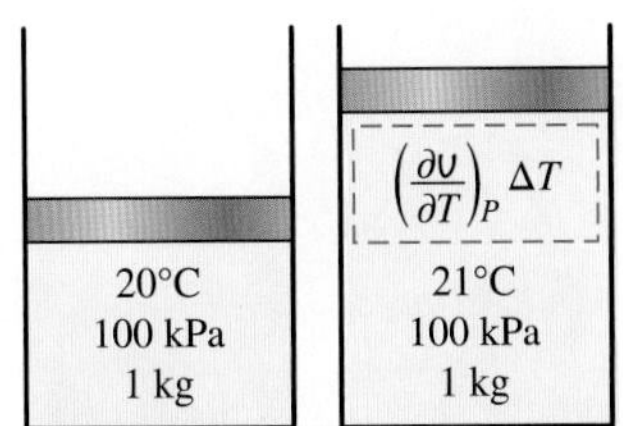

(a) β 값이 큰 물질

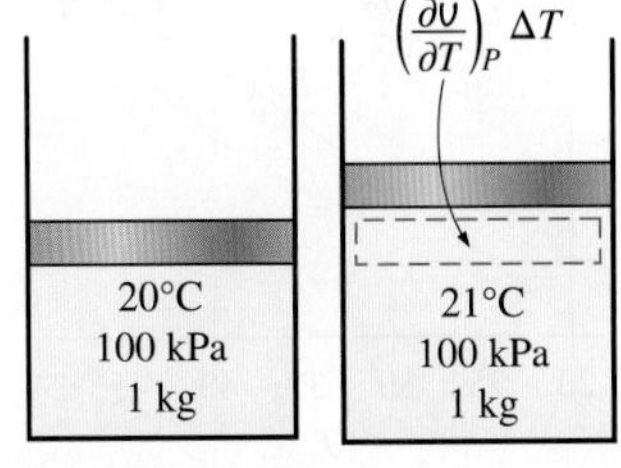

(b) β 값이 작은 물질

그림 2-14
체적 팽창계수는 일정한 압력에서 온도에 따른 물질의 체적 변화의 척도이다.

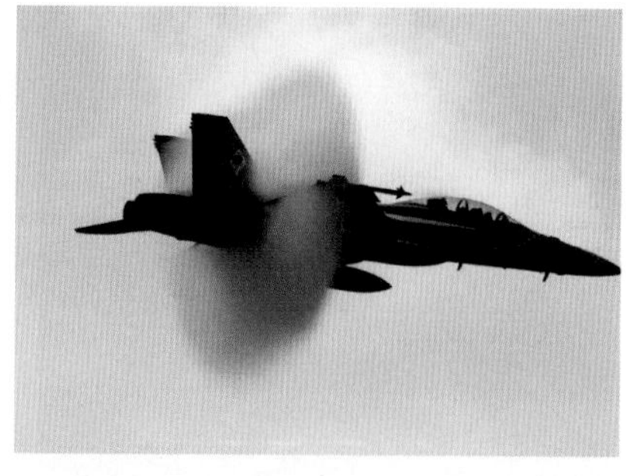

그림 2–15
음속 가까이로 비행하고 있는 F/A-18F Super Hornet 주위의 증기 구름
U.S. Navy photo by Photographer's Mate 3rd Class Jonathan Chandler.

예제 2–3 온도와 압력에 따른 밀도의 변화

20 °C 및 1 atm에서의 물을 고려하자. (a) 만약 1 atm 등압하에서 50 °C까지 가열될 경우, 그리고 (b) 만약 20 °C 등온하에서 100 atm까지 압축될 경우, 최종 물의 밀도를 구하라. 물의 등온 압축율은 $\alpha = 4.80 \times 10^{-5}$ atm^{-1}이다.

풀이 주어진 온도와 압력하의 물을 고려한다. 물이 가열된 후 및 압축된 후, 물의 밀도를 구하고자 한다.

가정 **1** 물의 체적 팽창계수와 등온 압축율은 주어진 온도 범위에서는 일정하다. **2** 양(quantities)에 있어서의 미소 변화를 유한 변화로 대체함으로써 근사해석을 수행한다.

상태량 20 °C와 1 atm 압력하의 물의 밀도는 $\rho_1 = 998.0$ kg/m^{3}이다. 평균 온도 (20+50)/2 = 35 °C에서 체적 팽창계수는 $\beta = 0.337 \times 10^{-3}$ K^{-1}이다. 물의 등온 압축율은 $\alpha = 4.80 \times 10^{-5}$ atm^{-1}로 주어진다.

해석 미분량이 차이 값으로 대체되고 상태량 α와 β가 상수로 가정될 때, 압력과 온도 변화의 항으로 밀도의 변화는 식 (2-23)과 같이 근사적으로 표현된다.

$$\Delta\rho = \alpha\rho\,\Delta P - \beta\rho\,\Delta T$$

(a) 등압하에 20 °C로부터 50 °C까지 온도의 변화에 기인하는 밀도의 변화는

$$\begin{aligned}\Delta\rho &= -\beta\rho\,\Delta T = -(0.337 \times 10^{-3}\ \text{K}^{-1})(998\ \text{kg/m}^3)(50-20)\ \text{K}\\ &= -10.0\ \text{kg/m}^3\end{aligned}$$

$\Delta\rho = \rho_2 - \rho_1$임을 주목하면, 50 °C 및 1 atm에서 물의 밀도는 다음과 같다.

$$\rho_2 = \rho_1 + \Delta\rho = 998.0 + (-10.0) = \mathbf{988.0\ kg/m^3}$$

이는 표 A-3에서 50 °C에서의 값인 988.1 kg/m^{3}과 거의 동일하다. 이는 대체로 그림 2-16에 보인 바와 같이, β가 온도에 따라서 거의 선형적으로 변함에 기인한다.

(b) 등온하에 1 atm으로부터 100 atm까지 압력의 변화에 기인하는 밀도의 변화는 다음과 같다.

$$\Delta\rho = \alpha\rho\,\Delta P = (4.80 \times 10^{-5}\ \text{atm}^{-1})(998\ \text{kg/m}^3)(100-1)\ \text{atm} = 4.7\ \text{kg/m}^3$$

100 atm 및 20 °C에서 물의 밀도는 다음과 같다.

$$\rho_2 = \rho_1 + \Delta\rho = 998.0 + 4.7 = \mathbf{1002.7\ kg/m^3}$$

토의 예상한 바와 같이, 물의 밀도는 가열 중에 감소하고 압축 중에 증가함을 주목하라. 이 문제는 상태량이 함수 형태로 주어지면 미분해석을 이용하여 보다 정확하게 풀 수 있다.

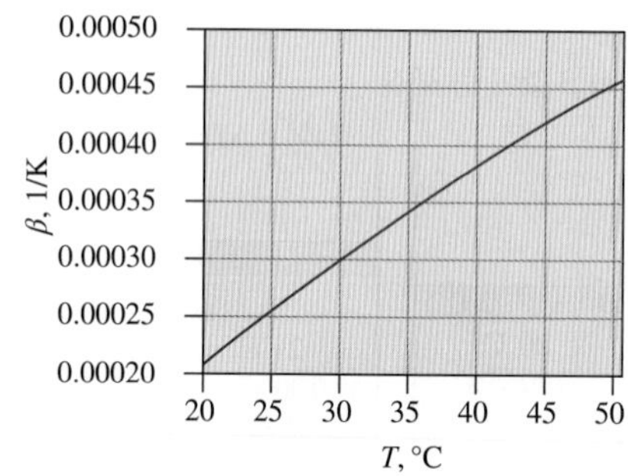

그림 2–16
20°C에서 50°C 범위 내에서 온도에 따른 물의 체적 팽창계수 β의 변화.
Data were generated and plotted using EES.

음속과 Mach 수

압축성 유동을 공부할 때 중요한 매개변수는 **음속**(speed of sound, 또는 **sonic speed**)이며, 이는 매우 작은 압력파가 매질을 통과하는 속도로 정의된다. 이러한 압력파는 국소 압력의 작은 증가를 초래하는 작은 교란에 의하여 나타난다.

어떤 매질에서 음속에 관한 관계식을 유도하기 위하여 그림 2-17에 나타나 있는 바와 같이 정지해 있는 유체로 채워져 있는 덕트를 고려해 보자. 덕트에 맞는 피스톤이 일정한 증분 속도 dV로 오른쪽으로 움직이면 이에 따라 음파(sonic wave)가 발생한다. 파는 정지해 있는 유체를 통하여 음속 c로 오른쪽으로 움직이고, 이 파를 경계

로 피스톤 근처에서 움직이는 유체와 정지하고 있는 유체가 구분된다. 그림 2-17에 나타난 바와 같이, 파의 왼쪽에 있는 유체는 열역학적 상태량이 증분 변화가 나타나는 반면, 파의 오른쪽에 있는 유체는 원래의 열역학적 상태량을 유지하게 된다.

해석을 쉽게 하기 위하여, 그림 2-18에 나타난 바와 같이 파를 포함하는 검사체적을 설정하여 파와 같이 움직인다고 하자. 파와 같이 움직이는 관찰자의 입장에서는 오른쪽에 있는 유체는 파를 향하여 c의 속도로 접근하고, 왼쪽에 있는 유체는 파로부터 $c-dV$의 속도로 멀어지게 된다. 물론 이때 관찰자에게 파를 포함한 검사체적은 정지해 있고 유동은 정상상태로 보일 것이다. 이러한 단일 유로의 정상유동과정에서 질량보존은 다음과 같이 나타낼 수 있다.

$$\dot{m}_{\text{right}} = \dot{m}_{\text{left}}$$

또는

$$\rho A c = (\rho + d\rho)A(c - dV)$$

단면적(또는 유동 면적) A를 소거하고 고차항을 무시하면 이 식은 다음과 같이 전개된다.

$$c\,d\rho - \rho\,dV = 0$$

이러한 정상유동 과정에서 검사체적 경계를 통과하는 열과 일이 없으며, 위치에너지의 변화도 무시될 수 있다. 따라서 정상유동에서의 에너지 평형 $e_{\text{in}} = e_{\text{out}}$은 다음과 같이 나타난다.

$$h + \frac{c^2}{2} = h + dh + \frac{(c - dV)^2}{2}$$

이 식은 다음과 같게 된다.

$$dh - c\,dV = 0$$

여기서 2차항 $(dV)^2$는 무시되었다. 일반적인 음파의 진폭은 매우 작으며, 따라서 유체의 압력과 온도에 큰 변화를 만들어내지 않는다. 따라서 음파의 전달은 단열일 뿐만 아니라 거의 등엔트로피 과정으로 볼 수 있다. 따라서 열역학 관계식 $T ds = dh - dP/\rho$ (Çengel과 Boles, 2015 참조)은 다음과 같이 줄어든다.

$$\cancelto{0}{T\,ds} = dh - \frac{dP}{\rho}$$

또는

$$dh = \frac{dP}{\rho}$$

위의 식들을 조합하면 원하는 음속에 대한 식을 다음과 같이 구할 수 있다.

$$c^2 = \frac{dP}{d\rho} \quad (s = \text{일정})$$

또는

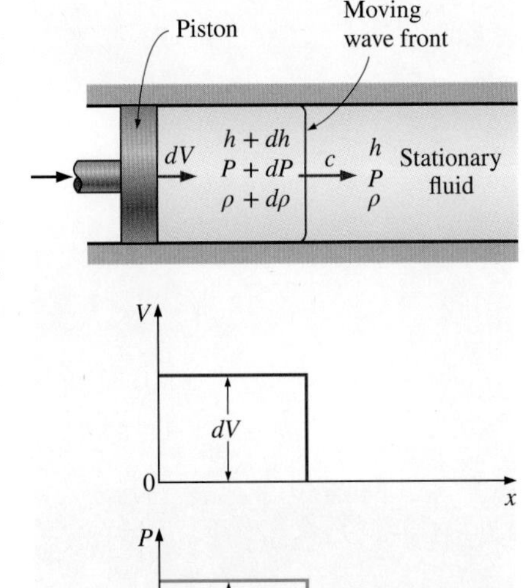

그림 2-17
덕트를 따라 나타나는 작은 압력파의 전파.

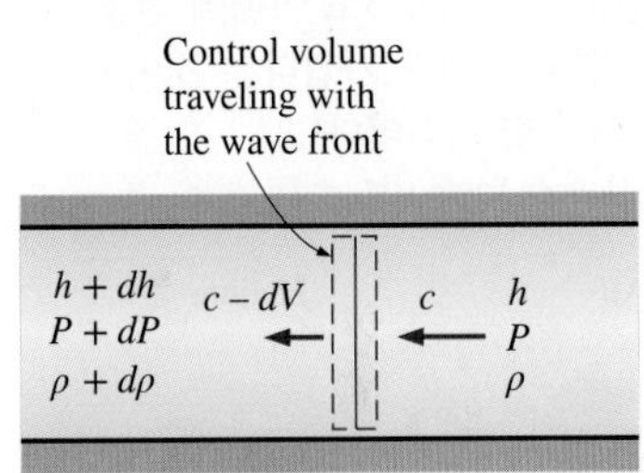

그림 2-18
덕트 내부의 작은 압력파와 같이 움직이는 검사체적.

그림 2–19
공기 속에서 음속은 온도에 따라 증가한다. 일반적인 외부 온도에서 c는 약 340 m/s이다. 그러므로 번개로부터 나는 천둥소리는 반올림하여 대략 3초에 1 km를 이동한다. 만약 번개를 본 뒤에 3초 이내에 천둥소리를 듣는다면, 번개가 가깝다는 것이고, 실내로 피해야 할 시점이다!
ⓒ *Bear Dancer Studois/Mark Dierker*

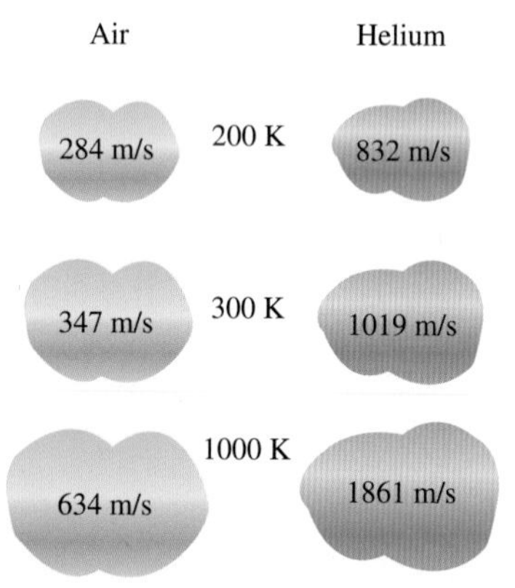

그림 2–20
음속은 온도와 유체가 달라짐에 따라 변화한다.

$$c^2 = \left(\frac{\partial P}{\partial \rho}\right)_s \tag{2-24}$$

식 (2-24)는 열역학적 상태량의 관계식을 이용하여 다음과 같이 전개될 수 있으며, 이는 독자가 직접 유도해 보기 바란다.

$$c^2 = k\left(\frac{\partial P}{\partial \rho}\right)_T \tag{2-25}$$

여기서 $k = c_p/c_v$는 유체의 비열비이다. 여기서 유체에서의 음속은 그 유체의 열역학적 상태량의 함수로 나타남에 유의하라(그림 2-19).

유체가 이상기체($P = \rho RT$)일 때, 식 (2-25)에서의 미분은 다음과 같이 쉽게 계산될 수 있다.

$$c^2 = k\left(\frac{\partial P}{\partial \rho}\right)_T = k\left[\frac{\partial(\rho RT)}{\partial \rho}\right]_T = kRT$$

또는

$$c = \sqrt{kRT} \tag{2-26}$$

여기서 기체상수 R은 특정한 이상기체에 대하여 정해져 있으며, 비열비 k 값은 온도의 함수이기 때문에 이상기체에서의 음속은 온도만의 함수임을 알 수 있다(그림 2-20).

압축성 유동의 해석에서 두 번째로 중요한 매개변수는 오스트리아 과학자 Ernst Mach(1838-1916)의 이름을 딴 **Mach 수**, **Ma**이다. Mach 수는 유체(혹은 정지해 있는 유체 내에 있는 물체)의 실제 속도와 동일한 상태에서 동일한 유체 내의 음속의 비이며, 다음과 같이 나타난다.

$$\text{Ma} = \frac{V}{c} \tag{2-27}$$

Mach 수는 탄성력에 대한 관성력의 비로 정의될 수도 있다. 만약 Ma가 약 1/3보다 작을 경우, 그 유동은 비압축성으로 근사될 수 있는데, 이는 Mach 수가 이 값을 초과할 때에만 압축성 효과가 중요해지기 때문이다.

Mach 수는 유체의 상태와 관련된 음속에 의존하고 있음에 유의하라. 따라서 정지해 있는 공기 내를 일정한 속도로 순항하는 항공기의 Mach 수는 항공기의 위치가 달라짐에 따라 변할 수 있다(그림 2-21).

유동의 영역을 유동의 Mach 수로 구분할 수 있다. Ma = 1일 때를 **음속**(sonic), Ma < 1일 때를 **아음속**(subsonic), 그리고 Ma > 1일 때를 **초음속**(supersonic), Ma ≫ 1일 때를 **극초음속**(hypersonic), 그리고 Ma ≅ 1일 경우를 **천음속**(transonic)이라 한다.

예제 2–4 디퓨저로 유입되는 공기의 Mach 수

그림 2-22에 나타난 바와 같이 공기가 200 m/s 속도로 디퓨저에 유입되고 있다. 공기 온도가 30 ℃일 때 (a) 음속과 (b) 디퓨저 입구에서의 Mach 수를 계산하라.

풀이 공기가 고속으로 디퓨저로 유입될 때, 디퓨저 입구에서의 음속과 Mach 수를 계산하고자 한다.

가정 주어진 조건에서 공기는 이상기체로 거동한다.

상태량 공기의 기체상수는 $R = 0.287\ \text{kJ/kg·K}$이고, 30 °C에서의 비열비는 1.4이다.

해석 기체 내에서 음속은 온도에 따라 변화하며, 이때 온도는 30 °C로 주어져 있다.

(a) 30 °C의 공기에서 음속은 식 (2-26)에 의하여 결정된다.

$$c = \sqrt{kRT} = \sqrt{(1.4)(0.287\ \text{kJ/kg·K})(303\ \text{K})\left(\frac{1000\ \text{m}^2/\text{s}^2}{1\ \text{kJ/kg}}\right)} = \mathbf{349\ m/s}$$

(b) 따라서 Mach 수는 다음과 같이 얻어진다.

$$\text{Ma} = \frac{V}{c} = \frac{200\ \text{m/s}}{349\ \text{m/s}} = \mathbf{0.573}$$

토의 Ma < 1이므로 디퓨저 입구에서의 유동은 아음속이다.

그림 2-21
비행 속도가 같더라도 Mach 수는 온도에 따라 달라질 수 있다.
© Purestock/SuperStock RF

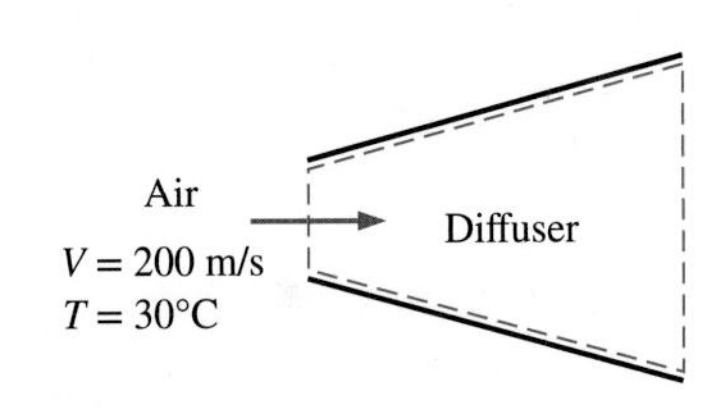

그림 2-22
예제 2-4에 대한 개략도.

2–6 ■ 점성

두 개의 접촉하고 있는 고체가 서로 상대적인 운동을 할 때, 접촉면에서 운동의 반대방향으로 마찰력이 발달한다. 예를 들면 마루 위의 책상을 옮기기 위해서는, 마찰력을 극복하기에 충분히 큰 힘을 수평 방향으로 책상에 작용시켜야만 한다. 책상을 움직이기 위해 필요한 힘의 크기는 책상 다리와 마루 사이의 **마찰 계수**에 의존한다.

유체가 고체에 대해 상대적인 운동을 하거나 또는 두 가지 유체가 서로 상대적인 운동을 할 때의 상황도 위와 유사하다. 우리는 공기 중에서 비교적 쉽게 움직일 수 있지만, 물속에서는 그렇지 못하다. 기름으로 채워져 있는 통 속에 떨어뜨린 유리공이 매우 느리게 낙하하는 것에서 볼 수 있는 것처럼 기름 속에서의 움직임은 이보다 더 어려울 것이다. 운동에 대항하는 유체의 내부 저항 또는 "유동성"을 나타내는 상태량이 있으며, 이와 같은 상태량이 바로 **점성**(viscosity)이다. 흐르는 유체가 유동 방향으로 물체에 작용하는 힘을 **항력**(drag force)이라 하고, 이 힘의 크기는 부분적으로 점성에 의존한다(그림 2-23).

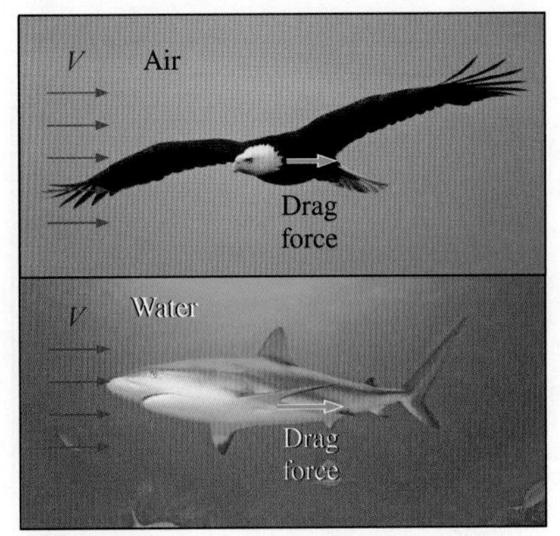

그림 2-23
물체에 대해 상대적 운동을 하는 유체는 물체에 항력을 미치는데, 이는 부분적으로 점성에 기인한 마찰 때문이다.
Top: © Photodisc/Getty Images RF
Bottom: © Digital Vision/Getty Images RF

점성에 대한 관계식을 얻기 위해 거리(ℓ)만큼 떨어진 두 개의 매우 큰 평행판(또는 두 개의 평행판이 다량의 유체 속에 잠겨 있는) 사이의 유체 층을 고려하자(그림 2-24). 지금 아래 판이 고정된 채로 유지되는 동안, 위 판에 일정한 평행력 F가 작용된다. 초기의 과도 기간 후에 위 판이 이 힘의 영향하에 연속적으로 일정한 속도 V로 움직이는 것이 관찰된다. 위 판에 접촉하고 있는 유체는 판 표면에 달라붙어서 판과 동일한 속도로 함께 움직이며, 이 유체 층에 작용하는 전단응력 τ는 다음과 같다.

$$\tau = \frac{F}{A} \tag{2-28}$$

여기서 A는 판과 유체 사이의 접촉 면적이다. 유체 층은 전단응력의 영향하에 연속적으로 변형한다.

아래 판과 접촉하고 있는 유체는 그 판의 속도를 갖는데, 그 속도는 영이다(점착

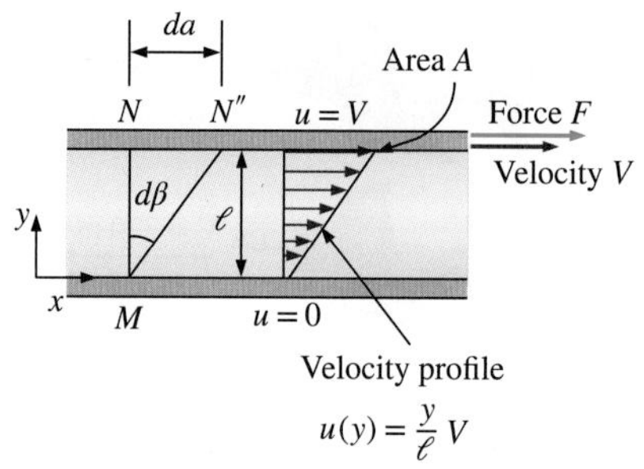

그림 2–24
위 판이 일정한 속도로 움직일 때 두 평행 평판 사이의 층류 유동에서의 유체 거동.

조건으로 인하여, 1장 1-2절 참조). 정상 층류 유동에서 판들 사이의 유체 속도는 0과 V 사이에서 선형적으로 변하며, 따라서 **속도 분포** 및 **속도 구배**는 다음과 같다.

$$u(y) = \frac{y}{\ell}V \quad \text{그리고} \quad \frac{du}{dy} = \frac{V}{\ell} \tag{2-29}$$

여기서 y는 아래 판으로부터의 수직 거리이다.

미소 시간 간격 dt 동안에 수직선 MN을 따르는 유체입자 측면은 위 판이 미소 거리 $da = Vdt$를 이동하는 동안 미소 각도 $d\beta$만큼 회전한다. 각변위 또는 각변형(또는 전단 변형)은 다음과 같이 표현될 수 있다.

$$d\beta \approx \tan d\beta = \frac{da}{\ell} = \frac{V\,dt}{\ell} = \frac{du}{dy}dt \tag{2-30}$$

정리하면, 전단응력 τ의 영향하에 변형의 시간당 변화율(rate of deformation)은 다음과 같이 된다.

$$\frac{d\beta}{dt} = \frac{du}{dy} \tag{2-31}$$

따라서 유체 요소의 변형의 시간당 변화율은 속도 구배 du/dy와 같아진다는 결론에 도달한다. 더욱이 대부분의 유체에 대해 변형의 시간당 변화율(따라서 속도 구배)은 다음과 같이 전단응력 τ에 직접 비례한다는 것을 실험적으로 검증할 수 있다.

$$\tau \propto \frac{d\beta}{dt} \quad \text{또는} \quad \tau \propto \frac{du}{dy} \tag{2-32}$$

변형의 시간당 변화율이 전단응력에 선형적으로 비례하는 유체는 Isaac Newton경의 이름을 따서 **뉴턴 유체**(Newtonian fluid)라 불리는데, 그는 이를 1687년에 처음 표현하였다. 물, 공기, 가솔린, 기름과 같은 대부분의 통상적인 유체는 뉴턴 유체이다. 혈액과 액체 플라스틱은 비뉴턴 유체(non-Newtonian fluid)의 예이다.

뉴턴 유체의 1차원 전단 유동에서 전단응력은 선형적 관계식으로 표현될 수 있다.

전단응력:
$$\tau = \mu\frac{du}{dy} \quad (\text{N/m}^2) \tag{2-33}$$

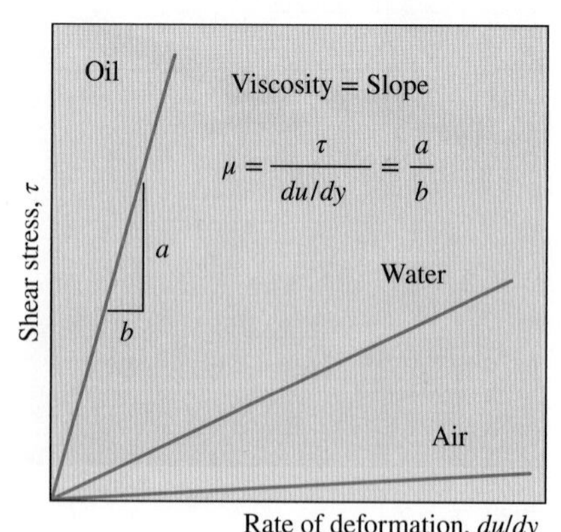

그림 2–25
뉴턴 유체의 변형의 시간당 변화율(속도 구배)은 전단응력에 비례하고, 비례 상수는 점성계수이다.

여기서 비례상수 μ는 **점성계수** 또는 유체의 **역학적**(또는 **절대**) **점성계수**라 불리며, 단위는 kg/m·s, 또는 N·s/m^2(또는 Pa·s 여기서 Pa는 압력 단위인 파스칼)이다. 통상적인 점성 단위는 **포아즈**(poise)이고, 이는 0.1 Pa·s와 같다(또는 **센티포아즈**, 즉 포아즈의 1/100). 20 °C에서 물의 점성은 1.002 센티포아즈이고, 따라서 센티포아즈 단위는 기준으로서 유용하다. 뉴턴 유체에 대한 전단응력 대 변형의 시간당 변화율(속도 구배) 선도는 직선이고, 그 기울기는 그림 2-25에 보인 바와 같이 유체의 점성이다. 뉴턴 유체에 대하여 점성은 변형의 시간당 변화율에 독립적임을 주목하라. 변형의 시간당 변화율은 변형률(strain rate)과 비례하므로 그림 2-25는 점성이 실제적으로 응력-변형량(stress-strain) 관계식의 비례 계수임을 보여준다.

뉴턴 유체층에 작용하는 **전단력**(또는 Newton의 제3법칙에 의하여 판 위에 작용하는 힘)은 다음과 같다.

전단력: $$F = \tau A = \mu A \frac{du}{dy} \quad \text{(N)} \tag{2-34}$$

여기서 A는 판과 유체 사이의 접촉 면적이다. 그림 2-24에서와 같이, 아래 판을 정지한 상태로 유지하면서 위판을 일정한 속도 V로 움직이기 위해 필요한 힘은 다음과 같다.

$$F = \mu A \frac{V}{\ell} \quad \text{(N)} \tag{2-35}$$

이 식은 힘 F가 측정되었을 때, μ를 계산하기 위한 대안으로 사용될 수 있다. 그러므로 방금 기술한 실험 장치는 유체의 점성을 측정하기 위해서도 사용될 수 있다. 똑같은 조건하에서도, 힘 F는 유체의 종류에 따라 매우 큰 차이를 나타낼 수 있음을 주목하라.

비뉴턴 유체에 있어서 전단응력과 변형의 시간당 변화율 사이의 관계는 그림 2-26에 보인 바와 같이 선형적이지 않다. τ 대 du/dy 선도 위의 곡선의 기울기는 유체의 **겉보기 점성**(apparent viscosity)이라 불린다. 변형의 시간당 변화율의 증가에 따라 겉보기 점성이 증가하는 유체(현탁액 상태의 전분 또는 모래와 같은)는 **팽창성**(dilatant) 또는 **전단농후**(shear thickening) **유체**라 불리고, 반대의 거동을 보이는(유체가 강하게 전단될수록 유체의 점성이 작아지는 경우로, 일부 페인트, 고분자 용액과 부유 입자를 갖는 유체와 같은) 것은 **유사 플라스틱**(pseudoplastic) 또는 **전단희박**(shear thinning) **유체**라 불린다. 치약과 같은 몇몇 재료는 유한한 크기의 전단응력에 대하여 저항할 수 있고 따라서 고체처럼 거동하지만, 전단응력이 항복응력을 초과하면 연속적으로 변형하고 따라서 유체처럼 거동한다. 이러한 재료는 20세기 초에 미국 국립표준국에서 유체 점성에 관한 선구적 일을 수행한 Eugene C. Bingham(1878-1945)의 이름을 따서 Bingham 플라스틱으로 부른다.

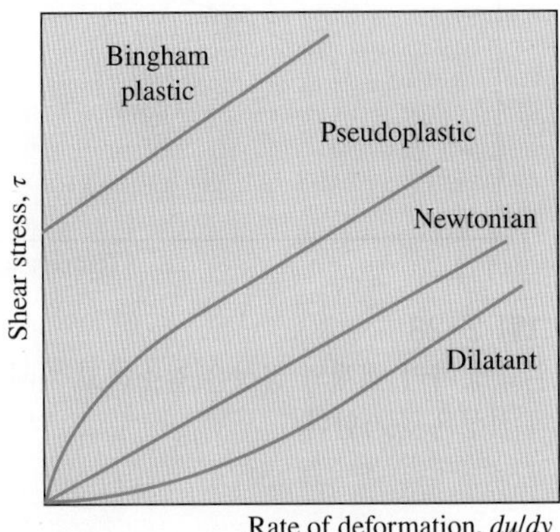

그림 2-26
뉴턴 및 비뉴턴 유체에 대한 변형의 시간당 변화율에 따른 전단응력의 변화(한 점에서 곡선의 기울기는 그 점에서 유체의 겉보기 점성계수이다).

유체역학과 열전달에서 밀도에 대한 역학적 점성계수의 비율이 자주 나타난다. 편의상 이 비율을 **동점성계수**(kinematic viscosity) ν라 하며 $\nu = \mu/\rho$로 표현된다. 동점성계수의 두 가지 일반적인 단위는 m^2/s와 **스토크**(1 stoke = 1 cm^2/s = 0.0001 m^2/s)이다.

일반적으로 유체의 점성계수는 압력에 대한 의존도는 다소 약하지만 온도와 압력 모두에 의존한다. **액체**의 경우, 역학적 점성계수 및 동점성계수 모두 압력에 대해 실질적으로 독립적이고, 압력에 따른 작은 변화는 매우 높은 압력의 경우를 제외하곤 보통 무시된다. **기체**의 경우, 위 설명은 또한 역학적 점성계수의 경우에 해당되지만(저압에서 중간 압력까지에서), 동점성계수의 경우에 대해서는 해당되지 않는다. 이는 기체 밀도는 압력에 비례하기 때문이다(그림 2-27).

유체의 점성은 유체의 "변형에 대한 저항"의 척도이다. 점성은 유체의 서로 다른 층들 사이에 이들이 서로 상대운동을 해야만 할 때 발달하는 내부 마찰력에 기인한다.

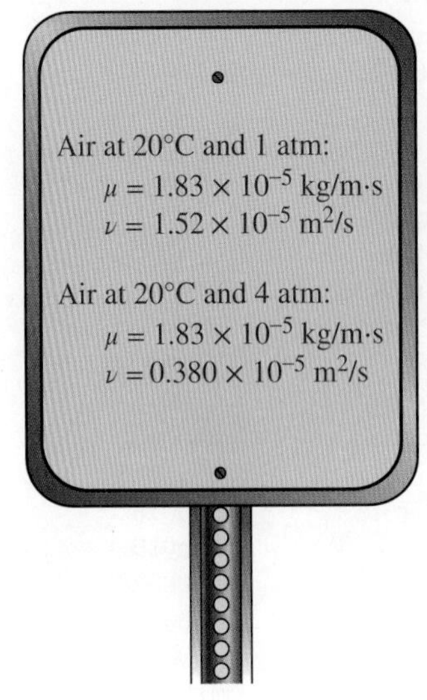

그림 2-27
일반적으로 역학적 점성계수는 압력에 의존하지 않지만, 동점성계수는 의존한다.

유체의 점성은 파이프 내에서 유체를 수송하거나 또는 (공기 중의 자동차 또는 바다 속의 잠수함과 같은) 물체를 유체 속에서 이동시킬 때 필요한 펌프 동력과 직접적으로 관련된다. 점성은 액체에서는 분자 사이의 응집력에 의해, 그리고 기체에서는

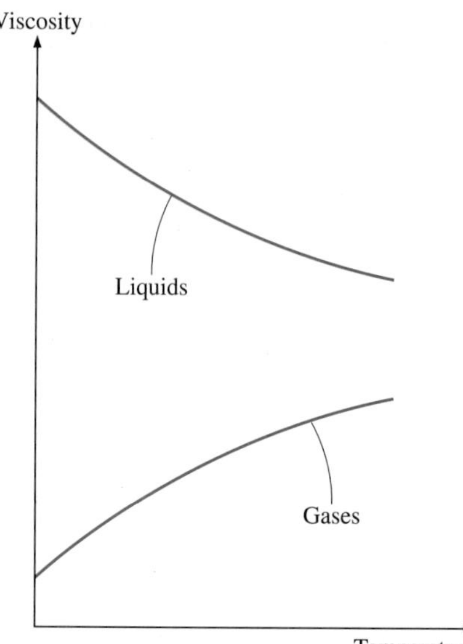

그림 2-28
온도에 따라 액체의 점성은 감소하고 기체의 점성은 증가한다.

분자 충돌에 의해 기인하고, 점성은 온도에 따라 크게 변화한다. 액체의 점성은 온도에 따라 감소하고, 반면에 기체의 점성은 온도에 따라 증가한다(그림 2-28). 이는 액체에 있어서는 분자들이 높은 온도에서 보다 많은 에너지를 보유하며, 따라서 분자들이 큰 응집력에 강하게 저항할 수 있기 때문이다. 그러므로 에너지가 커진 액체 분자는 보다 자유롭게 움직일 수 있다.

그 반면, 기체에서는 분자 간 인력은 무시할 만하고, 높은 온도에서 기체 분자는 더욱 빠른 속도로 무작위로 움직인다. 이는 단위 시간당, 단위 부피당 더 많은 분자 충돌을 초래하며 따라서 유동에 더욱 큰 저항을 초래한다. 기체의 운동학적 이론은 기체의 점성이 온도의 제곱근에 비례할 것으로 예측한다. 즉, $\mu_{gas} \propto \sqrt{T}$이다. 이러한 예측은 실제적인 관찰에 의해 확인되지만, 수정계수를 도입하여 다양한 기체들에 대한 편차를 고려하여야 한다. 기체의 점성은 Sutherland 관계식(미국 표준 대기로부터)에 의해 온도의 함수로서 다음과 같이 표현된다.

기체: $$\mu = \frac{aT^{1/2}}{1 + b/T} \tag{2-36}$$

여기서 T는 절대 온도이고, a와 b는 실험 상수이다. 두 개의 다른 온도에서 점성을 측정하는 것으로 이 상수를 결정하는 데 충분하다는 점을 주목하라. 대기 조건의 공기에 대해 이들 상수 값은 $a = 1.458 \times 10^{-6}$ kg/(m·s·K$^{1/2}$)이고 $b = 110.4$ K이다. 기체의 점성은 저압에서 중간 압력까지에서는(1기압의 수 퍼센트로부터 수 기압까지) 압력에 대해 독립적이다. 그러나 고압에서 점성은 밀도의 증가 때문에 증가한다.

액체의 경우, 점성은 다음과 같이 근사적으로 표현된다.

액체: $$\mu = a10^{b/(T-c)} \tag{2-37}$$

여기서 T는 절대온도이고 a, b, c는 실험 상수이다. 물의 경우 $a = 2.414 \times 10^{-5}$ N·s/m^2, $b = 247.8$ K 및 $c = 140$ K의 값을 이용할 때, 0 °C에서 370 °C까지의 온도 범위에서 점성은 2.5퍼센트 오차 이내의 결과를 얻는다(Touloukian 등, 1975).

실온에서 일부 유체의 점성이 표 2-3에 열거되어 있다. 그림 2-29는 이들의 온도에 대한 선도를 보여준다. 유체 종류에 따라 점성은 수 차수씩 크기가 다름에 주목하라. 또한 엔진 오일과 같은 높은 점성의 유체 속에서의 물체의 이동은 물과 같이 낮은 점성의 유체 속에서 이동하는 것보다 훨씬 어렵다는 사실을 주목하라. 일반적으로 액체는 기체보다 훨씬 더 점성이 크다.

표 2-3

1기압 및 20°C에서(별도로 명시하지 않은 한) 몇몇 유체의 역학적 점성계수

Fluid	Dynamic Viscosity μ, kg/m·s
Glycerin:	
−20°C	134.0
0°C	10.5
20°C	1.52
40°C	0.31
Engine oil:	
SAE 10W	0.10
SAE 10W30	0.17
SAE 30	0.29
SAE 50	0.86
Mercury	0.0015
Ethyl alcohol	0.0012
Water:	
0°C	0.0018
20°C	0.0010
100°C (liquid)	0.00028
100°C (vapor)	0.000012
Blood, 37°C	0.00040
Gasoline	0.00029
Ammonia	0.00015
Air	0.000018
Hydrogen, 0°C	0.0000088

저널 베어링 내의 얇은 기름 층과 같은, 두 개의 동심 원통 사이의 작은 간극 내에 두께 ℓ인 유체 층을 고려하자. 원통 사이의 간극은 유체에 의해 분리된 두 개의 평행 평판 모델로 다뤄질 수 있다. 토크는 $T = FR$(힘×모멘트 팔의 길이, 여기서 팔의 길이는 내부 원통의 반경 R이다)이고, 접선 속도는 $V = \omega R$(각속도 곱하기 반경)이며, 내부 원통의 양쪽 끝에 작용하는 전단응력을 무시하고 내부 원통의 접수 표면적(wetted surface area)을 $A = 2\pi RL$로 취하면, 토크는 다음과 같이 표현될 수 있음을 주목하라.

$$\mathrm{T} = FR = \mu\frac{2\pi R^3 \omega L}{\ell} = \mu\frac{4\pi^2 R^3 \dot{n} L}{\ell} \tag{2-38}$$

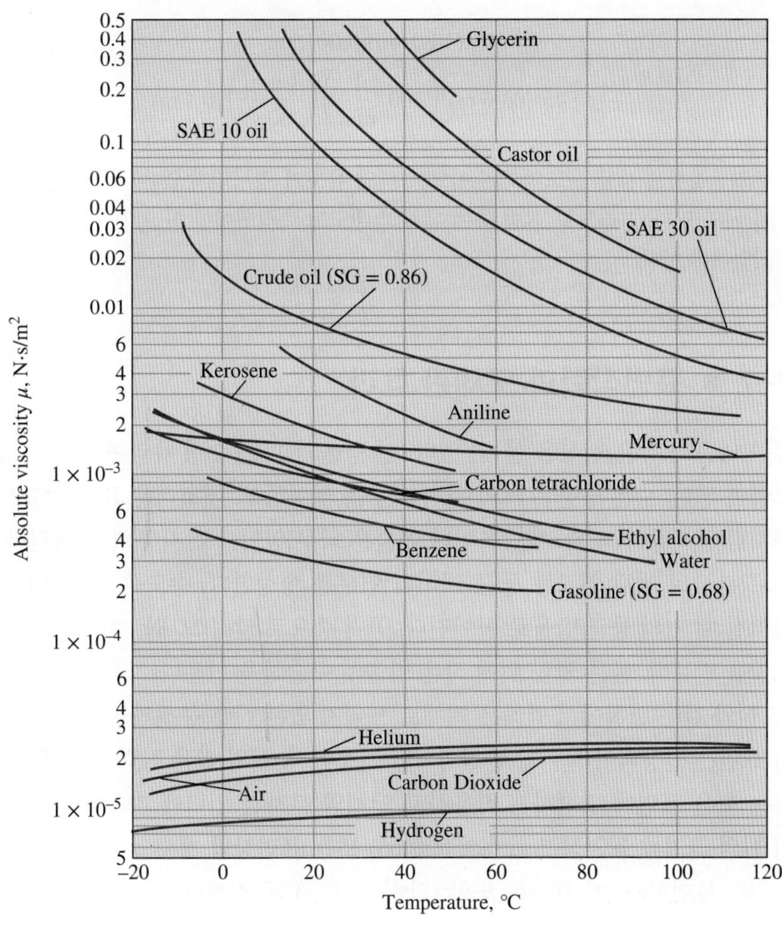

그림 2-29
1기압에서 온도에 따른 일상적 유체의 역학적 (절대) 점성계수의 변화($1\ N{\cdot}s/m^2 = 1\ kg/m{\cdot}s$).
Data from EES and F. M. White, Fluid Mechanics 7e. Copyright © 2011 The McGraw-Hill Companies, Inc.

여기서 L은 원통의 길이이고 $\dot{n}$은 단위 시간당 회전수인데, 이는 보통 rpm(분당 회전수)으로 표현된다. 한번 회전 중에 이동하는 각의 거리는 2π rad이고, 따라서 rad/min 단위의 각속도와 rpm 사이의 관계는 $\omega = 2\pi\dot{n}$이다. 식 (2-38)은 정해진 각속도에서 토크를 측정함으로써 유체의 점성을 측정하는 데 사용될 수 있다. 그러므로 두 개의 동심 원통은 점성을 측정하는 장치인 **점도계**(viscometer)로 사용될 수 있다.

예제 2-5 유체 점성의 결정

두 개의 40 cm 길이의 동심 원통으로 구성된 점도계로 유체의 점성을 측정하고자 한다(그림 2-30). 내부 원통의 외경이 12 cm이고, 두 개의 원통 사이의 간극이 0.15 cm이다. 내부 원통이 300 rpm으로 회전할 때, 토크는 1.8 N·m로 측정된다. 유체의 점성을 구하라.

풀이 2중 원통 점도계의 토크와 rpm이 주어져 있다. 유체의 점성을 구하고자 한다.

가정 **1** 내부 원통은 유체에 완전히 잠겨 있다. **2** 내부 원통의 양끝에서의 점성 영향은 무시할 수 있다.

해석 곡면 효과를 무시할 수 있을 때만 속도분포는 선형적이다. 이 문제에 있어서 $\ell/R = 0.025 \ll 1$이므로 속도분포는 선형적인 것으로 간주할 수 있다. 점성에 대해 식 (2-38)을 풀고 주어진 값을 대입하면, 유체의 점성은 다음과 같이 결정된다.

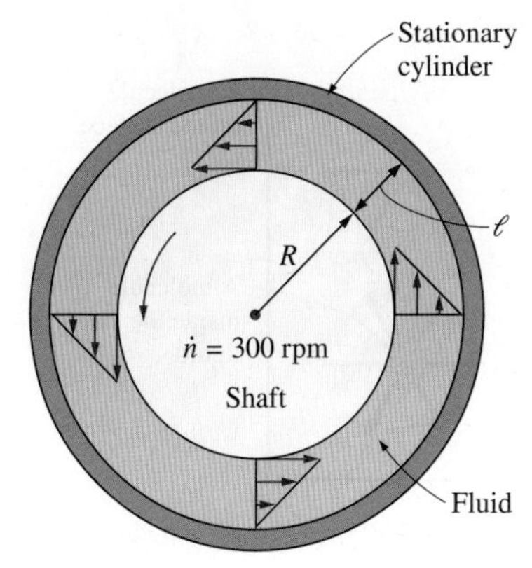

그림 2-30
예제 2-5에 대한 개략도(축척은 맞지 않음).

$$\mu = \frac{T\ell}{4\pi^2 R^3 \dot{n} L} = \frac{(1.8\ \text{N·m})(0.0015\ \text{m})}{4\pi^2(0.06\ \text{m})^3\left(300\ \frac{1}{\text{min}}\right)\left(\frac{1\ \text{min}}{60\ \text{s}}\right)(0.4\ \text{m})} = \mathbf{0.158\ N{\cdot}s/m^2}$$

토의 점성은 강한 온도의 함수이므로 해당 온도가 명시되지 않은 점성 값 자료는 소용이 거의 없다. 그러므로 실험 중에 유체의 온도도 측정했어야 하고, 이 계산과 함께 보고되었어야 한다.

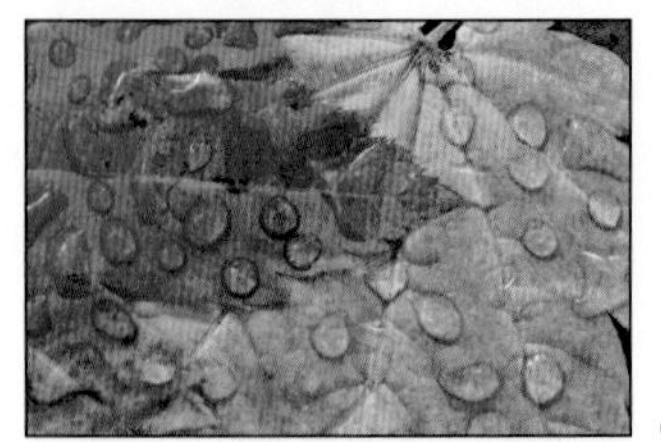

(a)

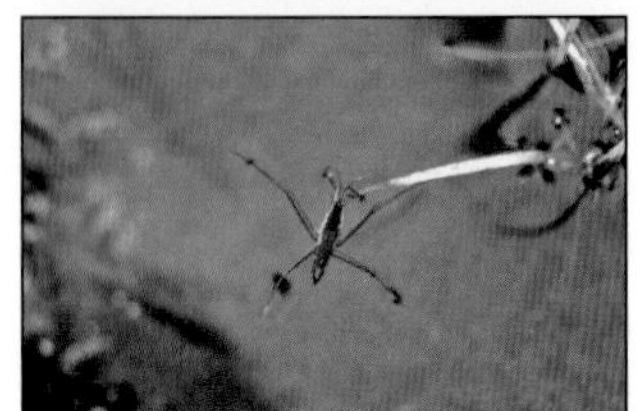

(b)

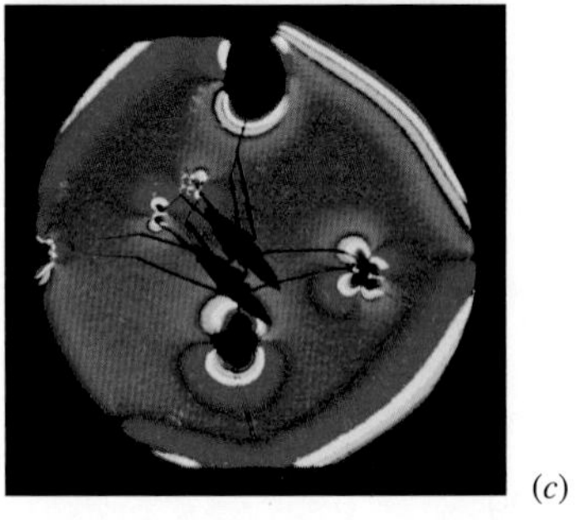

(c)

그림 2-31
표면장력의 몇 가지 결과들:
(a) 나뭇잎 위의 물방울, (b) 물 표면에 앉아 있는 소금쟁이, (c) 소금쟁이의 다리가 물과 접촉하고 있는 곳의 물 표면이 어떻게 잠겨들고 있는가를 보여주는 소금쟁이의 컬러 schlieren 영상(두 마리 곤충처럼 보이지만 두 번째 것은 단지 그림자일 뿐이다).
(a) © Don Paulson Photography/Purestock/SuperStock RF
(b) NPS photo by Rosalie LaRue.
(c) © G.S. Settles, Gas Dynamics Lab, Penn State University. Used by permission.

2-7 ■ 표면장력과 모세관 효과

종종 다음과 같은 현상을 볼 수 있다. 한 방울의 피는 수평 유리판 위에서 둥근 방울 모양이 된다. 수은 방울은 거의 완벽한 구를 형성하고, 매끄러운 표면 위를 마치 강철 구처럼 굴러갈 수 있다. 빗방울이나 이슬은 나무 잎이나 가지 위에 매달린다. 엔진 내부로 분사된 액체 연료는 둥근 액적의 연무를 형성한다. 수도꼭지로부터 물이 똑똑 떨어질 때 거의 둥근 방울로 떨어진다. 공기 중으로 날려 보내는 비누 거품은 거의 공 모양을 만든다. 물은 꽃잎 위에 작은 방울의 구슬들을 만든다(그림 2-31*a*).

이와 같은 관찰에서 액적은 액체로 채워져 있는 작은 풍선과 같이 거동하고, 액체의 표면은 인장되어 늘어난 탄성막처럼 거동한다. 이와 같은 장력을 초래하는 잡아당기는 힘은 표면에 평행하게 작용하고 액체의 분자간 인력에 기인한다. 단위 길이당 이 힘의 크기를 **표면장력**(surface tension) 또는 **표면장력 계수** σ_s라 하고 보통은 N/m 단위로 표현한다. 이 효과는 또한 (단위 면적당) **표면 에너지**로도 불리고, 등가의 단위인 N·m/m² 또는 J/m²로 표현된다. 이 경우에 σ_s는 액체의 표면적을 단위량만큼 증가시키기 위해 들어간 인장 일을 나타낸다.

그림 2-32는 표면장력이 어떻게 발생하는가를 가시화하기 위해, 표면에 있는 분자와 액체 속 깊은 곳에 있는 분자, 이렇게 두 개의 분자를 고려함으로써 미시적인 관점을 소개하고 있다. 둘러싸고 있는 분자들에 의해 내부 분자에 작용하는 인력은 대칭이므로 서로 평형을 이룬다. 그러나 표면 분자에 작용하는 인력은 대칭이 아니며, 위쪽의 기체 분자가 작용하는 인력은 보통 매우 작다. 그러므로 액체의 표면에 있는 분자에 작용하는 순수 인력이 존재하는데, 이는 표면에 있는 분자를 액체의 안쪽으로 끌어당기는 경향이 있다. 이 힘은 압축되고자 하는 표면 아래의 분자들로부터의 척력에 의해 평형을 이룬다. 그 결과 액체는 자신의 표면적을 최소화시킨다. 이것이 액체 방울이 공 모양을 취하는 이유이며, 이 경우 주어진 부피에 대해 최소의 표면적을 갖게 된다.

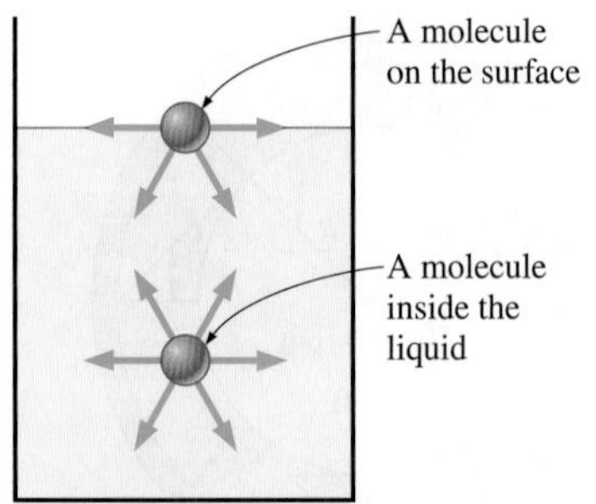

그림 2-32
액체의 표면과 깊은 내부에 있는 액체 분자에 작용하는 인력.

또한 여러분들은 몇몇 곤충이 물 위에 내려앉거나 물 위를 걸을 수 있으며, 작은 강철 바늘이 물 위를 떠다닐 수 있음을 흥미롭게 관찰하였을 것이다(그림 2-31*b*). 이 현상들은 이들 물체의 중량에 평형을 이루는 표면장력에 의해 가능하다.

표면장력 효과를 보다 잘 이해하기 위하여 움직일 수 있는 한쪽 면을 가진 U형 와이어 프레임에 매달려있는 액막(비눗방울의 막과 같은)을 고려하자(그림 2-33). 보통 액막은 그 표면적을 최소화하기 위해 움직일 수 있는 와이어를 안쪽으로 당기는 경향을 가진다. 이런 당기는 효과와 평형을 이루기 위해 움직일 수 있는 와이어에 힘 F가 반대 방향으로 적용될 필요가 있다. 얇은 막의 양쪽 면은 공기에 노출된 표면이며, 따라서 이 경우에 인장력이 작용하는 길이는 $2b$가 된다. 다음으로, 움직일 수 있는 와이어에 힘의 평형을 취하면 $F = 2b\sigma_s$가 되고, 따라서 표면장력은 다음과 같이 표현될 수 있다.

$$\sigma_s = \frac{F}{2b} \tag{2-39}$$

$b = 0.5$ m에 대해 측정된 힘 F(N 단위로)는 간단히 N/m로 표시되는 표면장력임을 주목하라. 충분히 정밀한 이런 종류의 장치는 다양한 액체의 표면장력을 측정하기 위해 사용될 수 있다.

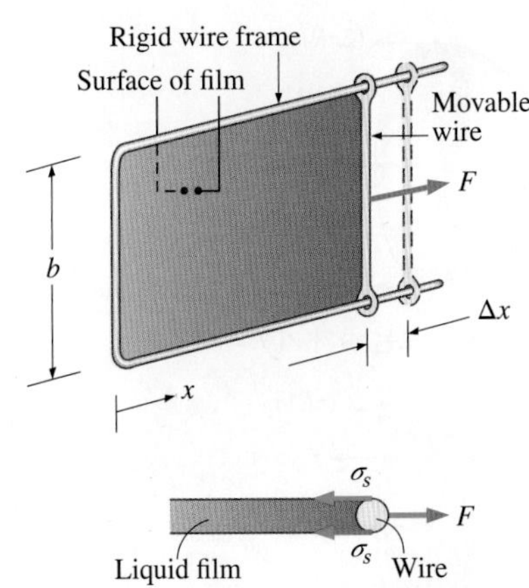

그림 2-33
U형 와이어로 액체 막을 잡아당김, 그리고 길이가 b인 움직일 수 있는 와이어에 작용하는 힘.

U형 와이어 프레임 장치에서 움직일 수 있는 와이어를 잡아당겨 막을 늘리고 그 표면적을 증가시킨다. 움직일 수 있는 와이어가 길이 Δx만큼 당겨졌을 때, 표면적은 $\Delta A = 2b\Delta x$만큼 증가하며, 이 늘리는 과정 중에 수행한 일 W는 다음과 같게 된다.

$$W = \text{Force} \times \text{Distance} = F\,\Delta x = 2b\sigma_s\,\Delta x = \sigma_s\,\Delta A$$

여기서 힘은 짧은 거리에 걸쳐 일정하게 유지된다고 가정하였다. 이 결과는 또한 **늘리는 과정 중에 막의 표면 에너지가 $\sigma_s \Delta A$만큼 증가된다**고 해석될 수 있으며, 이는 단위 면적당 표면 에너지로서의 σ_s에 대한 또 다른 설명과도 일치한다. 이는 고무 밴드는 고무 밴드가 좀 더 잡아당겨진 뒤에 보다 많은 위치(탄성)에너지를 갖는 것과 유사하다. 액막의 경우, 일은 다른 분자들의 인력에 대항하여 내부로부터 표면으로 액체 분자들을 이동하는데 사용된다. 그러므로 표면장력은 또한 **액체 표면적의 단위 증가당 수행한 일**로 정의될 수 있다.

표 2-4에 보인 바와 같이 표면장력은 물질에 따라, 그리고 주어진 물질에 대해서는 온도에 따라 매우 크게 변한다. 예를 들면 20 °C에서, 대기 중의 공기로 둘러싸인 물에 대한 표면장력은 0.073 N/m이고, 수은에 대해서는 0.440 N/m이다. 수은의 표면장력은 매우 커서 매끄러운 표면 위를 고체 공처럼 굴러갈 수 있을 만큼 거의 완벽한 공 모양의 수은 방울을 형성하게 한다. 일반적으로 액체의 표면장력은 온도에 따라 감소하고 임계점에서 영이 된다(따라서 임계점 이상의 온도에서 액체-증기의 분명한 계면은 존재하지 않는다). 표면장력에 대한 압력의 효과는 보통 무시된다.

물질의 표면장력은 **불순물**에 의해 상당히 바뀔 수 있다. 그러므로 **계면 활성제**라 불리는 화학 물질이 표면장력을 줄이기 위해 첨가될 수 있다. 예를 들면 비누나 세제는 물의 표면장력을 낮추며, 보다 효과적인 세탁을 위해 이들이 섬유 사이의 작은 구멍에 스며들 수 있도록 한다. 그러나 이는 또한 표면장력에 의해 작동하는 장치(히트 파이프와 같은)는 불량한 작업 기술에 기인한 불순물로 인해 파손될 수 있음을 의미한다.

여기서 액체의 표면장력은 단지 액체-액체 또는 액체-기체 계면에서만 설명한다. 그러므로 표면장력을 규정할 때, 인접한 액체 또는 기체를 규정하는 것은 필수적이다. 표면장력은 만들어질 액적의 크기를 결정하며, 그래서 좀 더 많은 질량이 더해짐에 따라 계속 커지는 방울은 표면장력이 더 이상 방울을 지탱할 수 없게 될 때 터지게

표 2-4

1기압 및 20°C에서(별도로 명시하지 않은 한) 공기 내 몇몇 유체의 표면장력

Fluid	Surface Tension σ_s, N/m
†Water:	
0°C	0.076
20°C	0.073
100°C	0.059
300°C	0.014
Glycerin	0.063
SAE 30 oil	0.035
Mercury	0.440
Ethyl alcohol	0.023
Blood, 37°C	0.058
Gasoline	0.022
Ammonia	0.021
Soap solution	0.025
Kerosene	0.028

† 물에 대해 보다 정밀한 데이터는 부록을 참조하라.

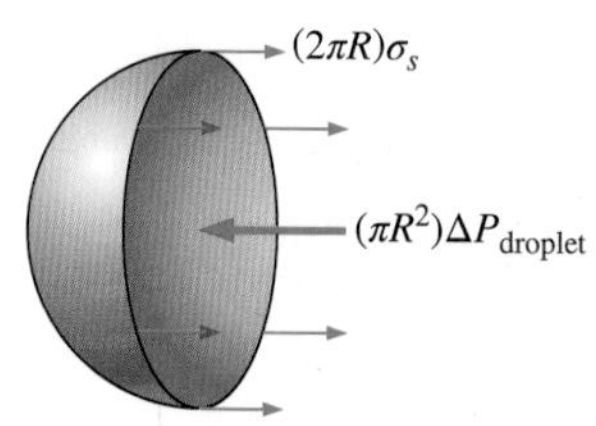

(*a*) 물방울 또는 공기 기포의 반구

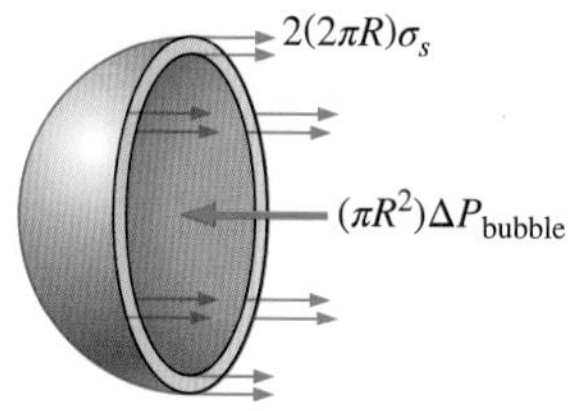

(*b*) 비누 거품의 반구

그림 2–34
물방울 또는 공기 기포의 반구와 비누 거품의 반구에 대한 자유 물체도.

된다. 이는 풍선을 부풀릴 때, 내부 압력이 풍선 재질의 강도 이상으로 올라가 터지는 것과 유사하다.

곡면 계면은 계면을 가로질러 압력 차이(또는 "압력 급상승")가 있음을 나타내며, 이 때 오목한 면 쪽의 압력이 보다 높은 상태를 유지한다. 예를 들어 공기 중의 액체 방울(droplet of liquid), 물 속의 공기 (또는 다른 기체) 기포, 또는 공기 중의 비누 거품을 고려하자. 대기압 이상의 초과 압력 ΔP는 액체 방울 또는 거품의 절반에 대한 자유 물체도를 고려함으로써 결정할 수 있다(그림 2-34). 표면장력은 원주를 따라 작용하고, 압력은 면적에 작용함을 주목하면, 액체 방울(또는 공기 기포)과 비누거품에 대한 수평력 평형은 아래와 같이 주어진다.

액체 방울 또는 공기 기포:

$$(2\pi R)\sigma_s = (\pi R^2)\Delta P_{\text{droplet}} \rightarrow \Delta P_{\text{droplet}} = P_i - P_o = \frac{2\sigma_s}{R} \quad \textbf{(2-40)}$$

비누 거품:

$$2(2\pi R)\sigma_s = (\pi R^2)\Delta P_{\text{bubble}} \rightarrow \Delta P_{\text{bubble}} = P_i - P_o = \frac{4\sigma_s}{R} \quad \textbf{(2-41)}$$

여기서 P_i와 P_o는 각각 액체 방울 또는 비누거품의 내부 및 외부 압력이다. 액체 방울이나 비누거품이 대기 중에 있을 때, P_o는 단순히 대기압이다. 비누거품에 대한 힘의 평형에서 2라는 추가적인 계수는 두 개의 면(내부 및 외부 표면)을 갖는 비누 막의 존재에 기인하고 따라서 절단면에서 **두 개**의 원둘레를 갖기 때문이다.

기체 속의 액체 방울(또는 액체 속의 기체 기포) 내의 초과 압력은 미소한 질량이 더해짐으로써 기인하는 방울 반경의 미소한 증가를 고려함으로써, 그리고 표면장력을 단위 면적당 표면 에너지의 증가로 해석함으로써 결정할 수 있다. 이 미소 팽창과정 중 액체 방울의 표면 에너지 증가는 다음과 같다.

$$\delta W_{\text{surface}} = \sigma_s\, dA = \sigma_s\, d(4\pi R^2) = 8\pi R\sigma_s\, dR$$

이 과정 중에 행한 팽창 일은 힘에 거리를 곱함으로써 다음과 같이 결정된다.

$$\delta W_{\text{expansion}} = \text{Force} \times \text{Distance} = F\, dR = (\Delta PA)\, dR = 4\pi R^2\, \Delta P\, dR$$

위의 두 가지 식을 같게 놓으면 $\Delta P_{\text{droplet}} = 2\sigma_s/R$이 되며, 이는 앞에서 구한 식 (2-40)과 동일하게 된다. 액체 방울 또는 비누거품 내의 초과 압력은 반경에 반비례한다.

모세관 효과

표면장력의 또 다른 흥미로운 결과는 **모세관 효과**(capillary effect)이며, 이는 액체 속에 삽입된 소구경 관 내에서의 액체의 상승 또는 하강을 말한다. 이러한 좁은 관 또는 제한된 유동 통로를 **모세관**이라 한다. 등유 램프의 연료통 내에 삽입된 면 심지를 통한 등유의 상승은 이 효과에 따른 것이다. 모세관 효과는 또한 키가 큰 나무의 꼭대기까지 물이 상승하는 데에도 일부분 기여한다. 모세관 내에서 액체의 곡면 형상의 자유표면은 **메니스커스**(meniscus)라 불린다.

유리 용기 내의 물은 유리 표면을 만나는 가장자리에서 약간 위로 곡선을 그리나, 수은에 있어서는 반대 경우가 나타난다. 즉 가장자리에서 아래로 곡선을 그리는 것을 흔히 볼 수 있다(그림 2-35). 이 효과는 보통 물은(유리에 달라붙음으로써) 유리를 **적시며**(wet), 반면에 수은은 그렇지 않다는 말로써 표현한다. 모세관 효과의 강도는 **접촉각**(또는 **적심각**) ϕ로 정량화되며, **접촉각은 접촉점에서 액체면에 대한 접선이 고체면과 만드는 각도**로 정의된다. 표면장력의 힘은 고체면을 향해 이 접선을 따라 작용한다. $\phi<90°$일 때 액체는 표면을 적신다고 말하며, $\phi>90°$일 때 표면을 적시지 않는다고 말한다. 대기 중에서 물[그리고 대다수 다른 유기(organic) 액체]의 유리와의 접촉각은 거의 영, $\phi \approx 0°$이다(그림 2-36). 그러므로 표면장력 힘은 유리관 내에서 원둘레를 따라 물에 위쪽으로 작용하여 물을 끌어올리려 한다. 그 결과 저수조의 액체 수준 위의 관내 액체의 중량과 표면장력의 힘이 평형을 이룰 때까지 관내의 물은 상승한다. 공기 중에서 수은-유리에 대한 접촉각은 130°이고, 등유-유리에 대해서는 26°이다. 일반적으로 접촉각은 상이한 환경에서는(공기 대신에 다른 기체나 액체와 같이) 서로 다름을 주목하라.

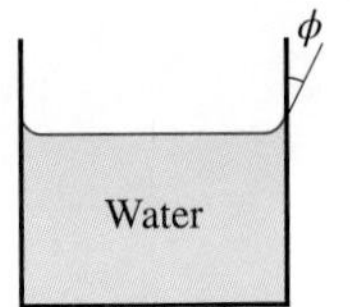

(a) 적시는 유체

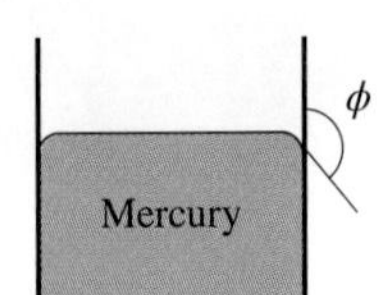

(b) 적시지 않는 유체

그림 2-35
적시는 유체와 적시지 않는 유체에 대한 접촉각.

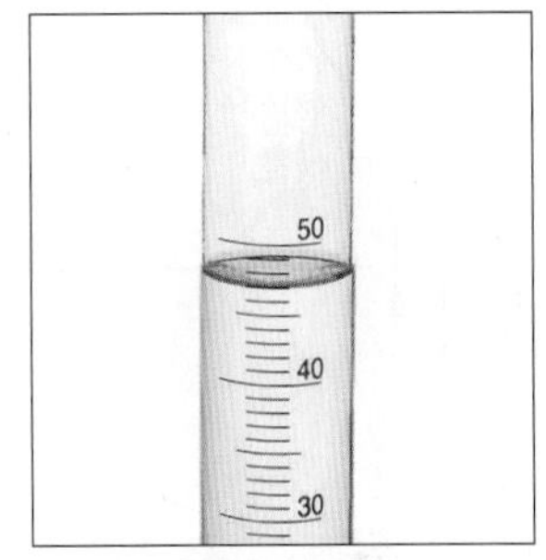

그림 2-36
유리관 내에 있는 물의 메니스커스. 액체 메니스커스의 가장자리는 모세관 벽면과 매우 작은 접촉각을 이룬다.
© *Shutterstock/Pixel-Shot*

모세관 효과의 현상은 **응집력**(물과 물 같은 서로 친화적 분자 사이의 힘)과 **부착력**(물과 유리 같은 비친화적인 분자 사이의 힘)을 고려함으로써 미시적으로 설명될 수 있다. 고체-액체 계면에서 액체 분자는 다른 액체 분자에 의한 응집력과 고체 분자에 의한 부착력 모두에 영향을 받는다. 이들 힘의 상대적 크기가 액체가 고체 면을 적시는가 또는 아닌가를 결정한다. 분명히 물 분자는 다른 물 분자보다 강하게 유리 분자에게 끌리며, 따라서 물이 유리 표면을 따라서 올라가게 된다. 수은은 그 반대의 경우가 되며, 이는 유리 벽면 근처의 액체 표면을 억누르게 한다(그림 2-37).

원형관에서 모세관 상승의 크기는 관내의 높이 h인 원통형 액주에 대한 힘의 평형으로부터 결정할 수 있다(그림 2-38). 액주의 바닥은 저수조의 자유표면과 같은 위치이고, 따라서 그곳의 압력은 대기압이어야 한다. 이 액주 바닥의 대기압은 액주의 윗면에 작용하는 대기압과 평형을 이루며, 따라서 이들 두 가지 효과가 서로 상쇄된다. 액주의 중량은 대략 다음과 같다.

$$W = mg = \rho V g = \rho g(\pi R^2 h)$$

표면장력 힘의 수직 성분을 중량과 같게 놓으면 다음과 같다.

$$W = F_{\text{surface}} \rightarrow \rho g(\pi R^2 h) = 2\pi R\sigma_s \cos\phi$$

h에 대해 풀면, 모세관 상승은 다음과 같다.

모세관 상승: $$h = \frac{2\sigma_s}{\rho g R}\cos\phi \qquad (R = \text{constant}) \qquad \textbf{(2-42)}$$

이 관계식은 또한 적시지 않는 액체(유리에 수은처럼)에 대해서도 유효하며, 이때는 모세관이 내려가게 된다. $\phi>90°$와 따라서 $\cos\phi<0$인 경우에서 h는 음수가 된다. 그러므로 음수의 모세관 상승은 모세관 하강에 상응한다(그림 2-37).

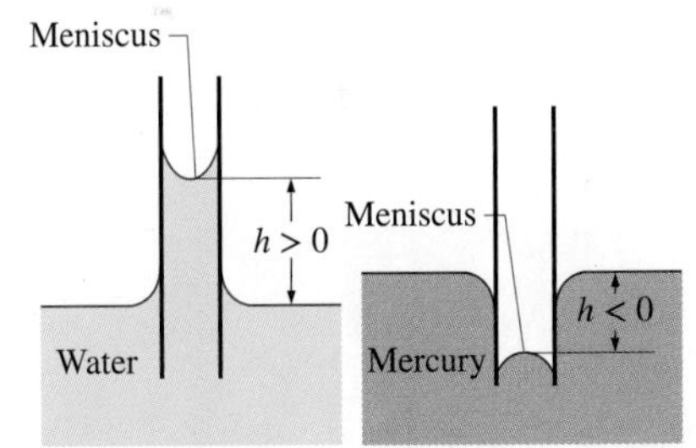

그림 2-37
작은 직경의 유리관 내에서의 물의 모세관 상승 및 수은의 모세관 하강.

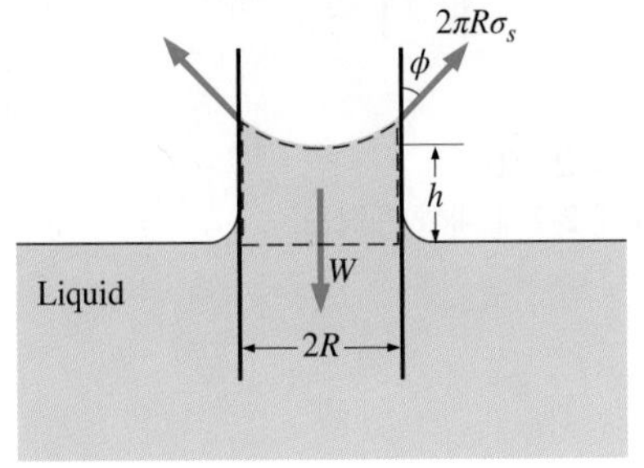

그림 2-38
모세관 효과에 의해 관내에서 상승한 액체 기둥에 작용하는 힘.

모세관 상승은 관의 반경에 반비례함을 주목하라. 그러므로 관이 가늘수록 관내의 액체 상승(또는 하강)이 더 커진다. 실제로, 물에 대한 모세관 효과는 직경이 1 cm보다 큰 관에서는 통상적으로 무시할 만하다. 압력 측정이 마노미터나 기압계로 행해질 때, 모세관 효과를 최소화할 수 있도록 충분히 큰 관을 사용하는 것이 중요하다. 예상한 바와 같이 모세관 상승은 또한 액체의 밀도에 반비례한다. 그러므로 일반적으로 가벼운 액체가 보다 큰 모세관 상승을 나타낸다. 끝으로, 식 (2-42)는 직경이 일정한 관에 대해 유도된 것으로서 단면적이 변하는 관에 대해서는 사용하지 말아야 함을 명심해야 한다.

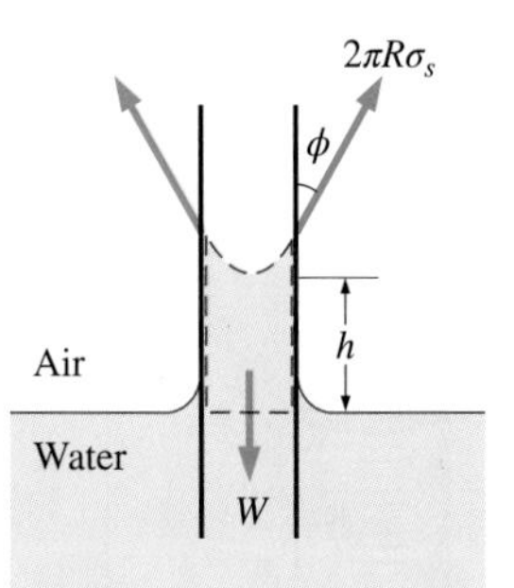

그림 2–39
예제 2-6에 대한 개략도.

예제 2–6 관내에서 물의 모세관 상승

0.6 mm 직경의 유리관이 컵 안의 20 °C의 물속에 삽입된다. 관내에서 물의 모세관 상승을 구하라(그림 2-39).

풀이 모세관 효과의 결과로서 가는 관내에서 물의 상승을 결정하고자 한다.

가정 **1** 물속에 불순물이 없고 유리관의 표면에 오염이 없다. **2** 실험은 대기 중에서 수행된다.

상태량 20 °C에서 물의 표면장력은 0.073 N/m이다(표 2-4). 유리와의 물의 접촉각은 약 0 °(전술한 본문으로부터)이다. 액체 상태의 물의 밀도를 1000 kg/m³으로 잡는다.

해석 모세관 상승은 주어진 값들을 식 (2-42)에 직접 대입함으로써 결정되며, 그 결과는 다음과 같다.

$$h = \frac{2\sigma_s}{\rho g R}\cos\phi = \frac{2(0.073\text{ N/m})}{(1000\text{ kg/m}^3)(9.81\text{ m/s}^2)(0.3\times10^{-3}\text{ m})}(\cos 0°)\left(\frac{1\text{ kg}\cdot\text{m/s}^2}{1\text{ N}}\right)$$
$$= 0.050\text{ m} = \mathbf{5.0\text{ cm}}$$

그러므로 물은 컵 안의 액체 수준 위로 관내에서 5 cm 상승한다.

토의 만약 관의 직경이 1 cm라면, 모세관 상승은 0.3 mm가 될 것이며, 이는 육안으로는 거의 알아볼 수 없다. 실제로 큰 직경의 관에서 모세관 상승은 가장자리에서만 발생한다. 중앙은 전혀 상승하지 않는다. 그러므로 모세관 효과는 큰 직경의 관에서는 무시될 수 있다.

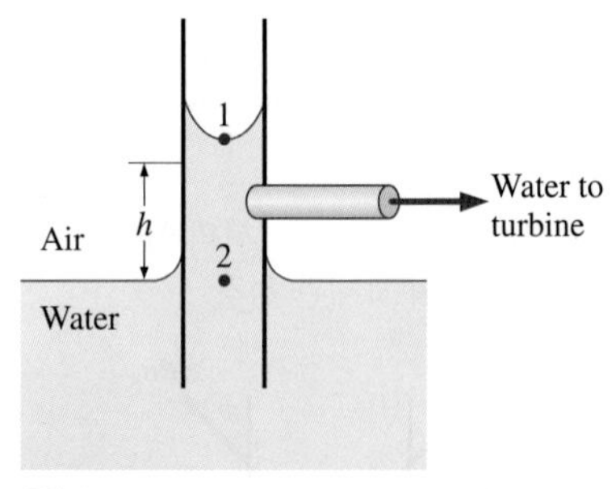

그림 2–40
예제 2-7에 대한 개략도.

예제 2–7 수력 터빈 내에서 동력을 발생시키기 위하여 모세관 상승을 이용하기

예제 2-6을 다시 생각하자. 외부 원천으로부터 어떤 에너지 입력을 필요로 하지 않으면서 표면장력의 영향으로 물이 5 cm 상승한 사실을 깨닫고, 어떤 사람이 관 내 물의 수위 바로 아래에 구멍을 뚫어서 관으로부터 터빈으로 물을 흘림으로써 동력이 발생될 수 있다는 아이디어를 착상한다(그림 2-40). 그 사람은 이 목적을 위해 일련의 관 다발이 이용될 수 있으며 그리고 실질적으로 타당한 유량과 높이 차이를 얻기 위하여 작은 낙차를 연속적으로 이용하는 것을 제안함으로써 이 아이디어를 보다 진전시킨다. 이 아이디어가 어떤 이점이 있는지 구하라.

풀이 모세관 효과로 관 내에서 상승한 물을 터빈으로 공급함으로써 동력을 발생시키는 데 이용될 예정이다. 이 제안의 정당성을 평가하고자 한다.

해석 제안된 시스템은 마치 천재적인 수완처럼 보일 수 있는데 왜냐하면 보통 사용되는 수력발전소는 낙차를 갖는 물의 위치 에너지를 단순히 포획함으로써 전기 동력을 발생시키며, 그리고 모세관 상승이 어떤 에너지 입력도 요구하지 않으면서 원하는 높이로 물을 끌어올리기 위한 메커니즘을 제공하기 때문이다.

열역학적 관점에서 볼 때 제안된 시스템은 즉시 영구운동 기계(perpetual motion

machine: PMM)로 분류할 수 있는데 왜냐하면 이 시스템이 어떤 에너지 입력이 없이도 연속적으로 전력을 생산하기 때문이다. 즉 제안된 시스템은 에너지를 창조하며 이는 열역학 제1법칙 또는 에너지 보존 원리의 명백한 위반이고, 따라서 이는 더 이상 정당화되지 않는다. 그러나 에너지 보존의 기본 원리조차 많은 사람들이 자연이 틀렸다는 것을 증명하여 세계의 에너지 문제를 영구적으로 해결하는 묘책을 찾아내는 최초의 사람이 되고자 꿈꾸는 것으로부터 그들을 멈추게 하지 못했다. 그러므로 제안된 시스템의 불가능성이 논증되어야만 한다.

물리학 과목(또한 다음 장에서 논의될 사항)으로부터 기억을 떠올려 보면, 정지해 있는 유체 속에서 압력은 단지 수직 방향으로만 변하며 깊이가 증가함에 따라 선형적으로 증가함을 알 수 있다. 그러면 관 내의 5 cm 높이의 수주에 걸친 압력 차이는 다음과 같게 된다.

$$\begin{aligned}\Delta P_{\text{water column in tube}} &= P_2 - P_1 = \rho_{\text{water}} gh \\ &= (1000\ \text{kg/m}^2)(9.81\ \text{m/s}^2)(0.05\ \text{m})\left(\frac{1\ \text{kN}}{1000\ \text{kg}\cdot\text{m/s}^2}\right) \\ &= 0.49\ \text{kN/m}^2\ (\approx 0.005\ \text{atm})\end{aligned}$$

즉 관 내 수주의 꼭대기에서의 압력은 바닥에서의 압력보다 0.005 atm 낮다. 수주의 바닥에서의 압력은 대기압이 된다는 사실에 (왜냐하면 수주 바닥이 컵 내의 물 표면과 동일한 수평선에 있으므로) 유의하면, 관 내의 어떤 곳에서의 압력도 대기압보다 낮으며 그 차이는 꼭대기에서는 0.005 atm에 이른다는 것을 알 수 있다. 그러므로 관에 구멍이 뚫리면 물이 새어 나오기보다는 오히려 공기가 관 내로 새어 들어간다.

토의 관 내의 수주는 움직임이 없고, 따라서 그것에 작용하는 어떤 불평형한 힘도 있을 수 없다(순 힘은 영). 대기와 수주 꼭대기에서의 물 사이의 메니스커스를 가로질러 있는 압력 차이에 기인한 힘은 표면장력과 평형을 이룬다. 만약 이 표면장력에 의한 힘이 사라진다면, 관 내의 물은 대기압하에서 관 내의 자유표면 수준까지 낮아지게 될 것이다.

요약

이 장에서는 유체역학에서 통상적으로 사용되는 다양한 상태량을 논의하였다. 시스템의 질량 의존적 상태량을 **종량적 상태량**이라 하며, 그 외의 것을 **강성적 상태량**이라 한다. **밀도**는 단위 부피당 질량이고, **비체적**은 단위 질량당 체적이다. **비중**은 4 °C 물의 밀도에 대한 어떤 물질의 밀도의 비율로 정의된다.

$$\text{SG} = \frac{\rho}{\rho_{\text{H}_2\text{O}}}$$

이상기체의 상태 방정식은 다음과 같이 표현된다.

$$P = \rho RT$$

여기서 P는 절대 압력, T는 열역학적 온도, ρ는 밀도, 그리고 R은 기체상수이다.

주어진 온도에서 순수 물질이 상변화하는 압력을 **포화 압력**이라 한다. 순수 물질의 액체와 기체 상태 사이의 상변화 과정에 대하여 포화 압력은 보통 **증기압** P_v라 불린다. 액체 내의 저압 영역에서 형성되는 증기 기포(**공동현상**이라 불림)는 저압 영역으로부터 휩쓸려 지나감에 따라 매우 파괴적인 극도로 높은 압력파를 발생시키며 붕괴된다.

에너지는 수많은 형태로 존재할 수 있고, 이들의 합은 시스템의 **총에너지** E(또는 단위 질량 기준으로 e)를 구성한다. 에너지의 모든 미시적 형태들의 합은 시스템의 **내부 에너지** U라 불린다. 어떤 기준 좌표계에 상대적인 운동의 결과로 시스템이 보유하는 에너지는 **운동에너지**라 불리고 이를 단위 질량당으로 표현하면 $\text{ke} = V^2/2$이며, 중력장에서 시스템의 고도에 따라 보유하는 에너지는 **위치 에너지**라 불리고 이를 단위 질량 당으로 표현하면 $\text{pe} = gz$이다.

유체 내에서 압축성 효과는 **압축성 계수**(또한 **체적 탄성계수**로도 불림) κ로 나타내며 다음과 같이 정의된다.

$$\kappa = -\upsilon\left(\frac{\partial P}{\partial \upsilon}\right)_T = \rho\left(\frac{\partial P}{\partial \rho}\right)_T \cong -\frac{\Delta P}{\Delta \upsilon/\upsilon}$$

등압하의 온도에 따른 유체의 밀도 변화를 나타내는 상태량은 **체적 팽창계수**(또는 체적 팽창률) β이고, 다음과 같이 정의된다.

$$\beta = \frac{1}{\upsilon}\left(\frac{\partial \upsilon}{\partial T}\right)_P = -\frac{1}{\rho}\left(\frac{\partial \rho}{\partial T}\right)_P \cong -\frac{\Delta\rho/\rho}{\Delta T}$$

극소의 압력파가 매질 사이를 이동하는 속도를 **음속**이라 한다. 이상기체일 경우에 이는 다음과 같이 표시된다.

$$c = \sqrt{\left(\frac{\partial P}{\partial \rho}\right)_s} = \sqrt{kRT}$$

Mach 수는 같은 상태에서 음속에 대한 유체의 실제속도의 비이다.

$$\mathrm{Ma} = \frac{V}{c}$$

Ma=1인 유동을 **음속**이라 하며, Ma<1일 때를 **아음속**, Ma>1일 때를 **초음속**, Ma≫1일 때를 **극초음속**, Ma≅1일 때를 **천음속**이라 한다.

유체의 **점성**은 유체의 변형에 대항하는 저항의 척도이다. 단위 면적당 접선력은 **전단응력**이라 불리고, 판들 사이에 단순 전단 유동(1차원 유동)에 대해 다음과 같이 표현된다.

$$\tau = \mu\frac{du}{dy}$$

여기서 μ는 유체의 점성계수 또는 **역학적**(또는 **절대**) **점성계수**이고, u는 유동 방향으로의 속도 성분이며, y는 유동 방향에 수직인 방향이다. 이와 같은 선형적 관계를 따르는 유체를 **뉴턴 유체**라 한다. 밀도에 대한 역학적 점성계수의 비율을 **동점성계수** ν라 한다.

계면의 액체 분자에 작용하는 단위 길이당 분자의 인력에 의한 끌어당김 효과는 **표면장력** σ_s이라 불린다. 구형 액체방울이나 비누거품 내의 초과 압력 ΔP는 각각 다음으로 주어진다.

$$\Delta P_{\text{droplet}} = P_i - P_o = \frac{2\sigma_s}{R},\quad \Delta P_{\text{soap bubble}} = P_i - P_o = \frac{4\sigma_s}{R}$$

여기서 P_i와 P_o는 액체방울 또는 비누거품의 내부와 외부 압력이다. 액체에 삽입된 소구경 관에서 표면장력으로 인한 액체의 상승 또는 하강은 **모세관 효과**라 불린다. 모세관 상승 또는 하강은 다음으로 주어진다.

$$h = \frac{2\sigma_s}{\rho g R}\cos\phi$$

여기서 ϕ는 **접촉각**이다. 모세관 상승은 관의 반경에 반비례하고, 직경이 약 1 cm 이상인 관에서는 무시할 수 있다.

밀도와 점성은 유체의 가장 기본적인 두 개의 상태량이고, 이들은 다음 장들에서 광범위하게 사용된다. 3장에서는 유체 내의 압력 변화에 미치는 밀도의 영향을 고려하고, 표면에 작용하는 정수압을 결정한다. 8장에서는 유동 중에 점성 효과에 기인한 압력 강하를 계산하고, 이를 펌프 구동에 필요한 동력의 결정에 이용한다. 점성은 또한 9장 및 10장에서 유체 운동방정식의 구성과 풀이에서 핵심적인 상태량으로 사용된다.

참고 문헌과 권장 도서

1. J. D. Anderson *Modern Compressible Flow with Historical Perspective*, 3rd ed. New York: McGraw-Hill, 2003.
2. E. C. Bingham. "An Investigation of the Laws of Plastic Flow," *U.S. Bureau of Standards Bulletin*, 13, pp. 309-353, 1916.
3. Y. A. Çengel and M. A. Boles. Thermodynamics: *An Engineering Approach*, 8th ed. New York: McGraw-Hill, 2015.
4. D. C. Giancoli. *Physics*, 6th ed. Upper Saddle River, NJ: Pearson, 2004.
5. Y. S. Touloukian, S. C. Saxena, and P. Hestermans. *Thermophysical Properties of Matter, The TPRC Data Series*, Vol. 11, Viscosity. New York: Plenum, 1975.
6. L. Trefethen. "Surface Tension in Fluid Mechanics." *In Illustrated Experiments in Fluid Mechanics*. Cambridge, MA: MIT Press, 1972.
7. *The U.S. Standard Atmosphere*. Washington, DC: U.S. Government Printing Office, 1976.
8. M. Van Dyke. *An Album of Fluid Motion*. Stanford, CA: Parabolic Press, 1982.
9. C. L. Yaws, X. Lin, and L. Bu. "Calculate Viscosities for 355 Compounds. An Equation Can Be Used to Calculate Liquid Viscosity as a Function of Temperature," *Chemical Engineering*, 101, no. 4, pp. 1110-1128, April 1994.
10. C. L. Yaws. *Handbook of Viscosity*. 3 Vols. Houston, TX: Gulf Publishing, 1994.

응용분야 스포트라이트 ■ 공동현상

초청 저자: G. C. Lauchle 및 M. L. Billet, Penn State University

공동현상(cavitation)은 액체 시스템의 내부 그리고/또는 경계에서 유체의 동역학적 거동에 의해 발생된 국소 정압의 감소에 기인한 액체, 또는 유체-고체 계면의 붕괴이다. 이와 같은 붕괴로 인하여 가시적인 기포가 형성하게 된다. 물과 같은 액체는 **공동 핵**(cavitation nuclei)으로 작용하는 많은 미시적 빈 공간(void)을 포함하고 있다. 공동현상은 이러한 핵이 상당히 큰, 가시적인 크기로 성장할 때 발생한다. 또한 비등 현상도 액체 내에서 빈 공간의 형성에 관련되지만, 보통 이 현상을 공동현상으로부터 분리해 생각하는데, 이는 비등은 압력의 감소에 의한 것이기보다는 온도의 증가에 의한 것이기 때문이다. 공동현상은 초음파 세척기, 식각기(etcher)와 절단기와 같이 유용한 용도로도 쓰일 수 있다. 그러나 종종 공동현상은 유체 유동 응용분야에서 발생하지 않도록 해야 한다. 왜냐하면 이는 수역학적 성능을 저하시키며, 매우 시끄러운 소음과 높은 진동 수준을 초래하고, 표면을 훼손(마모)시키기 때문이다. 공동 기포가 고압 지역에 들어가서 붕괴될 때, 물속의 충격파는 때때로 미약한 양의 빛을 발생시킨다. 이 현상을 **음향 발광**(sonoluminescence)이라 한다.

그림 2-41은 **물체 공동현상**을 예시한다. 물체는 해상 선박의 물밑 구근 모양의 뱃머리 부분에 대한 모델이다. 이와 같은 모양을 가지는 이유는 그 속에 공 모양의 음향 항해 순찰[**so**und **na**vigation and **r**anging(sonar)] 시스템이 들어있기 때문이다. 따라서 해상 선박의 이 부분은 **수중 음파탐지 돔**(sonar dome)이라 불린다. 선박의 속도가 점점 더 빨라짐에 따라 돔 중의 일부는 공동을 만들기 시작하며 따라서 공동현상에 의해 발생되는 소음이 수중 음파탐지 시스템을 무용지물로 만든다. 조선 공학자와 유체역학자들은 이들 돔의 설계 시 공동현상이 발생하지 않도록 애쓰고 있다. 모형 규모의 시험을 통하여 엔지니어는 주어진 설계가 공동현상 성능을 개선하는지 여부를 우선 알 수 있게 한다. 이러한 시험은 수동(water tunnel)에서 수행되기 때문에 시험용 물의 조건은 실물 크기의 원형(prototype)이 운전되는 조건을 모델링할 수 있도록 충분한 핵을 가져야 한다. 이는 액체 장력의 효과(핵 분포)가 최소화됨을 보장한다. 중요한 변수들은 물의 기체 함유 수준(핵 분포), 온도 및 그 물체가 운전되는 곳에서의 정수압이다. 공동현상은 우선 물체의 최소 압력점 $C_{p_{\min}}$에서—속도 V가 증가함에 따라, 또는 잠긴 깊이 h가 감소함에 따라—나타난다. 따라서 양호한 수역학적 설계는 $2(P_\infty - P_v)/\rho V^2 > C_{p_{\min}}$을 필요로 하며, 여기서 ρ는 밀도, $P_\infty = \rho gh$는 정압에 대한 기준 압력, C_p는 압력계수(7장), 그리고 P_v는 물의 증기압이다.

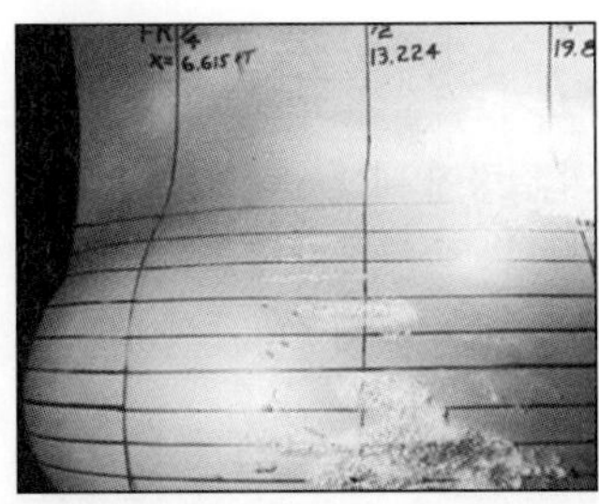

(*a*)

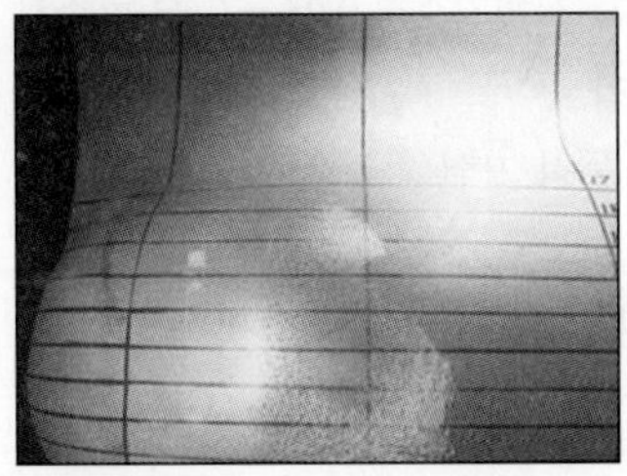

그림 2-41

(*a*) **증기성 공동현상**(vaporous cavitation)은 깊은 바다 속에서의 물과 같은 매우 적은 기체를 머금은 물속에서 발생한다. 공동현상에 따른 기포는 물체(이 경우 해상 선박의 수중 음파탐지 돔의 구근 모양의 뱃머리 부분)의 속도가 국소 정압이 물의 증기압 아래로 떨어지는 점까지 증가할 때 형성된다. 공동 기포는 본질적으로 수증기로 채워져 있다. 이런 종류의 공동현상은 매우 격렬하고 소음이 크다. (*b*) 다른 한편으로 얕은 물에서는, 물속에 공동 핵으로서 거동하는 용존 기체가 훨씬 많이 포함되어 있다. 이는 자유표면에서 돔이 대기에 근접해 있기 때문이다. 공동 기포는 처음엔 비교적 낮은 속도, 따라서 비교적 높은 국소 정압에서 나타난다. 기포들은 주로 물속의 용존 기체로 채워지며, 그래서 이것은 **기체성 공동현상**(gaseous cavitation)으로 알려져 있다.

Reprinted by permission of G. C. Lauchle and M. L. Billet, Pennsylvania State University.

참고 문헌

Lauchle, G. C., Billet, M. L., and Deutsch, S., "High-Reynolds Number Liquid Flow Measurements," in *Lecture Notes in Engineering*, Vol. 46, *Frontiers in Experimental Fluid Mechanics*, Springer-Verlag, Berlin, edited by M. Gad-el-Hak, Chap. 3, pp. 95-158, 1989.

Ross, D., *Mechanics of Underwater Noise*, Peninsula Publ., Los Altos, CA, 1987.

Barber, B. P., Hiller, R. A., Löfstedt, R., Putterman, S. J., and Weninger, K. R., "Defining the Unknowns of Sonoluminescence," *Physics Reports*, Vol. 281, pp. 65-143, 1997.

연습문제*

밀도와 비중

2-1C 물질에 대해 질량과 몰 질량 사이의 차이는 무엇인가? 이 둘은 어떻게 연관되어 있나?

2-2C 비중이란 무엇인가? 이는 밀도와 어떻게 관련되는가?

2-3C 시스템의 비중은 단위 부피당 중량으로 정의된다(이 정의는 정규 비상태량 명명 규정에 위배됨에 주의하라). 이 비중은 종량적 상태량인가 또는 강성적 상태량인가?

2-4C 실제 기체에 대해 어떤 조건하에 이상기체 가정이 적합한가?

2-5C R과 R_u 사이의 차이는 무엇인가? 이들 두 가지가 어떻게 연관되어 있는가?

2-6 75 L 용기가 온도 27 °C에서 1 kg의 공기로 채워져 있다. 용기 내의 압력은 얼마인가?

2-7 질량이 0.5 kg인 아르곤이 탱크 안에 1400 kPa, 40 °C로 유지된다. 탱크 안의 부피는 얼마인가?

2-8 24 L의 부피를 차지하는 유체가 중력가속도가 9.8 m/s^{2}인 지역에서 225 N의 무게를 나타낸다. 이 유체의 질량과 밀도를 구하라.

2-9 체적이 0.015 m^{3}인 자동차 타이어 속의 공기가 30 °C 및 140 kPa(계기압) 상태에 있다. 압력을 권장 값인 210 kPa(계기압)까지 올리기 위해 추가되어야 할 공기 양을 구하라. 대기압은 100 kPa이고 온도와 체적은 일정하게 유지된다고 가정하라. 답: 0.0121 kg

2-10 자동차 타이어 속의 압력은 타이어 속의 공기 온도에 의존한다. 공기 온도가 25 °C일 때, 압력 게이지 눈금은 210 kPa이다. 만약 타이어의 체적이 0.025 m^{3}이라면, 타이어 속의 공기 온도가 50 °C까지 오를 때 압력 상승을 구하라. 또한 이 온도에서 압력을 원래 값으로 되돌리기 위해 빼내야 하는 공기의 양을 구하라. 대기압은 100 kPa로 가정하라.

그림 P2-10
© *Stockbyte/Getty Images RF*

2-11 직경이 9 m인 둥근 풍선이 20 °C 및 200 kPa에서 헬륨으로 채워져 있다. 풍선 속의 헬륨의 몰 수와 질량을 구하라.
답: 31.3 kmol, 125 kg

2-12 문제 2-11을 다시 고려해 보자. 적절한 소프트웨어를 이용하여 풍선 내에 포함된 헬륨의 질량에 대한 풍선 직경의 영향을 압력이 (a) 100 kPa, (b) 200 kPa일 때에 대해 조사하라. 직경이 5 m부터 15 m까지 변하게 하라. 두 경우 모두에 대해 직경에 대한 헬륨의 질량을 도시하라.

2-13 원통형 메탄올 탱크가 60 kg의 질량과 75 L의 체적을 갖는다. 메탄올의 중량, 밀도, 그리고 비중을 구하라. 중력가속도는 9.81 m/s^{2}이다. 또한 이 탱크를 선형적으로 0.25 m/s^{2}로 가속하기 위해 필요한 힘을 추정하라.

2-14 휘발유 엔진 내에서 연소는 등적 가열 과정으로, 그리고 연소 전과 후의 연소실의 내용물은 모두 공기라고 근사될 수 있다. 연소 전의 조건은 1.8 MPa와 450 °C이고 연소 후에는 1500 °C이다. 연소 과정 끝에서의 압력을 계산하라. 답: 4414 kPa

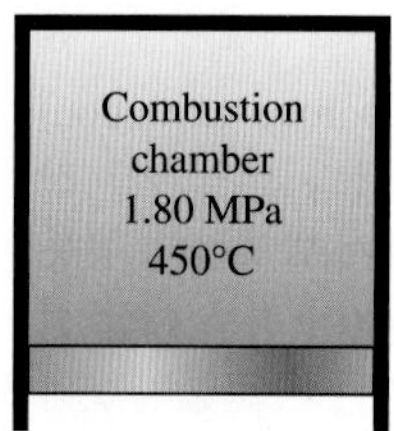

그림 P2-14

2-15 대기의 밀도는 고도에 따라 변하는데, 고도가 증가함에 따라 감소한다. (a) 표에 주어진 데이터를 이용하여, 고도에 따른 밀도 변화의 관계식을 구하고, 고도 7000 m에서의 밀도를 계산하라. (b) 위에서 구한 관계식을 이용하여 대기의 질량을 구하라. 지구는 반경 6377 km인 완벽한 구로 가정하고, 대기의 두께는 25 km로 취하라.

r, km	ρ, kg/m^3
6377	1.225
6378	1.112
6379	1.007
6380	0.9093
6381	0.8194
6382	0.7364
6383	0.6601
6385	0.5258
6387	0.4135
6392	0.1948
6397	0.08891
6402	0.04008

*"C"로 표시된 문제는 개념 문제로서, 학생들에게 모든 문제에 대하여 답하도록 권장한다. 아이콘 으로 표시된 문제는 본질적으로 종합적인 문제로서, 적절한 소프트웨어를 사용하여 풀도록 의도된 것이다.

2-16 포화액 냉매 134a의 밀도는 $-20\,°C \le T \le 100\,°C$에 대해 표 A-4에 주어져 있다. 이 값을 이용하여 냉매 134a의 밀도에 대해 절대 온도의 함수로서 $\rho = aT^2 + bT + c$의 형태로 관계식을 개발하고 각 데이터 세트에 대해 상대 오차를 구하라.

2-17 여러 가지 물질의 비중을 나열한 교재의 표 2-1을 고려해 보자. (a) 비중과 비중량 사이의 차이를 설명하라. 어느 것이(만약 있다면) 무차원일까? (b) 표 2-1에 보인 모든 물질의 비중량을 계산하라. 뼈의 경우, 표에 주어진 낮은 값과 높은 값 모두에 대해 답하라.

주의: 반복 계산이 많은 이런 종류의 문제에 대해서는 Excel이 추천되나, 수계산 또는 다른 소프트웨어를 사용하는 것도 무방하다. 만약 Excel과 같은 소프트웨어를 사용할 경우, Excel 내에서 유효숫자를 조정하기가 쉽지 않으므로 이를 염려하지 말라. (c) 교재에서 논의된 것처럼 **비체적**으로 부르는 또 다른 관련된 상태량이 있다. SG=0.592인 액체의 비체적을 구하라.

증기압과 공동현상

2-18C 증기압이란 무엇인가? 이는 포화 압력과 어떻게 관련되어 있는가?

2-19C 물이 고압하에서는 고온에서 끓는가? 설명하라.

2-20C 물질의 압력이 비등 과정 중에 증가된다면, 온도도 또한 증가할 것인가 또는 일정하게 유지될 것인가? 그 이유는?

2-21C 공동현상이란 무엇인가? 공동현상이 발생하는 이유는 무엇인가?

2-22 펌프가 높은 곳에 있는 저수조로 물을 수송하는데 이용된다. 만약 물 온도가 20 °C라면, 공동현상 없이 펌프 내에 존재할 수 있는 최저 압력을 구하라.

2-23 배관 시스템에서 물의 온도는 30 °C 이하로 유지된다. 이 시스템에서 공동현상을 피하기 위한 최소 압력을 구하라.

에너지와 비열

2-24C 총에너지는 무엇인가? 총에너지를 구성하는 여러 가지 형태의 에너지를 확인해 보라.

2-25C 시스템의 내부 에너지에 기여하는 에너지의 형태를 열거하라.

2-26C 열, 내부 에너지 및 열 에너지는 서로 어떻게 관련되어 있는가?

2-27C 유동 에너지는 무엇인가? 정지하고 있는 유체는 유동 에너지를 가지는가?

2-28C 유동 유체와 정지 유체의 에너지는 어떻게 비교되는가? 각각의 경우와 관련된 특정한 형태의 에너지의 이름을 들어보라.

2-29C 평균 비열을 이용하여, 이상기체와 비압축성 물질의 내부 에너지 변화가 어떻게 결정될 수 있는지를 설명하라.

2-30C 평균 비열을 이용하여 이상기체와 비압축성 물질의 엔탈피 변화가 어떻게 결정될 수 있는지를 설명하라.

2-31 모든 손실을 무시할 때, 190 L인 고온 물탱크 안의 물의 온도를 150 °C로부터 55 °C로 변화시키기 위해 필요한 에너지는 얼마인가 예측하라.

2-32 150 °C에서 포화 수증기(엔탈피 $h = 2745.9$ kJ/kg)가 높이 $z = 25$ m에서 35 m/s의 속도로 파이프 내를 흐른다. 지표면에 상대적인 증기의 총에너지를 J/kg 단위로 구하라.

압축성 계수

2-33C 유체의 체적 팽창계수는 무엇을 나타내는가? 이는 압축성 계수와 어떻게 다른가?

2-34C 유체의 압축성 계수는 무엇을 나타내는가? 이는 등온 압축율과 어떻게 다른가?

2-35C 유체의 압축성 계수가 음일 수 있는가? 체적 팽창계수는 어떠한가?

2-36 1 기압하의 물이 15 °C에서 60 °C로 가열됨에 따른 물의 밀도를 예측하기 위하여 체적 팽창계수를 이용하라. 예측된 결과와 실제 밀도(부록으로부터)를 비교하라.

2-37 이상기체의 부피가 등온적으로 압축됨으로써 절반으로 줄어든다. 필요한 압력의 변화를 구하라.

2-38 1기압하의 물이 400기압으로 등온 압축된다. 물의 밀도 증가를 구하라. 물의 등온 압축률은 4.80×10^{-5} atm^{-1}이다.

2-39 이상기체의 밀도는 10기압에서 11기압으로 등온 압축 시 10퍼센트 감소됨이 관찰된다. 만약 100기압에서 101기압으로 등온 압축된다면, 기체 밀도의 백분율 감소를 구하라.

2-40 10 °C의 포화 냉매 134a 액체가 0 °C까지 등압 냉각된다. 체적 팽창계수 데이터를 이용하여, 냉매의 밀도 변화를 구하라.

2-41 물탱크가 20 °C의 액체 상태의 물로 완전히 채워져 있다. 탱크의 재료는 0.8퍼센트의 체적 팽창에 기인하는 인장력을 견디어 낼 수 있다. 안전상 위험 없이 허용할 수 있는 최대 온도 상승을 구하라. 단순화를 위해 β=상수=40 °C에서의 β로 가정한다.

2-42 문제 2-41을 체적 팽창이 0.4퍼센트인 물에 대해 다시 계산하라.

2-43 압력이 98 kPa인 자유표면에서 바닷물의 밀도는 약 1030 kg/m^{3}이다. 바닷물의 체적 탄성계수를 2.34×10^9 N/m^{2}로 취하고, 깊이 z에 따른 압력 변화를 $dP = \rho g dz$로 표현할 때, 깊이 2500 m에서 밀도와 압력을 구하라. 온도의 영향은 무시하라.

2-44 물의 압축성 계수를 5×10^6 kPa로 취하여, 물의 부피를 (a) 1 퍼센트 및 (b) 2 퍼센트 줄이는데 드는 압력 증가를 구하라.

2-45 마찰이 없는 피스톤-실린더 장치가 대기압하의 20 °C에서 물 10 kg을 담고 있다. 지금 실린더 내의 압력이 100 기압으로 증가할 때까지 외력 F가 피스톤에 작용된다. 물의 압축성 계수가 압축 중에 변하지 않고 일정하다고 가정하여 물을 등온적으로 압축하는 데 필요한 에너지를 추정하라. 답: 29.4 J

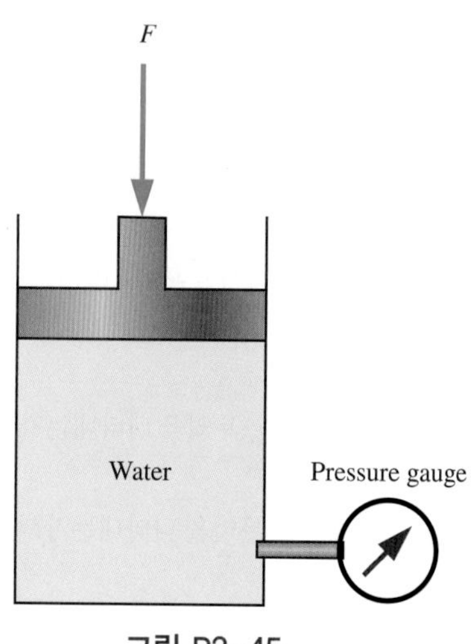

그림 P2–45

2-46 문제 2-45를 다시 고려해 보자. 압축 중에 선형적 압력 증가를 가정하여 물을 등온적으로 압축하는 데 필요한 에너지를 추정하라.

2-47 온도와 압력의 작은 변화를 가지고 유체 유동을 모델링할 때, **Boussinesq 근사**가 종종 이용되는데 여기서 유체의 밀도는 온도의 변화에 따라 선형적으로 변한다고 가정된다. **Boussinesq 근사**는 $\rho = \rho_0[1-\beta(T-T_0)]$이고, 여기서 β는 주어진 온도 범위 내에서 상수로 가정된다. β는 유동 내에서 어떤 평균 또는 중간값 온도로 취해진 기준 온도 T_0에서 계산된다. 그리고 ρ_0는 기준 밀도로서 T_0에서 계산된다. Boussinesq 근사는 거의 일정한 압력 $P=95.0$ kPa인 공기의 유동을 모델링하는데 이용되지만 온도는 20 °C에서 60 °C 사이에서 변한다. 기준 온도로 중간값(40 °C)을 이용하여, 두 개의 극단 온도에서 Boussinesq 근사를 이용해 밀도를 계산하고, 이들 두 온도에서 이상기체 법칙으로부터 얻은 **실제** 밀도를 비교하라. 특히, 두 온도 모두에 대해 Boussinesq 근사에 의해 발생한 오차 백분율을 계산하라.

2-48 체적 팽창계수의 정의와 $\beta_{\text{ideal gas}}=1/T$의 식을 이용하여, 등압 팽창 중에 이상기체의 비체적의 백분율 증가는 절대 온도의 백분율 증가와 같음을 보여라.

음속

2-49C 소리란 무엇인가? 어떻게 생성되는가? 어떻게 이동하는가? 음파는 진공 중에서 이동할 수 있는가?

2-50C 다음 매질 중 음파는 어떤 매질을 통하여 더 빨리 전파되는가? 차가운 공기, 혹은 따뜻한 공기?

2-51C 주어진 온도에서 소리는 다음 중 어떤 매질을 통하여 가장 빠르게 전파되는가? 공기, 헬륨, 혹은 아르곤?

2-52C 다음 중 어떤 매질에서 음파는 더 빠르게 전파되는가? 20 °C, 1 atm의 공기, 혹은 20 °C, 5 atm의 공기?

2-53C 일정한 속도로 흐르는 기체의 Mach 수는 일정하게 유지되는지 답하고 설명하라.

2-54C 음파의 전달과정을 등엔트로피 과정으로 가정하는 것이 타당한지 답하고 설명하라.

2-55C 특정한 매질에서 음속은 고정된 양인가? 혹은 매질의 상태량 변화에 따라서 바뀌는가?

2-56 이상기체의 등엔트로피 과정에 대하여 PV^k=상수가 성립한다. 이 방정식과 음속의 정의(식 2-24)를 이용하여, 이상기체에 대한 음속의 식(식 2-26)을 유도하라.

2-57 1200 K, 50 m/s의 이산화탄소가 단열 노즐로 유입되어 400 K로 유출된다. 실온에 해당하는 일정한 비열을 가정하여, 노즐의 (a) 입구와 (b) 출구에서의 Mach 수를 구하라. 일정한 비열을 가정할 때의 정확성을 평가하라. 답: (a) 0.0925, (b) 3.73

2-58 질소가 150 kPa, 10 °C 그리고 100 m/s인 정상유동 상태로 열교환기에 유입되어 열교환기를 통하면서 120 kJ/kg의 열을 받는다. 열교환기에서 나갈 때 질소는 100 kPa, 200 m/s이다. 열교환기의 입구와 출구에서 질소의 Mach 수를 구하라.

2-59 이상기체 유동을 가정하고, 0.8 MPa, 70 °C인 냉매 R-134a의 음속을 구하라.

2-60 (a) 300 K 그리고 (b) 800 K의 공기 중에서 음속을 구하라. 또한 위의 두 가지 경우에 대하여 330 m/s의 속도로 나는 비행기의 Mach 수를 구하라.

2-61 압력 825 kPa, 온도 400 °C, 그리고 속도 275 m/s의 수증기가 어떤 장치를 통하여 흐르고 있다. $k=1.3$인 이상기체를 가정했을 때, 이 상태에서 수증기의 Mach 수를 구하라. 답: 0.433

2-62 문제 2-61을 다시 고려해 보자. 적절한 소프트웨어를 사용하여 200에서 400 °C까지의 온도 범위에서 수증기 유동의 Mach 수를 비교하라. Mach 수를 온도의 함수로 그려 보아라.

2-63 2.2MPa, 77 °C의 공기가 엔트로피를 일정하게 유지하면서 0.4MPa로 팽창된다. 최종 음속에 대한 처음 음속의 비를 계산하라. 답: 1.28

2-64 문제 2-63을 헬륨가스에 대하여 반복하라.

2-65 에어버스 A-340 여객기의 경우, 최대 이륙무게 260,000 kg, 길이 64 m, 날개 스팬 60 m, 최대 순항속도 945 km/h, 최대 수용 승객 수 271명, 최대 비행고도 14,000 m, 그리고 최대 비행거리는 12,000 km이다. 그 비행고도에서의 공기의 온도는 −60 °C이다. 지정된 한계조건에서 비행기의 Mach 수를 구하라.

점성

2-66C 뉴턴 유체란 무엇인가? 물은 뉴턴 유체인가?

2-67C 점성이란 무엇인가? 액체 내와 기체 내에서 점성의 원인은 무엇인가? 액체 또는 기체 어떤 것이 보다 높은 역학적 점성계수

를 갖는가?

2-68C 동점성계수는 (a) 액체 그리고 (b) 기체일 때 온도에 따라 어떻게 변할까?

2-69C 하나는 물로 또 다른 하나는 기름으로 채워져 있는 두 개의 동일한 용기 속으로 두 개의 동일한 작은 유리 공이 떨어진다. 어느 공이 용기의 바닥에 먼저 닿을까? 그 이유는?

2-70 50 °C 및 200 °C에서 이산화탄소의 역학적 점성계수는 각각 1.612×10^{-5} Pa·s 및 2.276×10^{-5} Pa·s이다. 대기압하에 이산화탄소에 대한 Sutherland 관계식의 상수 a 및 b를 구하라. 그런 뒤에 100 °C에서 이산화탄소의 점성을 예측하고, 계산 결과를 표 A-10에 주어진 값과 비교하라.

2-71 원형 파이프를 지나는 점성 μ인 유체의 유동을 고려해 보자. 파이프 내의 속도 분포는 $u(r)=u_{max}(1-r^n/R^n)$으로 주어진다. 여기서 u_{max}는 최대 유동 속도로서 중심선에서 발생하고, r은 중심선으로부터의 반경 거리이며, $u(r)$은 임의의 위치 r에서의 유속이다. 유동 방향으로 유체에 의해 파이프 벽에 미치는 단위 길이 당 항력에 대한 관계식을 개발하라.

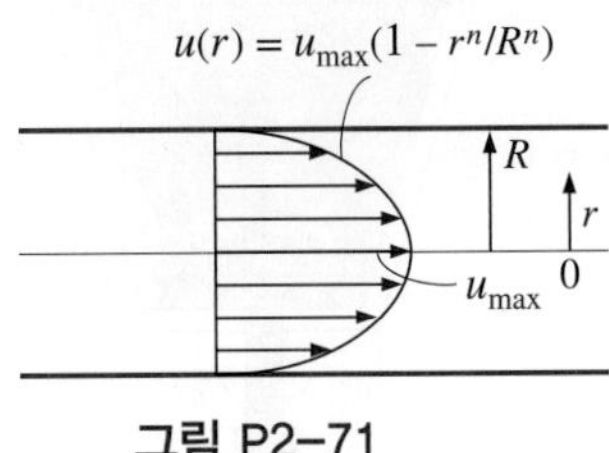

그림 P2–71

2-72 유체의 점도를 길이 75 cm인 두 개의 동심 원통으로 구성된 점도계로 측정한다. 내측 원통의 외경이 15 cm이고, 두 원통 사이의 간격이 1 mm이다. 내측 원통이 300 rpm으로 회전하고, 토크는 0.8 N·m로 측정된다. 유체의 점성계수를 구하라.

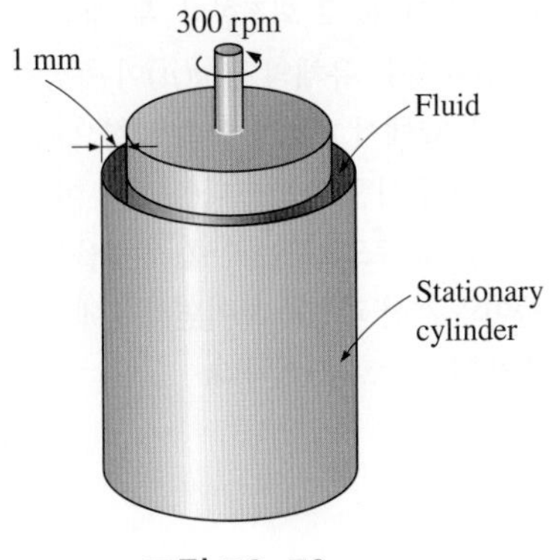

그림 P2–72

2-73 그림 P2-73에서와 같이 하나는 정지해 있고 또 다른 하나는 0.3 m/s의 등속으로 움직이는 두 개의 판 사이에 끼어있는 두께가 3.6 mm인 기름 층을 관통해 얇은 30 cm×30 cm 평판이 수평으로 3 m/s로 잡아당겨진다. 기름의 역학적 점성계수는 0.027 Pa·s이다. 각 기름 층에서의 속도는 선형적으로 변한다고 가정하여, (a) 속도 분포를 도시하고 기름의 속도가 영이 되는 위치를 찾아내며 (b) 이 운동을 유지하기 위해 판에 적용할 필요가 있는 힘을 구하라.

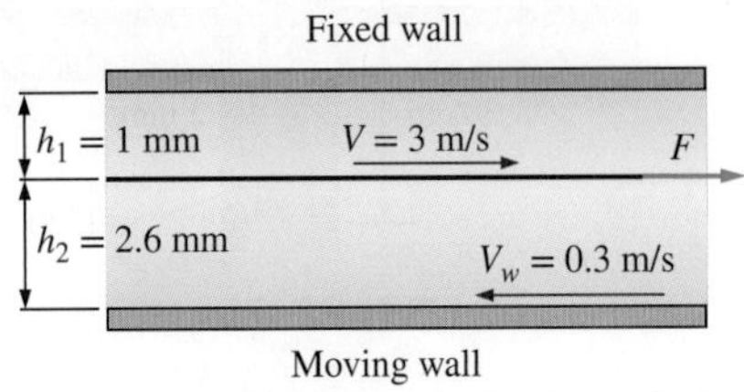

그림 P2–73

2-74 회전 점도계는 두 개의 동심 원통으로 구성되어 있는데, 반경이 R_i인 안쪽 원통은 각속도(회전률) ω_i로 회전하고, 바깥쪽 원통은 반경이 R_o이다. 두 개의 원통 사이의 아주 작은 간극 안에는 점성이 μ인 유체가 있다. 원통의 길이(그림 P2-74에서 페이지 안쪽 방향으로)는 L이다. L은 가장자리 효과가 무시될 만큼 크다(여기서 이 문제를 2차원 문제로 다룰 수 있다). 토크 (T)는 안쪽 원통을 등속으로 회전시킨다. (a) 모든 풀이와 계산 과정을 보이면서, T에 대한 근사 관계식을 다른 변수들의 함수로 표현하라. (b) 얻은 해가 단지 **근사식**일 뿐인 이유를 설명하라. 특히, 간극이 점점 더 넓어짐에 따라 간극 내에서의 속도 분포가 선형적으로 유지될 것으로 기대하는가(즉, 만약 다른 모든 것은 동일하게 유지되면서 바깥쪽 반경 R_o가 증가된다면)?

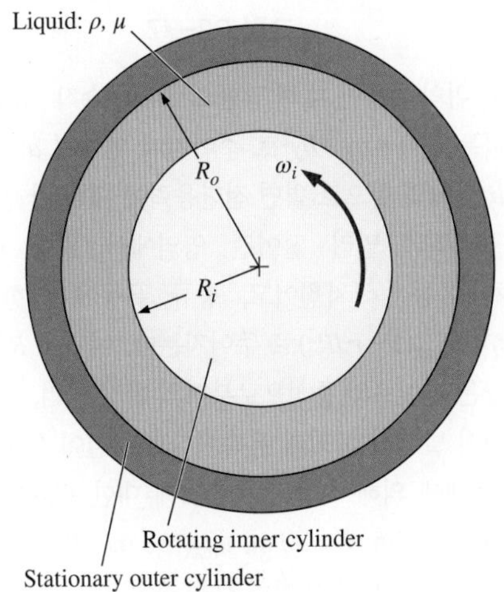

그림 P2–74

2-75 그림 P2-75에 보인 클러치 시스템은 두 개의 같은 직경 30 cm인 디스크 사이에 μ=0.38 N·s/m²인 2 mm 두께의 유막을 통해 토크를 전달하는 데 이용된다. 구동축이 1200rpm의 속도로

회전할 때, 전달축은 1125 rpm으로 회전하는 것으로 관찰된다. 유막에 대한 선형 속도 분포를 가정하여 전달된 토크를 구하라.

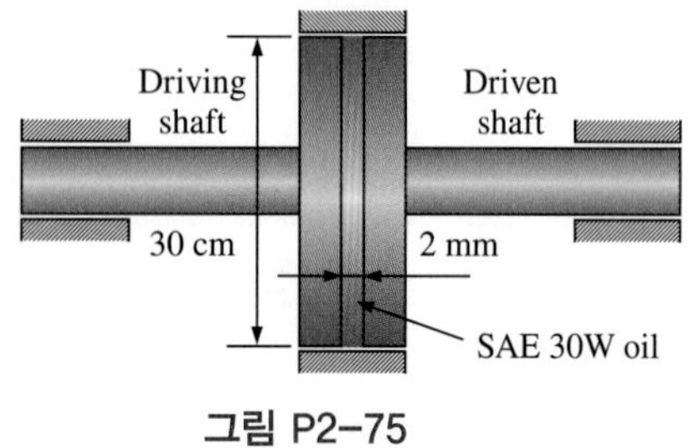

그림 P2–75

2-76 문제 2-75를 다시 고려해 보자. 적절한 소프트웨어를 이용하여 전달된 토크에 대한 유막 두께의 영향을 조사하라. 유막 두께는 0.1 mm부터 10 mm까지 변하도록 한다. 그 결과를 도시하고, 결론을 기술하라.

2-77 무게가 150 N인 50 cm×30 cm×20 cm 블록이 마찰 계수가 0.27인 경사면 위를 1.10 m/s의 등속으로 이동한다. (a) 수평 방향으로 작용될 필요가 있는 힘 F를 구하라. (b) 만약 역학적 점성계수가 0.012 Pa·s인 0.4 mm 두께의 유막이 블록과 경사면 사이에 적용된다면, 요구되는 힘의 백분율 감소를 구하라.

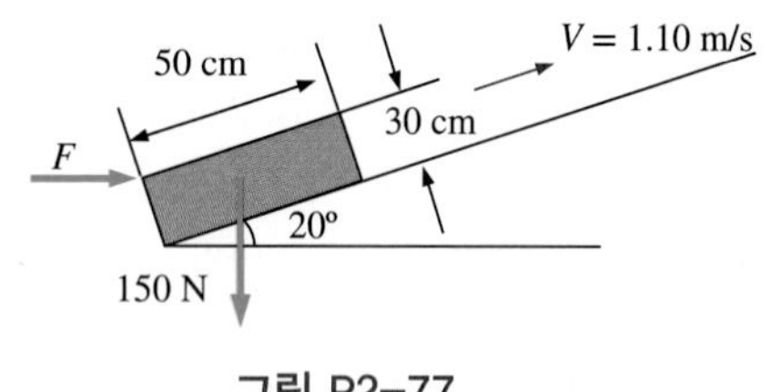

그림 P2–77

2-78 평판 위의 유동에 대해 평판으로부터 수직 거리 y에 따른 속도 변화는 $u(y)=ay-by^2$로 주어지며 여기서 a와 b는 상수이다. a, b 및 μ의 항으로 벽면 전단응력에 대한 관계를 구하라.

2-79 입구로부터 멀리 떨어진 영역에서 원형 파이프를 통한 유체 유동은 1차원이고, 층류 유동에 대한 속도 분포는 $u(r)=u_{max}(1-r^2/R^2)$로 주어지는데, 여기서 R은 파이프의 반경, r은 파이프의 중심으로부터의 반경 거리, 그리고 u_{max}는 중심에서 발생하는 최대 유속이다. (a) 길이 L인 파이프의 구간에 유체에 의해 적용되는 항력에 대한 관계식과 (b) 20 °C에서 $R=0.08$ m, $L=30$ m, $u_{max}=3$ m/s 및 $\mu=0.0010$ kg/m·s인 물의 유동에 대해 항력 값을 구하라.

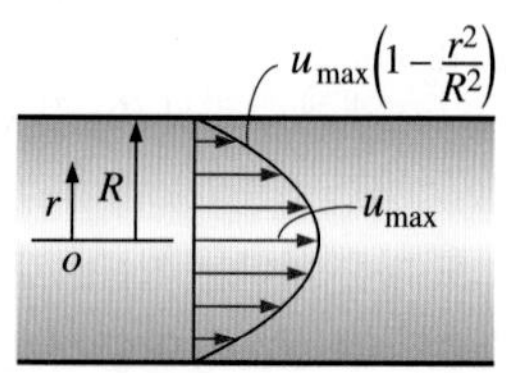

그림 P2–79

2-80 문제 2-79를 $u_{max}=6$ m/s에 대해 반복하라. 답: (b) 2.26 N

2-81 그림 P2-81에서와 같이 원뿔대(frustum) 모양의 물체가 20 °C($\mu=0.100$ Pa·s)에서 SAE 10W 오일로 채워진 용기 내에서 200 rad/s인 등각속도로 회전한다. 만약 모든 측면 위의 유막의 두께가 1.2 mm라면, 이 운동을 유지하기 위하여 요구되는 동력을 구하라. 또한 오일의 온도가 80 °C($\mu=0.0078$ Pa·s)까지 오를 때 요구되는 동력 입력의 감소를 구하라.

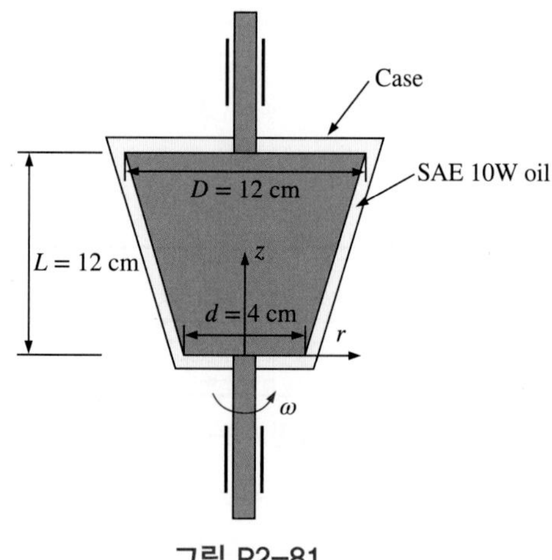

그림 P2–81

2-82 회전 점도계는 두 개의 동심 원통으로 구성되어 있는데, 반경이 R_i인 안쪽 원통은 정지해 있고 반경이 R_o인 바깥쪽 원통은 각속도(회전률) ω_o로 회전한다. 두 개의 원통 사이의 아주 작은 간극 안에 있는 유체의 점성(μ)이 측정될 것이다. 원통의 길이(그림 P2-82에서 페이지 안쪽 방향으로)는 L이다. L은 가장자리 효과가 무시될 만큼 크다(여기서 이 문제를 2차원 문제로 다룰 수 있다). 토크 (T)는 안쪽 원통을 등속으로 회전시킨다. 모든 풀이와 계산 과정을 보이면서, T에 대한 근사 관계식을 다른 변수들의 함수로 표현하라.

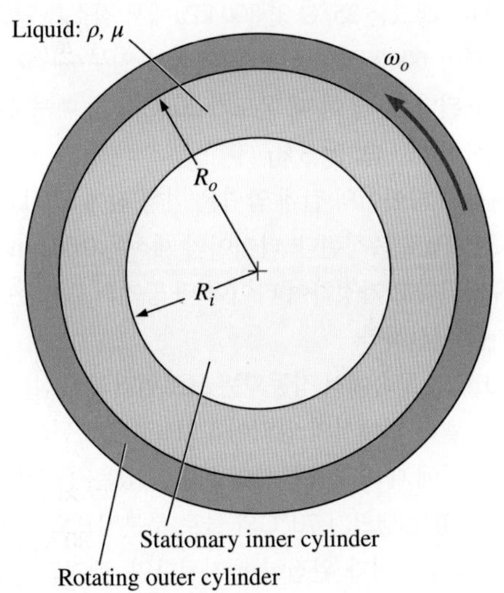

그림 P2-82

2-83 두 개의 평행하고, 수평이며, 정지해 있는 평평한 표면 사이로 얇은 판이 5 m/s의 등속으로 움직인다. 두 개의 정지해 있는 표면은 4 cm 간격으로 떨어져 있고, 그리고 그 두 표면 사이에는 점성이 0.9 N·s/m^{2}인 오일이 채워져 있다. 어떤 주어진 시간에 오일에 담겨진 판의 부분은 길이가 2 m이고 폭이 0.5 m이다. 만약 두 표면 사이의 중앙면을 통해 판이 움직인다면, 이 운동을 유지하기 위하여 필요한 힘을 구하라. 만약 판이 아랫면으로부터 1 cm(h_2) 그리고 윗면으로부터 3 cm(h_1) 위치에 있었다면 그 결과는 어떠했을까?

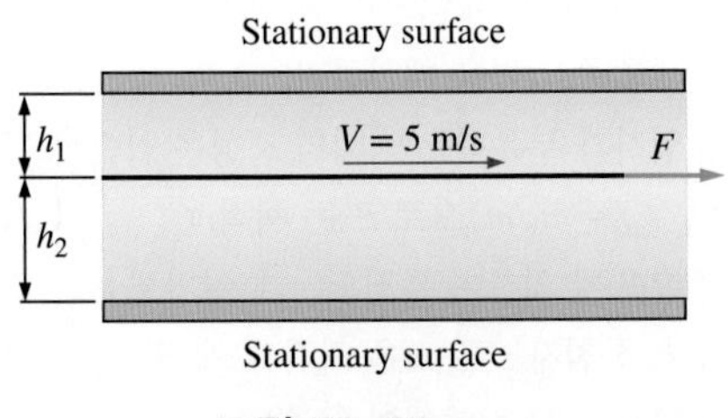

그림 P2-83

2-84 문제 2-83을 다시 고려해 보자. 만약 움직이는 판의 위쪽 오일의 점성이 그 판의 아래쪽 오일의 점성보다 4배 크다면, 두 가지 오일 사이에서 그 판을 등속으로 끌어당기기 위해 필요한 힘을 최소화해주는 아래 표면으로부터 판에 이르는 거리(h_2)를 구하라.

2-85 질량 m인 실린더가 유막의 두께가 h인 점성 오일에 의해 덮여 있는 내측 표면을 가진 수직 튜브 내에서 정지한 상태로부터 미끄러져 내려온다. 만약 실린더의 직경과 높이가 각각 D와 L이라면 시간 t의 함수로서 실린더의 속도에 대한 관계식을 유도하라. $t \to \infty$에 따라 어떤 일이 벌어지는가? 이 장치를 점도계로 사용할 수 있는가?

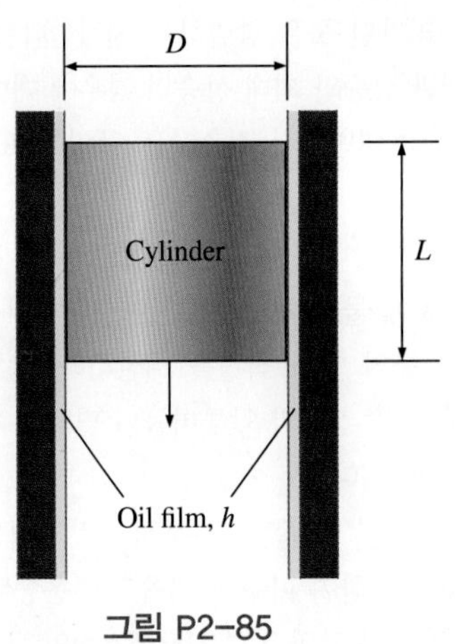

그림 P2-85

표면장력과 모세관 효과

2-86C 표면장력이란 무엇인가? 그것은 무엇에 의해 발생하는가? 표면장력은 왜 표면 에너지로도 불리는가?

2-87C 모세관 효과는 무엇인가? 그것은 무엇에 의해 발생하는가? 그것은 접촉각에 의해 어떻게 영향을 받는가?

2-88C 소구경 관이 접촉각이 110°인 액체 내에 삽입된다. 관 내 액체 수위가 오를까 내릴까? 설명하라.

2-89C 비누 거품을 고려해 보자. 거품의 내부 압력이 바깥 압력보다 높을까 낮을까?

2-90C 모세관 상승은 직경이 작은 관 또는 큰 관 어느 경우에 클까?

2-91 20°C에서 직경이 (a) 0.2 cm, (b) 5 cm인 비눗방울 내부의 계기압력을 구하라.

2-92 직경이 8 cm인 비누거품이 공기를 그 안에 불어넣어 커지게 된다. 비누 용액의 표면장력을 0.039 N/m로 취할 때, 그 거품이 직경 8.5 cm로 부풀어 오르기 위해 필요한 입력 일을 계산하라.

2-93 직경이 1.6 mm인 관이 밀도가 960 kg/m^{3}인 미지의 액체 속에 삽입되고, 그 액체가 관 속에서 5 mm 상승되고, 접촉각을 15°로 만드는 것이 관찰된다. 액체의 표면장력을 계산하라.

2-94 액체 내에 직경이 0.15 mm인 공기 기포를 고려해 보자. 만약 공기-액체 계면에서 표면장력이 (a) 0.08 N/m 및 (b) 0.12 N/m이라면 공기 기포의 안과 바깥 사이의 압력 차이를 계산하라.

2-95 액체의 표면장력이 길이가 8 cm인 이동할 수 있는 면을 가진 U형 와이어 프레임 위에 매달려 있는 액체 막을 이용해 측정된다. 만약 그 와이어를 움직이는 데 필요한 힘이 0.030 N이라면, 공기 중에서 이 액체의 표면장력을 계산하라.

2-96 직경이 1.2 mm인 모세관이 대기 중에 노출된 물속에 수직으로 잠긴다. 튜브 내 물이 얼마나 올라가는지 구하라. 튜브의 내벽에서 접촉각은 6°이고 표면장력은 1.00 N/m로 취하라.

답: 0.338 m

2-97 모세관이 물이 담긴 용기에 수직으로 잠긴다. 압력이 2 kPa 이

하로 내려가면 물은 증발하기 시작한다는 지식을 가지고 최대 모세관 상승과 최대 상승의 경우에 대한 튜브 직경을 구하라. 튜브의 내벽에서 접촉각은 6°이고 표면장력은 1.00 N/m로 취하라.

2-98 사람들이 예상하는 것과는 반대로, 고체 강철 공도 표면장력 효과 때문에 물 위에 뜰 수 있다. 10 °C에서 물 위에 뜰 수 있는 강철 공의 최대 직경을 계산하라. 알루미늄 공이라면 답은 무엇일까? 강철과 알루미늄의 밀도는 각각 7800 kg/m^3 및 2700 kg/m^{3}이다.

2-99 물속에 용해된 영양분은 부분적으로 모세관 효과 때문에 미세한 관들에 의하여 나무의 위쪽으로 운송된다. 모세관 효과의 결과로서 나무 안의 직경 0.0026 mm인 관 안에서 수용액은 얼마나 높이 상승할지를 계산하라. 용액을 20 °C에서 접촉각 15°인 물로 취급하라. **답:** 11.1 m

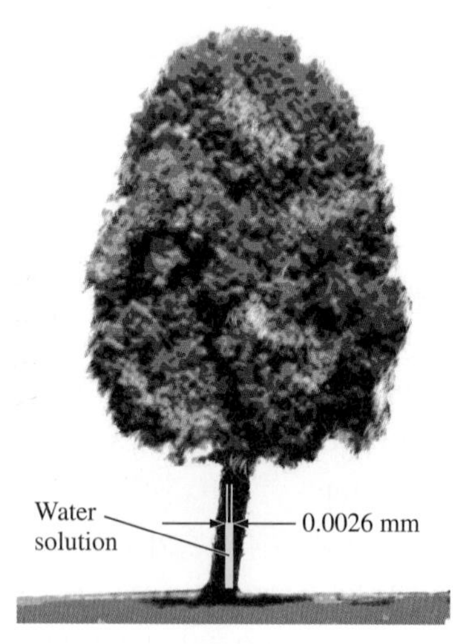

그림 P2–99

복습 문제

2-100 운전이 시작하는 20 °C에서 점성이 0.1 kg/ms이고, 기대되는 정상 운전 온도인 80 °C에서 점성이 0.008 kg/ms인 오일로 윤활이 되는 길이 55 cm의 저널 베어링을 고려하자. 축의 직경은 8 cm이고 축과 저널 사이의 평균 간극은 0.08 cm이다. 최초 운전 시기와 축이 1500 rpm에서 회전하는 정상 운전 중에 베어링의 마찰을 극복하기 위해 필요한 토크를 구하라.

2-101 U 튜브의 한쪽 팔의 직경이 5 mm이고 다른 쪽 팔은 직경이 크다. 만약 U 튜브가 일부 물을 담고 있고, 양쪽 표면이 모두 대기압에 노출되어 있다면 두 팔 내의 수위 사이의 차이를 구하라.

2-102 강체 탱크에 140 kPa, 20 °C의 공기가 담겨 있다. 압력과 온도가 각각 250 kPa, 30 °C로 증가할 때까지 탱크에 공기가 추가된다. 탱크에 추가된 공기의 양을 구하라. **답:** 14.5 kg

2-103 10 m^3 탱크는 25 °C 및 800 kPa에서 질소를 담고 있다. 탱크의 압력이 600 kPa로 하강할 때까지 일부 질소가 빠져나가도록 허용된다. 만약 이 때 온도가 20 °C라면, 빠져나간 질소의 양을 계산하라. **답:** 21.5 kg

2-104 자동차 타이어의 절대 압력은 여행 전에 320 kPa로, 여행 후엔 335 kPa로 측정된다. 타이어의 체적은 0.022 m^{3}으로 일정하게 유지된다고 가정하여 타이어 내 공기의 절대 온도의 백분율 증가를 계산하라.

2-105 20 °C의 물속에서 작동되는 프로펠러의 해석 결과는 고속에서 프로펠러 팁에서의 압력이 1 kPa로 강하됨을 보여준다. 이 프로펠러에 대해 공동현상의 위험이 있는지 여부를 구하라.

2-106 닫혀 있는 탱크가 70 °C의 물로 부분적으로 채워져 있다. 만약 물 위의 공기가 완전히 배기된다면, 배기된 공간의 절대압을 계산하라. 온도는 일정하게 유지된다고 가정하라.

2-107 현탁액 내의 고체와 수송유체의 비중은 보통 알려져 있으나, 현탁액의 비중은 고체 입자의 농도에 달려 있다. 물을 바탕으로 한 현탁액의 비중은 고체의 비중 SG_s와 부유 고체 입자의 농도 $C_{s,\,mass}$의 항으로 다음과 같이 표현될 수 있음을 보여라.

$$SG_m = \frac{1}{1 + C_{s,\,mass}(1/SG_s - 1)}$$

2-108 강체 탱크에 300 kPa와 600 K의 이상기체가 담겨 있다. 기체의 절반이 탱크로부터 빠져나와 과정의 끝에서 기체는 100 kPa가 된다. (a) 기체의 최종 온도 및 (b) 만약 탱크로부터 아무런 질량도 빠져나오지 않으며, 과정의 끝에서 최종 온도가 동일할 경우의 최종 압력을 계산하라.

2-109 고체 입자가 부유하는 액체의 조성은 일반적으로 중량 혹은 질량 $C_{s,\,mass} = m_s/m_m$으로 또는 체적, $C_{s,\,vol} = V_s/V_m$으로 고체 입자의 분율에 의하여 특징되는데 여기서 m은 질량이고 V는 체적이다. 하첨자 s 및 m은 각각 고체 및 혼합물을 표시한다. 물을 바탕으로 한 현탁액의 비중을 $C_{s,\,mass}$ 및 $C_{s,\,vol}$의 항으로 나타내는 식을 개발하라.

2-110 절대 온도에 따른 물의 역학적 점성계수의 변화가 표와 같이 주어져 있다. 도표화된 자료를 이용하여, 점성에 대한 관계식을 $\mu = \mu(T) = A + BT + CT^2 + DT^3 + ET^4$의 형식으로 개발하라. 개발된 식을 이용하여, 보고된 값이 5.468×10^{-4} Pa·s인 물의 50 °C에서 역학적 점성계수를 예측하라. 계산된 결과와 $\mu = D \cdot e^{B/T}$의 형태로 주어지는 Andrade 식(여기서 D 및 B는 상수로서 그 값은 주어진 점성 자료를 이용해 결정되어야 함)의 결과와 비교하라.

T, K	μ, Pa·s
273.15	1.787×10^{-3}
278.15	1.519×10^{-3}
283.15	1.307×10^{-3}
293.15	1.002×10^{-3}
303.15	7.975×10^{-4}
313.15	6.529×10^{-4}
333.15	4.665×10^{-4}
353.15	3.547×10^{-4}
373.15	2.828×10^{-4}

2-111 직경이 3 m 이고 길이가 15 m인 새로 생산된 파이프가 15 °C, 10 MPa에서 물로 시험된다. 양쪽 끝을 밀봉한 후 파이프는 우선 물로 채워지고 그런 뒤 시험 압력에 도달될 때까지 시험 파이프 내로 추가적인 물을 가압시켜 압력을 올린다. 파이프에 아무런 변형이 없다고 가정하여 파이프를 가압시키기 위해 필요한 추가적인 물의 양을 구하라. 압축성 계수는 2.10×10^9 Pa 이다. **답: 505 kg**

2-112 어떤 이상 기체에 대한 체적 팽창 계수가 $\beta_{\text{ideal gas}} = 1/T$임을 증명하라.

2-113 일반적으로 액체는 압축하기 어렵지만, 압축성 효과(밀도의 변화)는 어마어마한 압력 상승으로 인해 대양에서 매우 깊은 곳에서는 무시할 수 없게 된다. 어떤 깊이에서 압력은 100 MPa가 되며 평균 압축성 계수가 약 2350 MPa가 된다고 보고되고 있다.

(a) 자유표면에서 액체 밀도를 $\rho_0 = 1030$ kg/m^{3}으로 취하고 밀도와 압력 사이의 해석적 관계를 구하고, 그리고 특정한 압력에서 밀도를 구하라. **답: 1074 kg/m^3**

(b) 특정한 압력에 대한 밀도를 추정하는 데 식 (2-13)을 사용하고 계산 결과를 위 (a)의 결과와 비교하라.

2-114 그림 P2-114에 보인 바와 같이 직경 D= 80 mm이고 길이 L= 400 mm인 축이 직경이 변하는 베어링을 통해 U=5 m/s의 등속으로 당겨진다. 축과 베어링 사이의 간극은 h_1=1.2 mm에서 h_2=0.4 mm까지 변하며 역학적 점성계수가 0.10 Pa·s인 뉴턴 윤활유로 채워져 있다. 축의 축방향 운동을 유지시키는 데 소요되는 힘을 구하라. **답: 69 N**

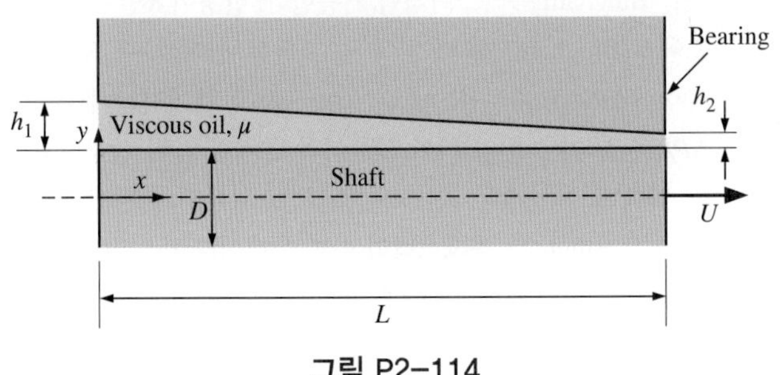

그림 P2-114

2-115 문제 2-114를 다시 고려해 보자. 축이 지금 등각속도 $\dot{n}$=1450 rpm으로 직경이 변하는 베어링 내에서 회전한다. 축과 베어링 사이의 간극은 h_1=1.2 mm에서 h_2=0.4 mm까지 변하며 역학적 점성계수가 0.10 Pa·s인 뉴턴 윤활유로 채워져 있다. 운동을 유지시키는 데 소요되는 토크를 구하라.

2-116 거리 t만큼 서로 이격되어, 액체에 수직으로 삽입된 두 개의 넓은 평행 판 사이에 발생하는 액체의 모세관 상승에 대한 관계식을 유도하라. 접촉각은 ϕ로 취하라.

2-117 직경이 10 cm인 원통 축이 길이가 50 cm이고 직경이 10.3 cm인 베어링 내에서 회전한다. 축과 베어링 사이의 간격은 점성이 예상되는 운전 온도에서 0.300 N·s/m^{2}인 오일로 완전히 채워져 있다. 축이 (a) 600 rpm 및 (b) 1200 rpm의 속도로 회전할 때 마찰을 극복하기 위하여 필요한 동력을 계산하라.

2-118 20 °C에서 5 mm 두께의 엔진오일 유막 위의 고정판 위로 넓은 판이 U=4 m/s의 등속으로 끌어당겨진다. 그림과 같이 유막 내에서 포물선의 절반 형태의 속도 분포를 가정하여 위 판에 발달되는 전단응력과 그것의 방향을 구하라. 오랜 시간 뒤에 선형 속도분포(점선)를 이룰 경우에 대해서도 해석을 반복하라.

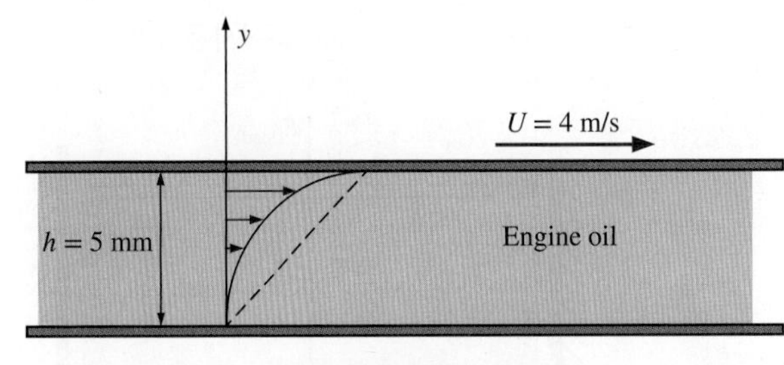

그림 P2-118

2-119 어떤 바위나 벽돌은 그 속에 소량의 공기 포켓을 포함하고 있고 스폰지 구조를 하고 있다. 공기 공간이 평균 직경이 0.006 mm인 기둥을 형성한다고 가정하고, 이러한 재료 속에서 물이 얼마나 높이 상승할 수 있는지 계산하라. 그 물질에서 공기-물 계면의 표면장력은 0.085 N/m로 취하라.

2-120 매우 긴 두 평행 판들 사이에 어떤 유체가 점성이 아래 판에서 0.90 Pa·s로부터 위 판에서 0.50 Pa·s까지 선형적으로 감소하는 방식으로 가열된다. 두 판 사이의 간격은 0.4 mm이다. 위 판은 두 판 모두에 평행한 방향으로 10 m/s의 속도로 꾸준히 움직인다. 압력은 어디에서나 일정하고, 유체는 뉴턴 유체로서 비압축성으로 간주된다. 중력 효과는 무시한다. (a) 유체 속도 u를 y의 함수로 구하라. 즉 $u = u(y)$, 여기서 y는 판들에 직교하는 수직 축이다. 판들 사이의 간격을 가로질러 속도 분포를 도시하라. (b) 전단응력 값을 계산하라. 움직이는 판 위에서와 움직이는 판에 인접한 유체 요소의 윗면에서의 전단응력의 방향

을 보여라.

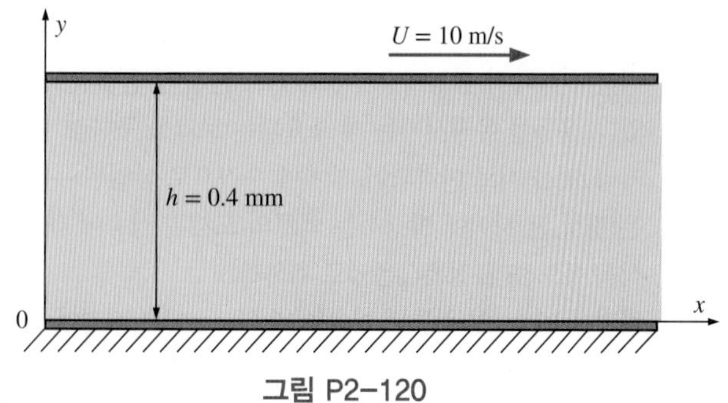

그림 P2-120

2-121 동력 용량(power capacity) $\dot{W}$를 가지는 수력발전소의 회전 부분은 회전 동기 속도(rotational synchronous speed) $\dot{n}$을 갖는다. 회전 부분(수력터빈과 발전기)의 무게는 도시된 것처럼 D와 d 직경들 사이에 원형 고리 모양의 축받이 베어링(thrust bearing) 내에서 지지된다. 축받이 베어링은 두께 e, 점성계수 μ인 매우 얇은 유막으로 작동된다. 오일은 뉴턴 유체이고 베어링 내에서의 속도는 선형으로 근사된다고 간주한다. 수력발전소에서 생산된 전력에 대한 축받이 베어링 내에서의 손실 동력의 비율을 계산하라. $\dot{W}=48.6$ MW, $\mu=0.035$ Pa·s, $\dot{n}=500$ rpm, $e=0.25$ mm, $D=3.2$ m, $d=2.4$ m를 사용하라.

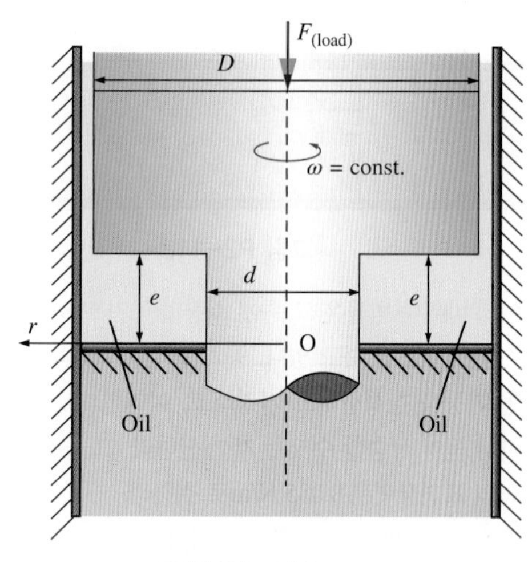

그림 P2-121

2-122 일부 유체의 점성은 강한 전기장이 그 유체에 적용될 때 변한다. 이 현상은 전기 유동성(electrorheological, ER) 효과로 알려져 있고, 이러한 거동을 보이는 유체는 ER 유체로 알려져 있다. $\tau=\tau_y+\mu(du/dy)$로 표현되는 전단응력에 대한 Bingham 플라스틱 모델은 그 단순성 때문에 ER 유체 거동을 기술하기 위해 널리 이용된다. ER 유체의 가장 유망한 응용분야 중 하나는 ER 클러치이다. 전형적인 다중 디스크 ER 클러치는 내측 반경이 R_1이고 외측 반경이 R_2인 강철판 N개를 입력 축에 등간격으로 부착하는 형태로 구성되어 있다. 평행 판 사이의 간격 h는 점성 유체로 채워져 있다. (a) 출력축이 정지해 있을 때 클러치에 의해 발생된 토크에 대한 관계식을 구하고 (b) 만약 유체가 $\mu=0.1$ Pa·s, $\tau_y=2.5$ kPa 및 $h=1.2$ mm인 SAE 10일 경우, $R_1=50$ mm, $R_2=200$ mm 및 $\dot{n}=2400$ rpm에 대한 $N=11$인 ER 클러치에 대한 토크를 계산하라. 답: (b) 2060 N · m

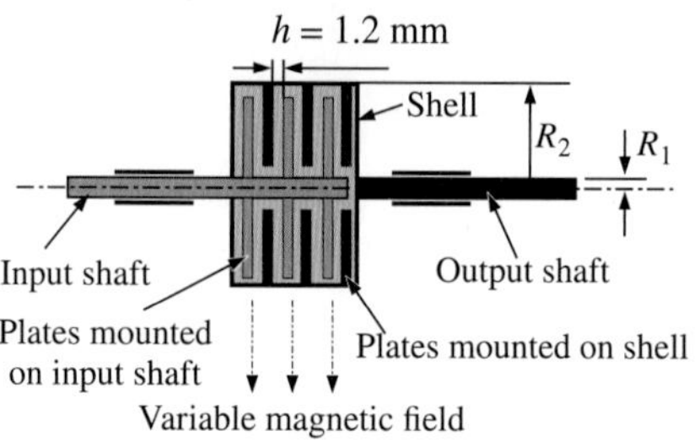

그림 P2-122

2-123 자기 유동성(magnetorheological: MR) 유체라 불리는 일부 유체의 점성은 자기장이 적용될 때 변한다. 이러한 유체는 적절한 수송 액체 내에 부유하는 미크론 크기의 자화 가능한 입자를 수반하며, 그리고 조절 가능한 유압 클러치에 사용되기에 적합하다. 그림 P2-122를 보라. MR 유체는 ER 유체보다 훨씬 높은 점도를 가질 수 있고, 이는 종종 전단희박 거동을 보이는데, 여기서 유체의 점성은 적용된 전단력이 증가함에 따라 감소한다. 이 거동은 또한 유사 플라스틱 거동으로 알려져 있으며, 그리고 $\tau=\tau_y+K(du/dy)^m$으로 표현되는 Herschel-Bulkley의 구성 모델에 의해 성공적으로 나타낼 수 있다. 여기서 τ는 적용된 전단응력, τ_y는 항복 응력, K는 일관성 지수, 그리고 m은 멱지수이다. $\tau_y=$ 900 Pa, $K=$ 58 Pa·s^m 및 $m=$ 0.82인 Herschel-Bulkley 유체에 대해, (a) 출력축이 정지해 있는 동안 입력 축이 각속도 ω로 회전할 때 입력 축에 부착된 N개의 판에 대한 MR 클러치에 의해 전달되는 토크에 대한 관계식을 구하고 (b) $R_1=50$ mm, $R_2=200$ mm, $\dot{n}=3000$ rpm, 및 $h=1.5$ mm에 대해 $N=$ 11개 판을 가진 이러한 클러치에 의해 전달된 토크를 계산하라.

2-124 일부 비뉴턴 유체는 전단응력이 $\tau=\tau_y+\mu(du/dr)$로 표현될 수 있는 Bingham 플라스틱처럼 거동한다. 반경이 R인 수평 파이프에서 Bingham 플라스틱의 층류 유동에 대해, 속도 분포는 $u(r)=(\Delta P/4\mu L)(r^2-R^2)+(\tau_y/\mu)(r-R)$로 주어지는데, 여기서 $\Delta P/L$은 단위 길이당 파이프를 따라 일정한 압력 강하이고, μ는 역학적 점성계수이며, r은 중심선으로부터의 반경 거리이고, τ_y는 Bingham 플라스틱의 항복 응력이다. (a) 파이프 벽에서의 전단응력과 (b) 길이 L인 파이프 구간에 작용하는 항력을 구하라.

2-125 몇몇 감쇄 시스템에서 기름에 잠겨 있는 원형 디스크가 그림 P2-125에 보인 바와 같이 감쇄기로 이용된다. 감쇄 토크는 관계식 $T_{\text{damping}} = C\omega$, 여기서 $C = 0.5\pi\mu(1/a+1/b)R^4$에 따라 각속도에 비례함을 보여라. 디스크의 양쪽 면 위의 속도 분포는 선형으로 가정하고 가장자리 효과는 무시하라.

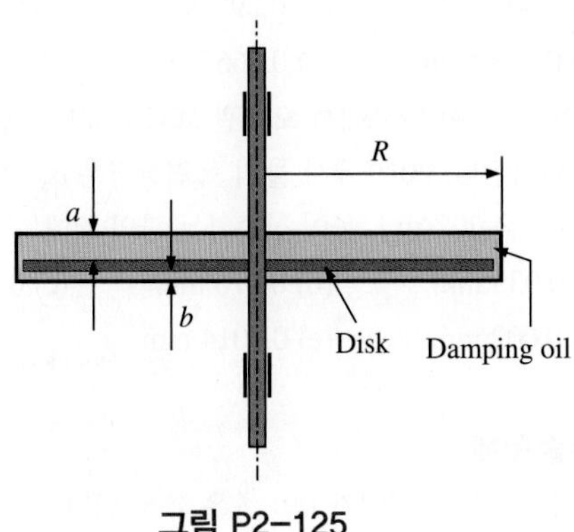

그림 P2-125

2-126 점성 $\mu = 0.0357$ Pa·s, 밀도 $\rho = 0.796$ kg/m^{3}인 오일이 매우 큰 두 평행 평판들 사이의 작은 간극에 끼어 있다. 표면적 $A = 20.0$ cm×20.0 cm(한 면)인 세 번째 평판이 도시된 것처럼 오른쪽으로 정상 속도 $V = 1.00$ m/s로 오일을 관통해 당겨진다. 도시된 것처럼 위 판은 정지해 있으나 아래 판은 속도 $V = 0.300$ m/s로 **왼쪽**으로 움직이고 있다. 높이는 $h_1 = 1.00$ mm, $h_2 = 1.65$ mm이다. 오일을 관통해 잡아당기는데 필요한 힘은 F이다. (a) 속도 분포를 스케치하고 속도가 영인 지점까지의 거리 y_A를 계산하라.

힌트: 간극들이 작고 오일의 점성이 매우 크며, 속도 분포들은 양쪽 간극 내에서 선형적이다. 각 간극 내에서의 속도 분포를 결정하기 위해 벽면에서 점착 조건을 이용하라.

(b) 중간 판이 등속으로 운동하기 위해 요구되는 힘 F를 N 단위로 계산하라.

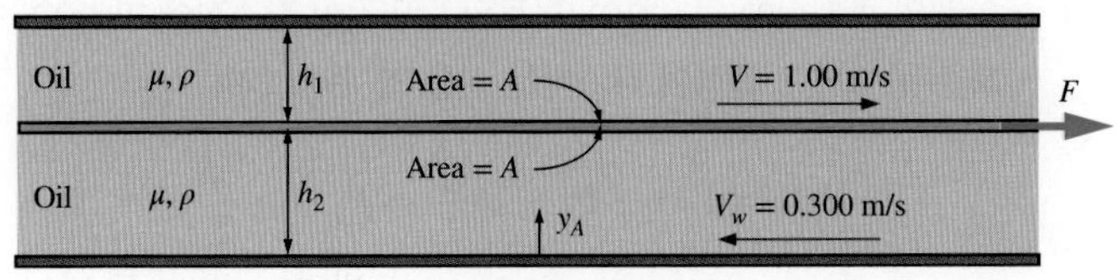

그림 P2-126

공학 기초(FE) 시험 문제

2-127 어떤 유체의 비중이 0.82로 규정된다. 이 유체의 비체적은 얼마인가?

(a) 0.00100 m^3/kg (b) 0.00122 m^3/kg (c) 0.0082 m^3/kg
(d) 82 m^3/kg (e) 820 m^3/kg

2-128 수은의 비중은 13.6 이다. 수은의 비중량은 얼마인가?

(a) 1.36 kN/m^3 (b) 9.81 kN/m^3 (c) 106 kN/m^3
(d) 133 kN/m^3 (e) 13,600 kN/m^3

2-129 공기가 3 bar, 127 °C에서 0.08 m^{3}인 강체 탱크에 담겨 있다. 탱크 안의 공기의 질량은 얼마인가?

(a) 0.209 kg (b) 0.659 kg (c) 0.8 kg
(d) 0.002 kg (e) 0.066 kg

2-130 펌프로 물의 압력을 100 kPa로부터 700 kPa까지 증가시킨다. 물의 밀도는 1 kg/L이다. 이 과정 중에 물 온도가 변하지 않는다면 물의 비엔탈피 변화는 얼마인가?

(a) 400 kJ/kg (b) 0.4 kJ/kg (c) 600 kJ/kg
(d) 800 kJ/kg (e) 0.6 kJ/kg

2-131 37 °C에서 이상 기체가 파이프 내로 흐른다. 기체의 밀도는 1.9 kg/m^{3}이고 그것의 몰 질량은 44 kg/kmol이다. 기체의 압력은 얼마인가?

(a) 13 kPa (b) 79 kPa (c) 111 kPa
(d) 490 kPa (e) 4900 kPa

2-132 물이 보일러 내의 파이프를 흐르면서 수증기로 기화한다. 파이프 내의 물 온도가 180 °C이면, 파이프 내의 물의 증기압은 얼마인가?

(a) 1002 kPa (b) 180 kPa (c) 101.3 kPa
(d) 18 kPa (e) 100 kPa

2-133 물 분배 시스템에서 물의 압력은 1.4 psia 정도까지 낮아질 수 있다. 공동현상을 피하기 위해 이 배관에 허용되는 최대 온도는 얼마인가?

(a) 50 °F (b) 77 °F (c) 100 °F
(d) 113 °F (e) 140 °F

2-134 펌프에 의해 물의 압력이 100 kPa에서 900 kPa로 증가된다. 물의 온도도 또한 0.15 °C 증가한다. 물의 밀도는 1 kg/L이고 비열은 $c_p = 4.18$ kJ/kg·°C이다. 이 과정 중 물의 엔탈피 변화는 얼마인가?

(a) 900 kJ/kg (b) 1.43 kJ/kg (c) 4.18 kJ/kg
(d) 0.63 kJ/kg (e) 0.80 kJ/kg

2-135 어떤 이상 기체가 100 kPa에서 170 kPa로 등온적으로 압축된다. 이 과정 중에 이 기체의 밀도 증가 백분율은 얼마인가?

(a) 70% (b) 35% (c) 17%
(d) 59% (e) 170%

2-136 등압하에 온도에 따른 유체의 밀도의 변화는 다음 중 어떤 것으로 대표되는가?

(a) 체적탄성계수
(b) 압축성계수
(c) 등온압축율
(d) 체적 팽창율 계수
(e) 기타

2-137 100 kPa로 일정한 압력에서 물이 2 °C에서 78 °C까지 가열된다. 물의 최초 밀도는 1000 kg/m^{3}이고 물의 체적 팽창계수는 $\beta = 0.377 \times 10^{-3}$ K^{-1}이다. 물의 최종 밀도는 얼마인가?

(a) 28.7 kg/m^3 (b) 539 kg/m^3 (c) 997 kg/m^3
(d) 984 kg/m^3 (e) 971 kg/m^3

2-138 온도에 따라 액체의 점성은 ____________하고 기체의 점성은 ____________한다.

(a) 증가, 증가 (b) 증가, 감소 (c) 감소, 증가
(d) 감소, 감소 (e) 감소, 불변

2-139 대기압에서 물을 1 퍼센트 압축하기 위해서 물의 압력은 210 기압으로 증가되어야만 한다. 물의 압축성 계수는 얼마여야 하는가?

(a) 209 atm (b) 20,900 atm (c) 21 atm
(d) 0.21 atm (e) 210,000 atm

2-140 어떤 유체의 밀도는, 압력이 일정한 상태로, 온도가 10 °C 증가할 때 3 퍼센트 감소한다. 이 유체의 체적 팽창 계수는 얼마인가?

(a) 0.03 K^{-1} (b) 0.003 K^{-1} (c) 0.1 K^{-1}
(d) 0.5 K^{-1} (e) 3 K^{-1}

2-141 우주선의 속도가 –40 °C의 대기 중에서 1250 km/h로 주어진다. 이 유동의 Mach 수는 얼마인가?

(a) 35.9 (b) 0.85 (c) 1.0
(d) 1.13 (e) 2.74

2-142 20 °C, 200 kPa에서 공기의 역학적 점성계수는 1.83×10^{-5} kg/m·s이다. 이 상태에서 공기의 동점성계수는 얼마인가?

(a) 0.525×10^{-5} m^2/s (b) 0.77×10^{-5} m^2/s
(c) 1.47×10^{-5} m^2/s (d) 1.83×10^{-5} m^2/s
(e) 0.380×10^{-5} m^2/s

2-143 길이가 30 cm인 두 개의 동심 실린더로 구성된 점도계가 유체의 점도를 측정하는 데 이용된다. 내측 실린더의 외경은 9 cm이고, 그리고 두 실린더의 간격은 0.18 cm이다. 내측 실린더가 250 rpm으로 회전하고, 그리고 토크는 1.4 N·m로 측정된다. 유체의 점도는 얼마인가?

(a) 0.0084 N·s/m^2 (b) 0.017 N·s/m^2
(c) 0.062 N·s/m^2 (d) 0.0049 N·s/m^2
(e) 0.56 N·s/m^2

2-144 직경이 0.6 mm인 유리관이 20 °C인 컵 안의 물속으로 삽입된다. 20 °C에서 물의 표면장력은 $\sigma_s = 0.073$ N/m이다. 접촉각은 0°로 간주될 수 있다. 이 관 내에서 물의 모세관 상승은 얼마인가?

(a) 2.6 cm (b) 7.1 cm (c) 5.0 cm
(d) 9.7 cm (e) 12.0 cm

2-145 6 cm 길이의 이동 측선을 가진 U형 와이어 프레임에 매달려 있는 액막(liquid film)은 액체의 표면장력을 측정하는 데 이용된다. 만약 와이어를 움직이는 데 필요한 힘이 0.028 N이라면, 공기에 노출되어 있는 이 액체의 표면장력은 얼마인가?

(a) 0.00762 N/m (b) 0.096 N/m (c) 0.168 N/m
(d) 0.233 N/m (e) 0.466 N/m

2-146 20 °C의 물이 나무에서 모세관 효과로 20 m 높이까지 상승됨이 관찰된다. 20 °C에서 물의 표면장력은 $\sigma_s = 0.073$ N/m이고 접촉각은 20°이다. 물이 상승하는 관의 최대 직경은 얼마인가?

(a) 0.035 mm (b) 0.016 mm (c) 0.02 mm
(d) 0.002 mm (e) 0.0014 mm

설계 및 논술 문제

2-147 직경이 D이고 길이가 L인 좁은 유동 단면과 높이가 h인 원통형 저장 통을 가진 수직 깔때기를 이용하여 액체의 점성을 측정하는 실험을 설계하라. 적절한 가정을 설정하여, 밀도와 체적 유량과 같은 쉽게 측정 가능한 양들의 항으로 점성에 대한 관계식을 구하라.

2-148 비뉴턴 유체에 대해 전단응력 τ와 변형률 du/dy 간의 일반식을 적어보라. 또한 비뉴턴 유체의 점성을 측정하는 방법에 관한 보고서를 작성하라.

2-149 모세관 및 다른 효과들에 의해 나무 꼭대기까지 유체가 상승하는 것에 관한 에세이를 작성하라.

2-150 계절에 따라 자동차 엔진에 달리 사용되는 오일과 그것의 점성에 관한 에세이를 적어보라.

2-151 투명한 튜브를 통해 흐르는 물의 유동을 고려해 보자. 스케치처럼 매우 작은 직경으로 꽉 조여져 형성된 병목에서 공동현상을 관찰하는 것이 때때로 가능하다. 중력의 효과와 비가역성을 무시하고 비압축성 유동을 가정하자. 뒤에서(5장) 배우게 될 아래의 관계식에 의거하여, 덕트의 단면적이 감소함에 따라 속도는 증가하고 압력이 감소하는 것을 알 수 있으며

$$V_1A_1 = V_2A_2\,,\ P_1 + \rho\frac{V_1^2}{2} = P_2 + \rho\frac{V_2^2}{2}$$

여기서 V_1과 V_2는 단면적 A_1과 A_2를 통과하는 평균 속도이다. 따라서 병목부분에서 최대 속도와 최소 압력이 발생한다.

(a) 만약 물이 20 °C이고, 입구 압력은 20.803 kPa이며 목 직경이 입구 직경의 1/20이라면, 병목에서 공동현상이 일어날 수 있는 최소 평균 입구속도를 예측하라. (b) 물 온도가 50 °C의 경우에 대해 반복하라. 요구되는 입구속도가 (a)의 경우보다 빠르거나 혹은 늦어지는 이유를 설명하라.

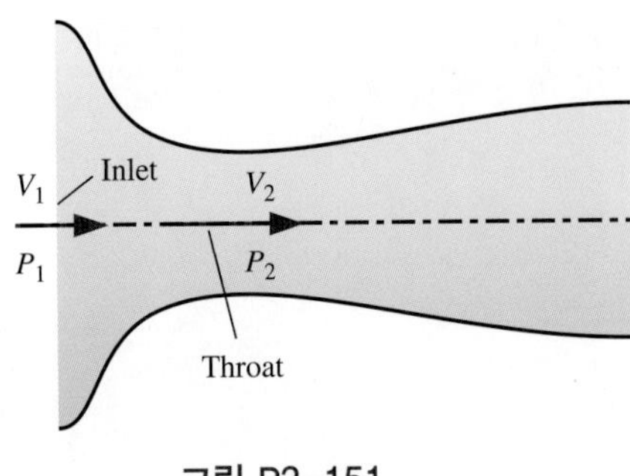

그림 P2-151

2-152 강철은 물보다 약 7에서 8배나 밀도가 크지만, 강철 페이퍼 클립이나 면도날은 물 위에 뜰 수 있다! 설명하고 토의하라. 만약 물에 비누를 약간 섞는다면 무슨 일이 일어날지 예측하라.

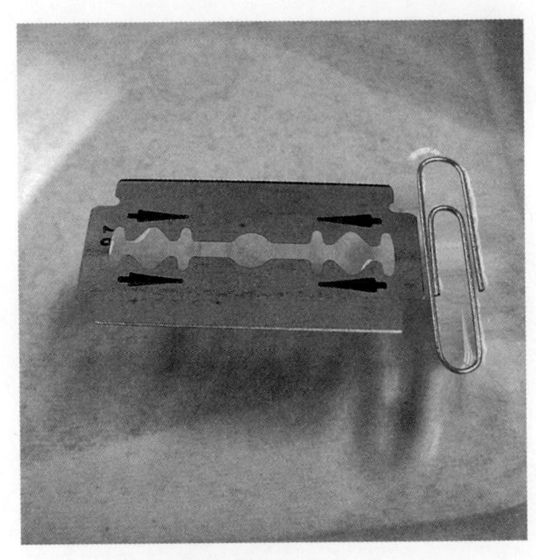

그림 P2-152

Photo by John M. Cimbala.

CHAPTER

3

압력과 유체 정역학

이 장은 정지하고 있거나 또는 강체운동 중인 유체가 가하는 힘을 다룬다. 이들 힘에 관련되는 유체 상태량은 **압력**이며, 이는 유체가 가하는 단위 면적당 수직력이다. 이 장은 압력에 대한 상세한 논의로부터 시작하며, 여기엔 **절대** 및 **계기 압력**, 한 **점**에서의 압력, 중력장에서 **깊이에 따른 압력 변화**, **기압계**, **마노미터**와 다른 압력 측정장치가 포함된다. 다음으로 평면 또는 곡면을 갖는 잠겨 있는 물체에 작용하는 **정수력**에 대한 논의가 이어진다. 또한 잠겨 있거나 떠 있는 물체에 유체가 가하는 **부력**을 고려하고, 이와 같은 물체의 **안정성**을 논의한다. 끝으로 강체처럼 거동하는 운동 중인 유체에 Newton의 운동 제2법칙을 적용하고, 선형 가속도를 받거나 회전 용기 내에 있는 유체 내의 압력 변화를 해석한다. 이 장에서는 정적 평형에 있는 물체에 대한 힘의 평형이 광범위하게 이용되므로, 정역학으로부터의 적절한 주제들을 먼저 복습한다면 큰 도움이 될 것이다.

목표

이 장을 공부하면 다음과 관련된 지식을 얻을 수 있다.

- 정지하고 있는 유체 내에서의 압력 변화의 결정
- 다양한 종류의 마노미터를 이용한 압력 계산
- 잠겨 있는 평면 또는 곡면 위에 정지한 유체가 가하는 힘과 모멘트의 계산
- 떠 있거나 잠겨 있는 물체의 안정성 해석
- 선형 가속 또는 회전 중의 용기 내에서 유체의 강체운동에 대한 해석

열기구가 바람에 실려 맑은 하늘을 날고 있다. 열기구의 큰 풍선은 그 부피 만큼의 공기를 밀어내 필요한 부력을 제공하고 있다.
© *Alamy/Iconotec*

3–1 ■ 압력

압력은 **유체가 가하는 단위 면적당 수직력**으로 정의된다. 기체 또는 액체를 다룰 때만 압력을 논한다. 고체에 있어서 압력에 상응하는 것은 **수직응력**이다. 압력은 단위 면적당 힘으로 정의되기 때문에 제곱미터당 뉴턴(N/m^2)의 단위를 가지며, 이를 **파스칼**(Pascal, Pa)이라 한다. 즉,

$$1\ \text{Pa} = 1\ \text{N/m}^2$$

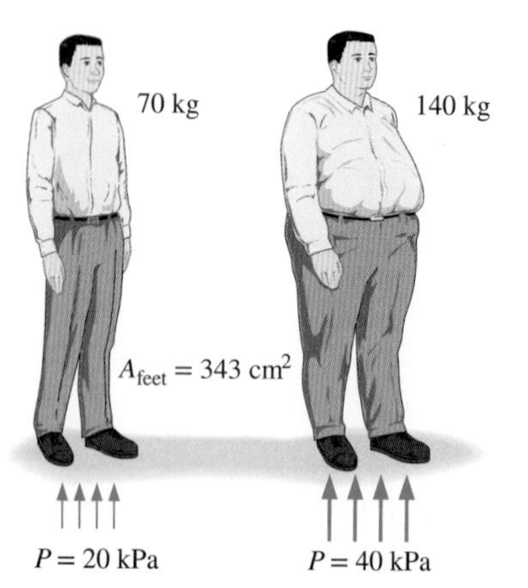

$$P = \sigma_n = \frac{W}{A_{\text{feet}}} = \frac{(70 \times 9.81/1000)\ \text{kN}}{0.0343\ \text{m}^2} = 20\ \text{kPa}$$

그림 3–1
뚱뚱한 사람의 발에 작용하는 수직응력(또는 "압력")은 마른 사람의 발에 대한 것보다 훨씬 크다.

압력 단위 파스칼은 실제 접하는 대부분의 압력에 비해 그 크기가 너무 작다. 그러므로 그의 배수인 **킬로파스칼**(1 kPa = 10^3 Pa)과 **메가파스칼**(1 MPa = 10^6 Pa)이 통상적으로 사용된다. 특히 유럽에서 통상적으로 실제 사용되는 세 가지 다른 압력 단위는 **바**(bar), **표준 대기압**(atm)과 **제곱센티미터당 킬로그램–힘**(kgf/ cm^2)이다.

$$\begin{aligned}
1\ \text{bar} &= 10^5\ \text{Pa} = 0.1\ \text{MPa} = 100\ \text{kPa} \\
1\ \text{atm} &= 101{,}325\ \text{Pa} = 101.325\ \text{kPa} = 1.01325\ \text{bars} \\
1\ \text{kgf/cm}^2 &= 9.807\ \text{N/cm}^2 = 9.807 \times 10^4\ \text{N/m}^2 = 9.807 \times 10^4\ \text{Pa} \\
&= 0.9807\ \text{bar} \\
&= 0.9679\ \text{atm}
\end{aligned}$$

압력 단위 바, 기압과 kgf/cm^2는 서로 거의 동등함에 주목하라. 영미 시스템에서 압력 단위는 **제곱인치당 파운드-힘**(lbf/in^2 또는 psi)이고, 1기압 = 14.696 psi이다. 압력 단위 kgf/cm^2와 lbf/in^2는 또한 각각 kg/cm^2 및 lb/in^2로 표기되기도 하며, 이들은 타이어 게이지에 보통 사용된다.

압력은 또한 고체 표면에서도 **수직응력**의 동의어로 사용될 수 있으며, 이는 단위 면적당 표면에 수직으로 작용하는 힘이다. 예를 들면 총 발자국 면적이 343 cm^2이고 70 kg인 사람은 (70×9.81/1000) kN/0.0343 m^2 = 20 kPa의 압력을 마루 위에 가하게 된다(그림 3-1). 만약 그 사람이 한쪽 발로 선다면, 압력은 배가 된다. 만약 사람이 과다 체중을 갖는다면, 그 사람은 발에 작용하는 압력이 증가하기 때문에 발이 불편해질 것이다(발의 크기는 체중 증가에 따라 변하지 않는다). 이는 또한 사람이 커다란 설피를 착용함으로써 새로 내린 눈 위를 어떻게 빠지지 않고 걸을 수 있는가를 설명해주며, 그리고 어떻게 사람이 날카로운 칼을 사용하여 거의 힘들이지 않고 물건을 자를 수 있는가를 설명해준다.

그림 3–2
몇 가지 기본적인 압력 게이지.

주어진 점에서의 실제 압력은 **절대 압력**(absolute pressure)이라 불리고, 이는 절대 진공(즉, 절대적인 영의 압력)에 대해 상대적으로 측정된다. 그러나 대부분의 압력 측정장치들은 대기 중에서 영으로 읽히도록 보정되어 있으며(그림 3-2), 따라서 이들은 절대 압력과 국소 대기압 사이의 차이를 표시한다. 이 차이를 **계기 압력**(gage pressure)이라 한다. P_{gage}는 양 또는 음이 될 수 있지만, 대기압보다 낮은 압력을 때때로 **진공 압력**(vacuum pressure)이라 하고, 이는 대기압과 절대 압력 사이의 차이를 표시하는 진공 게이지로 측정된다. 절대 압력, 계기 압력 및 진공 압력은 모두 양의 값을 가지며 다음과 같이 서로 연관되어 있다.

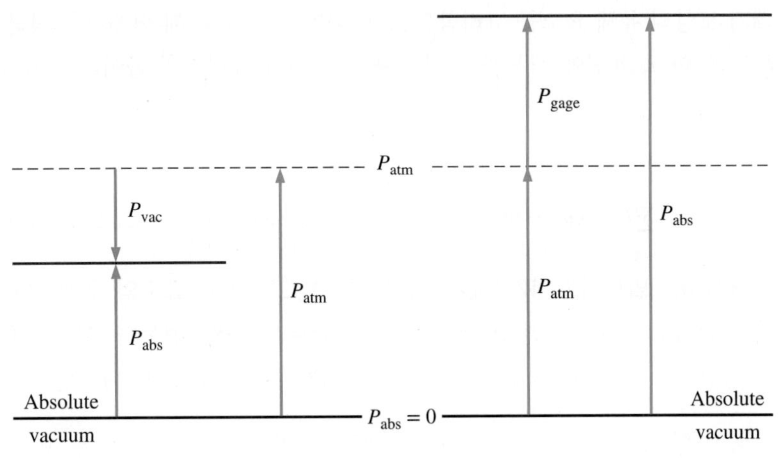

그림 3–3
절대 압력, 계기 압력 및 진공 압력.

$$P_{gage} = P_{abs} - P_{atm} \tag{3-1}$$

$$P_{vac} = P_{atm} - P_{abs} \tag{3-2}$$

이 식들은 그림 3-3에 도시되어 있다.

다른 압력계와 마찬가지로, 자동차 타이어 안의 공기 압력을 측정하기 위해 사용되는 계기도 계기 압력을 읽는다. 그러므로 보통 32.0 psi(2.25 kgf/cm²)로 읽은 값은 대기압보다 32.0 psi 높은 압력을 의미한다. 예를 들면 대기압이 14.3 psi인 위치에서 타이어 안의 절대 압력은 32+14.3=46.3 psi이다.

열역학적 관계식과 표에서는 절대 압력이 거의 항상 사용된다. 이 교재 전체를 통해 압력 *P*는 별도로 규정되지 않는 한 **절대 압력**을 나타낼 것이다. 종종 글자 "a"(절대 압력) 및 "g"(계기 압력)를 압력 단위에 붙여서(psia 및 psig와 같이) 의미하는 바를 분명히 하기도 한다.

예제 3–1 진공실의 절대 압력

대기압이 100 kPa인 장소에 있는 진공실에 연결된 진공 게이지는 40 kPa를 가리킨다. 진공실의 절대 압력을 계산하라.

풀이 진공실의 계기 압력이 주어져 있다. 진공실의 절대 압력을 결정하고자 한다.

해석 절대 압력은 식 (3-2)로부터 쉽게 결정되며, 이는

$$P_{abs} = P_{atm} - P_{vac} = 100 - 40 = \mathbf{60\ kPa}$$

토의 절대 압력을 결정할 때 대기압의 국소값을 이용함을 주목하라.

한 점에서의 압력

압력은 단위 면적당 **압축력**이며, 따라서 압력은 벡터일 것 같은 생각을 들게 한다. 그러나 유체 내의 어느 한 점에서의 압력은 모든 방향으로 동일하다(그림 3-4). 즉 압력은 크기를 갖지만, 특정한 방향을 갖지 않으며, 따라서 압력은 스칼라 양이다. 이는 그림 3-5에 보인 바와 같이 평형상태에 있는 단위 길이(지면 안쪽으로 $\Delta y = 1$)의 작은

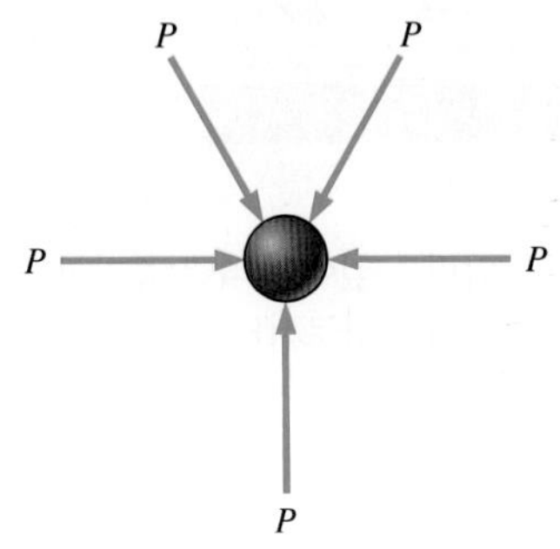

그림 3–4
압력은 벡터가 아닌 스칼라 양이다. 유체 내에서 한 점에서의 압력은 모든 방향에서 동일하다.

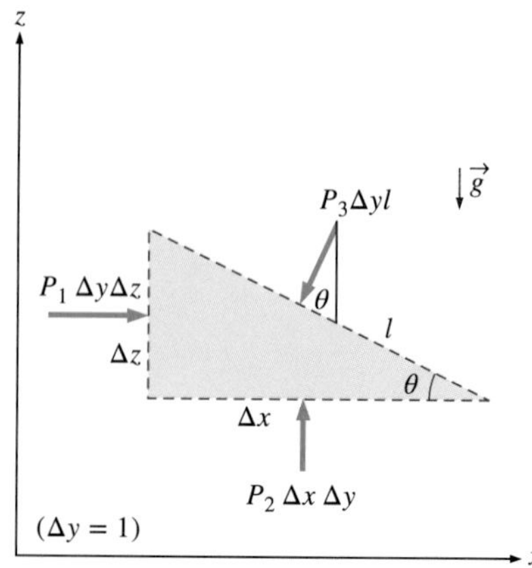

그림 3–5
평형 상태에 있는 쐐기 모양의 유체 요소에 작용하는 힘.

쐐기 모양의 유체 요소를 고려함으로써 설명될 수 있다. 세 면에서의 평균 압력은 P_1, P_2와 P_3이고, 표면에 작용하는 힘은 평균 압력과 표면적의 곱이다. Newton의 제2법칙으로부터 x 및 z방향의 힘의 평형은 다음과 같다.

$$\sum F_x = ma_x = 0: \qquad P_1\,\Delta y \Delta z - P_3\,\Delta y l \sin\theta = 0 \tag{3-3a}$$

$$\sum F_z = ma_z = 0: \qquad P_2\,\Delta y \Delta x - P_3\,\Delta y l \cos\theta - \frac{1}{2}\rho g\,\Delta x\,\Delta y\,\Delta z = 0 \tag{3-3b}$$

여기서 ρ는 밀도이고, $W = mg = \rho g\,\Delta x\,\Delta y\,\Delta z/2$는 유체 요소의 무게이다. 쐐기는 직각 삼각형임을 주목하면, $\Delta x = l \cos\theta$ 및 $\Delta z = l \sin\theta$를 얻는다. 이들 기하학적 관계를 대입하고 식 (3-3a)를 $\Delta y\,\Delta z$로 나누고, 식 (3-3b)를 $\Delta x\,\Delta y$로 나누면 다음을 얻는다.

$$P_1 - P_3 = 0 \tag{3-4a}$$

$$P_2 - P_3 - \frac{1}{2}\rho g\,\Delta z = 0 \tag{3-4b}$$

식 (3-4b)의 마지막 항은 $\Delta z \to 0$에 따라 사라지고 쐐기는 무한히 작아지게 되며, 따라서 유체 요소는 한 점으로 줄어든다. 다음으로 이 두 관계식의 결과를 묶으면 각도 θ와 관계없이 다음과 같게 된다.

$$P_1 = P_2 = P_3 = P \tag{3-5}$$

이 요소에 대한 해석을 yz평면에서 반복할 수 있으며, 유사한 결과를 얻는다. 따라서 **유체 내의 한 점에서의 압력은 모든 방향으로 동일한 크기를 가진다**고 결론지을 수 있다. 이 결과는 정지 유체뿐만 아니라 운동 중인 유체에도 적용될 수 있는데 이는 압력은 스칼라이지 벡터가 아니기 때문이다.

깊이에 따른 압력 변화

정지 유체 내의 압력이 수평방향으로 변하지 않는다는 것은 이제 놀라운 사실이 아닐 것이다. 이는 유체의 얇은 수평 층을 고려하고, 어느 수평방향에서든지 힘의 평형을 수행함으로써 쉽게 증명할 수 있다. 그러나 이는 중력이 존재하는 수직방향으로는 맞지 않는다. 유체 내의 압력은 깊이에 따라 증가한다. 이는 깊은 유체 층 위에는 많은 유체가 얹혀있기 때문이며, 이와 같은 깊은 층 위에 "추가되는 무게"의 효과는 압력의 증가에 의해 평형을 이루게 된다(그림 3-6).

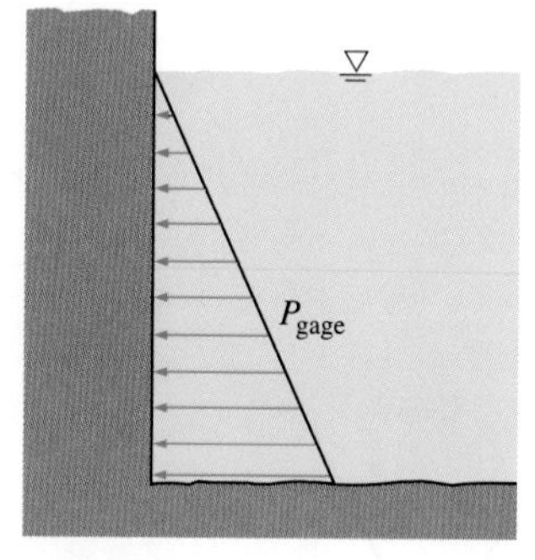

그림 3–6
정지 유체의 압력은 깊이에 따라 증가한다(부가되는 중량의 결과로서).

깊이에 따른 압력 변화에 대한 관계를 얻기 위해, 그림 3-7에 보인 바와 같은 평형 상태에 있는 높이 Δz, 길이 Δx 및 단위 깊이(지면 안쪽으로 $\Delta y = 1$)의 직사각형 유체 요소를 고려하자. 유체의 밀도 ρ는 일정하다고 가정하면, 수직 z방향에서의 힘의 평형은 다음과 같다.

$$\sum Fz = ma_z = 0: \qquad P_1\,\Delta x\,\Delta y - P_2\,\Delta x\,\Delta y - \rho g\,\Delta x\,\Delta y\,\Delta z = 0$$

여기서 $W = mg = \rho g\,\Delta x\,\Delta y\,\Delta z$는 유체 요소의 무게이다. $\Delta x\,\Delta y$로 나누고 정리하면 다음과 같다.

$$\Delta P = P_2 - P_1 = -\rho g\,\Delta z = -\gamma_s\,\Delta z \tag{3-6}$$

여기서 $\gamma_s = \rho g$는 유체의 **비중량**(specific weight)이다. 따라서 밀도가 일정한 유체 내

에서 두 점 사이의 압력 차는 점들 사이의 수직 거리 Δz와 유체의 밀도 ρ에 비례한다고 결론지을 수 있다. 음의 부호에 유의하면, **정지해 있는 유체 내의 압력은 깊이에 따라 선형적으로 증가한다**. 이는 잠수부가 호수 속 깊이 잠수할 때 경험하는 일이다.

정수압 조건 하의 동일한 유체 내의 임의의 두 점 사이에서 기억하고 적용하기 쉬운 방정식은 다음과 같다.

$$P_{\text{below}} = P_{\text{above}} + \rho g|\Delta z| = P_{\text{above}} + \gamma_s|\Delta z| \tag{3-7}$$

여기서 "아래(below)"는 낮은 위치(유체 속에 깊게 있는)에 있는 점을 가리키고 그리고 "위(above)"는 높은 위치에 있는 점을 가리킨다. 만약 일관되게 이 방정식을 이용한다면, 부호 오류를 피할 수 있을 것이다.

주어진 유체에 대해 수직 거리 Δz는 때때로 압력의 척도로 사용되며, 이를 **압력 수두**(pressure head)라 한다.

또한 짧은 거리부터 중간 정도의 거리까지에 대해, 높이에 따른 기체의 압력 변화는 기체의 밀도가 낮으므로 무시할 수 있음을 식 (3-6)으로부터 결론 내릴 수 있다. 예를 들면 기체를 담고 있는 탱크 내의 압력은 기체의 무게가 의미 있는 차이를 만들기에는 너무 작기 때문에 균일한 것으로 간주할 수 있다. 또한 공기가 차있는 방 안의 압력도 일정하다고 가정할 수 있다(그림 3-8).

대기에 개방된 액체의 자유표면을 "위" 점으로 잡는다면(그림 3-9), 여기서 압력은 대기압 P_{atm}이다. 식 (3-7)로부터 자유표면 아래로 깊이가 h인 곳의 압력은 다음과 같다.

$$P = P_{\text{atm}} + \rho g h \quad \text{또는} \quad P_{\text{gage}} = \rho g h \tag{3-8}$$

액체는 본질적으로 비압축성 물질이고, 따라서 깊이에 따른 밀도의 변화는 무시할 수 있다. 이는 또한 고도의 변화가 매우 크지 않을 때, 기체의 경우에도 성립한다. 그러나 온도에 따른 액체나 기체의 밀도 변화는 상당히 클 수 있으며, 높은 정확도가 요구될 때에는 이를 고려할 필요가 있다. 또한 바다와 같이 매우 깊은 곳에서는, 액체의 밀도 변화가 클 수 있는데 이는 막대한 액체 무게에 의한 압축 때문이다.

중력가속도 g는 해수면에서 9.807 m/s^{2}로부터 대형 여객기가 순항하는 14,000 m의 고도에서 9.764 m/s^{2}까지 변한다. 이와 같은 극단적인 경우에도 단지 0.4퍼센트의 변화뿐이다. 그러므로 g는 거의 오차 없이 일정하다고 가정할 수 있다.

고도에 따라 밀도가 크게 변하는 유체에 대해 고도에 따른 압력 변화의 관계는 식 (3-6)을 Δz로 나누고, $\Delta z \to 0$으로 극한을 취함으로써 얻을 수 있다. 이는 다음과 같다.

$$\frac{dP}{dz} = -\rho g \tag{3-9}$$

압력은 위쪽 방향으로 감소하므로, dz가 양일 때 dP는 음이 된다는 것에 유의하라. 고도에 따른 밀도 변화가 알려져 있을 때, 점 1과 2 사이의 압력차는 다음과 같이 적분하여 구할 수 있다.

$$\Delta P = P_2 - P_1 = -\int_1^2 \rho g\, dz \tag{3-10}$$

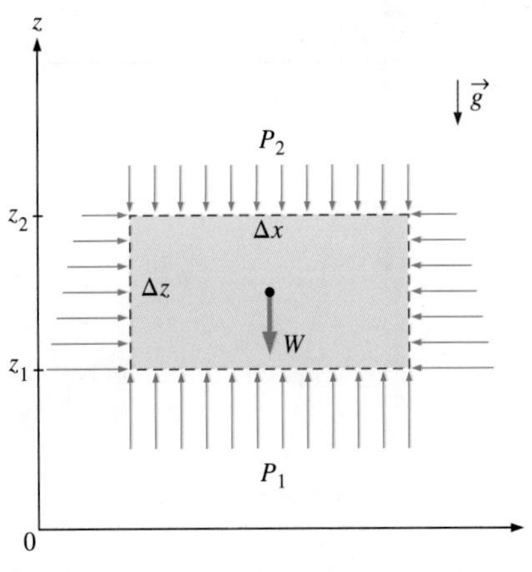

그림 3–7
평형 상태에 있는 직사각형 유체 요소의 자유물체도.

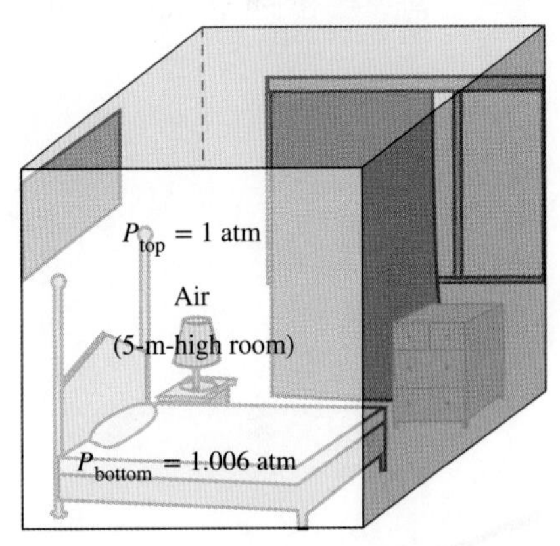

그림 3–8
기체로 채워져 있는 방안에서 높이에 따른 압력 변화는 무시할 수 있다.

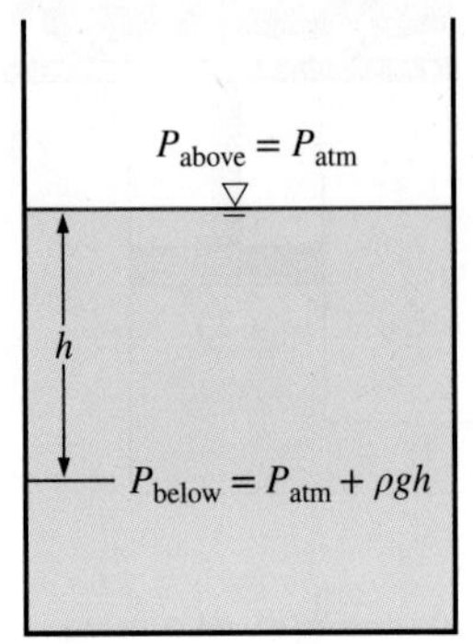

그림 3–9
정지 액체 내의 압력은 자유표면으로부터의 거리에 따라 선형적으로 증가한다.

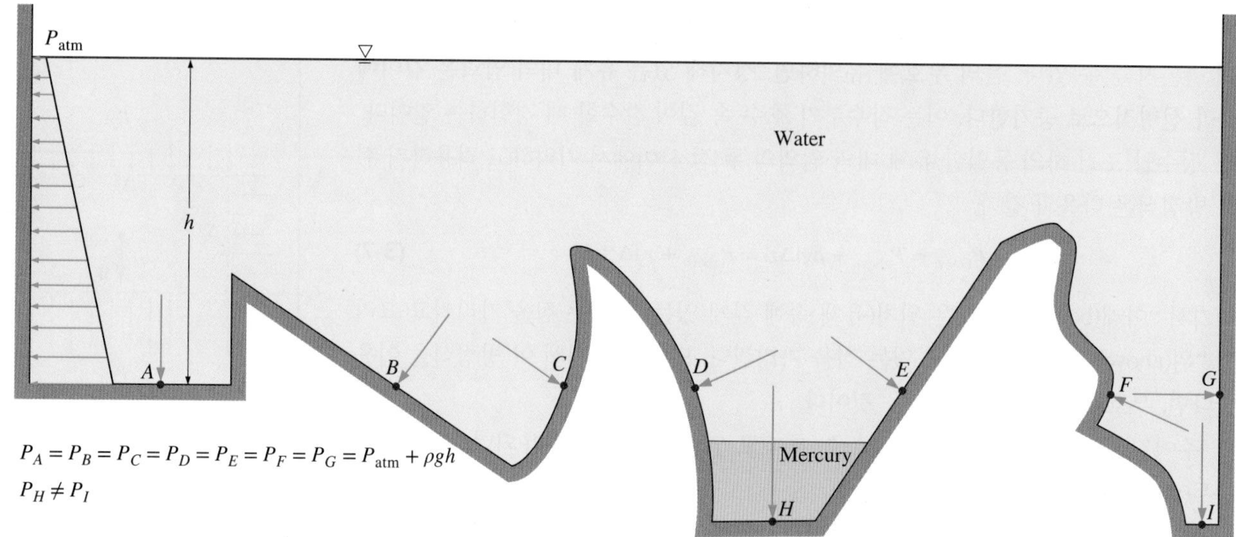

그림 3-10
정수압 조건하에 만약 점들이 동일한 유체 내에서 상호 연결되어 있다면, 주어진 유체 내에서 기하학적 형상에 관계없이 수평면 위의 모든 점에서 압력은 동일하다.

밀도와 중력가속도가 일정한 경우, 이 관계식은 예상대로 식 (3-6)과 같아진다.

정지 유체 내의 압력은 용기의 모양이나 단면과는 무관하다. 압력은 수직 거리에 따라 변하지만, 다른 방향으로는 일정하게 유지된다. 그러므로 압력은 주어진 유체에서 수평면상의 모든 점에서 동일하다. 네덜란드 수학자 Simon Stevin (1548-1620)은 1586년에 그림 3-10에 예시된 원리를 발표하였다. 점 A, B, C, D, E, F 및 G에서의 압력은 같은 깊이에 있으므로 동일하고, 이들은 동일한 정지 유체에 의해 상호 연결되어 있다. 그러나 점 H와 I에서의 압력은 같지 않다. 이 점들이 같은 깊이에 있을지라도 두 점이 동일한 유체에 의해 상호 연결되어 있지 않기 때문이다(즉, 점 I로부터 점 H까지 동일한 유체 속에서 처음부터 끝까지 연결된 곡선을 그릴 수 없다). (어느 점의 압력이 더 높을까?) 또한 유체가 가하는 압력 힘은 지정된 점에서 표면에 항상 수직이라는 점을 주목하라.

한 가지 유체 내의 압력은 수평방향으로 일정하게 유지된다는 이 결과는 **간혀있는 유체에 작용하는 압력은 그 유체 전체에 걸쳐 동일한 양만큼의 압력을 증가시킨다**는 것이다. 이는 Blaise Pascal(1623-1662)의 이름을 따라 **Pascal의 법칙**이라 불린다. 또한 Pascal은 유체가 가한 힘은 표면적에 비례함을 알았다. 그는 면적이 다른 두 개의 유압실린더를 연결하면, 면적이 큰 쪽을 면적이 작은 쪽에 가해진 힘보다 비례적으로 큰 힘을 가하는 데 이용할 수 있음을 인지하였다. "Pascal의 기계"는 유압식 브레이크와 리프트와 같이 현재 일상생활의 일부가 되어있는 많은 발명의 원천이 되어오고 있다. 그림 3-11에 보인 바와 같이, 이것이 한 팔로 차를 쉽게 들어올릴 수 있는 이유이다. 양쪽 피스톤이 모두 동일한 높이에 있으므로(특히 고압에서는 작은 높이 차이의 영향은 무시할 수 있다), $P_1 = P_2$임을 주목하면 입력 힘에 대한 출력 힘의 비는 다음과 같이 결정된다.

$$P_1 = P_2 \quad \rightarrow \quad \frac{F_1}{A_1} = \frac{F_2}{A_2} \quad \rightarrow \quad \frac{F_2}{F_1} = \frac{A_2}{A_1} \qquad \textbf{(3-11)}$$

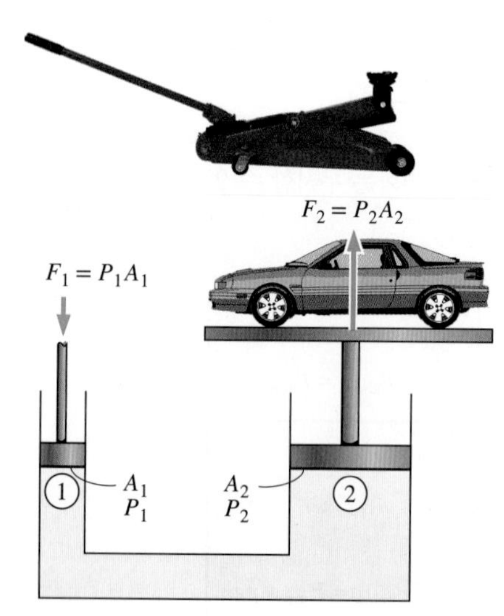

그림 3-11
Pascal 법칙을 응용하여 작은 힘으로 무거운 중량을 들어올림. 일반적인 예는 유압잭이다.
(Top) © Stockbyte/Getty Images RF

면적 비 A_2/A_1은 유압식 리프트의 **이상적인 기계적 확대율**(ideal mechanical advantage)이라 불린다. 예를 들면 피스톤의 면적비가 $A_2/A_1 = 100$인 유압 차량 잭을 이용하면, 사람이 단지 10 kgf(=90.8 N)의 힘을 적용시켜 1000 kg의 차를 들어 올릴 수 있다.

압력 강화기라 지칭되는 관련 장치들은 피스톤과 실린더를 나란히 조합하여 압력을 증가시키는 데 사용된다. Pascal의 법칙은 압력 탱크의 수압시험, 압력 게이지의 보정, 올리브, 헤이즐넛, 해바라기유 등의 기름 추출, 목재의 압착 등에 광범위하게 응용됨을 볼 수 있다.

예제 3-2 유압잭의 작동

그림 3-12처럼 카센터에서 사용되는 유압잭을 고려해 보자. 피스톤의 면적은 $A_1 = 0.8\ \text{cm}^2$과 $A_2 = 0.04\ \text{m}^2$이다. 비중이 0.870인 유압 오일은, 왼쪽의 작은 피스톤이 위 아래로 움직임에 따라, 오른쪽의 더 큰 피스톤을 천천히 들어 올리면서 가압된다. 중량이 13,000 N인 자동차를 들어 올릴 것이다.

(a) 처음에 양쪽 피스톤이 모두 같은 높이($h = 0$)에 있을 때, 자동차의 무게를 지탱하기 위해 필요한 힘 F_1을 뉴턴 단위로 계산하라.

(b) 자동차가 2 m($h = 2$ m)만큼 들어올려진 다음에 계산을 반복하라. 비교하고 논의하라.

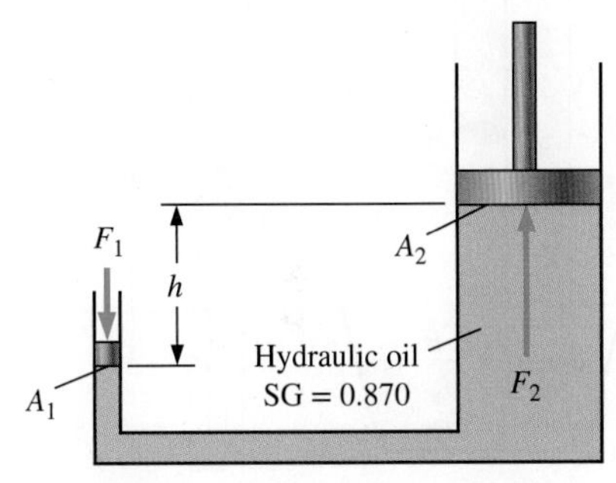

그림 3-12
예제 3-2에 대한 개략도

풀이 두 가지 다른 높이에서 유압잭으로 자동차를 들어올리기 위해 필요한 힘을 구하고자 한다.

가정 **1** 오일은 비압축성이다. **2** 해석하는 동안에 시스템은 정지해 있다(정수역학). **3** 공기 밀도는 오일의 밀도와 비교하여 무시할 수 있다.

해석 (a) $h = 0$일 때, 각 피스톤의 바닥에서의 압력은 같아야만 한다. 따라서,

$$P_1 = \frac{F_1}{A_1} = P_2 = \frac{F_2}{A_2} \rightarrow F_1 = F_2\frac{A_1}{A_2} = (13{,}000\ \text{N})\frac{0.8\ \text{cm}^2}{0.0400\ \text{m}^2}\left(\frac{1\ \text{m}}{100\ \text{cm}}\right)^2 = \mathbf{26.0\ N}$$

그러므로 $h = 0$에서 시작할 때 필요한 힘은 $F_1 =$ 26.0 N이다.

(b) $h \neq 0$일 때, 높이 차이로 인한 정수압은 반드시 고려되어야 한다. 즉,

$$P_1 = \frac{F_1}{A_1} = P_2 + \rho gh = \frac{F_2}{A_2} + \rho gh$$

$$\begin{aligned} F_1 &= F_2\frac{A_1}{A_2} + \rho g h A_1 \\ &= (13{,}000\ \text{N})\frac{0.00008\ \text{m}^2}{0.04\ \text{m}^2} \\ &\quad + (870\ \text{kg/m}^3)(9.807\ \text{m/s}^2)(2.00\ \text{m})(0.00008\ \text{m}^2)\left(\frac{1\ \text{N}}{1\ \text{kg}\cdot\text{m/s}^2}\right) = \mathbf{27.4\ N} \end{aligned}$$

따라서 자동차가 2 m만큼 들어올려진 다음에 필요한 힘은 27.4 N이다.

두 결과를 비교하면, 자동차를 $h = 0$에서 유지할 때보다 들어올려진 상태를 유지할 때 더 큰 힘이 드는 것을 알 수 있다. 이것은 물리적으로 의미가 있는데, 이는 정수역학적으로 높이의 차이가, 낮은 위치의 피스톤에서 더 높은 압력을(그리고 그에 따라 더 큰 힘을) 발생시키기 때문이다.

토의 $h = 0$일 때, 유압 유체의 비중(또는 밀도)은 계산에 넣지 않는다. 즉 두 압력을 같도

록 설정함으로써 문제가 단순화된다. 그러나 $h \neq 0$일 때, 정수압 수두가 존재하며, 따라서 유체의 밀도가 계산에 고려된다. 잭의 오른쪽의 공기 압력은 왼쪽보다 실제로 약간 낮지만 이 효과는 무시하였다.

3–2 ■ 압력 측정 장치

기압계

대기압은 **기압계**(barometer)라 불리는 장치로 측정되며, 따라서 대기압은 종종 **기압계 압력**이라 불리기도 한다.

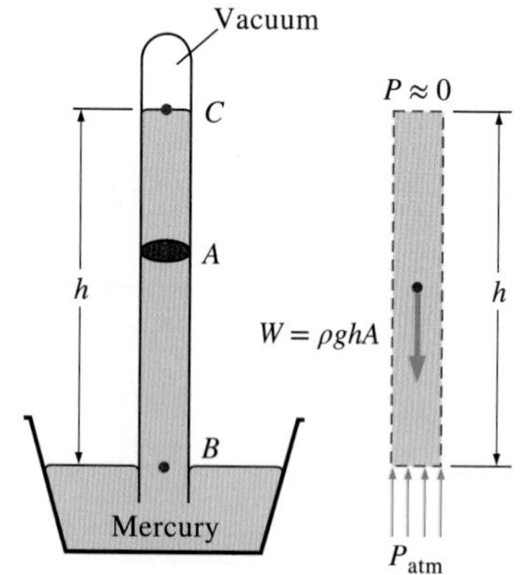

그림 3–13
기본적인 기압계.

이탈리아인 Evangelista Torricelli(1608-1647)는 그림 3-13에 보인 바와 같이 대기에 개방된 수은을 담은 용기 속으로 수은이 채워진 관을 거꾸로 세움으로써 대기압이 측정될 수 있음을 증명한 최초의 사람이었다. 점 B에서의 압력은 대기압과 같고, 점 C에서의 압력을 영으로 잡을 수 있는데, 이는 점 C 위에는 단지 수은 증기만 있고 그 압력은 P_{atm}에 비해 상대적으로 매우 낮으므로 무시될 수 있기 때문이다. 수직방향으로 힘의 평형을 기술하면 다음과 같다.

$$P_{atm} = \rho g h \quad \textbf{(3-12)}$$

여기서 ρ는 수은의 밀도, g는 국소 중력가속도이고, h는 자유표면 위의 수은 기둥의 높이이다. 관의 길이와 단면적은 기압계의 유체 기둥의 높이에 아무런 영향을 주지 않음을 주목하라(그림 3-14).

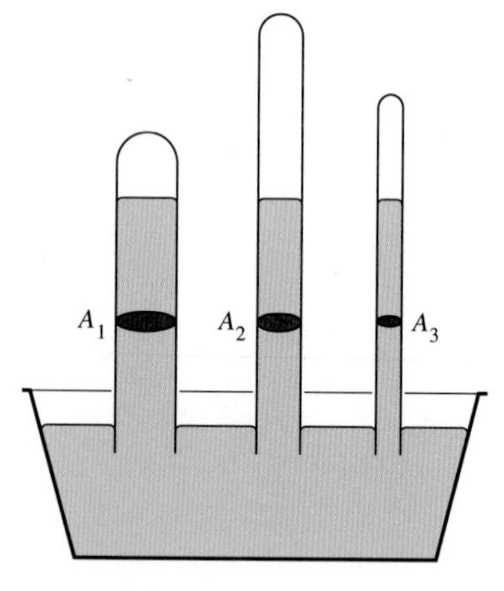

그림 3–14
만약 관 직경이 표면장력(모세관) 효과를 피할 만큼 충분히 클 경우, 관의 길이 또는 단면적은 기압계의 유체 기둥의 높이에 영향을 미치지 않는다.

자주 사용되는 압력 단위는 **표준 대기압**인데, 이는 표준 중력가속도($g = 9.807$ m/s^2)하에 0 °C의 수은($\rho_{Hg} = 13{,}595$ kg/m^3) 기둥의 높이 760 mm에 의해 발생되는 압력으로 정의된다. 만약 표준 대기압을 측정하기 위해 수은 대신 물이 사용된다면, 약 10.3 m의 물 기둥이 필요할 것이다. 압력은 종종 수은 기둥의 높이로(특히 일기예보 시에) 표현된다. 예를 들면 표준 대기압은 0 °C에서 760 mmHg이다. 단위 mmHg는 또한 Torricelli를 기리기 위해 **토르**(torr)로 불린다. 그러므로 1 atm = 760 torr이고 1 torr = 133.3 Pa이다.

대기압 P_{atm}은 해수면에서 101.325 kPa로부터 고도 1000, 2000, 5000, 10,000 및 20,000 미터에서 각각 89.88, 79.50, 54.05, 26.5 및 5.53 kPa까지 변한다. 예를 들면 Denver(고도 = 1610 m)에서 전형적인 대기압은 83.4 kPa이다. 한 지점에서의 대기압은 간단히 단위 표면적당 그 지점 위쪽 공기의 무게이다. 그러므로 대기압은 단지 고도뿐만 아니라 기상조건에 따라서도 변한다는 사실을 기억하라.

고도에 따른 대기압의 감소는 일상생활에 광범위한 영향을 미친다. 예를 들면 낮은 대기압에서 물은 낮은 온도에서 끓기 때문에, 높은 고도에서는 요리 시간이 더 걸린다. 코피 흘림은 고도가 높은 곳에서는 흔히 일어나는 일인데, 이는 혈압과 대기압 사이의 차이가 크게 되어, 코 속의 정맥의 섬세한 벽이 종종 이런 추가적인 응력을 견뎌 낼 수 없기 때문이다.

주어진 온도에 대해 공기의 밀도는 높은 고도에서 낮으며, 따라서 주어진 부피에는 작은 양의 공기와 작은 양의 산소가 포함되어 있다. 따라서 높은 고도에서 쉽게 지치고 호흡 곤란을 경험하는 것은 놀랄 일이 아니다. 이런 효과를 보상하기 위해, 높은 고도에서 살고 있는 사람들은 보다 효율적으로 허파가 발달되어 있다. 이와 유사하게, 2.0 L 자동차 엔진은 고도 1500 m에서 1.7 L 자동차 엔진처럼(과급기가 장착되지 않은 한) 작동할 것이다(그림 3-15). 이는 압력이 15퍼센트 감소하고, 그에 따른 공기의 밀도가 15퍼센트 감소하기 때문이다. 팬이나 압축기는 그 고도에서 동일한 체적 배출률에 대해 15퍼센트 적은 공기를 배출할 것이다. 그러므로 높은 고도에서 운전될 냉각 팬은 규정된 질량 유량을 확보하기 위해서 보다 큰 것을 선정하여야 한다. 낮은 압력, 즉 낮은 밀도는 또한 양력이나 항력에도 영향을 미친다. 요구되는 양력을 얻기 위해 비행기는 높은 고도에서 보다 긴 활주로를 필요로 하며, 비행기는 항력을 줄이고 따라서 보다 양호한 연료 효율을 얻도록 순항하기 위하여 매우 높은 고도로 상승한다.

그림 3-15
높은 고도에서는 낮은 공기 밀도 때문에 자동차의 엔진은 작은 동력을 발생시키고, 사람은 적은 산소를 얻게 된다.

예제 3-3 기압계를 이용한 대기압의 측정

기압계의 눈금 읽기가 740 mmHg이고 중력가속도가 $g=9.805$ m/s^{2}인 지점에서의 대기압을 구하라. 수은의 온도는 10 ℃이고, 이때의 밀도가 13,570 kg/m^{3}라고 가정하라.

풀이 어떤 장소에서 기압계의 눈금 읽기가 수은 기둥의 높이로 주어져 있다. 대기압을 구하고자 한다.

가정 수은의 온도는 10 ℃로 가정된다.

상태량 수은의 밀도는 13,570 kg/m^{3}으로 주어져 있다.

해석 식 (3-12)로부터 대기압은 다음과 같이 결정된다.

$$\begin{aligned} P_{\text{atm}} &= \rho g h \\ &= (13{,}570 \text{ kg/m}^3)(9.805 \text{ m/s}^2)(0.740 \text{ m})\left(\frac{1 \text{ N}}{1 \text{ kg}\cdot\text{m/s}^2}\right)\left(\frac{1 \text{ kPa}}{1000 \text{ N/m}^2}\right) \\ &= \mathbf{98.5 \text{ kPa}} \end{aligned}$$

토의 밀도는 온도에 따라 변하며, 따라서 이 효과를 계산에 고려해야 함을 점을 주의하라.

예제 3-4 IV 병으로부터 중력 구동 유동

정맥주사를 통한 주입은 보통 정맥 안의 혈압에 대항하여 몸 안으로 유체를 강제로 넣기 위해 유체 병을 충분히 높이 매달아 놓음으로써 중력에 의해 이루어진다(그림 3-16). 병을 높이 올릴수록 유체의 유량은 증가한다. (a) 만약 병이 팔의 위치보다 1.2 m 위에 놓일 때 유체 압력과 혈압이 서로 균형을 이룬다면, 혈압을 계기 압력으로 계산하라. (b) 만약 충분한 유량을 위해 팔의 위치에서 유체의 계기 압력이 20 kPa가 되어야 한다면, 병을 얼마나 높이 매달아야만 하는지를 결정하라. 유체의 밀도는 1020 kg/m^{3}으로 취하라.

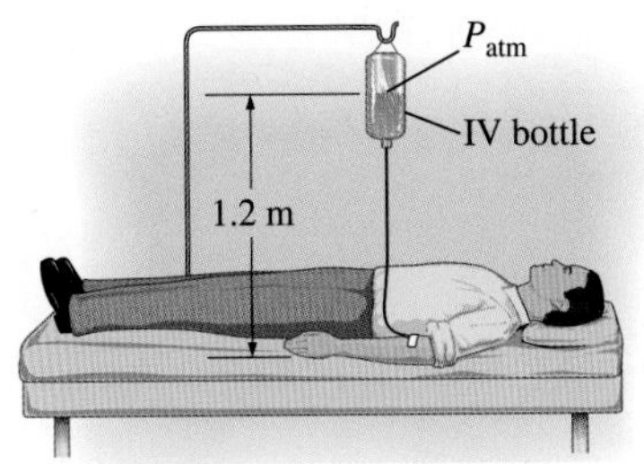

그림 3-16
예제 3-4의 개략도.

풀이 IV 유체 압력과 혈압은 병이 어떤 특정한 높이에 놓일 때 서로 균형을 이룬다. 혈압의 계기 압력과 필요한 유량을 유지하기 위해 요구되는 병의 높이를 구하고자 한다.

가정 **1** IV 유체는 비압축성이다. **2** IV 병은 대기에 노출되어 있다.

상태량 IV 유체의 밀도는 $\rho=1020$ kg/m^{3}으로 주어져 있다.

해석 (a) 병이 팔의 위치보다 1.2 m 위에 놓일 때 IV 유체 압력과 혈압이 서로 균형을 이루는 것에 유의하면, 팔 혈압의 계기 압력은 간단히 1.2 m 깊이에서 IV 유체의 계기 압력과 같다.

$$P_{\text{gage, arm}} = P_{\text{abs}} - P_{\text{atm}} = \rho g h_{\text{arm-bottle}}$$
$$= (1020 \text{ kg/m}^3)(9.81 \text{ m/s}^2)(1.20 \text{ m})\left(\frac{1 \text{ kN}}{1000 \text{ kg·m/s}^2}\right)\left(\frac{1 \text{ kPa}}{1 \text{ kN/m}^2}\right)$$
$$= \mathbf{12.0 \text{ kPa}}$$

(b) 팔의 위치에서 20 kPa의 계기 압력을 공급하기 위하여 팔의 위치로부터 병 속의 IV 유체의 표면 높이는 다시 $P_{\text{gage, arm}} = \rho g h_{\text{arm-bottle}}$로부터 결정된다.

$$h_{\text{arm-botttle}} = \frac{P_{\text{gage, arm}}}{\rho g}$$
$$= \frac{20 \text{ kPa}}{(1020 \text{ kg/m}^3)(9.81 \text{ m/s}^2)}\left(\frac{1000 \text{ kg·m/s}^2}{1 \text{ kN}}\right)\left(\frac{1 \text{ kN/m}^2}{1 \text{ kPa}}\right)$$
$$= \mathbf{2.00 \text{ m}}$$

토의 저수조의 높이는 중력에 의해 구동되는 유동에서 유량을 제어하는데 이용될 수 있다는 것을 유의하라. 유동이 있을 때, 마찰 효과에 기인한 관 내 압력강하도 또한 고려되어야만 한다. 규정된 유량에 대해, 이는 압력강하를 극복하기 위하여 병을 약간 더 높게 들어 올릴 것을 요구한다.

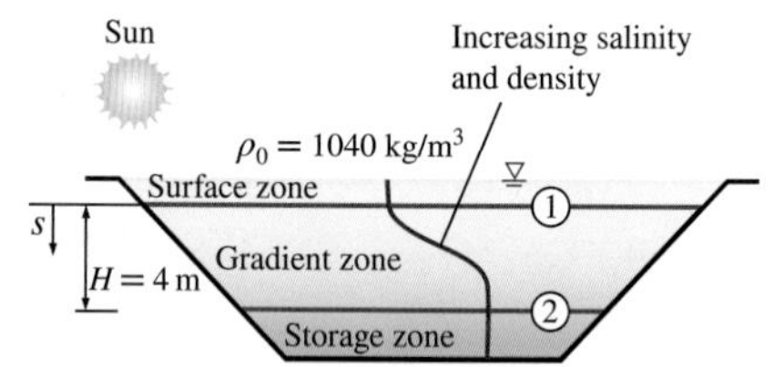

그림 3–17
예제 3-5에 대한 개략도.

예제 3–5 밀도 변화가 있는 태양연못 내에서의 정수압

태양연못(solar pond)은 수 미터의 깊이를 갖는 작은 인공 호수로서 태양 에너지를 저장하기 위하여 이용된다. 가열된(그리고 따라서 밀도가 낮아진) 물이 표면까지 상승하는 것은 연못 바닥에 소금을 첨가함으로써 방지한다. 그림 3-17에 보인 바와 같이 소금농도의 구배가 있는 전형적인 태양연못에 있어서, 물의 밀도는 소금농도 구배지역(gradient zone)에서 증가하고, 그 밀도는 다음과 같이 표현할 수 있다.

$$\rho = \rho_0\sqrt{1 + \tan^2\left(\frac{\pi}{4}\frac{s}{H}\right)}$$

여기서 ρ_0는 물 표면에서의 밀도이고, s는 구배지역의 맨 위로부터 아래쪽으로 측정된 수직 거리이며($s = -z$), H는 구배지역의 두께이다. $H = 4$ m이고, $\rho_0 = 1040$ kg/m³이며, 표면지역(surface zone)의 두께가 0.8 m인 경우에 대하여, 구배지역의 바닥에서의 계기 압력을 계산하라.

풀이 태양연못의 소금농도 구배지역에서 소금물의 깊이에 따른 밀도 변화가 주어져 있다. 구배지역의 바닥에서 계기 압력을 구하고자 한다.

가정 연못의 표면지역에서의 밀도는 일정하다.

상태량 표면에서 소금물의 밀도는 1040 kg/m³으로 주어져 있다.

해석 구배지역의 위와 아래를 각각 1과 2로 표시한다. 표면지역의 밀도가 일정함에 주목하면, 표면지역의 바닥(이는 구배지역의 맨 위)에서 계기 압력은

$$P_1 = \rho g h_1 = (1040 \text{ kg/m}^3)(9.81 \text{ m/s}^2)(0.8 \text{ m})\left(\frac{1 \text{ kN}}{1000 \text{ kg·m/s}^2}\right) = 8.16 \text{ kPa}$$

가 되며, 이는 1 kN/m² = 1 kPa이기 때문이다. $s = -z$이므로, 수직 거리 ds를 가로질러 정

수압의 미소 변화는 다음으로 주어진다.

$$dP = \rho g\, ds$$

구배지역의 위로부터 ($s=0$인 점 1) 구배지역의 임의의 위치 s(하첨자 없이)까지 적분하면 다음과 같게 된다.

$$P - P_1 = \int_0^s \rho g\, ds \quad \rightarrow \quad P = P_1 + \int_0^s \rho_0 \sqrt{1 + \tan^2\left(\frac{\pi}{4}\frac{s}{H}\right)} g\, ds$$

적분을 수행하면 구배지역에서 계기 압력의 변화는 다음과 같다.

$$P = P_1 + \rho_0 g \frac{4H}{\pi} \sinh^{-1}\left(\tan \frac{\pi}{4}\frac{s}{H}\right)$$

그러면 구배지역 바닥에서의($s=H=4$ m) 압력은 다음과 같다.

$$P_2 = 8.16 \text{ kPa} + (1040 \text{ kg/m}^3)(9.81 \text{ m/s}^2) \frac{4(4 \text{ m})}{\pi} \sinh^{-1}\left(\tan \frac{\pi}{4}\frac{4}{4}\right)\left(\frac{1 \text{ kN}}{1000 \text{ kg·m/s}^2}\right)$$

$$= \mathbf{54.0\ kPa\ (gage)}$$

토의 구배지역에서의 깊이에 따른 계기압력의 변화를 그림 3-18에 도시하였다. 점선은 밀도가 1040 kg/m^{3}으로 일정할 경우에 대한 정수압을 표시한 것으로 이는 참고로 주어진 것이다. 깊이에 따른 압력의 변화는 밀도가 깊이에 따라 변할 때 선형적이 아님을 주목하라. 이 점이 바로 적분이 필요한 이유이다.

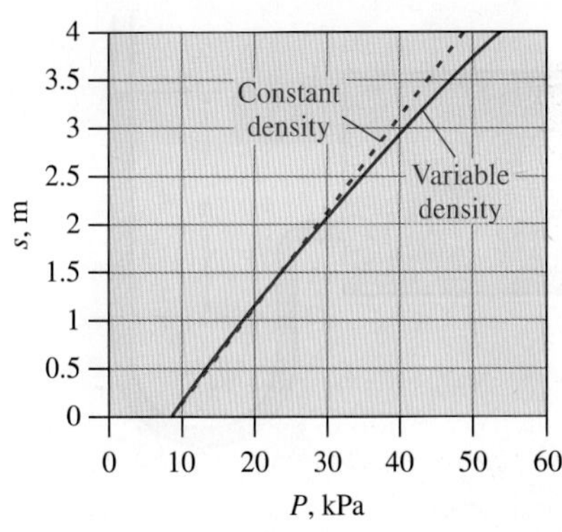

그림 3-18
태양연못의 구배지역 내에서 깊이에 따른 계기 압력의 변화.

마노미터

정지 유체 내에서 $-\Delta z$의 고도 변화는 $\Delta P/\rho g$에 상응한다는 사실을 식 (3-6)으로부터 알 수 있으며, 이는 유체 기둥이 압력 차이를 측정하는 데에 사용될 수 있음을 의미한다. 이 원리에 기초한 장치는 **마노미터**(manometer)라 불리는데, 이는 작거나 중간 정도의 압력차를 측정하기 위해 통상적으로 사용된다. 마노미터는 주로 수은, 물, 알코올 또는 기름과 같은 하나 또는 그 이상의 유체가 담겨있는 유리나 플라스틱 U관으로 구성된다(그림 3-19). 마노미터를 관리할 수 있는 크기로 유지하기 위해 큰 압력차가 예상될 때엔 수은과 같은 무거운 유체가 이용된다.

그림 3-20과 같은 탱크의 압력을 측정하기 위해 사용되는 마노미터를 고려하자. 기체의 중력 효과는 무시할 수 있으므로, 탱크 내의 어떤 곳에서의 압력도 1의 위치에서의 압력과 동일하다. 더욱이 유체 내의 압력은 유체 속에서 수평방향으로는 변하지 않으므로, 점 2에서의 압력은 점 1에서의 압력과 동일하고, $P_2 = P_1$이다.

높이 h의 유체 기둥 차이는 정적 평형상태에 있고, 대기에 노출되어 있다. 점 2에서의 압력은 식 (3-7)로부터 직접 결정된다.

$$P_{\text{atm}} = \rho g h \tag{3-13}$$

여기서 ρ는 관 내 마노미터 유체의 밀도이다. 관의 단면적은 높이 차 h에 영향을 주지 않으며, 따라서 유체가 가하는 압력에도 영향을 주지 않음을 주목하라. 그러나 관의 직경은 표면장력 효과와 그에 따른 모세관 상승을 무시할 수 있도록 충분히 커야만(수 밀리미터 이상) 한다.

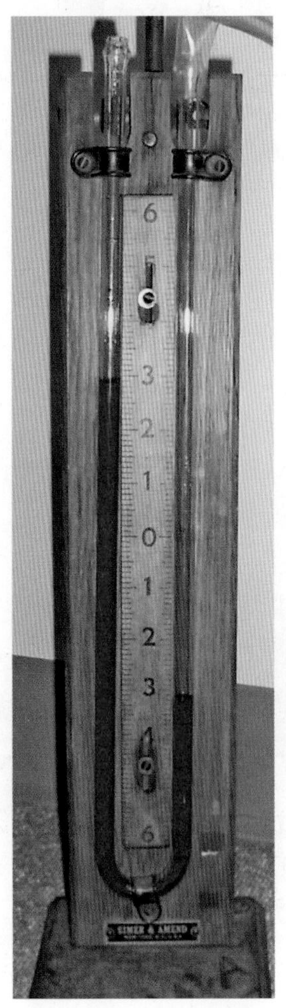

그림 3-19
고압이 우측에 작용하는 간단한 U튜브 마노미터.
Photo by John M. Cimbala.

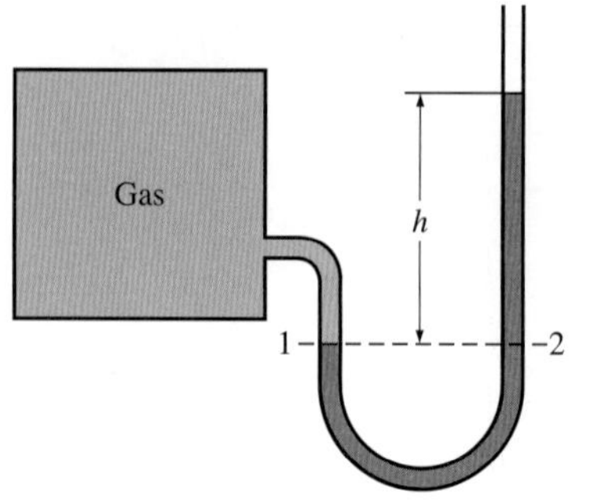

그림 3–20
기본적인 마노미터.

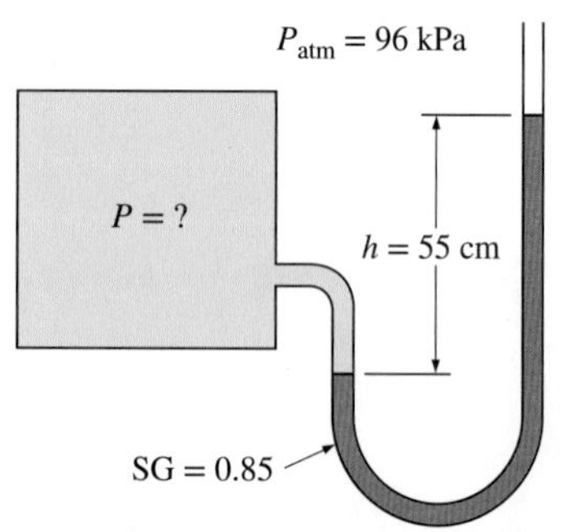

그림 3–21
예제 3-6에 대한 개략도.

예제 3–6 마노미터를 이용한 압력 측정

마노미터가 탱크 안의 기체 압력 측정을 위해 사용된다. 이용된 유체는 비중이 0.85이고, 마노미터의 기둥 높이는 그림 3-21에 보인 것과 같이 55 cm이다. 만약 국소 대기압이 96 kPa이라면, 탱크 안의 절대 압력을 구하라.

풀이 탱크에 부착되어 있는 마노미터의 눈금값과 대기압이 주어져 있다. 탱크 안의 절대 압력을 구하고자 한다.

가정 탱크 안의 기체의 밀도는 마노미터 유체의 밀도보다 훨씬 낮다.

상태량 마노미터 유체의 비중은 0.85로 주어져 있다. 물의 표준 밀도는 1000 kg/m³이다.

해석 유체의 밀도는 유체의 비중에 물의 밀도를 곱함으로써 얻는다.

$$\rho = \text{SG}\,(\rho_{H_2O}) = (0.85)(1000\text{ kg/m}^3) = 850\text{ kg/m}^3$$

그리고 식 (3-13)으로부터 다음을 구한다.

$$\begin{aligned} P &= P_{atm} + \rho g h \\ &= 96\text{ kPa} + (850\text{ kg/m}^3)(9.81\text{ m/s}^2)(0.55\text{ m})\left(\frac{1\text{ N}}{1\text{ kg}\cdot\text{m/s}^2}\right)\left(\frac{1\text{ kPa}}{1000\text{ N/m}^2}\right) \\ &= \mathbf{100.6\text{ kPa}} \end{aligned}$$

토의 탱크 안의 계기 압력은 4.6 kPa임에 주의하라.

어떤 마노미터는 경사진 또는 기울어진 관을 이용하는데 이는 유체 높이를 읽을 때 해상도(정밀도)를 증가시키기 위한 것이다. 이러한 장치를 **경사 마노미터**(inclined manometer)라 한다.

많은 공학 문제들과 일부 마노미터들은 밀도가 다른 섞이지 않는 여러 유체들이 서로 적층되어 있는 경우를 포함한다. 이러한 시스템은 (1) 높이 h의 유체 기둥에 대한 압력 변화는 $\Delta P = \rho g h$이고, (2) 주어진 유체에서 압력은 아래쪽으로 증가하고 위쪽으로 감소하며(즉, $P_{bottom} > P_{top}$), (3) 정지하고 있는 연속된 유체 내에서 동일한 높이에서의 두 점은 동일한 압력하에 있다는 사실을 기억함으로써 쉽게 해석될 수 있다.

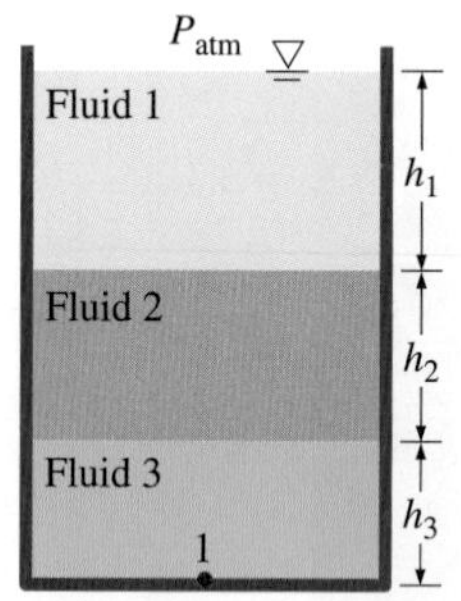

그림 3–22
정지해 있는 적층된 유체층들 내에 밀도 ρ와 높이 h인 각각의 유체층을 가로질러 압력 변화는 $\rho g h$이다.

Pascal 법칙의 결과인 마지막 원리는 유체가 정지해 있고, 같은 종류의 연속된 유체에 머물러 있는 한, 한쪽 유체 기둥으로부터 다른 기둥으로 압력 변화 없이 "점프"할 수 있게 한다. 다음으로 임의의 점에서의 압력은 알고 있는 압력의 점에서 시작하여 관심 있는 점으로 진행해감에 따라 $\rho g h$ 항을 더하거나 뺌으로써 결정될 수 있다. 예를 들면 그림 3-22에서 탱크의 바닥 압력은 압력이 P_{atm}인 자유표면으로부터 시작하여, 바닥의 점 1에 도달할 때까지 아래로 이동하고, 그 결과를 P_1과 같게 놓음으로써 결정될 수 있다. 이는 다음과 같다.

$$P_{atm} + \rho_1 g h_1 + \rho_2 g h_2 + \rho_3 g h_3 = P_1$$

모든 유체가 동일한 밀도를 갖는 특수한 경우엔, 이 관계식은 $P_{atm} + \rho g(h_1 + h_2 + h_3) = P_1$으로 간단해진다.

마노미터는 밸브나 열교환기 또는 유동 저항체와 같은 장치가 존재함으로 인해 설정되는, 특정한 두 점 사이의 수평 유동구간을 가로질러 발생하는 압력 강하를 측정하기에 특히 적합하다. 이는 그림 3-23에 보인 바와 같이, 마노미터의 두 끝을 이들 두 점에 연결함으로써 수행된다. 작동 유체는 밀도가 ρ_1인 기체 또는 액체가 될 수 있다. 마노미터 유체의 밀도는 ρ_2이고, 유체 기둥 차이는 h이다. 두 유체는 서로 섞이지 않는 것이어야만 하고, ρ_2는 ρ_1보다 커야만 한다.

압력 차 P_1-P_2에 대한 관계식은 P_1인 1점에서 시작하여, 2점에 도달할 때까지 ρgh 항을 더하거나 빼주면서 관을 따라 이동하고, 그 결과를 P_2와 같게 놓음으로써 얻을 수 있다.

$$P_1 + \rho_1 g(a+h) - \rho_2 gh - \rho_1 ga = P_2 \tag{3-14}$$

A점으로부터 수평으로 B점까지 점프하였고, 두 점의 압력이 동일하므로 이 점들 아래 부분을 무시하였음을 주목하라. 간단히 하면 다음과 같다.

$$P_1 - P_2 = (\rho_2 - \rho_1)gh \tag{3-15}$$

거리 a는 결과에 아무런 영향을 주지 않을지라도 해석에 포함시켜야 함을 주의하라. 또한 파이프 내의 유체가 기체라면, $\rho_1 \ll \rho_2$이고 식 (3-15)에서의 관계는 $P_1-P_2 \cong \rho_2 gh$로 단순화된다.

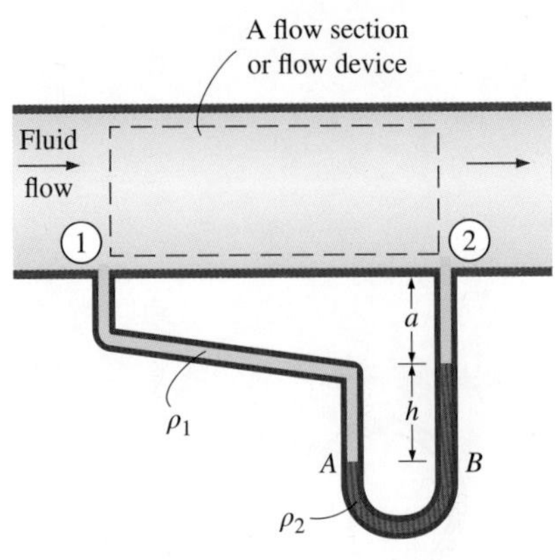

그림 3-23
차압 마노미터로 유동 구간 또는 유동 장치를 가로질러 압력 강하를 측정한다.

예제 3-7 다중유체 마노미터를 이용한 압력 측정

탱크 속의 물은 공기에 의해 가압되고, 압력은 그림 3-24에 보인 다중유체 마노미터로 측정된다. 탱크는 대기압이 85.6 kPa인 고도 1400 m인 산 위에 위치해 있다. 만약 $h_1=0.1$ m, $h_2=0.2$ m 및 $h_3=0.35$ m라면 탱크 내의 공기 압력을 계산하라. 물, 기름 및 수은의 밀도를 각각 1000 kg/m^3, 850 kg/m^3 및 13,600 kg/m^{3}으로 취하라.

풀이 가압 물탱크 안의 압력은 다중유체 마노미터로 측정된다. 탱크 내의 공기 압력을 구하고자 한다.

가정 탱크 내의 공기압은 균일하며(즉 공기의 밀도가 낮으므로 고도에 따른 밀도 변화는 무시할 수 있다), 따라서 공기-물 계면에서의 압력을 결정할 수 있다.

상태량 물, 기름 및 수은의 밀도는 각각 1000 kg/m^3, 850 kg/m^3 및 13,600 kg/m^{3}으로 주어져 있다.

해석 공기-물 계면의 점 1의 압력으로부터 출발하여, 관을 따라 ρgh 항을 더하거나 빼면서 점 2에 도달할 때까지 이동하고, 관이 대기에 개방되어 있으므로, 그 결과를 P_{atm}과 같게 놓으면 다음과 같다.

$$P_1 + \rho_{water} g h_1 + \rho_{oil} g h_2 - \rho_{mercury} g h_3 = P_2 = P_{atm}$$

P_1에 대해 풀고, 대입하면 다음과 같다.

$$\begin{aligned} P_1 &= P_{atm} - \rho_{water} g h_1 - \rho_{oil} g h_2 + \rho_{mercury} g h_3 \\ &= P_{atm} + g(\rho_{mercury} h_3 - \rho_{water} h_1 - \rho_{oil} h_2) \\ &= 85.6 \text{ kPa} + (9.81 \text{ m/s}^2)[(13{,}600 \text{ kg/m}^3)(0.35 \text{ m}) - (1000 \text{ kg/m}^3)(0.1 \text{ m}) \\ &\quad - (850 \text{ kg/m}^3)(0.2 \text{ m})]\left(\frac{1 \text{ N}}{1 \text{ kg}\cdot\text{m/s}^2}\right)\left(\frac{1 \text{ kPa}}{1000 \text{ N/m}^2}\right) \\ &= \mathbf{130 \text{ kPa}} \end{aligned}$$

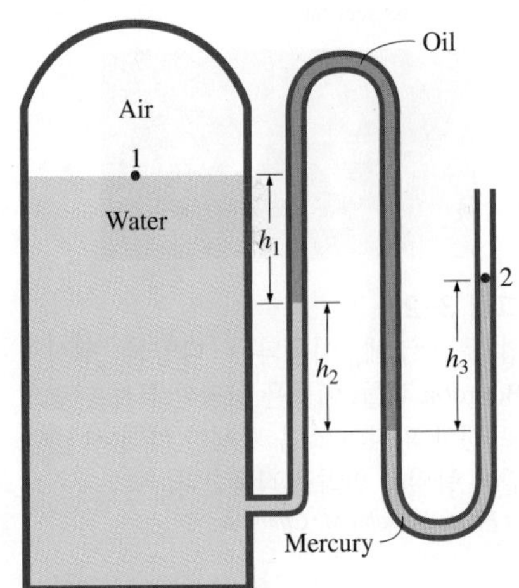

그림 3-24
예제 3-7에 대한 개략도. 축척대로 그려지지 않음.

토의 하나의 관으로부터 다음 관까지 수평으로 점프하고, 동일한 유체 속에서 압력은 동일하게 유지됨을 아는 것이 해석을 상당히 단순화시킬 수 있음에 주목하라. 또한 수은은 독성 물질이고, 사고로 수은 증기에 노출되는 위험 때문에 수은 마노미터와 온도계는 보다 안전한 유체로 대체되고 있는 중임에 유의하라.

기타 압력 측정장치

통상적으로 사용되는 기계식 압력 측정장치의 또 다른 형태는 **Bourdon 관**이며, 이는 프랑스 엔지니어이자 발명가인 Eugene Bourdon(1808-1884)의 이름을 딴 것이다. 이 관은 굽어진 코일 모양이고, 또는 속이 빈 꼬인 금속관으로 구성되어 있으며, 그 끝은 막혀 있고 다이얼 지시 바늘에 연결되어 있다(그림 3-25). 관이 대기에 개방되어 있을 때 관은 더 굽혀지지 않고, 이 상태에서 다이얼의 바늘이 영이(계기 압력) 되도록 보정되어 있다. 관 내부의 유체가 압력을 받을 때, 가해진 압력에 비례하여 관은 펴지고 바늘이 움직이게 된다.

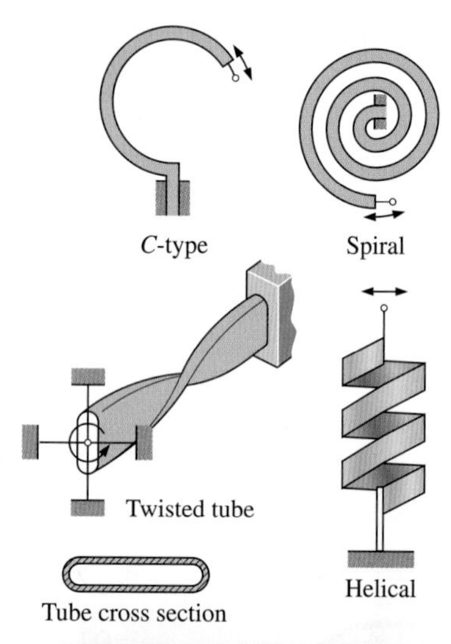

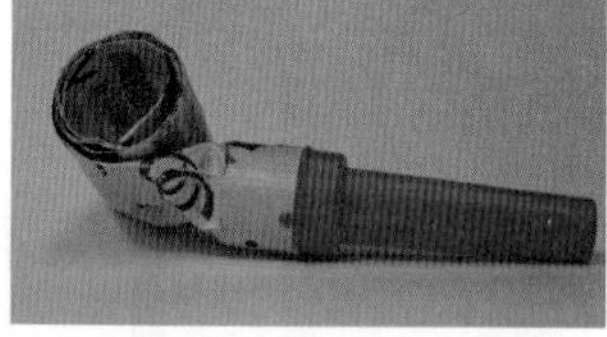

그림 3-25
압력 측정에 이용되는 다양한 형식의 Bourdon 관들. 이들은 평평한 튜브 단면으로 인한 파티의 소음 발생기(아래 사진)와 같은 동일한 원리로 작동한다.
© Photo by John M. Cimbala..

현재 전자제품은 일상생활화되어 있으며, 압력 측정장치도 그에 포함된다. **압력 변환기**(pressure transducer)라 불리는 현대식 압력센서는 압력효과를 전압, 저항 또는 전기용량의 변화와 같은 전기효과로 변환시키기 위해 다양한 기술을 사용한다. 압력 변환기는 점점 작아지고 빨라지고 있으며, 기계식에 비해 보다 민감하고, 신뢰도가 높고, 정밀해질 수 있다. 이들은 압력을 1기압의 100만 분의 1보다 작은 경우로부터 수천 기압까지 측정할 수 있다.

매우 다양한 압력 변환기가 광범위한 응용분야에서 계기 압력, 절대 압력 및 차압을 측정하는데 이용되고 있다. **계기 압력 변환기**는 압력감지 박막(diaphragm)의 뒤쪽에 공기구멍을 만들어 대기와 통하게 함으로써 대기압을 기준점으로 이용하며, 이들은 고도에 무관하게 대기압에서 영의 신호 출력을 낸다. **절대 압력 변환기**는 완전 진공에서 영의 신호 출력을 내도록 보정되어 있다. **차압 변환기**는 두 개의 압력 변환기를 사용하여 그들의 차이를 취하는 대신, 두 위치 사이의 압력 차이를 직접 측정한다.

스트레인 게이지 압력 변환기(strain-gage pressure transducer)는 입력된 압력에 개방된 두 개의 방 사이에 위치한 박막을 변형하게 함으로써 작동한다. 박막이 그를 가로지르는 압력 차이의 변화에 반응하여 늘어남에 따라, 스트레인 게이지가 늘어나고 Wheatstone 브리지 회로가 출력을 증폭한다. 정전용량 변환기(capacitance transducer)도 유사하게 작동하지만, 박막이 늘어남에 따라 저항 변화 대신에 정전용량 변화가 측정된다.

피에조 전기 변환기(piezoelectric transducer)는 또한 반도체 압력 변환기로도 불리는데, 기계적 압력이 걸려있을 때 결정성 물질 내에서 전위차가 발생되는 원리로 작동한다. 이 현상은 Pierre와 Jacques Curie 형제에 의해 1880년에 처음 발견되었으며, 피에조 전기[또는 압전(press-electric)] 효과라 불린다. 피에조 전기 압력 변환기는 박막식에 비해 훨씬 빠른 주파수 응답을 가지며 고압의 응용에 매우 적합하지만, 일반적으로 박막식 변환기만큼(특히 저압에서) 민감하지 않다.

기계식 압력 게이지의 또 다른 형식은 **정하중 시험기**(deadweight tester)라 불리는데 이는 주로 **보정용**으로 이용되며 그리고 매우 높은 압력을 측정할 수 있다(그림 3-26). 이름에서 알 수 있듯이, 정하중 시험기는 압력의 근본적인 정의인 단위 면적당 힘을 제공하는 추(weight)를 적용함으로써 **직접적**으로 압력을 측정한다. 그것은 꽉 끼워 맞춘 피스톤, 실린더, 그리고 플런저와 함께 유체(보통은 오일)로 채워진 내실(internal chamber)로 구성되어 있다. 추들은 피스톤의 상부에 적용되는데 이것이 내실에 있는 오일에 힘을 작용시킨다. 피스톤-오일 계면에서 오일에 작용하는 총 힘 F는 피스톤과 적용된 추의 무게를 더한 값이다. 피스톤의 단면적 A_e가 알려져 있으므로, 압력은 $P = F/A_e$로 계산된다. 오류가 발생하는 심각한 원인은 단지 피스톤과 실린더 사이의 계면을 따라 존재하는 정지 마찰에 기인하는 것뿐이지만, 이런 오류조차도 보통은 무시할 만큼 작다. 기준압력 연결부가 측정될 미지의 압력 측에 연결되거나 또는 교정될 압력 센서 측에 연결된다.

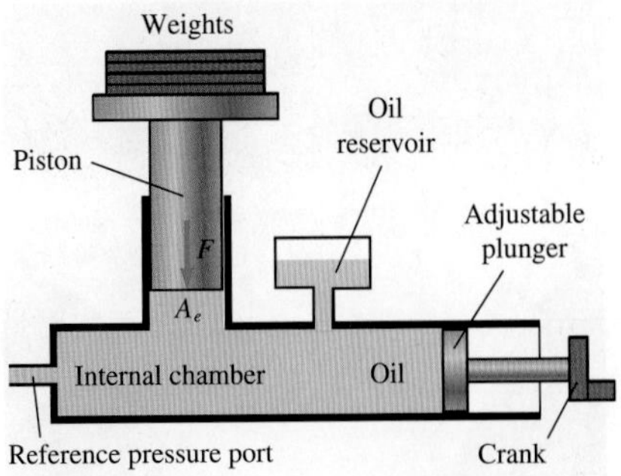

그림 3-26
정하중 시험기는 극단적으로 높은 압력을 측정할 수 있다(일부 응용에서 70 MPa까지).

3-3 ■ 유체 정역학의 소개

유체 정역학은 정지해 있는 유체와 관련된 문제를 다룬다. 유체는 기체이거나 혹은 액체일 수 있다. 유체 정역학은 유체가 액체일 때 **정수역학**(hydrostatics)이라 하고, 유체가 기체일 때 **기체 정역학**(aerostatics)이라 한다. 유체 정역학에서는 인접한 유체 층들 사이에 상대운동이 없으며, 따라서 유체를 변형시키려는 전단(접선)응력이 없다. 유체 정역학에서 다루는 응력은 **수직응력**뿐이다. 이는 바로 압력이며, 압력의 변화는 단지 유체의 무게에 기인한다. 그러므로 유체 정역학의 주제는 단지 중력장에서만 그 의미를 가지며, 힘의 관계식은 자연적으로 중력가속도 g를 수반한다. 정지 유체가 표면에 미치는 힘은 유체와 고체 표면 사이에 상대 운동이 없기 때문에 접촉점에서 표면에 수직이며, 따라서 표면에 평행하게 작용하는 전단응력은 없다.

유체 정역학은 떠 있거나 또는 잠겨 있는 물체에 작용하는 힘과 유압 프레스와 자동차 잭과 같은 장치에 의해 발달되는 힘을 구하는 데 이용된다. 수력 댐과 액체 저장 탱크와 같은 많은 공학 시스템의 설계를 위해서는 유체 정역학을 이용하여 표면에 작용하는 힘을 결정할 필요가 있다. 잠겨 있는 표면에 작용하는 합성 정수력을 완전히 기술하기 위해서는 힘의 크기, 방향 및 작용선이 결정되어야 한다. 다음 두 절에서는 잠겨 있는 평면과 곡면에 작용하는 압력에 기인한 힘을 고려한다.

3-4 ■ 잠겨 있는 평면에 작용하는 정수력

판(댐 내의 게이트 밸브, 액체 저장탱크의 벽 또는 정지해있는 선박의 선체와 같은)은 액체에 노출되어 있을 때 그 표면 위에 분포되어 있는 유체 압력을 받는다(그림 3-27). **평면** 위에서 정수력은 평행한 힘들의 시스템을 형성하므로, 종종 힘의 **크기**와 **압력중심**(center of pressure)이라 불리는 **힘의 작용점**을 결정할 필요가 있다. 대부분의 경우, 판의 다른 쪽은 대기에 노출되어 있고(수문의 건조한 측면과 같이), 따라서 대기압이 판의 양쪽에 작용하여 합력은 영이 된다. 이와 같은 경우, 대기압을 배제하고 계기 압력으로만 작업하는 것이 편리하다(그림 3-28). 예를 들어, 호수의 바닥에서 $P_{\text{gage}} = \rho gh$이다.

그림 3-27
Hoover 댐.

그림 3-29와 같이, 액체에 완전히 잠겨 있는 임의의 형상을 가진 평판의 위 표면을 수직보기면(normal view)과 함께 고려하자. 이 표면은(지면에 수직인) 수평인 자유표면을 각도 θ로 교차하고, 교차선을 x축으로 잡는다(지면의 바깥쪽으로). 액체 위의 절대압은 P_0이며, 만약 액체가 대기에 노출되어 있다면 이는 국소 대기압 P_{atm}이 된다(그러나 P_0는 만약 액체 위의 공간이 진공화되거나 또는 가압되어 있을 경우에는 P_{atm}과 다를 수 있다). 판 위의 임의의 점에서의 절대압은 다음과 같다.

$$P = P_0 + \rho gh = P_0 + \rho gy \sin\theta \tag{3-16}$$

여기서 h는 자유표면으로부터의 수직 거리이고, y는 x축으로부터의 거리이다(그림 3-29의 점 O로부터). 표면에 작용하는 합성 정수력 F_R은 미소 면적 dA에 작용하는 힘 $P\,dA$를 전체 표면에 대해 적분함으로써 결정된다.

$$F_R = \int_A P\,dA = \int_A (P_0 + \rho gy \sin\theta)\,dA = P_0A + \rho g \sin\theta \int_A y\,dA \tag{3-17}$$

그러나 **면적의 1차 모멘트** $\int_A y\,dA$는 표면의 도심(또는 중심)의 y좌표에 다음과 같이 관련된다.

$$y_C = \frac{1}{A}\int_A y\,dA \tag{3-18}$$

대입하면 다음과 같이 된다.

$$F_R = (P_0 + \rho gy_C \sin\theta)A = (P_0 + \rho gh_C)A = P_CA = P_{avg}A \tag{3-19}$$

여기서 $P_C = P_0 + \rho gh_C$는 표면의 도심에서의 압력이고, 이는 표면의 **평균** 압력 P_{avg}와 같고, $h_C = y_C \sin\theta$는 액체의 자유표면으로부터 도심까지의 **수직 거리**이다(그림 3-30). 따라서 다음과 같이 결론지을 수 있다.

균질의(밀도가 일정한) 유체 속에 완전히 잠겨 있는 판의 표면 위에 작용하는 합력의 크기는 표면의 도심에서의 압력 P_C와 표면적 A의 곱과 같다(그림 3-31).

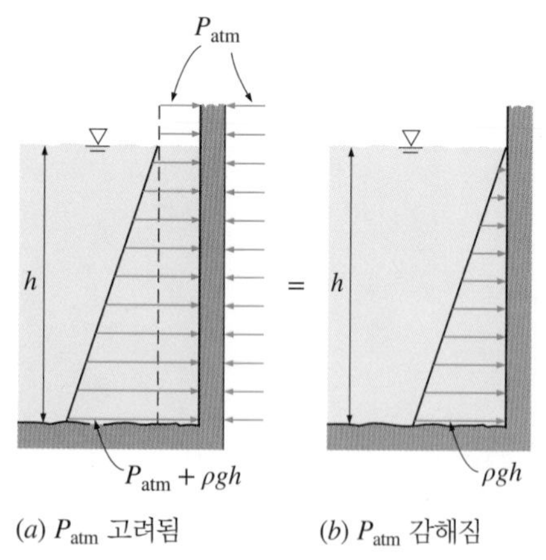

(*a*) P_{atm} 고려됨 (*b*) P_{atm} 감해짐

그림 3-28
잠겨 있는 면에 작용하는 정수력을 해석할 때, 대기압이 구조물의 양쪽 모두에 작용할 경우 대기압은 단순화를 위해 제외할 수 있다.

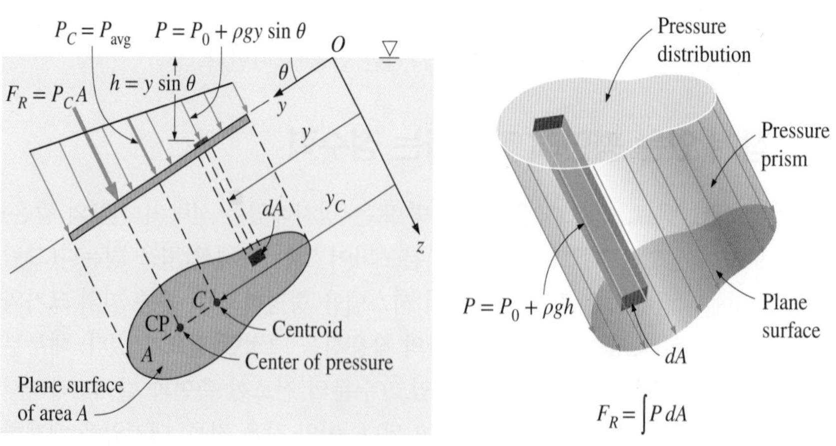

그림 3-29
액체 내에 완전히 잠겨 있는 경사진 평면에 작용하는 정수력.

압력 P_0는 보통 대기압이고, 이는 판의 양쪽 면에 모두 작용하므로 대부분의 경우 무시될 수 있다. 이를 적용할 수 없는 경우, P_0가 합력에 기여하는 것을 계산에 고려하는 실제적 방법은 간단히 등가 깊이 $h_{equiv}=P_0/\rho g$를 h_C에 더해주는 것이다. 즉, 액체 위가 절대 진공인 상태에서 두께가 h_{equiv}인 액체 층을 추가한다고 가정하는 것이다.

다음으로 합력 F_R의 작용선을 결정하는 것이 필요하다. 두 개의 평행력 시스템은 만약 그들이 동일한 크기와 임의의 점에 대해 동일한 모멘트를 가질 경우 동등하다. 일반적으로 합성 정수력의 작용선은 표면의 도심을 통과하지 않고 그 아래쪽, 즉 압력이 보다 높은 곳에 놓인다. 합력의 작용선과 표면의 교차점은 **압력중심**이다. 작용선의 수직 위치는 합력의 모멘트를 분포된 압력 힘의 x축에 관한 모멘트와 같게 놓음으로써 결정된다.

$$y_P F_R = \int_A yP\, dA = \int_A y(P_0 + \rho g y \sin\theta)\, dA = P_0 \int_A y\, dA + \rho g \sin\theta \int_A y^2\, dA$$

또는

$$y_P F_R = P_0 y_C A + \rho g \sin\theta\, I_{xx,\,O} \quad \textbf{(3-20)}$$

여기서 y_P는 x축(그림 3-31에서 점 O)으로부터 압력중심의 거리이고, $I_{xx,\,O}=\int_A y\, dA$는 x축에 대한 **면적의 2차 모멘트**이다(또한 **면적 관성모멘트**라고도 불린다). 면적의 2차 모멘트는 공학 핸드북에서 일반적인 형상에 대해 광범위하게 이용 가능하지만, 이들은 보통 면적의 도심을 통과하는 축에 대해 주어져 있다. 다행스럽게도, 두 개의 평행축에 대한 면적의 2차 모멘트는 **평행축 정리**에 의해 연관되어 있다. 이 경우 평행축 정리는 다음과 같이 표현된다.

$$I_{xx,\,O} = I_{xx,\,C} + y_C^2 A \quad \textbf{(3-21)}$$

여기서 $I_{xx,\,C}$는 면적의 도심을 통과하는 x축에 대한 면적의 2차 모멘트이고, y_C(도심의 y좌표)는 두 개의 평행축 사이의 거리이다. 식 (3-19)로부터 F_R 관계식과 식 (3-21)로부터 $I_{xx,\,O}$ 관계식을 식 (3-20)에 대입하고 y_P에 대해 풀면, 그 결과는 다음과 같다.

$$y_P = y_C + \frac{I_{xx,\,C}}{[y_C + P_0/(\rho g \sin\theta)]A} \quad \textbf{(3-22a)}$$

보통 대기압이 무시될 때의 경우인 $P_0=0$에 대해, 이는 다음과 같이 단순화된다.

$$y_P = y_C + \frac{I_{xx,\,C}}{y_C A} \quad \textbf{(3-22b)}$$

자유표면으로부터 압력중심의 수직 거리는 y_P를 알 때 $h_P=y_P \sin\theta$로부터 결정된다.

몇몇 흔한 형상에 대한 $I_{xx,\,C}$ 값이 그림 3-32에 주어져 있다. y축에 대해 대칭성을 갖는 면적들에 대하여, 압력중심은 도심 바로 아래 y축 상에 놓인다. 이와 같은 경우의 압력중심의 위치는 간단히 자유표면으로부터 거리 h_P에 있는 대칭 수직면 상의 점이다.

압력은 표면에 수직으로 작용하며, 따라서 임의의 형상을 가지는 평판 위에 작용

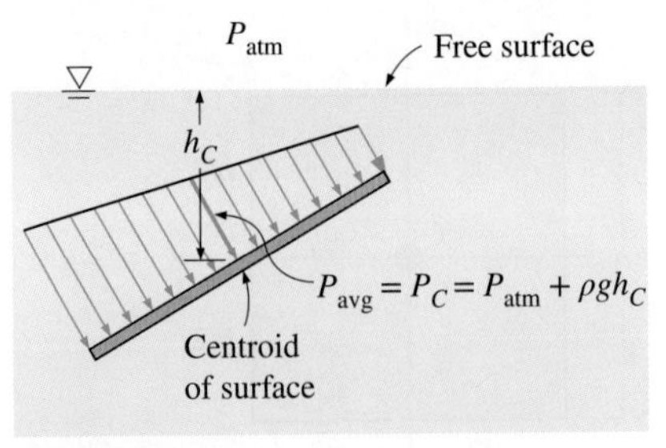

그림 3–30
평면의 도심에서의 압력은 평면에 작용하는 평균 압력과 같다.

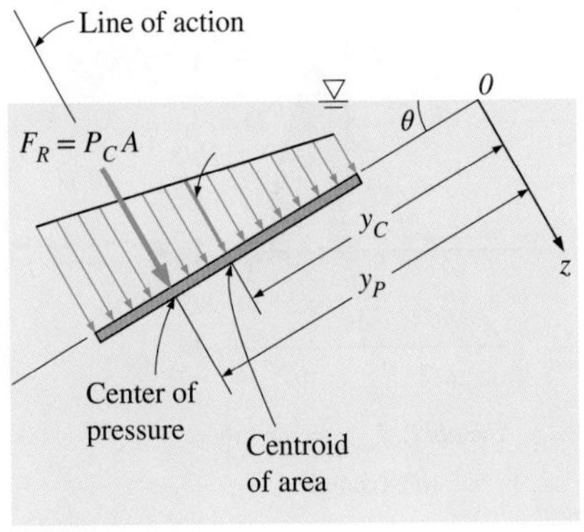

그림 3–31
평면에 작용하는 합력은 표면의 도심에서의 압력과 표면적의 곱과 같고, 그 작용선은 압력중심을 통과한다.

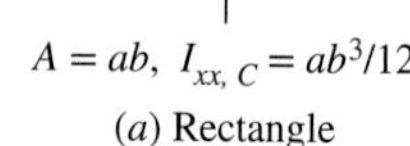

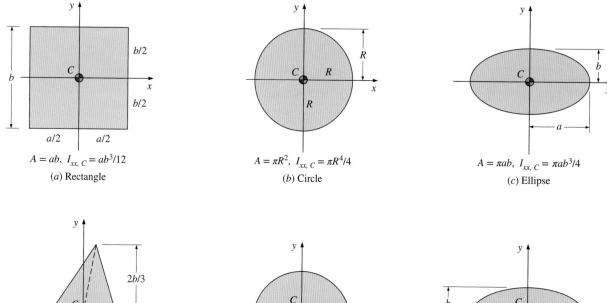

$A = ab,\ I_{xx,\,C} = ab^3/12$

(*a*) Rectangle

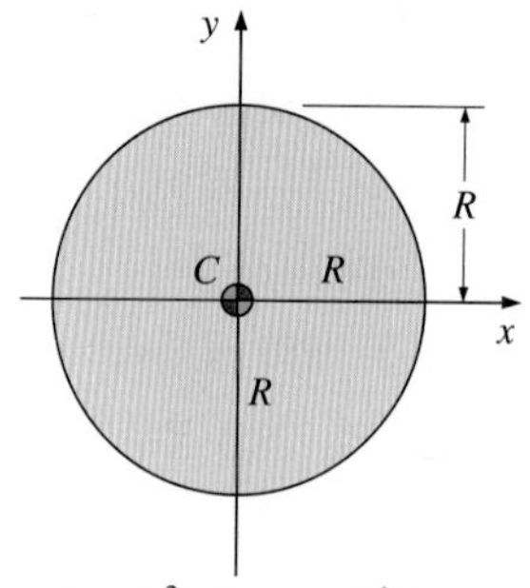

$A = \pi R^2,\ I_{xx,\,C} = \pi R^4/4$

(*b*) Circle

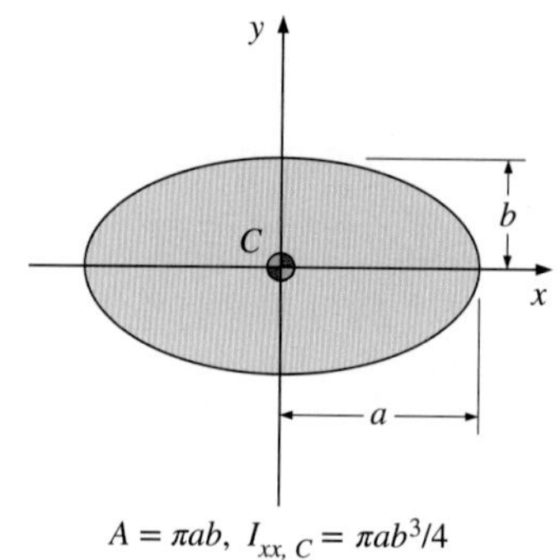

$A = \pi ab,\ I_{xx,\,C} = \pi ab^3/4$

(*c*) Ellipse

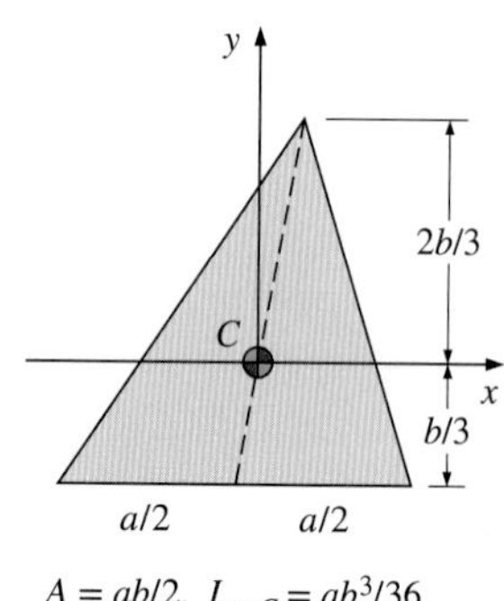

$A = ab/2,\ I_{xx,\,C} = ab^3/36$

(*d*) Triangle

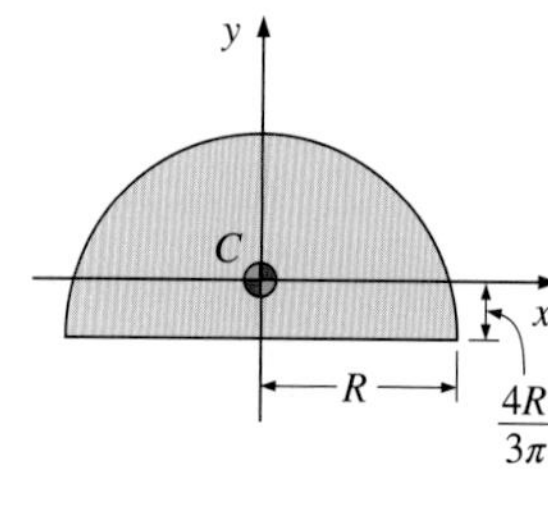

$A = \pi R^2/2,\ I_{xx,\,C} = 0.109757R^4$

(*e*) Semicircle

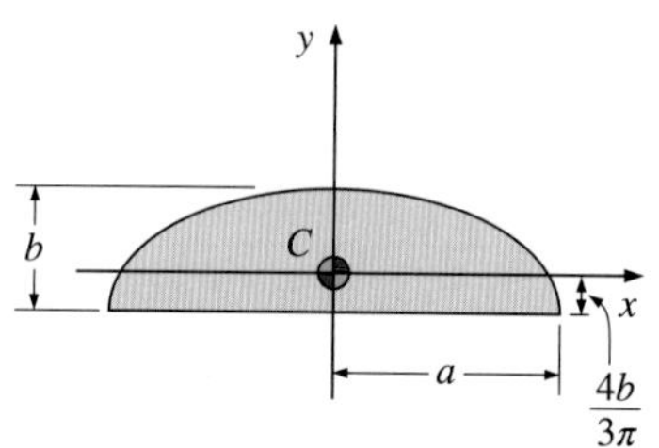

$A = \pi ab/2,\ I_{xx,\,C} = 0.109757ab^3$

(*f*) Semiellipse

그림 3–32
몇몇 기하학적 형상에 대한 도심과 도심에 관한 관성 모멘트.

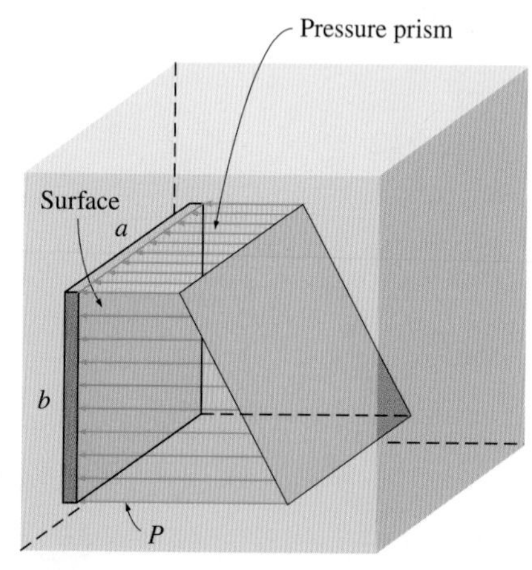

그림 3–33
평면에 작용하는 정수력은 바닥이(왼쪽 면) 벽면이고 길이가 압력인 압력 프리즘을 형성한다.

하는 정수력은, 그림 3-33과 같이, 밑면이 판 면적이고 높이가 선형적으로 변하는 압력인 체적을 형성한다. 이런 가상의 **압력 프리즘**은 물리적으로 흥미롭게 해석할 수 있다. 즉, $F_R = \int P\, dA$이므로 그 **체적**은 판 위에 작용하는 합성 정수력의 **크기**와 같고, 이 힘의 작용선은 이 균질의 프리즘의 **도심**을 통과한다. 도심을 판 위에 투영한 점은 **압력중심**이다. 그러므로 압력 프리즘의 개념을 이용하면, 평면 위에 작용하는 합성 정수력에 대한 문제는 압력 프리즘의 도심의 두 좌표와 체적을 찾는 일로 귀결된다.

특수한 경우: 잠겨 있는 직사각형 판

그림 3-34*a*와 같이, 수평으로부터 각도 θ로 기울어진 높이가 b이고 폭이 a인 완전히 잠겨 있는 직사각형 평판을 고려하자. 이 평판의 위쪽 모서리는 수평이며, 판의 평면을 따라 자유표면으로부터 거리 s에 있다. 윗면에 작용하는 합성 정수력은 표면의 중앙점(midpoint)에서의 압력인 평균 압력에 표면적 A를 곱한 값과 같다. 즉,

경사진 직사각형 판: $$F_R = P_C A = [P_0 + \rho g(s + b/2)\sin\theta]ab \tag{3-23}$$

힘은 판의 도심 바로 아래 자유표면으로부터 수직 거리 $h_P = y_P \sin\theta$에 작용한다. 여기서 식 (3-22a)로부터 다음을 구한다.

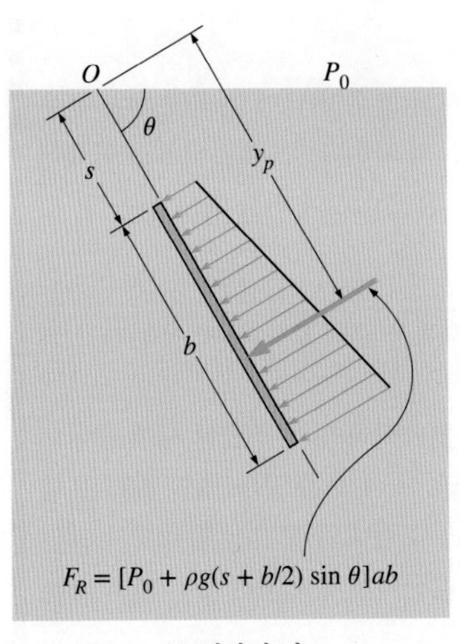

(a) 경사진 판

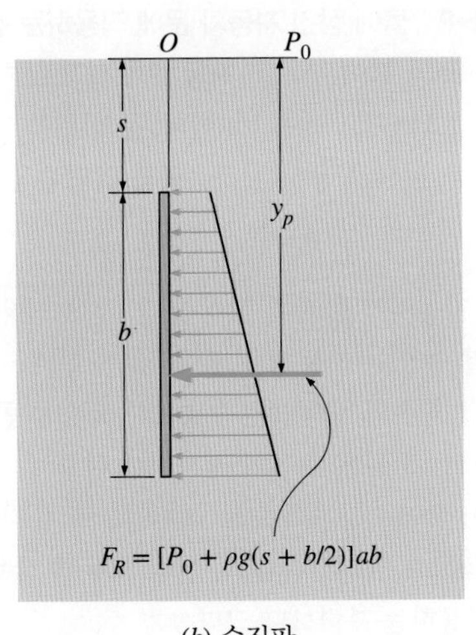

(b) 수직판

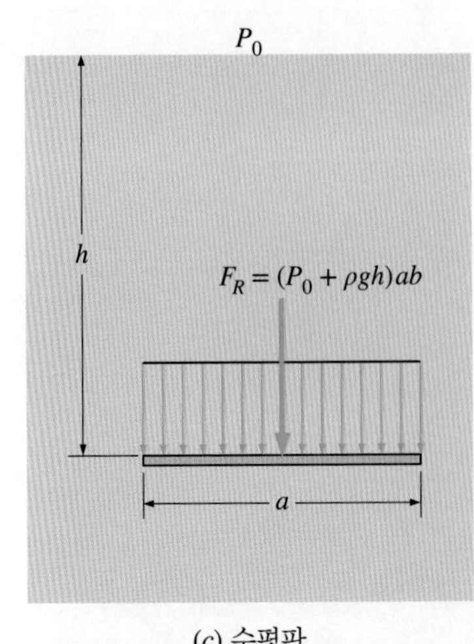

(c) 수평판

그림 3-34
잠겨 있는 직사각형 판이 경사진, 수직인, 수평인 경우에 대해 직사각형 판의 윗면에 작용하는 정수력.

$$y_P = s + \frac{b}{2} + \frac{ab^3/12}{[s + b/2 + P_0/(\rho g \sin \theta)]ab} = s + \frac{b}{2} + \frac{b^2}{12[s + b/2 + P_0/(\rho g \sin \theta)]} \quad \textbf{(3-24)}$$

판의 위쪽 모서리가 자유표면에 위치하고 따라서 $s=0$일 때, 식 (3-23)은 다음과 같게 된다.

경사진 직사각형 판($s=0$): $$F_R = [P_0 + \rho g(b \sin \theta)/2]ab \quad \textbf{(3-25)}$$

위쪽 모서리가 수평인 완전히 잠겨 있는 **수직 판**($\theta=90$)에 대하여, 정수력은 $\sin \theta=1$로 놓음으로써 구할 수 있다(그림 3-34*b*).

수직 직사각형 판: $$F_R = [P_0 + \rho g(s + b/2)]ab \quad \textbf{(3-26)}$$

수직 직사각형 판($s=0$): $$F_R = (P_0 + \rho gb/2)ab \quad \textbf{(3-27)}$$

P_0는 판의 양쪽에 모두 작용하므로 그 효과를 무시할 때, 위쪽 모서리가 수평이고 자유표면에 있으며, 높이가 b인 수직 직사각형 판에 작용하는 정수력은 $F_R=\rho gab^2/2$이다. 이 힘은 판의 도심 바로 아래 자유표면으로부터 거리 $2b/3$에 작용한다.

잠겨 있는 **수평면** 위의 압력 분포는 균일하고, 그 크기는 $P=P_0+\rho gh$이다. 여기서 h는 자유표면으로부터 수평면의 거리이다. 그러므로 수평 직사각형 판에 작용하는 정수력은 다음과 같다.

수평 직사각형 판: $$F_R = (P_0 + \rho gh)ab \quad \textbf{(3-28)}$$

이 힘은 판의 중앙점을 통해 작용한다(그림 3-34*c*).

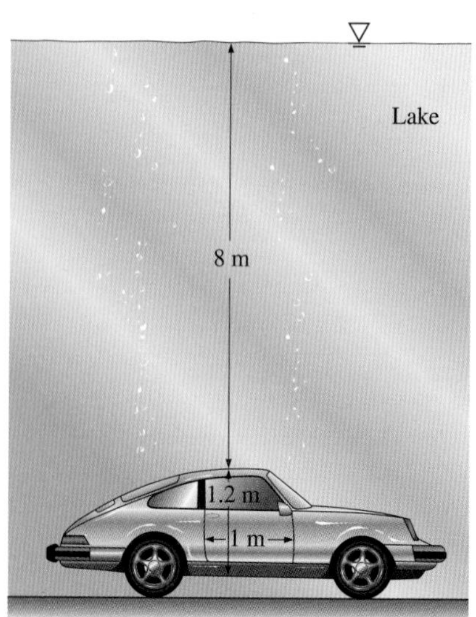

그림 3-35
예제 3-8에 대한 개략도.

예제 3-8 물에 잠긴 자동차 문에 작용하는 정수력

그림 3-35와 같이 무거운 자동차가 사고로 호수에 빠져서 호수 바닥에 가라앉았다. 문은 높이가 1.2 m이고 폭이 1 m이며, 문의 위쪽 모서리는 물의 자유표면으로부터 8 m 아래에 위치한다. 문에 작용하는 정수력과 압력중심의 위치를 결정하고, 운전자가 그 문을 열 수 있는지 여부를 논의하라.

풀이 자동차가 물속에 잠겨 있다. 문에 작용하는 정수력을 구하고자 하며, 운전자가 그 문을 열 수 있는 가능성을 평가하고자 한다.

가정 **1** 호수의 바닥면은 수평이다. **2** 승차 공간이 잘 밀폐되어 있어서 물이 새어 들어오지 못한다. **3** 문은 수직의 직사각형 판으로 가정될 수 있다. **4** 승차 공간 내의 압력은 물이 새어 들어오지 않으므로 대기압으로 유지되고, 따라서 실내의 공기는 압축되지 않는다. 그러므로 대기압은 문의 안팎 모두에 작용하므로 계산에서 상쇄된다. **5** 차의 무게는 차에 작용하는 부력보다 크다.

상태량 전체 호수 물의 밀도는 1000 kg/m³이다.

해석 문 위의 평균 (계기)압력은 문의 도심(중앙점)에서의 압력 값이고 다음과 같이 결정된다.

$$P_{\text{avg}} = P_C = \rho g h_C = \rho g(s + b/2)$$

$$= (1000\ \text{kg/m}^3)(9.81\ \text{m/s}^2)(8 + 1.2/2\ \text{m})\left(\frac{1\ \text{kN}}{1000\ \text{kg}\cdot\text{m/s}^2}\right)$$

$$= \mathbf{84.4\ kN/m^2}$$

문 위의 합력은 다음과 같다.

$$F_R = P_{\text{avg}}A = (84.4\ \text{kN/m}^2)(1\ \text{m} \times 1.2\ \text{m}) = \mathbf{101.3\ kN}$$

압력중심은 문의 중앙점 바로 밑이고, 호수 표면으로부터의 거리는 $P_0 = 0$으로 놓음으로써 식 (3-24)로부터 다음과 같이 결정된다.

$$y_P = s + \frac{b}{2} + \frac{b^2}{12(s + b/2)} = 8 + \frac{1.2}{2} + \frac{1.2^2}{12(8 + 1.2/2)} = \mathbf{8.61\ m}$$

토의 건장한 사람이 100 kg(무게는 981 N 또는 약 1 kN)을 들어올릴 수 있다. 또한 그는 최대 효과를 얻기 위해 힌지로부터 가장 먼(1 m 떨어진) 점에 이 힘을 작용시킬 수 있으며, 1 kN·m의 모멘트를 발생시킬 수 있다. 합성 정수력은 문의 중앙점 아래에 작용하고, 따라서 힌지로부터 0.5 m의 거리이다. 이는 50.6 kN·m의 모멘트를 발생시키며, 이는 운전자가 발생시킬 수 있는 모멘트의 약 50배이다. 그러므로 운전자가 차문을 여는 것은 불가능하다. 운전자가 할 수 있는 최선의 선택은 물이 다소 들어오도록 놓아두고(유리창을 조금 내림으로써), 머리를 천장에 가깝게 유지하는 것이다. 운전자는 차가 물로 가득 차기 바로 전에 문을 열 수 있다. 왜냐하면 그 시점에서 문의 양쪽 면에 작용하는 압력이 거의 동일하며, 따라서 물속에서 문을 여는 것이 공기 중에서 문을 여는 것과 거의 동일하게 용이하기 때문이다.

3–5 ■ 잠겨 있는 곡면에 작용하는 정수력

많은 실제 적용에 있어서 잠겨 있는 표면은 평평하지 않다(그림 3-36). 잠겨 있는 곡면에 대해 합성 정수력의 결정은 보다 복잡한데, 이는 곡면을 따라 방향이 변하는 압력 힘의 적분이 필요하기 때문이다. 이 경우 복잡한 형상이 포함되기 때문에 압력 프리즘의 개념도 역시 많은 도움이 되지 못한다.

그림 3–36
애리조나와 유타에 있는 Glen Canyon 댐에서와 같이 실제 적용되는 많은 구조물에서 잠겨 있는 표면은 평평하지 않고 곡면이다.

2차원 곡면에 작용하는 합성 정수력 F_R을 결정하는 가장 쉬운 방법은 수평 및 수직 성분 F_H 및 F_V를 따로 결정하는 것이다. 그림 3-37에 보인 바와 같이, 이는 곡면과 그 곡면의 두 끝을 통과하는 두 개의 평면(하나는 수평이고 하나는 수직인)으로 둘러싸인 액체 블록의 자유 물체도를 고려함으로써 수행된다. 액체 블록의 수직면은 단순히 곡면을 **수직 평면** 위에 투영한 것이고, 수평면은 곡면을 **수평 평면** 위에 투영한 것이다. 고체 곡면에 작용하는 합력은 액체 곡면에 작용하는 힘과 크기는 같고 방향은 반대가 된다(Newton의 제3법칙).

가상의 수평면 또는 수직면에 작용하는 힘과 작용선은 3-4절에서 논의된 바와 같이 결정될 수 있다. 체적이 V인 액체 블록의 무게는 간단히 $W=\rho g V$이고, 이는 체적의 도심을 통과하여 아래쪽으로 작용한다. 유체 블록은 정적 평형상태에 있음을 주목하면, 수평 및 수직방향으로의 힘의 평형은 다음과 같다.

곡면 위의 수평력 성분: $$F_H = F_x \quad \textbf{(3-29)}$$

곡면 위의 수직력 성분: $$F_V = F_y \pm W \quad \textbf{(3-30)}$$

여기서 덧셈 $F_y \pm W$는 벡터 합이다(즉, 둘 다 동일한 방향으로 작용하면 크기를 더해주고, 반대방향이면 빼준다). 따라서 다음과 결론을 얻을 수 있다.

1. 곡면에 작용하는 정수력의 수평 성분은 곡면의 수직 투영면에 작용하는 정수력과 같다(크기와 작용선 모두).

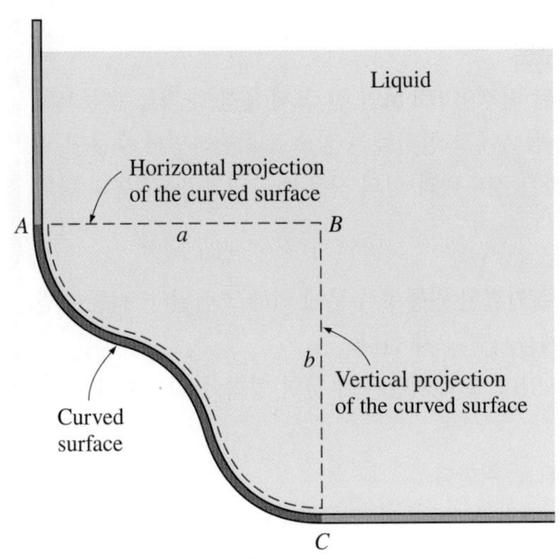

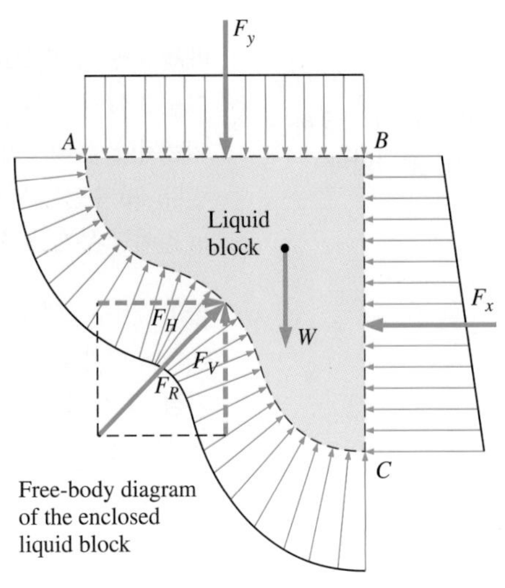

그림 3–37
잠겨 있는 곡면에 작용하는 정수력의 결정.

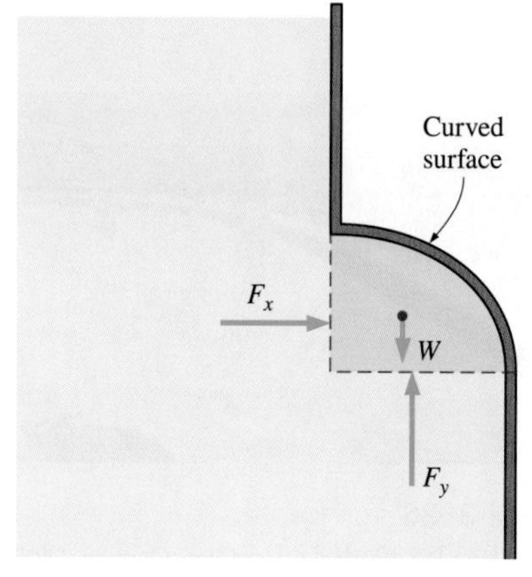

그림 3-38
곡면이 액체 위에 있을 때, 액체의 무게와 정수력의 수직 성분은 반대방향으로 작용한다.

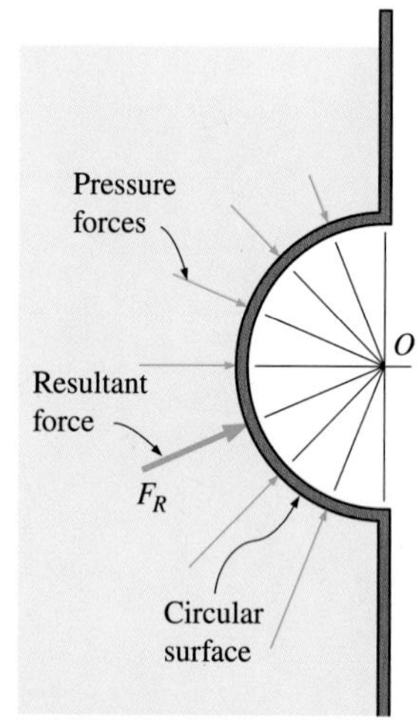

그림 3-39
압력 힘은 표면에 수직이고, 이들은 모두 중심을 통과하므로 원형 표면에 작용하는 정수력은 항상 원의 중심을 통과한다.

2. 곡면에 작용하는 정수력의 수직 성분은 곡면의 수평 투영면에 작용하는 정수력에 유체 블록의 무게를 더한(만약 반대방향으로 작용하면 감한) 것과 같다.

곡면에 작용하는 합성 정수력의 크기는 $F_R=\sqrt{F_H^2+F_V^2}$이고, 이 힘이 수평면과 만드는 각에 대해 $\tan\alpha=F_V/F_H$이다. 합력의 작용선의 정확한 위치는(예로써, 곡면의 끝점들 중 하나로부터 작용선까지의 거리) 적당한 점에 관한 모멘트를 취함으로써 결정될 수 있다. 이 논의는 곡면이 액체 위에 있든지 또는 아래에 있든지 상관없이 모든 곡면에 대해 유효하다. **액체 위에 곡면**이 있는 경우, 액체의 무게를 정수력의 수직 성분으로부터 **빼야** 하며 이는 두 힘이 서로 반대방향으로 작용하기 때문임에 유의하라 (그림 3-38).

곡면이 **원호**(완전한 원 또는 원의 일부)일 때, 표면에 작용하는 합성 정수력은 항상 원의 중심을 통과한다. 이는 압력 힘은 표면에 수직이며, 원의 표면에 수직인 모든 선은 원의 중심을 지나기 때문이다. 따라서 압력 힘은 중심에서 동일점으로 모이는 힘의 시스템을 형성하는데, 이는 그 점에 작용하는 등가의 단일한 힘으로 귀결될 수 있다(그림 3-39).

끝으로, 서로 다른 밀도를 가지는 **다층 유체**(multilayered fluid) 내에 잠겨 있는 평면 또는 곡면에 작용하는 정수력은 상이한 유체 내에 있는 표면의 부분들을 다른 표면으로 고려하고, 각 부분에 작용하는 힘을 구하며, 다음으로 벡터 합을 이용하여 그 힘들을 더함으로써 결정될 수 있다. 평면에 대해 이는 다음과 같이 표현할 수 있다(그림 3-40).

다층 유체 내의 평면: $$F_R=\sum F_{R,\,i}=\sum P_{C,\,i}A_i \qquad \textbf{(3-31)}$$

여기서 $P_{C,\,i}=P_0+\rho_i g h_{C,\,i}$는 유체 i 내의 표면 일부분의 도심에서의 압력이고, A_i는 그 유체 내에 있는 판의 면적이다. 임의의 점에 대한 등가 힘의 모멘트는 같은 점에 대한 개별 힘들의 모멘트의 합과 같다는 조건으로부터 등가 힘의 작용선을 결정할 수 있다.

예제 3-9 중력으로 제어하는 원통형 수문

그림 3-41과 같이 점 A에 힌지로 연결된 반경이 0.8 m인 긴 고체 원통이 자동 수문으로 이용된다. 물의 수면이 5 m에 이를 때, 점 *A*에서 힌지를 중심으로 회전하면서 수문이 열린다. (a) 수문이 열릴 때, 원통에 작용하는 정수력과 힘의 작용선 그리고 (b) 원통의 단위 m 길이당 무게를 계산하라.

풀이 저수조의 높이는 저수조에 힌지로 연결된 원통형 수문에 의해 조절된다. 원통이 받는 정수력과 단위 m 길이당 원통의 무게를 구하고자 한다.

가정 **1** 힌지에서의 마찰은 무시할 수 있다. **2** 대기압은 수문의 양쪽에 작용하며, 따라서 이는 상쇄된다.

상태량 전체 물의 밀도를 1000 kg/m³으로 취한다.

해석 (a) 원통의 원형 표면과 수직 및 수평방향으로의 투영면으로 둘러싸인 액체 블록의 자유 물체도를 고려한다. 수직면과 수평면에 작용하는 정수력과 액체 블록의 무게는 다음과 같이 결정된다.

수직면에 작용하는 수평력:

$$F_H = F_x = P_{avg}A = \rho g h_C A = \rho g(s + R/2)A$$
$$= (1000\ kg/m^3)(9.81\ m/s^2)(4.2 + 0.8/2\ m)(0.8\ m \times 1\ m)\left(\frac{1\ kN}{1000\ kg \cdot m/s^2}\right)$$
$$= 36.1\ kN$$

수평면에 작용하는 수직력(상향):

$$F_y = P_{avg}A = \rho g h_C A = \rho g h_{bottom} A$$
$$= (1000\ kg/m^3)(9.81\ m/s^2)(5\ m)(0.8\ m \times 1\ m)\left(\frac{1\ kN}{1000\ kg \cdot m/s^2}\right)$$
$$= 39.2\ kN$$

지면 안쪽으로 1 m 폭에 대한 유체 블록의 무게(하향):

$$W = mg = \rho g V = \rho g(R^2 - \pi R^2/4)(1\ m)$$
$$= (1000\ kg/m^3)(9.81\ m/s^2)(0.8\ m)^2(1 - \pi/4)(1\ m)\left(\frac{1\ kN}{1000\ kg \cdot m/s^2}\right)$$
$$= 1.3\ kN$$

그러므로 순수 상향 수직력은 다음과 같다.

$$F_V = F_y - W = 39.2 - 1.3 = 37.9\ kN$$

따라서 원통형 표면에 작용하는 정수력의 크기와 방향은 다음과 같다.

$$F_R = \sqrt{F_H^2 + F_V^2} = \sqrt{36.1^2 + 37.9^2} = \mathbf{52.3\ kN}$$
$$\tan\theta = F_V/F_H = 37.9/36.1 = 1.05 \rightarrow \theta = 46.4°$$

그러므로 원통에 작용하는 정수력의 크기는 원통의 단위 m 길이당 52.3 kN이고, 그 작용선은 원통의 중심을 수평선과 46.4°의 각을 만들며 통과한다.

(b) 물 높이가 5 m일 때 수문은 열리기 시작하고, 따라서 원통 바닥에서의 반력은 영이다. 힌지에 걸리는 힘 이외의 원통에 작용하는 힘은 원통의 중심을 통과하여 작용하는 무게와 물이 가하는 정수력이다. 힌지의 위치인 점 A에 대한 모멘트를 취하고, 이를 영으로 놓으면 그 결과는 다음과 같다.

$$F_R R \sin\theta - W_{cyl} R = 0 \rightarrow W_{cyl} = F_R \sin\theta = (52.3\ kN) \sin 46.4° = \mathbf{37.9\ kN}$$

토의 원통의 단위 m 길이당 무게는 37.9 kN으로 결정된다. 이는 단위 m 길이당 3863 kg의 질량에 해당되고 원통의 재료에 대해 1921 kg/m³의 밀도에 해당된다.

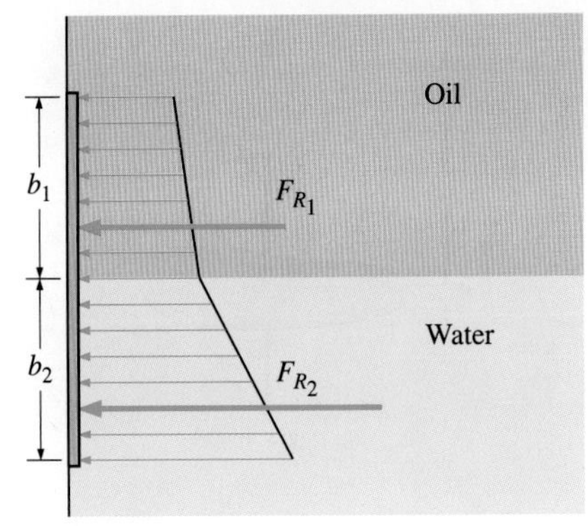

그림 3-40
다층 유체 내에 잠겨 있는 면에 작용하는 정수력은 상이한 유체들 내에 있는 면의 부분들을 다른 면들로 간주함으로써 결정할 수 있다.

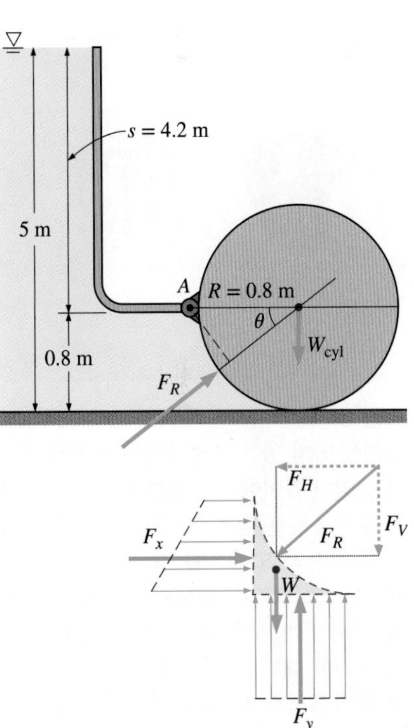

그림 3-41
예제 3-9의 개략도와 원통 아래에 위치한 액체의 자유물체도.

3-6 ■ 부력과 안정성

어떤 물체가 공기 중에 있을 때보다 액체 내에 있을 때, 더 가볍고 무게가 덜 나가는 느낌이 드는 것은 일상적인 경험이다. 이는 방수가 되는 용수철 저울로 물속에서 무거운 물체의 무게를 달아봄으로써 쉽게 알 수 있다. 또한 나무로 된 물체나 혹은 다른 가벼운 재료는 물 위에 뜬다. 이러한 관찰들은 유체가 유체 속에 잠겨 있는 물체에 위쪽 방향의 힘을 가한다는 사실을 암시한다. 물체를 들어올리려고 하는 이 힘을 **부력**

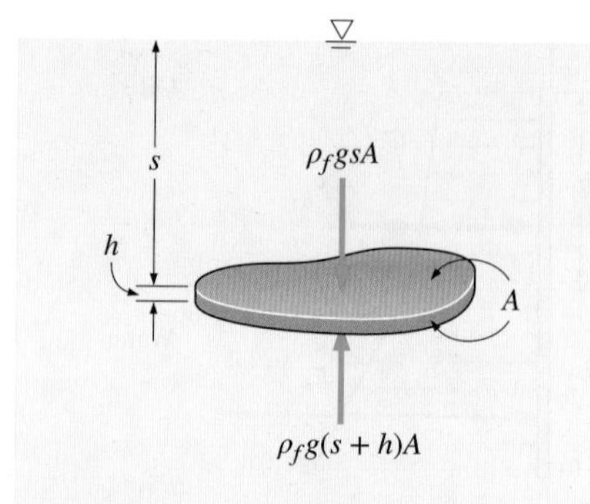

그림 3–42
액체 내에 잠겨 있는 평판. 자유표면에 평행하고 균일한 두께 h를 가진다.

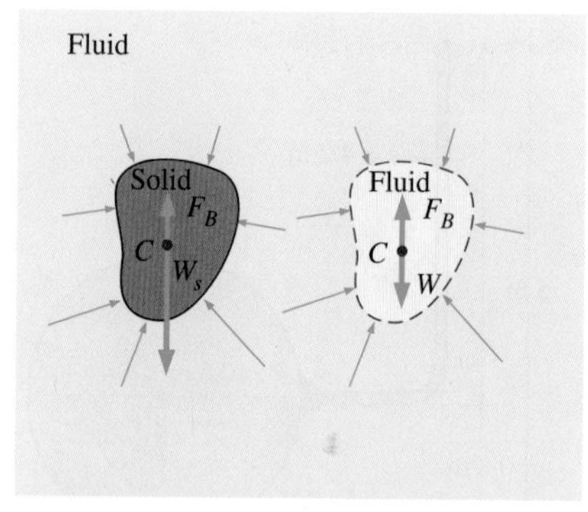

그림 3–43
유체에 잠겨 있는 고체 물체에 작용하는 힘과 동일한 깊이에서 동일한 모양의 유체 물체에 작용하는 힘은 똑같다. 부력 F_B는 배제된 체적의 도심 C를 통해 상향으로 작용하고, 그 크기는 배제된 유체의 무게 W와 같지만, 방향은 반대이다. 균일한 밀도의 고체에 대해 그 중량 W_s도 또한 도심을 통해 작용하지만, 그 크기는 고체가 배제한 유체의 무게와 같아야 할 필요는 없다(여기서 $W_s > W$이고 따라서 $W_s > F_B$라면 이 고체는 가라앉을 것이다).

(buoyant force)이라 하고, F_B로 표시한다.

부력은 유체 내에서 깊이에 따른 압력의 증가에 기인한다. 예를 들어, 그림 3-42와 같이 밀도가 ρ_f인 액체 내에 잠겨 있는 자유표면에 평행한 두께 h인 평판을 고려하자. 판의 위(그리고 또한 아래) 표면적은 A이고, 판의 자유표면까지의 거리는 s이다. 판의 위와 아래 표면에서의 계기압력은 각각 $\rho_f gs$ 및 $\rho_f g(s+h)$이다. 정수력 $F_{top} = \rho_f gsA$는 윗면에 아래쪽으로 작용하고, 보다 큰 힘 $F_{bottom} = \rho_f g(s+h)A$는 판의 아랫면에 위쪽으로 작용한다. 이들 두 힘 사이의 차이가 순수 상향력이고, 이를 **부력**이라 한다.

$$F_B = F_{bottom} - F_{top} = \rho_f g(s+h)A - \rho_f gsA = \rho_f ghA = \rho_f gV \quad \textbf{(3-32)}$$

여기서 $V = hA$는 판의 체적이다. 그러나 관계식 $\rho_f gV$는 단순히 판의 체적과 동일한 체적을 갖는 액체의 무게이다. 따라서 **판에 작용하는 부력은 판에 의해 배제되는 액체의 무게와 같다**는 결론을 얻는다. 일정한 밀도를 갖는 유체에 대해, 부력은 자유표면으로부터 물체까지의 거리와 무관함을 주목하라. 이는 또한 고체 물체의 밀도와도 무관하다.

식 (3-32)는 단순한 형상에 대해 유도되었지만, 이 관계식은 물체의 형상에 상관없이 어떤 물체에나 유효하다. 이는 힘의 평형에 의해 수학적으로 보일 수 있으나, 간단히 다음 논의에 의해서도 보일 수 있다. 즉, 정지 유체 내에 잠겨 있는 임의의 형상을 갖는 고체 물체를 고려하고, 이를 같은 수직 위치에 있는 점선으로 표시된 동일 형상의 유체 물체와 비교해 보자(그림 3-43). 두 물체의 경계에서 단지 깊이에 따라 변하는 압력의 분포는 동일하므로, 이들 두 물체에 작용하는 부력은 서로 같다. 가상의 유체 물체는 정적 평형상태에 있고, 따라서 유체 물체에 작용하는 순수 힘과 순수 모멘트는 영이다. 그러므로 상향의 부력은 고체 물체의 체적과 동일한 체적을 가지는 가상의 유체 물체의 무게와 같아야만 한다. 더욱이 무게와 부력은 영의 모멘트를 갖기 위해서는 동일한 작용선을 가져야만 한다. 이 결과는 그리스 수학자 Archimedes(287-212 BC)의 이름을 따서 **Archimedes 원리**라고 알려져 있고, 다음과 같이 기술한다.

유체 내에 잠겨 있는 균일한 밀도의 물체에 작용하는 부력은 그 물체에 의해 배제된 유체 무게와 같고, 부력은 배제된 체적의 도심을 지나 상향으로 작용한다.

떠 있는 물체에 대하여 물체 전체의 무게는 부력과 동일해야 하며, 여기서 부력은 떠 있는 물체의 **잠겨 있는 부분**의 체적과 같은 체적을 가지는 유체의 무게이다.

$$F_B = W \rightarrow \rho_f gV_{sub} = \rho_{avg,\,body} gV_{total} \rightarrow \frac{V_{sub}}{V_{total}} = \frac{\rho_{avg,\,body}}{\rho_f} \quad \textbf{(3-33)}$$

그러므로 떠 있는 물체의 잠겨 있는 부분의 체적비는 유체 밀도에 대한 물체의 평균 밀도의 비와 같다. 밀도비가 1 이상일 경우, 떠 있는 물체는 완전히 잠기게 됨을 주목하라.

이들 논의로부터 유체 내에 잠겨 있는 물체는 (1) 그 평균 밀도가 유체의 밀도와 같을 때 유체 내의 어느 위치에서나 정지한 상태로 유지되고, (2) 그 평균 밀도가 유체의 밀도보다 클 경우 바닥에 가라앉으며, 그리고 (3) 그 평균 밀도가 유체의 밀도보다 작을 경우 유체의 표면으로 떠오르게 된다는 것을 알 수 있다(그림 3-44).

액체의 표면에 떠있는 어떤 물체에 대해, 그 물체의 총 중량은 그것이 배제시킨 액체의 중량보다 분명히 작아야만 한다. 이는 물체의 일부분이 잠겨 있고(부피 $V_{\text{submerged}}$), 나머지 부분은 액체의 수면 위로 떠있는 경우를 상정해 봄으로써 알 수 있다. 시스템이 정지해 있으므로, 두 수직력 W와 F_B는 여전히 균형을 이루어야만 한다.

$$W = F_B = \rho_f g V_{\text{submerged}} \quad \rightarrow \quad V_{\text{submerged}} = W/\rho_f g$$

무게 W를 알고 있는 물체에 대해, 액체 밀도 ρ_f가 증가함에 따라 ρ_f가 분모에 있기 때문에 잠기게 되는 물체의 체적은 점점 줄어든다는 것을 알 수 있다(그림 3-45를 보라).

부력은 유체의 밀도에 비례하고, 따라서 공기와 같은 기체가 가하는 부력은 무시할 만하다고 생각할 수 있다. 이는 일반적으로 해당되는 경우지만, 중대한 예외도 있다. 예를 들어, 어떤 사람의 체적이 약 0.1 m^3이고, 공기의 밀도를 1.2 kg/m^3으로 잡으면 공기가 사람에 가하는 부력은 다음과 같다.

$$F_B = \rho_f g V = (1.2\ \text{kg/m}^3)(9.81\ \text{m/s}^2)(0.1\ \text{m}^3) \cong 1.2\ \text{N}$$

80 kg인 사람의 무게는 $80 \times 9.81 = 788$ N이다. 그러므로 이 경우 부력을 무시하면 무게에 있어 겨우 0.15퍼센트의 오차를 발생하며, 이는 무시할 만하다. 그러나 기체에 있어서 부력 효과는 차가운 환경에서 더운 공기의 상승과 그에 따른 자연대류 흐름의 시작, 뜨거운 공기 풍선 또는 헬륨 풍선의 상승과 대기 중의 공기 유동과 같은 몇몇 중요한 자연 현상을 주도한다. 예를 들어, 헬륨 풍선은 공기 밀도(이는 고도에 따라 감소한다)가 풍선 내의 헬륨 밀도와 같아지는 고도에 이를 때까지 부력의 결과로 상승한다. 여기서 풍선이 그때까지 터지지 않는다고 가정하고, 풍선 외피의 무게는 무시한다. 열기구(그림 3-46)도 유사한 원리로 작동한다.

대륙이 마그마의 바다 위에 떠있는 것으로 고려하는 것은 Archimedes의 원리를 지질학에서도 이용하는 것이다.

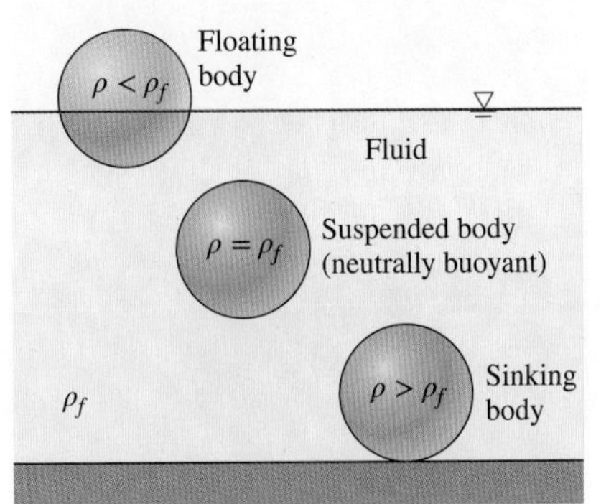

그림 3-44
유체 속으로 떨어뜨린 고체는 유체 밀도에 상대적인 고체의 평균 밀도에 따라 가라앉거나, 떠 있거나, 또는 유체 속의 어느 위치에 정지한 상태로 유지될 것이다.

그림 3-45
사해의 물의 밀도는 순수한 물의 밀도보다 약 24% 높다. 그러므로 사람들은 민물이나 보통 바닷물에서보다 사해에서 쉽게(물 위로 몸이 더 많이) 뜬다.
Photo by Andy Cimbala. Used with permission.

예제 3-10 비중계에 의한 비중 측정

만약 바닷물 수족관이 있다면, 바닷물의 염도 측정을 위해 약간의 납덩이를 바닥에 넣은 작은 원통형 유리관을 이용하여, 유리관이 얼마나 가라앉는지를 살펴봄으로써 간단히 염도 측정을 할 수 있을 것이다. 이와 같은 장치는 **액체 비중계**(hydrometer)라 불리며, 수직 자세로 떠 있으며 액체의 비중을 측정하는데 이용한다(그림 3-47). 비중계의 위 부분은 액체 수면 위로 나와 있고, 눈금이 새겨있어 비중을 직접 읽을 수 있다. 순수한 물에 대하여, 비중계는 공기-물 계면에서 정확히 1.0을 읽도록 보정된다. (a) 순수한 물에 해당하는 눈금으로부터의 거리 Δz의 함수로서 액체 비중에 대한 관계식을 구하고 (b) 비중계가 순수한 물속에서 절반(10 cm 눈금)이 떠 있게 된다면, 직경이 1 cm, 길이가 20 cm인 비중계에 넣어야 하는 납의 질량을 계산하라.

풀이 비중계로 액체의 비중을 측정하고자 한다. 비중과 기준 수위로부터의 수직 거리 사

그림 3-46
열기구의 고도는 풍선의 내부와 외부 공기 사이의 온도 차이에 의해 조절되며 이는 더운 공기가 차가운 공기보다 밀도가 낮기 때문이다. 열기구가 떠오르지도 떨어지지도 않을 때 상향 부력은 하향 무게와 정확히 평형을 이룬다.

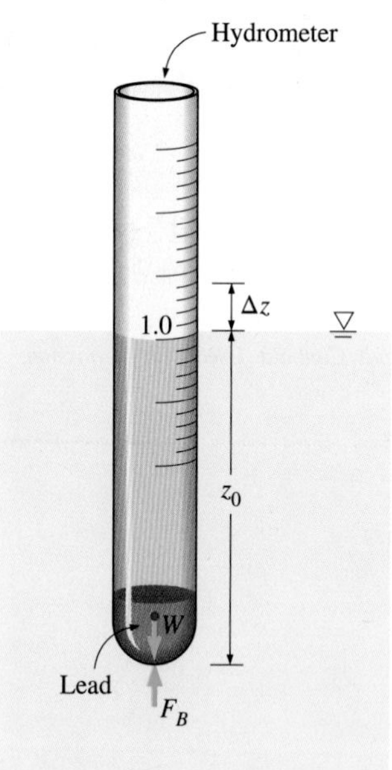

그림 3-47
예제 3-10에 대한 개략도.

이의 관계식을 구하고, 비중계 관 속에 넣어야 하는 납의 양을 구하고자 한다.

가정 **1** 유리관의 무게는 넣은 납의 무게와 비교할 때 무시할 수 있다. **2** 관 바닥의 곡률은 무시한다.

상태량 순수한 물의 밀도를 1000 kg/m³으로 취한다.

해석 (a) 비중계가 정적 평형상태에 있음을 주목하면, 액체가 가하는 부력 F_B는 항상 비중계의 무게 W와 같아야만 한다. 순수한 물에서(하첨자 w), 비중계의 바닥과 물의 자유표면 사이의 수직 거리를 z_0로 설정한다. 이 경우, $F_{B,w}=W$로 놓으면 다음과 같다.

$$W_{\text{hydro}} = F_{B,w} = \rho_w g V_{\text{sub}} = \rho_w g A z_0 \tag{1}$$

여기서 A는 관의 단면적이고, ρ_w는 순수한 물의 밀도이다.

물보다 가벼운 유체에서($\rho_f < \rho_w$) 비중계는 더 깊게 가라앉을 것이고, 액체의 수위는 z_0 위로 거리 Δz가 될 것이다. 다시 $F_B=W$로 놓으면 다음과 같게 된다.

$$W_{\text{hydro}} = F_{B,f} = \rho_f g V_{\text{sub}} = \rho_f g A(z_0 + \Delta z) \tag{2}$$

이 관계식은 또한 Δz를 음의 값으로 취함으로써, 물보다 무거운 유체에 대해서도 유효하다. 여기서 비중계의 무게는 일정하므로 식 (1)과 (2)를 서로 같게 놓고, 정리하면 다음과 같다.

$$\rho_w g A z_0 = \rho_f g A(z_0 + \Delta z) \quad \rightarrow \quad \text{SG}_f = \frac{\rho_f}{\rho_w} = \frac{z_0}{z_0 + \Delta z}$$

이는 유체의 비중과 Δz 사이의 관계식이다. z_0는 주어진 비중계에 대해 일정하고 Δz는 순수한 물보다 무거운 유체에 대해서 음의 값이 됨을 주목하라.

(b) 유리관의 무게를 무시하면, 납의 무게가 부력과 같아야 하는 조건으로부터 관에 넣어야 할 납의 양이 결정된다. 비중계가 그 절반이 물속에 잠긴 채 떠있을 때, 비중계에 작용하는 부력은 다음과 같다.

$$F_B = \rho_w g V_{\text{sub}}$$

F_B를 납의 무게와 같게 놓으면 다음과 같이 된다.

$$W = mg = \rho_w g V_{\text{sub}}$$

m에 대해 풀고 대입하면, 납의 질량은 다음과 같이 계산된다.

$$m = \rho_w V_{\text{sub}} = \rho_w(\pi R^2 h_{\text{sub}}) = (1000 \text{ kg/m}^3)[\pi(0.005 \text{ m})^2(0.1 \text{ m})] = \mathbf{0.00785 \text{ kg}}$$

토의 만약 비중계가 5 cm만 물속에 가라앉도록 요구된다면, 필요한 납의 질량은 이 양의 절반이 될 것임을 주목하라. 또한 유리관의 무게는 무시할 수 있다는 가정은 납의 질량이 겨우 7.85 g이므로 의심스럽다.

예제 3-11 수면 아래의 얼음 블록의 높이

바닷물에 떠있는 커다란 육면체 얼음 블록을 고려해 보자. 얼음과 바닷물의 비중은 각각 0.92와 1.025이다. 만약 얼음 블록의 25 cm 높이 부분이 물의 수면 밖으로 나와 있다면, 수면 아래의 얼음 블록의 높이를 구하라.

풀이 물의 수면 위로 나와 있는 얼음 블록 부분의 높이가 측정된다. 수면 아래의 얼음 블록의 높이를 구해야 한다.

가정 1 공기 중의 부력은 무시할 수 있다. 2 얼음 블록의 윗면은 바다의 수면과 평행하다.

상태량 얼음과 바닷물의 비중은 각각 0.92와 1.025로 주어지고, 그에 따른 밀도는 920 kg/m³과 1025 kg/m³이다.

해석 그림 3-48에 보인 것처럼 유체 속에 떠있는 물체의 무게는 그것에 작용하는 부력과 같다(정적 평형으로부터 수직력의 균형의 결과). 그러므로

$$W = F_B \quad \rightarrow \quad \rho_{\text{body}} g V_{\text{total}} = \rho_{\text{fluid}} g V_{\text{submerged}}$$

$$\frac{V_{\text{submerged}}}{V_{\text{total}}} = \frac{\rho_{\text{body}}}{\rho_{\text{fluid}}}$$

육면체의 단면적은 일정하고, 따라서 "체적 비"는 "높이 비"로 대체될 수 있다. 그러면

$$\frac{h_{\text{submerged}}}{h_{\text{total}}} = \frac{\rho_{\text{body}}}{\rho_{\text{fluid}}} \quad \rightarrow \quad \frac{h}{h + 0.25} = \frac{\rho_{\text{ice}}}{\rho_{\text{water}}} \quad \rightarrow \quad \frac{h}{h + 0.25 \text{ m}} = \frac{920 \text{ kg/m}^3}{1025 \text{ kg/m}^3}$$

여기서 h는 수면 아래의 얼음 블록의 높이이다. h에 대해 풀면

$$h = \frac{(920 \text{ kg/m}^3)(0.25 \text{ m})}{(1025 - 920) \text{ kg/m}^3} = \mathbf{2.19 \text{ m}}$$

토의 0.92/1.025 = 0.898이므로 약 90%의 얼음 블록의 부피가 수면 아래에 남게 된다는 점을 주목하라. 대칭형의 얼음 블록에 있어서, 이 비율은 또한 수면 아래 남게 되는 높이 부분을 나타낸다. 이 비율이 빙산에도 역시 적용되는데, 이로써 빙산의 방대한 부분이 물에 잠겨있는 현상을 이해할 수 있다.

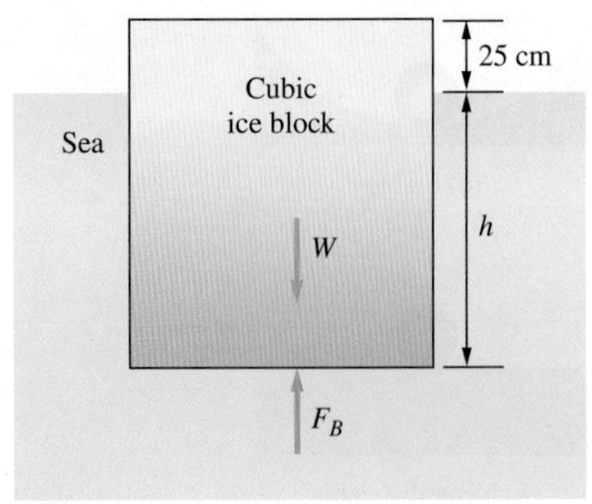

그림 3-48
예제 3-11에 대한 개략도.

잠겨 있는 물체와 떠 있는 물체의 안정성

부력 개념의 중요한 응용분야는 외부 부착물이 없는 잠겨 있는 물체와 떠 있는 물체의 안정성에 대한 평가이다. 이 주제는 선박과 잠수함의 설계에 있어서 매우 중요하다(그림 3-49). 여기에 몇 가지 수직 및 회전 안정성에 관한 일반적인 정성적 논의를 수행한다.

기본적인 안정성 및 불안정성의 개념을 설명하기 위해 고전적인 "마루 위의 공"과의 상사성을 이용한다. 그림 3-50은 마루 위에 정지해 있는 세 개의 공을 보여준다. 경우 (a)는 어떤 작은 교란(누군가가 공을 오른쪽 혹은 왼쪽으로 움직인다)도 공을 원래의 위치로 되돌리는 복원력(중력에 기인한)을 발생시키므로 **안정하다**(stable). 경우 (b)는 누군가가 공을 오른쪽 혹은 왼쪽으로 움직인다면, 공이 새로운 위치에 놓인 대로 정지해 있기 때문에 **중립적으로 안정하다**(neutrally stable). 공이 원래 위치로 되돌아가거나, 계속해서 멀리 움직여 나가려는 경향을 갖지 않는다. 경우 (c)는 공이 한 순간에는 정지한 상태로 있는 상황이지만, 아무리 미소한 교란이라 할지라도 그 교란에 공이 언덕 위로부터 굴러 떨어지게 된다. 공은 원래 위치로 되돌아가기보다는 그로부터 오히려 **멀어진다**. 이 상황은 **불안정한**(unstable) 것이다. 공이 **경사진** 마루 위에 있는 경우는 어떠할까? 이 경우에 대해 안정성을 논의하기에는 적절하지 않다. 그 이유

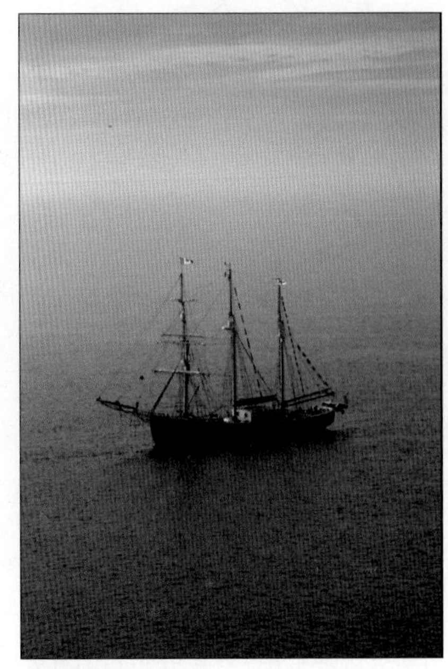

그림 3-49
선박과 같은 떠 있는 물체에 대해 안정성은 안전을 위한 중요한 고려 사항이다.

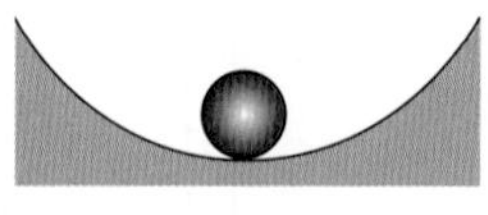

(*a*) Stable

(*b*) Neutrally stable

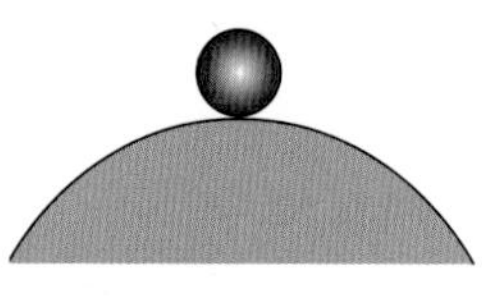

(*c*) Unstable

그림 3-50
안정성은 마루 위의 공을 해석함으로써 쉽게 이해된다.

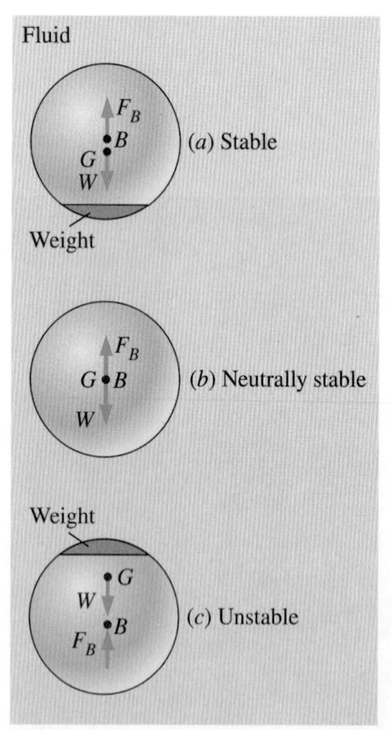

그림 3-51
잠겨 있는 중립적으로 부력을 받는 물체는 (*a*) 만약 물체의 무게중심 *G*가 부력중심 *B*의 바로 아래에 있을 경우 안정하고, (*b*) 만약 *G*와 *B*가 일치하면 중립적으로 안정하며, (c) 만약 *G*가 *B*의 바로 위에 있을 경우엔 불안정하다.

는 공이 평형 상태에 있지 않기 때문이다. 달리 말하면, 공은 정지한 상태로 있을 수 없고 아무런 교란이 없더라도 언덕을 굴러 떨어질 것이다.

정적 평형에 있는 잠겨 있는 또는 떠 있는 물체에 대해, 물체에 작용하는 중량과 부력은 서로 평형을 이루고, 이러한 물체는 **수직방향**으로는 본질적으로 안정하다. 만약 잠겨 있는 중립적으로 부력을 받는 물체가 비압축성 유체 내에서 다른 깊이로 들어 올려지거나 낮추어지면, 그 물체는 그 위치에서 평형 상태로 유지될 것이다. 만약 떠 있는 물체가 수직력으로 다소간 들어올려지거나 낮추어지면, 그 물체는 외력이 제거되자마자 원래의 위치로 되돌아갈 것이다. 그러므로 떠 있는 물체는 수직 안정성을 가지는 반면에, 잠겨 있는 중립적으로 부력을 받는 물체는 교란 뒤에 원래 위치로 되돌아가지 않기 때문에 중립적으로 안정하다.

잠겨 있는 물체의 회전 안정성은 물체의 **무게중심** *G*와 배제 체적의 도심인 **부력중심** *B*의 상대적 위치에 의존한다. 잠겨 있는 물체는 만약 물체가 바닥 쪽이 무겁고 따라서 점 *G*가 점 *B* 바로 아래에 있을 때는 **안정하다**(그림 3-51*a*). 이와 같은 경우에서 물체의 회전 교란은 물체를 원래 안정한 위치로 되돌리기 위한 **복원 모멘트**를 발생시킨다. 따라서 잠수함에 대한 안정적 설계는 무게를 가급적이면 가능한 한 바닥으로 이동시키기 위해 기관실과 승무원실을 아래쪽 하반부에 위치하도록 요구한다. 또한 열기구 또는 헬륨 기구는(공기 중에 잠겨 있는 것으로 볼 수 있는데) 안정한데, 이는 짐을 운반하는 무거운 바구니가 바닥에 위치하기 때문이다. 무게중심 *G*가 점 *B* 바로 위에 놓이는 잠겨 있는 물체는 **불안정**하고, 어떤 교란이라도 이 물체를 뒤집어지도록 할 것이다(그림 3-51*c*). *G*와 *B*가 일치하는 물체는 **중립적으로 안정**하다(그림 3-51*b*). 이는 밀도가 전체적으로 일정한 물체의 경우이다. 이와 같은 물체는 그 자신을 뒤집거나 올바로 세우려는 경향은 없다.

무게중심이 부력중심과 수직으로 일직선상에 있지 않은 경우는 어떠할까(그림 3-52)? 이 경우에 대해 안정성을 논의하기에는 적절하지 않은데, 왜냐하면 물체가 평형 상태에 있지 않기 때문이다. 다른 말로, 물체는 정지한 상태로 있을 수 없고 아무런 교란이 없을지라도 안정한 상태를 향해 회전할 것이다. 그림 3-52의 경우에 있어서, 복원 모멘트는 반시계방향이므로 물체가 반시계방향으로 회전하여 점 *G*를 수직적으로 점 *B*에 정렬시키도록 만든다. 다소의 진동이 있을 수 있지만, 결국에 물체는 안정한 평형 상태에 안착함을 주목하라[그림 3-51의 경우 (*a*)]. 그림 3-52의 물체의 초기 안정성은 경사진 마루 위의 공의 경우와 닮았다. 만약 그림 3-52의 물체에 있어서 무게추가 물체의 반대쪽에 있다면, 어떤 일이 발생할지 예측할 수 있는가?

회전 안정성 기준은 **떠 있는 물체**에 대한 것과 유사하다. 만약 떠 있는 물체가 바닥 쪽이 무겁고 따라서 무게중심 *G*가 부력중심 *B* 바로 아래에 위치한다면, 물체는 항상 안정하다. 그러나 잠겨 있는 물체와 달리 떠 있는 물체는 *G*가 *B* 바로 위에 있을 때에도 여전히 안정할 수 있다(그림 3-53). 이는 물체의 무게중심 *G*는 변하지 않지만, 회전 교란 중에 배제된 체적의 도심이 점 *B*′으로 이동되기 때문이다. 만약 점 *B*′이 충분히 멀리 떨어진 경우, 이들 두 힘은 복원 모멘트를 만들고 물체를 원래 위치로 되돌린다. 떠 있는 물체에 대한 안정성의 척도는 **부력경심 높이**(metacentric height) *GM*인데, 이는 무게중심 *G*와 부력경심(metacenter) *M* 사이의 거리이다. 여기서 부력경심은

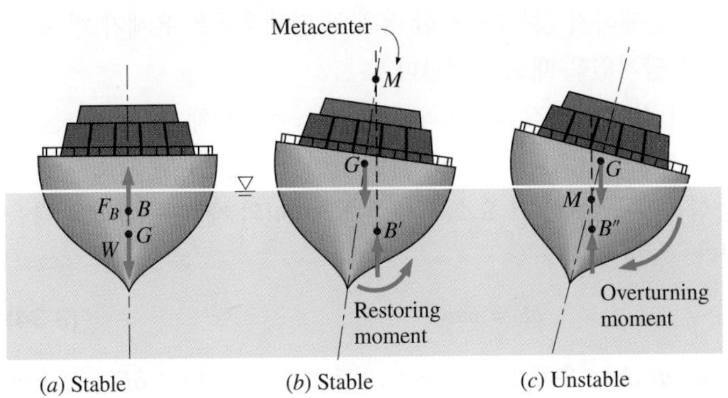

그림 3–53
물체가 (a) 바닥이 무겁고 따라서 무게중심 G가 물체의 부력중심 B의 아래에 있을 경우, 또는 (b) 부력경심 M이 점 G 위에 있을 경우 떠 있는 물체는 안정하다. 그러나 (c) 점 M이 점 G 아래에 있다면 그 물체는 불안정하다.

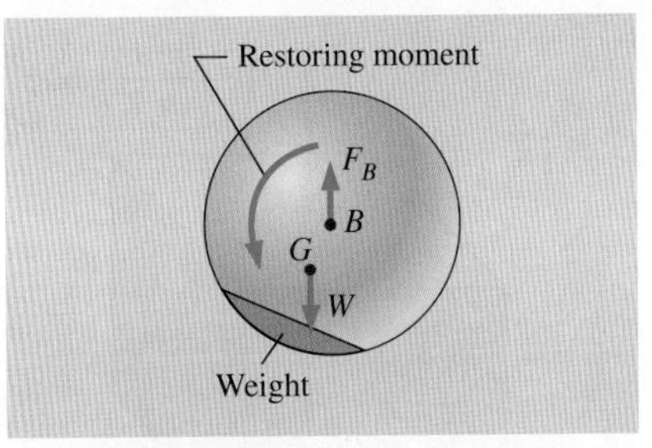

그림 3–52
잠겨 있는 중립적으로 부력을 받는 물체의 무게중심 G가 물체의 부력중심 B와 수직으로 정렬되어 있지 않을 때, 물체는 평형 상태에 있지 않으며, 아무런 교란이 없을지라도 안정한 상태로 회전하려 할 것이다.

회전 전후에 물체를 관통하는 부력의 작용선들의 교차점이다. 부력경심은 약 20°까지의 작은 롤링 각도에 있어서 대부분의 선체 형상에 대해 고정된 점으로 간주될 수 있다. 일반적인 부력경심의 높이는 유람선은 0.3~0.7 m, 요트는 0.9~1.5 m, 화물선은 0.6~0.9 m, 그리고 군함은 0.75~1.3 m이다. 떠 있는 물체는 점 M이 점 G 위에 있다면 안정하고, 따라서 GM은 양이며, 점 M이 점 G 아래에 있다면 불안정하고, 따라서 GM은 음이다. 후자의 경우, 기울어진 물체에 작용하는 중량과 부력은 복원 모멘트 대신에 전복 모멘트를 발생시켜 물체를 뒤집히게 만든다. G 위의 부력경심 높이 GM의 길이는 안정성의 척도를 나타내며, 이것이 클수록 뜨는 물체는 더 안정하다.

이미 논의한 바와 같이, 보트는 전복되지 않고 어떤 최대 각도까지 기울어질 수 있지만, 그 각도를 넘어서면 전복된다(그리고 가라앉는다). 떠 있는 물체의 안정성과 마루를 따라 구르는 공의 안정성 사이의 유사성을 최종적으로 확인한다. 즉 두 개의 언덕 사이의 골에 놓인 공을 상상하자(그림 3-54). 공은 교란된 후, 어떤 한계까지는 안정된 평형 위치로 되돌아온다. 만약 교란의 진폭이 너무 크다면, 공은 언덕의 반대쪽으로 굴러 내려가고, 평형 위치로 되돌아오지 않는다. 이 상황은 교란의 어떤 한계 수준까지는 안정하지만, 그 수준을 넘어서면 불안정한 것으로 묘사된다.

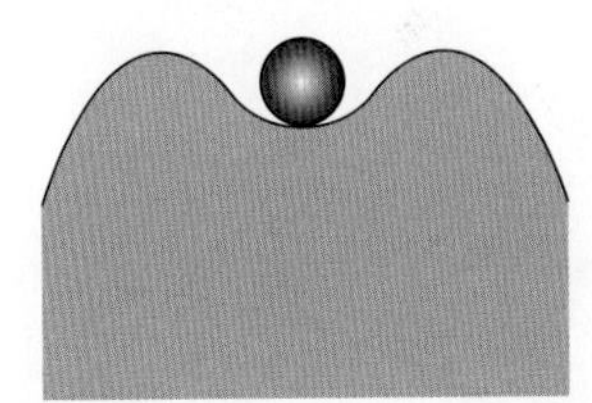

그림 3–54
두 개의 언덕 사이의 골짜기에 놓인 공은 작은 교란에 대해 안정하지만, 큰 교란에 대해 불안정하다.

3–7 ■ 강체운동 중인 유체

3-1절에서 한 점에서의 압력은 모든 방향으로 동일한 크기를 가지며, 따라서 압력은 **스칼라** 함수임을 보였다. 이 절에서는 전단응력이 없을 때(즉 유체층들 사이에 서로 상대적인 운동이 없을 때) 가속도를 갖거나 또는 갖지 않는 고체 물체처럼 움직이는 유체 내의 압력 변화에 대한 관계식을 구한다.

우유나 휘발유 같은 다량의 유체는 탱커 내에 담겨서 운송된다. 가속되는 탱커 내에서 유체는 뒤로 쏠리고, 처음엔 다소간 출렁거림이 일어난다. 그러나 곧 새로운 자유표면(보통은 수평이 아닌)이 형성되고, 각 유체 입자는 동일한 가속도를 가지며, 전체 유체가 강체처럼 움직인다. 변형이 없고 따라서 모양이 변하지 않으므로 유체 덩

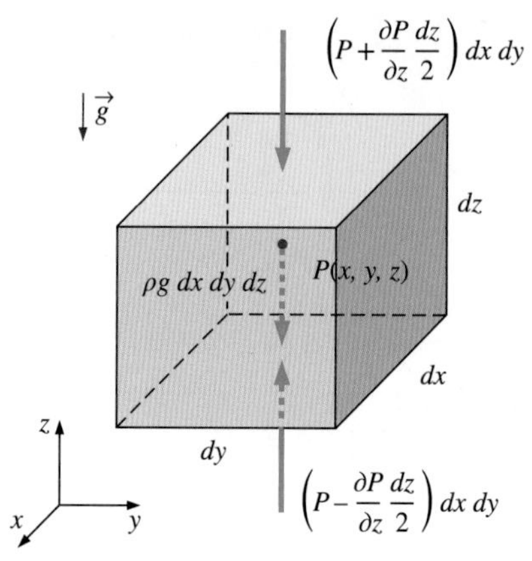

그림 3–55
미소 유체요소에 수직방향으로 작용하는 표면력 및 체적력.

어리 안에서 전단응력은 존재하지 않는다. 또한 유체의 강체운동은 유체가 한 축에 대해 회전하는 탱크 내에 담겨있을 때도 일어난다.

x, y와 z방향으로 변의 길이가 각각 dx, dy와 dz인 미소 직육면체 유체 요소를 고려하자(그림 3-55). 여기서 z축은 수직방향으로 위로 향한다. 미소 유체 요소가 **강체**(rigid body)처럼 거동함을 주목하면, 이 요소에 대한 **Newton의 제2운동법칙**은 다음과 같이 표현될 수 있다.

$$\delta\vec{F} = \delta m \cdot \vec{a} \tag{3-34}$$

여기서 $\delta m = \rho\, dV = \rho\, dx\, dy\, dz$는 유체 요소의 질량, $\vec{a}$는 가속도, 그리고 $\delta\vec{F}$는 요소에 작용하는 순수 힘이다.

유체 요소에 작용하는 힘은, 요소 전체에 걸쳐 작용하며 요소 체적에 비례하는 중력(그리고 또한 본 교재에서는 고려하지 않을 전기와 자기력)과 같은 **체적력**(body force)과 요소의 표면에 작용하며 표면적에 비례하는 압력 힘(전단응력은 역시 표면력이지만, 유체 요소의 상대적인 위치가 변하지 않는 이 경우에는 적용되지 않는다)과 같은 **표면력**(surface force)으로 구성된다. 표면력은 해석을 위해 유체 요소가 주위로부터 고립됨에 따라 나타나며, 떼어낸 물체의 효과는 그 위치에서의 힘으로 대체된다. 압력은 주위 유체가 유체 요소에 가한 압축력을 나타내며, 항상 표면에 수직이며 표면 안쪽을 향하고 있음에 유의하라.

요소의 중심에서의 압력을 P로 잡으면, 요소의 윗면과 아랫면에서의 압력은 절단된 Taylor 급수 전개(그림 3-56)를 이용하여 각각 $P+(\partial P/\partial z)\, dz/2$와 $P-(\partial P/\partial z)\, dz/2$로 표현될 수 있다. 표면에 작용하는 압력 힘은 평균 압력에 표면적을 곱한 것과 같음을 주목하면, z방향으로 요소에 작용하는 순수 표면력은 윗면과 아랫면 위에 작용하는 압력 힘 사이의 차이이다.

$$\delta F_{S,z} = \left(P - \frac{\partial P}{\partial z}\frac{dz}{2}\right) dx\, dy - \left(P + \frac{\partial P}{\partial z}\frac{dz}{2}\right) dx\, dy = -\frac{\partial P}{\partial z}\, dx\, dy\, dz \tag{3-35}$$

유사하게, x와 y방향으로의 순수 힘들은 다음과 같다.

$$\delta F_{S,x} = -\frac{\partial P}{\partial x}\, dx\, dy\, dz \quad \text{그리고} \quad \delta F_{S,y} = -\frac{\partial P}{\partial y}\, dx\, dy\, dz \tag{3-36}$$

전체 요소에 작용하는 표면력은(이는 단순히 압력 힘이다) 벡터 형태로 다음과 같이 표현될 수 있다.

$$\begin{aligned}\delta\vec{F}_S &= \delta F_{S,x}\vec{i} + \delta F_{S,y}\vec{j} + \delta F_{S,z}\vec{k} \\ &= -\left(\frac{\partial P}{\partial x}\vec{i} + \frac{\partial P}{\partial y}\vec{j} + \frac{\partial P}{\partial z}\vec{k}\right) dx\, dy\, dz = -\vec{\nabla}P\, dx\, dy\, dz\end{aligned} \tag{3-37}$$

여기서 $\vec{i}$, $\vec{j}$, $\vec{k}$는 각각 x, y와 z방향으로의 단위 벡터이고,

$$\vec{\nabla}P = \frac{\partial P}{\partial x}\vec{i} + \frac{\partial P}{\partial y}\vec{j} + \frac{\partial P}{\partial z}\vec{k} \tag{3-38}$$

은 **압력 구배**이다. $\vec{\nabla}$ 또는 "델(del)"은 스칼라 함수의 구배를 간결하게 벡터 형태로 표

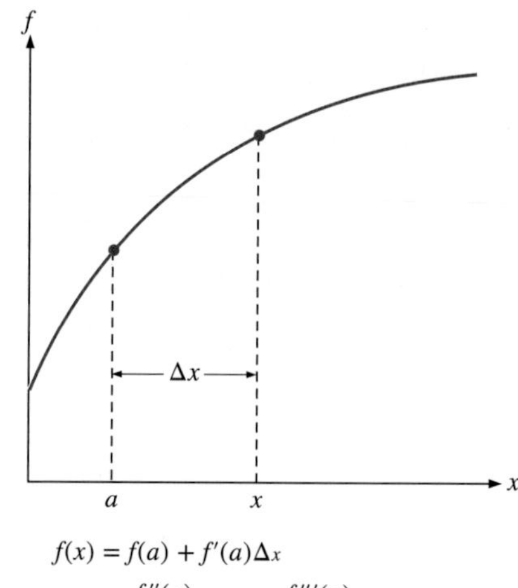

그림 3–56
a점에서 어떤 인근 점 x까지 f의 Taylor 급수 전개. x를 작게 취하면 우변의 처음 두 항만 남겨두고 급수를 1차로 절단하는 것이 보통이다.

현하기 위해 사용되는 벡터 연산자임을 주목하라. 또한 스칼라 함수의 **구배**는 하나의 주어진 **방향**으로 나타나고 따라서 **벡터량**이다.

유체 요소에 작용하는 유일한 체적력은 음의 z방향으로 작용하는 요소의 무게이고, 이는 $\delta F_{B,z} = -g\delta m = -\rho g\, dx\, dy\, dz$로 표현되거나 또는 벡터 형태로 다음과 같이 표현된다.

$$\delta \vec{F}_{B,z} = -g\delta m\vec{k} = -\rho g\, dx\, dy\, dz\vec{k} \tag{3-39}$$

요소에 작용하는 전체 힘은 다음과 같게 된다.

$$\delta \vec{F} = \delta \vec{F}_S + \delta \vec{F}_B = -(\vec{\nabla} P + \rho g\vec{k})\, dx\, dy\, dz \tag{3-40}$$

Newton의 제2운동법칙 $\delta\vec{F} = \delta m \cdot \vec{a} = \rho\, dx\, dy\, dz \cdot \vec{a}$에 대입하고 $dx\, dy\, dz$를 소거하면, 강체(전단응력이 없음)로서 거동하는 유체에 대한 일반 **운동방정식**은 다음과 같이 구해진다.

유체의 강체운동:
$$\vec{\nabla} P + \rho g\vec{k} = -\rho\vec{a} \tag{3-41}$$

벡터를 각 방향의 성분으로 분해하면, 이 관계식은 다음과 같이 보다 명백하게 표현할 수 있다.

$$\frac{\partial P}{\partial x}\vec{i} + \frac{\partial P}{\partial y}\vec{j} + \frac{\partial P}{\partial z}\vec{k} + \rho g\vec{k} = -\rho(a_x\vec{i} + a_y\vec{j} + a_z\vec{k}) \tag{3-42}$$

또는, 세 개의 직교방향으로의 스칼라 형태로 표현하면 다음과 같이 쓸 수 있다.

가속되는 유체:
$$\frac{\partial P}{\partial x} = -\rho a_x, \quad \frac{\partial P}{\partial y} = -\rho a_y, \quad \frac{\partial P}{\partial z} = -\rho(g + a_z) \tag{3-43}$$

여기서 a_x, a_y 및 a_z는 각각 x, y 및 z방향으로의 가속도이다.

특수한 경우 1: 정지 상태의 유체

정지 상태에 있거나 또는 등속도로 직선 경로 위를 움직이는 유체에 대해, 모든 가속도 성분은 영이고, 식 (3-43)에서의 관계는 다음으로 귀결된다.

정지 상태의 유체:
$$\frac{\partial P}{\partial x} = 0, \quad \frac{\partial P}{\partial y} = 0, \quad \frac{dP}{dz} = -\rho g \tag{3-44}$$

이 식은 정지 상태에 있는 유체에서 압력은 수평방향으로는 일정하고(P는 x와 y에 독립적이다), 중력의 결과로서 수직방향으로만 변한다는[따라서 $P = P(z)$] 사실을 확인한다. 이들 관계식은 압축성 및 비압축성 유체 모두에 적용할 수 있다(그림 3-57).

그림 3–57
정지해 있는 유리잔의 물은 유체의 강체운동의 특수한 경우이다. 유리잔의 물이 어떤 방향으로든지 등속도로 움직인다면, 정수력 방정식이 여전히 적용될 것이다.

특수한 경우 2: 유체 덩어리의 자유낙하

자유낙하하는 물체는 중력의 영향하에 가속된다. 공기 저항을 무시할 수 있을 때, 물체의 가속도는 중력가속도와 같고 수평방향으로의 가속도는 영이다. 그러므로 $a_x = a_y = 0$ 및 $a_z = -g$이다. 가속하는 유체에 대한 운동방정식(식 3-43)은 다음과 같게 된다.

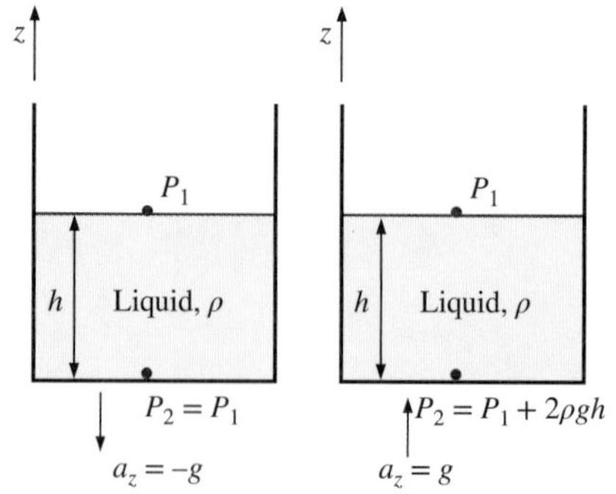

(a) 액체의 자유낙하 (b) $a_z=+g$로 액체의 상향가속

그림 3-58
가속도가 자유낙하 및 상향 가속 중인 액체의 압력에 미치는 영향.

자유낙하 유체: $$\frac{\partial P}{\partial x}=\frac{\partial P}{\partial y}=\frac{\partial P}{\partial z}=0 \quad \rightarrow \quad P=\text{constant} \tag{3-45}$$

그러므로 유체와 함께 운동하는 좌표계에서, 자유낙하 물체는 중력이 영인 환경 속에 있는 것처럼 거동한다. (이것이 바로 궤도를 돌고 있는 우주선에서의 상황이다. 많은 사람들이 중력이 영이라고 생각하지만, 중력은 영이 **아니다**!) 또한 자유낙하 중인 액체 방울 속의 계기 압력은 영이다(실제로 계기 압력은 표면장력 때문에 영보다 약간 높으며, 표면장력은 방울을 본래의 모양대로 유지시킨다).

유체 용기를 승강기 또는 로켓 엔진에 의해 상향으로 추진되는 우주선 내에 놓음으로써 운동의 방향이 반대로 되고, 유체가 $a_z=+g$로 수직방향으로 가속할 때, z방향의 압력구배는 $\partial P/\partial z=-2\rho g$이다. 그러므로 유체층을 가로질러 압력차는 정지 유체의 경우에 비해 두 배가 된다(그림 3-58).

직선 경로 위의 가속도

부분적으로 액체로 채워져 있는 용기를 고려하자. 용기가 등가속도로 직선 경로 위로 움직이고 있다. 그림 3-59에서 보는 바와 같이, 운동 경로를 수평면 위로 투영하여 생긴 선을 x축으로, 그리고 수직면 위로 투영하여 생긴 선을 z축으로 잡는다. 가속도의 x와 z성분은 a_x와 a_z이다. y방향으로의 운동은 없고, 따라서 y방향으로의 가속도는 영이다($a_y=0$). 가속하는 유체에 대한 운동방정식(식 3-43)은 다음과 같게 된다.

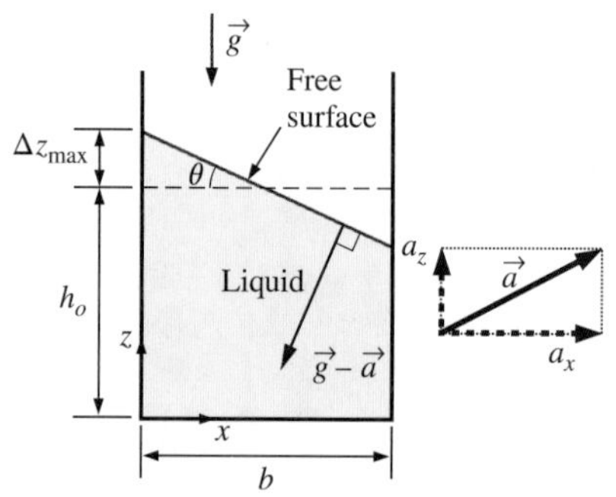

그림 3-59
선형적으로 가속되는 탱크 내에서의 액체의 강체운동. 유체는 정수력 방정식에서 $\vec{g}$가 $\vec{g}-\vec{a}$로 대체된 것을 제외하고 정지해 있는 유체처럼 거동한다.

$$\frac{\partial P}{\partial x}=-\rho a_x, \quad \frac{\partial P}{\partial y}=0, \quad \frac{\partial P}{\partial z}=-\rho(g+a_z) \tag{3-46}$$

그러므로 압력은 y에 독립적이다. $P=P(x, z)$의 전미분은 $(\partial P/\partial x)dx+(\partial P/\partial z)dz$이며 다음과 같게 된다.

$$dP=-\rho a_x\,dx-\rho(g+a_z)\,dz \tag{3-47}$$

$\rho=$일정일 때, 유체 내의 두 점 1과 2 사이의 압력차는 적분에 의해 다음과 같이 결정된다.

$$P_2-P_1=-\rho a_x(x_2-x_1)-\rho(g+a_z)(z_2-z_1) \tag{3-48}$$

점 1을 압력이 P_0인 원점($x=0$, $z=0$)으로 잡고, 점 2를 유체 속의 임의의 점으로 잡으면(하첨자 없음), 압력 분포는 다음과 같이 표현될 수 있다.

압력 변화: $$P=P_0-\rho a_x x-\rho(g+a_z)z \tag{3-49}$$

점 1에 상대적인 점 2에서의 자유표면의 수직 상승값(또는 하강값)은 1과 2 모두를 자유표면 위에 선정함으로써($P_1=P_2$가 되도록) 결정되며, 식 (3-48)을 z_2-z_1에 대해 풀면 다음과 같다(그림 3-60).

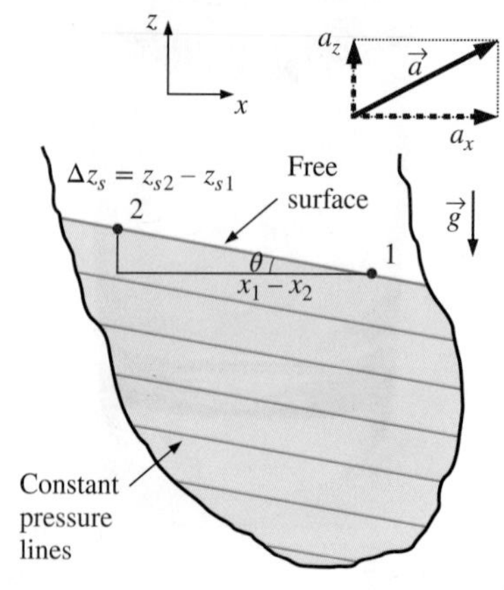

그림 3-60
선형적으로 가속되는 액체 내에서의 등압선(이는 등압면의 xz면 위로의 투영). 또한 수직 상승도 보이고 있다.

표면의 수직 상승값: $$\Delta z_s=z_{s2}-z_{s1}=-\frac{a_x}{g+a_z}(x_2-x_1) \tag{3-50}$$

여기서 z_s는 액체의 자유표면의 z좌표이다. **등압선**(isobar)이라 불리는 압력이 일정한 선(또는 면)에 대한 방정식은 식 (3-47)에서 $dP=0$으로 놓고 z를 z_{isobar}로 대체시킴으로써 얻어진다. 여기서 z_{isobar}는 면의 z좌표(수직 거리)인데 x의 함수이다.

등압면:

$$\frac{dz_{isobar}}{dx} = -\frac{a_x}{g + a_z} = \text{일정} \tag{3-51}$$

따라서 등가속도로 선형 운동 중인 비압축성 유체 내에서 등압면들(자유표면을 포함하여)은 평행한 면들이며, 등압선의 xz면에서의 기울기는 다음 식과 같게 된다.

등압선의 기울기:

$$\text{Slope} = \frac{dz_{isobar}}{dx} = -\frac{a_x}{g + a_z} = -\tan\theta \tag{3-52}$$

분명히 이러한 유체의 자유표면은 **평면**이고, $a_x = 0$(가속도는 수직방향으로만 존재한다)이 아닌 한 경사져 있다. 또한 비압축성 가정($\rho =$ **일정**)과 함께, 질량 보존으로부터 유체의 체적은 가속 전과 가속 중에 일정하게 유지되어야 한다. 그러므로 균형을 이루기 위해 한쪽에서 유체 수위가 상승하면, 다른 한쪽의 유체 수위는 하강하여야 한다. 이것은 액체가 용기 전체에 연속적으로 담겨 있는 한, 용기의 모양과 상관없이 사실이다(그림 3-61).

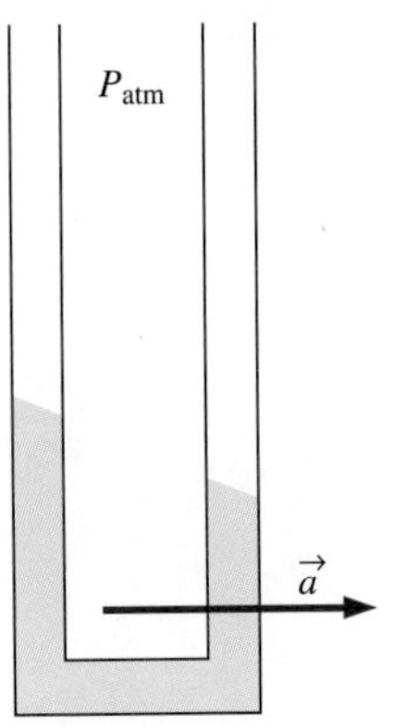

그림 3-61
용기가 어떤 모양을 갖더라도(U튜브 마노미터일지라도!) 그 용기 속의 연속된 액체가 일정률로 가속될 때, 액체는 기울어진 노출 표면을 갖는 강체처럼 행동한다. 노출된 표면 자체는 꼭 연속적일 필요는 없다.

예제 3-12 가속 중에 물탱크로부터의 넘침

바닥면이 2 m×0.6 m이고, 최초에 물로 가득 채워진 높이가 80 cm인 탱크가 트럭에 실려 운송된다(그림 3-62). 트럭은 10초 내에 0에서 90 km/h로 가속된다. 만약 가속 중에 물이 한 방울도 넘치지 않게 하려면, 탱크 내에 허용되는 최초 물 높이를 계산하라. 탱크의 긴 쪽과 짧은 쪽 중 어느 쪽을 운동방향과 평행하게 정렬하도록 추천하겠는가?

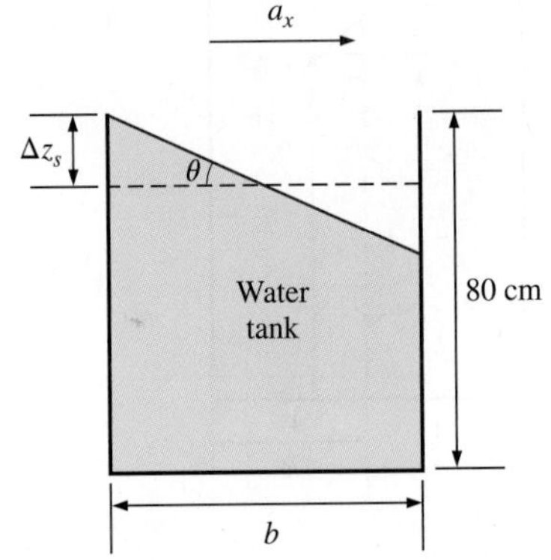

그림 3-62
예제 3-12에 대한 개략도.

풀이 탱크가 트럭에 실려 운송된다. 가속 중에 물이 흘러넘치지 않게 하기 위해 허용되는 물 높이와 정렬 방향을 구하고자 한다.

가정 **1** 가속 중에 도로는 수평이며 따라서 가속도는 수직 성분을 갖지 않는다($a_z = 0$). **2** 물의 출렁거림, 제동, 기어 변속, 둔덕 위로의 운전과 언덕 오르기 등의 효과는 부차적인 것이므로 고려하지 않는다. **3** 일정한 가속을 유지한다.

해석 x축을 운동방향으로, z축을 상향의 수직방향으로, 그리고 원점을 탱크의 아래 왼쪽 구석으로 잡는다. 트럭이 10초 내에 0으로부터 90 km/h로 간다는 것에 주목하면, 트럭의 가속도는 다음과 같다.

$$a_x = \frac{\Delta V}{\Delta t} = \frac{(90 - 0)\text{ km/h}}{10\text{ s}}\left(\frac{1\text{ m/s}}{3.6\text{ km/h}}\right) = 2.5\text{ m/s}^2$$

자유표면이 수평선과 만드는 각의 탄젠트는 다음과 같다.

$$\tan\theta = \frac{a_x}{g + a_z} = \frac{2.5}{9.81 + 0} = 0.255 \quad (\text{따라서 } \theta = 14.3°)$$

자유표면의 최대 수직 상승값은 탱크의 뒤쪽에서 발생하고, 수직 중앙면에서는 가속 중에 아무런 상승이나 하강이 없다. 이는 수직 중앙면이 대칭면이기 때문이다. 탱크의 두 가지 가능한 정렬방향에 대한 탱크 뒤쪽에서의 중앙면에 상대적인 수직 상승값은 다음과 같다.

경우 1: 긴 쪽이 운동방향과 평행할 때

$$\Delta z_{s1} = (b_1/2)\tan\theta = [(2\text{ m})/2] \times 0.255 = 0.255\text{ m} = \mathbf{25.5\text{ cm}}$$

경우 2: 짧은 쪽이 운동방향과 평행할 때

$$\Delta z_{s2} = (b_2/2) \tan \theta = [(0.6 \text{ m})/2] \times 0.255 = 0.076 \text{ m} = \mathbf{7.6 \text{ cm}}$$

그러므로 탱크가 뒤집어지는 문제가 없다고 가정하면, **당연히 탱크의 짧은 쪽이 운동방향과 평행하도록 방향을 잡는 것이 좋다.** 이 경우 탱크의 자유표면 수위가 7.6 cm 정도 낮아지도록 탱크를 비워줌으로써 가속 중에 물이 넘치는 것을 막을 수 있다.

토의 탱크의 방향이 수직 상승값을 조절하는데 중요하다는 점을 주목하라. 또한 이 해석은 풀이 과정에 물에 관한 어떤 정보도 이용하지 않았으므로, 물뿐만 아니라 밀도가 일정한 모든 유체에 대하여 유효하다.

원통형 용기 내에서의 회전

물이 채워져 있는 유리잔이 중심축에 대해 회전할 때, 유체는 원심력이라 불리는 힘의 결과로 바깥쪽으로 쏠리고, 액체의 자유표면은 오목해짐을 경험으로부터 알고 있다. 이와 같은 현상은 **강제 와류 운동**(forced vortex motion)으로 알려져 있다.

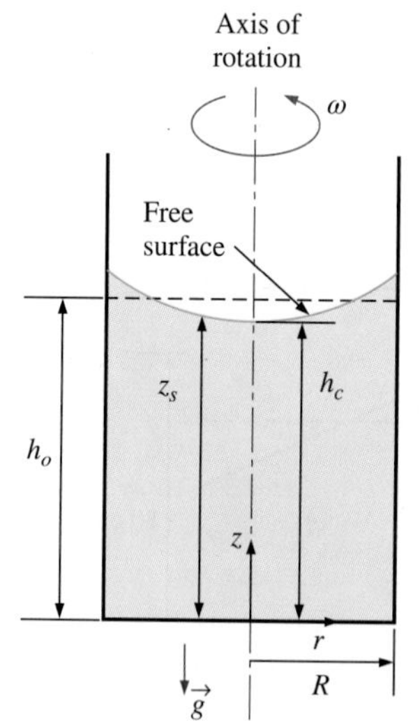

그림 3–63
회전하는 수직 원통형 용기 내의 액체의 강체운동.

부분적으로 액체가 채워져 있는 수직 원통형 용기를 고려하자. 그림 3-63에서 보는 바와 같이 용기는 지금 등각속도 ω로 중심축에 대해 회전한다. 초기의 과도 기간 후, 액체는 용기와 함께 강체로서 움직일 것이다. 이 경우 아무런 변형이 없고, 따라서 전단응력이 있을 수 없으며, 용기 내의 모든 유체 입자는 동일한 각속도로 움직인다.

이 문제는 용기의 모양이 원통이고, 유체 입자가 원형 운동을 하므로, 원통 좌표계 (r, θ, z)에서 가장 잘 해석된다. 여기서 z축은 바닥으로부터 자유표면을 향하는 방향으로 용기의 중심선을 따라 잡는다. 회전축으로부터 거리 r에서 등각속도 ω로 회전하는 유체 입자의 구심 가속도는 $r\omega^2$이고, 반경방향으로 회전축 쪽을 향한다(음의 r방향). 즉 $a_r = -r\omega^2$이다. 회전축인 z축에 대해 대칭이고, 따라서 θ에 대한 종속성은 없다. 따라서 $P = P(r, z)$ 및 $a_\theta = 0$이다. 또한 z방향으로 아무 운동도 없으므로 $a_z = 0$이다.

회전 유체에 대한 운동방정식(식 3-41)은 다음과 같게 된다.

$$\frac{\partial P}{\partial r} = \rho r\omega^2, \quad \frac{\partial P}{\partial \theta} = 0, \quad \frac{\partial P}{\partial z} = -\rho g \qquad \textbf{(3-53)}$$

$P = P(r, z)$의 전미분은 $dP = (\partial P/\partial \rho)dr + (\partial P/\partial z)dz$인데 다음과 같게 된다.

$$dP = \rho r\omega^2\, dr - \rho g\, dz \qquad \textbf{(3-54)}$$

등압면에 대한 방정식은 $dP = 0$으로 놓고 z를 z_{isobar}로 대체시킴으로써 얻어진다. 여기서 z_{isobar}는 면의 z값(수직 거리)인데 r의 함수이다.

$$\frac{dz_{\text{isobar}}}{dr} = \frac{r\omega^2}{g} \qquad \textbf{(3-55)}$$

적분하면, 등압면에 대한 방정식은 다음과 같이 결정된다.

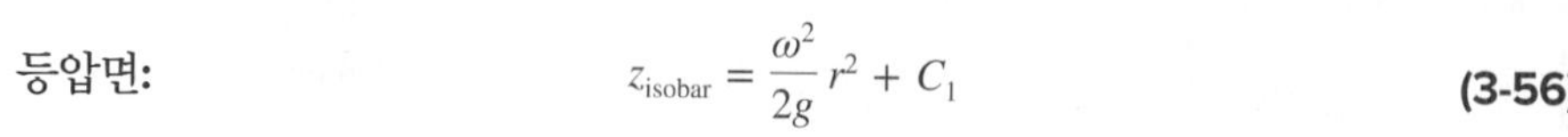

등압면: $$z_{\text{isobar}} = \frac{\omega^2}{2g} r^2 + C_1 \qquad \textbf{(3-56)}$$

이는 **포물선 방정식**이다. 따라서 자유표면을 포함한 등압면은 **회전체 포물면**이라는 결론을 얻는다(그림 3-64).

적분 상수 C_1의 값은 상이한 등압 포물면에 대해(즉 다른 등압선에 대해) 다른 값을 갖는다. 자유표면에 대해, 식 (3-56)에서 $r=0$으로 놓으면 $z_{\text{isobar}}(0)=C_1=h_c$가 된다. 여기서 h_c는 회전축을 따라 용기의 바닥으로부터 자유표면의 거리이다(그림 3-63). 그러므로 자유표면에 대한 방정식은 다음과 같게 된다.

$$z_s = \frac{\omega^2}{2g} r^2 + h_c \tag{3-57}$$

여기서 z_s는 반경 r에서 용기의 바닥으로부터 자유표면의 거리이다. 이 해석은 용기 내에 충분한 액체가 들어있어서 전체 바닥면이 액체로 덮여있다는 가정하에 수행된다.

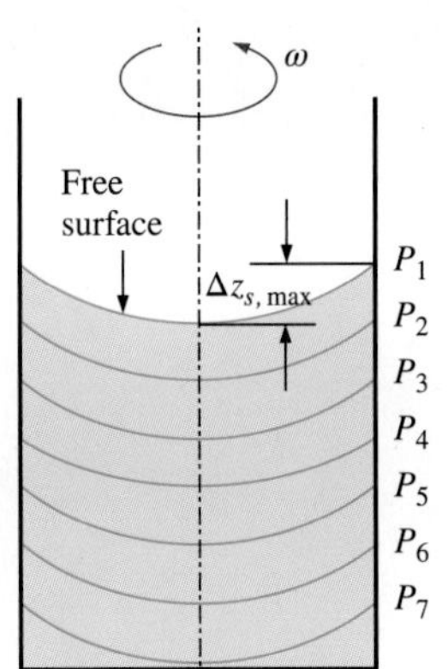

그림 3-64
회전하는 액체 내의 등압면.

반경이 r, 높이가 z_s이며 두께가 dr인 원통형 쉘(shell) 요소의 체적은 $dV=2\pi r z_s\, dr$이다. 따라서 자유표면에 의해 형성된 포물면의 체적은 다음과 같다.

$$V = \int_{r=0}^{R} 2\pi z_s r\, dr = 2\pi \int_{r=0}^{R} \left(\frac{\omega^2}{2g} r^2 + h_c\right) r\, dr = \pi R^2\left(\frac{\omega^2 R^2}{4g} + h_c\right) \tag{3-58}$$

질량이 보존되고 밀도가 일정하기 때문에, 이 체적은 용기 내 유체의 원래 체적과 같아야만 하는데, 이는 다음과 같다.

$$V = \pi R^2 h_0 \tag{3-59}$$

여기서 h_0는 회전이 없을 때 용기 내 유체의 원래 높이이다. 이들 두 체적을 같게 놓음으로써, 원통형 용기의 중심선을 따라 유체의 높이는 다음과 같게 된다.

$$h_c = h_0 - \frac{\omega^2 R^2}{4g} \tag{3-60}$$

따라서 자유표면의 방정식은 다음과 같다.

자유표면: $$z_s = h_0 - \frac{\omega^2}{4g}(R^2 - 2r^2) \tag{3-61}$$

포물선 모양은 유체 상태량과는 무관하며, 따라서 동일한 자유표면 방정식이 어느 액체에도 적용된다. 예를 들어, 회전하는 액체 수은이 천문학에서 유용한 포물면 거울(parabolic mirror)을 형성한다(그림 3-65).

그림 3-65
British Columbia의 Vancouver 근처에 위치한 대형 Zenith 망원경의 6미터짜리 회전하는 액체 수은 거울.
Photo courtesy of Paul Hickson, The University of British Columbia.

최대 수직 높이는 $r=R$인 가장자리에서 발생하고, 자유표면의 가장자리와 중심 사이의 **최대 높이 차**는 $r=R$과 $r=0$에서 z_s를 계산하고, 이들의 차이를 취함으로써 결정된다.

최대 높이 차: $$\Delta z_{s,\max} = z_s(R) - z_s(0) = \frac{\omega^2}{2g} R^2 \tag{3-62}$$

$\rho=$일정일 때, 유체 내의 두 점 1과 2 사이의 압력차는 $dP=\rho r\omega^2\, dr-\rho g\, dz$를 적분하여 구한다. 이는 다음과 같다.

$$P_2 - P_1 = \frac{\rho\omega^2}{2}(r_2^2 - r_1^2) - \rho g(z_2 - z_1) \tag{3-63}$$

점 1을 압력이 P_0인 원점 ($r=0$, $z=0$)으로, 점 2를 유체 내의 임의의 점(하첨자 없음)으로 잡으면, 압력 분포는 다음과 같이 표현할 수 있다.

압력 변화:
$$P = P_0 + \frac{\rho\omega^2}{2}r^2 - \rho gz \tag{3-64}$$

고정된 반경에서 압력은 정지 유체에서처럼 수직방향으로 정수압적으로 변한다. 고정된 수직 거리 z에 대해 압력은 중심선으로부터 바깥 가장자리 쪽으로 증가하면서, 반경방향 거리 r의 제곱에 따라 변한다. 모든 수평면에서 반경이 R인 용기의 중심과 가장자리 사이의 압력차는 $\Delta P = \rho\omega^2 R^2/2$이다.

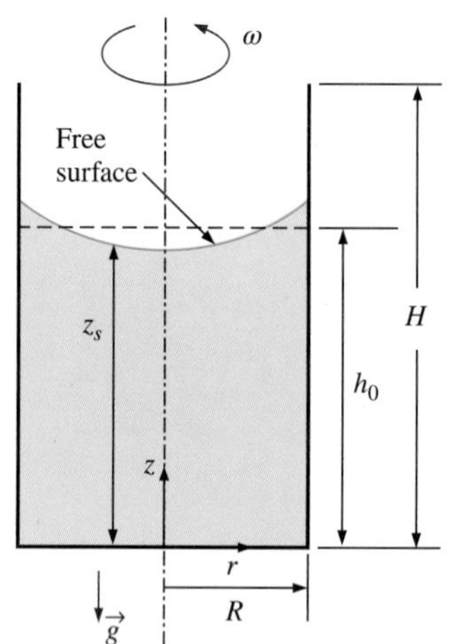

그림 3-66
예제 3-13에 대한 개략도.

예제 3-13 회전 중에 있는 액체의 상승

그림 3-66과 같이, 직경이 20 cm, 높이가 60 cm인 수직 원통형 용기에 밀도가 850 kg/m³인 액체가 50 cm 높이만큼 부분적으로 채워져 있다. 지금 원통형 용기를 등속으로 회전시킨다. 용기의 가장자리로부터 액체가 넘치기 시작하는 회전 속도를 계산하라.

풀이 액체로 부분적으로 채워진 수직 원통형 용기가 회전한다. 액체가 넘치기 시작하는 각속도를 구하고자 한다.

가정 **1** 회전속도의 증가는 매우 느리므로 용기 내의 액체는 항상 강체처럼 거동한다. **2** 회전 중에 용기의 바닥면은 액체로 덮인 상태를 유지한다(마른 부분이 없음).

해석 회전하는 수직 원통의 바닥면의 중심을 원점으로 잡으면($r=0$, $z=0$), 액체의 자유표면에 대한 방정식은 다음과 같다.

$$z_s = h_0 - \frac{\omega^2}{4g}(R^2 - 2r^2)$$

$r=R$인 용기의 가장자리에서 액체의 수직 높이는 다음과 같게 된다.

$$z_s(R) = h_0 + \frac{\omega^2 R^2}{4g}$$

여기서 $h_0=0.5$ m는 회전하기 전의 액체의 원래 높이이다. 액체가 넘치기 시작하기 바로 전에, 용기의 가장자리에서 액체의 높이는 용기의 높이와 같고, 따라서 $z_s(R)=H=0.6$ m이다. 마지막 식을 ω에 대해 풀고 대입하면, 용기의 최대 회전속도는 다음과 같이 계산된다.

$$\omega = \sqrt{\frac{4g(H - h_0)}{R^2}} = \sqrt{\frac{4(9.81\ \text{m/s}^2)[(0.6 - 0.5)\ \text{m}]}{(0.1\ \text{m})^2}} = \mathbf{19.8\ rad/s}$$

1 회전이 2π rad이므로, 용기의 회전속도는 분당 회전수의 항으로 다음과 같이 쓸 수 있다.

$$\dot{n} = \frac{\omega}{2\pi} = \frac{19.8\ \text{rad/s}}{2\pi\ \text{rad/rev}}\left(\frac{60\ \text{s}}{1\ \text{min}}\right) = \mathbf{189\ rpm}$$

그러므로 이 용기의 회전속도는 원심 효과의 결과로 액체가 흘러넘치지 않게 하기 위해

189 rpm까지로 제한되어야 한다.

토의 결과가 밀도 또는 다른 유체 상태량에 독립적이므로, 이 해석은 모든 액체에 대하여 유효함을 주목하라. 또한 마른 부분이 없다는 가정이 유효한지를 검증해야 한다. 중심에서 액체의 높이는 다음과 같다.

$$z_s(0) = h_0 - \frac{\omega^2 R^2}{4g} = 0.4 \text{ m}$$

$z_s(0)$이 양이므로, 이 가정의 타당성이 입증된다.

요약

단위 면적당 유체가 가하는 수직력을 **압력**이라 하고, 압력의 SI 단위는 **파스칼**, 1 Pa ≡ N/m^{2}이다. 절대 진공에 상대적인 압력을 **절대 압력**이라 하고, 절대 압력과 국소 대기압 사이의 차이를 **계기 압력**이라 한다. 대기압보다 낮은 압력을 **진공 압력**이라 한다. 절대 압력, 계기 압력과 진공 압력들은 다음과 같이 관련되어 있다.

$$P_{\text{gage}} = P_{\text{abs}} - P_{\text{atm}}$$
$$P_{\text{vac}} = P_{\text{atm}} - P_{\text{abs}} = -P_{\text{gage}}$$

유체 내의 한 점에서의 압력은 모든 방향으로 동일한 크기를 갖는다. 정지 유체 내에서 고도에 따른 압력 변화는 다음과 같이 주어진다.

$$\frac{dP}{dz} = -\rho g$$

여기서 양의 z방향은 관습상 상향으로 취한다. 유체의 밀도가 일정할 때, 두께 Δz의 유체층을 가로질러 압력 차이는 다음과 같다.

$$P_{\text{below}} = P_{\text{above}} + \rho g|\Delta z| = P_{\text{above}} + \gamma_s|\Delta z|$$

대기압에 노출되어 있는 정지 유체 내에서 자유표면으로부터 깊이 h에서의 절대 및 계기 압력들은 다음과 같다.

$$P = P_{\text{atm}} + \rho gh \quad \text{and} \quad P_{\text{gage}} = \rho gh$$

정지 유체 내의 압력은 수평방향으로는 변하지 않는다. **Pascal의 법칙**은 갇혀있는 유체에 적용된 압력은 동일한 양만큼 전체에 걸쳐 압력을 증가시킴을 말한다. 대기압은 **기압계**로 측정되며 다음과 같이 주어진다.

$$P_{\text{atm}} = \rho gh$$

여기서 h는 액체 기둥의 높이이다.

유체 정역학은 정지하고 있는 유체와 연관된 문제를 다루며, 유체가 액체일 때 **정수역학**이라 불린다. 균일 유체 내에 완전히 잠겨 있는 판의 평면에 작용하는 합력의 크기는 표면의 도심에서의 압력 P_C와 표면적 A의 곱과 같으며, 다음과 같이 표현된다.

$$F_R = (P_0 + \rho g h_C)A = P_C A = P_{\text{avg}} A$$

여기서 $h_C = y_C \sin\theta$는 액체의 자유표면으로부터 도심의 **수직 거리**이다. 압력 P_0는 보통 대기압인데, 이는 판의 양쪽 모두에 작용하기 때문에 대부분의 경우 상쇄된다. 합력의 작용선과 표면의 교차점은 **압력중심**이다. 합력의 작용선의 수직 위치는 다음과 같이 주어진다.

$$y_P = y_C + \frac{I_{xx,\,C}}{[y_C + P_0/(\rho g \sin\theta)]A}$$

여기서 $I_{xx,\,C}$는 면적의 도심을 통과하는 x축에 대한 면적의 2차 모멘트이다.

유체는 그 안에 잠겨 있는 물체에 상향력을 미친다. 이 힘을 **부력**이라 하며 다음과 같이 표현된다.

$$F_B = \rho_f g V$$

여기서 V는 물체의 체적이다. 이는 **Archimedes 원리**로 알려져 있고, 다음과 같이 기술된다. 즉 유체 내에 잠겨 있는 물체에 작용하는 부력은 그 물체에 의해 배제된 유체의 무게와 같고, 부력은 배제된 체적의 도심을 통과하여 상향으로 작용한다. 일정한 밀도를 갖는 유체 내에서 부력은 자유표면으로부터 물체의 거리에 무관하다. **떠 있는** 물체에 대해 물체의 잠겨 있는 체적 부분의 비는 유체 밀도에 대한 물체의 평균 밀도의 비와 같다.

강체처럼 거동하는 유체에 대한 일반 **운동방정식**은 다음과 같다.

$$\vec{\nabla}P + \rho g\vec{k} = -\rho\vec{a}$$

중력이 $-z$방향으로 작용할 때, 위 식은 다음의 스칼라 형태로 표현된다.

$$\frac{\partial P}{\partial x} = -\rho a_x, \quad \frac{\partial P}{\partial y} = -\rho a_y, \quad \frac{\partial P}{\partial z} = -\rho(g + a_z)$$

여기서 a_x, a_y와 a_z는 각각 x, y와 z방향으로의 가속도이다. xz면에서 **선형적인 가속 운동** 중에 압력분포는 다음과 같이 표현된다.

$$P = P_0 - \rho a_x x - \rho(g + a_z)z$$

등가속도로 선형 운동 중인 액체 내의 등압면(자유표면을 포함하여)은 xz면에서의 기울기가 다음과 같은 평행면들이다.

$$\text{Slope} = \frac{dz_{\text{isobar}}}{dx} = -\frac{a_x}{g + a_z} = -\tan\theta$$

회전 실린더 내에서 강체운동을 하는 액체의 등압면은 회전체의 **포물면**이다. 이때 자유표면의 방정식은 다음과 같다.

$$z_s = h_0 - \frac{\omega^2}{4g}(R^2 - 2r^2)$$

여기서 z_s는 반경 r에서 용기의 바닥으로부터 자유표면의 거리이고, h_0는 회전하지 않는 용기 내의 유체의 원래 높이이다. 액체 내의 압력 변화는 다음과 같이 표현된다.

$$P = P_0 + \frac{\rho\omega^2}{2}r^2 - \rho g z$$

여기서 P_0는 원점 ($r=0$, $z=0$)에서의 압력이다.

압력은 기본적인 상태량이고, 압력을 포함하지 않는 중요한 유체 유동 문제를 상상하는 것은 어렵다. 그러므로 이 책의 나머지 모든 장에서 이 상태량을 계속 보게 될 것이다. 그러나 평면이나 곡면에 작용하는 정수력에 대한 고려는 대부분 이 장에 국한된다.

참고 문헌과 권장 도서

1. F. P. Beer, E. R. Johnston, Jr., E. R. Eisenberg, and G. H. Staab. *Vector Mechanics for Engineers, Statics*, 10th ed. New York: McGraw-Hill, 2012.
2. D. C. Giancoli. *Physics*, 6th ed. Upper Saddle River, NJ: Prentice Hall, 2012.

연습문제*

압력, 마노미터 및 기압계

3-1C 조그만 강철 직육면체가 물속에 줄로 매달려 있다. 만약 직육면체의 측면 길이가 매우 작다면, 그 물체의 위, 아래 및 측면에 작용하는 압력의 크기를 어떻게 비교할 것인가?

3-2C 높은 고도에서 어떤 사람들은 코피를 흘리고, 또 다른 사람들은 숨이 가빠지는 경험을 하게 되는 이유를 설명하라.

3-3C 동일한 속도로 작동하는 두 개의 동일한 팬이 하나는 해수면에 그리고 다른 하나는 높은 산꼭대기에 있다고 하자. 이들 두 개의 팬의 (a) 체적 유량과 (b) 질량 유량을 어떻게 비교할 것인가?

3-4C 몇몇 사람들이 주장하기를 밀도가 일정한 액체 속에서 깊이가 두 배가 되면 절대압력도 두 배가 된다고 한다. 이에 동의하는가? 설명하라.

3-5C Pascal의 법칙을 쓰고, 이 법칙의 실제적인 예를 제시하라.

*"C"로 표시된 문제는 개념 문제로서, 학생들에게 모든 문제에 대하여 답하도록 권장한다. 아이콘 으로 표시된 문제는 본질적으로 종합적인 문제로서, 적절한 소프트웨어를 사용하여 풀도록 의도된 것이다.

3-6 탱크에 연결된 압력계의 눈금이 대기압이 94 kPa인 지역에서 500 kPa를 가리킨다. 탱크 내의 절대압력을 결정하라.

3-7 방에 연결된 진공 압력계가 대기압이 97 kPa인 장소에서 25 kPa를 나타낸다. 방안의 절대 압력을 계산하라.

3-8 잠수부의 시계는 5.5 bar의 절대 압력을 견딘다. 밀도가 1025 kg/m^{3}이고 1 bar의 대기압에 노출되어 있는 바다에서 잠수부가 찬 시계에 물이 들어가지 않을 최대 깊이는 얼마인가? 1 bar $= 10^5$ Pa이고 $g = 9.81$ m/s^{2}이다.

3-9 혈압은 보통 심장의 높이에 놓인 사람의 팔 위쪽에 압력계가 장착된 공기를 채운 폐쇄식 재킷을 둘둘 말아 감싸줌으로써 측정된다. 수은 마노미터와 청진기를 이용하여, 심장 수축압력(심장이 수축할 때의 최대 압력)과 심장 확장압력(심장이 쉴 때의 최소 압력)은 mmHg 단위로 측정된다. 건강한 사람의 심장 수축압력과 심장 확장압력은 각각 약 120 mmHg와 80 mmHg이며, 이들은 120/80으로 표시된다. 이 두 계기 압력들을 kPa, psi, mH$_2$O 단위로 표현하라.

3-10 건강한 사람의 팔 위쪽에서 최대 혈압은 약 120 mmHg이다.

만약 대기 중에 개방된 수직관이 그 사람의 팔 안의 정맥에 연결되어 있다면, 관 속 혈액이 얼마나 높이 상승하는지를 계산하라. 혈액의 밀도는 1040 kg/m^{3}이다.

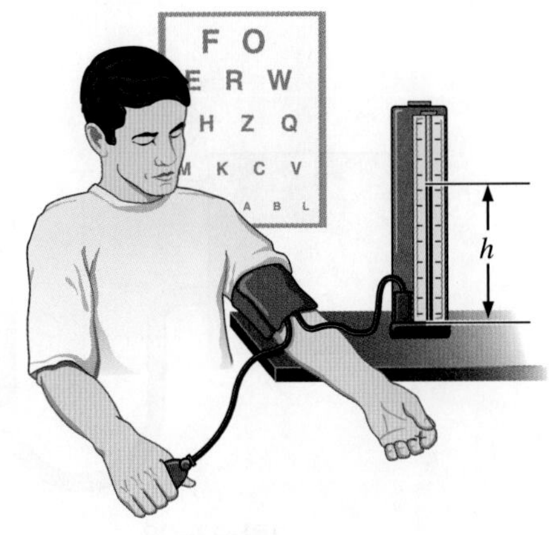

그림 P3-10

3-11 수영장 속에 완전히 잠겨 있는 상태로 물속에 수직으로 서 있는 키가 1.73 m인 사람을 고려해 보자. 이 사람의 머리와 발가락에 작용하는 압력 차이를 kPa 단위로 계산하라.

3-12 탱크 내에 공기 압력을 측정하기 위해 마노미터가 이용된다. 이용된 유체는 비중이 1.25이고 마노미터의 두 팔 사이의 높이차는 70 cm이다. 만약에 국소 대기압이 88 kPa이라면, 탱크에 부착되어 있는 마노미터 팔의 유체 높이가 (a) 높을 때 및 (b) 낮을 때의 경우에 대해 탱크 내의 절대압력을 결정하라.

3-13 탱크 안의 물이 공기로 가압되고, 압력이 그림 P3-13에 보인 바와 같이 다중 유체 마노미터로 측정된다. 만약 $h_1=0.4$ m, $h_2=0.6$ m 및 $h_3=0.8$ m라면 탱크 속 공기의 계기 압력을 계산하라. 물, 기름 및 수은의 밀도는 각각 1000 kg/m^3, 850 kg/m^3 및 13,600 kg/m^{3}이다.

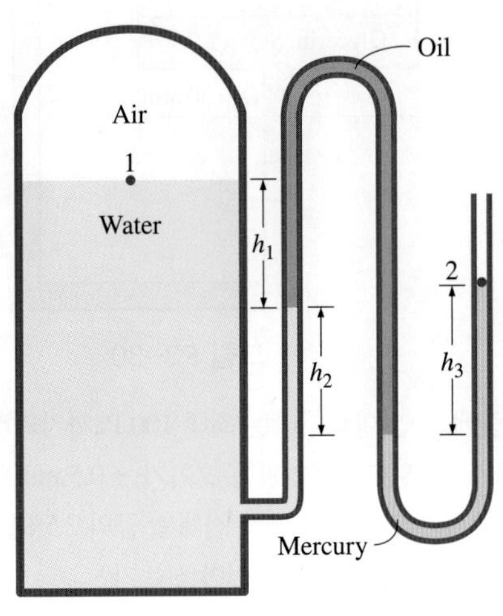

그림 P3-13

3-14 기압계 눈금이 735 mmHg인 장소에서의 대기압을 결정하라. 수은의 밀도는 13,600 kg/m^{3}이다.

3-15 액체 속 깊이 2.5 m에서 계기 압력이 28 kPa로 읽힌다. 동일한 액체 속 깊이 9 m에서의 계기 압력을 구하라.

3-16 물속 깊이 8 m에서 절대 압력이 175 kPa로 읽힌다. (a) 국소 대기압과 (b) 동일한 장소에서 비중이 0.78인 액체 속 깊이 8 m에서의 절대 압력을 구하라.

3-17 90 kg인 사람의 발자국 면적이 450 cm^{2}이다. 만약 그 사람이 (a) 양쪽 발로 설 때 (b) 한쪽 발로 설 때, 그 사람이 땅에 미치는 압력을 계산하라.

3-18 55 kg인 여자의 발자국 면적이 400 cm^{2}이다. 그 여자가 눈 위를 걷고 싶지만, 눈은 0.5 kPa보다 큰 압력을 견뎌낼 수 없다. 그 여자가 눈에 빠지지 않고 걸을 수 있게 하는 데 필요한 설피의 최소 크기(신발 한 개당 발자국 면적)를 계산하라.

3-19 기압계 눈금이 755 mmHg인 장소에서, 탱크에 연결된 진공 압력계가 45 kPa를 나타낸다. 탱크 안의 절대 압력을 구하라. $\rho_{Hg}=13,590$ kg/m^{3}이다. 답: 55.6 kPa

3-20 기체를 담고 있는 수직 피스톤-실린더 장치의 피스톤은 40 kg의 질량과 단면적 0.012 m^{2}를 가진다(그림 P3-20). 국소 대기압은 95 kPa이고, 중력가속도는 9.81 m/s^{2}이다. (a) 실린더 내의 압력을 계산하라. (b) 만약 기체에 열이 가해지고 그 부피가 두 배가 된다면, 실린더 내의 압력이 변할 것으로 기대하는가?

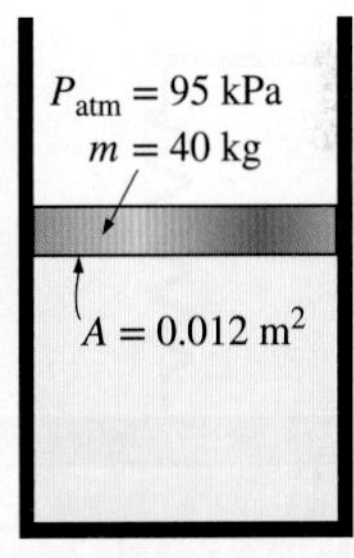

그림 P3-20

3-21 응축기의 진공 압력이 65 kPa으로 주어진다. 만약 대기압이 98 kPa이라면, 게이지 압력과 절대 압력은 몇 kPa, kN/m^2, lbf/in^2, psi, 그리고 mmHg인가?

3-22 저수조로부터의 물이 내경이 $D=30$ cm인 수직 튜브 내에서 피스톤의 끌어당기는 힘 F의 영향으로 들어 올려진다. 자유표면 위로 높이가 $h=1.5$ m로 물을 끌어올리기 위해 필요한 힘을 계산하라. $h=3$ m에 대해서의 결과는 어떠한가? 또한, 대기압을 96 kPa로 취하고 h가 0부터 3 m까지 변함에 따라 피스톤 면에서 절대 수압을 도시하라.

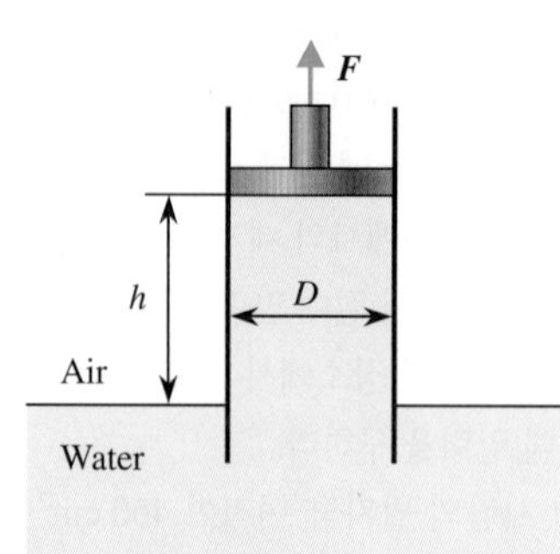

그림 P3-22

3-23 등반가의 기압계가 하이킹 여행 시작 전에 980 mbar를, 등반 후에는 790 mbar를 가리킨다. 고도가 국소 중력가속도에 미치는 영향을 무시할 때, 등반한 수직 거리를 구하라. 평균 공기 밀도는 1.20 kg/m^{3}로 가정하라. 답: 1614 m

3-24 바다의 자유표면 아래 15 m에 있는 잠수부에게 미치는 압력을 계산하라. 대기압은 101 kPa이고 바닷물의 비중은 1.03으로 가정하라. 답: 253 kPa

3-25 기체가 수직으로 서 있으며, 마찰이 없는 피스톤-실린더 장치에 담겨 있다. 피스톤은 질량이 5 kg이고 단면적이 35 cm^{2}이다. 피스톤 위의 압축 스프링은 피스톤에 75 N의 힘을 미친다. 만약 대기압이 95 kPa라면, 실린더 내부의 압력을 계산하라. 답: 130 kPa

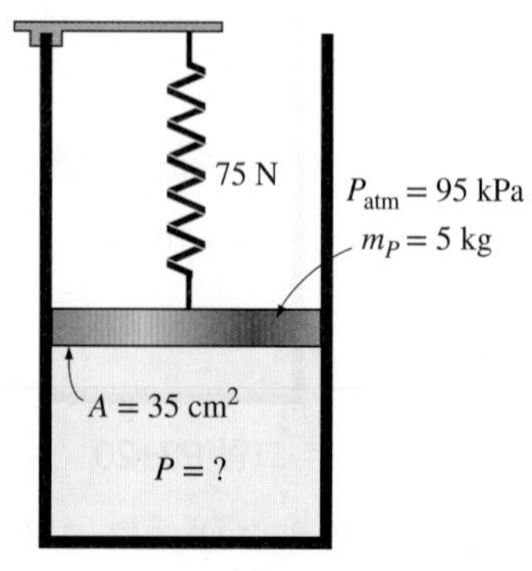

그림 P3-25

3-26 문제 3-25를 다시 고려해 보자. 적절한 소프트웨어를 이용하여, 0에서 500 N의 범위에서 용수철 힘이 실린더 내의 압력에 미치는 영향을 조사하라. 용수철 힘에 따른 압력을 도시하고, 그 결과를 논의하라.

3-27 밀도가 ρ인 기체 내에 압력 P의 변화는 $P = C\rho^n$으로 주어지며 여기서 C와 n은 높이 $z=0$에서 $P=P_0$ 및 $\rho=\rho_0$인 상수이다. 높이에 따른 P의 변화를 z, g, n, P_0 및 ρ_0의 함수로 나타내는 관계식을 구하라.

3-28 게이지와 마노미터가 기체 탱크에 압력 측정을 위해 부착되어 있다. 만약 압력계의 눈금이 65 kPa이라면, 마노미터의 두 유체 수위 사이의 거리를 구하라. (a) 유체가 수은(ρ=13,600 kg/m^3)일 경우 (b) 물(ρ=1000 kg/m^3)일 경우.

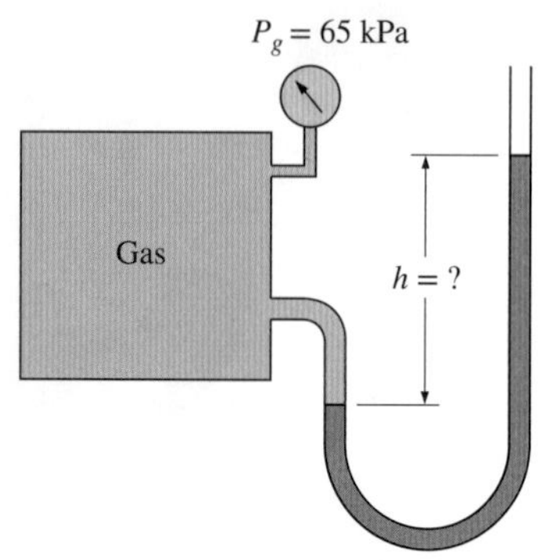

그림 P3-28

3-29 문제 3-28을 다시 고려해 보자. 적절한 소프트웨어를 이용하여, 800에서 13,000 kg/m^{3}의 범위에서 마노미터 유체 밀도가 마노미터의 유체 높이 차에 미치는 영향을 조사하라. 밀도에 따른 유체 높이 차를 도시하고, 그 결과를 논의하라.

3-30 그림에 보인 시스템은 물 파이프 내에서 압력이 ΔP만큼 증가될 때 압력의 변화를 정확히 측정하기 위해 이용된다. Δh=90 mm일 때 파이프 내 압력의 변화는 얼마인가?

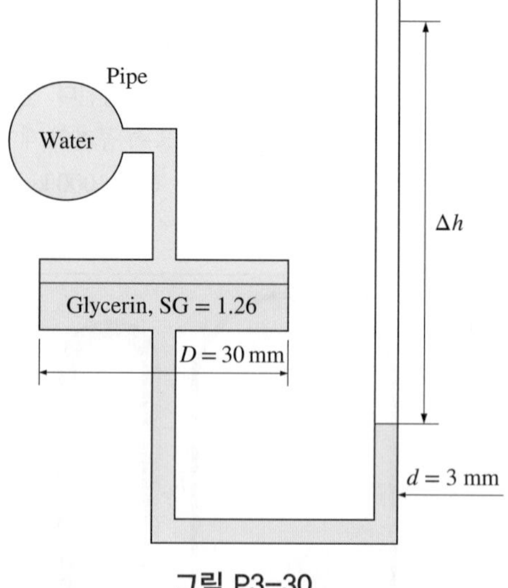

그림 P3-30

3-31 그림에 보인 마노미터는 최대 100 Pa까지의 압력을 측정하기 위해 설계된다. 만약 판독 오차가 ±0.5 mm로 예측된다면 압력 측정과 연관된 오차가 전체 눈금의 2.5%를 넘지 않도록 하는 d/D의 비율은 얼마이어야 하는가?

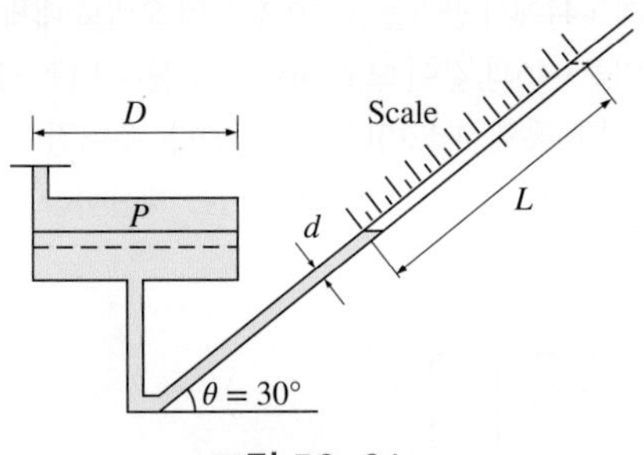

그림 P3-31

3-32 오일(ρ=850 kg/m^3)을 담고 있는 마노미터가 공기가 채워져 있는 탱크에 부착되어 있다. 만약 두 기둥 사이의 오일 수위의 차이가 150 cm이고 대기압이 98 kPa라면, 탱크 내 공기의 절대압을 구하라. 답: 111 kPa

3-33 수은 마노미터(ρ=13,600 kg/m^3)가 내부 압력을 측정하기 위해 공기 덕트에 연결되어 있다. 마노미터의 수위 차이는 10 mm이고, 대기압은 100 kPa이다. (a) 그림 P3-33으로부터 판단할 때, 덕트 내의 압력이 대기압보다 높은지 혹은 낮은지를 결정하라. (b) 덕트 내의 절대압력을 구하라.

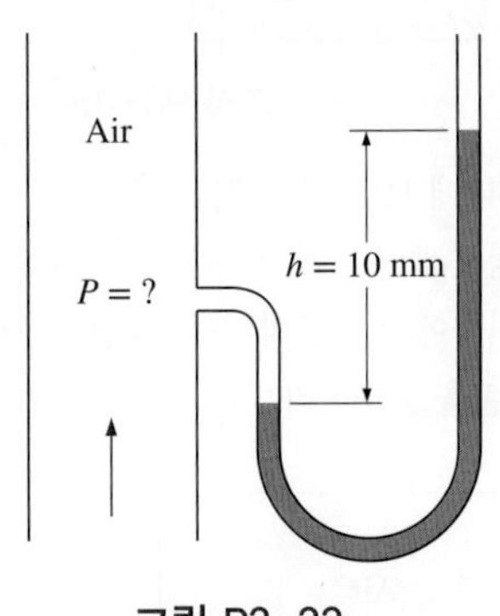

그림 P3-33

3-34 수은의 높이 차가 25 mm일 경우, 문제 3-33을 반복하라.

3-35 양쪽이 대기 중에 개방된 U관을 고려해 보자. 지금 U관의 한쪽에 물을 그리고 다른 한쪽에는 경유를(ρ=790 kg/m^3) 부어 넣는다. 한쪽 팔에는 70 cm 높이의 물이 담겨있고, 다른 한쪽 팔에는 두 가지 유체가 물에 대한 기름의 높이 비가 6으로 담겨 있다. 두 가지 유체가 있는 쪽 팔에서 각 유체의 높이를 계산하라.

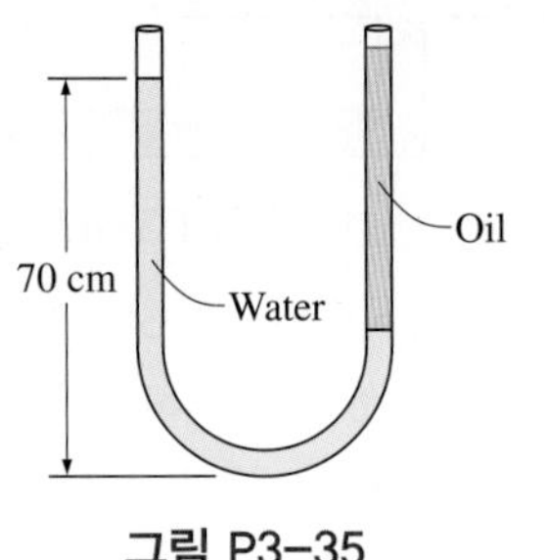

그림 P3-35

3-36 자동차 정비소에서 유압 리프트는 출력측 직경이 45 cm이고, 2500 kg까지의 자동차를 들어 올릴 수 있다. 저장조 내에 유지되어야만 하는 유체의 계기 압력을 계산하라.

3-37 그림 P3-37과 같이 공기 파이프에 부착된 이중-유체 마노미터를 고려해 보자. 만약 한쪽 유체의 비중이 13.55라면, 그림에 표시된 공기의 절대 압력에 대하여 다른 한쪽의 유체 비중을 계산하라. 대기압은 100 kPa이다. 답: 1.62

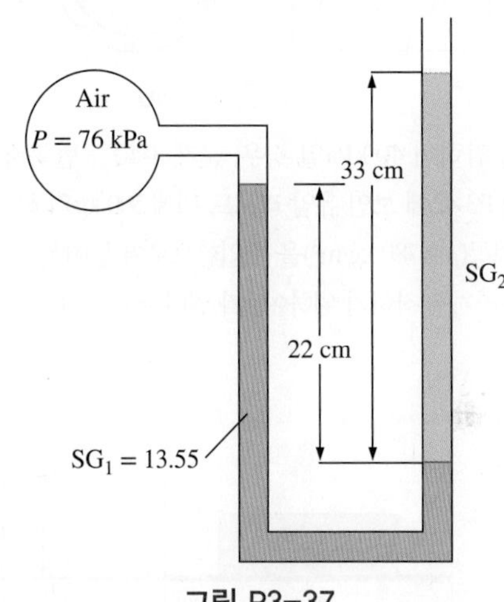

그림 P3-37

3-38 천연가스 배관 내의 압력은 그림 P3-38에 보인 것처럼 한쪽 팔이 현지 대기압이 98 kPa인 대기에 개방되어 있는 마노미터로 측정된다. 배관 내의 절대 압력을 결정하라.

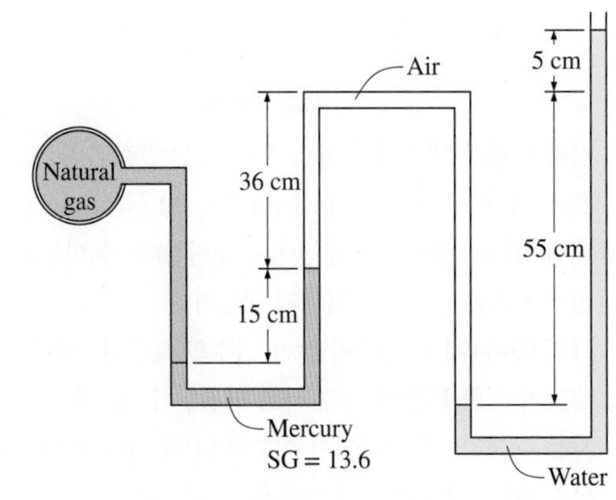

그림 P3-38

3-39 공기 대신 비중이 0.69인 오일로 바꿔서 문제 3-38을 반복하라.

3-40 그림 P3-40에 보인 탱크 내의 공기의 계기 압력이 50 kPa로 측정된다. 수은 기둥의 높이 차이 h를 구하라.

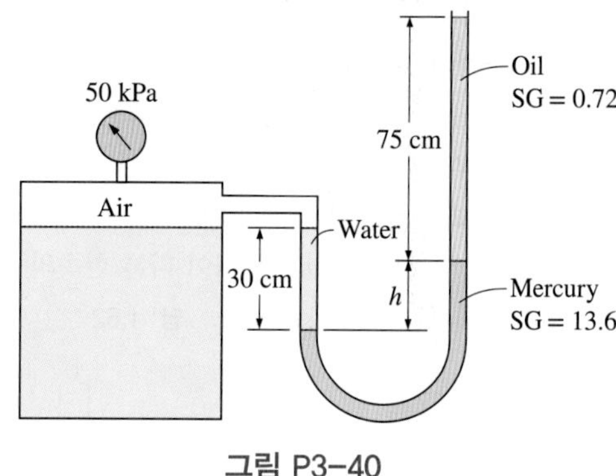

그림 P3-40

3-41 계기 압력이 40 kPa일 경우, 문제 3-40을 반복하라.

3-42 그림 P3-42에 보인 유압 리프트 위에 500 kg의 하중이 얇은 관 안에 기름(ρ=780 kg/m^3)을 주입함으로써 들어올려진다. 하중을 들어올리기 시작하기 위하여 h가 얼마나 높아야 하는지 결정하라.

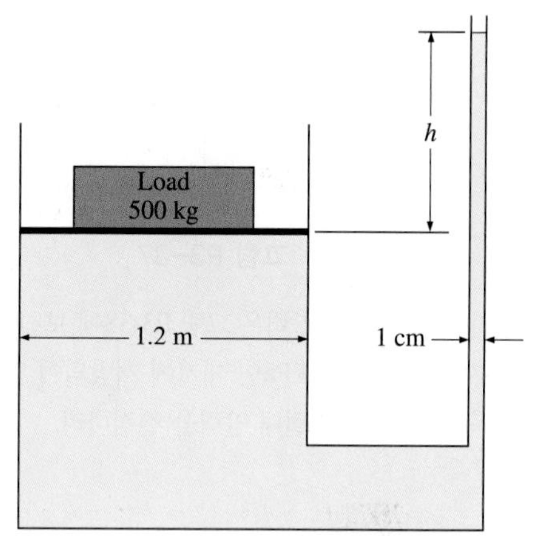

그림 P3-42

3-43 압력은 종종 액주의 높이로 주어지고 "압력 수두"로 표현된다. 표준 대기압을 (a) 수은(SG=13.6), (b) 물(SG=1.0), (c) 글리세린(SG=1.26) 기둥의 높이로 표현하라. 왜 마노미터에서 통상적으로 수은을 사용하는지 설명하라.

3-44 그림 P3-44에 보인 바와 같이, 담수와 해수가 흐르는 평행 수평 배관이 이중 U관에 의해 서로 연결된다. 두 배관 사이의 압력 차를 구하라. 이 위치에서 해수의 밀도는 ρ=1035 kg/m^{3}로 취하라. 이 해석에서 공기 기둥은 무시할 수 있는가?

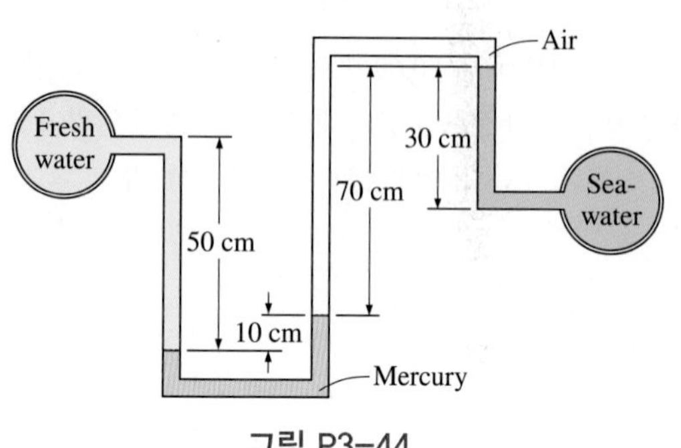

그림 P3-44

3-45 문제 3-44에서 공기를 비중이 0.72인 오일로 대체하여 다시 풀라.

3-46 그림 P3-46과 같이 오일 파이프와 물 파이프 사이의 압력 차이가 이중-유체 마노미터로 측정된다. 주어진 유체의 높이와 비중에 대해 압력 차 $\Delta P = P_B - P_A$를 계산하라.

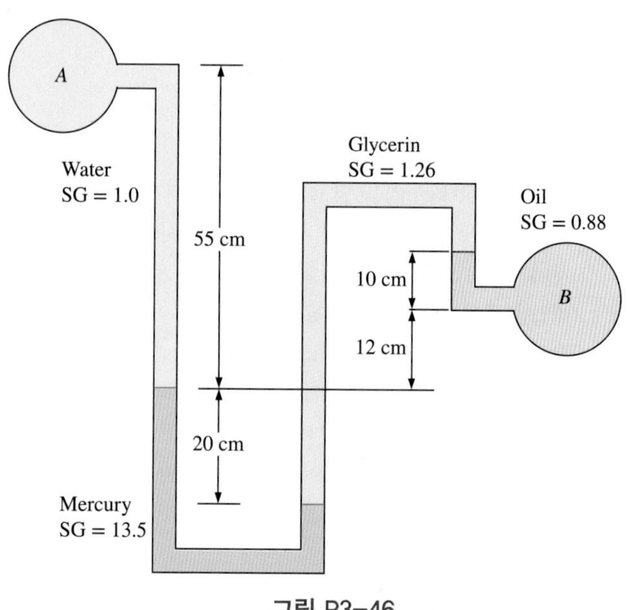

그림 P3-46

3-47 그림 P3-47에 보인 시스템을 고려해 보자. 소금물 파이프의 압력이 일정하게 유지될 동안, 공기 압력이 0.9 kPa 변함에 따라 오른쪽 기둥에서 소금물-수은 계면이 5 mm 하강하게 된다면, A_2/A_1의 비율을 구하라.

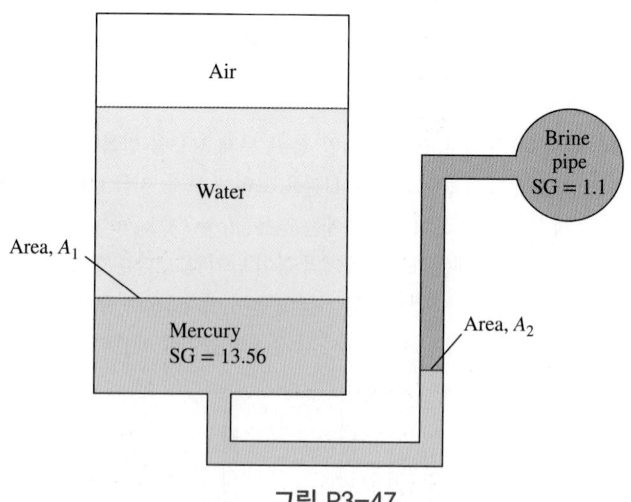

그림 P3-47

3-48 대기(P_{atm}=100 kPa)에 노출되어 있고, 높이가 1 m인 물기둥이 두 구역을 가진 탱크에 연결되어 있다. (a) 탱크의 A와 B 구역 내의 공기에 대한 Bourdon형 마노미터로 읽은 압력 값(kPa)을 구하라. (b) 탱크의 A와 B 구역 내의 공기에 대한 절대 압력(kPa)을 구하라. 물의 밀도는 1000 kg/m^{3}이고 g=9.79 m/s^{2}이다.

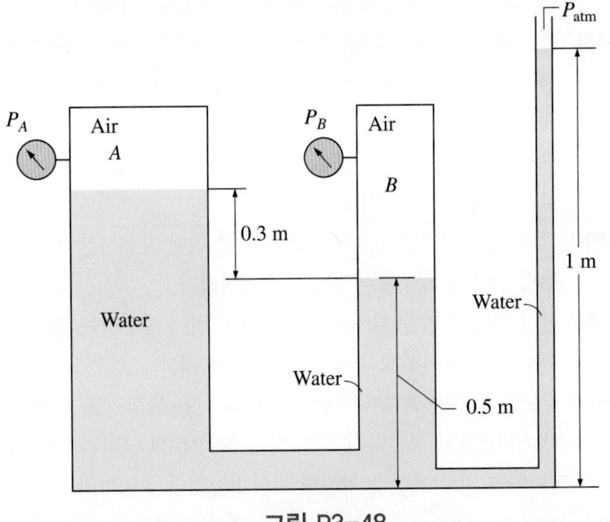

그림 P3-48

3-49 그림 P3-49에 보인 바와 같이, 물탱크의 위 부분이 두 구역으로 나눠져 있다. 지금 밀도를 알 수 없는 유체가 한쪽으로 주입되고, 이 효과를 보상하기 위해 다른 한쪽에서 물의 수위가 어느 정도 상승한다. 그림에서 보인 최종 유체 높이를 기준으로, 추가된 유체의 밀도를 구하라. 이 액체는 물과 혼합되지 않는다고 가정하라.

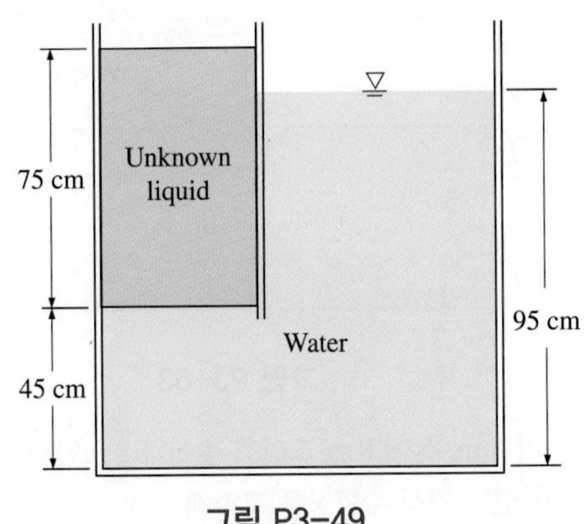

그림 P3-49

3-50 한 가지 간단한 실험이 어떻게 부압(negative pressure)이 거꾸로 놓은 유리잔으로부터 물이 쏟아지는 것을 방지하는가를 설명하기 위해 오랫동안 이용되어 오고 있다. 그림 P3-50에 보인 바와 같이, 물로 가득 채워지고 얇은 종이로 덮인 유리잔이 뒤집어진다. 유리잔 바닥에서의 압력을 결정하고, 물이 왜 흘러내리지 않는지를 설명하라.

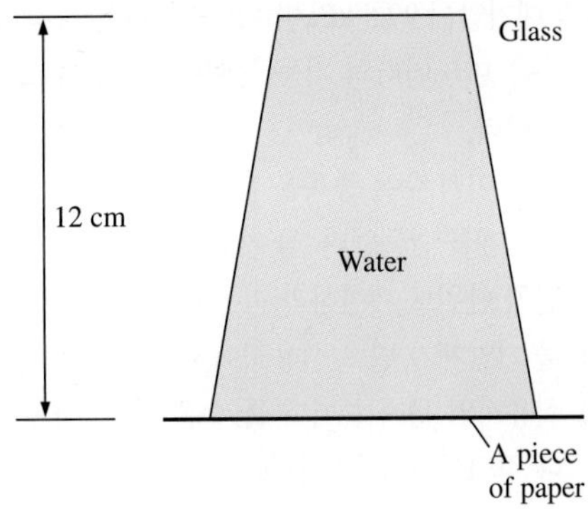

그림 P3-50

3-51 그림 P3-51에 보인 바와 같이, 다중유체 용기가 U관에 연결되어 있다. 주어진 비중과 유체 기둥 높이에 대해, A에서의 계기압력을 계산하라. 또한 A에서 동일한 압력을 발생시킬 수은 기둥의 높이를 계산하라. 답: 0.415 kPa, 0.311 cm

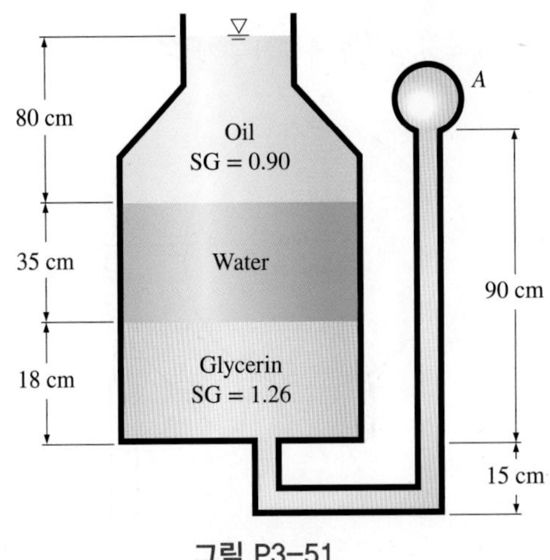

그림 P3-51

3-52 직경이 10 cm인 피스톤 위에 25 kg의 추를 얹어서, 2500 kg을 들어 올리는 데 유압 리프트가 사용된다. 추가 놓일 피스톤의 직경을 결정하라.

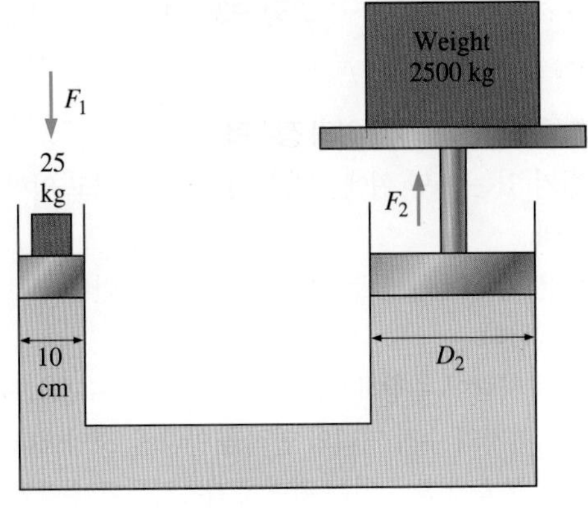

그림 P3-52

3-53 현지 대기압이 99.5 kPa인 어느 날, 다음의 각 항에 답하라.

(a) 수은 마노미터의 기둥 높이를 미터, 피트, 인치 단위로 계산하라.

(b) 어떤 이가 수은 중독을 걱정하여, 수은 기압계를 대체할 물 기압계를 만들었다. 물 기압계의 물기둥 높이를 미터, 피트, 인치 단위로 계산하라.

(c) 물 기압계가 별로 실용적이지 못한 이유를 설명하라.

(d) 실용적인 문제를 떠나 둘(수은 또는 물) 중에 어느 것이 보다 정밀한가? 설명하라.

3-54 U튜브 마노미터가 스케치에 보인 것처럼 진공 챔버 내의 압력을 측정하는 데 사용된다. 진공 챔버 내의 유체의 밀도는 ρ_1, 마노미터 유체의 밀도는 ρ_2이다. U튜브 마노미터의 오른쪽은 대기압 P_{atm}에 노출되어 있고, 높이 z_1, z_2, z_A가 측정되어 있다.

(a) A에서의 진공 압력에 대한 정확한 관계식을 만들어 보라, 즉 $P_{A,\,VAC}$에 대한 관계식을 변수 ρ_1, ρ_2, z_1, z_2, z_A의 함수로 표현하라.

(b) $\rho_1 \ll \rho_2$인 경우에 대한 관계식을 단순화하라.

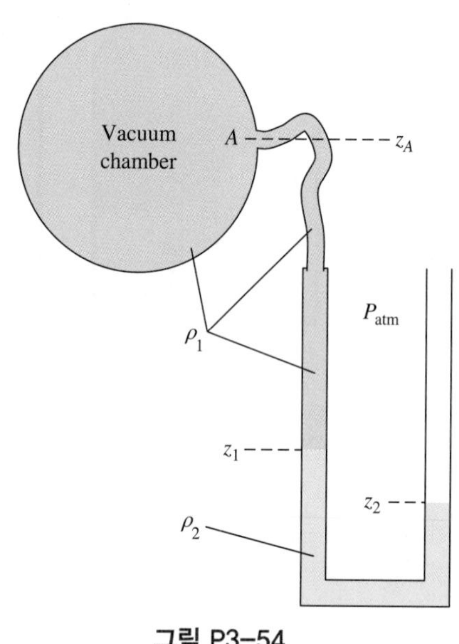

그림 P3–54

유체 정역학: 평면과 곡면 위의 정수력

3-55C 잠겨 있는 표면 위에 작용하는 합력, 그리고 압력중심을 정의하라.

3-56C 댐은 바닥이 훨씬 두껍다. 왜 댐들을 그런 식으로 건설하는지 설명하라.

3-57C 어떤 사람이 주장하기를 만약 그가 자유표면으로부터 평면의 도심까지의 수직 거리와 면적을 안다면, 모양이나 방향에 상관없이 물속에 잠겨 있는 평면에 작용하는 정수력의 크기를 결정할 수 있다고 한다. 이것이 유효한 주장일까? 설명하라.

3-58C 물속에 잠겨 있는 수평 평판이 평판의 위 표면의 도심에 부착된 줄에 의해 매달려있다. 지금 그 판이 도심을 통과하는 축에 대해 45° 회전된다. 이 회전의 결과로서 이 판의 위 표면에 작용하는 정수력의 변화를 논의하라. 판은 항상 잠겨 있는 상태로 유지된다고 가정하라.

3-59C 잠겨 있는 곡면을 고려해 보자. 이 면 위에 작용하는 정수력의 수평 성분을 어떻게 결정하는지 설명하라.

3-60C 잠겨 있는 곡면을 고려해 보자. 이 면 위에 작용하는 정수력의 수직 성분을 어떻게 결정하는지 설명하라.

3-61C 밀도가 일정한 액체에 의한 정수력을 받는 원형면을 고려해 보자. 만약 합성 정수력의 수평 및 수직 성분의 크기가 결정된다면, 이 힘의 작용선을 어떻게 찾아내는지를 설명하라.

3-62 높이가 60 m이고, 폭이 360 m인 댐이 그 용량까지 채워져 있을 경우를 고려해 보자. (a) 댐에 작용하는 정수력과 (b) 댐의 꼭대기 부근과 바닥 부근의 단위 면적당 힘을 계산하라.

3-63 원통형 탱크에 물이 가득 차 있다(그림 P3-63). 탱크로부터 유량을 증가시키기 위해 추가적인 압력이 압축기에 의해 물 표면에 가해진다. $P_0=0$, $P_0=5$ bar 및 $P_0=10$ bar에 대해 물에 의해 표면 A에 가해진 정수력을 계산하라.

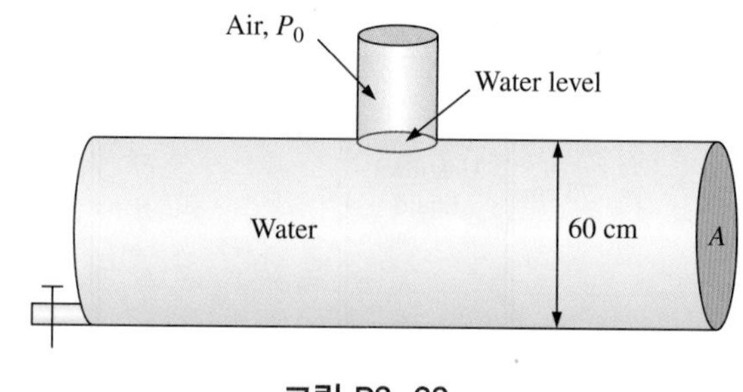

그림 P3–63

3-64 길이가 8 m, 폭이 8 m 그리고 높이가 2 m인 물이 가장자리까지 차 있는 지상 수영장을 고려해 보자. (a) 각 벽에 작용하는 정수력과 지상으로부터 이 힘의 작용선의 거리를 계산하라. (b) 만약 수영장의 벽 높이가 두 배가 되어 물이 가득 찬다면, 각 벽에 작용하는 정수력은 두 배가 될까 혹은 네 배가 될까? 그 이유는? 답: (a) 157 kN

3-65 평평한 바닥을 가진 호수의 물속에 잠겨 있는 무거운 차를 고려해 보자. 차의 운전석 쪽의 문은 높이가 1.1 m이고 폭이 0.9 m이며, 문의 위쪽 가장자리는 수면으로부터 10 m 아래에 있다. 만약 (a) 차가 방수가 잘 되어 있고 차 속은 대기압의 공기가 차 있을 경우와 (b) 차가 물로 차 있을 경우, 문에 작용하는(문의 표면에 수직한) 순수 힘과 압력중심의 위치를 계산하라.

3-66 유람선의 아래층에 있는 객실은 직경이 40 cm인 둥근 창을 가

지고 있다. 만약 창의 중앙점이 수면 아래 2 m에 있다면, 창에 작용하는 정수력과 압력중심을 계산하라. 바닷물의 비중은 1.025로 취하라. 답: 2527 N, 2.005 m

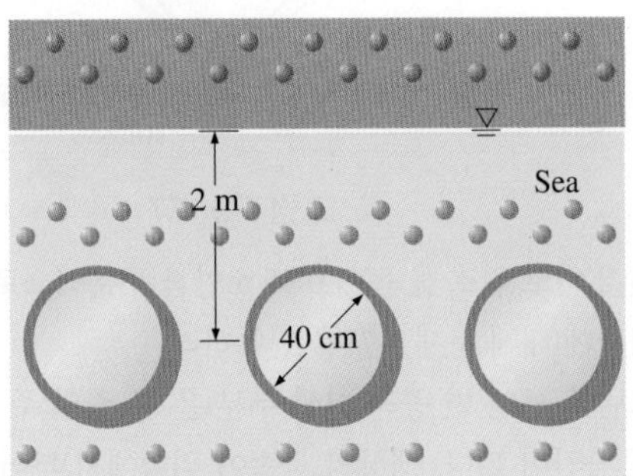

그림 P3-66

3-67 길이 70 m인 댐의 물 쪽 측벽은 반경이 7 m인 사분원이다. 댐이 가장자리까지 차 있을 때 댐에 작용하는 정수력과 그 작용선을 결정하라.

3-68 그림 P3-68에 보인 바와 같이, 반경이 0.6 m인 반원형 단면의 물통은 바닥에서 두 개의 대칭인 부분들이 서로 힌지로 연결되어 구성된다. 두 부분은 줄로 당겨져 일체가 되도록 지지되고 물통의 길이를 따라 매 3 m마다 죄임 나사가 설치되어 있다. 그 물통이 가장자리까지 물이 차있을 때 각 줄의 인장력을 계산하라.

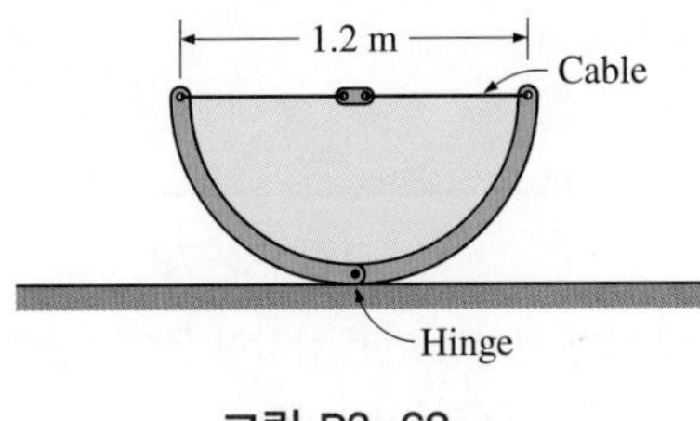

그림 P3-68

3-69 그림 P3-69에 보인 높이가 0.7 m이고 폭이 0.7 m 인 삼각형 문에 작용하는 결과력과 그것의 작용선을 결정하라.

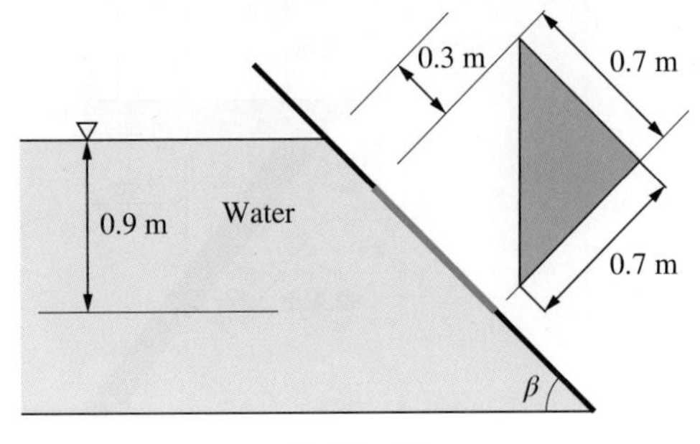

그림 P3-69

3-70 그림 P3-70에 보인 바와 같이, 높이가 6 m, 폭이 5 m인 직사각형 판이 5 m 깊이의 담수 수로의 끝을 막고 있다. 그 판은 점 A를 통하는 판의 위쪽 가장자리를 따라 힌지가 달려있어, 수평축에 대해 회전할 수 있도록 되어있고, 점 B에서 고정된 턱에 의해 열리지 않도록 구속되어 있다. 턱이 판에 미치는 힘을 계산하라.

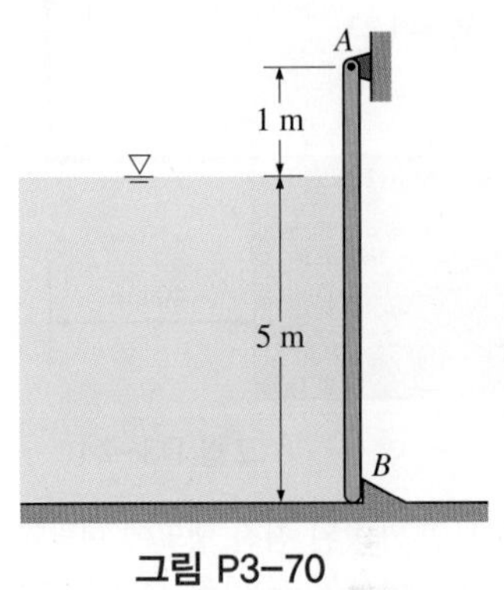

그림 P3-70

3-71 문제 3-70을 다시 고려해 보자. 적절한 소프트웨어를 이용하여, 턱이 판에 미치는 힘에 대한 물 깊이의 영향을 조사하라. 물의 깊이는 0 m에서 5 m까지 0.5 m 증분으로 변하게 하라. 결과를 표로 만들고 도시하라.

3-72 그림 P3-72에 보인 바와 같이, 저수조로부터의 물의 유동은 점 A에서 힌지로 지지되는 폭 1.5 m인 L형 수문에 의해 조절된다. 만약 물의 높이가 3.6 m가 될 때 수문이 열리도록 요구된다면, 요구되는 하중 W의 질량을 계산하라. 답: 13,400 kg

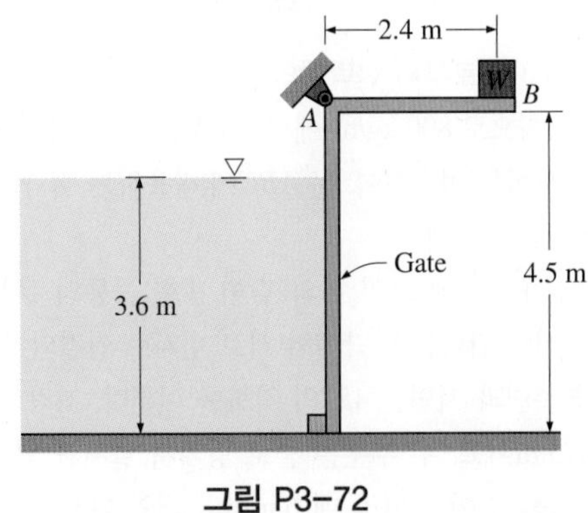

그림 P3-72

3-73 물의 높이가 2.4 m일 경우, 문제 3-72를 반복하라.

3-74 지면을 향해 2 m의 폭을 가진 문(그림 P3-74)에 대하여 이 문 ABC를 현 위치에 지탱하는 데 필요한 힘을 결정하라.

답: 17.8 kN

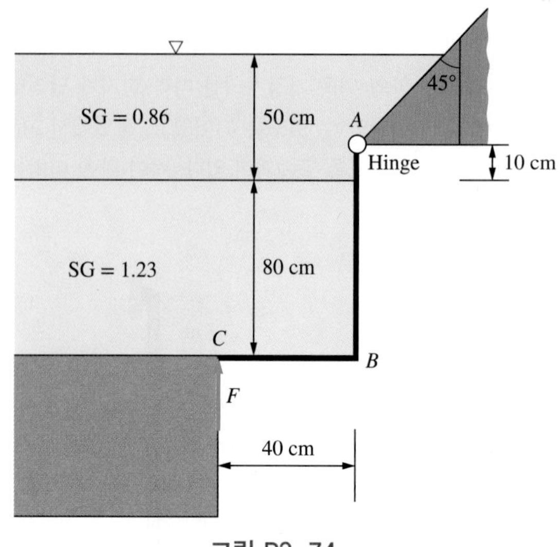

그림 P3-74

3-75 그림에 보인 개방된 침전 탱크에 현탁액이 담겨있다. 만약 액체 밀도가 850 kg/m^{3}이라면 문에 작용하는 결과력과 그것의 작용선을 결정하라. 답: 140 kN, 바닥으로부터 1.64 m

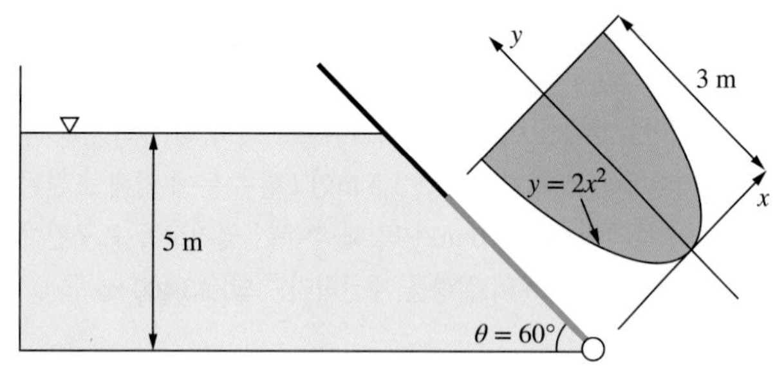

그림 P3-75

3-76 문제 3-75로부터 현탁액의 밀도는 액체의 깊이에 의존하고 수직방향으로 800 kg/m^{3}에서 900 kg/m^{3}까지 선형적으로 변한다는 사실을 이용하여, 문 *ABC*에 작용하는 결과력과 그것의 작용선을 결정하라.

3-77 그림 P3-77에 보인 바와 같이, *V*형 물통의 두 측면은 두 판이 서로 만나는 바닥에서 서로 힌지로 연결되어 있다. 여기서 양 측면과 지면은 45°의 각도를 이룬다. 각각의 측면은 폭이 0.75 m이고, 두 부분은 줄로 당겨져 일체가 되도록 지지되고 물통의 길이를 따라 매 6 m마다 죄임 나사가 설치되어 있다. 물통이 가장자리까지 물이 차있을 때 각 줄의 인장력을 계산하라. 답: 5510 N

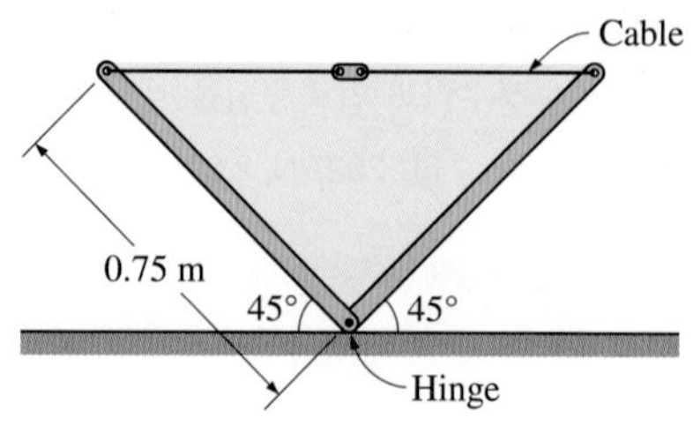

그림 P3-77

3-78 힌지 바로 위로 물 높이 0.35 m만큼 부분적으로 차있는 물통의 경우에 대해 문제 3-77을 반복하라.

3-79 그림에 보인 빈 공간(흰색 부분)은 한 쌍의 주조 상자 내의 주물 공간이 된다. 액상의 금속이 위쪽에서 부어질 때 원주상에 위치한 20개의 볼트 각각에 작용하는 **추가적인** 인장력을 계산하라. 액상 금속의 비중으로 7.8을 선택할 수 있다.

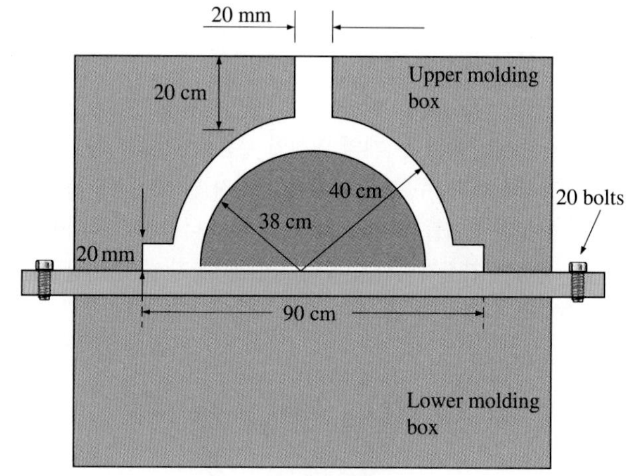

그림 P3-79

3-80 그림에 보인 것처럼 어떤 삼각형 문이 *A*점에서 힌지로 연결되어 있다. 문의 중량이 100 N인 것을 알고 있다면, 문을 제 위치에 유지하는 데 필요한 단위 폭당 힘을 결정하라. 문 중량의 작용선은 점선으로 나타내었다.

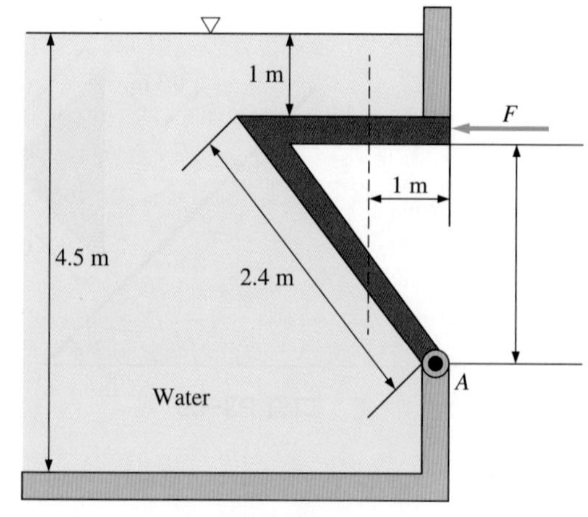

그림 P3-80

3-81 문 AB(0.6 m×0.9 m)가 메틸 알코올($SG=0.79$)로 채워진 탱크의 바닥에 놓여 있고, 바닥 모서리 A를 따라 힌지로 연결되어 있다. 문의 중량이 300 N인 것을 알고 있다면, 그 문을 열기 위해 케이블(BCD)에 작용되어야 할 최소 힘을 결정하라.

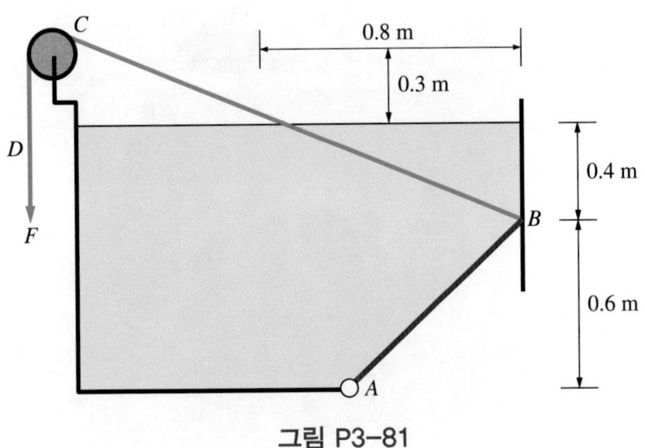

그림 P3-81

3-82 지지대 BC로 문 AB를 받치는 힘을 구하라. 문과 지지대의 폭은 3 m이고 문의 중량은 1500 N이다.

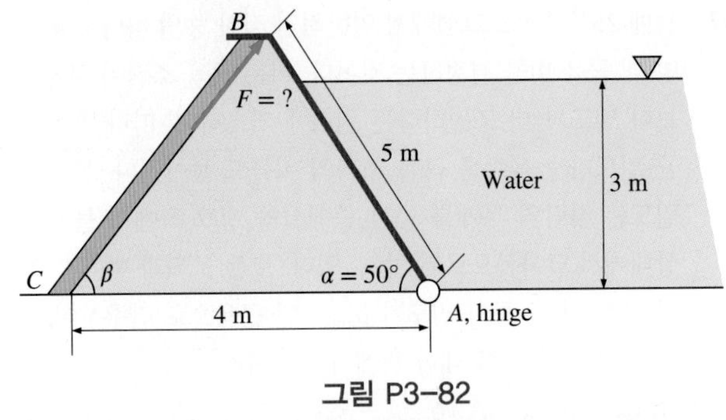

그림 P3-82

3-83 그림에 보인 것처럼 문에 콘크리트 블록이 달려있다. 물의 수준이 용기의 바닥으로부터 1.3 m일 경우, A에는 반력이 존재하지 않는다. 그림에 보인 물의 수준에 대한 반력은 얼마가 될 것인가? 콘크리트의 비중은 2.4이다.

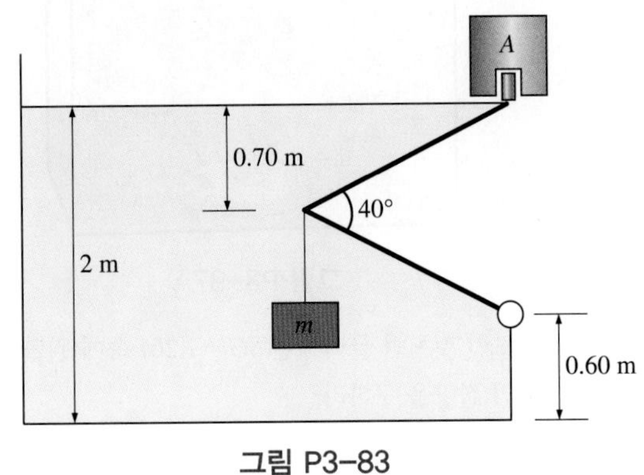

그림 P3-83

3-84 그림에 주어진 곡면은 $y=3\sqrt{x}$으로 정의된다. 물이 곡면에 작용하는 수평력과 작용선을 결정하라. 문의 폭은 $b=2$ m이다.

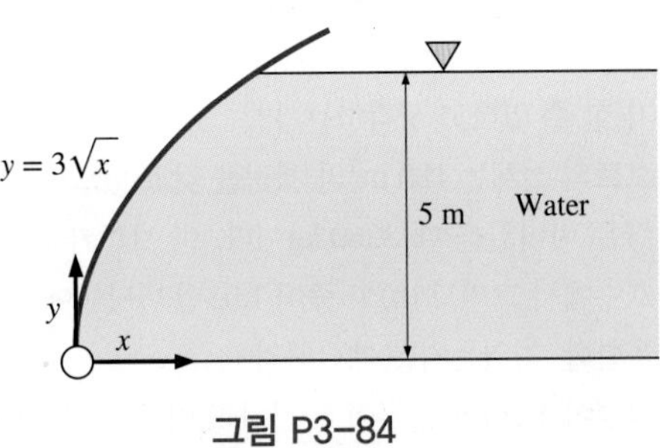

그림 P3-84

3-85 그림 P3-85에 보인 바와 같이, 반경이 3 m이고 무게는 무시할 수 있는 길이 4 m인 사분원 수문이 위쪽 모서리 점 A에 대해 회전할 수 있도록 되어있다. 수문은 점 B에 있는 선반(ledge)을 넘쳐흐르는 물의 유동을 조절한다. 또한 점 B에서는 수문이 스프링에 의해 압박된다. 수문의 위쪽 가장자리에서 물의 높이가 점 A까지 상승할 때, 수문을 닫힌 채로 유지하기 위해 필요한 최소 스프링 힘을 계산하라.

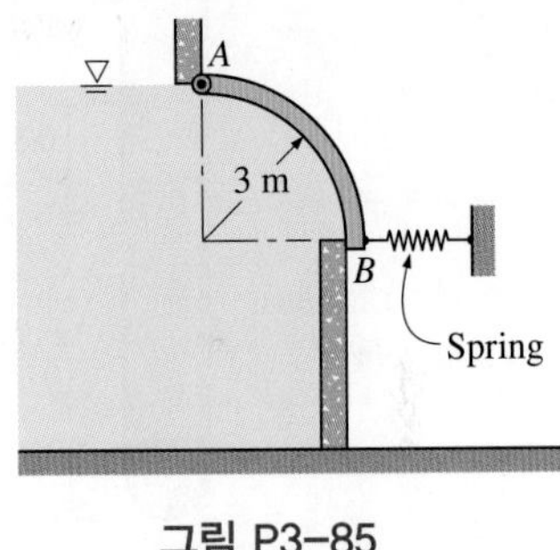

그림 P3-85

3-86 수문의 반경이 2 m인 경우에 대해 문제 3-85을 반복하라.

답: 78.5 kN

부력

3-87C 부력이란 무엇인가? 무엇이 부력을 발생시키는가? 부피가 V인 잠겨 있는 물체에 작용하는 부력의 크기는 얼마인가? 부력의 방향과 작용선은 어떤가?

3-88C 무게중심이 부력중심보다 위에 있는 (a) 잠겨 있는 물체와 (b) 떠 있는 물체의 안정성을 논하라.

3-89C 하나는 알루미늄으로, 다른 하나는 철로 만들어진 직경이 5 cm인 두 개의 둥근 공이 물속에 잠겨 있는 경우를 고려해 보자. 이들 두 공에 작용하는 부력이 같을까 또는 다를까? 설명하라.

3-90C 액체에 잠겨 있는 3 kg의 구리 정육면체와 3 kg의 구리 공을 고려해 보자. 이들 두 물체에 작용하는 부력이 같을까 또는 다를까? 설명하라.

3-91C 서로 다른 깊이의 물속에 두 개의 동일한 구형 공을 고려하자.

이들 두 공에 작용하는 부력은 같을까 혹은 다를까? 설명하라.

3-92 200 kg인 화강암(ρ=2700 kg/m^3)이 호수 속으로 던져진다. 한 사람이 그 돌을 건져내려고 잠수한다. 그 사람이 호수 바닥으로부터 돌을 들어올리는 데 필요한 힘은 얼마인지 구하라. 그가 할 수 있다고 생각하는가?

3-93 보트의 선체는 180 m^{3}의 체적을 갖고 있으며, 그 보트의 총 질량은 비어있을 때 8560 kg이다. 이 보트가 가라앉지 않고 (a) 호수에서 그리고 (b) 비중이 1.03인 바닷물에서 얼마의 하중을 운반할 수 있는지를 계산하라.

3-94 직경이 1 cm인 눈금이 완전히 닳아 없어진 낡은 원통형 비중계로 액체의 밀도를 측정하려고 한다. 그 비중계를 우선 물속에 넣고, 그때의 물의 수위를 표시한다. 그 다음 비중계를 다른 액체에 담그니, 물에 대한 수위 표시가 액체-공기 계면 위로 0.3 cm 상승한 것으로 관찰된다(그림 P3-94). 만약 물에 대한 수위 표시의 높이가 12.3 cm라면, 액체의 밀도를 구하라.

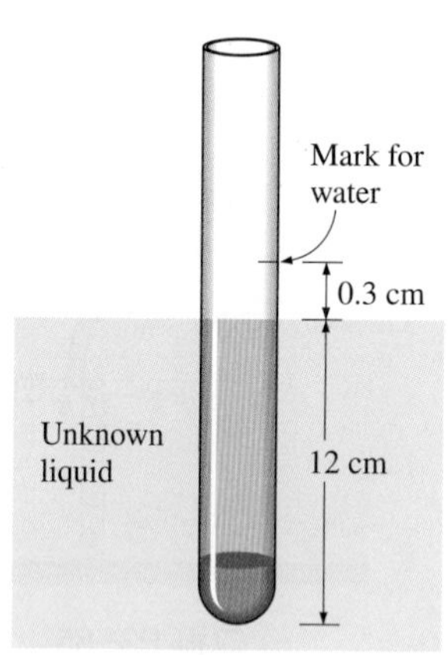

그림 P3-94

3-95 Archimedes는 Hiero 왕의 왕관이 정말로 순금으로 만들어졌는지 여부를 어떻게 알아낼 수 있을까 생각하면서 목욕하는 중에 원리를 발견했다고 알려져 있다. 욕조에 들어가 있는 동안 그는 물체의 무게를 공기 중에서와 물속에서 달아봄으로써 불규칙하게 생긴 물체의 평균 밀도를 결정할 수 있다고 생각하였다. 만약 왕관의 무게가 공기 중에서 3.55 kgf(=34.8 N)이고 물속에서 3.25 kgf(=31.9 N)이었다면, 그 왕관이 순금이었는지의 여부를 결정하라. 금의 밀도는 19,300 kg/m^{3}이다. 물속에서 왕관의 무게를 달아보지 않고, 그 대신에 체적에 대해 보정이 되어있지 않은 평범한 물통을 이용해 이 문제를 풀 수 있는가에 대해 논의하라. 공기 중에서는 모든 것의 무게를 달아볼 수 있다.

3-96 빙산의 부피의 10%가 물 위에 보이는 반면에, 90%는 물의 표면 아래에 있다고 예측된다. 밀도가 1025 kg/m^{3}인 바닷물에 대해, 빙산의 밀도를 예측하라.

그림 P3-96
© *Ralph Clevenger/Corbis*

3-97 몸매 가꾸기 프로그램에서 일반적인 절차 중의 하나는 몸의 지방 대 근육 비를 결정하는 것이다. 이는 근육 조직이 지방 조직보다 밀도가 더 조밀하다는 원리에 기초하고, 따라서 몸의 평균 밀도가 높을수록 근육 조직의 비율도 높아진다. 몸의 평균 밀도는 사람의 무게를 공기 중에서와 탱크 속에서 물에 잠긴 상태에서 달아봄으로써 알 수 있다. 모든 조직과 뼈(지방이 아닌 모든 것)를 등가 밀도가 ρ_{muscle}인 근육으로 간주하여, 체지방의 체적 비 x_{fat}에 대한 관계식을 구하라.

답: $x_{fat} = (\rho_{muscle} - \rho_{avg})/(\rho_{muscle} - \rho_{fat})$

그림 P3-97

3-98 그림에 보인 것처럼 글리세린(SG=1.26) 속에 원뿔이 떠 있다. 이 원뿔의 질량을 구하라.

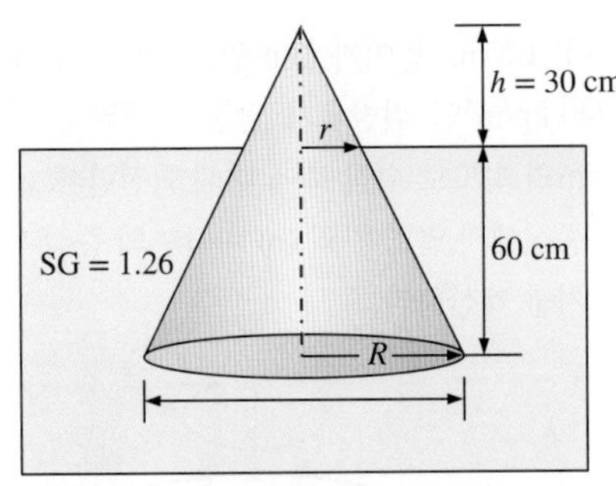

그림 P3-98

3-99 물체의 중량은 보통 공기에 의해 작용하는 부력을 무시하며 측정된다. 밀도가 7800 kg/m^{3}이고 직경이 20 cm인 구형 물체를 고려하자. 공기의 부력을 무시함으로써 발생되는 오차의 퍼센트는 얼마인가?

강체 운동 중인 유체

3-100C 어떤 경우에 움직이는 유체 덩어리가 강체로서 취급될 수 있는가?

3-101C 부분적으로 물이 차있는 수직 원통형 용기를 고려해 보자. 지금 그 원통이 중심축에 대해 주어진 각속도로 회전하여 강체운동이 확립된다. 회전에 기인하여 바닥면의 중앙점과 가장자리에서의 압력이 어떻게 영향을 받을까 논의하라.

3-102C 하나는 정지해 있고 또 다른 하나는 등가속도로 수평면 위를 운동하는 두 개의 동일한 유리잔 속의 물을 고려해 보자. 물이 튀거나 흘러넘치지 않는다고 가정하면, 바닥면의 (a) 앞쪽, (b) 중앙점 그리고 (c) 뒤쪽 중에서 어떤 경우가 가장 높은 압력을 갖겠는가?

3-103C 유리잔 속의 물을 고려해 보자. 유리잔이 (a) 정지해 있을 때, (b) 등속도로 상향 운동할 때, (c) 등속도로 하향 운동할 때, 그리고 (d) 등속도로 수평 운동할 때 물 바닥면의 압력을 비교하라.

3-104 물탱크가 수평 도로 위에서 트럭에 의해 견인되고 있고, 자유표면이 수평과 이루는 각이 8°로 측정된다. 트럭의 가속도를 계산하라.

3-105 물이 차있는 두 개의 탱크를 고려해 보자. 첫 번째 탱크는 높이가 8 m이고 정지해 있으며, 두 번째 탱크는 높이가 2 m이고 5 m/s^{2}의 가속도로 상향 운동하고 있다. 어느 탱크가 바닥에서 보다 높은 압력을 갖게 될까?

3-106 물탱크가 수평과 14°를 이루는 오르막 도로 위에서, 운동방향으로 3.5 m/s^{2}의 등가속도로 이동하는 트럭에 의해 견인되고 있다. 물의 자유표면이 수평과 이루는 각도를 계산하라. 만약 동일한 도로에서 동일한 가속도를 가지고 운동방향이 내리막이라면 답은 어떻게 될 것인가?

3-107 그림처럼 총 높이가 0.4 m이고 직경이 0.3 m인 수직 실린더의 바닥 1/4이 액체(글리세린처럼 $SG>1$)로 채워져 있고 그 나머지는 물로 채워져 있다. 탱크가 지금 수직축에 대해 등각속도 ω로 회전된다. (a) 액체-액체 접합면에서 축상의 점 P가 탱크의 바닥에 닿을 때의 각속도의 값 (b) 이 각속도에서 밖으로 쏟아질 물의 양을 결정하라.

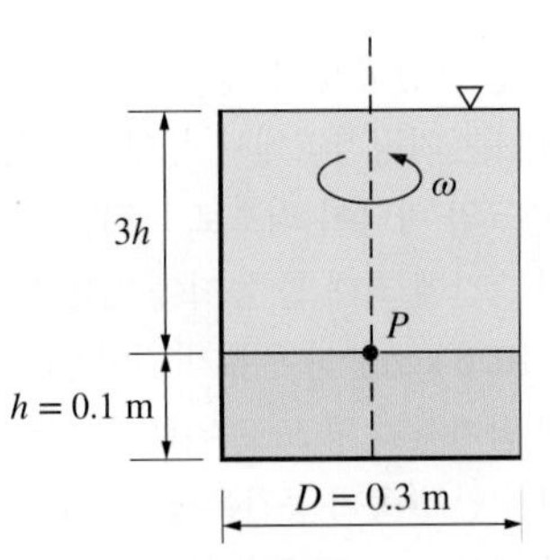

그림 P3-107

3-108 직경이 3 m, 길이가 7 m인 원통형 탱크에 물이 가득 채워져 있다. 이 탱크가 7 m 길이의 축이 수평을 이루는 길에서 트럭으로 끌어당겨진다. 탱크가 수평선을 따라 (a) 3 m/s^{2}으로 가속될 때, (b) 4 m/s^{2}으로 감속될 때, 탱크의 전단과 후단 간의 압력차를 결정하라.

3-109 직경이 30 cm, 높이가 90 cm인 수직 원통형 용기에 60 cm 높이의 물이 부분적으로 채워져 있다. 지금 용기가 180 rpm의 등각속도로 회전한다. 실린더의 중심에서 액체 수위는 이 회전운동의 결과로 얼마나 하강할 것인가를 계산하라.

3-110 60 cm 높이로 물이 차있는 수조가 승강기 내에서 움직인다. 승강기가 (a) 정지해 있을 때, (b) 상향 가속도 3 m/s^{2}로 위로 움직일 때, (c) 하향 가속도 3 m/s^{2}로 아래로 움직일 때 수조 바닥에서의 압력을 계산하라.

3-111 대기 중에 노출된 높이가 2 m, 길이가 7 m인 직사각형 탱크가 수평 도로 위에서 견인되고 있다. 탱크는 깊이가 1.8 m로 물이 채워져 있다. 만약 물이 견인 중에 넘치지 않기 위해 필요한 최대 가속도 또는 감속도를 계산하라.

3-112 그림에 보인 바와 같이 경사진 표면 위에 놓인 부분적으로 액체로 채워진 직사각형 단면의 탱크를 고려하자. 마찰 효과를 무시할 경우, 탱크가 풀려질 때 액체 표면의 경사가 경사면의 기울기와 같아짐을 보여라. 마찰이 중요시될 때 자유표면의 기울기에 대해 어떤 설명을 할 수 있는가?

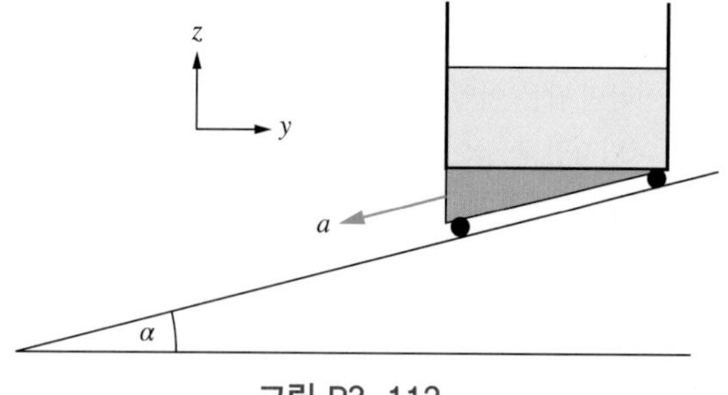

그림 P3–112

3-113 대기 중에 노출된 직경이 0.9 m인 수직 원통형 탱크가 높이 0.3 m의 물을 담고 있다. 탱크가 지금 중심선에 대해 회전하고, 물의 수위는 가장자리에서 상승하는 반면에 중심에서는 하강한다. 탱크의 바닥이 최초로 드러날 때의 각속도를 계산하라. 또한 이 순간에 최대 물 높이를 계산하라.

3-114 밀도가 1020 kg/m^{3}인 우유가 길이 9 m, 직경 3 m인 원통형 탱커 내에 담겨서 수평 도로 위로 수송된다. 탱커는 우유로 완전히 채워져 있고(공기 공간은 없음), 또한 4 m/s^{2}로 가속된다. 만약 탱커 내의 최소 압력이 100 kPa라면, 최대 압력과 그 위치를 결정하라. 답: 66.7 kPa

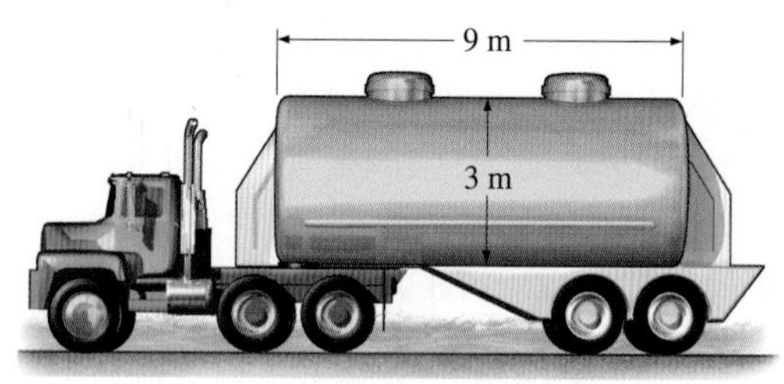

그림 P3–114

3-115 2.5 m/s^{2}의 감속에 대해 문제 3-114를 반복하라.

3-116 대기 중에 노출된 U관의 두 팔의 중심간 거리가 30 cm이고, U관이 20 cm 높이의 알코올을 양쪽 팔에 담고 있다. 지금 U관이 왼쪽 팔에 대해 3.5 rad/s로 회전한다. 두 팔에서 유체 표면 사이의 높이 차를 계산하라.

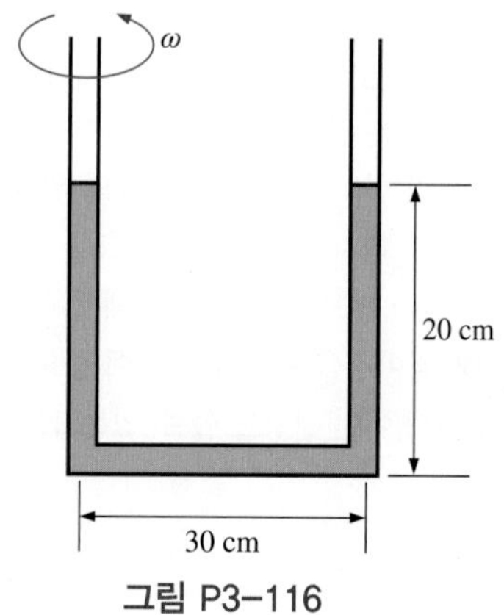

그림 P3–116

3-117 직경이 1.2 m, 높이가 3 m인 밀폐된 수직 실린더에 밀도가 740 kg/m^{3}인 휘발유가 완전히 채워져 있다. 탱크가 지금 70 rpm의 속도로 수직 축에 대해 회전한다. (a) 바닥과 천장 표면의 중심에서 압력 차와 (b) 바닥면의 중심과 가장자리에서의 압력 차를 계산하라.

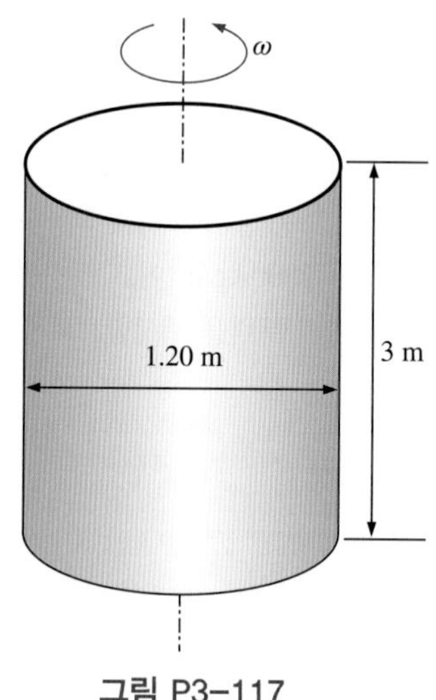

그림 P3–117

3-118 문제 3-117을 다시 고려해 보자. 적절한 소프트웨어를 이용하여, 실린더 바닥면의 중심과 가장자리 사이의 압력 차에 대한 회전속도 영향을 조사하라. 회전속도는 0 rpm에서 500 rpm까지 50 rpm 증분으로 변하게 하라. 결과를 표로 만들고 도시하라.

3-119 직경이 4 m인 수직 원통형 우유 탱크가 등속 15 rpm으로 회전한다. 만약 바닥면의 중심에서의 압력이 130 kPa라면, 탱크의 바닥면의 가장자리에서의 압력을 계산하라. 우유의 밀도는 1030 kg/m^{3}으로 취하라.

3-120 높이가 75 cm, 직경이 40 cm인 원통형 물탱크가 수평 도로 위에서 수송되고 있다. 예상되는 최고 가속도는 5 m/s^{2}이다. 만약 가속 중에 물이 넘치지 않아야 한다면, 탱크 안의 최초 허용 물 높이를 계산하라. 답: 64.8 cm

3-121 그림과 같이 바닥에 무거운 오일(글리세린과 같은)과 위에는 물로 채워진 사각형 탱크가 있다. 탱크가 수평하게 우측으로 등가속도 운동을 하고, 그리고 그 결과로 물의 1/4이 뒤쪽으로 쏟아진다. 기하학적 고려하에 탱크의 뒤쪽에서 오일과 물의 접합면상의 점 A는 이 가속도에서 얼마나 높아질 것인지 결정하라.

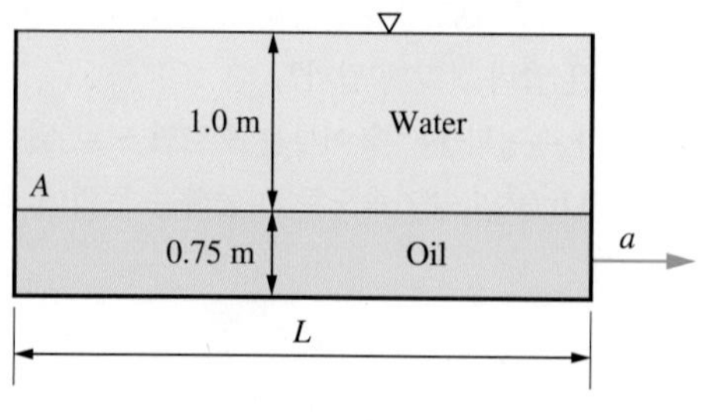

그림 P3–121

3-122 원심 펌프는 단순히 축과 축에 수직으로 부착된 몇 개의 블레이드로 구성된다. 만약 축이 1800 rpm의 등속으로 회전된다면 이 회전에 따른 이론적인 펌프 헤드는 얼마가 되는가? 임펠러 직경은 35 cm로 취하고 블레이드 팁 효과는 무시하라.

답: 55.5 m

3-123 그림에 보인 것처럼 최초 상태에서 물이 높이 h만큼 채워져 있는 직경이 D인 두 개의 원통형 수직 탱크가 서로 연결되어 있으며 대기에 노출되어 있다. 왼쪽 탱크 안의 방사형 블레이드가 탱크의 중심선을 기준으로 회전함에 따라 오른쪽 탱크 안의 물의 일부가 왼쪽 탱크로 흘러들어간다. 오른쪽 탱크의 물의 절반이 왼쪽 탱크로 흘러들어가도록 하는 방사형 블레이드의 각속도를 결정하라. 또한 각속도에 대한 일반 관계식을 탱크 내의 최초 물 높이의 함수로 유도하라. 탱크 안의 물은 넘치지 않는다고 가정하라. $D=2R=45$ cm, $h=40$ cm, $g=9.81$ m/s^{2}이다.

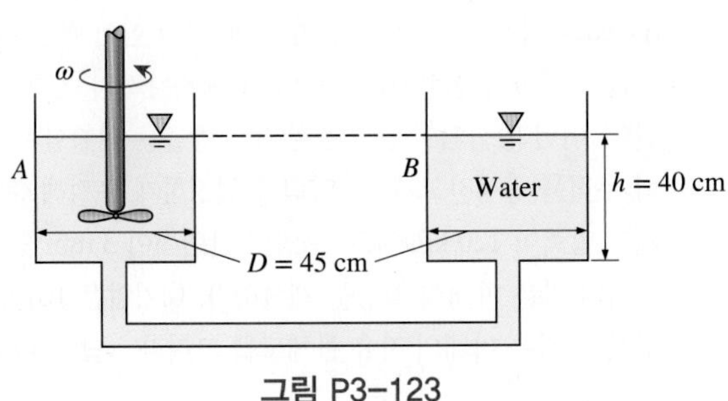

그림 P3-123

3-124 그림에 보인 U튜브는 왼쪽으로 a(m/s^2)의 가속도 상태에 놓여 있다. 자유표면 간의 차이가 $\Delta h=20$ cm이고 $h=0.4$ m일 때, 가속도를 계산하라.

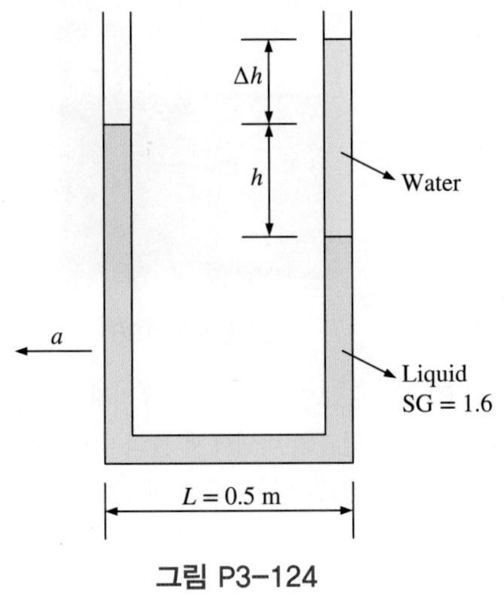

그림 P3-124

복습 문제

3-125 공기조화 시스템을 위해 직경이 12 cm인 덕트의 길이 34 m 구간을 물밑에 설치해야 한다. 물이 덕트에 미칠 상향력을 계산하라. 공기와 물의 밀도는 각각 1.3 kg/m^3, 1000 kg/m^{3}으로 취하라.

3-126 바다의 자유표면 아래 90 m에서 항행하는 잠수함의 표면에 작용하는 압력을 결정하라. 기압계 압력은 101 kPa, 바닷물의 비중은 1.03으로 가정하라.

3-127 수직으로 서있고, 마찰이 없는 피스톤-실린더 장치가 600 kPa에서 기체를 담고 있다. 외부의 대기압은 100 kPa이고, 피스톤의 면적은 30 cm^{2}이다. 피스톤의 질량을 계산하라.

3-128 그림 P3-128에 보인 세 튜브로 구성된 시스템의 회전 속도율이 $\omega=10$ rad/s이라면 각각의 튜브 기둥에서 물의 높이를 구하라. 어떤 회전 속도에서 가운데 튜브가 완전히 비워질까?

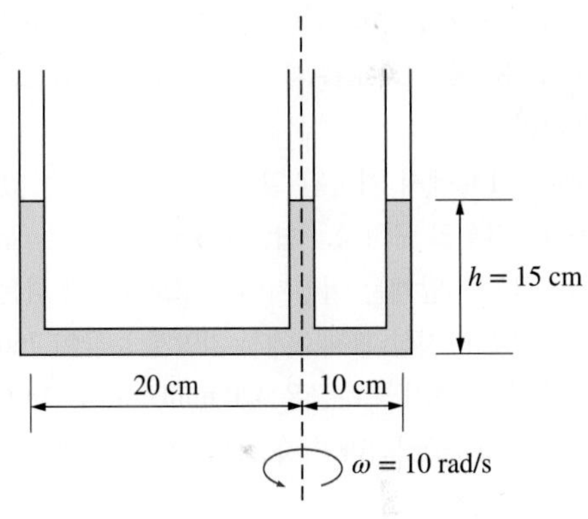

그림 P3-128

3-129 지구의 평균 대기압은 관계식 $P_{atm}=101.325(1-0.02256z)^{5.256}$에 의해 고도의 함수로 근사적으로 표현된다. 여기서 P_{atm}은 kPa 단위의 대기압이고, z는 해수면에서 $z=0$인 km 단위의 고도이다. 애틀랜타($z=306$ m), 덴버($z=1610$ m), 멕시코시티($z=2309$ m) 및 에베레스트 산($z=8848$ m)에서 대기압의 근사값을 계산하라.

3-130 열기구는 종종 헬륨 가스로 채워지는데, 이는 헬륨이 동일한 조건에서 공기 무게의 단지 7분의 1의 무게밖에 나가지 않기 때문이다. $F_b=\rho_{air}gV_{balloon}$으로 표현될 수 있는 부력은 열기구를 위쪽으로 밀어 올리게 된다. 만약 열기구가 직경이 12 m이고, 체중이 각각 70 kg인 두 사람을 태운다면, 열기구가 최초로 풀려질 때 그 가속도를 계산하라. 공기의 밀도는 $\rho=1.16$ kg/m^{3}으로 가정하고, 로프와 운전실(cage)의 무게는 무시하라.

답: 25.7 m/s^2

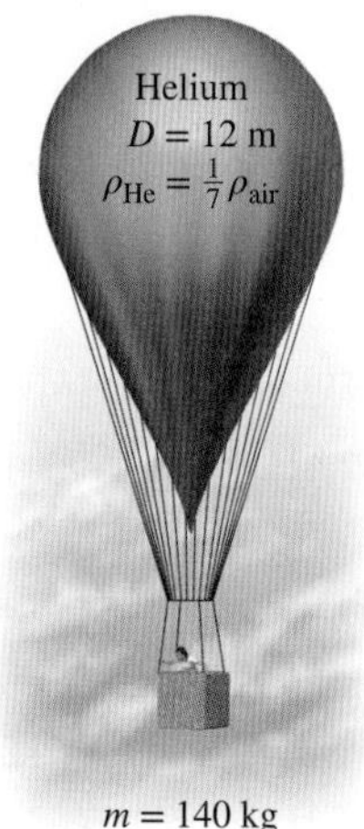

그림 P3-130

3-131 문제 3-130을 다시 고려해 보자. 적절한 소프트웨어를 이용하여, 열기구에 타고 있는 사람 수가 가속도에 미치는 영향을 조사하라. 가속도를 사람 수에 대해 도시하고, 그 결과를 논의하라.

3-132 문제 3-130에서 기술된 열기구가 수송할 수 있는 최대 하중을 kg 단위로 구하라. 답: 521 kg

3-133 기초적인 기압계는 비행기에서 고도를 측정하는 장치로 이용될 수 있다. 지상 관제소에서 기압계 눈금이 760 mmHg로 보고할 때, 조종사의 눈금은 420 mmHg이다. 만약 평균 공기 밀도가 1.20 kg/m^{3}이라면 지상으로부터 비행기의 고도를 예측하라. 답: 3853 m

3-134 높이가 12 m인 원통형 용기의 하반부에 물 (ρ=1000 kg/m^3)이 차있고, 상반부는 비중이 0.85인 기름이 차있다. 실린더의 꼭대기와 바닥의 압력 차를 계산하라. 답: 109 kPa

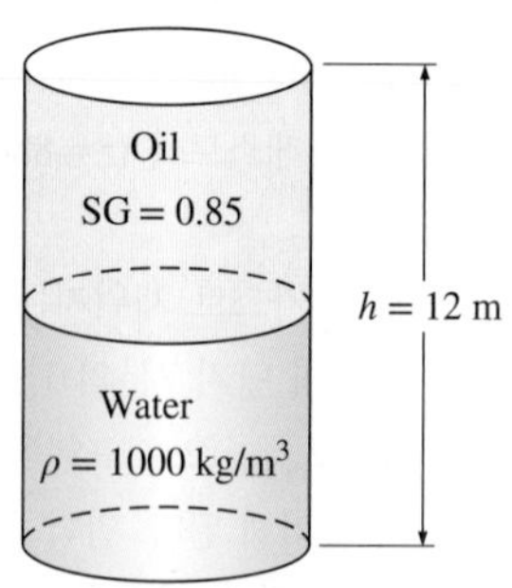

그림 P3-134

3-135 그림에 보인 반경이 0.5 m인 반원형 문이 위 가장자리 *AB*를 통해 힌지로 설치된다. 문이 닫힌 상태로 유지되도록 무게중심에 적용되어야 할 힘을 구하라. 답: 11.3 kN

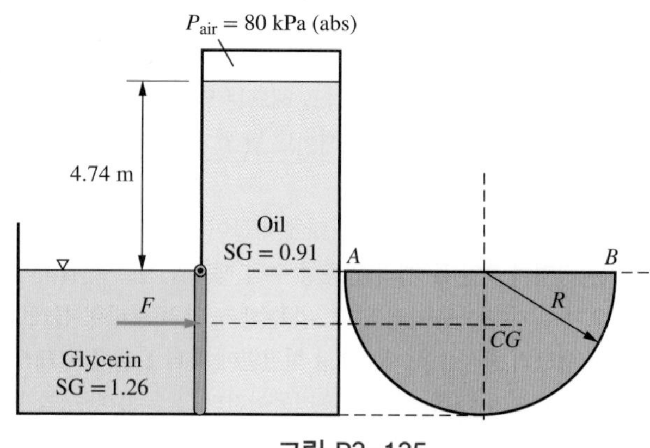

그림 P3-135

3-136 압력 조리기는 내부 압력 및 온도를 보다 높게 유지함으로써 보통 조리기보다 훨씬 빠르게 음식을 조리할 수 있다. 압력 조리기의 뚜껑은 잘 밀폐되어 있고, 수증기는 뚜껑 중앙의 구멍만을 통해 빠져나갈 수 있다. 별도의 금속 조각인 작은 마개(petcock)가 이 구멍 위에 놓여 있어, 압력 힘이 작은 마개의 무게를 극복하기 전까지는 수증기가 빠져나가지 못하도록 억제한다. 이런 방식의 수증기의 주기적 방출은 위험할 수 있는 압력 누적을 방지하고, 내부 압력을 일정하게 유지해 준다. 작동 계기 압력이 120 kPa이고, 구멍의 단면적이 3 mm^{2}인 압력 조리기의 작은 마개의 질량을 계산하라. 대기압은 101 kPa로 가정하고, 작은 마개의 자유 물체도를 그려라. 답: 36.7 g

그림 P3-136

3-137 그림 P3-137에 보인 바와 같이 유리관이 물 배관에 부착되어 있다. 만약 유리관의 바닥에서 물의 압력이 110 kPa이고 국소 대기압이 98 kPa일 때, 유리관 내 물이 얼마나 높이 상승할지 m 단위로 계산하라. 그 지역에서 g=9.8 m/s^{2}로 가정하고, 물의 밀도는 1000 kg/m^{3}으로 취하라.

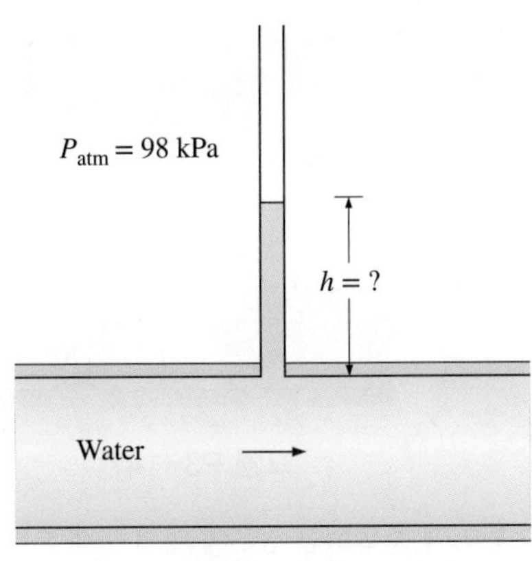

그림 P3-137

3-138 그림 P3-138에 보인 바와 같이, 두 개의 압력계와 마노미터를 장착한 시스템이 있다. Δh=12 cm일 때, 압력 차 $\Delta P = P_2 - P_1$을 계산하라.

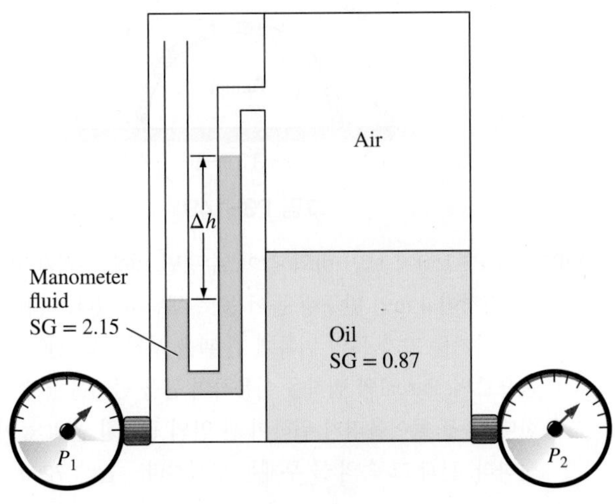

그림 P3-138

3-139 그림 P3-139에 보인 바와 같이, 오일 배관과 1.3 m^{3}인 강체 공기 탱크가 서로 연결되어 있다. 만약 탱크가 80 °C에서 15 kg의 공기를 담고 있다면, (a) 배관 내의 절대 압력 (b) 탱크 내의 온도가 20 °C까지 떨어질 때 Δh의 변화를 계산하라. 오일 배관 내의 압력은 일정하게 유지되고, 마노미터 내의 공기 체적은 탱크의 체적에 비해 무시할 수 있다고 가정하라.

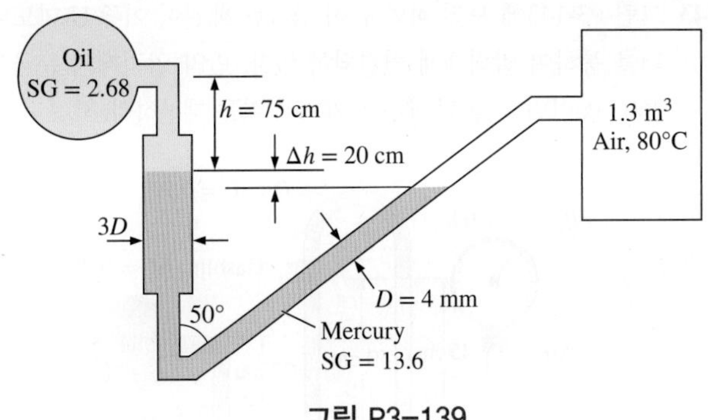

그림 P3-139

3-140 직경이 20 cm인 수직 실린더 용기가 등각속도 70 rad/s에서 수직축에 대해 회전된다. 만약 내측 윗면의 중앙 점에서의 압력이 외측 표면에서처럼 대기압이라면 실린더 내부의 윗면 전체에 작용하는 총 상향력을 결정하라.

3-141 그림 P3-141에 보인 바와 같이, 직경이 30 cm인 탄성이 있는 공기 풍선이 +4 °C의 물로 부분적으로 채워진 용기의 바닥에 부착되어 있다. 만약 물 위의 공기 압력이 100 kPa로부터 1.6 MPa까지 점진적으로 증가한다면, 케이블에 작용하는 힘이 변할까? 만약 그렇다면, 힘의 백분율 변화는 얼마인가? 풍선의 직경과 자유표면 위의 압력은 $P = CD^n$의 관계에 따르며, 여기서 C는 상수이고 $n = -2$라고 가정하라. 풍선과 그 안의 공기의 중량은 무시하라. 답: 98.4퍼센트

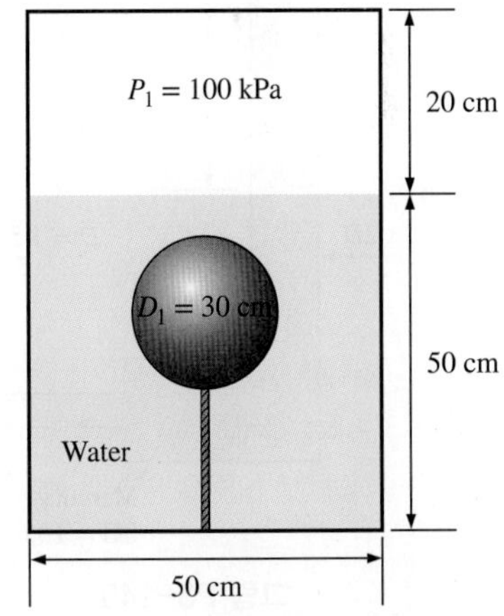

그림 P3-141

3-142 문제 3-141을 다시 고려해 보자. 적절한 소프트웨어를 이용하여, 물 위의 공기 압력이 케이블 힘에 미치는 영향을 조사하라. 이 압력을 0.5 MPa에서 15 MPa까지 변하게 하라. 케이블 힘 대 공기 압력을 도시하라.

3-143 그림 P3-143에 보인 바와 같이 가솔린 배관이 이중-U 마노미터를 통하여 압력계에 연결되어 있다. 만약 압력계의 눈금이 260 kPa라면, 가솔린 배관의 계기 압력을 계산하라.

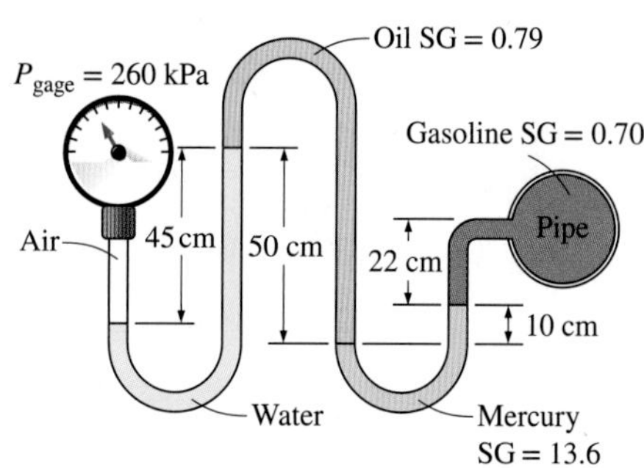

그림 P3-143

3-144 압력계 눈금이 330 kPa에 대해 문제 3-143을 반복하라.

3-145 그림 P3-145에 보인 바와 같이 수은이 차있는 U관을 고려해 보자. U관의 오른쪽 팔의 직경이 $D=1.5$ cm이고, 왼쪽 팔의 직경이 그 두 배이다. 비중이 2.72인 기름이 왼쪽 팔에 부어지고, 따라서 일부 수은은 왼쪽 팔로부터 오른쪽으로 강제로 들어가게 된다. 왼쪽 팔에 넣을 수 있는 기름의 최대량을 계산하라. 답: 0.0884 L

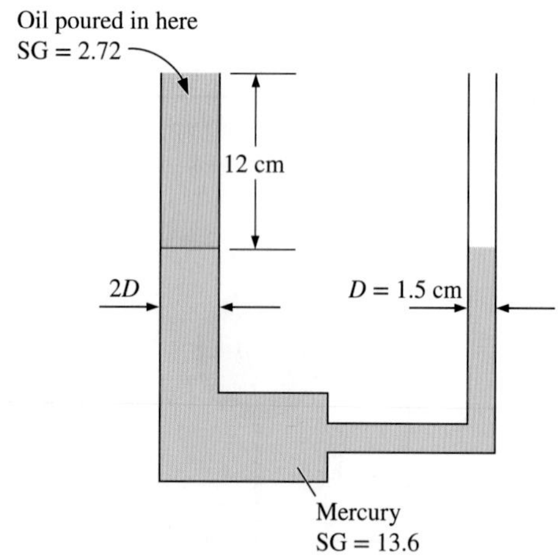

그림 P3-145

3-146 두터운 기체층 내에서 밀도에 따른 압력 변화는 $P=C\rho^n$으로 주어진다. 여기서 C와 n은 상수이다. 두께 dz인 미소 유체층을 가로질러 수직 z방향으로의 압력 변화는 $dP=-\rho g\ dz$로 주어진다는 것에 주목하여, 고도 z의 함수로서 압력에 대한 관계식을 구하라. $z=0$에서 압력과 밀도는 각각 P_0 및 ρ_0로 취하라.

3-147 높이가 3 m, 폭이 5 m인 직사각형 수문이 A에서 위 모서리에 힌지가 달려있고, B에서 고정된 턱에 의해 구속된다. 5 m 높이의 물에 의해 수문에 작용하는 정수력과 압력중심의 위치를 결정하라.

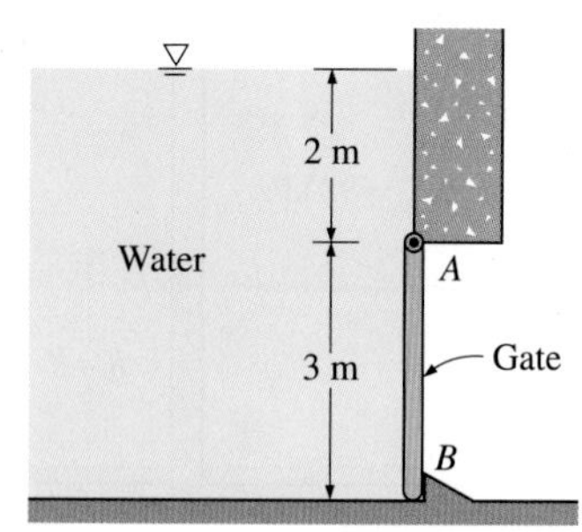

그림 P3-147

3-148 물의 높이가 총 2 m인 경우에 대해 문제 3-147을 반복하라.

3-149 그림 P3-149에 보인 바와 같이 직경이 12 m인 반원형 터널이 깊이 45 m, 길이 240 m인 호수 밑에 건설된다. 터널의 지붕 위에 작용하는 총 정수력을 계산하라.

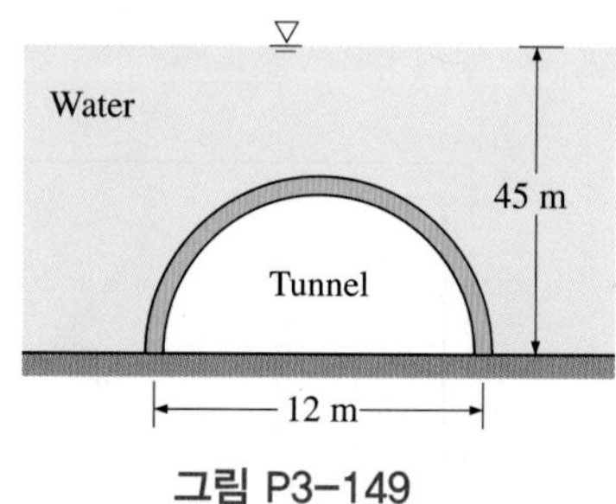

그림 P3-149

3-150 그림 P3-150에 보인 바와 같이, 수평면 위에 무게가 30 ton이고, 직경이 4 m인 반구형 돔이 물로 채워져 있다. 어떤 사람이 주장하기를 그가 돔의 위쪽에 긴 관을 부착하고, 관을 물로 채움으로써, Pascal의 법칙을 이용하여 돔을 들어올릴 수 있다고 한다. 돔을 들어올리기 위하여 관 안의 필요한 물의 높이를 계산하라. 관과 그 속의 물 무게는 무시하라. 답: 1.72 m

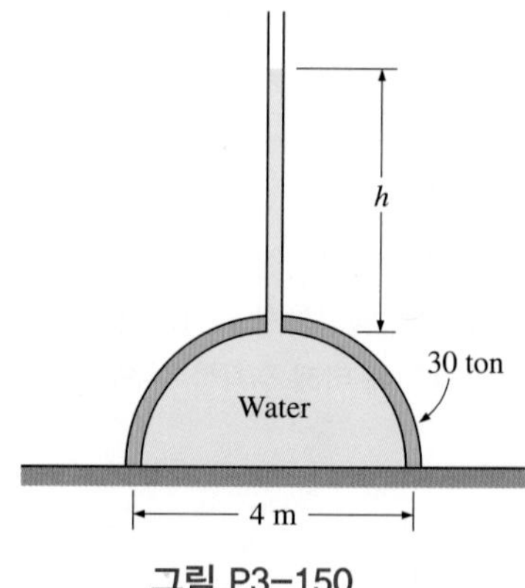

그림 P3-150

3-151 그림 P3-151에 보인 바와 같이 깊이가 25 m인 저수지 내의 물은 정삼각형 단면을 갖고 폭이 90 m인 벽의 안쪽에 유지된다. (a) 벽의 안쪽 표면에 작용하는 전체 힘(정수압+대기

압)과 그 작용선, (b) 이 힘의 수평 성분의 크기를 계산하라. $P_{\text{atm}}=100$ kPa로 취하라.

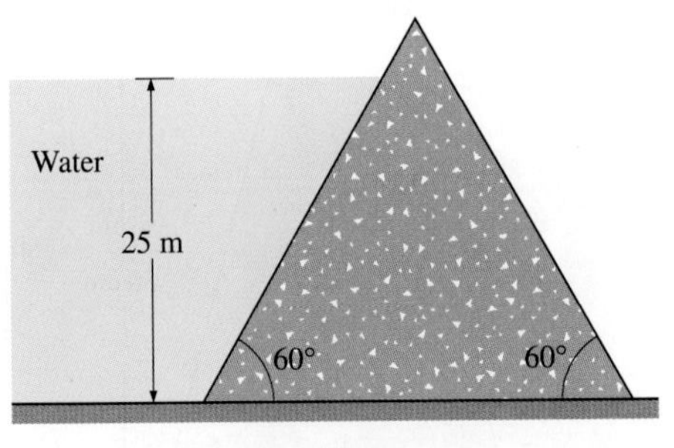

그림 P3-151

3-152 정지해 있는 길이 5 m, 높이 4 m의 탱크는 2.5 m 깊이의 물을 담고 있으며, 중앙에 통기구를 통해 대기 중에 노출되어 있다. 탱크가 지금 2 m/s²로 수평면 위에서 오른쪽으로 가속된다. 대기압에 상대적인 값으로, 탱크 내의 최대 압력을 계산하라. 답: 29.5 kPa

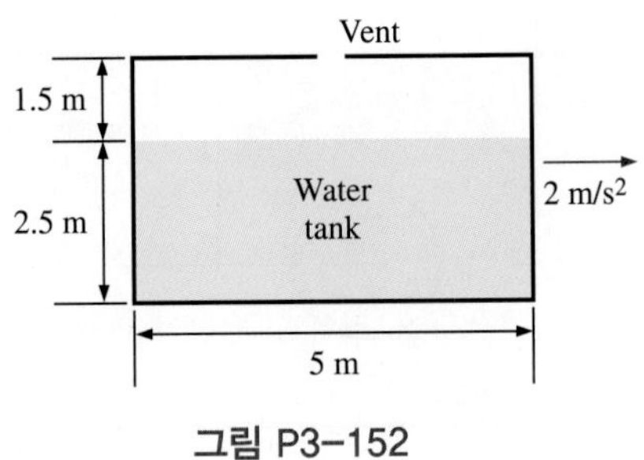

그림 P3-152

3-153 문제 3-152를 다시 고려해 보자. 적절한 소프트웨어를 이용하여 가속도가 탱크 안 물의 자유표면의 기울기에 미치는 영향을 조사하라. 가속도는 0 m/s²에서 15 m/s²까지 1 m/s² 증분으로 변하게 하라. 결과를 표로 만들고 도시하라.

3-154 떠 있는 물체의 밀도는 물체와 추 모두가 완전히 물속에 잠길 때까지 물체에 추를 매달고, 다음으로 그들을 공기 중에서 따로 무게를 달아봄으로써 결정할 수 있다. 공기 중에서 1400 N의 무게가 나가는 통나무를 고려해 보자. 만약 통나무와 납이 물속에 완전히 잠기게 하기 위해 34 kg의 납($\rho=11{,}300$ kg/m³)이 필요하다면, 그 통나무의 평균 밀도를 구하라.

답: 822 kg/m³

3-155 그림에 보인 대로 직경이 25 cm, 길이가 2 m인 통나무들로 뗏목을 만든다. 몸무게가 각각 400 N인 두 소년을 태울 때 각 통나무의 부피의 최대 90 퍼센트까지 물에 잠기도록 해야 한다. 필요한 통나무의 최소 개수를 결정하라. 나무의 비중은 0.75이다.

그림 P3-155

3-156 그림에 보인 것처럼 프리즘 형태의 목재가 액체 속에서 평형을 이루고 있다. 이 액체의 비중은 얼마인가?

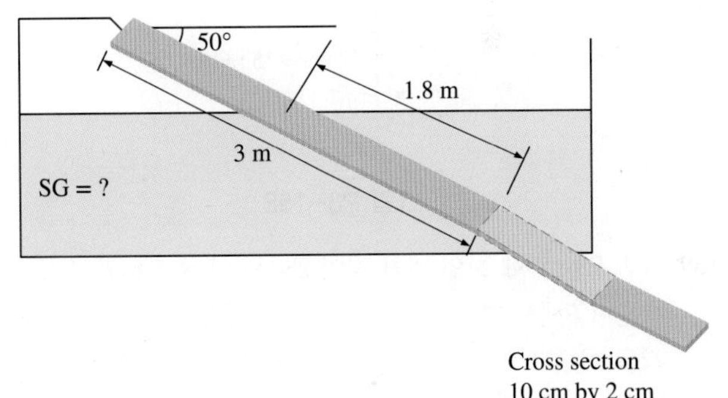

그림 P3-156

3-157 물을 담고 있는 원통형 탱크가 수직축을 기준으로 $\dot{n}=100$ rpm으로 회전할 때, 상향으로 $a_z=2$ m/s²만큼 가속된다. A 점에서의 압력을 결정하라.

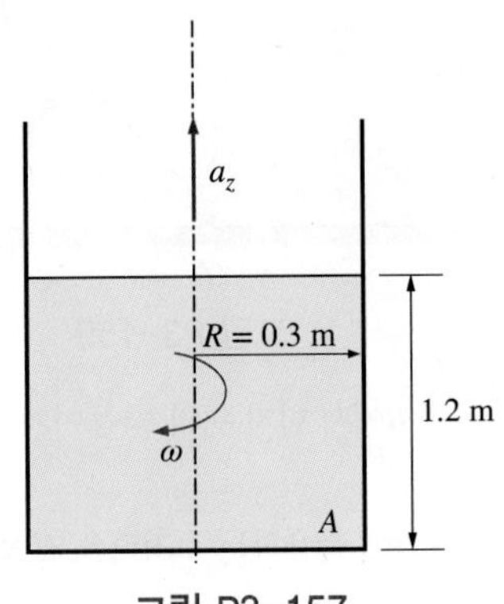

그림 P3-157

3-158 가장자리에 수직 튜브를 장착한, 직경이 30 cm이고 높이가 10 cm인 수직 원통형 용기가 15 rad/s의 일정한 각속도로 수직축을 기준으로 회전한다. 튜브 속의 물이 30 cm 상승할 때, 용기에 작용하는 순 수직 압력 힘을 결정하라.

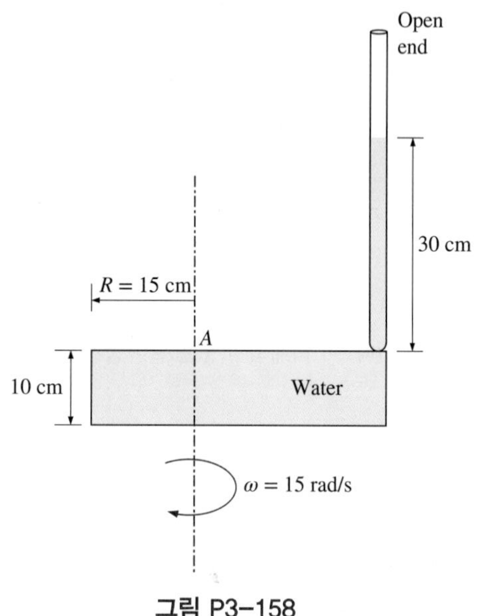

그림 P3-158

3-159 그림 P3-159에 보인 바와 같이 280 kg의 폭 6 m인 직사각형 수문이 B에서 회전할 수 있도록 되어 있고, A에서 수평과 45° 각을 이루고 있다. 수문은 그 중심에 수직력을 작용함으로써 아래 모서리로부터 열리게 되어 있다. 수문을 열기 위한 최소 힘 F를 계산하라. 답: 626 kN

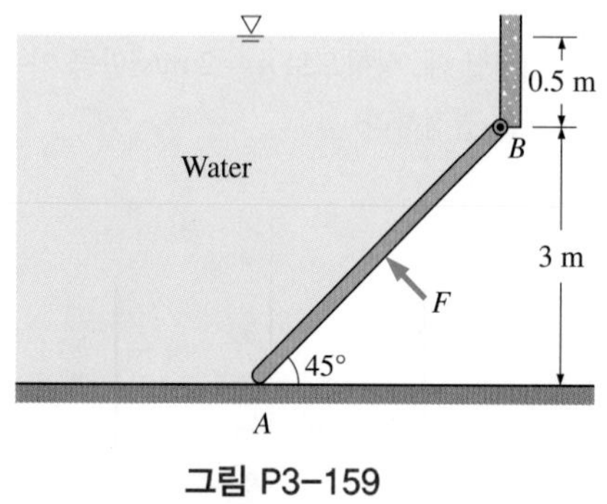

그림 P3-159

3-160 문제 3-159를 B에서 힌지 위의 물 높이가 0.8 m인 경우에 대해 반복하라.

3-161 물에 의해 용기에 작용하는 수직력을 결정하라.

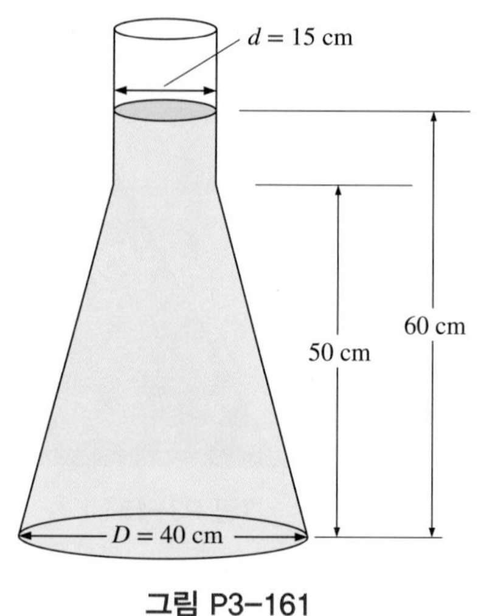

그림 P3-161

3-162 곡면에 작용하는 힘의 수직 성분이 $dF_v = PdA_x$로 주어진다는 것을 알고 있을 때, 액체 속의 깊이 h인 곳에 잠겨 있는 구에 작용하는 수직력은, 동일한 구에 작용하는 부력과 같음을 보여라.

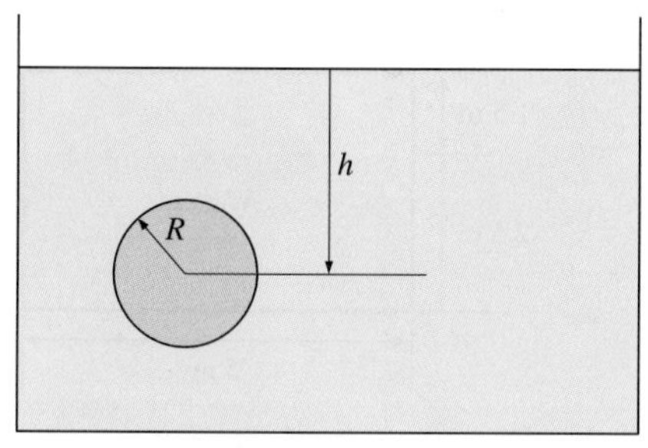

그림 P3-162

3-163 그림과 같이 원뿔 모양의 마개로 계속 막기 위하여 수면에서의 최대 공기압은 얼마인가? 탱크들의 폭은 2 m로 같다.

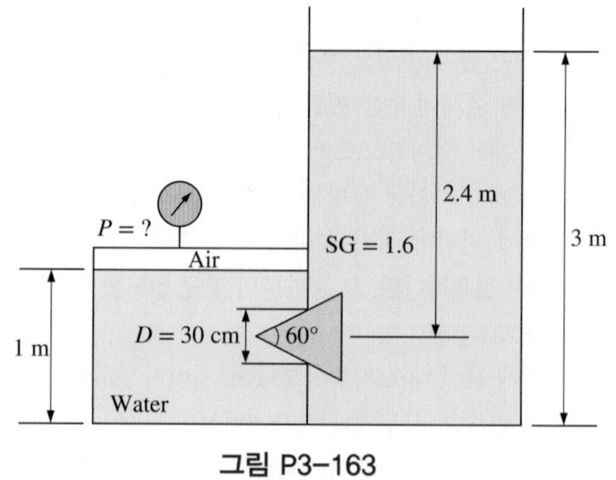

그림 P3-163

공학 기초(FE) 시험 문제

3-164 파이프 내의 계기압력은 수은(ρ=13,600 kg/m^3)을 담은 마노미터에 의해 측정된다. 수은의 윗면은 대기에 노출되어 있고 대기압은 100 kPa이다. 만약 수은 기둥의 높이가 24 cm라면, 파이프 내의 계기압력은 얼마인가?

(a) 32 kPa (b) 24 kPa (c) 76 kPa
(d) 124 kPa (e) 68 kPa

3-165 어느 것이 가장 큰 값인가?

(a) 1 bar (b) 10^5 N/m^2 (c) 1 atm
(d) 100 kPa (e) 모두 아님

3-166 잠수함이 항해하는 바닷물 속의 압력은 1300 kPa로 측정된다. 이 잠수함의 물속 깊이는 얼마인가? (물의 밀도는 1000 kg/m^{3}이다.)

(a) 130 m (b) 133 m (c) 0.133 m
(d) 122 m (e) 0.122 m

3-167 어떤 위치에서 대기압이 수은(ρ=13,600 kg/m^3) 기압계로 측정된다. 만약 수은 기둥의 높이가 740 mm라면, 그 위치에서 대기압은 얼마인가?

(a) 88.5 kPa (b) 93.9 kPa (c) 96.2 kPa
(d) 98.7 kPa (e) 101 kPa

3-168 탱크 내의 기체의 압력을 측정하기 위해 마노미터가 이용된다. 마노미터의 유체는 물(ρ=1000 kg/m^3)이고 마노미터 기둥의 높이는 1.8 m이다. 만약 국소 대기압이 100 kPa이라면, 탱크 내의 절대압력은 얼마인가?

(a) 17,760 kPa (b) 100 kPa (c) 180 kPa
(d) 101 kPa (e) 118 kPa

3-169 면적비가 50인 피스톤을 가진 유압 자동차 잭(car jack)을 고려해 보자. 한 사람이 얼마의 힘을 가해야 1000 kg의 자동차를 들어 올릴 수 있을까?

(a) 100 kgf (b) 10 kgf (c) 50 kgf
(d) 20 kgf (e) 196 kgf

3-170 폭이 5 m이고 높이가 8 m인 물탱크의 수직 직사각형 벽을 고려하자. 이 벽의 다른 쪽은 대기에 노출되어 있다. 이 벽에 작용하는 결과 정수력은 얼마인가?

(a) 1570 kN (b) 2380 kN (c) 2505 kN
(d) 1410 kN (e) 404 kN

3-171 폭이 20 m이고 높이가 12 m인 수직 직사각형 벽이 깊이가 7 m인 물을 지탱하고 있다. 이 벽에 작용하는 결과 정수력은 얼마인가?

(a) 1370 kN (b) 4807 kN (c) 8240 kN
(d) 9740 kN (e) 11,670 kN

3-172 폭이 16 m, 높이가 12 m인 수직 직사각형 판이 수면 아래 4 m인 곳에 위치해 있다. 이 판에 작용하는 결과 정수력은 얼마인가?

(a) 2555 kN (b) 3770 kN (c) 11,300 kN
(d) 15,070 kN (e) 18,835 kN

3-173 폭이 16 m이고 높이가 12 m인 직사각형 판이 물 표면 아래 4 m에 위치해 있다. 이 판이 기울어져서 수평면과 35° 각을 이룬다. 이 판의 윗면에 작용하는 결과 정수력은 얼마인가?

(a) 10,800 kN (b) 9745 kN (c) 8470 kN
(d) 6400 kN (e) 5190 kN

3-174 폭이 16 m이고 높이가 12 m인 수직 직사각형 판이 수면 아래 4 m에 위치해 있다. 이 판에 작용하는 결과 정수력에 대한 작용선 y_p는? (대기압은 무시하라.)

(a) 4 m (b) 5.3 m (c) 8 m (d) 11.2 m (e) 12 m

3-175 길이가 2 m이고 폭이 3 m인 수평 직사각형 판이 물속에 잠겨 있다. 자유표면으로부터 윗면까지의 거리는 5 m이다. 대기압은 95 kPa이다. 대기압을 고려해, 이 판의 윗면에 작용하는 정수압을 결정하라.

(a) 307 kN (b) 688 kN (c) 747 kN
(d) 864 kN (e) 2950 kN

3-176 문(gate)의 직경과 같은 깊이의 물을 지탱하고 있는 직경이 5 m인 공 모양의 문을 고려하자. 대기압이 문의 양쪽에 모두 작용한다. 이 곡면 위에 작용하는 정수력의 수평 성분은 얼마인가?

(a) 460 kN (b) 482 kN (c) 512 kN
(d) 536 kN (e) 561 kN

3-177 문(gate)의 직경과 같은 깊이의 물을 지탱하고 있는 직경이 6 m인 공 모양의 문을 고려하자. 대기압이 문의 양쪽에 모두 작용한다. 이 곡면 위에 작용하는 정수력의 수직 성분은 얼마인가?

(a) 89 kN (b) 270 kN (c) 327 kN
(d) 416 kN (e) 505 kN

3-178 직경이 0.75 cm인 공 모양의 물체가 물속에 완전히 잠겨 있다. 이 물체에 작용하는 부력은 얼마인가?

(a) 13,000 N (b) 9835 N (c) 5460 N
(d) 2167 N (e) 1267 N

3-179 밀도가 7500 kg/m^{3}인 3 kg의 물체가 물속에 놓여 있다. 물속에서 이 물체의 중량은 얼마인가?

(a) 29.4 N (b) 25.5 N (c) 14.7 N
(d) 30 N (e) 3 N

3-180 직경이 9 m인 열기구가 뜨지도 가라앉지도 않고 있다. 대기의 밀도는 1.3 kg/m^{3}이다. 타고 있는 사람의 무게를 포함해 이 열기구의 총질량은 얼마인가?

(a) 496 kg (b) 458 kg (c) 430 kg
(d) 401 kg (e) 383 kg

3-181 밀도가 900 kg/m^{3}인 10 kg의 물체가 밀도가 1100 kg/m^{3}인 유체 속에 놓여 있다. 유체 속에 잠겨 있는 물체의 부피의 비율은

얼마인가?

(a) 0.637 (b) 0.716 (c) 0.818
(d) 0.90 (e) 1

3-182 한 변의 길이가 3 m인 정육면체 물탱크를 고려해 보자. 탱크는 물로 절반이 채워져 있고 대기에 개방되어 있다. 지금 이 탱크를 운송하는 트럭이 5 m/s²의 비율로 가속된다. 이 물속에서 최대 압력은 얼마인가?

(a) 1.5 m (b) 1.03 m (c) 1.34 m
(d) 0.681 m (e) 0.765 m

3-183 직경이 20 cm이고 높이가 40 cm인 수직 원통형 용기가 높이가 25 cm인 물로 부분적으로 채워져 있다. 지금 이 원통이 15 rad/s의 등속으로 회전된다. 자유표면의 가장자리와 중심 사이의 최대 높이 차이는 얼마인가?

(a) 40 cm (b) 35.2 cm (c) 30.7 cm
(d) 25 cm (e) 38.8 cm

3-184 직경이 30 cm이고 높이가 40 cm인 수직 원통형 용기가 높이가 25 cm인 물로 부분적으로 채워져 있다. 지금 이 원통이 15 rad/s의 등속으로 회전된다. 원통의 중심에서 물의 높이는 얼마인가?

(a) 28.0 cm (b) 24.2 cm (c) 20.5 cm
(d) 16.5 cm (e) 12.1 cm

설계 및 논술 문제

3-185 체중이 80 kg까지의 사람들이 담수나 해수 위를 걸을 수 있도록 해주는 신발을 설계한다. 신발들은 공 모양, 미식 축구공 모양, 또는 프랑스 빵 모양으로 바람을 불어넣은 플라스틱이다. 각각의 신발의 등가 직경을 결정하고, 안정성의 관점에서 제안된 형상에 대해 의견을 제시하라. 이들 신발의 시장성은 어떻다고 평가하는가?

3-186 어떤 체적 측정 장치도 이용하지 않고, 바위의 체적을 결정하고자 한다. 방수 처리된 용수철 저울을 이용하여 이를 어떻게 수행할 것인가 설명하라.

3-187 몇몇 Bourdon 형식의 금속 마노미터의 게이지 눈금에 C1 또는 C11, K1 또는 K11 등의 범례가 적혀 있다. 이들 범례가 의미하는 바를 논의하라.

3-188 속도와 정압 분포에 따른 자유 와동(free vortex)과 강제 와동(forced vortex)을 비교하라. 욕조 안의 물이 배수구로 흘러나가는 운동을 생각해 보자. 적도면에서는 아무런 회전 운동도 관찰되지 않는 반면에, 북반구와 남반구에서는 서로 다른 방향으로 회전하는 자유 와동 운동이 형성되는 이유를 토의하라.

3-189 강철의 밀도는 약 8000 kg/m³(물보다 8배 크다)이지만, 면도날은 무게를 좀 더 추가하더라도 물 위에 뜰 수 있다. 물이 20 °C이고 사진에 보인 면도날은 길이가 4.3 cm이고 폭이 2.2 cm이다. 단순화를 위해, 면도날 중앙의 도려내진 면적은 테이프로 붙여 오직 면도날의 가장자리만이 표면장력 효과에 기여하도록 하였다. 면도날이 날카로운 모서리를 갖고 있으므로 접촉각은 관련이 없다. 오히려 극한의 경우는 스케치처럼 물이 면도날과 수직으로 접촉할 때이다(면도날의 가장자리를 따라 유효 접촉각은 180 °이다). (a) 표면장력만 고려하여, 얼마만한 총 질량(면도날 + 면도날 위에 놓인 추)이 지지될지 예측하라(그램 단위로). (b) 면도날이 물을 아래로 밀쳐내고, 따라서 정수압 효과도 존재한다고 생각함으로써 해석을 정교하게 하라.

힌트: 메니스커스의 곡률 때문에 최대 가능한 깊이는 $h=\sqrt{\dfrac{2\sigma_s}{\rho g}}$ 가 된다는 점을 알 필요가 있다.

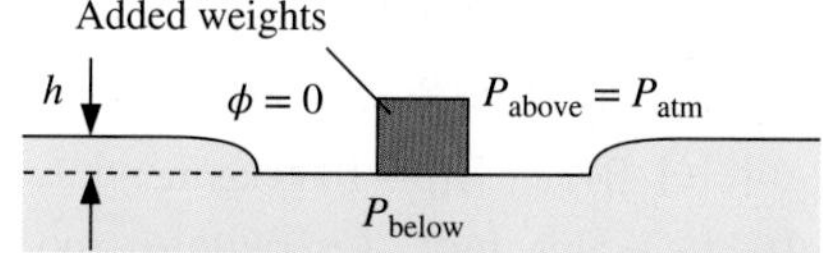

그림 P3-189

(Bottom) Photo by John M. Cimbala.

CHAPTER

4

유체 운동학

유체운동학에서는 유체의 운동을 기술하는 방법을 다루며, 이때 그 운동을 야기하는 힘이나 모멘트를 반드시 고려할 필요는 없다. 이 장에서는 유체의 유동과 관련된 운동학적 개념을 몇 가지 소개한다. 먼저 **물질도함수**에 대해 논의하고, 이것이 유체 유동에 관한 보존 방정식들을 **Lagrange 기술방법**(유체 입자를 추적)에서 **Euler 기술방법**(**유동장**과 관련)으로 변환할 때 어떤 역할을 하는지 살펴본다. 또한 유동장을 가시화하는 여러 가지 방법들을 논의한다. 이 유동가시화 기법에는 **유선**, **유맥선**, **유적선**, **시간선** 및 **Schlieren 기법**, **그림자 기법** 등의 광학적 방법 그리고 **표면 기법** 등이 있다. 그리고 유동 데이터를 그림으로 나타내는 세 가지 방법, 즉 **분포도**, **벡터 플롯**, **등분포도** 등을 기술한다. 다음으로 유체의 운동과 변형에 관련된 네 가지 기본적인 운동학적 성질, 즉 **병진운동률**, **회전율**, **선형변형률**과 **전단변형률**을 설명한다. 유동장의 **와도**, **회전**, **비회전**의 개념도 설명한다. 끝으로, 유체 유동에서 **시스템**에 관한 운동 방정식을 **검사체적**에 관한 운동 방정식으로 변환시키는 데 유용한 **Reynolds 수송정리(RTT)**를 설명한다. 미소 유체 요소에 대한 물질도함수와 유한 검사체적에 대한 RTT와의 유사성도 기술한다.

목표

이 장을 공부하면 다음과 관련된 지식을 얻을 수 있다.

- Lagrange 기술방법과 Euler 기술방법 간의 변환에서 물질도함수의 역할
- 여러 종류의 유동가시화 기법 및 유체 유동 특성을 그림으로 나타내는 방법
- 유체의 여러 형태의 운동 및 변형
- 유동 상태량인 와도를 통한 회전 유동 및 비회전 유동 영역에 대한 이해
- Reynolds 수송정리의 유용성에 대한 이해

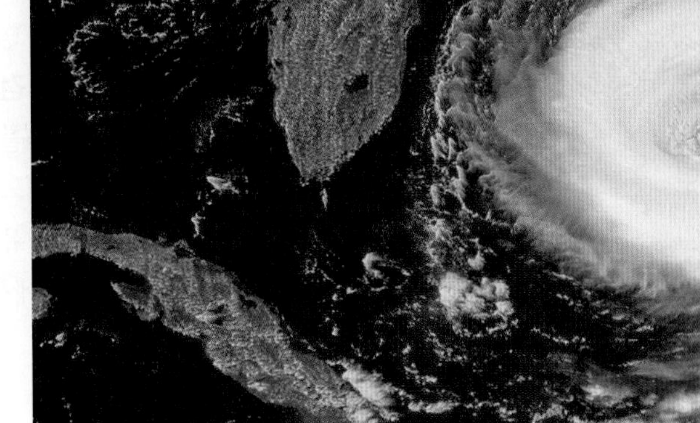

위성에서 바라본 Florida 해안 부근의 허리케인. 물방울들이 공기와 함께 움직이므로 반시계방향의 소용돌이를 볼 수 있다. 그러나 허리케인의 대부분은 **비회전 유동**이고, 단지 중심(폭풍의 눈) 부분만 **회전 유동**이다.
© StockTrek/Getty Images RF

4-1 ■ Lagrange와 Euler 기술방법

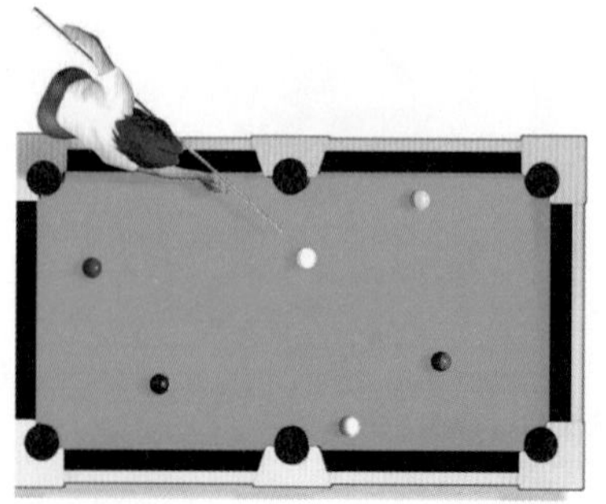

그림 4-1
당구대의 당구공처럼 대상 물체의 수가 적은 경우에는 개별 물체의 추적이 가능하다.

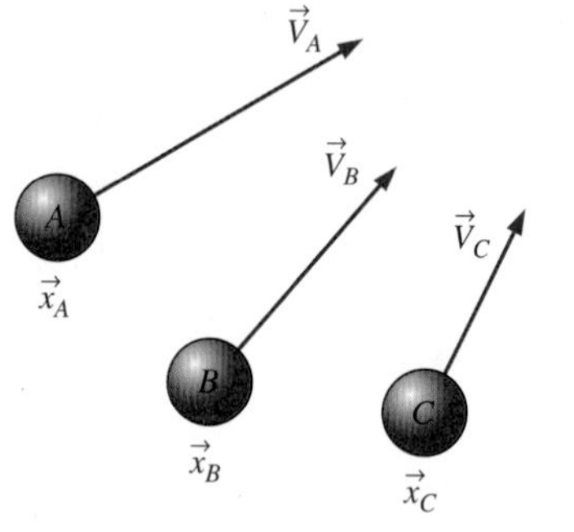

그림 4-2
Lagrange 기술방법에서는 개별 입자의 위치 및 속도를 추적해야만 한다.

운동학이란 **운동**과 관련된 학문이다. 유체동역학에서 **유체 운동학**이란 유체가 어떻게 흐르는가, 유체의 운동을 어떻게 기술할 것인가에 관한 학문이다. 기본적으로 운동은 두 가지 방법으로 기술할 수 있다. 가장 친숙한 첫 번째 방법은 고등학교 물리시간에 공부한 방법, 즉 각각의 물체의 궤적을 따라가는 방법이다. 예를 들어, 물리실험을 통해 당구대 위의 당구공이나 공기하키대(air hockey table) 위의 퍽(puck)이 공이나 퍽끼리 혹은 쿠션과 서로 충돌하는 것을 본 경험이 있을 것이다(그림 4-1). 이러한 물체의 운동을 기술하는 데 Newton의 법칙이 사용되며, 물체의 궤적과 운동량 및 운동 에너지가 물체 상호 간에 어떻게 교환되는가를 정확히 예측할 수 있다. 이 경우의 운동학은 각 물체의 **위치 벡터** $\vec{x}_A, \vec{x}_B, \ldots$ 와 **속도 벡터** $\vec{V}_A, \vec{V}_B, \ldots$를 시간의 함수로 표현하여 추적하는 것이다(그림 4-2). 이 방법을 유체의 유동에 적용한 것을 이탈리아 수학자 Joseph Louis Lagrange(1736-1813)의 이름을 따서 **Lagrange 기술방법**이라고 한다. Lagrange 해석은 열역학에서 공부한 (밀폐) **시스템 해석**, 즉 일정한 질량의 집합체에 관한 해석과 유사하다. Lagrange 기술방법은 질량이 일정한 각각의 **유체 덩어리**, 즉 **유체 입자**의 위치와 속도를 추적하는 것이다.

그러나 이러한 방법으로 유체의 운동을 기술하는 것은 당구공의 경우에 비하여 훨씬 어렵다는 것을 쉽게 상상할 수 있을 것이다. 무엇보다도 유체가 운동할 때 유체 입자를 명확히 정의하고 식별하는 것이 쉽지 않은 일이다. 두 번째로, 유체는 **연속체**(**continuum**, 거시적 관점에서)이므로, 유체 입자 간의 상호작용은 뚜렷한 대상물인 당구공이나 퍽 간의 상호작용처럼 쉽게 기술할 수 없다. 또한 유체 입자는 운동하면서 끊임없이 **변형**한다.

미시적 관점에서 보았을 때, 유체는 당구공처럼 서로 부딪히는 **수십억** 개의 분자들로 구성되어 있으며, 따라서 이러한 분자들의 운동을 일부분이나마 추적하는 것은 초고성능 컴퓨터를 사용해도 매우 어려울 것이다. 그럼에도 불구하고, 오염물질의 수송을 모델링하기 위한 유동 내의 수동 스칼라(passive scalar)의 추적, 우주왕복선의 지구 대기권 재돌입에 관한 희박기체역학의 계산, 입자 추적에 근거한 유동가시화와 유체 계측시스템(4-2절 참조) 등에서 Lagrange 기술방법의 예를 찾아볼 수 있다.

유체의 유동을 기술하는 보다 일반적인 방법은 스위스 수학자 Leonhard Euler (1707-1783)의 이름을 따라 명명된 **Euler 기술방법**이다. Euler 기술방법에서는 유체가 출입하는 **유동 영역** 또는 **검사체적**(control volume)이라고 부르는 유한체적을 정의한다. 이는 각각의 유체 입자를 추적하는 대신 검사체적 내에서 **유동장 변수**를 위치와 시간의 함수로 정의한다. 어느 특정한 시간과 특정한 위치에서의 유동장 변수는 그 시간에 그 위치를 점유하는 유체 입자의 변수값이다. 예를 들면, **압력장**은 **스칼라 유동장 변수**인데, 직교좌표계에서 일반적인 비정상 3차원 유동의 경우 다음과 같이 나타난다.

압력장: $$P = P(x, y, z, t) \qquad \textbf{(4-1)}$$

같은 방법으로 **벡터 유동장 변수**인 **속도장**은 다음과 같이 정의된다.

속도장: $$\vec{V} = \vec{V}(x, y, z, t) \quad \textbf{(4-2)}$$

또한 **가속도장** 역시 벡터 유동장 변수이며, 다음과 같이 표현할 수 있다.

가속도장: $$\vec{a} = \vec{a}(x, y, z, t) \quad \textbf{(4-3)}$$

결과적으로 이러한 유동장 변수들을 이용하여 **유동장**을 정의할 수 있다. 식 (4-2)의 속도장은 직교좌표계 (x,y,z), $(\vec{i},\vec{j},\vec{k})$를 이용하여 다음과 같이 표현할 수 있다.

$$\vec{V} = (u, v, w) = u(x, y, z, t)\vec{i} + v(x, y, z, t)\vec{j} + w(x, y, z, t)\vec{k} \quad \textbf{(4-4)}$$

식 (4-3)의 가속도장도 같은 방법으로 표현할 수 있다. Euler 기술방법에서는 모든 유동장 변수들을 검사체적 내의 임의의 위치 (x,y,z)와 임의의 시간 t의 함수로 표현한다(그림 4-3). Euler 기술방법에서는 개별적인 유체 입자의 거동을 고찰할 필요가 없다. 즉, 개별 유체 입자가 어떻게 되는지를 고려할 필요 없이 단지 관심 있는 시간에 관심 있는 위치를 지나는 유체 입자의 압력, 속도, 가속도 등만을 고려하는 것이다.

이러한 두 기술방법의 차이점을 강가에 서서 강물의 유동 특성을 관찰하는 것으로 비교해 보자. Lagrange 기술방법에서는 측정 장치를 강물과 함께 흐르게 하면서 측정하고, Euler 기술방법에서는 측정 장치를 강물 속의 정해진 위치에 고정시켜 측정한다.

Lagrange 기술방법이 유용한 경우도 있지만, 유체역학에서는 일반적으로 Euler 기술방법이 훨씬 편리하다. 특히 유체 실험에서는 Euler 기술방법이 더 적합한 방법이다. 예를 들어, 풍동에서는 속도 혹은 압력 탐사침(probe)을 정해진 위치에 고정하고 $\vec{V}(x, y, z, t)$ 혹은 $P(x, y, z, t)$를 측정한다. 그러나 개별 유체 입자를 추적하는 Lagrange 기술방법의 운동 방정식은 그동안 잘 알려진 반면(예를 들어, Newton의 제2법칙), Euler 기술방법의 유체 유동 운동 방정식은 그렇게 명확하지 않으므로 주의 깊게 유도되어야 한다. 이 장의 끝에 Reynolds 수송정리를 이용한 검사체적(적분법) 해석 방법을 설명하였다. 9장에서는 유체의 운동에 대한 미분 방정식을 유도한다.

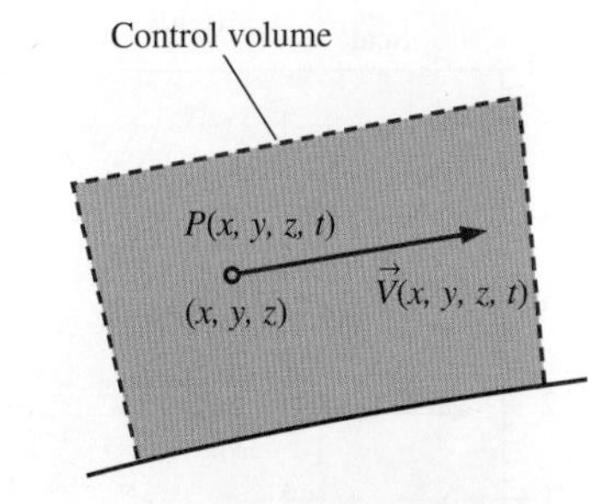

(a)

(b)

그림 4-3
(a) Euler 기술방법에서는 압력장이나 속도장 같은 유동장 변수들을 모든 위치와 시간에 대해 정의한다.
(b) 예를 들면, 비행기 날개의 아래쪽에 부착된 공기 속도 탐사침은 그 위치에서의 공기 속도를 측정한다.
(Bottom) Photo by John M. Cimbala.

예제 4-1 정상 2차원 속도장

정상, 비압축성, 2차원 속도장이 다음과 같이 주어져 있다.

$$\vec{V} = (u, v) = (0.5 + 0.8x)\vec{i} + (1.5 - 0.8y)\vec{j} \quad \textbf{(1)}$$

여기서 x와 y축의 단위는 m, 속도 크기의 단위는 m/s이다. **정체점**(stagnation point)이란 유동장에서 속도가 영이 되는 곳이다. (a) 정체점이 존재하는가를 판단하고, 존재한다면 그 위치를 계산하라. (b) $x=-2$ m에서 2 m, $y=0$ m에서 5 m인 범위의 몇 군데에서 속도 벡터를 그리고, 유동장을 정성적으로 서술하라.

풀이 주어진 속도장에서 정체점(들)의 위치를 구하고자 한다. 몇 개의 속도 벡터를 그리고, 속도장을 서술하고자 한다.

가정 **1** 유동은 정상이며 비압축성이다. **2** 유동은 2차원이다. 즉, 속도의 z방향 성분은 없으며, u와 v는 z방향으로 변하지 않는다.

해석 (a) $\vec{V}$는 벡터이므로, $\vec{V}$가 영이 되기 위해서는 모든 방향의 속도 성분이 영이어야

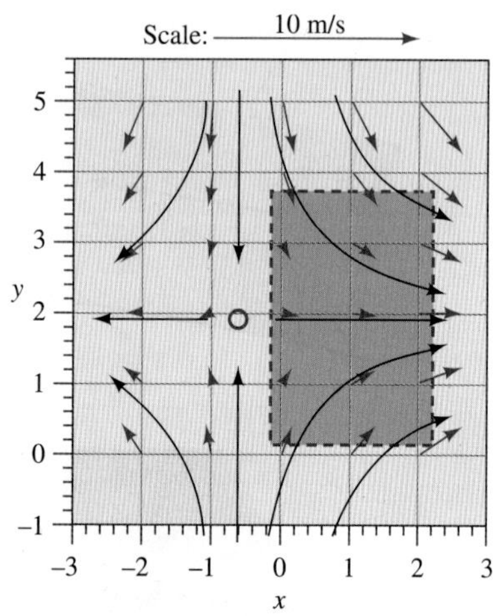

그림 4-4
예제 4-1의 속도장에 대한 속도 벡터(파란 화살표). 축척은 그림 위의 화살표로 나타내었다. 검은 실선으로 표시한 곡선은 계산한 속도 벡터에 의한 대략적인 유선 모양이다. 정체점은 파란 원으로 표시하였다. 짙은 부분은 입구로 유입하는 유동을 근사화한 유동장의 일부분을 나타낸다(그림 4-5).

한다. 식 (4-4)를 이용하고, 식 (1)을 영으로 놓으면 다음의 결과를 얻는다.

정체점: $u = 0.5 + 0.8x = 0 \quad \rightarrow \quad x = -0.625 \text{ m}$
$v = 1.5 - 0.8y = 0 \quad \rightarrow \quad y = 1.875 \text{ m}$

따라서 정체점이 존재한다. $\boldsymbol{x = -0.625}$ **m**, $\boldsymbol{y = 1.875}$ **m**에 한 개의 정체점이 존재한다.

(b) 주어진 범위의 몇 군데 (x, y) 위치에서의 x, y방향 속도 성분은 식 (1)을 이용하여 계산할 수 있다. 예를 들면, ($x=2$ m, $y=3$ m)인 곳에서 $u=2.10$ m/s, $v=-0.900$ m/s이다. 이 곳에서 속도의 크기는 2.28 m/s이다. 이곳과 다른 몇 군데에서 속도의 두 성분으로부터 속도 벡터를 계산한 결과가 그림 4-4에 나타나 있다. 이 유동은 $y=1.875$ m인 수평대칭선을 기준으로 상하방향에서 흘러들어와 좌우방향으로 퍼져나가는 정체점 유동이다. 정체점은 그림 4-4에서 파란 원으로 표시되어 있다.

그림 4-4의 짙은 부분만 보면, 이 유동은 왼쪽에서 오른쪽으로 수축되면서 가속되는 유동장 모델이다. 이러한 유동장은 수력 댐의 잠겨 있는 종(bell) 모양의 입구에서 그 예를 찾아볼 수 있다(그림 4-5). 주어진 속도분포의 짙게 표시한 부분은 실제 유동장 그림 4-5의 짙은 부분의 속도분포에 대한 1차 근사로 간주할 수 있다.

토의 본 교재의 9장에 따르면, 이 유동장은 질량 보존에 관한 미분 방정식을 만족하므로 물리적으로 타당한 유동장이다.

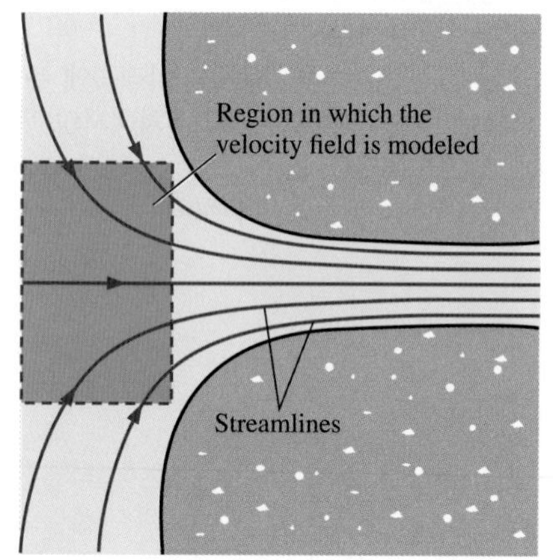

그림 4-5
수력 댐의 종 모양 입구 부근의 유동장. 예제 4-1 속도장의 일부분이 이러한 실제 유동장의 1차 근사로 이용될 수 있다. 이 그림의 짙은 영역과 그림 4-4의 짙은 영역은 서로 일치한다.

가속도장

열역학에서 공부하였듯이, 기본 보존 법칙들(질량 보존 법칙, 열역학 제1법칙 등)은 일정량의 물질로 구성된 **시스템**(혹은 **폐쇄 시스템**)에 대해 표현된 식들이다. 그러나 시스템 해석보다 **검사체적**(혹은 **개방 시스템**) 해석이 더 편리한 경우에는 시스템에 관한 기본 법칙들을 검사체적에 적합한 형태로 변환시켜야 한다. 같은 원리가 여기에서도 적용된다. 사실상 열역학에서의 시스템과 검사체적, 유체역학에서의 Lagrange와 Euler 기술방법 사이에는 유사성이 있다. 유체 유동에 관한 운동 방정식(Newton의 제2법칙)은 **물질 입자**(material particle)라고도 하는 유체 입자에 대한 식이다. 만약 유동 내부에서 어떤 특정한 유체 입자를 추적하는 경우에는 Lagrange 기술방법을 적용하고, 운동 방정식을 직접 사용할 수 있다. 예를 들어, 입자의 위치를 **물질 위치 벡터**$(x_{\text{particle}}(t),\ y_{\text{particle}}(t),\ z_{\text{particle}}(t))$로 나타낼 수 있다. 그러나 운동 방정식을 Euler 기술방법에 적용할 경우에는 수학적 변환이 필요하다.

예를 들어, 유체 입자에 적용한 Newton의 제2법칙을 생각해 보자.

Newton의 제2법칙: $$\vec{F}_{\text{particle}} = m_{\text{particle}}\vec{a}_{\text{particle}} \tag{4-5}$$

여기서 $\vec{F}_{\text{particle}}$은 유체 입자에 가해진 순수 힘, m_{particle}은 입자의 질량, $\vec{a}_{\text{particle}}$은 입자의 가속도이다(그림 4-6). 정의에 의하여 유체 입자의 가속도는 입자 속도의 시간도함수이다.

유체 입자의 가속도: $$\vec{a}_{\text{particle}} = \frac{d\vec{V}_{\text{particle}}}{dt} \tag{4-6}$$

그러나 어떤 주어진 시간 t에서 유체 입자의 속도는 그 유체 입자의 위치 $(x_{\text{particle}}(t),$

$y_{particle}(t)$, $z_{particle}(t)$)에서의 속도장과 같다. 왜냐하면 유체 입자는 유동장을 따라서 운동하기 때문이다. 즉, $\vec{V}_{particle}(t) \equiv \vec{V}(x_{particle}(t), y_{particle}(t), z_{particle}(t), t)$이다. 종속변수 ($\vec{V}$)가 네 개의 독립변수 ($x_{particle}(t)$, $y_{particle}(t)$, $z_{particle}(t)$, t)의 함수이므로 식 (4-6)의 시간도함수는 **연쇄 법칙**(chain rule)을 사용해야 한다.

$$\vec{a}_{particle} = \frac{d\vec{V}_{particle}}{dt} = \frac{d\vec{V}}{dt} = \frac{d\vec{V}(x_{particle}, y_{particle}, z_{particle}, t)}{dt}$$
$$= \frac{\partial \vec{V}}{\partial t}\frac{dt}{dt} + \frac{\partial \vec{V}}{\partial x_{particle}}\frac{dx_{particle}}{dt} + \frac{\partial \vec{V}}{\partial y_{particle}}\frac{dy_{particle}}{dt} + \frac{\partial \vec{V}}{\partial z_{particle}}\frac{dz_{particle}}{dt} \quad \textbf{(4-7)}$$

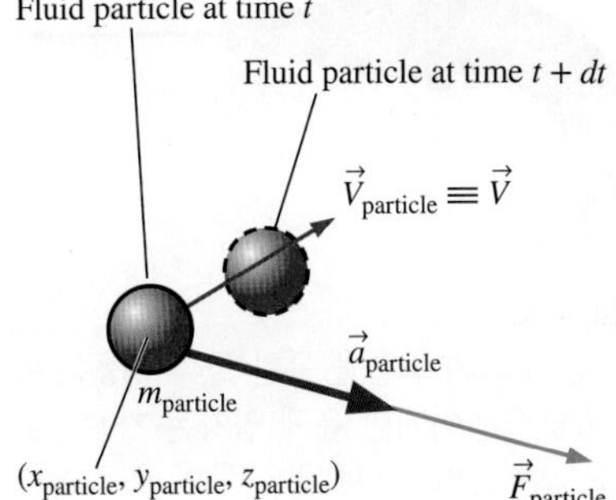

그림 4–6
유체 입자에 적용한 Newton의 제2법칙. 가속도 벡터(자주색 화살표)는 힘 벡터(녹색 화살표)와 같은 방향이지만, 속도 벡터(파란 화살표)는 이들과 다른 방향일 수도 있다.

식 (4-7)에서 ∂은 **편미분 연산자**(partial derivative operator)이고, d는 **전미분 연산자**(total derivative operator)이다. 식 (4-7)의 우변의 두 번째 항을 살펴보자. 가속도는 **유체 입자를 추적**(Lagrange 기술방법)하며 정의되기 때문에 입자의 x위치의 시간에 대한 변화율은 $dx_{particle}/dt = u$(그림 4-7)이며, u는 식 (4-4)에서 정의한 속도 벡터의 x방향 성분이다. 마찬가지로 $dy_{particle}/dt = v$, $dz_{particle}/dt = w$이다. 또한 어떤 주어진 시간에서 Lagrange 기술방법에 의한 입자의 물질 위치 벡터($x_{particle}(t)$, $y_{particle}(t)$, $z_{particle}(t)$)는 Euler 기술방법의 위치 벡터 (x, y, z)와 일치한다. 따라서 식 (4-7)은 다음과 같게 된다.

$$\vec{a}_{particle}(x, y, z, t) = \frac{d\vec{V}}{dt} = \frac{\partial \vec{V}}{\partial t} + u\frac{\partial \vec{V}}{\partial x} + v\frac{\partial \vec{V}}{\partial y} + w\frac{\partial \vec{V}}{\partial z} \quad \textbf{(4-8)}$$

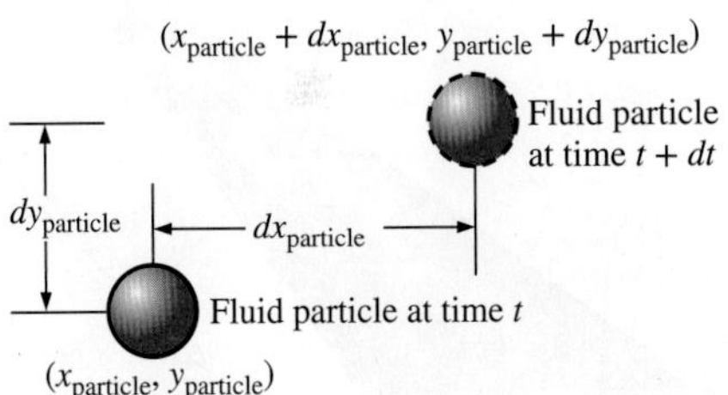

그림 4–7
유체 입자를 추적하는 경우 속도의 x방향 성분, u는 $dx_{particle}/dt$이다. 마찬가지로 $v = dy_{particle}/dt$, $w = dz_{particle}/dt$이다. 그림을 간단하게 만들기 위하여 2차원 유동으로 나타내었다.

여기서 $dt/dt = 1$을 사용하였다. 결국 어떤 주어진 시간 t에서 식 (4-3)의 유동장의 가속도는 주어진 시간 t에서 위치 (x, y, z)를 점유하는 유체 입자의 가속도와 같다. 왜냐하면 정의에 의하여 유체 입자는 유동장을 따라서 가속되기 때문이다. 따라서 **Lagrange 좌표를 Euler 좌표로 변환시키기 위하여 식 (4-7)과 (4-8)에서 $\vec{a}_{particle}$을 $\vec{a}(x, y, z, t)$로 대체할 수 있다**. 따라서 식 (4-8)은 벡터 형태로 다음과 같게 된다.

유동장 변수로 표현한 유체 입자의 가속도:

$$\vec{a}(x, y, z, t) = \frac{d\vec{V}}{dt} = \frac{\partial \vec{V}}{\partial t} + (\vec{V}\cdot\vec{\nabla})\vec{V} \quad \textbf{(4-9)}$$

여기서 $\vec{\nabla}$은 **구배 연산자**(gradient operator) 또는 "(del operator)라 하며, 직교좌표계에서는 다음과 같다.

구배 또는 델 연산자:
$$\vec{\nabla} = \left(\frac{\partial}{\partial x}, \frac{\partial}{\partial y}, \frac{\partial}{\partial z}\right) = \frac{\partial}{\partial x}\vec{i} + \frac{\partial}{\partial y}\vec{j} + \frac{\partial}{\partial z}\vec{k} \quad \textbf{(4-10)}$$

이다. 따라서 직교좌표계에서 가속도 벡터의 성분들은 다음과 같이 나타낼 수 있다.

직교좌표계:
$$a_x = \frac{\partial u}{\partial t} + u\frac{\partial u}{\partial x} + v\frac{\partial u}{\partial y} + w\frac{\partial u}{\partial z}$$
$$a_y = \frac{\partial v}{\partial t} + u\frac{\partial v}{\partial x} + v\frac{\partial v}{\partial y} + w\frac{\partial v}{\partial z} \quad \textbf{(4-11)}$$
$$a_z = \frac{\partial w}{\partial t} + u\frac{\partial w}{\partial x} + v\frac{\partial w}{\partial y} + w\frac{\partial w}{\partial z}$$

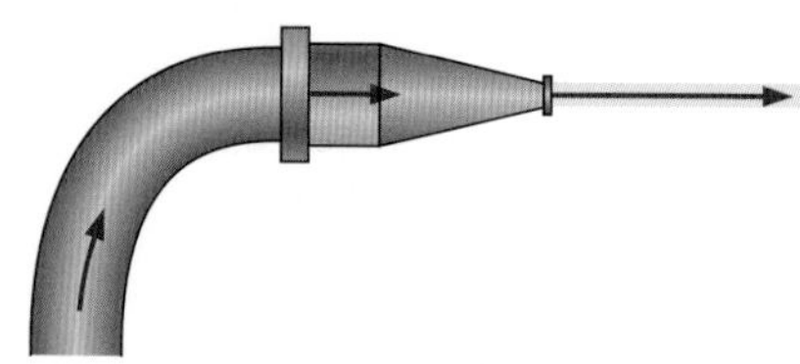

그림 4-8
정원용 호스의 노즐을 통한 물의 유동은 비록 정상 유동이지만 유체 입자는 가속되는 것을 보여 준다. 이 예에서, 물의 출구 속도는 호스 내의 속도보다 훨씬 크다. 이는 비록 정상 유동이지만 유체 입자는 가속되는 것을 보여 준다.

식 (4-9)의 우변의 첫 번째 항 $\partial \vec{V}/\partial t$를 **국소가속도**(local acceleration)라고 하며, 이 항은 비정상 유동에서는 영이 아니다. 우변의 두 번째 항 $(\vec{V}\cdot\vec{\nabla})\vec{V}$를 **흐름대류가속도**(advective acceleration) 혹은 **대류가속도**(convective acceleration)라고 하며, **정상 유동일지라도 영이 아닐 수 있다**. 이는 유체가 유동할 때, 입자가 한 위치에서 속도가 다른 위치로 운동할 때의 가속도이다. 예를 들어, 물이 정상 유동하는 정원용 호스 노즐을 고려해 보자(그림 4-8). Euler 좌표계에서 **정상**이란 유동장의 모든 곳에서의 상태량이 시간에 대해 변하지 않는 것으로 정의한다. 노즐 출구에서의 속도는 입구에서의 속도보다 크므로, 비록 유동은 정상이지만 유체 입자는 분명히 가속된다. 이때 가속도는 식 (4-9)의 대류가속도 때문에 영이 아니다. Euler 좌표계의 고정된 관찰자의 관점에서는 정상이지만, 노즐로 유입하여 노즐을 통과하며 가속되는 유체 입자와 같이 운동하는 Lagrange 좌표계에서는 정상이 아님에 주의해야 한다.

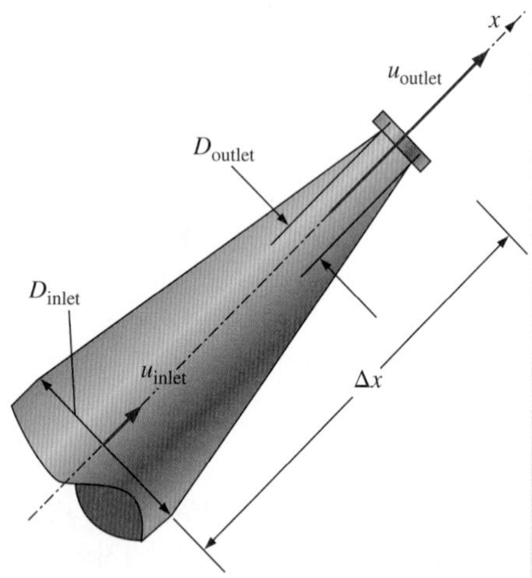

그림 4-9
예제 4-2의 노즐을 통한 물의 유동.

예제 4-2 노즐 내부를 지나는 유체 입자의 가속도

Nadeen이 그림 4-8과 유사한 노즐을 이용하여 세차를 하고 있다. 노즐의 길이는 9.91 cm, 입구 직경은 1.07 cm, 출구 직경은 0.460 cm이다(그림 4-9 참조). 호스와 노즐을 지나는 체적유량 $\dot{V}=0.0530$ L/s이며, 이때 유동은 정상 유동이다. 노즐의 중심축을 따라 움직이는 유체 입자의 가속도를 구하라.

풀이 노즐의 중심축을 따라 움직이는 유체 입자의 가속도를 계산하고자 한다.

가정 **1** 유동은 정상이며, 비압축성이다. **2** 노즐의 중심축을 x방향으로 한다. 3 대칭이므로 중심축에서 $v=w=0$이며, u는 증가한다.

해석 정상 유동이므로 가속도가 영이라고 생각할 수 있으나, 이 정상 유동장에서 국소가속도 $\partial\vec{V}/\partial t$는 영이지만, 대류가속도 $(\vec{V}\cdot\vec{\nabla})\,\vec{V}$는 영이 아니다. 먼저 체적유량을 단면적으로 나누어, 노즐의 입출구에서의 x방향 평균 속도를 계산한다.

입구 속도:

$$u_{\text{inlet}} \cong \frac{\dot{V}}{A_{\text{inlet}}} = \frac{4\dot{V}}{\pi D_{\text{inlet}}^2} = \frac{(5.30\times10^{-5}\text{ m}^3/\text{s})}{\pi(0.0107\text{ m})^2} = 0.589\text{ m/s}$$

마찬가지로, 평균 출구 속도 $u_{\text{outlet}}=3.19$ m/s이다. 가속도는 두 가지 방법으로 계산할 수 있으며, 그 결과는 동일하다. 첫 번째 방법으로는 입출구에서의 속도 차이를 유체 입자의 노즐 내 **체류 시간**(residence time), 즉 $\Delta t=\Delta x/u_{\text{avg}}$으로 나누어 평균 가속도를 계산한다(그림 4-10). 가속도가 속도의 변화율이라는 기본 정의에 의하여 다음 결과를 얻는다.

방법 A:

$$a_x \cong \frac{\Delta u}{\Delta t} = \frac{u_{\text{outlet}}-u_{\text{inlet}}}{\Delta x/u_{\text{avg}}} = \frac{u_{\text{outlet}}-u_{\text{inlet}}}{2\,\Delta x/(u_{\text{outlet}}+u_{\text{inlet}})} = \frac{u_{\text{outlet}}^2-u_{\text{inlet}}^2}{2\,\Delta x}$$

두 번째 방법은 식 (4-11)을 이용하여 가속도장 성분을 계산한다.

방법 B:

$$a_x = \underbrace{\frac{\partial u}{\partial t}}_{0,\ \text{Steady}} + u\frac{\partial u}{\partial x} + \underbrace{v\frac{\partial u}{\partial y}}_{0,\ v=0\text{ along centerline}} + \underbrace{w\frac{\partial u}{\partial z}}_{0,\ w=0\text{ along centerline}} \cong u_{\text{avg}}\frac{\Delta u}{\Delta x}$$

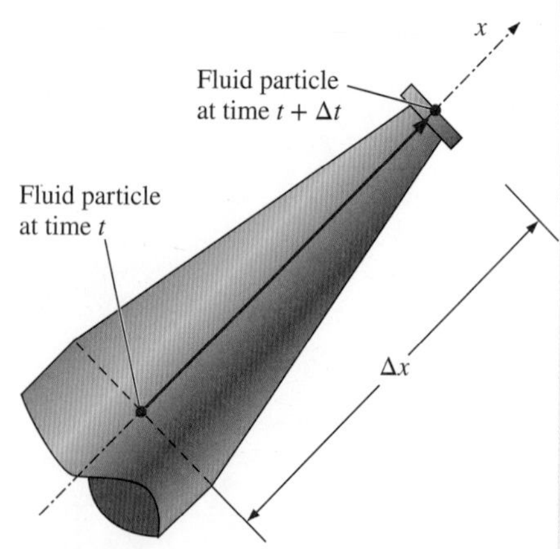

그림 4-10
체류 시간 Δt는 유체 입자가 노즐의 입구에서 출구까지 통과할 때 소요되는 시간으로 정의한다(거리 Δx).

여기서 대류가속도 항 중 하나만 영이 아님을 알 수 있다. 노즐 내의 속도는 입출구에서의 속도를 평균한 평균 속도로 근사시키고, 또한 노즐 중심축을 따르는 도함수 $\partial u/\partial x$의 평균값은 **1차 유한차분 근사법**(그림 4-11)을 이용하여 구한다.

$$a_x \cong \frac{u_{\text{outlet}} + u_{\text{inlet}}}{2} \frac{u_{\text{outlet}} - u_{\text{inlet}}}{\Delta x} = \frac{u^2_{\text{outlet}} - u^2_{\text{inlet}}}{2\,\Delta x}$$

방법 B의 결과는 방법 A의 결과와 정확히 일치한다. 문제에서 주어진 값들을 이용하여 가속도를 계산한 결과는 다음과 같다.

축방향 가속도: $$a_x \cong \frac{u^2_{\text{outlet}} - u^2_{\text{inlet}}}{2\,\Delta x} = \frac{(3.19\text{ m/s})^2 - (0.589\text{ m/s})^2}{2(0.0991\text{ m})} = \mathbf{49.6\ m/s^2}$$

토의 유체 입자는 노즐 내부를 유동하며 중력가속도의 거의 다섯 배 정도로 가속된다(거의 5g). 이 간단한 예를 통하여, 비록 정상 유동이라 하더라도 유체 입자의 가속도는 영이 아님을 알 수 있다. 실제 가속도는 **점함수**(point function)이지만, 여기서는 노즐 전체를 통하여 평균가속도를 추정하였음에 주의하라.

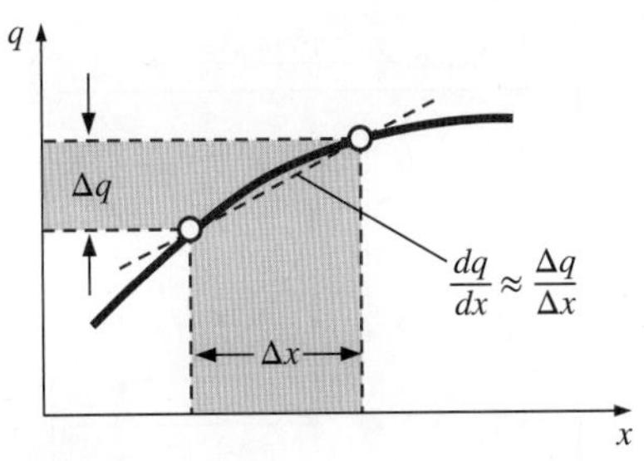

그림 4-11
도함수 dq/dx의 **1차 유한차분 근사법**은 단순히 종속변수(q)의 변화를 독립변수(x)의 변화로 나눈 것이다.

물질도함수

식 (4-9)의 전미분 연산자 d/dt는 **유동장을 따라 운동하는 유체 입자를 추적**하는 것을 강조하기 위하여 **물질도함수**(material derivative), D/Dt라고 한다(그림 4-12). 이 물질도함수는 **전**, **입자**, Lagrange, Euler, **실질**(substantial) **도함수**라고도 한다.

물질도함수: $$\frac{D}{Dt} = \frac{d}{dt} = \frac{\partial}{\partial t} + (\vec{V}\cdot\vec{\nabla}) \tag{4-12}$$

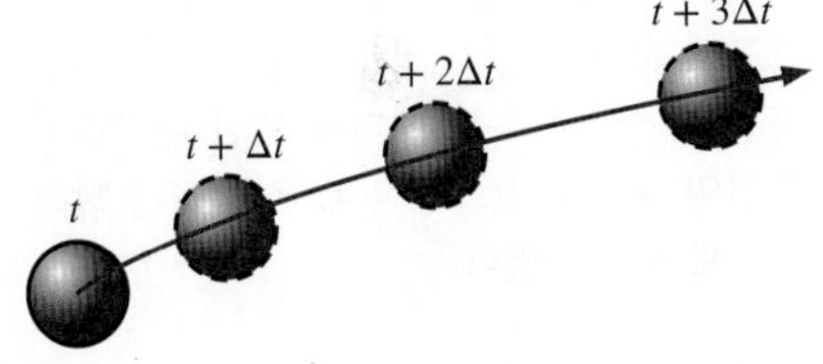

그림 4-12
물질도함수 D/Dt는 유동장을 따라 운동하는 유체 입자를 추적하며 정의한다. 이 그림에서 유체 입자는 오른쪽-위의 방향으로 운동하며 가속된다.

식 (4-12)의 물질도함수를 속도장에 적용하면, 그 결과는 **물질가속도**라고도 하는 식 (4-9)의 가속도장이 된다.

물질가속도: $$\vec{a}(x, y, z, t) = \frac{D\vec{V}}{Dt} = \frac{d\vec{V}}{dt} = \frac{\partial \vec{V}}{\partial t} + (\vec{V}\cdot\vec{\nabla})\vec{V} \tag{4-13}$$

식 (4-12)는 속도뿐만 아니라 스칼라 및 벡터로 표현되는 다른 유체 성질들에도 적용할 수 있다. 예를 들어, 압력의 물질도함수는 다음과 같이 표현된다.

압력의 물질도함수: $$\frac{DP}{Dt} = \frac{dP}{dt} = \frac{\partial P}{\partial t} + (\vec{V}\cdot\vec{\nabla})P \tag{4-14}$$

식 (4-14)는 유동장 내를 운동하는 유체 입자를 따르는 압력의 시간 변화율을 나타내며, 국소(비정상) 및 대류 성분을 모두 포함한다(그림 4-13).

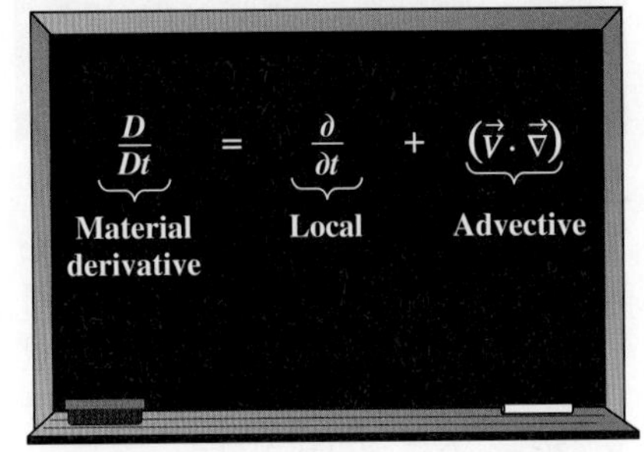

그림 4-13
물질도함수 D/Dt는 **국소** 또는 **비정상** 부분과 **대류**(convective) 또는 **흐름대류**(advective) 부분으로 구성된다.

예제 4-3 정상 속도장의 물질가속도

예제 4-1의 정상, 비압축성, 2차원 속도장을 고려해 보자. (a) 한 점 ($x=2$ m, $y=3$ m)에서의 물질가속도를 계산하라. (b) 예제 4-1과 같은 점에서의 물질가속도 벡터를 도시하라.

풀이 주어진 속도장에 대해 특정한 한 점에서의 물질가속도를 계산하고, 유동장의 여러 점에서의 물질가속도 벡터를 도시하고자 한다.

가정 **1** 유동은 정상이며, 비압축성이다. **2** 유동은 2차원이다. 즉, 속도의 z방향 성분은 없으며, u와 v는 z방향으로 변하지 않는다.

해석 (a) 예제 4-1, 식 (1)의 속도장과 직교좌표계의 물질가속도 성분(식 4-11)을 이용하

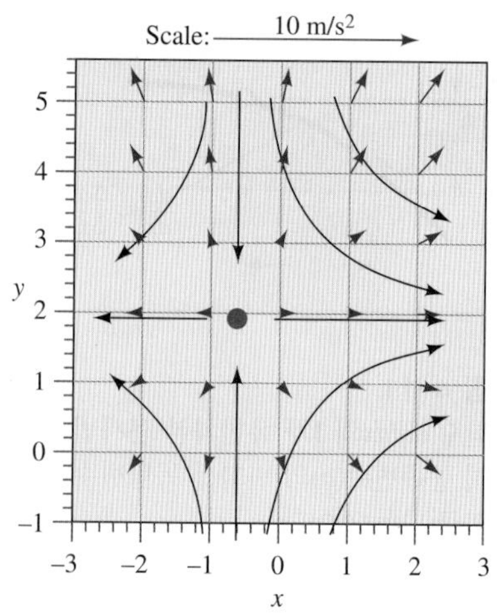

그림 4-14
예제 4-1 및 4-3의 속도장에 대한 가속도 벡터(자주색 화살표). 축척은 그림 위에 화살표로 나타내었다. 검은 실선으로 표시한 곡선은 계산한 속도 벡터에 의한 대략적인 유선의 모양이다(그림 4-4). 정체점은 빨간 원으로 표시하였다.

면, 영이 아닌 두 개의 가속도 성분은 다음과 같다.

$$a_x = \frac{\partial u}{\partial t} + u\frac{\partial u}{\partial x} + v\frac{\partial u}{\partial y} + w\frac{\partial u}{\partial z}$$

$$= 0 + \overbrace{(0.5 + 0.8x)(0.8)} + \overbrace{(1.5 - 0.8y)(0)} + 0 = (0.4 + 0.64x)\ \text{m/s}^2$$

그리고

$$a_y = \frac{\partial v}{\partial t} + u\frac{\partial v}{\partial x} + v\frac{\partial v}{\partial y} + w\frac{\partial v}{\partial z}$$

$$= 0 + \overbrace{(0.5 + 0.8x)(0)} + \overbrace{(1.5 - 0.8y)(-0.8)} + 0 = (-1.2 + 0.64y)\ \text{m/s}^2$$

따라서 점 ($x=2$ m, $y=3$ m)에서 $\mathbf{a_x = 1.68\ m/s^2}$이고, $\mathbf{a_y = 0.720\ m/s^2}$이다.

(b) (a)의 결과를 이용하여, 예제 4-1에 주어진 영역의 여러 점 (x, y)에서 계산한 가속도 벡터가 그림 4-14에 나타나 있다.

토의 유동이 비록 정상이지만, 가속도장은 영이 아니다. 그림 4-14에서 정체점 윗부분($y=1.875$ m의 윗부분)의 가속도 벡터는 위쪽을 향하고, 그 크기는 정체점에서 멀어지면서 증가됨을 알 수 있다. 정체점 오른쪽 부분($x=-0.625$ m의 오른쪽 부분)의 가속도 벡터는 오른쪽을 향하고, 그 크기는 정체점에서 멀어지면서 증가됨을 알 수 있다. 이는 그림 4-4의 속도 벡터와 그림 4-14의 유선과 정성적으로 일치한다. 즉, 유동장의 오른쪽 윗부분에서 유체 입자는 오른쪽 위 방향으로 가속되므로, 오른쪽 위 방향의 **구심 가속도** 때문에 유체 입자는 반시계방향으로 그 방향이 바뀐다. $y=1.875$ m 아랫부분은 대칭선 윗부분, $x=-0.625$ m 왼쪽 부분은 대칭선 오른쪽 부분의 거울상(mirror image)이다.

4-2 ■ 유동 패턴과 유동가시화

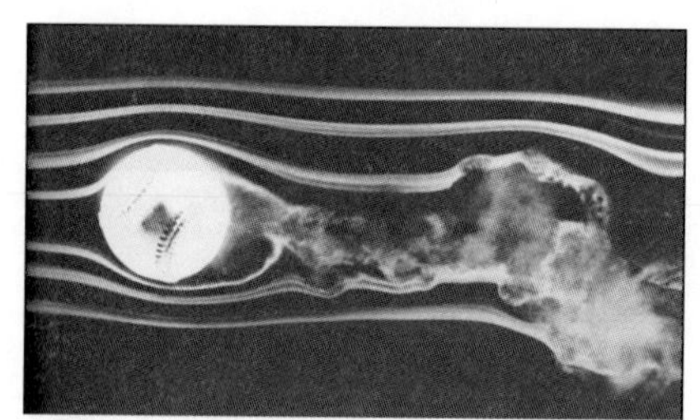

그림 4-15
회전하는 야구공. F. N. M. Brown은 Notre Dame 대학에서 풍동을 사용하여 연기가시화 기법을 발전시키는 데 많은 공헌을 하였다. 이 그림에서 유속은 약 23 m/s이고, 공은 630 rpm으로 회전하고 있다.
Courtesy of Professor Thomas J. Mueller from the Collection of Professor F.N.M. Brown.

유체역학을 정량적으로 해석하기 위해서는 고급 수학을 필요로 하지만, **유동가시화**(flow visualization), 즉 유동장의 특성을 가시화함으로써 많은 것을 알 수 있다. 유동가시화는 실험(그림 4-15)뿐만 아니라 수치해석에도 유용하게 이용할 수 있다[**전산유체역학**(computational fluid dynamics, CFD)]. CFD를 이용하는 엔지니어가 수치해를 얻은 후 가장 먼저 하는 일은 계산한 수나 데이터를 정량적으로 나열하기보다는 데이터를 유동가시화 형태로 모사하여 '전체적인 유동의 모양'을 보는 것이다. 왜냐하면 인간은 엄청난 양의 영상 정보를 빠르게 인식할 수 있으며, 따라서 하나의 그림은 수천 마디의 단어만큼의 가치가 있기 때문이다. 물리적(실험적)으로 그리고/혹은 계산적으로 가시화할 수 있는 여러 종류의 유동 형태가 있다.

유선과 유관

유선(streamline)**이란 주어진 순간 모든 곳에서 속도 벡터에 접하는 선이다.**

유선은 유동장 전체에서 운동하는 유체의 순간적인 방향을 나타내는 데 유용하다. 예를 들어, 재순환유동이나 고체 벽면으로부터의 유동 박리 현상 등은 유선의 모양으로 잘 확인할 수 있다. 뒤에서 설명하겠지만, 유선은 유적선 및 유맥선과 일치하는 정상 유동장을 제외하고는 실험적으로는 직접 관찰할 수 없다. 그러나 유선은 정의에 의하여 수학적으로는 간단히 표현할 수 있다.

유선을 따르는 미소 원호의 길이 $d\vec{r} = dx\vec{i} + dy\vec{j} + dz\vec{k}$를 고려해 보자. 정의에 의하여 $d\vec{r}$은 그 위치에서의 속도 벡터 $\vec{V} = u\vec{i} + v\vec{j} + w\vec{k}$와 평행하다. 기하학적으로 $d\vec{r}$의 성분들은 $\vec{V}$의 성분들과 비례해야 한다(그림 4-16). 따라서 다음 식이 성립한다.

유선의 방정식:
$$\frac{dr}{V} = \frac{dx}{u} = \frac{dy}{v} = \frac{dz}{w} \tag{4-15}$$

여기서 dr은 $d\vec{r}$의 크기를, V는 $\vec{V}$의 크기인 속도를 나타낸다. 식 (4-15)를 그림 4-16에 2차원으로 나타내었다. 속도장을 알고 있을 때에는 식 (4-15)를 적분하여 유선의 방정식을 구할 수 있다. 2차원 유동장, (x, y), (u, v)에서는 다음과 같은 미분 방정식이 얻어진다.

xy평면의 유선:
$$\left(\frac{dy}{dx}\right)_{\text{along a streamline}} = \frac{v}{u} \tag{4-16}$$

간단한 유동장에서는 식 (4-16)을 해석적으로 계산할 수 있으나, 일반적으로는 수치적으로 계산해야 한다. 어느 경우에나 적분 과정에서 적분상수가 나타나고, 적분상수가 다르면 유선도 다르다. 그러므로 식 (4-16)을 만족하는 **곡선들**은 유동장의 유선을 나타낸다.

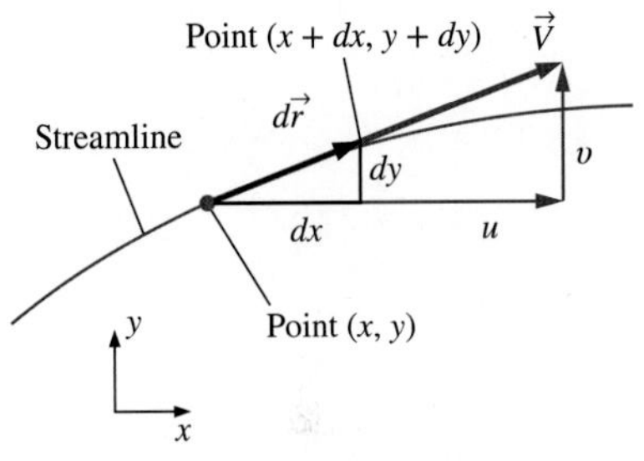

그림 4-16
xy평면상의 2차원 유동에서 **유선**을 따르는 원호의 길이 $d\vec{r}=(dx, dy)$는 국소의 순간 속도 벡터 $\vec{V}=(u, v)$의 접선이다.

예제 4-4 xy평면의 유선-해석해

예제 4-1의 정상, 비압축성, 2차원 속도장에 대하여 유동의 오른쪽 면 $(x > 0)$에 대한 몇 개의 유선을 그리고, 그림 4-4에 도시한 속도 벡터와 비교하라.

풀이 유선을 해석적으로 계산하여 그 결과를 1사분면에 도시하고자 한다.

가정 **1** 유동은 정상이며, 비압축성이다. **2** 유동은 2차원이다. 즉, 속도의 z방향 성분은 없으며, u와 v는 z방향으로 변하지 않는다.

해석 식 (4-16)을 여기에 적용할 수 있으므로 유선을 따라 다음 식이 성립한다.

$$\frac{dy}{dx} = \frac{v}{u} = \frac{1.5 - 0.8y}{0.5 + 0.8x}$$

변수분리법으로 이 미분 방정식을 풀면 다음 식이 얻어진다.

$$\frac{dy}{1.5 - 0.8y} = \frac{dx}{0.5 + 0.8x} \quad \rightarrow \quad \int \frac{dy}{1.5 - 0.8y} = \int \frac{dx}{0.5 + 0.8x}$$

유선을 따라 y를 x의 함수로 풀면 다음 식을 얻는다.

$$y = \frac{C}{0.8(0.5 + 0.8x)} + 1.875$$

여기서 적분상수 C에 여러 값들을 대입하여 유선을 그릴 수 있다. 주어진 유동장의 몇 개의 유선들이 그림 4-17에 도시되어 있다.

토의 그림 4-4의 속도 벡터가 그림 4-17에 유선과 함께 도시되어 있으며, 모든 점에서의

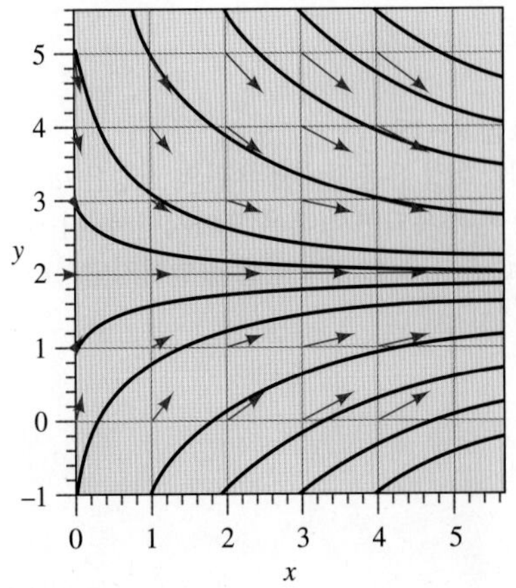

그림 4-17
예제 4-4에 주어진 속도장의 유선(검은 실선으로 표시한 곡선). 비교를 위하여 그림 4-4의 속도 벡터(파란 화살표)를 여기에 겹쳐 그렸다.

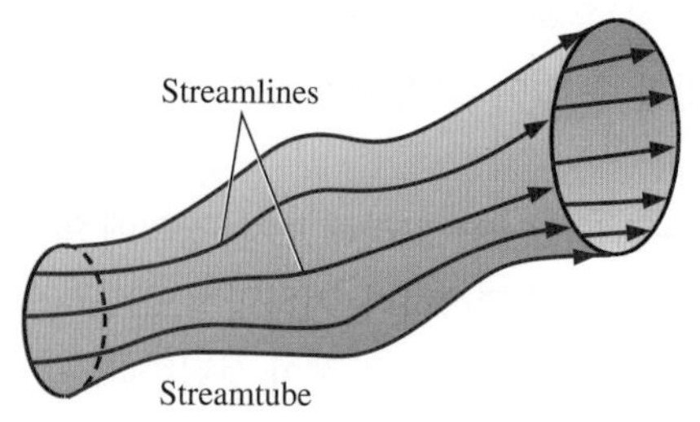

그림 4-18
유관은 개별 유선들의 묶음(bundle)으로 이루어진다.

속도 벡터가 유선에 접한다는 정의에 잘 부합한다. 유선만으로는 속도의 크기를 직접 계산할 수 없다는 것에 유의하라.

유관(streamtube)은 유선의 묶음 혹은 다발로 구성되며(그림 4-18), 광섬유 케이블 다발로 구성되는 통신 케이블과 유사하다. 정의에 의하여 유선은 모든 곳에서 속도와 평행하므로 유체는 유선을 가로지를 수 없다. 즉, **유관 내의 유체는 그 내부에 한정되며, 유관의 경계를 통과할 수 없다**. 유선과 유관은 특정 시간에 그 순간의 속도장에 대해서 정의하므로 이들 역시 순간적인 양이다. **비정상** 유동에서는 유선의 모양이 시간에 따라 크게 변화될 수 있다. 그럼에도 불구하고, 어느 순간에 주어진 유관의 임의의 단면을 통과하는 질량유량은 항상 일정하다. 예를 들어, 비압축성 유동장에서 수축되는 부분의 속도는 증가하므로 질량 보존 법칙에 의하여 유관의 직경은 감소해야 한다(그림 4-19*a*). 같은 원리에 의하여 비압축성 유동에서 확대되는 부분의 유관 직경은 증가한다(그림 4-19*b*).

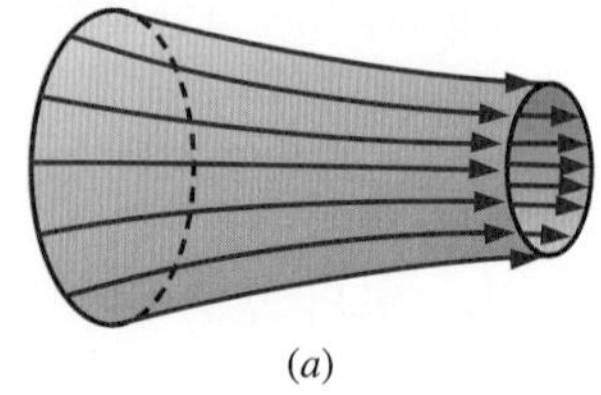

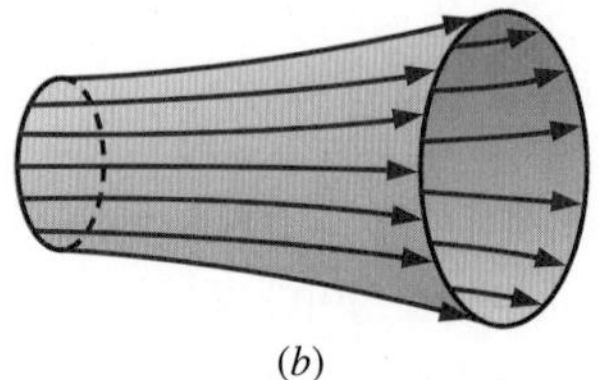

그림 4-19
비압축성 유동장에서 유관의 직경은 (*a*) 유동이 가속되면서(혹은 모아지면서) 감소하고, (*b*) 유동이 감속되면서(벌어지면서) 증가한다.

유적선

유적선(pathline)**이란 한 유체 입자가 얼마의 시간 동안 운동한 실제 궤적이다.**

유적선은 여러 유동 형상 중 가장 이해하기 쉽다. 유적선은 유동장을 따라 운동하는 유체 입자의 궤적을 추적하기 때문에 Lagrange 개념이다(그림 4-20). 그러므로 유적선은 얼마의 시간 동안 추적한 유체 입자의 물질 위치 벡터($x_{\text{particle}}(t)$, $y_{\text{particle}}(t)$,

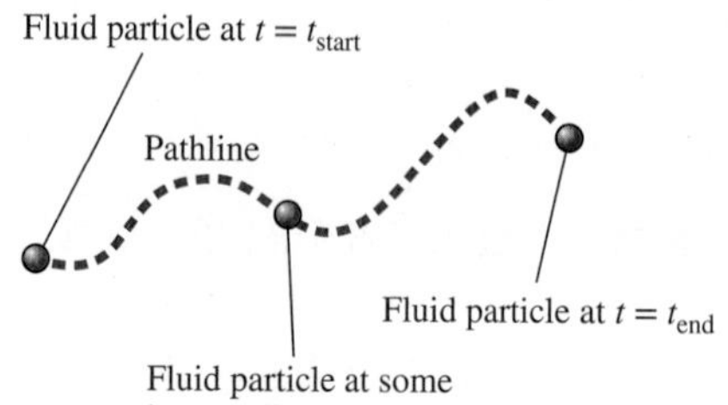

그림 4-20
유적선은 유체 입자의 실제 움직임을 추적하며 그린 궤적이다.

$z_{particle}(t)$)와 일치한다(4-1절 참조). 실험적으로는 주변의 다른 유체 입자들과 구별하기 위해, 추적하려는 한 개의 유체 입자에 대한 색이나 밝기를 다르게 표시하는 방법을 사용한다. 카메라의 셔터를 얼마의 시간 동안($t_{start} < t < t_{end}$) 열어 놓고 입자의 궤적을 녹화할 때 나타나는 곡선이 유적선이다.

입자영상 속도계(particle image velocimetry, PIV)는 유동 내의 한쪽 전체 면에서의 속도장을 측정하기 위해 입자 유적선의 일부분을 이용하는 최근의 실험기법이다(Adrian, 1991). (최근에는 이 방법을 3차원으로 확장하였다.) PIV에서 작은 추적 입자들은 유체 중에 떠 있다. 이때 유동을 어떤 광원으로 두 번 밝게 촬영하여, 운동하는 각각의 입자들이 두 개의 밝은 점의 형태로 필름 혹은 광센서(photosensor)에 나타나도록 찍는다. 추적 입자들이 충분히 작아 이들이 유체와 함께 운동한다는 가정하에서 각각의 입자 위치에서의 속도 벡터의 크기와 방향을 추정할 수 있다. 최신 디지털 사진 기술과 컴퓨터의 고성능화에 따른 PIV의 성능 향상으로 비정상 유동장의 특성도 측정할 수 있다. PIV는 8장에서 더 자세히 설명하기로 한다.

속도장을 알면 유적선은 수치적으로도 계산할 수 있다. 추적 입자의 위치는 초기 위치 $\vec{x}_{start}$와 초기 시간 t_{start}에서 임의의 시간 t까지 적분하여 구할 수 있다.

시간 t에서의 추적 입자 위치:

$$\vec{x} = \vec{x}_{start} + \int_{t_{start}}^{t} \vec{V}\, dt \qquad \textbf{(4-17)}$$

식 (4-17)을 t_{start}에서 t_{end}까지 사이의 t에 대하여 적분하면 $\vec{x}(t)$의 궤적은 그림 4-20에서와 같이 그 시간 동안의 유체 입자의 유적선이다. 간단한 유동의 경우에는 식 (4-17)처럼 해석적으로 적분할 수도 있지만, 복잡한 유동에서는 수치적분하여야 한다.

만약 속도장이 정상이라면 각각의 유체 입자들은 유선을 따라 운동한다. 따라서 **정상 유동의 경우 유적선은 유선과 일치한다.**

유맥선

유맥선(streakline)이란 유동장의 어떤 정해진 점을 주어진 순간보다 더 일찍 지나간 유체 입자들의 궤적이다.

유맥선은 실험을 통하여 얻을 수 있는 가장 일반적인 유동 형태이다. 유동장에 작은 관을 삽입하고 추적 유체(예를 들어, 물의 유동인 경우 염료, 공기의 유동인 경우 연기)를 연속적으로 주입할 때 관찰되는 형태가 유맥선이다. 그림 4-21에서는 날개와 같은 물체의 주위를 흐르는 자유흐름 유동에 주입된 추적 입자의 궤적을 볼 수 있다. 작은 원은 동일한 시간 간격으로 분출된 각각의 추적 유체 입자를 나타낸다. 유체 입자가 물체에 의하여 밀려나면서 물체의 어깨 부분에서 가속되고 있다. 이는 각 유체 입자 간의 간격이 그 영역에서 더 크게 나타나는 것으로 알 수 있다. 모든 원들을 서로 부드럽게 연결한 것이 유맥선이다. 풍동이나 수동(water tunnel) 실험에서는 염료나 연기가 개별 입자로서가 아니라 **연속적으로** 주입되므로, 이때 나타난 염료나 연기의 유동 형태가 바로 유맥선이다. 그림 4-21에서 추적 입자 1은 입자 2보다 더 일찍 분출된 것이다. 각각의 유체 입자의 위치는 입자가 유동장으로 주입된 시간으로부터 현재

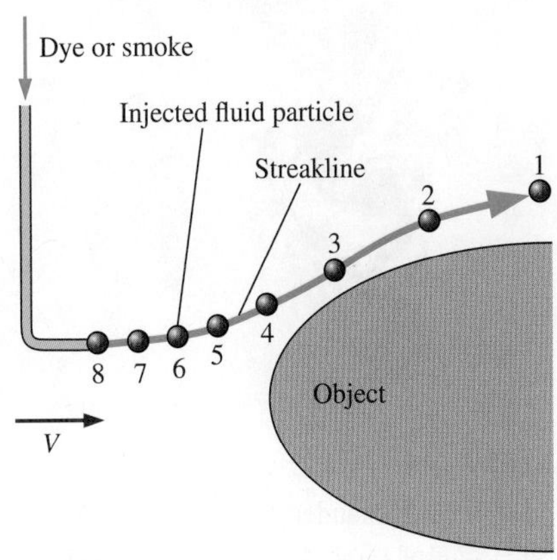

그림 4-21
유맥선은 유동의 한 점에서 물감이나 연기를 연속적으로 분출할 때 형성된다. 번호 붙인 유체 입자들(1-8)은 연속적으로 분출된 것이다.

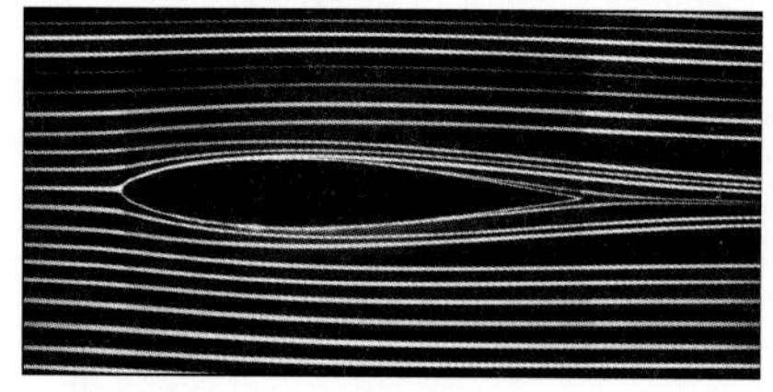

그림 4-22
상류에서 분출된 색깔을 입힌 유체에 의해 생성된 유맥선. 정상 유동이므로 유맥선은 유선 및 유적선과 동일하다.
Courtesy ONERA. Photography by Werlé.

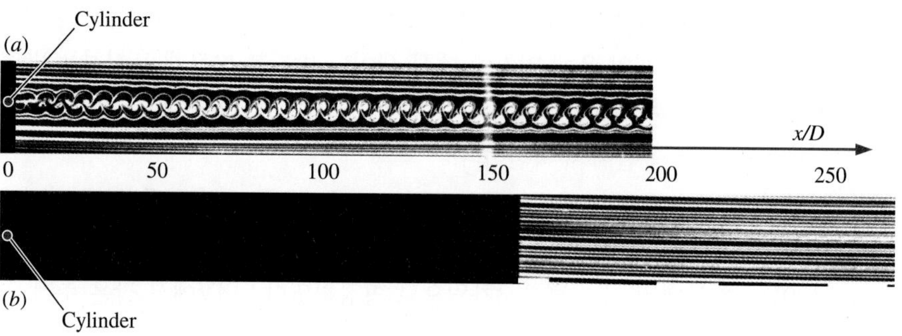

그림 4-23
원형 실린더 후류의 서로 다른 두 위치에서 연기 와이어에 의하여 생성된 유맥선. (*a*) 실린더 바로 하류에 설치한 연기 와이어. (*b*) x/D=150에 설치한 연기 와이어. 두 사진을 비교하면 시간적분한 유맥선의 특성을 알 수 있다.
Photos by John M. Cimbala.

까지의 주위 속도장으로부터 결정할 수 있다. 비정상 유동인 경우에는 속도장이 계속 변하므로 유맥선은 주어진 어떤 순간의 유선이나 유적선과 다를 것이다. 그러나 만약 **유동이 정상이면 유선, 유적선, 유맥선은 모두 일치한다**(그림 4-22).

유맥선은 가끔 유선이나 유적선과 혼동되기 쉽다. 이 세 가지의 유동 형태는 정상 유동에서는 일치하지만, 비정상 유동일 경우에는 크게 다를 수 있다. 유선은 어느 주어진 시간에서의 **순간적인** 유동 형태인 반면, 유적선과 유맥선은 **시간 이력**(time history)을 가지는 유동 형태라는 것이 큰 차이점이다. 유맥선은 **시간적분한** 유동의 순간적인 스냅 사진인 반면, 유적선은 **일정 시간 동안 노출**하여 촬영한 한 개 입자의 궤적이다.

시간적분한 유맥선이 그림 4-23에 잘 나타나 있다(Cimbala et al., 1988). 저자들은 유동가시화를 위하여 풍동에서 **연기 와이어**(smoke wire)를 이용하였다. 실험에서 연기 와이어는 광물 기름을 코팅한 작은 수직 와이어이다. 기름은 표면장력 때문에 연기 와이어를 따라 작은 방울 형태가 된다. 전류가 통과하여 와이어가 가열되면 각각의 작은 기름방울은 연기 유맥선을 형성한다. 그림 4-23*a*는 관측면에 수직방향으로 배치된 직경이 D인 원형 실린더 바로 하류에 위치한 연기 와이어로부터의 유맥선을 보여 준다[그림 4-23와 같은 여러 개의 유맥선을 유맥선 **갈퀴**(rake)라고 한다]. 이 유동의 Reynolds 수는 $\text{Re} = \rho VD/\mu = 93$이다. 실린더 하류에서 엇갈리는 형상(alternating pattern)으로 나타나는 비정상 **와류**(vortices)의 형성으로, 연기가 **Kármán 와열**(Kármán vortex street)이라고 부르는 명확히 정의되는 주기적 형태로 나타나는 것을 볼 수 있다. 이와 유사한 모양을 섬의 후류의 공기 유동에서 훨씬 더 큰 규모로 볼 수 있다(그림 4-24).

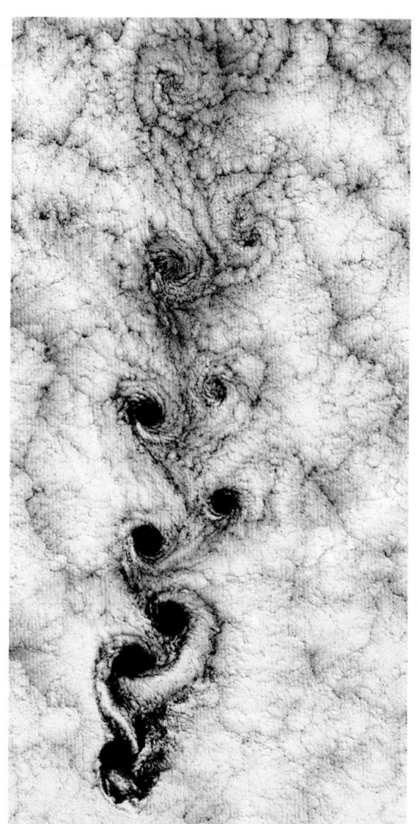

그림 4-24
남태평양 Alexander Selkirk 섬의 후류에 있는 구름에서 볼 수 있는 Kármán 와류.
Photo from Landsat 7 WRS Path 6 Row 83, center: -33.18, -79.99, 9/15/1999, earthobservatory.nasa.gov. Courtesy of USGS EROS Data Center Satellite System Branch/NASA.

그림 4-23*a*만 보면, 실린더 직경의 수백 배인 하류에서도 와류가 계속 존재한다고 생각하기 쉽지만, 이 그림의 유맥선 모양은 독자들을 오도하는 것이다. 그림 4-23*b*에서 연기 와이어는 실린더 직경의 150배인 하류에 놓여 있다. 이 그림의 유맥선은 직선이고, 이 정도의 실린더 하류에서는 와류가 완전히 소멸된 것을 보여 준다. 이 위치에서 유동은 정상이고 평행하며, 더 이상의 와류는 찾아볼 수 없다. 점성 확산(viscous diffusion) 때문에 실린더 직경의 100배 정도의 실린더 하류에서는 부호가 반대인 근접한 와류들이 서로 상쇄된 것이다. 그림 4-23*a*에서 $x/D=150$ 부근의 유동 형태는 단지 상류에 존재했던 와열의 **자취**에 불과하다. 따라서 그림 4-23*b*의 유맥선이 그 위치에서의 올바른 유동 형태를 나타낸다. $x/D=150$에서 생성된 유맥선(직선이며, 거의 수평한 선)은 유동이 정상이기 때문에 그 영역에서의 유선 및 유적선과 일치한다.

속도장을 알면 유맥선을 수치적으로 계산할 수도 있다. 입자가 유동장에 주입된 시간으로부터 현재까지 추적 입자들의 연속적인 궤적을 식 (4-17)을 이용하여 계산하면 된다. 수학적으로 추적 입자의 위치는 주입된 시간 t_{inject}으로부터 현재까지의 시간 t_{present}까지 시간에 대해 적분하여 구할 수 있다. 이때 식 (4-17)은 다음과 같이 된다.

적분한 추적 입자의 위치:
$$\vec{x} = \vec{x}_{\text{injection}} + \int_{t_{\text{inject}}}^{t_{\text{present}}} \vec{V}\,dt \qquad \textbf{(4-18)}$$

복잡한 비정상 유동에서는 속도장이 시간에 따라 변하므로 시간적분을 수치적으로 수행해야 한다. $t=t_{\text{present}}$에서의 추적 입자 위치들의 궤적을 곡선으로 연결하면 원하는 유맥선이 된다.

예제 4–5 비정상 유동인 경우의 유동 형태 비교

비정상, 비압축성, 2차원 속도장이 다음과 같이 주어져 있다.

$$\vec{V} = (u, v) = (0.5 + 0.8x)\vec{i} + (1.5 + 2.5\sin(\omega t) - 0.8y)\vec{j} \qquad \textbf{(1)}$$

여기서 각진동수(angular frequency) ω는 2π rad/s(물리적 진동수 1 Hz)이다. 이 속도장은 속도의 v 성분에 주기항이 추가된 것을 제외하고는 예제 4-1의 식 (1)과 같다. 진동의 주기가 1 s이므로, 시간 t가 $\frac{1}{2}s$의 배수($t=0, \frac{1}{2}, 1, \frac{3}{2}, 2, \ldots$ s)일 때 식 (1)의 사인(sine)항은 영이 되고, 이 순간의 속도장은 예제 4-1의 속도장과 동일하게 된다. 물리적으로, 진동수 1 Hz로 상하로 진동하며 종 모양의 입구로 유입되는 유동을 생각할 수 있다. $t=0$ s에서 $t=2$ s까지의 두 사이클을 고려해 보자. $t=2$ s인 순간의 유선을 $t=0$ s에서 $t=2$ s까지의 시간 동안 계산된 유적선 및 유맥선과 비교하라.

풀이 주어진 비정상 속도장에서 유선, 유적선, 유맥선을 계산하여 이들을 서로 비교하고자 한다.

가정 **1** 유동은 비압축성이다. **2** 유동은 2차원이다. 즉, 속도의 z방향 성분은 없으며, u와 v는 z방향으로 변하지 않는다.

해석 $t=2$ s인 순간의 유선은 그림 4-17과 동일하며, 그림 4-25에 이러한 몇 개의 유선을 다시 그려 놓았다. 유적선은 ($x=0.5$ m, $y=0.5$ m), ($x=0.5$ m, $y=2.5$ m), ($x=0.5$ m, $y=4.5$ m) 등 세 곳에서 방출된 유체 입자의 궤적을 Runge-Kutta 적분기법을 이용하여 $t=0$ s에서 $t=2$ s까지 진행하며 구할 수 있다. 유적선들이 유선과 함께 그림 4-25에 도시되어 있다. 끝으로 유맥선은 위의 세 곳에서 $t=0$ s에서 $t=2$ s까지의 시간 동안 방출된 많은 추적 유체 입자들의 궤적을 계산하고, $t=2$ s에서 각각의 유체 입자들의 위치를 연결하여 구할 수 있다. 이렇게 계산된 유맥선 또한 그림 4-25에 도시되어 있다.

토의 유동이 비정상이므로 유선, 유적선, 유맥선은 일치하지 않는다. 실제로 이들은 서로 매우 다르다. 유맥선 및 유적선은 상하로 진동하는 속도의 v 성분 때문에 물결 모양으

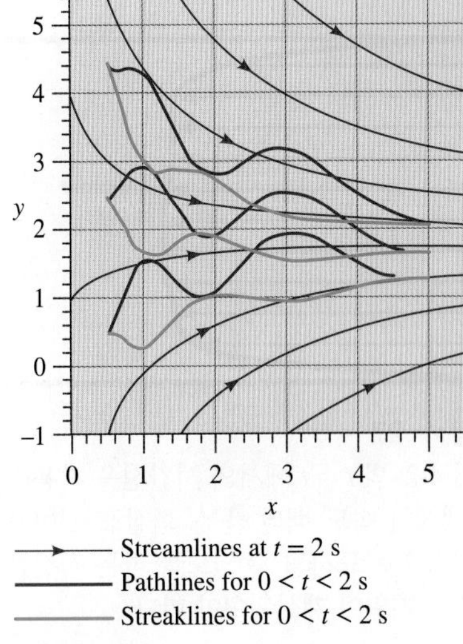

그림 4–25
예제 4-5의 진동하는 속도장의 유선, 유적선, 유맥선. 유맥선 및 유적선은 적분한 시간 이력 때문에 물결 모양이지만, 유선은 속도장의 순간적인 스냅 사진이므로 물결 모양이 아니다.

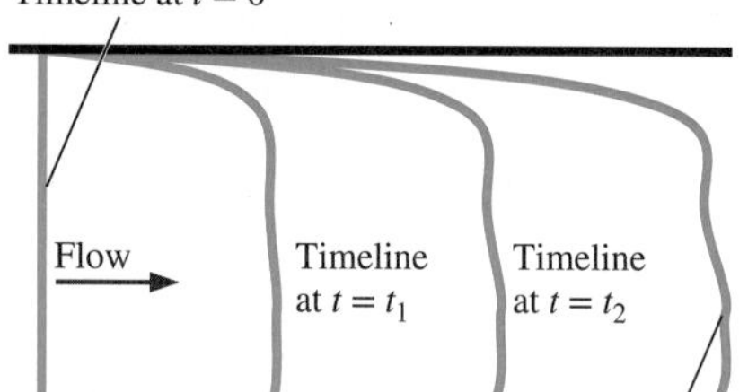

그림 4-26
시간선은 유체 입자들로 구성되는 선을 표시하고, 그 선이 유동장을 따라 운동(그리고 변형)하는 것을 관찰함으로써 형성된다. 그림은 시간 $t=0$, t_1, t_2, t_3에서의 시간선이다.

로 나타난다. 유적선과 유맥선을 잘 살펴보면 $t=0$ s에서 $t=2$ s 사이에 두 사이클의 진동이 일어났음을 알 수 있다. 유선은 시간 이력을 가지지 않으므로 이러한 물결 모양을 찾아볼 수 없다. 유선은 $t=2$ s에서의 순간적인 스냅 사진을 나타낸다.

시간선

시간선(timeline)**이란 어느 같은 순간에 표시된 인접한 유체 입자의 집합이다.**

시간선은 유동의 균일성을 살펴보는 경우에 특히 유용하다. 그림 4-26은 평행한 평판 사이의 채널 유동의 시간선을 보여 준다. 마찰 때문에 벽면에서의 유체 속도는 영이고(점착 조건), 시간선의 위와 아래는 처음 시작 위치에 고정된다. 벽면에서 떨어진 영역에서 표시된 유체 입자들은 그곳의 속도에 따라 운동하며 시간선을 변형시킨다. 그림 4-26의 예에서 볼 수 있듯이 채널 중간 부분의 속도는 매우 균일하지만, 시간선이 늘어남에 따라 작은 속도 차이는 시간에 따라 증폭된다. 또한 시간선으로부터 속도 벡터 그림을 직접 얻을 수 있는 실용적 장점이 있다(그림 4-27).

실험적으로 시간선은 수동에서 **수소 기포 와이어**(hydrogen bubble wire)를 이용하여 얻을 수 있다. 이 와이어에 전류를 순간적으로 통과시키면 물이 전기분해되면서 와이어에 수소 기포가 형성된다. 기포가 매우 작아서 부력은 거의 무시할 수 있으므로, 기포는 물의 유동을 따라 운동한다(그림 4-28).

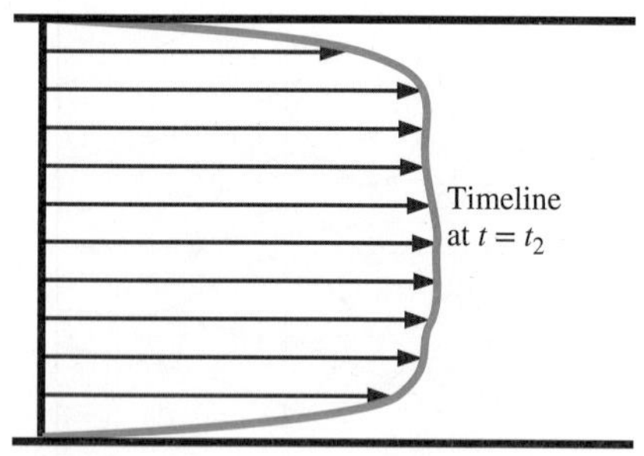

그림 4-27
그림 4-28의 $t = t_2$에서의 시간선을 사용하여 생성한 속도 벡터 플롯. 화살표 길이가 비례적으로 표시될 수 있도록 하는 적절한 기준 스케일이 계산되어야 한다.

굴절 유동가시화 기법

유동가시화의 다른 범주로 광파(light wave)의 **굴절 성질**(refractive property)을 이용하는 기법이 있다. 물리학 시간에 공부하였듯이, 한 물질을 통과하는 빛의 속도는 다른 물질을 통과할 때와 약간 다르다. 또한 같은 물질이라도 밀도가 변하면 빛의 속도는 다르다. 빛이 한 유체를 통과한 후에 굴절률이 다른 유체를 통과할 때 휘게 된다(즉, 빛이 **굴절된다**).

공기(혹은 다른 기체)의 굴절률이 밀도에 따라 달라지는 성질을 이용한 두 가지 대표적인 유동가시화 방법이 **그림자**(shadowgraph) **기법**과 **schlieren 기법**이다(Settles, 2001). **간섭계**(interferometry)는 밀도가 변하는 공기 중을 통과할 때 나타나는 빛

그림 4-28
수소 기포 와이어에 의해 형성된 시간선이 평판을 지나는 경계층의 속도 분포 형상을 가시화하기 위해 사용되었다. 유체는 왼쪽에서 오른쪽으로 유동하며, 수소 기포 와이어는 그림에 보이는 유동장의 왼쪽에 놓여 있다. 벽면 부근의 기포는 난류를 유발하는 유동 불안정성을 나타낸다.
Bippes, H. 1972 Sitzungsber, heidelb. Akad. Wiss. Math. Naturwiss. Kl., no. 3, 103–180; NASA TM-75243, 1978.

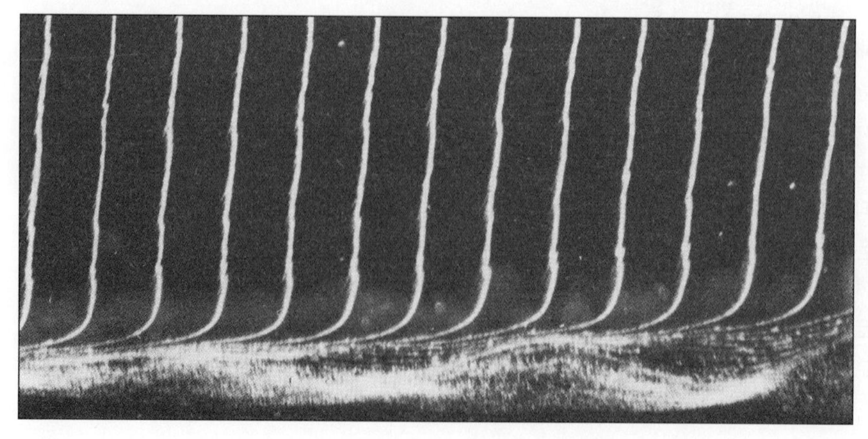

의 **위상 변화**(phase change) 현상을 이용한 유동가시화 기법인데, 본 교재에서는 다루지 않기로 한다(Merzkirch, 1987 참조). 이러한 기법들은 자연대류 유동(온도 차이로 인한 밀도의 변화), 혼합 유동(유체의 종류에 따른 밀도의 변화), 초음속 유동(충격파와 팽창파로 인한 밀도 변화) 등과 같이 위치에 따라 밀도가 달라지는 유동장을 가시화하는 데 유용하다.

유맥선, 유적선, 시간선 등과 같은 유동가시화와는 달리 그림자 기법과 schlieren 기법은 눈에 보이는 염료나 연기를 필요로 하지 않는다. 그 대신 밀도의 차이와 빛의 굴절 성질이 유동장을 가시화함으로써 "안 보이는 것을 보이게" 하는 수단을 제공한다. 굴절된 광선이 스크린이나 카메라에 투영된 그림자를 재배치하여 밝거나 어둡게 보이게 함으로써 **그림자 영상**(shadowgram)을 얻을 수 있다. 어두운 곳은 빛의 굴절이 **시작**되는 곳을, 밝은 곳은 **끝**나는 곳을 나타내는데, 이로 인한 오류가 생길 수 있다. 결과적으로 어두운 곳은 밝은 곳보다 덜 왜곡되므로 그림자 영상을 분석할 때에 더 유용하다. 예를 들어, 그림 4-29의 그림자 영상에서 궁형 충격파(bow shock wave, 검은 밴드)의 모양과 위치는 확실하지만, 굴절된 밝은 빛은 구 앞부분의 그림자를 왜곡하는 것을 볼 수 있다.

그림자 영상은 진정한 광학 이미지가 아니라 단지 그림자일 뿐이다. 그러나 **schlieren 영상**은 렌즈(또는 거울)와 굴절된 빛을 차단할 수 있는 칼날(knife edge) 등으로 이루어지는 진정한 광학 이미지이다. Schlieren 기법은 그림자 기법보다 설치는 복잡하지만 여러 장점이 있다(Settles, 2001). 예를 들면, schlieren 이미지는 굴절된 빛에 의해 생기는 광학적인 왜곡 현상이 없다. 또한 자연대류(그림 4-30)와 같이 밀도구배가 작거나 또는 초음속 유동의 팽창팬(expansion fan)과 같이 밀도 변화가 급격하지 않는 경우에도 schlieren 영상은 민감하게 반응한다. 컬러 schlieren 영상기법도 개발된 바 있다. Schlielen 장치의 위치, 방향, 차단 장치 유형 등을 잘 조절하면 주어진 유동에 가장 적합한 영상을 얻을 수 있다.

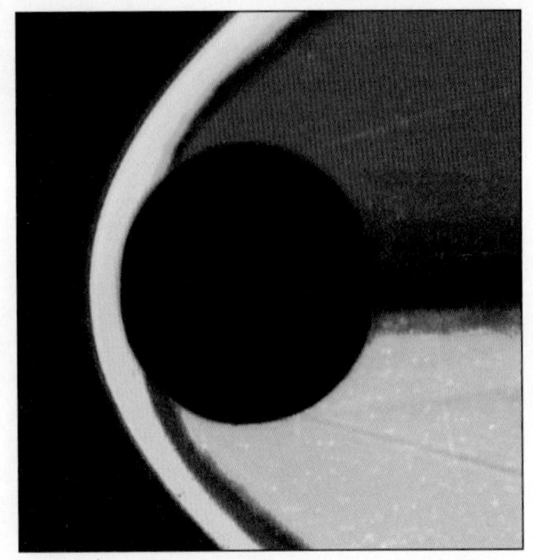

그림 4-29
구 위를 왼쪽에서 오른쪽으로 흐르는 Ma=3.0의 유동에 대한 컬러 schlieren 영상. **궁형 충격파**(bow shock)로 불리는 곡선형 충격파가 구 앞에 형성되며 하류 쪽으로 굽어진다. 가장 앞부분은 황색 밴드의 왼쪽에 얇고 붉은 밴드로 나타난다. 황색 밴드는 구를 감싸는 궁형 충격파에 의해 발생한다. 하류에서 구를 벗어나는 충격파는 경계층 박리에 기인한다.

표면 유동가시화 기법

끝으로, 고체 표면의 유동가시화에 유용한 기법을 간략히 소개한다. 고체 표면 바로 위의 유체의 유동방향은 **실타래**(tufts)라고 하는 한쪽 끝을 고체 표면에 접합시킨 짧고 부드러운 줄을 이용하여 가시화할 수 있다. 이러한 실타래는 특히 유동방향이 갑자기 역전되는 유동 박리 영역에서 유용하다.

표면 기름가시화(surface oil visualization) 기법도 같은 목적으로 사용된다. 즉, 표면에 얇게 바른 기름이 **마찰선**(friction line)이라고 하는 줄무늬를 형성하여 유체의 유동방향을 보여 준다. 독자들은 더러운 자동차에 비가 살짝 내리면[특히 길에 소금(염화칼슘)을 뿌린 겨울철에] 자동차의 후드, 옆부분 또는 유리창에 줄무늬가 생기는 것을 본 경험이 있을 것이다. 이 현상이 바로 표면 기름가시화 기법으로 관찰되는 것과 유사하다.

마지막으로, 압력에 민감하거나 온도에 민감한 페인트들을 이용하여 고체 표면의 압력이나 온도 분포를 관찰하는 방법도 있다.

그림 4-30
바비큐 그릴의 자연대류를 보여 주는 Schlieren 영상.

4-3 ■ 유체 유동 데이터의 플롯

결과를 얻어내는 방법과 무관하게(해석적, 실험적 또는 수치적), 유동 특성의 시간 그리고/혹은 공간에 따른 변화를, 보는 사람이 쉽게 이해할 수 있도록 유동 데이터를 **그림**으로 나타내는 것이 항상 필요하다. 독자들은 이미 난류 유동에 특히 유용한 **시간 플롯**(예를 들어, 시간의 함수로 그려진 속도 성분)과 *xy* 플롯(예를 들면, 반경에 따른 압력 변화) 등과 친숙할 것이다. 이 절에서는 그 외에 유체역학에 유용한 세 가지 플롯, 즉 분포도(profile plot), 벡터 플롯(vector plot), 등분포도(contour plot)를 설명한다.

분포도

분포도는 유동장에서 어떤 주어진 방향에 대한 스칼라 상태량의 변화를 보여 준다.

분포도는 독자들이 많이 접한 일반적인 *xy* 그래프와 유사하므로 세 가지 그림 표현 방법 중 가장 이해하기 쉽다. 즉, 한 변수 *y*가 다른 변수 *x*에 대하여 어떻게 변하는가를 그림으로 나타낸 것이다. 유체역학의 **어떠한** 스칼라 변수(압력, 온도, 밀도 등)라도 분포도로 나타낼 수 있으며, 특히 이 교재에서 가장 많이 사용되는 것은 **속도분포도**이다. 속도는 벡터량이므로, 일반적으로 속도의 크기 또는 속도 벡터의 한 방향 성분을 주어진 방향의 길이의 함수로 나타낸다.

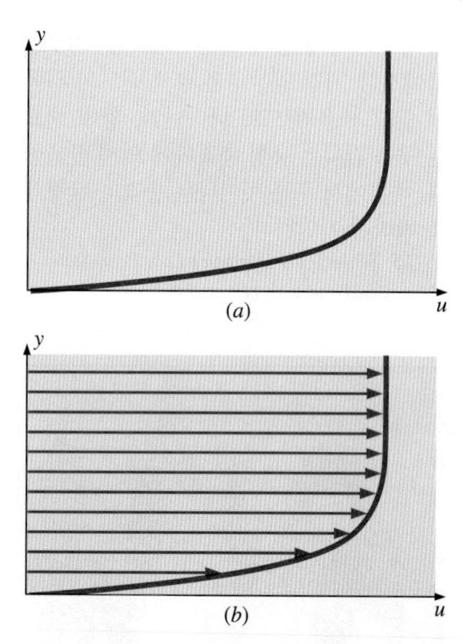

그림 4-31
속도의 수평방향 성분을 수직방향의 거리의 함수로 표시한 **분포도**. 경계층 유동은 수평 평판을 따라 발달한다. (*a*) 일반적인 분포도, (*b*) 화살표로 표시한 분포도.

예를 들어, 그림 4-28의 경계층 시간선은 다음과 같이 그 순간의 속도분포도로 변환할 수 있는데, 어느 주어진 순간에 수직방향의 위치 *y*에서 수소 기포가 운동한 수평 거리는 속도의 *x*방향 성분인 *u*에 비례하게 된다. 그림 4-31에 *u*를 *y*의 함수로 나타내었다. *u*의 값은 해석적으로(9장 및 10장 참조), 또는 PIV나 다른 속도 측정 장치를 이용하여 실험적으로(8장 참조) 또는 수치적으로(15장 참조) 구할 수 있다. 이 예에서 위치 *y*의 방향이 위쪽이므로, 비록 속도 *u*가 종속변수이지만 ***y*축**(세로축)이 아닌 ***x*축**(가로축)에 나타내었다.

마지막으로, 눈에 잘 띄게 하기 위해서 속도분포도를 화살표로 표시하는 것이 일반적이다. 만약 두 개 이상의 속도 성분을 화살표로 나타내면 속도 벡터의 **방향**을 알 수 있고, 이때 속도분포도는 속도 **벡터** 플롯이 된다.

벡터 플롯

벡터 플롯이란 어떤 주어진 순간에 벡터 상태량의 크기와 방향을 나타내는 화살표 군이다.

유선은 순간적인 속도장의 **방향**은 표시하지만, **크기**(즉, 속도)를 직접 나타내지는 않는다. 그러므로 순간적인 벡터 상태량의 크기**와** 방향을 나타낼 수 있는 벡터 플롯이 실험이나 수치 계산을 통하여 얻은 유동장을 표시할 때 유용하다. 그림 4-4와 그림 4-14에서 각각 속도 벡터 플롯 및 가속도 벡터 플롯의 예를 본 바 있는데, 이 플롯들은 해석적으로 얻은 것이다. 벡터 플롯은 실험적으로 얻은 데이터(예를 들면, PIV 측정으로부터) 혹은 CFD 해석을 통해 얻은 데이터를 이용하여 그릴 수도 있다.

벡터 플롯을 설명하기 위하여 사각형 단면의 블록에 충돌하는 2차원 유동장을 생각해 보자. CFD 계산을 통한 결과가 그림 4-32에 나타나 있다. 이 유동은 본질적으로 난류, 비정상이므로 시간평균한 결과를 계산하여 도시하였다. 유선은 그림 4-32*a*에 도시되어 있으며, 블록 전체와 후류의 모양을 볼 수 있다. 대칭선 상하의 닫힌 유선(closed streamline)은 재순환 에디(recirculating eddy)를 나타내는데, 대칭선 상하로 두 개가 있다. 그림 4-32*b*는 속도 벡터 플롯이다(대칭이기 때문에 유동의 윗부분만 도시하였다). 블록의 상류 모서리 주위로 유동은 가속되고, 경계층이 박리되어 블록의 하류에 재순환 에디가 생기는 것을 분명히 볼 수 있다(속도 벡터들은 시간평균한 값이다. 그림 4-23*a*와 유사하게 블록으로부터 와흘림이 발생하므로 순간적인 벡터들은 시간에 따라 그 크기와 방향이 변화한다). 박리된 유동 영역을 확대한 모양이 그림 4-32*c*에 제시되어 있으며, 큰 재순환 에디의 아랫부분에서 반대로 흐르는 유동을 관찰할 수 있다.

그림 4-32의 벡터들은 속도의 크기에 따라 다른 색으로 표시되어 있으며, 최근의 CFD 코드와 후처리기(postprocessor)는 벡터 플롯을 색으로 표현하는 기능을 가지고 있다. 예를 들면, 벡터 플롯은 압력(고압은 붉게, 저압은 파랗게) 또는 온도(고온은 붉게, 저온은 파랗게) 등의 서로 다른 유동 상태량에 따라 벡터를 색으로 표현한다. 이러한 방법으로 유동의 크기와 방향뿐만 아니라 다른 상태량들도 동시에 가시화할 수 있다.

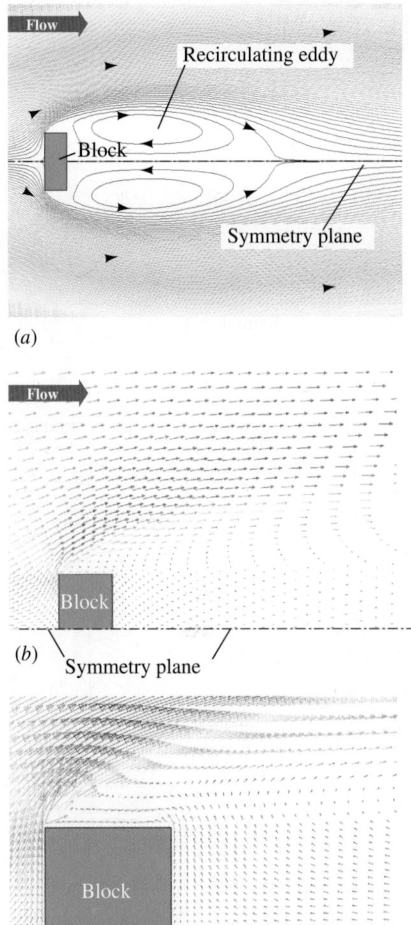

그림 4-32
블록에 충돌하는 유동에 대한 CFD 계산 결과. (*a*) 유선, (*b*) 유동 상반부의 속도 벡터 플롯, (*c*) 박리된 유동 영역에서 보다 자세한 유동을 보여 주는 확대한 속도 벡터 플롯.

등분포도

등분포도란 주어진 순간에 스칼라 상태량(혹은 벡터 상태량의 크기)이 일정한 값을 갖는 곡선을 나타낸 것이다.

하이킹을 해본 사람이라면 산의 등고선 지도를 잘 알고 있을 것이다. 이 지도는 여러 개의 폐곡선들로 구성되어 있으며, 각각의 곡선들은 등고도를 나타낸다. 이러한 곡선들의 중심 부근은 정상이나 계곡인데, 실제의 정상이나 계곡은 지도에서 **점**으로 표시되며, 가장 높은 곳이나 가장 낮은 곳을 나타낸다. 이러한 지도를 보면 냇물이나 산길에 대한 전체적인 윤곽을 알 수 있을 뿐만 아니라, 우리가 서 있는 위치의 고도와 산길이 평평한지 가파른지를 알 수 있다. 유체역학에서도 다양한 스칼라 유동 특성에 같은 원리를 적용할 수 있다. **등분포도**(contour plots 또는 **isocontour plots**)는 압력, 온도, 속도의 크기, 종(species)의 농도, 난류 특성 등에 대하여 그려질 수 있다. 등분포도를 이용하면 고려 대상의 유동 특성의 값이 크고 작은 영역을 쉽게 알아 볼 수 있다.

등분포도는 단순히 여러 단계의 상태량의 값을 갖는 곡선들로 표현할 수도 있으며, 이를 **등분포선도**(contour line plot)라고 한다. 또는 윤곽선 안에 색이나 음영으로 표시할 수도 있으며, 이를 **채워진 등분포도**(filled contour plot)라고 한다. 그림 4-33는 그림 4-32와 같은 유동장의 등압력 분포도이다. 그림 4-33*a*는 서로 다른 압력의 영역을 컬러로 표시한 채워진 등분포도이다. 파란 부분은 저압, 붉은 부분은 고압을 각각 나타낸다. 이 그림에서 블록 앞부분의 압력이 가장 높고, 박리 영역인 블록의 윗부분

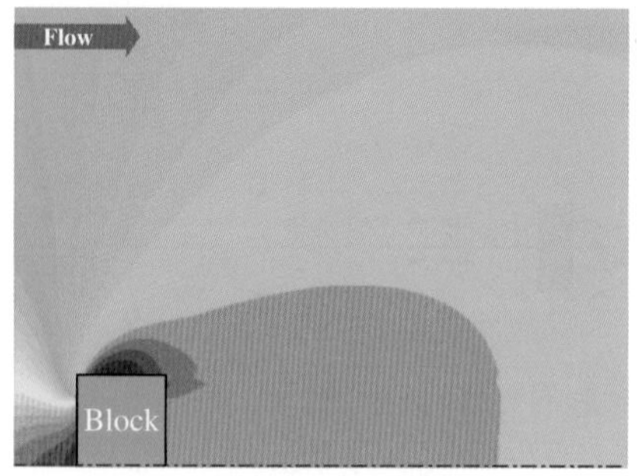

(*a*)

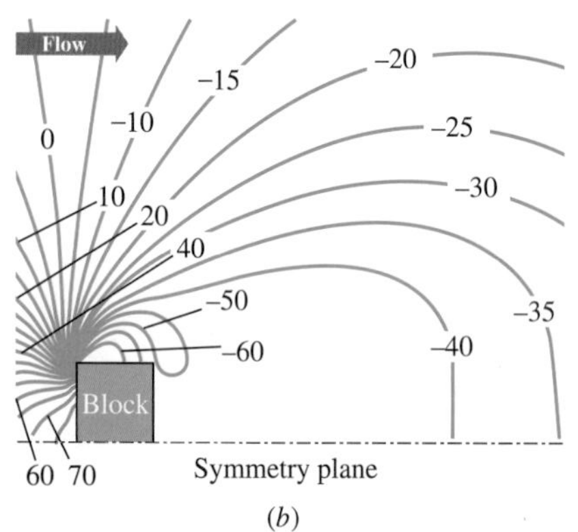

(*b*)

그림 4-33
블록에 충돌하는 유동을 CFD로 계산한 압력장의 등분포도. 대칭이므로 상반부만 도시하였다. (*a*) 컬러로 채워진 등분포도, (*b*) 압력을 Pa(pascal) 단위의 계기 압력으로 표시한 등분포선도.

을 따라 압력이 가장 낮음을 알 수 있다. 또한 예상한 바와 같이 블록 후류의 압력이 낮게 나타나고 있다. 그림 4-33*b*는 동일한 압력 분포를 pascal 단위의 계기 압력을 기입한 등분포선도로 도시한 것이다.

사람의 눈은 붉거나 푸른 부분을 쉽게 식별하기 때문에, CFD에서 스칼라 상태량의 값이 클 때는 붉은색으로, 작을 때에는 파란색으로 표현하는 것이 일반적이다. CFD 계산 결과를 나타내는 멋진 그림 때문에 전산유체역학(computational fluid dynamics)은 종종 "컬러풀한 유체역학(colorful fluid dynamics)"이라 부르기도 한다.

4-4 ■ 기타 운동학에 대한 서술

유체 요소의 운동 또는 변형의 종류

고체역학에서와 같이 유체역학에서도, 유체 요소는 2차원으로 예시한 그림 4-34에서처럼 네 가지 기본 형태로 운동하거나 변형한다. 즉, (a) **병진운동**(translation), (b) **회전**(rotation), (c) **선형변형량**[linear strain, **신장변형량**(extensional strain)이라고도 함], (d) **전단변형량**(shear strain) 등이다. 유체역학에서는 이러한 네 가지 형태의 운동이나 변형이 동시에 발생하므로 훨씬 복잡하다. 유체 요소는 지속적으로 운동하므로 유체 요소의 운동이나 변형을 **율**(rate)의 형태로 표현하는 것이 좋다. 특히 **속도**[velocity, 병진운동률(rate of translation)], **각속도**[angular velocity, 회전율(rate of rotation)], **선형변형률**(linear strain rate, rate of linear strain), **전단변형률**(shear strain rate, rate of shear strain) 등에 대해 설명하도록 한다. 유동의 계산을 편리하게 하기 위해서, 이러한 **변형의 시간당 변화율**(deformation rate)을 속도와 속도의 도함수로 표시해야 한다.

병진운동이나 회전은 당구공과 같은 고체 입자의 운동에서 볼 수 있듯이 쉽게 이해할 수 있다(그림 4-1). 병진운동률을 3차원으로 완전히 기술하려면 벡터로 표현해야 한다. **병진운동률 벡터**는 수학적으로 **속도 벡터**로 나타낼 수 있다. 직교좌표계에서,

직교좌표계의 병진운동률 벡터: $$\vec{V} = u\vec{i} + v\vec{j} + w\vec{k} \qquad \textbf{(4-19)}$$

그림 4-34*a*에서, 유체 요소는 양의 수평(x)방향으로 이동하였다. 따라서 u는 양이고, v (그리고 w)는 영이다.

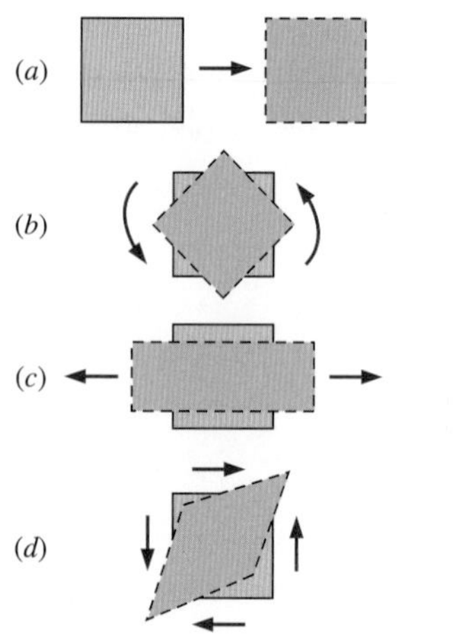

그림 4-34
유체 요소의 운동 또는 변형의 기본 형태. (*a*) 병진운동, (*b*) 회전, (*c*) 선형변형량 및 (*d*) 전단변형량.

어느 한 점에서의 **회전율(각속도)**은 **처음에 그 점에서 서로 수직으로 교차하는 두 직선들의 평균 회전율**로 정의한다. 예를 들어, 그림 4-34*b*에서 처음에 정사각형인 유체 요소의 왼쪽-아래 모서리 점을 생각해 보자. 유체 요소의 왼쪽 변과 아래쪽 변은 그 모서리 점에서 교차하고, 처음에는 서로 수직이다. 이 두 선들은 수학적으로 양의 방향인 반시계방향으로 회전한다. 이 두 선 사이(또는 이 유체 요소에서 처음에는 서로 수직인 **모든** 두 선 사이)의 각도는 90°를 유지한다. 왜냐하면 이 그림은 강체 회전의 모양이기 때문이다. 그러므로 두 선들은 같은 속도로 회전하고, 그 평면에서의 회전율은 단순히 그 평면의 각속도 성분이다.

더 일반적인 2차원 경우를 고려하면(그림 4-35), 유체 입자는 병진운동을 하고 회전하면서 모양이 변형되는데, 앞 문단에서 제시한 정의에 따라 회전율을 계산해 보자. 즉, 처음의 시간 t_1에서 xy평면의 한 점 P에서 교차하는 서로 수직인 두 직선(그림 4-35의 직선 a와 b)을 고려해 보자. 미소 시간 $dt = t_2 - t_1$ 동안에 이 직선들은 운동을

하고 회전한다. 그림에 나타난 바와 같이 시간 t_2에서 직선 a는 각 α_a만큼, 직선 b는 각 α_b만큼 회전하면서 유동과 같이 움직였다(그림에서 각은 radian이고, 수학적으로 모두 양의 방향이다). 그러므로 평균 회전각은 $(\alpha_a+\alpha_b)/2$이고, xy평면에서의 **회전율** 또는 각속도는 평균 회전각의 시간도함수와 같다. 즉,

그림 4-35의 점 P에 대한 유체 요소의 회전율:

$$\omega = \frac{d}{dt}\left(\frac{\alpha_a + \alpha_b}{2}\right) = \frac{1}{2}\left(\frac{\partial v}{\partial x} - \frac{\partial u}{\partial y}\right) \tag{4-20}$$

식 (4-20)에서 ω는 각 α_a와 α_b 대신 속도의 성분 u와 v로 표시되었으며, 이 식의 우변은 독자들이 직접 유도해 보기 바란다.

3차원에서는 각 방향에 대한 회전율의 크기가 다를 수 있으므로 유동장의 한 점에서의 회전율을 **벡터**로 표시해야 한다. 3차원에서 회전율 벡터의 유도 과정은 Kundu와 Cohen(2011), White(2005) 등의 유체역학 교재에서 찾아볼 수 있다. **회전율 벡터**는 **각속도 벡터**와 동일하며, 직교좌표계에서는 다음 식으로 표현된다.

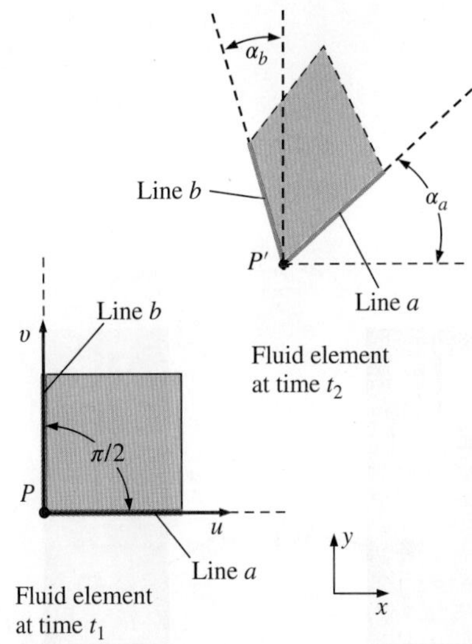

그림 4-35
병진운동을 하고 변형하는 유체 요소에서 한 점 P에서의 **회전율**은 처음에 서로 수직인 두 직선(직선 a와 b)들의 평균 회전율로 정의한다.

직교좌표계에서 회전율 벡터:

$$\vec{\omega} = \frac{1}{2}\left(\frac{\partial w}{\partial y} - \frac{\partial v}{\partial z}\right)\vec{i} + \frac{1}{2}\left(\frac{\partial u}{\partial z} - \frac{\partial w}{\partial x}\right)\vec{j} + \frac{1}{2}\left(\frac{\partial v}{\partial x} - \frac{\partial u}{\partial y}\right)\vec{k} \tag{4-21}$$

선형변형률은 **단위 길이당 길이의 증가율**로 정의한다. 수학적으로 유체 요소의 선형변형률은 측정 대상인 선의 초기 방향과 관련이 있다. 따라서 이는 스칼라나 벡터로 나타낼 수 없다. 그러므로 선형변형률은 어떤 임의의 방향, 즉 x_α방향에 대하여 정의한다. 예를 들어, 그림 4-36에서 처음에 직선 PQ의 길이는 dx_α이고, $P'Q'$으로 길이가 증가하였다고 하자. 주어진 정의와 그림 4-36에 표시된 길이를 사용하면 x_α방향의 선형변형률은 다음과 같다.

$$\varepsilon_{\alpha\alpha} = \frac{1}{dt}\left(\frac{P'Q' - PQ}{PQ}\right) \cong \frac{1}{dt}\left(\frac{\overbrace{\left(u_\alpha + \frac{\partial u_\alpha}{\partial x_\alpha}dx_\alpha\right)dt + dx_\alpha - u_\alpha\,dt}^{\text{Length of } P'Q' \text{ in the } x_\alpha\text{-direction}} \;-\; \overbrace{dx_\alpha}^{\text{Length of } PQ \text{ in the } x_\alpha\text{-direction}}}{\underbrace{dx_\alpha}_{\text{Length of } PQ \text{ in the } x_\alpha\text{-direction}}}\right) = \frac{\partial u_\alpha}{\partial x_\alpha} \tag{4-22}$$

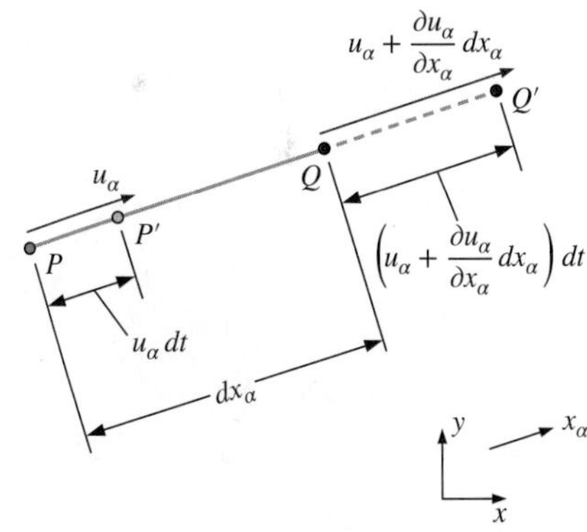

그림 4-36
임의의 x_α방향의 **선형변형률**은 그 방향으로 단위 길이당 나타나는 길이의 증가율로 정의한다. 직선의 길이가 **감소**하면 선형변형률은 음이다. 이 그림에서 직선 PQ는 $P'Q'$으로 길이가 증가하였으며, 이는 양의 선형변형률을 뜻한다. dx_α와 dt가 매우 작으므로 속도 성분들과 거리는 1차 근사를 사용하여 계산하였다.

반드시 그렇지는 않지만, 직교좌표계에서 임의의 x_α방향은 일반적으로 세 좌표축 중 하나의 방향으로 잡는다.

직교좌표계에서 선형변형률:

$$\varepsilon_{xx} = \frac{\partial u}{\partial x} \qquad \varepsilon_{yy} = \frac{\partial v}{\partial y} \qquad \varepsilon_{zz} = \frac{\partial w}{\partial z} \tag{4-23}$$

보다 일반적인 경우, 유체 요소는 그림 4-35와 같이 운동하고 변형한다. 식 (4-23)이 일반적인 경우도 유효하다는 것은 독자들이 직접 증명해 보기 바란다.

와이어, 봉, 보 등의 고체를 인장하면 늘어난다. 고체역학에서 공부했듯이, 어떤

물체가 한 방향으로 신장되면 그 방향과 수직방향으로는 수축한다. 이 현상은 유체 요소에서도 똑같다. 그림 4-34*c*에서 처음에 정사각형인 유체 요소는 수평방향으로는 신장하고, 수직방향으로는 수축한다. 따라서 수평방향의 선형변형률은 양이고, 수직방향은 음이다.

만약 유동이 **비압축성**이라면 유체 요소의 체적은 일정해야 한다. 따라서 유체 요소가 한 방향으로 신장하면 다른 방향으로 적당한 양만큼 보상되어 수축한다. 그러나 **압축성** 유체 요소의 체적은 밀도가 감소하거나 증가함에 따라 각각 증가하거나 감소할 수 있다(유체 요소의 질량은 일정하다. 그러나 $\rho = m/V$이므로 질량과 체적은 반비례한다). 예를 들어, 실린더 내의 공기가 피스톤에 의해 압축되는 경우를 생각해 보자(그림 4-37). 유체 요소의 질량이 보존되어야 하므로 유체 요소의 체적은 감소하는 반면, 밀도는 증가한다. 유체 요소의 단위 체적당 체적의 증가율을 **체적변형률**(volumetric strain rate 또는 bulk strain rate)이라 하며, 이 운동학적 상태량은 체적이 증가하면 양으로 정의한다. 체적변형률의 또 다른 유사어는 **체적팽창률**(rate of volumetric dilatation)이다. 이는 눈의 홍채가 약한 빛에 노출될 때 어떻게 팽창하는지를 생각하면 쉽게 기억할 수 있을 것이다. 체적변형률은 서로 수직인 세 방향의 선형변형률의 합이다. 그러므로 직교좌표계(식 4-23)에서 체적변형률은 다음과 같다.

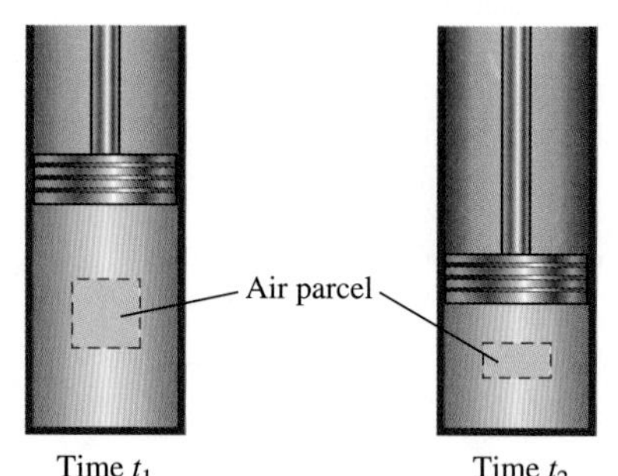

그림 4-37
실린더 내의 피스톤에 의해 압축되는 공기, 실린더 내 유체 요소의 체적은 감소하며, 이는 음의 체적팽창률을 의미한다.

직교좌표계에서 체적변형률:

$$\frac{1}{V}\frac{DV}{Dt} = \frac{1}{V}\frac{dV}{dt} = \varepsilon_{xx} + \varepsilon_{yy} + \varepsilon_{zz} = \frac{\partial u}{\partial x} + \frac{\partial v}{\partial y} + \frac{\partial w}{\partial z} \qquad \textbf{(4-24)}$$

식 (4-24)에서 대문자 *D*는 **유체 요소를 추적하는** 체적, 즉 식 (4-12)에 나타낸 유체 요소의 **물질체적**을 강조하기 위하여 사용되었다.

비압축성 유동의 체적변형률은 영이다.

전단변형률은 설명하고 이해하기가 어려운 변형률이다. 한 점에서의 **전단변형률**은 **그 점에서 처음에 수직으로 교차하는 두 직선 사이 각도의 감소율의 반(1/2)**으로 정의한다[뒤에 전단변형률과 선형변형률을 한 개의 텐서로 나타낼 때 반(1/2)에 대해 설명한다]. 예를 들면, 그림 4-34*d*에서 처음에 90°인 정사각형 유체 요소의 왼쪽-아래 모서리와 오른쪽-위 모서리의 각도는 감소한다. 이는 정의에 의하여 양의 전단변형량이다. 그러나 유체 요소의 왼쪽-위 모서리와 오른쪽-아래 모서리의 각도는 증가한다. 이는 정의에 의하여 음의 전단변형량이다. 분명 전단변형률은 한 개의 스칼라량이나 벡터량으로 표현할 수 없고, 수학적으로 **서로 수직인 두 방향**으로 표현해야 한다. 항상 이러한 제한을 둘 필요는 없으나 직교좌표계에서의 축 그 자체가 가장 명백한 선택이다. *xy*평면의 2차원 유체 요소를 고려해 보자. 유체 요소는 그림 4-38에서와 같이 시간에 따라 병진운동을 하며 변형한다. 처음에 서로 수직인 두 직선(*x* 및 *y*방향의 직선 *a* 및 *b*)을 살펴보자. 처음에 $\pi/2$ (90°)인 두 직선 사이의 각도는 시간 t_2에서 $\alpha_{a\text{-}b}$로 감소한다. 처음에 *x*방향 및 *y*방향으로 수직인 두 직선에 대해 점 *P*에서의 전단변형률은 다음과 같이 표현되며, 이는 독자들이 직접 증명해 보기 바란다.

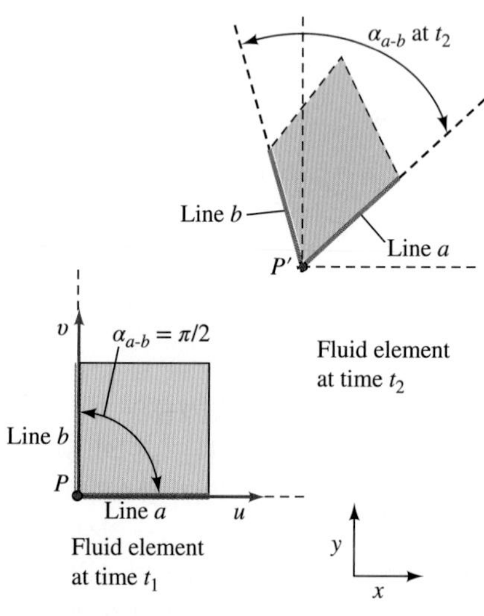

그림 4-38
병진운동을 하고 변형하는 유체 요소에서 점 *P*에서의 **전단변형률**은 처음에 서로 수직인 두 직선(직선 *a*와 *b*) 사이 각도의 감소율의 반(1/2)으로 정의한다.

처음에 x 및 y방향으로 수직인 두 직선의 전단변형률:

$$\varepsilon_{xy} = -\frac{1}{2}\frac{d}{dt}\alpha_{a\text{-}b} = \frac{1}{2}\left(\frac{\partial u}{\partial y} + \frac{\partial v}{\partial x}\right) \tag{4-25}$$

식 (4-25)는 쉽게 3차원으로 확장할 수 있으며, 이때 전단변형률은 다음과 같다.

직교좌표계의 전단변형률:

$$\varepsilon_{xy} = \frac{1}{2}\left(\frac{\partial u}{\partial y} + \frac{\partial v}{\partial x}\right) \quad \varepsilon_{zx} = \frac{1}{2}\left(\frac{\partial w}{\partial x} + \frac{\partial u}{\partial z}\right) \quad \varepsilon_{yz} = \frac{1}{2}\left(\frac{\partial v}{\partial z} + \frac{\partial w}{\partial y}\right) \tag{4-26}$$

끝으로, 선형변형률(식 4-23)과 전단변형률(식 4-26)을 수학적으로 결합하여 한 개의 대칭 2차 텐서를 만들 수 있으며, 이를 **변형률 텐서**(strain rate tensor)라고 한다.

직교좌표계의 변형률 텐서:

$$\varepsilon_{ij} = \begin{pmatrix} \varepsilon_{xx} & \varepsilon_{xy} & \varepsilon_{xz} \\ \varepsilon_{yx} & \varepsilon_{yy} & \varepsilon_{yz} \\ \varepsilon_{zx} & \varepsilon_{zy} & \varepsilon_{zz} \end{pmatrix} = \begin{pmatrix} \frac{\partial u}{\partial x} & \frac{1}{2}\left(\frac{\partial u}{\partial y} + \frac{\partial v}{\partial x}\right) & \frac{1}{2}\left(\frac{\partial u}{\partial z} + \frac{\partial w}{\partial x}\right) \\ \frac{1}{2}\left(\frac{\partial v}{\partial x} + \frac{\partial u}{\partial y}\right) & \frac{\partial v}{\partial y} & \frac{1}{2}\left(\frac{\partial v}{\partial z} + \frac{\partial w}{\partial y}\right) \\ \frac{1}{2}\left(\frac{\partial w}{\partial x} + \frac{\partial u}{\partial z}\right) & \frac{1}{2}\left(\frac{\partial w}{\partial y} + \frac{\partial v}{\partial z}\right) & \frac{\partial w}{\partial z} \end{pmatrix} \tag{4-27}$$

변형률 텐서는 텐서 불변량(tensor invariants), 변환 법칙, 주축(principal axes)과 같은 수학적 텐서의 모든 기본 법칙들을 따른다. 9가지 성분을 가진 변형률 텐서를 ε_{ij}로 표기한다. 이러한 표기법은 직교좌표계에서 **변형률 텐서**를 나타낼 때 사용하는 표준 표기법이다. 몇몇 저자들은 이중 화살표를 사용하여 $\vec{\vec{\varepsilon}}$로 표기하기도 한다. $\vec{\vec{\varepsilon}}$는 2차 텐서로서 $3^2=9$가지 성분을 포함하고, $3^1=3$성분으로 이루어진 1차 텐서인 $\vec{V}$ 벡터보다 수학적으로 한 단계 높다.

그림 4-39는(비록 2차원이지만) 모든 가능한 운동과 변형이 동시에 존재하는 경우에 압축성 유동장의 일반적인 상태를 보여 준다. 여기에는 병진운동, 회전, 선형변형량, 전단변형량이 모두 포함되어 있다. 압축성 유체 유동의 특성상 체적변형량(팽창)도 존재한다. 이제 독자들은 유체동역학의 복잡성과 유체 운동을 기술하는 데 필요한 수학적인 정교성을 보다 더 잘 알 수 있을 것이다.

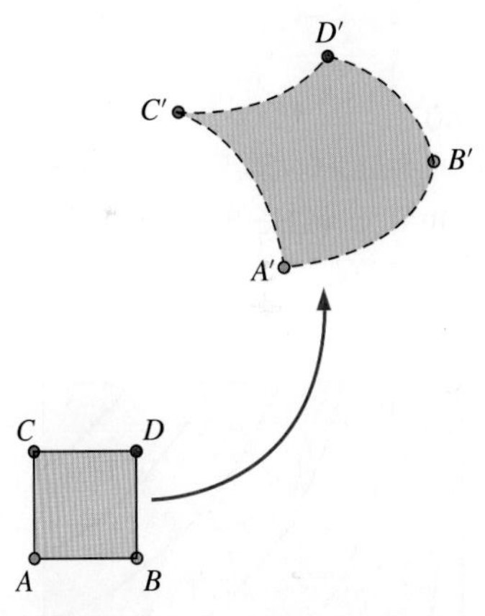

그림 4-39
병진운동, 회전, 선형변형량, 전단변형량, 체적변형량을 보여 주는 유체 요소.

예제 4-6 2차원 유동의 운동학적 상태량 계산

예제 4-1의 정상, 2차원 속도장을 고려해 보자.

$$\vec{V} = (u, v) = (0.5 + 0.8\,x)\vec{i} + (1.5 - 0.8\,y)\vec{j} \tag{1}$$

여기서 길이의 단위는 m, 시간의 단위는 s, 속도의 단위는 m/s이다. 그림 4-40에 보인 바와 같이 (−0.625, 1.875)에 정체점이 존재한다. 이 그림에는 유선도 도시되어 있다. 여러 운동학적 상태량들, 즉 병진운동률, 회전율, 선형변형률, 전단변형률, 체적변형률을 계산하라. 이 유동은 비압축성임을 증명하라.

풀이 주어진 속도장에서 여러 가지 운동학적 상태량들을 계산하고, 유동이 비압축성임을 증명하고자 한다.

가정 **1** 유동은 정상이다. **2** 유동은 2차원이다. 즉, 속도의 z방향 성분은 없으며, u와 v는 z방향으로 변하지 않는다.

해석 식 (4-19)에 의하여 병진운동률은 식 (1)의 속도 벡터이며, 다음과 같다.

$$\text{병진운동률:} \qquad u = \mathbf{0.5 + 0.8}x \qquad v = \mathbf{1.5 - 0.8}y \qquad w = \mathbf{0} \tag{2}$$

회전율은 식 (4-21)을 이용하여 계산한다. 이 문제에서 어디에서나 $w=0$이고, u와 v는 z방향으로 변하지 않으므로, 영이 아닌 회전율 성분은 z방향뿐이다. 그러므로 회전율은 다음과 같다.

$$\text{회전율:} \qquad \vec{\omega} = \frac{1}{2}\left(\frac{\partial v}{\partial x} - \frac{\partial u}{\partial y}\right)\vec{k} = \frac{1}{2}(0 - 0)\vec{k} = \mathbf{0} \tag{3}$$

이 경우 유체 입자의 순수 회전은 영이다(이 결과는 매우 중요하며, 본 장의 끝부분과 10장에서 보다 자세히 다루게 된다).

임의의 방향으로의 선형변형률은 식 (4-23)을 사용하여 계산할 수 있다. x, y, z방향의 선형변형률은 다음과 같다.

$$\varepsilon_{xx} = \frac{\partial u}{\partial x} = \mathbf{0.8\ s^{-1}} \qquad \varepsilon_{yy} = \frac{\partial v}{\partial y} = \mathbf{-0.8\ s^{-1}} \qquad \varepsilon_{zz} = \mathbf{0} \tag{4}$$

따라서 유체 입자는 x방향으로 **신장하고**(양의 선형변형률), y방향으로 **수축한다**(음의 선형변형률). 이 결과가 그림 4-41에 도시되어 있으며, 처음의 유체 요소는 중심이 (0.25, 4.25)인 정사각형으로 나타나 있다. 식 (2)를 시간에 대해 적분하면 1.5초 후의 네 모서리 위치를 계산할 수 있다. 예상한 대로 유체 요소는 x방향으로 신장하고, y방향으로 수축한 것을 알 수 있다.

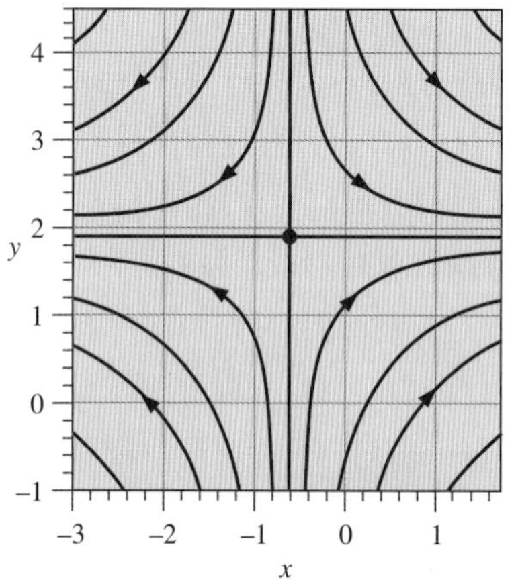

그림 4-40
예제 4-6의 속도장의 유선. $x=-0.625$ m, $y=1.875$ m의 정체점은 빨간 원으로 나타내었다.

전단변형률은 식 (4-26)으로부터 구할 수 있다. 2차원 유동이기 때문에 오직 xy평면의 전단변형률만 영이 아니다. x축과 y축에 평행한 직선들을 처음에 서로 수직인 선들로 잡으면 ε_{xy}는 다음과 같다.

$$\varepsilon_{xy} = \frac{1}{2}\left(\frac{\partial u}{\partial y} + \frac{\partial v}{\partial x}\right) = \frac{1}{2}(0 + 0) = \mathbf{0} \tag{5}$$

따라서 그림 4-41에 도시한 바와 같이 이 유동의 전단변형량은 영이다. 비록 유체 요소가 변형하지만 사각형 모양을 유지한다. 즉, 처음의 모서리 각도 90°는 계산 시간 동안 90°를 계속 유지한다.

끝으로, 체적변형률은 식 (4-24)에 따라 계산한다.

$$\frac{1}{V}\frac{DV}{Dt} = \varepsilon_{xx} + \varepsilon_{yy} + \varepsilon_{zz} = (0.8 - 0.8 + 0)\ \text{s}^{-1} = \mathbf{0} \tag{6}$$

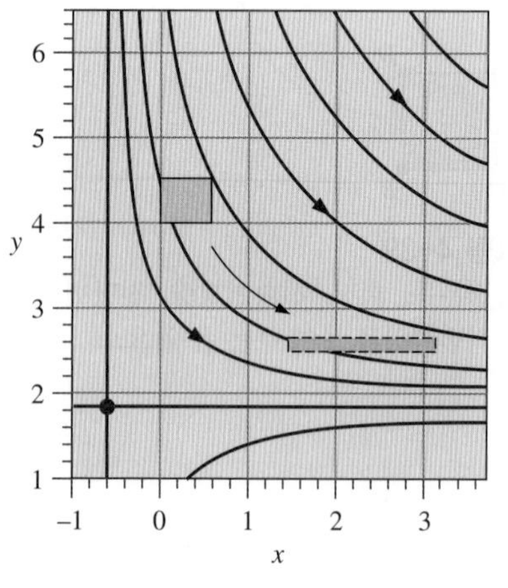

그림 4-41
예제 4-6의 속도장에 놓인 처음에 정사각형인 유체 요소의 1.5초 후의 변형. $x=-0.625$ m, $y=1.875$ m의 정체점은 빨간 원으로 나타내었으며, 유선 몇 개를 도시하였다.

체적변형률이 모든 곳에서 영이므로, 유체 요소의 체적은 팽창하지도, 수축(압축)하지도 않는다. 따라서 **이 유동은 비압축성임을 증명할 수 있다**. 그림 4-41에 도시한 바와 같이 비록 짙게 표시한 유체 요소는 유동장 중에서 운동하고 변형하지만, 그 면적(2차원 유동이므로 체적에 해당됨)은 일정하다.

토의 이 예제를 통하여 선형변형률(ε_{xx}와 ε_{yy})은 영이 아닌 반면, 전단변형률(ε_{xy}와 이와 대칭인 ε_{yx})은 영임을 알 수 있다. 이는 이 **유동장의 x와 y축이 주축(principal axis)**임을 뜻

한다. 따라서 이 방향으로의 (2차원) 변형률 텐서는 다음과 같다.

$$\varepsilon_{ij} = \begin{pmatrix} \varepsilon_{xx} & \varepsilon_{xy} \\ \varepsilon_{yx} & \varepsilon_{yy} \end{pmatrix} = \begin{pmatrix} 0.8 & 0 \\ 0 & -0.8 \end{pmatrix} \mathrm{s}^{-1} \tag{7}$$

만약 축을 임의의 각도로 회전시키면 새로운 축은 더 이상 주축이 **아니고**, 변형률 텐서의 4원소는 모두 영이 아니다. 이는 고체역학에서 Mohr 원을 이용하여 회전축에 대한 주축, 최대 전단변형량 등을 계산하는 것과 비슷하며, 유사한 해석이 유체역학에도 적용될 수 있다.

4–5 ■ 와도와 회전성

유체 요소의 회전율 벡터는 이미 정의한 바 있다(식 4-21). 이와 매우 밀접한 또 하나의 운동학적 상태량인 **와도 벡터**(vorticity vector)는 유체 유동을 해석하는 데 매우 중요하다. 와도 벡터는 수학적으로 속도 벡터 $\vec{V}$의 curl로 정의된다.

와도 벡터:

$$\vec{\zeta} = \vec{\nabla} \times \vec{V} = \text{curl}(\vec{V}) \tag{4-28}$$

물리적으로 와도 벡터의 방향은 벡터의 외적(cross product)에서와 같이 오른손 법칙을 따른다(그림 4-42). 일반적으로 와도는 **제타**(zeta)라고 읽는 그리스 문자 ζ로 표시한다. 이 기호는 유체역학 교재마다 다르게 표시될 수 있으며, 경우에 따라 소문자 ω 또는 대문자 Ω로 나타내기도 한다. 이 교재에서 $\vec{\omega}$는 유체 요소의 회전율 벡터(각속도 벡터)를 뜻한다. 회전율 벡터는 다음과 같이 와도 벡터의 $\frac{1}{2}$이다.

회전율 벡터:

$$\vec{\omega} = \frac{1}{2}\vec{\nabla} \times \vec{V} = \frac{1}{2}\text{curl}(\vec{V}) = \frac{\vec{\zeta}}{2} \tag{4-29}$$

따라서 **와도는 유체 입자의 회전을 나타내는 척도**이다. 즉,

와도는 유체 입자의 각속도의 2배이다(그림 4-43).

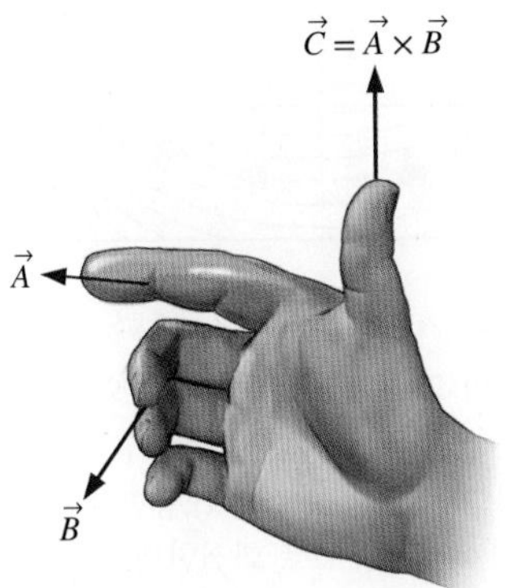

그림 4–42
벡터 외적의 방향은 오른손 법칙을 따른다.

만약 유동장의 한 점에서의 와도가 영이 아니라면 공간상의 그 점을 점유하게 되는 유체 요소는 회전한다. 그 영역의 유동을 **회전**(rotational)이라고 한다. 마찬가지로 유동장의 한 점에서의 와도가 영이라면(또는 무시할 수 있을 정도로 작다면) 그곳의 유체 입자는 회전하지 않는다. 이러한 영역의 유동을 **비회전**(irrotational)이라고 한다. 물리적으로 유동장의 회전 영역을 지나는 유체 요소는 유동을 따라 운동하면서 빙글빙글 회전한다. 예를 들어, 고체면 근처 점성 경계층 내의 유체 입자는 회전인(따라서 와도가 영이 아니다) 반면, 경계층 외부의 유체 입자는 비회전이다(와도가 영이다). 이러한 형태가 그림 4-44에 나타나 있다.

유체 요소의 회전은 후류, 경계층, 터보기계(팬, 터빈, 압축기 등) 내의 유동 그리고 열전달을 동반한 유동과 관련이 있다. 유체 요소의 와도는 점성, 비균일 가열(온도 구배) 또는 다른 비균일 현상의 작용을 통하지 않고서는 변하지 않는다. 따라서 만약 비회전 영역에서 유동이 시작되었다면 어떤 비균일 과정이 그 상태를 변하게 하지 않는 한, 유동은 계속 비회전을 유지한다. 예를 들어, 조용한 주위로부터 어떤 입구로 들

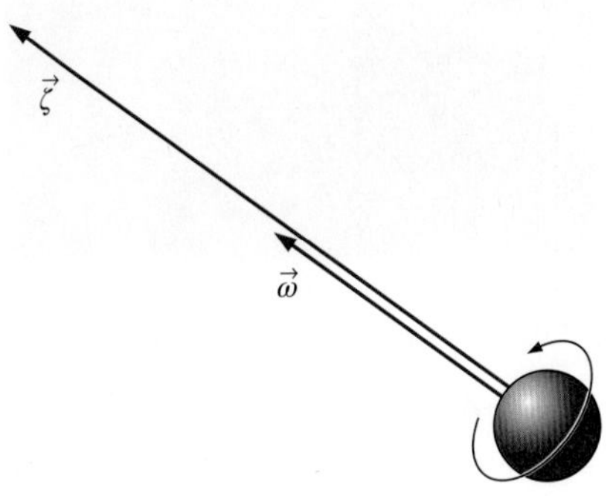

그림 4–43
와도 벡터는 회전하는 유체 입자의 각속도 벡터의 두 배이다.

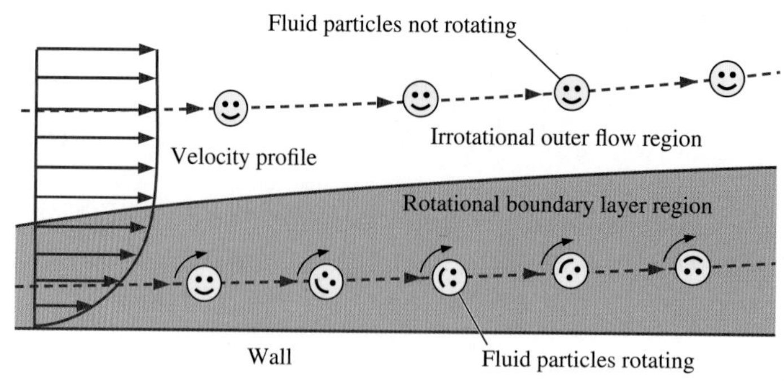

그림 4-44
회전 유동과 비회전 유동의 차이. 회전 유동 영역의 유체 요소는 회전하고, 비회전 유동 영역의 유체 요소는 회전하지 않는다. 유체요소는 유동 중에 변형하지만, 유체 입자의 **회전**만을 설명하기 위하여 그림에 **변형**을 나타내지 않았다.

어오는 공기가 비회전이라면 그 유로에 방해물이나 비균일 가열이 없는 한, 비회전을 유지한다. 만약 유동 영역을 비회전으로 근사시킬 수 있다면, 10장에서 설명되는 바와 같이 운동 방정식은 훨씬 간단해진다.

직교좌표계 $(\vec{i}, \vec{j}, \vec{k})$, (x, y, z), (u, v, w)에서 식 (4-28)은 다음과 같이 표현된다.

직교좌표계의 와도 벡터:

$$\vec{\zeta} = \left(\frac{\partial w}{\partial y} - \frac{\partial v}{\partial z}\right)\vec{i} + \left(\frac{\partial u}{\partial z} - \frac{\partial w}{\partial x}\right)\vec{j} + \left(\frac{\partial v}{\partial x} - \frac{\partial u}{\partial y}\right)\vec{k} \quad \textbf{(4-30)}$$

xy평면 상의 2차원 유동의 경우, 속도의 z방향 성분(w)은 영이고, u와 v는 z방향으로 변하지 않는다. 그러므로 식 (4-30)의 처음 두 항은 영이고, 와도는 다음과 같이 단순화된다.

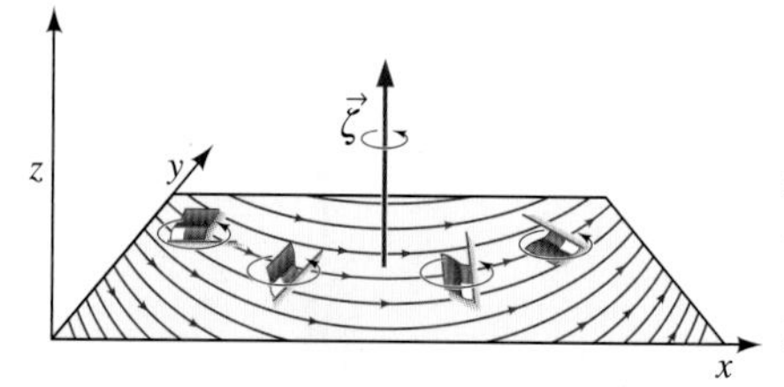

그림 4-45
xy평면 상의 2차원 유동의 경우, 와도 벡터는 항상 z 혹은 $-z$방향이다. 이 그림에서 깃발 모양의 유체 요소는 xy평면에서 운동할 때 반시계방향으로 회전한다. 그림에서 보는 바와 같이 와도는 양의 z방향이다.

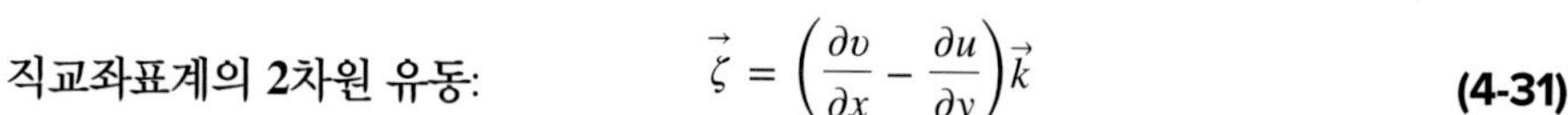

직교좌표계의 2차원 유동: $$\vec{\zeta} = \left(\frac{\partial v}{\partial x} - \frac{\partial u}{\partial y}\right)\vec{k} \quad \textbf{(4-31)}$$

xy평면상의 2차원 유동의 경우, 와도 벡터는 z 혹은 $-z$방향임을 유의하라(그림 4-45).

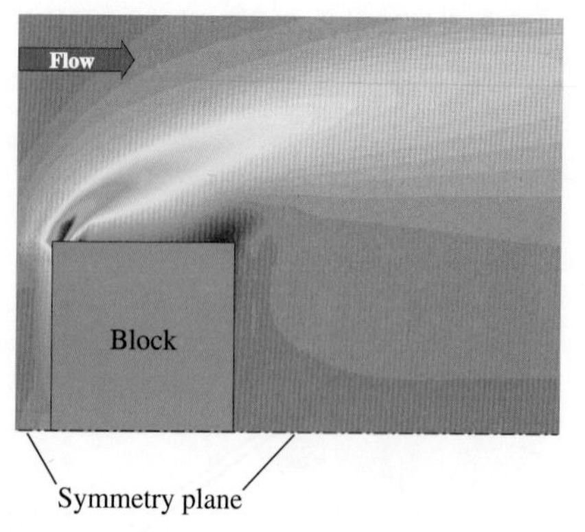

그림 4-46
블록에 충돌하는 유동을 CFD로 계산한 와도장 ζ_z의 등분포도. 대칭이므로 상반부만 도시하였다. 파란 부분은 음의 와도값이 큰 영역을, 붉은 부분은 양의 와도값이 큰 영역을 각각 의미한다.

예제 4-7 2차원 유동의 와도 등분포도

그림 4-32와 4-33에 도시된 바와 같이, 사각형 단면의 블록에 충돌하는 2차원 유동장의 CFD 계산 결과로부터 와도 등분포도를 그리고, 이를 설명하라.

풀이 CFD 계산에 의해 얻은 속도장으로부터 와도장을 계산하고, 와도 등분포도를 그리고자 한다.

해석 유동이 2차원이므로, 영이 아닌 와도의 성분은 z방향뿐이고, 이는 그림 4-32와 4-33의 지면에 수직이다. 이 유동장의 z성분 와도의 등분포도가 그림 4-46에 도시되어 있다. 블록 왼쪽-위 모서리의 푸른 부분은 음의 와도값(유체 입자가 시계방향으로 회전)이 큰 영역을 나타낸다. 이는 유동장의 이 부분에서 속도구배가 매우 크기 때문이다. 이 모서리에서 경계층이 박리되어 얇은 **전단층**(shear layer)이 형성되고, 이 층을 가로질러 속도가 급격히 변화한다. 와도가 하류쪽으로 확산되면서 전단층의 와도 농도는 점점 감소한다. 블록 오른쪽-위 모서리의 작고 붉은 부분은 양의 와도 영역(반시계방향으로 회전)이며, 이는 유동 박리로 인한 2차 유동(secondary flow) 형태이다.

토의 속도의 공간도함수가 가장 큰 영역에서 와도도 가장 클 것이라고 생각할 수 있다(식 4-30). 실제로 그림 4-46의 파란 부분을 자세히 보면 그림 4-32의 속도구배가 큰 영역과 일치하는 것을 알 수 있다. 그림 4-46의 와도장은 시간평균값임에 주의하라. 순간적인 유동장은 실제로는 난류이면서 비정상이고, 표면으로부터 와흘림이 발생한다.

예제 4-8 2차원 유동에서 회전성의 판단

정상, 비압축성, 2차원 속도장이 다음과 같이 주어져 있다.

$$\vec{V} = (u, v) = x^2\vec{i} + (-2xy - 1)\vec{j} \tag{1}$$

이 유동이 회전 유동인지 또는 비회전 유동인지를 판단하라. 몇 개의 유선을 1사분면에 그리고, 그 결과를 논의하라.

풀이 주어진 속도장을 갖는 유동이 회전인지 또는 비회전인지를 판단하고, 1사분면에 몇 개의 유선을 그리고자 한다.

해석 유동이 2차원이므로 식 (4-31)을 이용하여 와도를 계산한다.

와도:

$$\vec{\zeta} = \left(\frac{\partial v}{\partial x} - \frac{\partial u}{\partial y}\right)\vec{k} = (-2y - 0)\vec{k} = -2y\vec{k} \tag{2}$$

와도가 영이 아니므로 이 유동은 **회전 유동**이다. 그림 4-47의 1사분면에 몇 개의 유선을 도시하였다. 유체는 오른쪽 아래 방향으로 운동함을 알 수 있다. 유체 요소의 병진운동과 변형도 나타나 있다. 즉, $\Delta t = 0$에서 유체 요소는 정사각형이고, $\Delta t = 0.25$ s에서 유체 요소는 운동하고 변형하였으며, $\Delta t = 0.50$ s에서는 더 멀리 운동하고 더 많이 변형하였다. 또한 유체 요소의 가장 오른쪽 부분은 가장 왼쪽 부분에 비하여 오른쪽과 아래쪽으로 더 빨리 움직이므로 주어진 유체 요소를 x방향으로 신장시키고, 수직방향으로 수축시킨다. 한편 유체 요소는 시계방향으로 순수 회전하며, 이는 식 (2)의 결과와 일치한다.

토의 식 (4-29)로부터 각 유체 입자는 와도 벡터의 $\frac{1}{2}$인 각속도 $\vec{\omega} = -y\vec{k}$로 회전한다. $\vec{\omega}$가 일정하지 않으므로 이 유동은 강체 회전이 아니며, $\vec{\omega}$는 y에 대한 선형함수이다. 좀 더 해석을 하면 이 유동장이 비압축성임을 알 수 있다. 즉, 그림 4-47에서 서로 다른 세 순간에 짙게 표시한 유체 요소들의 면적(체적)은 동일하다.

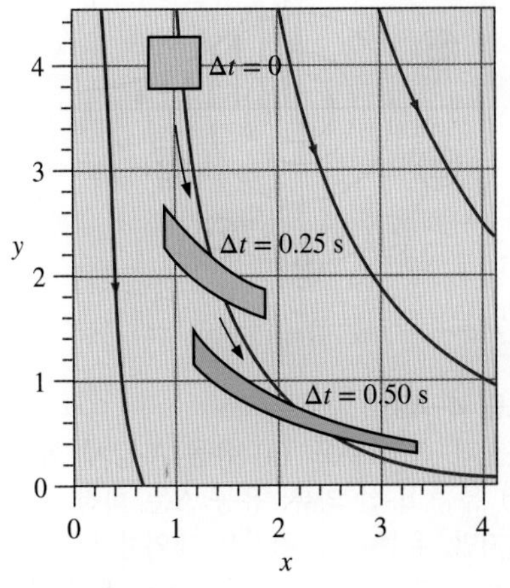

그림 4-47
예제 4-8의 속도장에 따라 처음에 정사각형인 유체 요소의 0.25 s와 0.50 s 후의 변형. 1사분면에 몇 개의 유선들도 도시하였다. 이 유동은 **회전** 유동임이 명백하다.

원통좌표계 $(\vec{e}_r, \vec{e}_\theta, \vec{e}_z)$, (r, θ, z), (u_r, u_θ, u_z)에서 식 (4-28)은 다음과 같이 표현된다.

원통좌표계의 와도 벡터:

$$\vec{\zeta} = \left(\frac{1}{r}\frac{\partial u_z}{\partial \theta} - \frac{\partial u_\theta}{\partial z}\right)\vec{e}_r + \left(\frac{\partial u_r}{\partial z} - \frac{\partial u_z}{\partial r}\right)\vec{e}_\theta + \frac{1}{r}\left(\frac{\partial (ru_\theta)}{\partial r} - \frac{\partial u_r}{\partial \theta}\right)\vec{e}_z \tag{4-32}$$

$r\theta$ 평면의 2차원 유동인 경우에 식 (4-32)는 다음과 같이 된다.

원통좌표계의 2차원 유동:

$$\vec{\zeta} = \frac{1}{r}\left(\frac{\partial (ru_\theta)}{\partial r} - \frac{\partial u_r}{\partial \theta}\right)\vec{k} \tag{4-33}$$

여기서 $\vec{k}$는 z방향의 단위 벡터이며, $\vec{e}_z$ 대신 쓰였다. $r\theta$ 평면에서 2차원 유동이므로 와도 벡터는 z 혹은 $-z$방향임을 유의하라(그림 4-48).

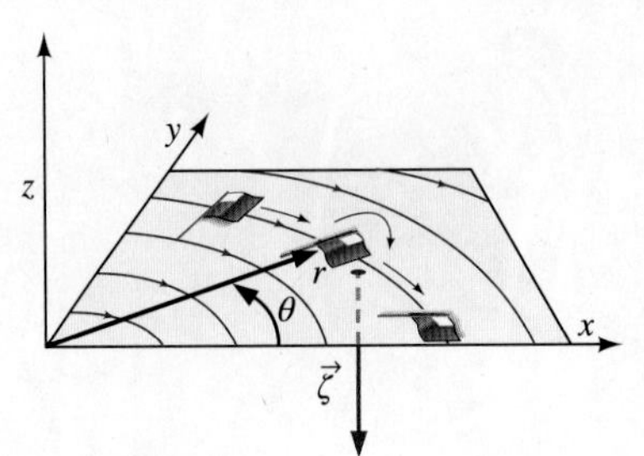

그림 4-48
$r\theta$ 평면의 2차원 유동인 경우의 와도 벡터는 항상 z(또는 $-z$)방향이다. 이 그림에서 깃발 모양의 유체 입자는 $r\theta$ 평면에서 운동할 때 시계방향으로 회전한다. 그림에서 보는 바와 같이 와도는 $-z$방향이다.

두 가지 원형 유동의 비교

원형의 유선 모양을 갖는 모든 유동이 회전 유동은 아니다. 이를 설명하기 위하여, $r\theta$

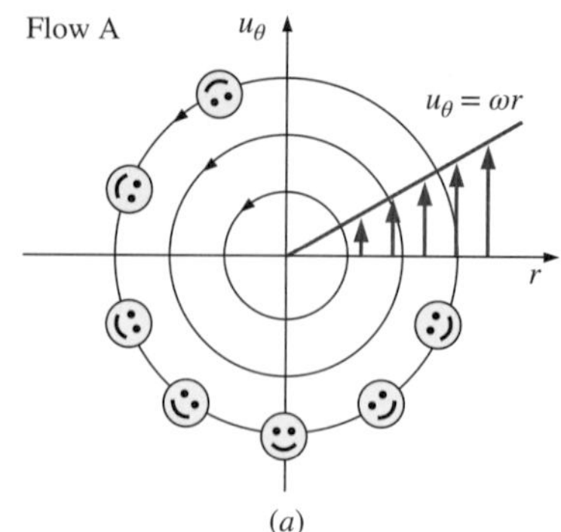

(a)

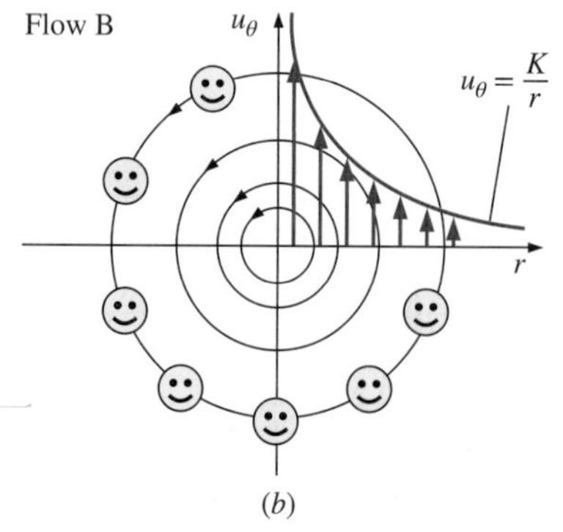

(b)

그림 4-49
유선과 속도 분포. (a) 유동 A-강체 회전, (b) 유동 B-선 와류. 유동 A는 회전 유동이지만, 유동 B는 원점을 제외한 모든 곳에서 비회전 유동이다. 유동 B의 유체요소도 유동 중에 변형하지만, 유체요소의 회전만을 설명하기 위하여 그림에 변형을 나타내지 않았다

평면에서 유선이 원형인 두 개의 비압축성, 정상, 2차원 유동을 고려해 보자.

유동 A–강체 회전: $$u_r = 0, \quad u_\theta = \omega r \tag{4-34}$$

유동 B–선 와류(line vortex): $$u_r = 0, \quad u_\theta = \frac{K}{r} \tag{4-35}$$

위 식에서 ω와 K는 상수이다[식 (4-35)에서 $r=0$일 때 u_θ는 무한대이며, 이는 물리적으로 불가능하다. 따라서 원점 부근의 영역은 고려하지 않는다]. 두 경우 모두 반경방향의 속도 성분은 영이므로 유선은 원점을 중심으로 한 원형이다. 이 두 유동의 유선과 속도 분포가 그림 4-49에 도시되어 있다. 식 (4-33)을 이용하여 각각의 유동에 대한 와도장을 계산하여 비교해 보자.

유동 A–강체 회전: $$\vec{\zeta} = \frac{1}{r}\left(\frac{\partial(\omega r^2)}{\partial r} - 0\right)\vec{k} = 2\omega\vec{k} \tag{4-36}$$

유동 B–선 와류(line vortex): $$\vec{\zeta} = \frac{1}{r}\left(\frac{\partial(K)}{\partial r} - 0\right)\vec{k} = 0 \tag{4-37}$$

강체 회전의 경우 와도는 영이 아니다. 이때 와도는 각속도의 두 배이며, 같은 방향을 향한다[이는 식 (4-29)와 일치한다]. 따라서 **유동 *A*는 회전 유동**이다. 이는 물리적으로 원점을 기준으로 원형 유동할 때 모든 유체 요소들은 회전함을 의미한다(그림 4-49*a*). 반면, 선 와류의 와도는 모든 곳에서 영이다(수학적으로 특이점인 원점은 제외). 따라서 **유동 *B*는 비회전 유동이다.** 이는 물리적으로 원점을 기준으로 원형 유동할 때 모든 유체 요소들은 **회전하지 않음**을 의미한다(그림 4-49*b*).

유동 A와 회전목마(merry-go-round), 유동 B와 회전관람차(Ferri wheel)의 유사성을 살펴보자(그림 4-50). 어린이들이 회전목마를 타고 돌 때, 어린이들은 회전목마와 동일한 각속도로 회전한다. 이는 회전 유동과 유사하다. 반면, 회전관람차의 어린이는 원형으로 돌면서 항상 위쪽 방향을 향한다. 이는 비회전 유동과 유사하다.

(a)

(b)

그림 4-50
간단한 유사성의 예. (a) 원형(circular) **회전 유동**은 회전목마와 유사한 반면, (b) 원형 **비회전 유동**은 회전관람차와 유사하다.
(a) © McGraw-Hill Education/Mark Dierker, photographer (b) © DAJ/Getty Images RF

예제 4-9 선 싱크(line sink)의 회전

선 싱크는 z방향의 한 선을 따라 유체가 흡입되는 유동을 나타내는 2차원 속도장이다. z방향으로 단위 길이당 체적유량 $\dot{V}/L$이 주어져 있다고 하자(여기서 $\dot{V}$는 음의 값을 갖는다). $r\theta$ 평면 상의 2차원 유동의 경우, 속도 분포는 다음과 같다.

선 싱크: $$u_r = \frac{\dot{V}}{2\pi L}\frac{1}{r} \quad \text{그리고} \quad u_\theta = 0 \tag{1}$$

이 유동의 유선을 몇 개 도시하고, 와도를 계산하라. 이 유동이 회전 유동인지 또는 비회전 유동인지를 판단하라.

풀이 주어진 유동장의 유선을 몇 개 도시하고, 유동장의 회전성 여부를 판단하고자 한다.

해석 반경방향의 유동만 존재하고 접선방향의 유동은 없으므로, 유선은 원점을 향하는 직선임을 알 수 있다. 그림 4-51에 몇 개의 유선이 도시되어 있으며, 식 (4-33)을 이용하여 와도를 계산한다.

$$\vec{\zeta} = \frac{1}{r}\left(\frac{\partial(ru_\theta)}{\partial r} - \frac{\partial}{\partial\theta}u_r\right)\vec{k} = \frac{1}{r}\left(0 - \frac{\partial}{\partial\theta}\left(\frac{\dot{V}}{2\pi L}\frac{1}{r}\right)\right)\vec{k} = 0 \tag{2}$$

와도 벡터가 모든 곳에서 영이므로 유동장은 **비회전 유동**이다.

토의 흡입(suction)과 관련된 실제 유동장의 예는 입구와 후드(hood)로 들어가는 유동에서 찾아볼 수 있으며, 이 경우 유동을 비회전으로 가정하여 매우 정확하게 근사화할 수 있다(Heinsohn과 Cimbala, 2003).

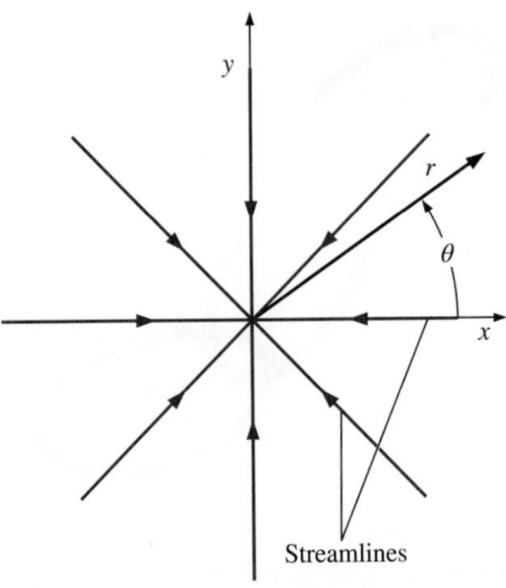

그림 4-51
선 싱크의 $r\theta$ 평면에서의 유선.

4-6 ■ Reynolds 수송정리

열역학 및 고체역학에서 많은 경우 **일정한 질량을 가지는 물질의 집합체**로 정의되는 **시스템**(또는 **폐쇄 시스템**)을 이용하여 해석하였다. 유체역학에서는 **해석을 위해 선택한 공간상의 영역**으로 정의되는 **검사체적**(control volume) 또는 **개방 시스템**(open system)으로 해석하는 것이 일반적이다. 시스템의 크기와 모양은 변할 수 있으나, 질량은 시스템의 경계를 통과할 수 없다. 반면, 검사체적에서 질량은 **검사면**(control surface)이라고 하는 검사체적의 경계를 출입할 수 있다. 검사체적은 움직이거나 변형할 수 있으나, 실제 적용에서는 움직이지 않고 변형하지도 않는 경우가 많다.

그림 4-52에 분무통에서 방취제가 분무되는 경우의 시스템과 검사체적을 나타내었다. 이러한 분무 과정을 해석할 때, 움직이고 변형하는 유체(시스템) 혹은 분무통의 내면을 경계로 하는 체적(검사체적)을 선택할 수 있다. 방취제를 분무하기 전에는 두 선택이 동일하다. 방취제가 분무되면 시스템 해석에서는 분무된 질량도 시스템의 일부로 간주하고 이를 계속 추적한다(실제로 이는 매우 어려운 일이다). 따라서 이때 시스템의 질량은 일정하다. 개념적으로, 분무통의 노즐에 풍선을 달고 분무되는 방취제가 풍선을 팽창시키는 과정을 생각하면 풍선 내면은 시스템 경계의 일부가 된다. 그러나 검사체적 해석에서는 분무통에서 분무된 방취제는 전혀 고려하지 않으며(출구

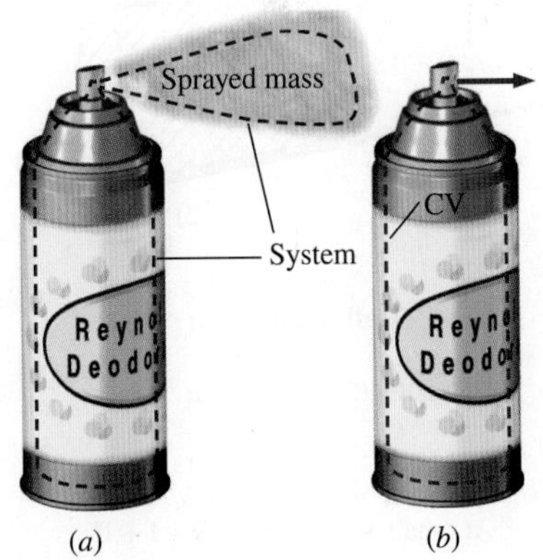

그림 4-52
분무통에서 방취제가 분무되는 과정을 해석하는 두 가지 방법. (*a*) 운동하며 변형하는 유체를 계속 추적한다. 이는 **시스템 접근방법**이며, 시스템의 경계로 질량이 출입할 수 없고, 따라서 시스템의 질량은 일정하다. (*b*) 분무통 내부의 고정된 체적을 고려한다. 이는 **검사체적 접근방법**이며, 검사체적의 경계로 질량이 출입할 수 있다.

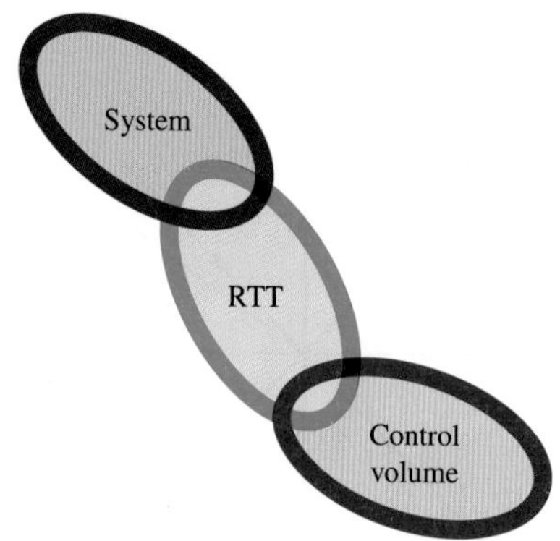

그림 4-53
Reynolds 수송정리(RTT)는 시스템 접근방법과 검사체적 접근방법 간의 고리 역할을 한다.

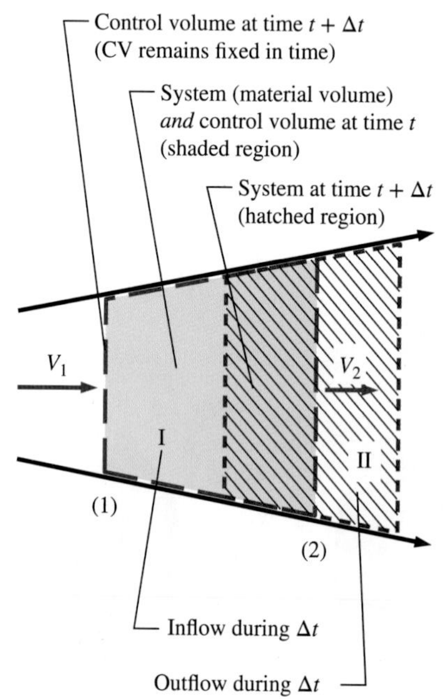

그림 4-54
시간 t와 $t+\Delta t$에서 유동장의 확대부 내부에서 운동하는 **시스템**(빗금친 영역)과 고정된 **검사체적**(진한 영역). 영역의 위아래 경계는 유동의 유선이다.

에서의 방취제의 상태량을 제외하고), 따라서 검사체적의 질량은 감소하지만, 체적은 변하지 않는다. 따라서 시스템 해석에서는 분무 과정을 시스템 체적의 팽창으로 취급하지만, 검사체적 해석에서는 분무 과정을 고정된 검사체적의 검사면을 통한 유체의 유출로 간주한다.

유체역학에서 대부분의 법칙들은 고체역학의 이론을 적용한다. 고체역학에서 종량적 상태량(extensive property)의 시간 변화율을 다루는 물리 법칙들은 시스템에 대해 적용한 것들이다. 그러나 일반적으로 유체역학에서는 검사체적 방법이 편리하므로 검사체적의 변화와 시스템의 변화 사이의 관계를 알아야 한다. 시스템과 검사체적에서의 종량적 상태량의 시간 변화율들의 관계식을 **Reynolds 수송정리**(Reynolds transport theorem, RTT)라 하며, 이는 시스템과 검사체적 간의 고리 역할을 한다(그림 4-53). RTT는 유체역학의 발전에 많은 공헌을 한 영국 엔지니어 Osborne Reynolds(1842-1912)의 이름을 딴 것이다.

Reynolds 수송정리의 일반적인 형태는 임의의 모양을 가진 시스템으로부터 유도할 수 있지만, 유도 과정이 다소 복잡하다. 따라서 이 정리의 기본 의미를 이해하기 위하여 단순한 기하학적인 형상에서 RTT를 유도하고, 그 결과를 일반화하도록 한다.

그림 4-54에 도시된 바와 같이 유동장의 확대부를 왼쪽에서 오른쪽으로 흐르는 유동을 고려해 보자. 대상 유체의 위아래 경계는 유동의 **유선**이고, 이 유선 사이의 임의의 단면을 통과하는 유동은 균일하다고 가정하자. 유동장의 (1)과 (2) 사이에 고정되어 있는 검사체적을 생각해 보자. 여기서 (1)과 (2)는 유동방향에 수직이다. 어떤 초기 순간 t에서 시스템과 검사체적은 일치하며, 따라서 동일하다(그림 4-54의 녹색 영역). Δt 시간 동안, 시스템은 단면 (1)에서는 균일 속도 V_1으로, 단면 (2)에서는 V_2로 유동방향으로 움직인다. Δt 시간 이후의 시스템은 빗금친 영역이다. 시스템이 빠져나간 부분은 영역 I[검사체적(CV)의 일부분]로, 시스템이 차지한 새 영역은 II(검사체적의 일부가 아님)로 표시한다. 그러므로 시간 $t+\Delta t$에서 시스템은 동일한 유체로 구성되며, 영역 CV−I+II를 점유한다. 검사체적은 공간상에 고정되어 있고, 모든 시간 동안 CV로 표시한 진한 영역이다.

B는 **종량적 상태량**(질량, 운동량, 에너지 등)을 나타내고, $b = B/m$를 이에 대응하는 **강성적 상태량**(intensive property)이라고 하자. 종량적 상태량은 더할 수 있으므로 시간 t와 $t+\Delta t$에서 시스템의 종량적 상태량 B는 다음과 같이 표현할 수 있다.

$$B_{\text{sys},\,t} = B_{\text{CV},\,t} \qquad \text{(시간 } t\text{에서 시스템과 검사체적은 일치한다.)}$$

$$B_{\text{sys},\,t+\Delta t} = B_{\text{CV},\,t+\Delta t} - B_{\text{I},\,t+\Delta t} + \text{B}_{\text{II},\,t+\Delta t}$$

두 번째 식에서 첫 번째 식을 빼고 Δt로 나누면 다음 식을 얻는다.

$$\frac{B_{\text{sys},\,t+\Delta t} - B_{\text{sys},\,t}}{\Delta t} = \frac{B_{\text{CV},\,t+\Delta t} - B_{\text{CV},\,t}}{\Delta t} - \frac{B_{\text{I},\,t+\Delta t}}{\Delta t} + \frac{B_{\text{II},\,t+\Delta t}}{\Delta t}$$

극한 $\Delta t \to 0$을 취하고 도함수의 정의를 이용하여 다음 식을 얻는다.

$$\frac{dB_{\text{sys}}}{dt} = \frac{dB_{\text{CV}}}{dt} - \dot{B}_{\text{in}} + \dot{B}_{\text{out}} \tag{4-38}$$

또는

$$\frac{dB_{\text{sys}}}{dt} = \frac{dB_{\text{CV}}}{dt} - b_1\rho_1V_1A_1 + b_2\rho_2V_2A_2$$

왜냐하면

$$B_{\text{I},\,t+\Delta t} = b_1m_{\text{I},\,t+\Delta t} = b_1\rho_1V_{\text{I},\,t+\Delta t} = b_1\rho_1V_1\,\Delta t\,A_1$$

$$B_{\text{II},\,t+\Delta t} = b_2m_{\text{II},\,t+\Delta t} = b_2\rho_2V_{\text{II},\,t+\Delta t} = b_2\rho_2V_2\,\Delta t\,A_2$$

이고, 또한

$$\dot{B}_{\text{in}} = \dot{B}_{\text{I}} = \lim_{\Delta t\to 0}\frac{B_{\text{I},\,t+\Delta t}}{\Delta t} = \lim_{\Delta t\to 0}\frac{b_1\rho_1V_1\,\Delta t\,A_1}{\Delta t} = b_1\rho_1V_1A_1$$

$$\dot{B}_{\text{out}} = \dot{B}_{\text{II}} = \lim_{\Delta t\to 0}\frac{B_{\text{II},\,t+\Delta t}}{\Delta t} = \lim_{\Delta t\to 0}\frac{b_2\rho_2V_2\,\Delta t\,A_2}{\Delta t} = b_2\rho_2V_2A_2$$

이기 때문이다. 이 식에서 A_1과 A_2는 위치 1과 2에서의 단면적이다. 식 (4-38)은 **시스템의 상태량 B의 시간 변화율은 검사체적의 상태량 B의 시간 변화율과 검사체적으로부터의 B의 순수 유출률을 더한 것과 같다**는 것을 의미한다. 즉, 이 식은 시스템 상태량의 시간 변화율과 검사체적 상태량의 시간 변화율 간의 관계식이다. 식 (4-38)은 어느 순간에도 적용할 수 있으며, 그 순간에는 시스템과 검사체적이 동일한 공간을 점유한다고 가정한다.

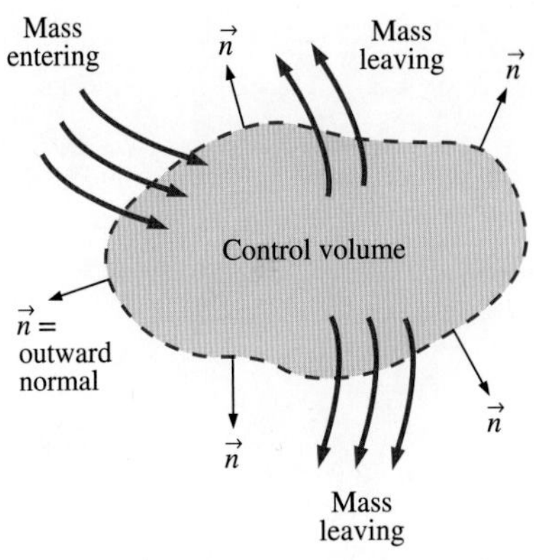

그림 4–55
검사면에 대하여 $\rho b\vec{V}\cdot\vec{n}dA$를 적분하여 검사체적으로부터 단위 시간당 상태량 B의 순수 유출량을 계산한다(값이 음이면 검사체적으로의 유입을 의미한다).

그림 4-54의 경우, 입출구가 각 한 개씩이고 (1)과 (2)에서의 속도는 단면에 수직이므로 상태량 B의 유입률(influx) $\dot{B}_{\text{in}}$과 유출률(outflux) $\dot{B}_{\text{out}}$은 쉽게 계산할 수 있다. 그러나 일반적으로 입출구는 여러 개씩이고, 속도도 단면에 수직이 아닌 경우가 많다. 또한 속도가 균일하지 않은 경우도 있다. 따라서 일반식을 유도하기 위하여 검사면의 미소 면적 dA와 **외향 단위 수직 벡터**(unit outer normal) $\vec{n}$을 고려해 보자. 내적 $\vec{V}\cdot\vec{n}$은 속도의 수직 성분이므로 dA를 통과하는 상태량 b의 유동률은 $\rho b\vec{V}\cdot\vec{n}dA$이다. 따라서 전체 검사면의 순수 유출률은 이를 적분하여 다음 식을 얻는다(그림 4-55).

$$\dot{B}_{\text{net}} = \dot{B}_{\text{out}} - \dot{B}_{\text{in}} = \int_{\text{CS}} \rho b\vec{V}\cdot\vec{n}\,dA \quad \text{(음이면 유입)} \tag{4-39}$$

바로 다음에 설명하겠지만, 이 관계식에서는 유출량으로부터 유입량이 자동적으로 제거되어 있다. 검사면의 한 점에서의 속도 벡터와 외향 단위 수직 벡터와의 내적은 $\vec{V}\cdot\vec{n} = |\vec{V}|\,|\vec{n}|\cos\theta = |\vec{V}|\cos\theta$이다. 그림 4-56에 도시된 바와 같이, θ는 속도 벡터와 외향 단위 수직 벡터가 이루는 각도이다. $\theta<90°$일 때 $\cos\theta>0$이므로 검사체적에서 질량이 유출할 때 $\vec{V}\cdot\vec{n}>0$이다. 반면, $\theta>90°$일 때 $\cos\theta<0$이므로 검사체적으로 질량이 유입할 때 $\vec{V}\cdot\vec{n}<0$이다. 따라서 검사체적에서 질량이 유출할 때 $\rho b\vec{V}\cdot\vec{n}\,dA$는 양이고 검사체적으로 질량이 유입할 때에는 음이므로, 전체 검사면을 따라 적분하면 상태량 B의 순수 유출률을 구할 수 있다.

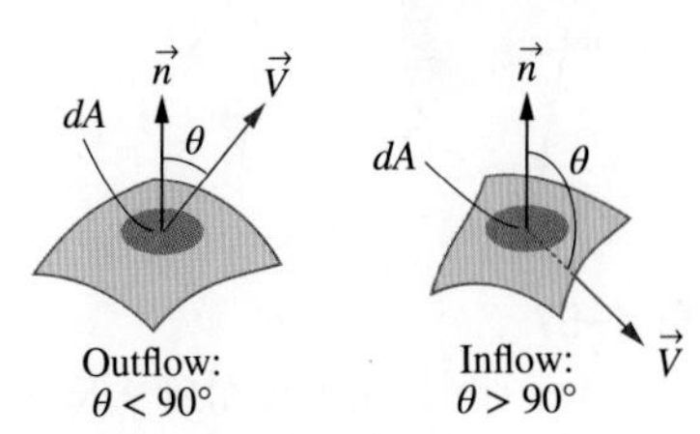

그림 4–56
검사면의 미소 면적을 통한 질량의 유출 및 유입.

일반적으로 검사체적 내부의 상태량은 위치에 따라 다르다. 이러한 경우 검사체적 내부의 상태량 B의 총량은 다음 식과 같이 적분하여 계산해야 한다.

$$B_{\text{CV}} = \int_{\text{CV}} \rho b \, dV \tag{4-40}$$

따라서 식 (4-38)의 dB_{CV}/dt 항은 $\frac{d}{dt}\int_{\text{CV}} \rho b \, dV$이고, 이는 검사체적 안의 상태량 B의 시간 변화율이다. dB_{CV}/dt의 값이 양이면 B의 양이 증가, 음이면 감소함을 의미한다. 식 (4-39)와 (4-40)을 식 (4-38)에 대입하면 다음과 같은 고정된 검사체적에 대한 Reynolds 수송정리, 즉 시스템-검사체적 간의 **변환식**을 얻는다.

RTT, 고정 검사체적:
$$\frac{dB_{\text{sys}}}{dt} = \frac{d}{dt}\int_{\text{CV}} \rho b \, dV + \int_{\text{CS}} \rho b \vec{V}\cdot\vec{n} \, dA \tag{4-41}$$

검사체적이 움직이거나 시간에 따라 변형하지 않으므로 식 우변의 시간도함수를 적분 기호 안으로 이동시킬 수 있다. 왜냐하면 적분 영역이 시간에 따라 변하지 않기 때문이다(즉, 미분 및 적분의 순서는 무관하다). 그러나 밀도와 b가 시간뿐만 아니라 검사체적 내의 위치에 따라 다를 수 있으므로 시간도함수는 **편미분** ($\partial/\partial t$)의 형태로 표시해야 한다. 따라서 고정된 검사체적에 대한 Reynolds 수송정리를 다음과 같이 또 다른 형태로 나타낼 수도 있다.

또 다른 형태의 *RTT*, 고정 검사체적:
$$\frac{dB_{\text{sys}}}{dt} = \int_{\text{CV}} \frac{\partial}{\partial t}(\rho b) \, dV + \int_{\text{CS}} \rho b \vec{V}\cdot\vec{n} \, dA \tag{4-42}$$

속도 벡터 $\vec{V}$가 절대 속도(고정된 좌표축에 대한)라면, 식 (4-42)는 가장 일반적인 경우, 즉 움직이고(혹은 움직이거나) 변형하는 검사체적에도 적용할 수 있다.

다음으로 또 **다른** 형태의 RTT를 고려해 보자. 식 (4-41)은 **고정된** 검사체적에 대해 유도하였다. 그러나 터빈이나 프로펠러의 블레이드와 같이 실제 많은 시스템의 검사체적은 고정되어 있지 않다. 다행히 이러한 경우에는 식 (4-41)의 마지막 항의 유체 절대 속도 $\vec{V}$를 **상대 속도** $\vec{V}_r$로 대체하면, **움직이고(혹은 움직이거나) 변형하는** 검사체적에도 식 (4-41)을 적용할 수 있다.

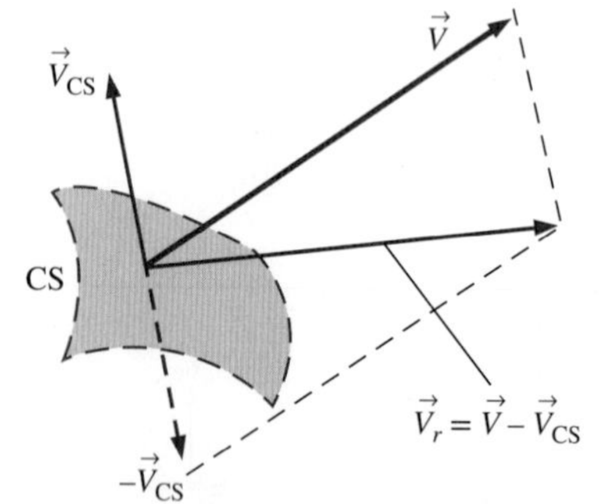

그림 4–57
검사면을 통과하는 유체의 **상대 속도**는 유체의 절대 속도와 검사면 속도의 반대방향 벡터의 합이다.

상대 속도:
$$\vec{V}_r = \vec{V} - \vec{V}_{\text{CS}} \tag{4-43}$$

이 식에서 $\vec{V}_{CS}$는 검사면의 국소 속도이다(그림 4-57). 따라서 가장 일반적인 형태의 Reynolds 수송정리는 다음과 같다.

RTT, 움직이는 검사체적:
$$\frac{dB_{\text{sys}}}{dt} = \frac{d}{dt}\int_{\text{CV}} \rho b \, dV + \int_{\text{CS}} \rho b \vec{V}_r\cdot\vec{n} \, dA \tag{4-44}$$

움직이고(혹은 움직이거나) 변형하는 검사체적인 경우의 시간도함수는 식 (4-44)와 같이 **적분 후**에 계산해야 한다. 움직이는 검사체적의 한 예로, $\vec{V}_{\text{car}} = 10$ km/h의 절대 속도로 오른쪽으로 움직이는 장난감 자동차를 고려해 보자. 고속의 물 제트(절대 속도 $= \vec{V}_{\text{jet}} = 25$ km/h, 오른쪽 방향)가 자동차의 후면에 충돌하여 자동차를 추진시킨다고 하자(그림 4-58). 자동차 주변을 검사체적으로 하면 상대 속도는 오른쪽 방향으로 $\vec{V}_r = 25 - 10 = 15$ km/h이다. 이는 관찰자가 검사체적과 함께 움직이며(자동차와 함께 움직이며) 관찰할 때 검사면을 통과하는 유체의 속도이다. 다시 말하면, $\vec{V}_r$은 검사체적과 함께 움직이는 좌표축에 상대적으로 나타낸 유체 속도이다.

끝으로, Leibniz 공식을 적용하면, 움직이고(혹은 움직이거나) 변형하는 검사체적의 Reynolds 수송정리(식 4-44)는 식 (4-42)와 동일한 형태가 됨을 보일 수 있다. 이 식을 반복하여 쓰면 다음과 같다.

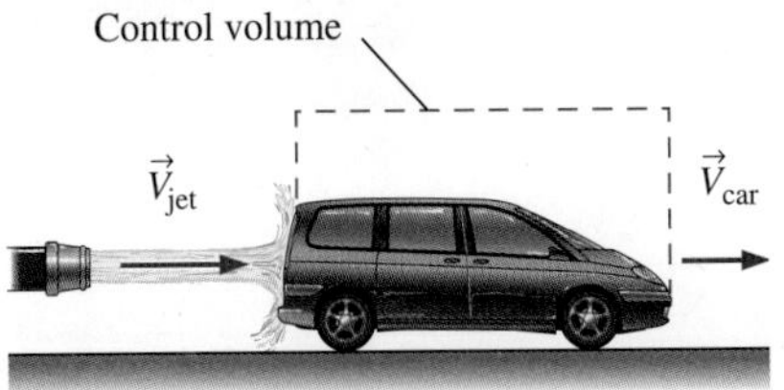

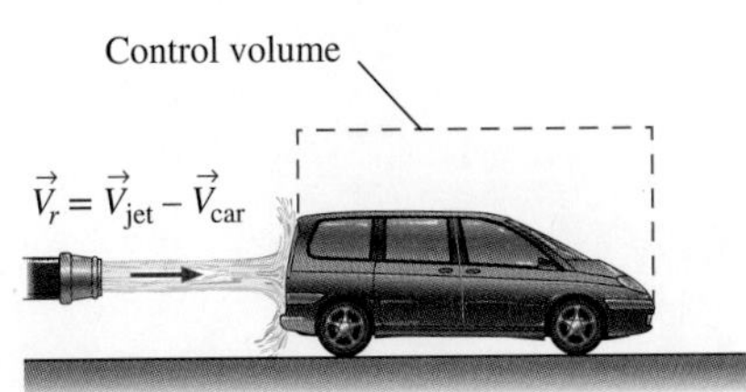

그림 4–58
일정한 속도로 움직이는 검사체적에 적용한 Reynolds 수송정리.

다른 형태의 RTT, 움직이는 검사체적:

$$\frac{dB_{\text{sys}}}{dt} = \int_{\text{CV}} \frac{\partial}{\partial t}(\rho b)\, dV + \int_{\text{CS}} \rho b \vec{V} \cdot \vec{n}\, dA \tag{4-45}$$

식 (4-44)와는 달리, 식 (4-45)의 속도 벡터 $\vec{V}$는 움직이는 검사체적에 적용할 수 있도록 절대 속도(고정된 좌표계에서 관찰한 속도)를 사용해야 한다.

정상 유동의 경우, 검사체적 안의 상태량 B는 시간에 따라 변하지 않으므로 식 (4-44)의 시간도함수는 영이고, Reynolds 수송정리는 다음과 같이 단순화된다.

RTT, 정상 유동:

$$\frac{dB_{\text{sys}}}{dt} = \int_{\text{CS}} \rho b \vec{V}_r \cdot \vec{n}\, dA \tag{4-46}$$

시스템의 상태량 B는 검사체적의 경우와는 달리 정상 유동에서도 시간에 따라 변화할 수 있음에 유의하라. 단, 이 경우 그 변화는 검사면을 통과하는 질량에 의하여 전달된 순수 상태량과 같아야 한다(비정상 효과가 아닌 대류 효과).

많은 실제 공학문제에서, 유체는 여러 개의 입구 및 출구를 갖는 검사체적을 출입한다(그림 4-59). 이러한 경우에는 각각의 입출구를 지나는 검사면을 적용하고, 각각의 입구 및 출구에서의 유체 상태량의 **평균**값을 이용하여 식 (4-44)의 면적 적분을 대수식으로 근사화한다. ρ_{avg}, b_{avg}, $V_{r,\text{avg}}$를 각각 단면적이 A인 입구나 출구를 지나는 ρ, b, V_r의 평균값으로 정의한다(예를 들어, $b_{\text{avg}} = \frac{1}{A}\int_A b\, dA$). 이때 RTT의 면적 적분(식 4-44)의 상태량 b를 적분 밖으로 꺼내어 다음 식과 같이 b의 평균값으로 **근사화**할 수 있다.

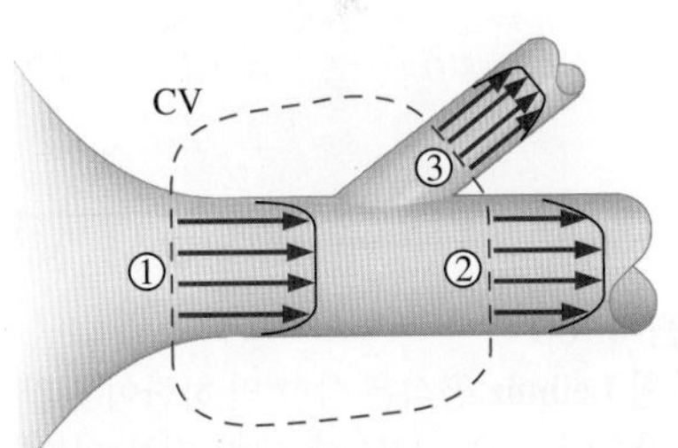

그림 4–59
한 개의 입구(1)와 두 개의 출구(2와 3)를 갖는 검사체적의 예. 이러한 경우에는 각각의 입구 및 출구를 지나는 유체 상태량의 평균값을 이용하여 RTT의 면적 적분을 계산한다.

$$\int_A \rho b \vec{V}_r \cdot \vec{n}\, dA \cong b_{\text{avg}} \int_A \rho \vec{V}_r \cdot \vec{n}\, dA = b_{\text{avg}} \dot{m}_r$$

위 식에서 $\dot{m}_r$은 (움직이는) 검사면에 상대적으로 입출구를 통과하는 질량유량이다. 상태량 b가 단면적 A 전체에서 균일하면 위 근사는 엄밀하게 된다. 따라서 식 (4-44)는 다음과 같이 나타낼 수 있다.

$$\frac{dB_{\text{sys}}}{dt} = \frac{d}{dt}\int_{\text{CV}} \rho b\, dV + \sum_{\text{out}} \underbrace{\dot{m}_r b_{\text{avg}}}_{\text{for each outlet}} - \sum_{\text{in}} \underbrace{\dot{m}_r b_{\text{avg}}}_{\text{for each inlet}} \tag{4-47}$$

어떤 경우에는 식 (4-47)에서 질량유량 대신 체적유량을 사용할 때도 있다. 이때는

$\dot{m}_r \approx \rho_{avg}\ \dot{V}_r = \rho_{avg}\ V_{r,avg}A$이다. 유체 밀도 ρ가 단면적 A에 대하여 균일하면 이 근사는 엄밀하게 된다. 따라서 식 (4-47)은 다음의 식으로 표현된다.

입출구가 다수일 때 **RTT**의 근사식:

$$\frac{dB_{sys}}{dt} = \frac{d}{dt}\int_{CV} \rho b\, dV + \sum_{out} \underbrace{\rho_{avg} b_{avg} V_{r,\,avg} A}_{\text{for each outlet}} - \sum_{in} \underbrace{\rho_{avg} b_{avg} V_{r,avg} A}_{\text{for each inlet}} \qquad \textbf{(4-48)}$$

이러한 근사는 해석을 크게 단순화할 수는 있지만, 항상 정확한 것은 아니다. 특히 입출구에서의 속도 분포가 아주 균일하지 않을 때(예를 들어, 파이프 유동, 그림 4-59) 더욱 그러하다. 특히 식 (4-45)의 검사면 적분은 상태량 b가 속도를 포함할 때(일례로, RTT를 선형운동량 방정식에 적용할 때, $b = \vec{V}$) **비선형**이 되고, 그때 식 (4-48)의 근사는 오차를 발생하게 한다. 그러나 5장과 6장에서 설명하는 바와 같이 식 (4-48)에 **보정계수**를 도입하여 이 오차를 제거할 수 있다.

식 (4-47) 및 (4-48)은 고정된 혹은 움직이는 검사체적에 적용할 수 있는데, 앞서 설명하였듯이, 움직이는 검사체적의 경우에는 반드시 **상대 속도**를 사용해야 한다. 예를 들어, 식 (4-47)의 질량유량 $\dot{m}_r$은 (움직이는) 검사면에 상대적이고, 따라서 하첨자 r을 사용하였다.

*다른 방법으로 유도한 Reynolds 수송정리

Leibniz 공식을 이용하면 Reynolds 수송정리를 수학적으로 보다 세련되게 유도할 수 있다(Kundu와 Cohen, 2011). 독자들은 1차원 Leibniz 공식을 잘 알고 있으리라 생각한다. 이 공식은 적분의 상한 및 하한이 미분하려는 변수의 함수인 경우에 적용할 수 있다(그림 4-60).

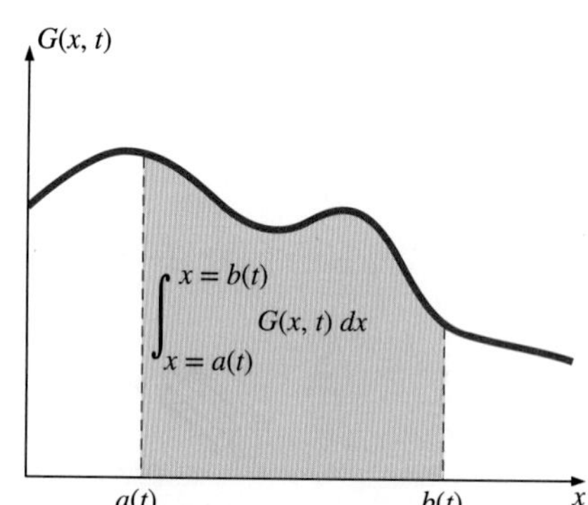

그림 4-60
1차원 Leibniz 공식은 상한 및 하한이 시간의 함수인 경우 적분(x에 대한 적분)의 시간도함수를 계산할 때 사용할 수 있다.

1차원 Leibniz 공식:

$$\frac{d}{dt}\int_{x=a(t)}^{x=b(t)} G(x,t)\,dx = \int_a^b \frac{\partial G}{\partial t}dx + \frac{db}{dt}G(b,t) - \frac{da}{dt}G(a,t) \qquad \textbf{(4-49)}$$

Leibniz 공식은 피적분함수 $G(x, t)$ 및 하한 $a(t)$와 상한 $b(t)$가 시간에 따라 변화하는 경우에 사용할 수 있다.

예제 4-10 1차원 Leibniz 적분

다음 식을 계산하라.

$$F(t) = \frac{d}{dt}\int_{x=At}^{x=Bt} e^{-2x^2}\,dx$$

풀이 주어진 식으로부터 $F(t)$를 계산하고자 한다.

$$F(t) = \frac{d}{dt}\int_{x=At}^{x=Bt} e^{-2x^2}\,dx \qquad \textbf{(1)}$$

* 이 절은 생략해도 내용의 연속성에는 관계가 없다.

해석 먼저 적분한 후 미분을 시도할 수 있지만, 식 (1)이 식 (4-49)의 형태이므로 1차원 Leibniz 공식을 이용하여 계산할 수 있다. 이 문제에서 $G(x, t)=e^{-2x^2}$이므로 G는 시간의 함수가 아니다. 또한 하한 $a(t)=At$이고 상한 $b(t)=Bt$이므로 다음 관계가 성립한다.

$$F(t) = \int_a^b \frac{\partial G}{\partial t}\,dx + \frac{db}{dt}G(b, t) - \frac{da}{dt}G(a, t) \quad \textbf{(2)}$$
$$= \quad 0 \quad + Be^{-2b^2} \; -Ae^{-2a^2}$$

또는

$$F(t) = Be^{-2B^2t^2} - Ae^{-2A^2t^2} \quad \textbf{(3)}$$

토의 Leibniz 공식을 사용하지 말고 이 문제를 풀어보기 바란다.

3차원에서 **체적**적분에 관한 Leibniz 공식은 다음과 같다.

3차원 Leibniz 공식:

$$\frac{d}{dt}\int_{V(t)} G(x, y, z, t)\,dV = \int_{V(t)} \frac{\partial G}{\partial t}\,dV + \int_{A(t)} G\vec{V}_A\cdot\vec{n}\,dA \quad \textbf{(4-50)}$$

이 식에서 $V(t)$는 움직이고(혹은 움직이거나) 변형하는 체적(시간의 함수), $A(t)$는 표면(경계), $\vec{V}_A$는 (움직이는) 표면의 절대 속도이다(그림 4-61). 식 (4-50)은 공간과 시간에서 움직이고(혹은 움직이거나) 변형하는 **임의의 모든** 체적에 적용할 수 있다. 유체의 유동에 이 식을 이용하기 위하여 G에 ρb를 대입하면 다음 식을 얻는다.

유체 유동에 적용한 3차원 Leibniz 공식:

$$\frac{d}{dt}\int_{V(t)} \rho b\,dV = \int_{V(t)} \frac{\partial}{\partial t}(\rho b)\,dV + \int_{A(t)} \rho b\vec{V}_A\cdot\vec{n}\,dA \quad \textbf{(4-51)}$$

이 Leibniz 공식을 특별히 **물질체적**(material volume, 유체 유동과 함께 움직이는 일정량의 물질로 구성된 시스템)에 적용하면, 물질 표면은 유체와 **함께** 움직이기 때문에 물질 표면의 모든 곳에서 $\vec{V}_A=\vec{V}$이다. 여기서 $\vec{V}$는 유체 속도이고, 식 (4-51)은 다음과 같이 표현할 수 있다.

물질체적에 적용한 Leibniz 공식:

$$\frac{d}{dt}\int_{V(t)} \rho b\,dV = \frac{dB_{sys}}{dt} = \int_{V(t)} \frac{\partial}{\partial t}(\rho b)\,dV + \int_{A(t)} \rho b\vec{V}\cdot\vec{n}\,dA \quad \textbf{(4-52)}$$

식 (4-52)는 시간 t의 어떤 순간에도 적용할 수 있다. 정의에 의하여, 어느 시간 t에는 검사체적과 시스템이 동일한 공간을 점유하도록, 즉 **동일하도록** 검사체적을 설정해 보자. 시간이 지난 $t+\Delta t$에 대하여 시스템은 유동을 따라 움직이고 변형하지만, 검사체적은 시스템과 다르게 움직이고 변형할 수도 있다(그림 4-62). 중요한 점은 **시간 t에서 시스템(물질체적)과 검사체적은 하나이고, 똑같다**는 점이다. 따라서 식 (4-52) 우변의 체적적분은 시간 t에서의 **검사체적**에 대하여 계산하고, 면적 적분은 시간 t에서의 **검사면**에 대해 계산한다. 따라서 다음 식이 성립한다.

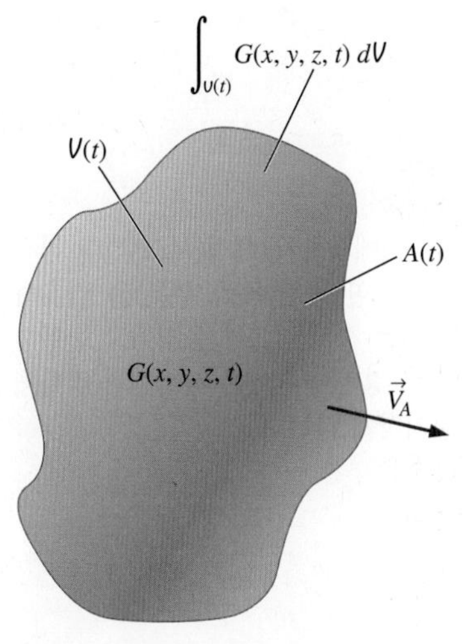

그림 4-61
3차원 Leibniz 공식은 시간에 따라 체적이 움직이고(혹은 움직이거나) 변형하는 경우에 체적적분의 시간도함수를 계산할 때 사용할 수 있다. 3차원 Leibniz 공식을 이용하여 Reynolds 수송정리를 다르게 유도할 수 있다.

일반 형태의 **RTT**, 움직이는 검사체적:

$$\frac{dB_{\text{sys}}}{dt} = \int_{\text{CV}} \frac{\partial}{\partial t}(\rho b)\, dV + \int_{\text{CS}} \rho b \vec{V} \cdot \vec{n}\, dA \tag{4-53}$$

이 식은 식 (4-42)와 동일하고, 임의의 모양으로 움직이면서(혹은 움직이거나) 변형하는 시간 t에서의 검사체적에 적용할 수 있다. 식 (4-53)의 속도 $\vec{V}$는 **절대** 유체 속도임에 유의하라.

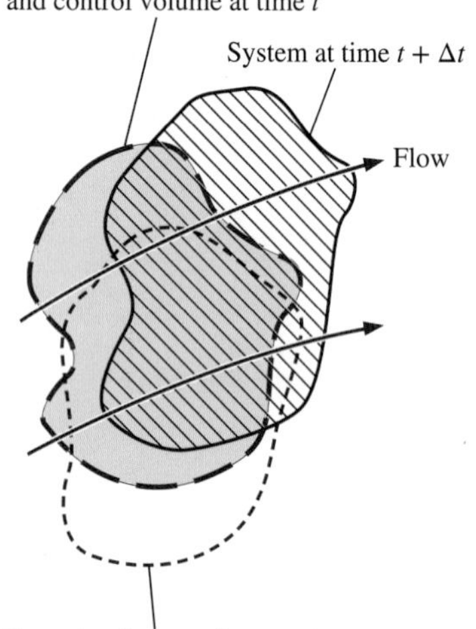

그림 4–62
어느 순간 t에서 물질체적(시스템)과 검사체적이 동일한 공간(녹색 부분)을 점유하지만, 이들은 서로 다르게 움직이고 변형한다. 시간이 경과한 후에는 시스템과 검사체적이 일치하지 **않는다**.

예제 4–11 상대 속도로 표현한 Reynolds 수송정리

Leibniz 공식과 임의로 움직이고 변형하는 검사체적에 적용할 수 있는 일반 형태의 Reynolds 수송정리[식 (4-53)]를 이용하여 식 (4-44)를 증명하라.

풀이 식 (4-44)를 증명하고자 한다.

해석 일반적인 3차원 Leibniz 공식[식 (4-50)]은 모든 체적에 적용할 수 있다. 이 공식을 물질체적과는 다르게 움직이고(혹은 움직이거나) 변형하는 검사체적(그림 4-62)에 적용한다. G에 ρb를 대입하면 식 (4-50)은 다음과 같이 표현된다.

$$\frac{d}{dt}\int_{\text{CV}} \rho b\, dV = \int_{\text{CV}} \frac{\partial}{\partial t}(\rho b)\, dV + \int_{\text{CS}} \rho b \vec{V}_{\text{CS}} \cdot \vec{n}\, dA \tag{1}$$

식 (4-53)을 검사체적 적분에 대해 다시 정리하면 다음 식을 얻는다.

$$\int_{\text{CV}} \frac{\partial}{\partial t}(\rho b)\, dV = \frac{dB_{\text{sys}}}{dt} - \int_{\text{CS}} \rho b \vec{V} \cdot \vec{n}\, dA \tag{2}$$

식 (2)를 식 (1)에 대입하여 다음을 얻는다.

$$\frac{d}{dt}\int_{\text{CV}} \rho b\, dV = \frac{dB_{\text{sys}}}{dt} - \int_{\text{CS}} \rho b \vec{V} \cdot \vec{n}\, dA + \int_{\text{CS}} \rho b \vec{V}_{\text{CS}} \cdot \vec{n}\, dA \tag{3}$$

마지막 두 개 항을 한 개의 항으로 묶어서 정리하면 다음 식을 얻는다.

$$\frac{dB_{\text{sys}}}{dt} = \frac{d}{dt}\int_{\text{CV}} \rho b\, dV + \int_{\text{CS}} \rho b (\vec{V} - \vec{V}_{\text{CS}}) \cdot \vec{n}\, dA \tag{4}$$

한편 상대 속도는 식 (4-43)으로 정의되므로, 식 (4)는 다음과 같이 표현된다.

상대 속도로 표현한 RTT:

$$\frac{dB_{\text{sys}}}{dt} = \frac{d}{dt}\int_{\text{CV}} \rho b\, dV + \int_{\text{CS}} \rho b \vec{V}_r \cdot \vec{n}\, dA \tag{5}$$

토의 식 (5)는 식 (4-44)와 정확히 일치하고, 이로써 Leibniz 공식의 중요성을 알 수 있다.

물질도함수와 RTT 사이의 관계

독자들은 아마도 4-1절에 설명한 물질도함수와 여기서 설명한 Reynolds 수송정리 간의 유사성을 인지하였을 것이다. 실제로 이 해석들은 기본적으로 Lagrange 개념을 Euler 개념으로 변환하는 방법들이다. 비록 Reynolds 수송정리는 유한한 크기의 검사체적을 다루고, 물질도함수는 극소의 유체 입자를 대상으로 하지만, 두 경우에 적용되는 기본적인 물리 법칙은 같다(그림 4-63). 사실상, Reynolds 수송정리는 물질도함수의 적분 파트너로 생각할 수 있다. 두 경우 모두 특정한 유체를 추적하며 해석할 때 상태량의 총변화율은 다음 두 부분으로 구성된다. 첫 번째는 유동장에서 상태량이 시간에 따라 변하는 것을 고려하는 국소 혹은 비정상 부분이다[식 (4-12)와 (4-45)의 우변 첫 항을 비교해 보라]. 두 번째는 한 영역에서 다른 영역으로의 유체운동을 고려한 대류 부분이다[식 (4-12)와 (4-45)의 우변 두 번째 항을 비교하라].

물질도함수를 스칼라나 벡터와는 무관하게 모든 유체의 상태량에 적용할 수 있듯이 Reynolds 수송정리도 마찬가지이다. 5장과 6장에서는 Reynolds 수송정리의 매개변수 B에 질량, 에너지, 운동량, 각운동량을 대입하여 질량 보존, 에너지 보존, 운동량 보존, 각운동량 보존에 관한 식들을 각각 유도하게 된다. 이렇게 하여 기본적인 시스템 보존 법칙들(Lagrange 관점)을 검사체적 해석에 유용한 보존 법칙들(Euler 관점)로 쉽게 변환할 수 있다.

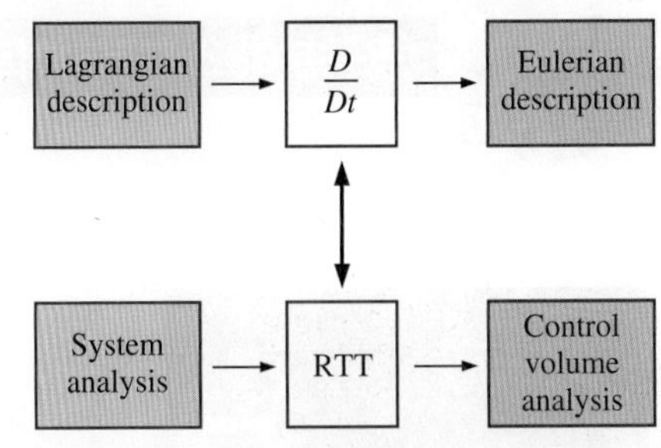

그림 4-63
유한체적에 대한 Reynolds 수송정리(적분해석)와 극소체적에 관한 물질도함수(미분해석)는 서로 유사하다. 두 경우에 모두 Lagrange 또는 시스템 접근방법을 Euler 또는 검사체적 접근방법으로 변환할 수 있다.

요약

유체 운동학에서는 유체의 운동을 표현하는 방법을 다루며, 운동과 관련된 힘을 반드시 고려할 필요는 없다. 유체의 운동은 **Lagrange 방법**과 **Euler 방법** 등 기본적으로 두 가지 방법으로 기술한다. Lagrange 기술방법은 개별 유체 입자 또는 유체 덩어리를 추적하는 반면, Euler 기술방법에서는 유체가 출입하는 **검사체적**을 정의한다. 극소의 유체 입자인 경우에는 **물질도함수**를, 유한체적의 시스템인 경우에는 **Reynolds 수송정리(RTT)**를 이용하여 운동 방정식을 Lagrange 방법에서 Euler 방법으로 변환한다. 유체의 종량적 상태량 B와 이에 대응하는 강성적 상태량 b에 대하여 다음 식이 성립한다.

물질도함수:
$$\frac{Db}{Dt} = \frac{\partial b}{\partial t} + (\vec{V}\cdot\vec{\nabla})b$$

일반 형태의 RTT, 움직이는 검사체적:
$$\frac{dB_{\text{sys}}}{dt} = \int_{\text{CV}} \frac{\partial}{\partial t}(\rho b)\, dV + \int_{\text{CS}} \rho b \vec{V}\cdot\vec{n}\, dA$$

두 방정식 모두 특정한 유체 또는 시스템을 추적하며 해석할 때 상태량의 총변화는 **국소**(비정상) 부분 및 **대류**(운동) 부분 등의 두 부분으로 구성된다.

유동장을 가시화하고 해석하는 방법은 **유선, 유맥선, 유적선, 시간선, 표면 이미징, 그림자 기법**(shadowgraphy), **schlieren 영상, 분포도, 벡터 플롯, 등분포도** 등의 여러 가지가 있다. 이 장에서 이러한 모든 방법을 정의하고, 실례를 보였다. 일반적인 비정상 유동의 경우 유선, 유맥선, 유적선은 서로 다르지만, **정상 유동의 경우에는 유선, 유맥선, 유적선이 서로 일치한다.**

유체 운동학을 완전히 기술하기 위해서는 **속도**(병진운동률), **각속도**(회전율), **선형변형률, 전단변형률** 등 네 가지 기본적인 운동률 **(변형의 시간당 변화율)**이 필요하다. **와도**는 유체 입자의 **회전성**을 나타내는 유체 유동의 상태량이다.

와도 벡터:
$$\vec{\zeta} = \vec{\nabla}\times\vec{V} = \text{curl}(\vec{V}) = 2\vec{\omega}$$

어떤 영역에서 와도가 영이면 그 유동 영역은 **비회전**이다.

이 장에서 공부한 개념들은 이 교재의 후반에도 계속 사용된다. 5장과 6장에서 보존 법칙을 폐쇄 시스템으로부터 검사체적으로 변환할 때, 9장에서 유체 운동의 미분 방정식을 유도할 때에 RTT를 사용한다. 와도와 비회전성은 10장에서 보다 자세하게 다루며, 여기서 비회전 근사를 통하여 유체 유동을 훨씬 쉽게 해석할 수 있다는 것을 보여 준다. 끝으로, 본 교재의 거의 모든 장에서 여러 종류의 유동가시화 기법을 이용하거나 데이터를 그림으로 나타냄으로써 유체 운동학을 설명한다.

응용분야 스포트라이트 ■ 유체 유동성 액추에이터

초청 저자: **Ganesh Raman, Illinois Institute of Technology**

유체 유동성 액추에이터(fluidic actuator)는 유동 박리를 늦추고, 혼합을 증진시키며, 소음을 억제하기 위하여 제트와 전단층에서 진동 속도나 압력의 변동을 발생시키기 위해 유체 논리 회로를 사용하는 장치이다. 유체 유동성 액추에이터는 여러 가지 이유로 전단 유동 제어에 유용할 가능성이 크다. 그 이유는 이 장치는 구동부를 갖지 않으며, 주파수, 진폭, 위상에 있어서 제어 가능한 변동을 만들어낼 수 있고, 열악한 열 환경에서도 작동이 가능하며, 전자기 간섭에 영향을 쉽게 받지 않고, 또한 하나의 기능 장치로 통합하기 쉽다. 유체 유동성 기술(fluidics technology)이 여러 해 동안 알려져 왔었지만, 최근의 초소형화 및 미세 제작(micro-fabrication)에서의 진전을 통해 이 기술이 실용적으로 사용될 수 있는 매우 매력적인 방안의 하나가 되었다. 유체 유동성 액추에이터는 장치의 초소형 통로 내에서 발생하는 벽면 부착 및 역류의 원리를 이용하여 자기-보전적으로(self-sustaining) 진동하는 유동을 발생시킨다.

그림 4-64는 제트 추력 방향 유도(jet thrust vectoring)를 위한 유체 유동성 액추에이터의 응용을 보여 준다. 유체 유동성 추력 방향 유도는 미래의 항공기 설계에 중요한데, 이는 노즐 배기부 근처의 추가적인 표면들의 복잡성이 없이도 항공기 조종성을 향상시킬 수 있기 때문이다. 그림 4-64의 세 개의 영상에서, 주된 제트가 오른쪽에서 왼쪽으로 배출되고, 한 개의 유체 유동성 액추에이터가 제일 위에 위치한다. 그림 4-64*a*는 교란되지 않는 제트를 보인다. 그림 4-64*b*와 *c*는 두 개의 유체 유동성 액추에이터 작동 수준에서 방향 유도 효과를 보인다. 주된 제트에서의 변화는 입자 영상 속도계(PIV)를 이용하여 그 특성을 볼 수 있다. 간단하게 설명하면 다음과 같다. 이 기술에 있어서 추적 입자가 유동에 도입되고 입자 운동을 동결시키기 위해 맥동하는 얇은 레이저 광선판(sheet)으로 조명된다. 입자에 의해 분산된 레이저광은 디지털 카메라를 이용해 시간적으로 두 가지 경우에서 기록된다. 공간 상호 연관성(spatial cross correlation)을 이용하여 국소 변위 벡터가 얻어진다. 그 결과는 향상된 성능을 위해 다수의 유체 유동성 하부 요소들을 모아 항공기 부품으로 결합할 수 있는 가능성이 존재함을 보여준다.

그림 4-64는 실제로 벡터 플롯과 등분포도를 합한 그림이다. 속도 벡터들은 속도 크기(속력)에 대한 등분포도 위에 겹쳐져 있다. 붉은 영역은 빠른 속도를 나타내고, 파란 영역은 낮은 속도를 나타낸다.

참고 문헌

Raman, G., Packiarajan, S., Papadopoulos, G., Weissman, C., and Raghu, S., "Jet Thrust Vectoring Using a Miniature Fluidic Oscillator," ASME FEDSM 2001-18057, 2001.

Raman, G., Raghu, S., and Bencic, T. J., "Cavity Resonance Suppression Using Miniature Fluidic Oscillators," AIAA Paper 99-1900, 1999.

(*a*)

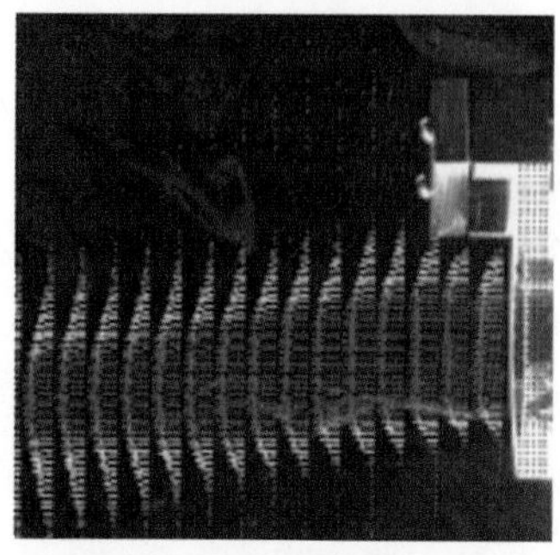

(*b*)

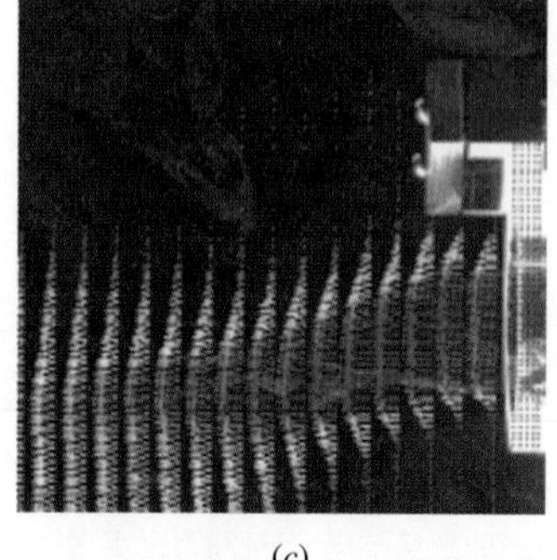

(*c*)

그림 4-64
유체 유동성 액추에이터 제트의 시간평균된 평균 속도장. 결과는 시드(seed)가 주입된 유동의 겹쳐진 영상으로, 150 PIV 실현으로 얻었다. 매 일곱 번째 및 두 번째 속도 벡터가 각각 수평방향과 수직방향으로 보이고 있다. 색깔은 속도장의 크기를 나타낸다. (*a*) 액추에이터의 작동이 없을 때, (*b*) 계기 압력 20 kPa에서 단일 액추에이터 작동 시, (*c*) 계기 압력 60 kPa에서 단일 액추에이터 작동 시.

응용분야 스포트라이트 ■ 음식 냄새를 맡는 것: 인간의 기도(airway)

초청 저자: Rui Ni, Penn State University

G. I. Taylor가 초기의 독창적 연구에서 인지했던 것처럼 미립자 물질과 소량의 화학적 휘발성 물질의 수송은 모든 정보가 입자 궤도를 통해 코드화된 Lagrange 분석틀을 이용해야 보다 쉽게 해석될 수 있다.

이러한 응용 사례 중 하나로서 인간이 어떻게 음식냄새를 맡는지에 대한 연구를 소개한다. 후각은 냄새 기류가 비강 내 후각 수용체 세포를 자극함으로써 발생한다(그림 4-65*a*). 음식의 휘발성 물질은 구강의 뒷면에서 나오고, 숨을 내쉴 때 기도를 통해 비강까지 운반될 수 있다. 이를 소위 **날숨 후각**(retronasal olfaction)이라고 한다. 이 과정은 인간이 음식 맛의 미묘한 차이를 구별하는 데 중요한 것으로 알려져 있다. 그러나 인간의 기도는 수송편향(transport bias)을 촉진시키기 위한 밸브가 없다는 점에서 폐로 흡입된 공기가 아닌 비강을 향해 내뿜는 공기가 어떻게 휘발성 물질을 운반할 수 있는지 오랫동안 알 수 없었다.

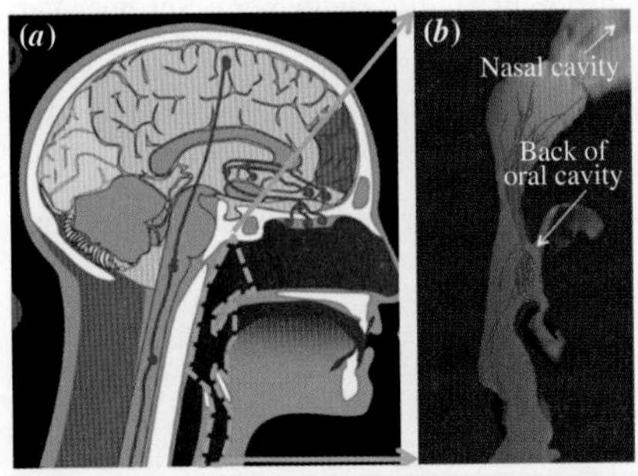

그림 4-65
(*a*) 인간의 뇌에 대한 개략도. 초록색 점선은 비강, 비인두, 인두의 중앙부, 그리고 기관지 부분을 나타낸다. (*b*) 3차원 모델의 측면도. 파란색과 적색 선은 음식의 휘발성 물질의 궤적으로 나타내는 데 이 물질은 구강 후면에서 방출되고 호흡(날숨의 경우, Re = 883, 들숨의 경우, Re = 1008)에 의해서 수송된다.

이 문제를 해결하기 위해서 CT 영상으로부터 얻은 인간의 기도 모델을 3D 프린터를 사용하여 만들었다(그림 4-66). 음식의 휘발성 물질을 수송하는 기도를 모방하기 위해서 작은 추적입자를 포함한 물을 이용한 유동을 만들기 위해 상응하는 레이놀즈수에 맞도록 수로를 제작하였다. 이를 이용하여 천 개가 넘는 많은 입자들을 시간에 따라 추적하였다. 그림 4-65*b*는 900에 가까운 레이놀즈수에서의 양쪽 유동방향 25개의 추적입자들을 동일 시간대에서 보여준다. 구강 뒷면에서 방출된 후, 평균적으로 입자들은 평균 유동 방향으로 운반되었다. 그러나 들숨(적색 궤적) 과정에서 추적입자들이 구강 후방 부근 작은 영역에 갇히는 현상이 발생하며, 그 결과 추적입자의 전체 변위는 날숨(파란 궤적) 동안에 운반되는 것에 비해 훨씬 작게 나타났다. 들숨 과정에서 이와 같은 입자가 어떤 공간에서 빠져 나오지 못하는 메커니즘으로 인해서 음식의 휘발성 물질이 호흡기로 더 깊이 수송되는 것을 막을 수 있다. 그러나 때때로 레이놀즈수와 유동 조건에 따라 변하는 유동의 난동성으로 인해 추적입자들은 구강 아래에 있는 기관지까지 도달할 수도 있다.

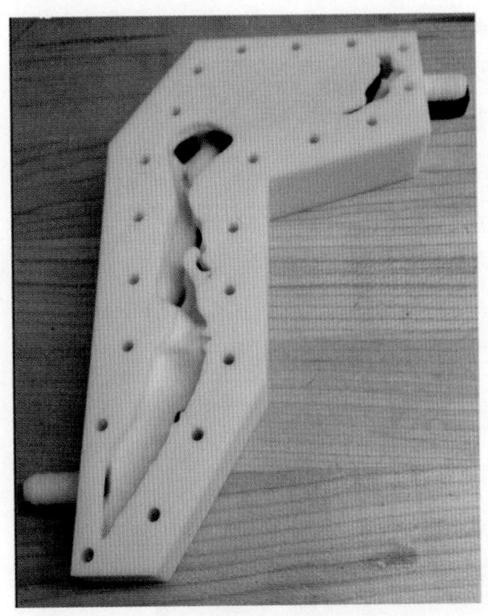

그림 4-66
3차원 프린터에 의해 제작된 유동 통로. 이 그림에 포함되어 있지 않지만, 광학 측정을 위해 투명 덮개가 시편 표면에 장착되어 있다.
ⓒ *Rui Ni*

참고 문헌

Ni, R., Michalski, M. H., Brown, E., Doan, N., Zinter, J., Ouellette, N. T., and Shepherd, G. M., Optimal directional volatile transport in retronasal olfaction. *Proceedings of the National Academy of Sciences*, 112(47), 14700–14704, 2015.

Intagliata, C., Eat slowly and breathe smoothly to enhance taste. *Scientific American*, 2015.

참고 문헌과 권장 도서

1. R. J. Adrian. "Particle-Imaging Technique for Experimental Fluid Mechanics," *Annual Reviews in Fluid Mechanics*, 23, pp. 261-304, 1991.
2. J. M. Cimbala, H. Nagib, and A. Roshko. "Large Structure in the Far Wakes of Two-Dimensional Bluff Bodies," *Journal of Fluid Mechanics*, 190, pp. 265-298, 1988.
3. R. J. Heinsohn and J. M. Cimbala. *Indoor Air Quality Engineering*. New York: Marcel-Dekker, 2003.
4. P. K. Kundu and I. M. Cohen. *Fluid Mechanics*. Ed. 5, London, England: Elsevier Inc. 2011.
5. W. Merzkirch. *Flow Visualization*, 2nd ed. Orlando, FL: Academic Press, 1987.
6. G. S. Settles. *Schlieren and Shadowgraph Techniques: Visualizing Phenomena in Transparent Media*. Heidelberg: Springer-Verlag, 2001.
7. M. Van Dyke. *An Album of Fluid Motion*. Stanford, CA: The Parabolic Press, 1982.
8. F. M. White. *Viscous Fluid Flow*, 3rd ed. New York: McGraw-Hill, 2005.

연습문제*

개요 문제

4-1C 미분연산자 d와 ∂의 차이점을 약술하라. 만약 방정식에 미분 $\partial u/\partial x$가 나타난다면 이 미분은 변수 u에 대해 무슨 의미를 나타내는가?

4-2 다음의 정상, 2차원 속도장을 고려해 보자.

$$\vec{V} = (u, v) = (0.66 + 2.1x)\vec{i} + (-2.7 - 2.1y)\vec{j}$$

이 유동장에 정체점이 존재하는가? 존재한다면 그 위치는 어디인가? **답: 존재한다,** $x=-0.314$, $y=-1.29$

4-3 다음의 정상, 2차원 속도장을 고려해 보자.

$$\vec{V} = (u, v) = (a^2 - (b - cx)^2)\vec{i} + (-2cby + 2c^2xy)\vec{j}$$

이 유동장에 정체점이 존재하는가? 존재한다면 그 위치는 어디인가?

4-4 다음의 정상, 2차원 속도장이 다음과 같다.

$$\vec{V} = (u, v) = (-0.781 - 3.25x)\vec{i} + (-3.54 + 3.25y)\vec{j}$$

정체점의 위치를 계산하라.

4-5 축 대칭인 정원용 호스의 노즐을 통과하는 물의 정상 유동을 고려해 보자(그림 P4-5). 그림에 보이듯이 노즐의 중심축을 따라 물의 속도는 $u_{entrance}$에서 u_{exit}로 증가한다. 측정 결과, 노즐 중심축에서 물의 속도는 포물선 모양으로 증가한다. 주어진 변수들을 이용하여 $x=0$에서 $x=L$까지 중심축의 속도 $u(x)$를 유도하라.

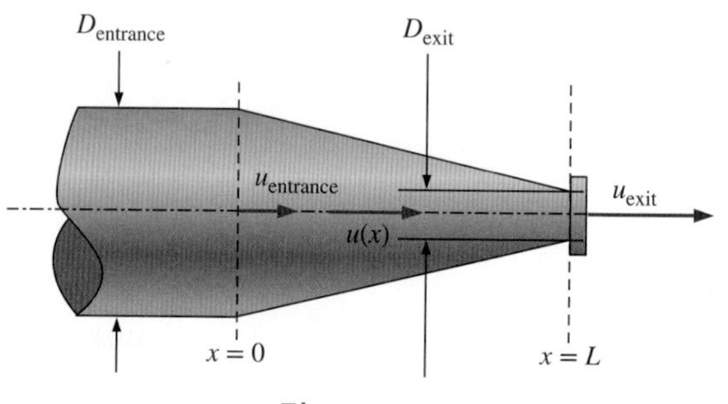

그림 P4-5

Lagrange 기술방법과 Euler 기술방법

4-6C 유체 유동에서 **Euler 기술방법**이란 무엇인가? 이 방법은 Lagrange 기술방법과 어떻게 다른가?

4-7C 유체 유동을 해석할 때 Lagrange 방법은 시스템의 연구 혹은 검사체적의 연구 중 어느 것과 유사한가? 그 이유를 설명하라.

4-8C 유체 유동 중에 놓여 있는 고정 프로브가 유동의 한 위치에서 압력과 온도를 시간의 함수로 측정한다(그림 P4-8C). 이는 Lagrange 측정 방법인가, Euler 측정 방법인가? 그 이유를 설명하라.

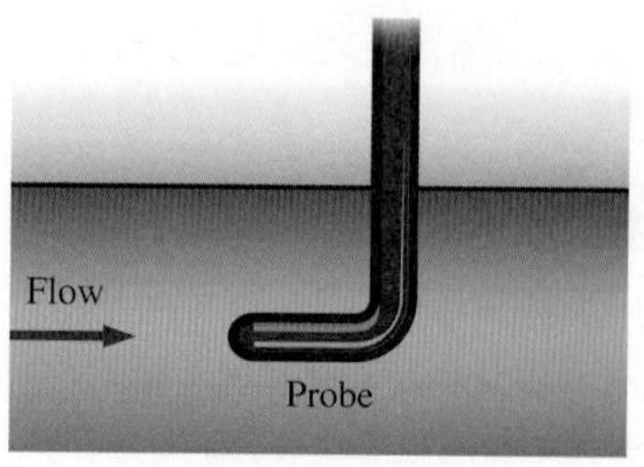

그림 P4-8C

*"C"로 표시된 문제는 개념 문제로서, 학생들에게 모든 문제에 대하여 답하도록 권장한다. 아이콘 으로 표시된 문제는 본질적으로 종합적인 문제로서, 적절한 소프트웨어를 사용하여 풀도록 의도된 것이다.

4-9C 작은 부유식 전자 압력 프로브를 물 펌프의 입구 파이프에 놓았다. 이 프로브는 펌프를 통과하며 매초 2000개의 압력 데이터를 전송한다. 이는 Lagrange 측정 방법인가, Euler 측정 방법인가? 그 이유를 설명하라.

4-10C Euler 기술방법에서 **정상 유동장**을 정의하라. 이러한 정상 유동에서 유체 입자의 가속도가 영이 될 수 있을까?

4-11C 유체 유동을 해석할 때, Euler 방법은 시스템의 연구 혹은 검사체적의 연구 중 어느 것과 유사한가? 그 이유를 설명하라.

4-12C 기상학자가 기상 기구를 대기 중으로 발진시켰다. 이 기구가 부력이 중립적인 고도에 도달하면 기상 정보를 지상의 측정 센터로 송신한다(그림 P4-12C). 이는 Lagrange 측정 방법인가, Euler 측정 방법인가? 그 이유를 설명하라.

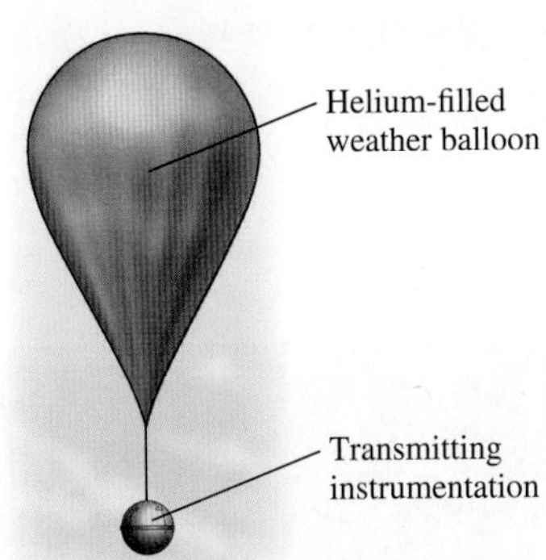

그림 P4-12C

4-13C 피토 정압관은 비행기의 아랫부분에서 돌출되어 있는 경우가 있다(그림 P4-13C). 비행기가 운항할 때, 이것은 바람의 상대 속도를 측정한다. 이는 Lagrange 측정 방법인가, Euler 측정 방법인가? 그 이유를 설명하라.

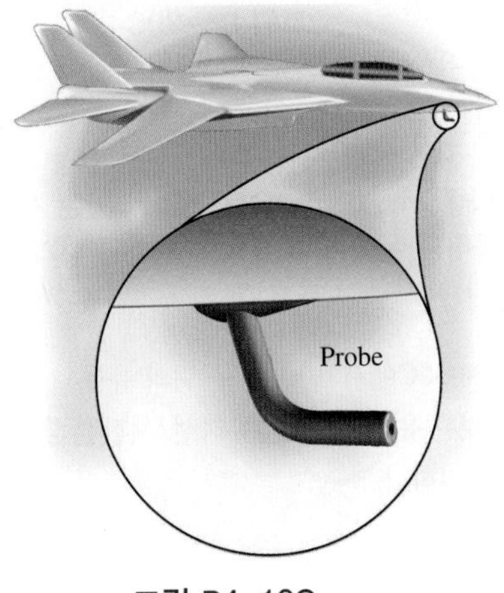

그림 P4-13C

4-14C 물질도함수의 다른 이름을 적어도 세 가지 나열하고, 각각의 이름을 붙인 이유를 간략히 설명하라.

4-15 수축 덕트를 지나는 정상, 비압축성, 2차원 유동을 고려해 보자(그림 P4-15). 이 유동의 간단한 근사 속도장은 다음과 같다.

$$\vec{V} = (u, v) = (U_0 + bx)\vec{i} - by\vec{j}$$

여기서 U_0는 $x=0$에서의 수평 속도이다. 이 방정식은 벽에서의 마찰 효과를 무시하였으나 유동장의 대부분에서 적절한 근사식이다. 이 덕트를 통과하는 유체 입자의 물질가속도를 계산하라. 다음의 두 가지 방법으로 계산하라. (1) 가속도 성분들 a_x와 a_y로 표시, (2) 가속도 벡터 $\vec{a}$로 표시.

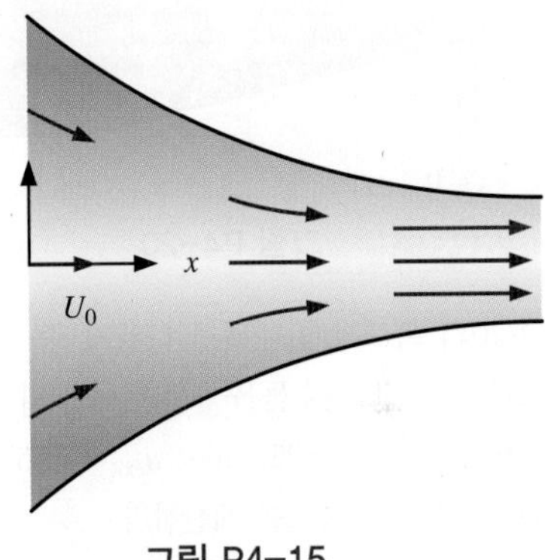

그림 P4-15

4-16 수축 덕트 유동을 문제 4-15의 정상, 2차원 속도장으로 모델링하였다. 압력장은 다음 식과 같다.

$$P = P_0 - \frac{\rho}{2}\left[2U_0bx + b^2(x^2 + y^2)\right]$$

여기서 P_0는 $x=0$에서의 압력이다. **유체 입자를 추적하는** 압력의 변화율에 관한 식을 유도하라.

4-17 정상, 비압축성, 2차원 속도장이 xy평면에서 다음과 같이 속도의 성분으로 주어져 있다.

$$u = 1.85 + 2.05x + 0.656y$$
$$v = 0.754 - 2.18x - 2.05y$$

가속도장을 계산하고(가속도 성분들 a_x와 a_y로 표시), 한 점 $(x, y) = (-1, 3)$에서의 가속도를 계산하라.

답: $a_x = 1.51$, $a_y = 2.74$

4-18 정상, 비압축성, 2차원 속도장이 xy평면에서 다음과 같이 속도의 성분으로 주어져 있다.

$$u = 0.205 + 0.97x + 0.851y$$
$$v = -0.509 + 0.953x - 0.97y$$

가속도장을 계산하고(가속도 성분들 a_x와 a_y로 표시), 한 점 $(x, y) = (2, 1.5)$에서의 가속도를 계산하라.

4-19 문제 4-5의 속도장에 대해서, 디퓨저 중심선에 있는 유체의 가속도를 주어진 변수들을 이용하여 x의 함수로 계산하라.

4-20 공기가 풍동의 디퓨저 부분을 통과하여 정상 유동한다(그림 P4-20). 그림에 보이듯이 디퓨저의 중심축을 따라 공기의 속도는 $u_{entrance}$에서 u_{exit}로 감소한다. 측정 결과, 디퓨저 중심축에서 공기의 속도는 포물선 모양으로 감소한다. 주어진 변수들을 이용하여 $x=0$에서 $x=L$까지 중심축의 속도 $u(x)$를 유도하라.

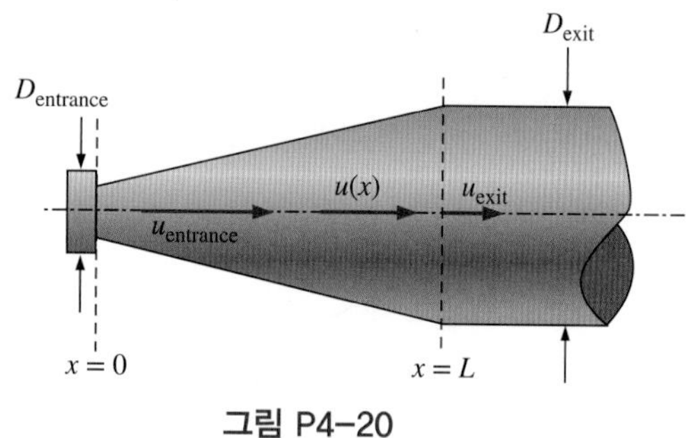

그림 P4-20

4-21 문제 4-20의 속도장에 대해서 디퓨저 중심선에 있는 유체의 가속도를 주어진 변수들을 이용하여 x의 함수로 계산하라. $L=1.56$ m, $u_{entrance}=22.6$ m/s, $u_{exit}=17.5$ m/s일 때, $x=0$과 $x=1.0$ m에서의 가속도를 계산하라. 답: 0, -96.4 m/s^2

4-22 정상, 비압축성, 2차원(xy평면에서) 속도장이 다음과 같다.

$$\vec{V} = (0.523 - 1.88x + 3.94y)\vec{i} + (-2.44 + 1.26x + 1.88y)\vec{j}$$

점 $(x, y) = (-1.55, 2.07)$에서의 가속도를 계산하라.

4-23 어떤 유동의 속도장이 $\vec{V} = u\vec{i} + v\vec{j} + w\vec{k}$이며, $u=3x, v=-2y, w=2z$로 주어져 있다. 점 (1,1,0)을 지나는 유선을 계산하라.

유동 패턴과 유동가시화

4-24C **유적선**의 정의는 무엇인가? 유적선은 무엇을 의미하는가?

4-25C **시간선**의 정의는 무엇인가? 수로에서 시간선을 어떻게 얻을 수 있을까? 시간선이 유맥선보다 유용한 경우는?

4-26C **유선**의 정의는 무엇인가? 유선은 무엇을 의미하는가?

4-27C **유맥선**의 정의는 무엇인가? 유맥선은 무엇을 의미하는가?

4-28C 그림 P4-28C에서와 같이 15° 델타 날개 위의 유동의 가시화를 고려해 보자. 이것은 유선, 유맥선, 유적선, 시간선 중 어느 것인가? 그 이유를 설명하라.

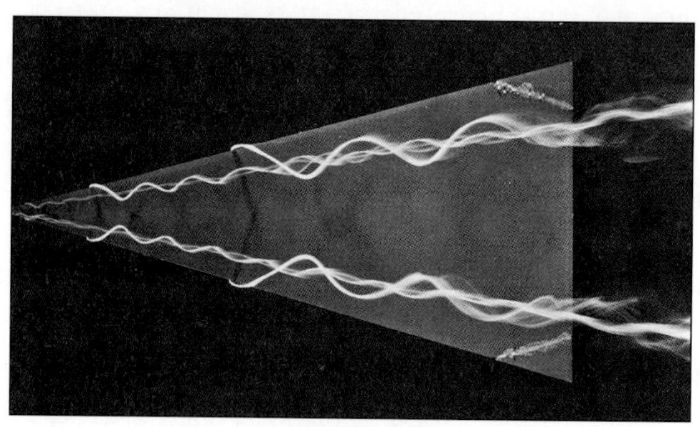

그림 P4-28C
15° 델타 날개 위로 영각 20°, Reynolds 수 20,000의 유동가시화. 날개 하부의 구멍에서 물로 분출되는 물감에 의해 가시화하였다. *Courtesy of ONERA. Photo by Werlé.*

4-29C 그림 P4-29C에 나타낸 지면 와류 유동의 가시화를 고려해 보자. 이것은 유선, 유맥선, 유적선, 시간선 중 어느 것인가? 그 이유를 설명하라.

그림 P4-29C
지면 와류 유동의 가시화. 왼쪽에서 오른쪽으로 공기의 자유흐름 유동이 있을 때 고속의 둥근 공기 제트가 지면에 충돌한다(지면은 사진의 아랫부분이다). 상류를 운동하는 제트의 일부분은 **지면 와류**(ground vortex)로 알려져 있는 재순환 영역을 형성한다. 유동장의 왼쪽에 수직으로 설치된 연기 와이어에 의해 가시화하였다. *Photo by John M. Cimbala.*

4-30C 그림 P4-30C에서와 같이 구 위의 유동의 가시화를 고려해 보자. 이것은 유선, 유맥선, 유적선, 시간선 중 어느 것인가? 그 이유를 설명하라.

그림 P4-30C
구 위를 지나는 Reynolds 수 15,000의 유동가시화. 물속의 기포를 일정 시간 동안 노출시켜 가시화하였다. *Courtesy of ONERA. Photo by Werlé.*

4-31C 그림 P4-31C에서와 같이 12° 원뿔 위의 유동의 가시화를 고려해 보자. 이것은 유선, 유맥선, 유적선, 시간선 중 어느 것인가? 그 이유를 설명하라.

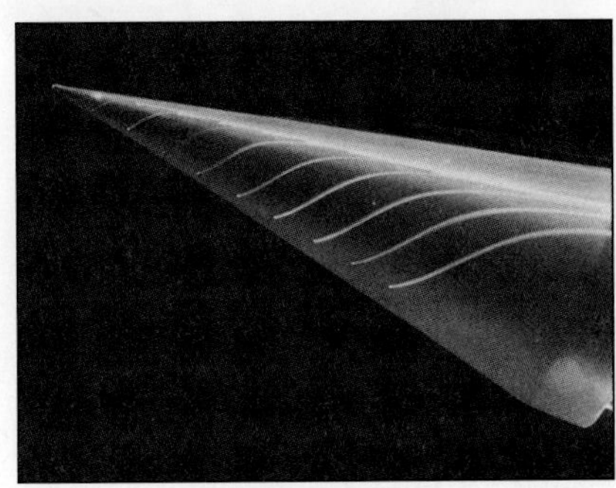

그림 P4-31C
12° 원뿔 위로 영각 16°, Reynolds 수 15,000의 유동가시화. 원뿔의 구멍에서 물로 분출되는 물감에 의해 가시화하였다. *Courtesy of ONERA. Photo by Werlé.*

4-32C 열교환기 관군을 통과하는 단면을 고려해 보자(그림 P4-32C). 다음 각각의 필요한 정보를 얻기 위해서 적당한 유동가시화 플롯 방법(벡터 플롯 혹은 등분포 플롯)을 선택하고, 그 이유를 설명하라.

(a) 유체의 속도가 최대인 위치를 가시화하려고 할 때.

(b) 관 후면부에서 유동 박리를 가시화하려고 할 때.

(c) 평면 전체의 온도장을 가시화하려고 할 때.

(d) 평면에 수직인 와도 성분의 분포를 가시화하려고 할 때.

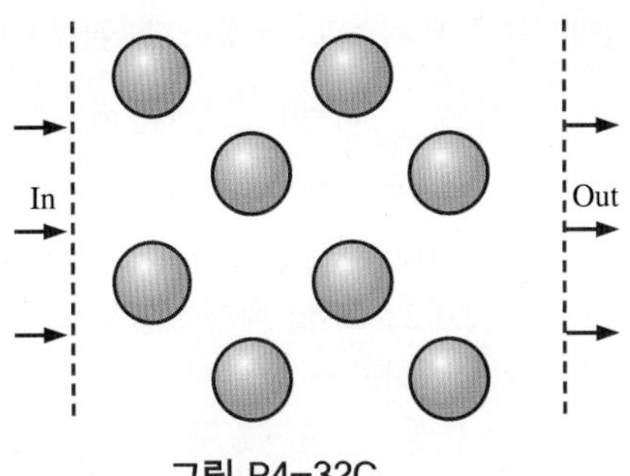

그림 P4-32C

4-33 $V=(u, v, w)=0.6x+0.2t-1.4$ (m/s)의 속도장이 있는 방 안에 새가 날아다니고 있다. 방은 히트펌프로 가열되고 있고, 정상 상태의 방의 온도 분포는 $T(x, y, z)=400-0.4y-0.6z-0.2(5-x)^2$(°C)이다. 새가 $x=1$ m에서 10초 뒤에 느끼는 온도 변화를 계산하라.

4-34 어떤 유동의 속도장이 $\vec{V}=(4x)\vec{i}+(5y+3)\vec{j}+(3t^2)\vec{k}$로 주어져 있다. 시간 $t=1$ s에 위치 (1 m, 2 m, 4 m)를 지나는 입자의 유적선을 계산하라.

4-35 다음의 정상, 비압축성, 2차원 속도장을 고려해 보자.

$$\vec{V}=(u, v)=(4.35+0.656x)\vec{i}+(-1.22-0.656y)\vec{j}$$

유선을 해석적으로 유도하고, 1사분면의 $x=0$에서 5, $y=0$에서 6의 범위에서 몇 개의 유선을 도시하라.

4-36 문제 4-35의 정상, 비압축성 및 2차원 속도장을 고려해 보자. 1사분면의 $x=0$에서 5, $y=0$에서 6의 범위에서 속도 벡터를 도시하라.

4-37 문제 4-35의 정상, 비압축성, 2차원 속도장을 고려해 보자. 1사분면의 $x=0$에서 5, $y=0$에서 6의 범위에서 가속도장 벡터를 도시하라.

4-38 다음의 정상, 비압축성, 2차원 속도장을 고려해 보자.

$$\vec{V}=(u, v)=(1+2.5x+y)\vec{i}+(-0.5-3x-2.5y)\vec{j}$$

여기서 x와 y의 단위는 m, 속도의 단위는 m/s이다.

(a) 정체점이 존재하는가를 판단하고, 존재한다면 그 점이 어디인가를 계산하라.

(b) 1사분면의 $x=0$ m에서 4 m, $y=0$ m에서 4 m인 범위의 몇 군데에서의 속도 벡터를 도시하고, 유동장을 해석하라.

4-39 문제 4-38의 정상, 비압축성, 2차원 속도장을 고려해 보자.

(a) 한 점 ($x=2$ m, $y=3$ m)에서 물질가속도를 계산하라.
답: $a_x=8.50$ m/s², $a_y=8.00$ m/s²

(b) 문제 4-38과 동일한 x, y영역에서 물질가속도 벡터를 도시하라.

4-40 $r\theta$평면에서 **강체 회전**의 속도장은 다음과 같다(그림 P4-40).

$$u_r=0 \qquad u_\theta=\omega r$$

여기서 ω는 각속도의 크기이다($\vec{\omega}$는 z방향이다). $\omega=1.5\ \mathrm{s}^{-1}$일 때, 속도 크기의 등분포도를 그려라. 특히, 일정한 속도 $V=$ 0.5, 1.0, 1.5, 2.0, 2.5 m/s일 때의 그림을 도시하라. 그림 위에 이 속도들을 명시하라.

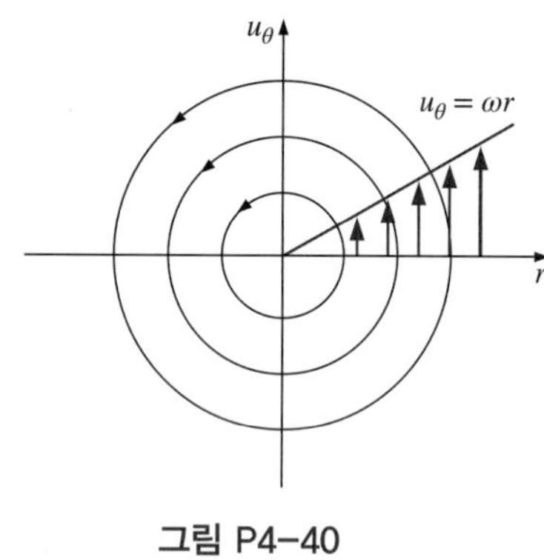

그림 P4-40

4-41 $r\theta$평면에서 **선 소스**의 속도장은 다음과 같다(그림 P4-41).

$$u_r=\frac{m}{2\pi r} \qquad u_\theta=0$$

여기서 m은 **선 소스**의 세기이다. $m/(2\pi)=1.5\ \mathrm{m^2/s}$일 때, 속도 크기의 등분포도를 도시하라. 특히, 일정한 속도 $V=0.5$, 1.0, 1.5, 2.0, 2.5 m/s일 때의 그림을 도시하라. 그림 위에 이 속도들을 명시하라.

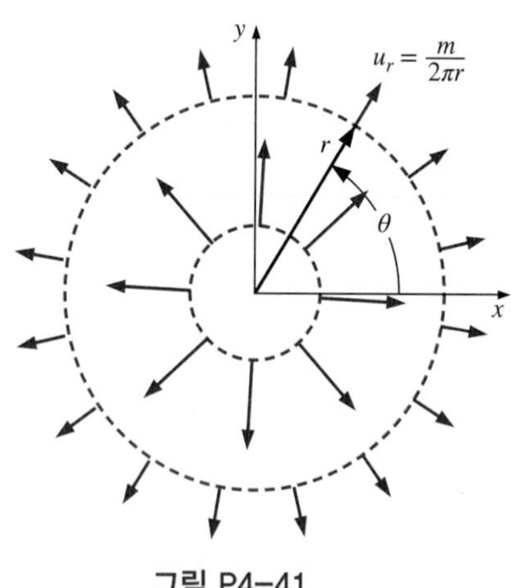

그림 P4-41

4-42 반경이 R_i인 매우 작은 원형 실린더가 이 실린더와 동심이며 각속도 ω_i로 회전하고, 반경이 R_o인 큰 실린더 내에서 ω_o로 회전하고 있다. 그림 P4-42에서 볼 수 있듯이 밀도가 ρ이고 점성계수가 μ인 유체가 두 실린더 사이를 채우고 있다. 중력과 실린더 끝부분의 효과는 무시할 수 있다(따라서 지면 속으로 2차원 유동). $\omega_i=\omega_o$이고 오랜 시간이 경과하였을 때, 접선방향의 속도 분포 u_θ를 r, ω, R_i, R_o, ρ, μ의 함수로 표시하라(이 변수들을 모두 포함할 필요는 없다). $\omega=\omega_i=\omega_o$이다. 또한 안쪽 실린더와 바깥쪽 실린더에 유체가 가한 토크를 계산하라.

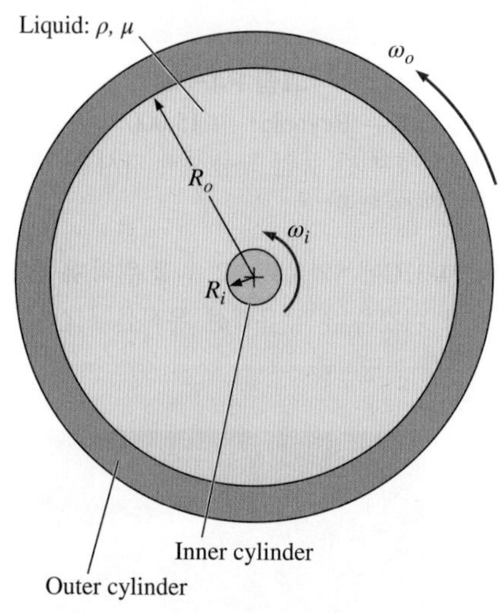

그림 P4-42

4-43 문제 4-42의 두 개의 동심 실린더를 고려해 보자. 그러나 안쪽 실린더는 회전하지만, 바깥쪽 실린더는 고정되어 있다. 극단적으로 바깥쪽 실린더가 안쪽 실린더에 비하여 매우 크다면(안쪽 실린더의 직경이 매우 작은 반면 매우 빨리 회전하는 경우를 상상하라), 이는 어떠한 유동을 근사한 것인가? 그 이유를 설명하라. 오랜 시간이 경과한 후, 접선방향의 속도 분포 u_θ를 r, ω_i, R_i, R_o, ρ, μ의 함수로 표시하라(이 변수들을 모두 포함할 필요는 없다). 힌트: 결과에는 안쪽 실린더 표면에서의 경계 조건에서 얻는 (미지의) 상수가 포함될 수 있다.

4-44 $r\theta$평면에서 선 와류의 속도장은 다음과 같다(그림 P4-44).

$$u_r=0 \qquad u_\theta=\frac{K}{r}$$

여기서 K는 **선 와류의 세기**이다. $K=1.5\ \mathrm{m/s^2}$일 때, 속도 크기의 등분포도를 도시하라. 특히, 일정한 속도 $V=0.5$, 1.0, 1.5, 2.0, 2.5 m/s일 때의 그림을 도시하라. 그림 위에 이 속도들을 명시하라.

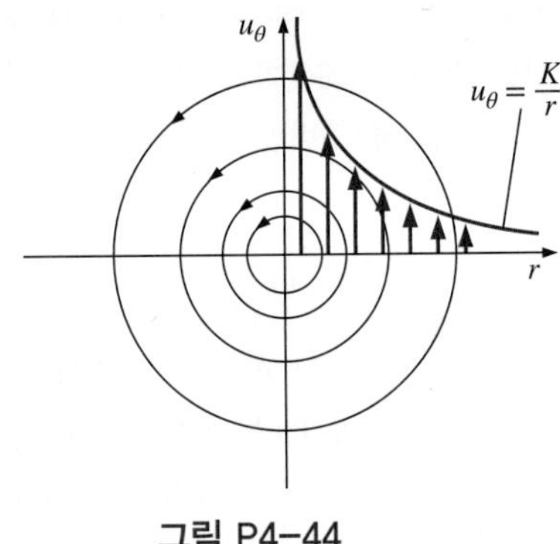

그림 P4-44

4-45 수축 덕트 유동(그림 P4-15)을 문제 4-15의 정상, 2차원 속도장으로 모델링하였다. 유선을 해석적으로 유도하라.
답: $y = C/(U_0 + bx)$

유체 요소의 운동과 변형: 와도와 회전성

4-46C 유체 요소의 기본적인 네 가지의 운동과 변형에 대해 이들의 이름을 나열하고, 간단히 설명하라.

4-47C 와도와 회전성의 관계를 설명하라.

4-48 수축 덕트 유동을 문제 4-15의 정상, 2차원 속도장으로 모델링하였다. 체적변형률 방정식을 이용하여 이 유동장이 비압축성임을 증명하라.

4-49 수축 덕트 유동을 문제 4-15의 정상, 2차원 속도장으로 모델링하였다. 유체 입자(A)가 시간 $t=0$에서 x축의 $x=x_A$에 위치한다(그림 P4-49). 얼마 후의 시간 t에 유체 입자는 유동을 따라 그림에서와 같이 새로운 위치 $x=x_{A'}$으로 이동하였다. 유동이 x축에 대해 대칭이므로 유체 입자는 항상 x축에서 운동한다. 임의의 시간 t에서의 유체 입자 위치 x를 초기 위치 x_A와 상수 U_0 및 b를 이용하여 유도하라. 즉, $x_{A'}$에 관한 식을 유도하라. (힌트: 유체 입자를 추적할 때의 속도 $u = dx_{\text{particle}}/dt$이다. u를 대입하고, 변수분리한 후 적분하라.)

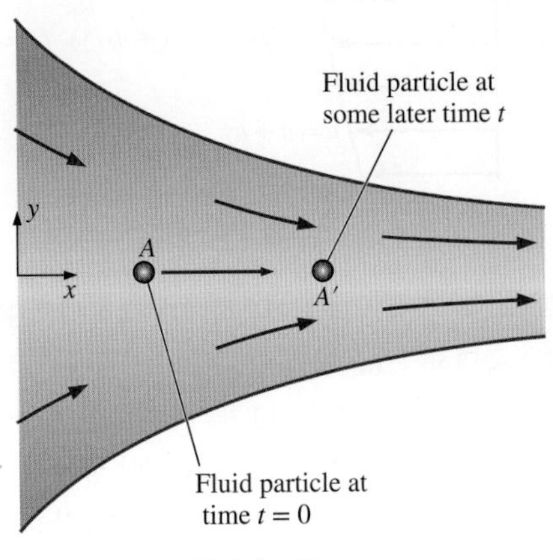

그림 P4-49

4-50 수축 덕트 유동을 문제 4-15의 정상, 2차원 속도장으로 모델링하였다. 유동이 x축에 대해 대칭이므로 x축 위의 직선 AB는 계속 x축에서 운동하지만, 길이는 ξ에서 $\xi+\Delta\xi$로 신장할 것이다(그림 P4-50). 직선의 길이 변화 $\Delta\xi$에 관한 식을 유도하라. (힌트: 문제 4-49의 결과를 이용하라.) 답: $(x_B - x_A)(e^{bt} - 1)$

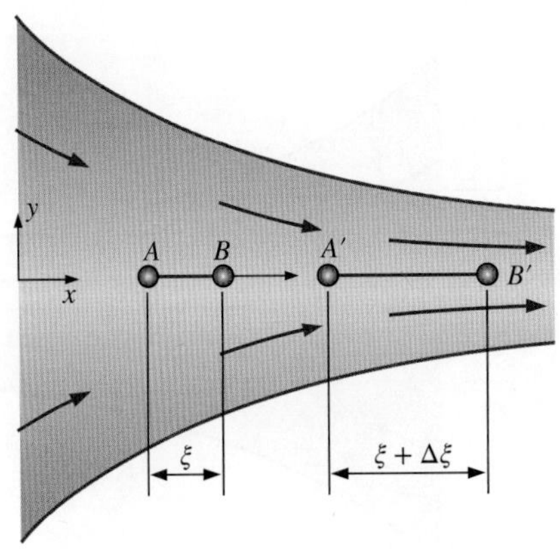

그림 P4-50

4-51 문제 4-50의 결과와 선형변형률(단위 길이당 길이의 증가율)의 정의를 이용하여 덕트의 중앙선에 위치한 유체 입자의 x방향 선형변형률(ε_{xx})을 계산하라. 이 결과를 속도장으로부터 계산한 ε_{xx}, 즉 $\varepsilon_{xx} = \partial u/\partial x$와 비교하라. [힌트: 시간의 극한 $t \to 0$을 취하고, e^{bt}의 급수해(series expansion)를 이용하라.] 답: b

4-52 수축 덕트 유동을 문제 4-15의 정상, 2차원 속도장으로 모델링하였다. 유체 입자(A)가 시간 $t=0$에서 $x=x_A$ 및 $y=y_A$에 위치한다(그림 P4-52). 얼마 후의 시간 t에 유체 입자는 유동을 따라 그림에서와 같이 새로운 위치 $x=x_{A'}$, $y=y_{A'}$으로 이동하였다. 임의의 시간 t에서의 유체 입자 위치 y를, 초기 위치 y_A와 상수 b를 이용하여 유도하라. 즉, $y_{A'}$에 관한 식을 유도하라. (힌트: 유체 입자를 추적할 때의 속도 $v = dy_{\text{particle}}/dt$이다. v를 대입하고, 변수분리한 후 적분하라.) 답: $y_A\, e^{-bt}$

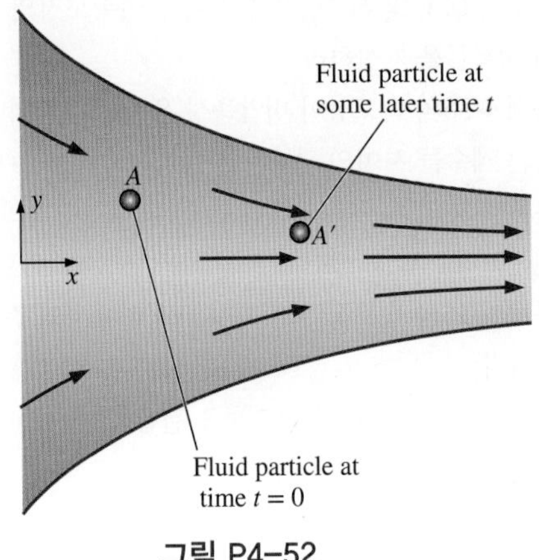

그림 P4-52

4-53 수축 덕트 유동을 문제 4-15의 정상, 2차원 속도장으로 모델링하였다. 수직 직선 AB는 하류로 운동하면서 길이가 η에서 $\eta+\Delta\eta$로 수축할 것이다(그림 P4-53). 직선의 길이 변화 $\Delta\eta$에 관한 식을 유도하라. 길이의 변화 $\Delta\eta$는 **음**이다. (힌트: 문제 4-52의 결과를 이용하라.)

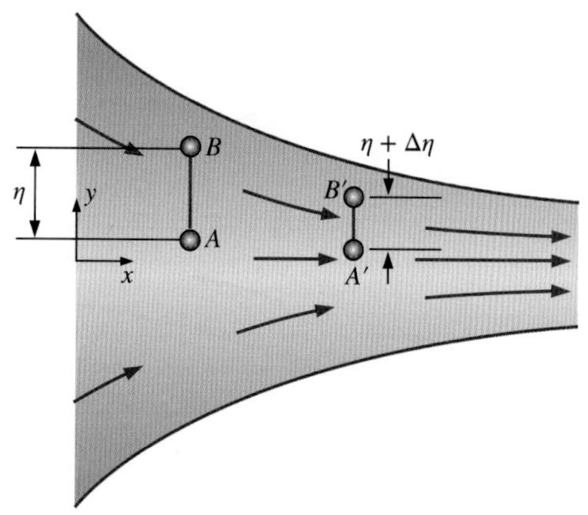

그림 P4–53

4-54 문제 4-53의 결과와 선형변형률(단위 길이당 길이의 증가율)의 정의를 이용하여 유체 입자가 하류로 운동할 때 y방향 선형변형률(ε_{yy})을 계산하라. 이 결과를 속도장으로부터 계산한 ε_{yy}, 즉 $\varepsilon_{yy}=\partial v/\partial y$와 비교하라. [힌트: 시간의 극한 $t\to 0$을 취하고, e^{-bt}의 급수해(series expansion)를 이용하라.]

4-55 수축 덕트 유동을 문제 4-15의 정상, 2차원 속도장으로 모델링하였다. 이 유동은 회전인가, 비회전인가? 계산 과정을 보여라. 답: 비회전이다.

4-56 다음과 같은 일반적인 정상, 2차원 속도장 방정식은 공간상의 양방향(x 및 y)으로 선형이다.

$$\vec{V}=(u, v)=(U+a_1x+b_1y)\vec{i}+(V+a_2x+b_2y)\vec{j}$$

여기서 U, V 및 계수들은 상수이다. 가속도장의 x방향 및 y방향의 성분들을 계산하라.

4-57 문제 4-56의 속도장이 비압축성 유동장이 되려면 이를 만족시키는 계수들 사이의 관계는 무엇인가? 답: $a_1+b_2=0$

4-58 문제 4-56의 속도장에 대해서 x방향 및 y방향의 선형변형률을 계산하라. 답: a_1, b_2

4-59 문제 4-56의 속도장에 대해서 xy평면에서의 전단변형률을 계산하라.

4-60 문제 4-58 및 4-59의 결과들을 결합하여 xy평면에서의 2차원 변형률 텐서 ε_{ij}를 계산하라.

$$\varepsilon_{ij}=\begin{pmatrix}\varepsilon_{xx} & \varepsilon_{xy}\\ \varepsilon_{yx} & \varepsilon_{yy}\end{pmatrix}$$

어떤 조건하에서 x축 및 y축이 주축이 되는가? 답: $b_1+a_2=0$

4-61 문제 4-56의 속도장에 대해서 와도 벡터를 계산하라. 와도 벡터는 어느 방향을 향하는가? 답: z방향으로 $(a_2-b_1)\vec{k}$

4-62 다음 식과 같은 정상, 비압축성, 2차원 **전단 유동** 속도장을 고려해 보자.

$$\vec{V}=(u, v)=(a+by)\vec{i}+0\vec{j}$$

여기서 a와 b는 상수이다. 시간 t에서 크기가 dx 및 dy인 미소 사각형 유체 입자가 그림 P4-62에 도시되어 있다. 이 유체 입자는 유동을 따라 운동하며 모양이 변형되어, 얼마 후의 시간 $(t+dt)$에서는 그림에서와 같이 더 이상 사각형 모양이 아니다. 유체 입자 각 모서리의 초기 위치는 그림 P4-62에 표시되어 있다. 시간 t에서 점 (x, y)에 위치한 왼쪽아래 모서리의 x방향 속도 성분은 $u=a+by$이다. 얼마 후에 이 모서리는 $(x+u\,dt, y)$, 즉

$$(x+(a+by)\,dt,\ y)$$

로 이동한다.

(a) 이와 유사한 방법으로, $t+dt$에서의 나머지 세 모서리의 위치를 계산하라.

(b) **선형변형률**(단위 길이당 길이의 변형률)의 정의를 이용하여 선형변형률 ε_{xx} 및 ε_{yy}를 계산하라. 답: 0, 0

(c) 이 결과를 직교좌표계의 ε_{xx} 및 ε_{yy}에 관한 방정식, 즉

$$\varepsilon_{xx}=\frac{\partial u}{\partial x}\qquad \varepsilon_{yy}=\frac{\partial v}{\partial y}$$

으로 계산한 결과와 비교하라.

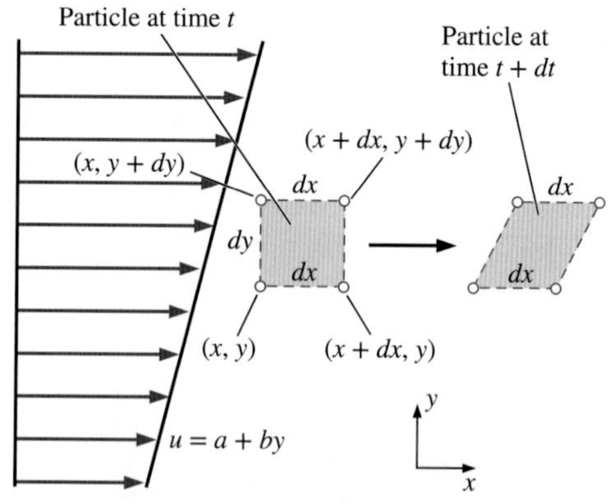

그림 P4–62

4-63 다음의 두 가지 방법을 이용하여 문제 4-62의 유동이 비압축성임을 증명하라. (a) 처음 및 나중의 시간에서 유체 입자의 체적을 각각 계산하여 증명, (b) 체적변형률을 계산하여 증명. 이 문제를 풀기 전에 문제 4-62를 완료해야 함에 유의하라.

4-64 문제 4-62의 정상, 비압축성, 2차원 유동장을 고려해 보자. 문제 4-62(a)의 결과를 이용하여 다음을 계산하라.

(a) **전단변형률**의 정의(어느 한 점에서 교차하는, 처음에 서

로 수직인 두 직선 사이의 각도의 감소율의 반)를 이용하여 xy평면에서의 전단변형률 ε_{xy}를 계산하라. (힌트: 초기에 왼쪽-아래 모서리에서 90°로 서로 교차하는 유체 입자의 왼쪽 변과 아래쪽 변을 이용하라.)

(b) 이 결과를 직교좌표계의 ε_{xy}에 관한 방정식, 즉

$$\varepsilon_{xy} = \frac{1}{2}\left(\frac{\partial u}{\partial y} + \frac{\partial v}{\partial x}\right)$$

으로 계산한 결과와 비교하라. 답: (a) $b/2$, (b) $b/2$

4-65 문제 4-62의 정상, 비압축성, 2차원 유동장을 고려해 보자. 문제 4-62(a)의 결과를 이용하여 다음을 계산하라.

(a) **회전율**의 정의(처음에 서로 수직으로 교차하는 두 직선들의 평균 회전율)를 이용하여 xy평면에서의 전단변형률 ω_z를 계산하라. (힌트: 초기에 왼쪽-아래 모서리에서 90°로 서로 교차하는 유체 입자의 왼쪽 변과 아래쪽 변을 이용하라.)

(b) 이 결과를 직교좌표계의 ω_z에 관한 방정식, 즉

$$\omega_z = \frac{1}{2}\left(\frac{\partial v}{\partial x} - \frac{\partial u}{\partial y}\right)$$

으로 계산한 결과와 비교하라. 답: (a) $-b/2$, (b) $-b/2$

4-66 문제 4-65의 결과로부터,

(a) 이 유동은 회전인가, 비회전인가?

(b) 이 유동장의 와도의 z방향 성분을 계산하라.

4-67 크기가 dx, dy인 2차원 유체 요소가 그림 P4-67과 같이 미소 시간 $dt = t_2 - t_1$ 동안 병진운동하며 변형한다. 처음에 점 P의 x방향과 y방향의 속도 성분은 각각 u와 v이다. xy평면에서 점 P에 관한 회전율(각속도)의 크기는 다음과 같음을 증명하라.

$$\omega_z = \frac{1}{2}\left(\frac{\partial v}{\partial x} - \frac{\partial u}{\partial y}\right)$$

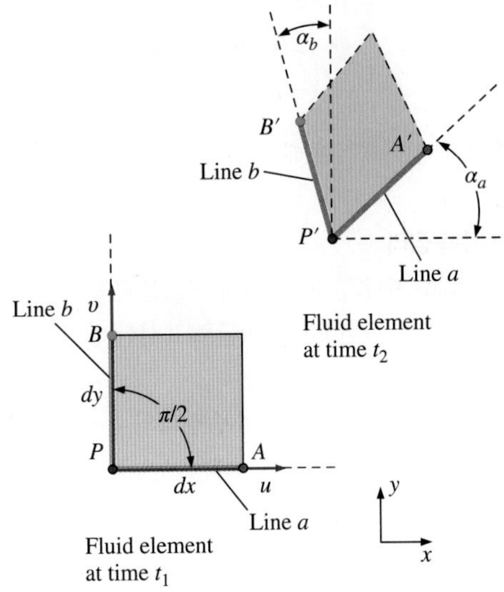

그림 P4-67

4-68 크기가 dx와 dy인 2차원 유체 요소가 그림 P4-67과 같이 미소 시간 $dt = t_2 - t_1$ 동안 병진운동을 하며 변형한다. 처음에 점 P의 x방향과 y방향의 속도 성분은 각각 u와 v이다. 그림 P4-67의 직선 PA를 고려해 보자. x방향의 선형변형률의 크기가 다음과 같음을 증명하라.

$$\varepsilon_{xx} = \frac{\partial u}{\partial x}$$

4-69 크기가 dx와 dy인 2차원 유체 요소가 그림 P4-67과 같이 미소 시간 $dt = t_2 - t_1$ 동안 병진운동을 하며 변형한다. 처음에 점 P의 x방향과 y방향의 속도 성분은 각각 u와 v이다. xy평면에서 점 P에 관한 전단변형률의 크기가 다음과 같음을 증명하라.

$$\varepsilon_{xy} = \frac{1}{2}\left(\frac{\partial u}{\partial y} + \frac{\partial v}{\partial x}\right)$$

4-70 실린더 형상의 물탱크가 수직축에 대해 각속도 $\dot{n} = 175$ rpm으로 반시계방향으로 강체 회전한다(그림 P4-70). 탱크 내 유체 입자의 와도를 계산하라. 답: $36.7\vec{k}$ rad/s

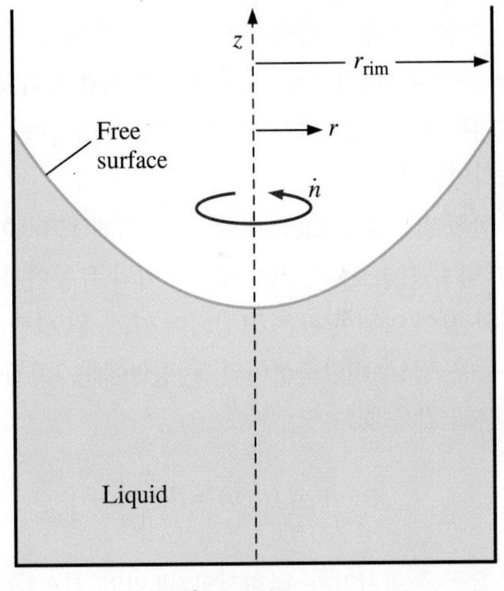

그림 P4-70

4-71 실린더 형상의 물탱크가 수직축에 대해 회전한다(그림 P4-70). 유동의 와도장을 측정하기 위해 PIV 시스템이 사용된다. 측정한 와도의 값은 z방향으로 −54.5 rad/s이고, 측정한 모든 곳에서의 값은 ±0.5% 내에서 일정하였다. 탱크의 각속도를 rpm으로 계산하라. 탱크는 수직축에 대해 시계방향으로 회전하는가, 시계 반대방향으로 회전하는가?

4-72 반경이 $r_{rim} = 0.354$ m인 실린더 형상의 물탱크가 수직축에 대해 회전한다(그림 P4-70). 탱크에는 오일이 일부만 차 있다. 탱크 테두리(rim)의 속도는 반시계방향으로(위에서 보았을 때) 3.61 m/s이며, 탱크는 충분히 오랫동안 회전하여 강체 회전 상태라고 생각할 수 있다. 탱크 내 유체 입자의 z방향 와도의 크기를 계산하라. 답: 20.4 rad/s

4-73 처음에 정사각형인 유체 입자가 운동하고 변형하는 2차원, 비압축성 유동장을 고려해 보자. 시간 t에서 유체 입자의 크기는 a이고, 그림 P4-73에서 볼 수 있듯이 유체 입자는 x축 및 y축과 평행하다. 얼마의 시간이 경과한 후에도 입자는 x축 및 y축과 평행하지만, 수평 길이가 $2a$인 직사각형으로 변형되었다. 이 시간에서 직사각형 유체 입자의 수직 길이는 얼마인가?

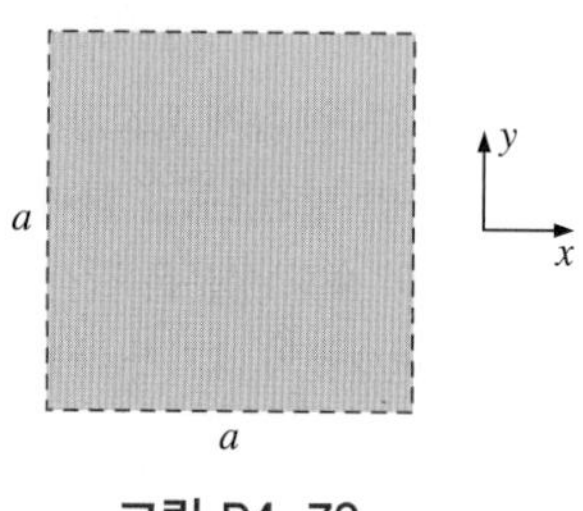

그림 P4-73

4-74 처음에 정사각형인 유체 입자가 운동하고 변형하는 2차원, **압축성** 유동장을 고려해 보자. 시간 t에서 유체 입자의 크기는 a이고, 그림 P4-73에서 볼 수 있듯이 유체 입자는 x축 및 y축과 평행하다. 얼마의 시간이 경과한 후에도 입자는 x축 및 y축과 평행하지만, 수평 길이가 $1.08a$이고 수직 길이가 $0.903a$인 직사각형으로 변형되었다(2차원 유동이므로 유체 입자의 z방향 길이는 변하지 않는다). 유체 입자의 밀도는 몇 % 증가 혹은 감소하였는가?

4-75 완전히 발달한 **Couette 유동**을 고려해 보자. 이는 간격이 h인 2개의 무한히 큰 평행한 평판 사이의 유동이며, 그림 P4-75에서와 같이 아래 평판은 고정되어 있고, 위 평판은 움직인다. 이 유동은 정상, 비압축성이며, xy평면에서 2차원이다. 속도장이 다음과 같을 때,

$$\vec{V} = (u, v) = V\frac{y}{h}\vec{i} + 0\vec{j}$$

이 유동은 회전인가, 비회전인가? 만약 회전한다면 z방향의 와도 성분을 계산하라. 이 유동에서 유체 입자는 시계방향으로 회전하는가, 반시계방향으로 회전하는가?

답: 그렇다, $-V/h$, 시계방향

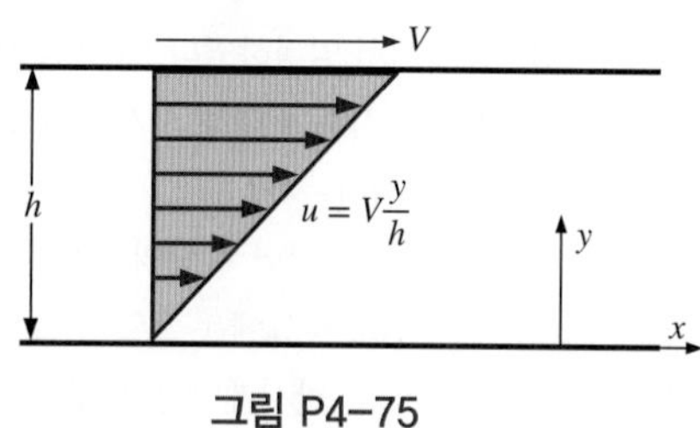

그림 P4-75

4-76 그림 P4-75의 Couette 유동에 대하여 x 및 y방향의 선형변형률들을 계산하고, 전단변형률 ε_{xy}를 계산하라.

4-77 문제 4-76의 결과를 결합하여 2차원 변형률 텐서 ε_{ij}를 계산하라.

$$\varepsilon_{ij} = \begin{pmatrix} \varepsilon_{xx} & \varepsilon_{xy} \\ \varepsilon_{yx} & \varepsilon_{yy} \end{pmatrix}$$

x축 및 y축은 주축인가?

4-78 xy평면에서의 정상, 2차원, 비압축성 유동장을 고려해 보자. x방향의 선형변형률이 $1.75\ \text{s}^{-1}$일 때, y방향의 선형변형률을 계산하라.

4-79 정상, 3차원 속도장이 다음과 같다.

$$\begin{aligned}\vec{V} &= (u, v, w) \\ &= (2.49 + 1.36x - 0.867y)\vec{i} \\ &\quad + (1.95x - 1.36y)\vec{j} + (-0.458xy)\vec{k}\end{aligned}$$

와도 벡터를 공간 (x, y, z)의 함수로 계산하라.

4-80 정상, 3차원 속도장이 다음과 같다.

$$\begin{aligned}\vec{V} &= (u, v, w) \\ &= (2.5 + 2.0x - y)\vec{i} + (2.0x - 2.0y)\vec{j} + (0.8xy)\vec{k}\end{aligned}$$

와도 벡터를 공간 (x, y, z)의 함수로 계산하라.

4-81 정상, 2차원 속도장이 다음과 같다.

$$\begin{aligned}\vec{V} &= (u, v) \\ &= (2.85 + 1.26x - 0.896y)\vec{i} \\ &\quad + (3.45x + cx - 1.26y)\vec{j}\end{aligned}$$

유동장이 비회전일 때 상수 c의 값을 계산하라.

4-82 정상, 3차원 속도장이 다음과 같다.

$$\begin{aligned}\vec{V} &= (0.657 + 1.73x + 0.948y + az)\vec{i} \\ &\quad + (2.61 + cx + 1.91y + bz)\vec{j} \\ &\quad + (-2.73x - 3.66y - 3.64z)\vec{k}\end{aligned}$$

유동장이 비회전일 때 상수 a, b, c의 값을 계산하라.

Reynolds 수송정리

4-83C Reynolds 수송정리(RTT)의 목적을 간단히 설명하라. 종량적 상태량 B에 관한 RTT를 "글로 표시한 방정식"의 형태로 적고, 각각의 항을 설명하라.

4-84C 물질도함수와 Reynolds 수송정리의 유사점과 상이점을 간단히 설명하라.

4-85C 진위 문제: 다음 각각의 기술이 맞는지 틀리는지 선택하고, 그 이유를 간단히 설명하라.

(a) Reynolds 수송정리는 자연적인 검사체적의 형태로부터

시스템 형태로 보존 방정식을 변환할 때에 유용하다.

(b) Reynolds 수송정리는 모양이 변하지 않는 검사체적에만 적용할 수 있다.

(c) Reynolds 수송정리는 정상 유동장과 비정상 유동장 모두에 적용할 수 있다.

(d) Reynolds 수송정리는 스칼라와 벡터 모두에 적용할 수 있다.

4-86 적분 $\frac{d}{dt}\int_t^{2t} x^{-2}dx$를 고려해 보자. 이 식을 다음의 두 방법으로 풀어라.

(a) 먼저 적분한 후 미분하여 풀어라.

(b) Leibniz 공식을 이용하라. 두 결과를 비교하라.

4-87 적분 $\frac{d}{dt}\int_t^{2t} x^x dx$를 풀 수 있는 한도까지 풀어라.

4-88 Reynolds 수송정리(RTT)의 일반 형태는 다음과 같다.

$$\frac{dB_{\text{sys}}}{dt} = \frac{d}{dt}\int_{\text{CV}} \rho b\, dV + \int_{\text{CS}} \rho b \vec{V}_r \cdot \vec{n}\, dA$$

여기서 $\vec{V}_r$은 검사면에 상대적인 유체의 속도이다. B_{sys}을 유체 입자의 시스템의 질량 m이라 하자. 정의에 의하여 질량은 시스템으로 유출입할 수 없으므로 $dm/dt=0$이다. 주어진 방정식을 이용하여 검사체적에 대한 질량 보존 방정식을 유도하라.

4-89 문제 4-88에 주어진 Reynolds 수송정리(RTT)의 일반 형태를 고려해 보자. B_{sys}을 유체 입자의 시스템의 선형운동량 $m\vec{V}$라 하자. 시스템에 대한 Newton의 제2법칙은 다음과 같다.

$$\sum \vec{F} = m\vec{a} = m\frac{d\vec{V}}{dt} = \frac{d}{dt}(m\vec{V})_{\text{sys}}$$

RTT와 위의 식을 이용하여 검사체적에 대한 선형운동량 보존 방정식을 유도하라.

4-90 문제 4-88에 주어진 Reynolds 수송정리(RTT)의 일반 형태를 고려해 보자. B_{sys}을 유체 입자의 시스템의 각운동량 $\vec{H}=\vec{r}\times m\vec{V}$라 하자. $\vec{r}$은 모멘트 팔이다. 시스템에 대한 각운동량 보존식은 다음과 같다.

$$\sum \vec{M} = \frac{d}{dt}\vec{H}_{\text{sys}}$$

여기서 $\Sigma\vec{M}$은 시스템에 작용한 순수 모멘트이다. RTT와 위의 식을 이용하여 검사체적에 대한 각운동량 보존 방정식을 유도하라.

복습 문제

4-91 정상, xy평면의 2차원 유동장의 x방향 속도 성분이 다음과 같다.

$$u = a + b(x-c)^2$$

여기서 a, b, c는 적당한 차원의 상수들이다. 유동장이 비압축성이려면 속도의 y성분은 어떠한 형태이어야 하는가? 즉, 유동장이 비압축성일 때, v를 x, y 및 주어진 방정식의 상수들의 함수로 표현하라. 답: $-2b(x-c)y+f(x)$

4-92 정상, xy평면의 2차원 유동장의 x방향 속도 성분이 다음과 같다.

$$u = ax + by + cx^2$$

여기서 a, b, c는 적당한 차원의 상수들이다. 유동장이 비압축성이려면,속도 성분 v의 일반적인 형태는 어떠한가?

4-93 어떠한 유동의 속도장이 $\vec{V}=k(x^2-y^2)\,\vec{i}-2kxy\,\vec{j}$이며, 여기서 k는 상수이다. 유선의 곡률 반경이 $R=[1+y'^2]^{3/2}/|y''|$이라면 한 점 $x=1$, $y=2$를 지나는 입자의 수직 가속도(유선에 수직)는 얼마인가?

4-94 어떠한 비압축성 유동의 속도장이 $\vec{V}=5x^2\,\vec{i}-20xy\,\vec{j}+100t\,\vec{k}$이다. 이 유동은 정상 유동인가? 또한 $t=0.2$ s에 한 점 (1, 3, 3)을 지나는 입자의 속도와 가속도를 계산하라.

4-95 완전히 발달한 2차원 Poiseuille 유동을 고려해 보자. 이것은 간격이 h인 2개의 무한히 큰 평행한 평판 사이의 유동이며, 두 평판들은 고정되어 있고, 그림 P4-95에서와 같이 강제 압력구배 dP/dx가 유동을 야기한다(dP/dx는 음의 상수이다).

이 유동은 정상, 비압축성이며, xy평면에서 2차원이다. 속도 성분들은 다음과 같다.

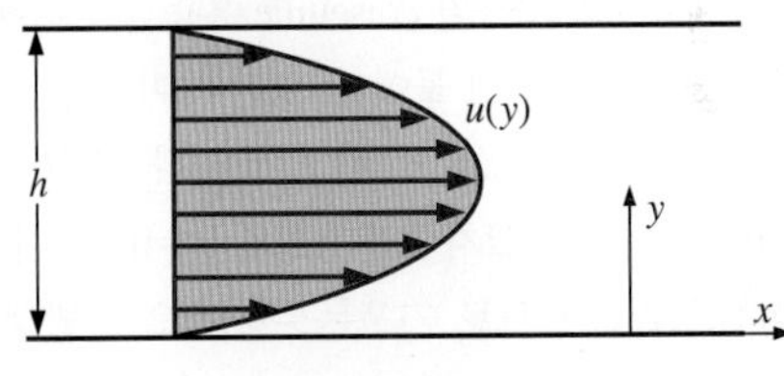

그림 P4-95

$$u = \frac{1}{2\mu}\frac{dP}{dx}(y^2 - hy) \qquad v = 0$$

여기서 μ는 유체의 점성계수이다. 이 유동은 회전인가, 비회전인가? 만약 회전한다면 z방향의 와도 성분을 계산하라. 이 유동에서 유체 입자는 시계방향으로 회전하는가, 반시계방향으로 회전하는가?

4-96 그림 P4-95의 Poiseuille 유동에 대하여 x 및 y방향의 선형변형률들을 계산하고, 전단변형률 ε_{xy}를 계산하라.

4-97 문제 4-96의 결과를 결합하여 2차원 변형률 텐서 ε_{ij}를 계산하라.

$$\varepsilon_{ij} = \begin{pmatrix} \varepsilon_{xx} & \varepsilon_{xy} \\ \varepsilon_{yx} & \varepsilon_{yy} \end{pmatrix}$$

x축 및 y축은 주축인가?

4-98 문제 4-95의 2차원 Poiseuille 유동을 고려해 보자. 평판 사이의 유체는 40 ℃의 물이다. 평판 사이의 간격 $h = 1.6$ mm이고, 압력구배 $dP/dx = -230$ N/m³이다. $t = 0$에서 $t = 10$ s까지 7개의 **유적선**을 계산하고, 그 결과를 도시하라. 유체 입자들은 $x = 0$, $y = 0.2, 0.4, 0.6, 0.8, 1.0, 1.2, 1.4$ mm에서 방출되었다.

4-99 문제 4-95의 2차원 Poiseuille 유동을 고려해 보자. 평판 사이의 유체는 40 ℃의 물이다. 평판 사이의 간격 $h = 1.6$ mm이고, 압력구배 $dP/dx = -230$ N/m³이다. 염료를 $x = 0$, $y = 0.2, 0.4, 0.6, 0.8, 1.0, 1.2, 1.4$ mm에서 분출시켰을 때 형성되는 7개의 **유맥선**을 계산하고, 그 결과를 도시하라(그림 P4-99). 염료는 $t = 0$에서 $t = 10$ s까지 분출되었고, 유맥선은 $t = 10$ s에서 도시한다.

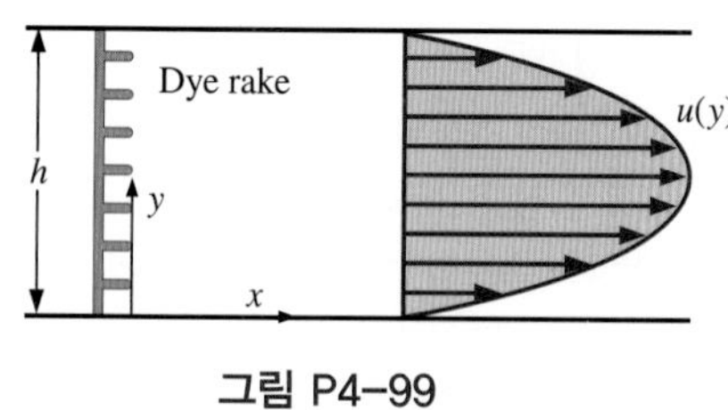

그림 P4-99

4-100 문제 4-99에서 염료를 $t = 0$ s에서 $t = 12$ s까지 분출하는 경우로 바꾸어 유맥선을 도시하라.

4-101 문제 4-99와 4-100의 결과를 비교하고, x 방향의 선형변형율에 대해서 설명하시오.

4-102 문제 4-95의 2차원 Poiseuille 유동을 고려해 보자. 평판 사이의 유체는 40 ℃의 물이다. 평판 사이의 간격 $h = 1.6$ mm이고, 압력구배 $dP/dx = -230$ N/m³이다. $x = 0$에 수소 기포 와이어를 수직으로 설치하였다(그림 P4-102). 이 선에는 전류가 간헐적으로 흐르므로 기포는 주기적으로 발생하여 시간선을 형성한다. $t = 0, 2.5, 5.0, 7.5, 10.0$ s에서 5개의 시간선이 생성된다. $t = 12.5$ s에서 이 5개의 시간선을 계산하고, 그 결과를 도시하라.

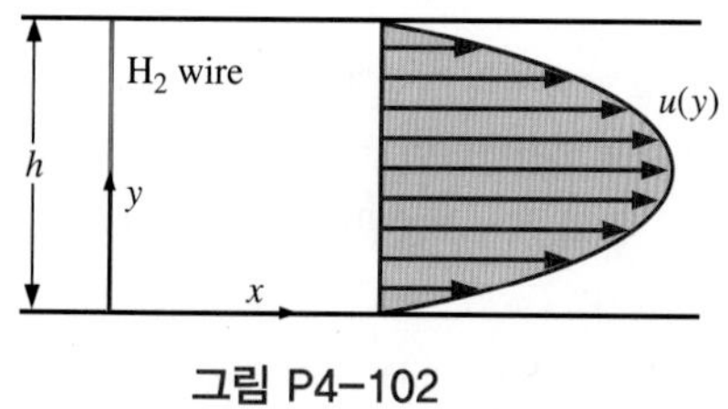

그림 P4-102

4-103 완전히 발달한 축대칭 Poiseuille 유동을 고려해 보자. 이것은 반경이 R(직경 $D = 2R$)인 원형 파이프 내의 유동이며, 그림 P4-103에서와 같이 강제 압력구배 dP/dx가 유동을 야기한다(dP/dx는 음의 상수이다). 이 유동은 정상, 비압축성이며, x축에 대하여 축대칭이다. 속도 성분들은 다음과 같다.

$$u = \frac{1}{4\mu}\frac{dP}{dx}(r^2 - R^2) \qquad u_r = 0 \qquad u_\theta = 0$$

여기서 μ는 유체의 점성계수이다. 이 유동은 회전인가, 비회전인가? 만약 회전한다면 원주(θ)방향의 와도 성분을 계산하고, 그 부호에 대하여 간략히 설명하라.

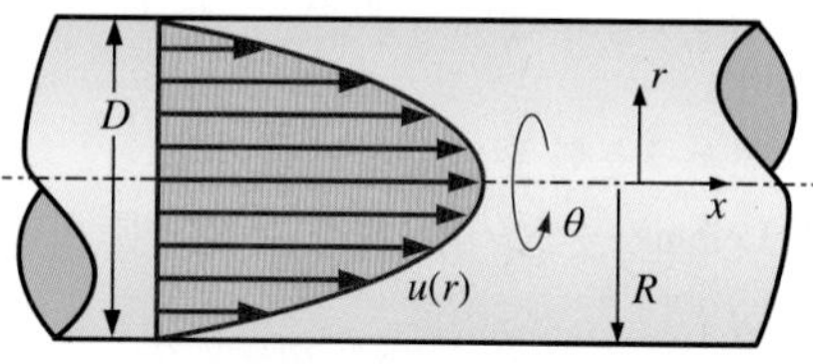

그림 P4-103

4-104 그림 P4-103의 축대칭 Poiseuille 유동에 대하여 x 및 r 방향의 선형변형률들을 계산하고, 전단변형률 ε_{xr}을 계산하라. 원통 좌표계 (r, θ, x) 및 (u_r, u_θ, u_x)의 변형률 텐서는 아래와 같다.

$$\varepsilon_{ij} = \begin{pmatrix} \varepsilon_{rr} & \varepsilon_{r\theta} & \varepsilon_{rx} \\ \varepsilon_{\theta r} & \varepsilon_{\theta\theta} & \varepsilon_{\theta x} \\ \varepsilon_{xr} & \varepsilon_{x\theta} & \varepsilon_{xx} \end{pmatrix}$$

$$= \begin{pmatrix} \dfrac{\partial u_r}{\partial r} & \dfrac{1}{2}\left(r\dfrac{\partial}{\partial r}\left(\dfrac{u_\theta}{r}\right) + \dfrac{1}{r}\dfrac{\partial u_r}{\partial \theta}\right) & \dfrac{1}{2}\left(\dfrac{\partial u_r}{\partial x} + \dfrac{\partial u_x}{\partial r}\right) \\ \dfrac{1}{2}\left(r\dfrac{\partial}{\partial r}\left(\dfrac{u_\theta}{r}\right) + \dfrac{1}{r}\dfrac{\partial u_r}{\partial \theta}\right) & \dfrac{1}{r}\dfrac{\partial u_\theta}{\partial \theta} + \dfrac{u_r}{r} & \dfrac{1}{2}\left(\dfrac{1}{r}\dfrac{\partial u_x}{\partial \theta} + \dfrac{\partial u_\theta}{\partial x}\right) \\ \dfrac{1}{2}\left(\dfrac{\partial u_r}{\partial x} + \dfrac{\partial u_x}{\partial r}\right) & \dfrac{1}{2}\left(\dfrac{1}{r}\dfrac{\partial u_x}{\partial \theta} + \dfrac{\partial u_\theta}{\partial x}\right) & \dfrac{\partial u_x}{\partial x} \end{pmatrix}$$

4-105 문제 4-104의 결과를 결합하여 축대칭 변형률 텐서 ε_{ij}를 계산하라.

$$\varepsilon_{ij} = \begin{pmatrix} \varepsilon_{rr} & \varepsilon_{rx} \\ \varepsilon_{xr} & \varepsilon_{xx} \end{pmatrix}$$

x축 및 r축은 주축인가?

4-106 진공청소기 흡입부로 유입되는 공기의 유동을 다음과 같이 중심면 (xy평면)의 속도 성분으로 근사해석할 수 있다.

$$u = \frac{-\dot{V}x}{\pi L}\frac{x^2 + y^2 + b^2}{x^4 + 2x^2y^2 + 2x^2b^2 + y^4 - 2y^2b^2 + b^4}$$

그리고

$$v = \frac{-\dot{V}y}{\pi L}\frac{x^2 + y^2 - b^2}{x^4 + 2x^2y^2 + 2x^2b^2 + y^4 - 2y^2b^2 + b^4}$$

여기서 b는 바닥에서 흡입부 사이의 거리, L은 흡입부의 길이, $\dot{V}$는 호스로 흡입되는 공기의 체적유량이다(그림 P4-106). 이 유동장의 정체점의 위치를 결정하라.

답: 정체점의 위치는 원점이다.

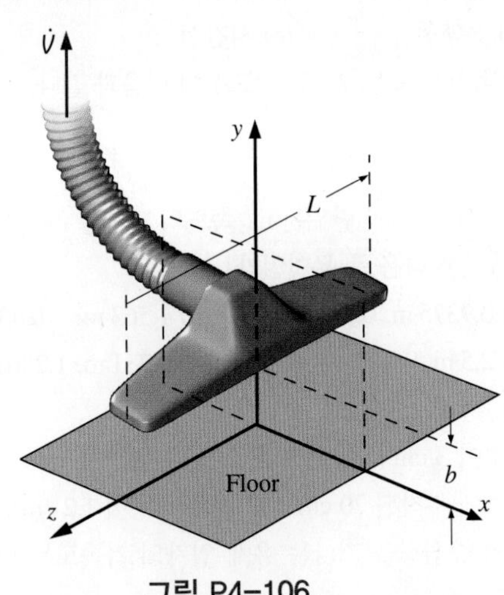

그림 P4-106

4-107 문제 4-106의 진공청소기를 고려해 보자. $b = 2.0$ cm, $L =$ 35 cm, $\dot{V} = 0.1098$ m³/s일 때, xy평면의 $x = -3$ cm에서 3 cm, $y = 0$ cm에서 2.5 cm인 범위에서 속도 벡터를 도시하라. 유동장의 모습을 잘 이해할 수 있도록 가능한 한 많은 속도 벡터를 도시하라. 주: $(x, y) = (0, 2.0$ cm)에서의 속도는 무한대이므로 이 점에서는 속도 벡터를 도시하지 말 것.

4-108 문제 4-106에 주어진 진공청소기의 근사 속도장을 고려해 보자. 바닥을 따라 유동 속도를 계산하라. 바닥의 먼지 입자는 속도가 최대인 위치에서 진공청소기에 의해 가장 잘 흡입될 것이다. 그 위치는 어디인가? 진공청소기는 입구의 바로 밑(원점)에서 먼지를 가장 잘 흡입하는가? 만약 그렇다면 그 이유를, 그렇지 않다면 그 이유를 각각 설명하라.

4-109 매우 균일한 자유흐름 유동이 유동방향에 수직으로 놓인 긴 원통에 접근하는 문제를 많이 찾아볼 수 있다(그림 P4-109). 이러한 예는 자동차 안테나, 국기 게양대, 전선 주위의 공기 유동, 바다에서 석유 시추대를 지지하는 둥근 기둥에 충돌하는 해류 등이다. 이러한 경우에 원통의 뒷부분에서 유동 박리 현상이 나타나고, 유동은 비정상이며, 일반적으로 난류이다. 그러나 원통 앞부분의 유동은 정상이고, 예측 가능하다. 사실상 원통 표면에 근접한 경계층을 제외한 유동장은 다음 식과 같이 xy 또는 $r\theta$ 평면에서 정상, 2차원 속도 성분으로 근사해석할 수 있다.

$$u_r = V\cos\theta\left(1 - \frac{a^2}{r^2}\right) \qquad u_\theta = -V\sin\theta\left(1 + \frac{a^2}{r^2}\right)$$

이 유동장은 회전인가, 비회전인가? 그 이유를 설명하라.

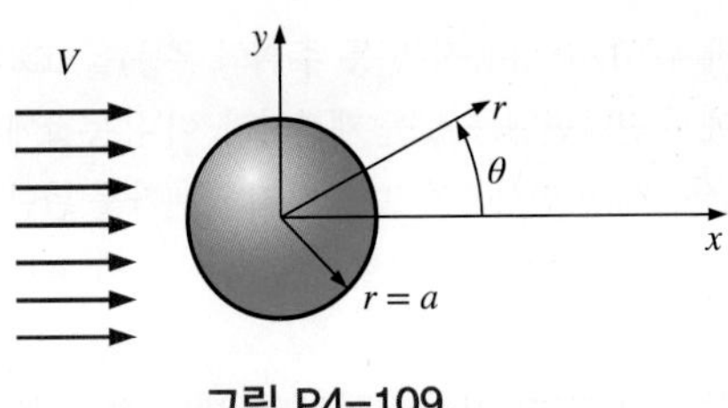

그림 P4-109

4-110 문제 4-109의 유동장을 고려해 보자(원통 주위의 유동). 유동의 앞부분 반만 고려한다($x < 0$). 유동장의 앞부분 반에 정체점이 존재한다. 그 위치는 어디인가? 원통좌표계(r, θ) 및 직교좌표계(x, y) 등 두 좌표계에서 각각 계산하라.

4-111 문제 4-109의 유동장(원통 주위의 유동)의 상류쪽 반만 고려해 보자($x < 0$). 여기서 **유동함수**(stream function)를 ψ로 정의하자. 2차원 유동에서 유동함수는 **동일한 유선을 따라 일정하다**(그림 P4-111). 문제 4-109의 속도장은 유동함수를 이용하여 다음 식과 같이 표현할 수 있다.

$$\psi = V\sin\theta\left(r - \frac{a^2}{r}\right)$$

(a) ψ의 값을 일정하게 하고, 유선의 방정식을 구하라. (힌트: r을 θ의 함수로 계산하기 위해 2차방정식을 이용하라.)

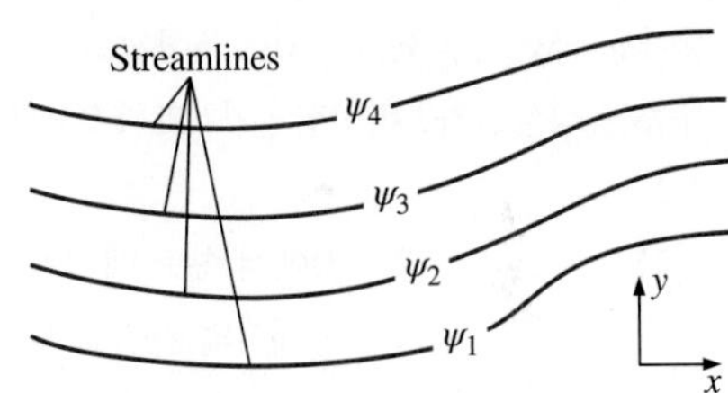

그림 P4-111

(b) $V = 1.00$ m/s이고 실린더 반경 $a = 10.0$ cm일 때, 유동의 상류쪽 반($90° < \theta < 270°$)에서 유선을 몇 개 도시하라. 일관성을 유지하기 위하여 유동함수의 값이 -0.16 m²/s에서 0.16 m²/s 사이에서 등간격으로 분포되어 있을 때, -0.4 m $< x < 0$ m 및 -0.2 m $< y < 0.2$ m의 영역에서 유선을 도시하라.

4.112 문제 4-109의 유동장(원통 주위의 유동)을 고려해 보자. $r\theta$ 평면에서 두 개의 선형변형률, 즉 ε_{rr} 및 $\varepsilon_{\theta\theta}$를 계산하라. 이 유동장에서 유체 요소의 한 선분이 신장하는가, 수축하는가를 판단하고 설명하라.(힌트: 원통좌표계의 변형률 텐서는 문제 4-104에 주어져 있다.)

4.113 문제 4-112의 결과를 이용하여 이 유동이 압축성인가, 비압축성인가를 판단하고 설명하라. 답: 유동은 비압축성이다.

4-114 문제 4-109의 유동장(원통 주위의 유동)을 고려해 보자. $r\theta$ 평면에서 전단변형률 $\varepsilon_{r\theta}$를 계산하라. 이 유동장에서 유체 요소의 한 선분이 변형하는가, 변형하지 않는가를 판단하고 설명하라. (힌트: 원통좌표계의 변형률 텐서는 문제 4-104에 주어져 있다.)

4-115 정상, xy평면의 2차원 유동장의 x방향 속도 성분이 다음과 같다.

$$u = ax + by + cx^2 - dxy$$

여기서 a, b, c, d는 적당한 차원의 상수들이다. 유동장이 비압축성이려면 속도 성분 v의 일반적인 형태는 어떠한가?

4-116 정상, xy평면의 2차원 유동장이 $\vec{V} = (a+bx)\vec{i} + (c+dx)\vec{j} + 0\vec{k}$로 주어졌다.

(a) 계수 a, b, c, d의 기본 차원($m, L, t, T, \ldots$)는 무엇인가?

(b) 유동이 비압축성이려면 계수들의 관계는 어떻게 되어야 하는가?

(c) 유동이 비회전이려면 계수들의 관계는 어떻게 되어야 하는가?

(d) 유동의 변형률 텐서를 쓰시오.

(e) $d = -b$인 간단한 경우에 대해 유동의 유선의 방정식이 $y = \text{function}(x, a, b, c)$임을 보여라.

4-117 속도장이 $u = 5y^2$, $v = 3x$, $w = 0$로 주어졌다.

(a) 유동은 정상인가? 비정상인가? 또한 2차원인가? 3차원인가?

(b) 위치 $(x, y, z) = (3, 2, -3)$에서 속도 벡터를 계산하여라.

(c) 위치 $(x, y, z) = (3, 2, -3)$에서의 가속도 벡터의 국소(비정상) 항을 계산하라.

(d) 위치 $(x, y, z) = (3, 2, -3)$에서 가속도 벡터의 대류항을 계산하라.

(e) 위치 $(x, y, z) = (3, 2, -3)$에서 가속도 벡터 전체를 계산하라.

공학 기초(FE) 시험 문제

4.118 한 유체 입자가 얼마의 시간 동안 운동한 실제 궤적을 다음 중 무엇이라 하는가?

(a) 유적선　(b) 유관　(c) 유선
(d) 유맥선　(e) 시간선

4.119 유동장의 어떤 정해진 점을 연속적으로 지나간 유체 입자들의 궤적을 다음 중 무엇이라 하는가?

(a) 유적선　(b) 유관　(c) 유선
(d) 유맥선　(e) 시간선

4.120 모든 곳에서 속도 벡터에 접하는 곡선을 다음 중 무엇이라 하는가?

(a) 유적선　(b) 유관　(c) 유선
(d) 유맥선　(e) 시간선

4-121 정상, 비압축성, 2차원 속도장이 다음과 같다.

$$\vec{V} = (u, v) = (2.5 - 1.6x)\vec{i} + (0.7 + 1.6y)\vec{j}$$

여기서 x와 y의 단위는 m, 속도의 단위는 m/s이다. 정체점의 x와 y값은 다음 중 무엇인가?

(a) 0.9375 m, 0.375 m　(b) 1.563 m, −0.4375 m
(c) 2.5 m, 0.7m　(d) 0.731 m, 1.236 m
(e) −1.6 m, 0.8 m

4-122 직경이 3 cm인 정원용 호스에 유량 25 L/min의 물이 흐른다. 호스에 부착된 20 cm의 노즐은 직경이 1.2 cm로 감소한다. 노즐의 중심선을 지나는 유체 입자의 가속도는 다음 중 무엇인가?

(a) 9.81 m/s^2　(b) 17.3 m/s^2　(c) 28.6 m/s^2
(d) 33.1 m/s^2　(e) 42.4 m/s^2

4-123 정상, 비압축성, 2차원 속도장이 다음과 같다.

$$\vec{V} = (u, v) = (0.65 + 1.7x)\vec{i} + (1.3 - 1.7y)\vec{j}$$

여기서 x와 y의 단위는 m, 속도의 단위는 m/s이다. 가속도의 y 성분 a_y는 다음 중 무엇인가?

(a) $1.7y$　(b) $-1.7y$　(c) $2.89y - 2.21$
(d) $3.0x - 2.73$　(e) $0.84y + 1.42$

4-124 정상, 비압축성, 2차원 속도장이 다음과 같다.

$$\vec{V} = (u, v) = (2.5 - 1.6x)\vec{i} + (0.7 + 1.6y)\vec{j}$$

여기서 x와 y의 단위는 m, 속도의 단위는 m/s이다. 한 점 ($x = 1$ m, $y = 1$ m)에서 물질 가속도의 x 성분 a_x와 y 성분 a_y는 다음 중 무엇인가? 단위는 m/s^2이다.

(a) −1.44, 3.68　(b) −1.6, 1.5　(c) 3.1, −1.32
(d) 2.56, −4　(e) −0.8, 1.6

4-125 정상, 비압축성, 2차원 속도장이 다음과 같다.

$$\vec{V} = (u, v) = (2.5 - 1.6x)\vec{i} + (0.7 + 1.6y)\vec{j}$$

여기서 x와 y의 단위는 m, 속도의 단위는 m/s이다. 가속도의 x 성분 a_x는 다음 중 무엇인가?

(a) $0.8y$　(b) $-1.6x$　(c) $2.5x - 1.6$
(d) $2.56x - 4$　(e) $2.56x + 0.8y$

4-126 정상, 비압축성, 2차원 속도장이 다음과 같다.

$$\vec{V} = (u, v) = (0.65 + 1.7x)\vec{i} + (1.3 - 1.7y)\vec{j}$$

여기서 x와 y의 단위는 m, 속도의 단위는 m/s이다. 한 점 ($x = 0$ m, $y = 0$ m)에서 물질 가속도의 x 성분 a_x와 y 성분 a_y는

다음 중 무엇인가? 단위는 m/s^2이다.

(a) 0.37, −1.85 (b) −1.7, 1.7 (c) 1.105, −2.21
(d) 1.7, −1.7 (e) 0.65, 1.3

4-127 정상, 비압축성, 2차원 속도장이 다음과 같다.

$$\vec{V} = (u, v) = (0.8 + 1.7x)\vec{i} + (1.5 - 1.7y)\vec{j}$$

여기서 x와 y의 단위는 m, 속도의 단위는 m/s이다. 한 점 ($x = 1$ m, $y = 2$ m)에서 속도의 x 성분 u와 y 성분 v는 다음 중 무엇인가? 단위는 m/s이다.

(a) 0.54, −2.31 (b) −1.9, 0.75 (c) 0.598, −2.21
(d) 2.5, −1.9 (e) 0.8, 1.5

4.128 어떤 주어진 순간에 벡터 상태량의 크기와 방향을 나타내는 화살표들을 다음 중 무엇이라 하는가?

(a) 분포도 (b) 벡터 플롯 (c) 등분포도
(d) 속도 플롯 (e) 시간 플롯

4.129 유체역학에서 유체 요소의 운동이나 변형의 기본형태가 아닌 것은 다음 중 무엇인가?

(a) 회전 (b) 수축 (c) 병진운동
(d) 선형변형량 (e) 전단변형량

4-130 정상, 비압축성, 2차원 속도장이 다음과 같다.

$$\vec{V} = (u, v) = (2.5 - 1.6x)\vec{i} + (0.7 + 1.6y)\vec{j}$$

여기서 x와 y의 단위는 m, 속도의 단위는 m/s이다. x 방향의 선형변형률은 다음 중 무엇인가? 단위는 s^{-1}이다.

(a) −1.6 (b) 0.8 (c) 1.6
(d) 2.5 (e) −0.875

4-131 정상, 비압축성, 2차원 속도장이 다음과 같다.

$$\vec{V} = (u, v) = (2.5 - 1.6x)\vec{i} + (0.7 + 1.6y)\vec{j}$$

여기서 x와 y의 단위는 m, 속도의 단위는 m/s이다. 전단변형률은 다음 중 무엇인가? 단위는 s^{-1}이다.

(a) −1.6 (b) 1.6 (c) 2.5
(d) 0.7 (e) 0

4-132 정상, 비압축성, 2차원 속도장이 다음과 같다.

$$\vec{V} = (u, v) = (2.5 - 1.6x)\vec{i} + (0.7 + 0.8y)\vec{j}$$

여기서 x와 y의 단위는 m, 속도의 단위는 m/s이다. 체적팽창률은 다음 중 무엇인가? 단위는 s^{-1}이다.

(a) 0 (b) 3.2 (c) −0.8
(d) 0.8 (e) −1.6

4-133 어떤 유동 영역의 와도가 0이라면 이 유동을 다음 중 무엇이라 하는가?

(a) 무운동 (b) 비압축성 (c) 압축성
(d) 비회전 (e) 회전

4-134 어떤 유체 입자의 각속도가 20 rad/s라면 이 유체 입자의 와도는 다음 중 무엇인가?

(a) 20 rad/s (b) 40 rad/s (c) 80 rad/s
(d) 10 rad/s (e) 5 rad/s

4-135 정상, 비압축성, 2차원 속도장이 다음과 같다.

$$\vec{V} = (u, v) = (0.75 + 1.2x)\vec{i} + (2.25 - 1.2y)\vec{j}$$

여기서 x와 y의 단위는 m, 속도의 단위는 m/s이다. 이 유동의 와도는 다음 중 무엇인가?

(a) 0 (b) $1.2y\vec{k}$ (c) $-1.2y\vec{k}$
(d) $y\vec{k}$ (e) $-1.2xy\vec{k}$

4-136 정상, 비압축성, 2차원 속도장이 다음과 같다.

$$\vec{V} = (u, v) = (2xy + 1)\vec{i} + (-y^2 - 0.6)\vec{j}$$

여기서 x와 y의 단위는 m, 속도의 단위는 m/s이다. 이 유동의 각속도는 다음 중 무엇인가?

(a) 0 (b) $-2y\vec{k}$ (c) $2y\vec{k}$
(d) $-2x\vec{k}$ (e) $-x\vec{k}$

4-137 카트가 $\vec{V}_{cart} = 3$ km/h의 절대 속도로 오른쪽으로 움직인다. 오른쪽 방향의 절대 속도가 $\vec{V}_{jet} = 15$ km/h인 고속의 물 제트가 카트의 후면에 충돌한다. 물의 상대 속도는 다음 중 무엇인가?

(a) 0 km/h (b) 3 km/h (c) 12 km/h
(d) 15 km/h (e) 18 km/h

CHAPTER

5

질량, Bernoulli 및 에너지 방정식

이 장은 유체역학에서 많이 사용되는 세 개의 방정식, 즉 질량, Bernoulli 및 에너지 방정식을 다룬다. **질량 방정식**은 질량 보존 법칙을 의미한다. **Bernoulli 방정식**은 점성력이 무시되고 다른 제한 조건이 있는 유동 영역에서 유체 유동장의 운동, 위치 및 유동 에너지 보존, 이들 에너지 상호 간의 변환에 관한 방정식이다. **에너지 방정식**은 에너지 보존 법칙이다. 유체역학에서는 **기계적 에너지**를 **열에너지**로부터 분리하고, 마찰 효과의 결과로 **기계적 에너지 손실**이 나타나 기계적 에너지가 열에너지로 변환되는 것으로 고려한다. 따라서 에너지 방정식은 **기계적 에너지 평형** 관계식이 된다.

이 장에서는 먼저 보존 법칙의 개요와 질량 보존의 관계식을 설명한다. 이어서 여러 형태의 기계적 에너지 방정식과 펌프나 터빈 같은 기계적 일과 관련된 장치의 효율에 대해 논의한다. 다음으로 유선을 따라 유체 요소에 Newton의 제2법칙을 적용하여 Bernoulli 방정식을 유도하고, 이 식의 다양한 응용 예를 소개한다. 또한 에너지 방정식을 유체역학에 적합한 형태로 변환하고, **수두 손실**의 개념을 소개한다. 끝으로, 에너지 방정식을 다양한 공학 문제에 적용한다.

목표

이 장을 공부하면 다음과 관련된 지식을 얻을 수 있다.

- 유동계에서 유입, 유출되는 유량의 평형 관계를 이용한 질량 보존 방정식 적용
- 여러 형태의 기계적 에너지, 일 및 에너지 변환 효율 이해
- Bernoulli 방정식의 이용 방법 및 제한 조건과 이 방정식을 다양한 유체 유동 문제에 적용하는 방법
- 수두로 표현된 에너지 방정식의 이해와 이 방정식을 이용한 터빈 출력 및 펌프 소요 동력을 계산하는 방법

바람에서 운동 에너지를 추출하여 전기 에너지로 변환시키는 풍력 터빈(wind turbine) "농장"이 전 세계에서 건설되고 있다. 풍력 터빈을 설계할 때는 질량, 에너지, 운동량 및 각운동량 평형식이 이용된다. 초기 설계 단계에서는 Bernoulli 방정식도 유용하게 이용된다.
© J. Luke/PhotoLink/Getty Images RF

5-1 ■ 서론

그림 5-1
Pelton 수차와 같은 유체 유동 장치들은 운동량 방정식과 함께 질량 및 에너지 보존법칙을 적용하여 해석한다.
Courtesy of Hydro Tasmania, www.hydro.com.au. Used by permission.

독자들은 이미 질량 보존, 에너지 보존, 운동량 보존 법칙 등 많은 **보존 법칙**(conservation law)을 알고 있을 것이다. 역사적으로, 처음에는 보존 법칙들은 **폐쇄 시스템** 또는 **시스템**이라는 일정량의 물질에 적용되었으며, 그 후 **검사체적**이라는 공간상의 특정 영역에 적용되어 왔다. 모든 보존량들은 어떤 한 과정 동안 평형을 이루어야 하므로, 이러한 보존 관계식들은 **평형 방정식**(balance equation)이라고도 한다. 먼저 질량, 운동량 및 에너지 보존 관계식에 대해 간략히 설명하기로 한다(그림 5-1).

질량 보존

폐쇄 시스템의 질량 보존 관계식은 m_{sys} = 일정, 즉 $dm_{sys}/dt = 0$이며, 이 식은 유동에서 시스템의 질량은 일정하다는 것을 나타낸다. 검사체적(CV)에서 질량 평형은 질량 변화율의 형태로 나타나며, 다음과 같이 표현된다.

질량 보존:
$$\dot{m}_{in} - \dot{m}_{out} = \frac{dm_{CV}}{dt} \quad \textbf{(5-1)}$$

이 식에서 $\dot{m}_{in}$과 $\dot{m}_{out}$은 각각 검사체적에 유입, 유출되는 질량 전달률이고, dm_{CV}/dt는 검사체적 경계 내부의 질량 변화율이다. 유체역학에서는 미소 검사체적에 대한 질량 보존의 관계식을 **연속 방정식**(continuity equation)이라고 한다. 질량 보존 법칙은 5-2절에서 더 자세히 설명한다.

선형운동량 방정식

어떤 물체의 질량에 속도를 곱한 것을 물체의 **선형운동량**(linear momentum) 또는 **운동량**(momentum)이라 하며, 따라서 질량이 m, 속도가 $\vec{V}$인 강체의 운동량은 $m\vec{V}$이다. Newton의 제2법칙에 따르면, 물체의 가속도는 물체에 작용한 순수 힘(net force, 또는 합력)에 비례하고 물체의 질량에 반비례하며, 물체의 운동량의 변화율은 물체에 작용한 순수 힘과 같다. 그러므로 시스템에 가해진 순수 힘이 영인 경우에만 시스템의 운동량은 일정하게 유지되고, 시스템의 운동량은 보존된다. 이를 **운동량 보존 법칙**이라고 한다. 유체역학에서 Newton의 제2법칙은 **선형운동량 방정식**이라 하며, 이 방정식은 6장에서 **각운동량 방정식**과 함께 보다 더 자세히 설명한다.

에너지 보존

에너지는 열이나 일에 의해 시스템으로 또는 시스템으로부터 전달된다. 에너지 보존 법칙이란 시스템에 전달된 순수 에너지량은 시스템의 에너지량의 변화와 같다는 것이다. 검사체적에서는 질량 유동에 의한 에너지 전달도 포함하므로 **에너지 보존 법칙** 또는 **에너지 평형**은 다음 식으로 표현된다.

에너지 보존:
$$\dot{E}_{in} - \dot{E}_{out} = \frac{dE_{CV}}{dt} \quad \textbf{(5-2)}$$

이 식에서 $\dot{E}_{in}$과 $\dot{E}_{out}$은 각각 검사체적으로 또는 검사체적으로부터의 에너지 전달률이고, dE_{CV}/dt는 검사체적 경계 내부의 에너지 변화율이다. 유체역학에서는 일반적으로 기계적 형태의 에너지만 고려한다. 에너지 보존 법칙은 5-6절에 더 자세히 설명한다.

5-2 ■ 질량 보존

질량 보존 법칙은 자연계에서 가장 기본적인 법칙이며, 모두 이 법칙을 잘 알고 있을 것이다. 100 g의 오일과 25 g의 식초를 혼합한 식초-오일 드레싱의 질량을 계산할 때 로켓 과학자를 동원할 필요는 없다. 질량 보존 법칙에 따라 화학 방정식도 평형을 이룬다. 16 kg의 산소와 2 kg의 수소가 반응하면 18 kg의 물이 생긴다(그림 5-2). 전기분해 과정을 거치면 물은 다시 2 kg의 수소와 16 kg의 산소로 분리된다.

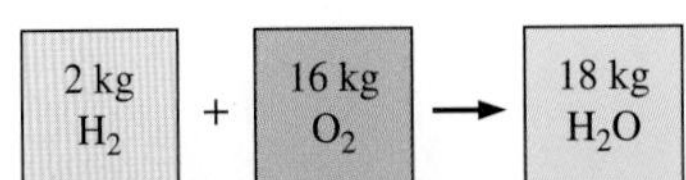

그림 5-2
화학 반응 중에도 질량은 보존된다.

엄밀히 말하면, 질량은 정확히 보존되지는 않는다. 질량 m과 에너지 E는 Albert Einstein(1879-1955)이 제안한 다음과 같은 유명한 공식에 따라 서로 변환될 수 있다.

$$E = mc^2 \tag{5-3}$$

이 식에서 c는 진공 중에서 빛의 속도이며, 이는 $c = 2.9979 \times 10^8$ m/s이다. 이 방정식은 질량과 에너지는 등가임을 나타낸다. 모든 물리적, 화학적 시스템은 주위와 에너지 상호작용을 하지만, 관련된 에너지량의 등가 질량은 시스템의 전체 질량에 비하여 매우 작다. 일례로, 표준 대기하에서 산소와 수소로 1 kg의 물을 생성할 때 15.8 MJ의 에너지가 발생하지만, 이에 상응하는 질량은 1.76×10^{-10} kg에 불과하다. 그러나 핵반응에서는 에너지와 관련된 등가 질량은 전체 질량의 상당 부분을 차지한다. 따라서 대부분의 공학해석에서 질량과 에너지는 보존된다고 생각한다.

폐쇄 시스템에서의 질량 보존 법칙은 어떠한 과정 중에 시스템의 질량이 일정하다는 것이지만, **검사체적**에서는 질량이 경계를 통과할 수 있으므로 검사체적을 유출입하는 질량을 염두에 두어야 한다.

질량유량 및 체적유량

단위 시간 동안 한 단면을 통과하여 유동하는 질량의 양을 **질량유량**(mass flow rate)이라 하고, 기호 $\dot{m}$으로 표시한다. 이 기호 위의 점(dot)은 **시간 변화율**을 뜻한다.

유체는 일반적으로 파이프나 덕트 내의 검사체적으로 유입 또는 유출한다. 파이프 단면의 미소 면적 dA_c를 통과하여 유동하는 미소 질량유량은 dA_c와 유체 밀도 ρ 및 dA_c에 수직인 유체의 속도 성분 V_n에 비례하며, 이를 식으로 표현하면 다음과 같다(그림 5-3).

$$\delta \dot{m} = \rho V_n \, dA_c \tag{5-4}$$

이 식에서 δ와 d는 모두 미소량을 나타낸다. 그러나 δ는 **경로함수**(path function)이고 **불완전 미분**(inexact differential)을 가지는 양(열, 일, 질량 전달 등)에 사용하는 반면, d는 **점함수**(point function)이고 **완전 미분**(exact differential)을 가지는 양(상태량)에 사용한다. 예를 들어, 안쪽 반경이 r_1이고 바깥쪽 반경이 r_2인 동심관 사이의 유동을 고려하면 $\int_1^2 dA_c = A_{c2} - A_{c1} = \pi(r_2^2 - r_1^2)$이며, 동심관을 통과하여 유동하는 총 질량유량은 $\int_1^2 \delta \dot{m} = \dot{m}_{\text{total}}$이며 $\dot{m}_2 - \dot{m}_1$가 아니다. 특정한 값 r_1과 r_2에 대하여 dA_c의

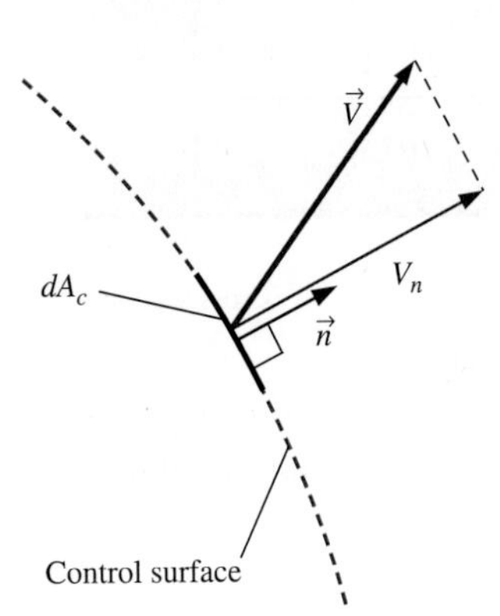

그림 5-3
한 표면의 수직 속도 V_n은 표면에 수직인 속도 성분이다.

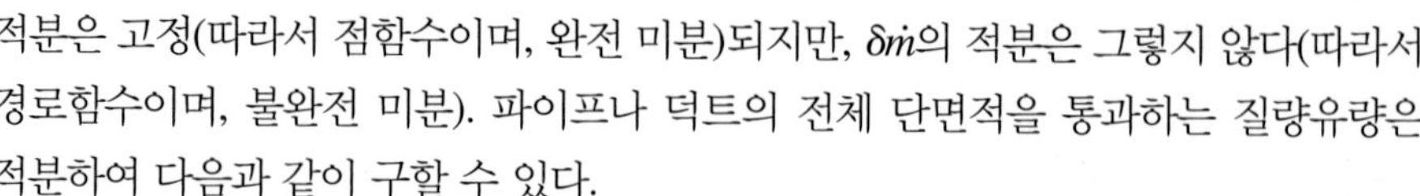
적분은 고정(따라서 점함수이며, 완전 미분)되지만, $\delta\dot{m}$의 적분은 그렇지 않다(따라서 경로함수이며, 불완전 미분). 파이프나 덕트의 전체 단면적을 통과하는 질량유량은 적분하여 다음과 같이 구할 수 있다.

$$\dot{m} = \int_{A_c} \delta\dot{m} = \int_{A_c} \rho V_n \, dA_c \qquad \text{(kg/s)} \tag{5-5}$$

식 (5-5)는 항상 성립하지만, 적분 과정이 포함되므로 공학 문제에서는 실용적이지 않다. 따라서 파이프 단면에 걸친 평균값으로 질량유량을 표현하는 경우가 많다. 일반적인 압축성 유동에서 ρ와 V_n은 파이프 단면상의 위치에 따라 변한다. 그러나 많은 유동 문제에서 밀도 ρ는 파이프의 단면 전체에서 일정하므로 식 (5-5)의 ρ를 적분 밖으로 꺼낼 수 있다. 그러나 파이프 벽면의 점착 조건 때문에 속도는 결코 균일하지 않다. 벽면에서는 속도가 영이고, 파이프의 중심 혹은 그 부근에서의 속도는 최대이다. **평균 속도** V_{avg}는 다음과 같이 파이프의 전체 단면적을 통과하는 V_n의 평균값으로 정의한다(그림 5-4).

그림 5-4
평균 속도 V_{avg}는 한 단면을 통과하는 속도의 평균으로 정의된다.

평균 속도: $$V_{avg} = \frac{1}{A_c}\int_{A_c} V_n \, dA_c \tag{5-6}$$

이 식에서 A_c는 유동방향에 수직인 단면의 면적이다. 단면의 모든 곳에서의 속도가 V_{avg}라면, 질량유량은 실제의 속도 분포를 적분하여 얻은 결과와 일치한다. 따라서 비압축성 유동의 경우뿐만 아니라 ρ가 A_c 전체에서 균일한 압축성 유동에서도 식 (5-5)는 다음과 같다.

$$\dot{m} = \rho V_{avg} A_c \qquad \text{(kg/s)} \tag{5-7}$$

압축성 유동에서 ρ가 단면 전체의 평균 밀도라면 식 (5-7)을 근사적으로 사용할 수 있다. 기호를 단순화하기 위하여 평균 속도의 하첨자를 적지 않도록 하자. 따라서 별도의 기술이 없는 한 V는 유동방향의 평균 속도이다. 한편, A_c는 유동방향에 수직인 단면의 면적이다.

단위 시간 동안 한 단면을 통과하여 유동하는 유체의 체적을 **체적유량**(volume flow rate) $\dot{V}$이라 하며, 다음 식으로 표현한다(그림 5-5).

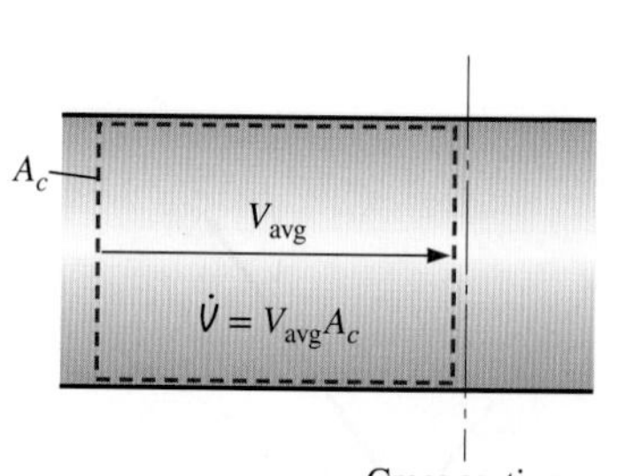

그림 5-5
체적유량은 단위 시간 동안 한 단면을 통과하여 유동하는 유체의 체적이다.

$$\dot{V} = \int_{A_c} V_n \, dA_c = V_{avg} A_c = V A_c \qquad \text{(m}^3\text{/s)} \tag{5-8}$$

식 (5-8)의 초기 형태는 이탈리아 수도승 Benedetto Castelli(대략 1577-1644)가 1628년에 발표하였다. 다른 많은 유체역학 교재에서는 체적유량을 $\dot{V}$ 대신 Q로 나타내지만, 이 교재에서는 열전달과의 혼동을 피하기 위하여 $\dot{V}$를 사용한다.

질량유량과 체적유량의 관계는 다음과 같다.

$$\dot{m} = \rho\dot{V} = \frac{\dot{V}}{v} \tag{5-9}$$

이 식에서 v는 비체적이다. 이 식은 어떤 용기 내부 유체의 질량과 체적의 관계식, 즉 $m = \rho V = V/v$와 유사하다.

질량 보존 법칙

검사체적에 대한 **질량 보존 법칙**은 다음과 같이 표현할 수 있다. **Δt 시간 동안 검사체적으로 또는 검사체적으로부터의 순수 질량 전달량은 Δt 시간 동안 검사체적 내 총 질량의 순수 변화량(증가 또는 감소)과 같다.**

$$\begin{pmatrix}\Delta t \text{ 시간 동안 CV로} \\ \text{유입된 총 질량}\end{pmatrix} - \begin{pmatrix}\Delta t \text{ 시간 동안 CV에} \\ \text{서 유출한 총 질량}\end{pmatrix} = \begin{pmatrix}\Delta t \text{ 시간 동안 CV 내} \\ \text{질량의 순수 변화}\end{pmatrix}$$

또는

$$m_{\text{in}} - m_{\text{out}} = \Delta m_{\text{CV}} \quad \text{(kg)} \tag{5-10}$$

이다. 이 식에서 $\Delta m_{\text{CV}} = m_{\text{final}} - m_{\text{initial}}$은 그 과정에서 나타난 검사체적 내 질량의 변화이다(그림 5-6). 이 식은 다음과 같이 **변화율 형태**(rate form)로 표현할 수 있다.

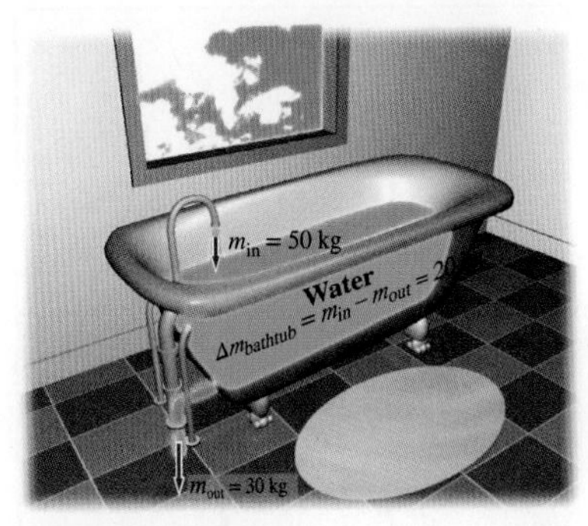

그림 5-6
일반 욕조에 대한 질량 보존 법칙.

$$\dot{m}_{\text{in}} - \dot{m}_{\text{out}} = dm_{\text{CV}}/dt \quad \text{(kg/s)} \tag{5-11}$$

이 식에서 $\dot{m}_{\text{in}}$과 $\dot{m}_{\text{out}}$은 각각 검사체적으로 또는 검사체적으로부터의 질량 전달률이고, dm_{CV}/dt는 검사체적 경계 내부의 질량 변화율이다. 식 (5-10)과 (5-11)은 **질량 평형**을 의미하고, 어떠한 과정의 검사체적에도 적용할 수 있다.

그림 5-7에 나타난 임의의 모양의 검사체적을 고려해 보자. 검사체적 내 미소 체적 dV의 질량은 $dm = \rho dV$이다. 어느 순간 t에서의 검사체적 내부의 총 질량은 적분하여 다음과 같이 구할 수 있다.

CV 내의 총질량:
$$m_{\text{CV}} = \int_{\text{CV}} \rho \, dV \tag{5-12}$$

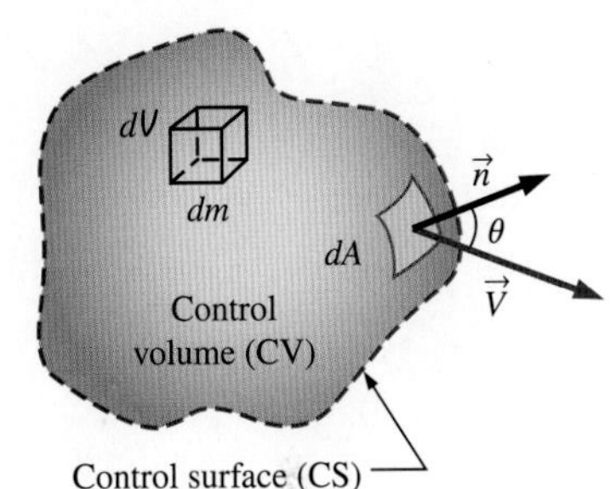

그림 5-7
질량 보존의 관계식을 유도하기 위해 사용된 미소 검사체적 dV와 미소 검사면 dA.

따라서 검사체적 내부의 질량의 시간 변화율은 다음과 같다.

CV 내의 질량의 변화율:
$$\frac{dm_{\text{CV}}}{dt} = \frac{d}{dt}\int_{\text{CV}} \rho \, dV \tag{5-13}$$

검사면을 통과하는 질량의 유출입이 없는 특수한 경우(즉, 검사체적이 폐쇄 시스템인 경우), 질량 보존 법칙은 $dm_{\text{CV}}/dt = 0$이 된다. 이 관계식은 검사체적이 고정되어 있거나 움직이거나 또는 변형할 때에도 유효하다.

고정된 검사체적 검사면의 미소 면적 dA를 통하여 검사체적으로 유출입하는 질량 유동을 고려해 보자. 그림 5-7에 나타난 바와 같이, $\vec{n}$은 dA에 수직인 외향 단위 수직 벡터이고, $\vec{V}$는 dA를 지나는 고정 좌표계에 상대적인 유체의 속도이다. 일반적으로 속도 $\vec{V}$는 $\vec{n}$에 θ의 각도로 dA를 통과하고, 질량유량은 속도의 수직 성분 $\vec{V}_n = \vec{V}\cos\theta$에 비례한다. 즉, 이 질량유량은 $\theta = 0$인 속도 $\vec{V}$ (dA에 수직인 유동)일 때 최대로 유출하고, $\theta = 90°$인 속도 $\vec{V}$(dA에 접선방향의 유동)일 때 최소(그 값은 영), $\theta = 180°$인 속도 $\vec{V}$ (dA에 수직이며 반대방향의 유동)일 때 최대로 유입한다. 두 벡터의 내적의 개념을 이용하면, 속도의 수직 성분 크기는 다음과 같이 표현할 수 있다.

속도의 수직 성분:
$$V_n = V\cos\theta = \vec{V}\cdot\vec{n} \tag{5-14}$$

dA를 통과하는 질량유량은 유체 밀도 ρ, 속도의 수직 성분 V_n, 유동 면적 dA에 비례

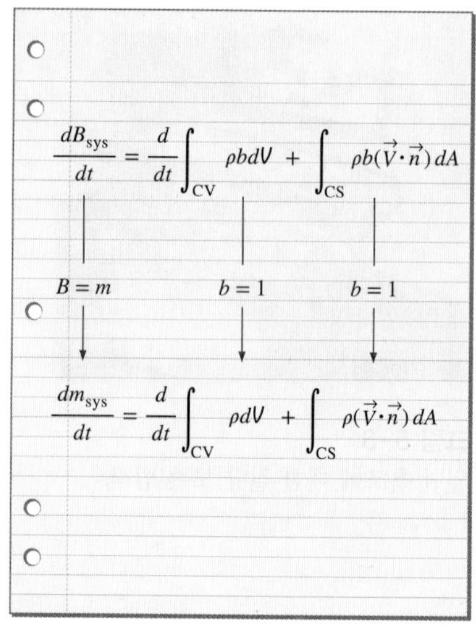

그림 5–8
질량 보존 법칙은 Reynolds 수송정리(RTT)의 B에 질량 m을, b에 1(단위 질량당의 $m=m/m=1$)을 대입하여 구한다.

하며, 다음과 같이 나타난다.

미소 질량유량: $$\delta\dot{m} = \rho V_n\, dA = \rho(V\cos\theta)\, dA = \rho(\vec{V}\cdot\vec{n})\, dA \quad \textbf{(5-15)}$$

검사면 전체를 통하여 검사체적을 유출입하는 순수 질량유량은 $\delta\dot{m}$을 전체 검사면을 따라 적분하여 다음과 같이 얻어진다.

순수 질량유량: $$\dot{m}_{net} = \int_{CS} \delta\dot{m} = \int_{CS} \rho V_n\, dA = \int_{CS} \rho(\vec{V}\cdot\vec{n})\, dA \quad \textbf{(5-16)}$$

$V_n = \vec{V}\cdot\vec{n} = V\cos\theta$는 $\theta < 90°$이면 양(유출)이고, $\theta > 90°$이면 음(유입)임에 유의하라. 따라서 유동의 방향은 자동적으로 고려되었으므로 식 (5-16)의 면적적분을 통하여 순수 질량유량을 계산할 수 있다. $\dot{m}_{net}$의 값이 양이면 순수 질량유출을, 음이면 순수 질량유입을 뜻한다.

식 (5-11)을 $dm_{CV}/dt + \dot{m}_{out} - \dot{m}_{in} = 0$으로 다시 정리하면, 고정된 검사체적에 대한 질량 보존 법칙은 다음과 같이 표현된다.

일반 형태의 질량 보존 법칙: $$\frac{d}{dt}\int_{CV} \rho\, dV + \int_{CS} \rho(\vec{V}\cdot\vec{n})\, dA = 0 \quad \textbf{(5-17)}$$

이 식은 **검사체적 내 질량의 시간 변화율과 검사면을 통과하는 순수 질량유량의 합은 영임**을 의미한다.

검사체적에 대한 일반적인 형태의 질량 보존 법칙은 Reynolds 수송정리(RTT)에서 나타난 상태량 B를 질량 m으로 대체하여 유도할 수도 있다(4장 참조). 이때 단위 질량당 상태량을 구하기 위하여 질량을 질량으로 나누면 $b=1$이 된다. 또한 폐쇄된 시스템의 질량은 일정하므로, 질량의 시간 변화율은 영이다($dm_{sys}/dt = 0$). 따라서 그림 5-8에 나타난 바와 같이 Reynolds 수송정리는 식 (5-17)이 되고, 이로써 Reynolds 수송정리가 얼마나 유용한가를 알 수 있다.

식 (5-17)의 면적적분을 유출 유동(양)과 유입 유동(음)으로 분리하면 일반 형태의 질량 보존 법칙은 다음과 같이 표현된다.

$$\frac{d}{dt}\int_{CV} \rho\, dV + \sum_{out} \rho|V_n|A - \sum_{in} \rho|V_n|A = 0 \quad \textbf{(5-18)}$$

이 식에서 A는 입구 혹은 출구의 단면적을 나타내고, 합 기호(+)는 모든 입구와 출구를 고려한다는 의미이다. 질량유량의 정의에 따라 식 (5-18)을 다른 방법으로 표현하면 다음과 같다.

$$\frac{d}{dt}\int_{CV} \rho\, dV = \sum_{in}\dot{m} - \sum_{out}\dot{m} \quad \text{or} \quad \frac{dm_{CV}}{dt} = \sum_{in}\dot{m} - \sum_{out}\dot{m} \quad \textbf{(5-19)}$$

실제 해석 단계에서 검사체적은 융통성 있게 선택할 수 있다. 검사체적의 선택에는 많은 방법이 있으나, 계산하기에 더 편리한 검사체적을 선택하는 것이 좋다. 불필요하게 복잡한 검사체적을 선택할 필요는 없다. 검사체적을 선택하는 현명한 방법은 가능하다면 유체가 통과하는 모든 검사면을 **유동방향에 수직**이 되도록 하는 것이다. 이렇게 함으로써 $\vec{V}\cdot\vec{n}$은 단순히 속도의 크기가 되고, 적분 $\int_A \rho(\vec{V}\cdot\vec{n})\,dA$는 단순히 ρVA가 된다(그림 5-9).

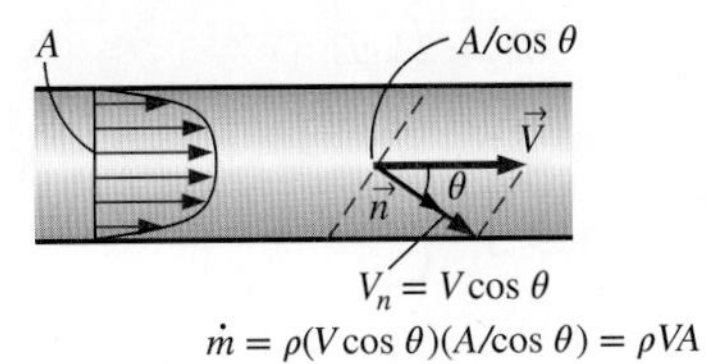

(a) 유동방향에 **어떤 각도**를 갖는 검사면

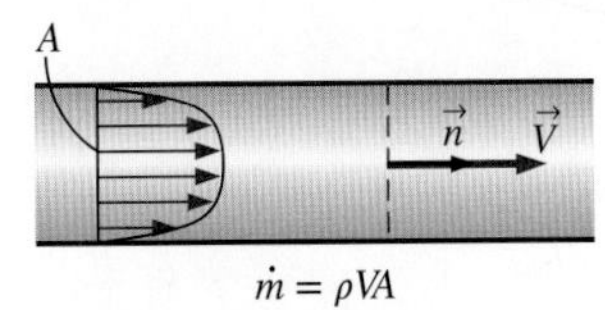

(b) 유동방향에 **수직**인 검사면

그림 5-9
어떤 검사면을 선택하더라도 계산 결과는 같지만, 일반적으로 유체가 통과하는 모든 곳에서 **유동에 수직**이 되도록 선택하여야 해석이 쉽다.

움직이거나 변형하는 검사체적

식 (5-17)과 (5-19)는 식에서 나타난 **절대 속도** $\vec{V}$를 검사면에 상대적인 **상대 속도** $\vec{V}_r$로 대체하면 움직이는 검사체적에 대해서도 유효하다(4장 참조). 검사체적이 움직이지만 변형하지 않는 경우에 상대 속도는 검사체적과 함께 움직이는 사람이 관찰한 유체의 속도이며, 따라서 $\vec{V}_r = \vec{V} - \vec{V}_{CS}$이다. 유체 속도 $\vec{V}$와 검사면의 속도 $\vec{V}_{CS}$는 모두 검사체적 외부의 고정된 점에 대한 상대적인 속도이다. 여기서 **벡터** 뺄셈 법칙이 사용되고 있음에 유의하라.

실제 **변형하는** 검사체적의 예(주사기에서 주사액의 분출 등)도 많이 찾아볼 수 있다. 검사면의 변형되는 부분을 통과하는 유체 속도를 검사면에 상대적인 속도로 표현하기만 하면 이러한 변형하는 검사체적에도 질량 보존 법칙을 적용할 수 있다(즉, 검사면의 변형되는 부분에 부착된 좌표계에 상대적인 속도로 표현하여야 한다). 이 경우에 검사면의 어느 위치에서나 상대 속도는 $\vec{V}_r = \vec{V} - \vec{V}_{CS}$로 표현된다. 여기서 검사면의 속도 $\vec{V}_{CS}$는 검사체적 외부의 고정된 점에 대한 속도이다.

정상 유동 과정의 질량 평형

정상 유동 과정에서 검사체적 안의 총 질량은 시간에 따라 변하지 않는다(m_{CV} = 일정). 따라서 이 경우 질량 보존 법칙에 의하여 검사체적으로 유입한 총 질량은 검사체적으로부터 유출한 총 질량과 같게 된다. 정상 유동인 정원용 호스의 노즐을 예로 들면, 단위 시간 동안 노즐로 유입된 물의 양은 단위 시간 동안 노즐에서 유출한 물의 양과 같다.

정상 유동 과정에서는 얼마의 시간 동안 장치를 유출입한 질량보다 단위 시간 동안 흐르는 질량, 즉 **질량유량** $\dot{m}$이 관심의 대상이다. 입출구가 여러 개인 일반적인 정상 유동의 경우에 **질량 보존 법칙**은 다음과 같이 변화율 형태의 방정식으로 표현할 수 있다(그림 5-10).

정상 유동: $$\sum_{in}\dot{m} = \sum_{out}\dot{m} \quad \text{(kg/s)} \qquad \textbf{(5-20)}$$

이 식은 **검사체적으로 유입한 총 질량유량은 검사체적으로부터 유출한 총 질량유량과 같음**을 의미한다.

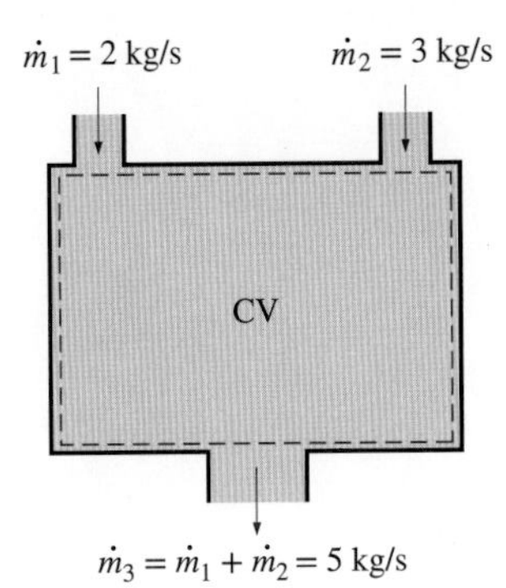

그림 5-10
2개의 입구와 1개의 출구를 갖는 정상 유동 시스템의 질량 보존 법칙.

노즐, 디퓨저, 터빈, 압축기, 펌프 등과 같은 단일 유동(즉, 한 개의 입구 및 한 개의 출구) 문제에서는 합 기호(+) 대신에 입구 상태를 하첨자 1로, 출구 상태를 하첨자 2로 표시한다. 따라서 **단일 유동 정상 유동**의 경우 식 (5-20)은 다음과 같이 나타난다.

정상 유동(단일 유동): $$\dot{m}_1 = \dot{m}_2 \quad \rightarrow \quad \rho_1 V_1 A_1 = \rho_2 V_2 A_2 \qquad \textbf{(5-21)}$$

특수한 경우: 비압축성 유동

유체가 비압축성인 경우(일반적으로 액체)에 질량 보존 법칙은 더욱 간단해진다. 정

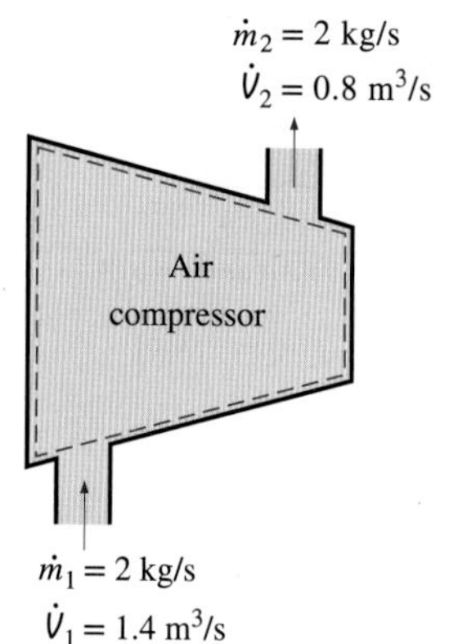

그림 5-11
정상 유동 과정에서 질량유량은 보존되지만, 체적유량은 반드시 보존되는 것은 아니다.

상 유동에 대한 방정식에서 양변의 밀도를 소거하면

정상, 비압축성 유동: $$\sum_{\text{in}} \dot{V} = \sum_{\text{out}} \dot{V} \qquad (\text{m}^3/\text{s}) \tag{5-22}$$

이고, 단일 유동 정상 유동의 경우에는 다음과 같다.

정상, 비압축성 유동(단일 유동): $$\dot{V}_1 = \dot{V}_2 \rightarrow V_1A_1 = V_2A_2 \tag{5-23}$$

여기서 '체적 보존 법칙'이라는 용어는 없다는 것을 항상 명심하여야 한다. 따라서 정상 유동 장치를 유입하고 유출하는 체적유량들은 서로 다를 수 있다. 공기 압축기를 예로 들면, 압축기를 통과하는 질량유량은 일정하지만, 압축기 출구에서의 공기 밀도가 매우 높기 때문에 출구의 체적유량은 입구의 체적유량보다 훨씬 적게 된다(그림 5-11). 그러나 정상 유동하는 액체인 경우, 액체는 본질적으로 비압축성(일정한 밀도) 물질이므로 체적유량은 거의 일정하다. 정원용 호스의 노즐을 통과하는 물의 유동은 두 번째 경우의 한 예이다.

질량 보존 법칙은 유동 과정에서 아무리 작은 질량이라도 포함되어야 한다. 만약 수입과 지출을 가계부에 정확히 기재할 수 있는 정도라면('수지 보존' 법칙) 질량 보존 법칙을 공학 문제에 적용하는 데 큰 어려움이 없을 것이다.

그림 5-12
예제 5-1에 대한 개략도.
Photo by John M. Cimbala

예제 5-1 정원용 호스의 노즐을 통과하는 물의 유동

노즐이 부착된 정원용 호스로 40 L의 물통을 채우려고 한다. 호스의 내경은 2 cm이고, 노즐의 출구에서는 0.8 cm로 좁아진다(그림 5-12). 물통을 다 채우는 데 50 s가 소요될 때, 다음을 계산하라. (a) 호스를 통과하는 물의 체적유량과 질량유량, (b) 노즐 출구에서의 물의 평균 속도.

풀이 정원용 호스로 물통에 물을 채울 때 물의 체적유량, 질량유량과 출구 속도를 계산하고자 한다.

가정 **1** 물은 비압축성 물질이다. **2** 호스 내의 유동은 정상이다. **3** 물의 튐으로 인한 물통 밖으로의 물 손실은 없다.

상태량 물의 밀도는 1000 kg/m³ = 1 kg/L이다.

해석 (a) 50 s 동안 40 L의 물이 호스로부터 방출되므로 체적유량 및 질량유량은 다음과 같다.

$$\dot{V} = \frac{\Delta V}{\Delta t} = \frac{40\ \text{L}}{50\ \text{s}} = \mathbf{0.800\ L/s}$$

$$\dot{m} = \rho \dot{V} = (1\ \text{kg/L})(0.800\ \text{L/s}) = \mathbf{0.800\ kg/s}$$

(b) 노즐 출구의 단면적은 다음과 같다.

$$A_e = \pi r_e^2 = \pi(0.4\ \text{cm})^2 = 0.5027\ \text{cm}^2 = 0.5027 \times 10^{-4}\ \text{m}^2$$

호스와 노즐을 통과하는 체적유량은 일정하다. 따라서 노즐 출구에서 물의 평균 속도는 다음과 같다.

$$V_e = \frac{\dot{V}}{A_e} = \frac{0.800\ \text{L/s}}{0.5027 \times 10^{-4}\ \text{m}^2}\left(\frac{1\ \text{m}^3}{1000\ \text{L}}\right) = \mathbf{15.9\ m/s}$$

토의 호스 내의 물의 평균 속도는 2.4 m/s이다. 따라서 노즐을 통과하면서 물의 속도는 6배 이상 증가되었다.

예제 5-2 탱크로부터 물의 방출

물이 가득 차 있는 높이 1.2 m, 직경 0.9 m인 원통형 물탱크의 상부가 개방되어 대기에 노출되어 있다. 탱크 아래쪽의 물마개를 열어서 직경 1.3 cm의 물 제트를 방출시킨다(그림 5-13). 제트의 평균 속도는 대략적으로 $V=\sqrt{2gh}$ 여기서 h는 마개의 중심에서부터 측정한 탱크 내의 수위(시간에 따라 변함)이고, g는 중력가속도이다. 수위가 0.6 m로 낮아질 때까지 걸리는 시간을 계산하라.

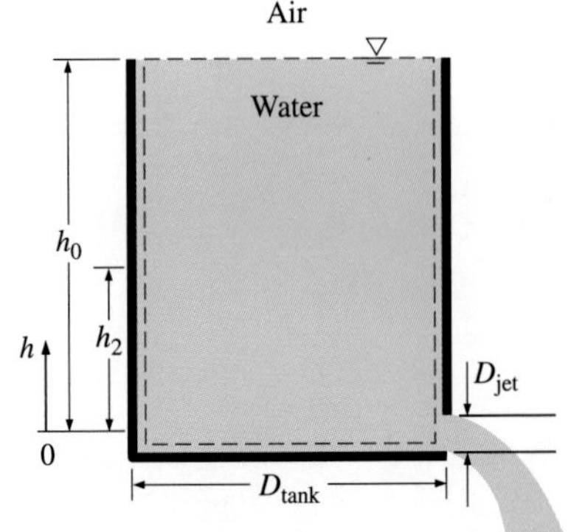

그림 5-13
예제 5-2에 대한 개략도.

풀이 탱크 아래쪽의 물마개를 열어 탱크 내 물의 반을 비울 때까지 소요되는 시간을 계산하고자 한다.

가정 1 물은 비압축성 물질이다. **2** 탱크 밑바닥과 마개 중심까지의 거리는 수위에 비해 무시할 수 있을 정도로 작다. **3** 중력가속도는 9.81 m/s^{2}이다.

해석 물이 점유하는 체적을 검사체적으로 선택한다. 수위가 낮아짐에 따라 검사체적의 크기가 감소하므로 검사체적은 변형한다(이 문제는 탱크의 내부 체적으로 이루어지는 고정된 검사체적으로 선택하여 계산할 수도 있다. 이 경우에 물이 빠져나간 공간을 채우는 공기는 무시한다). 또한 이 문제에서 검사체적 내의 상태량이 시간에 따라 변하므로(예를 들면, 총 질량) 비정상 유동 문제임이 명백하다.

모든 유동 과정에 적용할 수 있는, 검사체적에 대한 변화율 형태의 질량 보존 관계식은 다음과 같다.

$$\dot{m}_{in} - \dot{m}_{out} = \frac{dm_{CV}}{dt} \quad \textbf{(1)}$$

이 문제에서 검사체적으로 유입하는 질량은 없고($\dot{m}_{in}=0$), 방출되는 질량유량은 다음과 같다.

$$\dot{m}_{out} = (\rho VA)_{out} = \rho\sqrt{2gh}A_{jet} \quad \textbf{(2)}$$

이 식에서 $A_{jet}=\pi D_{jet}^2/4$는 제트의 단면적이고, 항상 일정하다. 물의 밀도는 일정하므로 어느 시간에서나 탱크 내 물의 질량은 다음과 같이 표시할 수 있다.

$$m_{CV} = \rho V = \rho A_{tank}h \quad \textbf{(3)}$$

여기서 $A_{tank}=\pi D_{tank}^2/4$는 탱크의 단면적이다. 식 (2)와 (3)을 질량 보존 관계식(식 1)에 대입하면 다음과 같다.

$$-\rho\sqrt{2gh}A_{jet} = \frac{d(\rho A_{tank}h)}{dt} \rightarrow -\rho\sqrt{2gh}(\pi D_{jet}^2/4) = \frac{\rho(\pi D_{tank}^2/4)dh}{dt}$$

밀도 및 다른 공통되는 항을 소거하고, 변수분리하면 다음과 같다.

$$dt = -\frac{D_{tank}^2}{D_{jet}^2}\frac{dh}{\sqrt{2gh}}$$

$h=h_0$인 시간 $t=0$에서부터 $h=h_2$인 시간 $t=t$까지 적분하면 다음의 결과를 얻는다.

$$\int_0^t dt = -\frac{D_{\text{tank}}^2}{D_{\text{jet}}^2\sqrt{2g}}\int_{h_0}^{h_2}\frac{dh}{\sqrt{h}} \rightarrow t = \frac{\sqrt{h_0}-\sqrt{h_2}}{\sqrt{g/2}}\left(\frac{D_{\text{tank}}}{D_{\text{jet}}}\right)^2$$

주어진 값들을 대입하여 계산하면 물을 방출할 때 소요되는 시간을 구할 수 있다.

$$t = \frac{\sqrt{1.2\text{ m}}-\sqrt{0.6\text{ m}}}{\sqrt{9.81/2\text{ m/s}^2}}\left(\frac{0.9\text{ m}}{0.013\text{ m}}\right)^2 = 694\text{ s} = \mathbf{11.6\ min}$$

따라서 물마개를 연 후 탱크 물의 반을 비울 때까지는 11.6 min이 소요된다.

토의 탱크 내의 물을 완전히 비울 때(즉, $h_2=0$일 때)까지 걸리는 시간은 $t=39.5$ min이다. 따라서 탱크 아랫부분의 반을 비울 때에는 윗부분의 반을 비우는 경우에 비해서 훨씬 긴 시간이 소요된다. 이는 수위 h가 낮아짐에 따라 평균 방출 속도도 감소하기 때문이다.

5-3 ■ 기계적 에너지와 효율

그림 5-14
기계적 에너지는 지하 탱크로부터 자동차로 휘발유를 주입하는 경우와 같이, 아주 큰 열전달이나 에너지 변환을 포함하지 않는 유동에 유용한 개념이다.
© *Corbis RF*

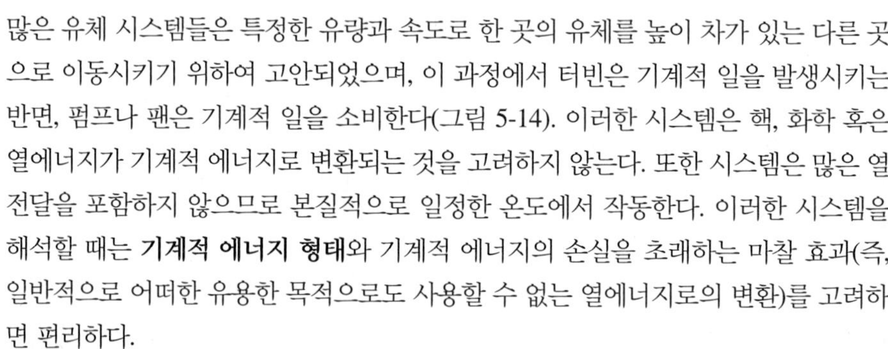

많은 유체 시스템들은 특정한 유량과 속도로 한 곳의 유체를 높이 차가 있는 다른 곳으로 이동시키기 위하여 고안되었으며, 이 과정에서 터빈은 기계적 일을 발생시키는 반면, 펌프나 팬은 기계적 일을 소비한다(그림 5-14). 이러한 시스템은 핵, 화학 혹은 열에너지가 기계적 에너지로 변환되는 것을 고려하지 않는다. 또한 시스템은 많은 열전달을 포함하지 않으므로 본질적으로 일정한 온도에서 작동한다. 이러한 시스템을 해석할 때는 **기계적 에너지 형태**와 기계적 에너지의 손실을 초래하는 마찰 효과(즉, 일반적으로 어떠한 유용한 목적으로도 사용할 수 없는 열에너지로의 변환)를 고려하면 편리하다.

기계적 에너지(mechanical energy)란 **이상적인 터빈과 같은 이상적인 기계 장치에 의하여 완전히 그리고 직접적으로 기계적인 일로 변환할 수 있는 에너지 형태**로 정의한다. 운동 에너지와 위치 에너지는 잘 알려진 기계적 에너지의 형태이다. 그러나 열에너지는 직접적이면서 완전하게 일로 변환시킬 수 없으므로 기계적 에너지가 아니다(열역학의 제2법칙).

펌프는 유체의 압력을 높여 유체에 기계적 에너지를 전달하고, 터빈은 유체의 압력을 낮추어 유체로부터 기계적 에너지를 추출한다. 그러므로 유체의 압력은 항상 기계적 에너지와 관련이 있다. 실제로, 압력의 단위 Pa은 $\text{Pa}=\text{N/m}^2=\text{N}\cdot\text{m/m}^3=\text{J/m}^3$이므로 단위 체적당의 에너지를 의미하고, 곱의 형태인 Pv, 즉 P/ρ의 단위 J/kg은 **단위 질량당의 에너지**를 의미한다. 따라서 압력 그 자체는 에너지가 아님을 유의하라. 그러나 얼마의 거리 동안 유체에 작용하는 압력 힘은 P/ρ만큼의 **유동 일**(flow work)이라고 하는 단위 질량당의 일을 발생시킨다. 유동 일은 유체 상태량의 항으로 표현되며, 따라서 유동 일은 유동 유체 에너지의 일부로 생각하고 **유동 에너지**(flow energy)라고 부르는 것이 편리하다. 그러므로 유동 유체의 단위 질량당 기계적 에너지는 다음 식으로 표현할 수 있다.

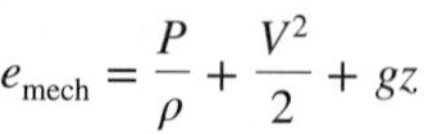

$$e_{\text{mech}} = \frac{P}{\rho} + \frac{V^2}{2} + gz$$

이 식에서 P/ρ는 유체의 **유동 에너지**, $V^2/2$은 **운동 에너지**, 그리고 gz는 **위치 에너지**라 하며, 모두 단위 질량당의 에너지이다. 따라서 비압축성 유동의 경우 유체의 기계적 에너지 변화는 다음과 같다.

$$\Delta e_{\text{mech}} = \frac{P_2 - P_1}{\rho} + \frac{V_2^2 - V_1^2}{2} + g(z_2 - z_1) \quad \text{(kJ/kg)} \qquad \textbf{(5-24)}$$

그러므로 만약 유체의 압력, 밀도, 속도, 높이가 일정하면 유동 중에 유체의 기계적 에너지는 변화하지 않는다. 아무런 비가역적인 손실이 없다면 유체의 기계적 에너지는 유체에 공급한 기계적 일($\Delta e_{\text{mech}}>0$인 경우) 또는 유체에서 추출한 기계적 일($\Delta e_{\text{mech}}<0$인 경우)로 인하여 변화한다. 예를 들어, 그림 5-15에서 볼 수 있듯이, 터빈이 생산하는 최대(이상적인) 출력은 $\dot{W}_{\text{max}} = \dot{m}\Delta e_{\text{mech}}$이다.

그림 5-16에 나타난 바와 같이, 물이 가득 담긴 높이가 h인 물통을 고려해 보자. 기준 위치는 물통의 아랫면이다. 자유표면의 한 점 A의 계기압은 $P_{\text{gage},A}=0$이고, 단위 질량당 위치 에너지는 $pe_A = gh$이다. 한편, 물통의 아랫면의 한 점 B의 계기압은 $P_{\text{gage},B}=\rho gh$이고, 단위 질량당 위치 에너지는 $pe_B=0$이다. 아랫면에 있는 이상적인 수력 터빈은 터빈에 유입되는 물(또는 일정한 밀도를 갖는 모든 유체)이 물통의 상부에 있었든 혹은 하부에 있었든 상관없이 단위 질량당 $w_{\text{turbine}}=gh$의 동일한 일을 생산한다. 여기서 물통과 터빈 간의 파이프 유동은 이상적인 유동(비가역적 손실이 없다)이고, 또한 터빈 출구에서의 운동 에너지는 무시할 수 있을 정도로 작다고 가정한 것에 유의하라. 그러므로 물통 아랫면과 윗면의 물의 가용한 기계적 에너지는 동일하다.

기계적 에너지는 일반적으로 회전축에 의해 전달되므로 기계적 일을 **축일**(shaft work)이라고도 한다. 펌프나 팬은 축일을 공급받아서(일반적으로 전기 모터로부터) 유체에 기계적 에너지를 전달한다(마찰 손실을 뺌). 반면에 터빈은 유체의 기계적 에너지를 축일로 변환한다. 기계적 에너지는 마찰과 같은 비가역성 때문에 어떠한 기계적 형태로부터 다른 형태로 완전하게 변환될 수 없으며, 이때 장치나 과정에서 **기계 효율**(mechanical efficiency)은 다음과 같이 정의된다.

$$\eta_{\text{mech}} = \frac{\text{Mechanical energy output}}{\text{Mechanical energy input}} = \frac{E_{\text{mech, out}}}{E_{\text{mech, in}}} = 1 - \frac{E_{\text{mech, loss}}}{E_{\text{mech, in}}} \qquad \textbf{(5-25)}$$

변환 효율(conversion efficiency)이 100%보다 작은 이유는 변환이 완벽하지 않고 변환 과정에서 손실이 발생하기 때문이다. 기계 효율이 74%라면 입력된 기계적 에너지의 26%는 마찰열로 인해 열에너지로 변환되었음을 의미하며(그림 5-17), 이때 유체의 온도가 약간 상승한다.

유체 시스템에서는 일반적으로 유체의 압력, 속도 그리고/또는 높이를 증가시키는 데에 주된 관심이 있다. 이는 펌프, 팬, 압축기 등(이들을 통칭하여 펌프라고 한다)을 이용하여 **유체에 기계적 에너지를 공급함**으로써 달성할 수 있다. 또는 이와는 반대 과정으로서, 터빈을 이용하여 **유체의 기계적 에너지를 추출**하고 기계적 동력을 생산하여 발전기 등의 회전 장치를 구동하기도 한다. 공급된 또는 추출된 기계적 일과 유체의 기계적 에너지 간의 변환 과정의 완성 정도를 **펌프 효율** 및 **터빈 효율**이라고

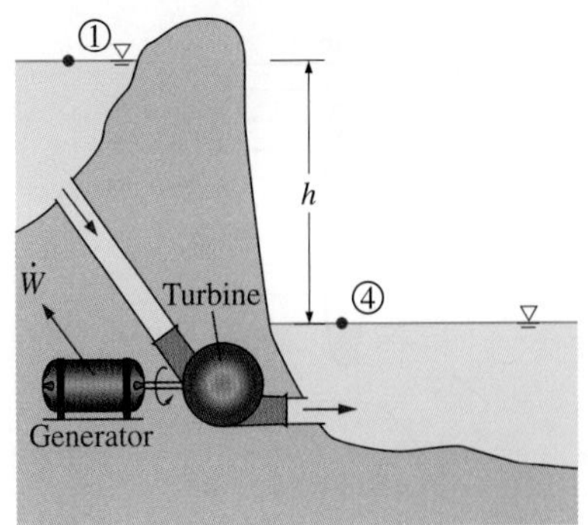

$\dot{W}_{\text{max}} = \dot{m}\Delta e_{\text{mech}} = \dot{m}g(z_1 - z_4) = \dot{m}gh$
since $P_1 \approx P_4 = P_{\text{atm}}$ and $V_1 = V_4 \approx 0$
(*a*)

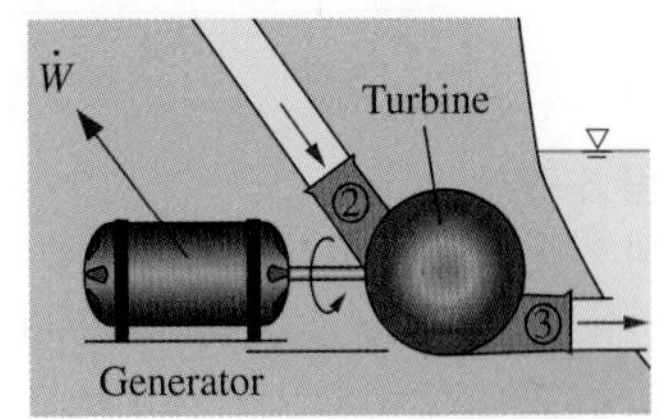

$\dot{W}_{\text{max}} = \dot{m}\Delta e_{\text{mech}} = \dot{m}\frac{P_2 - P_3}{\rho} = \dot{m}\frac{\Delta P}{\rho}$
since $V_2 \approx V_3$ and $z_2 \approx z_3$
(*b*)

그림 5-15
이상적인 수력 터빈이 이상적인 발전기와 결합된 기계적 에너지의 한 예. 비가역적인 손실이 없을 경우, 최대 출력은 다음에 비례한다. (*a*) 상류 저수지와 하류 저수지의 수위 차이, (*b*) (확대도) 터빈의 직전 상류와 직후 하류의 수압 차이.

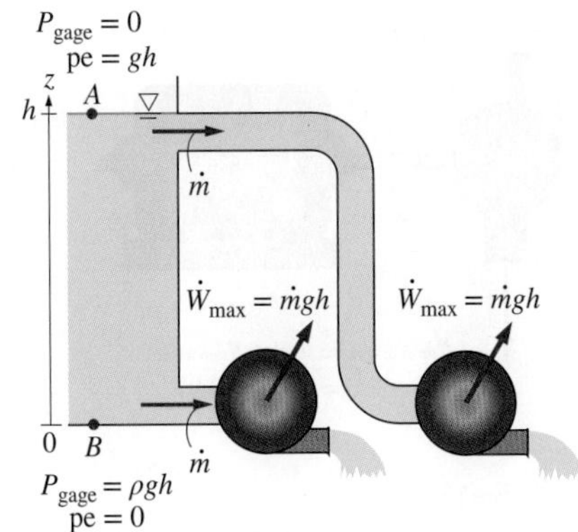

그림 5-16
물통 아랫면에서 물의 유용한 기계적 에너지는 물통의 자유표면을 포함한 모든 깊이에서의 물의 유용한 기계적 에너지와 동일하다.

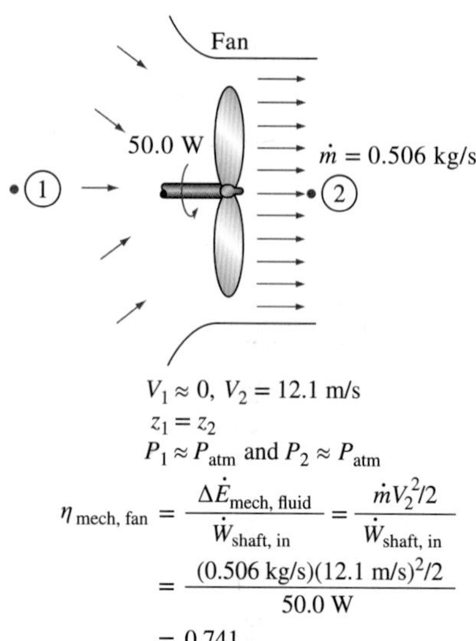

Fan
50.0 W
$\dot{m} = 0.506$ kg/s
1
2
$V_1 \approx 0,\ V_2 = 12.1$ m/s
$z_1 = z_2$
$P_1 \approx P_{atm}$ and $P_2 \approx P_{atm}$
$\eta_{mech,\,fan} = \dfrac{\Delta \dot{E}_{mech,\,fluid}}{\dot{W}_{shaft,\,in}} = \dfrac{\dot{m}V_2^2/2}{\dot{W}_{shaft,\,in}}$
$= \dfrac{(0.506\text{ kg/s})(12.1\text{ m/s})^2/2}{50.0\text{ W}}$
$= 0.741$

그림 5-17
팬의 기계 효율은 공기의 기계적 에너지의 증가율과 기계적 동력 입력의 비이다.

한다. 변화율 형태에서 펌프 효율은 다음과 같이 정의한다.

$$\eta_{pump} = \frac{\text{Mechanical power increase of the fluid}}{\text{Mechanical power input}} = \frac{\Delta \dot{E}_{mech,\,fluid}}{\dot{W}_{shaft,\,in}} = \frac{\dot{W}_{pump,\,u}}{\dot{W}_{pump}} \tag{5-26}$$

이 식에서 $\Delta \dot{E}_{mech,fluid} = \dot{E}_{mech,out} - \dot{E}_{mech,in}$은 유체의 기계적 에너지 증가율이고, 또한 이는 유체에 공급된 **유용한 펌프 동력**(useful pumping power) $\dot{W}_{pump,u}$와 동일하다. 터빈 효율의 경우에는 다음과 같이 정의한다.

$$\eta_{turbine} = \frac{\text{Mechanical power output}}{\text{Mechanical power decrease of the fluid}} = \frac{\dot{W}_{shaft,\,out}}{|\Delta \dot{E}_{mech,\,fluid}|} = \frac{\dot{W}_{turbine}}{\dot{W}_{turbine,\,e}} \tag{5-27}$$

이 식에서 $|\Delta \dot{E}_{mech,fluid}| = \dot{E}_{mech,in} - \dot{E}_{mech,out}$은 유체의 기계적 에너지 감소율이고, 또한 이는 터빈이 유체에서 추출한 기계적 동력 $\dot{W}_{turbine,e}$와 동일하다. 한편 효율을 양의 값으로 표시하기 위하여 절댓값을 사용한다. 펌프나 터빈의 효율이 100%라는 것은 축일과 유체의 기계적 에너지 간의 완전한 변환을 의미하며, 마찰 효과를 최소화함으로써 효율 100%에 근접할 수 있다(그러나 절대로 달성할 수는 없다).

기계 효율은 다음과 같이 정의되는 **모터 효율**이나 **발전기 효율**과 혼동하지 말아야 한다.

모터:
$$\eta_{motor} = \frac{\text{Mechanical power output}}{\text{Electric power input}} = \frac{\dot{W}_{shaft,\,out}}{\dot{W}_{elect,\,in}} \tag{5-28}$$

그리고

발전기:
$$\eta_{generator} = \frac{\text{Electric power output}}{\text{Mechanical power input}} = \frac{\dot{W}_{elect,\,out}}{\dot{W}_{shaft,\,in}} \tag{5-29}$$

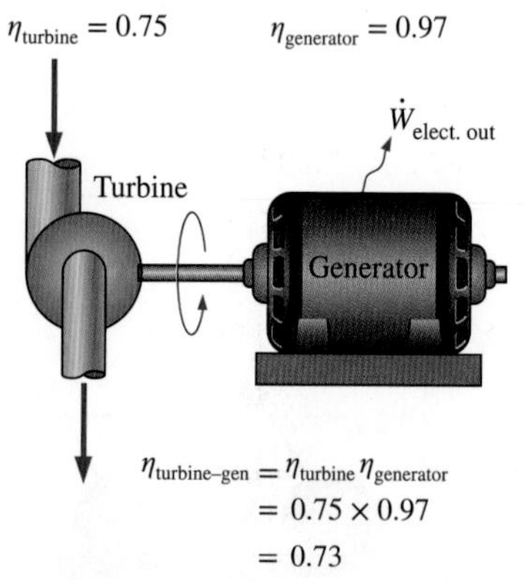

그림 5-18
터빈-발전기의 전 효율은 터빈 효율과 발전기 효율을 곱한 것이며, 유체의 기계적 동력이 전력으로 바뀐 비율이다.

일반적으로 펌프는 모터와, 터빈은 발전기와 함께 묶어 고려한다. 그러므로 펌프-모터와 터빈-발전기를 조합하여 **연합 효율**(combined efficiency) 또는 **전 효율**(overall efficiency)로 표현하는 경우가 많다(그림 5-18). 이들의 정의는 다음과 같다.

$$\eta_{pump-motor} = \eta_{pump}\,\eta_{motor} = \frac{\dot{W}_{pump,\,u}}{\dot{W}_{elect,\,in}} = \frac{\Delta \dot{E}_{mech,\,fluid}}{\dot{W}_{elect,\,in}} \tag{5-30}$$

그리고

$$\eta_{turbine-gen} = \eta_{turbine}\,\eta_{generator} = \frac{\dot{W}_{elect,\,out}}{\dot{W}_{turbine,\,e}} = \frac{\dot{W}_{elect,\,out}}{|\Delta \dot{E}_{mech,\,fluid}|} \tag{5-31}$$

위에서 정의한 모든 효율들의 범위는 0~100%이다. 효율이 0%라는 것은 모든 기계적/전기적 입력 에너지가 전부 열에너지로 변환되는 것을 의미하며, 이 경우의 변환 장치는 저항 가열기(resistance heater)의 기능만 하게 된다. 효율이 100%라는 것은 마찰 등의 비가역성이 없고, 따라서 기계적/전기적 에너지가 열에너지로 변환되지 않는 완전한 변환을 의미한다(손실이 없다).

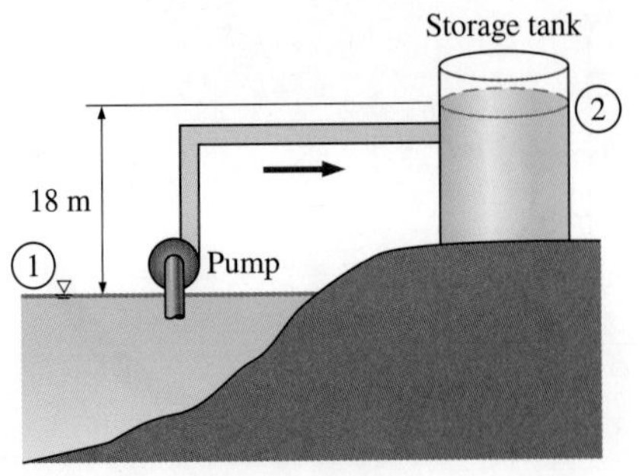

그림 5-19
예제 5-3에 대한 개략도.

예제 5-3 호수에서 저장 탱크로의 양수

큰 호수의 물을 8 m 위에 위치하는 저장 탱크로 70 L/s로 양수하려고 한다. 이때, 사용되는 전력은 20.4 kW이다(그림 5-19). 탱크의 윗부분은 대기로 열려 있다. 파이프 내부에서의 마찰과 운동 에너지의 변화를 무시하고, 다음을 구하여라. (a) 펌프-모터의 전효율 (b) 펌프 내의 입출구의 압력 차이.

풀이 호수의 물을 저장 탱크로 일정하게 양수하려고 한다. 이때 펌프-모터의 전효율과 펌프의 입출구의 압력 차이를 계산하고자 한다.

가정 **1** 호수와 탱크의 수위는 일정하다. **2** 파이프 내의 비가역 손실은 무시할 수 있다. **3** 운동에너지 변화는 무시한다. **4** 펌프 내부의 고도의 차이는 무시한다.

상태량 물의 밀도는 $\rho = 1000\ \text{kg/m}^3$이다.

해석 (a) 호수의 자유표면을 점 1, 저장 탱크의 자유표면을 점 2로 설정한다. 호수의 자유표면을 기준($z_1 = 0$)으로 하면, 점 1에서의 위치 에너지는 $\text{pe}_1 = 0$, 점 2에서의 위치 에너지는 $\text{pe}_2 = gz_2$이다. 점 1과 점 2가 대기에 노출되어 있기 때문에 두 점에서의 유동 에너지는 0이다($P_1 = P_2 = P_{\text{atm}}$). 또한 두 점에서 물은 정지해 있으므로 운동에너지 또한 0이다 ($\text{ke}_1 = \text{ke}_2 = 0$). 점 2에서의 위치에너지와 질량유량은 다음과 같다.

$$\dot{m} = \rho\dot{V} = (1000\ \text{kg/m}^3)(0.070\ \text{m}^3/\text{s}) = 70\ \text{kg/s}$$

$$\text{pe}_2 = gz_2 = (9.81\ \text{m/s}^2)(18\ \text{m})\left(\frac{1\ \text{kJ/kg}}{1000\ \text{m}^2/\text{s}^2}\right) = 0.177\ \text{kJ/kg}$$

물의 기계적 에너지의 상승률은 다음과 같다.

$$\begin{aligned}\Delta\dot{E}_{\text{mech,fluid}} &= \dot{m}(e_{\text{mech,out}} - e_{\text{mech,in}}) = \dot{m}(\text{pe}_2 - 0) = \dot{m}\text{pe}_2 \\ &= (70\ \text{kg/s})(0.177\ \text{kJ/kg}) = 12.4\ \text{kW}\end{aligned}$$

정의로부터 펌프-모터의 전효율은 다음과 같다.

$$\eta_{\text{pump-motor}} = \frac{\Delta\dot{E}_{\text{mech,fluid}}}{\dot{W}_{\text{elect,in}}} = \frac{12.4\ \text{kW}}{20.4\ \text{kW}} = 0.606 \text{ 또는 } \mathbf{60.6\%}$$

(b) 펌프를 고려해보자. 펌프 내부의 고도 차이와 운동 에너지의 변화는 무시하기 때문에 물의 기계적 에너지의 변화는 펌프에 의한 물의 흐름에 따른 유동 에너지의 변화이다. 또한, 이 변화는 펌프에 의해서 공급되는 유용한 기계적 에너지 12.4 kW와 동일하다.

$$\Delta\dot{E}_{\text{mech,fluid}} = \dot{m}(e_{\text{mech,out}} - e_{\text{mech,in}}) = \dot{m}\frac{P_2 - P_1}{\rho} = \dot{V}\Delta P$$

위 식을 ΔP에 대해 정리하고 주어진 수치를 대입하면 다음과 같다.

$$\Delta P = \frac{\Delta\dot{E}_{\text{mech,fluid}}}{\dot{V}} = \frac{12.4\ \text{kJ/s}}{0.070\ \text{m}^3/\text{s}}\left(\frac{1\ \text{kPa}\cdot\text{m}^3}{1\ \text{kJ}}\right) = \mathbf{177\ kPa}$$

그러므로 물을 18 m 위로 올리기 위해서 펌프는 177 kPa의 압력을 물에 가해야 한다.

토의 펌프-모터에 의해 소비된 전기적 에너지의 2/3은 물의 기계적 에너지로 변환된다. 나머지 1/3은 펌프와 모터의 비효율성으로 인해 소비된다.

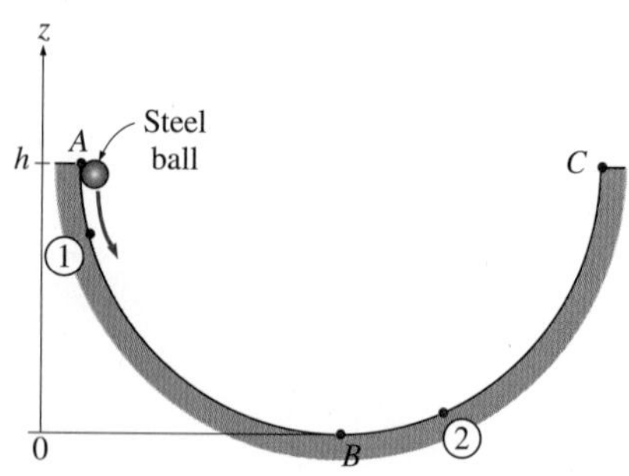

그림 5–20
예제 5-4에 대한 개략도.

예제 5–4 진동하는 강철 공의 에너지 보존

그림 5-20에서 보듯 반경이 h인 반구형 그릇 내에 있는 강철 공의 운동을 해석해 보자. 처음에 가장 높은 곳 A에 정지해 있는 공을 움직이게 한다. 마찰이 없는 경우 및 실제의 운동인 경우에 대하여 공의 에너지 보존의 관계식을 각각 구하라.

풀이 그릇의 강철 공을 놓아 움직이게 할 때 에너지 평형 관계식을 구하고자 한다.

가정 마찰이 없는 경우에 공, 그릇, 공기 간의 마찰은 무시할 수 있다.

해석 공을 놓으면 중력 때문에 공은 가속되어 그릇의 맨 아래 B에서 최대 속도(최저 위치)에 이르고, 반대편 C를 향해 올라간다. 마찰 없이 운동하는 이상적인 경우에 공은 A와 C 사이에서 진동한다. 그러나 실제의 운동에서는 공의 운동 에너지와 위치 에너지 상호 간의 변환뿐만 아니라 마찰 저항도 고려하여야 한다(즉, 마찰 일을 한다). 모든 경우에 사용할 수 있는 에너지 평형의 일반 형태는 다음과 같다.

$$\underbrace{E_{\text{in}} - E_{\text{out}}}_{\substack{\text{Net energy transfer} \\ \text{by heat, work, and mass}}} = \underbrace{\Delta E_{\text{system}}}_{\substack{\text{Change in internal, kinetic,} \\ \text{potential, etc., energies}}}$$

점 1에서 점 2로의 운동 과정에서 열이나 질량에 의한 에너지 전달이 없고, 공의 내부 에너지 변화도 없으므로(마찰로 인한 마찰 열은 공기 중으로 소산된다) 공의 (단위 질량당) 에너지 평형은 다음과 같다.

$$-w_{\text{friction}} = (\text{ke}_2 + \text{pe}_2) - (\text{ke}_1 + \text{pe}_1)$$

또는

$$\frac{V_1^2}{2} + gz_1 = \frac{V_2^2}{2} + gz_2 + w_{\text{friction}}$$

마찰 일 w_{friction}은 기계적 에너지를 열에너지로 변환시킨 손실이므로 e_{loss}라고도 표현한다.

마찰이 없는 이상적인 운동의 경우 위 식은 다음과 같이 표현된다.

$$\frac{V_1^2}{2} + gz_1 = \frac{V_2^2}{2} + gz_2 \quad \text{또는} \quad \frac{V^2}{2} + gz = C = \text{constant}$$

이 식에서 상수 $C = gh$이다. 즉, **마찰 효과를 무시할 수 있을 때, 공의 운동 에너지와 위치 에너지의 합은 일정하다.**

토의 위에서 제시된 에너지 보존 방정식은 추의 진동과 같은 경우에도 적용된다. 이 관계식은 5-4절에서 유도되는 Bernoulli 방정식과 유사하다.

실제 많은 과정들은 어떤 특정한 형태의 에너지만 포함하는데, 이 경우 보다 단순화된 에너지 평형식이 더 편리하다. **기계적 에너지 형태**(mechanical forms of energy)와 그의 **축일**로의 변환만 포함하는 시스템의 경우, 에너지 보존 법칙은 다음 식과 같이 편리하게 표현할 수 있다.

$$E_{\text{mech, in}} - E_{\text{mech, out}} = \Delta E_{\text{mech, system}} + E_{\text{mech, loss}} \qquad \textbf{(5-32)}$$

이 식에서 $E_{\text{mech, loss}}$는 마찰 등의 비가역성으로 인한 기계적 에너지의 열에너지로의 변환을 나타낸다. 정상 시스템에서는 기계적 에너지 변화율의 평형은 $\dot{E}_{\text{mech, in}} = \dot{E}_{\text{mech, out}}$

$+\dot{E}_{\text{mech, loss}}$이다(그림 5-21).

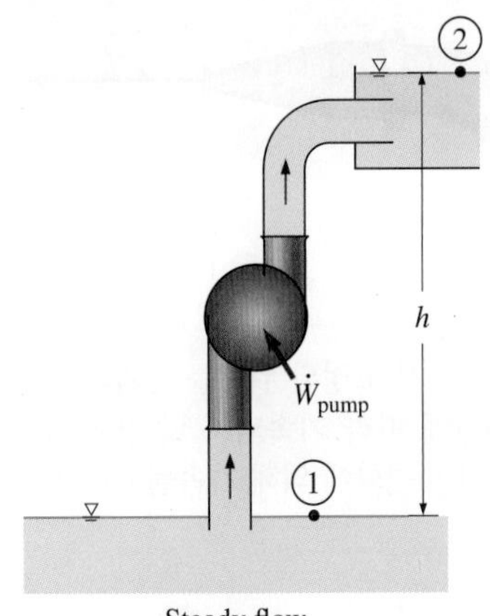

그림 5-21
많은 유동 문제들은 단지 **기계적 에너지 형태**만 포함하므로, 이러한 문제들은 기계적 에너지 변화율 평형으로 편리하게 풀 수 있다.

5-4 ■ Bernoulli 방정식

Bernoulli 방정식은 **압력, 속도, 위치 사이의 근사적 관계식**이며, **마찰력을 무시할 수 있는 정상, 비압축성 유동 영역**에서 사용될 수 있다(그림 5-22). 이 식은 그 형태가 매우 간단함에도 불구하고 유체역학에서 매우 유용한 공식이다. 이 절에서는 **선형운동량 보존 법칙**을 이용하여 Bernoulli 방정식을 유도하고, 이 식의 유용성과 적용 시의 제한 조건 등을 설명하기로 한다.

Bernoulli 방정식을 유도할 때 가장 중요한 가정은 **점성효과가 관성효과, 중력효과 또는 압력효과에 비하여 무시할 수 있을 정도로 작다**는 것이다. 그러나 실제 모든 유체는 점성을 가지므로("비점성 유체"는 존재하지 않는다) 이 가정은 전체 모든 유동장에 적용되지는 않는다. 다시 말하면, 유체의 점성이 아무리 작더라도 유동의 모든 곳에 Bernoulli 방정식을 적용할 수 없다는 것이다. 그러나 많은 실제 유동에서 어떤 특정한 **영역**에서는 Bernoulli 방정식을 사용할 수 있다. 이러한 영역을 **비점성 유동 영역**이라고 한다. 이러한 영역은 유체가 비점성, 즉 마찰이 없는 영역이라는 의미가 **아니라**, 점성력(마찰력)이 유체 입자에 작용하는 다른 힘들에 비하여 무시할 수 있을 정도로 작은 영역이라는 의미임을 명심하기 바란다.

Bernoulli 방정식은 비점성 유동 영역에만 적용 가능하다는 것을 항상 염두에 두어야 한다. 일반적으로, 마찰 효과는 고체 면에 매우 가까운 곳(**경계층**)과 물체의 바로 하류(**후류**)에서 중요하며, 따라서 Bernoulli 식은 경계층 및 후류의 바깥 영역(압력 및 중력 효과가 유체의 유동을 지배)에서 유용하게 사용될 수 있다.

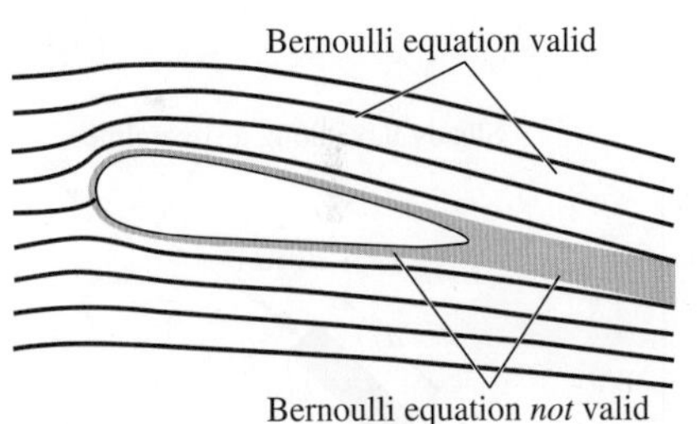

그림 5-22
Bernoulli 방정식은 점성력이 관성력, 중력 또는 압력 힘에 비하여 무시할 수 있을 정도로 작은 **비점성 유동 영역**에만 적용할 수 있는 근사적 방정식이다. 이러한 영역은 **경계층** 및 **후류**의 바깥쪽 영역이다.

유체 입자의 가속도

입자의 운동과 그 궤적은 시간, 공간 좌표 및 처음 위치의 함수인 **속도 벡터**로 표현할 수 있다. 유동이 **정상**(특정한 위치에서 시간에 대한 변화가 없음)이라면 동일한 점을 지나는 입자들의 궤적은 같고(이를 **유선**이라 한다), 모든 위치에서 속도 벡터는 궤적에 접선방향을 유지한다.

입자의 운동을 유선을 따른 거리 s와 그 유선의 곡률 반경으로 표현하는 것이 편리한 경우가 있다. 입자의 속도 $V = ds/dt$는 유선을 따라가면서 달라질 수 있다. 2차원 유동에서 가속도는 두 성분, 즉 유선을 따르는 **유선방향가속도**(streamwise acceleration) a_s와 유선에 수직방향인 **수직가속도**(normal acceleration) $a_n = V^2/R$로 분리할 수 있다. 유선방향가속도는 유선을 따라 나타나는 속도의 변화에 기인하고, 수직가속도는 속도방향의 변화에 의한 것이다. 입자가 직선 운동할 경우, 곡률 반경이 무한대이고 방향의 변화가 없으므로 $a_n = 0$이다. Bernoulli 방정식은 유선을 따라 나타나는 힘의 평형 관계식이다.

가속도는 속도의 시간 변화율이고 정상 유동에서는 속도의 시간에 대한 변화가 없으므로 정상 유동에서는 가속도가 영이라고 생각하기 쉽다. 그러나 정원용 호스 노즐의 예는 이러한 생각이 맞지 않음을 보여 준다. 질량유량이 일정한 정상 유동의 경

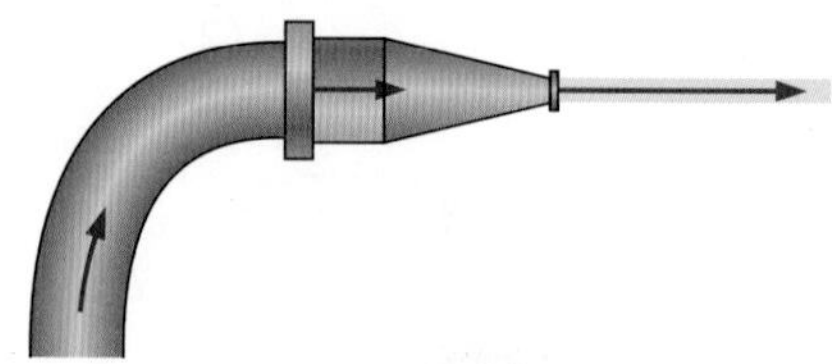

그림 5-23
정상 유동에서 고정된 위치를 통과하는 유체는 시간에 따라 가속되지 않지만, 공간상의 위치의 변화에 의해 가속될 수 있다.

우에도 노즐을 통과하는 물은 가속된다(4장에서 설명한 그림 5-23 참조). **정상이란 특정한 위치에서 시간에 대한 변화가 없다**는 의미인 반면, 한 위치에서 다른 위치로의 변화는 있을 수 있다. 노즐의 경우, 특정한 점에서 물의 속도는 일정하지만, 노즐 입구에서 출구까지의 속도는 변화한다(즉, 노즐을 통과하며 물은 가속된다).

수학적으로는 다음과 같이 표현할 수 있다. 유체 입자의 속도를 s와 t의 함수라 하고, $V(s, t)$를 전미분한 후 양변을 dt로 나누면 다음 식이 얻어진다.

$$dV = \frac{\partial V}{\partial s}ds + \frac{\partial V}{\partial t}dt \quad \text{그리고} \quad \frac{dV}{dt} = \frac{\partial V}{\partial s}\frac{ds}{dt} + \frac{\partial V}{\partial t} \tag{5-33}$$

정상 유동에서 $\partial V/\partial t = 0$, 즉 $V = V(s)$이므로 s방향의 가속도는 다음과 같다.

$$a_s = \frac{dV}{dt} = \frac{\partial V}{\partial s}\frac{ds}{dt} = \frac{\partial V}{\partial s}V = V\frac{dV}{ds} \tag{5-34}$$

여기서 유선을 따라 운동하는 유체 입자를 추적하는 경우에는 $V = ds/dt$이다. 따라서 정상 유동에서의 가속도는 위치에 따른 속도 변화에 의한 것이다.

Bernoulli 방정식의 유도

정상 유동장에서 유체 입자의 운동을 고려해 보자. Newton의 제2법칙(유체역학에서는 **선형운동량 방정식**이라 한다)을 유선을 따라 운동하는 입자에 s방향으로 적용하면 다음과 같다.

$$\sum F_s = ma_s \tag{5-35}$$

마찰력을 무시할 수 있고, 펌프나 터빈이 없으며, 또한 유선을 따라 열전달도 없는 유동 영역에서 s방향의 중요한 힘들은 압력(양쪽면 모두에 작용)과 입자 무게의 s방향 성분이다(그림 5-24). 따라서 식 (5-35)는 다음과 같이 표현할 수 있다.

$$P\,dA - (P + dP)\,dA - W\sin\theta = mV\frac{dV}{ds} \tag{5-36}$$

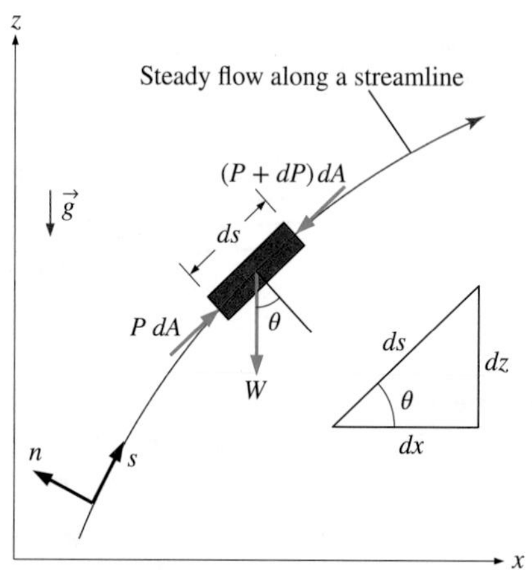

그림 5-24
유선을 따라 유체 입자에 작용하는 힘.

여기서 θ는 유선의 수직방향과 z축 사이의 각도이고, $m = \rho V = \rho dA\,ds$는 질량이며, $W = mg = \rho g\,dA\,ds$는 유체 입자의 무게이다. 한편 $\sin\theta = dz/ds$이므로 이들을 식 (5-36)에 대입하면 다음과 같이 된다.

$$-dP\,dA - \rho g\,dA\,ds\frac{dz}{ds} = \rho\,dA\,ds\,V\frac{dV}{ds} \tag{5-37}$$

모든 항에서 dA를 소거한 후 정리하면 다음과 같다.

$$-dP - \rho g\,dz = \rho V\,dV \tag{5-38}$$

여기서 $V dV = 1/2\ d(V^2)$이고, 모든 항을 ρ로 나누면 다음 식이 얻어진다.

$$\frac{dP}{\rho} + \frac{1}{2}d(V^2) + g\,dz = 0 \tag{5-39}$$

마지막 두 개 항은 완전 미분이므로 적분하여 다음 식을 얻는다.

정상 유동: $$\int\frac{dP}{\rho} + \frac{V^2}{2} + gz = \text{일정(동일한 유선을 따라)} \tag{5-40}$$

비압축성 유동의 경우, 첫 항도 완전 미분이므로 이를 적분하면 다음 식이 얻어진다.

정상, 비압축성 유동: $$\frac{P}{\rho} + \frac{V^2}{2} + gz = \text{일정(동일한 유선을 따라)} \qquad \textbf{(5-41)}$$

이 식이 비점성, 정상, 비압축성 유동에서 유선을 따라 적용되는 유명한 **Bernoulli 방정식**(그림 5-25)이다. 처음에 Bernoulli 방정식은 스위스 수학자 Daniel Bernoulli (1700-1782)가 러시아 St. Petersburg에서 연구할 때, 1738년에 간행한 교재에 글로 서술한 바 있다. 그 후 1755년에 Bernoulli의 동료 Leonhard Euler(1707-1783)가 방정식 형태로 유도하였다.

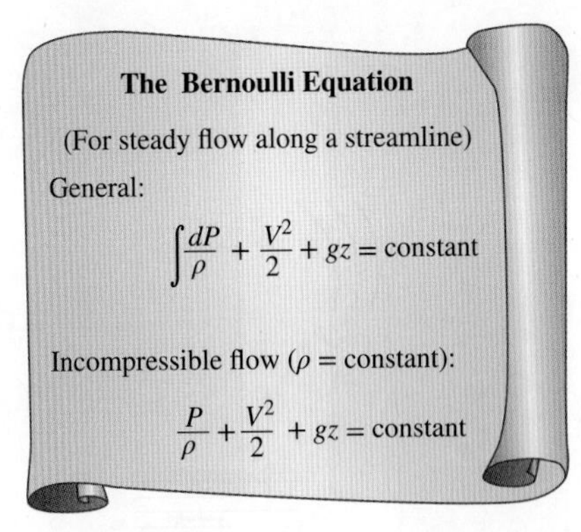

그림 5-25
비압축성 Bernoulli 방정식은 비압축성 유동이라는 가정하에 유도된 것이며, 따라서 압축성 효과가 큰 유동에서 사용하면 안 된다.

유선상의 어느 곳에서든지 그 곳에서의 압력, 밀도, 속도, 위치를 알면 식 (5-41)의 상수값을 계산할 수 있다. 동일한 유선의 임의의 두 점 사이의 Bernoulli 방정식은 다음과 같이 표현된다.

정상, 비압축성 유동: $$\frac{P_1}{\rho} + \frac{V_1^2}{2} + gz_1 = \frac{P_2}{\rho} + \frac{V_2^2}{2} + gz_2 \qquad \textbf{(5-42)}$$

이 식에서 $V^2/2$은 **운동 에너지**, 그리고 gz는 **위치 에너지**, P/ρ는 **유동 에너지**이며, 모두 단위 질량당의 에너지이다. 따라서 Bernoulli 방정식은 **기계적 에너지 평형 관계식**이며, 다음과 같이 서술할 수 있다(그림 5-26).

> **압축성 효과와 마찰 효과를 무시할 수 있는 정상 유동에서 유선을 따라 유체 입자의 운동 에너지, 위치 에너지, 유동 에너지의 합은 일정하다.**

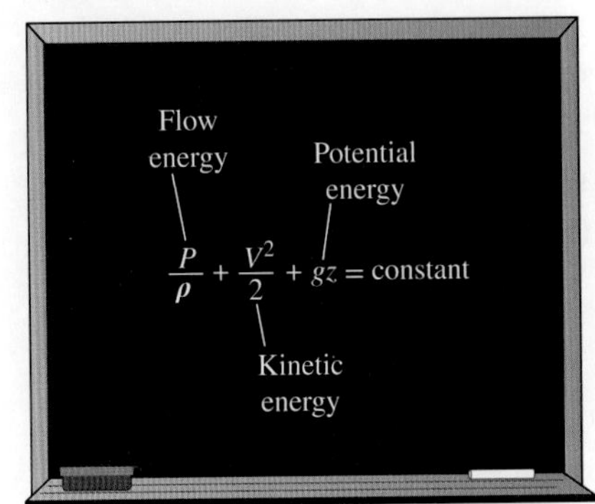

그림 5-26
Bernoulli 방정식은 정상 유동에서 유선을 따라 유체 입자의 운동 에너지, 위치 에너지, 유동 에너지(모든 에너지는 단위 질량당)의 합은 일정하다는 것을 나타내는 식이다.

5-3절에서 설명하였듯이, 운동 에너지, 위치 에너지, 유동 에너지는 기계적 에너지 형태이고, Bernoulli 방정식은 “기계적 에너지 보존 법칙”이라고도 할 수 있다. 이 식은 기계적 에너지와 열에너지 간의 상호 변환이 없고, 따라서 기계적 에너지와 열에너지가 독립적으로 보존되는 시스템에 대한 에너지 보존 법칙의 일반 형태와 같다. Bernoulli 방정식은 마찰을 무시할 수 있는 정상, 비압축성 유동에서 여러 형태의 기계적 에너지는 상호 변환할 수 있지만 그 합은 일정하다는 것을 말한다. 즉, 이러한 유동에서는 기계적 에너지를 현열(내부) 에너지로 변환시키는 마찰이 없으므로 기계적 에너지의 소산(흩어짐)이 없다고도 표현할 수 있다.

시스템에 힘을 얼마의 거리 동안 적용시키면 에너지가 일의 형태로 시스템에 전달된다. 이러한 Newton의 제2법칙에 비추어 볼 때 Bernoulli 방정식은 다음과 같이 표현할 수도 있다. **유체 입자에 작용한 압력 힘과 중력에 의한 일은 입자의 운동 에너지 증가량과 같다.**

위에서 Bernoulli 방정식은 유선을 따라 운동하는 유체 입자에 대한 Newton의 제2법칙으로부터 유도되었다. 이 식은 5-6절에 설명한 바와 같이, 정상 유동 시스템에 적용한 **열역학의 제1법칙**으로부터 유도할 수도 있다.

Bernoulli 방정식은 매우 제한적인 가정하에 유도되었지만, 다양한 실제의 유체 유동 문제들에 적용하여 비교적 정확한 결과를 얻을 수 있어 널리 사용된다. 많은 실제적인 공학 문제에서, 유동은 정상[또는 적어도 평균적 정상(steady in the mean)]이고, 압축성 효과는 상대적으로 매우 작으며, 또한 관심 있는 유동 영역의 마찰력은 무시할 수 있기 때문이다.

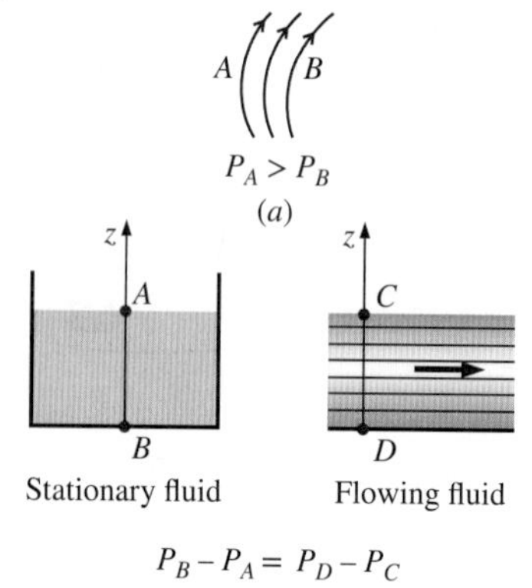

그림 5–27
유선이 곡선인 경우, 곡률의 중심방향으로 압력이 감소한다(*a*). 그러나 정상, 비압축성, 직선 유동에서 높이에 따른 압력의 변화는 정지 상태 유체의 압력 변화와 같다(*b*).

유선을 가로지르는 힘의 평형

정상, 비압축성 유동의 유선을 **가로지르는**, 즉 유선에 수직인 *n*방향의 힘의 평형은 다음과 같다. 이 식은 독자들이 직접 유도해 보기 바란다.

$$\frac{P}{\rho} + \int \frac{V^2}{R}\, dn + gz = \text{일정} \quad (\text{유선을 가로질러서}) \tag{5-43}$$

이 식에서 *R*은 유선의 곡률 반경이다. 곡선 유선을 따른 유동의 경우(그림 5-27*a*), 곡률의 중심방향으로 압력이 감소하고, 이 압력구배 때문에 유체 입자는 구심력과 구심가속도를 받는다.

직선 유동의 경우, 즉 $R \to \infty$인 경우와 식 (5-43)은 ($P/\rho + gz =$ 일정) 또는 ($P = -\rho gz +$ 상수)가 된다. 이는 정지 상태 유체의 수직 거리에 따른 정수압의 변화를 나타내는 식이다. 따라서 비점성 유동 영역의 정상, 비압축성, 직선 유동에서 위치에 따른 압력의 변화는 정지 상태 유체의 압력 변화와 같다(그림 5-27*b*).

비정상, 압축성 유동

비슷한 방법으로, 가속도 식(식 5-33)의 두 항을 모두 고려하면 **비정상, 압축성 유동**에 대한 Bernoulli 방정식은 다음과 같이 유도할 수 있다.

비정상, 압축성 유동:

$$\int \frac{dP}{\rho} + \int \frac{\partial V}{\partial t}\, ds + \frac{V^2}{2} + gz = \text{일정} \tag{5-44}$$

정압, 동압, 정체압

Bernoulli 방정식은 정상 유동에서 유선을 따르는 유체 입자의 유동 에너지, 운동 에너지, 위치 에너지의 합은 일정하다는 것을 나타내는 식이다. 따라서 유동에서 유체의 운동 에너지와 위치 에너지는 유동 에너지로 변환되어(그 역도 성립한다) 압력이 변할 수 있다. Bernoulli 방정식에 밀도 ρ를 곱하여 이 현상을 더 자세하게 살펴볼 수 있다.

$$P + \rho \frac{V^2}{2} + \rho gz = \text{일정} \quad (\text{동일한 유선을 따라}) \tag{5-45}$$

이 식에서 각각의 항들은 압력 단위이므로 이들은 각각 어떤 압력을 나타낸다.

- *P*는 **정압**(static pressure)이다. 이는 실제의 열역학적 압력을 나타내며(유체의 운동 여부와 무관하다), 열역학과 상태량 표에서 사용하는 압력과 동일하다.
- $\rho V^2/2$은 **동압**(dynamic pressure)이다. 이는 운동하는 유체가 등엔트로피 과정을 거쳐 정지하였을 때의 압력 상승을 나타낸다.
- ρgz는 **정수압**(hydrostatic pressure) 항이다. 이는 임의로 선택한 기준 위치에 대한 값이므로, 진정한 의미에서 압력이 아니다. 즉, 이는 위치에 의한 유체 무게의 효과가 압력에 미치는 영향을 나타낸 것이다(부호에 주의하라. 유체의 깊이 *h*에 따라 **증가하는** 정수압 ρgh와는 달리 정수압 항 ρgz는 깊이에 따라 **감소한다**).

정압, 동압, 정수압의 합을 **전압**(total pressure)이라고 한다. 그러므로 Bernoulli 방정식은 **유선을 따른 전압은 일정하다**는 의미로 해석할 수도 있다.

정압과 동압의 합을 **정체압**(stagnation pressure)이라 하며, 다음과 같이 표현한다.

$$P_{\text{stag}} = P + \rho\frac{V^2}{2} \quad \text{(kPa)} \tag{5-46}$$

정체압이란 움직이는 유체가 등엔트로피 과정을 거쳐 완전히 정지되는 곳에서의 압력이다. 정압, 동압, 정체압이 그림 5-28에 나타나 있다. 어떤 특정한 위치에서 정압 및 정체압을 측정하여 그 위치에서의 유체 속도를 다음 식으로 계산한다.

$$V = \sqrt{\frac{2(P_{\text{stag}} - P)}{\rho}} \tag{5-47}$$

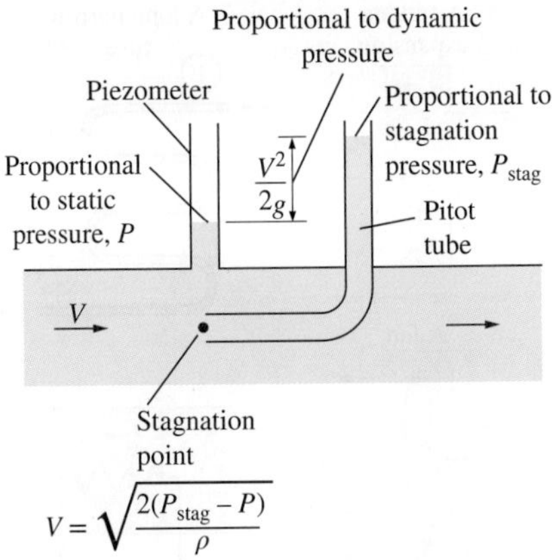

그림 5-28
피에조미터관을 이용하여 측정한 정압, 동압, 정체압.

식 (5-47)은 그림 5-28과 같이 정압 탭과 피토관을 함께 사용함으로써 유체의 속도를 측정하는 데 유용한 식이다. **정압 탭**(static pressure tap)은 단순히 벽에 뚫은 작은 구멍이며, 이 구멍의 면은 유동방향과 평행하고, 정압을 측정한다. **피토관**(Pitot tube)은 유동 유체의 모든 충격 압력을 감지할 수 있도록 그 끝을 개방하여 유동방향으로 설치한 작은 관으로, 정체압을 측정한다. 유동하는 **액체**의 정압 및 정체압이 대기압보다 큰 경우에는 **피에조미터관**(piezometer tube) 혹은 간단히 **피에조미터**라고 하는 수직의 투명한 관을 압력 탭과 피토관에 부착할 수 있다(그림 5-28). 피에조미터관의 액체는 측정하려는 압력과 비례한 높이(**수두**, head)까지 상승한다. 만약 측정하려는 압력이 대기압 이하이거나 **기체**의 압력을 측정할 경우에는 피에조미터관을 사용할 수 없다. 그러나 정압 탭과 피토관을 U관 마노미터 혹은 압력 변환기와 같은 다른 종류의 압력 측정 장치와 연결하여 사용할 수 있다(3장). 피토관에 정압 구멍을 뚫은 일체형이 편리할 때도 있다. 이를 **피토-정압관**[Pitot-static probe, **피토-다시관**(Pitot-Darcy probe)이라고도 한다]이라 하며(그림 5-29), 8장에서 더 자세히 설명하기로 한다. 압력 변환기나 마노미터와 연결된 피토-정압관을 이용하여 동압(따라서 유체 속도)을 직접 측정할 수 있다.

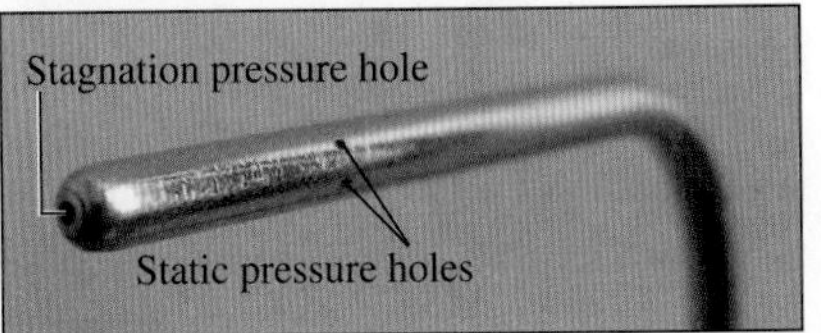

그림 5-29
정체압 구멍과 원주 방향으로의 5개 정압 구멍 중 2개를 보여 주는 피토-정압관.
Photo by Po-Ya Abel Chuang. Used by permission.

관에 구멍을 뚫어 정압을 측정할 때는 구멍의 앞이나 뒤가 돌출되지 않고 평평하여야 한다(그림 5-30). 그렇지 않으면 유체의 운동 효과 때문에 정확한 값을 측정할 수 없고, 오차가 발생할 수 있다.

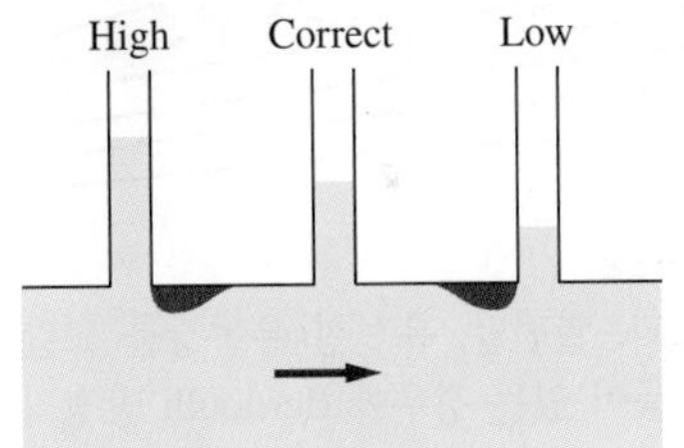

그림 5-30
정압 탭의 구멍을 부주의하게 뚫으면 정압 수두의 오차를 초래할 수 있다.

유동하는 유체 중에 물체가 정지되어 잠겨 있을 때 유체는 물체의 맨 앞부분에서 정지하며, 이곳을 **정체점**(stagnation point)이라 하고, 물체의 상류와 정체점을 잇는 유선을 **정체유선**(stagnation streamline)이라고 한다(그림 5-31). xy평면의 2차원 유동에서 정체점은 실질적으로 z축과 평행인 선이며, 정체유선은 면이 된다. 이 면을 사이로 물체의 위로 유동하는 유체와 아래로 유동하는 유체가 분리된다. 비압축성 유동인 경우에 유체는 자유흐름 속도로부터 거의 등엔트로피적으로 감속하여 정체점에서 영이 되며, 따라서 정체점에서의 압력이 정체압이다.

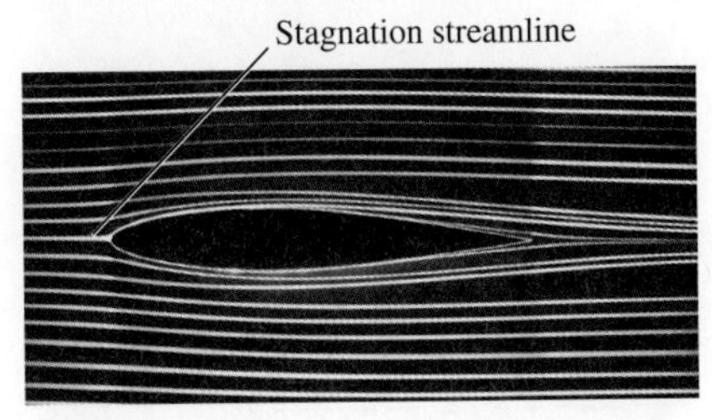

그림 5-31
에어포일의 상류에 색깔이 있는 유체를 분출시켜 얻은 유맥선. 정상 유동이므로 유맥선은 유선 및 유적선과 동일하다. 정체유선이 표시되어 있다.
Courtesy of ONERA. Photo by Werlé.

Bernoulli 방정식의 사용에 대한 제한 조건

Bernoulli 방정식(식 5-41)은 간단하고 사용하기 쉬우므로 유체역학에서 가장 많이 사

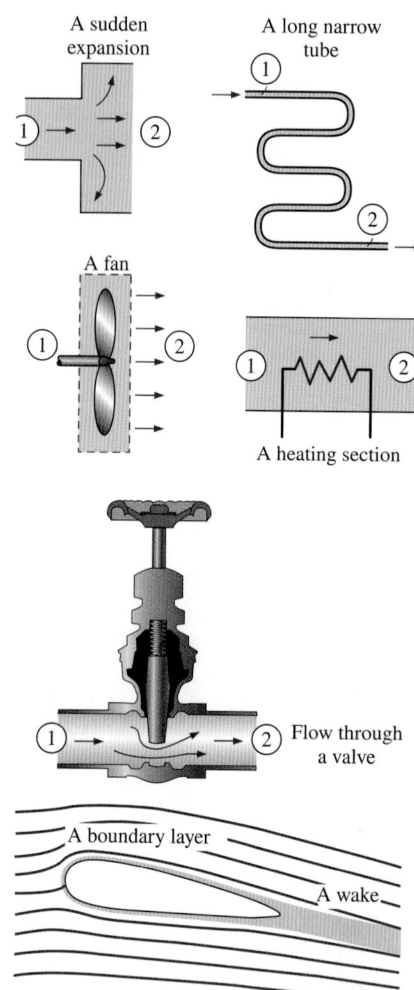

그림 5-32
마찰 효과, 열전달, 유선형 유동장을 교란하는 부품이 있는 경우에 Bernoulli 방정식은 유효하지 않다. Bernoulli 방정식은 이 그림과 같은 유동에서 사용해서는 안 된다.

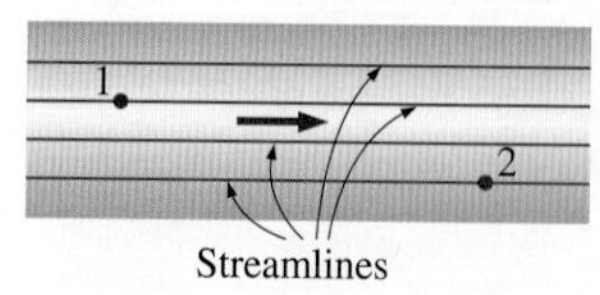

$$\frac{P_1}{\rho}+\frac{V_1^2}{2}+gz_1=\frac{P_2}{\rho}+\frac{V_2^2}{2}+gz_2$$

그림 5-33
유동이 비회전이면 유동의 어느 두 점 사이에서도 Bernoulli 방정식을 적용할 수 있다(동일한 유선상의 두 점일 필요가 없다).

용하는 식 중의 하나이지만, 또한 자주 남용되는 식이기도 하다. 따라서 이 방정식을 적용할 수 있는 제한 조건들을 살펴보자.

1. **정상 유동** Bernoulli 방정식의 첫 번째 제한 조건은 이 식은 **정상 유동**에 적용가능하다는 점이다. 따라서 시동이나 중지(shut-down) 같은 과도 상태나 유동 조건이 변하는 과정에서 사용하면 안 된다. 비정상 유동에 대한 Bernoulli 방정식(식 5-44)도 있으나, 본 교재에서는 다루지 않는다(Panton, 2005 참조).
2. **무시할 수 있는 점성 효과** 모든 유동은 아무리 작더라도 마찰을 포함하므로 **마찰 효과**는 무시할 수 없다. 그러나 일반적으로 단면적이 크고 유체의 속도가 느릴 때는 거리가 짧은 유동 영역에서의 마찰 효과는 무시할 수 있다. 마찰 효과는 일반적으로, 유동 통로가 길고 좁을 때, 물체 하류의 후류 영역, 그리고 디퓨저와 같이 유동 박리의 가능성이 높은 **유동 면적이 넓어지는 구간**(diverging flow section)에서는 매우 중요하다. 또한 마찰 효과는 고체 표면과 가까운 곳에서 중요하므로 Bernoulli 방정식은 유동의 중심 영역(core region)의 유선에 적용하고, 고체 표면과 가까운 유선에는 적용하지 않는다(그림 5-32).

   날카로운 관의 입구 혹은 유동 중에 설치된 부분적으로 열린 밸브 등과 같이 유선형 유동장을 교란시키는 부품에서는 혼합과 역류를 발생시키므로 Bernoulli 방정식을 적용하지 않는다.
3. **축일이 없음** Bernoulli 방정식은 유선을 따라 운동하는 유체 입자의 힘의 평형으로부터 유도되었다. 따라서 펌프, 터빈, 팬 혹은 다른 기계나 임펠러 등이 유동 중에 포함되어 있으면 이들이 유선을 교란하고 유체 입자와 에너지 상호작용을 하므로 Bernoulli 방정식을 적용할 수 없다. 유동 영역에 이러한 장치들이 포함되어 있으면 축일의 입출력을 고려할 수 있도록 Bernoulli 방정식 대신 에너지 방정식을 사용하여야 한다. 그러나 이러한 기계 장치 전방 또는 후방 유동 영역에는 Bernoulli 방정식을 적용할 수 있다(물론, 기타 다른 제한 조건들은 모두 만족하는 경우). 이러한 경우에 기계 장치 상류와 하류의 Bernoulli 상수값은 서로 다르다.
4. **비압축성 유동** Bernoulli 방정식을 유도할 때, 여러 가정 중의 하나는 $\rho=$일정, 즉 유동이 비압축성이라는 것이다. 액체와 Mach 수가 0.3보다 작은 기체는 이 조건을 만족한다. 이처럼 비교적 낮은 속도에서는 기체의 압축성 효과와 밀도의 변화를 무시할 수 있기 때문이다. 압축성을 고려한 Bernoulli 방정식은 식 (5-40)과 (5-44)에 제시되어 있다.
5. **무시할 수 있는 열전달** 기체의 밀도는 온도에 반비례하므로 가열부 혹은 냉각부 등과 같이 온도 변화가 큰 유동 영역에서는 Bernoulli 방정식을 이용할 수 없다.
6. **동일한 유선을 따르는 유동** 엄밀히 말하면, Bernoulli 방정식 $P/\rho+V^2/2+gz=C$는 동일한 유선을 따라 적용하므로, 일반적으로 상수 C의 값은 유선에 따라 다르다. 그러나 유동 영역이 **비회전**이고, 따라서 유동장의 **와도**(vorticity)가 영이면 모든 유선의 상수값 C는 같아서, 이때는 유선을 **가로지르는** 경우에도 Bernoulli 방정식을 적용할 수 있다(그림 5-33). 따라서 유동이 비회전이면 유선을 고려할 필요가 없으며, 비회전 유동 영역의 어느 두 점 사이에서도 Bernoulli 방정식을 적용할 수

있다(10장 참조).

이제까지는 문제를 단순화하기 위하여 xz평면의 2차원 유동에 대하여 Bernoulli 방정식을 유도하였으나, 이 방정식은 일반적인 3차원 유동에서도 동일한 유선을 따라 적용할 수 있다. Bernoulli 방정식을 유도할 때 사용한 가정들을 항상 염두에 두고, 이 방정식을 적용할 때에는 그 가정들을 만족하는지를 반드시 검토하여야 한다.

수력구배선(HGL)과 에너지구배선(EGL)

Bernoulli 방정식의 여러 항들을 가시화할 수 있도록 기계적 에너지의 크기를 **높이**를 이용하여 그래프로 나타내는 것이 편리한 경우가 많다. 이를 위하여 Bernoulli 방정식의 각 항을 g로 나눈 다음의 식을 이용한다.

$$\frac{P}{\rho g}+\frac{V^2}{2g}+z=H=\text{일정} \quad \text{(동일한 유선을 따라)} \tag{5-48}$$

이 방정식의 각 항은 길이의 차원을 갖고, 다음과 같이 유동 유체의 "수두(head)"를 나타낸다.

- $P/\rho g$는 **압력 수두**(pressure head)이다. 이는 정압 P를 발생시키는 유체 기둥의 높이이다.
- $V^2/2g$은 **속도 수두**(velocity head)이다. 이는 마찰 없이 자유 낙하하는 유체가 속도 V에 이를 수 있도록 하는 데 필요한 높이이다.
- z는 **위치 수두**(elevation head)이다. 이는 유체의 위치 에너지를 나타낸다.

또한 H를 유동의 **전 수두**(total head)라고 한다. 따라서 수두로 표현한 Bernoulli 방정식은 **압축성 효과와 마찰 효과를 무시할 수 있는 정상 유동에서 유선을 따라 나타나는 압력 수두, 속도 수두, 위치 수두의 합은 일정함**을 의미한다(그림 5-34).

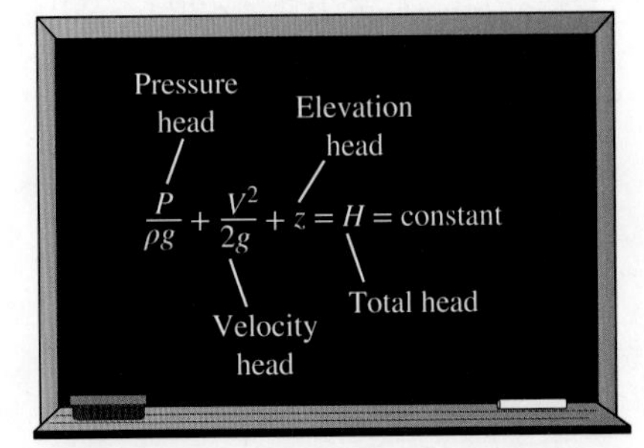

그림 5-34
수두로 표현한 다른 형태의 Bernoulli 방정식은 다음의 의미를 갖는다. **동일한 유선을 따라 압력 수두, 속도 수두, 위치 수두의 합은 일정하다.**

만약 그림 5-35와 같이 피에조미터(정압 측정)를 가압된 관에 설치하면 액체는 파이프의 중심에서 $P/\rho g$만큼 상승할 것이다. 관의 여러 곳에 이를 설치하고, 피에조미터 내의 액체 높이를 연결한 곡선을 **수력구배선**(hydraulic grade line, HGL)이라고 한다. 파이프 중심 위의 수직 거리는 파이프 내 압력의 척도이다. 이와 유사하게, 만약 피토관(정압+동압 측정)을 설치하면 액체는 파이프의 중심에서 $P/\rho g+V^2/2g$만큼, 즉 HGL 위로 $V^2/2g$만큼 상승할 것이다. 관의 여러 곳에 이를 설치하고, 피토관 내의 액체 높이를 연결한 곡선을 **에너지구배선**(energy grade line, EGL)이라고 한다.

유체는 위치 수두 z도 가지므로(기준 위치가 관의 중심이 아닌 경우) HGL 및 EGL은 다음과 같이 정의된다. 정압 수두와 위치 수두의 합 $P/\rho g+z$를 연결한 선을 **수력구배선**이라 하고, 유체의 전 수두 $P/\rho g+V^2/2g+z$를 연결한 선을 **에너지구배선**이라고 한다. EGL과 HGL의 높이 차이는 속도 수두인 $V^2/2g$이다. 이제 HGL과 EGL에 대하여 자세히 살펴보자.

- 저수지나 호수와 같은 **정지 유체**의 경우 EGL과 HGL은 액체의 자유표면과 일치한다. 속도와 정압(계기 압력)이 모두 영이므로 자유표면의 높이 z가 EGL 및

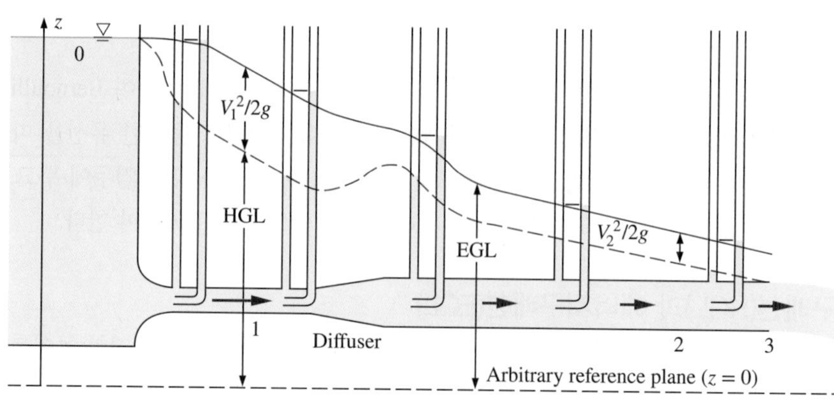

그림 5-35
큰 저수지로부터 디퓨저가 달린 수평관을 통해 대기로 유출하는 경우의 **수력구배선**(HGL) 및 **에너지구배선**(EGL).

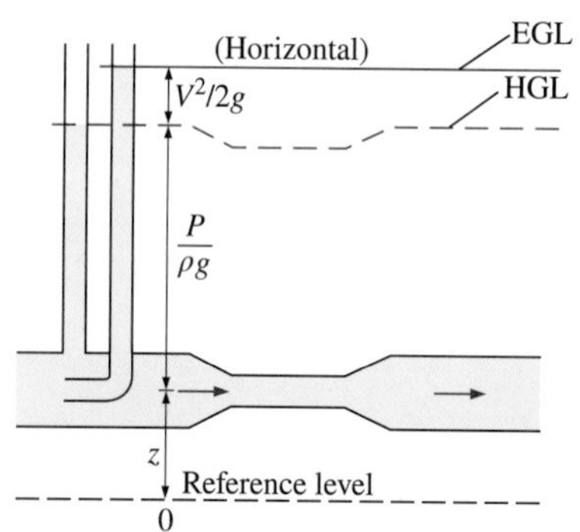

그림 5-36
이상화된 Bernoulli 형태의 유동에서 EGL은 수평이고, 그 높이는 일정하다. 그러나 유동을 따라서 유체 속도가 변하면 HGL은 일정하지 않다.

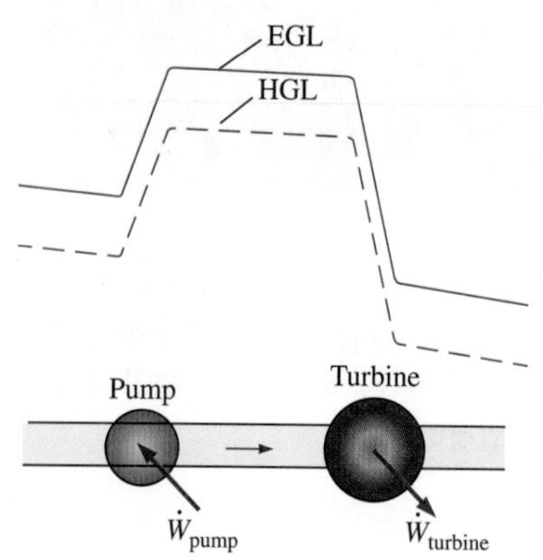

그림 5-37
펌프에 의해 기계적 에너지가 유체에 공급되면 EGL과 HGL은 **가파르게 증가한다**. 반면, 터빈에 의해 유체로부터 기계적 에너지가 추출되면 EGL과 HGL은 **가파르게 감소한다**.

HGL이다.

- EGL은 HGL보다 항상 $V^2/2g$만큼 위에 있다. 유체의 속도가 작을수록 이 두 선들은 서로 가까워지고, 속도가 클수록 서로 멀어진다. 속도가 클수록 HGL의 높이는 낮아지며, 반대인 경우도 성립한다.
- **이상화된 Bernoulli 형태의 유동**에서 EGL은 수평이고, 그 높이는 일정하다. 속도가 일정하면 HGL도 EGL과 같은 경향을 보인다(그림 5-36).
- **개수로 유동(open-channel flow)**에서 HGL은 액체의 자유표면과 일치하고, EGL은 자유표면보다 $V^2/2g$만큼 높다.
- **관의 출구**에서 압력 수두는 영(대기압)이므로 HGL은 바로 관의 출구와 일치한다(그림 5-35의 위치 3).
- 마찰 효과로 인한 **기계적 에너지의 손실**(열에너지로의 변환)은 유동방향으로 EGL과 HGL을 감소시킨다. 감소하는 기울기는 관의 수두 손실의 척도이다(8장에서 상세히 설명한다). 밸브와 같이 마찰 효과가 아주 큰 부품은 바로 그 위치에서 EGL과 HGL을 급격히 감소시킨다.
- 그림 5-37에 나타난 바와 같이, 기계적 에너지가 유체에 공급되면(예를 들면, 펌프) EGL과 HGL은 **가파르게 증가한다**. 반면, 유체로부터 기계적 에너지를 추출하면(예를 들면, 터빈) EGL과 HGL은 **가파르게 감소한다**.
- HGL과 유체가 **교차하는** 곳에서 유체의 계기 압력은 영이다. HGL 위쪽 유동 영역의 압력은 음이고, 아래쪽 유동 영역의 압력은 양이다(그림 5-38). 따라서 파이프 시스템과 HGL을 정확하게 그리면 파이프 내부의 압력이 음(대기압보다 낮은 압력)인 영역을 판단할 수 있다.

위에 정리한 내용 중 마지막 항은 압력이 액체의 증기압 이하까지 떨어지는 상황(2장에서 설명한 바와 같이 **공동현상**을 야기한다)을 피하는 데 도움을 준다. 액체 펌프를 설치할 때 흡입부의 압력이 너무 낮아지지 않도록 주의하여야 한다. 특히, 고온 액체의 증기압은 저온일 때 비하여 더 높으므로 더욱 주의하여야 한다.

그림 5-35를 자세히 살펴보자. 위치 0(액체의 표면)에서는 유동이 없으므로 EGL과 HGL은 액체의 표면에 일치한다. 액체가 관으로 유입할 때 가속되므로 HGL은 급격히 감소한다. 반면, 둥근 입구(well-rounded inlet)에서 EGL은 매우 천천히 감소한

다. 유동 중에 마찰 및 기타 비가역적인 손실로 인하여 EGL은 유동방향을 따라서 계속 감소한다. 에너지가 유체에 공급되지 않는 한 EGL은 유동방향으로 증가할 수 없다. HGL은 유동방향을 따라서 증가할 수도 있고 감소할 수도 있지만, 결코 EGL을 초과할 수 없다. 디퓨저에서는 속도가 감소하고 정압은 어느 정도 회복되기 때문에 HGL은 증가한다. 반면, 전압은 회복되지 **않으므로** 디퓨저에서 EGL은 감소한다. EGL과 HGL의 차이는 점 1에서는 $V_1^2/2g$이고, 점 2에서는 $V_2^2/2g$이다. $V_1 > V_2$이므로 두 구배선 간의 차이는 점 1에서 더 크다. 직경이 작으면 마찰로 인한 수두 손실이 많으므로 두 구배선의 하향 기울기는 직경이 작은 부분에서 더 크다. 끝으로, 관 출구의 압력은 대기압이므로 HGL은 출구의 액체 표면까지 감소한다. 그러나 출구에서는 $V_3 = V_2$이므로 EGL은 HGL보다 $V_2^2/2g$만큼 높다.

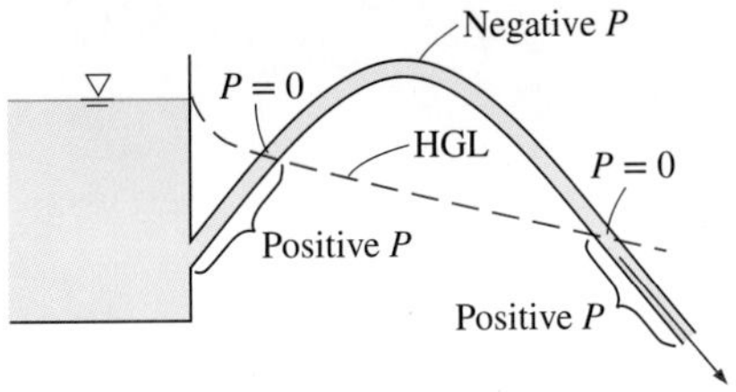

그림 5-38
HGL과 유체가 **교차하는** 곳의 유체의 계기 압력은 영이고, HGL 위쪽 유동 영역의 계기 압력은 음이다(진공).

Bernoulli 방정식의 응용

지금까지 Bernoulli 방정식에 대해 토의하였다. 다음으로 예제를 통하여 이 방정식을 사용하는 방법을 살펴본다.

예제 5-5 공기 중 물의 분무

정원의 호스를 통하여 물이 흐른다(그림 5-39). 어린이가 호스 출구를 엄지손가락으로 거의 막아서 고속의 가는 물 제트가 분사된다. 엄지손가락 바로 상류의 압력은 400 kPa이다. 호스가 위쪽을 향한다면 제트가 도달할 수 있는 최대 높이는 얼마인가?

풀이 급수관에 연결된 호스로부터 물이 분사될 때, 물 제트가 상승할 수 있는 최대 높이를 계산하고자 한다.

가정 **1** 공기 중으로 분사되는 유동은 정상, 비압축성, 비회전이다(따라서 Bernoulli 방정식을 적용할 수 있다). **2** 표면장력 효과는 무시할 수 있다. **3** 물과 공기 간의 마찰은 무시할 수 있다. **4** 호스 출구에서 급격한 축소로 인해 나타날 수 있는 비가역성은 고려하지 않는다.

상태량 물의 밀도는 1000 kg/m^{3}이다.

해석 이 문제는 펌프, 터빈, 마찰 손실이 큰 장치가 없는 경우 유동 에너지, 운동 에너지, 위치 에너지 상호 간의 변환을 고려하여야 하므로 Bernoulli 방정식의 적용이 적합하다. 주어진 가정을 모두 만족할 때 물 제트는 가장 높게 상승할 수 있을 것이다. 호스 내 물의 속도는 상대적으로 작고($V_1^2 \ll V_j^2$, 즉 V_j에 비하여 $V_1 \cong 0$), 호스 출구의 바로 아래를 기준 위치($z_1 = 0$)로 잡는다. 물 제트의 최대 높이에서 속도 $V_2 = 0$이고, 압력은 대기압이다. 따라서 유선의 1에서 2를 따라 Bernoulli 방정식을 이용하면 다음과 같이 된다.

$$\frac{P_1}{\rho g} + \underbrace{\frac{V_1^2}{2g}}_{\text{ignore}} + \cancelto{0}{z_1} = \frac{P_2}{\rho g} + \cancelto{0}{\frac{V_2^2}{2g}} + z_2 \quad \rightarrow \quad \frac{P_1}{\rho g} = \frac{P_{\text{atm}}}{\rho g} + z_2$$

이 식을 z_2에 관해 정리하고, 주어진 수치를 대입하면 다음의 결과를 얻는다.

$$z_2 = \frac{P_1 - P_{\text{atm}}}{\rho g} = \frac{P_{1,\text{ gage}}}{\rho g} = \frac{400 \text{ kPa}}{(1000 \text{ kg/m}^3)(9.81 \text{ m/s}^2)}\left(\frac{1000 \text{ N/m}^2}{1 \text{ kPa}}\right)\left(\frac{1 \text{ kg·m/s}^2}{1 \text{ N}}\right)$$

$$= \mathbf{40.8 \text{ m}}$$

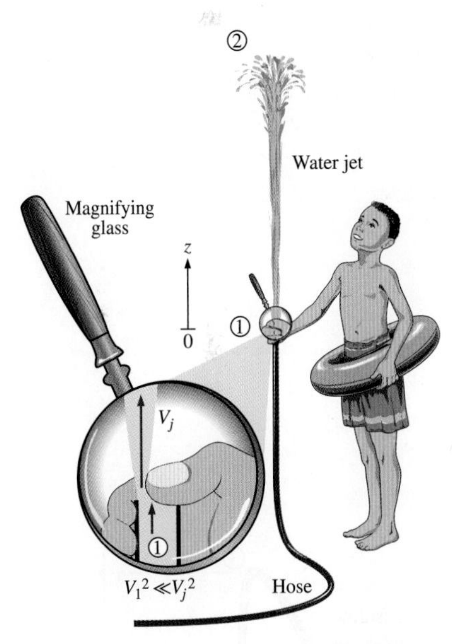

그림 5-39
예제 5-5에 대한 개략도. 삽입된 그림은 확대된 호스 출구 영역을 나타낸다.

따라서 물 제트는 공중으로 40.8 m 높이까지 상승할 수 있다.

토의 Bernoulli 방정식을 이용하여 얻은 결과는 상한값이다. 물은 40.8 m 이상 상승할 수 없고, 실제로는 가정에서 무시한 여러 비가역 손실들 때문에 40.8 m보다 훨씬 낮게 상승할 것이다.

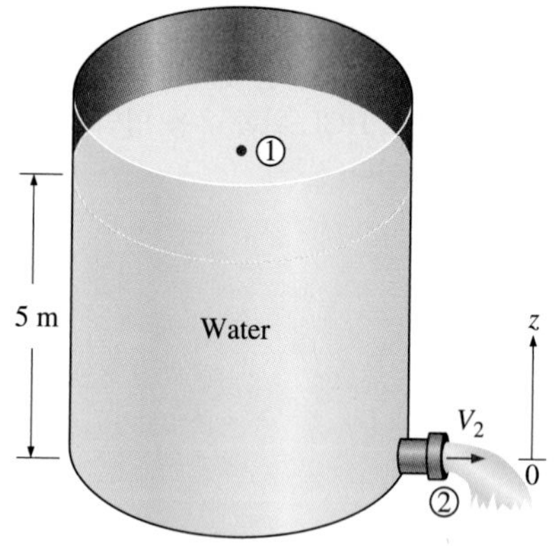

그림 5–40
예제 5-6에 대한 개략도.

예제 5–6 큰 탱크로부터 물의 유출

뚜껑이 없이 상부가 대기 중으로 개방되어 있는 큰 물탱크에 출구의 꼭지로부터 5 m 높이까지 물이 차 있다(그림 5-40). 탱크 아랫부분에 위치한 꼭지를 열어서 매끄럽고 둥근 출구를 통하여 물이 유출한다. 출구에서 물의 최대 속도를 계산하라.

풀이 탱크의 아랫부분에 위치한 꼭지를 열 때 탱크 출구에서 물의 최대 속도를 계산하고자 한다.

가정 **1** 유동은 비압축성이고, 비회전이다(벽면에 아주 가까운 곳을 제외하고). **2** 물은 매우 천천히 유출되므로 정상 유동으로 근사화할 수 있다[물이 유출하기 시작하면 실제로 준정상(quasi-steady) 유동이다]. **3** 꼭지 내의 비가역 손실은 무시할 수 있다.

해석 이 문제는 펌프, 터빈, 마찰 손실이 큰 장치가 없는 경우 유동 에너지, 운동 에너지, 위치 에너지 상호 간의 변환을 고려하여야 하므로 Bernoulli 방정식의 적용이 적합하다. 물의 자유표면을 점 1로 하면 $P_1 = P_{\text{atm}}$(대기에 노출)이고, 또한 $V_1^2 \ll V_2^2$이므로 V_2에 비하여 $V_1 \cong 0$(탱크는 출구에 비해 훨씬 크다)이다. 그리고 $z_1 = 5$ m, $z_2 = 0$(출구의 중심을 기준 위치로 한다)이고, $P_2 = P_{\text{atm}}$(물은 대기로 유출한다)이다. 따라서 유선의 1에서 2를 따라 Bernoulli 방정식을 이용하면 다음과 같다.

$$\frac{P_1}{\rho g} + \overbrace{\frac{V_1^2}{2g}}^{\text{ignore}} + z_1 = \frac{P_2}{\rho g} + \frac{V_2^2}{2g} + \overbrace{z_2}^{0} \quad \rightarrow \quad z_1 = \frac{V_2^2}{2g}$$

이 식을 V_2에 관해 정리하고, 주어진 수치를 대입하여 다음의 결과를 얻는다.

$$V_2 = \sqrt{2gz_1} = \sqrt{2(9.81 \text{ m/s}^2)(5 \text{ m})} = \mathbf{9.9 \text{ m/s}}$$

식 $V = \sqrt{2gz_1}$를 **Torricelli 방정식**이라고 한다.

따라서 물은 초기 최대 속도 9.9 m/s로 유출한다. 이는 공기의 마찰 저항을 무시했을 때 5 m 높이에서 낙하시킨 고체의 속도와 같다(꼭지가 탱크의 옆이 아니라 바닥에 달려 있다면 물의 속도는 어떻게 될까?).

토의 만약 오리피스가 둥글지 않고 모서리가 날카롭다면 유동은 교란되며, 평균 유출 속도는 9.9 m/s보다 작을 것이다(특히 모서리 부분에서는). 급격한 확대나 축소가 있는 경우에는 마찰이나 유동 교란을 무시할 수 없으므로 Bernoulli 방정식을 적용할 때 주의하여야 한다. 질량 보존으로부터 $(V_1/V_2)^2 = (D_2/D_1)^4$이다. 그러므로 $D_2/D_1 = 0.1$이라면 $(V_1/V_2)^2 = 0.0001$이므로 $V_1^2 \ll V_2^2$의 근사는 정당하다.

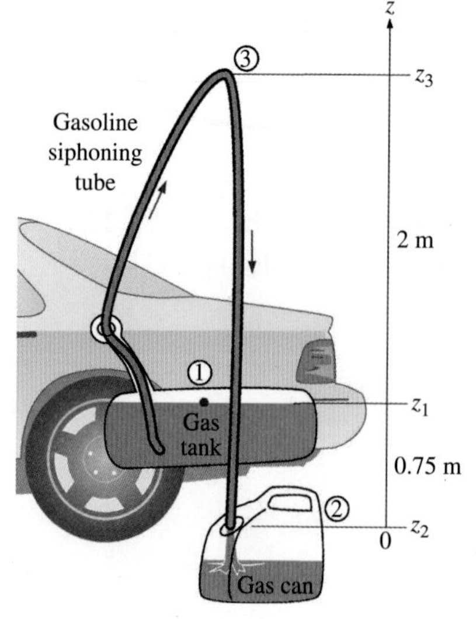

그림 5–41
예제 5-7에 대한 개략도.

예제 5–7 사이펀을 이용한 연료 탱크로부터 가솔린 흡출

해변($P_{\text{atm}} = 1$ atm $= 101.3$ kPa)으로 가는 여행 중 자동차의 가솔린이 떨어지는 경우, 도움을 주는 사람의 차에서 사이펀으로 가솔린을 뽑아내야 할 필요성이 생긴다(그림 5-41). 사이펀은 직경이 작은 호스이다. 사이펀을 이용하려면 사이펀의 한 끝을 가솔린이 가득 찬 탱크에 삽입하고, 호스를 흡입하여 가솔린으로 채운 후, 다른 쪽 끝을 탱크보다 낮은 곳에 위치한 가솔린통에 넣는다. 점 1(탱크 내 가솔린의 자유표면)과 점 2(호스의 출구) 사이 압력의 차이로 인해 가솔린은 높은 위치에서 낮은 위치로 유동한다. 이 문제에서 점 2는 점 1보다 0.75 m 낮은 곳에, 점 3은 점 1의 2 m 위에 각각 위치한다. 사이펀의 직경은 5 mm이고, 사이펀 내의 마찰 손실은 무시할 수 있을 때, 다음을 계산하라. (a) 4 L의 가솔린을 탱크에서 통으로 옮기는 데 소요되는 최단 시간, (b) 점 3의 압력. 이때 가솔린의 밀도는 750 kg/m^{3}이다.

풀이 사이펀으로 4 L의 가솔린을 탱크에서 뽑아낼 때 소요되는 최단 시간과 이 시스템의 가장 높은 위치의 압력을 계산하고자 한다.

가정 **1** 유동은 정상, 비압축성이다. **2** 마찰 손실 때문에 호스 내에서 Bernoulli 방정식의 적용이 타당하지는 않지만, 그나마 **가장 정확한 근사해**를 얻기 위해 Bernoulli 방정식을 이용한다. **3** 사이펀 사용 동안 탱크 내의 가솔린 표면의 높이 변화는 z_1과 z_2에 비해 무시할 수 있다.

상태량 가솔린의 밀도는 750 kg/m^{3}이다.

해석 (a) 탱크 내부 가솔린의 자유표면을 점 1로 하면 $P_1 = P_{atm}$(대기에 노출), $V_1 \cong 0$(탱크는 호스 직경에 비해 훨씬 크다)이다. 또한, $z_2 = 0$(점 2를 기준 위치로 한다)이고, $P_2 = P_{atm}$(가솔린은 대기로 유출한다)이다. 따라서 Bernoulli 방정식을 이용하면 다음과 같다.

$$\frac{P_1}{\rho g} + \frac{V_1^2}{2g} + z_1 = \frac{P_2}{\rho g} + \frac{V_2^2}{2g} + z_2 \quad \rightarrow \quad z_1 = \frac{V_2^2}{2g}$$

이 식을 V_2에 관해 정리하고, 주어진 수치를 대입하여 다음의 결과를 얻는다.

$$V_2 = \sqrt{2gz_1} = \sqrt{2(9.81 \text{ m/s}^2)(0.75 \text{ m})} = 3.84 \text{ m/s}$$

호스의 단면적과 가솔린의 체적유량은 다음과 같다.

$$A = \pi D^2/4 = \pi(5 \times 10^{-3} \text{ m})^2/4 = 1.96 \times 10^{-5} \text{ m}^2$$
$$\dot{V} = V_2 A = (3.84 \text{ m/s})(1.96 \times 10^{-5} \text{ m}^2) = 7.53 \times 10^{-5} \text{ m}^3\text{/s} = 0.0753 \text{ L/s}$$

따라서 4 L의 가솔린을 뽑아낼 때 소요되는 시간은 다음과 같이 얻어진다.

$$\Delta t = \frac{V}{\dot{V}} = \frac{4 \text{ L}}{0.0753 \text{ L/s}} = \mathbf{53.1 \text{ s}}$$

(b) 점 3의 압력은 유선을 따라 점 2와 점 3 사이에 Bernoulli 방정식을 적용하여 구할 수 있다. $V_2 = V_3$(질량 보존), $z_2 = 0$, $P_2 = P_{atm}$이므로 다음이 성립한다.

$$\frac{P_2}{\rho g} + \frac{V_2^2}{2g} + z_2 = \frac{P_3}{\rho g} + \frac{V_3^2}{2g} + z_3 \quad \rightarrow \quad \frac{P_{atm}}{\rho g} = \frac{P_3}{\rho g} + z_3$$

이 식을 P_3에 관해 정리하고, 주어진 수치를 대입하여 다음의 결과를 얻는다.

$$P_3 = P_{atm} - \rho g z_3$$
$$= 101.3\text{ kPa} - (750\text{ kg/m}^3)(9.81\text{ m/s}^2)(2.75\text{ m})\left(\frac{1\text{ N}}{1\text{ kg}\cdot\text{m/s}^2}\right)\left(\frac{1\text{ kPa}}{1000\text{ N/m}^2}\right)$$
$$= \mathbf{81.1\ kPa}$$

토의 계산 결과의 53.1 s는 마찰 효과를 무시한 것이므로, 이는 **최단 소요 시간**이다. 실제로는 가솔린과 호스 벽의 마찰과 8장에서 설명할 기타 비가역 손실로 인해 53.1 s보다 더 걸릴 것이다. 또한 점 3의 압력은 대기압 이하이다. 만약 점 1과 점 3 사이의 높이 차이가 더 크다면 점 3의 압력이 가솔린 온도에서의 가솔린 증기압보다 낮아질 수 있으며, 가솔린의 일부는 증발할 수도 있다(공동현상). 발생한 기포는 호스 윗부분에서 포켓을 형성하여 가솔린의 유동을 방해할 수도 있다.

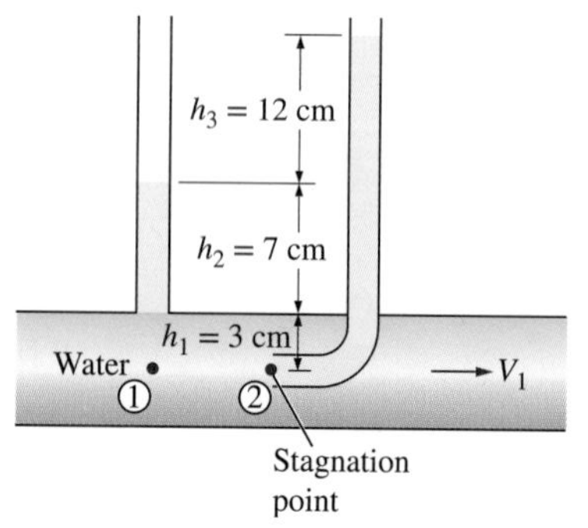

그림 5-42
예제 5-8에 대한 개략도.

예제 5-8 피토관을 이용한 속도 측정

그림 5-42에 나타난 바와 같이, 정압과 정체압(정압+동압)을 측정하기 위하여 수평 수관에 피에조미터와 피토관을 설치하였다. 물기둥의 높이가 그림과 같을 때, 관 중심에서의 속도를 계산하라.

풀이 수평 수관을 유동하는 물의 정압과 정체압을 측정한다. 또한 관 중심에서의 속도를 계산하고자 한다.

가정 **1** 유동은 정상, 비압축성이다. **2** 점 1과 2는 매우 가까우므로 이 두 점 사이의 비가역적인 에너지의 손실은 무시할 수 있고, 따라서 Bernoulli 방정식을 적용할 수 있다.

해석 점 1과 2는 수관의 중심축을 지나는 유선에 위치한다. 또한 점 1은 피에조미터의 바로 아래쪽이고, 점 2는 피토관의 끝이다. 이 유동은 직선의 평행 유선을 갖는 정상 유동이고, 점 1과 2의 계기 압력은 다음과 같다.

$$P_1 = \rho g(h_1 + h_2)$$
$$P_2 = \rho g(h_1 + h_2 + h_3)$$

$z_1 = z_2$이고, 점 2는 정체점이므로 $V_2 = 0$이다. 점 1과 2 사이에 Bernoulli 방정식을 적용하면 다음과 같다.

$$\frac{P_1}{\rho g} + \frac{V_1^2}{2g} + \cancel{z_1} = \frac{P_2}{\rho g} + \cancelto{0}{\frac{V_2^2}{2g}} + \cancel{z_2} \quad \rightarrow \quad \frac{V_1^2}{2g} = \frac{P_2 - P_1}{\rho g}$$

P_1과 P_2의 식을 대입하면 다음의 결과를 얻는다.

$$\frac{V_1^2}{2g} = \frac{P_2 - P_1}{\rho g} = \frac{\rho g(h_1 + h_2 + h_3) - \rho g(h_1 + h_2)}{\rho g} = h_3$$

이 식을 V_1에 관해 정리하고, 주어진 수치를 대입하면 다음의 결과를 얻는다.

$$V_1 = \sqrt{2gh_3} = \sqrt{2(9.81\text{ m/s}^2)(0.12\text{ m})} = \mathbf{1.53\ m/s}$$

토의 피토관 물기둥의 높이 차이 h_3만 측정하면, 유체의 속도를 계산할 수 있다.

예제 5–9 허리케인으로 인한 해수면의 상승

허리케인은 바다에서 생성된 열대성 저기압 폭풍이다. 허리케인이 육지로 접근하면서 매우 높은 파도를 동반한다. "눈(eye)" 부근에서는 작지만, 5급 허리케인의 풍속은 250 km/h를 초과한다.

그림 5-43은 허리케인이 큰 파도 위로 지나가는 모습을 나타낸 것이다. 허리케인의 눈에서 320 km 떨어진 곳의 대기압은 762 mmHg(점 1에서는 평상시 바다의 대기압)이고, 바람은 거의 불지 않는다. 허리케인 눈의 대기압은 560 mmHg이다. 다음의 각 위치에서 큰 파도의 높이를 계산하라. (a) 점 3에서 허리케인 눈, (b) 풍속이 250 km/h인 점 2. 바닷물과 수은의 밀도는 각각 1025 kg/m^3, 13,600 kg/m^{3}이며, 평상시 해수면 온도와 압력에서 공기의 밀도는 1.2 kg/m^{3}이다.

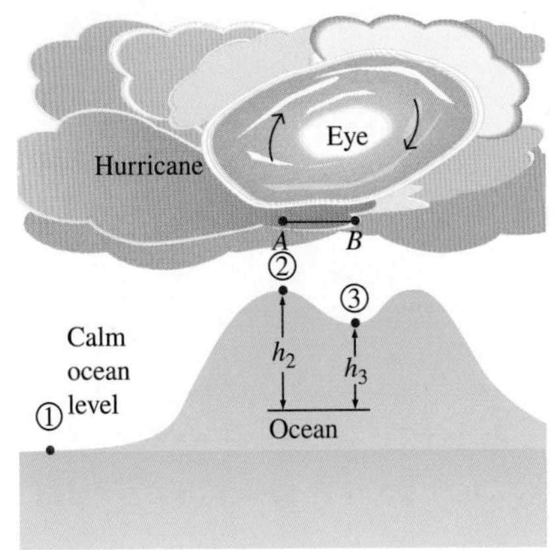

그림 5–43
예제 5-9에 대한 개략도. 수직방향 축척은 과장되어 나타나 있다.

풀이 허리케인이 바다 위로 지나갈 때 허리케인의 눈 및 그 영향이 큰 곳의 파도 높이를 각각 계산하고자 한다.

가정 **1** 허리케인 내의 공기 유동은 정상, 비압축성, 비회전이다(따라서 Bernoulli 방정식을 적용할 수 있다). (이는 강도가 큰 난류 유동에 대하여 매우 의문스러운 가정이지만, 토의 부분에 그 정당성을 논의한다.) **2** 공기 중으로 빨려 들어가는 바닷물의 영향은 무시할 수 있다.

상태량 평상시 공기, 바닷물, 수은의 밀도는 각각 1.2 kg/m^3, 1025 kg/m^3, 13,600 kg/m^{3}이다.

해석 (a) 해수면 위의 낮은 기압으로 해수면이 상승된다. 따라서 점 2의 압력이 점 1에 비하여 낮으므로 해수면은 점 2에서 상승한다. 풍속을 무시할 수 있는 점 3도 마찬가지이다. 수은 기둥의 높이로 나타낸 압력 차이를 바닷물 기둥 높이로 나타내면 다음과 같다.

$$\Delta P = (\rho g h)_{\text{Hg}} = (\rho g h)_{\text{sw}} \rightarrow h_{\text{sw}} = \frac{\rho_{\text{Hg}}}{\rho_{\text{sw}}} h_{\text{Hg}}$$

따라서 점 1과 3의 압력 차이는 바닷물 기둥 높이로 표현하면 다음과 같다.

$$h_3 = \frac{\rho_{\text{Hg}}}{\rho_{\text{sw}}} h_{\text{Hg}} = \left(\frac{13{,}600 \text{ kg/m}^3}{1025 \text{ kg/m}^3}\right)[(762 - 560) \text{ mm Hg}]\left(\frac{1 \text{ m}}{1000 \text{ mm}}\right) = \mathbf{2.68 \text{ m}}$$

"눈"에서의 풍속은 무시할 수 있으므로, 계산한 높이 2.68 m는 **허리케인 눈**에서의 큰 파도의 높이이다(그림 5-44).

그림 5–44
허리케인 Linda(1997, California Baja 부근의 태평양)의 눈이 위성 사진에 선명히 보인다.
© *Brand X Pictures/PunchStock RF*

(b) 점 2에서의 큰 파도 높이를 계산하기 위하여 점 A와 B 사이에 Bernoulli 방정식을 적용해 보자. 점 A와 B는 각각 점 2와 3 위에 위치한다. $V_B \cong 0$(눈 부근의 풍속은 거의 영이다)이고, $z_A = z_B$(두 점의 높이는 같다)이므로, Bernoulli 방정식은 다음과 같이 계산된다.

$$\frac{P_A}{\rho g} + \frac{V_A^2}{2g} + \cancel{z_A} = \frac{P_B}{\rho g} + \cancelto{0}{\frac{V_B^2}{2g}} + \cancel{z_B} \quad \rightarrow \quad \frac{P_B - P_A}{\rho g} = \frac{V_A^2}{2g}$$

수치를 대입하면 다음 결과를 얻는다.

$$\frac{P_B - P_A}{\rho g} = \frac{V_A^2}{2g} = \frac{(250 \text{ kg/h})^2}{2(9.81 \text{ m/s}^2)}\left(\frac{1 \text{ m/s}}{3.6 \text{ km/h}}\right)^2 = 246 \text{ m}$$

여기서 ρ는 허리케인 내 공기의 밀도이다. 등온에서 공기의 밀도는 절대 압력에 비례하고,

평상시 대기압 101 kPa≅762 mmHg에서 공기의 밀도는 1.2 kg/m³이므로, 허리케인 내 공기의 밀도는 다음과 같이 계산할 수 있다.

$$\rho_{\text{air}} = \frac{P_{\text{air}}}{P_{\text{atm air}}}\rho_{\text{atm air}} = \left(\frac{560\ \text{mm}}{762\ \text{mm}}\right)(1.2\ \text{kg/m}^3) = 0.882\ \text{kg/m}^3$$

(a)의 결과를 이용하여 공기 기둥의 높이 246 m를 바닷물 기둥의 높이로 변환하면 다음이 얻어진다.

$$h_{\text{dynamic}} = \frac{\rho_{\text{air}}}{\rho_{\text{sw}}}h_{\text{air}} = \left(\frac{0.882\ \text{kg/m}^3}{1025\ \text{kg/m}^3}\right)(246\ \text{m}) = 0.21\ \text{m}$$

따라서 점 2의 압력은 풍속이 크기 때문에 점 3의 압력보다 바닷물 기둥의 높이로 0.21 m 낮고, 따라서 해수면은 0.21 m만큼 더 상승한다. 따라서 점 2의 큰 파도 높이는 다음과 같다.

$$h_2 = h_3 + h_{\text{dynamic}} = 2.68 + 0.21 = \mathbf{2.89\ m}$$

토의 이 문제는 강도가 큰 난류 유동이며, 따라서 유선이 많이 교란되므로 문제의 (b)에 Bernoulli 방정식을 적용할 수 있을지가 의문이다. 또한 허리케인 눈의 유동은 비회전이 아니므로 Bernoulli 상수는 유선에 따라 다르다(10장 참조). Bernoulli 해석은 제한 조건이 많고 이상적이므로, 높은 풍속으로 인한 해수면의 상승은 0.21 m 이하일 것이다.

단지 허리케인의 바람의 힘만이 해변 지역 피해의 유일한 원인이 아니다. 과도한 조수로 인한 해양 범람과 침식은 폭풍의 난류 및 에너지에 의해 발생하는 높은 파도만큼 심각하다.

예제 5-10 압축성 유동의 Bernoulli 방정식

압축성 효과를 무시할 수 없는 이상기체에 대한 Bernoulli 방정식을 다음의 과정에 대하여 유도하라. (a) 등온 과정, (b) 등엔트로피 과정.

풀이 압축성 유동의 Bernoulli 방정식을 등온 과정과 등엔트로피 과정의 이상기체에 대하여 유도하고자 한다.

가정 **1** 유동은 정상이며, 마찰 효과를 무시할 수 있다. **2** 유체가 이상기체이므로 상태 방정식 $P = \rho RT$를 적용할 수 있다. **3** 비열이 일정하므로 등엔트로피 과정에서 P/ρ^k은 일정하다.

해석 (a) 압축성 효과가 커서 유동을 비압축성으로 가정할 수 없을 때 Bernoulli 방정식은 다음과 같이 식 (5-40)에 나타난 바 있다.

$$\int \frac{dP}{\rho} + \frac{V^2}{2} + gz = \text{일정} \quad \text{(동일한 유선을 따라)} \qquad \textbf{(1)}$$

압축성 효과는 식 (1)의 적분 $\int dP/\rho$ 를 수행하여 설명할 수 있다. 이 적분을 풀기 위해서는 주어진 과정에 대하여 P와 ρ의 관계를 알아야 한다. 이상기체의 **등온** 팽창이나 등온 압축의 경우 T는 일정하고, $\rho = P/RT$를 식 (1)의 적분에 대입하면 다음의 결과가 얻어진다.

$$\int \frac{dP}{\rho} = \int \frac{dP}{P/RT} = RT \ln P$$

따라서 식 (1)은 다음과 같이 표현할 수 있다.

등온 과정: $$RT\ln P + \frac{V^2}{2} + gz = \text{일정} \tag{2}$$

(b) 보다 실제적인 압축성 유동은 노즐, 디퓨저, 터빈 블레이드 사이의 유로(그림 5-45) 등의 고속 유체 유동 장치를 통과하는 **이상기체의 등엔트로피 유동**이다. 등엔트로피(가역, 단열) 과정은 이러한 장치에서 근사화될 수 있고, 이때 이 과정의 관계식은 $P/\rho^k = C =$(일정)이다. 여기서 k는 비열비이다. $P/\rho^k = C$를 다시 표현하면 $\rho = C^{-1/k}P^{1/k}$이므로 식 (1)의 적분을 계산하면 다음 결과를 얻는다.

$$\int \frac{dP}{\rho} = \int C^{1/k}P^{-1/k}\,dP = C^{1/k}\frac{P^{-1/k+1}}{-1/k+1} = \frac{P^{1/k}}{\rho}\frac{P^{-1/k+1}}{-1/k+1} = \left(\frac{k}{k-1}\right)\frac{P}{\rho} \tag{3}$$

정상, 등엔트로피, 압축성 유동 이상기체의 Bernoulli 방정식은 다음과 같다.

등엔트로피 유동: $$\left(\frac{k}{k-1}\right)\frac{P}{\rho} + \frac{V^2}{2} + gz = \text{일정} \tag{4a}$$

또는

$$\left(\frac{k}{k-1}\right)\frac{P_1}{\rho_1} + \frac{V_1^2}{2} + gz_1 = \left(\frac{k}{k-1}\right)\frac{P_2}{\rho_2} + \frac{V_2^2}{2} + gz_2 \tag{4b}$$

기체가 높이의 변화 없이 정지 상태(정체 조건, 상태 1)로부터 가속되면 $z_1 = z_2$, $V_1 = 0$이다. 이상기체에 대해 $\rho = P/RT$, 등엔트로피 유동에서 $P/\rho^k =$ 일정, Mach 수는 $\text{Ma} = V/c$, $c = \sqrt{kRT}$는 이상기체의 국소 음속이므로 식 (4b)는 다음과 같이 간단해진다.

$$\frac{P_1}{P_2} = \left[1 + \left(\frac{k-1}{2}\right)\text{Ma}_2^2\right]^{k/(k-1)} \tag{4c}$$

이 식에서 상태 1은 정체 상태이고, 상태 2는 유동을 따른 임의의 상태이다.

토의 Mach 수가 0.3보다 작을 때에는 압축성 방정식과 비압축성 방정식으로 각각 계산한 결과의 차이는 2% 이내이다. 그러므로 이상기체는 $\text{Ma} \leq 0.3$일 때 비압축성으로 취급할 수 있다. 정상 상태 대기 공기의 조건에서 이 속도는 약 100 m/s, 즉 360 km/h이다.

그림 5-45
터빈 블레이드를 통과하는 기체의 압축성 유동은 등엔트로피로 모델링하는 경우가 많으므로, 압축성 형태의 Bernoulli 방정식은 적당한 근사 방정식이다.
© *Corbis RF*

5-5 ■ 에너지 방정식의 일반 형태

가장 기본적인 자연 법칙 중의 하나는 **열역학 제1법칙** 또는 **에너지 보존 법칙**이다. 이 법칙은 다양한 형태의 에너지 사이의 관계와 에너지 상호작용을 연구하는 데 매우 중요하다. 이 법칙은 **에너지는 어떤 과정 동안 생성되지도 소멸되지도 않으며, 에너지는 단지 그 형태만이 변화한다**는 것을 의미한다. 따라서 한 과정 동안 아무리 작은 에너지라도 모두 고려하여야 한다.

예를 들어, 절벽에서 낙하하는 바위는 위치 에너지가 운동 에너지로 변환되므로 속도가 증가한다(그림 5-46). 공기의 저항을 무시할 수 있을 때의 실험 결과는 위치 에너지의 감소와 운동 에너지의 증가는 같다는 것을 보여 주며, 이로써 에너지 보존 법칙이 증명된다. 또 다른 예로 다이어트에 관해 생각해 보자. 에너지의 입력(음식)이

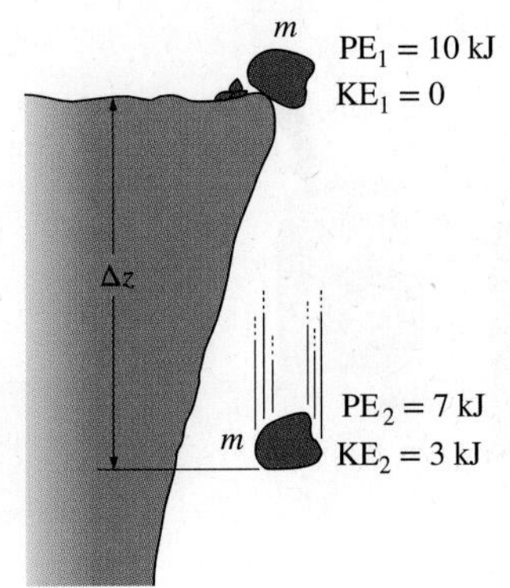

그림 5-46
에너지는 어떤 과정 동안 생성되지도 소멸하지도 않는다. 에너지는 단지 형태를 바꿀 뿐이다.

출력(운동)보다 많은 사람은 체중이 증가(지방 형태의 에너지 축적)하고, 에너지의 입력이 출력보다 작은 사람의 체중은 감소한다. 시스템의 에너지의 변화는 에너지 입력과 출력 차이와 같으므로 모든 시스템의 에너지 보존 법칙은 간단히 $E_{in} - E_{out} = \Delta E$으로 표현된다.

어떠한 양(질량, 운동량, 에너지 등)의 전달은 경계에서 **경계를 통과하는** 양으로 나타난다. 어떠한 양이 경계를 외부에서 내부로 통과하면 시스템(또는 검사체적)으로 **유입**된다고 하고, 반대방향으로 통과하면 시스템으로부터 **유출**한다고 한다. 시스템의 내부에서 한 위치에서 다른 위치로 이동하는 양은 그 양이 시스템으로 유입되거나 시스템으로부터 유출하는 것이 아니므로 전달된 양으로 간주하지 않는다. 따라서 공학해석을 하기 전에, 시스템과 그의 경계를 명확히 하는 것이 중요하다.

일정한 질량의 물질(폐쇄 시스템)의 에너지는 두 가지 방법, 즉 **열전달** Q 및 **일의 전달** W에 의해 변할 수 있다. 따라서 일정한 질량의 물질에 대한 에너지 보존 법칙은 변화율의 형태로 다음과 같이 표현할 수 있다(그림 5-47).

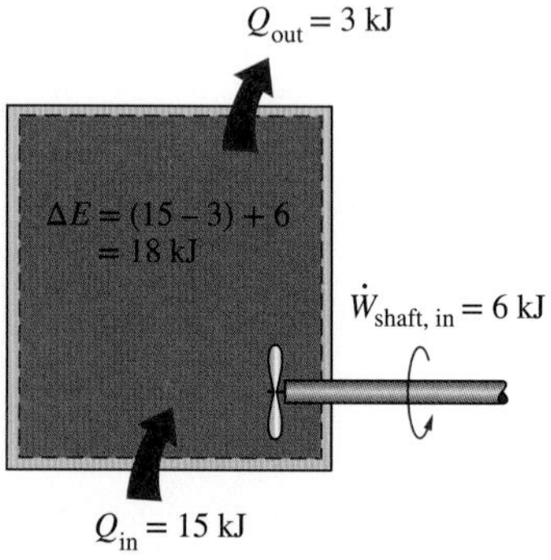

그림 5-47
어떤 과정 동안 시스템의 에너지 변화는 시스템과 주위 사이의 **순수** 일 및 열의 전달과 같다.

$$\dot{Q}_{net\ in} + \dot{W}_{net\ in} = \frac{dE_{sys}}{dt} \quad \text{or} \quad \dot{Q}_{net\ in} + \dot{W}_{net\ in} = \frac{d}{dt}\int_{sys} \rho e \, dV \qquad \textbf{(5-49)}$$

이 식에서 기호 위의 점(dot)은 시간에 대한 변화율을 나타내며, $\dot{Q}_{net\ in} = \dot{Q}_{in} - \dot{Q}_{out}$은 시스템으로의 순수 열전달률(음이면, 시스템으로부터 유출)을, $\dot{W}_{net\ in} = \dot{W}_{in} - \dot{W}_{out}$은 모든 형태의 동력의 시스템으로의 순수 입력(음이면 시스템으로부터의 출력)을, dE_{sys}/dt는 시스템 내 총 에너지의 변화율이다. 단순 압축성 시스템의 총 에너지는 내부 에너지, 운동 에너지, 위치 에너지로 구성되며, 단위 질량당의 에너지로 나타내면 다음과 같다(2장 참조).

$$e = u + \text{ke} + \text{pe} = u + \frac{V^2}{2} + gz \qquad \textbf{(5-50)}$$

여기서 총 에너지는 상태량이며, 시스템의 상태가 변하지 않는 한 그 값은 변하지 않는다.

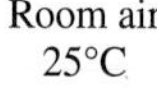

그림 5-48
열전달은 온도 차이에 의하여 나타난다. 온도의 차이가 클수록 열전달률은 더 높다. 수증기의 응축은 가장 차가운 캔에서 볼 수 있다.

열, Q에 의한 에너지 전달

일상생활에서 지각할 수 있는(sensible) 혹은 잠재된(latent) 형태의 내부 에너지를 **열**(heat)이라 부르고, 물체의 열용량에 대해 다루는 경우가 많다. 과학적으로 이러한 형태의 에너지는 **열에너지**(thermal energy)라고 하는 것이 더 정확하다. 단상(single phase) 물질에서 열에너지의 변화는 온도의 변화로 나타나므로 온도는 열에너지의 좋은 척도이다. 자연적으로 열에너지는 온도가 감소하는 방향으로 이동하는 경향이 있다. 온도 차이의 결과로 한 시스템에서 다른 시스템으로 에너지가 전달되는 것을 **열전달**(heat transfer)이라고 한다. 한 예로, 따뜻한 방에서 음료수 캔이 따뜻해지는 이유는 열전달 때문이다(그림 5-48). 열전달의 시간 변화율을 **열전달률**(heat transfer rate)이라 하고, $\dot{Q}$으로 표시한다.

열은 항상 고온 물체에서 저온 물체로 전달된다. 온도가 같아지면 열은 더 이상 전달되지 않는다. 따라서 같은 온도의 두 시스템(또는 시스템과 그의 주위) 사이의 열전달은 없다.

열전달이 없는 과정을 **단열 과정**(adiabatic process)이라고 한다. 어떤 과정이 단열이 될 수 있는 방법은 다음 두 가지이다. 시스템을 잘 단열시켜 무시할 수 있을 정도의 열만 시스템의 경계를 통과하는 경우와, 시스템과 그 주위의 온도가 같기 때문에 열전달을 야기하는 구동력(온도 차이)이 없는 경우이다. 단열 과정을 등온 과정과 혼동하지 말기 바란다. 단열 과정에서 비록 열전달은 없지만, 일의 전달 등의 다른 방법에 의해 시스템의 에너지, 즉 온도는 변할 수 있다.

일, *W*에 의한 에너지 전달

힘을 얼마의 거리 동안 작용시키는 경우 나타나는 에너지 상호작용을 **일**(work)이라고 한다. 시스템의 경계를 통과하는 상승하는 피스톤, 회전축, 전선 등은 일의 상호작용과 관련이 있다. 일의 시간 변화율을 **동력**(power)이라 하고, $\dot{W}$으로 표시한다. 자동차의 엔진 및 수력 터빈, 증기 터빈과 가스 터빈은 동력을 생산하고($\dot{W}_{\text{shaft, in}} < 0$), 압축기, 펌프, 팬 및 믹서는 동력을 소비한다($\dot{W}_{\text{shaft, in}} > 0$).

일을 소비하는 장치는 에너지를 유체에 전달하므로 유체의 에너지는 증가한다. 예를 들어, 방 안의 선풍기는 공기를 움직이게 하여 운동 에너지를 증가시킨다. 선풍기가 소비한 전기 에너지는 처음에 블레이드의 축을 회전시키는 모터에 의하여 기계적 에너지로 변환된다. 이 기계적 에너지는 다시 공기로 전달되어 공기의 속도를 증가시킨다. 이와 같은 공기로의 에너지 전달은 온도의 차이와는 무관하므로 이는 열전달이 아니며, 따라서 일이어야 한다. 선풍기에 의해 유출된 공기는 결국 정지하는데, 이때 서로 다른 속도의 공기 입자 간의 마찰로 기계적 에너지를 잃게 된다. 그러나 이는 실제의 의미에서 "손실(loss)"이 아니다. 이는 에너지 보존 법칙에 의하여 단순히 기계적 에너지가 같은 양의 열에너지로 변환된 것을 의미한다(이 양이 적으므로 **손실**이라는 말을 쓴다). 만약 선풍기를 밀폐된 방에서 오랫동안 가동하면 열에너지가 축적되어 방 안 공기 온도가 상승하는 것을 알 수 있을 것이다.

시스템은 여러 형태의 일을 포함할 수 있으므로 총 일은 다음과 같이 표현할 수 있다.

$$W_{\text{total}} = W_{\text{shaft}} + W_{\text{pressure}} + W_{\text{viscous}} + W_{\text{other}} \tag{5-51}$$

여기서 W_{shaft}는 회전축에 의해 전달된 일, W_{pressure}는 검사면에 작용하는 압력 힘에 의한 일, W_{viscous}는 검사면에 작용하는 점성력의 수직 및 전단 성분에 의한 일, W_{other}는 단순 압축 시스템에서는 별로 중요하지 않은 전기, 자기 및 표면장력에 의한 일이며, 본 교재에서는 다루지 않는다. 일반적으로 움직이는 벽(팬의 블레이드 또는 터빈의 러너 등)은 검사체적의 **내부**에 위치하고, 검사면의 일부분도 아니므로 W_{viscous}도 고려하지 않는다. 그러나 터보기계의 정확한 해석에서는 블레이드가 유체를 전단할 때 발생하는 전단력에 의한 일을 고려할 필요가 있다.

축일

많은 유동 시스템들은 축이 검사면을 통과하는 펌프, 터빈, 팬, 압축기 같은 기계들을

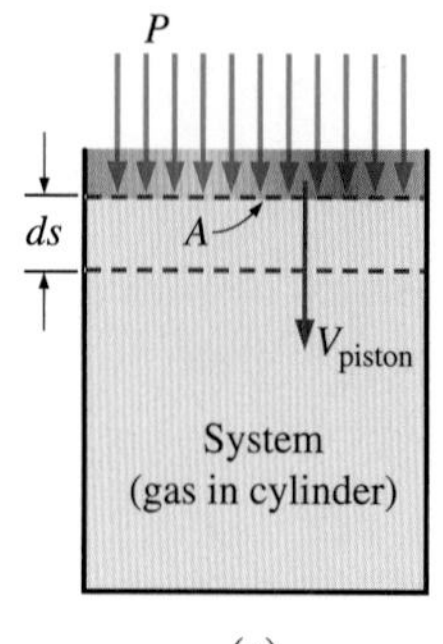

(a)

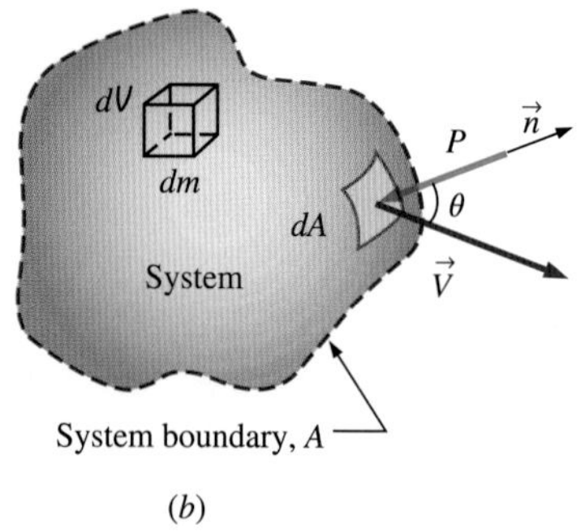

(b)

그림 5-49
(a) 피스톤-실린더 장치의 움직이는 시스템 경계와 (b) 임의 형상의 시스템의 미소표면적에 작용하는 압력 힘.

포함하며, 이러한 장치들에 관련된 일의 전달을 **축일**(shaft work) W_{shaft}라고 한다. 회전축을 통하여 전달되는 동력은 축의 토크 T_{shaft}에 비례하며, 다음 식과 같다.

$$\dot{W}_{shaft} = \omega \mathrm{T}_{shaft} = 2\pi \dot{n}\, \mathrm{T}_{shaft} \tag{5-52}$$

여기서 ω는 rad/s 단위를 갖는 축의 각속도, $\dot{n}$은 rev/min, 즉 rpm으로 표시되는 단위 시간 동안의 축의 회전수이다.

압력 힘에 의한 일

그림 5-49a에 나타난 바와 같이, 피스톤-실린더에 의하여 기체가 압축되는 경우를 고려해 보자. 압력 힘 PA(A는 피스톤의 단면적)에 의해 피스톤이 아래쪽으로 미소 거리 ds만큼 움직이는 경우, 시스템에 가해진 경계 일(boundary work)은 $\delta W_{boundary} = PA\,ds$이다. 이 식의 양변을 미소 시간 간격 dt로 나누면 다음과 같이 경계 일의 시간 변화율(즉, **동력**)이 된다.

$$\delta \dot{W}_{pressure} = \delta \dot{W}_{boundary} = PAV_{piston}$$

이 식에서 $V_{piston} = ds/dt$는 피스톤(피스톤면에서 움직이는 경계)의 속도이다.

압력 때문에 모양이 자유롭게 변형하는 임의 형상의 움직이는 유체 덩어리(시스템)를 고려해 보자(그림 5-49b). 압력은 항상 내향이고 표면에 수직이므로 미소 면적 dA에 작용하는 압력 힘은 $P\,dA$이다. 일은 힘과 거리의 곱이고, 단위 시간당 이동한 거리는 속도이므로, 시스템의 미소 면적에 작용하는 압력 힘에 의한 일의 시간 변화율은 다음과 같다.

$$\delta \dot{W}_{pressure} = -P\,dA\,V_n = -P\,dA(\vec{V}\cdot\vec{n}) \tag{5-53}$$

이 식에서 미소 면적 dA를 통과하는 속도의 수직 성분은 $V_n = \mathrm{V}\cos\theta = \vec{V}\cdot\vec{n}$이다. $\vec{n}$은 dA의 외향 수직 벡터이므로 팽창 시에 $\vec{V}\cdot\vec{n}$은 양이고, 압축 시에는 음이다. 식 (5-53)에 나타난 음의 부호는 압력 힘에 의한 일이 시스템에 행할 때는 양이고, 압력 힘에 의한 일이 시스템에 의한 경우에는 음(이는 부호 규약과 일치한다)이라는 것을 확인하기 위한 것이다. 압력 힘에 의한 총 일의 변화율은 $\delta\dot{W}_{pressure}$를 전체 면적 A에 대하여 적분하여 얻어진다.

$$\dot{W}_{pressure,\,net\,in} = -\int_A P(\vec{V}\cdot\vec{n})\,dA = -\int_A \frac{P}{\rho}\rho(\vec{V}\cdot\vec{n})\,dA \tag{5-54}$$

따라서 순수 동력 전달은 다음과 같다.

$$\dot{W}_{net\,in} = \dot{W}_{shaft,\,net\,in} + \dot{W}_{pressure,\,net\,in} = \dot{W}_{shaft,\,net\,in} - \int_A P(\vec{V}\cdot\vec{n})\,dA \tag{5-55}$$

변화율 형태로 표현한 폐쇄 시스템의 에너지 보존 법칙은 다음과 같다.

$$\dot{Q}_{net\,in} + \dot{W}_{shaft,\,net\,in} + \dot{W}_{pressure,\,net\,in} = \frac{dE_{sys}}{dt} \tag{5-56}$$

검사체적에 대한 에너지 보존 관계식을 유도하기 위하여 Reynolds 수송정리를 적용한다. RTT의 B에는 총 에너지 E를, b에는 단위 질량당의 총 에너지 e, 즉

$e=u+\text{ke}+\text{pe}=u+V^2/2+gz$를 대입하면 다음과 같다(그림 5-50).

$$\frac{dE_{\text{sys}}}{dt}=\frac{d}{dt}\int_{\text{CV}} e\rho\, dV+\int_{\text{CS}} e\rho\,(\vec{V}_r\cdot\vec{n})A \quad \textbf{(5-57)}$$

식 (5-56)의 좌변을 식 (5-57)에 대입하면 고정되거나 움직이는 혹은 변형하는 검사체적에 적용할 수 있는 에너지 방정식의 일반식을 다음과 같이 구할 수 있다.

$$\dot{Q}_{\text{net in}}+\dot{W}_{\text{shaft, net in}}+\dot{W}_{\text{pressure, net in}}=\frac{d}{dt}\int_{\text{CV}} e\rho\, dV+\int_{\text{CS}} e\rho(\vec{V}_r\cdot\vec{n})\, dA \quad \textbf{(5-58)}$$

이 식은 다음의 의미를 갖는다.

$$\begin{pmatrix}\text{열 및 일의 전달에 의해}\\ \text{CV로 유입된 순수 에너}\\ \text{지 전달률}\end{pmatrix}=\begin{pmatrix}\text{CV 내 에너지의}\\ \text{시간 변화율}\end{pmatrix}+\begin{pmatrix}\text{질량 유동에 의해 검사}\\ \text{면의 외부로 유출되는}\\ \text{순수 에너지 유동률}\end{pmatrix}$$

여기서 $\vec{V}_r=\vec{V}-\vec{V}_{\text{CS}}$는 검사면에 상대적인 유체의 속도이고, $\rho(\vec{V}_r\cdot\vec{n})dA$는 면적 요소 dA를 통하여 검사체적을 유출입하는 질량유량을 나타낸다. $\vec{n}$은 dA에 외향 수직 벡터이므로 유출 시에 $\vec{V}_r\cdot\vec{n}$ 및 질량유량은 양이고, 유입 시에는 음이다.

식 (5-54)의 압력 일률의 면적적분을 식 (5-58)에 대입하고 우변의 면적적분과 합하면 다음의 식이 얻어진다.

$$\dot{Q}_{\text{net in}}+\dot{W}_{\text{shaft, net in}}=\frac{d}{dt}\int_{\text{CV}} e\rho\, dV+\int_{\text{CS}}\left(\frac{P}{\rho}+e\right)\rho(\vec{V}_r\cdot\vec{n})dA \quad \textbf{(5-59)}$$

이 식에서는 압력 일이 검사면을 통과하는 유체의 에너지와 결합되어 있으므로, 이 식은 압력 일을 더 이상 고려할 필요가 없는 매우 편리한 식이다.

$P/\rho=Pv=w_{\text{flow}}$는 **유동 일**(flow work)이라 하고, 유체를 검사체적으로 밀어 넣거나 검사체적에서 밀어낼 때 관련된 단위 질량당의 일이다. 점착 조건에 의하여 고체 표면에서의 유체의 속도는 그 고체 표면의 속도와 같다. 따라서 고정된 고체 표면과 일치하는 검사면에서의 압력 일은 영이다. 그러므로 고정된 검사체적의 압력 일은 유체가 검사체적을 유출입하는 가상의 검사면, 즉 입구 및 출구에서만 존재한다.

고정된 검사체적(움직이지도 않고 변형하지도 않는)에서는 $\vec{V}_r=\vec{V}$이므로 에너지 방정식 5-59는 다음과 같게 된다.

$$\textbf{고정된 } \boldsymbol{CV}\text{:}\quad \dot{Q}_{\text{net in}}+\dot{W}_{\text{shaft, net in}}=\frac{d}{dt}\int_{\text{CV}} e\rho\, dV+\int_{\text{CS}}\left(\frac{P}{\rho}+e\right)\rho(\vec{V}\cdot\vec{n})\, dA \quad \textbf{(5-60)}$$

이 방정식은 적분 과정이 포함되어 있으므로 실제 공학 문제를 계산할 때 편리한 형태가 아니다. 따라서 이 방정식을 입출구를 통과하는 평균 속도와 질량유량으로 다시 표현하는 것이 바람직하다. 만약 $P/\rho+e$가 입구 및 출구에서 균일하다면, 적분 밖으로 꺼낼 수 있다. $\dot{m}=\int_{A_c}\rho(\vec{V}\cdot\vec{n})\,dA_c$가 입구 및 출구에서의 질량유량이므로, 입출구를 통과하는 에너지의 유입률과 유출률은 $\dot{m}(P/\rho+e)$로 근사할 수 있다. 따라서 에너지 방정식은 다음과 같이 표현할 수 있다(그림 5-51).

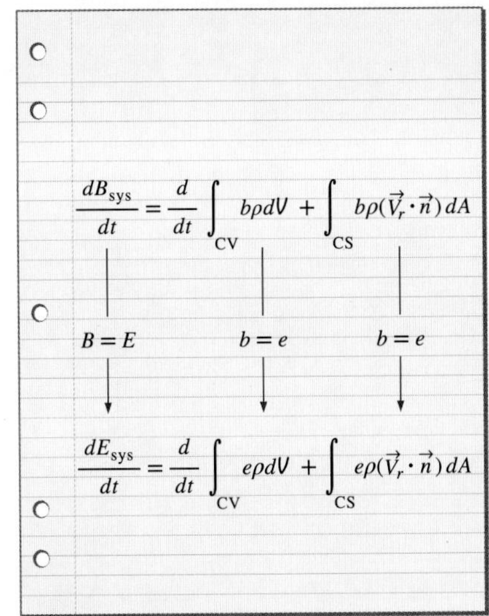

그림 5-50
에너지 보존 방정식은 Reynolds 수송정리의 B에는 에너지 E를, b에는 e를 대입하여 얻는다.

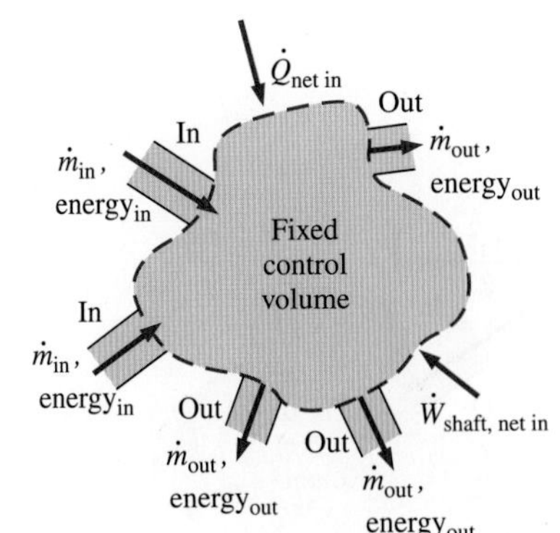

그림 5-51
많은 공학 문제에서 검사체적은 여러 개의 입구와 출구를 갖는다. 각각의 입구로 에너지는 유입되고, 각각의 출구로 에너지는 유출된다. 또한 에너지는 순수 열 및 축일을 통하여 검사체적으로 전달될 수 있다.

$$\dot{Q}_{\text{net in}} + \dot{W}_{\text{shaft, net in}} = \frac{d}{dt}\int_{\text{CV}} e\rho\, d\mathcal{V} + \sum_{\text{out}} \dot{m}\left(\frac{P}{\rho} + e\right) - \sum_{\text{in}} \dot{m}\left(\frac{P}{\rho} + e\right) \quad \textbf{(5-61)}$$

이 식에서 $e=u+V^2/2+gz$(식 5-50)는 검사체적과 유동 유체의 단위 질량당 총 에너지이다. 따라서 다음 식이 성립한다.

$$\dot{Q}_{\text{net in}} + \dot{W}_{\text{shaft, net in}} = \frac{d}{dt}\int_{\text{CV}} e\rho\, d\mathcal{V} + \sum_{out} \dot{m}\left(\frac{P}{\rho} + u + \frac{V^2}{2} + gz\right) - \sum_{in} \dot{m}\left(\frac{P}{\rho} + u + \frac{V^2}{2} + gz\right) \quad \textbf{(5-62)}$$

또는

$$\dot{Q}_{\text{net in}} + \dot{W}_{\text{shaft, net in}} = \frac{d}{dt}\int_{\text{CV}} e\rho\, d\mathcal{V} + \sum_{\text{out}} \dot{m}\left(h + \frac{V^2}{2} + gz\right) - \sum_{\text{in}} \dot{m}\left(h + \frac{V^2}{2} + gz\right) \quad \textbf{(5-63)}$$

이 식에서 $h=u+P\mathrm{v}=u+P/\rho$는 엔탈피이다. 마지막 두 방정식은 에너지 보존식의 일반적인 형태이나 고정 검사체적, 입구 및 출구에서의 균일 유동, 점성력이나 다른 효과에 의한 일을 무시하는 등 그 적용에 제한 조건이 있다. 한편 하첨자 "net in"은 "순수 입력(net input)"을 의미하므로, 이 값이 양이면 열 혹은 일의 시스템으로의 전달을, 음이면 시스템으로부터의 전달을 나타낸다.

5-6 ■ 정상 유동의 에너지 해석

정상 유동에서는 검사체적 내 에너지의 시간 변화율은 영이므로 식 (5-63)은 다음과 같이 간단해진다.

$$\dot{Q}_{\text{net in}} + \dot{W}_{\text{shaft, net in}} = \sum_{\text{out}} \dot{m}\left(h + \frac{V^2}{2} + gz\right) - \sum_{\text{in}} \dot{m}\left(h + \frac{V^2}{2} + gz\right) \quad \textbf{(5-64)}$$

이 식은 **정상 유동에서 열과 일에 의해 검사체적으로 전달되는 순수 에너지 전달률은 질량 유동에 의해 검사체적에서 유출되고 검사체적으로 유입되는 에너지 유동률의 차이와 같음**을 의미한다.

실제 많은 문제에서 검사체적 입출구는 각각 한 개인 경우가 많다(그림 5-52). 이러한 **단일 유동 장치**(single-stream device)의 질량유량은 입구와 출구에서 동일하며, 따라서 식 (5-64)는 다음과 같이 된다.

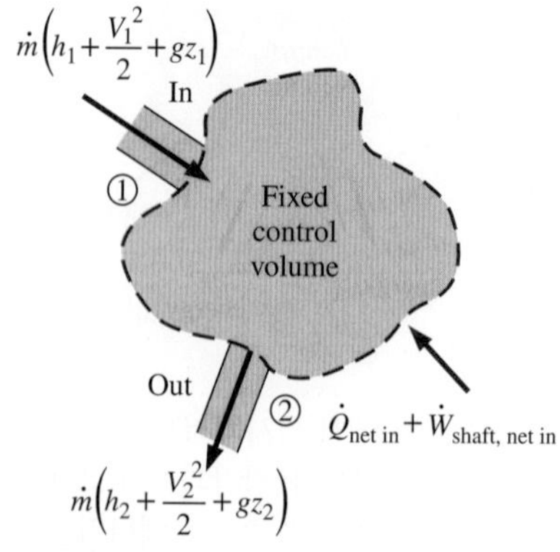

그림 5-52
입출구가 각각 한 개씩인 검사체적과 에너지 상호작용.

$$\dot{Q}_{\text{net in}} + \dot{W}_{\text{shaft, net in}} = \dot{m}\left(h_2 - h_1 + \frac{V_2^2 - V_1^2}{2} + g(z_2 - z_1)\right) \quad \textbf{(5-65)}$$

이 식에서 하첨자 1과 2는 각각 입구 및 출구를 나타낸다. 단위 질량당의 정상 유동 에너지 방정식은 식 (5-65)를 질량유량 $\dot{m}$으로 나누어 구할 수 있다.

$$q_{\text{net in}} + w_{\text{shaft, net in}} = h_2 - h_1 + \frac{V_2^2 - V_1^2}{2} + g(z_2 - z_1) \quad \textbf{(5-66)}$$

여기서 $q_{\text{net in}} = \dot{Q}_{\text{net in}}/\dot{m}$은 유체로 전달되는 단위 질량당 순수 열전달이고, $w_{\text{shaft,net in}} = \dot{W}_{\text{shaft,net in}}/\dot{m}$은 유체로 전달되는 단위 질량당 순수 축일이다. 엔탈피의 정의

$h=u+P/\rho$를 이용하여 이 식을 재정리하면 단위 질량당의 정상 유동 에너지 방정식은 다음과 같이 표현할 수도 있다.

$$w_{\text{shaft, net in}} + \frac{P_1}{\rho_1} + \frac{V_1^2}{2} + gz_1 = \frac{P_2}{\rho_2} + \frac{V_2^2}{2} + gz_2 + (u_2 - u_1 - q_{\text{net in}}) \quad \textbf{(5-67)}$$

이 식에서 u는 유체의 **내부 에너지**, P/ρ는 **유동 에너지**, $V^2/2$는 **운동 에너지**, gz는 **위치 에너지**이다. 이들은 모두 단위 질량당 에너지이다. 이 식은 압축성 및 비압축성 유동 모두에 적용할 수 있다.

식 (5-67)의 좌변은 기계적 에너지 입력을, 우변의 처음 세 항들은 기계적 에너지 출력을 의미한다. 마찰 등의 비가역성이 없는 이상 유동의 경우 총 기계적 에너지는 보존되고, 따라서 $(u_2-u_1-q_{\text{net in}})$은 영이다.

이상 유동(기계적 에너지 손실이 없는): $\quad q_{\text{net in}} = u_2 - u_1 \quad$ **(5-68)**

u_2-u_1의 증가가 $q_{\text{net in}}$보다 큰 경우는 기계적 에너지의 열에너지로의 비가역적인 변환에 기인하는 것이며, 따라서 $u_2-u_1-q_{\text{net in}}$은 단위 질량당 기계적 에너지의 손실을 나타낸다(그림 5-53). 따라서 다음 관계가 성립한다.

실제 유동(기계적 에너지 손실이 있는): $\quad e_{\text{mech, loss}} = u_2 - u_1 - q_{\text{net in}} \quad$ **(5-69)**

단상 유체(기체 혹은 액체)의 경우 $u_2-u_1=c_v(T_2-T_1)$이고 여기서 c_v는 정적비열이다.

단위 질량당의 정상 유동 에너지 방정식은 다음의 **기계적 에너지** 평형을 이용하여 편리하게 나타낼 수 있다.

$$e_{\text{mech, in}} = e_{\text{mech, out}} + e_{\text{mech, loss}} \quad \textbf{(5-70)}$$

또는

$$w_{\text{shaft, net in}} + \frac{P_1}{\rho_1} + \frac{V_1^2}{2} + gz_1 = \frac{P_2}{\rho_2} + \frac{V_2^2}{2} + gz_2 + e_{\text{mech, loss}} \quad \textbf{(5-71)}$$

또한 $w_{\text{shaft, net in}}=w_{\text{pump}}-w_{\text{turbine}}$이므로 기계적 에너지 평형은 보다 분명하게 다음과 같이 표현된다.

$$\frac{P_1}{\rho_1} + \frac{V_1^2}{2} + gz_1 + w_{\text{pump}} = \frac{P_2}{\rho_2} + \frac{V_2^2}{2} + gz_2 + w_{\text{turbine}} + e_{\text{mech, loss}} \quad \textbf{(5-72)}$$

여기서 w_{pump}는 기계적 일의 입력(펌프, 팬, 압축기 등)이고, w_{turbine}은 기계적 일의 출력이다(터빈). 유동이 비압축성이면 P_{atm}/ρ가 양변에 나타나고 소거할 수 있으므로 P는 절대 압력이나 계기 압력을 모두 사용할 수 있다.

질량유량 $\dot{m}$을 식 (5-72)의 양변에 곱하면 다음과 같다.

$$\dot{m}\left(\frac{P_1}{\rho_1} + \frac{V_1^2}{2} + gz_1\right) + \dot{W}_{\text{pump}} = \dot{m}\left(\frac{P_2}{\rho_2} + \frac{V_2^2}{2} + gz_2\right) + \dot{W}_{\text{turbine}} + \dot{E}_{\text{mech, loss}} \quad \textbf{(5-73)}$$

이 식에서 $\dot{W}_{\text{pump}}$는 펌프 축을 통한 축동력의 입력을, $\dot{W}_{\text{turbine}}$은 터빈 축을 통한 축동력의 출력을, $\dot{E}_{\text{mech,loss}}$는 펌프 손실, 터빈 손실, 파이프 시스템의 마찰 손실로 구성되는

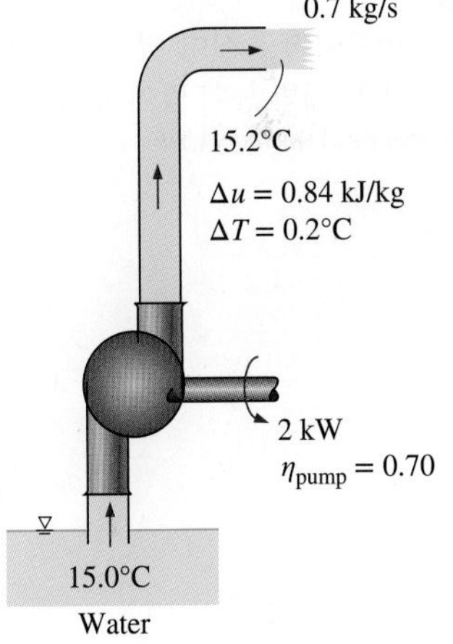

그림 5-53
유체 유동 시스템에서 기계적 에너지의 손실은 유체의 내부 에너지 증가, 즉 유체 온도의 상승을 초래한다.

그림 5-54
발전소에는 비가역적 손실이 있는 파이프, 엘보, 밸브, 펌프, 터빈 등이 많이 있다.

총 기계 동력의 손실을 의미한다. 따라서 다음 관계가 성립한다.

$$\dot{E}_{\text{mech, loss}} = \dot{E}_{\text{mech loss, pump}} + \dot{E}_{\text{mech loss, turbine}} + \dot{E}_{\text{mech loss, piping}}$$

여기서 펌프와 터빈의 비가역적 손실은 파이프 시스템의 다른 손실들과 별도로 분리하여 나타내었다(그림 5-54). 따라서 에너지 방정식은 식 (5-73)의 각 항을 $\dot{m}g$로 나누어 수두를 이용한 가장 일반적인 형태로 다음과 같이 표현할 수 있다.

$$\frac{P_1}{\rho_1 g} + \frac{V_1^2}{2g} + z_1 + h_{\text{pump}, u} = \frac{P_2}{\rho_2 g} + \frac{V_2^2}{2g} + z_2 + h_{\text{turbine}, e} + h_L \tag{5-74}$$

이 식에서

- $h_{\text{pump}, u} = \dfrac{w_{\text{pump}, u}}{g} = \dfrac{\dot{W}_{\text{pump}, u}}{\dot{m}g} = \dfrac{\eta_{\text{pump}} \dot{W}_{\text{pump}}}{\dot{m}g}$는 **펌프에 의하여 유체로 전달된 유용한 수두**이다. 펌프 내의 비가역적 손실 때문에 $h_{\text{pump},u}$는 $\dot{W}_{\text{pump}}/\dot{m}g$보다 η_{pump}의 비율만큼 작다.

- $h_{\text{turbine}, e} = \dfrac{w_{\text{turbine}, e}}{g} = \dfrac{\dot{W}_{\text{turbine}, e}}{\dot{m}g} = \dfrac{\dot{W}_{\text{turbine}}}{\eta_{\text{turbine}} \dot{m}g}$는 **터빈에 의하여 유체에서 추출한 수두**이다. 터빈 내의 비가역적 손실 때문에 $h_{\text{turbine},e}$는 $\dot{W}_{\text{turbine}}/\dot{m}g$보다 η_{turbine}의 비율만큼 크다.

- $h_L = \dfrac{e_{\text{mech loss, piping}}}{g} = \dfrac{\dot{E}_{\text{mech loss, piping}}}{\dot{m}g}$은 1과 2 사이에서 펌프나 터빈을 제외한 파이프 시스템의 모든 부품에 의한 **비가역적인 수두 손실**이다.

h_L은 파이프 내의 유동과 관련된 마찰 손실을 나타내지만, 펌프나 터빈 내의 손실은 효율, 즉 η_{pump} 및 η_{turbine}으로 고려되었기 때문에 이들의 손실은 포함하지 않는다. 식 (5-74)는 개략적으로 그림 5-55에 나타나 있다.

파이프 시스템이 펌프, 팬, 압축기 등을 포함하지 않으면 **펌프 수두**는 영이고, 시스템이 터빈을 포함하지 않으면 **터빈 수두** 또한 영이다.

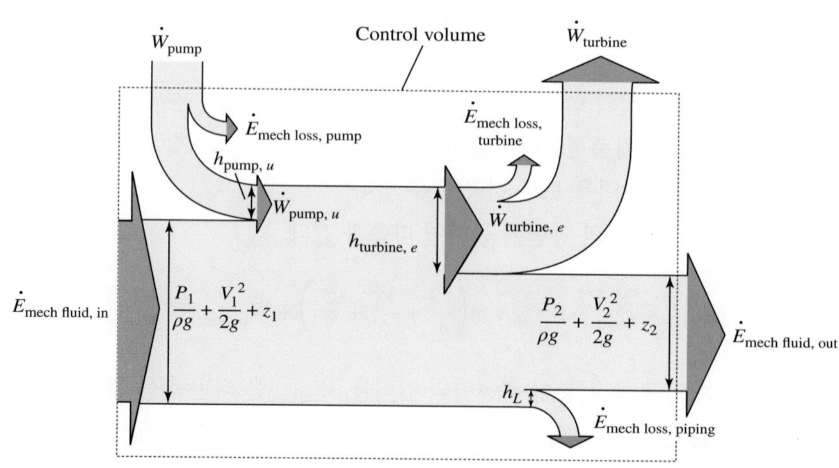

그림 5-55
펌프와 터빈을 포함하는 유체 유동 시스템에 대한 기계적 에너지 흐름도. 수직방향의 크기는 식 (5-74)의 각각의 에너지의 유체 기둥 높이, 즉 **수두**를 나타낸다.

특수한 경우: 기계적 일 장치와 마찰이 없는 비압축성 유동

파이프 손실을 무시할 수 있으면, 기계적 에너지의 열에너지로의 소산도 무시할 수 있으며, 예제 5-11에서와 같이 $h_L = e_{\text{mech loss, piping}}/g \cong 0$이다. 또한 팬, 펌프, 터빈 등의 기계적 일을 하는 장치가 없으면 $h_{\text{pump}, u} = h_{\text{turbine}, e} = 0$이다. 이러한 경우 식 (5-74)는 다음 식과 같이 간단해진다.

$$\frac{P_1}{\rho g} + \frac{V_1^2}{2g} + z_1 = \frac{P_2}{\rho g} + \frac{V_2^2}{2g} + z_2 \quad \text{또는} \quad \frac{P}{\rho g} + \frac{V^2}{2g} + z = \text{constant} \qquad \textbf{(5-75)}$$

이 식은 앞에서 Newton의 제2법칙으로 유도한 **Bernoulli 방정식**과 동일하다. 따라서 Bernoulli 방정식은 에너지 방정식의 변형된 형태로 생각할 수 있다.

운동 에너지 보정계수, α

질량유량을 $\rho V_{avg} A$로 나타낼 때 사용한 평균 유동 속도 V_{avg}는 이미 정의한 바 있다. 따라서 질량유량에 대해서는 보정계수가 필요하지 않다. 그러나 Gaspard Coriolis (1792-1843)가 지적하였듯이, $V^2/2$로부터 계산한 유체 유동의 운동 에너지는 실제의 운동 에너지와 다르다. 왜냐하면 합의 제곱은 제곱의 합과 다르기 때문이다(그림 5-56). 이 오차는 에너지 방정식의 운동 에너지 항 $V^2/2$을 $\alpha V_{avg}{}^2/2$로 대체하여 보정할 수 있다. 여기서 α를 **운동 에너지 보정계수**(kinetic energy correction factor)라고 한다. 반경방향으로 속도가 변하는 원형관 내 유동의 경우, 완전발달 층류 유동의 보정계수는 2.0, 완전발달 난류 유동의 보정계수는 1.04~1.11이다.

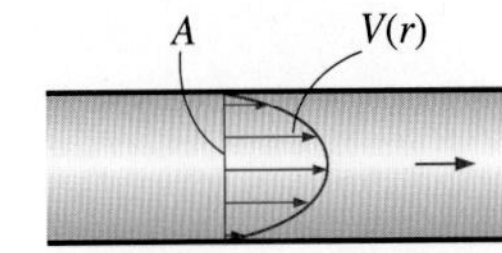

$$\dot{m} = \rho V_{avg} A, \qquad \rho = \text{constant}$$

$$\dot{KE}_{act} = \int ke\,\delta\dot{m} = \int_A \frac{1}{2}[V(r)]^2 [\rho V(r)\, dA] = \frac{1}{2}\rho \int_A [V(r)]^3\, dA$$

$$\dot{KE}_{avg} = \frac{1}{2}\dot{m} V_{avg}^2 = \frac{1}{2}\rho A V_{avg}^3$$

$$\alpha = \frac{\dot{KE}_{act}}{\dot{KE}_{avg}} = \frac{1}{A}\int_A \left(\frac{V(r)}{V_{avg}}\right)^3 dA$$

그림 5-56
한 단면에서의 실제 속도 분포 $V(r)$과 평균속도 V_{avg}를 이용한 **운동 에너지 보정계수**의 결정.

유동의 기본해석에서 운동 에너지 보정계수는 무시하는 경우가 많다(즉, α는 1이다). 왜냐하면 (1) 실제 대부분의 유동은 난류이며, 이 경우 보정계수는 거의 1에 가깝고, (2) 운동 에너지 항은 에너지 방정식의 다른 항들에 비하여 상대적으로 작으므로 2보다 작은 수를 곱해도 큰 영향이 없기 때문이다. 속도, 즉 운동 에너지가 크면 유동은 일반적으로 난류이고, 보정계수 1이 더 알맞다. 그러나 층류 유동과 같은 경우에는 보정계수가 중요하다는 것을 명심하여야 한다. 따라서 유체 유동 문제를 해석할 때 항상 운동 에너지 보정계수를 포함하는 것이 바람직하다. 운동 에너지 보정계수를 포함하면 **정상, 비압축성 유동**의 에너지 방정식[식 (5-73)과 (5-74)]은 다음과 같게 된다.

$$\dot{m}\left(\frac{P_1}{\rho} + \alpha_1\frac{V_1^2}{2} + gz_1\right) + \dot{W}_{\text{pump}} = \dot{m}\left(\frac{P_2}{\rho} + \alpha_2\frac{V_2^2}{2} + gz_2\right) + \dot{W}_{\text{turbine}} + \dot{E}_{\text{mech, loss}} \qquad \textbf{(5-76)}$$

$$\frac{P_1}{\rho g} + \alpha_1\frac{V_1^2}{2g} + z_1 + h_{\text{pump}, u} = \frac{P_2}{\rho g} + \alpha_2\frac{V_2^2}{2g} + z_2 + h_{\text{turbine}, e} + h_L \qquad \textbf{(5-77)}$$

만약 입출구의 유동이 완전발달 난류 파이프 유동이라면 보정계수 $\alpha = 1.05$를 이용하기를 권장한다. 이는 수두 손실에 대한 보다 보수적인 값을 주며, 또한 식에서 α를 포함한다고 해서 추가적으로 많은 노력이 들지는 않는다.

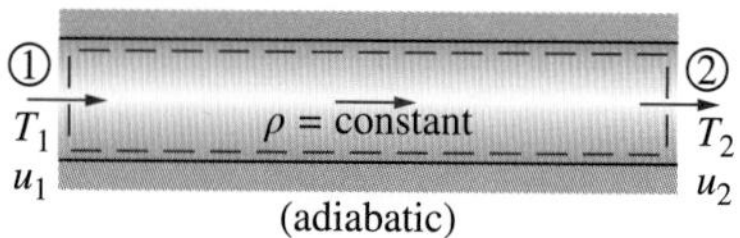

그림 5-57
예제 5-11에 대한 개략도.

예제 5-11 마찰이 유체의 온도와 수두 손실에 미치는 영향

정상, 비압축성, 단열 유동에서 다음을 증명하라. (a) 마찰을 무시하면 온도가 일정하게 유지되고 수두 손실은 없다. (b) 마찰 효과를 고려하면 온도는 증가하고 수두 손실이 발생한다. 또한 이러한 유동에서 온도가 감소할 가능성이 있는가에 대해서도 토의하라(그림 5-57).

풀이 정상, 비압축성, 단열 유동을 고려할 때 마찰이 온도와 열손실에 미치는 영향을 계산하고자 한다.

가정 **1** 유동은 정상이며, 비압축성이다. **2** 단열 유동이므로 $q_{\text{net in}} = 0$이다.

해석 비압축성 유동에서 밀도는 일정하고, 엔트로피의 변화는 다음과 같다.

$$\Delta s = c_v \ln \frac{T_2}{T_1}$$

이 식은 입구 상태 1과 출구 상태 2 사이의 단위 질량당 유체의 엔트로피 변화를 나타내는 식이다. 엔트로피는 다음의 두 경우에 변화한다. (1) 열전달, (2) 비가역성. 따라서 열전달이 없을 때 엔트로피는 비가역성에 의해서만 변화하고, 이때 엔트로피는 항상 증가한다.

(a) 유동 과정에서 마찰과 선회(swirl) 등의 비가역성이 없는 경우는 단열 유동($q_{\text{net in}} = 0$)에서 엔트로피의 변화는 없다. 따라서 **단열 가역 유동**이므로 다음과 같은 결과를 얻을 수 있다.

온도 변화: $\Delta s = c_v \ln \frac{T_2}{T_1} = 0 \quad \rightarrow \quad T_2 = T_1$

기계적 에너지 손실: $e_{\text{mech loss, piping}} = u_2 - u_1 - q_{\text{net in}} = c_v(T_2 - T_1) - q_{\text{net in}} = 0 - 0 = 0$

수두 손실: $h_L = e_{\text{mech loss, piping}}/g = 0$

따라서 열전달과 마찰 효과를 무시할 수 있을 때 다음과 같은 결과를 얻는다. (1) 유체의 온도는 일정하다. (2) 기계적 에너지는 열에너지로 변환하지 않는다. (3) 비가역적 수두 손실은 없다.

(b) 마찰 등의 비가역성을 고려하면 엔트로피의 변화는 양이고, 따라서 다음과 같은 결과를 얻는다.

온도 변화: $\Delta s = c_v \ln \frac{T_2}{T_1} > 0 \rightarrow T_2 > T_1$

기계적 에너지 손실: $e_{\text{mech loss, piping}} = u_2 - u_1 - q_{\text{net in}} = c_v(T_2 - T_1) > 0$

수두 손실: $h_L = e_{\text{mech loss, piping}}/g > 0$

따라서 유동이 단열이고 비가역적이면 다음과 같은 결론을 얻을 수 있다. (1) 유체의 온도는 증가한다. (2) 기계적 에너지의 일부는 열에너지로 변환한다. (3) 비가역적 수두 손실이 발생한다.

토의 정상, 비압축성, 단열 유동에서 유체의 온도 감소는 불가능하다. 왜냐하면 유체의 온도가 감소하려면 단열 시스템의 엔트로피가 감소하여야 하는데, 이는 열역학 제2법칙에 위배되기 때문이다.

예제 5-12 펌프의 동력과 마찰열

물 공급 시스템의 펌프가 효율이 90%인 15 kW의 전기 모터에 의해 구동되고 있다(그림 5-58). 펌프를 통과하는 유량은 50 L/s이다. 펌프 입구와 출구의 파이프 직경은 동일하고, 펌프 전후의 높이 차이는 무시할 수 있다. 펌프 입구와 출구의 절대 압력이 각각 100 kPa과 300 kPa일 때 다음을 계산하라. (a) 펌프의 기계 효율, (b) 기계적 비효율성으로 인한 펌프 내 물의 온도 상승.

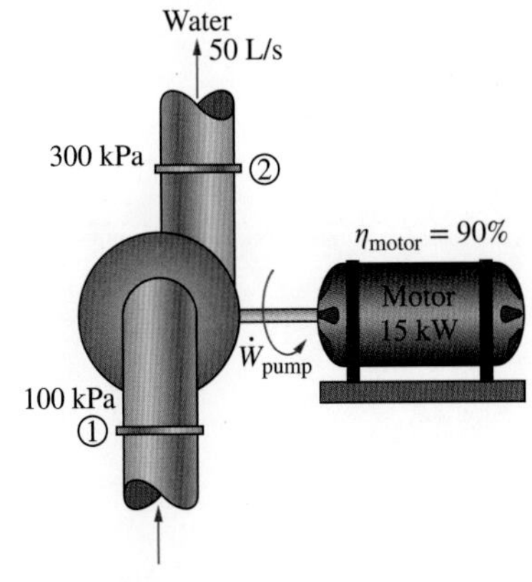

그림 5-58
예제 5-12에 대한 개략도.

풀이 펌프 전후의 압력이 주어질 때, 펌프의 기계 효율과 물의 온도 상승을 계산하고자 한다.

가정 **1** 유동은 정상이며, 비압축성이다. **2** 펌프는 외부 모터에 의해 구동되므로 모터에 의해 발생한 열은 주위 공기로 소산된다. **3** 펌프 전후의 높이 차이는 무시할 수 있으므로 $z_1 \cong z_2$이다. **4** 펌프 입구와 출구의 파이프 직경은 동일하므로 입구와 출구의 평균 속도는 같다. 즉, $V_1 = V_2$이다. **5** 운동 에너지 보정계수도 같다. 즉, $\alpha_1 = \alpha_2$이다.

상태량 물의 밀도는 1 kg/L = 1000 kg/m³, 비열은 4.18 kJ/kg · °C이다.

해석 (a) 펌프를 통과하는 질량유량은 다음과 같다.

$$\dot{m} = \rho \dot{V} = (1 \text{ kg/L})(50 \text{ L/s}) = 50 \text{ kg/s}$$

모터의 출력은 15 kW, 효율은 90%이다. 따라서 모터가 펌프에 전달하는 기계(축) 동력은 다음과 같다.

$$\dot{W}_{\text{pump, shaft}} = \eta_{\text{motor}} \dot{W}_{\text{electric}} = (0.90)(15 \text{ kW}) = 13.5 \text{ kW}$$

펌프의 기계 효율을 계산하기 위해서 펌프를 통과할 때 유체의 기계적 에너지 증가를 알아야 한다. 이는 다음 식이 된다.

$$\Delta \dot{E}_{\text{mech, fluid}} = \dot{E}_{\text{mech, out}} - \dot{E}_{\text{mech, in}} = \dot{m}\left(\frac{P_2}{\rho} + \alpha_2 \frac{V_2^2}{2} + gz_2\right) - \dot{m}\left(\frac{P_1}{\rho} + \alpha_1 \frac{V_1^2}{2} + gz_1\right)$$

식을 정리하고, 주어진 수치들을 대입하면 다음 식을 얻는다.

$$\Delta \dot{E}_{\text{mech, fluid}} = \dot{m}\left(\frac{P_2 - P_1}{\rho}\right) = (50 \text{ kg/s})\left(\frac{(300 - 100) \text{ kPa}}{1000 \text{ kg/m}^3}\right)\left(\frac{1 \text{ kJ}}{1 \text{ kPa} \cdot \text{m}^3}\right) = 10.0 \text{ kW}$$

따라서 펌프의 기계 효율은 다음과 같다.

$$\eta_{\text{pump}} = \frac{\dot{W}_{\text{pump, } u}}{\dot{W}_{\text{pump, shaft}}} = \frac{\Delta \dot{E}_{\text{mech, fluid}}}{\dot{W}_{\text{pump, shaft}}} = \frac{10.0 \text{ kW}}{13.5 \text{ kW}} = \mathbf{0.741} \quad \text{또는} \quad \mathbf{74.1\%}$$

(b) 펌프에 의하여 공급된 13.5 kW 중 10 kW만 물에 기계적 에너지 형태로 전달된다. 나머지 3.5 kW는 마찰 효과로 인해 열에너지로 변환되고, 이 기계적 에너지의 "손실"은 유체를 가열하는 효과로 나타난다.

$$\dot{E}_{\text{mech, loss}} = \dot{W}_{\text{pump,shaft}} - \Delta \dot{E}_{\text{mech, fluid}} = 13.5 - 10.0 = 3.5 \text{ kW}$$

이러한 기계적 비효율성으로 인한 물 온도의 상승은 열에너지 평형식 $\dot{E}_{\text{mech, loss}} = \dot{m}(u_2 - u_1) = \dot{m}c\Delta T$로 계산할 수 있다. ΔT에 대하여 계산하면 다음 결과를 얻는다.

$$\Delta T = \frac{\dot{E}_{\text{mech, loss}}}{\dot{m}c} = \frac{3.5\ \text{kW}}{(50\ \text{kg/s})(4.18\ \text{kJ/kg}\cdot{}^\circ\text{C})} = \mathbf{0.017^\circ C}$$

따라서 물이 펌프를 통과할 때 기계적 비효율성으로 인한 물 온도의 상승은 0.017 ℃이며, 이는 매우 작은 값이다.

토의 발생한 열의 일부는 펌프의 케이싱으로 전달되고, 이 열은 다시 주위 공기로 전달되므로 실제로 물 온도의 상승은 이보다 더 작을 것이다. 만약 펌프와 모터 전체가 물에 잠겨 있다면 모터의 비효율성으로 인한 1.5 kW도 역시 열로 변환되어 주위의 물로 전달될 것이다.

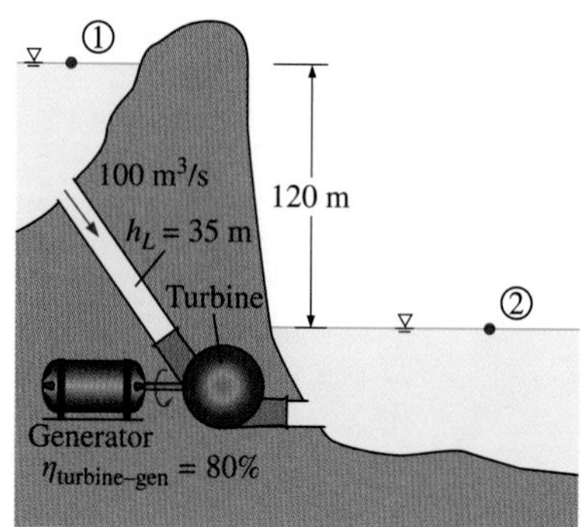

그림 5-59
예제 5-13에 대한 개략도.

예제 5-13 댐으로부터의 수력 발전

그림 5-59에 나타난 바와 같이, 물이 120 m의 높은 위치에서 100 m³/s로 발전용 터빈을 통과하고 있다. 점 1과 점 2 사이 파이프 시스템의 총 비가역적 수두 손실(터빈 자체의 손실은 제외)은 35 m이다. 터빈-발전기의 전 효율이 80%라면 전기의 출력은 얼마인가?

풀이 가용 수두, 유량, 수두 손실 및 수력 터빈의 효율이 주어져 있을 때, 전기의 출력을 계산하고자 한다.

가정 1 유동은 정상이며, 비압축성이다. **2** 저수지와 방수면에서의 수위는 일정하다.

상태량 물의 밀도는 1000 kg/m³이다.

해석 터빈을 통과하는 물의 질량유량은 다음과 같다.

$$\dot{m} = \rho\dot{V} = (1000\ \text{kg/m}^3)(100\ \text{m}^3/\text{s}) = 10^5\ \text{kg/s}$$

점 2를 기준 위치로 하면 $z_2=0$이다. 또한 점 1과 2는 대기와 접하고($P_1=P_2=P_{\text{atm}}$), 유동 속도는 무시할 수 있다($V_1=V_2=0$). 따라서 정상, 비압축성 유동의 에너지 방정식은 다음과 같이 나타난다.

$$\cancel{\frac{P_1}{\rho g}} + \alpha_1 \cancel{\frac{V_1^2}{2g}} + z_1 + h_{\text{pump},\,u}^{\nearrow 0} = \cancel{\frac{P_2}{\rho g}} + \alpha_2 \cancel{\frac{V_2^2}{2g}} + \cancel{z_2}^{\,0} + h_{\text{turbine},\,e} + h_L$$

또는

$$h_{\text{turbine},\,e} = z_1 - h_L$$

따라서 터빈에서 추출할 수 있는 수두와 터빈의 출력은 다음과 같다.

$$h_{\text{turbine},\,e} = z_1 - h_L = 120 - 35 = 85\ \text{m}$$

$$\dot{W}_{\text{turbine},\,e} = \dot{m}gh_{\text{turbine},\,e} = (10^5\ \text{kg/s})(9.81\ \text{m/s}^2)(85\ \text{m})\left(\frac{1\ \text{kJ/kg}}{1000\ \text{m}^2/\text{s}^2}\right) = 83{,}400\ \text{kW}$$

그러므로 손실이 없는 완벽한 터빈-발전기는 83,400 kW의 전력을 생산할 수 있다. 그러나 이 터빈-발전기가 실제로 생산한 전력은 다음과 같다.

$$\dot{W}_{\text{electric}} = \eta_{\text{turbine-gen}}\dot{W}_{\text{turbine},\,e} = (0.80)(83.4\ \text{MW}) = \mathbf{66.7\ MW}$$

토의 터빈과 발전기의 효율을 1% 포인트씩만 개선시켜도 생산한 전력은 거의 1 MW 정도 증가한다. 8장에서 h_L을 계산하는 방법을 배울 것이다.

예제 5-14 컴퓨터의 공기 냉각을 위한 팬의 선택

크기가 12 cm×40 cm×40 cm인 컴퓨터 케이스를 냉각하기 위한 팬을 선정하려고 한다(그림 5-60). 이 체적의 반은 부품으로 채워져 있고, 나머지 반은 빈 공간이다. 케이스의 뒷면에는 케이스 내 공기를 매초 순환시킬 수 있는 팬을 설치하기 위한 5 cm 직경의 구멍이 뚫려 있다. 저동력의 작은 팬-모터를 시장에서 구입할 수 있는데, 이때 이 부품의 효율은 30%이다. (a) 구입해야 할 팬-모터 유닛의 동력(wattage)은 얼마인가? (b) 팬 전후의 압력 차이는 얼마인가? 이때 공기의 밀도는 1.20 kg/m³이다.

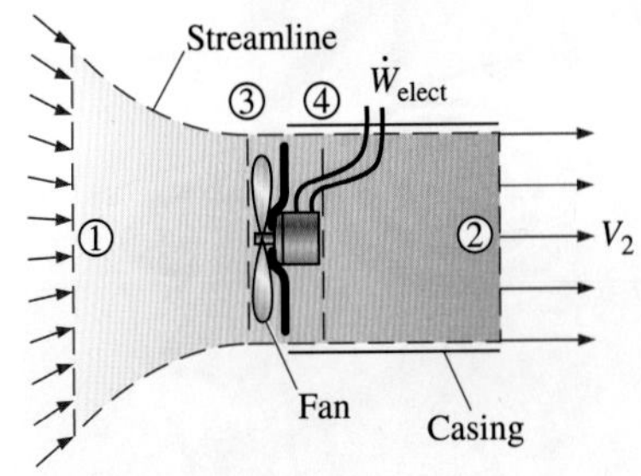

그림 5-60
예제 5-14에 대한 개략도.

풀이 팬은 매초 케이스 내부의 공기를 순환시켜 컴퓨터의 케이스를 냉각시킨다. 팬의 동력과 팬 전후의 압력 차이를 계산하고자 한다.

가정 **1** 유동은 정상이며, 비압축성이다. **2** 팬-모터의 손실을 제외한 다른 손실은 무시할 수 있다. **3** 출구의 유동은 중심 부근(팬-모터의 후류 때문에)을 제외하고 거의 균일하고, 출구의 운동 에너지 보정계수는 1.10이다.

상태량 공기의 밀도는 1.20 kg/m³이다.

해석 (a) 케이스의 반은 부품으로 채워져 있으므로 케이스 내 공기의 체적은 다음과 같다.

$$\Delta V_{air} = \text{(Void fraction)(Total case volume)}$$
$$= 0.5(12 \text{ cm} \times 40 \text{ cm} \times 40 \text{ cm}) = 9600 \text{ cm}^3$$

따라서 케이스를 통과하는 체적유량 및 질량유량은 다음과 같다.

$$\dot{V} = \frac{\Delta V_{air}}{\Delta t} = \frac{9600 \text{ cm}^3}{1 \text{ s}} = 9600 \text{ cm}^3/\text{s} = 9.6 \times 10^{-3} \text{ m}^3/\text{s}$$
$$\dot{m} = \rho\dot{V} = (1.20 \text{ kg/m}^3)(9.6 \times 10^{-3} \text{ m}^3/\text{s}) = 0.0115 \text{ kg/s}$$

케이스 구멍의 단면적과 출구를 통과하는 공기의 평균 속도는 다음과 같다.

$$A = \frac{\pi D^2}{4} = \frac{\pi(0.05 \text{ m})^2}{4} = 1.96 \times 10^{-3} \text{ m}^2$$

$$V = \frac{\dot{V}}{A} = \frac{9.6 \times 10^{-3} \text{ m}^3/\text{s}}{1.96 \times 10^{-3} \text{ m}^2} = 4.90 \text{ m/s}$$

그림 5-60에서와 같이 입구와 출구 모두 대기압 상태가 되도록 검사체적을 선택한다($P_1 = P_2 = P_{atm}$). 또한 입구 부분 1은 넓게, 그리고 팬에서 멀리 떨어져서 유체 속도를 거의 무시할 수 있도록 선택한다($V_1 \cong 0$). $z_1 = z_2$이고, 유동의 마찰 손실은 무시하므로 기계적 손실은 단지 팬의 손실이다. 따라서 에너지 방정식(식 5-76)은 다음과 같이 나타난다.

$$\dot{m}\left(\frac{P_1}{\rho} + \alpha_1\frac{V_1^2}{2}^{\,0} + gz_1\right) + \dot{W}_{fan} = \dot{m}\left(\frac{P_2}{\rho} + \alpha_2\frac{V_2^2}{2} + gz_2\right) + \dot{W}_{turbine}^{\,0} + \dot{E}_{mech\ loss,\ fan}$$

$\dot{W}_{fan,u} - \dot{E}_{mech\,loss,\,fan} = \dot{W}_{fan,u}$이므로 대입하면 다음 식을 얻는다.

$$\dot{W}_{fan,\,u} = \dot{m}\alpha_2\frac{V_2^2}{2} = (0.0115 \text{ kg/s})(1.10)\frac{(4.90 \text{ m/s})^2}{2}\left(\frac{1 \text{ N}}{1 \text{ kg·m/s}^2}\right) = 0.152 \text{ W}$$

그러므로 팬에 요구되는 동력은 다음과 같이 계산할 수 있다.

그림 5-61
컴퓨터와 컴퓨터 전원장치에 사용되는 냉각 팬은 일반적으로 작고 단지 수 watt의 전력을 소비한다.

$$\dot{W}_{\text{elect}} = \frac{\dot{W}_{\text{fan},\,u}}{\eta_{\text{fan-motor}}} = \frac{0.152\text{ W}}{0.3} = \mathbf{0.506\ W}$$

결과적으로 적합한 팬-모터의 동력은 약 0.5 watt이다(그림 5-61).

(b) 팬 전후의 압력 차이를 계산하기 위하여, 팬 양쪽의 위치를 점 3과 4로 한다. 따라서 $z_3 = z_4$이고, 팬은 좁은 단면이므로 $V_3 = V_4$이다. 그러므로 에너지 방정식은 다음과 같이 나타난다.

$$\dot{m}\frac{P_3}{\rho} + \dot{W}_{\text{fan}} = \dot{m}\frac{P_4}{\rho} + \dot{E}_{\text{mech loss, fan}} \quad \rightarrow \quad \dot{W}_{\text{fan, u}} = \dot{m}\frac{P_4 - P_3}{\rho}$$

$P_4 - P_3$에 대하여 재정리하고 수치를 대입하면 다음 결과를 얻는다.

$$P_4 - P_3 = \frac{\rho \dot{W}_{\text{fan},\,u}}{\dot{m}} = \frac{(1.2\text{ kg/m}^3)(0.152\text{ W})}{0.0115\text{ kg/s}}\left(\frac{1\text{ Pa·m}^3}{1\text{ Ws}}\right) = \mathbf{15.8\ Pa}$$

따라서 팬 전후의 압력 상승은 15.8 Pa이다.

토의 팬-모터의 효율이 30%이다. 이는 이 장치에 의해 소비되는 전력 $\dot{W}_{\text{electric}}$의 30%는 유용한 기계적 에너지로 변환되고, 나머지 70%는 열에너지로 변환되는 손실이다. 실제 시스템에서는 케이스 내부의 마찰 손실을 극복하기 위하여 더 강력한 팬이 필요할 것이다. 출구에서 운동 에너지 보정계수를 무시하면 요구 전력 및 압력의 차이는 위의 계산보다 10% 정도 낮게 나타난다(각각 0.460 W와 14.4 Pa).

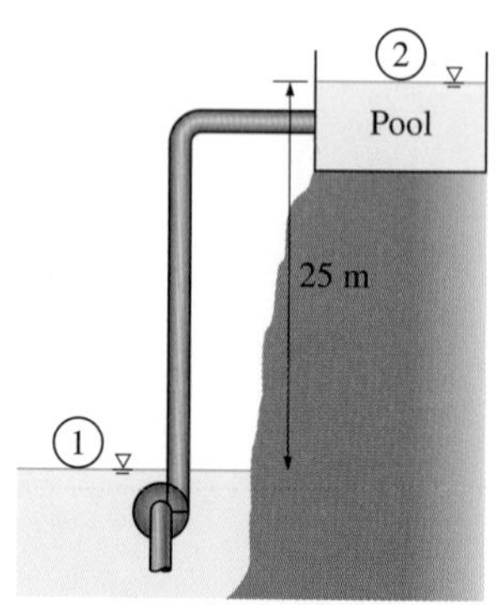

그림 5-62
예제 5-15에 대한 개략도.

예제 5-15 호수에서 저수지로 양수한다

축동력이 5 kW, 효율이 72%인 수중 펌프가 호수에서 저수지로 직경이 일정한 파이프를 통하여 양수하려고 한다(그림 5-62). 저수지의 자유표면은 호수의 자유표면보다 25 m 더 높다. 파이프 시스템의 비가역 손실이 4 m일 때, 물의 유출량과 펌프 전후의 압력 차이를 계산하라.

풀이 호수의 물을 저수지로 양수한다. 주어진 수두 손실로부터 유량과 펌프 전후의 압력 차이를 계산하고자 한다.

가정 1 유동은 정상이며, 비압축성이다. 2 호수와 저수지는 매우 크기 때문에 수위는 일정하다.

상태량 물의 밀도는 1 kg/L = 1000 kg/m³이다.

해석 펌프는 5 kW의 축동력을 전달하고, 효율은 72%이다. 펌프가 물에 공급하는 유용한 기계 동력은 다음과 같다.

$$\dot{W}_{\text{pump}\,u} = \eta_{\text{pump}}\dot{W}_{\text{shaft}} = (0.72)(5\text{ kW}) = 3.6\text{ kW}$$

호수의 자유표면을 점 1로 하고, 이를 기준 위치로 하면 $z_1 = 0$이다. 또한 점 2는 저수지의 자유표면으로 한다. 점 1과 2는 대기와 접하고($P_1 = P_2 = P_{\text{atm}}$), 유동 속도는 무시할 수 있다($V_1 \cong V_2 \cong 0$). 따라서 펌프를 포함하는 두 자유표면 사이의 검사체적을 통과하는 정상, 비압축성 유동의 에너지 방정식은 다음과 같이 나타난다.

$$\dot{m}\left(\frac{P_1}{\rho} + \alpha_1\frac{V_1^2}{2} + gz_1\right) + \dot{W}_{\text{pump}, u} = \dot{m}\left(\frac{P_2}{\rho} + \alpha_2\frac{V_2^2}{2} + gz_2\right) + \dot{W}_{\text{turbine}, e} + \dot{E}_{\text{mech loss, piping}}$$

위에서 설명한 가정에 따라 에너지 방정식은 다음과 같다.

$$\dot{W}_{\text{pump}, u} = \dot{m}gz_2 + \dot{E}_{\text{mech loss, piping}}$$

$\dot{E}_{\text{mech loss, piping}} = \dot{m}gh_L$로부터 질량유량 및 체적유량은 다음과 같이 계산된다.

$$\dot{m} = \frac{\dot{W}_{\text{pump}, u}}{gz_2 + gh_L} = \frac{\dot{W}_{\text{pump}, u}}{g(z_2 + h_L)} = \frac{3.6 \text{ kJ/s}}{(9.81 \text{ m/s}^2)(25 + 4 \text{ m})}\left(\frac{1000 \text{ m}^2/\text{s}^2}{1 \text{ kJ}}\right) = 12.7 \text{ kg/s}$$

$$\dot{V} = \frac{\dot{m}}{\rho} = \frac{12.7 \text{ kg/s}}{1000 \text{ kg/m}^3} = \mathbf{12.7 \times 10^{-3}\ m^3/s = 12.7\ L/s}$$

다음으로 펌프를 검사체적으로 잡는다. 펌프 전후에서의 높이 차이와 운동 에너지 변화를 무시할 수 있다면 이 검사체적의 에너지 방정식은 다음과 같다.

$$\Delta P = P_{\text{out}} - P_{\text{in}} = \frac{\dot{W}_{\text{pump}, u}}{\dot{V}} = \frac{3.6 \text{ kJ/s}}{12.7 \times 10^{-3} \text{ m}^3/\text{s}}\left(\frac{1 \text{ kN·m}}{1 \text{ kJ}}\right)\left(\frac{1 \text{ kPa}}{1 \text{ kN/m}^2}\right)$$
$$= \mathbf{283\ kPa}$$

토의 수두 손실이 없다면($h_L = 0$), 유량은 16% 증가한 14.7 L/s가 됨을 계산할 수 있다. 따라서 파이프 내의 마찰 손실이 유량을 감소시키므로 이 손실을 최소로 하여야 한다.

요약

이 장에서는 질량, Bernoulli, 에너지 방정식과 이들의 응용 방법을 설명하였다. 단위 시간 동안 단면을 통과하는 질량을 **질량유량**이라 하며, 다음과 같이 나타난다.

$$\dot{m} = \rho V A_c = \rho \dot{V}$$

이 식에서 ρ는 밀도, V는 평균 속도, $\dot{V}$는 체적유량, A_c는 유동방향에 수직인 단면적이다. 검사체적에 대한 질량 보존 관계식은 다음과 같다.

$$\frac{d}{dt}\int_{\text{CV}} \rho\, dV + \int_{\text{CS}} \rho(\vec{V}\cdot\vec{n})\, dA = 0$$

이 식은 **검사체적 내 질량의 시간 변화율과 검사면을 통과하는 순수 질량유량의 합은 영임**을 의미한다.

간단한 식은 다음과 같다.

$$\frac{dm_{\text{CV}}}{dt} = \sum_{\text{in}} \dot{m} - \sum_{\text{out}} \dot{m}$$

정상 유동인 경우에 질량 보존 법칙은 다음과 같이 표현할 수 있다.

정상 유동: $\sum_{\text{in}} \dot{m} = \sum_{\text{out}} \dot{m}$

정상 유동(단일 유동): $\dot{m}_1 = \dot{m}_2 \;\rightarrow\; \rho_1 V_1 A_1 = \rho_2 V_2 A_2$

정상, 비압축성 유동: $\sum_{\text{in}} \dot{V} = \sum_{\text{out}} \dot{V}$

정상, 비압축성 유동(단일 유동): $\dot{V}_1 = \dot{V}_2 \rightarrow V_1 A_1 = V_2 A_2$

기계적 에너지는 유체의 속도, 위치, 압력과 관련된 에너지의 형태이며, 이상적인 기계 장치에 의하여 직접적이고 완전하게 기계적 일로 변환할 수 있다. 실제의 여러 장치의 효율들은 다음과 같이 정의한다.

$$\eta_{\text{pump}} = \frac{\Delta \dot{E}_{\text{mech, fluid}}}{\dot{W}_{\text{shaft, in}}} = \frac{\dot{W}_{\text{pump}, u}}{\dot{W}_{\text{pump}}}$$

$$\eta_{\text{turbine}} = \frac{\dot{W}_{\text{shaft, out}}}{|\Delta \dot{E}_{\text{mech, fluid}}|} = \frac{\dot{W}_{\text{turbine}}}{\dot{W}_{\text{turbine}, e}}$$

$$\eta_{\text{motor}} = \frac{\text{Mechanical power output}}{\text{Electric power input}} = \frac{\dot{W}_{\text{shaft, out}}}{\dot{W}_{\text{elect, in}}}$$

$$\eta_{\text{generator}} = \frac{\text{Electric power output}}{\text{Mechanical power input}} = \frac{\dot{W}_{\text{elect, out}}}{\dot{W}_{\text{shaft, in}}}$$

$$\eta_{\text{pump-motor}} = \eta_{\text{pump}}\eta_{\text{motor}} = \frac{\Delta \dot{E}_{\text{mech, fluid}}}{\dot{W}_{\text{elect, in}}} = \frac{\dot{W}_{\text{pump, }u}}{\dot{W}_{\text{elect, in}}}$$

$$\eta_{\text{turbine-gen}} = \eta_{\text{turbine}}\eta_{\text{generator}} = \frac{\dot{W}_{\text{elect, out}}}{|\Delta \dot{E}_{\text{mech, fluid}}|} = \frac{\dot{W}_{\text{elect, out}}}{\dot{W}_{\text{turbine, }e}}$$

Bernoulli 방정식은 정상, 비압축성 유동에서 압력, 속도, 위치 사이의 관계식이며, 점성력을 무시할 수 있는 영역에서 동일한 유선을 따라 다음과 같이 표현된다.

$$\frac{P}{\rho} + \frac{V^2}{2} + gz = \text{constant}$$

이 식을 유선의 임의의 두 점 사이에서 다음 식과 같이 나타낼 수도 있다.

$$\frac{P_1}{\rho} + \frac{V_1^2}{2} + gz_1 = \frac{P_2}{\rho} + \frac{V_2^2}{2} + gz_2$$

Bernoulli 방정식은 기계적 에너지 평형을 의미하며, 다음과 같이 서술할 수 있다. **압축성 효과와 마찰 효과를 무시할 수 있는 정상 유동에서 동일한 유선을 따라 유체 입자의 운동 에너지, 위치 에너지, 유동 에너지의 합은 일정하다.** Bernoulli 방정식에 밀도를 곱하면 다음 식을 얻는다.

$$P + \rho\frac{V^2}{2} + \rho gz = \text{constant}$$

이 식에서 P는 **정압**이며, 유체의 실제 압력을 나타낸다. $\rho V^2/2$은 동압이며, 운동하는 유체가 정지하였을 때의 압력 상승을 나타낸다. ρgz는 **정수압**이며, 유체의 무게가 압력에 미치는 영향을 나타낸 것이다. 정압, 동압, 정수압의 합을 **전압**이라고 한다. 그러므로 Bernoulli 방정식은 **동일한 유선을 따라 전압은 일정하다**는 의미로 해석할 수도 있다. 정압과 동압의 합을 **정체압**이라 하며, 운동하는 유체가 등엔트로피 조건하에서 한 점에 완전히 정지하였을 때의 압력이다. Bernoulli 방정식의 각 항을 g로 나누어 다음과 같이 "수두"로 표현할 수도 있다.

$$\frac{P}{\rho g} + \frac{V^2}{2g} + z = H = \text{constant}$$

이 식에서 $P/\rho g$는 **압력 수두**이며, 이는 정압 P를 발생시키는 유체 기둥의 높이이다. $V^2/2g$은 **속도 수두**이며, 이는 마찰 없이 자유 낙하하는 유체가 속도 V에 이를 수 있도록 하는 데 필요한 높이이다. 그리고 z는 **위치 수두**이며, 이는 유체의 위치 에너지를 나타낸 것이다. 또한 H를 유동의 **전 수두**라고 한다. 정압수두와 위치 수두의 합 $P/\rho g+z$를 연결한 곡선을 **수력구배선**(HGL)이라 하고, 유체의 전 수두 $P/\rho g+V^2/2g+z$를 연결한 곡선을 **에너지구배선**(EGL)이라고 한다.

정상, 비압축성 유동의 **에너지 방정식**은 다음과 같다.

$$\frac{P_1}{\rho g} + \alpha_1\frac{V_1^2}{2g} + z_1 + h_{\text{pump, }u} = \frac{P_2}{\rho g} + \alpha_2\frac{V_2^2}{2g} + z_2 + h_{\text{turbine, }e} + h_L$$

이 식의 각 항은 다음과 같이 나타난다.

$$h_{\text{pump, }u} = \frac{w_{\text{pump, }u}}{g} = \frac{\dot{W}_{\text{pump, }u}}{\dot{m}g} = \frac{\eta_{\text{pump}}\dot{W}_{\text{pump}}}{\dot{m}g}$$

$$h_{\text{turbine, }e} = \frac{w_{\text{turbine, }e}}{g} = \frac{\dot{W}_{\text{turbine, }e}}{\dot{m}g} = \frac{\dot{W}_{\text{turbine}}}{\eta_{\text{turbine}}\dot{m}g}$$

$$h_L = \frac{e_{\text{mech loss, piping}}}{g} = \frac{\dot{E}_{\text{mech loss, piping}}}{\dot{m}g}$$

$$e_{\text{mech, loss}} = u_2 - u_1 - q_{\text{net in}}$$

질량, Bernoulli, 에너지 방정식은 유체역학에서 가장 기본적인 관계식들 중의 세 개이며, 이어지는 장에서 광범위하게 적용된다. 6장에서는 Bernoulli 방정식이나 에너지 방정식을 질량 및 운동량 방정식과 함께 사용하여 유체 시스템에 미치는 힘이나 토크를 계산한다. 8장과 14장에서는 질량과 에너지 방정식을 이용하여 유체 시스템에서의 펌프 동력을 계산하고, 또한 터보기계를 설계하고 해석한다. 12장과 13장에서는 에너지 방정식을 이용하여 압축성 유동과 개수로 유동을 해석한다.

참고 문헌과 권장 도서

1. R. C. Dorf, ed. in chief. *The Engineering Handbook*, 2nd ed. Boca Raton, FL: CRC Press, 2004.
2. R. L. Panton. *Incompressible Flow*, 3rd ed. New York: Wiley, 2005.
3. M. Van Dyke. *An Album of Fluid Motion*. Stanford, CA: The Parabolic Press, 1982.

연습문제*

질량 보존

5-1C 질량유량과 체적유량을 정의하라. 이들의 상호 관계를 설명하라.

5-2C 한 번의 과정에서 보존되는 4개의 물리적 양과 보존되지 않는 2개의 물리적 양을 말하라.

5-3C 검사체적을 통과하는 유동은 어떤 경우에 정상인가?

5-4C 한 개의 입구와 한 개의 출구를 갖는 장치를 고려해 보자. 입구와 출구에서 체적유량이 동일하다면, 이 장치를 통과하는 유동은 반드시 정상인가? 그 이유를 설명하라.

5-5 헤어 드라이어는 기본적으로 몇 겹의 전기 저항기가 놓여 있는 일정한 직경의 덕트다. 작은 팬이 공기를 끌어들여 가열되는 저항기를 통해 공기를 밀어 넣는다. 공기 밀도가 유입구에서 1.20 kg/m^{3}이고 출구에서 1.05 kg/m^{3}인 경우 헤어 드라이어를 통해 흐를 때 공기 속도의 증가율을 결정하라.

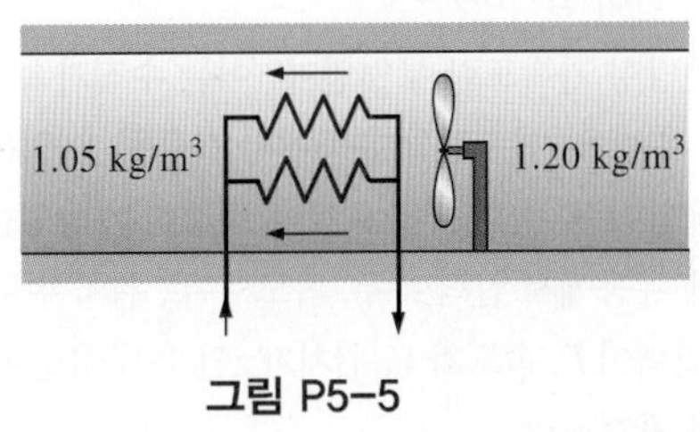

그림 P5–5

5-6 밀도가 1.3 kg/m^{3}인 공기가 12.7 m^3/min의 체적유량으로 에어컨 시스템의 덕트로 유입된다. 덕트의 직경이 40 cm일 때, 덕트 입구에서의 공기 속도와 질량유량을 계산하라.

5-7 체적이 0.75 m^{3}인 단단한 탱크에, 처음에는 밀도가 1.18 kg/m^{3}인 공기가 들어 있다. 이 탱크는 밸브를 통하여 고압의 공급관에 연결되어 있다. 밸브를 열어서 탱크 내 공기의 밀도가 4.95 kg/m^{3}이 될 때까지 공기를 유입하였다. 탱크로 유입된 공기의 질량을 계산하라. **답:** 2.83 kg

5-8 평행하고 거리가 4 mm 떨어진 두 평판 사이를 흐르는 비압축성 뉴턴 유체를 고려해 보자. 만약 위 평판이 오른쪽으로 $u_1 = 5$ m/s로 움직이는 반면, 아래 평판은 왼쪽으로 $u_2 = 1.5$ m/s로 움직인다면, 두 평판 사이의 단면에서의 유량은 얼마인가? 평판의 폭은 5 cm이다.

5-9 개인 컴퓨터가 체적유량이 0.30 m^3/min인 팬에 의해 냉각된다. 공기의 밀도가 0.7 kg/m^{3}인 고도 3400 m인 곳에서 팬을 통과하는 질량유량은 얼마인가? 또한 공기의 평균 속도가 95 m/min를 초과하지 않으려면, 팬 케이싱의 직경은 최소 얼마이어야 하는가? **답:** 0.00350 kg/s, 0.0634 m

5-10 주거용 건물의 신선한 공기는 매시간 0.35를 교환하여야 한다(ASHRAE, Standard 62, 1989). 즉, 건물 내 전체 공기의 35%를 매시간 외부의 신선한 공기로 대체하여야 한다. 환기하려는 건물의 크기가 높이 2.7 m, 면적 200 m^{2}라면, 설치하여야 할 환풍기의 유량 용량은 몇 L/min인가? 또한 공기의 평균 속도가 5 m/s를 초과하지 않으려면, 덕트의 직경은 얼마이어야 하는가?

5-11 건물 욕실의 환기팬(그림 P5–11)은 체적유량 50 L/s로 연속적으로 작동한다. 내부의 공기 밀도가 1.20 kg/m^{3}인 경우 하루 만에 배출되는 공기의 질량을 결정하라.

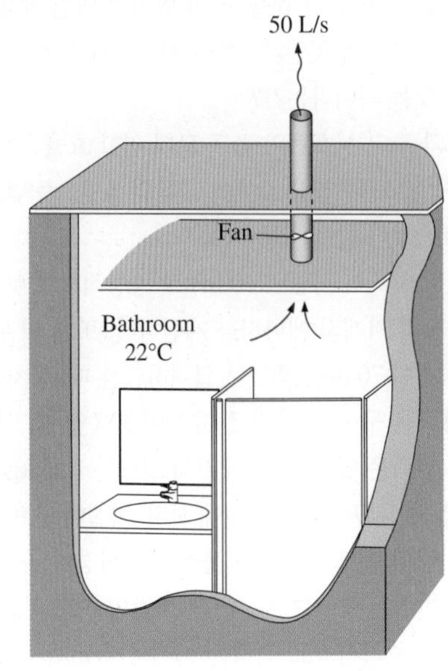

그림 P5–11

*"C"로 표시된 문제는 개념 문제로서, 학생들에게 모든 문제에 대하여 답하도록 권장한다. 아이콘 으로 표시된 문제는 본질적으로 종합적인 문제로서, 적절한 소프트웨어를 사용하여 풀도록 의도된 것이다.

5-12 공기가 노즐에 2.21 kg/m³ 및 20 m/s로 정상적으로 유입하고, 0.762 kg/m³ 및 150 m/s로 유출한다. 노즐의 입구면적이 60 cm²일 때, 다음을 계산하라. (a) 노즐을 통과하는 질량유량, (b) 노즐의 출구 면적. 답: (a) 0.265kg/s (b) 23.2cm²

5-13 40 ℃의 공기가 그림 P5-13의 파이프를 통해 정상 유동한다. 만약 $P_1 = 40$ kPa(계기압), $P_2 = 10$ kPa(계기압), $D = 3d$, $P_{atm} \cong 100$ kPa, 단면 2에서의 평균 속도 $V_2 = 25$ m/s이고, 온도는 거의 일정하게 유지된다면, 단면 1에서의 평균 속도는 얼마인가?

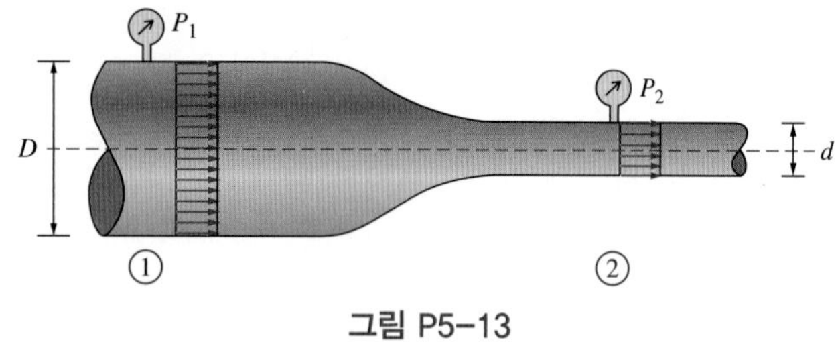

그림 P5-13

5-14 밤 기온이 낮은 기후에서 에너지 효율이 높은 집 냉방 방법은 집안 내부 공기를 빨아들이는 팬을 천장에 설치해 환기가 가능한 다락방으로 배출하는 것이다. 실내 공기량이 720 m³인 집을 생각해보자. 집 안의 공기를 20분마다 한 번씩 교환해야 하는 경우, (a) 팬의 필요한 유량 및 (b) 팬 직경이 0.5 m일 경우 평균 방출되는 공기를 결정하라.

기계적 에너지와 효율

5-15C 기계적 에너지란 무엇인가? 이것은 열에너지와 어떻게 다른가? 유체 유동의 기계적 에너지의 형태는 무엇인가?

5-16C 터빈 효율, 발전기 효율, 터빈-발전기 연합 효율을 정의하라.

5-17C 기계 효율은 무엇인가? 수력터빈의 기계 효율이 100%라는 것은 무엇을 의미하는가?

5-18C 펌프와 모터 시스템의 펌프-모터 연합 효율은 어떻게 정의하는가? 펌프-모터 연합 효율이 각각의 효율, 즉 펌프 효율 혹은 모터 효율보다 클 수 있는가?

5-19 어떤 위치에서 바람이 10 m/s로 정상적으로 분다. 공기의 단위 질량당의 기계적 에너지를 계산하라. 또한 이 위치에 블레이드의 직경이 70 m인 풍차를 설치하였을 때, 풍차가 생산할 수 있는 동력을 구하라. 한편 전 효율이 30%일 때, 실제로 생산할 수 있는 전력은 얼마인가? 공기의 밀도는 1.25 kg/m³이다.

5-20 문제 5-19을 다시 고려해 보자. 적절한 소프트웨어를 이용하여 바람의 속도와 풍차의 블레이드 직경이 바람이 생산하는 동력에 미치는 영향을 계산하라. 바람의 속도는 5에서 20 m/s까지 5 m/s씩 증가시키고, 직경은 20에서 80 m까지 20 m씩 증가시킨다. 그 결과를 표로 정리하고, 이들의 중요성을 설명하라.

5-21 900 kg/s로 물을 정상적으로 공급할 수 있는 큰 저수지의 자유표면보다 110 m 아래에 수력터빈-발전기를 설치하여 전력을 생산한다. 만약 터빈이 생산할 수 있는 기계적 동력이 800 kW이고, 생산한 전력이 750 kW라면, 이 발전소의 터빈 효율과 터빈-발전기 연합 효율은 얼마인가? 파이프의 손실은 무시하라.

5-22 호수면보다 55 m 위에 위치한 강물이 500 m³/s의 유량, 3 m/s의 평균 속도로 호수로 흐른다. 강물의 단위 질량당 총 기계적 에너지를 계산하고, 이 위치의 강물이 생산할 수 있는 동력을 구하라. 답: 272MW

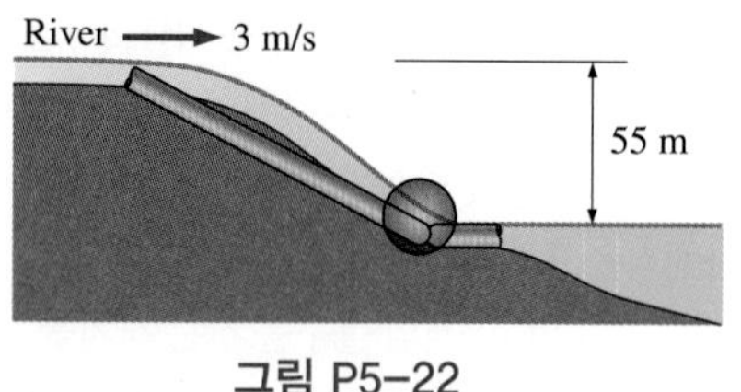

그림 P5-22

Bernoulli 방정식

5-23C Bernoulli 방정식을 다음의 세 가지 방법으로 표현하라. (a) 에너지, (b) 압력, (c) 수두.

5-24C Bernoulli 방정식을 유도할 때, 가장 중요한 가정 세 가지는 무엇인가?

5-25C 정압, 동압, 정수압을 정의하라. 유동의 어떠한 조건하에서 이들의 합이 일정한가?

5-26C 유선방향 가속도란 무엇인가? 이는 수직가속도와 어떻게 다른가? 유체 입자는 정상 유동에서 가속될 수 있는가?

5-27C 정체압이란 무엇인가? 이것을 측정하는 방법을 설명하라.

5-28C 유체 유동에서 압력 수두, 속도 수두, 위치 수두를 정의하라. 또한 압력이 P, 속도가 V, 위치가 z인 유체 유동에 대하여 이 수두들을 표현하라.

5-29C 개수로 유동에서 수력구배선의 위치는 어떻게 결정되는가? 대기 중으로 유출하는 파이프의 출구에서 수력구배선의 위치는 어떻게 결정되는가?

5-30C 어떤 경우에 사이펀은 높은 벽을 넘어가야 할 때가 있다. 물 혹은 비중이 0.8인 오일이 높은 벽을 넘어갈 수 있을까? 그 이유를 설명하라.

5-31C 수력구배선이란 무엇인가? 이것은 에너지구배선과 어떻게 다른가? 어떤 조건하에서 이들은 유체의 자유표면과 일치하는가?

5-32C 작동 유체로 오일을 사용하는 유리 마노미터가 그림 P5-32C에서와 같이 공기 덕트에 연결되어 있다. 마노미터의 오일은 그림 P5-32Ca와 같이 움직일까 혹은 그림 P5-32Cb와 같이 움직일까? 그 이유를 설명하라. 유동의 방향이 반대이면 어떠할까?

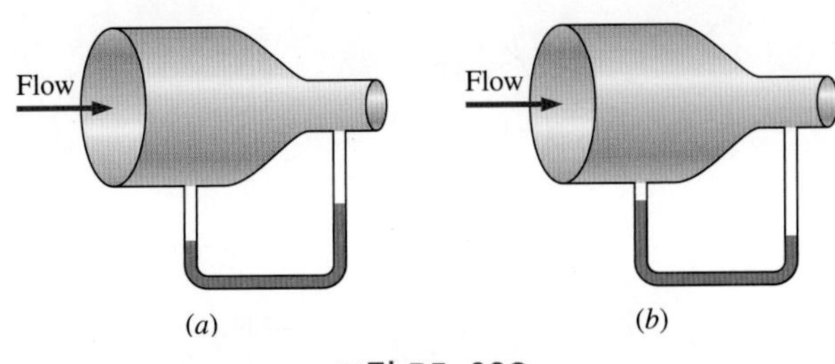

그림 P5-32C

5-33C 파이프를 통과하는 유체의 속도를 그림 P5-33C에서와 같이 두 종류의 서로 다른 피토형 수은 마노미터를 이용하여 측정하려고 한다. 유동하는 물에 대해 두 마노미터가 동일한 속도를 측정할 수 있을까? 그렇지 않다면 어느 것이 더 정확할까? 그 이유를 설명하라. 물 대신 공기가 유동하면 그 결과는 어떠할까?

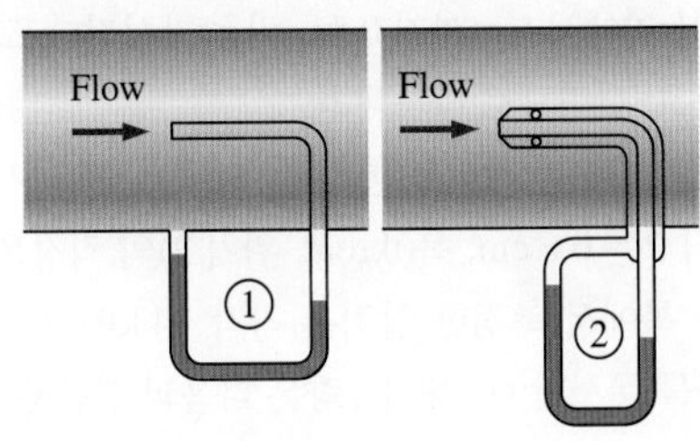

그림 P5-33C

5-34C 건물 옥상에 설치된 물탱크의 수위는 지면보다 20 m 높다. 탱크의 바닥에서부터 지면까지 호스로 연결되어 있다. 호스의 끝에는 노즐이 부착되어 있고, 노즐은 위쪽을 향한다. 물이 올라갈 수 있는 최대 높이는 얼마인가? 이 높이를 감소시키는 요인들은 무엇인가?

5-35C 사이펀은 어떻게 그리고 왜 작동하는가? 7 m 높이의 벽을 넘어 차가운 물을 사이펀 작용으로 넘길 수 있을까? 그 이유를 설명하라.

5-36C 어떤 학생이 해발 0 m에서 8.5 m 높이의 벽을 넘어 물을 사이펀 작용으로 넘긴다. 이 학생이 Shasta 산의 정상(해발 4390 m, P_{atm} = 58.5 kPa)에서 똑같은 실험을 하려고 한다. 이 학생은 실험에 성공할 수 있을까?

5-37 수력발전소에서 물은 터빈의 노즐에 절대 압력 800 kPa에서 낮은 속도로 유입된다. 만약 노즐의 출구가 100 kPa의 대기에 노출되어 있다면, 물이 터빈의 블레이드를 때리기 전에 노즐에 의하여 가속될 수 있는 최대 속도는 얼마인가?

5-38 3000 m 고도를 운항하는 비행기의 속도를 피토-정압관으로 측정한다. 차압이 3 kPa이면, 비행기의 속도는 얼마인가?

5-39 가열 시스템의 덕트 내 공기 속도를, 덕트 내에 공기의 유동과 평행하게 설치된 피토-정압관으로 측정하려고 한다. 관의 두 출구에 연결된 물기둥 간의 높이 차이가 3.2 cm일 때, 다음을 계산하라. (a) 공기의 유동 속도, (b) 관 앞부분(tip)의 압력 상승. 덕트 내 공기의 온도와 압력은 각각 45 °C와 98 kPa이다.

5-40 피에조미터와 피토관이 4 cm 직경의 수평 물 파이프에 부착되어 있다. 측정한 물기둥의 높이는, 피에조미터와 피토관이 각각 26 cm, 35 cm(파이프의 윗부분으로부터)이다. 파이프 중심에서의 속도를 계산하라.

5-41 원통형 물탱크의 직경이 D_o, 높이는 H이다. 대기에 노출된 탱크에는 물이 차 있다. 입구가 매끄럽고(즉, 손실이 없는), 직경이 D인 오리피스가 탱크의 아래쪽에 부착되어 있다. 탱크가 (a) 반만 빌 때까지, (b) 완전히 빌 때까지 걸리는 시간을 나타내는 식을 구하라.

5-42 사이펀을 이용하여 큰 저수지의 물을 아래쪽의 비어 있는 물탱크로 뿜어낸다. 탱크에는 저수지의 수면보다 6 m 낮은 곳에 물이 유출하는 둥근 오리피스가 부착되어 있다. 사이펀과 오리피스의 직경은 모두 5 cm이다. 마찰 효과를 무시하였을 때, 평형상태에 도달하면 탱크의 수위는 얼마의 높이까지 상승할까?

5-43 비행기가 고도 10,500 m로 운항하고 있다. 비행기의 속도가 450 km/h라면, 비행기 앞부분(nose) 정체점의 계기 압력은 얼마인가? 비행기의 속도가 1050 km/h라면, 이 문제를 어떻게 계산할 수 있을까? 간단히 설명하라.

5-44 비포장 도로를 자동차로 달릴 때는 날카로운 돌 때문에 연료 탱크의 바닥에 작은 구멍이 생길 수 있다. 탱크에 휘발유가 30 cm 높이까지 차 있을 때, 구멍에서 유출되는 휘발유의 초기 속도를 구하라. 시간이 경과함에 따라 속도는 어떻게 변할까? 탱크의 뚜껑이 단단히 닫혀 있다면, 유동에 어떠한 영향을 미치는가? **답:** 2.43 m/s

5-45 지면보다 3 m 위에 설치된 직경이 8 m인 수영장의 물을 수영장의 밑부분에 부착된 직경 3 cm, 길이 25 m의 수평 파이프를 통하여 빼내려고 한다. 파이프를 통하여 유출되는 물의 최대유량은 얼마인가? 또한 실제 유출량은 이보다 작은 이유를 설명하라.

5-46 문제 5-45를 다시 고려해 보자. 수영장의 물을 완전히 비울 때까지 걸리는 시간을 계산하라. **답:** 15.4 h

5-47 문제 5-46을 다시 고려해 보자. 적절한 소프트웨어를 이용하여, 물을 유출시키는 파이프의 직경이 수영장의 물을 완전히 비울 때까지 걸리는 시간에 미치는 영향을 계산하라. 직경은 1에서 10 cm까지 1 cm씩 증가시킨다. 그 결과를 표로 정리하고, 그림으로 나타내라.

5-48 105 kPa, 37 °C의 공기가 65 L/s의 유량으로, 직경이 6 cm인 경사진 덕트를 위 방향으로 유동한다. 덕트의 직경은 축소관을 지나며 4 cm로 감소한다. 축소관 전후의 압력 차이를 물 마노미터로 측정하려고 한다. 마노미터의 두 팔(arm)이 부착된 덕트의 두 곳의 높이 차이는 0.20 m이다. 마노미터 두 팔의 물의 높이 차이는 얼마인가?

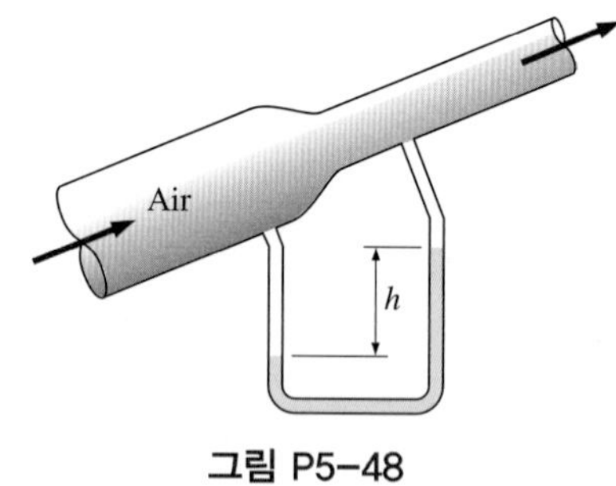

그림 P5-48

5-49 그림 P5-49에 보이는 바와 같이, 사이펀 현상 때문에 저수조로부터 20 ℃의 물이 유출한다. $d=8$ cm, $D=16$ cm인 경우에 다음을 계산하라. (a) 파이프 시스템에 공동현상을 일으키지 않을 최소유량, (b) 파이프 시스템에서 공동현상을 피하기 위한 가장 높은 지점의 최대 높이. (c) 또한 공동현상을 피하기 위해 배관 시스템의 가장 높은 지점의 최대 높이를 증가시키는 방법에 대해 설명하라.

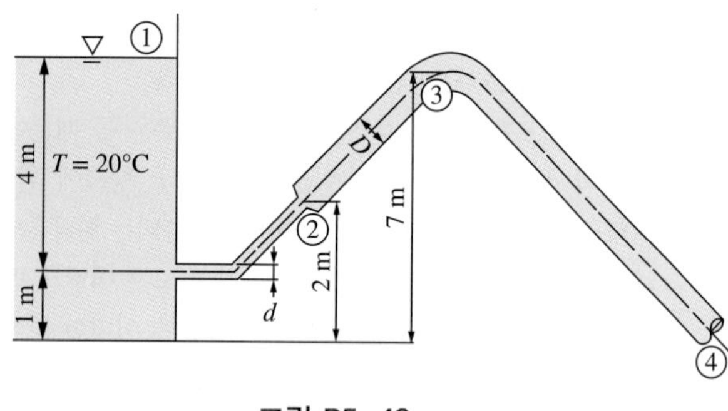

그림 P5-49

5-50 도시의 한 위치에서 급수 주관의 수압이 270 kPa(계기압력)이다. 이 급수 주관은 25 m 위에 위치한 가정집에 물을 공급할 수 있을까?

5-51 압력이 차 있는 물탱크의 밑부분에 대기로 물을 유출하기 위한 10 cm 직경의 오리피스가 부착되어 있다. 수위는 출구 위 2.5 m이다. 수면 위 공기의 압력은 250 kPa(절대 압력)이고, 대기압은 100 kPa이다. 마찰 효과를 무시하였을 때, 탱크에서 유출하는 초기유량은 얼마인가? **답:** 0.147 m³/s

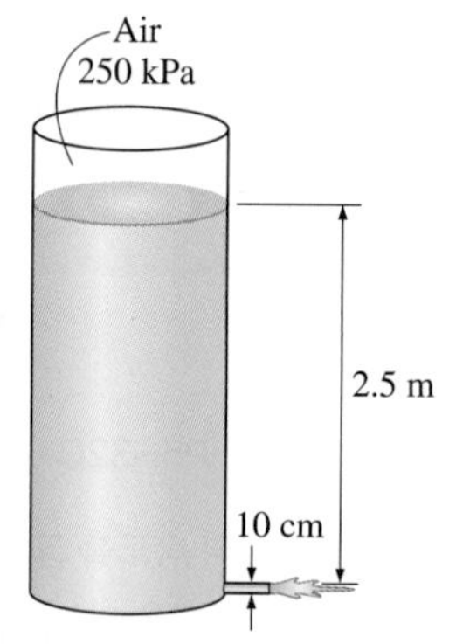

그림 P5-51

5-52 문제 5-51을 다시 고려해 보자. 적절한 소프트웨어를 이용하여 탱크 내의 수위가 유출 속도에 미치는 영향을 계산하라. 수위는 0에서 5 m까지 0.5 m씩 증가시킨다. 그 결과를 표로 정리하고, 그림으로 나타내라.

5-53 공기가 벤투리 미터를 통과하여 유동한다. 벤투리 입구(위치 1)의 직경은 6.6 cm, 목(throat, 위치 2)의 직경은 4.6 cm이다. 입구와 목에서 측정한 압력은 각각 84 kPa과 81 kPa이다. 마찰 효과를 무시할 때, 체적유량은 다음과 같음을 증명하라.

$$\dot{V} = A_2\sqrt{\frac{2(P_1 - P_2)}{\rho(1 - A_2^2/A_1^2)}}$$

또한 공기의 유량은 얼마인가? 공기의 밀도는 1.2 kg/m³이다.

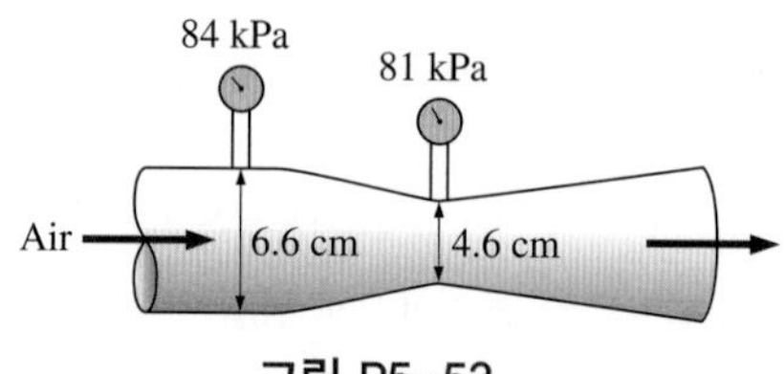

그림 P5-53

5-54 탱크 내의 수위가 지면보다 20 m 높다. 탱크 밑바닥에 호스가 연결되어 있고, 호스에 부착된 노즐은 위 방향을 향한다. 탱크의 뚜껑은 밀봉되어 있고, 수면 위 공기의 계기 압력은 2 atm이다. 이 시스템은 해발 0 m에 위치한다. 노즐에서 분사되는 물의 최대 상승 높이는 얼마인가? **답:** 40.7 m

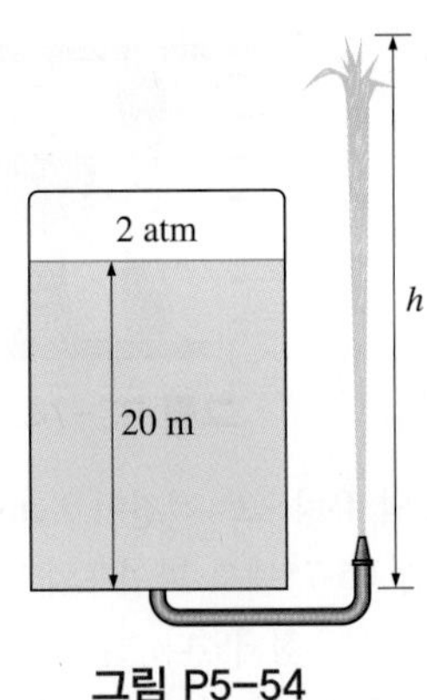

그림 P5–54

5-55 덕트 내의 공기 속도를 측정하기 위한 피토-정압관이 차압 압력계에 연결되어 있다. 공기의 절대 압력이 92 kPa, 온도가 20 °C, 차압 압력계에서 읽은 압력 차이가 1.0 kPa이라면, 공기의 속도는 얼마인가? **답:** 42.8 m/s

5-56 추운 날씨에는 주의하지 않으면 물 파이프는 동파한다. 이러한 경우, 지면에 노출된 부분의 파이프가 터져 물은 55 m 높이까지 치솟는다. 파이프 내 물의 계기 압력은 얼마인가? 실제의 압력이 이보다 높은지 혹은 낮은지 알아보기 위한 가정을 나열하고 설명하라.

5-57 직경이 D_T인 탱크에 질량유량 $\dot{m}_{in}$으로 물이 유입한다. 탱크 밑면에 위치한 직경이 D_o인 오리피스를 통하여 물이 유출한다. 오리피스의 입구는 둥글고, 따라서 마찰 손실은 무시할 수 있다. 처음에 탱크가 비어 있다면, (a) 탱크에서 물이 상승할 수 있는 최대 수위를 계산하고, (b) 수위 z를 시간의 함수로 표현하라.

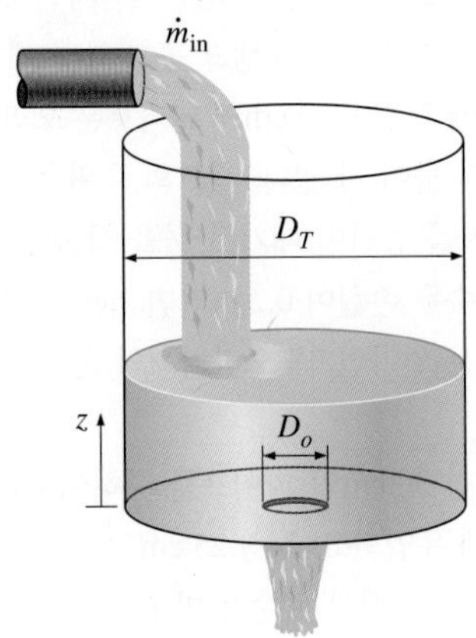

그림 P5–57

5-58 밀도가 ρ, 점성계수가 μ인 유체가 수축-확대 덕트를 유동한다. 덕트의 입구, 목(최소 면적), 출구의 단면적들 A_{inlet}, A_{throat}, A_{outlet}은 알고 있다. 평균 압력 P_{outlet}과 평균 속도 V_{inlet}은 각각 출구 및 입구에서 측정되었다. (a) 마찰 등의 모든 비가역성을 무시하였을 때, 입구와 목에서의 평균 속도와 평균 압력에 대한 식을 주어진 변수들을 이용하여 구하라. (b) (비가역성을 고려한) 실제 유동에서 입구 압력은 예측값보다 높을까 혹은 낮을까? 그 이유를 설명하라.

5-59 단면(1)에서 해당 지점의 공동현상을 방지하기 위한 최소 직경은 얼마인가? $D_2 = 15$ cm이다.

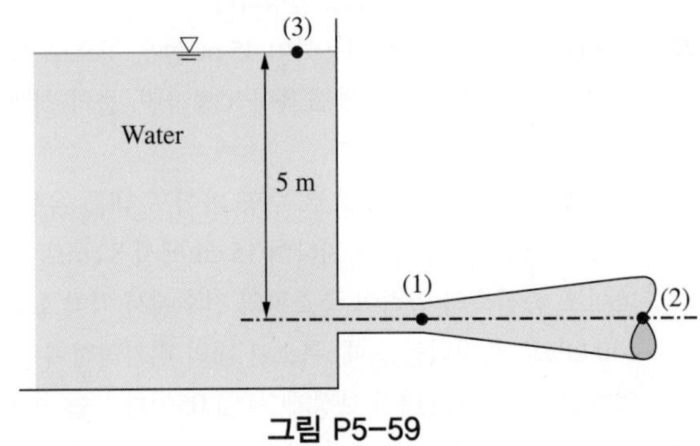

그림 P5–59

에너지 방정식

5-60C 비가역적 수두 손실이란 무엇인가? 이것은 기계적 에너지 손실과 어떠한 관련이 있는가?

5-61C 유용한 펌프수두란 무엇인가? 이것은 펌프로 입력된 동력과 어떠한 관련이 있는가?

5-62C 비압축성 유체의 정상, 단열 유동을 고려해 보자. 유동 중 유체의 온도가 감소할 수 있는가? 그 이유를 설명하라.

5-63C 비압축성 유체의 정상, 단열 유동을 고려해 보자. 유동 중 유체의 온도가 일정하게 유지된다면 마찰 효과를 무시할 수 있다는 것은 정확한 표현인가?

5-64C 운동 에너지 보정계수란 무엇인가? 이것은 중요한가?

5-65C 탱크 내의 수위가 지면보다 20 m 높다. 탱크 밑바닥에 호스가 연결되어 있고, 호스에 부착된 노즐은 위 방향을 향한다. 노즐에서 분사된 물은 지면에서 25 m 높이까지 상승한다. 노즐에서 분사된 물이 탱크 내의 수위보다 더 높이 상승하는 이유를 설명하라.

5-66C 물이 가득 찬 3 m 높이의 탱크의 아랫부분과 윗부분에 방출 밸브가 달려 있다. (a) 두 밸브가 열렸을 때, 방출 속도에 어떤 차이가 있을까? (b) 끝부분이 지면에서 방출하는 호스를 각각의 밸브에 부착하였을 때, 유량에는 어떤 차이가 있을까? 마찰 효과는 무시하라.

5-67C 어떤 사람이 무릎 높이의 물통에 정원 호스로 물을 채우고 있다. 그는 자기의 허리 부분에서 물이 방출되도록 호스를 잡고 있다. 어떤 사람이 호스를 낮추어 물이 무릎 높이에서 방출되도록 하면 물을 더 빨리 채울 수 있다고 제안한다. 이 제안에 동의하는가? 그 이유를 설명하라. 마찰 효과는 무시하라.

5-68 10 kW(축동력) 펌프를 이용하여 큰 호수에서 25 m 위에 위치한 저수지에 25 L/s의 유량으로 물을 양수하려고 한다. 파이프

시스템의 비가역적 수두 손실이 5 m라면, 펌프의 기계 효율은 얼마인가? 답: 73.6%

5-69 문제 5-68을 다시 고려해 보자. 적절한 소프트웨어를 이용하여 비가역적 수두 손실이 펌프의 기계 효율에 미치는 영향을 계산하라. 수두 손실은 0에서 15 m까지 1 m씩 증가시킨다. 그 결과를 그림으로 나타내고, 설명하라.

5-70 15 hp(축동력) 펌프를 이용하여 45 m 높은 곳으로 물을 양수하려고 한다. 펌프의 기계 효율이 82%라면, 물의 최대 체적유량은 얼마인가?

5-71 물이 0.040 m^3/s의 유량으로 수평 파이프 내를 유동한다. 파이프의 직경은 축소관을 지나며 15 cm에서 8 cm로 작아진다. 파이프 중심축의 압력이 축소관의 전후에서 각각 480 kPa 및 440 kPa로 측정되었을 때, 축소관 내의 비가역적 수두 손실은 얼마인가? 운동 에너지 보정계수는 1.05이다. 답: 0.963 m

5-72 탱크 내의 수위가 지면보다 20 m 높다. 탱크 밑바닥에 호스가 연결되어 있고, 호스에 부착된 노즐은 위 방향을 향한다. 탱크는 해발 0 m에 위치하고, 수면은 대기에 노출되어 있다. 탱크와 노즐 사이에는 물의 압력을 증가시키기 위한 펌프가 설치되어 있다. 물 제트가 지면보다 27 m 높은 곳까지 상승한다면, 펌프가 물에 공급한 최소 압력 상승은 얼마인가?

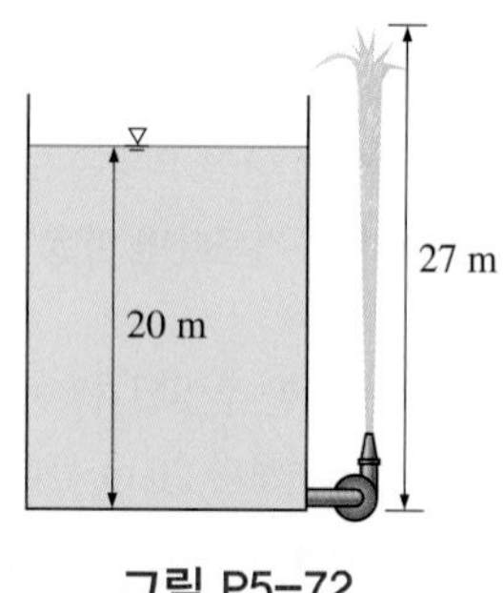

그림 P5-72

5-73 수력터빈의 유효수두가 50 m, 유량은 1.30 m^3/s, 터빈-발전기의 연합 효율은 78%이다. 터빈에서 생산할 수 있는 전력은 얼마인가?

5-74 크기가 2 m × 3 m × 3 m인 욕실의 환기를 위한 환풍기를 선택하려고 한다. 진동과 소음을 최소로 하기 위하여, 공기의 속도는 7 m/s를 초과하지 않아야 한다. 환풍기-모터 장치의 연합 효율은 50%이다. 환풍기로 15 min 동안에 욕실 내의 공기를 모두 환기하려고 할 때, 다음을 계산하라. (a) 구매하여야 할 환풍기-모터 장치의 동력(wattage), (b) 환풍기 케이싱의 직경, (c) 환풍기 전후의 압력 차이. 공기의 밀도는 1.25 kg/m^3이고, 운동 에너지 보정계수의 효과는 무시하라.

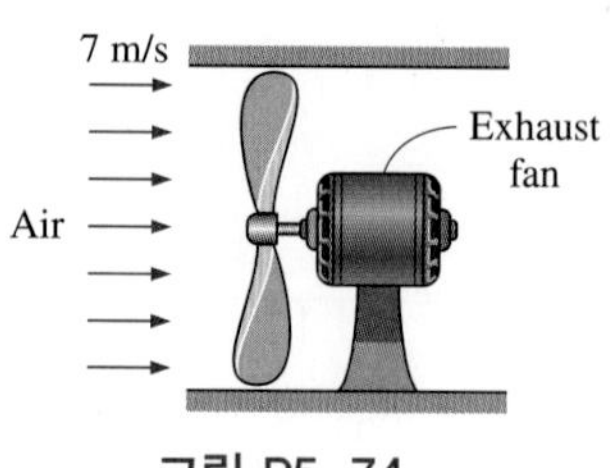

그림 P5-74

5-75 물이 20 L/s의 유량으로 직경이 3 cm인 수평 파이프 내를 유동한다. 그림 P5-75에서 파이프의 밸브를 통과할 때의 압력 강하는 2 kPa로 측정되었다. 밸브의 비가역적 수두 손실과 이 압력 강하를 극복하기 위한 유용 펌프 동력을 계산하라. 답: 0.204 m, 40 W

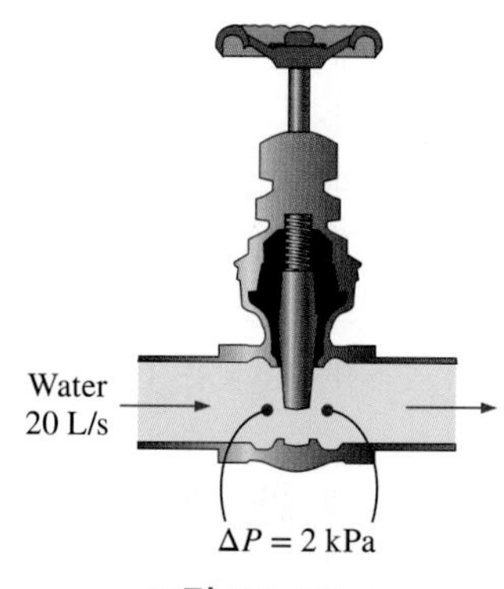

그림 P5-75

5-76 탱크 내의 수위가 지면보다 20 m 높다. 탱크 밑바닥에 호스가 연결되어 있고, 호스에 부착된 노즐은 위 방향을 향한다. 탱크의 뚜껑은 밀봉되어 있으나, 수면 위의 공기 압력은 알려져 있지 않다. 노즐에서 분사되는 물을 지면에서 27 m 높이까지 상승시키기 위한 최소의 탱크 공기 압력(계기 압력)을 계산하라.

5-77 큰 탱크에 직경이 10 cm인 날카로운 오리피스의 중심에서 4 m 위에까지 물이 차 있다. 탱크의 수면은 대기에 노출되어 있고, 오리피스를 통하여 대기로 물을 방출한다. 이 시스템의 총 비가역적 수두 손실이 0.2 m라면, 탱크로부터 방출되는 물의 초기 속도는 얼마인가? 오리피스의 운동 에너지 보정계수는 1.2이다.

5-78 물이 직경 30 cm인 파이프를 통하여 0.6 m^3/s의 유량으로 수력터빈에 유입되고, 직경 25 cm의 파이프를 통해 유출한다. 터빈 내의 압력 강하는 수은 마노미터에서 1.2 m로 측정되었다. 터빈-발전기의 연합 효율이 83%일 때, 순수 전력 출력을 계산하라. 운동 에너지 보정계수의 효과는 무시하라.

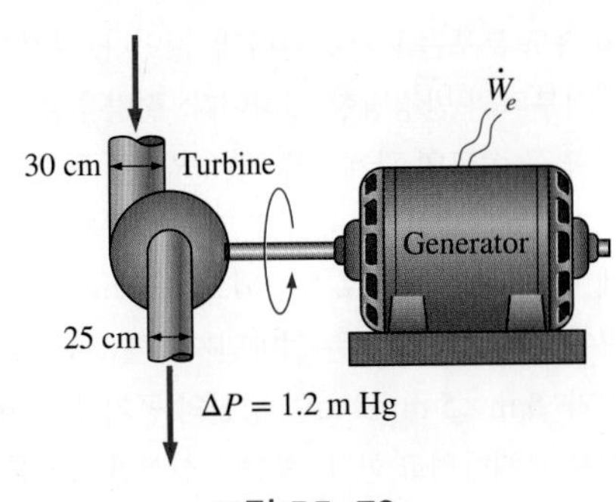

그림 P5–78

5-79 효율이 73%인 8.9 kW 펌프를 이용하여 호수의 물을 0.035 m^3/s의 유량으로 직경이 일정한 파이프를 통하여 수영장에 양수하려고 한다. 수영장의 자유표면은 호수의 자유표면보다 11 m 더 높다. 파이프 시스템의 비가역적 수두 손실과 이를 극복하기 위하여 사용된 동력을 계산하라.

5-80 물에 23 kW의 유용한 기계적 동력을 공급하는 펌프로 하부 저수지의 물을 상부 저수지로 양수하려고 한다. 상부 저수지의 자유표면은 하부 저수지의 수면보다 57 m 더 높다. 수량이 0.03 m^3/s일 때, 이 시스템의 비가역 손실 수두와 이 과정에서 손실된 기계적 동력을 계산하라.

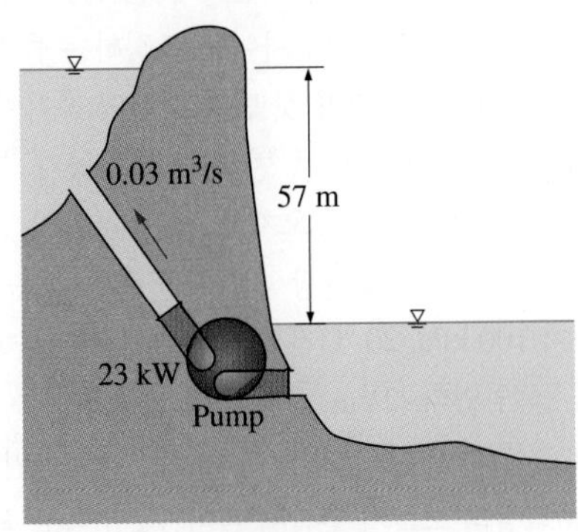

그림 P5–80

5-81 물탱크에 담긴 물의 수위보다 8 m 높은 지붕으로 2.5 cm 직경의 파이프를 통하여 물을 공급하려고 한다. 물탱크 내의 공기는 300 kPa(계기압력)로 일정하게 유지된다. 만약 파이프 내의 수두 손실이 2 m라면, 지붕으로 공급하는 물의 방출률은 얼마인가?

5-82 효율이 78%이고 물속에 잠겨 있는 5 kW 펌프를 고려해 보자. 이 펌프는 지하수의 수위보다 30 m 높은 곳에 위치한 수영장에 지하수를 양수한다. 흡입관 및 송출관의 직경이 각각 7 cm 및 5 cm일 때, (a) 물의 최대유량, (b) 펌프 입구와 출구의 압력 차이를 계산하라. 펌프 입구와 출구의 높이 차이 및 운동 에너지 보정계수의 효과는 무시하라.

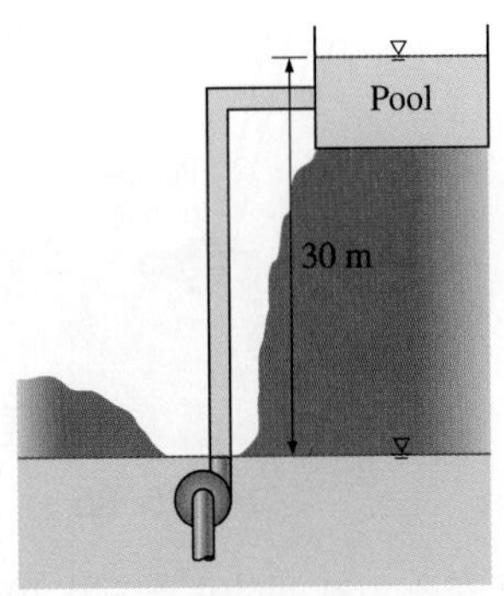

그림 P5–82

5-83 문제 5-82를 다시 고려해 보자. 파이프 시스템의 비가역적 수두 손실이 4 m라면, 물의 유량 및 펌프 입구와 출구의 압력 차이는 얼마인가?

5-84 원형 파이프 내의 난류 유동에 대한 속도 분포는 $u(r) = u_{max}(1 - r/R)^{1/n}$, $n = 9$인 근사식으로 나타낸다. 이 유동의 운동 에너지 보정계수를 계산하라. 답: 1.04

5-85 일반적으로 밤보다 낮에 전력 수요가 많다. 따라서 발전회사는 밤에는 남는 발전 용량을 소비자가 이용할 수 있도록 훨씬 저렴한 가격으로 전기를 판매한다. 또한 최대 부하 시 짧은 시간 동안만 사용하기 위해 비싼 발전소를 새로 건설할 필요성을 피할 수 있게 한다. 그리고 낮에는 발전회사는 사설 업체에서 높은 가격에 기꺼이 전기를 구매한다.

밤에는 \$0.06/kWh에 전기를 판매하고, 낮에는 \$0.13/kWh에 전기를 구매하는 발전회사를 고려해 보자. 이 기회를 이용하기 위하여 한 자본가가 호수보다 50 m 높은 곳에 큰 저수지를 건설함으로써, 밤에는 저렴한 전력을 이용하여 호수에서 저수지로 양수하고, 낮에는 저수지의 물을 이용하여 발전하는 것을 고려한다. 양수 시에는 펌프-모터로 작동되는 기계를 이용하여 이 기계의 물의 유동방향만 반대로 한 터빈-발전기로 전환하여 발전한다. 간단히 계산한 결과, 양방향으로 2 m^3/s의 물을 이용할 수 있고, 파이프 시스템의 비가역적 수두 손실은 4 m이다. 펌프-모터 및 터빈-발전기의 연합 효율은 각각 75%이다. 이 시스템을 하루에 펌프로 10 h, 터빈으로 10 h씩 작동시킨다면, 이 펌프-터빈 시스템의 1년 간 수지는 얼마인가?

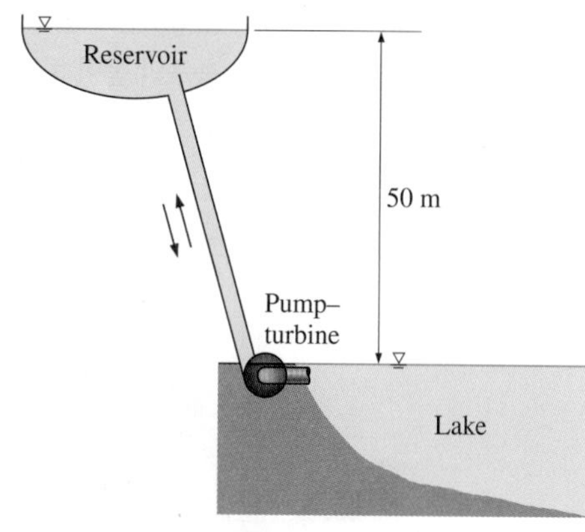

그림 P5–85

5-86 소방선이 불을 끄기 위하여, 밀도가 1030 kg/m³인 바닷물을 10 cm 직경의 파이프를 통하여 0.04 m³/s의 유량으로 끌어올려, 출구 직경이 5 cm인 노즐을 통하여 분출한다. 이 시스템의 총 비가역적 수두 손실은 3 m이고, 노즐은 해수면보다 3 m 높은 곳에 위치해 있다. 펌프 효율이 70%일 때, 펌프에 요구되는 축동력의 입력과 바닷물의 방출 속도를 계산하라.
답: 39.2 kW, 20.4 m/s

그림 P5–86

복습 문제

5-87 그림 P5-87과 같이 반경 R을 가진 완전 채운 반구형 탱크를 고려해보자. $\dot{V}=Kh^2$의 유량으로 탱크에서 물을 퍼낸다면 R, K, h_o의 항으로 h_o의 지정된 h 값으로 수위를 떨어뜨리는 데 필요한 시간을 결정하라. 여기서 K는 양수이고 h는 시간 t의 수심이다.

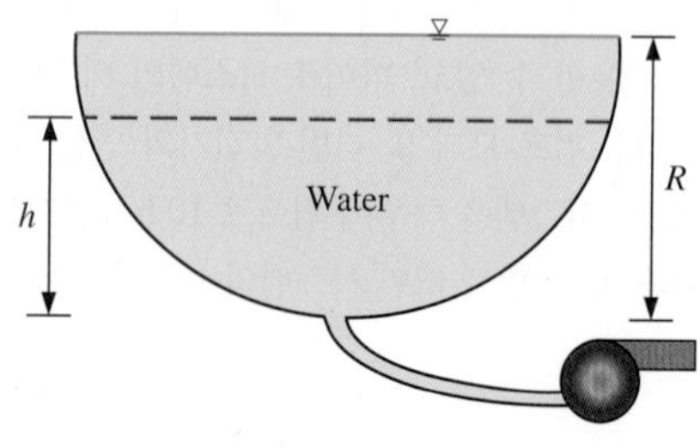

그림 P5–87

5-88 반경이 R인 원형 파이프 내부를 흐르는 유체의 속도는 파이프 내벽에서는 영이고, 중심에서 최대가 될 때까지 변한다. 파이프의 속도 분포는 $V(r)$로 나타낼 수 있다. 여기서 r은 파이프 중심에서부터의 반경방향 거리이다. 질량유량 $\dot{m}$의 정의를 이용하여 평균 속도의 관계식을 $V(r)$, R, r로 표시하라.

5-89 밀도가 2.50 kg/m³인 공기가 입구-출구의 면적비가 2:1인 노즐에 120 m/s의 속도로 유입되고, 330 m/s의 속도로 유출한다. 출구에서의 공기 밀도는 얼마인가? **답:** 1.82 kg/m³

5-90 크기가 5 m×5 m×3 m인 병실의 공기를 15 min마다 신선한 공기로 교체하려고 한다. 병실에 신선한 공기를 공급하는 덕트 내의 평균 공기 속도가 5 m/s를 초과하지 않아야 한다면, 덕트의 최소 직경은 얼마인가?

5-91 직경 2 m의 가압 물탱크의 바닥에 대기로 물을 방출하는 직경 10 cm의 오리피스가 있다. 처음의 수위는 출구 위로 3 m이다. 탱크 수면 위의 공기의 절대 압력은 450 kPa이고, 대기압은 100 kPa이다. 마찰 효과를 무시하고, 다음을 계산하라. (a) 탱크 내의 물이 반만 남을 때까지 걸리는 시간, (b) 10초 후의 수위.

5-92 밑면이 3 m×4 m인 큰 물통에 펌프로 지하수를 양수하는 반면, 직경 5 cm의 오리피스를 통하여 물을 일정한 평균 속도 5 m/s로 방출한다. 큰 물통의 수위가 1.5 cm/min로 상승한다면, 큰 물통에 공급되는 유량은 몇 m³/s인가?

5-93 98kPa, 20 °C의 공기가 단면적이 변하는 수평 파이프 내부를 흐른다. 두 단면의 압력 차이를 측정하는 물 마노미터의 높이 차이는 5 cm이다. 만약 첫 번째 단면의 공기 속도가 낮고 마찰을 무시할 수 있다면, 두 번째 단면의 공기 속도는 얼마인가? 또한 마노미터 눈금의 오차가 ±2 mm라면, 오차분석을 수행하여 계산한 속도의 타당성 범위를 추산하라.

5-94 대기가 100 kPa, 20 °C인 지역의 매우 큰 탱크에 102 kPa의 공기가 들어 있다. 2 cm 직경의 마개를 열었을 때, 구멍을 통하여 유출할 수 있는 공기의 최대 유량은 얼마인가? 만약 공기가 2 cm 직경의 노즐이 부착된 길이가 2 m이고 직경이 4 cm인 관을 통해 유출된다면, 공기의 유량은 얼마인가? 또한 저장 탱크 내의 압력이 300 kPa일 경우에도 같은 방법으로 문제를 풀 수 있는가?

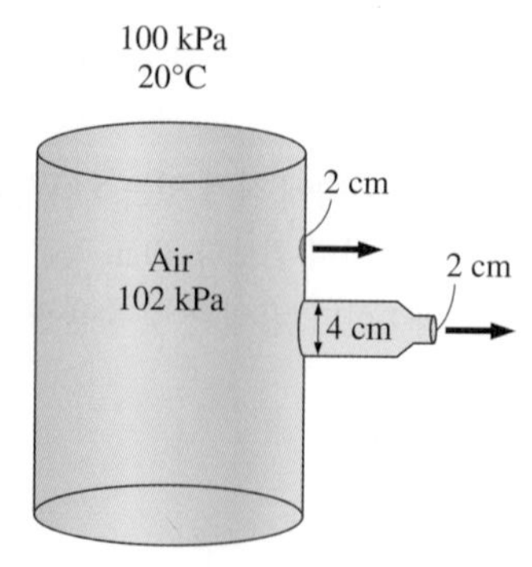

그림 P5–94

5-95 물이 벤투리 미터를 통과하여 유동한다. 벤투리 입구의 직경은 7 cm, 목의 직경은 4 cm이며, 입구와 목에서 측정한 압력은 각각 380 kPa과 200 kPa이다. 마찰 효과를 무시할 때, 물의 유량은 얼마인가? **답:** 0.0252 m^3/s

5-96 단면 확대부에 의하여, 직경이 6에서 11 cm로 증가하는 수평 파이프에 0.011 m^3/s의 유량으로 물이 유동한다. 단면 확대부의 수두 손실이 0.65 m이고, 입구 및 출구의 운동 에너지 보정계수가 1.05일 때 압력의 변화를 계산하라.

5-97 공기가 120 L/s의 유량으로 파이프를 유동한다. 파이프는 직경이 각각 22 cm와 10 cm인 두 구간과, 면적이 좁아지는 구간으로 구성되어 있다. 파이프 두 구간의 압력 차이는 물 마노미터로 측정한다. 마찰 효과를 무시하고, 파이프 두 구간 사이의 물의 높이 차이를 계산하라. 공기의 밀도는 1.20 kg/m^3이다.

답: 1.37 cm

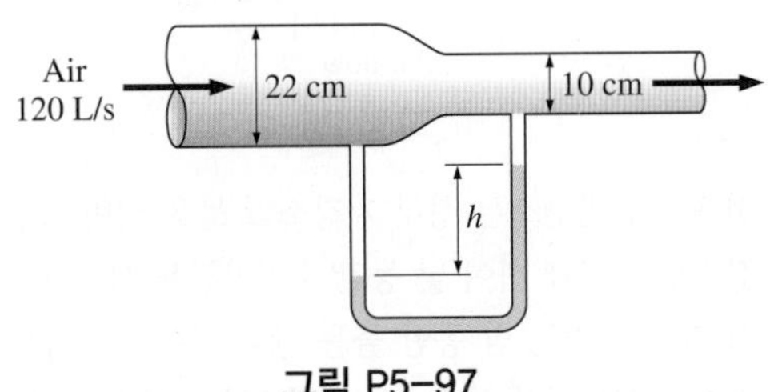

그림 P5-97

5-98 3 m 높이의 큰 탱크에 물이 가득 차 있다. 탱크의 수면은 대기에 노출되어 있고, 탱크 밑에 부착된 직경이 10 cm인 날카로운 오리피스와 80 m 길이의 파이프를 통하여 대기로 물을 배수한다. 이 시스템의 총 비가역적 수두 손실이 1.5 m라면, 탱크로부터 배수되는 물의 초기 속도는 얼마인가? 운동 에너지 보정계수의 효과는 무시하라. **답:** 5.42 m/s

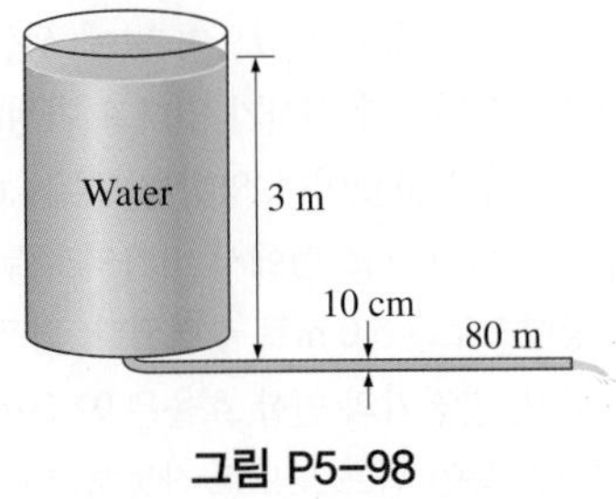

그림 P5-98

5-99 문제 5-98를 다시 고려해 보자. 적절한 소프트웨어를 이용하여 탱크의 높이가 물이 가득 찬 탱크로부터의 초기 배수 속도에 미치는 영향을 계산하라. 수두 손실은 2에서 15 m까지 1 m씩 증가시킨다. 비가역적 수두 손실은 일정하다고 가정하라. 그 결과를 표로 정리하고, 그림으로 나타내라.

5-100 문제 5-98를 다시 고려해 보자. 탱크의 물을 빨리 배수하기 위하여 탱크의 출구에 펌프를 설치하였다. 탱크에 물이 가득 차 있을 때 평균 물의 속도가 6.5 m/s가 되려면, 펌프에 필요한 수두의 입력은 얼마이어야 하는가?

5-101 직경이 $D_o=12$ m인 탱크에 탱크 밑바닥 부근의 밸브 중심에서 2 m 위에까지 물이 차 있다. 밸브의 직경 $D=10$ cm이다. 탱크의 수면은 대기에 노출되어 있고, 밸브에 연결된 $L=95$ m 길이의 파이프를 통하여 대기로 물을 방출한다. 파이프의 마찰계수 $f=0.015$이고, 방출 속도 $V=\sqrt{(2gz)/(1.5+fL/D)}$이다. 여기서 z는 밸브 중심에서부터의 물 높이이다. (a) 탱크에서 방출되는 물의 초기 속도, (b) 탱크가 완전히 빌 때까지의 시간을 계산하라. 탱크 내의 수위가 밸브의 중심에 이르면 탱크는 완전히 빈 것으로 간주한다.

5-102 오일 펌프가 0.1 m^3/s의 유량으로 $\rho=860$ kg/m^3인 오일을 수송할 때 18 kW의 전력을 소비한다. 파이프 입구와 출구 직경은 각각 8 cm와 12 cm이다. 펌프에서의 압력 상승이 250 kPa이고 모터의 효율이 95%라면, 펌프의 기계 효율은 얼마인가? 운동 에너지 보정계수는 1.05이다.

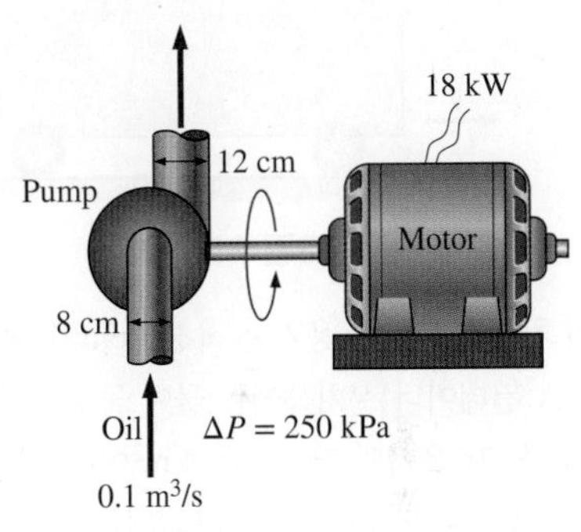

그림 P5-102

5-103 풍동의 출구에 설치된 큰 팬이 20 °C, 101.3 kPa의 대기를 흡입한다. 풍동 내의 공기 속도가 80 m/s라면, 압력은 얼마인가?

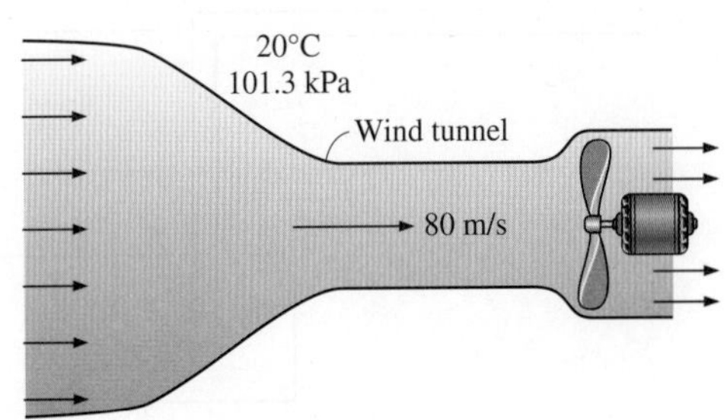

그림 P5-103

5-104 압축 공기를 포함하는 구형 탱크를 고려해보자. 탱크에 구멍이 열리면 압축공기는 $\dot{m}=k\rho$의 질량유량에서 빠져나간다는 것은 기본적인 압축성 유동 이론에서 알 수 있는데, 여기서 k는 상수이고 ρ은 순간의 밀도다. 초기 밀도 ρ_0과 압력 P_0을 가정하여 $P(t)$에 대한 식을 도출하라.

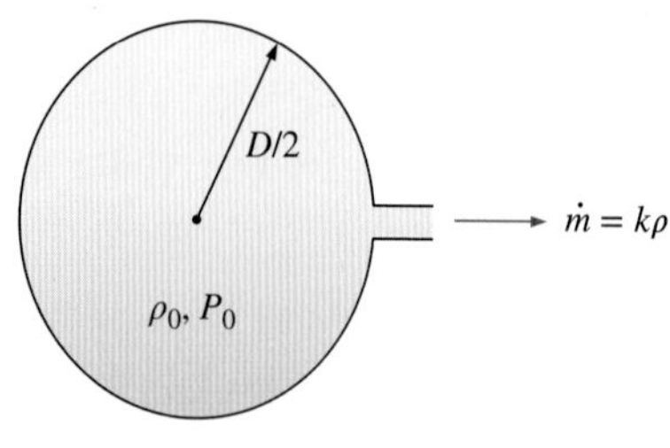

그림 P5-104

5-105 구멍 1, 2, 3을 갖춘 탱크가 25 km/h로 왼쪽으로 이동하고 있다. $D_1 = D_2 = 20$ cm, $D_3 = 10$ cm일 때, 각 구멍의 체적 유량을 구하라. 마찰이 없는 비압축성 유동을 가정한다. 탱크에서 멀리 떨어진 공기 속도는 0으로 가정한다.

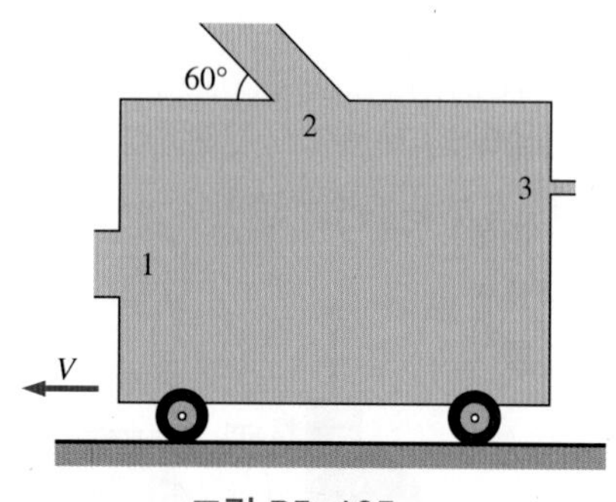

그림 P5-105

5-106 2개의 치수가 동일한 용기는 직경 3 cm의 파이프로 서로 연결된다. A 컨테이너는 처음에는 물이 들어있지만 *B* 컨테이너는 비어있다. 각 용기의 단면적은 4 m²이다. 점성 효과를 무시할 때 용기 *A*를 완전히 비우는 데 필요한 시간을 구하라.

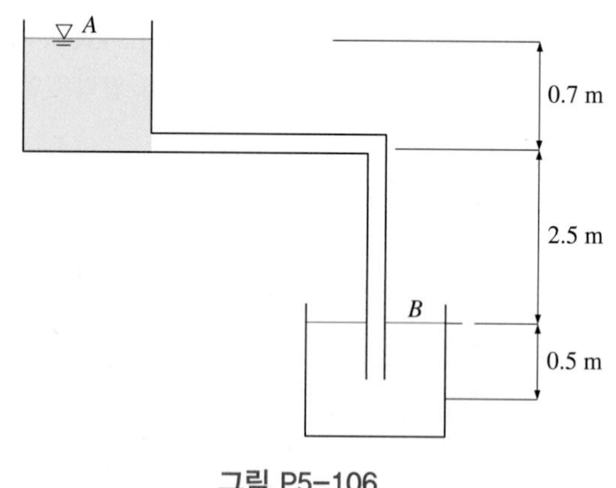

그림 P5-106

5-107 그림과 같이 원형 박판이 튜브의 상단에 위치한다. (a) 판과 튜브 사이의 출구 속도를 구하라. (b) 판과 튜브 끝 사이의 간격 $d/2 < r < D/2$에서 속도 및 압력 분포를 구한다. $\rho_{air} = 1.2$ kg/m³와 $P_{atm} = 101{,}325$ Pa을 사용해라.

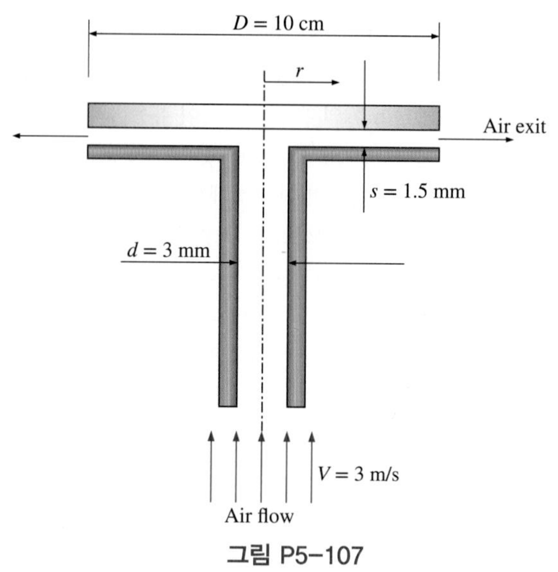

그림 P5-107

5-108 펌프저장 발전소는 상부 저장소의 물을 터빈을 통해 하부 저장소로 흐르게 하여 낮 동안 수력발전을 시행한다. 그러고 나서 그 발전소는 밤 동안 물을 상부 저수지로 다시 보낸다. 일반적인 펌프저장 설비에서는 펌프와 터빈 양쪽에 동일한 터빈을 사용하며 **펌프-터빈**이라고 한다. 이 발전소는 야간보다 낮 동안 전력 수요가 훨씬 높기 때문에 수익성이 좋고, 전력회사들은 고객들에게 가용 발전 용량을 사용하도록 장려하고 피크 시간 동안 단시간만 사용할 수 있는 고가의 발전소를 새로 짓지 않기 위해 야간에 훨씬 낮은 가격에 전력을 판매한다. 전력회사는 또한 낮 동안에 생산된 전력을 민간 당사자들로부터 비싼 가격에 구입할 용의가 있다. 한 전력회사가 야간에 $0.030/kWh에 전력을 판매하고 있으며 낮에 생산되는 전력에 대해 $0.120/kWh를 지불할 의사가 있다고 가정하자. 펌프 저장 설비는 총 수두가 90.0 m이며, 양방향 모두 4.6 m³/s의 체적 유량을 처리할 수 있다. 시스템에서 비가역 수두 손실은 이 유량에서 어느 방향으로든 5.0 m로 추정된다. 펌프-모터의 조합 효율은 88%, 터빈-발전기의 연합 효율은 92%이다. 이 발전소는 매일 밤 10시간 동안 펌프 모드로 작동하고 매일 10시간 동안 터빈 모드로 작동한다. 1년에 340일을 운영한다. 펌프저장 설비가 1년에 순이익($)을 얼마나 얻을 수 있는가?

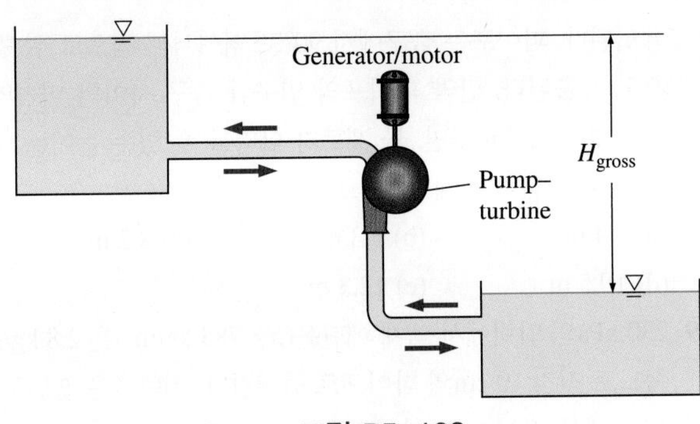

그림 P5–108

5-109 파이프 유동에서 디퓨저는 기본적으로 파이프 직경을 천천히 확대하는 구간으로 유체 속도를 늦추고 압력을 증가시킨다(Bernoulli 효과). 상온의 물은 배관 지름이 $D_1=6.00$에서 $D_2=11.00$ cm로 점차 증가하는 수평 디퓨저를 통해 0.0250 m³/s의 체적 유량으로 흐른다. 디퓨저를 통한 비가역 수두 손실은 0.450 m로 추정된다. 유동은 난류이며, 디퓨저의 입구 및 출구 양쪽의 운동 에너지 보정 계수는 1.05로 가정한다.

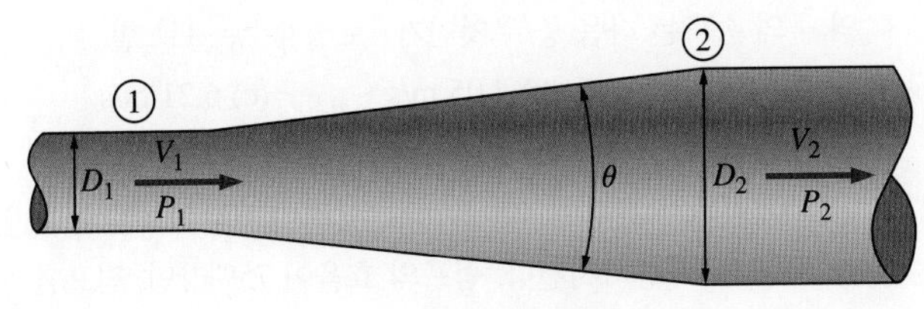

그림 P5–109

(a) 압력차 P_2-P_1을 에너지 방정식을 이용하여 kPa 단위로 계산하라.

(b) Bernoulli 방정식을 사용하여 반복해라(비가역적인 수두 손실과 운동 에너지 보정 계수는 무시한다. 즉, 운동 에너지 보정 계수를 1로 설정). Bernoulli 근사로 인한 결과의 백분율 오차를 계산하고 여기서 Bernoulli가 적용 가능한 이유(또는 그렇지 않은 이유)를 설명하라.

(c) (a)에 대한 대답이 양(+), 즉 압력이 하류로 상승한다는 것은 놀랄 수 있다. 이게 어떻게 가능한가? 에너지 구배선 ΔEGL의 변화 및 상류에서 하류 위치로의 ΔHGL의 변화를 계산하여 설명하라. 특히 EGL과 HGL은 오르는가 또는 내리는가?

공학 기초(FE) 시험 문제

5-110 직경이 10 cm인 관에 0.75 m/s의 속도로 물이 흐르면, 질량유량은 다음 중 무엇인가?

(a) 353 kg/min (b) 209 kg/min (c) 88.4 kg/min
(d) 44.5 kg/min (e) 5.9 kg/min

5-111 물은 0.55 m/s의 속도로 직경 3 cm의 파이프로 흐른다. 관 내의 물의 체적 유량은 다음 중 무엇인가?

(a) 23.3 L/min (b) 0.39 L/min (c) 1400 L/min
(d) 55 L/min (e) 70.7 L/min

5-112 찬물 25 L/min는 혼합 챔버에서 뜨거운 물 40 L/min와 연속적으로 혼합된다. 혼합 챔버로부터의 유출되는 물의 비율은 다음 중 무엇인가?

(a) 0.65 kg/s (b) 1.08 kg/s (c) 15 kg/s
(d) 32.5 kg/s (e) 65 kg/s

5-113 공기는 0.35 m³/s의 속도로 압력 1 atm, 온도 25 ℃의 정상유동 압축기로 들어가 0.12 m³/s의 속도로 나간다. 압축기 출구의 공기 밀도는 다음 중 무엇인가?

(a) 1.2 kg/m³ (b) 1.63 kg/m³ (c) 2.48 kg/m³
(d) 3.45 kg/m³ (e) 4.57 kg/m³

5-114 대기에 노출된 수위가 75 m인 저수조를 고려해 보자. 이 물의 단위 질량당 기계적 에너지는 다음 중 무엇인가?

(a) 736 kJ/kg (b) 0.736 kJ/kg (c) 0.75 kJ/kg
(d) 75 kJ/kg (e) 150 kJ/kg

5-115 물이 압력 95 kPa로 모터 펌프 장치에 115 kg/min로 들어간다. 모터가 0.8 kW의 전기를 소비하는 경우, 펌프 출구에서의 최대 수압은 다음 중 무엇인가?

(a) 408 kPa (b) 512 kPa (c) 816 kPa
(d) 1150 kPa (e) 1020 kPa

5-116 유량이 160 L/min, 압력이 100 kPa인 물이 펌프를 통해 압력이 900 kPa로 증가한다. 펌프로의 축동력 입력이 3 kW라면, 펌프의 효율은 다음 중 무엇인가?

(a) 0.532 (b) 0.660 (c) 0.711
(d) 0.747 (e) 0.855

5-117 댐에 저장된 물을 이용해 전력을 공급하는 수력 터빈을 고려해 보자. 상류와 하류 자유표면의 높이 차는 130 m이고, 터빈을 지나는 유량은 150 kg/s이다. 터빈으로부터의 축동력 출력이 155 kW라면, 터빈의 효율은 다음 중 무엇인가?

(a) 0.79 (b) 0.81 (c) 0.83
(d) 0.85 (e) 0.88

5-118 수력 터빈-발전기의 연합 효율이 85%이다. 발전기의 효율이 96%라면, 터빈의 효율은 다음 중 무엇인가?

(a) 0.816 (b) 0.850 (c) 0.862
(d) 0.885 (e) 0.960

5-119 다음 중 Bernoulli 방정식과 관련된 가정이 아닌 것은?

(a) 높이 변화 없음 (b) 비압축성 유동 (c) 정상 유동
(d) 축일 없음 (e) 마찰 없음

5-120 수평 파이프를 흐르는 비압축성, 무마찰 유동을 고려해 보자. 어느 한 곳에서 유체의 압력은 150 kPa, 속도는 1.25 m/s이다. 유체의 밀도는 700 kg/m³이다. 다른 곳의 압력이 140 kPa이라

면, 그곳에서의 유체 속도는 다음 중 무엇인가?

(a) 1.26 m/s (b) 1.34 m/s (c) 3.75 m/s
(d) 5.49 m/s (e) 7.30 m/s

5-121 수직 파이프를 흐르는 비압축성, 무마찰 유동을 고려해 보자. 지면에서 2 m 높이에서 물의 압력이 240 kPa이다. 유동 과정에서 물의 속도는 변하지 않는다. 지면에서 15 m 높이에서의 물의 압력은 다음 중 무엇인가?

(a) 227kPa (b) 174kPa (c) 127kPa
(d) 120kPa (e) 113kPa

5-122 파이프 배관망에서 물의 유동을 고려해보자. 점 1에서의 압력, 속도, 높이는 300 kPa, 2.4 m/s, 5 m이다. 점 2에서의 속도와 높이는 1.9 m/s, 18 m이다. 보정 계수는 1을 사용하고, 점 1과 점 2 사이의 비가역적 수두 손실이 2 m일 때, 점 2에서의 물의 압력은 다음 중 무엇인가?

(a) 286 kPa (b) 230 kPa (c) 179 kPa
(d) 154 kPa (e) 101 kPa

5-123 파이프를 흐르는 유체의 유동을 고려해 보자. 피에조미터와 피토관으로 측정한 물의 정압과 정체압이 각각 200 kPa과 210 kPa이다. 유체의 밀도가 550 kg/m^{3}일 때, 유체의 속도는 다음 중 무엇인가?

(a) 10 m/s (b) 6.03 m/s (c) 5.55 m/s
(d) 3.67 m/s (e) 0.19 m/s

5-124 파이프를 흐르는 유체의 정압과 정체압을 피에조미터와 피토관으로 측정한다. 피에조미터와 피토관의 액주의 높이가 각각 2.2 m와 2.0 m로 측정되었다. 유체의 밀도가 5000 kg/m^{3}일 때, 유체의 속도는 다음 중 무엇인가?

(a) 0.92 m/s (b) 1.43 m/s (c) 1.65 m/s
(d) 1.98 m/s (e) 2.39 m/s

5-125 수력구배선(HGL)과 에너지구배선(EGL)의 높이 차이는 다음 중 무엇인가?

(a) z (b) $P/\rho g$ (c) $V^2/2g$
(d) $z+P/\rho g$ (e) $z+V^2/2g$

5-126 압력이 120 kPa(계기압)인 물이 수평관 내에서 1.15 m/s의 속도로 흐른다. 파이프는 출구에서 90°로 꺾여서 수직으로 위 방향으로 유출된다. 물 제트가 다다를 수 있는 최대 높이는 다음 중 무엇인가?

(a) 6.9 m (b) 7.8 m (c) 9.4 m
(d) 11.5 m (e) 12.3 m

5-127 물이 큰 탱크의 바닥에서 대기 중으로 유출된다. 물의 속도는 9.5 m/s이다. 탱크 내 물의 최소 높이는 다음 중 무엇인가?

(a) 2.22 m (b) 3.54 m (c) 4.60 m
(d) 5.23 m (e) 6.07 m

5-128 압력이 80 kPa(계기압)인 물이 1.7 m/s의 속도로 수평관으로 유입된다. 파이프는 출구에서 90°로 꺾여서 수직으로 위 방향으로 유출된다. 만약 파이프의 입구와 출구 사이의 비가역적 수두 손실이 3 m라면, 물 제트가 다다를 수 있는 높이는 다음 중 무엇인가? 보정계수는 1로 할 것.

(a) 3.4 m (b) 5.3 m (c) 8.2 m
(d) 10.5 m (e) 12.3 m

5-129 230 kPa의 압력에서 액체 에탄올(ρ=783 kg/m^3)은 2.8 kg/s의 속도로 직경 10 cm의 파이프로 들어간다. 에탄올은 흡입구 위 15 m에서 100 kPa로 파이프를 나간다. 출구 파이프 직경이 12 cm일 경우 이 파이프에서 비가역적 수두 손실은 다음 중 무엇인가? 보정계수는 1로 할 것.

(a) 0.95 m (b) 1.93 m (c) 1.23 m
(d) 4.11 m (e) 2.86 m

5-130 펌프가 큰 탱크에 바닷물을 165 kg/min의 유량으로 공급한다. 탱크는 대기에 노출되어 있고, 바닷물은 80 m 높이에서 유입된다. 모터-펌프의 연합 효율은 75%이고, 모터는 3.2 kW의 전력을 소비한다. 비가역적 수두 손실이 7 m라면, 탱크 입구에서의 물의 속도는 다음 중 무엇인가? 보정계수는 1로 할 것.

(a) 2.34 m/s (b) 4.05 m/s (c) 6.21 m/s
(d) 8.33 m/s (e) 10.7 m/s

5-131 단열된 펌프가 유량이 400 L/min, 압력이 100 kPa인 물을 압력 500 kPa로 증가시킨다. 펌프의 효율이 75%라면, 펌프를 통과한 물의 최대 상승 온도는 다음 중 무엇인가?

(a) 0.096 °C (b) 0.058 °C (c) 0.035 °C
(d) 1.52 °C (e) 1.27 °C

5-132 효율이 90%인 터빈의 축동력 출력이 500 kW이다. 터빈을 지나는 질량유량이 440 kg/s라면, 터빈이 유체에서 추출한 수두는 다음 중 무엇인가?

(a) 44.0 m (b) 49.5 m (c) 142 m
(d) 129 m (e) 98.5 m

설계 및 논술 문제

5-133 큰 물통의 체적을 알고 있고, 이 물통에 정원 호스로부터 물을 가득 채우는 데 걸리는 시간을 측정하였다. 호스를 통과하는 물의 질량유량과 평균 속도는 얼마인가?

5-134 덕트 내의 공기유량을 측정할 수 있는 실험 장치를 설치하려고 한다. 공기유량을 측정할 수 있는 기법과 장치를 조사하라. 또한 이들 각각의 장단점을 설명하고, 가장 좋다고 판단되는 것을 추천하라.

5-135 CAD를 이용하고, 더 좋은 재료를 사용하며, 또한 제작 기술이 발달함에 따라 펌프, 터빈 및 전기 모터의 효율은 매우 증가하였다. 한 개 혹은 그 이상의 펌프, 터빈 및 모터 제작회사에 문의하여, 그들 회사 생산품의 효율에 관한 정보를 수집하라. 일

반적으로 효율은 이 장치들의 정격 동력에 따라 어떻게 변하는가?

5-136 자전거용 공기 펌프로 공기 제트를 발생시키고, 음료수 캔을 물통으로, 빨대를 관으로 이용하여 분무기를 설계하고, 제작하라. 관의 길이, 출구 구멍의 직경, 펌핑 속도 등의 변수들이 분무기의 성능에 미치는 영향을 조사하라.

5-137 구부릴 수 있는 음료용 빨대와 자를 이용하여 강물의 속도를 측정하는 방법을 설명하라.

5-138 풍차에 의해 발생한 동력은 풍속의 세제곱에 비례하고, 노즐에서는 유체가 가속된다. 따라서 어떤 사람이 그림 P5-138과 같이, 단면적이 감소하는 수축관을 설치함으로써 넓은 면적에서 바람의 에너지를 획득하여 바람이 풍차의 블레이드를 때리기 전에 가속시키는 것을 제안하였다. 이러한 제안이 새로운 풍차를 설계하는 데 고려할 만한 가치가 있는가?

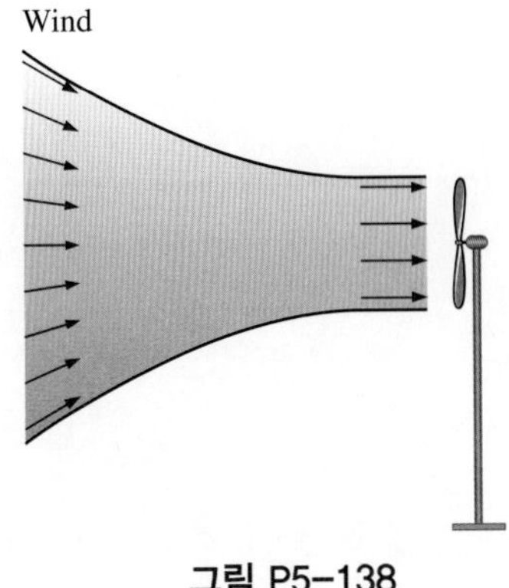

그림 P5-138

CHAPTER

6

유동 시스템의 운동량해석

공학 문제를 계산할 때는 최소의 비용으로 신속하게 정확한 결과를 얻는 것이 바람직하다. 유체 유동을 포함한 거의 모든 공학 문제들은 미분법, 실험법, 검사체적법 등 세 가지 방법 중 한 가지를 이용하여 해석한다. 미분 접근법에서는 미소량을 이용하여 문제를 정확하게 해석할 수 있지만, 그 결과로 얻어지는 미분 방정식의 해를 구하기가 어려우므로, 컴퓨터를 이용한 수치해석을 이용해야 하는 경우가 많다. 차원해석을 통한 **실험 접근법**은 매우 정확하지만, 시간과 비용이 많이 든다. 이 장에서 기술할 **유한 검사체적 접근법**은 해석이 매우 빠르고 간단하며, 대부분의 공학 문제에서 충분히 정확한 결과를 얻을 수 있다. 따라서 이는 비록 종이와 연필로 수행하는 근사해이지만, 기본 유한 검사체적 해석은 엔지니어들에게 필수적인 도구이다.

5장에서는 유체 유동 시스템의 검사체적에 대한 질량 및 에너지 해석을 설명하였다. 또한 이 장에서는 유체 유동 문제의 유한 검사체적에 대한 운동량해석 방법을 제시한다. 먼저 Newton의 법칙과 선형운동량 및 각운동량의 보존 관계식의 개요를 설명한다. 다음으로 Reynolds 수송정리를 이용하여 검사체적에 대한 선형운동량 및 각운동량 방정식들을 유도하고, 이들을 이용하여 유체 유동에 관련된 힘과 토크를 계산하는 방법을 기술한다.

목표

이 장을 공부하면 다음과 관련된 지식을 얻을 수 있다.

- 검사체적에 작용하는 여러 종류의 힘과 모멘트 이해
- 검사체적 해석을 통하여 유체 유동과 관련된 힘의 계산
- 검사체적 해석을 통하여 유체 유동에 의한 모멘트와 전달된 토크 계산

회전하는 정원용 스프링클러는 각운동량 방정식을 적용한 좋은 예이다.
© *John A. Rizzo/Getty Images RF*

6-1 ■ Newton의 법칙

Newton의 법칙은 물체의 운동과 물체에 작용하는 힘 사이의 관계식이다. Newton의 제1법칙은 다음과 같다. **정지하고 있는 물체는 계속 정지 상태를 유지하고, 운동하는 물체는 이 물체에 작용하는 순수(net) 힘이 영이면 동일한 속도로 직선 경로를 계속 운동한다**. 따라서 물체는 관성을 보존하려는 경향이 있다. Newton의 제2법칙은 다음과 같다. **한 물체의 가속도는 그 물체에 작용한 순수 힘에 비례하고, 질량에 반비례한다**. Newton의 제3법칙은 다음과 같다. **제1의 물체가 제2의 물체에 힘을 가하면, 제2의 물체는 제1의 물체에 크기가 같고 방향이 반대인 힘을 가한다. 따라서 반력의 방향은 시스템의 물체에 따라 달라진다**.

질량이 m인 강체에 대한 Newton의 제2법칙은 다음과 같다.

Newton의 제2법칙: $$\vec{F} = m\vec{a} = m\frac{d\vec{V}}{dt} = \frac{d(m\vec{V})}{dt} \quad \textbf{(6-1)}$$

여기서 $\vec{F}$는 물체에 작용하는 순수 힘이며, $\vec{a}$는 힘 $\vec{F}$에 의한 물체의 가속도이다.

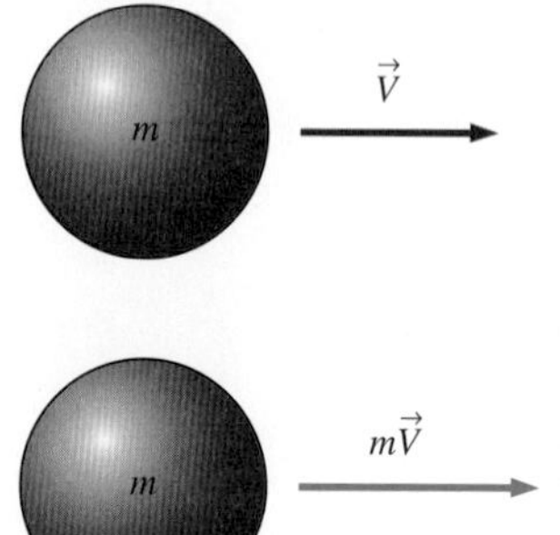

그림 6-1
질량과 속도의 곱을 선형운동량이라 하고, 그 방향은 속도의 방향이다.

물체의 질량과 속도의 곱을 **선형운동량** 또는 단순히 **운동량**이라 한다. 속도 $\vec{V}$로 운동하는 질량이 m인 강체의 운동량은 $m\vec{V}$이다(그림 6-1). 따라서 Newton의 제2법칙은 다음과 같이 설명할 수도 있다. **한 물체의 운동량의 변화율은 그 물체에 작용하는 순수 힘과 같다**(그림 6-2). 이 설명은 뉴턴의 제2법칙에서 서술하는 바와 보다 잘 일치하며, 유체 유동에서 속도 변화의 결과로 발생하는 힘을 연구하는 데 더 적합하다. 따라서 유체역학에서 Newton의 제2법칙은 **선형운동량 방정식**이라고도 한다.

시스템에 작용하는 순수 힘이 영이면 시스템의 운동량은 일정하게 유지된다. 즉, 이러한 시스템의 운동량은 보존된다. 이를 **운동량 보존 법칙**(conservation of momentum principle)이라고 한다. 이 법칙은 충돌을 해석할 때에 유용한 도구임이 증명된 바 있다. 공과 공 사이, 공과 라켓 및 배트 또는 클럽 사이, 원자 또는 이원자 입자들 사이, 로켓, 미사일 및 총 등의 폭발을 해석할 때에도 유용하다. 그러나 유체역학에서는 시스템에 작용하는 순수 힘이 영이 아닌 경우가 많으므로 운동량 보존 법칙보다는 선형운동량 방정식을 많이 이용한다.

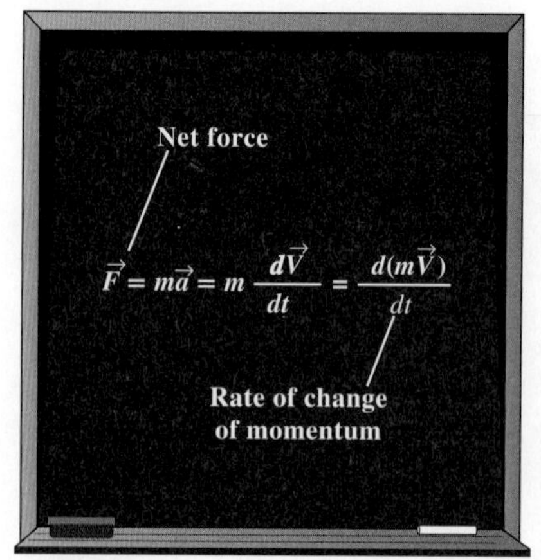

그림 6-2
Newton의 제2법칙은 다음과 같이 설명할 수도 있다. 즉, **한 물체의 운동량의 변화율은 그 물체에 작용하는 순수 힘과 같다**.

힘, 가속도, 속도, 운동량은 벡터량이므로 이들은 크기뿐만 아니라 방향도 갖는다. 한편 운동량은 속도의 상수 배이므로 그림 6-1에서 보는 바와 같이 운동량의 방향은 속도의 방향이다. 모든 벡터 방정식은 크기를 이용하여 어느 특정한 방향의 스칼라 형태로 표현할 수 있다. 예를 들면, x방향으로 $F_x = ma_x = d(mV_x)/dt$이다.

회전하는 강체에 대한 Newton의 제2법칙은 $\vec{M} = I\vec{\alpha}$이다. 이 식에서 $\vec{M}$은 물체에 작용하는 순수 모멘트 혹은 토크, I는 회전축에 관한 물체의 관성 모멘트, $\vec{\alpha}$는 각가속도이다. 이 식은 각운동량의 변화율 $d\vec{H}/dt$를 이용하여 다음과 같이 표현할 수도 있다.

각운동량 방정식: $$\vec{M} = I\vec{\alpha} = I\frac{d\vec{\omega}}{dt} = \frac{d(I\vec{\omega})}{dt} = \frac{d\vec{H}}{dt} \quad \textbf{(6-2)}$$

이 식에서 $\vec{\omega}$는 각속도이다. 고정된 x축에 대해 회전하는 강체의 경우 각운동량 방정식은 다음과 같이 스칼라 형태로 표현할 수 있다.

x축에 관한 각운동량 방정식: $$M_x = I_x \frac{d\omega_x}{dt} = \frac{dH_x}{dt} \quad \textbf{(6-3)}$$

각운동량 방정식은 다음과 같이 기술할 수 있다. **한 물체의 각운동량의 변화율은 그 물체에 작용하는 순수 토크와 같다**(그림 6-3).

회전하는 물체에 작용하는 순수 토크가 영이면 이 물체의 총 각운동량은 일정하게 유지되며, 이러한 시스템의 각운동량은 보존된다. 이를 **각운동량 보존 법칙**(conservation of angular momentum principle)이라 하고, $I\omega$=(일정)으로 표현한다. 아이스 스케이트 선수가 팔을 몸에 가깝게 하면 더 빨리 회전하고, 다이빙 선수가 도약한 후 몸을 오그리면 더 빨리 회전한다는 사실은 각운동량 보존 법칙으로 설명할 수 있다(두 경우 모두 신체의 외부가 회전축에 가까워질수록 관성 모멘트 I가 감소하고, 따라서 각속도 ω가 증가하기 때문이다).

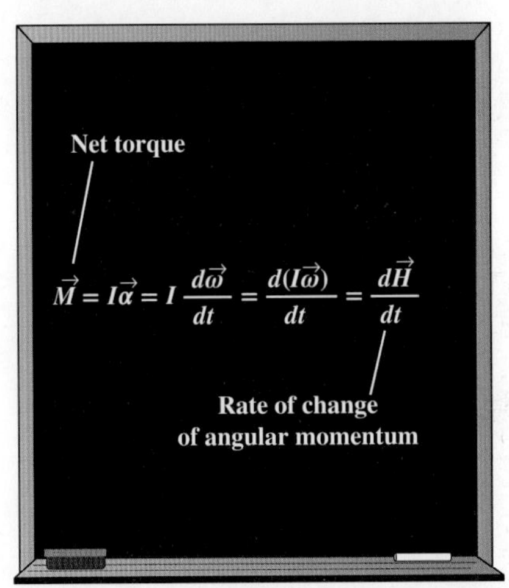

그림 6-3
한 물체의 각운동량의 변화율은 그 물체에 작용하는 순수 토크와 같다.

6-2 ■ 검사체적의 선정

검사체적을 현명하게 선택하는 방법을 간단히 기술한다. 검사체적은 이를 통하여 유체가 유동할 수 있는 공간상의 임의의 영역이며, 한편 이의 경계인 검사면은 유동 중에 고정될 수도, 움직일 수도 또한 변형할 수도 있도록 선택한다. 기본 보존 법칙을 적용한다는 것은 고려하는 유체 상태량에 대해 회계적인 절차를 밟는 것과 같으므로, 해석 시 검사체적의 경계를 잘 정의하는 것이 대단히 중요하다. 한편 검사체적을 유출입하는 상태량의 유동률은 **검사면에 상대적인** 유동 속도에 좌우되므로 유동 중에 검사체적이 고정되어 있는가 혹은 움직이는가를 반드시 파악하여야 한다.

많은 유동 시스템은 고정된 표면에 단단히 부착되어 있는 고정된 물체와 연관되고, 이러한 시스템은 **고정된** 검사체적을 이용하여 해석하는 것이 가장 좋다. 예를 들어, 호스의 노즐을 지탱하는 삼각대에 작용하는 반력을 계산하는 경우, 검사체적은 노즐 출구의 유동을 수직으로 횡단하고 삼각대 다리의 밑부분을 지나도록 선택하는 것이 일반적이다(그림 6-4*a*). 이를 고정 검사체적이라 하며, 지면의 한 점에 상대적인 물의 속도는 노즐 출구면에 상대적인 물의 속도와 같다.

움직이거나 변형하는 유동 시스템을 해석할 때는 검사체적이 **움직이거나 변형하도록** 선택하는 것이 편리하다. 예를 들어, 일정한 속도로 순항하는 비행기 제트 엔진의 추력(thrust)을 계산하는 경우의 검사체적은 비행기를 포함하고 노즐 출구면을 횡단하도록 선택하는 것이 현명하다(그림 6-4*b*). 이 경우의 검사체적은 속도 $\vec{V}_{cv}$로 움직이고, 이 속도는 지구의 고정된 점에 상대적인 비행기의 순항 속도와 같다. 노즐에서 분출하는 배기 가스의 유량을 계산할 때의 속도는 노즐 출구면에 상대적인 배기 가스의 속도, 즉 **상대 속도** $\vec{V}_r$을 사용한다. 전체 검사체적이 $\vec{V}_{cv}$로 움직이므로 상대 속도 $\vec{V}_r = \vec{V} - \vec{V}_{cv}$이다. 여기서 $\vec{V}$는 배기 가스의 **절대 속도**, 즉 지구의 고정된 점에 대한 상대적인 속도이다. $\vec{V}_r$은 검사체적과 **함께** 움직이는 좌표계에 상대적으로 표현된 유체의 속도임을 유의하라. 또한 이는 벡터 방정식이므로, 반대방향 속도는 반대의 부호를 갖는다. 예를 들어, 비행기가 500 km/h의 속도로 왼쪽으로 순항하고, 배기 가스는 지면에 상대적인 800 km/h의 속도로 오른쪽으로 분출된다면 노즐 출구에 상대적인

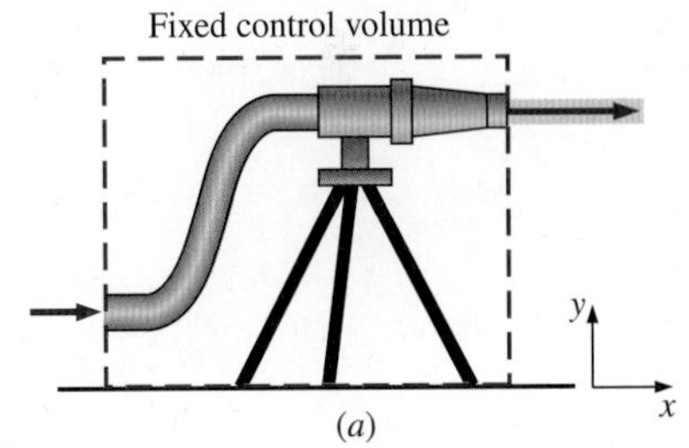

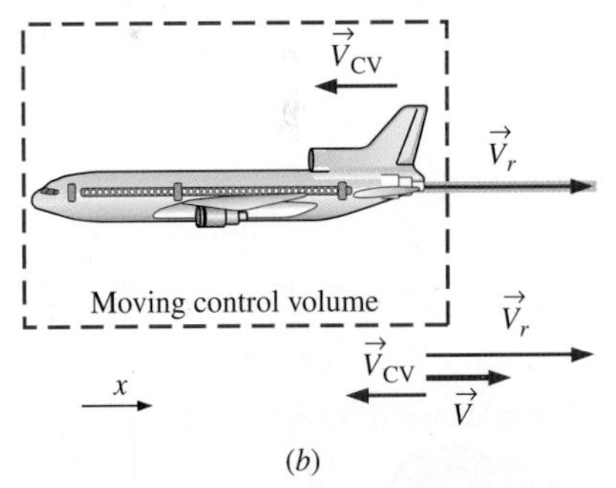

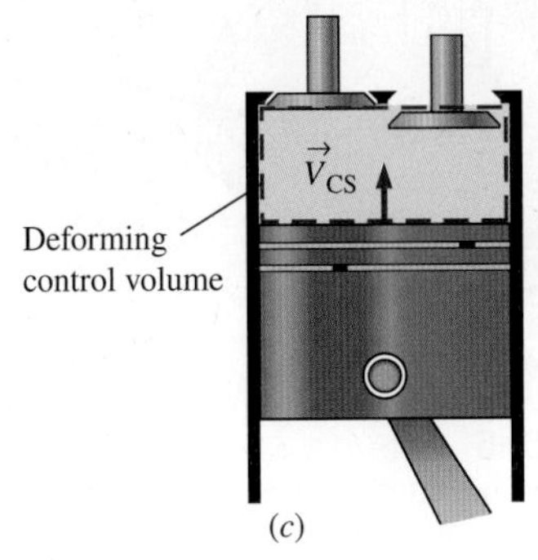

그림 6-4
(*a*) 고정된, (*b*) 움직이는, (*c*) 변형하는 검사 체적의 예.

배기 가스의 속도는 다음과 같다.

$$\vec{V}_r = \vec{V} - \vec{V}_{CV} = 800\vec{i} - (-500\vec{i}) = 1300\vec{i}\ \text{km/h}$$

따라서 배기 가스는 노즐 출구에 상대적인 1300 km/h의 속도로 오른쪽으로 노즐에서 분출된다(비행기와 반대방향). 검사면을 통과하는 배기 가스의 분출량을 계산할 때 이 속도를 이용한다(그림 6-4*b*). 상대 속도가 비행기 속도와 크기가 같을 경우, 지상에 있는 관찰자 입장에서 배기 가스는 정지해 있는 것으로 보일 수 있다는 점을 유의하라.

왕복형 내연 기관의 배기 가스를 해석할 때는 피스톤 상부와 실린더 헤드 사이의 공간을 검사체적으로 선택하는 것이 현명하다(그림 6-4*c*). 이 경우 검사면의 일부분이 다른 부분에 상대적으로 움직이므로 이를 **변형하는** 검사체적이라 한다. 검사면의 변형부에 있는 입출구의 상대 속도(그림 6-4*c*에는 이러한 입출구가 없다)는 $\vec{V}_r = \vec{V} - \vec{V}_{cs}$이다. 여기서 $\vec{V}$는 유체의 절대 속도, $\vec{V}_{cs}$는 검사면의 속도이며, 이들은 모두 검사체적 외부의 고정된 점에 상대적인 속도들이다. 움직이지만 변형하지 않는 검사체적의 경우 $\vec{V}_{cs} = \vec{V}_{cv}$이고, 고정된 검사체적의 경우에는 $\vec{V}_{cs} = \vec{V}_{cv} = 0$이다.

6–3 ■ 검사체적에 작용하는 힘

검사체적에 작용하는 힘에는 중력, 전기력, 자기력 등과 같이 검사체적의 전체 체적에 걸쳐 작용하는 **체적력**(body force)과 압력, 점성력, 접촉점의 반력 등과 같이 검사면에 작용하는 **표면력**(surface force)이 있다. 해석할 때에는 단지 외력만 고려한다. 내력(internal force; 예를 들면, 유체와 유동 구간의 내부 표면 사이의 압력 힘)은 검사면이 이러한 구간을 횡단하여 힘이 나타나지 않는 한 검사체적 해석에서 고려하지 않는다.

검사체적 해석에서 어느 특정한 시간에 검사체적에 작용하는 모든 힘의 합 $\Sigma\vec{F}$은 다음과 같다.

검사체적에 작용하는 총 힘:

$$\sum\vec{F} = \sum\vec{F}_{\text{body}} + \sum\vec{F}_{\text{surface}} \quad \textbf{(6-4)}$$

체적력은 전체 검사체적 내의 각 체적요소에 작용한다. 검사체적 내의 미소 유체요소의 체적 dV에 작용하는 체적력이 그림 6-5에 도시되어 있으며, 전체 검사체적의 순수 체적력을 계산하려면 체적적분을 수행하여야 한다. **표면력**은 검사면의 각각의 부분에 작용한다. 표면력은 전체 검사 표면 영역 내의 각 면적요소에 작용한다. 그림 6-5에는 또한 검사면의 미소 표면 면적 dA와 외향 수직 벡터 $\vec{n}$ 및 그 위에 작용하는 표면력이 나타나 있다. 전체 검사면의 순수 표면력을 계산하려면 면적적분을 수행하여야 한다. 그림에서와 같이 표면력은 외향 수직 벡터의 방향과 무관한 방향으로 작용한다.

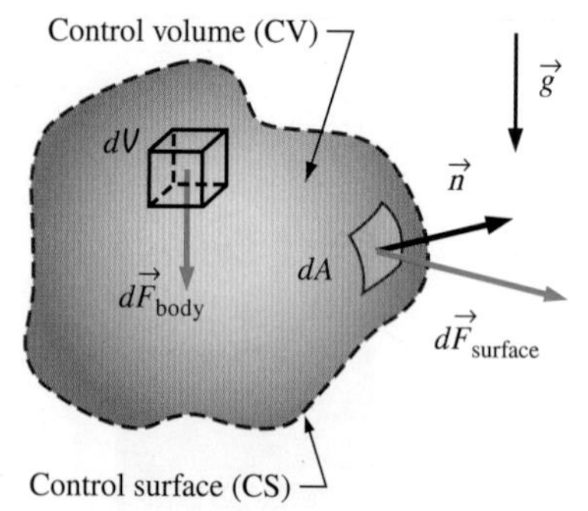

그림 6–5
검사체적에 작용하는 힘은 체적력과 표면력으로 구성된다. 체적력은 미소 체적요소에, 표면력은 미소 표면요소에 각각 도시되어 있다.

가장 일반적인 체적력은 **중력**이며, 이것은 검사체적의 모든 미소 체적요소에 아래 방향으로 작용하는 힘이다. 반면에 전기력이나 자기력이 중요한 경우도 있으나, 본 교재에서는 중력만 고려한다.

작은 유체요소에 작용하는 미소 체적력 $d\vec{F}_{\text{body}} = d\vec{F}_{\text{gravity}}$는 단순히 유체요소의 무

게이다(그림 6-6).

유체요소에 작용하는 중력: $$d\vec{F}_{\text{gravity}} = \rho\vec{g}\,dV \quad \textbf{(6-5)}$$

여기서 ρ는 체적의 평균 밀도이며, $\vec{g}$는 중력가속도 벡터이다. 그림 6-6의 직교좌표계에서 $\vec{g}$는 음의 z방향을 향하므로

직교좌표계의 중력가속도 벡터: $$\vec{g} = -g\vec{k} \quad \textbf{(6-6)}$$

이다. 이 그림에서 중력가속도 벡터는 아래 방향으로 작용하므로 이것이 음의 z방향을 향하도록 좌표축을 회전시켰다. 지구의 해수면에서 중력 상수 g의 값은 9.807 m/s^{2}이다. 체적력은 중력만 고려하므로, 식 (6-5)를 적분하면 다음과 같다.

검사체적에 작용하는 총 체적력: $$\sum \vec{F}_{\text{body}} = \int_{\text{CV}} \rho\vec{g}\,dV = m_{\text{CV}}\vec{g} \quad \textbf{(6-7)}$$

표면력은 수직 성분과 **접선** 성분으로 구성되므로 해석이 쉽지 않다. 또한 표면에 작용하는 힘은 좌표축의 방향과 무관한 반면, 힘의 성분은 좌표축의 방향에 따라 다르다(그림 6-7). 한편, 검사면이 좌표축과 평행하지 않은 경우도 많다. 유동의 한 점에서 표면력을 잘 표현하기 위하여, 깊이 다루지는 않겠지만, **응력 텐서**(stress tensor) σ_{ij}라고 하는 **2차 텐서**(second order tensor)를 아래와 같이 정의한다.

직교좌표계의 응력 텐서: $$\sigma_{ij} = \begin{pmatrix} \sigma_{xx} & \sigma_{xy} & \sigma_{xz} \\ \sigma_{yx} & \sigma_{yy} & \sigma_{yz} \\ \sigma_{zx} & \sigma_{zy} & \sigma_{zz} \end{pmatrix} \quad \textbf{(6-8)}$$

응력 텐서의 대각선 성분들 σ_{xx}, σ_{yy}, σ_{zz}는 **수직응력**(normal stress)이라 하고, 압력(내향 수직방향)과 점성응력(viscous stress)으로 구성된다. 점성응력은 9장에서 자세히 설명한다. 비대각선 성분들 σ_{xy}, σ_{zx} 등은 **전단응력**(shear stress)이라고 한다. 압력이 표면에 수직으로만 작용하므로 전단응력은 점성응력으로만 구성된다.

표면이 좌표축과 평행하지 않을 때는 축회전에 관한 수학적 법칙과 텐서를 이용하여 표면에 작용하는 수직 및 접선 성분을 계산할 수 있다. **텐서 표기법**(tensor notation)은 텐서 계산 시에 편리하지만, 대학원 과정에서 공부한다(텐서와 텐서 표기법에 대한 깊이 있는 해석을 위해서는 일례로 Kundu와 Cohen, 2011을 참조하라).

식 (6-8)에서 σ_{ij}는 i방향에 수직인 한 면에 작용하는 j 방향의 응력(단위 면적당의 힘)으로 정의한다. i와 j는 단지 텐서의 **지수**(index)이고, 단위 벡터 $\vec{i}$ 및 $\vec{j}$와는 다르다. 예를 들어, σ_{xy}는 외향 수직방향이 x방향인 면에 작용하는 y방향의 응력을 양으로 정의한다. 미소 유체요소가 직교좌표계의 좌표축과 평행할 때 응력 텐서의 9개 성분이 그림 6-8에 도시되어 있다. 응력 텐서의 모든 성분들을 양의 표면(오른쪽면, 윗면, 앞면)에 나타내었고, 이 성분들은 정의에 의해 양의 방향을 향한다. 유체요소의 반대면(그림에 나타나지 않음) 응력의 양의 방향은 반대방향을 향한다.

2차 텐서와 벡터를 내적하면 다시 벡터가 된다. 이를 텐서와 벡터의 **내적**(contracted product 또는 inner product)이라고 한다. 응력 텐서 σ_{ij}와 미소 면적요소의 외향 수직 벡터 $\vec{n}$을 내적하면 크기는 미소 표면에 작용하는 단위 면적당의 힘이고, 방향

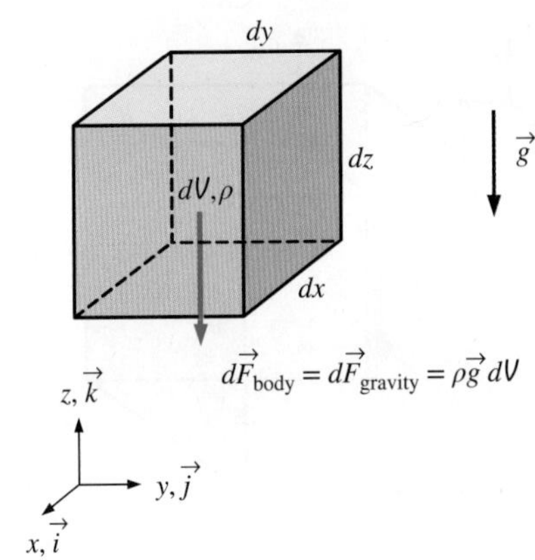

그림 6–6
미소 유체체적에 작용하는 중력은 유체체적의 무게이다. 중력가속도 벡터는 아래쪽, 음의 z방향을 향하도록 좌표축을 회전시켰다.

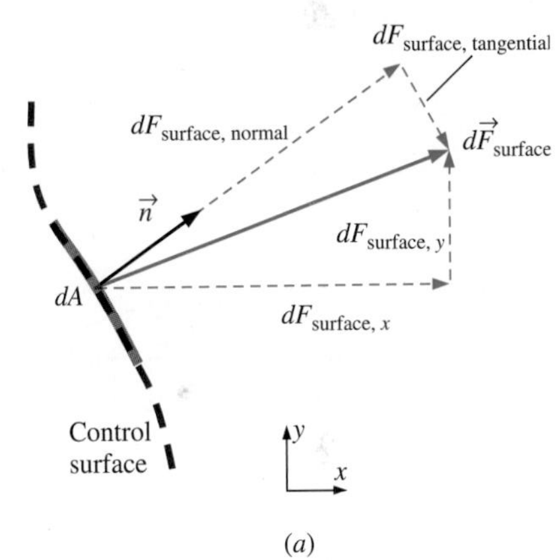

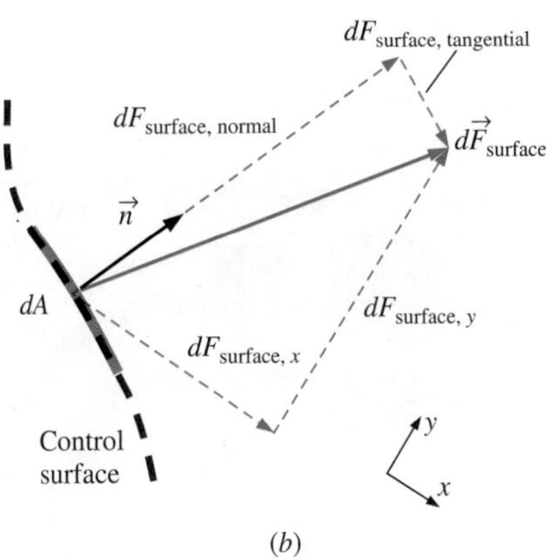

그림 6–7
좌표축이 (a)에서 (b)로 변하면 표면력 그 자체는 동일하더라도 표면력의 성분은 변한다. 2차원만으로 표시하였다.

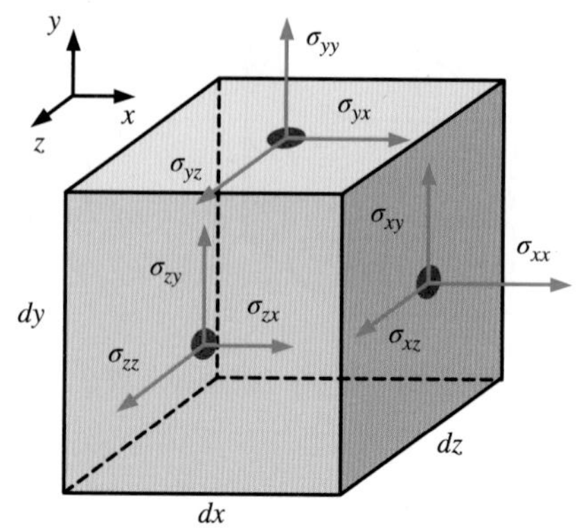

그림 6–8
직교좌표계에서의 오른쪽면, 윗면, 앞면의 응력 텐서 성분.

은 표면력 자체의 방향인 벡터가 된다. 수학적으로 표현하면 다음과 같다.

미소 표면요소에 작용하는 총 표면력:
$$d\vec{F}_{\text{surface}} = \sigma_{ij} \cdot \vec{n}\, dA \qquad \textbf{(6-9)}$$

끝으로 식 (6-9)를 전체 검사면에 대하여 적분하면 다음과 같다.

검사면에 작용하는 총 표면력:
$$\sum \vec{F}_{\text{surface}} = \int_{\text{CS}} \sigma_{ij} \cdot \vec{n}\, dA \qquad \textbf{(6-10)}$$

식 (6-7)과 (6-10)을 식 (6-4)에 대입하면 다음 식으로 표현된다.

$$\sum \vec{F} = \sum \vec{F}_{\text{body}} + \sum \vec{F}_{\text{surface}} = \int_{\text{CV}} \rho \vec{g}\, dV + \int_{\text{CS}} \sigma_{ij} \cdot \vec{n}\, dA \qquad \textbf{(6-11)}$$

이 방정식은 9장에서 설명하겠지만, 미분 형태의 선형운동량 보존 방정식을 유도할 때 매우 유용하게 사용된다. 그러나 실제의 검사체적 해석에서, 식에 포함되어 있는 성가신 표면 적분 등으로 인해 식 (6-11)은 잘 사용하지 않는다.

검사체적을 잘 선택하면 검사체적에 작용하는 모든 힘 $\Sigma\vec{F}$를 상대적으로 편리한 무게, 압력, 반력 등의 합으로 표현할 수 있다. 검사체적 해석에서는 다음 식을 추천한다.

총 힘:
$$\underbrace{\sum \vec{F}}_{\text{total force}} = \underbrace{\sum \vec{F}_{\text{gravity}}}_{\text{body force}} + \underbrace{\sum \vec{F}_{\text{pressure}} + \sum \vec{F}_{\text{viscous}} + \sum \vec{F}_{\text{other}}}_{\text{surface forces}} \qquad \textbf{(6-12)}$$

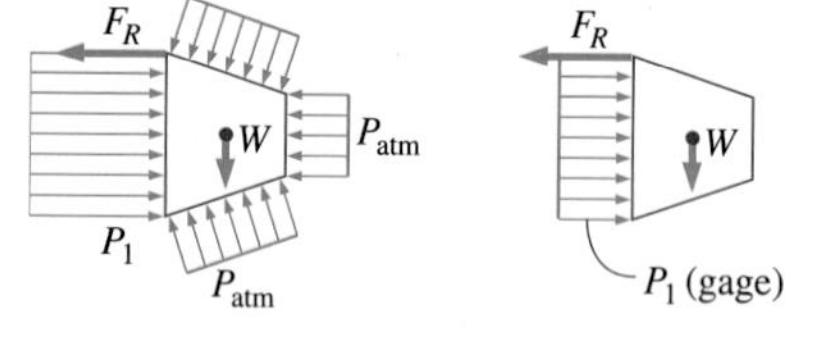

그림 6–9
대기압은 모든 방향으로 작용하고, 그 효과는 모든 방향에서 소거되기 때문에 힘의 평형을 계산할 때 무시할 수도 있다.

식 (6-12) 우변의 첫 항은 체적력인 **무게**인데, 왜냐하면 중력이 우리가 고려하고 있는 단 하나의 체적력이기 때문이다. 나머지 세 항은 순수 표면력이며, 이들은 압력 힘, 점성력, 검사면에 작용하는 "기타" 힘이다. $\Sigma\vec{F}_{\text{other}}$는 유동방향을 바꾸는 데 필요한 반력이다. 이들은 검사면이 횡단하는 볼트, 케이블, 버팀목, 벽 등에 작용하는 힘이다.

이러한 모든 표면력들은 해석을 위하여 검사체적이 주위와 격리되어 있을 때 발생한다. 또한 분리된 물체의 효과는 그 위치에서의 힘으로 고려된다. 이는 정역학 및 동역학 수업에서 자유물체도(free body diagram)를 그려 보는 것과 유사하다. 고려할 필요가 없는 힘은 검사체적의 내부로 오도록 함으로써 해석이 복잡하지 않도록 검사체적을 선택한다. 검사체적을 잘 선택하면 계산하려는 힘(반력 등)과 최소의 기타 힘만 나타난다.

Newton의 운동 법칙을 적용할 때, **대기압**을 뺀 계기 압력을 이용하면 문제가 더 간단해진다. 왜냐하면 대기압은 모든 방향으로 작용하고, 그 효과는 모든 방향에서 소거되기 때문이다(그림 6-9). 또한 유체가 아음속으로 대기로 유출되는 출구에서 유출 압력은 거의 대기압이므로 압력 힘을 무시할 수도 있다.

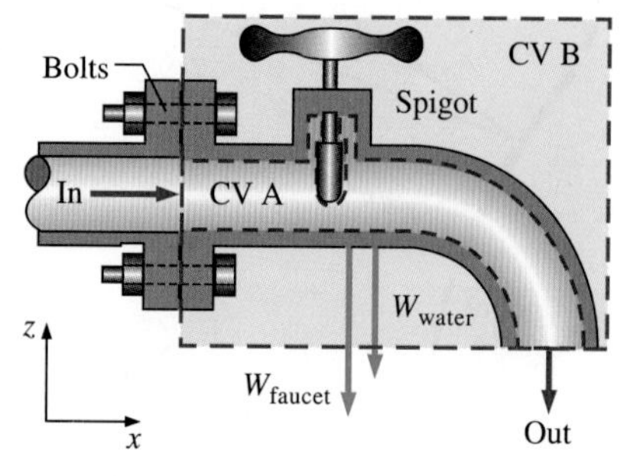

그림 6–10
검사체적의 현명한 선택의 중요성을 보여주는 수도꼭지의 단면. CV B가 CV A보다 해석에 훨씬 편리하다.

검사체적을 현명하게 선택하는 방법의 한 예로, 부분적으로 닫힌 게이트 밸브가 부착된 수도꼭지를 통해 물이 정상 유동하는 경우의 검사체적 해석을 고려한다(그림 6-10). 플랜지의 볼트가 플랜지에 작용하는 순수 힘을 견딜 수 있는지 계산하려고 한다. 검사체적을 선택하는 방법은 여러 가지이다. 어떤 엔지니어는 그림 6-10의 CV A(자주색 점선으로 둘러싸인 검사체적)로 표시한 바와 같이 검사체적을 유체 그 자체로 국한한다. 이러한 검사체적에는 검사면을 따라 변하는 압력 힘, 파이프의 벽과 밸브 내의 점성력, 검사체적 내 물의 무게인 체적력 등이 존재한다. 다행히도, 플랜지에 작용하는 순수 힘을 계산할 때 압력과 점성응력을 검사면을 따라 적분할 필요는 **없다**. 그 대신 반력에 미지의 압력 힘과 점성력을 일괄해서 포함시킨다. 이 반력은 물에 작용하는 벽의 순수 힘이다. 이 힘과 수도꼭지 및 물의 무게를 합하면 플랜지에 작용하는 순수 힘이다(물론, 부호에 주의해야 한다).

검사체적을 선택할 때는 물에만 국한할 필요는 없다. 그림 6-10의 CV B(빨간색 점선으로 둘러싸인 검사체적)로 표시한 바와 같이 검사면이 벽, 버팀목, 볼트와 같은 고체 물체를 **횡단하도록** 검사체적을 선택하는 것이 편리한 경우가 많다. 이 그림과 같이 검사체적은 대상물의 전체를 포함하는 경우도 있다. 검사체적 B는 현명한 선택이다. 왜냐하면 검사체적 내 유동의 세부 사항이나 형상조차도 고려할 필요가 없기 때문이다. CV B의 경우 플랜지 볼트를 절단하는 검사면의 일부에 작용하는 순수 반력을 배정할 수 있다. 그 외에 알아야 하는 것들은 단지 플랜지에서 물의 계기 압력(검사체적의 입구)과 물 및 수도꼭지의 무게뿐이다. 검사체적의 입구를 제외한 검사면의 압력은 대기압(계기압력은 영이다)이므로 모두 소거된다. 이 문제는 6-4절의 예제 6-7로 다시 취급한다.

6–4 ■ 선형운동량 방정식

질량 m이고, 순수 힘 $\sum\vec{F}$가 작용하는 시스템에 대한 Newton의 제2법칙은 다음과 같다.

$$\sum\vec{F} = m\vec{a} = m\frac{d\vec{V}}{dt} = \frac{d}{dt}(m\vec{V}) \tag{6-13}$$

여기서 $m\vec{V}$는 시스템의 **선형운동량**(linear momentum)이다. 밀도와 속도가 시스템 내의 위치에 따라 다를 수 있으므로 Newton의 제2법칙은 다음과 같이 보다 일반적으로 표현할 수 있다.

$$\sum\vec{F} = \frac{d}{dt}\int_{\text{sys}} \rho\vec{V}\,dV \tag{6-14}$$

여기서 $\rho\vec{V}dV$는 질량이 $\delta m = \rho dV$인 미소 체적요소 dV의 운동량이다. Newton의 제2법칙은 다음과 같이 서술할 수 있다. **시스템에 작용하는 모든 외력의 합은 시스템의 선형운동량의 시간 변화율과 같다**. 이 서술은 정지해 있거나 등속 운동하는 **관성좌표계**(inertial coordinate system 또는 inertial reference frame)에 대해 성립한다. 이륙하는 비행기처럼 가속하는 시스템은 비행기에 고정된 비관성(또는 가속)좌표계를 이용하여 가장 잘 해석할 수 있다. 식 (6-14)는 벡터 식이므로 $\vec{F}$와 $\vec{V}$는 크기뿐만 아니라 방향도 가진다.

식 (6-14)는 고체나 유체의 주어진 질량에 대한 식이고, 유체역학에서는 대부분의 유동 시스템을 검사체적을 이용하여 해석하므로 이 식은 제한적으로만 사용한다. 4-6절에서 유도한 **Reynolds 수송정리**를 이용하여 시스템에 관한 공식을 검사체적에 대한 공식으로 변환할 수 있다. $b=\vec{V}$ 및 $B=m\vec{V}$를 대입하면 Reynolds 수송정리를 선형운동량에 대하여 표현할 수 있다(그림 6-11).

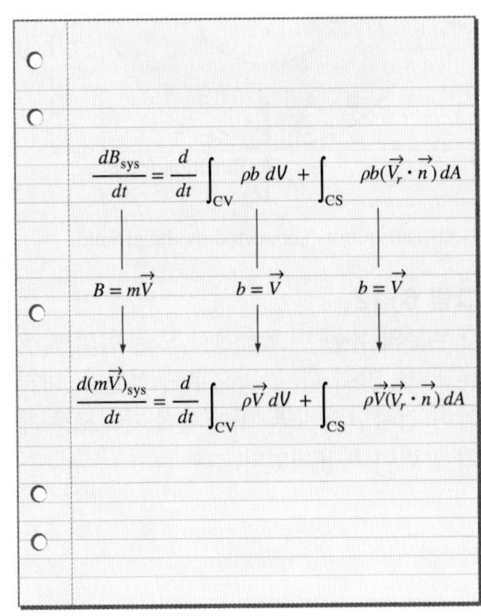

그림 6–11
Reynolds 수송정리의 B에 운동량 $m\vec{V}$를, b에 단위 질량당의 운동량 $\vec{V}$를 대입하여 선형운동량 방정식을 얻는다.

$$\frac{d(m\vec{V})_{sys}}{dt} = \frac{d}{dt}\int_{CV} \rho\vec{V}\,dV + \int_{CS} \rho\vec{V}\,(\vec{V}_r\cdot\vec{n})\,dA \tag{6-15}$$

그러나 이 식의 좌변은 식 (6-13)의 $\Sigma\vec{F}$이다. 대입하면, 고정되어 있거나, 움직이거나 변형하는 검사체적에 대한 선형운동량 방정식의 일반 형태는 다음과 같다.

일반형: $$\sum\vec{F} = \frac{d}{dt}\int_{CV} \rho\vec{V}\,dV + \int_{CS} \rho\vec{V}(\vec{V}_r\cdot\vec{n})\,dA \tag{6-16}$$

이 식은 다음을 의미한다.

$$\begin{pmatrix}\text{CV에 작용}\\ \text{하는 모든}\\ \text{외력의 합}\end{pmatrix} = \begin{pmatrix}\text{CV 내 선형운동량의}\\ \text{시간 변화율}\end{pmatrix} + \begin{pmatrix}\text{질량 유동에 의해 검사면}\\ \text{의 외부로 유출되는 순수}\\ \text{선형운동량 유동률}\end{pmatrix}$$

여기서 $\vec{V}_r = \vec{V} - \vec{V}_{CS}$는 검사면에 상대적인 유체의 속도이고(유체가 검사면을 통과하는 모든 곳에서 질량유량을 계산하기 위한 속도), $\vec{V}$는 관성좌표계에서 본 유체의 속도이다. $\rho(\vec{V}_r \cdot \vec{n})dA$는 면적요소 dA를 통하여 검사체적을 유출입하는 질량유량을 나타낸다.

고정된 검사체적(움직이지도 않고 변형하지도 않는 검사체적)의 경우 $\vec{V}_r = \vec{V}$이고, 따라서 선형운동량 방정식은 다음과 같다.

고정 CV: $$\sum\vec{F} = \frac{d}{dt}\int_{CV} \rho\vec{V}\,dV + \int_{CS} \rho\vec{V}(\vec{V}\cdot\vec{n})\,dA \tag{6-17}$$

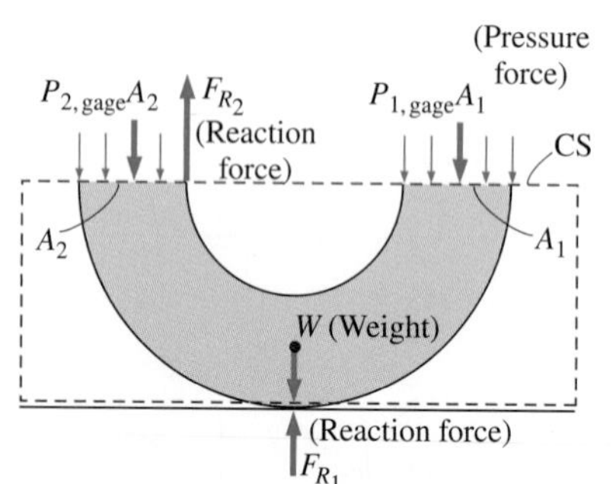

그림 6–12
대부분의 유동 시스템에서 모든 힘의 합 $\vec{F}$는 무게, 압력 힘, 반력으로 구성된다. 대기압이 검사면의 모든 곳에서 소거되므로 계기 압력이 사용되었다.

운동량 방정식은 **벡터 방정식**이고, 따라서 모든 항은 벡터로 취급되어야 한다. 또한 이 방정식은 서로 직교하는 좌표축(예를 들면, 직교좌표계의 x, y, z축)을 따라 분해할 수 있다. 모든 힘의 합 $\Sigma\vec{F}$는 대부분의 경우 무게, 압력 힘, 반력으로 구성된다(그림 6-12). 일반적으로, 운동량 방정식은 유동에 의하여 야기되는 힘(많은 경우, 지지 시스템 또는 연결 부위에 대한)을 계산하기 위하여 사용된다.

특수한 경우

본 교재의 대부분의 운동량 문제들은 정상 유동에 관한 문제이다. **정상 유동**에서 검사체적 내의 운동량은 일정하므로 검사체적 내 선형운동량의 시간 변화율[식 (6-16)의 두 번째 항]은 영이다. 따라서 선형운동량 방정식은 다음과 같이 된다.

정상 유동: $$\sum\vec{F} = \int_{CS} \rho\vec{V}\,(\vec{V}_r\cdot\vec{n})\,dA \tag{6-18}$$

변형하지 않는 검사체적이 일정한 속도로 움직이는 경우(관성좌표계) 식 (6-18)의 **첫 번째** $\vec{V}$ 역시 움직이는 검사면에 상대적인 속도로 취해질 수도 있다.

식 (6-17)은 고정된 검사체적에 관한 정확한 식인 반면, 적분 때문에 실제 공학 문제에는 편리하지 않다. 그 대신 질량 보존에서와 같이 식 (6-17)을 입출구를 통과하는 유체의 평균 속도와 질량유량을 이용하여 다시 표현할 수 있다. 다시 말하면 이 방정식을 **적분식**의 형태가 아닌 **대수식**의 형태로 나타내는 것이다. 실제로 많은 문제에서 유체는 한 개 혹은 그 이상의 입구와 한 개 또는 그 이상의 출구에서 검사체적의 경계를 통과하며, 유체는 검사체적으로 또는 검사체적으로부터 운동량을 수송한다. 검사면은 이러한 입출구에서의 유체 속도를 수직으로 절단할 수 있도록 선택한다(그림 6-13).

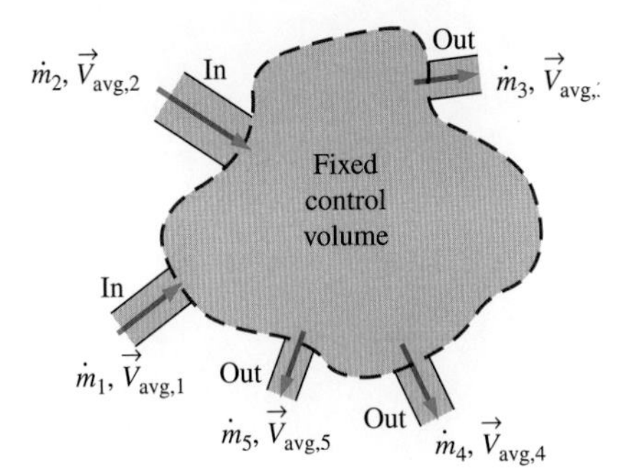

그림 6-13
많은 공학 문제에서 검사체적은 여러 개의 입구와 출구를 갖는다. 각각의 입구와 출구에서 질량유량 $\dot{m}$과 평균 속도 $\vec{V}_{avg}$를 정의한다.

ρ가 거의 일정한 입구 혹은 출구를 통과하여 검사체적으로 유입하거나 유출하는 질량유량 $\dot{m}$은 다음과 같다.

입구 혹은 출구를 통과하는 질량유량:

$$\dot{m} = \int_{A_c} \rho(\vec{V}\cdot\vec{n})\, dA_c = \rho V_{avg} A_c \tag{6-19}$$

식 (6-19)를 (6-17)과 비교하면, 식 (6-17)의 검사면 적분에 속도가 한 개 더 있는 것을 알 수 있다. 만약 $\vec{V}$가 입출구에서 균일하다면 ($\vec{V}=\vec{V}_{avg}$)적분 밖으로 꺼낼 수 있다. 따라서 입구나 출구를 통과하는 운동량의 유입률 또는 유출률을 간단히 대수 형태로 표현할 수 있다.

균일한 입구 혹은 출구를 통과하는 운동량 유동률:

$$\int_{A_c} \rho\vec{V}(\vec{V}\cdot\vec{n})\, dA_c = \rho V_{avg} A_c \vec{V}_{avg} = \dot{m}\vec{V}_{avg} \tag{6-20}$$

균일 유동 근사는 어떠한 입구 및 출구에서는 합리적이다. 예를 들면, 파이프의 둥근 입구, 풍동 시험 구간의 입구, 공기로 분출되는 거의 균일한 속도의 물 제트 등이다(그림 6-14). 이러한 입출구에는 식 (6-20)을 바로 적용할 수 있다.

운동량 플럭스 보정계수, β

불행하게도, 대부분의 입구 및 출구를 통과하는 유체의 속도는 균일하지 **않다**. 그럼에도 불구하고 식 (6-17)의 검사면 적분을 대수식 형태로 변환할 수 있으나, 무차원의 **운동량 플럭스 보정계수**(momentum flux correction factor) β가 필요하다. 이것은 프랑스 과학자 Joseph Boussinesq(1482-1929)가 처음 제안하였다. 고정된 검사체적에 대한 식 (6-17)의 대수식 형태는 다음과 같다.

$$\sum \vec{F} = \frac{d}{dt}\int_{CV} \rho\vec{V}\, dV + \sum_{out} \beta\dot{m}\vec{V}_{avg} - \sum_{in} \beta\dot{m}\vec{V}_{avg} \tag{6-21}$$

각각의 입출구에는 서로 다른 운동량 플럭스 보정계수값을 적용하여야 한다. 그림 6-14와 같은 **균일한 유동의 경우**에 $\beta=1$이다. 보다 일반적인 경우, β는 단면적이 A_c인 입출구를 유출입하는 적분 형태의 운동량 플럭스를 각각의 입출구에서의 질량유량 $\dot{m}$과 평균 속도 $\vec{V}_{avg}$를 이용하여 정의한다.

입구 혹은 출구를 통과하는 운동량 플럭스:

$$\int_{A_c} \rho\vec{V}(\vec{V}\cdot\vec{n})\, dA_c = \beta\dot{m}\vec{V}_{avg} \tag{6-22}$$

입출구에서 밀도가 일정하며 $\vec{V}$와 $\vec{V}_{avg}$의 방향이 같은 경우 식 (6-22)로부터 β를 다음과 같이 구할 수 있다.

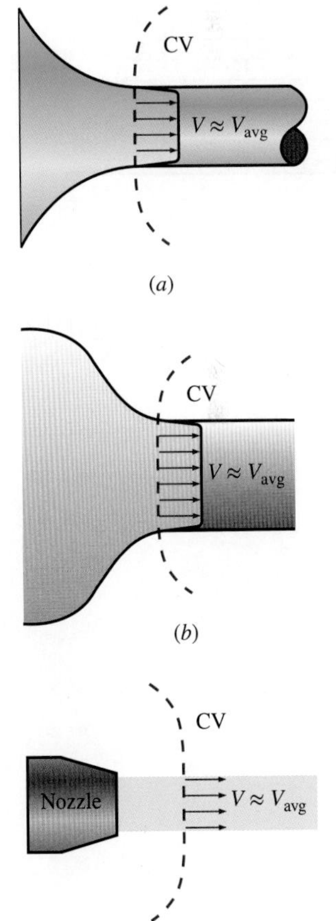

그림 6-14
균일 유동 근사가 합리적인 입구 및 출구의 예. (*a*) 파이프의 둥근 입구, (*b*) 풍동 시험 구간의 입구, (*c*) 공기로 분출되는 자유 물 제트를 가로지르는 단면.

$$\beta = \frac{\int_{A_c} \rho V(\vec{V}\cdot\vec{n})\, dA_c}{\dot{m}V_{\text{avg}}} = \frac{\int_{A_c} \rho V(\vec{V}\cdot\vec{n})\, dA_c}{\rho V_{\text{avg}} A_c V_{\text{avg}}} \tag{6-23}$$

분모의 $\dot{m}$에 $\rho V_{\text{avg}} A_c$를 대입하였다. 밀도는 소거되고, V_{avg}는 일정하므로 이것은 적분 속으로 보낼 수 있다. 또한 검사면이 입구 및 출구와 수직이라면 $(\vec{V}\cdot\vec{n})dA_c = VdA_c$이다. 따라서 식 (6-23)은 다음 식과 같이 간단해진다.

운동량 플럭스 보정계수:
$$\beta = \frac{1}{A_c}\int_{A_c}\left(\frac{V}{V_{\text{avg}}}\right)^2 dA_c \tag{6-24}$$

모든 속도 분포에 대하여 β의 값은 항상 1과 같거나 1보다 크다.

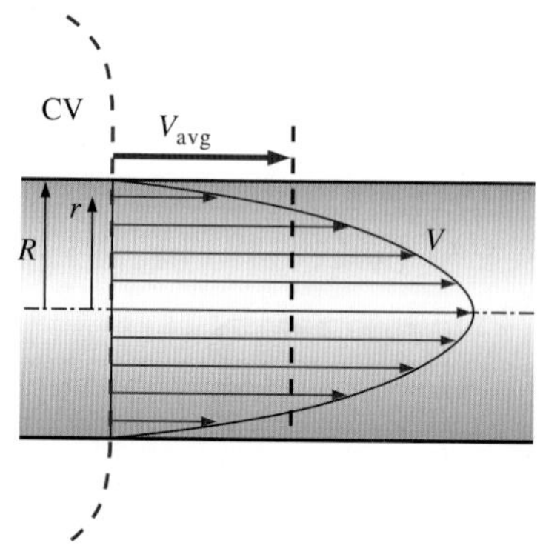

그림 6-15
완전발달된 층류 유동의 파이프 단면에서의 속도 분포.

예제 6-1 층류 파이프 유동의 운동량 플럭스 보정계수

원형 파이프의 매우 긴 직선 구간을 통과하는 층류 유동을 고려해 보자. 8장에서 설명하겠지만, 이 파이프의 단면을 통과하는 속도 분포는 포물선 형태(그림 6-15)이고, 축방향의 속도 성분은 다음과 같다.

$$V = 2V_{\text{avg}}\left(1 - \frac{r^2}{R^2}\right) \tag{1}$$

여기서 R은 파이프 내벽의 반경이고, V_{avg}는 평균 속도이다. 그림 6-15에 보인 바와 같이, 이 파이프 내의 검사체적의 출구를 통과하는 유동의 운동량 플럭스 보정계수를 계산하라.

풀이 주어진 속도 분포에 대해서 운동량 플럭스 보정계수를 계산하고자 한다.

가정 **1** 유동은 비압축성이며, 정상이다. **2** 검사체적은 그림 6-15에 보인 바와 같이 파이프의 축에 수직으로 파이프를 절단한다.

풀이 주어진 속도 분포를 식 (6-24)의 V에 대입하여 적분하면 다음 식을 얻는다. 여기서 $dA_c = 2\pi r\, dr$이다.

$$\beta = \frac{1}{A_c}\int_{A_c}\left(\frac{V}{V_{\text{avg}}}\right)^2 dA_c = \frac{4}{\pi R^2}\int_0^R \left(1 - \frac{r^2}{R^2}\right)^2 2\pi r\, dr \tag{2}$$

새로운 적분 변수 $y = 1 - r^2/R^2$을 이용하면 $dy = -2r\,dr/R^2$이므로(또한 $r=0$에서 $y=1$, $r=R$에서 $y=0$) 이 식을 적분하여 완전발달된 층류 유동에 대한 운동량 플럭스 보정계수를 계산할 수 있다.

층류 유동:
$$\beta = -4\int_1^0 y^2\, dy = -4\left[\frac{y^3}{3}\right]_1^0 = \frac{4}{3} \tag{3}$$

토의 검사체적의 출구에서 β를 계산하였지만, 검사체적의 입구에서 계산하여도 같은 결과를 얻는다.

예제 6-1에서 볼 수 있듯이, 완전발달된 파이프 층류 유동의 경우 β는 1에 가깝지 않으므로, β를 무시하면 큰 오차가 발생할 수 있다. 만약 예제 6-1의 적분 과정을 층류 유동이 아닌 완전발달된 **난류 유동**에 대해 수행하면 β의 값은 1.01~1.04 사이이다. 이 값은 1에 매우 근접한 값이므로, 많은 엔지니어들은 운동량 플럭스 보정계수를 무시한다. 난류 유동의 경우 β를 무시하여도 최종 결과에 큰 영향을 주지는 않지만, 방정식에는 β를 그대로 두는 것이 현명하다. 이렇게 하면 계산의 정밀도를 개선하고, 또한 층류 검사체적 문제를 계산할 때 운동량 플럭스 보정계수를 누락시키지 않도록 상기시킨다.

난류 유동에서 β는 입구 및 출구에서 큰 영향을 끼치지 않지만, 층류 유동에서 β는 중요할 수 있으므로 무시하면 안 된다. 모든 운동량 검사체적 문제에서 β를 포함시키는 것이 현명하다.

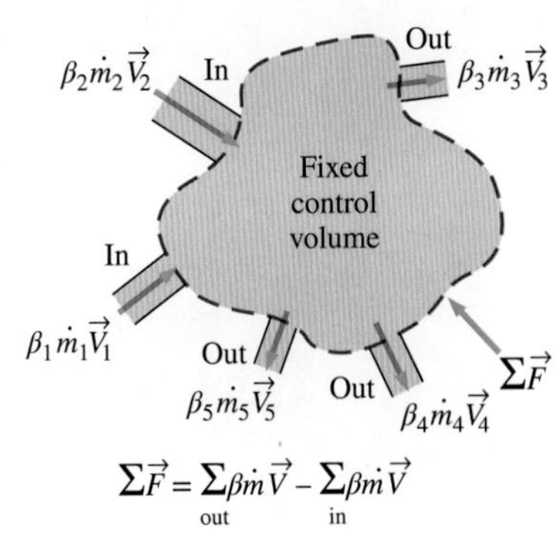

그림 6-16
정상 유동 과정에서 검사체적에 작용하는 순수 힘은 유출하는 운동량 플럭스와 유입하는 운동량 플럭스의 차이와 같다.

정상 유동

정상 유동의 경우, 식 (6-21)의 시간도함수 항은 소거되므로 다음 식과 같이 간단해진다.

정상 선형운동량 방정식: $$\sum \vec{F} = \sum_{out} \beta\dot{m}\vec{V} - \sum_{in} \beta\dot{m}\vec{V} \qquad \textbf{(6-25)}$$

이 식에서 평균 속도의 하첨자 "avg"를 생략하였다. 식 (6-25)는 다음을 의미한다. **정상 유동 과정에서 검사체적에 작용하는 순수 힘은 운동량 유출률과 유입률의 차이와 같다.** 이 설명은 그림 6-16에 도시되어 있다. 또한 식 (6-25)가 벡터 방정식이므로 이 식은 모든 방향에 적용할 수 있다.

하나의 입구와 하나의 출구를 갖는 정상 유동

많은 유동 문제들은 오직 한 개의 입구 및 한 개의 출구를 갖는 경우가 많다(그림 6-17). 이러한 **단일 유동 시스템**(single-stream system)의 질량유량은 일정하므로 식 (6-25)는 다음과 같이 된다.

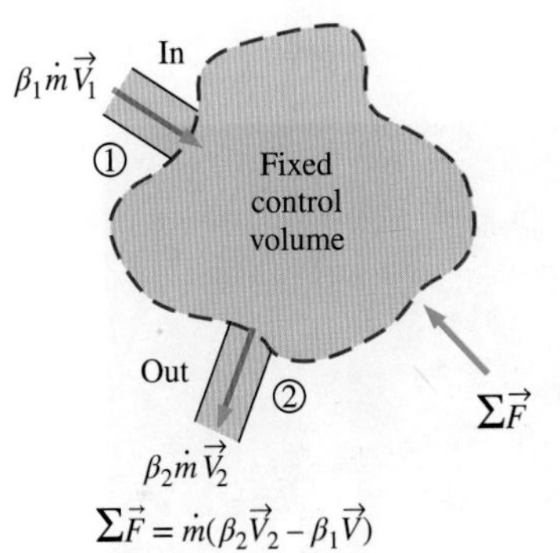

그림 6-17
한 개의 입구와 한 개의 출구를 갖는 검사체적.

한 개의 입구 및 한 개의 출구: $$\sum \vec{F} = \dot{m}\,(\beta_2\vec{V}_2 - \beta_1\vec{V}_1) \qquad \textbf{(6-26)}$$

이 식에서 하첨자 1은 입구를, 하첨자 2는 출구를 의미하며, $\vec{V}_1$ 및 $\vec{V}_2$는 각각 입출구에서의 **평균 속도**이다.

모든 식이 **벡터** 방정식이므로, 모든 가감은 **벡터** 가감임을 다시 한번 명심하기 바란다. 벡터의 뺄셈은 벡터의 방향을 반대로 하여 덧셈하는 것임을 상기하라(그림 6-18). 어떠한 특정한 축(예를 들어, x축)의 방향으로 운동량 방정식을 나타낼 때는 그 축에 벡터를 투영하여 표현한다. 일례로, 식 (6-26)을 x축을 따라 표현하면 다음과 같다.

x축을 따라: $$\sum F_x = \dot{m}(\beta_2 V_{2,x} - \beta_1 V_{1,x}) \qquad \textbf{(6-27)}$$

이 식에서 ΣF_x는 힘의 x방향 성분의 벡터합이고, $V_{2,x}$ 및 $V_{1,x}$는 각각 출구 유체 속도 및 입구 유체 속도의 x방향 성분이다. 힘이나 속도 성분이 양의 x방향이면 양의 값이고, 음의 x방향이면 음의 값이다. 한편 미지의 힘의 방향은 먼저 양의 방향으로 가정한다(문제에서 힘의 방향이 명확하지 않은 경우). 미지의 힘을 계산한 결과 그 값이 음이면 가정한 방향이 틀린 것이므로 그 방향을 반대로 하여야 한다.

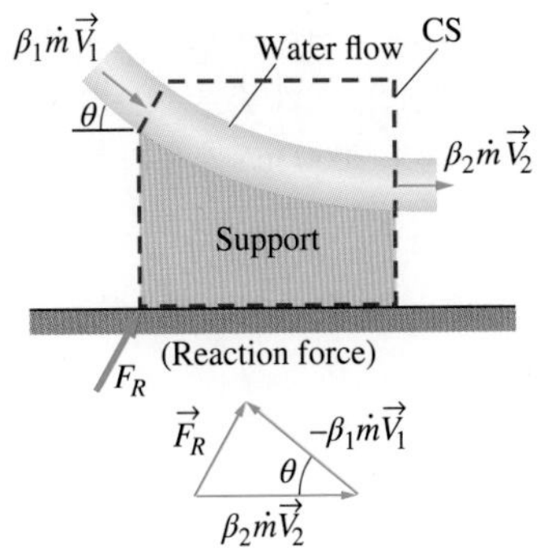

그림 6-18
물의 유동방향이 변화함으로써 발생하는 지지대의 반력을 계산하기 위한 벡터 덧셈.

외력이 없는 경우의 유동

우주선이나 인공위성과 같이 운동방향으로 무게, 압력, 반력 등이 물체에 작용하지 않는 경우를 고려해 보자. 여러 개의 입구 및 출구를 갖는 검사체적에 대하여 식 (6-21)은 다음과 같이 된다.

외력이 없는 경우:

$$0 = \frac{d(m\vec{V})_{\text{CV}}}{dt} + \sum_{\text{out}} \beta \dot{m}\vec{V} - \sum_{\text{in}} \beta \dot{m}\vec{V} \qquad \textbf{(6-28)}$$

이 운동량 보존 법칙은 다음을 의미한다. **외력이 없는 경우, 검사체적의 운동량의 변화율은 운동량 유입률과 유출률의 차이와 같다.**

검사체적의 질량 m이 거의 일정하면, 식 (6-28)의 첫 항은 다음 식에서 알 수 있듯이, 단순히 질량과 가속도의 곱이다.

$$\frac{d(m\vec{V})_{\text{CV}}}{dt} = m_{\text{CV}}\frac{d\vec{V}_{\text{CV}}}{dt} = (m\vec{a})_{\text{CV}} = m_{\text{CV}}\vec{a}$$

그러므로 이러한 경우의 검사체적은 강체(질량이 일정한 시스템)처럼 취급되며, 물체에 작용하는 순수 추진력(thrusting force)[또는 간단히 **추력**(thrust)]은 다음과 같다.

추진력:

$$\frac{d(m\vec{V})_{\text{CV}}}{dt} = m_{\text{CV}}\frac{d\vec{V}_{\text{CV}}}{dt} = (m\vec{a})_{\text{CV}} = m_{\text{CV}}\vec{a} \qquad \textbf{(6-29)}$$

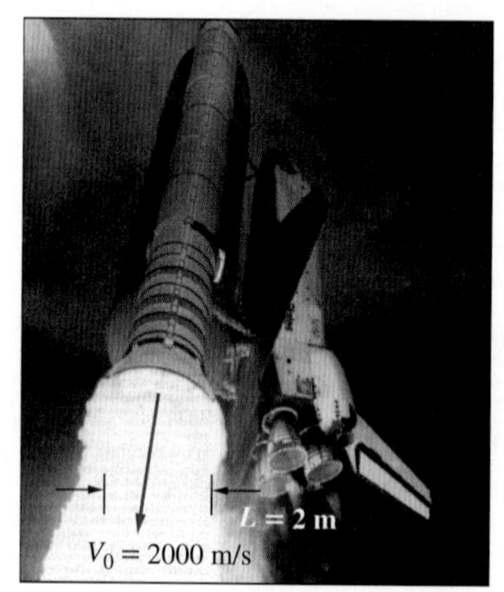

그림 6-19
우주왕복선을 쏘아 올리기 위한 추진력은 로켓 엔진 내부에서 연료의 운동량 변화의 결과로서 발생된다. 초기 속도 영으로부터 연소 후 출구 속도 2000 m/s까지 가속된다.
NASA

식 (6-29)에서 유체의 속도는 관성좌표계(우주에 고정되어 있거나 직선을 따라 등속 운동하는 좌표계)에서 본 속도이다. 직선을 따라 등속 운동하는 물체를 해석할 경우에는 동일한 경로를 동일한 속도로 물체와 함께 움직이는 관성좌표계를 선택하는 것이 편리하다. 이러한 경우 관성좌표계에 상대적인 유체의 속도는 움직이는 물체에 상대적인 속도와 같고, 해석이 훨씬 쉽다. 이러한 방법은 비록 비관성좌표계에서는 완전히 타당하지는 않지만, 로켓이 점화되었을 때 우주선의 초기 가속도를 계산하는 데 사용될 수 있다(그림 6-19).

추진력이란 가속되는 물체의 반작용으로 발생하는 기계적인 힘이라는 것을 상기하자. 예를 들면, 비행기의 제트 엔진에서 뜨거운 배기 가스가 팽창하며 엔진의 뒷부분으로 배출되므로 가속되고, 이의 반작용에 의해 반대방향으로 추진력이 발생하는 것이다. 추진력의 발생은 Newton의 운동 제3법칙에 근거한다. **어떠한 한 점에 작용이 있으면 크기가 같고 방향이 반대인 반작용이 존재한다.** 제트 엔진의 경우, 엔진이 배기 가스에 힘을 가하면, 배기 가스는 반작용에 의해 반대방향으로 같은 크기의 힘을 엔진에 가한다. 다시 말하면, 엔진에 의해 배기 가스에 작용하는 미는 힘은 배기 가스가 비행기에 반대방향으로 가하는 추진력과 크기가 같다($\vec{F}_{\text{thrust}} = -F_{\text{push}}$). 비행기의 자유물체도에서 배출되는 배기 가스의 효과는 배기 가스의 운동과 반대방향으로 힘을 삽입함으로써 설명된다.

예제 6-2 유동방향을 바꾸기 위한 엘보 현 위치에 고정시키기 위해 필요한 힘

관경이 좁아지는 엘보(reducing elbow)가 수평으로 놓인 파이프 속에서 유량 14 kg/s로 흐르는 물을 가속시키면서 30° 상향으로 물의 흐름 방향을 바꾸어 주는 데 이용된다(그림 6-20). 엘보는 대기 중으로 물을 방출한다. 엘보의 단면적은 입구에서는 113 cm^2, 출구에서는 7 cm²이다. 입출구 중심 간의 높이 차이는 30 cm이다. 엘보와 물의 무게는 무시할 수 있을 때, 다음을 계산하라. (a) 엘보 입구 중심의 계기 압력, (b) 엘보를 현재의 위치에 고정시키기 위해 필요한 힘.

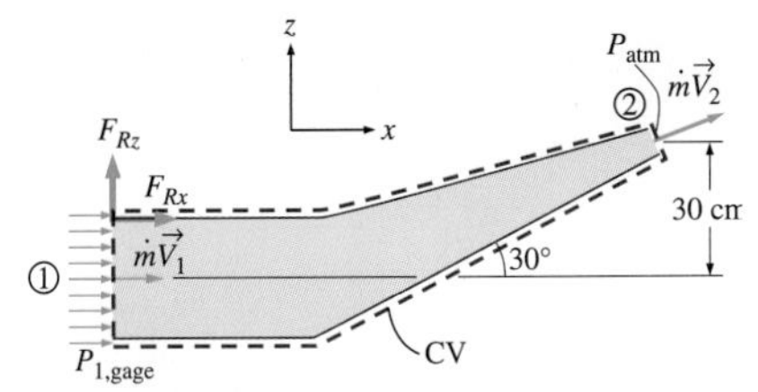

그림 6–20
예제 6-2에 대한 개략도.

풀이 관경이 좁아지는 엘보가 물을 위쪽 방향으로 바꾸고, 대기 중으로 물을 방출한다. 엘보 입구의 압력과, 엘보를 현 위치에 고정시키기 위해 필요한 힘을 계산하고자 한다.

가정 **1** 유동은 정상이며, 마찰 효과를 무시할 수 있다. **2** 엘보와 물의 무게는 무시할 수 있다. **3** 물은 대기 중으로 방출되며, 따라서 출구의 계기 압력은 영이다. **4** 유동은 난류이며, 검사체적의 입출구에서 완전히 발달되었다. 따라서 운동량 플럭스 보정계수 $\beta = 1.03$이다.

상태량 물의 밀도는 1000 kg/m³이다.

해석 (a) 엘보를 검사체적으로 선택하고, 입구를 1, 출구를 2로 한다. x축 및 z축을 그림과 같이 선택한다. 한 개의 입구 및 한 개의 출구를 갖는 정상 유동 시스템의 연속 방정식은 $\dot{m}_1 = \dot{m}_2 = \dot{m} = 14$ kg/s이다. $\dot{m} = \rho AV$이므로 입구 및 출구에서 물의 속도는 다음과 같다.

$$V_1 = \frac{\dot{m}}{\rho A_1} = \frac{14 \text{ kg/s}}{(1000 \text{ kg/m}^3)(0.0113 \text{ m}^2)} = 1.24 \text{ m/s}$$

$$V_2 = \frac{\dot{m}}{\rho A_2} = \frac{14 \text{ kg/s}}{(1000 \text{ kg/m}^3)(7 \times 10^{-4} \text{ m}^2)} = 20.0 \text{ m/s}$$

압력을 근사적으로 계산하기 위하여 Bernoulli 방정식(5장)을 이용한다. 8장에서는 벽을 따른 마찰 손실을 고려하는 방법을 다룬다. 입구 단면의 중심을 기준 위치로 하고($z_1 = 0$), 또한 $P_2 = P_{atm}$이므로 엘보의 중심을 통과하는 유선의 Bernoulli 방정식은 다음과 같이 표현할 수 있다.

$$\frac{P_1}{\rho g} + \frac{V_1^2}{2g} + z_1 = \frac{P_2}{\rho g} + \frac{V_2^2}{2g} + z_2$$

$$P_1 - P_2 = \rho g\left(\frac{V_2^2 - V_1^2}{2g} + z_2 - z_1\right)$$

$$P_1 - P_{atm} = (1000 \text{ kg/m}^3)(9.81 \text{ m/s}^2)$$

$$\times\left(\frac{(20 \text{ m/s})^2 - (1.24 \text{ m/s})^2}{2(9.81 \text{ m/s}^2)} + 0.3 - 0\right)\left(\frac{1 \text{ kN}}{1000 \text{ kg}\cdot\text{m/s}^2}\right)$$

$$P_{1,\text{ gage}} = 202.2 \text{ kN/m}^2 = \mathbf{202.2 \text{ kPa}} \quad \text{(gage)}$$

(b) 정상, 1차원 유동의 운동량 방정식은 다음과 같다.

$$\sum \vec{F} = \sum_{\text{out}} \beta \dot{m}\vec{V} - \sum_{\text{in}} \beta \dot{m}\vec{V}$$

엘보를 고정시키는 힘의 x 및 z방향 성분들을 각각 F_{Rx} 및 F_{Rz}라 하고, 양의 방향으로 가정한다. 또한 검사면 전체에 대기압이 작용하므로 계기 압력을 이용한다. 따라서 x 및 z축 방향의 운동량 방정식은 다음과 같이 된다.

$$F_{Rx} + P_{1,\,\text{gage}}A_1 = \beta\dot{m}V_2\cos\theta - \beta\dot{m}V_1$$
$$F_{Rz} = \beta\dot{m}V_2\sin\theta$$

여기서 $\beta = \beta_1 = \beta_2$이다. F_{Rx} 및 F_{Rz}에 대하여 정리하고, 주어진 수치들을 대입하면 다음의 결과를 얻을 수 있다.

$$\begin{aligned} F_{Rx} &= \beta\dot{m}(V_2\cos\theta - V_1) - P_{1,\,\text{gage}}A_1 \\ &= 1.03(14\text{ kg/s})[(20\cos 30° - 1.24)\text{ m/s}]\left(\frac{1\text{ N}}{1\text{ kg}\cdot\text{m/s}^2}\right) \\ &\quad - (202{,}200\text{ N/m}^2)(0.0113\text{ m}^2) \\ &= 232 - 2285 = \mathbf{-2053\text{ N}} \end{aligned}$$

$$F_{Rz} = \beta\dot{m}V_2\sin\theta = (1.03)(14\text{ kg/s})(20\sin 30°\text{ m/s})\left(\frac{1\text{ N}}{1\text{ kg}\cdot\text{m/s}^2}\right) = \mathbf{144\text{ N}}$$

F_{Rx}의 값이 음이므로 가정한 방향이 틀렸다는 것을 알 수 있으며, 따라서 방향을 반대로 하여야 한다. 그러므로 F_{Rx}는 음의 x방향으로 작용한다.

토의 엘보의 내벽을 따라 영이 아닌 압력 분포가 존재하지만, 검사체적이 엘보의 외부이므로 이 압력들은 해석에서 제외되었다. 더 정밀한 계산을 위하여, 엘보의 무게와 엘보 내의 물 무게를 수직방향의 힘에 포함할 수 있다. 실제의 $P_{1,\text{gage}}$는 엘보 내의 마찰과 비가역적 손실들 때문에 이 예제에서 계산한 값보다 더 클 것이다.

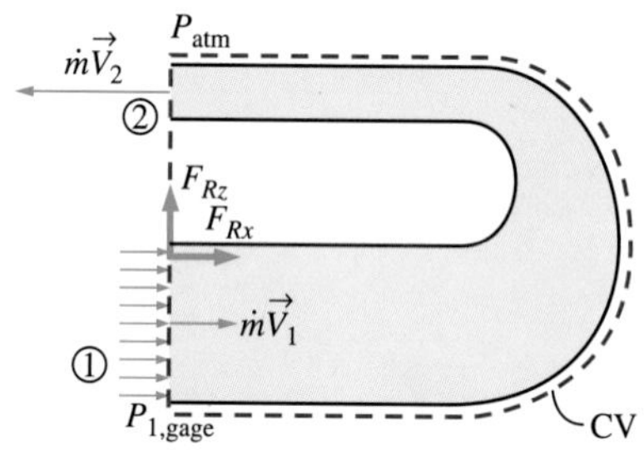

그림 6-21
예제 6-3에 대한 개략도.

예제 6-3 유동방향을 반대로 하기 위한 엘보를 현 위치에 고정시키기 위해 필요한 힘

예제 6-2의 유동방향을 바꾸기 위한 엘보 대신 그림 6-21과 같이 방출 전에 방향을 180° U턴시켜 유동방향을 반대로 하기 위한 엘보를 부착한 경우를 고려해 보자. 입출구 중심 간의 높이 차이는 0.3 m이다. 엘보를 현재의 위치에 고정시키기 위해 필요한 힘을 계산하라.

풀이 엘보 입출구의 속도 및 압력은 동일하지만, 수직방향으로 다른 힘이나 운동량 플럭스가 없으므로(엘보와 물의 무게는 무시하였다), 엘보와 파이프의 연결부에서 이를 현 위치에 고정하기 위한 힘의 수직 성분은 영이다($F_{Rz} = 0$). 이 힘의 수평 성분은 x방향의 운동량 방정식으로부터 계산할 수 있다. 출구 속도가 음의 x방향이므로 속도는 음이다. 따라서 다음과 같은 식을 구한다.

$$F_{Rx} + P_{1,\,\text{gage}}A_1 = \beta_2\dot{m}(-V_2) - \beta_1\dot{m}V_1 = -\beta\dot{m}(V_2 + V_1)$$

F_{Rx}에 대하여 정리하고, 주어진 수치들을 대입하면 다음의 결과를 얻을 수 있다.

$$\begin{aligned} F_{Rx} &= -\beta\dot{m}(V_2 + V_1) - P_{1,\,\text{gage}}A_1 \\ &= -(1.03)(14\text{ kg/s})[(20 + 1.24)\text{ m/s}]\left(\frac{1\text{ N}}{1\text{ kg}\cdot\text{m/s}^2}\right) - (202{,}200\text{ N/m}^2)(0.0113\text{ m}^2) \\ &= -306 - 2285 = \mathbf{-2591\text{ N}} \end{aligned}$$

그러므로 플랜지에는 음의 x방향으로 2591 N의 힘이 작용한다(엘보는 파이프에서 분리되려고 한다). 이 힘은 260 kg 질량의 무게이므로, 연결부(예를 들어 볼트)는 이 힘을 견디기 위하여 충분히 강해야 한다.

토의 x방향의 반력은 예제 6-2의 반력보다 더 크다. 왜냐하면 엘보가 물의 방향을 더 큰 각도로 바꾸기 때문이다. 만약 이 엘보 대신 직선 노즐(소방관들이 사용하는 것과 유사한)을 부착하여 물이 양의 x방향으로 분출된다면 V_1과 V_2가 모두 양의 x방향이므로 x방향의 운동량 방정식은 다음과 같다.

$$F_{Rx} + P_{1,\text{ gage}}A_1 = \beta\dot{m}V_2 - \beta\dot{m}V_1 \quad \rightarrow \quad F_{Rx} = \beta\dot{m}(V_2 - V_1) - P_{1,\text{ gage}}A_1$$

따라서 이 결과는 속도와 힘을 계산할 때 정확한 부호(양의 방향이면 양으로, 음의 방향이면 음으로) 사용의 중요성을 보여준다.

예제 6-4 고정된 판에 충돌하는 물 제트

노즐에 의해 35 m/s로 가속된 물이 유동방향과 동일하게 수평방향으로 움직이는 카트의 수직후판에 충돌하고 이때 카트의 속도는 10 m/s의 일정하다(그림 6-22). 정지된 노즐에서 나오는 질량유량은 30 kg/s이다. 충돌 후, 물의 흐름은 후판에서 모든 방향으로 튀어나간다. 이때 (a) 가속을 막기 위해서 카트 브레이크에 부여해야 하는 힘을 결정하라. (b) 만약 이 힘을 브레이크에 소비하지 않고 동력을 생성하기 위해 사용한다면, 이상적으로 생성할 수 있는 최대 동력을 계산하라. (c) 만약 카트의 질량이 400 kg이고 브레이크가 작동하지 않는 경우, 물이 카트에 충돌할 때 생성되는 카드 가속도를 계산하라. 단, 물제트가 충돌할 때 판에 남아 있는 물의 질량은 무시한다.

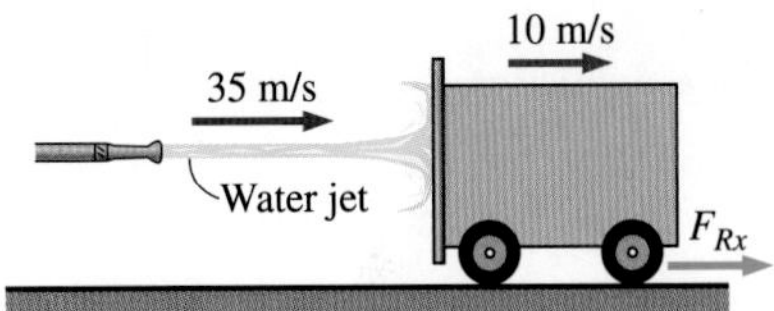

그림 6-22
예제 6-4에 대한 개략도.

풀이 노즐에 의해 가속된 물이 일정속도를 가지고 수평방향으로 움직이는 카드의 후판에 충돌하고 있다. 이때, 카드가 움직이지 않게 하기 위한 브레이크 힘, 브레이크에 의해 소비된 동력, 그리고 브레이크가 작동하지 않는 경우, 카트의 가속도를 구하고자 한다.

가정 **1** 유동은 정상상태이고 비압축성이다. **2** 물은 후판 면에서 모든 방향으로 튀어나간다. **3** 물제트는 대기에 노출되고, 물제트와 튀어나가는 물의 압력은 대기압이므로 모든 면에서 작용하는 이 압력들은 무시할 수 있다. **4** 움직이는 동안의 마찰은 무시한다. **5** 물과 카트는 수평방향으로 움직인다. **6** 물제트 유동은 거의 균일하기 때문에 운동량 플럭스 보정계수는 무시한다. 즉, $\beta \cong 1$이다.

해석 카트를 검사체적으로 선택하고 유동방향을 양의 x축 방향으로 설정하면, 카트와 물제트와의 상대속도는 다음과 같다.

$$V_r = V_{\text{jet}} - V_{\text{cart}} = 35 - 10 = 25 \text{ m/s}$$

따라서 카트는 정지된 상태에 있고, 물제트는 25 m/s로 움직이고 있다고 볼 수 있다. 노즐 출구에서의 물제트 속도에 해당하는 질량유속이 30 kg/s이면, 카트에 대한 상대적인 물제트의 속도 25 m/s에 해당하는 상대적 질량유속은 다음과 같다.

$$\dot{m}_r = \frac{V_r}{V_{\text{jet}}}\dot{m}_{\text{jet}} = \frac{25 \text{ m/s}}{35 \text{ m/s}}(30 \text{ kg/s}) = 21.43 \text{ kg/s}$$

이 경우, 정상상태에서 x방향 운동량 방정식은 다음과 같다.

그림 6-23
헬리콥터의 다운워시(세류)현상은 예제 6-4에서 언급된 물 제트의 현상과 유사하다. 그림과 같이, 날개에서 형성된 제트기류가 물의 표면에 충돌하여 원형의 파동을 야기시킨다.
© *Purestock/Superstock RF*

$$\sum \vec{F} = \sum_{\text{out}} \beta \dot{m}\vec{V} - \sum_{\text{in}} \beta \dot{m}\vec{V} \rightarrow F_{Rx} = -\dot{m}_i V_i \rightarrow F_{\text{brake}} = -\dot{m}_r V_r$$

브레이크에 걸리는 힘이 유동방향과 반대로 작용한다는 점을 생각하면, 힘과 속도는 음의 x방향으로 나타내야 한다. 주어진 값들을 대입하면 다음과 같은 값을 얻는다.

$$F_{\text{brake}} = -\dot{m}_r V_r = -(21.43 \text{ kg/s})(+25 \text{ m/s})\left(\frac{1 \text{ N}}{1 \text{ kg·m/s}^2}\right) = -535.8 \text{ N} \cong \mathbf{-536 \text{ N}}$$

음의 부호는 브레이크에 걸리는 힘이 유동과 반대방향으로 작용한다는 것을 나타낸다. 물제트가 카트에 힘을 주는 것은 헬리콥터의 에어제트가 다운워시(세류)를 생성하는 것과 유사하다. 여기서, 헬리콥터의 날개가 아래 수면에 힘을 전달하여 형성되는 유동형태를 세류라고 한다(그림 6-23). 또한 일은 힘과 거리의 곱이고, 단위 시간당 카트의 이동거리가 카트 속도이므로, 브레이크에 의해 소비되는 동력은 다음과 같다.

$$\dot{W} = F_{\text{brake}} V_{\text{cart}} = (535.8 \text{ N})(10 \text{ m/s})\left(\frac{1 \text{ W}}{1 \text{ N·m/s}}\right) = 5358 \text{ W} \cong \mathbf{5.36 \text{ kW}}$$

카트 속도가 일정하게 유지될 때, 소비된 동력은 생성되는 이상적인 최대 동력과 동일하다.
(c) 만약 브레이크가 작동하지 않는 경우, 브레이크 힘은 카트를 유동방향으로 나아가게 할 것이다. 이때의 가속도는 다음과 같다.

$$a = \frac{F}{m_{\text{cart}}} = \frac{535.8 \text{ N}}{400 \text{ kg}}\left(\frac{1 \text{ kg·m/s}^2}{1 \text{ N}}\right) = \mathbf{1.34 \text{ m/s}^2}$$

토의 이 값은 브레이크가 작동하지 않을 때의 가속도를 나타낸다. 또한, 물제트와 수레 간의 상대속도(위의 수식에서는 힘을 나타냄)가 감소함에 따라 가속도는 감소한다.

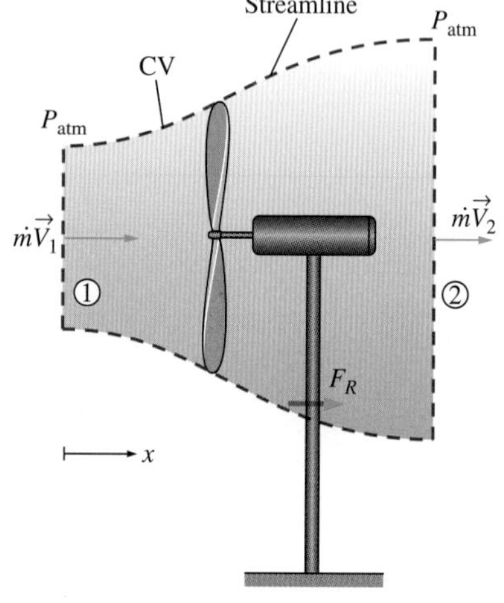

그림 6-24
예제 6-5에 대한 개략도.

예제 6-5 풍력 터빈의 동력과 풍하중

9m 직경의 블레이드 길이를 갖는 풍력 발전기가 11 km/h의 인입 풍속(cut-in wind speed)을 가지며, 이 속도에서 터빈은 0.4 kW의 전기를 생산한다(그림 6-24). (a) 풍력 터빈-발전기의 연합 효율, (b) 바람에 의해 풍력 터빈의 지지대에 작용하는 수평방향의 힘을 구하라. 효율이 동일하다고 가정할 때, 풍속이 22 km/h로 2배가 되면 발전하는 전력과 힘은 얼마인가? 공기의 밀도는 1.22 kg/m³이다.

풀이 풍력 터빈이 발전하는 전력과 힘을 해석한다. 효율과 지지대에 작용하는 힘을 계산한다. 또한 풍속을 2배로 증가시킬 때의 효과를 계산하고자 한다

가정 **1** 바람의 유동은 정상이며, 비압축성이다. **2** 터빈-발전기의 효율은 풍속과 무관하다. **3** 마찰 효과는 무시할 수 있다. 따라서 유입하는 운동 에너지의 열 에너지로의 변환은 없다. **4** 풍력 터빈을 통과하는 공기의 평균 속도는 풍속과 같다(실제로는 이보다 작다. 14장 참조). **5** 풍력 터빈 상류 및 하류의 바람의 유동은 거의 균일하다. 따라서 운동량 플럭스 보정계수 $\beta = \beta_1 = \beta_2 \cong 1$이다.

상태량 공기의 밀도는 1.22 kg/m^{3}이다.

해석 (a) 운동 에너지는 기계적 에너지의 형태이므로 완전히 일로 변환할 수 있다. 바람이 가진 동력은 단위 질량당 $V^2/2$ 운동 에너지에 비례하므로, 주어진 질량유량에 대해서 최대 $\dot{m}V^2/2$의 동력을 생산할 수 있다.

$$V_1 = (11 \text{ km/h})\left(\frac{1 \text{ m/s}}{3.6 \text{ km/h}}\right) = 3.056 \text{ m/s}$$

$$\dot{m} = \rho_1 V_1 A_1 = \rho_1 V_1 \frac{\pi D^2}{4} = (1.22 \text{ kg/m}^3)(3.056 \text{ m/s}) \quad \frac{\pi(9 \text{ m})^2}{4} = 237.2 \text{ kg/s}$$

$$\dot{W}_{\max} = \dot{m}\text{ke}_1 = \dot{m}\frac{V_1^2}{2}$$
$$= (237.2 \text{ kg/s}) \quad \frac{(3.056 \text{ m/s})^2}{2}\left(\frac{1 \text{ kN}}{1000 \text{ kg}\cdot\text{m/s}^2}\right)\left(\frac{1 \text{ kW}}{1 \text{ kN}\cdot\text{m/s}}\right)$$
$$= 1.108 \text{ kW}$$

11 km/h의 풍속에서 풍력 터빈의 가용 출력은 1.108 kW이므로 풍력 터빈-발전기의 연합 효율은 다음과 같다.

$$\eta_{\text{wind turbine}} = \frac{\dot{W}_{\text{act}}}{\dot{W}_{\max}} = \frac{0.4 \text{ kW}}{1.108 \text{ kW}} = \mathbf{0.361} \qquad (\text{또는 } \mathbf{36.1\%})$$

(b) 마찰 효과는 무시할 수 있다고 가정하였으므로 유입된 운동 에너지 중 전력으로 변환되지 않은 운동 에너지는 운동 에너지의 형태로 풍력 터빈에서 유출된다. 질량유량이 일정하므로 출구 속도는 다음과 같이 계산할 수 있다.

$$\dot{m}\text{ke}_2 = \dot{m}\text{ke}_1(1 - \eta_{\text{wind turbine}}) \quad \rightarrow \quad \dot{m}\frac{V_2^2}{2} = \dot{m}\frac{V_1^2}{2}(1 - \eta_{\text{wind turbine}}) \qquad \textbf{(1)}$$

또는

$$V_2 = V_1\sqrt{1 - \eta_{\text{wind turbine}}} = (3.056 \text{ m/s})\sqrt{1 - 0.361} = 2.443 \text{ m/s}$$

지지대에 작용하는 힘을 계산하려면(그림 6-25) 입출구에서 바람이 검사면에 수직이고, 전체 검사면이 대기압이며, 풍력 터빈 전체가 포함되도록 검사체적을 선택한다(그림 6-24). 정상, 1차원 유동의 운동량 방정식은 다음 식과 같다.

$$\sum \vec{F} = \sum_{\text{out}} \beta \dot{m}\vec{V} - \sum_{\text{in}} \beta \dot{m}\vec{V} \qquad \textbf{(2)}$$

$\beta = 1$, $V_{1,x} = V_1$, $V_{2,x} = V_2$이므로 이 방정식을 x방향으로 표현하면 다음과 같다.

$$F_R = \dot{m}V_2 - \dot{m}V_1 = \dot{m}(V_2 - V_1) \qquad \textbf{(3)}$$

주어진 수치들을 식 (3)에 대입하여 다음의 결과를 얻는다.

$$F_R = \dot{m}(V_2 - V_1) = (237.2 \text{ kg/s})(2.443 - 3.056 \text{ m/s})\left(\frac{1 \text{ N}}{1 \text{ kg}\cdot\text{m/s}^2}\right)$$
$$= -145 \text{ N}$$

음의 부호는 예상한 대로 반력이 음의 x방향으로 작용함을 나타낸다. 그러므로 바람에 의해 풍력 터빈의 지지대에 작용하는 힘은 $F_{\text{mast}} = -F_R = $ **145 N**이다.

발전하는 전력은 V^3에 비례한다. 왜냐하면 질량유량은 V에, 운동 에너지는 V^2에 비례하기 때문이다. 따라서 풍속이 22 km/h로 2배가 되면 발전하는 전력은 $2^3 = 8$배, 즉

그림 6-25
최근의 풍력 터빈의 지지대에 작용하는 힘과 모멘트는 매우 중요하며, 그 크기는 V^2에 비례한다. 그러므로 지지대는 매우 크고 튼튼하다.
© Ingram Publishing/SuperStock RF

0.4×8=3.2 kW가 된다. 한편 바람에 의해 풍력 터빈의 지지대에 작용하는 힘은 V^2에 비례한다. 그러므로 풍속이 22 km/h로 2배가 되면 바람의 힘은 $2^2=4$배, 즉 145×4=580 N이 된다.

토의 풍력 터빈은 14장에서 자세히 설명한다.

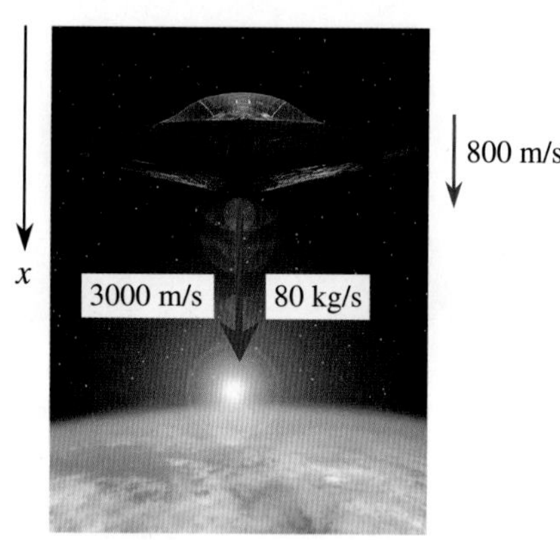

그림 6–26
예제 6-6에 대한 개략도.
© *Brand X Pictures/PureStock RF*

예제 6–6 우주선의 감속

질량이 12,000 kg인 우주선이 800 m/s의 일정한 속도로 행성을 향해 수직방향으로 하강하고 있다(그림 6-26). 우주선을 감속하기 위하여 우주선 하단의 고체 연료 로켓이 점화되어 연소 가스가 우주선에 상대적으로 3000 m/s의 속도, 80 kg/s의 유량으로 5초 동안 분사된다. 우주선의 작은 질량 변화는 무시하고 (a) 그 시간 동안 우주선의 감속도, (b) 우주선 속도의 변화, (c) 우주선의 추진력을 구하라.

풀이 우주선의 운동방향으로 로켓을 점화하였다. 감속도, 속도의 변화, 추진력을 계산하고자 한다.

가정 **1** 배기 가스의 유동은 분사 시간 동안 정상(steady)이고 1차원이지만, 우주선의 비행은 비정상이다. **2** 우주선에 작용하는 외력은 없고, 노즐 출구에서 압력 힘의 영향은 무시할 수 있다. **3** 분사된 연료의 질량은 우주선의 무게에 비하여 무시할 수 있다. 따라서 우주선은 질량이 일정한 강체로 취급할 수 있다. **4** 노즐은 운동량 플럭스 보정계수를 무시할 수 있을 정도로 잘 설계되었다. 따라서 $\beta \cong 1$이다.

해석 (a) 편의상 동일한 초기 속도에서 우주선과 함께 움직이는 관성좌표계를 선택한다. 따라서 관성좌표계에 상대적인 유체의 속도는 단순히 우주선에 상대적인 속도이다. 우주선의 운동방향을 양의 x방향으로 한다. 우주선에 작용하는 외력은 없고, 질량은 거의 일정하다. 따라서 우주선은 질량이 일정한 강체로 취급할 수 있으며, 이 경우의 운동량 방정식은 식 (6-29)와 같다.

$$\vec{F}_{\text{thrust}} = m_{\text{spacecraft}}\vec{a}_{\text{spacecraft}} = \sum_{\text{in}} \beta \dot{m}\vec{V} - \sum_{\text{out}} \beta \dot{m}\vec{V}$$

이 경우에 관성좌표계에 상대적인 유체의 속도는 우주선에 상대적인 속도와 같다. 운동은 직선상에서 이루어지고, 배기 가스는 양의 x방향이므로 운동량 방정식은 크기를 이용하여 다음과 같이 표현할 수 있다.

$$m_{\text{spacecraft}}a_{\text{spacecraft}} = m_{\text{spacecraft}}\frac{dV_{\text{spacecraft}}}{dt} = -\dot{m}_{\text{gas}}V_{\text{gas}}$$

가스가 양의 x방향으로 분사되고, 주어진 수치를 대입하면 처음 5초 동안 우주선의 가속도를 계산할 수 있다.

$$a_{\text{spacecraft}} = \frac{dV_{\text{spacecraft}}}{dt} = -\frac{\dot{m}_{\text{gas}}}{m_{\text{spacecraft}}}V_{\text{gas}} = -\frac{80\text{ kg/s}}{12{,}000\text{ kg}}(+3000\text{ m/s}) = \mathbf{-20\ m/s^2}$$

음의 부호는 우주선이 양의 x방향으로 20 m/s²로 감속됨을 확인시킨다.

(b) 크기가 일정한 감속도를 알고 있으므로 처음 5초 동안 우주선의 속도 변화는 가속도의 정의로부터 구할 수 있다.

$$dV_{\text{spacecraft}} = a_{\text{spacecraft}}dt \rightarrow \Delta V_{\text{spacecraft}} = a_{\text{spacecraft}}\Delta t = (-20\ \text{m/s}^2)(5\ \text{s})$$

$$= \mathbf{-100\ m/s}$$

(c) 우주선의 추진력은 식 (6-29)를 이용하여 계산한다.

$$F_{\text{thrust}} = 0 - \dot{m}_{\text{gas}}V_{\text{gas}} = 0 - (80\ \text{kg/s})(+3000\ \text{m/s})\left(\frac{1\ \text{kN}}{1000\ \text{kg·m/s}^2}\right) = \mathbf{-240\ kN}$$

음의 부호로부터, 로켓의 분사로 인한 추진력은 우주선에 음의 x방향으로 작용함을 알 수 있다.

토의 만약 이 분사 로켓이 시험대에 지지되어 있다면, 로켓은 분사 가스의 반대방향으로 240 kN의 힘(약 24 ton 질량의 무게)을 지지대에 가한다.

예제 6-7 플랜지에 작용하는 순수 힘

부분적으로 닫힌 게이트 밸브가 부착된 수도꼭지를 통해 물이 70 L/min의 유량으로 흐른다(그림 6-27). 플랜지가 부착된 위치에서 파이프의 내경은 2 cm이고, 압력은 90 kPa이다. 수도꼭지와 그 안의 물의 무게는 57 N이다. 플랜지에 작용하는 순수 힘을 계산하라.

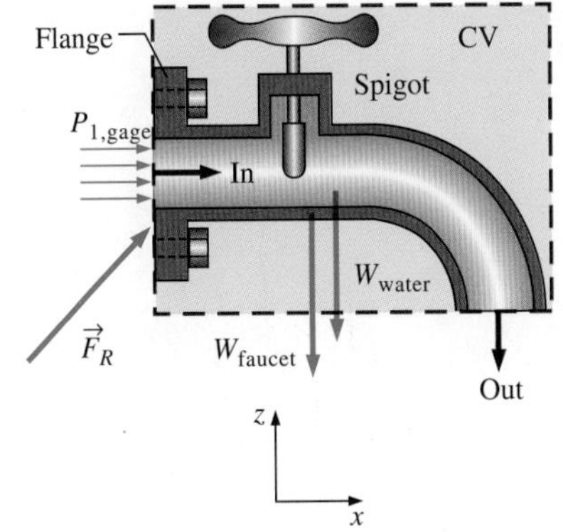

그림 6–27
모든 힘을 표시한 예제 6-7의 검사체적. 편의상 계기 압력을 사용하였다.

풀이 플랜지가 부착된 수도꼭지를 통과하는 물의 유동을 고려해 보자. 플랜지에 작용하는 순수 힘을 계산하고자 한다.

가정 **1** 유동은 정상이며, 비압축성이다. **2** 입구 및 출구의 유동은 난류이며, 완전발달되었다. 따라서 운동량 플럭스 보정계수는 약 1.03이다. **3** 수도꼭지 출구의 파이프 직경은 플랜지에서의 직경과 같다.

상태량 상온에서 물의 밀도는 997 kg/m³이다.

해석 수도꼭지 및 이와 바로 인접한 주위를 검사체적으로 선택한다. 이 검사체적과 여기에 작용하는 모든 힘을 그림 6-27에 도시하였다. 이 힘들은 물과 수도꼭지의 무게, 검사체적 입구의 계기 압력 힘, 검사체적에 작용하는 플랜지 힘 $\vec{F}_R$ 등이다. 검사체적의 입구만 제외하고 검사면에 작용하는 계기 압력은 모두 영이므로(대기압), 편의상 계기 압력을 이용한다. 또한 유동을 비압축성으로 가정하였으므로 수도꼭지 출구에서 물의 압력도 대기압이다. 따라서 출구의 계기 압력도 영이다.

이제 검사체적에 보존 법칙들을 적용한다. 먼저 질량 보존 법칙을 고려해 보자. 검사체적이 한 개의 입구와 한 개의 출구로만 구성되므로, 유입하는 질량유량은 유출하는 질량유량과 같다. 또한 파이프의 직경이 일정하고 물은 비압축성이므로, 유출입하는 평균 속도는 동일하다. 따라서 속도는 다음과 같다.

$$V_2 = V_1 = V = \frac{\dot{V}}{A_c} = \frac{\dot{V}}{\pi D^2/4} = \frac{70\ \text{L/min}}{\pi(0.02\ \text{m})^2/4}\left(\frac{1\ \text{m}^3}{1000\ \text{L}}\right)\left(\frac{1\ \text{min}}{60\ \text{s}}\right) = 3.714\ \text{m/s}$$

또한

$$\dot{m} = \rho\dot{V} = (997\ \text{kg/m}^3)(70\ \text{L/min})\left(\frac{1\ \text{m}^3}{1000\ \text{L}}\right)\left(\frac{1\ \text{min}}{60\ \text{s}}\right) = 1.163\ \text{k/s}$$

다음으로는 정상 유동 운동량 방정식을 적용한다.

$$\sum \vec{F} = \sum_{\text{out}} \beta \dot{m} \vec{V} - \sum_{\text{in}} \beta \dot{m} \vec{V} \tag{1}$$

플랜지에 작용하는 힘의 x 및 z방향 성분들을 각각 F_{Rx} 및 F_{Rz}라 하고, 양의 방향으로 가정한다. x방향의 속도의 크기는 입구에서 $+V_1$, 출구에서는 영이다. z방향의 속도의 크기는 입구에서는 영이고, 출구에서는 $-V_2$이다. 수도꼭지와 그 안의 물의 무게는 체적력으로 $-z$방향으로 작용한다. 압력 힘과 점성력은 z방향으로 작용하지 않는다.

x 및 z축 방향의 운동량 방정식은 다음과 같이 쓸 수 있다.

$$F_{Rx} + P_{1,\,\text{gage}} A_1 = 0 - \dot{m}(+V_1)$$

$$F_{Rz} - W_{\text{faucet}} - W_{\text{water}} = \dot{m}(-V_2) - 0$$

F_{Rx} 및 F_{Rz}에 대하여 정리하고, 주어진 수치들을 대입하면 다음의 결과를 얻을 수 있다.

$$\begin{aligned} F_{Rx} &= -\dot{m}V_1 - P_{1,\,\text{gage}} A_1 \\ &= -(1.163 \text{ kg/s})(3.714 \text{ m/s})\left(\frac{1 \text{ N}}{1 \text{ kg}\cdot\text{m/s}^2}\right) - (90{,}000 \text{ N/m}^2)\ \frac{\pi(0.02 \text{ m})^2}{4} \\ &= -32.6 \text{ N} \end{aligned}$$

$$\begin{aligned} F_{Rz} &= -\dot{m}V_2 + W_{\text{faucet+water}} \\ &= -(1.163 \text{ kg/s})(3.714 \text{ m/s})\left(\frac{1 \text{ N}}{1 \text{ kg}\cdot\text{m/s}^2}\right) + 57 \text{ N} = 52.7 \text{ N} \end{aligned}$$

따라서 플랜지가 검사체적에 작용하는 순수 힘은 벡터 식으로 다음과 같이 표현할 수 있다.

$$\vec{F}_R = F_{Rx}\vec{i} + F_{Rz}\vec{k} = -32.6\vec{i} + 52.7\vec{k} \ \text{ N}$$

Newton의 제3법칙에 의하여 수도꼭지가 플랜지에 가하는 힘은 $\vec{F}_R$의 음의 값이다.

$$\vec{F}_{\text{faucet on flange}} = -\vec{F}_R = \mathbf{32.6}\vec{i} - \mathbf{52.7}\vec{k} \ \text{ N}$$

토의 직관적으로 알 수 있는 바와 같이, 수도꼭지는 오른쪽 아래 방향으로 끌어당기려고 한다. 즉, 물은 입구에서 고압을 가하지만, 출구의 압력은 대기압이다. 한편 입구에서 물의 x방향 운동량은 방향이 바뀌면서 소실되며, 파이프 벽에 오른쪽으로 힘을 가하게 된다. 수도꼭지의 무게는 물의 운동량 효과보다 훨씬 무거우므로, 힘은 아래 방향이다. 하첨자 "수도꼭지가 플랜지에(faucet on flange)"는 힘의 방향을 명확히 한다.

6–5 ■ 회전 운동과 각운동량의 복습

강체 운동은 질량중심의 병진 운동과 질량중심에 대한 회전 운동의 조합으로 고려할 수 있다. 병진 운동은 식 (6-16)의 선형운동량 방정식을 이용하여 해석할 수 있다. 회전 운동에서는 물체 내의 모든 점들이 회전축에 대해서 원을 그리며 운동한다. 회전 운동은 각변위 θ, 각속도 $\vec{\omega}$, 각가속도 $\vec{\alpha}$ 등으로 설명한다.

물체의 어느 한 점이 회전한 크기는 그 점을 회전축에 연결하고 축에 수직인 길이가 r인 직선이 회전한 각도 θ의 항으로 표현된다. 각도 θ는 라디안(rad)으로 나타내며, 반경이 1인 원의 호 길이가 1일 때의 각도 θ를 1라디안이라고 한다. 반경이 r인 원의 원주 길이가 $2\pi r$이므로, 강체의 어느 한 점이 1회전하였을 때의 각변위는 2π rad이다. 한 점이 원의 궤적을 따라 운동한 실제의 거리는 $l=\theta r$이다. 1라디안은 $360/(2\pi)\cong 57.3°$이다.

각속도의 크기 ω는 단위 시간당 운동한 각변위이며, 각가속도의 크기 α는 각속도의 변화율이다. 이들은 다음과 같이 표현할 수 있다(그림 6-28).

$$\omega = \frac{d\theta}{dt} = \frac{d(l/r)}{dt} = \frac{1}{r}\frac{dl}{dt} = \frac{V}{r} \quad \text{그리고} \quad \alpha = \frac{d\omega}{dt} = \frac{d^2\theta}{dt^2} = \frac{1}{r}\frac{dV}{dt} = \frac{a_t}{r} \tag{6-30}$$

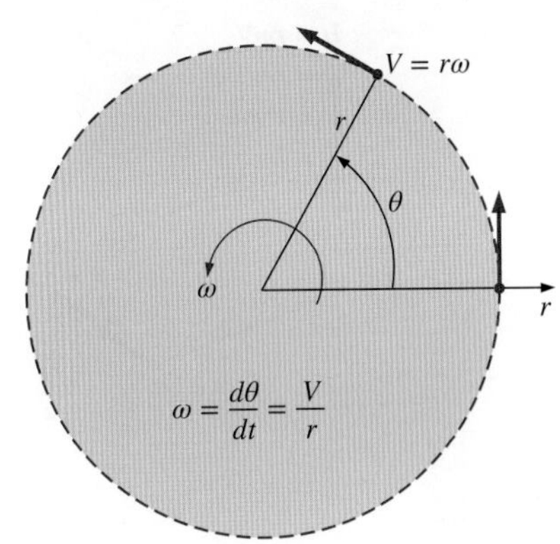

그림 6-28
각변위 θ, 각속도 ω, 선속도 V 사이의 관계.

또는

$$V = r\omega \quad \text{그리고} \quad a_t = r\alpha \tag{6-31}$$

여기서 V는 선속도, a_t는 회전축으로부터 r만큼 떨어진 곳에 위치한 한 점의 접선방향 선가속도이다. 회전하는 강체의 모든 점들에 대해 ω와 α는 동일하지만, V와 a_t는 그렇지 않음을 주의하라(이들은 r에 비례한다).

Newton의 제2법칙으로부터 각가속도가 만들어지려면 접선방향으로 작용하는 힘을 필요로 한다. **모멘트** 또는 **토크**라고 하는 회전 효과의 크기는 힘의 크기와 회전축으로부터의 거리에 비례한다. 회전축에서 힘의 작용선까지의 수직 거리를 **모멘트 팔**(moment arm)이라 하고, 회전축으로부터 수직 거리 r에 위치한 질량 m에 작용하는 토크의 크기 M은 다음 식으로 표시된다.

$$M = rF_t = rma_t = mr^2\alpha \tag{6-32}$$

회전하는 강체에 작용하는 총 토크는 미소 질량 δm에 작용하는 토크를 물체의 전체에 걸쳐 적분하여 구한다.

토크의 크기:
$$M = \int_{\text{mass}} r^2\alpha\, \delta m = \left[\int_{\text{mass}} r^2\, \delta m\right]\alpha = I\alpha \tag{6-33}$$

여기서 I는 회전축에 대한 물체의 **관성 모멘트**(moment of inertia)라 하고, 이는 회전에 저항하는 관성의 척도이다. 관계식 $M=I\alpha$는 Newton의 제2법칙에 힘 대신 토크를, 질량 대신 관성 모멘트를, 가속도 대신 각가속도를 대입한 식이다(그림 6-29). 질량과는 달리, 물체의 회전 관성은 회전축에 대한 물체의 질량 분포에도 좌우된다. 그러므로 질량이 회전축에 가까이 분포된 경우에는 각가속도에 대한 저항이 작고, 반대로 질량이 회전축에서 멀리 집중된 경우에는 각가속도에 대한 저항이 크다. 플라이휠(flywheel)은 후자의 좋은 예이다.

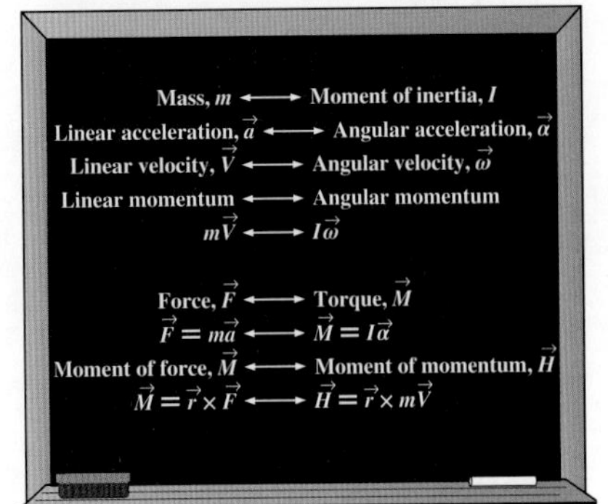

그림 6-29
선운동 특성과 각운동 특성의 유사성.

질량이 m인 물체가 속도 $\vec{V}$로 운동할 때 선형운동량은 $m\vec{V}$이며, 선형운동량의 방향은 속도의 방향과 일치한다. 힘의 모멘트는 힘과 수직 거리의 곱이므로 축에 대한 질량 m의 운동량의 모멘트의 크기, 즉 **각운동량**(angular momentum)은 $H=rmV=r^2m\omega$이다. 여기서 r은 회전축과 운동량 벡터의 작용선까지의 수직 거리이다(그림 6-30). 따라서 회전하는 강체의 총 각운동량은 적분하여 다음 식으로부터 구한다.

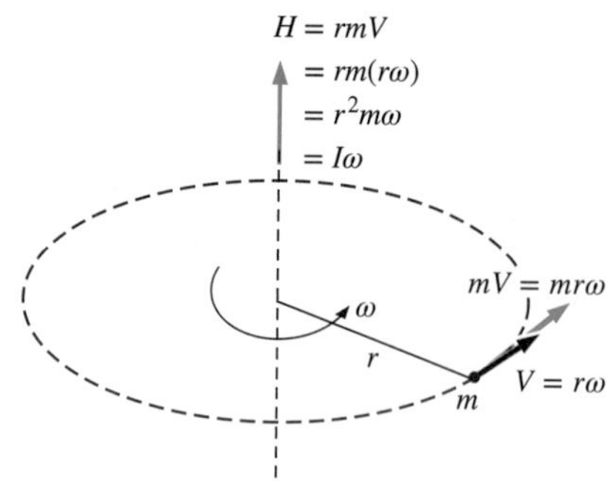

그림 6–30
회전축에서 r만큼 떨어진 거리에서 각속도 ω로 회전하는 질량 m의 각운동량.

각운동량의 크기:

$$H = \int_{\text{mass}} r^2\omega\, \delta m = \left[\int_{\text{mass}} r^2\, \delta m\right]\omega = I\omega \tag{6-34}$$

여기서 I는 회전축에 대한 물체의 **관성 모멘트**이다. 이를 벡터 형태로 나타내면 다음과 같다.

$$\vec{H} = I\vec{\omega} \tag{6-35}$$

강체의 모든 위치에서 각속도 $\vec{\omega}$는 동일하다.

식 (6-1)에서 Newton의 제2법칙 $\vec{F} = m\vec{a}$를 선형운동량의 변화율 $\vec{F} = d(m\vec{V})/dt$로 나타내었다. 마찬가지로, 회전하는 물체에 대한 Newton의 제2법칙 $\vec{M} = I\vec{\alpha}$는 식 (6-2)에서 각운동량의 변화율로 다음 식과 같이 표현하였다.

각운동량 방정식:

$$\vec{M} = I\vec{\alpha} = I\frac{d\vec{\omega}}{dt} = \frac{d(I\vec{\omega})}{dt} = \frac{d\vec{H}}{dt} \tag{6-36}$$

이 식에서 $\vec{M}$은 물체에 작용한, 회전축에 대한 순수 토크이다.

회전 기계의 각속도는 rpm(매분당의 회전수)으로 표현하는 경우가 많고, $\dot{n}$으로 나타낸다. 속도는 단위 시간당 운동한 거리이고, 1회전당 운동한 각변위는 2π이므로 회전 기계의 각속도는 $\omega = 2\pi\dot{n}$ rad/min이다.

각운동량과 rpm의 관계식:

$$\omega = 2\pi\dot{n}\ \text{(rad/min)} = \frac{2\pi\dot{n}}{60}\quad \text{(rad/s)} \tag{6-37}$$

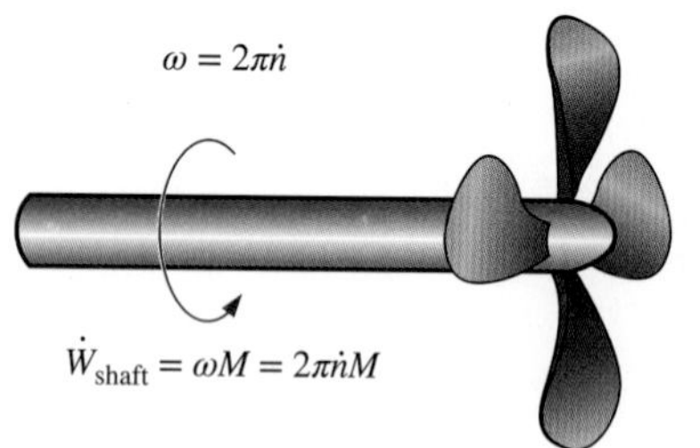

그림 6–31
각속도, rpm, 축을 통하여 전달되는 동력 사이의 관계.

반경이 r이고 $\dot{n}$ rpm으로 회전하는 축의 바깥 표면에 일정한 힘 F가 접선방향으로 작용하는 경우를 고려해 보자. 일 W는 힘과 거리의 곱이고, 동력 $\dot{W}$는 단위 시간당의 일, 즉 힘과 속도의 곱이므로 $\dot{W}_{\text{shaft}} = FV = Fr\omega = M\omega$이다. 그러므로 작용한 토크 M에 의하여 $\dot{n}$ rpm으로 회전하는 축에 전달된 동력은 다음과 같다(그림 6-31).

축동력:

$$\dot{W}_{\text{shaft}} = \omega M = 2\pi\dot{n}M \tag{6-38}$$

병진 운동을 하는 질량이 m인 물체의 운동 에너지는 $\text{KE} = \frac{1}{2}mV^2$이다. $V = r\omega$이므로, 회전축에서 r만큼 떨어진 질량이 m인 물체의 회전 운동 에너지는 $\text{KE} = \frac{1}{2}mr^2\omega^2$이다. 회전하는 강체의 회전축에 대한 총 회전 운동 에너지는 미소 질량 dm의 회전 운동 에너지를 물체의 전체에 걸쳐 적분하여 구한다.

회전 운동 에너지:

$$\text{KE}_r = \frac{1}{2}I\omega^2 \tag{6-39}$$

여기서 I는 물체의 관성 모멘트이며, ω는 각속도이다.

회전 운동에서 속도의 크기는 일정하더라도 속도의 방향은 변한다. 속도는 벡터이므로 방향이 변하면 속도가 시간에 대해 변한다는 것을 의미하고, 따라서 가속도가 생긴다. 이를 **구심가속도**(centripetal acceleration)라 하고, 그 크기는 다음 식과 같다.

$$a_r = \frac{V^2}{r} = r\omega^2$$

구심가속도는 회전축을 향하므로(반경방향 가속도와 반대방향) 반경방향 가속도는 음이다. 가속도는 힘의 상수 배이므로 구심가속도는 회전축방향으로 물체에 작용하는 힘의 결과로 생긴다. 이 힘을 **구심력**(centripetal force)이라 하고, 그 크기는 $F_r = mV^2/r$이다. 접선방향 및 반경방향 가속도는 서로 수직이고(접선방향과 반경방향이 수직이므로), 총 선가속도는 이들의 벡터합 $\vec{a} = \vec{a}_t + \vec{a}_r$이다. 일정한 각속도로 회전하는 물체의 가속도는 구심가속도뿐이다. 구심가속도를 야기하는 힘은, 이 힘의 작용선이 회전축과 교차하므로, 토크를 발생하지 않는다.

6–6 ■ 각운동량 방정식

6-4절에서 설명한 선형운동량 방정식은 유동 유체의 선형운동량과 힘 사이의 관계를 계산할 때 유용하다. 많은 공학 문제들은 유동 유체의 선형운동량의 모멘트와 이로 인한 회전 효과를 포함한다. 이러한 문제들은 **각운동량 방정식**(angular momentum equation) 또는 **운동량의 모멘트 방정식**(moment of momentum equation)으로 해석할 수 있다. 원심 펌프, 터빈, 팬 등의 **터보기계**(turbomachine)들은 각운동량 방정식을 이용하여 해석한다.

점 O에 대한 힘 $\vec{F}$**의 모멘트**는 벡터곱(또는 외적)이다(그림 6-32).

힘의 모멘트: $$\vec{M} = \vec{r} \times \vec{F} \qquad \textbf{(6-40)}$$

여기서 $\vec{r}$은 점 O와 $\vec{F}$의 작용선상의 임의의 점을 연결하는 위치 벡터이다. 두 벡터들의 외적은 벡터가 되며, 작용선은 외적한 벡터들(이 경우에는 $\vec{r}$과 $\vec{F}$)을 포함하는 평면에 수직이고, 그 크기는 다음 식과 같다.

힘의 모멘트의 크기: $$M = Fr\sin\theta \qquad \textbf{(6-41)}$$

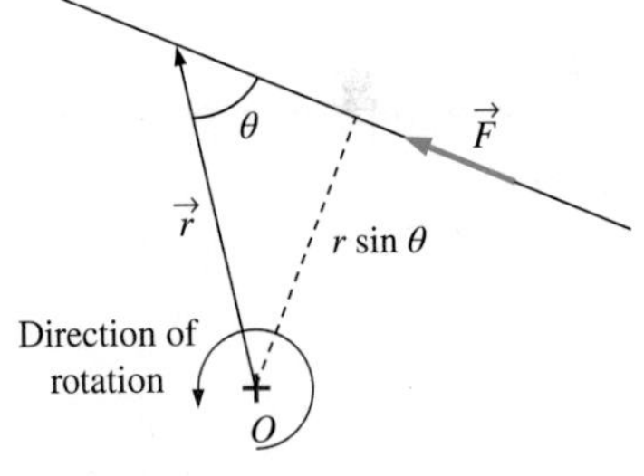

그림 6–32
점 O에 대한 힘 $\vec{F}$의 모멘트는 위치 벡터 $\vec{r}$과 $\vec{F}$의 외적이다.

여기서 θ는 벡터 $\vec{r}$의 작용선과 $\vec{F}$의 작용선 사이의 각도이다. 그러므로 점 O에 대한 모멘트의 크기는 힘과 점 O에서 힘의 작용선까지의 수직 거리의 곱과 같다. 모멘트 벡터 $\vec{M}$의 방향은 오른손 법칙을 따른다. 회전을 야기하는 힘의 방향으로 오른손을 감싸 쥘 때, 엄지손가락의 방향이 모멘트 벡터의 방향이다(그림 6-33). 작용선이 점 O를 지나는 힘의 경우 점 O에 대한 모멘트는 영이다.

그러므로 $\vec{r}$과 운동량 벡터 $m\vec{V}$의 벡터곱(외적)으로부터 점 O에 대한 **운동량의 모멘트** 또는 **각운동량**을 얻는다.

운동량의 모멘트: $$\vec{H} = \vec{r} \times m\vec{V} \qquad \textbf{(6-42)}$$

그러므로 $\vec{r} \times \vec{V}$는 단위 질량당의 각운동량이고, 미소 질량 $\delta m = \rho\, dV$의 각운동량은 $d\vec{H} = (\vec{r} \times \vec{V})\rho\, dV$이다. 따라서 시스템의 각운동량은 이 식을 적분하여 구하고, 그 결과는 다음과 같다.

운동량의 모멘트(시스템): $$\vec{H}_{\text{sys}} = \int_{\text{sys}} (\vec{r} \times \vec{V})\rho\, dV \qquad \textbf{(6-43)}$$

운동량의 모멘트의 변화율은 다음 식으로 표현된다.

운동량의 모멘트의 변화율: $$\frac{d\vec{H}_{\text{sys}}}{dt} = \frac{d}{dt}\int_{\text{sys}} (\vec{r} \times \vec{V})\rho\, dV \qquad \textbf{(6-44)}$$

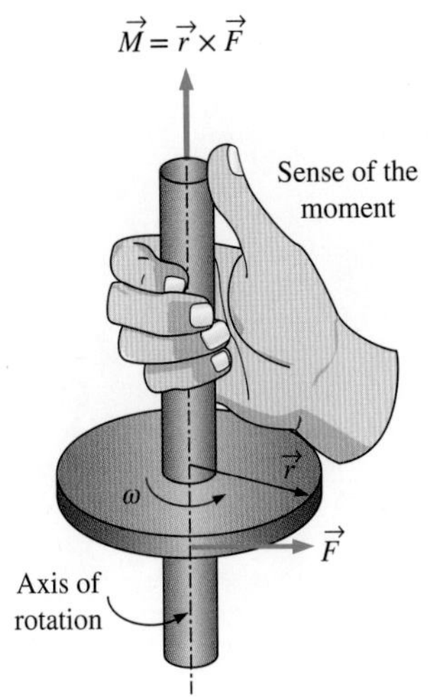

그림 6–33
오른손 법칙에 의한 모멘트 방향의 결정.

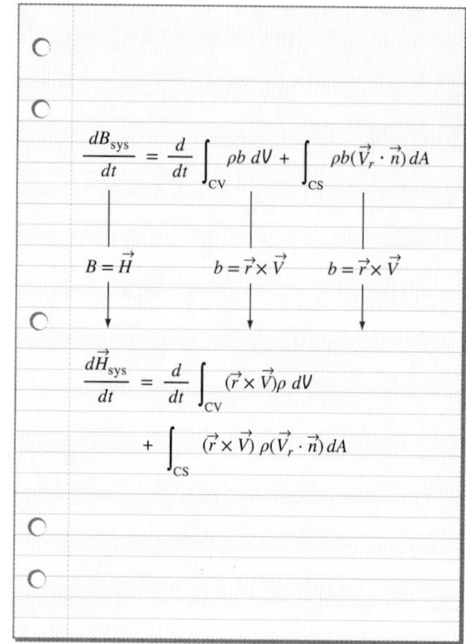

그림 6–34
Reynolds 수송정리의 B에 각운동량 $\vec{H}$를, b에 단위 질량당의 각운동량 $\vec{r}\times\vec{V}$를 대입하여 각운동량 방정식을 얻는다.

시스템의 각운동량 방정식은 식 (6-2)에서 다음 식과 같이 표현하였다.

$$\sum \vec{M} = \frac{d\vec{H}_{sys}}{dt} \tag{6-45}$$

여기서 $\Sigma\vec{M} = \Sigma(\vec{r} \times \vec{F})$는 시스템에 작용한 순수 토크이며, 이는 또한 시스템에 작용하는 모든 힘의 모멘트의 벡터합이다. 또한 $d\vec{H}_{sys}/dt$는 시스템의 각운동량의 변화율이다. 따라서 식 (6-45)는 다음을 의미한다. **시스템의 각운동량의 변화율은 시스템에 작용한 순수 토크와 같다.** 이 식은 일정한 질량의 집합체와 관성좌표계(즉, 고정되어 있거나 직선 경로를 등속 운동하는 좌표계)에 적용할 수 있다.

검사체적에 대한 각운동량 방정식은 Reynolds 수송정리에 $b = \vec{r} \times \vec{V}$ 및 $B = \vec{H}$를 대입하여 구할 수 있으며, 이는 다음 식과 같다(그림 6-34).

$$\frac{d\vec{H}_{sys}}{dt} = \frac{d}{dt}\int_{CV} (\vec{r} \times \vec{V})\rho \, dV + \int_{CS} (\vec{r} \times \vec{V})\rho(\vec{V}_r \cdot \vec{n})\, dA \tag{6-46}$$

식 (6-45)로부터 이 식의 좌변은 $\Sigma\vec{M}$이다. 대입하면, 일반적인 검사체적(고정되어 있거나, 움직이거나, 변형하는 검사체적)에 대한 각운동량 방정식은 다음과 같다.

일반형: $$\sum \vec{M} = \frac{d}{dt}\int_{CV} (\vec{r} \times \vec{V})\rho \, dV + \int_{CS} (\vec{r} \times \vec{V})\rho(\vec{V}_r \cdot \vec{n})\, dA \tag{6-47}$$

이 식은 다음을 의미한다.

(CV에 작용하는 모든 외부 모멘트의 합) = (CV 내 각운동량의 시간 변화율) + (질량 유동에 의해 검사면의 외부로 유출되는 순수 각운동량 유동률)

여기서 $\vec{V}_r = \vec{V} - \vec{V}_{CS}$는 검사면에 상대적인 유체의 속도이고(유체가 검사면을 통과하는 모든 곳에서 질량유량을 계산하기 위한 속도), $\vec{V}$는 고정된 좌표계에서 본 유체의 속도이다. $\rho(\vec{V}_r \cdot \vec{n})dA$는 면적요소 dA를 통하여 검사체적을 유출입하는 질량유량을 나타낸다.

고정된 검사체적(움직이지도 않고 변형하지도 않는 검사체적)의 경우 $\vec{V}_r = \vec{V}$이고, 따라서 각운동량 방정식은 다음과 같다.

고정된 CV: $$\sum \vec{M} = \frac{d}{dt}\int_{CV} (\vec{r} \times \vec{V})\rho \, dV + \int_{CS} (\vec{r} \times \vec{V})\rho(\vec{V} \cdot \vec{n})\, dA \tag{6-48}$$

또한 검사체적에 작용하는 힘은 중력처럼 검사체적의 전체에 걸쳐 작용하는 **체적력**과 압력이나 접촉점에서의 반력처럼 검사면에 작용하는 **표면력**으로 구성된다. 순수 토크는 검사체적에 작용하는 토크뿐만 아니라 이러한 힘들의 모멘트로 구성된다.

특수한 경우

정상 유동에서 검사체적 내의 각운동량은 일정하므로 검사체적 내 각운동량의 시간 변화율은 영이다.

그림 6-35
회전하는 정원용 스프링클러는 각운동량 방정식을 적용한 좋은 예이다.
© *John A. Rizzo/Getty Images RF*

정상 유동: $$\sum \vec{M} = \int_{CS} (\vec{r} \times \vec{V})\rho(\vec{V}_r \cdot \vec{n})\, dA \quad \textbf{(6-49)}$$

많은 문제에서 유체는 여러 개의 입구와 출구에서 검사체적의 경계를 통과하므로 면적적분 대신 입출구 단면의 평균 상태량을 이용한 대수식의 형태로 나타내는 것이 편리하다. 이러한 경우에 각운동량 유동률은 유출하는 유동의 각운동량과 유입하는 유동의 각운동량의 차이이다. 또한 많은 경우에, 모멘트 팔 $\vec{r}$은 입구나 출구를 따라 일정하거나(예: 반경류형 터보기계) 혹은 입출구 파이프의 직경에 비하여 크다(예: 회전하는 잔디 스프링클러, 그림 6-35). 이러한 경우 $\vec{r}$의 **평균값**이 입구나 출구의 단면 전체에서 사용된다. 따라서 입구 및 출구에서 평균 상태량으로 나타낸 각운동량 방정식의 근사식은 다음과 같다.

$$\sum \vec{M} \cong \frac{d}{dt}\int_{CV} (\vec{r} \times \vec{V})\rho\, dV + \sum_{out} (\vec{r} \times \dot{m}\vec{V}) - \sum_{in} (\vec{r} \times \dot{m}\vec{V}) \quad \textbf{(6-50)}$$

식 (6-50)에는 에너지 보존(5장)과 선형운동량 보존(6-4절)에서와 같은 보정계수가 포함되지 않았다. 그 이유는 $\vec{r}$과 $\dot{m}\vec{V}$의 외적이 문제의 기하학적 형상에 따라 달라지기 때문에 보정계수도 문제에 따라 달라지기 때문이다. 그러므로 다양한 문제에 적용할 수 있는 완전발달된 파이프 유동의 경우 운동 에너지 보정계수와 운동량 플럭스 보정계수는 쉽게 계산할 수 있으나, 각운동량은 그렇지 않다. 다행스럽게도 많은 실제적인 공학 문제에서 반경과 속도의 평균값을 이용하여도 오차가 적으므로 식 (6-50)의 근사식은 적절하다.

만약 유동이 **정상**이면 식 (6-50)은 다음과 같이 간단해진다(그림 6-36).

정상 유동: $$\sum \vec{M} = \sum_{out} (\vec{r} \times \dot{m}\vec{V}) - \sum_{in} (\vec{r} \times \dot{m}\vec{V}) \quad \textbf{(6-51)}$$

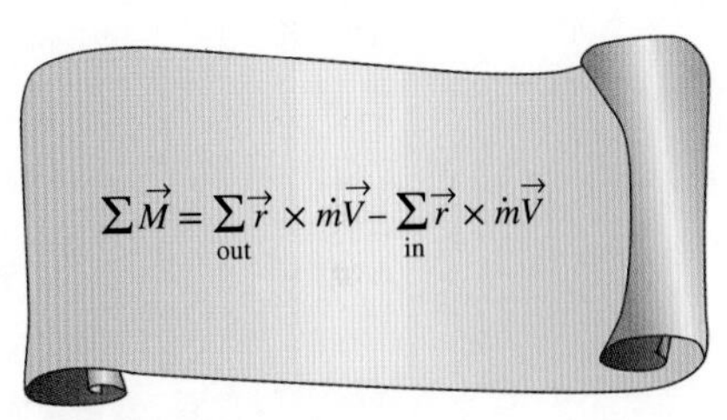

그림 6-36
정상 유동에서 검사체적에 작용하는 순수 토크는 각운동량 유출률과 각운동량 유입률의 차이이다.

식 (6-51)은 다음을 의미한다. **정상 유동에서 검사체적에 작용하는 순수 토크는 각운동량 유출률과 각운동량 유입률의 차이이다.** 이 설명은 어느 방향에도 적용할 수 있다. 식 (6-51)의 속도 $\vec{V}$는 관성좌표계에 상대적인 유체의 속도이다.

많은 문제에서 중요한 힘과 운동량 유동은 동일 평면에서 발생하며, 따라서 모멘트도 동일 평면인 경우가 많다. 이러한 경우 식 (6-51)을 스칼라 형태로 다음과 같이 표현할 수 있다.

$$\sum M = \sum_{out} r\dot{m}V - \sum_{in} r\dot{m}V \quad \textbf{(6-52)}$$

여기서 r은 모멘트의 중심점과 힘 또는 속도의 작용선 사이의 평균 수직 거리이다. 그러나 모멘트의 부호 규약에 주의하여야 한다. 즉, 반시계방향의 모든 모멘트는 양으로, 시계방향의 모든 모멘트는 음으로 한다.

외부 모멘트가 없는 경우의 유동

가해진 외부 모멘트가 없는 경우에 식 (6-50)의 각운동량 방정식은 다음과 같이 된다.

외부 모멘트가 없는 경우: $$0 = \frac{d\vec{H}_{CV}}{dt} + \sum_{out} (\vec{r} \times \dot{m}\vec{V}) - \sum_{in} (\vec{r} \times \dot{m}\vec{V}) \quad \textbf{(6-53)}$$

이 각운동량 보존 법칙은 다음을 의미한다. **외부 모멘트가 없는 경우, 검사체적의 각**

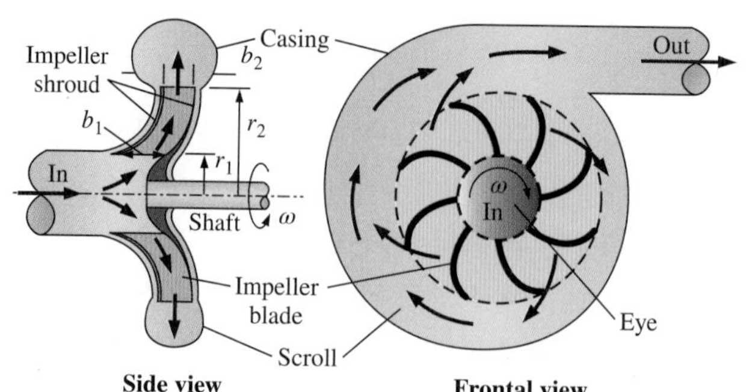

그림 6–37
원심 펌프의 측면도 및 정면도.

운동량의 변화율은 유입하는 각운동량 플럭스와 유출하는 각운동량 플럭스의 차이와 같다.

검사체적의 관성 모멘트 I가 일정하면 식 (6-53) 우변의 첫 항은 간단히 관성 모멘트와 각가속도의 곱 $I\vec{\alpha}$가 된다. 그러므로 이러한 경우의 검사체적은 강체처럼 취급되며, 검사체적에 작용하는 순수 토크는(각운동량의 변화에 의한) 다음과 같다.

$$\vec{M}_{\text{body}} = I_{\text{body}}\,\vec{\alpha} = \sum_{\text{in}} (\vec{r} \times \dot{m}\vec{V}) - \sum_{\text{out}} (\vec{r} \times \dot{m}\vec{V}) \qquad \textbf{(6-54)}$$

이 방법은 우주선과 비행기의 운동방향과 다른 방향으로 로켓을 점화하였을 경우의 각가속도를 계산할 때 이용할 수 있다.

반경류형 장치

원심 펌프나 팬과 같은 회전 유동 장치들은 회전축에 수직인 반경방향의 유동을 포함하며, 이들을 **반경류형 장치**(radial-flow device)라고 한다(14장). 예를 들어, 원심 펌프에서 유체는 임펠러의 눈(eye)을 통하여 축방향으로 유입되고, 임펠러 블레이드 사이의 유로를 통하여 바깥 방향으로 유동하여 와류실(scroll)에 모인 후 접선방향으로 토출된다(그림 6-37). 축류형 장치(axial-flow device)는 선형운동량 방정식을 이용하여 쉽게 해석할 수 있다. 그러나 반경류형 장치는 유체의 각운동량이 많이 변하므로 각운동량 방정식을 이용하여 해석한다.

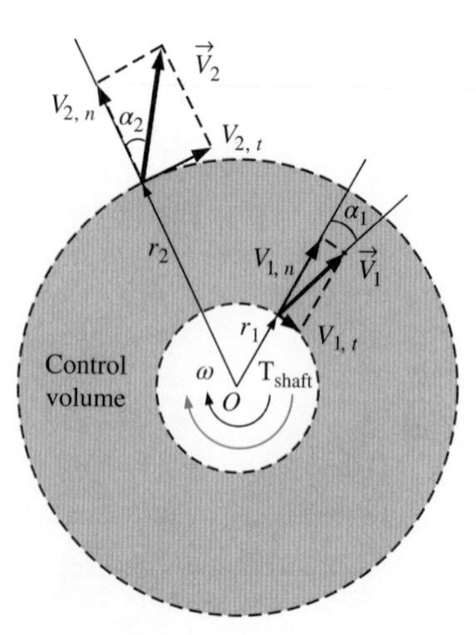

그림 6–38
원심 펌프의 임펠러 부분을 포함하는 동심원 모양의 검사체적.

원심 펌프를 해석하기 위하여, 그림 6-38과 같이 임펠러 부분을 포함하는 동심원 영역을 검사체적으로 선택한다. 일반적으로 임펠러 부분의 입구 및 출구에서 평균 유동 속도는 수직 성분 및 접선 성분을 갖는다. 또한 축이 각속도 ω로 회전할 때, 임펠러 블레이드의 접선방향 속도는 입구에서 ωr_1, 출구에서 ωr_2이다. 비압축성 정상 유동에서 질량 보존 법칙은 다음 식과 같다.

$$\dot{V}_1 = \dot{V}_2 = \dot{V} \quad \rightarrow \quad (2\pi r_1 b_1)V_{1,n} = (2\pi r_2 b_2)V_{2,n} \qquad \textbf{(6-55)}$$

이 식에서 b_1과 b_2는 각각 $r=r_1$인 입구와 $r=r_2$인 출구에서의 유동 폭이다(블레이드의 두께가 영이 아니므로 실제 원주의 단면적은 $2\pi rb$보다 작다). 절대 속도의 평균 수직 성분들 $V_{1,n}$과 $V_{2,n}$은 체적유량 $\dot{V}$을 이용하여 다음과 같이 표현할 수 있다.

$$V_{1,n} = \frac{\dot{V}}{2\pi r_1 b_1} \quad \text{그리고} \quad V_{2,n} = \frac{\dot{V}}{2\pi r_2 b_2} \qquad \textbf{(6-56)}$$

수직 속도 성분들 $V_{1,n}$과 $V_{2,n}$ 그리고 내부와 외부 원주면에 작용하는 압력은 모두 축의 중심을 지나므로 원점을 기준으로 한 토크에 기여하지 않는다. 따라서 오직 접선방향 속도 성분만 토크를 발생시키므로 각운동량 방정식 $\sum M = \sum_{out} r\dot{m}V - \sum_{in} r\dot{m}V$를 검사체적에 적용시켜 다음의 식을 얻는다.

Euler의 터빈 방정식: $$\mathrm{T}_{shaft} = \dot{m}(r_2V_{2,t} - r_1V_{1,t}) \quad \textbf{(6-57)}$$

이 식을 **Euler의 터빈 방정식**(Euler's turbine equation)이라고 한다. 만약 절대 유동 속도방향과 반경방향 사이의 각 α_1과 α_2를 알고 있다면 이 식은 다음과 같이 쓸 수 있다.

$$\mathrm{T}_{shaft} = \dot{m}(r_2V_2 \sin \alpha_2 - r_1V_1 \sin \alpha_1) \quad \textbf{(6-58)}$$

입구와 출구에서 접선방향의 유체 속도가 블레이드의 각속도와 같은 이상적인 경우 $V_{1,t} = \omega r_1$, $V_{2,t} = \omega r_2$이므로 토크는 다음과 같다.

$$\mathrm{T}_{shaft,\ ideal} = \dot{m}\omega(r_2^2 - r_1^2) \quad \textbf{(6-59)}$$

여기서 $\omega = 2\pi\dot{n}$은 블레이드의 각속도이다. 토크를 알면, 축동력은 $\dot{W}_{shaft} = \omega \mathrm{T}_{shaft} = 2\pi\dot{n}T_{shaft}$이다.

예제 6-8 물 파이프의 기초에 작용하는 굽힘 모멘트

그림 6-39와 같이 2 m 길이의 수직 구간과 1 m 길이의 수평 구간으로 구성된 직경 10 cm의 파이프를 통하여 지하수를 퍼올린다. 물은 평균 속도 3 m/s로 대기 중으로 방출되고, 물이 가득 찼을 때 수평 파이프 구간의 질량은 단위 길이당 12 kg이다. 파이프는 콘크리트 기초를 이용하여 땅에 고정시켰다. 파이프의 기초(점 A)에 작용하는 굽힘 모멘트와 점 A에 작용하는 모멘트가 영이 되는 데 필요한 수평 구간의 길이를 계산하라.

풀이 파이프를 통하여 물을 양수한다. 파이프의 기초에 작용하는 모멘트와 이 모멘트가 영이 되는 데 필요한 수평 구간의 길이를 계산하고자 한다.

가정 **1** 유동은 정상이다. **2** 물은 대기 중으로 방출되며, 따라서 출구의 계기 압력은 영이다. **3** 파이프의 직경은 모멘트 팔에 비하여 작으므로 출구에서 반경과 속도의 평균값을 이용한다.

상태량 물의 밀도는 1000 kg/m³이다.

해석 L 모양의 파이프 전체를 검사체적으로 선택하고, 입구를 1, 출구를 2로 한다. x축 및 z축을 그림과 같이 선택한다. 검사체적 및 좌표계는 고정되어 있다.

한 개의 입구 및 한 개의 출구를 갖는 정상 유동 시스템의 연속 방정식은 $\dot{m}_1 = \dot{m}_2 = \dot{m}$이고, A_c가 일정하므로 $V_1 = V_2 = V$이다. 질량유량과 파이프 수평 구간의 무게는 다음과 같다.

$$\dot{m} = \rho A_c V = (1000\ \mathrm{kg/m^3})[\pi(0.10\ \mathrm{m})^2/4](3\ \mathrm{m/s}) = 23.56\ \mathrm{kg/s}$$

$$W = mg = (12\ \mathrm{kg/m})(1\ \mathrm{m})(9.81\ \mathrm{m/s^2})\left(\frac{1\ \mathrm{N}}{1\ \mathrm{kg \cdot m/s^2}}\right) = 117.7\ \mathrm{N}$$

파이프의 점 A에 작용하는 모멘트를 계산하기 위하여 그 점에 대한 모든 힘과 운동량 유동의 모멘트를 알아야 한다. 이 문제는 정상 유동 문제이고, 모든 힘과 운동량 유동은 동일 평면에서 발생한다. 따라서 각운동량 방정식은 다음과 같이 표현할 수 있다.

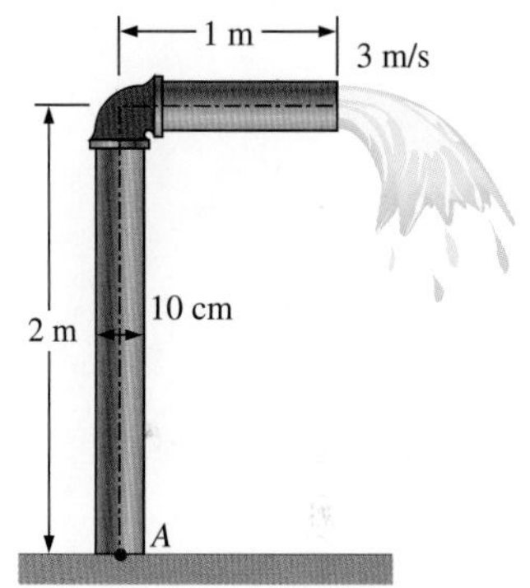

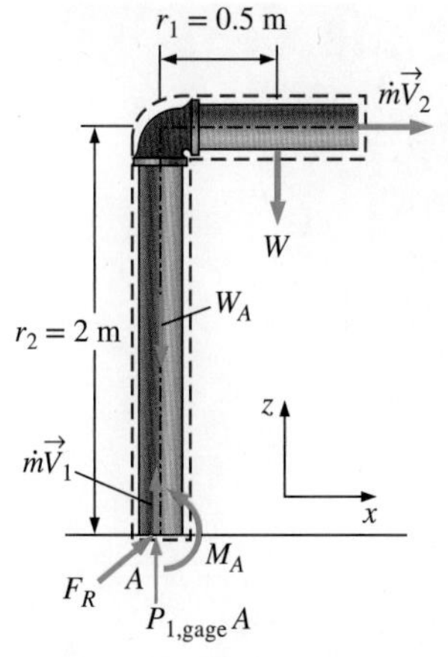

그림 6-39
예제 6-8에 대한 개략도 및 자유물체도.

$$\sum M = \sum_{\text{out}} r\dot{m}V - \sum_{\text{in}} r\dot{m}V$$

여기서 r은 평균 모멘트 팔, V는 평균 속도, 반시계방향의 모든 모멘트는 양이고, 시계방향의 모든 모멘트는 음이다.

L 모양의 파이프의 자유물체도가 그림 6-39에 도시되어 있다. 점 A를 지나는 모든 힘과 운동량 유동의 모멘트는 영이므로, 점 A에 대하여 모멘트를 발생시키는 유일한 힘은 수평 파이프 구간의 무게 W이고, 모멘트를 발생시키는 유일한 운동량 유동은 유출하는 흐름이다(두 모멘트는 시계방향이므로 부호는 모두 음이다). 따라서 점 A에 대한 운동량 방정식은 다음과 같다.

$$M_A - r_1 W = -r_2\dot{m}V_2$$

M_A에 대하여 정리하고, 주어진 수치들을 대입하면 다음 식이 된다.

$$\begin{aligned} M_A &= r_1 W - r_2\dot{m}V_2 \\ &= (0.5\text{ m})(118\text{ N}) - (2\text{ m})(23.56\text{ kg/s})(3\text{ m/s})\left(\frac{1\text{ N}}{1\text{ kg}\cdot\text{m/s}^2}\right) \\ &= \mathbf{-82.5\ N\cdot m} \end{aligned}$$

음의 부호는 가정한 M_A의 방향이 틀렸다는 것을 의미하므로, 방향이 반대이어야 한다. 따라서 82.5 N·m의 모멘트가 파이프의 기초에 시계방향으로 작용한다. 그러므로 콘크리트 기초는 유출하는 흐름에 의한 과도한 모멘트의 반작용으로 82.5 N·m의 모멘트를 파이프에 시계방향으로 가해야 한다.

수평 파이프 구간의 단위 길이당 무게는 $w = W/L = 117.7$ N이다. 그러므로 길이 L m의 무게는 Lw이고, 모멘트 팔 $r_1 = L/2$이다. M_A를 영으로 놓고 수치들을 대입하면, 파이프 기초에서의 모멘트를 영으로 하는 L은 다음과 같이 계산된다.

$$0 = r_1 W - r_2\dot{m}V_2 \quad\rightarrow\quad 0 = (L/2)Lw - r_2\dot{m}V_2$$

또는

$$L = \sqrt{\frac{2r_2\dot{m}V_2}{w}} = \sqrt{\frac{2(2\text{ m})(23.56\text{ kg/s})(3\text{ m/s})}{117.7\text{ N/m}}\left(\frac{\text{N}}{\text{kg}\cdot\text{m/s}^2}\right)} = \mathbf{1.55\ m}$$

토의 파이프의 무게와 유출하는 흐름의 운동량이 점 A에서 반대의 모멘트를 유발한다. 이 예제는 동역학적인 해석을 수행하고 또한 중요한 단면에서 파이프 재질의 응력을 계산할 때 유동하는 유체의 운동량의 모멘트를 고려하는 것이 중요하다는 것을 보여 준다.

그림 6-40
정원용 스프링클러에는 물이 넓게 퍼질 수 있도록 회전부가 설치되어 있다.
© Andy Sotiriou/Getty Images RF

예제 6-9 스프링클러 시스템으로부터의 동력의 발생

그림 6-41과 같이, 4개의 동일한 팔(arm)을 갖는 큰 정원용 스프링클러(그림 6-40)의 회전부 상단에 발전기를 장착하여 전력을 생산하는 터빈으로 변환한다. 물은 20 L/s의 유량으로 회전축을 따라 스프링클러로 유입되고, 노즐에서 접선방향으로 유출한다. 스프링클러는 수평면에서 300 rpm으로 회전한다. 제트의 직경은 1 cm이고, 회전축과 노즐 중심과의 수직 거리는 0.6 m이다. 생산된 전력을 계산하라.

풀이 4개의 동일한 팔을 갖는 스프링클러가 전력을 생산하기 위해 사용된다. 주어진 유량과 회전 속도에 대하여 생산된 동력을 계산하고자 한다.

가정 **1** 유동은 주기적으로(cyclically) 정상이다(즉, 스프링클러의 상단과 함께 회전하는 좌표축에 대하여 정상이다). **2** 물은 대기 중으로 방출되며, 따라서 출구의 계기 압력은 영이다. **3** 발전기의 손실과 회전하는 부품들의 공기 저항은 무시할 수 있다. **4** 노즐의 직경은 모멘트 팔에 비하여 작으므로 출구에서 반경과 속도의 평균값을 이용한다.

상태량 물의 밀도는 1000 kg/m^3 = 1 kg/L이다.

해석 스프링클러의 팔을 포함하는 원판을 검사체적으로 선택한다. 이 검사체적은 움직이지 않는다.

정상 유동 시스템의 연속 방정식은 $\dot{m}_1 = \dot{m}_2 = \dot{m}_{total}$이다. 4개의 노즐이 동일하므로 $\dot{m}_{nozzle} = \dot{m}_{total}/4$ 또는 $\dot{V}_{nozzle} = \dot{V}_{total}/4$이다. 노즐에 상대적인 제트의 평균 유출 속도는 다음과 같다.

$$V_{jet,r} = \frac{\dot{V}_{nozzle}}{A_{jet}} = \frac{5 \text{ L/s}}{[\pi(0.01 \text{ m})^2/4]}\left(\frac{1 \text{ m}^3}{1000 \text{ L}}\right) = 63.66 \text{ m/s}$$

노즐의 각속도와 접선방향 속도는 다음과 같다.

$$\omega = 2\pi\dot{n} = 2\pi(300 \text{ rev/min})\left(\frac{1 \text{ min}}{60 \text{ s}}\right) = 31.42 \text{ rad/s}$$

$$V_{nozzle} = r\omega = (0.6 \text{ m})(31.42 \text{ rad/s}) = 18.85 \text{ m/s}$$

즉, 물이 유출될 때, 노즐 내의 물은 18.85 m/s의 평균 속도로 반대방향으로 운동한다. 물 제트의 평균 절대 속도(지면에 고정된 점에 상대적인)는 상대 속도(노즐에 상대적인 제트 속도)와 노즐의 절대 속도의 벡터합이다.

$$\vec{V}_{jet} = \vec{V}_{jet,r} + \vec{V}_{nozzle}$$

세 속도들은 모두 접선방향이고, 제트의 유동방향을 양(+)으로 하면 벡터 방정식은 다음과 같이 스칼라식으로 쓸 수 있다.

$$V_{jet} = V_{jet,r} - V_{nozzle} = 63.66 - 18.85 = 44.81 \text{ m/s}$$

이 예제는 주기적으로 정상 유동인 문제이고, 모든 힘과 운동량 유동은 동일 평면에서 발생한다. 따라서 각운동량 방정식은 $\sum M = \sum_{out} r\dot{m}V - \sum_{in} r\dot{m}V$으로 근사화된다. 여기서 r은 모멘트 팔, 반시계방향의 모든 모멘트는 양이고, 시계방향의 모든 모멘트는 음이다.

스프링클러의 팔을 포함하는 원판 모양의 자유물체도가 그림 6-41에 도시되어 있다. 회전축을 지나는 모든 힘과 운동량 유동의 모멘트는 영이다. 노즐에서 유출하는 물 제트의 운동량 유동은 시계방향의 모멘트를 야기하고, 검사체적에 대한 발전기의 모멘트도 시계방향이다(둘 다 부호는 음이다). 따라서 회전축에 대한 운동량 방정식은 다음과 같다.

$$-T_{shaft} = -4r\dot{m}_{nozzle}V_{jet} \quad \text{또는} \quad T_{shaft} = r\dot{m}_{total}V_{jet}$$

주어진 수치들을 대입하면 $\dot{m}_{total} = \rho\dot{V}_{total} = (1 \text{ kg/L})(20 \text{ L/s}) = 20 \text{ kg/s}$이므로 축을 통해 전달된 토크는 다음과 같다.

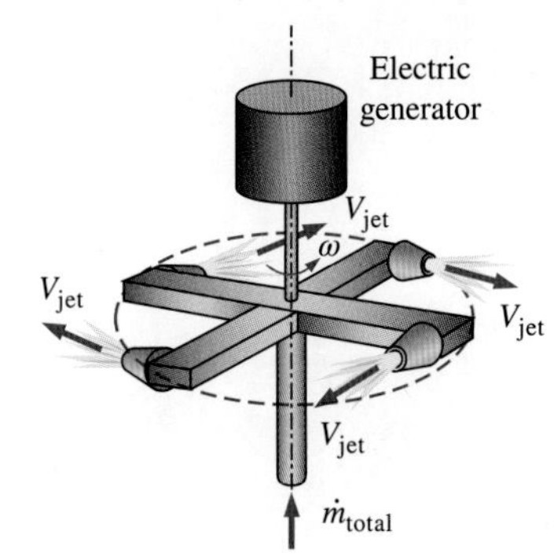

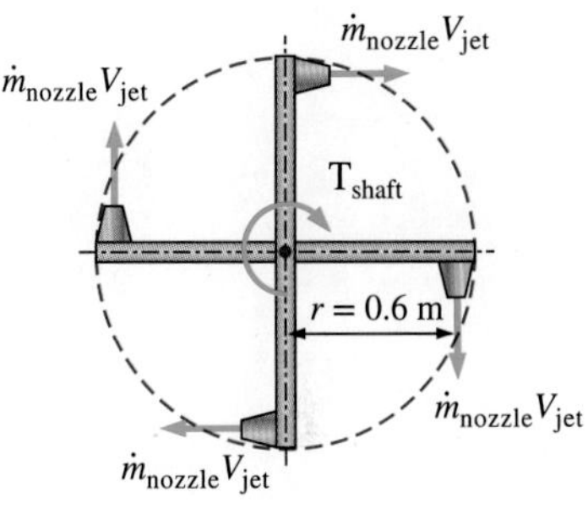

그림 6-41
예제 6-9에 대한 개략도 및 자유물체도.

$$T_{shaft} = r\dot{m}_{total}V_{jet} = (0.6 \text{ m})(20 \text{ kg/s})(44.81 \text{ m/s})\left(\frac{1 \text{ N}}{1 \text{ kg·m/s}^2}\right) = 537.7 \text{ N·m}$$

따라서 생산한 동력은 다음과 같다.

$$\dot{W} = \omega T_{shaft} = (31.42 \text{ rad/s})(537.7 \text{ N·m})\left(\frac{1 \text{ kW}}{1000 \text{ N·m/s}}\right) = \mathbf{16.9 \text{ kW}}$$

그러므로 스프링클러 형태의 터빈은 16.9 kW의 동력을 생산할 수 있는 잠재력을 가지고 있다.

토의 이 결과에 따라 두 가지 극단적인 경우를 고려해 보자. 첫 번째로는, 스프링클러가 고장 나서 각속도가 영일 때이다. 이 경우에 $V_{nozzle}=0$, 즉 $V_{jet}=V_{jet,\,r}=63.66$ m/s이므로 발생한 토크는 최대가 되며, $T_{shaft,max}=764$ N·m이다. 그러나 축이 회전하지 않으므로 발생한 동력은 영이다.

두 번째로는, 발전기가 스프링클러의 축과 분리되는 경우(토크와 발생한 동력은 모두 영이다)이며, 축은 평형 속도에 이를 때까지 가속된다. 각운동량 방정식의 $T_{shaft}=0$으로 하면 물 제트의 절대 속도(지구 상의 관측자가 본 속도)는 영이다. 즉, $V_{jet}=0$. 따라서 상대 속도 $V_{jet,\,r}$과 절대 속도 V_{nozzle}는 크기는 같고 방향은 반대이다. 그러므로 제트의 접선 방향 절대 속도(토크 역시)는 영이다. 따라서 각운동량(회전축 주위의)은 영이고, 물은 중력에 의하여 폭포처럼 바로 밑으로 떨어진다. 이 경우 스프링클러의 각속도는 다음과 같이 계산된다.

$$\dot{n} = \frac{\omega}{2\pi} = \frac{V_{nozzle}}{2\pi r} = \frac{63.66 \text{ m/s}}{2\pi(0.6 \text{ m})}\left(\frac{60 \text{ s}}{1 \text{ min}}\right) = 1013 \text{ rpm}$$

물론 $T_{shaft}=0$인 경우는 이상적이고 마찰이 없는 노즐에서만 가능하다(즉, 무부하의 이상적인 터빈처럼 100% 효율의 노즐). 그렇지 않으면 물, 축, 주위 공기의 마찰로 인한 저항 토크가 존재한다.

각속도에 따른 생산한 동력의 변화를 그림 6-42에 도시하였다. rpm이 증가하면 생산한 동력도 증가하여 최대에 이르렀다가(이 예제의 경우, 약 500 rpm에서), 다시 감소한다. 실제로 생산한 동력은 발전기의 효율(5장), 노즐 내의 유체 마찰로 인한 비가역 손실(8장), 축의 마찰, 그리고 공기역학적 항력(11장) 때문에 이보다 작다.

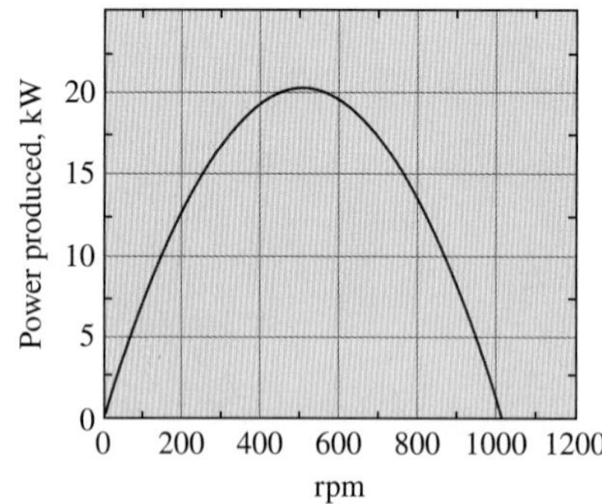

그림 6-42
예제 6-9의 터빈의 각속도에 따른 생산 동력의 변화.

응용분야 스포트라이트 ■ 대왕 쥐가오리(Manta Ray)의 유영

초청 저자: Alexander Smits, Keith Moored and Peter Dewey, Princeton University

물에서 사는 동물들은 다양한 종류의 메커니즘을 이용한 추진력을 가지고 있다. 대부분의 물고기들은 꼬리를 쳐서 추력을 발생하고, 한 번 칠 때마다 두 와류(vortices)가 형성되어 역 Kármán 와열(reverse Kármán vortex street)을 닮은 후류를 생성한다. 이 와흘림(vortex shedding)과 관련된 무차원 수는 Strouhal 수, St이다. $St=fA/U_\infty$이고, 여기서 f는 동작의 진동수, A는 꼬리 끝 동작의 피크-피크 간 진폭, U_∞는 유영 속도이다. 다양한 종류의 물고기와 포유동물들은 $0.2<St<0.35$ 범위에서 유영한다.

대왕 쥐가오리(그림 6-43)는 유연한 가슴지느러미의 진동과 파도치는 듯한 움직임의 조합으로 유영한다. 즉, 대왕 쥐가오리가 지느러미를 치면 움직임의 반대방향으로 코드를 따라 파동을 생성한다. 이 파장은 대왕 쥐가오리 길이의 6~10배 정도로 길기 때문에 이 파동을 쉽게 감지할 수 없다. 비슷한 현상을 노랑가오리(sting ray)에서도 찾아 볼 수 있으며, 이 경우 파장이 코드 길이보다 짧기 때문에 그 현상이 훨씬 명백하다. 바다에서 관찰한 결과 여러 종류의 대왕 쥐가오리는 옮겨다니며, 매우 효율적으로 유영한다. 또한 이들은 보호받는 약한 생물이므로 실험실에서 연구하기는 힘들다. 그러나 로봇이나 그림 6-44에 보이는 바와 같은 기계 장치를 이용하여 그들의 추진 기법을 모방함으로써 유영 방식의 여러 양상을 연구하는 것은 가능하다.

참고 문헌

Clark, R. P. and Smits, A. J., "Thrust Production and Wake Structure of a Batoid-Inspired Oscillating Fin." *Journal of Fluid Mechanics*, 562, 415–429, 2006.

Dewey, P. A., Carriou, A., and Smits, A. J. "On the Relationship between Efficiency and Wake Structure of a Batoid-Inspired Oscillating Fin." *Journal of Fluid Mechanics*, Vol. 691, pp. 245–266, 2011.

Moored, K. W., Dewey, P. A., Leftwich, M. C., Bart-Smith, H., and Smits, A. J., "Bio-Inspired Propulsion Mechanisms Based on Lamprey and Manta Ray Locomotion." *The Marine Technology Society Journal*, Vol. 45(4), pp. 110–118, 2011.

Triantafyllou, G. S., Triantafyllou, M. S., and Grosenbaugh, M. A., "Optimal Thrust Development in Oscillating Foils with Application to Fish Propulsion." *J. Fluid. Struct.*, 7:205–224, 1993.

그림 6-43
대왕 쥐가오리는 폭이 8m나 되는 가장 큰 가오리이다. 대왕 쥐가오리는 큰 가슴지느러미를 파도치듯이 움직여서 유영한다.

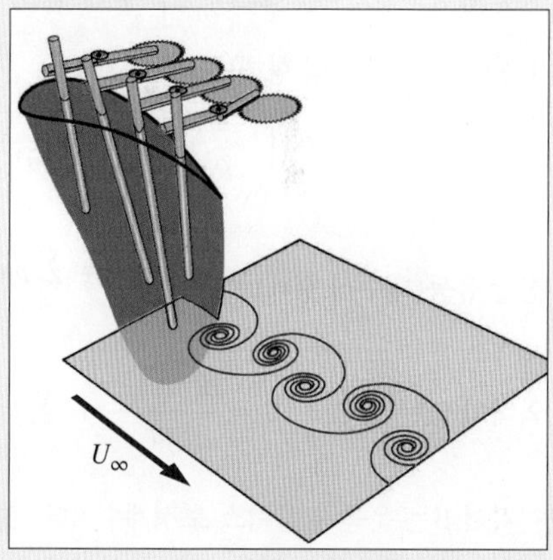

그림 6-44
대왕 쥐가오리의 지느러미 메커니즘. 대왕 쥐가오리가 지느러미를 한 번 칠 때마다 두 와류(vortices)가 형성되는 범위에서 유영할 때 후류에서 와류 패턴이 발생한다.
인공적인 유연한 지느러미는 4개의 단단한 뼈에 의해 작동된다. 인접한 작동 장치 사이의 상대적인 위상차를 변화시켜서 다양한 파장의 파도 모양을 발생시킬 수 있다.

요약

이 장에서는 주로 유한 검사체적에 대한 운동량 보존을 다루었다. 검사체적에 작용하는 힘에는 중력, 전기력, 자기력 등과 같이 검사체적의 전체 체적에 걸쳐 작용하는 **체적력**(body force)과 압력 힘 및 접촉점의 반력 등과 같이 검사면에 작용하는 **표면력**(surface force)이 있다. 어느 특정한 순간에 검사체적에 작용하는 모든 힘의 합은 $\sum \vec{F}$로 표시하고, 다음의 의미를 갖는다.

$$\underbrace{\sum \vec{F}}_{\text{total force}} = \underbrace{\sum \vec{F}_{\text{gravity}}}_{\text{body force}} + \underbrace{\sum \vec{F}_{\text{pressure}} + \sum \vec{F}_{\text{viscous}} + \sum \vec{F}_{\text{other}}}_{\text{surface forces}}$$

Newton의 제2법칙은 다음과 같이 서술할 수 있다. **시스템에 작용하는 모든 외력의 합은 시스템의 선형운동량의 시간 변화율과 같다.** Reynolds 수송정리에 $b=\vec{V}$, $B=m\vec{V}$를 대입하고 Newton의 제2법칙을 이용하면, 검사체적에 대한 **선형운동량 방정식**은 다음과 같다.

$$\sum \vec{F} = \frac{d}{dt}\int_{\text{CV}} \rho \vec{V}\, dV + \int_{\text{CS}} \rho \vec{V}(\vec{V}_r \cdot \vec{n})\, dA$$

특수한 경우, 이 식은 간단히 다음과 같이 표현할 수 있다.

정상 유동: $$\sum \vec{F} = \int_{\text{CS}} \rho \vec{V}(\vec{V}_r \cdot \vec{n})\, dA$$

비정상 유동(대수식 형태):

$$\sum \vec{F} = \frac{d}{dt}\int_{\text{CV}} \rho \vec{V}\, dV + \sum_{\text{out}} \beta \dot{m}\vec{V} - \sum_{\text{in}} \beta \dot{m}\vec{V}$$

정상 유동(대수식 형태): $$\sum \vec{F} = \sum_{\text{out}} \beta \dot{m}\vec{V} - \sum_{\text{in}} \beta \dot{m}\vec{V}$$

외력이 없는 경우: $$0 = \frac{d(m\vec{V})_{\text{CV}}}{dt} + \sum_{\text{out}} \beta \dot{m}\vec{V} - \sum_{\text{in}} \beta \dot{m}\vec{V}$$

여기서 β는 운동량 플럭스 보정계수이다. 질량 m이 일정한 검사체적은 강체(질량이 일정한 시스템)처럼 취급되며, 물체에 작용하는 **순수 추진력**(net thrusting force)[또는 간단히 **추력**(thrust)]은 다음과 같다.

$$\vec{F}_{\text{thrust}} = m_{\text{CV}}\vec{a} = \sum_{\text{in}} \beta \dot{m}\vec{V} - \sum_{\text{out}} \beta \dot{m}\vec{V}$$

Newton의 제2법칙은 다음과 같이 서술할 수도 있다. **시스템의 각운동량의 변화율은 시스템에 작용한 순수 토크와 같다.** Reynolds 수송정리에 $b=\vec{r}\times\vec{V}$, $B=\vec{H}$를 대입하여 검사체적에 대한 **각운동량 방정식**을 다음과 같이 구할 수 있다.

$$\sum \vec{M} = \frac{d}{dt}\int_{\text{CV}} (\vec{r}\times\vec{V})\rho\, dV + \int_{\text{CS}} (\vec{r}\times\vec{V})\rho(\vec{V}_r \cdot \vec{n})\, dA$$

특수한 경우, 이 식은 간단히 다음과 같이 표현할 수 있다.

정상 유동: $$\sum \vec{M} = \int_{\text{CS}} (\vec{r}\times\vec{V})\rho(\vec{V}_r \cdot \vec{n})\, dA$$

비정상 유동(대수식 형태):

$$\sum \vec{M} = \frac{d}{dt}\int_{\text{CV}} (\vec{r}\times\vec{V})\rho\, dV + \sum_{\text{out}} \vec{r}\times\dot{m}\vec{V} - \sum_{\text{in}} \vec{r}\times\dot{m}\vec{V}$$

정상 균일 유동: $$\sum \vec{M} = \sum_{\text{out}} \vec{r}\times\dot{m}\vec{V} - \sum_{\text{in}} \vec{r}\times\dot{m}\vec{V}$$

한 방향으로의 스칼라 형태: $$\sum M = \sum_{\text{out}} r\dot{m}V - \sum_{\text{in}} r\dot{m}V$$

외부 모멘트가 없는 경우:

$$0 = \frac{d\vec{H}_{\text{CV}}}{dt} + \sum_{\text{out}} \vec{r}\times\dot{m}\vec{V} - \sum_{\text{in}} \vec{r}\times\dot{m}\vec{V}$$

관성 모멘트 I가 일정한 검사체적은 강체(질량이 일정한 시스템)처럼 취급되며, 검사체적에 작용하는 순수 토크는 다음과 같다.

$$\vec{M}_{\text{CV}} = I_{\text{CV}}\vec{\alpha} = \sum_{\text{in}} \vec{r}\times\dot{m}\vec{V} - \sum_{\text{out}} \vec{r}\times\dot{m}\vec{V}$$

이 식은 로켓을 점화했을 때 우주선의 각가속도 계산에 이용할 수 있다.

선형운동량 및 각운동량 방정식들은 14장에서 자세히 다룰 터보기계의 해석에 매우 중요한 식들이다.

참고 문헌과 권장 도서

1. Kundu, P. K., Cohen, I. M., and Dowling, D. R., *Fluid Mechanics*, ed. 5. San Diego, CA: Academic Press, 2011.

2. Terry Wright, *Fluid Machinery: Performance, Analysis, and Design*, Boca Raton, FL: CRC Press, 1999.

연습문제*

Newton의 법칙과 운동량 보존

6-1C 뉴턴의 제1법칙, 2법칙, 3법칙을 설명하라.

6-2C 운동량은 벡터인가? 그렇다면 이 벡터는 어느 방향을 가리키는가?

6-3C 운동량 보존 법칙을 설명하라. 한 물체에 작용하는 순수 힘이 영이면 이 물체의 운동량은 어떠한가?

선운동량 방정식

6-4C 검사체적에 대한 운동량 해석에서 표면력은 어떻게 생기는가? 표면력의 개수를 어떻게 최소화할 수 있을까?

6-5C 유체역학에서 Reynolds 수송정리의 중요성을 설명하라. 이를 이용하여 선형운동량 방정식을 유도하는 방법을 설명하라.

6-6C 운동량 해석을 할 때, 운동량 플럭스 보정계수의 중요성은 무엇인가? 층류 유동, 난류 유동, 제트 유동 중 보정계수가 가장 중요하고 해석 시 반드시 이를 고려하여야 하는 유동은 무엇인가?

6-7C 외력이 없는 경우의 정상, 1차원 유동의 운동량 방정식을 적고, 각 항들의 물리적 중요성을 설명하라.

6-8C 운동량 방정식을 적용할 때, 일반적으로 대기압을 무시한 계기 압력을 사용하는 이유는 무엇인가?

6-9C 소방관 두 명이 노즐이 부착된 동일한 물 호스로 불을 끄려고 한다. 한 명은 호스를 똑바로 잡고 있으므로 물의 유동방향과 동일한 방향으로 노즐에서 물이 분사된다. 반면 다른 한 명은 노즐의 방향을 반대로 하여 잡고 있으므로 물은 U-형 방향 전환 후 분사된다. 어떤 소방관에게 더 큰 반력이 작용할까?

6-10C 우주 공간의 로켓(마찰, 즉 운동에 대한 저항이 없다)이 그 자체에 상대적인 높은 속도 V로 배기 가스를 분사한다. 이 V가 로켓 최대 속도의 상한인가?

6-11C 운동량과 공기 유동의 관점에서 헬리콥터가 비행할 수 있는 이유를 설명하라.

그림 P6-11C

6-12C 헬리콥터가 높은 산 정상에서 비행할 때와 해수면에서 비행할 때, 어느 경우에 더 큰 동력을 필요로 할까? 그 이유를 설명하라.

6-13C 동일한 위치에서 똑같은 성능을 발휘하려면, 헬리콥터는 여름과 겨울 중 어느 계절에 더 많은 에너지를 필요로 할까? 그 이유를 설명하라.

6-14C 체적력과 표면력을 정의하고, 검사체적에 작용하는 순수 힘을 계산하는 방법을 설명하라. 유체의 무게는 체적력인가 혹은 표면력인가? 압력은 체적력인가 혹은 표면력인가?

6-15C 고정된 노즐에서 분사된 속도가 일정한 수평방향의 물 제트가 거의 마찰이 없는 지면에 놓인 수직 평판에 수직으로 충돌한다. 물 제트가 이 평판에 충돌하면 물의 힘에 의해 이 평판은 움직이기 시작한다. 평판의 가속도는 일정한가 혹은 변화할 것인가? 그 이유를 설명하라.

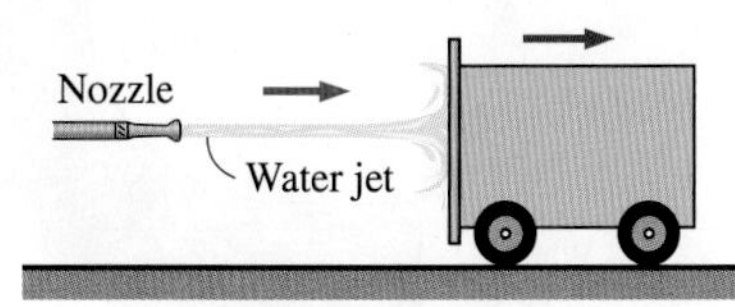

그림 P6-15C

6-16C 고정된 노즐에서 분사된 일정한 속도 V의 수평방향 물 제트가 거의 마찰이 없는 지면에 놓인 수직 평판에 수직으로 충돌한다. 물 제트가 이 평판에 충돌하면 물의 힘에 의해 이 평판은 움직이기 시작한다. 평판이 도달할 수 있는 최대 속도는 얼마인가?

---

*"C"로 표시된 문제는 개념 문제로서, 학생들에게 모든 문제에 대하여 답하도록 권장한다. 아이콘 으로 표시된 문제는 본질적으로 종합적인 문제로서, 적절한 소프트웨어를 사용하여 풀도록 의도된 것이다.

그 이유를 설명하라.

6-17C 출구 단면적이 일정한 수평 노즐에서 분사된 물 제트가 고정된 수직 평판에 수직으로 충돌한다. 물 제트의 유동에 대항하여 평판을 현재의 위치에 유지시키려면 어떠한 힘 F가 필요할 것이다. 제트의 속도가 두 배로 증가하면 이 힘도 두 배로 증가하는가? 그 이유를 설명하라.

6-18 직경이 2.5 cm이고 지면에 상대적인 속도가 V_j=40 m/s인 수평방향의 물 제트가 밑바닥 직경이 25 cm인 고정된 60° 원뿔에 의해 방향이 바뀐다. 원뿔을 따른 물의 속도는 원뿔 표면에서는 0, 자유표면에서는 들어오는 제트의 속도 40 m/s로 선형적으로 변화한다. 중력과 전단력의 효과를 무시하고, 원뿔을 현재의 위치에 고정시키기 위한 수평방향의 힘 F를 계산하라.

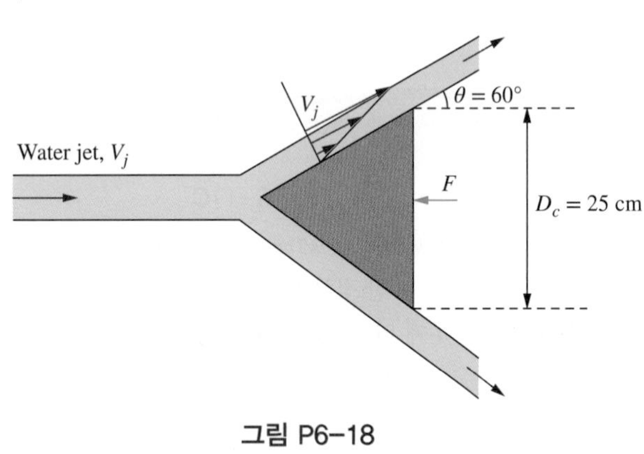

그림 P6-18

6-19 유량 40 kg/s로 수평 파이프를 유동하는 물을 90° 엘보를 이용하여 위 방향으로 바꾸려고 한다. 엘보의 직경은 10 cm이다. 엘보는 대기 중으로 물을 방출하므로 출구의 압력은 국소 대기압이다. 엘보 입출구 중심 간의 높이 차이는 50 cm이다. 엘보와 그 내부의 물무게는 무시할 수 있을 때, 다음을 계산하라. (a) 엘보 입구 중심의 계기 압력, (b) 엘보를 제자리에 고정시키기 위해 필요한 힘. 운동량 플럭스 보정계수는 1.03이다.

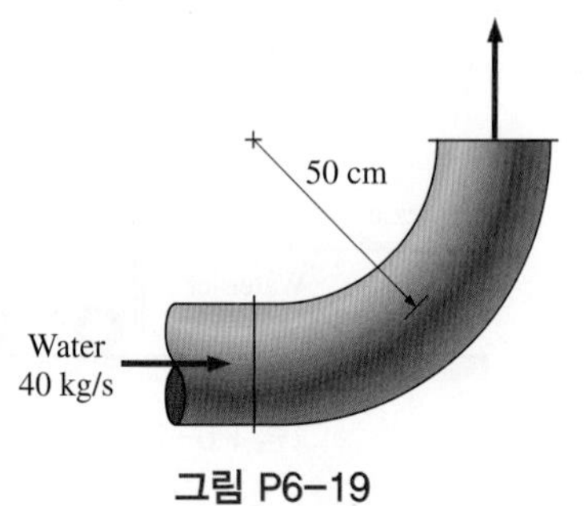

그림 P6-19

6-20 문제 6-19의 엘보에 그것과 동일한 또 하나의 엘보를 부착하여 물의 유동을 U-형 방향 전환을 할 때, 문제 6-19을 반복하라. **답**: (a) 9.81kPa, (b) 497 N

6-21 물이 직경 7 cm인 파이프에 2 m/s의 균일한 속도로 정상적으로 유입되고, $u = u_{max}\,(1-r/R)^{1/7}$의 속도 분포를 갖는 난류 유동으로 유출한다. 파이프에서의 압력 강하가 10 kPa이라면, 파이프에 작용하는 항력은 얼마인가?

6-22 수평 파이프를 통해 흐르는 물을 면적이 좁아지는 엘보를 이용하여 가속시키며 θ=45° 위 방향으로 바꾸려고 한다. 엘보는 대기 중으로 물을 방출한다. 엘보의 단면적은 입구에서 150 cm^2, 출구에서는 25 cm^{2}이다. 입출구 중심 간의 높이 차이는 40 cm이다. 엘보와 엘보 내 물의 질량은 50 kg이다. 엘보를 제자리에 고정시키기 위해 필요한 힘을 계산하라. 운동량 플럭스 보정계수는 입구와 출구 모두에서 1.03이다.

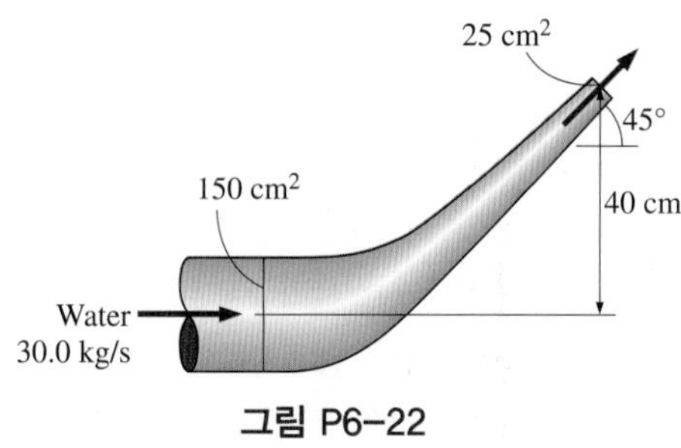

그림 P6-22

6-23 θ=125°일 때, 문제 6-23을 반복하라.

6-24 유량 2.8 m^3/s의 물 제트가 양의 x방향으로 6 m/s의 속도로 유동한다. 이 유동은 고정된 분할판(splitter)에 충돌한 후 유동의 반은 45° 위 방향으로 나머지 반은 아래쪽으로 방향이 바뀌며, 두 유동의 최종 속도는 5.5 m/s이다. 중력 효과를 무시하였을 때, 물의 힘에 대항하여 꺾인 판을 제자리에 유지시키기 위하여 필요한 힘의 x방향 성분 및 z방향 성분을 계산하라.

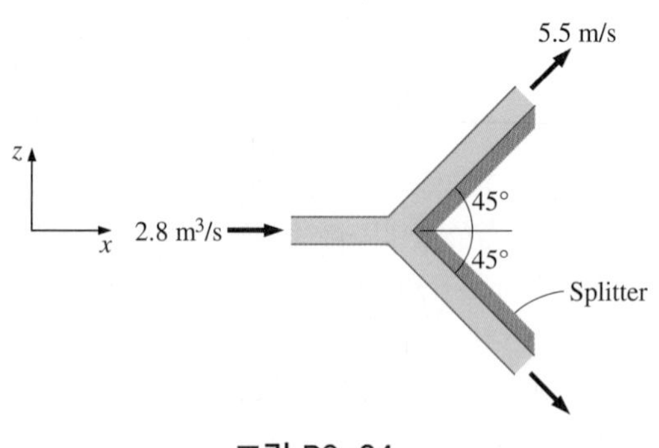

그림 P6-24

6-25 문제 6-24을 다시 고려해 보자. 적절한 소프트웨어를 이용하여 분할판의 각도가 분할판에 작용하는 힘에 미치는 영향을 계산하라. 각도는 0°에서 180°까지 10°씩 증가시킨다. 그 결과를 표로 정리하고, 그림으로 나타낸 후 결론을 도출하라.

6-26 상업용 대형 풍력 터빈에 있어서 블레이드의 직경은 100 m 정도이고, 최대 설계 조건에서 3 MW 이상의 전력을 생산한다.

블레이드의 직경이 75 m인 풍차에 25 km/h의 바람이 지속적으로 분다. 풍력 터빈의 터빈-발전기 연합 효율이 32%일 때, 다음을 계산하라. (a) 터빈이 생산한 동력, (b) 바람에 의해 터빈의 지지대에 가해진 수평방향의 힘. 공기의 밀도는 1.25 m^3/kg이고 마찰 효과는 무시하라.

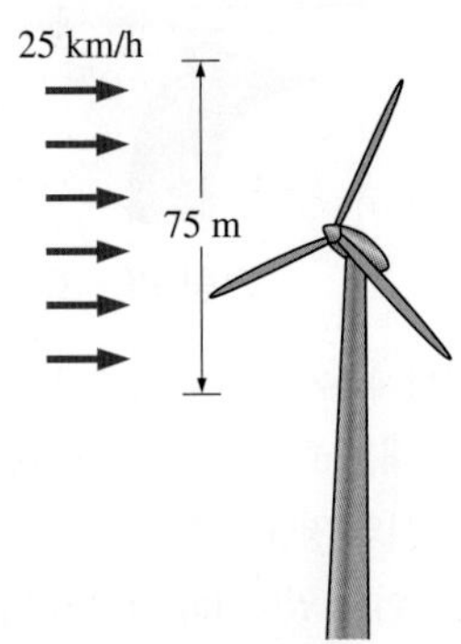

그림 P6-26

6-27 블레이드의 직경이 61 cm인 팬이 해발 0 m에서 20 ℃의 공기 0.95 m^3/s를 방출시킬 때, 다음을 계산하라. (a) 팬을 지탱하기 위한 힘, (b) 팬이 필요로 하는 최소 동력. 팬을 포함할 수 있도록 검사체적을 충분히 크게 선택하라. 또한 검사체적 입구의 계기 압력 및 공기의 속도는 영이다. 팬에 접근하는 공기는 매우 큰 면적을 통과하고, 속도는 무시할 수 있을 정도라고 가정하라. 또한 공기는 팬의 블레이드 직경과 동일한 직경의 가상의 원통을 통과하여 대기압 상태의 균일한 속도로 팬에서 유출한다고 가정한다. **답:** (a) 3.72 N, (b) 6.05 W

6-28 소방관들이 불을 끄기 위하여 호스의 끝에 부착된 노즐을 잡고 있다. 노즐의 출구 직경이 8 cm이고, 물의 유량이 12 m^3/min일 때, 다음을 계산하라. (a) 출구에서 물의 평균 속도, (b) 노즐을 붙잡기 위해 소방관들에게 필요한 수평방향의 힘.

답: (a) 39.8 m/s, (b) 7958 N

그림 P6-28

6-29 지면에 상대적인 속도가 30 m/s인 직경 5 cm의 수평방향의 물 제트가 제트와 같은 방향으로 20 m/s의 속도로 움직이는 수직 평판에 충돌한다. 충돌 후 제트는 평판면에서 모든 방향으로 유출한다. 물 제트가 평판에 가한 힘은 얼마인가?

6-30 문제 6-29를 다시 고려해 보자. 적절한 소프트웨어를 이용하여 평판의 속도가 평판에 가하는 힘에 미치는 영향을 계산하라. 평판의 속도는 0에서 30 m/s까지 3 m/s씩 증가시킨다. 그 결과를 표로 정리하고, 그림으로 나타내라.

6-31 속도가 37 m/s인 직경 10 cm의 물 제트가 곡면에 충돌한 후 동일한 속도를 유지하며 방향이 180° 바뀐다. 마찰 효과를 무시하였을 때, 물의 힘에 대항하여 곡면을 현 위치에 고정시키기 위해 필요한 힘을 계산하라.

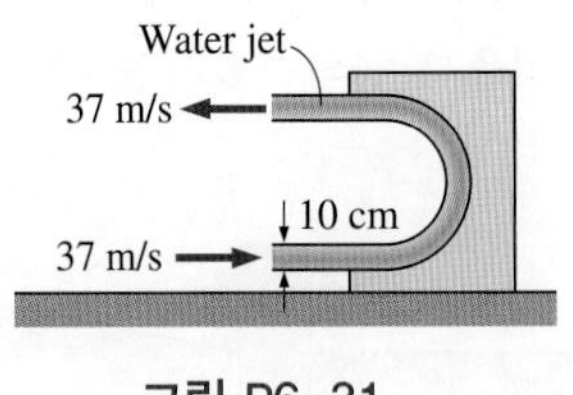

그림 P6-31

6-32 짐이 없을 때, 질량이 12,000 kg인 헬리콥터가 해수면 고도에서 떠 있으면서 짐을 적재한다. 짐을 적재하지 않고 떠 있을 때, 블레이드는 550 rpm으로 회전한다. 헬리콥터 위에 위치한 수평 블레이드는 18 m 직경의 공기질량을 블레이드의 회전 속도(rpm)에 비례하는 공기 속도로 아래쪽으로 유동시킨다. 14,000 kg의 짐을 적재한 후 헬리콥터는 천천히 상승한다. (a) 짐이 없는 상태일 때, 헬리콥터로 인해 아래쪽으로 유동하는 공기의 체적유량과 필요한 동력은 얼마인가? (b) 14,000 kg의 짐을 적재하였을 때, 헬리콥터 블레이드의 rpm과 필요한 동력은 얼마인가? 대기의 밀도는 1.18 m^3/kg이다. 위 방향에서 블레이드로 접근하는 공기는 매우 큰 면적을 통과하고, 속도는 무시할 수 있을 정도라고 가정하라. 또한 공기는 블레이드의 직경과 동일한 직경의 가상의 원통을 통과하여 균일한 속도로 아래쪽으로 강제로 유동한다고 가정한다.

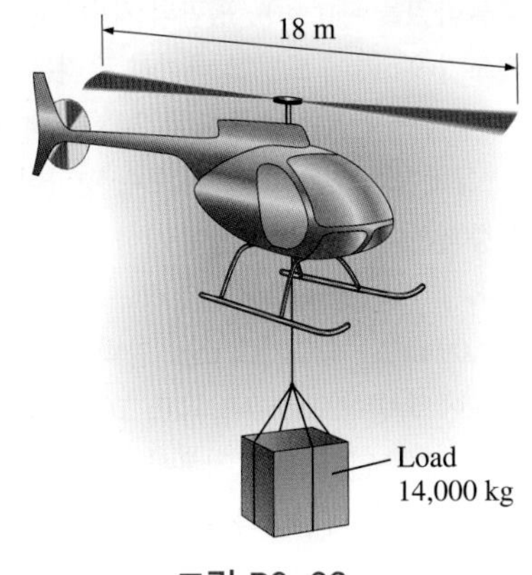

그림 P6-32

6-33 문제 6-32의 헬리콥터가 해수면 대신 공기의 밀도가 0.987 kg/m^3인 2200 m 해발의 높은 산 정상에 떠 있다. 짐을 적재하지 않은 헬리콥터가 해수면에서 고도에서 떠 있기 위해서 블레이드가 550 rpm으로 회전하여야 한다면, 높은 고도에서는 몇 rpm으로 회전하여야 하는가? 또한 2200 m 고도에서 떠 있을 때 필요한 동력은 해수면 고도에 비해 몇 % 증가하여야 하는가? **답:** 601 rpm, 9.3%

6-34 직경이 10 cm인 파이프에 0.1 m^3/s의 유량으로 물이 흐른다. 물의 속도를 낮추기 위하여, 그림 P6-34에 보인 바와 같이 출구 직경이 20 cm인 디퓨저를 파이프에 볼트 체결한다. 마찰 효과를 무시하였을 때, 물의 흐름이 볼트에 가한 힘을 계산하라.

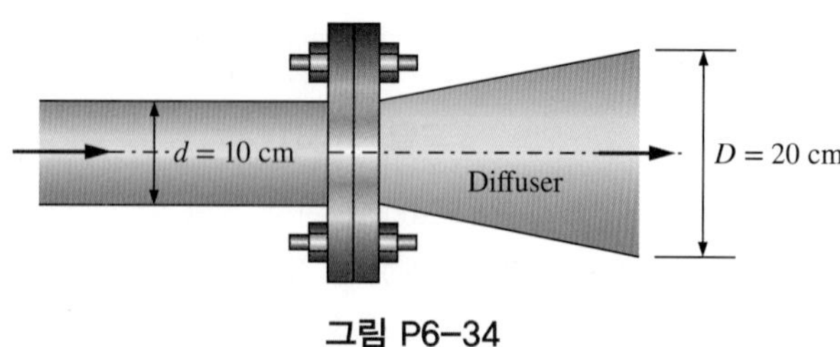

그림 P6-34

6-35 25 cm 직경의 수평 파이프 내를 속도 8 m/s, 계기 압력 300 kPa로 유동하는 물이 단면이 감소하는 90° 벤드로 유입된 후 15 cm 직경의 수직 파이프에 연결된다. 벤드 입구의 위치는 출구보다 50 cm 높다. 마찰 및 중력 효과를 무시하고, 물에 의해 벤드에 작용하는 순수 힘을 계산하라. 운동량 플럭스 보정계수는 1.04이다.

6-36 속도가 18 m/s, 직경이 4 cm인 수평방향의 물 제트가 750 kg 질량의 수직 평판에 수직으로 충돌한다. 평판은 거의 마찰이 없는 지면에 놓여 있고, 처음에는 정지하여 있다. 제트가 평판에 충돌하면 평판은 제트와 같은 방향으로 움직이기 시작한다. 물은 움직이는 평판면에서 유출된다. (a) 물 제트가 처음에 평판에 충돌하였을 때($t=0$), 평판의 가속도는 얼마인가? (b) 평판의 속도가 9 m/s에 도달할 때까지 걸리는 시간은 얼마인가? (c) 제트가 평판에 처음 충돌한 후 20 s 후에 평판의 속도는 얼마인가? 문제를 간단히 하기 위하여, 평판이 움직이면 제트의 속도도 증가하여 제트가 평판에 가하는 충격 힘은 일정하다고 가정한다.

6-37 유량이 0.09 m^3/s, 속도가 5 m/s, 압력은 대기압 상태인 물이 원심 펌프에 축방향으로 유입되고, 그림 P6-37에서와 같이 수직방향으로 토출된다. 축에 작용하는(축의 베어링에 작용하는 힘) 축방향의 힘을 계산하라.

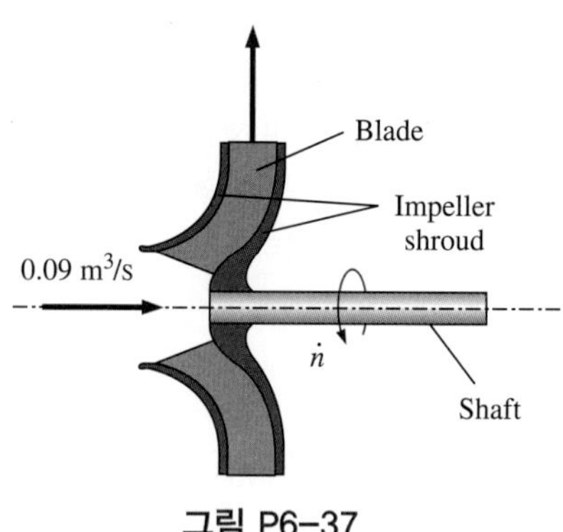

그림 P6-37

6-38 밀도가 ρ, 점성계수가 μ인 비압축성 유체가 180°로 방향이 바뀌는 곡선 덕트 내를 흐른다. 덕트의 단면적은 일정하다. 입구 (1)과 출구 (2)에서의 평균 속도, 운동량 보정계수, 계기 압력은 그림 P6-38에 주어져 있다. (a) 덕트의 벽에 작용하는 수평방향의 유체 힘 F_x를 주어진 변수로 나타내라. (b) 다음의 값들을 (a)에 대입하여 계산하라. $\rho=998.2$ kg/m^3, $\mu=1.003\times10^{-3}$ kg/m·s, $A_1=A_2=0.025$ m^2, $\beta_1=1.01$, $\beta_2=1.03$, $V_1=10$ m/s, $P_{1,\text{ gage}}=78.47$ kPa, $P_{2,\text{ gage}}=65.23$ kPa. **답:** (b) F_x=**오른쪽 방향으로** 8680 N

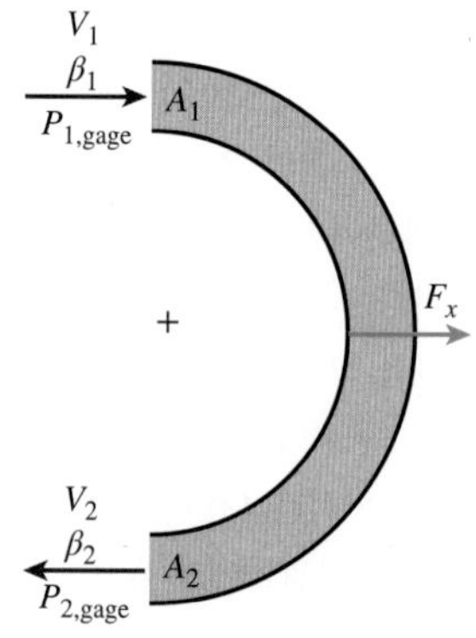

그림 P6-38

6-39 문제 6-38을 다시 고려해 보자. 그러나 덕트의 단면적이 일정하지 않고 변한다($A_1 \neq A_2$). (a) 덕트의 벽에 작용하는 수평방향의 유체 힘 F_x를 주어진 변수로 나타내라. (b) 다음의 값들을 (a)에 대입하여 계산하라. $\rho=998.2$ kg/m^3, $A_1=0.025$ m^2, $A_2=0.015$ m^2, $\beta_1=1.02$, $\beta_2=1.04$, $V_1=20$ m/s, $P_{1,\text{gage}}=88.34$ kPa, $P_{2,\text{ gage}}=67.48$ kPa. **답:** (b) Fx=**오른쪽 방향으로** 30,700 N

6-40 문제 6-38에서, 면적비 A_2/A_1이 매우 클 때에는 입구 압력이 실제로 출구 압력보다 작다! 난류로 인해 마찰과 다른 비가역 손실들이 존재하고, 이러한 비가역 손실들을 극복하기 위하여 덕트의 축을 따라 압력이 감소한다는 사실에 비추어 이를 설명하라.

6-41 밀도 $\rho=998.2$ kg/m^{3}인 물이 소방관의 노즐(유체를 가속시키는 파이프의 축소부) 내부를 흐른다. 입구의 직경 $d_1=0.100$ m, 출구 직경 $d_2=0.050$ m이다. 입구 (1)과 출구 (2)에서의 평균 속도, 운동량 보정계수, 계기 압력은 그림 P6-41에 주어져 있다. (a) 노즐의 벽에 작용하는 수평방향의 유체 힘 F_x를 주어진 변수로 나타내라. (b) 다음의 값들을 (a)에 대입하여 계산하라. $\beta_1=1.03$, $\beta_2=1.02$, $V_1=3$ m/s, $P_{1,\text{ gage}}=137{,}000$ Pa, $P_{2,\text{ gage}}=0$ Pa. **답:** (b) Fx= **오른쪽 방향으로** 861 N

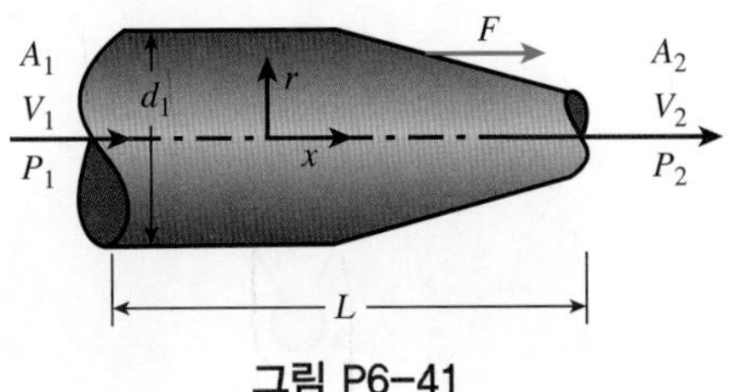

그림 P6-41

6-42 대기에 노출된 물탱크가 그림 P6-42에 보이는 바와 같이 평형추에 의해 균형을 유지하고 있다. 탱크의 밑에는 유량계수가 0.9인 직경 4 cm의 구멍이 있고, 탱크에 수평방향으로 유입되는 물에 의해 탱크 내 수위는 50 cm를 일정하게 유지한다. 탱크 밑의 구멍이 열린다면, 균형을 유지하기 위해 평형추의 질량을 얼마나 더하거나 혹은 빼야 하는가? 계산하라.

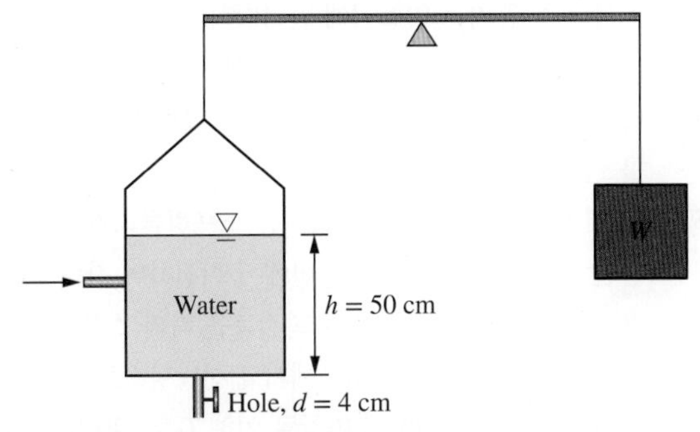

그림 P6-42

6-43 단지 수직 평판을 상하로 이동시켜 수로의 유량을 조절하는 수문은 관개 시스템에 널리 사용된다. 수문의 상류와 하류의 물 높이 y_1과 y_2의 차이, 속도 V_1과 V_2의 차이로 인하여 수문에 힘이 가해진다. 수문의 폭(지면의 속으로)은 w이다. 수로 표면의 전단응력을 무시하고, 위치 1과 2는 정상 및 균일 유동이라고 가정한다. 수문에 작용하는 힘 F_R을 깊이 y_1과 y_2, 질량유량 $\dot{m}$, 중력가속도 g, 수문의 폭 w, 물의 밀도 ρ의 함수로 나타내라.

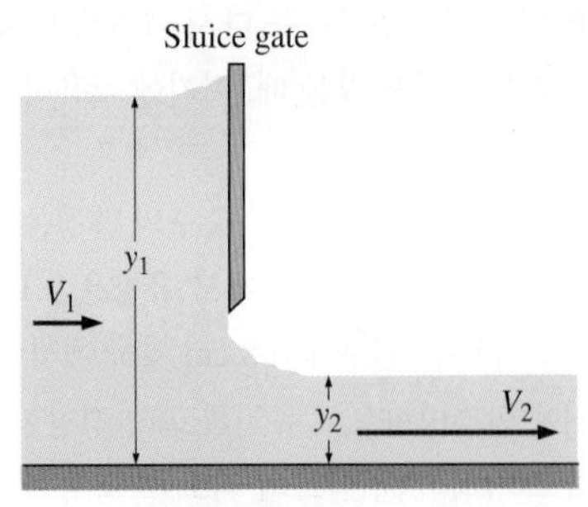

그림 P6-43

6-44 그림과 같은 방 내부에 장착된 원심 팬을 사용하여 환기를 하고 있다. 팬 배출 파이프는 단면적이 150 cm^{2}인 반면 환기 덕트 단면적은 500 cm^{2}이다. 팬 용량이 0.40 m^3/s이고 $\dot{V}_{\text{room}}=0.30$ m^3/s의 최소 환기율이 필요한 경우, 적절한 설치 각도 β을 결정해라. 방으로부터 유입되는 덕트에 대한 국부 손실은 0.5 $V_1^2/2g$로 가정한다.

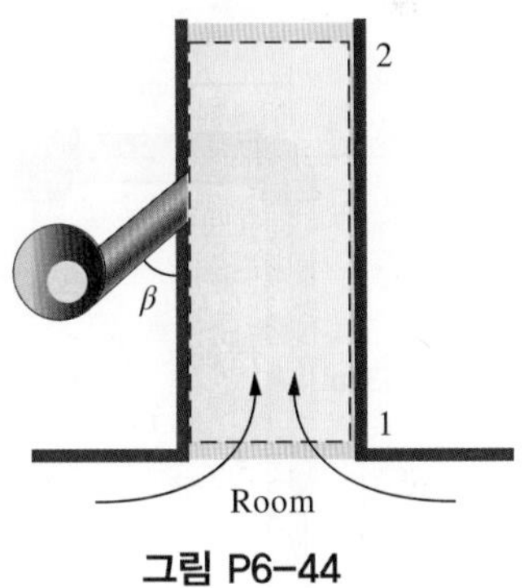

그림 P6-44

각운동량 방정식

6-45C Reynolds 수송정리를 이용하여 각운동량 방정식을 유도하는 방법을 설명하라.

6-46C 질량과 각속도가 동일한 두 개의 강체를 고려해 보자. 이 강체들의 각운동량도 동일한가? 그 이유를 설명하라.

6-47C 정상, 균일 유동일 때, 고정 검사체적에 대하여 특정한 회전축에 관한 스칼라 형태의 각운동량 방정식은 무엇인가?

6-48C 관성 모멘트 I가 일정하고, 외부 모멘트가 없고, 균일한 유출 속도는 $\vec{V}$이며, 질량유량이 $\dot{m}$인 검사체적에 대한 비정상 각운동량 방정식을 벡터 형태로 표현하라.

6-49 두 개의 동일한 팔을 갖는 큰 정원용 스프링클러의 회전부 상단에 발전기를 장착하여 전력을 생산한다. 물은 30 L/s의 유량으로 회전축을 따라 스프링클러로 유입되고, 노즐에서 접선방향으로 유출한다. 스프링클러는 수평 평면에서 180 rpm으로 회전한다. 각각의 제트의 직경은 1.3 cm이고, 회전축과 노즐 중심과의 수직 거리는 0.6 m이다. 생산된 전력을 계산하라.

6-50 문제 6-49의 스프링클러를 다시 고려해 보자. 회전부의 상단이 고장으로 회전하지 않을 때, 여기에 작용하는 모멘트를 계산하라.

6-51 원심 펌프 임펠러의 입구 및 출구의 반경은 각각 15 cm, 35 cm이고, 회전 속도 1400 rpm에서 유량은 0.15 m^3/s이다. 임펠러 블레이드의 폭은 입구에서 8 cm, 출구에서는 3.5 cm이다. 물은 임펠러에 반경방향으로 유입하고, 반경방향과 60°의 각도로 유출한다고 가정하면, 펌프의 최소 필요 동력은 얼마인가?

6-52 그림 P6-52와 같이, 3 m 길이의 수직 부분과 2 m 길이의 수평 부분으로 구성된 직경 15 cm의 파이프를 통하여 물이 유동한다. 파이프의 끝에는 90° 엘보가 부착되어 물을 아래 방향으로 유출시킨다. 물은 5 m/s의 속도로 대기 중으로 방출되고, 물이 가득 찬 파이프의 질량은 단위 길이당 17 kg이다. 수평 파이프와 수직 파이프의 교점(점 *A*)에 작용하는 모멘트를 계산하라. 만약 물이 아래 방향 대신 위 방향으로 유출한다면 모멘트는 얼마일까?

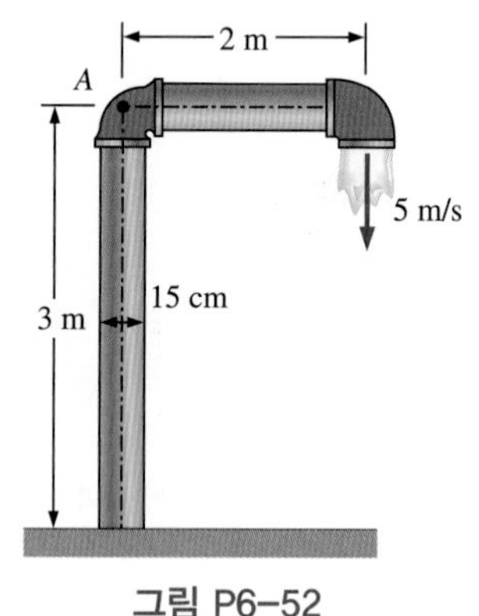

그림 P6-52

6-53 물이 35 L/s의 유량으로 그림 P6-53의 스프링클러(두 개의 팔과 면적이 같지 않음)에 수직으로 그리고 정상적으로 유입된다. 작은 제트의 유출 면적은 3 cm^{2}이고, 회전축과의 거리는 50 cm이다. 큰 제트의 유출 면적은 5 cm^{2}이고, 회전축과의 거리는 35 cm이다. 마찰 효과를 무시하고 다음을 계산하라. (a) 스프링클러의 회전 속도, rpm, (b) 스프링클러를 회전하지 못하게 할 경우에 필요한 토크.

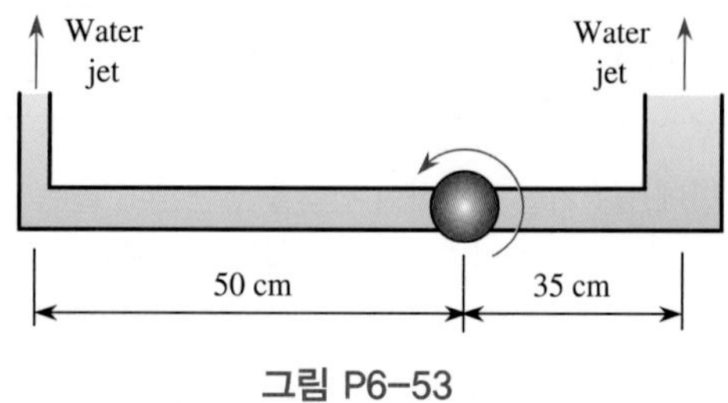

그림 P6-53

6-54 물의 유량이 60 L/s일 때, 문제 6-53을 반복하라.

6-55 임펠러의 입구에서 반경과 블레이드 폭은 각각 20 cm, 8.2 cm이고, 출구에서의 반경과 블레이드의 폭은 각각 45 cm, 5.6 cm인 원심 송풍기를 고려해 보자. 송풍기는 회전 속도 700 rpm에서 0.70 m^3/s의 유량을 송풍한다. 공기는 임펠러의 입구에 반경방향으로 유입하여 반경방향과 50°의 각도로 유출한다고 가정하면, 송풍기의 최소 소비 동력은 얼마인가? 공기의 밀도는 1.25 kg/m^{3}이다.

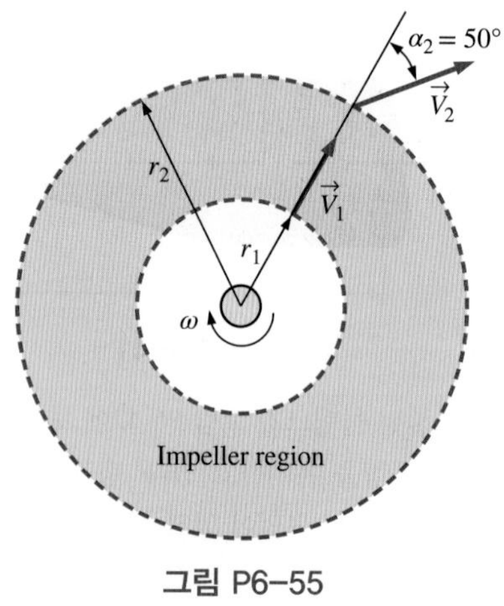

그림 P6-55

6-56 문제 6-55를 다시 고려해 보자. 주어진 유량에 대해서, 공기가 유출하는 각도 α_2가 최소로 필요한 동력에 미치는 영향을 조사하라. 공기는 임펠러에 반경방향으로 유입($\alpha_1 = 0°$)한다고 가정하고, 유출하는 각도 α_2는 0°에서 85°까지 5°씩 증가시킨다. α_2의 변화에 따른 동력의 변화를 그림으로 그리고, 그 결과를 설명하라.

6-57 세 개의 동일한 팔을 갖는 정원용 스프링클러가 물의 유동으로 인한 충격에 의하여 수평 평면에서 회전하며 잔디에 물을 뿌린다. 물은 45 L/s의 유량으로 회전축을 따라 스프링클러로 유입되고, 직경이 1.5 cm인 노즐에서 접선방향으로 유출한다. 베어링에는 작동 속도에서의 마찰로 인해 $T_0 = 40$ N·m의 저항 토크(retarding torque)가 작용한다. 회전축과 노즐 중심과의 수직 거리가 40 cm일 때, 스프링클러 축의 각속도를 계산하라.

6-58 Pelton 수차는 전력을 생산하기 위하여 수력발전소에서 많이 사용한다. 이러한 터빈에서는 속도 V_j의 고속 제트가 버킷에 충돌하여 회전 바퀴(wheel)를 회전시킨다. 그림 P6-58에서와 같이 버킷은 제트의 방향을 반대로 바꾸고, 제트는 유입된 방향과 β의 각도를 이루며 버킷에서 유출한다. 반경이 r인 회전 바퀴가 ω의 각속도로 정상적으로 회전할 때, 생산한 동력은 $\dot{W}_{\text{shaft}} = \rho\omega r\dot{V}(V_j - \omega r)(1 - \cos\beta)$이다. 여기서 ρ는 유체의 밀도, $\dot{V}$는 체적유량이다. 다음과 같이 수치가 주어졌을 때, 생산한 동력을 계산하라. $\rho = 1000$ kg/m^3, $r = 2$ m, $\dot{V} = 10$ m^3/s, $\dot{n} = 150$ rpm, $\beta = 160°$, $V_j = 50$ m/s이다.

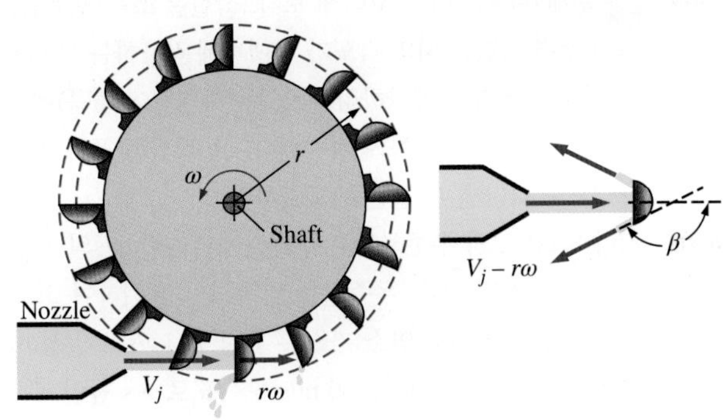

그림 P6–58

6-59 문제 6-58를 다시 고려해 보자. 터빈의 효율은 $\beta=180°$일 때 최대이지만, 이는 실용적이지 않다. β의 크기가 동력의 생산에 미치는 영향을 계산하라. β의 크기는 0°에서 180°까지 변화시킨다. β가 160°인 버킷을 이용하면, 동력의 많은 부분을 낭비한다고 생각하는가?

6-60 원심 송풍기 임펠러의 입구 반경과 블레이드 폭은 각각 18 cm, 6.1 cm이고, 출구에서의 반경과 블레이드의 폭은 각각 30 cm, 3.4 cm이다. 송풍기는 20 ℃, 95 kPa의 공기를 송풍한다. 모든 손실을 무시하고, 입구와 출구에서 공기 속도의 접선방향(회전방향) 성분은 각각의 위치에서의 임펠러 속도와 동일하다고 가정하였을 때, 축의 회전 속도가 900 rpm이고 송풍기가 소비하는 동력이 120 W라면, 공기의 체적유량은 얼마인가? 또한 임펠러의 입구 및 출구에서 공기 속도의 수직방향(반경방향) 성분을 계산하라.

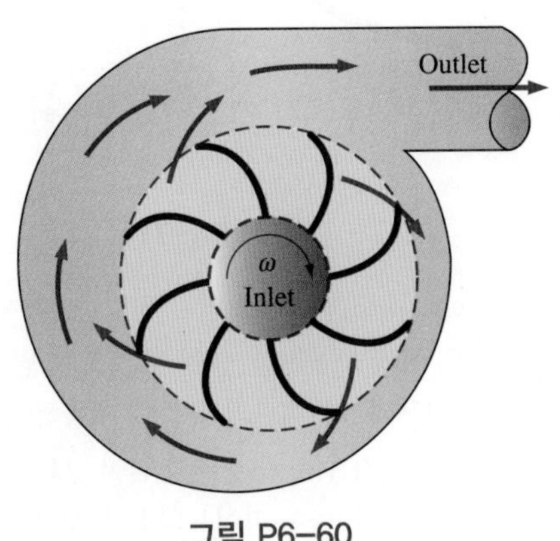

그림 P6–60

복습 문제

6-61 직경이 8 cm, 속도가 35 m/s인 수평방향 물 제트가 고정된 수직 평판에 수직으로 충돌한 후 평판면의 주위로 유출한다. 물 제트의 유동에 대항하여 평판을 현재의 위치에 유지시키기 위하여 얼마의 힘이 필요한가? 답: 6110 N

6-62 그림 P6-62에 보이는 바와 같이, 0.16 m³/s의 유량으로 정상유동하는 물이 각이 있는 엘보에 의해 아래쪽으로 방향이 꺾인다. D = 30 cm, d = 10 cm, h = 50 cm인 경우, 엘보의 플랜지에 작용하는 수평방향의 힘을 계산하라. 엘보의 내부 체적은 0.03 m³이고, 엘보 재질의 무게 및 마찰 효과는 무시하라.

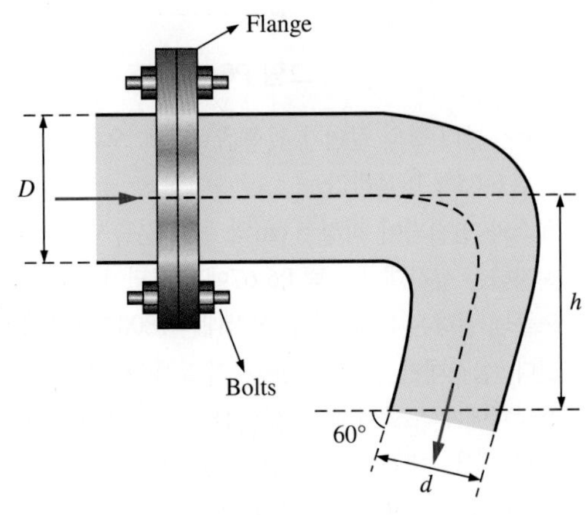

그림 P6–62

6-63 질량이 5 kg인 엘보의 무게를 고려하여 문제 6-62를 반복하라.

6-64 직경이 16 cm이고 지면에 상대적인 속도가 V_j = 20 m/s인 수평방향의 물 제트가 왼쪽으로 V_c = 10 m/s로 움직이는 40° 원뿔에 의해 방향이 바뀐다. 원뿔의 움직임을 유지하는 데 필요한 힘 F를 계산하라. 중력과 표면 전단력의 효과는 무시하고, 유동방향에 수직인 물 제트의 단면적은 일정하다고 가정하라. 답: 왼쪽으로 4230 N

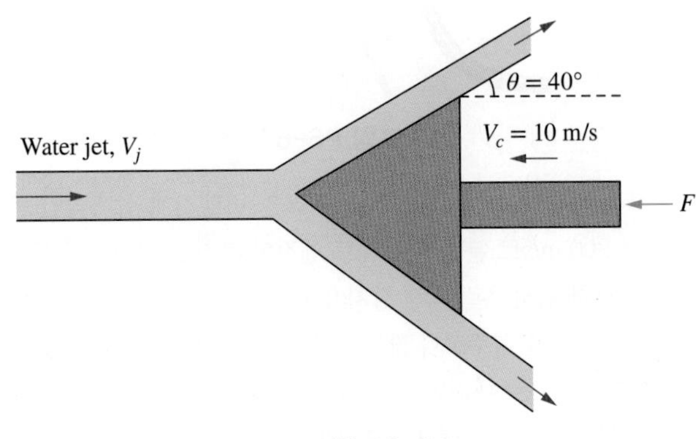

그림 P6–64

6-65 물이 10 L/s의 유량으로, 그림 P6-65의 스프링클러에 수직으로 그리고 정상적으로 유입된다. 두 물 제트의 직경은 1.2 cm이다. 마찰 효과를 무시하고 다음을 계산하라. (a) 스프링클러의 회전 속도, rpm, (b) 스프링클러를 회전하지 못하게 할 경우에 필요한 토크.

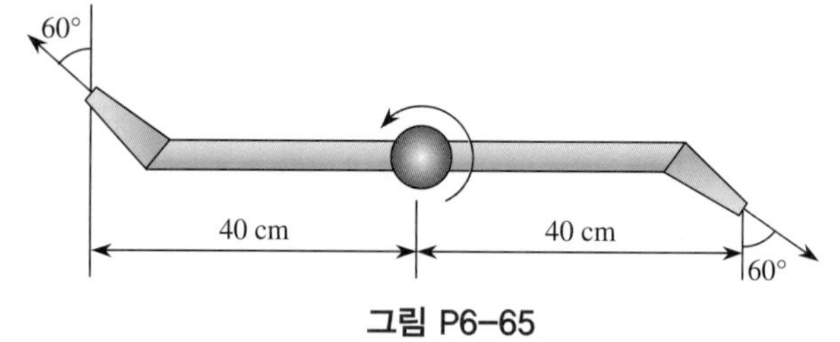

그림 P6–65

6-66 스프링클러 팔의 길이가 왼쪽은 60 cm, 오른쪽은 20 cm일 때, 문제 6-65를 반복하라.

6-67 호스와 연결되어 직경 5 cm의 물을 분출시키기 위한 노즐을 지지하는 삼각대가 그림 P6-67에 도시되어 있다. 물이 가득 찬 노즐의 질량은 10 kg이다. 삼각대는 1800 N의 힘을 지지할 수 있다. 삼각대가 갑자기 넘어져서 노즐의 60 cm 뒤에 서 있는 소방관에게 노즐이 충격을 가한다. 독자가 사고 복구반에 고용되어 삼각대를 시험한 결과, 유량이 증가하면 1800 N에서 삼각대가 넘어진다고 판단하였다. 독자의 최종 보고서에 삼각대가 넘어져서 노즐이 소방관에게 충격을 가할 때, 물의 속도, 유량, 노즐의 속도에 대해 설명하라. **답:** 30.3 m/s, 0.0595 m^3/s, 14.7 m/s

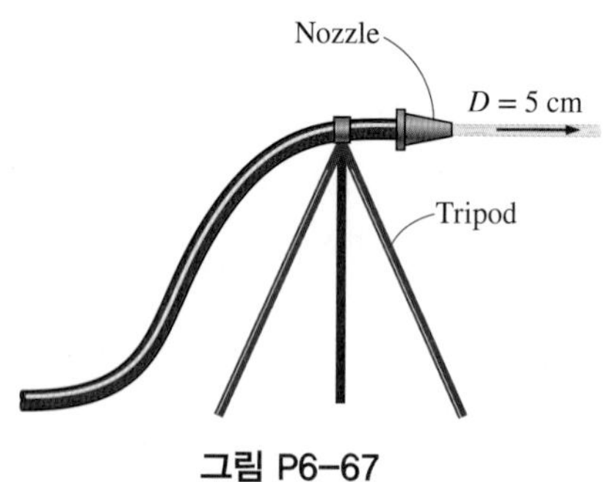

그림 P6–67

6-68 꼬리 부분에 18 kg/s의 연소 가스를 비행기에 상대적인 속도 $V=300$ m/s로 분출하는 제트 엔진이 부착된 비행기를 고려해 보자. 착륙 시 추력 역전 장치(thrust reverser: 비행기의 브레이크 역할을 하며, 활주로가 짧을 때 착륙을 용이하게 한다)가 분출 제트의 궤적으로 내려와 배기 가스의 방향을 120°로 바꾼다. (a) 추력 역전 장치가 내려오기 전, 엔진이 생산하는 추력, (b) 추력 역전 장치가 내려온 후, 발생한 브레이크의 힘을 계산하라.

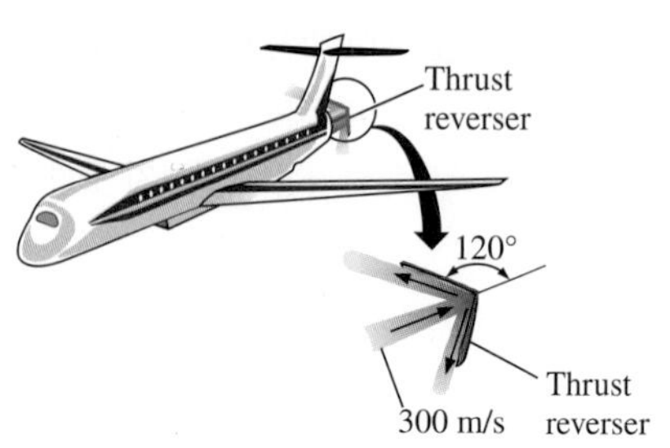

그림 P6–68

6-69 문제 6-68을 다시 고려해 보자. 적절한 소프트웨어를 이용하여 추력 역전 장치의 각도가 비행기에 작용하는 브레이크 힘에 미치는 영향을 계산하라. 각도는 0°(역전이 없음)에서 180°(최대 역전)까지 10°씩 증가시킨다. 그 결과를 표로 정리하고, 그림으로 나타낸 후 결론을 도출하라.

6-70 질량 8200 kg의 우주선이 우주공간에서 460 m/s의 일정한 속도로 순항하고 있다. 우주선을 감속시키기 위하여 고체 연료 로켓을 점화하였다. 연소 가스는 유량 70 kg/s로 일정하게, 우주선과 같은 방향으로 1500 m/s의 속도로 5 s 동안 로켓에서 분출된다. 우주선의 질량은 일정하게 유지된다고 가정하였을 때, 다음을 계산하라. (a) 5 s 동안 비행기의 감속도, (b) 이 시간 동안 우주선의 속도 변화, (c) 우주선에 가해진 추력.

6-71 60 kg의 스케이트 선수가 스케이트를 신고 얼음 위에 서 있다(마찰을 무시할 수 있다). 이 선수는 잘 휘어지는 호스(무게가 없다)를 잡고 있다. 호스에서는 직경이 2 cm인 물이 수평방향으로 스케이트와 평행하게 10 m/s의 속도로 분출된다. 처음에는 이 선수가 정지해 있을 때, 다음을 계산하라. (a) 선수의 속도와 5 s 동안 움직인 거리, (b) 5 m를 움직이는 데 걸리는 시간과 그때의 속도. **답:** (a) 2.62 m/s, 6.54 m, (b) 4.4 s, 2.3 m/s

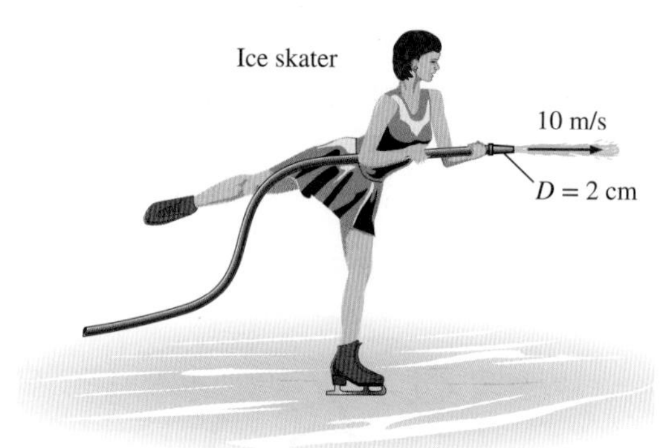

그림 P6–71

6-72 직경이 5 cm, 속도가 30 m/s인 수평방향 물 제트가 수평으로 놓인 원뿔의 팁에 충돌한다. 충돌 후 제트는 원래의 방향과 60°로 방향이 바뀐다. 물 제트의 유동에 대항하여 원뿔을 현재의 위치에 유지시키기 위하여 얼마의 힘이 필요한가?

6-73 그림 P6-73과 같이, 물이 파이프의 U-부분으로 유입하고 유출한다. 플랜지 (1)에서, 전(total) 절대 압력은 200 kPa이고, 파이프에 55 kg/s로 유입한다. 플랜지 (2)에서의 전압은 150 kPa이다. 또한 (3)에서는 유량이 15 kg/s인 물이 압력 100 kPa의 대기 중으로 유출한다. 파이프와 연결되는 두 플랜지에서, x방향 및 z방향의 총 힘들을 계산하라. 이 문제에서 중력의 중요성을 설명하라. 파이프 전체의 운동량 플럭스 보정계수는 1.03이다.

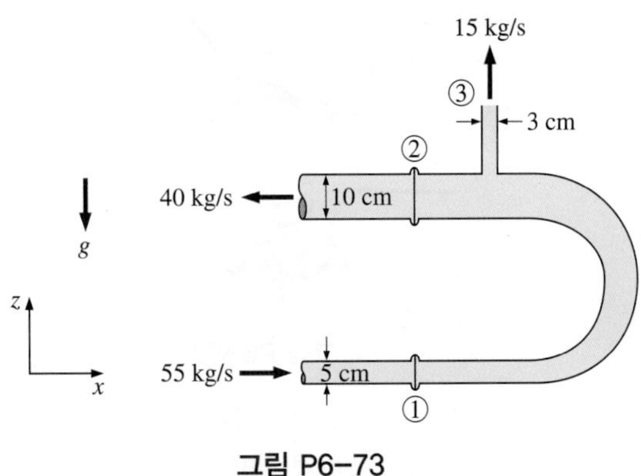

그림 P6-73

6-74 Indiana Jones가 10 m 높이의 건물로 올라가려고 한다. 건물 꼭대기에 걸려 있는 큰 호스는 가압된 물로 가득 차 있다. 그는 정사각형의 받침대를 제작하였는데, 이 받침대의 네 모서리에는 아래 방향을 향하는 4 cm 직경의 노즐을 각각 설치하였다. 호스와 노즐을 연결함으로써 각각의 노즐에서 15 m/s의 물 제트를 분사할 수 있다. Jones, 받침대, 노즐의 질량 합이 150 kg일 때, 다음을 계산하라. (a) 이 시스템을 상승시키기 위한 물 제트의 최소 속도, (b) 물 제트의 속도가 18m/s일 때, 이 시스템이 10 m 상승할 때까지 걸리는 시간과 그 때의 받침대 속도, (c) 받침대가 지면 위로 10 m에 도달하는 순간 Jones가 물을 잠그면, 운동량은 그를 얼마의 높이까지 상승시킬 수 있는가? 그가 받침대에서 옥상으로 점프하는 데 걸리는 시간은 얼마인가? **답:** (a) 17.1 m/s, (b) 4.37 s, 4.57 m/s, (c) 1.07 m, 0.933 s

그림 P6-74

6-75 한 공학도가 팬을 이용하여 공중 부양 장치를 설명하려고 한다. 이 학생은 공기가 0.9 m 직경의 팬 블레이드의 바로 아래쪽으로 유동할 수 있도록 팬을 박스로 둘러쌓으려고 한다. 이 시스템의 무게는 22 N이며, 회전을 방지하도록 단단히 제작한다. 이 학생은 팬의 동력을 증가시킴으로써 유출하는 공기가 박스 및 팬을 위로 뜰 수 있을 때까지 블레이드의 회전수와 공기의 유출속도를 증가시키려고 계획하고 있다. (a) 22 N의 힘을 발생시키는 공기의 유출 속도, (b) 필요한 체적유량, (c) 공기에 공급하여야 할 최소의 기계 동력을 계산하라. 공기의 밀도는 1.25 kg/m³이다.

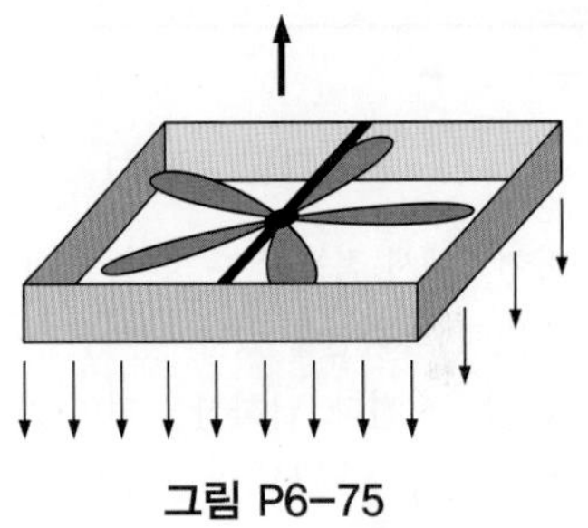

그림 P6-75

6-76 질량이 50 g인 호두를 깨는데는 0.002초 동안 연속적으로 가해주는 200 N의 힘이 필요하다. 호두를 높은 곳에서 딱딱한 표면에 떨어뜨려 깨려면, 필요한 높이는 최소 얼마인가? 공기 저항은 무시하라.

6-77 직경이 7 cm인 물 제트가 노즐에서 15 m/s의 속도로 위 방향으로 분사된다. 분사된 물 제트는 노즐보다 2 m 위에 있는 평판을 최대 얼마의 무게까지 지탱할 수 있는가?

6-78 평판이 노즐보다 8 m 위에 있을 때, 문제 6-77을 반복하라.

6-79 일정한 속도 V를 갖는 수평방향 물 제트는 수직 평판에 수직으로 충돌하고 수직면의 주위로 유출한다. 이때 평판이 $\frac{1}{2}V$의 속도로 물제트를 향해 움직이고 있다. 만약, 이 평판을 정지상태로 유지하기 위해 요구되는 힘 F가 있다면, 평판을 물제트 방향으로 움직이게 하기 위해 요구되는 힘은 얼마인가?

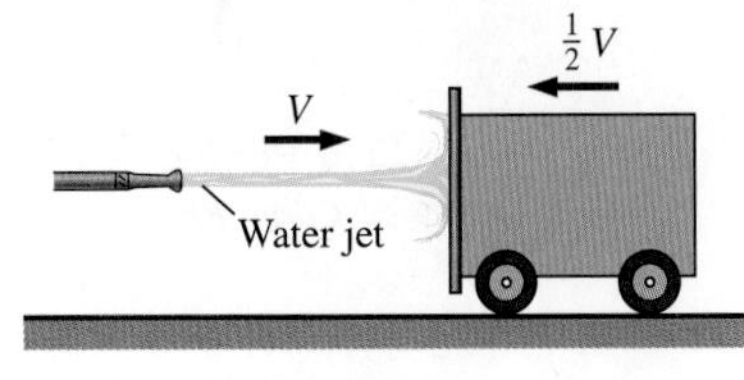

그림 P6-79

6-80 고정된 노즐에서 속도 V로 분사되는 유체 제트가 노즐에 작용하는 힘은 V^2 혹은 $\dot{m}^2$에 비례함을 증명하라. 제트는 유입되는 유체에 수직이라고 가정하라.

6-81 탱크에 부착된 단면이 일정한 수평 파이프 내의 정상, 발달하는 물의 층류 유동을 고려해 보자. 물은 파이프로 거의 균일한 속도 V와 압력 P_1으로 유입된다. 얼마 후에 속도 분포는 운동량 보정계수가 2인 포물선이 되고, 압력은 P_2로 떨어진다. 탱크에 부착된 파이프를 고정시키기 위한 볼트에 작용하는 수평방향의 힘을 구하라.

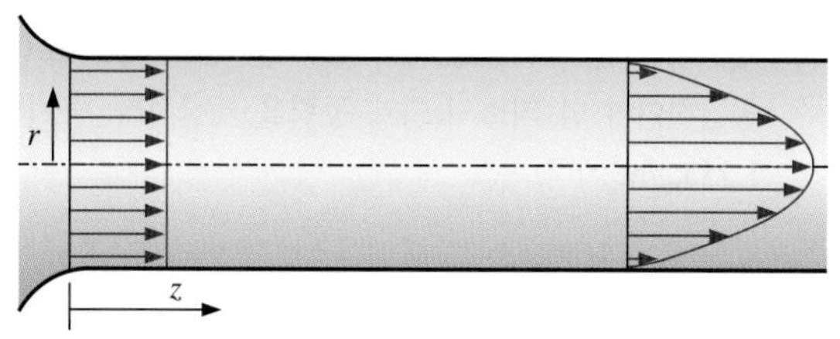

그림 P6–81

6-82 군인이 비행기에서 점프한 후 종단 속도(terminal velocity) V_T에 도달했을 때 낙하산을 폈다. 낙하산은 착륙 속도 V_F까지 하강 속도를 감소시킨다. 낙하산을 펴면 공기 저항은 속도의 제곱에 비례한다(즉, $F=kV^2$). 군인, 낙하산 및 그의 장비의 총 질량은 m이다. $k=mg/V_F^2$임을 증명하고, $t=0$에서 낙하산을 펼친 후의 군인의 속도를 유도하라.

답: $V = V_F \dfrac{V_T + V_F + (V_T - V_F)e^{-2gt/V_F}}{V_T + V_F - (V_T - V_F)e^{-2gt/V_F}}$

그림 P6–82
© *Corbis RF*

6-83 그림 P6-83의 혼류 펌프를 고려해 보자. 물은 펌프에 0.25 m³/s의 유량과 5 m/s의 속도로 축방향으로 유입하여 수평축에 대해 75° 각도의 방향으로 대기로 유출한다. 유출 면적이 유입면적의 반이라면, 축방향으로 축에 작용하는 힘을 계산하라.

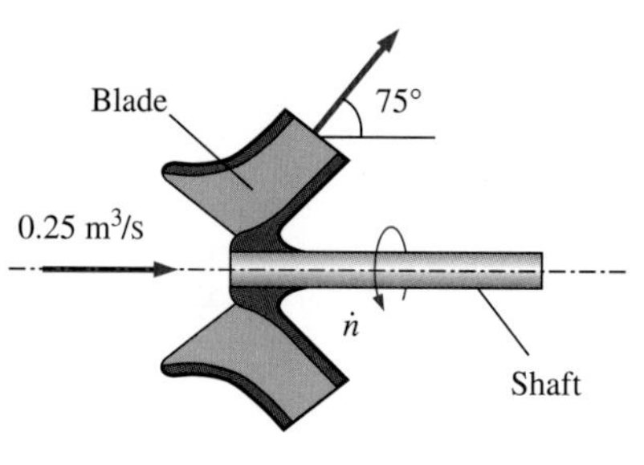

그림 P6–83

6-84 노즐에 의하여 가속된 물이 외경이 D인 터빈 임펠러의 가장자리를 통하여 질량유량 $\dot{m}$, 반경방향에 대해 α의 각도를 이루는 속도 V로 유입한다. 물은 임펠러로부터 반경방향으로 유출한다. 터빈축의 각속도가 $\dot{n}$이라면, 이 반경류 터빈이 생산할 수 있는 최대 동력은 $\dot{W}_{\text{shaft}} = \pi\dot{n}\dot{m}DV\sin\alpha$임을 증명하라.

6-85 그림 P6-85에 도시한 바와 같이, 물이 두 개의 동일한 팔을 갖는 스프링클러에 75 L/s의 유량으로 회전축을 따라 유입되고, 스프링클러 노즐에서 접선방향에 대하여 θ의 각도를 이루며 직경이 2 cm인 물 제트 형태로 유출한다. 스프링클러 팔의 길이는 0.52 m이다. 모든 마찰 효과를 무시하고, 스프링클러의 회전율 $\dot{n}$를 다음의 각 경우에 대하여 rev/min으로 계산하라. (a) $\theta=0°$, (b) $\theta=30°$, (c) $\theta=60°$.

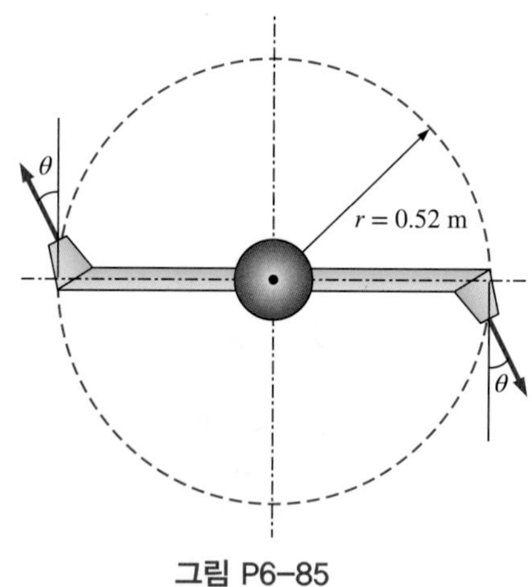

그림 P6–85

6-86 문제 6-85을 다시 고려해 보자. 주어진 유량에 대해서, 제트의 유출 각도 θ가 스프링클러의 회전율 $\dot{n}$에 미치는 영향을 계산하라. 각도 θ는 0°에서 90°까지 10°씩 증가시킨다. θ의 변화에 따른 회전율을 그리고, 그 결과를 설명하라.

6-87 직경이 D인 정지 상태의 탱크가 거의 마찰이 없는 지면의 바퀴 위에 놓여 있다. 탱크 아랫부분의 직경이 D_o인 매끄러운 구멍에서 물 제트가 수평방향의 뒤쪽으로 분사되어, 이 물 제트의 힘은 시스템을 앞쪽으로 움직이게 한다. 탱크 안의 물은 탱크-바퀴 조립 장치보다 훨씬 무거우므로, 이 문제에서는 탱크 안

에 남아 있는 물만 질량으로 간주한다. 질량이 시간에 따라 감소한다는 점을 고려하여 다음을 유도하라. (a) 가속도, (b) 속도, (c) 시간에 경과함에 따라 시스템이 움직인 거리.

6-88 수직방향으로 자유롭게 미끄러질 수 있는 거의 마찰이 없는 수직 안내 레일이 질량이 m_P인 판을 수평위치에 지지하고 있다. 노즐은 단면적이 A인 물 제트를 판의 아래쪽에 분사한다. 물 제트는 판에 위 방향의 힘을 가하고, 평판면을 따라 주위로 방출한다. 물의 유량 $\dot{m}$(kg/s)은 조절할 수 있다. 거리가 짧아서, 상승하는 제트의 속도는 높이에 따라 일정하다고 가정한다. (a) 판을 막 뜨게 하는 데 필요한 최소 질량유량 $\dot{m}_{\min}$과 $\dot{m}>\dot{m}_{\min}$일 때 위로 움직이는 판의 정상 상태 속도를 계산하라. (b) 시간 $t=0$에서 판은 정지 상태이고, $\dot{m}>\dot{m}_{\min}$인 물 제트를 갑자기 분사하였다. 판에 대한 힘의 평형을 적용하여 시간에 따른 판의 속도에 관한 적분식을 유도하라(풀지는 말 것).

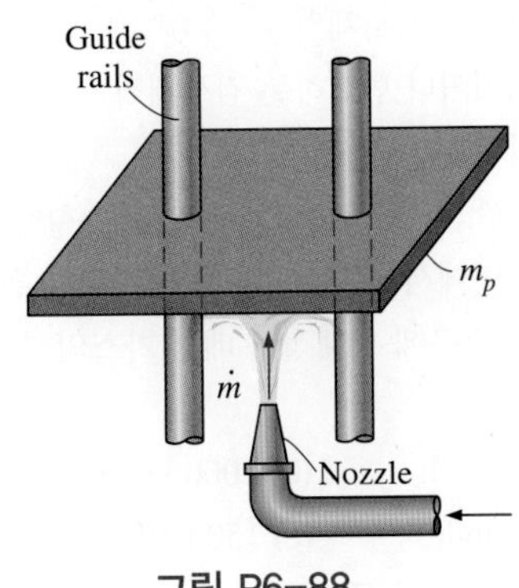

그림 P6-88

6-89 유량이 $\dot{V}$이고 단면적이 A인 수평방향의 물 제트가 질량이 m_c인 뚜껑 달린 수레에 힘을 가하여 거의 마찰이 없는 노면에서 움직이게 한다. 제트는 수레 뒷면의 구멍으로 유입되고, 유입된 물은 전부 수레 안에 고여서 시스템의 질량을 증가시킨다. 일정한 제트의 속도 V_J와 변화하는 수레의 속도 V사이의 상대적인 속도는 V_J-V이다. 제트가 막 분출되기 시작할 때 수레는 비어 있고 정지 상태라면, 시간에 따른 수레의 속도를 유도하라(적분의 형태도 괜찮음).

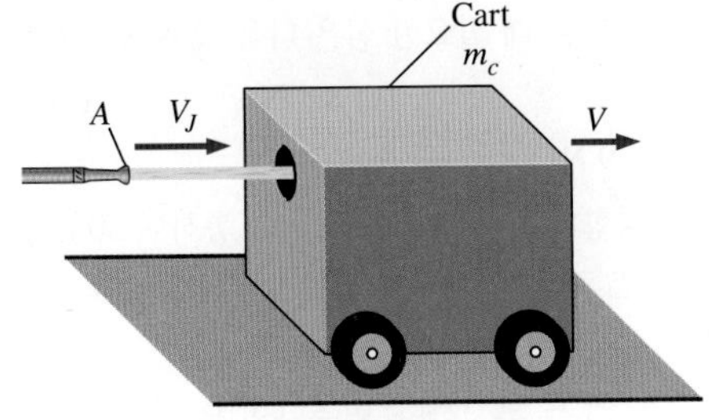

그림 P6-89

6-90 파이프의 아래쪽의 길이 1.2 m, 폭 5 mm의 좁고 긴 직사각형 구멍(slit)을 통하여 물이 유출된다. 물의 유출 속도 분포가 그림 P6-90에 보이는 바와 같이 한쪽 끝에서 3 m/s, 다른 쪽 끝에서 7 m/s로 변화하는 포물선 형태일 때, 다음을 계산하라. (a) 직사각형 구멍을 통한 유량, (b) 이 유출 과정으로 인해 파이프에 작용하는 수직방향의 힘.

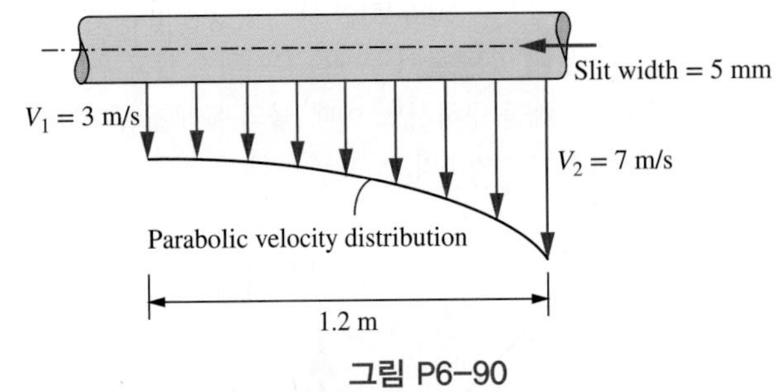

그림 P6-90

6-91 그림과 같이 $V_{\text{jet}}=10$ m/s의 속도를 갖는 물제트가 $U=2$ m/s의 속도로 움직이는 평판과 충돌한다.

(a) 평판을 고정하는 데 필요한 힘을 결정하라.

(b) U의 방향이 반대가 되었을 때 힘을 구하시오.

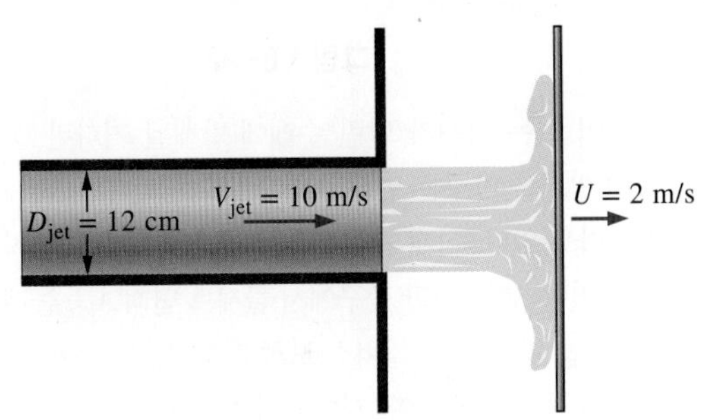

그림 P6-91

6-92 그림과 같이, 질량 유량 $\dot{m}$의 물이 수직으로 휜 엘보 관을 통해 흐른다. 이때 중심선까지의 엘보의 반경은 R이고, 엘보 파이프 직경은 D이다. 이때, 파이프 출구는 대기에 노출되어 있다. (Hint: 이것은 출구 압력이 대기압이라는 것을 의미한다.)엘보를 통해 물을 밀어내고 물의 고도를 높이기 위해서는 유입구의 압력이 대기보다 반드시 높아야 한다. 이때, 엘보를 통한 비가역적 수두손실은 h_L이다. 또한, 운동에너지 플럭스 보정계수 α는 엘보 입구와 출구에서 동일하다고 가정한다($\alpha_1 = \alpha_2$). 그리고 운동량 플럭스 보정계수 β도 입구와 출구에서 동일하다고 가정한다. (즉, $\beta_1 = \beta_2$)

(a) 수두형태의 에너지 방정식을 사용하여 유입구 중앙에서의 게이지 압력 $P_{\text{gage, 1}}$에 대한 식을 다른 변수들을 이용하여 유도하시오.

(b) 아래의 숫자를 대입하여 $P_{\text{gage,1}}$을 구하시오: $\rho=998.0$ kg/m^3, $D=10.0$ cm, $R=35.0$ cm, $h_L=0.259$ m, $\alpha_1=\alpha_2=1.05$, $\beta_1=\beta_2=1.03$, $\dot{m}=25.0$ kg/s. g는 9.807 m/s^{2}이다. 해답은 5와 6 kPa 사이에서 얻어진다.

(c) 엘보 자체의 무게와 엘보 내부의 물 무게를 무시하면, 엘보를 제자리에 고정하는 데 필요한 고정력의 x와 z성분을 계산하라. 고정력에 대한 최종 해를 벡터 $\vec{F}=F_x\vec{i}+F_z\vec{k}$형태로 제시하라. 이때, F_x는 −120와 −140 N 사이에 존재하여야 하며 F_z는 80와 90 N 사이에 있어야 한다.

(d) 엘보 내부에 있는 물의 무게를 무시하지 않고 위의 (c)를 반복하여 해를 구하시오. 이때, 물의 무게를 무시하는 것이 타당한지 설명하라.

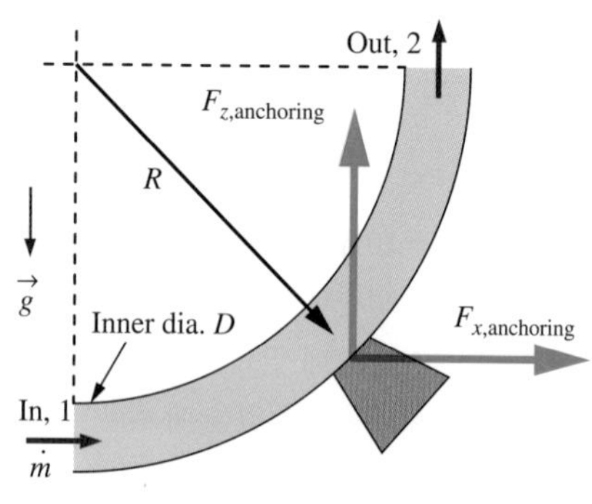

그림 P6–92

6-93 마찰이 없는 바퀴가 달린 수레에 탑재된 커다란 탱크에서 유동의 방향을 바꾸는 변류 평판으로 그림과 같이 각도 θ로 물을 분사하고 있다. 이때 케이블은 수레가 왼쪽으로 움직이는 것을 막고 있다. 변류 평판 출구에서 물제트 면적 A_{jet}, 물제트의 평균 속도 V_{jet} 및 운동량 플럭스 보정 계수 β_{jet}이 주어져 있다. 주어진 변수들을 이용하여, 케이블의 장력 T에 대한 식을 구하라.

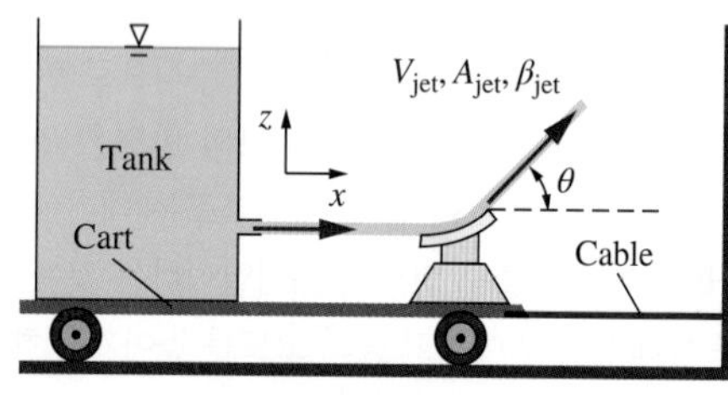

그림 P6–93

6-94 마찰이 없는 바퀴가 달린 수레에 장착된 대형 탱크에서 물이 분사되고 있다. 물 분사 속도는 V_j = 7.00 m/s이고, 단면적은 A_j= 20.0 mm^{2}이며, 물제트의 운동량 플럭스 보정 계수는 1.04이다. 그림과 같이, 물제트는 135°로 꺾이고(θ=45°), 모든 물이 다시 탱크로 흐른다. 이때 물의 밀도는 1000 kg/m^{3}이다. 수레를 제자리에 고정하는 데 필요한 수평 힘 F(N 단위)를 계산하라.

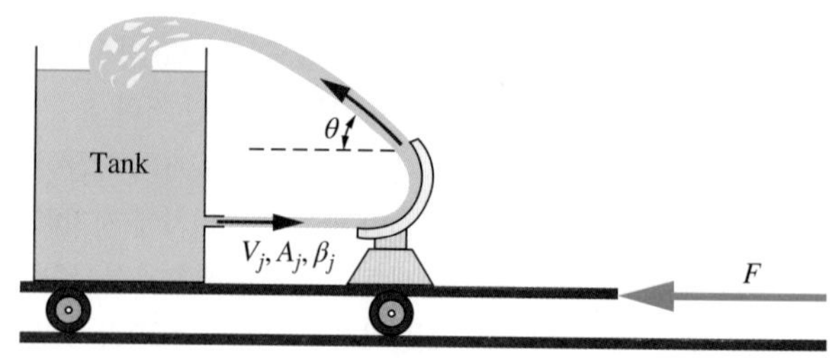

그림 P6–94

공학 기초(FE) 시험 문제

6-95 제트 엔진에 의해 발생한 추력을 계산하기 위한 적당한 검사체적은 다음 중 무엇인가?

(a) 고정 검사체적
(b) 움직이는 검사체적
(c) 변형하는 검사체적
(d) 움직이거나 변형하는 검사체적
(e) 답이 없음

6-96 1000 km/h의 속도로 오른쪽으로 순항하는 비행기를 고려해 보자. 지면에서 본 배기 가스의 속도가 왼쪽으로 700 km/h라면, 노즐 출구에 상대적인 배기 가스의 속도는 다음 중 무엇인가?

(a) 1700 km/h (b) 1000 km/h (c) 700 km/h
(d) 300 km/h (e) 150 km/h

6-97 유량이 7 kg/s인 물 제트가 고정된 수직 평판에 35 km/h의 속도로 수평방향으로 충돌한다. 충돌 후 물은 수직방향으로 움직인다고 가정한다. 평판이 수평방향으로 움직이지 않게 하는 데 필요한 힘은 다음 중 무엇인가?

(a) 24.3 N (b) 35.0 N (c) 48.6 N
(d) 68.1 N (e) 79.3 N

6-98 수평방향의 짧은 정원용 호스를 통하여 30 kg/min의 유량으로 물이 흐른다. 입구에서의 속도는 1.5 m/s이고, 출구의 속도는 14.5 m/s이다. 호스와 물의 속도는 무시한다. 입출구의 운동량 플럭스 보정계수가 모두 1.04라 할 때, 호스를 현재의 위치에 고정시키는 데 필요한 힘은 다음 중 무엇인가?

(a) 2.8 N (b) 8.6 N (c) 17.5 N
(d) 27.9 N (e) 43.3 N

6-99 수평방향의 짧은 정원용 호스를 통하여 30 kg/min의 유량으로 물이 흐른다. 입구에서의 속도는 1.5 m/s이고, 출구의 속도는 11.5 m/s이다. 물이 유출하기 전에 호스는 180° 꺾인다. 호스와 물의 속도는 무시한다. 입출구의 운동량 플럭스 보정계수가 모두 1.04라 할 때, 호스를 현재의 위치에 고정시키는 데 필요한 힘은 다음 중 무엇인가?

(a) 7.6 N (b) 28.4 N (c) 16.6 N

(d) 34.1 N (e) 11.9 N

6-100 수평방향의 짧은 정원용 호스를 통하여 40 kg/min의 유량으로 물이 흐른다. 입구에서의 속도는 1.5 m/s이고, 출구의 속도는 16 m/s이다. 물이 유출하기 전에 호스는 90° 꺾여서 수직방향을 향한다. 호스와 물의 속도는 무시한다. 입출구의 운동량 플럭스 보정계수가 모두 1.04라 할 때, 호스를 현재의 위치에 고정시키는 데 필요한 수직방향의 힘은 다음 중 무엇인가?

(a) 11.1 N (b) 10.1 N (c) 9.3 N
(d) 27.2 N (e) 28.9 N

6-101 수평방향의 짧은 정원용 호스를 통하여 80 kg/min의 유량으로 물이 흐른다. 입구에서의 속도는 1.5 m/s이고, 출구의 속도는 16.5 m/s이다. 물이 유출하기 전에 호스는 90° 꺾여서 수직방향을 향한다. 호스와 물의 속도는 무시한다. 입출구의 운동량 플럭스 보정계수가 모두 1.04라 할 때, 호스를 현재의 위치에 고정시키는 데 필요한 수평방향의 힘은 다음 중 무엇인가?

(a) 73.7 N (b) 97.1 N (c) 99.2 N
(d) 122 N (e) 153 N

6-102 유량이 18 kg/s인 물 제트가 고정된 수평 평판에 20 m/s의 속도로 수직방향으로 충돌한다. 평판의 질량은 10 kg이다. 충돌 후에 물은 수평방향으로 움직인다고 가정한다. 평판이 수직방향으로 움직이지 않게 하는 데 필요한 힘은 다음 중 무엇인가?

(a) 186 N (b) 262 N (c) 334 N
(d) 410 N (e) 522N

6-103 풍력 터빈의 바람 속도가 6 m/s로 측정되었다. 블레이드의 직경은 24 m이고, 풍력 터빈의 효율은 29%이다. 공기의 밀도는 1.22 kg/m^{3}이다. 바람에 의해 풍력 터빈의 지지대에 가해진 수평방향의 힘은 다음 중 무엇인가?

(a) 2524 N (b) 3127 N (c) 3475 N
(d) 4138 N (e) 4313 N

6-104 풍력 터빈의 바람 속도가 8 m/s로 측정되었다. 블레이드의 직경은 12 m이다. 공기의 밀도는 1.2 kg/m^{3}이다. 바람에 의해 풍력 터빈의 지지대에 가해진 수평방향의 힘이 1620N이라면, 풍력 터빈의 효율은 다음 중 무엇인가?

(a) 27.5% (b) 31.7% (c) 29.5%
(d) 35.1% (e) 33.8%

6-105 지면에 부착된 3 cm 직경의 수평 파이프가 90° 꺾여서 수직 위 방향을 향하고, 물은 9 m/s의 속도로 유출된다. 파이프의 수평 구간 길이는 5 m, 수직 구간의 길이는 4 m이다. 파이프 내 물의 질량을 무시하였을 때, 파이프의 기초 부분에 작용하는 굽힘 모멘트는 다음 중 무엇인가?

(a) 286 N · m (b) 229 N · m (c) 207 N · m
(d) 17 N · m (e) 124 N · m

6-106 지면에 부착된 3 cm 직경의 수평 파이프가 90° 꺾여서 수직 위 방향을 향하고, 물은 6 m/s의 속도로 유출한다. 파이프의 수평 구간 길이는 5 m, 수직 구간 길이는 4 m이다. 파이프의 질량은 무시하고 파이프 내 물의 무게는 고려하였을 때, 파이프의 기초 부분에 작용하는 굽힘 모멘트는 다음 중 무엇인가?

(a) 11.9 N · m (b) 46.7 N · m (c) 127 N · m
(d) 104 N · m (e) 74.8 N · m

6-107 4개의 동일한 팔(arm)을 갖는 큰 정원용 스프링클러의 회전부 상단에 발전기를 장착하여 전력을 생산하는 터빈으로 변환한다. 물은 10 kg/s의 유량으로 회전축을 따라 스프링클러로 유입되고, 회전하는 노즐에 상대적으로 50 m/s의 속도로 노즐에서 접선방향으로 유출한다. 스프링클러는 수평면에서 400 rpm으로 회전한다. 회전축과 노즐 중심과의 거리는 30 cm이다. 생산된 전력은 다음 중 무엇인가?

(a) 4704 W (b) 5855 W (c) 6496 W
(d) 7051 W (e) 7840 W

6-108 회전 속도가 900 rpm이고 유량이 95 kg/min인 원심 펌프의 임펠러를 고려해 보자. 임펠러 입구와 출구의 반경은 각각 7 cm, 16 cm이다. 입구와 출구 모두에서 접선방향의 유체 속도가 날개의 각속도와 같다고 가정하면, 펌프의 필요 동력은 다음 중 무엇인가?

(a) 83 W (b) 291 W (c) 409 W
(d) 756 W (e) 1125 W

6-109 400 rpm으로 회전하는 원심 펌프의 임펠러에 유량 450 L/min의 물이 반경방향으로 유입된다. 직경이 70cm인 임펠러 출구에서, 유출하는 물의 절대 속도의 접선방향(회전방향) 성분이 55 m/s이다. 임펠러에 작용하는 토크는 다음 중 무엇인가?

(a) 144 N · m (b) 93.6 N · m (c) 187 N · m
(d) 112 N · m (e) 235 N · m

6-110 터빈 축이 600 rpm의 속도로 회전하고 축의 토크가 3500 N·m일 때, 계산된 축동력을 아래에서 고르시오.

(a) 207 kW (b) 220 kW (c) 233 kW
(d) 246 kW (e) 350 kW

설계 및 논술 문제

6-111 소방서를 방문하여 호스를 통과하는 유량과 출구 직경에 관한 정보를 입수하라. 이 정보를 이용하여 소방관이 소방 호스를 잡고 있을 때 받는 충격을 계산하라.

CHAPTER

7

차원해석과 모델링

이 장에서는 우선 **차원**과 **단위**의 개념을 학습한다. 그리고 **차원 동차성**에 대한 기본 원리를 공부하고, 방정식을 **무차원화**하여 **무차원 그룹**을 찾을 때 그 원리가 어떻게 적용되는지 설명한다. **모델**과 **원형** 사이의 상사성에 대하여 논의하고, 엔지니어와 과학자들을 위하여 **차원해석**이라는 중요한 도구도 설명한다. 차원해석은 차원을 가진 변수나 상수, 무차원변수들을 **무차원 매개변수**로 조합하여 문제해석에 필요한 독립 매개변수의 수를 줄여나가는 방법이다. 변수와 상수의 차원에 기초한 **반복변수법**을 이용하여 무차원 매개변수를 구하는 단계별 방법을 소개한다. 마지막으로 이 방법을 실제 문제에 적용해 봄으로써 그 방법의 효용성과 한계에 대하여 고찰한다.

목표

이 장을 공부하면 다음과 관련된 지식을 얻을 수 있다.

- 차원, 단위, 방정식들의 차원 동차성에 대한 이해
- 차원해석의 많은 장점
- 무차원 매개변수를 구하기 위하여 반복변수법을 사용하는 방법
- 역학적 상사의 개념을 이해하고 이를 실험 모델링에 적용하는 법

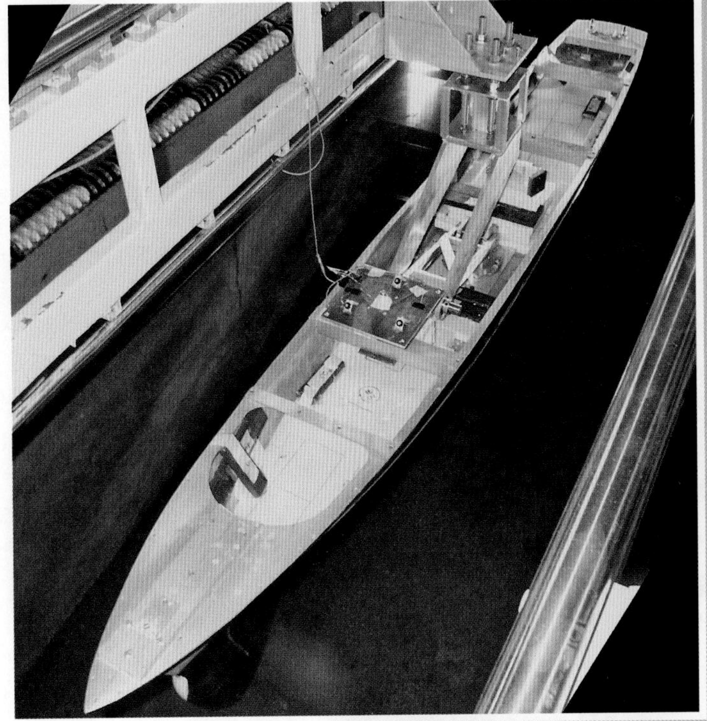

Iowa 대학에 있는 길이 100 m의 견인 수조에서 시험 중인 Arleigh Burke급 미 해군 구축함의 1:46.6 축소 모델로, 길이는 3.048 m이다. 이러한 실험에서 가장 중요한 무차원 매개변수는 Froude 수이다.

Photo courtesy of IIHR-Hydroscience & Engineering, University of Iowa. Used by permission.

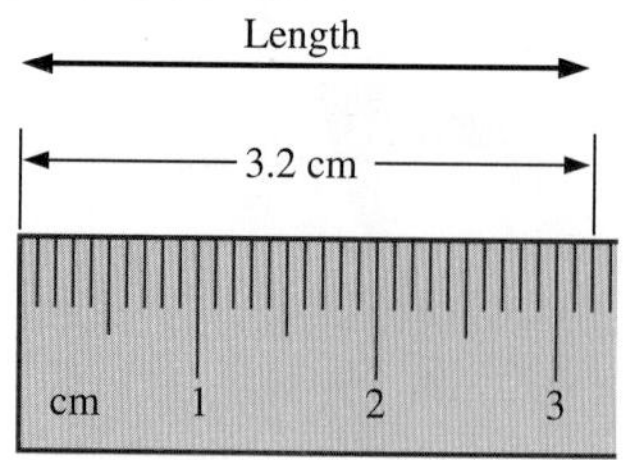

그림 7–1
차원은 치수가 없는 물리량이고, **단위**는 차원에 치수를 부여한 것이다. 예를 들어, 길이는 차원이고, 센티미터는 단위이다.

7–1 ■ 차원과 단위

차원(dimension)은 물리량의 척도이고, **단위**(unit)는 차원에 **수**(number)를 지정하는 방법이다. 예를 들면, 길이는 차원이고, 마이크론(μm), 피트(ft), 센티미터(cm), 미터(m), 킬로미터(km) 등과 같은 단위로 계량한다(그림 7-1). 차원에는 길이, 질량, 시간, 온도, 전류, 빛의 양, 물질의 양과 같은 일곱 개의 **1차 차원**(primary dimension)[또한 **기본 차원**(fundamental dimension) 또는 **기초 차원**(basic dimension)이라고도 함]이 있다.

1차 차원이 아닌 다른 모든 차원은 7개의 1차 차원의 조합으로 구성된다.

예를 들어, 힘은 질량과 가속도의 곱과 같은 차원을 갖는다(Newton 제2법칙에 의하여). 따라서 1차 차원의 항으로 표현하면 다음과 같이 나타난다.

힘의 차원:
$$\{\text{Force}\} = \left\{\text{Mass}\ \frac{\text{Length}}{\text{Time}^2}\right\} = \{\text{mL/t}^2\} \tag{7-1}$$

여기서 괄호는 차원을 의미하고, 약어는 표 7-1에서 발췌하였다. 저자에 따라 질량 대신에 힘을 1차 차원으로 쓰기도 하는데, 여기서는 질량을 1차 차원으로 사용한다.

표 7–1
1차 차원과 그들에 대한 SI와 영미 단위계

Dimension	Symbol*	SI Unit	English Unit
Mass	m	kg (kilogram)	lbm (pound-mass)
Length	L	m (meter)	ft (foot)
Time†	t	s (second)	s (second)
Temperature	T	K (kelvin)	R (rankine)
Electric current	I	A (ampere)	A (ampere)
Amount of light	C	cd (candela)	cd (candela)
Amount of matter	N	mol (mole)	mol (mole)

* Symbol이 변수로 쓰일 경우 이탤릭 서체를 사용하여, 차원에 대해서는 symbol을 사용하지 않는다.
† 때로는 T가 시간, θ가 온도의 단위로 쓰이기도 한다. 하지만 본 교재에서는 시간과 온도를 구별하기 위하여 이를 따르지 않았다.

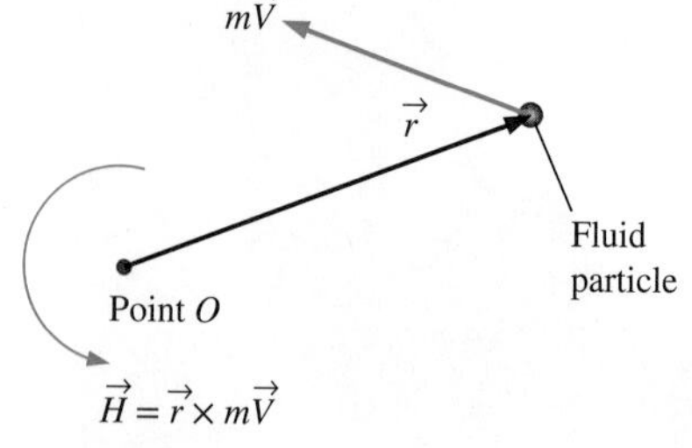

그림 7–2
예제 7-1에 대한 개략도.

예제 7–1 각운동량의 1차 차원

각운동량($\vec{H}$)은 그림 7-2에 도시된 것과 같이 모멘트 팔($\vec{r}$)과 유체입자의 선운동량($m\vec{V}$)의 외적으로 표현된다. 각운동량의 1차 차원을 구하시오. 기본 SI 단위와 영미 단위를 사용하여 각운동량의 단위를 나타내시오.

풀이 각운동량의 1차 차원을 구하고, 그 단위를 나타내고자 한다.
해석 각운동량은 길이, 질량, 속도의 곱이다.

각운동량의 1차 차원:
$$\{\vec{H}\} = \left\{\text{length} \times \text{mass} \times \frac{\text{length}}{\text{time}}\right\} = \left\{\frac{\mathbf{mL^2}}{\mathbf{t}}\right\} \tag{1}$$

또한, 지수 형태로는 다음과 같이 표현된다.

$$\{\vec{H}\} = \{\mathbf{m^1\,L^2\,t^{-1}}\}$$

식 (1)을 사용하며 기본 SI 단위로 나타내면 다음과 같다.

$$\text{Units of angular momentum} = \frac{\mathbf{kg{\cdot}m^2}}{\mathbf{s}}$$

또한, 영미 단위를 사용하면 다음과 같이 나타낼 수 있다.

$$\text{Units of angular momentum} = \frac{\mathbf{lbm{\cdot}ft^2}}{\mathbf{s}}$$

토의 기본 단위는 차원해석에 필요하지는 않다. 하지만 단위 변환과 문제를 풀 때 적절한 단위를 확인하는 데 유용하다.

그림 7–3
사과와 오렌지를 더할 수는 없다!

7–2 ■ 차원의 동차성

"사과와 오렌지를 더할 수는 없다(그림 7-3)"라는 속담을 들어보았을 것이다. 이는 **차원 동차성 법칙**(law of dimensional homogeneity)이라는 방정식에 대한 광범위하고 기본적인 수학 법칙의 쉬운 표현으로 이해할 수 있다. 이 법칙은 다음과 같이 서술된다.

방정식에서 모든 덧셈 항의 차원은 서로 같아야 한다.

예를 들어, 그림 7-4와 같이 단순 압축 닫힌 시스템이 어떤 상태 그리고/또는 시간 (1)에서 다른 시간 (2)로 변할 때 총 에너지의 변화(ΔE)는 다음과 같은 식으로 나타난다.

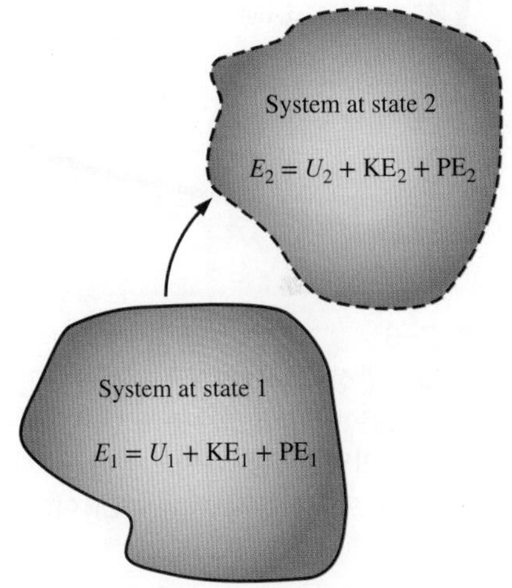

그림 7–4
상태 1과 상태 2에서 시스템의 총 에너지.

시스템의 총 에너지 변화: $$\Delta E = \Delta U + \Delta KE + \Delta PE \qquad \textbf{(7-2)}$$

여기서 총 에너지(E)는 내부 에너지(U), 운동 에너지(KE), 위치 에너지(PE)의 세 성분을 갖는다. 이 성분들은 다음과 같이 시스템의 질량(m), 속도(V), 높이(z), 내부 에너지(u)와 같은 측정 가능한 양과 각 상태에서 열역학적 상태량, 그리고 중력가속도(g)로 기술될 수 있다.

$$\Delta U = m(u_2 - u_1) \qquad \Delta \mathrm{KE} = \frac{1}{2}m(V_2^2 - V_1^2) \qquad \Delta \mathrm{PE} = mg(z_2 - z_1) \qquad \textbf{(7-3)}$$

식 (7-2)의 좌변 항과 우변의 세 덧셈 항의 차원이 모두 에너지의 차원으로 서로 같음을 쉽게 알 수 있다. 식 (7-3)의 정의에 따라 각 항의 1차 차원을 기술하면 다음과 같다.

$$\{\Delta E\} = \{\text{Energy}\} = \{\text{Force} \times \text{Length}\} \;\rightarrow\; \{\Delta E\} = \{\mathrm{mL^2/t^2}\}$$

$$\{\Delta U\} = \left\{\text{Mass}\,\frac{\text{Energy}}{\text{Mass}}\right\} = \{\text{Energy}\} \;\rightarrow\; \{\Delta U\} = \{\mathrm{mL^2/t^2}\}$$

$$\{\Delta \mathrm{KE}\} = \left\{\text{Mass}\,\frac{\text{Length}^2}{\text{Time}^2}\right\} \;\rightarrow\; \{\Delta \mathrm{KE}\} = \{\mathrm{mL^2/t^2}\}$$

$$\{\Delta \mathrm{PE}\} = \left\{\text{Mass}\,\frac{\text{Length}}{\text{Time}^2}\,\text{Length}\right\} \;\rightarrow\; \{\Delta \mathrm{PE}\} = \{\mathrm{mL^2/t^2}\}$$

그림 7–5
차원적으로 동차가 아닌 방정식에는 분명히 잘못이 있다.

만일 어떤 해석 단계에서 방정식의 덧셈 항의 차원이 **같지 않다**면 이는 해석의 이

전 단계에서 어떤 오류가 있었음을 의미한다(그림 7-5). 이러한 차원의 동차성(homogeneity) 이외에 각 덧셈 항의 **단위**도 동차성을 만족해야 한다. 예를 들면 에너지의 단위는 J, N·m, kg·m²/s² 등이 될 수 있다. 하지만 J 대신에 kJ이 사용되었다면, 이 항은 다른 항과 1000배 차이가 나므로 계산 과정에서 **모든** 단위를 기술하여 이러한 실수를 예방하는 것이 바람직하다.

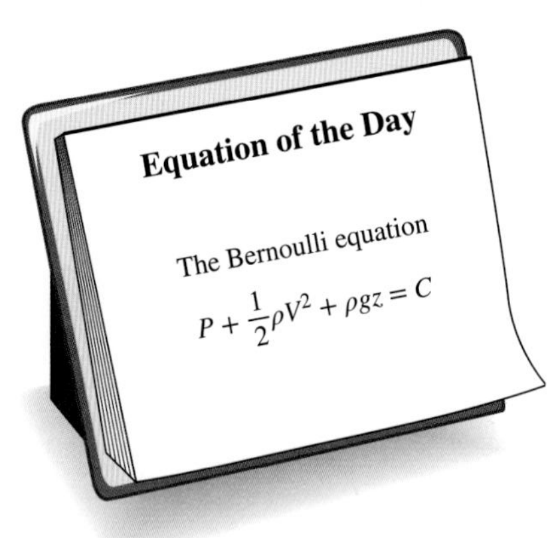

그림 7-6
Bernoulli 방정식은 **차원적으로 동차**인 방정식의 좋은 예이다. 상수를 포함한 모든 덧셈 항은 압력 차원을 가지고 있다. 각 항을 1차 차원으로 표현하면 $\{m/(t^2L)\}$이다.

예제 7-2 Bernoulli 방정식의 차원 동차성

아마도 유체역학에서 가장 잘 알려진(그리고 가장 오용되는) 방정식은 5장에서 논의된 Bernoulli 방정식일 것이다(그림 7-6). 비압축성 비회전 유체 유동의 Bernoulli 방정식의 한 가지 표준 형태가 다음과 같이 주어질 때,

Bernoulli 방정식:
$$P + \frac{1}{2}\rho V^2 + \rho g z = C \qquad \textbf{(1)}$$

(a) Bernoulli 방정식의 각 항이 같은 차원임을 증명하고, (b) 상수 C의 차원을 구하라.

풀이 식 (1)의 각 항의 1차 차원이 같음을 증명하고, 상수 C의 차원을 구하고자 한다.

해석 (a) 각 항을 1차 차원으로 기술하면 다음과 같다.

$$\{P\} = \{\text{Pressure}\} = \left\{\frac{\text{Force}}{\text{Area}}\right\} = \left\{\text{Mass}\,\frac{\text{Length}}{\text{Time}^2}\,\frac{1}{\text{Length}^2}\right\} = \left\{\frac{\text{m}}{\text{t}^2\text{L}}\right\}$$

$$\left\{\frac{1}{2}\rho V^2\right\} = \left\{\frac{\text{Mass}}{\text{Volume}}\left(\frac{\text{Length}}{\text{Time}}\right)^2\right\} = \left\{\frac{\text{Mass} \times \text{Length}^2}{\text{Length}^3 \times \text{Time}^2}\right\} = \left\{\frac{\text{m}}{\text{t}^2\text{L}}\right\}$$

$$\{\rho g z\} = \left\{\frac{\text{Mass}}{\text{Volume}}\,\frac{\text{Length}}{\text{Time}^2}\,\text{Length}\right\} = \left\{\frac{\text{Mass} \times \text{Length}^2}{\text{Length}^3 \times \text{Time}^2}\right\} = \left\{\frac{\text{m}}{\text{t}^2\text{L}}\right\}$$

따라서 각 덧셈 항의 차원은 같다.

(b) 차원 동차성 법칙에 따라 상수의 차원은 방정식의 다른 항과 같아야 한다.

Bernoulli 상수의 1차 차원:
$$\{C\} = \left\{\frac{\text{m}}{\text{t}^2\text{L}}\right\}$$

토의 만일 어떤 항의 차원이 다른 항과 다르다면 해석 과정에 오류가 있었음을 의미한다.

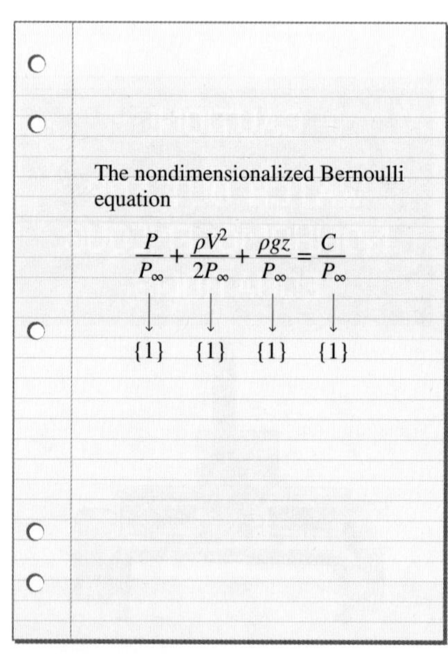

그림 7-7
Bernoulli 방정식은 각 덧셈 항을 압력(P_∞)으로 나누어 **무차원화**한다. **무차원화된 항**은 {1}의 차원을 가진다.

방정식의 무차원화

차원 동차성의 법칙은 식에 있는 각 덧셈 항의 차원이 같음을 의미한다. 이제 각 항을 같은 차원을 가진 변수나 상수로 나누면 방정식은 **무차원화**된다(그림 7-7). 만일 이에 덧붙여, 무차원화된 항의 값이 1의 차수(order)를 가지면 그 방정식은 **정규화**(normalized)되었다고 한다. 따라서 정규화는 무차원화보다 더욱 제한적인 의미가 있는데, 때로는 이 두 용어가(부정확하게) 혼용되기도 한다.

무차원 방정식의 각 항은 차원이 없다.

운동 방정식을 무차원화하는 과정에서 **무차원 매개변수**(nondimensional parameters)가 얻어진다. 이들은 대부분 저명한 과학자 또는 엔지니어의 이름을 따라 명명된다

(예를 들어, Reynolds 수와 Froude 수). 이러한 과정은 일부 저자에 의해 **조사적 해석**(inspectional analysis)으로 불리기도 한다.

간단한 예로서, 진공(공기항력이 없음) 중에서 중력에 의해 자유낙하하는 물체의 운동 방정식을 고려해 보자(그림 7-8). 물체의 초기 높이는 z_0이고, 초기 속도는 w_0이다. 고등학교 물리학으로부터 다음 식을 얻는다.

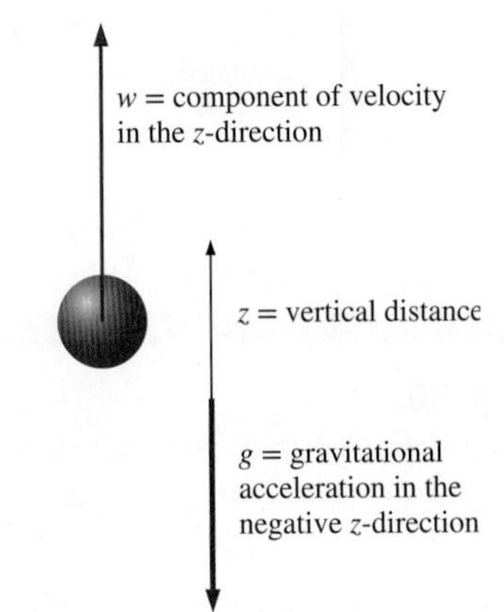

그림 7-8
진공 중에 낙하하는 물체. 수직 속도가 양의 값을 가지도록 그려져 있다. 따라서 낙하하는 물체의 경우 $w<0$이다.

운동 방정식:

$$\frac{d^2z}{dt^2} = -g \qquad \textbf{(7-4)}$$

차원변수(dimensional variable)는 주어진 문제 내에서 그 값이 변하는 물리량으로, 식 (7-4)의 경우 두 개의 차원변수인 z(길이 차원)와 t(시간 차원)가 있다. **무차원변수**[nondimensional(또는 dimensionless) variable]는 차원이 없는 변수인데, 무차원 단위인 도(degree)나 라디안 같은 각도 단위로 측정되는 회전각이 이에 속한다. 중력가속도 g는 차원을 가지지만 상수이므로 **차원상수**(dimensional constant)라고 한다. 위 예의 경우 초기 위치 z_0와 초기 속도 w_0도 차원상수이다. 차원상수는 주어진 문제 내에서는 고정된 값으로, 그 값이 변하는 차원변수와 구분된다. **매개변수**(parameter)는 차원변수, 무차원변수, 차원상수의 조합으로 이루어진다.

식 (7-4)를 두 번 적분하고 초기 조건을 적용하여 얻은 결과를 시간 t에서의 위치 z로 나타내면 다음과 같다.

차원 결과:

$$z = z_0 + w_0t - \frac{1}{2}gt^2 \qquad \textbf{(7-5)}$$

식 (7-5)의 상수 $\frac{1}{2}$과 지수 2는 적분 결과 나타난 무차원값으로, **순수상수**(pure constant)라고 한다. 순수상수의 다른 예는 π와 e 등이 있다.

식 (7-4)를 무차원화하기 위해서는 방정식의 1차 차원에 근거한 **척도 매개변수**(scaling parameter)를 선정해야 한다. 유체 유동의 경우 일반적으로 적어도 세 가지의 1차 차원(질량, 길이, 시간)이 있으므로 적어도 **세 개**의 척도 매개변수, 즉 L, V 및 P_0-P_∞가 존재한다(그림 7-9). 위의 낙하하는 물체의 경우, 1차 차원이 두 개(질량과 시간)이므로 척도 매개변수도 **두 개**가 된다. 세 개의 차원상수 중에서 어떤 것을 선택하여도 좋은데, g, z_0, w_0 중 z_0와 w_0를 척도 매개변수로 선정하고 차원변수 z와 t를 무차원화한다. 다른 차원상수 g와 z_0 또는 g와 w_0로 같은 과정을 반복해도 좋다. 첫 번째 단계로, 문제에 나타난 모든 차원변수와 차원상수의 1차 차원을 다음과 같이 나열한다.

모든 매개변수의 1차 차원:

$$\{z\} = \{L\} \quad \{t\} = \{t\} \quad \{z_0\} = \{L\} \quad \{w_0\} = \{L/t\} \quad \{g\} = \{L/t^2\}$$

두 번째 단계로, 두 개의 척도 매개변수를 사용하여 z와 t를 무차원변수 z^*와 t^*로 무차원화한다.

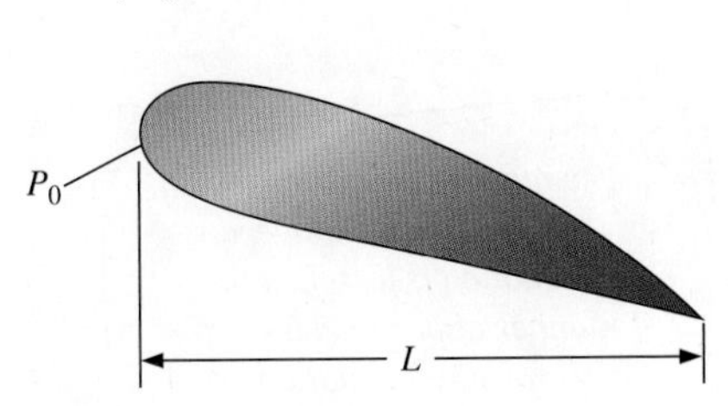

그림 7-9
유체 유동 문제에서 자주 사용되는 척도 매개변수는 특성 길이 L, 특성 속도 V, 기준 압력차 P_0-P_∞이다. 문제에 따라 밀도, 점성계수, 중력가속도와 같은 다른 매개변수들도 사용된다.

무차원변수:

$$z^* = \frac{z}{z_0} \qquad t^* = \frac{w_0t}{z_0} \qquad \textbf{(7-6)}$$

식 (7-6)을 식 (7-4)에 대입하면 다음과 같은 무차원 식을 얻는다.

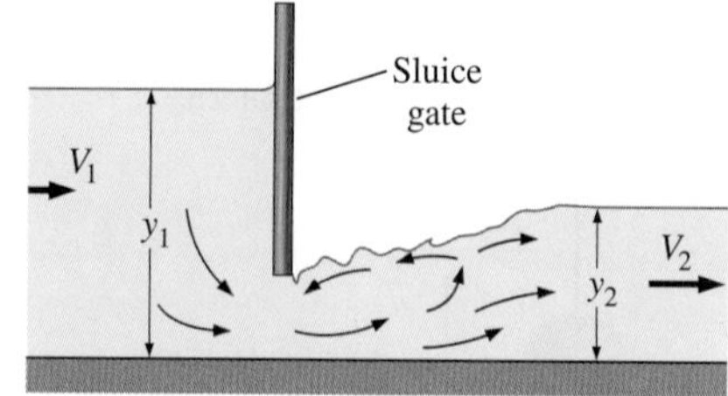

그림 7-10
Froude 수는 개수로 유동과 같은 자유표면 유동에서 중요하다. 여기에는 수문을 통과하는 유동을 나타내었다. 수문 상류의 Froude 수는 $\text{Fr}_1=V_1/\sqrt{gy_1}$이고, 수문 하류에서는 $\text{Fr}_2=V_2/\sqrt{gy_2}$이다.

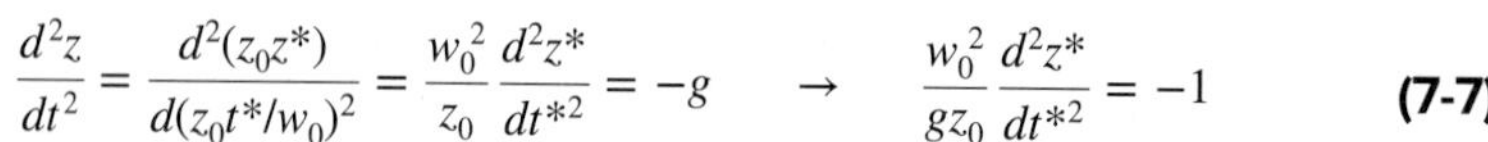

$$\frac{d^2z}{dt^2} = \frac{d^2(z_0z^*)}{d(z_0t^*/w_0)^2} = \frac{w_0^2}{z_0}\frac{d^2z^*}{dt^{*2}} = -g \quad \rightarrow \quad \frac{w_0^2}{gz_0}\frac{d^2z^*}{dt^{*2}} = -1 \tag{7-7}$$

식 (7-7)에 나타난 차원상수의 조합은 **Froude 수**라고 하는 **무차원 매개변수** 또는 **무차원 그룹**(dimensionless *group*)을 제곱한 값이다.

Froude 수:

$$\text{Fr} = \frac{w_0}{\sqrt{gz_0}} \tag{7-8}$$

Froude["Frude(프루드)"로 발음함] 수는 관성력과 중력의 비로서, 자유표면 유동(13장)과도 관련된 무차원 매개변수이다(그림 7-10). 때로는 Fr가 식 (7-8)을 **제곱한** 값으로 정의되기도 한다. 식 (7-8)을 식 (7-7)에 대입하면 다음과 같은 식을 얻는다.

무차원 운동 방정식:

$$\frac{d^2z^*}{dt^{*2}} = -\frac{1}{\text{Fr}^2} \tag{7-9}$$

여기서 무차원 형태로는 단지 Froude 수만이 남게 됨을 알 수 있다. 초기 조건을 적용하여 식 (7-9)를 두 번 적분하면 무차원 높이 z^*와 무차원 시간 t^*의 관계식을 다음과 같이 구할 수 있다.

무차원 결과:

$$z^* = 1 + t^* - \frac{1}{2\text{Fr}^2}t^{*2} \tag{7-10}$$

식 (7-5)와 식 (7-10)은 등가의 식으로, 식 (7-6)과 식 (7-8)을 식 (7-5)에 대입하면 식 (7-10)을 얻을 수 있다.

동일한 최종 결과를 얻기 위해 매우 많은 추가적인 대수 계산을 수행한 것으로 보인다. **그렇다면 방정식을 무차원화해서 얻는 이점은 무엇인가**? 위의 예에서는 운동 방정식을 적분하여 해를 구할 수 있었기 때문에 무차원화의 이점이 부각되지 않았다. 하지만 보다 복잡한 문제에서는 미분 방정식(또는 보다 일반적으로는 연성(coupled) 연립미분 방정식)을 해석적으로는 **풀 수가 없고** 수치적으로나 실험을 통해서 원하는 결과를 얻게 되는데, 이를 위해 큰 비용과 시간이 필요하다. 이런 경우에는 방정식을 무차원화하여 얻는 무차원 매개변수가 매우 유용하며, 결국에는 해석에 필요한 비용과 수고를 대폭 줄일 수 있다.

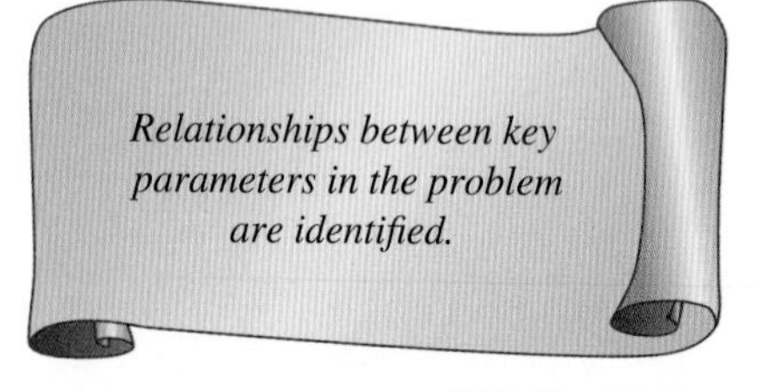

Relationships between key parameters in the problem are identified.

The number of parameters in a nondimensionalized equation is less than the number of parameters in the original equation.

그림 7-11
방정식을 무차원화하는 데 따르는 두 가지 장점.

무차원화를 통하여 얻게 되는 이점에는 크게 다음 두 가지가 있다(그림 7-11). 첫째로, **무차원화를 통하여 주요 매개변수 간의 관계에 대한 이해를 높일 수 있다**. 예를 들면, 식 (7-8)에서 w_0를 두 배로 하는 것과 z_0를 1/4로 줄이는 것이 같은 효과가 있음을 알 수 있다. 둘째로, **무차원화를 통하여 문제와 관련된 매개변수의 수를 줄일 수 있다**. 예를 들면 원래 문제는 하나의 종속변수 z, 하나의 독립변수 t, 그리고 **세 개의** 차원상수 g, w_0, z_0로 구성되어 있다. 무차원화된 문제는 **하나의** 종속변수 z^*, 하나의 독립변수 t^*, 하나의 무차원 매개변수 Froude 수로 구성된다. 따라서 매개변수는 세 개에서 하나로 줄어들게 된다! 예제 7-3은 무차원화의 장점에 대해 추가적으로로 보여준다.

예제 7-3 무차원화의 장점에 대한 예시

고등학생들이 물리 시간에 내부가 진공인 큰 수직 파이프 내에서 쇠구슬을 초기 높이(z_0) 0 m와 15 m(파이프 기초로부터 측정한 높이) 사이에서 초기 속도(w_0) 0 m/s와 10 m/s 사이로 낙하시키며 광센서를 이용하여 쇠구슬의 높이 z를 시간 t의 함수로 구하고자 한다. 학생들은 차원해석이나 무차원화에 대한 지식이 없는 상태로 초기 조건 z_0와 w_0가 궤적에 미치는 영향을 무작위로 실험한다. 우선 w_0를 4 m/s로 하고 z_0를 3, 6, 9, 12, 15 m로 변화시키며 실험한 결과를 그림 7-12*a*에 나타내었다. 다음으로 z_0를 10 m로 하고 w_0를 2, 4, 6, 8, 10 m/s로 변화시키며 실험한 결과를 그림 7-12*b*에 나타내었다. 학생들이 다른 z_0와 w_0에서 실험을 좀 더 수행하고자 할 때, 이 문제에는 단지 하나의 매개변수만이 관련되어 있으므로 더 이상의 실험을 할 필요가 없다고 이해시키려 한다. 이 주장을 증명할 무차원 선도를 그리고 토의하라.

풀이 모든 궤적 데이터를 포함하는 무차원 선도, 즉 z^*를 t^*의 함수로 그리고자 한다.

가정 파이프 내부는 진공 상태로 쇠구슬에 작용하는 공기역학적 항력을 무시한다.

상태량 중력가속도는 9.81 m/s^{2}이다.

해석 관련된 미분 방정식은 식 (7-4) 또는 무차원 형태로 식 (7-9)이다. 앞에서 논의한 바와 같이 세 개의 차원 매개변수(g, z_0, w_0)는 하나의 무차원 매개변수인 Froude 수로 집약된다. z와 t를 식 (7-6)의 무차원변수로 변환하면 그림 7-12*a*와 7-12*b*의 10개의 궤적은 그림 7-13의 무차원 형태로 변환된다. 이 그림은 Froude 수만이 궤적의 매개변수이며, 실험을 통하여 Fr^{2}이 0.041에서 1.0까지 변화하고 있음을 보여 준다. 만일 실험을 더 하려면 Froude 수가 이 범위 밖에 있도록 w_0와 z_0를 정할 필요가 있다. 실험으로 얻은 모든 궤적이 그림 7-13에 나타난 형태와 유사할 것이므로 더 많은 실험이 필요하지 않다.

토의 Froude 수가 작으면 중력이 관성력보다 크게 되어 쇠구슬이 짧은 시간에 땅에 떨어진다. 반면에 Froude 수가 크면 초기에는 관성력이 지배적이어서 구는 낙하 전 상당한 거리를 올라가게 되며, 따라서 땅에 떨어지는 데는 오랜 시간이 걸린다. 학생들이 분명히 중력가속도를 조정할 수는 없겠지만, 만일 그럴 수 있다면, 맹목적인 방법은 g의 효과를 기록하기 위하여 훨씬 더 많은 실험을 필요로 할 것이다. 하지만 무차원화를 먼저 수행하면 무차원 궤적 선도가 이미 있고(그림 7-13), 이 선도는 g값이 변하더라도 적용 가능하므로 Fr가 시험 범위 밖에 있지만 않는다면 더 이상의 실험은 필요하지 않게 된다.

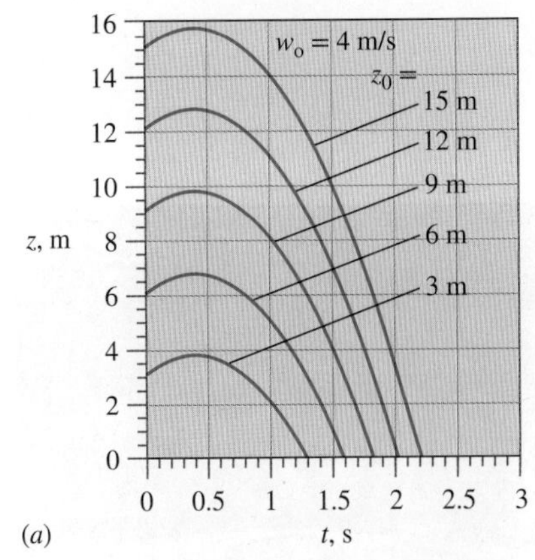

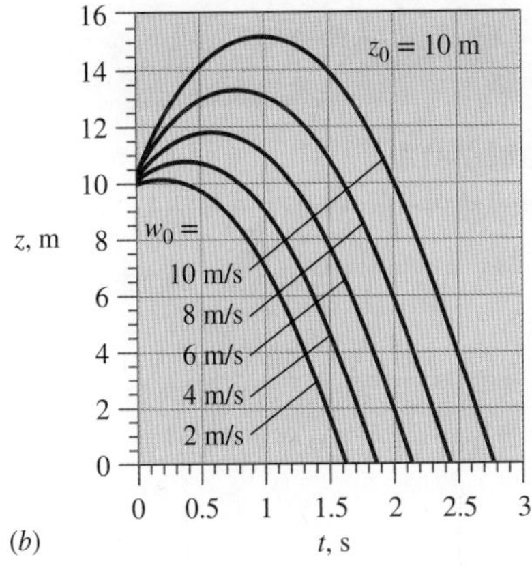

그림 7-12
진공 중을 낙하하는 쇠구슬의 궤적: (*a*) w_0 =4 m/s, ( ) z_0=10 m(예제 7-3).

방정식의 무차원화와 매개변수들이 많은 이점을 가진다는 것을 아직도 확신할 수 없다면 다음과 같은 경우를 고려해 보자. 예제 7-3에서 차원을 가지고 있는 세 개의 매개변수 g, w_0, z_0의 범위에 대하여 궤적을 합리적으로 기록하기 위해서, 맹목적인 방법은 w_0의 다양한 값들(수준들)에서 그림 7-12*a*와 같은 선도를 추가적으로 여러 개(말하자면 최소한 4개) 그리는 것이 필요하다. 이에 더하여 g의 범위에 대해서도 추가적으로 여러 세트의 이런 선도들이 필요할 것이다. 세 개의 매개변수를 각각 5단계씩 변화시키며 완전한 데이터 세트를 얻으려면 $5^3 = 125$번의 실험이 필요할 것이다! 무차원화를 하게 되면 매개변수의 수가 세 개에서 한 개로 줄게 되어 동일한 해상도에 대해 오로지 총 $5^1 = 5$번의 실험만이 요구된다(5단계에 대하여, 주의 깊게 선정된 Fr 값에서 그림 7-13과 같은 무차원 궤적은 5개만 필요하다).

무차원화의 또 다른 장점은 하나 또는 그 이상의 차원 매개변수에 대해 측정 범위

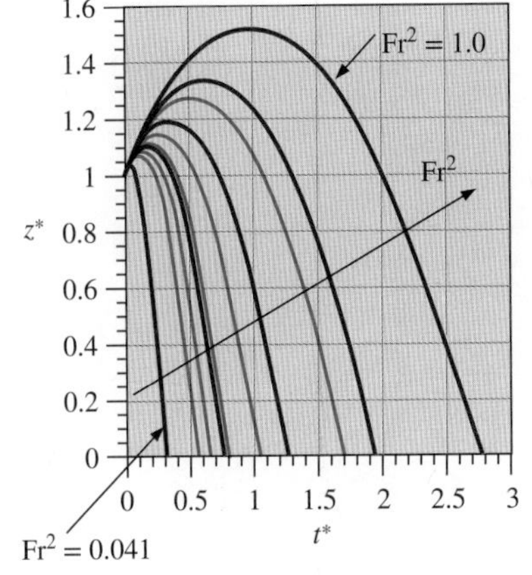

그림 7-13
진공 중을 낙하하는 쇠구슬의 궤적. 그림 7-12*a*와 *b*의 데이터를 무차원화하여 하나의 그림으로 나타냄.

밖의 외삽(extrapolation)도 가능하다는 것이다. 예를 들어, 예제 7-3의 실험 결과는 하나의 중력가속도에서 측정된 것인데, 다른 g값에도 적용이 가능하다. 예제 7-4에서 무차원 데이터의 외삽에 관해 설명하기로 한다.

그림 7–14
달에서 야구공 던지기(예제 7-4).

예제 7–4 무차원 데이터의 외삽

달 표면의 중력가속도는 대략 지구의 약 1/6이다. 우주 비행사가 달 표면 2 m 높이에서 야구공을 초기 속도 21.0 m/s, 수평에서 5° 각도로 위로 던질 때(그림 7-14), (a) 예제 7-3의 그림 7-13에서 보인 무차원 데이터를 사용하여 야구공이 지면에 도달하는 데 걸리는 시간을 계산하고, (b) 이를 엄밀한 계산 결과와 비교하라.

풀이 지구에서 얻은 실험 데이터를 사용하여 달에서 야구공이 지면에 도달하는 데 걸리는 시간을 예측하고자 한다.

가정 **1** 야구공의 수평 속도는 관련이 없다. **2** 우주 비행사 근처의 달 표면은 완벽히 평평하다. **3** 달 표면에는 대기가 없으므로 공기역학적 항력은 없다. **4** 달의 중력은 지구 중력의 1/6이다.

상태량 달의 중력가속도는 $g_{\text{moon}} \cong 9.81/6 = 1.63\ \text{m/s}^2$이다.

해석 (a) g_{moon}과 초기 속도의 수직 성분을 사용하여 Froude 수를 계산할 수 있다. 초기 속도의 수직 성분은 다음과 같다.

$$w_0 = (21.0\ \text{m/s})\sin(5°) = 1.830\ \text{m/s}$$

Froude 수를 계산하면 다음과 같다.

$$\text{Fr}^2 = \frac{w_0^2}{g_{\text{moon}} z_0} = \frac{(1.830\ \text{m/s})^2}{(1.63\ \text{m/s}^2)(2.0\ \text{m})} = 1.03$$

이 Fr^2 값은 그림 7-13에 나타난 최댓값과 거의 같으므로, 야구공은 $t^* \cong 2.75$에 지면에 도달한다. 식 (7-6)을 사용하여 차원변수 t를 구하면 다음 결과를 얻는다.

지면에 도달하는 데 걸리는 시간: $$t = \frac{t^* z_0}{w_0} = \frac{2.75(2.0\ \text{m})}{1.830\ \text{m/s}} = \mathbf{3.01\ s}$$

(b) 식 (7-5)에 $z = 0$를 대입하고 t에 대하여 풀면 엄밀해를 구할 수 있다(2차 방정식 근의 공식을 사용하여).

지면에 도달하는 엄밀한 시간:

$$t = \frac{w_0 + \sqrt{w_0^2 + 2z_0 g}}{g}$$

$$= \frac{1.830\ \text{m/s} + \sqrt{(1.830\ \text{m/s})^2 + 2(2.0\ \text{m})(1.63\ \text{m/s}^2)}}{1.63\ \text{m/s}^2} = \mathbf{3.05\ s}$$

토의 만일 Froude 수가 그림 7-13의 궤적들 사이에 위치한다면 보간법(interpolation)이 요구될 수도 있다. 유효숫자 두 자리의 정밀도만 고려하면, (a)와 (b)의 해는 $t = 3.0$ s로 같다고 볼 수 있다.

9장에서는 유체 유동에 관한 미분 방정식을 유도하고 논의한다. 10장에서는 이 미분 방정식에 대해 본 장과 유사한 해석을 수행한다. 이 해석을 통하여 Froude 수뿐만 아니라 다른 세 개의 중요한 무차원 매개변수인 Reynolds 수, Euler 수, Strouhal 수를 구한다(그림 7-15).

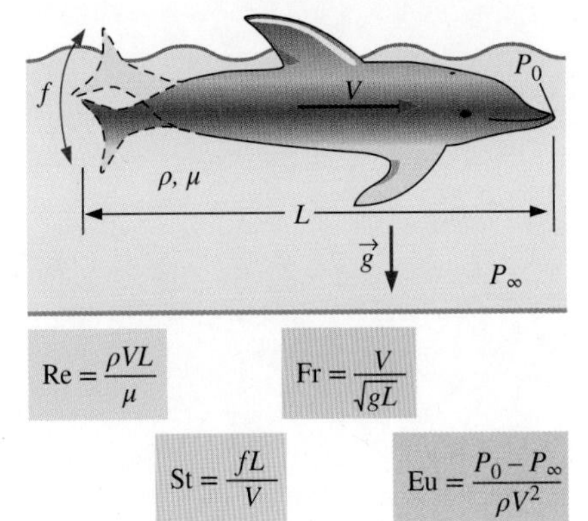

$$\mathrm{Re} = \frac{\rho V L}{\mu} \qquad \mathrm{Fr} = \frac{V}{\sqrt{gL}}$$

$$\mathrm{St} = \frac{fL}{V} \qquad \mathrm{Eu} = \frac{P_0 - P_\infty}{\rho V^2}$$

그림 7-15
자유표면과 관련된 비정상 유동인 경우의 척도 매개변수는 특성 길이 L, 특성 속도 V, 특성 주파수 f, 기준 압력차 $P_0 - P_\infty$를 포함한다. 유체 유동의 미분 방정식을 무차원화하면 4개의 무차원 매개변수, 즉 Reynolds 수, Froude 수, Strouhal 수, Euler 수가 도출된다(10장 참조).

7-3 ■ 차원해석과 상사성

방정식이 미리 주어졌을 때는 조사(inspection)에 의한 방정식의 무차원화가 유용하게 사용된다. 하지만 많은 실제 공학 문제에서는 방정식을 모르거나 풀기가 매우 어려워 **실험**을 통해서 원하는 정보를 얻을 수밖에 없다. 대부분의 실험에는 비용과 시간을 절약하기 위해 **원형**(prototype)보다는 기하학적으로 축척된 **모형**(model)이 사용된다. 이 경우 실험 결과를 적절하게 축척할 필요가 있다. 이 절에서는 이를 위한 강력한 도구인 **차원해석**(dimesional analysis)을 소개한다. 차원해석은 주로 유체역학에서 가르치지만, 실험을 계획하고 수행하는 **전** 학문 분야에서 유용하게 사용될 수 있다. 차원해석의 세 가지 목표는 다음과 같다.

- 실험(물리적 그리고/또는 수치적)을 계획하고 실험 결과를 정리하는 데 필요한 무차원 매개변수의 도출
- 모형의 성능으로부터 원형의 성능을 예측하는 축척 법칙(scaling law)을 구함
- 매개변수들 사이의 관계에서 경향을 (때때로) 예측

차원해석 **기술**을 논의하기 전에 차원해석의 기본 **개념**인 **상사** 법칙에 대해 먼저 설명한다. 모형과 원형 사이에 완전한 상사를 이루기 위해서는 세 가지 조건이 필요하다. 첫 번째 조건은 **기하학적 상사**(geometric similarity)로서, 모형은 원형과 같은 형상이어야 하고, 일정한 축척비에 의해 축척된다. 두 번째 조건은 **운동학적 상사**(kinematic similarity)로서 모형 유동 내의 어떤 한 위치의 속도는 원형 유동 내의 대응점의 속도와 비례하여야(축척비만큼) 한다(그림 7-16). 구체적으로 말하면, 두 대응점에서 속도의 크기가 축척되고 속도의 상대적 방향은 같아야 한다. 기하학적 상사는 **길이 척도**(length scale)가 동등하고, 운동학적 상사는 **시간 척도**(time scale)가 동등하다고 생각할 수 있다. **기하학적 상사는 운동학적 상사가 성립하기 위한 필수적인 조건이다.** 기하학적 척도비가 1보다 작거나, 같거나, 또는 클 수 있듯이 속도 척도비도 그러하다. 예를 들면, 그림 7-16의 기하학적 척도비는 1보다 작지만(모형이 원형보다 작은 경우) 속도 척도비는 1보다 크다(모형 주위의 속도가 원형 주위의 속도보다 큰 경우). 4장에서 유선이 운동학적 현상임을 배웠다. 따라서 운동학적 상사가 성립하는 모형 유동에 나타나는 유선은 원형 유동에 나타나는 유선과 기하학적 상사를 이룬다.

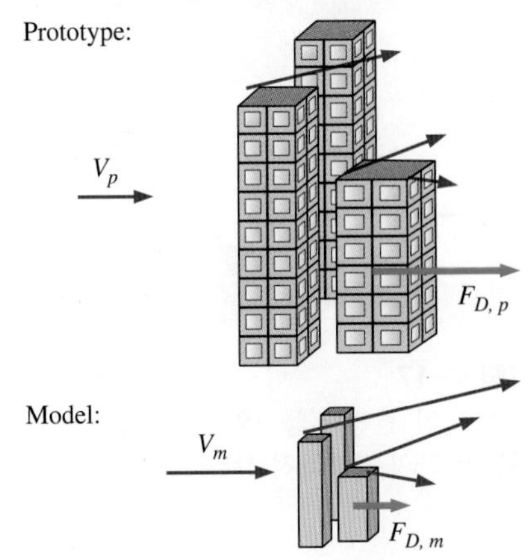

그림 7-16
모든 위치에서 모형 유동의 속도가 원형 유동의 대응점에서의 속도와 비례하고, 방향이 같을 때 **운동학적 상사**가 이루어진다.

세 번째는 가장 제한적인 상사 조건인 **역학적 상사**(dynamic similarity)이다. 역학적 상사가 성립하기 위해서는 모형 유동에 나타나는 모든 힘이 원형 유동에서 대응하는 힘과 일정한 비로 축척되어야 한다[**힘 척도**(force scale)의 동등]. 힘의 척도비도 기하학적 또는 운동학적 상사와 같이 1보다 크거나, 같거나, 또는 작을 수 있다. 예를 들면, 그림 7-16에서 모형 빌딩에 작용하는 힘이 원형에 작용하는 힘보다 작으므로 힘 척도비는 1보다 작다. **운동학적 상사는 역학적 상사가 성립하기 위한 필요조건이지**

만 충분조건은 아니다. 따라서 모형 유동과 원형 유동에서 기하학적 상사와 운동학적 상사가 성립하더라도 역학적 상사가 성립하지 않을 수 있다. 완전한 상사가 되기 위해서는 세 가지 상사 조건을 모두 만족하여야 한다.

일반적인 유동장에서 기하학적, 운동학적, 역학적 상사가 성립할 때만 원형과 모형은 완전한 상사를 이룬다.

지금부터 무차원 매개변수를 그리스 대문자 Pi(Π)로 나타내기로 한다. 우리는 7-2절에서 이미 하나의 Π인 Froude 수를 배웠다. 일반적인 차원해석 문제에서 종속 Π라고 하는 하나의 Π가 있다면 그것을 Π_1으로 나타낸다. 일반적으로 매개변수 Π_1은 독립 Π라고 하는 몇 개의 다른 Π들의 함수이다.

Π 간의 함수 관계: $$\Pi_1 = f(\Pi_2, \Pi_3, \ldots, \Pi_k) \tag{7-11}$$

여기서 k는 Π의 총 개수이다.

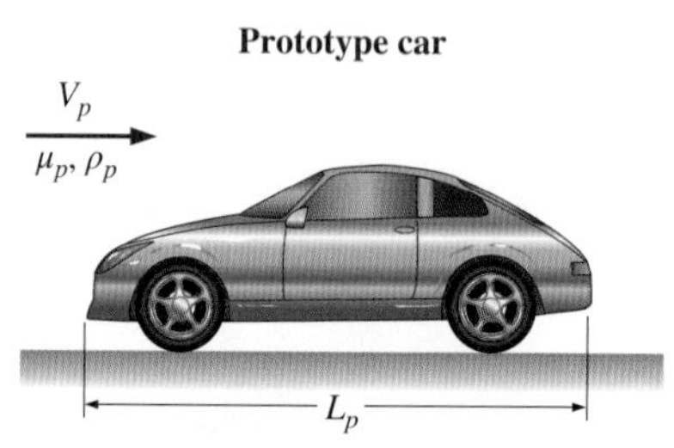

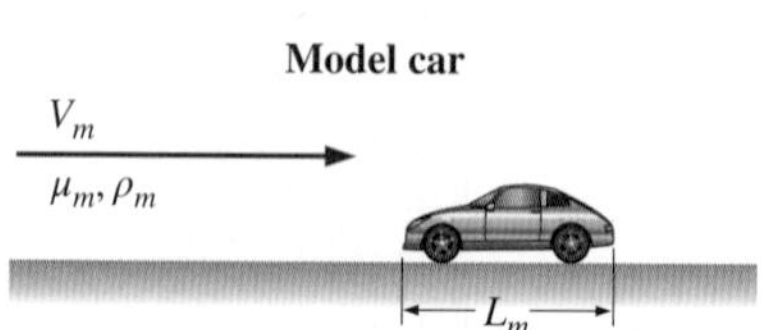

그림 7-17
길이 L_p인 원형 자동차와 길이 L_m인 모형 자동차 간의 **기하학적 상사**.

축척 모형(scale model)을 사용하여 원형 유동을 모사하는 실험을 고려하자. 모형과 원형이 완전한 상사를 이루기 위해서는 모형의 독립 Π(하첨자 m)가 대응하는 원형의 독립 Π(하첨자 p)와 같아야 한다. 즉, $\Pi_{2,m} = \Pi_{2,p}$, $\Pi_{3,m} = \Pi_{3,p}$, ..., $\Pi_{k,m} = \Pi_{k,p}$이다.

완전한 상사가 되기 위해서는 모형과 원형이 기하학적으로 상사를 이루고 모든 독립 Π들이 서로 같아야 한다.

이런 조건에서 모형의 종속 $\Pi(\Pi_{1,m})$는 원형의 종속 $\Pi(\Pi_{1,p})$와 같다는 것이 보장된다. 수학적으로, 상사성을 얻기 위한 조건문을 적어보면 다음과 같다.

$$\Pi_{2,m} = \Pi_{2,p},\ \Pi_{3,m} = \Pi_{3,p} \cdots,\ \Pi_{k,m} = \Pi_{k,p}\text{이면}$$
$$\Pi_{1,m} = \Pi_{1,p}\text{이다.} \tag{7-12}$$

예를 들어, 비용을 줄이기 위해 기하학적으로 축소된 스포츠카 모형을 사용하여 풍동에서 공기역학 시험을 하는 경우를 고려한다(그림 7-17). 유동을 비압축성으로 가정할 수 있으면, 자동차가 받는 공기역학적 항력에서 단지 두 개의 Π가 존재함이 알려져 있다.

$$\Pi_1 = f(\Pi_2),\ \text{여기서}\ \ \Pi_1 = \frac{F_D}{\rho V^2 L^2}\ \ \text{그리고}\ \ \Pi_2 = \frac{\rho V L}{\mu} \tag{7-13}$$

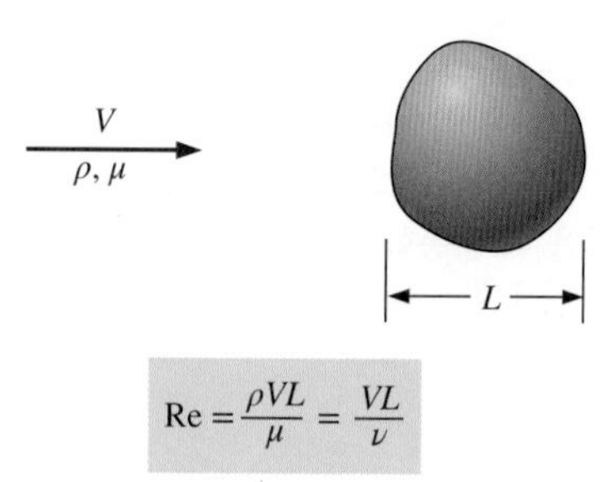

그림 7-18
Reynolds 수는 밀도, 특성 속도, 특성 길이의 점성계수에 대한 비로 이루어진다. 또는 특성 속도와 길이의 $\nu=\mu/\rho$로 정의되는 **동점성계수**에 대한 비이다.

7-4절에 이들 Π를 구하는 과정이 기술되어 있다. 식 (7-13)에서 F_D는 자동차에 작용하는 공기역학적 항력이고, ρ는 공기 밀도, V는 차의 속도(또는 풍동 내 공기 속도), L은 차의 길이, μ는 공기의 점성계수이다. Π_1은 항력계수의 비정형화된 형태이고, Π_2는 **Reynolds 수** Re이다. 이 Reynolds 수는 많은 유체역학 문제에서 나타난다(그림 7-18).

Reynolds **수는 유체역학에서 가장 잘 알려지고, 유용한 무차원 매개변수이다.**

이 문제에는 단지 하나의 독립 Π만이 존재하므로, 식 (7-12)에 의해 독립 Π가 일치한다면(Reynolds 수 일치, 즉 $\Pi_{2,\,m} = \Pi_{2,\,p}$) 종속 Π도 일치하여야 한다($\Pi_{1,\,m} = \Pi_{1,\,p}$). 이처럼 모형 자동차의 공기역학적 항력을 측정하고, 그 값으로부터 원형 자동차의 항력을 예측하게 된다.

예제 7-5 모형과 원형 자동차의 상사

새로 개발한 스포츠카의 공기역학적 항력을 기온 25 ℃, 속력 80 km/h에서 예측하고자 한다. 자동차 엔지니어들은 1/5 축척 모형을 사용하여 기온이 5 ℃인 풍동에서 항력을 측정한다. 모형과 원형 사이의 상사를 유지하기 위해 풍동 내 공기의 유속은 얼마가 되어야 하는가?

풀이 상사의 개념을 활용하여 풍동 내의 유속을 구하고자 한다.

가정 **1** 공기는 비압축성이다(이 가정의 유효성에 대해서는 추후 논의함). **2** 풍동 벽면은 모형의 항력에 간섭을 미치지 않을 만큼 멀리 떨어져 있다. **3** 모형은 원형과 기하학적 상사를 유지한다. **4** 풍동은 자동차 밑의 지면을 모사하기 위하여 그림 7-19처럼 이동 벨트를 갖추고 있다(이동 벨트는 특히 차량 하부를 포함하여 모든 유동장에서의 운동학적 상사를 얻기 위해 필요하다).

상태량 25 ℃ 대기압에서 공기의 경우 $\rho = 1.184$ kg/m³, $\mu = 1.849 \times 10^{-5}$ kg/m·s이고, 5 ℃ 대기압에서 공기의 경우 $\rho = 1.269$ kg/m³, $\mu = 1.754 \times 10^{-5}$ kg/m·s.

해석 이 문제에는 단지 하나의 독립 Π가 존재하므로, $\Pi_{2,\,m} = \Pi_{2,\,p}$이면 상사 방정식(식 7-12)이 만족된다. 여기서 Π_2는 식 (7-13)으로 주어지는 Reynolds 수이다. 따라서,

$$\Pi_{2,\,m} = \text{Re}_m = \frac{\rho_m V_m L_m}{\mu_m} = \Pi_{2,\,p} = \text{Re}_p = \frac{\rho_p V_p L_p}{\mu_p}$$

풍동 내 유속 V_m은 다음과 같다.

$$V_m = V_p\left(\frac{\mu_m}{\mu_p}\right)\left(\frac{\rho_p}{\rho_m}\right)\left(\frac{L_p}{L_m}\right)$$

$$= (80.0\ \text{km/h})\left(\frac{1.754 \times 10^{-5}\ \text{kg/m·s}}{1.849 \times 10^{-5}\ \text{kg/m·s}}\right)\left(\frac{1.184\ \text{kg/m}^3}{1.269\ \text{kg/m}^3}\right)(5) = 354\ \text{km/h}$$

따라서 상사를 만족시키기 위해서는 풍동 내 유속이 354 km/h(유효숫자 3자리까지)가 되어야 한다. 여기서 원형 및 모형 자동차의 실제 크기는 전혀 주어져 있지 않지만, 원형이 축척 모형의 5배만큼 크기 때문에 L_p와 L_m의 비율은 알 수 있음에 주목하자. 무차원 비율로 차원 매개변수들을 재배열하면(여기서 행해진 것처럼) 단위 시스템은 무관하다. 각각의 분모에 있는 단위와 각각의 분자에 있는 단위가 상쇄되므로 아무런 단위 변환도 필요 없다.

토의 이 속력은 너무 높아서(약 100 m/s) 풍동에서 구현하기가 힘들지 모른다. 더구나 속력이 커지면 비압축성 가정에서 벗어날 수도 있다(이 문제는 예제 7-8에서 상세하게 다룬다).

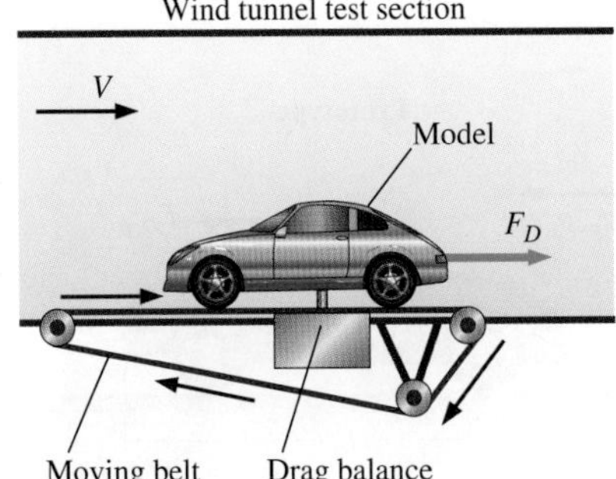

그림 7-19
항력 저울(drag balance)이란 풍동 내에서 물체에 작용하는 공기역학적 항력을 측정하는 장치이다. 자동차 모형 시험 시 때로는(자동차를 기준으로 하는 좌표계로부터) 이동하는 지면을 모사하기 위해 풍동의 바닥에 **이동 벨트**를 설치한다.

모형과 원형 유동 사이에 완전한 상사가 성립한다면, 식 (7-12)를 이용하여 모형에 대해 측정된 성능으로부터 원형의 성능을 예측할 수 있다. 이에 대하여는 예제 7-6에

서 설명한다.

예제 7–6 원형 자동차의 공기역학적 항력 예측

이 예제는 예제 7-5의 후속 문제이다. 예제 7-5의 결과에 따라 모형과 원형 사이의 상사를 위해 유속을 354 km/h로 설정하고 풍동을 운전한다. 모형에 작용하는 공기역학적 항력은 **항력 저울**(그림 7-19)로 측정하는데, 몇 번의 측정을 통하여 평균 항력이 94.3 N으로 결정되었다. 원형에 작용하는(25 ℃, 80 km/h에서) 공기역학적 항력은 얼마인가?

풀이 모형 측정 결과에 기초하여 상사를 사용하여 원형에 작용하는 공기역학적 항력을 예측하고자 한다.

해석 상사 방정식(식 7-12)에 따르면 $\Pi_{2,m} = \Pi_{2,p}$이므로 $\Pi_{1,m} = \Pi_{1,p}$이다. 이 문제에 대한 Π_1은 식 (7-13)으로 주어진다. 따라서 다음과 같이 쓸 수 있다.

$$\Pi_{1,m} = \frac{F_{D,m}}{\rho_m V_m^2 L_m^2} = \Pi_{1,p} = \frac{F_{D,p}}{\rho_p V_p^2 L_p^2}$$

여기서 원형 자동차에 작용하는 항력 $F_{D,p}$는 다음과 같다.

$$F_{D,p} = F_{D,m}\left(\frac{\rho_p}{\rho_m}\right)\left(\frac{V_p}{V_m}\right)^2\left(\frac{L_p}{L_m}\right)^2$$
$$= (94.3\ \text{N})\left(\frac{1.184\ \text{kg/m}^3}{1.269\ \text{kg/m}^3}\right)\left(\frac{80.0\ \text{km/h}}{354\ \text{km/h}}\right)^2(5)^2 = 112\ \text{N}$$

토의 차원 매개변수를 무차원 비로 배열하면 단위들을 적절히 소거할 수 있다. Π_1 방정식에서 속도와 길이가 제곱의 형태이므로 풍동 내의 유속을 높임으로써 모형의 축소된 길이를 보상하여 모형과 원형 간의 항력이 거의 같게 되었다. 사실상, 만일 풍동 내의 온도가 원형 위로 흐르는 공기 온도와 같아서 공기 밀도와 점성계수가 같다면 두 경우의 항력도 **동일**할 것이다(그림 7-20).

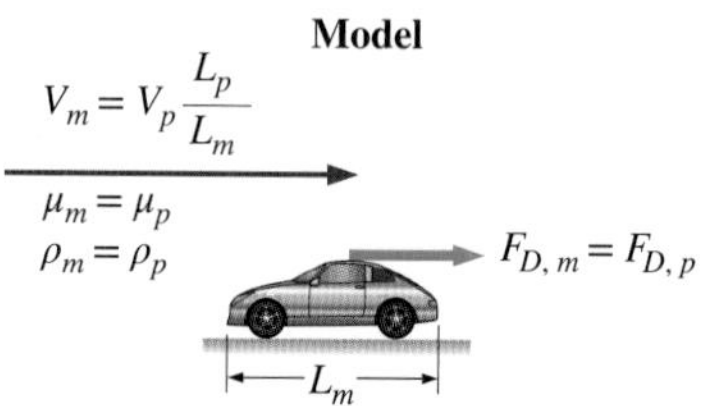

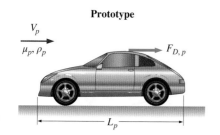

그림 7–20
원형과 모형의 공기 상태량이 같고($\rho_m = \rho_p$, $\mu_m = \mu_p$), 상사 조건($V_m = V_p L_p / L_m$)에서 원형에 작용하는 공기역학적 항력과 모형에 작용하는 항력은 같다. 만일 두 유체의 상태량이 **틀리면** 역학적 상사가 만족되더라도 항력은 같지 **않게** 된다.

그림 7–21
원형과 모형의 유체가 같지 않더라도 상사가 성립할 수 있다. 이 그림은 풍동 내에서 시험 중인 잠수함 모형을 나타낸 것이다.
Courtesy NASA Langley Research Center.

실험적 해석을 보완하기 위해 차원해석과 상사를 이용하는 것의 강점은 차원 매개변수(밀도, 속도 등)의 실제 값과 무관하다는 사실로 더욱 두드러진다. 독립 Π들이 서로 같으면 **유체의 종류가 다를지라도** 상사는 성립한다. 따라서 자동차나 비행기의 모형 시험이 수동(water tunnel)에서 진행될 수도 있고, 잠수함의 모형 시험이 풍동에서 진행되기도 한다(그림 7-21). 예제 7-5와 7-6의 1/5 축척 모형에 풍동 대신 수동이 사용된다고 가정해 보자. 실온(20 ℃를 가정하여)에서 물의 상태량을 이용하여 상사에 필요한 수동의 속도는 다음과 같이 쉽게 계산된다.

$$V_m = V_p\left(\frac{\mu_m}{\mu_p}\right)\left(\frac{\rho_p}{\rho_m}\right)\left(\frac{L_p}{L_m}\right)$$
$$= (80.0\ \text{km/h})\left(\frac{1.002\times 10^{-3}\ \text{kg/m·s}}{1.849\times 10^{-5}\ \text{kg/m·s}}\right)\left(\frac{1.184\ \text{kg/m}^3}{998.0\ \text{kg/m}^3}\right)(5) = 25.7\ \text{km/h}$$

따라서 수동을 사용하게 되면 동일한 크기의 모형에서 요구되는 유속이 풍동을 사용할 때보다 훨씬 작게 된다.

7–4 ■ 반복변수법과 Buckingham Pi 정리

지금까지 여러 예제를 통하여 차원해석의 유효성과 역량을 살펴보았다. 이제 무차원 매개변수 Π를 구하는 방법을 공부한다. 여러 방법이 제안되었지만, 가장 널리 쓰이고 간단한 방법은 Edgar Buckingham(1867-1940)에 의해 대중화된 **반복변수법**(method of repeating variables)이다. 이 방법은 1911년 러시아 과학자 Dimitri Riabouchinsky (1882-1962)에 의해 처음 제안되었다. 또한 이 방법은 무차원 매개변수를 구하는 단계적인 절차 또는 "방안(recipe)"으로 생각할 수 있다. 그림 7-22에 6단계가 간략하게 서술되어 있고, 좀 더 상세한 기술은 표 7-2에 있다. 이 단계들은 앞으로 여러 가지 예제를 통하여 좀 더 상세하게 설명할 것이다.

대부분의 새로운 절차들을 배울 때처럼, 공부하는 최선의 길은 예제와 연습에 의하는 것이다. 첫 번째 간단한 예로, 7-2절에서 논의된 진공 중에 낙하하는 구를 고려해 보자. 편의상 낙하하는 물체에 관련된 물리 현상(식 7-4)을 잘 모르고, 단지 구의 순간 높이 z는 시간 t, 초기 수직 속도 w_0, 초기 높이 z_0, 중력가속도 g의 함수라는 것만 알고 있다고 가정한다(그림 7-23). 차원해석의 좋은 점은 우리가 알아야만 하는 것들이 단지 이 값들 각각의 1차 차원뿐이라는 데 있다. 반복변수법의 각 단계를 진행하면서, 예로 든 낙하하는 구에 대한 문제를 사용하여 이 방법을 상세하게 설명한다.

The Method of Repeating Variables

Step 1: List the parameters in the problem and count their total number n.

Step 2: List the primary dimensions of each of the n parameters.

Step 3: Set the *reduction* j as the number of primary dimensions. Calculate k, the expected number of Π's,
$k = n - j$

Step 4: Choose j *repeating parameters*.

Step 5: Construct the k Π's, and manipulate as necessary.

Step 6: Write the final functional relationship and check your algebra.

그림 7–22
반복변수법의 6단계에 대한 요약.

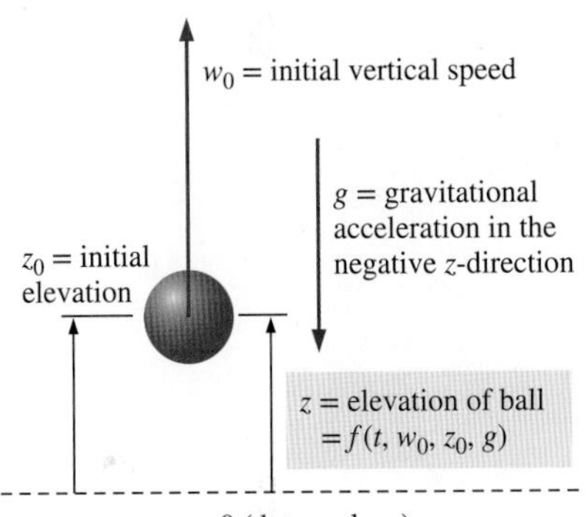

그림 7–23
진공 중에 낙하하는 공에 대한 차원해석. 높이 z는 시간 t, 초기 수직 속도 w_0, 초기 높이 z_0, 중력가속도 g의 함수이다.

표 7–2

반복변수법*을 구성하는 6단계에 대한 상세 설명

1단계	매개변수(차원변수, 무차원변수, 차원상수)를 나열하고 그 수를 센다. 종속변수를 포함한 매개변수의 수를 n으로 한다. 독립변수들이 서로 독립 관계인지 확인한다(예를 들면, r과 $A = \pi r^2$은 독립 관계에 있지 않다).
2단계	n개의 매개변수 각각의 1차 차원을 기술한다.
3단계	축약(reduction) j를 추정한다. 우선 j를 문제의 1차 차원 수로 한다. 예상되는 Π의 수(k)는 Buckingham Pi **정리**에 의해 다음과 같다. **Buckingham Pi** 정리: $k = n - j$ **(7-14)** 이어지는 단계에서 문제가 풀리지 않으면 1단계를 재확인한 후 j를 **하나 감소시켜** 진행한다.
4단계	각각의 Π를 구성할 j개의 **반복 매개변수**를 선정한다. 반복 매개변수는 각각의 Π에 반복적으로 나타날 가능성이 크므로 신중하게 선정한다(표 7-3).
5단계	j개의 반복 매개변수와 나머지 매개변수 중 하나를 묶어서, 한 번에 하나씩 k개의 Π를 구한다. 관례상 처음 도출되는 Π(Π_1으로 명시된)를 **종속** Π로 한다(목록의 좌변에 있는 것). Π들을 조작하여 정립된 무차원 그룹(표 7-5)을 얻도록 한다.
6단계	모든 Π들이 무차원인지 확인한다. 식 (7-11)과 같은 최종 함수 관계식을 기술한다.

* 차원해석을 통하여 무차원 Π 그룹을 구하는 단계적 방법이다.

1단계

이 문제에는 5개의 매개변수(차원변수, 무차원변수, 차원상수)가 존재한다. 즉, $n=5$이다. 열거된 종속변수를 독립변수와 상수의 함수로 표현하면 다음과 같다.

관련 매개변수 목록: $z = f(t, w_0, z_0, g) \qquad n = 5$

2단계

각 매개변수의 1차 차원이 여기서 열거된다. 각 차원은 지수 형태로 써보도록 추천하는데, 이는 나중에 나오는 대수계산에 도움이 되기 때문이다.

z	t	w_0	z_0	g
$\{L^1\}$	$\{t^1\}$	$\{L^1t^{-1}\}$	$\{L^1\}$	$\{L^1t^{-2}\}$

3단계

첫 번째 추측으로, j를 문제 중의 1차 차원의 개수인 2와 같게 놓는다(L과 t).

축약(reduction): $j = 2$

j의 값이 맞다면, Buckingham Pi 정리에 의해 예측되는 Π의 개수는 다음과 같다.

예측 Π의 수: $k = n - j = 5 - 2 = 3$

4단계

$j=2$이므로 두 개의 반복 매개변수를 선정한다. 이 단계가 반복변수법의 가장 힘든(또는 적어도 가장 설명하기 곤란한) 단계로, 표 7-3에 반복 매개변수를 선정하는 몇 개의 지침이 나타나 있다.

표 7-3의 지침에 따라 가장 적절한 두 반복 매개변수로 w_0와 z_0를 선정한다.

반복 매개변수: w_0 그리고 z_0

5단계

반복 매개변수와 나머지 매개변수를 하나씩을 조합하여 Π를 구한다. 첫 번째 Π는 항상 종속 Π이고 종속변수 z로 구성된다.

종속 Π:

$$\Pi_1 = z w_0^{a_1} z_0^{b_1} \tag{7-15}$$

여기서 a_1과 b_1은 추후 결정될 상수인 지수들이다. 단계 2의 1차 차원을 식 (7-15)에 적용하여 각 1차 차원의 지수가 0이 되도록 함으로써 Π를 강제로 무차원화시킨다.

Π_1의 차원: $\{\Pi_1\} = \{L^0t^0\} = \{z w_0^{a_1} z_0^{b_1}\} = \{L^1(L^1t^{-1})^{a_1}L^{b_1}\}$

1차 차원은 서로 독립적이므로, 양변에서 각 1차 차원의 지수가 같아지는 a_1과 b_1을 구한다(그림 7-24).

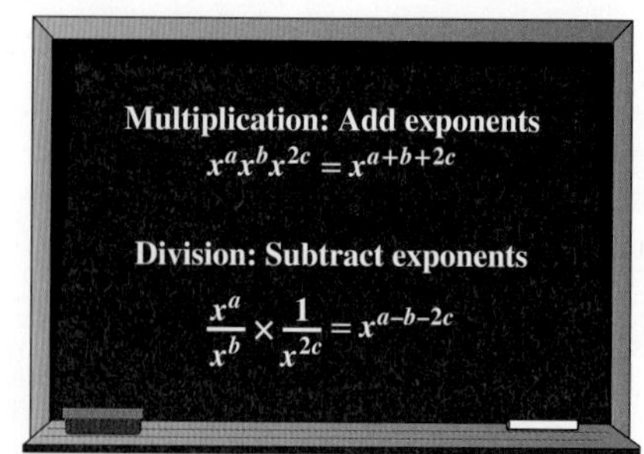

그림 7-24
지수함수의 곱셈과 나눗셈.

시간: $\{t^0\} = \{t^{-a_1}\} \quad 0 = -a_1 \quad a_1 = 0$

길이: $\{L^0\} = \{L^1L^{a_1}L^{b_1}\} \quad 0 = 1 + a_1 + b_1 \quad b_1 = -1 - a_1 \quad b_1 = -1$

따라서 식 (7-15)는 다음과 같이 된다.

표 7-3

반복변수법 단계 4의 반복 매개변수를 선정하는 지침*

지 침	본 문제에 대한 적용 및 간단한 설명
1. **종속변수**를 선정하지 마라. 그렇지 않으면 종속변수가 모든 Π에 나타나고, 바람직하지 않다.	본 문제에서는 z를 선정할 수 없다. 따라서 나머지 네 개의 매개변수 t, w_0, z_0, g 중 두 개를 골라야 한다.
2. 선정된 반복 매개변수들은 **그것들**만으로 무차원 그룹을 형성해서는 안 된다. 그렇지 않으면 나머지 Π를 구할 수 없다	본 문제에서는 어떤 두 개의 독립 매개변수라도 이 지침에 적합하다. 하지만 예를 들어 세 개의 매개변수를 선정하는 경우 t, w_0, z_0를 골라서는 안 된다. 왜냐하면 tw_0/z_0가 무차원 그룹이기 때문이다.
3. 선정된 반복 매개변수는 문제의 1차 차원을 모두 포함하여야 한다.	예를 들어, m, L, t 세 개의 1차 차원이 있는 데 두 개의 반복 매개변수를 선정하는 경우, 길이와 시간을 선정하면 질량이 빠지게 된다. 하지만 밀도와 시간을 선정하면 문제의 세 1차 차원이 모두 포함된다.
4. 이미 무차원인 매개변수를 선정해서는 안 된다. 그들은 이미 스스로 Π들이기 때문이다.	각도 θ가 독립변수인 경우 θ를 선정해서는 안 된다. 이 경우 θ는 이미 구한 Π이다.
5. **같은** 차원이거나 거듭제곱만큼 다른 차원을 가지는 무차원인 매개변수를 선정해서는 안 된다.	본 문제에서는 z와 z_0의 차원(길이)이 같다. 따라서 이들 둘을 동시에 두 매개변수를 선정해서는 안 된다(지침 1에 따라 종속변수 z는 이미 제거되었다). 하나의 매개변수가 길이이고 다른 하나는 체적인 경우에도 체적에는 동일한 1차 차원(길이)만이 사용되므로 둘을 동시에 선정할 수 없다.
6. 가능하면 차원변수보다 차원상수를 선정하여 차원변수가 **하나**의 Π에만 포함되도록 한다.	본 문제에서는 t를 반복 매개변수로 선정한다면 이 값은 세 개의 Π에 모두 포함된다. 이는 틀리다고 할 수는 없지만 바람직하지 못하다. 왜냐하면 무차원 높이를 무차원 시간과 다른 무차원 매개변수로 구할 필요가 있기 때문이다. 따라서 네 개의 독립 매개변수 중 w_0, z_0, g를 사용한다.
7. 각각의 Π에 나타날 수 있으므로 일반적인 매개변수를 선정한다.	유체 유동 문제에서는 길이, 속도, 질량, 밀도(그림 7-25)가 일반적 매개변수이다. 점성계수 μ, 표면장력 σ_s와 같은 일반적이지 않은 매개변수를 선정하면 이들이 각각의 Π에 나타나게 된다. 본 문제에서는 g보다는 w_0와 z_0가 바람직하다.
8. 가능하면 복잡한 매개변수보다 단순한 매개변수를 선정한다.	에너지, 압력과 같이 여러 개의 1차 차원으로 구성되는 매개변수보다 길이, 시간, 질량, 속도와 같이 하나나 두 개의 1차 차원으로 구성되는 매개변수를 선정하는 것이 바람직하다.

* 이 지침을 사용하면 최소한의 노력으로 정립된 무차원 Π 그룹을 구할 수 있을 것이다.

$$\Pi_1 = \frac{z}{z_0} \tag{7-16}$$

유사한 방법으로 반복 매개변수와 독립변수 t를 조합하여 첫 번째 독립 $\Pi(\Pi_2)$를 구한다.

첫 번째 독립 Π: $\Pi_2 = tw_0^{a_2}z_0^{b_2}$

Π_2의 차원: $\{\Pi_2\} = \{L^0t^0\} = \{tw_0^{a_2}z_0^{b_2}\} = \{t(L^1t^{-1})^{a_2}L^{b_2}\}$

지수를 일치시키면 다음과 같다.

시간: $\{t^0\} = \{t^1t^{-a_2}\} \qquad 0 = 1 - a_2 \qquad a_2 = 1$

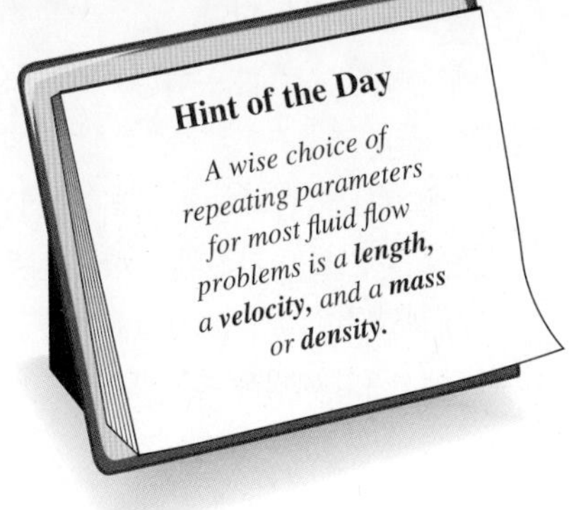

Hint of the Day
A wise choice of repeating parameters for most fluid flow problems is a length, a velocity, and a mass or density.

그림 7-25
일반적인 매개변수는 각각의 무차원 Π 그룹에 나타날 수 있으므로 그들을 반복 매개변수로 선정하는 것이 바람직하다.

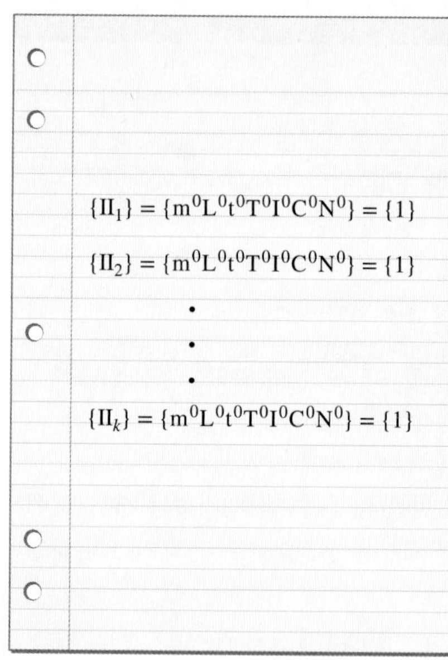

$\{\Pi_1\} = \{m^0L^0t^0T^0I^0C^0N^0\} = \{1\}$
$\{\Pi_2\} = \{m^0L^0t^0T^0I^0C^0N^0\} = \{1\}$
$\{\Pi_k\} = \{m^0L^0t^0T^0I^0C^0N^0\} = \{1\}$

그림 7–26
모든 일곱 개의 1차 차원의 지수를 0이 되도록 **강제**하기 때문에 반복변수법을 통해 도출되는 Π 그룹은 무차원이 된다.

길이: $\{L^0\} = \{L^{a_2}L^{b_2}\} \quad 0 = a_2 + b_2 \quad b_2 = -a_2 \quad b_2 = -1$

따라서 Π_2는 다음과 같이 된다.

$$\Pi_2 = \frac{w_0 t}{z_0} \tag{7-17}$$

마지막으로 반복 매개변수와 g를 조합하고 **강제로** Π_2를 무차원화시켜 두 번째 독립 $\Pi(\Pi_3)$를 구한다(그림 7-26).

두 번째 독립 Π: $\Pi_3 = g w_0^{a_3} z_0^{b_3}$

Π_3의 차원: $\{\Pi_3\} = \{L^0t^0\} = \{g w_0^{a_3} z_0^{b_3}\} = \{L^1t^{-2}(L^1t^{-1})^{a_3}L^{b_3}\}$

지수를 일치시키면 다음과 같다.

시간: $\{t^0\} = \{t^{-2}t^{-a_3}\} \quad 0 = -2 - a_3 \quad a_3 = -2$

길이: $\{L^0\} = \{L^1L^{a_3}L^{b_3}\} \quad 0 = 1 + a_3 + b_3 \quad b_3 = -1 - a_3 \quad b_3 = 1$

따라서 Π_3는 다음과 같이 된다.

$$\Pi_3 = \frac{g z_0}{w_0^2} \tag{7-18}$$

세 개의 Π를 모두 구했지만, 이 시점에서 Π에 대한 어떤 조작이 필요한지 여부를 신중하게 살펴본다. Π_1과 Π_2는 식 (7-6)의 무차원변수 z^*와 t^*와 동일하므로 조작이 필요하지 않다. 하지만 세 번째 Π는 $-\frac{1}{2}$의 거듭제곱을 취하여 잘 정립된 매개변수, 즉 식 (7-8)의 Froude 수와 같은 형태가 되도록 해야 함을 알고 있다.

표 7–4

반복변수법으로 도출된 Π를 조작하는 지침*

지 침	본 문제에 대한 적용 및 간단한 설명
1. Π에 상수(무차원) 지수를 취하거나 함수 조작을 한다.	Π의 무차원 특성을 유지하며 거듭제곱을 취할(Π^n) 수 있다. 본 문제에서는 Π_3에 $-\frac{1}{2}$의 지수를 취하였다. 마찬가지로 sin(Π), exp(Π) 등과 같이 무차원 특성을 유지하며 함수 조작을 할 수 있다.
2. Π에(무차원) 상수를 곱한다.	때로는 편의상 1/2, 2, 4와 같은 무차원 계수를 곱한다. 이 과정은 Π의 차원에 영향을 미치지 않는다.
3. 두 개의 Π를 곱하거나 나누어 얻은 새로운 Π로 기존의 Π 하나를 대체한다.	Π_3를 $\Pi_3\Pi_1$, Π_3/Π_2 등으로 대체한다. 이는 기존 Π를 정립된 Π로 바꾸는 데 필요하다. 많은 경우 다른 반복 매개변수 Π를 택하여 차원해석을 수행하면 정립된 Π를 구할 수 있다.
4. 위 1에서 3의 지침을 복합적으로 사용한다.	A, B, C가 상수인 경우 임의의 Π를 $A\Pi_3^B \sin(\Pi_1^C)$와 같은 새로운 Π로 바꿀 수 있다.
5. Π 내의 차원 매개변수를 동일한 차원을 가진 다른 매개변수로 바꿀 수 있다.	예를 들어, Π 내에 길이의 제곱, 세제곱이 있는 경우 면적이나 체적으로 대체하여 정립된 Π로 만든다.

* 이 지침은 반복변수법의 5단계에서 구한 무차원 Π그룹을 표 7-5에 제시된 무차원 매개변수로 변환하는 데 유용하게 쓰일 수 있다.

표 7-5

유체역학 및 열전달에 통용되는 정립된 무차원 매개변수*

Name	Definition	Ratio of Significance
Archimedes number	$\text{Ar} = \frac{\rho_s g L^3}{\mu^2}(\rho_s - \rho)$	$\frac{\text{Gravitational force}}{\text{Viscous force}}$
Aspect ratio	$\text{AR} = \frac{L}{W}$ or $\frac{L}{D}$	$\frac{\text{Length}}{\text{Width}}$ or $\frac{\text{Length}}{\text{Diameter}}$
Biot number	$\text{Bi} = \frac{hL}{k}$	$\frac{\text{Internal thermal resistance}}{\text{Surface thermal resistance}}$
Bond number	$\text{Bo} = \frac{g(\rho_f - \rho_v)L^2}{\sigma_s}$	$\frac{\text{Gravitational force}}{\text{Surface tension force}}$
Cavitation number	$\text{Ca (sometimes } \sigma_c) = \frac{P - P_v}{\rho V^2}$ $\left(\text{sometimes } \frac{2(P - P_v)}{\rho V^2}\right)$	$\frac{\text{Pressure} - \text{Vapor pressure}}{\text{Inertial pressure}}$
Darcy friction factor	$f = \frac{8\tau_w}{\rho V^2}$	$\frac{\text{Wall friction force}}{\text{Inertial force}}$
Drag coefficient	$C_D = \frac{F_D}{\frac{1}{2}\rho V^2 A}$	$\frac{\text{Drag force}}{\text{Dynamic force}}$
Eckert number	$\text{Ec} = \frac{V^2}{c_p T}$	$\frac{\text{Kinetic energy}}{\text{Enthalpy}}$
Euler number	$\text{Eu} = \frac{\Delta P}{\rho V^2}\left(\text{sometimes } \frac{\Delta P}{\frac{1}{2}\rho V^2}\right)$	$\frac{\text{Pressure difference}}{\text{Dynamic pressure}}$
Fanning friction factor	$C_f = \frac{2\tau_w}{\rho V^2}$	$\frac{\text{Wall friction force}}{\text{Inertial force}}$
Fourier number	$\text{Fo (sometimes } \tau) = \frac{\alpha t}{L^2}$	$\frac{\text{Physical time}}{\text{Thermal diffusion time}}$
Froude number	$\text{Fr} = \frac{V}{\sqrt{gL}}\left(\text{sometimes } \frac{V^2}{gL}\right)$	$\frac{\text{Inertial force}}{\text{Gravitational force}}$
Grashof number	$\text{Gr} = \frac{g\beta\|\Delta T\|L^3\rho^2}{\mu^2}$	$\frac{\text{Buoyancy force}}{\text{Viscous force}}$
Jakob number	$\text{Ja} = \frac{c_p(T - T_{\text{sat}})}{h_{fg}}$	$\frac{\text{Sensible energy}}{\text{Latent energy}}$
Knudsen number	$\text{Kn} = \frac{\lambda}{L}$	$\frac{\text{Mean free path length}}{\text{Characteristic length}}$
Lewis number	$\text{Le} = \frac{k}{\rho c_p D_{AB}} = \frac{\alpha}{D_{AB}}$	$\frac{\text{Thermal diffusion}}{\text{Species diffusion}}$
Lift coefficient	$C_L = \frac{F_L}{\frac{1}{2}\rho V^2 A}$	$\frac{\text{Lift force}}{\text{Dynamic force}}$

(*continued*)

Aaron, you've made it!
They named a nondimensional
parameter after you!

Wow!

그림 7-27
일반적으로 저명한 과학자나 엔지니어의 이름을 따라 정립된 무차원 매개변수를 명명한다.

표 7-5(계속)

Name	Definition	Ratio of Significance
Mach number	Ma (sometimes M) $= \dfrac{V}{c}$	$\dfrac{\text{Flow speed}}{\text{Speed of sound}}$
Nusselt number	$\text{Nu} = \dfrac{Lh}{k}$	$\dfrac{\text{Convection heat transfer}}{\text{Conduction heat transfer}}$
Peclet number	$\text{Pe} = \dfrac{\rho LVc_p}{k} = \dfrac{LV}{\alpha}$	$\dfrac{\text{Bulk heat transfer}}{\text{Conduction heat transfer}}$
Power number	$N_P = \dfrac{\dot{W}}{\rho D^5\omega^3}$	$\dfrac{\text{Power}}{\text{Rotational inertia}}$
Prandtl number	$\text{Pr} = \dfrac{\nu}{\alpha} = \dfrac{\mu c_p}{k}$	$\dfrac{\text{Viscous diffusion}}{\text{Thermal diffusion}}$
Pressure coefficient	$C_p = \dfrac{P - P_\infty}{\frac{1}{2}\rho V^2}$	$\dfrac{\text{Static pressure difference}}{\text{Dynamic pressure}}$
Rayleigh number	$\text{Ra} = \dfrac{g\beta\lvert\Delta T\rvert L^3\rho^2 c_p}{k\mu}$	$\dfrac{\text{Buoyancy force}}{\text{Viscous force}}$
Reynolds number	$\text{Re} = \dfrac{\rho VL}{\mu} = \dfrac{VL}{\nu}$	$\dfrac{\text{Inertial force}}{\text{Viscous force}}$
Richardson number	$\text{Ri} = \dfrac{L^5 g\Delta\rho}{\rho\dot{V}^2}$	$\dfrac{\text{Buoyancy force}}{\text{Inertial force}}$
Schmidt number	$\text{Sc} = \dfrac{\mu}{\rho D_{AB}} = \dfrac{\nu}{D_{AB}}$	$\dfrac{\text{Viscous diffusion}}{\text{Species diffusion}}$
Sherwood number	$\text{Sh} = \dfrac{VL}{D_{AB}}$	$\dfrac{\text{Overall mass diffusion}}{\text{Species diffusion}}$
Specific heat ratio	k (sometimes γ) $= \dfrac{c_p}{c_v}$	$\dfrac{\text{Enthalpy}}{\text{Internal energy}}$
Stanton number	$\text{St} = \dfrac{h}{\rho c_p V}$	$\dfrac{\text{Convection heat transfer}}{\text{Thermal capacity}}$
Stokes number	Stk (sometimes St) $= \dfrac{\rho_p D_p^2 V}{18\mu L}$	$\dfrac{\text{Particle relaxation time}}{\text{Characteristic flow time}}$
Strouhal number	St (sometimes S or Sr) $= \dfrac{fL}{V}$	$\dfrac{\text{Characteristic flow time}}{\text{Period of oscillation}}$
Weber number	$\text{We} = \dfrac{\rho V^2 L}{\sigma_s}$	$\dfrac{\text{Inertial force}}{\text{Surface tension force}}$

* A는 특성 면적, D는 특성 직경, f는 특성 주파수(Hz), L은 특성 길이, t는 특성 시간, T는 특성(절대) 온도, V는 특성 속도, W는 특성 폭, $\dot{W}$은 특성 동력, ω는 특성 각속도(rad/s). 그리고 다른 매개변수와 유체 상태량은 다음과 같다: c=음속, c_p, c_v=비열, D_p=입자 직경, D_{AB}=종(species) 확산계수, h=대류열전달 계수, h_{fg} =증발잠열, k=열전도도, P=압력, T_{sat}=포화 온도 $\dot{V}$=체적유량, α=열확산계수, β=열팽창계수, λ=평균 자유 이동거리, μ=점성계수, ν=동점성계수, ρ=유체밀도, ρ_f=액체 밀도, ρ_p=입자 밀도, ρ_s=고체 밀도, ρ_v=증기 밀도, σ_s=표면장력, τ_w=벽면 전단응력.

응용분야 스포트라이트 ■ 무차원 매개변수로 명예로운 사람들

초청 저자: Glenn Brown, Oklahoma State University

흔히 사용되고 정립된 무차원 매개변수는 과학과 기술의 발달에 기여한 사람들을 기리고, 또 한편으로는 편의를 위해 기여한 과학자나 엔지니어의 이름으로 명명된다. 많은 경우 처음 그 매개변수를 정의한 사람보다는 연구에 그 매개변수를 많이 사용한 사람의 이름을 따라 무차원 매개변수가 명명된다. 아래에 그러한 사람들의 이름을 기술하였다. 때로는 하나 이상의 이름이 어떤 무차원 매개변수에 사용되기도 한다는 점을 기억하자.

Archimedes(287-212 BC) 부력을 정의한 그리스 수학자.

Biot, Jean-Baptiste(1774-1862) 열, 전기, 탄성에 선도적 연구를 한 프랑스 수학자. 또한 미터 단위 체계 개발을 위하여 자오선 호의 측정을 도왔다.

Darcy, Henry P.G.(1803-1858) 파이프 유동에 대해 많은 실험을 하고, 정량적 투과 시험을 최초로 수행한 프랑스 엔지니어.

Eckert, Ernst R.G.(1904-2004) 경계층 열전달의 선도 연구를 수행한 독일-미국 엔지니어이며, Schmidt의 제자.

Euler, Leonhard(1707-1783) 유체 운동 방정식을 형성하고, 원심 기계의 개념을 도입한 스위스 수학자이며, Daniel Bernoulli의 동료이다.

Fanning, John T.(1837-1911) 1877년에 Weisbach 방정식을 수정한 방정식과 Darcy의 데이터로부터 계산된 저항표를 발표한 미국 엔지니어 겸 교과서 저자.

Fourier, Jean B.J.(1768-1830) 열전달을 비롯한 여러 주제에 관해 선도적 연구를 수행한 프랑스 수학자.

Froude, William(1810-1879) 해상 모델 방법과 모델로부터 원형으로 파도와 경계저항 전달을 개발한 영국 엔지니어.

Grashof, Franz(1826-1893) 열정적 저자, 편집자, 교정자, 논문 전달자로 알려진 독일 엔지니어이며 교육자.

Jacob, Max(1879-1955) 열전달에 선도적 연구를 수행한 독일-미국 물리학자, 엔지니어, 교과서 저자.

Knudsen, Martin(1871-1949) 기체 분자 운동 이론을 개발한 덴마크 물리학자.

Lewis, Warren K.(1882-1975) 정제, 추출, 유동층 반응 연구를 수행한 미국 엔지니어.

Mach, Ernst(1838-1916) 음속보다 빠르게 비행하는 물체에서 유체 상태량은 현저히 변화한다는 사실을 처음으로 인지한 오스트리아 물리학자. 그의 생각은 20세기 물리학과 철학에 지대한 영향을 미쳤고, Einstein의 상대성 이론 개발에도 영향을 주었다.

Nusselt, Wilhelm(1882-1957) 열전달에 상사 이론을 처음으로 적용한 독일 엔지니어.

Peclet, Jean C.E.(1793-1857) 프랑스 교육자, 물리학자, 연구자.

Prandtl, Ludwig(1875-1953) 현대 유체역학의 개척자이며, 경계층 이론을 개발한 독일 엔지니어.

Lord Rayleigh, John W. Strutt(1842-1919) 역학적 상사, 공동현상, 기포 붕괴를 연구한 영국 과학자.

Reynolds, Osborne(1842-1912) 파이프 유동을 연구하고 평균 속도에 근거한 점성 유동 방정식을 개발한 영국 엔지니어.

Richardson, Lewis, F.(1881-1953) 유체역학을 대기 난류 모델링에 선도적으로 적용한 영국 수학자, 물리학자, 심리학자.

Schmidt, Ernst(1892-1975) 열 및 물질 전달 분야의 선도적인 독일 과학자. 최초로 자연대류 경계층의 속도 및 온도장을 측정하였다.

Sherwood, Thomas K.(1903-1976) 미국인 교육자, 엔지니어. 물질 전달, 물질과 유동, 화학 반응의 상관관계, 산업공정에 대해 연구하였음.

Stanton, Thomas E.(1865-1931) 유체역학의 여러 분야에 기여한 영국 엔지니어이며, Reynolds의 제자.

Stokes, George G.(1819-1903) 점성 운동과 확산 방정식을 개발한 아일랜드 과학자.

Strouhal, Vincenz(1850-1922) 와이어에 의해 유발되는 유체진동의 주기가 와이어를 지나는 공기 속도와 관계가 있다는 것을 밝힌 체코 물리학자.

Weber, Moritz(1871-1951) 모세관 유동에 상사해석을 적용한 독일 교수.

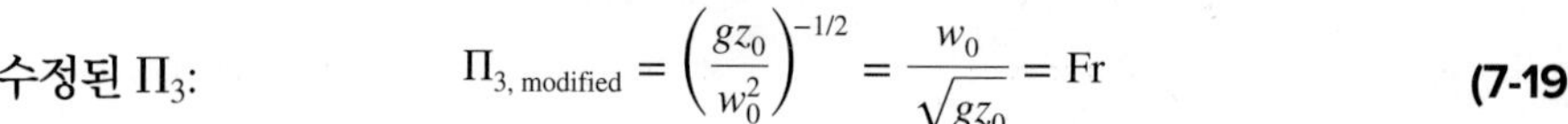

수정된 Π_3: $$\Pi_{3,\ \text{modified}} = \left(\frac{gz_0}{w_0^2}\right)^{-1/2} = \frac{w_0}{\sqrt{gz_0}} = \text{Fr} \quad \textbf{(7-19)}$$

때때로 이러한 조작을 통하여 Π를 잘 알려진 형태로 바꿀 필요가 있다. 그렇다고 식 (7-18)의 Π가 틀렸다거나 식 (7-19)가 식 (7-18)보다 수학적으로 장점이 있는 것은 아니다. 그 대신에 식 (7-19)가 문헌에서 흔히 사용되는 정립된 매개변수이므로 식 (7-18)보다 더 "사회적으로 받아들여진다"고 말할 수 있다. 표 7-4에 무차원 Π 그룹을 정립된 매개변수로 바꾸는 몇 가지 지침을 제시하였다.

표 7-5에 몇 가지 정립된 무차원변수를 나타내었다. 이들은 대부분 저명한 과학자나 엔지니어(그림 7-27과 역사분야 스포트라이트 참조)의 이름을 따라 명명되었다. 이 목록은 모든 무차원변수를 총망라한 것은 결코 아니다. 가능하다면, Π를 필요에 따라 조작하여 정립된 매개변수로 바꾸도록 하여야 한다.

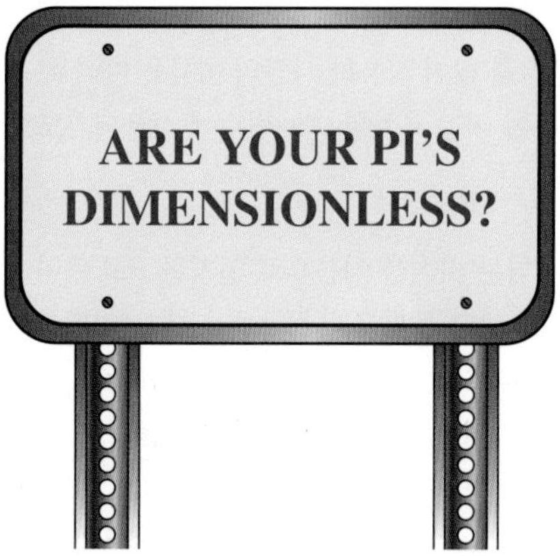

ARE YOUR PI'S DIMENSIONLESS?

그림 7–28
항상 계산을 확인할 필요가 있다.

6단계

Π가 정말 무차원인지를 재확인할 필요가 있다(그림 7-28). 이 예제에 대해서는 여러분들이 직접 확인할 수 있을 것이다. 마지막으로 무차원 매개변수 사이의 함수 관계식을 기술한다. 식 (7-16), (7-17), (7-19)를 식 (7-11)의 형태로 조합하면 다음과 같이 된다.

Π들 사이의 관계식: $$\Pi_1 = f(\Pi_2, \Pi_3) \quad \rightarrow \quad \frac{z}{z_0} = f\left(\frac{w_0 t}{z_0}, \frac{w_0}{\sqrt{gz_0}}\right)$$

또는 앞에서 식 (7-6)에 정의된 무차원변수 z^*, t^*와 Froude 수의 정의에 따라 차원해석의 최종 결과는 다음과 같이 된다.

차원해석의 최종 결과: $$z^* = f(t^*, \text{Fr}) \quad \textbf{(7-20)}$$

차원해석의 결과인 식 (7-20)과 엄밀해인 식 (7-10)을 비교해 보면, 반복변수법이 무차원 그룹 간의 함수 관계식을 적절히 예측함을 알 수 있다. 그러나

반복변수법으로 정확한 수학적 관계식을 구할 수는 없다.

이는 차원해석과 반복변수법의 근본적 한계이다. 하지만 예제 7-7에 보였듯이 간단한 문제일 경우에는 미지의 상수 범위 내에서 관계식을 구할 수 있다.

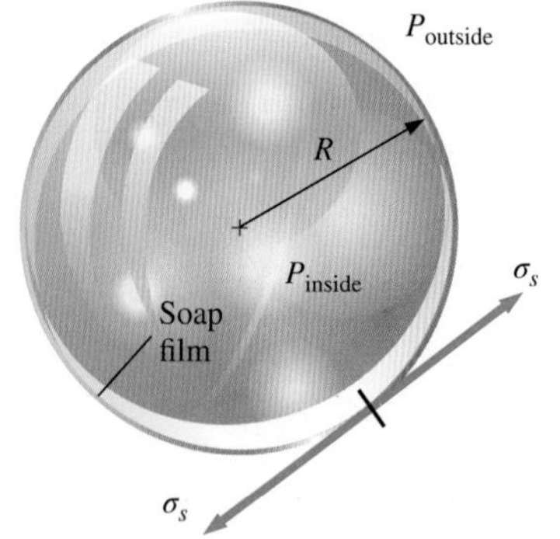

그림 7–29
비눗방울 내부의 압력은 비누막의 표면장력으로 주위 압력보다 높다.

예제 7–7 비눗방울 내의 압력

아이들이 가지고 노는 비눗방울 내의 압력과 반경 사이의 관계를 구해 본다(그림 7-29). 비눗방울 내의 압력은 대기압보다 높고, 따라서 비눗방울 표면은 풍선 표면처럼 인장력을 받으리라 예상할 수 있다. 또한, 이 문제에서 표면장력이 중요하리라 생각할 수 있다. 다른 물리적 관계를 모르는 상태에서 차원해석을 통해 문제를 풀고자 한다. 압력차 $\Delta P = P_{\text{inside}} - P_{\text{outside}}$, 비눗방울 반경 R, 비누막의 표면장력 σ_s 사이의 관계식을 구하라.

풀이 비눗방울 내부와 외부 공기의 압력차를 반복변수법에 의해 구하고자 한다.

가정 **1** 비눗방울은 공기 중에 중립적으로 떠 있고, 중력은 무시한다. **2** 문제에서 주어진

이외의 변수 또는 상수는 중요하지 않다.

해석 단계적 반복변수법을 적용한다.

1단계 이 문제에는 세 개의 변수 및 상수가 존재한다. 즉 $n=3$이다. 종속변수를 독립변수와 상수의 함수로 기술하면

관련 매개변수 목록: $\Delta P = f(R, \sigma_s) \quad n = 3$

2단계 각 매개변수의 1차 차원을 기술한다. 압력차, 반지름, 표면장력의 차원을 나타내면 다음과 같다.

$$\begin{array}{ccc} \Delta P & R & \sigma_s \\ \{m^1L^{-1}t^{-2}\} & \{L^1\} & \{m^1t^{-2}\} \end{array}$$

3단계 우선 j를 문제에 나타나는 1차 차원의 수(m, L, t)와 같도록 3으로 가정한다.

축약(첫 번째 가정): $j=3$

만일 위의 j값이 옳다면 기대되는 Π의 수는 $k=n-j=3-3=0$이다. 하지만 Π의 수가 0이 될 수 없으므로 무엇인가 틀렸다(그림 7-30). 이런 경우 되돌아가서 어떤 변수나 상수가 누락되지 않았는지 확인할 필요가 있다. 그러나 압력차는 비눗방울 반경과 표면장력만의 함수임을 확신하므로 j의 값을 하나 감소시킨다.

축약(두 번째 가정): $j=2$

만일 이 j값이 옳다면 $k=n-j=3-2=1$이다. 따라서 Π의 수는 1이 되고, Π가 없는 것보다 더 현실적인 값이다.

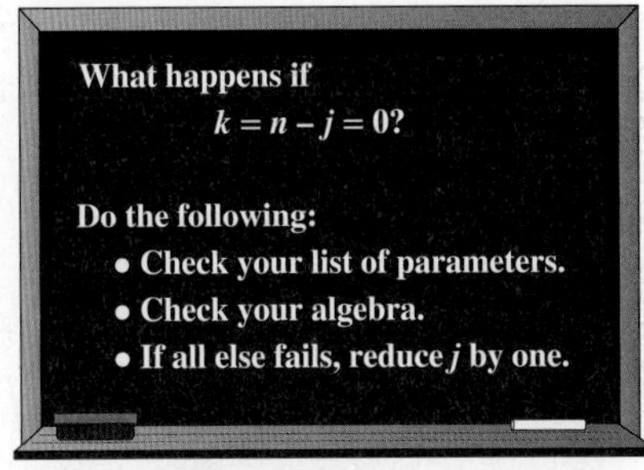

그림 7-30
반복변수법 결과에서 Π가 0이라면 계산 실수를 확인하고, 아니면 j를 하나 축약하여 다시 반복해야 한다.

4단계 $j=2$이므로 두 개의 반복 매개변수를 선택해야 한다. 표 7-3의 지침에 따라 R과 σ_s를 선택한다(ΔP는 종속변수임).

5단계 반복변수를 종속변수 ΔP와 조합하여 종속 Π를 구한다.

종속 Π:
$$\Pi_1 = \Delta P R^{a_1} \sigma_s^{b_1} \tag{1}$$

단계 2의 1차 차원을 식 (1)에 대입하고 Π가 무차원이 되게 하면 다음과 같이 된다.

Π_1의 차원:

$$\{\Pi_1\} = \{m^0L^0t^0\} = \{\Delta P R^{a_1}\sigma_s^{b_1}\} = \{(m^1L^{-1}t^{-2})L^{a_1}(m^1t^{-2})^{b_1}\}$$

각 1차 차원의 지수를 같게 하여 a_1과 b_1을 구한다.

시간: $\{t^0\} = \{t^{-2}t^{-2b_1}\} \quad 0 = -2 - 2b_1 \quad b_1 = -1$

질량: $\{m^0\} = \{m^1m^{b_1}\} \quad 0 = 1 + b_1 \quad b_1 = -1$

길이: $\{L^0\} = \{L^{-1}L^{a_1}\} \quad 0 = -1 + a_1 \quad a_1 = 1$

다행히도 처음 두 결과는 서로 일치한다. 따라서 식 (1)은 다음과 같이 된다.

$$\Pi_1 = \frac{\Delta P R}{\sigma_s} \tag{2}$$

표 7-5로부터 식 (2)와 가장 유사하게 정립된 무차원 매개변수는 **Weber 수**이고, 이는 압

력(ρV^2)과 길이의 곱을 표면장력으로 나눈 값이다. 이 Π를 더 이상 조작할 필요는 없다.

6단계 마지막으로 함수 관계식을 기술한다. 본 문제에서는 단지 하나의 Π만이 있으므로, 즉 아무것의 함수도 **아니므로,** Π는 상수가 되어야 한다. 식 (2)를 식 (7-11)의 함수 형태로 놓으면 다음과 같이 된다.

Π 사이의 관계식:

$$\Pi_1 = \frac{\Delta PR}{\sigma_s} = f(\text{nothing}) = \text{constant} \quad \rightarrow \quad \Delta P = \text{constant}\,\frac{\sigma_s}{R} \tag{3}$$

토의 이 예제는 문제에 관련된 물리적 현상을 잘 모를 때에도 차원해석을 통하여 경향을 예측할 수 있음을 보여 준다. 예를 들어 식 (3)으로부터 비눗방울의 반경이 두 배가 되면 압력 차는 반으로 줄어든다. 마찬가지로 표면장력이 두 배가 되면 ΔP는 두 배로 증가한다. 차원해석으로 식 (3)의 상수를 구할 수는 없지만, 부가적인 해석이나 실험을 통하여 상수가 4가 된다는 것을 알 수 있다(2장 참조).

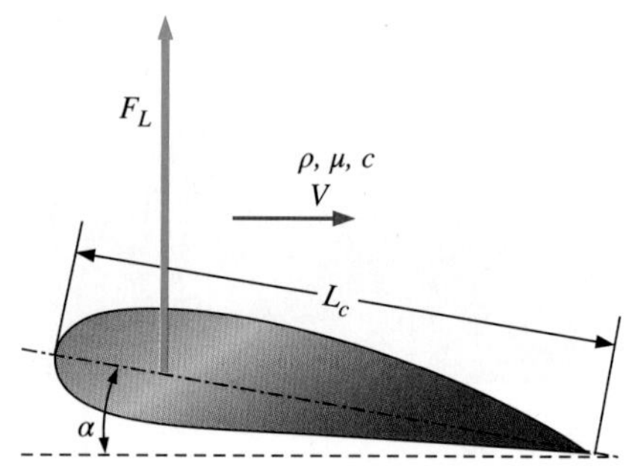

그림 7-31
자유흐름 속도 V, 밀도 ρ, 점성계수 μ, 음속 c인 유동 중에 있는 날개(코드 길이 L_c)에 작용하는 양력 F_L. 영각 α는 자유흐름 방향에 상대적으로 측정된다.

예제 7-8 날개에 작용하는 양력

어떤 항공 엔지니어가 비행기를 설계하고, 그 비행기의 새로운 날개에 작용하는 양력을 계산하고자 한다(그림 7-31). 날개의 코드 길이 L_c = 1.12 m이고, **평면도면적**(planform area) A는(영각이 영일 때 위에서 본 면적) 10.7 m^2이다. 원형은 온도가 25 ℃인 지면에 가깝게 V = 52.0 m/s로 비행한다. 날개의 1/10 축척 모형을 사용하여 가압 풍동에서 시험하며, 풍동은 최대 5기압까지 가압된다. 역학적 상사를 얻기 위해서는 풍동 내의 유속 및 압력이 얼마가 되어야 하는가?

풀이 풍동 내에서 역학적 상사를 얻기 위한 유속과 압력을 결정하고자 한다.

가정 **1** 원형 날개는 표준 대기압하의 공기에서 비행한다. **2** 모형은 원형과 기하학적으로 상사하다.

해석 먼저 단계적 반복변수법을 사용하여 무차원 매개변수를 구한다. 그다음 모형과 원형 사이의 종속 Π를 일치시킨다.

1단계 본 문제에는 7개의 변수와 상수 매개변수가 있다. 즉, n = 7이다. 종속변수를 독립 매개변수의 함수로 표현하면 다음과 같다.

관련 매개변수 목록: $F_L = f(V, L_c, \rho, \mu, c, \alpha) \qquad n = 7$

여기서 F_L은 날개에 작용하는 양력, V는 유체 속도, L_c는 코드 길이. ρ는 유체 밀도, μ는 유체 점성계수, c는 유체 내의 음속, α는 날개의 영각이다.

2단계 각 매개변수의 1차 차원을 기술한다. 단, 영각 α는 무차원이다.

F_L	V	L_c	ρ	μ	c	α
$\{m^1L^1t^{-2}\}$	$\{L^1t^{-1}\}$	$\{L^1\}$	$\{m^1L^{-3}\}$	$\{m^1L^{-1}t^{-1}\}$	$\{L^1t^{-1}\}$	$\{1\}$

3단계 우선 j를 1차 차원의 수(m, L, t)인 3으로 가정한다.

축약: $j = 3$

만일 이 j값이 맞다면 Π의 수는 $k = n - j = 7 - 3 = 4$이다.

4단계 j = 3이므로 세 개의 반복 매개변수를 선정해야 한다. 표 7-3의 지침에 따라 종속변수인 F_L과 무차원값인 α는 제외한다. V와 c도 차원이 같으므로 동시에 선정할 수는 없다. 또한, 모든 Π에 μ가 들어가는 것도 바람직하지 않다. 따라서 최선의 반복 매개변수는 V, L_c, ρ의 조합이든지 c, L_c, ρ의 조합이 된다. 이 둘 중 전자가 더 바람직한데, 왜냐하면 표 7-5의 정립된 무차원 매개변수 중 음속은 단지 하나에만 사용됐지만, 속도는 보다 "일반적"이어서 여러 무차원 매개변수에 사용되기 때문이다(그림 7-32).

반복 매개변수: V, L_c, ρ

5단계 종속 Π를 다음과 같이 구한다.

$$\Pi_1 = F_L V^{a_1} L_c^{b_1} \rho^{c_1} \quad \rightarrow \quad \{\Pi_1\} = \{(\mathrm{m^1 L^1 t^{-2}})(\mathrm{L^1 t^{-1}})^{a_1}(\mathrm{L^1})^{b_1}(\mathrm{m^1 L^{-3}})^{c_1}\}$$

Π가 무차원이 되도록 하는 지수 $\boldsymbol{a_1 = -2, b_1 = -2, c_1 = -1}$을 얻는다. 따라서 종속 Π는 다음과 같이 된다.

$$\Pi_1 = \frac{F_L}{\rho V^2 L_c^2}$$

표 7-5의 정립된 무차원 매개변수 중 Π_1에 가장 가까운 것은 **양력계수**로, L_c^2 대신에 평면 도면적 A가 사용되고, 분모에 1/2이 포함되어 있다. 따라서 표 7-4의 지침에 따라 Π를 조정하면 다음과 같이 된다.

수정된 Π_1: $$\Pi_{1,\,\text{modified}} = \frac{F_L}{\frac{1}{2}\rho V^2 A} = \text{Lift coefficient} = C_L$$

같은 방법으로 첫 번째 독립 Π를 구한다.

$$\Pi_2 = \mu V^{a_2} L_c^{b_2} \rho^{c_2} \quad \rightarrow \quad \{\Pi_2\} = \{(\mathrm{m^1 L^{-1} t^{-1}})(\mathrm{L^1 t^{-1}})^{a_2}(\mathrm{L^1})^{b_2}(\mathrm{m^1 L^{-3}})^{c_2}\}$$

여기서 $\boldsymbol{a_2 = -1, b_2 = -1, c_2 = -1}$을 얻고, 따라서 Π_2는 다음과 같다.

$$\Pi_2 = \frac{\mu}{\rho V L_c}$$

이 Π는 Reynolds 수의 역수이다. 그래서 다시 역수를 취하면 다음과 같다.

수정된 Π_2: $$\Pi_{2,\,\text{modified}} = \frac{\rho V L_c}{\mu} = \text{Reynolds number} = \text{Re}$$

세 번째 Π는 음속을 사용하여 구하는데, 상세한 과정은 생략한다. 그 결과는 다음과 같다.

$$\Pi_3 = \frac{V}{c} = \text{Mach number} = \text{Ma}$$

마지막으로 영각 α는 이미 무차원이므로 그 자체로 무차원 Π가 된다(그림 7-33). Π를 구하는 과정을 직접 수행해보는 것을 권장한다. Π_4는 다음과 같이 된다.

$$\Pi_4 = \alpha = \text{영각(Angle of attack)}$$

6단계 마지막으로 다음과 같이 함수 관계식을 기술한다.

$$C_L = \frac{F_L}{\frac{1}{2}\rho V^2 A} = f(\mathbf{Re}, \mathbf{Ma}, \boldsymbol{\alpha}) \tag{1}$$

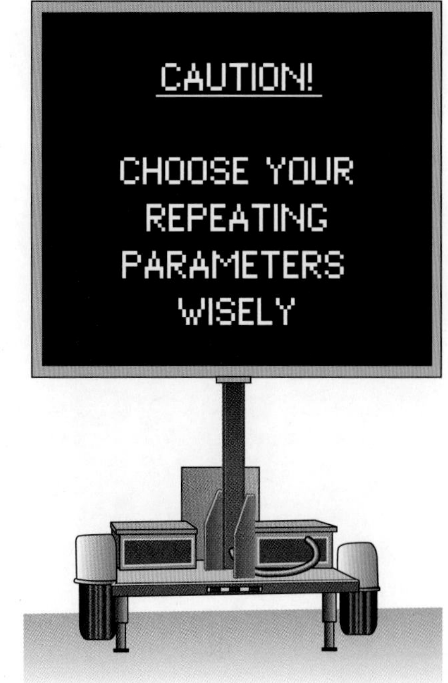

그림 7-32
반복변수법에서 가장 어려운 부분은 반복 매개변수를 선정하는 일이다. 하지만 연습을 통하여 적절히 선정하는 법을 배울 수 있다.

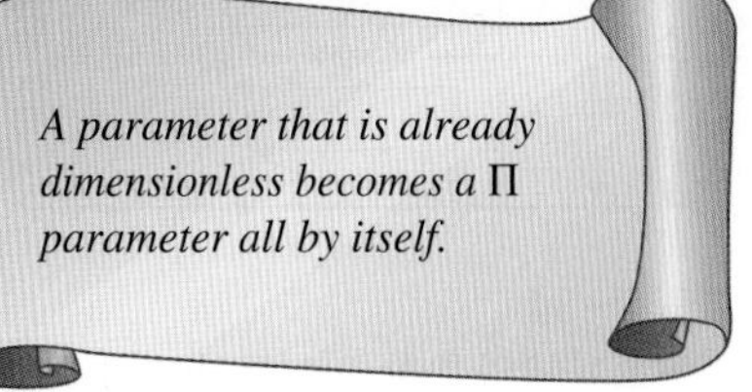

A parameter that is already dimensionless becomes a Π parameter all by itself.

그림 7-33
차원이 없는 매개변수(각도와 같이)는 그 자체로 이미 무차원 Π이다.

역학적 상사가 성립하기 위해서는, 식 (7-12)로부터 식 (1)의 세 개의 종속 무차원 매개변수가 모형과 원형 사이에서 서로 일치해야 한다. 영각을 일치시키기는 쉽지만, Reynolds 수와 Mach 수를 동시에 일치시키는 것은 간단하지 않다. 예를 들어, 풍동 내의 유속과 온도를 원형과 같게 하면, 모형 유동의 ρ, μ, c와 원형 유동의 ρ, μ, c도 같게 되고, 모형 내 유속을 원형 유속의 10배로 함으로써(모형의 축척이 1/10이므로) Reynolds 수 상사를 얻을 수 있다. 그러나 이 경우 Mach 수는 서로 10배의 차이가 나게 된다. 온도 25 ℃에서 c는 약 346 m/s이고 원형의 Mach 수는 $\text{Ma}_P = 52.0/346 = 0.150$으로 아음속 유동이다. 하지만 모형의 경우 $\text{Ma}_m = 1.50$이므로 초음속이 된다! 초음속과 아음속 유동은 물리적으로 완전히 다르기 때문에 이는 허용될 수 없다. 또 다른 극단의 경우, Mach 수를 일치시켰다고 하면, 모형의 Reynolds 수는 10배나 작을 것이다.

그렇다면 우리는 어떻게 해야 할까? Mach 수에 대한 일반적인 경험 법칙은, Mach 수가 여기에서 다행스러운 경우처럼, 0.3보다 작으면 압축성 효과는 무시할 수 있으므로 Mach 수를 일치시킬 필요는 없다. 따라서 Ma_m를 약 0.3 이하로 유지하고 Reynolds 수를 일치시키면 근사적인 역학적 상사를 얻을 수 있다. 그러면 어떻게 낮은 Mach 수를 유지하며 Re를 일치시킬 수 있을까? 이는 풍동 내 공기를 가압함으로써 가능하다. 등온 조건에서 밀도는 압력에 비례하는 반면, 점성계수와 음속은 압력에 따라 거의 변하지 않으므로 풍동 내 압력을 10기압으로 올리면 원형과 모형을 같은 유속에서 시험해도 Re와 Ma가 거의 같게 된다. 이 문제의 경우 최대 압력이 5기압이므로 풍동 내 유속을 원형 유속의 두 배, 즉 104 m/s로 한다. 이때 풍동 내 Mach 수는 $\text{Ma}_m = 104/346 = 0.301$이므로 비압축성 가정이 성립된다. 요약하면 풍동은 **25 ℃, 5기압**에서 대략 **100 m/s**로 운전되어야 한다.

토의 이 예제는 모형 시험에서 종속 Π들을 항상 동시에 일치시킬 수는 없다는 차원해석의(실망스러운) 한계를 보여 준다. **즉, 모형 시험에서 모든 종속 Π들을 동시에 일치시키는 것이 항상 가능하지 않을 수 있다.** 이 경우 중요한 Π를 우선 일치시킬 필요가 있다. 유체역학의 많은 경우에 Re가 충분히 크다면 Reynolds 수가 역학적 상사에 결정적이지는 않다. 만일 원형의 Mach 수가 0.3보다 월등히 크다면 Reynolds 수보다 Mach 수를 일치시키는 것이 바람직하다. 더구나 모형 시험에 다른 종류의 기체가 사용된다면 비열비(k)도 일치시킬 필요가 있다. 이는 압축성 유동의 경우 k의 영향이 크기 때문이다(12장). 이와 같은 모형 시험에 대한 문제는 7-5절에서 좀 더 상세하게 다룬다.

예제 7-5와 7-6에서 원형 자동차의 유속은 80.0 km/h이고, 풍동의 유속은 354 km/h이었다. 온도 25 ℃에서 이 속도들로부터 계산된 Mach 수는 원형의 경우 $\text{Ma}_P = 0.065$이고, 온도 5 ℃에서 모형의 경우 $\text{Ma}_m = 0.29$로 비압축성으로 가정할 수 있는 한계의 경계에 있다. 만일 차원해석 시 음속을 포함했다면 Mach 수가 부가적인 Π로 도출되었을 것이다. 물과 같은 **액체**를 사용하면 상당히 고속에서도 비압축성이므로 Mach 수를 낮게 유지하면서 Reynolds 수를 일치시킬 수 있다.

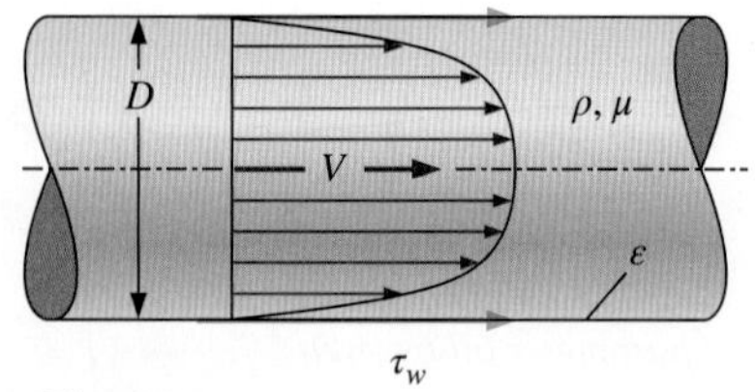

그림 7-34
파이프 내벽의 마찰. 파이프 벽면의 전단응력 τ_w는 평균 유체 속도 V, 평균 벽면조도 높이 ε, 유체 밀도 ρ, 유체 점성계수 μ, 파이프 내경 D의 함수이다.

예제 7-9 파이프 내 마찰

밀도가 ρ이고 점성계수가 μ인 비압축성 유체가 직경이 D인 긴 수평 파이프 내부를 따라 흐른다. 그림 7-34에 속도 분포를 스케치하였다. V는 파이프 단면 평균 속도로, 질량 보존에 의해 유동 방향으로 일정하다. 파이프의 길이가 아주 길면 유동은 수력학적으로 완전 발달하고, 속도 분포도 유동 방향으로 변하지 않는다. 유체와 벽면 사이의 마찰력에 의해 파이프의 내부 벽면에는 스케치에 보인 바와 같이 전단응력 τ_w가 존재한다. 이 전단응력도 완전발달 영역에서는 유동 방향으로 일정하다. 파이프 내벽의 평균 조도 높이는 ε으로 일정하다고 가정한다. 유동 방향으로 일정하지 않은 매개변수는 압력뿐이므로, 마찰을 극복하여 유체를 유동시키기 위해서는 압력은 유동 방향으로 감소(선형적으로)해야 한다. 전단응력 τ_w와 다른 매개변수 사이의 무차원 관계식을 구하라.

풀이 전단응력과 다른 매개변수 사이의 무차원 관계식을 구하고자 한다.

가정 **1** 유동은 수력학적으로 완전발달되었다. **2** 유체는 비압축성이다. **3** 주어진 변수를 제외한 다른 매개변수는 중요하지 않다.

해석 단계적 반복변수법으로 무차원 매개변수를 구한다.

1단계 이 문제에는 6개의 변수와 상수가 있다. 즉, $n=6$이다. 종속변수를 독립변수와 상수의 함수로 나타내면 다음과 같다.

관련 매개변수 목록: $\tau_w = f(V, \varepsilon, \rho, \mu, D) \qquad n=6$

2단계 각 매개변수의 1차 차원을 기술한다. 전단응력은 단위 면적당의 힘으로, 압력과 차원이 같다.

$$\begin{array}{cccccc} \tau_w & V & \varepsilon & \rho & \mu & D \\ \{m^1L^{-1}t^{-2}\} & \{L^1t^{-1}\} & \{L^1\} & \{m^1L^{-3}\} & \{m^1L^{-1}t^{-1}\} & \{L^1\} \end{array}$$

3단계 우선 j를 이 문제의 1차 차원(m, L, t)의 개수인 3으로 가정한다.

축약: $j=3$

이 j 값이 맞다면, 예상되는 Π의 수는 $k=n-j=6-3=3$이 된다.

4단계 $j=3$이므로 3개의 반복 매개변수를 선정한다. 표 7-3의 지침에 따라 종속변수 τ_w를 선정할 수는 없고, ε과 D를 동시에 선정할 수도 없다(차원이 같으므로). 또한 μ나 ε를 모든 Π에 나타나는 것도 바람직하지 않다. 따라서 최선의 선택은 V, D, ρ이다.

반복 매개변수: V, D, ρ

5단계 종속 Π를 구한다.

$$\Pi_1 = \tau_w V^{a_1} D^{b_1} \rho^{c_1} \quad \rightarrow \quad \{\Pi_1\} = \{(m^1L^{-1}t^{-2})(L^1t^{-1})^{a_1}(L^1)^{b_1}(m^1L^{-3})^{c_1}\}$$

위 식에서 $\boldsymbol{a_1=-2, b_1=0, c_1=-1}$이 되고, 따라서 종속 Π는 다음과 같다.

$$\Pi_1 = \frac{\tau_w}{\rho V^2}$$

표 7-5에 나타난 정립된 매개변수 중 Π_1과 가장 유사한 것은 **Darcy 마찰계수**로, 분자에 8을 곱하면 얻는다(그림 7-35). 표 7-4의 지침에 따라 Π를 조정하면 다음과 같다.

수정된 Π_1: $$\Pi_{1,\,\text{modified}} = \frac{8\tau_w}{\rho V^2} = \text{Darcy friction factor} = f$$

같은 방법으로 두 개의 독립 Π를 구한다. 상세한 과정은 생략하며, 여러분들이 직접 해보기를 권장한다.

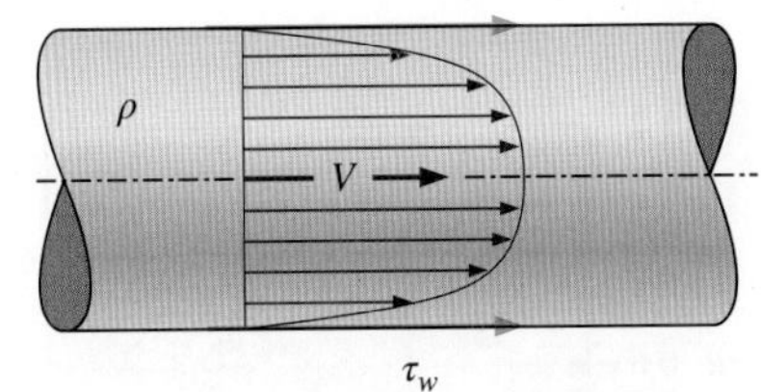

Darcy friction factor: $f = \dfrac{8\tau_w}{\rho V^2}$

Fanning friction factor: $C_f = \dfrac{2\tau_w}{\rho V^2}$

그림 7-35
파이프 유동에 대해서는 **Darcy 마찰계수**가 일반적이지만, 흔하지는 않지만 대안으로 알고 있어야 하는 마찰계수가 **Fanning 마찰계수**이다. 이들 둘 사이의 관계는 $f=4C_f$이다.

$$\Pi_2 = \mu V^{a_2} D^{b_2} \rho^{c_2} \quad \rightarrow \quad \Pi_2 = \frac{\rho V D}{\mu} = \text{Reynolds number} = \text{Re}$$

$$\Pi_3 = \varepsilon V^{a_3} D^{b_3} \rho^{c_3} \quad \rightarrow \quad \Pi_3 = \frac{\varepsilon}{D} = \text{Roughness ratio}$$

6단계 마지막으로 최종 함수 관계식을 구한다.

$$f = \frac{8\tau_w}{\rho V^2} = f\left(\text{Re}, \frac{\varepsilon}{D}\right) \tag{1}$$

토의 위 결과는 층류와 난류 완전발달 유동에 모두 적용된다. 그러나 두 번째 독립 Π(조도비 ε/D)는 층류보다는 난류 파이프 유동에 훨씬 중요하다. 이 문제로부터 차원해석과 기하학적 상사의 흥미로운 관계를 알 수 있다. 즉, ε/D이 독립 Π이기 때문에 ε/D를 일치시켜야 한다. 다른 관점에서 살펴보면, 조도가 기하학적 상태량이므로 **기하학적 상사**를 위해 ε/D를 일치시키는 것이 필요하다고 생각할 수도 있다.

예제 7-9의 식 (1)에 대한 유효성을 입증하기 위해 물리적으로는 다르지만, 역학적으로 상사한 파이프 유동에 대하여 **전산유체역학**(CFD)을 이용하여 속도 분포와 전단응력값을 예측해 본다.

- 300 K **공기**가 내경 0.305 m, 평균 조도 높이 0.305 mm인 파이프 내를 평균 속도 4.42 m/s로 흐르는 경우
- 300 K **물**이 내경 0.0300 m, 평균 조도 높이 0.030 mm인 파이프 내를 평균 속도 3.09 m/s로 흐르는 경우

두 파이프는 모두 원형관이고 동일한 평균 조도비(두 경우 모두 $\varepsilon/D = 0.0010$)를 가지므로 명백히 기하학적으로 상사이다. 평균 속도와 관의 직경은 두 유동이 **역학적** 상사도 만족하도록 선정되었다. 특히 또 다른 독립 Π(Reynolds 수)도 두 유동에서 일치한다.

$$\text{Re}_{\text{air}} = \frac{\rho_{\text{air}} V_{\text{air}} D_{\text{air}}}{\mu_{\text{air}}} = \frac{(1.225\ \text{kg/m}^3)(4.42\ \text{m/s})(0.305\ \text{m})}{1.789 \times 10^{-5}\ \text{kg/m·s}} = 9.23 \times 10^4$$

여기서 유체의 상태량은 CFD 코드에 내장된 값을 사용하였다.

$$\text{Re}_{\text{water}} = \frac{\rho_{\text{water}} V_{\text{water}} D_{\text{water}}}{\mu_{\text{water}}} = \frac{(998.2\ \text{kg/m}^3)(3.09\ \text{m/s})(0.0300\ \text{m})}{0.001003\ \text{kg/m·s}} = 9.22 \times 10^4$$

따라서 식 (7-12)에 의하여 두 유동의 **종속** Π는 일치해야 한다. 두 유동 각각에 대하여 계산 격자를 생성하고, 상용 CFD 코드를 사용하여 속도 분포와 전단응력을 계산하였다. 파이프 출구 근처에서 시간평균된 완전발달 난류 속도 분포를 비교해 보았다. 파이프 직경이 다르고 유체도 크게 다르지만, 속도 분포는 매우 유사함을 보인다. 실제로 **정규화된** 축방향 속도(u/V)를 **정규화된** 반경(r/R)의 함수로 그려보면 두 속도 분포가 일치함을 알 수 있다(그림 7-36).

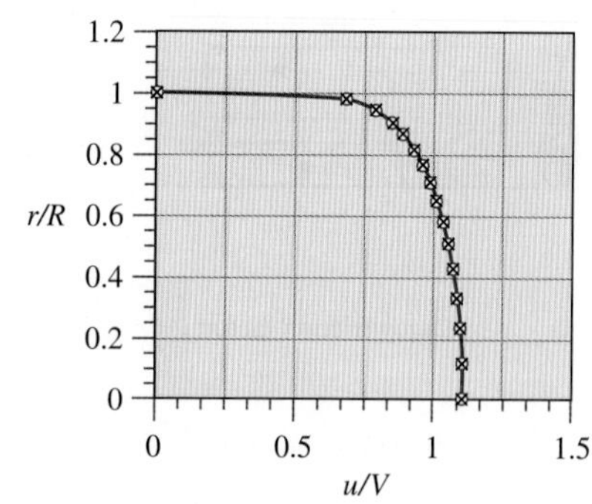

그림 7-36
CFD로 예측된 파이프 내 완전발달 유동의 정규화된 축방향 속도 분포. 공기(원)와 물(십자)의 속도 분포가 같은 그림에 그려져 있다.

표 7-6

CFD로 예측된 공기와 물의 파이프 내 완전발달 유동에 대한 벽면 전단응력과 무차원 벽면 전단응력의 비교*

Parameter	Air Flow	Water Flow
Wall shear stress	$\tau_{w,\text{ air}} = 0.0557\text{ N/m}^2$	$\tau_{w,\text{ water}} = 22.2\text{ N/m}^2$
Dimensionless wall shear stress (Darcy friction factor)	$f_{\text{air}} = \dfrac{8\tau_{w,\text{ air}}}{\rho_{\text{air}} V_{\text{air}}^2} = 0.0186$	$f_{\text{water}} = \dfrac{8\tau_{w,\text{ water}}}{\rho_{\text{water}} V_{\text{water}}^2} = 0.0186$

* 벽함수가 포함된 표준 $k-\varepsilon$ 난류 모델을 사용하여 ANSYS-FLUENT로 구한 데이터이다.

표 7-6은 CFD 해석을 통해 구한 각 유동의 벽면 전단응력값을 보여 준다. 물 유동의 전단응력값이 공기 유동보다 월등히 큰 데는 몇 가지 이유가 있다. 물은 공기보다 800배 이상 무겁고, 50배 이상 점성이 크다. 더구나 전단응력은 속도**구배**에 비례하는데, 물 파이프의 직경이 공기 파이프의 1/10 이하이므로 속도구배가 크게 된다. 하지만 표 7-6으로부터 **무차원** 벽면 전단응력 f 값은 동일함을 볼 수 있는데, 이는 두 유동이 역학적 상사를 만족하기 때문이다. 표 7-6에는 CFD 해석 결과를 유효숫자 세 자리까지 나타나 있지만, CFD 난류 모델의 신뢰도는 기껏해야 유효숫자 두 자리임을 유의할 필요가 있다(15장).

7-5 ■ 실험적 시험, 모델링, 불완전 상사

차원해석은 물리적 그리고/또는 수치적 실험을 계획하고 실험 결과를 기술하는 데 널리 활용된다. 이 절에서는 이 응용분야를 논의하고, 완전한 역학적 상사를 얻지 못하는 경우에 대해 살펴보도록 한다.

실험의 구성과 실험 데이터의 상관관계

한 포괄적인 예로, 5개의 원래 매개변수(그 중 하나는 **종속** 매개변수)로 구성된 문제를 고려해 보자. 완전한 실험 세트[**완전계승** 시험 매트릭스(full factorial test matrix)라고 함]는 4개의 독립 매개변수 각각에 대해 몇 단계의 모든 가능한 조합을 시험함으로써 수행된다. 4개의 독립 매개변수 각각에 대해 다섯 단계로 이루어진 하나의 완전계승 시험에는 $5^4 = 625$번의 실험이 요구된다. 실험계획법[**부분계승** 시험 매트릭스(fractional factorial test matrix), Montgomery, 1996 참조]을 사용하면 시험 매트릭스의 크기를 현저히 줄일 수 있지만, 여전히 요구되는 실험의 수는 많다. 하지만 만일 이 문제에 관련된 1차 차원의 수가 3이라면 매개변수의 수를 5에서 2로 축약할 수 있고 ($k = 5 - 3 = 2$ 무차원 Π 그룹), **독립** 매개변수의 수는 4에서 1로 줄일 수 있다. 따라서 같은 해상도(각 독립 매개변수의 5단계 시험)에 대해 단지 $5^1 = 5$번의 실험만이 필요하게 될 것이다. 따라서 실험을 수행하기 **전에** 차원해석을 먼저 수행하는 것이 바람직함은 두말할 나위가 없다.

이 포괄적인 예제(2-Π 문제)의 논의를 계속하자면, 일단 실험이 끝나면 그림 7-37과 같이 종속 매개변수(Π_1)를 독립 매개변수(Π_2)의 함수로 그린다. 다음에 데이터에

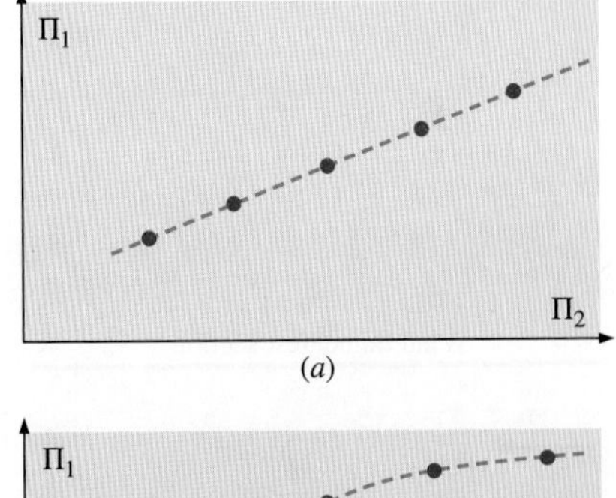

(a)

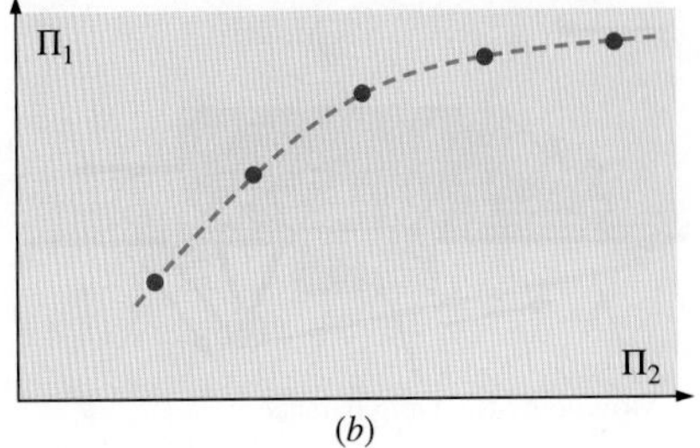

(b)

그림 7-37
두 개의 Π로 이루어진 문제에서 종속 무차원 매개변수(Π_1)를 독립 무차원 매개변수(Π_2)로 도시하였다. 결과는 (a) 선형일 수도 있고 (b) 비선형일 수도 있다. 어떤 경우라도 회귀분석이나 곡선접합을 통하여 Π 간의 관계를 구할 수 있다.

대한 **회귀분석**(regression analysis)을 수행하여 함수 관계식을 구한다. 요행으로 데이터는 선형적인 상관관계를 보일 수도 있다. 그렇지 않다면 로그-선형, 로그-로그, 다항식 곡선접합(curve fitting) 등을 수행하여 두 개 Π 사이의 상관식을 구한다. 곡선접합 기법의 상세한 내용에 대해서는 Holman(2001)을 참조하기 바란다.

Π가 두 개보다 많으면(즉, 3-Π 문제 또는 4-Π 문제) 종속 Π와 독립 Π 간의 관계식을 구하기 위한 시험 매트릭스를 구성해야 한다. 많은 경우에서 하나 또는 그 이상의 종속 Π의 영향이 무시할 만하고, 따라서 매개변수 목록에서 삭제될 수 있음을 알아냈다.

살펴본 바와 같이(예제 7-7), 차원해석 결과 단 **하나**의 Π만이 도출되는 경우가 있다. 1-Π 문제에서 원래 매개변수들 사이의 관계는 어떤 미지수인 상수를 포함하는 형태로 국한됨을 알고 있다. 이러한 경우에서, 이 상수를 결정하기 위해 단 **한** 번의 실험만이 필요하다.

불완전 상사

앞의 여러 예제들을 통해 반복변수법을 일사불란하게 사용하여 무차원 Π 그룹들을 종이와 연필로 손쉽게 구할 수 있음을 살펴보았다. 사실상 충분한 연습 후에는, Π를 때로는 머릿속으로 또는 대략적인 추산으로 쉽게 구할 수 있게 될 것이다. 불행하게도 차원해석 결과를 실험 데이터에 적용하려고 할 때 그것은 종종 전혀 다른 이야기가 된다. 문제는 기하학적 상사를 얻기 위해 조심한다 할지라도 모형과 원형의 Π를 모두 일치시키는 것이 항상 가능하지는 않다는 점이다. 이러한 상황을 **불완전 상사**(incomplete similarity)라고 한다. 하지만 다행스럽게도 어떤 경우에는 불완전 상사일지라도 여전히 모형시험 데이터를 외삽법을 통하여 합리적인 원형 성능 예측을 할 수 있다.

풍동 시험

풍동 내의 트럭 모형에 작용하는 공기역학적 항력을 측정하는 문제를 가지고 불완전 상사를 설명한다(그림 7-38). 트랙터-트레일러 장비(바퀴 18개짜리)의 축척이 1/16인 다이캐스트 모형을 구입했다고 가정하자. 트럭 모형은 측면 거울, 진흙막이(mud flap) 등과 같은 상세 부분조차도 원형과 완벽하게 기하학적 상사를 이루고 있다. 완전한 크기의 원형의 길이 15.9 m에 대응하는 모형 트럭의 길이는 0.991 m이다. 풍동은 최대 유속 70 m/s를 낼 수 있고, 시험부는 폭 1.2 m, 높이 1.0 m로 모형 시험 시 벽면 간섭이나 차단 효과(blockage effect)를 고려할 필요가 없을 정도로 크다. 또한 풍동 내의 온도와 압력은 원형 유동의 온도 및 압력과 같다. 원형 트럭이 $V_p = 96.5$ km/h(26.8 m/s)로 주행 시 유동을 모사하고자 한다.

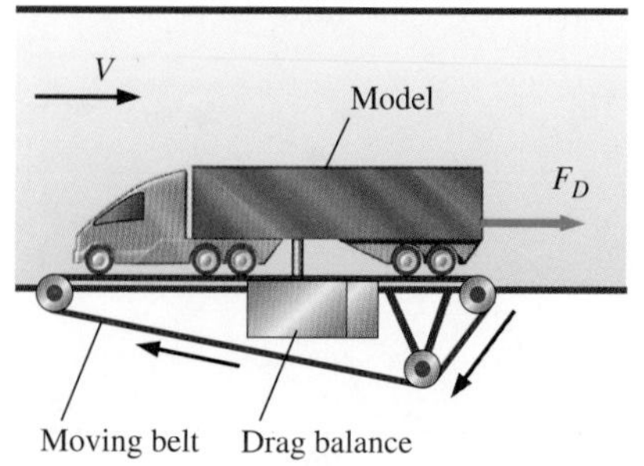

그림 7-38
항력 저울과 **이동 벨트**가 장착된 풍동 내 모형 트럭에 대한 공기역학적 항력 측정.

우선 Reynolds 수를 맞춘다.

$$\text{Re}_m = \frac{\rho_m V_m L_m}{\mu_m} = \text{Re}_p = \frac{\rho_p V_p L_p}{\mu_p}$$

위 식에서 모형 내 유속 V_m을 구하면 다음과 같다.

$$V_m = V_p\left(\frac{\mu_m}{\mu_p}\right)\left(\frac{\rho_p}{\rho_m}\right)\left(\frac{L_p}{L_m}\right) = (26.8\text{ m/s})(1)(1)\left(\frac{16}{1}\right) = 429\text{ m/s}$$

따라서 모형과 원형의 Reynolds 수를 일치시키기 위해서는 풍동 내 유속은 429 m/s (유효숫자 3자리까지)가 되어야 한다. 여기서 확연히 문제가 생기는데, 이 속도는 최대 풍동 속도의 6배이고, 설사 이 속도를 낼 수 있다 하여도 실온에서의 음속은 346 m/s이므로 풍동 내 유동은 **초음속**이 된다. 즉, 원형 자동차의 Mach 수는 26.8/335 = 0.080인 반면, 풍동 내 모형의 Mach 수는 429/335 = 1.28(만약 풍동이 그렇게 빠르게 운전될 수 있다면)이 된다.

이 모형과 풍동 설비로 원형의 Reynolds 수에 모형의 그것을 일치시키는 것은 가능하지 않음이 분명하다. 그러면 어떻게 해야 할까? 몇 가지 선택이 있다.

- 만약 더 큰 풍동이 있다면 더 큰 모형으로 시험할 수 있다. 자동차 회사에서는 일반적으로 자동차의 경우 3/8 축척 모형을, 트럭이나 버스의 경우 1/8 축척 모형을 사용한다. 어떤 풍동의 경우 충분히 커서 원형을 그대로 시험하기도 한다(그림 7-39*a*). 그러나 풍동과 모형이 커질수록 비용이 많이 든다. 또한 풍동에 비해 모형이 너무 크지 않아야 한다. 대체로 **차단율**[풍동 시험부 단면적에 대한 모형 정면도 면적(frontal area)의 비]을 7.5% 이내로 하는데, 이를 넘으면 풍동의 벽면이 기하학적 상사와 운동학적 상사 모두에 불리하게 영향을 미치는 것으로 알려져 있다.
- 모형 시험에 다른 유체를 사용한다. 예를 들면, 크기가 동일한 경우 풍동보다 수동에서 높은 Reynolds 수를 얻을 수 있다. 하지만 수동은 제작 및 운전 비용이 훨씬 많이 든다(그림 7-39*b*).
- 풍동을 가압하고 그리고/또는 공기 온도를 높여 최대 Reynolds 수를 높인다. 그러나 이 방법으로 높일 수 있는 Reynolds 수에는 한계가 있다.
- 다른 방법이 없을 경우, 최대 풍동 속도 부근의 몇 가지 속도에서 시험하고, 결과를 원형 Reynolds 수까지 외삽법으로 처리한다.

다행히도 풍동 시험의 경우, 마지막 선택 방법을 적용할 수 있는 경우가 많다. 항력계수 C_D는 낮은 Reynolds 수에서는 Re가 지배적인 함수인 반면에, 어떤 값 이상의 Re에서는 거의 일정한 값을 가진다. 다시 말해 많은 물체, 특히 트럭, 빌딩 등과 같이 "뭉툭한" 물체 위로의 유동에 대해 전형적으로 경계층과 후류가 모두 완전히 난류인 경우, 그 유동은 Re의 어떤 한계값 이상에서는 **Reynolds 수에 독립적**이다(그림 7-40).

(*a*)

(*b*)

그림 7-39
(*a*) Langley 대형 풍동(LFST)에서는 실물 크기 트럭의 시험이 가능하다. (*b*) 동일한 축척과 속도에 대해 수동은 풍동보다 훨씬 큰 Reynolds 수를 얻는다.
(a) NASA/Ames/Dominic Hart
(b) NASA/Eric James

예제 7-10 트럭 모형의 풍동 측정

1/16 축척의 트랙터-트레일러 트럭(바퀴 18개짜리) 모형을 그림 7-38에 보인 바와 같이 풍동 내에서 시험한다. 모형 트럭은 길이가 0.991 m, 높이가 0.257 m, 폭이 0.159 m이다. 시험 중 이동 지면 벨트의 속도는 풍동 내 유속과 동일하게 유지된다. 공기역학적 항력 F_D를 풍동 속도의 함수로 측정하였고, 그 결과를 표 7-7에 나타내었다. 항력계수 C_D를 Reynolds 수의 함수로 그려라. 여기서 C_D는 트럭의 정면도면적을 기준으로 계산하고, Reynolds 수의 길이 척도로는 트럭 폭 W를 사용한다. 역학적 상사가 얻어졌는가? 시험 범위에 C_D가 Reynolds 수와 관계없이 일정한 영역이 포함되는가? 고속도로에서 원형 트럭이 26.8 m/s로 주행할 때, 항력을 예측하라. 모형과 원형 유동 모두에 대하여, 온도는 25 ℃이고, 표준 대기압을 가정한다.

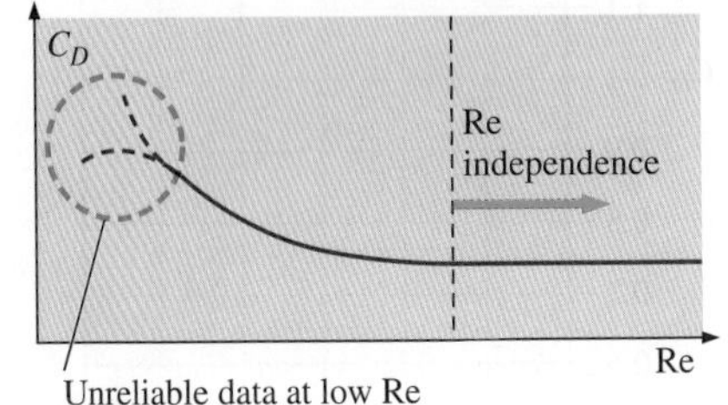

그림 7-40
대부분의 물체에서 어떤 Reynolds 수의 한계값을 넘어가면 항력계수가 일정해진다. 이런 다행스러운 상황을 **Reynolds 수 독립성**이라고 한다. 따라서 원형의 Reynolds 수가 실험 장치의 범위를 벗어나더라도 외삽법을 이용하여 항력을 구할 수 있다.

표 7-7

풍동 데이터: 풍속에 따른 모형 트럭에 작용하는 공기역학적 항력

V, m/s	F_D, N
20	12.4
25	19.0
30	22.1
35	29.0
40	34.3
45	39.9
50	47.2
55	55.5
60	66.0
65	77.6
70	89.9

풀이 풍동 측정 결과로부터 C_D를 Re의 함수로 계산하고, 역학적 상사를 만족하는지를 보이고자 한다. 또한 C_D가 Reynolds 수와 무관해지는 영역을 포함하는지를 검토한다. 마지막으로 원형 트럭에 작용하는 공기역학적 항력을 예측하고자 한다.

가정 **1** 모형과 원형은 기하학적 상사를 이룬다. **2** 모형 지지대에 작용하는 항력은 무시한다.

상태량 $T=25$ ℃에서 대기압하의 공기의 경우 $\rho=1.184$ kg/m³이고, $m=1.849\times10^{-5}$ kg/m·s이다.

해석 표 7-7에 열거된 마지막 데이터 점(가장 빠른 풍동 속도에서)에 대한 C_D와 Re를 계산한다.

$$C_{D,m}=\frac{F_{D,m}}{\frac{1}{2}\rho_m V_m^2 A_m}=\frac{89.9\text{ N}}{\frac{1}{2}(1.184\text{ kg/m}^3)(70\text{ m/s})^2(0.159\text{ m})(0.257\text{ m})}\left(\frac{1\text{ kg}\cdot\text{m/s}^2}{1\text{ N}}\right)$$
$$=0.758$$

그리고

$$\text{Re}_m=\frac{\rho_m V_m W_m}{\mu_m}=\frac{(1.184\text{ kg/m}^3)(70\text{ m/s})(0.159\text{ m})}{1.849\times10^{-5}\text{ kg/m}\cdot\text{s}}=7.13\times10^5 \quad \textbf{(1)}$$

표 7-7의 모든 데이터 점들에 대해 위 계산을 반복하고, Re 대 C_D의 도표를 그림 7-41에 나타내었다.

역학적 상사가 성립하는가? 모형과 원형은 기하학적으로 상사이다. 그러나 원형 트럭의 Reynolds 수는 다음과 같다.

$$\text{Re}_p=\frac{\rho_p V_p W_p}{\mu_p}=\frac{(1.184\text{ kg/m}^3)(26.8\text{ m/s})[16(0.159\text{ m})]}{1.849\times10^{-5}\text{ kg/m}\cdot\text{s}}=4.37\times10^6 \quad \textbf{(2)}$$

여기서 원형의 폭은 모형 폭의 16배로 산정되었다. 식 (1)과 (2)를 비교하면 원형의 Reynolds 수가 모형의 값보다 6배 이상임을 알 수 있다. 따라서 독립 Π들이 서로 다르므로 역학적 상사가 성립되지 않았다.

C_D가 Reynolds 수와 무관한 영역을 포함하는가? 그림 7-41은 Re가 대략 5×10^5보다 크면 C_D가 대략 0.76(두 자리 유효숫자까지)으로 일정하게 되어 Reynolds 수와 무관해지는 것을 보여 준다.

Reynolds 수 독립성을 얻었으므로, 원형의 Reynolds 수까지 증가하더라고 C_D는 일정하게 된다고 가정하여 완전한 크기의 원형까지 외삽법을 이용할 수 있다.

원형에 작용하는 예상된 공기역학적 항력:

$$F_{D,p}=\tfrac{1}{2}\rho_p V_p^2 A_p C_{D,p}$$
$$=\tfrac{1}{2}(1.184\text{ kg/m}^3)(26.8\text{ m/s})^2[16^2(0.159\text{ m})(0.257\text{ m})](0.76)\left(\frac{1\text{ N}}{1\text{ kg}\cdot\text{m/s}^2}\right)$$
$$=\mathbf{3400\text{ N}}$$

토의 최종 결과는 유효숫자 두 자리로 제한되었다. 또한 외삽법의 결과는 보증할 수 없으므로 외삽법 처리 시 주의를 요한다.

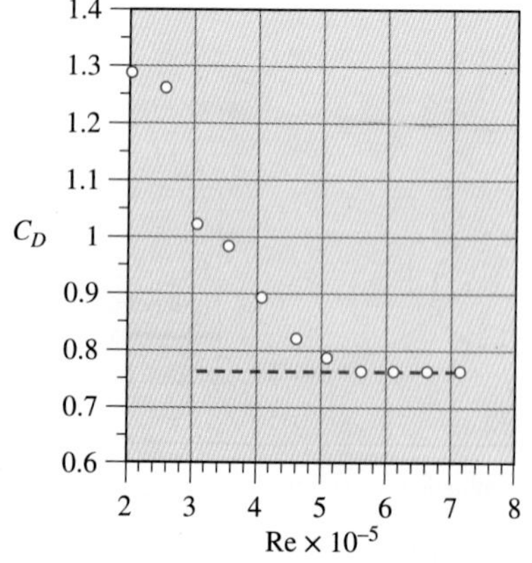

그림 7-41
표 7-7의 모형 트럭에 대한 풍동 시험 결과로부터 도시한 Reynolds 수와 공기역학적 항력계수의 관계.

자유표면이 있는 유동

자유표면이 있는 유동(보트와 배, 홍수, 강물의 유동, 도수관, 수력발전 댐 방수로, 파도와 방파제의 상호작용, 토양 침식 등)에서는 모형과 원형을 완전히 상사시키기가 어려운 경우가 많다. 예를 들어, 홍수를 모사하기 위해 강을 모델링하는 경우, 모형은 원형보다 수백 배 작게 된다. 이때 강 깊이를 비례적으로 모형에 적용하면, 그 크기는 너무 작아 실제 원형에서는 중요하지 않은 표면장력(또는 Weber 수)이 지배적인 영향을 미칠 수 있다. 또한 실제 강물은 난류이지만 모형에서는 층류가 될 수 있는데, 특히 강바닥의 기울기가 실제와 같이 상사된 경우에는 더욱 그렇다. 이러한 문제는 수직 척도(예, 강 깊이)를 수평 척도(예, 강 폭)에 비해 월등히 크게 하는 **왜곡 모형**(distorted model)을 사용하여 해결한다. 또한 모형의 강바닥 기울기도 원형보다 비례적으로 크게 한다. 이러한 경우 기하학적 상사가 성립하지 않으므로 모형과 원형은 불완전 상사가 된다. 이들 상황에서도 모형 시험은 여전히 유용하지만, 모형 데이터를 적합하게 원형에 적용할 수 있도록 다른 기교들(심사숙고하여 모형의 표면을 거칠게 하는 것과 같은)과 경험 보정식 및 상관식 등이 요구된다.

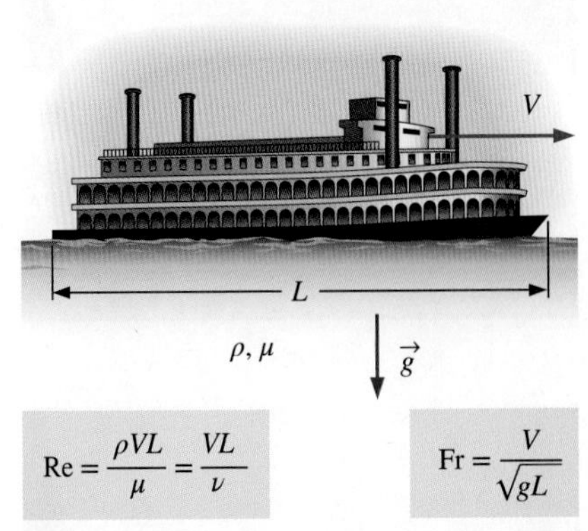

그림 7–42
자유표면이 있는 유동에서는 Reynolds 수와 Froude 수가 중요하다. 그러나 원형과 모형의 Re와 Fr를 모두 일치시키는 것이 불가능한 경우에는 불완전 상사에 의존한다.

자유표면과 관련된 많은 문제에서 Reynolds 수와 Froude 수 모두가 차원해석에서 적절한 독립 Π그룹으로 도출되는데(그림 7-42), 이들 두 무차원 매개변수를 동시에 맞추는 것은 매우 어렵다(불가능할 수도 있다). 길이 척도 L, 속도 척도 V, 동점성계수 ν를 가지는 자유표면 유동의 경우 모형과 원형 사이의 Reynolds 수는 다음과 같을 때 일치하고,

$$\text{Re}_p = \frac{V_p L_p}{\nu_p} = \text{Re}_m = \frac{V_m L_m}{\nu_m} \tag{7-21}$$

모형과 원형 사이의 Froude 수는 다음과 같을 때 일치한다.

$$\text{Fr}_p = \frac{V_p}{\sqrt{gL_p}} = \text{Fr}_m = \frac{V_m}{\sqrt{gL_m}} \tag{7-22}$$

Re와 Fr를 동시에 맞추기 위해 식 (7-21)과 (7-22)를 풀어 길이 척도비 L_m/L_p를 다음과 같이 구한다.

$$\frac{L_m}{L_p} = \frac{\nu_m}{\nu_p}\frac{V_p}{V_m} = \left(\frac{V_m}{V_p}\right)^2 \tag{7-23}$$

식 (7-23)에서 L_m/L_p를 소거하면 다음과 같다.

Re와 **Fr**를 동시에 맞추기 위한 동점성계수의 비:

$$\frac{\nu_m}{\nu_p} = \left(\frac{L_m}{L_p}\right)^{3/2} \tag{7-24}$$

따라서 완전 상사를 위해서는(앞서 말한 원치 않는 표면장력 효과 없이 기하학적 상사를 얻는다면) 식 (7-24)를 만족시키는 동점성계수를 가지는 액체를 사용해야 한다. 적절한 액체를 찾는 것이 가능할 때도 있지만, 예제 7-11에 설명하였듯이 대부분의 경우 비현실적이거나 불가능하다. 이러한 경우 Reynolds 수보다는 Froude 수를 맞추

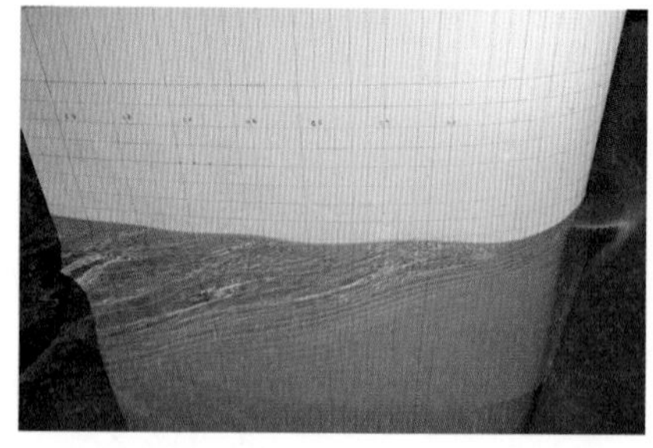
(*a*)

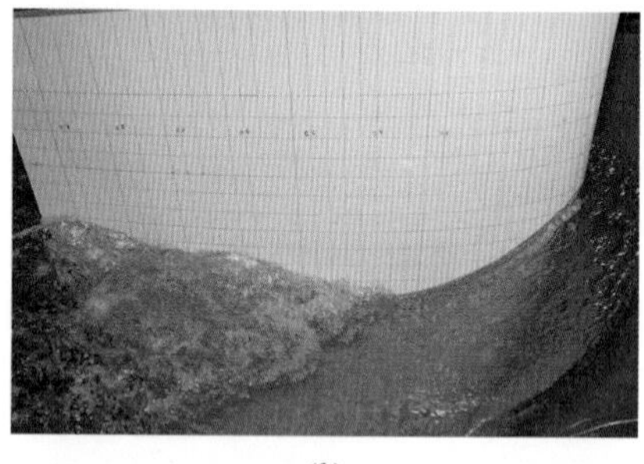
(*b*)

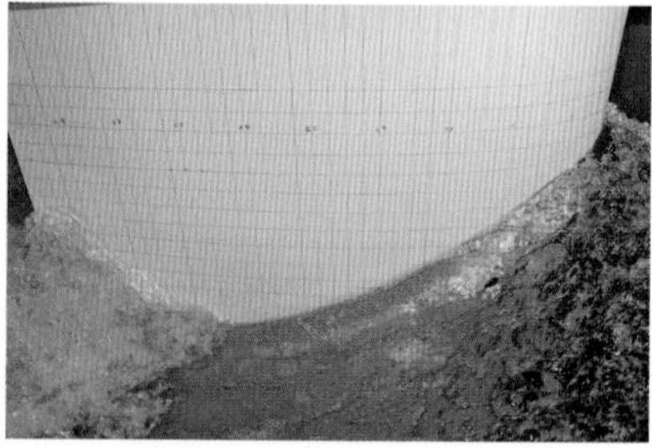
(*c*)

그림 7-43
NACA 0024 에어포일이 Fr=(*a*) 0.19, (*b*) 0.37, (*c*) 0.55로 견인 수조에서 시험 중이다. 이러한 시험에서 Froude 수는 가장 중요한 매개변수이다.
Photograph courtesy of IIHR-Hydroscience & Engineering, University of Iowa Used by permission.

그림 7-44
댐 하류 3.2 km에서의 운항 조건을 조사하기 위해 방수로, 발전소, 갑문 등이 포함된 1/100 축척 모형이 제작되었다. 이 모형은 운항 조건 외에도 갑문, 기차길, 다리 설치에 따른 환경 문제를 평가하는 데도 사용되었다. 이 사진은 갑문과 댐이 보이도록 촬영되었다. 이 모형에서 16 m는 실제에서는 1.6 km이다. 뒤편에 보이는 픽업 트럭을 통해 축척을 가늠할 수 있다.
Photo courtesy of the U.S. Army Corps of Engineers, US Army Engineer Research and Development Center (USACE-ERDC), Nashville

는 것이 중요하다(그림 7-43).

예제 7-11 갑문과 강의 모형

1990년대 후반 미 육군공병단은 Kentucky 갑문과 댐(그림 7-44) 하류의 Tennessee 강 유동을 모사하는 실험을 계획하였다. 실험실 규모가 제한되어 있어 $L_m/L_p = 1/100$의 축척 모형을 제작하였는데, 실험에 적절한 액체는 무엇인가?

풀이 갑문, 댐 및 강의 1/100 축척 모형 실험에 사용될 액체를 선정하고자 한다.

가정 **1** 모형은 원형과 기하학적 상사를 이루고 있다. **2** 강 모형은 표면장력 효과를 무시할 수 있을 정도로 깊다.

상태량 대기압하에서 $T=20$ ℃의 물에 대하여 원형 동점성계수는 $\nu_p=1.002\times10^{-6}$ m²/s이다.

해석 식 (7-24)로부터 모형 액체의 동점성계수를 구한다.

모형 액체의 요구되는 동점성계수:

$$\nu_m = \nu_p\left(\frac{L_m}{L_p}\right)^{3/2} = (1.002 \times 10^{-6}\ \text{m}^2/\text{s})\left(\frac{1}{100}\right)^{3/2} = \mathbf{1.00 \times 10^{-9}\ m^2/s} \qquad \textbf{(1)}$$

따라서 1.00×10^{-9} m²/s의 점성계수를 가지는 액체를 찾아야 한다. 부록에 기술된 액체를 잠깐 살펴보면 그런 액체는 없다. 뜨거운 물은 차가운 물에 비해 동점성계수가 작으나, 약 3배 정도에 지나지 않는다. 액체 수은은 10^{-7} m²/s 정도로 동점성계수가 매우 작으나 아직도 식 (1)보다는 100배 정도 크다. 또한 액체 수은은 가격도 비싸고 위험하여 실험에 사용하기는 힘들다. 할 수 있는 방법은 무엇인가? 결론은 **이 모형 시험에서 Froude 수와 Reynolds 수를 모두 맞출 수는 없다는 것이다**. 다시 말하면, 이러한 경우에는 모형과 원형 사이에 완전 상사를 얻을 수는 없고, 불완전 상사하에서 최선을 다하는 수밖에 없다. 이와 같은 시험의 경우 편의상 물이 널리 사용된다.

토의 이러한 종류의 실험에서는 Reynolds 수보다 Froude 수를 일치시키는 것이 중요하다. 이는 앞에서 말한 바와 같이 Reynolds 수가 충분히 큰 영역에서는 종속 Π가 Reynolds 수에 관계없이 일정하기 때문이다. Reynolds 수 독립성을 얻을 수 없을 경우조차 낮은 Reynolds 수의 모형 데이터를 때때로 외삽법으로 처리하여 원형 Reynolds 수의 거동을 예측할 수 있다(그림 7-45). 그러나 이러한 외삽법을 이용함에 있어서 고도의 신뢰도는 유사한 문제를 가지고 실험한 많은 경험을 통해서만 얻을 수 있다.

실험과 불완전 상사에 대한 이 절을 마무리하면서 보트, 기차, 비행기, 빌딩, 괴물 등의 모형들이 불타거나 폭발하는 Hollywood 영화 제작 시에 상사의 중요성을 언급하고자 한다. 소규모 화염이나 폭발을 최대한 현실감 있게 나타내기 위해서는 역학적 상사에 유의해야 한다. 아마 특수 효과가 어설프다고 생각되는 저예산 영화를 본 기억이 있을 것이다. 이는 모형과 원형 사이의 역학적 상사가 일치하지 않기 때문이다. 만일 모형의 Froude 수와 Reynolds 수가 원형과 크게 다르다면 특수 효과는 일반인에게조차 어설프게 보일 것이다. 추후 영화를 볼 때 불완전 상사에 유의하며 보기 바란다.

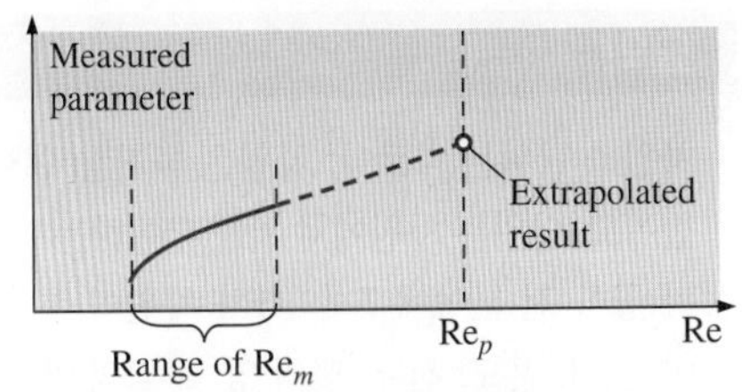

그림 7–45
자유표면과 관련된 많은 실험에서 Froude 수와 Reynolds 수를 동시에 일치시킬 수는 없다. 이 경우 모형의 낮은 Re 실험 데이터를 **외삽법**을 이용하여 원형의 높은 Re 거동을 예측한다.

응용분야 스포트라이트 ■ 파리는 어떻게 나는가?

초청 저자: Michael Dickinson, California Institute of Technology

차원해석은 곤충의 비행 연구에도 적용된다. 과일 파리와 같은 경우, 크기가 작고 날갯짓 속도가 빨라 직접 파리의 날개 힘을 측정하거나 공기 유동을 가시화하는 것이 어렵다. 하지만 차원해석을 이용하면 큰 규모의 저속 모형(기계 로봇)에서 곤충의 공기역학을 연구할 수 있다. 비행 중인 파리와 플랩(flap) 로봇에 의해 생성되는 힘은 Reynolds 수가 같으면 역학적 상사를 이룬다. 날갯짓하는 날개의 경우 $Re = 2\Phi RL_c\omega/\nu$로 정의된다. 여기서 Φ는 날갯짓 행정의 편각이고, R은 날개 길이, L_c는 평균 날개폭(코드 길이), ω는 행정의 각진동수, ν는 유체의 동점성계수이다. 과일 파리는 길이 2.5 mm, 폭 0.7 mm의 날개를 동점성계수 1.5×10^{-5} m²/s인 공기 중에서 2.8 rad 행정으로 초당 200회 펄럭이는데, Reynolds 수는 130가량 된다. 이 Reynolds 수를 맞추기 위하여 동점성계수 1.15×10^{-4} m²/s인 미네랄오일을 사용하면 100배나 큰 로봇파리를 사용하여 1000배나 천천히 날갯짓을 하게 할 수 있다. 만일 파리가 공기 중을 비행 중이라면 역학적 상사를 맞추기 위해서는 날개 끝의 펄럭이는 속도($2\Phi R\omega$)와 진행 속도(V)의 비인 환산 진동수 $\sigma = 2\Phi R\omega/V$를 맞춰야 한다. 전방 비행을 모사하기 위해서 로봇파리(Robofly)를 적절히 축척된(scaled) 속력으로 오일 탱크 내에서 견인한다.

동역학적으로 축척된 로봇을 이용하여 곤충들이 어떻게 여러 메커니즘들을 사용하여 비행 동력을 얻는지 연구한다. 앞뒤 날갯짓을 할 동안 곤충의 날개는 큰 영각을 유지하는데, 이로부터 커다란 선단 와류(leading-edge vortex)가 생성된다. 이 와류의 저압은 날개를 위로 끌어올린다. 곤충들은 각 행정의 마지막에 날개를 회전시킴으로써 선단 와류의 강도를 더욱 증대시킨다. 또한 방향을 바꾼 날개는 이전 행정의 후류에 위치함으로써 힘을 얻는다.

그림 7-46*a*는 실제 파리가 날갯짓 하는 것을 보여 주고, 그림 7-46*b*는 로봇파리가 날갯짓하는 것을 보여 준다. 모형은 길이 척도가 크고 시간 척도는 짧기 때문에 측정과 가시화가 가능하다. 역학적 상사 모형 실험은 곤충들이 어떻게 방향을 바꾸고 비행하기 위해 날개를 조작하는지 등에 대한 연구를 가능하게 한다.

(*a*)

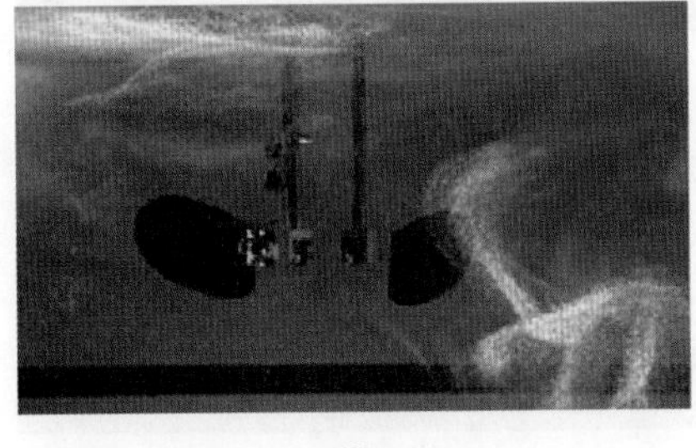

(*b*)

그림 7–46
(*a*) 과일 파리 *Drosophila melanogaster*가 작은 날개를 초당 200회 펄럭인다. (*b*) 역학적으로 상사된 로봇 파리 모형이 2톤의 미네랄오일 내에서 5초에 한 번 날갯짓을 한다. 날개 하부에 부착된 센서를 통하여 공기역학적 힘을 측정하고, 미세 기포로써 유동을 가시화한다. 모형의 크기와 속도, 오일의 상태량 등은 실제 파리의 Reynolds 수와 일치하도록 주의 깊게 선정되었다.
Photos © Courtesy of Michael Dickinson, CALTECH.

참고 문헌

Dickinson, M. H., Lehmann, F.-O., and Sane, S., "Wing rotation and the aerodynamic basis of insect flight," *Science*, 284, p. 1954, 1999.

Dickinson, M. H., "Solving the mystery of insect flight," *Scientific American*, 284, No. 6, pp. 35-41, June 2001.

Fry, S. N., Sayaman, R., and Dickinson, M. H., "The aerodynamics of free-flight maneuvers in Drosophila," *Science*, 300, pp. 495-498, 2003.

요약

차원과 **단위**는 다르다. 차원은 물리량(수치가 없는)을 표현하는 방법이고, **단위**는 차원에 수치를 부여하는 방법이다. 유체역학뿐 아니라 공학 전 분야에 7개의 **1차 차원**이 존재한다. 그것들은 질량, 길이, 시간, 온도, 전류, 빛의 양, 물질의 양이다. **모든 다른 차원은 이들을 조합하여 구할 수 있다.**

모든 수학 방정식은 **차원적으로 같아야** 하며, 이 원리를 이용하여 방정식을 무차원화하고 **무차원 그룹**을 구할 수 있는데, 이는 또한 **무차원 매개변수**라고도 한다. 문제에 있어서 필수적인 독립 매개변수들의 수를 축약하는 강력한 도구를 **차원해석**이라고 한다. **반복변수법**은 무차원 매개변수 또는 Π를 도출해 내는 단계적인 과정이며, 이 방법은 주어진 변수나 상수의 차원만을 단순히 활용한다. 반복변수법의 여섯 단계를 요약하면 다음과 같다.

1단계 주어진 n개의 매개변수(변수와 상수)를 열거한다.

2단계 각 매개변수의 1차 차원을 기술한다.

3단계 축약 j를 주어진 1차 차원 수로 추정한다. 해석이 되지 않으면 j를 하나 줄여서 다시 시도한다. 기대되는 Π의 수(k)는 $k=n-j$와 같다.

4단계 Π를 구성하기 위해 j개의 **반복 매개변수**를 현명하게 선정한다.

5단계 j개의 반복 매개변수와 나머지 변수나 상수를 하나씩 결합하여 그 곱이 차원을 갖지 않도록 강제하고, Π를 정립된 무차원 매개변수를 얻을 수 있도록 필요한 조작을 하여 한 번에 하나씩 k개의 Π를 구한다.

6단계 과정을 확인하고 최종 함수 관계식을 기술한다.

모형과 원형의 모든 무차원 그룹이 일치하면 **역학적 상사**가 이루어지고, 모형 실험 결과를 원형 성능 예측에 직접 활용할 수 있다. 모형과 원형의 모든 Π를 맞추는 것이 가능하지 않은 **불완전 상사**의 경우는 가장 중요한 Π 그룹들을 할 수 있는 한 일치시키고, 모형 실험 결과를 원형 조건까지 외삽법으로 처리한다.

이 장에서 제시된 개념은 이 교재의 나머지 부분에도 계속 적용된다. 예를 들어, 8장에서는 차원해석을 사용하여 완전발달 파이프 유동의 마찰계수, 손실계수 등을 구한다. 10장에서는 9장에서 유도한 유체 유동 미분 방정식을 정규화하여 여러 무차원 매개변수를 구한다. 11장에서는 항력과 양력계수가 널리 사용되고, 압축성 유동과 개수로 유동(12, 13장)에도 무차원 매개변수가 사용된다. 14장에서는 펌프와 터빈의 설계와 시험에 역학적 상사가 기본이 되며, 15장에서는 유체 유동의 전산해석에도 또한 무차원 매개변수가 사용된다.

참고 문헌과 권장 도서

1. D. C. Montgomery. *Design and Analysis of Experiments*, 8th ed. New York: Wiley, 2013.
2. J. P. Holman. *Experimental Methods for Engineers*, 7th ed. New York: McGraw-Hill, 2001.

연습문제*

차원과 단위, 1차 차원

7-1C 7개의 **1차 차원**과 이에 대한 중요한 점에 대해 기술하라.

7-2 **일반기체상수** R_u의 1차 차원을 기술하라. (힌트: **이상기체** 법칙 $PV=nR_uT$를 사용하라. 여기서 P는 압력, V는 체적, T는 절대 온도, n은 기체의 mol 수이다.) 답: $\{m^1L^2t^{-2}T^{-1}N^{-1}\}$

7-3 열역학에 관련된 다음 변수들의 1차 차원을 상세히 기술하라. (a) 에너지 E, (b) 비에너지 $e=E/m$, (c) 동력 $\dot{W}$.
답: (a) $\{m^1L^2t^{-2}\}$, (b) $\{L^2t^{-2}\}$, (c) $\{m^1L^2t^{-3}\}$

7-4 전압(E)의 1차 차원은 무엇인가? (힌트: 전기 동력은 전압과 전류의 곱이다.)

7-5 차원해석을 할 때 각 매개변수의 1차 차원을 기술할 필요가 있다. 따라서 매개변수와 1차 차원들을 표로 만들면 편리하다. 우선 표 P7-5에 유체역학에서 자주 만나는 기본 매개변수에 대한 표를 만들었다. 연습 문제들을 풀어 나가며 만나는 매개변수들을 이 표에 더해 나가라. 수십 개의 매개변수가 포함된 표를 만들 수 있을 것이다.

*"C"로 표시된 문제는 개념 문제로서, 학생들에게 모든 문제에 대하여 답하도록 권장한다. 아이콘 으로 표시된 문제는 본질적으로 종합적인 문제로서, 적절한 소프트웨어를 사용하여 풀도록 의도된 것이다.

표 P7-5

Parameter Name	Parameter Symbol	Primary Dimensions
Acceleration	a	L^1t^{-2}
Angle	θ, ϕ, etc.	1 (none)
Density	ρ	m^1L^{-3}
Force	F	$m^1L^1t^{-2}$
Frequency	f	t^{-1}
Pressure	P	$m^1L^{-1}t^{-2}$
Surface tension	σ_s	m^1t^{-2}
Velocity	V	L^1t^{-1}
Viscosity	μ	$m^1L^{-1}t^{-1}$
Volume flow rate	$\dot{V}$	L^3t^{-1}

7-6 문제 7-5의 표에 여러 변수의 1차 차원이 질량-길이-시간으로 나타나 있다. 일부 사람들은 힘-길이-시간을 선호한다(이 경우 힘이 질량을 대신한다). 상기 표 중의 세 변수(밀도, 표면장력, 점성계수)의 1차 차원을 힘-길이-시간으로 기술하라.

7-7 원소의 주기율표에 mol 질량(M), 또는 **원자량**(atomic weight)은 때로는 마치 무차원량인 것처럼 기술된다(그림 P7-7). 실제로 원자량이란 원소 1 mol의 무게이다. 예를 들면, 질소의 원자무게는 $M_{\text{nitrogen}} = 14.0067$이다. 이를 원소 질소의 14.0067 g/mol로 해석한다. 원자량의 1차 차원은 무엇인가?

6 C 12.011	7 N 14.0067	8 O 15.9994
14 Si 28.086	15 P 30.9738	16 S 32.060

그림 P7-7

7-8 **비이상기체상수** R_{gas}는 일반기체상수를 mol 질량(또는 **분자량**, molecular weight)으로 나눈 값 $R_{\text{gas}} = R_u/M$으로 정의된다. 따라서 이상기체 식은 다음과 같다.

$$PV = mR_{\text{gas}}T \quad \text{또는} \quad P = \rho R_{\text{gas}}T$$

여기서 P는 압력, V는 체적, m은 질량, T는 절대 온도, ρ는 기체 밀도이다. R_{gas}의 1차 차원은 무엇인가? 공기의 경우 표준 SI 단위로 $R_{\text{air}} = 287.0$ J/kg·K이다. 이 단위가 1차 차원과 일치하는지 확인하라.

7-9 **힘의 모멘트**($\vec{M}$)는 그림 P7-9처럼 힘($\vec{F}$)과 모멘트 팔 ($\vec{r}$)을 외적하여 구한다. 힘의 모멘트의 1차 차원은 무엇인가? 기본 SI 단위와 기본 영미 단위로 기술하라.

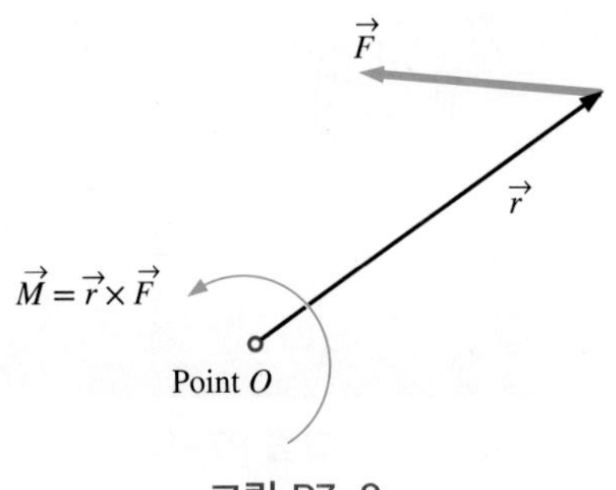

그림 P7-9

7-10 전기회로의 **Ohm의 법칙**(그림 P7-10)에서 전기저항의 1차 차원은 무엇인가? 여기서 ΔE는 저항기를 통해 흐르는 전압차, I는 전류, R은 전기저항이다. 답: $\{m^1L^2t^{-3}I^{-2}\}$

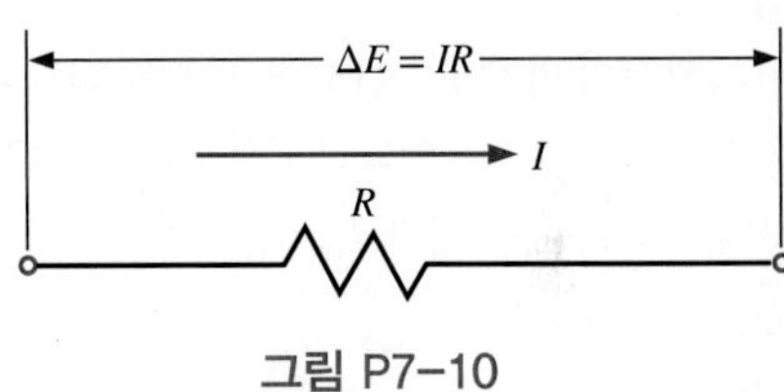

그림 P7-10

7-11 다음 변수들의 1차 차원을 기술하라. (a) 가속도 a, (b) 각속도 ω, (c) 각가속도 α.

7-12 다음 변수들의 1차 차원을 기술하라. (a) 정압비열 c_p, (b) 비중 ρg, (c) 비엔탈피 h.

7-13 **열전도계수** k는 재질이 열을 전도하는 능력을 평가하는 양이다(그림 P7-13). x방향에 수직한 **Fourier의 열전도 방정식**은 다음과 같다.

$$\dot{Q}_{\text{conduction}} = -kA\frac{dT}{dx}$$

여기서 $\dot{Q}_{\text{conduction}}$은 열전달량이고, A는 열전달 방향에 수직한 면적이다. 열전도계수(k)의 1차 차원을 기술하라. 기본 SI 단위로 기술하고, 부록에 나타난 값과 일치하는지 확인하라.

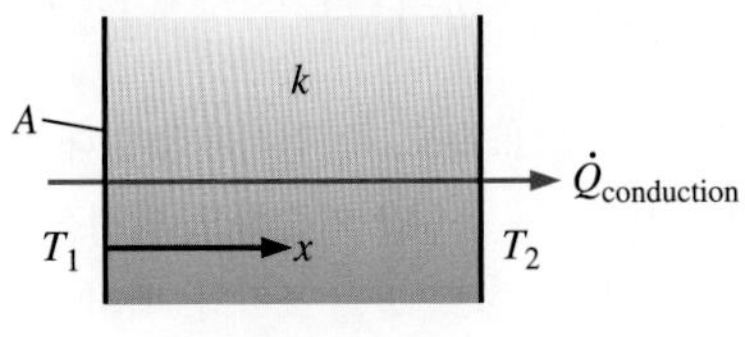

그림 P7-13

7-14 대류 열전달에 관련된 다음 변수들의 1차 차원을 기술하라(그림 P7-14). (a) 열생성률 $\dot{g}$(힌트: 단위 체적당 열 에너지 변환율), (b) 열유속 $\dot{q}$(힌트: 단위 면적당 열전달률), (c) 열전달계수 h(힌트: 단위 온도차당 열유속).

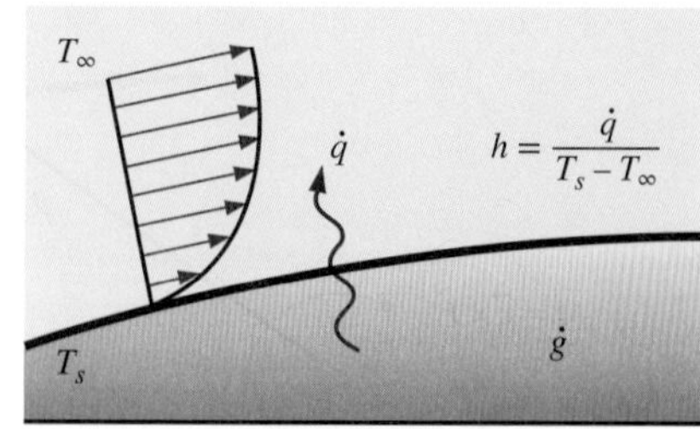

그림 P7-14

7-15 열역학 교재의 부록을 조사하여 문제 7-1에서 7-14에 언급되지 않은 상태량이나 상수 세 개를 찾아서 이름과 SI 단위를 기술하라. 그리고 그들의 1차 차원을 기술하라.

차원 동차성

7-16C 차원 **동차성의 법칙**을 간단한 용어로 설명하라.

7-17 파이프 내로 냉수가 유입되어 외부 열로 가열된다(그림 P7-17). 입구와 출구 수온은 각각 T_{in}, T_{out}이다. 주위로부터의 유입 열량 $\dot{Q}$은 다음과 같다.

$$\dot{Q} = \dot{m}c_p(T_{\text{out}} - T_{\text{in}})$$

여기서 $\dot{m}$은 파이프 내 물의 유량이고, c_p는 물의 비열이다. 각 덧셈항의 1차 차원을 기술하고, 방정식이 차원적으로 동차임을 증명하라.

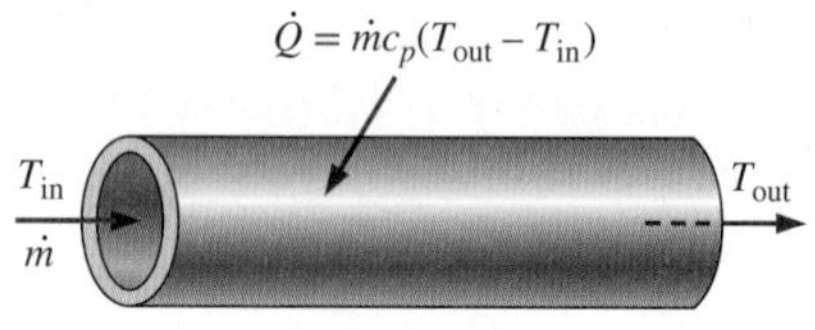

그림 P7-17

7-18 4장에서 **Reynolds 수송정리**(RTT)를 논의하였다. 이동하거나 변형 가능한 검사체적에서 RTT는 다음과 같다.

$$\frac{dB_{\text{sys}}}{dt} = \frac{d}{dt}\int_{\text{CV}} \rho b\, dV + \int_{\text{CS}} \rho b \vec{V}_r \cdot \vec{n}\, dA$$

여기서 $\vec{V}_r$은 상대 속도, 즉 검사체적에 대한 유체의 속도이다. 각 덧셈 항의 1차 차원을 기술하고, 방정식이 차원적으로 동차임을 증명하라. (힌트: B는 스칼라, 벡터 또는 텐서 등 유동의 어떤 상태량도 될 수 있기 때문에 다양한 차원을 가질 수 있다. 그러므로 B의 차원은 B 자체의 차원 $\{B\}$로 놓는다. 또한, b는 단위 질량당 B로 정의된다.)

7-19 유체역학의 중요한 응용분야 중 하나가 실내 환기이다. 체적 V인 방에 공기 **오염원** S(시간당 질량)가 있다[그림 P7-19 오염원에는 담배 연기 중의 일산화탄소, 석유 난로, 세척제 중의 암모니아 가스, **휘발성 유기 화합물**(VOCs)의 증발에 의한 증기 등이 있다]. 여기서 c는 **질량 농도**(mass concentration, 공기의 단위 체적당 오염물의 질량)라 하자. 방으로는 신선한 공기 $\dot{V}$(체적유량)가 유입된다. 실내 공기가 잘 혼합되어 오염물 농도 c가 균일하다면 시간에 따른 실내 오염물 농도 미분 방정식은 다음과 같다.

$$V\frac{dc}{dt} = S - \dot{V}c - cA_s k_w$$

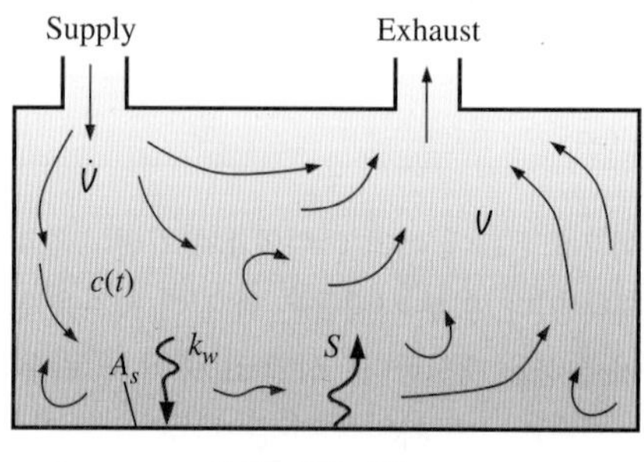

그림 P7-19

여기서 k_w는 **흡착계수**이고, A_s는 벽, 마루, 가구 등과 같이 오염물을 흡착하는 표면적이다. 처음 세 항의 1차 차원을 기술하고, 그들이 차원적으로 동차임을 증명하라. 그리고 k_w의 차원을 구하라.

7-20 9장에서 질량 보존 미분 방정식, 즉 **연속 방정식**을 논의한다. 원통좌표계, 정상 유동의 경우

$$\frac{1}{r}\frac{\partial(ru_r)}{\partial r} + \frac{1}{r}\frac{\partial u_\theta}{\partial \theta} + \frac{\partial u_z}{\partial z} = 0$$

각 덧셈 항의 1차 차원을 기술하고, 방정식이 차원적으로 동차임을 증명하라.

7-21 4장에서 **체적변형률**(volumetric strain rate)이란 단위 체적당 유체요소의 체적증가율로 정의하였다(그림 P7-21). 직교좌표계에서 체적변형률은 다음과 같다.

$$\frac{1}{V}\frac{DV}{Dt} = \frac{\partial u}{\partial x} + \frac{\partial v}{\partial y} + \frac{\partial w}{\partial z}$$

각 덧셈 항의 1차 차원을 기술하고, 방정식이 차원적으로 동차임을 증명하라.

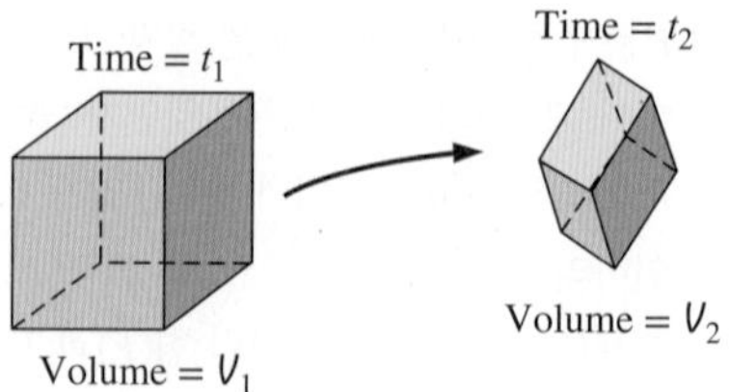

그림 P7-21

7-22 4장에서 **물질가속도**(material acceleration)란 유체 입자를 따르는 가속도로 정의하였다(그림 P7-22).

$$\vec{a}(x, y, z, t) = \frac{\partial \vec{V}}{\partial t} + (\vec{V}\cdot\vec{\nabla})\vec{V}$$

(a) 구배 연산자 $\vec{\nabla}$의 1차 차원은 무엇인가? (b) 각 덧셈 항의 차원이 같음을 증명하라. **답:** (a) $\{L^{-1}\}$; (b) $\{L^1t^{-2}\}$

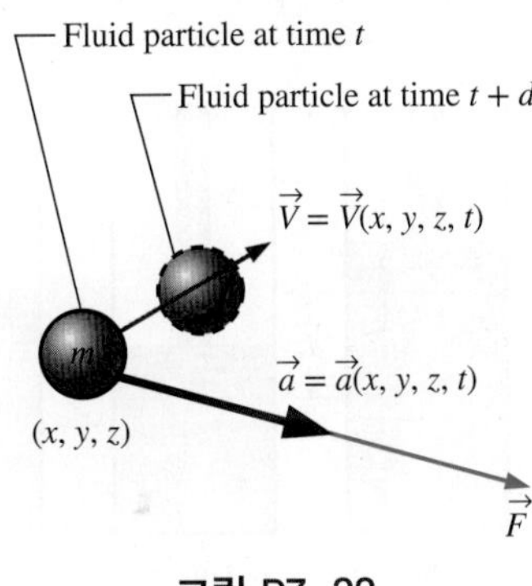

그림 P7-22

7-23 Newton의 제2법칙은 선형운동량 보존 미분 방정식의 기초이다(9장에서 논의될 것임). 물질가속도(그림 P7-22)를 사용하여 Newton의 제2법칙을 기술하면 다음과 같다.

$$\vec{F} = m\vec{a} = m\left(\frac{\partial \vec{V}}{\partial t} + (\vec{V}\cdot\vec{\nabla})\vec{V}\right)$$

양변을 유체 입자의 질량 m으로 나누면 다음과 같다.

$$\frac{\vec{F}}{m} = \frac{\partial \vec{V}}{\partial t} + (\vec{V}\cdot\vec{\nabla})\vec{V}$$

각 덧셈 항의 1차 차원을 기술하고, 방정식이 차원적으로 동차임을 증명하라.

방정식의 무차원화

7-24C 방정식을 **무차원화**하는 주된 이유는 무엇인가?

7-25 4장으로부터 정상 비압축성 유동의 경우 체적변형률은 0임을 알았다. 이는 직교좌표계에서 다음 식으로 표현된다.

$$\frac{\partial u}{\partial x} + \frac{\partial v}{\partial y} + \frac{\partial w}{\partial z} = 0$$

주어진 유동장에서 특성 속도와 특성 길이가 각각 V와 L일 때(그림 P7-25), 아래의 무차원 매개변수를 사용하여 방정식을 무차원화하고, 정립된(명명된) 무차원 매개변수를 도출하라.

$$x^* = \frac{x}{L},\ y^* = \frac{y}{L},\ z^* = \frac{z}{L},$$
$$u^* = \frac{u}{V},\ v^* = \frac{v}{V},\ \text{and}\quad w^* = \frac{w}{V}$$

그림 P7-25

7-26 9장에서 xy평면에서 2차원 비압축성 유동의 **유동함수** ψ를 정의한다.

$$u = \frac{\partial \psi}{\partial y} \qquad v = -\frac{\partial \psi}{\partial x}$$

여기서 u와 v는 x와 y방향의 속도 성분이다. (a) ψ의 1차 차원은 무엇인가? (b) 2차원 유동에서 특성 길이가 L, 특성 시간이 t일 때 변수 x, y, u, v, ψ를 무차원화하라. (c) 방정식을 무차원 형태로 기술하고, 정립된 무차원 매개변수를 도출하라.

7-27 진동하는 비압축성 유동장에서 유체 입자에 작용하는 단위 질량당 힘은 Newton 제2법칙에 의거하여 다음과 같다(문제 7-18 참조).

$$\frac{\vec{F}}{m} = \frac{\partial \vec{V}}{\partial t} + (\vec{V}\cdot\vec{\nabla})\vec{V}$$

주어진 유동장의 특성 속도와 특성 길이가 각각 V_∞, L이고, ω가 특성 각주파수(rad/s)일 때(그림 P7-27), 무차원 매개변수를 다음과 같이 정의한다.

$$t^* = \omega t, \quad \vec{x}^* = \frac{\vec{x}}{L}, \quad \vec{\nabla}^* = L\vec{\nabla}, \quad \vec{V}^* = \frac{\vec{V}}{V_\infty}$$

유체 입자에 작용하는 단위 질량당 힘에 대한 특성 척도를 $\{\vec{F}/m\} = \{L/t^2\}$을 활용하여 다음과 같이 정의한다.

$$(\vec{F}/m)^* = \frac{1}{\omega^2 L}\vec{F}/m$$

운동 방정식을 무차원화하고, 정립된(명명된) 무차원 매개변수를 도출하라.

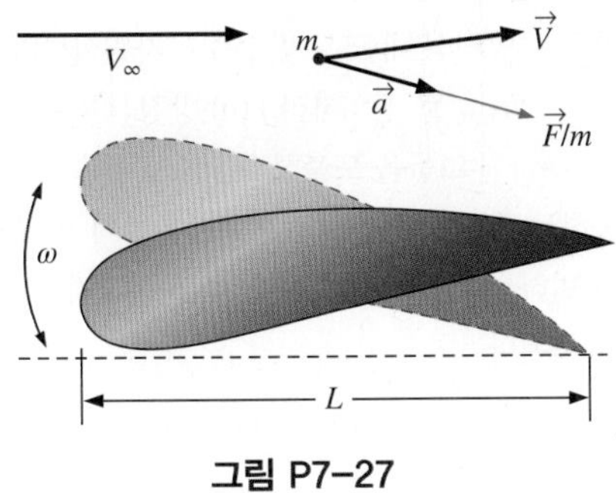

그림 P7-27

7-28 풍동을 사용하여 비행기 모형 주위의 압력 분포를 측정한다(그림 P7-28). 풍동 내 풍속은 압축성 효과를 무시할 만큼 낮다. 5장에서 논의한 바와 같이 이런 유동에서는 비행기 표면이나 풍동 벽면, 모형 후방의 와류 지역을 제외하고는 Bernoulli 방정식이 유효하다. 모형에서 먼 곳의 풍속은 V_∞, 압력은 P_∞이고, 공기 밀도 ρ는 거의 일정하다. 공기 유동에서 중력 효과는 미미하므로 Bernoulli 방정식은 다음과 같다.

$$P + \frac{1}{2}\rho V^2 = P_\infty + \frac{1}{2}\rho V_\infty^2$$

방정식을 무차원화하고 Bernoulli 가정이 유효한 유동 내 임의의 점에서 아래 식으로 정의되는 **압력계수** C_p를 구하라.

$$C_p = \frac{P - P_\infty}{\frac{1}{2}\rho V_\infty^2}$$

답: $C_p = 1 - V^2/V_\infty^2$

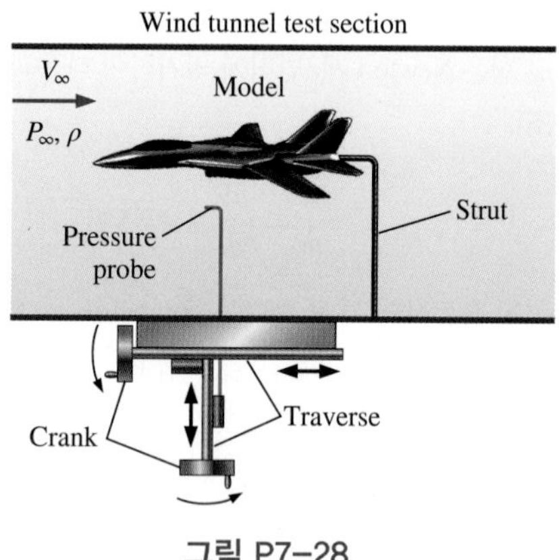

그림 P7-28

7-29 그림 P7-20의 잘 혼합된 실내의 환기를 고려해 보자. 문제 7-20에 주어진 오염물 농도 미분 방정식은 다음과 같다.

$$V\frac{dc}{dt} = S - \dot{V}c - cA_s k_w$$

이 경우 세 개의 특성 매개변수가 존재한다. 즉, 방의 특성 길이 L($L = V^{1/3}$로 가정), 실내로 유입되는 신선한 공기의 체적유량 $\dot{V}$, 유해 한계 오염물 농도 c_{limit}이다. (a) 위 세 특성 매개변수를 사용하여 방정식 내 모든 변수를 무차원화하라. (힌트: 예를 들면, $c^* = c/c_{\text{limit}}$로 정의하라.) (b) 방정식을 무차원 식으로 기술하고, 무차원 그룹을 도출하라.

7-30 진동하는 유동장에서 체적변형률은 0이 **아니고** 유체 입자를 따라 변하는 시간의 함수이다. 이는 직교좌표계에서 다음 식으로 표현된다.

$$\frac{1}{V}\frac{DV}{Dt} = \frac{\partial u}{\partial x} + \frac{\partial v}{\partial y} + \frac{\partial w}{\partial z}$$

주어진 유동장의 특성 속도와 특성 길이가 각각 V와 L이고, f가 특성 주파수일 때(그림 P7-30), 아래의 무차원 매개변수를 사용하여 방정식을 무차원화하고, 정립된(명명된) 무차원 매개변수를 도출하라.

$$t^* = ft,\quad V^* = \frac{V}{L^3},\quad x^* = \frac{x}{L},\quad y^* = \frac{y}{L},$$
$$z^* = \frac{z}{L},\quad u^* = \frac{u}{V},\quad v^* = \frac{v}{V},\quad w^* = \frac{w}{V}$$

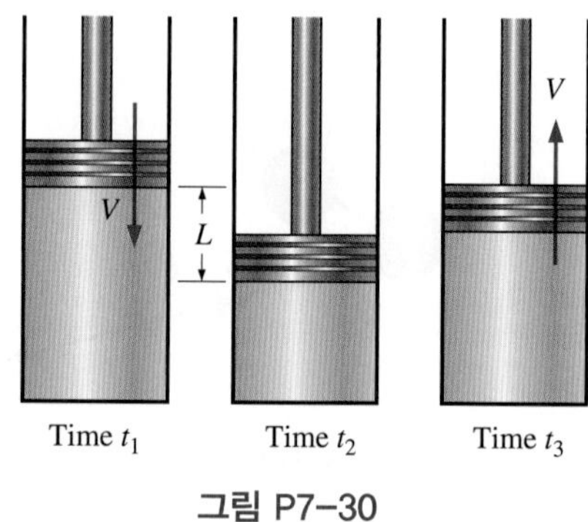

그림 P7-30

차원해석과 상사

7-31C 차원해석의 세 가지 주된 목적을 기술하라.

7-32C 모델과 원형이 완전 상사를 이루기 위한 세 가지 필요 조건을 기술하라.

7-33 학생들이 인력(human-powered) 잠수함을 설계한다. 원형 잠수함의 길이는 4.85 m이고, 물속에서 0.440 m/s로 운행한다. 물은 민물(호수)로, 온도는 15 ℃이다. 이를 위하여 1/5 축척 모형을 만들어 풍동에서 실험한다(그림 P7-33). 공기 온도는 25 ℃이고, 압력은 대기압이다. 항력 저울 지지대 주위에는 바람막이를 설치하여 지지대의 항력이 모형의 항력에 영향을 미치지 않도록 한다. 상사를 이루기 위한 풍동 내 풍속은 얼마인가? 답: 30.2 m/s

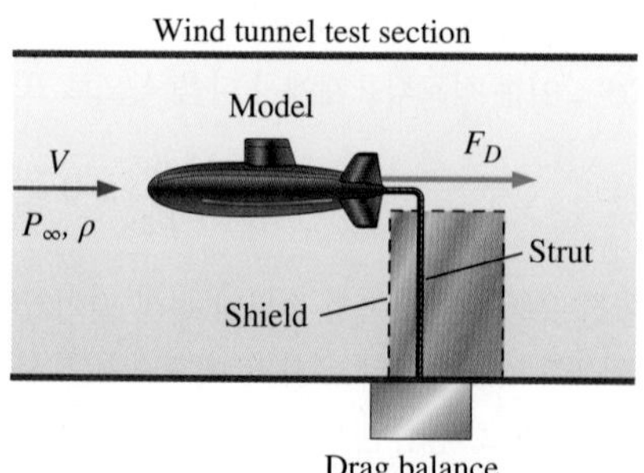

그림 P7-33

7-34 매우 작은 풍동에서 실험을 하는 경우에 대하여 문제 7-33를 다시 계산한다. 풍동이 작아 1/27 축척 모형을 사용해야 한다면

상사를 얻기 위한 풍동 내 풍속은 얼마가 되는지 계산하라. 계산 결과에 의문점이 없는지 살펴보고 논의하라.

7-35 이 문제는 문제 7-33의 후속 문제이다. 상사가 이루어진 풍동 내에서 모형에 걸리는 항력을 측정한 결과 5.70 N이었다. 문제 7-33에 주어진 조건에서 원형 잠수함의 항력을 산정하라.

답: 25.5 N

7-36 스포츠카가 25 ℃에서 95 km/h로 주행할 때 받는 공기역학적 항력을 예측하고자 한다. 이를 위하여 1/3 축척 모형을 풍동에서 시험한다(그림 P7-36). 풍동 내 기온은 25 ℃이다. 항력은 항력 저울을 사용하여 측정하고, 실제 상황을 모사하기 위하여 이동 벨트가 사용된다. 모형과 원형의 상사를 위한 풍동 내 풍속은 얼마인가?

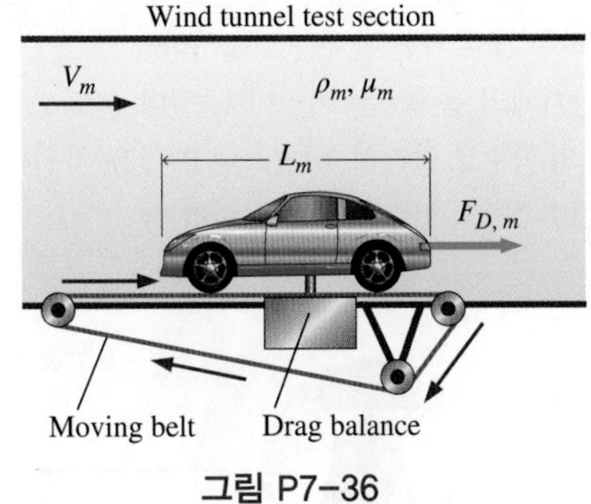

그림 P7-36

7-37 이 문제는 문제 7-36의 후속 문제이다. 풍동 내 모형(그림 P7-36)에 작용하는 공기역학적 항력이 150 N일 때, 문제 7-36에 주어진 조건에서 원형 자동차에 작용하는 항력은 얼마인가?

7-38 원형 자동차와 소형 모형의 Reynolds 수를 맞추려 할 때 풍동 내 공기의 온도가 차가운 것과 더운 것 중 어느 것이 좋을까? 다른 모든 것은 같고 공기 온도만 10 ℃와 45 ℃로 다를 경우를 비교하여 설명하라.

7-39 어떤 풍동은 **가압된다**. 왜 여러 부속 장치가 필요함에도 불구하고 풍동을 가압하는지 논의하라. 풍동 내 공기 압력이 1.8배 증가한다면 풍속, 모형 등이 일정할 때 Reynolds 수는 몇 배 증가하는가?

7-40 군용 경량 낙하산을 설계한다(그림 P7-40). 직경 D는 7 m이고 부하, 낙하산, 장비를 포함한 총 낙하중량 W는 1020 N이다. 낙하산의 **종단 속도**(terminal settling speed) V_t는 5.5 m/s이고, 1/12 축척 모형을 풍동에서 시험한다. 원형과 모델 시험의 온도와 공기 압력은 15 ℃, 표준 대기압으로 같다. (a) 원형의 항력계수를 계산하라. (힌트: 종단 속도에서 무게와 항력이 균형을 이룬다.) (b) 역학적 상사를 얻기 위한 풍동 내 풍속은 얼마인가? (c) 풍동 내 모형에 작용하는 항력을 구하라(N으로).

그림 P7-40

무차원 매개변수와 반복변수법

7-41 1차 차원을 사용하여 Archimedes 수(표 7-5)가 무차원임을 증명하라.

7-42 1차 차원을 사용하여 Grashof 수(표 7-5)가 무차원임을 증명하라.

7-43 1차 차원을 사용하여 Rayleigh 수(표 7-5)가 무차원임을 증명하라. Ra와 Gr의 비로 이루어진 정립된 무차원 매개변수는 무엇인가? 답: Prandtl 수

7-44 **Richardson 수**는 다음과 같이 정의된다.

$$\text{Ri} = \frac{L^5 g\, \Delta\rho}{\rho \dot{V}^2}$$

어떤 문제에 특성 길이 L, 특성 속도 V, 특성 밀도차 $\Delta\rho$, 특성(평균) 밀도 ρ, 중력가속도 g가 주어져 있다. Richardson 수를 정의하려면 특성 체적유량을 알아야 한다. 주어진 매개변수를 사용하여 특성 체적유량과 Richardson 수를 정의하라.

7-45 균일한 유동이 원형 실린더를 만나면 주기적 **Kármán 와류**가 형성된다(그림 P7-45). 반복변수법을 사용하여 Kármán 와흘림 주파수 f_k를 자유흐름 속도 V, 유체 밀도 ρ, 유체 점성계수 μ, 실린더 직경 D의 함수로 나타내라. 답: St = f(Re)

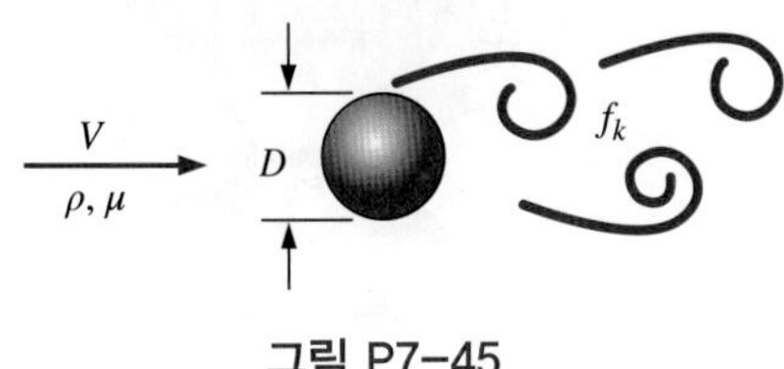

그림 P7-45

7-46 유체 내의 음속 c를 독립 매개변수로 부가하여 문제 7-45을 반복 계산하라. 반복변수법을 사용하여 Kármán 와흘림 주파수 f_k를 자유흐름 속도 V, 유체 밀도 ρ, 유체 점성계수 μ, 실린더 직경 D, 음속 c의 함수로 나타내라.

7-47 대형 탱크 내 유체를 믹서로 혼합한다(그림 P7-47). 믹서 블레이드에 공급되는 축동력 $\dot{W}$는 믹서 직경 D, 유체 밀도 ρ, 유체 점성계수 μ, 블레이드의 각속도 ω의 함수이다. 반복변수법을 사용하여 이 매개변수간의 무차원 관계를 도출하라. 또한, 필요하다면 그를 바꾸어 도출된 Π그룹을 확인하라.

답: $N_p = f(\text{Re})$

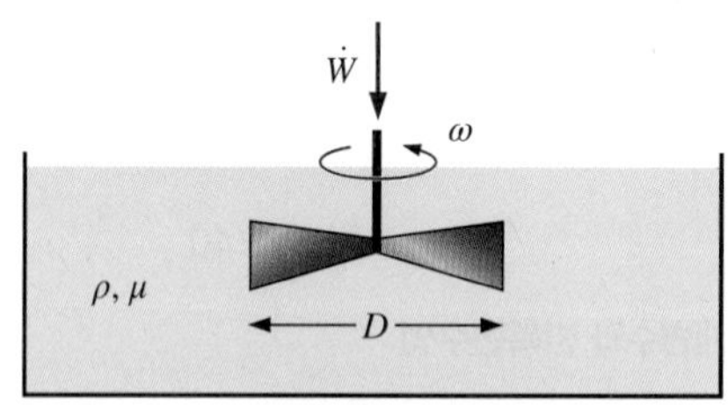

그림 P7-47

7-48 탱크가 크지 않은 경우에 대하여 문제 7-47을 반복 계산하라. 탱크 직경 D_{tank}와 평균 액체 깊이 h_{tank}를 부가 매개변수로 고려하라.

7-49 Albert Einstein은 그의 (곧 유명해질) 방정식을 어떻게 써야 할지 생각하고 있다. 그는 에너지 E가 질량 m과 빛의 속도 c의 함수라는 것을 알고 있지만 수식적 관계($E=m^2c$? $E=mc^4$?)를 알지 못한다. Albert가 치수 분석에 대해 아무것도 모르며, 당신은 유체역학 수업을 듣고 있기 때문에 Albert가 그의 방정식을 생각해내는 것을 도와준다고 가정한다. 반복변수법을 사용하여 이러한 매개변수 간에 무차원 관계를 도출하라. 이것을 아인슈타인의 유명한 방정식과 비교해 보고, 무차원 해석이 맞는 방정식의 형태를 주었는지 확인하라.

그림 P7-49

7-50 하부 평판은 고정되고 간격 h의 상부 평판은 움직이는 두 평행 평판 사이의 완전발달 **Couette 유동**을 고려해 보자(그림 P7-50). 유동은 xy평면에서 정상 상태, 비압축성, 2차원이다. 반복변수법을 사용하여 x방향 속도 성분 u와 점성계수 μ, 상부 평판 속도 V, 간격 h, 유체 밀도 ρ, 거리 y의 무차원 함수 관계를 도출하라. **답:** $u/V = f(\text{Re}, y/h)$

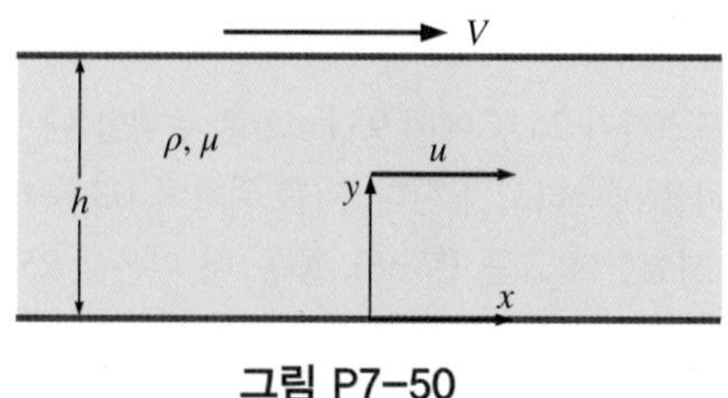

그림 P7-50

7-51 문제 7-50에서 아직 정상 상태에 도달하지 않고 **발달 중인** Couette 유동을 고려해 보자. 시간 t를 추가적인 매개변수로 하여 변수 간 무차원 관계를 도출하라.

7-52 이상기체의 음속 c는 비열비 k, 절대 온도 T, 비이상기체상수 R_{gas}의 함수로 알려져 있다(그림 P7-52). 차원해석을 통하여 이 매개변수간의 함수 관계를 구하라.

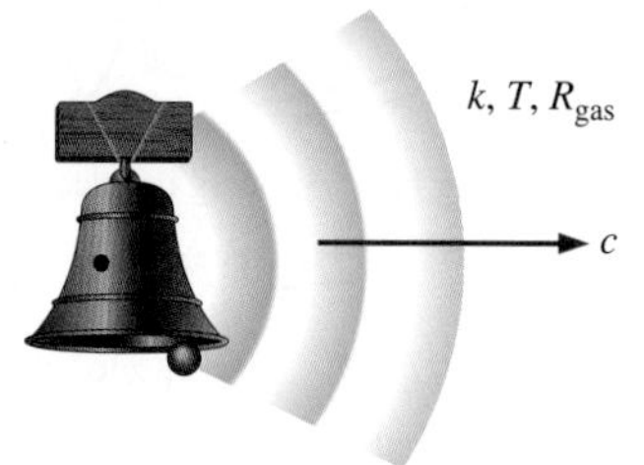

그림 P7-52

7-53 문제 7-52를 반복 계산하라. 단, 이상기체 음속 c는 절대 온도 T와 일반이상기체상수 R_u, 기체의 mol 질량(분자량) M, 비열비 k의 함수이다. 차원해석을 통하여 이 매개변수간의 함수 관계를 구하라.

7-54 문제 7-52를 반복 계산하라. 단, 이상기체의 음속 c는 절대 온도 T와 비이상기체상수 R_{gas}만의 함수이다. 차원해석을 통하여 이 매개변수간의 함수 관계를 구하라. **답:** $c/\sqrt{R_{\text{gas}}T}$ = 일정

7-55 문제 7-52를 반복 계산하라. 단, 이상기체의 음속 c는 압력 P와 기체 밀도 ρ만의 함수이다. 차원해석을 통하여 이 매개변수간의 함수 관계를 구하라. 또한 이 결과가 이상기체의 음속 방정식 $c=\sqrt{kR_{\text{gas}}T}$와 일치함을 증명하라.

7-56 미세한 입자나 미생물이 공기나 물속에서 움직일 때 Reynolds 수는 매우 작다($\text{Re} \ll 1$). 이러한 유동을 **크리핑 유동**이라고 한다. 크리핑 유동 시 물체에 작용하는 공기역학적 항력은 물체의 속력 V, 물체의 특성 길이 L, 및 유체의 점성계수 μ의 함수이다(그림 P7-56). 차원해석을 통하여 F_D와 독립변수의 함수 관계를 구하라.

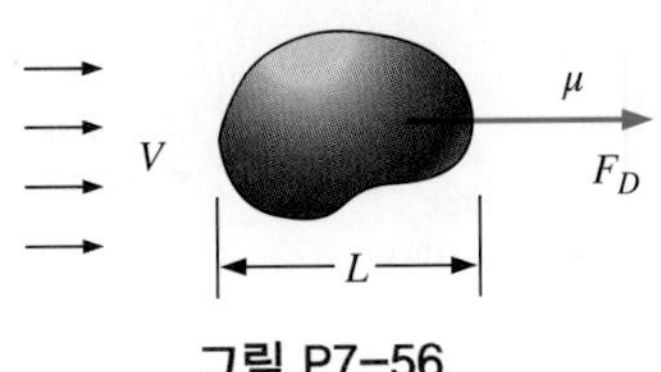

그림 P7-56

7-57 밀도 ρ_p, 특성 직경 D_p인 미세한 입자가 밀도 ρ, 점성계수 μ인 공기 중에서 낙하한다(그림 P7-57). 입자가 아주 작아 크리핑 유동으로 가정할 수 있다면, 입자의 종단 속도 V는 D_p, μ, 중력가속도 g, 밀도차($\rho_p - \rho$)의 함수이다. 차원해석을 통하여 V와 독립변수 간의 함수 관계를 구하라. 또한, 해석 중 도출되는 정립된 무차원 매개변수를 기술하라.

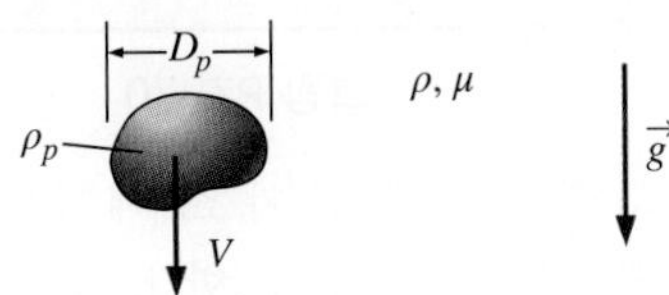

그림 P7-57

7-58 문제 7-56과 7-57의 결과를 조합하여 공기 중 낙하하는 입자의 종단 속도 V를 구하라(그림 P7-57). 또한 이 결과가 문제 7-57에서 도출된 함수 관계와 일치함을 증명하라. (힌트: 일정한 종단 속도로 낙하하는 입자에 작용하는 공기역학적 항력은 입자 무게와 같다. 최종 결과는 미지 상수를 포함한 V에 대한 방정식으로 나타난다.)

7-59 문제 7-58의 결과를 활용한다. 미세한 입자가 종단 속도 V로 낙하하고 Reynolds 수가 작아 크리핑 유동으로 가정할 수 있다. 다른 모든 조건은 같고 입자 크기가 두 배로 된다면 종단 속도는 얼마나 변하는가? 또한 밀도차($\rho_p - \rho$)가 두 배로 된다면 종단 속도는 어떻게 되는가?

7-60 밀도 ρ, 점성계수 μ의 비압축성 유체가 길이 L, 내경 D, 내측 표면조도 ε의 수평 원형 파이프 내를 V의 평균 속력으로 흐른다(그림 P7-60). 파이프 내 유동은 완전발달되어 속도 분포가 유동방향으로 변하지 않는다. 압력은 마찰을 이기기 위하여 유동방향으로 선형적으로 감소한다. 반복변수법을 사용하여 압력 강하 $\Delta P = P_1 - P_2$와 다른 매개변수간의 무차원 관계를 구하라. 도출된 Π그룹을 조작하여 정립된 무차원 매개변수로 바꾸고 명명하라. (힌트: 일관성 있도록 L이나 ε보다는 D를 반복 매개변수로 선정한다.) **답:** Eu $= f$(Re, ε/D, L/D)

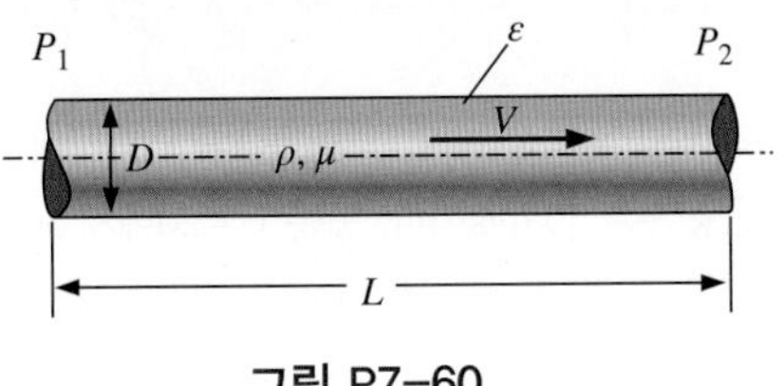

그림 P7-60

7-61 그림 P7-60과 같이 긴 파이프 내 **층류** 유동을 고려해 보자. 층류 유동에서는 ε이 아주 크지 않으면 표면조도는 적절한 매개변수가 아니다. 파이프 내 체적유량 $\dot{V}$는 파이프 직경 D, 유체 점성계수 μ, 축방향 압력구배 dP/dx의 함수이다. 다른 모든 조건은 동일하고 파이프 직경이 두 배가 되면, 체적유량은 얼마나 변하는지 차원해석을 통하여 계산하라.

7-62 난류 유동에서 점성소산율 ε(단위 질량당 에너지 손실률)은 대규모 난류 에디의 길이 척도 l과 속도 척도 u'의 함수이다. 차원해석을 사용하여 ε를 l과 u'의 함수로 구하라.

7-63 Bill은 전기 회로 문제를 연구하고 있다. 그는 전기 공학 수업에서 전압 강하 ΔE는 전류 I와 전기 저항 R의 함수라는 것을 알고 있다. 불행히 그는 ΔE에 대한 방정식의 정확한 형태를 기억하지 못한다. 하지만 그는 유체역학 수업을 듣고 있으며, 방정식의 형태를 상기하기 위해 새로 배운 차원 해석을 활용하기로 결심한다. Bill을 도와 변수반복법을 사용하여 ΔE 방정식을 구하라. 이를 옴의 법칙과 비교해보고, 차원 해석이 방정식의 올바른 형태를 제공하는지 논해라.

7-64 경계층은 벽면 근처의 점성력이 현저하고 유동이 회전 유동인 얇은 영역이다. 얇은 평판을 따라 발달하는 경계층을 고려해 보자(그림 P7-64). 유동은 정상 유동이다. 경계층의 두께 δ는 하류거리 x, 자유흐름 속도 V_∞, 밀도 ρ, 점성계수 μ의 함수이다. 반복변수법을 사용하여 δ와 다른 매개변수의 무차원 관계를 도출하라.

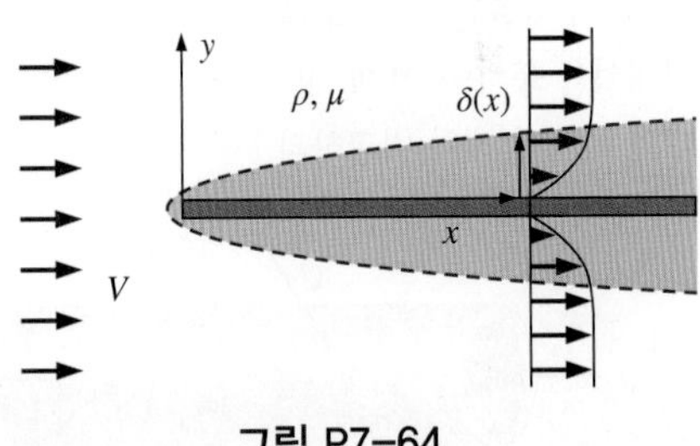

그림 P7-64

7-65 밀도 ρ, 점성계수 μ의 유체가 직경 D의 관 내로 순환한다. 체적유량은 $\dot{V}$이고, 펌프의 회전 각속도는 ω이다. 차원해석을 사용하여 펌프 압력 상승 ΔP와 다른 매개변수간의 무차원 관계를 구하고, 해석 중 도출되는 정립된 무차원 매개변수를 기술하라. [힌트: 길이, 밀도, 속도(각속도)를 반복변수로 활용한다.]

7-66 직경 D의 프로펠러가 밀도 ρ, 점성계수 μ의 액체 내에서 각속도 ω로 회전한다. 요구되는 토크 T는 D, ω, ρ, μ의 함수로 결정된다. 차원해석을 사용하여 토크 T와 다른 매개변수 간의 무차원 관계를 구하고, 해석 중 도출되는 정립된 무차원 매개변수를 기술하라. [힌트: 길이, 밀도, 속도(각속도)를 반복변수로 활용한다.]

7-67 문제 7-66를 반복 계산하라. 단, 프로펠러는 액체가 아닌 압축성 기체 중에서 회전한다.

7-68 Jen은 스프링-질량-댐퍼 시스템을 연구하고 있다(그림 7-68). 그녀는 동역학 수업에서 댐핑비(damping ratio) ζ가 무차원 수이고, 스프링상수 k, 질량 m, 댐핑 상수 c의 함수인 것을 알고 있다. 불행히 그녀는 ζ의 정확한 식을 기억하지 못한다. 하지만 그녀는 유체역학 수업을 듣고 있어, 차원해석을 통하여 방정식의 형태를 얻고자 한다. Jen을 도와 반복변수법을 활용하여 스프링-질량-댐퍼 시스템에서 댐핑비 ζ를 스프링 상수 k, 질량 m, 댐핑 상수 c로 무차원화하라. (힌트: k의 단위는 N/m이고, c의 단위는 N·s/m이다)

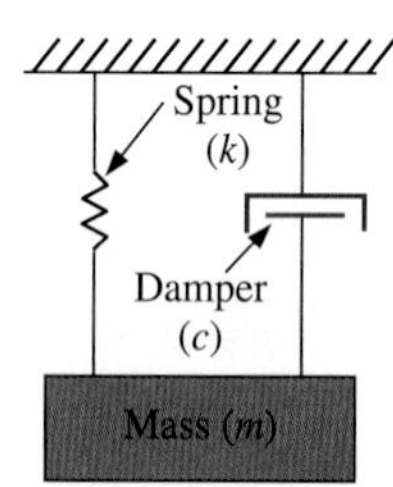

그림 P7–68

7-69 문제 7-17에서 파이프 내를 흐르는 물로의 열전달률을 해석하였다. 이번에는 차원해석을 통하여 접근한다. 냉수가 파이프로 유입되어 외부 열원에 의해 가열된다(그림 P7-69). 물의 입출구 온도는 각각 T_{in}, T_{out}이다. 물로의 열전달률 $\dot{Q}$은 질량유량 $\dot{m}$, 물의 비열 c_p, 물의 입출구 온도차의 함수로 알려져 있다. 차원해석을 통하여 이 매개변수간의 함수관계를 구하고, 문제 7-17의 해석적 해와 비교하라.

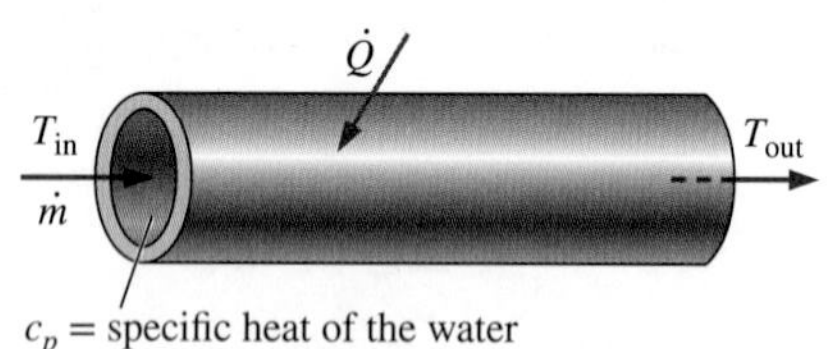

그림 P7–69

7-70 원통형 용기 내에 담긴 액체가 용기와 함께 강체 회전을 한다. 중심부 액체와 용기 표면의 액체와의 높이차 h는 각속도 ω, 유체 밀도 ρ, 중력가속도 g, 반경 R의 함수이다(그림 P7-70). 반복변수법을 사용하여 매개변수간의 무차원 관계를 구하라.

답: $h/R = f(\mathrm{Fr})$

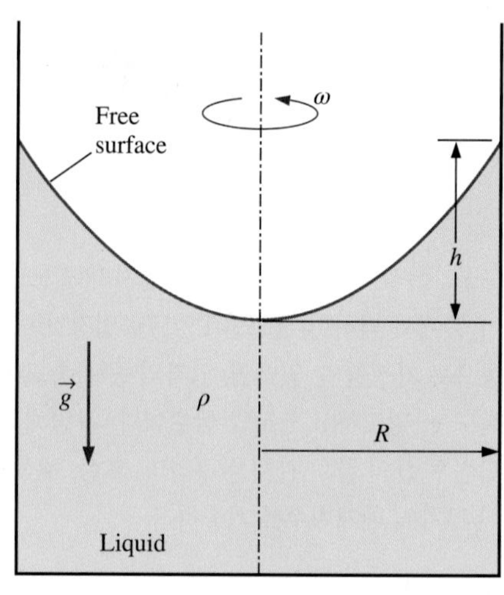

그림 P7–70

7-71 문제 7-70에서 용기 내 액체가 초기에 정지해 있다가 시간 $t=0$에 용기와 함께 회전하기 시작한다. 액체가 용기와 함께 강체 운동을 하기까지는 시간이 걸리고 이 비정상 문제에 액체의 점성계수가 중요한 역할을 하리라 예상된다. 유체 점성계수 μ와 시간 t, 두 개의 독립 매개변수를 부가하여 문제 7-70을 반복 계산하라(높이차 h가 시간과 다른 매개변수에 따라 어떻게 변화하는지 관심이 있다).

7-72 만유인력의 법칙은 이 $F = G\dfrac{m_1 m_2}{r^2}$다. 여기서 F는 두 물체에 작용하는 인력이고, m_1과 m_2는 두 물체의 질량, r은 두 물체간 거리, G는 $(6.67428 \pm 0.00067) \times 10^{-11}$에 해당하는 만유인력 상수이다. (a) G의 단위를 SI 단위인 kg, m, s로 구하라. (b) 차원해석과 반복변수법을 사용하여 $F=F(G, m_1, m_2, r)$를 $\Pi_1 = f(\Pi_2, \Pi_3, \ldots)$형태로 무차원화하라. (c) 결과를 만유인력 법칙과 비교하여 함수 관계(예를 들면, $\Pi_1 = \Pi_2^2$ 또는 다른 함수 형태)를 구하라.

실험적 시험과 불완전 상사

7-73C 일반적으로 원형보다 모형이 작지만, 모형이 원형보다 **커야** 하는 상황을 세 가지 이상 설명하라.

7-74C 자동차 모형 시험 시 풍동 내 지상 이동 벨트를 설치하는 목적에 대해 논의하라. 다른 대체 방법으로 무엇이 있겠는가?

7-75C **풍동 차단**(wind tunnel blockage)을 정의하라. 풍동 시험 시 허용 가능한 최대 차단률에 대한 개략값(rule of thumb)은 얼마인가? 차단률이 이보다 크면 왜 측정 오차가 증가하는지 설명하라.

7-76C 7-5절에서 논의된 트럭 모형을 다시 고려해 보자. 단, 풍동의 최대 풍속은 50 m/s이다. 풍속 $V=20$에서 50 m/s 사이에서 얻어진 공기역학적 힘 데이터는 표 7-7과 동일하다. 이들 실험이

Reynolds 수가 풍속과 무관할 만큼 높은 속도까지 수행되었는지 확인하라.

7-77C 비압축성 유동 가정이 성립하는 Mach 수의 한계에 대한 개략값(rule of thumb)은 얼마인가? 이 값을 넘어서면 왜 풍동 실험 결과가 부정확해지는지 설명하라.

7-78 1/16 축척 스포츠카 모형을 풍동에서 시험한다. 원형은 길이 4.37 m, 높이 1.30 m, 폭 1.69 m이다. 시험 중 이동 지면 벨트의 속도는 시험부 내 풍속과 상응하도록 조절된다. 공기역학적 항력 F_D를 풍속의 함수로 측정하고, 결과를 표 P7-78에 나타내었다. 항력계수 C_D를 Reynolds 수 Re의 함수로 도시하라. 단, C_D는 모형 자동차의 정면도면적(A = 높이 × 폭)에 근거하여 계산하고, Re의 길이 척도로 폭 W를 사용한다. 역학적 상사가 얻어졌는지 확인하라. 또한 Reynolds 수가 풍속에 무관할 만큼 높은 풍속까지 실험이 수행되었는지도 확인하라. 고속도로를 24.6 m/s로 주행하는 원형 자동차에 작용하는 공기역학적 항력을 산정하라. 풍동과 원형의 공기는 25 °C, 대기압으로 가정한다. **답:** 아니오, 예, 252 N

표 P7-78

V, m/s	F_D, N
10	0.29
15	0.64
20	0.96
25	1.41
30	1.55
35	2.10
40	2.65
45	3.28
50	4.07
55	4.91

7-79 20 °C 물이 긴 직선 파이프 내를 흐르고, L = 1.3 m 구간에서 평균 속도 V의 함수로 압력 강하를 측정한다(표 P7-79). 파이프 내경 D = 10.4 cm이다. (a) 데이터를 무차원화하고 Euler 수를 Reynolds 수의 함수로 도시하라. 데이터가 Reynolds 수에 무관할 만큼 높은 속도까지 실험이 수행되었는지 확인하라. (b) 실험 데이터를 외삽법을 이용하여 평균 속력 80 m/s에서의 압력 강하를 예측하라. **답:** 1,940,000 N/m²

표 P7-79

V, m/s	ΔP, N/m^2
0.5	77.0
1	306
2	1218
4	4865
6	10,920
8	19,440
10	30,340
15	68,330
20	121,400
25	189,800
30	273,200
35	372,100
40	485,300
45	614,900
50	758,700

7-80 7-5절의 트럭 모형의 예에서 풍동의 시험부는 길이 3.5 m, 높이 0.85 m, 폭 0.90 m이고, 1/16 축척 모형 트럭의 길이는 0.991 m, 높이 0.257 m, 폭 0.159 m이다. 풍동 차단율은 얼마인가? 이 값은 개략적으로 허용될 만한 범위 안에 있는가?

7-81 차원해석을 통하여 얕은 물의 파동이 관련된 유동에는(그림 P7-81) Froude 수와 Reynolds 수가 적절한 무차원 매개변수임을 보여라. 액체 표면의 파동 속도 c는 깊이 h, 중력가속도 g, 액체 밀도 ρ, 액체 점성계수 μ의 함수이다. 도출된 Π를 조작하여 다음의 매개변수를 구하라.

$$\text{Fr} = \frac{c}{\sqrt{gh}} = f(\text{Re}) \qquad \text{where Re} = \frac{\rho c h}{\mu}$$

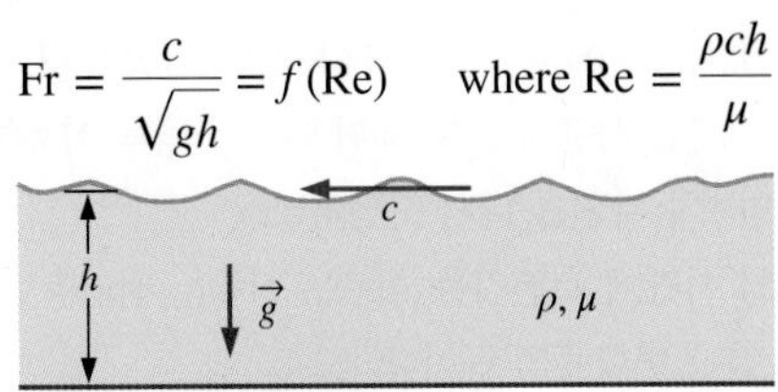

그림 P7-81

7-82 대학 학부 실험실 내 소형 풍동 시험부는 단면이 50 × 50 cm이고, 길이는 1.2 m이다. 일부 학생들은 트럭 후면을 둥글게 함으로써 공기역학적 항력이 어떻게 영향을 받는지를 분석하기 위해 모형 실험을 통해 확인하고자 한다. 원형 트럭은 길이 16 m, 폭 2.5 m, 높이 3.7 m이고, 최대 풍속은 44 m/s이다. 풍동과 원형 모두 25 °C, 대기압의 공기 중에 있다. (a) 차단율 지침 내에서 만들 수 있는 최대 모델의 크기는 얼마인가? 그때 모형 트럭의 치수는 얼마인가? (b) 모형 트럭의 최대 Reynolds 수는 얼마인가? (c) 학생들은 Reynolds 수 독립성을 만족할 수 있는가? 논의하라.

복습 문제

7-83C 표 7-5에 기술된 무차원 매개변수 외에도 많은 정립된 무차원 매개변수가 존재한다. 문헌이나 인터넷을 통하여 새롭게 정립되고 명명된 무차원 매개변수 세 개 이상을 찾아 그들의 정의, 물리적 의미를 표 7-5의 형식을 따라 기술하라. 방정식 중에 표 7-5에 정의되지 않은 변수가 있다면 그들을 정의하라.

7-84C 기하학적 상사는 이루어졌으나 운동학적 상사는 이루어지지 않은(Reynolds 수는 일치하더라도) 원형과 모형 유동의 예를 들고 설명하라.

7-85C 아래 문장의 진위를 판단하고, 그 이유를 간단히 설명하라.

(a) 운동학적 상사는 역학적 상사의 필요충분 조건이다.

(b) 기하학적 상사는 역학적 상사의 필요 조건이다.

(c) 기하학적 상사는 운동학적 상사의 필요 조건이다.

(d) 역학적 상사는 운동학적 상사의 필요 조건이다.

7-86 단위가 **쿨롱**(C)인 전하 q의 1차 차원은 무엇인가? (힌트: 전류의 정의를 참고하라.)

7-87 단위가 **패러드**(Farad)인 전기용량 C의 1차 차원은 무엇인가? (힌트: 전기용량의 정의를 참고하라.)

7-88 고체역학에서 사용되는 다음 변수의 1차 차원을 기술하라. (a) 관성 모멘트 I, (b) 탄성률 또는 영률(Young's modulus) E, (c) 변형량 ε, (d) 응력 σ, (e) Hook의 법칙(응력과 변형과의 관계식)이 차원적으로 동차임을 보여라.

7-89 몇몇 저자들은 질량 대신에 **힘**을 1차 차원으로 사용하는 것을 선호한다. 이러한 경우, 일반적인 유체역학 문제에서 대표되는 4개의 1차 차원 m, L, t, T를 F, L, t, T로 대체할 수 있다. 이 대체된 시스템에서 1차 힘의 차원은 {force} = {F}이다. 문제 7–2의 결과를 사용하고, 대체된 이 시스템을 이용하여 일반기체상수의 1차 차원을 다시 작성하라.

7-90 임의 시간에 축전지를 흐르는 전류는 전기용량과 축전지 전후의 전압 변화율의 곱이다.

$$I = C\,\frac{dE}{dt}$$

이 방정식 양변의 1차 차원을 기술하고, 방정식이 차원적으로 동차임을 증명하라.

7-91 길이 L, 관성 모멘트 I의 외팔보 끝에 힘 F가 작용한다(그림 P7-91). 보 재질의 탄성률은 E이고, 힘이 작용했을 때 보의 처짐은 z_d이다. 차원해석을 통하여 z_d와 독립변수의 관계를 구하라. 정립된 무차원 매개변수를 도출하고, 명명하라.

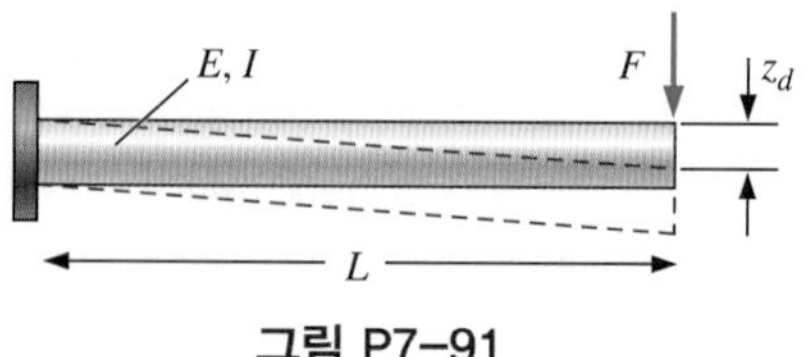

그림 P7–91

7-92 항공기 미사일이 목표에 명중했을 때 폭발이 일어나고(그림 P7-92) **충격파**(또는 **폭발파**)가 반경방향으로 퍼져나간다. 충격파 전후의 압력차 ΔP와 폭발 중심으로부터의 거리 r은 시간 t, 음속 c, 폭발 에너지 E의 함수이다. (a) ΔP와 다른 매개변수, r과 다른 매개변수 사이의 무차원 관계를 구하라. (b) 다른 조건은 일정하고 폭발 이후 시간 t가 두 배로 되면 ΔP는 얼마나 변하는가?

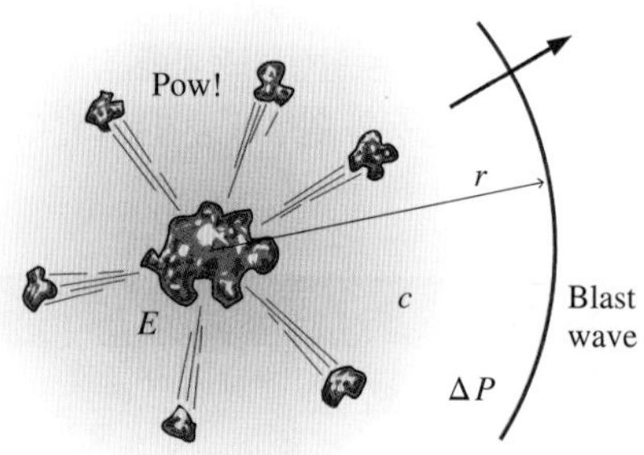

그림 P7–92

7-93 표 7-5에 기술된 Archimedes 수는 유체 중의 부유 **입자**에 적용 가능하다. 인터넷이나 문헌 조사를 통하여 부유 **유체**[즉, 부유 제트, 부유 플룸(buoyant plume)]에 적용 가능한 Archimedes 수의 정의를 찾아라. 표 7-5의 형식에 따라 정의와 물리적 의미를 기술하라. 방정식 내에 표 7-5에서 정의되지 않은 변수가 있으면 그들을 정의하라. 표 7-5의 무차원 매개변수 중 본 문제의 Archimedes 수와 유사한 매개변수가 하나 있다. 이를 찾아라.

7-94 그림 P7-94에 보인 것처럼 고정된 간격 h의 두 평행 평판 사이에 강제 압력구배 dP/dx(상수이며 음수임)에 의해 형성되는 정상 상태, 층류, 완전발달, 2차원 **Poiseuille 유동**을 고려해 보자. 유동은 xy평면에서 비압축성이고, 2차원이다. 또한 **완전발달**되어 속도 분포가 하류방향으로 변하지 않고, 관성 효과가 없으며, 밀도와 무관하다. x방향 속도 성분 u가 간격 h, 압력구배 dP/dx, 유체 점성계수 μ, 수직좌표 y의 함수일 때, 차원해석을 통하여 이들 간의 무차원 관계를 구하라.

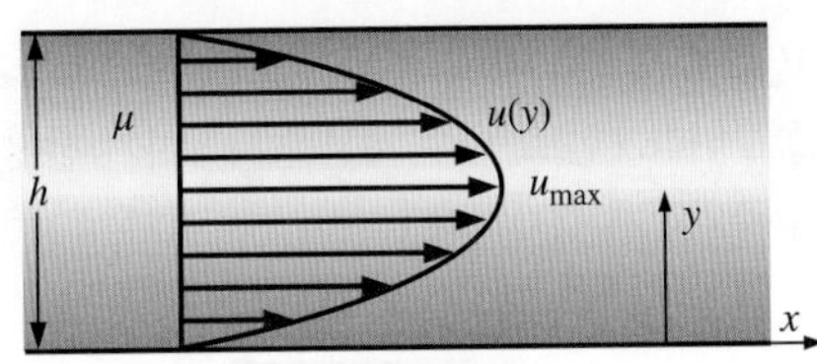

그림 P7-94

7-95 문제 7-94의 정상 상태, 층류, 완전발달, 2차원 Poiseuille 유동을 고려해 보자. 최대 속도 u_{max}는 채널 중심에서 유발된다. (a) u_{max}와 채널 간격 h, 압력구배 dP/dx, 유체 점성계수 μ의 무차원 관계를 구하라. (b) 다른 조건이 일정하고 채널 간격 h가 두 배로 된다면 u_{max}는 얼마나 변하는가? (c) 다른 조건이 일정하고 압력구배 dP/dx가 두 배로 된다면 u_{max}는 얼마나 변하는가? (d) u_{max}와 다른 매개변수 간의 완전한 관계식을 구하려면 얼마나 많은 실험이 필요한가?

7-96 다음 상태량의 **질량 기준** 1차 차원(m, L, t, T, I, C, N)과 **힘 기준** 1차 차원(F, L, t, T, I, C, N)을 비교하라. (a) 압력 또는 응력, (b) 모멘트 또는 토크, (c) 일 또는 에너지. 이 결과로부터 힘 기준 1차 차원이 선호되는 경우를 설명하라.

7-97 때로는 정립된 무차원 매개변수에 정의된 특성 척도가 가용하지 않은 경우가 있다. 그런 경우 차원을 맞춰 특성 척도를 만들 필요가 있다. 예를 들어, 특성 속도 V, 특성 면적 A, 유체 밀도 ρ, 유체 점성계수 μ가 주어졌을 때 Reynolds 수를 정의하려고 한다. 길이 축척을 $L=\sqrt{A}$로 하면 Re는 다음과 같이 정의된다.

$$\text{Re} = \frac{\rho V \sqrt{A}}{\mu}$$

비슷한 방법으로, 정립된 무차원 매개변수를 다음 경우에 정의하라. (a) 단위 깊이당 체적유량 $\dot{V}$, 길이 척도 L, 중력가속도 g를 사용하여 Froude 수를 정의하라. (b) 단위 깊이당 체적유량 $\dot{V}$, 동점성계수 ν를 사용하여 Reynolds 수를 정의하라. (c) 단위 깊이당 체적유량 $\dot{V}$, 길이 척도 L, 특성 밀도차 $\Delta\rho$, 특성 밀도 ρ, 중력가속도 g가 주어졌을 때 Richardson 수(표 7-5 참조)를 정의하라.

7-98 밀도 ρ, 점성계수 μ의 액체가 직경 D의 탱크 바닥에 뚫린 직경 d의 구멍을 통해 중력에 의해 방출된다(그림 P7-98). 실험시작 시 수면의 높이는 h이고, 액체는 평균 속도 V로 하부로 방출된다. 차원해석을 통해 V와 다른 매개변수의 무차원 관계를 구하라. 해석 시 도출되는 정립된 무차원 매개변수를 기술하라. (힌트: 이 문제에는 세 가지 길이 척도가 있지만 연속성을 위해 h를 길이 척도로 선정한다.)

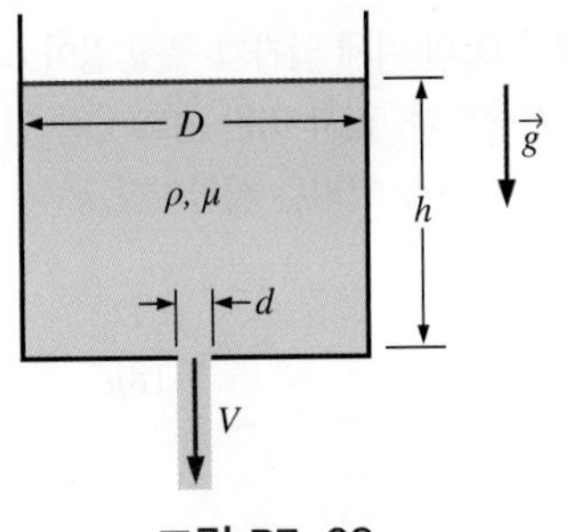

그림 P7-98

7-99 상이한 종속 매개변수, 즉 탱크가 비는 데 걸리는 시간 t_{empty}에 대하여 문제 7-98을 반복 계산하라. 다음의 독립변수들인 구멍 직경 d, 탱크 직경 D, 밀도 ρ, 점성계수 μ, 초기 수면 높이 h, 중력가속도 g의 함수로서 t_{empty}에 대한 무차원 관계식을 구하라.

7-100 그림 P7-98과 같이 에틸렌글리콜이 커다란 탱크의 하부에 뚫린 구멍으로부터 모두 방출되는 데 걸리는 시간을 구하려고 한다. 에틸렌글리콜을 사용하여 원형에서 실험하는 것은 비용이 많이 요구되므로 물을 사용하여 1/4 축척 모형에서 시험한다. 모형은 원형과 기하학적으로 상사를 이루고 있다(그림 P7-100). (a) 실제 탱크 내 에틸렌글리콜의 온도와 동점성계수가 60 °C, $\nu=4.75\times10^{-6}$ m²/s일 때, 완전 상사를 이루기 위한 물의 온도는 얼마인가? (b) 물이 (a)에서 계산된 온도일 때 모형 탱크를 완전히 비우는 데 4.12분이 걸린다. 실제 탱크로부터 에틸렌글리콜을 방출하는 데 걸리는 시간은 얼마인가?

답: (a) 45.8 °C, (b) 8.24분

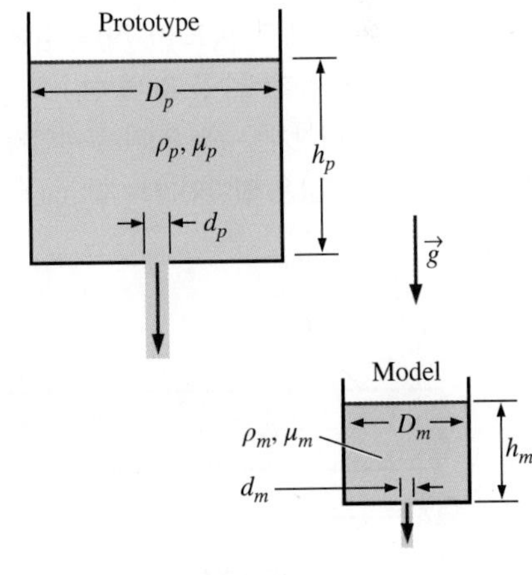

그림 P7-100

7-101 문제 P7-98처럼 탱크 하부에서 액체가 방출된다. 탱크에 비하여 구멍이 매우 작은 경우($d \ll D$)를 고려해 보자. 실험을 통해 평균 방출 속도 V는 d, D, ρ, μ와 거의 무관하고, 액체 높이 h와 중력가속도 g에만 관계됨이 밝혀졌다. 다른 조건은 일정하고 액체 높이가 두 배가 된다면 액체 방출 속도는 얼마나 증가하겠는가? **답:** $\sqrt{2}$

7-102 특성 직경 D_p의 미세 입자가 특정 길이 L, 특성 속도 V의 공기 중에서 유동한다. **입자 이완 속도** τ_p란 입자가 공기 속도의 변화에 적응하는 데 걸리는 시간이다.

$$\tau_p = \frac{\rho_p D_p^2}{18\mu}$$

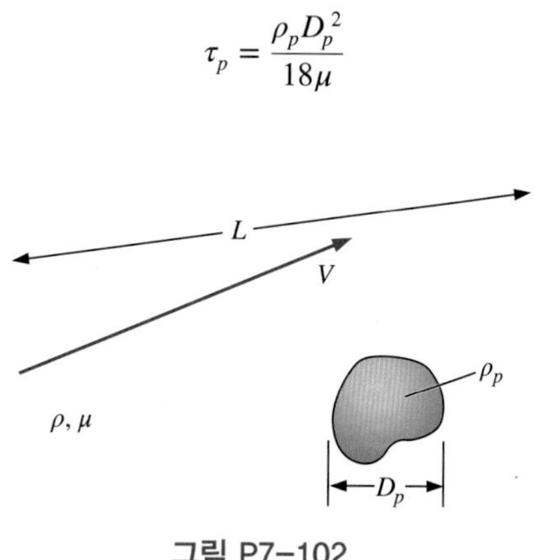

그림 P7-102

τ_p의 1차 차원이 시간임을 증명하고, 공기 유동의 특성 속도 V, 특성 길이 L을 기초로 τ_p의 무차원 형태를 도출하라(그림 P7-102). 도출된 무차원 매개변수는 무엇인가?

7-103 긴 원형 파이프 내 압력 강하 $\Delta P = P_1 - P_2$는 벽면 전단응력 τ_w로 표현될 수 있다. 그림 P7-103에 벽면에 의해 유체에 작용하는 전단응력이 나타나 있고, 점 1과 2 사이의 검사체적은 음영 처리되었다. 압력 강하에는 두 가지 무차원 매개변수가 관련된다. Euler 수 Eu와 Darcy 마찰계수 f. (a) 그림 P7-103의 검사체적을 활용하여 f와 Eu(그리고 문제에 주어진 다른 변수들)의 관계를 구하라. (b) 문제 7-79(표 P7-79)의 실험 조건과 데이터를 사용하여 Darcy 마찰계수를 Re의 함수로 도시하라. Re가 매우 큰 영역에서 마찰계수 f는 Re와 무관한가? 그렇다면 Re가 매우 큰 영역의 f값은 얼마인가? 답: (a) $f = 2\frac{D}{L}$Eu; (b) 그렇다, 0.0487

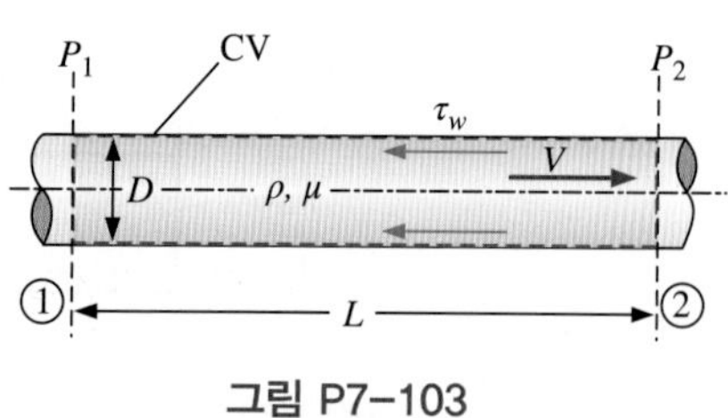

그림 P7-103

7-104 표 7-5의 Stanton 수는 Reynolds수, Nusselt 수, Prandtl 수를 조합하여 구할 수 있다. 이들 네 무차원 그룹의 관계를 보여라. 또한 다른 두 무차원 매개변수를 조합하여 Stanton 수를 구하라.

7-105 그림 P7-105에 나타난 바와 같이 하부 평판은 V_{bottom}, 간격 h의 상부 평판은 V_{top}으로 움직이는 두 평행 평판 사이의 완전발달 Couette 유동을 고려해 보자. 유동은 xy평면에서 정상 상태, 비압축성, 2차원이다. x방향 유속 u와 유체 점성계수 μ, 평판 속도 V_{top}, V_{bottom}, 간격 h, 유체 밀도 ρ, 거리 y의 무차원 함수 관계를 구하라. (힌트: 대수 계산을 시작하기 전에 매개변수의 목록을 주의깊게 생각하라.)

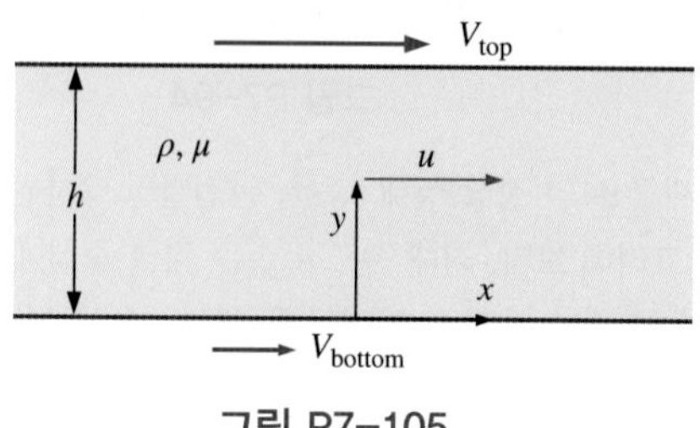

그림 P7-105

7-106 필터, 시간 지연 회로 등 시간 척도가 관련된 많은 전자회로에는 저항(R)과 축전지(C)가 병렬로 연결된다(그림 P7-106, **저역통과 필터**). 전기저항 R과 축전지 C의 곱은 **전기시간상수** RC로 불린다. RC의 1차 차원은 무엇인가? 시간회로에 저항과 축전지가 동시에 사용되는 이유를 차원을 가지고 설명하라.

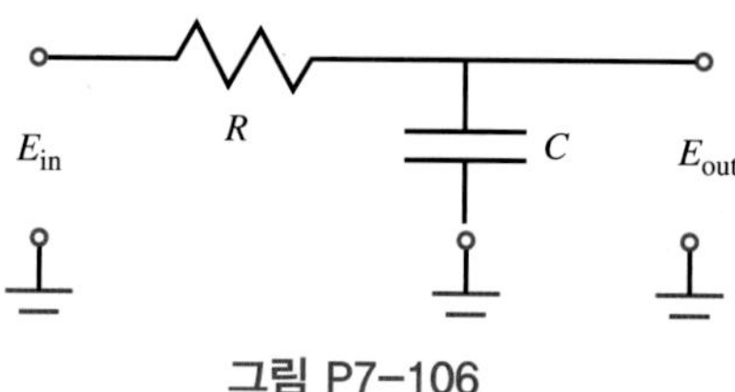

그림 P7-106

7-107 예제 7-7에서 질량기준 1차 차원을 사용하여 비눗방울 내외의 압력차 $\Delta P = P_{inside} - P_{outside}$를 비눗방울의 반경 R과 표면장력 σ_s의 함수로 구하였다(그림 P7-107). 이번에는 **힘 기준** 1차 차원을 사용하여 반복변수법으로 차원해석을 수행하라. 동일한 결과를 얻을 수 있는지 확인하라.

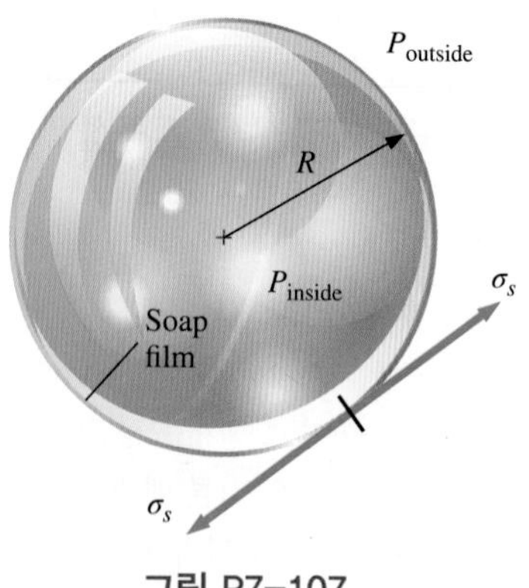

그림 P7-107

7-108 직경 D의 모세관을 액체 중에 삽입하니 액체 높이가 h만큼 상승하였다(그림 P7- 108). 높이 h는 액체 밀도 ρ, 관경 D, 중력가속도 g, 접촉각 ϕ, 액체의 표면장력 σ_s의 함수이다. (a) 액체 높이 h와 다른 매개변수의 무차원 함수 관계를 구하라. (b) 이 결

과를 2장의 엄밀해와 비교하라. 차원해석 결과가 엄밀해와 일치하는지 확인하고, 논의하라.

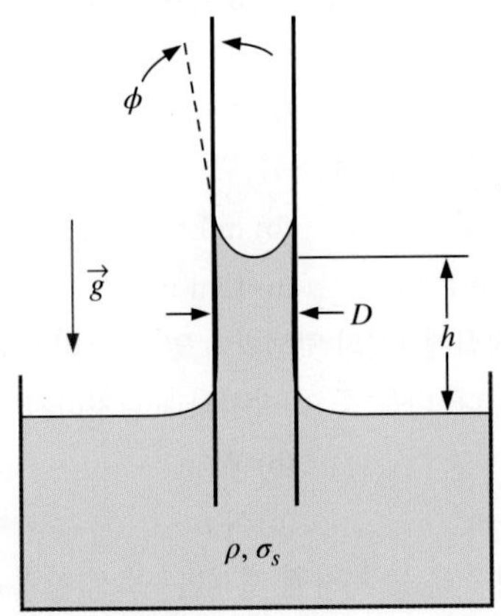

그림 P7-108

7-109 문제 7-108 (a)를 반복 계산하라. 단, 높이 h 대신에 액체가 모세관 내 최종 높이에 이르는 데 걸리는 시간 t_{rise}의 함수 관계를 구하라. (힌트: 문제 7-108의 독립변수 외에 다른 적절한 매개변수가 있는지 조사한다.)

7-110 **음 강도** I는 음원으로부터 방출되는 단위 면적당 음향 출력으로 정의된다. I는 음압 레벨 P(압력의 단위), 유체 밀도 ρ, 음속 c의 함수이다. (a) 질량 기준 1차 차원에서 반복변수법을 사용하여 I와 다른 매개변수의 함수 관계를 구하라. (b) 힘 기준 1차 차원을 사용하여 (a)를 반복 계산하고, 그 결과를 논의하라.

7-111 문제 7-110에서 음원으로부터의 거리 r을 독립 매개변수로 추가하여 반복 계산하라.

7-112 MIT의 엔지니어들은 참치의 운동을 연구하기 위하여 기계적 모델인 참치 로봇(Robotuna)을 개발하였다. 참치 로봇은 길이가 1.0 m이고, 최대 속력은 2.0 m/s이다. 실제 참치는 길이가 3.0 m보다 클 수 있으며, 13 m/s보다 빠른 속력으로 헤엄칠 수 있다. 길이 2.0 m, 속력 10 m/s로 헤엄치는 실제 참치와 Reynolds 수가 같은 길이 1.0 m인 참치 로봇의 속력은 얼마인가?

7-113 그림 P7-113에 나타난 소방 노즐에 작용하는 수평력 F는 속도 V_1, 압력 강하 $\Delta P = P_1 - P_2$, 밀도 ρ, 점성계수 μ, 입구 면적 A_1, 출구 면적 A_2, 길이 L의 함수이다. V_1, A_1, ρ를 반복 매개변수로 $F = f(V_1, \Delta P, \rho, \mu, A_1, A_2, L)$에 대하여 차원해석을 수행하고, 도출되는 정립된 무차원 매개변수를 기술하라.

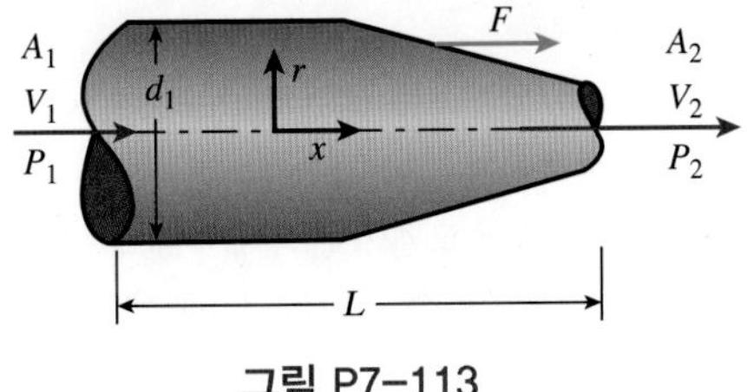

그림 P7-113

7-114 표 7-5의 정립된 무차원 매개변수 중 다수는 다른 두 무차원 매개변수의 비나 곱으로 구해진다. 다음 두 무차원 매개변수를 사용하여 **세 번째** 정립된 무차원 매개변수를 구하라. (a) Reynolds 수와 Prandtl 수, (b) Schmidt 수와 Prandtl 수, (c) Reynolds 수와 Schmidt 수.

7-115 체적유량 $\dot{V}$, 밀도 ρ의 먼지가 포함된 공기가 **공기역류 사이클론**(그림 P7-115)의 측부로 접선방향으로 유입하여 탱크 내에서 선회한다. 선회 중 먼지 입자는 분리되어 하부로 배출되고, 공기는 상부로 배출된다. 역류 사이클론의 치수는 직경 D로 대표된다. (a) 사이클론에서의 압력 강하 δP와 다른 매개변수 사이의 무차원 관계를 구하라. (b) 다른 모든 조건이 동일하고 사이클론의 크기가 두 배가 된다면 압력 강하는 얼마나 변하겠는가? (c) 다른 모든 조건이 동일하고 체적유량이 두배가 된다면 압력 강하는 몇배가 되겠는가? **답:** (a) $D^4\ \delta P/\rho\dot{V}^2 =$ 상수, (b) 1/16, (c) 4

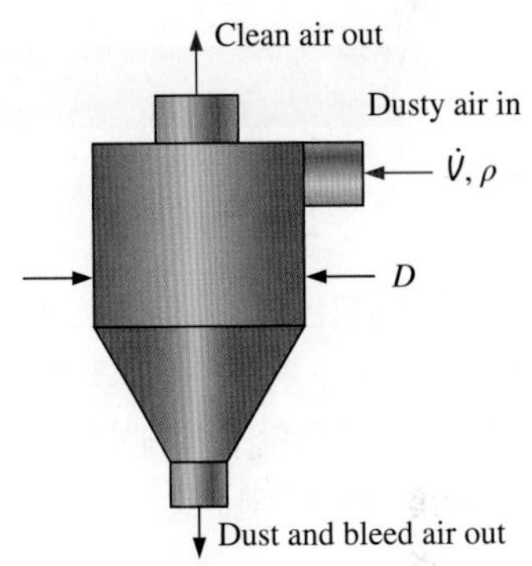

그림 P7-115

7-116 공기 중 먼지를 제거하기 위해 **전기 집진기**(ESP)가 널리 사용된다. 전기 집진기에서 우선 먼지는 하전된 와이어에 의해 양의 전하 q_p(쿨롱)로 하전된다(그림 P7-116). 다음으로 서로 반대로 하전된 평판 사이를 지나며 집진된다. 평판에 가해진 전기장 강도(단위 길이당 전위차)는 E_f이다. 그림 P7-116에 직경 D_p의 하전된 먼지 입자를 나타내었다. 입자는 음으로 하전된 평판으로 **편류 속도**(drift velocity) w로 움직인다. 평판이 충분히 길다면 먼지 입자는 음으로 하전된 평판에 충돌하여 부착되고, 깨끗한 공기가 배출된다. 작은 먼지 입자의 경우 편류 속도는 q_p, E_f, D_p와 공기 점성계수 μ와 관련이 있다. (a) 집진 단계에서 편류 속도와 주어진 매개변수의 무차원 관계를 구하라. (b) 다른 모든 조건은 동일하고 전기장 강도가 두 배로 된다면 편류 속도는 얼마나 변하겠는가? (c) 주어진 ESP에서 다른 모든 조건은 동일하고 입자 직경이 두 배로 된다면 편류 속도는 얼마나 변하겠는가?

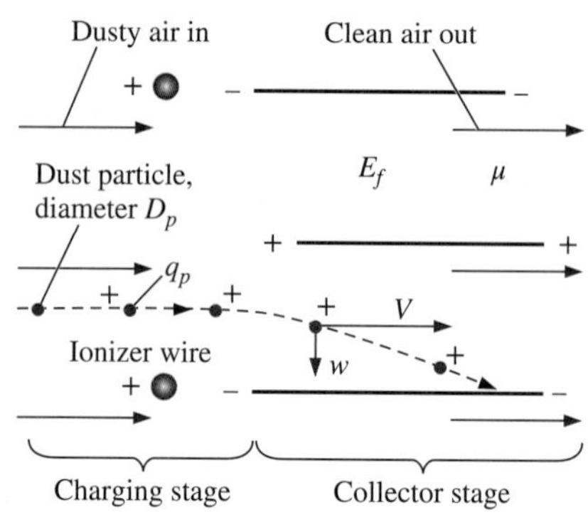

그림 P7–116

7-117 회전축의 출력 전력 $\dot{W}$는 토크 T와 각속도 ω의 함수이다. 차원해석을 이용하여 $\dot{W}$, T, ω의 관계를 무차원 형태로 표현하라. 또한 구한 결과를 물리학을 통해 알고 있는 내용과 비교하고 간략히 분석하라.

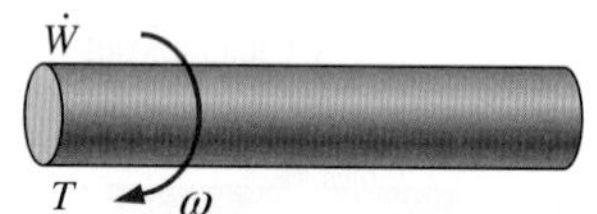

그림 P7–117

7-118 핵폭탄에 의해 생성되는 버섯 구름의 반경 R은 시간에 따라 성장한다. 이때 반경 R은 시간 t, 폭발 초기 에너지 E, 평균 공기 밀도 ρ의 함수로 예상한다. 차원해석을 이용하여, R, t, E, ρ의 관계를 무차원 형태로 나타내라.

그림 P7–118

공학 기초(FE) 시험 문제

7-119 다음 중 1차 차원이 아닌 것은?

(a) 속도 (b) 시간 (c) 전류
(d) 온도 (e) 질량

7-120 일반기체상수 R_u의 1차 차원은?

(a) m·L/t²·T (b) m²·L/N (c) m·L²/t²·N·T
(d) L²/t²·T (e) N/m·t

7-121 어떤 물질의 열전도도는 단위 온도차당 단위 길이에 대한 열전달률로 정의된다. 열전도도의 1차 차원은?

(a) m²L/t²·T (b) m²L²/t·T (c) L²/m·t²·T
(d) m·L/t³·T (e) m·L²/t³·T

7-122 일반기체상수 분의 기체상수 R/R_u의 1차 차원은?

(a) L²/t²·T (b) m·L/N (c) m/t·N·T
(d) m/L³ (e) N/m

7-123 동점성계수의 1차 차원은?

(a) m·L/t² (b) m/L·t (c) L²/t
(d) L²/m·t (e) L/m·t²

7-124 한 방정식에 4개의 덧셈항이 있고, 그리고 그 단위가 다음에 주어져 있다. 다음 중 이 방정식과 일치하지 않는 것은?

(a) J (b) W/m (c) kg·m²/s²
(d) Pa·m³ (e) N·m

7-125 항력계수 C_D는 무차원 매개변수로서 항력 F_D, 밀도 ρ, 속도 V, 면적 A 함수이다. 항력계수는 다음 중 어느 것으로 표현되는가?

(a) $\dfrac{F_D V^2}{2\rho A}$ (b) $\dfrac{2F_D}{\rho VA}$ (c) $\dfrac{\rho VA^2}{F_D}$
(d) $\dfrac{F_D A}{\rho V}$ (e) $\dfrac{2F_D}{\rho V^2 A}$

7-126 무차원 열전달계수는 대류계수 h(W/m²·K), 열전도도 k(W/m·K), 특성 길이 L의 함수이다. 이 무차원 매개변수는 다음 중 어느 것으로 표현되는가?

(a) hL/k (b) h/kL (c) L/hk
(d) hk/L (e) kL/h

7-127 열전달계수는 무차원 매개변수로서 점성 μ, 비열 c_p(kJ/kg·K), 열전도도 k(W/m·K)의 함수이다. 이 무차원 매개변수는 다음 중 어느 것으로 표현되는가?

(a) $c_p/\mu k$ (b) $k/\mu c_p$ (c) $\mu/c_p k$
(d) $\mu c_p/k$ (e) $c_p k/\mu$

7-128 자동차의 1/3 축척 모델이 풍동에서 테스트된다. 실제 자동차의 조건은 $V=75$ km/h 및 $T=0$ ℃이고, 풍동 내의 공기 온도는 20 ℃이다.

1기압, 0 ℃에서 공기의 상태량: $\rho=1.292$ kg/m³, $\nu=1.338\times10^{-5}$ m²/s.

1기압, 20 ℃에서 공기의 상태량: $\rho=1.204$ kg/m³, $\nu=1.516\times10^{-5}$ m²/s.

모델과 원형 사이의 상사를 획득하기 위하여 풍동 속도는 얼마이어야 하는가?

(a) 255 km/h (b) 225 km/h (c) 147 km/h
(d) 75 km/h (e) 25 km/h

7-129 비행기의 1/4 축척 모델이 물속에서 테스트된다. −50 ℃의 공기 중에서 비행기의 속도는 700 km/h이다. 시험부에서의 물의

온도는 10 ℃이다. 모델과 원형 사이의 상사를 획득하기 위하여, 시험은 393 km/h의 물의 속도에서 수행된다.

1기압, −50 ℃에서 공기의 상태량: $\rho=1.582$ kg/m^3, $\mu=1.474\times10^{-5}$ kg/m·s.

1기압, 10 ℃에서 물의 상태량: $\rho=999.7$ kg/m^3, $\mu=1.307\times10^{-3}$ kg/m·s.

만약 모델에 작용하는 평균 항력이 13,800 N으로 측정된다면, 원형에 작용하는 항력은 얼마인가?

(a) 590 N (b) 862 N (c) 1109 N
(d) 4655 N (e) 3450 N

7-130 비행기의 1/3 축척 모델이 물속에서 테스트된다. −50 ℃의 공기 중에서 비행기의 속도는 900 km/h이다. 시험부에서의 물의 온도는 10 ℃이다.

1기압, −50 ℃에서 공기의 상태량: $\rho = 1.582$ kg/m^3, $\mu = 1.474\times10^{-5}$ kg/m·s.

1기압, 10 ℃에서 물의 상태량: $\rho = 999.7$ kg/m^3, $\mu=1.307\times10^{-3}$ kg/m·s.

모델과 원형 사이의 상사를 획득하기 위하여 모델에서 물의 속도는 얼마이어야 하는가?

(a) 97 km/h (b) 186 km/h (c) 263 km/h
(d) 379 km/h (e) 450 km/h

7-131 자동차의 1/4 축척 모델이 풍동에서 테스트된다. 실제 자동차의 조건은 V=45 km/h 및 T=0 ℃이고, 풍동 내의 공기 온도는 20 ℃이다. 모델과 원형 사이의 상사를 획득하기 위하여 풍동은 180 km/h로 운전된다.

1기압, 0 ℃에서 공기의 상태량: $\rho=1.292$ kg/m^3, $\nu=1.338\times 10^{-5}$ m^2/s.

1기압, 20 ℃에서 공기의 상태량: $\rho=1.204$ kg/m^3, $\nu=1.516\times10^{-5}$ m^2/s.

만약 모델에 작용하는 평균 항력이 70 N으로 측정된다면, 원형에 작용하는 항력은 얼마인가?

(a) 66.5 N (b) 70 N (c) 75.1 N
(d) 80.6 N (e) 90 N

7-132 얇은 평판을 따라 커져가는 경계층을 고려해 보자. 이 문제는 다음의 매개변수와 관련되는데, 즉 경계층 두께 δ, 하류 거리 x, 자유흐름 속도 V, 유체 밀도 ρ, 유체 점성 μ이다. 종속 매개변수는 δ이다. 만약 반복 매개변수로 x, ρ, V를 선택한다면, 종속 Π는 어느 것인가?

(a) $\delta x^2/V$ (b) $\delta V^2/x\rho$ (c) $\delta\rho/xV$
(d) $x/\delta V$ (e) δ/x

7-133 얇은 평판을 따라 커져가는 경계층을 고려해 보자. 이 문제는 다음의 매개변수와 관련되는데, 즉 경계층 두께 δ, 하류 거리 x, 자유흐름 속도 V, 유체 밀도 ρ, 유체 점성 μ이다. 이 문제에서 대표되는 1차 차원의 개수는 무엇인가?

(a) 1 (b) 2 (c) 3
(d) 4 (e) 5

7-134 얇은 평판을 따라 커져가는 경계층을 고려해 보자. 이 문제는 다음의 매개변수와 관련되는데, 즉 경계층 두께 δ, 하류 거리 x, 자유흐름 속도 V, 유체 밀도 ρ, 그리고 유체 점성 μ이다. 이 문제에서 기대되는 무차원 매개변수 Π의 개수는 어느 것인가?

(a) 5 (b) 4 (c) 3
(d) 2 (e) 1

CHAPTER

8

내부 유동

유체 유동은 표면 위를 흐르는지 또는 관 내를 흐르는지에 따라 외부 유동 또는 내부 유동으로 구분된다. **내부 유동**과 **외부 유동**은 매우 다른 특성을 보이는데, 이 장에서는 파이프 내부를 완전히 채우면서 압력차에 의하여 흐르는 **내부 유동**을 다룬다. 관개수로와 같은 **개수로 유동**(13장)은 부분적으로만 고체 벽면과 접하고 중력에 의하여 흐른다는 점에서 내부 유동과 구별된다.

이 장에서는 우선 **입구 영역**, **완전발달** 영역과 같은 파이프나 덕트 내 내부 유동의 물리적 특성을 살펴보고, 이후 무차원 **Reynolds 수**의 물리적 중요성에 대하여 논의한다. 그리고 층류와 난류 유동에 대해 파이프 유동과 관련된 **압력 강하** 관계식을 소개한다. 또한 실제 파이프 시스템에 대하여 부차적 손실을 논의하고, 압력 강하와 소요 펌프 동력을 결정한다. 마지막으로 유량 측정 장치에 대하여 간략히 소개한다.

목표

이 장을 공부하면 다음과 관련된 지식을 얻을 수 있다.

- 파이프 내부의 층류와 난류 유동에 대한 깊은 이해와 완전발달 유동에 대한 해석
- 배관망에서 파이프 유동과 관련된 주 손실과 부차적 손실의 계산 및 필요한 펌프 동력의 결정
- 여러 가지 속도 및 유량 측정 기법의 이해와 이들의 장단점

그림의 정유 시설에 보이는 파이프, 엘보, 티, 밸브 등을 통과하는 내부 유동은 거의 모든 산업시설에서 관찰된다.
© Corbis RF

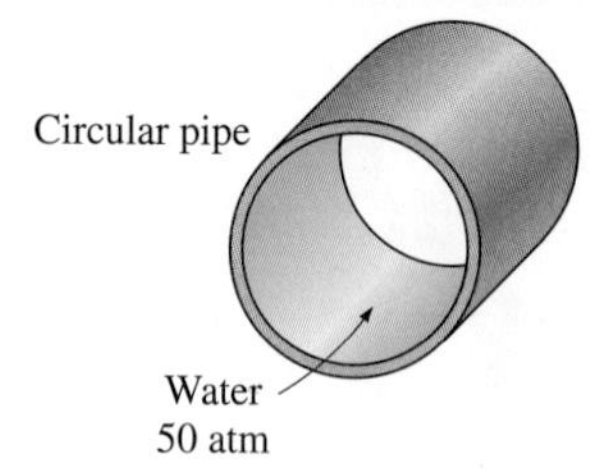

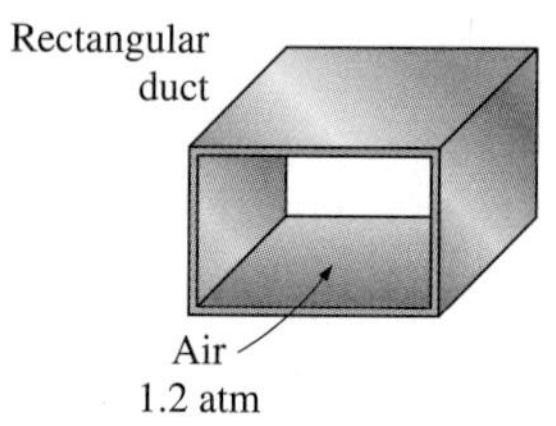

그림 8–1
원형 파이프는 별다른 변형 없이 내부와 외부의 큰 압력차를 견딜 수 있다. 하지만 비원형 파이프는 그렇지 않다.

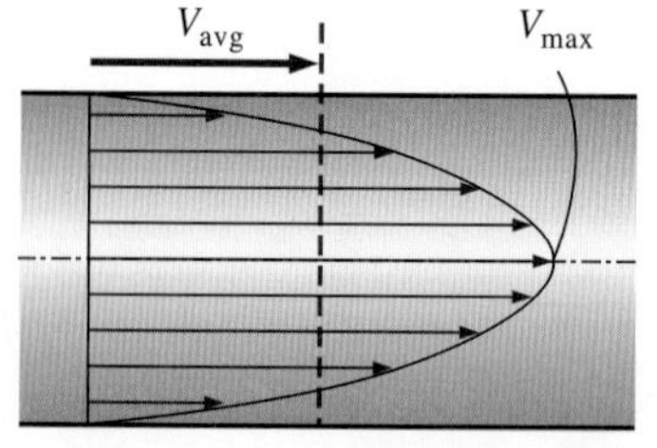

그림 8–2
평균 속도 V_{avg}는 단면을 지나는 평균 속력으로 정의된다. 완전발달 층류 파이프 유동에서 V_{avg}는 최대 속도의 반이다.

8–1 ■ 서론

파이프나 **덕트** 내부를 흐르는 액체나 기체의 유동은 냉난방 응용 및 유체 배관망에서 보편적으로 사용된다. 이런 응용에서 유체는 보통 유동 구간을 통해 팬이나 펌프에 의하여 강제적으로 흐르게 된다. 유체가 파이프나 덕트 내부를 흐를 때는 **마찰**에 의해 **압력 강하** 또는 **수두 손**실이 발생하는 사실에 주목하여야 한다. 이때 나타나는 압력 강하로부터 소요 펌프 동력을 계산할 수 있다. 일반적인 파이프 시스템은 여러 구경의 파이프와 접합부, 엘보, 밸브 및 유체의 압력을 높이는 펌프 등으로 구성된다.

파이프, **덕트**, **도관**(conduit)은 혼용되기도 하지만, 단면이 원형일 경우(특히 액체가 흐를 경우)에는 파이프라 하고, 단면이 비원형일 경우(특히 기체 유동의 경우)에는 덕트라고 한다. 파이프 구경이 작을 때는 **튜브**라고도 한다. 본 장에서는 혼동을 없애기 위해 필요할 때마다 **원형 파이프**, **직사각형 덕트**와 같이 좀 더 구체적으로 기술하기로 한다.

대부분의 유체(특히 액체) 유동에는 **원형 파이프**가 널리 쓰이는데, 이는 원형 파이프가 파이프의 내부와 외부 사이의 큰 압력차를 큰 변형 없이 견딜 수 있기 때문이다. **비원형 파이프**는 일반적으로 빌딩 냉난방과 같이 압력차가 비교적 작고, 제조 및 설치비가 적게 요구되고, 설치 공간이 제한된 곳에 사용된다(그림 8-1).

유체 유동에 관한 이론은 비교적 잘 알려져 있지만, 이론적 해는 원형 파이프 내부에서 완전발달된 층류 유동과 같이 몇몇 단순한 경우에만 가능하다. 따라서 대부분의 경우 닫힌 형태의(closed form) 해석해보다는 실험식이나 경험식에 의존하여야 한다. 그러나 실험의 경우 작은 실험 조건의 차이에도 그 결과가 달라질 수 있기 때문에 엄밀한 결과를 기대하기는 힘들다. 예를 들어, 이 장에 제시된 관계식으로 마찰계수를 계산할 때 10%(또는 그 이상) 오차는 일반적으로 받아들여야 한다.

파이프 내의 유속은 점착(no-slip) 조건에 의해 벽면에서 영이고, 중심에서 최대가 된다. 비압축성 유동에서는 파이프 단면이 일정하면 그 값이 일정한 **평균** 속도 V_{avg}를 사용하는 것이 편리하다(그림 8-2). 냉난방의 경우는 온도에 따른 밀도 변화로 인해 평균 속도가 다소 변할 수 있다. 그러나 실제로는 평균 온도에서 유체 상태량을 구하고, 이를 일정하게 취급한다. 일반적으로 약간의 정확도 훼손이 있더라도, 일정 상태량을 사용하는 편리함이 분명히 존재한다.

또한 유동 중 파이프 내부 유체 입자들 간의 마찰에 의해 기계적 에너지가 열 에너지로 변환됨에 따라 유체 온도가 다소 상승하기도 한다. 그러나 **마찰 가열**(frictional heating)에 의한 온도 상승은 일반적으로 매우 작아 대부분의 계산에서 무시한다. 예를 들어, 파이프 내부를 흐르는 물이 특별히 가열이나 냉각되지 않으면 입출구의 온도는 거의 변하지 않는다. 즉, 마찰에 의해서는 압력 강하가 유발되고, 열전달에 의해서만 현저한 온도차가 나타난다.

임의의 유동 단면에서의 평균 속도 V_{avg}의 값은 다음 식과 같은 **질량 보존** 법칙으로부터 구한다(그림 8-2).

$$\dot{m} = \rho V_{avg} A_c = \int_{A_c} \rho u(r)\, dA_c \tag{8-1}$$

여기서 $\dot{m}$은 질량유량, ρ는 밀도, A_c는 단면적, $u(r)$은 속도 분포이다. 따라서 반경이 R인 비압축성 원형 파이프 유동에서 평균 속도는 다음 식과 같이 얻어진다.

$$V_{\text{avg}} = \frac{\int_{A_c} \rho u(r)\, dA_c}{\rho A_c} = \frac{\int_0^R \rho u(r) 2\pi r\, dr}{\rho \pi R^2} = \frac{2}{R^2} \int_0^R u(r) r\, dr \tag{8-2}$$

그러므로 유량이나 속도 분포를 알면 평균 속도를 쉽게 계산할 수 있다.

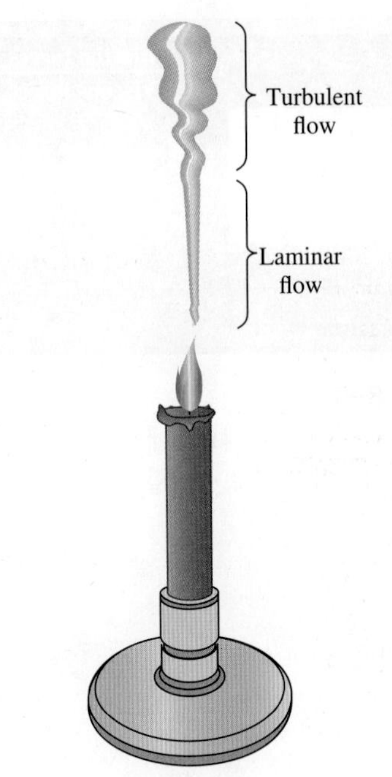

그림 8–3
촛불 연기의 층류 및 난류 영역.

8–2 ■ 층류 유동과 난류 유동

담배를 피우는 사람 옆에 있을 때 담배 연기를 살펴보면 처음 몇 센티미터는 매끈하게 올라가다 그 이후는 올라가면서 임의의 방향으로 흔들리는 것을 볼 수 있다. 다른 종류의 연기들도 유사하게 거동한다(그림 8-3). 마찬가지로 파이프 내부 유동도 자세히 보면 낮은 속도에서는 매끈하게 흐르지만, 어떤 임계값 이상에서는 그림 8-4에 보인 것처럼 혼돈 양상을 보인다. 전자의 경우를 **층류**(laminar)라 부르는데 **유선이 매끈하고 질서정연한 유동 특성**을 보이고, 후자의 경우는 **난류**(turbulent)라 부르는데 **속도 변동**과 **매우 무질서한 운동**의 유동 특성을 보여 준다. 층류에서 난류로의 **천이**(transition)는 급작스럽게 일어나지는 않고, 완전히 난류가 되기 전 층류와 난류 유동 사이를 반복하는 일정 영역에 걸쳐 발생한다. 실제 일상에서 마주치는 대부분의 유동은 난류이다. 층류는 작은 직경의 관 또는 좁은 통로 내부의 오일 유동과 같은 높은 점성 유동에서 나타난다.

층류, 천이, 난류 유동 영역들의 존재는 약 100년 전 영국 엔지니어 Osborne Reynolds(1842 -1912)가 시도했듯이, 유리관 내를 흐르는 유동에 염료를 주입함으로써 확인할 수 있다. 염료선은 층류인 낮은 속도에서는 **매끄러운 직선**을 이루다가(분자 확산에 의해 다소 흐릿해질 수는 있지만), **간헐적 요동**이 나타나는 천이 영역을 거쳐 완전 난류가 되면 **임의적이고 빠른 지그재그** 운동을 하게 된다. 이러한 지그재그 형상과 염료의 확산은 주 유동에서의 변동(fluctuations)과 인접 층들로부터의 유체 입자들의 빠른 혼합이 있음을 보여 준다.

빠른 변동으로 인한 난류 유동에서의 유체의 **맹렬한 혼합**은 유체 입자들 간의 운동량 전달을 향상시키고, 따라서 파이프 벽면의 마찰력과 소요 펌프 동력을 증가시킨다. 유동이 완전 난류가 될 때 마찰계수는 최대가 된다.

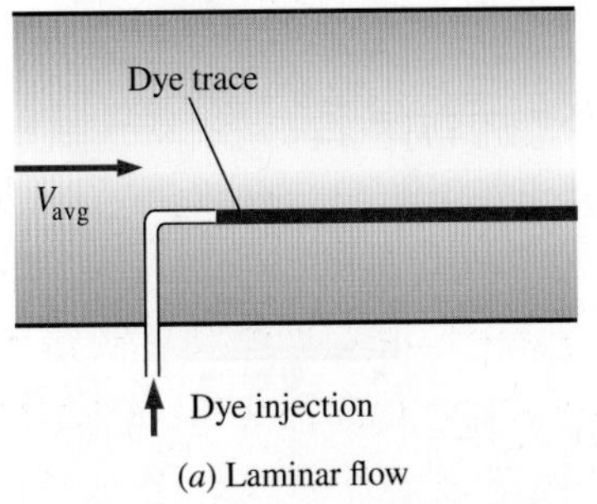

(*a*) Laminar flow

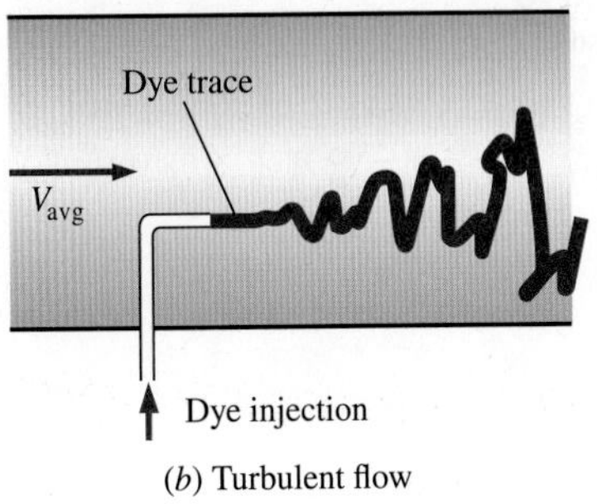

(*b*) Turbulent flow

그림 8–4
파이프 내의 (*a*) 층류 유동과 (*b*) 난류 유동에서 유동 중에 주입된 염료의 거동.

Reynolds 수

층류에서 난류로의 천이에는 여러 변수 중에 특히 **기하학적 형상, 표면조도, 유동 속도, 표면 온도 및 유체의 종류** 등이 큰 영향을 미친다. 1880년대 Osborne Reynolds는 많은 실험을 통해 유체의 **관성력**과 **점성력**의 비가 유동 영역을 결정한다는 것을 발견하였다(그림 8-5). 이 비를 **Reynolds 수**라고 하며, 원형 파이프 내 유동의 경우 다음과 같이 표현된다.

$$\text{Re} = \frac{\text{Inertial forces}}{\text{Viscous forces}} = \frac{V_{\text{avg}} D}{\nu} = \frac{\rho V_{\text{avg}} D}{\mu} \tag{8-3}$$

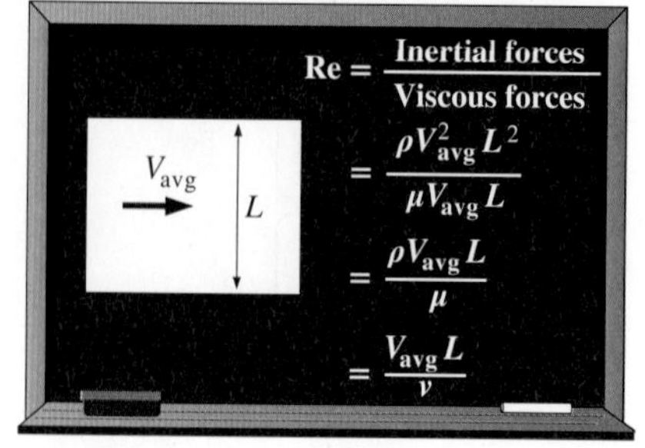

그림 8–5
Reynolds 수는 유체요소에 작용하는 관성력과 점성력의 비로 생각할 수 있다.

여기서 V_{avg}=평균 유동 속도(m/s), D=기하학적 특성 길이(여기서는 직경, m), $\nu=\mu/\rho$=유체의 동점성계수(m^2/s)이다. Reynolds 수는 무차원량(7장 참조)이다. 또한 동점성계수의 단위는 m^2/s로, **점성 확산도** 또는 **운동량 확산도**로 이해할 수 있다.

Reynolds 수가 크면 유체의 밀도와 속도의 제곱에 비례하는 관성력이 점성력보다 크고, 따라서 점성력이 더 이상 유체의 임의적이고 빠른 변동을 억제할 수 없게 된다. 하지만 작거나 중간 정도의 Reynolds 수에서는 점성력이 이러한 변동을 억제하여 유체를 "정렬"시킬 수 있을 만큼 충분히 크게 된다. 전자의 경우가 난류이고, 후자의 경우가 층류에 해당한다.

유동이 난류가 되기 시작하는 Reynolds 수를 **임계 Reynolds 수**(critical Reynolds number, Re_{cr})라고 하는데, 이 값은 기하학적 형상과 유동 조건의 함수이다. 원형 파이프 내부 유동의 경우 임계 Reynolds 수는 일반적으로 $Re_{cr}=2300$으로 알려져 있다.

비원형 파이프 내부 유동의 경우 Reynolds 수는 **수력직경**(hydraulic diameter) D_h로 정의된다(그림 8-6).

수력직경: $$D_h = \frac{4A_c}{p} \qquad \textbf{(8-4)}$$

여기서 A_c는 파이프의 단면적이고, p는 접수둘레(wetted perimeter)이다. 원형 파이프의 경우 수력직경은 직경 D와 같은 값이 된다.

원형 파이프: $$D_h = \frac{4A_c}{p} = \frac{4(\pi D^2/4)}{\pi D} = D$$

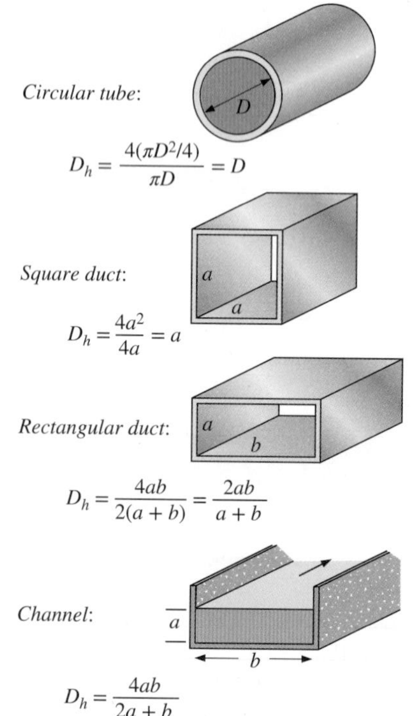

그림 8–6
원형관의 수력직경 $D_h=4A_c/p$는 직경 D가 된다. 개수로 유동과 같이 자유표면이 있을 경우 접수둘레는 유체에 접한 벽면만으로 구성된다.

층류, 천이, 난류 유동을 구분하는 정확한 Reynolds 수를 알면 좋겠으나, 실제는 그렇지 못하다. 층류에서 난류로의 천이는 **표면조도**, **파이프 진동**, **상류 유동에서의 변동** 등에 영향을 받기 때문이다. 대체로 원형 파이프 유동의 경우 다음과 같이 $Re \lesssim 2300$이면 층류, $Re \gtrsim 4000$이면 난류이고, 그 사이가 천이 영역으로 구분된다.

$$Re \lesssim 2300 \quad \text{laminar flow}$$
$$2300 \lesssim Re \lesssim 4000 \quad \text{transitional flow}$$
$$Re \gtrsim 4000 \quad \text{turbulent flow}$$

천이 유동에서는 층류와 난류가 임의적으로 반복된다(그림 8-7). 파이프 내부 표면이 아주 매끈하고 파이프 진동과 유동의 교란이 없는 경우에는 매우 높은 Reynolds 수에서도 층류가 될 수 있음에 유의하자. 주의 깊게 실험을 해보면 Reynolds 수=100,000까지 층류가 유지될 수 있다.

8–3 ▪ 입구 영역

균일한 속도로 원형 파이프 내로 유입되는 유동을 고려해 보자. 점착 조건에 의해 파이프 표면과 접촉하는 층에서의 유체 입자의 속도는 영이다. 이와 인접한 층은 마찰에 의해 점차 속도가 느려진다. 파이프 중심부에서의 유동 속도는 느려진 벽면 부근의 속도를 보상하기 위해 빨리 흐르게 되고, 이로써 파이프 내의 질량유량이 일정하게 유지하게 된다. 이에 따라 파이프를 따라 속도구배가 생기게 된다.

유체의 점성에 의한 점성 전단력의 영향을 받는 유동 영역을 **속도 경계층**(velocity boundary layer) 또는 그냥 **경계층**(boundary layer)이라고 한다. 따라서 파이프 내부의 유동은 점성 영향과 속도 변화가 현저한 **경계층 영역**과 마찰 영향이 미미하고, 속도가 반경방향으로 일정한 **비회전(중심부) 유동 영역**의 두 개의 영역으로 구분된다.

그림 8-8과 같이 이러한 경계층의 두께는 유동방향을 따라 증가하여 파이프 중심에 도달하면서 전체 파이프를 채우게 된다. 그리고 속도는 그 약간 하류에서 완전발달하게 된다. 파이프 입구부터 속도 분포가 완전발달하는 곳까지의 영역을 **수역학적 입구 영역**(hydrodynamic entrance region)이라 하고, 이 영역의 길이를 **수역학적 입구 길이**(hydrodynamic entrance length) L_h라고 한다. 입구 영역에서는 속도 분포가 계속 발달하므로 이 영역에서의 유동을 **수역학적으로 발달하는 유동**(hydrodynamically developing flow)이라고 한다. 입구 영역 이후 속도 분포가 완전발달하여 변하지 않는 영역을 **수역학적 완전발달 영역**(hydrodynamically fully developed region)이라고 한다. 속도 분포뿐만 아니라 정규화된 온도 분포도 변하지 않을 때, 유동을 **완전발달**(fully developed)했다고 한다. 따라서 유체가 가열되거나 냉각되지 않아 유체 온도가 전체적으로 동일할 때는 수역학적 완전발달 유동과 완전발달 유동은 동일한 의미를 갖는다. 완전발달 유동은 층류인 경우 **포물선 형태**(parabolic)의 속도 분포를 나타내며, 난류의 경우에는 반경방향으로의 에디 운동과 격렬한 혼합으로 속도 분포가 훨씬 **평평해진다**. 유동이 완전발달하면 시간평균된 속도 분포는 변하지 않는다. 따라서 다음 식이 성립한다.

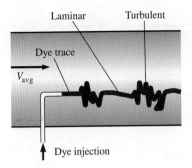

그림 8–7
2300≤Re≤4000의 천이 유동 영역에서 유동은 임의로 층류와 난류를 반복한다.

수역학적 완전발달:
$$\frac{\partial u(r,x)}{\partial x} = 0 \quad \rightarrow \quad u = u(r) \qquad \textbf{(8-5)}$$

파이프 벽면의 전단응력 τ_w는 표면에서의 속도 분포의 기울기와 관계가 있다. 수역학적 완전발달 영역에서는 속도 분포가 일정하므로 벽면 전단응력도 일정하다(그림 8-9).

그림 8-10과 같이 수역학적 입구 영역에서는 경계층 두께가 가장 작은 파이프 입구에서 벽면 전단응력이 **최대**가 되고, 점차로 완전발달된 값으로 감소한다. 그러므로 입구 영역에서의 압력 강하는 **크게** 되고, 결국 입구 영역의 존재는 전체 파이프의 평

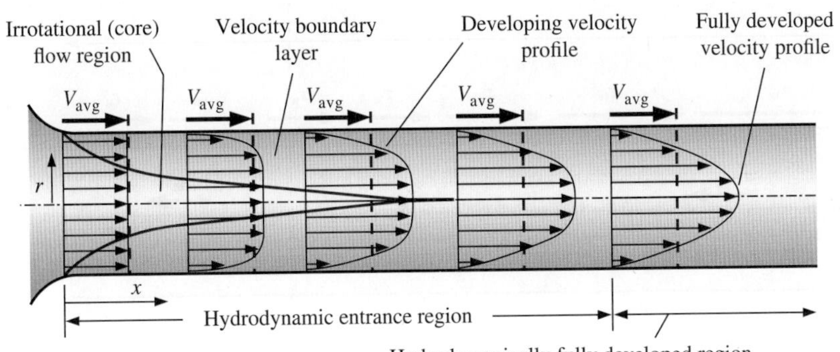

그림 8–8
파이프 내의 속도 경계층 발달(발달된 평균속도 분포는 층류 유동에서는 포물선이고, 난류 유동에서는 좀 더 평평해진다).

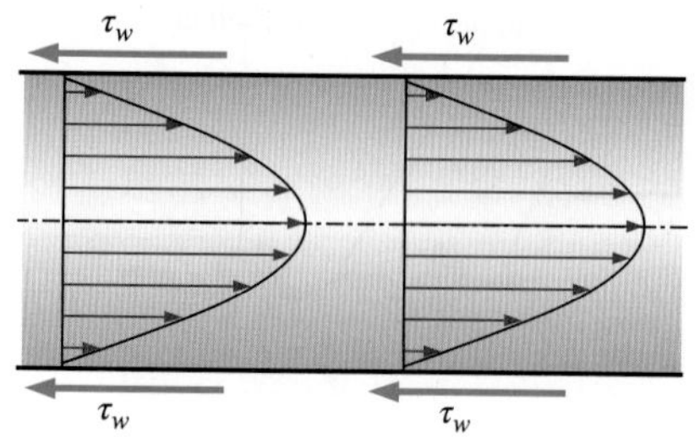

그림 8-9
파이프의 완전발달 유동 영역에서 속도 분포는 더 이상 변화하지 않는다. 따라서 벽면 전단응력도 일정하다.

균 마찰계수를 항상 증가시킨다. 이러한 증가는 파이프의 길이가 짧은 경우는 현저하지만, 긴 경우는 무시할 수 있다.

입구 길이

수역학적 입구 길이는 파이프 입구로부터 벽면 전단응력(또는 마찰계수)이 완전발달된 값의 2% 이내에 해당하는 곳까지의 길이로 정의된다. **층류 유동**의 경우 무차원 수역학적 입구 길이는 대략 다음과 같다[Kay와 Crawford(2004), Shah와 Bhatti(1987) 참조].

$$\frac{L_{h,\ \text{laminar}}}{D} \cong 0.05\text{Re} \tag{8-6}$$

Re = 20인 경우 수역학적 입구 길이는 대략 직경과 같고, 속도에 따라 선형적으로 증가한다. 층류 한계값인 Re = 2300에서 수역학적 입구 길이는 $115D$이다.

난류 유동에서는 임의적 변동에 의한 강한 혼합이 분자 확산보다 현저히 크게 나타나고, 이 경우 난류 유동에 대한 무차원 수역학적 입구 길이는 대략 다음과 같다[Bhatti와 Shah(1987), Zhi-qing(1982) 참조].

$$\frac{L_{h,\ \text{turbulent}}}{D} = 1.359\text{Re}^{1/4} \tag{8-7}$$

따라서 난류 유동의 입구 길이는 훨씬 짧아지고, Reynolds 수에 대한 의존도도 작아진다. 대부분의 파이프 유동에서 입구의 영향은 파이프의 길이가 직경의 10배 이상이 되면 무시할 만하며, 난류 유동에 대한 무차원 수역학적 입구 길이는 다음과 같이 근사된다.

$$\frac{L_{h,\ \text{turbulent}}}{D} \approx 10 \tag{8-8}$$

입구 영역에서의 마찰 수두 손실 계산에 대한 정확한 관계식은 여러 참고 문헌에서

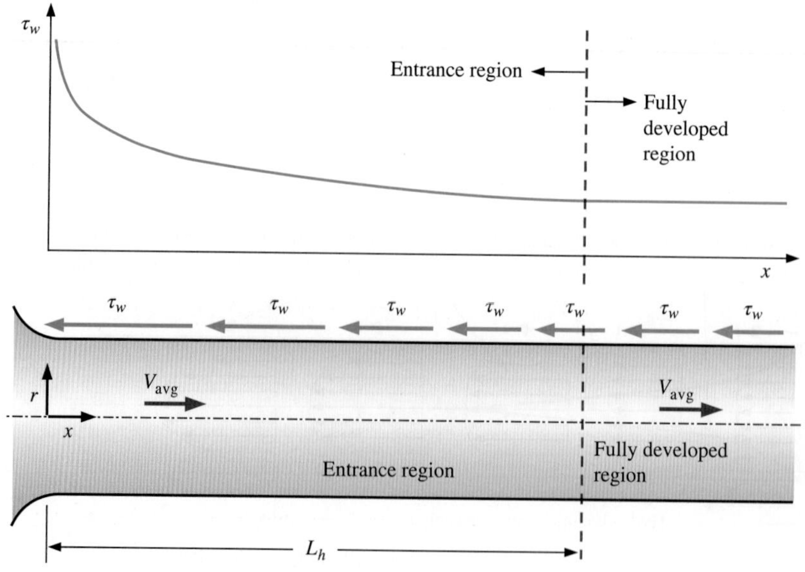

그림 8-10
파이프 내 입구 영역에서 완전발달 영역까지의 벽면 전단응력의 변화.

찾아볼 수 있다. 그러나 대부분의 경우 파이프의 길이가 입구 길이보다 훨씬 길고, 따라서 파이프 전 구간에 완전발달 유동을 가정할 수 있다. 그러나 파이프 길이가 짧은 경우는 벽면 전단응력과 마찰계수가 과소 예측될 수 있으므로 유의할 필요가 있다.

8-4 ■ 파이프 내의 층류 유동

8-2절에서 Re≤2300이면 파이프 유동은 층류이며, 입구 효과를 무시할 수 있을 정도로 파이프의 길이가 입구 길이보다 충분히 길면 유동은 완전발달된다는 것을 배웠다. 이 절에서는 단면이 원형이고 곧은 파이프의 완전발달 영역에서 상태량이 일정한 비압축성 유체의 정상 층류 유동을 고려한다. 미소 체적요소에 운동량 평형을 고려하여 운동량 방정식을 구하고, 그 방정식을 풀어 속도 분포를 구한다. 또한 그 속도 분포로부터 마찰계수를 구한다. 이와 같은 해석이 중요한 것은 점성 유동에서 그 풀이가 가능한 소수의 예 가운데의 하나라는 점이다.

완전발달된 층류 유동에서 각 유체 입자는 유선을 따라 일정한 축방향 속도로 운동하고, 속도 분포 $u(r)$은 유동방향으로 변하지 않는다. 이때 반경방향의 운동은 없으며, 따라서 반경방향의 속도는 모든 곳에서 영이다. 유동은 정상 상태이고 완전발달되어 있으므로, 가속은 없다.

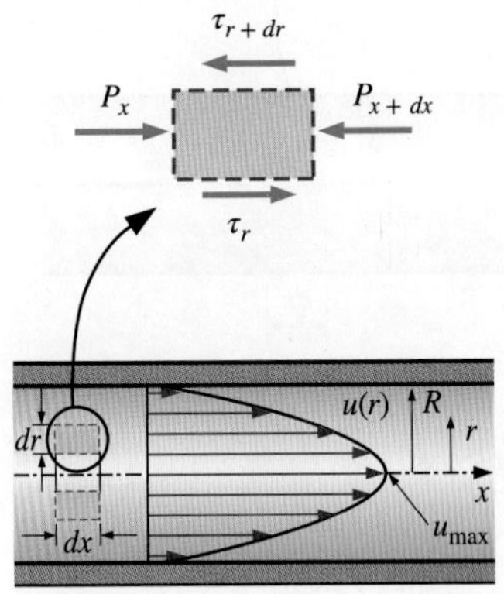

그림 8-11
완전발달 층류 유동에서 반경 r, 두께 dr, 길이 dx의 수평 파이프와 동축인 반지 모양의 미소 유체요소에 대한 자유물체도(유체요소의 크기는 분명히 나타내기 위해 크게 과장되어 있다).

그림 8-11과 같은 반경 r, 두께 dr, 길이 dx의 반지(ring) 모양의 미소 체적요소를 고려해 보자. 체적요소에는 압력과 점성 효과만 관련되고, 따라서 압력과 전단력은 평형을 이루어야 한다. 평면에 작용하는 압력 힘은 면의 도심에서의 압력과 표면적의 곱이다. 따라서 유동방향으로의 힘의 평형은 다음과 같다.

$$(2\pi r\,dr\,P)_x - (2\pi r\,dr\,P)_{x+dx} + (2\pi r\,dx\,\tau)_r - (2\pi r\,dx\,\tau)_{r+dr} = 0 \qquad \textbf{(8-9)}$$

이 식은 수평으로 놓인 파이프의 완전발달 유동에서 점성력과 압력 힘이 서로 평형을 이루는 것을 나타낸다. 양변을 $2\pi drdx$로 나누고 재정리하면 다음과 같다.

$$r\frac{P_{x+dx} - P_x}{dx} + \frac{(r\tau)_{r+dr} - (r\tau)_r}{dr} = 0 \qquad \textbf{(8-10)}$$

식 (8-10)에서 두 개 분자항이 각각 dP와 $d(r\tau)$가 되므로,

$$r\frac{dP}{dx} + \frac{d(r\tau)}{dr} = 0 \qquad \textbf{(8-11)}$$

$\tau = -\mu(du/dr)$을 대입하고 r로 나눈 후 μ가 일정하다고 가정하면 다음 식이 얻어진다.

$$\frac{\mu}{r}\frac{d}{dr}\left(r\frac{du}{dr}\right) = \frac{dP}{dx} \qquad \textbf{(8-12)}$$

파이프 유동에서 du/dr은 음수이고, 양의 τ값을 얻기 위해 음의 부호가 삽입되었다(또는 $y = R - r$이므로 $du/dr = -du/dy$이다). 식 (8-12)의 좌변은 r의 함수이고, 우변은 x의 함수이다. 임의의 r과 x에 대해 좌변과 우변이 같기 위해서는, 즉 $f(r) = g(x)$ 형태의 등식은 $f(r)$과 $g(x)$가 모두 같은 상수값을 가질 경우에만 성립한다. 따라서 dP/dx

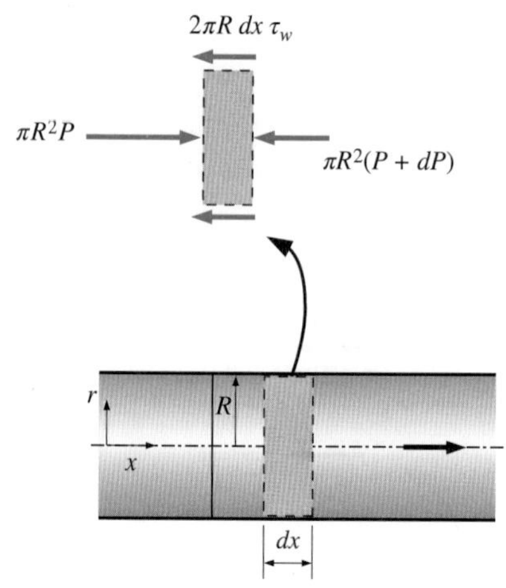

Force balance:

$$\pi R^2 P - \pi R^2(P + dP) - 2\pi R\,dx\,\tau_w = 0$$

Simplifying:

$$\frac{dP}{dx} = -\frac{2\tau_w}{R}$$

그림 8–12
수평 파이프 내 완전발달 층류 유동에서 반경 R과 길이 dx의 유체요소에 대한 자유물체도(free-body diagram).

는 상수가 되어야 한다. 이 식은 반경 R, 두께 dx의 체적요소에 작용하는 힘의 평형으로부터도 구할 수 있다(그림 8-12에서 처럼 파이프의 한 조각). 이는 다음 식과 같다.

$$\frac{dP}{dx} = -\frac{2\tau_w}{R} \tag{8-13}$$

여기서 완전발달 영역의 점성계수와 속도 분포가 일정하므로, τ_w는 상수이고, 따라서 dP/dx는 상수이다.

식 (8-12)를 두 번 적분하여 정리하면 다음 식이 얻어진다.

$$u(r) = \frac{r^2}{4\mu}\left(\frac{dP}{dx}\right) + C_1 \ln r + C_2 \tag{8-14}$$

경계 조건 $r=0$에서 $\partial u/\partial r=0$(중심선에 대하여 대칭이므로)과 $r=R$에서 $u=0$(벽면 점착 조건)을 대입하면 다음 식이 얻어진다.

$$u(r) = -\frac{R^2}{4\mu}\left(\frac{dP}{dx}\right)\left(1 - \frac{r^2}{R^2}\right) \tag{8-15}$$

따라서 완전발달된 파이프 내부 층류 유동의 속도 분포는 파이프 중심선에서 최대 속도이고, 벽면에서 최소(영)인 **포물선 형태**이다. 또한 축방향 속도 u가 모든 r에서 양의 값을 가지므로 축방향 압력구배 dP/dx는 음이 되어야 한다(즉, 점성의 영향으로 압력은 유동방향으로 감소한다).

평균 속도는 정의에 의하여 식 (8-15)를 식 (8-2)에 대입하여 구한다. 적분을 수행하면 다음과 같다.

$$V_{\text{avg}} = \frac{2}{R^2}\int_0^R u(r)r\,dr = \frac{-2}{R^2}\int_0^R \frac{R^2}{4\mu}\left(\frac{dP}{dx}\right)\left(1 - \frac{r^2}{R^2}\right)r\,dr = -\frac{R^2}{8\mu}\left(\frac{dP}{dx}\right) \tag{8-16}$$

마지막 두 방정식을 조합하면 속도 분포는 다음과 같이 얻어진다.

$$u(r) = 2V_{\text{avg}}\left(1 - \frac{r^2}{R^2}\right) \tag{8-17}$$

V_{avg}는 유량에 관한 정보로부터 손쉽게 구해지므로, 위 식은 속도 분포에 대한 유용한 형태의 식이다.

최대 속도는 중심선에서 나타나고, 식 (8-17)에 $r=0$를 대입하여 구한다.

$$u_{\max} = 2V_{\text{avg}} \tag{8-18}$$

따라서 **완전발달된 층류 파이프 유동의 평균 속도는 최대 속도의 절반이 된다**.

압력 강하와 수두 손실

파이프 유동해석에서 중요한 것은 **압력 강하** ΔP로, 이 값은 팬이나 펌프의 소요 동력과 직접 연관된다. $dP/dx=$상수이므로 압력이 P_1인 $x=x_1$부터 압력이 P_2인 $x=x_1+L$까지 적분하면 다음 식을 얻을 수 있다.

$$\frac{dP}{dx} = \frac{P_2 - P_1}{L} \quad \textbf{(8-19)}$$

식 (8-19)를 식 (8-16)의 V_{avg} 관계식에 대입하면 압력 강하는 다음과 같이 쓸 수 있다.

층류 유동:
$$\Delta P = P_1 - P_2 = \frac{8\mu L V_{avg}}{R^2} = \frac{32\mu L V_{avg}}{D^2} \quad \textbf{(8-20)}$$

일반적으로 기호 Δ는 $\Delta y = y_2 - y_1$과 같이 최종값과 초기값의 차이를 나타내는데, 유체 유동에서 ΔP는 축방향의 압력 강하, 즉 $P_1 - P_2$를 의미한다. 점성 영향에 의한 압력 강하는 비가역 압력 손실로 수두 손실 h_L처럼 **손실**임을 강조하기 위해 **압력 손실**(pressure loss) ΔP_L이라고 한다.

식 (8-20)은 압력 강하가 유체의 점성계수 μ에 비례하고, 마찰이 없으면 ΔP는 영이 됨을 나타낸다. 따라서 P_1에서 P_2로의 압력 강하는 전적으로 점성에 의한 것이고, 식 (8-20)은 점성계수가 μ인 유체가 직경 D, 길이 L인 파이프 내를 평균 속도 V_{avg}로 흐를 때의 압력 손실 ΔP_L을 나타내고 있다.

실제 모든 형태의 완전발달된 내부 유동(층류 또는 난류, 원형 또는 비원형 파이프, 매끈하거나 거친 표면, 수평 또는 기울어진 파이프)에서 압력 손실을 다음 식으로 나타내는 것이 편리하다(그림 8-13).

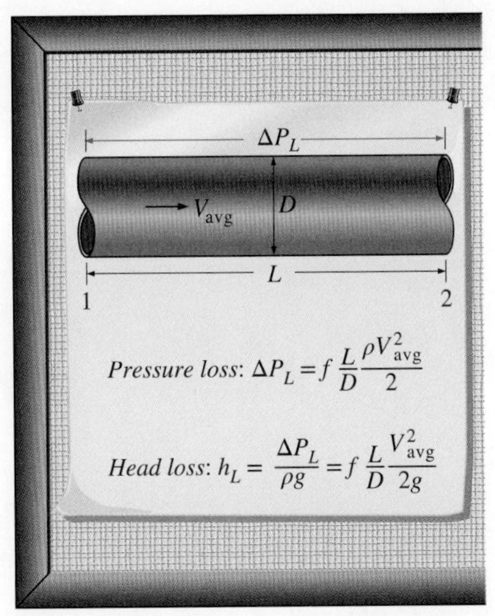

그림 8-13
압력 손실(수두 손실) 관계식은 유체역학에서 가장 일반적인 관계식 중 하나이며, 층류와 난류, 원형과 비원형 파이프, 매끈하거나 거친 표면 모두에 적용 가능하다.

압력 손실:
$$\Delta P_L = f\frac{L}{D}\frac{\rho V_{avg}^2}{2} \quad \textbf{(8-21)}$$

여기서 $\rho V_{avg}^2/2$는 **동압**이고, f는 **Darcy 마찰계수**(friction factor)이다.

$$f = \frac{8\tau_w}{\rho V_{avg}^2} \quad \textbf{(8-22)}$$

이를 **Darcy–Weisbach 마찰계수**라고도 하는데, 이 분야에 크게 기여한 프랑스의 Henry Darcy(1803-1858)와 독일의 Julius Weisbach(1806-1871)의 이름을 따라 명명되었다. 이는 **마찰계수** C_f[또는 미국의 엔지니어 John Fanning(1837-1911)의 이름을 따라 명명된 **Fanning 마찰계수**]와 구별됨에 유의하라. 마찰계수는 $C_f = 2\tau_w/(\rho V_{avg}^2) = f/4$로 정의된다.

식 (8-20)과 식 (8-21)을 같게 놓고, 원형 파이프 내부 완전발달된 층류 유동의 마찰계수 f를 구하면 다음 식이 성립한다.

원형 파이프, 층류:
$$f = \frac{64\mu}{\rho D V_{avg}} = \frac{64}{\text{Re}} \quad \textbf{(8-23)}$$

이 방정식은 **층류 유동에서 마찰계수는 Reynolds 수만의 함수이고, 파이프 표면조도와는 무관하다**는 것을 보여 준다(**물론, 조도가 극단적으로 크지 않다는 가정하에**).

파이프 시스템 해석시 압력 손실은 일반적으로 **수두 손실**(head loss) h_L로 불리는 **등가 액주 높이**(equivalent fluid column height)로 표현된다. 유체 정역학으로부터 $\Delta P = \rho g h$이므로 **파이프 수두 손실**은 ΔP_L을 ρg로 나누어 얻어진다.

수두 손실: $$h_L = \frac{\Delta P_L}{\rho g} = f\frac{L}{D}\frac{V_{avg}^2}{2g} \qquad \textbf{(8-24)}$$

수두 손실 h_L은 **파이프 내부의 마찰 손실을 극복하기 위하여 펌프가 더 올려야 하는 유체의 높이**를 의미한다. 수두 손실은 점성에 기인하므로 벽면 전단응력과 직접 연관된다. 식 (8-21)과 식 (8-24)는 층류와 난류, 원형과 비원형 파이프 모두에 적용할 수 있지만, 식 (8-23)은 원형 파이프 내부 완전발달 층류 유동에서만 유효하다.

압력 손실(혹은 수두 손실)을 알면, 이 **압력 손실을 극복하기 위한** 소요 펌프 동력은 다음과 같이 구할 수 있다.

$$\dot{W}_{pump,\,L} = \dot{V}\,\Delta P_L = \dot{V}\rho g h_L = \dot{m} g h_L \qquad \textbf{(8-25)}$$

여기서 $\dot{V}$는 체적유량이고, $\dot{m}$은 질량유량이다.

식 (8-20)으로부터 수평 파이프 내부 층류 유동의 평균 속도는 다음과 같다.

수평 파이프: $$V_{avg} = \frac{(P_1 - P_2)R^2}{8\mu L} = \frac{(P_1 - P_2)D^2}{32\mu L} = \frac{\Delta P D^2}{32\mu L} \qquad \textbf{(8-26)}$$

따라서 직경 D, 길이 L인 수평 파이프 내부 층류 유동의 체적유량은 다음과 같다.

$$\dot{V} = V_{avg}A_c = \frac{(P_1 - P_2)R^2}{8\mu L}\pi R^2 = \frac{(P_1 - P_2)\pi D^4}{128\mu L} = \frac{\Delta P \pi D^4}{128\mu L} \qquad \textbf{(8-27)}$$

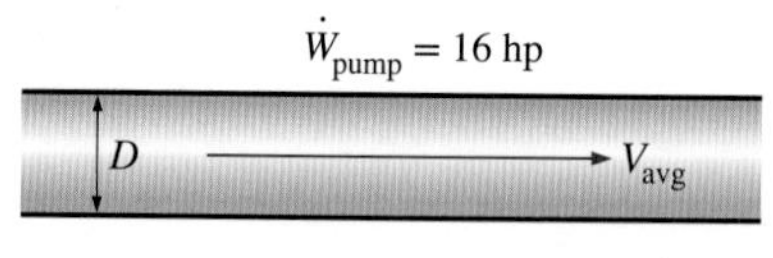

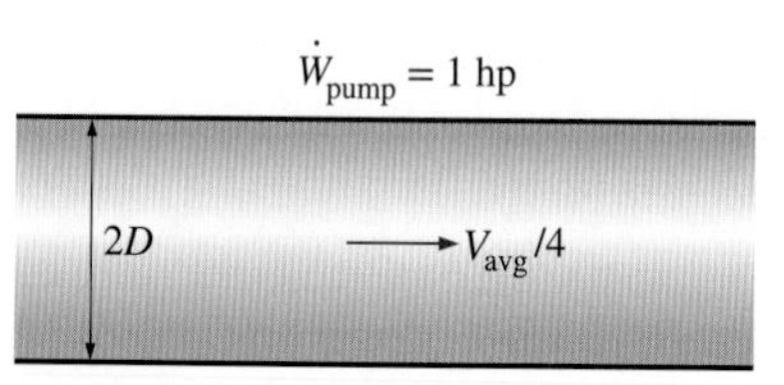

그림 8-14
층류 파이프 시스템에서 파이프 직경을 두 배로 하면 소요 펌프 동력은 1/16로 줄어든다.

이 식은 **Poiseuille 법칙**으로 알려져 있고, 이러한 유동을 G. Hagen(1797-1884)과 J. Poiseuille(1799-1869)을 기념하여 **Hagen-Poiseuille 유동**이라 부른다. 식 (8-27)로부터 **주어진 유량에서, 압력 손실 또는 소요 펌프 동력은 파이프의 길이와 유체의 점성계수에 비례하고 파이프 반경(또는 직경)의 4제곱에 반비례함**을 알 수 있다. 따라서 파이프의 직경을 두 배로 하면 층류 유동 파이프 시스템의 펌프 동력을 1/16로 줄일 수 있다(그림 8-14). 물론 파이프 직경을 크게 함으로써 제작비는 증가한다는 것을 감안하여야 한다.

수평 파이프에서 압력 강하 ΔP와 압력 손실 ΔP_L은 서로 같다. 그러나 파이프가 경사지거나 단면적이 변하는 경우는 두 값이 서로 같지 않다. 비압축성 1차원 정상 유동에 대해 에너지 방정식을 수두 형태로 기술하면 다음과 같다(5장 참조).

$$\frac{P_1}{\rho g} + \alpha_1\frac{V_1^2}{2g} + z_1 + h_{pump,\,u} = \frac{P_2}{\rho g} + \alpha_2\frac{V_2^2}{2g} + z_2 + h_{turbine,\,e} + h_L \qquad \textbf{(8-28)}$$

여기서 $h_{pump,\,u}$는 유체에 전달되는 유효 펌프수두이고, $h_{turbine,\,e}$는 유체로부터 추출된 터빈 수두, h_L은 단면 1과 2 사이의 비가역 수두 손실, V_1과 V_2는 단면 1과 2에서의 평균 속도, 그리고 α_1과 α_2는 각각 단면 1과 단면 2에서의 **운동 에너지 보정계수**(완전발달된 층류 유동인 경우 $\alpha = 2$이고, 완전발달된 난류 유동에서 $\alpha = 1.05$)이다. 식 (8-28)을 다시 쓰면 다음과 같이 정리된다.

$$P_1 - P_2 = \rho(\alpha_2 V_2^2 - \alpha_1 V_1^2)/2 + \rho g[(z_2 - z_1) + h_{turbine,\,e} - h_{pump,\,u} + h_L] \qquad \textbf{(8-29)}$$

따라서 압력 강하 $\Delta P = P_1 - P_2$와 압력 손실 $\Delta P_L = \rho g h_L$이 같아지기 위해서는 (1) 파이프가 수평으로 놓여 중력의 영향이 없고($z_1 = z_2$), (2) 펌프나 터빈과 같이 일을 통해 유체 압력을 변화시키는 장치가 없고($h_{pump,\,u} = h_{turbine,\,e} = 0$), (3) 유동 단면적이 일정하여 평균 유속의 변화가 없고($V_1 = V_2$), (4) 단면 1과 단면 2의 속도 분포가 같은 모양을 가져야 한다($\alpha_1 = \alpha_2$).

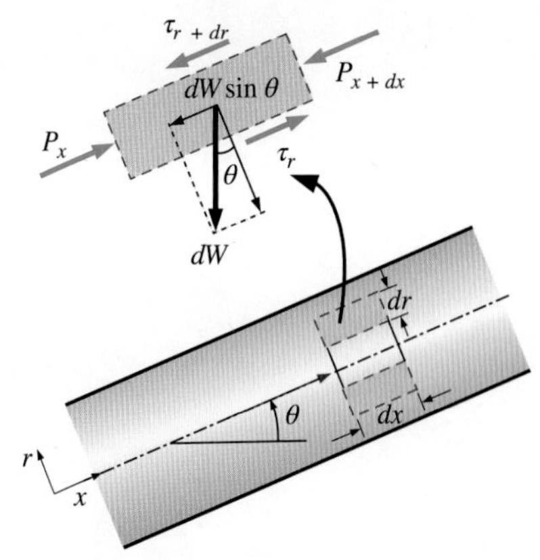

그림 8–15
완전발달 층류 유동에서 경사진 파이프와 동축인 반경 r, 두께 dr, 길이 dx인 반지 모양 유체요소의 자유물체도.

층류 유동에서 중력이 속도 및 유량에 미치는 영향

중력은 수평 파이프의 속도와 유량에는 영향이 없으나 상향 또는 하향 파이프인 경우는 큰 영향을 미친다. 경사진 파이프에 대한 관계식도 앞 절과 유사하게 유동방향의 힘의 평형으로부터 구할 수 있다. 그러나 경사진 경우는 다음과 같은 유체 무게의 유동방향 성분을 추가로 고려하여야 한다.

$$dW_x = dW \sin\theta = \rho g dV_{\text{element}} \sin\theta = \rho g(2\pi r\, dr\, dx) \sin\theta \tag{8-30}$$

여기서 θ는 유동방향이 수평과 이루는 각도이다(그림 8-15). 따라서 식 (8-9)의 힘의 평형식은 다음과 같게 된다.

$$\begin{aligned}(2\pi r\, dr\, P)_x - (2\pi r\, dr\, P)_{x+dx} + (2\pi r\, dx\, \tau) r \\ - (2\pi r\, dx\, \tau)_{r+dr} - \rho g(2\pi r\, dr\, dx) \sin\theta = 0\end{aligned} \tag{8-31}$$

위 식을 정리하면 다음과 같은 미분 방정식이 얻어진다.

$$\frac{\mu}{r}\frac{d}{dr}\left(r\frac{du}{dr}\right) = \frac{dP}{dx} + \rho g \sin\theta \tag{8-32}$$

앞에서와 동일한 해석 절차에 따라 속도 분포는 다음과 같이 구해진다.

$$u(r) = -\frac{R^2}{4\mu}\left(\frac{dP}{dx} + \rho g \sin\theta\right)\left(1 - \frac{r^2}{R^2}\right) \tag{8-33}$$

식 (8-33)으로부터 경사진 파이프 내의 층류 유동에서 **평균 속도**와 **체적유량**은 각각 다음과 같다.

$$V_{\text{avg}} = \frac{(\Delta P - \rho g L \sin\theta)D^2}{32\mu L} \quad \text{그리고} \quad \dot{V} = \frac{(\Delta P - \rho g L \sin\theta)\pi D^4}{128\mu L} \tag{8-34}$$

위 식의 $\Delta P - \rho g L \sin\theta$를 ΔP로 대체하면 수평관의 관계식과 동일하다. 따라서 ΔP를 $\Delta P - \rho g L \sin\theta$로 대체하면 이미 얻은 수평관의 결과를 경사진 관에 그대로 사용할 수 있다(그림 8-16). 상향류인 경우는 $\theta > 0$이므로 $\sin\theta > 0$이며, 하향류인 경우는 $\theta < 0$이므로 $\sin\theta < 0$이다.

경사진 파이프에서는 압력차와 중력이 복합적으로 유동에 작용한다. 중력은 하향류인 경우 유동에 도움이 되지만 상향류인 경우 방해가 된다. 따라서 상향류인 경우 정해진 유량을 유지하기 위해서는 보다 큰 압력차가 가해져야 한다. 이는 액체인 경우 특히 중요하고, 기체인 경우는 밀도가 작기 때문에 중력의 영향은 그리 크지 않다. 유동이 없는 경우($\dot{V} = 0$)는 $\Delta P = \rho g L \sin\theta$가 되고, 이는 유체 정역학(3장)의 결과와 동일하다.

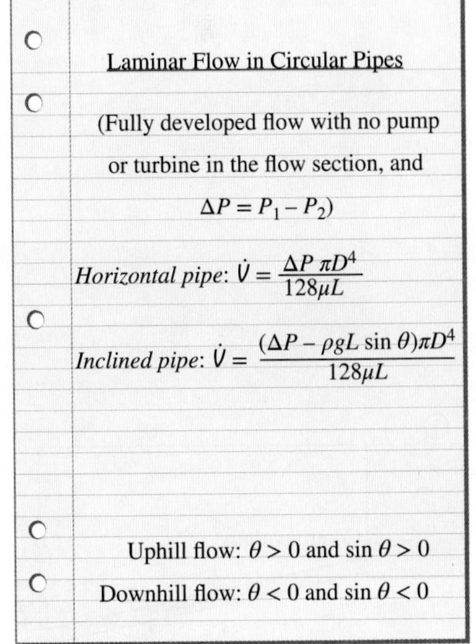

그림 8–16
ΔP를 $\Delta P - \rho g L \sin\theta$로 대체하면 수평관에 사용된 관계식을 경사진 관의 완전발달된 층류 유동에서 사용할 수 있다.

표 8-1

다양한 단면 형상을 가진 파이프 내 완전발달된 층류 유동의 마찰계수 ($D_h = 4A_c/p$와 Re $= V_{avg} D_h/\nu$)

Tube Geometry	a/b or $\theta°$	Friction Factor f
Circle	—	64.00/Re
Rectangle	a/b	
	1	56.92/Re
	2	62.20/Re
	3	68.36/Re
	4	72.92/Re
	6	78.80/Re
	8	82.32/Re
	∞	96.00/Re
Ellipse	a/b	
	1	64.00/Re
	2	67.28/Re
	4	72.96/Re
	8	76.60/Re
	16	78.16/Re
Isosceles triangle	θ	
	10°	50.80/Re
	30°	52.28/Re
	60°	53.32/Re
	90°	52.60/Re
	120°	50.96/Re

비원형 파이프 내의 층류 유동

표 8-1에 다양한 단면 형상을 가진 파이프 내부의 **완전발달된 층류 유동**에 대한 마찰계수 f의 관계식이 나타나 있다. 이러한 파이프 내부 유동의 Reynolds 수는 수력직경 $D_h = 4A_c/p$를 사용하여 계산한다. 여기서 A_c는 파이프 단면적이고, p는 접수둘레이다.

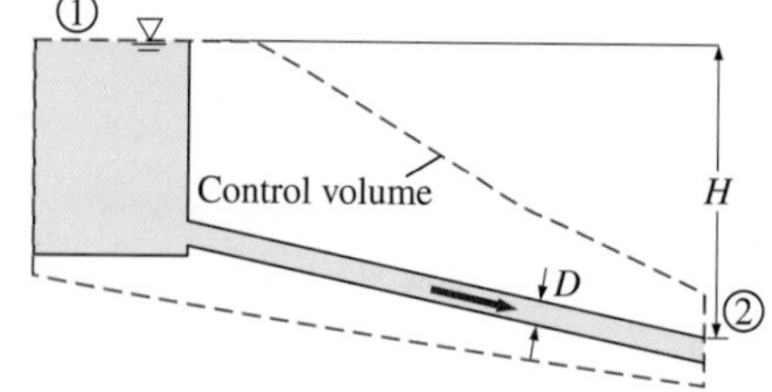

그림 8-17
예제 8-1의 개략도

예제 8-1 수영장의 층류 배수

여름이 지나 수영장의 물을 작은 직경의 매우 긴 호스를 이용하여 뺀다고 생각하자 (그림 8-17). 호스 내부 표면은 매끈하고, 내경은 $D = 6.0$ mm, 길이는 $L = 65$ m라고 하자. 수영장의 초기 수면은 호스 출구로부터 $H = 2.20$ m이다. 배수가 시작되는 시점에 물의 분당 체적유량 (LPM)을 계산하시오.

풀이 수영장의 배수과정에서 나타나는 물의 체적유량을 계산한다.

가정 **1** 유동은 비압축성이고 거의 정상에 가깝다 (수영장의 체적이 크고 배수가 느리게 되기 때문에 배수 초기에 이렇게 가정할 수 있다). **2** 호스 길이가 길기 때문에 호스의 입구 효과는 무시하고 유동은 완전발달되었다. **3** 엘보 등에서 나타나는 기타 손실은 무시한다.

상태량 물의 밀도와 점성계수는 각각 $\rho = 998\ \text{kg/m}^3$, 그리고 $\mu = 0.001002\ \text{kg/m}\cdot\text{s}$이다.

해석 이러한 문제를 푸는데 첫 번째 과정은 검사체적을 잘 선택하는 것이다. 그림과 같이 수영장 수면 바로 밑에 입구 1, 호스 출구에 출구 2를 정하자. 유동은 층류로 가정하되, 나중에 검토가 필요하다. 호스 출구에서 완전발달된 층류를 가정했으므로 $\alpha_2 = 2$이다. 호스 내부의 평균속도를 V라 할 때 다음 식이 정리된다.

$$\text{Re} = \frac{\rho V D}{\mu} \qquad f = \frac{64}{\text{Re}} \qquad h_L = f\frac{L}{D}\frac{V^2}{2g} \tag{1}$$

그리고 5장에서 공부한 에너지 식을 수두 형태로 나타내면 다음과 같다.

$$\frac{P_1}{\rho g} + \alpha_1\frac{V_1^2}{2g} + z_1 + h_{\text{pump},\,u} = \frac{P_2}{\rho g} + \alpha_2\frac{V_2^2}{2g} + z_2 + h_{\text{turbine},\,e} + h_L \tag{2}$$

이 문제에서 펌프나 터빈은 없으므로 해당 항은 0이다. P_1과 P_2는 대기압이므로 서로 상쇄된다. 배수가 매우 느리므로 검사체적 입구(수영장 수면)에서의 물의 속도 V_1은 무시할 수 있고, 검사체적 출구에서는 $V_2 = V$이므로 에너지 식은 다음과 같이 정리된다.

$$\alpha_2\frac{V^2}{2g} = z_1 - z_2 - h_L = H - h_L \tag{3}$$

여기까지 얻은 연립방정식을 방정식 풀이기를 이용하여 풀 수 있다. 또는, 손으로 직접 계산하려면, 식 (1)과 식 (3)식을 조합하여 미지수 V에 관한 하나의 식으로 만들어야 한다.

$$V^2 + \frac{64\mu L}{\rho D^2\alpha_2}V - \frac{2gH}{\alpha_2} = 0 \tag{4}$$

식 (4)에 제시된 상수는 다 알고 있으므로, 근의 공식을 이용하면 $V = 0.36969\ \text{m/s}$가 얻어진다. 따라서 최종 체적유량은,

$$\dot{V} = VA_c = V\frac{\pi D^2}{4} = (0.36969\ \text{m/s})\frac{\pi(0.0060\ \text{m})^2}{4}\left(\frac{1000\ \text{L}}{\text{m}^3}\right)\left(\frac{60\ \text{s}}{\text{min}}\right) = 0.6272\ \frac{\text{L}}{\text{min}}$$

최종 답은 $\dot{V} \approx 0.627$ Lpm로 정한다.

마지막으로 Reynolds 수를 계산하면,

$$\text{Re} = \frac{\rho V D}{\mu} = \frac{(998\ \text{kg/m}^3)(0.36969\ \text{m/s})(0.0060\ \text{m})}{0.001002\ \text{kg/m}\cdot\text{s}} = 2209$$

$\text{Re} < 2300$이므로 유동은 층류임이 확인된다(물론 난류유동으로의 천이영역에 근접하지만).

토의 초기 가정을 점검하는 과정이 매우 중요하다. 식 (4)까지 단위를 고려하여 직접 유도하고 근의 공식을 이용하여 직접 풀어보기 바란다. 그림에서 호스는 약간 기울어져 있으나, 중요한 것은 높이 H이며, 기울어진 각도는 계산과정에서 사용되지 않는다. 수영장 물이 얕고 호스의 경사가 크든, 수영장 물이 깊고 호스의 경사가 작든, 결과는 같게 나타난다.

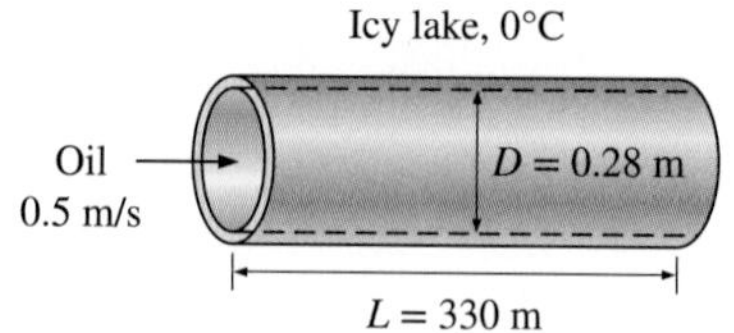

그림 8–18
예제 8-2의 개략도

예제 8–2 파이프 내 오일 수송을 위한 펌프동력

오일($\rho = 894$ kg/m^3, $\mu = 2.33$ kg/m · s)이 직경이 28 cm인 파이프라인을 통하여 평균속도 0.5 m/s로 수송된다고 하자. 길이 330 m인 파이프라인은 언 호수 아래를 지나고 있다(그림 8-18). 입구효과를 무시할 때, 파이프 내부 오일 유동이 유지될 때 생기는 압력강하를 극복하기 위한 소요 펌프동력을 구하라.

풀이 언 호수 아래를 파이프라인을 통하여 오일이 수송된다. 압력강하를 극복하기 위한 펌프동력을 구한다.

가정 **1** 정상유동이고 비압축성이다. **2** 유동은 완전발달되고 입구영역의 영향은 무시한다. **3** 파이프 내부는 매끈하며 ($\varepsilon \approx 0$) 거칠기 효과는 없다.

상태량 오일의 상태량은 $\rho = 894$ kg/m^3, $\mu = 2.33$ kg/m · s이다.

해석 체적유량과 Reynolds 수는 다음과 같다.

$$\dot{V} = VA_c = V\frac{\pi D^2}{4} = (0.5 \text{ m/s})\frac{\pi(0.28 \text{ m})^2}{4} = 0.03079 \text{ m}^3\text{/ss}$$

$$\text{Re} = \frac{\rho VD}{\mu} = \frac{(894 \text{ kg/m}^3)(0.5 \text{ m/s})(0.28 \text{ m})}{2.33 \text{ kg/m·s}} = 53.72$$

Reynolds 수가 2300보다 작아 유동은 층류이며, 따라서 마찰계수는 다음과 같다.

$$f = \frac{64}{\text{Re}} = \frac{64}{53.72} = 1.191$$

따라서 파이프 내부 압력강하와 필요한 펌프동력은 다음과 같이 얻어진다.

$$\begin{aligned}\Delta P = \Delta P_L &= f\frac{L}{D}\frac{\rho V^2}{2} \\ &= 1.191\frac{330 \text{ m}}{0.28 \text{ m}}\frac{(894 \text{ kg/m}^3)(0.5 \text{ m/s})^2}{2}\left(\frac{1 \text{ kN}}{1000 \text{ kg}\cdot\text{m/s}^2}\right)\left(\frac{1 \text{ kPa}}{1 \text{ kN/m}^2}\right) \\ &= 156.9 \text{ kPa}\end{aligned}$$

$$\dot{W}_{\text{pump}} = \dot{V}\Delta P = (0.03079 \text{ m}^3\text{/s})(156.9 \text{ kPa})\left(\frac{1 \text{ kW}}{1 \text{ kPa·m}^3\text{/s}}\right) = \mathbf{4.83 \text{ kW}}$$

토의 계산된 동력은 유체에 전달되어야 하는 기계적 동력을 의미한다. 펌프의 비효율성 때문에 축동력은 더 커야 하며, 추가로 모터의 비효율성 때문에 이보다 더 큰 전기적 동력이 필요하다.

8–5 ■ 파이프 내의 난류 유동

실제 접하는 대부분의 유동은 난류이고, 따라서 난류가 벽면 전단응력에 미치는 영향을 이해하는 것이 중요하다. 하지만 난류는 변동(fluctuation)에 의하여 지배되는 복잡한 현상이므로, 과거 수많은 연구에도 불구하고 난류 유동은 아직까지 완전하게 이해되지 못하고 있다. 따라서 다양한 경우에 대하여 개발된 실험식이나 경험식 등에 의존하여야 한다.

난류 유동의 특징은 유동장 전반에 걸친 **에디**(eddy)라고 하는 유체의 선회 영역

(swirling region)의 무질서하고 빠른 변동이다(그림 8-19). 이 변동은 운동량과 에너지의 전달에 추가적인 역할을 하게 된다. 층류의 경우 유체 입자는 유적선을 따라 잘 정렬되어 흐르고, 운동량과 에너지는 분자의 확산에 의해 전달된다. 난류의 경우는 선회하는 에디에 의해 분자의 확산보다는 훨씬 빠르게 질량, 운동량, 에너지가 다른 영역으로 전달되고, 따라서 질량, 운동량, 에너지 전달이 현저히 향상된다. 그 결과 난류 유동의 마찰계수, 열전달계수 및 물질전달계수는 층류인 경우보다 훨씬 크게 된다(그림 8-20).

난류 유동은 그 평균 유동이 정상 상태일지라도, 에디 운동에 의해 속도, 온도, 압력, 때로는 밀도(압축성 유동에서)가 크게 변동한다. 그림 8-21은 열선 유속계나 다른 측정기로 계측된 한 위치에서의 순간 속도 성분 u의 시간에 따른 변화를 보여 주고 있다. 속도의 순간값은 평균값을 중심으로 변동하며, 따라서 속도를 **평균값** $\bar{u}$와 변동 성분 u'의 합으로 표현하면 다음과 같다.

$$u = \bar{u} + u' \tag{8-35}$$

이는 y방향의 속도 성분 v와 같은 다른 상태량들에 대해서도 마찬가지이고, 따라서 $v = \bar{v} + v'$, $P = \overline{P} + P'$, $T = \overline{T} + T'$으로 표현된다. 어떤 위치에서 상태량의 평균값은 평균한 값이 시간에 따라 변하지 않을 만큼 충분히 긴 시간 동안 평균하여 구한다. 따라서 변동 성분의 시간평균은 영, 즉 $\overline{u'} = 0$이 된다. 변동 성분 u'의 크기는 의 몇 %에 지나지 않지만, 에디의 높은 주파수(수천 Hz 범위로)는 운동량, 열 에너지 및 질량 전달에 매우 효과적이다. 시간평균된 **평균적 정상**(stationary) 난류 유동에서 상태량의 평균값(윗줄로 표시되는)은 시간에 따라 변하지 않는 값이다. 유체 입자들의 혼돈스러운 변동은 압력 강하에 지배적인 역할을 하고, 그리고 이들 무작위적 운동(random motion)은 난류를 해석할 때 평균 속도와 함께 고려되어야만 한다.

난류의 전단응력을 층류의 경우와 유사한 방법인 $\tau = -\mu d\bar{u}/dr$로부터 결정하리라 생각될 것이다(여기서 $\bar{u}(r)$는 난류 유동에 대한 평균 속도 분포). 그러나 실험적 연구 결과는 다르며, 난류에서의 전단응력은 난류 변동 때문에 훨씬 커진다는 사실을 보여 주고 있다. 따라서 난류 전단응력은 다음 두 부분으로 이루어져 있다고 보는 것이 편리하다. 즉, 유동방향으로 층들 사이의 마찰에 의한 **층류 성분**($\tau_{lam} = -\mu\ d\bar{u}/dr$로 표현되는), 변동하는 유체 입자들과 유체 덩어리 사이의 마찰에 의한 **난류 성분**(τ_{turb}로 표시되고, 속도의 변동 성분과 관련되어 있음)이 그것이다. 따라서 난류 유동에서 나타나는 **총 전단응력**은 다음 식으로 표현될 수 있다.

$$\tau_{total} = \tau_{lam} + \tau_{turb} \tag{8-36}$$

그림 8-22에 파이프 내의 난류 유동에 대한 전형적인 평균속도 분포가 나타나 있다. 층류 유동의 속도 분포는 대략 포물선인 반면, 난류 유동의 속도 분포는 중심부에서는 점점 평평해지고 또는 “더욱 꽉 차있고(fuller)”, 파이프 벽면 부근에서 급격히 떨어지는 형태가 된다. 속도 분포는 Reynolds 수가 증가할수록 더욱 더 꽉 차게 되고, 속도 분포는 거의 균일해지는데, 이를 근거로 완전발달된 난류 파이프 유동에서는 균일한 속도 분포를 가정하기도 한다. 하지만 정지해 있는 파이프의 벽면에서의 속도는 항상 영(점착 조건)임을 명심하여야 한다.

(*a*)

(*b*)

(*c*)

그림 8–19
튜브에서 나오는 물. (*a*) 낮은 유량에서 층류 유동, (*b*) 높은 유량에서 난류 유동, (*c*) (*b*)와 동일하지만 개별 에디를 관찰하기 위한 보다 짧은 셔터 노출의 경우.
Photos by Alex Wouden.

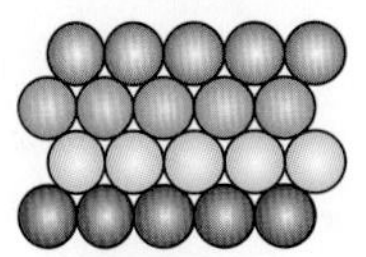
(*a*) Before turbulence

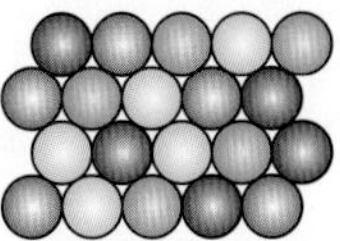
(*b*) After turbulence

그림 8–20
난류 유동의 격렬한 혼합에 따라 운동량이 다른 유체 입자들이 접촉하여 운동량 전달이 향상된다.

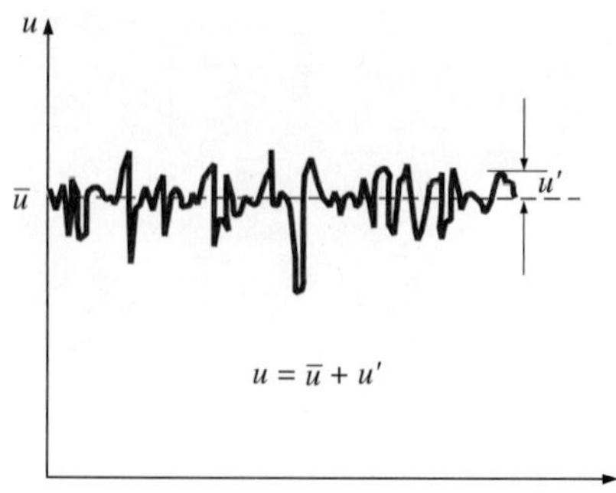

그림 8-21
난류 유동 내 임의의 위치에서의 시간에 따른 속도 성분 u의 변동.

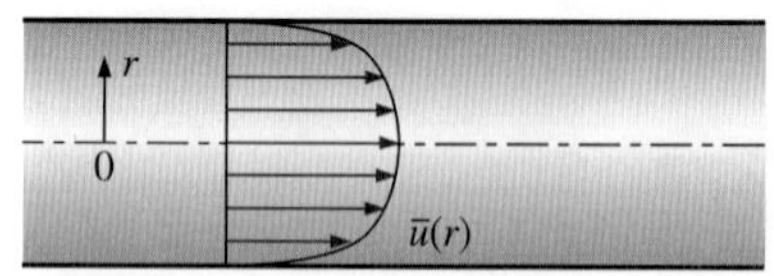

그림 8-22
파이프 내 난류 유동의 평균속도 분포.

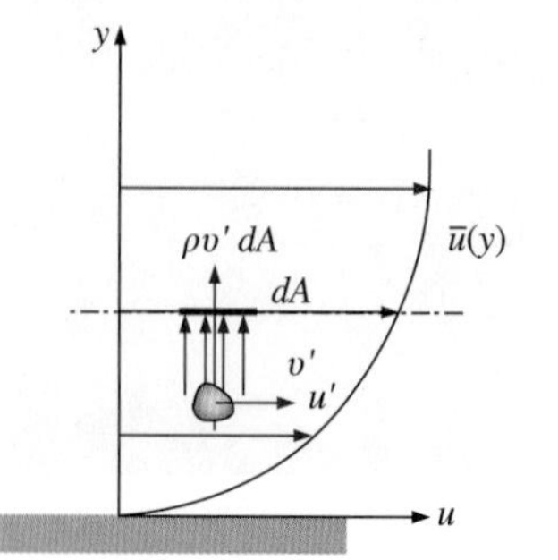

그림 8-23
속도 변동 v'에 의해 미소 면적 dA를 지나 위로 이동하는 유체 입자.

난류 전단응력

그림 8-23에 나타나 있듯이 수평 파이프 내부 난류 유동에서 속도 변동 v'에 의하여 낮은 속도층의 유체 입자가 인접한 높은 속도층으로 미소 면적 dA를 통하여 위로 이동하는 경우를 고려해 보자. 미소 면적 dA를 통하여 위로 이동하는 질량유량은 $\rho v'dA$이고, 이때 위층의 평균 속도는 느린 입자의 유입에 의한 운동량 전달로 인하여 감소하게 된다. 이 운동량 전달에 의해 유체 입자의 수평 속도는 u'만큼 증가하고, 따라서 수평방향의 운동량은 $(\rho v'dA)u'$만큼 증가한다. 또한 위층의 운동량은 그만큼 감소하게 된다. 힘이 운동량의 변화율임을 고려하면, 미소 면적 dA를 통한 유체 입자 이송에 의해 위층의 유체요소에 작용하는 수평력은 $\delta F = (\rho v'dA)(-u') = -\rho u'v'dA$이다. 따라서 에디 운동에 의해 단위 면적당 작용하는 전단응력은 $\delta F/dA = -\rho u'v'$이 되고, 이를 순간 난류 전단응력으로 볼 수 있다. 따라서 **난류 전단응력**(turbulent shear stress)은 다음과 같이 표시될 수 있다.

$$\tau_{\text{turb}} = -\rho\overline{u'v'} \tag{8-37}$$

여기서 $\overline{u'v'}$은 변동 속도 성분 u'과 v'의 곱의 시간평균값이다. 한 가지 유의할 점은 $\overline{u'} = 0$, $\overline{v'} = 0$ (따라서 $\overline{u'}\,\overline{v'} = 0$)일지라도 $\overline{u'v'} \neq 0$이 된다는 사실이며, 측정된 $\overline{u'v'}$는 보통 음의 값을 보인다. $-\rho\overline{u'v'}$나 $-\rho\overline{u'^2}$과 같은 항을 **Reynolds 응력** 또는 **난류응력**(turbulent stress)이라고 한다.

난류 운동 방정식을 수학적 **종결형태**(closure)로 만들기 위해 Reynolds 응력을 평균 속도구배로 나타내는 준경험적(semi-empirical) 모델이 다수 개발되었다. 이와 같은 모델들을 **난류 모델**(turbulence model)이라고 하는데, 15장에서 상세히 소개하도록 한다.

유체 입자군의 무작위적 에디 운동은 일정 거리를 이동한 후 서로 충돌하고, 그 과정을 통하여 운동량을 교환하는 기체 분자의 무작위적 운동과 유사하다. 따라서 난류 유동에서 에디에 의한 운동량 전달은 분자 운동량 확산과 유사하게 생각할 수 있다. 많은 단순한 형태의 난류 모델에서 난류 전단응력은 1877년에 프랑스 수학자인 Joseph Boussinesq(1842-1929)의 제안에 따라 다음과 같이 표현된다.

$$\tau_{\text{turb}} = -\rho\overline{u'v'} = \mu_t \frac{\partial \bar{u}}{\partial y} \tag{8-38}$$

여기서 μ_t는 에디 **점성계수**(eddy viscosity) 또는 **난류 점성계수**(turbulent viscosity)로, 난류 에디에 의한 운동량 전달을 의미한다. 따라서 총 전단응력은 다음 식으로 편리하게 표현된다.

$$\tau_{\text{total}} = (\mu + \mu_t)\frac{\partial u}{\partial y} = \rho(\nu + \nu_t)\frac{\partial u}{\partial y} \tag{8-39}$$

여기서 $\nu_t = \mu_t/\rho$는 **에디 동점성계수**(kinematic eddy viscosity) 또는 **난류 동점성계수**[kinematic turbulent viscosity 또는 **운동량의 에디 확산계수**(eddy diffusivity of momentum)]이다. 에디 점성계수 개념은 타당성이 있어 보이지만, 그 값을 계산할 수 있기 전에는 실제 효용성이 없다. 즉, 에디 점성계수를 평균 유동 변수의 함수로 모델링해야 하는데, 이를 **에디 점성계수 종결**(eddy viscosity closure)이라고 한다. 예를 들면, 1900년 초 독일 엔지니어 L. Prandtl은 혼합의 주요 요인인 에디의 평균 크기와 관련 있는 **혼합 길이**(mixing length, l_m) 개념을 도입하여 난류 전단응력을 다음 식으로 표현한 바 있다.

$$\tau_{\text{turb}} = \mu_t \frac{\partial \bar{u}}{\partial y} = \rho l_m^2 \left(\frac{\partial \bar{u}}{\partial y} \right)^2 \tag{8-40}$$

이 개념은 l_m이 주어진 유동에서 상수가 아닐 뿐만 아니라(예를 들어, 벽면 부근에서 l_m은 대략 벽면으로부터 거리에 비례함), 그 값을 결정하는 것이 쉽지 않기 때문에 적용에 제한을 받는다. 최종 수학적 종결은 l_m이 평균 유동 변수, 벽면으로부터의 거리 등의 함수로 기술될 때만 가능하다.

난류 경계층의 중심부에서는 에디 운동과 에디 점성계수가 분자 운동이나 분자 점성계수보다 훨씬 크다. 벽면에 근접할수록 에디 운동은 약해지고, 벽면에서는 점착 조건에 의해 에디 운동이 사라진다(u'과 v'도 정지한 벽에서 영이 된다). 따라서 속도 분포는 난류 경계층의 중심부에서는 매우 천천히 변하다가 벽 근처의 얇은 층에서는 매우 급하게 변하여 벽면에서 큰 속도구배가 나타난다. 따라서 난류 유동의 벽면 전단응력은 층류 유동의 경우보다 훨씬 크다(그림 8-24).

운동량의 분자 확산계수 ν (또는 μ)는 유체의 상태량이고, 그 값은 유체 핸드북에서 손쉽게 구할 수 있다. 그러나 에디 확산계수 ν_t (또는 μ_t)는 유체 상태량이 아니고 유동 조건에 따라 변하는 값이다. 에디 확산계수 ν_t는 벽면에 근접할수록 감소해서 벽면에서는 영이 된다. 하지만 중심부에서는 분자 확산계수의 수천 배에 이른다.

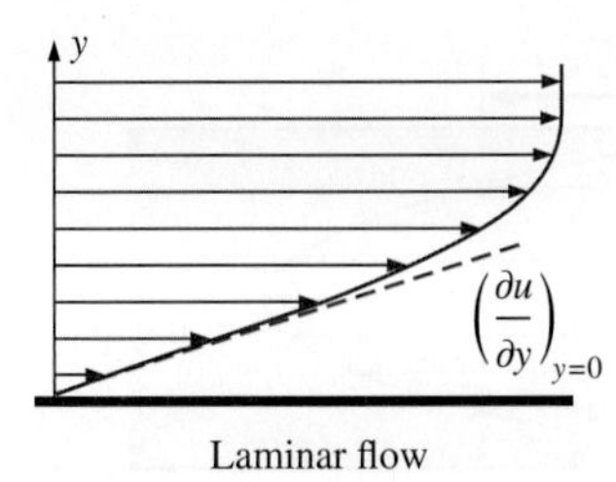

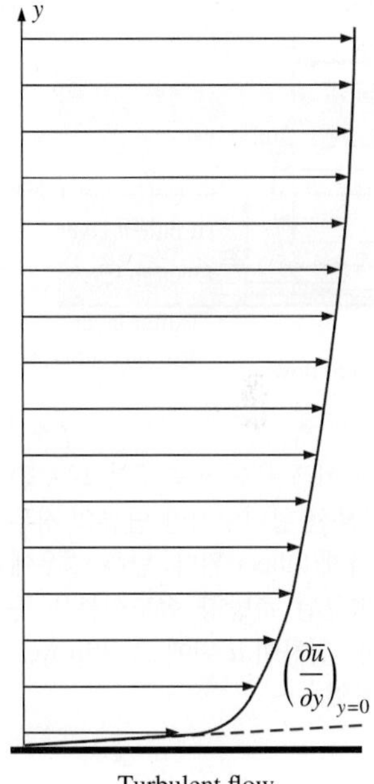

그림 8–24
같은 자유흐름 속도에서 난류 경계층의 두께는 층류 경계층의 두께보다 크지만, 벽면에서의 속도구배 및 그에 따른 벽면 전단응력은 층류 유동의 경우보다 난류 유동에서 훨씬 크다.

난류 속도 분포

층류 유동과 달리 난류 유동의 속도 분포를 구하기 위해서는 해석과 실험이 동시에 필요하고, 따라서 실험 데이터로부터 상수값이 결정되는 준경험식 형태를 취하게 된다. 파이프 내부 완전발달된 난류 유동에서 편의상 $\bar{u}$ 대신 u를 축방향 시간평균된 속도라 하자.

그림 8-25에 완전발달된 층류와 난류 속도 분포가 나타나 있다. 층류의 경우는 포물선인 반면, 난류에서는 중심부가 평평하고 벽면 부근에서 급격히 떨어지는 형태를 보인다. 난류 유동은 벽면으로부터의 거리에 따라 네 영역으로 구분된다. 벽면 부근 점성의 영향이 지배적인 얇은 층은 **점성**[viscous, 또는 **층류**(laminar) 또는 **선형**(linear) 또는 **벽면**(wall)] 저층(sublayer)이다. 이 층의 속도 분포는 거의 선형이고, 유동은 매끄럽다. 점성저층 위에는 난류의 영향이 점점 커지나 아직 점성의 영향이 지배적인 **완충층**(buffer layer)이 있다. 완충층 위는 **중복층**[overlap, 또는 **천이층**(transition)]으로, **관성저층**(inertial sublayer)이라고도 하는데, 난류의 영향이 현저하지만, 아직 지배적이지는 못하다. 그 위는 **외층**[outer, 또는 **난류층**(turbulent)]으로 분자 확산(점성)의 영향보다 난류의 영향이 지배적인 영역이다.

각 영역의 유동 특성은 매우 다르고, 따라서 층류 유동에서처럼 전체 유동에 대하여 속도 분포의 해석해를 구하는 것은 어렵다. 따라서 주요 변수에 대한 차원해석을

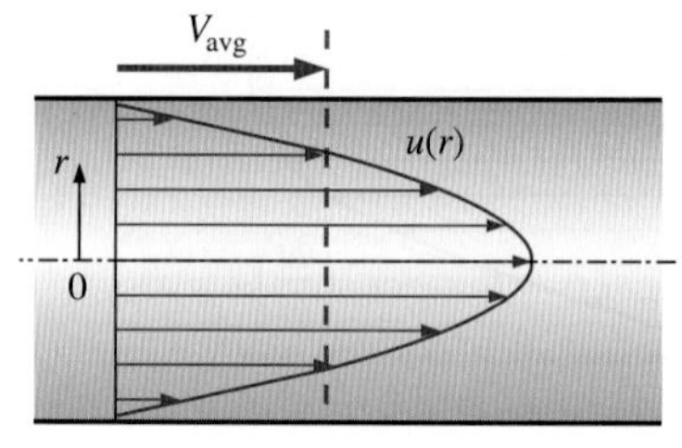

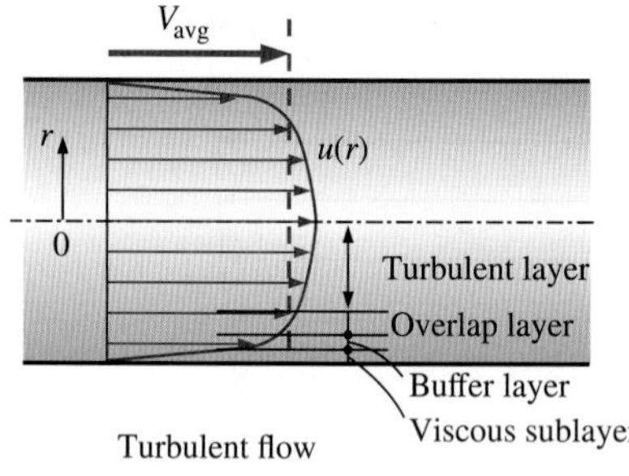

그림 8–25
완전발달된 파이프 유동의 속도분포는, 층류의 경우 포물선 형태이지만 난류의 경우에는 더 꽉 차게(fuller) 된다. 난류 경우에 $u(r)$은 시간평균된 축방향 속도성분을 뜻한다(간편함을 위하여 u 위에 오버바(overbar)를 생략하였음).

통하여 함수 관계를 도출하고, 실험 데이터를 활용하여 상수값을 결정하는 방법이 사용된다.

점성저층은 두께는 매우 작지만(대체로 파이프 직경의 1%보다 훨씬 더 작음) 속도구배가 매우 크므로 유동 특성에 지배적인 영향을 미친다. 벽면에서 에디 운동은 억제되므로 이 층은 층류 특성을 지니고, 따라서 유체의 점성계수에 비례하는 층류 전단응력만 가진다. 종종 머리카락보다 얇은 층 내에서 속도가 영에서 거의 중심부 속도까지 변하므로(거의 계단함수처럼) 점성저층 내의 속도 분포는 선형에 매우 가깝게 되는데, 이는 실험을 통하여 검증된 사실이다. 따라서 속도구배는 $du/\mathrm{d}y = u/y$로 상수가 되고, 벽면 전단응력은 다음과 같다.

$$\tau_w = \mu\frac{u}{y} = \rho\nu\frac{u}{y} \quad \text{또는} \quad \frac{\tau_w}{\rho} = \frac{\nu u}{y} \tag{8-41}$$

여기서 y는 벽면으로부터의 거리(원형 파이프에서는 $y=R-r$임)이다. 위 식의 τ_w/ρ는 난류 속도 분포 해석에서 자주 사용되는 항으로, 속도제곱의 차원을 가지고 있다. 따라서 $u^* = \sqrt{\tau_w/\rho}$를 가상의 속도로 생각하여 **마찰 속도**(friction velocity)라고 한다. 이 식을 식 (8-41)에 대입하면 점성저층의 속도 분포는 다음과 같은 무차원 형태로 표현된다.

점성저층:
$$\frac{u}{u^*} = \frac{yu^*}{\nu} \tag{8-42}$$

이 식은 **벽법칙**(law of the wall)이라 하고, $0 \le yu^*/\nu \le 5$ 사이에 대해 매끈한 표면에서의 실험 결과와 잘 일치한다. 따라서 점성저층의 두께는 대략 다음과 같다.

점성저층의 두께:
$$y = \delta_{\text{sublayer}} = \frac{5\nu}{u^*} = \frac{25\nu}{u_\delta} \tag{8-43}$$

여기서 u_δ는 점성저층의 가장자리에서의 속도로(여기서 $u_\delta \approx 5u^*$) 파이프 내부 평균 속도와 밀접한 관련이 있다. 따라서 위 식으로부터 **점성저층의 두께는 동점성계수에 비례하고 평균 유동 속도에 반비례한다**는 것을 알 수 있다. 다시 말하면, 점성저층은 속도(따라서 Reynolds 수)가 증가할수록 억제되고 얇아진다. 그러므로 높은 Reynolds 수에서 속도 분포는 점점 평평해지고 더욱 균일해진다.

위 식에서 ν/u^*는 길이의 차원을 가지며, 따라서 **점성 길이**(viscous length)라고 하는데, 벽면으로부터의 거리 y를 무차원화하는 데 사용된다. 경계층 해석에서는 무차원 길이와 무차원 속도를 다음과 같이 정의하는 것이 편리하다.

무차원변수:
$$y^+ = \frac{yu^*}{\nu} \quad \text{그리고} \quad u^+ = \frac{u}{u^*} \tag{8-44}$$

벽법칙(식 8-42)은 다음과 같이 나타난다.

무차원화된 벽법칙:
$$u^+ = y^+ \tag{8-45}$$

위 식에서 y와 u를 무차원화하는 데 마찰속도 u^*가 사용되고, y^+는 Reynolds 수와 유사한 형태를 가지고 있음을 알 수 있다.

차원해석 결과 중복층(overlap layer)에서의 속도는 벽면으로부터 거리의 로그값과 선형적으로 비례함을 보여 주며, 이는 실험을 통해서도 확인된 바 있다. 그 결과는 다음과 같다.

로그 법칙: $$\frac{u}{u^*} = \frac{1}{\kappa} \ln \frac{yu^*}{\nu} + B \quad \textbf{(8-46)}$$

여기서 상수 κ와 B는 실험을 통하여 각각 0.40과 5.0으로 결정된다. 식 (8-46)은 **로그 법칙**(logarithmic law)으로 알려져 있고, 상수값을 대입하면 다음과 같다.

중복층: $$\frac{u}{u^*} = 2.5 \ln \frac{yu^*}{\nu} + 5.0 \quad \text{또는} \quad u^+ = 2.5 \ln y^+ + 5.0 \quad \textbf{(8-47)}$$

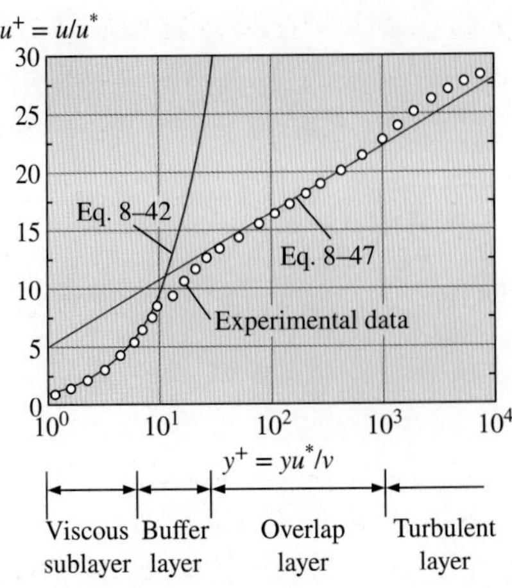

그림 8–26
파이프 내 완전발달 난류 유동에서 실험 데이터와 벽면 법칙과 로그 법칙 속도 분포의 비교.

식 (8-47)의 로그 법칙은 그림 8-26에 나타난 바와 같이 벽면 근처와 파이프 중심부를 제외하고는 전체 유동 영역의 실험 결과와 일치하므로, 파이프나 다른 표면에서 나타나는 난류 유동의 **보편적인 속도 분포**로 볼 수 있다. 이 그림에서 로그 법칙의 속도 분포가 $y^+>30$인 영역에서는 정확하지만, $5<y^+<30$의 완충층에서는 어떤 속도 분포도 잘 맞지 않는 것을 보여 준다. 여기서 벽면으로부터의 거리에 로그 축척을 사용하였으므로 점성저층의 크기가 실제보다 크게 보이는 점에 유의하자.

파이프 유동의 외부 난류층(outer turbulent layer)의 속도 분포는 파이프 중심($r=0$)에서 최대 속도가 되는 경계 조건을 사용하여 식 (8-46)의 상수 B를 구하여 얻을 수 있다. 파이프 중심에서, 즉 $y=R-r=R$에서 $u=u_{max}$를 식 (8-46)에 대입하여 상수 B를 구하고, $\kappa=0.4$를 대입하면 다음 식이 얻어진다.

외부 난류층: $$\frac{u_{max} - u}{u^*} = 2.5 \ln \frac{R}{R - r} \quad \textbf{(8-48)}$$

여기서 파이프 중심 속도와의 차이인 $u_{max}-u$를 **속도결핍**(velocity defect)이라 하고, 식 (8-48)을 **속도결핍 법칙**(velocity defect law)이라고 한다. 위 식은 파이프 내부 난류 유동 중심부의 정규화된 속도 분포가 중심부로부터의 거리에 관련이 있는 반면 유체의 점성계수와는 무관함을 보여 준다. 이는 중심부에서는 에디 유동이 지배적이고 유체 점성의 영향은 미미하기 때문이다.

이 외에도 파이프 난류 유동에 관한 많은 경험적 속도 분포가 존재하는데, 가장 간단하고 널리 알려진 것이 다음과 같이 표현되는 **거듭제곱 법칙 속도 분포**(power- law velocity profile)이다.

거듭제곱 법칙 속도 분포: $$\frac{u}{u_{max}} = \left(\frac{y}{R}\right)^{1/n} \quad \text{또는} \quad \frac{u}{u_{max}} = \left(1 - \frac{r}{R}\right)^{1/n} \quad \textbf{(8-49)}$$

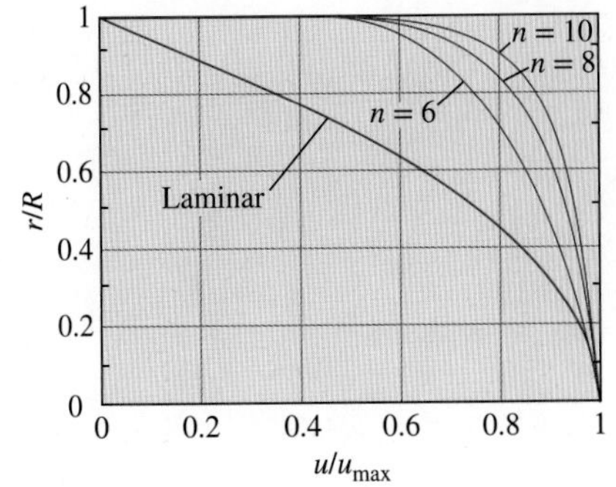

그림 8–27
파이프 내 완전발달된 난류 유동에서 지수값에 따른 거듭제곱 법칙 속도 분포의 변화와 층류 속도 분포와의 비교.

여기서 지수 n은 상수로, 그 값은 Reynolds 수에 따라 달라진다. 일반적으로 Reynolds 수가 증가하면 n도 증가하는데, $n=7$이 실제 많은 유동에 적합하므로 이를 **1/7 거듭제곱 법칙**(one-seventh power-law) **속도 분포**라고 한다.

그림 8-27에 $n=6, 8, 10$인 거듭제곱 법칙 속도 분포가 완전발달된 층류 유동의 속도 분포와 함께 나타나 있다. 난류 속도 분포는 층류보다 평평하고, n이 증가할수록(즉, Reynolds 수가 증가할수록) 더욱 평평해짐을 보이고 있다. 거듭제곱 법칙 분포는

벽면에서 속도구배가 무한대가 되고, 또한 중심선에서 영의 구배를 예측하지 못하므로 벽면 전단응력을 계산하는 데 사용할 수 없다는 점에 유의하라. 그러나 이러한 불일치 영역은 매우 작으며, 따라서 거듭제곱 법칙 분포는 파이프 내 난류 유동에 대해 매우 정확한 결과를 보여 준다.

점성저층은 매우 얇은 두께(대략 파이프 직경의 1%보다 훨씬 더 작음)임에도 불구하고 나머지 층에 영향을 미치므로 이 층의 유동 특성은 매우 중요하다. 만일 파이프 표면에 불규칙성이나 조도가 있다면 이 층의 유동을 교란하고 나머지 유동에 영향을 미치게 된다. 따라서 층류 유동과는 달리 난류 유동의 마찰계수는 표면조도에 매우 민감하다.

표면조도는 상대적 개념으로 그 높이 ε이 점성저층의 두께(Reynolds 수의 함수임)와 비슷할 때 중요하게 된다. 실제로 모든 표면은 현미경을 통해 보면 거칠게 보인다. 유체역학에서는 표면조도가 점성저층 외부로 튀어나오면 거친 표면으로, 점성저층 내에 있으면 **수역학적으로 매끈한**(hydrodynamically smooth) 표면으로 평가된다. 일반적으로 유리나 플라스틱은 수역학적으로 매끄러운 표면에 속한다.

Moody 선도와 Colebrook 공식

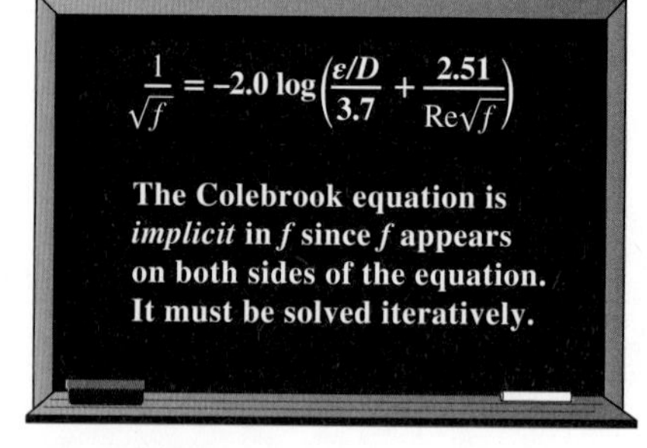

그림 8–28
Colebrook 방정식.

파이프 내 완전발달된 난류 유동의 마찰계수는 Reynolds 수와 파이프 직경에 대한 조도의 평균높이의 비인 **상대조도**(relative roughness) ε/D에 따라 변화한다. 이론적으로 이들의 함수관계를 구할 수는 없으며, 인공적으로 거칠게 만든 표면(보통은 알려진 크기의 모래알을 관 내벽에 접착함으로써)에 대하여 어렵게 수행된 실험 결과로부터 얻을 수 있다. 이와 같은 실험의 대부분은 Prandtl의 제자인 J. Nikuradse에 의해 1933년에 처음 수행되었고, 이때 마찰계수는 측정된 유량과 압력 강하로부터 계산되었다.

실험결과는 표, 그래프, 또는 실험 데이터를 곡선접합하여 함수식으로 나타내었다. 특히 1939년에 Cyril F. Colebrook(1910-1997)은 매끄러운 관과 거친 관에 대한 천이 유동과 난류 유동의 실험 데이터를 조합하여 **Colebrook 방정식**으로 알려져 있는 다음과 같은 내재적 관계식(implicit relation)을 제안하였다(그림 8-28).

$$\frac{1}{\sqrt{f}} = -2.0 \log\left(\frac{\varepsilon/D}{3.7} + \frac{2.51}{\text{Re}\sqrt{f}}\right) \quad \text{(난류 유동)} \qquad \textbf{(8-50)}$$

여기서 로그함수는 자연로그가 아니고 10을 기저로 갖는 상용로그임에 유의하자. 1942년 미국 엔지니어 Hunter Rouse(1906-1996)는 Colebrook 공식을 입증하고, f를 Re와 Re$\sqrt{f}$의 함수로 도시하였다. 또한 그는 층류 유동에 대한 관계식과 상용 파이프의 조도에 대한 표도 제안하였다. 2년 후 Lewis F. Moody(1880-1953)는 Rouse의 선도를 요즘 널리 사용되는 형태로 재구성하였다. 이 선도가 그 유명한 **Moody 선도**(chart)로서, 그림 A-12로 부록에 첨부되어 있다. Moody 선도에는 파이프 유동의 Darcy 마찰계수가 Reynolds 수와 ε/D의 함수로 표현되어 있다. Moody 선도는 아마 공학에서 사용하는 도표 중에서 가장 널리 쓰는 것 중의 하나일 것이다. Moody 선도는 원형 파이프에 대하여 개발되었으나, 직경을 수력직경으로 대체하면 비원형 파이프에도 적용이 가능하다.

상용 파이프의 경우는 실험에 사용된 파이프와는 달리 조도가 균일하지 않으므로 조도에 대해 정확하게 기술하기 어렵다. 표 8-2와 Moody 선도에는 상용 파이프의 등가조도값들이 나타나 있다. 그러나 이 값들은 새 파이프에 대한 값들로, 오래 사용하게 되면 부식, 스케일의 축적 및 침전물 등으로 인하여 조도값이 증가하여 마찰계수가 5~10배까지 커질 수 있음에 유의해야 한다. 파이프 시스템의 설계 시는 이와 같은 실제 상황을 고려하여야 한다. 또한 Moody 선도와 Colebrook 공식은 조도 크기, 실험 오차 및 데이터 곡선접합 등에 의한 불확실성을 내포하므로, 이들을 이용하여 얻은 결과를 "엄밀한" 결과로 취급해서는 안 된다. 일반적으로 그림에 나타난 전체 영역에 대하여 ±15% 정도의 정확도를 가지는 것으로 알려져 있다.

Moody 선도로부터 다음과 같은 사항을 알 수 있다.

- 층류 유동에서 마찰계수는 Reynolds 수가 증가할수록 감소하고, 표면조도와는 무관하다.
- 마찰계수는 매끈한 관에서 최소이고(그러나 점착 조건 때문에 여전히 영은 아님), 조도에 따라 증가한다(그림 8-29). Colebrook 공식은 $\varepsilon=0$인 경우 $1/\sqrt{f}=2.0\log(\text{Re}\sqrt{f})-0.8$로 표현되는 **Prandtl 방정식**으로 축약된다.
- 층류에서 난류로의 천이 영역($2300<\text{Re}<4000$)은 Moody 선도(그림 8-30과 A-12)에서 음영으로 처리되었다. 이 영역에서의 유동은 교란에 의해 층류와 난류를 반복하고, 따라서 마찰계수도 층류와 난류값들 사이를 반복하는데, 이 영역에서의 데이터는 신뢰도가 가장 낮다. 천이 영역에서 작은 상대조도가 존재하면 마찰계수가 증가하여 매끈한 파이프의 난류 마찰계수에 접근하게 된다.
- Reynolds 수가 매우 크면(Moody 선도에서 점선 오른쪽 부분) 특정한 상대조도에 대하여 마찰계수선이 거의 수평이 되고, 마찰계수는 Reynolds 수에 무관하게 된다(그림 8-30). 점성저층의 두께는 Reynolds 수가 증가하면 감소하는데, 조도 높이보다 현저히 작아지게 되면 점성 효과는 주로 주유 동에서 돌출한 조도 요소에 의해 나타나고 점성저층의 역할은 미미하게 되기 때문에, 이 영역에서의 유동을 **완전 거친 난류 유동**(fully rough turbulent flow) 또는 **완전 거친 유동**(fully rough flow)이라고 한다. 이 영역($\text{Re}\to\infty$)에서 Colebrook 공식은 $1/\sqrt{f}=-2.0\log[(\varepsilon/D)/3.7]$

표 8-2

새 상용관의 등가조도*

Material	Roughness, ε ft	mm
Glass, plastic	0 (smooth)	
Concrete	0.003–0.03	0.9–9
Wood stave	0.0016	0.5
Rubber, smoothed	0.000033	0.01
Copper or brass tubing	0.000005	0.0015
Cast iron	0.00085	0.26
Galvanized iron	0.0005	0.15
Wrought iron	0.00015	0.046
Stainless steel	0.000007	0.002
Commercial steel	0.00015	0.045

* 이 값의 불확실도는 ±60%까지 될 수 있다.

Relative Roughness, ε/D	Friction Factor, f
0.0*	0.0119
0.00001	0.0119
0.0001	0.0134
0.0005	0.0172
0.001	0.0199
0.005	0.0305
0.01	0.0380
0.05	0.0716

* 매끄러운 표면. 모든 값들은 $\text{Re}=10^6$에 대한 것이며 Colebrook 방정식으로부터 계산된 것이다.

그림 8-29
마찰계수는 매끄러운 파이프에서 최소이고, 조도에 따라 증가한다.

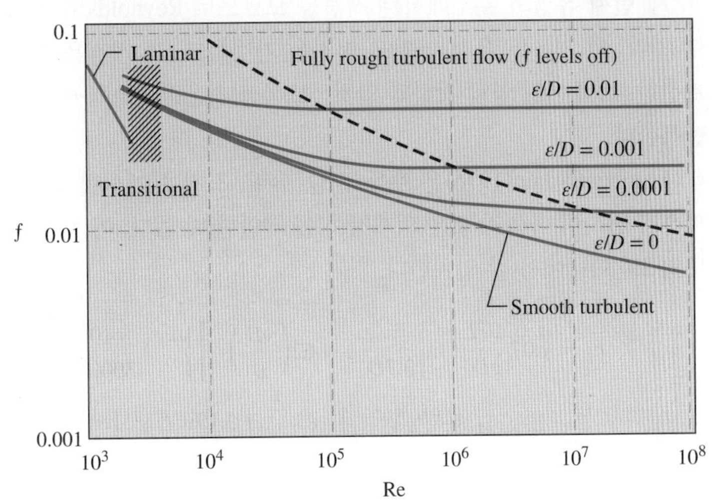

그림 8-30
Reynolds 수가 매우 큰 경우 Moody 선도의 마찰계수 곡선은 거의 수평이고, 따라서 마찰계수는 Reynolds 수와 무관해진다. Moody 선도의 큰 그림은 그림 A-12를 참조하라.

표 8-3

스케줄 40 강관의 표준치수

Nominal Size, in	Actual Inside Diameter, in
$\frac{1}{8}$	0.269
$\frac{1}{4}$	0.364
$\frac{3}{8}$	0.493
$\frac{1}{2}$	0.622
$\frac{3}{4}$	0.824
1	1.049
$1\frac{1}{2}$	1.610
2	2.067
$2\frac{1}{2}$	2.469
3	3.068
5	5.047
10	10.02

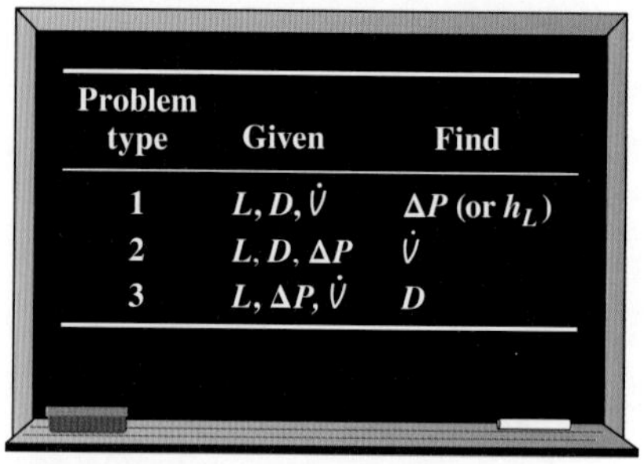

로 표현되는 **von Kámá 방정식**으로 축약되며, 이 식은 f에 대하여 외재적 형태로 되어 있다. 저자에 따라 이 영역을 완전 난류 영역이라 부르기도 하는데, 그림 8-30의 빨간색 점선 왼쪽도 완전 난류이므로 이는 잘못된 표현이다.

마찰계수를 계산할 때는 파이프의 공칭 직경이 아닌 실제 내경을 사용하여야 한다. 예를 들면, 표 8-3에서 공칭 직경이 1인치인 강 파이프의 내경은 1.049 인치이다.

유체 유동 문제의 유형

Moody 선도(또는 Colebrook 공식)를 사용하여 배관 시스템을 설계하거나 해석하는 문제는 다음 세 가지로 크게 구별된다(모든 경우 유체나 파이프 조도는 주어졌다고 가정한다) (그림 8-31).

1. 지정된 유량(또는 속도)에서 파이프 길이와 직경이 주어진 경우 **압력 강하**(또는 수두 손실)를 결정하는 문제
2. 지정된 압력 강하(또는 수두 손실)에서 파이프 길이와 직경이 주어진 경우 **유량**을 결정하는 문제
3. 지정된 압력 강하(또는 수두 손실)에서 파이프 길이와 유량이 주어진 경우 **파이프 직경**을 결정하는 문제

Problem type	Given	Find
1	$L, D, \dot{V}$	ΔP (or h_L)
2	$L, D, \Delta P$	$\dot{V}$
3	$L, \Delta P, \dot{V}$	D

그림 8–31
파이프 유동과 관련된 세 가지 유형의 문제.

첫 번째 유형의 문제는 Moody 선도를 활용하여 쉽게 풀 수 있다. **두 번째**와 **세 번째 유형**의 문제는 설계 시 자주 부딪히는 문제들로, 설치비와 운영비를 최소로 하는 파이프 직경을 구하는 문제를 예로 들 수 있다. 그러나 이 경우에는 Moody 선도를 이용한 반복 계산이 필요하며, 따라서 방정식 풀이기(EES와 같은)가 추천된다.

두 번째 유형의 문제는, 직경은 주어지지만 유량은 모르는 경우이다. 이 경우 우선 주어진 조도에 대하여 완전 난류 유동을 가정하여 마찰계수의 초기값을 구한다. 이는 실제 많이 접하는 높은 Reynolds 수 유동에서는 유동이 난류이기 때문이다. 유량이 구해지면 Moody 선도나 Colebrook 공식을 활용하여 마찰계수를 수정하고 해가 수렴할 때까지 계산을 반복한다(대체적으로 몇 번의 반복 계산으로 세 자릿수 또는 네 자릿수의 정밀도로 수렴값을 얻을 수 있다).

세 번째 유형의 문제에서는 직경을 모르므로 Reynolds 수와 상대조도를 계산할 수 없다. 이 경우는 우선 파이프 직경을 가정하고, 그 직경을 사용하여 압력 강하를 계산한 후, 주어진 압력 강하와 일치하도록 직경을 바꾸어가며 수렴할 때까지 계산을 반복한다.

Swamee와 Jain(1976)은 수두 손실, 유량, 직경을 계산할 때, 지루한 반복 계산을 피하기 위하여 다음과 같은 외재적 식을 제안한 바 있다. 이 식들의 결과는 Moody 선도와 2% 이내에서 잘 일치한다.

$$h_L = 1.07 \frac{\dot{V}^2 L}{g D^5} \left\{ \ln \left[\frac{\varepsilon}{3.7D} + 4.62 \left(\frac{\nu D}{\dot{V}} \right)^{0.9} \right] \right\}^{-2} \qquad \begin{matrix} 10^{-6} < \varepsilon/D < 10^{-2} \\ 3000 < \text{Re} < 3 \times 10^8 \end{matrix} \tag{8-51}$$

$$\dot{V} = -0.965 \left(\frac{g D^5 h_L}{L} \right)^{0.5} \ln \left[\frac{\varepsilon}{3.7D} + \left(\frac{3.17 \nu^2 L}{g D^3 h_L} \right)^{0.5} \right] \qquad \text{Re} > 2000 \tag{8-52}$$

$$D = 0.66\left[\varepsilon^{1.25}\left(\frac{L\dot{V}^2}{gh_L}\right)^{4.75} + \nu\dot{V}^{9.4}\left(\frac{L}{gh_L}\right)^{5.2}\right]^{0.04} \qquad \begin{aligned} 10^{-6} < \varepsilon/D < 10^{-2} \\ 5000 < \text{Re} < 3 \times 10^8 \end{aligned} \tag{8-53}$$

위 식들에서 단위 일관성만 유지된다면 SI와 영미식 단위 모두 사용할 수 있다. Moody 선도의 결과가 실험 데이터와 15% 이내의 오차를 보이므로 큰 문제 없이 위의 근사식들을 배관 설계에 활용할 수 있을 것이다.

Colebrook 공식은 f에 대하여 내재적 형태이므로 반복 계산을 수행하여 마찰계수를 구하여야 한다. 1983년에 S. E. Haaland는 f에 대한 **외재적**(explicit) 형태의 관계식을 제안하였다.

$$\frac{1}{\sqrt{f}} \cong -1.8 \log\left[\frac{6.9}{\text{Re}} + \left(\frac{\varepsilon/D}{3.7}\right)^{1.11}\right] \tag{8-54}$$

이 식으로 구한 마찰계수는 Colebrook 공식의 결과와 2% 이내에서 일치한다. 좀 더 정확한 결과는 식 (8-54)을 사용하여 구한 f를 식 (8-50)의 초기값으로 설정한 후 프로그램이 가능한 계산기 또는 스프레드 시트를 이용하여 Newton의 반복 계산법으로 구할 수 있다.

완전발달된 난류 파이프유동에서 마찰계수 f를 계산하는데 Colebrook 방정식을 일반적으로 사용한다. 실제 Moody 선도는 Colebrook 방정식을 이용해서 만든 것이다. 실제 Colebrook 방정식은 내재적일 뿐 아니라 **난류** 파이프유동에서만 유효하다(층류에서는 $f=64/\text{Re}$). 따라서 항상 Reynolds 수가 난류영역에 있는지 확인하여야 한다. Churchill (1997)에 의하여 제시된 식은 외재적일 뿐만 아니라, 모든 Re와 조도, 심지어는 층류와 층류-난류 사이의 천이영역에까지 적용할 수 있다. **Churchill 방정식**은 아래와 같다.

$$f = 8\left[\left(\frac{8}{\text{Re}}\right)^{12} + (A + B)^{-1.5}\right]^{\frac{1}{12}} \tag{8-55}$$

여기서,

$$A = \left\{-2.457 \ln\left[\left(\frac{7}{\text{Re}}\right)^{0.9} + 0.27\frac{\varepsilon}{D}\right]\right\}^{16} \text{ and } B = \left(\frac{37{,}530}{\text{Re}}\right)^{16}$$

이다. Colebrook 방정식과 Churchill 방정식의 차이는 1% 이내이다. 식이 외재적이고 모든 Reynolds 수와 조도 범위에서 적용이 가능하기 때문에, 마찰계수 f를 계산할 때는 Churchill 방정식 사용을 추천한다.

예제 8–3 공기 덕트의 직경 계산

1기압 35 °C의 더운 공기가 0.35 m³/s의 속도로 150 m 길이의 원형 플라스틱 덕트 내부를 흐른다(그림 8-32). 파이프의 수두 손실이 20 m 이내가 되는 덕트의 최소 직경을 구하라.

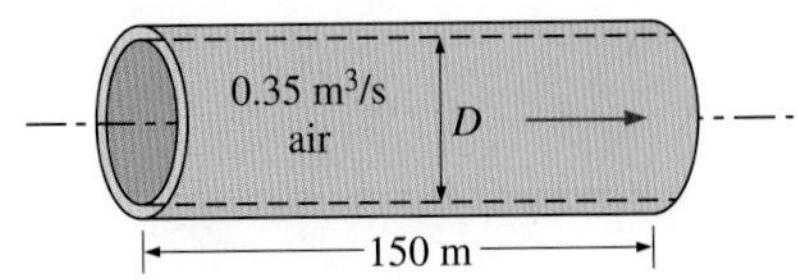

그림 8–32
예제 8-3에 대한 개략도

풀이 공기 덕트의 유량과 수두 손실이 주어질 때 덕트의 직경을 구하고자 한다.

가정 **1** 유동은 정상 상태이고, 비압축성이다. **2** 입구 영역 영향을 무시하고, 따라서 유동은 완전발달되었다. **3** 관로에는 벤드, 밸브, 및 접합부 등이 없다. **4** 공기는 이상기체이다.

5 덕트는 플라스틱이므로 매끈하다. **6** 유동은 난류이다(나중에 증명함).

상태량 35 C의 공기에 대하여 밀도, 점성계수, 동점성계수는 각각 $\rho = 1.145\ \text{kg/m}^3$, $\mu = 1.895 \times 10^{-5}\ \text{kg/m} \cdot \text{s}$, $\nu = 1.655 \times 10^{-5}\ \text{m}^2/\text{s}$이다.

해석 이 문제는 유량과 수두 손실이 주어졌을 때 직경을 구하는 세 번째 유형의 문제이다. 이 문제를 푸는 데는 세 가지 방법이 있다. (1) 파이프 직경을 가정하고 수두 손실을 구한 다음, 주어진 수두 손실과 비교하여 수렴할 때까지 반복하는 반복법, (2) 관련 방정식을 모두 기술한 후(직경을 미지수로 놓고) 방정식 풀이기를 사용하여 동시에 해를 구하는 방법, (3) 세 번째 Swamee-Jain 공식을 이용하는 방법. 여기서는 마지막 두 가지 방법으로 해를 구해 본다.

평균 속도, Reynolds 수, 마찰계수, 수두 손실의 관계식은 다음과 같다. 여기서 D의 단위는 m, V의 단위는 m/s, Re와 f는 무차원 수이다.

$$V = \frac{\dot{V}}{A_c} = \frac{\dot{V}}{\pi D^2/4} = \frac{0.35\ \text{m}^3/\text{s}}{\pi D^2/4}$$

$$\text{Re} = \frac{VD}{\nu} = \frac{VD}{1.655 \times 10^{-5}\ \text{m}^2/\text{s}}$$

$$\frac{1}{\sqrt{f}} = -2.0 \log\left(\frac{\varepsilon/D}{3.7} + \frac{2.51}{\text{Re}\sqrt{f}}\right) = -2.0 \log\left(\frac{2.51}{\text{Re}\sqrt{f}}\right)$$

$$h_L = f\frac{L}{D}\frac{V^2}{2g} \quad \rightarrow \quad 20\ \text{m} = f\frac{150\ \text{m}}{D}\frac{V^2}{2(9.81\ \text{m/s}^2)}$$

플라스틱 파이프의 조도는 대략 영이다(표 8-2). 따라서 위의 4개의 미지수와 4개의 방정식을 EES와 같은 방정식 풀이기로 풀면 그 해는 다음과 같다.

$$D = \mathbf{0.267\ m}, \quad f = 0.0180, \quad V = 6.24\ \text{m/s}, \quad \text{Re} = 100{,}800$$

따라서 덕트 직경이 26.7 cm 이상이 되어야 수두 손실이 20 m 이내가 된다. Reynolds 수는 4000보다 크고, 따라서 난류 유동으로 가정한 것이 맞음이 입증된다.

세 번째 Swamee-Jain 공식을 이용하여 직접적으로 직경을 구하면 다음과 같다.

$$D = 0.66\left[\varepsilon^{1.25}\left(\frac{L\dot{V}^2}{gh_L}\right)^{4.75} + \nu\dot{V}^{9.4}\left(\frac{L}{gh_L}\right)^{5.2}\right]^{0.04}$$

$$= 0.66\left[0 + (1.655 \times 10^{-5}\ \text{m}^2/\text{s})(0.35\ \text{m}^3/\text{s})^{9.4}\left(\frac{150\ \text{m}}{(9.81\ \text{m/s}^2)(20\ \text{m})}\right)^{5.2}\right]^{0.04}$$

$$= \mathbf{0.271\ m}$$

토의 위의 두 결과의 차이는 2% 이내이므로, 간단한 Swamee-Jain 공식을 별 문제없이 사용할 수 있다. 또한 첫 번째 (반복 계산) 방법은 D에 대한 초기값이 필요하다. 만약 Swamee-Jain의 결과를 초기값으로 놓으면, 직경은 금방 $D = 0.267$ m에 수렴한다.

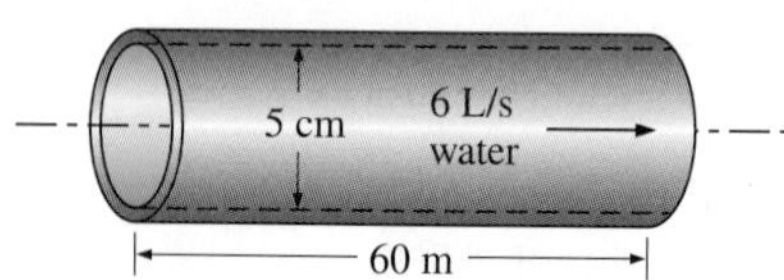

그림 8-33
예제 8-4에 대한 개략도

예제 8-4 물 파이프 내 수두 손실 계산

150 °C($\rho = 999\ \text{kg/m}^3$, $\mu = 1.138 \times 10^{-3}\ \text{kg/m} \cdot \text{s}$)의 물이 5 cm 직경의 수평 스테인리스강 파이프 내를 6 L/s로 정상 유동하고 있다(그림 8-33). 파이프 길이가 60 m일 때의 압력 강

하, 수두 손실, 요구 펌프 동력을 구하라.

풀이 물 파이프 내 유량이 주어졌을 때의 압력 강하, 수두 손실, 펌프 동력을 구하고자 한다.

가정 **1** 유동은 정상 상태이고, 비압축성이다. **2** 입구 영역의 영향을 무시하고, 유동은 완전발달되었다. **3** 관로에는 벤드, 밸브, 및 접합부 등이 없다. **4** 관로에는 펌프와 터빈과 같은 동력 장치가 없다.

상태량 물의 밀도와 점성계수는 각각 $\rho = 999\ \text{kg/m}^3$, $\mu = 1.138 \times 10^{-3}$ kg

해석 문제에서 유량, 파이프 길이, 파이프 직경이 주어졌으므로 첫 번째 유형의 문제이다. 우선 평균 속도와 Reynolds 수로부터 유동 영역을 결정한다.

$$V = \frac{\dot{V}}{A_c} = \frac{\dot{V}}{\pi D^2/4} = \frac{0.006\ \text{m}^3\text{/s}}{\pi(0.05\ \text{m})^2/4} = 3.06\ \text{m/s}$$

$$\text{Re} = \frac{\rho V D}{\mu} = \frac{(999\ \text{kg/m}^3)(3.06\ \text{m/s})(0.05\ \text{m})}{1.138 \times 10^{-3}\ \text{kg/m·s}} = 134{,}300$$

여기서 Reynolds 수는 4000보다 크고, 따라서 난류 영역이다. 표 8-2로부터 파이프의 상대조도는 다음과 같이 계산한다.

$$\varepsilon/D = \frac{0.002\ \text{mm}}{50\ \text{mm}} = 0.000040$$

이 상대조도와 Reynolds 수를 이용하여 Moody 선도로부터 마찰계수를 구할 수 있다. 그래프를 읽는 데 발생할 수 있는 오차를 줄이기 위하여 Moody 선도가 기본이 되는 Colebrook 공식을 사용하여 f를 구한다.

$$\frac{1}{\sqrt{f}} = -2.0\log\left(\frac{\varepsilon/D}{3.7} + \frac{2.51}{\text{Re}\sqrt{f}}\right) \rightarrow \frac{1}{\sqrt{f}} = -2.0\log\left(\frac{0.000040}{3.7} + \frac{2.51}{134{,}300\sqrt{f}}\right)$$

방정식 풀이기 또는 반복 기법을 사용하여 마찰계수는 $f = 0.0172$로 결정된다. 이로부터 압력 강하(본 문제에서는 압력 손실과 일치함), 수두 손실과 요구 동력을 구하면 다음과 같다.

$$\Delta P = \Delta P_L = f\frac{L}{D}\frac{\rho V^2}{2} = 0.0172\frac{60\ \text{m}}{0.05\ \text{m}}\frac{(999\ \text{kg/m}^3)(3.06\ \text{m/s})^2}{2}\left(\frac{1\ \text{N}}{1\ \text{kg·m/s}^2}\right)$$
$$= \mathbf{96{,}540\ N/m^2 = 96.5\ kPa}$$

$$h_L = \frac{\Delta P_L}{\rho g} = f\frac{L}{D}\frac{V^2}{2g} = 0.0172\frac{60\ \text{m}}{0.05\ \text{m}}\frac{(3.06\ \text{m/s})^2}{(9.81\ \text{m/s}^2)} = \mathbf{9.85\ m}$$

$$\dot{W}_{\text{pump}} = \dot{V}\Delta P = (0.006\ \text{m}^3\text{/s})(96{,}540\ \text{N/m}^2)\left(\frac{1\ \text{W}}{1\ \text{N·m/s}}\right) = \mathbf{579\ W}$$

따라서 파이프 내 마찰 손실을 극복하기 위해서는 579 W의 동력이 필요하다.

토의 Colebrook 공식의 정확도가 유효숫자 두 자리이므로 계산 결과는 유효숫자 두 자리까지 정확하지만, 관례상 결과를 세 자리로 표현한다. 외재적 함수인 Haaland 관계식(식 8-54)을 사용하여 마찰계수를 구하면 $f = 0.0170$을 얻는데, 이는 0.0172와 거의 일치한다. 또한 $\varepsilon=0$인 경우 마찰계수는 0.0169이므로 스테인레스강 파이프를 매끈한 파이프로 생각할 수 있다.

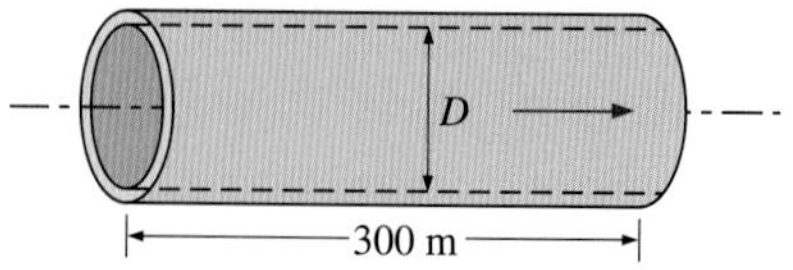

D

300 m

그림 8-34
예제 8-5에 대한 개략도

예제 8-5 덕트 내 공기 유량 계산

예제 8-3 문제를 덕트 길이가 두 배이고 직경은 동일한 경우에 적용해 보자. 총 손실수두가 같을 때, 덕트 내부 유량의 감소량을 구하라.

풀이 공기 덕트의 직경과 수두 손실이 주어질 때 유량의 감소량을 구하고자 한다.

해석 이 문제는 파이프 직경과 수두 손실이 주어졌을 때 유량을 구하는 두 번째 유형의 문제로, 유량(그리고 따라서 유동 속도)을 모르므로 반복 계산이 필요하다.

평균 속도, Reynolds 수, 마찰계수, 수두 손실은 다음과 같다(D의 단위는 m, V의 단위는 m/s, Re와 f는 무차원이다).

$$V = \frac{\dot{V}}{A_c} = \frac{\dot{V}}{\pi D^2/4} \quad \rightarrow \quad V = \frac{\dot{V}}{\pi(0.267\text{ m})^2/4}$$

$$\text{Re} = \frac{VD}{\nu} \quad \rightarrow \quad \text{Re} = \frac{V(0.267\text{ m})}{1.655 \times 10^{-5}\text{ m}^2/\text{s}}$$

$$\frac{1}{\sqrt{f}} = -2.0\log\left(\frac{\varepsilon/D}{3.7} + \frac{2.51}{\text{Re}\sqrt{f}}\right) \quad \rightarrow \quad \frac{1}{\sqrt{f}} = -2.0\log\left(\frac{2.51}{\text{Re}\sqrt{f}}\right)$$

$$h_L = f\frac{L}{D}\frac{V^2}{2g} \quad \rightarrow \quad 20\text{ m} = f\frac{300\text{ m}}{0.267\text{ m}}\frac{V^2}{2(9.81\text{ m/s}^2)}$$

4개의 미지수와 4개의 방정식을 EES와 같은 방정식 풀이기를 사용하여 풀면 그 해는 다음과 같다.

$$\dot{V} = 0.24\text{ m}^3/\text{s}, \quad f = 0.0195, \quad V = 4.23\text{ m/s}, \quad \text{Re} = 68{,}300$$

따라서 유량 감소량은 다음과 같이 얻어진다.

$$\dot{V}_{\text{drop}} = \dot{V}_{\text{old}} - \dot{V}_{\text{new}} = 0.35 - 0.24 = \mathbf{0.11\ m^3/s} \quad (31\%\text{ 감소})$$

따라서 수두 손실(또는 가용 수두 또는 팬 펌프 동력)이 정해졌을 때, 덕트의 길이를 두 배로 하면 유량이 0.35 m^3/s에서 0.24 m^3/s로 약 31% 줄어든다.

또 다른 풀이 시험을 볼 때처럼 컴퓨터가 없을 때는 손으로 반복 계산해야 한다. 일반적으로 마찰계수 f를 우선 추정하고, 이로부터 속도 V를 풀면 수렴이 빠르다. 속도 V를 마찰계수 f의 함수로 나타내면 다음과 같다.

파이프 내 평균 속도: $$V = \sqrt{\frac{2gh_L}{fL/D}}$$

일단 V가 계산되면 Reynolds 수가 계산될 수 있고, 그로부터 Moody 선도나 Colebrook 공식에서 새로운 마찰계수가 구해진다. 새로운 마찰계수 f를 이용하여 수렴할 때까지 반복 계산한다. 예를 들어, $f=0.04$를 초기값으로 하여 반복 계산을 수행하면 다음과 같다.

Iteration	f (guess)	V, m/s	Re	Corrected f
1	0.04	2.955	4.724×10^4	0.0212
2	0.0212	4.059	6.489×10^4	0.01973
3	0.01973	4.207	6.727×10^4	0.01957
4	0.01957	4.224	6.754×10^4	0.01956
5	0.01956	4.225	6.756×10^4	0.01956

위의 계산에서 단지 세 번의 반복 계산으로 유효숫자 세 자리까지 수렴하고, 단지 네 번의 반복 계산으로 네 자리까지 수렴함을 알 수 있다. 최종 수렴값은 EES로부터 얻은 값과 동일하다.

토의 두 번째 Swamee-Jain 공식을 사용하여 새로운 유량을 직접 계산할 수도 있다.

$$\dot{V} = -0.965\left(\frac{gD^5h_L}{L}\right)^{0.5} \ln\left[\frac{\varepsilon}{3.7D} + \left(\frac{3.17\nu^2L}{gD^3h_L}\right)^{0.5}\right]$$

$$= -0.965\left(\frac{(9.81\text{ m/s}^2)(0.267\text{ m})^5(20\text{ m})}{300\text{ m}}\right)^{0.5}$$

$$\times \ln\left[0 + \left(\frac{3.17(1.655 \times 10^{-5}\text{ m}^2/\text{s})^2(300\text{ m})}{(9.81\text{ m/s}^2)(0.267\text{ m})^3(20\text{ m})}\right)^{0.5}\right]$$

$$= 0.24\text{ m}^3/\text{s}$$

Swamee-Jain 공식을 사용한 결과는 Colebrook 공식을 EES나 반복 계산으로 구한 결과와 (유효숫자 두 자리까지) 동일하다. 따라서 간단한 Swamee-Jain 공식을 확신을 가지고 사용할 수 있다.

예제 8-6 수영장의 난류 배수

예제 8-1에서 다루었던 수영장 배수 문제를 다시 생각해보자. 배수 유량이 너무 작아 내경이 $D=2.00$ cm, 평균조도 $\varepsilon=0.0020$ cm인 새 호스를 사용한다고 하자. 호스의 길이를 포함하여 모든 매개변수들이 모두 같을 때, 배수가 시작되는 시점에 물의 분당 체적유량(LPM)을 계산하시오.

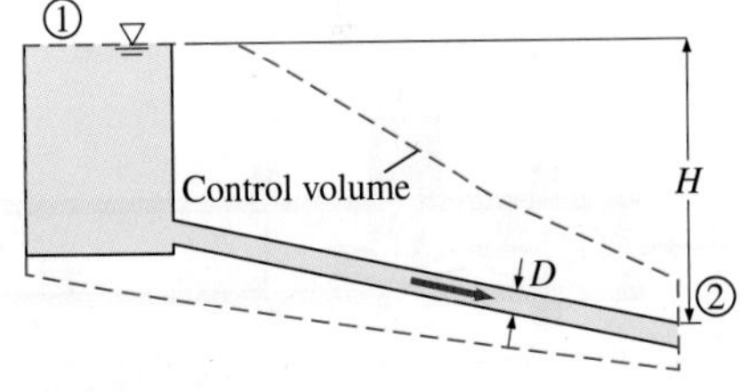

그림 8-35
예제 8-6에 대한 개략도

풀이 수영장의 배수과정에서 나타나는 물의 체적유량을 계산한다.

가정 **1** 유동은 비압축성이고 거의 정상에 가깝다. **2** 호스 길이가 길기 때문에 호스의 입구효과는 무시하고 유동은 완전발달되었다. **3** 엘보 등에서 나타나는 기타 손실은 무시한다.

상태량 물의 밀도와 점성계수는 각각 $\rho=998$ kg/m³, 그리고 $\mu=0.001002$ kg/m·s이다.

해석 예제 8-1과 동일한 검사체적을 선택하자. 호스 직경이 커져 유동이 난류가 되므로 마찰계수 f가 더 이상 64/Re가 아닌 것 이외에는 방정식과 해석과정이 전과 동일하다. f를 결정하는데 Colebrook 방정식이나 Churchill 방정식 모두 사용이 가능하다. 앞선 예에 따라 에너지 식은 아래와 같이 나타난다.

$$\alpha_2 \frac{V^2}{2g} = H - h_L \quad \textbf{(1)}$$

호스 출구에서 완전발달된 난류 파이프유동에서 $\alpha_2=1.05$이다. 난류유동에서는 평균속도 V에 대한 간단한 이차방정식을 얻을 수 없다. 그 대신 Colebrook 방정식이나 Churchill 방정식 중 하나와 예제 8-1에서 사용한 Re, h_L 관련식, 그리고 식 (1)을 연립으로 풀어야 한다. 예제 8-5에서처럼 손으로 반복계산해도 되고, 또는 방정식 풀이기를 사용해도 된다. 후자를 선택하고 Churchill 방정식을 사용하면 $V=0.6536$ m/s를 얻고, 최종 체적유량은 다음과 같이 계산된다.

$$\dot{V} = VA_c = V\frac{\pi D^2}{4} = (0.6536 \text{ m/s})\frac{\pi(0.020 \text{ m})^2}{4}\left(\frac{1000 \text{ L}}{\text{m}^3}\right)\left(\frac{60 \text{ s}}{\text{min}}\right) = 12.32 \frac{\text{L}}{\text{min}}$$

최종 답은 $\dot{V}\approx 12.3$ LPM로 정한다.
마지막으로 Reynolds 수를 계산하면,

$$\text{Re} = \frac{\rho VD}{\mu} = \frac{(998 \text{ kg/m}^3)(0.6536 \text{ m/s})(0.020 \text{ m})}{0.001002 \text{ kg/m}\cdot\text{s}} = 13{,}020$$

Re>4000이므로 유동은 난류이다.

토의 Colebrook 방정식을 사용하면, 체적유량이 12.38 LPM으로 계산되고, 이는 Churchill의 결과와 불과 0.5% 차이를 갖는다. 예상한 바대로, 예제 8-1과 비교하여 체적유량이 크게 늘어나 수영장 배수는 더 빨라질 것이다.

8-6 ■ 부차적 손실

일반적인 배관 시스템 내의 유체는 파이프의 직관 부분뿐만 아니라 여러 종류의 접합부(fitting), 밸브, 벤드, 엘보, 티, 입구부, 출구부, 확대부, 축소부 등을 통해 흐른다. 이 부품들은 유동을 교란하고, 유동 박리와 혼합 등으로 인한 부가적인 손실을 유발한다. 일반적인 긴 파이프 시스템에서는 이러한 손실들은 직관 부분들의 수두 손실[**주손실**(major loss)]에 비해 작고, 따라서 **부차적 손실**(minor loss)이라고 한다. 그러나 경우에 따라 부차적 손실이 주손실보다 큰 경우도 있다. 예를 들어, 짧은 거리 안에 벤드와 밸브가 많은 파이프 시스템이 여기에 속한다. 예를 들어, 밸브가 완전히 열린 경우는 수두 손실은 무시할만 하지만, 부분적으로 닫힌 경우는 현저한 압력 강하를 유발하고, 이로 인해 유량 감소가 나타난다. 밸브나 접합부 내의 유동은 매우 복잡하고, 따라서 일반적으로 이론적 해석은 가능하지 않고 주로 부품 제작사에서 실험적으로 부차적 손실을 구한다.

Pipe section with valve:

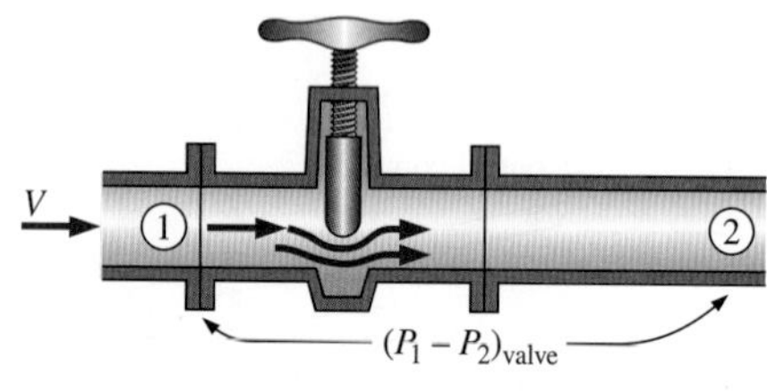

Pipe section without valve:

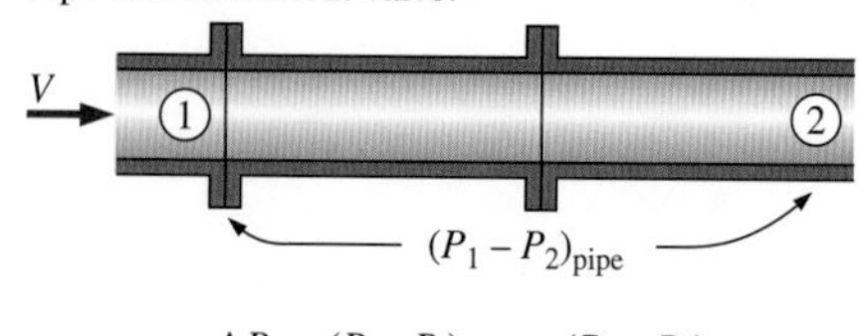

$\Delta P_L = (P_1 - P_2)_{\text{valve}} - (P_1 - P_2)_{\text{pipe}}$

그림 8-36
부차적 손실이 있는 부품이 장착된, 직경이 일정한 파이프에서 부품의 손실계수(예를 들면, 그림의 게이트 밸브)는 부품에 의해 부가되는 압력 손실을 파이프 동압으로 나누어 구한다.

부차적 손실은 일반적으로 다음 식으로 정의되는 **손실계수**(loss coefficient) K_L[또한 **저항계수**(resistance coefficient)라고도 하는]로 표현된다(그림 8-36).

손실계수: $$K_L = \frac{h_L}{V^2/(2g)} \qquad \textbf{(8-56)}$$

여기서 h_L은 부품을 **끼워 넣음**으로 인해 배관 시스템에 부가적으로 발생하는 비가역 수두 손실 $h_L=\Delta P_L/\rho g$로 정의된다. 예를 들어, 그림 8-36의 밸브를 1점과 2점 사이에 직경이 일정한 파이프로 대체한다고 하자. ΔP_L은 1점과 2점 사이에 밸브가 설치되었을 때의 압력 강하 $(P_1-P_2)_{\text{valve}}$로부터 밸브가 **없는** 가상 직관 조건에서 동일한 유량일 때의 압력 강하 $(P_1-P_2)_{\text{pipe}}$를 **뺀** 값이다. 비가역 압력 손실은 대부분 밸브 주변에서 발생하지만, 일부는 밸브에서 유발되어 하류로 흐르는 난류 에디에 기인한다. 이들 에디는 하류 유동이 완전발달되면 결국은 열로 소산되는 기계적 에너지의 손실이다. 따라서 엘보와 같은 부품의 부차적 손실을 측정할 때는 소산되는 에디에 의한 부가적인 비가역 손실이 포함되도록 2점을 충분히 하류(파이프 직경의 수십 배)에 위치하도록 하여야 한다.

부품 하류의 파이프 직경이 **달라지면** 부차적 손실을 결정하기가 더욱 복잡해진다. 그러나 모든 경우 이러한 손실은 만약 부차적 손실을 유발하는 부품이 거기에 없었다면 존재하지 않았을 기계적 에너지의 **추가적인** 비가역 손실 위에 바탕을 두고 있다. 부차적 손실은 부차적 손실 부품을 가로질러 **국부적으로**(locally) 발생하는 것으로만 생각하기 쉬운데, 그러나 명심할 점은 그 부품이 몇몇 파이프 직경 하류의 유동에 영향을 미친다는 것이다. 이는 유량계 제작회사에서 유량계를 적어도 엘보나 밸브의 위치에서 직경의 10배에서 20배 사이 정도 되는 하류 위치에 설치하는 이유이기도 하다. 이렇게 하면 유량계 바로 직전에서 엘보나 밸브에 의하여 발생된 난류 에디가 대부분 사라지고 유동의 속도 분포가 완전발달하게 된다(대부분의 유량계는 그 입구에서 완전발달된 속도 분포에 대하여 보정되어 있고, 실제 이러한 조건이 맞을 때 정확도가 가장 높다).

입구와 출구 직경이 같은 경우 부품의 손실계수는 부품 전후의 압력 손실을 측정하여 이를 동압으로 나누어 결정될 수 있는데, 즉 $K_L = \Delta P_L/(\frac{1}{2}\rho V^2)$이다. 부품의 손실계수로부터 부품의 손실수두는 아래 식으로 구한다.

부차적 손실: $$h_L = K_L \frac{V^2}{2g} \tag{8-57}$$

일반적으로 손실계수는 마찰계수처럼 부품의 형상과 Reynolds 수의 함수이다. 그러나 Reynolds 수의 영향은 대부분 무시되는데, 이는 실제 Reynolds 수가 충분히 크면 손실계수(마찰계수도 포함하여)는 Reynolds 수에 무관해지는 경향이 있기 때문이다.

부차적 손실은 다음 식으로 정의되는 **등가 길이**(equivalent length) L_{equiv}로 표현되기도 한다(그림 8-37).

등가 길이: $$h_L = K_L \frac{V^2}{2g} = f\frac{L_{\text{equiv}}}{D}\frac{V^2}{2g} \quad \rightarrow \quad L_{\text{equiv}} = \frac{D}{f}K_L \tag{8-58}$$

여기서 f는 마찰계수이고 D는 파이프의 직경이다. 부품의 수두 손실은 길이가 L_{equiv}인 파이프에 의해 유발되는 수두 손실과 동일하다. 그러므로 총 수두 손실은 간단하게 전체 파이프 길이에 L_{equiv}를 더하면 된다.

위의 두 가지 방법이 실제 모두 사용되지만, 손실계수가 좀 더 일반적이므로 본 교재에서는 손실계수를 사용하기로 한다. 모든 손실계수가 구해지면 배관 시스템의 총 수두 손실은 다음과 같다.

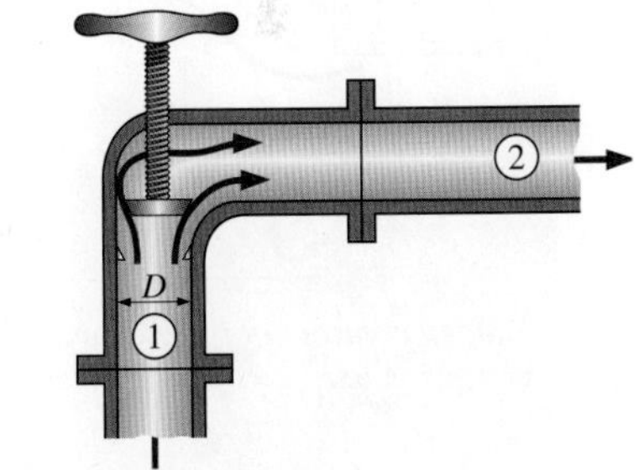

$\Delta P = P_1 - P_2 = P_3 - P_4$

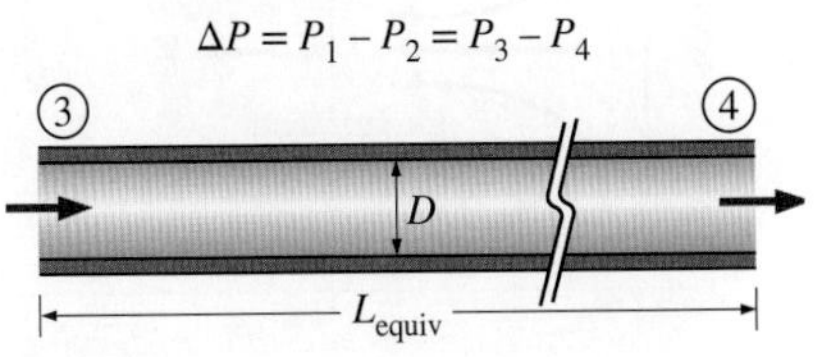

그림 8–37
부품(예를 들면, 그림의 앵글 밸브)에 의해 유발되는 수두 손실은 길이가 등가 길이인 파이프 구간에 의해 유발되는 수두 손실과 같다.

표 8-4

난류 유동 시 다양한 파이프 부품의 손실계수 K_L(손실수두 $h_L = K_L V^2/(2g)$임. 여기서 V는 부품을 포함하는 파이프 내의 평균 속도임)*

Pipe Inlet

Reentrant: $K_L = 0.80$
($t \ll D$ and $l \approx 0.1D$)

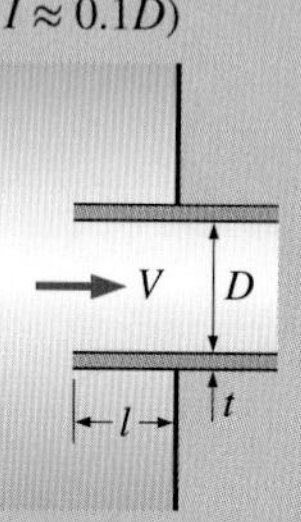

Sharp-edged: $K_L = 0.50$

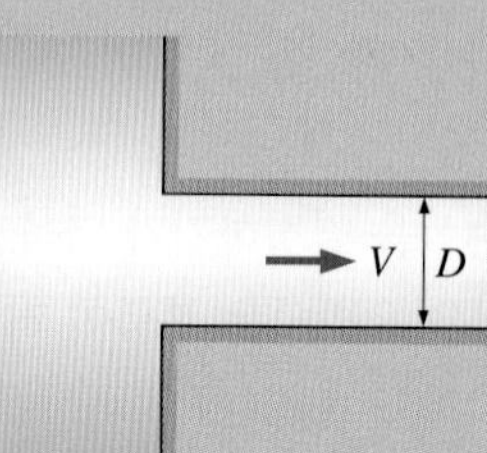

Well-rounded ($r/D > 0.2$): $K_L = 0.03$
Slightly rounded ($r/D = 0.1$): $K_L = 0.12$
(see Fig. 8–40)

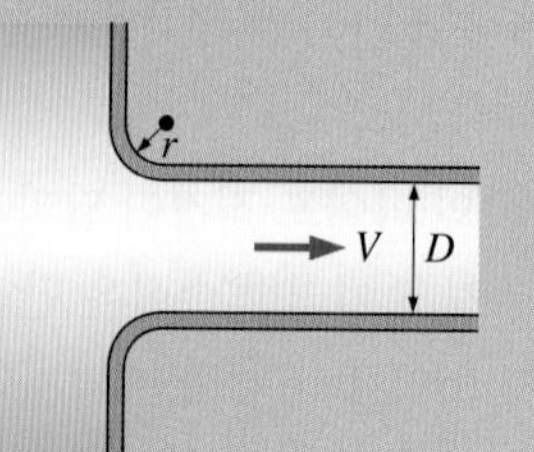

Pipe Exit

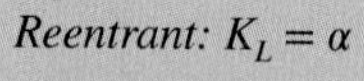
Reentrant: $K_L = \alpha$

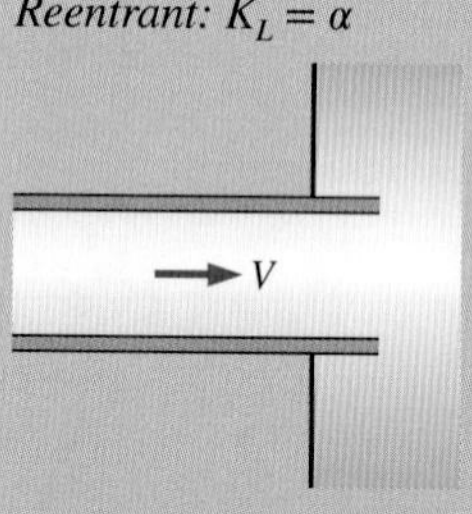

Sharp-edged: $K_L = \alpha$

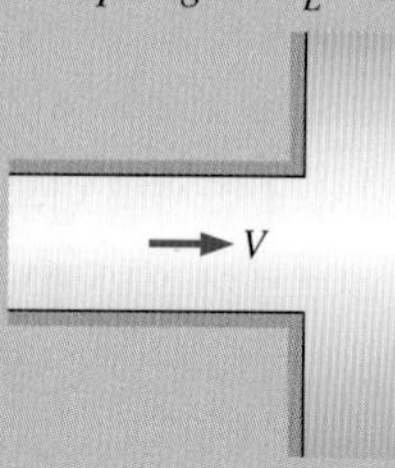

Rounded: $K_L = \alpha$

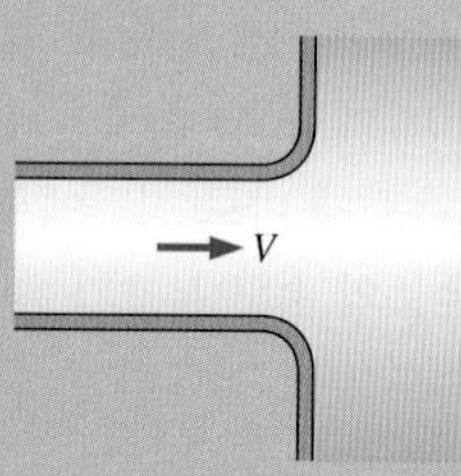

Note: The kinetic energy correction factor is $\alpha = 2$ for fully developed laminar flow, and $\alpha \approx 1.05$ for fully developed turbulent flow.

Sudden Expansion and Contraction (based on the velocity in the smaller-diameter pipe)

Sudden expansion: $K_L = \alpha\left(1 - \dfrac{d^2}{D^2}\right)^2$

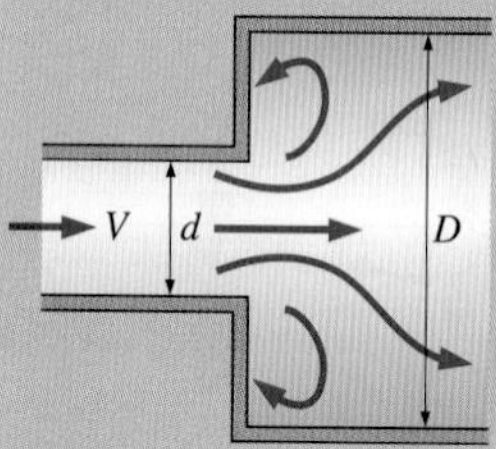

Sudden contraction: See chart.

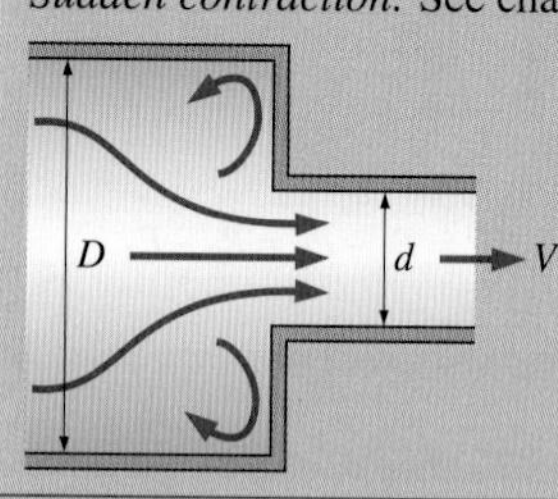

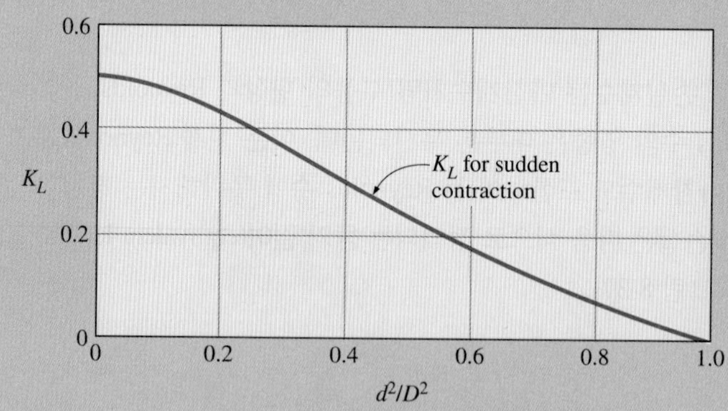

Gradual Expansion and Contraction (based on the velocity in the smaller-diameter pipe)

Expansion (for $\theta = 20°$):
$K_L = 0.30$ for $d/D = 0.2$
$K_L = 0.25$ for $d/D = 0.4$
$K_L = 0.15$ for $d/D = 0.6$
$K_L = 0.10$ for $d/D = 0.8$

Contraction:
$K_L = 0.02$ for $\theta = 30°$
$K_L = 0.04$ for $\theta = 45°$
$K_L = 0.07$ for $\theta = 60°$

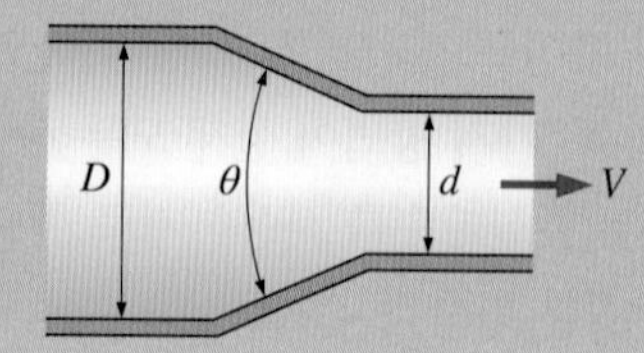

(*continues*)

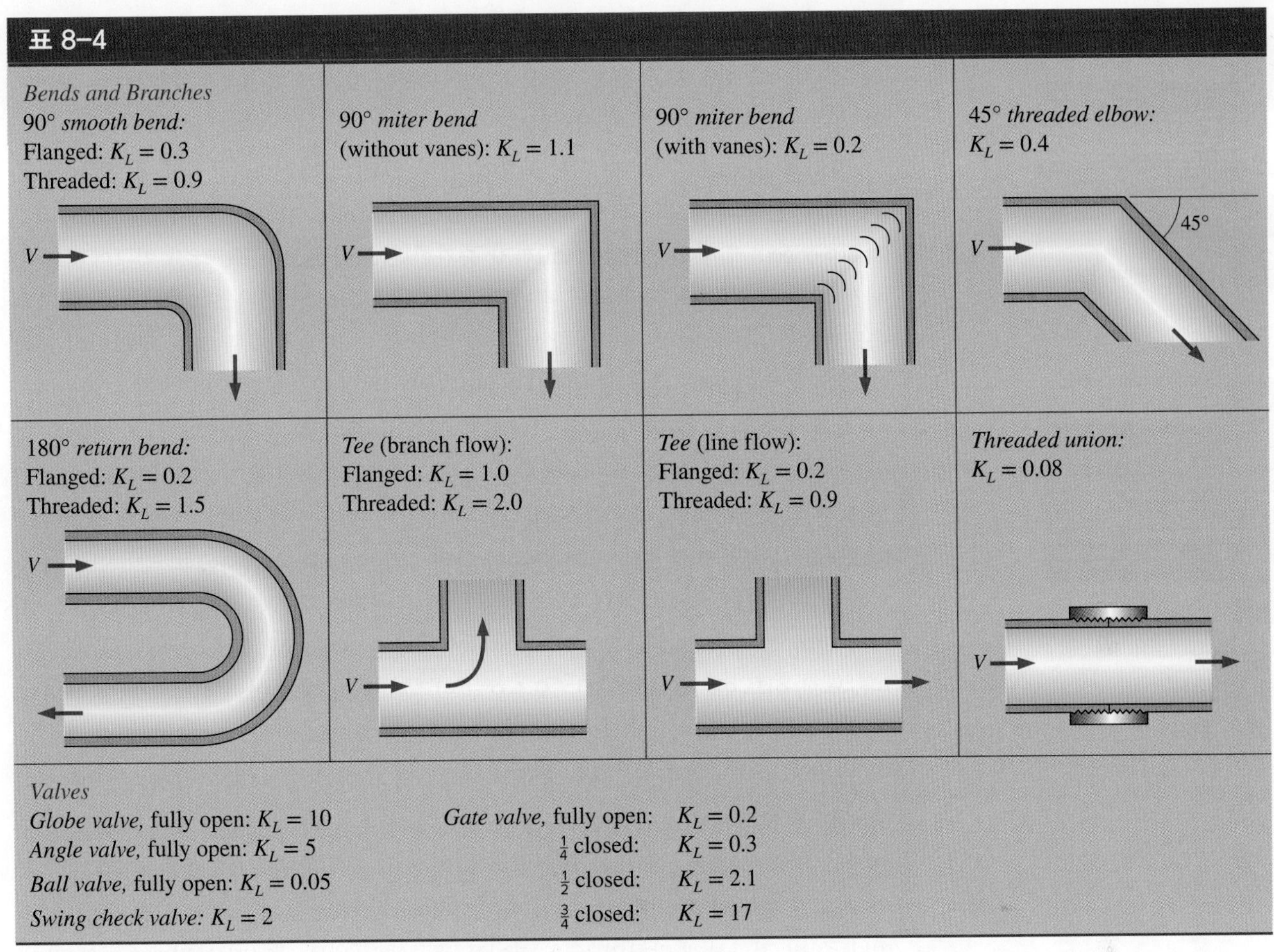

표 8-4

Bends and Branches

90° smooth bend:
Flanged: $K_L = 0.3$
Threaded: $K_L = 0.9$

90° miter bend
(without vanes): $K_L = 1.1$

90° miter bend
(with vanes): $K_L = 0.2$

45° threaded elbow:
$K_L = 0.4$

180° return bend:
Flanged: $K_L = 0.2$
Threaded: $K_L = 1.5$

Tee (branch flow):
Flanged: $K_L = 1.0$
Threaded: $K_L = 2.0$

Tee (line flow):
Flanged: $K_L = 0.2$
Threaded: $K_L = 0.9$

Threaded union:
$K_L = 0.08$

Valves

Globe valve, fully open: $K_L = 10$
Angle valve, fully open: $K_L = 5$
Ball valve, fully open: $K_L = 0.05$
Swing check valve: $K_L = 2$

Gate valve, fully open: $K_L = 0.2$
$\frac{1}{4}$ closed: $K_L = 0.3$
$\frac{1}{2}$ closed: $K_L = 2.1$
$\frac{3}{4}$ closed: $K_L = 17$

* These are representative values for loss coefficients. Actual values strongly depend on the design and manufacture of the components and may differ from the given values considerably (especially for valves). Actual manufacturer's data should be used in the final design.

총 수두 손실(일반):

$$h_{L,\,\text{total}} = h_{L,\,\text{major}} + h_{L,\,\text{minor}} = \sum_i f_i \frac{L_i}{D_i}\frac{V_i^2}{2g} + \sum_j K_{L,j}\frac{V_j^2}{2g} \qquad \textbf{(8-59)}$$

여기서 i는 직경이 동일한 파이프 구간을 의미하고, j는 부차적 손실을 유발하는 부품을 의미한다. 만일 모든 구간의 파이프 직경이 동일하다면 식 (8-59)는 다음과 같이 줄어든다.

총 수두 손실(**D** = 일정):

$$h_{L,\,\text{total}} = \left(f\frac{L}{D} + \sum K_L\right)\frac{V^2}{2g} \qquad \textbf{(8-60)}$$

여기서 V는 전체 시스템의 평균 유동 속도이다[D = (일정)이므로 V = (일정)임을 유의할 것].

표 8-4에 입구, 출구, 벤드, 급격한 또는 점진적 면적 변화, 밸브에 대한 대표적인 손실계수 K_L의 값이 나타나 있다. 이들은 대략적인 값으로, 일반적으로 손실계수는 파이프 직경, 표면조도, Reynolds 수, 그리고 세부 설계에 따라 달라진다. 예를 들면,

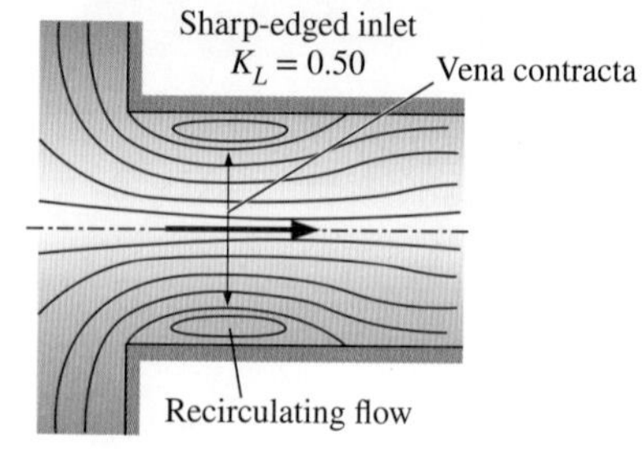

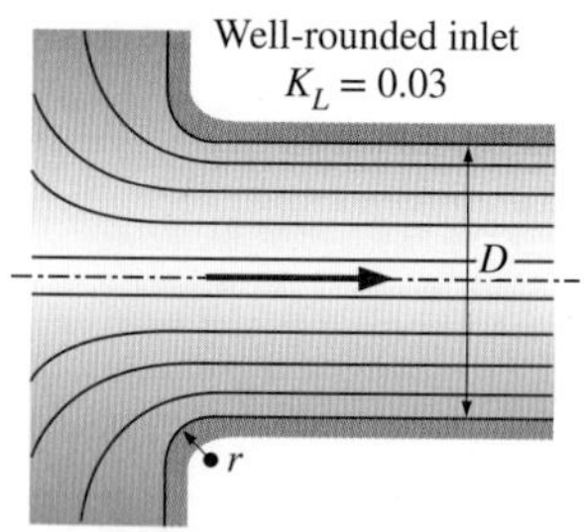

그림 8–38
파이프 입구부의 수두 손실은 둥근 입구부의 경우 무시할만 하지만($r/D > 0.2$에서 $K_L = 0.03$), 각진 입구부의 경우 0.50까지 증가한다.

동일해 보이는 두 밸브의 손실계수가 제작사에 따라 두 배 이상 다르게 제시되는 경우도 있다. 따라서 최종 설계 시에는 참고 서적에 제시된 대표적인 값보다는 제작사의 데이터를 사용하는 것이 현명하다.

파이프 입구의 수두 손실은 형상에 따라 크게 달라진다. 둥글게 잘 만든(well-rounded) 입구의 경우는 거의 무시할 수 있는 반면($r/D > 0.2$인 경우 $K_L = 0.03$), 각진(sharp-edged) 입구의 경우는 0.50까지 증가한다(그림 8-38). 즉, 각진 입구에서는 유체가 가지고 있는 속도 수두의 절반 정도를 잃게 된다는 것을 의미한다. 이는 특히 속도가 큰 유동이 입구에 진입할 때 각진 형상을 따라 흐르지 못하고 박리되어 하류에 좁은 유로의 **베나 콘트랙타**(vena contracta)를 형성하기 때문이다(그림 8-39). 따라서 각진 입구는 교축 장치(유동 단면적을 급격히 줄여 주는 장치)와 같은 역할을 한다. 베나 콘트랙타 영역 전반부에서는 유동 면적의 감소로 속도가 증가하다가(그리고 압력은 감소하다가) 후반부에서는 유동이 전체 단면을 채우면서 속도가 감소한다. Bernoulli의 방정식(속도 수두가 단순히 압력 수두로 변환된다는)에 따르면 압력이 증가하는 곳에서의 손실은 거의 없다. 하지만 실제 감속의 과정은 이상적인 이론과는 거리가 멀며, 강한 혼합과 난류 에디에 기인한 점성소산에 의해 운동 에너지가 마찰열로 변하는데, 이는 약간의 유체 온도 상승으로 입증된다. 그 결과 압력 회복은 별로 없이 속도가 감소하게 되며, 입구 손실은 이러한 비가역적 압력 손실의 정도를 뜻한다.

그림 8-40에는 둥근 입구에 대한 손실계수가 나타나 있는데, 조금만 둥글게 하여도 K_L이 현저하게 감소됨을 볼 수 있다. 파이프가 수조 내로 돌출된 경우는 돌출부 부근에서 유체가 180° 선회해야 하므로 손실계수가 급격히($K_L = 0.8$ 정도로) 증가한다.

파이프 출구의 손실계수는 일반 참고서적에 대체적으로 $K_L = 1$로 나타나 있다. 그러나 좀 더 정확하게 말하면 K_L은 파이프 출구에서 운동 에너지 보정계수 α와 같다. 완전발달 **난류** 파이프 유동의 경우 K_L은 1에 가깝지만, 완전발달 **층류** 파이프유동의 경우는 2가 된다. 따라서 층류 파이프 유동을 해석할 때의 오차를 피하기 위해 파이프 출구의 손실계수는 $K_L = \alpha$로 하는 것이 바람직하다. 층류이건 난류이건 파이프 출

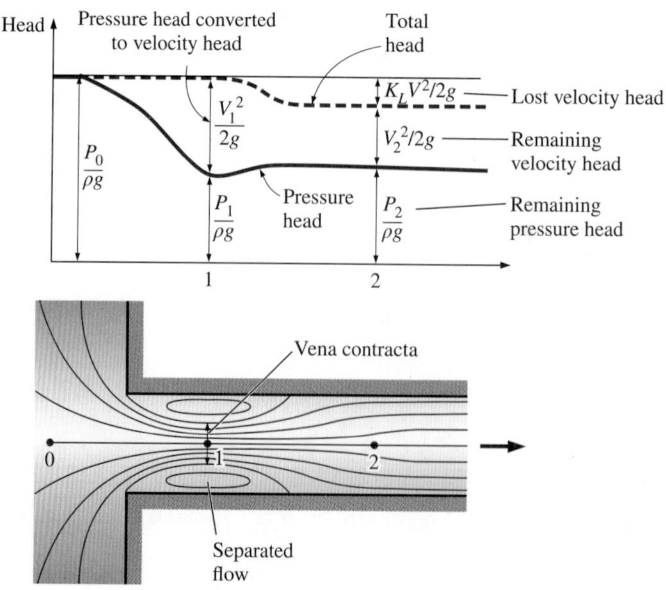

그림 8–39
각진 파이프 입구부에서 유동 교축과 수두 손실의 그래프.

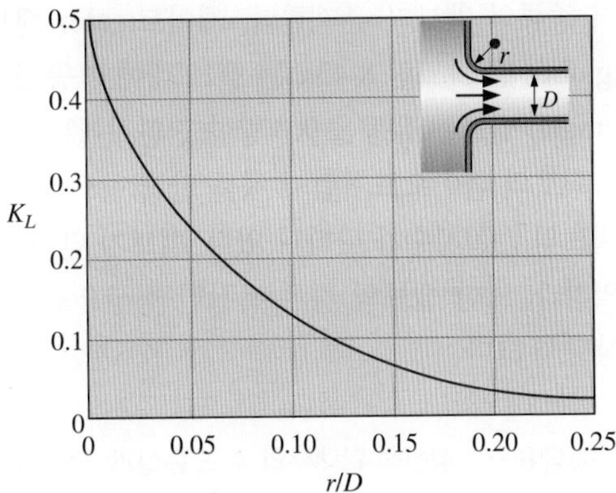

그림 8-40
파이프 입구부를 둥글게 하는 것이 손실계수에 미치는 영향.
Data From ASHRAE Handbook of Fundamentals.

구를 나온 유체는 수조 내에서 혼합되고 점성의 비가역 작용을 통하여 운동 에너지를 모두 잃게 되므로(표 8-4와 그림 8-41) 파이프 출구를 둥글게 할 필요까지는 없다.

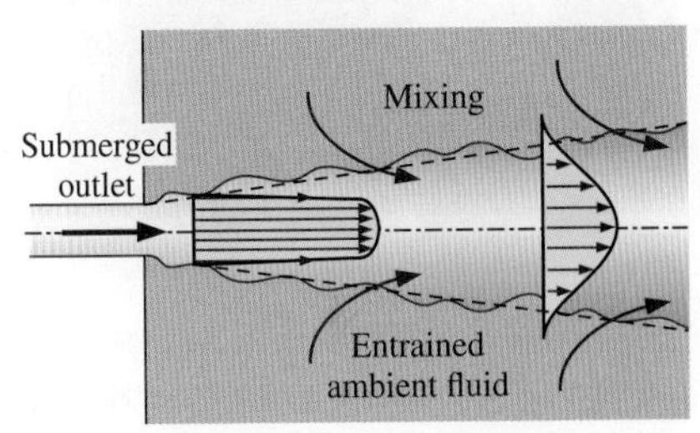

그림 8-41
출구 하류에서 제트가 감속되고 주위 유체와 혼합되면서 유동은 마찰에 의해 운동 에너지를 모두 잃는다(열 에너지로 변함).

배관 시스템에서 유량이나 밀도와 속도 등의 상태량 변화를 조절하기 위하여 **급격한** 또는 **점진적인** 확대부와 축소부를 설치하기도 한다. **급격한** 확대부와 축소부의 경우 유동 박리로 인하여 커다란 손실이 발생한다. **급격한 확대부**의 경우 질량, 운동량, 에너지 보존 방정식을 조합하여 다음의 손실계수를 얻을 수 있다.

$$K_L = \alpha\left(1 - \frac{A_{small}}{A_{large}}\right)^2 \qquad \text{(급격한 확대부)} \tag{8-61}$$

여기서 A_{small}과 A_{large}는 각각 소구경과 대구경 파이프의 단면적이다. 단면적의 변화가 없으면($A_{small} = A_{large}$) $K_L = 0$이 되고, 파이프 출구가 수조로 연결된 경우 ($A_{large} \gg A_{small}$) $K_L = \alpha$이 된다. 급격한 수축부의 경우에는 위와 비슷한 식이 없으며, 이 경우 K_L값은 표 8-4로부터 구할 수 있다. 노즐이나 디퓨저와 같은 원추형 관을 사용하여 파이프 단면적을 점진적으로 변화시키면 손실을 현저하게 줄일 수 있다. 점진적 축소부나 확대부의 K_L값은 표 8-4에 나타나 있다. 식 (8-57)을 사용하여 수두 손실을 계산할 때 직경이 **작은 파이프**의 속도를 기준 속도로 사용하여야 함에 유의하라. 유동 박리 때문에 확대 시의 손실은 축소 시의 손실보다 훨씬 크다.

배관 시스템에서는 직경의 변화 없이 유동방향을 변화시키기 위해 **벤드**나 **엘보**를 사용한다. 이러한 부품에서의 손실은 내측면에서 유동 박리(급격한 방향 전환에 의해)와 그로 인해 선회하는 2차 유동(secondary flow)에 기인한다. 방향 전환에 따른 손실을 최소화하기 위해서는 급격한 전환(마이터 벤드처럼) 대신에 원호(90° 엘보처럼)를 이용하여 유체의 방향 전환을 "쉽게" 만들어주는 것이 필요하다(그림 8-42). 하지만 회전 공간의 제약 때문에 급격한 전환을 할 수밖에 없는 경우에는 안내깃(guide vane)을 사용하여 유동이 정렬된 상태로 회전되도록 하면 손실을 줄일 수 있다. 표 8-4에 엘보, 마이터 벤드, 티 등의 손실계수가 나타나 있다. 이 손실계수에는 파이프 벤드 길이에 따른 마찰 손실은 포함되어 있지 않다. 따라서 벤드 중심선 길이를 파이프 길이로 산정하여 계산된 마찰 손실을 다른 손실에 더해 주어야 한다.

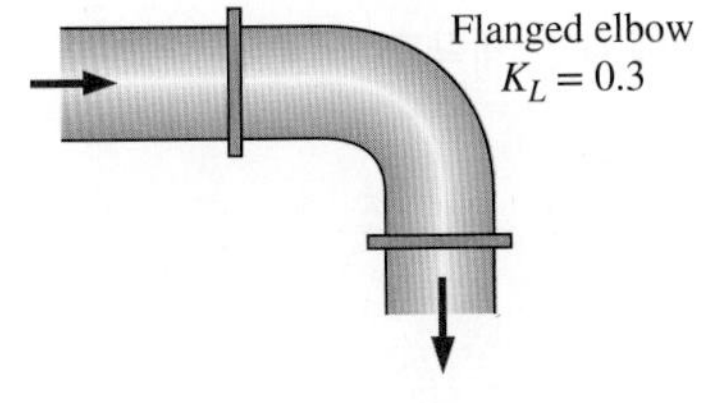

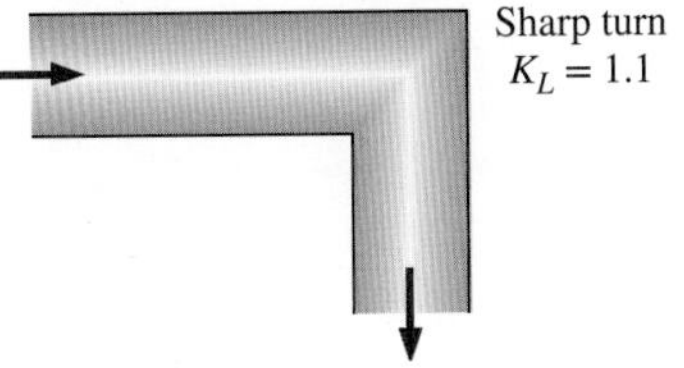

그림 8-42
각진 방향 전환보다는 원형의 완만한 방향 전환을 통하여 방향 전환 시의 손실을 최소화할 수 있다.

밸브는 수두 손실을 변화시켜 유량을 조절하는 부품으로, **볼 밸브**와 같이 완전 개방 시 수두 손실이 최소화되는 밸브가 좋다(그림 8-43*b*). 각각의 장단점을 가진 여

(a)

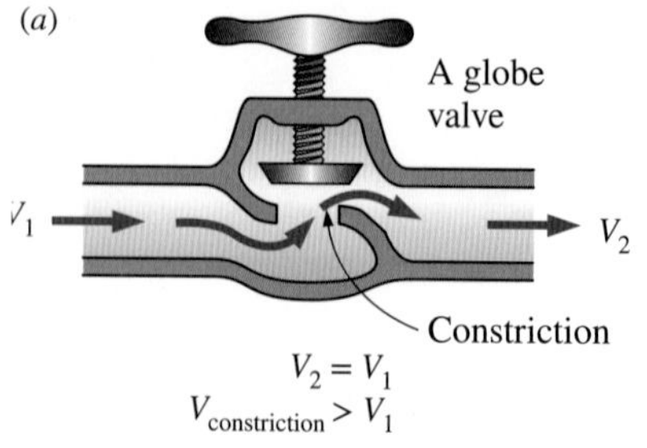

(b)

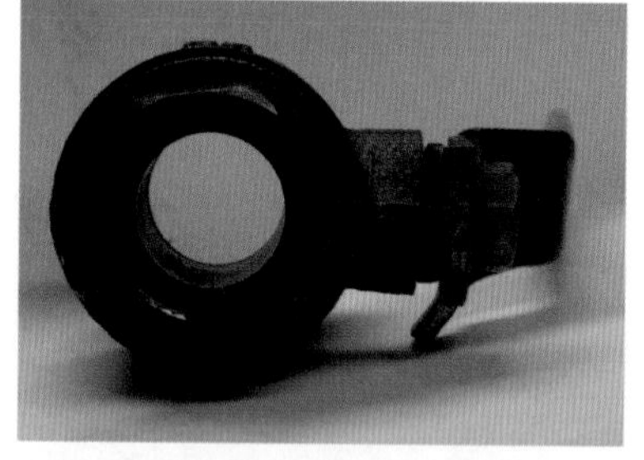

그림 8-43
(a) 부분적으로 닫힌 밸브에서는 비가역 감속, 유동 박리, 좁은 밸브 유로에서 방출되는 고속 유체의 혼합으로 커다란 손실이 발생한다. (b) 반면 완전히 열린 볼 밸브의 손실은 매우 작다.
Photo by John M. Cimbala.

러 종류의 밸브가 존재한다. **게이트(gate) 밸브**는 문을 여닫듯이 작동하고, **글로브(globe) 밸브**(그림 8-43*a*)는 밸브 내에 가공된 구멍을 여닫아 유량을 조절한다. **앵글(angle) 밸브**는 유동을 90° 방향 전환시키는 글로브 밸브이고, **체크(check) 밸브**는 전기회로의 다이오드처럼 유체를 한 방향으로만 흐르게 한다. 표 8-4에 흔히 사용되는 밸브의 손실계수가 나타나 있다. 밸브가 닫힘에 따라 손실계수는 급격히 증가함에 유의하라. 또한 밸브의 경우 복잡한 형상으로 인하여 제작사 간의 손실계수의 편차도 상당히 크다.

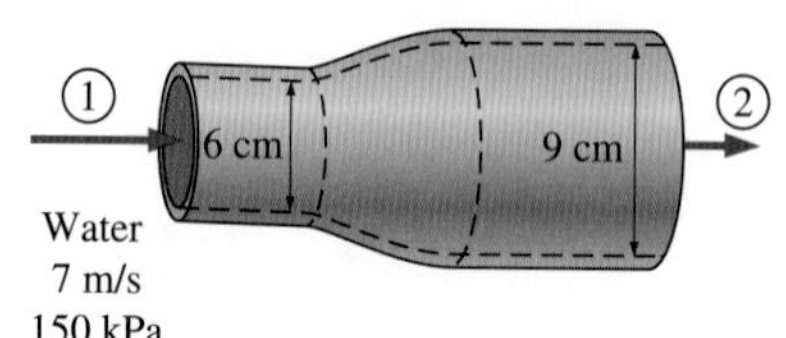

그림 8-44
예제 8-7에 대한 개략도.

예제 8-7 점진적 확대부의 수도 손실과 압력 상승

수평 물 파이프의 직경이 6 cm에서 9 cm로 점진적으로 확대된다(그림 8-44). 확대부의 벽은 축으로부터 10° 각을 이루고 있다. 확대 전 물의 유속과 압력은 각각 7 m/s와 150 kPa이다. 확대부의 수두 손실과 직경이 큰 파이프에서의 압력을 구하라.

풀이 수평 물 파이프가 점진적 확대부를 통하여 큰 직경의 파이프로 연결될 때, 수두 손실과 확대부 후의 압력을 구하고자 한다.

가정 **1** 유동은 정상 상태이고, 비압축성이다. **2** 단면 1과 단면 2에서의 유동은 완전발달된 난류 유동으로, $\alpha_1 = \alpha_2 \cong 1.06$이다.

상태량 물의 밀도는 $\rho = 1000\ \text{kg/m}^3$이다. $\theta = 20°$, $d/D = 6/9$의 점진적 확대부에 대한 손실계수는 $K_L = 0.133$이다(표 8-4를 보간법을 이용하여 구함).

해석 물의 밀도가 일정하므로 하류에서의 물의 속도는 질량 보존에 의해 얻어진다.

$$\dot{m}_1 = \dot{m}_2 \quad \rightarrow \quad \rho V_1 A_1 = \rho V_2 A_2 \quad \rightarrow \quad V_2 = \frac{A_1}{A_2} V_1 = \frac{D_1^2}{D_2^2} V_1$$

$$V_2 = \frac{(0.06\ \text{m})^2}{(0.09\ \text{m})^2}(7\ \text{m/s}) = 3.11\ \text{m/s}$$

확대부에서의 비가역 수두 손실은 다음과 같다.

$$h_L = K_L \frac{V_1^2}{2g} = (0.133)\frac{(7\ \text{m/s})^2}{2(9.81\ \text{m/s}^2)} = \mathbf{0.333\ m}$$

$z_1 = z_2$이고, 펌프나 터빈이 없으므로 확대부의 에너지 방정식은 다음 형태로 나타난다.

$$\frac{P_1}{\rho g} + \alpha_1 \frac{V_1^2}{2g} + \cancel{z_1} + h_{\text{pump},u}^{\nearrow 0} = \frac{P_2}{\rho g} + \alpha_2 \frac{V_2^2}{2g} + \cancel{z_2} + h_{\text{turbine},e}^{\nearrow 0} + h_L$$

또는

$$\frac{P_1}{\rho g} + \alpha_1 \frac{V_1^2}{2g} = \frac{P_2}{\rho g} + \alpha_2 \frac{V_2^2}{2g} + h_L$$

P_2를 구하여 대입하면 다음 식이 얻어진다.

$$P_2 = P_1 + \rho\left\{\frac{\alpha_1 V_1^2 - \alpha_2 V_2^2}{2} - g h_L\right\} = 150\ \text{kPa} + (1000\ \text{kg/m}^3)$$

$$\times \left\{\frac{1.06(7\ \text{m/s})^2 - 1.06(3.11\ \text{m/s})^2}{2} - (9.81\ \text{m/s}^2)(0.333\ \text{m})\right\}$$

$$\times \left(\frac{1\ \text{kN}}{1000\ \text{kg}\cdot\text{m/s}^2}\right)\left(\frac{1\ \text{kPa}}{1\ \text{kN/m}^2}\right)$$

$$= \mathbf{168\ kPa}$$

따라서 수두(그리고 압력) 손실에도 불구하고 압력은 확대부 이후 150에서 168 kPa로 **증가한다**. 이는 내경이 커짐에 따라 평균 속도가 감소하고 동압이 정압으로 변환되었기 때문이다.

토의 일반적으로 유동이 있기 위해서는 상류의 압력이 큰 것이 보통인데, 본 예제에서는 확대부 손실에도 불구하고 압력이 증가함을 보이고 있다. 이는 압력 수두, 속도 수두, 위치 수두를 합한 총 수두에 의하여 유동이 흐르기 때문이다. 유동이 확대될 때 상류의 높은 속도 수두는 하류에서 압력 수두로 변화하고, 이 수두 증가량이 비가역 수두 손실보다 크다. 만일 본 문제를 Bernoulli 방정식을 사용하여 푼다면 수두(그리고 관련된 압력) 손실이 무시되고, 하류의 압력은 실제 값보다 크게 예측될 것이다.

8-7 ■ 배관망과 펌프 선정

직렬과 병렬 파이프

도시의 물 분배 시스템이나 상업용 또는 주거용 건물에는 여러 개의 공급원(시스템 내로 유체의 공급)과 부하 장소(시스템으로부터 유체의 배출)를 비롯한 무수한 병렬과 직렬 배관 시스템이 사용된다(그림 8-45). 배관 프로젝트는 새로운 시스템을 제작하거나 기존의 시스템을 확장하는 작업이 포함된다. 이러한 프로젝트에 있어서 설계 목적은 최소한의 총 비용(초기 및 운전과 보수)으로 원하는 압력에 원하는 유량을 신뢰성 있게 공급하도록 배관 시스템을 설계하는 것이다. 시스템의 레이아웃이 준비되고 나면, 시스템 전체에 걸쳐 파이프의 직경과 압력의 결정은, 예산의 제한 내에서, 통상적으로 최적해를 얻을 때까지 반복계산으로 이루어진다. 시스템의 컴퓨터 모델링과 해석이 이런 지루한 과업을 쉽게 처리하도록 해준다.

그림 8-45
산업현장의 배관망.
© *123RF*

그림 8-46과 8-47에 나타난 바와 같이 배관 시스템은 직렬 또는 병렬로 연결된 다수의 파이프로 구성된다. 파이프가 **직렬로 연결된 경우**는 시스템을 구성하는 각각의 파이프 직경에 관계없이 각 파이프의 유량은 일정한데, 이는 정상 비압축성 유동에 대한 질량 보존 법칙의 결과이다. 이 경우 총 수두 손실은 부차적 손실을 포함한 각 파이프 손실의 합과 같다. 파이프 연결부에 나타나는 확대부와 축소부에 따른 손실은 직경이 작은 파이프의 평균 속도를 기준으로 계산함을 유의하여야 한다.

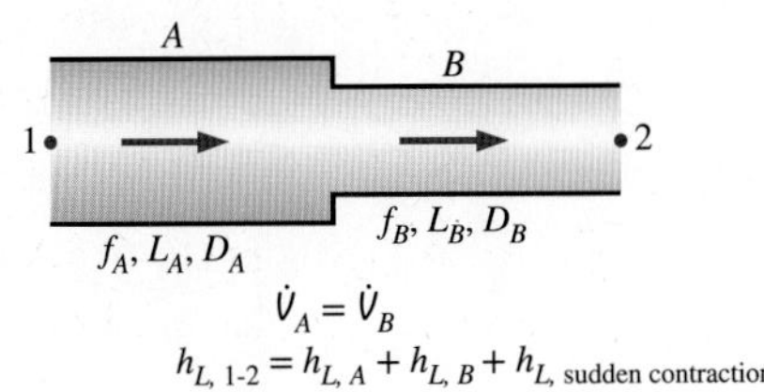

그림 8-46
직렬 파이프에서는 각 파이프의 유량은 같고, 총 수두 손실은 각 파이프 수두 손실의 합이다.

두 개 이상의 파이프가 **병렬로 연결된 경우**의 총 유량은 각 파이프 유량의 합과 같다. 또한 $\Delta P = P_A - P_B$이고, 각 파이프에서 P_A와 P_B는 같으므로 병렬로 연결된 각 파이프에서의 압력 손실(수두 손실)은 서로 같아야 한다. 즉, A점과 B점 사이를 연결하는 1과 2, 두 개의 병렬 파이프에서 부차적 손실을 무시하면 다음과 같은 식이 성립한다.

$$h_{L,\,1} = h_{L,\,2} \quad \rightarrow \quad f_1 \frac{L_1}{D_1}\frac{V_1^2}{2g} = f_2 \frac{L_2}{D_2}\frac{V_2^2}{2g}$$

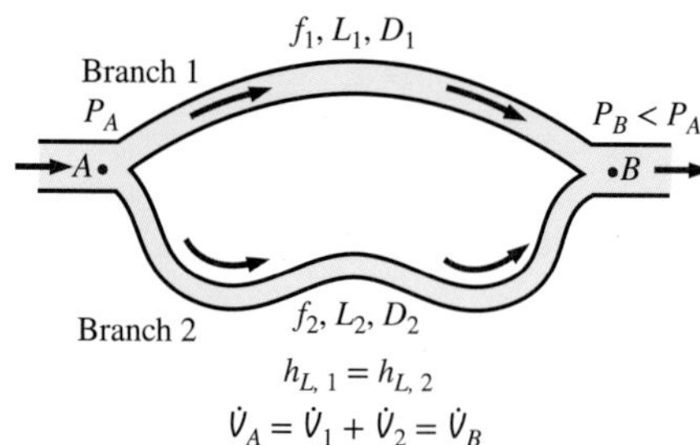

그림 8-47
병렬 파이프에서는 각 파이프의 수두 손실은 같고, 총 유량은 각 파이프 유량의 합이다.

이때 두 병렬 파이프 내의 평균 유량과 평균 유속 비는 다음과 같다.

$$\frac{V_1}{V_2} = \left(\frac{f_2}{f_1}\frac{L_2}{L_1}\frac{D_1}{D_2}\right)^{1/2} \quad \text{그리고} \quad \frac{\dot{V}_1}{\dot{V}_2} = \frac{A_{c,1}V_1}{A_{c,2}V_2} = \frac{D_1^2}{D_2^2}\left(\frac{f_2}{f_1}\frac{L_2}{L_1}\frac{D_1}{D_2}\right)^{1/2}$$

따라서 병렬 파이프의 서로간의 유량은 각 파이프의 수두 손실이 같게 되는 조건에서 결정된다. 이 결과는 다수의 병렬 파이프에도 적용할 수 있고, 부차적 손실에 의한 부품의 등가 길이를 파이프 길이에 더하면 부차적 손실이 현저히 큰 파이프에도 적용할 수 있다. 병렬 가지관(branch) 하나에서의 유량은 파이프 직경의 5/2 거듭제곱에 비례하고, 길이와 마찰계수의 제곱근에 반비례함에 유의하라.

배관망의 해석에는 아무리 시스템이 복잡하다 하더라도 다음 두 가지 간단한 원리가 적용된다.

1. **시스템 전반에 걸쳐 질량 보존이 만족되어야 한다.** 즉, 접합부로 유입되는 유량과 접합부로부터 유출하는 유량은 같아야 하고, 직렬 연결의 경우 파이프 직경의 변화와 관계없이 파이프 내 유량은 일정하여야 한다.
2. **두 접합부 사이의 모든 유로에 대하여 두 접합부 사이의 압력 강하(그리고 따라서 수두 손실)는 서로 같아야 한다.** 이는 압력이 점함수이고, 한 점에서의 압력이 두 값을 가질 수 없기 때문이다. 실제에서 이 법칙은 하나의 루프(loop) 내에서(모든 루프에 대하여) 수두 손실의 대수적 합은 영과 같다는 것을 의미한다(관례적으로 수두 손실을 유동이 시계방향일 경우 양으로 하고, 반시계방향일 경우 음으로 한다).

따라서 배관망 해석은 유량을 전류로, 압력을 전압으로 바꾸면 전기회로해석 (Kirchhoff의 법칙)과 유사하다. 그러나 여기서의 상황이 훨씬 더 복잡한데, 왜냐하면 전기 저항과는 달리 "유동 저항"은 매우 비선형인 함수이기 때문이다. 그러므로 배관망의 해석은 비선형 방정식 시스템의 연립해를 요구하며, 이를 위해 EES, Excel, Mathcad, Matlab 등의 상용 프로그램을 활용하여 해를 구할 수 있다.

펌프와 터빈이 있는 배관 시스템

펌프 또는 터빈이 배관 시스템에 있을 경우 단위 질량당 정상 유동 에너지 방정식은 다음과 같다(5-6절 참조).

$$\frac{P_1}{\rho} + \alpha_1\frac{V_1^2}{2} + gz_1 + w_{\text{pump},u} = \frac{P_2}{\rho} + \alpha_2\frac{V_2^2}{2} + gz_2 + w_{\text{turbine},e} + gh_L \quad \textbf{(8-62)}$$

이를 수두로 나타내면 다음과 같다.

$$\frac{P_1}{\rho g} + \alpha_1\frac{V_1^2}{2g} + z_1 + h_{\text{pump},u} = \frac{P_2}{\rho g} + \alpha_2\frac{V_2^2}{2g} + z_2 + h_{\text{turbine},e} + h_L \quad \textbf{(8-63)}$$

여기서 $h_{\text{pump},u} = w_{\text{pump},u}/g$는 유체에 공급하는 유효 펌프수두이고, $h_{\text{turbine},e} = w_{\text{turbine},e}/g$는 유체로부터 얻은 터빈 수두, α는 운동 에너지 보정계수로 대부분의 (난류)유동에서 그 값은 대략 1.05이다. 또한 h_L은 1점과 2점 사이의(부차적 손실이 클 경우 이를 포함하여) 총 손실수두이다. 배관 시스템에 펌프나 팬이 없다면 펌프 수두는 영이 되고, 터빈이 없다면 터빈 수두가 영이 되며, 만약 시스템에 동력과 관련된 장치가 없으면 둘 다 영이 된다.

한 수조에서 다른 수조로 유체를 이송시키는 데 펌프를 사용한다. 1점과 2점을 각 수조의 **자유표면**으로 하면(그림 8-48), 큰 수조의 경우 자유표면에서의 속도는 무시할 만하고 압력은 대기압이므로 유효 펌프수두는 에너지 방정식으로부터 다음과 같이 얻어진다.

$$h_{\text{pump},\,u} = (z_2 - z_1) + h_L \qquad \textbf{(8-64)}$$

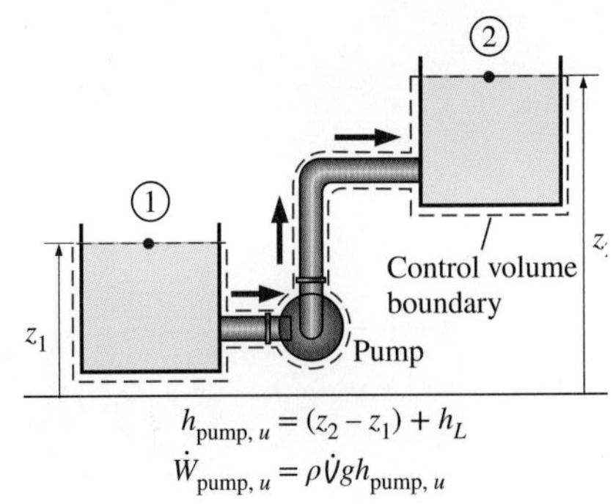

그림 8-48
펌프를 사용하여 물을 한 수조에서 다른 수조로 이송할 때, 요구 유효 펌프 수두는 두 수조의 높이차에 수두 손실을 더한 값과 같다.

따라서 유효 펌프 수두는 두 수조의 높이 차에 수두 손실을 더한 값이 된다. 수두 높이차 z_2-z_1에 비하여 수두 손실이 무시할 만하다면, 유효 펌프 수두는 두 수조의 높이차와 같게 된다. 펌프가 없이 $z_1>z_2$인 경우(즉, 첫 번째 수조가 두 번째 수조보다 높은 경우) 파이프 내에는 중력에 의해 높이차와 동일한 수두 손실을 유발하는 유량이 형성된다. 식 (8-64)의 $h_{\text{pump},\,u}$를 $-h_{\text{turbine},\,e}$로 바꾸면 터빈 수두에 대하여도 비슷하게 적용할 수 있다.

유효 펌프 수두가 결정되면 **펌프에 의해 유체로 전달되어야 하는 기계적 동력과 펌프 모터에 의해 소비되는 전력**은 다음 식으로 구할 수 있다.

$$\dot{W}_{\text{pump, shaft}} = \frac{\rho \dot{V} g h_{\text{pump},\,u}}{\eta_{\text{pump}}} \quad \text{그리고} \quad \dot{W}_{\text{elect}} = \frac{\rho \dot{V} g h_{\text{pump},\,u}}{\eta_{\text{pump–motor}}} \qquad \textbf{(8-65)}$$

여기서 $\eta_{\text{pump-motor}}$는 **펌프-모터 연합 효율**로, 펌프 효율과 모터 효율을 곱하여 구한다(그림 8-49). 펌프-모터 효율은 펌프가 유체에 공급하는 기계적 에너지를 모터가 소비한 전력으로 나눈 값으로, 일반적으로 대략 50~85%이다.

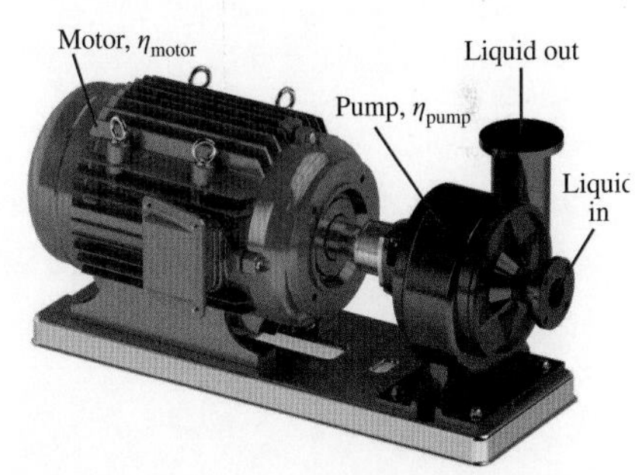

그림 8-49
펌프-모터 연합 효율은 펌프 효율과 모터 효율의 곱이다.
© *Alex LMX/Shutterstock RF*

배관 시스템의 수두 손실은 유량에 따라 (보통은 제곱에 비례하여) 증가한다. 요구 유효 펌프 수두 $h_{\text{pump},\,u}$를 유량의 함수로 나타낸 곡선을 **시스템**[또는 **수요**(demand)] **곡선**이라고 한다. 펌프 수두와 펌프 효율은 둘 다 상수가 아니며, 유량에 따라 변하고, 따라서 펌프 제작사가 그림 8-50과 같은 $h_{\text{pump},\,u}$, $\eta_{\text{pump},\,u}$와 $\dot{V}$ 사이의 관계를 나타내는 **특성**[characteristic 또는 **공급**(supply) 또는 **성능**(performance)] **곡선**을 제공한다. 요구 수두가 감소할수록 펌프의 유량은 증가한다. 펌프 수두 곡선이 *y*축과 만나는 점이 펌프가 공급할 수 있는 **최대 수두**[차단(shutoff) 수두라 함]가 되고, *x*축과 만나는 점은 펌프가 공급할 수 있는 **최대 유량**[**무부하 공급**(free delivery)이라고도 함]이 된다.

펌프의 **효율**은 어떤 특정한 수두와 유량의 조합에서 높게 나타난다. 따라서 어떤 펌프가 그 조건에서 효율이 충분히 높지 않으면 단지 요구 수두와 요구 유량을 제공한다고 해서 항상 그 시스템에 적합하다고 볼 수는 없다. 배관 시스템 중에 설치된 펌프는 **시스템 곡선**과 **특성 곡선**이 교차하는 점에서 운전되는데, 이 점을 그림 8-50에 보인 바와 같이 **운전점**(operating point)이라 하고, 펌프에 의한 유효 수두와 그 유량에서 시스템의 요구 수두가 일치하는 점이다. 또한 그러한 운전 조건에서 펌프 효율은 그때 유량에 해당하는 값을 갖는다.

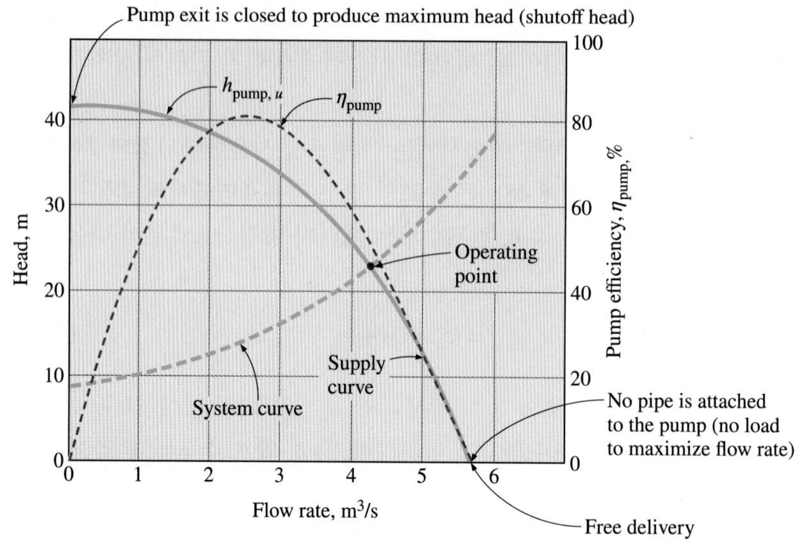

그림 8–50
원심 펌프의 특성 곡선, 배관 시스템의 시스템 곡선 및 운전점.

예제 8–8 두 병렬 파이프 내 물의 수송

20 ℃ 물을 36 m 길이의 병렬로 연결된 두 파이프를 통해 $z_A = 5$ m인 수조에서 $z_B = 13$ m인 수조로 펌프를 사용하여 이송한다(그림 8-51). 파이프는 상용 강관으로, 직경이 각각 4 cm와 8 cm이다. 모터-펌프 효율은 70%이고, 작동중 8 kW의 전력을 소비한다. 부차적 손실과 병렬 관로를 수조와 연결하는 파이프에서의 수두 손실을 무시할 때, 수조 사이의 총 유량과 각 파이프의 유량을 구하라.

풀이 두 병렬 파이프로 이루어진 시스템에서의 펌프 동력이 주어졌을 때의 유량을 구하고자 한다.

가정 **1** (수조가 크므로) 유동은 정상 상태이고, 비압축성이다. **2** 입구 영역을 무시하고, 유동은 완전발달되었다. **3** 수조의 높이는 일정하다. **4** 부차적 손실과 병렬 파이프를 제외한 파이프에서의 수두 손실은 무시한다. **5** 파이프 내부 유동은 난류이다(나중에 증명됨).

상태량 20 ℃ 물의 밀도와 점성계수는 각각 $\rho = 998$ kg/m^3, $\mu = 1.002 \times 10^{-3}$ kg/m · s이다. 상용 강관의 조도는 $\varepsilon = 0.000045$ m이다(표 8-2).

해석 파이프 내의 속도(또는 유량)를 모르므로 직접 풀 수는 없고, 반복 계산이 필요하다. 최근 EES와 같은 방정식 풀이기가 널리 사용되기 때문에 여기서는 단지 방정식만을 구성한다. 펌프에 의해 공급되는 유효 수두는 다음과 같이 계산된다.

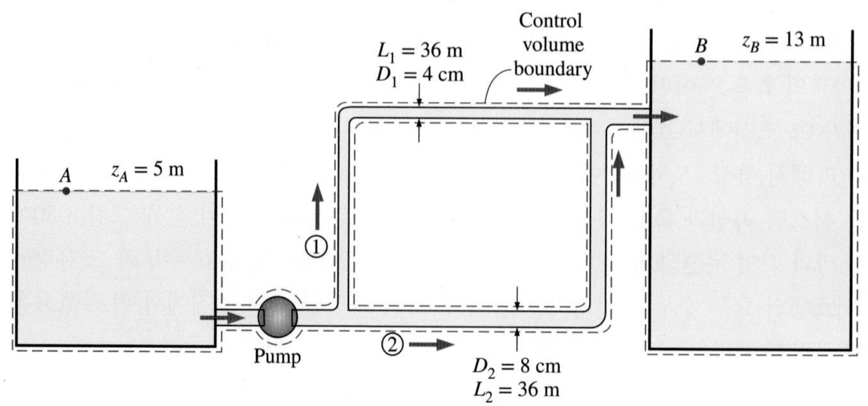

그림 8–51
예제 8-8에서 논의된 배관 시스템.

$$\dot{W}_{\text{elect}} = \frac{\rho \dot{V} g h_{\text{pump},\,u}}{\eta_{\text{pump-motor}}} \quad \rightarrow \quad 8000 \text{ W} = \frac{(998 \text{ kg/m}^3)\dot{V}(9.81 \text{ m/s}^2)h_{\text{pump},\,u}}{0.70} \tag{1}$$

A점과 B점을 두 수조의 자유표면으로 하면 그곳에서의 압력은 대기압이고($P_A = P_B = P_{\text{atm}}$), 속도는 영($V_A \approx V_B \approx 0$)이다. 따라서 두 점 사이의 검사체적에 대한 에너지 방정식은 다음과 같이 나타난다.

$$\frac{P_A}{\rho g} + \alpha_A \frac{V_A^2}{2g}^{\nearrow 0} + z_A + h_{\text{pump},\,u} = \frac{P_B}{\rho g} + \alpha_B \frac{V_B^2}{2g}^{\nearrow 0} + z_B + h_L$$

또는

$$h_{\text{pump, u}} = (z_B - z_A) + h_L$$

또는

$$h_{\text{pump},\,u} = (13 \text{ m} - 5 \text{ m}) + h_L \tag{2}$$

여기서

$$h_L = h_{L,\,1} = h_{L,\,2} \tag{3)(4}$$

4 cm 직경 파이프를 1로 하고 8 cm 직경 파이프를 2로 하면 각 파이프에서의 평균 속도, Reynolds 수, 마찰계수, 수두 손실은 다음과 같다.

$$V_1 = \frac{\dot{V}_1}{A_{c,\,1}} = \frac{\dot{V}_1}{\pi D_1^2/4} \quad \rightarrow \quad V_1 = \frac{\dot{V}_1}{\pi(0.04 \text{ m})^2/4} \tag{5}$$

$$V_2 = \frac{\dot{V}_2}{A_{c,\,2}} = \frac{\dot{V}_2}{\pi D_2^2/4} \quad \rightarrow \quad V_2 = \frac{\dot{V}_2}{\pi(0.08 \text{ m})^2/4} \tag{6}$$

$$\text{Re}_1 = \frac{\rho V_1 D_1}{\mu} \quad \rightarrow \quad \text{Re}_1 = \frac{(998 \text{ kg/m}^3)V_1(0.04 \text{ m})}{1.002 \times 10^{-3} \text{ kg/m·s}} \tag{7}$$

$$\text{Re}_2 = \frac{\rho V_2 D_2}{\mu} \quad \rightarrow \quad \text{Re}_2 = \frac{(998 \text{ kg/m}^3)V_2(0.08 \text{ m})}{1.002 \times 10^{-3} \text{ kg/m·s}}$$

$$\frac{1}{\sqrt{f_1}} = -2.0 \log\left(\frac{\varepsilon/D_1}{3.7} + \frac{2.51}{\text{Re}_1 \sqrt{f_1}}\right) \tag{8}$$

$$\frac{1}{\sqrt{f_1}} = -2.0 \log\left(\frac{\varepsilon/D_1}{3.7} + \frac{2.51}{\text{Re}_1 \sqrt{f_1}}\right)$$

$$\rightarrow \quad \frac{1}{\sqrt{f_1}} = -2.0 \log\left(\frac{0.000045}{3.7 \times 0.04} + \frac{2.51}{\text{Re}_1 \sqrt{f_1}}\right) \tag{9}$$

$$\frac{1}{\sqrt{f_2}} = -2.0 \log\left(\frac{\varepsilon/D_2}{3.7} + \frac{2.51}{\text{Re}_2 \sqrt{f_2}}\right)$$

$$\rightarrow \quad \frac{1}{\sqrt{f_2}} = -2.0 \log\left(\frac{0.000045}{3.7 \times 0.08} + \frac{2.51}{\text{Re}_2 \sqrt{f_2}}\right) \tag{10}$$

$$h_{L,1} = f_1 \frac{L_1}{D_1}\frac{V_1^2}{2g} \quad \rightarrow \quad h_{L,1} = f_1 \frac{36\text{ m}}{0.04\text{ m}}\frac{V_1^2}{2(9.81\text{ m/s}^2)} \tag{11}$$

$$h_{L,2} = f_2 \frac{L_2}{D_2}\frac{V_2^2}{2g} \quad \rightarrow \quad h_{L,2} = f_2 \frac{36\text{ m}}{0.08\text{ m}}\frac{V_2^2}{2(9.81\text{ m/s}^2)} \tag{12}$$

$$\dot{V} = \dot{V}_1 + \dot{V}_2 \tag{13}$$

따라서 13개의 미지수와 13개의 방정식이 되고, 방정식 풀이기에 의하면 다음 결과가 얻어진다.

$$\dot{V} = \mathbf{0.0300\ m^3/s}, \quad \dot{V}_1 = \mathbf{0.00415\ m^3/s}, \quad \dot{V}_2 = \mathbf{0.0259\ m^3/s}$$

$$V_1 = 3.30\text{ m/s}, \ V_2 = 5.15\text{ m/s}, \ h_L = h_{L,1} = h_{L,2} = 11.1\text{ m}, \ h_{\text{pump}} = 19.1$$

$$\text{Re}_1 = 131{,}600, \quad \text{Re}_2 = 410{,}000, \quad f_1 = 0.0221, \quad f_2 = 0.0182$$

여기서 두 파이프 모두 Re>4000이고, 따라서 난류 가정이 맞는다는 것이 입증된다.

토의 두 파이프는 직경만 두 배로 다를 뿐 길이가 같고 동일한 조도를 가지고 있다. 그러나 첫 번째 파이프로는 전체 유량의 14%만 흐른다. 따라서 유량은 직경에 따라 크게 달라짐을 알 수 있다. 만일 두 수조의 높이가 같다면($z_A = z_B$), 유량은 0.0300 m³/s에서 0.0361 m³/s로 20% 증가한다. 또한 비가역 수두 손실을 무시하면 유량은 0.0715 m³/s가 될 것이다(138% 증가).

예제 8–9 중력에 의한 파이프 내 물의 유동

그림 8-52에 나타나 있듯이, 10 °C 물이 5 cm 직경의 주철 배관 시스템을 통하여 큰 수조에서 작은 수조로 흐른다. 유량이 6 L/s일 때, 높이 z_1을 구하라.

풀이 두 수조를 연결하는 배관 시스템 내 유량이 주어졌을 때 공급 수조의 높이를 구하고자 한다.

가정 **1** 유동은 정상 상태이고, 비압축성이다. **2** 수조의 높이는 일정하다. **3** 관로 중에 펌프나 터빈은 없다.

상태량 10 °C 물의 밀도와 점성계수는 각각 $\rho = 999.7\text{ kg/m}^3$, $\mu = 1.307\times10^{-3}\text{ kg/m}\cdot\text{s}$이고, 주철관의 조도는 $\varepsilon = 0.00026$ m이다(표 8-2).

해석 배관 시스템은 89m 길이의 파이프, 각진 입구부($K_L = 0.5$), 두 개의 표준형 플랜지 엘보(각각 $K_L = 0.3$), 완전히 열린 게이트 밸브($K_L = 0.2$), 돌출된 출구부($K_L = 1.06$)로 구성된다. 1점과 2점을 두 수조의 자유표면으로 하면 각 점의 압력은 대기압이고

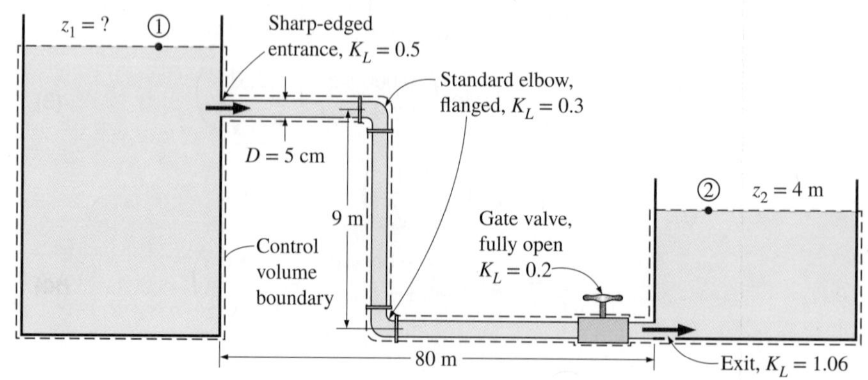

그림 8–52
예제 8-9에서 논의된 배관 시스템.

($P_1 = P_2 = P_{atm}$), 속도는 0($V_1 \approx V_2 \approx 0$)이다. 따라서 두 점 사이의 검사체적에 대한 에너지 방정식은 다음과 같이 나타난다.

$$\frac{P_1}{\rho g} + \alpha_1 \frac{V_1^2}{2g} + z_1 = \frac{P_2}{\rho g} + \alpha_2 \frac{V_2^2}{2g} + z_2 + h_L \quad \rightarrow \quad z_1 = z_2 + h_L$$

여기서 배관 시스템의 직경이 일정하므로 다음 식이 성립한다.

$$h_L = h_{L,\,\text{total}} = h_{L,\,\text{major}} + h_{L,\,\text{minor}} = \left(f\frac{L}{D} + \sum K_L\right)\frac{V^2}{2g}$$

파이프 내 평균유속과 Reynolds 수는 다음과 같이 얻어진다.

$$V = \frac{\dot{V}}{A_c} = \frac{\dot{V}}{\pi D^2/4} = \frac{0.006\ \text{m}^3/\text{s}}{\pi(0.05\ \text{m})^2/4} = 3.06\ \text{m/s}$$

$$\text{Re} = \frac{\rho V D}{\mu} = \frac{(999.7\ \text{kg/m}^3)(3.06\ \text{m/s})(0.05\ \text{m})}{1.307 \times 10^{-3}\ \text{kg/m}\cdot\text{s}} = 117{,}000$$

Re>4000이므로 유동은 난류이다. 상대조도는 $\varepsilon/D = 0.00026/0.05 = 0.0052$이므로, Colebrook 공식(또는 Moody 선도)으로부터 마찰계수를 구하면 다음과 같다.

$$\frac{1}{\sqrt{f}} = -2.0\log\left(\frac{\varepsilon/D}{3.7} + \frac{2.51}{\text{Re}\sqrt{f}}\right) \quad \rightarrow \quad \frac{1}{\sqrt{f}} = -2.0\log\left(\frac{0.0052}{3.7} + \frac{2.51}{117{,}000\sqrt{f}}\right)$$

반복 계산으로 $f = 0.0315$를 얻는다. 따라서 손실계수의 총합은 다음과 같다.

$$\sum K_L = K_{L,\,\text{entrance}} + 2K_{L,\,\text{elbow}} + K_{L,\,\text{valve}} + K_{L,\,\text{exit}}$$
$$= 0.5 + 2 \times 0.3 + 0.2 + 1.06 = 2.36$$

따라서 총 수두 손실과 공급 수조의 높이는 다음과 같이 얻어진다.

$$h_L = \left(f\frac{L}{D} + \sum K_L\right)\frac{V^2}{2g} = \left(0.0315\frac{89\ \text{m}}{0.05\ \text{m}} + 2.36\right)\frac{(3.06\ \text{m/s})^2}{2(9.81\ \text{m/s}^2)} = 27.9\ \text{m}$$
$$z_1 = z_2 + h_L = 4 + 27.9 = \mathbf{31.9\ m}$$

그러므로 공급 수조의 자유표면이 지면에서 31.9 m의 높이에 있을 때 두 수조 사이에 주어진 유량이 흐를 수 있다.

토의 본 문제의 경우 $fL/D = 56.1$로 부차적 손실계수 총합의 약 24배이다. 따라서 부차적 손실을 무시하면 약 4%의 오차가 생긴다. 밸브를 3/4만큼 닫으면 총 수두 손실은 35.9 m가 되고(27.9 m 대신에), 엘보와 수직 파이프를 제거하여 관로를 지면 높이의 직선으로 배치하면 총 수두 손실은 24.8 m로 떨어지게 된다. 입구부를 둥글게 하면 수두 손실을 24.8 m에서 24.6 m로 더 줄일 수 있다. 파이프 재질을 주철에서 플라스틱과 같은 매끈한 표면으로 하면 수두 손실을 현저히 (27.9에서 16.0 m로) 감소시킬 수 있다.

예제 8-10 물내림이 샤워 유량에 미치는 영향

그림 8-53에 보인 바와 같이 건물 내 화장실 배관은 1.5 cm 직경의 동 파이프와 나사 연결

그림 8-53
예제 8-10에 대한 개략도.

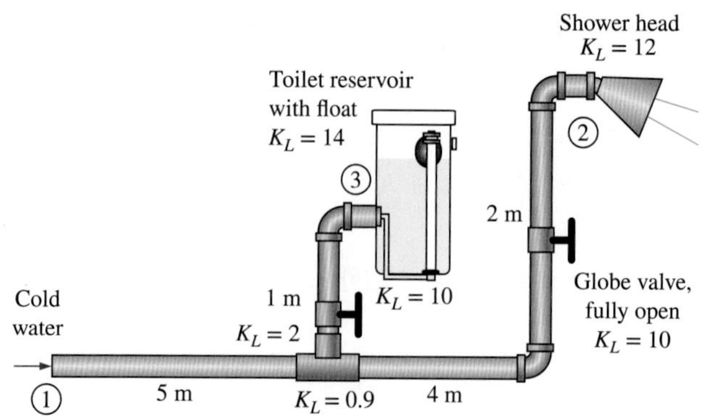

부로 구성되어 있다. (a) 샤워기가 작동하고 변기에 물이 가득 차 있을 때(변기로 연결된 가지관으로의 유동은 없음), 시스템 입구부의 계기 압력이 200 kPa이다. 이때 샤워기에서 배출되는 유량을 구하라. (b) 변기의 물내림(flushing)이 샤워기를 통해 흐르는 유량에 미치는 영향을 결정하라. 샤워기와 변기의 손실계수는 각각 12와 14로 취하라.

풀이 화장실의 냉수 관로가 주어졌을 때 샤워 유량과 변기 물내림에 의한 샤워 유량 변화를 구하고자 한다.

가정 **1** 유동은 정상 상태이고, 비압축성이다. **2** 유동은 난류이고, 완전발달되어 있다. **3** 변기는 대기 중에 노출되어 있다. **4** 속도 수두는 매우 작다.

상태량 20 °C 물의 상태량은 $\rho = 998\ \text{kg/m}^3$, $\mu = 1.002 \times 10^{-3}\ \text{kg/m} \cdot \text{s}$, $\nu = \mu/\rho = 1.004 \times 10^{-6}\ \text{m}^2/\text{s}$이고, 동 파이프의 조도는 $\varepsilon = 1.5 \times 10^{-6}$ m이다.

해석 파이프 직경과 압력 강하가 주어졌을 때 유량을 구하는 문제이므로 두 번째 유형의 문제이다. 이 경우 유량(또는 유속)을 모르기 때문에 반복 계산을 해야 한다.

(a) 샤워기가 연결된 배관 시스템은 11 m 길이의 파이프, 티($K_L = 0.9$), 두 개의 표준형 엘보(각각 $K_L = 0.9$), 완전히 열린 글로브 밸브($K_L = 10$), 샤워기($K_L = 12$)로 구성된다. 따라서 $\Sigma K_L = 0.9 + 2 \times 0.9 + 10 + 12 = 24.7$이 된다. 샤워기가 대기 중에 노출되어 있고 속도 수두가 미미하므로, 1점과 2점 사이의 검사체적에 대한 에너지 방정식은 다음과 같이 나타난다.

$$\frac{P_1}{\rho g} + \alpha_1 \frac{V_1^2}{2g} + z_1 + h_{\text{pump},\,u} = \frac{P_2}{\rho g} + \alpha_2 \frac{V_2^2}{2g} + z_2 + h_{\text{turbine},\,e} + h_L$$

$$\rightarrow \quad \frac{P_{1,\,\text{gage}}}{\rho g} = (z_2 - z_1) + h_L$$

따라서 수두 손실은 다음과 같다.

$$h_L = \frac{200{,}000\ \text{N/m}^2}{(998\ \text{kg/m}^3)(9.81\ \text{m/s}^2)} - 2\ \text{m} = 18.4\ \text{m}$$

또한 관로의 직경이 일정하므로 다음이 성립한다.

$$h_L = \left(f\frac{L}{D} + \sum K_L\right)\frac{V^2}{2g} \quad \rightarrow \quad 18.4 = \left(f\frac{11\ \text{m}}{0.015\ \text{m}} + 24.7\right)\frac{V^2}{2(9.81\ \text{m/s}^2)}$$

파이프 내 평균 속도, Reynolds 수, 마찰계수는 다음과 같이 얻어진다.

$$V = \frac{\dot{V}}{A_c} = \frac{\dot{V}}{\pi D^2/4} \quad \rightarrow \quad V = \frac{\dot{V}}{\pi(0.015\ \text{m})^2/4}$$

$$\text{Re} = \frac{VD}{\nu} \quad \rightarrow \quad \text{Re} = \frac{V(0.015\ \text{m})}{1.004 \times 10^{-6}\ \text{m}^2/\text{s}}$$

$$\frac{1}{\sqrt{f}} = -2.0 \log\left(\frac{\varepsilon/D}{3.7} + \frac{2.51}{\text{Re}\sqrt{f}}\right)$$

$$\rightarrow \quad \frac{1}{\sqrt{f}} = -2.0 \log\left(\frac{1.5 \times 10^{-6}\ \text{m}}{3.7(0.015\ \text{m})} + \frac{2.51}{\text{Re}\sqrt{f}}\right)$$

EES와 같은 방정식 풀이기를 사용하여 4개의 미지수와 4개의 방정식을 풀면 다음의 결과가 얻어진다.

$$\dot{V} = 0.00053\ \text{m}^3/\text{s}, \quad f = 0.0218, \quad V = 2.98\ \text{m/s}, \quad \text{Re} = 44{,}550$$

즉, 샤워기 토출 유량은 0.53 L/s이다.

(b) 변기의 물을 내리면 부구(float)가 움직여서 밸브를 연다. 변기 내로 물이 다시 채워지기 시작하면 티 이후로 병렬 유동이 형성된다. 샤워기 가지관의 수두 손실과 부차적 손실계수는 (a)로부터 각각 $h_{L,2} = 18.4$ m, $\Sigma K_{L,2} = 24.7$이다. 마찬가지로 변기 가지관에서의 값들은 다음과 같이 얻어진다.

$$h_{L,3} = \frac{200{,}000\ \text{N/m}^2}{(998\ \text{kg/m}^3)(9.81\ \text{m/s}^2)} - 1\ \text{m} = 19.4\ \text{m}$$

$$\sum K_{L,3} = 2 + 10 + 0.9 + 14 = 26.9$$

이 경우에 관련되는 방정식들은 다음과 같다.

$$\dot{V}_1 = \dot{V}_2 + \dot{V}_3$$

$$h_{L,2} = f_1 \frac{5\ \text{m}}{0.015\ \text{m}} \frac{V_1^2}{2(9.81\ \text{m/s}^2)} + \left(f_2 \frac{6\ \text{m}}{0.015\ \text{m}} + 24.7\right) \frac{V_2^2}{2(9.81\ \text{m/s}^2)} = 18.4$$

$$h_{L,3} = f_1 \frac{5\ \text{m}}{0.015\ \text{m}} \frac{V_1^2}{2(9.81\ \text{m/s}^2)} + \left(f_3 \frac{1\ \text{m}}{0.015\ \text{m}} + 26.9\right) \frac{V_3^2}{2(9.81\ \text{m/s}^2)} = 19.4$$

$$V_1 = \frac{\dot{V}_1}{\pi(0.015\ \text{m})^2/4}, \quad V_2 = \frac{\dot{V}_2}{\pi(0.015\ \text{m})^2/4}, \quad V_3 = \frac{\dot{V}_3}{\pi(0.015\ \text{m})^2/4}$$

$$\text{Re}_1 = \frac{V_1(0.015\ \text{m})}{1.004 \times 10^{-6}\text{m}^2/\text{s}}, \quad \text{Re}_2 = \frac{V_2(0.015\ \text{m})}{1.004 \times 10^{-6}\text{m}^2/\text{s}}, \quad \text{Re}_3 = \frac{V_3(0.015\ \text{m})}{1.004 \times 10^{-6}\text{m}^2/\text{s}}$$

$$\frac{1}{\sqrt{f_1}} = -2.0 \log\left(\frac{1.5 \times 10^{-6}\ \text{m}}{3.7(0.015\ \text{m})} + \frac{2.51}{\text{Re}_1\sqrt{f_1}}\right)$$

그림 8–54
샤워기의 냉수 유량은 근처 변기의 물내림에 의해 크게 영향을 받을 수 있다.

$$\frac{1}{\sqrt{f_2}} = -2.0 \log\left(\frac{1.5 \times 10^{-6}\text{ m}}{3.7(0.015\text{ m})} + \frac{2.51}{\text{Re}_2\sqrt{f_2}}\right)$$

$$\frac{1}{\sqrt{f_3}} = -2.0 \log\left(\frac{1.5 \times 10^{-6}\text{ m}}{3.7(0.015\text{ m})} + \frac{2.51}{\text{Re}_3\sqrt{f_3}}\right)$$

방정식 풀이기를 사용하여 12개의 미지수와 12개의 방정식을 풀어 유량을 구하면 다음이 얻어진다.

$$\dot{V}_1 = 0.00090\text{ m}^3/\text{s},\quad \dot{V}_2 = 0.00042\text{ m}^3/\text{s},\quad \dot{V}_3 = 0.00048\text{ m}^3/\text{s}$$

그러므로 변기의 **물을 내림으로써 샤워기에 공급되는 찬물의 유량이 0.53 L/s에서 0.42 L/s로 21% 감소하며,** 따라서 샤워기 물이 갑자기 매우 뜨겁게 된다(그림 8-54).

토의 만일 속도 수두를 고려하면 샤워기 유량은 0.42 L/s가 아니고 0.43 L/s가 된다. 따라서 이 문제에서 속도 수두를 무시한 가정은 타당하다. 배관 시스템의 누수도 동일한 효과를 유발하므로 토출부의 유량이 갑자기 줄어들면 배관의 누수를 의심할 필요가 있다.

8–8 ■ 유량과 속도 측정

유체역학의 주된 응용분야는 유체의 유량을 구하는 것이고, 따라서 유량 계측(flow metering)의 목적으로 다년간에 걸쳐 수많은 장치가 개발되어 왔다. 유량계(flowmeter)는 복잡성, 크기, 비용, 정확도, 다용도성, 용량, 압력 강하, 작동 원리에 따라 다양한 종류가 있다. 이 절에서는 파이프나 덕트를 흐르는 기체나 액체의 유량을 측정할 때 일반적으로 널리 사용되는 계측기에 대해 살펴본다. 여기서의 논의는 비압축성 유동에 국한한다.

일부 유량계는 체적을 알고 있는 용기 내로 유체를 연속적으로 충전 또는 방출하고, 단위 시간당 방출 횟수를 추적함으로써 유량을 직접 측정한다. 그러나 대부분의 유량계는 유량을 간접 방식으로 측정하는데, 평균 속도 V를 측정하거나 평균 속도와 관련되는 압력이나 항력을 측정하고, 다음 식으로부터 체적유량 $\dot{V}$를 구한다.

$$\dot{V} = VA_c \tag{8-66}$$

여기서 A_c는 유동 단면적이다. 즉, 대부분의 유량계는 유속을 측정하여 유량을 결정하므로 사실은 단순히 유속계로 볼 수 있다.

유속 측정 시에는 파이프 내 속도가 벽면에서 영으로부터 중심에서 최대까지 변한다는 사실을 유념하여야 한다. 층류 유동의 경우 평균 속도는 중심 속도의 반이다. 그러나 난류 유동의 평균 속도를 구하기 위해서는 여러 군데에서 속도를 측정하여 이를 가중평균 또는 적분할 필요가 있다.

그림 8–55
정원호스의 유량을 측정하는 쉬운 방법은 (그래도 꽤 정확함) 통에 물을 받고 그 시간을 측정하는 것이다.

유량 측정에는 단순한 방법부터 복잡한 방법까지 여러 종류가 있다. 단순한 방법의 예를 들면, 호스를 통해 흐르는 유량은 체적을 알고 있는 통에 물을 받고 그 받은 양을 받은 시간으로 나누면 알 수 있다(그림 8-55). 강물의 유속을 알 수 있는 간단한

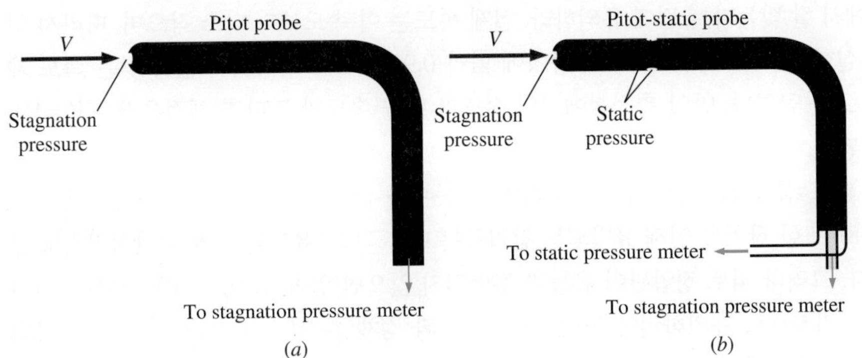

그림 8-56
(*a*) 피토관은 프로브 선단의 정체압을 측정한다. 반면 (*b*) 피토 정압관은 정체압과 정압을 측정하며, 이로부터 유속이 계산된다.

방법은 강물 위에 부표를 띄우고 정해진 거리까지 흘러가는 데 걸리는 시간을 측정하면 된다. 복잡한 방법의 예로, 어떤 유량계는 흐르는 유체 내에서 소리의 전파를 이용하기도 하고, 유체가 자기장을 통과할 때 발생하는 기전력을 이용하기도 한다. 이 절에서는 5장에서 소개된 피토 정압관을 비롯하여 유량 및 속도 측정에 널리 사용되는 계측 장치를 살펴보기로 한다.

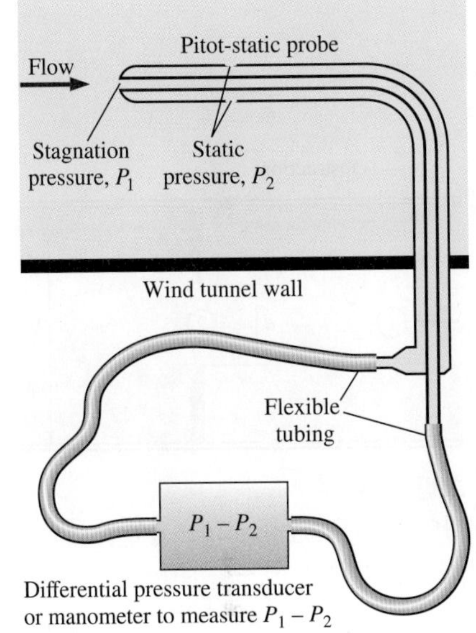

그림 8-57
피토 정압관을 사용한 유속 측정(차압 변환기 대신 마노미터를 사용할 수 있다).

피토관과 피토 정압관

프랑스 엔지니어 Henri de Pitot(1695-1771)의 이름을 딴 **피토관**(Pitot probe 혹은 Pitot tube)과 **피토 정압관**(Pitot-static probe)은 유속 측정에 널리 사용된다. 피토관은 정체점(stagnation point)에 압력공이 위치하는 튜브로 정체압(stagnation pressure)을 측정하는 반면, 피토 정압관에는 정체 압력공과 원주방향으로 몇 개의 정압공이 있어서 정체압과 정압을 동시에 측정한다(그림 8-56과 그림 8-57). Pitot는 최초로 상류로 향하는 튜브를 사용하여 유속을 측정하였고, 프랑스 엔지니어 Henry Darcy(1803-1858)는 동일한 관 조립품에 정압관을 배치하고 작은 구멍을 뚫는 등 오늘날 사용되는 계측기의 특징을 거의 갖춘 피토 정압관을 개발하였다. 따라서 피토 정압관을 **Pitot-Darcy 관**으로 부르는 것이 좀 더 합당하다.

피토 정압관은 압력차를 측정하고, 이를 Bernoulli 식과 연관하여 국소 속도를 결정한다. 피토 정압관은 유동과 정렬된 이중관으로, 내측관은 선단부(1점)에서 정체압을 측정하고, 외측관은 외측(2점)에 가공된 구멍으로 정압을 측정한다. 충분히 높은 속도를 가진(1점과 2점 사이의 마찰 효과를 무시할 수 있을 만큼) 비압축성 유동에서 Bernoulli 방정식은 다음과 같다.

$$\frac{P_1}{\rho g} + \frac{V_1^2}{2g} + z_1 = \frac{P_2}{\rho g} + \frac{V_2^2}{2g} + z_2 \qquad \textbf{(8-67)}$$

정압공은 피토 정압관의 바깥쪽에 위치하므로 $z_1 \cong z_2$이고, 1점은 정체점이므로 $V_1 = 0$이며, 유동 속도 $V = V_2$는 다음과 같이 얻어진다.

피토 공식:
$$V = \sqrt{\frac{2(P_1 - P_2)}{\rho}} \qquad \textbf{(8-68)}$$

위 식은 **피토 공식**(Pitot formula)으로 알려져 있다. 이 속도는 이론적이며 큰 Reynolds

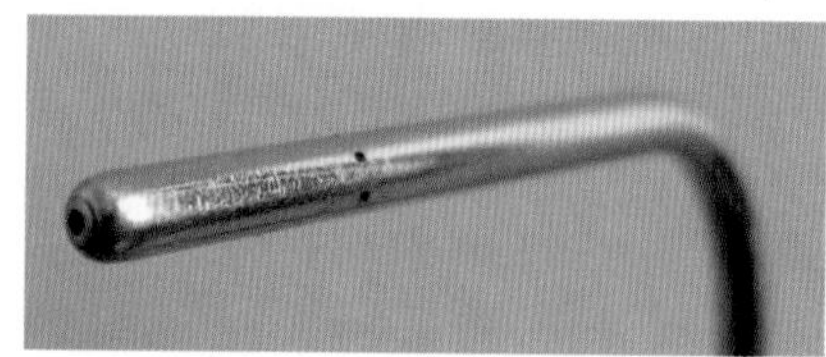

그림 8-58
피토 정압관에 대한 확대 사진으로 정체압 공과 다섯 개의 원주방향 정압공 중 두 개가 보인다.
Photo by Po-Ya Abel Chuang. Used by permission.

수에서 잘 맞는다는 점에 유의하라. 실제 속도는 이 속도보다 다소 작으며, 따라서 일부 실험자들은 Reynolds 수의 증가에 따라 0.970과 0.999 사이의 값을 갖는 **속도 계수** C_V를 곱한다. 만일 측정점에서의 속도가 평균 속도와 같다면 체적유량은 $\dot{V}=VA_c$가 된다.

피토 정압관은 간단하고 저렴하며, 구동부가 없는 신뢰도가 높은 장치이다(그림 8-58). 또한 장치로 인해 유발되는 압력차는 매우 작고, 유동을 크게 교란시키지도 않는다. 그러나 피토 정압관이 유동과 정렬되지 않으면(일반적으로 ±10° 이내) 오차가 매우 커지므로 유의하여야 한다. 또한 정압과 정체압 간의 차이(즉, 동압)는 유체의 밀도와 유속의 제곱에 비례한다. 피토 정압관은 액체와 기체 모두의 유속 측정에 사용 가능하다. 피토 정압관이 기체 유동에 사용될 때 밀도가 작은 기체의 경우는 유속이 충분히 빨라야 측정 가능한 동압이 형성됨에 유의하여야 한다.

장애물식 유량계: 오리피스, 벤투리, 노즐 유량계

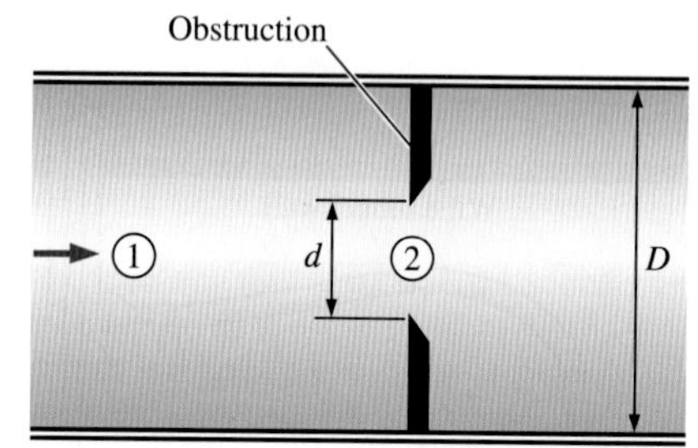

그림 8-59
파이프 내 교축부를 지나는 유동.

그림 8-59에 보인 바와 같이, 직경이 d인 유동 면적으로 축소하는 직경 D인 수평 파이프 내의 비압축성 정상 상태의 유체 유동을 고려해 보자. 교축(constriction) 전의 위치(1점)와 교축이 발생하는 위치(2점) 사이의 질량 평형식과 Bernoulli 방정식은 다음과 같다.

질량 평형식: $$\dot{V} = A_1V_1 = A_2V_2 \quad \rightarrow \quad V_1 = (A_2/A_1)V_2 = (d/D)^2V_2 \qquad \textbf{(8-69)}$$

Bernoulli 방정식($z_1=z_2$): $$\frac{P_1}{\rho g} + \frac{V_1^2}{2g} = \frac{P_2}{\rho g} + \frac{V_2^2}{2g} \qquad \textbf{(8-70)}$$

식 (8-69)와 식 (8-70)으로부터 속도 V_2를 구하면 다음의 결과가 얻어진다.

장애물(손실이 없을 때): $$V_2 = \sqrt{\frac{2(P_1 - P_2)}{\rho(1 - \beta^4)}} \qquad \textbf{(8-71)}$$

여기서 $\beta=d/D$는 직경비이다. V_2가 구해지면 유량은 $\dot{V}=A_2V_2=(\pi d^2/4)V_2$가 된다.

위의 간단한 해석은 유동을 교축하고 그리고 교축부에서 속도의 증가에 기인한 압력 감소를 측정하면 파이프를 통해 흐르는 유량을 결정할 수 있음을 보여 준다. 두 점에서의 압력차는 차압계 또는 마노미터를 이용하여 쉽게 측정이 가능하므로 유동을 방해함으로써 간단한 유량 측정이 가능한 것으로 보인다. 이러한 원리에 의한 유량계를 **장애물식 유량계**(obstruction flowmeter)라고 하는데, 기체나 액체의 유량 측정에 널리 사용된다.

식 (8-71)에서 얻어진 속도는 손실이 없다고 가정해서 얻어진 값으로 교축부에서 얻을 수 있는 최대 속도이다. 그러나 실제로는 마찰에 의한 압력 손실이 존재하고, 따라서 실제 속도는 감소한다. 또한 유선은 교축부를 지나서도 계속 축소되고, 베나 콘트랙타(통로가 좁아져 생긴 흐름)의 면적은 교축부의 면적보다 작게 된다. 이러한 손실들은 실험적으로 얻어지는 보정계수인 **유량계수**(discharge coefficient) C_d(1보다 작음)에 고려되는데, 이를 포함한 장애물식 유량계의 유량은 다음과 같이 표시된다.

장애물식 유량계:

$$\dot{V} = A_0 C_d \sqrt{\frac{2(P_1 - P_2)}{\rho(1 - \beta^4)}} \quad \textbf{(8-72)}$$

여기서 $A_0 = A_2 = \pi d^2/4$는 교축부의 단면적이고, $\beta = d/D$는 교축부와 파이프의 직경비이다. 유량계수 C_d는 β와 Reynolds 수 $\text{Re} = V_1 D/\nu$의 함수로, 여러 형태의 장애물식 유량계에 대해 선도와 상관식이 존재한다. C_d는 사실 속도계수 C_V와 **교축계수**(Contraction coefficient) C_C의 곱, $C_d = C_V C_C$이지만, 제작자의 문서에는 보통 C_d만 기재된다는 점에 유의한다.

장애물식 유량계 중 가장 널리 사용되는 것이 오리피스 유량계, 노즐 유량계, 벤투리 유량계이다(그림 8-60). 표준 형상에 대하여 실험적으로 결정된 유량계수는 다음과 같다(Miller, 1997).

오리피스 유량계:

$$C_d = 0.5959 + 0.0312\beta^{2.1} - 0.184\beta^8 + \frac{91.71\beta^{2.5}}{\text{Re}^{0.75}} \quad \textbf{(8-73)}$$

노즐 유량계:

$$C_d = 0.9975 - \frac{6.53\beta^{0.5}}{\text{Re}^{0.5}} \quad \textbf{(8-74)}$$

위의 두 관계식은 $0.25 < \beta < 0.75$, $10^4 < \text{Re} < 10^7$인 범위에서 유효하다. 그러나 C_d값은 장애물의 설계에 따라 다소 달라지기 때문에 가능하면 제작사의 데이터를 참조해야 한다. 그런데 Reynolds 수는 유동 속도와 관련이 있고, 이 속도는 미리 알지 못하므로, C_d에 대한 상관식을 이용하여 계산할 때는 반복 계산이 필요하다. Reynolds 수가 큰($\text{Re} > 30{,}000$) 유동에 대해 C_d값은 노즐 유량계의 경우는 0.96으로, 오리피스 유량계의 경우는 0.61로 일정한 값이 된다.

벤투리 유량계의 경우는 유선형 유로 설계로 인하여 유량계수가 0.95에서 0.99(Reynolds 수가 클수록 C_d도 커짐)로 매우 크다. 제작사의 데이터가 없다면 $C_d = 0.98$을 사용한다.

오리피스 유량계는 모양이 단순하며, 중간에 구멍이 뚫린 판 하나만 필요하므로 설치에 필요한 공간이 적고, 따라서 여러 형태가 존재한다(그림 8-61). 어떤 것은 모서리가 날카롭고 어떤 것은 둥글게 처리되어 있기도 하다. 오리피스 유량계에서는 급격한 유동 면적 변화에 의해 선회 유동이 발생하며, 따라서 그림 8-62와 같이 수두 손실

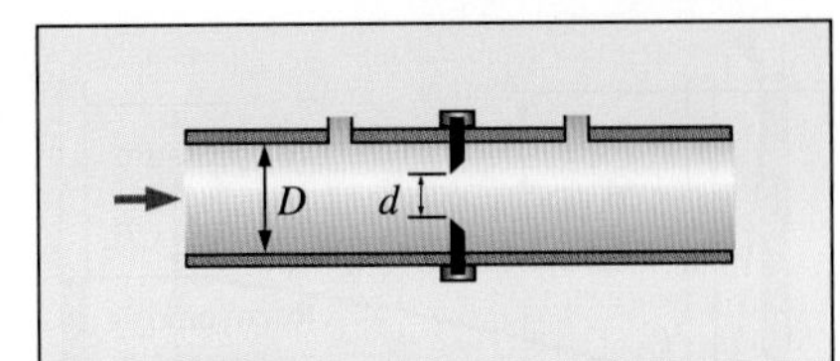

(a) Orifice meter

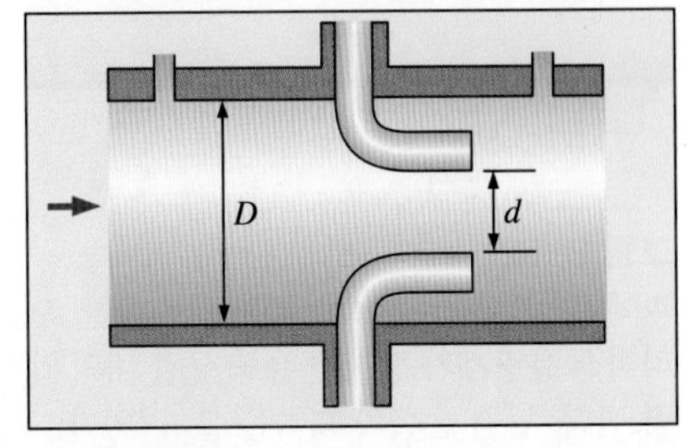

(b) Flow nozzle

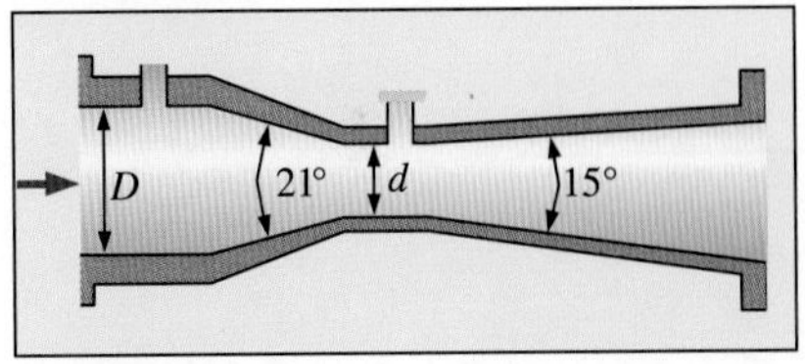

(c) Venturi meter

그림 8-60
대표적인 장애물식 유량계.

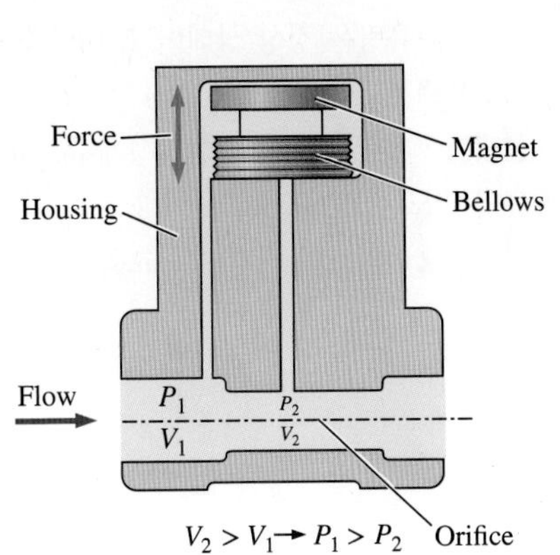

그림 8-61
오리피스 유량계와 개략도.

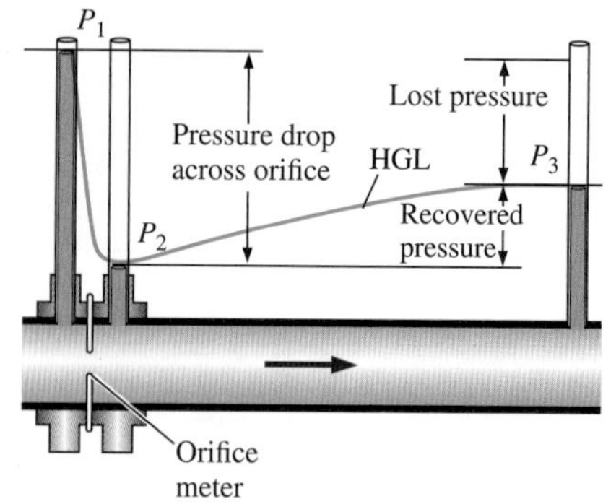

그림 8-62
피에조미터(piezometer) 튜브로 측정한, 오리피스 유량계가 장착된 유동 구간 내의 압력 변화. 압력 손실과 회복을 볼 수 있다.

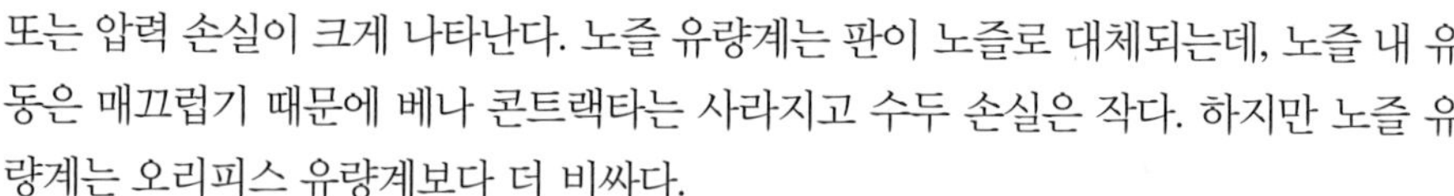
또는 압력 손실이 크게 나타난다. 노즐 유량계는 판이 노즐로 대체되는데, 노즐 내 유동은 매끄럽기 때문에 베나 콘트랙타는 사라지고 수두 손실은 작다. 하지만 노즐 유량계는 오리피스 유량계보다 더 비싸다.

벤투리 유량계는 미국 엔지니어 Clemens Herschel(1842-1930)에 의해 발명되고 이탈리아인 Giovanni Venturi(1746-1822)의 원추형 유동 구간에 대한 공로를 기리고자 그의 이름을 따라 명명되었는데, 현재 논의하는 유량계 중 가장 정확하지만, 가장 비싸다. 유로가 점진적으로 축소와 확대가 되므로 유동 박리와 선회류가 생기지 않고, 내측 벽면에서 마찰 손실만이 존재한다. 벤투리 유량계의 수두 손실은 매우 작고, 따라서 관로 내 압력 강하가 크지 않은 곳에서 선호된다.

장애물식 유량계가 배관 시스템에 설치될 때 유동 시스템에 미치는 순수 효과는 부차적 손실의 효과와 유사하다. 유량계의 부차적 손실계수는 보통 제작사에서 제공되는데, 시스템에서의 부차적 손실의 합산 시 필히 포함되어야 한다. 일반적으로 오리피스 유량계의 부차적 손실이 가장 크고, 벤투리 유량계의 부차적 손실이 가장 작다. 또한 유량을 계산하기 위해 측정된 압력 강하 P_1-P_2가 압력 측정 위치의 영향으로 장애물식 유량계에 의해 유발되는 전체 압력 손실과 **같지는 않다**는 것을 유의해야 한다. 또한 압력 **강하**와 압력 **손실**의 차이점에 유의한다(그림 8-62). 압력 **강하**는 위치 에너지와 운동 에너지 간의 변환에 의한 것이며 따라서 회복 가능하지만, 압력 **손실**은 비가역 손실에 기인하므로 회복할 수 **없다**.

마지막으로 장애물식 유량계는 압축성 기체의 유량 측정에도 사용되지만, 압축성 효과를 나타내는 부가적인 보정계수를 식 (8-72)에 포함시켜야 한다. 이 경우 방정식은 체적유량보다는 **질량유량**으로 표현된다. 압축성 보정계수는 C_d의 경우와 같이 유량계 제작사에서 곡선접합(curve-fitted) 방정식의 형태로 제공된다.

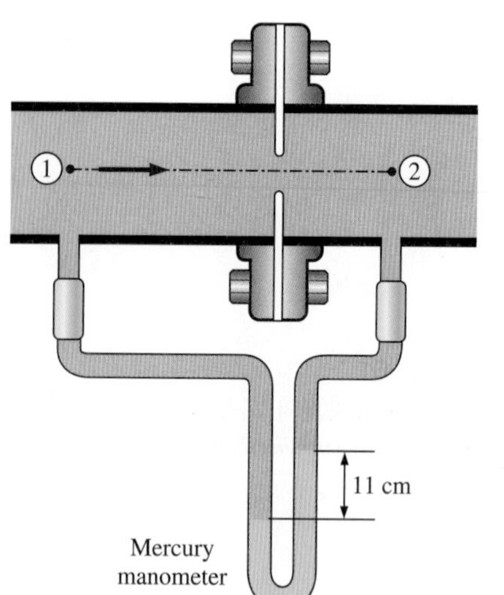

그림 8-63
예제 8-11에서 고려한 오리피스 유량계에 대한 개략도.

예제 8-11 오리피스 유량계에 의한 유량 측정

직경이 4 cm인 파이프를 통해 흐르는 20 °C 메탄올($\rho = 788.4$ kg/m³, $\mu = 5.857 \times 10^{-4}$ kg/m · s)의 유량을 그림 8-63과 같이 수은 마노미터가 장착된 3 cm 직경의 오리피스 유량계로 측정하고자 한다. 마노미터의 높이 차가 11 cm일 때, 메탄올의 유량과 평균 유속을 구하라.

풀이 메탄올의 유량을 오리피스 유량계로 측정한다. 오리피스 판 전후의 압력 강하가 주어질 때, 유량과 평균 유속을 구하고자 한다.

가정 **1** 유량은 정상 상태이고, 비압축성이다. **2** 오리피스 유량계의 유량계수의 첫 번째 가정으로 $C_d = 0.61$이다.

상태량 메탄올의 밀도와 점성계수는 $\rho = 788.4$ kg/m³, $\mu = 5.857 \times 10^{-4}$ kg/m · s이고, 수은의 밀도는 13,600 kg/m³이다.

해석 오리피스의 직경비와 교축부 면적은 다음과 같다.

$$\beta = \frac{d}{D} = \frac{3}{4} = 0.75$$

$$A_0 = \frac{\pi d^2}{4} = \frac{\pi (0.03 \text{ m})^2}{4} = 7.069 \times 10^{-4} \text{ m}^2$$

오리피스 판 전후의 압력 강하는 다음과 같이 표시된다.

$$\Delta P = P_1 - P_2 = (\rho_{Hg} - \rho_{met})gh$$

따라서 장애물식 유량계의 유량 관계식은 다음과 같다.

$$\dot{V} = A_0 C_d \sqrt{\frac{2(P_1 - P_2)}{\rho(1-\beta^4)}} = A_0 C_d \sqrt{\frac{2(\rho_{Hg} - \rho_{met})gh}{\rho_{met}(1-\beta^4)}} = A_0 C_d \sqrt{\frac{2(\rho_{Hg}/\rho_{met} - 1)gh}{1-\beta^4}}$$

대입하면, 유량은 다음과 같이 결정된다.

$$\dot{V} = (7.069 \times 10^{-4}\ \text{m}^2)(0.61)\sqrt{\frac{2(13{,}600/788.4 - 1)(9.81\ \text{m/s}^2)(0.11\ \text{m})}{1 - 0.75^4}}$$
$$= 3.09 \times 10^{-3}\ \text{m}^3/\text{s}$$

이 값은 3.09 L/s이다. 파이프 내 평균 유속은 유량을 파이프 단면적으로 나누어 구한다.

$$V = \frac{\dot{V}}{A_c} = \frac{\dot{V}}{\pi D^2/4} = \frac{3.09 \times 10^{-3}\ \text{m}^3/\text{s}}{\pi(0.04\ \text{m})^2/4} = 2.46\ \text{m/s}$$

파이프 내 유동의 Reynolds 수는 다음과 같다.

$$\text{Re} = \frac{\rho V D}{\mu} = \frac{(788.4\ \text{kg/m}^3)(2.46\ \text{m/s})(0.04\ \text{m})}{5.857 \times 10^{-4}\ \text{kg/m·s}} = 1.32 \times 10^5$$

오리피스 유량계수 관계식에 $\beta = 0.75$와 $\text{Re} = 1.32 \times 10^5$을 대입하면 다음과 같다.

$$C_d = 0.5959 + 0.0312\beta^{2.1} - 0.184\beta^8 + \frac{91.71\beta^{2.5}}{\text{Re}^{0.75}}$$

위 식에서 $C_d = 0.601$을 얻는데, 이는 처음에 가정한 값 0.61과 다르다. $C_d = 0.601$을 사용하면 유량은 3.04 L/s로 원래 결과와 1.6% 차이가 난다. 수회 반복 계산을 수행하면 유량은 3.04 L/s, 평균 유속은 2.42 m/s에 수렴한다(유효숫자 세 자리까지).

토의 방정식 풀이기를 사용하면 C_d의 상관식(Reynolds 수의 함수임)을 그대로 사용하여 모든 방정식을 동시에 풀 수 있다. 방정식 풀이기는 필요한 반복 계산을 수행한다.

용적식 유량계

자동차에 휘발유를 주유할 때, 휘발유의 유량보다는 탱크를 채우는 동안 노즐을 통해 흘러들어가는 휘발유의 총량이 중요하다. 마찬가지로 집에서 사용하는 물이나 천연가스도 총량에 관심이 높다. 이처럼 파이프를 흐르는 순간 유량보다 일정 기간 동안 흐른 유체의 체적이나 질량의 총량을 계측하려고 할 때 사용되는 유량계가 **용적식 유량계**(positive displacement flowmeter)이다. 용적식 유량계는 여러 종류가 있는데, 측정 용기 내로 유체를 연속적으로 주입하고 방출함으로써 총량을 측정하는 것을 기본으로 하고 있다. 즉, 유입 유체의 일부분을 가두고, 이를 유량계의 방출측으로 보내게 되며, 이러한 충전-방출 사이클 횟수를 계산하여 유체의 총량을 결정한다.

그림 8–64
두 개의 나선형 3-로브(lobe) 임펠러를 가진 용적식 유량계.
Courtesy of Flow Technology, Inc. Source: www.ftimeters.com.

그림 8-64는 흐르는 액체에 의해 구동되는 두 개의 회전 임펠러를 가진 용적식 유

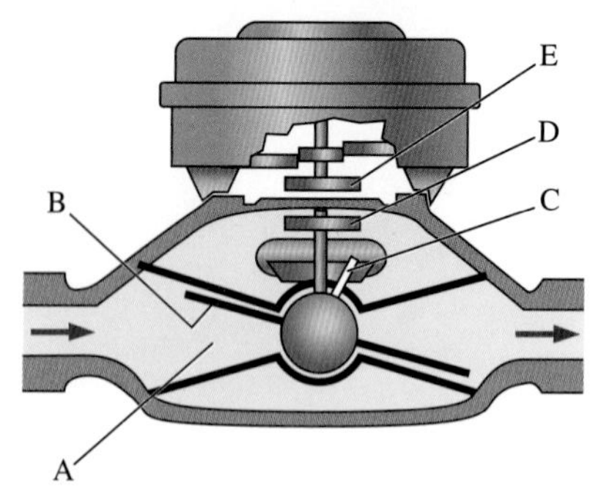

그림 8-65
요동원판 유량계.
© *Shutterstock/AlexLMX*

량계이다. 각 임펠러에는 세 개의 기어 로브(lobe)가 있고, 로브가 비접촉식 센서를 지날 때마다 펄스(pulse) 신호가 생성된다. 각 펄스는 로브 사이의 액체 체적을 나타내고, 전자식 변환기는 펄스 신호를 체적 단위로 바꾼다. 이때 임펠러와 케이싱 사이의 간격을 조절하여 누설률을 최소화하고, 따라서 오차를 줄이도록 하여야 한다. 이 유량계는 0.1%의 정밀도와 낮은 압력 강하 특성을 보이고, 230 ℃까지의 고점도 또는 저점도 액체에, 유량은 50 L/s, 압력은 7 MPa까지 사용된다.

액체의 체적 측정에 가장 널리 사용되는 유량계는 **요동원판**(nutating disk) **유량계**로 그림 8-65에 나타나 있다. 이 유량계는 물이나 휘발유의 유량 측정에 널리 사용된다. 용기(A) 내로 유입된 액체는 원판(B)을 요동시키고, 그 결과 스핀들(C)이 회전하고, 자석(D)이 자화된다. 이 신호는 유량계 케이싱을 통과하여 두 번째 자석(E)에 전달되고, 이 신호를 계산하여 총 체적을 얻는다.

빌딩에 사용되는 천연 가스와 같은 기체의 유량 측정에는 회전에 따라 특정량의 기체 체적(또는 질량)을 이동시키는 **벨로우즈**(bellows) **유량계**가 주로 사용된다.

터빈 유량계

바람을 마주보게 놓아 둔 프로펠러는 회전하게 되고, 그 회전율은 풍속이 증가함에 따라 증가한다. 또한 풍력 터빈의 터빈 블레이드도 저속의 바람에는 느리게 돌고, 고속의 바람에는 빨리 돈다. 마찬가지로 프로펠러를 파이프 내부에 장착하고 적절하게 보정하면 파이프 내 유속을 잴 수 있다. 이러한 원리를 이용한 유량 측정 장치를 **터빈 유량계**(turbine flowmeter)라고 하는데, 또는 종종 **프로펠러 유량계**(propeller flowmeter)라고도 하지만, 프로펠러는 유체에 에너지를 더해 주는 반면에 터빈은 유체로부터 에너지를 추출해내므로 이는 잘못된 이름이다.

터빈 유량계는 자유롭게 회전하는 터빈(베인이 달린 로터)을 담는 원통형 유동 구간, 유동을 곧바르게 해 주기 위해 입구에 추가적으로 설치된 고정형 베인, 터빈 위에 표시된 한 점이 통과할 때마다 신호를 발생하여 회전율을 알 수 있도록 하는 센서로 구성된다. 터빈의 회전 속도는 유체의 유량과 거의 비례한다. 터빈 유량계는 적절한 보정 과정을 거치면 매우 정확한 결과를 제공한다(0.25% 정도로 정확한). 액체 유동을 측정할 때 사용되는 터빈 유량계는 블레이드 수가 매우 적지만(때로는 단 두 개의 블레이드), 기체 유동을 측정할 때에는 적절한 토크 발생을 보장하기 위해 여러 개의 블레이드를 갖춘 터빈을 사용한다. 터빈에 의한 수두 손실은 매우 작다.

터빈 유량계는 구조가 간단하고 저렴하며 넓은 범위의 유동 조건에서 정확하므로 1940년대 이후 유량 측정에 널리 사용되어 왔다. 터빈 유량계는 액체와 기체 그리고 어떤 파이프 직경에도 사용이 가능하도록 제작되고 있다. 터빈 유량계는 바람, 강물, 조류 등과 같은 개방된 유동의 유속을 재는 데도 활용된다. 그림 8-66*c*에는 풍속을 재기 위한 휴대용 풍속계가 나타나 있다.

수차 유량계

높은 정밀도가 요구되지 않는 곳에는 터빈 유량계 대신에 저렴한 **수차 유량계**(paddle-wheel flowmeter)를 사용한다. 터빈 유량계의 경우 유동과 평행하게 설치하는 것과는

(a)

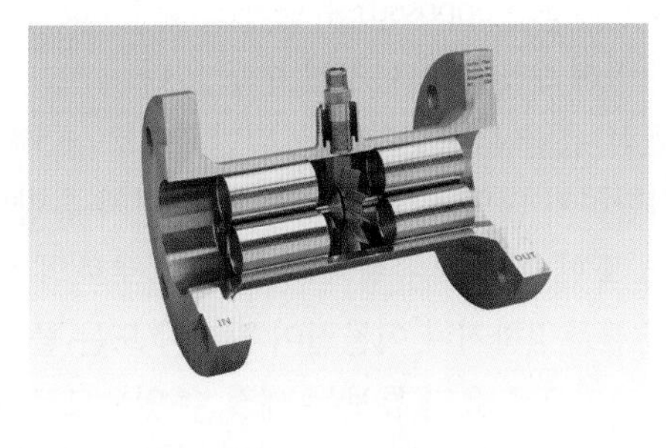

(b)

(c)

그림 8–66
(*a*) 액체 유동 측정용 인라인 터빈 유량계, 유동은 왼쪽에서 오른쪽으로, (*b*) 유량계 내 터빈 블레이드의 단면 사진, (*c*) 풍속 측정용 휴대용 터빈 유량계, 사진을 찍을 때는 터빈 블레이드를 볼 수 있도록 유량을 측정하지 않는 상태임. (*c*)의 유량계는 공기 온도 측정도 가능함.
(a) and (c) Photos by John M. Cimbala;
(b) Photo Courtesy of Hoffer Flow Controls, Inc.

달리 수차 유량계의 수차(로터와 블레이드)는 그림 8-67에 나타난 바와 같이 유동과 직각으로 설치된다. 수차의 일부분(일반적으로 절반 이하)만이 유동 내부로 삽입되므로 터빈 유량계에 비해 수두 손실이 작지만, 수차의 삽입 깊이는 정확도에 커다란 영향을 미친다. 또한 수차 유량계는 오염의 가능성이 적으므로 여과기가 필요하지 않다. 센서가 수차의 회전을 감지하여 신호를 전송한다. 마이크로프로세서가 이 회전 속도 정보를 유량 또는 적분된 유동량으로 변환한다.

가변면적 유량계(로터미터)

단순하고, 믿을 만하고, 저렴하며, 합리적으로 작은 압력 강하로 설치가 간편하며, 전기적 연결 없이 넓은 범위의 액체나 기체의 유량을 직접 읽을 수 있는 것이 **가변면적 유량계**(variable-area flowmeter)인데, 이를 **로터미터**(rotameter) 또는 **플로트미터**(floatmeter)라고도 한다. 가변면적 유량계는 그림 8-68에 나타난 바와 같이 유리나 플라스틱 재질의 테이퍼된 수직 원추형 투명 튜브로서, 그 속에서 플로트(float)가 자유롭게 움직이도록 되어 있다. 유체가 테이퍼된 튜브 내로 유입됨에 따라 플로트의 자중과 항력, 부력이 서로 평형을 이루어서 플로트에 작용하는 순수 힘이 영이 되는 곳까지 플로트가 튜브 내에서 떠오른다. 투명 튜브 바깥쪽에는 눈금이 새겨져 있어 플로트가 서 있는 위치에서의 유량 눈금을 읽도록 되어 있다. 일반적으로 플로트 그 자체는 공 모양이거나 또는 느슨히 끼워 맞춘 피스톤처럼 생긴 실린더 모양이다(그림 8-68*a* 참조).

강한 바람은 모자나 우산을 날려 보내고, 전력선을 끊어버리고, 심지어는 나무를 뽑아버리기도 한다. 이는 유속에 따라 항력이 증가하기 때문이다. 플로트에 작용하는 자중과 부력은 일정하지만, 항력은 유속에 따라 증가한다. 한편 테이퍼된 튜브에서는 유동방향으로 단면적이 증가하므로 유속은 감소한다. 따라서 플로트의 자중과 부력에 평형을 이루기에 충분한 항력을 유발하는 어떤 속도가 존재하고, 그 속도가 형성되는 위치에서 플로트는 멈춰 선다. 튜브의 테이퍼 정도는 유량에 따라 플로트가 선형적으로 수직으로 떠오르게 제작될 수 있으며, 따라서 튜브는 유량에 대해 선형적으

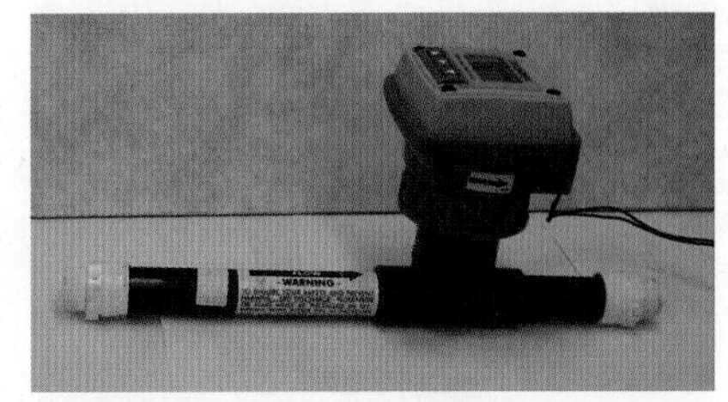

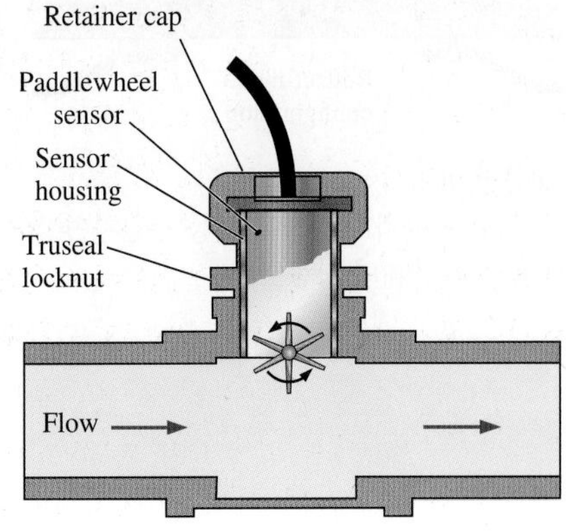

그림 8–67
액체 유동 측정용 수차 유량계와 작동 개략도(유동방향은 왼쪽에서 오른쪽임).
Photo by John M. Cimbala.

(a) (b)

그림 8-68
두 종류의 가변면적 유량계. (a) 중력을 이용한 유량계, (b) 용수철-대항형 유량계.
(a) Photo by Luke A. Cimbala and (b) Courtesy Insite, Universal Flow Monitors, Inc. Used by permission.

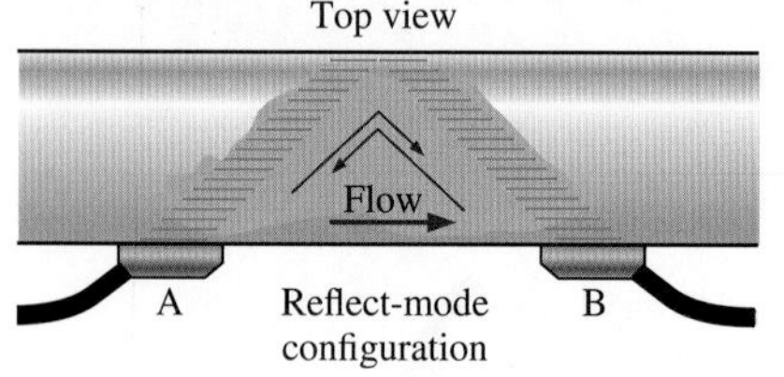

그림 8-69
두 개의 변환기가 장착된 이동 시간차 방식 초음파 유량계의 작동 원리.

로 보정될 수 있다. 또한 튜브는 투명하므로 유동 중인 유체를 볼 수 있다.

가변면적 유량계에도 여러 종류가 있다. 그림 8-68*a*에 보인 중력을 이용한 유량계는 수직으로 설치되어야만 하고, 유체는 하부에서 유입되어 상부로 유출된다. 용수철-대항형(spring-opposed) 유량계(그림 8-68*b*)에서는 항력이 용수철 힘과 평형을 이루고, 따라서 수평으로 설치될 수도 있다.

가변면적 유량계의 정확도는 일반적으로 ±5% 정도이며, 고정밀도가 요구되는 곳에는 적합하지 않다. 그러나 어떤 가변면적 유량계는 1% 정도의 정확도를 가진다고도 한다. 또한 이러한 유량계의 경우, 플로트의 위치를 육안으로 확인하여야 하므로, 유체가 불투명하거나 이물질이 많거나 또는 플로트를 코팅하는 유체는 사용이 곤란하다. 마지막으로 유리 튜브는 깨질 수 있으므로 독성유체가 사용되는 곳에는 주의를 요한다. 이러한 경우에는 유량계를 사람이 잘 다니지 않는 곳에 설치하여야 한다.

초음파 유량계

조용한 호수에 돌을 던지면 동심원 물결이 모든 방향으로 균일하게 퍼져 나간다. 그러나 강물처럼 흐르는 물에 돌을 던지면 유동방향으로의 물결은 상류방향으로의 물결보다 훨씬 빠르다. 이는 유동방향으로는 물결 속도와 유속이 같은 방향이므로 서로 더해지고, 유동의 상류방향으로는 물결 속도와 유속이 반대방향이므로 서로 빼지기 때문이다. 그 결과 하류방향으로의 물결은 벌어지고, 상류방향으로의 물결은 조밀하게 뭉쳐진 형상을 띄게 된다. 상류와 하류의 단위 길이당 물결 수의 차이는 유속에 비례하고, 따라서 상류와 하류의 물결 전파 속도를 비교함으로써 유속을 결정할 수 있다. 이러한 원리에 기초한 유량계가 **초음파 유량계**(ultrasonic flowmeter)인데, 초음파 영역(인간의 청력 한계를 넘어서서, 전형적으로 주파수가 1 MHz에서)의 음파를 이용한다.

초음파(또는 음향) 유량계는 변환기(transducer)로 음파를 발생시키고, 흐르는 유체를 통해 그 음파의 퍼져 나감을 측정하는 방식으로 작동된다. 초음파 유량계는 **이동 시간차 방식**(transit time) 유량계와 **도플러 효과**[Doppler-effect(또는 **주파수 편이**)] 유량계의 두 종류로 크게 구분된다. 이동 시간차 방식 유량계는 상류와 하류방향으로 음파를 송신하고 이동 시간의 차이를 측정한다. 그림 8-69에 대표적인 이동 시간차 방식 초음파 유량계의 개략도가 나타나 있다. 이 유량계에는 두 개의 변환기가 있어서 하나는 유동의 방향으로, 다른 하나는 그 반대방향으로 번갈아 초음파를 송신하고 수신한다. 각 방향으로 이동 시간을 정확히 측정할 수 있으므로 이동 시간의 차이를 계산한다. 파이프 내 평균 유속 V는 이동 시간차 Δt와 비례하고, 다음 식으로 결정된다.

$$V = KL\,\Delta t \qquad \textbf{(8-75)}$$

여기서 L은 변환기들 사이의 거리이고, K는 상수이다.

도플러 효과 초음파 유량계

자동차가 경적을 울리며 빠른 속도로 다가올 때 경적의 고음이 자동차가 지나가면서 저음으로 바뀌는 것을 경험한다. 이는 음파가 자동차 전방에서는 압축이 되고 후방에서는 팽창하기 때문이다. 이러한 주파수의 편이를 **도플러 효과**(Doppler-effect)라고 하는데, 대부분의 초음파 유량계는 이 원리를 이용한다.

도플러 효과 초음파 유량계는 음향 궤적(sonic path)을 따라 평균 유속을 측정한다. 이 측정은 파이프 외면에 부착된(또는 휴대용인 경우 파이프 외면에 압착된) 피에조 전기 변환기를 가지고 수행된다. 변환기는 정해진 주파수의 음파를 파이프 벽면을 통과해 흐르는 유체 속으로 송신한다. 유체 중의 부유 입자나 기포와 같은 이물질에 의하여 반사된 음파는 다시 수신 변환기로 전달된다. 반사된 음파의 주파수 변화는 유속에 비례하고, 송신된 신호와 수신된 신호 사이의 주파수 편이를 마이크로프로세서를 이용해 비교함으로써 유속이 결정된다(그림 8-70과 그림 8-71). 주어진 파이프와 유동 조건에 대해 적절히 유량계를 구성하여 측정된 속도를 이용하여 유량과 유동의 총량도 결정될 수 있다.

초음파 유량계가 작동하기 위해서는 초음파가 유동 내부에서 밀도가 다른 물질에 의하여 반사되어야 한다. 이를 위해 일반 초음파 유량계는 30 μm 이상의 이물질이 25 ppm 이상 섞여 있는 액체를 사용한다. 하지만 최신 유량계는 유동 흐름 내의 난류 선회류나 에디에 의하여 반사된 음파를 수신하여 이물질이 없는 깨끗한 액체의 속도도 잴 수 있다. 다만 이들 센서가 90° 엘보의 바로 하류 유동 구간에서처럼 그런 교란이 비대칭이고 강한 곳에 설치되어야만 한다.

초음파 유량계의 장점은 다음과 같이 정리된다.

- 직경 0.6 cm에서 3 m 이상까지 범위의 파이프 외벽에 클램프로 부착되므로(그림 8-71) 탈착이 빠르고 손쉬우며, 개수로에서도 이용이 가능하다.
- 비삽입식이다. 파이프 외벽에 부착되므로 운전을 멈출 필요도 없고, 파이프에 구멍을 내거나 생산을 중단할 필요가 없다.

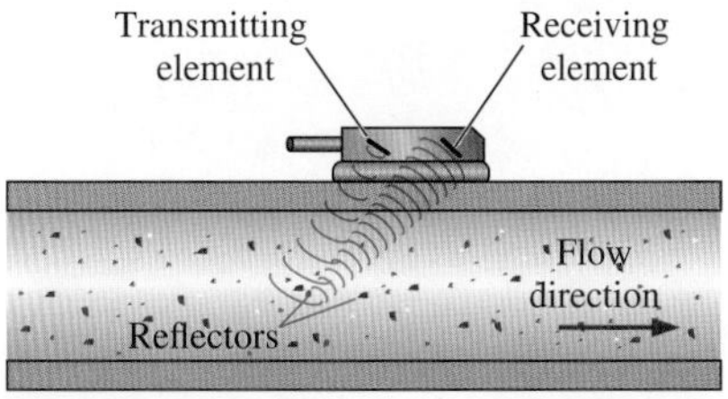

그림 8-70
파이프 바깥쪽 표면에 압착된 변환기를 가진 도플러 효과 초음파 유량계의 작동 원리.

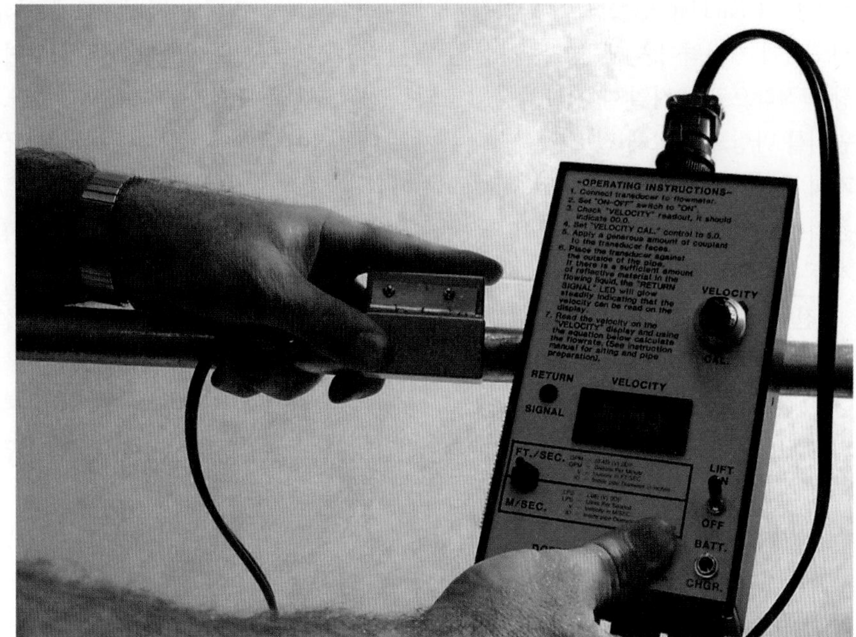

그림 8-71
초음파 유량계는 단지 파이프 표면에 변환기를 압착함으로써 유속을 측정할 수 있게 한다.
© J. Matthew Deepe

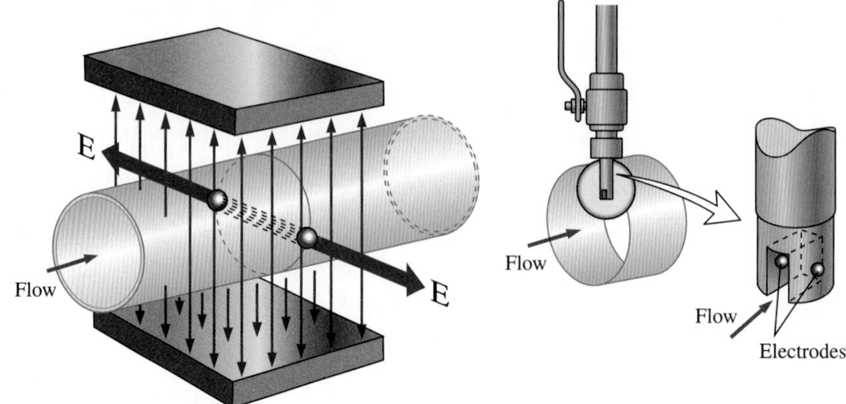

(*a*) Full-flow electromagnetic flowmeter (*b*) Insertion electromagnetic flowmeter

그림 8-72
(*a*) 전체 유동형, (*b*) 삽입형 전자기식 유량계.
www.flocat.com.

- 유동과 간섭이 없으므로 압력 강하가 없다.
- 유체와 직접 접촉하지 않으므로 부식이나 막힘의 염려가 없다.
- 독성 화학 물질에서부터 슬러리(slurry)나 깨끗한 액체에 이르기까지 넓은 범위의 유체에 적용이 가능하다.
- 구동부가 없으므로 신뢰도가 높고, 보수가 필요 없다.
- 역류에서도 측정이 가능하다.
- 언급되는 정확도는 1~2% 정도이다.

초음파 유량계는 비삽입식이고 PVC, 강, 주철, 유리 파이프 등의 여러 재질에 적용이 가능하다. 하지만 코팅된 파이프나 콘크리트 파이프의 경우에는 초음파를 흡수하므로 이 측정법이 적합하지 않다.

전자기식 유량계

1830년대 Faraday의 실험 이후 자장 내에서 전도체가 움직이면 자기유도에 의하여 전도체에 기전력이 발생한다는 사실은 잘 알려져 있다. Faraday의 법칙에 의하면 자장에 직각으로 움직일 때 전도체에 유도되는 기전력은 전도체의 속도에 비례한다. 이 원리를 바탕으로 고체 전도체를 전도 유체로 대체하여 유속을 측정하는 장치가 **전자기식 유량계**(electromagnetic flowmeter)이다. 전자기식 유량계는 1950년대 이후 사용되어 왔고, 전체 유동형(full-flow type) 및 삽입형(insertion type) 등의 여러 형태가 존재한다.

전체 유동형 전자기식 유량계는 파이프를 감싸고 있는 자기 코일과 유동 간섭이 없도록(따라서 수두 손실이 없음) 파이프 내벽까지 삽입된 두 개의 전극으로 구성된다(그림 8-72*a*). 전극은 전압계와 연결되어 있다. 코일에 전류가 통하면 자장이 형성되고, 전극 사이에는 전압차가 생기는데, 전압계로 이 전압차를 측정한다. 이 전압차는 전도 유체의 유속과 비례하므로 생성된 전압으로부터 유속을 결정한다.

삽입형 전자기식 유량계의 작동 원리도 유사하지만, 그림 8-72*b*에 나타나 있듯이 자장은 유동 내로 삽입된 계측봉 끝부분에서의 유동 채널 내로 국한된다.

전자기식 유량계는 원자로에 사용되는 수은, 나트륨, 칼륨과 같은 액체 금속의 유속을 측정하는 데 적당하다. 물과 같은 비전도 유체라도 전하 입자가 적당량 있으면 사용될 수 있다. 예를 들면, 혈액이나 바닷물은 충분한 철분을 포함하고 있으므로 전자기식 유량계를 사용하여 유량을 계측할 수 있다. 전자기식 유량계는 전기 전도성만 충분하다면 화학 물질, 약품, 화장품, 부식성 액체, 음료수, 비료, 슬러리나 슬러지(sludge) 등의 유량 측정에도 사용될 수 있다. 하지만 증류된 또는 탈이온화된 물에는 적합하지 않다.

전자기식 유량계는 유속을 간접적으로 측정하고, 따라서 설치할 때 세밀한 보정이 중요하다. 또한 가격이 고가이고, 소비전력이 크며, 유체 종류에 제한을 받는다.

와류 유량계

강물이 바위와 같은 장애물을 만나면 유동이 박리되어 바위 주위를 감싸게 된다. 또한 그로 인한 소용돌이는 하류까지 전파된다.

실제 접하는 대부분의 유동은 난류이고, 유동 중에 놓인 원판이나 원통으로부터 와흘림이 발생한다(4장 참조). 이러한 와흘림은 주기적으로 생성되고, 그 주파수는 평균 유속과 비례한다. 이러한 원리를 이용하여 유동 내부에 임의의 장애물을 삽입하여 와류를 생성하고, 와흘림 주파수를 측정함으로써 유량을 측정할 수 있는데, 이를 **와류 유량계**(vortex flowmeter)라고 한다. **Strouhal 수**는, $\text{St} = fd/V$로 정의되는데, 여기서 f는 와흘림 주파수, d는 장애물의 특성 직경 또는 폭, V는 장애물에 충돌하는 유속이며, 유속이 충분히 빠르면 일정하게 된다.

와류 유량계는 유동 중에 위치하여 와류를 생성하는 각진 뭉툭한 물체(버팀목)와 와흘림 주파수를 측정하기 위하여 유동 하류의 내측 벽면에 설치된 감지부(예를 들면, 압력 변동을 감지하는 압력 변환기)로 구성된다. 감지부는 초음파, 전자, 광섬유 센서 등이 있는데, 와류 형태 변화를 감지하여 펄스 신호를 송신한다(그림 8-73). 주파수 정보는 마이크로프로세서에서 유속이나 유량으로 변환된다. 와흘림 주파수는 광범위한 Reynolds 수에서 평균 유속에 비례하고, 따라서 와류 유량계는 $10^4 < \text{Re} < 10^7$에서 높은 신뢰도로 정확하게 작동한다.

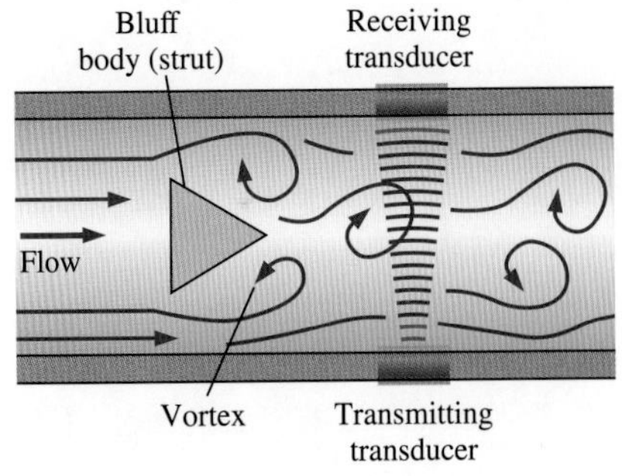

그림 8-73
와류 유량계의 작동 원리,

와류 유량계는 구동부가 없고 따라서 신뢰도가 높고 다양하며 매우 정확하다(넓은 유량범위에서 정확도 ±1% 정도). 그러나 유동을 차단하므로 상당한 수두 손실을 유발한다.

열(열선 및 열필름) 유속계

열 유속계(thermal anemometer)는 1950년대 말에 소개되어 유체 관련 연구 시설에서 널리 사용되고 있다. 열 유속계는 그 이름이 의미하듯이, 그림 8-74처럼 전기 가열 센서로 구성되고, 열적 효과를 이용하여 유속을 측정한다. 열 유속계는 아주 작은 센서로 구성되어 유동의 교란 없이 유동 내부에 있는 임의 점에서의 순간 속도를 측정할 수 있다. 탁월한 공간 및 시간 해상도를 가지고 있어 초당 수천 회의 속도 측정이 가능하고, 따라서 난류 유동에서 변동의 상세사항을 연구하는 데 활용된다. 또한 광범위한 범위의 액체나 기체에 대하여 초당 수 센티미터에서 백여 미터에 이르는 속도를 정확히 측정할 수 있다.

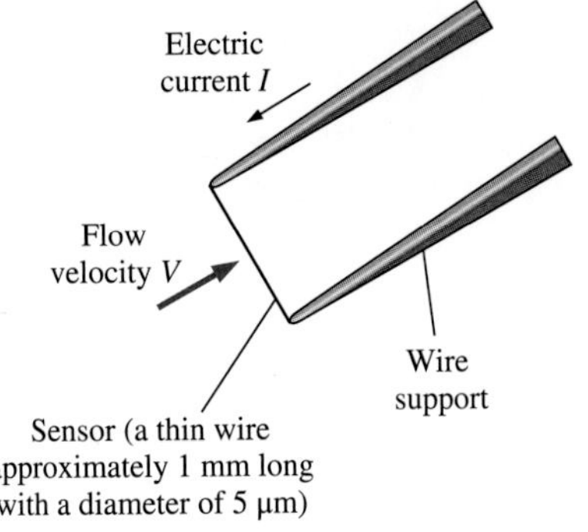

그림 8-74
열선 유속계의 전기 가열 센서 및 지지대.

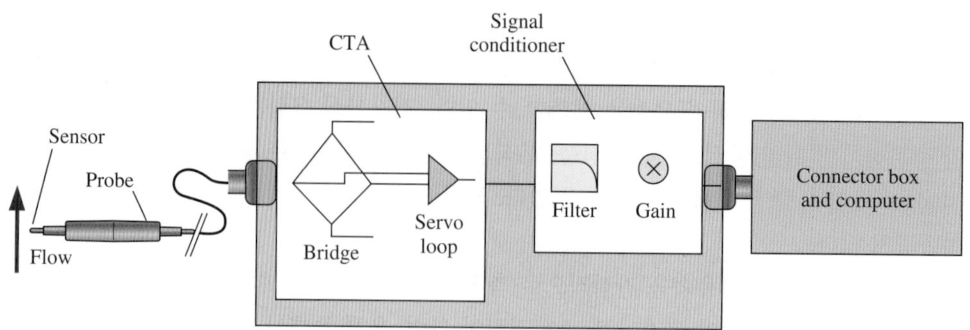

그림 8–75
열 유속계 시스템의 개략도.

열 유속계에서 센서가 금속선이면 **열선 유속계**(hot-wire anemometer)라 하고, 센서가 얇은 금속 필름(두께 0.1 μm 이하)이면 **열필름 유속계**(hot-film anemometer)라고 하는데, 금속 필름은 보통 상대적으로 두꺼운 직경 50 μm 정도의 세라믹 지지대 위에 부착된다. 열선 유속계의 특징은 직경이 수 미크론, 길이가 수 밀리미터 정도인 아주 작은 센서선에 있다. 그 센서는 백금, 텅스텐 또는 백금-이리듐 합금으로 만들어지고, 바늘처럼 가늘게 생긴 홀더들을 통해 프로브에 부착된다. 열선 유속계의 섬세한 센서선은 그 굵기가 무척 가늘어서 매우 취약하며, 액체나 기체에 분진 물질이나 오염원이 과도하게 포함되어 있을 경우에는 쉽게 끊어질 수 있다. 이 점은 특히 빠른 유속에서 중요하다. 이런 경우 좀 더 견고한 열필름 프로브를 사용해야 한다. 하지만 열필름 프로브의 센서는 상대적으로 크기가 크고, 주파수 응답이 현저히 낮으며, 유동과 간섭이 크다. 따라서 난류 유동의 상세 구조를 연구하는 데에는 부적합한 면이 있다.

가장 널리 사용되는 등온 유속계(constant-temperature anemometer, CTA)의 개략도가 그림 8-75에 나타나 있고, 그 작동 원리는 다음과 같다. 우선 센서를 정해진 온도(대략 200 °C)까지 전기로 가열한다. 센서가 주위 유동에 의하여 열을 잃고 차가워질 때 전기회로를 사용하여 센서에 공급되는 전류(또는 전압)를 조절하여 센서의 온도를 일정하게 한다. 유속이 커질수록 센서는 많은 열을 잃고, 따라서 일정한 온도를 유지하기 위해서 센서에 걸리는 전압은 커진다. 유속과 전압과의 관계식을 알면 전기회로의 공급 전압이나 센서를 통과하는 전류로부터 유속을 구할 수 있다.

이때 센서는 작동 중 일정한 온도로 유지되고, 따라서 열 에너지 총량도 일정하다. 에너지 보존 법칙에 의해 센서의 전기 Joule 가열 $\dot{W}_{\text{elect}} = I^2 R_w = E^2/R_w$은 센서로부터의 총 열손실률 $\dot{Q}_{\text{total}}$과 같아야 한다. 열선 지지부로의 전도 열전달과 주위표면으로의 복사 열전달을 무시할 수 있으므로 열손실에는 대류 열전달이 지배적이다. 이러한 강제 대류 열전달 관계식을 사용하면 에너지 평형으로부터 다음의 **King의 법칙**을 얻는다.

$$E^2 = a + bV^n \tag{8-76}$$

여기서 E는 전압이고, 상수 a, b, n은 주어진 프로브에 대해 얻어지는 보정값이다. 일단 전압이 측정되면, 이 관계식으로부터 유속 V를 직접 구할 수 있다.

대부분의 열선 유속계 센서는 직경이 5 μm이고 길이는 대략 1 mm로 텅스텐 재

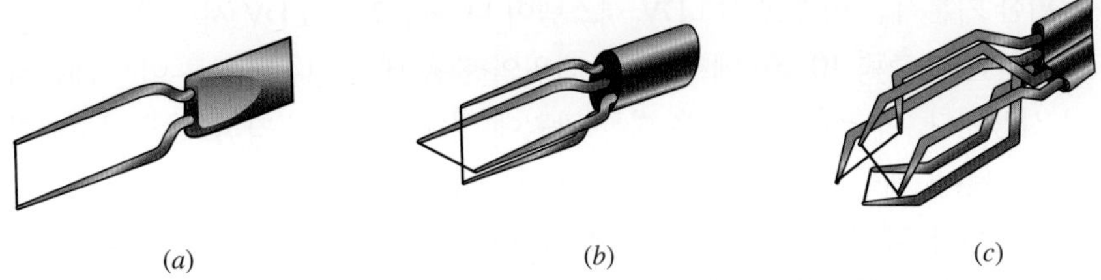

그림 8-76
(*a*) 1차원, (*b*) 2차원, (*c*) 3차원 속도 성분을 동시에 측정할 수 있는 단일, 이중, 삼중 센서가 부착된 열 유속계 프로브.

질이다. 열선은 프로브 몸체에 박혀 있는 바늘 모양의 가지(prong)에 점 용접되어 있고, 이것이 유속계의 전자회로에 연결된다. 두 개 또는 세 개의 센서가 달린 프로브를 사용하면(그림 8-76) 2차원 또는 3차원 속도 성분을 동시에 측정할 수 있다. 프로브는 유체 종류와 오염도, 측정될 속도 성분의 수, 요구되는 공간 및 시간 해상도, 그리고 측정 위치 등을 고려하여 선정한다.

레이저 도플러 속도 측정법

레이저 도플러 속도 측정법(laser Doppler velocimetry, LDV)은 **레이저 속도 측정법**(laser velocimetry, LV) 또는 **레이저 도플러 유속 측정법**(laser Doppler anemometry, LDA)이라고도 하는데, 유동을 교란시키지 않고 원하는 점에서의 유속을 광학적으로 측정하는 방법이다. 열 유속 측정법과는 달리 LDV는 유동 내부로 삽입되는 프로브나 철선이 없는 비삽입식 방법이다. 한편 열 유속 측정법처럼 아주 작은 체적에서의 속도를 정확히 측정할 수 있어 난류 변동을 포함하여 현장에서 유동의 상세 연구에 활용될 수 있고, 유동 간섭 없이 유동장 전체를 가로질러 조사할 수 있다.

LDV 기술은 1960년대 중반 개발되었는데, 액체와 기체에 모두 사용 가능하고, 높은 정확도와 높은 공간 해상도를 보여 널리 사용되며, 최근 들어 3차원 속도 성분의 측정까지도 가능하다. LDV의 단점은 가격이 비싸며, 레이저 광원과 시험부, 광검출기(photodetector) 사이가 투명해야 하고, 방출 광선과 반사 광선의 정렬이 조심스럽게 이루어져야 한다는 점이다. 광섬유 LDV 시스템의 경우는 공장에서 광선이 잘 정렬되어 출고되므로 앞에서 설명한 마지막 단점은 제외된다.

LDV의 작동 원리는 다음과 같다. 높은 응집성의 단일 파장(coherent monochromatic)의 빛(모든 파동의 위상이 일치하고, 동일한 파장에서의)을 측정 대상을 향해 보내고, 대상 영역 내의 작은 입자로부터 반사된 빛을 모은다. 반사된 빛은 도플러 효과에 의해 주파수가 변하는데, 이 주파수 편이로부터 대상 영역에서의 유속을 구한다.

지금까지 여러 형태의 LDV 시스템이 개발되었다. 그림 8-77에는 단일 속도 성분

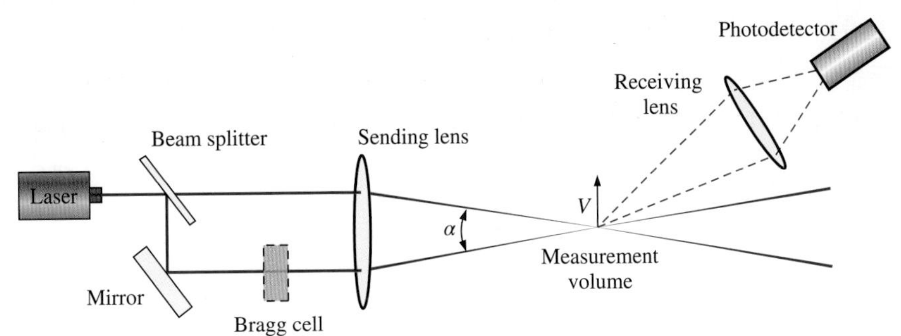

그림 8-77
전방 산란 모드의 이중 광선 LDV 시스템.

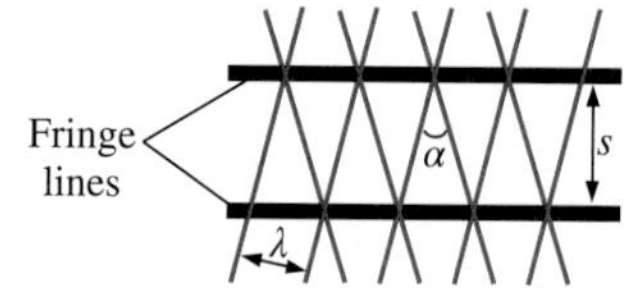

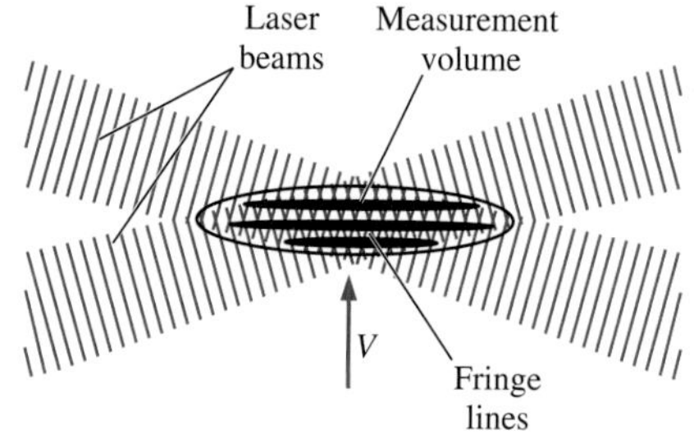

그림 8–78
LDV 시스템의 두 레이저 광선의 간섭에 의한 줄무늬(줄은 파동의 최고점을 나타낸다). 위 그림은 줄무늬를 확대한 그림이다.

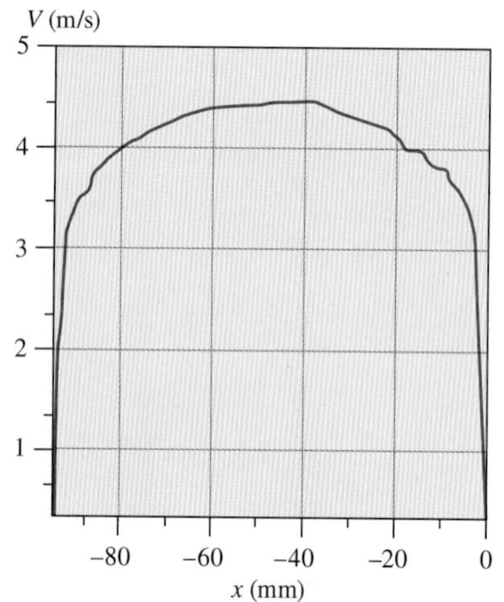

그림 8–79
LDV 시스템으로 구한 난류 파이프 유동의 시간평균된 속도 분포.
Courtesy Dantec Dynamics, www.dantecdynamics.com. Used by permission.

측정을 위한 기본적인 이중 광선 LDV 시스템이 나타나 있다. LDV 시스템의 핵심은 레이저 광원인데, 출력 10 mW에서 20 W 범위의 헬륨-네온이나 아르곤-이온 레이저가 주로 사용된다. 이 레이저 광원은 다른 광원에 비해 응집성이 강하고 잘 집중되기 때문에 선호된다. 예를 들면, 헬륨-네온 레이저는 붉은 오렌지색의 0.6328 μm 파장의 빛을 방출한다. 레이저 광선은 먼저 **광분리기**(beam splitter)로 불리는 반투과성 거울에 의해 동일한 강도의 두 평행 광선으로 나누어진다. 두 광선은 볼록 렌즈를 통하여 유동 중의 한 점[**과녁**(target)]으로 모아진다. 두 광선이 교차하며 만드는 미소 체적은 속도가 측정되는 곳으로 **측정 체적**(measurement volume) 또는 **초점 체적**(focal volume)이라고 한다. 측정 체적은 일반적으로 직경이 0.1 mm, 길이가 0.5 mm인 타원체 형상이다. 측정 체적을 지나는 입자에 의해 광선이 산란되고, 산란된 광선 중 일부는 접수 렌즈(receiving lens)에서 모아져 광검출기로 보내진다. 광검출기에서 빛 강도의 변동이 전압 신호 변동으로 바뀌고, 마지막으로 신호 처리 장치에서 전압 신호의 주파수와 유속을 결정한다.

그림 8-78에 측정 체적에서 교차하는 두 레이저 광선의 파동이 나타나 있다. 두 광선의 파동은 간섭을 일으키는데, 위상이 일치하는 곳에서는 밝은 줄무늬가 나타나고, 위상이 어긋난 곳에서는 서로 상쇄되어 어두운 줄무늬가 나타난다. 이런 밝고 어두운 줄무늬는 두 입사 레이저 광선 사이의 중간면에 평행한 선들을 형성한다. 삼각함수를 이용하면 줄무늬선들 사이의 거리 s, 즉 줄무늬 파장은 $s = \lambda/[2\sin(\alpha/2)]$가 되는데, 여기서 λ는 레이저 광선의 파장이고, α는 두 레이저 광선이 이루는 각도이다. 입자가 줄무늬선을 속도 V로 지나가면서 나타나는 산란된 줄무늬선의 주파수는 다음과 같다.

$$f = \frac{V}{s} = \frac{2V\sin(\alpha/2)}{\lambda} \qquad \textbf{(8-77)}$$

이 기본 관계식은 유속이 주파수에 비례함을 보여 주는데, **LDV 방정식**이라고 한다. 한 입자가 측정 체적을 지날 때 반사된 빛은 줄무늬 형태에 따라 밝고 어두움을 반복하는데, 이러한 반사된 빛의 주파수를 측정하여 유속을 결정한다. 파이프 단면에서의 속도 분포는 파이프를 가로지르는 유동을 사상(mapping)함으로써 얻을 수 있다(그림 8-79).

LDV 방법에는 산란된 줄무늬선의 존재가 필수적이고, 따라서 유동 중에는 **씨앗**(seed) 또는 **씨앗 입자**(seeding particles)라고 하는 작은 입자가 충분히 있어야 한다. 이 입자들은 유동과 같이 움직일 수 있을 정도로 충분히 작아야 하지만, 또 한편으로는 적당한 빛을 산란시킬 수 있을 만큼 커야(레이저 광선의 파장에 비해) 한다. 이 두 요건을 만족시키기 위하여 직경 1 μm 정도의 입자가 적당한 것으로 알려져 있다. 수돗물의 경우는 자연적으로 적당한 양의 이러한 입자를 포함하고 있어 씨앗이 필요하지 않다. 공기와 같은 기체의 경우는 연기 또는 유액(latex)이나 오일 등으로 만들어진 입자를 사용한다. 파장이 다른 세 개의 레이저 광선을 이용하면 LDV 시스템을 이용하여 3차원 속도 성분을 측정할 수도 있다.

입자 영상 속도 측정법

입자 영상 속도 측정법(particle image velocimetry, PIV)은 이중 펄스 레이저 기법으로, 아주 짧은 시간 동안 평면상의 입자의 이동을 광학적으로 추적하여 유동 평면의 순간 속도 분포를 측정하는 데 사용된다. 한 점에서의 속도를 측정하는 열선 유속 측정법이나 LDV와는 달리 PIV는 유동 단면 전체의 속도를 동시에 측정하고, 따라서 전 유동장 기법(whole-field technique)에 속한다. PIV는 LDV의 정확도에 유동가시화 기능을 부가하여 순간 유동장의 전체적인 형태를 제공한다. 예를 들면, 단 한 번의 PIV 측정으로 파이프 단면의 순간 속도 분포를 얻을 수 있다. PIV 시스템은 원하는 유동 평면의 속도 분포를 찍을 수 있는 사진기와 같다. 일반적인 유동가시화 기법은 유동의 정성적인 모양만을 제공하는 데 반하여, PIV는 속도장과 같은 **정량적인** 데이터를 제공하므로, 이를 이용하여 수치적으로 유동을 해석할 수 있도록 한다. PIV에서는 전 유동장 처리 능력이 있으므로 전산유체역학(CFD) 코드를 검증하는 데 사용되기도 한다(15장).

PIV 기법은 1980년대 중반부터 사용되기 시작되었고, 최근 들어 프레임 그래버(frame grabber)와 CCD 카메라 기술의 발달과 더불어 사용이 더욱 확대되고 있다. PIV 시스템은 10^{-6}초 이하의 노출 시간으로 전 유동장 영상을 획득할 수 있을 뿐만 아니라 정확성, 유연성, 융통성을 가지고 있으므로 초음속 유동, 폭발, 화염 전파, 기포의 성장 및 붕괴, 난류 및 비정상 유동 등의 연구에 널리 활용된다.

PIV 기법을 이용한 속도 측정은 가시화와 영상 처리의 두 단계로 이루어진다. 첫 번째 단계로, 우선 유동을 추적할 수 있는 씨앗 입자를 유동 중에 뿌린다. 다음, 펄스 레이저 시트(sheet)가 원하는 단면에서의 유동장을 비추고, 단면상의 입자의 위치는 입자에 의해 산란된 빛을 레이저 시트에 직각으로 설치된 디지털 비디오나 사진기에 기록하여 측정된다(그림 8-80). 아주 짧은 시간 Δt(대략 μs 크기) 후에 두 번째 레이저 시트 펄스를 보내 입자들의 새로운 위치를 기록한다. 이 두 카메라 영상을 겹쳐 놓으면 모든 입자들의 이송 거리 Δs가 결정되고, 이때 입자들의 속도의 크기가 $\Delta s/\Delta t$로부터 결정된다. 입자들의 방향도 두 위치로부터 알 수 있기 때문에 단면상의 두 속도

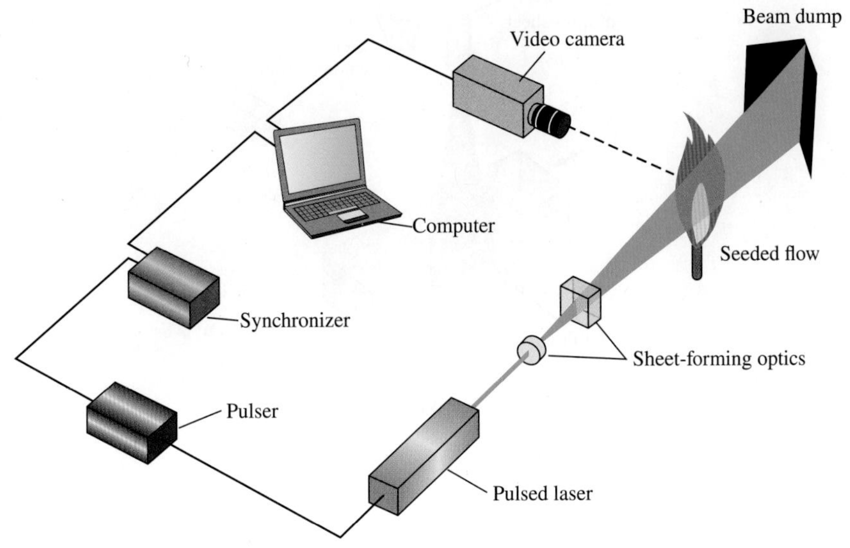

그림 8-80
화염 안정성을 연구하기 위한 PIV 시스템.

성분이 계산된다. PIV 시스템에 내장된 알고리즘은 **심문 영역**(interrogation region)이라고 하는 수백 또는 수천 개의 미소 영역의 속도를 전체 영역에 대하여 결정해서 컴퓨터 모니터에 원하는 형태로 유동장을 도시한다.

PIV 시스템에서는 입자에 의해 레이저 광선이 산란되어야 하므로 유동장에 **마커**(marker)라고 하는 씨앗 입자가 존재하여야 한다. 씨앗 입자는 유동과 같이 움직일 수 있도록 밀도가 유체 밀도와 같든지 아니면 크기가 아주 작아(대략 μm 크기) 유체와의 상대 운동이 무시할 정도가 되어야 한다. 여러 종류의 씨앗 입자가 액체 또는 기체용으로 존재하는데, 고속 유동의 경우는 매우 작은 입자가 사용되어야 한다. 탄화규소(silicon carbide) 입자(평균 직경 1.5 μm)는 액체와 기체 유동 모두에 적합하고, 산화 티타늄(titanium dioxide) 입자(평균 직경 0.2 μm)는 기체 유동에 주로 사용되는데, 고온 유동에 적합하다. 또한 폴리스티렌(polystyrene) 유액 입자(평균 직경 1.0 μm)는 저온 유동에 적합하다. 금속 코팅 입자(평균 직경 9.0 μm)도 높은 반사도로 인하여 LDV 측정 시 물 유동의 씨앗 입자로 사용된다. 올리브 오일이나 실리콘 오일의 기포나 액적도 μm 크기로 분무되면 씨앗 입자로 사용될 수 있다.

PIV 시스템에는 펄스 지속 시간, 파워, 펄스들 사이의 시간에 따라 아르곤, 구리 증기, Nd:YAG 등 여러 종류의 레이저 광원이 사용된다. 이 중 Nd:YAG 레이저는 넓은 범위의 응용에 사용된다. 광선 팔(light arm)이나 광섬유 시스템과 같은 광선 전달 시스템은 고에너지 펄스 레이저 시트를 정해진 두께로 생성하고 전달한다.

PIV 시스템을 사용하면 와도와 변형률과 같은 유동 상태량도 얻을 수 있고, 따라서 난류에 대한 상세한 연구가 가능하다. 최근에는 카메라 두 대를 이용하여 단면의 3차원 속도 분포를 얻는 방법도 개발되었다(그림 8-81). 이 방법은 다른 각도로 설치된 두 대의 카메라로 목표면의 영상을 동시에 기록하고, 두 개의 별도의 2차원 속도 지도를 생성하기 위한 정보를 처리하고, 순간 3차원 속도장을 생성하기 위해 이들 두 개의 지도를 결합함으로써 수행된다.

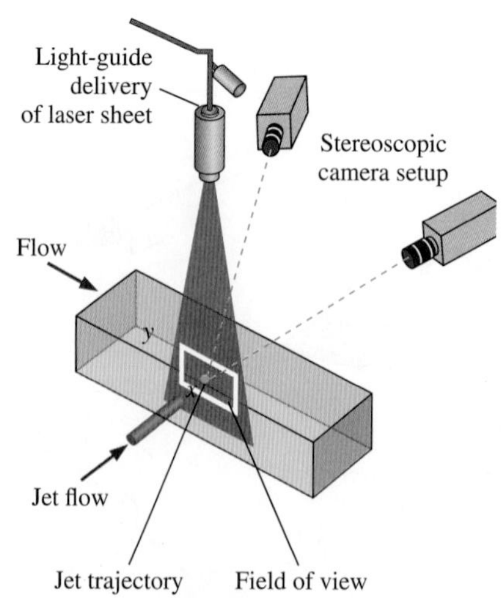

그림 8-81
직교류 덕트 유동과 공기제트의 혼합을 연구하기 위한 3차원 PIV 시스템 장치.

생체유체역학의 소개[1]

생체유체역학(biofluid mechanics)은 인체의 여러 생리학적 시스템들을 다룰 수 있으며, 또한 이 용어는 인체뿐만 아니라 모든 동물 조직에 대해서도 동일하게 적용할 수 있다. 여기에는 근본적으로(액체 또는 기체이거나, 아마도 이 두 가지 모두일 수 있는) 유체를 수송하기 위한 일련의 배관망을 이루는 다수의 기본적인 유체 시스템이 존재하기 때문이다. 만약 인체에 초점을 맞추어 이들 유체 시스템으로 몇 가지를 열거하자면 심혈관, 호흡기, 림프계, 시각계, 소화기관들을 꼽을 수 있다. 이 모든 생체 시스템들은 네트워크를 이루는 기본 부품으로서 펌프, 파이프, 밸브, 유체를 포함한다는 점에서 다른 기계적 배관망과 유사함을 유념해야 한다. 여기서는 인체 내에서 배관망의 기본 개념을 보여 주기 위해 심혈관 시스템에 보다 초점을 맞출 것이다.

그림 8-82는 심혈관 시스템, 보다 구체적으로 말해서 심장, 즉 좌심실(펌프)로부터 몸의 나머지 부분으로 피(유체)를 운반하는 조직의 순환계(systemic circulation) 또는 핏줄(파이프)을 도시하고 있다. 혈액을 다시 산소화하기 위해 우심실로부터 허파까지 별도의 혈관망이 있다는 점을 유념하라. 조직의 순환계에 있어서 일련의 파이프들에 관하여 독특한 점은 기하학적 형상이나 단면이 원형이 아니고 오히려 타원형이라는 것이며, 그리고 실제로는 한 크기에서 다른 크기의 파이프로의 변이에 피팅(fittings)을 갖는 전형적인 기계적 시스템과 달리, 대동맥(좌심실로부터의 첫 번째 혈관)에서 시작한 심혈관 시스템은 직경이 약 25 mm로부터 모세관 수준에서는 직경이 5 마이크론까지 연속적으로 줄어들고, 우심실에 연결된 혈관인 대정맥에서 직경이 약 25 mm까지 다시 점차적으로 증가한다. 순환계의 그리고 특히 혈관들의 또 다른 중요한 요소는 항상성(homeostasis)을 유지하기 위해 그것들이 유연성이 있고 압력 변화를 조절하는 데 필요한 만큼의 혈액 체적을 수용하기 위해 팽창할 수 있다는 점이다.

심혈관 시스템은 파이프들로 이루어져 있는데, 이들 파이프는 어떤 기준(norm)이 변할 때 반응하는 혈액 요소들의 거동처럼 그것들 자체가 살아 있으며, 스트레스에 반응하는 복잡한 네트워크를 형성한다. 더군다나 이런 복잡한 네트워크를 가지고, 심혈관 시스템은 이 네트워크를 통해 피를 돌리기 위해 심장으로부터 개시된 박동에 기초하여 유동이 연속적으로 움직이므로 더욱 이해하기 어렵다. 이 박동이 시스템 내에서 파동의 상호작용과 반향을 일으키며 혈액과 혈관벽을 통해 전파된다. 그림 8-82에 보인 바와 같이 갈라짐, 분기, 곡률과 연계된 불연속성 때문에 초기 및 경계 조건은 단순하지 않다. 혈액 유동을 이해하는 것은 혈관망의 복잡성과 그 구성 요소들 자체에 의해 도전적인 시도가 되고 있다.

PIV 및 LDV와 같은 유동 측정 기술은 의료 장치에 관한 유동을 특성지우는 데 매우 유용하며, 특히 심혈관 시스템에 적용할 때 그러하다. 혈액이 심혈관을 통해 어떻게 흐르는지를 파악하거나 이들 심혈관 장치에 관하여 이 기술들을 이용함으로써 많

---

1 이 절은 펜실베이니아 주립대학교의 Keefe Manning 교수가 기고하였다.

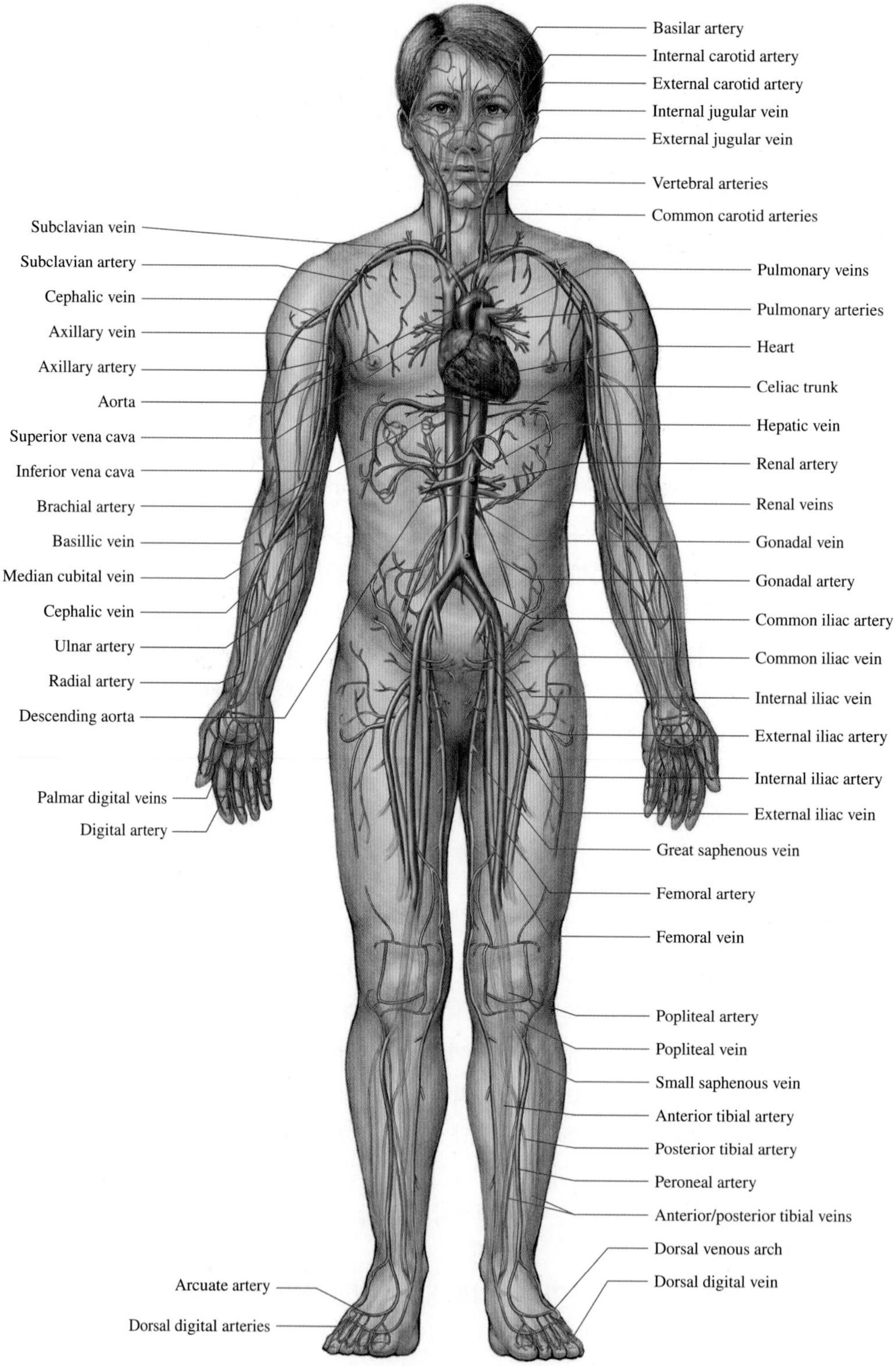

Basilar artery
Internal carotid artery
External carotid artery
Internal jugular vein
External jugular vein
Vertebral arteries
Common carotid arteries
Subclavian vein
Subclavian artery
Cephalic vein
Axillary vein
Axillary artery
Aorta
Superior vena cava
Inferior vena cava
Brachial artery
Basillic vein
Median cubital vein
Cephalic vein
Ulnar artery
Radial artery
Descending aorta
Palmar digital veins
Digital artery
Pulmonary veins
Pulmonary arteries
Heart
Celiac trunk
Hepatic vein
Renal artery
Renal veins
Gonadal vein
Gonadal artery
Common iliac artery
Common iliac vein
Internal iliac vein
External iliac artery
Internal iliac artery
External iliac vein
Great saphenous vein
Femoral artery
Femoral vein
Popliteal artery
Popliteal vein
Small saphenous vein
Anterior tibial artery
Posterior tibial artery
Peroneal artery
Anterior/posterior tibial veins
Dorsal venous arch
Dorsal digital vein
Arcuate artery
Dorsal digital arteries

그림 8–82
심혈관 시스템.
McGraw-Hill Companies, Inc.

은 것들이 확실히 이해될 수 있고 그에 따른 설계 변화를 이룰 수 있다. 더욱이 이들 측정을 차후에 혈액 손상의 수준과 응혈이 발생할 가능성을 추정하는 데까지도 이용할 수 있다. 실험실에서 심혈관 시스템을 정확하게 표현하고 있는지를 보증하기 위하여 엔지니어들은 실험대 위의 연구에 대해 실험자들이 심장 유동과 압력 파형을 모사할 수 있도록 허용하는 가상의 순환 루프나 유동 루프를 설계해오고 있다. 예를 들어, 1970년대 초에 Gus Rosenberg 박사는 Penn State의 가상 순환 루프를 개발하였다(Rosenberg 등, 1981). 투명한 유체를 사용하지만, 그것으로 비뉴턴 유체인 혈액의 거동을 모방함을 보증할 수 있도록 이들 특정한 유동 측정 기술에 대하여 혈액을 모사할 필요가 있다. 이런 목적을 이루기 위해 혈액 유사물(blood analog)을 개발하여 모사 실험을 수행하고, 또한 이로써 아크릴의 굴절 지수에 일치시켜 심혈관 장치를 대표하는 아크릴 모델에서 아크릴을 통해 아무 굴절 없이 레이저 광이 유동장 안으로 통과하도록 하고 있다. 측정된 결과가 제어 가능한 생리학적 조건하에서 그리고 충분한 정확도를 가지고 획득됨을 보증하기 위해서는 위와 같이 모사된 루프(simulated loop)와 유체는 매우 중요하다.

펜실베이니아 주립대학교는 1970년대 이래로 기계적 순환 지지 장치(혈액 펌프)를 개발해 오고 있는데, 이는 심장이식을 기다리고 있는 중에 환자가 살아 있도록 도와주는 장치이다(전 부통령 Dick Cheney도 심장이식을 기다리는 동안에 이러한 기술을 이용하였다). 수년에 걸쳐, PIV와 LDV는 유동을 측정하고 응혈을 줄여 주는 설계 변경을 위하여 상당히 성공적으로 이용되고 있다. 최근의 초점은 기증 심장을 받을 수 있을 때까지 어린이들이 살아 있도록 도와주는 맥동 소아 심실 보조 장치(PVAD)의 개발에 맞춰져 있다. 이 장치는 폴리우레탄으로 만들어진 요소 주머니(PVDA 내의 혈액 접촉 면적)에 대항하여 다이어프램이 팽창하도록 만들어진 챔버 내로 공기가 주기적으로 유입됨으로써 공압으로 작동된다. 그림 8-83에 보인 것처럼 유동은 좌심실에 부착된 튜브로부터 보조 장치 속으로 안내되고, 기계적 심장 밸브를 통해 PVAD 내로 통과하고, 그런 다음 또 다른 기계적 심장 밸브를 통하여 오름대동맥에 부착된 튜브 속으로 보조 장치의 출구를 통해 흐른다.

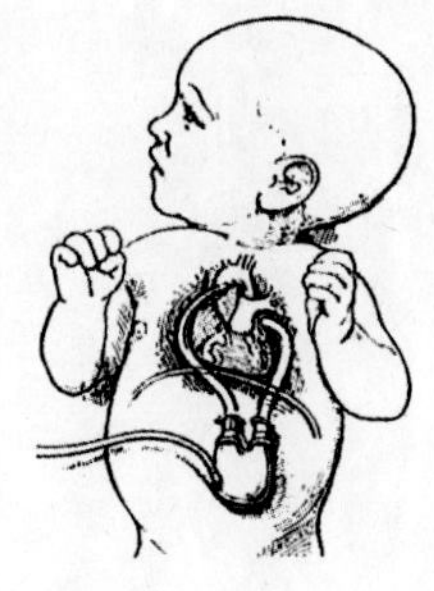

그림 8-83
입구가 좌심방에 부착되고 출구가 오름대동맥에 부착된, Penn State의 12 cc짜리 소아심실 보조 장치에 대한 아티스트의 묘사,

예제 8–12 대동맥 분기(bifurcation)를 통한 혈액의 유동

혈액은 온몸에 산소를 공급하기 위해 심장(특히 좌심실)으로부터 대동맥으로 흐른다. 혈액 유동이 오름대동맥(ascending aorta)으로부터 배대동맥(abdominal aorta)으로 하향으로 움직임에 따라 혈액 체적의 일부는 분기망(branching network)을 통과하게 된다. 혈액이 골반(pelvic) 지역에 도달함에 따라 좌측 및 우측 총장골동맥(common iliac arteries)으로 분기한다(그림 8-84 참조). 이 분기는 대칭이지만, 그러나 총장골 혈관이 동일한 직경은 아니다. 혈액의 동점성계수가 4 cSt(센티스토크스)이고, 배대동맥의 직경이 15 mm, 우측 총장골동맥의 직경이 10 mm, 좌측 총장골동맥의 직경이 8 mm로 주어지고, 만약 배대동맥의 평균 속도가 30 cm/s, 좌측 총장골동맥의 평균 속도가 40 cm/s라 할 때, 우측 총장골동맥을 통과하는 평균 유량을 결정하라.

풀이 세 개의 혈관 모두의 직경과 더불어, 세 개의 혈관 중 두 개에 대한 평균 속도가 제공된다. 혈관을 강체 파이프에 가깝다고 하자.

가정 **1** 심장이 분당 대략 75 박동으로 수축하고 이완하여 맥동 유동을 만들어내지만, 유동은 정상 유동이다. **2** 입구 효과는 무시할 수 있고, 유동은 완전발달되었다고 간주된다. **3** 혈액은 뉴턴 유체처럼 거동한다.

상태량 37 ℃에서 동점성계수는 4 cSt이다.

해석 질량 보존을 이용하여, 배대동맥의 유량($\dot{V}_1$)은 두 총장골대동맥 모두의 합(좌측에 대해 $\dot{V}_2$ 그리고 우측에 대해 $\dot{V}_3$)과 같다. 따라서,

$$\dot{V}_1 = \dot{V}_2 + \dot{V}_3$$

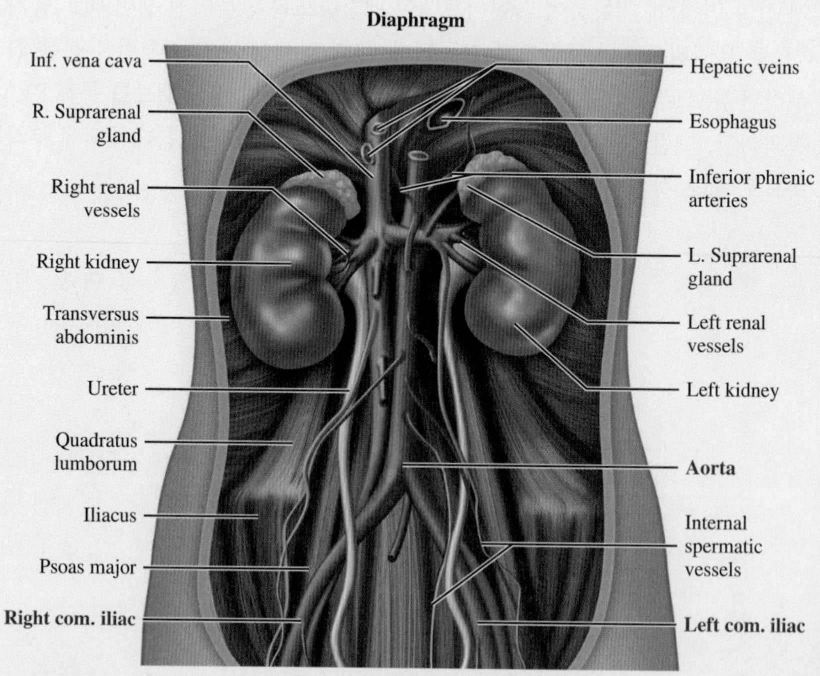

그림 8–84
인체의 해부도. 대동맥과 좌측 및 우측 총장골동맥(common iliac artery)에 주목하라.

평균 속도를 이용하며, 직경을 알고, 혈액의 밀도는 현재의 순환 시스템 구간에 걸쳐서 동일하므로, 방정식을 다음과 같이 다시 쓸 수 있다.

$$V_1A_1 = V_2A_2 + V_3A_3$$ 여기서 V는 평균 속도이고 A는 면적이다.

다시 정리하여 V_3에 대해 풀면, 방정식은 아래와 같다.

$$V_3 = (V_1A_1 - V_2A_2)/A_3$$

알고 있는 값들을 대입하면,

$$V_3 = (30 \text{ cm/s} \times (1.5 \text{ cm})^2 - 40 \text{ cm/s} \times (0.8 \text{ cm})^2)/(1.0 \text{ cm})^2$$
$$V_3 = 41.9 \text{ cm/s}$$

토의 정상 유동을 가정하였으므로 평균 속도는 적절하나, 실제로는 최대의 양(positive)의 속도가 존재할 것이고, 또한 심장이완기 동안에 좌심실이 채워짐에 따라 일부 심장을 향하여 역행(또는 역류) 유동이 존재할 것이다. 이들 혈관과 많은 큰 동맥들을 통과하는 속도 분포는 심장 주기에 걸쳐 변할 것이다. 또한 혈액은 점탄성(viscoelastic)일지라도 여기서의 혈액은 뉴턴 유체처럼 거동할 것으로 가정되었다. 이 특정한 위치에서 전단률(shear rate)이 혈액 점성에 대하여 점근값에 도달하기에 충분하기 때문에, 많은 연구자들은 이와 같은 가정을 이용한다.

응용분야 스포트라이트 ■ 심장 유동에 적용되는 PIV

초청 저자: Jean Hertzberg[1], Brett Fenster[2], Jamey Browning[1] 및 Joyce Schroeder[2]

[1] **Department of Mechanical Engineering, University of Colorado, Boulder, CO.**

[2] **National Jewish Health Center, Denver, CO.**

MRI(magnetic *r*esonance imaging: 자기 공명 영상 장치)는 3-D 공간과 시간에 있어서 합리적인 해상도로 세 개의 속도 성분(u,v,w) 모두를 포함하여, 인간의 심장을 통해 흐르는 혈액의 유동을 측정할 수 있다(Bock 등, 2010). 그림 8-85는 확장기 혈압(심장을 채우는 단계)의 피크에서 정상적인 자발적 실험 대상자의 우심방으로부터 우심실로 흐르는 혈액을 보여 준다. 검은색 화살표는 심실의 장축을 보여 준다. 좀 더 작은 화살표들은 속도 벡터장을 보여주며, 속도의 크기에 따라, 척도의 가장 느린 쪽을 표시하는 청색부터 가장 빠른 속도인 0.5 m/s를 표시하는 적색까지 화살표들이 채색되어 있다.

유동 형태는 대략 1초 길이인 심장 주기 동안 시간에 따라 급격히 변화하고, 복잡한 형상을 나타낸다. 유동은 흰색의 유관(stream tube)으로 보인 바와 같이 심방으로부터 심실까지 미묘한 나선 경로로 흐른다. 심방과 심실 사이의 삼첨판(tricuspid valve)은 세 개의 얇은 조직으로 된 플랩의 세트로서, 여기의 데이터 세트에서는 보이지 않는다. 유동 형태에 미치는 밸브의 영향은 노란색 유관으로 보이는 것처럼 플랩들 중 하나의 주위에 유동 비틀림(flow curls)으로 나타난다. 유동의 상세 특성은(4장의 **와도**를 포함하여) 심장과 폐 사이의 상호작용의 기초가 되는 물리학적 정보를 규명해 줄 것으로 기대되며, 폐 고혈압(Fenster 등, 2012)과 같은 병리학적 조건에 대한 향상된 진단에 이르게 할 것으로 기대된다.

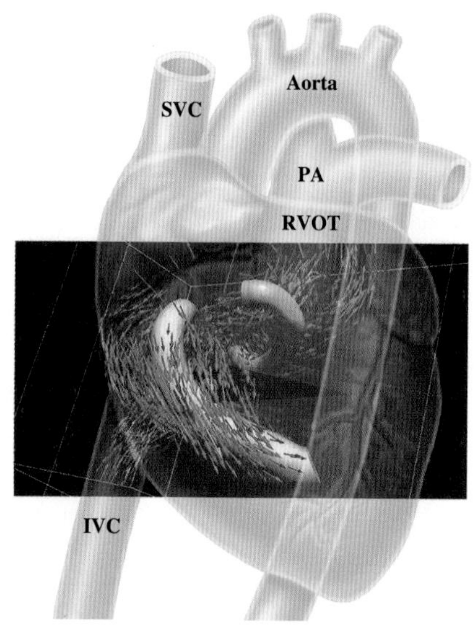

그림 8-85
인간의 심장을 통과하는 유동의 MRI-PCV(phase contrast velocimetry) 측정.
Photo courtesy of Jean Hertzberg.

우심실이 채워진 후, 삼첨판을 닫고, 심실이 수축하고 그리고 피에 산소를 공급하는 허파에 이르는 폐동맥으로 혈액이 분출된다. 그런 다음에, 피는 심장의 좌측으로 가는데, 여기서 좌심실의 수축으로 압력이 오르게 된다. 산소를 공급받은 피는 다시 대동맥으로 분출되어 온몸으로 분배된다. 심장은 이런 방식으로 두 개의 분리된 용적식 펌프의 역할을 한다.

이들 데이터의 보정이 어렵기 때문에, 데이터를 일관성 있게 확인하는 것이 중요하다. 1회의 심장 주기에 걸쳐 심실 내에서의 질량 보존을 따져보는 한 가지 유용한 테스트는, 확장기 동안에 심실로 들어가는 피의 체적유량을 계산함으로써, 그리고 그것을 수축기 동안에 떠나는 체적유량과 비교함으로써 수행할 수 있다. 이와 유사하게, 매 주기마다 심장의 우측을 통하는 순 유동은 심장의 좌측을 통하는 순 유동과 일치해야만 한다.

참고 문헌

Bock, J., Frydrychowicz, A., Stalder, A.F., Bley, T.A,, Burkhardt, H., Hennig, J., and Markl, M., "40 Phase Contrast MRI at 3 T: Effect of Standard and Bloodpool Contrast Agents on SNR, PC-MRA, and Blood Flow Visualization." *Magnetic Resonance in Medicine* 63(2):330-338, 2010.

Fenster, B.E., Schroeder, J.D., Hertzberg, J.R., and Chung, J.H., "4-Dimensional Cardiac Magnetic Resonance in a Patient with Bicuspid Pulmonic Valve: Characterization of Post-Stenotic Flow," *J Am Coll Cardiol* 59(25):e49, 2012.

응용분야 스포트라이트 ■ 멀티컬러 입자 음영 속도/가속도 측정법

초청 저자: **Michael McPhail and Michael Krane, Applied Research Laboratory, Penn State University**

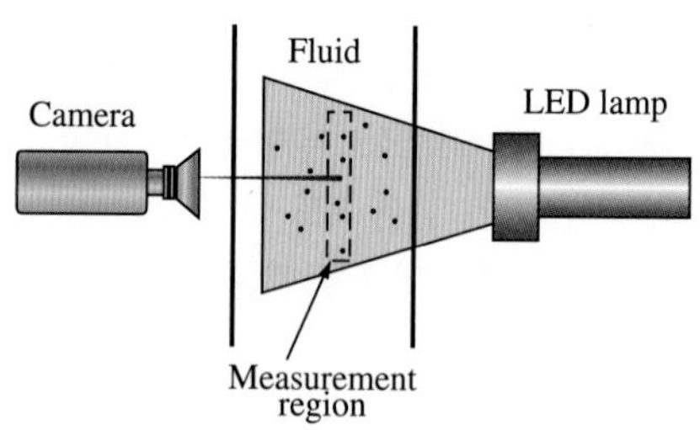

그림 8-86
입자 음영 속도계 (PSV) 기술의 장치 배열.

입자 음영 속도계(particle shadow velocimetry, PSV)는 유동을 교란하지 않고 유속을 측정하는 광학적 기술이다. 입자 영상 속도계(PIV)와 마찬가지로 PSV는 추적 입자를 찍음으로써 한 평면에서의 순간 속도장을 구한다. 속도장은 유동장 중에서 μs 내의 짧은 지연 시간 Δt가 있는 두 개의 순차적인 입자 영상을 획득함으로써 구할 수 있다. 조명 플래시 사이의 시간 동안 입자가 이동한 변위 벡터 $\Delta\vec{s}$를 구하기 위해 영상 처리 기술이 사용된다. PIV와 같이 속도 벡터는 $\Delta\vec{s}/\Delta t$로 계산되며, 결과는 2차원 속도 벡터장이다.

PSV는 펄스광 조명용으로 과잉가동된(overdriven) 발광 다이오드(LED)를 사용한다, LED는 카메라로부터 유동장의 반대쪽에 위치한다(그림 8-86). 카메라는 유동장의 입자와 LED 플래시가 만드는 그림자의 영상을 찍는다. 카메라 렌즈는 측정 지역을 한정시키는데 사용한다.

LED는 속도 측정을 위해 펄스 광원을 쓰므로 레이저에 비해 많은 장점이 있다. PSV와 PIV 같은 유속계 기술은 터보기계와 같이 유동 경계가 운동하는 경우에 유동을 측정하는데 종종 사용된다. 이들 기계는 운동하는 표면 주위에서 공동현상이 발생할 수도 있다. 운동하는 기계 또는 공동 기포에서 산란되는 레이저 광은 카메라, 더 나쁘게는, 기계 운전자의 눈을 손상시킬 수 있다. 이들 경우에 PSV에 사용되는 LED 조명은 훨씬 더 안전하다.

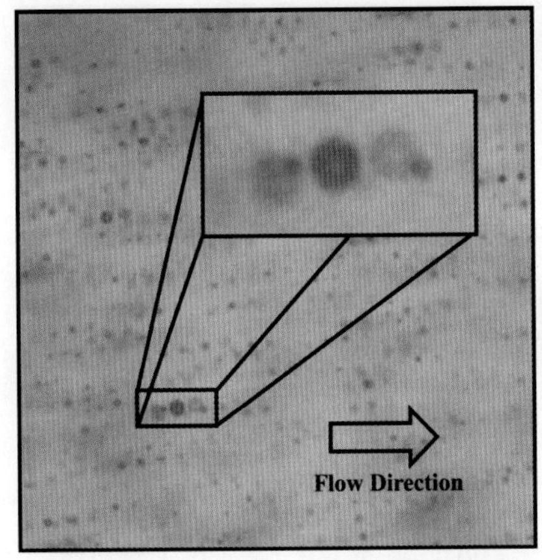

그림 8-87
멀티컬러 입자 음영 속도계 (PSV)로부터의 영상 예.

이 기술의 또 다른 장점은 LED가 레이저에 비해 훨씬 덜 비싸다는 점이다. LED 비용이 저렴하므로 컬러 카메라를 이용한 다중 LED 컬러를 활용할 수 있다(Goss and Estevadeordal, 2006; Goss 등, 2007). 같은 카메라 노출에서 다른 색깔의 LED를 작은 지연 시간 간격으로 켜면서 입자들의 영상을 여러 번 찍을 수 있다. 이 방법은 그림 8-87 에 나타나 있으며, LED 조명으로부터의 밝은 배경과 입자의 그림자인 어두운 지역을 보여준다. 여기서 LED는 적색, 녹색, 청색 순으로 켜진다. 그림 8-87 내의 튀어나온 그림은 왼쪽에서 오른쪽으로 운동하는 단일 입자의 그림자를 보인다. 튀어나온 그림에서 왼쪽 그림자는 입자가 적색 플래시 동안에 그 위치에 있었으므로 청록색으로 보인다. 영상의 그 부분은 청색과 녹색 광만 받으므로 청록색이 된다. 이러한 방법은 다른 색들을 독립된 기록 채널로 처리하면서 취득률이 세 배 정도로 효과적이다. 따라서 속도장을 빠르게 연속해서 얻을 수 있고(그림 8-88*a*, *b*), 비정상 가속도 $\partial \vec{u}/\partial t$ 역시 구할 수 있다(McPhail 등, 2015).

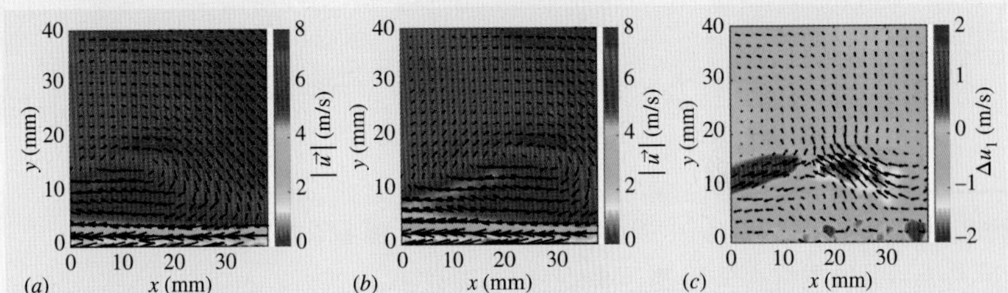

그림 8-88
벽 근처 난류 파이프 유동에 대한 컬러 입자 음영 속도계의 측정 결과. 벽은 $y=0$에 있고 유동은 왼쪽에서 오른쪽으로 흐른다. (*a*, *b*) 2 ms 시간 간격으로 분리된 두 개의 연속적인 속도장, 컬러 범례(각 그림의 오른쪽에 나타나 있는)는 국소 속도 크기를 보여준다. 난류 유동 구조를 잘 보이게 하기 위해 각 속도 벡터로부터 평균 유선방향 (u_1) 속도를 감했다. (*c*) 그림 8-88(*a*)와 8-88(*b*)에 나타낸 속도장의 차이는 국소 가속도를 구하기 위해 사용된다.

참고 문헌

Goss, L., and Estevadeordal, J., "Parametric Characterization for Particle-Shadow Velocimetry (PSV)," *25th AIAA Aerodynamics Measurement Technology and Ground Testing Conf. AIAA-2006 2808* (San Francisco, CA), 2006

Goss, L., Estevadeordal, J., and Crafton, J., "Kilo-hertz Color Particle Shadow Velocimetry (PSV)," *37th AIAA Fluid Dynamics Conf. and Exhibit (Miami, FL)*, 2007.

McPhail, M.J., Krane, M.H., Fontaine, A.A., Goss, L., and Crafton. J., "Multi-color Particle Shadow Accelerometry," *Measurements Science and Technology* 26(4): 045301, 2015.

요약

내부 유동에서 파이프는 유체로 가득 차 있다. **층류**는 유선이 매끈하고 잘 정렬된 유동 특성을 보이고, **난류**는 속도 변동과 무질서한 유동 특성을 보인다. **Reynolds 수**는 다음 식으로 정의된다.

$$\text{Re} = \frac{\text{Inertial forces}}{\text{Viscous forces}} = \frac{V_{\text{avg}}D}{\nu} = \frac{\rho V_{\text{avg}}D}{\mu}$$

대부분의 경우 파이프 내부 유동은 Re<2300이면 층류, Re>4000이면 난류이고, 그 사이는 천이 유동이다.

점성 전단력의 영향이 미치는 영역을 **속도 경계층**이라고 한다. 파이프 입구로부터 유동이 완전발달하는 곳까지를 **수역학적 입구 영역**이라 하고, 이 영역의 길이를 **수역학적 입구 길이** L_h라고 한다. 그 길이는 다음과 같다.

$$\frac{L_{h,\,\text{laminar}}}{D} \cong 0.05\,\text{Re} \quad \text{그리고} \quad \frac{L_{h,\,\text{turbulent}}}{D} \cong 10$$

완전발달된 영역에서 마찰계수는 일정하다. 원형 파이프 내 완전발달된 층류 유동의 **최대 속도** 및 **평균 속도**는 다음과 같다.

$$u_{\max} = 2V_{\text{avg}} \quad \text{그리고} \quad V_{\text{avg}} = \frac{\Delta PD^2}{32\mu L}$$

수평 파이프 내 층류 유동의 **체적유량**과 **압력 강하**는 다음과 같다.

$$\dot{V} = V_{\text{avg}}A_c = \frac{\Delta P\pi D^4}{128\mu L} \quad \text{그리고} \quad \Delta P = \frac{32\mu LV_{\text{avg}}}{D^2}$$

모든 형태의 내부 유동(층류 또는 난류, 원형 또는 비원형 파이프, 매끈한 또는 거친 표면)에 대하여 **압력 손실**과 **수두 손실**은 다음 식으로 표현된다.

$$\Delta P_L = f\frac{L}{D}\frac{\rho V^2}{2} \quad \text{그리고} \quad h_L = \frac{\Delta P_L}{\rho g} = f\frac{L}{D}\frac{V^2}{2g}$$

여기서 $\rho V^2/2$은 **동압**이고, 무차원량 f는 **마찰계수**이다. 원형 파이프 내 완전발달된 층류 유동의 경우 $f=64/\text{Re}$이다.

비원형 파이프의 경우는 **수력직경** $D_h=4A_c/p$(A_c는 파이프 단면적, p는 접수둘레)을 사용한다.

완전발달된 난류 유동에서 마찰계수는 Reynolds 수와 **상대조도** ε/D의 함수이다. 난류 유동의 마찰계수는 다음의 **Colebrook 공식**으로 표현된다.

$$\frac{1}{\sqrt{f}} = -2.0\log\left(\frac{\varepsilon/D}{3.7} + \frac{2.51}{\text{Re}\sqrt{f}}\right)$$

이 방정식을 그림으로 나타낸 것이 **Moody 선도**이다. 파이프 시스템의 설계나 해석은 수두 손실, 유량, 파이프 직경을 구하는 문제와 관련된다. 다음의 Swamee-Jain 공식을 사용하면 지루한 반복 계산을 피할 수 있다.

$$h_L = 1.07\frac{\dot{V}^2L}{gD^5}\left\{\ln\left[\frac{\varepsilon}{3.7D} + 4.62\left(\frac{\nu D}{\dot{V}}\right)^{0.9}\right]\right\}^{-2}$$

$$10^{-6} < \varepsilon/D < 10^{-2}$$
$$3000 < \text{Re} < 3\times 10^8$$

$$\dot{V} = -0.965\left(\frac{gD^5h_L}{L}\right)^{0.5}\ln\left[\frac{\varepsilon}{3.7D} + \left(\frac{3.17\nu^2L}{gD^3h_L}\right)^{0.5}\right]$$

$$\text{Re} > 2000$$

$$D = 0.66\left[\varepsilon^{1.25}\left(\frac{L\dot{V}^2}{gh_L}\right)^{4.75} + \nu\dot{V}^{9.4}\left(\frac{L}{gh_L}\right)^{5.2}\right]^{0.04}$$

$$10^{-6} < \varepsilon/D < 10^{-2}$$
$$5000 < \text{Re} < 3\times 10^8$$

접합부, 밸브, 벤드, 엘보, 티, 입구부, 출구부, 확대부, 축소부 등의 배관 부품에서 발생하는 손실을 **부차적 손실**이라고 한다. 부차적 손실은 **손실계수** K_L로 표현되는데, 수두 손실은 손실계수와 다음과 같은 관계가 있다.

$$h_L = K_L\frac{V^2}{2g}$$

배관 시스템에서 모든 손실계수가 주어질 때 총 수두 손실은 다음과 같다.

$$h_{L,\,\text{total}} = h_{L,\,\text{major}} + h_{L,\,\text{minor}} = \sum_i f_i\frac{L_i}{D_i}\frac{V_i^2}{2g} + \sum_j K_{L,j}\frac{V_j^2}{2g}$$

전체 파이프의 직경이 일정할 경우 총 수두 손실은 다음과 같다.

$$h_{L,\,\text{total}} = \left(f\frac{L}{D} + \sum K_L\right)\frac{V^2}{2g}$$

배관 시스템의 해석은 두 가지 원리에 의하는데, (1) 시스템 전체에 질량 보존이 만족되어야 하고, (2) 두 점 사이의 압력 강하는 경로에 관계없이 같아야 한다. 파이프가 **직렬로** 연결되었을 때 전체 시스템의 유량은 각각의 파이프 직경에 관계없이 일정하여야 한다. 파이프가 둘 이상의 **병렬 파이프**로 나누어지고 하류에서 다시 합쳐졌을 때 총 유량은 각 파이프 유량의 합과 같고, 각 파이프에서의 수두 손실은 서로 같다.

파이프 시스템에 펌프나 터빈이 설치되면 정상 유동인 경우의 에너지 방정식은 다음과 같다.

$$\frac{P_1}{\rho g} + \alpha_1 \frac{V_1^2}{2g} + z_1 + h_{\text{pump}, u} = \frac{P_2}{\rho g} + \alpha_2 \frac{V_2^2}{2g} + z_2 + h_{\text{turbine}, e} + h_L$$

유효 펌프수두 $h_{\text{pump}, u}$를 알 때, 주어진 유량에서 펌프가 유체로 공급하는 기계 동력과 펌프 모터가 소비하는 전기 동력은 다음과 같다.

$$\dot{W}_{\text{pump, shaft}} = \frac{\rho \dot{V} g h_{\text{pump}, u}}{\eta_{\text{pump}}} \quad \text{그리고} \quad \dot{W}_{\text{elect}} = \frac{\rho \dot{V} g h_{\text{pump}, u}}{\eta_{\text{pump-motor}}}$$

여기서 $\eta_{\text{pump-motor}}$는 **펌프-모터 연합 효율**로, 펌프 효율과 모터 효율을 곱하여 구한다.

수두 손실 대 유량($\dot{V}$)과의 관계를 나타낸 선도를 **시스템 곡선**이라고 한다. 펌프에 의해 생성되는 수두는 일정하지 않으며, 이러한 펌프 수두 $h_{\text{pump, u}}$와 η_{pump} 대 $\dot{V}$과의 관계를 나타낸 선도를 **특성 곡선**이라고 한다. 배관 시스템에 설치된 펌프는 시스템 곡선과 특성 곡선의 교차점인 **운전점**에서 운전된다.

유량 측정 기법과 장치를 크게 세 가지로 나눌 수 있다. (1) 장애물식 유량계, 터빈 유량계, 용적식 유량계, 로터미터, 초음파 유량계와 같은 체적(또는 질량)유량 측정 기법 및 장치, (2) 피토 정압관, 열선 유속계, LDV와 같은 한 점에서의 속도 측정 기법, (3) PIV와 같은 전 유동장 속도 측정 기법.

이 장에서는 혈관을 포함하여 파이프 내 유동을 다루었다. 여러 가지 종류의 펌프와 터빈, 그들의 작동 원리 및 성능 매개변수들에 대해서는 14장에서 상세히 설명한다.

참고 문헌과 권장 도서

1. H. S. Bean (ed.). *Fluid Meters: Their Theory and Applications*, 6th ed. New York: American Society of Mechanical Engineers, 1971.
2. M. S. Bhatti and R. K. Shah. "Turbulent and Transition Flow Convective Heat Transfer in Ducts." In *Handbook of Single-Phase Convective Heat Transfer*, ed. S. Kakaç, R. K. Shah, and W. Aung. New York: Wiley Interscience, 1987.
3. S. W. Churchill. "Friction Factor Equations Spans all Fluid-Flow Regimes," *Chemical Engineering*, 7(1977), pp. 91-92.
4. B. T. Cooper, B. N. Roszelle, T. C. Long, S. Deutsch, and K. B. Manning, "The 12 cc Penn State pulsatile pediatric ventricular assist device: fluid dynamics associated with valve selection," *J. of Biomechanical Engineering*, 130 (2008), pp. 041019.
5. C. F. Colebrook. "Turbulent Flow in Pipes, with Particular Reference to the Transition between the Smooth and Rough Pipe Laws," *Journal of the Institute of Civil Engineers London*. 11 (1939), pp. 133-156.
6. F. Durst, A. Melling, and J. H. Whitelaw. *Principles and Practice of Laser-Doppler Anemometry*, 2nd ed. New York: Academic, 1981.
7. *Fundamentals of Orifice Meter Measurement*. Houston, TX: Daniel Measurement and Control, 1997.
8. S. E. Haaland. "Simple and Explicit Formulas for the Friction Factor in Turbulent Pipe Flow," *Journal of Fluids Engineering*, March 1983, pp. 89-90.
9. I. E. Idelchik. *Handbook of Hydraulic Resistance*, 3rd ed. Boca Raton, FL: CRC Press, 1993.
10. W. M. Kays, M. E. Crawford, and B. Weigand. *Convective Heat and Mass Transfer*, 4th ed. New York: McGraw-Hill, 2004.
11. K. B. Manning, L. H. Herbertson, A. A. Fontaine, and S. S. Deutsch. "A detailed fluid mechanics study of tilting disk mechanical heart valve closure and the implications to blood damage," *J. Biomech. Eng*. 130(4) (2008), pp. 041001-1-4.
12. R. W. Miller. *Flow Measurement Engineering Handbook*, 3rd ed. New York: McGraw-Hill, 1997.
13. L. F. Moody. "Friction Factors for Pipe Flows," *Transactions of the ASME* 66 (1944), pp. 671-684.
14. G. Rosenberg, W. M. Phillips, D. L. Landis, and W. S. Pierce, "Design and evaluation of the Pennsylvania State University Mock Circulatory System," ASAIO J. 4 (1981) pp. 41-49.
15. O. Reynolds. "On the Experimental Investigation of the Circumstances Which Determine Whether the Motion of Water Shall Be Direct or Sinuous, and the Law of Resistance in Parallel Channels." *Philosophical Transactions of the Royal Society of London*, 174 (1883), pp. 935-982.
16. H. Schlichting. *Boundary Layer Theory*, 7th ed. New York: McGraw-Hill, 2000.
17. R. K. Shah and M. S. Bhatti. "Laminar Convective Heat Transfer in Ducts." In *Handbook of Single-Phase Convective Heat Transfer*, ed. S. Kakaç, R. K. Shah, and W. Aung. New York: Wiley Interscience, 1987.
18. P. L. Skousen. *Valve Handbook*. New York: McGraw-Hill, 1998.
19. P. K. Swamee and A. K. Jain. "Explicit Equations for Pipe-Flow Problems," *Journal of the Hydraulics Division*. ASCE 102, no. HY5 (May 1976), pp. 657-664.
20. G. Vass. "Ultrasonic Flowmeter Basics," *Sensors*, 14, no. 10 (1997).
21. A. J. Wheeler and A. R. Ganji. *Introduction to Engineering*

Experimentation. Englewood Cliffs, NJ: Prentice-Hall, 1996.
22. W. Zhi-qing. "Study on Correction Coefficients of Laminar and Turbulent Entrance Region Effects in Round Pipes," *Applied Mathematical Mechanics*, 3 (1982), p. 433.

연습문제*

층류 및 난류 유동

8-1C 왜 액체들을 항상 원형 파이프로 이송하는가?

8-2C Reynolds 수의 물리적 의미는 무엇인가? (a) 내경 D의 원형 파이프와 (b) 단면적 $a \times b$의 직사각형 덕트에서 Reynolds 수를 정의하라.

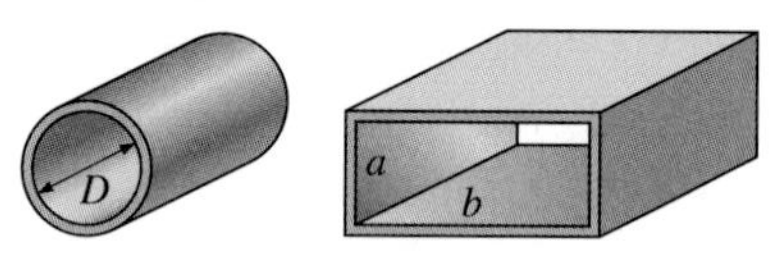

그림 P8-2C

8-3C 사람이 공기 중 또는 물속을 동일한 속력으로 걸을 때 어느 경우 Reynolds 수가 큰가?

8-4C 직경 D인 원형 파이프 유동의 Reynolds 수가 $\mathrm{Re} = 4\dot{m}/(\pi D\mu)$로 표현될 수 있음을 보여라.

8-5C 파이프 내 유속이 주어졌을 때 상온의 물과 엔진오일 중 어떤 유체에 큰 펌프가 필요한가? 그 이유를 설명하라.

8-6C 매끈한 파이프 내 유동에서 난류가 되는 Reynolds 수는 얼마인가?

8-7C 같은 직경의 파이프 내를 같은 온도와 같은 평균 속도로 흐르는 공기와 물의 유동을 고려한다. 어떤 유동이 난류가 되기 쉬운가? 그 이유를 설명하라.

8-8C 원형 파이프 내 층류 유동에서 입구부와 출구부 중 벽면 전단응력 τ_w이 큰 곳은 어디인가? 유동이 난류라면 어떻게 되겠는가?

8-9C 유동이 난류일 때 표면조도가 파이프 내 압력 강하에 미치는 영향은 어떠한가? 유동이 층류라면 어떻게 되겠는가?

8-10C 수력직경이란 무엇이고, 어떻게 정의되는가? 직경이 D인 원형 파이프의 수력직경은 얼마인가?

파이프 내 완전발달 유동

8-11C 속도 경계층의 발달에 주된 영향을 미치는 유체 상태량은 무엇인가? 어떤 종류의 유체를 사용하면 파이프 내에서 속도 경계층을 없앨 수 있는가?

*"C"로 표시된 문제는 개념 문제로서, 학생들에게 모든 문제에 대하여 답하도록 권장한다. 아이콘 으로 표시된 문제는 본질적으로 종합적인 문제로서, 적절한 소프트웨어를 사용하여 풀도록 의도된 것이다.

8-12C 원형 파이프 내 완전발달 영역에서 속도 분포가 유동방향으로 변하겠는가?

8-13C 원형 파이프 내 층류 유동의 체적유량을 중심선에서 측정한 속도에 단면적을 곱한 후 2로 나누어 구할 수 있다는 주장에 동의하는가? 그 이유를 설명하라.

8-14C 원형 파이프 내 완전발달 층류 유동의 평균 속도를 $R/2$ 지점(+)중심선과 벽면의 중간 지점)의 속도를 측정하여 구할 수 있다는 주장에 동의하는가? 그 이유를 설명하라.

8-15C 완전발달 층류 유동에서 파이프 중심부의 전단응력은 0이라는 주장에 동의하는가? 그 이유를 설명하라.

8-16C 완전발달 난류 유동에서 파이프 벽면에서 전단응력이 최대라는 주장에 동의하는가? 그 이유를 설명하라.

8-17C (a) 층류와 (b) 난류 유동 시 완전발달 영역에서 벽면 전단응력 τ_w이 유동방향으로 어떻게 변화하겠는가?

8-18C 파이프 내 유동에서 마찰계수와 압력 손실과는 어떤 관계에 있는가? 어떤 주어진 질량유량에 대해 요구되는 펌프 동력에 관련된 압력 손실은 어떠한가?

8-19C 완전발달된 파이프 유동이 1차원인지, 2차원인지, 3차원인지 논의하라.

8-20C 원형 파이프 내 완전발달 유동에서 입구의 영향을 무시할 때 파이프의 길이가 두 배가 된다면 수두 손실은 (a) 두 배가 된다, (b) 두 배 이상이다, (c) 두 배 이하이다, (d) 반으로 줄어든다, (*e*) 동일하다.

8-21C 원형 파이프 내 완전발달 층류 유동에서 유량과 파이프 길이를 고정한 채 파이프 직경을 반으로 하면 수두 손실은 (a) 2배, (b) 3배, (c) 4배, (d) 8배, (e) 16배가 된다.

8-22C Reynolds 수가 매우 크면 왜 마찰계수가 Reynolds 수와 관계가 없어지는지 설명하라.

8-23C 완벽하게 매끈한 표면의 원형 파이프 내 층류 유동의 마찰계수는 0이 될까? 그 이유를 설명하라.

8-24C 원형 파이프 내 완전발달 층류 유동에서 유량을 고정하고 유체를 가열하여 점성계수를 반으로 줄이면 수두 손실은 어떻게 변하겠는가?

8-25C 수두 손실과 압력 손실은 어떠한 관계가 있는가? 주어진 유체에서 어떻게 수두 손실을 압력 손실로 변환할 수 있는지 설명하라.

8-26C 난류 점성계수란 무엇인가? 무엇이 그것을 유발하는가?

8-27C 난류 유동의 마찰계수를 증가시키는 물리적 메커니즘은 무엇인가?

8-28C 어떤 원형 파이프의 수두 손실이 $h_L = 0.0826fL(\dot{V}^2/D^5)$ (여기서 f는 무차원 마찰계수, L은 파이프 길이, $\dot{V}$은 체적유량, D는 파이프 직경이다)로 주어질 때, 위 식의 0.0826이 차원 상수인지 무차원 상수인지 결정하라. 또한 위 식의 차원은 동차(homogeneous)인가?

8-29 두 개의 넓은 평행판 사이에 뉴턴 유체의 완전발달 층류 유동에 대한 속도 분포는 아래와 같이 주어진다.

$$u(y) = \frac{3u_0}{2}\left[1 - \left(\frac{y}{h}\right)^2\right]$$

여기서 $2h$는 두 판 사이의 거리, u_0는 중심면에서의 속도, y는 중심면으로부터 수직좌표이다. 폭이 b인 판에 대하여, 판 사이로 통과하는 유량에 대한 관계식을 구하라.

8-30 15 °C 물($\rho = 999.1$ kg/m^3, $\mu = 1.138 \times 10^{-3}$ kg/m · s)이 길이 30 m, 직경 6 cm의 수평 스테인리스강 파이프 내를 10 L/s의 유량으로 흐른다. (a) 압력 강하, (b) 수두 손실, (c) 압력 강하를 이기기 위한 소요 펌프 동력을 구하라.

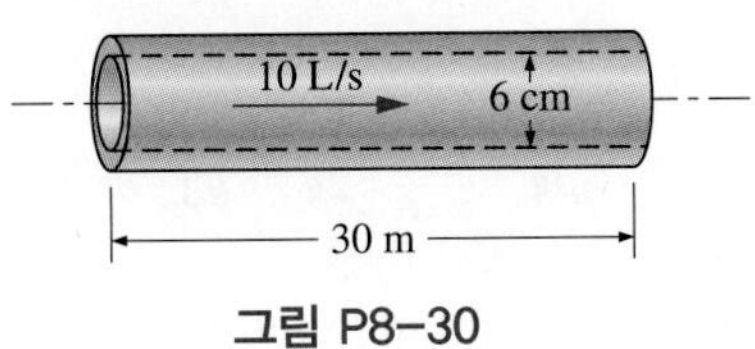

그림 P8-30

8-31 15 °C 물이 내경 2.0 cm인 동관 내를 0.55 kg/s의 유량으로 흐른다. 주어진 유량을 유지하기 위해 필요한 파이프의 단위 m당 펌프 동력을 구하라.

8-32 1기압 40 °C의 가열된 공기가 길이 120 m의 원형 플라스틱 덕트 내를 0.35 m^3/s의 유량으로 흐른다. 파이프 내 수두 손실이 15 m 이내로 되는 최소 덕트 직경을 구하라.

8-33 원형 파이프 내 완전발달 층류 유동에서 $R/2$ 지점(벽면과 중심선의 중간 지점)의 속도가 11 m/s이다. 파이프 중심에서의 속도를 구하라. 답: 14.7 m/s

8-34 반경 $R = 2$ cm인 원형 파이프 내 완전발달 층류 유동의 속도 분포가 $u(r) = 4(1 - r^2/R^2)$이다(단위 m/s). 파이프 내 평균 속도와 최대 속도, 체적유량을 구하라.

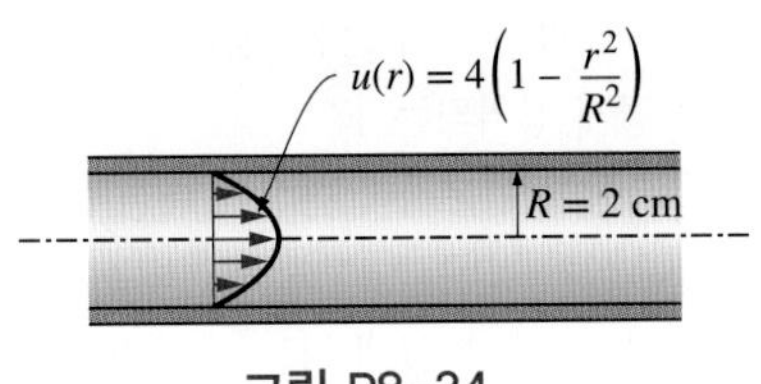

그림 P8-34

8-35 반경 7 cm인 파이프에 대하여 문제 8-34를 다시 계산하라.

8-36 10 °C($\rho = 999.7$ kg/m^3, $\mu = 1.307 \times 10^{-3}$ kg/m · s)의 물이 직경 0.12 cm, 길이 15 m인 파이프 내를 0.9 m/s의 평균 속도로 흐른다. (a) 압력 강하, (b) 수두 손실, (c) 압력 강하를 이기기 위한 소요 펌프 동력을 구하라. 답: (a) 392 kPa, (b) 40.0 m, (c) 0.399 W

8-37 매끈한 정사각형 채널 내 층류 유동에서 유체의 평균 속도가 두 배가 될 때, 수두 손실의 변화를 구하라. 유동은 층류를 유지한다고 가정한다.

8-38 문제 8-37을 마찰계수가 $f = 0.184\text{Re}^{-0.2}$인 매끈한 파이프 내 난류 유동에 대하여 다시 계산하라. 파이프 표면이 거칠다면 수두 손실의 변화는 어떠하겠는가?

8-39 단면이 15 cm×20 cm, 길이가 10 m이고 상용강판으로 만들어진 직사각형 덕트 내로 1기압, 35 °C 공기가 평균 속도 5 m/s로 흐른다. 입구 영향을 무시하고 압력 강하를 이기기 위한 송풍기 동력을 구하라. 답: 2.55 W

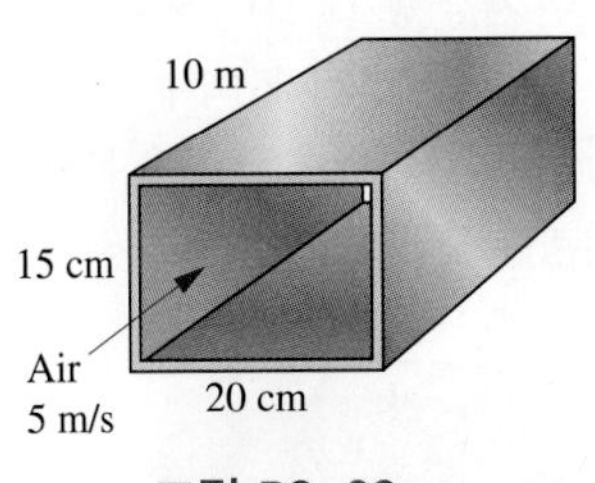

그림 P8-39

8-40 폭 1 m, 길이 4 m이고 유리 커버와 집열판 사이 간격이 3 cm인 태양열 집열기 내를 평균 온도 45 °C인 공기가 폭 1 m, 길이 4 m인 통로를 따라 0.12 m^3/s로 흐른다. 입구와 조도의 영향, 90° 벤드를 무시하고 집열기 내의 압력 강하를 구하라. 답: 17.5 Pa

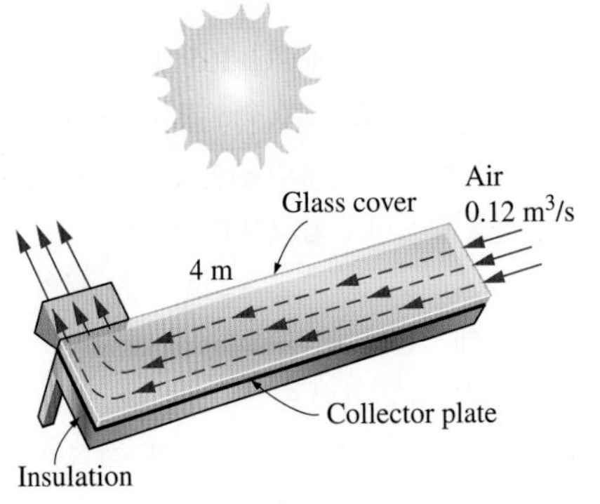

그림 P8-40

8-41 $\rho = 876$ kg/m^3, $\mu = 0.24$ kg/m · s인 오일이 직경 1.5 cm인 파이프를 통하여 압력 88 kPa인 대기 중에 방출된다. 출구 15 m 전의 절대 압력은 135 kPa이다. 파이프가 (a) 수평, (b) 수평

에서 8° 위로 기울어지거나, (c) 수평에서 8° 아래로 기울어질 때의 오일 유량을 구하라.

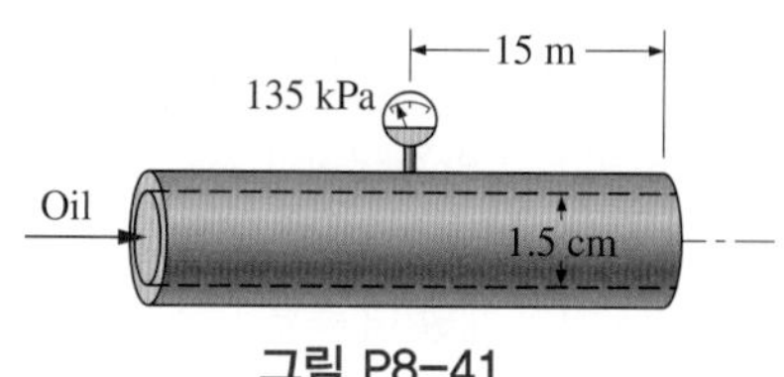

그림 P8–41

8-42 $\rho=1252$ kg/m³, $\mu=0.27$ kg/m · s인 40 °C의 글리세린이 직경 3 cm, 길이 25 m인 파이프를 통하여 압력 100 kPa인 대기 중으로 방출된다. 파이프 유량은 0.075 L/s이다. (a) 파이프 출구의 전방 25 m 지점에서의 절대 압력을 구하라. (b) 규정된 유량을 만족시키며 파이프 전 구간의 압력이 대기압과 같으려면 파이프가 수평에서 몇 도(θ) 아래로 기울어져야 하겠는가?

8-43 밀도 850 kg/m³, 동점성계수 0.00062 m²/s인 오일이 대기 중에 노출된 저장 탱크로부터 직경 8 mm, 길이 40 m의 수평 파이프를 통하여 배출된다. 액체 수위의 높이는 파이프 중심으로부터 4 m이다. 부차적 손실을 무시할 때, 파이프를 통한 오일의 유량을 구하라.

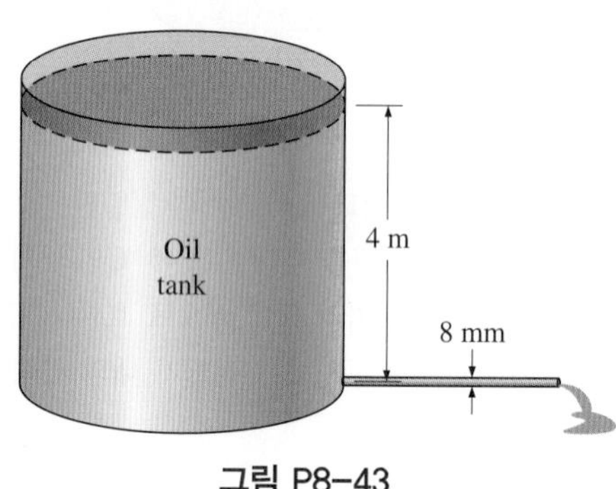

그림 P8–43

8-44 공기 가열 장치에서 40 °C, 105 kPa의 가열 공기가 상용강판으로 만들어진 0.2 m×0.3 m 직사각형 덕트 내를 0.5 m³/s의 유량으로 흐른다. 덕트의 길이가 40 m일 때, 압력 강하와 수두 손실을 구하라. **답:** 124 Pa, 10.8 m

8-45 $\rho=1252$ kg/m³, $\mu=0.27$ kg/m · s, 40 °C의 글리세린이 직경 6 cm인 매끈한 수평 파이프 내를 평균 속도 3.5 m/s로 흐른다. 길이 10 m당 압력 손실을 구하라.

8-46 문제 8-45를 다시 고려해 보자. 적절한 소프트웨어를 사용하여 유량이 일정할 때 파이프 직경이 압력 강하에 미치는 영향을 조사하라. 파이프 직경을 1에서 10 cm까지 1 cm씩 증가시키며 계산된 결과를 표와 그림으로 만들고, 결론을 도출하라.

8-47 −20 °C의 액체 암모니아가 길이 20 m, 직경 5 mm인 동관 내를 0.09 kg/s로 흐른다. 관 내 마찰 손실을 이기기 위한 압력 강하, 수두 손실, 소요 펌프 동력을 구하라. **답:** 1240 kPa, 189 m, 0.167 kW

8-48 완전발달된 40 °C의 글리세린 유동이 길이 70 m, 직경 4 cm의 수평 파이프 내를 흐른다. 중심선에서의 유속은 6 m/s이다. 70 m 파이프 구간에서의 속도 분포와 압력 차이 그리고 이 유동을 유지하기 위한 소요 펌프 동력을 구하라.

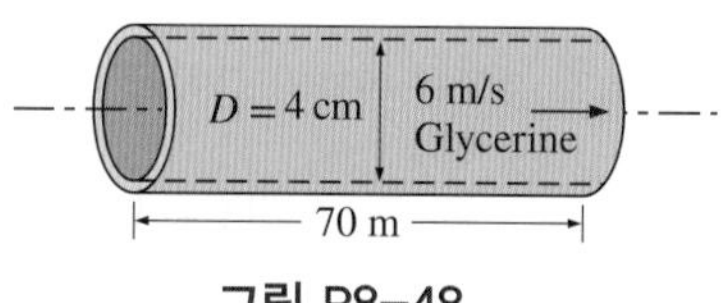

그림 P8–48

8-49 반경 R인 파이프 내의 정상 층류 유동의 속도 분포는 $u=u_0(1-r^2/R^2)$로 주어진다. 유체 밀도는 중심선으로부터의 반경 거리 r에 따라 변한다[$\rho=\rho_0(1+r/R)^{1/4}$]. 여기서 ρ_0는 파이프 중심부에서의 밀도이다. 튜브 내의 벌크 유체 밀도에 대한 식을 구하라.

8-50 비정상유동에 대한 일반 형태의 Bernoulli 방정식은 다음과 같다.

$$\frac{P_1}{\rho g}+z_1=\frac{V^2}{2g}+\frac{1}{g}\int_1^2\frac{\partial V}{\partial t}ds+h_L$$

만약 밸브가 갑자기 열린다면 출구 속도는 시간에 따라 변할 것이다. 출구 속도 V에 관한 식을 시간에 대한 함수로 구한다. 국부 손실은 무시한다.

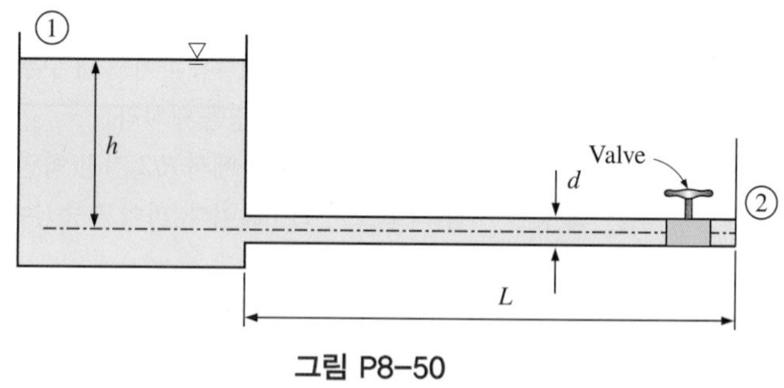

그림 P8–50

부차적 손실

8-51C 파이프 유동의 부차적 손실이란 무엇인가? 부차적 손실계수 K_L은 어떻게 정의되는가?

8-52C 파이프 유동에서 부차적 손실에 대한 등가 길이를 정의하라. 부차적 손실계수와는 어떻게 관련되는가?

8-53C 파이프 입구부를 둥글게 하는 것이 손실계수에 미치는 영향은 (a) 무시할 만하다, (b) 다소 크다, (c) 매우 크다.

8-54C 파이프 출구부를 둥글게 하는 것이 손실계수에 미치는 영향은 (a) 무시할 만하다, (b) 다소 크다, (c) 매우 크다.

8-55C 파이프 유동에서 점진적 확대(gradual expansion)와 점진적 축소(gradual contraction) 중 부차적 손실계수가 큰 것은 무엇인가? 그 이유를 설명하라.

8-56C 관로에는 급격한 방향 전환이 있게 마련이고, 따라서 부차적 수두 손실이 증가한다. 수두 손실을 줄이는 한 가지 방법은 원형 엘보를 사용하는 것이다. 다른 방법이 있겠는가?

8-57C 관로 보수 작업시 90° 마이터(miter) 엘보의 급격한 방향 전환에 의한 수두 손실을 줄이기 위하여 마이터 엘보 내에 베인을 설치하는 방안과 완만한 벤드로 교체하는 방안이 제안되었다. 어떤 방법이 펌프 동력 감소에 더 큰 도움이 되겠는가?

8-58 수평 파이프가 $D_1=5$ cm에서 $D_2=10$ cm로 급격히 확대된다. 소구경부의 물 유속은 8 m/s로 난류이고, 압력은 $P_1=410$ kPa이다. 입구와 출구의 운동 에너지 보정계수가 1.06일 때 하류 압력 P_2를 구하고, Bernoulli 방정식 적용 시 유발되는 오차를 산정하라. **답:** 424 kPa, 16.2 kPa

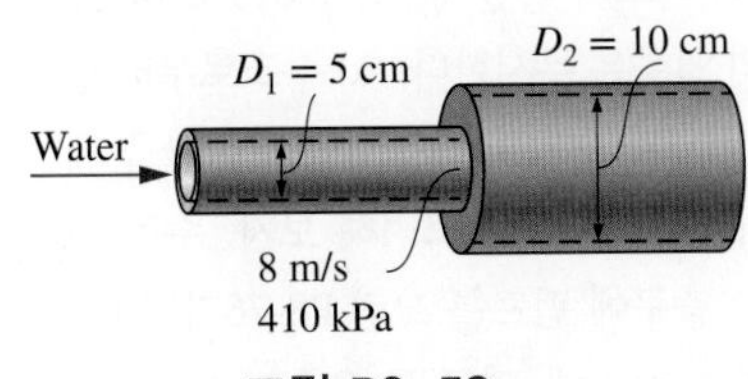

그림 P8-58

8-59 수조 자유표면에서 수직 거리가 H인 수조 측면에 가공된 직경 D의 구멍에서 물이 방출된다. 실제 각진 입구부($K_L=0.5$)에서 방출되는 유량은 마찰이 없는 경우를 가정하여 계산된 유량보다 훨씬 적다. 운동 에너지 보정계수의 영향을 무시하고 마찰이 없는 유동 관계식에 사용할 각진 구멍의 "등가 직경"의 관계식을 구하라.

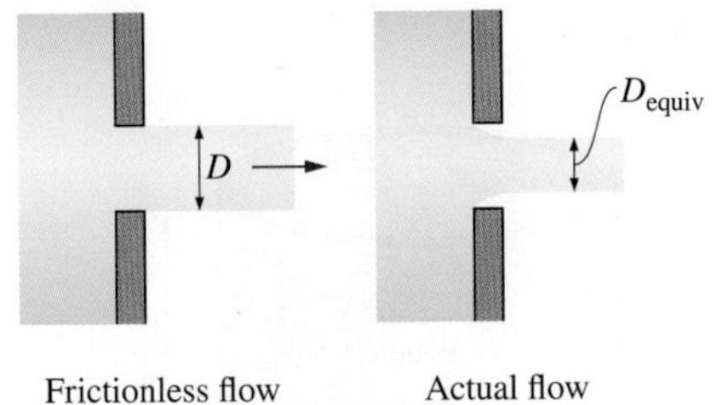

그림 P8-59

8-60 문제 8-59를 다소 둥근 입구부($K_L=0.12$)에 대하여 다시 계산하라.

8-61 8 m 높이의 수조 바닥에 2.2 cm의 구멍을 뚫어 물을 방출한다. 운동 에너지 보정계수의 영향을 무시하고 (a) 구멍 입구부가 둥글게 가공되었을 경우, (b) 입구부가 각진 경우의 방출 유량을 구하라.

배관 시스템 및 펌프 선정

8-62C 배관 시스템과 펌프로 구성된 시스템이 정상적으로 작동된다. 운전점(유량과 수두 손실)이 어떻게 결정되는지 설명하라.

8-63C 낮은 위치의 수조에서 높은 위치의 수조로 펌프를 사용하여 물을 공급한다. 수두 손실을 무시하면 소요 펌프 수두는 두 수조 자유표면 간의 높이 차와 같다는 주장에 동의하는가?

8-64C 배관 시스템에서 시스템 곡선과 특성 곡선, 수두 대 유량 선도에서 운전점을 정의하라.

8-65C 어떤 사람이 정원 호스를 이용하여 양동이에 물을 채우던 중에 갑자기 호스에 노즐을 부착하면 물의 방출 속도를 증가시키게 됨을 기억하고, 이 증가된 속도가 양동이를 채우는 시간을 줄여 줄 것인가 궁금해한다. 만약 호스에 노즐을 부착하면 물을 채우는 시간이 과연 증가할까, 감소할까 또는 아무런 영향이 없을까? 그 이유는 무엇인가?

8-66C 물이 가득 찬 높이 2 m의 개방 수조 두 개가 높이 1 m의 테이블 위에 놓여 있다. 한 수조의 방출 밸브에는 다른 끝단이 바닥에 놓인 호스를 연결하고, 다른 한 수조의 방출 밸브에는 호스를 연결하지 않았다. 이제 두 수조의 방출 밸브를 모두 연다. 호스의 마찰 손실을 무시한다면 두 수조 중 어느 수조가 먼저 비워지겠는가? 그 이유는 무엇인가?

8-67C 직경이 다른(그러나 길이, 재질, 조도는 같은) 두 파이프가 직렬로 연결되어 있다. 두 파이프 내 (a) 유량, (b) 압력 손실을 비교하라.

8-68C 직경이 다른(그러나 길이, 재질, 조도는 같은) 두 파이프가 병렬로 연결되어 있다. 두 파이프 내 (a) 유량, (b) 압력 손실을 비교하라.

8-69C 직경이 같고 길이가 다른 두 파이프가 병렬로 연결되어 있다. 두 파이프 내 압력 강하를 비교하라.

8-70 15 ℃의 물이 대형 수조에서 직렬 연결된 두 개의 수평 플라스틱 파이프를 통하여 방출된다. 첫 번째 파이프의 길이는 13 m, 직경은 10 cm이고, 두 번째 파이프의 길이는 35 m, 직경은 5 cm이다. 수조 내 수위는 파이프 중심부에서 18 m이다. 파이프 입구부는 각진 형상을 하고 있고, 두 파이프는 급격한 축소부(sudden contraction)로 연결된다. 운동 에너지 보정계수를 무시하고 수조로부터의 물 방출량을 구하라.

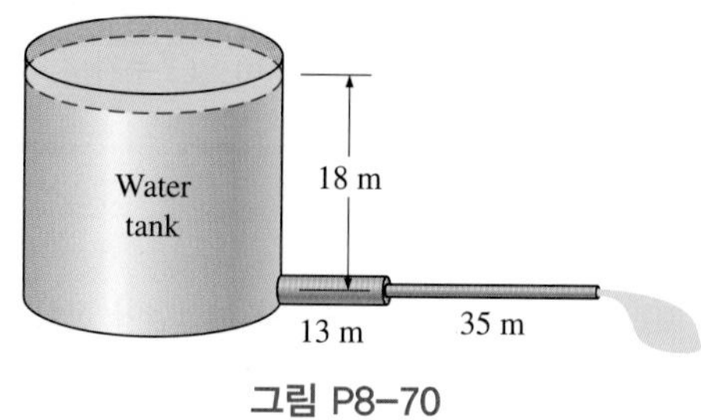

그림 P8–70

8-71 반경이 R인 반구형 탱크에 물이 가득 차 있다. 지금 단면적이 A_h이고 탱크의 바닥에서 유량계수가 C_d인 구멍이 완전히 개방되고, 물이 유출되기 시작한다. 탱크를 완전히 비우는 데 소요되는 시간에 대한 관계식을 개발하라.

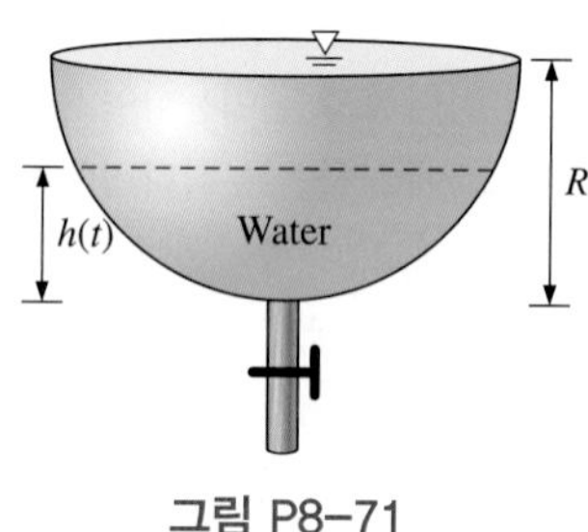

그림 P8–71

8-72 작은 농장의 물은 우물로부터 계속 5 L/s 유량으로 펌프로 공급받는다. 우물의 수위는 지면보다 20 m 아래이고, 물은 6 cm 직경의 플라스틱 파이프를 이용하여 지면보다 58 m 위에 있는 언덕 위 큰 탱크로 양수된다. 필요한 파이프 길이는 510 m이고 엘보, 베인 등을 사용함으로써 발생하는 총 부차적 손실계수는 12이다. 펌프의 효율이 75%일 때, 구매할 펌프의 소비 동력은 kW로 얼마인가? 물의 밀도와 점성계수는 예상되는 운전 조건에서 1000 kg/m^{3}과 0.00131 kg/m · s이다. 이 경우 펌프를 구매한다면 총 소비 동력 외에 큰 위치 수두도 고려해야 하는지 논의하라. 답: 6.89 kW

8-73 20 °C의 물이 중력에 의하여 높은 위치의 대형 수조에서 작은 수조로 길이 35 m, 직경 5 cm인 주철 배관 시스템을 통하여 흐른다. 배관 시스템에는 4개의 표준 플랜지 엘보와 둥근 입구부, 각진 출구부, 완전 개방 게이트 밸브가 포함된다. 낮은 위치에 있는 수조의 자유표면을 기준으로 할 때, 0.3 m^3/min의 유량이 형성되기 위한 높은 위치의 수조 높이 z_1을 구하라. 답: 8.08 m

8-74 직경 2.4 m의 수조에 직경 10 cm의 각진 오리피스 중심에서 4 m 높이로 물이 채워져 있다. 수조는 대기에 노출되고, 오리피스로부터 대기로 물이 방출된다. 운동 에너지 보정계수의 영향을 무시한다. (a) 수조로부터 방출되는 물의 초기 속도, (b) 수조가 비는 데 걸리는 시간을 계산하라. 오리피스의 손실 수두 때문에 수조의 방출 시간이 크게 증가하는지 설명하라.

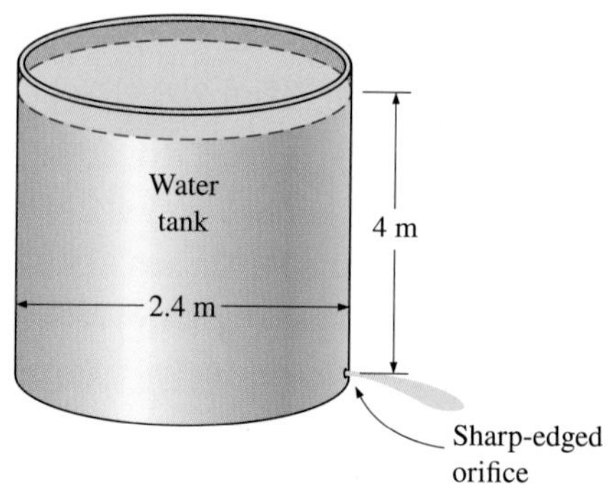

그림 P8–74

8-75 직경 3 m의 수조에 직경 10 cm의 각진 오리피스 중심에서 2 m 높이로 물이 채워져 있다. 수조는 대기에 노출되고, 오리피스로부터 100 m 길이의 파이프를 통하여 대기로 물이 방출된다. 파이프의 마찰계수는 0.015로 하고, 운동 에너지 보정계수의 영향은 무시한다. (a) 수조로부터 방출되는 물의 초기 속도, (b) 수조가 비는 데 걸리는 시간을 계산하라.

8-76 문제 8-75를 다시 고려해 보자. 수조를 빨리 비우기 위하여 수조 출구에 펌프를 그림 P8-76과 같이 설치한다. 수조의 수위가 2 m일 때, 평균 물 유속이 4 m/s가 되기 위해 필요한 펌프 동력을 구하라. 또한 방출 속도가 일정하다고 가정하고, 수조를 비우는 데 필요한 시간을 구하라.

펌프를 파이프 입구에 설치하든 출구에 설치하든 관계가 없다는 주장과, 펌프를 출구에 설치하면 공동현상(cavitation)이 발생할 수 있다는 주장이 있다. 물의 온도가 30 °C, 증기압이 P_v=4.246 kPa=0.43 m H_2O, 고도가 해수면과 같을 때, 공동현상의 가능성과 펌프의 위치를 우려해야 하는지를 검토하라.

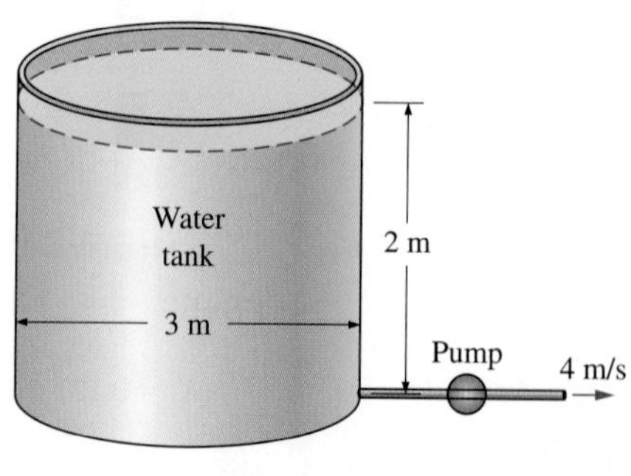

그림 P8–76

8-77 밀도와 동점성계수가 $\rho=680\ kg/m^3$, $\nu=4.29\times10^{-7}\ m^2/s$인 가솔린이 240 L/s 유량으로 2 km의 거리에 수송된다. 파이프의 표면조도는 0.03 mm이다. 마찰에 의한 수두 손실이 10 m 이내가 되는 파이프의 최소 직경을 구하라.

8-78 20 ℃의 오일이 20 cm 높이의 원통형 수조와 직경 1 cm, 높이 40 cm의 파이프로 구성된 깔때기를 통해 흐른다. 깔때기에는 연속적으로 오일이 공급되어 항상 채워져 있다. 입구의 영향을 무시하고 깔때기를 통과하는 오일의 유량과 깔때기의 효율을 구하라. 깔때기의 효율은 마찰이 없는 최대 유량과 실제 유량의 비로 정의된다. 답: $3.83\times10^{-6}\ m^3/s$, 1.4%

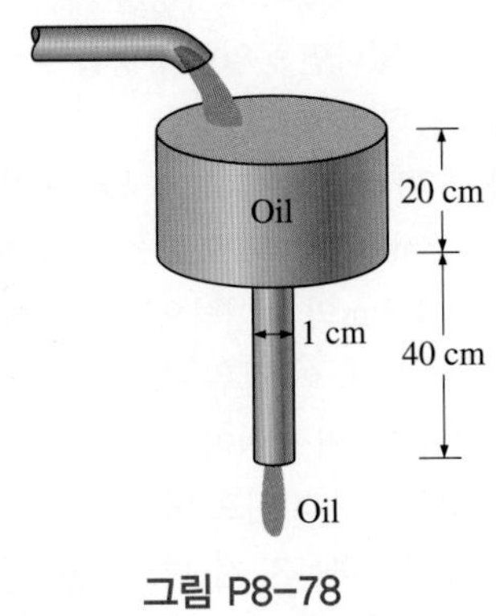

그림 P8-78

8-79 (a) 파이프의 직경을 세 배로 했을 때, (b) 동일한 직경에 파이프의 길이를 세 배로 했을 때, 문제 8-78을 다시 계산하라.

8-80 높이가 4 m, 단면적이 $A_T=1.5\ m^2$인 원통형 탱크에 물과 비중이 SG=0.75인 오일이 같은 부피로 채워져 있다. 지금 탱크의 바닥에 직경 1 cm인 구멍이 열리고 물이 유출되기 시작한다. 만약 구멍의 유량계수 $C_d=0.85$라면 대기에 개방된 탱크 내의 물이 완전히 비워지는 데 걸리는 시간을 결정하라.

8-81 농부가 20 ℃의 물을 강으로부터 길이 40 m, 직경 12 cm인 플라스틱 파이프를 통하여 수조로 이송한다. 관로에는 플랜지형 90° 매끈한 벤드가 세 개 포함된다. 강물의 유속은 1.8 m/s이고, 파이프 입구는 동압 취득을 위하여 강물의 유동 방향에 수직으로 설치되어 있다. 강과 수조 자유표면의 높이차는 3.5 m이다. 유량이 $0.042\ m^3/s$이고 펌프 효율이 70%일 때, 펌프에 소요되는 전기 동력을 구하라.

8-82 문제 8-81을 다시 고려해 보자. 적절한 소프트웨어를 사용하여 파이프 직경이 소요 전기 동력에 미치는 영향을 검토하라. 파이프 직경을 2에서 20 cm까지 2 cm씩 증가시키며 계산한 결과를 표와 그림으로 나타내고, 결론을 도출하라

8-83 40 ℃의 온수가 채워진 수조로부터 중력을 이용하여 샤워수를 공급하려고 한다. 관로는 직경 1.5 cm, 길이 35 m의 아연 도금 주철관과 4개의 베인이 없는 마이터 벤드(90°), 1개의 완전개방 글로브 밸브로 구성된다. 샤워 유량이 1.2 L/s가 되려면 수조 높이는 샤워기 출구로부터 얼마가 되어야 하는가? 입구부와 샤워기의 손실, 운동 에너지 보정계수의 영향은 무시한다.

8-84 두 개의 수조 *A*, *B*가 직경 2 cm, 길이 40 m, 각진 입구부의 주철 파이프로 연결되어 있다. 관로에는 스윙 체크 밸브와 완전개방 게이트 밸브도 설치되어 있다. 두 수조의 수위는 같고, 수조 A는 압축 공기로 가압된 반면, 수조 B는 95 kPa의 대기에 노출되어 있다. 파이프 내 초기 유량이 1.5 L/s일 때, 수조 A에 공급되는 가압 공기의 절대 압력을 구하라. 물의 온도는 10 ℃로 한다. 답: 1100 kPa

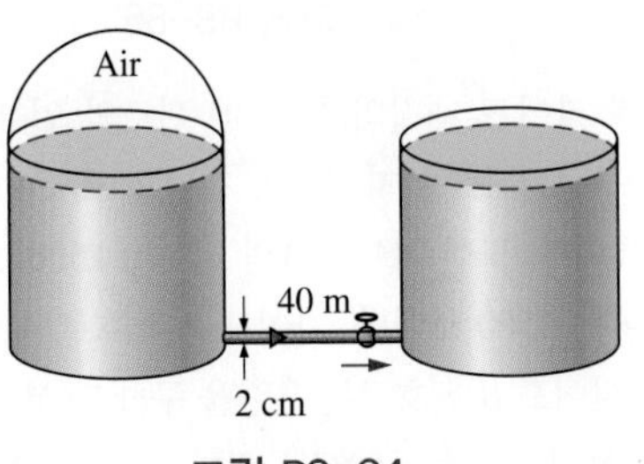

그림 P8-84

8-85 $\rho=920\ kg/m^3$, $\mu=0.045\ kg/m\cdot s$의 휘발유를 직경 4 cm, 길이 25 m의 다소 둥근 입구부와 두 개의 90° 완만한 벤드로 구성된 플라스틱 호스를 사용하여 지하 저장고로부터 주유차에 주유하고자 한다. 저장고와 호스가 장착된 주유차 상부와의 높이차는 5 m이다. 또한 주유차의 용량은 $18\ m^3$이고, 채우는 데 걸리는 시간은 30분이다. 호스 방출부의 운동 에너지 보정계수가 1.05이고, 펌프 효율이 82%일 때, 펌프에 공급되는 소요 동력을 구하라.

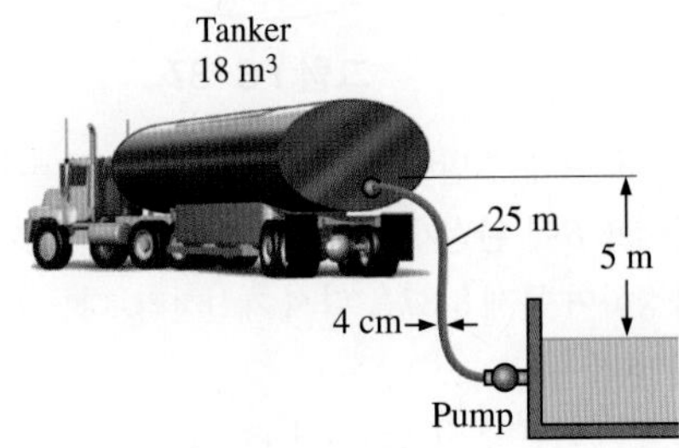

그림 P8-85

8-86 15 ℃의 물이 낮은 위치의 수조($z_A=2$ m)에서 높은 위치의 수조($z_B=9$ m)로 길이 25 m의 두 개의 플라스틱 파이프를 통하여 병렬로 흐른다. 두 파이프의 직경은 각각 3 cm, 5 cm이다. 펌프의 효율은 68%이고, 8 kW의 전력을 소비한다. 병렬 파이프와 수조 간의 연결부의 부차적 손실과 수두 손실을 무

시하고, 수조 간의 총 유량과 각 병렬 파이프 내를 흐르는 유량을 구하라.

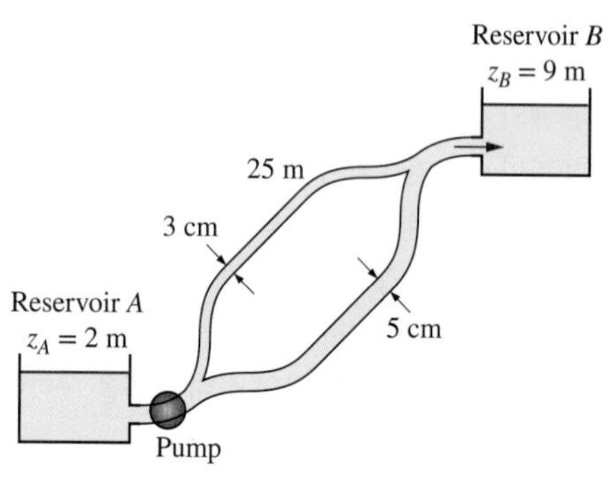

그림 P8-86

8-87 주철 파이프 재질의 물 분배 관로의 일부분은 병렬 배관으로 구성된다. 양 파이프의 직경은 30 cm이고, 유동은 완전 난류이다. 또한 파이프 A의 길이는 1500 m이고, 파이프 B의 길이는 2500 m이다. 파이프 A를 흐르는 유량이 0.4 m^3/s일 때, 파이프 B를 흐르는 유량을 구하라. 부차적 손실을 무시하고, 물의 온도는 15 ℃로 한다. 유동이 완전 거친 유동이고, 따라서 마찰계수가 Reynolds 수와 무관함을 보여라.
답: 0.310 m^3/s

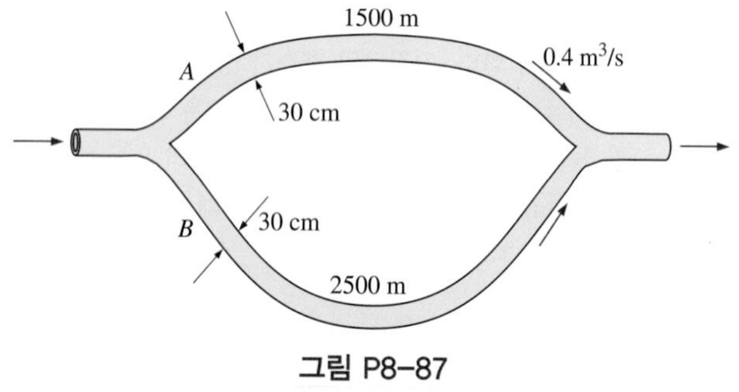

그림 P8-87

8-88 파이프 A에 절반이 닫힌 게이트 밸브($K_L=2.1$)가 설치되고 파이프 B에 완전개방 글로브 밸브($K_L=10$)가 설치되었다고 가정하여 문제 8-87을 다시 계산하라. 다른 부차적 손실은 무시한다.

8-89 지열 지역난방 시스템에서 110 ℃의 물이 지열 우물에서 12 km 떨어진 거의 같은 높이의 시내로 직경 60 cm인 스테인리스강 파이프를 통하여 1.5 m^3/s의 유량으로 이송된다. 우물과 시내 도착점의 유체 압력은 같다. 또한 길이 대 직경의 비가 크고 부차적 손실과 관련된 부품의 수가 적어 부차적 손실은 무시한다. (a) 펌프 효율을 80%로 할 때 펌프의 전기 소비 동력을 구하라. 하나의 큰 펌프를 사용하겠는가 아니면 파이프라인을 따라 산재한 다수의 소용량 펌프를 사용하겠는가? 그 이유를 설명하라. (b) 단위 전기료가 \$0.06/kWh일 때 일일 전기료를 구하라. (c) 긴 파이프를 지나는 동안 물의 온도는 0.5 ℃ 감소할 것으로 예측된다. 유동의 마찰열에 의한 온도 상승이 이 감소 온도를 보상하겠는가?

8-90 동일 직경의 주철 파이프를 사용하여 문제 8-89를 다시 계산하라.

8-91 물이 중력에 의해 내경 10 cm, 길이 550 m, 기울기 0.01 (관의 길이가 100 m일 때 높이 차 1 m임)인 플라스틱 파이프 내를 흐른다. 물의 밀도와 동점성계수를 $\rho=1000$ kg/m^3, $\nu=1\times10^{-6}$ m^2/s로 하고 유량을 계산하라. 만일 파이프가 수평으로 놓여 있다면 동일한 유량을 흐르게 하기 위해 펌프에 소비되는 동력은 얼마인가?

8-92 물이 내경 70 cm, 표면조도 3 mm인 길이 1500 m 콘크리트 관 내를 1.5 m^3/s의 유량으로 흐른다. 관 내를 두께 2 cm, 표면조도 0.04 mm의 라이닝으로 코팅하여 펌프 소비 동력을 절감하고자 한다. 이 경우 관 내경은 66 cm로 줄고 평균 속도가 증가함으로써 장점이 없을 수도 있다는 걱정이 있다. 라이닝 코팅에 따른 파이프 마찰 손실에 기인하여 소비 동력이 몇 %나 증감하는지 계산하라. 물의 밀도와 동점성계수는 $\rho=1000$ kg/m^3, $\nu=1\times10^{-6}$ m^2/s이다.

8-93 대형 빌딩에서 수조 내 고온수가 관로를 순환한다. 어떤 순환 루프는 길이 40 m, 직경 1.2 cm의 주철 파이프와 여섯 개의 90° 나사진 완만한 벤드, 두 개의 완전개방 게이트 밸브로 구성된다. 루프 내 평균 유속이 2 m/s일 때, 순환 펌프의 소요 동력을 구하라. 물의 평균 온도는 60 ℃, 펌프의 효율은 70%로 한다. 답: 0.111 kw

8-94 문제 8-93을 다시 고려해 보자. 적절한 소프트웨어를 사용하여 평균 유속이 순환 펌프의 동력에 미치는 영향을 검토하라. 속도를 0에서 3 m/s까지 0.3 m/s씩 증가시키며 계산하고, 결과를 표와 그림으로 나타내라.

8-95 문제 8-93을 매끈한 플라스틱 파이프에 대하여 다시 계산하라.

8-96 길이와 재질이 동일한 두 파이프가 병렬로 연결되어 있다. 파이프 A의 직경은 파이프 B 직경의 두 배이다. 각 파이프의 마찰계수가 같다고 가정하고, 부차적 손실을 무시하여 각 파이프에 흐르는 유량의 비를 구하라.

유량과 속도 측정

8-97C 유체의 유량을 측정하기 위하여 유량계를 선정할 때 주로 고려해야 할 사항은 무엇인가?

8-98C 레이저 도플러 속도계(LDV)와 입자 영상 속도계(PIV)의 차

이는 무엇인가?

8-99C 열 유속계와 레이저 도플러 유속계(LDA)의 작동 원리의 차이는 무엇인가?

8-100C 피토 정압관의 유량 측정 원리를 설명하고, 가격, 압력 강하, 신뢰도, 정확도 측면에서 장단점을 논의하라.

8-101C 장애물식 유량계의 유량 측정 원리를 설명하라. 가격, 크기, 수두 손실, 정확도 측면에서 오리피스 유량계, 노즐 유량계, 벤투리 유량계를 비교하라.

8-102C 용적식 유량계의 작동 원리를 설명하라. 왜 용적식 유량계가 가솔린, 물, 천연 가스 등의 유량 계측에 주로 사용되는지 설명하라.

8-103C 터빈 유량계의 유동 계측 원리를 설명하고 가격, 수두 손실, 정확도 측면에서 다른 형식의 유량계와 비교하라.

8-104C 가변면적 유량계(로터미터)의 작동 원리를 설명하라. 가격, 수두 손실, 신뢰도 측면에서 다른 형식의 유량계와 비교하라.

8-105 직경 1.5 cm 노즐 유량계가 장착된 직경 2 cm 호스를 사용하여 15 L 용량의 석유(ρ=820 kg/m^3) 탱크를 채운다. 탱크를 채우는 데 18초가 걸릴 때, 노즐 유량계에 지시된 차압을 구하라.

8-106 내경 2.5 cm의 관 내를 흐르는 오일(ρ=860 kg/m^3, μ=0.0103 kg/m·s)의 유속을 피토 정압관으로 측정한다. 측정된 차압이 95.8 Pa이고, 이로부터 계산된 유속을 평균 유속으로 가정할 때, 오일의 체적유량은 몇 m^3/s인가?

8-107 문제 8-106의 Reynolds 수를 계산하라. 층류인가 또는 난류인가?

8-108 직경이 3 cm인 수평 파이프 내를 흐르는 10 °C 물(ρ=999.7 kg/m^3, μ=1.307×10^{-3} kg/m·s)의 유량을 차압계가 장착된 노즐 유량계로 측정한다. 노즐 출구 직경은 1.5 cm이고, 측정된 압력 강하는 3 kPa이다. 파이프를 통과하는 물의 체적유량, 평균 속도와 수두 손실을 구하라.

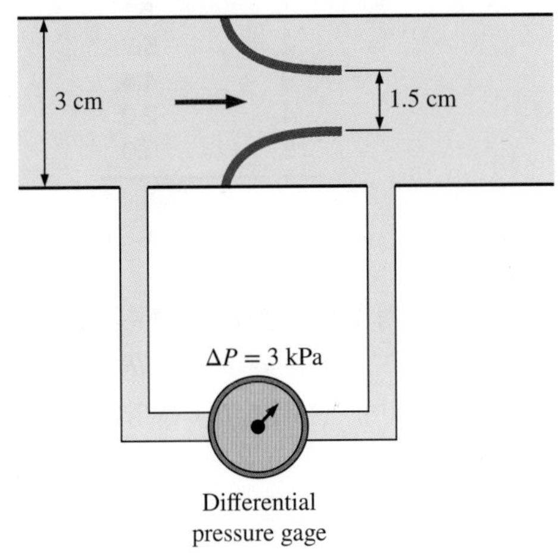

그림 P8-108

8-109 직경 2 cm의 파이프 내를 흐르는 10 °C 암모니아(ρ=624.6 kg/m^3, μ=1.697×10^{-4} kg/m·s)의 유량을 차압계가 장착된 직경 1.5 cm의 노즐 유량계로 측정한다. 차압 측정값이 4 kPa일 때, 암모니아의 유량과 평균 유속을 구하라.

8-110 직경 4.6 cm 오리피스를 사용하여 직경 10 cm 수평관을 흐르는 15 °C의 물(ρ=999.1 kg/m^3, μ=1.138×10^{-3} kg/m·s)의 유량을 측정한다. 오리피스 차압은 수은 마노미터로 측정한다. 마노미터의 높이차가 18 cm일 때 물의 체적유량, 평균 속도, 오리피스 유량계에 의한 수두 손실을 구하라.

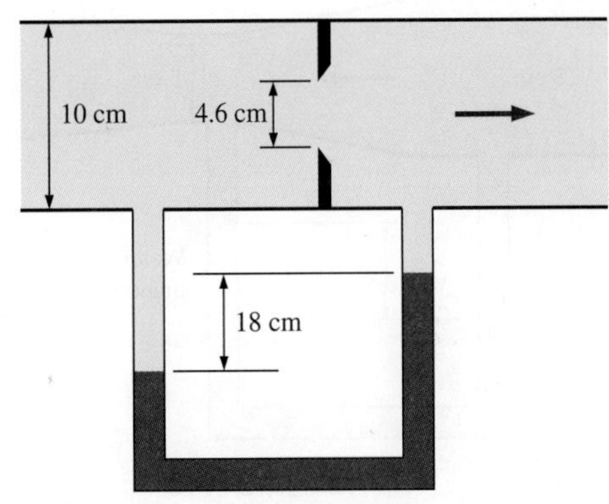

그림 P8-110

8-111 마노미터 높이차를 25 cm로 하고 문제 8-110을 다시 계산하라.

8-112 풍동 내의 공기(ρ=1.225 kg/m^3, μ=1.789×10^{-5} kg/m·s) 유속을 피토 정압관으로 측정한다. 측정된 정체압이 560.4 Pa gage이고 정압이 12.7 Pa gage일 때, 풍속을 구하라.

8-113 직경이 5 cm인 수평 파이프 내를 흐르는 15 °C 물(ρ=999.1 kg/m^3)의 유량을 차압계가 장착된 벤투리 유량계로 측정한다. 벤투리 목 직경은 3 cm이고, 측정된 압력 강하는 5 kPa이다. 유량계수가 0.98일 때, 물의 체적유량과 평균 유속을 구하라. **답:** 2.35 L/s, 1.20 m/s

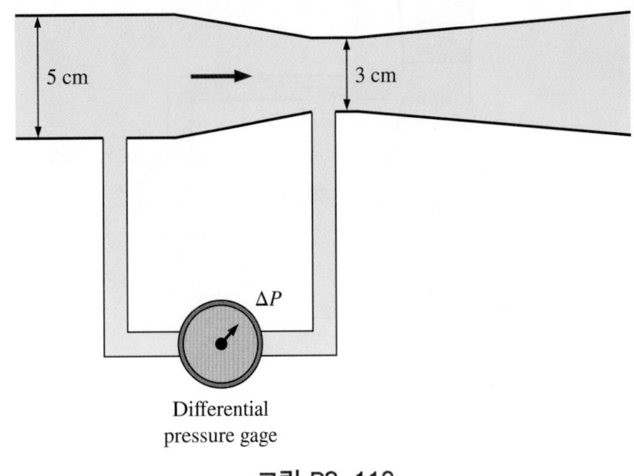

그림 P8-113

8-114 문제 8-113을 다시 고려해 보자. 압력 강하를 1 kPa에서 10 kPa까지 1 kPa씩 증가시키며 유량을 구하고, 그 값을 압력 강하의 함수로 도시하라.

8-115 직경 18 cm인 덕트를 흐르는 20 ℃ 공기(ρ=1.204 kg/m³)의 유량을 마노미터가 장착된 벤투리 유량계로 측정한다. 벤투리 목 직경은 5 cm이고, 마노미터의 최대 높이차는 60 cm이다. 유량계수가 0.98일 때, 이 벤투리 유량계로 측정할 수 있는 최대 공기 유량을 구하라. 답: 0.230 kg/s

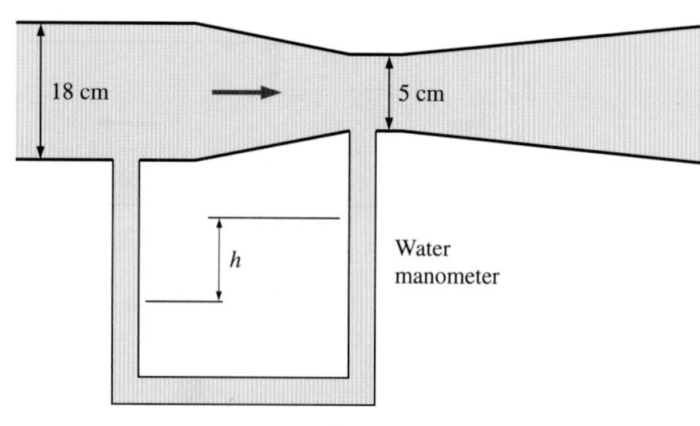

그림 P8-115

8-116 벤투리 목 직경을 6 cm로 하고 문제 8-115를 다시 계산하라.

8-117 직경 10 cm인 수직 파이프 내를 흐르는 10 ℃ 액체 프로판(ρ=514.7 kg/m³)의 유량을 그림 P8-117과 같이 차압계가 장착된 수직 벤투리 유량계로 측정한다. 유량계수가 0.98일 때, 프로판의 체적유량을 구하라.

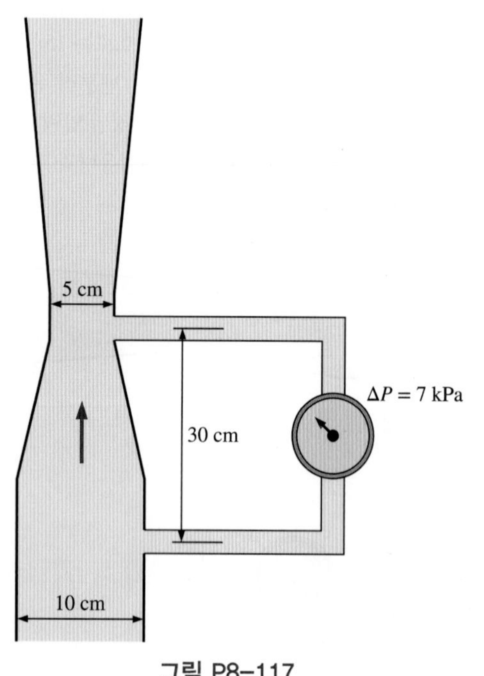

그림 P8-117

8-118 −10 ℃(ρ=1327 kg/m³)인 액체 냉매 R-134a의 체적유량을 입구 직경 12 cm, 목 직경 5 cm인 수평 벤투리 유량계를 사용하여 측정한다. 측정된 차압이 44 kPa일 때, 냉매 유량을 구하라. 벤투리 유량계의 유량계수는 0.98로 한다.

8-119 직경 60 cm 파이프 내를 흐르는 20 ℃ 물(ρ=998 kg/m³, μ=1.002×10^{-3} kg/m · s)의 유량을 직경 30 cm 오리피스 유량계로 측정한 결과 350 L/s이었다. 오리피스 유량계에 지시된 차압과 수두 손실을 구하라.

8-120 직경 4 cm 파이프 내를 흐르는 20 ℃ 물(ρ=998 kg/m³, μ=1.002×10^{-3} kg/m · s)의 유량을 공기-물 마노미터가 장착된 직경 2 cm의 노즐 유량계로 측정한다. 마노미터에 지시된 물의 높이차가 44 cm일 때, 물의 유량과 노즐 유량계에 의한 수두 손실을 구하라.

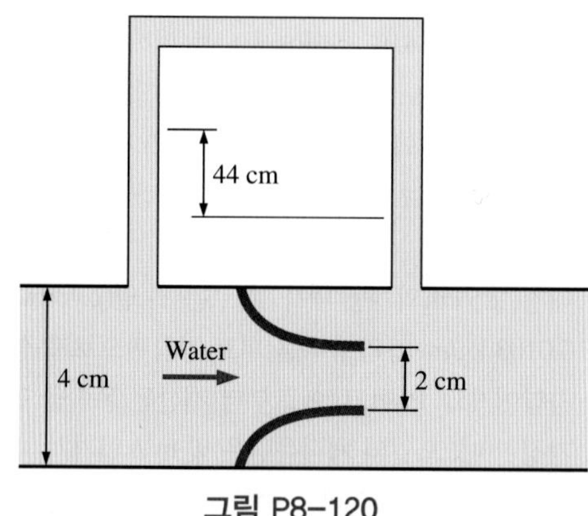

그림 P8-120

8-121 직경 10 cm 파이프 내를 흐르는 물 유량을 단면 내 여러 곳의 속도를 측정하여 구하려고 한다. 아래 표에 주어진 측정 자료를 사용하여 유량을 구하라.

r, cm	V, m/s
0	6.4
1	6.1
2	5.2
3	4.4
4	2.0
5	0.0

복습 문제

8-122 반경 R인 원형 튜브를 통과하는 층류 유동에 있어서, 단면에서 속도와 온도 분포는 $u=u_0(1-r^2/R^2)$ 및 $T(r)=A+Br^2-Cr^4$로 주어지며, 여기서 A, B, C는 양의 상수이다. 그 단면에서 유체 전체(bulk fluid) 온도에 대한 관계식을 구하라.

8-123 물이 단면적이 A_h인 작은 구멍을 통해 높이가 H이고 바닥 반경이 R인 원추 내로 들어가고, 일정한 균일 속도 V에서 바닥

에서의 유량계수는 C_d이다. 시간에 따른 원추 바닥으로부터의 물 높이 h의 변화에 대한 관계식을 구하라. 물이 바닥으로부터 원추로 들어감에 따라 공기가 위쪽에서 팁을 통해 원추를 빠져나간다.

8-124 그림 P8-124에 보인 바와 같이, 바닥에 얇은 수평 튜브를 가진 원추형 용기가 오일의 점성을 측정하기 위해 이용된다. 튜브 내를 흐르는 유동은 층류이다. 오일 수위를 h_1에서 h_2로 낮추기 위해 필요한 방출 시간은 스톱워치로 측정된다. 방출 시간 t의 함수로서 용기 내의 오일의 점성에 대한 관계식을 개발하라.

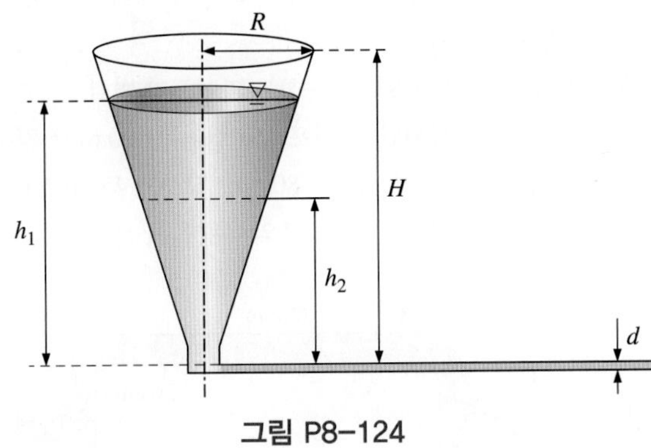

그림 P8–124

8-125 지열 지역난방 시스템에서 수평 파이프를 사용하여 10,000 kg/s의 온수를 10 km 수송하고자 한다. 부차적 손실을 무시하고 파이프 마찰 손실만 고려한다. 마찰계수는 0.015로 한다. 파이프 직경이 커지면 유속, 속도 수두, 파이프 마찰이 줄어들고, 따라서 소비 동력이 줄어든다. 하지만 구입 및 설치비가 많이 든다. 따라서 파이프 가격과 전기 동력비의 합을 최소화하는 최적 파이프 직경이 존재한다.

시스템이 하루 24시간, 매일, 30년 동안 가동된다고 가정하고 전기 사용료는 그동안 \$0.06/kWh로 일정하다고 가정한다. 또한 시스템 성능이 30년 간 일정하다고 가정한다(실제로는 파이프 내에 스케일이 형성되어 성능이 저하한다). 펌프 효율은 80%로 한다. 10 km 파이프를 구입, 설치, 단열하는 데 드는 비용은 직경 D와 비용=\$$10^6$ D^2 관계가 있다(D의 단위는 m이다). 물가상승률 및 이자율, 운영비 등을 무시할 때, 최적 파이프 직경을 구하라.

8-126 길이 9 m, 직경 22 cm의 아연도금 강판 덕트를 통하여 120 마력 압축기 입구로 공기가 흡입된다. 외기 온도는 15 °C, 압력은 95 kPa, 흡입 유량은 0.27 m^3/s이다. 부차적 손실을 무시하고 덕트 마찰 손실을 이기기 위한 소비 동력을 구하라. 답: 6.74 W

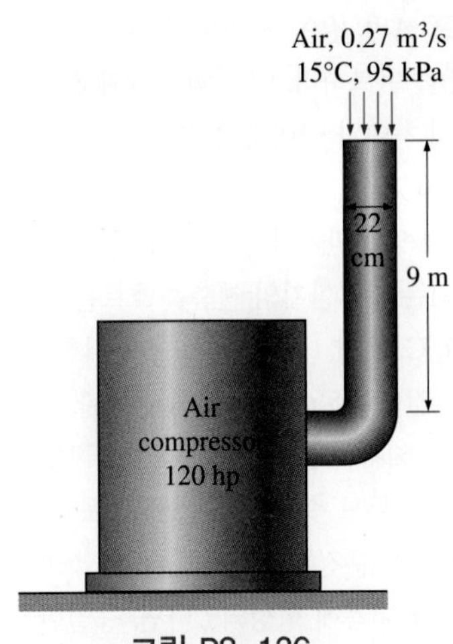

그림 P8–126

8-127 강물의 냉열을 이용하여 차가운 공기를 만들고자 한다. 길이 20 m, 직경 20 cm의 원형 스테인리스강 덕트가 강물에 설치된다. 덕트 내 공기의 유속은 4 m/s이고, 평균 온도는 15 °C이다. 송풍기 효율을 62%로 하고, 덕트의 유동 저항을 이기기 위한 송풍기 동력을 구하라.

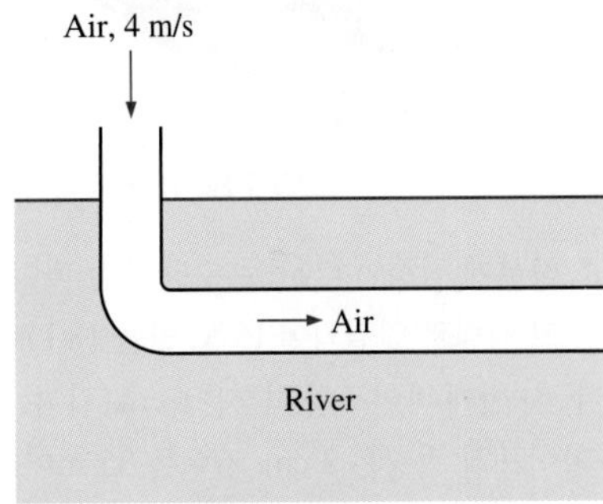

그림 P8–127

8-128 원형 파이프 내 완전발달 층류 유동의 속도 분포가 $u(r) = 6(1 - 100r^2)$ m/s(여기서 r은 파이프 중심선으로부터 거리, m)이다. (a) 파이프 반경, (b) 평균 속도, (c) 최대 속도를 구하라.

8-129 20 °C의 오일이 직경 6 cm, 길이 33 m인 파이프 내를 흐른다. 입출구의 압력은 각각 745 kPa, 97.0 kPa이며, 유동은 층류로 예상된다. 완전발달 유동을 가정하고 파이프가 (a) 수평인 경우, (b) 15° 상향인 경우, (c) 15° 하향인 경우의 유량을 계산하라. 또한 유동이 층류임을 확인하라.

8-130 직경과 재질이 동일한 두 파이프가 병렬 연결되어 있다. 파이프 A의 길이는 파이프 B의 길이의 5배이다. 양 파이프 모두 난류 유동을 가정하여 마찰계수가 Reynolds 수와 무관할 때(부차적 손실은 무시한다), 두 파이프의 유량비를 구하라. 답: 0.447

8-131 파이프 A의 길이가 파이프 B의 길이의 3배로 하여 문제 8-130을 반복하라. 이 결과를 문제 8-130의 결과와 비교하라. 결과의 차이가 여러분의 직관과 일치하는가? 설명하라.

8-132 두 유체 간의 열전달에는 쉘과 수백 개의 튜브로 구성되는 쉘-튜브 열교환기가 널리 사용된다. 능동형 태양열 온수기에 사용되는 열교환기의 쉘측을 흐르는 부동액은 관내를 흐르는 물(60 °C, 유량 15 L/s)에 열을 전달한다. 이 열교환기는 내경 1 cm, 길이 1.5 m인 80개의 황동관으로 구성된다. 입구부와 출구부, 헤더의 손실을 무시하고, 튜브 내측의 압력 강하와 열교환기의 튜브 측 유체 구동에 필요한 펌프 동력을 구하라.

장시간 운전 후, 두께 1 mm인 스케일(0.4 mm의 등가 조도)이 관 내측에 형성되었다면, 동일한 펌프 동력에서 관 내측 유량의 감소율을 구하라.

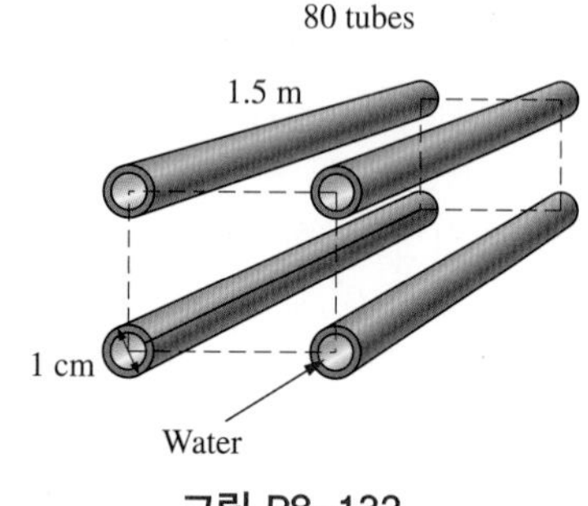

그림 P8–132

8-133 수조 하부에 직경이 다른 두 수평 주철 파이프가 펌프를 사이에 두고 직렬로 연결되어 15 °C 물을 18 L/s의 유량으로 방출한다. 첫 번째 파이프의 직경은 6 cm, 길이는 20 m이고, 두 번째 파이프의 직경은 3 cm, 길이는 35 m이다. 수조에는 파이프 중심에서 30 m까지 물이 채워져 있다. 파이프 입구부는 각진 형상을 하고 있고, 펌프 연결부의 손실은 무시한다. 운동 에너지 보정계수의 영향을 무시하고, 제시된 유량을 유지하기 위해 필요한 펌프 수두, 최소 펌프 동력을 구하라.

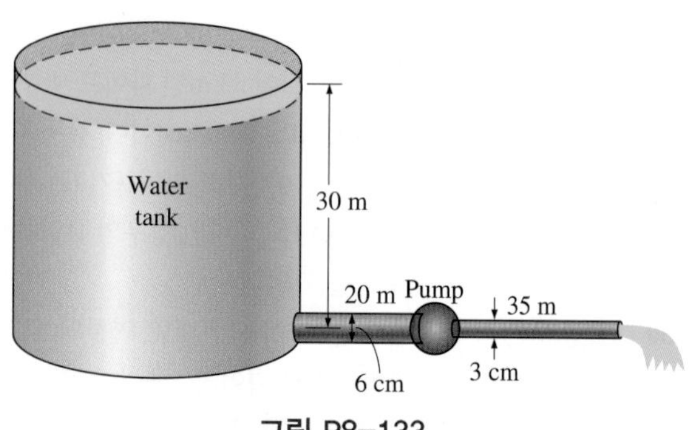

그림 P8–133

8-134 문제 8-133을 다시 고려해 보자. 적절한 소프트웨어를 사용하여 두 번째 파이프 직경이 펌프 수두에 미치는 영향을 조사하라. 직경을 1에서 10 cm까지 1 cm씩 증가시키며 계산하고, 결과를 표와 선도로 도시하라.

8-135 수조 자유표면에서 거리가 H인 수조 측면에 설치된 직경 D, 길이 L의 수평 파이프로부터 유체가 방출된다. 파이프 입구는 수조에 재돌입부(reentrant section, $K_L = 0.8$) 형상으로 삽입되어 있다. 이러한 경우, 실제 유량은 마찰 없는 유동(손실이 0임)으로 가정하고 계산된 유량보다 현저하게 적다. 마찰 없는 유동 관계식에 대입하여 실제 유량을 계산할 수 있는 "등가 직경" 관계식을 구하고, 마찰계수 0.018, 길이 10 m, 직경 0.04 m인 경우 등가 직경을 계산하라. 파이프 마찰계수는 전 구간에 균일하다고 가정하고 운동 에너지 보정계수의 영향은 무시한다.

8-136 40 °C 오일 3 m³/s를 이송하는 파이프가 병렬로 분기된 후 하류에서 재합류된다. 파이프 A의 길이는 500 m, 직경은 30 cm 이고, 파이프 B의 길이는 800 m, 직경은 45 cm이다. 부차적 손실을 무시한다. 각 파이프의 유량을 구하라.

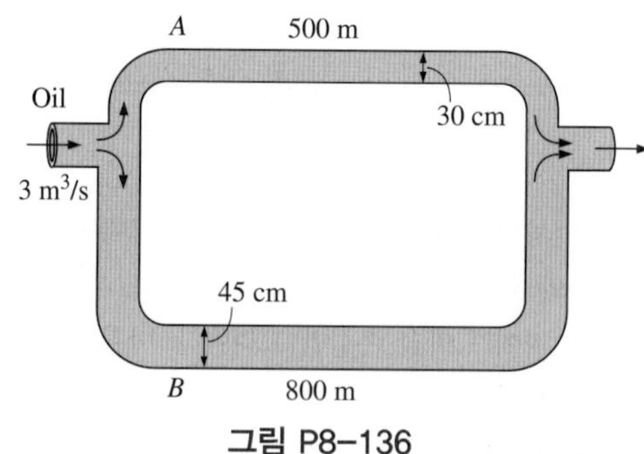

그림 P8–136

8-137 지역난방 시스템의 100 °C 온수 유동에 대하여 문제 8-136을 다시 계산하라.

8-138 높이가 7 m인 수조 하부에 직경 5 cm의 둥글게 잘 처리된 (well-rounded) 구멍을 뚫고 수평 90° 벤드로 물을 방출한다. 벤드 길이의 영향은 무시한다. 운동 에너지 보정계수가 1.05 일 때 (a) 플랜지형 완만한 벤드를 사용한 경우, (b) 베인이 없는 마이터 벤드를 사용한 경우의 방출 유량을 구하라.

답: (a) 19.8 L/s , (b) 15.7 L/s

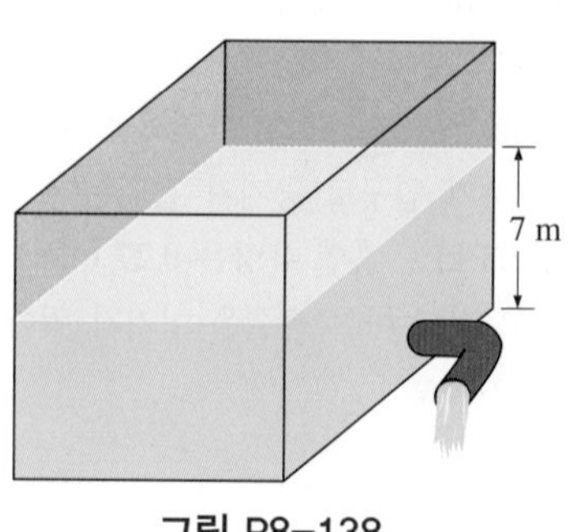

그림 P8–138

8-139 섬유 공장에서 대형 압축기가 20 °C, 1 bar(100 kPa)에서 0.6 m^3/s의 공기를 흡입하여 계기 압력 8 bar(절대 압력 900 kPa)로 압축한다. 이때 동력은 300 kW가 소비된다. 압축된 공기는 표면조도 0.15 mm, 내경 15 cm, 길이 83 m의 아연도금강 파이프를 통하여 평균 온도 60 °C로 소비처로 이송된다. 압축 공기 라인 중에는 손실계수가 0.6인 엘보가 8개 설치되어 있다. 압축기 효율이 85%일 때, 이송 라인에 의한 압력 강하와 손실 동력을 구하라. **답:** 1.40 kPa, 0.125 kW

8-140 문제 8-139를 다시 고려해 보자. 배관 내에서의 수두 손실 및 그에 따라 낭비되는 동력을 줄이기 위해 어떤 사람이 길이가 83 m인 압축 공기 파이프의 직경을 두 배로 할 것을 제안한다. 낭비되는 동력의 감소량을 계산함으로써 이것이 가치 있는 생각인지의 여부를 결정하라. 대체 비용을 고려한다면 이 제안이 의미 있는 것인가?

8-141 20 °C, 400 kPa(gage)의 물이 흐르는 주관(water main)에 주철 파이프를 연결하여 먼 곳에 물을 공급한다. 파이프 입구는 각진 형상을 하고 있고, 길이 15 m 배관 시스템에는 세 개의 베인이 없는 90° 마이터 벤드, 완전개방 게이트 밸브, 개방 시 손실계수 5인 앵글 밸브가 설치되어 있다. 파이프 출구와 주관과 높이차는 무시한다. 75 L/min의 유량을 공급하려면 방출부의 파이프의 최소 직경은 얼마가 되어야 하는가?
답: 1.92 cm

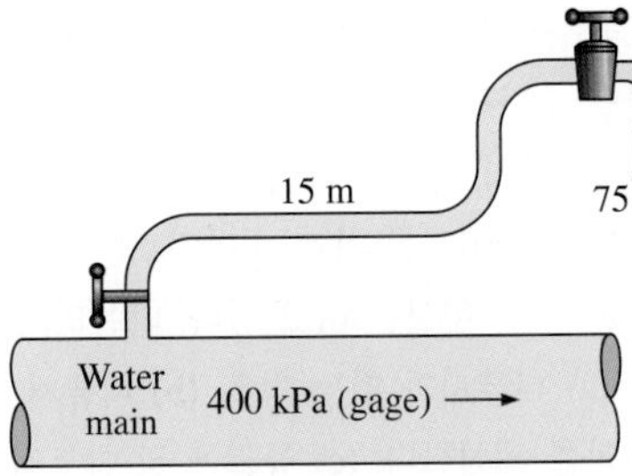

그림 P8-141

8-142 매끈한 플라스틱 파이프에 대하여 문제 8-141을 반복 계산하라.

8-143 수력 발전소에서 길이 200 m, 직경 0.35 m 주철 파이프를 통하여 20 °C 물 0.55 m^3/s를 터빈으로 이송한다. 수조의 자유 표면과 터빈 출구의 높이차는 140 m이고, 터빈 발전기의 연합 효율은 85%이다. 길이 대 직경비가 크므로 부차적 손실을 무시할 때, 이 발전소의 발전량은 얼마인가?

8-144 문제 8-143에서 파이프 손실을 줄이기 위하여 파이프 직경을 세 배 증가시켰다. 이로 인한 발전량 증가율을 구하라.

8-145 내경 $D_1=30$ cm와 $D_2=12$ cm인 두 원통형 탱크를 연결하여 $D_0=5$ mm인 짧은 오리피스의 유량계수를 측정한다. 시험 시작 시($t=0$초) 탱크의 수위는 그림 P8-145에 보이듯이 $h_1=45$ cm, $h_2=15$ cm이다. 두 탱크의 수위가 균일해지기까지 200초가 걸릴 때, 오리피스의 유량계수를 구하라. 유동과 관련된 여타 손실은 무시한다.

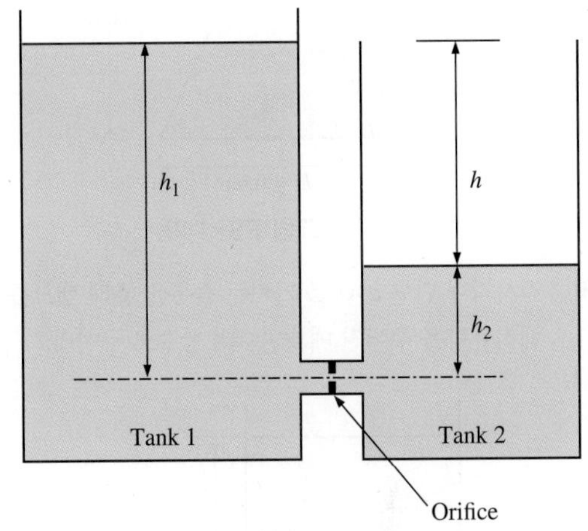

그림 P8-145

8-146 직경 10 m, 높이 2 m 수영장 하부에 직경 5 cm, 길이 25 m 수평 파이프를 설치하여 20 °C 물을 방출한다. 파이프 입구부는 둥글게 잘 처리되어 손실이 없을 때, 초기 방출율과 수조를 완전히 비우는 데 걸리는 시간을 구하라. 파이프의 마찰계수를 0.022로 하고, 초기 방출 속도를 이용하여 이 값이 마찰계수로 적절한지 검토하라. **답:** 3.55 L/s, 24.6 h

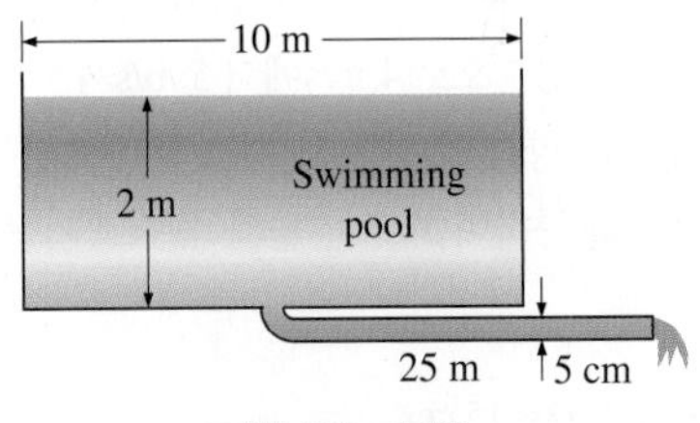

그림 P8-146

8-147 문제 8-146을 다시 고려해 보자. 적절한 소프트웨어를 사용하여 파이프 직경이 수조를 완전히 비우는 데 걸리는 시간에 미치는 영향을 조사하라. 직경을 1에서 10 cm까지 1 cm씩 증가시키며 계산하고, 결과를 표와 선도로 도시하라.

8-148 문제 8-146을 $K_L=0.5$인 각진 파이프에 대하여 반복 계산하라. 이 "부차적 손실(minor loss)"이 정말 "미소(minor)"한지 확인하라.

8-149 그림과 같은 탱크에 물이 채워져 있다. 점성 영향을 무시하고, 점 A에서 1 cm 직경을 갖는 구멍을 통해 탱크를 비우는데 걸리는 총 시간을 구하라. 유량계수 $C_d=0.67$이다.

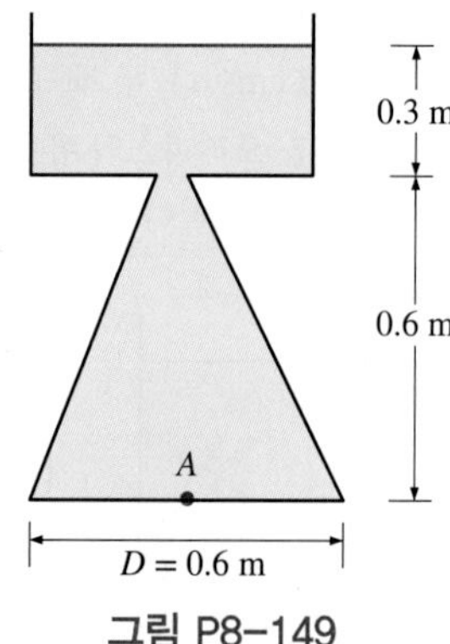

그림 P8–149

8-150 직사각형 단면 $a \times b$를 가지는 슬롯을 통해 탱크를 나가는 총 체적유량을 주어진 매개변수의 함수로 구하라.

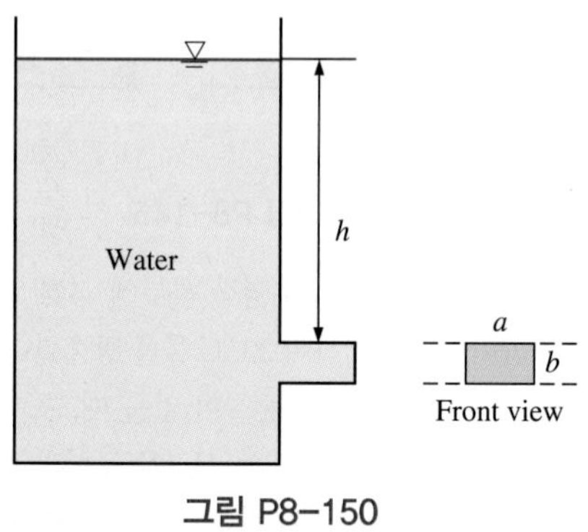

그림 P8–150

8-151 물이 $\dot{V}$=0.5 m³/s의 유량으로 큰 탱크로 지속적으로 들어가고, 큰 직사각형 출구를 통하여 빠져 나간다. 출구 단면의 속도는 수직 방향으로 4 m/s에서 5 m/s까지 선형적으로 변화한다. 탱크가 항상 차 있다면, 탱크 상부에 있는 D=15 cm의 원형 구멍을 통하여 흐르는 물의 속도 크기를 구하라,

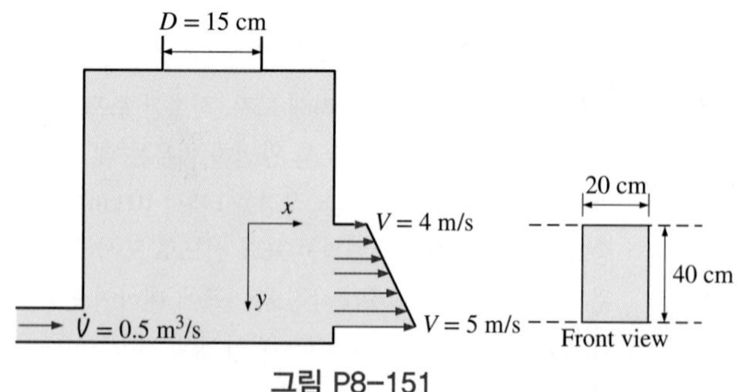

그림 P8–151

8-152 그림 P8-152에서와 같이 물이 대기에 노출된 저수조로부터 직경 D, 총 길이 L, 마찰계수 f인 파이프를 통해 사이펀 된다. 대기압은 99.27 kPa이고 부차적 손실은 무시할 수 있다.

(a) 노즐의 유무에 따른 사이펀의 출구 속도비(V_D/V_C)가 다음 식과 같은 지를 증명한다.

$$V_D/V_C = \sqrt{\left(f\frac{L}{D} + 1\right) \Big/ \left(f\frac{L}{D}\frac{d^4}{D^4} + 1\right)}$$

L=28 m, h_1=1.8 m, h_2=12 m, D=12 cm, d=3 cm, f=0.02에 대해 속도비를 계산하라.

(b) 노즐이 없는 사이펀과 비교하여, 노즐이 있는 사이펀에서는 B에서의 정압이 더 크고, 속도는 더 작다는 것을 보여라. 이러한 결과가 어떻게 유용한지를 설명하라.

(c) 파이프 시스템에서 공동현상을 피하기 위한 h_2의 최대값을 구하라. 물의 밀도와 증기압은 ρ=1000 kg/m³, P_v=4.25 kPa이고 L_1=4 m이다.

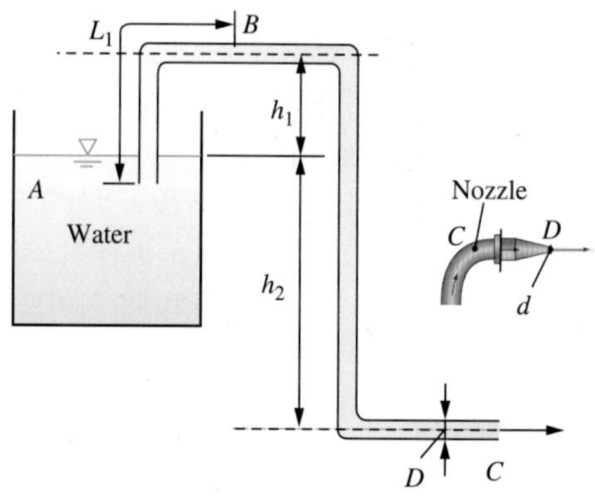

그림 P8–152

8-153 로마의 송수관 사용자들이 파이프 출구에 디퓨저를 부착함으로써 물을 추가적으로 얻었다는 사실은 잘 알려져 있다. 그림은 6 cm 직경의 출구로 확대하는 20° 디퓨저의 유무에 따른 매끈한 입구 파이프를 가지는 저수조를 보여주고 있다. 파이프 입구는 각진 형상을 하고 있다. 다음의 경우에 유량을 계산하라. (a) 디퓨저가 없는 경우, (b) 디퓨저가 있는 경우, 그리고 결과를 해석한다. (c) 둥글게 잘 마무리된 입구의 경우, K_{ent}=0.05, 저수조와 디퓨저가 있는 파이프 입구 사이에서 유량이 얼마나 증가하는가? 20 °C 물의 상태량은 ρ=998 kg/m³, μ=0.001 kg/m · s이다.

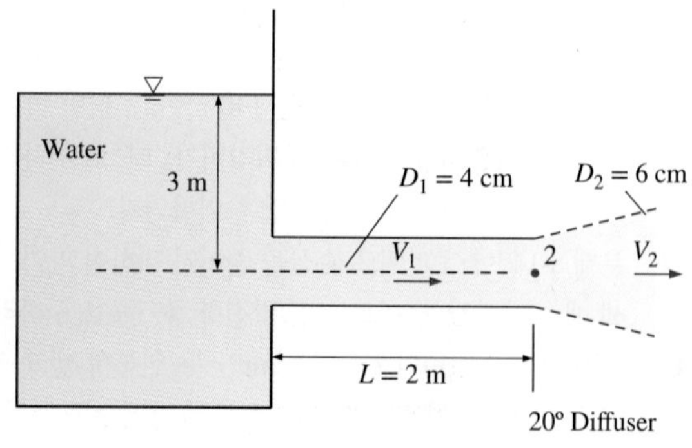

그림 P8–153

8-154 산업체에서 물($\rho=1000$ kg/m^3, $\mu=1.00\times10^{-3}$ kg/m·s)이 어떤 한 큰 탱크로부터 더 높은 위치에 있고, 공장의 다른 부지에 위치한 다른 큰 탱크로 펌프 된다. 두 수조의 자유표면은 모두 대기에 노출되어 있으며, 높이 차는 5.00 m이다. 파이프는 내경이 1.27 cm, PVC 플라스틱 파이프이며, 총 길이는 47.48 m이다. 입구와 출구는 모두 각진 형상을 하고, 또 잠겨있다. 다섯 개의 일반적인 매끈한 플랜지 90° 엘보와 두 개의 완전 개방된 글로브 밸브가 있다. 펌프의 성능(공급 곡선)은 식 $H_{\text{available}}=h_{\text{pump, }u\text{ supply}}=H_0-a\dot{V}^2$으로 근사된다. 여기서 차단 수두 $H_0=18.0$ m, 계수 $a=0.045$ m/LPM^2, 가용 펌프 수두 $H_{\text{available}}$는 미터 단위, 그리고 체적유량 $\dot{V}$는 분당 리터(LPM) 단위이다. 일관성을 유지하기 위하여 $g=9.807$ m/s^2, 완전발달 난류유동에서 $\alpha=1.05$를 사용한다.

(a) 파이프 시스템을 흐르는 물의 체적유량을 예측하라. 주: 특히, 간단한 수정을 하고, 컴퓨터 프로그램을 다시 실행할 필요가 있는 (b)와 (c)에 대하여는 연립방정식 풀이기를 권장한다. 답은 9와 10 LPM 사이에 있어야 한다.

(b) Jennifer는 상사에게 글로브 밸브를 볼 밸브로 바꾸면 유량을 큰 비용 들지 않고 증가시킬 수 있다고 보고했다. (a)번의 계산을 반복하라. (a)번과 비교하여 체적유량을 몇 퍼센트나 증가시킬 수 있는가?

(c) Brad는 또한 전체 파이프 시스템을 내경이 거의 두 배인 ($D=2.54$ cm) PVC 파이프로 대체하자고 권고한다. 이 경우의 체적유량을 예측하라. 여기서 같은 펌프, 같은 파이프의 총 길이(47.48 m), 같은 종류와 수의 엘보를 쓰지만, 유량을 최대로 하기 위해 (b)번과 같이 새로운 시스템에는 두 개의 완전 개방된 볼 밸브를 사용하는 것으로 가정한다. (a)번과 비교하여 체적유량을 몇 퍼센트나 증가시킬 수 있는가?

공학 기초(FE) 시험 문제

8-155 파이프 시스템에서 유량을 조절하기 위해 사용하는 것은 ?
(a) 파이프 (b) 밸브 (c) 피팅
(d) 펌프 (e) 엘보

8-156 Reynolds 수는 다음 비 중 어떤 것인가?
(a) 항력/동력 (b) 부력/점성력
(c) 벽마찰력/점성력 (d) 관성력/중력
(e) 관성력/점성력

8-157 10 °C 물이 3 cm 직경을 가진 파이프 내를 1.25 m/s의 속도로 흐른다. 이 유동의 Reynolds 수는 얼마인가?
(a) 19,770 (b) 23,520 (c) 28,680
(d) 32,940 (e) 36,050

8-158 1기압, 20 °C에서 공기가 직경 3 cm의 튜브 내로 흐른다. 유동이 층류인 채로 유지하기 위한 공기의 최대 속도는? 얼마인가?
(a) 0.87 m/s (b) 0.95 m/s (c) 1.16 m/s
(d) 1.32 m/s (e) 1.44 m/s

8-159 직경이 0.8 cm인 파이프에 유량이 1.15 L/min인 물의 층류 유동을 고려해 보자. 파이프의 중심과 표면 사이 중간에서 물의 속도는 얼마인가?
(a) 0.381 m/s (b) 0.762 m/s (c) 1.15 m/s
(d) 0.874 m/s (e) 0.572 m/s

8-160 10 °C 물이 1.2 cm 직경을 가진 파이프 내를 1.33 L/min의 유량으로 흐른다. 수역학적 입구 길이는 얼마인가?
(a) 0.60 m (b) 0.94 m (c) 1.08 m
(d) 1.20 m (e) 1.33 m

8-161 20 °C의 엔진오일이 직경이 15 cm인 파이프 내를 800 L/min의 유량으로 흐른다. 이 유동에 대한 마찰계수는 얼마인가?
(a) 0.746 (b) 0.533 (c) 0.115
(d) 0.0826 (e) 0.0553

8-162 40 °C의 엔진 오일($\rho=876$ kg/m^3, $\mu=0.2177$ kg/m·s)이 직경 20 cm인 파이프 내를 속도 0.9 m/s로 흐른다. 파이프 길이 20 m에 대한 오일의 압력 강하는 얼마인가?
(a) 3135 Pa (b) 4180 Pa (c) 5207 Pa
(d) 6413 Pa (e) 7620 Pa

8-163 직경이 15 cm인 파이프 내로 물이 1.8 m/s의 속도로 흐른다. 만약 파이프를 따라서 수두 손실이 16 m로 예측된다면, 이 수두 손실을 극복하기 위해 필요한 펌프 동력은?
(a) 3.22 kW (b) 3.77 kW (c) 4.45 kW
(d) 4.99 kW (e) 5.54 kW

8-164 주어진 유동에서 압력 강하가 100 Pa로 결정된다. 동일한 유량에 대해, 만약 파이프의 직경을 절반으로 줄이면 압력 강하는 얼마인가?
(a) 25 Pa (b) 50 Pa (c) 200 Pa
(d) 400 Pa (e) 1600 Pa

8-165 40 °C의 엔진 오일($\rho=876$ kg/m^3, $\mu=0.2177$ kg/m·s)이 직경 20 cm인 파이프 내를 속도 1.6 m/s로 흐른다. 파이프 길이 130 m에 대한 오일의 수두 손실은 얼마인가?
(a) 0.86 m (b) 1.30 m (c) 2.27 m
(d) 3.65 m (e) 4.22 m

8-166 1기압, 25 °C에서 공기가 직경 4 cm의 유리 파이프 내를 속도 7 m/s로 흐른다. 이 유동에 대한 마찰계수는 얼마인가?
(a) 0.0266 (b) 0.0293 (c) 0.0313
(d) 0.0176 (e) 0.0157

8-167 1기압, 350 °C에서 뜨거운 연소가스(공기로 가정한다)가 직경이 16 cm인 철 파이프 내로 3.5 m/s의 속도로 흐른다. 파이

프의 거칠기가 0.045 mm이다. 60 m의 파이프 길이에 대한 압력 강하를 극복하기 위해 필요한 동력은 얼마인가?

(a) 0.55 W (b) 1.33 W (c) 2.85 W
(d) 4.82 W (e) 6.35 W

8-168 1기압, 40 °C에서 공기가 직경이 8 cm인 파이프 내로 2500 L/min의 유량으로 흐른다. Moody 선도로부터 결정된 마찰계수는 0.027이다. 150 m의 파이프 길이에 대한 압력 강하를 극복하기 위해 필요한 동력은 얼마인가?

(a) 310 W (b) 188 W (c) 132 W
(d) 81.7 W (e) 35.9 W

8-169 1기압, 20 °C에서 공기가 60 m 길이의 원형 철 덕트 내로 2200 L/min의 유량으로 흐른다. 덕트의 거칠기는 0.11 mm이다. 파이프 내의 수두 손실이 8 m를 넘지 않기 위하여 필요한 덕트의 최소 직경은 얼마인가?

(a) 5.9 cm (b) 11.7 cm (c) 13.5 cm
(d) 16.1 cm (e) 20.7 cm

8-170 1기압, 20 °C에서 공기가 60 m 길이의 원형 철 덕트 내로 5100 L/min의 유량으로 흐른다. 덕트의 거칠기는 0.25 mm이다. 파이프 내의 압력 강하가 90 Pa를 넘지 않기 위하여 필요한 공기의 최대 속도는 얼마인가?

(a) 3.99 m/s (b) 4.32 m/s (c) 6.68 m/s
(d) 7.32 m/s (e) 8.90 m/s

8-171 배관 시스템에서 밸브는 3.1 m의 수두 손실을 발생시킨다. 만약 유동 속도가 4 m/s라면 이 밸브의 손실계수는 얼마인가?

(a) 1.7 (b) 2.2 (c) 2.9
(d) 3.3 (e) 3.8

8-172 물의 유동 시스템이 180° 벤드(나사식)와 90° 마이터 벤드(베인이 없는)를 포함하고 있다. 물의 속도는 1.2 m/s이다. 이들 벤드에 따른 부차적 손실과 등가인 압력 손실은 얼마인가?

(a) 648 Pa (b) 933 Pa (c) 1255 Pa
(d) 1872 Pa (e) 2600 Pa

8-173 직경이 8 cm, 길이가 33 m인 파이프에 속도 5.5 m/s로 공기가 흐른다. 배관 시스템은 총 부차적 손실 계수가 2.6인 다수의 유동 제한을 포함한다. Moody 선도로부터 얻은 파이프의 마찰 계수는 0.025이다. 이 배관 시스템의 총 수두 손실은 얼마인가?

(a) 13.5 m (b) 7.6 m (c) 19.9 m
(d) 24.5 m (e) 4.2 m

8-174 두 개의 평행 파이프로 갈라지고 다시 하류에서 합쳐지는 파이프를 고려해 보자. 두 개의 평행 파이프는 동일한 길이와 마찰계수를 갖는다. 두 파이프의 직경은 2 cm 및 4 cm이다. 만약 한 파이프의 유량이 10 L/min이라면, 다른 파이프의 유량은 얼마인가?

(a) 10 L/min (b) 3.3 L/min (c) 100 L/min
(d) 40 L/min (e) 56.6 L/min

8-175 두 개의 평행 파이프로 갈라지고 다시 하류에서 합쳐지는 파이프를 고려해 보자. 두 개의 평행 파이프는 동일한 길이와 마찰계수를 갖는다. 두 파이프의 직경은 2 cm 및 4 cm이다. 만약 한 파이프의 수두 손실이 0.5 m라면, 다른 파이프의 수두 손실은 얼마인가?

(a) 0.5 m (b) 1 m (c) 0.25 m
(d) 2 m (e) 0.125 m

8-176 세 개의 평행 파이프로 갈라지고 다시 하류에서 합쳐지는 파이프를 고려해 보자. 세 개의 파이프는 모두 동일한 직경($D=3$ cm)과 마찰계수($f=0.018$)를 갖는다. 파이프 1과 파이프 2의 길이는 각각 5 m 및 8 m이고, 파이프 2와 파이프 3 내의 유속은 각각 2 m/s와 4 m/s이다. 파이프 1에서의 유속은 얼마인가?

(a) 1.75 m/s (b) 2.12 m/s (c) 2.53 m/s
(d) 3.91 m/s (e) 7.68 m/s

8-177 펌프가 물을 배관을 통해 0.1 m^3/min의 유량으로 한 저수지에서 다른 저수지로 옮긴다. 두 저수지 모두 대기에 노출되어 있다. 두 저수지 사이의 높이 차는 35 m이고, 총 수두 손실은 4 m로 예측된다. 만약 모터와 펌프 유닛의 효율이 65%라면, 펌프의 모터에 공급되는 전기 동력은 얼마인가?

(a) 1660 W (b) 1472 W (c) 1292 W
(d) 981 W (e) 808 W

설계 및 논술 문제

8-178 컴퓨터와 같은 전자기기는 일반적으로 송풍기로 냉각된다. 전자기기의 강제 공기 냉각과 송풍기의 선정에 대하여 설명하라.

8-179 배관망과 분기관으로 구성되는 배관 시스템에서 각 파이프 단면에 대한 미지의 유량과 직경을 계산하는 방정식과 어떻게 해를 구했는지를 설명하라. 전기회로에서의 전류와 배관망에서의 유체 유동 간의 유사성을 기술하라.

8-180 높이 h의 원통형 저장조와 직경 D, 길이 L의 소구경관으로 구성된 수직 깔때기를 사용하여 액체의 점성계수를 측정한다. 적절히 가정하여 점성계수를 밀도, 유량과 같은 측정이 손쉬운 값들로 표현하라. 보정계수를 도입할 필요가 있는지 판단하라.

8-181 정원 폭포용 펌프를 선정하고자 한다. 물은 연못 바닥에서 모

으며, 연못의 자유표면과 물이 방출되는 곳의 높이차는 3 m 이다. 또한 물의 유량은 최소 8 L/s는 되어야 한다. 적절한 펌프-모터를 선정하고, 세 곳의 제조사로부터 제품 모델 넘버와 가격을 조사하라. 그 제품을 선정한 이유를 설명하고, 연속 운전을 가정하여 연간 소비 동력 비용을 산정하라.

8-182 물이 직경 30 cm인 플라스틱 파이프를 통하여 높은 위치의 저장조에서 계곡으로 방출된다. 저장조 자유표면과 계곡의 높이차는 70 m이다. 이 물을 이용하여 발전을 하려고 한다. 최대 전력을 생산할 수 있는 발전소를 설계하라. 또한 발전이 방출 수량에 미치는 영향을 조사하라. 발전량을 최대로 하는 방출 수량을 구하라.

CHAPTER

9

유체 유동의 미분해석

이 장에서는 유체 운동의 미분방정식, 즉 질량보존법칙(**연속 방정식**)과 Newton의 제2법칙(**Navier-Stokes 방정식**)을 유도한다. 이들 방정식은 유동장 내의 모든 점에 적용되며, 따라서 유동 영역의 모든 곳에서 상세한 유동해석을 할 수 있다. 안타깝게도 유체역학에서 접하는 대부분의 미분방정식은 매우 풀기 어려우며, 따라서 종종 컴퓨터의 도움이 필요하다. 또한 필요한 경우, 이들 방정식은 상태 방정식이나 에너지 방정식 또는 **종**(species) 수송 방정식과 같은 추가적인 방정식과 연계되어야 한다. 이 장에서는 이들 미분방정식을 풀기 위한 단계별 절차와 간단한 몇몇 예제들에 대한 해석해를 제시한다. 또한 **유동함수**에 대한 개념을 소개한다. 유동함수가 일정한 곡선은 2차원 유동장에서 **유선**임이 밝혀진다.

목표

이 장을 공부하면 다음과 관련된 지식을 얻을 수 있다.

- 질량과 선형운동량보존 법칙에 대한 미분방정식의 유도 방법 및 응용에 대한 이해
- 유동함수와 압력장의 계산, 주어진 속도장에 대한 유선을 도시하는 방법
- 간단한 유동장에 대한 운동방정식의 해석해를 구하는 방법

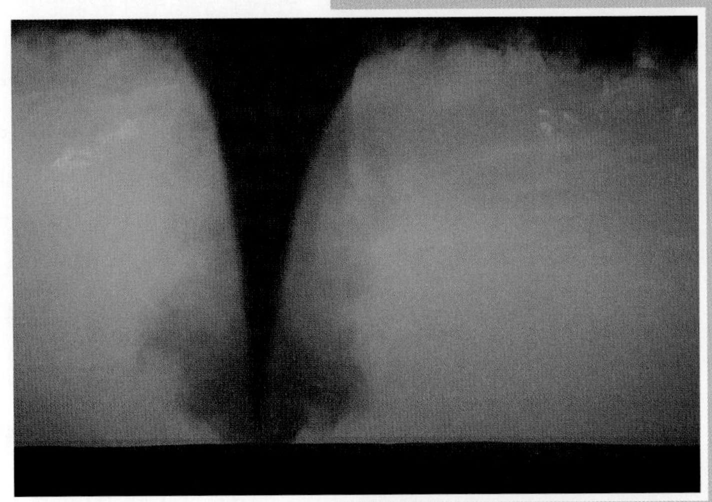

이 장에서는 유체 유동을 지배하는 기본 미분방정식을 유도하고, 몇 가지 간단한 유동에 대해서 이들 방정식을 어떻게 푸는지 보일 것이다. 토네이도에 의해 나타나는 공기 유동과 같이 보다 더 복잡한 유동들은 엄밀해를 얻을 수 없으며, 가끔 어느 정도 정확한 근사해만 얻을 수 있다.
© CORBIS

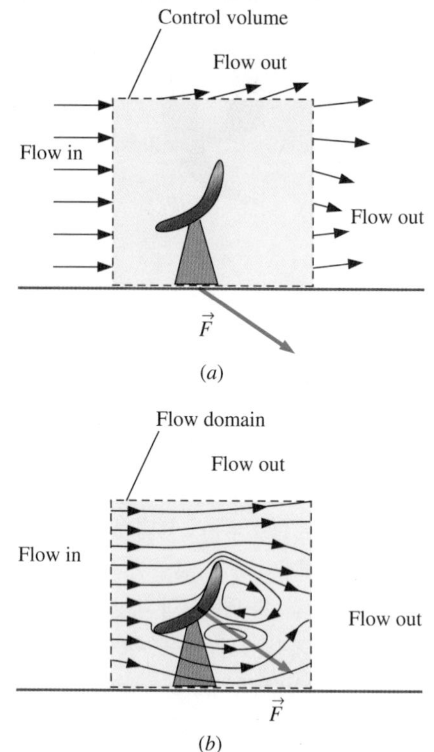

그림 9-1
(*a*) 검사체적 해석에서 검사체적 내부는 블랙박스처럼 취급되지만, (*b*) 미분해석에서는 유동 영역의 **모든** 점에서 상세한 유동해석을 할 수 있다.

9-1 ■ 서론

5장에서는 질량과 에너지보존법칙의 검사체적에 대한 식을 유도하였고, 6장에서는 운동량보존법칙의 검사체적에 대한 식을 유도하였다. 이 검사체적 방법은 검사체적에 출입하는 질량유량이나 물체에 미치는 힘과 같이 유동 전반에 걸친 특성에 관심이 있을 때 유용하다. 한 예로 위성 접시안테나 주변을 흐르는 바람의 유동을 그림 9-1*a*에 나타내었다. 그림과 같이 직사각형 검사체적을 위성 접시안테나 주위에 정한다. 모든 검사표면에서의 공기 속도를 안다면, 형상에 대한 자세한 정보가 없어도 위성 접시안테나에 작용하는 순수 힘을 계산할 수 있다. 검사체적 해석에서 검사체적 내부는 "블랙박스"처럼 취급된다. 검사체적 **내**의 각 점에서 속도나 압력과 같은 자세한 유동특성은 구할 수 **없다**.

그런 반면, **미분해석**은 **유동장**의 **모든** 점에 유체운동의 미분방정식을 적용하는 것이다. 미분해석은 유동장 전체에 걸쳐 배치되어 있는 수백만 개의 미소 검사체적들에 대한 해석으로 간주할 수 있다. 미소 검사체적의 수가 무한대의 극한으로 다가갈 때, 각 검사체적의 크기는 하나의 점으로 줄어들게 되며, 보존방정식들은 유동의 **모든** 점에서 유효한 편미분방정식계가 된다. 이 방정식계를 풀면, **전** 유동영역 내의 모든 점에 대해서 속도, 밀도, 압력 등에 대한 상세한 정보를 얻을 수 있다. 예를 들어, 그림 9-1*b*에서와 같이, 위성 접시안테나 주위의 공기유동에 대한 미분해석은 접시안테나 주위의 유선 모양과 자세한 압력분포 등을 제공한다. 또한 이와 같은 자세한 값들을 적분하면, 위성 접시안테나에 작용하는 순수 힘과 같은 유동의 전체 특성을 구할 수 있다.

그림 9-1에 예시된 것과 같이 공기의 밀도와 온도 변화가 거의 없는 유체유동 문제에서는 질량보존법칙과 Newton의 제 2법칙(선형운동량보존 법칙)의 두 개 미분방정식을 푸는 것으로 충분하다. 3차원 비압축성 유동에는 **4개의 미지수**(속도성분 u, v, w와 압력 P)와 **4개의 방정식**(스칼라 방정식인 질량보존법칙에서 1개, 벡터 방정식인 Newton의 제2법칙에서 3개)이 있다. 이 방정식들은 **연계되어**(coupled) 있으며, 이는 변수들 중 일부가 4개의 방정식 모두에 나타나는 것을 의미한다. 따라서 이들 미분방정식은 4개의 미지수에 대해 동시에 풀어야 한다. 또한 입구, 출구 및 벽면을 포함한 **유동장의 모든 경계**에서 변수들에 대한 **경계조건**이 설정되어야 한다. 끝으로 유동이 비정상 상태인 경우, 유동장이 변하므로 시간에 따라 전진하면서 해를 풀어야 한다. 독자들은 앞으로 유체유동의 미분해석이 얼마나 복잡하고, 어려운지 알 수 있을 것이다. 따라서 15장에서 논의하겠지만, 컴퓨터가 이런 측면에서 매우 큰 도움이 된다. 그럼에도 불구하고 해석적으로 할 수 있는 것도 많으며, 따라서 질량보존법칙에 대한 미분방정식을 유도하는 것으로 다음 절을 시작한다.

9-2 ■ 질량 보존–연속방정식

Reynolds 수송정리(4장)를 적용하여 구한, 검사체적에 대한 질량보존법칙의 일반식은 다음과 같다.

검사체적에 대한 질량보존법칙: $$0 = \int_{CV} \frac{\partial \rho}{\partial t}\, dV + \int_{CS} \rho \vec{V} \cdot \vec{n}\, dA \quad \textbf{(9-1)}$$

이 식에서 속도벡터가 **절대**속도(고정된 관찰자에 의해 보이는)이면, 식 (9-1)은 고정된 혹은 움직이는 검사체적 모두에 대해 유효함을 상기한다. 입구와 출구가 잘 정의되어 있을 경우, 식 (9-1)을 다시 쓰면 다음과 같다.

$$\int_{CV} \frac{\partial \rho}{\partial t}\, dV = \sum_{in} \dot{m} - \sum_{out} \dot{m} \quad \textbf{(9-2)}$$

이 식은 검사체적 내의 순수 질량변화율은 검사체적으로 유입하는 질량유량에서 검사체적에서 유출하는 질량유량을 뺀 것과 같다는 것을 의미한다. 식 (9-2)는 크기에 관계없이 **어떤** 검사체적에도 적용된다. 질량보존법칙을 만족하는 미분방정식을 유도하기 위하여 검사체적을 dx, dy, dz의 치수를 가지는 미소 크기로 축소시킨다고 생각해보자(그림 9-2). 극한으로 가면, 모든 검사체적은 유동 내 **한 점**으로 줄어들게 된다.

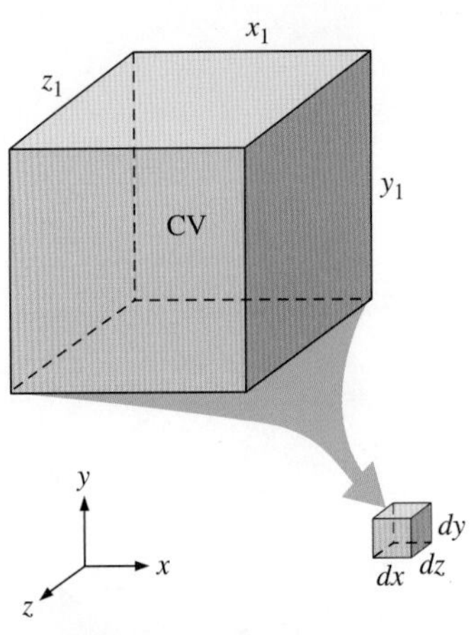

그림 9-2
미분 보존 방정식을 유도하기 위하여 검사체적을 미소 크기로 축소시킨다고 상상한다.

발산정리를 이용한 유도

질량보존법칙의 미분형을 유도하는 가장 빠르고, 손쉬운 방법은 식 (9-1)에 **발산정리**(divergence theorem)를 적용하는 것이다. 발산정리는 **Gauss 정리**(Gauss's theorem)라고도 하며, 독일의 수학자인 Johann Carl Friedrich Gauss(1777-1855)의 이름을 따서 명명되었다. 발산정리는 벡터 발산(divergence of a vector)의 체적적분을 그 체적을 정의하는 면에 대한 면적분으로 변환하는 것을 말한다. 어떤 벡터 $\vec{G}$에 대해 $\vec{\nabla} \cdot \vec{G}$를 $\vec{G}$의 **발산**이라고 정의하면, 발산정리는 다음과 같다.

발산정리: $$\int_V \vec{\nabla} \cdot \vec{G}\, dV = \oint_A \vec{G} \cdot \vec{n}\, dA \quad \textbf{(9-3)}$$

여기서 면적분 기호의 원은, 그 적분이 체적 V를 둘러싸는 **닫힌 면적**(closed area) A에 대해 수행된다는 것을 강조하기 위하여 사용된다. 적분기호에 원을 표시하지 않더라도, 식 (9-1)의 검사면은 닫힌 면적임에 유의하라. 식 (9-3)은 임의의 체적에 대해 적용되므로, 식 (9-1)의 검사체적을 선택한다. 또한 $\vec{G}$도 임의의 벡터이므로, $\vec{G} = \rho\vec{V}$라고 정의한다. 식 (9-3)을 식 (9-1)에 대입하면 다음과 같이 면적분이 체적적분으로 변환된다.

$$0 = \int_{CV} \frac{\partial \rho}{\partial t}\, dV + \int_{CV} \vec{\nabla} \cdot (\rho \vec{V})\, dV$$

이제 두 체적적분을 하나로 합하면 다음과 같이 된다.

$$\int_{CV} \left[\frac{\partial \rho}{\partial t} + \vec{\nabla} \cdot (\rho \vec{V}) \right] dV = 0 \quad \textbf{(9-4)}$$

마지막으로 식 (9-4)는 검사체적의 크기나 형상에 무관하게 어떤 검사체적에도 적용할 수 있어야 한다. 이는 대괄호 안의 피적분함수가 0인 경우에만 가능하다. 따라서 **연속방정식**(continuity equation)으로 더 잘 알려진, 질량보존법칙에 대한 일반적인 미분방정식을 다음과 같이 얻는다.

연속방정식: $$\frac{\partial \rho}{\partial t} + \vec{\nabla}\cdot(\rho \vec{V}) = 0 \quad \textbf{(9-5)}$$

유도과정에서 비압축성 유동을 가정하지 않았으므로, 식 (9-5)는 압축성 형태의 연속방정식이며, 유동장 내의 모든 점에 적용할 수 있다.

미소 검사체적을 이용한 유도

이번에는 연속방정식을 다른 방법으로 유도해 보자. 먼저 질량보존법칙을 적용할 검사체적으로부터 시작한다. 검사체적은 직교좌표계의 축에 맞춰 정렬된 미소 크기의 상자 모양으로 고려하자(그림 9-3). 상자의 치수는 dx, dy, dz이고, 상자의 중심은 임의의 점 P에 위치한다(상자는 유동장 내 어디에나 존재할 수 있다). 상자 중심에서의 밀도를 ρ, 속도성분을 u, v, w로 정의한다. 상자의 중심에서 떨어진 점에 대해서는 상자 중심(점 P)에 관한 **테일러급수 전개**(Taylor series expansion)를 이용한다. [급수는 영국의 수학자 Brook Taylor(1685-1731)의 이름을 따서 명명되었다.] 예를 들어 상자의 오른쪽 면의 중심이 상자의 중심에서 x 방향으로 $dx/2$만큼 떨어져 있을 때, 이 점에서 ρu의 값은 다음과 같다.

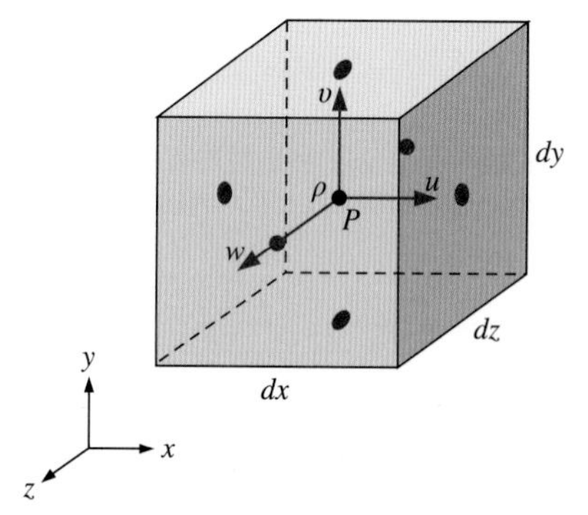

그림 9–3
중심이 점 P인 작은 상자 모양의 검사체적은 직교좌표계에서 질량보존법칙에 대한 미분방정식을 유도하는 데 사용된다. 빨간 점은 각 면의 중심을 표시한다.

$$(\rho u)_{\text{center of right face}} = \rho u + \frac{\partial(\rho u)}{\partial x}\frac{dx}{2} + \frac{1}{2!}\frac{\partial^2(\rho u)}{\partial x^2}\left(\frac{dx}{2}\right)^2 + \cdots \quad \textbf{(9-6)}$$

또한 검사체적을 나타내는 상자가 하나의 점으로 줄어들 때, 2차 이상의 고차 항은 무시할 수 있다. 예를 들어 $dx/L = 10^{-3}$이라고 가정하자. 여기서 L은 유동장 내의 어떤 특성 길이 척도이다. 그러면 $(dx/L)^2 = 10^{-6}$이고, 이 값은 dx/L에 비해 천 배나 더 작은 값이다. 사실 dx가 작을수록 2차 항을 무시할 수 있다는 가정은 더 잘 맞는다. 이 절단된 테일러급수(truncated Taylor series)를, 밀도와 상자의 여섯 면 각각의 중심점에서의 수직속도 성분의 곱에 적용시키면 다음을 얻을 수 있다.

오른쪽 면의 중심: $$(\rho u)_{\text{center of right face}} \cong \rho u + \frac{\partial(\rho u)}{\partial x}\frac{dx}{2}$$

왼쪽 면의 중심: $$(\rho u)_{\text{center of left face}} \cong \rho u - \frac{\partial(\rho u)}{\partial x}\frac{dx}{2}$$

앞면의 중심: $$(\rho w)_{\text{center of front face}} \cong \rho w + \frac{\partial(\rho w)}{\partial z}\frac{dz}{2}$$

뒷면의 중심: $$(\rho w)_{\text{center of rear face}} \cong \rho w - \frac{\partial(\rho w)}{\partial z}\frac{dz}{2}$$

윗면의 중심: $$(\rho v)_{\text{center of top face}} \cong \rho v + \frac{\partial(\rho v)}{\partial y}\frac{dy}{2}$$

아랫면의 중심: $$(\rho v)_{\text{center of bottom face}} \cong \rho v - \frac{\partial(\rho v)}{\partial y}\frac{dy}{2}$$

각 면에 출입하는 질량유량은, 해당면의 중심점에서의 밀도와 그 면에 수직한 속도 성분과 그 면의 면적의 곱과 같다. 즉 $\dot{m} = \rho V_n A$이다. 여기서 V_n은 면을 통과하는 수직속도의 크기이고, A는 면의 면적이다(그림 9-4). 미소 검사체적의 각 면을 통과하는 질량유량은 그림 9-5에 나타나 있다. 여기서 나머지(수직이 아닌) 속도성분에 대해서도 절단된 테일러 급수전개를 각 면의 중심에 적용할 수 있다. 그러나 이와 같은 급수전개는 이들 성분이 각 면에 **접선방향**이므로 필요하지 않다. 예를 들어 오른쪽 면의 중심에서의 ρv 값은 유사한 급수전개에 의해 계산될 수 있다. 그러나 v는 상자의 오른쪽 면에 접선방향이므로 면에 출입하는 질량유량에 영향을 미치지 못한다.

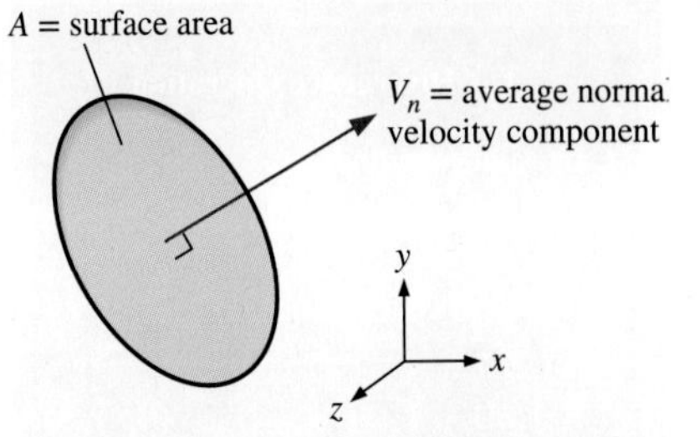

A = surface area

V_n = average normal velocity component

그림 9–4
면을 통과하는 질량유량은 $\rho V_n A$와 같다.

검사체적이 한 점으로 줄어들 때, 상자의 체적이 $dx\,dy\,dz$이므로 식 (9-2)의 좌변의 체적적분 값은 다음과 같이 된다.

검사체적 내의 질량변화율:

$$\int_{CV} \frac{\partial \rho}{\partial t}\, dV \cong \frac{\partial \rho}{\partial t}\, dx\, dy\, dz \tag{9-7}$$

이제 그림 9-5의 근사식들을 식 (9-2)의 우변에 적용해보자. 먼저 검사체적을 출입하는 모든 질량유량을 더한다. 왼쪽, 아래쪽 그리고 뒤쪽 면을 통해서는 질량이 **유입**되므로, 식 (9-2)의 우변의 첫 번째 항은 다음과 같이 된다.

검사체적으로 유입되는 순 질량유량:

$$\sum_{\text{in}} \dot{m} \cong \underbrace{\left(\rho u - \frac{\partial(\rho u)}{\partial x}\frac{dx}{2}\right) dy\, dz}_{\text{left face}} + \underbrace{\left(\rho v - \frac{\partial(\rho v)}{\partial y}\frac{dy}{2}\right) dx\, dz}_{\text{bottom face}} + \underbrace{\left(\rho w - \frac{\partial(\rho w)}{\partial z}\frac{dz}{2}\right) dx\, dy}_{\text{rear face}}$$

비슷하게 오른쪽, 위쪽 그리고 앞쪽 면을 통해서는 질량이 **유출**하므로, 식 (9-2)의 우변의 두 번째 항은 다음과 같이 된다.

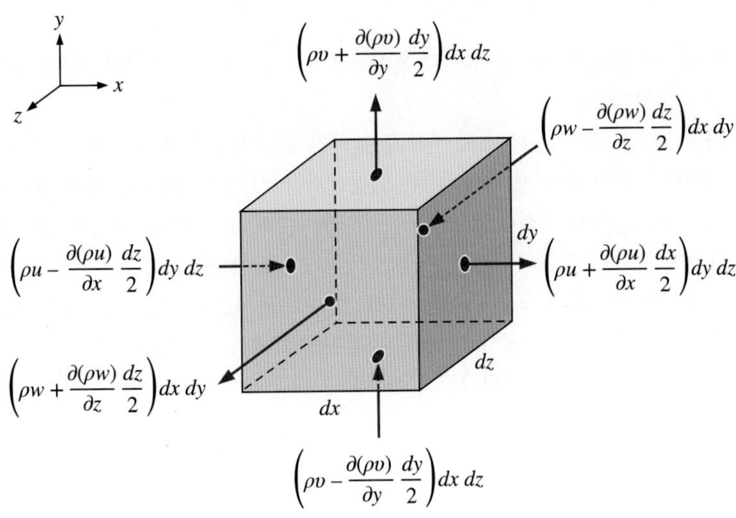

그림 9–5
미소 검사체적의 각 면을 출입하는 질량유량. 빨간 점은 각 면의 중심을 표시한다.

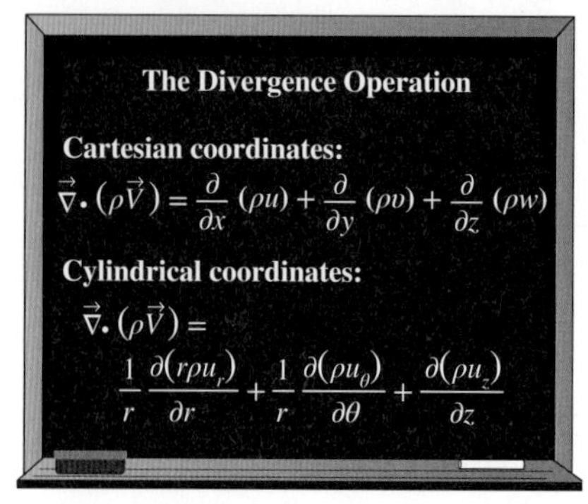

그림 9-6
직교좌표계와 원통좌표계에서의 발산 (divergence) 연산.

검사체적에서 유출하는 순 질량유량:

$$\sum_{\text{out}} \dot{m} \cong \underbrace{\left(\rho u + \frac{\partial(\rho u)}{\partial x}\frac{dx}{2}\right) dy\, dz}_{\text{right face}} + \underbrace{\left(\rho v + \frac{\partial(\rho v)}{\partial y}\frac{dy}{2}\right) dx\, dz}_{\text{top face}} + \underbrace{\left(\rho w + \frac{\partial(\rho w)}{\partial z}\frac{dz}{2}\right) dx\, dy}_{\text{front face}}$$

식 (9-7)과 질량유량에 대한 위의 두 식을 식 (9-2)에 대입한다. 많은 항들이 서로 상쇄되므로, 나머지 항들을 모아서 간단하게 정리하면 다음과 같다.

$$\frac{\partial \rho}{\partial t} dx\, dy\, dz = -\frac{\partial(\rho u)}{\partial x} dx\, dy\, dz - \frac{\partial(\rho v)}{\partial y} dx\, dy\, dz - \frac{\partial(\rho w)}{\partial z} dx\, dy\, dz$$

여기서 상자의 체적 $dx\, dy\, dz$는 모든 항에 나타나므로 소거할 수 있다. 다시 정리하면, 다음과 같은 직교좌표계에서의 질량보존법칙에 대한 미분방정식을 구할 수 있다.

직교좌표계에서의 연속방정식:

$$\frac{\partial \rho}{\partial t} + \frac{\partial(\rho u)}{\partial x} + \frac{\partial(\rho v)}{\partial y} + \frac{\partial(\rho w)}{\partial z} = 0 \qquad \textbf{(9-8)}$$

식 (9-8)은 직교좌표계에서 압축성 형태의 연속방정식이다. 발산 연산(divergence operation, 그림 9-6)을 이용하면, 보다 간단한 형태로 나타낼 수 있으며, 그 결과는 식 (9-5)와 동일하다.

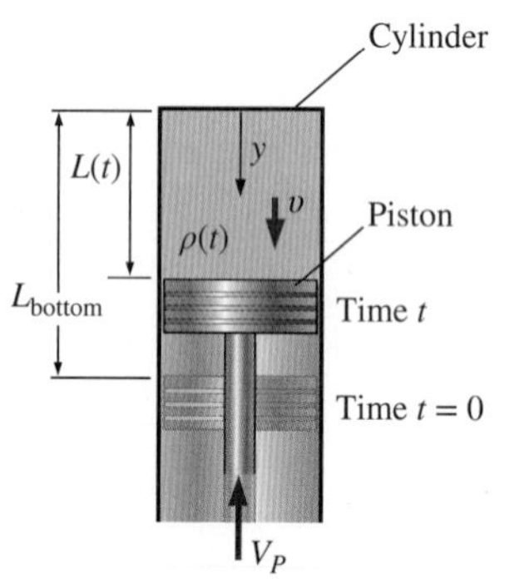

그림 9-7
연료와 공기는 내연기관 실린더 내의 피스톤에 의해서 압축된다.

예제 9-1 공기-연료 혼합물의 압축

내연기관에서는 실린더 안의 피스톤에 의해 공기-연료 혼합물이 압축된다(그림 9-7). y 좌표축의 원점은 실린더의 상단이며, 그림에 보이는 것처럼 y축은 아래쪽으로 향한다. 피스톤은 일정 속도 V_P로 위로 움직인다고 가정하자. 또한 실린더 상단과 피스톤 사이의 거리 L은 시간에 따라 선형적으로($L = L_{\text{bottom}} - V_P t$) 감소한다고 가정하자. 여기서 L_{bottom}은 그림 9-7에서 보듯이 $t=0$일 때의 사이클 바닥에서의 피스톤 위치이다. $t=0$에서 실린더 안의 공기-연료 혼합물의 밀도는 어떤 위치에서든지 $\rho(0)$이다. 피스톤이 위로 움직이는 동안 시간과 주어진 매개변수에 대한 함수로 공기-연료 혼합물의 밀도를 구하라.

풀이 이 문제에서는 공기-연료 혼합물의 밀도를 시간과 주어진 매개변수에 대한 함수로 구하고자 한다.

가정 **1** 밀도는 시간에 대해 변하지만, 공간에 대해 변하지 않는다. 즉 밀도는 주어진 시간에서 실린더 내 어떤 위치에서든 일정하지만, 시간에 따라서는 변화한다: $\rho = \rho(t)$. **2** 속도 성분 v는 y와 t의 함수이지만, x와 z의 함수는 아니다. 즉 $v = v(y, t)$ 이다. **3** $u = w = 0$ **4** 압축하는 동안, 실린더 내에서 질량이 새나가지 않는다.

해석 첫 번째로 속도 성분 v를 y와 t의 함수로 표시한다. 명백히 $y=0$일 때 $v=0$이며(실린더 상단에서), $y=L$에서 $v=-V_P$이다. 단순화하기 위하여, v는 이 두 가지의 경계조건 사이에서 선형적으로 변한다고 가정하자.

수직 속도 성분:

$$v = -V_P \frac{y}{L} \qquad \textbf{(1)}$$

여기서 L은 시간의 함수이다. 이 문제의 해를 구하는데, 직교좌표계의 압축성 연속방정식 [식 (9-8)]을 사용한다.

$$\frac{\partial \rho}{\partial t} + \underbrace{\frac{\partial(\rho u)}{\partial x}}_{0 \text{ since } u=0} + \frac{\partial(\rho v)}{\partial y} + \underbrace{\frac{\partial(\rho w)}{\partial z}}_{0 \text{ since } w=0} = 0 \quad \rightarrow \quad \frac{\partial \rho}{\partial t} + \frac{\partial(\rho v)}{\partial y} = 0$$

가정 1로부터 밀도는 y의 함수가 아니며, 따라서 y 미분연산자 밖으로 나갈 수 있다. v 대신 식 (1)을, L 대신 주어진 식을 대입하고 미분하여, 간단히 만들면 다음 식을 얻을 수 있다.

$$\frac{\partial \rho}{\partial t} = -\rho\frac{\partial v}{\partial y} = -\rho\frac{\partial}{\partial y}\left(-V_P\frac{y}{L}\right) = \rho\frac{V_P}{L} = \rho\frac{V_P}{L_{\text{bottom}} - V_P t} \tag{2}$$

다시 가정 1에 따라 식 2의 $\partial\rho/\partial t$를 $d\rho/dt$로 바꾼 후 변수분리법을 사용하면, 다음과 같이 해석적으로 적분할 수 있는 식을 구한다.

$$\int_{\rho=\rho(0)}^{\rho}\frac{d\rho}{\rho} = \int_{t=0}^{t}\frac{V_P}{L_{\text{bottom}} - V_P t}\,dt \quad \rightarrow \quad \ln\frac{\rho}{\rho(0)} = \ln\frac{L_{\text{bottom}}}{L_{\text{bottom}} - V_P t} \tag{3}$$

마지막으로, 다음과 같이 ρ에 대한 식을 시간의 함수로 구할 수 있다.

$$\rho = \rho(0)\frac{L_{\text{bottom}}}{L_{\text{bottom}} - V_P t} \tag{4}$$

식 (4)를 무차원화하면, 다음과 같게 된다.

$$\frac{\rho}{\rho(0)} = \frac{1}{1 - V_P t/L_{\text{bottom}}} \quad \rightarrow \quad \rho^* = \frac{1}{1 - t^*} \tag{5}$$

여기서 $\rho^* = \rho/\rho(0)$이며 $t^* = V_P t/L_{\text{bottom}}$이다. 식 (5)는 그림 9-8에 도시되어 있다.

토의 $t^*=1$일 때, 피스톤은 실린더의 상단에 도달하고, 밀도는 무한대가 된다. 실제 내연기관 엔진에서는, 피스톤은 실린더 상단에 도달하기 직전에 멈추며, 이때 피스톤과 실린더 상단 사이의 공간을 **간극 체적**이라고 부른다. 이 간극 체적은 실린더 최대 부피의 4~12% 정도를 차지한다. 사실, 실린더 안에서 밀도가 일정하다는 가정은 이 해석의 단점이다. 실제로는 밀도 ρ가 공간과 시간의 함수일 것이다.

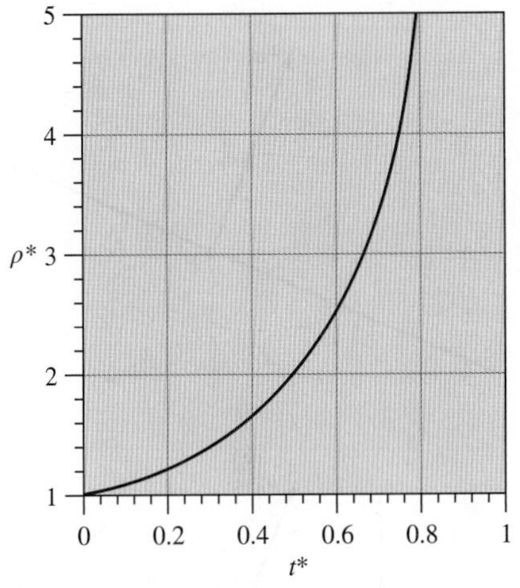

그림 9–8
무차원 시간의 함수로 나타낸 무차원 밀도 (예제 9-1).

연속 방정식의 다른 형태

발산항에 벡터곱의 법칙(product rule)을 적용하여 식 (9-5)를 전개하면 다음과 같다.

$$\frac{\partial \rho}{\partial t} + \vec{\nabla}\cdot(\rho\vec{V}) = \underbrace{\frac{\partial \rho}{\partial t} + \vec{V}\cdot\vec{\nabla}\rho}_{\text{Material derivative of } \rho} + \rho\vec{\nabla}\cdot\vec{V} = 0 \tag{9-9}$$

식 (9-9)에 **물질도함수**(material derivative)가 나타나는 것을 알 수 있다(4장 참조). 이 식을 ρ로 나누면 다른 형태의 압축성 연속방정식을 얻을 수 있다.

연속방정식의 다른 형태: $$\frac{1}{\rho}\frac{D\rho}{Dt} + \vec{\nabla}\cdot\vec{V} = 0 \tag{9-10}$$

식 (9-10)은 유동장을 통과하는 유체요소(이를 **물질요소**라 부른다)를 따라갈 때, $\vec{\nabla}\cdot\vec{V}$의

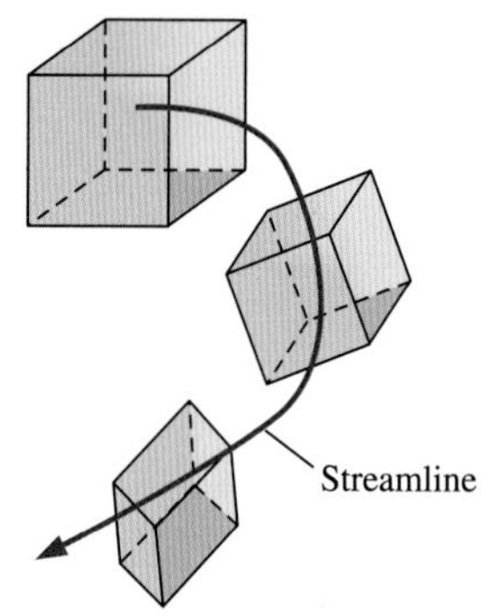

그림 9–9
유동장을 통과하여 물질요소가 운동할 때, 밀도는 식 (9-10)에 따라 변한다.

변화에 따라 밀도가 변하는 것을 보여준다(그림 9-9). 한편, 물질요소의 밀도 변화가 $\vec{\nabla}\cdot\vec{V}$의 속도구배 크기에 비해 무시할 수 있을 만큼 작다면, $\rho^{-1}D\rho/Dt \cong 0$와 같이 되고, 이와 같은 유동을 **비압축성**으로 근사할 수 있다.

원통좌표계에서의 연속 방정식

유체역학의 많은 문제들은 직교좌표계보다 **원통좌표계**(r, θ, z) [혹은 **원통 극좌표계** (cylindrical polar coordinates)라 불린다]에서 풀기가 더 편리하다. 편의상 먼저 2차원에서의 원통좌표계를 고려한다(그림 9-10*a*). 일반적으로 r은 원점에서 임의의 점(P)까지의 반경 길이이고, θ는 x축으로부터의 각도이다(θ는 수학적으로 반시계방향이 항상 양으로 정의된다). 그림 9-10*a*는 속도성분 u_r, u_θ와 단위 벡터 $\vec{e}_r$, $\vec{e}_\theta$를 보여준다. 3차원에서는 그림 9-10*a*의 모든 선분들을 z축을 따라 임의의 거리 z만큼 지면 밖으로(xy면에 수직으로) 이동한다고 생각하면 된다. 이를 그려보면 그림 9-10*b*와 같다. 3차원에서는, 그림 9-10*b*에 나타난 것과 같이, 세 번째 속도성분 u_z와 세 번째 단위벡터 $\vec{e}_z$가 추가된다.

그림 9-10으로부터 다음과 같은 좌표 변환을 수행할 수 있다.

좌표 변환: $$r = \sqrt{x^2 + y^2} \quad x = r\cos\theta \quad y = r\sin\theta \quad \theta = \tan^{-1}\frac{y}{x} \qquad \textbf{(9-11)}$$

여기서 z 좌표는 원통과 직교 좌표계에서 동일하다.

원통좌표계에서 연속방정식을 표현하는 데는 두 가지 방법이 있다. 첫 번째는 식 (9-5)가 좌표계에 관계없이 유도되었으므로, 이 식을 직접 사용하는 방법이다. 이 방법에서는 단순히 벡터 미적분학 교재에 나오는 원통좌표계에서의 발산 연산자 식을 이용하면 된다(예를 들면 Spiegel, 1996; 그림 9-6도 참조하라). 두 번째는 원통좌표계에서 3차원의 미소 유체요소를 그리고, 앞서의 직교좌표계에서 했던 것과 비슷하게 그 요소를 출입하는 질량유량을 분석하는 방법이다. 결과적으로 두 방법 모두 다음 식으로 귀결된다.

원통 좌표계에서의 연속 방정식: $$\frac{\partial\rho}{\partial t} + \frac{1}{r}\frac{\partial(r\rho u_r)}{\partial r} + \frac{1}{r}\frac{\partial(\rho u_\theta)}{\partial\theta} + \frac{\partial(\rho u_z)}{\partial z} = 0 \qquad \textbf{(9-12)}$$

두 번째 방법의 자세한 내용은 Fox와 McDonald(1998)에서 찾아볼 수 있다.

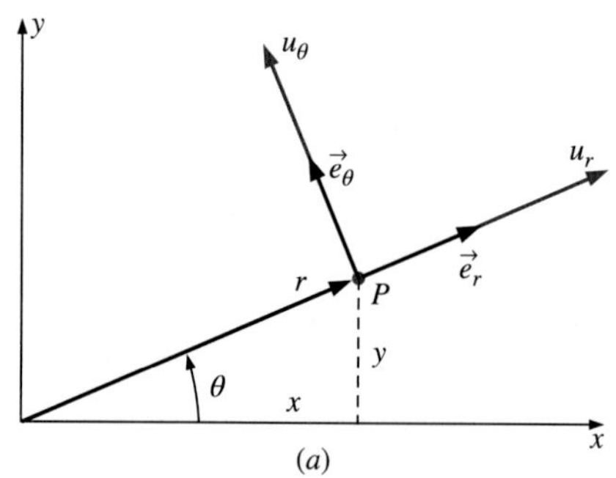

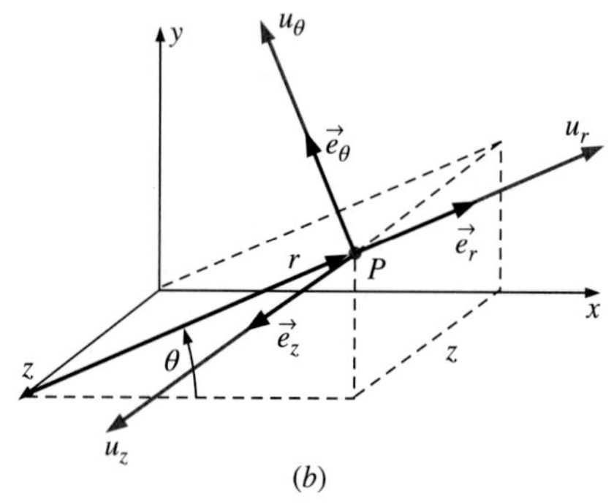

그림 9–10
원통좌표계에서의 속도 성분과 단위 벡터. (*a*) xy면 또는 $r\theta$면에서의 2차원 유동, (*b*) 3차원 유동.

연속 방정식의 특수한 경우

지금부터 연속방정식의 두 가지 특수한 경우, 또는 단순화시키는 경우를 살펴보자. 특히 먼저 정상상태, 압축성 유동을 고려하고, 다음으로 비압축성 유동을 고려한다.

특수한 경우 1 : 정상상태, 압축성 유동

유동이 압축성이지만 정상상태이면, 모든 변수에 대한 $\partial/\partial t$는 0이다. 따라서 식 (9-5)는 다음과 같이 줄어든다.

정상상태 연속방정식: $$\vec{\nabla}\cdot(\rho\vec{V}) = 0 \qquad \textbf{(9-13)}$$

직교좌표계에서 식 (9-13)은 다음과 같이 쓸 수 있다.

$$\frac{\partial(\rho u)}{\partial x}+\frac{\partial(\rho v)}{\partial y}+\frac{\partial(\rho w)}{\partial z}=0 \qquad \textbf{(9-14)}$$

원통좌표계에서 식 (9-13)은 다음과 같이 쓸 수 있다.

$$\frac{1}{r}\frac{\partial(r\rho u_r)}{\partial r}+\frac{1}{r}\frac{\partial(\rho u_\theta)}{\partial \theta}+\frac{\partial(\rho u_z)}{\partial z}=0 \qquad \textbf{(9-15)}$$

특수한 경우 2 : 비압축성 유동

유동을 비압축성으로 근사하면, 밀도는 시간이나 공간의 함수가 아니다. 따라서 식 (9-5)에서 비정상항은 사라지고 ρ는 발산 연산자 밖으로 나오게 된다. 따라서 식 (9-5)는 다음과 같이 줄어든다.

비압축성 연속방정식: $$\vec{\nabla}\cdot\vec{V}=0 \qquad \textbf{(9-16)}$$

만약 식 (9-10)에서 시작하고, 앞서 지적한 바와 같이 비압축성 유동에서는 유체입자를 따라 감지할 수 있을 정도의 밀도 변화가 없다는 것을 인지하면, 역시 같은 결과를 얻을 수 있다. 즉 ρ의 물질도함수는 영이며, 식 (9-10)은 바로 식 (9-16)으로 귀결된다.

식 (9-16)에 시간 도함수(time derivative)가 없어진 것을 볼 수 있다. 이로부터 **식 (9-16)은 유동이 비정상상태라 할지라도, 시간을 따라 어떤 순간에도 적용된다**고 할 수 있다. 물리적으로 이는 비압축성 유동장의 일부에서 속도장이 변화하면, 나머지 유동장은 식 (9-16)을 항상 만족하도록 속도장 변화에 맞춰 즉시 조정된다는 것을 의미한다. 이는 압축성 유동에서는 해당되지 않는다. 사실 유동장 일부에 나타나는 교란은, 그 교란에서 방출한 음파가 일정거리 밖의 유체입자에 도달하기 전까지는, 그 유체입자에 의해 감지되지 않는다. 사실 총이나 폭발 등으로부터의 큰 소음은 음속보다 더 **빠르게** 움직이는 **충격파**(shock wave)를 발생시킨다. (폭발시 발생한 충격파가 그림 9-11에 예시되어 있다.) 압축성 유동에서의 충격파는 12장에서 논의한다.

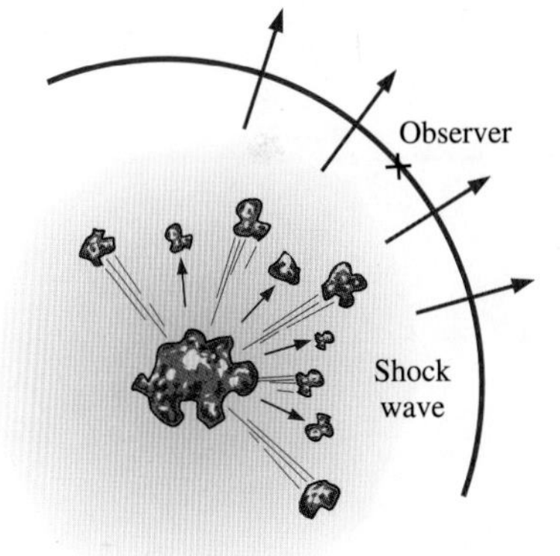

그림 9–11
폭발로 인한 교란은 충격파가 관측자에게 도착하기 전까지는 감지하지 못한다.

직교좌표계에서 식 (9-16)은 다음과 같이 쓸 수 있다.

직교좌표계에서의 비압축성 연속방정식: $$\frac{\partial u}{\partial x}+\frac{\partial v}{\partial y}+\frac{\partial w}{\partial z}=0 \qquad \textbf{(9-17)}$$

식 (9-17)은 아마 앞으로 가장 자주 접하게 될 형태의 연속방정식일 것이다. 이는 정상상태 또는 비정상상태의 비압축성, 3차원 유동에 적용되며 잘 기억해두기 바란다.

원통좌표계에서 식 (9-16)은 다음과 같다.

원통좌표계에서의 비압축성 연속방정식: $$\frac{1}{r}\frac{\partial(r u_r)}{\partial r}+\frac{1}{r}\frac{\partial(u_\theta)}{\partial \theta}+\frac{\partial(u_z)}{\partial z}=0 \qquad \textbf{(9-18)}$$

예제 9–2 압축성 수축덕트의 설계

고속 풍동을 위한 2차원 수축덕트(converging duct)를 설계한다. 덕트의 바닥면은 수평이고 평평하며, 윗면은 축방향 풍속 u가 단면 (1)에서 $u_1=100$ m/s로부터 단면 (2)에서 $u_2=300$ m/s까지 선형적으로 증가하도록 곡면을 이루고 있다(그림 9-12). 반면에, 공기의

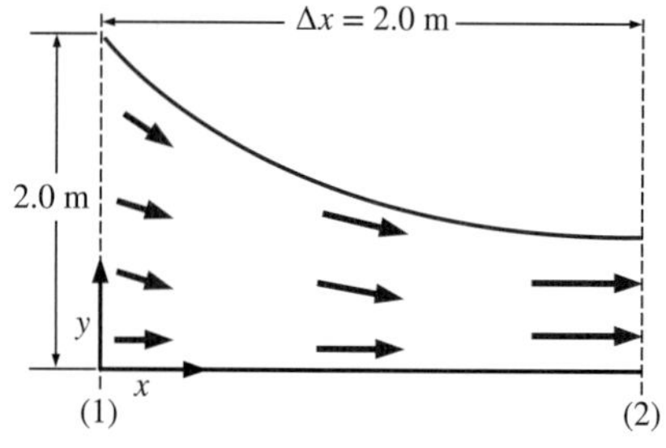

그림 9-12
고속 풍동을 위해 설계된 수축 덕트(축척에 맞게 그려진 것은 아님).

밀도 ρ는 단면 (1)에서 $\rho_1 = 1.2\ \text{kg/m}^3$로부터 단면 (2)에서 $\rho_2 = 0.85\ \text{kg/m}^3$까지 거의 선형적으로 감소한다. 수축덕트의 길이가 2 m이고, 단면 (1)에서 높이가 2 m일 때, (a) 덕트 내의 y 방향 속도성분 $v(x, y)$를 구하라. (b) 벽면에서의 마찰을 무시할 때, 덕트의 개략적인 형상을 그려라. (c) 덕트 출구인 단면 (2)에서의 높이는 얼마인가?

풀이 주어진 속도성분 u와 밀도 ρ를 이용하여 속도성분 v를 구하고, 덕트의 개략적인 형상을 그리며, 덕트 출구에서의 높이를 예측하고자 한다.

가정 **1** 이 유동은 xy 평면에서 2차원이며 정상상태 유동이다. **2** 벽면에서의 마찰은 무시한다. **3** 축방향 속도 u는 x에 대해 선형적으로 증가하며, 밀도 ρ는 x에 대해 선형적으로 감소한다.

상태량 유체는 실온의 공기이다(25 ℃). 음속이 약 340 m/s이므로, 이 유동은 아음속이지만 압축성 유동이다.

해석 (a) 먼저 u와 ρ를 x에 대한 선형방정식으로 나타내보자.

$$u = u_1 + C_u x \qquad \text{여기서} \quad C_u = \frac{u_2 - u_1}{\Delta x} = \frac{(300 - 100)\ \text{m/s}}{2.0\ \text{m}} = 100\ \text{s}^{-1} \tag{1}$$

그리고

$$\rho = \rho_1 + C_\rho x \quad \text{여기서} \quad C_\rho = \frac{\rho_2 - \rho_1}{\Delta x} = \frac{(0.85 - 1.2)\ \text{kg/m}^3}{2.0\ \text{m}} = -0.175\ \text{kg/m}^4 \tag{2}$$

2차원 압축성 유동에서 정상상태 연속방정식(식 (9-14)은 다음과 같이 단순화된다.

$$\frac{\partial(\rho u)}{\partial x} + \frac{\partial(\rho v)}{\partial y} + \underbrace{\frac{\partial(\rho w)}{\partial z}}_{0\ (2\text{-D})} = 0 \quad \rightarrow \quad \frac{\partial(\rho v)}{\partial y} = -\frac{\partial(\rho u)}{\partial x} \tag{3}$$

식 1과 2를 식 3에 대입하고, C_u와 C_ρ가 상수임에 유의하면 다음 식을 얻는다.

$$\frac{\partial(\rho v)}{\partial y} = -\frac{\partial[(\rho_1 + C_\rho x)(u_1 + C_u x)]}{\partial x} = -(\rho_1 C_u + u_1 C_\rho) - 2C_u C_\rho x$$

y에 대해서 적분하면 다음과 같다.

$$\rho v = -(\rho_1 C_u + u_1 C_\rho)y - 2C_u C_\rho xy + f(x) \tag{4}$$

이 적분은 부분적분이므로, 적분상수 대신 x에 대한 임의의 함수를 더하였다. 다음으로 경계조건을 적용한다. 바닥면은 수평이고 평평하므로 $y = 0$에서 속도는 0이어야 한다. 이는 $f(x) = 0$일 때만 가능하다. v에 대해 식 4를 풀면 다음과 같다.

$$v = \frac{-(\rho_1 C_u + u_1 C_\rho)y - 2C_u C_\rho xy}{\rho} \quad \rightarrow \quad \boldsymbol{v = \frac{-(\rho_1 C_u + u_1 C_\rho)y - 2C_u C_\rho xy}{\rho_1 + C_\rho x}} \tag{5}$$

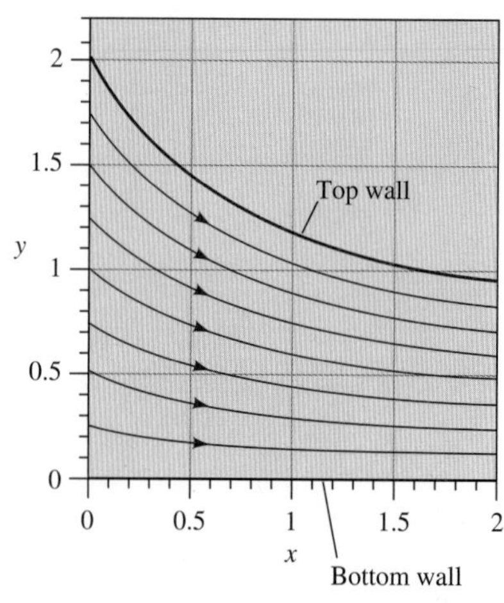

그림 9-13
예제 9-2의 수축 덕트 내의 유선들.

(b) 식 1과 5 및 4장에서 배운 방법들을 사용해서, $x = 0$에서 $x = 2.0$ m 사이의 몇몇 유선들을 그림 9-13에 도시하였다. $x = 0$, $y = 2.0$ m에서 출발하는 유선이 덕트의 위쪽 벽면의 형상을 근사적으로 나타낸다.

(c) 단면 (2)에서 가장 위의 유선은 $x=2$ m에서 $y=0.941$ m를 지난다. 따라서 단면 (2)에서의 높이는 **0.941 m**로 예측할 수 있다.

토의 식 1, 2와 5의 조합이 연속방정식을 만족한다는 것을 증명할 수 있다. 그러나 덕트가 이 문제에서처럼 설계되었다고 해도, 이것만으로는 덕트 내의 밀도와 속도성분들이 이들 방정식을 실제로 **만족한다고** 보장할 수 없다. 실제 유동은 단면 (1)과 (2) 사이의 압력차에 의존한다. 즉, 오직 하나의 **압력차**로부터 원하는 유동의 가속을 얻을 수 있다. 공기속도가 음속으로 가속되는 이와 같은 압축성 유동에서는 온도 변화도 상당히 클 수 있다.

예제 9-3 비정상 2차원 유동의 비압축성

예제 4-5의 비정상 유동의 속도장을 고려한다. 비정상 2차원 속도장은 $\vec{V}=(u, v)=(0.5+0.8x)\vec{i}+[1.5+2.5\sin(\omega t)-0.8y]\vec{j}$ 로 주어지며, 각주파수 ω는 2π rad/s이다(물리적 주파수는 1 Hz이다). 이 유동장을 비압축성 유동으로 근사할 수 있음을 증명하라.

풀이 주어진 속도장이 비압축성임을 증명하고자 한다.

가정 **1** 유동은 2차원 유동이다. 즉, z 방향 속도가 없으며, u와 v는 z의 함수가 아니다.

해석 x와 y 방향의 속도성분은 다음과 같다.

$$u=0.5+0.8x \quad \text{그리고} \quad v=1.5+2.5\sin(\omega t)-0.8y$$

유동이 비압축성이면, 식 (9-16)을 만족해야 한다. 구체적으로 말하면, 직교좌표계에서 식 (9-17)을 만족해야 한다.

$$\underbrace{\frac{\partial u}{\partial x}}_{0.8}+\underbrace{\frac{\partial v}{\partial y}}_{-0.8}+\underbrace{\cancel{\frac{\partial w}{\partial z}}}_{0 \text{ since 2-D}}=0 \quad \rightarrow \quad 0.8-0.8=0$$

비압축성 연속방정식이 시간을 따라 어떤 순간에서도 만족되는 것을 볼 수 있고, 따라서 **이 유동장은 비압축성으로 근사할 수 있다.**

토의 비록 v가 비정상 항을 포함하고 있어도, 그 항은 y에 대한 미분이 영이므로 연속방정식에서 사라진다.

예제 9-4 빠져있는 속도성분 구하기

정상상태, 비압축성, 3차원 유동장에서 두 속도성분을 알고 있다. 즉 $u=ax+by$이며, 여기서 a, b는 상수이다. y방향 속도성분은 빠져있다(그림 9-14). v에 대한 식을 x, y, z의 함수로 구하라.

풀이 주어진 u를 이용하여 y 방향의 속도**성분** v를 구하고자 한다.

가정 **1** 유동은 정상상태이다. **2** 유동은 비압축성 유동이다. **3** 유동은 xy평면의 2차원이고, 이는 $w=0$이고 u, v가 z방향에 따라 변하지 않음을 의미한다.

해석 속도 성분을 비압축성 정상상대 연속방정식에 대입한다.

비압축성 조건 :

$$\frac{\partial v}{\partial y}=-\underbrace{\frac{\partial u}{\partial x}}_{a}-\underbrace{\cancel{\frac{\partial w}{\partial z}}}_{0} \quad \rightarrow \quad \frac{\partial v}{\partial y}=-a$$

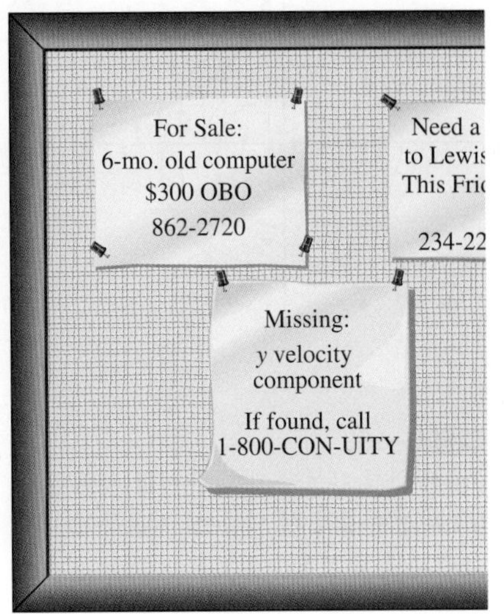

그림 9-14
빠져 있는 속도 성분을 찾기 위해 연속 방정식을 사용한다.

다음으로 y에 대해 적분한다. 이 적분은 편적분이므로, 적분상수 대신 x와 z에 대한 임의의 함수를 더한다.

해:

$$v = -ay + f(x)$$

만약 유동이 3차원이라면 x와 z 함수를 더하여야 한다.

토의 비압축성 연속방정식을 만족하기 위하여, 연속방정식에서 x에 대한 v의 미분이 없기 때문에 어떤 x의 함수로 만족한다. 하지만 유동이 정상상태 운동량 방정식을 만족하지 못할 수도 있기 때문에 모든 x의 함수가 물리적으로 가능한 것은 아니라.

예제 9-5 2차원 비압축성 와류유동

원통좌표계에서 2차원 비압축성 유동을 고려한다. 접선속도 성분은 $u_\theta = K/r$이며, 여기서 K는 상수이다. 이 유동은 와류유동의 한 부류이다. 이때 나머지 속도성분 u_r을 구하라.

풀이 주어진 접선속도 성분을 이용하여 반경방향 속도성분 u_r을 구하고자 한다.

가정 **1** $xy(r\theta)$ 평면에서 2차원 유동이다. (속도는 z의 함수가 아니고, u_z는 0이다) **2** 유동은 비압축성 유동이다.

해석 2차원, 비압축성 연속방정식[식 (9-18)]은 다음과 같이 단순화된다.

$$\frac{1}{r}\frac{\partial(ru_r)}{\partial r} + \frac{1}{r}\frac{\partial u_\theta}{\partial \theta} + \underbrace{\frac{\partial u_z}{\partial z}}_{0\ (2\text{-D})} = 0 \quad \rightarrow \quad \frac{\partial(ru_r)}{\partial r} = -\frac{\partial u_\theta}{\partial \theta} \tag{1}$$

주어진 u_θ 식은 θ의 함수가 아니므로, 식 1은 다음과 같이 줄어든다.

$$\frac{\partial(ru_r)}{\partial r} = 0 \quad \rightarrow \quad ru_r = f(\theta, t) \tag{2}$$

여기서, r에 대한 **편적분**을 수행하였으므로, 적분상수 대신 θ와 t에 대한 임의의 함수를 도입하였다. u_r에 대해서 풀면 다음과 같다.

$$u_r = \frac{f(\theta, t)}{r} \tag{3}$$

따라서 **식 (3)의 형태로 주어진 모든 반경방향 속도성분은, 연속방정식을 만족하는 2차원, 비압축성 속도장을 생성한다.**

여기서 몇 가지 특수한 경우를 논의한다. 가장 단순한 경우는 $f(0, t) = 0$($u_r = 0$, $u_\theta = K/r$)일 때이다. 이는 그림 9-15*a*에서 볼 수 있는 바와 같이 4장에서 논의한 **선 와류**(line vortex)를 만든다. 또 다른 간단한 경우는 $f(\theta, t) = C$일 때이며, 여기서 C는 상수다. 이 경우에는 반경방향 속도의 크기가 $1/r$의 함수로 감소한다. C가 음수인 경우는, 유체요소가 원점 주위를 돌면서 원점의 싱크[z축을 따라 선 싱크(line sink)]로 빨려 들어가는 나선형태의 선 와류/싱크 유동으로 생각할 수 있다. 이 유동은 그림 9-15*b*에 예시되어 있다.

토의 $f(\theta, t)$를 다른 함수로 설정하면, 다른 더 복잡한 유동도 얻을 수 있다. $f(\theta, t)$가 어떤 함수이든 간에, 유동은 시간을 따라 어떤 순간에서도 2차원, 비압축성 연속방정식을 만족한다.

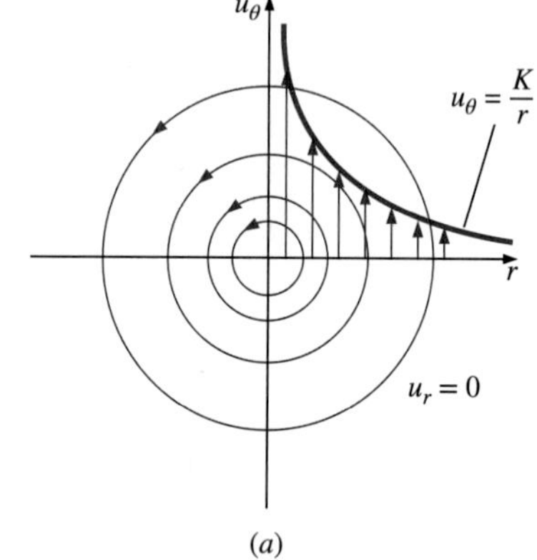

(*a*)

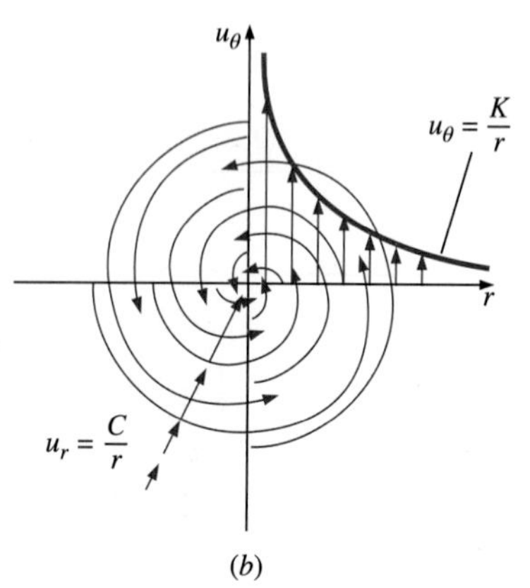

(*b*)

그림 9-15
(*a*) 선 와류 유동에 대한 유선과 속도 분포, (*b*) 나선형태의 선 와류/싱크 유동에 대한 유선과 속도 분포.

예제 9-6 연속성과 체적변형률의 비교

4장에서 정의한 **체적변형률**을 고려한다. 직교좌표계에서 체적변형률 식은 다음과 같다.

$$\frac{1}{V}\frac{DV}{Dt} = \varepsilon_{xx} + \varepsilon_{yy} + \varepsilon_{zz} = \frac{\partial u}{\partial x} + \frac{\partial v}{\partial y} + \frac{\partial w}{\partial z} \tag{1}$$

비압축성 유동에서 체적변형률이 영임을 보여라. 비압축성과 압축성 유동에서의 체적변형률을 물리적으로 설명하라.

풀이 비압축성 유동에서 체적변형률이 영임을 보이고, 비압축성과 압축성 유동에서 체적변형률의 물리적 중요성을 설명하고자 한다.

해석 유동이 비압축성이면, 식 (9-16)을 만족해야 한다. 구체적으로 말하면, 직교좌표계에서 식 (9-17)을 만족해야 한다. 식 (9-17)과 식 (1)을 비교해 보자.

$$\frac{1}{V}\frac{DV}{Dt} = 0 \quad \text{비압축성 유동에 대하여}$$

따라서 **비압축성 유동장에서 체적변형률은 영**이다. 사실 $DV/Dt=0$으로 비압축성을 정의할 수 있다. 실제로 유체요소를 따라가면, 요소의 일부가 수축하는 동안 다른 일부는 신장하고, 또 요소가 이동하거나, 회전하거나, 변형해도, 부피는 유동장을 통과하는 모든 경로를 따라 일정하다(그림 9-16*a*). 이는 유동이 정상상태이거나 비정상 상태이거나에 관계없이 비압축성인 한 항상 만족한다. 그러나 유동이 압축성이면, 체적변화율은 영이 아니다. 이는 유동장 내에서 유체요소의 부피가 팽창하거나 수축하는 것을 의미한다(그림 9-16*b*). 특히 식 (9-10)과 같은 압축성 유동에 대한 연속방정식의 다른 형태를 고려해 보자. 정의에 의해서 $\rho=m/V$이고, 여기서 m은 유체요소의 질량이다. 물질요소(유동장 내를 운동하는 유체요소를 따라서)에 대하여 m은 일정해야 한다. 식 (9-10)에 약간의 계산을 수행하면 다음과 같게 된다.

$$\frac{1}{\rho}\frac{D\rho}{Dt} = \frac{V}{m}\frac{D(m/V)}{Dt} = -\frac{V}{m}\frac{m}{V^2}\frac{DV}{Dt} = -\frac{1}{V}\frac{DV}{Dt} = -\vec{\nabla}\cdot\vec{V} \;\rightarrow\; \frac{\mathbf{1}}{V}\frac{D\mathbf{V}}{D\mathbf{t}} = \vec{\nabla}\cdot\vec{V}$$

토의 이 결과는 일반적이다. 즉, 직교좌표계에만 국한되지 않는다. 그리고 이는 정상 유동뿐만 아니라 비정상 유동에도 적용된다.

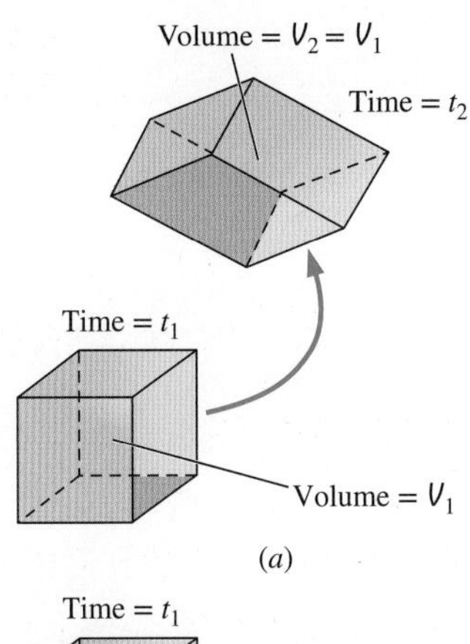

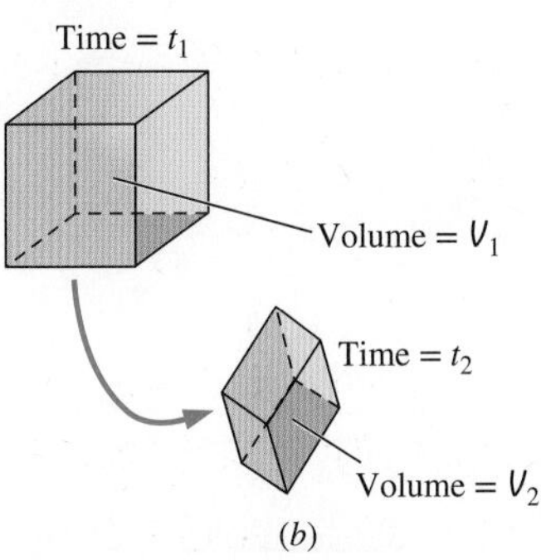

그림 9-16
(*a*) 비압축성 유동장에서 유체요소는 이동하거나 변형하거나 회전할 수 있지만, 체적이 커지거나 작아질 수는 없다.
(*b*) 압축성 유동장에서 유체요소가 이동하거나 변형하거나 회전할 때, 체적이 커지거나 작아질 수 있다.

예제 9-7 비압축성 유동의 조건

정상상태 속도장 $\vec{V}=(u, v, w)=a(x^2y+y^2)\vec{i}+bxy^2\vec{j}+cx\vec{k}$을 고려한다. 여기서 a, b, c는 상수이다. 유동장이 비압축성이 되기 위한 조건은 무엇인가?

풀이 비압축성을 만족하는 상수 a, b, c 사이의 관계식을 구하고자 한다.

가정 **1** 유동은 정상상태이다. **2** 유동은 비압축성 유동이다(앞으로 결정될 어떤 조건하에서).

해석 식 (9-17)에 주어진 속도장을 적용한다.

$$\underbrace{\frac{\partial u}{\partial x}}_{2axy} + \underbrace{\frac{\partial v}{\partial y}}_{2bxy} + \underbrace{\frac{\partial w}{\partial z}}_{0} = 0 \quad\rightarrow\quad 2axy + 2bxy = 0$$

따라서 비압축성이 되기 위해서는 상수 a와 b는 크기가 같으나 부호는 서로 반대여야 한다.

비압축성 조건: $a = -b$

토의 a와 $-b$가 서로 같지 않은 경우, 유동장은 여전히 유효하지만, 유동장 내의 밀도는 위치에 따라 변해야 할 것이다. 즉 유동은 압축성이 될 것이며, 따라서 식 (9-17)이 아닌 식 (9-14)를 만족해야 한다.

9-3 ■ 유동함수

직교좌표계에서의 유동함수

xy 평면에서 2차원, 비압축성 유동의 간단한 경우를 고려하면, 직교좌표계에서의 연속방정식(식 9-17)은 다음과 같이 된다.

$$\frac{\partial u}{\partial x} + \frac{\partial v}{\partial y} = 0 \tag{9-19}$$

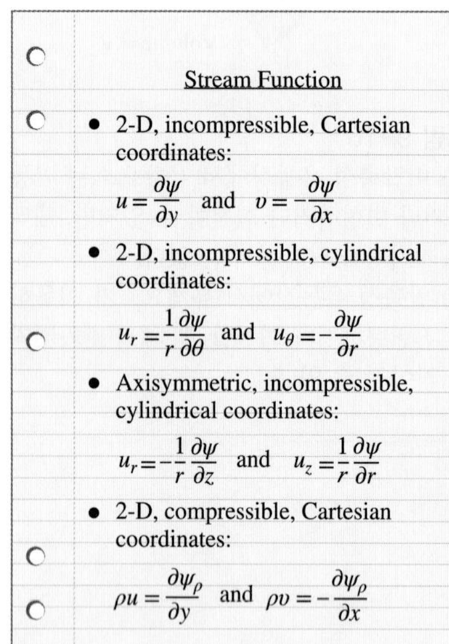

Stream Function
• 2-D, incompressible, Cartesian coordinates:
$u = \frac{\partial \psi}{\partial y}$ and $v = -\frac{\partial \psi}{\partial x}$
• 2-D, incompressible, cylindrical coordinates:
$u_r = \frac{1}{r}\frac{\partial \psi}{\partial \theta}$ and $u_\theta = -\frac{\partial \psi}{\partial r}$
• Axisymmetric, incompressible, cylindrical coordinates:
$u_r = -\frac{1}{r}\frac{\partial \psi}{\partial z}$ and $u_z = \frac{1}{r}\frac{\partial \psi}{\partial r}$
• 2-D, compressible, Cartesian coordinates:
$\rho u = \frac{\partial \psi_\rho}{\partial y}$ and $\rho v = -\frac{\partial \psi_\rho}{\partial x}$

그림 9-17
유동의 형태나 사용된 좌표계에 따라 유동 함수는 여러 형태로 정의될 수 있다.

적절한 변수변환법을 사용하면, 두 개의 종속변수(u와 v) 대신 한 개의 종속변수(ψ)로 식 (9-19)를 표현할 수 있다. 여기서 **유동함수**(stream function) ψ를 그림 9-17과 같이 정의한다.

직교좌표계에서의 비압축성, 2차원 유동함수:

$$u = \frac{\partial \psi}{\partial y} \quad \text{그리고} \quad v = -\frac{\partial \psi}{\partial x} \tag{9-20}$$

유동함수와 그에 대응하는 속도포텐셜 함수(10장)는 이탈리아의 수학자 Joseph Louis Lagrange(1736-1813)에 의해서 처음 소개되었다. 식 (9-20)을 식 (9-19)에 대입하면 다음과 같게 된다.

$$\frac{\partial}{\partial x}\left(\frac{\partial \psi}{\partial y}\right) + \frac{\partial}{\partial y}\left(-\frac{\partial \psi}{\partial x}\right) = \frac{\partial^2 \psi}{\partial x\, \partial y} - \frac{\partial^2 \psi}{\partial y\, \partial x} = 0$$

이 식은 모든 매끈한(smooth) 함수 $\psi(x, y)$에 대해 만족된다. 이는 매끈한 함수에서 미분 순서(y 다음에 x 대 x 다음에 y)는 무관하기 때문이다.

u 대신 v에 음 부호를 부여하는 것에 대해 의문을 가질 수 있다. (유동함수의 부호를 반대로 정의하여도, 연속성은 여전히 만족된다.) 그 답은 다음과 같다. 부호는 임의로 정할 수 있지만, 식 (9-20)과 같이 정의하는 이유는, ψ가 y 방향으로 증가함에 따라 유동이 왼쪽에서 오른쪽으로 흐르도록 하기 위함이며, 이는 보통 더 선호되는 방향이기 때문이다. 또한 가끔 ψ가 반대의 부호로 정의되기도 하지만(예로써, 실내공기 질 분야에서, Heinsohn과 Cimbala, 2003), 대부분의 유체역학 교재에서는 ψ를 위와 같이 정의하고 있다.

이와 같은 변환으로 무엇을 얻을 수 있을까? 첫 번째로, 이미 언급하였듯이, 한 개의 변수(ψ)가 두 개의 변수(u와 v)를 대신하게 된다. 즉, ψ를 알면 식 (9-20)을 통해서 u와 v 를 모두 구할 수 있으며, 이들 해는 또한 식 (9-19)의 연속성을 만족하게 된다. 두 번째로, 유동함수는 다음과 같은 유용한 물리적 중요성을 가진다(그림 9-18).

ψ가 일정한 곡선은 유동장의 유선이다.

이는 그림 9-19에 나타나 있는 xy 평면상의 유선들을 보면 쉽게 입증된다. 4장을 상기하면, 이러한 유선을 따라 다음이 성립한다.

유선을 따라: $$\frac{dy}{dx} = \frac{v}{u} \quad \rightarrow \quad \underbrace{-v}_{\partial\psi/\partial x}\, dx + \underbrace{u}_{\partial\psi/\partial y}\, dy = 0$$

여기서 ψ에 대한 정의인 식 (9-20)을 이용하였다. 따라서 다음과 같은 식을 얻는다.

유선을 따라: $$\frac{\partial\psi}{\partial x}dx + \frac{\partial\psi}{\partial y}dy = 0 \tag{9-21}$$

x, y 두 변수의 함수인 모든 매끈한 ψ 함수에 대하여 한 점(x, y)에서 미소 거리 떨어진 다른 점 ($x+dx$, $y+dy$)까지 사이의 ψ의 총 변화량은 수학적 연쇄법칙(chain rule)을 통해 다음과 같이 구할 수 있다.

ψ의 총 변화량: $$d\psi = \frac{\partial\psi}{\partial x}dx + \frac{\partial\psi}{\partial y}dy \tag{9-22}$$

식 (9-21)과 (9-22)를 비교하면, 유선을 따라서 $d\psi=0$이라는 것을 알 수 있다. 그러므로 유선을 따라서 ψ는 일정하다는 것이 증명된다.

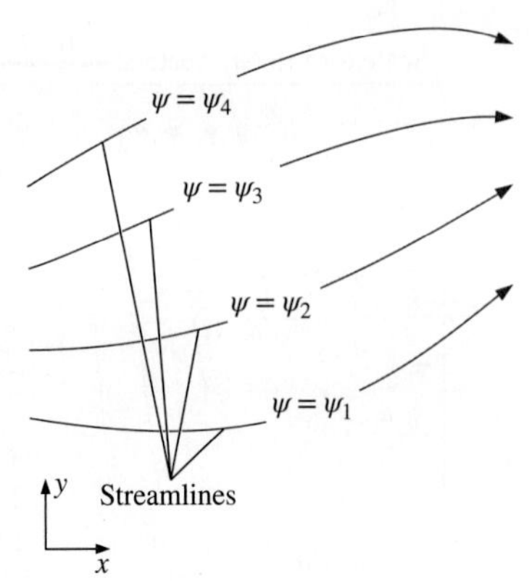

그림 9–18
유동함수가 일정한 곡선들은 유동장의 유선들이다.

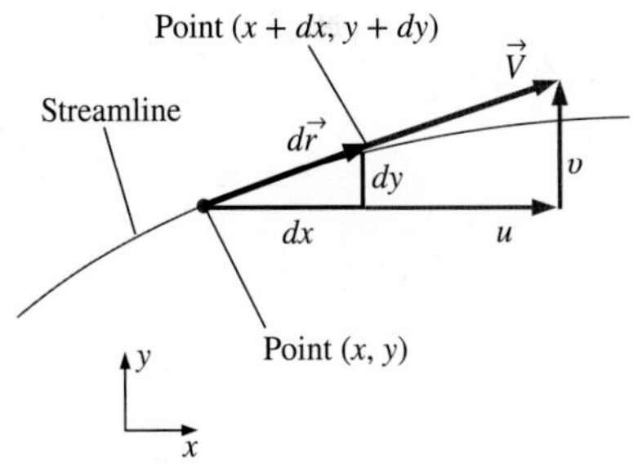

그림 9–19
xy평면에서 2차원 유선을 따르는 호 길이 $d\vec{r}=(dx, dy)$와 국소 속도 벡터 $\vec{V}=(u, v)$.

예제 9–8 유동함수로부터 속도장의 계산

xy평면에서 정상상태, 2차원, 비압축성 유동장이 $\psi=ax^3+by+cx$의 유동함수를 가진다. 여기서 $a=0.50\ (\text{m}\cdot\text{s})^{-1}$, $b=-2.0$ m/s, $c=-1.5$ m/s이며, 모두 상수이다. (a) 속도성분 u와 v에 대한 식을 구하라. (b) 유동장이 비압축성 연속방정식을 만족함을 보여라. (c) 1사분면에서 몇몇 유선을 도시하라.

풀이 주어진 유동함수에 대해 속도성분들을 구하고, 비압축성을 증명하며, 유선을 도시하고자 한다.

가정 **1** 유동은 정상상태이다. **2** 유동은 비압축성 유동이다(이 가정은 추후 증명할 것이다). **3** xy 평면상의 2차원 유동이다. 즉, u와 v는 z의 함수가 아니며, $w=0$이다.

해석 (a) 식 (9-20)을 사용하여 유동함수를 미분함으로써 u와 v에 대한 식을 구한다.

$$u = \frac{\partial\psi}{\partial y} = \boldsymbol{b} \qquad \text{그리고} \qquad v = -\frac{\partial\psi}{\partial \text{x}} = \boldsymbol{-3ax^2 - c}$$

(b) u는 x의 함수가 아니고, v는 y의 함수가 아니므로, 2차원의 비압축성 연속방정식(식 9-19)을 만족함을 알 수 있다. 사실 ψ는 x와 y에 대해 매끈한 함수이므로, xy평면에서 2차원 비압축성 연속방정식은 ψ의 정의에 의해 자동적으로 성립한다. 따라서 **유동은 실제로 비압축성이라고** 결론 내릴 수 있다.

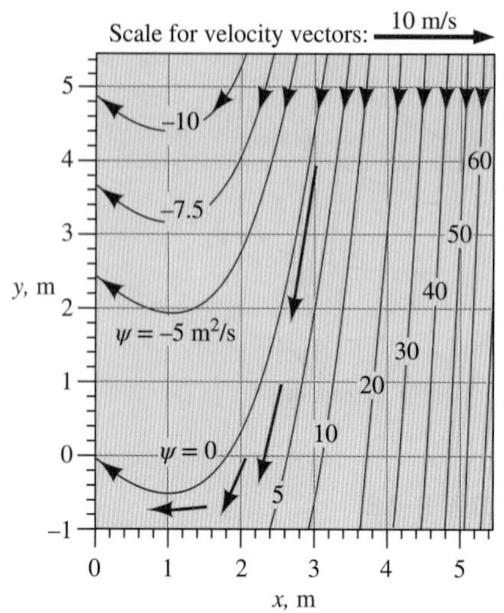

그림 9-20
예제 9-8의 속도장에 대한 유선. 일정한 값이 각 유선에 표시되어 있고, 네 위치의 속도벡터를 보여준다.

(c) 유선을 도시하기 위해서는, 주어진 방정식으로부터, y를 x와 ψ의 함수로, 또는 x를 y와 ψ의 함수로 나타내야 한다. 이 경우 전자가 더 쉽다.

유선의 방정식:
$$y = \frac{\psi - ax^3 - cx}{b}$$

몇몇 ψ 값과 주어진 a, b와 c의 값들을 사용해서, 이 식을 그림 9-20에 도시하였다. 이 유동은 x의 큰 값에서는 거의 수직으로 아래쪽을 향하며, $x<1$ m인 곳에서는 위로 방향을 바꾼다.

토의 $x=1$에서 $v=0$임을 증명할 수 있다. 사실 v는 $x>1$ m인 구간에서는 음이 되고, $x<1$ m인 구간에서는 양이 된다. 유동의 방향은 유동장에 임의의 점을 선택하여 판단할 수 있다. 즉, $x=3$ m, $y=4$ m에서의 속도성분을 계산해보자. 이 점에서의 속도는 $u=-2.0$ m/s, $v=-12$ m/s가 되며, 이는 유동이 왼쪽 아래로 흐르는 것을 의미한다. 명확하게 하기 위하여 이 점에서의 속도 벡터를 그림 9-20에 도시하였으며, 속도 벡터는 이 점 근처의 유선과 평행한 것을 볼 수 있다. 다른 세 점의 속도 벡터 역시 도시되어 있다.

예제 9-9 속도장이 알려져 있는 경우의 유동함수 계산

$u=ax+b$이며, $v=-ay=cx$인 정상상태, 2차원, 비압축성 유동을 고려한다. 여기서 $a=0.50\ s^{-1}$, $b=1.5$ m/s, $c=0.35\ s^{-1}$)이며, 모두 상수이다. 유동함수에 대한 식을 구하고, 1사분면에서 몇몇 유선을 도시하라.

풀이 주어진 속도장에 대해 ψ에 대한 식을 구하고, 주어진 a, b, c의 상수를 이용해서 유선을 도시하고자 한다.

가정 **1** 유동은 정상상태이다. **2** 유동은 비압축성 유동이다. **3** xy 평면상의 2차원 유동이다. 즉, u와 v는 z의 함수가 아니며, $w=0$이다.

해석 유동함수를 정의한 식 (9-20)의 두 부분 중 하나를 선택하여 시작한다(둘 중 어느 것을 선택해도 무방하다. 즉, 해는 동일하다).

$$\frac{\partial \psi}{\partial y} = u = ax + b$$

다음으로 y에 대해 적분한다. 이 적분은 편적분이므로, 적분상수 대신 x에 대한 임의의 함수를 더한다.

$$\psi = axy + by + g(x) \quad \textbf{(1)}$$

이제 식 (9-20)의 다른 부분을 선택하여, 식 (1)을 미분하고 다시 정리하면 다음과 같다.

$$v = -\frac{\partial \psi}{\partial x} = -ay - g'(x) \quad \textbf{(2)}$$

여기서 g는 x만의 함수이므로 $g'(x)$는 dg/dx를 나타낸다. 속도성분 v는 문제에서 주어진 식과 식 (2)의 두 가지로 표현할 수 있다. 이들 식을 같게 하고, x에 대해 적분하면 다음과 같이 $g(x)$를 구할 수 있다.

$$v = -ay + cx = -ay - g'(x) \quad \rightarrow \quad g'(x) = -cx \quad \rightarrow \quad g(x) = -c\frac{x^2}{2} + C \quad \textbf{(3)}$$

여기서 g는 x만의 함수이므로, 임의의 적분상수 C를 더한 것에 유의한다. 마지막으로 식 (3)을 식 (1)에 대입하면 ψ에 대한 최종 식을 얻는다.

해: $$\psi = axy + by - c\frac{x^2}{2} + C \tag{4}$$

유선을 도시하기 위하여 식 (4)는 ($\psi - C$)의 각 상수 값에 대해 유일한 곡선을 갖는 곡선군을 나타내고 있음에 유의한다. C는 임의의 값이므로 어떤 값을 설정해도 무방하지만, 일반적으로 0으로 설정한다. 따라서 간단하게 $C = 0$으로 설정하고, 식 (4)를 x의 함수인 y에 대해 풀면 다음과 같다.

유선의 방정식: $$y = \frac{\psi + cx^2/2}{ax + b} \tag{5}$$

몇 개의 ψ 값과 주어진 a, b, c의 값들을 사용해서, 이 식을 그림 9-21에 도시하였다. ψ가 일정한 곡선이 유선이다. 그림 9-21로부터 1사분면에서 부드럽게 수축하는 유동을 볼 수 있다.

토의 이 예제에서 정확한 속도성분을 얻었는지 확인하기 위해서는 식 (4)를 식 (9-20)에 대입하여야 한다.

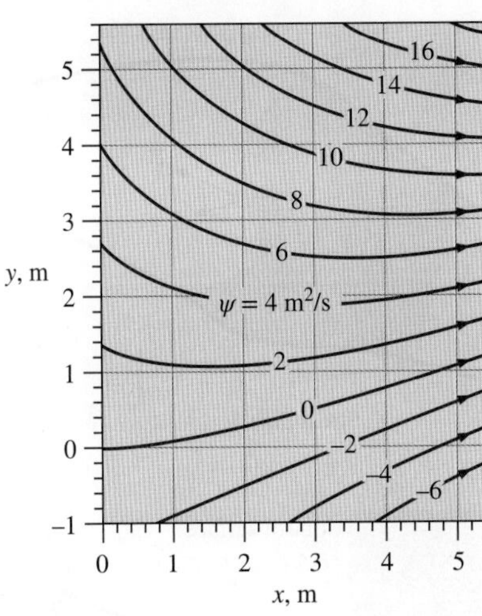

그림 9-21
예제 9-9의 속도장에 대한 유선. 일정한 값 ψ이 각 유선에 표시되어 있다.

유동함수에 대해 물리적으로 또 다른 중요한 특성이 있다.

한 유선에서 다른 유선까지 ψ 값의 차이는 두 유선 사이의 단위 폭당 체적유량과 같다.

이 서술에 대한 설명은 그림 9-22에 예시되어 있다. 두 유선 ψ_1과 ψ_2, 그리고 지면 속으로 단위 폭을 가지는($-z$방향으로 1 m) xy평면상의 2차원 유동을 고려해보자. 정의에 의하면, **어떤 유동도 유선을 가로지를 수 없다**. 따라서 두 유선 사이의 공간을 차지하는 유체는 항상 같은 두 유선 사이에 한정되어 흐른다. 이는 두 유선 사이의 임의의 단면을 통과하는 질량유량은 어떤 순간에도 같다는 것을 의미한다. 여기서 단면은 유선 1에서 시작해서 유선 2에서 끝나기만 하면, 그 단면은 어떤 형상이어도 좋다. 예를 들어 그림 9-22를 보면, 단면 A는 원호 모양이지만, 단면 B는 물결 모양을 가진다. xy평면에서의 정상상태, 비압축성, 2차원 유동에 대하여 두 유선 사이의 체적유량 $\dot{V}$(단위 폭당)은 일정해야 한다. 그러므로 만약 두 유선이 단면 A에서 단면 B까지의 구간에서 벌어진다면, 두 유선 사이의 평균속도는 체적유량이 같게 유지되도록($\dot{V}_A = \dot{V}_B$) 감소할 것이다. 예제 9-8의 그림 9-20에는 유선 $\psi = 0$ m²/s와 $\psi = 5$ m²/s 사이의 유동장 중 4곳의 속도 벡터가 도시되어 있다. 유선들이 벌어짐에 따라 속도 벡터는 그 크기가 감소함을 명백히 볼 수 있다. 유사하게 유선들이 **가까워지면** 유선들 사이의 평균속도는 증가해야 한다.

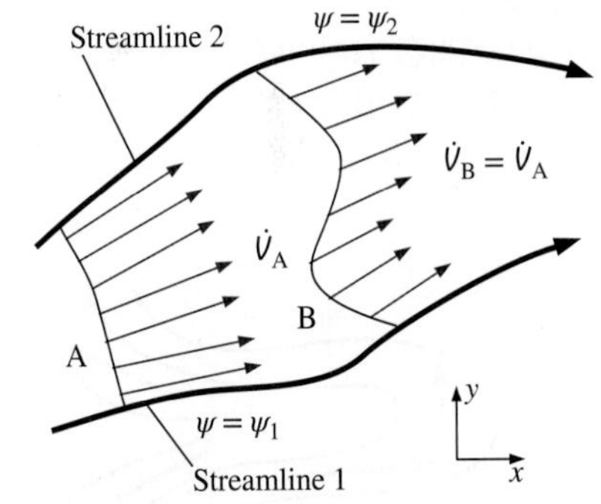

그림 9-22
xy평면의 2차원 유선에 대하여 두 유선 사이의 단위 폭당 체적유량 $\dot{V}$는 모든 단면을 통해 같다.

그림 9-22의 두 유선 및 단면 A와 단면 B에 의해 둘러싸인 검사체적을 고려함으로써 앞에서 언급한 서술을 수학적으로 증명해보자(그림 9-23). 단면 B를 따르는 미소길이 ds와 단위 수직벡터 $\vec{n}$이 그림 9-23a에 나타나 있다. 그림 9-23b는 이 부분을 명확히 볼 수 있도록 확대한 그림을 보여준다. 그림에 보이는 바와 같이 ds의 두 성분은 dx와 dy이며, 따라서 단위 수직벡터는 다음과 같다.

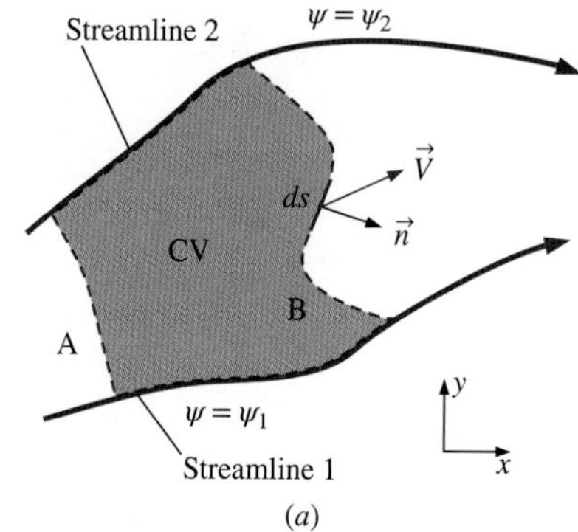

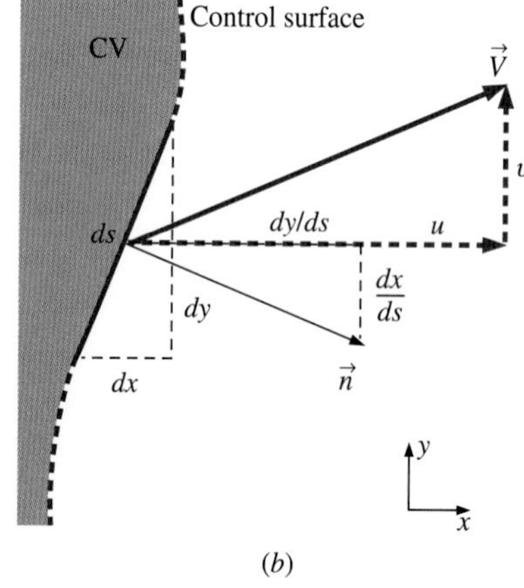

그림 9–23
(a) 검사체적은 xy평면에서 유선 ψ_1과 ψ_2, 단면 A와 단면 B에 의해 둘러싸여 있다. (b) 미소 길이 ds 주위를 확대한 그림.

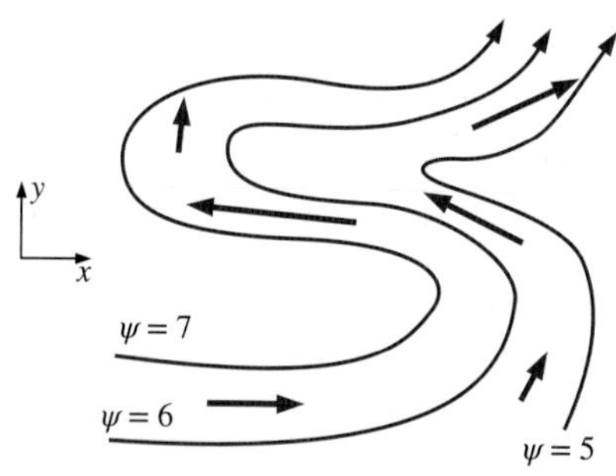

그림 9–24
"왼쪽 규칙(left-side convention)"에 대한 예시. xy평면에서 유동함수값은 항상 유동 방향의 왼쪽으로 증가한다.

$$\vec{n} = \frac{dy}{ds}\vec{i} - \frac{dx}{ds}\vec{j}$$

검사표면의 선분 ds를 통과하는 단위 폭당 체적유량은 다음과 같다.

$$d\dot{V} = \vec{V}\cdot\vec{n}\underbrace{dA}_{ds} = (u\vec{i} + v\vec{j})\cdot\left(\frac{dy}{ds}\vec{i} - \frac{dx}{ds}\vec{j}\right) ds \qquad \textbf{(9-23)}$$

$dA = ds \times 1 = ds$이고, 여기서 1은 단위계와 상관없이 지면에 수직방향으로의 단위 폭을 의미한다. 식 (9-23)의 내적을 전개하고 식 (9-20)을 적용하면, 다음 식을 구한다.

$$d\dot{V} = u\,dy - v\,dx = \frac{\partial\psi}{\partial y}dy + \frac{\partial\psi}{\partial x}dx = d\psi \qquad \textbf{(9-24)}$$

유선 1에서 유선 2까지 식 (9-24)를 적분함으로써, 단면 B를 통과하는 총 체적유량을 계산할 수 있다.

$$\dot{V}_{\mathrm{B}} = \int_{\mathrm{B}} \vec{V}\cdot\vec{n}\,dA = \int_{\mathrm{B}} d\dot{V} = \int_{\psi=\psi_1}^{\psi=\psi_2} d\psi = \psi_2 - \psi_1 \qquad \textbf{(9-25)}$$

그러므로 단면 B를 통과하는 단위 폭당 체적유량은 단면 B를 둘러싸는 두 유선의 유동함수 값의 차이와 같다. 이제 그림 9-23a의 전체 검사체적을 고려해보자. 유동이 유선을 가로지르지 않으므로, 질량보존법칙에 의해 단면 A를 통해 검사체적으로 유입하는 체적유량은 단면 B를 통해 검사체적을 유출하는 체적유량과 같아야 한다. 마지막으로, 두 유선 사이의 단면은 그 형상과 위치에 무관하게 선택할 수 있으므로 앞의 서술은 증명되었다.

유동함수를 다룰 때 유동 방향은 "왼쪽 규칙(left-side convention)"이라 불리는 것으로부터 얻을 수 있다. 다시 말해 xy평면(그림 9-24)에서 z축을 내려다보고 유동 방향으로 움직이고 있다면, 유동함수는 왼쪽 방향으로 증가한다.

ψ 값은 xy평면에서 유동방향의 왼쪽으로 증가한다.

예를 들어, 그림 9-24에서 유동함수는 유동의 뒤틀림과 회전 정도에 관계없이 유동방향의 왼쪽으로 증가한다. 유선들이 멀리 떨어져 있는 곳(그림 9-24의 오른쪽 아래 부분)의 속도 크기는 유선들이 서로 가까운 곳(그림 9-24의 중앙 부분)의 속도보다 상대적으로 작다. 이는 질량보존법칙에 의해 쉽게 설명된다. 유선들이 가까워짐에 따라 유선 사이의 단면적은 감소하고, 속도는 유선 사이의 유량을 일정하게 유지하기 위해 증가해야 한다.

예제 9–10 유선으로부터 유추되는 상대속도

Hele-Shaw 유동은 평행 평판 사이의 얇은 틈에 액체를 흐르게 할 때 생기는 유동이다. 그림 9-25는 Hele-Shaw 유동의 예로서 경사진 평판을 지나는 유동을 보여주고 있다. 유맥선은 상류에 등 간격으로 배치된 점들에 물감을 주입하여 생성하였다. 유동이 정상상태

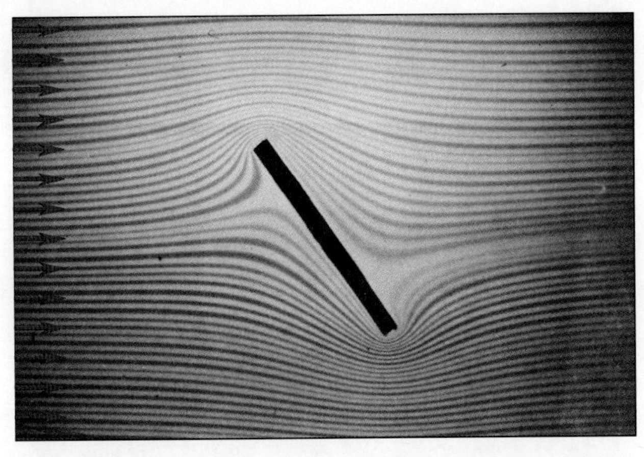

그림 9-25
경사진 평판을 지나는 Hele-Shaw 유동에 의해 생성된 유맥선. 유맥선은 동일한 단면형상을 가지는 경사진 2차원 평판을 지나는 포텐셜 유동(10장)의 유선을 모델링한다.
Original © D.H. Peregrine, School of Mathematics, University of Bristol. Courtesy of Onno Bokhove and Valerie Zwart.

이므로 유맥선은 유선과 일치한다. 유체는 물이고, 유리 평판은 1.0 mm 떨어져 있다. 유선의 형태로부터 유동장의 특정지역에서 유속이 (상대적으로) 큰지 혹은 작은지를 어떻게 알 수 있는지를 논의하라.

풀이 주어진 유선에 대해서, 유체의 상대속도를 어떻게 알 수 있는지를 논의하고자 한다.

가정 **1** 유동은 정상상태이다. **2** 유동은 비압축성이다. **3** 유동은 xy평면에서 2차원, 포텐셜 유동이다.

해석 등 간격으로 배치된 유선들이 서로 벌어질 때, 유동 속도는 감소한다. 유사하게 유선들이 서로 가까워질 때 유동 속도는 증가한다. 그림 9-25에서 평판 앞쪽 먼 상류의 유동은 유선들이 등 간격으로 배치되었기 때문에, 직선이고 균일한 것으로 가정한다. 유선들 사이의 넓은 간격에서 볼 수 있듯이 평판의 아랫면에 근접할수록 특히 정체점 부근에서 유동은 감속한다. 또한 좁게 분포된 유선들에서 볼 수 있듯이 유동은 평판의 날카로운 모서리 주위에서 급속하게 가속하여 매우 높은 속도가 된다.

토의 Hele-Shaw 유동의 유맥선은 10장에서 논의할 포텐셜 유동의 유맥선과 유사하다.

예제 9-11 유선으로부터 유추되는 체적유량

물은 수로 바닥면의 좁은 홈을 통해 흡입된다. 수로 안의 물은 왼쪽에서 오른쪽으로 일정한 속도 $V=1.0$ m/s로 흐른다. 홈은 xy 평면에 수직이고, 전체 수로를 통해 z축을 따라 존재한다. 여기서 수로의 폭은 $w=2.0$ m이다. 따라서 유동은 xy 평면에서 2차원이라 할 수 있다. 그림 9-26에 유동장의 몇몇 유선이 도시되어 있다.

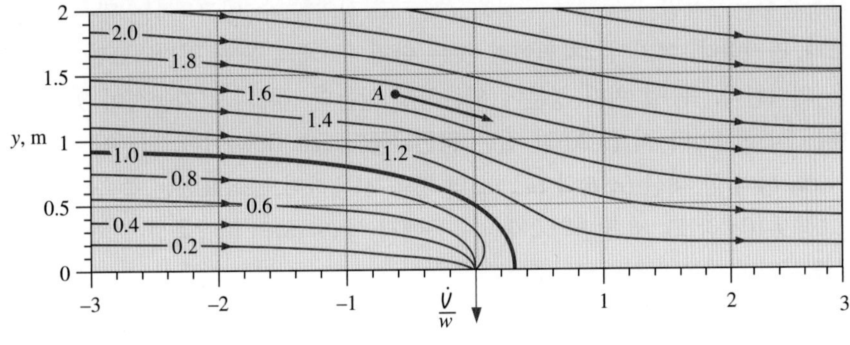

그림 9-26
좁은 흡입 홈을 가진 벽면 위의 자유흐름 유동에 대한 유선들. 유선의 값은 m^2/s의 단위이다. 두꺼운 유선은 분할 유선이다. 점 A에서의 속도 벡터의 방향은 왼쪽 규칙에 의해 결정된다.

그림 9-26에서 두꺼운 유선은 유동을 두 부분으로 나누기 때문에 **구분유선**(dividing streamline)이라 한다. 즉, 구분유선 아래의 물은 홈 속으로 흡입되고, 반면에 구분유선 위의 물은 모두 하류로 계속 흐른다. 홈을 통해 흡입되는 물의 체적유량은 얼마인가? 또한 점 A에서 속도의 크기를 구하라.

풀이 주어진 유선에 대하여 홈을 통과하는 체적유량을 결정하고, 한 점에서의 유속을 구하고자 한다.

가정 **1** 유동은 정상상태이다. **2** 유동은 비압축성이다. **3** 유동은 *xy*평면에서 2차원 유동이다. **4** 바닥면의 마찰은 무시한다.

해석 식 (9-25)에 의해서 바닥면($\psi_{\text{wall}}=0$)과 구분유선($\psi_{\text{dividing}}=1.0\ \text{m}^2/\text{s}$) 사이의 단위 폭당 체적유량은 다음과 같다.

$$\frac{\dot{V}}{w} = \psi_{\text{dividing}} - \psi_{\text{wall}} = (1.0 - 0)\ \text{m}^2/\text{s} = 1.0\ \text{m}^2/\text{s}$$

이 **모든** 유동은 홈을 통과해야 한다. 수로의 폭은 2.0 m이므로 홈을 통과하는 총 체적유량은 다음과 같다.

$$\dot{V} = \frac{\dot{V}}{w}w = (1.0\ \text{m}^2/\text{s})(2.0\ \text{m}) = \mathbf{2.0\ m^3/s}$$

점 *A*에서 속도를 구하기 위하여, 점 *A*를 포함하는 두 유선 사이의 거리 δ를 측정한다. 점 *A* 부근에서 유선 1.8은 유선 1.6으로부터 약 0.21 m 떨어져있다. 이들 두 유선 사이의 단위 폭당(지면에 수직 방향) 체적유량은 유동함수 값의 차이와 같다. 따라서 점 *A*에서 속도를 다음과 같이 구할 수 있다.

$$V_A \cong \frac{\dot{V}}{w\delta} = \frac{1}{\delta}\frac{\dot{V}}{w} = \frac{1}{\delta}(\psi_{1.8} - \psi_{1.6}) = \frac{1}{0.21\ \text{m}}(1.8 - 1.6)\ \text{m}^2/\text{s} = \mathbf{0.95\ m/s}$$

위 결과는 주어진 자유유동 속도(1.0 m/s)와 잘 일치한다. 이는 점 *A* 부근의 유체는 자유유동과 거의 같은 속도로 흐르지만, 약간 아래로 향하고 있음을 보여준다.

토의 그림 9-26의 유선들은 비회전(포텐셜)유동으로 가정하여, 균일유동(uniform stream)과 선 싱크(line sink)를 중첩하여 구하였다. 이와 같은 중첩에 대해서는 10장에서 논의한다.

원통좌표계에서 유동함수

유동함수는 2차원 유동에서 원통좌표계로도 정의할 수 있고, 이는 많은 문제에서 보다 편리하다. 여기서 **2차원**이란 것은 단지 두 개의 독립 공간좌표만 있다는 것을 의미한다. 즉 세 번째 성분에 의존하지 않는다. 두 가지 가능성이 있다. 첫 번째는 식 (9-19)와 식 (9-20)과 같은 **평면유동**(planar flow)이다. 단, 이 경우 (x, y)와 (u, v)의 항 대신 (r, θ)와 (u_r, u_θ)의 항을 사용하며, z 좌표에는 종속되지 않는다(그림 9-10*a* 참조). $r\theta$ 평면의 2차원 유동에서 식 (9-18)의 비압축성 연속방정식을 단순화시키면 다음과 같다.

$$\frac{\partial(ru_r)}{\partial r} + \frac{\partial(u_\theta)}{\partial \theta} = 0 \quad \textbf{(9-26)}$$

유동함수는 다음과 같이 정의한다.

원통좌표계에서의 비압축성, 평면 유동함수 :

$$u_r = \frac{1}{r}\frac{\partial \psi}{\partial \theta} \quad \text{그리고} \quad u_\theta = -\frac{\partial \psi}{\partial r} \quad \textbf{(9-27)}$$

몇몇 교재에서는 부호가 반대로 되어 있음에 유의하라. 식 (9-27)을 식 (9-26)에 대입하여, 식 (9-26)이 모든 매끈한 함수 $\psi(r, \theta)$에 대해 만족되는 것을 확인할 수 있다. 이는 매끈한 함수에서 미분 순서(r 다음에 θ 대 θ 다음에 r)는 무관하기 때문이다.

원통좌표계에서 2차원 유동의 두 번째 경우는 **축대칭 유동**(axisymmetric flow)이다. 이 경우 r과 z는 서로 관련되는 공간변수이고, u_r과 u_z는 영이 아닌 속도성분이며, θ에 종속되지 않는다(그림 9-27). 축대칭 유동의 예는 구 또는 총알 주위의 유동 그리고 어뢰나 미사일 같은 많은 물체(이들은 핀이 없다면 전체가 축대칭이다)의 앞부분 주위의 유동을 포함한다. 비압축성의 축대칭 유동에서 연속방정식은 다음과 같다.

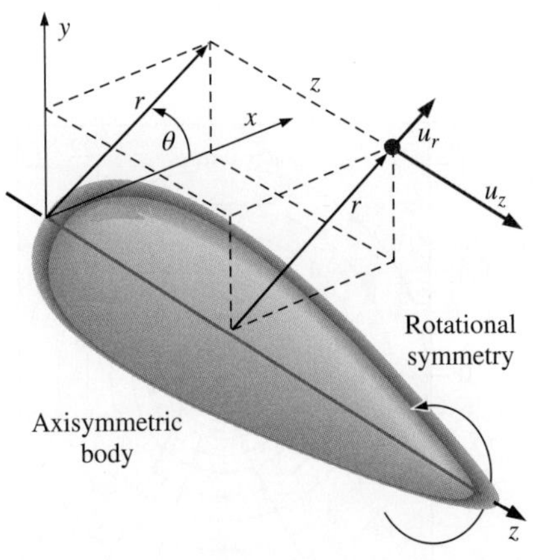

그림 9–27
z축에 회전 대칭인 원통좌표계에서 축대칭 물체를 지나는 유동. 기하학적 형상과 속도장은 에 종속되지 않고, $u=0$이다.

$$\frac{1}{r}\frac{\partial(ru_r)}{\partial r} + \frac{\partial(u_z)}{\partial z} = 0 \quad \textbf{(9-28)}$$

유동함수 ψ는 식 (9-28)을 정확하게 만족하도록 설정된다. 물론 여기서 ψ는 r과 z에 대해 매끈한 함수이어야 한다.

원통좌표계에서의 비압축성, 축대칭 유동함수:

$$u_r = -\frac{1}{r}\frac{\partial \psi}{\partial z} \quad \text{그리고} \quad u_z = \frac{1}{r}\frac{\partial \psi}{\partial r} \quad \textbf{(9-29)}$$

축대칭 유동을 기술하는 또 다른 방법이 있다. 즉, 직교좌표계 (x, y)와 (u, v)를 사용하는 것인데, 이때 x좌표를 대칭축이 되도록 한다. 이 방법은 축대칭을 고려하기 위해서 운동방정식을 적절하게 수정해야 하기 때문에 혼동을 일으킬 수 있다. 그럼에도 불구하고 CFD 코드에서는 종종 이 방법이 사용된다. 장점은 xy평면에 격자를 생성한 후, **같은** 격자를 평면 유동(z에 종속되지 않는 xy평면에서의 유동)과 축대칭 유동(x축에 대해 회전대칭인 xy평면에서의 유동) 모두에 사용할 수 있다는 것이다. 축대칭 유동의 다른 기술방법에 대한 방정식은 여기서 논의하지 않는다.

예제 9–12 원통좌표계에서의 유동함수

속도성분 $u_r=0$, $u_\theta=K/r$인 정상상태, 평면, 비압축성 유동으로 정의되는 선 와류를 고려한다. 여기서 K는 상수이다. 이 유동은 그림 9-15a에 나타나 있다. 유동함수 $\psi(r, \theta)$에 대한 식을 유도하고, 유선들이 원모양을 가짐임을 증명하라.

풀이 원통좌표계로 주어진 속도장에 대하여 유동함수에 대한 식을 유도하고 유선들이 원임을 보이고자 한다.

가정 **1** 유동은 정상상태이다. **2** 유동은 비압축성이다. **3** 유동은 $r\theta$ 면에서 평면 유동이다.

해석 식 (9-27)에 정의된 유동함수를 사용한다. 해석을 시작하기 위하여 두 성분 중 어떤 것도 좋으나, 여기서는 접선성분을 먼저 선택한다.

$$\frac{\partial \psi}{\partial r} = -u_\theta = -\frac{K}{r} \quad \rightarrow \quad \psi = -K \ln r + f(\theta) \tag{1}$$

이제 식 (9-27)의 다른 성분을 사용한다.

$$u_r = \frac{1}{r}\frac{\partial \psi}{\partial \theta} = \frac{1}{r} f'(\theta) \tag{2}$$

여기서 프라임은 θ에 관한 도함수를 뜻한다. 주어진 조건으로부터 $u_r=0$이므로, 식 (2)는 다음과 같이 된다.

$$f'(\theta) = 0 \quad \rightarrow \quad f(\theta) = C$$

여기서 C는 임의의 적분상수이다. 따라서 식 (1)은 다음과 같이 쓸 수 있다.

해:
$$\psi = -K \ln r + C \tag{3}$$

끝으로, 식 (3)에서 r에 일정한 값을 부여함으로써 ψ가 일정한 곡선들을 만들 수 있다. r이 일정한 곡선은 정의에 의해 원이므로, **유선(ψ가 일정한 곡선)은 그림 9–15a에서와 같이 원점을 중심으로 한 원이어야 한다.**

주어진 C와 ψ의 값에 대해 유선을 그리기 위해 식 (3)을 r에 대해 풀면 다음과 같다.

유선의 방정식:
$$r = e^{-(\psi - C)/K} \tag{4}$$

$K=10\ \text{m}^2/\text{s}$와 $C=0$에 대하여, $\psi=0$에서 22까지의 유선이 그림 9-28에 도시되어 있다.

토의 일정한 증분의 ψ 값을 사용했을 때, 유선들은 접선속도가 증가함에 따라 원점 근처에서 서로 가까워짐에 유의하라. 이는 한 유선에서 다른 유선까지 ψ 값의 차이는 두 유선 사이의 단위 폭당 체적유량과 같다는 서술의 직접적인 결과이다.

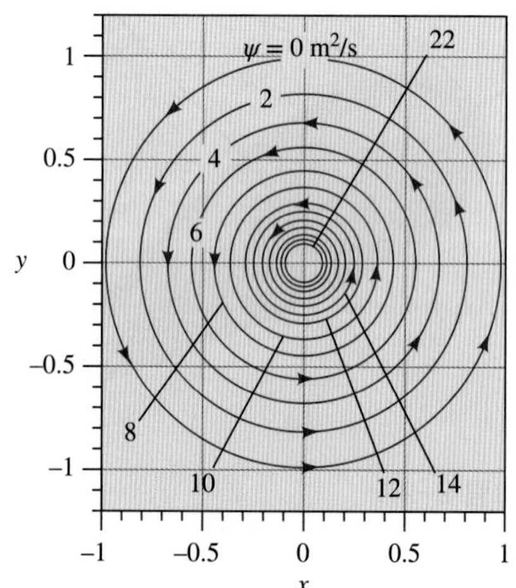

그림 9–28
예제 9-12의 속도장에 대한 유선. 여기서 $K=10\ \text{m}^2/\text{s}$, $C=0$이다. 몇 개의 유선에 값이 표시되어 있다.

압축성 유동함수*

유동함수의 개념을 xy평면의 정상, **압축성**, 2차원 유동으로 확장한다. 직교좌표계에서의 압축성 연속방정식[식 (9-14)]은 정상상태의 2차원 유동에 대해 다음과 같다.

$$\frac{\partial(\rho u)}{\partial x} + \frac{\partial(\rho v)}{\partial y} = 0 \tag{9-30}$$

압축성 유동함수를 도입하여, 이를 ψ_ρ로 표시한다.

직교좌표계에서의 정상상태, 압축성, 2차원의 유동함수:

$$\rho u = \frac{\partial \psi_\rho}{\partial y} \quad \text{and} \quad \rho v = -\frac{\partial \psi_\rho}{\partial x} \tag{9-31}$$

정의에 의해 식 (9-31)의 ψ_ρ는 식 (9-30)을 정확히 만족한다. 여기서 물론 ψ_ρ는 x와 y에 대해 매끈한 함수이어야 한다. 압축성 유동함수의 많은 특성들은 이전에 논의한

* 이 절은 연속성을 잃지 않고 건너뛸 수 있다.

비압축성 ψ의 특성들과 동일하다. 예를 들면, ψ_ρ가 일정한 곡선은 여전히 유선이다. 그러나 한 유선에서 다른 유선까지 ψ_ρ 값의 차이는 단위 폭당 체적유량이 아니라 단위 폭당 질량유량이다. 비록 비압축성 유동함수만큼 흔치는 않지만, 압축성 유동함수는 일부 상용 CFD 코드에 사용된다.

9–4 ■ 미분 선형 운동량 방정식–Cauchy 방정식

Reynolds 수송정리(4장)를 적용하여 구한, 검사체적에 대한 선형운동량보존법칙의 일반식은 다음과 같다.

$$\sum \vec{F} = \int_{CV} \rho \vec{g}\, dV + \int_{CS} \sigma_{ij} \cdot \vec{n}\, dA = \int_{CV} \frac{\partial}{\partial t}(\rho \vec{V})\, dV + \int_{CS} (\rho \vec{V}) \vec{V} \cdot \vec{n}\, dA \quad \textbf{(9-32)}$$

여기서 σ_{ij}는 6장에 소개된 **응력텐서**이다. 그림 9-29는 직육면체 미소 검사체적의 양의 면에서의 σ_{ij} 성분을 보여준다. $\vec{V}$가 절대속도이면(고정된 관찰자의 관점에서), 식 (9-32)는 고정된 혹은 움직이는 검사체적 모두에 적용된다. 잘 정의된 입구와 출구를 가지는 특수한 경우의 유동에서, 식 (9-32)는 다음과 같이 간략히 쓸 수 있다.

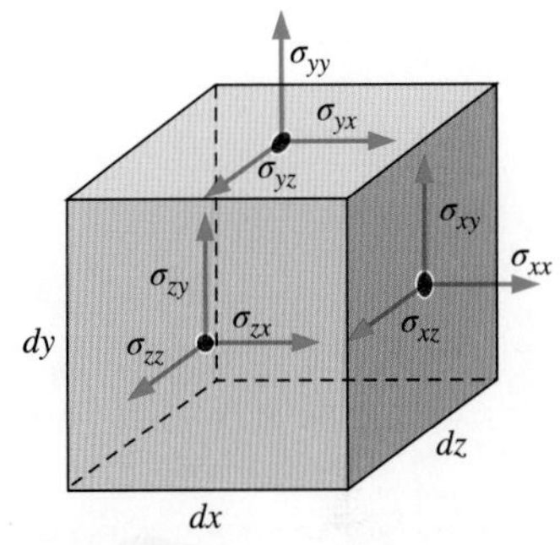

그림 9–29
직교좌표계에서 미소의 직사각형 검사체적의 양의 면(오른쪽, 위쪽, 앞쪽)에 작용하는 응력 텐서의 양의 방향 성분들. 빨간 점들은 각 면의 중심을 표시한다. 음의 면(왼쪽, 아래쪽, 뒤쪽)에 작용하는 응력 텐서의 양의 방향 성분들은 여기 보인 것과 반대방향이다.

$$\sum \vec{F} = \sum \vec{F}_{\text{body}} + \sum \vec{F}_{\text{surface}} = \int_{CV} \frac{\partial}{\partial t}(\rho \vec{V})\, dV + \sum_{\text{out}} \beta \dot{m} \vec{V} - \sum_{\text{in}} \beta \dot{m} \vec{V} \quad \textbf{(9-33)}$$

여기서 마지막 두 항의 $\vec{V}$는 입구 또는 출구에서의 평균속도이고, β는 운동량 플럭스 보정계수(6장)이다. 위 식은 검사체적에 작용하는 총 힘은 검사체적 내의 운동량 변화율과 검사체적을 유출하는 운동량 유동률의 합에서 검사체적으로 유입하는 운동량 유동률을 뺀 것과 같음을 의미한다. 식 (9-33)은 크기에 상관없이 **어떠한** 검사체적에도 적용된다. 선형운동량보존법칙에 대한 미분방정식을 유도하기 위하여 미소 크기로 축소된 검사체적을 고려한다. 극한으로 가면, 검사체적은 유동장의 한 **점으로** 축소된다(그림 9-2). 이제 질량보존법칙에 적용했던 것과 같은 접근법을 사용하여, 미분형의 선형운동량보존법칙을 유도하는 한 개 이상의 방법을 설명하자.

발산정리를 이용한 유도

미분형의 운동량보존법칙을 유도하는 가장 간단한(그리고 가장 세련된) 방법은 식 (9-3)의 발산정리를 적용하는 것이다. 발산정리의 보다 일반적인 형태는 벡터뿐만 아니라 그림 9-30에 예시된 텐서와 같은 다른 양에도 적용된다. 구체적으로 말하면, 그림 9-30의 확장형 발산정리에 나타나는 G_{ij}를 2계 텐서인 $(\rho \vec{V})\vec{V}$로 대체하면, 식 (9-32)의 마지막 항은 다음과 같이 된다.

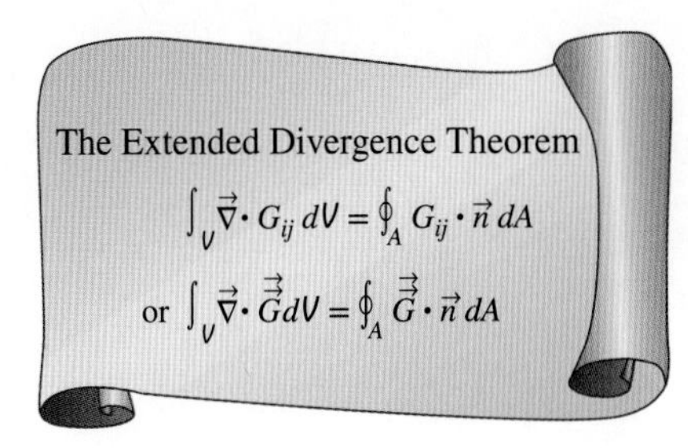

The Extended Divergence Theorem
$\int_V \vec{\nabla} \cdot G_{ij}\, dV = \oint_A G_{ij} \cdot \vec{n}\, dA$
or $\int_V \vec{\nabla} \cdot \vec{G} dV = \oint_A \vec{G} \cdot \vec{n}\, dA$

그림 9–30
발산 정리의 확장형은 벡터뿐만 아니라 텐서에도 유용하다. 식에서 G_{ij}는 2계 텐서, V는 체적, A는 그 체적을 둘러싸며 정의하는 면적이다.

$$\int_{CS} (\rho \vec{V}) \vec{V} \cdot \vec{n}\, dA = \int_{CV} \vec{\nabla} \cdot (\rho \vec{V} \vec{V})\, dV \quad \textbf{(9-34)}$$

여기서 $\vec{V}\,\vec{V}$는 속도벡터 그 자체와의 벡터적, **외적**(outer product)이다. [두 벡터의 외적은 내적(dot or inner product)과 같지 않으며, 또한 두 벡터의 벡터적(cross product)과 **같지 않다**.] 유사하게, 그림 9-30의 G_{ij}를 응력 텐서 σ_{ij}로 대체하면 식 (9-32)의 좌

변의 두 번째 항은 다음과 같이 된다.

$$\int_{\text{CS}} \sigma_{ij} \cdot \vec{n} dA = \int_{\text{CV}} \vec{\nabla} \cdot \sigma_{ij} \, dV \tag{9-35}$$

따라서 식 (9-32)의 두 면적분은 식 (9-34)와 (9-35)를 적용함으로써 체적적분이 된다. 항들을 더하고 재배열하여, 식 (9-32)를 다시 쓰면 다음과 같게 된다.

$$\int_{\text{CV}} \left[\frac{\partial}{\partial t}(\rho \vec{V}) + \vec{\nabla} \cdot (\rho \vec{V} \vec{V}) - \rho \vec{g} - \vec{\nabla} \cdot \sigma_{ij} \right] dV = 0 \tag{9-36}$$

마지막으로, 식 (9-36)은 검사체적의 크기나 형상에 관계없이 **어떤** 검사체적에 대해서도 유효해야 한다. 이는 피적분함수(대괄호로 둘러싸인)가 영일 때만 가능하다. 따라서 선형운동량보존법칙에 대한 일반적인 미분방정식이 구해지며, 이를 **Cauchy 방정식**이라 한다.

Cauchy 방정식 :
$$\frac{\partial}{\partial t}(\rho \vec{V}) + \vec{\nabla} \cdot (\rho \vec{V} \vec{V}) = \rho \vec{g} + \vec{\nabla} \cdot \sigma_{ij} \tag{9-37}$$

식 (9-37)은 프랑스 공학자이자 수학자인 Augustin Louis de Cauchy(1789-1857)를 기리고자 그의 이름을 따서 명명되었다. 이 식은 유도과정에서 비압축성에 관한 어떤 가정도 하지 않았으므로, 비압축성유동뿐만 아니라 압축성유동에도 유용하다. 또한 이 식은 유동장의 모든 점에 적용할 수 있다(그림 9-31). 여기서 식 (9-37)은 벡터 방정식임에 유의해야 하며, 따라서 3차원 문제에서 각 좌표축에 대해 하나씩, 세 개의 스칼라 식으로 나타난다.

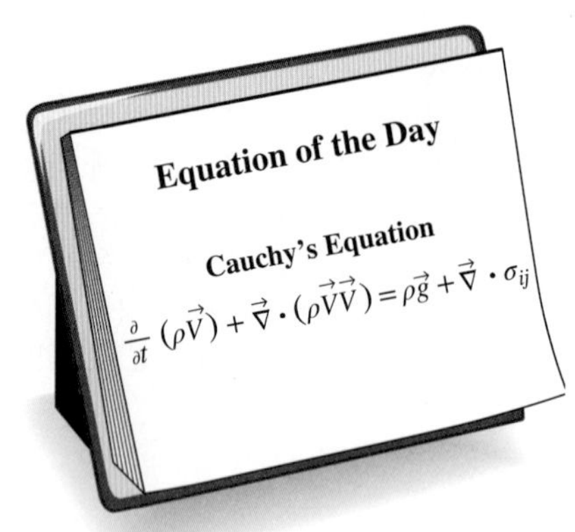
Equation of the Day
Cauchy's Equation
$\frac{\partial}{\partial t}(\rho \vec{V}) + \vec{\nabla} \cdot (\rho \vec{V} \vec{V}) = \rho \vec{g} + \vec{\nabla} \cdot \sigma_{ij}$

그림 9-31
Cauchy 방정식은 미분형의 선형운동량 방정식이다. 이 식은 모든 유체에 적용된다.

미소 검사체적을 이용한 유도

두 번째 방법으로, 미소 검사체적에 선형운동량 방정식[식 (9-33)]을 적용하여 Cauchy 방정식을 유도하자. 연속방정식을 유도할 때 사용한 것과 같은 박스 모양의 검사체적을 고려해보자(그림 9-3). 앞서와 같이 박스 중심에서 밀도를 ρ, 속도성분을 u, v, w로 정의한다. 또한 박스 중심에서 응력 텐서를 σ_{ij}로 정의한다. 문제를 간단히 하기 위하여, 식 (9-33)의 x 성분만을 고려한다. 이는 $\sum \vec{F}$를 이 항의 x성분, $\sum F_x$ 와 같게 놓고, $\vec{V}$를 이 항의 x 성분, u와 같게 놓음으로써 얻을 수 있다. 이와 같이 하면, 그림이 간단해질 뿐만 아니라 다음과 같은 스칼라 식을 사용할 수 있다.

$$\sum F_x = \sum F_{x,\text{ body}} + \sum F_{x,\text{ surface}} = \int_{\text{CV}} \frac{\partial}{\partial t}(\rho u) \, dV + \sum_{\text{out}} \beta \dot{m} u - \sum_{\text{in}} \beta \dot{m} u \tag{9-38}$$

검사체적을 한 점으로 축소시키면, 식 (9-38)의 우변의 첫 번째 항은, 미소 요소의 체적이 $dxdydz$이므로 다음과 같이 된다.

검사체적 내에서 x 운동량의 변화율:

$$\int_{\text{CV}} \frac{\partial}{\partial t}(\rho u) \, dV = \frac{\partial}{\partial t}(\rho u) \, dx \, dy \, dz \tag{9-39}$$

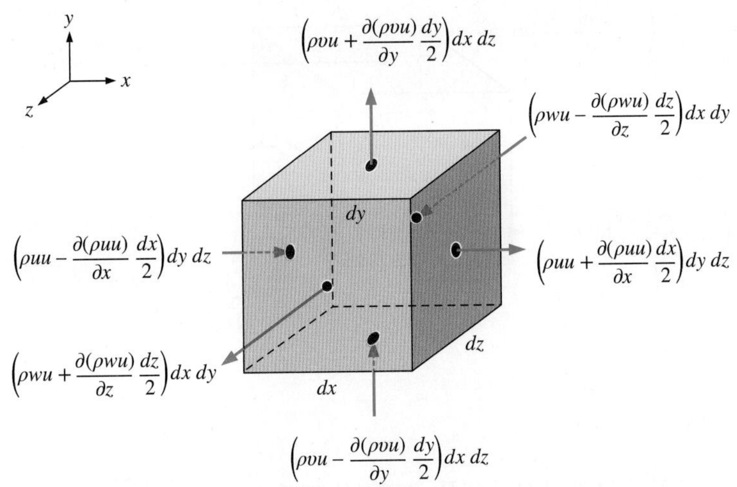

그림 9–32
미소 검사체적의 각 면을 출입하는 선형운동량의 x성분. 빨간 점은 각 면의 중심을 표시한다.

x 방향으로의 운동량 유입과 유출을 근사하기 위해서 검사체적의 중심으로부터 떨어진 지점에 1차의 테일러급수 전개를 적용한다. 그림 9-32는 미소 검사체적의 6개 면의 각 중심점에서의 운동량 플럭스를 보여준다. 각 면에서 수직속도 성분만을 고려한다. 왜냐하면 접선속도 성분은 면을 출입하는 질량유동에 영향을 미치지 않고, 따라서 면을 통과하는 운동량 유동 역시 없기 때문이다.

그림 9-32에 보인 모든 유출값을 더하고 모든 유입값을 뺌으로써, 식 (9-38)의 마지막 두 항에 대한 근사식을 다음과 같이 구한다.

검사표면을 통한 x 운동량의 순수 유출 :

$$\sum_{\text{out}} \beta \dot{m} u - \sum_{\text{in}} \beta \dot{m} u \cong \left(\frac{\partial}{\partial x}(\rho uu) + \frac{\partial}{\partial y}(\rho vu) + \frac{\partial}{\partial z}(\rho wu)\right) dx\,dy\,dz \tag{9-40}$$

여기서 β는 현재의 1차 근사와 일관되도록, 모든 면에서 1로 설정한다.

다음으로 미소 검사체적에 x 방향으로 작용하는 모든 힘을 더한다. 6장에서와 같이 체적력과 표면력을 고려할 필요가 있다. 고려해야 할 유일한 체적력은 중력(무게)이다. 그림 9-33에 보이는 것과 같이, z축(혹은 임의의 좌표 축)과 좌표계가 일치하지 않는 일반적인 경우에, 중력벡터는 다음과 같다.

$$\vec{g} = g_x\vec{i} + g_y\vec{j} + g_z\vec{k}$$

따라서 검사체적에 x 방향으로 작용하는 체적력은 다음과 같다.

$$\sum dF_{x,\,\text{body}} = \sum dF_{x,\,\text{gravity}} = \rho g x\,dx\,dy\,dz \tag{9-41}$$

다음으로 x 방향의 순수 표면력을 고려한다. 응력 텐서 σ_{ij}는 단위 면적당 힘의 차원을 가지므로, 힘을 구하기 위해서는 각 응력성분과 이 응력성분이 작용하는 면의 표면적을 곱해야 한다. 여기서 x(혹은 $-x$) 방향의 응력성분만을 고려하면 된다. (응력 텐서의 다른 성분들은, 비록 그들이 영이 아니더라도, x 방향의 순수 힘에 영향을 미치지 않는다.) 테일러급수 전개를 사용하여, 미소 유체요소에 작용하는 순수 표면력의 x 방향 성분에 해당하는 모든 표면력을 표시한다(그림 9-34).

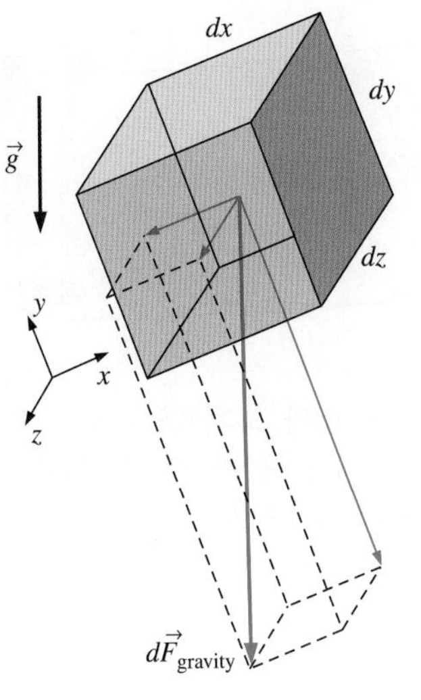

그림 9–33
일반적으로 중력 벡터는 특정 축과 정렬될 필요가 없다. 미소 유체요소에 작용하는 체적력의 세 가지 성분을 보여 준다.

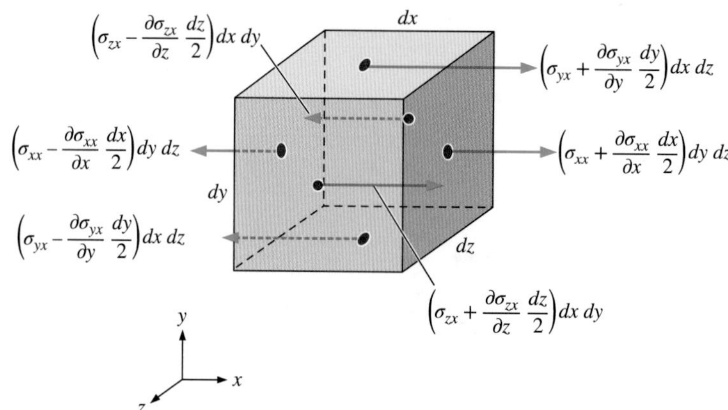

그림 9–34
이 그림은 미소 검사체적의 각 면에 작용하는 응력 텐서 성분에 기인한 x방향의 표면력을 보여 준다. 빨간 점은 각 면의 중심을 표시한다.

그림 9-34에 표시된 모든 표면력을 더함으로써, 미소 유체요소에 x 방향으로 작용하는 순수 표면력에 대한 근사식을 구할 수 있으며, 이는 다음과 같다.

$$\sum dF_{x,\,\text{surface}} = \left(\frac{\partial}{\partial x}\sigma_{xx} + \frac{\partial}{\partial y}\sigma_{yx} + \frac{\partial}{\partial z}\sigma_{zx}\right)dx\,dy\,dz \tag{9-42}$$

이제 식 (9-39)에서 식 (9-42)까지를 식 (9-38)에 대입한다. 여기서 미소 유체요소의 부피 $dxdydz$가 모든 항에 나타나게 되므로, 이를 소거할 수 있음에 유의한다. 약간의 재배열 후 다음과 같은 미분형의 x 운동량 방정식을 구할 수 있다.

$$\frac{\partial(\rho u)}{\partial t} + \frac{\partial(\rho uu)}{\partial x} + \frac{\partial(\rho vu)}{\partial y} + \frac{\partial(\rho wu)}{\partial z} = \rho g_x + \frac{\partial}{\partial x}\sigma_{xx} + \frac{\partial}{\partial y}\sigma_{yx} + \frac{\partial}{\partial z}\sigma_{zx} \tag{9-43}$$

같은 방법으로, 다음과 같은 미분형의 y와 z 운동량 방정식을 구한다.

$$\frac{\partial(\rho v)}{\partial t} + \frac{\partial(\rho uv)}{\partial x} + \frac{\partial(\rho vv)}{\partial y} + \frac{\partial(\rho wv)}{\partial z} = \rho g_y + \frac{\partial}{\partial x}\sigma_{xy} + \frac{\partial}{\partial y}\sigma_{yy} + \frac{\partial}{\partial z}\sigma_{zy} \tag{9-44}$$

$$\frac{\partial(\rho w)}{\partial t} + \frac{\partial(\rho uw)}{\partial x} + \frac{\partial(\rho vw)}{\partial y} + \frac{\partial(\rho ww)}{\partial z} = \rho g_z + \frac{\partial}{\partial x}\sigma_{xz} + \frac{\partial}{\partial y}\sigma_{yz} + \frac{\partial}{\partial z}\sigma_{zz} \tag{9-45}$$

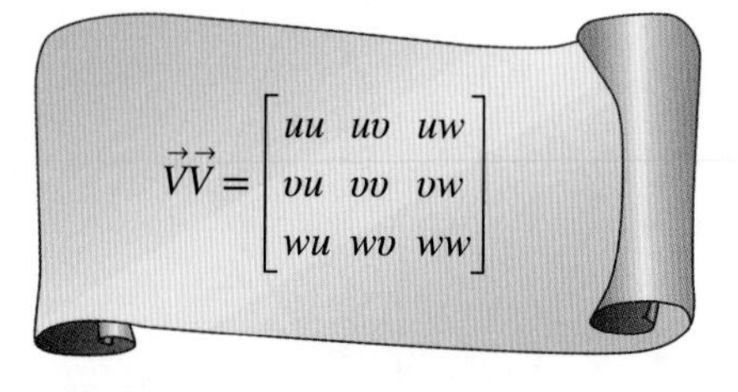

그림 9–35
벡터 $\vec{V} = (u, v, w)$와 그 자체의 벡터의 외적은 2계 텐서이다. 나타난 벡터의 외적은 직교좌표계에서 수행되었고, 9개의 성분을 가지는 행렬로 나타난다.

끝으로, 식 (9-43)에서 식 (9-45)까지를 합하여, 다음과 같은 하나의 벡터방정식을 만든다.

Cauchy 방정식:
$$\frac{\partial}{\partial t}(\rho\vec{V}) + \vec{\nabla}\cdot(\rho\vec{V}\vec{V}) = \rho\vec{g} + \vec{\nabla}\cdot\sigma_{ij}$$

이 식은 Cauchy 방정식[식 (9-37)]과 동일하다. 따라서 미소 유체요소를 이용한 유도 방법도 발산정리를 이용한 유도 방법과 동일한 결과를 도출함을 알 수 있다. 또한 여기서 $\vec{V}\,\vec{V}$는 2계(second-order) 텐서임에 유의하라(그림 9-35).

Cauchy 방정식의 다른 형태

식 (9-37)의 좌변의 첫 번째 항에 곱 법칙(product rule)을 적용하면 다음과 같다.

$$\frac{\partial}{\partial t}(\rho\vec{V}) = \rho\,\frac{\partial \vec{V}}{\partial t} + \vec{V}\,\frac{\partial \rho}{\partial t} \tag{9-46}$$

또한 식 (9-37)의 두 번째 항은 다음과 같이 쓸 수 있다.

$$\vec{\nabla}\cdot(\rho\vec{V}\vec{V}) = \vec{V}\vec{\nabla}\cdot(\rho\vec{V}) + \rho(\vec{V}\cdot\vec{\nabla})\vec{V} \tag{9-47}$$

따라서 $\vec{V}\,\vec{V}$의 2계 텐서가 제거되었다. 식 (9-46)과 식 (9-47)을 식 (9-37)에 대입하고, 다시 정리하면 다음 식을 얻는다.

$$\rho\frac{\partial \vec{V}}{\partial t} + \vec{V}\left[\frac{\partial \rho}{\partial t} + \vec{\nabla}\cdot(\rho\vec{V})\right] + \rho(\vec{V}\cdot\vec{\nabla})\vec{V} = \rho\vec{g} + \vec{\nabla}\cdot\sigma_{ij}$$

여기서 대괄호 안의 식은 식 (9-5)의 연속방정식에 의해 영이며, 따라서 좌변의 나머지 두 항을 합하여 다시 쓰면 다음과 같게 된다.

Cauchy 방정식의 다른 형태 :

$$\rho\left[\frac{\partial \vec{V}}{\partial t} + (\vec{V}\cdot\vec{\nabla})\vec{V}\right] = \rho\frac{D\vec{V}}{Dt} = \rho\vec{g} + \vec{\nabla}\cdot\sigma_{ij} \tag{9-48}$$

여기서 대괄호 안의 식은 물질가속도(유체입자를 따르는 가속도, 4장)임을 알 수 있다.

Newton의 제2법칙을 이용한 유도

이제 세 번째 방법으로 Cauchy 방정식을 유도하자. 이 방법에서는 미소 유체요소를 검사체적 대신 **물질요소**로 취급한다. 달리 말하면, 미소요소 안의 유체를 유동을 따라 움직이는 아주 작은 시스템(일정량의 물질)으로 간주한다(그림 9-36). 이 유체요소의 가속도는 물질가속도의 정의에 의해 $\vec{a} = D\vec{V}/Dt$이다. 유체의 물질요소에 Newton의 제2법칙을 적용하면 다음과 같게 된다.

$$\sum d\vec{F} = dm\vec{a} = dm\,\frac{D\vec{V}}{Dt} = \rho\,dx\,dy\,dz\,\frac{D\vec{V}}{Dt} \tag{9-49}$$

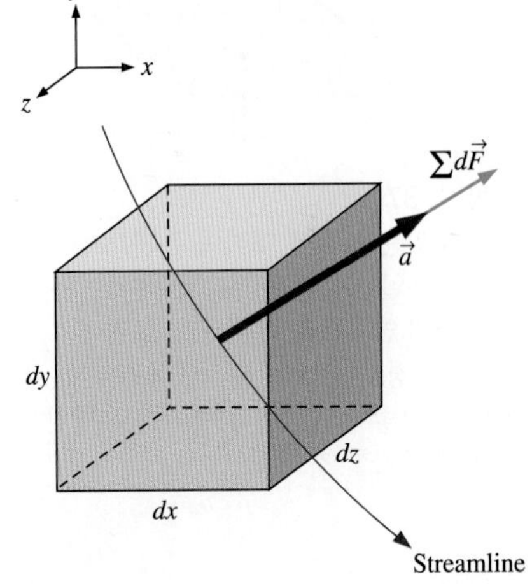

그림 9–36
미소 유체요소가 물질요소이면 이는 유동을 따라 움직이며, 뉴턴의 제2법칙이 직접 적용된다.

그림 9-36에 표시된 것과 같은 순간에서, 미소 유체요소에 작용하는 순수 힘은 앞서 미소 검사체적에 대해 계산한 것과 같은 방법으로 구할 수 있다. 따라서 유체요소에 작용하는 총 힘은 벡터 형태로 확장된 식 (9-41)과 (9-42)의 합이다. 식 (9-49)에 이들을 대입하고 $dx\,dy\,dz$로 나누면, 다른 형태의 Cauchy 방정식을 구할 수 있다.

$$\rho\frac{D\vec{V}}{Dt} = \rho\vec{g} + \vec{\nabla}\cdot\sigma_{ij} \tag{9-50}$$

식 (9-50)은 식 (9-48)과 동일하다. 돌이켜보면, 처음부터 Newton의 제2법칙으로 시작했다면 대수적 연산을 어느 정도 줄일 수 있었다. 그러나 이상 세 가지 방법으로 Cauchy 방정식을 유도해 봄으로써 방정식의 타당성을 충분히 확신할 수 있다.

2계 텐서의 발산인 식 (9-50)의 마지막 항을 전개할 때 매우 주의를 기울어야 한다. 직교좌표계에서 Cauchy 방정식의 세 성분은 다음과 같다.

$$\textbf{x성분}: \quad \rho \frac{Du}{Dt} = \rho g_x + \frac{\partial \sigma_{xx}}{\partial x} + \frac{\partial \sigma_{yx}}{\partial y} + \frac{\partial \sigma_{zx}}{\partial z} \tag{9-51a}$$

$$\textbf{y성분}: \quad \rho \frac{Dv}{Dt} = \rho g_y + \frac{\partial \sigma_{xy}}{\partial x} + \frac{\partial \sigma_{yy}}{\partial y} + \frac{\partial \sigma_{zy}}{\partial z} \tag{9-51b}$$

$$\textbf{z성분}: \quad \rho \frac{Dw}{Dt} = \rho g_z + \frac{\partial \sigma_{xz}}{\partial x} + \frac{\partial \sigma_{yz}}{\partial y} + \frac{\partial \sigma_{zz}}{\partial z} \tag{9-51c}$$

이 절을 마무리하면서 유념할 점은, 현재의 Cauchy 방정식만을(연속방정식과 결합되었을 때조차) 이용하여 어떤 유체역학 문제도 풀 수 없다는 것이다. 문제를 풀기 위해서는 응력 텐서 σ_{ij}를 밀도, 압력 및 속도와 같은 주요 미지수의 항으로 표현할 수 있어야 한다. 9-5절에서는 이 문제점을 가장 일반적 유체에 대해 논의한다.

9–5 ■ Navier–Stokes 방정식

서론

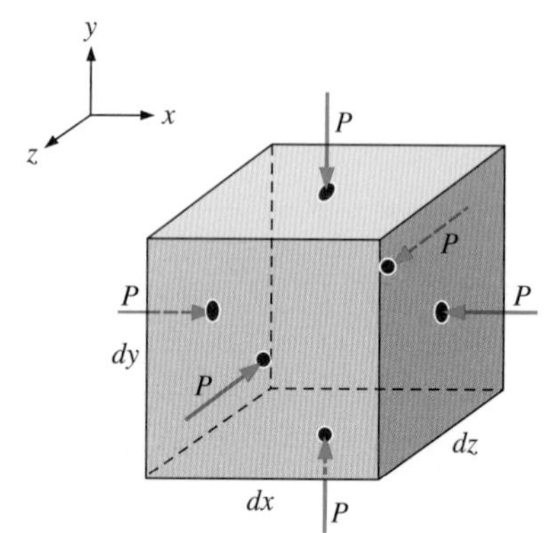

그림 9–37
정지해 있는 유체에 대하여 유체요소에 작용하는 유일한 응력은 정수압이다. 이는 항상 요소의 안쪽으로 작용하고, 표면에 수직이다. 이 경우 중력은 무시했다는 것에 주의하라. 그렇지 않다면 중력가속도 방향으로 압력 증가할 것이다.

Cauchy 방정식[식 (9-37)] 또는 이 식의 다른 형태인 식 (9-48)은 현재 그대로 사용할 수 없다. 왜냐하면 응력 텐서 σ_{ij}는 9개의 성분을 가지며, 이 중 6개의 성분이 서로 독립적이기(대칭성으로 인하여) 때문이다. 따라서 밀도와 3개의 속도성분을 추가하면, 6개의 미지수에서 총 10개의 미지수가 있게 된다. (직교좌표계에서 이들 미지수는 $\rho, u, v, w, \sigma_{xx}, \sigma_{xy}, \sigma_{xz}, \sigma_{yy}, \sigma_{yz}$ 및 σ_{zz}이다.) 그러나 지금까지는 연속방정식(1개)과 Cauchy 방정식(3개)을 포함한 단지 4개의 방정식만 논의해왔다. 물론 수학적으로 풀 수 있기 위해서는 방정식의 개수가 미지수의 개수와 같아야 하고, 따라서 6개의 식이 추가로 필요하다. 이들 추가되는 방정식을 **구성방정식**(constitutive equations)이라 부르며, 이 식은 응력 텐서의 성분들을 속도장과 압력장으로 표현할 수 있게 한다.

첫 번째로 할 일은 압력응력과 점성응력을 분리하는 것이다. 유체가 정지해 있을 때 **모든** 유체요소의 **모든** 면에 작용하는 유일한 응력은 국소 정수압 P이다. 이는 **항상** 요소의 **안쪽**으로 작용하고 표면에 수직이다(그림 9-37). 따라서 좌표축의 방향에 관계없이 정지상태에 있는 유체의 응력 텐서는 다음과 같이 줄어든다.

$$\textbf{정지상태에 있는 유체}: \quad \sigma_{ij} = \begin{pmatrix} \sigma_{xx} & \sigma_{xy} & \sigma_{xz} \\ \sigma_{yx} & \sigma_{yy} & \sigma_{yz} \\ \sigma_{zx} & \sigma_{zy} & \sigma_{zz} \end{pmatrix} = \begin{pmatrix} -P & 0 & 0 \\ 0 & -P & 0 \\ 0 & 0 & -P \end{pmatrix} \tag{9-52}$$

식 (9-52)의 정수압 P는 열역학 분야에서 익숙한 **열역학적 압력**과 같다. P는 어떤 형태의 **상태방정식**(예를 들면 이상기체 법칙)을 통해 온도와 밀도에 관련된다. 따라서 이제 또 다른 미지수, 즉 온도 T가 나타나게 되어 압축성 유체유동 해석이 더욱 복잡하게 된다. 더욱이 이 새로운 미지수를 풀기 위해서는 또 다른 방정식(미분형의 에너지방정식)이 필요하게 된다(이 교재에서는 논의하지 않는다).

유체가 **운동**할 때, 압력은 여전히 안쪽 방향으로 수직하게 작용하지만, 점성응력 또한 존재한다. 따라서 운동하는 유체에 대해 식 (9-52)는 다음과 같이 일반화할 수 있다.

운동하는 유체 :

$$\sigma_{ij} = \begin{pmatrix} \sigma_{xx} & \sigma_{xy} & \sigma_{xz} \\ \sigma_{yx} & \sigma_{yy} & \sigma_{yz} \\ \sigma_{zx} & \sigma_{zy} & \sigma_{zz} \end{pmatrix} = \begin{pmatrix} -P & 0 & 0 \\ 0 & -P & 0 \\ 0 & 0 & -P \end{pmatrix} + \begin{pmatrix} \tau_{xx} & \tau_{xy} & \tau_{xz} \\ \tau_{yx} & \tau_{yy} & \tau_{yz} \\ \tau_{zx} & \tau_{zy} & \tau_{zz} \end{pmatrix} \quad \textbf{(9-53)}$$

여기서 새로운 텐서 τ_{ij}가 도입되었으며, 이는 **점성응력 텐서** 혹은 **편차응력 텐서**(deviatoric stress tensor)라 불린다. 이 식을 수학적으로 보면, σ_{ij}의 6개의 미지수 성분이 τ_{ij}의 6개의 미지수 성분으로 대체되었고, **또 다른** 미지수인 압력 P가 추가되었기 때문에 크게 달라진 것이 없다. 그러나 다행스럽게도 속도장과 점성 같은 측정 가능한 유체 상태량으로 τ_{ij}를 표현하는 구성방정식이 있다. 곧 논의하겠지만, 구성방정식의 실제 형태는유체의 종류에 의존한다.

부언하면 식 (9-53)의 압력과 관련하여 몇 가지 미묘한 점이 있다. **비압축성** 유체이면 상태방정식이 없고($\rho=$상수가 상태방정식을 대체한다), 따라서 더 이상 P를 열역학적 압력으로 정의할 수 없다. 그 대신 식 (9-53)의 P를 다음과 같은 **기계적 압력**으로 정의한다.

기계적 압력:
$$P_m = -\frac{1}{3}(\sigma_{xx} + \sigma_{yy} + \sigma_{zz}) \quad \textbf{(9-54)}$$

식 (9-54)에서 **기계적 압력은 유체요소의 안쪽으로 작용하는 평균 수직응력**이라는 것을 알 수 있다. 그러므로 일부 저자들은 이를 **평균압력**으로 부르기도 한다. 따라서 비압축성 유체를 취급할 때, 압력변수 P는 항상 기계적 압력 P_m으로 이해한다. 그러나 **압축성** 유동인 경우, 식 (9-53)의 압력 P는 열역학적 압력이지만, 유체요소의 표면에서 감지되는 평균 수직응력은 P와 반드시 같은 것은 아니다(압력변수 P와 기계적 압력 P_m은 반드시 같은 것은 아니다). 기계적 압력에 대해 더 상세히 알고 싶으면 Panton(1996) 또는 Kundu et al.(2011)을 참고하길 바란다.

뉴턴 대 비뉴턴 유체

유동하는 유체의 변형에 관한 학문을 **유변학**(rheology)이라 부른다. 여러 가지 유체의 유변학적 거동이 그림 9-38에 나타나 있다. 이 교재에서는 **전단응력이 전단변형률에 선형적으로 비례하는 유체**로 정의되는 뉴턴 유체를 주로 다룬다. **뉴턴 유체**(응력이 변형률에 비례한다)는 탄성체(Hooke의 법칙: 응력이 변형에 비례한다)와 유사하다. 공기나 다른 기체, 물, 등유, 휘발유, 그리고 기타 유성(oil-based) 액체와 같은 많은 일반적인 유체는 뉴턴 유체이다. 전단응력이 전단변형률과 선형적인 관계에 있지 않는 유체는 **비뉴턴 유체**라 부른다. 예를 들면, 슬러리와 콜로이드 현탁액(colloidal suspension), 고분자 용액(polymer solution), 혈액, 풀 그리고 케익 반죽 등이다. 일부의 비뉴턴 유체는 "기억(memory)"하는 특징을 가진다. 즉, 전단응력은 단지 국소변형률 뿐만 아니라 국소변형률의 과거에도 의존한다. 작용한 응력이 제거된 후, 원래의 모양으로 (부분적으로) 회복되는 유체를 **점탄성유체**라 부른다.

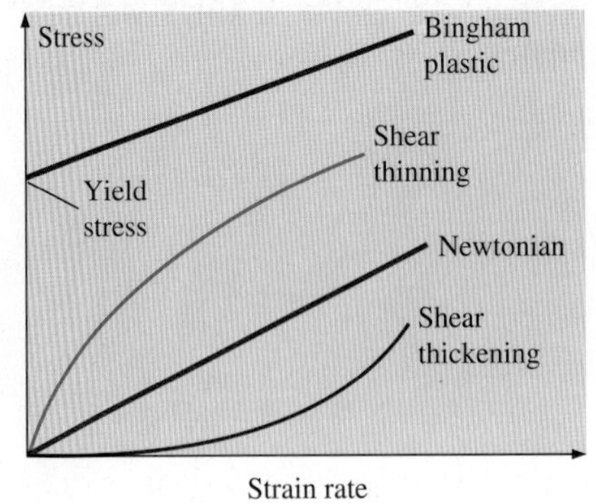

그림 9-38
유체의 유변학적 거동–전단변형률의 함수로서의 전단응력.

일부 비뉴턴 유체는 **전단희박 유체**(shear thinning fluid) 혹은 **슈도플라스틱 유체**(pseudo-plastic fluid)로 불리는데, 이 유체는 전단력을 받을수록 점성이 작아진다. 좋

그림 9-39
엔지니어가 표사(딜레이턴트 유체)에 빠졌을 때, 그가 빨리 움직일수록 유체의 점성은 더 커진다.

은 예가 페인트이다. 페인트를 용기에서 부을 때나 붓으로 묻혀 올릴 때, 전단율이 작기 때문에 점성이 크다. 그러나 벽에 페인트를 칠할 때, 붓과 벽 사이의 페인트의 얇은 층은 큰 전단율을 받고 따라서 점성이 작아진다. **플라스틱 유체**(plastic fluid)는 전단희박 효과가 극단적인 유체이다. 일부 유체는 그 유체가 유동을 시작하기 위해 **항복응력**이라 불리는 유한한 크기의 응력이 필요하다. 이러한 유체를 Bingham 플라스틱 유체라 부른다. 여드름 연고와 치약은 **Bingham 플라스틱 유체**의 예이다. 치약튜브를 거꾸로 하여 잡는다면, 중력 때문에 응력은 영이 아니지만 치약은 흐르지 않는다. 그러나 튜브를 압착하면(응력을 크게 증가시킴), 치약은 점성이 큰 유체처럼 흐른다. 반대의 효과를 보이는 유체들도 있으며, 이들은 **전단농후유체**(shear thickening fluid) 혹은 **딜레이턴트유체**(dilatant fluid)로 불린다. 이 경우 유체는 전단력을 받을수록 점성이 커진다. 가장 좋은 예는 모래와 물의 진한 혼합물인 표사(quicksand)이다. 할리우드 영화를 보면 알 수 있듯이, 표사의 점성은 작기 때문에 표사를 통해 **천천히** 움직이기는 쉽지만, 당황해서 빨리 움직이려고 하면, 점성저항이 크게 증가해서 빠져나올 수 없게 된다(그림 9-39). 독자들도 옥수수 전분과 물을 2 대 1의 비율로 혼합하면 표사를 만들 수 있다. 전단농후유체는 빠르게 당길수록 저항이 더욱 증가하는 일부 운동기구에도 사용된다.

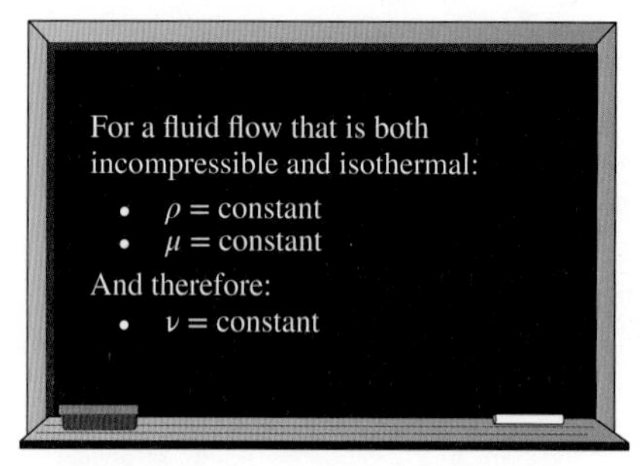

그림 9-40
비압축성 유동 근사는 밀도가 일정함을 의미하고, 등온 근사는 점성이 일정함을 의미한다.

비압축성 등온 유동에 대한 Navier-Stokes 방정식의 유도

지금부터는 응력 텐서가 변형률 텐서와 선형적으로 비례하는 뉴턴 유체로 논의를 한정한다. 일반적 결과(압축성유동의 경우)는 상당히 복잡하므로 여기서 다루지 않고, 대신 비압축성 유동(ρ=일정)으로 가정한다. 또한 거의 등온의 유동으로 가정한다. 즉, 온도의 국소적 변화는 작거나 존재하지 않는다. 이는 미분형 에너지방정식을 필요치 않게 한다. 후자의 가정으로부터 점성계수 μ와 동점성계수 ν와 같은 유체 상태량은 일정하다(그림 9-40). 이와 같은 가정하에서 점성응력 텐서는 다음과 같이 단순화된다(Kundu와 Cohen, 2008).

일정한 상태량을 가진 비압축성 뉴턴 유체의 점성응력 텐서 :

$$\tau_{ij} = 2\mu\varepsilon_{ij} \tag{9-55}$$

여기서 ε_{ij}는 4장에서 정의한 변형률 텐서이다. 식 (9-55)는 응력이 변형률에 선형적으로 비례함을 보여준다. 직교좌표계에서 이 점성응력 텐서의 9개의 성분은 다음과 같다. 이 중 6개는 대칭 때문에 독립적이다.

$$\tau_{ij} = \begin{pmatrix} \tau_{xx} & \tau_{xy} & \tau_{xz} \\ \tau_{yx} & \tau_{yy} & \tau_{yz} \\ \tau_{zx} & \tau_{zy} & \tau_{zz} \end{pmatrix} = \begin{pmatrix} 2\mu\dfrac{\partial u}{\partial x} & \mu\left(\dfrac{\partial u}{\partial y} + \dfrac{\partial v}{\partial x}\right) & \mu\left(\dfrac{\partial u}{\partial z} + \dfrac{\partial w}{\partial x}\right) \\ \mu\left(\dfrac{\partial v}{\partial x} + \dfrac{\partial u}{\partial y}\right) & 2\mu\dfrac{\partial v}{\partial y} & \mu\left(\dfrac{\partial v}{\partial z} + \dfrac{\partial w}{\partial y}\right) \\ \mu\left(\dfrac{\partial w}{\partial x} + \dfrac{\partial u}{\partial z}\right) & \mu\left(\dfrac{\partial w}{\partial y} + \dfrac{\partial v}{\partial z}\right) & 2\mu\dfrac{\partial w}{\partial z} \end{pmatrix} \tag{9-56}$$

따라서 직교좌표계에서 식 (9-53)의 응력 텐서는 다음과 같이 된다.

$$\sigma_{ij} = \begin{pmatrix} -P & 0 & 0 \\ 0 & -P & 0 \\ 0 & 0 & -P \end{pmatrix} + \begin{pmatrix} 2\mu \frac{\partial u}{\partial x} & \mu\left(\frac{\partial u}{\partial y} + \frac{\partial v}{\partial x}\right) & \mu\left(\frac{\partial u}{\partial z} + \frac{\partial w}{\partial x}\right) \\ \mu\left(\frac{\partial v}{\partial x} + \frac{\partial u}{\partial y}\right) & 2\mu \frac{\partial v}{\partial y} & \mu\left(\frac{\partial v}{\partial z} + \frac{\partial w}{\partial y}\right) \\ \mu\left(\frac{\partial w}{\partial x} + \frac{\partial u}{\partial z}\right) & \mu\left(\frac{\partial w}{\partial y} + \frac{\partial v}{\partial z}\right) & 2\mu \frac{\partial w}{\partial z} \end{pmatrix} \tag{9-57}$$

이제, 식 (9-57)을 Cauchy 방정식의 3개 성분에 대입한다. 첫 번째로 x 성분을 고려하면, 식 (9-51a)는 다음과 같이 된다.

$$\rho \frac{Du}{Dt} = -\frac{\partial P}{\partial x} + \rho g_x + 2\mu \frac{\partial^2 u}{\partial x^2} + \mu \frac{\partial}{\partial y}\left(\frac{\partial v}{\partial x} + \frac{\partial u}{\partial y}\right) + \mu \frac{\partial}{\partial z}\left(\frac{\partial w}{\partial x} + \frac{\partial u}{\partial z}\right) \tag{9-58}$$

압력은 수직응력으로만 구성되므로 식 (9-58)의 한 개 항에만 나타난다. 그러나 점성응력 텐서는 수직응력과 전단응력으로 이루어지기 때문에 **3개 항**에서 나타난다. (이는 2계 텐서에 발산을 직접 적용한 결과와 같다.)

여기서 속도성분들이 x, y, z의 매끈한 함수인 한, 미분의 순서는 무관하다는 것에 유의한다. 예를 들어 식 (9-58)의 마지막 항의 첫 부분은 다음과 같이 다시 쓸 수 있다.

$$\mu \frac{\partial}{\partial z}\left(\frac{\partial w}{\partial x}\right) = \mu \frac{\partial}{\partial x}\left(\frac{\partial w}{\partial z}\right)$$

식 (9-58)의 점성항을 재배열하면 다음과 같게 된다.

$$\begin{aligned} \rho \frac{Du}{Dt} &= -\frac{\partial P}{\partial x} + \rho g_x + \mu\left[\frac{\partial^2 u}{\partial x^2} + \frac{\partial}{\partial x}\frac{\partial u}{\partial x} + \frac{\partial}{\partial x}\frac{\partial v}{\partial y} + \frac{\partial^2 u}{\partial y^2} + \frac{\partial}{\partial x}\frac{\partial w}{\partial z} + \frac{\partial^2 u}{\partial z^2}\right] \\ &= -\frac{\partial P}{\partial x} + \rho g_x + \mu\left[\frac{\partial}{\partial x}\left(\frac{\partial u}{\partial x} + \frac{\partial v}{\partial y} + \frac{\partial w}{\partial z}\right) + \frac{\partial^2 u}{\partial x^2} + \frac{\partial^2 u}{\partial y^2} + \frac{\partial^2 u}{\partial z^2}\right] \end{aligned}$$

소괄호 안에 있는 항은 비압축성 유동의 연속방정식에 의해 영이다[식 (9-17)]. 또한 마지막 세 개의 항은 직교좌표계에서 속도성분 u의 **라플라스 연산**(그림 9-41)이다. 따라서 운동량 방정식의 성분은 다음과 같이 쓸 수 있다.

$$\rho \frac{Du}{Dt} = -\frac{\partial P}{\partial x} + \rho g_x + \mu \nabla^2 u \tag{9-59a}$$

마찬가지 방법으로 운동량방정식의 y, z 성분을 쓰면 각각 다음과 같다.

$$\rho \frac{Dv}{Dt} = -\frac{\partial P}{\partial y} + \rho g_y + \mu \nabla^2 v \tag{9-59b}$$

$$\rho \frac{Dw}{Dt} = -\frac{\partial P}{\partial z} + \rho g_z + \mu \nabla^2 w \tag{9-59c}$$

끝으로 세 개의 성분을 하나의 벡터 방정식으로 합하면, 그 결과는 점성이 일정한, 비압축성 유동에 대한 Navier–Stokes **방정식**이다.

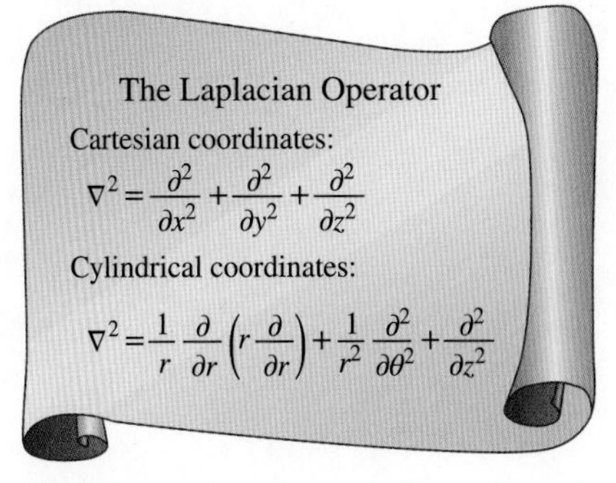

The Laplacian Operator
Cartesian coordinates:
$\nabla^2 = \frac{\partial^2}{\partial x^2} + \frac{\partial^2}{\partial y^2} + \frac{\partial^2}{\partial z^2}$
Cylindrical coordinates:
$\nabla^2 = \frac{1}{r}\frac{\partial}{\partial r}\left(r\frac{\partial}{\partial r}\right) + \frac{1}{r^2}\frac{\partial^2}{\partial \theta^2} + \frac{\partial^2}{\partial z^2}$

그림 9–41
직교좌표계와 원통좌표계에서의 라플라스 연산자는 비압축성 Navier-Stokes 방정식의 점성항에 나타난다.

그림 9–42
Navier-Stokes 방정식은 유체역학의 초석이다.

비압축성 Navier-Stokes 방정식 :

$$\rho \frac{D\vec{V}}{Dt} = -\vec{\nabla}P + \rho\vec{g} + \mu\nabla^2\vec{V} \tag{9-60}$$

비록 식 (9-60)의 성분들은 직교좌표계(Cartesian coordinate)로 유도했지만, 식 (9-60 의 벡터 형식은 모든 직각좌표계(orthogonal coordinate)에도 유용하다. 이 유명한 방정식은 프랑스 엔지니어 Louis Marie Henri Navier(1785-1836)와 영국 수학자 George Gabriel Stokes 경(1819-1903)을 기리고자 그들의 이름을 따서 명명되었으며, 사실 이들 두 사람은 서로 독립적으로 점성항을 유도하였다.

Navier-Stokes 방정식은 유체역학의 초석이다(그림 9-42). 방정식은 단순해 보이지만 비정상, 비선형, 2차의 편미분방정식이다. 만약 모든 기하학적 형상에 관련한 유동에 대해 이 방정식을 풀 수 있었다면, 이 교재의 두께는 아마 반으로 줄어들었을 것이다. 불행히도 이 방정식에 대한 해석해는 매우 간단한 유동장을 제외하고는 구할 수 없다. 이 교재의 나머지 부분은 식 (9-60)의 풀이에 할당되었다고 해도 과언이 아니다. 사실, 많은 연구자들이 Navier-Stokes 방정식을 풀기 위해 그들의 모든 경력을 통해 많은 노력을 경주해 오고 있다.

식 (9-60)에는 4개의 미지수가 있으나(3개의 속도성분과 압력), 이 식은 단지 3개의 방정식(벡터 방정식이므로 3개의 성분)을 가진다. 문제를 풀기 위해서는 또 하나의 식이 필요하며, 이 네 번째 방정식이 비압축성 연속방정식이다[식 (9-16)]. 이 미분방정식계를 풀기 전에, 먼저 좌표계를 선택하고, 이 좌표계에서 방정식들을 전개하는 것이 필요하다.

직교좌표계에서의 연속방정식과 Navier–Stokes 방정식

연속방정식[식 (9-16)]과 Navier-Stokes 방정식[식 (9-60)]을 직교좌표계 (x, y, z)와 (u, v, w)를 이용하여 전개한다.

비압축성 연속방정식 :

$$\frac{\partial u}{\partial x} + \frac{\partial v}{\partial y} + \frac{\partial w}{\partial z} = 0 \tag{9-61a}$$

비압축성 Navier-Stokes 방정식의 x성분 :

$$\rho\left(\frac{\partial u}{\partial t} + u\frac{\partial u}{\partial x} + v\frac{\partial u}{\partial y} + w\frac{\partial u}{\partial z}\right) = -\frac{\partial P}{\partial x} + \rho g_x + \mu\left(\frac{\partial^2 u}{\partial x^2} + \frac{\partial^2 u}{\partial y^2} + \frac{\partial^2 u}{\partial z^2}\right) \tag{9-61b}$$

비압축성 Navier-Stokes 방정식의 y성분 :

$$\rho\left(\frac{\partial v}{\partial t} + u\frac{\partial v}{\partial x} + v\frac{\partial v}{\partial y} + w\frac{\partial v}{\partial z}\right) = -\frac{\partial P}{\partial y} + \rho g_y + \mu\left(\frac{\partial^2 v}{\partial x^2} + \frac{\partial^2 v}{\partial y^2} + \frac{\partial^2 v}{\partial z^2}\right) \tag{9-61c}$$

비압축성 Navier-Stokes 방정식의 z성분 :

$$\rho\left(\frac{\partial w}{\partial t} + u\frac{\partial w}{\partial x} + v\frac{\partial w}{\partial y} + w\frac{\partial w}{\partial z}\right) = -\frac{\partial P}{\partial z} + \rho g_z + \mu\left(\frac{\partial^2 w}{\partial x^2} + \frac{\partial^2 w}{\partial y^2} + \frac{\partial^2 w}{\partial z^2}\right) \tag{9-61d}$$

원통좌표계에서의 연속방정식과 Navier–Stokes 방정식

연속방정식[식 (9-16)]과 Navier-Stokes 방정식[식 (9-60)]을 원통좌표계 (r, θ, z)와 (u_r, u_θ, u_z)를 이용하여 전개한다.

비압축성 연속방정식 :

$$\frac{1}{r}\frac{\partial(ru_r)}{\partial r}+\frac{1}{r}\frac{\partial(u_\theta)}{\partial \theta}+\frac{\partial(u_z)}{\partial z}=0 \tag{9-62a}$$

비압축성 **Navier-Stokes** 방정식의 r성분 :

$$\rho\left(\frac{\partial u_r}{\partial t}+u_r\frac{\partial u_r}{\partial r}+\frac{u_\theta}{r}\frac{\partial u_r}{\partial \theta}-\frac{u_\theta^2}{r}+u_z\frac{\partial u_r}{\partial z}\right)$$

$$=-\frac{\partial P}{\partial r}+\rho g_r+\mu\left[\frac{1}{r}\frac{\partial}{\partial r}\left(r\frac{\partial u_r}{\partial r}\right)-\frac{u_r}{r^2}+\frac{1}{r^2}\frac{\partial^2 u_r}{\partial \theta^2}-\frac{2}{r^2}\frac{\partial u_\theta}{\partial \theta}+\frac{\partial^2 u_r}{\partial z^2}\right] \tag{9-62b}$$

비압축성 **Navier-Stokes** 방정식의 θ성분 :

$$\rho\left(\frac{\partial u_\theta}{\partial t}+u_r\frac{\partial u_\theta}{\partial r}+\frac{u_\theta}{r}\frac{\partial u_\theta}{\partial \theta}+\frac{u_r u_\theta}{r}+u_z\frac{\partial u_\theta}{\partial z}\right)$$

$$=-\frac{1}{r}\frac{\partial P}{\partial \theta}+\rho g_\theta+\mu\left[\frac{1}{r}\frac{\partial}{\partial r}\left(r\frac{\partial u_\theta}{\partial r}\right)-\frac{u_\theta}{r^2}+\frac{1}{r^2}\frac{\partial^2 u_\theta}{\partial \theta^2}+\frac{2}{r^2}\frac{\partial u_r}{\partial \theta}+\frac{\partial^2 u_\theta}{\partial z^2}\right] \tag{9-62c}$$

비압축성 **Navier-Stokes** 방정식의 z성분 :

$$\rho\left(\frac{\partial u_z}{\partial t}+u_r\frac{\partial u_z}{\partial r}+\frac{u_\theta}{r}\frac{\partial u_z}{\partial \theta}+u_z\frac{\partial u_z}{\partial z}\right)$$

$$=-\frac{\partial P}{\partial z}+\rho g_z+\mu\left[\frac{1}{r}\frac{\partial}{\partial r}\left(r\frac{\partial u_z}{\partial r}\right)+\frac{1}{r^2}\frac{\partial^2 u_z}{\partial \theta^2}+\frac{\partial^2 u_z}{\partial z^2}\right] \tag{9-62d}$$

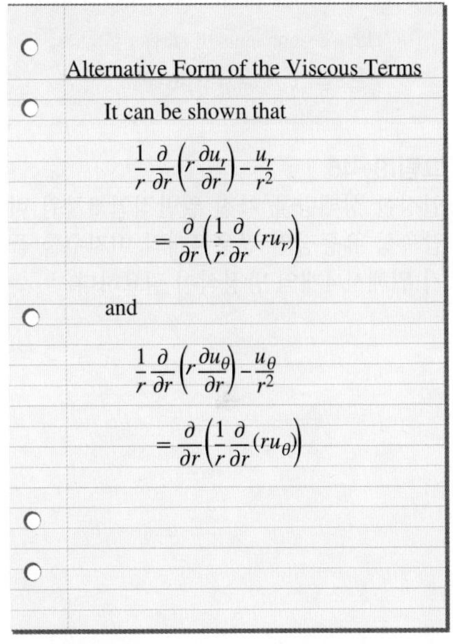

그림 9–43
Navier-stokes 방정식의 r과 θ성분에서 처음 두 개의 점성항에 대한 다른 형태.

식 (9-62b)와 (9-62c)에서 처음 두 개의 점성 항은 이들 방정식을 풀 때 종종 더 유용한 다른 형태로 변형시킬 수 있다(그림 9-43). 이에 대한 유도는 학생들의 연습으로 남긴다. Navier-Stokes 방정식의 r과 θ 성분[식 (9-62b)]과 식 (9-62c)의 양변에 "추가된" 항은 원통좌표계 자체의 특성으로 인해 나타난다. 즉, θ 방향으로 이동함에 따라 단위 벡터 $\vec{e}_r$도 방향이 바뀌며, 따라서 r과 θ 성분은 서로 **연계되어**(coupled) 있다(그림 9-44). (이 연계 효과는 직교좌표계에는 나타나지 않으며, 따라서 식 (9-61)에는 추가되는 항이 없다.)

정리하면 원통좌표계에서 점성응력 텐서의 6개의 독립성분들을 다음과 같이 정리한다.

$$\tau_{ij}=\begin{pmatrix}\tau_{rr} & \tau_{r\theta} & \tau_{rz}\\ \tau_{\theta r} & \tau_{\theta\theta} & \tau_{\theta z}\\ \tau_{zr} & \tau_{z\theta} & \tau_{zz}\end{pmatrix}$$

$$=\begin{pmatrix} 2\mu\frac{\partial u_r}{\partial r} & \mu\left[r\frac{\partial}{\partial r}\left(\frac{u_\theta}{r}\right)+\frac{1}{r}\frac{\partial u_r}{\partial \theta}\right] & \mu\left(\frac{\partial u_r}{\partial z}+\frac{\partial u_z}{\partial r}\right)\\ \mu\left[r\frac{\partial}{\partial r}\left(\frac{u_\theta}{r}\right)+\frac{1}{r}\frac{\partial u_r}{\partial \theta}\right] & 2\mu\left(\frac{1}{r}\frac{\partial u_\theta}{\partial \theta}+\frac{u_r}{r}\right) & \mu\left(\frac{\partial u_\theta}{\partial z}+\frac{1}{r}\frac{\partial u_z}{\partial \theta}\right)\\ \mu\left(\frac{\partial u_r}{\partial z}+\frac{\partial u_z}{\partial r}\right) & \mu\left(\frac{\partial u_\theta}{\partial z}+\frac{1}{r}\frac{\partial u_z}{\partial \theta}\right) & 2\mu\frac{\partial u_z}{\partial z}\end{pmatrix} \tag{9-63}$$

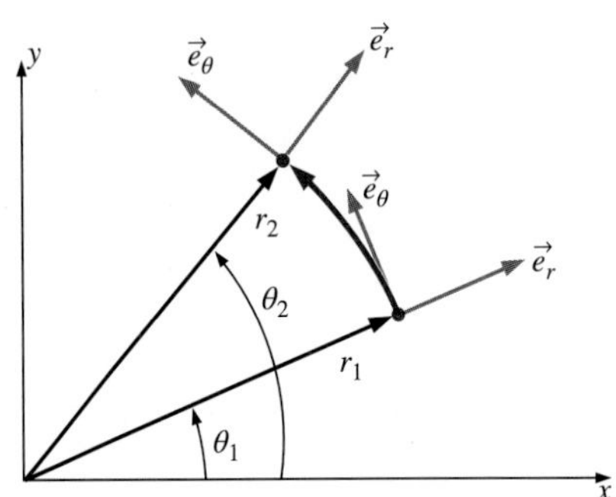

그림 9–44
원통좌표계에서 단위 벡터 $\vec{e}_r$과 $\vec{e}_\theta$는 연계된다. 방향으로의 이동은 $\vec{e}_r$의 방향을 바뀌게 하고, 따라서 Navier-Stokes 방정식의 r과 θ성분에 추가적인 항을 만들게 한다.

Three-Dimensional Incompressible Flow

Four variables or unknowns:

- Pressure P
- Three components of velocity $\vec{V}$

Four equations of motion:

- Continuity,
  $\vec{\nabla}\cdot\vec{V} = 0$
- Three components of Navier–Stokes,
  $\rho\dfrac{D\vec{V}}{Dt} = -\vec{\nabla}P + \rho\vec{g} + \mu\nabla^2\vec{V}$

그림 9-45
일정한 상태량을 가진 일반적인 3차원 비압축성 유동장의 경우 4개의 미지수를 풀기 위해서 4개의 방정식이 필요하다.

9-6 ■ 유체 유동문제의 미분 해석

이 절에서는 직교좌표계와 원통좌표계의 운동에 관한 미분방정식을 적용하는 방법을 살펴본다. 미분방정식(연속방정식과 Navier-Stokes 방정식)을 이용하여 계산할 수 있는 두 가지 형태의 문제는 다음과 같다.

- 알려진 속도장을 이용한 압력장 계산
- 알려진 물체의 모양과 경계조건을 이용하여 속도장 및 압력장 계산

문제를 간단하게 하기 위하여, 변수 ρ를 소거한 비압축성 유동만을 고려하자. 또한 9-5절에서 유도한 Navier-Stokes 방정식은 상태량(점성계수, 열전도도 등)이 일정한 뉴턴 유체에만 적용할 수 있다. 한편 온도의 변화는 무시할 수 있을 정도로 작다고 가정하면, T는 변수가 아니다. 결국, 변수 즉 미지수가 4개(압력 및 속도의 3성분)이므로, 이를 계산하기 위해서는 4개의 미분방정식이 필요하다 (그림 9-45).

알려진 속도장에 대한 압력장의 계산

첫 번째 예제는 속도장을 알고 있을 때 압력장을 계산하는 문제이다. 압력은 연속방정식에 나타나지 않으므로, 질량보존 방정식만을 토대로 하여 이론적으로 속도장을 계산할 수 있다. 그러나 속도는 연속방정식과 Navier-Stokes 방정식 모두에 나타나기 때문에 이 두 방정식은 **연계되어** 있다. 또한 압력은 Navier-Stokes 방정식의 세 성분에 모두 나타나므로, 압력장과 속도장은 서로 연계되어 있다. 따라서 이러한 속도와 압력의 연계성으로부터 알려진 속도장을 이용하여 압력장을 계산할 수 있다.

예제 9-13 직교좌표계에서 압력장 계산

예제 9-9의 정상, 2차원, 비압축성 속도장, 즉 $\vec{V} = (u, v) = (ax+b)\vec{i} + (-ay+cx)\vec{j}$에서 압력을 x, y의 함수로 계산하라.

풀이 주어진 속도장을 이용하여 압력장을 계산하고자 한다.

가정 **1** 유동은 정상상태이며 비압축성이다. **2** 유체는 일정한 상태량을 갖는다. **3** xy평면의 2차원 유동이다. **4** 중력은 x, y방향으로 작용하지 않는다.

해석 먼저 주어진 속도장이 2차원, 비압축성 연속방정식을 만족하는가를 확인한다.

$$\underbrace{\frac{\partial u}{\partial x}}_{a} + \underbrace{\frac{\partial v}{\partial y}}_{-a} + \underbrace{\frac{\partial w}{\partial z}}_{0\ (2\text{-D})} = a - a = 0 \tag{1}$$

따라서 주어진 속도장은 연속방정식을 만족한다. 만약 연속방정식을 만족하지 않는다면 더 이상 해석을 할 수 없고 계산을 중지한다. 주어진 속도장은 물리적으로 불가능하며 압력장도 계산할 수 없다.

다음 단계로 Navier-Stokes방정식 y성분을 고려한다.

$$\rho\left(\underbrace{\frac{\partial v}{\partial t}}_{0\ (\text{steady})} + \underbrace{u\frac{\partial v}{\partial x}}_{(ax+b)c} + \underbrace{v\frac{\partial v}{\partial y}}_{(-ay+cx)(-a)} + \underbrace{w\frac{\partial v}{\partial z}}_{0\ (2\text{-D})}\right) = -\frac{\partial P}{\partial y} + \underbrace{\rho g_y}_{0} + \mu\left(\underbrace{\frac{\partial^2 v}{\partial x^2}}_{0} + \underbrace{\frac{\partial^2 v}{\partial y^2}}_{0} + \underbrace{\frac{\partial^2 v}{\partial z^2}}_{0\ (2\text{-D})}\right)$$

따라서 y 운동량방정식은 다음과 같이 간략히 할 수 있다.

$$\frac{\partial P}{\partial y} = \rho(-acx - bc - a^2y + acx) = \rho(-bc - a^2y) \quad \textbf{(2)}$$

식 (2)를 만족하는 압력장을 구할 수 있으면, y 운동량방정식을 만족한다. 같은 방법으로 x 운동량방정식을 구하면 다음과 같다.

$$\frac{\partial P}{\partial x} = \rho(-a^2x - ab) \quad \textbf{(3)}$$

식 (3)을 만족하는 압력장을 구할 수 있으면, x 운동방정식도 만족한다.

정상유동 해가 존재하기 위해서는 P가 시간의 함수이면 안 된다. 또한 물리적으로 가능한 정상, 비압축 유동장은 x와 y에 대해 연속함수인 압력장 $P(x, y)$를 필요로 한다(P나 P의 도함수에 불연속이 없어야 한다). 수학적으로는 미분의 순서(x에 관한 미분 다음에 y에 관한 미분, 혹은 y에 관한 미분 다음에 x에 관한 미분)에 무관하여야 한다(그림 9-46). 식 (2)와 (3)을 각각 교차 미분(cross differentiating)하여 이 사실이 성립하는지 확인한다.

$$\frac{\partial^2 P}{\partial x\, \partial y} = \frac{\partial}{\partial x}\left(\frac{\partial P}{\partial y}\right) = 0 \quad \text{그리고} \quad \frac{\partial^2 P}{\partial y\, \partial x} = \frac{\partial}{\partial y}\left(\frac{\partial P}{\partial x}\right) = 0 \quad \textbf{(4)}$$

식 (4)는 P가 x와 y에 관해 연속함수임을 나타낸다. **따라서 주어진 속도장은 정상, 2차원, 비압축성 Navier-Stokes 방정식을 만족한다.**

이 해석에서 만약 압력의 교차 미분이 그림 9-46의 식을 만족하지 않으면, 주어진 속도장은 정상, 2차원, 비압축성 Navier-Stokes 방정식을 만족하지 못하고, 결국 정상상태의 압력장은 구할 수 없다.

$P(x, y)$는 식 (2)를 y에 대해 편적분하여 계산할 수 있다.

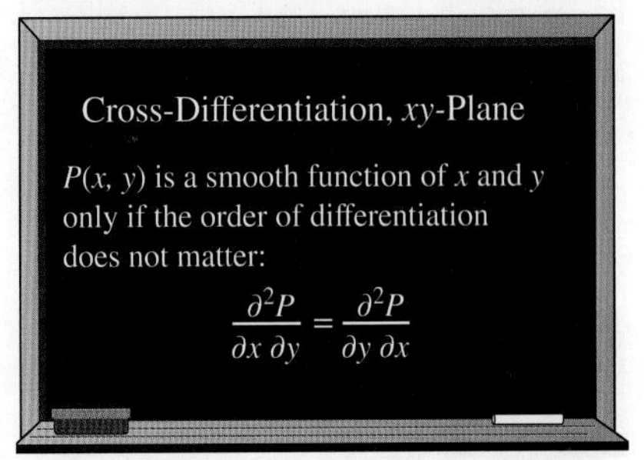
Cross-Differentiation, xy-Plane
P(x, y) is a smooth function of x and y only if the order of differentiation does not matter:
$\frac{\partial^2 P}{\partial x\, \partial y} = \frac{\partial^2 P}{\partial y\, \partial x}$

그림 9-46
xy평면의 2차원 유동장에서 교차미분으로 압력 P가 연속함수인지 아닌지를 알 수 있다.

***y* 운동량 방정식으로 계산한 압력장:**

$$P(x, y) = \rho\left(-bcy - \frac{a^2y^2}{2}\right) + g(x) \quad \textbf{(5)}$$

이는 편적분이기 때문에 적분상수가 아닌 다른 변수 x에 관한 함수를 추가하여야 한다. 또한 식 (5)를 x에 관해 편미분하면, 이 식은 식 (3)과 같으므로

$$\frac{\partial P}{\partial x} = g'(x) = \rho(-a^2x - ab) \quad \textbf{(6)}$$

이다. 또한 함수 $g(x)$를 구하기 위해 식 (6)을 적분하면 다음과 같다.

$$g(x) = \rho\left(-\frac{a^2x^2}{2} - abx\right) + C_1 \quad \textbf{(7)}$$

여기서 C_1은 적분상수이다. 끝으로 식 (7)을 식 (5)에 대입하여 $P(x, y)$에 대한 식을 얻는다.

$$\boldsymbol{P(x, y) = \rho\left(-\frac{a^2x^2}{2} - \frac{a^2y^2}{2} - abx - bcy\right) + C_1} \quad \textbf{(8)}$$

토의 결과를 검증하기 위하여, 식 (8)을 y와 x에 대해 미분하여 그 결과를 식 (2) 및 식

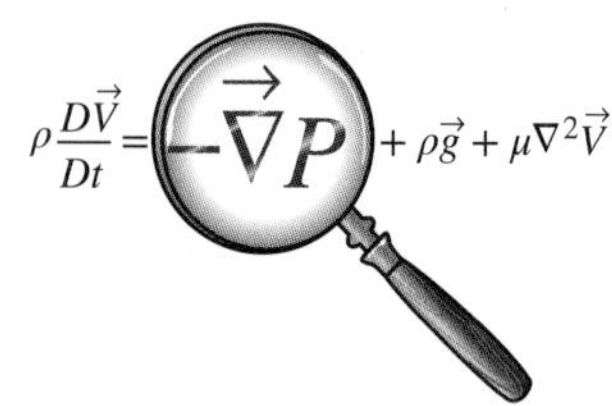

그림 9–47
비압축성 Navie-Stokes 방정식에서 압력은 단지 구배로서만 나타나기 때문에 압력의 절댓값은 관련되지 않으며, 오직 압력**차**만이 중요하다.

(3)과 비교하라. 또한 식 (2) 대신 식 (3)을 이용하여 식 (8)을 유도하라. 같은 결과를 얻을 것이다.

예제 9-13에서 압력에 관한 최종 방정식(식 8)은 임의의 상수 C_1을 포함하고 있으며, 이는 비압축 유동의 압력장에 대해 다음과 같은 사실을 나타낸다.

비압축 유동에서 속도장은 압력의 절댓값이 아니라 압력의 차이에만 영향을 받는다.

이는 Navier-Stokes 방정식에서 P는 그 값 자체가 아니라 오직 **구배**로 표현되기 때문에 그리 놀라운 것은 아니다. 즉, 중요한 것은 압력의 절대 크기가 아니라 압력의 **차이**다(그림 9-47). 또한 이 사실은 임의의 상수를 포함한 압력장을 계산할 수 있으나, 상수(예제 9-13의 C_1)를 계산하기 위해서는 유동장 내의 한 점에서 압력 P를 측정하거나 알아야 한다는 의미이다. 다시 말해서 압력에 관한 경계조건이 요구된다.

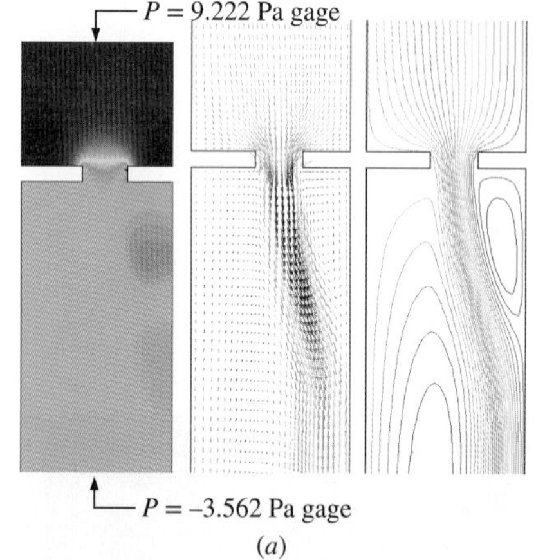

(*a*)

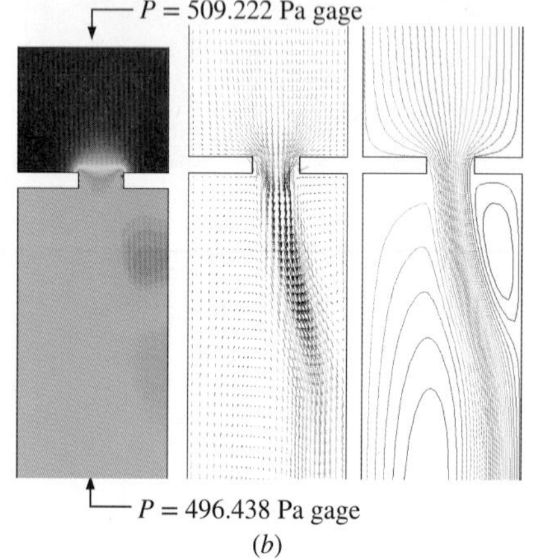

(*b*)

그림 9–48
차단물이 있는 채널을 통해 내려오는 공기 유동의 압력 등분포도, 속도 벡터 플롯, 유선. (*a*) 첫 번째 경우, (*b*) 두 번째 경우: P가 모든 곳에서 500 Pa 증가한 것을 제외하고 첫 번째 경우와 동일함. 등분포도에서 파란색 부분은 낮은 압력이고, 빨간색 부분은 높은 압력이다.

이러한 점을 예시하기 위하여 연속방정식과 Navier-Stokes 방정식을 수치적으로 해석하는 **전산유체역학**(computational fluid dynamics, CFD)을 이용한다(15장). 비대칭 차단물(blockage)이 있는 관을 통해 하향 유동하는 공기를 살펴보자(그림 9-48). (실제 유동계산 영역은 상류 및 하류 모두 그림 9-48에 나타난 것보다 더 넓다.) 압력을 제외하고 동일한 상태의 두 경우를 계산한다. 첫 번째 경우는 차단물에서 하류로 멀리 떨어진 곳의 게이지 압력을 0으로 한다. 두 번째 경우는 같은 위치에서의 게이지 압력을 500 Pa로 한다. 두 경우에 대해서, 유동장의 상류 중간 부분과 하류 중간 부분의 게이지 압력에 대한 CFD 해석 결과를 그림 9-48에 나타내었다. 두 번째 경우의 압력장은 압력이 모든 곳에서 500 Pa 증가한 것을 제외하고는 첫 번째 경우와 동일하다. 또한 그림 9-48에는 각각의 경우에 대한 유선과 속도벡터도 나타내었다. 이 결과는 서로 동일하며, 이로부터 속도장은 절대적인 압력의 크기가 아닌 압력의 차이에만 영향을 받는다는 사실을 확인할 수 있다. 상류 압력과 하류 압력의 **차이**는 두 경우 모두 $\Delta P = 12.784$ Pa임을 알 수 있다.

압력의 차이에 관한 위의 기술은 **압축성 유동**에서는 적용이 안 된다. 압축성 유동에서 P는 기계적 압력이라기보다는 열역학적 압력이다. 이 경우에 P는 상태방정식에서 밀도 및 온도와 연계되어 있으며, 압력의 절댓값이 중요하다. 압축성 유동문제는 질량과 운동량 방정식뿐만 아니라 에너지 방정식 그리고 상태 방정식을 필요로 한다.

그림 9-48의 CFD 해석결과를 더 살펴보자. 이와 같이 상대적으로 간단한 유동을 공부함으로써 유체 유동의 물리적 특성에 대해 많은 것을 배울 수 있다. 대부분의 압력 강하가 관의 목을 통과할 때 발생한다. 이것은 차단물 하류의 유동박리 때문이다. 빠르게 이동하는 공기는 날카로운 모서리 부분으로 유동할 수 없고, 출구를 빠져나가면서 유동은 벽에서 박리된다. 유선은 차단물 하류 양쪽의 큰 재순환 유동영역을 나타낸다. 이 재순환 영역의 압력은 낮다. 출구를 빠져나가면서 속도벡터는 배출되는 제트와 같이 뒤집힌 종 모양의 속도분포를 나타낸다. 형상의 비대칭적인 성질 때문에 제트는 오른쪽 방향으로 유동하고, 왼쪽 벽보다 오른쪽 벽에 더 빨리 재부착한다. 제트가 오른쪽 벽에 부딪치는 부분에서는 압력이 다소 증가한다. 또한 공기가 오리피스

를 통과할 때에는 가속되기 때문에 유선의 간격이 좁아진다(9-3절). 공기 제트가 하류에서 부채꼴로 벌어지면서 유선의 간격은 어느 정도 넓어진다. 한편 재순환 영역에서의 유선의 간격은 매우 넓고 따라서 이 지역에서의 속도는 상대적으로 작다. 이 사실은 속도 벡터에서 확인할 수 있다.

끝으로 대부분의 CFD 코드는 예제 9-13과 같이 Navier-Stokes 방정식을 적분하여 압력을 계산하지 않는다. 반면에 여러 종류의 **압력 보정 알고리즘**(pressure correction algorithm)이 사용된다. 일반적으로 사용되는 대부분의 알고리즘은 연속방정식에 압력이 나타나도록 연속방정식과 Navier-Stokes 방정식을 결합하여 연산한다. 가장 널리 사용되는 압력보정 알고리즘은 (*n*)에서 다음 (*n*+1)까지 반복하여 압력의 변화 ΔP를 계산하는 **Poisson 방정식**의 형태이다.

ΔP의 Poisson 방정식 :
$$\nabla^2(\Delta P) = \text{RHS}_{(n)} \tag{9-64}$$

컴퓨터가 해를 구하기 위해 반복 계산을 수행할 때, 수정된 연속방정식은 반복횟수 (*n*)에서의 값을 이용하여 반복횟수 (*n*+1)의 압력장의 값을 "보정"한다.

***P*를 구하기 위한 보정**:
$$P_{(n+1)} = P_{(n)} + \Delta P$$

압력보정 알고리즘과 관련된 세부 내용은 이 교재의 범위를 벗어난다. 2차원 유동의 예제는 Gergart, Gross와 Hochstein (1992)에서 찾아볼 수 있다.

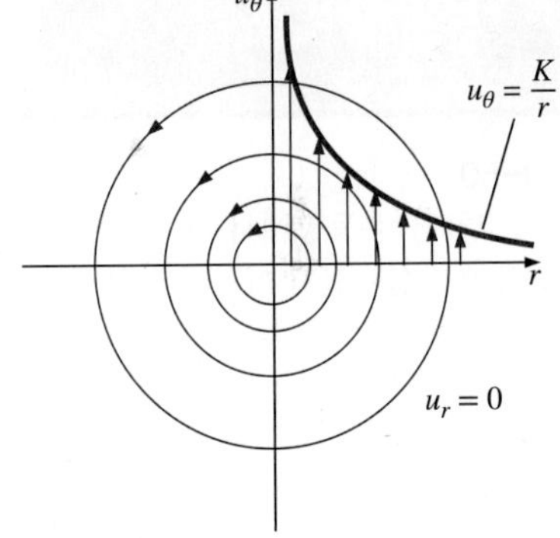

그림 9–49
선 와류의 유선과 속도 분포.

예제 9–14 원통 좌표계에서 압력장 계산

예제 9-5에서 함수 $f(\theta, t) = 0$인 정상, 2차원, 비압축성 속도장을 고려하자. 이는 *z*축 방향의 선 와류를 나타낸다(그림 9-49). 속도 성분은 $u_r = 0$, $u_\theta = K/r$이고 *K*는 상수이다. *r*과 θ의 함수로 압력을 계산하라.

풀이 주어진 속도장을 이용하여 압력장을 계산하고자 한다.

가정 **1** 정상유동이다. **2** 일정한 상태량을 갖는 비압축성 유체이다. **3** $r\theta$평면의 2차원 유동이다. **4** 중력은 *r*과 θ방향으로 작용하지 않는다.

해석 유동장은 연속방정식과 운동량방정식[식 (9-62)]을 만족하여야 한다. 정상, 2차원, 비압축성 유동에 대하여

비압축성 연속방정식:
$$\underbrace{\frac{1}{r}\frac{\partial(ru_r)}{\partial r}}_{0} + \underbrace{\frac{1}{r}\frac{\partial(u_\theta)}{\partial \theta}}_{0} + \underbrace{\frac{\partial(u_z)}{\partial z}}_{0} = 0$$

따라서 비압축성 연속방정식을 만족한다. 한편 Navier-Stokes 방정식의 θ 성분[식 (9-62c)]은 다음과 같다:

$$\rho\left(\underbrace{\frac{\partial u_\theta}{\partial t}}_{0\text{ (steady)}} + \underbrace{u_r\frac{\partial u_\theta}{\partial r}}_{(0)\left(-\frac{K}{r^2}\right)} + \underbrace{\frac{u_\theta}{r}\frac{\partial u_\theta}{\partial \theta}}_{\left(\frac{K}{r^2}\right)(0)} + \underbrace{\frac{u_r u_\theta}{r}}_{0} + \underbrace{u_z\frac{\partial u_\theta}{\partial z}}_{0\text{ (2-D)}}\right)$$

$$= -\frac{1}{r}\frac{\partial P}{\partial \theta} + \underbrace{\rho g_\theta}_{0} + \mu\left(\underbrace{\frac{1}{r}\frac{\partial}{\partial r}\left(r\frac{\partial u_\theta}{\partial r}\right)}_{\frac{K}{r^3}} - \underbrace{\frac{u_\theta}{r^2}}_{\frac{K}{r^3}} + \underbrace{\frac{1}{r^2}\frac{\partial^2 u_\theta}{\partial \theta^2}}_{0} + \underbrace{\frac{2}{r^2}\frac{\partial u_r}{\partial \theta}}_{0} + \underbrace{\frac{\partial^2 u_\theta}{\partial z^2}}_{0\ (2\text{-D})}\right)$$

따라서 θ 운동량방정식은 다음과 같이 간략히 할 수 있다.

θ 운동량방정식: $$\frac{\partial P}{\partial \theta} = 0 \qquad \textbf{(1)}$$

그러므로 식 (1)을 만족하는 적절한 압력장을 구할 수 있으면, θ 운동량방정식은 만족된다. 같은 방법으로 r 운동량방정식[식 (9-26b)]은 다음과 같다.

r 운동량방정식: $$\frac{\partial P}{\partial r} = \rho\frac{K^2}{r^3} \qquad \textbf{(2)}$$

마찬가지로 식 (2)를 만족하는 압력장을 구할 수 있으면, r 운동량방정식은 만족된다.

정상유동 해가 존재하기 위해서는, P가 시간의 함수이면 안 된다. 또한 물리적으로 가능한 정상, 비압축 유동장은 r과 θ에 대해 연속함수인 압력장 $P(r, \theta)$를 필요로 한다. 수학적으로는 미분의 순서(r에 관한 미분 다음에 θ에 관한 미분, 혹은 θ에 관한 미분 다음에 r에 관한 미분)에 무관하여야 한다(그림 9-50). 압력을 교차 미분(cross differentiating)하여 이 사실이 성립하는지 확인한다.

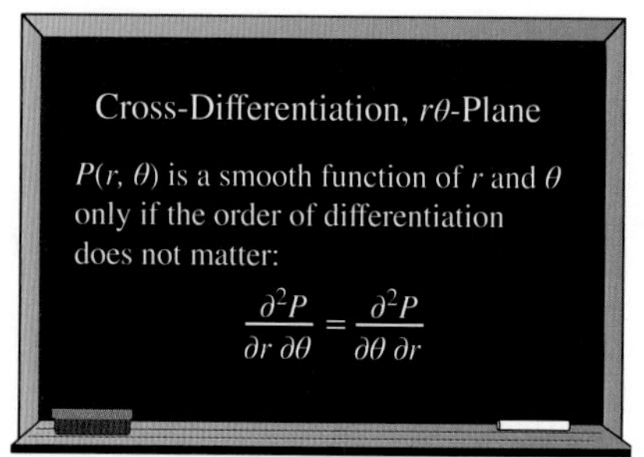

Cross-Differentiation, $r\theta$-Plane
$P(r, \theta)$ is a smooth function of r and θ only if the order of differentiation does not matter:
$\frac{\partial^2 P}{\partial r\,\partial \theta} = \frac{\partial^2 P}{\partial \theta\,\partial r}$

그림 9-50
r평면의 2차원 유동장에서 교차미분으로 압력 P가 연속함수인지 아닌지를 알 수 있다.

$$\frac{\partial^2 P}{\partial r\,\partial \theta} = \frac{\partial}{\partial r}\left(\frac{\partial P}{\partial \theta}\right) = 0 \qquad \text{그리고} \qquad \frac{\partial^2 P}{\partial \theta\,\partial r} = \frac{\partial}{\partial \theta}\left(\frac{\partial P}{\partial r}\right) = 0 \qquad \textbf{(3)}$$

식 (3)은 P가 r과 θ에 관해 연속함수임을 나타낸다. 따라서 **주어진 속도장은 정상, 2차원, 비압축성 Navier-Stokes 방정식을 만족한다.**

식 (1)을 θ에 대해 편적분하여 $P(r, \theta)$를 계산할 수 있다.

θ 운동량 방정식으로 계산한 압력장: $$P(r, \theta) = 0 + g(r) \qquad \textbf{(4)}$$

이는 편적분이기 때문에 적분상수가 아닌 다른 변수 r에 관한 함수를 추가하여야 한다. 또한 식 (4)를 r에 관해 편미분하면, 이 식은 식 (2)와 같으므로

$$\frac{\partial P}{\partial r} = g'(r) = \rho\frac{K^2}{r^3} \qquad \textbf{(5)}$$

이다. 또한 함수 $g(r)$을 구하기 위해 식 (5)를 적분하면 다음과 같다.

$$g(r) = -\frac{1}{2}\rho\frac{K^2}{r^2} + C \qquad \textbf{(6)}$$

여기서 C는 적분상수이다. 끝으로 $P(r, \theta)$를 계산하기 위하여 식 (6)을 식 (4)에 대입하면

$$P(r, \theta) = -\frac{1}{2}\rho\frac{K^2}{r^2} + C \qquad \textbf{(7)}$$

이다. 따라서 선 와류의 압력장은 원점방향으로 $1/r^2$으로 감소함을 알 수 있다. (원점은 특이점이다.) 이 유동장은 허리케인이나 토네이도의 간단한 모델이고, 중심부의 낮은 압력

은 "폭풍의 눈"이라고 한다(그림 9-51). 이 유동장은 비회전이므로, 압력을 계산할 때 Bernoulli 방정식을 사용할 수 있다. 중심부로부터 멀리 떨어진 곳($r \to \infty$), 즉, 국부 속도가 0으로 접근하는 곳의 압력을 P_∞라 할 때, 중심부에서 거리 r만큼 떨어진 곳의 Bernoulli 방정식은 다음과 같다.

Bernoulli 방정식: $$P + \frac{1}{2}\rho V^2 = P_\infty \quad \to \quad P = P_\infty - \frac{1}{2}\rho\frac{K^2}{r^2} \tag{8}$$

상수 C가 P_∞라면, 식 (8)은 Navier-stokes 방정식으로부터 계산한 식 (7)과 일치한다. 중심부 근처의 회전 유동 영역은 특이점을 피할 수 있고, 따라서 물리적으로 보다 현실적인 토네이도 모델이 된다.

토의 식 (1) 대신 식 (2)를 이용하여 식 (7)을 유도하라. 같은 결과를 얻을 것이다.

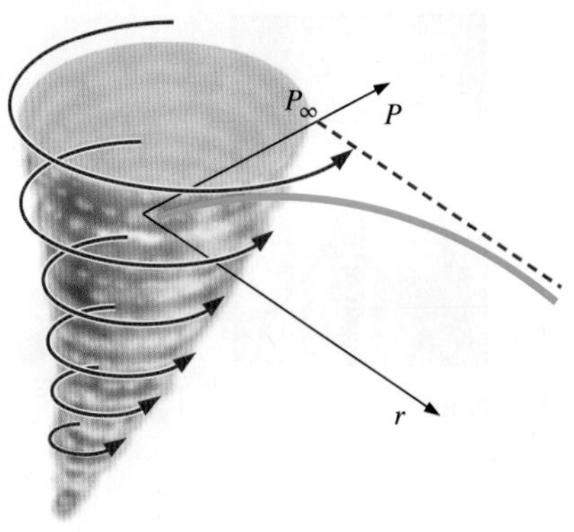

그림 9–51
2차원 선 와류는 토네이도의 간단한 근사화이다. 가장 낮은 압력은 와류의 중심에서 나타난다.

연속방정식과 Navier–Stokes 방정식의 엄밀해

이제부터의 예제 문제는 미분방정식, 즉 비압축성 연속방정식과 Navier-Stokes 방정식을 이용한 엄밀해이다. 대부분 문제들은 무한히 넓은 경계 및 완전 발달 조건을 가정하므로, Navier-Stokes 방정식 좌변의 대류항은 소거된다. 또한 이 문제들은 층류, 2차원 유동이며, 정상 또는 미리 정한 방법에 따라 시간에 의존하는 유동이다. 이 문제를 해석하는 기초적인 6단계가 그림 9-52에 나타나 있다. 경계조건에 따라 문제의 유일한 해가 결정되기 때문에 2단계가 특히 중요하다. 4단계는 간단한 문제를 제외하고는 해석적으로 불가능하다. 5단계에서는 4단계의 적분상수를 계산할 수 있도록 충분한 경계조건이 필요하다. 6단계는 모든 미분방정식과 경계 조건이 만족되는지 증명하는 단계이다. 이 중 몇 단계는 필요 없을 수도 있지만, 이 과정에 익숙하도록 단계를 따라 해석하는 것이 좋다.

여기에 제시한 예제들은 간단하지만, 미분방정식을 푸는 절차를 잘 보여준다. 15장에서는 더 복잡한 유동을 전산유체역학(CFD)을 이용하여 Navier-Stokes 방정식을 **수치적으로** 계산하는 방법을 설명할 것이다. 15장에서도 같은 절차가 사용되는 것을 볼 것이다. 즉, 단계들이 항상 같은 순서를 따르는 것은 아니지만, 기하학적 형상의 명시, 경계조건의 적용, 미분방정식의 적분 등의 순이다.

Step 1: Set up the problem and geometry (sketches are helpful), identifying all relevant dimensions and parameters.

Step 2: List all appropriate assumptions, approximations, simplifications, and boundary conditions.

Step 3: Simplify the differential equations of motion (continuity and Navier–Stokes) as much as possible.

Step 4: Integrate the equations, leading to one or more constants of integration.

Step 5: Apply boundary conditions to solve for the constants of integration.

Step 6: Verify your results.

그림 9–52
비압축성 연속 방정식과 Navier-Stokes 방정식을 푸는 과정.

경계조건

경계조건은 올바른 해를 구하는데 매우 중요하므로, 유체 유동해석에서 일반적으로 사용되는 경계조건의 종류를 설명한다. 가장 많이 사용되는 경계조건은 **점착조건**(no-slip condition)이다. 이 조건은 고체 벽면에 접한 **유체의 속도는 고체 벽면의 속도와 같다**는 것을 의미한다.

점착 경계조건: $$\vec{V}_{\text{fluid}} = \vec{V}_{\text{wall}} \tag{9-65}$$

그 이름에서 알 수 있듯이, 이 조건은 유체와 고체 벽면 사이에 "미끄럼"이 없다는 의미이다. 벽면 부근의 유체 입자들은 벽의 표면에 부착되어 벽면과 같은 속도로 움직인다. 식 (9-65)의 특수한 경우는 $\vec{V}_{\text{wall}} = 0$인 정지하고 있는 벽면이다. **정지상태의 벽**

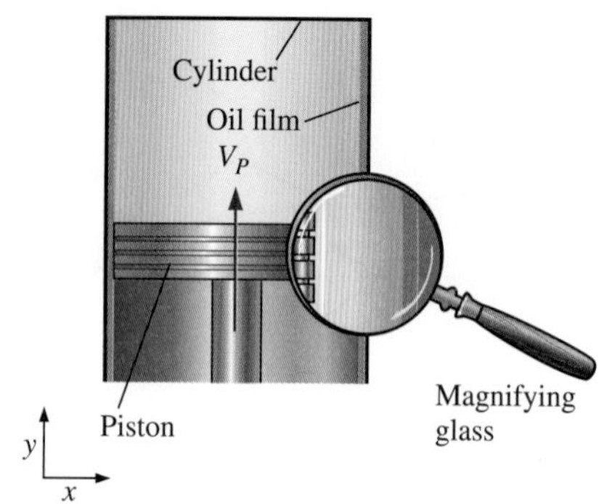

그림 9–53
실린더 내부에서 속도 V_P로 움직이는 피스톤. 얇은 유막이 피스톤과 실린더 사이에서 전단변형을 한다. 유막의 확대 모습이 나타나 있다. **점착 경계 조건**으로 벽 근처의 유체 속도는 벽 속도와 같아야 한다.

면에 인접한 유체의 속도는 영이다. 온도 영향을 고려할 경우에도 유체의 온도는 벽면의 온도와 같아야만 한다. 즉, $T_{\text{fluid}} = T_{\text{wall}}$이다. 또한 선택한 **좌표계**에 따라 점착조건을 적용하여야 한다. 예를 들면 피스톤과 실린더 벽 사이의 얇은 유막을 고려하자(그림 9-53). 고정 좌표계에서는 실린더에 부착된 유체는 정지해 있고, 움직이는 피스톤에 부착된 유체의 속도는 $\vec{V}_{\text{fluid}} = \vec{V}_{\text{wall}} = V_P\,\vec{j}$이다. 반면, 피스톤과 함께 움직이는 좌표계에서는 피스톤에 부착된 유체의 속도는 영이고, 실린더에 부착된 유체의 속도는 $\vec{V}_{\text{fluid}} = \vec{V}_{\text{wall}} = -V_P\,\vec{j}$이다. 점착조건의 예외로는 초미세한(submicron) 입자들의 운동이나 우주선의 대기권 재돌입과 같은 희박 기체유동 등이다. 이러한 유동에서는, 공기가 고체 벽에서 미끄러질 수 있다. 그러나 이는 이 교재의 범위를 벗어나므로 설명하지 않는다.

유체 A와 유체 B가 계면(interface)에서 접할 때, **계면 경계조건**은 다음과 같다.

계면 경계조건: $$\vec{V}_A = \vec{V}_B \quad \text{그리고} \quad \tau_{s,\,A} = \tau_{s,\,B} \tag{9-66}$$

이 경우에는 두 유체의 속도가 같다는 조건 외에도, 계면에 인접한 유체입자에 작용하는 전단응력 τ_s는 두 유체 사이에서 일치해야 한다(그림 9-54). 이 그림에서 $\tau_{s,\,A}$는 유체 A 유체입자의 **윗**면에, $\tau_{s,\,B}$는 유체 B 유체입자의 **아래** 면에 각각 그려져 있다. 전단 응력의 방향을 살펴보자. 전단 응력의 부호규약에 의해 그림 9-54의 화살표 방향은 서로 반대이다(Newton의 제3법칙의 결과). 속도는 계면을 가로질러 연속적이지만, 속도 기울기는 그렇지 않다. 또한 온도의 영향을 고려하면, 계면에서 $T_A = T_B$이지만 마찬가지로 계면에서의 온도 기울기는 불연속이다.

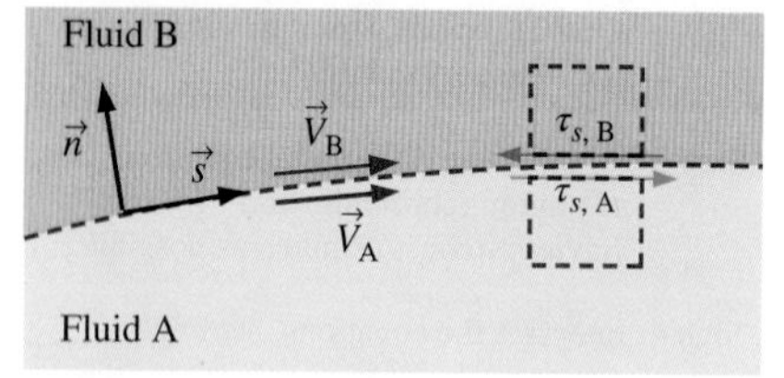

그림 9–54
두 유체 사이의 계면에서 두 유체의 속도는 같아야만 한다. 또한 계면에 평행한 전단응력은 두 유체에서 같아야만 한다.

계면에서의 압력을 살펴보자. 표면 장력의 영향을 무시할 수 있다면, 즉, 계면이 거의 평탄하다면 $P_A = P_B$이다. 계면이 날카로운 굴곡면이라면(예: 모세관 벽에 부착된 액체), 계면 한 쪽의 압력은 다른 쪽의 압력과 현저히 다를 수 있다. 2장에서 설명한 바와 같이, 표면 장력 때문에 계면을 가로지르는 압력의 증가는 계면의 곡률 반경에 반비례한다.

유체 A는 액체이고 유체 B는 기체(일반적으로 공기)인 **자유표면**의 경계조건을 살펴보자. 그림 9-55의 유체 A는 물이고 유체 B는 공기이다. 계면은 평탄하고 표면 장력의 영향은 무시할 수 있으며, 물은 수평으로 움직인다. 이 경우 수면에서 물과 공기의 속도는 같고, 또한 전단 응력도 같아야 한다. 식 (9-66)에 따르면

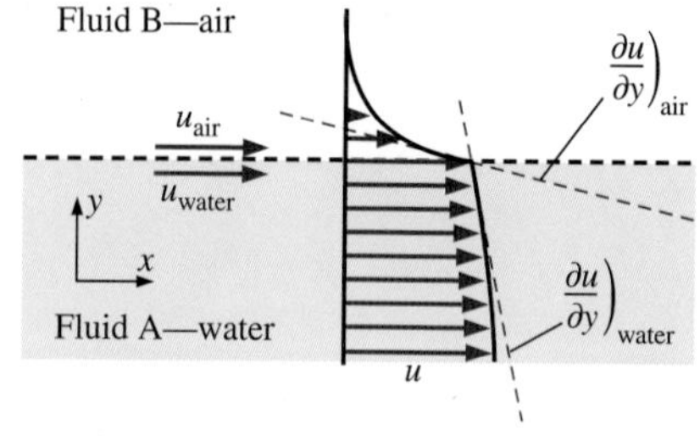

그림 9–55
물과 공기의 수평 **자유표면**에서 물과 공기 속도는 같아야 하고, 전단응력도 같아야 한다. 그러나 $\mu_{\text{air}} \ll \mu_{\text{water}}$이기 때문에 물 표면에서 전단응력은 무시할 정도로 작다고 근사화시킬 수 있다.

물-공기 계면의 경계조건:

$$u_{\text{water}} = u_{\text{air}} \quad \text{and} \quad \tau_{s,\,\text{water}} = \mu_{\text{water}} \left.\frac{\partial u}{\partial y}\right)_{\text{water}} = \tau_{s,\,\text{air}} = \mu_{\text{air}} \left.\frac{\partial u}{\partial y}\right)_{\text{air}} \tag{9-67}$$

유체 상태량표를 보면 μ_{water}는 μ_{air}보다 약 50배 이상 크다. 따라서 전단 응력의 크기가 같으므로 식 (9-67)의 기울기$(\partial u/\partial y)_{\text{air}}$는 $(\partial u/\partial y)_{\text{water}}$보다 50배 이상 커야 한다. 그러므로 물의 표면에 작용하는 전단 응력은 물의 다른 곳에 작용하는 전단 응력에 비해 무시할 만큼 작다. 다시 말해서 운동하는 물은 공기로부터의 큰 저항 없이 공기를 끈다. 반면 공기는 물의 속도를 크게 감소시키지 않는다. 요약하면, 기체와 접하는 액체의 경우 표면 장력 효과를 무시할 수 있을 때, **자유표면 경계조건**은 다음과 같다.

자유표면 경계조건: $P_{\text{liquid}} = P_{\text{gas}}$ 그리고 $\tau_{s,\text{ liquid}} \cong 0$ **(9-68)**

다른 경계 조건들은 유동 문제에 따라 달라진다. 예를 들면, 유체가 어떠한 영역으로 유입하는 경계에서는 **입구 경계조건**을 정의할 필요가 있다. 또한 출구에서는 **출구 경계조건**을 정의하여야 한다. **대칭 경계조건**은 대칭축이나 대칭면에서 유용하다. 일례로 수평한 대칭면에서의 대칭 경계조건이 그림 9-56에 나타나 있다. 비정상 유동 문제에서는 **초기 조건**(initial conditions)이 필요하다(시작하는 시간에서 일반적으로 $t = 0$이다).

예제 9-15에서 9-19까지는 식 (9-65)에서 (9-68)까지의 경계조건 중 적절한 것을 적용한다. 이 경계조건들과 기타의 다른 경계조건들은 CFD 해석을 설명하는 15장에서 더 상세히 설명한다.

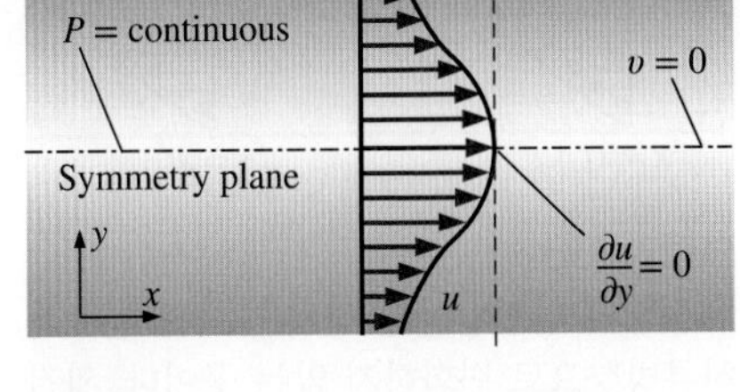

그림 9-56
대칭면에서의 경계 조건은 그림에서 나타난 바와 같이 수평 대칭면 한쪽의 유동장이 다른 쪽 유동장의 **거울상**이 되도록 정의된다.

예제 9-15 완전히 발달한 Couette 유동

두 개의 무한한 평판 사이의 좁은 공간 내 뉴턴 유체의 정상, 비압축성, 층류 유동을 고려하자(그림 9-57). 위쪽 평판은 속도 V로 움직이고 아래쪽 평판은 정지하고 있다. 이 두 평판 사이의 거리는 h이다. 중력은 음의 z축 방향으로 작용한다(그림 9-57에서 페이지 안쪽으로). 압력은 중력에 의한 정수압만 고려한다. 이 유동을 Couette **유동**이라고 한다. 속도장과 압력장을 계산하고, 아래 평판에 작용하는 단위 면적당 전단력을 계산하라.

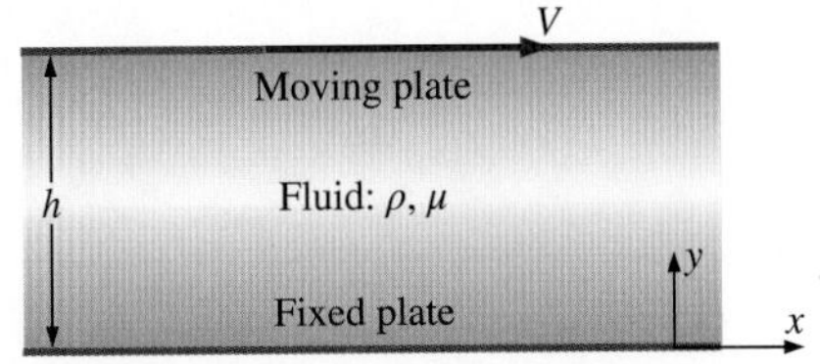

그림 9-57
예제 9-15의 형상. 두 무한 평판 사이의 점성 유동. 위판은 움직이고 아래판은 정지 상태이다.

풀이 주어진 형상과 경계조건들에 대하여 속도장과 압력장을 계산하고자 한다. 또한 아래 평판에 작용하는 단위 면적당 전단력을 계산하고자 한다.

가정 **1** x와 z 방향으로 무한히 넓은 평판이다. **2** 정상유동이다. 즉 모든 변수의 $\partial/\partial t$는 영이다. **3** 평행유동이다. (y 방향 성분의 속도 v는 영이라고 가정한다). **4** 이 유체는 비압축성이고, 일정한 상태량을 갖는 뉴턴 유체이며, 유동은 층류이다. **5** 압력 P는 x 방향으로 일정하다. 즉, x축 방향으로 유체를 흐르게 하는 압력구배는 없다. 유체는 움직이는 위 평판에 의해 야기되는 점성력 때문에 유동한다. **6** 속도장은 순수하게 2차원이고, 이는 $w=0$ 및 모든 속도 성분의 $\partial/\partial z$는 영임을 의미한다. **7** 중력은 음의 z방향(그림 9-57의 페이지 안쪽 방향)으로 작용한다. 이는 수학적으로 $\vec{g} = -g\vec{k}$, 즉, $g_x = g_y = 0$ 및 $g_z = -g$를 의미한다.

해석 속도장과 압력장을 구하기 위해 그림 9-52에 나타낸 단계별 과정을 수행한다.

단계 1 문제와 형상을 설정한다. 그림 9-57을 참조한다.

단계 2 가정과 경계조건들을 열거한다. 7개 가정들을 나열하고 순서를 정한다. 경계조건들은 점착조건을 적용한다. (1) 아래 평판($y=0$)에서, $u = v = w = 0$이다. (2) 위 평판($y=h$)에서, $u = V$, $v = 0$ 그리고 $w = 0$이다.

단계 3 미분방정식을 간략히 한다. 직교좌표계의 비압축성 연속방정식, 식 (9-61a)로부터 시작한다.

$$\frac{\partial u}{\partial x} + \underbrace{\frac{\partial v}{\partial y}}_{\text{assumption 3}} + \underbrace{\frac{\partial w}{\partial z}}_{\text{assumption 6}} = 0 \quad \rightarrow \quad \frac{\partial u}{\partial x} = 0 \tag{1}$$

식 (1)로부터 u는 x의 함수가 아님을 알 수 있다. 즉, 유동은 x 방향으로 일정하다. 이

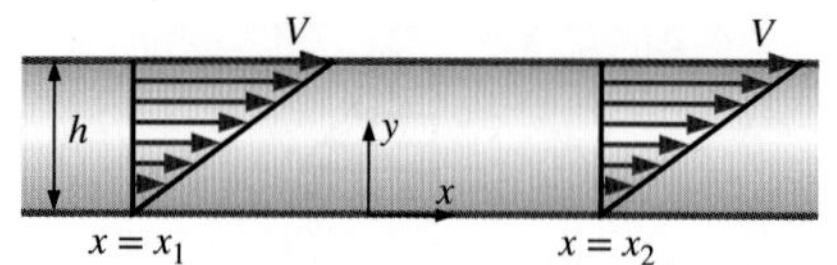

그림 9-58
유동장의 **완전발달**된 영역은 속도 분포가 하류방향으로 변화하지 않는 곳이다. 완전 발달 유동은 길고 곧은 채널이나 파이프에 나타난다. x_2에서의 속도 분포는 x_1에서의 속도 분포와 동일하다.

것이 **완전 발달된**이라는 의미이다(그림 9-58). 이 사실은 가정 1, 즉 평판은 무한히 길기 때문에 x 방향으로는 변화가 없다는 것으로부터도 알 수 있다. 또한 u가 시간(가정 2)이나 z(가정 6)의 함수가 아니기 때문에, u는 y만의 함수이다.

연속방정식의 결과: 단지 $u = u(y)$ **(2)**

x 운동량 방정식[식 (9-61b)]을 가능한 한 간단히 한다. 항을 소거하는 이유를 식에 표시하였다. 이와 같이 항마다 소거되는 이유를 나열하는 것은 좋은 연습이 될 수 있다.

$$\rho\Bigg(\underbrace{\frac{\partial u}{\partial t}}_{\text{assumption 2}} + \underbrace{u\frac{\partial u}{\partial x}}_{\text{continuity}} + \underbrace{v\frac{\partial u}{\partial y}}_{\text{assumption 3}} + \underbrace{w\frac{\partial u}{\partial z}}_{\text{assumption 6}}\Bigg) = \underbrace{-\frac{\partial P}{\partial x}}_{\text{assumption 5}} + \underbrace{\rho g_x}_{\text{assumption 7}}$$

$$+\mu\Bigg(\underbrace{\frac{\partial^2 u}{\partial x^2}}_{\text{continuity}} + \frac{\partial^2 u}{\partial y^2} + \underbrace{\frac{\partial^2 u}{\partial z^2}}_{\text{assumption 6}}\Bigg) \quad \rightarrow \quad \frac{d^2u}{dy^2} = 0 \tag{3}$$

물질 가속도[식 (3)의 좌변]가 영이기 때문에, 유체입자들은 이 유동장에서는 조금도 가속되지 않는다는 것을 알 수 있다. 즉, 국소(비정상) 가속도나 대류 가속도 모두 영이다. 또한 Navier-Stokes 방정식을 비선형화하는 대류 가속도 항들이 영이므로 문제가 매우 간단해진다. 한편, 식 (3)에서 점성항만을 제외하고 다른 모든 항들이 소거된다. 또한 식 (2)의 결과로부터 식 (3)의 편미분($\partial/\partial y$)은 전미분(d/dy)으로 변환된다. 상세히 다루지는 않겠지만, 비슷한 방법으로 y 운동량 방정식[식 (9-61c)]도 압력항을 제외한 모든 항이 영이다.

$$\frac{\partial P}{\partial y} = 0 \tag{4}$$

즉, P는 y의 함수가 아니다. P가 시간(가정 2)이나 x(가정 5)의 함수가 아니기 때문에 z만의 함수이다.

***y* 운동량 방정식의 결과:** 단지 $P = P(z)$ **(5)**

끝으로 가정 6에 의해 Navier-Stokes 방정식의 z 성분[식 (9-61d)]을 간단히 하면 다음과 같다.

$$\frac{\partial P}{\partial z} = -\rho g \quad \rightarrow \quad \frac{dP}{dz} = -\rho g \tag{6}$$

여기에서 식 (5)에 따라 편미분을 전미분으로 변환하였다.

단계 4 미분방정식을 푼다. 연속방정식과 y 운동량 방정식은 이미 풀었고, 그 결과가 각각 식 (2)와 (5)이다. 식 (3)(x 운동량 방정식)을 두 번 적분하면 다음과 같다.

$$u = C_1y + C_2 \tag{7}$$

여기에서 C_1과 C_2는 적분상수이다. 식 (6)(z 운동량 방정식)을 한 번 적분하면 다음과 같은 결과를 얻는다.

$$P = -\rho gz + C_3 \tag{8}$$

단계 5 경계 조건을 적용한다. 식 (8)로부터 시작한다. 압력을 구하기 위한 특별한 경계조건이 없기 때문에 C_3는 임의의 상수로 둘 수 있다. (비압축성 유동에서, 유동 내의 어느 곳에서든지 P를 알기만 하면 절대 압력을 구할 수 있음을 상기하자.) 예를 들어, $z = 0$에서 $P = P_0$라 하면 $C_3 = P_0$이고 식 (8)은

압력장의 최종 해: $$P = P_0 - \rho g z \quad \textbf{(9)}$$

이다. 식 (9)는 **간단한 정수압분포**(z가 증가함에 따라 선형적으로 감소하는 압력)를 나타냄을 알 수 있다. 결론적으로, 적어도 이 문제에서는 **정수압은 유동과 무관하게 작용한다.** 일반적으로 다음과 같이 기술할 수 있다(그림 9-59).

자유표면이 없는 비압축성 유동장에서, 정수압은 유동장의 운동에 영향을 미치지 않는다.

10장에서는 수정된 압력(modified pressure)을 사용하여 정수압을 운동방정식에서 제거하는 방법을 설명한다.

다음으로, 단계 2의 경계조건 (1)과 (2)를 적용하여 C_1과 C_2를 구한다.

경계조건 (1): $u = C_1 \times 0 + C_2 = 0 \quad \rightarrow \quad C_2 = 0$

경계조건 (2): $u = C_1 \times h + 0 = V \quad \rightarrow \quad C_1 = V/h$

끝으로 식 (7)은 아래와 같다.

속도장의 최종 해: $$u = V\frac{y}{h} \quad \textbf{(10)}$$

속도장은 그림 9-60에서 보이는 것처럼 아래 평판의 $u = 0$으로부터 위 평판의 $u = V$까지 단순한 선형 속도 분포를 나타낸다.

단계 6 결과를 확인한다. 식 (9)와 (10)을 사용해서 모든 미분방정식과 경계조건들이 만족하는지 확인할 수 있다.

아래 평판에 작용하는 단위 면적당 전단력을 계산하기 위해, 아래 면이 아래 평판에 접해 있는 사각형의 유체 요소를 고려한다(그림 9-61). 수학적으로 양인 점성 응력들이 표시되어 있다. 이 경우에, 미소요소 위의 유체는 미소요소를 오른쪽으로 당기는 반면, 요소 아래의 평판은 왼쪽으로 당기기 때문에 이 응력의 방향은 맞는 방향이다. 식 (9-56)으로부터 점성 응력 텐서의 성분은 아래와 같다.

$$\tau_{ij} = \begin{pmatrix} 2\mu\dfrac{\partial u}{\partial x} & \mu\left(\dfrac{\partial u}{\partial y}+\dfrac{\partial v}{\partial x}\right) & \mu\left(\dfrac{\partial u}{\partial z}+\dfrac{\partial w}{\partial x}\right) \\ \mu\left(\dfrac{\partial v}{\partial x}+\dfrac{\partial u}{\partial y}\right) & 2\mu\dfrac{\partial v}{\partial y} & \mu\left(\dfrac{\partial v}{\partial z}+\dfrac{\partial w}{\partial y}\right) \\ \mu\left(\dfrac{\partial w}{\partial x}+\dfrac{\partial u}{\partial z}\right) & \mu\left(\dfrac{\partial w}{\partial y}+\dfrac{\partial v}{\partial z}\right) & 2\mu\dfrac{\partial w}{\partial z} \end{pmatrix} = \begin{pmatrix} 0 & \mu\dfrac{V}{h} & 0 \\ \mu\dfrac{V}{h} & 0 & 0 \\ 0 & 0 & 0 \end{pmatrix} \quad \textbf{(11)}$$

정의에 의해 응력의 차원은 단위 면적당 힘이기 때문에, 유체요소의 아래 면에 작용하는 단위 면적당 힘은 $\tau_{yx} = \mu V/h$이며, 그림에 나타낸 것처럼 음의 x축 방향으로 작용한다. 아래 평판에서의 단위 면적당 전단력은 이것과 크기는 같고 방향은 반대이다(뉴턴의 제3법칙). 그러므로,

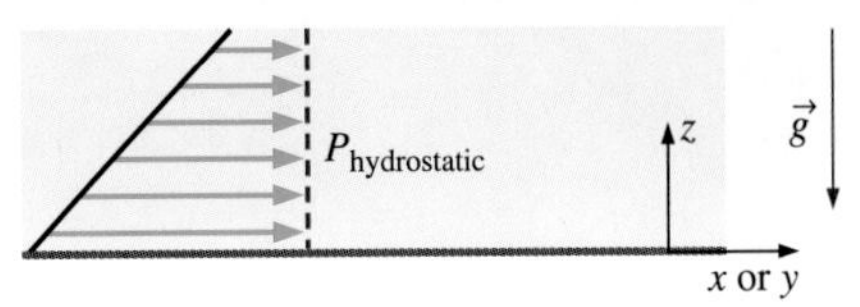

그림 9-59
자유표면이 없는 비압축성 유동장에서 정수압은 유동장의 동역학에 기여하지 않는다.

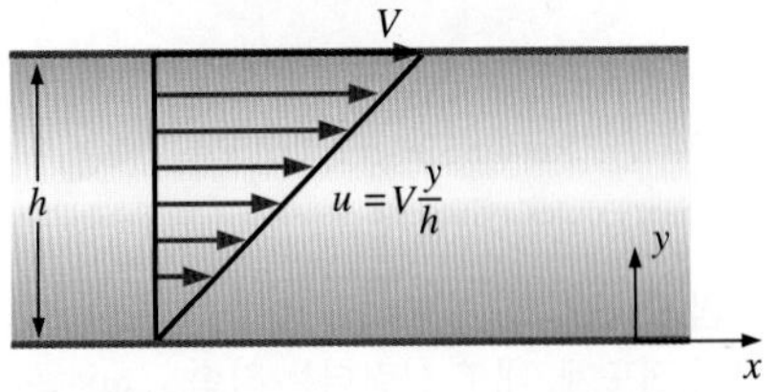

그림 9-60
예제 9-15의 선형 속도 분포. 평행 평판 사이의 Couette 유동.

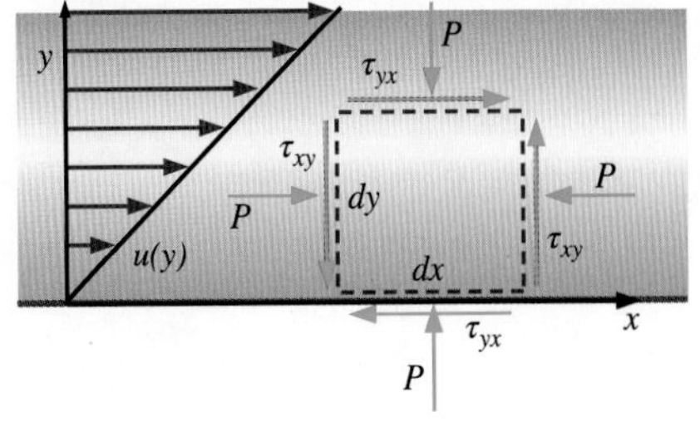

그림 9-61
바닥면이 예제 9-15의 바닥판과 접촉하고 있는 2차원 직사각형의 미소 유체요소에 작용하는 응력.

아래 평판에 작용하는 단위 면적당 전단력: $$\frac{\vec{F}}{A} = \mu \frac{V}{h} \vec{i} \qquad \textbf{(12)}$$

이 힘의 방향은 직관적으로 알 수 있는 방향과 같다. 즉 점성효과 (마찰)때문에 유체는 아래 평판을 오른쪽으로 당기려고 한다.

토의 선형 운동량 방정식의 z 성분은 다른 방정식들과 **연계되어 있지 않다**. 이것은 비록 유체가 정지되어 있지 않고 유동하더라도 z 방향의 정수압 분포를 구할 수 있는 이유를 설명해준다. 식 (11)에서 아래 평판에서만이 아니라 유동장의 **어느 곳에서나** 점성 응력 텐서가 일정하다는 것을 알 수 있다.(τ_{ij}의 어떤 요소도 위치의 함수가 아닌 것을 알 수 있다.)

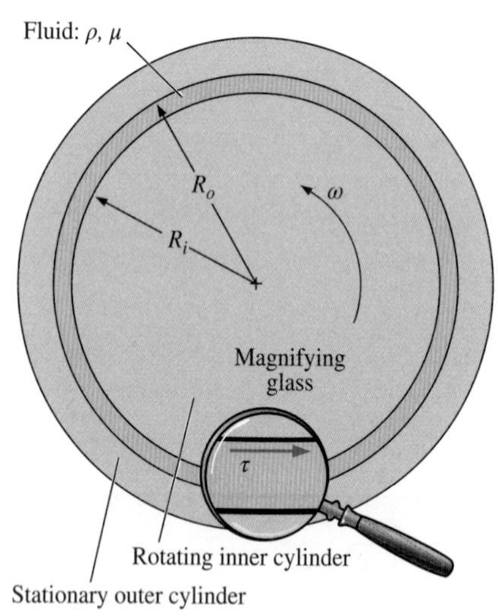

그림 9–62
회전 점도계. 내부 실린더는 각속도 ω로 회전하고, 이때 토크 $T_{applied}$가 작용하면 그것으로부터 유체의 점성이 계산된다.

예제 9-15의 최종 결과가 얼마나 유용한가라는 질문을 할 수 있다. 즉, 한쪽 평판이 움직이는 두 개의 무한히 평행한 평판의 예는 무엇일까? 실제로 Couette 유동 해석이 매우 잘 맞는 몇 개의 예를 찾아볼 수 있다. 한 예로는 점성계수를 측정하는데 사용되는 기구인 **회전 점도계** 내부의 유동이다(그림 9-62). 이 점도계는 길이가 L인 두 개의 동심원 실린더로 구성된다. (반지름이 R_i인 안쪽 실린더는 회전하고, 반지름 R_0의 바깥쪽 실린더는 정지하고 있다.) L은 그림 9-62에서 페이지 안쪽 방향의 길이이며, z 축은 페이지에서 독자를 향하는 방향이다. 두 실린더 사이의 간격은 매우 좁고, 점성계수를 측정하려고 하는 유체로 차 있다. 간격이 매우 좁기 때문에, 그림 9-62의 확대한 부분은 그림 9-57과 거의 유사한 형상, 즉 $(R_0-R_i) \ll R_0$이다. 점성계수를 측정할 때, 안쪽 실린더의 각속도 w를 측정하고, 실린더를 회전시키기 위하여 가해진 토크 $T_{applied}$도 측정한다. 예제 9-15로부터 안쪽 실린더에 인접한 유체 요소에 작용하는 점성 전단응력은 근사적으로 아래와 같다.

$$\tau = \tau_{yx} \cong \mu \frac{V}{R_o - R_i} = \mu \frac{\omega R_i}{R_o - R_i} \qquad \textbf{(9-69)}$$

그림 9-57에서 위쪽 평판이 움직이는 속도 V는 안쪽 실린더의 반시계방향 회전속도 ωR_i로 대체한다. 그림 9-62의 확대한 영역에서, τ는 안쪽 실린더 벽 부근의 유체 요소에 오른쪽으로 작용한다. 그러므로 이 위치에서 안쪽 실린더에 작용하는 단위 면적당 힘은 식 (9-69)에 의해 주어진 크기만큼 왼쪽으로 작용한다. 유체의 점성에 의해 안쪽 실린더 벽에 작용하는 **시계방향**의 총 토크는 전단응력과 벽 면적, 그리고 모멘트 팔 길이의 곱과 같다.

$$T_{viscous} = \tau A R_i \cong \mu \frac{\omega R_i}{R_o - R_i}\left(2\pi R_i L\right) R_i \qquad \textbf{(9-70)}$$

정상상태에서, 시계방향의 토크 $T_{viscous}$는 작용된 반시계방향의 토크 $T_{applied}$와 같다. 따라서 식 (9-70)으로부터 유체의 점성계수는 아래와 같다.

유체의 점성계수: $$\mu = T_{applied} \frac{(R_o - R_i)}{2\pi\omega R_i^3 L}$$

내부 회전축과 정지상태의 외부 하우징 사이의 작은 틈에서 기름이 유동하는 무부하 시의 저널 베어링에 대해서도 비슷한 해석을 할 수 있다. (베어링에 하중이 걸리면, 내부 및 외부 실린더들은 동심 상태가 아니므로, 추가적인 해석이 요구된다.)

예제 9-16 압력 구배가 있는 Couette 유동

예제 9-15에서와 같은 형상을 고려하자. x에 관해 일정한 압력 대신에 x방향으로 압력 구배가 있다(그림 9-63). x 방향의 압력 구배, $\partial P/\partial x$는 다음 식과 같이 일정하다.

압력구배: $$\frac{\partial P}{\partial x} = \frac{P_2 - P_1}{x_2 - x_1} = \text{상수} \quad (1)$$

여기서 x_1과 x_2는 x축 방향의 임의의 위치이고, P_1과 P_2는 두 위치에서의 압력이다. 그 외의 모든 것들은 예제 9-15와 동일하다. (a) 속도장과 압력장을 구하라. (b) 무차원 형태의 속도분포를 그려라.

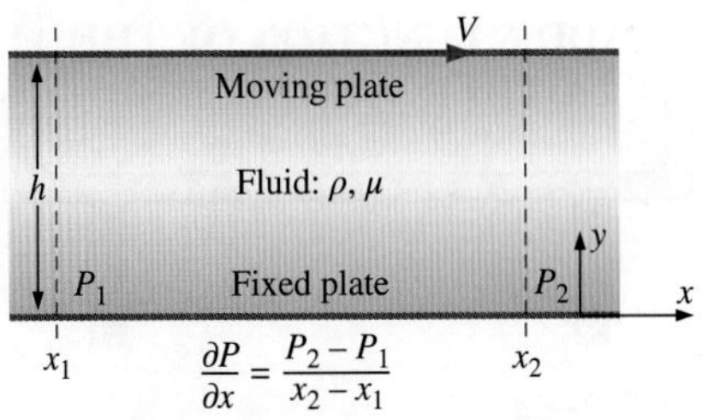

그림 9-63
예제 9-16의 형상. 일정한 압력구배 $\partial P/\partial x$가 작용하는 두 무한 평판 사이의 점성 유동. 위 판은 움직이고 아래 판은 정지 상태이다.

풀이 그림 9-63에 그려진 유동에 대한 속도장과 압력장을 구하고, 무차원 형태의 속도분포를 도시하고자 한다.

가정 가정 5가 다음 가정으로 대체되는 것을 제외하고는, 예제 9-15의 가정과 동일하다. 식 (1)에서 알 수 있듯이 x 방향으로의 압력은 선형적으로 변화한다. 즉, x 방향의 압력 구배는 일정하다.

해석 (a) 예제 9-15에서와 동일한 과정을 따라 계산한다. 대부분의 계산은 동일하기 때문에 차이점에 관해서만 설명한다.

단계 1 그림 9-63을 참조한다.

단계 2 가정 5를 제외하고 예제 9-15와 동일하다.

단계 3 연속방정식은 예제 9-15에서와 마찬가지 방식으로 단순화할 수 있다.

연속방정식의 결과: 단지 $u = u(y)$ **(2)**

x방향 운동량방정식은 압력 구배항이 소거되지 않는 것을 제외하고 예제 9-15와 같은 방법으로 구하며 그 결과는 다음과 같다.

x 운동량 방정식의 결과: $$\frac{d^2u}{dy^2} = \frac{1}{\mu}\frac{\partial P}{\partial x} \quad (3)$$

마찬가지로 y 운동량방정식과 z 운동량방정식은 다음과 같이 단순화된다.

y 운동량 방정식의 결과: $$\frac{\partial P}{\partial y} = 0 \quad (4)$$

z 운동량 방정식의 결과: $$\frac{\partial P}{\partial z} = -\rho g \quad (5)$$

P가 z만의 함수였던 예제 9-15와는 달리, 본 예제에서는 P가 x와 z의 함수이기 때문에 식 (5)의 편미분이 전미분으로 바뀌지 않는다.

단계 4 $\partial P/\partial x$가 상수라는 것을 염두에 두고 식 (3)(x 운동량방정식)을 두 번 적분한다.

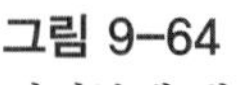

CAUTION!
WHEN PERFORMING A PARTIAL INTEGRATION, ADD A FUNCTION OF THE OTHER VARIABLE(S)

그림 9-64
편적분에 대한 주의 사항.

x 운동량 방정식의 적분:

$$u = \frac{1}{2\mu}\frac{\partial P}{\partial x}y^2 + C_1 y + C_2 \qquad \textbf{(6)}$$

C_1과 C_2는 적분상수이다. 식 (5)(z 운동량방정식)를 한번 적분하면,

z 운동량 방정식의 적분:

$$P = -\rho g z + f(x) \qquad \textbf{(7)}$$

가 된다. P가 x와 z의 함수이기 때문에 식 (7)에서 적분상수 대신에 x의 함수를 추가한다. 이것은 z에 관한 편적분이므로, 편적분을 수행할 때 주의하여야 한다(그림 9-64).

단계 5 식 (7)로부터 압력은 z 방향으로는 정수압적으로 변함을 알 수 있다. 그리고 x 방향의 압력은 선형적으로 변하는 것으로 이미 가정하였다. 따라서 함수 $f(x)$는 $\partial P/\partial x$와 x의 곱에 상수를 더한 값과 같다. $x = 0$, $z = 0$ (y축)에서 $P = P_0$라면 식 (7)은 다음과 같다.

압력장의 최종 해:

$$P = P_0 + \frac{\partial P}{\partial x}x - \rho g z \qquad \textbf{(8)}$$

다음으로 예제 9-15 단계 2의 속도 경계조건 (1)과 (2)를 적용하여 상수 C_1과 C_2를 구한다.

경계조건 (1):

$$u = \frac{1}{2\mu}\frac{\partial P}{\partial x}\times 0 + C_1 \times 0 + C_2 = 0 \quad \rightarrow \quad C_2 = 0$$

경계조건 (2):

$$u = \frac{1}{2\mu}\frac{\partial P}{\partial x}h^2 + C_1 \times h + 0 = V \quad \rightarrow \quad C_1 = \frac{V}{h} - \frac{1}{2\mu}\frac{\partial P}{\partial x}h$$

끝으로 식 (6)은 다음과 같이 계산된다.

$$u = \frac{Vy}{h} + \frac{1}{2\mu}\frac{\partial P}{\partial x}(y^2 - hy) \qquad \textbf{(9)}$$

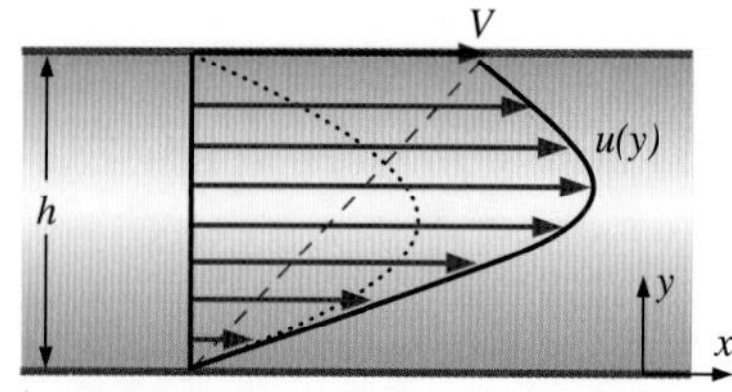

그림 9-65
예제 9-16의 속도 분포. 음의 압력구배가 작용하는 평행 평판 사이의 Couette 유동. 긴 점선은 압력구배가 영인 경우를 나타내고, 짧은 점선은 상판이 정지 상태($V = 0$)이고 음의 압력구배의 경우를 나타낸다.

식 (9)는 속도장이 두 속도장의 중첩임을 나타낸다. 아래 평판에서 $u = 0$으로부터 위 평판의 $u = V$에 이르는 선형 속도 분포와 가해진 압력 구배의 크기에 따른 포물선 모양의 분포가 그것이다. 압력 구배가 영이면 식 (9)의 포물선 부분은 소거되고, 예제 9-15와 같이 선형 속도분포를 나타낸다. 이것은 그림 9-65에 긴 점선으로 표시되어 있다. 압력 구배가 음이면(x방향으로 압력이 감소하면 유체는 왼쪽에서 오른쪽으로 유동한다), $\partial P/\partial x < 0$이고 속도 분포는 그림 9-65에 나타낸 모양과 같게 된다. 특수한 경우로 $V = 0$(위 판이 정지상태)일 때, 식 (9)의 선형부분은 소거되고, 속도 분포는 포물선 형태이며 채널의 중앙($y = h/2$)에 대해 대칭이 된다. 이것은 그림 9-65에서 짧은 점선으로 표현되어 있다.

단계 6 식 (8)과 (9)를 사용해서 모든 미분방정식과 경계조건들이 만족하는지 확인할 수 있다.

(b) 차원해석을 이용하여, 무차원 그룹(Π 그룹)을 형성한다. 속도성분 u를 y, h, V, μ와 $\partial P/\partial x$의 함수로 하여 문제를 푼다. 이 문제에는 6개 변수(종속 변수 u 포함)가 있으며, 여

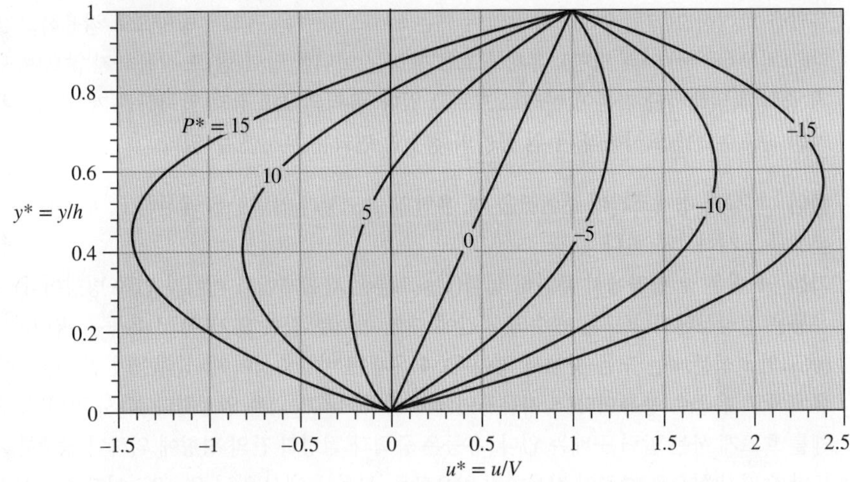

그림 9-66
Couette 유동에서 몇 가지 무차원 압력구배에 따른 무차원 속도 분포.

기에는 질량, 길이, 시간의 3가지의 기본 차원이 포함되어 있기 때문에, $6-3=3$개의 무차원 그룹을 예측할 수 있다. h, V, μ를 반복변수로 선택한 차원해석의 결과는 다음과 같다 (독자들은 7장을 참고하여 유도해보기 바란다):

차원해석의 결과:

$$\frac{u}{V}=f\left(\frac{y}{h}, \frac{h^2}{\mu V}\frac{\partial P}{\partial x}\right) \tag{10}$$

3개의 무차원 그룹들을 이용하면, 식 (9)는 다음과 같다.

무차원 형태의 속도장:

$$u^* = y^* + \frac{1}{2}P^*y^*(y^*-1) \tag{11}$$

여기서 무차원 매개변수들은 다음을 의미한다.

$$u^* = \frac{u}{V} \qquad y^* = \frac{y}{h} \qquad P^* = \frac{h^2}{\mu V}\frac{\partial P}{\partial x}$$

식 (11)을 사용하여 몇 개의 P^*에 대해 u^*를 y^*의 함수로 나타낸 결과가 그림 9-66에 도시되어 있다.

토의 무차원화한 결과, 식 (11)은 속도분포의 **군**(family)을 나타낸다. 압력 구배가 **양**(유동이 오른쪽에서 왼쪽 방향)이고 충분한 크기일 때, 채널의 아래쪽 부분에서 **역류**가 발생할 수 있다. 모든 경우에 무차원화 한 경계조건은 $y^*=0$에서 $u^*=0$과 $y^*=1$에서 $u^*=1$이다. 만약 압력 구배만 있고 두 벽이 정지해 있을 경우의 유동을 2차원 채널 유동, 즉 **평면 Poiseuille 유동**(planar Poiseuille flow)이라 한다(그림 9-67). 그러나 대부분의 저자들은 **Poiseuille 유동**이라는 이름을 완전발달된 **파이프** 유동(2차원 채널 유동의 축대칭 형태)에 사용함에 유의한다(예제 9-18 참조).

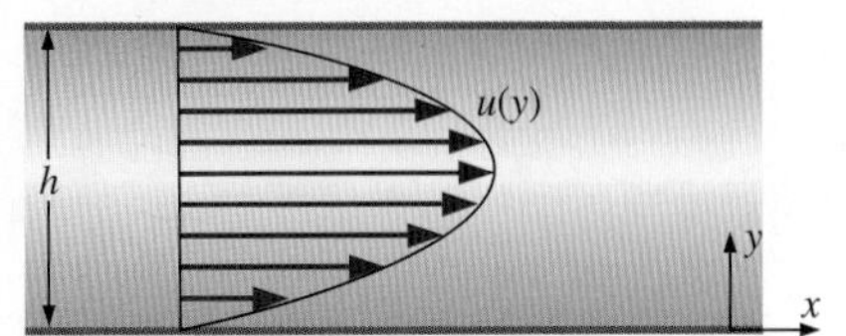

그림 9-67
완전발달된 2차원 채널 유동에서의 속도 분포(평면 Poiseuille 유동).

예제 9-17 중력에 의해 수직 벽을 따라 흐르는 유막(oil film)

무한히 넓은 수직벽을 따라 아래 방향으로 천천히 유동하는 정상, 비압축성, 평행, 층류의

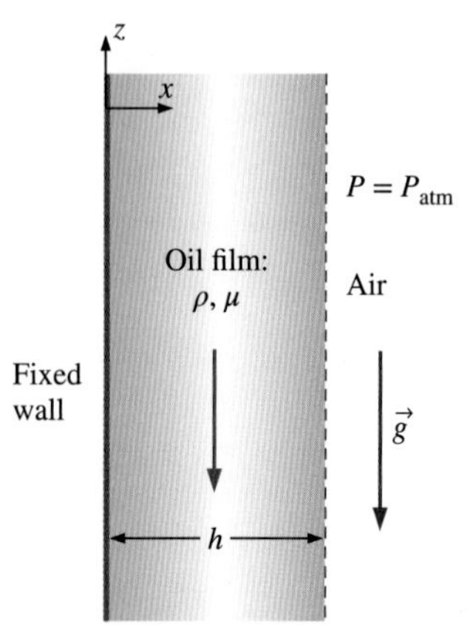

그림 9–68
예제 9-17의 형상. 중력에 의해 수직벽을 따라 흐르는 점성 유막.

유막을 고려하자(그림 9-68). 유막의 두께는 h이고, 중력은 음의 z 방향으로 작용하고 있다(그림 9-68에서 아래 방향). 유체를 흐르게 하는 어떠한 압력(힘)도 작용하지 않으며, 단지 중력에 의해서만 기름이 아래로 흐르고 있다. 유막의 속도장과 압력장을 계산하고, 무차원 속도분포를 도시하라. 주위 공기의 정수압 변화는 무시할 수 있다.

풀이 형상과 경계조건이 주어졌을 때, 유막의 속도장과 압력장을 계산하고, 무차원 속도분포를 도시하고자 한다.

가정 **1** 벽은 yz 평면에서 무한히 넓다(y는 오른손 좌표계에서 페이지 안쪽 방향이다). **2** 유동은 정상상태이다(모든 변수의 시간에 대한 편미분 값은 영이다). **3** 유동은 평행하다(속도의 x 성분, u는 모든 곳에서 영이다). **4** 유체는 비압축성이며, 상태량이 일정한 뉴턴 유체이고, 유동은 층류이다. **5** 자유표면에서 압력($P=P_{atm}$)은 일정하다. 다시 말하면, 유체를 흐르게 하는 압력 구배는 없다. 유동은 중력과 점성력 간의 평형에 의하여 발생한다. 또한 수평 방향으로 중력이 작용하지 않으므로, 모든 곳에서 압력 $P=P_{atm}$이다. **6** 속도장은 2차원이다. 이는 속도성분 $v=0$ 및 y에 대한 모든 편미분 값은 영임을 의미한다. **7** 중력은 음의 z 방향으로 작용한다. 이는 수학적으로 $\vec{g}=-g\vec{k}$, 즉 $g_x=g_y=0$ 및 $g_z=-g$이다.

해석 유체 유동에 관한 미분 해석의 단계별 과정에 따라 속도장과 압력장을 구할 수 있다(그림 9-52).

단계 1 문제와 형상은 그림 9-68을 참조한다.

단계 2 가정과 경계조건을 나열한다. 7개의 가정이 있으며, 경계조건은 다음과 같다. (1) 벽면에서는 점착조건을 적용한다. 즉, $x=0$에서 $u=v=w=0$이다. (2) 자유표면($x=h$)에서 전단은 무시한다[식 (9-68)]. 즉, 이 좌표계에서 수직한 자유표면($x=h$)에 대해서 $\partial w/\partial x=0$이다.

단계 3 미분방정식을 쓰고 간단히 한다. 직교좌표계에서 비압축성 연속방정식은 다음과 같다.

$$\underbrace{\frac{\partial u}{\partial x}}_{\text{assumption 3}} + \underbrace{\frac{\partial v}{\partial y}}_{\text{assumption 6}} + \frac{\partial w}{\partial z} = 0 \quad \rightarrow \quad \frac{\partial w}{\partial z} = 0 \qquad \textbf{(1)}$$

식 (1)에서 알 수 있듯이, w는 z의 함수가 아니다. 다시 말하면 z 방향의 모든 위치에서 유동 형태는 동일하다. 즉, 유동은 **완전 발달**되었다. w는 시간의 함수가 아니며(가정 2), z나[식 (1)] y의(가정 6) 함수도 아니므로 단지 x만의 함수이다.

연속방정식의 결과: 단지, $w=w(x)$ **(2)**

이제 Navier-Stokes 방정식의 각 항들을 최대한 간단하게 해보자. 모든 곳에서 $u=v=0$이고, 중력은 x 또는 y 방향으로 작용하지 않으므로, x와 y의 운동량 방정식은 잘 만족하고 있다(사실, 두 방정식에서 모든 항들은 영이다). z 운동량 방정식을 간단히 하면 다음과 같다.

$$\rho\left(\underbrace{\frac{\partial w}{\partial t}}_{\text{assumption 2}} + \underbrace{u\frac{\partial w}{\partial x}}_{\text{assumption 3}} + \underbrace{v\frac{\partial w}{\partial y}}_{\text{assumption 6}} + \underbrace{w\frac{\partial w}{\partial z}}_{\text{continuity}}\right) = \underbrace{-\frac{\partial P}{\partial z}}_{\text{assumption 5}} + \underbrace{\rho g_z}_{-\rho g}$$

$$+\mu\left(\frac{\partial^2 w}{\partial x^2} + \underbrace{\frac{\partial^2 w}{\partial y^2}}_{\text{assumption 6}} + \underbrace{\frac{\partial^2 w}{\partial z^2}}_{\text{continuity}}\right) \rightarrow \frac{d^2 w}{dx^2} = \frac{\rho g}{\mu} \quad (3)$$

물질 가속도[식 (3)의 좌변]가 영이기 때문에, 유체입자들은 이 유동장에서는 조금도 가속되지 않는다는 것을 알 수 있다. 즉, 국소 가속도나 대류 가속도 모두 영이다. 또한 Navier-Stokes 방정식을 비선형화하는 대류 가속도항들이 영이므로 문제가 매우 간단해진다. 한편, 식 (3)에서 점성항만을 제외하고 다른 모든 항들이 소거된다. 또한 식 (2)의 결과로부터 식 (3)의 편미분($\partial/\partial y$)은 전미분(d/dx)으로 변환되고 편미분방정식(PDE)이 상미분방정식(ODE)으로 된다. 물론 상미분방정식은 편미분방정식을 푸는 것 보다 매우 쉽다(그림 9-69).

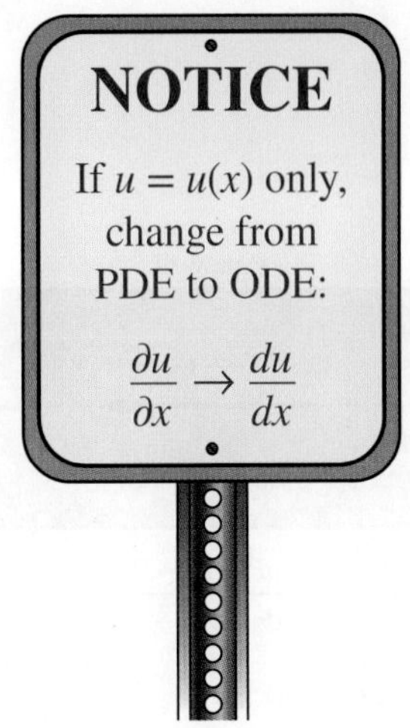

그림 9–69
예제 9-15에서 예제 9-18까지, 운동방정식은 **편미분방정식에서 상미분방정식으로** 바뀌어 더 쉽게 풀 수 있게 된다.

단계 4 미분방정식을 푼다. 연속방정식과 x와 y 운동량 방정식은 이미 풀었다. 식 (3) (z 운동량 방정식)을 두 번 적분하면 다음과 같다.

$$w = \frac{\rho g}{2\mu}x^2 + C_1 x + C_2 \quad (4)$$

단계 5 경계조건을 적용한다. 단계 2의 경계조건 (1)과 (2)를 적용하면, 상수 C_1과 C_2를 구할 수 있다.

경계조건 (1): $w = 0+0+C_2 = 0 \qquad C_2 = 0$

그리고

경계조건 (2): $\left.\frac{dw}{dx}\right)_{x=h} = \frac{\rho g}{\mu}h + C_1 = 0 \rightarrow C_1 = -\frac{\rho g h}{\mu}$

끝으로, 식 (4)에서

속도장:
$$w = \frac{\rho g}{2\mu}x^2 - \frac{\rho g}{\mu}hx = \frac{\rho g x}{2\mu}(x - 2h) \quad (5)$$

유막은 $x < h$이므로, 기대한 바와 같이 w는 모든 곳에서 음이다(유동은 아래 방향이다). 압력장은 간단하다. 즉, 모든 곳에서 압력은 $P = P_{atm}$이다.

단계 6 결과를 확인한다. 모든 미분방정식들과 경계조건을 만족하는지 확인한다.

직관적으로 식 (5)를 정규화한다. $x^* = x/h$, $w^* = w\mu/(\rho g h^2)$라 하면, 그 결과는 아래의 식과 같다.

정규화된 속도장:
$$w^* = \frac{x^*}{2}(x^* - 2) \quad (6)$$

정규화한 속도장을 그림 9-70에 도시하였다

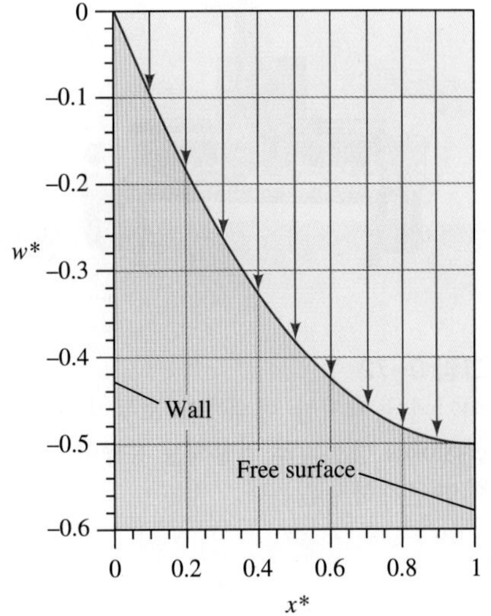

그림 9–70
예제 9-17의 정규화된 속도 분포. 수직벽을 따라 흐르는 유막.

토의 점착조건 ($x=0$에서 $w=0$) 때문에 벽 근처의 속도 기울기는 매우 크다. 그러나 전단력이 영($x=h$에서 $\partial w/\partial x=0$)인 경계조건 때문에 자유표면에서 속도 기울기는 영이다. 또한 w^*의 정의에 -2의 계수를 도입하여, 자유표면에서 w^*가 $-\frac{1}{2}$ 대신 1이 되게 할 수도 있다.

직교좌표계를 사용한 예제 9-15에서 예제 9-17까지의 해석 과정은 다른 좌표계에도 적용할 수 있다. 아래 예제 9-18은 원통좌표계를 이용한 원형 파이프에서의 완전발달 유동의 고전적인 문제이다.

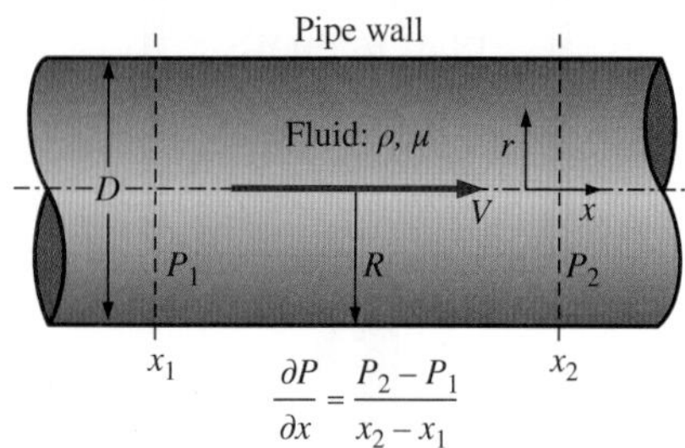

그림 9–71
예제 9-18의 형상. 압력구배 $\partial P/\partial x$를 가함으로써 나타나는 긴 원형 파이프 내 정상층류 유동. 압력구배는 항상 펌프 그리고/또는 중력에 의하여 발생한다.

그림 9–72
여기에서 제시한 예제에서 보듯이 Navier-Stokes 방정식의 엄밀해는 유동이 난류이면 존재하지 않는다.

예제 9–18 원형 파이프에서의 완전발달 유동 – Poiseuille 유동

지름 D 즉 반지름 $R=D/2$인 무한히 긴 원형 파이프 내를 흐르는 뉴턴 유체의 정상, 비압축성, 층류 유동을 고려한다(그림 9-71). 중력은 무시하라. x 방향으로의 압력구배($\partial P/\partial x$)는 일정하다.

적용되는 압력구배:
$$\frac{\partial P}{\partial x} = \frac{P_2 - P_1}{x_2 - x_1} = \text{일정} \tag{1}$$

여기서 x_1과 x_2는 x축 방향의 임의의 위치이고, P_1과 P_2는 두 위치에서의 압력이다. 축 방향으로 z 대신 x를 사용한 원통좌표계, 즉, (r, θ, x)와 (u_r, u_θ, u)를 사용한다. 파이프 내의 속도장을 유도하고, 파이프의 벽에 작용하는 단위 면적당 점성 전단력을 구하라.

풀이 원형 파이프 내의 속도장을 계산하고, 파이프의 벽에 작용하는 점성 전단력을 구하고자 한다.

가정 **1** 파이프는 x 방향으로 무한히 길다. **2** 정상유동이다(모든 변수의 시간에 대한 편미분 값은 영이다). **3** 평행유동이다(속도의 r 성분, u_r은 영이다). **4** 이 유체는 비압축성이고, 일정한 상태량을 갖는 뉴턴 유체이며, 유동은 층류이다(그림 9-72). **5** 식 (1)에서 알 수 있듯이 x 방향으로의 압력은 선형적으로 변화한다. 즉, x 방향의 압력 구배는 일정하다. **6** 속도장은 스월(ㄴ자기)이 없는 축대칭이다. 즉, $u_\theta=0$이고 θ에 관한 편미분 값은 영이다. **7** 중력은 무시한다.

해석 그림 9-52의 단계적 절차를 통하여 속도장을 구할 수 있다.

단계 1 문제와 형상은 그림 9-71을 참조한다.

단계 2 가정과 경계조건을 나열한다. 7개의 가정이 있으며, 경계조건은 다음과 같다. (1) 벽면에서는 점착조건을 적용한다. $r=R$에서 $\vec{V}=0$이다. (2) 파이프의 중심선에서 축 대칭이다. $r=0$에서 $\partial u/\partial r=0$이다.

단계 3 미분방정식을 쓰고 간단히 한다. 식 (9-62a)를 수정한 원통좌표계의 비압축성 연속방정식은 다음과 같다.

$$\underbrace{\frac{1}{r}\frac{\partial(r u_r)}{\partial r}}_{\text{assumption 3}} + \underbrace{\frac{1}{r}\frac{\partial(u_\theta)}{\partial \theta}}_{\text{assumption 6}} + \frac{\partial u}{\partial x} = 0 \quad \rightarrow \quad \frac{\partial u}{\partial x} = 0 \tag{2}$$

식 (2)에서 알 수 있듯이, u는 x의 함수가 아니다. 다시 말하면 x 방향의 모든 위치에서 유동 형태는 동일하다. 이는 가정 1로부터도 알 수 있다. 즉, 파이프의 길이가 매우 길기 때문에 x 위치에는 무관하다(유동이 완전 발달되었다). 또한 u는 시간(가정 2) 또는 θ(가정 6)의 함수가 아니므로 u는 단지 r만의 함수이다.

연속방정식의 결과:
$$\text{단지} \quad u=u(r) \tag{3}$$

축 운동량 방정식[수정된 방정식 (9-62d)]을 가능한 한 간단히 하면 다음과 같다:

$$\rho\left(\underbrace{\frac{\partial u}{\partial t}}_{\text{assumption 2}} + \underbrace{u_r\frac{\partial u}{\partial r}}_{\text{assumption 3}} + \underbrace{\frac{u_\theta}{r}\frac{\partial u}{\partial \theta}}_{\text{assumption 6}} + \underbrace{u\frac{\partial u}{\partial x}}_{\text{continuity}}\right)$$

$$= -\frac{\partial P}{\partial x} + \underbrace{\rho g_x}_{\text{assumption 7}} + \mu\left(\frac{1}{r}\frac{\partial}{\partial r}\left(r\frac{\partial u}{\partial r}\right) + \underbrace{\frac{1}{r^2}\frac{\partial^2 u}{\partial \theta^2}}_{\text{assumption 6}} + \underbrace{\frac{\partial^2 u}{\partial x^2}}_{\text{continuity}}\right)$$

즉,

$$\frac{1}{r}\frac{d}{dr}\left(r\frac{du}{dr}\right) = \frac{1}{\mu}\frac{\partial P}{\partial x} \tag{4}$$

예제 9-15에서 9-17까지와 같이 물질 가속도(x 운동량 방정식의 좌변 전체)가 영이기 때문에, 유체입자들은 이 유동장에서는 조금도 가속되지 않는다는 것을 알 수 있으며 또한 Navier-Stokes 방정식은 선형화된다(그림 9-73). 식 (3)에 따라 u의 미분을 위한 편미분 연산자를 전미분 연산자로 대체할 수 있다.

이와 유사한 방법으로, r 운동량 방정식[식 (9-62b)]에서 압력 구배항을 제외한 나머지 항들은 영이다.

r 운동량 방정식:

$$\frac{\partial P}{\partial r} = 0 \tag{5}$$

즉, P는 r의 함수가 아니다. 또한 P는 시간(가정 2) 또는 θ(가정 6)의 함수 또한 아니므로, P는 단지 x만의 함수이다.

r 운동량 방정식의 결과: 단지 $P = P(x)$ **(6)**

한편, P는 x 방향으로만 변하므로 식 (4)의 압력구배에 대한 편미분 연산자를 전미분 연산자로 변환할 수 있다. 끝으로, Navier-Stokes 방정식의 θ성분[식 (9-62c)]의 모든 항은 영이다.

단계 4 미분방정식을 푼다. 연속방정식과 r 운동량 방정식은 이미 풀었고, 그 결과가 각각 식 (3) 및 식 (6)이다. θ 운동량 방정식은 소거되므로 식 (4)(x 운동량 방정식)만 남는다. 양 변에 r을 곱한 후, 적분하면 다음과 같은 결과를 얻는다.

$$r\frac{du}{dr} = \frac{r^2}{2\mu}\frac{dP}{dx} + C_1 \tag{7}$$

여기서 C_1은 적분상수이다. 또한 압력 구배 dP/dx는 일정하다. 식 (7)의 양변을 r로 나눈 후, 한 번 더 적분하면 다음의 결과를 얻는다.

$$u = \frac{r^2}{4\mu}\frac{dP}{dx} + C_1 \ln r + C_2 \tag{8}$$

여기에서 C_2는 적분상수이다.

단계 5 경계조건을 적용한다. 우선, 경계조건 (2)를 식 (7)에 적용하면

경계조건 (2): $0 = 0 + C_1 \quad \rightarrow \quad C_1 = 0$

경계조건 (2)는 u가 파이프의 중심선에서 유한하여야 한다는 조건으로 대체할 수도

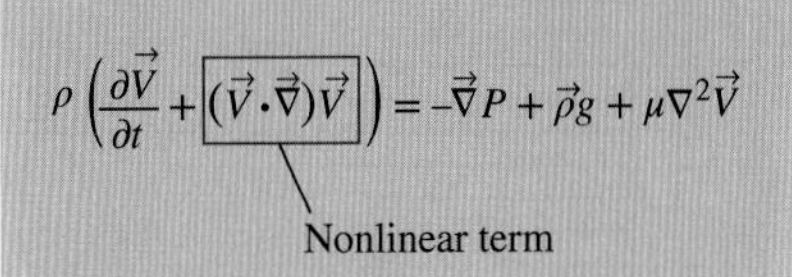

The Navier–Stokes Equation
$\rho\left(\frac{\partial \vec{V}}{\partial t} + (\vec{V}\cdot\vec{\nabla})\vec{V}\right) = -\vec{\nabla}P + \rho\vec{g} + \mu\nabla^2\vec{V}$
Nonlinear term

그림 9-73
비압축성 유동해석에서 Navier-Stokes 방정식의 대류항이 영이면 방정식은 **선형**이 되는데, 이는 대류항이 유일한 비선형 항이기 때문이다.

있다. 즉, 식 (8)에서 ln(0)이 정의가 되지 않으므로 상수 C_1은 영이어야 한다. 다음으로 경계조건 (1)을 적용시키면,

경계조건 (1): $u = \frac{R^2}{4\mu}\frac{dP}{dx} + 0 + C_2 = 0 \quad \rightarrow \quad C_2 = -\frac{R^2}{4\mu}\frac{dP}{dx}$

끝으로, 경계조건으로부터 구해진 적분상수를 식 (8)에 대입하여 정리하면 축 방향 속도 u는 다음과 같다.

축방향 속도: $$u = \frac{1}{4\mu}\frac{dP}{dx}(r^2 - R^2) \qquad \textbf{(9)}$$

축방향 속도분포는 그림 9-74에 도시한 바와 같이 포물선 모양이다.

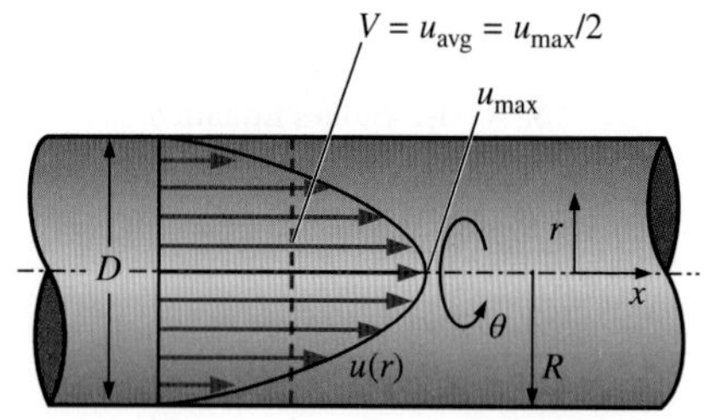

그림 9-74
예제 9-18의 축방향 속도 분포. 일정한 압력구배 dP/dx를 가함으로써 나타나는 긴 원형 파이프 내 정상 층류 유동.

단계 6 결과를 확인한다. 모든 미분방정식들과 경계조건을 만족하는지 확인한다.

완전히 발달된 층류 파이프 유동의 다른 특성들을 살펴본다. 예를 들어, 축 방향의 속도는 파이프의 중심선에서 최대이다(그림 9-74). 식 (9)에 $r=0$을 대입하면 축 방향의 최대속도는 다음과 같다.

축 방향의 최대속도: $$u_{max} = -\frac{R^2}{4\mu}\frac{dP}{dx} \qquad \textbf{(10)}$$

식 (9)를 파이프의 단면적 전체에 대하여 적분하여, 파이프 내를 유동하는 체적유량을 계산할 수 있다.

$$\dot{V} = \int_{\theta=0}^{2\pi}\int_{r=0}^{R} ur\,dr\,d\theta = \frac{2\pi}{4\mu}\frac{dP}{dx}\int_{r=0}^{R}(r^2 - R^2)r\,dr = -\frac{\pi R^4}{8\mu}\frac{dP}{dx} \qquad \textbf{(11)}$$

또한 체적유량은 축 방향의 평균속도에 단면적을 곱한 것과 같으므로, 쉽게 축 방향의 평균속도 V를 구할 수 있다.

축 방향의 평균속도: $$V = \frac{\dot{V}}{A} = \frac{(-\pi R^4/8\mu)\,(dP/dx)}{\pi R^2} = -\frac{R^2}{8\mu}\frac{dP}{dx} \qquad \textbf{(12)}$$

식 (10)과 (12)를 비교하면 완전히 발달한 층류 유동에서 축 방향의 평균속도는 정확하게 축 방향의 최대속도의 반임을 알 수 있다.

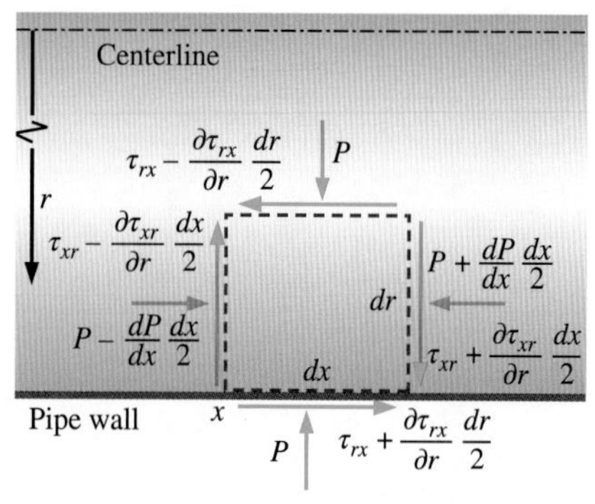

그림 9-75
바닥면이 파이프 벽에 접촉하고 있는 미소 유체요소에 작용하는 압력과 점성 전단응력. 이 경우 중력은 무시하였음에 주의하라. 그렇지 않으면 압력이 중력가속도 방향으로 증가할 것이다

파이프 벽에서 단위 면적당 작용하는 점성 전단력을 계산하기 위해서, 파이프 벽의 아래 부분에 근접한 미소 유체요소를 고려하자(그림 9-75). 그림에는 압력과 수학적으로 양의 방향으로 점성응력이 도시되어 있다. 식 (9-63)(수정된 좌표계)으로부터 점성응력을 텐서로 나타내면 다음과 같다.

$$\tau_{ij} = \begin{pmatrix} \tau_{rr} & \tau_{r\theta} & \tau_{rx} \\ \tau_{\theta r} & \tau_{\theta\theta} & \tau_{\theta x} \\ \tau_{xr} & \tau_{x\theta} & \tau_{xx} \end{pmatrix} = \begin{pmatrix} 0 & 0 & \mu\frac{\partial u}{\partial r} \\ 0 & 0 & 0 \\ \mu\frac{\partial u}{\partial r} & 0 & 0 \end{pmatrix} \qquad \textbf{(13)}$$

u에 대하여 식 (9)를 사용하고, 파이프 벽은 $r=R$이므로 식 (13)의 τ_{rx}성분은 다음과 같이 정리할 수 있다.

파이프 벽에 작용하는 점성 전단응력: $$\tau_{rx} = \mu \frac{du}{dr} = \frac{R}{2}\frac{dP}{dx} \qquad \textbf{(14)}$$

유동의 방향이 왼쪽에서 오른쪽이기 때문에 dP/dx는 음이다. 따라서 벽의 아래 쪽에 인접한 유체에 작용하는 점성 전단응력은 그림 9-75에 도시한 방향과 반대 방향을 가진다. (파이프 벽은 유체의 유동을 방해하는 방향으로 힘을 가하므로 직관과 부합한다.) 벽에 작용하는 단위 면적당 전단력은 이것과 크기는 같으나 방향은 반대이므로,

벽에 작용하는 단위 면적당 점성 전단력: $$\frac{\vec{F}}{A} = -\frac{R}{2}\frac{dP}{dx}\,\vec{i} \qquad \textbf{(15)}$$

이 힘의 방향은 직관과 일치한다. 즉, dP/dx가 음일 때, 유동하는 유체는 마찰력에 의하여 아래 벽을 오른쪽으로 당긴다.

토의 파이프의 중심선에서 $du/dr = 0$이므로, $\tau_{rx} = 0$이다. 파이프 내 x 방향의 두 위치 x_1과 x_2 사이의 유체를 검사체적으로 선택하여, 검사체적 방법으로 식 (15)를 유도하여 보기 바란다(그림 9-76). 같은 결과를 얻을 수 있을 것이다. (힌트 : 유동이 완전 발달되었으므로, 축 방향의 속도는 위치 1과 위치 2에서 동일하다.) 파이프 내를 유동하는 체적유량이 임계값을 초과할 때, 유동은 불안정해지고 위에서 해석한 해는 더 이상 유효하지 않다. 엄밀히 말하면, 파이프 내의 유동은 층류가 아니라 난류가 된다. 난류 파이프 유동은 8장에서 상세히 설명하였다. 이 문제는 다른 방법을 이용하여 8장에서도 풀었다.

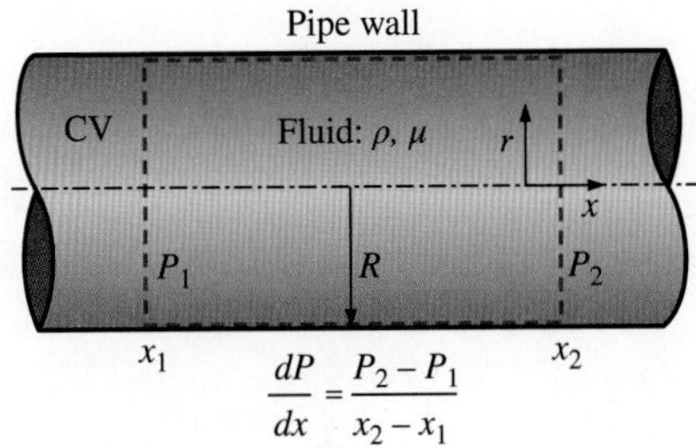

그림 9-76
예제 9-18의 식 (15)를 다른 방법으로 구하는 데 사용된 검사체적.

지금까지, Navier-Stokes 방정식을 정상 유동에서 해석하였다. 만약 유동이 비정상이라면 Navier-Stokes 방정식에서 시간 도함수 항은 소거되지 않고 해석은 훨씬 복잡할 것이다. 그럼에도 불구하고 해석적으로 풀 수 있는 비정상 유동 문제들이 있으며, 그 중 한 예를 예제 9-19에 설명한다.

예제 9-19 무한평판의 갑작스런(sudden) 운동

xy 평면의 $z=0$에 놓인 무한 평판 위의 점성 뉴턴 유체를 고려하자(그림 9-77). x 방향으로 평판이 V의 속도로 갑자기 움직이기 시작할 때의 시간 $t=0$까지 유체는 정지해 있다. 중력은 음의 z 방향으로 작용하고 있다. 압력장과 속도장을 유도하라.

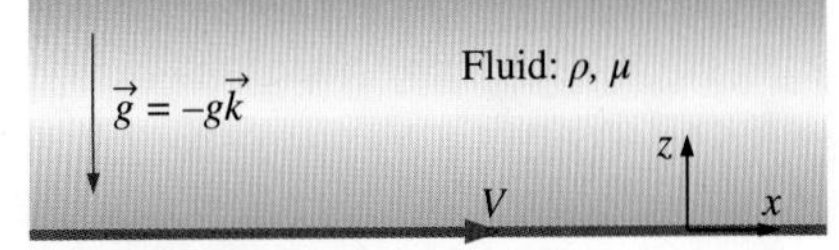

그림 9-77
예제 9-19의 형상과 문제 구성. y좌표는 페이지 안쪽 방향이다.

풀이 갑자기 움직이기 시작하는 무한 평판 위의 유체의 속도장과 압력장을 계산하고자 한다.

가정 **1** 벽은 x와 y방향으로 무한하다. 그러므로 x 또는 y 방향으로는 변하지 않는다. **2** 모든 곳에서 유동은 평행하다($w=0$). **3** 압력 P는 x 방향으로 일정하다. 즉, x축 방향으로 유체를 흐르게 하는 압력구배는 없다. 유체는 움직이는 평판에 의해 야기되는 점성력 때문에 유동한다. **4** 유체는 비압축성이고, 상태량이 일정한 뉴턴 유체이며, 층류 유동이다. **5** 속도장은 xz 평면에서 2차원이다. 즉, $v=0$이고 y에 관한 모든 편미분 값은 영이다. **6** 중력은 음의 z 방향으로 작용한다.

해석 그림 9-52의 단계적 절차를 통하여 속도장을 구할 수 있다.

단계 1 문제와 형상은 그림 9-77을 참조한다.

단계 2 가정과 경계조건을 나열한다. 6개의 가정이 있으며, 경계조건은 다음과 같다.

(1) $t=0$에서 모든 곳의 $u=0$이다(평판이 움직이기 시작할 때까지 유동은 없다). (2) $z=0$에서 x와 y의 모든 곳의 $u=V$이다(평판의 점착조건). (3) $z \to \infty$일 때 $u=0$이다(평판에서 멀리 떨어진 곳에는, 움직이는 평판의 효과가 미치지 않는다). (4) $z=0$에서 $P=P_{\text{wall}}$이다(압력은 평판의 모든 x와 y 위치에서 일정하다).

단계 3 미분방정식을 쓰고 간단히 한다. 직교좌표계에서 비압축성 연속방정식은 다음과 같다[식 (9-61a)].

$$\frac{\partial u}{\partial x} + \underbrace{\cancel{\frac{\partial v}{\partial y}}}_{\text{assumption 5}} + \underbrace{\cancel{\frac{\partial w}{\partial z}}}_{\text{assumption 2}} = 0 \quad \to \quad \frac{\partial u}{\partial x} = 0 \tag{1}$$

식 (1)에서 u는 x의 함수가 아니다. 또한 u는 y의 함수도 아니므로(가정 5), u는 단지 z와 t만의 함수이다.

연속방정식의 결과: 단지 $u = u(z, t)$ **(2)**

y 운동량 방정식은 가정 5와 6에 의해서 (y 방향의 속도성분 v와 관련된 항들은 소거되고, 중력은 y 방향에 대해서는 작용하지 않는다) 다음과 같이 정리할 수 있다.

$$\frac{\partial P}{\partial y} = 0 \tag{3}$$

한편 압력은 y의 함수가 아님을 식 (3)에서 알 수 있으므로,

y 운동량 방정식의 결과: 단지 $P=P(z, t)$ **(4)**

z 운동량 방정식을 정리하면 다음과 같다.

$$\frac{\partial P}{\partial z} = -\rho g \tag{5}$$

x 운동량 방정식[식 (9-61b)]을 가능한 한 간단히 하면 다음과 같다.

$$\rho\left(\frac{\partial u}{\partial t} + \underbrace{u\cancel{\frac{\partial u}{\partial x}}}_{\text{continuity}} + \underbrace{v\cancel{\frac{\partial u}{\partial y}}}_{\text{assumption 5}} + \underbrace{w\cancel{\frac{\partial u}{\partial z}}}_{\text{assumption 2}}\right) = \underbrace{-\cancel{\frac{\partial P}{\partial x}}}_{\text{assumption 3}} + \underbrace{\cancel{\rho g_x}}_{\text{assumption 6}}$$

$$+ \mu\left(\underbrace{\cancel{\frac{\partial^2 u}{\partial x^2}}}_{\text{continuity}} + \underbrace{\cancel{\frac{\partial^2 u}{\partial y^2}}}_{\text{assumption 5}} + \frac{\partial^2 u}{\partial z^2}\right) \quad \to \quad \rho\frac{\partial u}{\partial t} = \mu\frac{\partial^2 u}{\partial z} \tag{6}$$

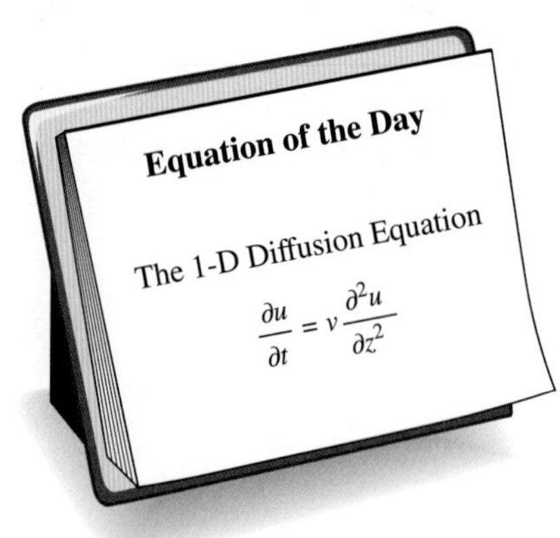

Equation of the Day
The 1-D Diffusion Equation
$\frac{\partial u}{\partial t} = \nu\frac{\partial^2 u}{\partial z^2}$

그림 9-78
1차원 확산 방정식은 **선형**이며, **편미분방정식**(PDE)이다. 이 방정식은 과학과 공학의 여러 분야에서 나타난다.

점성계수와 밀도를 $\nu=\mu/\rho$로 정의되는 동점성계수로 합하는 것이 편리하며, 이때 식 (6)은 잘 알려진 **1차원 확산 방정식**(diffusion equation)으로 줄어들게 된다(그림 9-78).

x 운동량 방정식의 결과: $\dfrac{\partial u}{\partial t} = \nu\dfrac{\partial^2 u}{\partial z^2}$ **(7)**

단계 4 미분방정식을 푼다. 연속방정식과 y 운동량 방정식은 이미 풀었으며, 그 결과 식 (2)와 (4)를 얻었다. 식 (5)(z 운동량 방정식)를 한번 적분하면 다음과 같은 결과를 얻는다.

$$P = -\rho g z + f(t) \tag{8}$$

P가 2변수(z, t)의 함수이므로[식 (4)], 적분상수 대신에 시간의 함수를 추가하였다. 식

(7)(x 운동량 방정식)은 2개의 독립변수 z와 t를 한 개의 독립변수로 변환하여 그 해를 얻을 수 있는 선형 편미분방정식이다. 이것을 **상사해**(similarity solution)라고 하며, 세부사항은 이 교재의 범위를 넘는다. 1차원 확산방정식의 예는 물질 전달, 열전도 등 공학의 여러 분야에서 찾아볼 수 있으며, 이들의 해에 대한 세부사항은 이들 주제를 다루는 교재에서 찾아볼 수 있다. 식 (7)의 해는 갑자기 움직이기 시작하는 평판의 경계조건과 밀접한 관련이 있으며, 그 결과는 다음과 같다.

x 운동량 방정식의 적분:

$$u = C_1\left[1 - \text{erf}\left(\frac{z}{2\sqrt{\nu t}}\right)\right] \tag{9}$$

식 (9)에서 erf는 다음 식으로 정의되는 **오차함수**(error function)이다.

오차함수:

$$\text{erf}(\xi) = \frac{2}{\sqrt{\pi}}\int_0^{\xi} e^{-\eta^2}d\eta \tag{10}$$

오차함수는 확률이론에서 많이 사용된다(그림 9-79). 오차함수 표는 여러 참고문헌에서 찾아 볼 수 있으며, 직접 오차함수를 계산할 수 있는 계산기와 스프레드 시트(spreadsheet)도 있다.

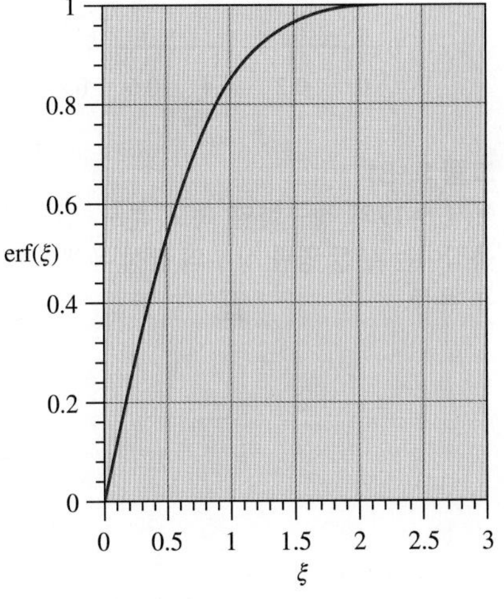

그림 9-79
오차함수는 $\xi=0$에서 영이고, $\xi\to\infty$에 따라 1로 다가간다.

단계 5 경계조건을 적용한다. 압력은 식 (8)에서 계산한다. 경계조건 (4)로부터 $z=0$에서 압력은 항상 $P=P_{\text{wall}}$이어야 하므로, 식 (8)은 다음과 같이 쓸 수 있다.

경계조건 (4):

$$P = 0 + f(t) = P_{\text{wall}} \quad \to \quad f(t) = P_{\text{wall}}$$

즉, 임의의 시간에 대한 함수, $f(t)$는 시간의 함수가 아니라 상수이다. 그러므로,

압력장의 최종 결과:

$$P = P_{\text{wall}} - \rho g z \tag{11}$$

따라서 이는 정수압을 의미하며, **정수압은 유동과 독립적으로 작용함**을 알 수 있다. 단계 2에 기술한 경계조건 (1)과 (3)은 단계 4에서 x 운동량 방정식을 계산하기 위하여 이미 적용하였다. $\text{erf}(0)=0$이기 때문에, 두 번째 경계조건으로부터 다음의 결과를 얻는다.

경계조건 (2):

$$u = C_1(1-0) = V \quad \to \quad C_1 = V$$

그리고 식 (9)는 다음과 같다.

속도장의 최종 결과:

$$u = V\left[1 - \text{erf}\left(\frac{z}{2\sqrt{\nu t}}\right)\right] \tag{12}$$

상온의 물($\nu=1.004\times10^{-6}$ m^2/s)에서 $V=1$ m/s일 때, 몇 개의 속도분포를 그림 9-80에 나타내었다. $t=0$일 때 유동은 없다. 시간이 경과함에 따라 평판 운동의 영향은 예상한 바와 같이 유체로 점점 확산된다. 점성 확산이 유체로 침투하는데 얼마나 오래 걸리는지 주목하라. 유동이 시작한지 15분 후, 평판 위 약 10 cm 이상의 유체는 움직이는 평판의 효과를 느낄 수 없다!

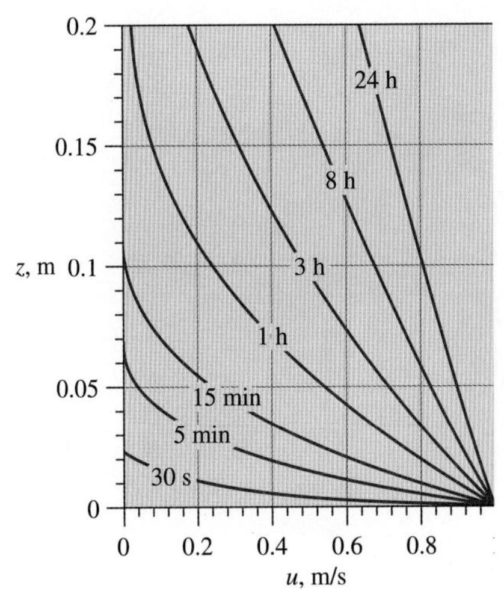

그림 9-80
예제 9-19의 속도 분포. 갑자기 움직이는 무한 평판 상부의 물의 유동. $\nu=1.004\times10^{-6}$ m^2/s, $V=1.0$ m/s.

정규화된 변수 u^*와 z^*를 다음과 같이 정의한다.

정규화된 변수:

$$u^* = \frac{u}{V} \quad \text{와} \quad z^* = \frac{z}{2\sqrt{\nu t}}$$

식 (12)를 정규화된 변수를 이용하여 다음과 같이 표현할 수 있다.

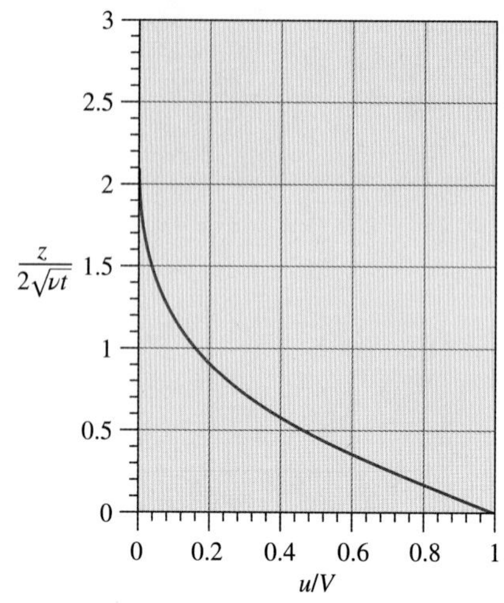

그림 9-81
예제 9-19의 정규화된 속도 분포. 갑자기 움직이는 무한 평판 상부의 점성 유체의 층류 유동.

정규화된 속도장: $u^* = 1 - erf(z^*)$ **(13)**

공학 문제에서 "1−오차함수"의 형태를 자주 찾아볼 수 있으며, 이를 **여오차함수**(complementary error function)라 하고, **erfc**로 나타낸다. 따라서 식 (13)은 아래와 같이 표현할 수 있다.

다른 형태의 정규화된 속도장: $u^* = \text{erfc}(z^*)$ **(14)**

정규화의 특징은 z^*의 함수로 나타낸 u^*에 대한 하나의 방정식이 모든 위치 z 및 시간 t에서 모든 속도 V로 운동하는 평판 위의 모든 유체(동점성 ν)에 대해 적용할 수 있다는 것이다. 식 (13)의 정규화된 속도 분포를 그림 9-81에 도시하였다. 그림 9-80의 모든 속도 분포를 그림 9-81과 같이 하나의 속도 분포로 나타낼 수 있으며, 이를 **상사분포**(similarity profile)라 한다.

단계 6 결과를 확인한다. 모든 미분방정식들과 경계조건을 만족하는지 확인한다.

토의 유체에서 운동량이 확산되는데 걸리는 시간은 직관적으로 생각했던 것보다 더 오래 걸린다. 이는 본 예제의 해석이 단지 층류 유동에서만 유효하기 때문이다. 만약 평판의 속도가 매우 크거나, 평판에서 매우 큰 진동이 있거나, 또는 유체에 교란이 있을 때 난류로 바뀔 수 있다. 난류유동의 큰 에디(eddy)는 벽에 인접하여 빠르게 흐르는 유체와 벽에서 멀리 떨어져서 천천히 흐르는 유체를 혼합시킨다. 이러한 혼합과정은 비교적 빨리 일어나며, 따라서 난류 확산은 층류 확산보다 보통 수 차수(order of magnitude) 이상 빠르다.

예제 9-15에서 9-19는 비압축성 층류 문제이다. 동일한 미분방정식(비압축성 연속방정식과 Navier-Stokes 방정식)을 비압축성 **난류**에 대해서도 적용할 수 있다. 그러나 난류에서는 유동이 불규칙하고 비정상이며, 유체를 혼합하는 3차원 에디 때문에 그 해가 훨씬 더 복잡하다. 한편 에디의 크기는 여러 차수(order of magnitude)에 걸쳐 분포한다. 난류 유동장에서는 방정식에서 무시할 수 있는 항이 없으므로(일부의 경우 중력항은 제외), 해는 수치계산을 통해서만 얻을 수 있다. 이러한 전산유체역학(CFD)은 15장에서 설명한다.

생체 유동의 미분해석**

예제 9-18에서 우리는 원형 파이프에서 완전발달 유동을 유도하고, 어떤 것이 poiseuille 유동인지 배웠다. 이런 특수한 예에 대한 Navier-Stokes 방정식의 해는 상당히 직접적이지만, 여러 가정과 근사에 기초를 두고 있다. 이들 근사들은, 예를 들어 대부분의 물 시스템(water system) 표준 관 유동에 유효하다. 그러나 인간의 신체 내 혈류에 적용할 때는 적용에 따라 근사들을 면밀히 관찰하고 평가해야 한다. 심혈관 유체역학자들은 동맥 내의 혈액 유동을 이해하기 위한 첫 번째 시도로서 전통적으로 Poiseuille 유동 유도를 사용해 왔다. 이 시도는 기술자들에게 속도와 유량에 대한 1차원적 근사 결과를 제공할 수 있지만, 기술자들이 좀 더 세밀하고 현실적인 혈액 유동에 관심이 있다면 Poiseuille 유동으로 가정하기 위한 근사 방법에 대한 점검이 중

** 이 절은 펜실베이니아 주립대학의 교수 Keefe Manning이 기고한 것이다.

요하다고 할 수 있겠다.

깊이 들어가기 전에, 이와 같은 경우의 유체나 혈액에 대해 기본 근사들을 유지하도록 하자. 유체는 비압축성, 층류일 것이고, 중력은 여전히 무시할 수 있을 것이다. 비록 심혈관 시스템의 경우에는 현실적으로 적용될 수 없지만, 완전발달 유동의 근사도 유효할 것이다. 오직 이와 같은 근사들에 기초하면 정상, 평행, 축대칭 뉴턴 유동, 강체 원형 튜브와 같은 다른 근사들이 남는다.

쉬고 있는 건강한 성인의 심장은 평균 분당 75회의 박동으로 혈액을 계속 펌핑한다는 것을 상기하라. 인공 순환 시스템에 의해 구동되는 심실 수축을 통해 발생하는 유동 파형의 한 예로써(그림 9-82), 유동은 800 ms 사이클을 가지고 시간적으로 변한다. 따라서 동맥을 통한 혈액 유동을 근본적으로 모델링하기 위해서는 정상 유동의 근사는 적합하지 않으며, 따라서 Poisueille 유동의 근사만으로는 혈액 유동을 모델링하기에 적합하지 않다. 짧은 시간 구간(~300 ms) 안에 유동의 급가속과 감속이 있다. 그러나 심장에서 시작되는 파동의 전파는 심장에서 멀어질수록 감소하며, 동맥이 모세혈관 수준으로 점점 작아지면서 맥동의 크기는 감소한다. 혈액이 심장으로 돌아가는 정맥 쪽에서는 정상 유동 근사가 좀 더 확실하게 적용 가능하지만, 정맥 판막(심장 판막과 유사하게)이 혈액이 심장으로 돌아가는 것을 돕는 것처럼 하지(lower limbs)로부터는 유동 방해가 남아 있다는 것을 주목해야 한다.

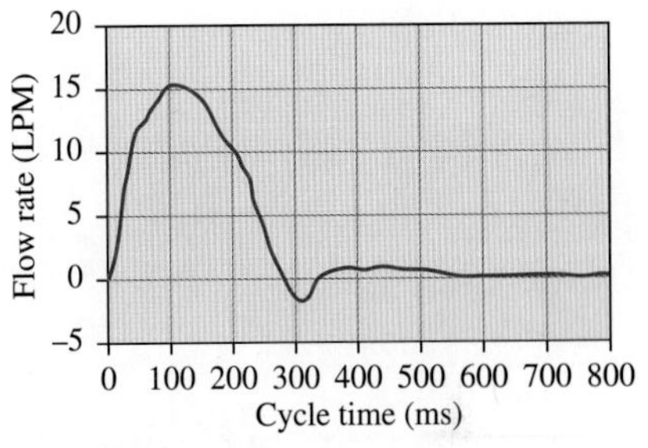

그림 9-82
인공 순환 시스템의 심실 보조 장치 구출 동안 생성된 유동 파형. 이는 좌심실 구출 동안 생성된 파형과 유사하다.

강체, 원형 튜브 근사는 심혈관 혈액 유동에 적용할 때는 마찬가지로 적합하지 않다. 8장에서 언급하였듯이, 혈관은 주혈관(대동맥)으로부터 소동맥(동맥, 세동맥, 모세혈관)까지 점점 가늘어진다. 상용 파이프 시스템에서 볼 수 있는 것 같은 급격한 직경의 변화는 없다. 따라서 기하학적으로 고려해야 할 것은 한 혈관 끝에서 다른 혈관으로 갈 때 직경의 연속적인 변화 한 가지이다. 원형 튜브의 단면의 관점에서 볼 때, 혈관은 완전한 원형이 아니라 오히려 장축과 단축을 가지는 타원형의 단면을 가지고 있다. Poisueille 유동 근사의 가장 중요한 점은 파이프가 강체라고 가정하는 것이다. 하지만 건강한 혈관은 강체가 아니라 유연하고 구부러지기도 한다. 예를 들어, 좌심실로부터 나오는 대동맥의 경우, 짧은 시간 동안의 좌심실박출 동안 혈액량의 급격한 증가를 받아들이기 위해 직경이 두 배가 되기도 한다. 이 근사가 예외적으로 적용될 수 있는 경우는 죽상동맥경화증과 같은 병리학적 상태나 노인의 혈액 유동을 연구할 때이다. 이 두 가지 경우에 대한 기본적인 증상은 혈관이 경화된다는 것이다. 그렇게 함으로써 강체 근사가 적용될 수 있다. 또한 혈관이 경화되고 맥동이 더 빨리 약해짐에 따른 2차적인 영향이 있다. 바로 이런 환자들의 동맥에 대해서 정상 유동 근사가 영향을 받는다.

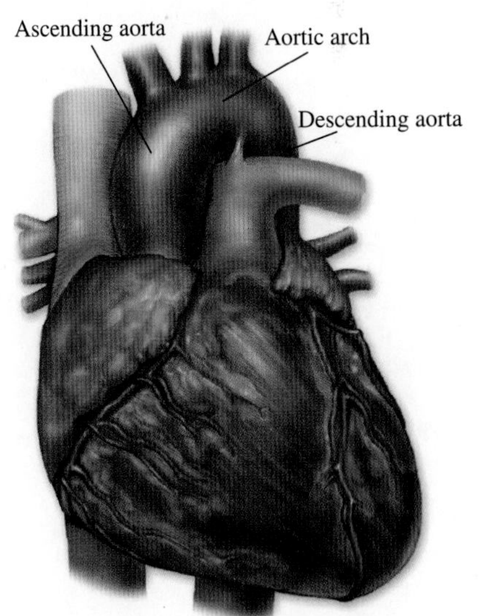

그림 9-83
좌심실로부터 나오는 상행대동맥, 대동맥궁, 하행대동맥(지면에서 보이는 심장의 뒤쪽)을 나타내는 해부학도. 그림은 대동맥이 척수방향으로 어떻게 가는지 보여 주고 있다.
McGraw-Hill Companies, Inc.

평행 유동과 축대칭 유동의 관점에서 보면, 이 두 가지는 심혈관계의 한 위치에 초첨을 맞추어 보면 잘못된 근사로서 사용할 수 없음을 알 수 있다. 그림 9-83의 대동맥(좌심실에서 올라갔다가 내려오는 대동맥궁)을 보면 유동장에 영향을 줄 수 있는 상당한 기하학적 변화가 있다. 심혈관계의 2차원 도면(그림 8-82와 같이)에서 보통 표시되지 않는 것은, 대동맥이 일반적으로 도식화되어 있는 것처럼 한 평면에 있지 않다는 것이다. 사실, 대동맥은 해부학적 구조 때문에(다른 사람이 보면) 좌심실로부터 시작하여 척주로 향하고(사람의 뒤쪽으로 향해) 있어 유동을 다른 면(plane)으로 보내고 있다. 이와 같은 기하학적 형상은 이 지역에 딘 유동(Dean flow)을 생성한다. 그 결과로서, 굽힘(bend)과 후방향으로 흐르며 생성되는 유동은 이중 나선형 소용돌이 형상이다[유전자(DNA) 나선 구조를 생각해 보라. 나선형 구조는 유선이라고 할 수 있다]. 이런 모든 소용돌이 때문에 평행 및 축대칭 근사는 적용할 수가 없다. 이와 같은 경우는 인간의 몸에서 가장 극단적인 경우(병리학의 경우를 제외하고 의학적 기구가 삽입된 경우와 함께)이다. 순환계의 다른 부분에서는 평행과 축대칭 근사가 좀 더 적용 가능하다.

모세혈관의 유동은 Poisueille 유동이 아니라는 것이 언급되어야 한다. 적혈구가 모세혈관으로 들어갈 때 찌그러지게 되고, 그 결과 유동은 혈장이 적혈구를 따라 들어가고, 그 다음 적혈구가 따라가는 2상 유동이 된다. 이는 계속 일어나면서 산소와 영양소 교환을 하는 독특한 유동을 형성한다. 결과적으로 혈액은 예제 9-20에 나와 있는 것처럼 뉴턴 유체가 아니다.

예제 9–20 원형관 내의 완전발달 유동에 대한 간단한 혈액 점성 모델

예제 9-18과 Poisuellie 유동의 모든 근사와 그림 9-74에 보이는 축방향 속도를 고려해 보자. 이 예제에서 우리는 뉴턴 유체 가정을 변경하고, 대신에 비뉴턴 유체 점성 모델을 사용할 것이다. 점탄성 유체로서 혈액 거동을 전단희박 및 유사 플라스틱 모델로 가정하고 일반화된 멱법칙 점성 모델을 적용한다. 멱법칙 모델은 점성응력 텐서로부터 쉽게 유도되고, $\tau_{rz} = -\mu\left(\frac{du}{dr}\right)^n$ 과 같다. 여기서 음의 부호는 방향을 나타내고, $0<n<1$이다.

풀이 예제 9-18로부터 식 4: $\frac{1}{r}\frac{d}{dr}\left(r\frac{du}{dr}\right) = \frac{1}{\mu}\frac{dP}{dx}$까지 채택한다. 이에 대해서 r에 대해 정리하고 조합하면 $\frac{r}{2}\frac{dP}{dx} = \mu\frac{dP}{dx}$을 얻을 수 있다. 이는 또한 $\frac{r}{2}\frac{dP}{dx} = \mu\frac{dP}{dx} = \tau_{rz}$라고 할 수 있다.

그 다음 우리는 위 식들과 멱법칙을 같이 놓을 수 있다. 그러면 새로운 관계식인 $\frac{r}{2}\frac{dP}{dx} = -\mu\left(\frac{du}{dr}\right)^n$을 얻을 수 있다. 여기서 음의 부호를 다른 쪽으로 옮기고 양변에 $1/n$을 곱한 후 $\frac{du}{dr}$에 대해 풀면 $\frac{du}{dr} = \left(-\frac{r}{2\mu}\frac{dP}{dx}\right)^{\frac{1}{n}}$을 얻는다.

위 식을 적분하고 예제 9-18의 두 번째 경계 조건(파이프의 중간선은 대칭축이다)을 적용하면 속도식은 다음과 같이 된다.

$$u = \frac{R^{\left(\frac{n+1}{n}\right)} - r^{\left(\frac{n+1}{n}\right)}}{\left(\frac{n+1}{n}\right)}\left(\frac{1}{2\mu}\frac{dP}{dx}\right)^{\frac{1}{n}}$$

이제 우리는 멱법칙 유체 또는 비뉴턴 유체에 대한 일반화된 속도식을 얻었다. 이는 혈액에 대한 매우 기초적인 모델이라고 할 수 있겠다. 언급하였듯이, 우리는 혈액을 유사 플라스틱 유체로 근사하였다. 따라서 $n=0.5$를 임의로 정한다. 최종 속도식은 다음과 같이 된다.

$$u = \frac{R^3 - r^3}{3}\left(\frac{1}{2\mu}\frac{dP}{dx}\right)^2$$

만약 대신 $n=1$을 사용하면 뉴턴 유체에 대한 축방향 속도식 $u = (R^2 - r^2)\left(\frac{1}{4\mu}\frac{dP}{dx}\right)$을 얻는 점에 주목하라.

그림 9-84에 뉴턴과 유사 플라스틱 속도 형태를 도시하였다. 점성이 속도 형태를 더 무딘 형태로 바꾸는지 주목하라. 체적유량을 계산하기 위하여 식 $\dot{V} = \int_0^R 2\pi r u\, dr$과 속도 u에 대한 일반화된 식을 이용하여 파이프의 단면에 대해 적분한다. 적분을 하고 약간의 대수적 정리를 하면 체적유량은 다음과 같이 된다.

$$\dot{V} = \frac{n\pi R^3}{3n+1}\left(\frac{R}{2\mu}\frac{dP}{dx}\right)^{\frac{1}{n}}$$

유사 플라스틱 유체($n=0.5$)의 경우에 대해서 체적유량은 다음과 같이 간단해진다.

$$\dot{V} = \frac{\pi R^5}{5}\left(\frac{1}{2\mu}\frac{dP}{dx}\right)^2$$

토의 $n=1$일 때 체적유량에 대한 일반식은 Poiseuille 유동의 식과 같아져야 한다.

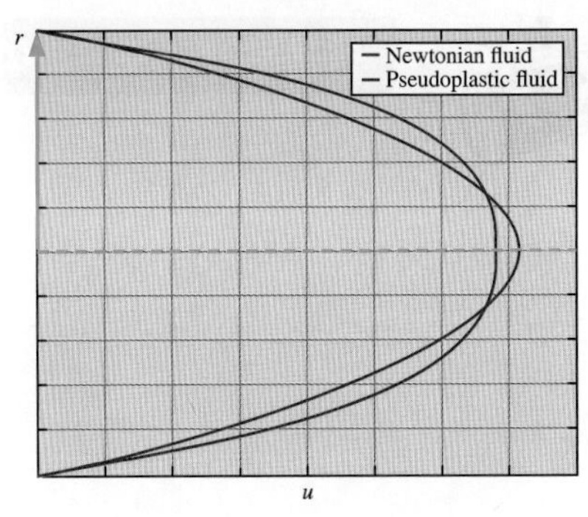

그림 9-84
속도 식의 모든 값과 파이프의 직경이 같다고 가정하면, 유사 플라스틱 유체는 속도 형태를 뉴턴 유체에 대해 생성된 속도 형태와 비교했을 때 더 무디게 만든다.

요약

이 장에서는 미분형의 질량보존법칙(**연속 방정식**)과 선형운동량 방정식(**Navier-Stokes 방정식**)을 유도하였다. 일정한 상태량을 갖는 뉴턴 유체의 비압축성 유동에 대한 연속 방정식은

$$\vec{\nabla}\cdot\vec{V} = 0$$

Navier-Stokes 방정식은

$$\rho\frac{D\vec{V}}{Dt} = -\vec{\nabla}P + \rho\vec{g} + \mu\nabla^2\vec{V}$$

비압축성 2차원 유동에서 유동함수 ψ를 정의하였으며, 이는 직교좌표계에서 다음과 같다.

$$u = \frac{\partial\psi}{\partial y} \qquad v = -\frac{\partial\psi}{\partial x}$$

한 유선과 다른 유선의 ψ값 차이는 두 유선 사이를 유동하는 단위 폭당의 체적유량이며, ψ가 일정한 곡선은 유선을 나타낸다.

주어진 속도장에서의 압력 분포를 구할 때 또는 주어진 형상과 경계 조건에서 속도장과 압력장을 구할 때, 유체 운동에 관한 미분방정식들을 이용하는 방법을 몇몇 예제에서 살펴보았다. 여기서 기술한 풀이 과정은 해를 얻는 데 컴퓨터가 필요한 더 복잡한 유동 문제로 확장될 수 있다.

Navier-Stokes 방정식은 유체역학의 초석이다. 유체 유동을 기술하는 미분방정식(연속 방정식과 Navier-Stokes 방정식)을 알고 있어도, 이를 **푸는** 방법을 알아야 한다. 형상이 단순한(일반적으로 무한한) 경우, 미분방정식은 해석적으로 풀 수 있을 정도로 간단해진다. 그러나 형상이 더 복잡하면, 방정식은 손으로는 풀 수 없는 비선형, 연계된(coupled), 2차의 편미분방정식이 된다. 따라서 근사해(10장) 또는 **수치해**(15장)를 이용하여 문제를 해석해야 한다.

응용분야 스포트라이트 ■ 점착 조건

초청 저자: **Minami Yoda, Georgia Insitiute of Technology**

고체와 접하고 있는 유체에 대한 조건은 유체와 고체 사이의 점착(no slip)이라고 한다. 또한 다른 유체와 접하고 있는 유체에 대한 경계 조건을 두 유체 간의 점착이라고 한다. 그러나 유체와 고체 분자 또는 다른 유체끼리의 분자들과 같이 다른 물질들이 왜 같은 거동을 가지는가? 점착 조건은 폭넓게 받아들여지고 있다. 왜냐하면 관찰에 의해 확인되어 왔고, 전단응력과 같이 속도장으로부터 유도된 정략적 계측값들이 접선 속도 성분이 고정된 벽에서 영이라는 속도 형태와 부합하기 때문이다.

흥미롭게도(Navier Stokes 방정식의) Navier는 점착 조건을 제시하지 않았다. 대신에 그는 고체 경계와 접하고 있는 유체에 대해 **부분 슬립** 경계 조건(partial-silip boundary condition, 그림 9-85)을 제시하였다. 벽에서 벽과 평행한 속도 성분 u_f는 벽에서의 유체 전단응력 τ_s에 비례한다고 하였다.

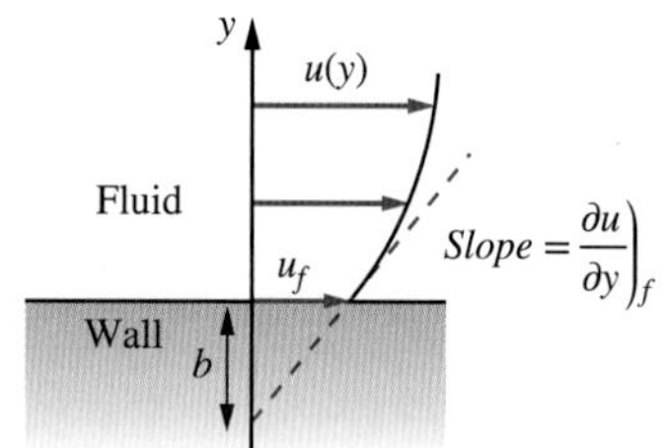

그림 9-85
Navier의 부분 슬립 경계 조건.

$$u_f = b\tau_s = b\mu_f \left.\frac{\partial u}{\partial y}\right)_f \tag{1}$$

여기서 비례 상수 b는 길이 단위를 가지는 **슬립 길이**(Slip length)이다. 점착 조건은 $b=0$인 식 (1)의 특수한 경우이다. 매우 좁은 채널(<0.1 mm 직경)에서 최근의 몇몇 연구들은 벽으로부터 수 나노미터 근방에서는($1 \text{ nm} = 10^{-9} \text{ m} = 10$ Ångstroms인 것을 상기하자) 점착 조건이 유효하지 않다는 것을 제시하고 있지만, 연속체인 유체에 대해서 벽과 접하고 있는 유체의 경우 적절하다는 것은 명백하다.

그럼에도 불구하고 기술자들은 마찰(또는 점성)항력을 줄이기 위하여 점착 경계 조건에 대해 연구한다. 이 장에서 논의하였듯이, 자유표면 또는 물-공기 계면에서 점착 경계 조건은 점성응력 τ_s, 즉 마찰항력을 유체에서 매우 작게 만든다[식 (9-68)]. 선체와 같은 고체 표면 위에 자유표면을 생성시키는 한 방법은 선체 표면을 감싸는(적어도 일부분이라도) 공기막을 생성하기 위하여 공기를 주입하는 것이다(그림 9-86). 이론적으로 배의 항력 또는 연료 소비는 선체에 자유-표면 경계 조건을 생성함으로써 크게 절감할 수 있다. 그러나 안정적인 공기막을 유지하는 것은 기술적으로 중요한 도전으로 남아 있다.

그림 9-86
화물선의 선체 바닥에 공기 막을 형성하기 위한 공기 기포 주입 방안 [Y. murai and Y. Oishi, Hokkaido University and the Monohakobi Technology Institute (MTI), Nippon Yusen Kaisha (NYK) and NYKHinode Lines에서 제공한 그림에 기초함].

참고 문헌

Lauga, E., Brenner, M. and Stone, H., "Microfluidics: The No-Slip Boundary Condition," *Springer Handbook of Experimental Fluid Mechanics* (eds. C. Tropea, A. Yarin, J. F. Foss), Ch. 19, pp. 12219-1240, 2007.

http://www.nature.com/news/2008/080820/full/454924a.html

참고 문헌과 권장 도서

1. R. W. Fox and A. T. McDonald. *Introduction to Fluid Mechanics*, 8th ed. New York: Wiley, 2011.
2. P. M. Gerhart, R. J. Gross, and J. I. Hochstein. *Fundamentals of Fluid Mechanics*, 2nd ed. Reading, MA: Addison-Wesley, 1992.
3. R. J. Heinsohn and J. M. Cimbala. *Indoor Air Quality Engineering*. New York: Marcel-Dekker, 2003.
4. P. K. Kundu, I. M. Cohen., and D. R. Dowling. *Fluid Mechanics*, ed. 5. San Diego, CA: Academic Press, 2011.
5. R. L. Panton. *Incompressible Flow*, 2nd ed. New York: Wiley, 2005.
6. M. R. Spiegel. *Vector Analysis*, Schaum's Outline Series, Theory and Problems. New York: McGraw-Hill Trade, 1968.
7. M. Van Dyke. *An Album of Fluid Motion*. Stanford, CA: The Parabolic Press, 1982.

연습문제*

일반적 배경 및 수학적 배경 문제

9-1C 두 개 또는 그 이상의 미분방정식들이 **연계**(coupled)되어 있다고 말할 때, 그 의미는 무엇인가?

9-2C **발산정리**는 다음과 같이 표현된다.

$$\int_V \vec{\nabla}\cdot\vec{G}\,dV = \oint_A \vec{G}\cdot\vec{n}\,dA$$

여기서 $\vec{G}$는 벡터이며, V는 부피이고, A는 부피를 둘러싸고 있는 표면적이다. 발산정리를 문장으로 표현하라.

9-3C 온도 변화가 중요하지 않은 3차원 비정상 상태, 비압축성 유동장에는 얼마나 많은 미지수가 있는가? 이러한 미지수를 풀기 위해 필요한 방정식을 열거하라.

9-4C 온도와 밀도 변화가 중요한 x-y평면의 2차원, 비정상 상태, 압축성 유동장에는 얼마나 많은 미지수가 있는가? 이러한 미지수를 풀기 위해 필요한 방정식을 나열하라. (힌트: 점성과 열전도 계수와 같은 유동 특성들은 일정하다고 가정하라.)

9-5C 온도와 밀도 변화가 중요하지 않은 x-y평면의 2차원, 비정상 상태, 압축성 유동장에는 얼마나 많은 미지수가 있는가? 이러한 미지수를 풀기 위해 필요한 방정식을 나열하라. (힌트: 점성과 열전도 계수와 같은 유동 특성들은 일정하다고 가정하라.)

9-6 단위를 포함하여 위치벡터 $\vec{x}=(2, 4, -1)$를 직교좌표 (x, y, z)에서 원통좌표 (r, θ, z)로 변환하라. $\vec{x}$의 값은 미터 단위이다.

9-7 단위를 포함하여 위치 벡터 $x=(3\text{ m}, \pi/4\text{ radian}, 0.96\text{ m})$를 원통좌표 (r, θ, z)에서 직교좌표 (x, y, z)로 변환하라. 미터 단위인 $\vec{x}$의 세 가지 성분을 모두 써라.

9-8 벡터 $\vec{G}$가 $\vec{G}=2xz\vec{i}-\frac{1}{2}x^2\vec{j}-z^2\vec{k}$로 주어졌다고 하자. $\vec{G}$의 발산을 계산하고, 최대한 간략하게 하라. 계산 결과에 어떤 다른 특별한 사항은 없는가? 답: 0

9-9 많은 경우에 있어서 속도를 직교(x, y, z)좌표에서 원통 (r, θ, z)좌표로의 (또는 그 반대로) 변환이 필요하다. 그림 P9-9를 이용하여, 원통속도성분 (u_r, u_θ, u_z)을 직교속도성분 (u, v, w)으로 변환하라. (힌트: 이러한 변환에서 속도의 z성분은 유지되므로 그림 P9-15에서처럼 xy 평면만 고려하면 된다.)

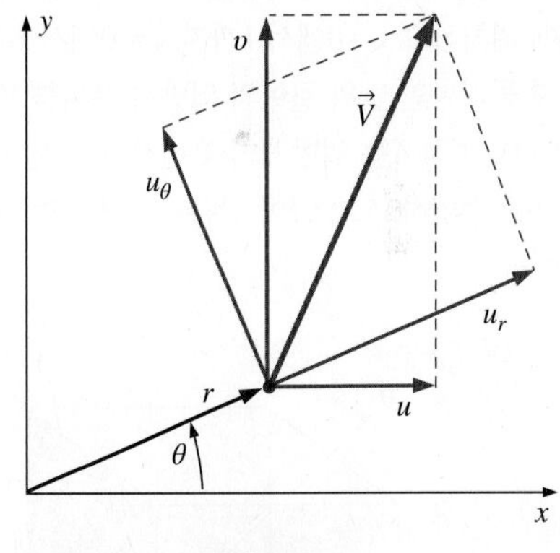

그림 P9-9

9-10 그림 P9-9를 참고로 이용하여, 직교 속도성분 (u, v, w)을 원통속도성분 (u_r, u_θ, u_z)으로 변환하라. (힌트: 이러한 변환에서 속도의 z성분은 유지되므로 xy 평면만 고려하면 된다.)

9-11 Beth는 풍동 내에서 회전하는 유동에 대해서 연구하고 있다. 그녀는 열선 유속계를 사용하여 속도성분 u와 v를 측정한다. $x=0.40$ m와 $y=0.20$ m에서, $u=10.3$ m/s와 $v=-5.6$ m/s이다. 불행히도, 데이터 해석 프로그램에서 원통좌표 (r, θ)와 (u_r, u_θ)로의 입력이 요구된다. Beth를 도와서 그녀의 데이터를 원통좌표로 변환하라. 구체적으로, 주어진 데이터 점에서 r, θ, u_r 및 u_θ를 계산하라.

9-12 정상, 2차원, 비압축성 속도장이 직교 속도성분 $u=Cy/(x^2+y^2)$과 $v=-Cx/(x^2+y^2)$를 갖고 있고, 여기서 C는 상수이

*"C"로 표시된 문제는 개념 문제로서, 학생들에게 모든 문제에 대하여 답하도록 권장한다. 아이콘 으로 표시된 문제는 본질적으로 종합적인 문제로서, 적절한 소프트웨어를 사용하여 풀도록 의도된 것이다.

다. 이들 직교 속도성분을 원통 속도성분 u_r와 u_θ로 가능한 한 간략하게 변환하라. 이 유동을 알아차릴 수 있어야 한다. 이것은 어떤 종류의 유동인가? **답** : 0, $-C/r$, 선 와류

9-13 임의의 x 위치인 x_o에 대해서 함수 $f(x)$의 **Taylor 멱급수**가 다음과 같이 주어져 있다.

$$f(x_0 + \Delta x) = f(x_0) + \left(\frac{df}{dx}\right)_{x=x_0} \Delta x + \frac{1}{2!}\left(\frac{d^2f}{dx^2}\right)_{x=x_0} (\Delta x)^2 + \frac{1}{3!}\left(\frac{d^3f}{dx^3}\right)_{x=x_0} (\Delta x)^3 + \cdots$$

함수 $f(x) = \exp(x) = e^x$를 고려하자. $x = x_0$에서 $f(x)$의 값을 알고 있다고 가정하자. 즉, $f(x_0)$의 값을 알고 있고, x_0 근처인 어떤 x의 위치에 대해서 이 함수의 값을 추정하고자 한다. 주어진 함수에 대한 Taylor 멱급수의 처음 네 개의 항을 생성하라(위의 방정식에서와 같이 $(\Delta x)^3$의 차수까지). $x_0 = 0$이고 $\Delta x = -0.1$에서 $f(x_0 + \Delta x)$를 추정하기 위해 절사된(truncated) Taylor 멱급수를 사용하라. $e^{-0.1}$)의 엄밀한 값과 계산한 값을 비교하라. 절사된 Taylor 급수로 얻은 정확도의 자릿수는 몇 자리인가?

9-14 벡터 $\vec{G}$가 $\vec{G} = 4xz\vec{i} - y^2\vec{j} + yz\vec{k}$로 주어지고, 한 모서리를 원점에 위치하고 $x = 0$에서 1까지, $y = 0$에서 1까지, $z = 0$에서 1까지 둘러싸인 단위 길이의 입방체 부피를 V라고 하자 (그림 P9-14). 면적 A는 입방체의 표면적이다. 발산정리의 두 항의 적분을 수행하고 그 둘이 같은지 증명하라. 모든 풀이과정을 보여라.

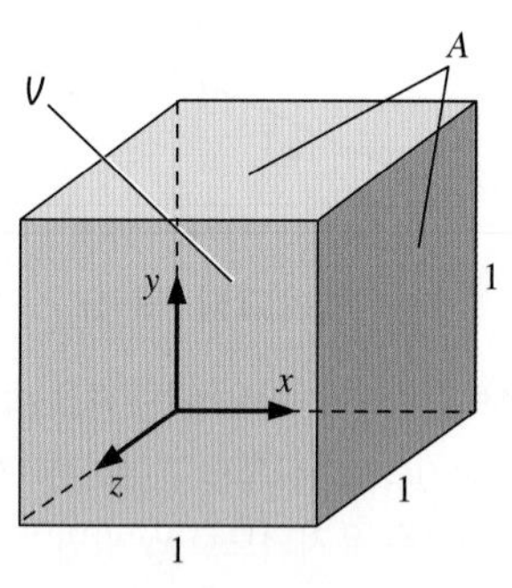

그림 P9-14

9-15 **곱의 법칙**(product rule)은 $\vec{\nabla} \cdot (f\vec{G}) = \vec{G} \cdot \vec{\nabla} f + f\vec{\nabla} \cdot \vec{G}$와 같이 스칼라 f와 벡터 $\vec{G}$의 곱에 대한 발산에 적용될 수 있다. 직교좌표에서 이 방정식의 양변을 전개하고 그것이 옳다는 것을 증명하라.

9-16 두 벡터의 외적은 9개의 성분을 가진 2계 텐서(second-order tensor)이다. 직교좌표에서 이것은 다음과 같다.

$$\vec{F}\vec{G} = \begin{bmatrix} F_xG_x & F_xG_y & F_xG_z \\ F_yG_x & F_yG_y & F_yG_z \\ F_zG_x & F_zG_y & F_zG_z \end{bmatrix}$$

두 벡터 $\vec{F}$와 $\vec{G}$의 곱의 발산에 적용된 **곱의 법칙**은 $\vec{\nabla} \cdot (\vec{F}\vec{G}) = \vec{G}(\vec{\nabla} \cdot \vec{F}) + (\vec{F} \cdot \vec{\nabla})\vec{G}$ 로 쓸 수 있다. 직교좌표에서 이 방정식의 양변을 전개하고 그것이 옳다는 것을 증명하라.

9-17 $\vec{\nabla} \cdot (\rho\vec{V}\vec{V}) = \vec{V}\vec{\nabla} \cdot (\rho\vec{V}) + \rho(\vec{V} \cdot \vec{\nabla})\vec{V}$임을 나타내기 위해 문제 9-13의 곱의 법칙을 이용하라.

연속 방정식

9-18C 만약 유동장이 압축성이라면 밀도의 **물질도함수**(material derivative)에 대해 어떻게 말할 수 있는가? 비압축성이라면 또 어떻게 말할 수 있는가?

9-19C 이 장에서 발산 정리를 이용하는 방법과 미소 검사체적의 각 표면을 통과하는 질량유량을 합하는 방법 등의 두 가지 방법으로 연속 방정식을 유도한다. 전자의 방법이 후자보다 덜 복잡한 이유를 설명하라.

9-20 예제 9-1(실린더에서 피스톤에 의해 압축된 기체)을 반복하되, 연속 방정식을 사용하지 말고 풀어라. 그 대신에 질량을 체적으로 나눈 것으로 밀도의 기본 정의를 고려해 보자. 예제 9-1의 식 (5)가 옳은지를 증명하라.

9-21 $\vec{V} = (u, v) = (1.6 + 2.8x)\vec{i} + (1.5 - 2.8y)\vec{j}$로 주어진 정상, 2차원 속도장을 고려하라. 이 유동장이 비압축성임을 보여라.

9-22 연속방정식의 압축성 형태는 $(\partial\rho/\partial t) + \vec{\nabla} \cdot (\rho\vec{V}) = 0$이다. 이 식을 직교좌표 (x, y, z)와 (u, v, w)로 가능한 한 전개하라.

9-23 예제 9-6에서 체적 변형률에 대한 식 $(1/V)(DV/Dt) = \vec{\nabla} \cdot \vec{V}$ 을 유도한다. 이것을 문장으로 표현하는 식으로 적고, 유체가 압축성 유체 유동장 내에서 움직일 때 유체 요소의 체적에 어떤 일이 일어날지 논의하라 (그림 9-23).

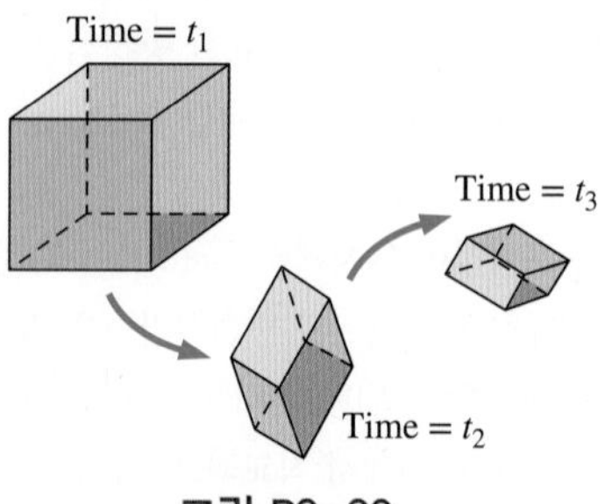

그림 P9-23

9-24 그림 P9-24에 스케치된 것처럼 xy 또는 $r\theta$ 평면에서 나선형의 선 와류/싱크 유동(line vortex/sink flow)을 고려하라. 이 유동장에 대한 2차원 원통속도성분 (u_r, u_θ)은 $u_r = C/2\pi r$과 $u_\theta = \Gamma/2\pi r$이며, 여기서 C와 Γ는 상수이다(m은 음이고 Γ는

양이다). $r\theta$ 평면의 이 나선형의 선 와류/싱크 유동이 2차원 비압축성 연속방정식을 만족함을 증명하라. 초기에 질량보존에 무엇이 일어나는가?

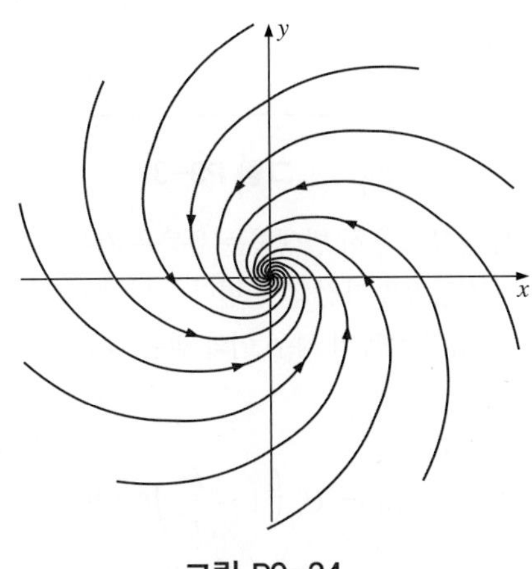

그림 P9-24

9-25 문제 9-12의 정상, 2차원, 비압축성 속도장이 연속방정식을 만족하는지 증명하라. 직교좌표를 유지하고 모든 풀이과정을 보여라.

9-26 축대칭 정원용 호스의 노즐을 통해 흐르는 물의 정상 유동을 고려하라(그림 P9-26). 축방향 속도성분은 그림처럼 $u_{z,\,\text{entrance}}$에서 $u_{z,\,\text{exit}}$로 선형적으로 증가한다. $z=0$과 $z=L$ 사이에서 축방향 속도성분은 $u_z = u_{z,\,\text{entrance}} + [(u_{z,\,\text{exit}} - u_{z,\,\text{entrance}})/L]\,z$로 주어진다. $z=0$과 $z=L$ 사이에서 반경방향 속도성분 u_r에 대한 표현을 구하라. 벽면의 마찰 효과는 무시해도 좋다.

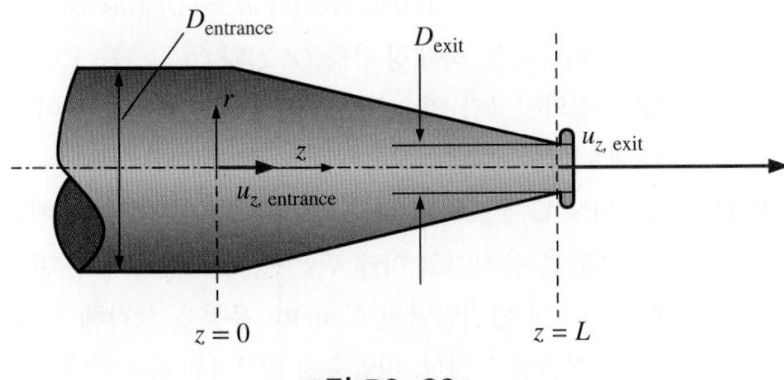

그림 P9-26

9-27 직교좌표에서 다음의 정상, 3차원 속도장을 고려하라. 즉, $\vec{V} = (u, v, w) = (axy^2 - b)\vec{i} - 2cy^3\,\vec{j} + dxy\vec{k}$이고, 여기서 a, b, c 및 d는 상수이다. 어떤 조건하에서 이 유동장이 비압축성인가? **답:** $a=6c$

9-28 직교좌표에서 다음의 정상, 3차원 속도장을 고려하라. 즉, $\vec{V} = (u, v, w) = (ax^2y+b)\vec{i} + cxy^2\,\vec{j} + dx^2\,y\vec{k}$ 이고, 여기서 a, b, c 및 d는 상수이다. 어떤 조건하에서 이 유동장이 비압축성인가?

9-29 정상, 비압축성 유동장의 두 속도 성분 $u = 2ax + bxy + cy^2$와 $v = axz - byz^2$가 알려져 있으며, 여기서 a, b 및 c는 상수이다. 속도성분 w는 누락되어 있다. x, y 및 z의 함수로서 w에 대한 표현을 구하라.

9-30 xy 또는 $r\theta$ 평면에서 **순수하게 원형**(purely circular)인 정상, 2차원, 비압축성 유동을 상상하라. 다시 말해서, 속도성분 u_θ는 0이 아니지만 u_r은 어디에서나 0이다(그림 P9-30). 질량보존을 위배하지 않는 속도성분 u_θ의 가장 일반적인 형태는 무엇인가?

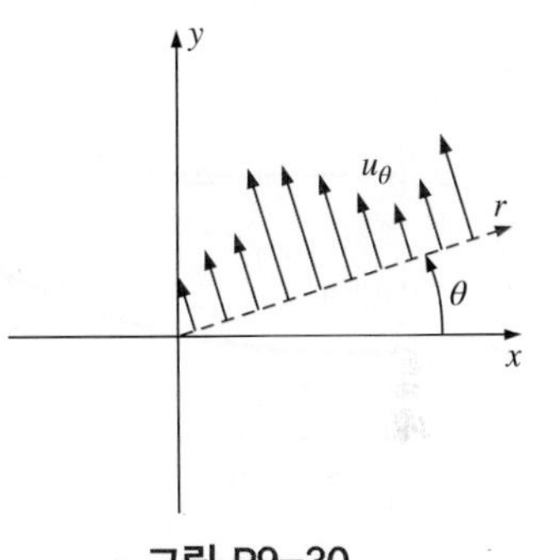

그림 P9-30

9-31 정상, 2차원, 비압축성 유동장의 u 속도성분은 $u=3ax^2-2bxy$이고, 여기서 a와 b는 상수이다. 속도성분 v는 미지수이다. x와 y의 함수로서 v에 대한 표현을 구하라.

9-32 xy 또는 $r\theta$ 평면에서 **순수하게 방사상**(purely radial)인 정상, 2차원, 비압축성 유동을 상상하라. 다시 말해서, 속도 성분 u_r은 0이 아니지만 u_θ는 모든 곳에서 0이다(그림 P9-32). 질량보존을 위배하지 않는 속도성분 u_r의 가장 일반적인 형태는 무엇인가?

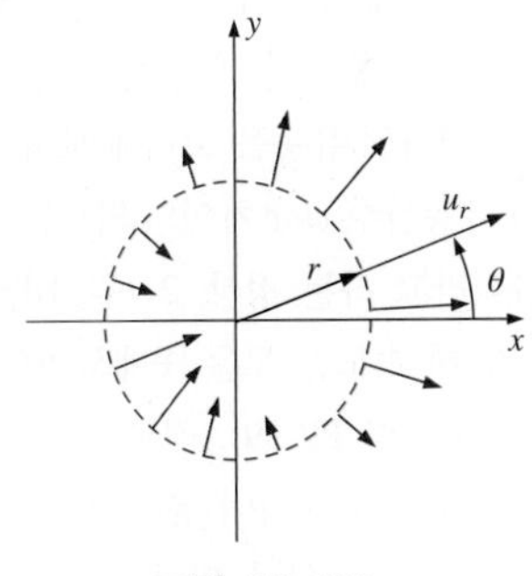

그림 P9-32

9-33 정상, 2차원, 비압축성 유동장의 u 속도성분은 $u = ax+b$이고, 여기서 a와 b는 상수이다. 속도성분 v는 미지수이다. x와 y의 함수로서 속도 v에 대한 표현을 구하라.

9-34 2차원 확대 덕트(diverging duct)는 풍동 출구에서의 고속의 공기를 확산시키기 위해 설계되고 있다. x축은 덕트의 중심선이고 (덕트는 x축에 대해 대칭이다) 위쪽과 아래

쪽 벽들은 축 방향 풍속 u는 단면 1에서 $u_1 = 300$ m/s으로부터 단면 2에서 $u_2 = 100$ m/s까지 대략 선형적으로 감소하는 식으로 곡선을 이루도록 되어 있다(그림 P9-34). 한편, 공기 밀도 ρ는 단면 1에서 $\rho_1 = 0.85$ kg/m^{3}으로부터 단면 2에서 $\rho_2 = 1.2$ kg/m^{3}까지 대략 선형적으로 증가하도록 되어 있다. 이 덕트는 길이가 2.0 m이고 단면 1에서 높이가 1.60 m이다 (그림 P9-34에서는 위의 반만 그려져 있으며 단면 1에서 높이의 절반은 0.80 m이다). (a) 덕트에서 속도의 y성분 $v(x, y)$을 예측하라. (b) 벽에서의 마찰을 무시할 경우, 덕트의 대략적 형상을 그려라. (c) 단면 2에서 덕트 높이의 절반은 얼마여야 하나?

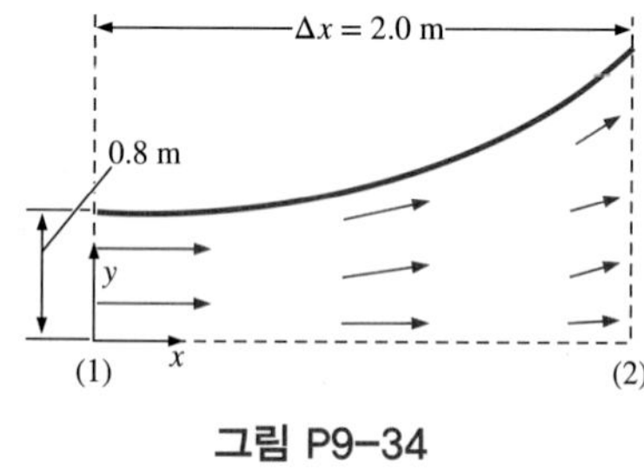

그림 P9-34

유동함수

9-35C 유동함수의 값이 일정한 곡선들의 의미는 무엇인가? 유체역학에서 유동함수가 유용한 이유를 설명하라.

9-36C CFD 용어에서 속도나 압력은 원시(primitive)변수라고 하는 반면, 유동함수는 비원시(non-primitive)변수라고 한다. 왜 그렇다고 생각하는가?

9-37C 정의에 의한 2차원, 비압축성 연속 방정식을 완전하게 만족하도록 하기 위해 유동함수 ψ에 어떤 제약이나 조건이 부여되어야 하는가? 왜 이런 제약이 필요한가?

9-38C xy평면에서 2차원 유동을 고려해 보자. 한 유선에서 다른 유선까지의 유동함수 ψ값 차이의 의미는 무엇인가?

9-39 균일흐름이라고 하는 정상, 2차원, **비압축성 유동장**을 고려해 보자. 유체 속도는 모든 곳에서 V이고, 유동은 x축에 정렬되어 있다(그림 P9-39). 직교 속도 성분은 $u = V$와 $v = 0$이다. 이 유동에서 대하여 유동함수에 관한 표현을 구하라. $V = 5.08$ m/s로 가정하라. 만약 ψ_2가 $y = 0.5$ m에서 수평선이고 x축을 따라서 ψ의 값이 0이라면, 두 유선 사이의 단위 폭(그림 P9-39의 지면 속으로)당 체적유량을 계산하라.

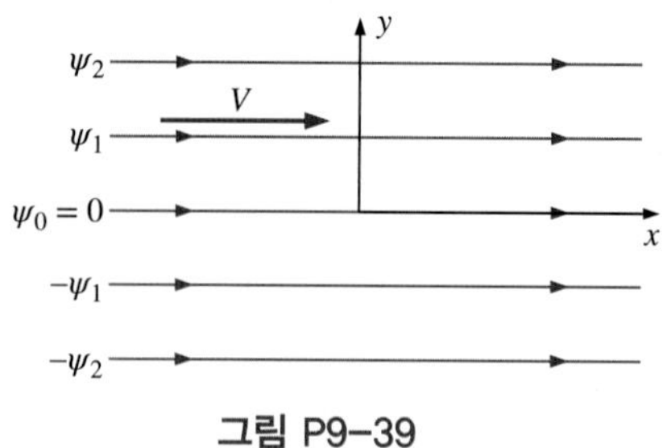

그림 P9-39

9-40 실제 상황에 흔히 발생하는 유동은 자유 유동 속도 U_∞인 유체가 직경 R을 가진 긴 실린더 주위에 흐르는 것이다. 비압축성, 비점성 유동의 경우 이와 같은 유동의 속도가 다음과 같다.

$$u_r = U_\infty\left(1 - \frac{R^2}{r^2}\right)\cos\theta$$

$$u_\theta = -U_\infty\left(1 + \frac{R^2}{r^2}\right)\sin\theta$$

위의 속도장이 연속 방정식을 만족하는지 보이고, 유동함수를 구하라.

9-41 비정상, 2차원 유동장의 유동함수가 다음과 같이 주어진다.

$$\psi = \frac{4x}{y^2}t$$

주어진 유동에 대해서 몇 개의 유선을 xy평면 위에 도시하고, 속도 성분 $u(x, y, t)$와 $v(x, y, t)$에 대한 식을 유도하라. 또한 $t = 0$에서 유적선을 구하라.

9-42 유동함수가 $u_r = -(1/r)(\partial\psi/\partial z)$와 $u_z = (1/r)(\partial\psi/\partial z)$로 정의된 정상, 비압축성, **축대칭** 유동 (r, z)와 (u_r, u_z)를 고려하라. 그렇게 정의된 ψ가 연속 방정식을 만족시키는지 보여라. Ψ에 대해 어떠한 조건이나 제한이 요구되는가?

9-43 그림 P9-43에 도시된 바와 같이 두 개의 무한한 평행판 사이에, 위판은 움직이고 아래 판은 정지해 있으며 두 판 사이의 거리는 h인 완전발달된 **Couette 유동**을 생각해 보자. 유동은 xy 평면에서 정상, 비압축성 및 2차원 유동이다. 속도장은 $\vec{V} = (u, v) = (Vy/h)\vec{i} + 0\vec{j}$로 주어져 있다. 그림 P9-43에서 점선으로 그려진 수직선을 따라 유동함수 ψ에 대한 표현을 구하라. 편의상, 채널의 바닥 벽을 따라 $\psi = 0$으로 하라. 위판을 따라 ψ의 값은 얼마인가? 답: $Vy^2/2h$, $Vh/2$

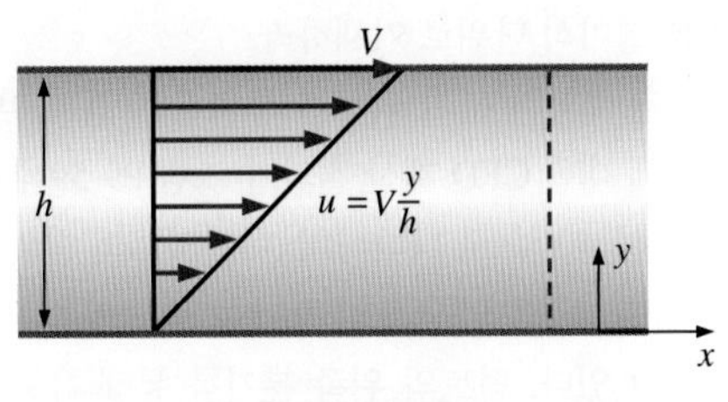

그림 P9-43

9-44 문제 9-43의 후속 문제로서, 첫 번째 원리(속도장의 적분)로부터 그림 P9-43의 지면 속으로 단위 폭당 체적유량을 계산하라. 계산된 결과를 유동함수로부터 직접적으로 얻은 결과와 비교하라. 논의하라.

9-45 그림 9-43의 Couette 유동을 고려하라. $V=3.0$ m/s 와 $h=3.0$ cm인 경우에 대해 등간격인 유동함수 값들을 이용하여 몇 개의 유선을 그려보라. 유선들 자체가 등간격이 되어있는가? 왜 그런지 혹은 그렇지 않은지 논의하라.

9-46 그림 P9-46에 도시된 바와 같이 두 개의 무한한 평행판 사이에, 위판과 아래 판 모두가 정지해 있고, 두 판 사이의 거리는 h이며, 유동을 유발하는 강제 압력구배가 dP/dx인 완전발달된 2차원 채널 유동을 생각해 보자. (dP/dx는 일정하며 음의 값이다.) 유동은 xy 평면에서 정상, 비압축성 및 2차원 유동이다. 속도성분은 $u=(1/2\mu)(dP/dx)(y^2-hy)$와 $v=0$로 주어지며 이때, μ는 유체의 점성이다. 그림 P9-46에서 점선으로 그려진 수직선을 따라 유동함수 ψ에 대한 표현을 구하라. 편의상, 채널의 바닥 벽을 따라 $\psi=0$으로 하라. 위판을 따라 ψ의 값은 얼마인가?

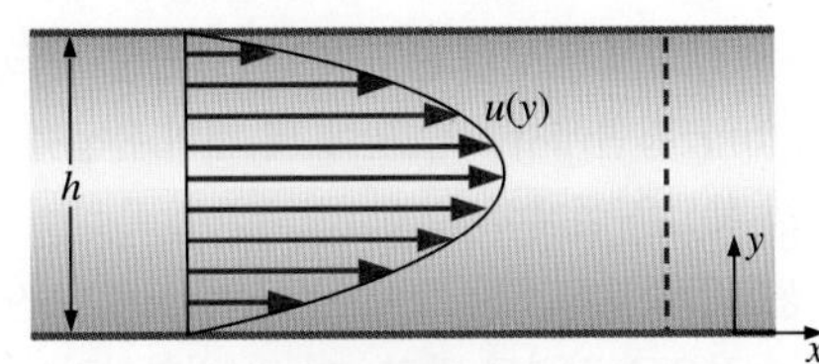

그림 P9-46

9-47 문제 9-46의 후속 문제로서, 첫 번째 원리(속도장의 적분)로부터 그림 P9-46의 지면 속으로 단위 폭당 체적유량을 계산하라. 유동함수로부터 직접적으로 구한 결과와 비교하라. 논의하라.

9-48 그림 P9-46의 채널 유동을 고려하라. 유체는 20 ℃ 물이다. $h=1.20$ mm이고 $dP/dx= -20{,}000$ N/m^{3}일 때, 등간격인 유동함수 값들을 이용하여 몇 개의 유선을 그려보라. 유선들 자체가 등간격이 되어 있는가? 왜 그런지 혹은 그렇지 않은지 논의하라.

9-49 공기 오염 조절 분야에서, 이동하는 공기 흐름의 품질을 샘플링할 필요가 자주 있곤 한다. 이러한 측정에 있어서 샘플링 프로브는 그림 P9-49에 보인 것처럼 흐름의 방향으로 정렬되어 있다. 흡입 펌프는 그림처럼 체적 유량 $\dot{V}$만큼 프로브를 통하여 흡입된다. 정확한 샘플링을 위하여, 프로브를 통하는 공기 속도는 공기 흐름의 속도와 같아야만 한다(isokinematic sampling). 그러나 그림 P9-49에 보인 바와 같이, 만약 적용된 흡입량이 너무 크다면, 프로브를 통한 공기 속도는 공기 흐름의 속도보다 빠르게 된다(superisokinematic sampling). 단순화를 위하여 샘플링 프로브의 높이가 $h=4.58$ mm이고 폭이 $w=39.5$ mm인 2차원 경우를 생각하자. 아래쪽과 위쪽으로 나뉜 유선들에 상응하는 유동함수의 값들은 각각 $\psi_l=0.093$ m^2/s 및 $\psi_u=0.150$ m^2/s이다. 프로브를 통하는 체적 유량 (m^3/s 단위로)과 프로브를 통해 흡입된 공기의 평균 속도를 계산하라.

답: 0.00225 m^3/s, 12.4 m/s

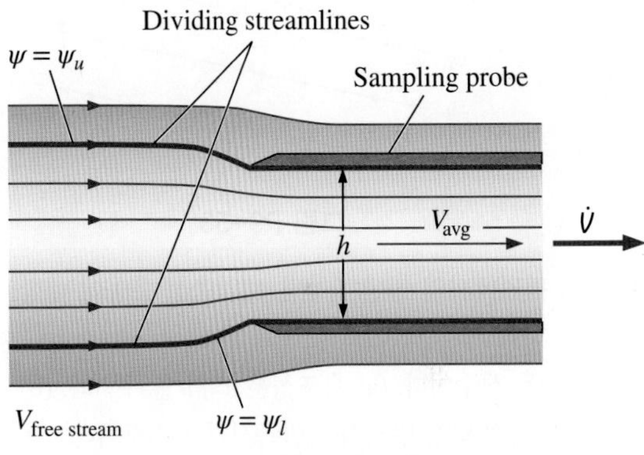

그림 P9-49

9-50 문제 9-49의 샘플링 프로브에 적용된 흡입량이 너무 많을 경우를 대신에 너무 적을 경우를 가정하라. 그럴 경우에 유선들은 어떤 모양을 나타낼지 그려보라. 이러한 종류의 샘플링을 무엇이라 부를 것인가? 아래쪽과 위쪽의 나뉜 유선(dividing streamline)들에 명칭을 부여하라.

9-51 문제 9-49의 샘플링 프로브를 고려하라. 만약 프로브의 먼 상류의 공기 흐름 내에서 위쪽과 아래쪽 유선이 서로 7.85 mm 떨어져 있다면, 자유유동 속도 $V_{free\ stream}$을 추정하라.

9-52 그림 P9-52(유선들이 도시되어 있다)에 보인 것처럼 벽을 따라서 각진 모서리에서는 유동이 박리되고 재순환하는 **박리기포**를 형성한다. 벽에서 유동함수의 값은 0이고, 최상단의 유선의 유동함수 값은 어떤 양의 값인 ψ_{upper}이다. 박리기포 안에서 유동함수의 값을 논의하라. 특히, 그것이 양인가 또는 음인가? 이유는? 이 유동에서 어느 곳의 ψ값이 최소인가?

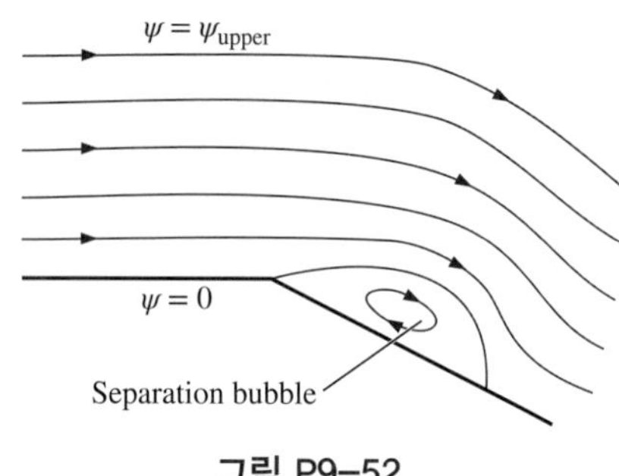

그림 P9–52

9-53 속력이 V인 균일 유동이 x 축에 대해 각도 α만큼 경사져 있다(그림 P9-53). 유동은 정상, 2차원 및 비압축성이다. 직교 속도성분은 $u = V\cos\alpha$와 $v = V\sin\alpha$이다. 이 유동에 대한 유동함수에 대한 표현을 구하라.

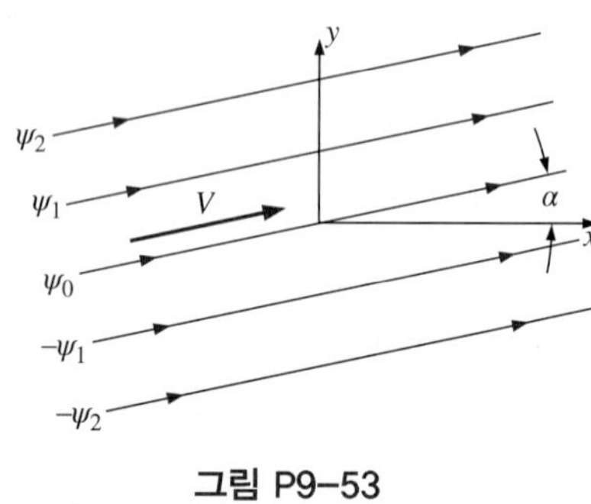

그림 P9–53

9-54 xy 평면에서의 정상, 2차원, 비압축성 유동에 대한 유동함수가 다음과 같이 주어져 있다. $\psi = ax^2+bxy+cy^2$, 여기서 a, b, c는 상수이다. (a) 속도성분 u와 v를 구하라. (b) 유동장이 비압축성 연속 방정식을 만족시키는지 보여라.

9-55 문제 9-54의 속도장에 대해서 ψ=0, 1, 3, 4, 5 및 6 m/s^{2}일 때의 유선을 그려라. 상수의 값은 a=0.5 s^{-1}, b=−1.3 s^{-1} 및 c=0.5 s^{-1}로 두어라. 일관성을 가지기 위해 $-2 < x < 2$ m과 $-4 < y < 4$ m인 범위 내에서의 유선을 그려라. 화살표로 유동의 방향도 나타내어라.

9-56 xy 평면에서 정상, 2차원, 비압축성 유동장에 대한 유동함수가 $\psi = ax^2 - by^2 + cx + dxy$로 주어져 있으며, 여기서 a, b, c 및 d는 상수이다. (a) 속도성분 u와 v를 구하라. (b) 이 유동장이 비압축성 연속 방정식을 만족시키는지 보여라.

9-57 문제 9-56를 반복하되 직접 만든 유동함수를 이용하라. 원하는 대로 임의의 함수 $\psi(x, y)$를 만들되, 그 함수는 적어도 세 개 이상의 항을 포함하고 이 교재의 예제나 연습문제에 쓰이지 않은 것이어야 한다. 논의하라.

9-58 이 장에서, 직교좌표에서 $\rho u = (\partial\psi_\rho/\partial y)$와 $\rho v = -(\partial\psi_\rho/\partial x)$로 정의된 **압축성 유동함수** ψ_ρ에 대해서 간략하게 언급한다. ψ_ρ의 기본차원들은 어떤 것들인가? ψ_ρ의 단위를 기본 SI 단위와 기본 영미식 단위로 기재하라.

9-59 비대칭, 2차원 분기 덕트를 통과하는 정상, 비압축성, 2차원 유동에 대한 CFD 계산 결과가 그림 P9-59에 나타낸 것과 같은 유선 패턴으로 나타나며, 여기서 ψ의 단위는 m^2/s이고, W는 지면 속으로의 덕트의 폭이다. 벽면 위의 ψ의 값이 그림에 주어져 있다. 덕트의 **위쪽** 분기를 통해 유동의 몇 퍼센트가 흐르겠는가? **답:** 53.9%

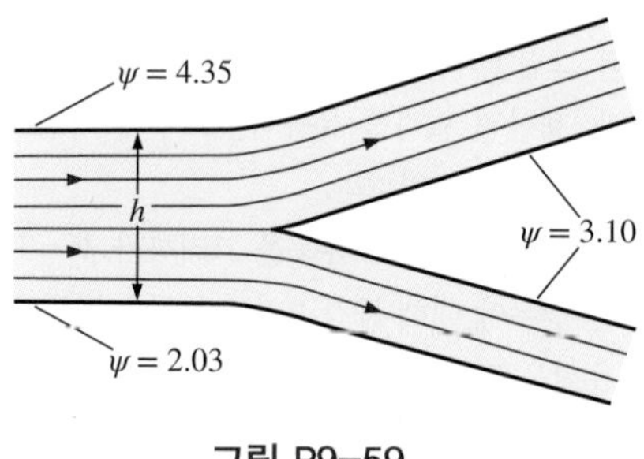

그림 P9–59

9-60 만약 문제 9-59의 덕트에서 주된 가지에서의 평균 속도가 11.5 m/s라고 할 때, 덕트의 높이 h를 cm 단위로 구하라. 두 가지 방법을 사용하여 결과를 구하고, 모든 풀이 과정을 나타내라. 문제 9-59의 결과를 두 가지 방법 중의 하나로 사용해도 좋다.

9-61 문제 9-26의 정원용 호스 노즐을 고려해 보자. 이 유동장에 상응하는 유동함수에 대한 표현을 구하라.

9-62 문제 9-26과 9-61의 정원용 호스 노즐을 고려해 보자. 입구와 출구 노즐의 직경이 각각 1.25 cm와 0.35 cm라 하고, 노즐의 길이는 5 cm라고 하자. 노즐을 통한 체적유량은 8 L/min이다. (a) 노즐 입구와 출구에서의 축방향 속도(m/s)를 계산하라. (b) rz평면에서 노즐 안에 몇 개의 유선을 그리고, 적절한 노즐 형상을 설계하라.

9-63 x 방향으로 속도 V를 가지는 상당히 균일한 자유유동이 유동에 수직으로 정렬된 반경 a인 긴 원형실린더를 만나게 되는 경우가 매우 많다(그림 P9-63) . 예를 들면 자동차 안테나 주위의 공기 유동, 깃대나 전봇대에 불어오는 바람, 전기줄에 불어오는 바람 및 석유시추선을 지지하는 물에 잠긴 원형 기둥에 부딪치는 해양의 조류 등이 있다. 이들 모든 경우에서, 실린더 뒤의 유동은 박리되고 비정상이며 보통은 난류이다. 하지만 실린더의 앞쪽 절반에서의 유동은 더욱더 정상이고 예측가능하다. 사실상, 실린더 표면에 근접한 아주 얇은 경계층을 제외하고, 유동장은 xy 또는 $r\theta$ 평면에서의 정상, 2차원 유동함수로 근사화할 수 있으며, 실린더의 중심을 원점으로 할 때 유동함수는 $\psi = V\sin\theta(r - a^2/r)$으로 표현된다. 반경방향과 접선방향 속도성분에 대한 표현을 구하라.

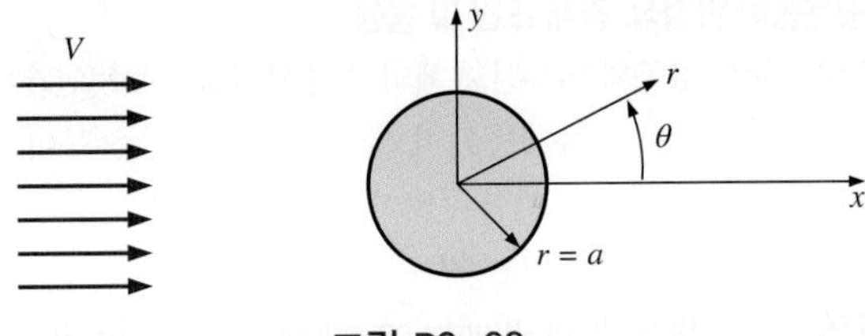

그림 P9-63

9-64 대학원생이 석사 연구 프로젝트를 위해 CFD 코드를 작동 중이고, 유동 유선의 플롯을 작성한다(유동함수의 등분포선). 등분포선은 유동함수 값이 일정한 점들을 이은 선들을 등간격으로 표시한 것이다. I. C. Flows 교수가 플롯을 보고 즉각 유동의 한 영역을 가리키면서, "이곳에서 유동이 얼마나 빠른지 보라!"라고 말한다. Flows 교수가 그 영역에서 유선에 대해서 무엇을 주목했으며, 어떻게 유동이 그 영역에서 빠르다는 것을 알았을까?

9-65 곡선 덕트 내에서 공기의 정상, 비압축성, 2차원 유동에 대한 유선의 스케치(일정한 유동함수값을 가지는 등분포도)가 그림 P9-65에 보여지고 있다. (a) 유동방향을 지시하기 위해 유선에 화살표를 그려라. (b) 만약 $h=4$ cm라면, P점에서 공기의 대략적인 속도는 얼마인가? (c) 유체가 공기 대신에 물인 경우 (b)를 반복하고, 논의하라. **답:** (b) 0.3 m/s, (c) 0.3 m/s

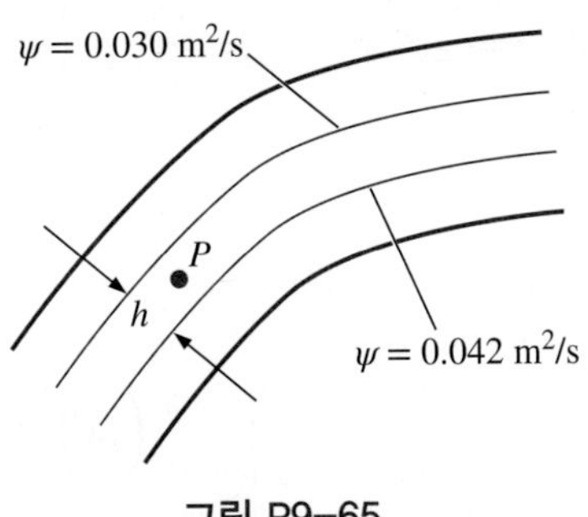

그림 P9-65

9-66 예제 9-2에서 압축성 수축 덕트를 통과하는 유동에 대한 u, v, ρ에 대한 표현을 얻었다. 이 유동장을 기술하는 압축성 유동함수 ψ_ρ에 대한 표현을 구하라. 일관성을 위해서 x축을 따라서 $\psi_\rho=0$으로 설정하라.

9-67 문제 9-34에서 고속 풍동의 압축성, 2차원 확대 덕트를 통과하는 유동에 대하여 u, v 와 ρ에 대한 표현을 개발하였다. 이 유동장을 기술하는 압축성 유동함수인 ψ_ρ에 대한 표현을 구하라. 일관성을 위해서, x축을 따라서 $\psi_\rho=0$으로 설정하라. 몇 개의 유선을 그리고 그것들이 문제 9-34에서 도시되었던 것과 일치하는지 증명하라. 확대 덕트의 위벽에서 ψ_ρ의 값은 얼마인가?

9-68 코드 길이가 $c=9.0$ mm인 새로 설계된 수중익 주위로 정상, 비압축성, 2차원 유동이 상업용 전산유체역학(CFD) 코드로 모델링되었다. 그림 P9-68에 유동의 유선(일정한 유동함수 값을 가지는 등분포도)의 확대된 부분이 그려져 있다. 이 유동함수의 값은 m²/s의 단위를 가진다. 유체는 실온의 물이다. (a) 플롯 위의 점 A에서 방향과 상대적인 크기를 표시하는 화살표를 그려라. 점 B에 대해서도 반복하라. 이러한 물체가 어떻게 양력을 발생시키는지를 설명하기 위해 이 해석 결과가 어떻게 이용되는지 논의하라. (b) 점 A에서 공기의 대략적인 속도는 얼마인가? (그림 P9-68에서 점 A는 유선 1.65와 1.66 사이에 있다.)

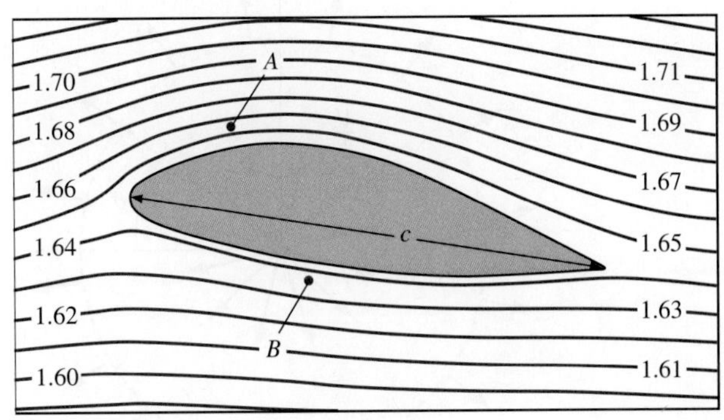

그림 P9-68

9-69 크기가 $h=1$ m인 정사각형 블록 주위로 시간 평균된, 난류, 비압축성, 2차원 유동이 상업용 전산유체역학(CFD) 코드로 모델링되었다. 그림 P9-69에 유동의 유선(일정한 유동함수 값을 가지는 등분포도)의 확대된 부분이 그려져 있다. 유체는 실온의 공기이다. 비록 유동 그 자체는 비압축성으로 근사되었지만, 그림 9-69에는 일정한 값의 **압축성 유동함수**의 등분포도가 도시되어 있음에 주의하라. ψ_ρ 값의 단위는 kg/m·s이다. (a) 플롯 위의 점 A에서 속도의 방향과 상대적인 크기를 표시하는 화살표를 그려라. 점 B에 대해서도 반복하라. (b) 점 B에서 공기의 대략적인 속도는 얼마인가? (그림 P9-69에서 점 B는 유선 5와 6 사이에 있다.)

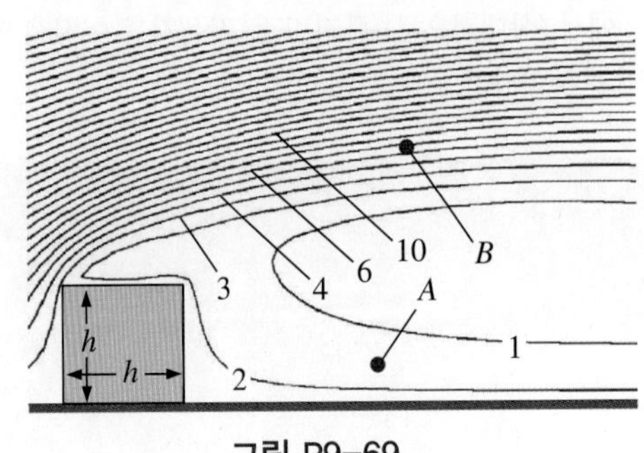

그림 P9-69

9-70 원점에서의 **선 소스**에 의해 야기되는 정상, 비압축성, 2차원 유동을 고려하라(그림 P9-70). 유체는 원점에서 생성되고

xy 평면에서 모든 반경방향으로 퍼져 나간다. 단위 폭(그림 P9-70의 지면 속으로)당 생성되는 유체의 순수 체적유량은 $\dot{V}/L$이며, 여기서 L은 그림 P9-70에서 지면 속으로 선 소스의 폭이다. 원점(특이점)을 제외하고는 모든 곳에서 질량은 보존되어야만 하기 때문에, 어떤 반경 r인 원을 통한 단위 폭당 체적유량은 역시 $\dot{V}/L$이 되어야만 한다. 만약 양의 x축($\theta=0°$)을 따라 유동함수 ψ를 0으로 규정하면, 양의 y축($\theta=90°$)을 따라 ψ값은 얼마인가? 음의 x축($\theta=180°$)을 따라 ψ값은 얼마인가?

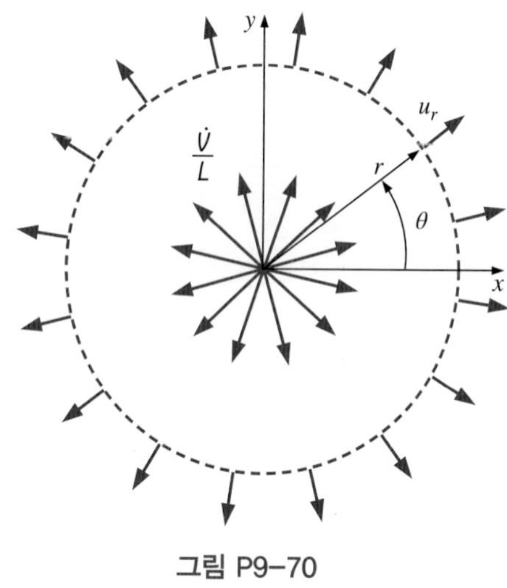

그림 P9-70

9-71 선 소스 대신에 선 싱크의 경우에 대해서 문제 9-70을 반복하라. $\dot{V}/L$의 값을 양으로 두고, 그러나 유동은 어디에서나 반대 방향이다.

9-72 유동의 방향에 정렬된 축대칭의 실린더의 뭉툭한 앞부분 위를 지나는 물의 유동에 대한 유맥선이 그림 P9-72에 나타나 있다. 유동장의 상류에 등간격의 점들에서 도입되는 기포에 의해 유맥선이 만들어진다. 수평축에 대해서 대칭이므로 위쪽 반만 보인다. 유동이 정상 유동이므로 유맥선은 유선과 일치한다. 유선 패턴으로부터 유동 속도가 유동장의 특정 영역에서 (상대적으로) 큰지 또는 작은지를 어떻게 말할 수 있는지 논의하라.

그림 P9-72

Courtesy ONERA. Photograph by Werlé.

선형운동량 방정식, 경계 조건 및 응용

9-73C 뉴턴 유체와 비뉴턴 유체의 주된 차이점은 무엇인가? 뉴턴 유체와 비뉴턴 유체를 각각 세 개 이상씩 이름을 들어 보아라.

9-74C **기계적 압력** P_m이란 무엇이며, 이것이 비압축성 유동의 풀이에 어떻게 이용되는가?

9-75C **구성 방정식**(constitutive equations)이란 무엇이며, 이들은 어떤 유체역학 방정식에 적용되는가?

9-76C 비행기가 일정한 속도인 $\vec{V}_{\text{airplane}}$로 하늘을 날고 있다(그림 P9-76C). 다음의 두 가지 기준좌표(frame of reference)로부터 비행기의 표면에 인접한 공기에 대한 속도 경계 조건을 논의하라. (a) 지상 위에 서 있을 때, (b) 비행기와 함께 움직일 때. 마찬가지 방법으로 두 가지 모두의 기준좌표에서 공기의 원거리 후방(far-field)의 속도 경계 조건(비행기에서 멀리 떨어진)은 무엇인가?

그림 P9-76C

9-77C 다음 유체 종류 각각을 정의하거나 기술하라. (a) 점탄성 유체, (b) 유사 플라스틱 유체, (c) 딜레이턴트 유체, (d) Bingham 플라스틱 유체.

9-78C 선형운동량보존에 대한 일반적인 검사체적 방정식은 다음과 같다.

$$\underbrace{\int_{CV} \rho\vec{g}\,dV}_{\text{I}} + \underbrace{\int_{CS} \sigma_{ij}\cdot\vec{n}\,dA}_{\text{II}} = \underbrace{\int_{CV} \frac{\partial}{\partial t}\left(\rho\vec{V}\right) dV}_{\text{III}} + \underbrace{\int_{CS} \left(\rho\vec{V}\right)\vec{V}\cdot\vec{n}\,dA}_{\text{IV}}$$

이 방정식에서 각 항의 의미를 논의하라. 각 항들에는 편의를 위해서 표식이 붙어 있다. 방정식을 문장으로 표현된 식의 형태로 적어라.

9-79 다음의 정상, 2차원, 비압축성 속도장을 고려하라. $\vec{V}=(u, v)=(ax+b)\vec{i}+(-ay+c)\vec{j}$이고, 여기서 a, b와 c는 상수이다. x와 y의 함수로서 압력을 계산하라.

9-80 다음의 정상, 2차원, 비압축성 속도장을 고려하라. $\vec{V}=(u, v)=(-ax^2)\vec{i}+(2axy)\vec{j}$이고, 여기서 a는 상수이다. x와 y의 함수로서 압력을 계산하라.

9-81 다음의 정상, 2차원, 비압축성 속도장을 고려하라. $\vec{V}=(u, v)=(ax+b)\vec{i}+(-ay+cx^2)\vec{j}$이고, 여기서 a, b와 c는 상수이다. x와 y의 함수로서 압력을 계산하라. 답: 찾을 수 없다.

9-82 실린더 탱크 안의 액체를 고려하라. 탱크와 탱크 안의 액체

는 강체처럼 회전한다(그림 P9-82). 액체의 자유표면은 실내 공기에 노출되어 있다. 표면장력은 무시해도 좋다. 이 문제를 풀기 위해 필요한 경계조건을 논의하라. 구체적으로, 탱크의 벽과 자유표면을 포함한 모든 표면에서 원통좌표(r, θ, z)와 속도성분(u_r, u_θ, u_z)의 항으로 나타낸 속도 경계조건은 무엇인가? 이 유동장에 적절한 압력 경계조건은 무엇인가? 각각의 경계조건에 대한 수학방정식을 적어보고 논의하라.

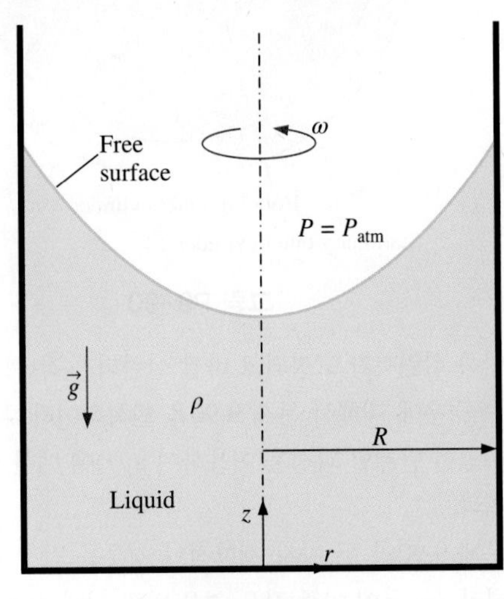

그림 P9–82

9-83 높이가 h= 3.60 mm인 얇은 간격으로 떨어져 있는 두 장의 매우 크고, 정지상태의, 평행한 평판 사이로 T= 60 ℃의 엔진오일이 강제 유동하고 있다 (그림 P9-83). 판의 치수는 L= 1.25 m이고 W= 0.550 m이다. 출구 압력은 대기압이며, 입구 압력은 계기압으로 1기압이다. 오일의 체적유량을 계산하라. 또한 틈새의 높이와 평균속도 V를 기준으로 한 오일 유동의 Reynolds 수를 계산하라. 유동은 층류인가 또는 난류인가? 답: 2.39×10^{-3} m^3/s, 51.8, 층류

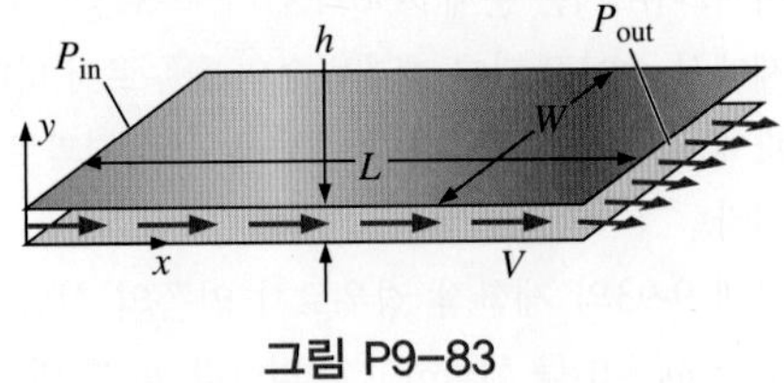

그림 P9–83

9-84 z축을 중심으로 하는 나선의 선 와류/싱크 유동에 기인한 정상, 2차원, 비압축성 유동을 고려하라. 유선과 속도 벡터는 그림 P9-84에 보인 바와 같다. 속도장은 $u_r = C/r$과 $u_\theta = K/r$이며 여기서 C와 K는 상수이다. r과 θ의 함수로서 압력을 계산하라.

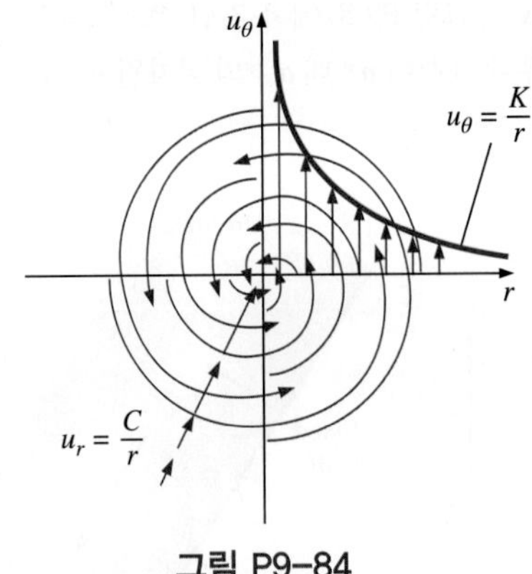

그림 P9–84

9-85 두 개의 무한한 수직벽 사이로 흘러내리는 점성유체의 정상, 비압축성, 평행한, 층류 유동을 고려하라 (그림 P9-85). 두 벽 사이의 거리는 h이고 중력은 음의 z 방향으로 작용한다 (그림처럼 아래로). 유동을 유발하는 어떠한 적용된(강제된) 압력도 없으며, 오직 유체는 중력에 의해서만 흘러내린다. 이 유동장에서 압력은 어디에서나 상수이다. 속도장을 계산하고 적절한 무차원 변수를 이용하여 속도분포를 스케치하라.

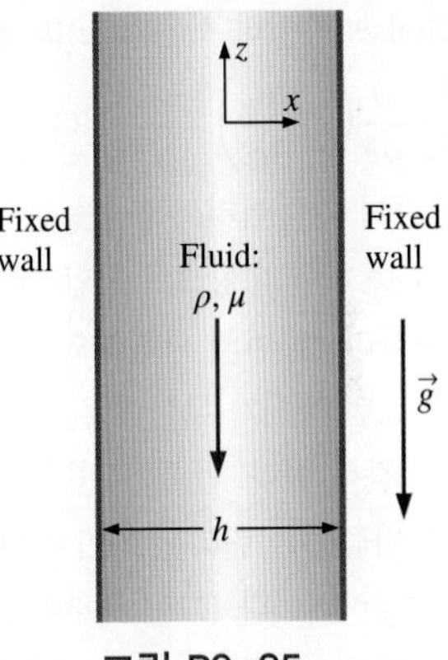

그림 P9–85

9-86 두 개의 평행한 수직벽 사이에서 유체가 흘러내리는 경우에 대해서(문제 9-85), ρ, μ, h 및 g의 함수로서 단위 폭당 체적유량($\dot{V}/L$)에 대한 표현을 구하라. 위의 계산결과를 다른 조건은 동일하게 유지한 채로 두 번째 벽을 자유표면으로 대체하여 하나의 수직벽을 따라 동일한 유체가 흘러내리는 경우(예제 9-17)와 비교하라. 차이를 논의하고 물리적인 설명을 제시하라. 답: $\rho g h^3/12\mu$ 아래 방향으로

9-87 벽이 각 α로 경사진 점을 제외하고 동일한 조건하에 예제 9-17을 반복하라(그림 P9-87). 압력장과 속도장에 대한 표현을 구하라. 검산으로서, 위의 결과가 α=90°의 경우인 예제 9-17의 결과와 일치하는지 확인하라. [힌트: 속도성분 (u_s, υ, u_n)과 (s, y, n) 좌표계를 사용하는 것이 가장 편리하며, 여기

서 y는 그림 P9-87에서 지면 속으로의 방향이다. $\alpha = 60°$인 경우에 대하여 n^* 대 $u_s{}^*$의 무차원 속도분포를 도시하라.]

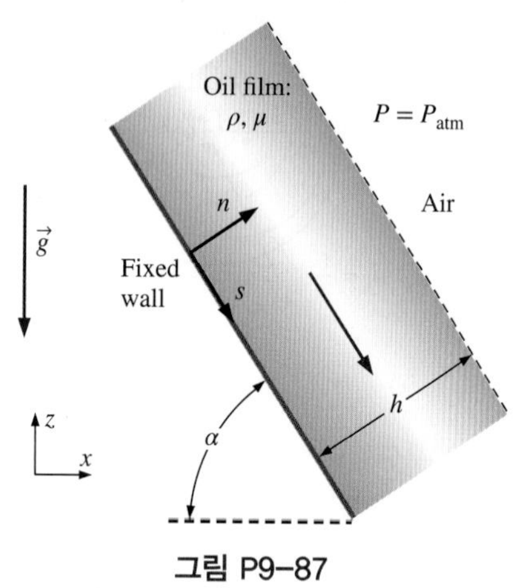

그림 P9-87

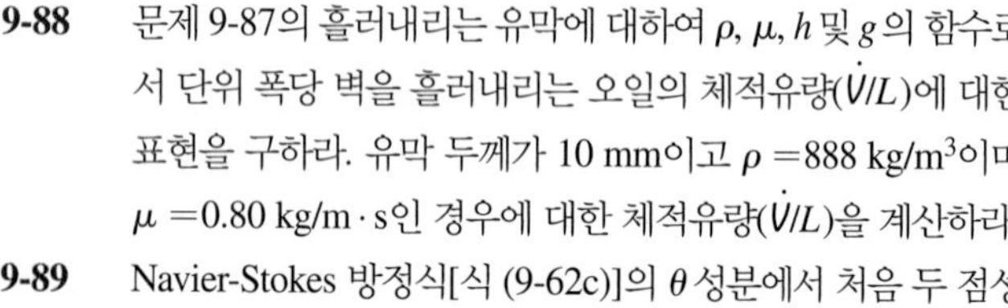

9-88 문제 9-87의 흘러내리는 유막에 대하여 ρ, μ, h 및 g의 함수로서 단위 폭당 벽을 흘러내리는 오일의 체적유량($\dot{V}/L$)에 대한 표현을 구하라. 유막 두께가 10 mm이고 $\rho = 888$ kg/m^{3}이며 $\mu = 0.80$ kg/m · s인 경우에 대한 체적유량($\dot{V}/L$)을 계산하라.

9-89 Navier-Stokes 방정식[식 (9-62c)]의 θ 성분에서 처음 두 점성 항은 $\mu\left[\frac{1}{r}\frac{\partial}{\partial r}\left(r\frac{\partial u_\theta}{\partial r}\right) - \frac{u_\theta}{r^2}\right]$이다. 이 식을 곱의 법칙을 이용하여 세 항이 만들어지도록 가능한 한 전개하라. 그리고 이 세 항 모두를 하나의 항으로 통합하라. (힌트: 곱의 법칙을 반대로 이용하라. 몇 번의 시행착오가 필요할지도 모른다.)

9-90 비압축성 뉴턴 액체가 무한한 길이의 두 개의 동심 원형실린더 사이에 갇혀 있다. 안쪽 실린더는 반지름이 R_i 인 고체 실린더이고, 바깥쪽 실린더는 속이 비어 있는 반지름이 R_o인 정지상태의 실린더이다 (그림 P9-90; z 축은 지면으로부터 나오는 방향이다). 안쪽 실린더는 각속도 ω_i 로 회전한다. 유동은 $r\theta$ 평면에서 정상, 2차원, 층류이다. 또한 이 유동은 **회전대칭**(rotationally symmetric)이며, 이는 어느 것도 θ의 함수가 아님을 의미한다(u_θ와 P는 반경 r 만의 함수이다). 이 유동은 또한 원형이라고 할 수 있는데 이는 어디에서나 속도성분 $u_r = 0$이라는 의미이다. 반지름 r과 문제에서 주어진 다른 변수들의 함수로서 속도성분 u_θ에 대한 표현을 구하라. 중력은 무시하라. (힌트: 문제 9-89의 결과가 유용하다.)

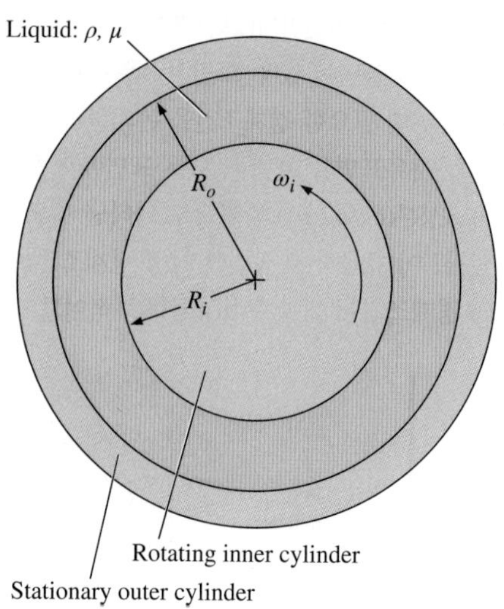

그림 P9-90

9-91 안쪽 실린더가 고정되고 바깥 실린더가 각속도 ω_o로 회전하는 경우에 대해서 문제 9-90을 반복하여라. 본 장에서 논의하였던 단계별 과정을 이용하여 $u_\theta(r)$에 대한 엄밀해를 구하여라.

9-92 문제 9-90의 두 가지 제한적인 경우를 각각 해석하고 논의하라. (a) 틈이 아주 작을 경우 바깥 실린더의 벽으로부터 안쪽 실린더의 벽까지의 속도분포가 선형에 접근함을 보여라. 다시 말해서 간격이 아주 작은 경우, 속도분포는 단순한 2차원 Coutte 유동으로 귀결된다. (힌트: $y = R_0 - r$, $h =$간격 두께 $= R_0 - R_i$, 그리고 $V =$"위판"의 속도$= R_i\,\omega_i$ 로 정의하라.) (b) 안쪽 실린더의 반경이 매우 작아지게 되는 반면에, 바깥 실린더의 반경이 무한대가 될 경우, 이것은 어떤 종류의 유동에 근접해 갈까?

9-93 좀 더 일반적인 경우에 대해서 문제 9-90을 반복하라. 즉, 안쪽 실린더는 각속도 ω_i 로, 바깥 실린더도 ω_o 로 회전한다고 하자. 나머지는 문제 9-90과 같다. 속도성분 u_θ를 반경 r과 문제에서 주어진 다른 매개변수의 함수로서 나타내어라. 위 결과에 $\omega_o = 0$을 대입하면 문제 9-90의 결과로 단순화됨을 보여라.

9-94 문제 9-93의 제한적 경우로서 안쪽의 실린더가 없을 경우 ($R_i = \omega_i = 0$)를 해석하고 논의하라. u_θ 를 반경 r의 함수로서 나타내어라. 이것은 어떤 종류의 유동인가? 이 유동이 어떻게 실험적으로 설정될 수 있을지 기술하라. **답:** $\omega_0 r$

9-95 안쪽 반경이 R_i, 바깥쪽 반경이 R_o인 무한히 긴 원형 고리형관(annulus) 내에 뉴턴 유체의 정상, 비압축성, 층류 유동을 고려하라(그림 P9-95). 중력에 의한 영향은 무시하라. 일정한 음의 압력구배 $\partial P/\partial x$가 x 방향으로 작용하고 있다. 즉, $\partial P/\partial x = (P_2 - P_1)/(x_2 - x_1)$이며, 여기서 x_1과 x_2는 x축상의 임

의의 두 점이고, P_1과 P_2는 이들 점에서의 압력이다. 압력구배는 펌프나 또는 중력에 의해 야기되기도 한다. 여기서 축 성분에 대하여 z 대신에 x를 갖는 수정된 원통좌표계, 즉 (r, θ, x)와 (u_r, u_θ, u)를 채택한다. 파이프의 고리 부분의 공간 내에서의 속도장에 관한 식을 유도하라.

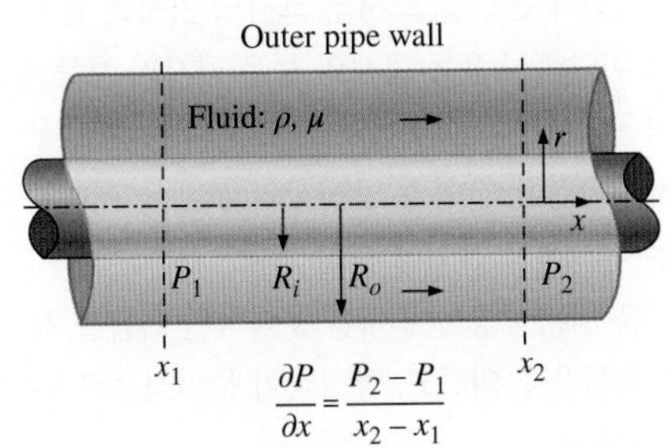

그림 P9–95

9-96 그림 P9-95에 그려진 파이프 고리형관을 다시 고려하라. 어디에서나 압력은 일정하다고 가정하라(여기서는 유동을 일으키는 강제적인 압력구배는 존재하지 않는다). 그러나 안쪽 벽이 일정한 속도 V로 오른쪽으로 움직인다고 하자. 바깥쪽 벽은 여전히 정지하고 있다. (이것은 축대칭 Couette 유동의 한 가지 종류이다.) 속도 u 의 x 성분을 r과 문제의 다른 매개변수의 함수로서 표현하라.

9-97 문제 9-96에서 움직이고 있는 벽과 움직이지 않는 벽을 서로 바꾸어서 다시 풀이하라. 특히, 안쪽 벽은 정지해 있고 바깥쪽 벽이 오른쪽으로 일정한 속도 V로 움직이며, 그 외의 다른 사항은 동일하다고 하자. 속도 u 의 x 성분을 r과 문제의 다른 매개변수의 함수로서 표현하라.

9-98 무한히 길고 넓은 두 개의 평행한 평판 사이에 서로 섞이지 않는 두 가지 유체가 포개져 있는 수정된 형태의 Couette 유동을 고려하라(그림 P9-98). 유동은 정상, 비압축성, 평행한, 층류 유동이다. 위벽은 속도 V로 오른쪽으로 움직이고 바닥벽은 정지해 있다. 중력은 $-z$ 방향으로 작용한다(그림에서 아래 방향으로). 채널을 통과하는 유체를 밀어 넣는 강제적인 압력구배는 존재하지 않으며, 유동은 오직 움직이는 위벽에 의해 생성되는 점성효과에 의해서만 형성된다. 표면장력은 무시해도 좋으며, 그 접촉면은 수평으로 가정하라. 유동의 바닥에서의($z=0$) 압력은 P_0 이다. (a) 속도 및 압력에 대한 적절한 경계조건을 모두 열거하라. (힌트: 필요한 경계조건은 6개이다.) (b) 속도장에 관해 풀어라. (힌트: 각 유체에 대해 하나씩, 풀이를 두 부분으로 나누어라. z의 함수로서 u_1을, 다시 z의 함수로서 u_2를 표현하라.) (c) 압력장에 관한 풀어라. (힌트: 다시 풀이를 나누어라. P_1과 P_2에 대해 풀어라.) (d) 유체 1을 물로, 유체 2를 사용하지 않은 엔진 오일로 하되, 온도는 모두 80 °C로 둔다. 역시 $h_1 = 5.0$ mm, $h_2 = 8.0$ mm, 그리고 $V = 10.0$ m/s로 가정한다. 채널 전체를 가로질러 u를 z의 함수로서 나타내어라. 결과를 논의하라.

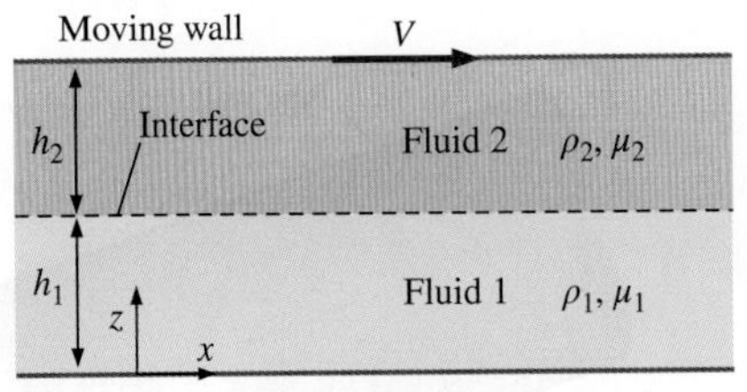

그림 P9–98

9-99 예제 9-16에서의 다음과 같이 구한 압력구배가 있는 Couette 유동(일반화된 Couette 유동이라고도 한다.)에서의 무차원 속도를 고려하라.

$$u^* = y^* + \frac{1}{2}P^*y^*(y^* - 1)$$

$$u^* = \frac{u}{V} \quad y^* = \frac{y}{h} \quad P^* = \frac{h^2}{\mu V}\frac{\partial P}{\partial x}$$

여기에서 u, V, $\partial P/\partial x$, h는 각각 유체속도, 상판속도, 압력구배와 평행평판 사이의 거리를 나타낸다. 또한 u^*, y^*와 P^*는 각각 무차원화 속도, 평판 사이의 무차원화 거리와 무차원화 압력을 나타낸다. (a) 속도 분포가 왜 Couette 유동의 직선 속도 분포와 Poiseuille 유동의 포물선 속도분포의 중첩인 설명하여라. (b) $P^*>2$이면 역류가 아래 벽면에서 시작되고 위 벽에서는 절대 일어나지 않음을 보여라. 이 상황에서 y^*에 대한 u^*를 도시하여라. (c) 최대 무차원 속도의 위치와 크기를 구하여라.

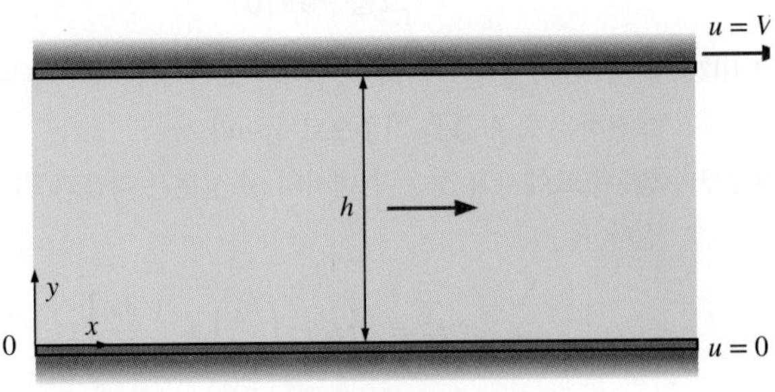

그림 P9–99

9-100 직경이 D 또는 반경이 $R=D/2$이고 경사각이 α 인 무한히 긴 원형 파이프 내에서 뉴턴 유체의 정상, 비압축성, 층류 유동을 고려하라(그림 P9-100). 적용된 압력구배는 없다($\partial P/\partial x = 0$). 대신에 유체는 중력에 의해서만 파이프의 아래로 흐른다. 그림에 보인 바와 같이 파이프의 축을 따라 아래쪽으로 x 축을

잡는 좌표계를 채택한다. 속도 u의 x 성분을 반경 r과 문제의 다른 매개변수의 함수로서 나타내어라. 또한 체적유량을 계산하고 파이프를 통하는 평균 축방향 속도를 구하라.

답: $\rho g(\sin\alpha)(R^2-r^2)/4\mu$, $\rho g(\sin\alpha)\pi R^4/8\mu$, $\rho g(\sin\alpha)R^2/8\mu$

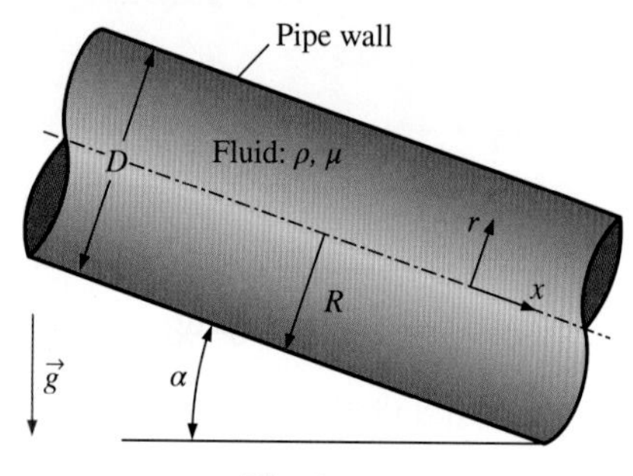

그림 P9-100

9-101 교반기는 큰 탱크 속에서 액체 화학 물질을 섞는다(그림 P9-101). 액체의 자유표면은 실내공기에 노출되어 있다. 표면장력 효과는 무시할만하다. 이 문제를 풀기 위해 필요한 경계조건을 논의하라. 구체적으로, 원통좌표(r, θ, z)의 항으로 표현된 속도 경계조건과 교반기의 날개와 자유표면을 포함한 모든 표면에서의 속도성분(u_r, u_θ, u_z)은 무엇인가? 이 유동장에 적절한 압력 경계조건은 무엇인가? 각각의 경계조건에 대한 수학방정식을 쓰고 논의하라.

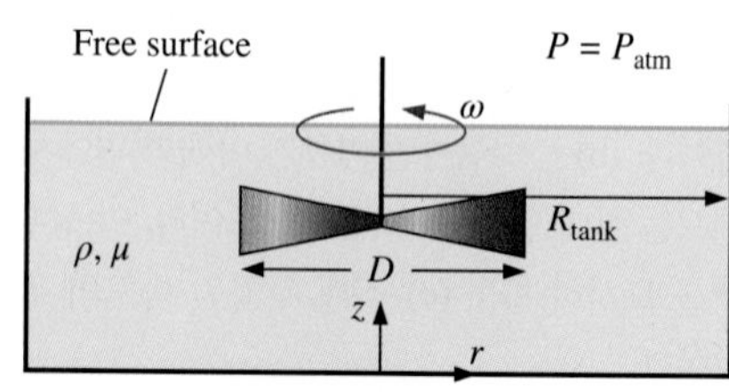

그림 P9-101

9-102 문제 9-101을 반복하되, 이번에는 교반기 날개가 각속도 ω로 회전하는 참조 틀을 기준으로 풀어라.

9-103 원통좌표에서 점성응력 텐서의 $r\theta$ 성분은 다음과 같이 주어진다.

$$\tau_{r\theta} = \tau_{\theta r} = \mu\left[r\frac{\partial}{\partial r}\left(\frac{u_\theta}{r}\right) + \frac{1}{r}\frac{\partial u_r}{\partial \theta}\right] \qquad \textbf{(1)}$$

다른 저자들은 이 성분을 아래처럼 쓰기도 한다.

$$\tau_{r\theta} = \tau_{\theta r} = \mu\left[\frac{1}{r}\left(\frac{\partial u_r}{\partial \theta} - u_\theta\right) + \frac{\partial u_\theta}{\partial r}\right] \qquad \textbf{(2)}$$

이 두 식이 같은가? 다시 말해서 식 2는 식 1과 같은가, 아니면 다른 저자들은 그들의 점성응력 텐서를 다르게 정의하였는가? 모든 과정을 서술하여라.

복습 문제

9-104C 유체의 상태량이 일정한 비압축성 유동의 연속 방정식과 Navier-Stokes 방정식을 풀기 위해 이용되는 6단계를 열거하라. (교재 본문을 보지 않고서도 이것을 할 수 있어야 한다.)

9-105C 왜 비압축성 유동 근사와 등온 근사가 보통 같은 뜻으로 함께 사용되는지를 설명하라.

9-106C 체적변형률과 연속 방정식의 관계에 대해서 논의하라. 논의는 기본적인 정의에 근거하라.

9-107C 다음 미분방정식에 대한 공식적인 이름을 적고, 그 식의 제한 사항들을 논의하고, 방정식이 물리적으로 무엇을 나타내는지 기술하라.

(a) $\dfrac{\partial \rho}{\partial t} + \vec{\nabla}\cdot(\rho\vec{V}) = 0$

(b) $\dfrac{\partial}{\partial t}(\rho\vec{V}) + \vec{\nabla}\cdot(\rho\vec{V}\vec{V}) = \rho\vec{g} + \vec{\nabla}\cdot\sigma_{ij}$

(c) $\rho\dfrac{D\vec{V}}{Dt} = -\vec{\nabla}P + \rho\vec{g} + \mu\nabla^2\vec{V}$

9-108C 다음 각 문장에 대해서 진위를 선택하고, 답에 대해 간략히 논의하라. 각각의 문장에 대해 적절한 경계 조건 및 유체의 상태량은 알고 있다고 가정한다.

(a) 일정한 유체 상태량을 가지는 일반적인 비압축성 유동 문제는 4개의 미지수를 가진다.

(b) 일반적인 압축성 유동 문제는 5개의 미지수를 가진다.

(c) 비압축성 유체역학 문제에서 연속 방정식과 Cauchy 방정식은 미지수의 개수와 일치하는 충분한 수의 방정식을 제공한다.

(d) 일정한 상태량을 가지는 뉴턴 유체에 관련된 비압축성 유체역학 문제에서 연속 방정식과 Navier-Stokes 방정식은 미지수의 개수와 일치하는 충분한 수의 방정식을 가진다.

9-109 벽이 속도 V로 위쪽으로 움직인다는 조건을 제외하고 예제 9-17을 반복하라. 검산으로서, 이 계산 결과가 예제 9-17에서 $V=0$일 때의 결과와 일치하는지 확인하라. 예제 9-17에서처럼 동일한 무차원화를 이용하여 속도 분포 방정식을 무차원화하고, Froude 수와 Reynolds 수가 나타나는지를 보여라. Fr$=0.5$와 Re$=0.5$, 1.0, 5.0인 경우에 대해 x^* 대 w^*의 분포를 도시하고, 논의하라.

9-110 문제 9-109의 흘러내리는 유막에 대해, 벽을 따라 흘러내리는 오일의 단위 폭당 체적유량($\dot{V}/L$)을 벽 속도 V와 문제에서 주어진 다른 매개변수의 함수로서 계산하라. 위로 또는 아래로 흐르는 오일의 순수 체적유량이 없도록 하는 데 요구되

는 벽 속도를 계산하라. 문제에서 주어진 다른 매개변수, 즉 ρ, μ, h, g의 항으로 V에 대한 답을 구하라. 유막의 두께가 4.12 mm, r=888 kg/m^3, μ=0.801 kg/m·s인 경우에 대하여 체적유량이 0이 되는 V를 계산하라. 답: 0.0615 m/s

9-111 인터넷이나 수학책에서 **Poisson 방정식**에 대한 정의를 살펴보아라. Poisson 방정식을 표준 형태로 적어라. 이 Poisson 방정식이 Laplace 방정식과 어떻게 비슷한가? 이 두 식이 어떻게 다른가?

9-112 다음과 같은 직교좌표에서 정상, 3차원 속도장을 고려하라. 즉, $\vec{V}=(u, v, w)=(axz^2-by)\vec{i} + cxyz\vec{j} +(dz^3+exz^2)\vec{k}$이고, 여기서 a, b, c, d 및 e는 상수이다. 어떤 조건에서 이 유동장이 비압축성인가? 상수 a, b, c, d 및 e의 기본 차원은 무엇인가?

9-113 임의의 방향으로 **강체처럼 가속**되는 비압축성 액체의 경우에 대해 가능한 한 간단하게 Navier-Stokes 방정식을 단순화하라(그림 P9-113). 중력은 $-z$방향으로 작용한다. Navier-Stokes 방정식의 비압축성 벡터 형태로부터 시작하고, 어떻게 그리고 왜 일부 항들이 단순화될 수 있는지 설명하고, 마지막 결과를 벡터 방정식으로 제시하라.

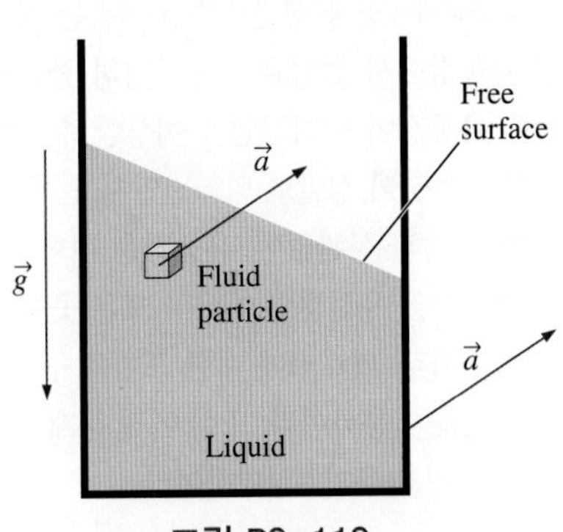

그림 P9-113

9-114 중력이 음의 z 방향으로 작용하고 있을 때, 비압축성 **정수역학**(hydrostatics)에 대한 Navier-Stokes 방정식을 가능한 한 단순화하라. Navier-Stokes 방정식의 비압축성 벡터 형태로부터 시작하되, 어떤 항들이 왜 그리고 어떻게 단순화되는지 설명하고, 단순화된 결과를 벡터 방정식의 형태로 표현하라. 답: $\vec{\nabla}P=-\rho g\vec{k}$

9-115 아래에 나열된 각각의 방정식에 대해서 벡터 형태로 방정식을 적고, 선형인지 비선형인지를 결정하라. 만약 비선형이면 어떤 항으로 인해 비선형이 되는가? (a) 비압축성 연속 방정식, (b) 압축성 연속 방정식, (c) 비압축성 Navier-Stokes 방정식.

9-116 **경계층**은 점착조건 때문에 점성(마찰)력이 매우 중요하게 되는 벽 근처의 아주 얇은 영역이다. 자유유동에 평행하게 놓인 평판을 따라서 정상, 비압축성, 2차원 경계층이 그림 P9-116에 그려져 있다. 판의 상류 유동은 균일 유동이지만, 판의 x 축을 따라서 점성의 영향으로 인해 경계층 두께 δ는 증가한다. 경계층 내부와 경계층 외부에서의 몇 개의 유선을 그려라. $\delta(x)$는 하나의 유선이 될 수 있는가? (힌트: 정상, 비압축성, 2차원 유동에 대하여 어느 두 유선 사이의 단위 폭당 체적유량은 일정하다는 사실에 특별한 주의를 기울일 것.)

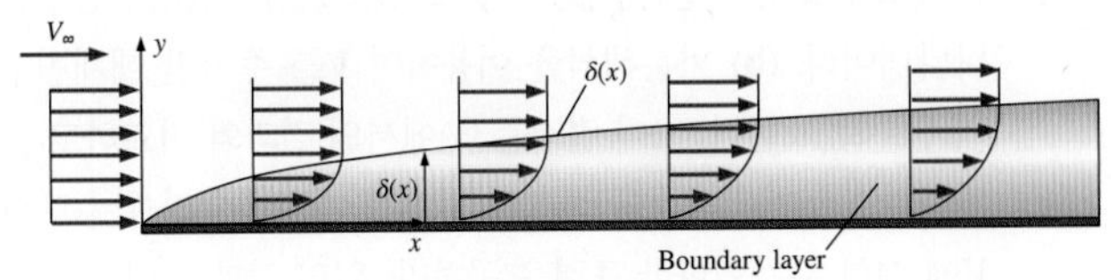

그림 P9-116

9-117 xy 평면보다 xz 평면에서의 정상, 2차원, 비압축성 유동을 고려하라. 그림 P9-117에 유동함수 값이 일정한 곡선이 보이고 있다. 0이 아닌 속도성분은 (u, w)이다. ψ가 z 방향으로 증가할 때, xz 평면에서 오른쪽으로부터 왼쪽으로 향하는 유동에 대한 유동함수를 정의하라.

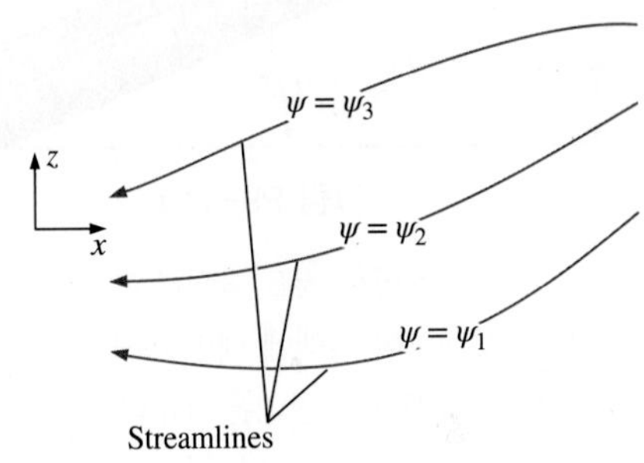

그림 P9-117

9-118 블록이 곧고 긴 경사진 벽을 속도 V로 두께가 h인 얇은 유막(oil film) 위를 미끄러져 내려온다(그림 P9-118). 블록의 무게는 W이고, 유막과 블록이 서로 맞닿아 있는 부분의 넓이는 A이다. V는 측정되며, W, A, 각 α와 점성계수 μ도 역시 알려진 값으로 가정하라. 유막 두께 h는 미지수이다. (a) h에 대한 엄밀한 해석적 식을 주어진 매개변수인 V, A, W, α와 μ의 함수로서 나타내라. (b) 주어진 매개변수의 함수로서 h에 대한 무차원 식을 만들기 위해 차원해석을 수행하라. (a) 부분의 엄밀한 해석적 식에 잘 맞는 Π들 사이의 관계를 구축하라.

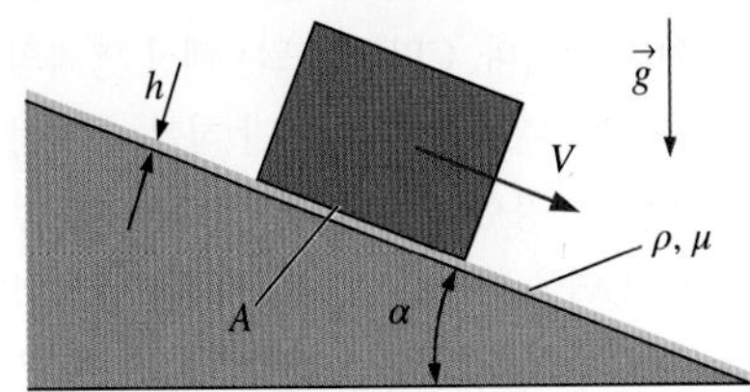

그림 P9-118

9-119 직경이 D이고 길이가 L인 긴 직선의 경사진 파이프 내부로

물이 흘러내린다(그림 P9-119). 점 1과 2 사이에 강제적인 압력구배는 존재하지 않는다. 다시 말해서 물은 오직 중력에 의해서만 흘러내리며, $P_1 = P_2 = P_{atm}$이다. 이 유동은 정상, 완전 발달된, 층류 유동이다. 파이프의 축을 따라서 x축을 잡는 좌표계를 채택한다. (a) 제8장의 검사체적 방법을 이용하여 평균속도 V를 주어진 매개변수 ρ, g, D, Δz, μ 및 L의 함수로 나타내어라. (b) 미분해석을 이용하여 V를 주어진 매개변수의 함수로 표현하라. 이 결과를 (a)에서의 결과와 비교하고 논의하라. (c) 차원해석을 통해서 주어진 매개변수의 함수로서 V에 대한 무차원화한 표현을 구하라. 위의 결과로 얻어진 Π들 사이의, 엄밀한 해석적 표현에 잘 맞는, 관계식을 구축하라.

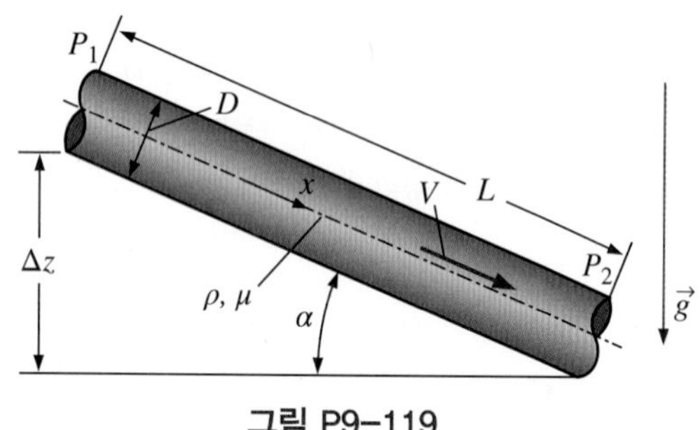

그림 P9-119

9-120 유체가 뉴턴 유체라는 것을 제외하고, Poiseuille 유동의 가정을 모두 채택하여 혈액에 대한 속도 형태(profile)와 유량(flow rate)을 결정하라. 혈액은 아래의 전단응력 관계식을 바탕으로 한 Bingham 플라스틱 유동이라고 가정한다. 뉴턴 유체, 유사 플라스틱 유체, Bignham 플라스틱 유체에 대한 속도 분포를 도시하라. 어떻게 다른가? Bingham 플라스틱 유체를 가정하고 유량을 결정하라.

$$\tau_{rz} = -\mu \frac{du}{dr} + \tau_y$$

9-121 Bob은 그림 P9-121에 보인 것과 같은 2차원의 급격 수축관(sudden contraction)을 통과하는 비압축성 유체의 정상 유동을 모델링하기 위해서 전산유체역학 코드를 사용할 것이다. 채널의 높이는 $H_1 = 12.0$ cm로부터 $H_2 = 4.6$ cm까지 변한다. 계산 영역의 좌측 경계에 $\vec{V}_1 = 18.5\vec{i}$ m/s의 균일한 속도가 주어질 것이다. CFD 코드는 계산 영역의 모든 경계를 따라서 유동함수가 규정되어야만 하는 수치적 방법(numerical scheme)을 이용한다. 그림 P9-119에서와 같이 ψ는 채널의 전체 바닥 면을 따라서 0으로 규정된다. (a) Bob은 채널의 위 벽에서 ψ의 값을 어떻게 규정해야 하는가? (b) Bob은 계산 영역의 왼쪽 면에 ψ를 어떻게 규정해야 하는가? (c) Bob이 계산 영역의 오른쪽 면에 ψ를 어떻게 규정해야 할 것인지 논의하라.

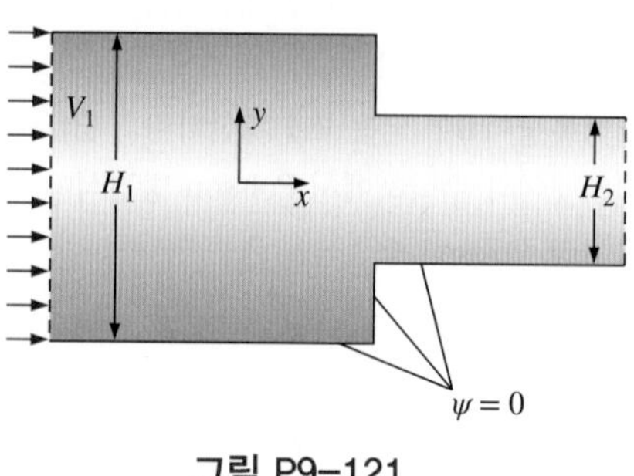

그림 P9-121

9-122 다음의 정상, 2차원, 비압축성 속도장을 고려하라. $\vec{V} = (u, \upsilon) = (-ax+b)\vec{i} + (ay+c)\vec{j}$이고, 여기서 a, b와 c는 상수이다. (a) 연속방정식을 만족함을 증명하여라 (b) x와 y의 함수로서 압력을 계산하라.

9-123 다음의 정상, 2차원, 비압축성 속도장을 고려하라. $\vec{V} = (u, \upsilon) = (-ax+b)\vec{i} + (ay+c)\vec{j}$이고, 여기서 a, b와 c는 상수이다. 이전 문제에서 우리는 x와 y의 함수로서 압력을 계산하였다. 이 계산을 하는 동안 당신은 Navier-Stokes 방정식에서 점성항의 x방향과 y방향 성분 모두 0이라는 것을 알았을 것이다. 이런 유동장에서 점성효과는 분명히 중요하지 않기 때문에, 우리는 유동장이 비회전임을 예상할 수 있다. (a) 회전을 계산하고 유동장이 정말로 비회전인지를 계산하여라. (b) (a)에서 당신의 답과 상관없이, 유동장은 비회전이고 따라서 베르누이 방정식을 유선뿐만 아니라 모든 곳에서 적용할 수 있다고 가정하여라. $P(x, y)$에 대한 표현을 구하기 위하여 베르누이 방정식을 이용하여라. 또한 이전 문제서 구한 답과 비교하여라. 답들이 같은가? 설명하여라.

공학 기초(FE) 시험 문제

9-124 연속 방정식은 다음 중 무엇과 같은가?
(a) 질량 보존
(b) 에너지 보존
(c) 운동량보존
(d) 뉴턴의 제2법칙
(e) Cauchy 방정식

9-125 Navier-Stokes 방정식은 다음 중 무엇과 같은가?
(a) 뉴턴의 제1법칙
(b) 뉴턴의 제2법칙
(c) 뉴턴의 제3법칙
(d) 연속 방정식
(e) 에너지 방정식

9-126 다음 중 어떤 것이 Navier-Stokes 방정식에 대해 틀린 말인가?

(a) 비선형 방정식
(b) 비정상 상태 방정식
(c) 2차원 방정식
(d) 편미분방정식
(e) 모두 해당 사항 없음

9-127 유체 유동해석에서 어떤 경계 조건을 $\vec{V}_{\text{fluid}}=\vec{V}_{\text{wall}}$로 표현할 수 있는가?
(a) 점착 (b) 경계 (c) 자유표면
(d) 대칭 (e) 입구

9-128 다음 중 어떤 것이 검사체적에 대한 일반적인 미분방정식 형태인가?
(a) $\int_{CS} \rho\vec{V}\cdot\vec{n}\,dA = 0$ (b) $\int_{CV} \frac{\partial\rho}{\partial t}dV + \int_{CS} \rho\vec{V}\cdot\vec{n}\,dA = 0$
(c) $\vec{\nabla}\cdot(\rho\vec{V}) = 0$ (d) $\frac{\partial\rho}{\partial t} + \vec{\nabla}\cdot(\rho\vec{V}) = 0$
(e) 보기 중에 없음

9-129 다음 중 어떤 것이 직교좌표계에서 미분형, 비압축성, 2차원 연속 방정식인가?
(a) $\int_{CS} \rho\vec{V}\cdot\vec{n}\,dA = 0$ (b) $\frac{1}{r}\frac{\partial(ru_r)}{\partial r} + \frac{1}{r}\frac{\partial(u_\theta)}{\partial\theta} = 0$
(c) $\vec{\nabla}\cdot(\rho\vec{V}) = 0$ (d) $\vec{\nabla}\cdot\vec{V} = 0$
(e) $\frac{\partial u}{\partial x} + \frac{\partial v}{\partial y} = 0$

9-130 xy평면상의 정상, 2차원, 비압축성 속도장이 $\psi=ax^2+by^2+cy$와 같은 유동함수를 가진다. 여기서 a, b, c는 상수이다. 속도 성분 v의 표현은 다음 중 어느 것인가?
(a) $2ax$ (b) $2by+c$ (c) $-2ax$
(d) $-2by-c$ (e) $2ax+2by+c$

9-131 xy평면상의 정상, 2차원, 비압축성 속도장이 $\psi=ax^2+by^2+cy$와 같은 유동함수를 가진다. 여기서 a, b, c는 상수이다. 속도 성분 u의 표현은 다음 중 어느 것인가?
(a) $2ax$ (b) $2by+c$ (c) $-2ax$
(d) $-2by-c$ (e) $2ax+2by+c$

9-132 정상상태 속도장이 $\vec{V}=(u, v, w)=2ax^2y\vec{i}+3bxy^2\vec{j}+cy\vec{k}$와 같이 주어져 있다. 여기서 a, b, c는 상수이다. 어떤 조건에서 이 유동장이 비압축성인가?
(a) $a=b$ (b) $a=-b$ (c) $2a=-3b$
(d) $3a=2b$ (e) $a=2b$

9-133 다음 중 어떤 것이 일정한 점성계수를 가지는 비압축성 Navier-Stokes 방정식인가?
(a) $\rho\frac{D\vec{V}}{Dt} + \vec{\nabla}P - \rho\vec{g} = 0$
(b) $-\vec{\nabla}P + \rho\vec{g} + \mu\vec{\nabla}^2\vec{V} = 0$
(c) $\rho\frac{D\vec{V}}{Dt} = -\vec{\nabla}P - \mu\vec{\nabla}^2\vec{V}$
(d) $\rho\frac{D\vec{V}}{Dt} = -\vec{\nabla}P + \rho\vec{g} + \mu\vec{\nabla}^2\vec{V}$
(e) $\rho\frac{D\vec{V}}{Dt} = -\vec{\nabla}P + \rho\vec{g} + \mu\vec{\nabla}^2\vec{V} + \vec{\nabla}\cdot\vec{V} = 0$

CHAPTER 10

Navier–Stokes 방정식의 근사해

목표

이 장을 공부하면 다음과 관련된 지식을 얻을 수 있다.

- 많은 유체 유동 문제를 풀기 위해 근사법이 필요한 이유에 대한 인식, 그리고 이러한 근사법이 적절한 때와 장소의 이해
- 크리핑 유동 근사법에서 식으로부터 밀도의 소실을 포함하여 관성항의 결여 효과에 대한 이해
- 포텐셜 유동 문제를 푸는 기법으로서 중첩에 대한 이해
- 경계층의 두께와 기타 경계층 상태량의 예측

이 장에서는 항(들)을 소거시키는 몇 가지 근사적 방법을 이용하여 Navier-Stokes 방정식을 보다 풀기 쉬운 형태로 바꾸는 방법에 대하여 살펴본다. 가끔씩 이러한 근사법이 전체 유동장에서 적합하지만, 그러나 대부분의 경우에 있어서 유동장의 어느 특정한 영역에서만 적합하다. 먼저 Reynolds 수가 매우 낮아 점성항이 관성항을 압도하는(그리고 소거하는) **크리핑 유동**을 고려한다. 그 다음에, 벽면과 후류로부터 멀리 떨어진 유동영역, 즉 비점성 유동과 **비회전유**동(또한 **포텐셜 유**동으로도 불리는)에서 적합한 두 가지 근사법을 살펴본다. 이들 영역에서는 앞서와는 반대로 관성항이 점성항을 압도한다. 마지막으로 관성항과 점성항이 모두 유지되지만 점성항의 일부는 무시될 수 있는 **경계층 근사**를 논의한다. 이 마지막 근사법은 **매우 큰** Reynolds 수(크리핑 유동의 반대)와 벽면 근처에서 적합하며, 이는 포텐셜 유동의 반대이다.

이 장에서, 점성항이 관성항을 압도하는 크리핑 유동을 포함하여, Navier-Stokes 방정식을 단순화시키는 몇 가지 근사법에 대해서 논의한다. 화산으로부터의 용암의 유동은 크리핑 유동의 한 예이다. 용해된 바위의 점성은 매우 커서 그 길이척도가 매우 큼에도 불구하고 Reynolds 수가 매우 작기 때문이다.
© Getty Images RF

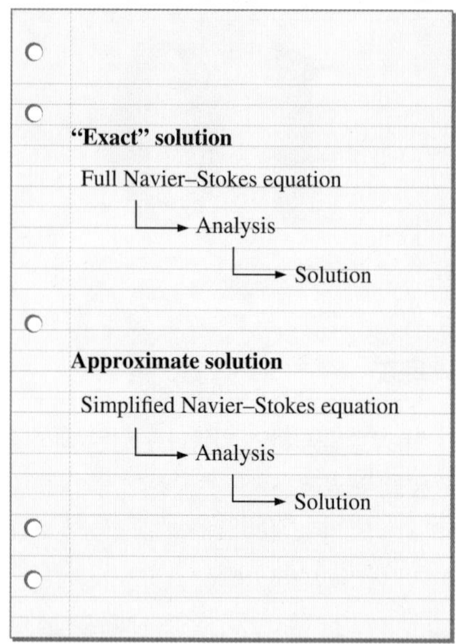

그림 10-1
"엄밀한" 해는 완전한 Navier-Stokes 방정식으로부터 시작하는 반면, 근사해는 처음부터 단순화된 Navier-Stokes 방정식으로부터 해가 유도된다.

10-1 ■ 서론

9장에서 일정한 상태량을 갖는 비압축성 뉴턴 유체에 대한 선형 운동량 보존에 관한 미분 방정식을 유도하였는데 이것이 바로 **Navier-Stokes 방정식**이다. 간단한(보통은 무한한) 형상에 대해서 연속식과 Navier-Stokes 방정식에 대한 해석적인 해에 관한 몇몇 예제를 보였으며, 여기서 성분 방정식의 대부분 항들이 소거되고, 그 결과의 미분 방정식은 해석적으로 풀 수 있게 된다. 불행히도, 문헌상에서 이용 가능한 해석 해는 그리 많지 않으며, 실제로 이러한 해는 손으로 꼽아볼 수 있을 정도이다. 방대한 다수의 실용적인 유체역학 문제는 해석적으로 **풀 수 없으며**, 따라서 (1) 보다 진전된 근사법이나 (2) 컴퓨터의 도움이라는 둘 중의 하나가 요구된다. 이 장에서는 전자의 경우를 고려하며 후자는 15장에서 다루게 된다. 단순화를 위하여, 이 장에서는 뉴턴 유체의 비압축성 유동만 다루기로 한다.

먼저 Navier-Stokes 방정식 자체가 **엄밀**(exact)하지는 않으며, 오히려 몇 가지 내재되어 있는 근사화(뉴턴 유체, 일정한 열역학적 및 수송 상태량 등)를 포함한 유체 유동 **모델**이라는 점을 강조한다. 그럼에도 불구하고 이 방정식은 매우 **훌륭한** 모델이며 현대 유체역학의 기초를 이루고 있다. 이 장에서는 엄밀해(exact solution)와 **근사해**(approximate solution)를 구분한다(그림 10-1). **엄밀**하다는 말은 **완전한**(full) Navier-Stokes 방정식으로부터 해를 유도하는 것이다. 따라서 9장에서 언급된 해는 방정식의 완전한 형태를 사용하였기 때문에 엄밀해라고 할 수 있다. 특정한 문제 중에서 일부 항은 소거되었는데 이는 문제에서 주어진 특정 기하학적 형상이나 단순화를 위한 가정으로 인한 것이다. 특정한 문제의 기하학적 형상과 가정에 따라 이렇게 소거되는 항은 달라질 수 있다. 한편 근사해는 **문제를 풀기 전에** 유동의 일부 영역에 대하여 Navier-Stokes 방정식을 **단순화시켜** 얻는 해를 의미한다. 다시 말해서, 유동영역에 따라 달라지는 문제 종류에 따른 전제조건으로 방정식의 항(들)이 소거된다.

예를 들어, 이미 한 가지 근사법에 대하여 논의한 바 있는데 이른바 **유체 정역학**이다(3장). 이것이 유속이 반드시 영이 아니더라도 유체가 거의 흐르지는 않는 유동장의 영역에 대한 Navier-Stokes 방정식의 근사화로 생각될 수 있으며 그리고 속도에 관계된 모든 항은 무시하였다. 이러한 근사화로 Navier-Stokes 방정식은 단지 압력과 중력, 두 개항만 갖는 $\vec{\nabla}P = \rho\vec{g}$로 표현된다. 여기서 사용된 근사화는 Navier-Stokes 방정식에서 관성항과 점성항은 압력항이나 중력항에 비해 무시할 수 있을 정도로 매우 작다는 것이다.

근사화를 하면 문제를 풀기 쉽게 만들 수는 있으나, 모든 근사화는 위험요소를 내포하고 있다. 즉 처음 시작부터 근사화가 적절치 않으면 이후 모든 수학적인 과정이 올바르다 할지라도 그 해는 틀린 것이 된다. 왜냐하면, 문제에 맞지 않는 방정식으로부터 해가 유도되었기 때문이다. 예를 들면, 크리핑 유동 근사를 어떠한 문제에 적용하여 모든 가정과 경계조건을 만족시키는 해를 얻었다고 하자. 하지만 Reynolds 수가 상당히 높으면 시작부터 크리핑 유동 근사는 부적절한 것이 되고 위에서 얻은 해는 물리적으로 틀린 해가 되는 것이다. 또 흔히 생기는 실수로서 비회전이라는 가정이 적절하지 않은 유동영역에서 비회전 유동을 가정하는 것이다. **적어도 근사화는 매우**

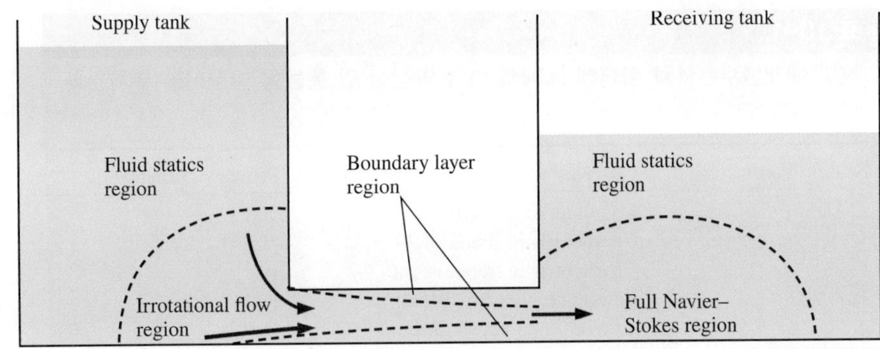

그림 10-2
Navier-Stokes 방정식에 대한 어떤 특정한 근사화는 유동장의 어떤 **영역**에서만 유효하다. 다른 유동 영역에서는 또 다른 근사화가 적용되어야 한다.

주의 깊게 적용하여야 하고 가능한 한 항상 적용된 근사법을 검증하고 정당성을 입증하여야 한다.

마지막으로 대부분의 실제 유체역학 문제에 있어서, 유동장의 어떤 **영역**에서는 그에 적절한 근사화를 적용할 수 있지만 그 외의 다른 영역에서는 동일한 근사화를 적용할 수 없음을 강조하고자 한다. 그림 10-2에 나타난 두 개의 탱크 사이 유동을 이용하여 이러한 점을 정성적으로 설명해 보자. 연결 파이프에서 멀리 떨어진 부분의 공급 탱크 영역과 그보다 조금 작은 부분의 수용 탱크 영역에서는 유체 정역학 근사화가 적절하다. 연결 파이프의 입구 부근과 강력한 점성효과가 없는 파이프의 중간 부분은 비회전 유동 근사화가 적절하다. 그러나 벽 근처에서는 경계층 근사화가 적절하며, 일부 영역에서의 유동은 **어떠한** 근사화를 위한 범주에도 들지 못하기 때문에 여기서는 완전한 Navier-Stokes 방정식을 풀어야만 한다(예를 들면 수용 탱크 내의 파이프 출구의 하류 부분). 그렇다면 어떻게 특정 근사화가 적절한지 아닌지를 결정할 수 있는가? 이는 운동방정식 내의 각 항의 크기 차수가 다른 항에 비해서 무시할 수 있을 정도로 작은지 여부를 비교해 봄으로써 결정할 수 있다.

10–2 ■ 무차원화된 운동 방정식

이 절의 목표는 운동방정식을 무차원화함으로써 방정식의 여러 가지 항의 크기에 대한 차수를 올바르게 비교해 보는 것이다. 먼저 다음과 같이 나타나는 비압축성 연속 방정식과,

$$\vec{\nabla}\cdot\vec{V} = 0 \tag{10-1}$$

다음과 같이 나타나는 일정 상태량을 가지는 비압축성 뉴턴 유체에 대한 벡터 형태의 Navier-Stokes 방정식으로부터 시작해 보자.

$$\rho\frac{D\vec{V}}{Dt} = \rho\left[\frac{\partial\vec{V}}{\partial t} + (\vec{V}\cdot\vec{\nabla})\vec{V}\right] = -\vec{\nabla}P + \rho\vec{g} + \mu\nabla^2\vec{V} \tag{10-2}$$

표 10-1에 운동방정식을 무차원화하는데 쓰이는 몇 가지 특성(참조) **척도 매개변수**(scaling parameter)가 소개되어 있다.

표 10-1의 척도 매개변수에 근거하여 몇 가지 **무차원 변수**(nondimensional variables)와 한 개의 **무차원 연산자**(nondimensional operator)를 다음과 같이 정의할 수

표 10-1

척도 매개변수는 1차 차원에 대해서 연속 방정식 및 운동량 방정식을 무차원화 할 때 사용된다.

Scaling Parameter	Description	Primary Dimensions
L	Characteristic length	{L}
V	Characteristic speed	$\{Lt^{-1}\}$
f	Characteristic frequency	$\{t^{-1}\}$
$P_0 - P_\infty$	Reference pressure difference	$\{mL^{-1}t^{-2}\}$
g	Gravitational acceleration	$\{Lt^{-2}\}$

있다.

$$t^* = ft \qquad \vec{x}^* = \frac{\vec{x}}{L} \qquad \vec{V}^* = \frac{\vec{V}}{V}$$

$$P^* = \frac{P - P_\infty}{P_0 - P_\infty} \qquad \vec{g}^* = \frac{\vec{g}}{g} \qquad \vec{\nabla}^* = L\vec{\nabla} \tag{10-3}$$

위에서 무차원 압력변수는 **압력차**로 정의하였는데, 이는 9장에서 압력 대 압력차에 대한 논의를 바탕으로 한 것이다. 식 (10-3)에서 별표가 붙은 것은 모두 무차원 변수이다. 예를 들어 구배 연산자(gradient operator) $\vec{\nabla}$의 각각의 성분이 $\{L^{-1}\}$의 차원이지만, $\vec{\nabla}^*$의 각각의 성분은 {1}의 차원을 갖는다(그림 10-3). 식 (10-3)을 각각 (10-1)과 (10-2)에 대입한다. 예를 들어, $\vec{\nabla} = \vec{\nabla}^*/L$ 그리고 $\vec{V} = V\vec{V}^*$와 같이 대입할 수 있으며, 이때 식 (10-2)의 대류 가속도항은 아래와 같다.

$$\rho(\vec{V}\cdot\vec{\nabla})\vec{V} = \rho\left(V\vec{V}^*\cdot\frac{\vec{\nabla}^*}{L}\right)V\vec{V}^* = \frac{\rho V^2}{L}\left(\vec{V}^*\cdot\vec{\nabla}^*\right)\vec{V}^*$$

식 (10-1)과 (10-2)의 각 항에 대해서도 무차원 변수를 대입하여 적절히 정리할 수 있다. 식 (10-1)을 무차원 변수의 항으로 다시 쓰면 아래와 같다.

$$\frac{V}{L}\,\vec{\nabla}^*\cdot\vec{V}^* = 0$$

여기서 양변을 V/L로 나누어서 방정식을 무차원화시키면, 아래와 같이 무차원화된 연속방정식을 얻을 수 있다.

무차원화된 연속 방정식 : $\vec{\nabla}^*\cdot\vec{V}^* = 0$ **(10-4)**

마찬가지로 식 (10-2)를 다시 쓰면 다음과 같다.

$$\rho V f\frac{\partial\vec{V}^*}{\partial t^*} + \frac{\rho V^2}{L}\left(\vec{V}^*\cdot\vec{\nabla}^*\right)\vec{V}^* = -\frac{P_0 - P_\infty}{L}\vec{\nabla}^*P^* + \rho g\vec{g}^* + \frac{\mu V}{L^2}\nabla^{*2}\vec{V}^*$$

이후 모든 항을 무차원화하기 위해 양변을 상수인 $L/(\rho V^2)$를 곱하면 다음 식이 얻어진다.

Cartesian coordinates

$$\vec{\nabla} = \left(\frac{\partial}{\partial x}, \frac{\partial}{\partial y}, \frac{\partial}{\partial z}\right) = \left(\frac{\partial}{L\partial\left(\frac{x}{L}\right)}, \frac{\partial}{L\partial\left(\frac{y}{L}\right)}, \frac{\partial}{L\partial\left(\frac{z}{L}\right)}\right) = \frac{1}{L}\left(\frac{\partial}{\partial x^*}, \frac{1}{\partial y^*}, \frac{\partial}{\partial z^*}\right) = \frac{1}{L}\vec{\nabla}^*$$

Cylindrical coordinates

$$\vec{\nabla} = \left(\frac{\partial}{\partial r}, \frac{1}{r}\frac{\partial}{\partial\theta}, \frac{\partial}{\partial z}\right) = \left(\frac{\partial}{L\partial\left(\frac{r}{L}\right)}, \frac{1}{L\left(\frac{r}{L}\right)}\frac{\partial}{\partial\theta}, \frac{\partial}{L\partial\left(\frac{z}{L}\right)}\right) = \frac{1}{L}\left(\frac{\partial}{\partial r^*}, \frac{1}{r^*}\frac{\partial}{\partial\theta}, \frac{\partial}{\partial z^*}\right) = \frac{1}{L}\vec{\nabla}^*$$

그림 10-3
어떤 좌표계를 쓰든지 관계없이 식 (10-3)에 의하여 구배 연산자는 무차원화된다.

$$\left[\frac{fL}{V}\right]\frac{\partial \vec{V}^*}{\partial t^*} + \left(\vec{V}^*\cdot\vec{\nabla}^*\right)\vec{V}^* = -\left[\frac{P_0 - P_\infty}{\rho V^2}\right]\vec{\nabla}^* P^* + \left[\frac{gL}{V^2}\right]\vec{g}^* + \left[\frac{\mu}{\rho VL}\right]\nabla^{*2}\vec{V}^* \quad \textbf{(10-5)}$$

식 (10-5)의 대괄호 속에 있는 각각의 항은 무차원 매개변수, **즉 Π 그룹**이다(7장 참조). 표 7-5를 이용하여 각각의 무차원 매개변수에 이름을 붙이면, 좌변의 무차원 매개변수는 **Strouhal 수**, $\text{St} = fL/V$, 우변의 첫 번째 항은 **Euler 수**, $\text{Eu} = (P_0 - P_\infty)/\rho V^2$, 우변의 두 번째 항은 **Froude 수**의 제곱의 역수, $\text{Fr}^2 = V^2/gL$이고 그리고 마지막 항은 **Reynolds 수**의 역수, $\text{Re} = \rho VL/\mu$이다. 따라서 식 (10-5)는 다음과 같이 쓸 수 있다.

무차원화 된 **Navier-Stokes** 방정식 :

$$[\text{St}]\frac{\partial \vec{V}^*}{\partial t^*} + (\vec{V}^*\cdot\vec{\nabla}^*)\vec{V}^* = -[Eu]\vec{\nabla}^* P^* + \left[\frac{1}{\text{Fr}^2}\right]\vec{g}^* + \left[\frac{1}{\text{Re}}\right]\nabla^{*2}\vec{V}^* \quad \textbf{(10-6)}$$

구체적인 근사화를 적용시키기 전에 식 (10-4)와 식 (10-6)에 나타난 무차원화된 식에 관하여 다음 사항이 언급될 수 있다.

- 무차원화된 연속 방정식은 어떠한 추가적인 무차원 매개변수도 포함하지 않는다. 따라서 식 (10-4)는 있는 그대로 반드시 만족되어야 하며, 모든 항은 그 크기 차수가 같으므로 더 이상 간단하게 단순화시킬 수 없다.
- 만약 유동장의 특성이 되는 길이나 속도, 주파수 등을 이용하여 무차원화한다면 무차원 변수의 크기 차수는 1이다. 따라서 $t^* \sim 1$, $|\vec{x}| \sim 1$, $|\vec{\nabla}| \sim 1$ 등으로 표현할 수 있고, 여기서 사용한 기호 ~는 크기의 차수를 나타낸다. 또한 식 (10-6)에 나타난 $(\vec{\nabla}^*\cdot\vec{\nabla}^*)\vec{\nabla}^*$, $\vec{\nabla}^* P^*$과 같은 항들도 서로 크기 차수 1을 가지며, 따라서 **식 (10-6)의 항에 대한 상대적 중요성은 오직 St, Eu, Fr 및 Re와 같은 무차원 매개변수의 상대적인 크기에 의존한다.** 예를 들어 만약 St와 Eu이 각각 1의 크기 차수를 가지면서 Fr와 Re가 매우 크다면 Navier-Stokes 방정식에서 점성항과 중력항은 무시될 수 있다.
- 식 (10-6)에는 4개의 무차원 매개변수가 나타나며, 따라서 그림 10-4와 같이 모델과 원형 사이의 **동역학적 상사**(dynamic silmilarity)를 위하여 이들 무차원 매개변수 또한 반드시 같아야 한다 ($\text{St}_{\text{model}} = \text{St}_{\text{prototype}}$, $\text{Eu}_{\text{model}} = \text{Eu}_{\text{prototype}}$, $\text{Fr}_{\text{model}} = \text{Fr}_{\text{prototype}}$, $\text{Re}_{\text{model}} = \text{Re}_{\text{prototype}}$).
- 만약 유동이 **정상상태**라면, $f = 0$이 되고 Strouhal 수는 주요 무차원 매개변수에서 제외된다($\text{St} = 0$). 그렇게 되면 식 (10-6)의 좌변 첫 번째 항은 사라지게 되고, 이는 식 (10-2)에서 비정상 항인 $\partial\vec{\nabla}/\partial t$이 없어지는 것과 같다. 따라서 특성 주파수 f가 **매우 작다면**, 즉 $\text{St} \ll 1$이라면, 그 유동은 **준-정상**(quasi-steady)이라고 부른다. 이것은 어떠한 순간에서도(또는 느린 주기적인 사이클의 어느 위상에서도) 유동이 정상이고 식 (10-6)에서 비정상 항을 제거한 채로 문제를 풀 수 있다는 것을 의미한다.
- 중력의 효과는 **자유표면 효과**가 존재하는 유동의 경우에 한하여 중요하다(예를

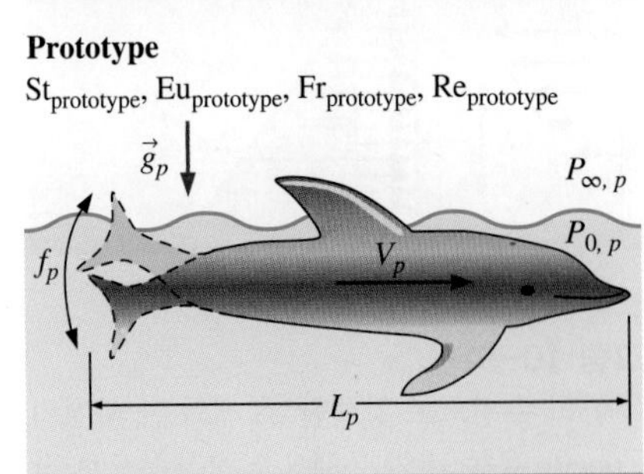

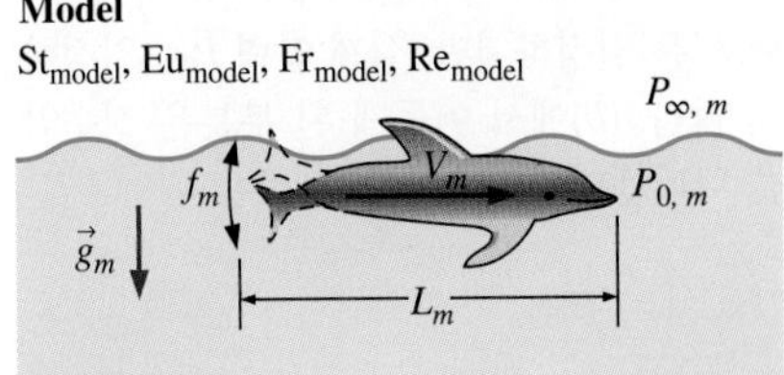

그림 10-4
원형(하첨자 p)과 모형(하첨자 m) 사이의 완전한 역학적 상사(dynamic similarity)를 위하여 모형은 반드시 기하학적으로 원형과 상사해야 하며, (일반적으로) 4가지의 모든 무차원 매개변수인 St, Eu, Fr, Re도 반드시 일치해야 한다.
(Top) © James Gritz/Getty Images RF.

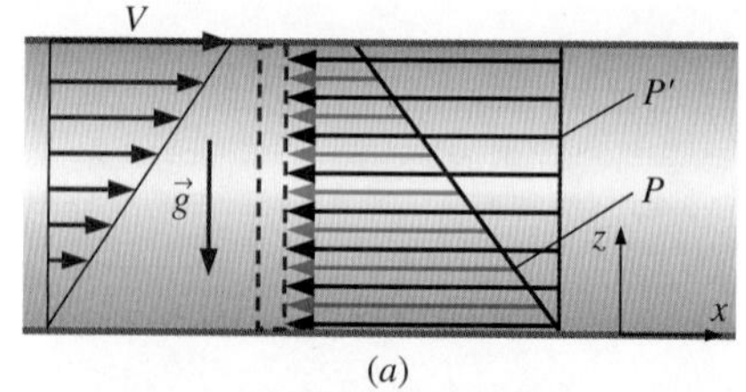

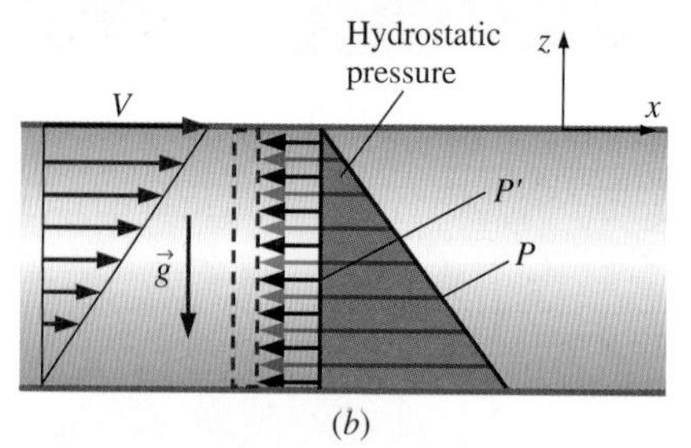

그림 10-5
무한히 수평으로 평행한 두 개의 판 사이의 Couette 유동 내의 유체요소 오른쪽으로 작용하는 압력 및 수정 압력 분포. (*a*) 바닥판에서 z=0, (*b*) 상부판에서 z=0. **수정 압력** P'은 일정하지만, **실제 압력** P는 일정하지 **않다**. (*b*)에서 어둡게 된 부분은 정수압을 나타낸다.

들어 파도, 선박의 운동, 수력 발전 댐의 배수구, 강의 유동). 많은 공학적인 문제에서는 자유표면이 존재하지 않는다(파이프 유동, 잠수함이나 어뢰 주위의 완전히 잠겨 있는 유동이나 자동차의 움직임, 비행기나 새 또는 벌레의 비행 등). 이런 경우에 중력의 유일한 효과는 유체 유동에 기인한 압력장에 수직 방향으로 중첩된 **정수압 분포**이다. 다시 말해서,

자유표면 효과가 없는 유동의 경우, 중력은 유동의 동역학에 대해 영향을 주지 못한다. 중력의 효과는 오직 동역학적 압력장에 정수압이 중첩되는 것이다.

- 정수압의 효과를 포함한 **수정압력**(modified pressure) P'를 정의한다. z가 수직 상향(중력 벡터와 반대 방향)으로 정의되고, 임의의 기준면을 $z=0$이라고 정의할 경우에 대하여,

수정압력 : $$P' = P + \rho g z \quad \textbf{(10-7)}$$

식 (10-2)의 두 항인 $-\vec{\nabla}P+\rho\vec{g}$을 식 (10-7)의 수정압력을 이용하여 한 개의 항인 $-\vec{\nabla}P'$로 바꿀 수 있다. Navier-Stokes 방정식(식 (10-2))을 수정한 형태로 쓰면 다음과 같다.

$$\rho\frac{D\vec{V}}{Dt} = \rho\left[\frac{\partial\vec{V}}{\partial t} + (\vec{V}\cdot\vec{\nabla})\vec{V}\right] = -\vec{\nabla}P' + \mu\nabla^2\vec{V} \quad \textbf{(10-8)}$$

P를 P'로 교체함으로써 식 (10-2)에서 중력항은 제거되고, Froude 수는 무차원 매개변수에서 사라지게 된다. 이 식의 장점은 **중력항이 없는** Navier-Stokes 방정식을 풀 수 있다는 점이다. 수정압력을 이용하여 방정식을 풀이한 후에 식 (10-7)을 이용하여 정수압 분포를 빼는 것은 쉬운 일이다. 2차원 Couette 유동에 대한 예제가 그림 10-5에 나타나 있다. 또한 수정압력은 전산유체역학(CFD)에서 유동장에서 중력의 영향(수직방향으로의 정수압)을 분리하기 위해서 종종 쓰이기도 한다. 그러나 자유표면 효과가 없는 유동장에서는 수정압력이 사용되지 **않음**에 유의하라.

이제 식 (10-6)에 나타난 무차원 매개변수의 상대적인 크기를 비교하여 식 (10-2)에 나타난 하나 또는 그 이상의 항들을 제거하는 방정식 근사화를 실행하여 보자.

10-3 ■ 크리핑 유동 근사

첫 번째 근사화는 **크리핑 유동**(creeping flow)이라 불리는 유체 유동의 종류이다. 이러한 유동을 **Stokes 유동** 또는 **저 Reynolds 수 유동**이라고 부르기도 한다. 후자의 이름에서 알 수 있듯이, 이러한 유동은 Reynolds 수가 매우 작다(Re≪1). Reynolds 수의 정의, $\text{Re}=\rho VL/\mu$로부터 크리핑 유동은 ρ, V, L이 작거나 점성이 매우 큰 경우(또는 이러한 조건의 조합)에 나타난다. 이러한 유동은 팬케이크 위에 시럽(매우 점성이 큰 유체)을 흘릴 경우나 꿀(역시 매우 점성이 큰)이 담긴 항아리에 숟가락을 넣는 경우에 나타난다(그림 10-6).

그림 10-6
꿀과 같이 매우 고점성인 액체의 유동은 크리핑 유동으로 볼 수 있다.

또 다른 크리핑 유동의 예는 비록 우리가 볼 수 없지만, 우리 주위 또는 우리 몸

속에서 미생물의 주위 유동에서 나타나고 있다. 미생물은 일생을 크리핑 유동 영역에서만 살게 되는데, 이는 이들의 크기가 수 미크론($1\ \mu\text{m} = 10^{-6}$ m)으로 매우 작으며, 결코 점성이 크다고 볼 수 없는 공기나 물에서(상온에서 $\mu_{\text{air}} \cong 1.8 \times 10^{-5}$ N · s/m^2 와 $\mu_{\text{water}} \cong 1.0 \times 10^{-3}$ N · s/m^2) 느리게 움직이기 때문이다. 그림 10-7은 물에 사는 **살모넬라** 박테리아를 보여 주고 있다. 이 박테리아의 몸길이는 고작 1 μm이며, 몸 뒤에 있는 길이가 수 미크론인 **편모**를 이용하여 몸을 움직인다. 이러한 운동에 대한 Reynolds 수는 1보다 훨씬 작다.

또한 크리핑 유동은 윤활 베어링의 아주 작은 틈 사이의 윤활유 유동에서도 나타난다. 이 경우 속도는 그렇게 작지는 않지만 그 틈이 매우 작고(수십 미크론의 차수로), 점도도 비교적 크기 때문이다(상온에서 $\mu_{\text{oil}} \sim 1$ N · s/m^2).

단순화를 위하여 앞에서 토의된 바와 같이 중력효과는 무시하거나 앞서 논의한 것처럼 오직 정수압 요소로 작용하는 경우를 가정한다. 또한 Strouhal 수의 크기가 1(St~1) 또는 그 이하로서, 비정상 가속도 항인 [St] $\partial\vec{V}^*/\partial t^*$의 크기 차수가 점성항인 [1/Re] $\vec{\nabla}^{*2}\vec{V}^*$의 크기 차수보다 작으므로(Reynolds 수는 매우 작다) 정상 유동 또는 진동 유동 중의 하나로 가정한다. 식 (10-6)에서 대류항의 크기 차수는 1이기 때문에, $(\vec{V}^* \cdot \vec{\nabla}^*)\vec{V}^* \sim 1$ 또한 사라지게 된다. 그 결과 식 (10-6)에서 좌변의 모든 항을 무시할 수 있으므로, 다음과 같이 나타낼 수 있다.

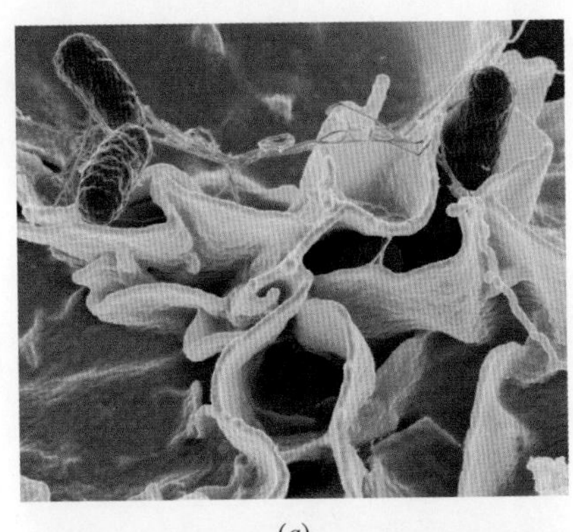

(a)

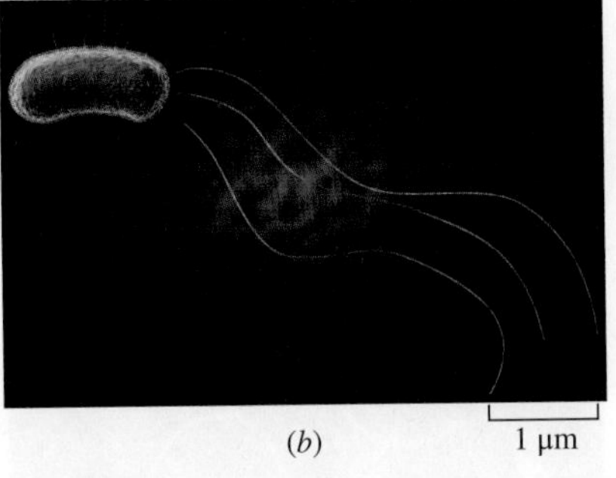

(b)

그림 10-7
(a) 배양된 인간 세포에 침입하는 *Salmonella typhimurium*, (b) 물속을 헤엄치는 박테리아, *Salmonella abortusequi*.
(a) NIAID, NIH, Rocky Mantain Laboratories.
(b) © MedicalRF.com/Getty Images RF.

크리핑 유동 근사화 :
$$[\text{Eu}]\vec{\nabla}^*P^* \cong \left[\frac{1}{\text{Re}}\right]\nabla^{*2}\vec{V}^* \tag{10-9}$$

다시 말하면, 유동에서의 압력(좌변) 힘은 우변의 (상대적으로) 큰 점성력과 균형을 이룰 정도로 커야 한다. 그러나 식 (10-9)의 무차원 변수의 차수가 1이기 때문에 두 항이 균형을 이룰 수 있는 유일한 방법은 Eu가 1/Re와 같은 차수를 가질 때이다. 이를 식으로 나타내면 다음과 같다.

$$[\text{Eu}] = \frac{P_0 - P_\infty}{\rho V^2} \sim \left[\frac{1}{\text{Re}}\right] = \frac{\mu}{\rho VL}$$

위 식을 정리하면 다음 식이 얻어진다.

크리핑 유동에서의 압력의 크기 :
$$P_0 - P_\infty \sim \frac{\mu V}{L} \tag{10-10}$$

식 (10-10)에서 크리핑 유동에 대한 두 가지 흥미로운 사실을 알 수 있다. 첫째로, 우리는 일반적으로 압력차의 척도가 ρV^2와 같은(즉 Bernoulli 방정식) **관성**이 지배적인 유동에 익숙해져 있는데, 크리핑 유동은 **점성력**이 지배적인 유동이기 때문에, 압력차의 척도는 $\mu V/L$와 같다. 사실 **Navier-Stokes 방정식의 모든 관성항은 크리핑 유동에서 사라진다.** 두 번째로, **밀도는 Navier-Stokes 방정식에서 매개변수로서는 완전히 빠져버리게 된다**(그림 10-8). 이는 식 (10-9)를 차원이 있는 형태로 나타내면 더욱 정확히 알 수 있다.

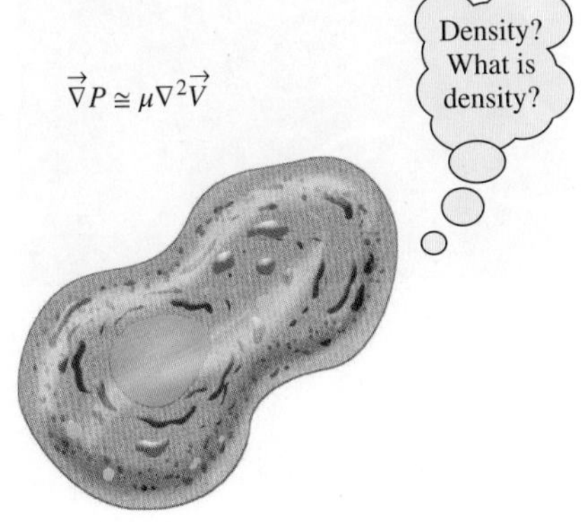

그림 10-8
크리핑 유동 근사화에서 밀도는 운동량 방정식에서 나타나지 않는다.

크리핑 유동에 대한 Navier-Stokes 방정식의 근사화 :
$$\vec{\nabla}P \cong \mu\nabla^2\vec{V} \tag{10-11}$$

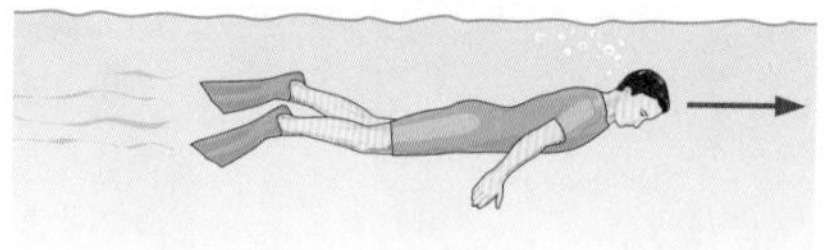

그림 10-9
수영은 Reynolds 수가 매우 높으며, 관성력 또한 크다. 그래서 사람은 움직이지 않고도 물속을 미끄러져 나아갈 수 있다.

하지만 크리핑 유동에서 밀도가 어느 정도 **작은** 역할은 하고 있다는 것에 주목할 필요가 있다. 즉 Reynolds 수를 계산하기 위해서 반드시 필요하기 때문이다. 하지만 Re가 매우 작다고 가정하면 식 (10-11)에 나타난 바와 같이 밀도는 더 이상 필요하지 않다. 또 밀도는 정수압 계산에서는 필요하지만, 수직거리가 보통 수 밀리미터 혹은 수 마이크로미터이기 때문에 크리핑 유동에서 그 영향은 무시할 수 있다. 그 외에도 자유표면 효과가 없다면 식 (10-11)의 물리적인 압력 대신에 수정압력도 사용할 수 있다.

여기서 식 (10-11)에서 사라진 관성항에 대해 좀 더 자세히 알아보자. 그림 10-9와 같이 수영할 때는 관성에 의존하게 된다. 예를 들어 한번 손으로 물을 치면 다음 손으로 치기 전 까지 어느 정도의 거리를 미끄러져 갈 수 있다. 이때 Navier-Stokes 방정식의 관성항은 점성항보다 훨씬 크게 나타나며, 그 이유는 Reynolds 수가 매우 크기 때문이다(믿기 힘들겠지만, 극단적으로 **느린** 수영선수조차도 매우 **큰** Reynolds 수를 갖는다!)

그러나 크리핑 유동 영역에서 유영하는 미생물은 관성이 매우 작기 때문에 활강하는 것은 불가능하다. 사실상, 식 (10-11)의 관성항의 결여는 미생물이 유영하기 위해서 어떠한 형태를 가지는가에 상당히 밀접하게 관련되어 있다. 돌고래와 같이 퍼덕이는 꼬리로 움직일 수 는 없을 것이다. 대신에 **편모**라 불리는 가늘고 긴 꼬리를 사인파처럼(sinosoidal) 움직여서 몸을 앞으로 이동시키는데, 정자의 경우가 그림 10-10에 나타나 있다. 관성을 가지지 못하는 정자는 꼬리를 움직이지 않고서는 움직이지 못한다. 한 순간이라도 꼬리가 움직이지 않으면 정자도 움직임을 멈추게 된다. 한번이라도 정자나 미생물이 움직이는 영상을 본 적이 있다면, 그 짧은 거리 이동을 위하여 그것들이 얼마나 열심히 움직이는지 알 수 있을 것이다. 이것이 바로 관성의 결여로 인한 크리핑 유동의 특징이다. 그림 10-10을 자세히 살펴보면 정자의 꼬리가 대략 두 번의 완전한 굽이치는 사이클을 이루고 있지만, 정자 머리는 겨우 머리 두 개 정도 길이만큼 왼쪽으로 전진했을 뿐이다.

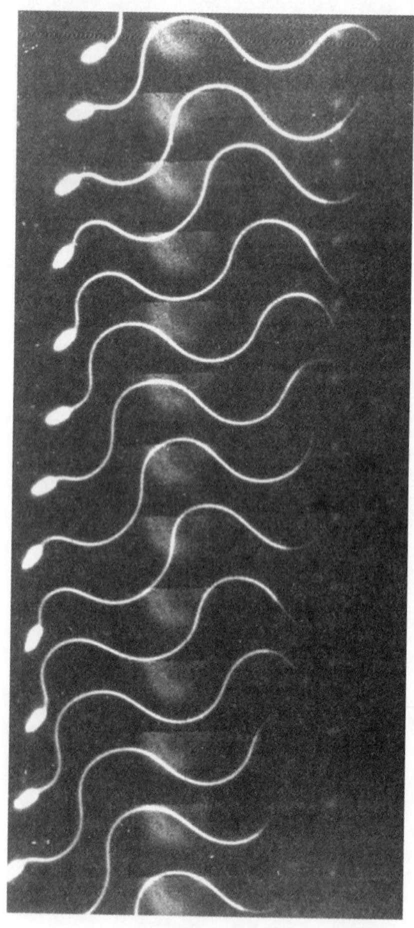

그림 10-10
바다에서 헤엄치는 멍게 Ciona의 정자. 초당 200 프레임으로 촬영. 각 정자의 이미지는 그 전 프레임의 정자 이미지 바로 밑에 위치시킴.
Courtesy of Professor Charlotte Omoto, Washington State University, School of Biological Sciences.

사람이 크리핑 유동 조건에서 움직이는 것을 상상하기란 매우 어려운데, 그 이유는 우리는 관성에 이미 익숙하기 때문이다. 일부 사람들은 꿀로 가득 찬 커다란 통속에서 수영하는 것을 생각해 보라고 말한다. 패스트푸드 음식점에서 아이들이 플라스틱 공들로 가득 찬 통속에서 놀고 있는 것을 생각해 보아도 좋다(그림 10-11). 공으로 가득 찬 통속에서 아이들이(벽이나 바닥을 만지지 않고) "수영"하려고 할 때, 아이들은 뱀과 같이 몸을 꿈틀거리면서 앞으로 나아가게 된다. 만약 한순간이라도 몸을 움직이지 않는다면 관성이 거의 없기 때문에 운동은 정지하게 된다. 그래서 비록 짧은 거리라도 앞으로 나아가기 위해서는 열심히 움직여야 한다. 크리핑 유동에서의 미생물의 움직임과 이와 같은 아이들의 "수영" 사이에는 약간의 유사성이 있다.

이제 식 (10-11)에서 밀도의 결여에 대해서 생각해 보자. 큰 Reynolds 수에서 물체에 대한 공기역학적 항력은 ρ에 비례하여 증가한다. (유체가 물체에 부딪힐 때 밀도가 높을수록 물체에 작용하는 압력 힘도 증가한다.) 그러나 이것은 사실상 관성의 효과이며 크리핑 유동에서는 관성이 무시된다. 사실상, 공기역학적 항력은 크리핑 유동에서 절대로 밀도의 **함수**가 될 수 없으며, 이는 Navier-Stokes 방정식에서 밀도가 사라져버렸기 때문이다. 예제 10-1에 이러한 상황이 차원해석을 통하여 제시되어 있다.

그림 10-11
플라스틱 공으로 가득 찬 풀에서 어린이의 움직임은 미생물이 관성의 도움 없이 움직이는 것과 유사하다.
© *Shutterstock/itsmejust*

예제 10-1 크리핑 유동에서 물체에 작용하는 항력

Navier-Stokes 방정식에서 밀도는 사라져버리기 때문에 크리핑 유동에서의 물체에 작용하는 공기역학적 항력은 오직 속도 V, 물체의 어떤 특성 길이 L 그리고 유체의 점도 μ에 대한 함수로 나타난다(그림 10-12). 차원해석을 통해서 F_D에 대한 관계식을 이러한 독립 변수들의 함수로 표현하라.

풀이 차원해석을 이용하여 F_D 와 변수 V, L 및 μ와의 함수관계를 유도한다.

가정 **1** 크리핑 유동 근사화를 위하여 Re≪1로 가정한다. **2** 중력효과는 무시한다. **3** 문제에서 제시된 변수 이외 다른 변수는 이 문제와 관계가 없다.

해석 7장에서 논의된 단계별 반복변수법을 따라서 자세한 해석은 직접 해보기 바란다. 이 문제에서는 4개의 매개변수($n=4$)와 3개의 기본 차원인 질량, 길이, 그리고 시간이 관련되어 있다. $j=3$으로 놓고 독립 변수 V, L 그리고 μ를 반복변수로 하면, $k=n-j=4-3=1$이기 때문에 Pi는 상수가 된다. 그 결과는 다음과 같다.

$$F_D = \textbf{constant} \cdot \mu V L$$

따라서 3차원 물체 주위의 크리핑 유동에서의 공기역학적 항력은 단순히 μVL에 상수를 곱한 값임을 알 수 있다.

토의 위 결과는 의미심장한데, 왜냐하면 위 식에서 남겨진 일은 물체 형상만의 함수인 상수를 찾는 것이기 때문이다.

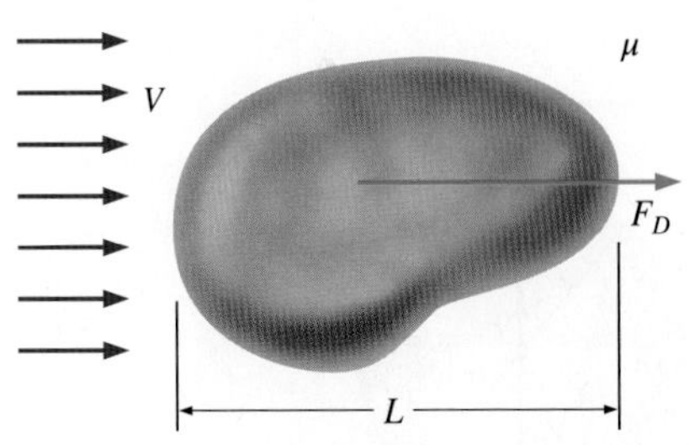

그림 10-12
3차원 물체 주위의 크리핑 유동에서 물체에 대한 공기역학적 항력은 밀도와 무관하고, 속도 V, 물체의 특성 길이 L, 유체 점성 μ와 관계있다.

크리핑 유동에서 구의 항력

예제 10-1에서 보듯이 점성 μ를 가지는 유체의 속도 V의 크리핑 유동에서, 특성 길이 L을 가지는 물체의 항력은 F_D=상수$\cdot\,\mu VL$이다. 여기서 상수의 값은 유동 내부 물체 형상과 방향에 의존하기 때문에 차원해석을 통하여 예측할 수 없다.

특별히 **구**의 경우에 대해 식 (10-11)을 해석적으로 풀 수 있다. 자세한 사항들은 이 책의 범위를 넘어서는 것이지만, 대학원 수준의 유체역학 책(White, 2005; Panton, 2005)에 언급이 되어 있다. 만약 구의 지름 D를 L로 생각하면 항력식에서 상수는 3π로 알려져 있다(그림 10-13).

크리핑 유동에서 구의 항력: $$F_d = 3\mu VD \quad \textbf{(10-12)}$$

여기서 잠깐 주목해 보자면, 항력의 2/3는 점성력 때문에, 나머지 1/3은 압력 때문이다. 이는 앞에서 언급한 식 (10-11)에서의 점성항과 압력항의 크기 차수가 같다는 내용을 확인해 준다.

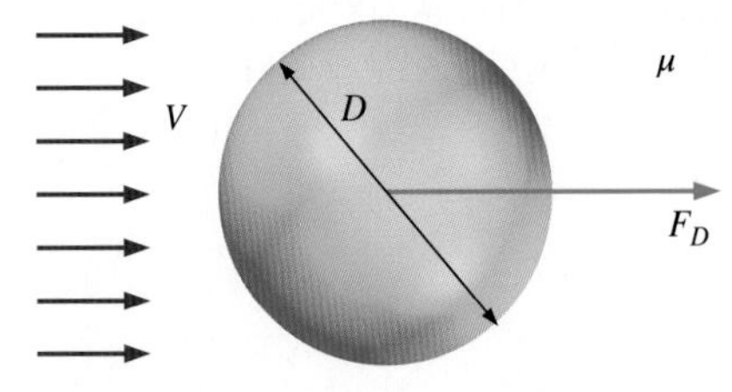

그림 10-13
크리핑 유동에서 반경 D인 구의 공기역학적 항력은 $3\pi\mu VD$이다. .

예제 10-2 화산에서 나온 입자의 종단속도

화산이 폭발하여 암석, 증기와 화산재가 수천 피트 상공으로 뿜어진다고 하자(그림 10-14). 얼마쯤 시간이 흐른 후, 이러한 입자는 지상으로 떨어지기 시작한다. 거의 구형인 재 입자의 반지름이 50 μm이고, 공기의 온도는 −50 ℃, 압력은 55 kPa이라고 생각하자.

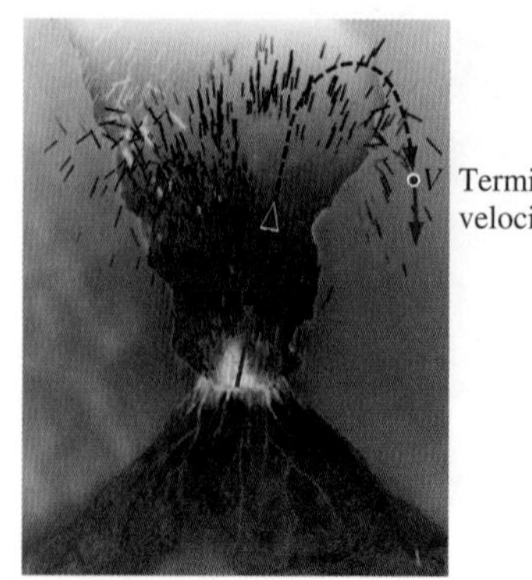

그림 10-14
화산 폭발 시 튀어나온 재 입자는 지상으로 천천히 떨어진다. 크리핑 유동 근사화는 이런 형태의 유동장에 적합하다.

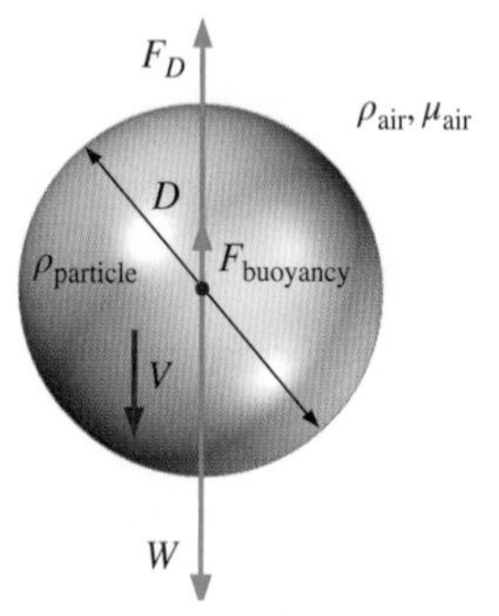

그림 10-15
고정상(steady) 종단 속도로 낙하하는 입자는 가속도가 없다. 따라서 입자의 무게는 입자에 작용하는 공기역학적 항력과 부력에 의하여 균형을 이루게 된다.

입자의 밀도는 1240 kg/m^{3}이다. 이 고도에서 이 입자의 종단속도를 예측하라.

풀이 떨어지는 재 입자의 종단속도를 예측하려 한다.
가정 **1** Reynolds 수는 매우 작다(해를 구하고 나서 이 가정을 확인한다). **2** 재 입자는 구형이다.
상태량 주어진 온도와 압력에서, 이상기체 법칙으로부터 $\rho = 0.8588$ kg/m^{3}이다. 점성은 압력과 거의 무관하기 때문에 온도가 -50 °C인 대기압에서의 점성은 $\mu = 1.474 \times 10^{-5}$ kg/ms이다.
해석 문제를 준 정상상태로 간주한다. 그림 10-15에 나타난 바와 같이 떨어지는 입자가 종단속도에 도달하면 하향 힘(무게)은 상향 힘(공기역학적 항력+부력)과 균형을 이룬다.

하향 힘:
$$F_{\text{down}} = W = \pi \frac{D^3}{6} \rho_{\text{particle}} g \tag{1}$$

입자에 작용하는 공기역학적 항력은 식 (10-12)에서 얻어지고, 부력은 배세된 공기의 무게이다. 따라서 다음이 성립한다.

상향 힘:
$$F_{\text{up}} = F_D + F_{\text{buoyancy}} = 3\pi\mu VD + \pi \frac{D^3}{6} \rho_{\text{air}} g \tag{2}$$

식 (1)과 (2)를 같게 놓고 종단속도 V를 풀면 다음 결과가 얻어진다.

$$V = \frac{D^2}{18\mu} = (\rho_{\text{particle}} - \rho_{\text{air}})g$$
$$= \frac{(50 \times 10^{-6}\ \text{m})^2}{18(1.474 \times 10^{-5}\ \text{kg/m·s})}[(1240 - 0.8588)\ \text{kg/m}^3](9.81\ \text{m/s}^2)$$
$$= \mathbf{0.115\ m/s}$$

마지막으로 크리핑 유동에서 Reynolds 수가 충분히 작다는 현재의 근사화가 적절한지 증명해 보자.

$$\text{Re} = \frac{\rho_{\text{air}} VD}{\mu} = \frac{(0.8588\ \text{kg/m}^3)(0.115\ \text{m/s})(50 \times 10^{-6}\ \text{m})}{1.474 \times 10^{-5}\ \text{kg/m·s}} = 0.335$$

Reynolds 수가 1보다 작지만 1보다 **크게** 작지는 않다.
토의 크리핑 유동 내 구의 항력에 대한 식은 Re≪1인 경우에 유도했지만, 근사화는 Re≃1이 될 때까지는 합리적임이 나타났다. Reynolds 수 보정과 공기 분자간의 평균 자유행로에 기반을 둔 보정을 포함한 좀 더 구체적인 계산을 하면 종단속도는 0.110 m/s로 나타나며(Heinsohn과 Cimbala, 2003), 따라서 크리핑 유동 근사화에 따른 오차는 5% 미만이다.

크리핑 유동의 운동 방정식에서 밀도항 제거의 결과는 예제 10-2에서 명확해진다. 바꾸어 말하면, 공기 밀도는 Reynolds 수가 낮다는 것을 입증할 때를 제외하고는 계산에서 중요하지 않다(ρ_{air}가 ρ_{particle}에 비해 매우 적기 때문에 부력은 큰 오차 없이 무시될 수 있었다). 공기의 밀도가 예제 10-2에서의 실제 공기 밀도의 절반이고 나머지 모든 상태량은 같다고 가정하자. Reynolds 수가 두 배로 작아지는 것을 제외하고는 종단속도는 동일하게 될 것이다(유효숫자 3자리까지). 따라서,

크리핑 유동에서 밀도가 큰 작은 입자의 종단속도는 유체 밀도와는 무관하고 유체 점성과는 밀접한 관계를 가진다.

공기의 점성이 고도에 따라 약 25% 정도까지만 변하기 때문에 비록 해발 약 15,000 m에서 해수면으로 입자가 떨어지는 사이 10배 이상 공기 밀도가 증가하더라도, 입자는 고도와 상관없이 거의 일정한 종말속도를 가지게 된다.

구형이 아닌 3차원 물체의 경우에도 크리핑 유동의 공기역학적 항력은 F_D = 상수 · μVL로 나타난다. 그러나 이때 상수는 3π가 아니고 물체의 방향과 형상에 따라 결정된다. 이때의 상수는 크리핑 유동에 대한 일종의 **항력계수**로 생각될 수 있다.

10–4 ■ 비점성 유동 영역에 대한 근사

유체역학 문헌에서 단어인 **비점성**(inviscid)과 문구인 **비점성 유동**(inviscid flow) 사이에 많은 혼동이 있다. 비점성(inviscid)의 분명한 의미는 **점성적이지 않은**(not viscous)이다. 비점성 유동은 그러면 점성이 없는 유체의 흐름을 일컫는 듯하게 될 것이다. 그러나 그것은 **비점성 유동**이란 문구가 의미하는 바가 **아니다**! 공학에서 다루는 모든 유체는 유동장과 무관하게 점성을 가지고 있다. 비점성 유동이라는 문구를 사용하는 저자들은 **압력 그리고/또는 관성에 의한 힘들과 비교하여 순 점성력을 무시 가능한 유동 영역 내의 점성유체의** 유동을 실제적으로 뜻한다(그림 10-16). 때로는 "마찰 없는 유동"을 비점성 유동의 동의어로 쓰기도 한다. 이것이 더욱 혼동을 일으키는데, 왜냐하면 순 점성력을 무시할 수 있는 유동 영역에서조차도 **마찰은 여전히 유체요소에 작용하고**, 그리고 여전히 상당한 **점성 응력**이 존재할 수도 있기 때문이다. 단지 이런 응력은 상호 간에 상쇄되고, 유체 요소에 뚜렷한 "순" 점성력을 남기지 않는다는 것이다. 이러한 영역에서도 상당한 **점성소산**이 또한 존재할 수 있다는 사실을 알 수 있다. 10-5절에서 다루듯이 **비회전** 유동영역에서 유체요소에 작용하는 순 점성력도 또한 무시할 수 있는데 이는 마찰이 없어서가 아니라, 마찰(점성) 응력이 상호 간에 상쇄되기 때문이다. 이런 용어상의 혼동 때문에 본 저자들은 "비점성 유동"과 "마찰 없는 유동"이라는 어구를 사용하는 것이 망설여진다. 그 대신 "**비점성 유동 영역**"이나 "**순 점성력을 무시할 수 있는 유동 영역**"이라는 용어를 쓰고 싶다.

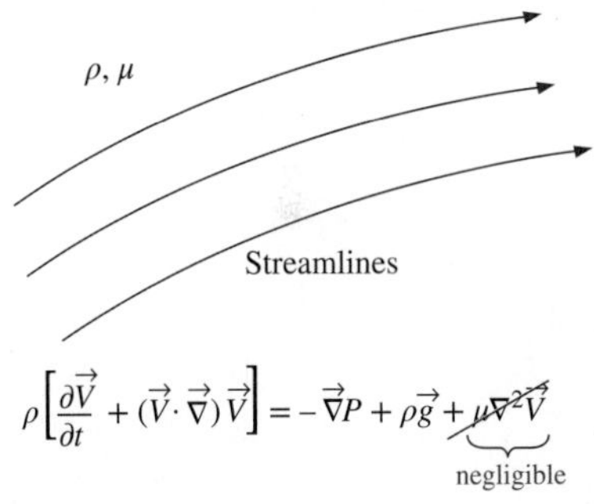

그림 10–16
Reynolds 수가 크기 때문에 비점성 유동 영역은 관성력 그리고/혹은 압력 힘에 비해서 순 점성력은 무시할 만큼 작다. 그러나 유체 자체는 여전히 점성 유체이다.

사용된 용어와 관계없이, 순 점성력이 관성 그리고/혹은 압력에 의한 힘들에 비해서 매우 작다면, 식 (10-6) 오른쪽의 마지막 항은 무시할 수 있다. 이는 1/Re이 작은 경우에만 성립한다. 따라서 비점성 유동 영역은 **큰 Reynolds 수**의 영역이고 이는 크리핑 유동 영역의 반대이다. 이런 영역에서는 Navier-Stokes 방정식[식 (10-2)]에서 점성항이 사라지고 그리고 **Euler 방정식**으로 축약된다.

Euler 방정식:

$$\rho\left[\frac{\partial \vec{V}}{\partial t} + (\vec{V}\cdot\vec{\nabla})\vec{V}\right] = -\vec{\nabla}P + \rho\vec{g} \tag{10-13}$$

Euler 방정식은 간단하게 점성항이 무시된 Navier-Stokes 방정식, 즉 Navier-Stokes 방정식의 **근사화**라 볼 수 있다. 고체 벽면에서는 점착 조건 때문에, 벽에 매우 가까운 유동 영역에서는 마찰력을 무시 할 수 없다. 이런 영역을 **경계층**이라 하는데, 이

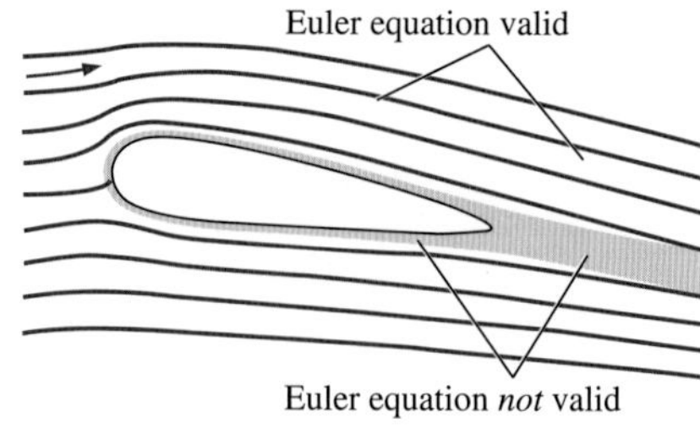

그림 10–17
Euler 방정식은 Reynolds 수가 크고, 순 점성력이 관성력 그리고/혹은 압력 힘에 비교해서 무시되는 유동 영역에 적합한 Navier-Stokes 방정식의 근사 결과이다.

때 벽에 수직한 속도구배는 작은 값인 1/Re을 뒤엎을 정도로 충분히 크다. 달리 말하면 물체의 특성 길이 척도(L)는 경계층 내부에서는 더 이상 최적의 길이 축척이 아니며 벽면과의 수직거리에 연관된 훨씬 작은 길이 척도로 대체되어야만 한다. 이런 보다 작은 길이 척도로 Reynolds 수를 정의하면, Re는 더 이상 큰 값이 아니며, 따라서 Navier-Stokes 방정식에서 점성항은 무시될 수 없다.

물체의 후류에서도 이와 유사한 논의가 가능하다. 후류에서는 속도구배가 상대적으로 크고 점성항은 관성항과 비교해서 무시할 수 없게 된다(그림 10-17). 그러므로 실제 적용에서는 다음과 같이 말할 수 있다.

> Euler **방정식 근사는 벽면과 후류에서 멀리 떨어져 있어서 순 점성력을 무시할 수 있는 큰** Reynolds **수의 유동 영역에 적합하다.**

Navier-Stokes 방정식에서 Euler 근사화로 인하여 삭제되는 항($\mu\nabla^2\vec{V}$)은 가장 높은 차수의 속도 도함수를 포함하고 있는 항이다. 수학적으로 이 항을 삭제하면 설정하여야 하는 경계조건의 수가 줄어든다. Euler 방정식 근사의 경우 유동은 벽(**관통할 수 없는 벽**)을 통과할 수 **없다고는** 할 수 있으나 고체벽면에서 점착 조건을 쓸 수 **없다**. 유동은 벽에서 미끄러짐이 허용되기 때문에 벽 근처에서 Euler 방정식의 해는 물리적으로 의미가 없다. 그럼에도 불구하고 10-6절에서 보듯이 Euler 방정식은 경계층 근사에서 **첫 단계**로 종종 사용된다. 바꾸어 말해서 Euler 근사를 이용하는 것이 적합하지 않는 벽면 주위와 후류를 포함하는 전 유동장에 걸쳐 Euler 방정식을 적용하고, 이후 점성효과에 대한 보정으로 얇은 경계층이 삽입된다.

마지막으로 Euler 방정식[식 (10-13)]은 CFD 계산에서 CPU 시간(그리고 비용)을 줄이기 위한 첫 번째 근사로 종종 사용된다는 것을 언급한다.

비점성 유동 영역에서의 Bernoulli 방정식의 유도

5장에서 유선을 따라 Bernoulli 방정식을 유도한 바 있다. 이번에는 Euler 방정식에 기반을 둔 다른 방법에 대해 알아보자. 단순화를 위해서 정상, 비압축성 유동을 가정하자. 식 (10-13)의 대류항은 벡터 항등식을 사용하여 아래와 같이 다시 쓸 수 있다.

벡터 항등식:
$$(\vec{V}\cdot\vec{\nabla})\vec{V} = \vec{\nabla}\left(\frac{V^2}{2}\right) - \vec{V}\times(\vec{\nabla}\times\vec{V}) \tag{10-14}$$

여기서 V는 벡터 $\vec{V}$의 크기이다. 오른쪽 두 번째 항에서 괄호 친 부분은 **와도벡터** $\vec{\zeta}$임을 알 수 있다(4장 참조). 따라서,

$$(\vec{V}\cdot\vec{\nabla})\vec{V} = \vec{\nabla}\left(\frac{V^2}{2}\right) - \vec{V}\times\vec{\zeta}$$

이고, 정상 Euler 방정식의 다른 형태는 아래 식으로 나타난다.

$$\vec{\nabla}\left(\frac{V^2}{2}\right) - \vec{V}\times\vec{\zeta} = -\frac{\vec{\nabla}P}{\rho} + \vec{g} = \vec{\nabla}\left(-\frac{P}{\rho}\right) + \vec{g} \tag{10-15}$$

여기서 비압축성 유동에서 밀도는 일정하기 때문에 각 항들을 밀도로 나눠주고 ρ를

구배연산자 안으로 이동시켰다.

중력이 $-z$방향으로 작용한다고 가정하면(그림 10-18),

$$\vec{g} = -g\vec{k} = -g\vec{\nabla}z = \vec{\nabla}(-gz) \tag{10-16}$$

이 성립하고 여기에서 z 축 구배는 z방향으로 단위벡터 $\vec{k}$라는 점을 이용하였다. 또한 g는 상수이므로, 구배연산자 내로 이동될 수 있다. 식 (10-16)을 식 (10-15)에 대입하고 하나의 구배연산자 안으로 3개의 항을 넣고 정리하면 다음 식이 얻어진다.

$$\vec{\nabla}\left(\frac{P}{\rho} + \frac{V^2}{2} + gz\right) = \vec{V} \times \vec{\zeta} \tag{10-17}$$

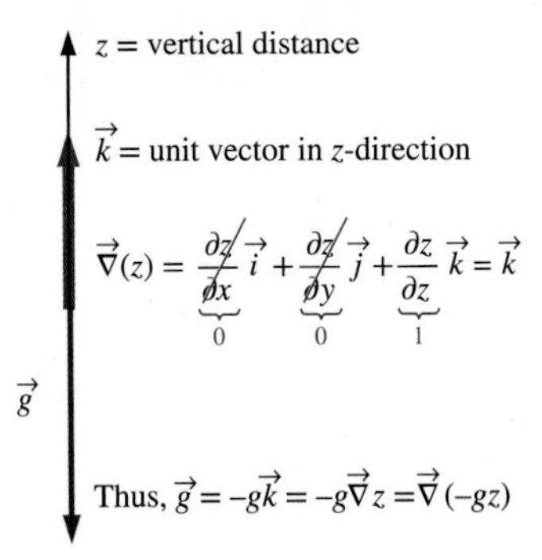

그림 10-18
중력이 $-z$방향으로 작용할 때 중력 벡터 $\vec{g}$는 $\vec{\nabla}(-gz)$으로 나타낼 수 있다.

두 벡터의 외적 정의 $\vec{C} = \vec{A} \times \vec{B}$에 의해서 벡터 $\vec{C}$는 $\vec{A}$와 $\vec{B}$에 수직이다. 식 (10-17)의 우변 외적에서 $\vec{V}$가 있기 때문에 식 (10-17)의 좌변은 국소 속도벡터 $\vec{V}$에 대해 모든 지점에서 수직한 벡터가 된다. 이제 3차원 유선(정의에 의하여 모든 점에서 국소 속도벡터와 **나란함**)을 따라가는 유동을 고려해 보자(그림 10-19). 유선의 모든 점에서, $\vec{\nabla}(P/\rho+V^2/2+gz)$는 반드시 유선에 수직이다. 벡터 대수학 책을 찾아보면 그리고 스칼라의 구배는 스칼라의 최대 증가의 방향을 가리킨다는 점을 상기하자. 더욱이 스칼라의 구배는 스칼라가 상수인 가상 표면을 수직으로 가리키는 하나의 벡터이다. 따라서 스칼라 $(P/\rho+V^2/2+gz)$는 **유선을 따라 일정해야만 한다**고 주장할 수 있다. 이는 **회전**유동의 경우에도 성립한다($\vec{\zeta} \neq 0$). 이로써 정상 비압축성 Bernoulli 방정식을 유도해 내었는데, 이 방정식은 순 점성력을 무시할 수 있는 유동 영역, 즉 소위 비점성 유동 영역에 적절하다.

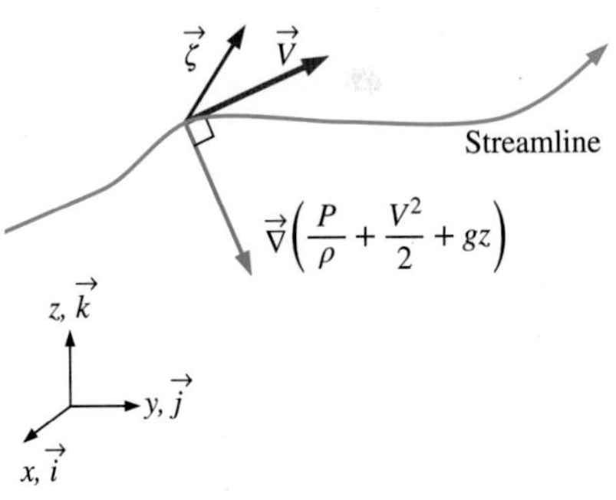

그림 10-19
유선을 따라 $\vec{\nabla}(P/\rho+V^2/2+gz)$는 유선 어디에서나 수직한 벡터이다. 따라서 $P/\rho+V^2/2+gz$는 유선을 따라 일정하다.

비점성 유동 영역에서 정상 비압축성 **Bernoulli** 방정식:

$$\frac{P}{\rho} + \frac{V^2}{2} + gz = C = \text{유선을 따라 일정} \tag{10-18}$$

식 (10-18)에서 Bernoulli "상수" C는 오직 유선을 따라서만 일정하다. 유선이 바뀌면 상수도 바뀌게 된다.

회전성은 대부분 점성에 의해 **발생**되기 때문에 비점성인 회전 유동 영역이 물리적으로 가능한지 의아해할 수 있다. 이는 분명히 가능하며 한 가지 예가 그림 10-20에 나타난 **강체 회전**이다. 비록 회전이 점성력에 의해 생성되었을지라도 강체회전 내 유동영역에서는 **전단력과 순 점성력이 없고,** 비록 회전유동이라 할지라도 비점성 유동 영역이다. 식 (10-18)은 이러한 회전유동 내 모든 유선에 적용 가능하지만, 그림 10-20에 보는 바와 같이 Bernoulli 상수 C는 유선에 따라 다르게 된다.

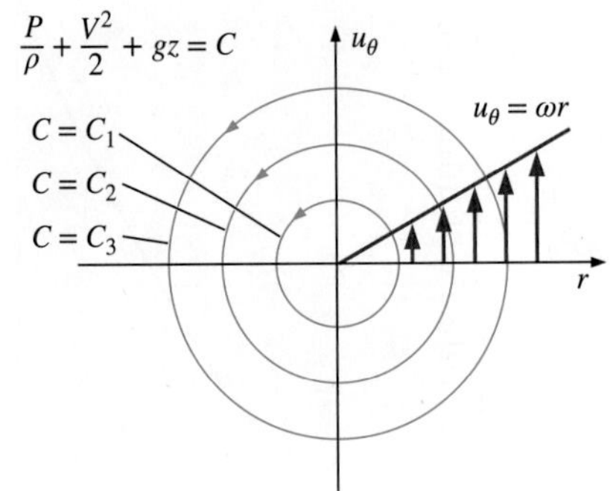

그림 10-20
강체 회전은 회전 유동인 비점성 유동 영역의 한 예이다. Bernoulli 상수 C는 유선에 따라 다르지만, 한 유선에 대해서는 일정하다.

예제 10-3 강체회전 내 압력장

그림 10-20에 나타난 바와 같이 유체가 z축을 중심으로 강체회전 하고 있다. 정상, 비압축성 속도장은 $u_r=0$, $u_\theta=\omega r$, $u_z=0$로 주어져 있다. 원점에서의 압력은 P_0이다. 유동 내 모든 곳에서 압력장을 계산하고, 각 유선에 따른 Bernoulli 상수를 정하라.

풀이 주어진 속도장에서 압력장과 각 유선에 따른 Bernoulli 상수를 계산한다.

가정 **1** 유동은 정상, 비압축성이다. **2** z 방향(수직)으로 유동이 없기 때문에, 수직방향으로 정수압 분포가 존재한다. **3** 점성력이 영이기 때문에, 전 유동영역을 비점성 유동영역으로 근사화한다. **4** θ 방향으로 유동 변수의 변화는 없다.

해석 가정 3에 의하여 식 (10-18)을 바로 적용할 수 있다.

Bernoulli 방정식:
$$P = \rho C - \frac{1}{2}\rho V^2 - \rho g z \tag{1}$$

여기서 C는 Bernoulli 상수이며 그림 10-20에서 나타난 것처럼 반경에 따라 변한다. 임의 반경 r에서 $V^2 = \omega^2 r^2$이며 식 (1)은 다음과 같이 쓸 수 있다.

$$P = \rho C - \rho\frac{\omega^2 r^2}{2} - \rho g z \tag{2}$$

원점($r=0$, $z=0$)에서 압력은 P_0이며(주어진 경계 조건에서), 따라서 원점($r=0$)에서 $C=C_0$로 놓으면 다음이 얻어진다.

원점에서 경계조건:
$$P_0 = \rho C_0 \quad \rightarrow \quad C_0 = \frac{P_0}{\rho}$$

임의의 반경 위치 r에서 C를 어떻게 구할 수 있을 것인가? P와 C가 미지수이기 때문에, 식 (2) 단독으로는 불가능하다. 해답은 Euler 방정식을 쓰는 것이다. 자유 표면이 없기 때문에 식 (10-7)의 수정압력을 적용한다. 원통형 좌표계에서 Euler 방정식(점성항 없이 식 (9-62b)를 보라.)의 r 성분은 다음과 같이 줄어든다.

Euler 방정식의 r 성분:
$$\frac{\partial P'}{\partial r} = \rho\frac{u_\theta^2}{r} = \rho\omega^2 r \tag{3}$$

정수압은 수정압력에 포함되어 있기 때문에 P'는 z의 함수가 아니다. 가정 1과 4에 의하여 P'는 t와 θ의 함수가 아니다. 따라서 P'는 r만의 함수이고, 식 3에서 편미분을 전미분으로 대체 할 수 있다. 적분을 하면 다음이 얻어진다.

수정압력장:
$$P' = \rho\frac{\omega^2 r^2}{2} + B_1 \tag{4}$$

여기서 B_1은 적분 상수이다. 원점에서 $z=0$이기 때문에 수정된 압력 P'는 실제 압력 P와 같다. 따라서 상수 B_1은 원점에서 알려진 압력 경계 조건을 대입하면 찾을 수 있다. 그 결과 B_1은 P_0와 같게 나타난다. 식 (10-7)과 $P = P' - \rho g z$를 사용하여 식 (4)를 실제 압력에 대한 식으로 다음과 같이 변환한다.

실제 압력장:
$$P = \rho\frac{\omega^2 r^2}{2} + P_0 - \rho g z \tag{5}$$

$z=0$에서 유동의 특성 길이 척도로써 선택되는 임의의 반경 길이 $r=R$을 이용한 무차원 압력분포를 그림 10-21에 나타내었다. 압력분포는 r에 관해서 포물선의 형상이다.

최종적으로 식 2와 식 5를 같게 놓고 C를 구할 수 있다.

r의 함수인 Bernoulli 상수:
$$C = \frac{P_0}{\rho} + \omega^2 r^2 \tag{6}$$

원점에서 $C = C_0 = P_0/\rho$이고, 이는 앞에서의 계산 결과와 동일하다.

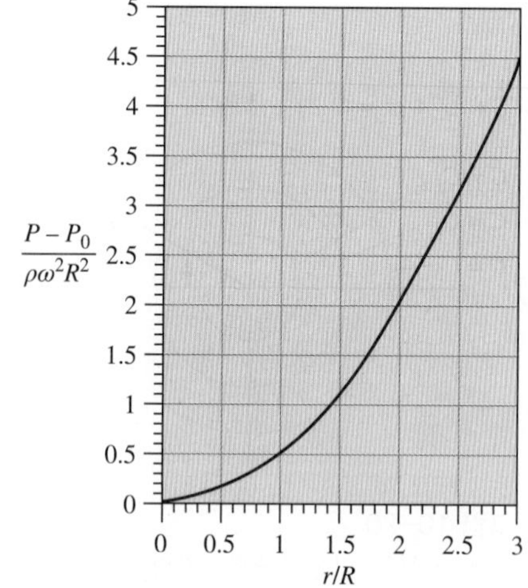

그림 10–21
강체 회전하는 유체의 높이 0에서의 무차원 반경 위치에 대한 무차원 압력 분포.

토의 강체회전 내 유동에서 Bernoulli 상수는 r^2에 비례한다. 이는 놀라울 일이 아닌데, r이 커지면 속도가 빨라지고 따라서 더 많은 에너지를 포함하게 됨을 의미한다. 식 (5)에서 압력 자체는 r^2에 비례한다는 것을 알 수 있다. 물리적으로, 반경방향의 압력구배는 원점을 중심으로 입자가 회전하는데 필요한 원심력을 제공한다.

10–5 ■ 비회전 유동 근사

4장에서 지적했듯이 유체입자가 **순 회전하지 않는 유동** 영역이 있다. 이런 영역을 **비회전**(irrotational)이라 부른다. 명심해야 할 것은 비회전성의 가정은 **근사화**이며, 유동장 내의 영역에 따라 적절할 수도 또는 적절하지 않을 수도 있다(그림 10-22). 일반적으로 고체 벽면과 물체의 후류로부터 멀리 떨어진 비점성 영역들은 비회전이지만, 언급한 바와 같이 유동의 비점성 영역에서 비회전이지 않은 경우가 있다(예를 들면, 강체 회전). 비회전으로 간주된 유동의 해석은 완전한(full) Navier-Stokes 해의 **근사**이다. 수학적으로 이 근사는 와도가 무시할 만큼 작다는 것이다.

비회전 근사: $$\vec{\zeta} = \vec{\nabla} \times \vec{V} \cong 0 \quad \textbf{(10-19)}$$

그림 10–22
비회전 유동 근사화는 와도를 무시할 수 있는 일부 영역에 대해서만 적절하다.

이제 이 근사화가 연속 방정식과 운동량 방정식에 어떤 영향을 미치는지 알아보자.

연속 방정식

벡터 대수학 책을 보면, 어떤 스칼라 함수 ϕ의 구배(gradient)의 curl을 고려하는 벡터 항등식을 찾을 것이고, 그리고 어떤 벡터 $\vec{V}$의 curl을 취하면,

벡터 항등식: $$\vec{\nabla} \times \vec{\nabla}\phi = 0 \quad \text{따라서, 만약 } \vec{\nabla} \times \vec{V} = 0\text{이면 } \vec{V} = \vec{\nabla}\phi\text{이다.} \quad \textbf{(10-20)}$$

위 식은 직교 좌표계(Cartesian coordinates)에서 쉽게 증명이 되는데(그림 10-23), ϕ가 유연함수(smooth function)이면 임의의 직교 좌표계에서 성립한다. 벡터의 curl이 영이면 그 벡터는 **포텐셜 함수**(potential function)라고 부르는 스칼라 함수 ϕ의 구배로써 표현된다. 유체역학에서 벡터 $\vec{V}$는 속도 벡터이다. 따라서 여기에 curl을 취하면 와도벡터 $\vec{\zeta}$가 되고, 그래서 ϕ를 **속도 포텐셜 함수**라고 부른다. 즉,

비회전 유동 영역에 대해: $$\vec{V} = \vec{\nabla}\phi \quad \textbf{(10-21)}$$

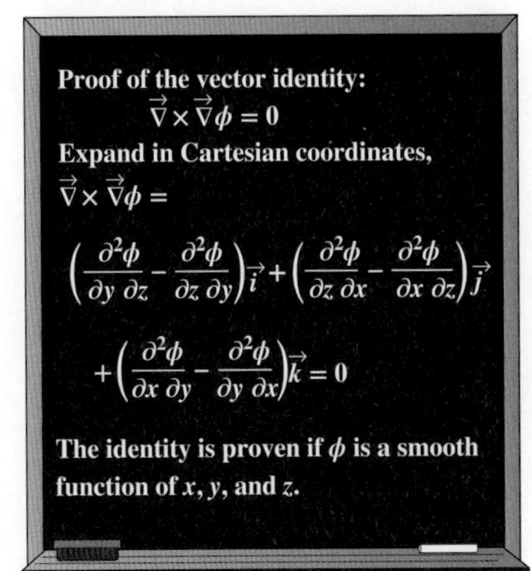

Proof of the vector identity:
$\vec{\nabla} \times \vec{\nabla}\phi = 0$
Expand in Cartesian coordinates,
$\vec{\nabla} \times \vec{\nabla}\phi =$
$\left(\frac{\partial^2\phi}{\partial y\,\partial z} - \frac{\partial^2\phi}{\partial z\,\partial y}\right)\vec{i} + \left(\frac{\partial^2\phi}{\partial z\,\partial x} - \frac{\partial^2\phi}{\partial x\,\partial z}\right)\vec{j}$
$+\left(\frac{\partial^2\phi}{\partial x\,\partial y} - \frac{\partial^2\phi}{\partial y\,\partial x}\right)\vec{k} = 0$
The identity is proven if ϕ is a smooth function of x, y, and z.

그림 10–23
식 (10-20)에 나타난 벡터 항등식은 직교 좌표계에서 항들을 전개함으로써 쉽게 증명된다.

식 (10-21)의 부호 표기는 책마다 다를 수 있다. 다른 유체 역학 책에서는 (−) 부호가 속도 포텐셜 함수의 정의에 포함된다. 식 (10-21)의 의미는 다음과 같이 서술된다.

> **유동의 비회전 영역에서, 속도벡터는 속도 포텐셜 함수라 부르는 스칼라 함수의 구배로 나타낼 수 있다.**

따라서 비회전 유동 영역을 **포텐셜 유동 영역**이라고도 부른다. 이와 같은 내용은 2차원 유동에 제한되어 있지 않음에 유의하자. 즉, 식 (10-21)은 비회전에 관한 근사화가 유동 영역에 대하여 적합하다면 완전 3차원 유동장에 대해서도 성립한다. 이는 직교 좌표계에서 다음과 같이 나타나며,

$$u = \frac{\partial \phi}{\partial x} \quad v = \frac{\partial \phi}{\partial y} \quad w = \frac{\partial \phi}{\partial z} \tag{10-22}$$

원통좌표계에서는 아래 식과 같이 나타난다.

$$u_r = \frac{\partial \phi}{\partial r} \quad u_\theta = \frac{1}{r}\frac{\partial \phi}{\partial \theta} \quad u_z = \frac{\partial \phi}{\partial z} \tag{10-23}$$

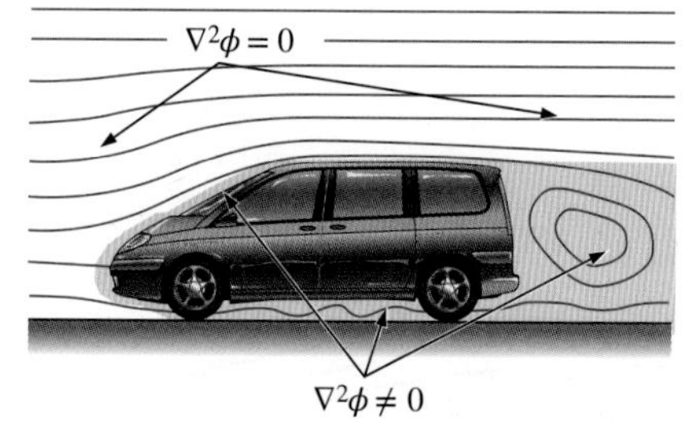

그림 10-24
속도 포텐셜 함수 ϕ에 대한 Laplace 방정식은 임의 좌표계에서의 2차원, 또는 3차원 유동 모든 경우에 유효하지만, 비회전 유동 영역(일반적으로 벽면이나 후류에서 멀리 떨어진)에서만 유효하다.

식 (10-21)의 유용성은 이 식을 식 (10-1)에 대입하였을 때 명백하게 볼 수 있으며, 이때 비압축성 연속 방정식은 $\vec{\nabla} \cdot \vec{V} = 0 \rightarrow \vec{\nabla} \cdot \vec{\nabla}\phi = 0$이 되거나, 다음 식이 성립한다.

비회전 유동 영역에 대해: $$\nabla^2\phi = 0 \tag{10-24}$$

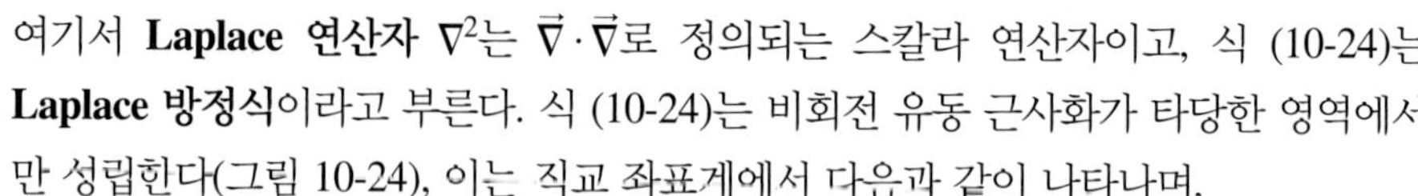

여기서 **Laplace 연산자** ∇^2는 $\vec{\nabla} \cdot \vec{\nabla}$로 정의되는 스칼라 연산자이고, 식 (10-24)는 **Laplace 방정식**이라고 부른다. 식 (10-24)는 비회전 유동 근사화가 타당한 영역에서만 성립한다(그림 10-24), 이는 직교 좌표계에서 다음과 같이 나타나며,

$$\nabla^2\phi = \frac{\partial^2 \phi}{\partial x^2} + \frac{\partial^2 \phi}{\partial y^2} + \frac{\partial^2 \phi}{\partial z^2} = 0$$

그리고 원통 좌표계에서는 아래 식과 같이 나타난다.

$$\nabla^2\phi = \frac{1}{r}\frac{\partial}{\partial r}\left(r\frac{\partial \phi}{\partial r}\right) + \frac{1}{r^2}\frac{\partial^2 \phi}{\partial \theta^2} + \frac{\partial^2 \phi}{\partial z^2} = 0$$

이러한 근사화의 아름다움은 3개의 미지수인 속도성분(u, v, w 또는 u_r, u_θ, u_z 등 좌표계의 선택에 따라 달라짐)을 **하나**의 미지수인 스칼라 변수 ϕ로 묶어서 해를 얻기 위해 필요하던 두 개의 방정식을 소거해버릴 수 있다는 점이다(그림 10-25). ϕ에 대한 식 (10-24)의 해를 얻은 후 식 (10-22)와 식 (10-23)을 이용하여 유동장의 3개의 속도 성분 값을 구할 수 있다.

Laplace 방정식은 물리학, 응용수학, 공학 등 여러 분야에서 사용되기 때문에 잘 알려져 있다. 이 방정식에 대한 수치해와 해석해 등 다양한 해석기법이 문헌에 소개되어 있다. Laplace 방정식의 해는 **기하학적 형상**(예를 들어 **경계 조건**)에 의해 지배된다. 비록 식 (10-24)가 질량보존에서 파생되지만, 질량 그 자체는(또는 단위 부피당 질량인 밀도) 식에서 모두 없어진다. 유동장의 비회전 영역의 경계에 대한 경계조건이 주어지면, 유체의 상태량과 무관하게 식 (10-24)를 풀 수 있다. ϕ를 풀고 난 후 유동장의 비회전 영역에 있는 모든 $\vec{V}$값을 Navier-Stokes 방정식을 풀지 않고서도 구할 수 있다[식 (10-21) 사용]. 그 해의 결과는 유체의 밀도와 점성에 상관없이 비회전 근사화가 적합한 유동영역의 모든 비압축성 유체에 대하여 타당하다.

이러한 해는 순간적으로 **비정상** 유동에 대해서도 타당한데, 이는 비압축성 연속식에 시간 항이 없기 때문이다. 즉, 어느 순간이라도 비압축성 유동장은 스스로 조절되어 항상 Laplace 방정식과 그 순간 존재하는 경계조건을 만족하게 된다.

운동량 방정식

선형 운동량 보존에 대한 미분 방정식인 Navier-Stokes 방정식[식 (10-2)]을 생각하자.

유동의 비회전 영역에서는 Navier-Stokes 방정식의 적용 없이 속도장을 구할 수 있음을 보인 바 있다. 그렇다면 왜 Navier-Stokes 방정식이 필요할까? 그 이유는 속도 포텐셜 함수를 이용해서 속도장을 얻은 후, **Navier-Stokes 방정식을 이용하여 압력장을 얻기 때문이다.** Navier-Stokes 방정식은 그림 10-25에서 언급한 바와 같이 유동의 비회전 영역에서 미지수 ϕ와 P를 풀기 위해 필요한 두 번째 식이다.

비회전 유동 근사화를 Navier-Stokes 방정식(식 10-2)의 점성항에 적용하여 보자. ϕ가 유연함수이면 점성항은 식 (10-24)를 이용하여 다음과 같이 쓸 수 있다.

$$\mu\nabla^2\vec{V} = \mu\nabla^2(\vec{\nabla}\phi) = \mu\vec{\nabla}(\underbrace{\nabla^2\phi}_{0}) = 0$$

따라서 유동의 비회전 영역에서 Navier-Stokes 방정식은 **Euler 방정식**으로 줄어든다.

비회전 유동 영역의 경우:

$$\rho\left[\frac{\partial\vec{V}}{\partial t} + (\vec{V}\cdot\vec{\nabla})\vec{V}\right] = -\vec{\nabla}P + \rho\vec{g} \quad \textbf{(10-25)}$$

이러한 과정을 통하여 유동의 비점성 영역[식 (10-13)]에서 유도하였던 것과 똑같은 Euler 방정식을 얻었지만, 여기서 점성항의 경우는 **다른 이유**로 없어졌다. 즉, 유동영역이 비점성이어서가 아니라 비회전으로 가정되었기 때문이다(그림 10-26).

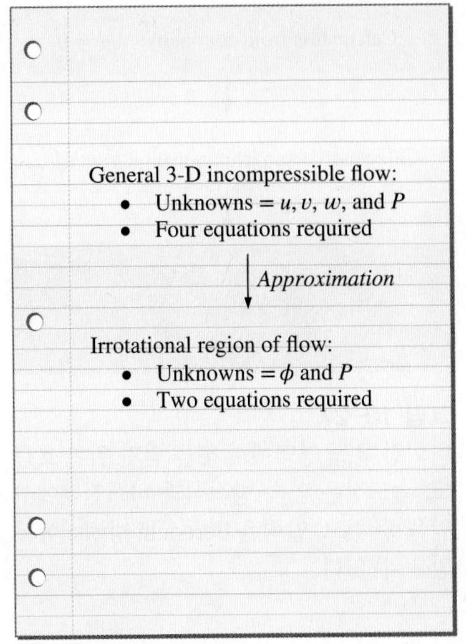

그림 10–25
비회전 유동 영역에서 속도 벡터의 세 개의 미지수는 **하나의** 스칼라 함수(속도 포텐셜 함수)로 통합될 수 있다.

비회전 유동 영역에서의 Bernoulli 방정식의 유도

10-4절에서는 Euler 방정식을 기반으로 비점성 유동 영역에 대해 유선을 따라 Bernoulli 방정식을 유도했다. 비슷한 방법으로 비회전 유동 영역에서 식 (10-25)를 이용하여 유도해 보자. 전에 사용했던[식 (10-14)] 동일한 벡터 항등식을 사용하여 Euler 방정식인 식 (10-15)의 다른 형태를 유도한다. 그러나 비회전 유동 영역[식 (10-19)]을 고려하기 때문에 와도벡터 $\vec{\zeta}$은 무시할 정도로 작다. 중력은 $-z$ 방향으로 작용하고 따라서 식 (10-17)은 다음과 같이 쓸 수 있다.

$$\vec{\nabla}\left(\frac{P}{\rho} + \frac{V^2}{2} + gz\right) = 0 \quad \textbf{(10-26)}$$

어떤 스칼라 양[식 (10-26)의 괄호 속에 있는 양]의 구배가 모든 곳에서 영이면 그 스칼라 양은 반드시 상수이다. 따라서 다음과 같은 비회전 유동 영역에서 Bernoulli 방정식이 얻어진다.

비회전 유동 영역에서의 정상 비압축성 **Bernoulli** 방정식:

$$\frac{P}{\rho} + \frac{V^2}{2} + gz = C = \text{모든 곳에서 상수} \quad \textbf{(10-27)}$$

식 (10-18)과 식 (10-27)을 서로 비교해 보자. 비점성 유동에서 Bernoulli 방정식은 유선을 따라 적용되고, Bernoulli 상수는 유선에 따라 변할 수 있다. 비회전 유동영역에서 Bernoulli 상수는 모든 곳에서 동일하다. 따라서 Bernoulli 방정식은 모든 비회전 유동 영역에서 유선에 상관없이 적용 가능하다. 따라서 **비회전 근사화는 비점성 근사화보다 더 제한적이다.**

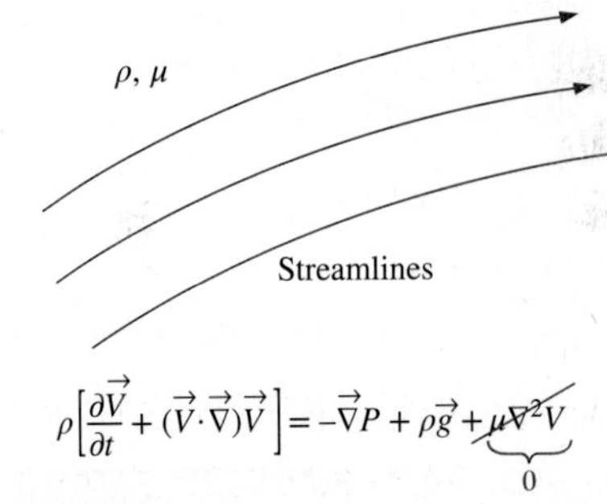

그림 10–26
비회전 유동 영역은 비회전 근사화로 순수 점성력이 관성력 그리고/또는 압력 힘에 비해 무시될 수 있는 영역을 말한다. 모든 비회전 유동 영역은 비점성이지만, 모든 비점성 영역이 다 비회전이지는 않다. 어느 경우에나 유체 자체는 점성을 갖는다.

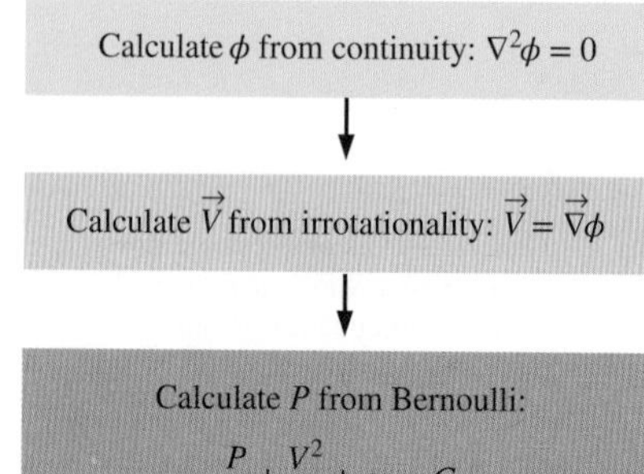
Calculate ϕ from continuity: $\nabla^2\phi = 0$
Calculate $\vec{V}$ from irrotationality: $\vec{V} = \vec{\nabla}\phi$
Calculate P from Bernoulli:
$\frac{P}{\rho} + \frac{V^2}{2} + gz = C$

그림 10-27
비회전 유동 영역에서 해를 얻기 위한 흐름도. 속도장은 연속 방정식과 비회전성에서 얻을 수 있고, 압력은 Bernoulli 방정식에서 얻을 수 있다.

비회전 유동과 관련된 식의 요약과 해석과정이 그림 10-27에 나와 있다. 비회전 유동 영역에서 속도장은 우선 속도 포텐셜 함수 ϕ에 대한 Laplace 방정식[식 (10-24]을 풀고 식 (10-21)을 적용하여 얻게 된다. Laplace 방정식을 풀기 위해서는 관심 대상의 유동장 모든 경계를 따라 ϕ에 대한 경계조건을 제공하여야 한다. 속도장이 알려지면 Bernoulli 방정식[식 (10-27)]이 압력장을 풀기 위하여 사용되고, Bernoulli 상수 C는 유동의 어느 지점의 P값에 대한 경계조건으로부터 얻어진다. 예제 10-4는 두 개의 분리된 영역들로 구성된 유동장에서의 상황을 보여주고 있는데, 즉 비점성인 회전 영역과 비점성인 비회전 영역이다.

예제 10-4 토네이도의 두 영역

토네이도(tornado)를 가로지르는 수평 단면적은 두 개의 서로 다른 영역으로 이루어져 있다(그림 10-28). **내부 중심**($0<r<R$)은 강체 회전, 즉 앞에서 논의한 것처럼 회전하지만 비점성 영역으로 볼 수 있다. **외부 영역**($r<R$)은 비회전 유동 영역으로 볼 수 있다. 유동은 $r\theta$ 평면에서 2차원이며, 속도장 $\vec{V}=(u_r, u_\theta)$의 성분은 다음과 같이 주어진다.

속도 성분:
$$u_r = 0 \qquad u_\theta = \begin{cases} \omega r & 0 < r < R \\ \dfrac{\omega R^2}{r} & r > R \end{cases} \tag{1}$$

여기서 ω는 내부 영역에서 각속도의 크기이다. 토네이도에서 멀리 떨어진 주위 압력은 P_∞와 같다. $0<r<\infty$에 대한 토네이도의 수평면의 압력장을 계산하라. $r=0$일 때 압력은 얼마인가? 압력장과 속도장을 그려라.

풀이 속도성분이 식 (1)로 근사화되는 반경방향에 따른 수평단면의 압력장을 계산한다. 또 $r=0$일 때 수평단면에서의 압력을 구한다.

가정 **1** 정상, 비압축성 유동이다. **2** 높이 z가 상승함에 따라 ω는 감소하고 R은 증가하지만 특정한 수평단면을 고려할 경우, R과 ω는 일정하다고 가정한다. **3** 수평단면의 유동은 $r\theta$ 평면에서 2차원(z와 속도의 w 성분과 무관)이다. **4** 특정 수평단면에서 중력의 영향은 무시한다(물론 추가적인 수정압력장이 z 방향으로 존재하지만, 앞에서 이야기한 바와 같이 유동 동역학에는 영향을 미치지 않는다).

해석 내부 영역에서는 Euler 방정식이 Navier-Stokes 방정식의 적합한 근사화이며, 압력장은 적분에 의하여 얻어진다. 예제 10-3으로부터 강체회전에 대해 다음 식이 성립한다.

내부 영역에서의 압력장 ($r<R$):
$$P = \rho\frac{\omega^2 r^2}{2} + P_0 \tag{2}$$

여기서 P_0는 $r_0=0$일 때 (미지의) 압력이고, 중력항은 무시되었다. 외부 영역은 비회전 영역이기 때문에 Bernoulli 방정식이 적합하고 Bernoulli 상수는 $R\leq r<\infty$인 모든 곳에서 동일하다. Bernoulli 상수는 토네이도에서 멀리 떨어진 경계조건을 적용하여 얻을 수 있다. 즉, $r\to\infty$, $u_\theta\to 0$이면 $P\to P_\infty$(그림 10-29)이다. 따라서 식 (10-27)은 다음과 같이 쓸 수 있다.

$$r\to\infty: \qquad \underbrace{\frac{P}{\rho}}_{P_\infty/\rho} + \underbrace{\frac{V^2}{2}}_{V\to 0 \text{ as } r\to\infty} + \underbrace{gz}_{\text{assumption 4}} = C \;\to\; C = \frac{P_\infty}{\rho} \tag{3}$$

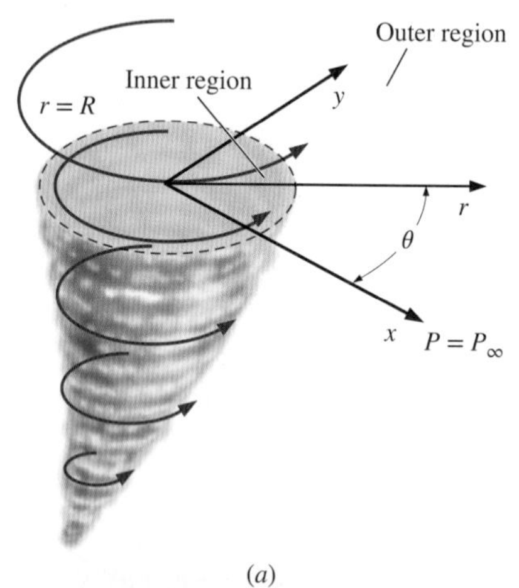
Outer region
Inner region
$r = R$
y
r
θ
x
$P = P_\infty$

(a)

(b)

그림 10-28
(a) 토네이도를 평면으로 자르면 두 영역으로 나눌 수 있다. 내부($r<R$)의 비점성, 회전 유동 영역과 외부($r>R$)의 비회전 유동 영역. (b) 내부 영역은 공기, 외부 영역은 물로 이루어진 욕조 와류
Photo (b) © Girish Kumar Rajan. Used by permission.

외부 영역에서의 압력장은, 중력을 무시하고 식 (3)에서 얻은 상수 C를 Bernoulli 방정식 식 (10-27)에 대입함으로써 얻을 수 있다.

외부 영역($r>R$): $$P = \rho C - \frac{1}{2}\rho V^2 = P_\infty - \frac{1}{2}\rho V^2 \quad \textbf{(4)}$$

여기서 $V^2 = u_\theta{}^2$이고 식 (1)의 u_θ를 대입하면 식 (4)는 다음과 같이 전개된다.

외부 영역에서의 압력장 ($r>R$): $$\boldsymbol{P = P_\infty - \frac{\rho}{2}\frac{\omega^2 R^4}{r^2}} \quad \textbf{(5)}$$

$r=R$은 외부 영역과 내부 영역의 연결점이며, 그림 10-30에서 나타난 바와 같이 압력은 그 점에서 연속이어야 한다(즉 P가 갑자기 크게 변하지 않는다). 따라서 식 (2)와 식 (5)를 같게 놓으면 다음 결과가 얻어진다.

$r=R$**일 때의 압력**: $$P_{r=R} = \rho\frac{\omega^2 R^2}{2} + P_0 = P_\infty - \frac{\rho}{2}\frac{\omega^2 R^4}{R^2} \quad \textbf{(6)}$$

여기서 P_0는 $r=0$에서의 압력이므로,

$r=0$**일 때의 압력**: $$P_0 = P_\infty - \rho\omega^2 R^2 \quad \textbf{(7)}$$

이다. 식 (7)에서 토네이도 중심(태풍의 눈)에서의 압력을 얻을 수 있다. 이는 유동장에서 가장 낮은 압력이다. 식 (7)을 식 (2)에 대입하여, 식 (2)를 멀리 떨어진 주위 압력 P_∞에 대하여 정리할 수 있다.

내부 영역에서 ($r<R$): $$\boldsymbol{P = P_\infty - \rho\omega^2\left(R^2 - \frac{r^2}{2}\right)} \quad \textbf{(8)}$$

수평단면에서 r의 함수로 P를 그리기보다는 **무차원** 압력분포를 그리면, 그 결과는 **다른** 수평단면에 대해서도 적용될 수 있다. 무차원 변수에 대한 결과는 다음과 같다.

내부영역($r<R$) : $$\frac{u_\theta}{\omega R} = \frac{r}{R} \qquad \frac{P - P_\infty}{\rho\omega^2 R^2} = \frac{1}{2}\left(\frac{r}{R}\right)^2 - 1$$

외부영역($r>R$): $$\frac{u_\theta}{\omega R} = \frac{R}{r} \qquad \frac{P - P_\infty}{\rho\omega^2 R^2} = -\frac{1}{2}\left(\frac{R}{r}\right)^2 \quad \textbf{(9)}$$

그림 10-31은 무차원화된 반경의 함수로써 무차원 접선속도와 무차원 압력을 나타내고 있다.

토의 외부 영역에서는 압력이 증가하면 속도는 감소한다. 이는 Bernoulli 방정식의 직접적인 결과로써 이때 **동일한** Bernoulli 상수가 적용된다. 이 외부 영역에 대하여 Bernoulli 방정식을 사용하지 않고 Euler 방정식을 바로 적분하는 방법으로 압력 P를 다시 구해 보기를 권한다. 동일한 결과를 얻을 수 있어야 한다. 내부 영역에서는 속도가 증가하더라도 r에 대하여 P는 포물선형으로 증가한다. 왜냐하면, Bernoulli 상수가 유선에 따라 변화하기 때문이다(이는 예제 10-3에 나타나 있다). 비록 $r/R=1$일 때 접선 속도의 구배가 불연속적일지라도 압력은 외부 영역과 내부 영역 사이에서 부드럽게 천이한다. 압력은 토네이도의 중심에서 가장 낮고, 멀리 떨어질수록 대기압에 접근한다(그림 10-32). 결론적으로 내부 영역에서 유동은 **회전이고** 점성은 아무런 역할을 하지 않기 때문에 **비점성**이다. 사실 내부영역은 외부영역과 다른 유체로 이루어질 수도 있다. 예를 들어 바닥의 구

Hint of the Day
Look to the far field. There you may find what you seek.

그림 10-29
이 문제에서 경계 조건을 얻을 수 있는 좋은 위치는 멀리 떨어진 곳이다. 이는 유체역학의 많은 문제에서 적용된다.

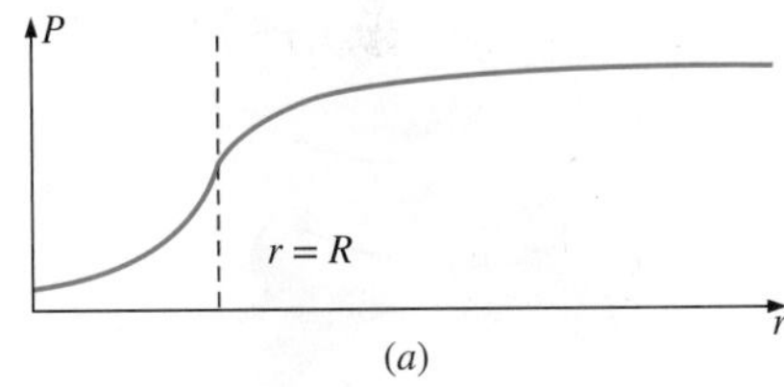

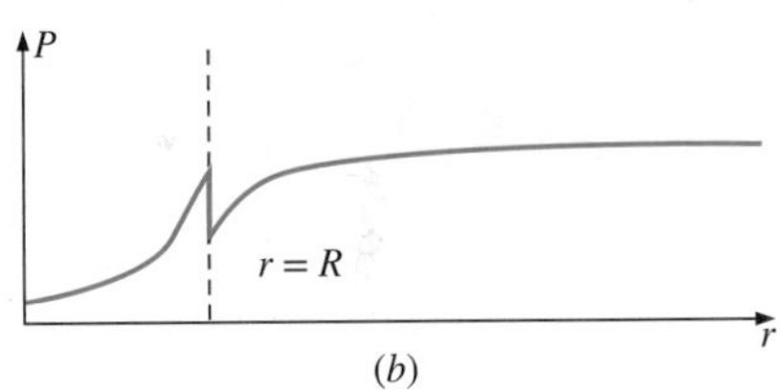

그림 10-30
토네이도의 현재 모델이 타당하려면, $r=R$인 지점에서 **기울기**가 불연속일 수는 있으나 그 값 자체의 불연속이 있어서는 안 된다. (*a*)는 타당하고, (*b*)는 타당하지 않다.

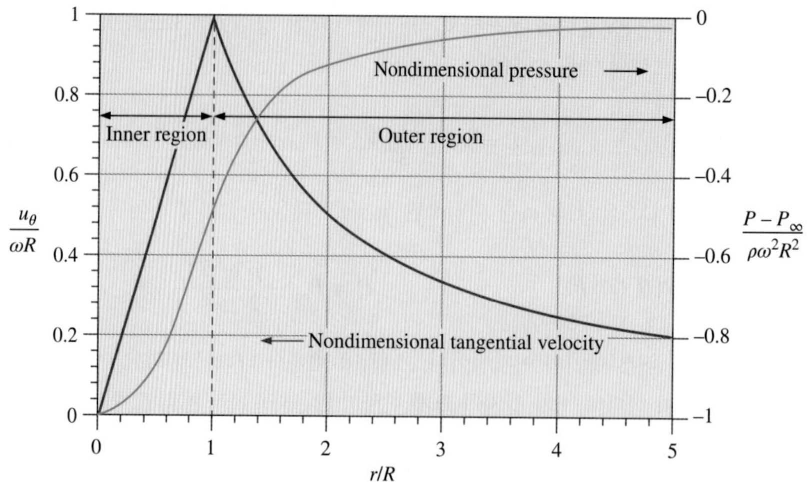

그림 10-31
토네이도를 관통하는 평면 반경방향의 무차원 접선 속도 분포(청색)와 무차원 압력 분포(흑색). 외부 영역과 내부 영역이 구분되어 있다.

그림 10-32
가장 낮은 압력은 토네이도의 중심에서 발생하고, 그 영역에서의 유동은 강체 회전으로 근사화될 수 있다.

> 멍을 통해 배수하는 물탱크는 종종 공기의 내부유동과 물인 외부유통으로 근사할 수 있는 욕조 와류(bathtub vortey)를 형성한다. 외부 영역에서 유동은 비회전이고 비점성이다. 그러나 주목할 점은 외부 영역에서 점성이 유체입자에 여전히 작용하고 있다는 것이다. (외부 영역에서 유체입자의 **순 점성력**은 영이 되더라도, 점성은 유체 입자의 전단과 뒤틀림을 야기한다.)

2차원 비회전 유동 영역

식 (10-24)와 (10-21)은 2차원과 3차원 비회전 유동 영역에 적용 가능하다. 속도 포텐셜 함수 ϕ에 대한 Laplace 방정식을 풀면 속도장을 얻을 수 있다. 만약 유동이 **2차원**이면, **유동 함수**의 사용이 가능하다(그림 10-33). 2차원 근사화는 *xy* 평면이나 직교좌표계에만 적용되는 것은 아니다. 사실 2차원성이란 가정은 두 방향 운동이 중요하고 세 번째 방향으로의 상태 변화가 없을 때 적용할 수 있다. 가장 흔한 예가 **평면유동**(평면에 수직인 방향으로의 변화를 무시하는 평면에서의 유동)과 **축대칭 유동**(어떤 축에 대하여 회전대칭 되는 유동)이다. 문제의 형상에 따라 직교좌표, 원통좌표, 또는 구좌표를 선택할 수 있다.

평면 비회전 유동 영역

가장 간단한 평면유동을 고려하자. 직교 좌표계(그림 10-34)의 *xy* 평면에서 정상, 비압축성, 평면, 비회전 유동에서 ϕ에 대한 Laplace 방정식은 다음과 같다.

$$\nabla^2\phi = \frac{\partial^2\phi}{\partial x^2} + \frac{\partial^2\phi}{\partial y^2} = 0 \tag{10-28}$$

비압축성 *xy* 평면유동에서 유동함수 ψ는 다음과 같다(9장 참조).

유동함수 :
$$u = \frac{\partial\psi}{\partial y} \qquad v = -\frac{\partial\psi}{\partial x} \tag{10-29}$$

식 (10-29)는 회전이든 비회전이든 상관없이 성립함에 유의하자. 사실 유동함수는 회전성과 상관없이 연속 방정식을 항상 만족하는 것으로 **정의된다.** 만약 **비회전** 영역 근사화로만 제한하면 식 (10-19) 또한 만족되어야 한다. 즉 와도는 영이거나 무시할 수 있을 만큼 작다. 일반적인 xy 평면의 2차원 유동에서 와도의 z 성분은 유일하게 영이 아닌 성분이 된다. 따라서 비회전 유동 영역에서 다음이 성립하고,

$$\zeta_z = \frac{\partial v}{\partial x} - \frac{\partial u}{\partial y} = 0$$

식 (10-29)를 여기에 대입하면 다음 식이 얻어진다.

$$\frac{\partial}{\partial x}\left(-\frac{\partial \psi}{\partial x}\right) - \frac{\partial}{\partial y}\left(\frac{\partial \psi}{\partial y}\right) = -\frac{\partial^2 \psi}{\partial x^2} - \frac{\partial^2 \psi}{\partial y^2} = 0$$

마지막 식을 Laplace 연산자로 표시하면 다음과 같다.

$$\nabla^2 \psi = \frac{\partial^2 \psi}{\partial x^2} + \frac{\partial^2 \psi}{\partial y^2} = 0 \tag{10-30}$$

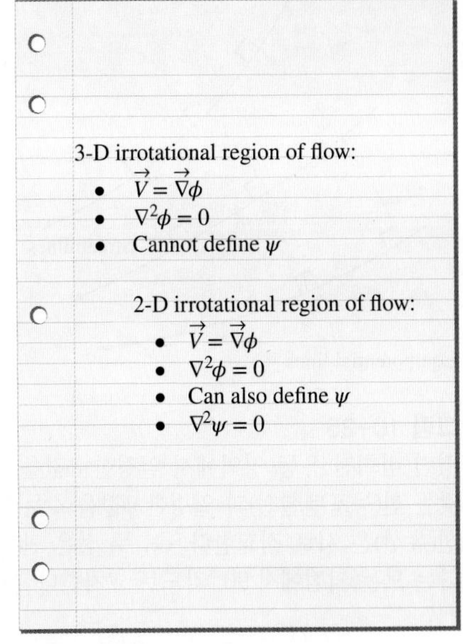

그림 10-33
2차원 유동은 3차원 유동의 한 **부분**이다. 2차원 유동 영역에서는 유동함수를 정의할 수 있지만 3차원 유동 영역에서는 그렇게 할 수 없다. 그러나 속도 포텐셜 함수는 어떠한 **비회전 유동 영역**에서도 정의할 수 있다.

결론적으로 Laplace 방정식은 정상 비압축성, 비회전, 평면 유동영역에서 ϕ뿐만 아니라 ψ에 대해서도 적용 가능하다.

일정한 값을 가지는 ψ의 곡선은 유동의 **유선**으로 정의되고 일정한 값을 가지는 ϕ의 곡선은 **등포텐셜 선**(equipopential lines)으로 정의된다. (몇몇 저자들은 **등포텐셜 선**이란 문구를 일정한 ϕ의 선으로 한정시키기보다는 유선과 함께 일정한 ϕ의 선 모두를 언급할 때 사용한다.) 평면 비회전 유동 영역에서는 유선이 등포텐셜 선과 직교하는데, 이를 **상호 직교성**(mutual orthogonality)이라 한다(그림 10-35). 또한 ϕ와 ψ는 서로 긴밀하게 관련되어 있는데, 즉 둘 다 Laplace 방정식을 만족시키며, ϕ나 ψ를 이용하여 속도장을 구할 수 있다. 수학적으로 ϕ와 ψ의 해를 **조화함수**(harmonic function), 각각의 ϕ와 ψ를 **조화공액**(harmonic conjugates)이라 부른다. 비록 ϕ와 ψ가 관련이 있지만, 그들의 근원은 다소 정반대다. ϕ와 ψ는 서로 **보완적**이라고 말하는 것이 가장 적합한 표현일 것이다.

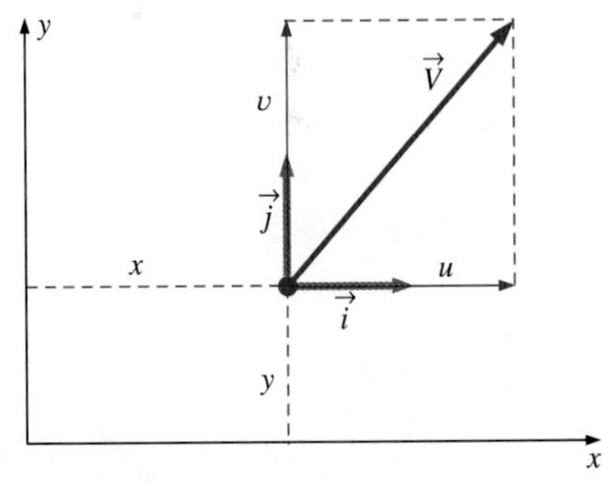

그림 10-34
xy평면의 평면 2차원 유동에 대한 직교좌표계에서의 속도 성분과 단위 벡터. 이 평면에 수직한 방향으로는 변화가 없다.

- **유동함수는 연속방정식에 의해 정의된다; ψ에 대한 Laplace 방정식은 비회전성으로부터 유도된다.**
- **속도 포텐셜은 비회전성에 의해 정의된다: ϕ에 대한 Laplace 방정식은 연속방정식으로부터 유도된다.**

실제 ϕ나 ψ를 이용하여 포텐셜 유동을 해석할 수 있다. 둘 중 어느 한 방법을 쓰더라도 같은 결과를 얻게 된다. 그러나 ψ에 관한 경계조건을 설정하기 쉽기 때문에 ψ를 이용하는 것이 더 편한 경우가 자주 있다.

xy평면에서의 평면유동은 그림 10-36에서 보는 바와 같이 원통형 좌표계(r, θ)와 (u_r, u_θ)로 나타낼 수 있다. 여기서 속도의 z성분이 없고 속도는 z방향으로 변하지 않는다. 원통 좌표계에서 Laplace 방정식은 다음과 같다.

Laplace 방정식, 평면유동(r, θ) :
$$\frac{1}{r}\frac{\partial}{\partial r}\left(r\frac{\partial \phi}{\partial r}\right) + \frac{1}{r^2}\frac{\partial^2 \phi}{\partial \theta^2} = 0 \tag{10-31}$$

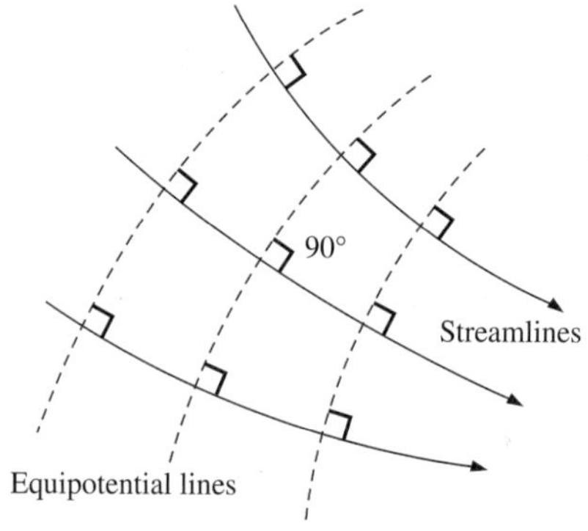

그림 10-35
평면 비회전 유동 영역에서 일정한 ϕ값을 갖는 선(등포텐셜선)과 일정한 ψ값을 갖는 선(유선)은 서로 직교한다. 즉, 두 선은 만나는 모든 지점에서 90° 각도로 교차한다.

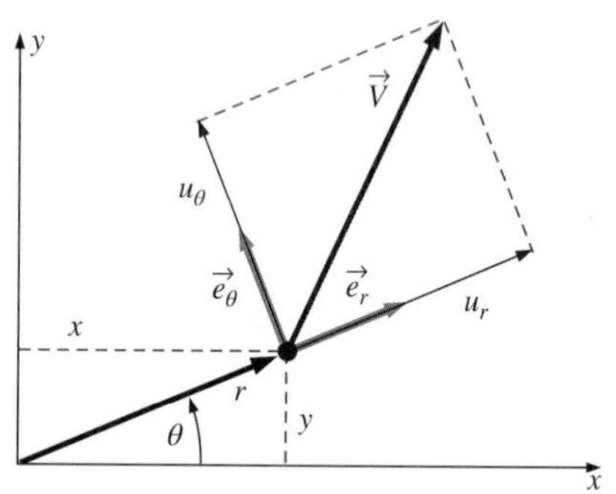

그림 10-36
$r\theta$평면의 평면 유동에 대한 원통형 좌표계에서의 속도 성분과 단위 벡터. 평면에 수직한 방향으로는 변화가 없다.

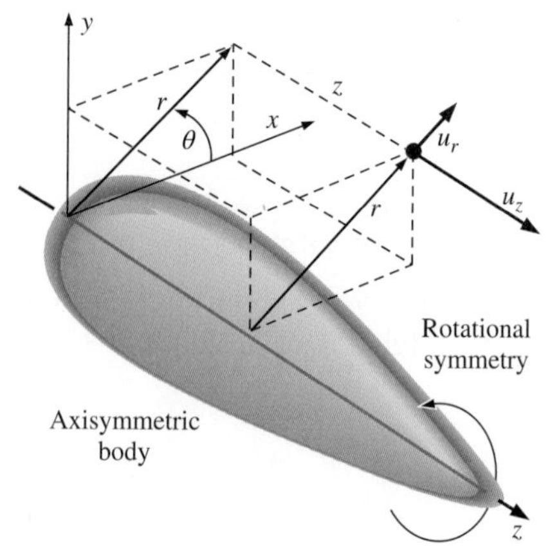

그림 10-37
z축에 대해 회전 대칭을 가지는 원통형 좌표계에서 축대칭 형상 주위 유동. 형상과 속도 모두 θ에 관계되지 않는다. 그리고 u_θ=0이다.

직교 좌표계에서 평면유동에 대한 유동함수 ψ은 식 (10-29)로 정의되고 비회전 조건으로 ψ가 Laplace 방정식을 만족하게 된다. 원통형 좌표계에서도 유사한 해석이 가능한데, 9장의 내용으로 다음을 얻을 수 있다.

유동함수: $$u_r = \frac{1}{r}\frac{\partial \psi}{\partial \theta} \qquad u_\theta = -\frac{\partial \psi}{\partial r} \tag{10-32}$$

원통형 좌표계의 2차원 평면 비회전 유동 영역에서 식 (10-32)로 정의된 유동함수가 Laplace 방정식을 만족함을 직접 유도해 보기 바란다. [식 (10-31)에 나타난 ϕ를 ψ로 바꾸어 유동함수에 대한 Laplace 방정식을 유도해 보라.]

축대칭 비회전 유동 영역

축대칭 유동은 원통좌표계나 구좌표계에서 기술되는 2차원 유동의 특별한 경우이다. 원통 좌표계에서 r과 z가 일반적으로 적합한 좌표변수이고, 따라서 u_r과 u_z이 영이 아닌 속도 성분이다(그림 10-37). 회전 대칭은 z축에 대하여 정의되므로, 각도 θ에 대하여 독립적이다. 따라서 오직 두 개의 독립 좌표변수 r, z만이 있는 2차원 유동의 형태이다. (그림 10-37에서 회전하는 반경성분 r을 생각해 보자. r의 크기 변화 없이 z축에 대하여 θ방향으로 회전하는 것을 생각해 보자.) z축에 대한 회전대칭으로, 속도성분 u_r과 u_z의 크기는 회전을 하여도 변하지 않는다. 원통형 좌표계에서 축대칭 비회전 유동의 경우에 대한 속도 포텐셜 ϕ의 Laplace 방정식은 다음과 같다.

$$\frac{1}{r}\frac{\partial}{\partial r}\left(r\frac{\partial \phi}{\partial r}\right) + \frac{\partial^2 \phi}{\partial z^2} = 0$$

축대칭 유동에 대한 유동함수의 형태를 얻기 위해서 r, z축에 비압축성 연속방정식을 적용하고,

$$\frac{1}{r}\frac{\partial}{\partial r}(ru_r) + \frac{\partial u_z}{\partial z} = 0 \tag{10-33}$$

계산을 하고 나면, 식 (10-33)을 만족하는 다음과 같은 유동함수를 정의할 수 있다.

유동함수: $$u_r = -\frac{1}{r}\frac{\partial \psi}{\partial z} \qquad u_z = \frac{1}{r}\frac{\partial \psi}{\partial r}$$

평면 유동에서도 동일과정을 반복하면, 와도를 영으로 할 때 축대칭 비회전 유동 영역의 ψ에 대한 식을 얻을 수 있다. 이 경우 속도벡터가 항상 rz 평면에만 있기 때문에 와도는 θ성분만 존재한다. 따라서 비회전 유동 영역에서 다음 식이 성립한다.

$$\frac{\partial u_r}{\partial z} - \frac{\partial u_z}{\partial r} = \frac{\partial}{\partial z}\left(-\frac{1}{r}\frac{\partial \psi}{\partial z}\right) - \frac{\partial}{\partial r}\left(\frac{1}{r}\frac{\partial \psi}{\partial r}\right) = 0$$

z 도함수에서 r을 빼내면(r은 z의 함수가 아니기 때문에) 다음을 얻는다.

$$r\frac{\partial}{\partial r}\left(\frac{1}{r}\frac{\partial \psi}{\partial r}\right) + \frac{\partial^2 \psi}{\partial z^2} = 0 \tag{10-34}$$

식 (10-34)는 ψ에 대한 Laplace 방정식과는 **다름**에 유의하라. 축대칭 비회전 유동 영

역에서는 유동함수에 대한 Laplace 방정식을 쓸 수 없다(그림 10-38).

평면 비회전 유동 영역에서 Laplace방정식은 ψ, ϕ에 대해 모두 타당하다. 그러나 축대칭 비회전 유동 영역에서는 Laplace 방정식은 ϕ에 대해서는 타당하지만, ψ에 대해서는 타당하지 않다.

위 서술로부터 축대칭 비회전 유동 영역에서는 ϕ가 일정한 곡선과 ψ가 일정한 곡선은 서로 직교하지 않게 된다. 이 점이 평면과 축대칭 유동의 근본적인 차이이다. 마지막으로 식 (10-34)는 Laplace 방정식과 같지는 않지만, 여전히 **선형** 편미분 방정식이다. 이로 인하여 축대칭 비회전 유동 영역의 유동장을 풀 때 ϕ나 ψ의 중첩(superposition) 기법을 사용할 수 있다. 중첩에 대하여서는 곧 논의된다.

CAUTION!
LAPLACE EQUATION
NOT AVAILABLE FOR
STREAM FUNCTION IN
AXISYMMETRIC FLOW

그림 10-38
축대칭 비회전 유동(식 10-34)에서 유동함수의 방정식은 Laplace 방정식이 **아니다**.

2차원 비회전 유동 영역의 요약

평면과 축대칭 비회전 유동 영역의 속도성분에 대한 식들이 표 10-2에 요약되어 있다.

표 10-2
다양한 좌표계에 대한 정상, 비압축성, 비회전 2차원 유동 영역의 속도 포텐셜 함수와 유동

Description and Coordinate System	Velocity Component 1	Velocity Component 2
Planar; Cartesian coordinates	$u = \dfrac{\partial \phi}{\partial x} = \dfrac{\partial \psi}{\partial y}$	$v = \dfrac{\partial \phi}{\partial y} = -\dfrac{\partial \psi}{\partial x}$
Planar; cylindrical coordinates	$u_r = \dfrac{\partial \phi}{\partial r} = -\dfrac{1}{r}\dfrac{\partial \psi}{\partial z}$	$u_\theta = \dfrac{1}{r}\dfrac{\partial \phi}{\partial \theta} = -\dfrac{\partial \psi}{\partial r}$
Axisymmetric; cylindrical coordinates	$u_r = \dfrac{\partial \phi}{\partial r} = -\dfrac{1}{r}\dfrac{\partial \psi}{\partial z}$	$u_z = \dfrac{\partial \phi}{\partial z} = \dfrac{1}{r}\dfrac{\partial \psi}{\partial r}$

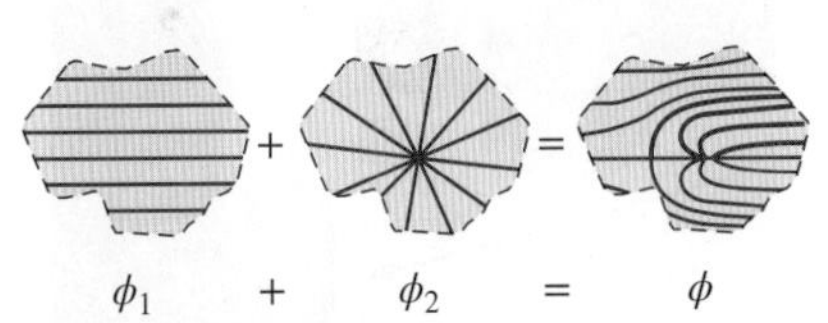

그림 10-39
중첩은 두 개 혹은 그 이상의 비회전 유동의 해를 조합하여 제3의 더 복잡한 새로운 해를 만드는 과정이다.

비회전 유동 영역에서의 중첩

Laplace 방정식은 **선형** 동차(homogeneous) 미분 방정식이기 때문에 두 개 이상 해의 선형 결합 역시 해가 된다. 예를 들어 ϕ_1과 ϕ_2가 Laplace 방정식의 각각 해라면 A, B, C가 임의의 상수일 때 $A\phi_1+B\phi_2+C$ 또한 해가 된다. 이를 확장하면, Laplace 방정식의 **몇몇** 해의 결합 역시 해가 된다. 비회전 유동 영역이 두 가지 혹은 그 이상의 또 다른 비회전 유동장의 합으로 구성되어 있다면, 즉 자유흐름 유동 가운데 소스(source)가 위치한 경우, 각각의 유동에 대한 속도 포텐셜 함수를 합하여 결합된 유동장을 나타낼 수 있다. 이렇듯 둘 이상의 해를 결합하여 보다 복잡한 제3의 해를 만드는 과정을 **중첩**이라 한다(그림 10-39).

2차원 비회전 유동 영역의 경우에 속도 포텐셜 함수보다는 **유동함수**를 이용하여 비슷한 해석을 할 수 있다. 중첩의 개념은 매우 유용하지만, ϕ와 ψ에 대한 식이 **선형**인 경우의 **비회전** 유동장에서만 타당함을 강조한다. 벡터 합을 하고자 하는 두 개의 유동장이 모두 비회전이어야 함에 주의하여야 한다. 예를 들어 제트에 대한 유동장이 입구유동이나 자유흐름 유동에 더해질 수는 없다. 왜냐하면 제트와 관련된 유동장은 점성에 의해 강한 영향을 받고 비회전이 아니며 따라서 포텐셜 함수로써 나타낼 수 없다.

또한 합쳐진 유동장에 대한 포텐셜 함수는 각각 유동에 대한 포텐셜 함수의 합이기 때문에, 이렇게 합쳐진 유동장 내 임의의 한 점에서의 속도는 각각 독립된 유동장의 속도의 **벡터 합**이 된다. 직교좌표계에서 각각 독립된 평면 비회전 유동장을 하첨자 1, 2로 놓고 이를 증명하여 보자. 합쳐진 속도 포텐셜 함수는 다음과 같이 주어진다.

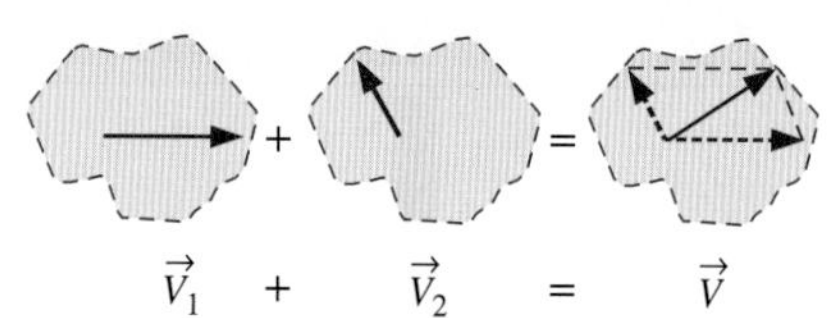

그림 10–40
두 개의 비회전 유동 해의 중첩에서, 유동 내의 임의의 지점에서 두 개의 속도 벡터는 벡터합을 통해 그 지점에서의 합성 속도를 산출한다.

두 개의 비회전 유동장의 중첩: $$\phi = \phi_1 + \phi_2$$

표 10-2에 나타난 직교 좌표계 평면 비회전 유동에 관한 식을 이용하면 합쳐진 유동에 대한 x방향 속도성분은 다음과 같이 나타난다.

$$u = \frac{\partial \phi}{\partial x} = \frac{\partial(\phi_1 + \phi_2)}{\partial x} = \frac{\partial \phi_1}{\partial x} + \frac{\partial \phi_2}{\partial x} = u_1 + u_2$$

v에 대해서도 마찬가지이다. 따라서 중첩을 통하여 합쳐진 유동장의 임의 위치에서의 속도는 각각 독립된 유동장의 동일 위치에서의 속도를 벡터적으로 간단히 합하여 얻을 수 있다(그림 10-40).

중첩으로 합쳐진 속도장: $$\vec{V} = \vec{V}_1 + \vec{V}_2 \qquad \textbf{(10-35)}$$

기본적인 평면 비회전 유동

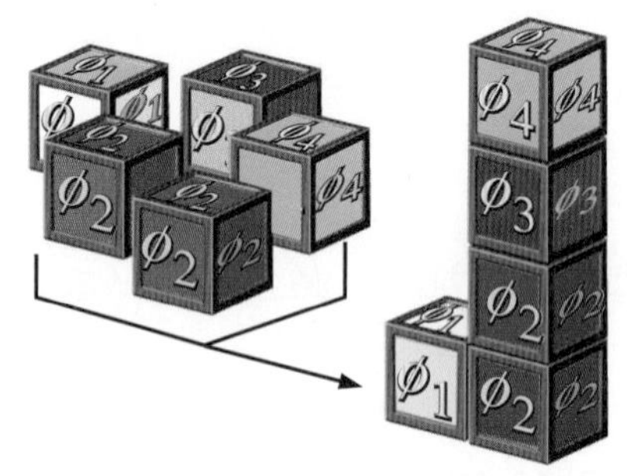

그림 10–41
기본적인 비회전 유동을 더하는 중첩으로 복잡한 비회전 유동장을 만들 수 있다.

중첩은 두 개 이상의 간단한 비회전 유동의 해를 더해서 더 복잡한(희망컨대, 물리적으로 더욱 의미 있는) 유동장을 만들 수 있다. 기본 **블록 쌓기** 형식을 빌려 다양한 실제 유동을 만들어 보자(그림 10-41). 기본적인 평면 비회전 유동은 특정 유동에 편리하도록 xy와 $r\theta$ 좌표계로 기술된다.

블록 쌓기 1 – 균일흐름

생각할 수 있는 가장 간단한 블록 쌓기 유동은 x 방향(왼쪽에서 오른쪽)으로 일정한 속도 V로 움직이는 유동의 **균일흐름**(uniform stream)이다. 이러한 유동의 속도를 속도 포텐셜과 유동함수로 나타내면 다음과 같다.

균일흐름 : $$u = \frac{\partial \phi}{\partial x} = \frac{\partial \psi}{\partial y} = V \qquad v = \frac{\partial \phi}{\partial y} = -\frac{\partial \psi}{\partial x} = 0$$

x에 대하여 첫째 항들을 적분하고, 후에 y에 관하여 이 결과를 미분하면, 균일흐름의 속도 포텐셜 함수의 형태를 얻을 수 있다.

$$\phi = Vx + f(y) \quad \rightarrow \quad v = \frac{\partial \phi}{\partial y} = f'(y) = 0 \quad \rightarrow \quad f(y) = \text{일정}$$

속도 성분은 항상 ϕ의 도함수이기 때문에 상수는 임의의 상수이다. 상수를 우선 영으로 하고, 나중에 원한다면 임의의 상수를 항상 첨가할 수 있다. 따라서 다음이 성립한다.

균일흐름의 속도 포텐셜 함수: $\phi = Vx$ **(10-36)**

비슷한 방법으로 이러한 균일흐름에 대한 유동함수의 형태를 다음과 같이 얻을 수 있다.

균일흐름의 유동함수: $\psi = Vy$ **(10-37)**

그림 10-42에 균일흐름의 유선과 등포텐셜 선이 나타나 있으며 상호 직교함에 유의하라.

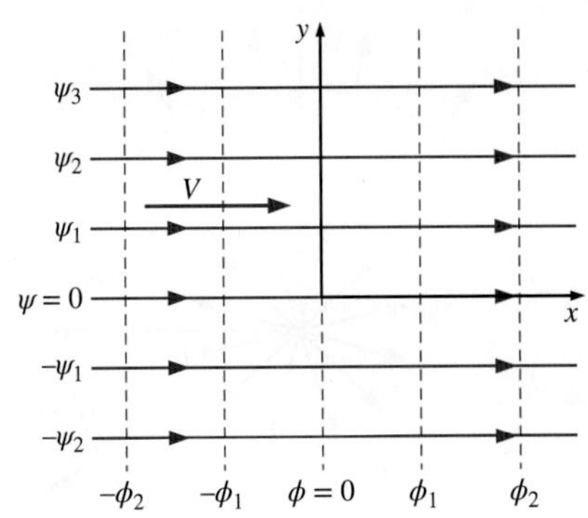

그림 10–42
x방향의 균일흐름에 대한 유선(실선)과 등포텐셜선(점선).

유동함수와 속도 포텐셜 함수를 나타낼 때 직교 좌표계보다 원통형 좌표계가 편리한 경우가 종종 있다. 특히 다른 평면 비회전 유동과 균일흐름이 중첩될 때 더욱 그렇다. 그림 10-36에서 다음과 같은 관계가 성립한다.

$$x = r\cos\theta \quad y = r\sin\theta \quad r = \sqrt{x^2 + y^2} \tag{10-38}$$

식 (10-38)과 삼각함수 계산을 이용하면 다음과 같은 원통좌표계의 u와 v의 관계식을 유도할 수 있다.

변환: $u = u_r\cos\theta - u_\theta\sin\theta \quad v = u_r\sin\theta + u_\theta\cos\theta$ **(10-39)**

따라서 원통좌표계에서 ϕ와 ψ에 대한 식 (10-36)과 (10-37)은 다음과 같이 된다.

균일흐름: $\phi = Vr\cos\theta, \quad \psi = Vr\sin\theta$ **(10-40)**

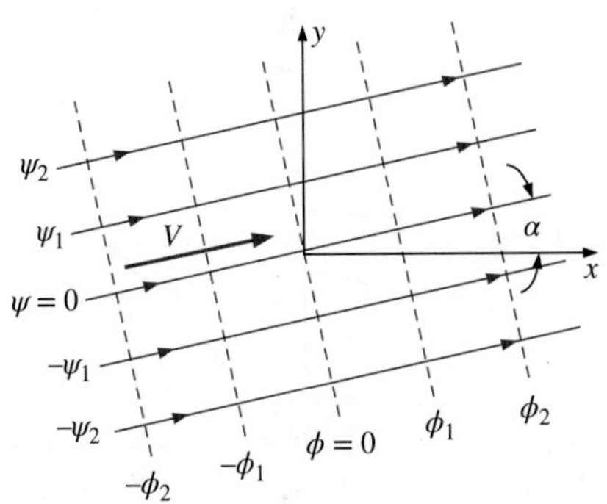

그림 10–43
각도 α방향의 균일흐름에 대한 유선(실선)과 등포텐셜선(점선).

위의 균일흐름을 수정하여 x축에 대하여 α의 경사를 가지며 V의 속도로 유체가 균일하게 흐르는 경우를 생각해 보자. 이 경우 그림 10-43에서 나타난 바와 같이 $u = V\cos\alpha$, $v = V\sin\alpha$이다. α 각도의 균일흐름에 대한 속도 포텐셜 함수와 유동함수가 다음과 같이 되는 것을 직접 유도하여 보기 바란다.

각도 α를 가지는 균일흐름 : $\phi = V(x\cos\alpha + y\sin\alpha)$ **(10-41)**

$\psi = V(y\cos\alpha - x\sin\alpha)$

필요한 경우 식 (10-41)은 식 (10-38)을 사용하여 원통좌표계로 쉽게 변환된다.

블록 쌓기 2 – 선 소스와 선 싱크

두 번째로 언급할 블록 쌓기 유동은 선 소스(line source)이다. 선에서 수직한 모든 방향으로 유체가 합쳐졌다 일정하게 선이 수직 바깥방향으로 흘러나가는 z축과 평행한 길이 L의 선을 생각해 보자(그림 10-44). 총 체적유량은 $\dot{V}$이다. 길이 L인 선이 무한대로 감에 따라 유동은 선에 수직한 평면에서 2차원 유동이 되는데, 유체가 빠져나오는 이 선을 **선 소스**라고 부른다. 무한대 선에서 $\dot{V}$ 역시 무한대로 다가간다. 그러므로 **단위 깊이당 체적유량** $\dot{V}/L$을 고려하는 것이 훨씬 편리하며, 이를 **선 소스 강도**라고 부른다(때때로 기호 m으로 표시).

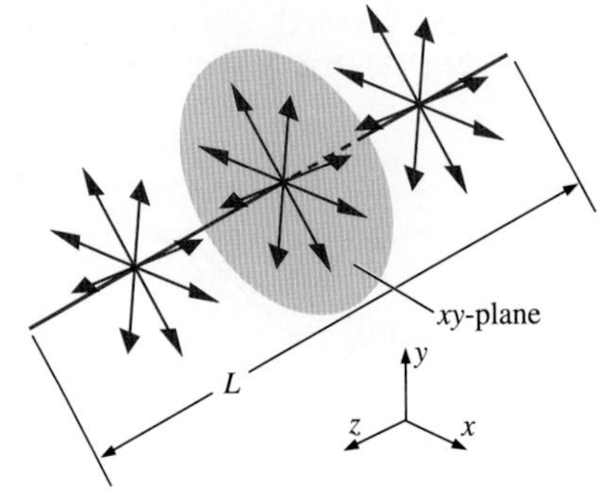

그림 10–44
유체는 길이 L의 유한한 구간으로부터 일정하게 유출된다. L이 무한하게 다가갈수록 유동은 선 소스가 되고, 이때 xy평면은 소스 축의 수직방향이다.

선 싱크(line sink)는 선 소스와 반대개념이다. 선 싱크는 축으로부터 면에 수직인 모든 방향으로부터 유체가 흘러 들어간다. 말하자면 양의 $\dot{V}/L$은 선 소스이고, 음의 $\dot{V}/L$는 선 싱크이다.

가장 간단한 경우는 선이 z축과 나란하고 xy 평면의 원점에 선 소스가 위치할 경

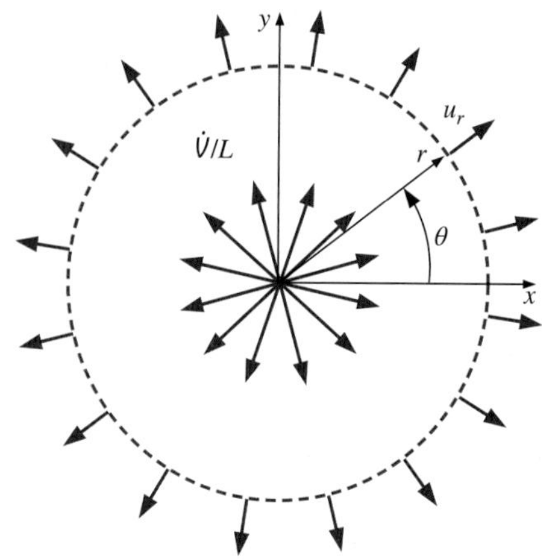

그림 10–45
강도 $\dot{V}/L$을 가지는 xy평면 원점에 위치한 선 소스. 임의의 반경 r의 원을 통한 단위 깊이당 체적유량은 r의 값과 상관없이 $\dot{V}/L$과 같다.

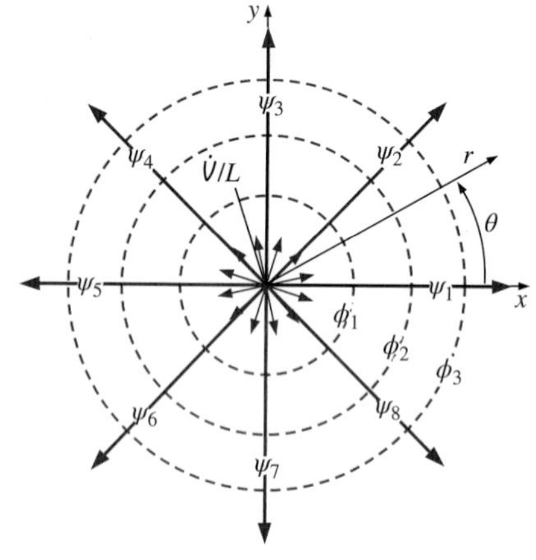

그림 10–46
xy평면의 원점에 위치한 강도 $\dot{V}/L$을 갖는 선 소스의 유선(실선)과 등포텐셜선(점선).

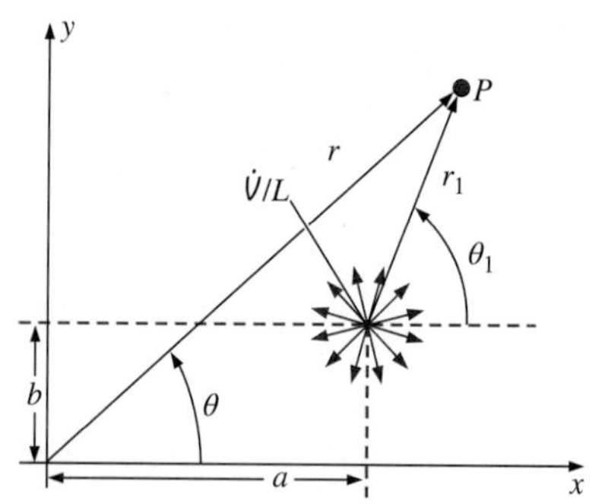

그림 10–47
xy평면의 임의의 점 (a, b)에 위치한 강도 $\dot{V}/L$을 갖는 선 소스.

우이다. xy 평면에서 선 소스는 원점에서 점과 같이 보이며 유체가 평면 내 바깥쪽으로 흐른다(그림 10-45). 선 소스로부터 반경방향으로 r만큼 떨어진 위치에서 반경방향 속도 u_r은 질량보존으로부터 구한다. 즉 선 소스로부터 모든 단위 깊이당 체적유량은 반경 r로 정의되는 원을 통과하여야 한다. 따라서 다음 식이 성립한다.

$$\frac{\dot{V}}{L} = 2\pi r u_r \qquad u_r = \frac{\dot{V}/L}{2\pi r} \tag{10-42}$$

명확하게 u_r은 예측한 바와 같이 r이 증가함에 따라 감소한다. 원점 $r=0$에서 식 (10-42)의 분모가 영이 되므로 u_r이 무한대가 된다. 이를 **특이점**(singular point) 또는 **특이성**(singularity)이라 한다. 이는 물리적으로 가능하지 않지만, 평면 비회전 유동은 **근사화**라는 것을 기억해야 하며, 선 소스는 평면 비회전 유동의 중첩과정에서 여전히 유용하다. 선 소스의 중심 근방에 있는 그 외의 유동을 적절히 중첩에 사용하면 실제 유동의 비회전 유동 영역을 적절히 나타낼 수 있다.

강도 $\dot{V}/L$인 선 소스에 대한 속도 포텐셜 함수와 유동함수를 구하여 보자. 원통좌표계를 사용하며, u_r에 관한 식 (10-42)과 u_θ가 모든 곳에서 영이라는 사실을 이용한다. 표 10-2를 이용하면 속도성분은 다음과 같이 나타난다.

선 소스: $$u_r = \frac{\partial \phi}{\partial r} = \frac{1}{r}\frac{\partial \psi}{\partial \theta} = \frac{\dot{V}/L}{2\pi r} \qquad u_\theta = \frac{1}{r}\frac{\partial \phi}{\partial \theta} = -\frac{\partial \psi}{\partial r} = 0$$

유동함수를 만들기 위해 위 식 중 임의의 하나를 골라(두 번째를 선택하자) r에 대하여 적분한 다음, 변수 θ에 대해 미분하면 다음 결과가 얻어진다.

$$\frac{\partial \psi}{\partial r} = -u_\theta = 0 \quad \rightarrow \quad \psi = f(\theta) \quad \rightarrow \quad \frac{\partial \psi}{\partial \theta} = f'(\theta) = r u_r = \frac{\dot{V}/L}{2\pi}$$

이를 적분하면 다음 식이 얻어진다.

$$f(\theta) = \frac{\dot{V}/L}{2\pi}\theta + \text{상수}$$

여기서 임의의 적분상수를 영으로 놓았는데, 나중에 임의의 상수를 더하여도 유동변화는 없다. ϕ에 대해 유사한 해석을 하면 원점에 놓인 선 소스에 대하여 다음 식을 얻을 수가 있다.

원점에서의 선 소스 : $$\phi = \frac{\dot{V}/L}{2\pi}\ln r, \quad \psi = \frac{\dot{V}/L}{2\pi}\theta \tag{10-43}$$

선 소스의 몇몇 유선과 등포텐셜 선 그림 10-46에 나타나 있다. 예상한 바와 같이 유선은 빛줄기(rays)와 같은 **방사형**(θ가 일정한 선)으로 등포텐셜 선은 **원**(r이 일정한 선)으로 나타난다. 유선과 등포텐셜 선은 특이점(원점)을 제외한 모든 곳에서 직교한다.

선 소스를 원점 이외의 점에 위치시킬 경우에는 식 (10-43)을 주의 깊게 변환해야 한다. 그림 10-47은 xy 평면의 임의의 점(a, b)에 위치한 소스를 나타내고 있다. 소스의 원점에서 r_1만큼 떨어진 점을 P라 하고 이때 P의 위치는 (x, y) 또는 (r, θ)이다. 유사하게 소스와 P 사이의 각도를 θ_1으로 정의하자(x축으로 수평한 선으로부터 측정).

이제 소스의 원점은 절대위치 (a, b)이며, 이때 r과 θ가 각각 r_1과 θ_1로 바뀌면 ϕ와 ψ에 대한 식 (10-43)을 여전히 사용할 수 있다. 삼각함수 계산으로 r_1과 θ_1을 다시 (x, y) 혹은 (r, θ)로 변환시킬 수 있는데, 직교좌표계에서 예를 들면 다음과 같다.

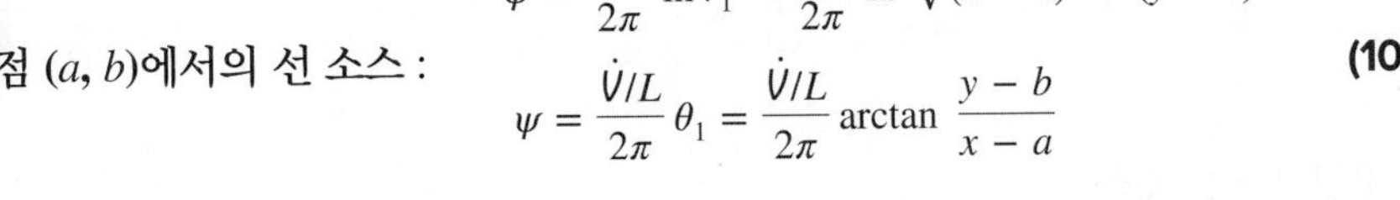

점 (a, b)에서의 선 소스 :
$$\phi = \frac{\dot{V}/L}{2\pi}\ln r_1 = \frac{\dot{V}/L}{2\pi}\ln\sqrt{(x-a)^2+(y-b)^2}$$
$$\psi = \frac{\dot{V}/L}{2\pi}\theta_1 = \frac{\dot{V}/L}{2\pi}\arctan\frac{y-b}{x-a} \qquad \textbf{(10-44)}$$

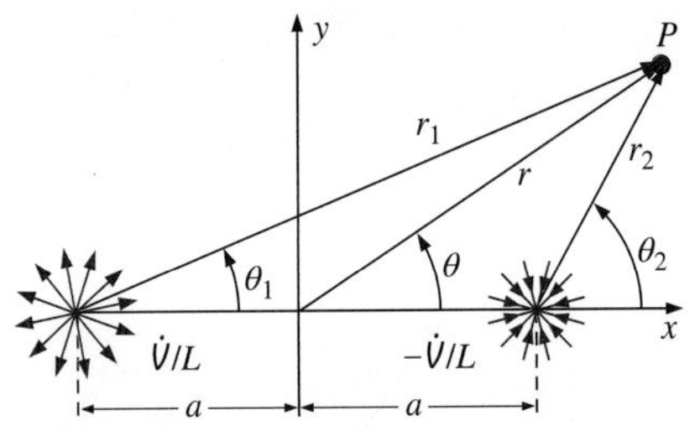

그림 10-48
$(-a, 0)$에서 $\dot{V}/L$의 강도를 갖는 선 소스와 $(a, 0)$에서 강도 $-\dot{V}/L$을 갖는 선 싱크의 중첩.

예제 10-5 동일 강도의 소스와 싱크의 중첩

그림 10-48에 나타난 것처럼 중심이 $(-a, 0)$이고 강도가 $\dot{V}/L$인 선 소스와 같은 강도로 부호가 다른 중심이 $(a, 0)$인 선 싱크로 구성된 비회전 유동장을 고려해 보자. 유동함수를 직교좌표계와 원통좌표계로 나타내라.

풀이 소스와 싱크를 중첩하고, 직교좌표계와 원통좌표계에서의 ψ에 대한 식을 구한다.

가정 식 (10-44)를 이용하여 소스와 싱크에 대한 ψ 식을 다음과 같이 각각 얻는다.

선 소스 $(-a, 0)$:
$$\psi_1 = \frac{\dot{V}/L}{2\pi}\theta_1 \quad \text{여기서,} \quad \theta_1 = \arctan\frac{y}{x+a} \qquad \textbf{(1)}$$

선 싱크 $(a, 0)$:
$$\psi_2 = \frac{-\dot{V}/L}{2\pi}\theta_2 \quad \text{여기서,} \quad \theta_2 = \arctan\frac{y}{x-a} \qquad \textbf{(2)}$$

식 (1), (2)에 나타난 두 유동함수를 더하여 합쳐진 경우의 유동함수를 다음과 같이 얻는다.

유동함수의 합:
$$\psi = \psi_1 + \psi_2 = \frac{\dot{V}/L}{2\pi}(\theta_1 - \theta_2) \qquad \textbf{(3)}$$

식 (3)을 간단히 하고, 양변에 탄젠트를 취하면 다음을 얻는다.

$$\tan\frac{2\pi\psi}{\dot{V}/L} = \tan(\theta_1 - \theta_2) = \frac{\tan\theta_1 - \tan\theta_2}{1 + \tan\theta_1\tan\theta_2} \qquad \textbf{(4)}$$

여기서 그림 10-49의 삼각함수 공식을 이용하였다.
식 1과 2에서 θ_1과 θ_2에 대한 표현을 바꾸면 다음 결과가 얻어진다.

$$\tan\frac{2\pi\psi}{\dot{V}/L} = \frac{\dfrac{y}{x+a} - \dfrac{y}{x-a}}{1 + \dfrac{y}{x+a}\dfrac{y}{x-a}} = \frac{-2ay}{x^2+y^2-a^2}$$

또는 양변에 아크탄젠트를 취하면 다음 결과가 얻어진다.

직교좌표계에서의 최종형태 :
$$\boldsymbol{\psi = \frac{-\dot{V}/L}{2\pi}\arctan\frac{2ay}{x^2+y^2-a^2}} \qquad \textbf{(5)}$$

식 (10-38)을 이용하면 원통좌표계로 변환될 수 있다.

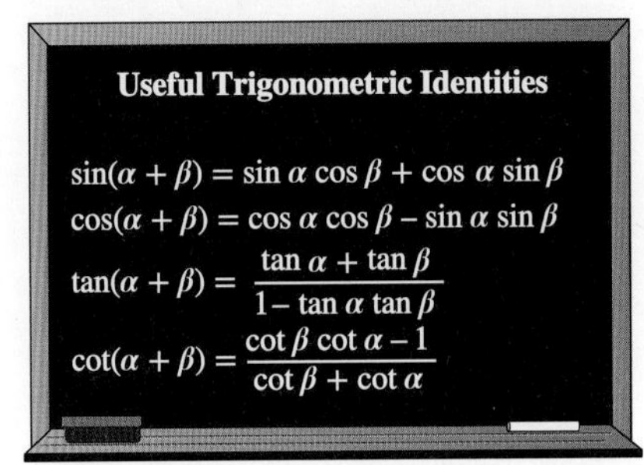

그림 10-49
유용한 삼각함수 관계식.

원통좌표계에서의 최종형태 : $$\psi = \frac{-\dot{V}/L}{2\pi}\arctan\frac{2ar\sin\theta}{r^2 - a^2} \quad (6)$$

토의 만약 소스와 싱크의 위치를 서로 바꾼다면, 소스 강도 $\dot{V}/L$에서 음의 부호가 사라지는 것을 제외하고는 같은 결과가 얻어진다.

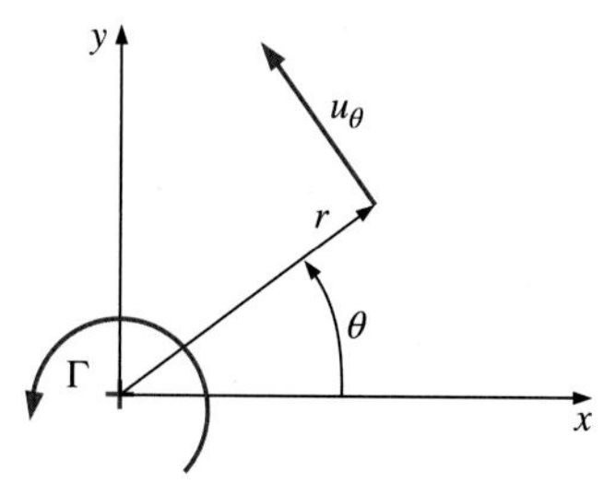

그림 10-50
*xy*평면의 원점에 위치한 Γ의 강도를 갖는 선 와류.

블록 쌓기 3 – 선 와동

세 번째로 언급할 기초유동은 *z*축에 수평한 **선 와류**(line vortex)이다. 앞에서와 마찬가지로 선 와류가 원점에 있는 간단한 경우부터 시작해 보자(그림 10-50). 편의를 위해 원통좌표계를 사용한다. 속도 성분은 다음과 같다.

선 와동 : $$u_r = \frac{\partial\psi}{\partial r} = \frac{1}{r}\frac{\partial\psi}{\partial\theta} = 0 \qquad u_\theta = \frac{1}{r}\frac{\partial\phi}{\partial\theta} = -\frac{\partial\psi}{\partial r} = \frac{\Gamma}{2\pi r} \quad \textbf{(10-45)}$$

여기서 Γ는 **와류 강도**(vortex strength), 혹은 **순환**(circulation)이라 한다. 수학에서 표준규약에 의하면, 양의 Γ는 반시계 방향의 와류를 나타내고, 음의 Γ는 시계방향의 와류를 나타낸다. 유동함수와 속도 포텐셜 함수에 대한 식을 얻기 위해 식 (10-45)의 왼쪽 항을 적분하여 보자.

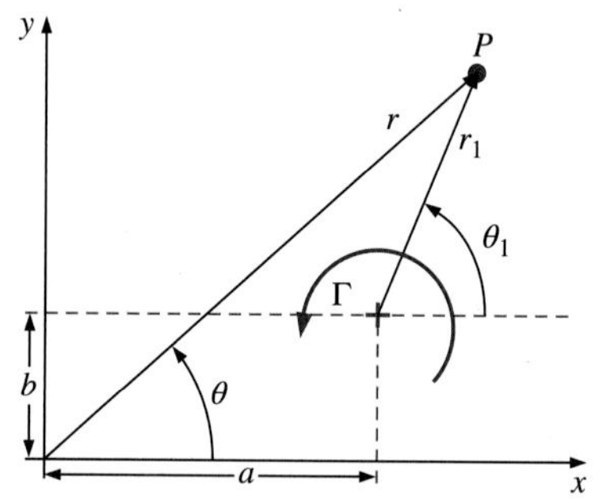

그림 10-51
*xy*평면의 임의의 점 (*a*, *b*)에 위치한 Γ의 강도를 가지는 선 와류.

원점에서의 선 와류 : $$\phi = \frac{\Gamma}{2\pi}\theta \qquad \psi = -\frac{\Gamma}{2\pi}\ln r \quad \textbf{(10-46)}$$

식 (10-43)과 (10-46)을 비교하면, 선 소스와 선 와류는 ϕ와 ψ가 서로 반대 형태이고 어느 정도 상호 보완관계를 알 수 있다.

와류를 원점이 아닌 다른 곳에 위치시켜야 할 경우에 선 소스에서 했던 것처럼 식 (10-46)을 변형시켜야 한다. 그림 10-51에 나타나 있듯이, 선 와류는 *xy*평면의 임의의 점 (*a*, *b*)에 위치해 있다고 할 때, 앞서 그림 10-47에서처럼 r_1과 θ_1을 정의하자. ϕ와 ψ에 대한 식을 얻기 위해 식 (10-46)에서 *r*과 θ를 r_1과 θ_1으로 바꾸고, 직교좌표계 혹은 원통좌표계와 같은 일반적인 좌표형태로 변환하자. 직교좌표계에서는 다음 식이 얻어진다.

점 (*a*, *b*)에서의 선 와류: $$\phi = \frac{\Gamma}{2\pi}\theta_1 = \frac{\Gamma}{2\pi}\arctan\frac{y-b}{x-a}$$
$$\psi = -\frac{\Gamma}{2\pi}\ln r_1 = -\frac{\Gamma}{2\pi}\ln\sqrt{(x-a)^2 + (y-b)^2} \quad \textbf{(10-47)}$$

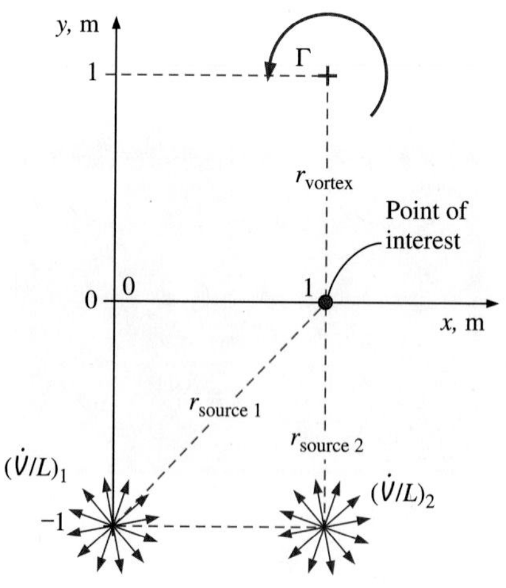

그림 10-52
*xy*평면에서 선 소스와 선 와류의 중첩(예제 10-6).

예제 10-6 세 가지 성분으로 구성된 흐름의 속도

어떤 비회전 유동이 (*x*, *y*)=(0, −1)에서 $(\dot{V}/L)_1 = 2.00\ m^2/s$ 강도의 선 소스와 (*x*, *y*)=(1, −1)에서 $(\dot{V}/L)_2 = -1.00\ m^2/s$의 강도인 선 소스, 그리고 (*x*, *y*)=(1, 1)에서 선 와류(강도 $\Gamma = 1.50\ m^2/s$)이 중첩에 의해서 모든 좌표가 m(단위 길이)로 기술된다. [실제로 두 번째 소스는 싱크이고 따라서 $(\dot{V}/L)_2$는 음이다.] 세 개의 블록의 위치는 그림 10-52에 나타나 있다. (*x*, *y*)=(1, 0)에서의 유체 속도를 계산하라.

풀이 주어진 두 개의 소스와 와류의 중첩으로 점 $(x, y) = (1, 0)$에서 속도를 계산한다.

가정 **1** 모델이 되는 유동장은 정상상태, 비압축, 비회전이다. **2** 각각의 요소에 위치한 속도는 무한이며(특이점), 이 특이점에 가까이 있는 유동은 물리적으로 가능하지 않으며, 따라서 이 영역은 현재 해석에서 무시된다.

해석 문제를 풀기 위한 몇 가지 방법이 있다. 식 (10-44)와 (10-47)을 사용해서 유동함수를 합할 수가 있고, 속도성분을 계산하기 위해 합해진 유동함수에 미분을 취한다. 유사하게, 속도 포텐셜 함수도 같은 방법을 사용한다. 쉬운 접근방법으로 속도 그 **자체**가 중첩이 가능하다. 세 개의 각각의 특이점에 의하여 1점에 나타난 속도벡터를 더한 것이 그림 10-53에 나타나 있다. 와동이 점 (1, 0)에서 1 m 위에 위치하므로, 속도는 와류에 의해 오른쪽에 발생되고, 다음과 같은 크기를 갖는다.

$$V_{\text{vortex}} = \frac{\Gamma}{2\pi r_{\text{vortex}}} = \frac{1.50\ \text{m}^2/\text{s}}{2\pi(1.00\ \text{m})} = 0.239\ \text{m/s} \quad \textbf{(1)}$$

유사하게, 첫 번째 소스로 인하여 점(1, 0)에서 x축의 45°각도로 속도가 나타나고(그림 10-53), 그 크기는 다음과 같다.

$$V_{\text{source 1}} = \frac{|(\dot{V}/L)_1|}{2\pi r_{\text{source 1}}} = \frac{2.00\ \text{m}^2/\text{s}}{2\pi(\sqrt{2}\ \text{m})} = 0.225\ \text{m/s} \quad \textbf{(2)}$$

마지막으로 두 번째 소스(싱크)는 다음과 같은 크기를 가지고 직선으로 하향속도를 가진다.

$$V_{\text{source 2}} = \frac{|(\dot{V}/L)_2|}{2\pi r_{\text{source 2}}} = \frac{|-1.00\ \text{m}^2/\text{s}|}{2\pi(1.00\ \text{m})} = 0.159\ \text{m/s} \quad \textbf{(3)}$$

그림 10-54에 나타난 것처럼 평행사변형법을 사용하여 이 모든 속도를 더한다. 식 (10-35)를 사용하여 더한 속도는 다음과 같다.

$$\vec{V} = \underbrace{\vec{V}_{\text{vortex}}}_{0.239\vec{i}\ \text{m/s}} + \underbrace{\vec{V}_{\text{source 1}}}_{\left(\frac{0.225}{\sqrt{2}}\vec{i} + \frac{0.225}{\sqrt{2}}\vec{j}\right)\text{m/s}} + \underbrace{\vec{V}_{\text{source 2}}}_{-0.159\vec{j}\ \text{m/s}} = (0.398\vec{i} + 0\vec{j})\ \text{m/s} \quad \textbf{(4)}$$

결과적으로 점 (1, 0)에서 속도중첩은 오른쪽으로 0.398 m/s이다.

토의 이 예제는 마치 유동함수나 속도 포텐셜 함수가 중첩되는 것처럼 속도벡터는 중첩된다는 것을 나타내는데, 속도의 중첩은 비회전 흐름영역에서 유효하며, 이는 도함수 ϕ와 ψ가 **선형**이기 때문이고 이러한 선형성은 도함수까지 확장된다.

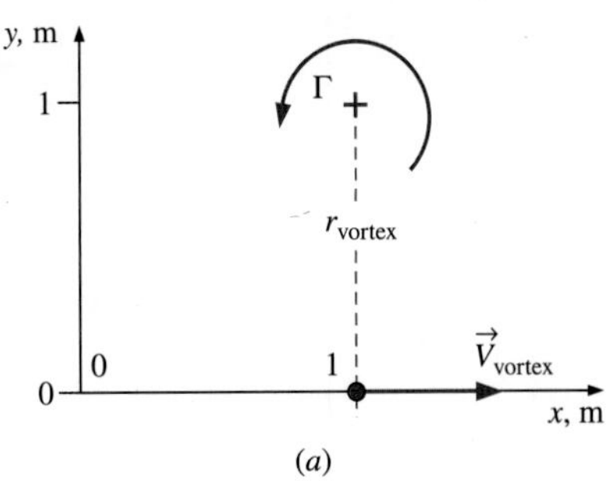

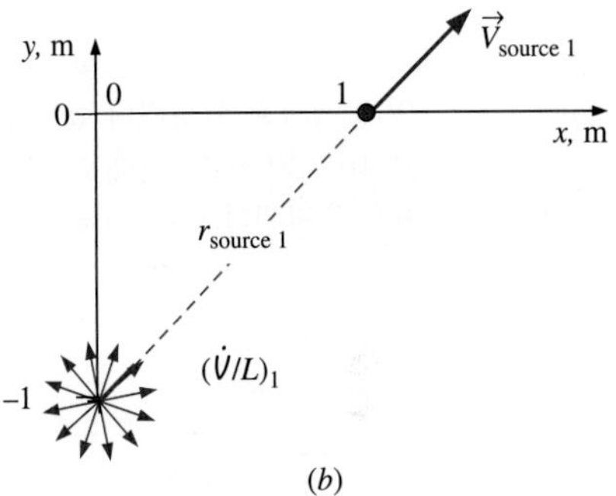

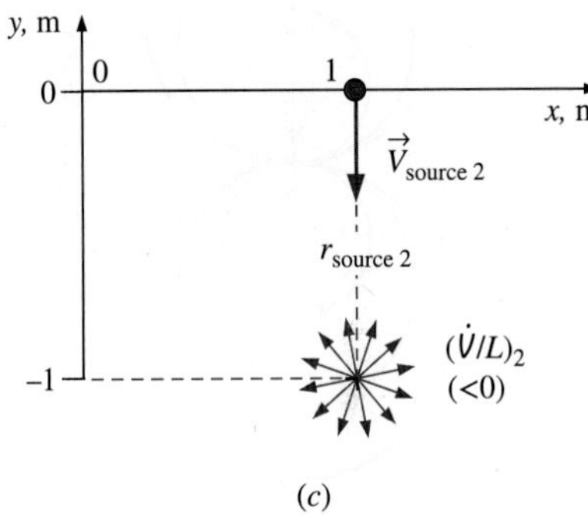

그림 10–53
(*a*) 와류, (*b*) 소스 1, (*c*) 소스 2(소스 2는 음으로 표시)에 의해 발생한 속도(예제 10-6).

블록 쌓기 4 – 더블렛

네 번째이자 마지막으로 언급할 기초유동은 **더블렛**(doublet)이다. 더블렛 자체는 예제 10-5에서 토론한 것처럼 같은 크기를 가진 선 소스와 선 싱크의 두 기초유동을 중첩해서 만들어진다. 합쳐진 유동함수는 다음 예제풀이를 통하여 얻을 수 있는데, 그 결과를 미리 써 보면 다음과 같다.

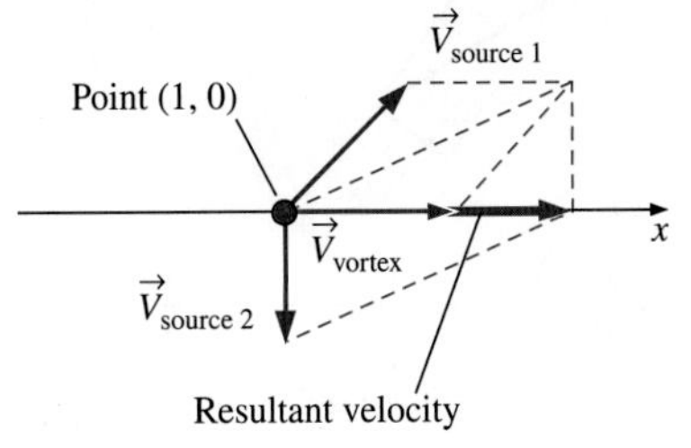

그림 10–54
예제 10-6에 나타난 세 성분에 대한 속도벡터의 합.

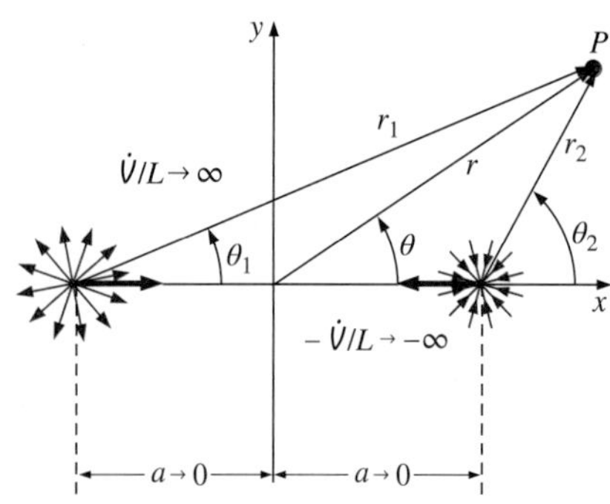

그림 10-55
더블렛은 $(-a, 0)$에서의 선 소스와 $(a, 0)$에서의 선 싱크의 중첩으로 형성된다. a가 영으로 감소함에 따라 $\dot{V}/L$이 무한대로 커져 $a\dot{V}/L$은 일정하게 유지된다.

합쳐진 유동함수 :
$$\psi = \frac{-\dot{V}/L}{2\pi}\arctan\frac{2ar\sin\theta}{r^2 - a^2} \tag{10-48}$$

그림 10-55에서처럼 원점에서 a만큼 떨어진 소스와 싱크가 영으로 다가간다고 하자. 라디안(radian) 값으로 매우 작은 β에 대해 arctan β는 β로 근사화되므로, 거리 a가 영으로 감에 따라 식 (10-48)은 다음 식으로 줄어든다.

a → 0일 때의 유동함수:
$$\psi \to \frac{-a(\dot{V}/L)r\sin\theta}{\pi(r^2 - a^2)} \tag{10-49}$$

소스와 싱크가 같은 강도를 유지하며 ($\dot{V}/L$와 $-\dot{V}/L$)를 유지하며 a가 줄어든다면, $a=0$이 될 때 소스와 싱크는 서로 소멸되어 아무런 유동도 나타나지 않게 될 것이다. 그러나 소스와 싱크가 서로 다가가면서 강도 $\dot{V}/L$가 거리 a에 역으로 증가하여 그 결과 $a(\dot{V}/L)$**이 상수가 된다**고 하자. 이 경우 원점에서 매우 가까운 경우를 제외하고, $r \gg a$인 임의의 점 P에서 식 (10-49)는 다음과 같이 된다.

x축을 따른 더블렛:
$$\psi = \frac{-a(\dot{V}/L)}{\pi}\frac{\sin\theta}{r} = -K\frac{\sin\theta}{r} \tag{10-50}$$

여기서 **더블렛 강도**(doublet strength) $K = a(\dot{V}/L)/\pi$를 정의하였다. 속도 포텐셜 함수도 비슷한 과정을 거쳐 다음과 같이 얻어진다.

x축을 따른 더블렛:
$$\phi = K\frac{\cos\theta}{r} \tag{10-51}$$

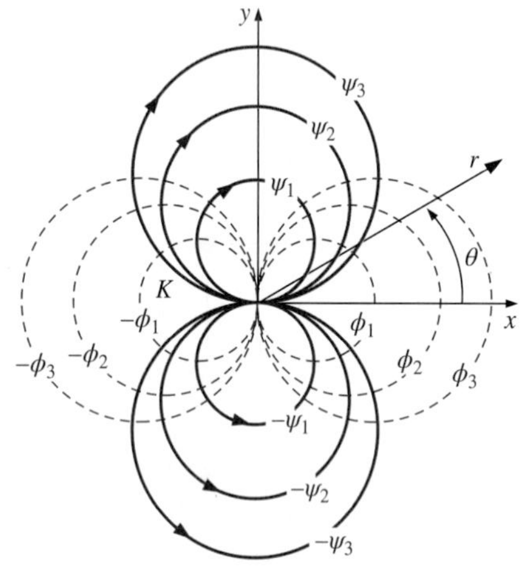

그림 10-56
xy평면의 원점에 위치하고 강도 K를 갖는 x축과 나란한 더블렛의 유선(실선)과 등포텐셜선(점선).

더블렛에 대한 몇몇 유선과 등포텐셜 선이 그림 10-56에 나타나 있다. 유선은 x축에 접하는 원이고, 등포텐셜 선은 y축에 접하는 원임을 알 수 있다. 이 원들은 특이점이라 불리는 원점을 제외하고는 모든 곳에서 90°로 교차한다.

만약 K가 음의 값이면, 더블렛은 싱크가 $x=0^-$(원점에서 무한히 작은 왼쪽)에, 소스가 $x=0^+$(원점에서 무한히 작은 오른쪽)으로 위치하여 앞의 경우와 반대가 된다. 이 경우 그림 10-56의 모든 유선은 같은 형상일 것이나, 유동방향은 반대가 된다. x축으로부터 각 α로 정열된 더블렛에 대한 식을 만드는 것을 예제로 남겨 두었다.

중첩에 의해 형성되는 비회전 유동

이제, 비회전 기초유동을 이용하여 중첩기술을 이용한 재미있는 여러 비회전 유동장을 만들어 볼 수 있는 준비가 되었다. 이때 xy 평면의 평면유동으로 제한하며, 축대칭 유동에 대한 중첩의 예는 다른 고급 교과서에 나와 있다(예를 들어, Kundu et al., 2011; Panton, 2005; Heinsohn과 Cimbala, 2003). 비록 비회전 축대칭 유동에 대한 ψ가 Laplace 방정식을 만족하지 않아도, ψ에 대한 미분방정식[식 (10-34)]은 **선형**이고, 중첩은 여전히 유효하다.

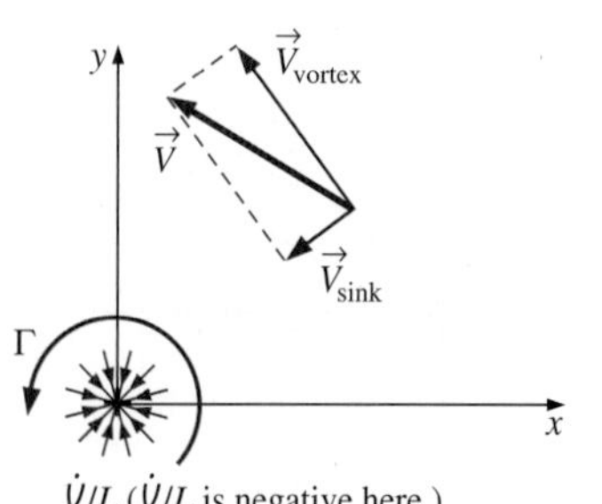

그림 10-57
원점에 위치한 강도 $\dot{V}/L$을 가진 선 소스와 강도 Γ를 가진 선 와류의 중첩. xy평면의 임의의 위치에 속도 벡터의 합이 나타나 있다.

선 싱크와 선 와동의 중첩

첫 번째 예제는 그림 10-57처럼 원점에 위치한 선 소스(강도 $\dot{V}/L$, 여기서 $\dot{V}/L$는 음이다.)와 선 와류(강도 Γ)를 중첩하는 것이다. 이것은 나선모양의 유동이 존재하는 싱크대나 욕조 속에서의 배수구 위의 유동영역을 나타낸다. ψ 또는 ϕ 모두 중첩할 수 있는데, ψ를 선택하여, 식 (10-43)의 선 소스에 대한 ψ와 식 (10-46)의 선 와류에 대한 ψ를 더하여 합쳐진 유동함수를 만들 수 있다.

중첩:
$$\psi = \frac{\dot{V}/L}{2\pi}\theta - \frac{\Gamma}{2\pi}\ln r \tag{10-52}$$

유동의 유선을 그리기 위해, 하나의 ψ의 값을 택하여, r을 θ의 함수로 혹은 θ를 r의 함수로 나타내 보자. 전자의 경우에 그 결과는 다음과 같다.

유선:
$$r = \exp\left(\frac{(\dot{V}/L)\theta - 2\pi\psi}{\Gamma}\right) \tag{10-53}$$

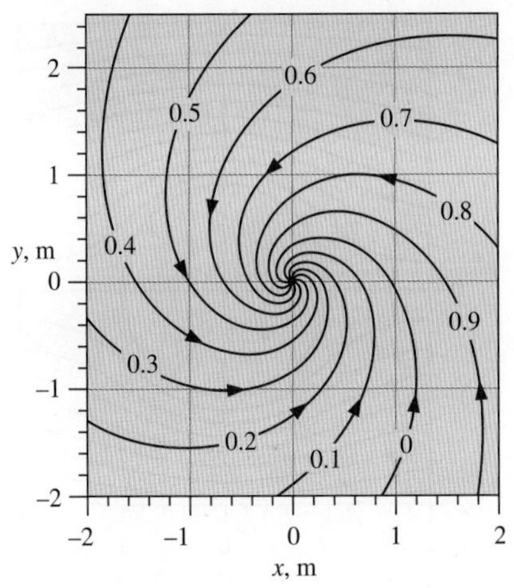

그림 10–58
원점에 위치한 선 싱크와 선 와류 중첩에 의해 만들어진 유선. ψ값의 단위는 m^2/s.

그림을 그리기 위해 임의의 값 $\dot{V}/L$와 Γ를 선택하자. $\dot{V}/L = -1.00\ m^2/s$와 $\Gamma = 1.50\ m^2/s$를 선택할 때 $\dot{V}/L$은 싱크에 대해 음임을 주목하라. 평면유동에서의 유동함수의 차원 [길이^2/시간]이기 때문에 $\dot{V}/L$과 Γ의 단위 또한 쉽게 얻을 수 있다. 식 (10-53)을 사용해 유선을 몇몇 ψ값에 대해 계산하여, 그림 10-58에 나타내었다.

비회전 영역에서 속도성분은 다음과 같이 식 (10-52)의 도함수로 얻을 수 있다.

속도 성분:
$$u_r = \frac{1}{r}\frac{\partial\psi}{\partial\theta} = \frac{\dot{V}/L}{2\pi r} \qquad u_\theta = -\frac{\partial\psi}{\partial r} = \frac{\Gamma}{2\pi r}$$

와류에서는 반경방향 속도가 존재하지 않으므로, 결과에서 나타나는 반경방향 속도 성분은 전적으로 싱크에 의한 것임이 위 예제로부터 알 수 있다. 마찬가지로 접선속도 성분은 전적으로 와류에 의한 것이다. 유동의 어떤 점에서의 합속도는 그림 10-57에 나타난 것처럼 두 성분을 합한 것이다.

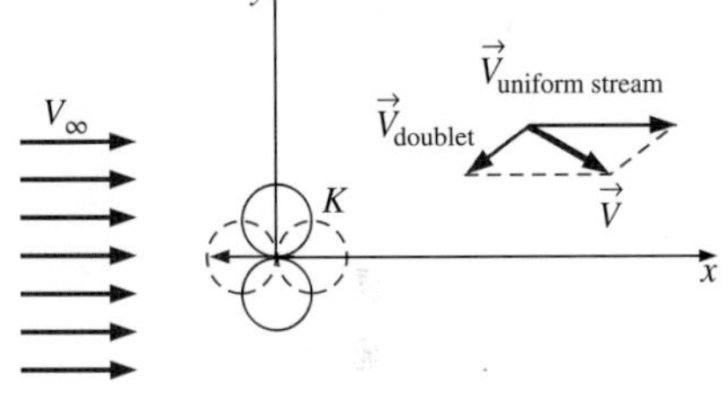

그림 10–59
균일흐름과 더블렛의 중첩. xy평면의 임의의 위치에 속도 벡터의 합이 나타나 있다.

더블렛과 균일흐름의 중첩–원형실린더 주위 유동

다음 예제는 유체역학의 고전으로, 예컨대 속도 V_∞로 흐르는 균일흐름과 원점에 위치한 더블렛(강도 K)의 중첩이다(그림 10-59). 균일흐름에 대한 유동함수[식 (10-40)]와 원점에서의 더블렛의 유동함수[식 (10-50)]를 중첩하면 그 결과 다음 식이 얻어진다.

중첩:
$$\psi = V_\infty r\sin\theta - K\frac{\sin\theta}{r} \tag{10-54}$$

여기서 편의를 위해 $r = a$에서 $\psi = 0$으로 하였다(이유는 곧 밝혀진다). 식 (10-54)를 풀어서 더블렛 강도를 구하면 다음과 같다.

더블렛 강도: $K = V_\infty a^2$

따라서 식 (10-54)는 다음과 같다.

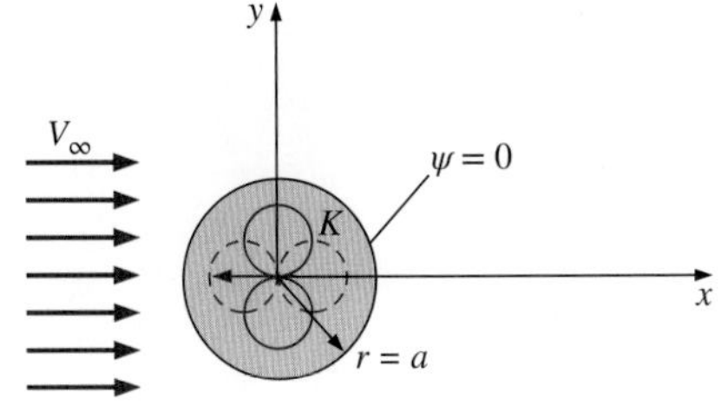

그림 10–60
균일흐름과 더블렛의 중첩이 만드는 유선은 원이 된다.

유동함수의 또 다른 형태:
$$\psi = V_\infty \sin\theta\left(r - \frac{a^2}{r}\right) \tag{10-55}$$

식 (10-55)로부터 유선 중 하나($\psi = 0$)는 반경이 a인 원임이 분명하다(그림 10-60). 우

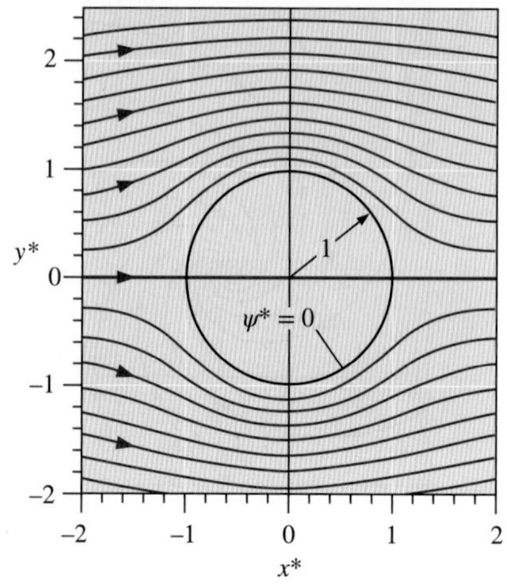

그림 10–61
균일흐름과 원점에서의 더블렛의 중첩으로 만들어진 무차원화된 유선. $\psi^* = \psi/(V_\infty a)$, $\Delta\psi^* = 0.2$, $x^* = x/a$, $y^* = y/a$, 여기서 a는 실린더의 반경이다.

리는 θ나 r에 대하여 식 (10-55)를 풀어 다른 유선들을 그릴 수 있다. 그러나 지금쯤은 이해가 되겠지만, 결과를 **무차원** 변수로 나타내는 것이 일반적으로 더 좋은데, 다음과 같은 세 가지 무차원 변수를 정의해 보자.

$$\psi^* = \frac{\psi}{V_\infty a} \qquad r^* = \frac{r}{a} \qquad \theta$$

여기서 θ는 이미 무차원이다. 이 변수들로 식 (10-55)를 다시 쓰면 다음과 같다.

$$\psi^* = \sin\theta\left(r^* - \frac{1}{r^*}\right) \tag{10-56}$$

식 (10-56)을 풀 때 2차방정식의 근의 공식을 이용하면 r^*을 θ의 함수로 나타낼 수 있다.

무차원화된 유선:
$$r^* = \frac{\psi^* \pm \sqrt{(\psi^*)^2 + 4\sin^2\theta}}{2\sin\theta} \tag{10-57}$$

그림 10-61에 식 (10-57)을 이용한 무차원화된 유선이 나타나 있다. 이제, 왜 우리는 원 $r = a$(혹은 $r^* = 1$)을 영의 유동함수로 선택하였는지 알 수 있다. 언급한 유선은 고체 벽면으로 생각될 수 있고, 따라서 이 유동을 **원형 실린더 주위의 포텐셜 유동**으로 생각할 수 있다. 원의 **안쪽**에 있는 유선은 표시하지 않았는데, 이 유동은 존재하긴 하나 우리의 관심대상이 아니기 때문이다.

이 유동장에는 두 개의 정체점이 존재하는데, 하나는 실린더 앞에서, 다른 하나는 실린더 뒤에서 나타난다. 정체점 근처에서의 유선은 멀리 떨어져 있는데, 이는 그곳에서의 유동이 매우 느리기 때문이다. 그 반면 실린더의 윗부분과 아랫부분의 유선은 매우 가깝고 빠른 흐름을 보여준다. 물리적으로, 실린더가 흐름의 방해물로 작용하기 때문에 유체는 실린더 주위에서 가속하여야 한다.

또한 유동은 x축과 y축에 대하여 대칭임을 주목하라. 윗부분과 아랫부분의 대칭은 놀랄 일이 아닌 반면에 앞부분과 뒷부분의 대칭은 예상하지 않았던 것인데, 이는 실제 유동에서는 실린더 뒷부분에서 후류(wake)영역이 생기고, 유선 또한 대칭이 아니기 때문이다. 그러나 여기서의 결과는 단지 실제 유동의 **근사화**에 불과하다는 것을 명심해야 한다. 우리는 유동장을 비회전으로 가정하였고, 근사법은 벽과 가까운 곳과 후류 영역에서는 실제와 같지 않음을 이미 알고 있다.

식 (10-55)를 미분함으로써, 유동장 모든 곳에서의 속도성분을 계산할 수 있다.

$$u_r = \frac{1}{r}\frac{\partial\psi}{\partial\theta} = V_\infty\cos\theta\left(1 - \frac{a^2}{r^2}\right) \qquad u_\theta = -\frac{\partial\psi}{\partial r} = -V_\infty\sin\theta\left(1 + \frac{a^2}{r^2}\right) \tag{10-58}$$

실린더 표면($r = a$)에서의 식 (10-58)은 다음과 같이 줄어든다.

실린더 표면:
$$u_r = 0 \quad u_\theta = -2V_\infty\sin\theta \tag{10-59}$$

실린더 벽면은 점차조건으로 비회전 근사화 과정에서 만족되지 않으므로 실린더 벽면에서는 미끄러짐(slip)이 나타난다. 사실 실린더의 꼭대기($\theta = 90°$) 벽면에서의 유체 속도는 자유흐름 속도의 **2배**이다.

예제 10-7 원형 실린더의 압력 분포

비회전 유동 근사화를 사용하여 그림 10-62에서 보는 것처럼 원형 실린더의 주위로 V_∞의 속도로 흐르는 균일흐름에 대하여 무차원 압력분포를 계산하고 그림으로 나타내어라. 결과에 대하여 토론하라. 실린더에서 멀리 떨어진 곳의 압력은 P_∞이다.

풀이 자유흐름에 놓여 있는 원형 실린더의 표면을 따라 무차원 압력분포를 계산하고 그림으로 타낸다.

가정 **1** 유동영역은 정상상태, 비압축, 비회전이다. **2** 유동장은 *xy*평면, 2차원이다.

해석 정압은 유체와 같이 움직이는 압력 프로브로 측정되어야 한다. 실험적으로는 그림 10-63에 나타난 것처럼 표면에서 수직으로 작은 구멍을 뚫은 **정압공**을 사용하여 표면 압력을 측정한다. 이 정압공의 반대쪽은 압력계와 연결되어 있다. 원형 실린더 표면의 정압 분포에 관한 실험데이터는 많은 문헌에 나타나 있으며, 이 실험결과와 현재의 계산결과를 비교한다.

7장로부터 적절한 **무차원 압력계수**는 다음과 같다.

압력계수:
$$C_p = \frac{P - P_\infty}{\frac{1}{2}\rho V_\infty^2} \tag{1}$$

관심영역의 유동은 비회전이기 때문에 유동장의 압력을 계산하기 위해 다음과 같은 중력이 무시된 Bernoulli 방정식[식 (10-27)]을 사용한다.

Bernoulli 방정식 :
$$\frac{P}{\rho} + \frac{V^2}{2} = \text{constant} = \frac{P_\infty}{\rho} + \frac{V_\infty^2}{2} \tag{2}$$

식 (2)를 식 (1)에 대입하고 계산하면 다음을 얻는다.

$$C_p = \frac{P - P_\infty}{\frac{1}{2}\rho V_\infty^2} = 1 - \frac{V^2}{V_\infty^2} \tag{3}$$

실린더 표면을 따라 $V^2 = u_\theta{}^2$이고, 식 (10-59)에 나타난 접선속도를 식 3에 대입하면 다음과 같이 나타난다.

표면 압력계수:
$$C_p = 1 - \frac{(-2V_\infty \sin\theta)^2}{V_\infty^2} = 1 - 4\sin^2\theta$$

그림 10-62에 나타나 있듯이 각도 β를 물체의 앞면으로부터 정의하면, $\beta = \pi - \theta$이고, 따라서 다음의 결과를 얻는다.

각도 β로 나타난 C_p :
$$C_p = 1 - 4\sin^2\beta \tag{4}$$

실린더의 상반부에 대하여 파란 실선으로 압력계수를 각도 β의 함수로 나타내었다(그림 10-64). (실린더의 위와 아래는 대칭이기 때문에 하반부의 압력분포를 나타낼 필요가 없다.) 첫 번째 볼 수 있는 사실은, 압력분포는 실린더의 앞과 뒤에서 대칭이라는 것이다. 이미 유선 역시 앞과 뒤가 대칭이므로 이는 그리 놀랄 일이 아니다(그림 10-61).

앞부분과 뒷부분의 정체점(각각 $\beta = 0°$와 180°)이 그림 10-64에 표시되어 있다. 정 체점에서의 압력계수는 1이고, 이 두 점에서 전체 영역 중 가장 높은 압력이 나타난다. 정체점에서의 정압 P는 $P_\infty + \rho V_\infty^2/2$와 같다. 다시 말해서, 유입되는 유체의 **총 동압**(또한 **충돌 압력**이라고도 함)은 정체점에서 유속이 영으로 감속되므로 그곳에서의 정압과 같게 된다.

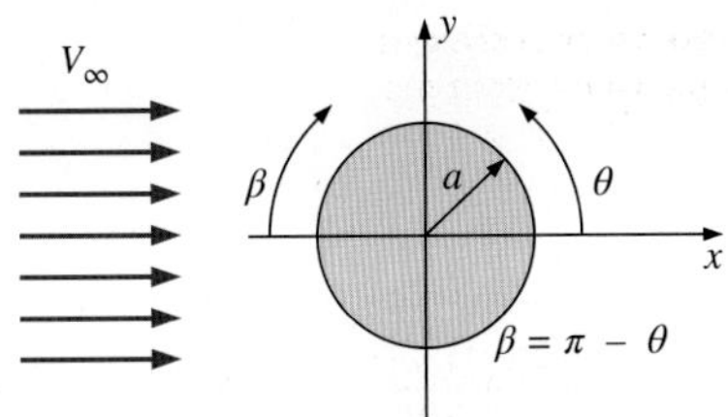

그림 10-62
*xy*평면에서 속도 V_∞를 갖는 균일흐름에 잠겨 있는 반경 a의 원형 실린더 주위의 평면 유동. 각도 β는 관례에 따라 실린더 앞면에서부터 정의된다.

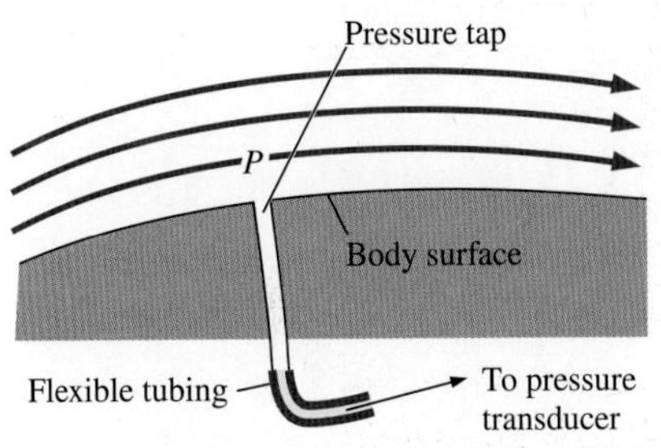

그림 10-63
표면에서의 정압은 압력계 또는 전자 압력 변환기와 연결된 정압 탭을 이용하여 측정한다.

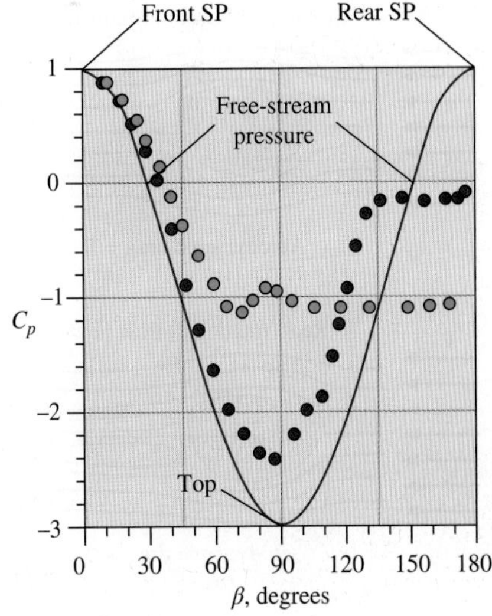

그림 10-64
각도 β의 함수로 나타낸 원형 실린더의 표면의 압력계수. 파란색 곡선은 비회전 유동 근사화, 녹색 원은 Re=2×10[5](류 박리)에서의 실험 결과, 빨간색 원은 Re=7×10[5](난류 박리)에서의 실험 결과를 나타낸다.
Data from Kundu et al. (2011).

실린더 상부($\beta=90°$)에서는 표면에서의 속도가 자유흐름 속도의 두 배($V=2V_\infty$)가 되고, 압력상수는 $C_p=-3$으로 가장 작게 나타난다. 그림 10-64에는 $C_p=0$인 두 지점($\beta=30°$, 150°)이 나타나 있다. 이곳에서 정압은 자유흐름의 경우와 동일하다($P=P_\infty$).

토의 원형 실린더 표면을 따르는 층류와 난류에 대한 전형적인 실험결과가 그림 10-64에 각각 파란 원과 회색 원으로 나타나 있다. 실린더의 앞부분에서는 비회전 유동근사화가 잘 맞고 있다. 그러나 β가 60°보다 크고, 특히 실린더의 뒷부분에 가까운 영역이면(그림의 오른쪽), 비회전 유동의 근사 결과는 실험데이터와 잘 맞지 않는다. 뭉뚝한 물체 형상의 경우, 비회전 유동 근사화는 물체의 전반부에서는 잘 맞으나, 후반부에서는 잘 맞지 않는다. 비회전 유동 근사화는 층류 경우보다는 난류 경우에 실험결과와 더 잘 일치하는데, 이는 난류 경계층의 경우에 보다 하류에서 유동박리가 나타나기 때문이며, 여기에 대해서는 10-6절에서 상세히 토의된다.

그림 10-64에서처럼 압력분포가 대칭인 경우 실린더의 **순수 압력저항은 영이다**(실린더 전반부와 후반부의 압력이 서로 균형을 이루게 된다). 비회전 유동 근사화의 경우, 압력은 후방 정체점에서 완전히 회복되어 전방 정체점에서의 압력과 같게 된다. 또한 이 경우 물체에 작용하는 순수 점성력이 없음을 예측할 수 있는데, 이는 비회전유동 근사화 과정에서는 물체표면의 점착조건이 만족되지 않기 때문이다. 따라서 비회전 유동의 실린더에 작용하는 순수 공기역학적 항력은 영이다. 이러한 결과는 비회전 유동 근사화가 적용된 임의 형태(심지어는 비대칭인 형태)의 물체에 대해서도 성립하며, 바로 이것이 1752년 Jean-le-Round d'Alembert(1717-1783)의 유명한 역설(paradox)이다.

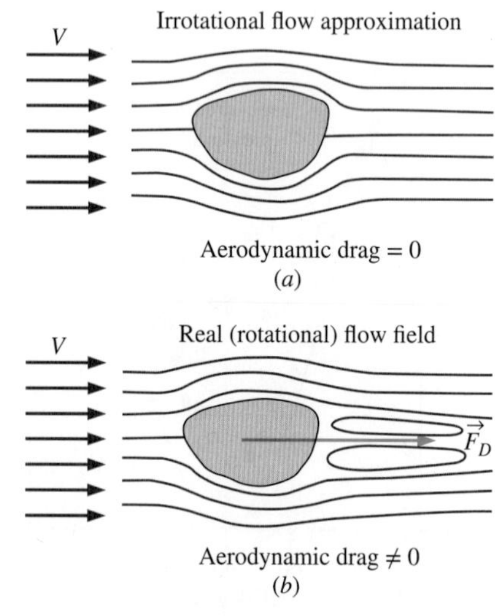

그림 10-65
(*a*) D'Alembert의 역설은 비회전 유동 근사화에 의하면 양력이 존재하지 않는 임의의 모양의 물체에 작용하는 공기역학적 항력이 영이라는 것이다. (*b*) 실제 균일흐름에 잠겨 있는 물체에 작용하는 항력은 영이 아니다.

D'Alembert**의 역설 : 비회전 유동 근사화에서 균일흐름에 놓인 양력이 존재하지 않는 물체의 공기역학적 항력은 영이다.**

물론 d'Alembert는 실제의 경우에는 물체에 공기역학적 항력이 존재함을 알고 있었다. 실제유동에서는 물체 후방의 압력이 물체 전방의 압력보다 더 낮아 압력항력이 영이 아니다. 이러한 전후방 압력차이는 그림 10-65처럼 물체가 뭉뚝하거나 유동박리가 일어나면 더 크게 나타난다. 그러나 유선형 물체인 경우라도(예를 들어 낮은 영각의 비행기 날개), 물체의 후방에서 압력은 절대로 완전히 회복되지 않는다. 더욱이 점착조건으로 물체의 표면에서의 점성항력이 영이 아니다. 그러므로 비회전 유동 근사화에서는 압력항력과 점성항력이 나타나지 않으므로 공기역학적 항력을 올바르게 예측할 수 없다.

앞뒤로 둥근 형상의 물체 표면의 압력분포가 그림 10-64에 정성적으로 나타나 있다. 전방 정체점(SP)에서의 압력이 가장 높게 나타나는데, $P_{SP}=P_\infty+\rho V^2/2$, 여기서 V는 자유흐름 속도이고(아래첨자 ∞를 생략함), 그리고 $C_p=1$이다. 물체의 표면을 따라 하류로 가면서 압력이 P_∞보다 작은 어떤 최솟값으로 떨어진다($C_p<0$). 물체표면에서 속도가 가장 빠르고, 압력이 가장 낮은 이 점을 종종 물체 위의 **공기역학적 어깨**(aerodynamic shoulder)라 부른다. 어깨를 지나 압력은 점차 증가한다. 비회전 유동 근사화에서는 후방 정체점($C_p=1$)에서 동압의 크기만큼 증가한다. 그러나 실제 유동에

서는 압력이 완전히 회복되지 못하고 앞에서 토의한 바와 같이 압력항력이 발생한다.

물체의 전방 정체점과 공기역학적 어깨사이의 어느 지점에서 속도가 V와 같고, 압력 $P = P_\infty$와 $C_p = 0$인 점이 존재한다. 이 점을 **영 압력점**(zero pressure point)이라 하며, 이는 절대압이 아닌, **계기압력**에 근거를 둔 것이다. 이 점에서는 물체의 속도에 관계없이 물체표면의 수직 방향으로 작용하는 압력은 항상 $P = P_\infty$이다. 이러한 사실은 물고기 눈의 위치와 관계가 있다(그림10-66). 만약 물고기 눈이 전방 코 부분에 가깝게 위치해 있다면, 물고기가 헤엄칠 때 더 높은 압력이 눈에 작용할 것이며, 헤엄치는 속도가 빨라진다면 눈에 작용하는 압력 또한 더 커질 것이다. 이로 인하여 연약한 물고기 눈은 변형될 수 있으며 이러 인하여 시야에 영향이 미칠 것이다. 마찬가지로, 눈이 공기역학적 어깨보다 뒤쪽에 위치해 있다면, 물고기가 헤엄칠 때 눈은 상대적인 물의 **흡입압력**을 받게 되고, 이 역시 눈의 변형과 시야 방해가 나타날 수 있다. 관찰을 해보면, 물고기의 눈은 영 압력점($P = P_\infty$)에 매우 근접한 곳에 위치해 있음을 알 수 있고, 따라서 물고기는 시야의 왜곡 없이 임의의 속도로도 헤엄칠 수가 있다. 또한 아가미의 뒤쪽은 공기역학적 어깨 가까이 위치해 있어, 여기서 나타나는 **흡입**압력은 물고기가 숨을 내쉬는 것을 돕는다. 심장 또한 가장 압력이 낮은 영역 가까이 위치해 있어, 빠른 헤엄 중에 심장박동 체적을 증가시킨다.

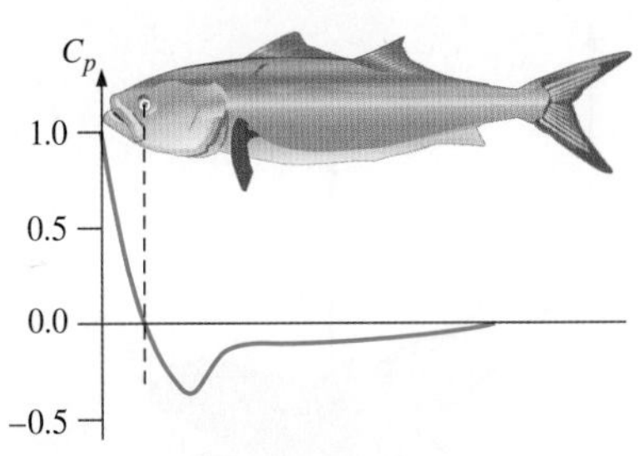

그림 10-66
물고기의 눈은 헤엄칠 때 시야의 왜곡이 생기지 않도록 영 압력점 가까이에 존재한다. 데이터는 물고기(blue fish)의 옆면에 대하여 얻은 것이다.

비회전 유동근사화 과정을 더 자세히 살펴보면, 예제 10-7의 고체 실린더로 모델링 한 원은 고체 벽이 아니라는 것을 알 수 있다. 그것은 고체 벽으로 **모델링한 유동장** 속의 유선이다. 고체 벽으로 모델링한 유선들 중 특정한 것이 단지 원으로 나타났을 뿐이다. 우리는 유동에서 임의의 **다른 유선**을 선택하여 고체 벽면으로 모델링할 수 있다. 정의에 의해 유동은 유선을 가로지를 수 없기 때문에 벽에서 점착조건을 만족되지 못하며, 다음과 같은 결론을 얻을 수 있다.

비회전 유동 근사화에서 어떠한 유선도 고체 벽면으로 간주될 수 있다.

예를 들어 그림 10-61에 나타난 **어떠한** 유선도 고체 벽면으로 모델링할 수 있다. 원 위의 첫 번째 유선을 골라서 고체벽면으로 모델링해 보자(이 유선은 무차원 값 $\psi^* = 0.2$를 가진다.) 몇몇 유선이 그림 10-67에 나타나 있는데, $\psi^* = 0.2$인 유선 아래에도 유선은 존재하나 단지 나타내지 않았을 뿐이다. $\psi^* = 0.2$ 상부의 유동은 어떤 종류의 유동을 나타낼까? 언덕을 불어오는 바람을 생각해 보자. 그림 10-67에 나타나 있는 비회전 유동 근사화는 이러한 흐름을 나타낸다. 지면에 매우 가까운 곳, 그리고 언덕 후방에서는 일치하지 않으나, 언덕 전방에서는 이러한 근사화로 매우 좋은 결과를 얻을 수 있다.

이러한 중첩에서 한 가지 문제점이 있음을 알 수 있다. 즉 중첩을 **먼저** 수행한 후, 만들어진 유동을 이용하여 물리적인 유동 문제를 모델링하려 하였다. 그러나 학습에 유용한 이 기술은 실제 공학문제에서 항상 유용하지만은 않다. 예를 들어, 정확히 그림 10-67에 모델링된 형상과 같은 모양의 언덕은 쉽게 찾기 어려울 것이다. 반면에 이미 결정된 어떤 형상 주위의 유동의 모델링이 우리가 원하는 것이다. 공학 설계와 해석에 더욱 적합한 훨씬 정교한 중첩 기술이 있다. 즉 이미 결정된 형상 주위의 유동을

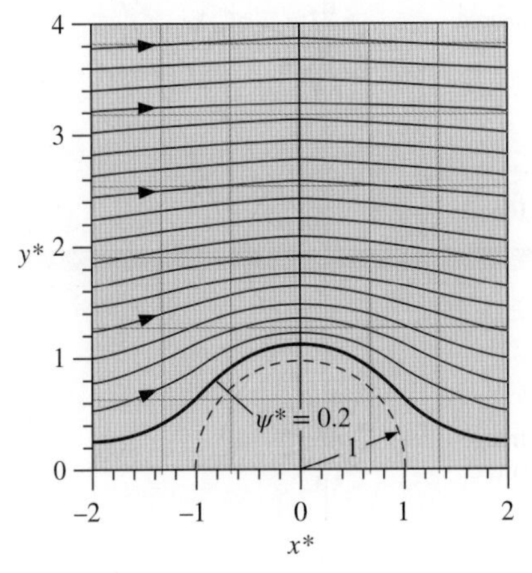

그림 10-67
그림 10-61에 나타난 것과 동일한 무차원화된 유선. 단, 유선 $\psi^* = 0.2$는 고체 벽면으로 모델링되었다. 이 유동은 대칭 형상의 언덕 위를 지나가는 유동을 나타낸 것이다.

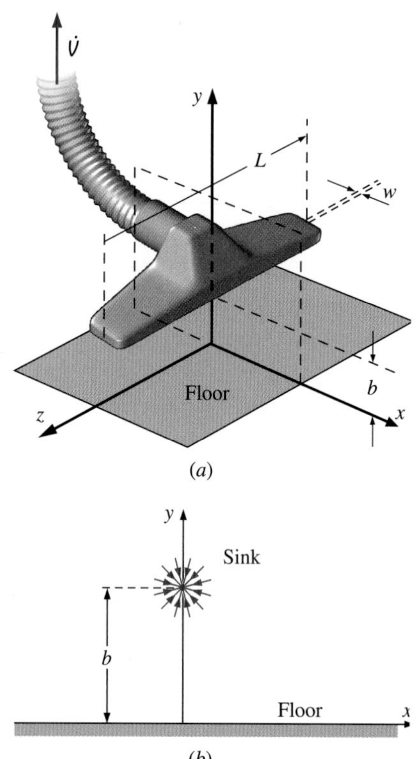

그림 10-68
마룻바닥 흡입부가 달린 진공청소기 호스. (a) 바닥이 xz평면인 3차원 형상, (b) 선 싱크로 흡입이 모델링된 xz평면의 단면도.

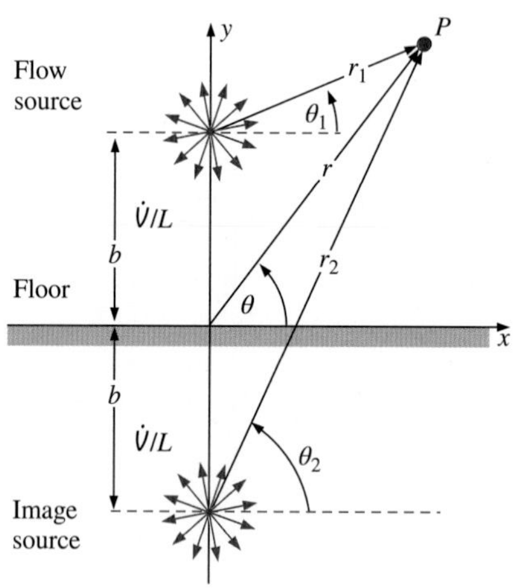

그림 10-69
(0, b)에서 강도 $\dot{V}/L$을 가진 선 소스와 (0, −b)에서 동일한 강도의 선 소스의 중첩. 하부에 위치한 소스는 상부에 위치한 소스의 거울 이미지이고, 따라서 x축은 유선이 된다.

모델링하기 위해, 수많은 소스와 싱크가 적절한 위치에 놓이도록 하는 기술이다. 이 기술은 3차원 비회전 유동장으로 확장될 수가 있는데, 엄청난 양의 계산이 필요하기 때문에 컴퓨터가 필요하다(Kundu et al., 2011). 여기서 이 기술에 대해서는 논의하지 않는다.

예제 10-8 진공청소기 흡입부 유동

그림 10-68a에 나타난 바와 같은 전형적인 가정용 진공청소기의 마룻바닥 흡입부 노즐에서의 공기유동을 고려해 보자. 노즐입구 슬롯의 너비는 $w=2.0$ mm이고 길이는 $L=35.0$ cm이다. 그림에 나타난 것처럼 슬롯은 바닥에서 $b=2.0$ cm로 떠 있다. 진공호스의 총 체적유량은 $\dot{V}=0.110$ m^3/s이다. 흡입부의 중심면에서의 유동장을 예측하라(그림 10-68a에서 xy 평면). 유동장에서 나타나는 몇 개의 유선을 그리고, x축을 따라 나타나는 속도와 압력분포를 계산하라. 바닥에서 최고속도는 얼마이고, 어디서 일어나는가? 바닥 어느 지점에서 진공청소기가 가장 효과적으로 작용하는가?

풀이 진공청소기 흡입부 가운데 평면에서 유동장을 예측하고, 바닥(x축)을 따라 속도와 압력을 그리고 여기서 최대속도와 지점을 찾고, 바닥에서 진공청소기가 가장 효과적으로 작용하는 지점을 찾는다.

가정 **1** 유동은 정상상태, 비압축성이다. **2** xy평면의 흐름은 2차원이다. **3** 대부분의 유동장은 비회전이다. **4** 방은 무한히 크고, 유동에 영향을 미칠 수 있을 정도의 공기흐름은 없다.

해석 그림 10-68b에 그려진 것처럼 x축을 따라 b거리만큼 떨어진 곳에 위치한 진공청소기 흡입부를 선 싱크로 가정한다(이때 선 소스 강도는 음의 크기). 이 가정에서 슬롯의 유한한 너비 w는 무시된다. 대신에 슬롯으로 들어가는 유동을 xy평면의 (0, b)점에 위치한 선 싱크로 유입되는 유동으로 모델링한다. 또한 호스나 흡입부 몸체에 의한 어떤 효과도 무시한다. 선 소스의 강도는 총 체적유량을 슬롯의 길이 L로 나누면 얻을 수 있다.

선 소스의 강도: $$\frac{\dot{V}}{L}=\frac{-0.110\ \text{m}^3/\text{s}}{0.35\ \text{m}}=-0.314\ \text{m}^2/\text{s} \tag{1}$$

여기서 싱크이기 때문에 음의 부호를 첨가하였다.

그림 10-68b에 나타난 유동은 싱크로부터의 유동이 **바닥을 통과하게** 되므로 선 싱크 자체는 모델로 충분치 못하다. 이 문제를 해결하기 위해, 바닥 효과에 의한 기초유동 하나를 더 추가하는 **이미지 기법**(method of images)을 사용한다. 이 방법으로 바닥 밑의 점 (0, −b)에 동일한 싱크를 위치시킨다. 이 두 번째 싱크를 **이미지 싱크**(image sink)라 칭한다. x축은 대칭선이고, x축 자체는 유동의 유선이며 바닥으로 간주된다. 해석된 비회전 유동장이 그림 10-69에 나타나 있다. 강도 $\dot{V}/L$인 두 소스가 나타나 있다. 위쪽의 것을 유동 소스(flow source)라 부르고, 이는 진공청소기 흡입부의 흡입을 나타낸다. 아래쪽은 이미지 소스(image source)이다. 소스강도 $\dot{V}/L$은 이 문제에서 음의 값이고(식 1), 실제로 두 소스는 싱크라는 사실을 명심하라.

유동장의 비회전 근사화에서 유동함수를 만들기 위해 중첩을 사용한다. 계산과정은 예제 10-5와 유사하다. 10-5의 경우에 소스와 싱크는 x축 위에 있었으나, 이 문제에서는 두 소스는 y축 위에 있다. 식 (10-44)를 사용해서 두 유동 소스에 대한 ψ를 얻을 수 있다.

선 소스 (0, b): $$\psi_1 = \frac{\dot{V}/L}{2\pi}\theta_1 \quad \text{여기서} \quad \theta_1 = \arctan\frac{y-b}{x} \tag{2}$$

선 소스 (0, $-b$): $$\psi_2 = \frac{\dot{V}/L}{2\pi}\theta_2 \quad \text{여기서} \quad \theta_2 = \arctan\frac{y+b}{x} \tag{3}$$

합성된 유동함수를 얻기 위해, 식 (2), (3)의 두 유동함수를 간단히 더하여 중첩한다.

합성한 유동함수: $$\psi = \psi_1 + \psi_2 = \frac{\dot{V}/L}{2\pi}(\theta_1 + \theta_2) \tag{4}$$

식 (4)를 간단히 하고, 양변에 탄젠트를 취하면 다음을 얻는다.

$$\tan\frac{2\pi\psi}{\dot{V}/L} = \tan(\theta_1 + \theta_2) = \frac{\tan\theta_1 + \tan\theta_2}{1 - \tan\theta_1\tan\theta_2} \tag{5}$$

여기서 삼각함수 관계식을 이용하였다(그림 10-49).

식 (2)와 (3)을 θ_1과 θ_2에 대한 식으로 만들고, 간단한 대수 연산을 수행하면 직교좌표계에서다음과 같은 유동함수를 얻는다.

$$\psi = \frac{\dot{V}/L}{2\pi}\arctan\frac{2xy}{x^2 - y^2 + b^2} \tag{6}$$

식 (10-38)을 사용하여 원통좌표계로 바꾸고 무차원화 하여 대수 연산을 수행하면 다음 식을 얻는다.

무차원화된 유동함수: $$\psi^* = \arctan\frac{\sin 2\theta}{\cos 2\theta + 1/r^{*2}} \tag{7}$$

여기서 $\psi^* = 2\pi\psi/(\dot{V}/L)$, $r^* = r/b$, 그리고 그림 10-49의 삼각함수 관계식이 사용되었다.

유동이 x축에 대하여 대칭이기 때문에 x축 위쪽 선 소스에 의해 생긴 유동은 x축 위에서만 나타난다. 만약 위쪽 소스 부분의 공기를 파란색, 아래쪽 소스의 공기를 회색으로 색칠한다면, 모든 파란 공기는 x축 **위**에 머무를 것이고, 모든 회색공기는 x축 **아래**에 머무를 것이다. 따라서 x축은 **분할 유선**(dividing streamline)의 역할을 하게 된다. 9장에서 설명되었던 두 유선의 ψ의 값의 차가 그 두 유선 사이를 흐르는 단위 폭당 체적유량과 같다는 사실을 생각해 보자. 여기서 양의 x축을 따라 $\psi = 0$으로 놓는다. 9장의 내용에 따라 **음**의 x축 위에서의 ψ는 **위쪽 선 소스**에서 유출되는 단위폭당 총 체적유량과 같다는 것을 알 수가 있다. 즉,

$$\psi_{-x\text{-axis}} - \underbrace{\psi_{+x\text{-axis}}}_{0} = \dot{V}/L \quad \rightarrow \quad \psi^*_{-x\text{-axis}} = 2\pi \tag{8}$$

이 성립하며, 이러한 유선들의 ψ 값이 그림 10-70에 나타나 있다. 추가로 무차원 유선 $\psi^* = \pi$ 역시 나타나 있다. 이 유선은 y축과 일치하며 이를 중심으로 유동의 대칭이 나타난다. 원점 (0, 0)은 정체점으로 아래쪽 소스에서 발생하는 속도와 위쪽에서 발생하는 속도가 서로 상쇄되는 지점이다.

현재의 진공청소기의 경우, 소스강도는 음이다(즉 싱크). 따라서 유동의 방향은 반대가 되고, ψ^*의 값은 그림 10-70과는 반대의 부호를 가진다. $-2\pi < \psi^* < 0$에서의 무차원 유동함수를 그림으로 나타내려면(그림 10-71), 다음과 같이 ψ^*의 값에 대하여 식 (7)의 r^*

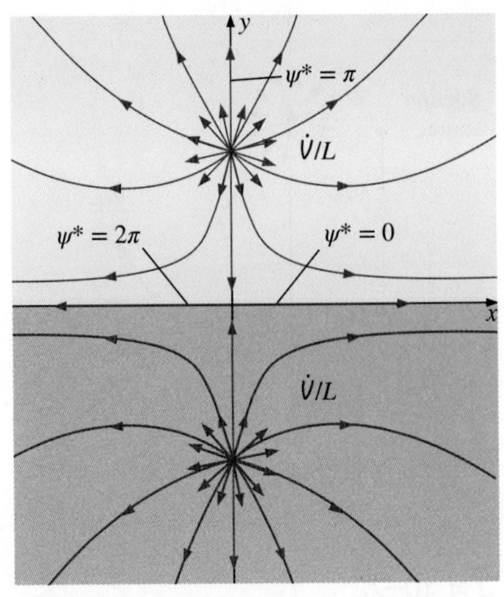

그림 10-70
x축은 아래쪽의 소스로부터 유출된 유동(회색)과 위쪽 소스에서 유출된 유동(파란색)을 나누는 분할 유선이다.

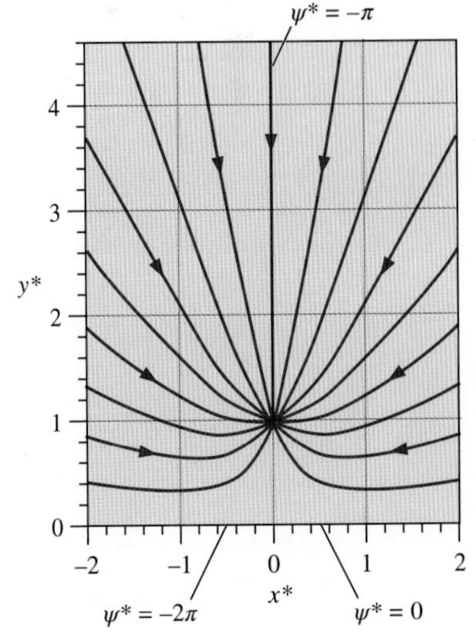

그림 10-71
소스 강도가 **음**인 경우(**싱크**)에 대한 그림 10-69에 나타난 두 소스의 무차원화된 유선. ψ^*는 -2π에서(음의 x축) 영까지(양의 x축) 같은 크기로 증가하고, 위쪽 절반 유동만이 나타나 있다. 유체는 (0, 1)에 위치한 싱크로 유입된다.

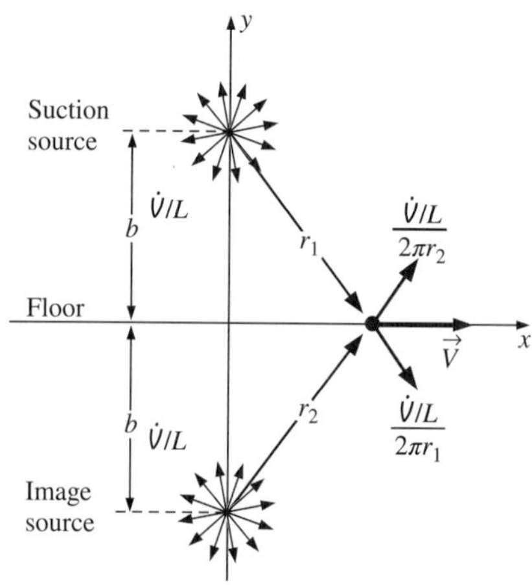

그림 10-72
두 개의 소스에 의해 발생한 속도 벡터의 합. 대칭성으로 인하여 속도의 합은 어디에서나 x축과 나란하다.

을 θ의 함수에 대해 풀어야 한다.

무차원화 된 유선;
$$r^* = \pm\sqrt{\frac{\tan\psi^*}{\sin 2\theta - \cos 2\theta \tan\psi^*}} \tag{9}$$

아래쪽 반은 대칭이고, 윗면과 거울대칭이기 때문에 위쪽 절반만 그림으로 나타내었다. 음의 값 $\dot{V}/L$의 경우, 유선의 화살표 방향처럼 공기가 모든 방향으로부터 진공청소기로 흡입된다.

바닥 위의(x축) 속도분포를 계산하기 위해 식 (6)을 미분하여 식 (10-29)의 평면유동에 대한 유동함수의 정의를 적용하거나, 또는 벡터 합을 사용할 수 있다. 후자의 경우가 더 간단하며, x축을 따른 임의의 위치에 대한 그 결과가 그림 10-72에 예시되어 있다. 위쪽의 소스(혹은 싱크)로부터 발생되는 속도는 $(\dot{V}/L)(2\pi r_1)$의 크기를 가지고, 방향은 보이는 것처럼 r_1 방향이다. 대칭이기 때문에, 가상 소스로부터 발생된 속도는 같은 크기를 가지나, 방향은 r_2의 방향이다. 두 가지 경우에 대한 속도벡터의 합은, 두 수평성분은 합쳐지고, 두 수직성분은 각각 상쇄되기 때문에 x축의 위에 놓이게 된다. 삼각함수 관계식을 이용하여 계산하면 다음 결과를 얻는다.

x축 상 축방향 속도;
$$u = V = \frac{(\dot{V}/L)x}{\pi(x^2 + b^2)} \tag{10}$$

여기서 V는 그림 10-72에 나타난 바와 같이, 바닥을 흐르는 속도벡터의 크기이다. 이미 비회전 유동 근사법을 사용하였기 때문에 압력장을 알기 위해 Bernoulli 방정식을 사용할 수 있다.

Bernoulli 방정식
$$\frac{P}{\rho} + \frac{V^2}{2} = \text{상수} = \frac{P_\infty}{\rho} + \underbrace{\frac{V_\infty^2}{2}}_{0} \tag{11}$$

압력계수를 구하기 위해 분모에 사용할 참조 속도가 필요하다. 아무런 정보를 미리 가지고 있지 않으므로 이미 알고 있는 변수인 $V_{ref} = -(\dot{V}/L)/b$를 이용한다. 여기서 V_{ref}를 양의 값으로 만들기 위해 음의 부호를 대입한다. (왜냐하면 $\dot{V}/L$은 진공청소기 모델에서 음의 값이기 때문이다.). 그 다음 압력계수를 정의하면 다음과 같다.

압력상수:
$$C_p = \frac{P - P_\infty}{\frac{1}{2}\rho V_{ref}^2} = -\frac{V^2}{V_{ref}^2} = -\frac{b^2V^2}{(\dot{V}/L)^2} \tag{12}$$

여기서 식 (11)을 적용하였고, V에 대하여 식 (10)에 대입하면 다음을 얻는다.

$$C_p = -\frac{b^2x^2}{\pi^2(x^2 + b^2)^2} \tag{13}$$

다음과 같은 축방향 속도와 거리에 대한 무차원 값을 소개하고,

무차원화 한 변수;
$$u^* = \frac{u}{V_{ref}} = -\frac{ub}{\dot{V}/L} \qquad x^* = \frac{x}{b} \tag{14}$$

식 (10)과 식 (13)을 무차원 형태로 나타내면 다음과 같다. 이때 C_p는 이미 무차원이다.

바닥을 따라서:
$$u^* = -\frac{1}{\pi}\frac{x^*}{1 + x^{*2}} \qquad C_p = -\left(\frac{1}{\pi}\frac{x^*}{1 + x^{*2}}\right)^2 = -u^{*2} \tag{15}$$

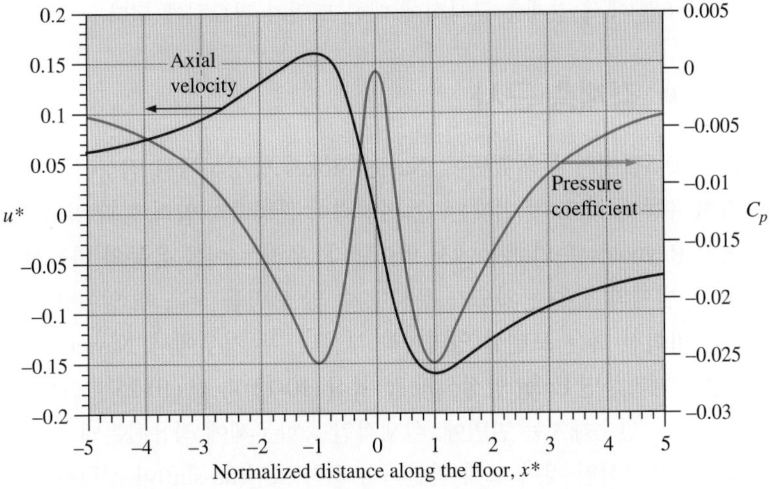

그림 10-73
비회전 유동 영역으로 모델링된 진공청소기 하부에서 나타나는 무차원화된 축방향 속도(파란 선)와 압력계수(녹색 선).

x^*의 함수인 u^*와 C_p에 대한 변화가 그림 10-73에 나타나 있다.

그림 10-73으로부터 u^*가 $x^*=-\infty$에서 0의 값으로부터 천천히 증가하여, $x^*=-1$에서 최고값인 약 0.159이 되는 것을 알 수 있다. 공기가 진공청소기로 흡입되기 때문에 음의 x^*에 대해 속도는 양(오른쪽 방향)으로 나타난다. 속도가 증가할수록 압력은 줄어든다. C_p 값은 $x=-\infty$에서 영이고, 점차 줄어들다가 $x^*=-1$일 때 -0.0253인 최솟값이 된다. $x^*=-1$과 $x^*=0$ 사이에서 진공청소기 바로 밑 정체점까지 압력은 영으로 증가하고 속도는 영으로 감소한다. 노즐의 오른쪽에서(양의 값 x^*) 압력은 대칭인 반면 속도는 반대칭(antisymmetric)이 된다.

바닥을 따라 $x^*=\pm 1$에서 최고속도(최소 압력)가 나타나는데, 이 위치는 그림 10-74에서처럼 바닥 위의 노즐까지의 거리와 같다. 차원으로 표현하면, **바닥에서 최고속도**는 $x=\pm b$에서 일어나고, 그곳의 속도는 다음과 같다.

바닥에서의 최대속도:

$$|u|_{\max} = -|u^*|_{\max}\frac{\dot{V}/L}{b} = -0.159\left(\frac{-0.314\ \mathrm{m^2/s}}{0.020\ \mathrm{m}}\right) = \mathbf{2.50\ m/s} \qquad \textbf{(16)}$$

바닥에서 속도가 가장 빠르고 압력이 가장 낮은 곳에서 바닥의 먼지를 흡입하는 진공청소기의 성능이 가장 효과적인 것으로 생각할 수 있다. 일반적인 생각과는 반대로 **가장 우수한 흡입성능이 나타나는 곳은 흡입부 입구가 아니라,** 그림 10-74에 도식된 것처럼 $x=\pm b$이다.

토의 선 싱크는 길이 차원을 가지지 않기 때문에 청소기 노즐의 너비 w를 해석에서 사용하지 않았다. $x\cong\pm b$에서 진공청소기가 가장 잘 작동하는 것을 작은 알갱이 물질(설탕이나 소금)을 바닥에 놓고, 간단한 실험을 통해 확인할 수 있다. 비회전 유동 근사화는 바닥에서 매우 가까운 영역(회전유동)을 제외한 진공청소기의 입구 유동에서 매우 현실적이라는 것을 알 수 있다.

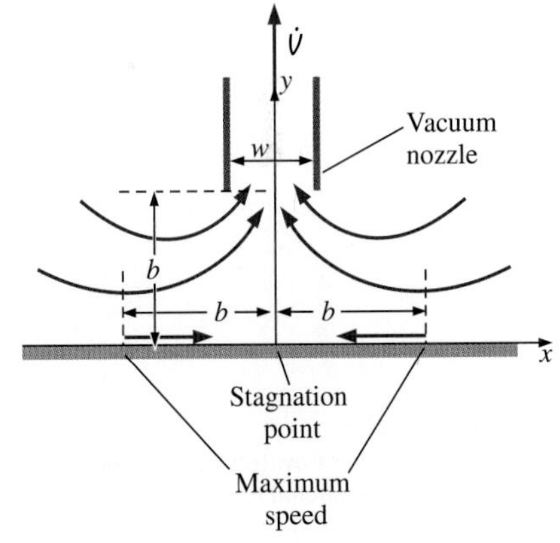

그림 10-74
비회전 유동 근사화에 의하면, 최대 속도는 진공청소기 노즐의 바로 밑의 $x=\pm b$에서 나타난다. 정체점은 노즐의 바로 아래에서 나타난다.

이 절을 마치면서, 비회전 유동 근사화가 수학적으로 간단하고 속도와 압력을 구하는데 편리하지만 실제 적용할 때는 매우 주의해야 함을 강조하고자 한다. 비회전 유동 근사화는 특별히 벽면 근처와 같이 유체입자가 점착조건으로 인한 전단응력 때문에 회전하여 와도를 무시할 수 없는 영역에서는 맞지 않는다. 이로써 이 장의 마지막 절(10-6절)에서 경계층 근사화에 대한 토의가 필요하게 된다.

10–6 ■ 경계층 근사

10-4와 10-5절에서 논의했듯이, Navier-Stokes 방정식에서 점성이 무시되는 적어도 두 가지 유동이 있다. 첫 번째는, 순 점성력이 관성력과 압력 힘과 비교해서 무시될 만한 높은 Reynolds 수의 유동에서 일어난다. 우리는 이를 **유동의 비점성 영역**이라 부른다. 두 번째의 경우는 와도가 무시할 수 있을 만큼 작을 때 일어난다. 우리는 이를 **유동의 비회전** 혹은 **포텐셜 영역**이라 부른다. 두 경우에서, Navier-Stokes 방정식의 점성항을 제거하면 Euler 방정식과 같다[식 (10-13)과 식 (10-25)]. 점성항을 제거하면 수식은 매우 단순해지는 반면에, 실제적인 공학문제에 적용하는데 많은 문제점이 있다. 그 중 대표적인 것이 고체 벽면에서 점착 조건(no-slip)이 성립하지 않는 것이다. 이렇게 되면 자유흐름 내에서 고체 벽면의 점성 전단력이 0이 되거나, 물체의 공기역학적 항력이 0이 되어 물리적으로 맞지 않는 결과를 초래하게 된다. Euler 방정식과 Navier-Stokes 방정식을 거대한 빈틈이 있는 두 개의 산으로 생각할 때(그림 10-75*a*), 우리는 경계층 근사법에 대하여 다음과 같이 언급할 수 있다.

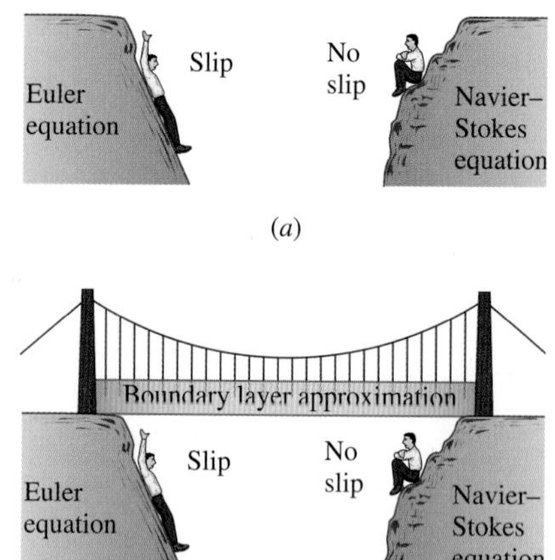

그림 10–75
(*a*) Euler 방정식(벽에서 미끄러짐 허용)과 Navier-Stokes 방정식(점착 조건 성립)의 사이에는 큰 차이가 있다. (*b*) 경계층 근사가 이 차이를 연결해 줄 수 있다.

> **경계층 근사법은** Eule **방정식과** Navier-Stokes **방정식, 그리고 고체 벽면에서 미끄러짐 조건과 점착 조건 사이의 공백에 다리를 놓는 것이다(그림** 10-75*b*).

역사적인 시각에서 보면, 1800년대 중반까지는 매우 간단한 경우를 제외하고는 Navier-Stokes 방정식을 풀 수가 없었다. 포텐셜 유동함수와 Euler 방정식에 대해서는 수학자들은 복잡한 유동에 대해서도 해답을 얻을 수 있었지만 그 결과들은 종종 물리적으로 의미가 없는 경우가 많았다. 그러므로 유체유동을 연구할 수 있는 믿을 만한 방법은 실험뿐이었다. 유체역학의 이런 정설을 깬 것은 1904년에 Ludwig Prandtl(1875-1953)이 **경계층 근사**(boundary layer approximation)를 소개하면서부터이다. Prandtl은 유동을 두 영역으로 분할하였다. 즉, 점성과 회전이 무시될 수 있는 **외부 유동영역**과 점성과 회전이 무시될 수 없는 고체 벽면 근처의 얇은 영역(그림 10-76), 즉 **경계층**이다. 외부 유동영역에서는 유동장을 얻기 위해 연속방정식과 Euler 방정식을 사용하고, 압력장을 얻기 위해 Bernoulli 방정식을 사용한다. 외부 유동영역이 비회전 영역이면, 속도장을 얻기 위해 10-5절에서 논의한 포텐셜 유동법을 사용할 수도 있다. 두 경우 모두 외부 유동영역을 우선 풀고, 다음에 회전력과 점성력을 무시할 수 없는 얇은 경계층 영역을 고려한다. 경계층 영역에서는 이 후 논의될 **경계층 방정식**의 해를 구한다(경계층 방정식은 전체 Navier-Stokes 방정식을 간략화한 것이다).

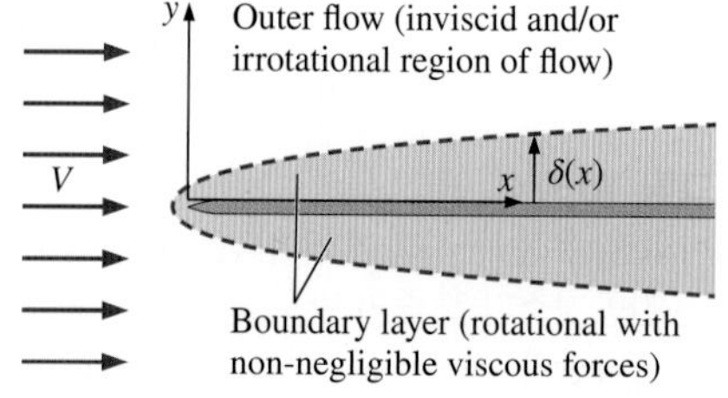

그림 10–76
Prandtl의 경계층 근사 개념은 유동을 얇은 경계층 영역과 그 외부 영역으로 나눈다(축척에 맞게 그려져 있지 않음).

경계층 근사에서는 고체 벽면에 점착 조건을 적용함으로써 Euler 방정식의 주요한 단점을 보완한다. 그러므로 벽면을 따른 점성 전단력, 자유흐름에 있는 물체에 작용하는 항력, 역 압력구배에 따른 유동 박리 등을 더욱 정확하게 예측할 수 있어 경계층 근사는 1900년대에 유체공학의 주요한 도구가 되었다. 하지만 20세기 후반에 들어서는 빠르고 저렴한 컴퓨터와 컴퓨터 계산용 유체역학 프로그램(CFD)의 출현으로 복잡한 형상에 대해 Navier-Stokes 방정식의 수치해석이 가능하게 되었다. 따라서 최근에는 더 이상 유동을 외부 영역과 경계층 영역으로 나누지 않고 전체 유동장의 운동방정식(연속식 및 Navier-Stokes 방정식)을 CFD를 활용하여 함께 풀기도 한다. 그럼에도 불구하고 경계층 근사는 해를 손쉽게 구할 수 있으므로 여러 공학적 응용에 널리 사용된다. 하지만 경계층 방정식의 해는 Navier-Stokes 방정식의 **근사해**임을 잊지 말아야 한다.

경계층 근사의 적용에 있어서 중요한 것은 경계층의 두께가 매우 **얇다**는 가정이다. 전형적인 예로써 x축을 따라 놓여 있는 무한히 긴 평판을 따라 흐르는 균일흐름을 들 수 있다. 평판 위 x방향의 임의의 지점에서 **경계층 두께** δ가 그림 10-77에 도시되어 있다. 관례상 δ는 평판의 벽면으로부터 수평속도가 경계층 외부 속도의 99%가 되는 위치까지의 거리로써 정의된다. 주어진 유체와 평판에 대해 자유흐름 속도 V가 높을수록 경계층 두께는 얇아진다(그림 10-77). 벽면을 따르는 거리 x에 기준한 무차원 수인 Reynolds 수는,

수평 평판에서의 레이놀즈 수: $$\text{Re}_x = \frac{\rho V x}{\mu} = \frac{Vx}{\nu} \tag{10-60}$$

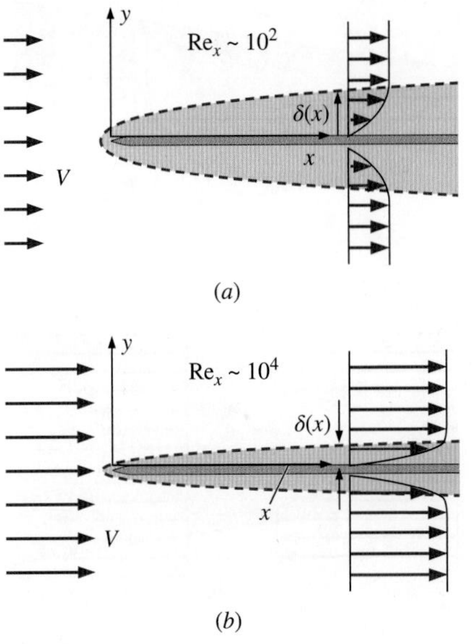

그림 10-77
유평판에 평행하게 흐르는 균일흐름(축척에 맞게 그려져 있지 않음). (*a*) $\text{Re}_x \sim 10^2$, (*b*) $\text{Re}_x \sim 10^4$. Reynolds 수가 커질수록 주어진 x 위치에서의 경계층 두께는 얇아진다.

그러므로,

주어진 x방향에서, Reynolds **수가 높을수록 경계층 두께는 얇아진다.**

다시 말해, 같은 조건하에서 Reynolds 수가 높을수록 경계층 두께가 얇아진다. $\delta \ll x$ (또는 무차원으로 표현하여, $\delta/x \ll 1$)일 때 경계층이 얇다고 할 수 있다.

경계층의 형상은 유동 가시화를 통해 얻을 수 있다. 한 예가 평판 위의 층류 경계층으로 그림 10-78에 나타나 있다. 이 그림은 F. X. Wortmann이 60여 년 전에 찍은 사진으로, 평판 위의 층류 경계층의 윤곽을 관찰할 수 있다. 점착조건은 벽면에서 명확히 확인되며, 벽면으로부터 유동속도가 서서히 증가하는 것으로부터 본 유동이 층류라는 것을 알 수 있다.

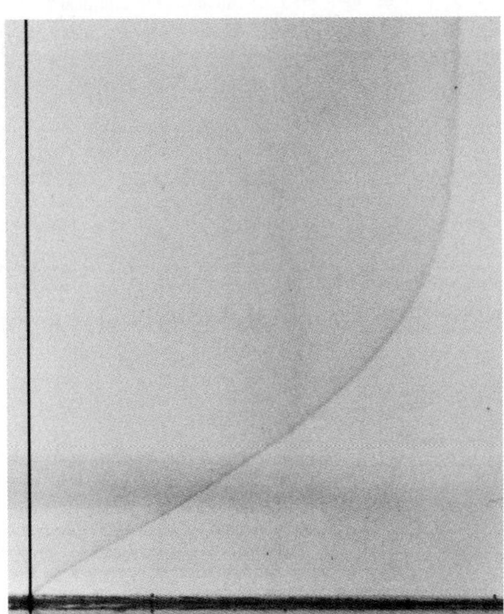

그림 10-78
평판 위 층류 경계층 분포의 유동가시화. 사 진은 F.X. Wortmann이 1953년에 tellurium 기법을 이용하여 촬영함. 유동은 왼쪽에서 오른쪽으로 진행하며, 평판의 선단은 시야의 왼쪽에서 먼 곳에 있음.
Wortmann, F. X. 1977 AGARD Conf. Proc. no. 224, paper 12.

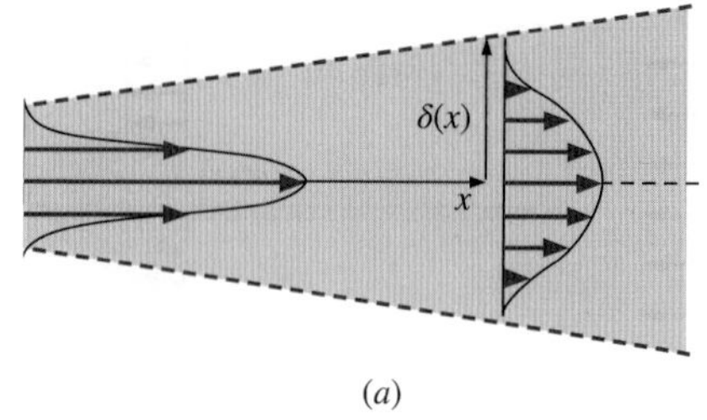

(a)

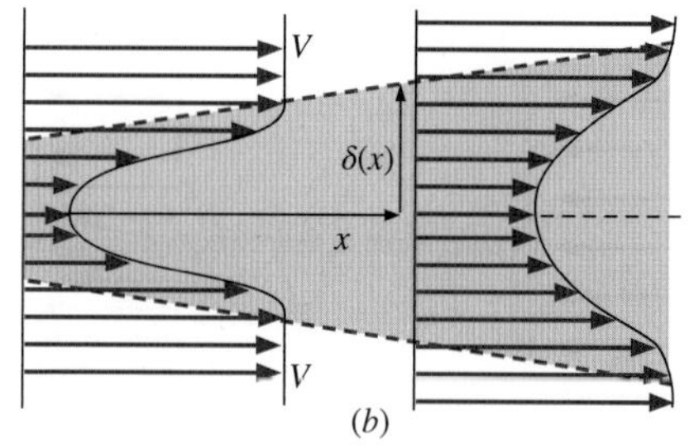

(b)

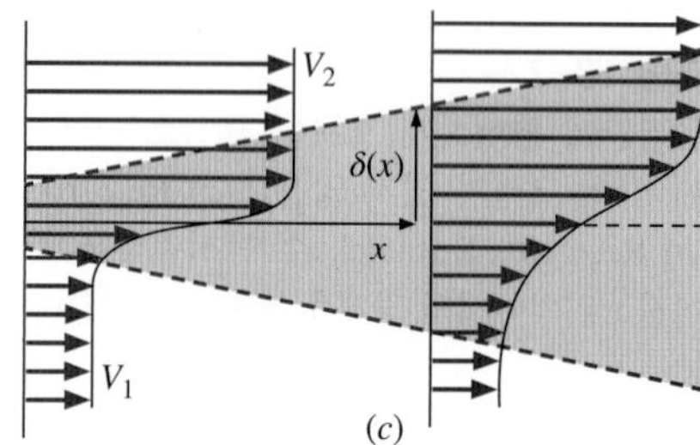

(c)

그림 10-79
경계층 근사화가 적절히 도입될 수 있는 세 가지 추가 유동 영역. (*a*) 제트, (*b*) 후류, (*c*) 혼합층.

경계층 근사는 벽면에 인접한 유동영역에 국한된 것이 아니라 제트, 후류, 혼합층과 같은 **자유전단층**에도, Reynolds 수가 충분히 높아서 두께가 **얇다**면 같은 식이 적용될 수 있다(그림 10-79). 고체 벽면이 없더라도 전단력을 무시할 수 없고 유한한 와도를 가지는 유동의 경우 경계층을 고려할 수 있다. 경계층 두께 $\delta(x)$를 그림 10-79에 도시하였다. 관례상 δ는 자유 전단층의 총 두께의 **절반**으로 표현되고, 유동의 중심선으로부터 최대속도 변화의 99%인 경계층 외곽에 이르는 거리로써 정의된다. 따라서 경계층 두께는 상수가 아니라 하류 방향의 거리 x에 따라 변한다. 평판, 제트, 후류, 혼합층 등 여기에 언급된 예들의 $\delta(x)$는 x방향을 따라 **증가**한다. 그러나 벽면을 따라 빠르게 가속되는 유동과 같은 경우 $\delta(x)$는 x방향을 따라 **감소**하기도 한다.

유체역학을 처음 접하는 학생들은 x의 함수로서 표현되는 δ가 유동의 유선이라고 오해하기도 한다. 하지만 **그렇지 않다**! 그림 10-80에 평판을 따른 $\delta(x)$와 유선이 나타나 있다. 경계층 두께가 하류를 따라 발달할 때 경계층을 지나는 유선은 질량보존을 만족하기 위하여 조금씩 위로 상승해야 한다. 이때 유선의 상승 변위는 $\delta(x)$의 발달보다 작고 유선이 곡선 $\delta(x)$를 가로지르기 때문에 $\delta(x)$는 유선이 아니다. (유선은 서로 교차할 수 없다. 그렇지 않으면 질량보존에 위배된다.)

그림 10-80처럼 평판 위의 층류 경계층에서 경계층 두께 δ는 V, x 그리고 유체 고유의 상태량인 ρ와 μ의 함수이다. 무차원 해석을 통해 δ/x가 Re_x의 함수라는 것을 밝힐 수 있다. 실제로 δ는 Re_x의 **제곱근**에 비례한다. 그러나 이 결과는 단지 평판 위의 **층류** 경계층에만 해당한다는 것을 명심해야한다. Re_x는 x에 대해 선형적으로 증가한다. 유동의 어느 한 점에서 교란이 발달하기 시작하면 경계층은 더 이상 층류가 아니고 난류에 이르는 **천이** 과정의 시작이다. 매끄러운 평판 위를 지나는 균일흐름에서 천이과정은 **임계 Reynolds 수**, $\mathrm{Re}_{x,\ \mathrm{critical}} \cong 1 \times 10^5$에서 시작되어, 천이 Reynolds 수 $\mathrm{Re}_{x,\ \mathrm{transition}} \cong 3 \times 10^6$(그림 10-81)까지 즉 경계층이 완전 난류가 될 때까지 지속된다. 천이과정은 상당히 복잡하며, 자세한 내용은 여기서 언급하지 않는다.

그림 10-81은 수직방향 경계층 두께는 확대하고 수평방향 크기는 축소하여 그린 것이다. (실제로 $\mathrm{Re}_{x,\ \mathrm{transition}}$은 $\mathrm{Re}_{x,\ \mathrm{critical}}$의 30배에 이르므로 천이영역은 그림에 도시된 것보다 훨씬 길다.) 경계층이 **실제로** 얼마나 얇은지에 대한 이해를 돕기 위해 그림 10-82에 경계층의 두께 δ를 x의 함수로 도시해 놓았다. 이 그림은 $\mathrm{Re}_x = 100{,}000x$가 되도록 매개변수를 신중히 선택하였다. 따라서 $\mathrm{Re}_{x,\ \mathrm{critical}}$은 $x \cong 1$에서, $\mathrm{Re}_{x,\ \mathrm{transition}}$은 $x \cong 30$에서 발생한다. 실측으로 나타내면 경계층 두께가 얼마나 얇고 천이영역은 얼마나 긴지를 알 수 있다.

실제 유동에서 난류로의 천이는 조용한 자유흐름에 놓인 매끄러운 평판의 경우에 비해 갑자기 그리고 훨신 일찍(더 낮은 Re_x에서) 발생한다. 표면 거칠기, 자유흐름 교

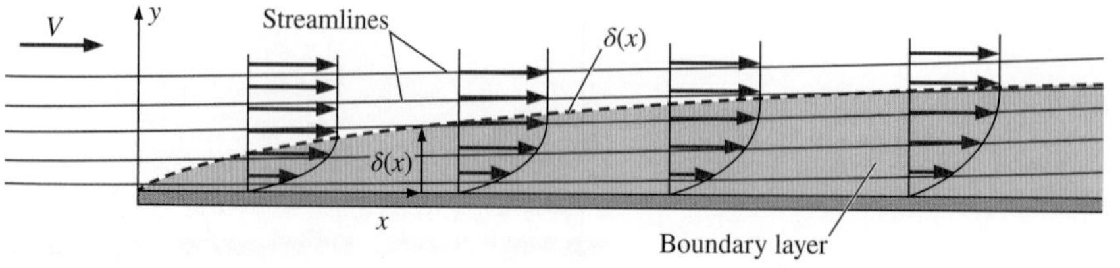

그림 10-80
평판 위 경계층에서 x의 함수로서 표현된 δ의 변화와 유선의 비교. 유선이 $\delta(x)$를 가로지르기 때문에 $\delta(x)$는 유동의 유선 그 자체가 될 수 없음.

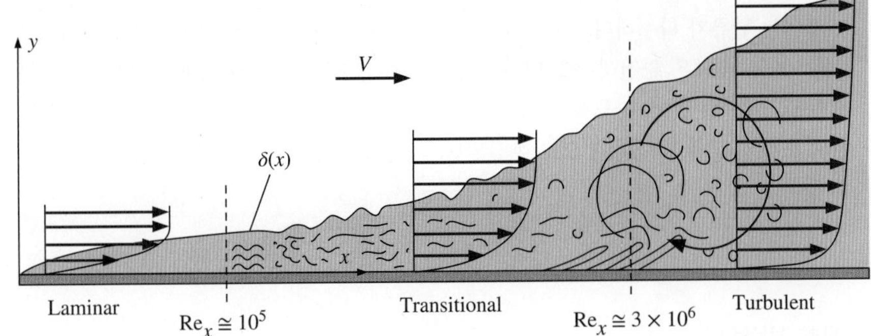

그림 10-81
평판 위 층류 경계층에서 완전난류 경계층으로의 천이(축척에 맞게 그려져 있지 않음).

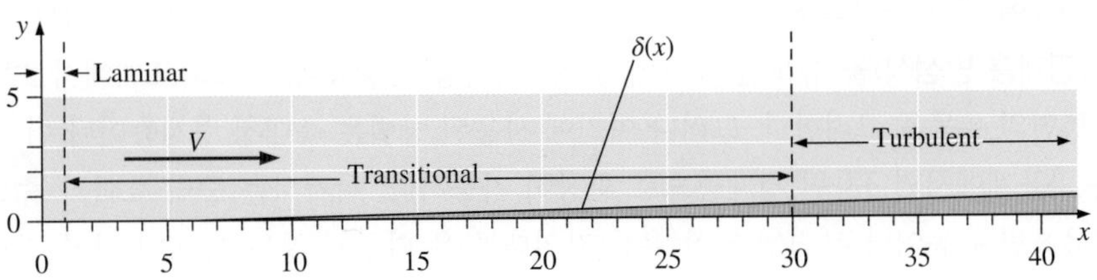

그림 10-82
축척에 맞게 그려진 평판 위 경계층 두께. 층류, 천이, 난류 지역은 매끄러운 벽면 위 잔잔한 자유흐름 조건에 대해 도시됨.

란, 음향소음, 비정상상태의 유동, 진동 그리고 벽면의 곡률과 같은 요소들은 천이영역이 보다 빨리 발생하도록 한다. 이러한 이유로, 종종 **임계 Reynolds 수** $\text{Re}_{x,\,\text{cr}}=5\times10^5$를 기준으로 경계층이 층류($\text{Re}_x<\text{Re}_{x,\,\text{cr}}$)인지, 난류($\text{Re}_x>\text{Re}_{x,\,\text{cr}}$)인지를 판단한다. 임계 Re수는 열전달에서도 적용된다. 많은 경우, 평균 마찰과 열전달계수의 관계식은 $\text{Re}_{x,\,\text{cr}}$보다 낮은 Re_x에서는 층류, 그 외의 경우 난류 유동이라는 가정하에서 유도된다.

천이과정은 종종 **비정상상태**를 보이며, 최신 CFD 코드로도 예측하기 어렵다. 때로 공학자들은 원하는 위치에 천이를 발생시키기 위하여 표면을 따라 거친 사포 또는 **트립 와이어**(trip wires)라 불리는 철사를 사용한다(그림 10-83). 트립 와이어에 의해 발생된 에디는 국소적인 혼합을 증가시키고, 교란을 발생시켜 난류경계층을 매우 빠르게 유도한다. 그림 10-83에서 보이는, 수직방향 축척은 편의상 과장된 것이다.

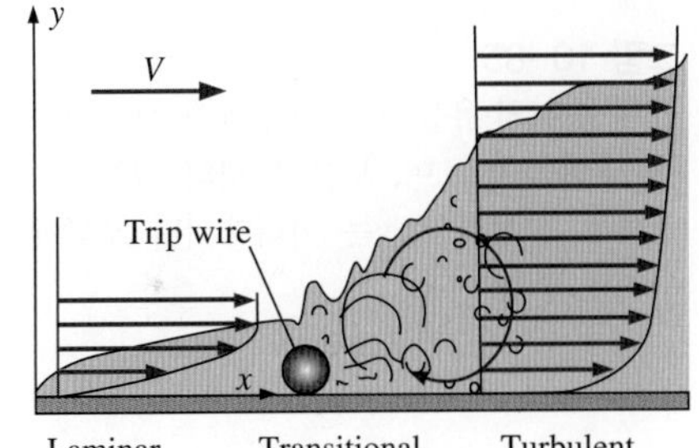

그림 10-83
경계층에서 난류로의 천이를 일찍 일으키기 위하여 트립 와이어가 사용된다(축척에 맞게 그려져 있지 않음).

예제 10-9 층류 또는 난류 경계층

알류미늄 카누가 물 위를 5.5 km/h의 속도로 움직이고 있다(그림 10-84). 물의 온도는 10 ℃이고 카누 바닥의 길이는 6 m이다. 카누 바닥의 경계층은 층류인가, 난류인가?

풀이 카누 바닥의 경계층이 층류인지 난류인지 판정하고자 한다.

가정 **1** 유동은 정상상태이고 비압축성이다. **2** 카누 바닥은 유동 방향과 정확하게 일치하는 매끈한 평판이라고 가정한다. **3** 카누 바닥의 경계층 아래의 물은 5.5 km/h 속도로 균일하게 흐른다.

상태량 $T=10$ ℃ 물의 밀도와 동점성계수 $\nu=1.307\times10^{-6}\ \text{m}^2/\text{s}$이다.

해석 먼저 카누 후단에서의 Reynolds 수를 계산하면

$$\text{Re}_x=\frac{Vx}{\nu}=\frac{(5.5\ \text{km/h})(6\ \text{m})}{1.307\times10^{-6}\ \text{m}^2/\text{s}}\left(\frac{1000\ \text{m}}{1\ \text{km}}\right)\left(\frac{1\ \text{h}}{3600\ \text{s}}\right)=7.01\times10^6$$

$\text{Re}_{x,\,\text{cr}}$가 $\text{Re}_x(5\times10^5)$보다 훨씬 크고, 심지어 $\text{Re}_{x,\,\text{transition}}\ (50\times10^5)$보다도 크기 때문에, 카

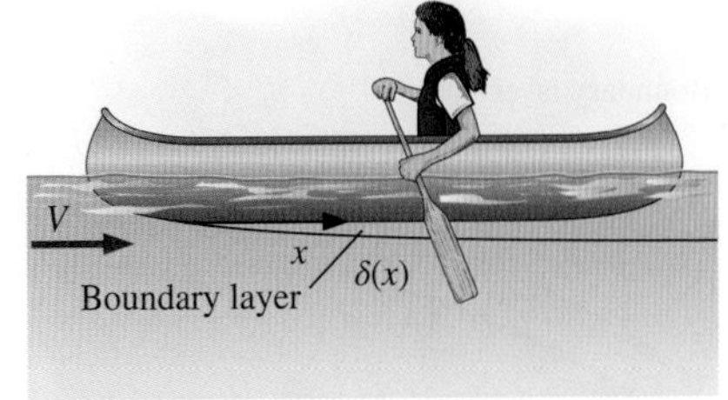

그림 10-84
예제 10-9의 개략도.

누 후미는 난류가 확실하다.

토론 카누 바닥은 완전히 매끄럽거나 평평하지 않으며, 파도에 의한 교란이나 노, 물고기 등도 있을 수 있어, 난류로의 천이는 그림 10-81에 도식된 이상적인 경우보다 훨씬 더 일찍 또는 빠르게 발생할 것으로 예상된다. 따라서 경계층이 난류라는 것을 더욱 확신할 수 있다.

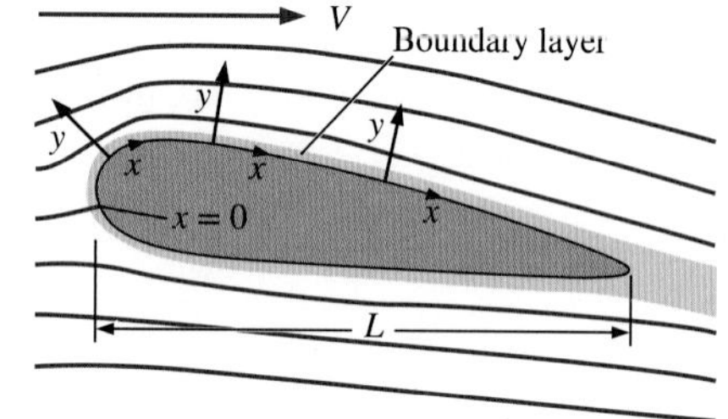

그림 10-85
물체 주위의 유동에 대한 경계층 좌표계. x는 표면을 따르며, 보통 물체의 정체점을 영으로 설정하고, y는 어디에서나 표면에 수직인 방향이다.

경계층 방정식

경계층에 대한 물리적 의미를 알아보았기 때문에, 경계층 계산에 이용되는 운동방정식(**경계층 방정식**)을 유도할 필요가 있다. 편의상 정상상태, 직교좌표계에서 2차원, xy평면의 유동을 고려한다. 그러나 여기에 사용된 방법은 축대칭 경계층이나 어느 다른 좌표계에서의 3차원 경계층으로 확장이 가능하다. 여기서는 중력 효과가 중요한 자유표면 유동이나 부력에 의한 유동(자연대류)은 다루지 않는다. 또한 난류 경계층은 본서의 수준을 벗어난 것이므로 오직 **층류** 경계층에 대해서만 언급한다. 고체 벽면을 따른 경계층에 대해, 벽면에 평행하게 x좌표를, 벽면에 수직한 방향으로 y좌표를 설정한다(그림 10-85). 이러한 좌표계를 **경계층 좌표계**라 일컫는다. 경계층 방정식을 풀 때, 어느 한 시점에서 x방향의 한 위치에 대한 **국소 좌표계**를 이용하여 방정식을 해결하며, 이 좌표계는 **국소적으로 직교성**을 가진다. 어느 점을 $x=0$로 하는가는 중요하지 않지만, 그림 10-85와 같이 일반적으로 전면부 정체점을 $x=0$으로 설정한다.

이번 장에서 유도한 무차원 Navier-Stokes 방정식의 비정상항과 중력항을 무시하면, 식 (10-6)은 다음과 같다.

$$(\vec{V}^* \cdot \vec{\nabla}^*)\vec{V}^* = -[\mathrm{Eu}]\vec{\nabla}^* P^* + \left[\frac{1}{\mathrm{Re}}\right]\nabla^{*2}\vec{V}^* \qquad \textbf{(10-61)}$$

경계층 외부의 압력차는 Bernoulli 방정식과 $\Delta P = P - P_\infty \sim \rho V^2$에 의해 결정되므로 Euler수는 단일 차수를 가진다. 여기서 V는 외부 유동의 특성 속도로 균일한 유동 내에 잠겨 있는 물체의 경우 자유흐름 속도와 같다. 무차원화에 사용된 특성 길이는 L이며, 물체의 특성 크기를 나타낸다. 경계층에 대해 x는 L의 차수를 가지며, 식 (10-61)의 Reynolds 수는 Re_x이다. 일반적으로 Re_x는 경계층 근사에 있어서 매우 큰 값을 가진다. 이는 식 (10-61)의 마지막 항이 무시될 수 있음을 의미하는데 이 경우 식 (10-61)은 Euler 방정식이 된다. 이를 막기 위해서는 최소한의 점성항이라도 유지해야 한다.

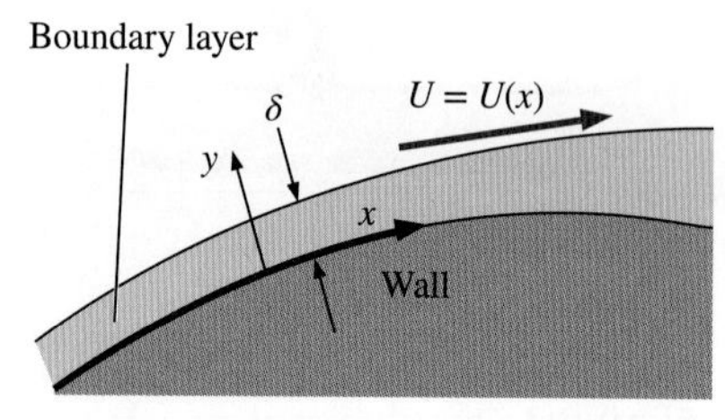

그림 10-86
길이 척도 x, δ와 속도 척도 U를 나타내는 물체 표면 경계층의 확대 그림.

그렇다면 무시해도 되는 항과 고려해야만 하는 항은 어떻게 결정하는 것인가? 이 물음에 답하기 위해 경계층 내부의 적절한 길이와 속도 척도를 바탕으로 운동방정식의 무차원화를 다시 수행한다. 그림 10-85의 경계층의 어느 한 부분을 확대한 것이 그림 10-86이다. x의 크기 차수는 L이므로 L을 유선방향에 대한 거리, 속도 및 압력 구배에 대한 길이 척도로 사용한다. 그러나 이 길이 척도는 y에 대한 구배의 척도로는 너무 크다. 따라서 y에 대한 구배와 유선의 수직방향 거리에 대한 길이 척도로는 δ를 사용한다. 유사하게, 전체 유동장에 대한 특성속도 척도는 V인 반면, 경계층에 대한 특성속도의 척도로는 **경계층의 어느 한 위치에서 벽면과 평행한 속도 성분의 크기를**

나타내는 U가 더 적당하다(그림 10-86). U는 일반적으로 x의 함수이다. 그러므로 경계층 내부의 x의 위치에서 크기 차수는 다음과 같다.

$$u \sim U \qquad P - P_\infty \sim \rho U^2 \qquad \frac{\partial}{\partial x} \sim \frac{1}{L} \qquad \frac{\partial}{\partial y} \sim \frac{1}{\delta} \tag{10-62}$$

속도성분 V에 대한 크기 차수는 식 (10-62)에 나타나 있지 않다. 대신 연속방정식을 통해 얻을 수 있다. 2차원 비압축성 연속방정식에 식 (10-62)의 크기 차수를 도입하면 다음과 같다.

$$\underbrace{\frac{\partial u}{\partial x}}_{\sim U/L} + \underbrace{\frac{\partial v}{\partial y}}_{\sim v/\delta} = 0 \quad \rightarrow \quad \frac{U}{L} \sim \frac{v}{\delta}$$

두 항은 서로 균형을 이루어야 하기 때문에 같은 크기 차수이라야 한다. 그러므로 속도성분 v의 크기 차수는 다음과 같다.

$$v \sim \frac{U\delta}{L} \tag{10-63}$$

경계층 내부(경계층은 매우 얇다)에서 $\delta/L \ll 1$이므로 $v \ll u$이라야 한 (그림 10-87). 식 (10-62)와 식 (10-63)으로부터 경계층 내부의 무차원 변수를 다음과 같이 정의한다.

$$x^* = \frac{x}{L} \qquad y^* = \frac{y}{\delta} \qquad u^* = \frac{u}{U} \qquad v^* = \frac{vL}{U\delta} \qquad P^* = \frac{P - P_\infty}{\rho U^2}$$

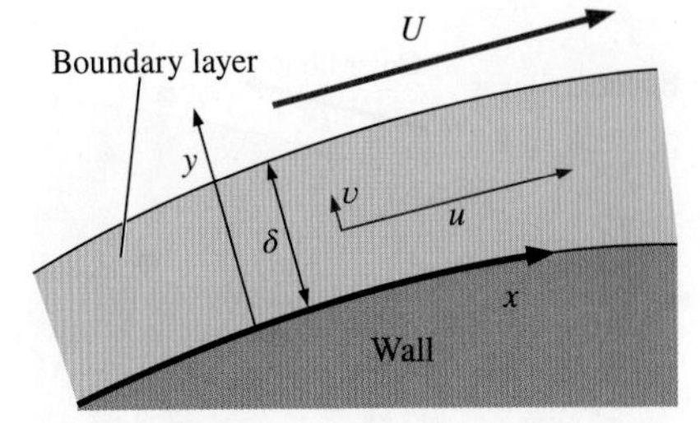

그림 10–87
속도 성분 v는 u에 비해 매우 작음을 나타내는 물체 표면 경계층의 더욱 확대된 그림.

이 모든 무차원 변수들은 단일 차수를 가지고 따라서 이들은 **정규화된(normalized) 변수**들이다(7장).

Navier-Stokes 방정식의 x, y 성분에 대해 위에서 무차원화 된 값을 y방향 운동량 방정식에 대입하면, 다음과 같다.

$$\underbrace{u}_{u^*U}\underbrace{\frac{\partial v}{\partial x}}_{\frac{\partial}{\partial x^*}\frac{v^*U\delta}{L^2}} + \underbrace{v}_{v^*\frac{U\delta}{L}}\underbrace{\frac{\partial v}{\partial y}}_{\frac{\partial}{\partial y^*}\frac{v^*U\delta}{L\delta}} = \underbrace{-\frac{1}{\rho}\frac{\partial P}{\partial y}}_{\frac{1}{\rho}\frac{\partial}{\partial y^*}\frac{P^*\rho U^2}{\delta}} + \underbrace{\nu\frac{\partial^2 v}{\partial x^2}}_{\nu\frac{\partial^2}{\partial x^{*2}}\frac{v^*U\delta}{L^3}} + \underbrace{\nu\frac{\partial^2 v}{\partial y^2}}_{\nu\frac{\partial^2}{\partial y^{*2}}\frac{v^*U\delta}{L\delta^2}}$$

약간의 대수계산 후 각 항에 $L^2/(U^2\delta)$을 곱하면, 다음 식을 얻는다.

$$u^*\frac{\partial v^*}{\partial x^*} + v^*\frac{\partial v^*}{\partial y^*} = -\left(\frac{L}{\delta}\right)^2\frac{\partial P^*}{\partial y^*} + \left(\frac{\nu}{UL}\right)\frac{\partial^2 v^*}{\partial x^{*2}} + \left(\frac{\nu}{UL}\right)\left(\frac{L}{\delta}\right)^2\frac{\partial^2 v^*}{\partial y^{*2}} \tag{10-64}$$

식 (10-64)의 각 항을 비교하면, $\mathrm{Re}_L = UL/\nu \gg 1$이므로 우변의 가운데 항은 다른 항에 비해 확실히 작은 차수의 값을 가진다. 같은 이유로 우변의 마지막 항은 첫 번째보다 훨씬 작다. 이 두 항을 무시하면 좌변의 두 항과 우변의 첫 번째 항만이 남게 된다. 그러나 $L \gg \delta$이기 때문에 압력구배 항은 방정식의 좌변의 대류 항에 비해 큰 차수를 지니게 된다. 그러므로 식 (10-64)에는 압력 항만이 남게 되고 방정식 내에 압력 항과 균형을 이루는 항이 없기 때문에 0으로 둘 수밖에 없다. 그러므로 무차원화된 y방향 운동량 방정식은 다음과 같다.

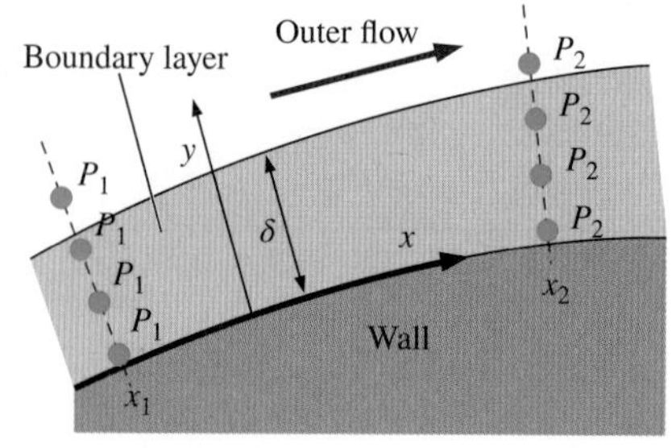

그림 10-88
압력은 경계층을 따라(x방향) 변할 수 있지만, 경계층을 가로지르는 방향(y방향)으로의 압력 변화는 무시할 수 있다.

$$\frac{\partial P^*}{\partial y^*} \cong 0$$

또는 물리적 변수들로 나타내면 다음과 같다.

경계층을 지나는 수직 압력 구배 :
$$\frac{\partial P}{\partial y} \cong 0 \tag{10-65}$$

즉, 압력이 x방향을 따라 **변하더라도** 벽면에 **수직방향**의 압력변화는 무시할 수 있을 정도로 작다. 이 개념을 그림 10-88에 도시하였다. $x=x_1$에서 모든 y값에 대해 $P=P_1$이다. $x=x_2$에서는 압력은 변하나 모든 y에 대해 $P=P_2$이다.

경계층을 가로질러(y 방향으로) 압력은 거의 균일하다.

물리적으로, 경계층은 매우 얇기 때문에 경계층 내부의 유선은 경계층 두께 척도에서 보면 무시할 만한 **곡률**을 가진다. 유선이 곡률을 가지려면 압력 구배에 의한 **구심가속도**를 필요로 한다. 얇은 경계층 내에서 유선은 거의 곡선을 형성하지 않기 때문에, 경계층을 가로지르는 압력 구배는 무시할 만하다.

식 (10-65)로부터 바로 알 수 있듯이, 벽면을 따르는 임의의 x위치에서 경계층 외곽($y \cong \delta$)의 압력과 벽면($y=0$)의 압력은 **같다**. 따라서 경계층 **벽면의** 압력 탭을 이용하여 경계층 외곽의 압력을 실험적으로 구할 수 있다(그림 10-89). 실험자들은 이러한 운 좋은 상황을 이용하며, 항공기 날개의 익형이나, 유체기계의 깃의 압력을 측정하고 있다.

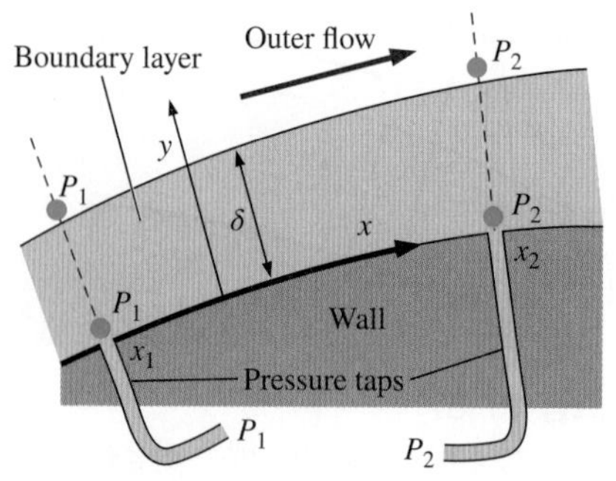

그림 10-89
경계층 밖의 유동의 비회전 영역에서의 압력은 벽면의 표면에서 정압 탭으로 측정할 수 있다. 두 개의 정압 탭이 나타나 있다.

그림 10-64의 원형실린더 유동에 대한 압력 측정 결과는 실린더의 표면의 압력공을 이용한 것이다. 이들 데이터는 종종 비회전 외부 유동 근사에 의거하여 계산된 압력과 비교되는데, 계산된 경계층 **외부**압력(Euler 방정식이나 Bernoulli 방정식과 연계된 포텐셜 유동으로부터)은 경계층에서 벽면에 이르는 모든 y에 적용되기 때문에 이러한 비교는 유효하다.

경계층 방정식의 유도로 되돌아가서, x방향 운동량 방정식을 간략하게 하기 위해 식 (10-65)를 사용한다. 특히, P가 y의 함수가 아니기 때문에 외부 유동 근사로부터(연속방정식과 Euler 방정식, 또는 포텐셜 유동과 Bernoulli 방정식 사용하여) 계산된 P에 대해 $\partial P/\partial x$를 dP/dx로 대체한다. x성분의 Navier-Stokes 방정식은 다음과 같다.

$$\underbrace{u}_{u^*U}\underbrace{\frac{\partial u}{\partial x}}_{\frac{\partial}{\partial x^*}\frac{u^*U}{L}} + \underbrace{v}_{v^*\frac{U\delta}{L}}\underbrace{\frac{\partial u}{\partial y}}_{\frac{\partial}{\partial y^*}\frac{u^*U}{\delta}} = \underbrace{-\frac{1}{\rho}\frac{dP}{dx}}_{\frac{1}{\rho}\frac{\partial}{\partial x^*}\frac{P^*\rho U^2}{L}} + \underbrace{\nu\frac{\partial^2 u}{\partial x^2}}_{\nu\frac{\partial^2}{\partial x^{*2}}\frac{u^*U}{L^2}} + \underbrace{\nu\frac{\partial^2 u}{\partial y^2}}_{\nu\frac{\partial^2}{\partial y^{*2}}\frac{u^*U}{\delta^2}}$$

약간의 대수 계산 후 각 항에 L/U^2을 곱하면, 다음 식을 얻는다.

$$u^*\frac{\partial u^*}{\partial x^*} + v^*\frac{\partial u^*}{\partial y^*} = -\frac{dP^*}{dx^*} + \left(\frac{\nu}{UL}\right)\frac{\partial^2 u^*}{\partial x^{*2}} + \left(\frac{\nu}{UL}\right)\left(\frac{L}{\delta}\right)^2\frac{\partial^2 u^*}{\partial y^{*2}} \tag{10-66}$$

식 (10-66)의 항들을 비교해보면, $\mathrm{Re}_L = UL/\nu \gg 1$이기 때문에 우변의 중간 항은 좌변의 항들보다 확실히 작은 값이 된다. 우변의 마지막 항은 어떻게 되는가? 만약 이항을 무시하면, 점성이 무시되고 Euler 방정식으로 복귀하게 된다. 따라서 이 항은 분명히 유지되어야 한다. 더구나 식 (10-66)의 나머지 항들은 단일 차수이므로 우변의 마지막 항인 괄호 안에 결합되어 있는 매개변수들도 단일차수이어야 한다.

$$\left(\frac{\nu}{UL}\right)\left(\frac{L}{\delta}\right)^2 \sim 1$$

$Re_L = UL/\nu$임을 감안하면, 다음과 같다.

$$\frac{\delta}{L} \sim \frac{1}{\sqrt{Re_L}} \quad \textbf{(10-67)}$$

이 결과로부터 주어진 유선 위치에서 Reynolds 수가 클수록 경계층 두께가 얇아짐을 확인할 수 있다. 식 (10-67)에서 L 대신 x를 대입하면, 평판 위 층류 경계층에서 $U(x) = V =$ 일정하고, δ는 x의 제곱근에 따라 발달한다는 결론을 내릴 수 있다(그림 10-90).

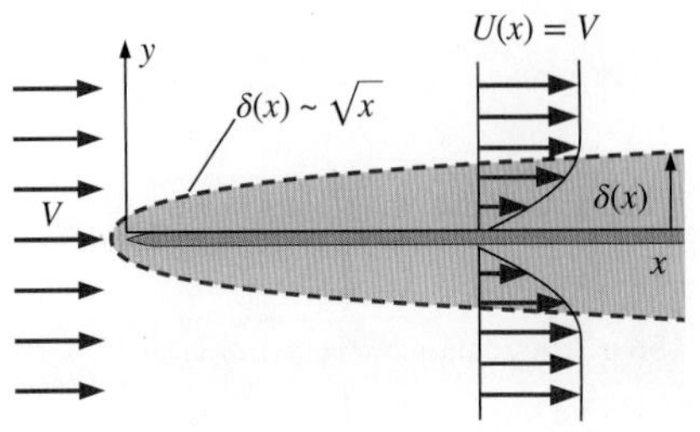

그림 10–90
평판 층류 경계층 방정식의 크기 차수해석을 해보면 δ가 $\sqrt{x}$에 비례하여 발달함을 알 수 있다(축척에 맞게 그려져 있지 않음).

본래의(물리적인) 변수들을 사용하면 식 (10-66)은 다음과 같다.

x방향 운동량 방정식:
$$u\frac{\partial u}{\partial x} + v\frac{\partial u}{\partial y} = -\frac{1}{\rho}\frac{dP}{dx} + \nu\frac{\partial^2 u}{\partial y^2} \quad \textbf{(10-68)}$$

일반적으로 경계층 내에서 속도구배 $\partial u/\partial y$의 y도함수가 동점성계수 ν (일반적으로 작음)를 상쇄시키기에 충분하기 때문에 식 (10-68)의 마지막 항을 무시할 수는 없다. 또한 y방향 운동량 방정식 해석으로부터 알 수 있듯이 경계층을 가로지르는 압력은 경계층 외곽의 값과 같기 때문에 외부유동에 Bernoulli 방정식을 적용할 수 있다. x에 대한 미분을 수행하면 다음 식을 얻는다.

$$\frac{P}{\rho} + \frac{1}{2}U^2 = \text{일정} \quad \rightarrow \quad \frac{1}{\rho}\frac{dP}{dx} = -U\frac{dU}{dx} \quad \textbf{(10-69)}$$

여기서 P와 U는 그림 10-91에서 묘사된 것처럼 오직 x만의 함수이다. 식 (10-69)를 식 (10-68)에 대입하고 압력을 경계층 방정식에서 제거하면 다음 식을 얻는다.

$$u\frac{\partial u}{\partial x} + v\frac{\partial u}{\partial y} = U\frac{dU}{dx} + \nu\frac{\partial^2 u}{\partial y^2} \quad \textbf{(10-70)}$$

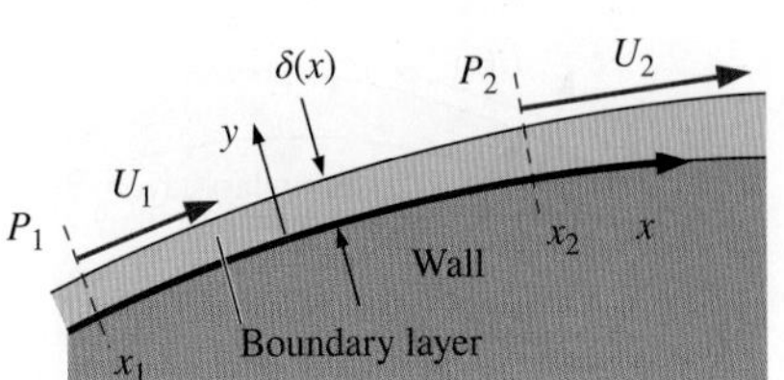

그림 10–91
벽면에 평행한 외부 유동 속도는 $U(x)$이며, 외부 유동 압력 $P(x)$로부터 구해진다. 이 속도는 식 (10-70)의 경계층 운동량 방정식의 x 성분에서 나타난다.

따라서 중력을 무시한 xy 평면의 층류 경계층에 대한 정상상태, 비압축성 운동방정식을 요약하면 다음과 같다.

경계층방정식:
$$\frac{\partial u}{\partial x} + \frac{\partial v}{\partial y} = 0$$
$$u\frac{\partial u}{\partial x} + v\frac{\partial u}{\partial y} = U\frac{dU}{dx} + \nu\frac{\partial^2 u}{\partial y^2} \quad \textbf{(10-71)}$$

수학적으로 Navier-Stokes 방정식은 공간에 대해 **타원형**(elliptic)이며, 이는 유동장의 전체 경계에 대해 경계조건이 필요하다는 것을 의미한다. 즉, 유동 정보는 상류

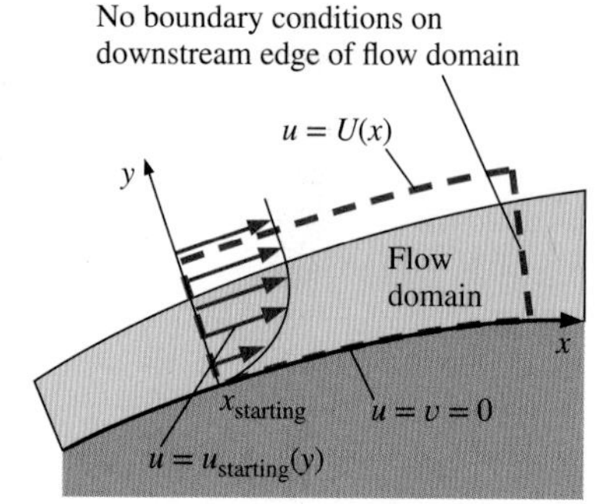

그림 10-92
경계층 방정식의 형태는 포물선형(parabolic)이다. 따라서 경계 조건은 유동 영역의 3개의 면에서 정해질 필요가 있다.

와 하류를 포함하는 모든 방향으로 전파된다. 한편, x방향 운동량 경계층 방정식[식 (10-71)의 두 번째 방정식]은 **포물선형**(parabolic)이다. 이것은 (2차원) 유동장에서 단지 세 면의 경계조건만 정해줄 필요가 있다는 것을 의미한다. 즉, 유동 정보는 (하류로부터) 유동의 반대 방향으로 전파되지 않는다. 이것은 경계층 문제를 푸는 것이 한결 쉬워졌다는 것을 의미한다. 특히, **하류**에서의 경계조건을 정해줄 필요가 없고, 단지 상류와 유동장의 아래, 위 경계조건만 필요하다(그림 10-92). 즉, 벽면에서의 점착조건($y=0$에서 $u=v=0$), 경계층 외곽의 외부 유동조건[$y\to\infty$에서 $u=U(x)$] 및 상류의 속도분포[$x=x_{starting}$에서 $u=u_{starting}(y)$ 여기서 $x_{starting}$은 0일 수도, 아닐 수도 있음]만 정해주면 된다. 이러한 경계조건을 가지고 x방향 하류로 계산을 진행하며, 경계층 방정식의 해를 구한다. 이 특징은 특별히 수치 해석으로 경계층을 계산할 때 매력적이다. 왜냐하면, x방향의 어느 한 위치(x_i)에서 분포를 알고 있을 때, 다음 위치(x_{i+1})의 계산을 수행하고, 이 점을 그 다음 위치(x_{i+2})로 계산을 진행하기 위한 시작점으로 사용할 수 있기 때문이다.

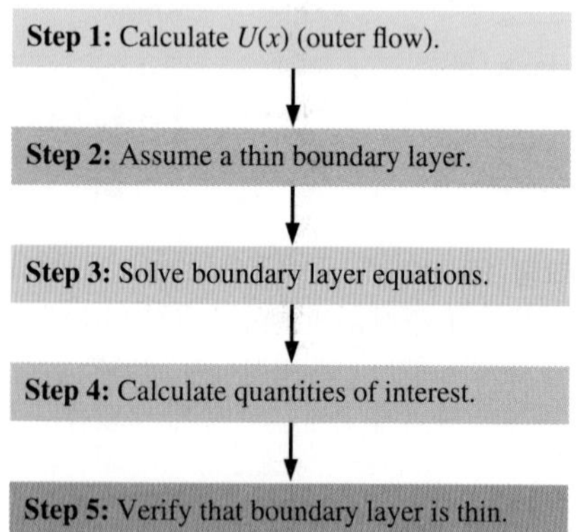

그림 10-93
정상, 비압축성, xy평면의 2차원 경계층 계산 과정 요약.

경계층 계산 절차

단계별 절차를 통하여 경계층 근사를 적용한다. 그 계산 절차는 아래에 나와 있으며, 그림 10-93에 잘 요약되어 있다.

단계 1 (경계층 외곽 지역의 유동을 비점성 그리고/또는 비회전으로 가정하고) 경계층을 무시한 채로 외부유동을 계산한다.

단계 2 경계층을 매우 얇다고 가정한다. 사실 굉장히 얇아 단계 1의 외부 유동계산에 영향을 주지 않는다.

단계 3 적당한 경계조건을 사용하여 경계층 방정식[식 (10-71)]의 해를 구한다. 벽면에서 점착조건, $y=0$에서 $u=v=0$; 경계층 외곽의 외부유동, $y\to\infty$에서 $u\to U(x)$; 그리고 시작 지점의 분포, $x=x_{starting}$에서 $u=u_{starting}(y)$.

단계 4 유동장 내 주요 특성치를 계산한다. 예를 들어 경계층 방정식 해를 통하여(단계 3), $\delta(x)$, 벽면을 따른 전단 응력, 전체 마찰저항 등을 계산한다.

단계 5 경계층 근사가 적당한지 검증한다. 다시 말해, 경계층이 **얇다**는 것을 입증한다. 그렇지 않다면 근사화는 정당화되지 못한다.

예제 문제를 접하기 전에 경계층 근사의 한계를 이해할 필요가 있다. 이는 경계층 계산을 하기 전에 **확인해야 할 사항**이다.

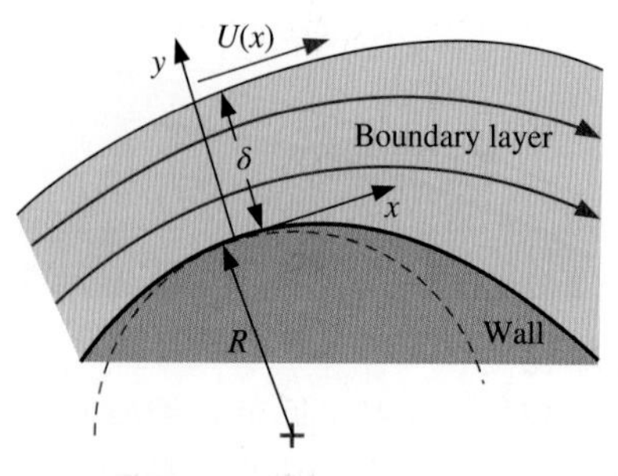

그림 10-94
벽면의 국소 곡률 반경(R)이 δ의 크기와 같을 정도로 작을 때, 구심가속도의 영향은 무시할 수 없으며, $\partial P/\partial y\neq 0$이다. 얇은 경계층 근사는 이러한 영역에서 적절하지 않다.

- Reynolds 수가 충분히 크지 않으면 경계층 근사는 맞지 않는다. 얼마나 커야 하는가? 그것은 근사의 정확도에 의존한다. 이것을 알아보기 위해 식 (10-67)을 사용한다. $\mathrm{Re}_L=1000$일 때 $\delta/L\sim0.03(3\%)$ 그리고 $\mathrm{Re}_L=10{,}000$일 때 $\delta/L\sim0.01(1\%)$이다.
- 벽면의 곡률이 δ(그림 10-94)와 같은 크기이면, y방향으로 압력 구배가 0이라는 가정[식 (10-65)]은 맞지 않는다. 그러한 경우 유선의 곡률에 의한 구심가속도의 영향을 무시할 수 없다. 물리적으로 δ가 R보다 아주 작지 않을 때는 경계층 근사

를 적용할 수 없다.

- Reynolds 수가 너무 **높게** 되면, 이전에 논한 바와 같이 경계층은 더 이상 층류로 존재하지 않는다. 만약 유동이 천이 또는 난류의 형태를 가진다면 식 (10-71)은 더 이상 유효하지 **않다**. 이전에 설명했듯이 부드러운 평판 위에서는 $Re_x \cong 1 \times 10^5$일 때, 천이상태에서 난류로 발달하게 된다. 실제로는, 벽면은 매끄럽지 않으며, 벽면을 지나는 자유흐름 유동 속에 천이를 유발하는 진동, 소음, 변동 등이 존재한다.
- 만약 유동박리가 발생하게 되면, 경계층 근사는 적절하지 않다. **역류**가 존재하는 박리된 유동 영역에서는 경계층 방정식이 포물선형의 특성을 잃어버리게 된다.

예제 10–10 평판 위에서의 층류 경계층

속도 V를 가지는 균일한 자유흐름이 그림 10-95에 도시된 것처럼 매우 얇고 긴 평판과 평행하게 흐르고 있다. 좌표계는 평판의 선단을 시점으로 정의된다. 유동이 x축에 대해 대칭이기 때문에 평판 위쪽의 유동만 고려하기로 한다. 평판을 따르는 경계층 속도 분포를 계산하고 토론하라.

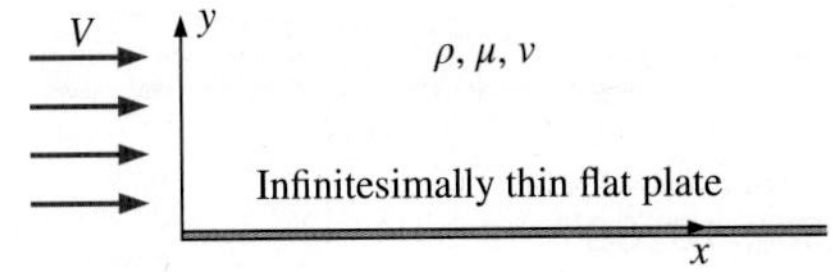

그림 10–95
예제 10-10에 대한 개략도. x축을 따르는 긴 평판에 평행한 균일흐름.

풀이 평판 위 층류 경계층이 발달함에 따라 경계층 속도 분포(u는 x와 y의 함수)를 계산한다.

가정 **1** 유동은 정상상태, 비압축성 그리고 xy평면으로 구성된 2차원이다. **2** Reynolds 수는 경계층 근사가 적용될 수 있을 정도로 크다. **3** 계산하고자 하는 영역에서 경계층은 층류이다.

해석 그림 10-93의 단계별 절차를 따라 계산한다.

단계 1 경계층이 매우 얇기 때문에 경계층을 무시한 상태로 외부유동을 계산한다. 어떠한 유동도 유선을 가로 지를 수 없으므로 비회전 유동에서 유선을 벽면으로 생각할 수 있다. 이 경우에 x축은 10-5절에서 소개한 블록 쌓기 유동의 하나인 균일한 자유흐름 유동의 유선으로 생각할 수 있다. 따라서 x축의 유선을 극도로 얇은 평판으로 생각할 수 있다(그림 10-96). 따라서,

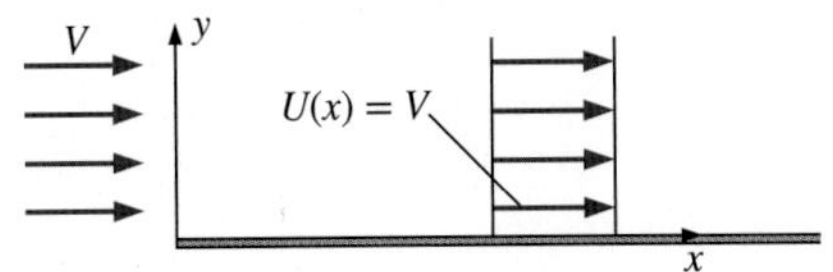

그림 10–96
예제 10-10의 외부 유동은 x축이 유선이며, $U(x) = V =$(일정)으로 간단히 얻어진다.

외부유동: $$U(x) = V = \text{일정} \quad \textbf{(1)}$$

편의상, $U(x)$는 일정하기 때문에 $U(x)$ 대신에 U를 사용하기로 한다.

단계 2 벽면을 따르는 경계층은 매우 얇다고 가정한다(그림 10-97). 경계층이 매우 얇기 때문에 단계 1에서 계산된 외부유동의 영향은 무시할 만하다.

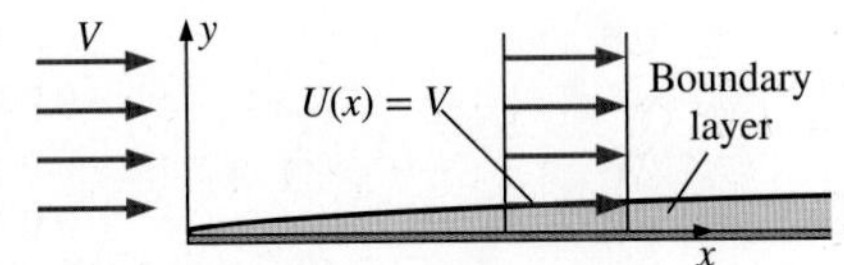

그림 10–97
경계층은 매우 얇기 때문에 외부 유동에 영향을 주지 못한다. 여기서 경계층 두께는 명확한 설명을 위해 과장되어 나타나 있다.

단계 3 경계층 방정식을 푼다. 식 1로부터 $dU/dx = 0$이다. 다시 말해서 x방향 운동량 방정식에서 압력 구배 항은 남아 있지 않다. 이것이 평판 위의 경계층이 **영 압력 구배 경계층**이라고 불리는 이유이다. 경계층에서 연속 방정식과 x방향 운동량방정식[식 (10-71)]은 다음과 같다.

$$\frac{\partial u}{\partial x} + \frac{\partial v}{\partial y} = 0 \qquad u\frac{\partial u}{\partial x} + v\frac{\partial u}{\partial y} = \nu\frac{\partial^2 u}{\partial y^2} \quad \textbf{(2)}$$

여기에 4개의 경계조건이 있다.

$y = 0$에서 $u = 0$ $\quad$ $y \to \infty$ 에서 $u = U$

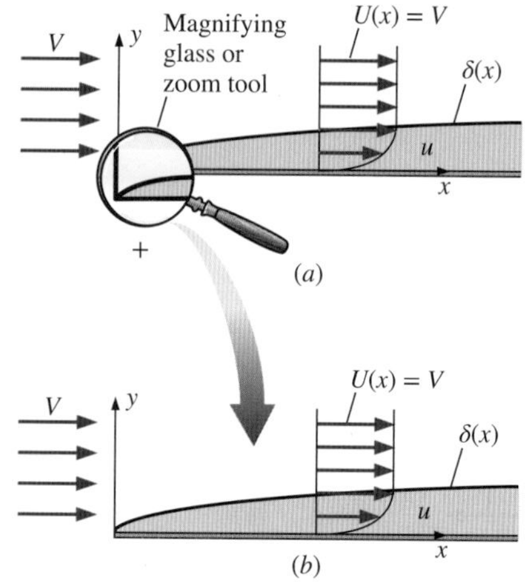

그림 10-98
상사성 가정으로 유동은 확대·축소에 관계없이 일정하다는 결론을 얻을 수 있다. (*a*) 사람이 볼 수 있을 정도의 거리로부터 본 시점, (*b*) 개미의 시점에서 볼 수 있을 정도로 확대한 시점.

$y=0$에서 $v=0$　　$x=0$에서 모든 y에 대해 $u=U$ **(3)**

식 3에서 마지막 경계조건은 시작 위치에서 유동의 분포이다. 평판의 선단($x=0$)에서 평판이 유동에 미치는 영향은 없다고 가정한다.

이러한 방정식과 경계조건들이 문제를 풀기에 충분하게 보일지라도 안타깝게도 해석 해는 없다. 그러나 1908년에 P. R. Heinrich Blasius(1883-1970)가 수치적으로 식 2의 해를 구하였다. 여담으로 그 시대에 Blasius는 Prandtl의 박사과정 학생이었으며, 컴퓨터가 없던 시절이었기 때문에 손으로 모든 계산을 하였다. 오늘날 이 방정식들은 컴퓨터로 단 몇 초 만에 계산할 수 있다. 해를 구하는데 중요한 것은 **상사성**(Similarity)이라는 가정이다. 다시 말하면, 문제의 형상에 **특성 길이 척도**가 없기 때문에 상사성을 가정할 수 있다. 물리적으로는 평판이 x방향으로 무한대만큼 길기 때문에 유동을 확대하거나 축소하더라도 유동의 형상은 동일하다(그림 10-98).

Blasius는 무차원 독립변수에 독립변수 x, y를 결합한 **상사 변수**(similarity variable) η를 제안하였다.

$$\eta = y\sqrt{\frac{U}{\nu x}} \tag{4}$$

그리고 그는 무차원 x성분 속도의 해를 구하였다.

$$f' = \frac{u}{U} = \eta\text{의 함수} \tag{5}$$

식 (4)와 (5)를 식 (2)에 대입하고 식 3의 경계조건을 적용하면, 무차원 속도 $f'(\eta)=u/U$에 대한 상미분 방정식을 상사변수 η의 함수로서 얻을 수 있다. Runge-Kutta 수치기법을 사용하여 상미분 방정식을 풀면 표 10-3과 그림 10-99의 결과를 얻는다. 수치 기법에 대한 자세한 설명은 이 책의 범위를 넘어선다(Heinsohn와 Cimbala, 2003 참조).

표 10-3
상사변수에 의한 평판 위 층류 경계층의 Blasius 해

η	f''	f'	f	η	f''	f'	f
0.0	0.33206	0.00000	0.00000	2.4	0.22809	0.72898	0.92229
0.1	0.33205	0.03321	0.00166	2.6	0.20645	0.77245	1.07250
0.2	0.33198	0.06641	0.00664	2.8	0.18401	0.81151	1.23098
0.3	0.33181	0.09960	0.01494	3.0	0.16136	0.84604	1.39681
0.4	0.33147	0.13276	0.02656	3.5	0.10777	0.91304	1.83770
0.5	0.33091	0.16589	0.04149	4.0	0.06423	0.95552	2.30574
0.6	0.33008	0.19894	0.05973	4.5	0.03398	0.97951	2.79013
0.8	0.32739	0.26471	0.10611	5.0	0.01591	0.99154	3.28327
1.0	0.32301	0.32978	0.16557	5.5	0.00658	0.99688	3.78057
1.2	0.31659	0.39378	0.23795	6.0	0.00240	0.99897	4.27962
1.4	0.30787	0.45626	0.32298	6.5	0.00077	0.99970	4.77932
1.6	0.29666	0.51676	0.42032	7.0	0.00022	0.99992	5.27923
1.8	0.28293	0.57476	0.52952	8.0	0.00001	1.00000	6.27921
2.0	0.26675	0.62977	0.65002	9.0	0.00000	1.00000	7.27921
2.2	0.24835	0.68131	0.78119	10.0	0.00000	1.00000	8.27921

* η는 위의 식 (4)에서 정의한 상사변수이고, 함수 $f(\eta)$는 Runge-Kutta 수치 기법을 사용하여 푼다. f''은 전단응력 τ, f'은 경계층에서 x 방향 속도 성분($f'=u/U$), f 그 자체는 유동함수에 비례하는 것에 주목해라. f'은 그림 10-99에 η의 함수로 도시되어 있다.

속도의 y성분인 v도 비록 작지만($v \ll u$) 존재한다. 하지만 여기서는 v에 대해 다루지 않는다. 상사해의 이점은 그림 10-99처럼 상사변수로 도시하였을 때 어떤 x위치에도 동일한 속도 분포를 적용할 수 있다는 점이다. 그림 10-99에 도시된 계산결과와 실험적으로 얻은 분포(원으로 나타내었음), 그리고 그림 10-78의 가시화 결과를 비교해 보았을 때 서로 잘 일치하는 것을 알 수 있다.

단계 4 경계층 내부의 관심 있는 몇 가지 특성들을 계산한다. 첫째, 표 10-3에서 제시된 것 보다 정밀한 수치 해로부터 $\eta \cong 4.91$에서 $u/U = 0.990$을 얻는다. 이 경계층 두께의 99% 위치를 그림 10-99에 도시하였다. 식 (4)와 δ의 정의를 사용하여 $y = \delta$에서의 결과를 얻는다.

$$\eta = 4.91 = \sqrt{\frac{U}{\nu x}}\,\delta \quad \rightarrow \quad \frac{\delta}{x} = \frac{\mathbf{4.91}}{\sqrt{\mathbf{Re}_x}} \tag{6}$$

이 결과는 간단한 차수 해석으로부터 얻은 식 (10-67)과 정성적으로 동일하다. 많은 저자들은 식 (6)의 상수 4.91을 5.0으로 대체한다. 그러나 여기서는 다른 값들과 연속성을 위해 소수점 포함 세 자리를 표기하기로 한다.

다른 관심 있는 특성은 벽면에서의 전단응력 τ_w이다.

$$\tau_w = \mu \frac{\partial u}{\partial y}\bigg)_{y=0} \tag{7}$$

그림 10-99에 도시된 벽면 전단응력은 벽면($y = 0$, $\eta = 0$)에서 무차원 속도 분포의 기울기이다. 상사결과(표 10-3)로부터 벽면에서의 무차원 기울기는 다음과 같다.

$$\frac{d(u/U)}{d\eta}\bigg)_{\eta=0} = f''(0) = 0.332 \tag{8}$$

식 (8)을 식 (7)에 대입한 후 대수계산(상사변수를 물리적 변수로 전환)을 수행하면, 다음 식을 얻는다.

물리적 변수로서 전단응력:
$$\tau_w = 0.332\frac{\rho U^2}{\sqrt{\mathrm{Re}_x}} \tag{9}$$

그러므로 그림 10-100에 도시한 것처럼 벽면 전단응력은 $x^{-1/2}$에 비례하여 감소한다. 식 (9)는 $x = 0$에서 τ_w가 무한대가 되는 물리적으로 타당하지 않은 결과를 제공한다. 선단($x = 0$)의 경계층 두께는 x에 비해 작지 않기 때문에 이곳에서 경계층 근사는 적

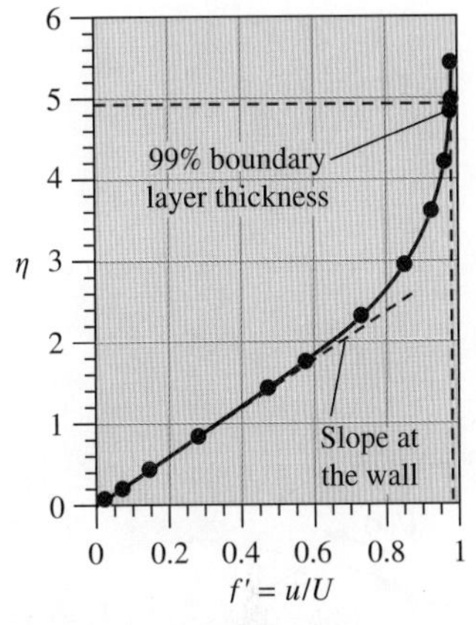

그림 10–99
무한 평판 위에서 발달하는 경계층에 대하여 상사변수로 표현된 Blasius 분포. 원으로 나타난 실험 결과는 $\mathrm{Re}_x = 3.64 \times 10^5$에서 얻어졌다.

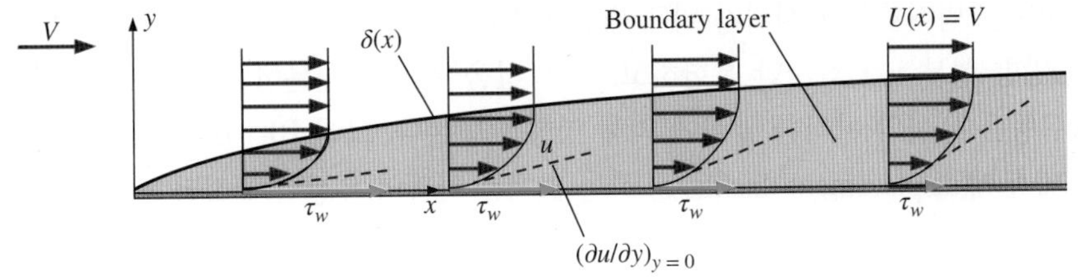

그림 10–100
평판 위 층류 경계층에서 벽면 전단응력은 벽면에서의 기울기 $\partial u/\partial y$가 하류방향으로 갈수록 감소하기 때문에 $x^{-1/2}$에 비례하여 줄어든다. 따라서 평판의 앞부분은 뒷부분 보다 표면마찰항력의 형성에 더 기여하게 된다.

절하지 못하다. 또한, 실제 평판의 두께는 유한하고 평판 선단에는 정체점이 있어서 외부유동은 $U(x) = V$로 빠르게 가속된다. 하지만, 선단을 제외한 나머지 유동영역에서는 정확도가 유지된다.

식 (9)는 **표면마찰계수**로 정의되는 무차원 수이다(또는 **국소 마찰계수**라 불린다).

층류 평판에서 국소 마찰계수:

$$C_{f,x} = \frac{\tau_w}{\frac{1}{2}\rho U^2} = \frac{0.664}{\sqrt{\text{Re}_x}} \tag{10}$$

$C_{f,x}$에 대한 식 (10)은 δ/x에 대한 식 (6)과 상수만 다를 뿐 같은 형태를 가지고 둘 다 Reynolds 수의 제곱근에 반비례하여 감소한다. 11장에서는 식 (10)을 적분하여 길이 L인 평판의 전체 마찰 항력을 구한다.

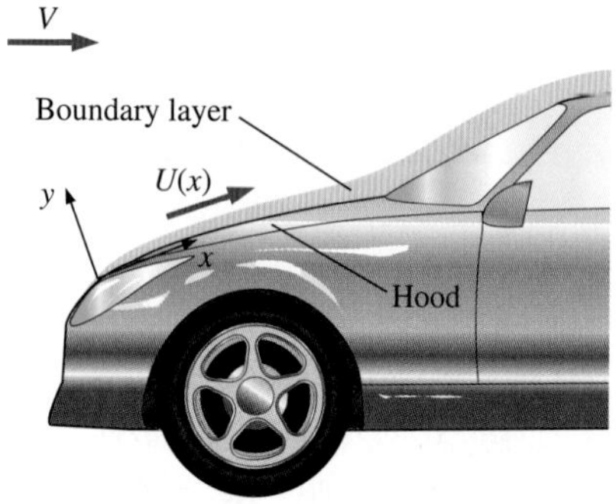

그림 10-101
두께는 명확한 설명을 위해 과장되어 나타나 있다.

단계 5 경계층이 얇다는 것을 증명할 필요가 있다. 실제적인 예로 더운 날 30 km/h로 시내를 달리는 자동차의 자동차 덮개 위로 지나는 유동을 생각해 보자(그림 10-101). 공기의 동점성계수는 $\nu = 1.7 \times 10^{-5}\ \text{m}^2/\text{s}$이다. 자동차 덮개를 속도 30 km/h로 수평으로 움직이는 길이 1.2 m의 평판으로 가정하자. 첫째, 식 (10-60)을 사용하여 덮개의 끝단에서 Reynolds 수를 계산하면 다음과 같다.

$$\text{Re}_x = \frac{Vx}{\nu} = \frac{(30\ \text{km/h})(1.2\ \text{m})}{1.7 \times 10^{-5}\ \text{m}^2/\text{s}}\left(\frac{1000\ \text{m}}{\text{km}}\right)\left(\frac{\text{h}}{3600\ \text{s}}\right) = 5.9 \times 10^5$$

Re_x가 근사 임계 Reynolds 수 $\text{Re}_{x,\,\text{cr}} = 5 \times 10^5$에 매우 가깝기 때문에 층류유동이라는 가정은 적절하지 않을 수도 있다. 여기서는 층류 유동이라 가정하고, 식 (6)을 사용하여 경계층의 두께를 구한다.

$$\delta = \frac{4.91x}{\sqrt{\text{Re}_x}} = \frac{4.91(1.2\ \text{m})}{\sqrt{5.9 \times 10^5}}\left(\frac{100\ \text{cm}}{\text{m}}\right) = 0.77\ \text{cm} \tag{11}$$

덮개의 끝에서 경계층은 단지 대략 0.7 cm의 두께이므로 경계층이 얇다는 가정은 유효하다.

토의 Blasius 경계층 해는 오직 유동과 완벽하게 평행한 평판 위에서만 유효하다. 그러나 그것은 종종 자동차 덮개와 같이 평평하지도 않고 유동과 정확히 평행이 되지 않는 벽면을 따라 발달하는 경계층을 근사 해석하는데 사용된다. 단계 5에서 묘사된 것처럼 실제적인 문제에서는 난류로 천이되는 임계값보다 큰 Reynolds 수를 다루어야 하는 경우가 많다. 경계층이 난류일 때 여기에서 제시한 층류 경계층에 대한 해를 적용하지 않도록 주의해야 한다.

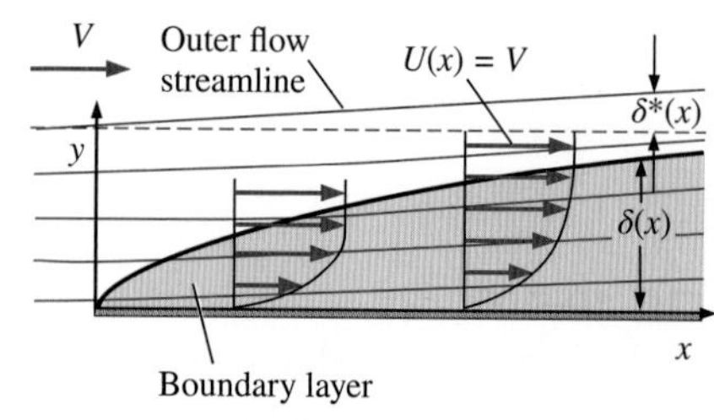

그림 10-102
배제 두께는 경계층 외부의 유선에 의하여 정의된다. 여기서 경계층 두께는 다소 과장되었다.

배제 두께

그림 10-80에서 보이는 것처럼 경계층 내·외부의 유선은 경계층이 발달할 때 질량보존의 법칙을 만족시키기 위해 벽면으로부터 약간 외부로 기울어진다. 이는 속도의 y방향 성분 v가 작지만 유한하고, 양의 값을 가지기 때문이다. 경계층 외곽의 외부유동은 유선의 이러한 굴절에 의해 영향을 받는다. 그림 10-102에 도시한 것처럼 **배제 두께**(displacement thickness) δ^*는 경계층 외곽의 유선이 굴절된 거리로 정의된다.

배제 두께는 경계층의 영향에 의해 경계층의 바로 외곽의 유선이 벽면으로부터 굴절

되는 거리이다.

질량보존의 법칙을 검사체적에 적용하여 평판 위 경계층의 δ^*를 구할 수 있다. 하지만 자세한 내용은 독자들에게 연습문제로 남겨둔다. 벽면을 따르는 임의의 x위치에서의 결과는

배제 두께:
$$\delta^* = \int_0^\infty \left(1 - \frac{u}{U}\right) dy \tag{10-72}$$

식 (10-72)에서 적분 상위 한계를 ∞로 표현하였다. 그러나 경계층 위 모든 지역에서 $u = U$이기 때문에 δ위의 어느 유한한 거리까지 적분을 수행할 필요가 있다. δ^*는 경계층이 발달함에 따라 x와 함께 발달한다(그림 10-103). 층류 평판 유동에 대해 예제 10-10의 Blasius해를 수치 적분하여 다음 식을 얻는다.

층류 평판유동의 배제 두께:
$$\frac{\delta^*}{x} = \frac{1.72}{\sqrt{\mathrm{Re}_x}} \tag{10-73}$$

δ^*에 대한 방정식은 상수만 다를 뿐 δ에 대한 식의 형태와 같다. 평판 위 층류유동에서 δ^*는 동일한 위치의 δ보다 3배 정도 작은 값을 가진다는 것이 밝혀졌다(그림 10-103).

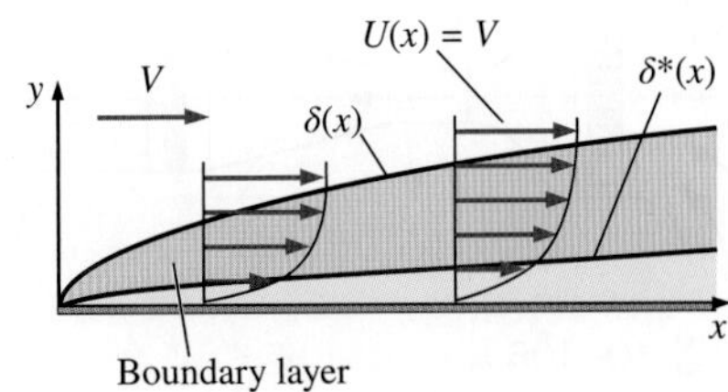

그림 10-103
평판 위의 층류 경계층에서 배제 두께는 99% 경계층 두께의 약 1/3이다.

실제 문제에 있어서 δ^*의 물리적인 의미를 더 유용하게 설명하기 위한 또 다른 방법이 있다. 외부유동이 비점성 혹은 비회전이므로 배제 두께는 가상적으로 벽의 두께를 증가시킨다고 생각할 수 있다. 즉, 외부유동을 무한히 얇은 평판 위의 유동이 아니라 그림 10-104에서 도시된 것처럼 식 (10-73)의 배제 두께와 같은 유한한 두께를 가지는 평판 위의 유동으로 생각한다.

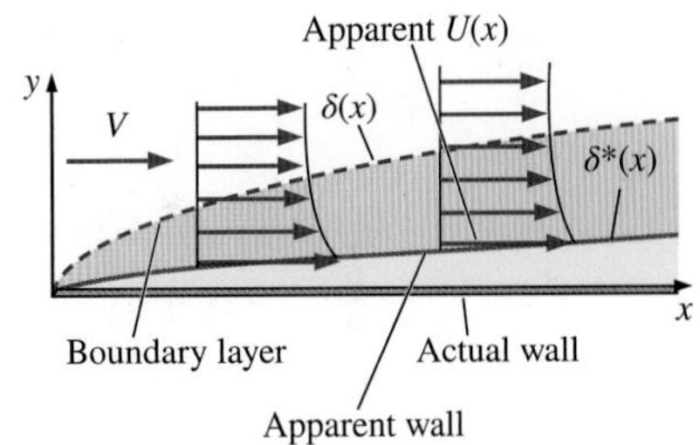

그림 10-104
경계층은 벽면이 배제 두께의 형상처럼 된 것과 같이 외부 유동에 영향을 준다. 겉보기(apparent) 속도 $U(x)$는 "두꺼운" 벽으로 인해 본래와는 다르다.

배제 두께는 외부유동 측면에서 보면, 발달하는 경계층에 의해 가상으로 증가한 벽두께와 같다.

만약 이러한 가상적인 평판에 대한 Euler 방정식을 푼다면, 외부 유동 속도 성분 $U(x)$는 원래의 계산과 다를 것이다. 이 실제적인 $U(x)$를 사용하여 경계층 해석을 수행할 수도 있다. 그림 10-93의 처음 4개의 단계를 진행하여 δ^*를 계산하고, 단계 1로 돌아가 가상적인 물체 형상에 대하여 실제 $U(x)$를 계산한다. 다음, 경계층 방정식의 해를 다시 구한 후 수렴할 때까지 반복계산을 수행한다.

이러한 배제 두께의 해석의 필요성은 두 평행한 벽면에 의해 둘러싸인 채널로 유입되는 유동을 고려할 때 더욱 분명해진다(그림 10-105). 상부와 하부 벽면을 따라 경

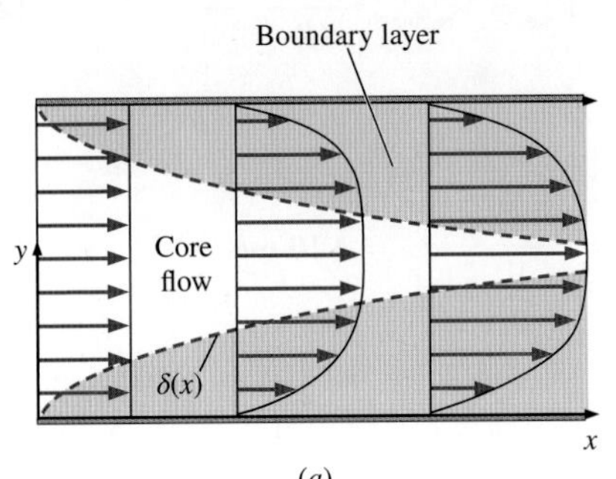

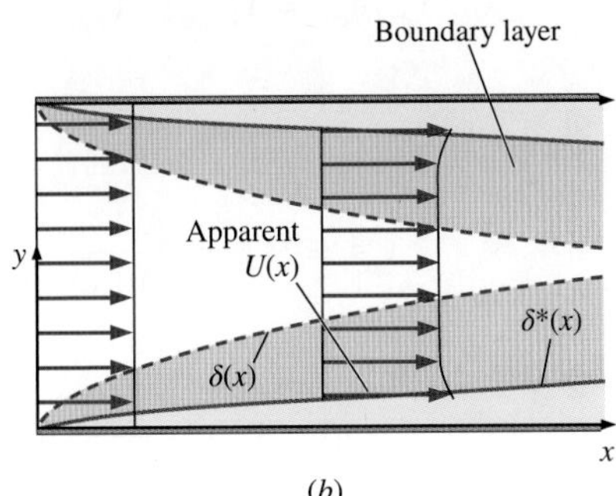

그림 10-105
2차원 채널에 유입되는 유동에서 경계층의 발달 효과. 위와 아래 경계층 사이의 비회전 유동은 다음에 의해 도시된 것처럼 가속된다. (*a*) 실제 속도 분포, (*b*) 경계층의 배제 두께에 의한 가상 중심부 유동의 변화(여기서 경계층은 명확한 설명을 위해 과장되어 나타났다).

계층이 발달할 때, 중심부 비회전 유동은 질량보존 법칙을 만족시키기 위해 가속되어야 한다(그림 10-105*a*). 중심유동의 관점에서 볼 때, 경계층은 채널의 벽을 좁히는 원인이 된다. 즉 벽면 사이의 가상적 거리는 x가 증가함에 따라 감소하고 벽면 두께는 가상적으로 δ^*만큼 증가한다. 그리고 중심부 유동의 **실제** $U(x)$는 도시된 것처럼 질량 보존의 법칙을 만족하기 위해 증가한다.

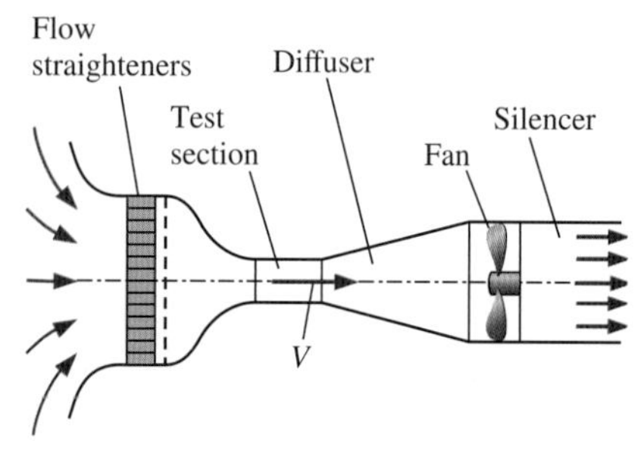

그림 10-106
예제 10-11에 대한 풍동 개념도.

예제 10-11 풍동 설계에 있어서 배제 두께

작은 크기의 저속 풍동(그림 10-106)이 열선(hot wire) 유속계의 보정을 위해 설계 중에 있다. 공기의 온도는 19 ℃이다. 풍동의 시험부은 지름과 길이가 각각 30 cm이고 시험부를 통과하는 유동은 가능한 한 균일해야 한다. 풍동 속도는 1~8 m/s의 범위를 가지며, 시험부 형상은 공기 속도 $V=4.0$ m/s에서 최적화될 예정이다. (a) 시험부 입구에서 유속이 4.0 m/s인 균일 유동의 경우, 시험부 출구의 중심선에서 속도는 얼마가 되는가? (b) 실험 영역에서 더 균일한 유동을 형성할 수 있는 방법을 추천하라.

풀이 풍동의 시험부를 통과하는 공기의 가속을 계산하여 시험부를 재설계한다.

가정 **1** 유동은 정상상태이며 비압축성이다. **2** 벽면은 매끄러우며 교란 및 진동은 최소로 유지된다. **3** 경계층은 층류이다.

상태량 19 ℃ 공기의 동점성 계수는 $\nu=1.507\times10^{-5}$ m²/s이다.

해석 (a) 시험부 출구의 Reynolds 수는 대략 다음과 같다.

$$\text{Re}_x = \frac{Vx}{\nu} = \frac{(4.0 \text{ m/s})(0.30 \text{ m})}{1.507 \times 10^{-5} \text{ m}^2/\text{s}} = 7.96 \times 10^4$$

Re_x가 임계 Reynolds 수 $\text{Re}_{x,\text{cr}}=5\times10^5$보다 낮고, $\text{Re}_{x,\text{critical}}=1\times10^5$보다도 낮으며, 벽면은 매끄럽기 때문에 실험부 전체에 걸쳐 층류 경계층을 가정할 수 있다. 경계층이 시험부를 따라 발달하기 때문에, 질량보존의 법칙을 만족시키기 위해 시험부의 중앙에서 공기는 가속된다(그림 10-105). 식 (10-73)을 사용하여 시험부 출구의 배제 두께를 계산한다.

$$\delta^* \cong \frac{1.72x}{\sqrt{\text{Re}_x}} = \frac{1.72(0.30 \text{ m})}{\sqrt{7.96 \times 10^4}} = 1.83 \times 10^{-3} \text{ m} = 1.83 \text{ mm} \quad \textbf{(1)}$$

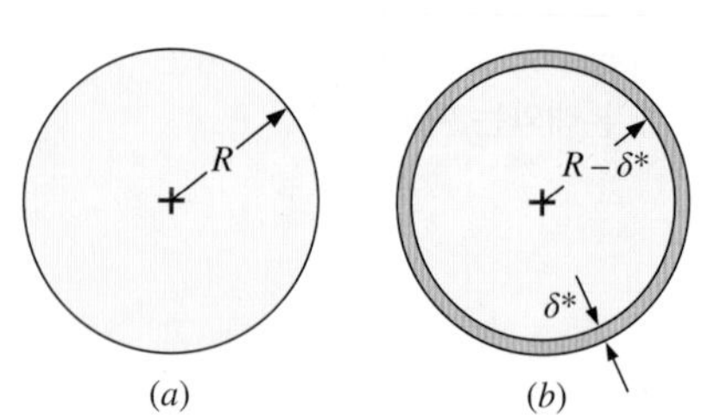

그림 10-107
예제 10-11의 풍동에서 시험부의 단면도. (*a*) 시험부 입구, (*b*) 시험부 출구.

시험부 두 위치의 단면이 그림 10-107에 도시되어 있다. 하나는 시험부의 입구 부분이며, 또 다른 하나는 출구 부분이다. 시험부 출구의 유효 반경은 식 (1)에 의해 계산된 것처럼 δ^*에 의해 축소된다. 시험부 출구에서 공기의 평균속도를 계산하기 위해 질량보존의 법칙을 도입하면

$$V_{\text{end}}A_{\text{end}} = V_{\text{beginning}}A_{\text{beginning}} \quad \rightarrow \quad V_{\text{end}} = V_{\text{beginning}}\frac{\pi R^2}{\pi(R-\delta^*)^2} \quad \textbf{(2)}$$

와 같고 이는

$$V_{\text{end}} = (4.0 \text{ m/s})\frac{(0.15 \text{ m})^2}{(0.15 \text{ m} - 1.83 \times 10^{-3} \text{ m})^2} = \mathbf{4.10 \text{ m/s}} \quad \textbf{(3)}$$

을 구할 수 있다.

그러므로 공기의 속도는 배제 두께의 영향 때문에 시험부에 걸쳐 약 2.5% 증가한다.

(b) 더 좋은 설계를 위해 무엇을 제안할 수 있는가? 시험부를 직선으로 뻗은 벽면보다는 조금씩 확장되게 설계하는 것이 한 가지 방법이 될 수 있다(그림 10-108). 만약 시험부 반경이 길이 방향으로 $\delta^*(x)$만큼 증가한다면, 경계층의 배제 두께 효과는 사라지게 되고 시험부에서 공기의 속도는 일정하게 유지될 것이다. 그림 10-108에서 묘사된 것처럼 경계층은 벽면을 따라 계속 발달하나 그림 10-105와는 달리 중심부에서 유동속도는 일정하게 유지된다. 확장되는 벽을 사용하는 것은 풍속 4.0 m/s뿐 아니라 다른 속도에서도 도움이 될 것이다. 시험부를 따라 흡입구를 설치하여, 벽면을 따라 일부 공기를 제거해주는 방법도 있다. 이렇게 하면 어떠한 작동 조건하에서도 실험부을 통과하는 공기 속도가 일정하게 유지되도록 할 수 있다. 하지만 이 방법은 전자에 비해 복잡하며, 많은 설치비용이 든다.

토의 시험부를 통과하는 공기 속도를 일정하게 하기 위해서는 벽을 확장시키는 방법 또는 벽면에서 공기를 흡입하는 방법이 있다. 난류경계층이 형성되는 보다 긴 풍동에도 $\delta^*(x)$에 대한 다른 식을 사용하면 이 방법들은 적용이 가능하다.

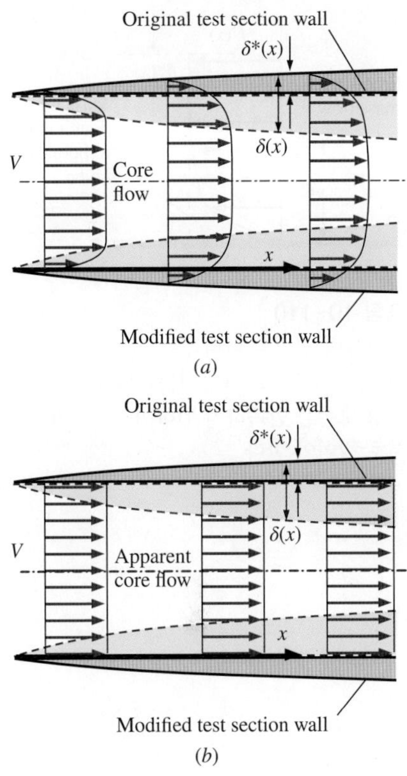

그림 10–108
확장 시험부는 경계층의 배제 두께 효과에 의한 유동 가속 현상을 없애준다. (*a*) 실제 유동, (*b*) 겉보기 중앙 비회전 유동.

운동량 두께

경계층 두께의 또 다른 표현으로 θ로 기술되는 **운동량 두께**(momentum thickness)가 있다. 그림 10-109의 평판 경계층의 검사체적 해석을 통하여 운동량 두께를 설명한다. 검사체적의 아래 평면은 벽면이므로 질량이나 운동량이 아래 면을 지나지 못한다. 검사체적의 윗면은 외부유동의 유선이다. 유동이 유선을 가로지를 수 없기 때문에, 윗면으로도 질량이나 운동량이 통과하지 못한다. 검사체적에 질량 보존을 적용하면, 좌측면($x=0$)으로 유입되는 질량 유량과 우측면(평판에서의 임의의 지점 x)으로 빠져나가는 질량 유량은 같아야 한다.

$$0 = \int_{CS} \rho \vec{V}\cdot\vec{n}\, dA = \underbrace{w\rho \int_0^{Y+\delta^*} u\, dy}_{\text{at location } x} - \underbrace{w\rho \int_0^{Y} U\, dy}_{\text{at } x=0} \tag{10-74}$$

여기서 w는 그림 10-109의 페이지 안쪽으로의 폭이며, 단위 길이로 정한다. Y는 그림 10-109에 나타난 것처럼 $x=0$에서 평판으로부터 유선까지의 거리이다. 검사체적 좌측면의 모든 지점에서 $u=U=$일정, 검사체적 우측면 $y=Y$에서 $y=Y+\delta^*$까지 $u=$U 이므로, 식 (10-74)는 다음과 같이 된다.

$$\int_0^{Y} (U-u)\, dy = U\delta^* \tag{10-75}$$

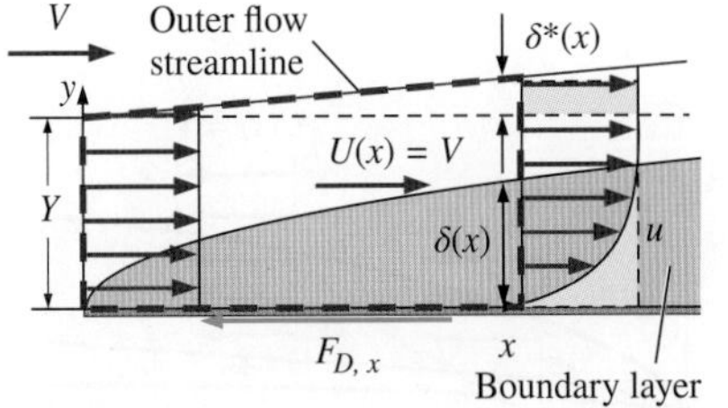

그림 10–109
두꺼운 점선에 의해 정의된 검사체적은 위쪽으로는 경계층 바깥쪽 유선에 의해, 아래쪽으로는 평판에 의해 둘러싸여 있다. $F_{D,x}$는 검사체적에 작용하는 점성력이다.

물리적으로는 경계층 질량 유량의 **결손**(그림 10-109에서 아래 부분의 푸른 색칠된 부분)이 두께 δ^*(그림 10-109에서 위 부분의 푸른 색칠된 부분)의 자유흐름 유동으로 대체된다. 식 (10-75)는 두 색칠된 부분은 **넓이가 같다**는 것을 보여준다. 그림 10-110에 이 영역들이 확대되어 있다.

검사체적에서 운동량 방정식의 x방향 성분을 고려해 보자. 위나 아래 표면을 가로지르는 운동량이 없으므로, 검사체적에 작용하는 총 힘은 들어오는 운동량에서 나가는 운동량을 뺀 값과 같아야 한다.

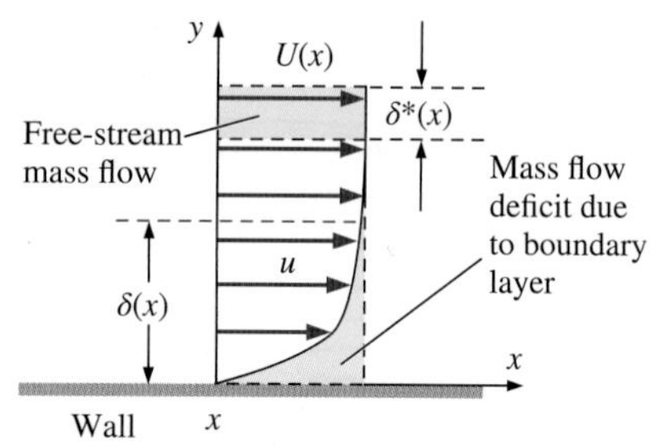

그림 10–110
질량유량 결핍을 나타내는 면적과 두께 δ^*의 자유흐름으로 나타내는 면적과의 비교. 질량 보존을 만족하기 위하여 이 두 면적은 서로 같아야 한다.

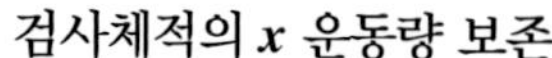

검사체적의 *x* 운동량 보존:

$$\sum F_x = -F_{D,x} = \int_{CS} \rho u \vec{V}\cdot\vec{n}\, dA = \underbrace{\rho w \int_0^{Y+\delta^*} u^2\, dy}_{\text{at location } x} - \underbrace{\rho w \int_0^{Y} U^2\, dy}_{\text{at } x=0} \tag{10-76}$$

여기서 $F_{D,x}$는 $x=0$에서 x까지 평판의 마찰에 의해 생기는 항력이다. 식 (10-75)와 식 (10-76)을 정리하면 다음과 같다.

$$F_{D,x} = \rho w \int_0^Y u(U-u)\, dy \tag{10-77}$$

최종적으로, 운동량 두께를 θ로 놓으면, 지면 안쪽으로 단위 폭당 평판의 마찰력은 ρU^2와 θ의 곱이 된다.

$$\frac{F_{D,x}}{w} = \rho \int_0^Y u(U-u)dy \equiv \rho U^2 \theta \tag{10-78}$$

요약하면,

> **운동량 두께는 경계층이 발달하면서 생기는 단위 폭당 운동량 플럭스의 손실을 ρU^2으로 나눈 것으로 정의된다.**

식 (10-78)을 정리하면 다음과 같다.

$$\theta = \int_0^Y \frac{u}{U}\left(1 - \frac{u}{U}\right) dy \tag{10-79}$$

유선의 높이 Y는 검사체적의 윗면이 경계층 외부에만 있다면, 어떠한 값도 가능하다. y가 Y보다 클 때 $u=U$이므로, 식 (10-79)에서 Y를 무한대로 바꿀 수 있다.

운동량 두께: $$\theta = \int_0^\infty \frac{u}{U}\left(1 - \frac{u}{U}\right) dy \tag{10-80}$$

층류 평판 경계층의 Blasius 해(예제 10-10)와 같이 특수한 경우, 식 (10-80)을 수치적으로 적분하여 아래 식을 얻을 수 있다.

층류 평판 운동량 두께: $$\frac{\theta}{x} = \frac{0.664}{\sqrt{\mathrm{Re}_x}} \tag{10-81}$$

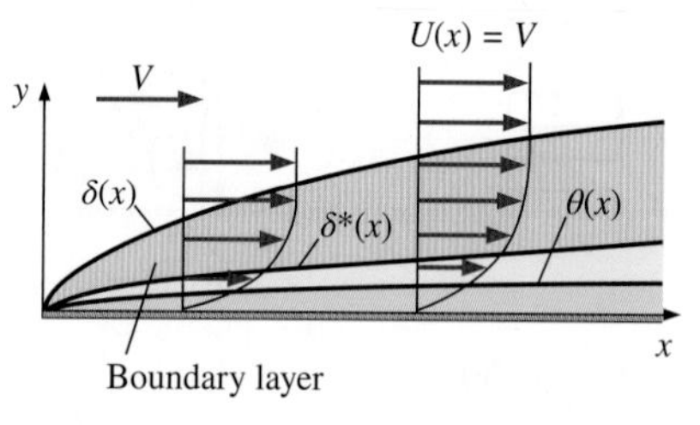

그림 10–111
질층류 평판 경계층에서 배제 두께는 δ의 35.0%, 운동량 두께는 δ의 13.5%이다.

θ에 관한 식은 δ에 대한 것이나 또는 δ^*에 대한 것이나 상수를 제외하고는 같다. 실제로 그림 10-111과 같이 층류 평판 유동에서 θ는 모든 x 방향에서 대략 δ의 13.5% 정도의 값이 된다. θ/x가 $C_{f,x}$[예제 10-10의 식 (10)]와 같은 이유는 둘 다 표면 마찰에 의한 항력으로부터 유도되었기 때문이다.

난류 평판 경계층

이번 장에서 난류 경계층 방정식을 유도하거나 계산하는 것은 다루지 않는다. 난류영역에서는 경계층 방정식을 풀 수 없기 때문에, 경계층의 분포와 난류 경계층의 상태량들은 **실험(또는 기껏해야 준 실험)**에 의해 얻는다. 또한 난류 유동은 본질적으로 **비**

정상(unsteady)이고, 순간속도는 그림 10-112와 같이 시간에 따라 변한다. 그래서 모든 난류 상태량은 **시간 평균한 값**으로 나타낸다. 난류 평판 경계층의 시간평균 경험식 중 하나는 **1/7제곱 법칙**이다.

$$\frac{u}{U} \cong \left(\frac{y}{\delta}\right)^{1/7}, \quad y \le \delta \quad \rightarrow \quad \frac{u}{U} \cong 1, \quad y > \delta \tag{10-82}$$

식 (10-82)에서 δ는 층류에서처럼 경계층 두께의 99%가 **아니라** 경계층의 실제 외곽의 값이다. 그림 10-113은 식 (10-82)를 그래프로 나타낸 그림이다. 비교를 위해 층류 경계층 단면도(그림 10-99의 Blasius 방정식의 수치해)도 η 대신에 y/δ를 사용하여 함께 그림 10-113에 나타내었다. 그림을 보면, 같은 경계층 두께에서 난류 분포가 층류에 비해 **평평**하다는 것을 알 수 있다. 즉 난류 경계층은 벽면 근처까지 높은 속도를 유지하고 있다. 이는 큰 난류 와류가 경계층 외곽의 속도가 큰 유체를 아래쪽으로 유입시키기 때문이다. 다시 말하면 난류는 층류에 비해 더 잘 혼합되는데, 그 이유로 층류는 점성 확산에 의해 천천히 혼합되지만 난류는 큰 와류가 혼합을 촉진시키기 때문이다.

식 (10-82)는 근사적인 난류 경계층 속도 분포로 $y=0$일 때 속도 구배($\partial u/\partial y$)가 무한대가 되어 벽에 매우 가까울 때($y \rightarrow 0$) 물리적으로 맞지 않는다. 난류에서 벽면의 속도 구배는 매우 크지만 유한하다. 같은 높이의 층류 경계층과 비교하였을 때, 큰 속도 구배는 높은 전단력($\tau_w = \mu(\partial u/\partial y)_{y=0}$)을 형성하므로, 난류의 표면 마찰력은 증가한다. 층류와 난류 경계층에 의하여 생성되는 표면 마찰력은 11장에서 상세하게 다루기로 한다.

그림 10-113과 같이 무차원화된 그림은 같은 Reynolds 수에서 층류에 비해 난류 경계층의 **두께**가 작다는 오해를 일으킬 수 있다. 하지만 실제로는 그렇지 않다. 이 사실은 예제 10-12의 물리적 변수로 나타낸 그림을 보면 알 수 있다.

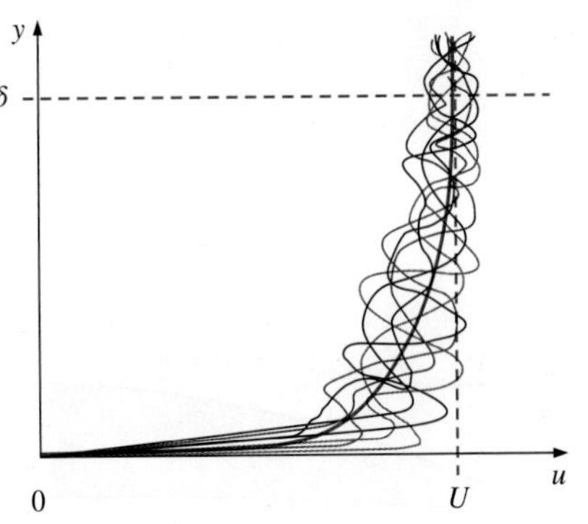

그림 10–112
난류 경계층의 비정상을 나타내는 그림. 얇고 검은 실선은 순간적인 속도 분포이며, 두껍고 파란 실선은 오랜 시간 동안 평균된 속도 분포이다.

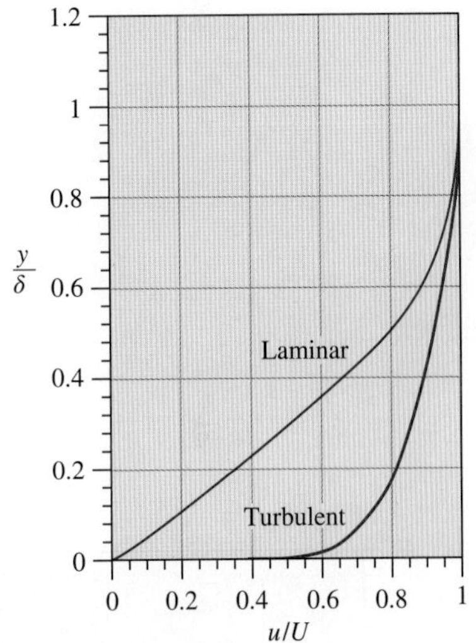

그림 10–113
평판 위 층류 경계층과 난류 경계층의 비교. 경계층 두께로 무차원화되어 있다.

표 10–4
균일흐름에 평행한 매끄러운 평판 위의 층류와 난류의 특성들에 대한 요약

Property	Laminar	(a) Turbulent[†]	(b) Turbulent[‡]
Boundary layer thickness	$\frac{\delta}{x} = \frac{4.91}{\sqrt{\mathrm{Re}_x}}$	$\frac{\delta}{x} \cong \frac{0.16}{(\mathrm{Re}_x)^{1/7}}$	$\frac{\delta}{x} \cong \frac{0.38}{(\mathrm{Re}_x)^{1/5}}$
Displacement thickness	$\frac{\delta^*}{x} = \frac{1.72}{\sqrt{\mathrm{Re}_x}}$	$\frac{\delta^*}{x} \cong \frac{0.020}{(\mathrm{Re}_x)^{1/7}}$	$\frac{\delta^*}{x} \cong \frac{0.048}{(\mathrm{Re}_x)^{1/5}}$
Momentum thickness	$\frac{\theta}{x} = \frac{0.664}{\sqrt{\mathrm{Re}_x}}$	$\frac{\theta}{x} \cong \frac{0.016}{(\mathrm{Re}_x)^{1/7}}$	$\frac{\theta}{x} \cong \frac{0.037}{(\mathrm{Re}_x)^{1/5}}$
Local skin friction coefficient	$C_{f,x} = \frac{0.664}{\sqrt{\mathrm{Re}_x}}$	$C_{f,x} \cong \frac{0.027}{(\mathrm{Re}_x)^{1/7}}$	$C_{f,x} \cong \frac{0.059}{(\mathrm{Re}_x)^{1/5}}$

* 층류 값들은 엄밀한 값이며 3자리 유효 숫자로 나열되어 있지만, 난류 값들은 모든 난류 유동장에서 수반되는 큰 불확실성 때문에 2자리 유효 수자로만 나열되어 있다.

† 1/7 거듭제곱 법칙을 이용하여 얻음

‡ 매끈한 관에서의 난류 유동장에서 얻은 실험 데이터와 연계된 1/7 거듭제곱 법칙을 이용하여 얻음

표 10-4에 매끄러운 평판에서 층류와 난류에서 각 변수들(δ, δ^*, θ, $C_{f,x}$)을 비교하였다. 여기서 난류 경계층의 변수들은 식 (10-82)의 1/7제곱 법칙에 기초하여 유도된 것이다. 표 10-4는 **매끄러운** 평판에만 적용된다는 것을 주의해야 한다. 약간의 표면 거칠기만 있어도 난류 경계층의 운동량 두께, 국소 마찰 계수와 같은 상태량은 큰 영향을 받는다. 난류영역에서 표면 거칠기의 영향은 11장에서 상세하게 다루기로 한다.

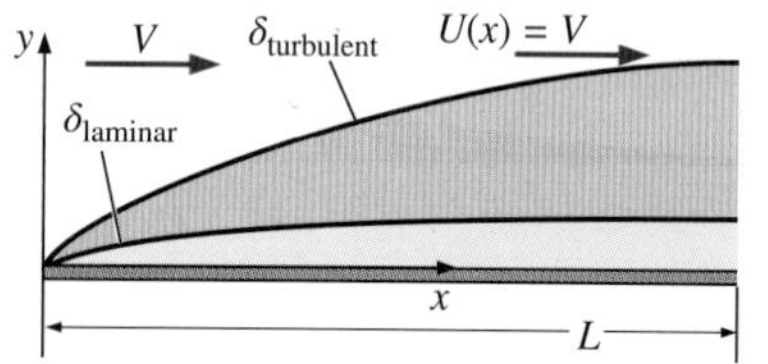

그림 10-114
예제 10-12에서 평판 위를 지나는 공기의 층류 경계층과 난류 경계층의 비교(여기서 경계층 두께는 다소 과장되었다).

예제 10-12 층류 경계층과 난류 경계층의 비교

20 °C의 공기가 $V=10.0$ m/s의 속도로 $L=1.52$ m인 매끄러운 평판 위를 흐른다(그림 10-114). (a) $x=L$에서 층류와 난류를 비교하고 y에 대한 u의 분포를 그려라. (b) $x=L$에서 두 가지 경우에 대한 국소 표면 마찰 계수를 비교하라. (c) 층류와 난류 경계층의 발달을 그리고 비교하라.

풀이 평판의 끝 부분에서 층류와 난류 경계층의 분포, 국소 표면 마찰 계수와 경계층 두께를 비교한다.

가정 **1** 평판은 매끄럽고 유동은 균일하다. **2** 유동은 정상상태이다. **3** 평판은 무한히 얇고, 자유흐름에 평행하다.

상태량 20 °C 공기의 동점성계수는 $\nu=1.516\times10^{-5}$ m²/s이다.

해석 (a) 먼저 $x=L$에서 Reynolds 수를 계산한다.

$$\text{Re}_x=\frac{Vx}{\nu}=\frac{(10.0\text{ m/s})(1.52\text{ m})}{1.516\times10^{-5}\text{ m}^2/\text{s}}=1.00\times10^6$$

이 Re_x의 값은 그림 10-81에 따르면 층류와 난류가 변하는 구간이다. 따라서 이 구간에서 층류와 난류의 속도 분포의 비교는 타당하다. 층류의 경우, 그림 10-113의 y/δ에 아래의 $\delta_{laminar}$를 곱한다.

$$\delta_{laminar}=\frac{4.91x}{\sqrt{\text{Re}_x}}=\frac{4.91(1520\text{ mm})}{\sqrt{1.00\times10^6}}=\mathbf{7.46\text{ mm}} \qquad \textbf{(1)}$$

유사한 방법으로 U ($U=V=10.0$ m/s)를 그림 10-113의 u/U에 곱하여 u(m/s)를 구할 수 있다. 이 값들을 그림으로 나타내면 그림 10-115와 같이 된다.

표 10-4의 (a) 식을 이용하여 같은 위치에서 난류 경계층의 두께를 계산한다.

$$\delta_{turbulent}\cong\frac{0.16x}{(\text{Re}_x)^{1/7}}=\frac{0.16(1520\text{ mm})}{(1.00\times10^6)^{1/7}}=\mathbf{34\text{ mm}} \qquad \textbf{(2)}$$

[표 10-4의 (b)를 기초로 하여 계산하면 다소 크게(36 mm) 계산된다.] 식 (1)과 (2)를 비교하면 Reynolds 수가 1×10^6일 때 난류 경계층의 높이가 층류 경계층의 높이보다 약 4.5배 크다는 것을 알 수 있다. 식 (10-82)를 실제 물리량으로 나타내서 층류 속도 분포와 비교하면 그림 10-115와 같다. 그림 10-115는 (1) 난류 경계층이 층류 경계층보다 두껍고 (2) 난류는 벽 근처에서 y에 대한 u의 구배가 크다는 것을 보여준다. (매우 가까운 벽 근처에서는 1/7제곱 법칙으로 실제 난류 경계층을 표현하는 것은 충분치 않다는 것을 유념하라.)

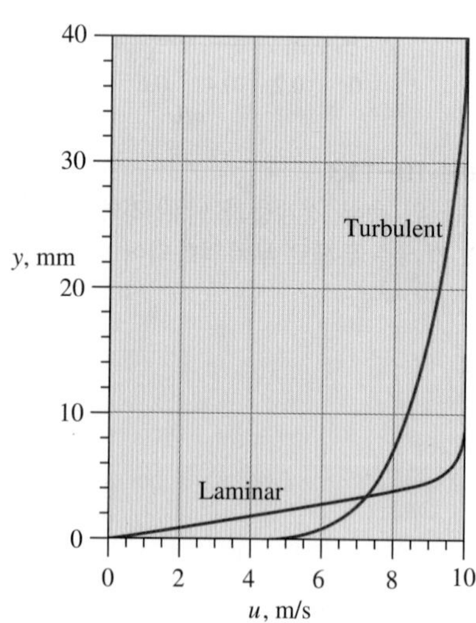

그림 10-115
물리적 변수를 이용한 동일한 x 위치에서의 평판 위 층류 경계층과 난류 경계층의 비교. Reynolds 수는 $\text{Re}_x=1.0\times10^6$이다.

(b) 두 가지 경우에 대해서 표 10-4를 이용하여 국소 표면 마찰 계수를 비교해 보자. 층류에서,

$$C_{f,x,\,laminar}=\frac{0.664}{\sqrt{\text{Re}_x}}=\frac{0.664}{\sqrt{1.00\times10^6}}=\mathbf{6.64\times10^{-4}} \qquad \textbf{(3)}$$

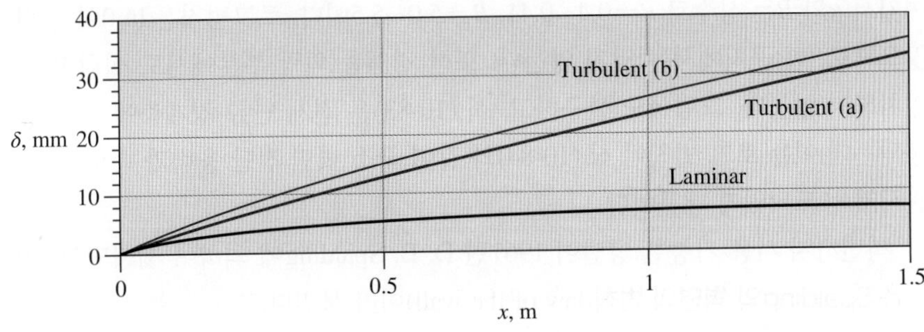

그림 10-115
예제 10-12에서 층류 경계층과 난류 경계층의 발달 비교.

난류에서, 표 10-4의 (a)를 이용하면

$$C_{f,\,x,\,\text{turbulent}} \cong \frac{0.027}{(\text{Re}_x)^{1/7}} = \frac{0.027}{(1.00 \times 10^6)^{1/7}} = \mathbf{3.8 \times 10^{-3}} \tag{4}$$

(3)과 (4)를 비교하면 난류 표면 마찰 값이 층류에 비해 약 5배 큼을 알 수 있다. 만약 표 10-4의 (b)를 사용하여 난류 표면 마찰 계수를 구하면 $C_{f,\,x,\,\text{turbulent}}=3.7\times10^{-3}$을 얻는데 이 값은 (4)와 매우 비슷하다.

(c) 난류 계산에서 평판의 초기부터 난류 영역이라고 가정하였다. 실제로는 그림 10-81과 같이 층류 영역 다음에 천이 영역이 나타나며, 마지막으로 난류 영역이 나타난다. 본 문제에서는 전체 평판을 완전 층류나 완전 난류로 가정하고 계산하였다. 표 10-4를 이용하여 계산한 결과를 그림 10-116에 나타내었다.

토의 그림 10-116의 가로좌표가 m 단위인 반면, 세로좌표의 단위는 mm이다. 경계층은 난류인 경우에도 매우 얇다. 표 10-4의 (a)와 (b)의 차이는 실험적인 방법과 표 10-4의 식들을 얻기 위해 사용한 준 실험적인 근사 방법의 차이로 설명할 수 있다. 이와 같은 사실이 난류 경계층의 값들을 소수점 2 자리까지밖에 계산하지 않은 이유이다. 평판 끝에서의 Reynolds 수가 천이 영역에 있기 때문에, 실제 δ값은 그림 10-116의 층류와 난류 사이에 있게 될 것이다.

1/7제곱 법칙만이 유체역학에서 난류 경계층 해석의 유일한 방법은 아니다. 다른 일반적인 방법은 **로그 법칙**(log law)이며, 이 방법은 평판뿐만 아니라 완전발달된 파이프 유동에서도 사용 가능하다(8장). 실제로 로그법칙은 평행 평판에 흐르는 유동(외부 유동)에는 적용할 수 없지만 거의 **모든** 내부유동에서의 난류 경계층에 적용이 가능하다. (15장에서 언급되듯이, 다행히도 이같은 사실은 전산유체역학 코드에도 벽면 근처 속도분포로 로그 법칙을 적용할 수 있게 한다.) 로그 법칙은 **마찰 속도** u_*라고 불리는 특성 속도로 무차원화되어 표현된다(대부분의 저자들은 u 대신 u^*를 사용한다는 것에 주의하자. 이 책에서는 무차원과 속도 u^*와 구분하기 위해 u_*를 사용하였다).

로그 법칙:
$$\frac{u}{u_*} = \frac{1}{\kappa}\ln\frac{yu_*}{\nu} + B \tag{10-83}$$

마찰 속도:
$$u_* = \sqrt{\frac{\tau_w}{\rho}} \tag{10-84}$$

여기서 κ와 B는 상수로 $\kappa=0.4\sim0.41$, $B=5.0\sim5.5$이다. 로그법칙은 ln 0이 정의되지 않으므로, 벽 근처에서는 맞지 않는다. 또한 경계층 외곽 부분에서도 실험적인 값과 일치하지 않는다. 그럼에도 불구하고, 식 (10-83)은 전체 난류 경계층에 유용하게 적용되는데 이는 로그 법칙이 식 (10-84)와 같이 국소 벽면 전단 응력과 속도 분포를 연관시켜 유도되었기 때문이다.

벽면까지 사용 가능한 방법이 1961년 D. B. Spalding에 의하여 제시되었으며, 이것은 **Spalding의 벽면의 법칙**(law of the wall)이라 불린다.

$$\frac{yu_*}{\nu} = \frac{u}{u_*} + e^{-\kappa B}\left[e^{\kappa(u/u_*)} - 1 - \kappa(u/u_*) - \frac{[\kappa(u/u_*)]^2}{2} - \frac{[\kappa\,(u/u_*)]^3}{6}\right] \quad \textbf{(10-85)}$$

식 (10-85)는 벽에서 매운 가까운 곳에서는 식 (10-83)보다 더 잘 맞지만, **외부 경계층**(outer layer) 또는 **난류 경계층**(turbulent layer)이라고 명칭되기도 하는 경계층 바깥쪽 부분에서는 두 공식 모두 유효하지 않다. Coles(1956)은 이 영역에서 적절한 데이터 곡선 맞춤을 통해 **후류함수**(wake function) 또는 **후류 법칙**(law of the wake)이라고 하는 실험식을 소개하였다. Coles의 식은 로그 법칙에 더해져서 **벽–후류 법칙**(wall-wake law)이라고 하는 식이 된다.

$$\frac{u}{u^*} = \frac{1}{\kappa}\ln\frac{yu^*}{\nu} + B + \frac{2\Pi}{\kappa}W\left(\frac{y}{\delta}\right) \quad \textbf{(10-86)}$$

여기서 평판 경계층인 경우 $\Pi=0.44$이며, W에 대한 여러 가지 식이 제시되었다. W는 벽($y/\delta=0$)에서 경계층의 바깥 경계선($y/\delta=1$)까지 0부터 1까지 부드럽게 변한다. W에 대해 잘 알려진 식을 소개하면 다음과 같다.

$$W\left(\frac{y}{\delta}\right) = \sin^2\left(\frac{\pi}{2}\left(\frac{y}{\delta}\right)\right)\text{에 대해 } \frac{y}{\delta} < 1 \quad \textbf{(10-87)}$$

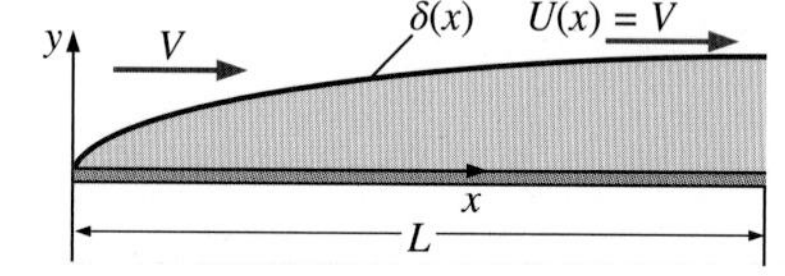

그림 10–117
예제 10-13에서 평판 위를 지나는 공기의 난류 경계층(여기서 경계층 두께는 다소 과장되었다).

예제 10–13 난류 경계층 식들의 비교

20 °C의 공기가 길이 $L=15.2$ m(그림 10-117) 인 매끄러운 평판 위를 $V=10{,}0$ m/s 속도로 지나고 있다. $x=L$에서 물리적인 변수(y와 u의 함수)를 이용하여 난류 경계층을 그려라. 경계층이 평판의 시작부터 완전 난류라고 가정하고, 1/7제곱 법칙, 로그법칙, Spalding의 벽면의 법칙에 의해 그려지는 분포들을 비교하라.

풀이 평판 끝 부분에서의 평균 속도 분포 $u(y)$를 세 가지 방법으로 구하여 도식한다.

가정 **1** 평판은 매끄러우며, 자유흐름의 교란이 일반적인 경우보다 경계층을 천이에서 난류로 더 빨리 유발시킨다. 따라서 평판의 시작부터 난류이다. **2** 유동은 정상상태이다. **3** 평판은 무한히 얇으며, 자유흐름에 평행하다.

상태량 20 °C 공기의 동점성계수는 $\nu=1.516\times 10^{-5}$ m²/s이다.

해석 먼저 $x=L$에서 Reynolds 수를 구한다.

$$\mathrm{Re}_x = \frac{Vx}{\nu} = \frac{(10.0\ \mathrm{m/s})(15.2\ \mathrm{m})}{1.516\times 10^{-5}\ \mathrm{m^2/s}} = 1.00\times 10^7$$

위의 Reynolds 수는 평판 경계층에서 천이영역을 훨씬 벗어난다(그림 10-81). 따라서 평판의 시작부터 난류라는 가정은 타당하다.

표 10-4의 (a)를 이용하여, 평판 끝의 경계층 두께와 국소 표면 마찰 계수를 구하면,

$$\delta \cong \frac{0.16x}{(\mathrm{Re}_x)^{1/7}} = 0.240 \text{ m} \qquad C_{f,x} \cong \frac{0.027}{(\mathrm{Re}_x)^{1/7}} = 2.70 \times 10^{-3} \tag{1}$$

식 (10-84)와 $C_{f,x}$의 정의(예제 10-10의 식 (10)의 좌편)를 이용하여 마찰 속도를 구한다.

$$u_* = \sqrt{\frac{\tau_w}{\rho}} = U\sqrt{\frac{C_{f,x}}{2}} = (10.0 \text{ m/s})\sqrt{\frac{2.70 \times 10^{-3}}{2}} = 0.367 \text{ m/s} \tag{2}$$

여기서 평판의 모든 곳에서 U = 일정 = V이다. 1/7 제곱 법칙에서는 식 (10-82)로부터 u를 쉽게 구하나, 로그 법칙에서는 y의 함수로써 u에 대해 음함수적(implicit)이다. 대신 u의 함수로써 y에 대해 식 (10-83) 풀면 다음과 같다.

$$y = \frac{\nu}{u_*} e^{\kappa(u/u_* - B)} \tag{3}$$

우리는 속도 u가 벽에서 0으로부터 경계층의 경계에서 U까지 변한다는 것을 알기 때문에, 식 (3)을 이용하여 로그법칙 속도 형상을 그릴 수 있다.

최종적으로 Spalding의 벽면의 법칙 [식 (10-85)] 또한 u의 함수로써 y를 표현할 수 있다. 세 가지 경우에 대해서 결과를 그림 10-118에 도식하여 비교하였다. 세 경우가 거의 같으며, 로그 법칙과 Spalding의 벽면의 법칙은 거의 구별을 하지 못할 정도이다.

때로는 그림 10-118의 선형 축과 물리 변수들을 이용한 그림 대신, 로그 축과 무차원 변수들을 이용하여 벽 근처를 과장하여 그리기도 한다. 경계층 문헌들에서 가장 많이 사용되는 무차원 변수는 y^+과 u^+이다 (**내부 변수 또는 벽면의 법칙 변수**).

벽면의 법칙 변수들:

$$y^+ = \frac{yu_*}{\nu} \qquad u^+ = \frac{u}{u_*} \tag{4}$$

위에서 y^+는 Reynolds 수와 비슷한 형태이며, 마찰속도인 u_*는 y와 u를 무차원화 하는데 사용된다. 그림 10-119는 그림 10-118을 벽면의 법칙 변수들을 이용하여 다시 그린 그림이다. 벽 근처에서 세 방법의 차이가 앞의 그림에 비해 뚜렷이 나타난다. 그림 10-119에는 비교를 위하여 실험 데이터를 같이 그렸다. 전체적으로는 Spalding의 방정식이 실험

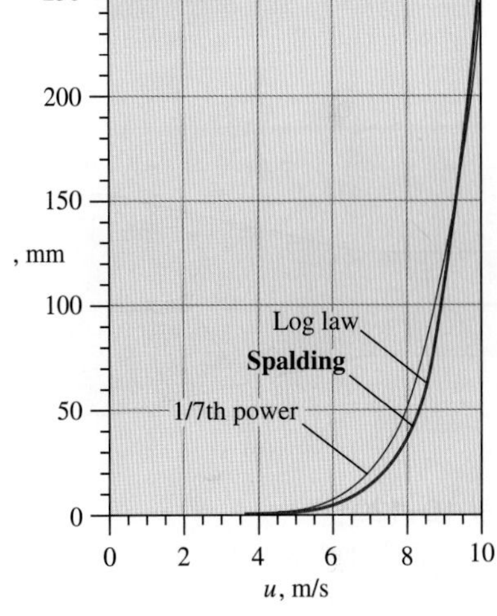

그림 10-118
$\mathrm{Re}_x = 1.0 \times 10^7$에서 물리적 변수를 이용한 평판 난류 경계층 분포의 비교. 1/7 거듭제곱 법칙, 로그 법칙, Spalding의 벽법칙.

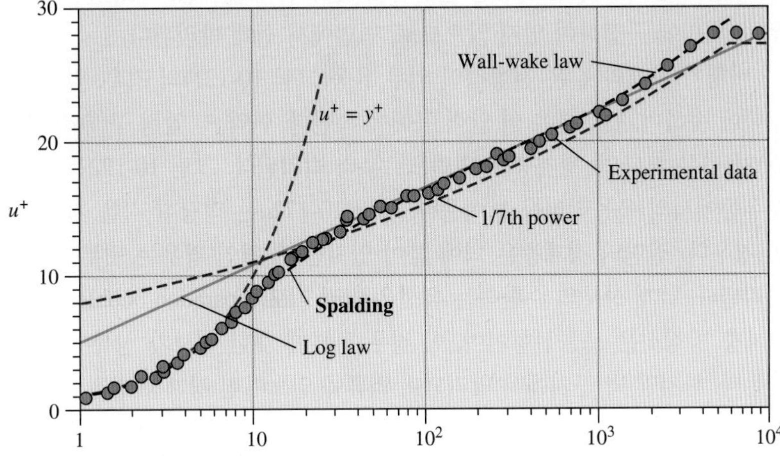

그림 10-119
$\mathrm{Re}_x = 1.0 \times 10^7$에서 벽법칙변수들을 이용한 평판 난류 경계층 분포의 비교. 1/7 거듭제곱 법칙, 로그 법칙, Spalding의 벽법칙. 일반적인 실험적 데이터와 점성저층 방정식($u^+ = y^+$)도 비교를 위하여 같이 나타내었다.

결과를 가장 잘 예측하고 벽면에서는 유일하게 실험값과 비슷한 결과를 보인다. 경계층 바깥 영역에서 u^+의 실험값이 1/7제곱 법칙의 결과와 같이 처지는 것을 알 수 있다. 하지만 로그법칙과 Spalding의 방정식은 이와 같은 준 로그 스케일 그림에서 끝까지 직선으로 나타난다.

토의 그림 10-119에 직선의 방정식인 $u^+=y^+$를 도식하였다. 벽과 매우 가까운 부분($0<y^+<5$ 또는 6)은 **점성저층**(viscous sublayer)이라 불린다. 이 영역은 벽과 매우 밀접해 있기 때문에 난류 변동이 억제되고, 속도가 거의 선형에 가깝다. 이 영역은 **선형저층**(linear sublayer)와 **층류저층**(laminar sublayer)으로 불리기도 한다. 위의 그림에서 보듯이 Spalding의 방정식은 $y^+=100$ 근처까지 점성저층 영역을 잘 표현하고 로그 법칙과 잘 융화되고 있으나, 1/7제곱 법칙과 로그법칙은 그렇지 않다.

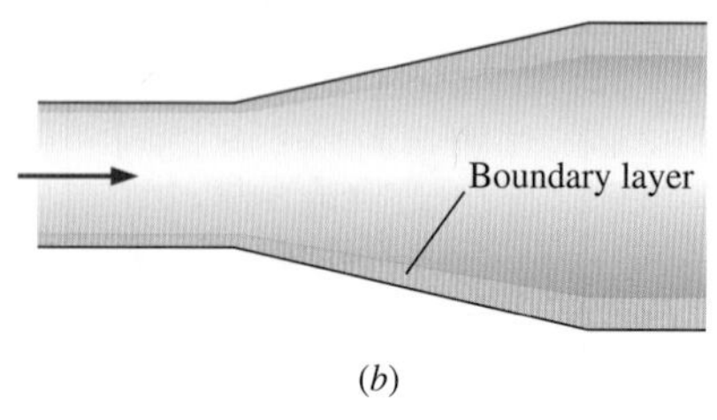

(*a*)

(*b*)

그림 10-120
외부 유동과 내부 유동에서 압력구배를 가지는 경계층. (*a*) 비행기의 동체를 따라 발달하여 후류를 이루는 경계층, (*b*) 디퓨저의 벽면을 따라 발달하는 경계층(두 경우에 경계층 두께는 다소 과장되었다).

압력 구배가 있는 경계층

앞에서 우리는 평판 경계층 유동에 대하여 논의하였다. 하지만 공학도의 주된 관심사는 임의의 형상에서의 경계층이다. 이에는 자유흐름 중에 있는 물체를 지나는 외부유동도 포함하며(그림 10-120*a*), 벽을 따라서 경계층이 발달하는 풍동이나 덕트 같은 내부유동도 포함한다(그림 10-120*b*). 먼저 논의되었던 압력구배가 없는 평판과 같이, 압력구배가 있는 경우도 경계층은 층류 또는 난류가 될 수 있다. 난류로 천이되는 영역의 경계층 두께, 표면 마찰 등을 대략적으로 구할 때는 평판 경계층 결과들을 사용할 수 있다. 그러나 보다 높은 정확성이 요구된다면 경계층 방정식을 풀어야 한다(정상상태, 층류, 2차원 유동인 경우 식 (10-71). 이 경우 *x*-운동량 식의 압력구배($U\, dU/dx$)가 0이 아니므로 해석은 어려워진다. 여기서는 압력구배가 있는 경계층의 일부 **정성적인** 특징만을 논의한다. 이 부분의 상세한 설명은 높은 수준의 유체역학 책을 참고하라(즉, Panton, 2005와 White, 2005).

먼저 용어부터 알아보자. 비점성, 비회전인 외부영역(경계층의 외부)의 유동이 가속(accelerates)되면 $U(x)$는 **증가하고** $P(x)$는 감소한다. 이를 **순 압력 구배**라 부른다. 이 경우 유동은 순조롭고 매끄럽다. 왜냐하면, 가속유동인 경우 경계층의 두께가 항상 얇으며, 벽면 쪽에 매우 근접하여 있기 때문에 박리가 일어나지 않는다. 외부유동이 감속(decelerates)하는 경우 $U(x)$는 **감소하고** $P(x)$는 증가하며 **역 압력 구배**라 불린다. 이름이 암시하듯 이 유동은 순조롭지 못하다. 왜냐하면, 이 유동은 경계층이 두꺼우며, 벽면에 근접하여 있지 않으므로, 벽면에서 쉽게 **박리**된다.

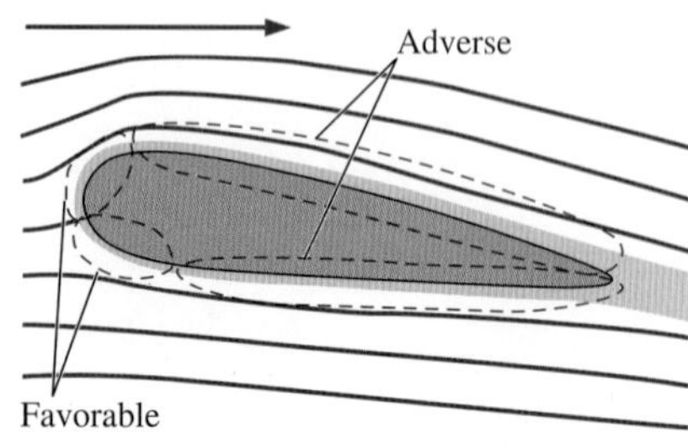

그림 10-121
자유흐름에 잠겨 있는 물체 표면을 따라 생기는 경계층에서, 앞에서는 순압력구배, 뒤에서는 역압력구배가 나타난다.

비행기 날개와 같은 전형적인 외부 유동(그림 10-121)의 경우, 앞부분은 순 압력 구배에 속하며, 뒷부분은 역 압력 구배에 속한다. 만약 역 압력 구배($dP/dx=-U\, dU/dx$)가 너무 크다면, 경계층은 벽면으로부터 **박리**된다. 그림 10-122는 외부유동과 내부유동에서의 유동박리를 보여준다. 그림 10-122*a*는 적당한 각을 가지고 있는 날개인 경우다. 밑면의 경계층은 벽에 붙어 있지만, 윗면인 경우는 뒷부분에서 경계층이 박리된다. 날개 상부의 순환하는 유선은 **박리 기포**(separation bubble)라 불린다. 원래 경계층 방정식은 포물선형이며, 이 경우 하류에 대한 정보가 상류에 영향을 미치지 않는다. 하지만 벽 근처에서 박리되어 **역류**를 일으키면 경계층 방정식의 적용이 불가

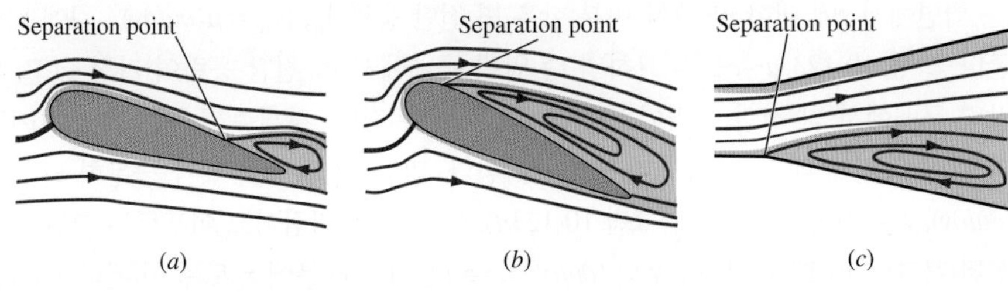

그림 10-122
역압력구배 구간에서 박리되는 경계층의 예. (a) 일반적인 영각의 비행기 날개, (b) 높은 영각을 갖는 동일한 비행기 날개(실속한 날개), (c) 넓은 각을 가진 디퓨저에서는 경계층이 부착되지 못하고 박리된다.

능하다.

경계층 방정식들은 박리 기포 지점에서 역류현상 때문에 박리점의 하류에서는 유효하지 않다.

이러한 경우는, 경계층 방정식 대신 완전한 Navier-Stokes 방정식을 사용하여야 한다. 왜냐하면 박리가 일어나면 그림 10-93의 경계층 계산 절차 중 1단계에서 계산되는 외부 유동의 값이, 특히 박리점 뒤(그림 10-121과 10-122*a* 비교)에서 유효하지 않기 때문이다.

그림 10-122*b*는 너무 큰 영각(angle of attack)을 가진 에어포일의 전형적인 경우를 보여주며, 이 경우 박리점이 에어포일 앞으로 많이 이동하고, 박리 기포가 에어포일 위 부분을 덮고 있다. 이 경우를 **실속**(stall)이라 부른다. 실속은 양력의 감소를 동반하고 항력의 증가를 가져온다. 자세한 내용은 11장에서 논의하기로 한다. 유동박리는 디퓨저(diffuser)에서 역 압력 구배 영역과 같은 내부유동에서도 발생한다(그림 10-122*c*). 또한 유동박리는 그림과 같이 디퓨저의 한쪽 벽에 비대칭으로 생성되기도 한다. 유동박리가 형성된 에어포일과 같이 디퓨저에서도 외부유동 해석은 의미가 없으며 경계층 방정식은 유효하지 않다. 디퓨저에서의 유동박리는 압력회복의 감소를 가져오고, 이러한 경우를 실속 조건이라 부르기도 한다.

벽면의 경계층 운동량 방정식을 조사하면 다양한 압력구배의 속도 분포에 대해 많은 것을 알 수 있다. 벽면에서 점착조건을 이용하면, 수식 (10-71)의 좌변 전부가 사라지며, 단순히 압력구배항과 점성항만 남는다.

벽면:
$$\nu\left(\frac{\partial^2 u}{\partial y^2}\right)_{y=0} = -U\frac{dU}{dx} = \frac{1}{\rho}\frac{dP}{dx} \qquad \textbf{(10-88)}$$

순 압력구배 조건에서(가속되는 외부 유동), dU/dx는 양이 되고, 식 (10-88)에 의해 u의 2차 미분 항은 음이 되는데, 즉 $(\partial^2 u/\partial y^2)_{y=0}<0$이 된다. 경계층의 가장자리에서 u가 $U(x)$에 가까워질 때 $\partial^2 u/\partial y^2$은 음으로 **유지**되어야만 한다. 그래서 경계층의 속도 분포는 어떠한 변곡점도 없이 그림 10-123*a*과 같이 둥글게 된다. 압력구배가 0이 되는 경우, 즉 $(\partial^2 u/\partial y^2)_{y=0}$인 경우에는 그림 10-123*b*와 같이 벽 근처에서 u가 y에 대해 선형적으로 증가한다. (이것은 평판에서 영 압력구배인 Blasius 경계층 속도분포로 검증할 수 있다.) **역** 압력 구배인 경우, dU/dx는 음이 되고, 식 (10-86)에 의해 $(\partial^2 u/\partial y^2)_{y=0}$은 양이 된다. 그러나 경계층의 가장자리에서 u가 $U(x)$에 가까워지면 $\partial^2 u/\partial y^2$이 음이 되어야 하기 때문에, 그림 10-123*c*와 같이 **변곡점**이 필요하다.

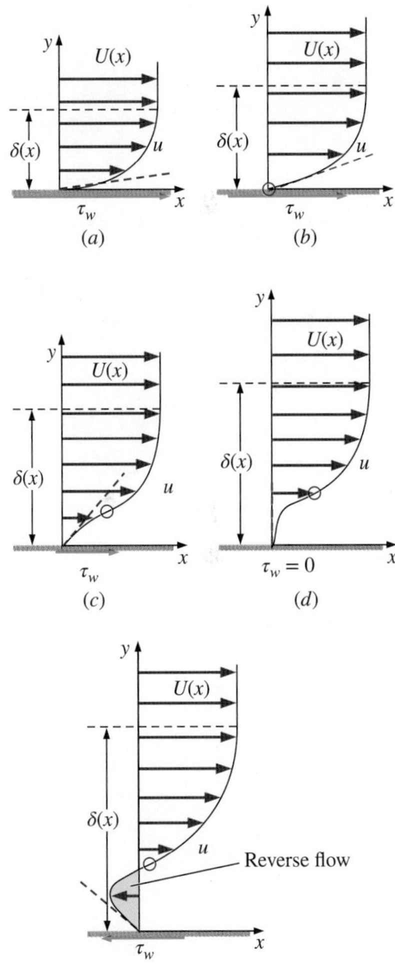

그림 10-123
압력구배($dP/dx = -U\,dU/dx$)에 따른 경계층 분포의 비교. (a) 순압력구배, (b) 영의 압력구배, (c) 약한 역압력구배, (d) 임계 역압력구배(박리점), (e) 강한 역압력구배. 변곡점은 빨간 원으로 나타내었고, 각각의 경우에 벽면 전단응력 $\tau_w = \mu(\partial u/\partial y)_{y=0}$이 그려져 있다.

벽면에서 y에 대한 u의 **1차** 미분 항은 벽 전단 응력 τ_w, $[\tau_w = \mu(\partial u/\partial y)_{y=0}]$에 비례한다. 그림 10-123 $a \sim c$를 비교하면 순 압력 구배에서 벽 전단 응력이 가장 크고, 역 압력 구배에서 벽 전단 응력이 가장 작음을 알 수 있다. 경계층 두께는 그림 10-123과 같이 압력 구배의 부호가 바뀌면 증가한다. 만약 역 압력 구배가 충분히 크다면, $(\partial u/\partial y)_{y=0}$은 0이 될 수 있다(그림 10-123*d*). 이 점이 **박리점**이고 이후로는 역류가 형성된다(그림 10-123*e*). 박리 후의 $(\partial u/\partial y)_{y=0}$은 **음**이기 때문에 τ_w도 음이 된다. 전에도 언급하였지만 역류 구간에서는 경계층이 형성되지 않는다. 그래서 경계층 근사는 박리 앞부분에서만 사용되고 뒷부분에서 사용되어서는 안 된다.

그림 10-124는 전산유체역학을 이용하여 범프가 있는 벽면 위를 지나는 유동을 나타낸 그림이다. 유동은 정상상태, 2차원이다. 그림 10-124*a*의 외부 유동 유선은 Euler 방정식으로부터 생성되었다. 점성항이 없는 경우 박리는 생기지 않았고, 앞뒤 대칭형으로 유선이 생성되었다. 또한 앞부분은 순 압력 구배가 형성되었고, 뒷부분은 역 압력 구배가 형성되었다. 완전한 (층류) Navier-Stokes 방정식을 풀었을 때 점성항이 그림 10-124*b*와 같이 범프 뒷부분에서 박리를 유발한다. 여기서는 경계층 방정식을 푼 것이 아니라 완전한 Navier-Stokes 방정식을 풀었다는 것에 유의하라. 그림 10-124*b*에 박리점의 대략적인 위치가 나타나며, 점선은 두 부분을 **나누는 유선**이다. 이 유선의 위는 연속적으로 순조로운 유선인 반면, 아래쪽의 유선은 박리 기포를 형성한다. 그림 10-124*c*는 유선을 확대한 그림이며, 그림 10-124*d*는 속도 벡터를 확대한 그림이다. 박리 기포의 아랫부분에서 역류가 선명하게 관찰된다. 박리점 뒤에서 큰 y 방향의 속도가 생기며 외부유동이 더 이상 벽을 따라서 흐르지 않는다. 실제로 외부유동은 더 이상 그림 10-124*a*의 외부유동과 같지 않다. 이것으로부터 경계층 접근 방법의 한계를 알 수 있다. 경계층 방정식은 박리점의 위치를 예측할 수는 있으나 박리점 뒷부분의 유동은 전혀 예측하지 못한다. 어떠한 경우에는 박리점 **상류**에서도 외부유동이 크게 변하여, 경계층 근사가 잘못된 결과를 가져오기도 한다.

경계층 근사는 외부 유동의 해에 따라 달라진다. 만약 유동박리에 의하여 외부유동이 변한다면 경계층 근사는 틀리게 된다.

그림 10-123에 그려진 경계층과 그림 10-124에 도시된 유동 박리의 속도 벡터는 층류 경계층에 대한 것이다. 난류 경계층의 경우 층류경계층과 정성적으로는 유사한 거동을 보이지만, 난류 경계층의 평균 속도 분포는 같은 조건에서 층류 경계층에 비하여 훨씬 넓다. 따라서 난류 경계층에서 박리가 일어나기 위해서는 보다 강한 역 압력구배가 필요하다.

난류 경계층은 같은 역 압력구배에 노출되었을 때 층류 경계층보다 유동 박리에 대한 저항이 강하다.

위 문장에 대한 실험적인 증거가 그림 10-125에 나타나 있으며, 여기서 외부유동은 20° 각도의 날카로운 방향전환을 시도하고 있다. 층류 경계층(그림 10-125*a*)은 날카로운 부분을 부드럽게 지나지 못하고, 모서리에서 박리가 생긴다. 반면 난류 경계층(그림 10-125*b*)은 날카로운 모서리에 붙어 있음을 보여준다.

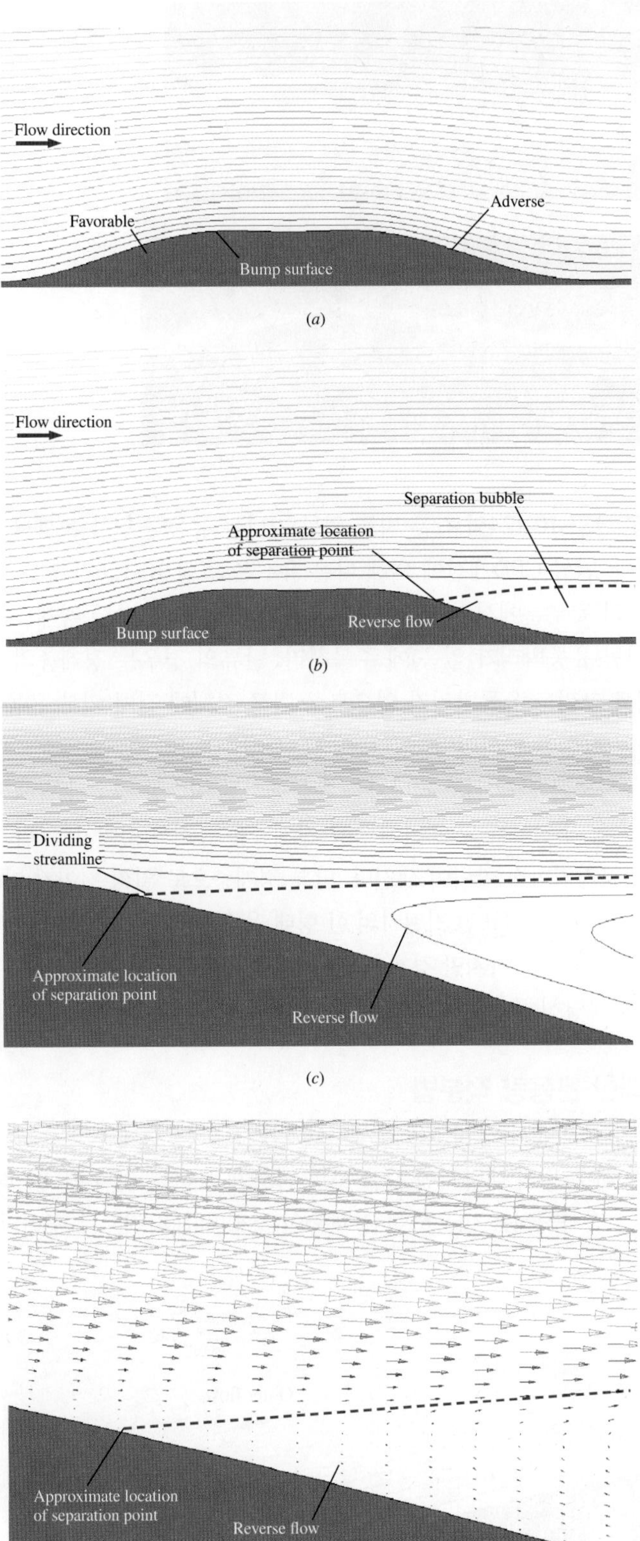

그림 10–124
범프 위를 지나는 유동에 대한 CFD 계산 결과. (*a*) 외부 유동의 Euler 방정식의 결과(박리 없음), (*b*) 범프의 후방에서 박리가 생기는 층류 유동의 결과, (*c*) 박리점 근처의 확대 그림, (d) 박리점 근처의 속도 벡터 확대 그림[(*c*)와 같은 시야]. 점선은 **분할 유선**이다. 이 유선 아래의 유체는 재순환 박리기포 내에 갇혀 있다.

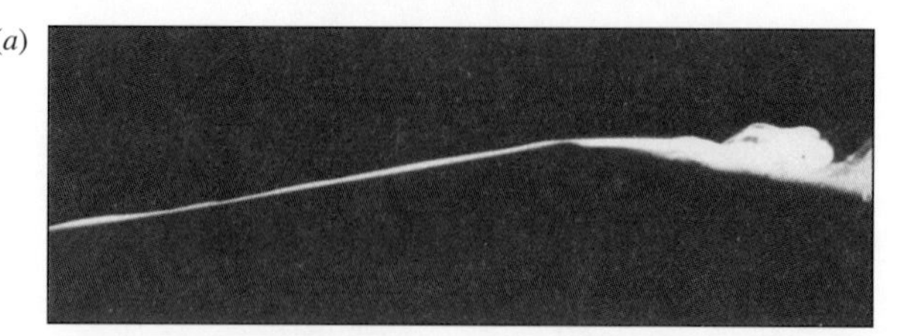
(a)

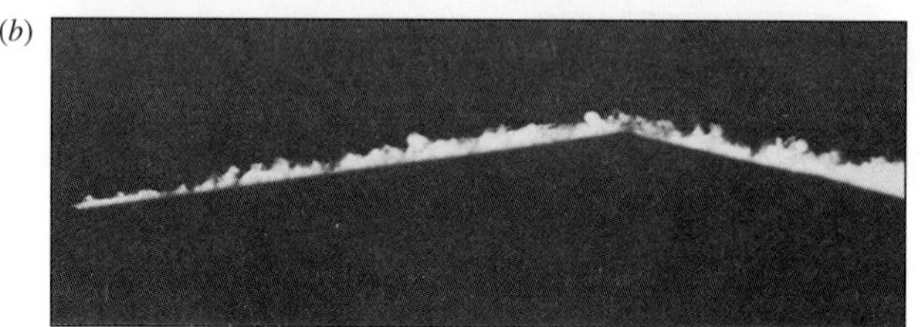
(b)

그림 10-125
역압력구배에서의 층류 경계층과 난류 경계층의 유동가시화 비교. 유동방향은 오른쪽이다. (a) 모서리에서 층류 경계층이 박리되고 있지만, (b) 모서리에서 난류 경계층은 박리되지 않는다. Head가 1982년 titanium tetrachloride를 이용하여 찍은 사진임.
Head, M. R. 1982 in Flow Visualization II, W. Merzkirch, ed., pp. 399-403. Washington: Hemisphere.

다른 예로 그림 10-124와 같은 범프 위를 지나는 유동을 난류 모델을 사용하여 다시 계산하였다. 난류 CFD계산에 의해 나온 유선은 그림 10-126과 같다. 그림 10-126을 보면 범프의 뒷부분에서 박리가 생겼던 층류와는 달리, 난류 경계층은 표면에 붙은 채로 유지됨(유동박리가 없음)에 주목하라. 난류의 경우는 경계층의 두께가 매우 얇게 유지되고 그리고 유동박리가 없으므로 범프 전체에 걸쳐 외부 유동 Euler 해(그림 10-124*a*)는 적절한 근사이다.

구와 같은 뭉툭한 물체 위로 지나가는 유동에서도 비슷한 경우가 발생한다. 예를 들면 매끈한 골프공의 경우는 그 표면에 층류 경계층을 유지할 것이고, 그리고 꽤 쉽게 박리가 되어 큰 공기역학적 항력이 생긴다. 난류 경계층으로 일찍 천이가 발생되도록 하기 위하여 골프공은 딤플(표면 거칠기의 한 형태)을 갖는다. 유동은 여전히 골프공 표면에서 박리가 일어나기는 하지만 경계층 내에서 훨씬 먼 후방에서 일어나기 때문에 공기역학적 항력을 상당히 줄여 준다. 이것은 11장에서 상세하게 다루기로 한다.

경계층에 대한 운동량 적분법

많은 공학적인 문제에서 경계층을 상세하게 알기보다는 경계층의 특성인 경계층 두께, 표면 마찰 계수 등의 대략적인 값을 보다 빠르게 구하는 것이 필요하다. **운동량 적분 방법**에서는 검사체적을 이용하여 경계층의 특성을 대략적으로 구한다. 운동량 적

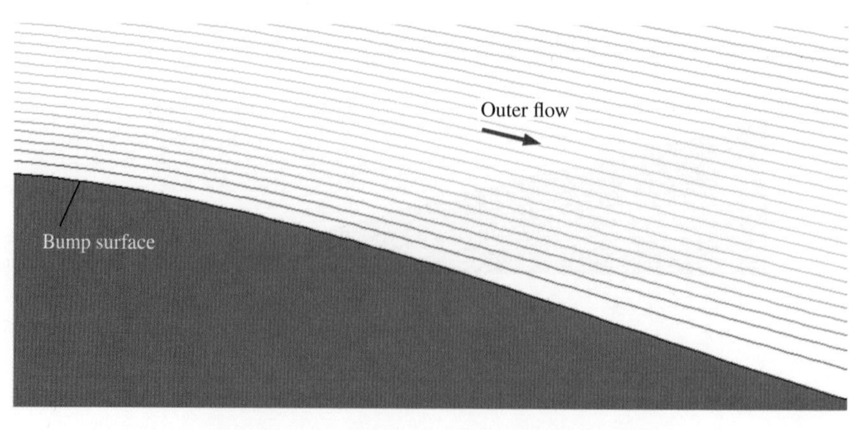

그림 10-126
그림 10-124와 같은 범프 위를 지나는 난류 유동의 CFD 계산 결과. 그림 10-124b의 층류 경우와 비교하면 난류 경계층이 유동 박리에 더 큰 저항력을 가지며, 따라서 범프 후방의 역압력구배 구간에서 박리되지 않는다.

분 방법은 쉽기 때문에 어떤 경우에는 컴퓨터의 사용이 필요 없을 때도 있다. 또한 층류나 난류 모두 적용이 가능하다.

먼저 검사체적을 그림 10-127과 같이 정한다. 바닥은 $y=0$인 벽면이며, 윗면은 경계층을 포함한 충분한 높이 $y=Y$ 지점으로 정한다. 검사체적은 x-방향으로 dx의 폭을 가진 매우 얇은 판이다. 경계층 근사에 따라 $\partial P/\partial y=0$, 따라서 압력 P가 검사체적 왼쪽 면 전체에 가해지고 있다고 가정한다.

$$P_{\text{left face}} = P$$

압력 구배가 있는 일반적인 경우 검사체적의 오른쪽 면의 압력은 왼쪽 면의 압력과 다르다. 1차 Taylor 근사(9장)를 이용하여 나타내면,

$$P_{\text{right face}} = P + \frac{dP}{dx}dx$$

유사한 방법으로 왼쪽에서 들어오는 질량 유량은

$$\dot{m}_{\text{left face}} = \rho w \int_0^Y u\,dy \tag{10-89}$$

오른쪽 면으로 나가는 질량 유량은

$$\dot{m}_{\text{right face}} = \rho w\left[\int_0^Y u\,dy + \frac{d}{dx}\left(\int_0^Y u\,dy\right)dx\right] \tag{10-90}$$

여기서, w는 그림 10-127에 있는 검사체적의 지면 안쪽으로의 폭이다. 편의상 w를 단위 폭으로 정해도 되지만, 어쨌든 이 값은 계산 중간에 소거된다.

식 (10-90)이 식 (10-89)와 다르고 어떠한 유동도 바닥을 통해서 들어오지 못하기 때문에 질량은 윗면을 통해서 출입을 해야 한다. 이것이 그림 10-128에 나타나 있으며, $\dot{m}_{\text{right face}} < \dot{m}_{\text{left face}}$인 경우 $\dot{m}_{\text{top}}$이 양이 되며, 이 경우 경계층이 발달하게 된다. 검사체적 내의 질량보존에 의해

$$\dot{m}_{\text{top}} = -\rho w \frac{d}{dx}\left(\int_0^Y u\,dy\right)dx \tag{10-91}$$

다음으로 검사체적에 x방향 운동량 보존을 적용시킨다. x방향 운동량은 왼쪽 면으로 들어와서 오른쪽 면과 윗면을 통해서 나간다. 그림 10-127과 같이 검사체적을 통한 순수 운동량 플럭스는 벽면 전단응력과 검사체적 표면의 순 압력 힘과 균형을 이뤄야 한다. 정상상태 검사체적 x 운동량 방정식은 다음과 같다.

$$\underbrace{\cancel{\sum F_{x,\text{ body}}}}_{\text{ignore gravity}} + \underbrace{\sum F_{x,\text{ surface}}}_{YwP - Yw\left(P + \frac{dP}{dx}dx\right) - w\,dx\,\tau_w}$$

$$= \underbrace{\int_{\text{left face}} \rho u \vec{V}\cdot\vec{n}\,dA}_{-\rho w\int_0^Y u^2\,dy} + \underbrace{\int_{\text{right face}} \rho u \vec{V}\cdot\vec{n}\,dA}_{\rho w\left[\int_0^Y u^2\,dy + \frac{d}{dx}\left(\int_0^Y u^2\,dy\right)dx\right]} + \underbrace{\int_{\text{top}} \rho u \vec{V}\cdot\vec{n}\,dA}_{\dot{m}_{\text{top}}U}$$

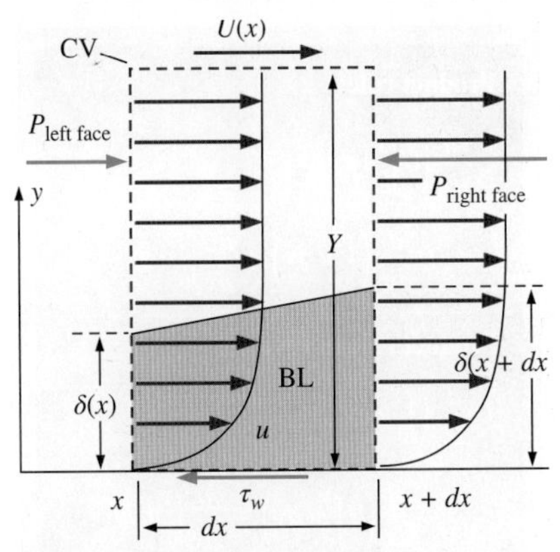

그림 10-127
운동량 적분 방정식의 유도를 위해 사용된 검사체적.

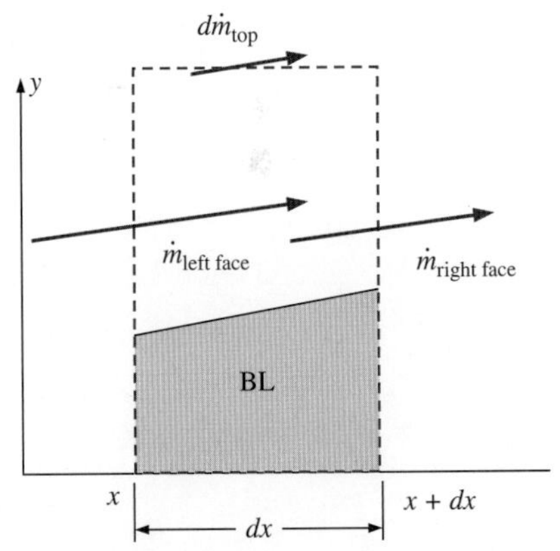

그림 10-128
그림 10-127의 검사체적에서의 질량유량 평형.

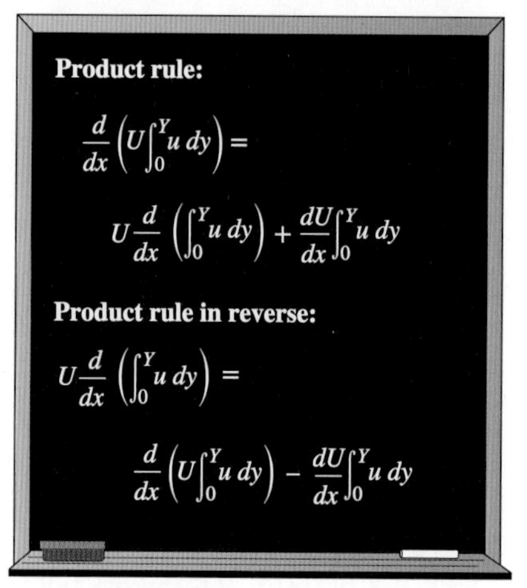

그림 10–129
운동량 적분 방정식의 유도를 위해 사용된 곱의 법칙.

여기서 윗면을 따라 흐르는 운동량은 질량유량과 U의 곱이다. 몇 개의 항을 소거하고 정리하면,

$$-Y\frac{dP}{dx} - \tau_w = \rho\frac{d}{dx}\left(\int_0^Y u^2\,dy\right) - \rho U\frac{d}{dx}\left(\int_0^Y u\,dy\right) \tag{10-92}$$

여기서, 식 (10-89)를 사용하여 $\dot{m}_{top}$을 소거하였고 각각의 잔여 항으로부터 w와 dx는 소거한다. 편의상 $Y=\int_0^Y dy$로 정의한다. 외부유동(Euler 방정식)으로부터, $dP/dx=-\rho U\,dU/dx$이다. 식 (10-90)을 ρ로 나누면,

$$U\frac{dU}{dx}\int_0^Y dy - \frac{\tau_w}{\rho} = \frac{d}{dx}\left(\int_0^Y u^2\,dy\right) - U\frac{d}{dx}\left(\int_0^Y u\,dy\right) \tag{10-93}$$

미분의 곱의 법칙(product rule of differentiation)의 역(그림 10-129)을 이용하여 식 (10-91)을 간단히 하면,

$$\frac{d}{dx}\left(\int_0^Y u(U-u)\,dy\right) + \frac{dU}{dx}\int_0^Y (U-u)\,dy = \frac{\tau_w}{\rho}$$

U가 x방향만의 함수이므로 y에 대한 적분 안으로 들어 갈 수 있다. 첫 번째 항에 U^2을 곱하고 두 번째 항에 U를 나누고 정리하면 다음과 같은 식을 얻는다.

$$\frac{d}{dx}\left(U^2\int_0^\infty \frac{u}{U}\left(1-\frac{u}{U}\right)dy\right) + U\frac{dU}{dx}\int_0^\infty\left(1-\frac{u}{U}\right)dy = \frac{\tau_w}{\rho} \tag{10-94}$$

여기서 y가 Y보다 크면 $u=U$이므로 Y를 무한대로 대체하여도 적분값은 변하지 않는다.

이전에 평판 경계층에 대하여 배제 두께 δ^*[식 (10-72)]와 운동량 두께 θ[식 (10-80)]를 정의하였다. 압력구배가 존재하는 일반적인 경우에 있어서, 상수 값인 U 대신에 주어진 x 위치에서 외부 유동 속도의 국소 값인 $U=U(x)$을 이용한 것을 제외하고는 δ^*와 θ를 같은 방식으로 정의한다. 식 (10-94)를 간략하게 다시 쓰면,

Kármán 적분 방정식:

$$\frac{d}{dx}(U^2\theta) + U\frac{dU}{dx}\delta^* = \frac{\tau_w}{\rho} \tag{10-95}$$

식 (10-95)를 Theodor von Kármán(1881-1963)에게 경의를 표하려 **Kármán 적분 방정식**이라 부르는데, 그는 Prandtl의 학생으로 1921년에 이 방정식을 최초로 유도하였다.

첫 번째 항에 곱의 법칙을 적용하고 U^2으로 나누면 식 (10-95)의 또 다른 형태를 구할 수 있다.

Kármán 적분 방정식, 다른 형태:

$$\frac{C_{f,x}}{2} = \frac{d\theta}{dx} + (2+H)\frac{\theta}{U}\frac{dU}{dx} \tag{10-96}$$

여기서, **형상계수**(shape factor) H와 **국소 표면 마찰 계수**(local skin friction coefficient) $C_{f,x}$는 다음과 같이 정의된다.

형상계수:

$$H = \frac{\delta^*}{\theta} \tag{10-97}$$

국소 표면 마찰 계수: $$C_{f,x} = \frac{\tau_w}{\frac{1}{2}\rho U^2} \quad \textbf{(10-98)}$$

H와 $C_{f,x}$는 압력구배가 존재하는 경계층의 일반적인 경우에 x의 함수라는 것을 명심해야 한다.

다시 한 번 강조하자면, Kármán 적분 방정식과 식 (10-95)에서 (10-98)까지의 유도과정은 벽면을 따르는 정상상태 비압축성 경계층이라면 층류이든 난류이든 상관없이 유효하다. 특별히 평판 경계층인 경우, $U(x) = U =$ 일정이므로 식 (10-96)은 다음과 같이 된다.

Kármán 적분방정식, 평판 경계층: $$C_{f,x} = 2\frac{d\theta}{dx} \quad \textbf{(10-99)}$$

예제 10-14 Kármán 적분 방정식을 이용한 평판 경계층 해석

평판 위를 흐르는 난류경계층에서 두 가지 사항만 알고 있다고 가정한다. 즉, 국소표면 마찰계수(그림 10-130),

$$C_{f,x} \cong \frac{0.027}{(\text{Re}_x)^{1/7}} \quad (1)$$

와 다음의 경계층 단면도 형상에 대한 1/7 제곱 법칙을 알고 있다.

$$\frac{u}{U} \cong \left(\frac{y}{\delta}\right)^{1/7} \text{일 때, } y \le \delta \qquad \frac{u}{U} \cong 1 \text{일 때, } y > \delta \quad (2)$$

배제 두께와 운동량 두께의 정의를 이용하고, Kármán 적분방정식을 사용하여 δ, δ^*와 θ를 x의 함수로 구하라.

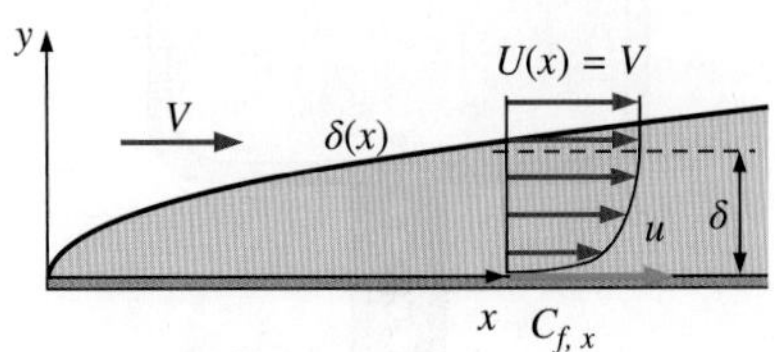

그림 10-130
예제 10-14에서 평판 위를 지나는 난류 경계층(여기서 경계층 두께는 다소 과장되었다).

풀이 식 (1)과 (2)에 기초하여 δ, δ^*와 θ를 산정한다.

가정 **1** 유동은 난류지만 평균적으로 정상상태이다. **2** 평판은 얇고, 자유흐름은 평판에 평행하게 흐른다. 따라서 $U(x) = V =$ 일정이다.

해석 먼저 식 (2)를 식 (10-80)에 대입하고 운동량 두께를 구하기 위해 적분을 한다.

$$\theta = \int_0^\infty \frac{u}{U}\left(1 - \frac{u}{U}\right)dy = \int_0^\delta \left(\frac{y}{\delta}\right)^{1/7}\left(1 - \left(\frac{y}{\delta}\right)^{1/7}\right)dy = \frac{7}{72}\delta \quad (3)$$

유사한 방법으로 식 (10-72)를 적분하여.

$$\delta^* = \int_0^\infty \left(1 - \frac{u}{U}\right)dy = \int_0^\delta \left(1 - \left(\frac{y}{\delta}\right)^{1/7}\right)dy \quad (4)$$

평판 경계층에 대하여 Kármán 적분방정식은 식 (10-99)로 축약된다. 식 (3)을 식 (10-99)에 대입하여 정리하면,

$$C_{f,x} = 2\frac{d\theta}{dx} = \frac{14}{72}\frac{d\delta}{dx}$$

위 식으로부터

$$\frac{d\delta}{dx} = \frac{72}{14} C_{f,x} = \frac{72}{14} 0.027(\mathrm{Re}_x)^{-1/7} \quad \textbf{(5)}$$

여기에서 국소마찰계수에 식 (1)을 대입한다. 식 (5)를 직접 적분하면,

경계층 두께: $$\frac{\delta}{x} \cong \frac{\mathbf{0.16}}{(\mathbf{Re}_x)^{1/7}} \quad \textbf{(6)}$$

최종적으로 식 (3)과 (4)를 식 (6)에 대입하면,

배제 두께: $$\frac{\delta^*}{x} \cong \frac{\mathbf{0.020}}{(\mathbf{Re}_x)^{1/7}} \quad \textbf{(7)}$$

그리고

운동량 두께: $$\frac{\theta}{x} \cong \frac{\mathbf{0.016}}{(\mathbf{Re}_x)^{1/7}} \quad \textbf{(8)}$$

토의 이 결과는 표 10-4의 (a)열과 유효숫자 두 자리 이내로 일치한다. 표 10-4의 많은 부분은 Kármán 적분 방정식의 도움으로 **생성되었다**.

그림 10–131
Kármán 적분 방정식을 사용할 때는 알고 있는(혹은 가정된) 속도 분포의 적분이 필요하다.

운동량 적분 방법은 사용하기에는 상당히 간단하지만 심각한 결함이 있다. 다시 말해 Kármán 적분 공식(그림 10-131)을 적용하기 위해서는 경계층 형상을 반드시 알아야(또는 추측해야)만 한다는 것이다. x 방향으로의 압력 구배와 경계층 형상의 변화가 있는 경우(그림 10-123)에는 그 해석이 좀 더 복잡해진다. 하지만 다행히도 적분이 아주 단순한 형태이기 때문에 속도 분포를 정확하게 알아야 할 필요는 없다. Kármán 적분 공식이 경계층의 전체적인 특징을 예측하는데 유용하게 사용될 수 있도록 여러 가지 기술들이 발달되어 왔다. 이런 기술들 중 Thwaite 방법과 같은 몇몇 방법들은 층류 경계층에 대해서는 매우 정확한 결과를 보여준다. 하지만 난류 경계층에 대해서는 그다지 성공적이지는 못하다. 이 방법들은 컴퓨터의 도움을 필요로 하고, 현재 교과서의 범위를 넘어선다.

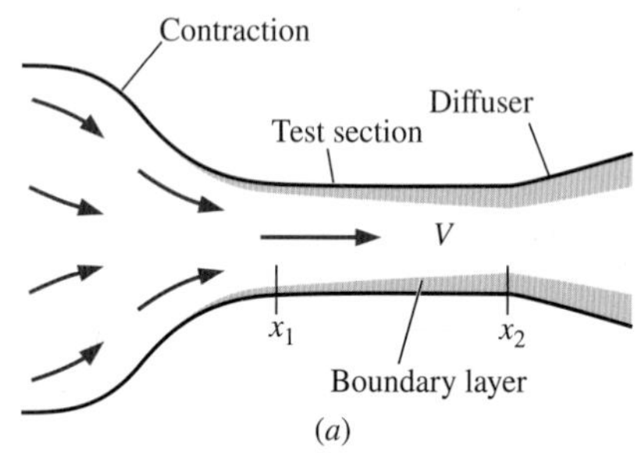

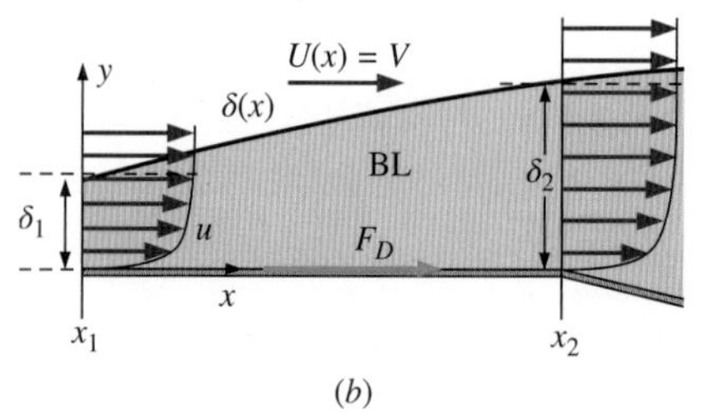

그림 10–132
예제 10-15의 풍동 벽을 따라 발달하는 경계층. (*a*) 전체적인 모습, (*b*) 시험부의 바닥 부분이 확대된 모습(여기서 경계층 두께는 다소 과장되었다).

예제 10–15 풍동 시험부 벽면에 작용하는 항력

직사각형의 풍동 벽면을 따라서 경계층이 발달한다. 공기는 20 ℃이고 대기압이다. 경계층은 수축부의 상류에서 형성되기 시작하여 시험부 쪽으로 발달한다(그림 10-132). 경계층이 시험부에 도달할 때 경계층은 완전히 난류가 된다. 길이 $x=x_1$에서부터 $x=x_2$까지 시험부 바닥에서 경계층의 분포와 두께가 측정되었다. 시험부 길이는 1.8 m이고 폭은 0.5 m이다(그림 10-132 참조).

각 위치에서 측정된 경계층 두께는 다음과 같다.

$$\delta_1 = 4.2\ \mathrm{cm} \qquad \delta_2 = 7.7\ \mathrm{cm} \qquad V = 10.0\ \mathrm{m/s} \quad \textbf{(1)}$$

양 위치에서의 경계층의 분포는 표준 1/7제곱 법칙보다 1/8제곱 법칙에 더 잘 들어맞는다.

$$\frac{u}{U} \cong \left(\frac{y}{\delta}\right)^{1/8} \text{ 일 때, } y \le \delta \qquad \frac{u}{U} \cong 1 \text{ 일 때, } y > \delta \quad \textbf{(2)}$$

풍동의 시험부 바닥면에 작용하는 총 표면 마찰력 F_D를 구하라.

풀이 시험부 바닥 면에 작용하는 총 표면 마찰력을 구한다($x=x_1$과 $x=x_2$ 사이).

상태량 20 °C 공기의 $\nu=1.516\times10^5$ m²/s, $\rho=1.204$ kg/m³이다.

가정 **1** 유동은 평균적으로 정상상태이다. **2** 풍동의 벽면은 $U(x)=V=$일정을 만족시키기 위해 약간 확대되어 있다.

해석 운동량 두께 θ를 구하기 위해 먼저 식 (2)를 식 (10-80)으로 치환하고 적분한다.

$$\theta=\int_0^\infty \frac{u}{U}\left(1-\frac{u}{U}\right)dy=\int_0^\delta\left(\frac{y}{\delta}\right)^{1/8}\left[1-\left(\frac{y}{\delta}\right)^{1/8}\right]dy=\frac{4}{45}\delta \quad \textbf{(3)}$$

평판의 경계층에 대해 적용되는 Kármán 적분 방정식은 식 (10-99)처럼 간단하게 표현된다. 벽면을 따라 생기는 전단력 항의 관점에서 식 (10-99)는 다음과 같다.

$$\tau_w=\frac{1}{2}\rho U^2 C_{f,x}=\rho U^2\frac{d\theta}{dx} \quad \textbf{(4)}$$

표면에서의 마찰력을 구하기 위해 식 4를 $x=x_1$에서부터 $x=x_2$까지 적분한다.

$$F_D=w\int_{x_1}^{x_2}\tau_w\,dx=w\rho U^2\int_{x_1}^{x_2}\frac{d\theta}{dx}dx=w\rho U^2(\theta_2-\theta_1) \quad \textbf{(5)}$$

여기서 그림 10-132의 w는 지면 안쪽으로 벽면의 폭이다. 식 (3)을 식 (5)로 대체하면 다음과 같다.

$$F_D=w\rho U^2\frac{4}{45}(\delta_2-\delta_1) \quad \textbf{(6)}$$

최종적으로 주어진 수치 값들을 식 (6)에 대입하여 마찰력을 계산한다.

$$F_D=(0.50\text{ m})(1.204\text{ kg/m}^3)(10.0\text{ m/s})^2\frac{4}{45}(0.077-0.042)\text{ m}\left(\frac{\text{s}^2\cdot\text{N}}{\text{kg}\cdot\text{m}}\right)=\mathbf{0.19\ N}$$

토의 뉴턴(N)은 그 자체가 아주 작은 힘의 단위이기 때문에 위의 계산 값은 매우 작은 값이다. Kármán 적분 공식을 속도 $U(x)$가 상수가 아닌 외부 유동에 적용하기는 상당히 어렵다.

자유흐름에 따라 정렬된 극미하게 얇은 2차원 평판 위의 유동에 대한 전산유체역학 계산 결과를 설명하면서 이 장을 마치고자 한다(그림 10-133). 모든 경우에 대해서 평판의 길이는 1 m($L=1$ m)이고 유체는 일정한 상태량 $\rho=1.23$ kg/m³과 $\mu=1.79\times10^{-5}$ kg/m · s를 가진 공기이다. 자유흐름의 속도 V를 변화시켜 Reynolds 수 ($\text{Re}_L=\rho VL/\mu$)를 10^{-1}(크리핑 유동)에서 10^5(층류이나 난류로 천이를 시작하기 직전)의 범위로 하였다. 모든 경우는 정상상태 비압축성 층류 유동이며 상용 CFD에 의해 Navier-Stokes 해를 구하였다. 그림 10-134에 4가지 Reynolds 수에 대해 x 방향으로 세 곳의 위치에서의 속도 벡터를 그렸는데, $x=0$ (평판의 시작), $x=0.5$ m (평판의 중간), 그리고 $x=1$ m (평판의 끝)이다. 또한 각각의 경우에 대해 평판 근처의 유선도 나타내었다.

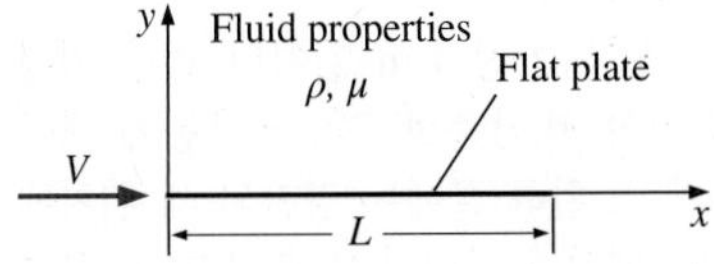

그림 10-133
길이가 L인 얇은 무한 평판 위에서의 유동. CFD 계산은 Re_L이 10^{-1}에서 10^5까지의 범위에 대해 보고되어 있다.

그림 10-134a는 $\text{Re}_L=0.1$인 경우로 **크리핑 유동 근사**가 합리적이다. 유동은 대칭

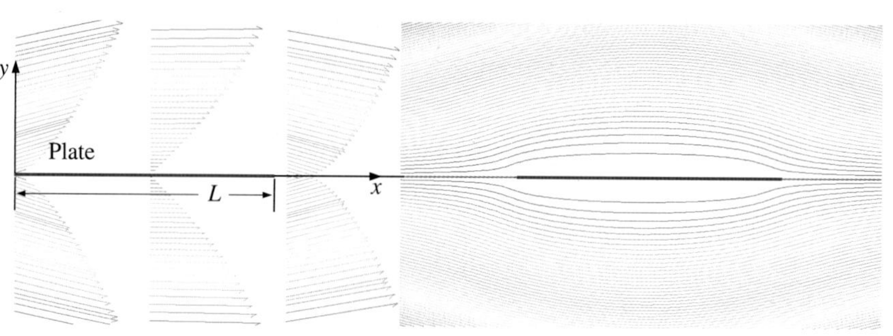

(*a*) $\mathrm{Re}_L = 1 \times 10^{-1}$

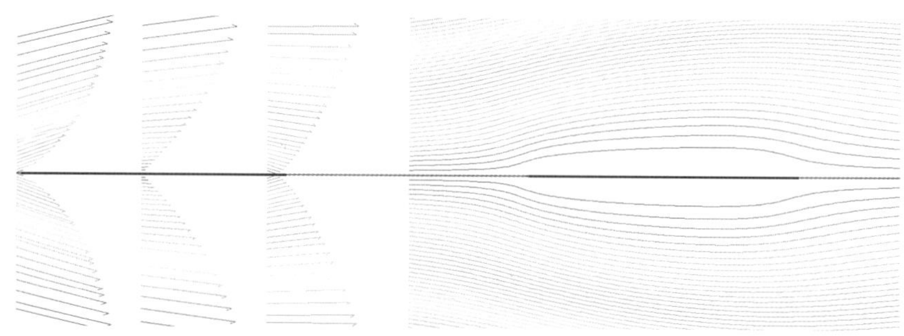

(*b*) $\mathrm{Re}_L = 1 \times 10^{1}$

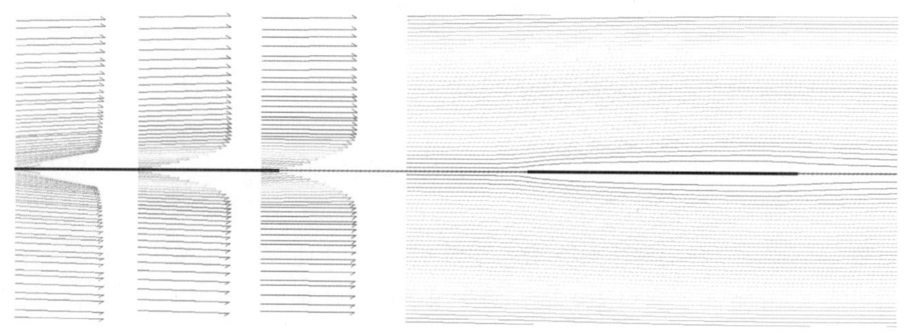

(*c*) $\mathrm{Re}_L = 1 \times 10^{3}$

그림 10-134
미소 두께를 가진 1 m 길이의 평판 위에서 의 정상, 비압축성, 2차원 유동에 대한 CFD 계산. 왼쪽 끝에는 평판의 세 위치에서 속도 벡터가 나타나 있고, 오른쪽 끝에는 평판 근처에서의 유선이 나타나 있다. Re_L=(*a*) 0.1, (*b*) 10, (*c*) 1000, (*d*) 100,000. 평판을 기준으로 상부의 유동장만이 계산되었고, 하부는 대칭이다. 계산 영역의 크기는 "무한" 원거리구역 경계 조건에 합당하도록 그림에 나타난 평판 길이의 수백 배로 정하였다.

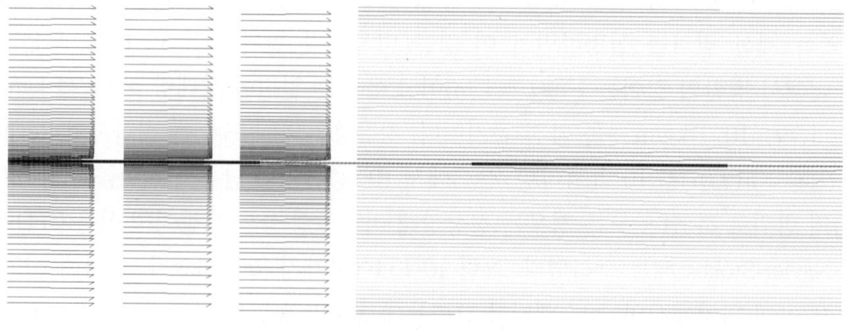

(*d*) $\mathrm{Re}_L = 1 \times 10^{5}$

형 물체에서의 크리핑 유동의 전형적인 형태와 같이 앞쪽과 뒤쪽이 거의 대칭을 이루고 있다. 마치 평판이 유한한 두께를 가지고 있는 것처럼 평판 주위에서 유동이 어떻게 나눠는지를 주목할 필요가 있다. 이것은 점성과 점착조건이 유발하는 큰 배제 효과(displacement effect) 때문이다. 본질에 있어서, 평판 근처의 유동 속도는 너무 작아서 유동의 나머지 부분은 그것을 마치 유동의 방향을 바꾸게 만드는 장애물로 "본다(see)"는 것이다. 또한 평판 앞과 뒷부분에서 y 방향 속도 성분도 현저하다. 평판은 모든 방향으로 평판 길이의 수십 배 영역에 영향을 미치는데 이 점도 크리핑 유동의 전형적 특징이다.

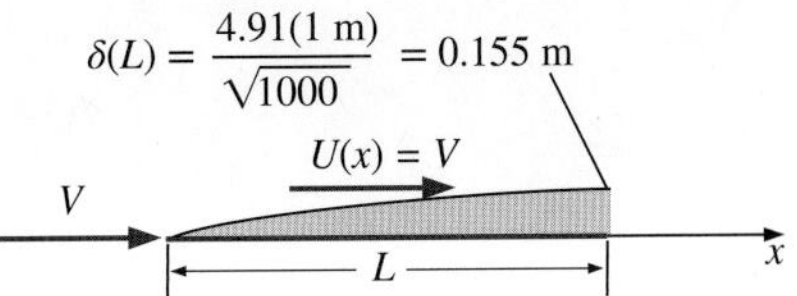

그림 10-135
$\mathrm{Re}_L=1000$일 때에 대한 평판 층류 경계층에서 경계층 두께 계산. 이 결과는 그림 10-134*c*에 나타난 동일한 Reynolds 수에 대하여 CFD로 계산된 속도 분포와 비교된다.

그림 10-134*b*에서 $\mathrm{Re}_L=10$으로 그 크기가 100배 정도 증가되었다. 이 Reynolds 수는 크리핑 유동이라 보기에는 매우 크지만 경계층 근사를 충족시키기에는 매우 작다. 낮은 Reynolds 수의 경우와 같이 유선의 변위가 크고 평판의 앞쪽과 뒤쪽에서 y 방향 속도 성분이 현저하다. 하지만 배제 효과는 크지 않고 앞부분과 뒷부분의 유동이 더 이상 대칭적이지 않다. 또한 평판의 끝 부분에서 평판 밖으로 나가는 유체에 **관성**이 미치는 영향을 볼 수 있다. 유체가 관성에 의해 평판 후방의 후류 영역으로 쓸려 나간다. 평판이 유동에 미치는 영향은 여전히 크지만 $\mathrm{Re}_L=0.1$인 경우보다는 매우 작다.

그림 10-134*c*는 또다시 Re_L의 크기를 100배 정도 증가시킨 $\mathrm{Re}_L=1000$에서의 CFD 계산 결과를 보여주고 있다. 이 크기의 Reynolds 수에서는 관성 효과가 유동장 전반에 걸쳐 점성 효과를 지배하게 되고 상당한 두께를 가지고 있음에도 불구하고 우리는 이때부터 **경계층**이라는 말을 사용할 수 있다. 표 10-4에 주어진 층류 식을 사용하여 계산된 경계층의 두께를 그림 10-135에 나타내었다. $\mathrm{Re}_L=1000$에서 계산된 $\delta(L)$의 값은 평판 길이의 15% 정도이고, 이것은 그림 10-134*c*에 나타난 $x=L$에서의 속도벡터 선도와 일치한다. 낮은 Reynolds 수의 그림 10-134*a*나 *b*와 비교해 보면 배제 효과는 매우 크게 감소되고 평판의 앞쪽과 뒤쪽은 더 이상 대칭이 아니다.

마지막으로 Reynolds 수의 크기를 한 번 더 100배 증가시켰고($\mathrm{Re}_L=100{,}000$) 그 결과를 그림 10-134*d*에 나타내었다. 이 Reynolds 수에서 경계층 근사 조건이 충분히 적합하다는 사실은 의심할 여지가 없다. CFD 결과는 외부 유동에 영향을 미치지 않을 정도로 극단적으로 얇은 경계층을 보여주고 있다. 그림 10-134*d*에서 유선은 모든 곳에서 거의 평행하고 평판 뒷부분에 얇은 후류 영역이 존재한다. 후류 영역의 속도는 자유흐름 속도보다 상당히 작기 때문에 후류의 유선은 다른 부분보다 간격이 조금 크다. 또한 얇은 경계층에서는 배제 두께가 매우 작기 때문에 속도의 y 방향 성분은 무시할 수 있다.

그림 10-136에 그림 10-134의 네 가지 경우와 그 외 몇몇의 Re_L에 대한 속도 벡터의 x방향 성분들을 도시하였다. 수직 축에는 여러 차수의 범위가 표현 가능하도록 로그 스케일을 사용했다(y축은 m 단위). 횡좌표는 속도분포의 비교가 가능하도록 u/U로 무차원화했다. 모든 속도 분포는 유사한 모습을 가진다. 하지만 앞에서 언급했던 배제 효과와 관성 효과로 인해 몇몇 형상이 속도 분포의 외부 영역에서 상당한 **속도 초과 오차**(velocity overshoot)($u>U$)를 나타낸다. **매우 낮은** Re_L($\mathrm{Re}_L \leq 10^0$)에서 배제 효과는 가장 두드러지게 나타나고 속도 초과 오차는 거의 존재하지 않는다. 이는 낮은 Reynolds 수에서 관성이 약하기 때문이다. 관성이 없으면 평판 근처에서 유동을

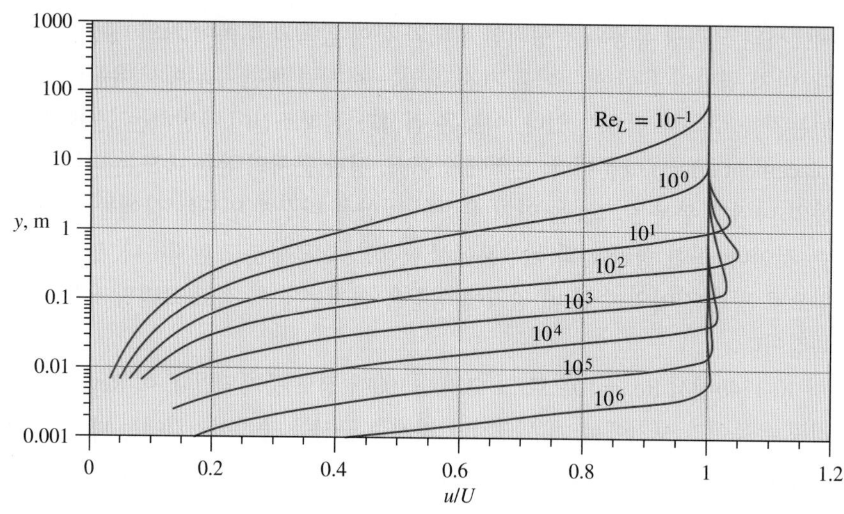

그림 10-136
미소 두께를 가진 평판 위에서의 정상, 비압축성, 2차원 층류 유동에 대한 CFD 계산. 무차원화된 *x*축 속도 성분 u/U가 평판으로부터의 수직 거리 *y*에 대해 나타나 있다. 중간 정도의 Reynolds 수에서 현저한 속도 초과 오차가 관찰되지만, 매우 낮거나 높은 Re_L 값에서는 발견되지 않는다.

가속화시킬 수 있는 메커니즘이 없고, 오히려 점성이 평판 근처의 모든 곳에서 유동의 속력을 **느리게**(retard) 하고, 그 영향은 평판을 지나서 모든 방향으로 평판 길이의 10배 정도까지 영향을 미친다. 예를 들어 $Re_L = 10^{-1}$에서 $y \cong 320$ m(평판 길이의 300배가 넘는다)가 돼서야 *u*의 값이 *U*의 99%가 된다. Reynolds 수 $10 \leq Re_L \leq 10000$에서 배제 효과는 상당하고, 관성항도 더 이상 무시할 수 없다. 그러므로 유체는 평판 근처에서 가속되고 속도 초과 오차도 그 크기가 상당해진다. 예를 들면 $Re_L = 100$일 때 속도 초과 오차의 최댓값은 5%가 된다. 매우 높은 Reynolds 수에서는($Re_L \geq 10^5$) 관성항이 점성항을 지배하게 되고 경계층은 매우 얇아져 배제 효과를 거의 무시할 수 있다. 작은 배제 효과는 매우 작은 속도 초과 오차를 유발하는데 예를 들면 $Re_L = 10^6$에서는 속도 초과 오차의 최댓값이 0.4% 밖에 되지 않는다. $Re_L = 10^6$을 넘어가는 영역은 물리적으로 더 이상 층류 유동이 아니고, CFD 계산에 난류의 영향을 포함시켜야 할 필요가 있게 된다.

요약

Navier-Stokes 방정식은 풀기가 어렵기 때문에 실제의 공학적 해석에는 **근사화된** 방법이 많이 쓰인다. 근사화 방법을 사용할 때에는 먼저 해석 대상 유동 영역에서 그 근사가 적절한지 확신해야 한다. 이 장에서 우리는 몇 가지 근사방법들에 대해 고찰하고 그것들이 유용하게 쓰이는 유동에 대한 예를 보였다. 먼저 Navier-Stokes 방정식을 무차원화해서 무차원 변수들을 만들어내는데, 여기엔 **Strouhal 수**(St), **Froude 수**(Fr), **Euler 수**(Eu), 그리고 **Reynolds 수**(Re)이 있다. 자유 표면 효과(free surface effect)가 없는 유동에 대해서는, 중력에 의한 정수압 성분을 **수정 압력**(modified pressure) *P′*에 포함시켜 Navier-Stokes 방정식의 중력항(그리고 Froude 수)을 효과적으로 제거할 수 있다. 수정 압력항을 포함하는 무차원화된 Navier-Stokes 방정식은 다음과 같다.

$$[\mathrm{St}]\frac{\partial \vec{V}^*}{\partial t^*} + (\vec{V}^* \cdot \vec{\nabla}^*)\vec{V}^* = -[\mathrm{Eu}]\vec{\nabla}^* P'^* + \left[\frac{1}{\mathrm{Re}}\right]\vec{\nabla}^{*2}\vec{V}^*$$

여기서 (*로 표시된) 무차원 변수들의 차수는 1(unity)이고, 방정식에서 각 항들의 중요성은 무차원 변수들의 **상대적인 크기**에 달려 있다. Reynolds 수가 매우 작은 영역의 유동에서는 방정식의 마지막 항이 좌변의 항들을 지배하게 되고 따라서 압력 힘은 점성력과 균형을 이룬다. 만약 관성의 영향을 완전히 무시한다면, **크리핑 유동**으로 근사할 수 있고, Navier-Stokes 방정식은 다음과 같이 간단하게 표현된다.

$$\vec{\nabla} P' \cong \mu \nabla^2 \vec{V}$$

크리핑 유동은 우리의 몸이나 자동차 등과 같이 상대적으로 높은 Reynolds 수로 움직이는 곳에서는 찾아보기 어렵다. 크리핑 유동에서 관성의 영향이 적다는 사실은 이 장에서 논의되었던 것과 같이 상당히 흥미로운 특성을 만들어낸다.

비점성 유동 영역은 크리핑 유동과는 반대로 관성항에 비해 점성항을 무시할 수 있는 영역으로 정의된다. 이러한 유동 영역에서 Navier-Stokes 방정식은 **Euler 방정식**으로 단순화된다.

$$\rho\left(\frac{\partial \vec{V}}{\partial t} + (\vec{V}\cdot\vec{\nabla})\vec{V}\right) = -\vec{\nabla}P'$$

유동의 비점성 영역에서 Euler 방정식은 **Bernoulli 방정식**으로 변환된다.

개개의 유체 입자가 회전하지 않는 유동의 영역은 **비회전 영역**(irrotational region of flow)이라 불린다. 이러한 영역에서 유체의 와도(vorticity)는 무시할 수 있을 정도로 작고 Navier-Stokes 방정식의 점성 항을 무시할 수 있어 Euler 방정식으로 변한다. 게다가 Bernoulli 상수는 유선을 따라서만이 아니라 전 영역에서 같게 되어 Bernoulli 방정식을 적용할 수 있는 범위가 넓어진다. 비회전 유동의 좋은 점은 기본 유동 해(**집짓기 블록 유동**)들이 함께 더해질 수 있어서 보다 복잡한 유동 해를 만들어낼 수 있다는 것이며, 이러한 과정을 **중첩**이라 부른다.

Euler 방정식이 고체 벽의 점착조건을 만족시키지 않기 때문에 **경계층 근사**(boundary layer approximation)는 Euler 방정식과 전체 Navier-Stokes 방정식 사이에서 다리와 같은 역할을 한다. 고체 벽 근처의 매우 얇은 영역이나 후류, 제트 그리고 혼합층 내부 영역을 제외하고는 모든 곳에 비점성 그리고/또는 비회전 **외부 유동**을 가정한다. 경계층 근사는 **큰** Reynolds 수의 유동에 적합하다. 그러나 Reynolds 수가 클지라도 회전 점성 유동인 얇은 경계층 내부에서는 Navier-Stokes 방정식의 점성항은 여전히 중요하다는 사실을 인식해야 한다. 정상상태, 비압축성, 2차원 층류 유동에 대한 **경계층 방정식**은 다음과 같다.

$$\frac{\partial u}{\partial x} + \frac{\partial v}{\partial y} = 0 \quad \text{그리고} \quad u\frac{\partial u}{\partial x} + v\frac{\partial u}{\partial y} = U\frac{dU}{dx} + \nu\frac{\partial^2 u}{\partial y^2}$$

경계층 두께를 나타내는 방δ법으로 u가 U의 **99%가 되는 경계층 두께** δ, **배제 두께**(displacement thickness) δ^*와 **운동량 두께**(momentum thickness) θ 등이 있다. **압력 구배가 없는** 평판을 따라 발달하는 층류 경계층에 대해서는 이러한 값들을 정확히 계산할 수 있다. Reynolds 수가 증가하면 경계층은 난류 경계층이 된다. (평판의 난류 경계층에 대한 준 실험식이 이 장에 주어져 있다.)

Kármán 적분 방정식은 임의의 압력 구배를 가지는 층류와 난류 경계층에 적용 가능하다.

$$\frac{d}{dx}(U^2\theta) + U\frac{dU}{dx}\delta^* = \frac{\tau_w}{\rho}$$

이 방정식은 경계층 두께나 표면 마찰과 같은 경계층의 상태량을 개략적으로 평가하는데 유용하다.

이 장에 나온 근사 방법은 많은 실제적인 문제에 적용된다. 포텐셜 유동해석은 비행기 날개의 양력을 계산하는데 유용하게 쓰인다(11장). 비점성 근사는 압축성 유동의 해석(12장), 개수로 유동(13장) 그리고 터보기계(14장)의 해석에 사용된다. 이러한 근사가 적합하지 않거나 보다 정확한 계산이 요구되는 경우에는 CFD를 사용해서 연속식과 Navier-Stokes 방정식의 수치적 해를 구한다(15장).

참고 문헌과 권장 도서

1. D. E. Coles. "The law of the Wake in the Turbulent Boundary Layer," *J. Fluid Mechanics*, 1, pp. 191-226.
2. R. J. Heinsohn and J. M. Cimbala. *Indoor Air Quality Engineering*. New York: Marcel-Dekker, 2003.
3. P. K. Kundu, I. M. Cohen., and D. R. Dowling. *Fluid Mechanics, ed.* 5. San Diego, CA: Academic Press, 2011.
4. R. L. Panton. *Incompressible Flow*, 3rd ed. New York: Wiley, 2005.
5. M. Van Dyke. *An Album of Fluid Motion. Stanford*, CA: The Parabolic Press, 1982.
6. F. M. White. Viscous *Fluid Flow*, 3rd ed. New York: McGraw-Hill, 2005.
7. G. T. Yates. "How Microorganisms Move through Water," American Scientist, 74, pp. 358-365, July-August, 1986.

응용분야 스포트라이트 ■ 액적 형성

초청 저자: James. A. Liburdy 및 Brian Daniels, Oregon State University

액적(droplet)의 형성은 관성력, 표면장력, 및 점성력의 복잡한 상호작용이다. 액체의 흐름으로부터 한 방울이 실제로 떨어져 나오는 현상은, 비록 거의 200년 동안 연구 되어왔지만, 아직도 완전히 설명되지 않고 있다. **필요시 한 방울씩**(Droplet on Demand: DoD) 액적을 공급하는 시스템은 잉크젯 프린터나 미세규모의 "한 개 칩 위의 실험실(lab-on-a-chip)" 장치에 있어서의 DNA 해석 등과 같은 다양한 응용분야에 이용된다. DoD는 매우 균일한 액적의 크기, 제어된 속도와 궤적, 및 빠른 순차적 액적 형성이 요구된다. 예를 들어, 잉크젯 프린터에서 전형적인 액적의 크기는 (육안으로 거의 볼 수 없는) 25~50 μm이고 속도는 10 m/s의 차수이며 액적 형성 속도는 초당 20,000 이상이다.

액적을 형성하는 가장 일반적인 방법은 액체의 흐름을 가속한 뒤에, 흐름 내에 불안정성을 유도하기 위해 표면장력을 허용하여, 이로써 액체의 흐름이 개별적인 액적으로 해체되는 과정을 수반한다. 1879년에 Lord Rayleigh는 이러한 해체과정과 관련된 불안정성에 대해 고전적인 이론을 개발하였고, 그의 이론은 액적 해체 조건을 정의하는데 있어서 오늘날에도 널리 쓰이고 있다. 액체 흐름의 표면에 작은 교란을 주면 흐름의 길이를 따라 물결모양의 패턴이 형성되고, 이것이 흐름의 반경과 액체의 표면장력에 의해 결정되는 크기의 액적으로 흐름이 해체되게 하는 원인이 된다. 그러나 대부분의 DoD 시스템은 시간 의존적 강제 함수와 함께 노즐의 입구에 가해지는 압력파의 형태로 흐름의 가속에 의존한다. 만약 압력파가 매우 빠르면, 벽면에서의 점성 효과는 무시할 수 있고 포텐셜 유동 근사를 유동을 예측하기 위해 사용할 수 있다.

DoD에서 두 개의 중요한 무차원 매개변수들은 **Ohnesorge 수** $\mathrm{Oh} = \mu/(\rho\sigma_s a)^{1/2}$ 및 **Weber 수** $\mathrm{We} = \rho V a/\sigma_s$이고, 여기서 a는 노즐의 반경, σ_s는 표면장력이고 V는 속도이다. Ohnesorge 수는 표면장력에 비해 점성력이 상대적으로 중요해지는 시기를 결정한다. 덧붙여서, 불안정한 유체 흐름을 형성키 위해 요구되는 **무차원 압력**, $P_c = Pa/\sigma_s$을 **모세관 압력**이라 부르고, 액적 형성에 관련된 **모세관 시간 척도**는 $t_c = (\rho a/\sigma_s)^{1/2}$이다. Oh 수가 작을 때, 포텐셜 유동 근사를 적용 가능하고, 표면의 형상은 표면장력과 유체의 가속 사이의 균형에 의해 조절된다.

노즐로부터 흘러나온 유동의 예시 표면이 그림 10-137a와 b에 보이고 있다. 표면의 형상은 압력의 크기와 교란의 시간 척도에 의존하고 포텐셜 유동 근사를 이용해 잘 예측된다. 압력의 크기가 충분히 크고 펄스가 충분히 빠를 때, 표면이 물결치고, 그 중심은 결국에는 액적으로 해체될 제트 흐름을 형성한다(그림 10-137c). 초당 수천 개의 액적을 만드는 동안에 이들 액적의 크기와 속도를 어떻게 제어하느냐 하는 것에 관한 활발한 연구가 진행되고 있다.

참고 문헌

Rayleigh, Lord, "On the Instability of Jets," *Proc. London Math. Soc.*, 10, pp. 4–13, 1879.

Daniels, B. J., and Liburdy, J. A., "Oscillating Free-Surface Displacement in an Orifice Leading to Droplet Formation," *J. Fluids Engr.*, 10, pp. 7–8, 2004.

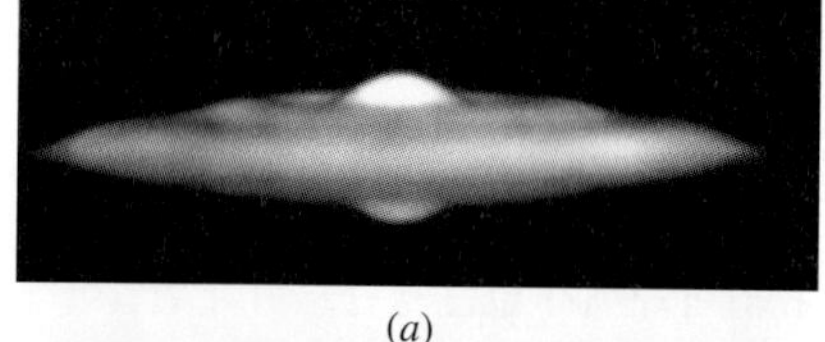

(*a*)

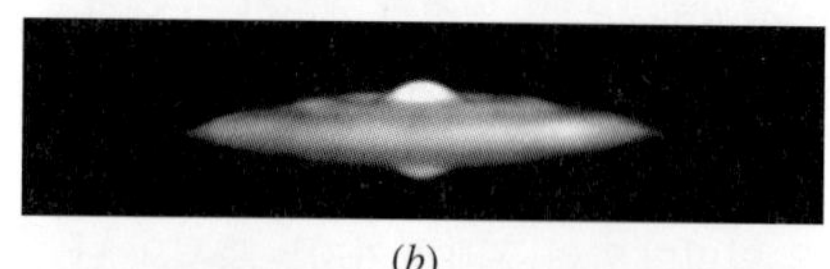

(*b*)

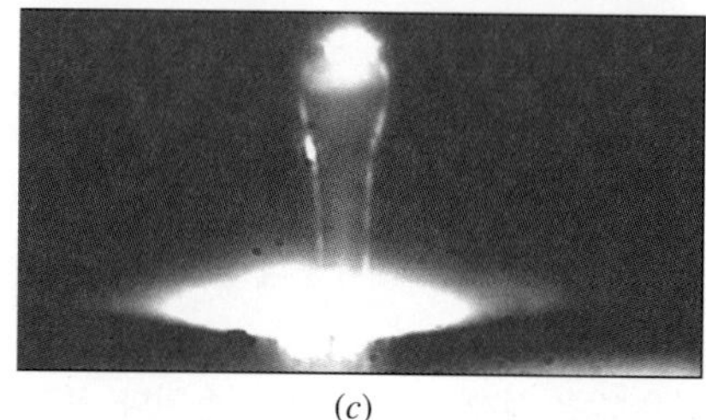

(*c*)

그림 10-137

액적 형성은 표면이 압력 펄스에 의해 불안정해질 때 시작된다. 여기에 보인 것은 물 표면으로, (*a*) 5000 Hz 펄스로 교란된 800미크론 오리피스에서의 경우이고, (*b*) 8100 Hz 펄스로 교란된 1200미크론 오리피스에서의 경우이다. 표면으로부터의 반사는 마치 그 표면파가 위아래 양쪽에 있는 것과 같은 영상을 초래한다. 적어도 작은 진폭의 압력 펄스에 대해서 파(wave)는 축대칭이다. 주파수가 높아질수록 파장은 점점 짧아지고, 중심 노드(node)는 작아진다. 중심 노드의 크기는 액체 제트의 직경을 규정짓고, 그 뒤로 이것이 액적으로 쪼개진다. (*c*) 직경이 50미크론인 오리피스로부터 방출된 고주파 압력 펄스로부터의 액적 형성. 중앙의 액체 흐름은 액적을 만들어내며, 이것은 오리피스 직경의 약 25퍼센트 정도이다. 이상적으로, 한 개의 액적을 형성하지만, 때때로 주 액적과 함께 원치 않는 "위성(satellite)" 액적들이 만들어진다.

Courtesy James A. Liburdy and Brian Daniels, Oregon State University. Used by permission.

연습문제*

일반 및 개요 문제, 수정된 압력, 유체 정역학

10-1C Navier-Stokes 방정식의 근사가 적절한지 아닌지를 판단할 때 사용할 수 있는 기준은 무엇인지 설명하라.

10-2C Navier-Stokes 방정식의 (9장에서 논의된) **엄밀해**와 (이 장에서 논의한) **근사해**의 차이에 대해서 설명하라.

10-3C 어떤 무차원 매개변수가 무차원화한 Navier-Stokes 방정식에서 실제 압력 대신 수정된 압력을 사용함으로써 제거되는가? 설명하라.

10-4C 무차원화한 비압축성 Navier-Stokes 방정식(식 (10-6)에는 네 개의 무차원 매개변수가 있다. 각각의 명칭, 물리적인 의미 (예로써, 압력 힘과 점성력의 비)를 쓰고, 그 매개변수 값들이 매우 작거나 클 때 그러한 사실들이 물리적으로 어떠한 의미를 가지는지 논의하라.

10-5C Navier-Stokes 방정식의 해에서 열역학적 압력 P 대신 **수정된 압력**(modified pressure) P'를 사용할 수 있는 가장 중요한 기준은 무엇인가?

10-6C Navier-Stokes 방정식의 근사해와 관련된 가장 심각한 위험 요소는 무엇인가? 이 장에서 제시된 것과 다른 예를 하나 제시하라.

10-7C 상자형 팬이 매우 큰 방의 마루 위에 놓여 있다(그림 P10-7C). 정적(static)으로 근사 해석될 수 있는 유동장의 영역들을 명기하라. 비회전 근사해석이 적절할 것 같은 영역들을 명기하라. 경계층 근사해석이 적절할 것 같은 영역들을 명기하라. 끝으로, 온전한 Navier-Stokes 방정식이 가장 적합할 것으로 생각되는 영역을 명기하라 (즉, 근사 해석이 적합하지 않은 영역).

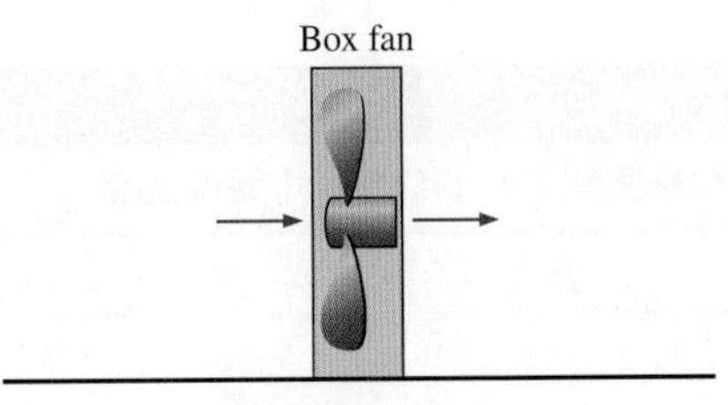

그림 P10-7C

10-8 직교좌표에서 Navier-Stokes 방정식의 세 성분을 수정된 압력항을 사용해서 적어라. 수정된 압력항의 정의를 적어 넣고 x, y 및 z 성분이 정규 압력항을 사용했을 때와 동일하다는 것을 보여라. 수정된 압력을 사용했을 때의 이점은 무엇인가?

*"C"로 표시된 문제는 개념 문제로서, 학생들에게 모든 문제에 대하여 답하도록 권장한다. 아이콘 으로 표시된 문제는 본질적으로 종합적인 문제로서, 적절한 소프트웨어를 사용하여 풀도록 의도된 것이다.

10-9 두 개의 평행한 수평 평판 사이에서의 정상, 비압축성, 층류, 완전발달된 평면 Poiseuille 유동을 고려하라 (속도와 압력의 분포도가 그림 P10-9에 도시되어 있다). 어떤 수평위치인 $x=x_1$에서 그림에 그려진 것과 같이 압력은 수직 거리 z에 따라서 선형적으로 변한다. 적절한 기준면($z=0$)을 선택하고 수직 단면을 따라 **수정된 압력**의 분포를 스케치하고 정수압 성분을 나타내는 영역을 음영 처리하라. 논의하라.

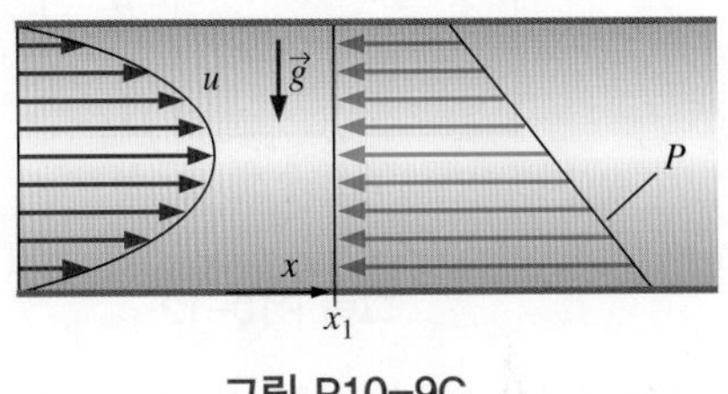

그림 P10-9C

10-10 문제 10-9의 평면 Poiseuillie 유동을 고려하라. 수정된 압력이 하류 방향으로의 거리 x에 따라 어떻게 변하는지 논의하라. 즉, 수정된 압력이 x에 따라 증가하는가, 일정하게 유지되는가, 또는 감소하는가? 만약 P'가 x에 따라 증가하거나 감소한다면, 어떤 식으로 그렇게 되는가(예로써, 선형적으로, 2차 함수적으로, 또는 지수 함수적으로)? 답을 설명하기 위해 스케치를 이용하라.

10-11 예제 9-18에서 중력항을 무시하고 둥근 파이프 내의 정상, 완전발달된 층류유동(Poiseuille flow)에 대한 Navier-Stokes 방정식을 풀었다. 이제 같은 문제에 대해 중력의 영향을 고려해서 다시 풀되 실제 압력 P 대신 수정된 압력 P'를 사용해서 풀어라. 구체적으로, 실제 압력장과 속도장을 계산하라. 파이프는 수평으로 가정하고 파이프 아래의 임의의 거리에 기준면 $z=0$를 설정하라. 파이프의 상부에서의 실제 압력은 파이프 바닥의 압력 보다 클까, 같을까, 아니면 작을까? 논의하라.

10-12 큰 원통형 탱크의 바닥에 뚫린 작은 구멍을 통해 흐르는 물의 유동을 고려해보자(그림 P10-12). 유동은 어느 곳에서나 층류이다. 제트 직경 d는 탱크 지름인 D보다 매우 작지만 D는 탱크 높이 H와 같은 차수의 크기를 가진다. Carrie는 구멍 근처를 제외한 탱크 내의 모든 부분에서 유체 정역학 근사를 이용할 수 있으리라 생각하지만, 이 근사를 수학적으로 입증하기를 원한다. Carrie는 탱크 내의 특성 속도척도를 $V=V_{tank}$로 놓았다. 특성 길이척도는 탱크 높이 H로, 특성 시간은 탱크의 물을 배수하는데 걸리는 시간 t_{drain}로, 기준 압력차는 ρgH(유체 정역학으로 가정해 물의 표면으로부터 탱크 바닥까지의 압력차)로 놓았다. 이러한 모든 척도를 무차원화한 비

압축성 Navier-Stokes 방정식[식 (10-6)]에 대입하고, 크기의 차수해석을 통해 $d \ll D$인 경우에 대해 압력과 중력 항들만 남는다는 것을 증명하라. 특히, 각 항과 네 가지 무차원 매개변수들인 St, Eu, Fr 및 Re의 크기의 차수를 비교하라. (힌트: $V_{jet} \sim \sqrt{gH}$.) Carrie의 근사해석이 적절하기 위한 기준은 무엇인가?

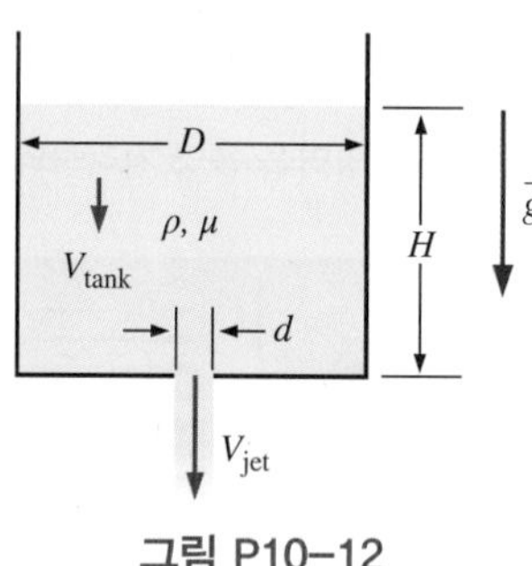

그림 P10-12

10-13 계산에 있어서 수정된 압력을 사용하는 전산유체역학 코드를 이용하여 어떤 유동장이 모사된다. 유동을 통과하는 수직 단면을 따라서 수정된 압력의 분포도가 그림 P10-13에 스케치되어 있다. 그림 P10-13에 표시된 것과 같이 단면의 중앙을 통하는 한 점에서의 실제 압력은 알려져 있다. 수직 단면을 따라서 실제 압력의 분포도를 스케치하라. 논의하라.

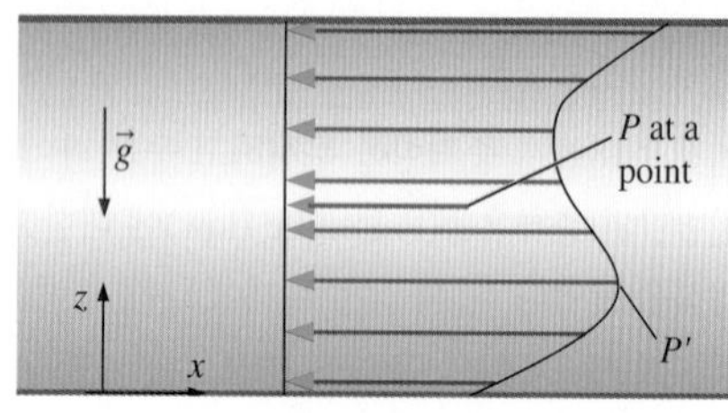

그림 P10-13

10-14 제9장에서 (예제 9-15), 음의 z방향으로 (그림 P10-14의 지면 속으로) 중력이 작용하는 조건하에 두 개의 수평 평판 사이에서의 완전발달된 Couette 유동에 대한 Navier-Stokes 방정식의 "엄밀(exact)"해를 찾았다. 그 예제에서는 실제 압력을 사용하였다. 속도의 x방향 성분 u와 압력 P에 대해서 풀되 식 속에 수정된 압력을 사용해서 반복하라. $z=0$일 때 압력은 P_0이다. 이전과 같은 결과를 얻을 수 있는지를 보여라. 논의하라.

답: $u = Vy/h$, $P = P_0 - \rho gz$

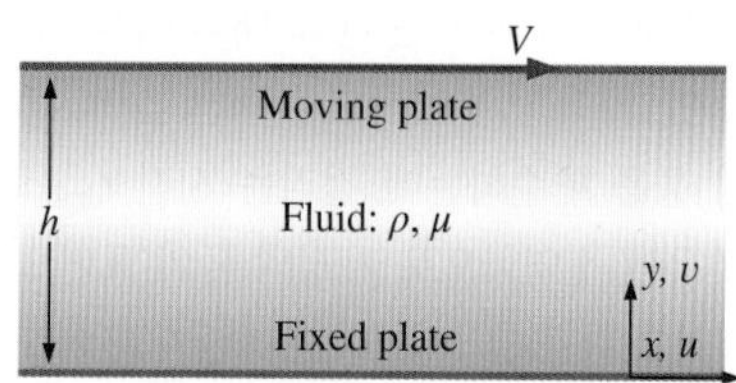

그림 P10-14

크리핑 유동

10-15C 크리핑 유동 영역에서 유체 밀도가 움직이는 입자의 공기역학적인 항력에 미치는 영향이 무시할 만큼 작은지 설명하라.

10-16C 비압축성 Navier-Stokes 방정식의 다섯 개 항 각각을 한 단어로 표현하라.

$$\underset{\text{I}}{\rho\frac{\partial\vec{V}}{\partial t}} + \underset{\text{II}}{\rho(\vec{V}\cdot\vec{\nabla})\vec{V}} = \underset{\text{III}}{-\vec{\nabla}P} + \underset{\text{IV}}{\rho\vec{g}} + \underset{\text{V}}{\mu\nabla^2\vec{V}}$$

크리핑 유동 근사가 적용될 때 다섯 항 중에서 단지 두 항만 남는다. 어느 두 항이 남으며, 이것이 왜 의미심장한지를 설명하라.

10-17 어떤 사람이 직경이 2 mm, 4 mm, 10 mm인 3개의 알루미늄 공을 22 ℃ 글리세린으로(μ=1 kg · m/s) 채워져 있는 탱크에 떨어뜨린다. 공의 종속 속도는 각각 3.2 mm/s, 12.8 mm/s, 60.4 mm/s로 측정되었다. 측정 결과를 Re≪1일 때 항력이 $F_D = 3\pi\mu DV$로 표현되는 Stokes 법칙의 이론과 비교하고자 한다. 이론적으로 예측된 값과 실험에서 측정된 값을 비교하여라.

10-18 문제 10-17을 Stokes 법칙의 일반적인 형태의 식 $F_D = 3\pi\mu DV + (9\pi/16)\rho V^2 D^2$을 이용하여 반복하라.

10-19 클로버 꿀의 점성이 표 P10-19에 온도의 함수로 열거되어 있다. 꿀의 비중은 대략 1.42이고 온도에 크게 영향을 받지 않는다. 뒤집어 놓은 꿀단지의 뚜껑에 있는 지름 D=6.0 mm인 작은 구멍을 통해 꿀을 짜낸다. 방과 꿀의 온도는 T= 20 ℃이다. 이 유동에 대해서 크리핑 유동 근사해석이 가능하도록 하는 꿀의 구멍통과 최고 속도를 추정하라. (크리핑 유동 근사가 적합하도록 하기 위한 조건으로 Re가 0.1보다 작아야만 한다고 가정하라). 온도가 50 ℃인 경우에 대해서 계산을 반복하라. 논의하라. **답:** 0.22 m/s, 0.012 m/s

표 P10-19

16% 수분함량에서의 클로버 꿀의 점성

T, °C	μ, poise*
14	600
20	190
30	65
40	20
50	10
70	3

* Poise = g/cm·s

Data from Airborne Honey, Ltd., www.airborne.co.nz.

10-20 실온의 물속에서 크리핑 유동의 조건 하에 헤엄치기 위해 요구되는 속력을 구하라. (크기의 차수를 추정하는 것으로 충분

할 것이다.) 논의하라.

10-21 그림 10-10에 보인 정자의 속력과 Reynolds 수를 추정하라. 이 미생물이 크리핑 유동 조건하에서 헤엄치고 있는가? 정자가 실온의 물속에서 헤엄치고 있다고 가정하라.

10-22 우수한 수영선수는 약 1분에 100 m를 헤엄칠 수 있다고 한다. 만약 수영선수의 키가 1.85 m라고 한다면 그의 초당 수영거리는 키의 몇 배가 될까? 그림 10-10의 정자에 대해서 이 계산을 반복하라. 이때 정자의 머리 부분만이 아닌 정자 전체의 길이를 계산에 이용하라. 두 결과를 비교하고 논의하라.

10-23 비구름 속에 지름 $D=57.5\ \mu$m인 물방울이 있다(그림 P10-23). 공기의 온도는 25 °C이고 압력은 표준 대기압이다. 공기가 얼마나 빠른 속도로 수직 상향으로 움직여야 물방울이 공기 속에 부유 상태(suspend)로 유지되겠는가? **답:** 0.0971 m/s

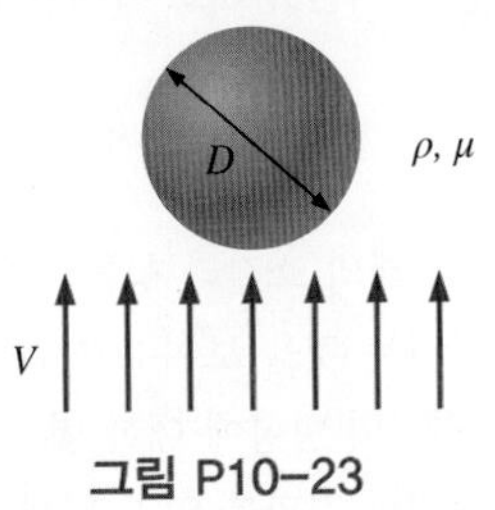

그림 P10–23

10-24 각각의 경우에 대해서 적절한 Reynolds 수를 계산하고, 크리핑 유동 방정식에 의한 유동 근사의 가능 여부를 표시하라. (a) 실온의 물속에서 지름 5.0 μm 크기의 미생물이 0.75 mm/s의 속도로 헤엄친다. (*b*) 140 °C의 엔진오일이 자동차 윤활 베어링의 작은 틈새로 흐른다. 틈새 간격은 0.0016 mm이고 특성속도는 15 m/s이다. (*c*) 지름 10 μm 크기의 안개 입자가 30 °C의 공기를 통과해서 4.0 mm/s의 속도로 떨어진다.

10-25 **미끄럼판**(slipper-pad) **베어링**(그림 P10-25)은 윤활 문제에서 종종 마주치게 된다. 기름이 두 블록 사이를 흐르는데, 지금의 경우에는 위 블록은 정지해 있고 아래 블록은 움직인다. 그림은 축척에 의하지 않은 것으로, 실제로는 $h \ll L$이다. 블록 사이의 얇은 틈새는 x가 증가함에 따라 점차 좁아진다. 구체적으로 말하면 틈새의 높이 h는 $x=0$일 때 h_0이고, $x=L$일 때 h_L까지 선형적으로 감소한다. 전형적으로 틈새 높이 h_0의 길이 척도는 축 방향 길이 척도인 L에 비해 매우 작다. 이 문제는 틈새의 높이가 변하기 때문에 평판 사이에서의 단순 Couette 유동보다 더 복잡하다. 특히 축 방향 속도 u는 x와 y 모두에 대한 함수이고 압력 P는 $x=0$일 때 $P=P_0$에서부터 $x=L$일 때 $P=P_L$까지 비선형적으로 변화한다. ($\partial P/\partial x$는 상수가 아니다). 이 유동장에 있어서 중력의 효과는 무시할 수 있으므로 2차원 층류 정상유동으로 근사 해석한다. 실제로 h가 매우 작고 기름은 점성이 매우 크기 때문에 크리핑 유동 근사는 이러한 윤활 문제에 이용된다. x에 관련된 특성 길이척도를 L로 하고, y에 관한 척도를 h_0로 하자 ($x \sim L$, $y \sim h_0$). 또한 $u \sim V$로 하자. 크리핑 유동이라 가정하고, 압력차 $\Delta P=P-P_0$에 대한 특성 척도를 L, h_0, μ, V의 항으로 나타내어라.

답: $\mu VL/h_0^2$

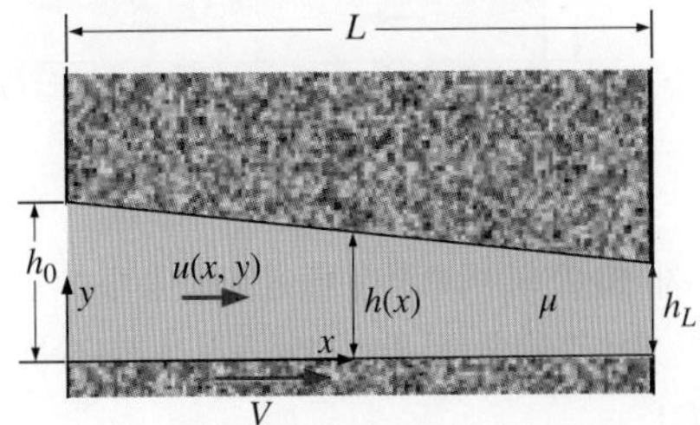

그림 P10–25

10-26 문제 10-25에 나온 미끄럼판 베어링을 고려하자. (a) y방향 속도 성분인 v에 대한 특성 척도를 구하라. (b) x방향 운동량 방정식의 관성항을 압력항 및 점성항들과 비교하기 위해 크기의 차수 해석(order of magnitude analysis)을 수행하라. 틈새가 작고 ($h_0 \ll L$) Reynolds 수가 작을 때 ($\text{Re}=\rho Vh_0/\mu \ll 1$), 크리핑 유동 근사가 적절한지 보여라. (c) $h_0 \ll L$일 때 크리핑 유동 방정식이 Reynolds 수($\text{Re}=\rho Vh_0/\mu$)가 1보다 작지 않은 경우일지라도 여전히 적절하다는 것을 보여라. 설명하라.

답: (a) Vh_0/L

10-27 문제 10-25의 미끄럼판 베어링을 다시 고려하라. y방향 운동량 방정식에 대해 크기의 차수해석을 수행하고, y방향 운동량 방정식의 최종 형태를 적어라. (힌트: 문제 10-25와 10-26의 결과가 필요할 것이다.) 압력 구배 $\partial P/\partial y$에 대해 무엇을 말할 수 있는가?

10-28 문제 10-25의 미끄럼판 베어링을 다시 고려하라. (a) u에 대한 적절한 경계조건을 열거하라. (b) y의 함수로서 (그리고 x의 함수인 h와 dP/dx를 통한 간접적으로 x의 함수로서) u에 대한 표현을 얻기 위해 x방향 운동량 방정식의 크리핑 유동 근사를 풀어라. P는 y의 함수가 아니라고 가정할 수 있다. 최종 결과는 $u(x, y)=f(y, h, dP/dx, V, \mu)$로 표현되어야 한다. 결과에서 속도분포의 두 개의 뚜렷한 성분의 명칭을 부여하라. (c) 다음과 같은 적절한 크기를 사용해서 u에 대한 표현을 무차원화 하라. $x^*=x/L$, $y^*=y/h_0$, $h^*=h/h_0$, $u^*=u/V$, $P^*=(P-P_0)h_0^2/\mu VL$.

10-29 그림 P10-29의 미끄럼판 베어링을 고려하라. 그림은 축척이 고려되지 않았으며 실제로는 $h \ll L$이다. 이번 경우는 $h(x)$가 선형적이 아니며 오히려 h가 알려진 어떤 x의 임의적인 함수라는 점에서 문제 10-25와는 다르다. y, h, dP/dx, V 및 μ의 함수로 축방향 속도성분인 u에 대한 표현을 작성하라. 이 결과

와 문제 10-28의 차이점이 있다면 이에 대해 논의하라.

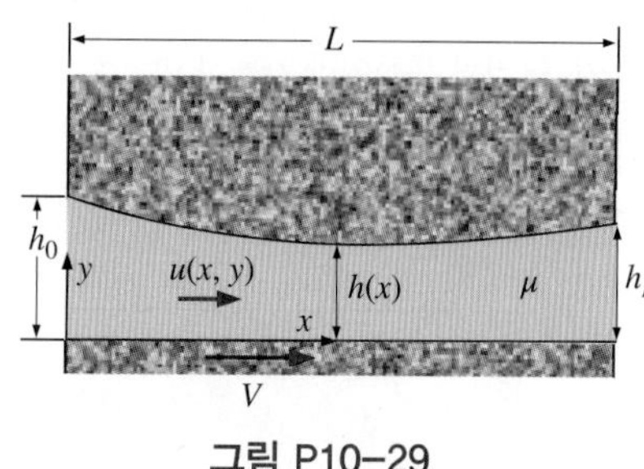

그림 P10-29

10-30 문제 10-25의 미끄럼판 베어링에 대하여, 연속 방정식, 적절한 경계조건과 1차원 Leibniz 정리(제4장을 참조)를 사용해 $\frac{d}{dx}\int_0^h u\,dy = 0$임을 보여라.

10-31 2차원 미끄럼판 베어링에 대하여, 압력 구배 dP/dx는 틈새의 높이 h에 $\frac{d}{dx}\left(h^3 \frac{dP}{dx}\right)=6\mu U \frac{dh}{dx}$로 관련됨을 보이기 위해 문제 10-28과 10-30의 결과를 결합하라. 이는 윤활을 위한 보다 일반적인 **Reynolds 방정식**의 정상, 2차원 형태이다 (Panton, 2005).

10-32 h_0에서부터 h_L까지 틈새의 높이가 선형적으로 감소하는 2차원 미끄럼판 베어링을 고려하라. 즉, $h=h_0+\alpha x$이고, 여기서 α는 틈새의 무차원 수렴으로 $\alpha=(h_L-h_0)/L$이다. 매우 작은 α에 대해서 $\tan\alpha \cong \alpha$임을 주목하라. 따라서 α는 대략적으로 그림 P10-23에서 위판의 수렴각이 된다 (이 경우에 α는 **음수**이다). 기름은 미끄럼판의 양 끝에서 대기압에 노출되어 있어서 $x=x_0$에서 $P=P_0=P_{atm}$이고 $x=L$에서 $P=P_L=P_{atm}$이라 가정하라. 이 미끄럼판 베어링에 대하여 x의 함수로서 P에 대한 표현을 만들기 위해 Reynolds 방정식(문제 10-31)을 적분하라.

10-33 속도 V를 가지고 유체 안에서 움직이는 직경 D의 구 주변의 크리핑 유동을 고려하라. 항력은 $F_D=3\pi\mu DV$와 같이 주어진다. 11장에서 논의하겠지만, 3차원 물체에 대한 항력계수 C_D는 일반적으로 $C_D = \frac{F_D}{\frac{1}{2}\rho V^2 A}$와 같이 정의되고, 여기서 A는 물체의 정면도 면적이다.(상류로부터 물체를 바라볼 때 면적) 이 유동에 대해 C_D에 대한 표현식을 레이놀드수로 구하여라.

비점성 유동

10-34C 유동의 비회전 영역에 대한 정상, 비압축성 Bernoulli 방정식과, 회전하지만 비점성인 유동 영역에 대한 정상, 비압축성 Bernoulli 방정식의 주된 차이는 무엇인가?

10-35C 어떤 방식으로 Euler 방정식이 Navier-Stokes 방정식의 근사가 되는가? 유동장의 어느 곳에서 Euler 방정식이 적합한 근사가 되는가?

10-36 직교좌표 (x, y, z)와 (u, v, w)에서 Euler 방정식의 성분들을 가능한 한 모두 적어라. 중력은 임의의 방향으로 작용한다고 가정하라.

10-37 원통좌표 (r, θ, z)와 (u_r, u_θ, u_z)에서 Euler 방정식의 성분들을 가능한 한 모두 적어라. 중력은 임의의 방향으로 작용한다고 가정하라.

10-38 정상, 2차원, 비압축성 유동의 일정 영역에서, 속도장이 $\vec{V}=(u, v)=(ax+b)\vec{i}+(-ay+cx)\vec{j}$로 주어져 있다. 이 유동 영역을 비점성 유동으로 간주할 수 있음을 보여라.

10-39 비점성 유동 영역에 대한 Bernoulli 방정식의 유도에 있어서 정상, 비압축성 Euler 방정식을, z가 수직 상향임을 주목하며, 세 개의 스칼라 항들의 구배가 속도 벡터와 와도 벡터의 외적과 동일함을 보이는 형태로 아래와 같이 다시 쓴다.

$$\vec{\nabla}\left(\frac{P}{\rho} + \frac{V^2}{2} + gz\right) = \vec{V} \times \vec{\zeta}$$

그런 다음 세 개의 스칼라 항들의 합이 유선을 따라서 상수이어야만 한다는 것을 보여주기 위하여 구배 벡터의 방향과 두 벡터의 외적의 방향에 대한 몇 가지 논의를 도입한다. 이 문제에서 동일한 결과를 얻기 위해 다른 접근방법을 이용할 것이다. 즉, 속도 벡터 $\vec{V}$와 Euler 방정식의 양변의 내적을 취하고 두 벡터의 내적에 관한 몇몇 기본적인 법칙을 적용하라. 그림을 그려보면 도움이 될 것이다.

10-40 비점성 유동의 영역에 대한 Bernoulli 방정식의 유도과정에 아래와 같은 벡터의 정체성을 이용한다.

$$(\vec{V}\cdot\vec{\nabla})\vec{V} = \vec{\nabla}\left(\frac{V^2}{2}\right) - \vec{V} \times (\vec{\nabla} \times \vec{V})$$

이 벡터 정체성이 직교좌표에서 속도 벡터 $\vec{V}$, 즉 $\vec{V}=u\vec{i}+v\vec{j}+w\vec{k}$의 경우에 대해서도 만족하는지를 보여라. 온전한 점수를 받기 위해 각 항을 가능한 한 전개하고 모든 풀이과정을 보여라.

10-41 돌고 있는 원통형 용기 속에 담긴 $T=20$ °C의 물이 z축에 대해 강체처럼 회전하고 있다(그림 P10-41). 물이 고체처럼 움직이기 때문에 점성응력이 없으며, 따라서 Euler 방정식은 적절하다. (물의 표면에 작용하는 공기에 의한 점성응력은 무시한다.) 물속 어디에서나 r과 z의 함수로서 압력에 대한 표현을 만들기 위해 Euler 방정식을 적분하라. 자유표면의 형상에 대해 방정식을 적어라(r의 함수로서 $z_{surface}$). (힌트: 자유표면 어디에서나 $P=P_{atm}$이다. 유동은 z축에 대해 회전 대칭이다.)

답: $z_{surface}=\omega^2 r^2/2g$

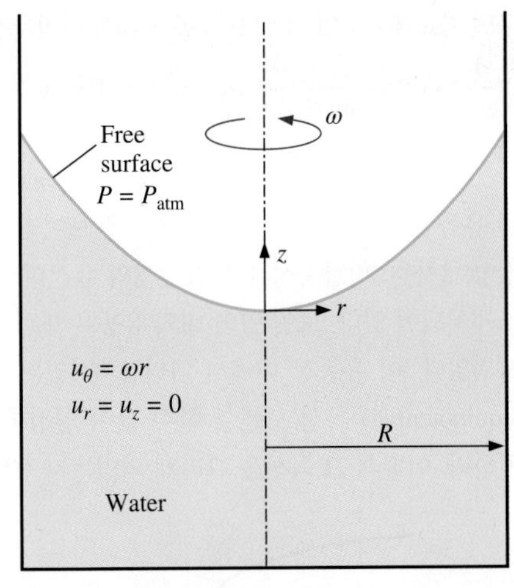

그림 P10-41

10-42 회전하는 유체를 60 ℃의 엔진오일로 하여 문제 10-41을 반복하라. 논의하라.

10-43 문제 10-41의 결과를 이용해서 Bernoulli 상수를 반경 좌표 r의 함수로 계산하라. **답:** $(P_{atm}/\rho)+\omega^2 r^2$

10-44 직벽을 가진 수축 덕트 내로 흐르는 정상, 비압축성, 2차원 유체 유동을 고려하라(그림 P10-44). 체적 유량은 $\dot{V}$이고 속도는 반경 방향만 있으며 u_r은 r만의 함수이다. b를 지면 속으로의 폭이라 하자. 수축 덕트의 입구($r=R$)에서 $u_r=u_r(R)$이다. 어디에서나 비점성 유동이라 가정하여 u_r에 대한 표현을 r, R 및 $u_r(R)$만의 함수로 나타내어라. 동일한 체적 유량에서 마찰이 무시될 수 없을 경우(즉, 실제 유동)에 반경 r에서의 속도 분포가 어떤 모양이 될지 스케치하라.

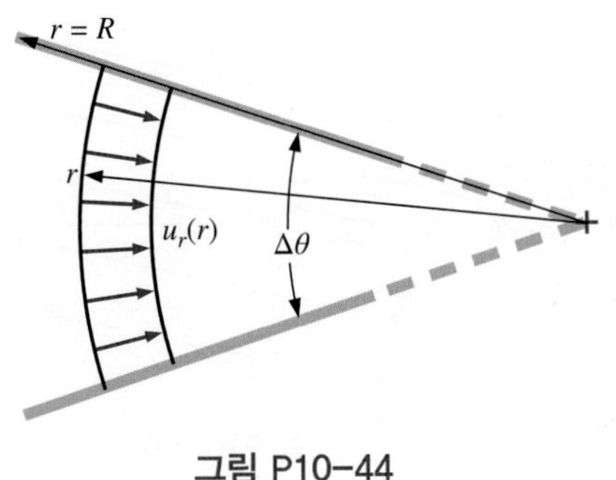

그림 P10-44

비회전 (포텐셜) 유동

10-45C 유동의 영역이 회전 영역인지 비회전 영역인지를 결정하는 유동 특징은 무엇인가?

10-46C 헤어드라이어에 의해 형성되는 유동장을 고려하라(그림 P10-46C). 이 유동장에서 비회전으로 근사가 적절한 영역과 비회전으로 근사가 적절치 못한 영역(회전 유동영역)을 확인하라.

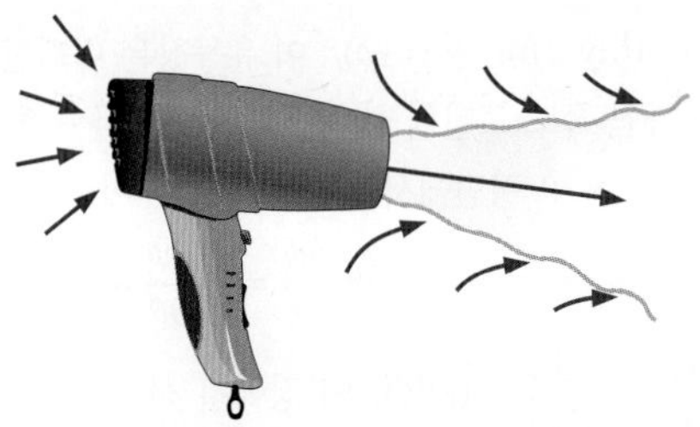

그림 P10-46C

10-47C 유동의 비회전 영역에서 속도장은 속도 포텐셜 함수 ϕ에 대한 Laplace 방정식을 풀고, 그 다음으로 ϕ의 정의, 즉 $\vec{V}=\vec{\nabla}\phi$로부터 $\vec{V}$의 성분에 대해 계산함으로써 운동량 방정식 도움 없이도 계산될 수 있다. 유동의 비회전 영역에서의 운동량 방정식의 역할에 대해 논의하라.

10-48C 유체역학을 배우는 학생들이(심지어는 그들의 교수들까지) 종종 놓치는 미묘한 점은 유동의 비회전(포텐셜) 영역은 유동의 비점성 영역과 같지 않다는 사실이다(그림 P10-48C). 이 두 근사 사이의 차이점과 상사점에 대해 논의하라. 각각에 대한 예도 제시하라.

그림 P10-48C

10-49C D'Alembert의 역설이란 무엇인가? 그리고 이것이 왜 역설이 되는가?

10-50 Bernoulli 방정식을 쓰고, 비점성, 회전 유동 영역과 점성, 비회전 유동 영역 사이에 무엇이 다른지 논의하라. 어떠한 경우가 보다 제한적인가(Bernoulli 방정식에 관련하여)?

10-51 $r\theta$ 평면의 평면 비회전 유동 영역을 고려하라. 원통좌표계에서 유동함수 ψ가 라플라스 방정식을 만족함을 보여라.

10-52 다음의 정상, 2차원, 비압축성 속도장을 고려하라. $\vec{V}=(u, v)=(ax+b)\vec{i}+(-ay+cx)\vec{j}$. 이 유동장은 비회전인가? 만약 그렇다면 속도 포텐셜 함수에 대한 표현을 구하라.

답: 그렇다, $a(x^2-y^2)/2+bx+cy+\text{constant}$

10-53 다음의 정상, 2차원, 비압축성 속도장을 고려하라. $\vec{V}=(u, v)=(\frac{1}{2}ay^2+b)\vec{i}+(axy+c)\vec{j}$. 이 유동장은 비회전인가? 만약 그렇다면 속도 포텐셜 함수에 대한 표현을 구하라.

10-54 다음의 정상, 2차원, 비압축성 속도장을 고려하라. $\vec{V}=(u,$

$v)=(\frac{1}{2}ay^2+b)\vec{i}+(axy+c)\vec{j}$. 이 유동장은 비회전인가? 만약 그렇다면 속도 포텐셜 함수에 대한 표현을 구하라.

10-55 xy 또는 $r\theta$ 평면에서 강도가 $\dot{V}/L$인 비회전 선 소스를 고려하라. 속도 성분은 $u_r = \frac{\partial \phi}{\partial r} = \frac{1}{r}\frac{\partial \psi}{\partial \theta} = \frac{\dot{V}/L}{2\pi r}$ 그리고 $u_\theta = \frac{1}{r}\frac{\partial \phi}{\partial \theta} = -\frac{\partial \psi}{\partial r} = 0$이다. 이 장에서 선 소스에 대한 속도 포텐셜 함수와 유동함수에 대한 표현을 구하기 위해 u_θ에 대한 방정식에서부터 출발했다. u_r에 대한 방정식으로부터 시작하는 것을 제외하고, 모든 풀이과정을 보이며 해석을 반복하라.

10-56 속도 포텐셜 함수가 $\phi=3(x^2-y^2)+3xy-2x-5y+2$인 정상, 2차원, 비압축성, 비회전 속도장을 고려하라. (*a*) 속도 성분 u와 v를 구하라. (*b*) ϕ가 적용된 영역에서 속도장이 비회전임을 증명하라. (*c*) 이 영역에서 유동함수에 표현을 구하라.

10-57 이 장에서 축대칭 비회전 유동을 원통좌표 r과 z, 그리고 속도 성분 u_r과 u_z의 항으로 기술한다. 또 다른 축대칭 유동에 대한 기술은, **구면 극좌표**를 사용하고 x축을 대칭축으로 설정할 때 얻을 수 있다. 두 개의 적절한 방향 성분은 이제 r과 θ가 되고 이에 상응하는 속도 성분은 u_r과 u_θ이다. 이러한 좌표계에서 반경 방향 위치 r은 원점으로부터의 거리이고, 중심각(polar angle) θ는 $r\theta$ 평면을 정의하는 단면을 보여주는 그림 P10-57에서 보인 것과 같이 반경 방향 벡터와 회전 대칭 축(x축) 사이의 경사각이다. 이것은 2차원 유동의 한 형태인데 왜냐하면 오직 두 개의 독립적인 공간 변수, r과 θ,만이 존재하기 때문이다. 다시 말하면 어떤 $r\theta$ 평면에서의 속도장과 압력장의 해는 축 대칭 비회전 유동의 전체 영역의 특성을 나타내는데 충분하다. 구면 극좌표에서 축 대칭 비회전 유동에 유효한 ϕ에 대한 Laplace 방정식을 써라. (힌트: 벡터 해석에 관한 교재를 참고하라.)

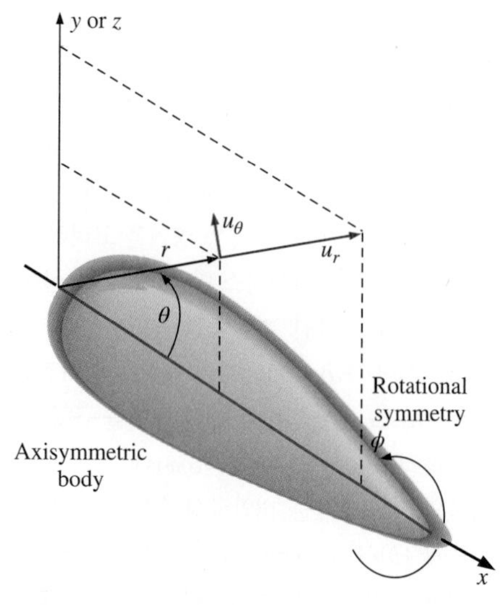

그림 P10-57

10-58 구면 좌표계에서의 축 대칭 유동에 대한 비압축성 연속 방정식, $\frac{1}{r}\frac{\partial}{\partial r}(r^2 u_r) + \frac{1}{\sin\theta}\frac{\partial}{\partial \theta}(u_\theta \sin\theta) = 0$이 ψ가 r과 θ의 매끄러운 함수인 한, $u_r = -\frac{1}{r^2 \sin\theta}\frac{\partial \psi}{\partial \theta}$, $u_\theta = \frac{1}{r\sin\theta}\frac{\partial \psi}{\partial r}$로 정의된 유동함수에 의해 꼭 같이 만족됨을 보여라.

10-59 정상, 2차원, 비압축성 유동장에서의 유선이 그림 P10-59에 스케치되어 있다. 보인 영역 내의 유동은 또한 비회전으로 근사되었다. 이 유동장 내에서 나타날 수 있는 몇몇 등포텐셜(equipotential) 곡선(포텐셜 함수 값이 일정한 곡선)을 스케치하라. 어떻게 그 곡선을 그리게 되었는지 설명하라.

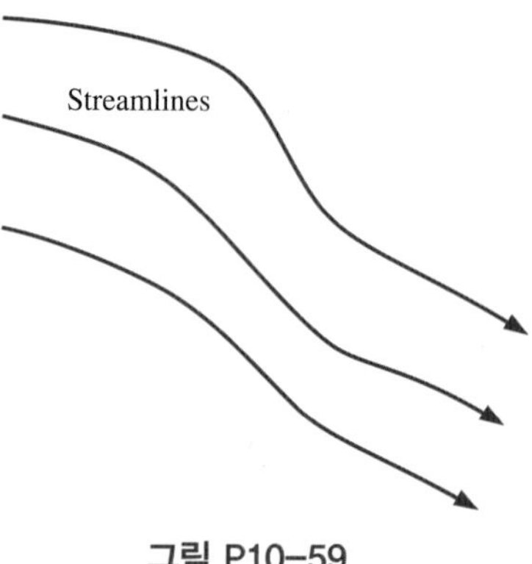

그림 P10-59

10-60 경사각이 α이고 크기가 V인 균일흐름을 고려하라(그림 P10-60). 비압축성, 평면, 비회전 유동이라 가정하고 속도 포텐셜 함수와 유동함수를 찾아라. 모든 풀이과정을 보여라.

답: $\phi=Vx\cos\alpha+Vy\sin\alpha$, $\psi=Vy\cos\alpha-Vx\sin\alpha$

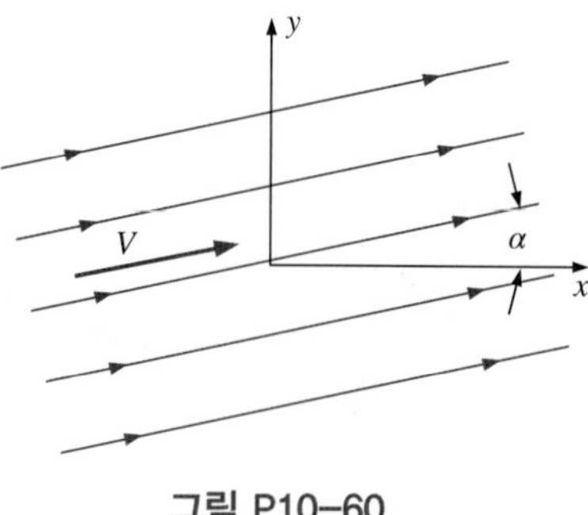

그림 P10-60

10-61 유동의 비회전 영역에 있어서, 스칼라 속도 포텐셜 함수 $\vec{V}=\vec{\nabla}\phi$로서 속도 벡터를 쓸 수 있다. 원통좌표 (r, θ, z)와 (u_r, u_θ, u_z)에서 $\vec{V}$의 성분은 다음과 같다.

$$u_r = \frac{\partial \phi}{\partial r} \quad u_\theta = \frac{1}{r}\frac{\partial \phi}{\partial \theta} \quad u_z = \frac{\partial \phi}{\partial z}$$

또한 제9장으로부터 원통좌표에서 와도 벡터의 성분을 $\zeta_r = \frac{1}{r}\frac{\partial u_z}{\partial \theta} - \frac{\partial u_\theta}{\partial z}$, $\zeta_\theta = \frac{\partial u_r}{\partial z} - \frac{\partial u_z}{\partial r}$ 및 $\zeta_z = \frac{1}{r}\frac{\partial}{\partial r}(ru_\theta)$

$-\dfrac{1}{r}\dfrac{\partial u_r}{\partial \theta}$로 쓸 수 있다. 와도 벡터의 세 성분 모두가 유동의 비회전 영역에서 정말로 영이 되는 것을 보이기 위하여 와도 성분 속에 속도 성분을 대입하라.

10-62 문제 10-61에서 주어진 속도 벡터의 성분을 원통좌표에서의 Laplace 방정식 속에 대입하라. 모든 산술과정을 보이며, Laplace 방정식이 유동의 비회전 영역 내에서 유효하다는 것을 증명하라.

10-63 xy 또는 $r\theta$ 평면에서 강도가 Γ인 비회전 선 와류를 고려하라. 속도 성분은 $u_r = \dfrac{\partial \phi}{\partial r} = \dfrac{1}{r}\dfrac{\partial \psi}{\partial \theta} = 0$ 및 $u_\theta = \dfrac{1}{r}\dfrac{\partial \phi}{\partial \theta} = -\dfrac{\partial \psi}{\partial r} = \dfrac{\Gamma}{2\pi r}$이다. 선 와류에 대해서 속도 포텐셜 함수와 유동함수에 대한 표현을 구하되, 모든 풀이과정을 보여라.

10-64 대기압과 실온을 가지는 물($\rho = 998.2$ kg/m^3, $\mu = 1.003 \times 10^{-3}$ kg/m·s)이 자유흐름 속도 $V = 0.100481$ m/s를 가지고 반경 $d = 1.00$ m. 2차원 원형 실린더 위를 흐른다. 유동을 포텐셜 유동으로 가정한다. (a) 실린더 직경을 기준으로 한 Reynolds 수를 계산하라. Reynods 수가 포텐셜 유동이 적절한 가정이 될 만큼 충분히 큰가? (b) 각각의 위치를 따라 유동 내의 최소와 최대 속력 $|V|_{min}$과 $|V|_{max}$ (속력은 속도의 크기이다), 그리고 최대와 최소 압력차 $P - P_\infty$를 구하라.

10-65 자유흐름 속도 V_∞를 가지고 반경 a인 원형 실린더 위를 지나는 정상, 비압축성, 2차원 유동에 대한 유동함수는, 유동장이 비회전으로 근사될 때, $\psi = V_\infty \sin\theta(r - a^2/r)$이다 (그림 P10-65). 이 유동에 대한 속도 포텐셜 함수 ϕ에 대한 표현을 r과 θ, 및 매개변수 V_∞와 a의 함수로 나타내어라.

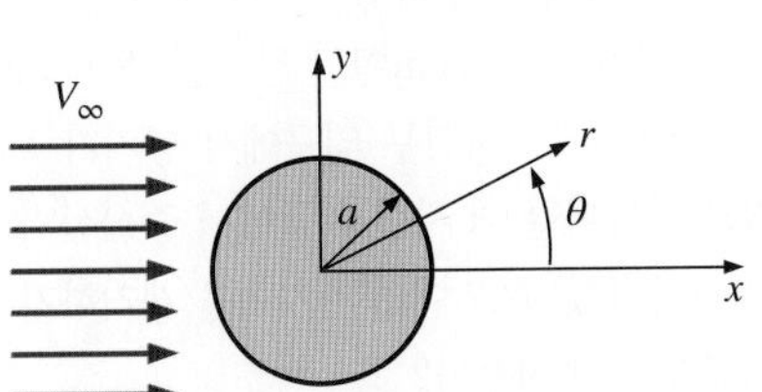

그림 P10-65

10-66 균일한 속도 V_∞와 원점에서 선소스 $\dot{V}/L$을 가지는 유동을 가정하라. 이와 같은 조건은 랜킨 반체(Rankine half-body)라고 불리는 2차원 반체(half-body)를 생성한다(그림 10-66). 한 개의 유일한 유선은 왼쪽에서 나오는 자유흐름과 소소로부터 나오는 유동을 **가르는 유선**을 형성하는 분리 유선이다. (a) $\dot{V}/L$의 함수로 분리 유동함수 $\psi_{dividing}$에 대한 식을 구하라. (힌트: 분리유선은 물체의 코(nose)에서 정체점을 가로지를 것이다.) (b) V_∞와 $\dot{V}/L$의 함수로 높이의 1/2인 b에 대한 식을 구하라. (힌트: 멀리 떨어진 하류의 유동을 고려하라.) (c) θ, V_∞와 $\dot{V}/L$의 함수로 r 형태의 분리유동함수에 대한 식을 구하라. (d) V_∞와 $\dot{V}/L$의 함수로 정체점 거리 a에 대한 식을 구하라. (e) a, r과 θ의 함수로 유동장내의 $(V/V_\infty)^2$ (무차원 속도 크기의 제곱)에 대한 식을 구하라.

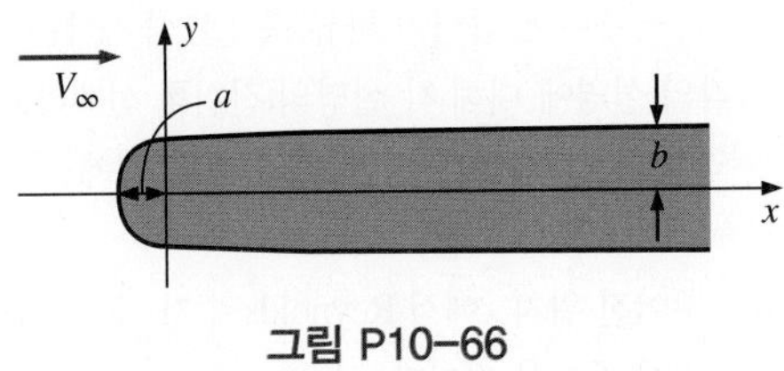

그림 P10-66

경계층

10-67C 일상적으로 경계층은 고체 벽을 따라서 발생한다고 생각한다. 하지만 경계층 근사가 적절한 또 다른 유동 상황들이 있다. 이러한 유동의 세 가지 이름을 열거하고, 경계층 근사가 적절한 이유를 설명하라.

10-68C 이 장에서 경계층 근사가 Euler 방정식과 Navier-Stokes 방정식 사이의 "연결고리 역할"(bridges the gap)을 한다고 기술하였다. 왜 그런지 설명하라.

10-69C 평판을 따라 성장해 가는 층류 경계층이 그림 P10-69C에 스케치되어 있다. 몇 개의 속도 분포도와 경계층 두께 $\delta(x)$도 또한 보이고 있다. 이 유동장 내에서 몇 개의 유선을 그려라. $\delta(x)$를 나타내는 곡선도 하나의 유선인가?

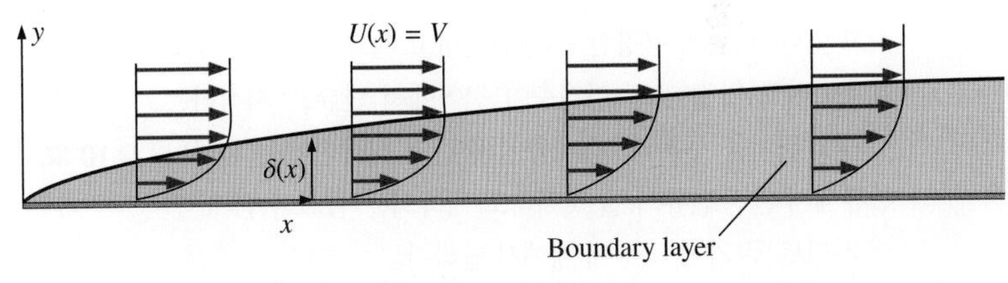

10-70C **인계선**(trip wire)이란 무엇이고, 이것의 사용 용도는 무엇인가?

10-71C 경계층의 윤곽(boundary layer profile)에서 변곡점의 함축된 의미를 논의하라. 구체적으로, 변곡점의 존재로 정압력구배 또는 역압력구배를 추리할 수 있는가? 설명하라.

10-72C 층류와 난류 경계층에 대해 유동 박리를 비교하라. 구체적으로, 어떠한 경우가 유동 박리에 대해 보다 더 저항하는가? 그 이유는? 자신의 답에 기초하여 골프공에 딤플(dimple)이 있는 이유를 설명하라.

10-73C 자신의 표현방식으로, 경계층 절차의 다섯 과정을 요약하라.

10-74C 자신의 표현방식으로, 층류 경계층을 계산을 수행할 때 주의를 하기 위한 "경고 깃발(red flag)"을 적어도 세 개를 열거하라.

10-75C 배제 두께에 대한 두 가지 정의가 이 장에 주어져 있다. 두 가지 정의를 자신이 이해한 대로 써라. 평판을 따라 성장하는 층류 경계층에 대해서 경계층 두께 δ와 배제 두께 δ^* 중 어느 것이 더 클까? 논의하라.

10-76C 경계층 내에서 **정**압력구배와 **역**압력구배의 차이점을 설명하라. 어느 경우에 압력이 하류 쪽으로 증가하는가? 설명하라.

10-77C 각각의 설명에 대해 각 설명의 진위를 선택하고 간단히 답을 논의하라. 각 설명은 평판 위의 층류 경계층에 대한 것이다(그림 P10-77C).

(a) 주어진 위치 x에서 Reynolds 수가 증가하면 경계층 두께 역시 증가할 것이다.

(b) 경계층 외부에서의 속도가 증가하면 경계층 두께 역시 증가할 것이다.

(c) 유체의 점성이 증가하면, 경계층 두께 역시 증가할 것이다.

(d) 유체의 밀도가 증가하면, 경계층 두께 역시 증가할 것이다.

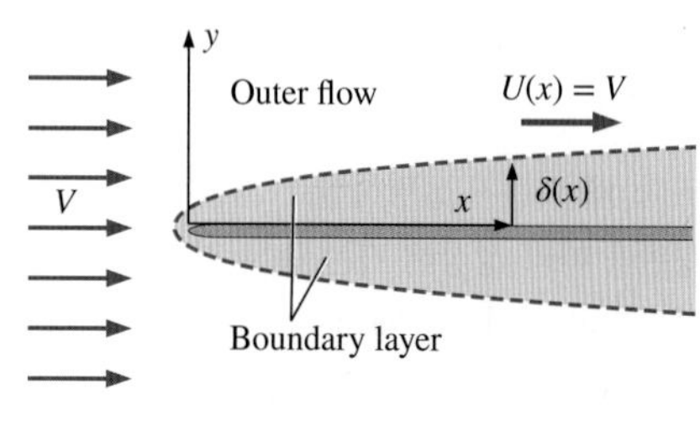

그림 P10-77C

10-78 더운 날에 ($T=30$℃), 트럭이 고속도로를 따라 29.1 m/s로 달리고 있다. 트럭의 평평한 면은 간단하고 매끄러운 평판의 경계층이라고 가정한다. 경계층이 천이에서 난류로 시작하는 곳의 x 위치를 구하라. 경계층이 평판의 시작점에서 얼마나 하류에서 완전 난류가 될 것이라고 예측되는가? 소수점 첫 번째 자리로 두 가지 경우에 대해서 답하라.

10-79 배가 42.0 km/h의 속도로 물 ($T=5$℃) 위에서 달리고 있다. 배의 평평한 부분은 0.73 m의 길이고 간단한 형상의 매끈한 평판 위의 경계층으로 생각할 수 있다. 이 경계층은 층류인가? 천이인가? 난류인가? 논의하라.

10-80 공기가 $V=8.5$ m/s의 속력으로 고속도로를 따라서 속도제한 표지판에 평행하게 흐르고 있다. 공기의 온도는 25 ℃이고 유동에 평행한 표지판의 폭 W는 0.45 m이다. 표지판 위의 경계층은 층류인가 난류인가 또는 천이 영역인가?

10-81 평판에서의 층류 경계층에 대한 Blasius 해를 고려하라. 벽면에서 무차원 기울기가 예제 10-10의 식 8로 주어진다. 이 결과를 물리적인 변수들로 변환하고 예제 10-10의 식 (9)가 옳다는 것을 보여라.

10-82 경계층이 극소의 두께를 가지고 있는 극한의 경우에 대해 형상계수 H의 값을 계산하라(그림 P10-82). 이때의 H 값은 가능한 가장 작은 값이다.

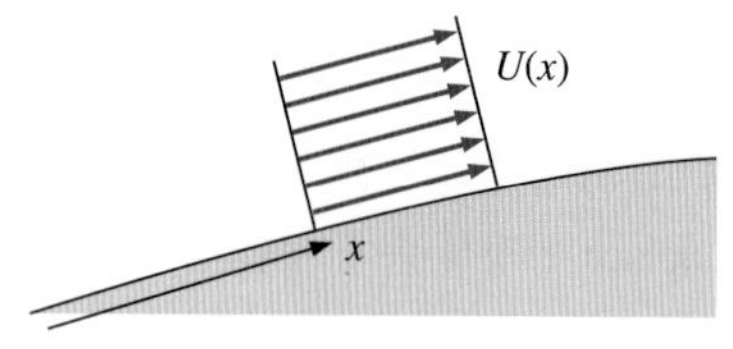

그림 P10-82

10-83 직경이 30 cm이고 길이가 80 cm인 시험부를 가진 층류 유동 풍동이 있다. 공기의 온도는 20 ℃이다. 시험부 입구에서의 공기의 속력은 2.0 m/s로 균일할 때 시험부 끝에서 중심선의 공기 속력은 얼마나 가속되겠는가? 답: 대략 6%

10-84 풍동의 시험부가 원형이 아닌 정사각형으로 단면이 30 cm ×30 cm이고 길이가 80 cm인 경우에 대해 문제 10-83을 반복하라. 그 결과를 문제 10-83의 결과와 비교하고 논의하라.

10-85 20 ℃의 공기가 $V=8.5$ m/s의 속도로 평판에 평행하게 흐른다(그림 P10-85). 평판의 앞부분은 둥글게 잘 다듬어져 있고, 평판의 길이는 40 cm이다. 평판 두께는 $h=0.75$ cm이지만 경계층 배제 효과 때문에 경계층 밖에서의 유동은 보다 큰 겉보기 두께(apparent thickness)를 가진 평판을 "경험하게(see)" 된다. 하류 거리 $x=10$ cm에서의 평판의 겉보기 두께(양쪽 면을 포함한다)를 계산하라. 답: 0.895 cm

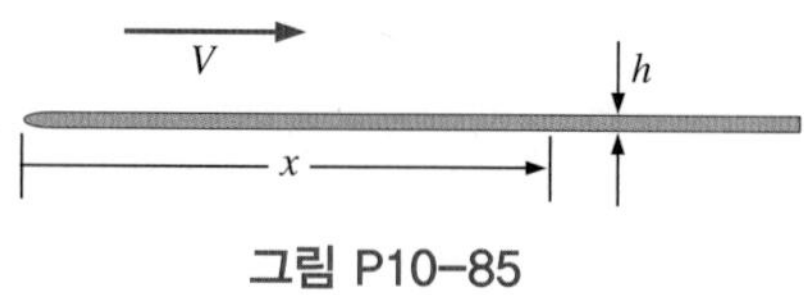

그림 P10-85

10-86 크기가 작은 축 대칭의 저속 풍동이 열선교정용으로 만들어진다. 시험부의 직경은 17.0 cm이고 길이는 25.4 cm이다. 공기의 온도는 20 ℃이다. 시험부 입구에서 공기가 1.5 m/s의 균일한 속력으로 들어갈 때 시험부 끝에서 중심선의 공기 속력은 얼마나 가속되겠는가? 이러한 가속을 제거하기 위해 엔지니어는 어떻게 해야 하는가?

10-87 20 ℃의 공기가 매끄럽고 얇은 평판에 평행하게 4.75 m/s의 속도로 흐른다. 평판의 길이는 3.23 m이다. 평판 위의 경계층이 층류, 난류 또는 그 중간 어디(천이영역)가 될까를 결정하라. 다음의 두 경우에 대해 평판 끝에서의 경계층 두께를 비교하라. (a) 경계층이 어디에서나 층류인 경우와 (b) 경계층이 어디에서나 난류인 경우를 논의하라.

10-88 경계층의 간섭을 피하기 위해, 엔지니어는 큰 풍동 내부에 경계층을 걷어 낼 수 있는 "경계층 제거장치(boundary layer scoop)"를 설계한다(그림 P10-88). 제거장치는 얇은 철판으로 설치된다. 공기는 20 ℃이고 $V=45.0$ m/s로 흐른다. 하류 부분의 거리 $x=1.45$ m에서의 제거장치의 높이(치수 h)는 얼

마가 되어야 할까?

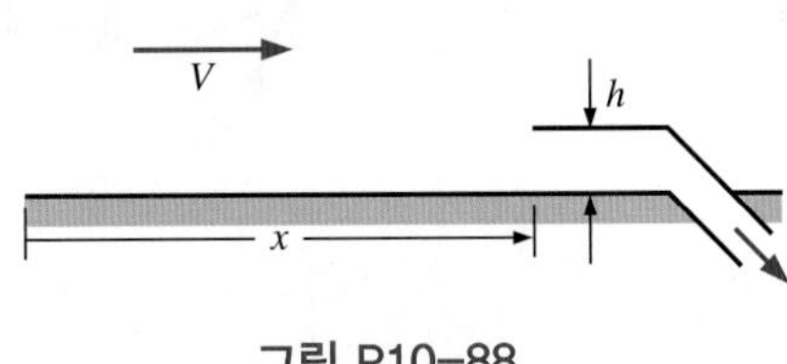

그림 P10-88

10-89 20 °C의 공기가 길이 $L=17.5$ m인 매끄러운 평판 위를 $V=80.0$ m/s의 속도로 흐른다. $x=L$에서의 난류 경계층의 윤곽을 물리적인 변수들(u는 y의 함수)로 도시하라. 경계층이 평판의 처음 시작 부분에서부터 완전히 난류라고 가정하고 1/7 멱법칙, 로그법칙, Spalding의 벽 법칙에 의해 생성된 윤곽을 비교하라.

10-90 경계층 두께 δ를 가지는 정상, 비압축성, 층류 평판 경계층의 유동방향의 속도 성분은 $y<\delta$일 때 $u=Uy/\delta$이고 $y>\delta$일 때 $u=U$인 단순한 선형 관계로 근사된다(그림 P10-90). 이런 선형 관계에 기초하여 배제 두께와 운동량 두께를 δ의 함수로 나타내어라. δ^*/δ와 θ/δ의 근사 해석 값과 Blasius 해로부터 얻어지는 δ^*/δ와 θ/δ 값을 비교하라. 답: 0.500, 0.167

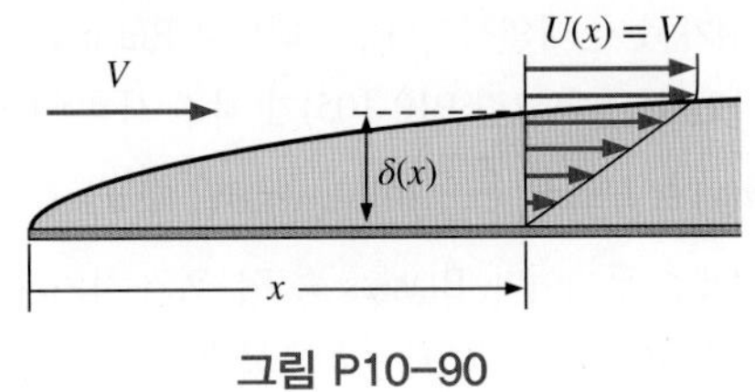

그림 P10-90

10-91 문제 10-90의 선형 근사에 대해 국소 표면마찰 계수와 Kármán 적분 공식의 정의를 사용해서 δ/x에 대한 표현을 구하라. 얻은 답과 δ/x에 대한 Blasius 표현을 비교하라. (주의: 이 문제를 풀기 위해 문제 10-90의 결과가 필요할 것이다.)

10-92 난류 경계층이 평판의 시작에서부터 난류라는 가정하에 평판 위의 난류와 층류 경계층에 대한 **형상계수** H [식 (10-97)에서 정의됨]를 비교하라. 구체적으로, 왜 H가 "형상계수"라고 불리는지를 설명하라. 답: 2.59, 1.25에서 1.30

10-93 직사각형 평판에서 한 변의 길이가 다른 변의 두 배이다. 공기가 균일한 속력으로 평판에 평행하게 흐르고 층류 경계층이 평판의 양쪽 측면에 형성된다. 평판이 공기의 유동 방향으로 길게 놓여 있을 때(그림 P10-93a)와 짧게 놓여 있을 때(그림 P10-93b) 중에 어느 경우가 항력이 더 크겠는가? 설명하라.

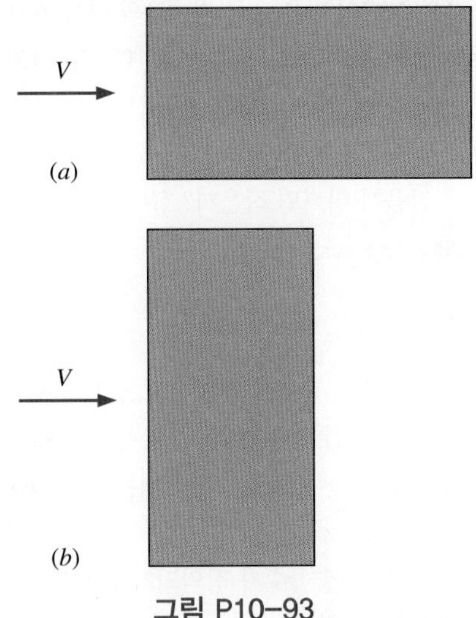

그림 P10-93

10-94 예제 10-14의 식 (6)을 얻기 위해 식 (5)를 적분하고 모든 풀이과정을 보여라.

10-95 평판 위의 난류 경계층을 고려하라. 단지 다음 두 개의 값 $C_{f,x} \cong 0.059\cdot(\mathrm{Re}_x)^{-1/5}$ 및 $\theta \cong 0.097\delta$만을 알고 있다고 가정하라. Kármán 적분 공식을 사용해서 δ/x에 대한 표현을 구하고, 그 결과를 표 10-4의 (b)열과 비교하라.

10-96 30 °C의 공기가 30.0 m/s의 균일한 속력으로 매끄러운 평판 위를 따라 유동한다. 평판을 따라서 경계층이 난류를 향해 천이과정이 시작되는 대략의 x 위치를 계산하라. 평판을 따라서 대략적으로 어느 x 위치에서 경계층이 완전히 난류가 될 것인가? 답: 5에서 6 cm, 1에서 2 m

10-97 정압 P가 층류 경계층의 벽면을 따라 두 위치에서 측정된다(그림 P10-97). 측정된 압력은 P_1과 P_2이며 두 탭(tap) 사이의 거리는 특성 물체 치수(characteristic body dimension)에 비교하면 작다($\Delta x=x_2-x_1 \ll L$). 점 1에서 경계층 위의 외각 유동 속도는 U_1이다. 유체의 밀도와 점성은 각각 ρ와 μ이다. 점 2에서 경계층 위의 외각 유동의 속도 U_2에 대한 대략적인 표현을 P_1, P_2, Δx, U_1, ρ 및 μ의 항으로 나타내어라.

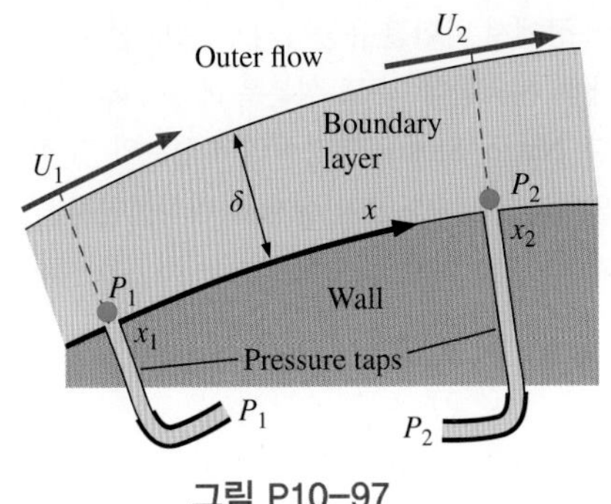

그림 P10-97

10-98 그림 P10-97와 같은 층류 경계층의 벽을 따라서 두 개의 압력 측정 탭을 고려하라. 유체는 25 °C, $U_1 = 13.7$ m/s인 공기이고, 매우 민감한 차압 압력변환기로 측정된 바로는 정압 P_1이 정압 P_2보다 2.96 Pa만큼 크다. 외각 유동 속도 U_2는 U_1보다 클까, 같을까 아니면 작을까? 설명하라. U_2를 추정하라.

답: 작다, 13.5 m/s

복습 문제

10-99C 각 설명에 대해 진위를 선택하고, 답을 간단히 논의하라.

(a) 속도 포텐셜 함수는 3차원 유동에 대해 정의될 수 있다.

(b) 유동함수가 정의되기 위해서는 와도가 반드시 0이 되어야 한다.

(c) 속도 포텐셜 함수가 정의되기 위해서는 와도가 반드시 0이 되어야 한다.

(d) 유동함수는 오직 2차원 유동장에 대해서만 정의될 수 있다.

10-100 이 장에서 회전 비점성 유동의 한 예로 고체의 회전을 논의한다(그림 P10-100). 속도 성분은 $u_r = 0$, $u_\theta = \omega r$ 및 $u_z = 0$이다. Navier-Stokes 방정식의 θ 성분의 점성항을 계산하고 논의하라. 와도의 z 성분을 계산함으로써 이 속도장이 진실로 회전 유동인지를 증명하라. **답:** $\xi_z = 2\omega$

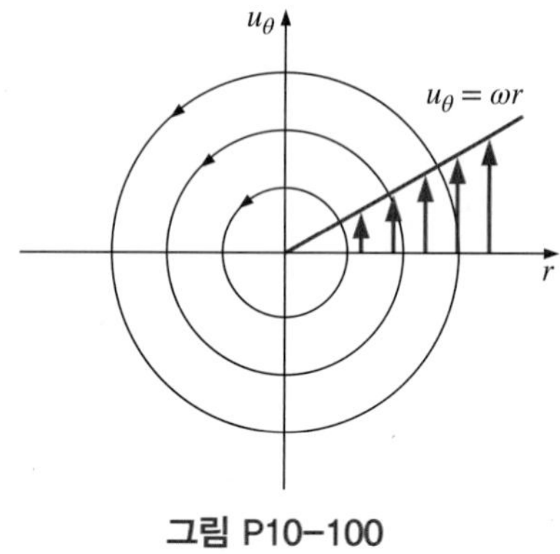

그림 P10-100

10-101 문제 10-100의 속도장에 대해 원통좌표(제9장 참조)에서의 점성응력 텐서의 9개의 성분을 계산하라. 논의하라.

10-102 이 장에서 비회전 유동장의 한 예로 선 와류(그림 P10-102)에 대해 논의한다. 속도 성분은 $u_r = 0$, $u_\theta = \Gamma/(2\pi r)$ 및 $u_z = 0$이다. Navier-Stokes 방정식의 θ 성분의 점성항을 계산하고 논의하라. 이 속도장이 실제로 비회전인지를 와도의 z 성분을 계산함으로써 증명하라.

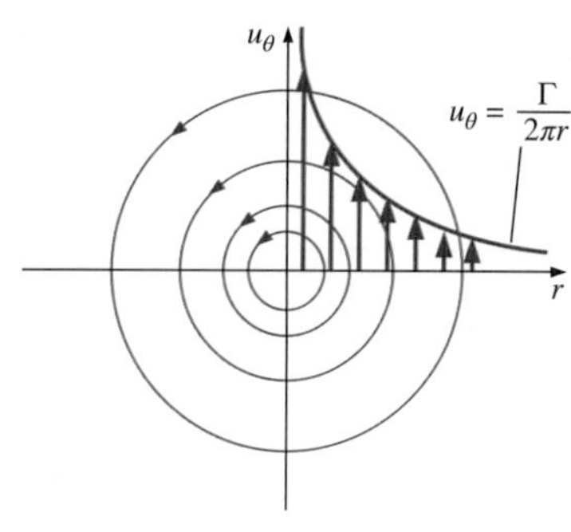

그림 P10-102

10-103 문제 10-102의 속도장에 대해 원통좌표(9장 참조)에서의 9개의 점성응력 텐서의 성분을 계산하라. 논의하라.

10-104 속도 포텐셜 함수가 $\phi = 6(x^2 - y^2) + 3x - 5y$인 정상, 2차원, 비압축성, 비회전 속도장을 고려하라.

(a) 속도 성분 u와 v를 구하라.

(b) ϕ가 적용된 영역에서 속도장이 비회전임을 증명하라.

(c) 이 영역에서 유동함수에 표현을 구하라.

10-105 네모사인 Blasius 경계층의 속도분포는 평판 위를 흐르는 유체의 경계층 방정식에 대한 엄밀해이다. 그러나 데이터가 표의 형태로 나타나기 때문에 사용하기에는 다소 귀찮다(해가 숫자 나열식이다). 그러므로 Blasius 해 대신에 단순한 사인파 근사(그림 P10-105)가 자주 사용된다. 즉, $y < \delta$일 때 $u(y) \cong U \sin\left(\dfrac{\pi}{2}\dfrac{y}{\delta}\right)$이고, $y \ll \delta$일 때 $u = U$이며, 여기서 δ는 경계층 두께이다. Blasius 속도분포와 사인파 근사 결과도 무차원화한 형식(u/U 대 y/δ)으로 동일한 플롯 위에 함께 도시하고 비교하라. 사인파에 의한 속도분포가 합리적인 근사인가?

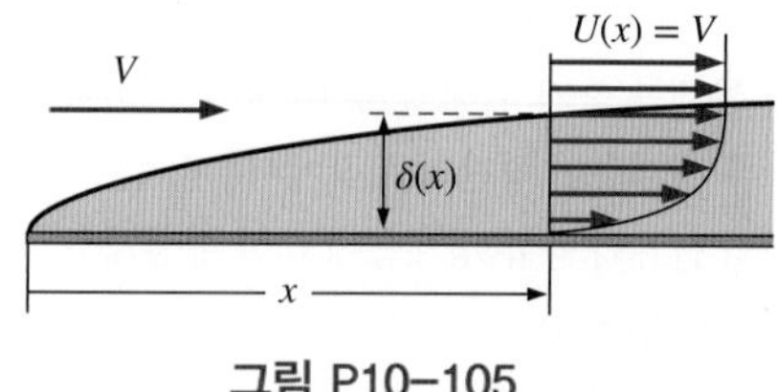

그림 P10-105

10-106 경계층 두께 δ를 가지는 정상, 비압축성, 층류 평판 경계층의 유동방향의 속도 성분이 문제 10-105의 사인파 속도분포에 의해 근사 된다. 이 사인파 근사에 기초하여 배제 두께와 운동량 두께를 δ의 함수로 나타내어라. 근사된 δ^*/δ와 θ/δ 값과 Blasius 해로부터 얻은 δ^*/δ와 θ/δ 값을 비교하라.

10-107 문제 10-105의 사인파 근사에 대하여, δ/x에 대한 표현을 구하기 위해 국소 표면마찰 계수와 Kármán 적분 공식의 정의를 이용하라. 얻은 답과 δ/x에 대한 Blasius 표현을 비교하라. (주의: 이 문제를 풀기 위해 문제 10-106의 결과가 필요할 것이다.)

10-108 물이 수직한 파이프 내부에서 오직 중력의 영향에 의해 아래도 떨어진다. 수직 위치 z_1과 z_2 사이에서의 유동은 완전발달되어 있으며, 이 두 위치에 대한 속도분포는 그림 P10-108에 그려진 것과 같다. 아무런 강제된 압력 구배가 없으므로, 압력 P는 유동의 모든 곳에서 일정하다($P=P_{atm}$). 위치 z_1과 z_2에서의 **수정된 압력**을 계산하라. 위치 z_1과 z_2에서의 수정된 압력의 분포를 스케치하라. 논의하라.

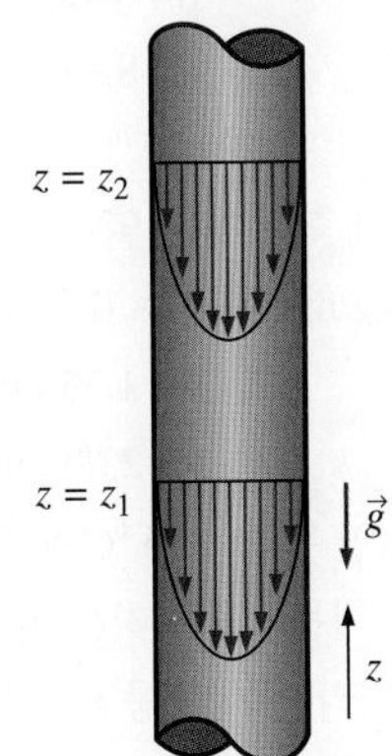

그림 P10-108

10-109 문제 10-108의 수직한 파이프가 이제는 수평하게 놓여 있다고 가정하자. 문제 10-108에서와 같은 체적 유량을 얻기 위해 강제된 압력 구배를 제공해야 한다. 그림 P10-108에서의 z_1과 z_2 사이의 거리와 동일하게 이격되어 있는 두 개의 축 방향 위치 사이의 필요한 압력 강하를 계산하라. 파이프가 수직인 경우와 수평인 경우 사이에서 수정된 압력 P'의 값의 변화는 어떠한가?

공학 기초(FE) 시험 문제

10-110 다음 중 어떤 것이 운동 방정식을 무차원화하는 데 사용되지 않는 척도 매개변수인가?

(a) 특성 길이 L (b) 특성 속도 V
(c) 특성 점성 μ (d) 특성 주파수 f
(e) 중력가속도 g

10-111 다음 중 어떤 것이 운동 방정식을 무차원화하기 위해 정의되는 무차원변수가 아닌가?

(a) $t^* = ft$ (b) $\vec{x}^* = \dfrac{\vec{x}}{L}$ (c) $\vec{V}^* = \dfrac{\vec{V}}{V}$
(d) $\vec{g}^* = \dfrac{\vec{g}}{g}$ (e) $P^* = \dfrac{P}{P_0}$

10-112 다음 중 어떤 것이 무차원 Navier-Stokes 방정식에 나오지 않는 무차원 매개변수인가?

(a) Reynolds 수 (b) Prandtl 수 (c) Strouhal 수
(d) Euler 수 (e) Froude 수

10-113 만약 압력 P가 수정 압력 $P'=P+\rho gz$으로 치환한다면, 무차원 Navier-Stokes 방정식에서 다음 중 어떤 무차원 매개변수가 소거되는가?

(a) Froude 수 (b) Reynolds 수 (c) Strouhal 수
(d) Euler 수 (e) Prandtl 수

10-114 크리핑 유동에서 Reynolds 수의 일반적인 범위는 다음 중 어떤 것인가?

(a) $\mathrm{Re}<1$ (b) $\mathrm{Re}\ll1$ (c) $\mathrm{Re}>1$
(d) $\mathrm{Re}\gg1$ (e) $\mathrm{Re}=1$

10-115 크리핑 유동에서 다음 어떤 식이 적절한 근사 무차원 Navier-Stokes 방정식인가?

(a) $\vec{\nabla}P - \rho\vec{g} = 0$
(b) $-\vec{\nabla}P + \mu\vec{\nabla}^2\vec{V} = 0$
(c) $-\vec{\nabla}P + \rho\vec{g} + \mu\vec{\nabla}^2\vec{V} = 0$
(d) $\rho\dfrac{D\vec{V}}{Dt} = -\vec{\nabla}P + \rho\vec{g} + \mu\vec{\nabla}^2\vec{V}$
(e) $\rho\dfrac{D\vec{V}}{Dt} + \vec{\nabla}P - \rho\vec{g} = 0$

10-116 유동장에서 유체 속도가 영이면 Naiver-Stokes 방정식은 다음 중 어느 것인가?

(a) $\vec{\nabla}P - \rho\vec{g} = 0$
(b) $-\vec{\nabla}P + \rho\vec{g} + \mu\vec{\nabla}^2\vec{V} = 0$
(c) $\rho\dfrac{D\vec{V}}{Dt} = -\vec{\nabla}P + \mu\vec{\nabla}^2\vec{V}$
(d) $\rho\dfrac{D\vec{V}}{Dt} = -\vec{\nabla}P + \rho\vec{g} + \mu\vec{\nabla}^2\vec{V}$
(e) $\rho\dfrac{D\vec{V}}{Dt} + \vec{\nabla}P - \rho\vec{g} = 0$

10-117 3차원 물체에 흐르는 크리핑 유동에서 공기역학적 항력에 영향을 미치지 않는 것은?

(a) 속도 V (b) 유체 점성 μ (c) 특성 길이 L
(d) 유체 밀도 ρ (e) 보기 중에 없음

10-118 공기의 온도가 −50 ℃, 압력이 55 kPa인 높은 공기에 있는 화산으로부터 떨어지는 직경 65 μm인 구형 화산재 입자를 고려해 보자. 공기의 점성은 1.474×10^{-5} kg/m·s이고, 입자의 밀도는 0.8588 kg/m^{3}이다. 크리핑 유동에서 구에 대한 항력은 $F_D=3\pi\mu VD$로 주어진다. 화산재 입자의 주어진 고도에서의 종말 속도는 얼마인가?

(a) 0.096 m/s (b) 0.123 m/s (c) 0.194 m/s
(d) 0.225 m/s (e) 0.276 m/s

10-119 다음 중 어떤 문장이 유동의 비점성 영역에 대한 옳지 않은가?
(a) 관성력은 무시할 수 없다.
(b) 압력은 무시할 수 없다.
(c) Reynolds 수는 크다.
(d) 경계층과 후류에서는 적용되지 못한다.
(e) 유체의 강체 회전이 한 예이다.

10-120 다음 중 어떤 유동 영역에 Laplace 방정식 $\vec{\nabla}^2\phi=0$을 적용할 수 있는가?
(a) 비회전 (b) 비점성 (c) 경계층
(d) 후류 (e) 크리핑

10-121 점성력과 회전이 무시될 수 있는 고체 벽 근처의 매우 얇은 유동 영역을 무엇이라 하는가?
(a) 비점성 유동 영역 (b) 비회전 유동 (c) 경계층
(d) 외부 유동 영역 (e) 크리핑 유동

10-122 다음 중 어떤 것이 경계층 근사가 적용되지 못하는 유동 영역인가?
(a) 제트 (b) 비점성 영역 (c) 후류
(d) 혼합층 (e) 고체 벽 근처의 얇은 영역

10-123 다음 중 어떤 문장이 경계층 근사에 대해 잘못 표현하고 있는가?
(a) Reynolds 수가 높을수록 경계층은 얇아진다.
(b) 경계층 근사는 자유전단층에 적용할 수 있다.
(c) 경계층 방정식은 Navier-Stokes 방정식의 간단한 형태이다.
(d) x의 함수로 표현되는 경계층 두께 δ의 곡선은 유선이다.
(e) 경계층 근사는 Euler 방정식과 Navier-Stokes 방정식의 차이를 연결해 준다.

10-124 수평 평판에 생성되는 층류 경계층의 두께 δ는 다음 중 어떤 것의 함수가 아닌가?
(a) 속도 V (b) 선단으로부터 거리 x
(c) 유체 밀도 ρ (d) 유체 점성 μ
(e) 중력가속도 g

10-125 평판의 선단으로부터 x에 따라 생성되는 경계층의 두께는 다음 중 어떤 것에 따라 성장하는가?
(a) x (b) $\sqrt{x}$ (c) x^2
(d) $1/x$ (e) $1/x^2$

10-126 측정 단면이 25 cm인 풍동에서 25 °C의 공기가 3 m/s로 흐른다. 측정 단면의 끝에서 배제 두께는 얼마인가? (공기의 동점성계수는 1.562×10^{-5} m^2/s)
(a) 0.955 mm (b) 1.18 mm (c) 1.33 mm
(d) 1.70 mm (e) 1.96 mm

10-127 길이가 3 m인 평판에 15 °C의 공기가 10 m/s로 흐른다. 난류 유동의 1/7 거듭제곱 법칙을 이용하여 난류와 층류 유동에 대한 국소 표면마찰계수의 비를 구하라(공기의 동점성계수는 1.470×10^{-5} m^2/s).
(a) 4.25 (b) 5.72 (c) 6.31
(d) 7.29 (e) 8.54

10-128 길이가 15 cm인 평판에 20 °C의 물이 1.1 m/s로 흐른다. 평판의 끝에서 경계층 두께는 얼마인가? (물의 밀도와 점성계수는 각각 998 kg/m^3, 1.002×10^3 kg/m·s이다.)
(a) 1.14 mm (b) 1.35 mm (c) 1.56 mm
(d) 1.82 mm (e) 2.09 mm

10-129 길이가 80 cm인 평판에 15 °C의 공기가 12 m/s로 흐른다. 난류 유동의 1/7 거듭제곱 법칙을 이용하여 평판의 끝에서 경계층 두께를 구하라(공기의 동점성계수는 1.470×10^{-5} m^2/s).
(a) 1.54 cm (b) 1.89 cm (c) 2.16 cm
(d) 2.45 cm (e) 2.82 cm

10-130 길이가 40 cm인 평판에 25 °C의 공기가 9 m/s로 흐른다. 평판의 중간에서 운동량 두께는 얼마인가? (공기의 동점성계수는 1.562×10^{-5} m^2/s)
(a) 0.391 mm (b) 0.443 mm (c) 0.479 mm
(d) 0.758 mm (e) 1.06 mm

설계 및 논술 문제

10-131 그림 10-136의 속도분포에서 Reynolds 수가 중간범위인 경우에서 심각한 속도초과(velocity overshoot)가 나타나지만 Re의 범위가 매우 작거나 매우 큰 경우엔 그렇지 않은 이유를 설명하라.

CHAPTER

11

외부 유동: 항력과 양력

이 장에서는 유체로 둘러싸인 물체 주위의 유동, 즉 **외부 유동**을 고찰하고, 그러한 유동에 의하여 나타나는 양력과 항력에 대하여 공부한다. 외부 유동에서 점성 영향은 경계층이나 후류(wake)와 같은 유동장 일부에 제한되며, 이 영역은 속도와 온도 변화가 매우 작은 바깥 유동 영역에 의하여 둘러싸여 있다.

유체가 어떤 물체 주위를 운동할 때, 그 물체 표면에는 수직으로 압력 힘이 작용하며, 동시에 물체표면과 나란한 방향으로 전단력이 작용한다. 일반적으로 물체의 전 표면에 작용하는 이러한 힘들의 자세한 분포보다는, 물체의 표면에 작용하는 이러한 압력 힘과 전단력의 최종 **합**이 일반적으로 관심의 대상이 된다. 이러한 압력 힘과 전단력을 합한 최종 힘의 유동방향 성분을 **항력(drag force** 또는 **drag)**이라 하고, 유동방향에 수직인 성분을 **양력(lift force** 또는 **lift)**이라고 한다.

이 장에서는 항력과 양력에 관한 고찰부터 시작하여, 압력항력, 마찰항력, 유동의 박리에 관한 개념을 공부한다. 실제 접하는 다양한 2차원과 3차원 형상의 항력계수를 다루며, 실험적으로 결정된 항력계수를 이용하여 항력을 계산하는 법을 공부한다. 또한 평판 상부 평행 유동에서 나타나는 속도 경계층에 대하여 검토하며, 평판, 원통, 구 주위 유동의 마찰력과 항력계수와의 관계를 유도한다. 마지막으로 익형(airfoil)에서 발생하는 양력과, 물체의 양력 특성에 영향을 주는 여러 인자들에 관하여 논의한다.

목표

이 장을 공부하면 다음과 관련된 지식을 얻을 수 있다.

- 항력, 마찰항력, 압력항력, 항력저감, 양력과 같은 외부 유동과 관련된 다양한 물리적 현상에 대한 이해
- 일반적인 형상에 작용하는 항력 계산
- 유동 조건이 원통과 구의 항력계수에 미치는 영향에 대한 이해
- 익형 주위 유동에 대한 이해와 익형에 작용하는 항력과 양력 계산

보잉 767 비행기에서 발생하는 후류가 구름의 상층부를 교란시켜 발생되는 엇회전 후와류 현상이 선명히 보이고 있다.
Photo by Steve Morris. Used by permission.

11-1 ■ 서론

일상생활에서 자주 접하는 물체 주위 유동은 다음과 같이 많은 물리적 현상들과 관계가 있다. 자동차, 송전선, 나무, 해저 수송관 등에 작용하는 **항력**; 새나 비행기 날개에 의한 **양력**; 비, 눈, 우박과 강한 바람에 의한 먼지 입자들의 **상승기류**; 혈류에 의한 적혈구의 이동; 분무에 의한 액적의 유입과 분산; 유체 속에서 움직이는 물체에 의해 나타나는 진동과 소음 발생; 그리고 풍력 터빈에 의한 발전(그림 11-1) 등이 바로 그것이다. 따라서 이러한 외부 유동을 잘 이해하는 것이 항공기, 자동차, 건물, 배, 잠수함 및 모든 종류의 터빈과 같은 많은 공학 시스템의 설계에서 매우 중요하다. 한 예로, 최신형 자동차는 이러한 공기역학에 특별히 주안점을 두고 설계되고 있다. 이를 통하여 연료 소비와 소음의 감소 그리고 조종 측면에서 상당한 개선이 이루어지고 있다.

어느 경우에는 유체가 정지해 있는 물체 주위를 움직이기도 하며(예를 들면 건물에 부는 바람), 또 다른 경우에는 정지해 있는 유체 속에서 물체가 움직이기도 한다(예를 들면, 공기 속을 달리는 자동차). 이 두 가지 달라 보이는 유동 현상은 유체와 물체 사이의 상대운동 관점에서 보면 서로 동일하다. 이러한 운동은 물체에 좌표축을 고정시킴으로써 쉽게 해석이 가능한데, 이를 **물체 주위 유동**(flow over body) 혹은 **외부 유동**(external flow)이라고 한다. 예를 들어, 비행기 날개 설계에서 공기역학 관련 연구는 실험실의 풍동 내부에 날개를 고정시키고 큰 팬을 이용하여 공기를 날개 주위로 불어주며 진행될 수 있다. 또한 유동은 선택된 기준좌표계에 따라 정상(steady) 혹은 비정상(unsteady)으로 구분될 수 있다. 예를 들어, 비행기 주위의 유동은 지상에서 보면 항상 비정상이지만, 순항 중인 비행기와 같이 움직이는 기준좌표계 관점에서 보면 정상이다.

대부분의 외부 유동에서 유동장과 물체의 형상에 관련된 문제들은 매우 복잡하여 해석적으로 풀기 어려우며, 따라서 실험을 통하여 얻은 관계식에 의존해야 한다. 최근에는 고속 컴퓨터를 이용하여 지배 방정식을 수치적으로 푸는 "수치실험(numerical experiments)"을 먼저 진행한 후에(15장 참조), 비용이 비싸고 시간이 많이 걸리는 실험은 설계의 마지막 단계에서 수행한다. 일반적으로 실험은 풍동을 이용하여 진행된다. H. F. Phillips(1845-1912)는 1894년에 최초의 풍동을 제작하여 양력과 항력을 측정한 바 있다. 이 장에서는 대부분 실험에 의하여 얻어진 관계식을 다루기로 한다.

물체에 접근하는 유체의 속도를 **자유흐름 속도**(free-stream velocity)라고 하며, V로 표시한다. 속도의 x방향 성분을 일반적으로 u라 표시하기 때문에 유동방향이 x축과 나란할 경우 이를 u_∞ 혹은 U_∞로 표시하기도 한다. 유체의 속도는 물체 표면에서 영(점착 조건)이고, 표면에서 멀리 떨어진 곳에서는 자유흐름의 값을 갖는데, 이때 하첨자 "∞"는 물체의 존재가 더 이상 감지되지 않는 거리에서의 값을 나타낸다. 예를 들면, 건물을 지나가는 바람의 예에서 보듯이 자유흐름 속도는 위치와 시간에 따라 다를 수 있다. 그러나 일반적인 해석이나 설계에서 자유흐름 속도는 편의상 항상 **균일**하고 **정상**이라고 가정하는데, 이 장에서도 이러한 가정을 사용한다.

물체의 형상은 물체 주위 유동장에 큰 영향을 미친다. 어떤 물체가 매우 길고, 단면이 일정하며, 유동방향이 그 물체에 수직일 때, 그 물체 주위의 유동을 **2차원**이라고

그림 11-1
일상에서 흔히 관찰되는 물체 주위의 유동.
(a) Corbis RF; (b) © Imagestate Media/John Foxx RF; (c) © IT Stock/age fotostock RF;
(d) © Corbis RF; (e) © StockTrek/Superstock RF;
(f) © Corbis RF; (g) © Roy H. Photography/Getty Images RF

Long cylinder (2-D)
(*a*)

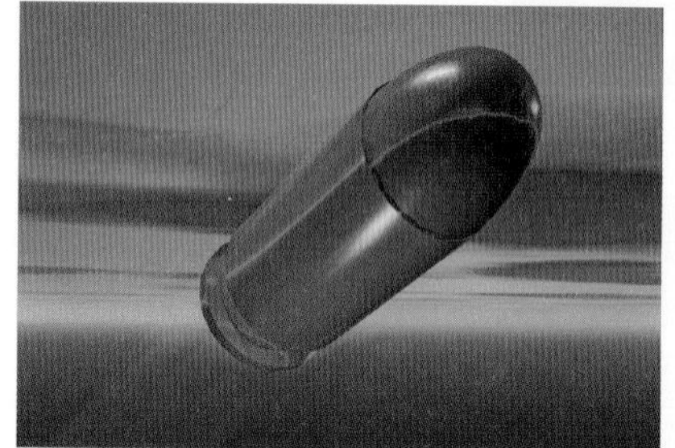
Bullet (axisymmetric)
(*b*)

Car (3-D)
(*c*)

그림 11-2
2차원, 축대칭과 3차원 유동.
(a) Photo by John M. Cimbala; (b) © Corbis RF (c) © Hannu Liivaar/Alamy RF

한다. 긴 파이프 주위로, 축에 수직으로 부는 바람이 2차원 유동의 한 예이다. 이러한 경우 파이프 축 방향의 속도 성분은 영이며, 따라서 속도는 2차원이다.

끝단효과(end effect)를 무시할 정도로 물체가 충분히 길고 접근하는 유동이 균일할 때, 2차원 유동으로 생각할 수 있다. 유동을 단순화할 수 있는 또 다른 경우는 물체가 유동방향 축에 대하여 회전 대칭성을 가질 때이다. 이러한 경우도 2차원이며, 특히 **축대칭**(axisymmetric)이라고 한다. 공기를 가르고 날아가는 총알의 경우가 이러한 축대칭 유동의 한 예이다. 이 경우 속도는 축방향 거리 x와 반경방향 거리 r에 따라 달라진다. 자동차 주위의 유동처럼 2차원 혹은 축대칭으로 볼 수 없는 유동은 **3차원**이다(그림 11-2).

또한 물체 주위 유동을 **비압축성 유동**(예를 들면, 자동차, 잠수함, 빌딩 주위의 유동)과 **압축성 유동**(예를 들면, 고속 항공기, 로켓, 미사일 주위의 유동)으로 나눌 수 있다. 압축성 효과는 낮은 유동 속도(마하수가 0.3보다 작은 유동)일 때는 무시되며, 이러한 유동은 큰 오차 없이 비압축성으로 취급할 수 있다. 압축성 유동은 12장에서 다루게 되는데, 자유표면(free surface) 아래 물체가 일부 잠겨 있는 유동(예를 들면, 물 위를 움직이는 배)은 본 교재의 범위를 벗어난다.

유동장 내에 있는 물체는 물체의 전체적인 형상에 따라 **유선형**(streamlined) 또는 뭉툭한 형으로 구분될 수 있다. 유동장의 예상 유선 형태에 의도적으로 물체의 형상을 맞출 때 그 물체가 유선형화(streamlined)되었다고 한다. 경주용 자동차나 비행기와 같은 유선형 물체는 일반적으로 그 외부 곡선이 매끄럽다. 반면에, 빌딩과 같은 물체는 일반적으로 유동을 막게 되는데, 이러한 물체를 **뭉툭하다**(bluff, blunt)고 한다. 유동장 내에서 유선형 물체는 더 쉽게 움직일 수 있으므로 차량이나 비행기의 설계에서 물체 형상의 유선형화는 매우 중요하다(그림 11-3).

11-2 ■ 항력과 양력

어떤 물체가 유체, 특히 액체 속을 움직일 때, 그 물체에 어떤 저항이 작용함을 경험을 통하여 잘 알고 있다. 여러분도 알다시피 물 속에서 걷기는 매우 힘이 드는데, 이는 공기의 경우에 비하여 작용하는 저항이 크기 때문이다. 또한 강한 바람으로 나무나 송전선, 심지어는 대형 트럭 등이 넘어지는 것을 보거나, 바람이 여러분 몸을 미는 힘을 느껴 본 적이 있을 것이다(그림 11-4). 달리는 차창 밖으로 손을 내밀었을 때도 같은 느낌을 경험할 수 있다. 유체는 다양한 방향으로 물체에 힘과 모멘트를 가할 수 있다. 유체가 유동방향으로 물체에 가하는 힘을 **항력**(drag)이라고 한다. 항력은 유동장에 위치한 물체에 용수철을 달고 유동방향으로 움직인 거리를 측정함으로써(즉, 용수철 저울을 이용하여 무게를 재듯이) 직접 측정할 수도 있다. 보다 정교한 항력 측정 장치로는 항력 저울(drag balance)이 있으며, 이는 스트레인 게이지가 장착된 유연한 빔을 사용하여 항력을 전자적으로 측정한다.

항력은 일반적으로 마찰과 같이 바람직하지 않은 효과이며, 따라서 이를 최소화하여야 한다. 항력의 저감은 자동차, 잠수함, 비행기 등의 연료소비 감소, 강한 바람에 대한 구조물의 안전성과 내구성 향상 그리고 소음과 진동 감소 등과 밀접한 관계가 있다. 그러나 어떤 경우 항력은 매우 유용한 효과를 제공하기도 하며, 이런 경우에 항력은 최대화되어야 한다. 예를 들어, 마찰은 자동차의 브레이크에서 "구원자" 역할을 한다. 마찬가지로 항력은 낙하산의 사용, 꽃가루의 장거리 이동, 바다에서 즐기는 파도타기, 낙엽의 느린 낙하 등을 가능하게 한다.

정지해 있는 유체 속에 잠겨 있는 물체의 표면에는 수직방향인 압력 힘만이 작용한다. 그러나 움직이는 유체의 경우 물체의 표면에는 점성 영향에 의한 점착 조건 때문에 접선방향으로 전단력이 추가로 작용한다. 일반적으로 이 두 힘 모두 유동방향의 성분을 갖는데, 이러한 압력힘과 전단력의 유동방향 성분의 합이 항력이고, 유동방향에 수직인 성분의 합을 **양력**(lift)이라고 한다.

그림 11-5에 나타난 바와 같이, 2차원 유동의 경우 압력 힘과 전단력의 합력은 유동방향과 나란한 성분인 항력과 유동방향에 수직 성분인 양력으로 나누어질 수 있다. 3차원 유동의 경우, 교재 지면에 수직방향으로 작용하는 측력(side force)이 물체에 작용한다.

이러한 유체의 힘은 모멘트를 발생시켜 물체를 회전시키기도 한다. 유동방향에 대한 모멘트를 **롤링 모멘트**(rolling moment), 양력방향에 대한 모멘트를 **요잉 모멘트**(yawing moment), 측력방향에 대한 모멘트를 **피칭 모멘트**(pitching moment)라고 한다. 자동차, 비행기, 배 등과 같이 양력-항력 면에 대하여 대칭 형상을 갖는 물체의 경우, 그리고 바람이나 파도에 의한 힘이 물체와 나란할 때는 시간평균된 측력, 요잉 모멘트, 롤링 모멘트는 존재하지 않는다. 이러한 물체에는 오직 항력과 양력, 피칭 모멘트만이 작용한다. 총알과 같이 유동과 나란한 축대칭 물체에는 오직 시간평균된 항력만이 작용한다.

표면의 미소 면적 dA에 작용하는 압력 힘과 전단력은 각각 PdA와 $\tau_w dA$이다. 2차원 유동의 경우 dA에 작용하는 미소 항력과 미소 양력은 각각 다음 두 식과 같다(그림 11-5).

$$dF_D = -P\,dA\cos\theta + \tau_w\,dA\sin\theta \tag{11-1}$$

그리고

$$dF_L = -P\,dA\sin\theta - \tau_w\,dA\cos\theta \tag{11-2}$$

여기서 θ는 dA에 외향으로 수직인 방향과 유동의 양의 방향과 이루는 각도이다. 물체에 작용하는 총 항력과 양력은 식 (11-1)과 식 (11-2)를 물체의 전체 면에 대하여 적분함으로써 구할 수 있다.

항력: $$F_D = \int_A dF_D = \int_A (-P\cos\theta + \tau_w\sin\theta)\,dA \tag{11-3}$$

그리고

양력: $$F_L = \int_A dF_L = -\int_A (P\sin\theta + \tau_w\cos\theta)\,dA \tag{11-4}$$

위 식들은 컴퓨터를 사용하여 유동을 해석할 때(15장 참조) 순 항력과 순 양력을 계산하는 데 사용하는 식들이다. 그러나 실험적 해석을 할 때는 일반적으로 압력 힘과

그림 11-3
유체 내에서 유선형 물체를 움직이는 것이 뭉툭한 물체를 움직이는 것보다 훨씬 쉽다.

그림 11-4
강한 바람에 의한 항력으로 나무, 송전선, 심지어는 사람까지 쓰러질 수 있다.

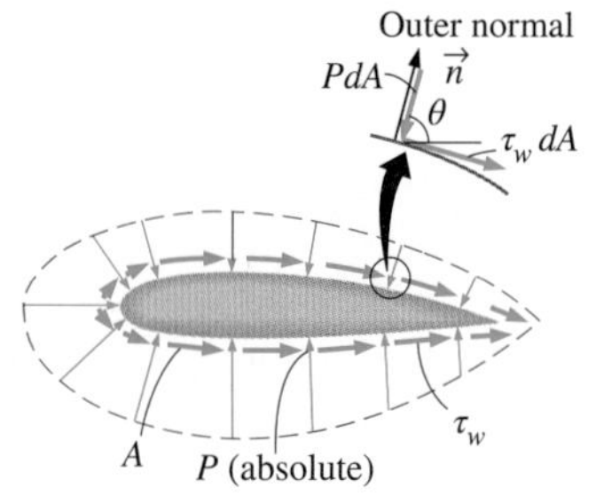

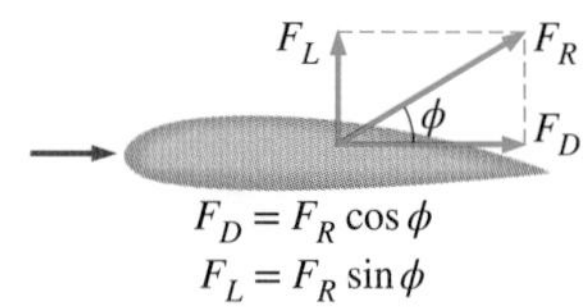

그림 11-5
2차원 물체에 작용하는 압력 힘과 점성력, 그 결과로 나타나는 양력과 항력.

전단력의 자세한 분포를 측정하기 어렵기 때문에 식 (11-3)과 식 (11-4)는 실용적이지 못하다. 다행히도 이러한 자세한 힘의 분포가 언제나 필요한 것은 아니다. 일반적으로 우리의 관심은 물체 전체에 작용하는 항력과 양력의 최종 결과인데, 이는 풍동 실험을 통하여 직접 얻을 수 있다.

식 (11-1)과 식 (11-2)는 표면마찰(벽면에서의 전단응력)과 압력이 항력과 양력에 기여하는 관계를 보여 주고 있다. 유동방향에 나란한 얇은 **평판**과 같은 특별한 경우에는 $\theta=90°$이기 때문에 항력은 벽면 전단응력에만 의존하며, 압력과는 관계가 없다. 그러나 이러한 평판이 유동방향에 수직으로 놓여 있을 때는 전단응력이 유동에 수직 방향으로 작용하고, $\theta=0°$이기 때문에 항력은 오직 압력에 의하여 결정되며, 벽면 전단응력과는 관계가 없다(그림 11-6). 만약 이러한 평판이 유동방향에 대하여 임의의 각도로 기울어져 있다면, 항력은 압력과 전단응력 모두와 관계된다.

비행기의 날개는 최소의 항력과 함께 양력을 발생시킬 수 있도록 그 형상과 위치가 결정된다. 이는 그림 11-7에 나타난 바와 같이 순항 중에 영각(또는 받음각, angle of attack)을 유지하여 얻어진다. 본 장의 후반에서 다루겠지만, 양력과 항력은 모두 이 영각과 큰 관계가 있다. 날개의 윗면과 아랫면에 작용하는 압력의 차가 날개와 그 날개에 연결된 비행기를 뜨게 하는 힘, 즉 양력을 발생시킨다. 날개와 같은 가느다란(slender) 물체의 경우, 전단력은 유동방향에 거의 나란하게 작용하며, 따라서 전단력이 양력에 미치는 영향은 작다. 이러한 가느다란 물체에 작용하는 항력은 대부분 전단력(표면마찰력) 때문이다.

항력과 양력은 여러 변수 중에서 특히 유체의 밀도 ρ, 상류 속도 V, 물체의 크기, 형상 및 방향(orientation)과 관련이 있는데, 다양한 이들 변수 조합에 대하여 양력과 항력의 크기를 단순 열거하는 것은 그리 실용적이지 않다. 그 대신에 물체의 항력과 양력의 특성을 나타내는 적절한 무차원 수를 다루는 것이 더 편리하다. 이 무차원 수들이 **항력계수** C_D와 **양력계수** C_L이며, 다음과 같이 정의된다.

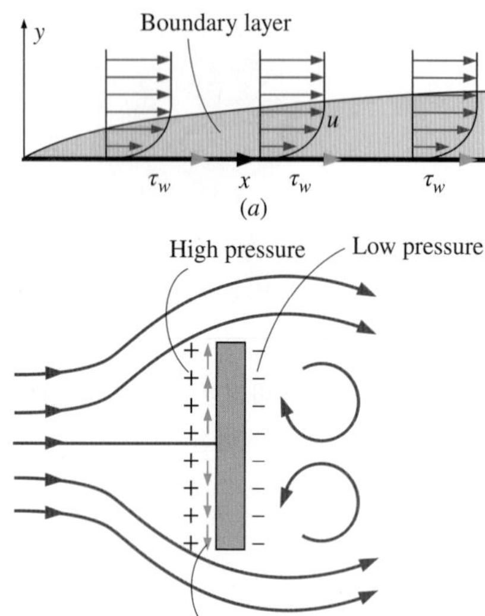

그림 11-6
(a) 유동방향과 나란한 평판의 항력은 벽면의 전단력에만 의존한다.
(b) 유동방향에 수직인 평판에 작용하는 항력은 압력에만 의존하며, 자유흐름 유동방향에 수직으로 작용하는 벽면 전단력과는 무관하다.

항력계수:
$$C_D = \frac{F_D}{\frac{1}{2}\rho V^2 A} \tag{11-5}$$

양력계수:
$$C_L = \frac{F_L}{\frac{1}{2}\rho V^2 A} \tag{11-6}$$

여기서 A는 일반적으로 물체의 **정면도면적**(frontal area, 즉 유동방향에 수직인 면에 투영된 면적)이다. 달리 말하면, A는 물체에 다가가는 유체의 흐름방향에서 보이는 물체의 면적이다. 예를 들어, 직경이 D이고 길이가 L인 원형 실린더의 정면도면적은 $A=LD$이다. 익형과 같은 얇은 물체의 양력과 항력 계산에서 A는 물체의 **평면도면적**(planform area)을 사용하는데, 이는 물체에 다가가는 유체의 흐름의 수직방향에서 보이는 물체의 면적을 뜻한다. 항력계수와 양력계수는 물체의 형상과 주로 관계되는데, Reynolds 수와 물체의 표면조도의 영향을 받기도 한다. 식 (11-5)와 (11-6)에 나타난 $\frac{1}{2}\rho V^2$ 항을 **동압**(dynamic pressure)이라고 한다.

국소 양력계수나 항력계수는 속도 경계층이 유동방향으로 변화하기 때문에 물체의 표면을 따라 달라진다. 그러나 일반적으로 물체 **전체** 표면에 대한 항력과 양력에 관심이 있으며, 이들은 평균항력계수와 평균양력계수를 이용하여 결정할 수 있다. 따라서 항력계수 및 양력계수의 국소적인 값(하첨자 x를 사용)과 평균값에 대한 관계식을 제시할 수 있다. 전체 길이 L인 물체의 국소 항력계수 및 양력계수의 관계식을 알고 있을 때, 전체 표면에서의 **평균**항력계수와 **평균**양력계수는 다음과 같은 적분의 형태로 계산된다.

$$C_D = \frac{1}{L}\int_0^L C_{D,x}\,dx \tag{11-7}$$

그리고

$$C_L = \frac{1}{L}\int_0^L C_{L,x}\,dx \tag{11-8}$$

낙하하는 물체에 작용하는 힘은 항력, 부력, 물체의 무게이다. 어떤 물체가 대기나 호수 안에서 떨어질 때, 물체는 무게 때문에 처음에는 가속한다. 그때 물체의 운동은 그 운동의 반대방향으로 작용하는 항력에 의하여 저항을 받는다. 물체의 속도가 증가함에 따라 항력도 증가한다. 이는 모든 힘이 서로 균형을 이루어 물체에 작용하는 순수 힘이 영(물체의 가속도 또한 영)이 될 때까지 계속된다. 물체의 운동 궤적에서 유체의 상태량이 변하지 않는다면 이후 물체의 속도는 낙하하는 동안 변하지 않게 된다. 이는 물체가 도달할 수 있는 최대 속도이며, 이를 **종단 속도**(terminal velocity)라고 한다(그림 11-8).

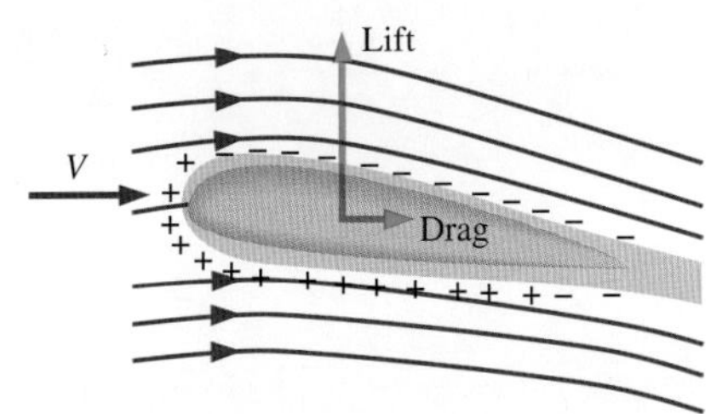

그림 11-7
비행기 날개의 형상과 위치는 항력을 최소화하면서 비행 중에 충분한 양력을 발생시키도록 설계된다. 대기압보다 큰 압력과 작은 압력이 각각 양과 음의 부호로 표시되어 있다.

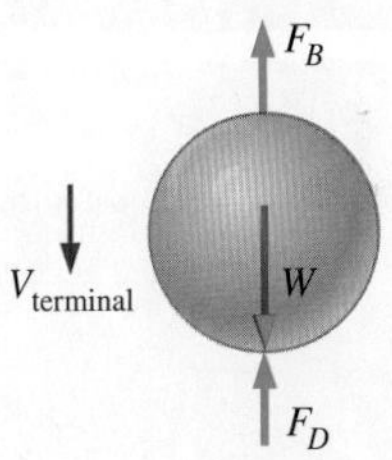

그림 11-8
자유낙하 동안 물체는 종단 속도에 이르는데, 이때 항력은 물체의 무게에서 부력을 뺀 것과 같다.

예제 11-1 자동차의 항력계수 측정

1 atm, 20 ℃, 95 km/h의 설계 조건에서 자동차의 항력계수를 큰 풍동을 이용한 실물 크기의 실험으로 얻고자 한다(그림 11-9). 자동차의 정면도면적은 2.07 m^{2}이다. 유동방향으로 차에 가해지는 힘이 300 N으로 측정될 때, 이 차의 항력계수를 구하라.

풀이 풍동에서 자동차에 작용하는 항력이 측정될 때, 시험 조건에서 차의 항력계수를 구하고자 한다.

가정 **1** 공기의 유동은 정상, 비압축성이다. **2** 풍동의 단면은 차를 지나는 자유 유동을 모사하기에 충분히 크다. **3** 실제 주행 환경과 근사시키기 위하여 풍동의 바닥은 공기와 같은 속도로 움직이거나 혹은 그 영향을 무시할 수 있다.

상태량 1 atm, 20 ℃에서 공기의 밀도는 $\rho = 1.204$ kg/m^{3}이다.

해석 차체에 작용하는 항력과 항력계수는 다음과 같이 주어진다.

$$F_D = C_D A\frac{\rho V^2}{2} \quad \text{그리고} \quad C_D = \frac{2F_D}{\rho A V^2}$$

여기서 A는 정면도면적이다. 주어진 값들을 대입하고 1 m/s = 3.6 km/h임을 이용하면, 자동차의 항력계수는 다음과 같이 얻어진다.

$$C_D = \frac{2\times(300\text{ N})}{(1.204\text{ kg/m}^3)(2.07\text{ m}^2)(95/3.6\text{ m/s})^2}\left(\frac{1\text{ kg}\cdot\text{m/s}^2}{1\text{ N}}\right) = \mathbf{0.35}$$

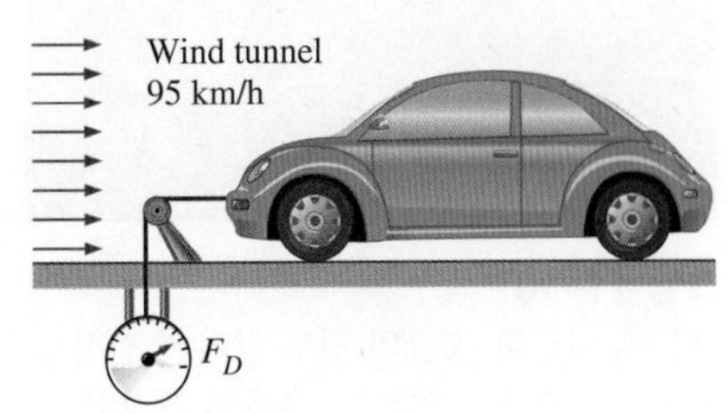

그림 11-9
예제 11-1에 대한 개략도.

토의 항력계수는 설계 조건에 의존하며, 그 값은 Reynolds 수와 같은 조건이 변화하면 달라질 수 있다. 따라서 어떤 차량에 대하여 제시된 항력계수는 주행 조건이 역학적상사 조건에 있거나 Reynolds 수와의 독립성(7장 참조)이 확인될 때 서로 비교될 수 있다. 따라서 표준적인 실험 절차의 개발이 중요하다.

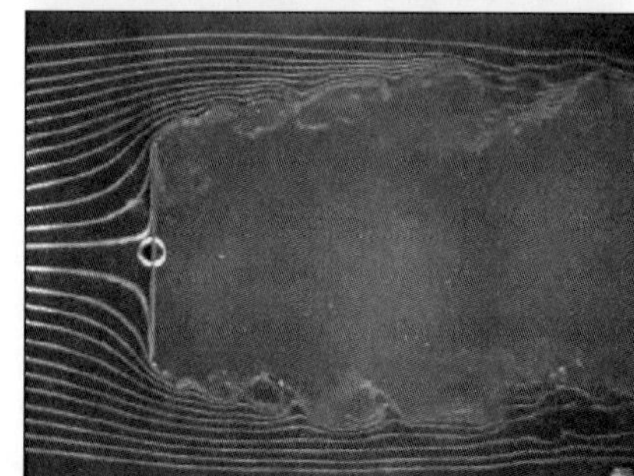

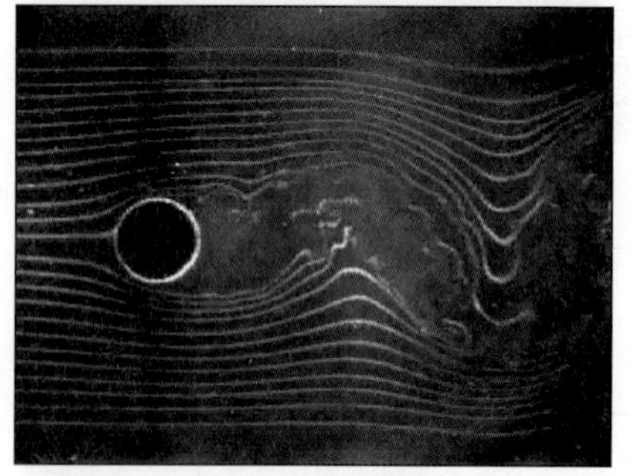

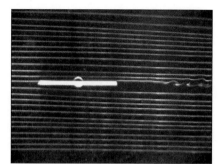

그림 11-10
유동에 나란한 평판의 경우 항력은 전적으로 **마찰항력**에 기인한다. 유동에 수직인 평판의 경우 항력은 압력항력에 기인한다. 그리고 유동에 수직한 실린더의 경우 항력은 두 가지(그러나 대부분 **압력항력**) 모두에 의존한다. 총 항력계수 C_D는 평행 평판의 경우 가장 낮으며, 수직 평판의 경우 가장 높고, 실린더의 경우는 그 중간이다(그러나 수직 평판의 경우와 거의 비슷하다).
From G. M. Homsy et al., "Multi-Media Fluid Mechanics," Cambridge Univ. Press (2001). Image © Stanford University (2000). Reprinted by permission.

11-3 ■ 마찰항력과 압력항력

11-2절에서 언급하였듯이, 항력은 벽면 전단응력과 압력의 복합 작용에 의하여 유체가 물체에 유동방향으로 가하는 순 힘이다. 가끔 이 두 가지 효과(전단응력과 압력)를 구분하여 다루는 것이 좋다.

항력의 일부는 벽면 전단응력 τ_w에 의한 것인데, 이는 마찰 효과에서 비롯되기 때문에 이를 **표면마찰항력**(skin friction drag 혹은 그냥 **마찰항력**, $F_{D,\ \text{friction}}$)이라 하고, 압력 P에 의하여 나타나는 항력을 압력항력[pressure drag, 이는 물체의 형상에 크게 의존하므로 **형상항력**(form drag)이라고도 한다]이라고 한다. 마찰항력계수와 압력항력계수는 다음과 같이 정의된다.

$$C_{D,\ \text{friction}} = \frac{F_{D,\ \text{friction}}}{\frac{1}{2}\rho V^2 A} \qquad \text{그리고} \qquad C_{D,\ \text{pressure}} = \frac{F_{D,\ \text{pressure}}}{\frac{1}{2}\rho V^2 A} \tag{11-9}$$

마찰항력계수와 압력항력계수(같은 면적 A에 기준한) 또는 마찰항력과 압력항력의 값을 알면, 이들을 단순히 합하여 다음과 같이 총 항력계수 또는 총 항력을 얻을 수 있다.

$$C_D = C_{D,\ \text{friction}} + C_{D,\ \text{pressure}} \qquad \text{그리고} \qquad F_D = F_{D,\ \text{friction}} + F_{D,\ \text{pressure}} \tag{11-10}$$

마찰항력은 벽면 전단력의 유동방향 성분이며, 따라서 벽면 전단응력 τ_w의 크기뿐만 아니라 물체의 방향과도 관련이 있다. 유동방향에 수직으로 놓인 평판의 경우 마찰항력은 영이며, 유동방향에 나란하게 놓인 평판의 경우에 마찰항력이 **최대**가 되는데, 이 경우 마찰항력은 평판 표면에 작용하는 총 전단력과 같다. 그러므로 평판 표면과 평행한 유동의 경우, 항력계수는 **마찰항력계수** 또는 단순히 **마찰계수**(friction coefficient)와 같다. 마찰항력은 유체의 점성과 밀접한 관계가 있으며, 점성이 커지면 증가한다.

Reynolds 수는 유체의 점성과 반비례한다. 따라서 뭉툭한 물체의 경우 마찰항력이 총 항력에서 차지하는 비율은, 높은 Reynolds 수 유동의 경우에는 매우 작아 무시할 수 있으며, 이때 항력은 대부분 압력항력에 의하여 나타난다. 낮은 Reynolds 수에서는 대부분의 항력이 마찰항력이며, 익형과 같이 유선형 물체의 경우에는 더 그러하다. 마찰항력은 또한 그 물체의 표면적에 비례한다. 따라서 표면적이 큰 물체는 보다 큰 마찰항력을 받는다. 예를 들어, 대형 상용 비행기는 순항 고도에 도달하면 연료 소모를 줄이기 위하여 날개의 일부를 접어 비행기의 전체 표면적을 줄여 항력을 감소시킨다. 마찰항력계수는 층류 유동의 경우 **표면조도**와 무관하지만, 난류 유동의 경우에는 거친 표면 부분이 경계층 밖으로 튀어나올 수 있어 표면조도와 매우 밀접한 관련이 있다. **마찰항력계수**는 8장에서 소개된 파이프 유동에서의 **마찰계수**(friction factor)와 유사하며, 그 값은 유동의 조건에 따라 달라진다.

압력항력은 물체의 정면도면적에 비례하고 또한 물체의 전면과 후면 사이의 압력 차와 비례한다. 그러므로 뭉툭한 물체에서는 압력항력이 대부분이고, 익형과 같은 유선형 물체에서는 압력항력이 작으며, 유동에 나란한 얇은 평판의 경우에는 압력항력이 영이다(그림 11-10). 압력항력은 유체가 물체의 곡면을 따라가지 못할 정도로 유체의 속도가 빨라서 유체가 물체 표면으로부터 **박리**되어 물체의 후방에 낮은 압력 영역이 형성되는 경우에 가장 크게 된다. 이 경우 압력항력은 물체의 전면과 후면 사이에서 나타나는 큰 압력 차이에 기인한다.

유선형화를 통한 항력저감

항력을 줄이기 위하여 처음 떠오르는 생각은 물체의 형상을 유선형으로 하여 유동 박리를 줄이고, 그에 따라 압력항력을 줄이는 것이다. 자동차 판매원들조차도 그들이 파는 자동차가 유선형화로 인하여 항력계수가 낮다고 홍보하기도 한다. 그러나 유선형화는 압력항력과 마찰항력에 상반된 영향을 미친다. 유선형화는 경계층 박리를 지연시켜서 물체의 전후방 사이에서 나타나는 압력차를 줄이고, 결과적으로 압력항력을 감소시키는 한편, 물체의 표면적이 넓어짐으로써 마찰항력을 증가시킨다. 최종 결과는 어떤 효과가 지배적이냐에 따라 달라진다. 그러므로 물체의 항력을 감소시키기 위한 최적화 연구를 할 때는 이 두 가지 효과를 같이 고려해야 하며, 그림 11-11에 나타난 바와 같이 두 힘의 **합**을 최소화하도록 해야 한다. 그림 11-11에 나타난 경우에는 $D/L = 0.25$에서 총 항력이 최소가 되고 있다. 그림 11-11에 나타난 유선형 물체와 동일한 두께를 갖는 원형 실린더의 경우 항력계수는 거의 5배 정도로 크게 나타난다. 따라서 실린더형 구조물은 적절한 유선형 덮개(fairing)을 이용하면 항력을 1/5 정도로 줄일 수 있다.

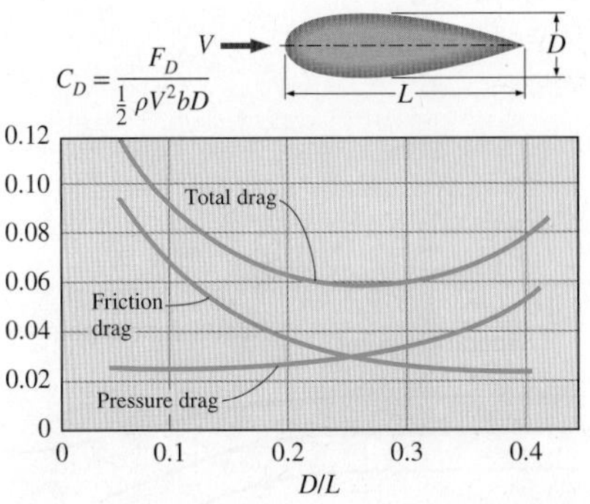

그림 11-11
Re $=4\times10^4$의 경우, 두께 대 코드 길이 비의 변화에 따른 2차원 유선형 지주의 마찰항력계수, 압력항력계수, 총 항력계수의 변화. 여기서 익형과 기타 얇은 물체의 C_D는 정면도면적(b는 2차원 물체의 폭, bD)이 아닌 **평면도**면적(bL)에 기준한다.
Data From Abbott and von Doenhoff (1959).

유선형화가 항력계수에 미치는 효과를 서로 다른 종횡비 L/D(그림 11-12에 나타난 바와 같이 L은 유동방향의 길이, D는 두께)를 갖는 긴 타원형 실린더를 예로 들어 설명해 보자. 항력계수는 이 타원형 물체가 얇아짐에 따라 급격히 감소한다. 특히 $L/D = 1$(원형 실린더)인 경우, 해당 Reynolds 수에 대하여 항력계수는 $C_D \cong 1$이다. 종횡비가 감소하고 실린더가 평판과 유사하게 되면서 항력계수는 1.9로 증가하는데, 이 값은 유동에 수직인 평판의 항력계수의 값과 같다. 또한 종횡비가 4보다 커지면 항력계수 곡선은 거의 변하지 않는다. 따라서 주어진 직경 D에 대하여 종횡비가 약 $L/D \cong 4$인 타원형 물체가 총 항력계수와 길이 L 사이의 좋은 타협점이 될 수 있다. 높은 종횡비에서 항력계수가 감소되는 이유로는 주로 경계층이 표면에 좀 더 길게 부착되어 압력회복이 나타나기 때문이다. 종횡비가 4보다 크거나 같은 타원형 실린더에서의 압력항력은 무시할 수 있다(해당하는 Reynolds 수에서 총 항력의 2%보다 작음).

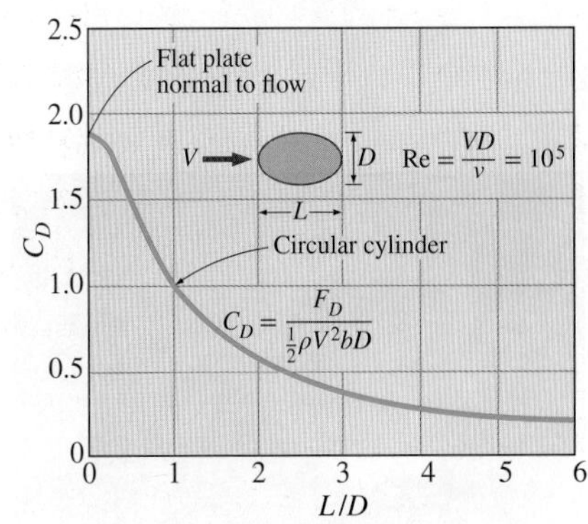

그림 11-12
종횡비에 따른 긴 타원형 실린더의 항력계수의 변화. 여기서 C_D는 b가 2차원 물체의 폭일 때 정면도면적 bD에 기준한다.
Data From Blevins (1984).

타원형 실린더가 납작해지면서(즉, L은 일정하고, D가 줄어짐), 종횡비 증가에 따라 항력계수는 증가하기 시작하고, $L/D \to \infty$(즉, 타원형 물체가 유동에 나란한 평판과 유사하게 됨)에 따라 무한대로 다가간다. 이는 C_D의 정의에서 분모에 나타나는 정면도면적이 영으로 다가가기 때문이다. 이는 물체가 납작해짐에 따라 항력이 급격히

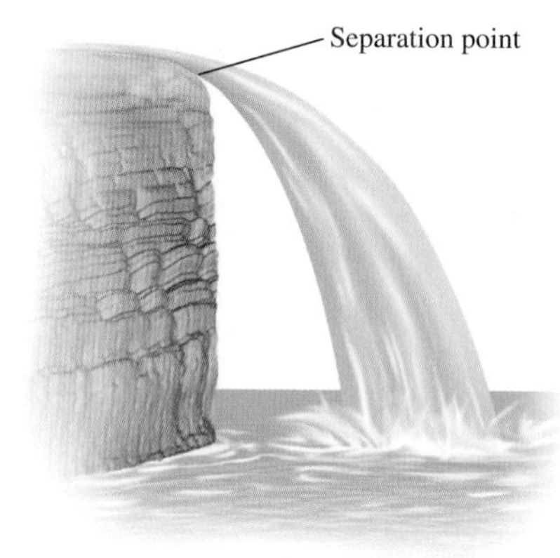

그림 11-13
폭포에서의 유동 박리.

증가함을 의미하는 것이 결코 아니며(실제로, 항력은 감소한다), 얇은 익형이나 평판과 같이 얇은 물체에 대하여 항력 관계식을 적용할 때 정면도면적을 사용하는 것이 부적절함을 의미한다. 이러한 경우, 항력계수는 **평면도면적**(planform area)을 기준으로 정의되며, 이는 유동에 나란한 평판의 경우 단순히 평판의 한쪽(상부 또는 하부)의 표면적이다. 얇은 물체의 경우 항력은 거의 표면적에 비례하는 마찰항력이기 때문에 이러한 접근이 타당하다.

유선형화는 **진동과 소음을 줄이는** 추가적인 이점이 있다. 유선형화는 유동 박리의 가능성이 높은 고속의 유동(즉, 높은 Reynolds 수) 내에 있는 뭉툭한 물체에 대해서만 고려되어야 한다. 10장에서 설명한 바와 같이, 일반적으로 낮은 Reynolds 수 유동(즉, Re<1인 크리핑 유동)인 경우에는 유선형화를 고려할 필요가 없다. 그 이유는 크리핑 유동의 경우 항력은 오직 마찰항력에만 기인하고, 따라서 유선형화는 오히려 표면적을 증가시켜 총 항력을 크게 하기 때문이다. 따라서 경솔한 유선형화는 항력을 줄이는 대신 오히려 늘릴 수 있다.

유동 박리

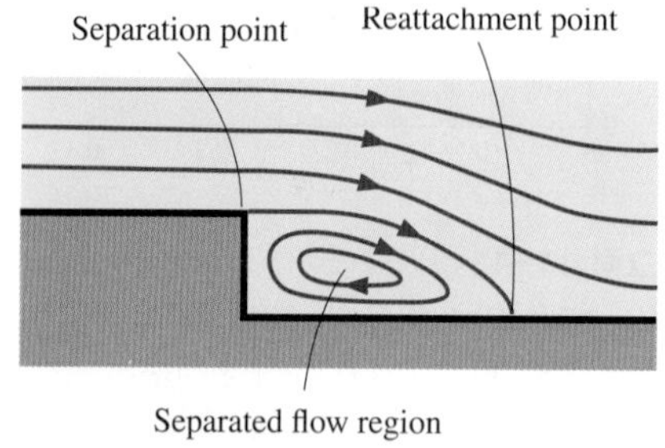

그림 11-14
후향 계단(backward facing step)에서 벽면을 따라 나타나는 유동 박리.

시골길을 운전할 때, 급커브 지점에서는 차가 전복되는 것을 막기 위하여 일반적으로 속도를 줄이는 것이 안전하다. 많은 운전자들이 과속 상태에서 이러한 급회전을 할 때 자동차가 잘 조종되지 않았던 오싹한 경험이 있을 것이다. 이를 도로에서 발생하는 "자동차의 박리" 현상으로 생각할 수 있다. 이러한 현상은 빠른 속도의 차량이 언덕 구간에서 갑자기 점프할 때에도 관찰될 수 있다. 저속에서는 차량의 바퀴가 항상 도로 면과 부착된 상태를 유지하지만, 고속에서는 차량이 도로의 곡선을 따라 움직이기에 지나치게 빠를 수 있고, 이때 언덕 구간에서 점프를 하면서 도로 면과의 접촉을 잃을 수 있다.

유체가 빠른 속도로 곡면을 지날 때도 유사하다. 곡면의 오름 부분인 전면부에서 유체는 아무런 문제없이 흐르는 데 반하여, 내리막 부분인 후면부에서는 표면에 부착된 상태를 유지하기 어려울 수 있다. 매우 빠른 속도에서는 유체의 흐름이 물체의 표면으로부터 이탈되는데, 이를 **유동 박리**(flow separation, 그림 11-13)라고 한다. 유동은 액체나 기체 내부에 완전히 잠겨 있는 물체의 표면에서도 박리될 수 있다(그림 11-14). 박리되는 지점의 위치는 Reynolds 수, 표면조도, 자유흐름의 변동(fluctuation) 등과 같은 몇 가지 요인들과 관계되는데, 날카로운 모서리나 고체 표면의 갑작스러운 변화를 제외하고는, 이러한 박리 위치를 정확히 예측하기는 일반적으로 어려운 경우가 많다.

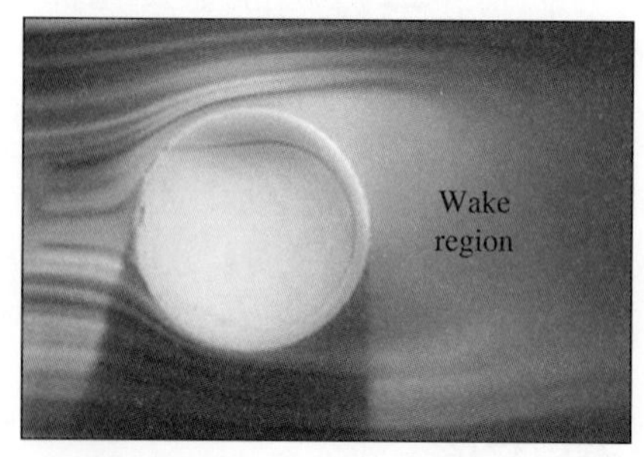

그림 11-15
테니스공 주위 유동에서의 유동 박리와 후류 영역.
NASA and the Cislunar Aerospace, Inc.

유체가 물체로부터 박리될 때, 물체와 유동 사이에는 박리 영역이 형성된다. 재순환과 역류가 발생하는 이러한 물체 후방의 낮은 압력 영역을 **박리 영역**(separated region)이라고 한다. 이러한 박리 영역이 커질수록 압력항력은 커지게 된다. 유동 박리는 물체 먼 하류까지 영향을 미치며, 그 영향을 받은 영역의 속도는 상류 속도에 비하여 감소하게 된다. 이와 같이 물체로 인하여 속도가 영향을 받는 물체 후방의 유동 영역을 **후류**(wake)라고 한다(그림 11-15). 박리 영역은 두 유동 흐름이 재부착될 때 끝나게 된다. 그러므로 박리 영역은 닫힌 체적을 가지는 반면, 후류는 후류 영역에서의 유체가 속도를 회복하여 속도 분포가 다시 거의 균일하게 될 때까지 물체 후방으로 계속 발달된다. 이때 나타나는 점성과 회전 효과는 경계층, 박리 영역, 후류에서 매우 중요하다.

뭉툭한 물체에서만 박리가 발생되는 것은 아니다. 비행기 날개와 같은 유선형 물체도 영각(또는 받음각)이 충분히 클 경우(대부분의 익형의 경우 약 15° 이상), 완전한 박리가 날개 뒷면 전체에 나타날 수 있다. 이때 **영각**(angle of attack)이란 날개의 **코드**(chord, 날개의 앞전과 뒷전을 잇는 선)가 유입되는 유체흐름과 이루는 각도를 나타낸다. 날개 윗면에서 나타나는 유동 박리는 양력을 급격히 감소시키고, 비행기가 **실속**(stall)되게 할 수도 있다. 많은 항공기 사고와 터보기계의 효율 감소에는 이 실속이 관련되어 있다(그림 11-16).

항력과 양력은 물체의 형상과 밀접한 관계가 있으며, 물체의 형상 변화를 가져오는 어떠한 효과도 항력과 양력에 큰 영향을 미치게 된다. 예를 들어, 비행기 날개 표면에 눈이 적체되거나 얼음이 형성되면 날개의 형상이 변화되어 양력이 크게 감소될 수 있다. 이러한 현상 때문에 많은 비행기들이 고도를 잃고 충돌하거나 이륙을 포기하기도 한다. 따라서 기상이 나쁠 때에는 이륙 전에 비행기의 주요 부분에 적체된 얼음이나 눈을 점검하는 것이 일반적인 안전검사 과정에 포함되어 있다. 이러한 검사과정은 항공 적체로 이륙 전 활주로에서 오랜 시간 동안 대기했던 비행기의 경우에 특히 중요하다.

유동 박리로부터 비롯되는 중요한 결과는 **와류**(vortex)라고 하는 회전하는 유체가 후류 영역에서 형성되어 흘려지는(shedding) 것이다. 이러한 와류가 하류에서 주기적으로 발생되는 것을 **와흘림**(vortex shedding)이라고 한다. 이러한 현상은 $\text{Re} \gtrsim 90$인 긴 실린더나 구 주위에서 나타난다. 이러한 와류가 물체 근처에서 발생시키는 진동은 와류의 주기가 물체의 고유진동수와 가까울 경우 물체를 위험한 수준까지 공진시킬 수 있다. 따라서 비행기의 날개나 강한 바람이 부딪치는 현수교 등과 같이 높은 속도의 유동에 노출된 장치는 이러한 공진현상을 피할 수 있도록 설계되어야 한다.

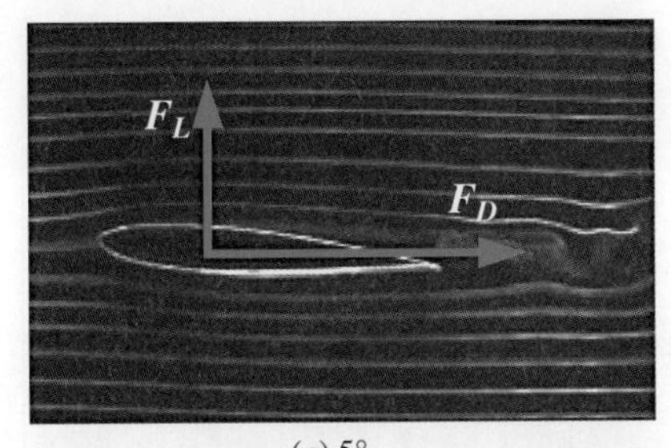

(*a*) 5°

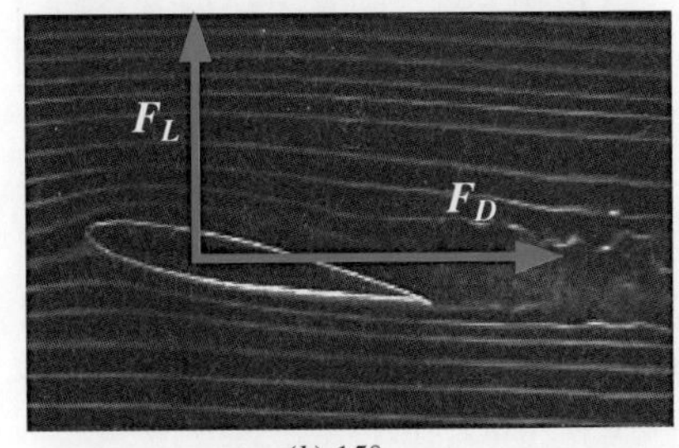

(*b*) 15°

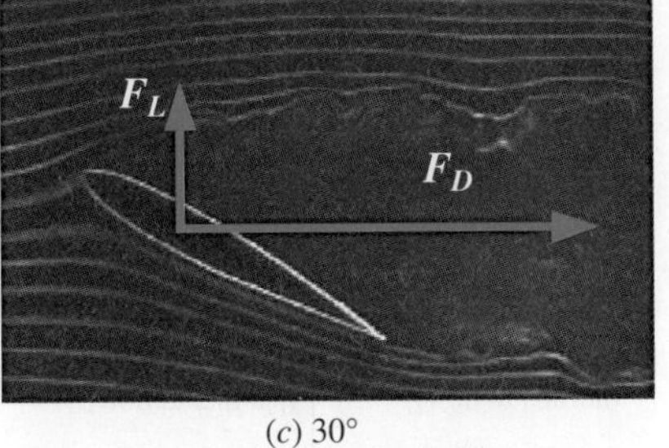

(*c*) 30°

그림 11–16
높은 영각에서는(일반적으로 15°보다 큰), 유동은 익형 윗면의 전체에서 완전히 박리되고, 이때 항력은 급격히 감소되어 익형이 실속한다.
From G. M. Homsy et al., "Multi-Media Fluid Mechanics," Cambridge Univ. Press (2001). Image © Stanford University (2000). Reprinted by permission.

11–4 ■ 일상적인 형상의 항력계수

항력의 개념은 일상생활에서 중요한 의미를 가지며, 다양한 자연·인공적인 물체들의 항력 특성은 해당 조건에서 측정된 항력계수로 나타낼 수 있다. 항력은 두 가지 서로 다른 효과(마찰과 압력)에 의하지만, 일반적으로 이를 분리해서 결정하기란 어려운 경우가 많다. 게다가, 대부분의 경우 개별 항력보다는 **총** 항력이 더 큰 관심이며, 따라서 항상 총 항력계수가 자주 쓰인다. 항력계수의 결정은 많은 연구(대부분 실험적)의 주제가 되어 왔으며, 따라서 실제로 관심 대상인 다양한 형상들의 항력계수에 대한 방대한 자료가 문헌에 제시되어 있다.

일반적으로 항력계수는 **Reynolds 수**와 관계되는데, 특히 약 10^4 이하인 Reynolds 수의 경우 더 그러하다. 높은 Reynolds 수에서는 대부분 형상에서 항력계수가 거의 변하지 않는다(그림 11-17). 그 이유는 높은 Reynolds 수에서 유동이 완전 난류가 되기 때문이다. 그러나 원형 실린더나 구와 같은 둥근 물체는 이러한 경우에 해당되지

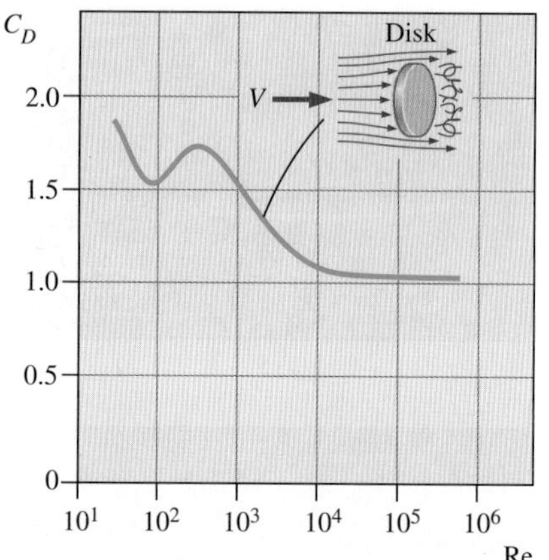

그림 11–17
대부분 형상에서(전부는 아니지만) 항력계수는 Reynolds 수가 약 10^4 이상에서는 크게 변하지 않는다.

않는데, 여기에 대해서는 이 절의 후반에서 다루고자 한다. 자료에 제시된 대부분의 항력계수는 일반적으로 높은 Reynolds 수 유동의 경우에만 적용된다.

Reynolds 수가 낮은 영역(크리핑), 중간 영역(층류), 높은 영역(난류)에서 항력계수는 각각 서로 다른 특성을 보인다. **크리핑 유동**(10장 참조)이라고 하는 낮은 Reynolds 수 유동(Re≲1)에서는 관성력이 무시할 정도로 작아 유동이 물체를 부드럽게 감싸며 흐르게 된다. 이 경우 항력계수는 Reynolds 수에 반비례하며, 이때 구의 항력계수는 다음과 같이 결정된다.

구: $$C_D = \frac{24}{\text{Re}} \qquad (\text{Re} \lesssim 1) \qquad (\text{Re} \lesssim 1) \tag{11-11}$$

따라서 낮은 Reynolds 수의 구에 작용하는 항력은 다음과 같다.

$$F_D = C_D A \frac{\rho V^2}{2} = \frac{24}{\text{Re}} A \frac{\rho V^2}{2} = \frac{24}{\rho V D/\mu} \frac{\pi D^2}{4} \frac{\rho V^2}{2} = 3\pi\mu V D \tag{11-12}$$

이를 영국의 수학자이며 과학자인 G. G. Stokes(1819-1903)의 이름을 따라 **Stokes 법칙**이라 한다. 이 관계식은 매우 낮은 Reynolds 수 유동에서 구형 물체에 작용하는 항력은 구의 직경, 유동 속도, 유체의 점성계수에 비례함을 보여 주고 있다. 이 관계식은 때로 공기 중의 먼지 입자나 물에 떠 있는 고체 입자에 적용될 수 있다.

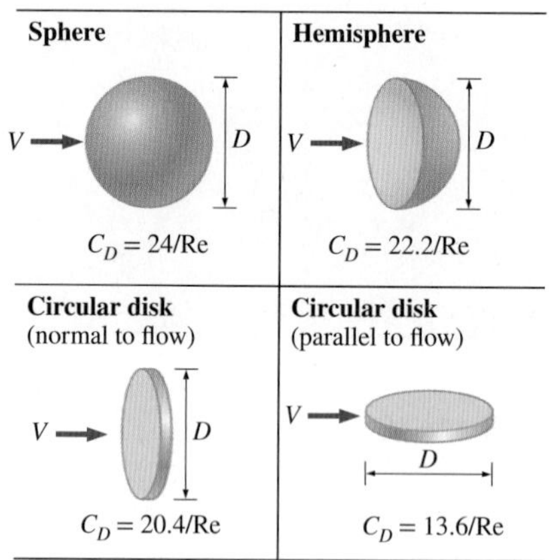

그림 11–18
낮은 Reynolds 수에서의 항력계수 C_D (Re ≲ 1, 여기서 Re$=VD/\nu$ 그리고 $A=\pi D^2/4$).

낮은 Reynolds 수 유동에서 기타 다른 형상에 대한 항력계수가 그림 11-18에 나타나 있다. 낮은 Reynolds 수에서는 물체의 형상이 항력계수에 큰 영향을 미치지 않는 것을 알 수 있다.

높은 Reynolds 수에 대하여 다양한 2차원과 3차원 물체에 대한 항력계수가 표 11-1과 표 11-2에 나타나 있다. 이 표에서 높은 Reynolds 수인 경우에 나타나는 항력계수의 몇 가지 특성을 살펴볼 수 있다. 우선, 유동**방향**에 상대적인 물체의 방향(orientation)이 항력계수에 큰 영향을 미치고 있음을 알 수 있다. 예를 들면, 반구의 항력계수는 구면이 유동방향으로 놓여 있으면 0.4이지만, 반구의 평면이 유동과 마주하면 항력계수가 1.2로, 세 배 가까이 증가한다(그림 11-19).

직사각형 블록이나 유동방향에 수직으로 세워진 평판 등과 같이 날카로운 모서리가 있는 물체 주위 유동에서는 앞면과 뒷면의 모서리에서 유동박리가 나타난다. 따라서 이런 물체들의 항력계수는 Reynolds 수에 거의 영향을 받지 않는다. 긴 사각 봉의 항력계수는 모서리를 둥글게 처리함으로써 2.2에서 1.2까지 거의 반 정도 줄일 수 있다.

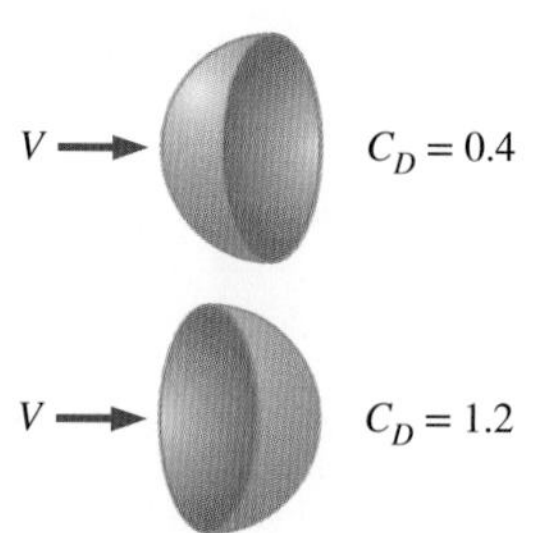

그림 11–19
물체의 항력계수는 유동방향에 대한 물체의 방향(따라서 모양)이 바뀌면서 급격히 변화될 수 있다.

생물학적 시스템과 항력

항력의 개념은 생물학적 시스템에서도 중요한 의미를 갖는다. 예를 들면, **물고기**의 몸은 특히 장거리를 빠르게 움직이는 경우(돌고래 등) 항력을 줄이기 위하여 고도로 유선형화되어 있다[돌고래의 항력계수는 접수 피부면적(wetted skin area)을 기준할 때 0.0035이며, 이는 난류 유동에서 평판의 항력계수와 거의 같다]. 따라서 잠수함을 설계할 때 큰 물고기를 모방하여 설계하는 것은 전혀 놀랄 일이 아니다. 그 반면, 환상적인 아름다움과 우아함을 가진 열대어는 짧은 거리만 움직이는데, 이때 열대어에

표 11-1

b가 지면의 수직방향 길이일 때, 정면도면적 $A=bD$에 기준하여 $\text{Re}>10^4$인 경우 다양한 2차원 물체의 항력계수 C_D(항력 $F_D=C_DA\rho V^2/2$, 여기서 V는 상류 속도)

Square rod

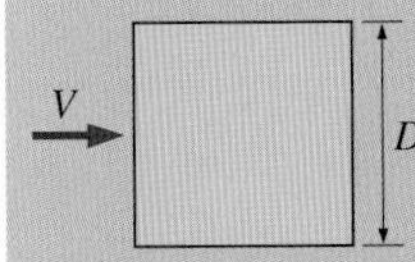

Sharp corners: $C_D = 2.2$

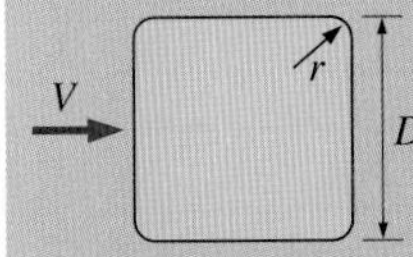

Round corners ($r/D = 0.2$): $C_D = 1.2$

Rectangular rod

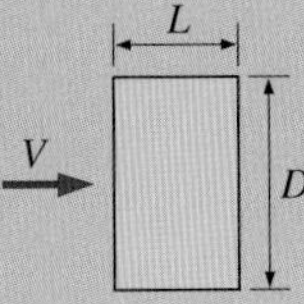

Sharp corners:

L/D	C_D
0.0*	1.9
0.1	1.9
0.5	2.5
1.0	2.2
2.0	1.7
3.0	1.3

* Corresponds to thin plate

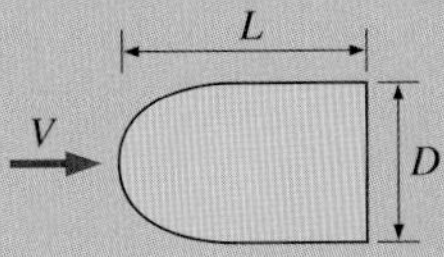

Round front edge:

L/D	C_D
0.5	1.2
1.0	0.9
2.0	0.7
4.0	0.7

Circular rod (cylinder)

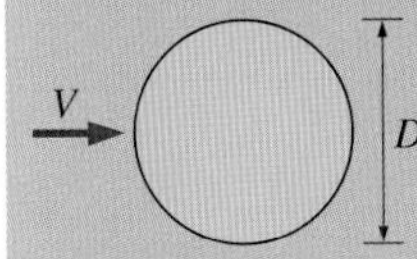

Laminar: $C_D = 1.2$

Turbulent: $C_D = 0.3$

Elliptical rod

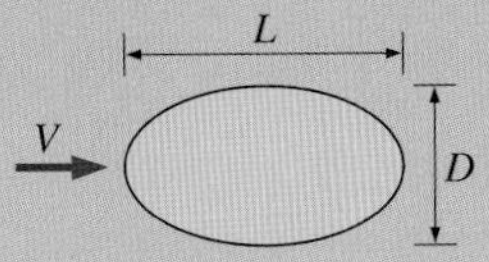

L/D	C_D Laminar	C_D Turbulent
2	0.60	0.20
4	0.35	0.15
8	0.25	0.10

Equilateral triangular rod

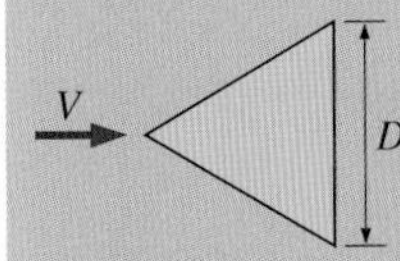

(point facing flow) $C_D = 1.5$

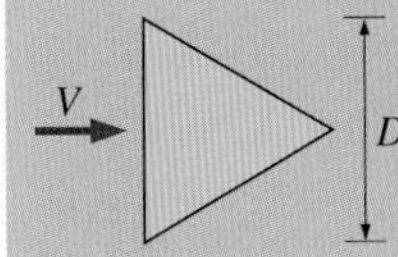

(flat side facing flow) $C_D = 2.0$

Semicircular shell

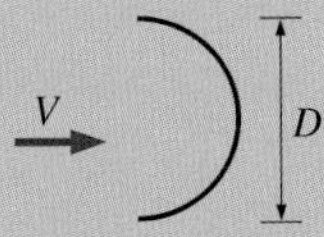

(concave side downstream) $C_D = 2.3$

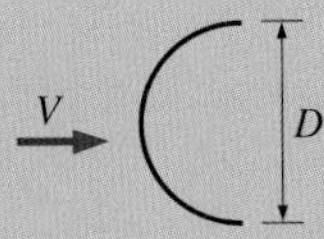

(concave side facing flow) $C_D = 1.2$

Semicircular rod

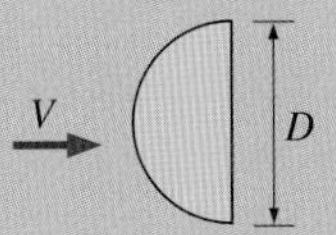

(flat side downstream) $C_D = 1.2$

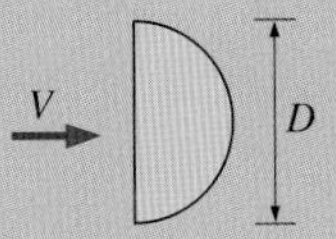

(flat side facing flow) $C_D = 1.7$

게 중요한 것은 우아함이지, 빠른 속도나 항력이 아닐 것이다. 새들 또한 날 때 부리를 앞으로 내밀고 다리를 뒤로 젖힘으로써 항력을 줄인다(그림 11-20). 비행기도 그 형체가 큰 새와 같아 보이는데, 항력과 연료 소모를 줄이기 위하여 이륙한 후 바퀴를 동체 안으로 집어넣는다.

식물의 유연한 구조는 강한 바람이 불 때 형태를 변화시킴으로써 항력을 줄일 수 있다. 예를 들어, 크고 평평한 잎들은 강한 바람에는 말려 원추 형태가 되거나 나뭇가지들은 서로 밀집되면서 낮은 항력을 받는다. 유연한 줄기는 바람에 휘어져 항력이 줄어들며, 정면도면적이 작아짐으로써 굽힘 모멘트도 작아진다.

그림 11-20
새들이 날 때, 부리를 앞으로 내밀고 다리를 뒤로 접는데, 이는 항력저감에 관한 좋은 예이다.

표 11-2

정면도면적에 기준할 때 Re > 10^4인 경우 다양한 3차원 물체의 대표적인 항력계수 C_D(항력 $F_D = C_D A \rho V^2/2$, 여기서 V는 상류 속도)

Cube, $A = D^2$

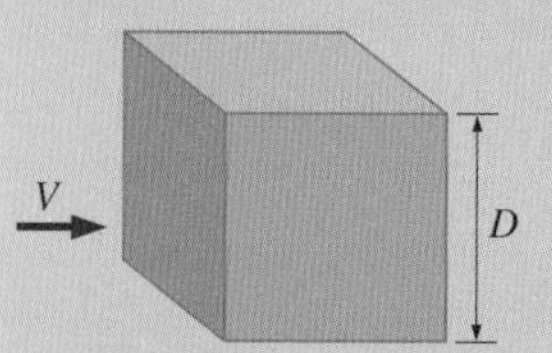

Thin circular disk, $A = \pi D^2/4$

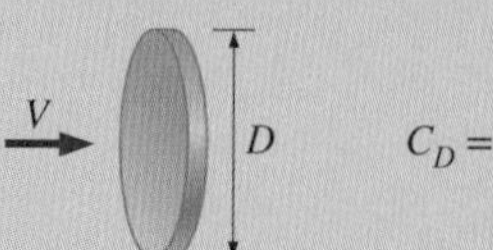

Cone (for $\theta = 30°$), $A = \pi D^2/4$

Sphere, $A = \pi D^2/4$

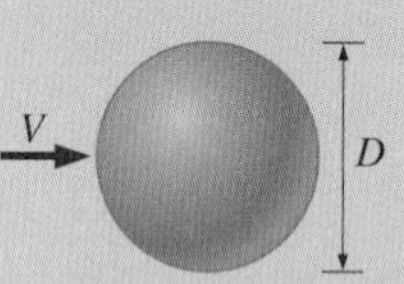

Laminar: $\mathrm{Re} \lesssim 2 \times 10^5$, $C_D = 0.5$
Turbulent: $\mathrm{Re} \gtrsim 2 \times 10^6$, $C_D = 0.2$

See Fig. 11–36 for C_D vs. Re for smooth and rough spheres.

Ellipsoid, $A = \pi D^2/4$

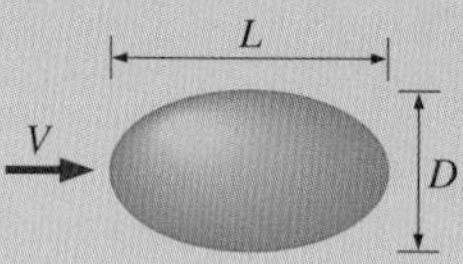

L/D	C_D Laminar $\mathrm{Re} \lesssim 2 \times 10^5$	C_D Turbulent $\mathrm{Re} \gtrsim 2 \times 10^6$
0.75	0.5	0.2
1	0.5	0.2
2	0.3	0.1
4	0.3	0.1
8	0.2	0.1

Hemisphere, $A = \pi D^2/4$

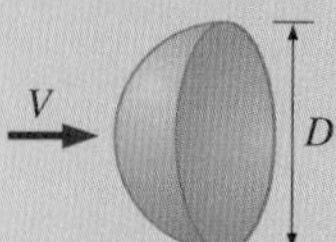

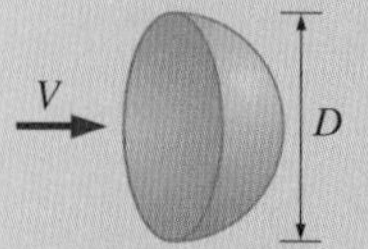

Finite cylinder, vertical, $A = LD$

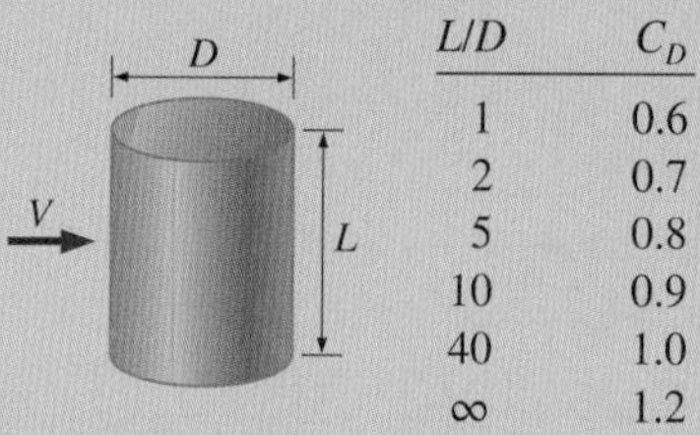

L/D	C_D
1	0.6
2	0.7
5	0.8
10	0.9
40	1.0
∞	1.2

Values are for laminar flow ($\mathrm{Re} \lesssim 2 \times 10^5$)

Finite cylinder, horizontal, $A = \pi D^2/4$

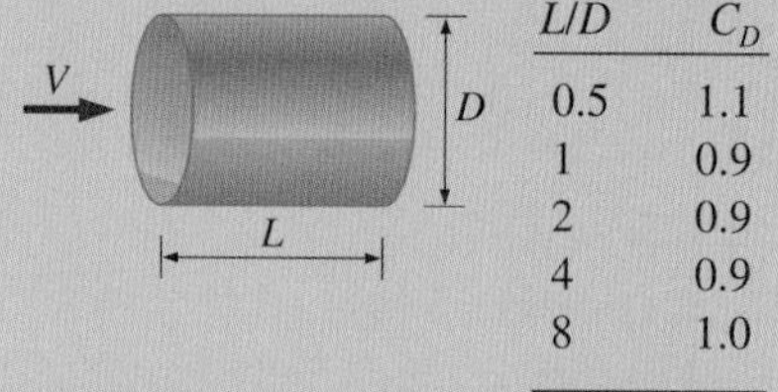

L/D	C_D
0.5	1.1
1	0.9
2	0.9
4	0.9
8	1.0

Streamlined body, $A = \pi D^2/4$

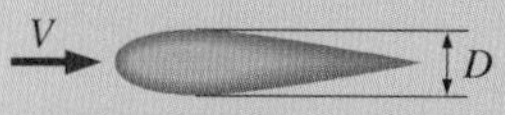

Rectangular plate, $A = LD$

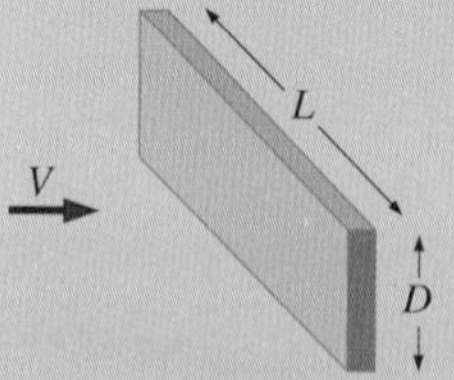

$C_D = 1.10 + 0.02\,(L/D + D/L)$
for $1/30 < (L/D) < 30$

Parachute, $A = \pi D^2/4$

Tree, A = frontal area

V, m/s	C_D
10	0.4–1.2
20	0.3–1.0
30	0.2–0.7

(*continues*)

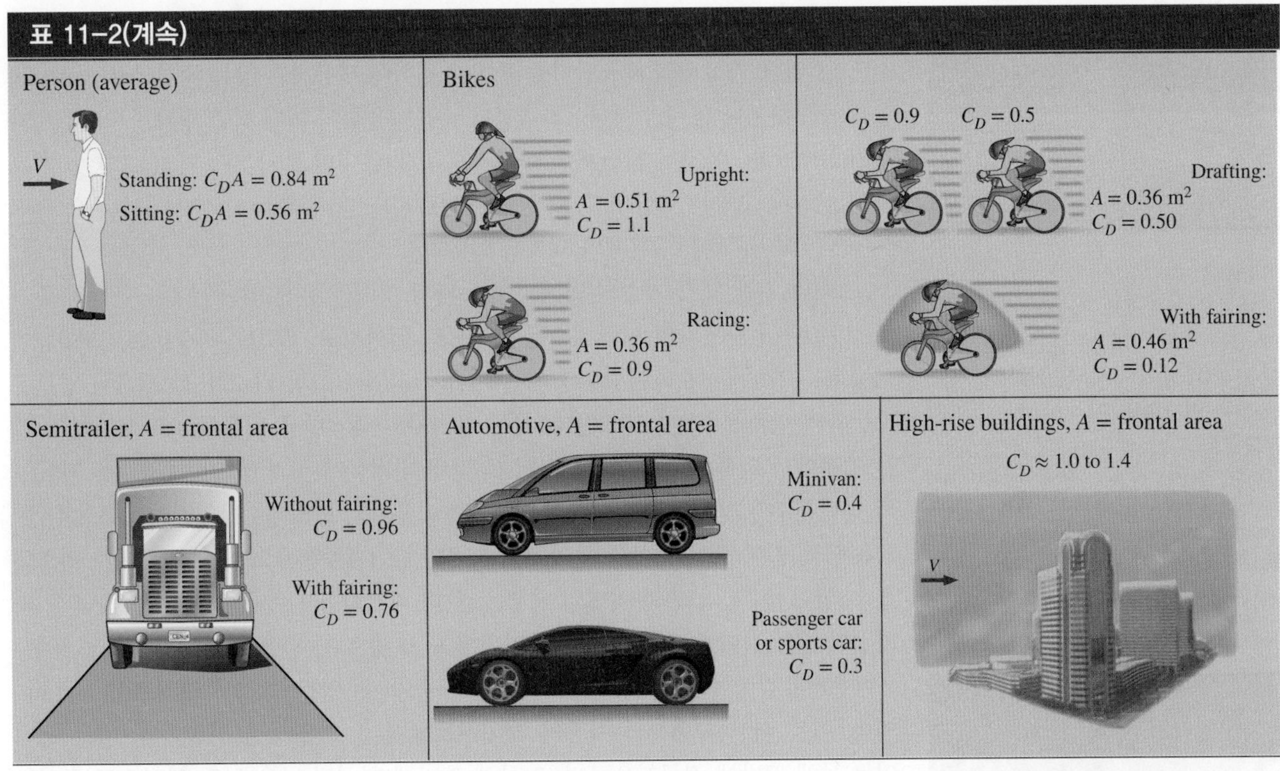

올림픽 게임에서 선수들이 항력을 줄이기 위하여 의식적인 노력을 하는 예를 많이 보았을 것이다. 100 m 달리기에서 주자들은 손가락을 뻗어 서로 붙이고 팔의 움직임이 운동방향과 나란하도록 하여 팔에서 발생하는 항력을 줄인다. 긴 머리의 수영선수들은 부드럽고 꼭 끼는 모자를 써서 머리에서 발생하는 항력을 줄인다. 또한 꼭 끼는 원피스형 수영복을 입는다. 승마기수나 경륜주자들도 그들의 몸을 가능한 앞으로 기울게 하여(정면도면적과 항력계수의 감소를 통하여) 항력을 줄인다. 이는 스키어들도 마찬가지이다.

차량의 항력계수

항력계수라는 말은 일상생활의 여러 분야에서 흔히 사용된다. 자동차 회사는 그들이 생산하는 차들의 **항력계수가 낮다**는 사실을 홍보하면서 소비자들을 유혹한다(그림 11-21). 차량의 항력계수는 대형 트레일러의 경우 1.0에서 미니밴의 경우 0.4, 승용차의 경우 0.3까지 달라진다. 일반적으로, 차량이 뭉툭할수록 항력계수는 크게 나타난다. 트레일러 전방부 상단에 유선형 덮개를 설치함으로써 트레일러의 정면 표면을 보다 유선형화시키고, 이로써 항력계수를 약 20% 줄일 수 있다. 일반적으로 고속에서 항력감소에 의한 연료 절약의 비율은 항력감소 비율의 약 반 정도이다.

그림 11-21
날렵한 모습의 Toyota Prius 모델은 항력계수가 0.26이다. 이는 승용차로서는 가장 낮은 값 중 하나이다.
© Hannu Liivaar/Alamy Stock Photo

지면이 공기유동에 미치는 영향을 무시할 경우 **차량**의 이상적인 형체는 난류에서 항력계수가 약 0.1인 **눈물방울**(teardrop)형일 것이다. 그러나 이 형태는 바퀴, 미러, 바퀴축, 문 손잡이 등과 같은 몇 가지 필요한 외부 장치물 때문에 달라질 필요가 있다. 또한 차량은 운전자가 쾌적함을 느낄 수 있을 정도로 어느 정도는 높아야 하며, 도로

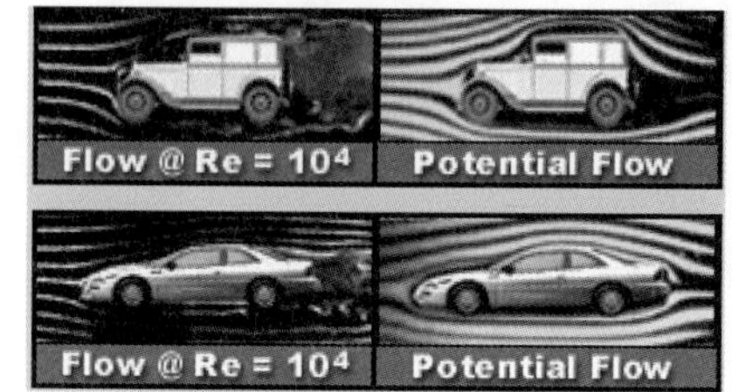

그림 11-22
공기역학적으로 설계된 최신형 자동차 주위의 유선은 후방 영역을 제외하고는 이상 포텐셜 유동(마찰이 무시되는)에서 나타나는 유선들과 비슷하며, 따라서 낮은 항력계수를 갖는다.
From G. M. Homsy et al., "Multi-Media Fluid Mechanics," Cambridge Univ. Press (2001). Image © Stanford Univ. (2000) and Sigurdur D. Thoroddsen. Reprinted by permission.

바닥과 최소한의 간격이 유지되어야 한다. 게다가, 차량은 주차를 위하여 너무 길어서도 안 된다. 재료비와 제조단가를 줄이기 위하여 사용하지 않는 체적(dead volume)을 최소화하거나 없애야 한다. 그 결과가 눈물방울형이 아닌 박스 형태를 더 닮은 자동차 모양이며, 이것이 항력계수 약 0.8인, 1920년대의 초기 자동차의 모양이다. 그 당시 이러한 모양은 차량의 속도가 낮고 연료비도 싸서, 항력이 설계에서 주요 관점이 아니었기 때문에 큰 문제가 되지를 않았다.

그러나 차체 제작 기술의 발전과 자동차의 형태와 유선형화에 대한 관심의 증가로, 1940년대 자동차의 항력계수는 0.70으로 떨어지고, 1970년대에 0.55, 1980년대에 0.45, 1990년대에 들어 0.30까지 줄어들게 되었다(그림 11-22). 잘 제작된 경주용 자동차의 항력계수는 약 0.2인데, 이는 운전자의 쾌적함을 최우선으로 고려하지 않을 경우에나 얻을 수 있다. 이론적인 C_D값의 최저한계는 약 0.1이며, 경주용 자동차의 항력계수가 약 0.2이므로, 현재 약 0.3인 승용차의 항력계수를 더 낮출 수 있는 여지는 많지 않아 보인다. 예를 들어, Mazda 3의 항력계수는 0.29이다. 트럭이나 버스의 경우, 항력계수는 앞면과 뒷면의 형체를 좀 더 최적화함으로써(예를 들면, 곡면 처리) 차량의 전체 길이를 유지한 상태로 어느 정도 낮출 수는 있을 것이다.

그림 11-23
움직이는 물체 뒤를 가까이 따라가는 물체의 항력계수는 드래프팅에 의하여 상당히 감소될 수 있다(즉, 전방의 물체에 의하여 형성된 낮은 압력 영역으로 들어가기 때문).
© Getty Images RF

여럿이 같이 움직일 때 항력을 교묘히 줄일 수 있는 방법이 **드래프팅**(drafting)인데, 이는 사이클 선수나 자동차 레이서들에게는 잘 알려진 사실이다. 이는 움직이는 물체 후방에 접근함으로써 그 물체 후방에 형성된 낮은 압력 영역으로 **끌리는**(drafted) 현상이다. 예를 들면, 경주용 자전거의 경우 표 11-2에 나타난 바와 같이 항력계수는 드래프팅에 의하여 0.9에서 0.5로 낮아질 수 있다(그림 11-23).

좋은 운전 습관을 통하여 차량의 총 항력을 줄이고, 따라서 연료 소모를 줄일 수 있다. 예를 들면, 항력은 속도의 제곱에 비례한다. 따라서 고속도로에서 제한 속도 이상으로 운전을 하면 과속 티켓을 받거나 사고가 날 확률이 높아질 뿐만 아니라, 거리당 연료 소모도 증가하게 된다. 그러므로 적당한 속도로 운전하는 것이 안전하며, 또한 경제적이다. 또한 차량 밖으로 튀어나온 물체는 그것이 운전자의 팔이라 하더라도 항력계수를 증가시킨다. 창문을 연 상태로 운전하는 것 또한 항력과 연료 소모를 증가시킨다. 고속도로 주행에서 운전자는 더운 날 창문을 연 상태로 운전하는 것보다 창문을 닫고 에어컨을 켜는 것이 연료를 더 절약할 수도 있다. 낮은 항력의 자동차의 경우 열린 창에서 발생하는 난류와 추가적인 항력이 에어컨보다 연료를 더 소모시킬 수 있으나, 높은 항력의 자동차에는 해당되지 않는다.

중첩

실제 사용되는 많은 물체들의 형태는 단순하지 않은 경우가 많다. 그러나 그러한 물체들은 두 개 이상의 단순 물체의 조합으로 간주하여 항력을 쉽게 계산할 수 있다. 예를 들어, 원봉을 이용하여 지붕 위에 설치된 위성 접시 안테나는 반구와 원통의 조합으로 생각하고 **중첩**(superposition)을 이용하여 위성 접시 안테나의 항력계수를 근사적으로 계산할 수 있다. 이러한 간단한 접근방법은 각 구성품이 서로에게 미치는 영향은 고려되지 않으므로 얻게 된 결과에는 어느 정도의 오차가 있을 수 있다.

예제 11-2 정면도면적이 자동차의 연비에 미치는 영향

자동차의 연비를 향상시키기 위한 일반적인 방법으로 항력계수와 차량의 정면도면적을 줄이는 두 가지 방법이 있다. 폭(W)과 높이(H)가 각각 1.85 m, 1.70 m이고 항력계수가 0.30인 차를 생각해 보자(그림 11-24). 차의 폭은 같게 한 채로 차의 높이를 1.55 m로 줄인 결과 연간 절약되는 연료의 양과 비용을 구하라. 자동차는 평균 속도 95 km/h로 1년에 18,000 km를 달린다고 가정한다. 가솔린의 밀도와 가격을 각각 0.74 kg/L, $0.95/L이다. 또한 공기의 밀도는 1.20 kg/m^{3}이고, 가솔린의 발열량을 44,000 kJ/kg, 엔진의 총 효율은 30%로 가정한다.

그림 11-24
예제 11-2에 대한 개략도.

풀이 재설계를 통하여 자동차의 정면도면적이 줄어들 때 연간 절약되는 연료와 비용을 구하고자 한다.

가정 **1** 자동차는 평균 속도 95 km/h로 연간 18,000 km를 달린다. **2** 정면도면적의 감소가 항력계수에 미치는 영향은 무시한다.

상태량 공기와 가솔린의 밀도는 각각 1.20 kg/m^3, 0.74 kg/L이다. 가솔린의 발열량은 44,000 kJ/kg으로 주어진다.

해석 차체에 작용하는 항력은 다음 식으로부터 얻어진다.

$$F_D = C_D A \frac{\rho V^2}{2}$$

여기서 A는 차체 정면도면적이다. 재설계 전 자동차에 작용하는 항력은 다음과 같이 얻어진다.

$$F_D = 0.3(1.85 \times 1.70 \text{ m}^2)\frac{(1.20 \text{ kg/m}^3)(95 \text{ km/h})^2}{2}\left(\frac{1 \text{ m/s}}{3.6 \text{ km/h}}\right)^2\left(\frac{1 \text{ N}}{1 \text{ kg}\cdot\text{m/s}^2}\right)$$
$$= 394 \text{ N}$$

일은 힘과 거리의 곱이므로, 이 항력을 극복하기 위하여 수행되는 일의 양과 18,000 km의 거리를 가기 위해 필요한 에너지의 양은 다음과 같다.

$$W_{\text{drag}} = F_D L = (394 \text{ N})(18{,}000 \text{ km/year})\left(\frac{1000 \text{ m}}{1 \text{ km}}\right)\left(\frac{1 \text{ kJ}}{1000 \text{ N}\cdot\text{m}}\right)$$
$$= 7.092 \times 10^6 \text{ kJ/year}$$

$$E_{\text{in}} = \frac{W_{\text{drag}}}{\eta_{\text{car}}} = \frac{7.092 \times 10^6 \text{ kJ/year}}{0.30} = 2.364 \times 10^7 \text{ kJ/year}$$

그리고 이만큼의 에너지를 공급하기 위한 연료의 양과 비용은 다음과 같이 계산된다.

$$\text{Amount of fuel} = \frac{m_{\text{fuel}}}{\rho_{\text{fuel}}} = \frac{E_{\text{in}}/\text{HV}}{\rho_{\text{fuel}}} = \frac{(2.364 \times 10^7 \text{ kJ/year})/(44{,}000 \text{ kJ/kg})}{0.74 \text{ kg/L}}$$
$$= 726 \text{ L/year}$$

$$\text{Cost} = (\text{Amount of fuel})(\text{Unit cost}) = (726 \text{ L/year})(\$0.95/\text{L}) = \$690/\text{year}$$

즉, 자동차는 항력 극복을 위하여 연간 가솔린 730 L가 소모되고, 이에 따른 총 비용은

$690이다.

항력과 이를 극복하기 위한 일은 정면도면적과 비례한다. 따라서 정면도면적의 감소에 따른 연료 소비의 백분율 감소는 정면도면적의 백분율 감소와 같다.

$$\text{감소율} = \frac{A - A_{\text{new}}}{A} = \frac{H - H_{\text{new}}}{H} = \frac{1.70 - 1.55}{1.70} = 0.0882$$

감소량 = (감소율)(전체 양)

연료 감소 = 0.0882(726 L/year) = **64 L/year**

비용 감소 = (감소율)(비용) = 0.0882($690/year) = **$61/year**

따라서 자동차의 높이를 낮춰 항력에 의한 연료 소비를 거의 9% 정도 줄일 수 있다.

토의 답은 두 자리 유효숫자로 나타내었다. 이 예제를 통하여 항력계수뿐만 아니라 자동차의 정면도면적을 줄임으로써 항력과 연료 소비를 크게 줄일 수 있음을 알 수 있다.

예제 11-2는 최근 들어 항력을 줄이기 위하여 창문 몰딩, 문 손잡이, 앞유리 그리고 자동차의 전면부와 후면부와 같은 다양한 자동차 부품들을 다시 설계하는데 엄청난 노력을 하고 있는 이유를 보여 주고 있다. 평탄한 길을 정속으로 달리는 자동차의 경우, 엔진 출력은 바퀴의 굴림마찰, 각 부품 사이의 마찰, 공기에 의한 항력을 극복하고, 기타 보조 장치를 구동시키는 데 사용된다. 저속에서 공기에 의한 항력은 무시할 만하나, 약 50 km/h 이상의 속도에서는 중요하다. 자동차의 정면도면적의 감소(아마 키가 큰 운전자는 좋아하지 않겠지만)는 항력과 연료 소모의 감소에 크게 기여할 수 있다.

11-5 ■ 평판 위의 평행 유동

그림 11-25에 나타난 바와 같이 **평판** 위를 지나는 유동을 생각해 보자. 터빈 블레이드와 같이 약간 휘어진 면은 평판으로 근사하여도 합리적 정확도를 갖는 결과를 얻을 수 있다. 이때 x 축은 판의 **앞전**(leading edge)으로부터 유동방향으로 측정된 거리이며, y축은 판의 표면으로부터 수직방향으로 측정된 거리이다. 유체는 x축 방향으로 균일한 속도 V로 평판에 접근하고 있으며, 이는 평판 표면으로부터 멀리 떨어진 곳의 속도와 같다.

논의를 위하여 유체가 평판 위에서 서로 인접해 쌓여 있는 층으로 구성되어 있다

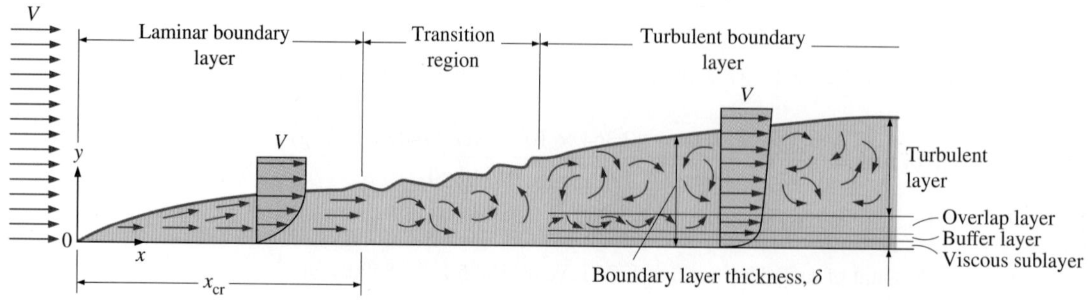

그림 11-25
평판을 지나는 유동에서 경계층의 발달과 서로 다른 유동 영역(축척에 맞게 그린 것은 아님).

고 생각하자. 판에 인접해 있는 첫 번째 층에 있는 유체의 속도는 점착 조건으로 영이다. 이 정지하고 있는 유체의 층은 속도가 다른 인접해 있는 층과의 마찰로 인하여 그 층의 속도를 감소시킨다. 이 유체의 층은 또다시 다음 위층의 속도를 감소시키고, 이러한 현상은 계속되어 평판의 수직거리 δ까지 미치다가, 그 이후 자유흐름 속도는 더 이상 변화하지 않게 된다. 그 결과, x방향 유체 속도 u는 $y=0$인 위치에서 영으로부터 $y=\delta$인 위치에서 거의 V(일반적으로 0.99 V)까지 변화한다(그림 11-26).

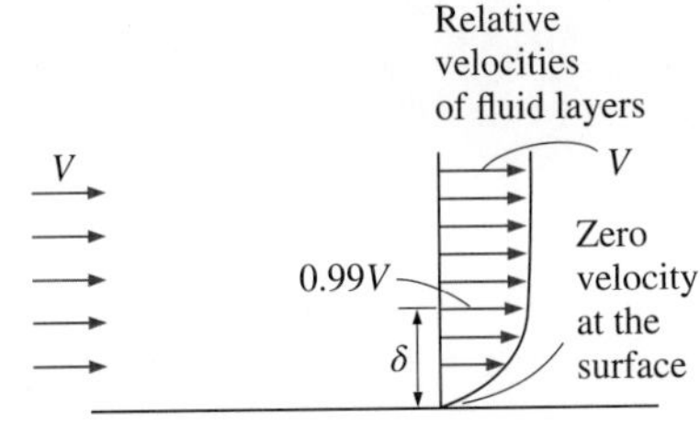

그림 11–26
표면 위의 경계층 발달은 점착 조건과 마찰에 의한다.

평판 위에서 유체의 점성에 의하여 나타나는 점성 전단력의 효과가 미치는 δ까지의 영역을 **속도 경계층**(velocity boundary layer)이라고 한다. 일반적으로 **경계층 두께** δ는 표면으로부터 $u=0.99V$가 되는 y 방향 거리로 정의한다.

평판 위의 유동은 $u=0.99V$가 되는 가상의 선을 사이로, 점성의 영향과 그에 따른 속도 변화가 크게 나타나는 **경계층 영역**(boundary layer region)과, 마찰의 효과가 무시할 정도이고 속도가 변화하지 않는 **비회전 유동 영역**(irrotational flow region)으로 구분될 수 있다.

평판 위 평행 유동의 경우 압력항력은 없으며, 따라서 항력계수는 **마찰항력계수**, 혹은 간단히 **마찰계수**와 같다(그림 11-27). 즉,

평판: $$C_D = C_{D,\,\text{friction}} = C_f \quad \textbf{(11-13)}$$

평균마찰계수 C_f가 얻어지면 표면에 미치는 항력(혹은 마찰력)은 다음과 같이 결정된다.

평판 마찰력: $$F_D = F_f = \tfrac{1}{2} C_f A \rho V^2 \quad \textbf{(11-14)}$$

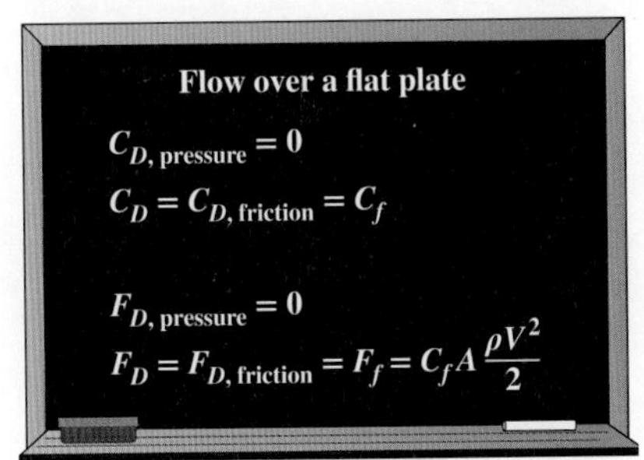

그림 11–27
평판을 지나는 평행 유동의 경우 압력항력은 없고, 따라서 항력계수는 마찰계수와 같으며, 항력은 마찰력과 같다.

여기서 A는 유동에 노출된 판의 표면적을 나타낸다. 얇은 판의 양면이 유동에 노출되는 경우에 A는 윗면과 아랫면의 면적을 합한 총 면적이 된다. 일반적으로 평균마찰계수 C_f와 국소마찰계수 $C_{f,\,x}$는 표면상의 위치에 따라 달라진다.

층류와 난류 유동의 전형적인 평균 속도 분포가 그림 11-25에 나타나 있다. 난류 유동에서 속도 분포는 층류의 경우보다 더 꽉 차 있으며(fuller), 표면 가까이에서 갑자기 속도가 감소된다. 난류 경계층은 벽면으로부터 거리에 따라 네 개의 영역으로 나누어 생각할 수 있다. 점성 영향이 절대적인 벽면 가까이 있는 얇은 층을 **점성저층**(viscous sublayer)이라고 한다. 이 층의 속도 분포는 거의 **선형**이며, 유동은 거의 평행 유동이다. 점성저층의 위에 있는 층을 **완충층**(buffer layer)이라 하는데, 여기에서는 난류의 효과가 서서히 강해지지만, 유동은 여전히 점성의 영향이 지배적이다. 완충층 위에 있는 층을 **중복층**(overlap layer)이라고 하는데, 이 영역에서는 난류의 효과가 더욱 더 강해지기는 하지만, 아직 지배적이지는 않은 상태이다. 이 층의 위를 **난류층**[turbulent layer, 혹은 **외층**(outer layer)]이라고 하는데, 여기서는 난류 영향이 점성 영향에 비하여 지배적으로 크다. 평판 위의 난류 경계층의 속도 분포는 완전발달된 난류 파이프 유동의 경우와 유사하다(8장 참조).

층류에서 난류로 변하는 천이는 **표면형상, 표면조도, 상류 속도, 표면 온도, 유체의 종류** 등과 관련되는데, 무엇보다도 Reynolds 수와 밀접한 관계가 있다. 평판의 앞전으로부터의 거리 x에서의 Reynolds 수는 다음과 같이 나타난다.

$$\mathrm{Re}_x = \frac{\rho V x}{\mu} = \frac{V x}{\nu} \tag{11-15}$$

여기서 V는 상류 속도, x는 형상의 특성 길이, 즉 평판의 경우 유동방향으로의 판 길이이다. 파이프 유동과는 달리, 평판의 경우에는 유동을 따라 Reynolds 수가 달라지고, 평판의 끝에서는 $\mathrm{Re}_L = VL/\nu$에 이르게 된다. 평판 상부 임의의 위치에서 특성길이는 앞전으로부터의 유동방향 거리 x이다.

매끄러운 평판 위를 지나는 유동의 경우, 층류에서 난류로의 천이는 $\mathrm{Re} \cong 1\times10^5$ 근처에서 시작되지만, Reynolds 수가 훨씬 높은 값, 일반적으로 3×10^6(10장 참조)에 이를 때까지 완전 난류가 되지는 않는다. 공학적인 해석에서 일반적으로 통용되는 임계 Reynolds 수는 아래와 같다.

$$\mathrm{Re}_{x,\,\mathrm{cr}} = \frac{\rho V x_{\mathrm{cr}}}{\mu} = 5 \times 10^5$$

평판에서 실제 임계 Reynolds 수는 10장에서 자세히 다룬 바와 같이 표면조도, 난류 강도, 표면의 압력 변화 등에 따라 약 10^5에서 3×10^6 사이에서 달라질 수 있다.

마찰계수

평판 위를 지나는 층류 경계층의 마찰계수는 질량과 선형운동량 보존식을 풀어서 이론적으로 구할 수 있다(10장 참조). 그러나 난류 유동의 경우는 실험적으로 구하거나 경험식으로 나타내어야 한다.

국소마찰계수는 유동방향의 속도 경계층의 변화로 인하여 평판 표면을 따라 **변화한다**. 일반적으로 **전체** 표면에서 나타나는 항력이 주된 관심사인데, 이는 평균마찰계수를 이용하여 결정될 수 있다. 그러나 가끔 어떤 특정 위치에서의 항력이 관심 대상일 수도 있으며, 이때는 **국소**마찰계수의 값을 알아야 한다. 이를 염두에 두고, 평판 위 **층류**, **난류**, **층류와 난류가 혼합된 경우**에 대한 국소마찰계수(하첨자 x를 사용)와 평균마찰계수 관계식을 제시해 보자. 국소값이 얻어지면, 전체 면에 대한 평균마찰계수는 다음과 같은 적분을 통해 구한다.

$$C_f = \frac{1}{L}\int_0^L C_{f,x}\,dx \tag{11-16}$$

평판 위를 지나는 층류 유동에서 임의의 x 위치에서의 경계층 두께와 국소마찰계수는 10장에서 다음과 같이 구한 바 있다.

층류: $$\delta = \frac{4.91x}{\mathrm{Re}_x^{1/2}} \quad \text{그리고} \quad C_{f,x} = \frac{0.664}{\mathrm{Re}_x^{1/2}} \qquad \mathrm{Re}_x \lesssim 5\times10^5 \tag{11-17}$$

난류 유동의 경우에는 다음과 같다.

난류: $$\delta = \frac{0.38x}{\mathrm{Re}_x^{1/5}} \quad \text{그리고} \quad C_{f,x} = \frac{0.059}{\mathrm{Re}_x^{1/5}} \qquad 5\times10^5 \lesssim \mathrm{Re}_x \lesssim 10^7 \tag{11-18}$$

여기서 x는 판의 앞전으로부터의 거리이며, $\text{Re}_x = Vx/\nu$는 위치 x에서의 Reynolds 수이다. 층류의 경우 $C_{f,x}$는 $1/\text{Re}_x^{1/2}$에, 즉 $x^{-1/2}$에 비례하며, 난류의 경우에는 $x^{-1/5}$에 비례한다. 두 경우 모두 $C_{f,x}$는 앞전($x=0$)에서 무한대이며, 따라서 식 (11-17)과 (11-18)은 앞전 근처에서는 쓸 수 없다. 평판을 따라 나타나는 경계층 두께 δ와 마찰계수 $C_{f,x}$의 변화가 그림 11-28에 나타나 있다. 국소마찰계수는 난류의 경우가 난류 경계층에서 나타나는 강한 혼합특성 때문에 층류의 경우보다 더 크다. 그림에 나타난 바와 같이 $C_{f,x}$는 유동이 완전 난류가 될 때 가장 큰 값을 가지다가 유동방향으로 $x^{-1/5}$에 비례하여 감소한다.

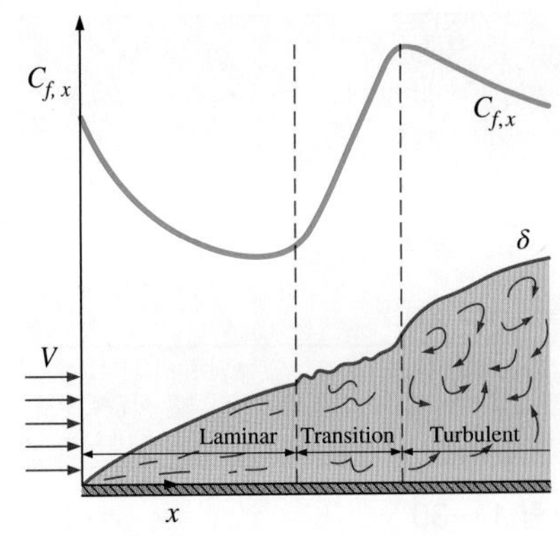

그림 11-28
평판을 지나는 유동의 국소마찰계수의 변화. 이 그림에서 경계층의 수직 스케일은 상당히 과장되어 그려져 있다.

전체 판에 대한 **평균**마찰계수는 식 (11-17)과 (11-18)을 식 (11-16)에 대입하고 적분하면 다음과 같게 된다(그림 11-29).

층류: $$C_f = \frac{1.33}{\text{Re}_L^{1/2}} \qquad \text{Re}_L \lesssim 5 \times 10^5 \tag{11-19}$$

난류: $$C_f = \frac{0.074}{\text{Re}_L^{1/5}} \qquad 5 \times 10^5 \lesssim \text{Re}_L \lesssim 10^7 \tag{11-20}$$

이 관계식 중 첫 번째는 **전체** 판 위에 층류 유동이 형성될 때의 평균마찰계수이다. 두 번째 관계식은 **전체** 판 위에 **난류** 유동만이 형성되어 있거나, 판의 층류 영역이 난류 영역에 비하여 무시할 수 있을 정도로 작을 때(즉, $x_{cr} \ll L$, 여기서 유동이 층류로 나타나는 거리 x_{cr}은 $\text{Re}_{cr} = 5\times10^5 = Vx_{cr}/\nu$로 구할 수 있다)의 평균마찰계수이다.

어떤 경우에는 평판이 충분히 길어 유동이 난류가 되기는 하지만, 층류 영역을 무시할 수 있을 정도로 길지 않을 때도 있다. 이때 전체 판의 **평균**마찰계수는 식 (11-16)을 두 부분($0 \le x \le x_{cr}$인 층류 영역과 $x_{cr} < x \le L$인 난류 영역)으로 나누어 적분을 수행함으로써 구할 수 있다.

$$C_f = \frac{1}{L}\left(\int_0^{x_{cr}} C_{f,x,\,\text{laminar}}\, dx + \int_{x_{cr}}^{L} C_{f,x,\,\text{turbulent}}\, dx\right) \tag{11-21}$$

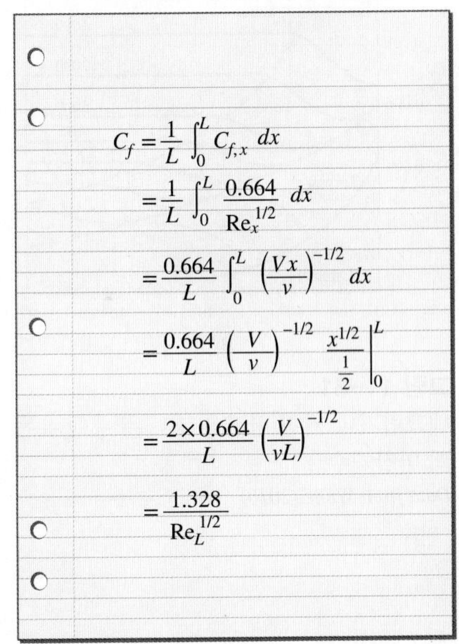

$C_f = \frac{1}{L}\int_0^L C_{f,x}\,dx$
$= \frac{1}{L}\int_0^L \frac{0.664}{\text{Re}_x^{1/2}}\,dx$
$= \frac{0.664}{L}\int_0^L \left(\frac{Vx}{\nu}\right)^{-1/2} dx$
$= \frac{0.664}{L}\left(\frac{V}{\nu}\right)^{-1/2} \frac{x^{1/2}}{\frac{1}{2}}\Bigg|_0^L$
$= \frac{2\times0.664}{L}\left(\frac{V}{\nu L}\right)^{-1/2}$
$= \frac{1.328}{\text{Re}_L^{1/2}}$

그림 11-29
표면에서의 평균마찰계수는 전체 표면에 대하여 국소마찰계수를 적분함으로써 얻어진다. 여기서 나타나는 수치 값들은 평판 층류 경계층의 경우이다.

여기서 천이 영역은 난류 영역에 포함되었다. 임계 Reynolds 수를 $\text{Re}_{cr} = 5\times10^5$로 놓고 대입하여 적분을 수행하면 전체 판에 대한 평균마찰계수는 다음과 같이 결정된다.

$$C_f = \frac{0.074}{\text{Re}_L^{1/5}} - \frac{1742}{\text{Re}_L} \qquad 5 \times 10^5 \lesssim \text{Re}_L \lesssim 10^7 \qquad 5 \times 10^5 \lesssim \text{Re}_L \lesssim 10^7 \tag{11-22}$$

이 관계식에서 상수들은 임계 Reynolds 수가 달라지면 변할 수 있다. 또한 이때 판의 표면은 **매끄럽고** 자유흐름의 난류강도는 매우 낮다고 가정하였다. 층류 유동의 경우에 마찰계수는 오직 Reynolds 수와 관계되며, 표면조도는 영향을 미치지 않는다. 그러나 난류 유동의 경우는 표면조도로 인하여 마찰계수가 몇 배로 더 증가될 수 있고, 완전히 거친 난류 영역(fully rough turbulent regime)에서 마찰계수는 Reynolds 수와 상관없이 오직 표면조도에만 의존한다(그림 11-30). 이러한 현상은 파이프 유동의 경우와 유사하다.

이 영역에서 평균마찰계수에 대한 실험식(곡선접합)이 Schlichting(1979)에 의하여 다음과 같이 제시된 바 있다.

완전히 거친 난류 영역: $$C_f = \left(1.89 - 1.62 \log \frac{\varepsilon}{L}\right)^{-2.5} \quad \textbf{(11-23)}$$

여기서 ε은 표면조도, L은 유동방향의 판의 길이이다. 더 정확한 식이 확보되지 않는 경우, 이 관계식은 $\text{Re}>10^6$이고, 특히 $\varepsilon/L>10^{-4}$인 거친 표면의 난류 유동에 대하여 사용될 수 있다.

Relative Roughness, ε/L	Friction Coefficient, C_f
0.0*	0.0029
1×10^{-5}	0.0032
1×10^{-4}	0.0049
1×10^{-3}	0.0084

*$\text{Re}=10^7$인 매끄러운 표면의 경우이다. 다른 값들은 완전히 거친 난류 영역에서 식 11-23을 이용하여 계산되었다.

그림 11–30
난류 유동에서 표면조도는 마찰계수를 수 배 이상 증가시킬 수도 있다.

그림 11-31에 매끄럽거나 거친 평판 위를 지나는 평행 유동에 대한 마찰계수 C_f가 층류와 난류 유동에 대하여 나타나 있다. 여기서 C_f는 난류 유동에서 조도에 따라 수 배 이상 증가하고 있다. 또한 C_f는 완전 거친 영역에서는 Reynolds 수에 무관하다. 이 그림은 파이프 유동에서 제시된 Moody 선도의 평판 버전으로 볼 수 있다.

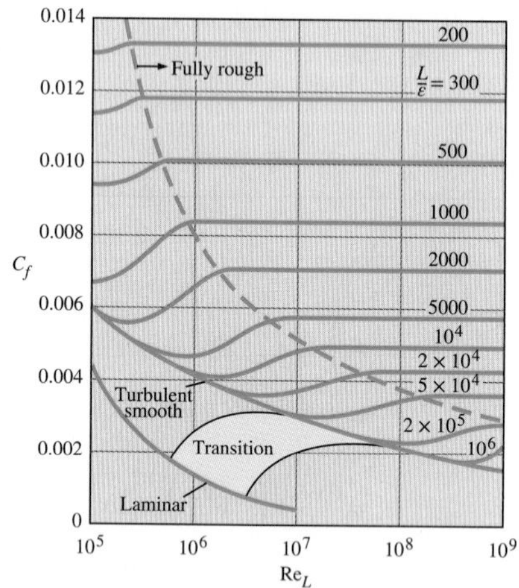

그림 11–31
매끄럽거나 거친 평판을 지나는 평행 유동의 마찰계수.
Data from White (2010).

예제 11–3 기차 표면의 항력

95 km/h로 달리는 기차의 객차 상면의 길이가 8 m, 폭이 2.1 m이다(그림 11-32). 외부 공기가 1 atm, 25 °C일 때 객차 상면에 작용하는 항력을 구하라. 이 객차 앞에 위치한 다른 객차에서 생긴 경계층을 무시하고, 경계층은 이 객차의 앞전에서 시작한다고 가정하라.

풀이 특정한 속도로 기차가 달릴 때 객차 상면에 작용하는 항력을 구한다.

가정 **1** 유동은 정상이고 비압축성이다. **2** 임계 Reynolds 수는 $\text{Re}_{cr}=5\times10^5$이다. **3** 공기는 이상기체이다. **4** 객차 상면은 매끄럽다(실제로는 그렇지 않을 수 있다). **5** 바람은 불지 않고 대기는 잔잔하다.

상태량 1 atm, 25 °C에서 공기의 밀도와 동점성계수는 각각 $\rho=1.184\ \text{kg/m}^3$, 그리고 $\nu=1.562\times10^{-5}\ \text{m}^2/\text{s}$이다.

해석 Reynolds 수는 다음과 같으며,

$$\text{Re}_L = \frac{VL}{\nu} = \frac{[(95/3.6)\ \text{m/s}](8\ \text{m})}{1.562 \times 10^{-5}\ \text{m}^2/\text{s}} = 1.352 \times 10^7$$

이 값은 임계 Reynolds 수보다 크다. 따라서 층류와 난류가 같이 나타나고, 마찰계수는 다음과 같이 계산된다.

$$C_f = \frac{0.074}{\text{Re}_L^{1/5}} - \frac{1742}{\text{Re}_L} = \frac{0.074}{(1.352 \times 10^7)^{1/5}} - \frac{1742}{1.352 \times 10^7} = 0.002645$$

압력항력은 영이고, 따라서 평판 위에서 $C_D=C_f$이므로, 객차 상부 표면에 작용하는 항력은 다음과 같다.

$$F_D = C_f A \frac{\rho V^2}{2} = (0.002645)[(8 \times 2.1)\ \text{m}^2]\frac{(1.184\ \text{kg/m}^3)[(95/3.6)\ \text{m/s}]^2}{2}\left(\frac{1\ \text{N}}{1\ \text{kg}\cdot\text{m/s}^2}\right)$$
$$= \mathbf{18.3\ N}$$

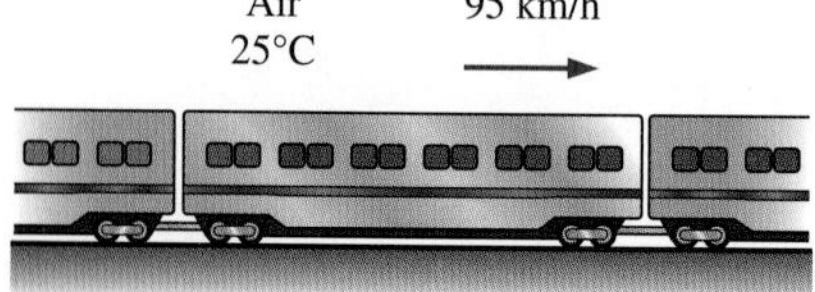

그림 11–32
예제 11-3에 대한 개략도.

토의 Reynolds 수가 임계 Reynolds 수보다 많이 크므로, 층류와 난류가 같이 나타나는 조건 대신 난류 유동 관계식만으로도 큰 오류 없이 문제를 풀 수 있다. 여기서 객차 상부의 표면 거칠기 효과는 항력이 현재의 계산결과보다 더 커지게 할 수 있다. 그러나 실제 기차에서는 해당 객차 앞에서 발생한 경계층이 더 큰 영향을 미쳐, 아마도 실제 항력은 계산결과보다 더 **작을** 것이다.

11–6 ■ 실린더와 구 주위의 유동

실린더나 구 주위 유동은 실제로 자주 볼 수 있다. 예를 들면, 셸-튜브(shell-and-tube) 방식의 열교환기에서 관은 관 내부를 흐르는 **내부 유동**과 관 외부를 흐르는 **외부 유동**을 포함하고 있는데, 열교환기 해석을 할 때는 이 두 유동이 모두 고려되어야 한다. 또한 축구, 테니스, 골프 등과 같은 많은 스포츠 종목은 구형 볼 주위 유동과 관련되어 있다.

원형 실린더나 구의 특성 길이는 **외경** D이다. 따라서 이때 Reynolds 수는 $Re = VD/\nu$로 정의되는데, 여기서 V는 실린더나 구에 접근하는 유체의 균일한 속도이다. 실린더나 구를 지나는 유동의 임계 Reynolds 수는 약 $Re_{cr} \cong 2\times10^5$이다. 즉, 경계층은 $Re \lesssim 2\times10^5$이면 층류이고, $2\times10^5 \lesssim Re \lesssim 2\times10^6$이면 천이, $Re \gtrsim 2\times10^6$이면 완전한 난류가 된다.

그림 11-33에 나타난 바와 같이 실린더를 지나는 유동은 복잡한 모양을 갖는다. 실린더에 접근하는 유동은 위아래로 나누어져 실린더를 따라 둘러싸게 되고, 이때 벽면을 감싸는 경계층이 형성된다. 실린더 중앙면을 따라 흐르는 유체 입자는 정체점에서 실린더와 부딪치면서 속도가 영이 되고, 그 점에서의 압력은 증가하게 된다. 정체점 이후 유체의 속도는 유동방향으로 점차 증가하고, 압력은 감소한다.

상류 속도가 매우 낮을 때($Re \lesssim 1$), 유체는 실린더 주위를 완전히 감싸게 되고, 위아래로 갈라진 두 유동 줄기는 실린더의 후방에서 만나게 된다. 즉, 이때 유동은 실린더의 곡면을 따르게 된다. 상류 속도가 더 빨라지면 유체는 정면에서는 실린더를 감싸지만, 실린더의 최상점(또는 최하점)에 이르면서 실린더 표면에 부착되기 어렵게 된다. 그 결과 경계층은 표면에서 이탈되고, 실린더 후방에 박리 영역이 형성된다. 이러한 후류 영역에서는 주기적인 와류가 형성되고, 이곳에서는 정체점에서의 압력보다 훨씬 낮은 압력이 나타난다.

실린더나 구를 지나는 유동 특성은 총 항력계수 C_D에 큰 영향을 미치게 되는데, 이때 **마찰항력**과 **압력항력**이 모두 중요하다. 정체점 근방에서의 높은 압력과 후류에서의 낮은 압력은 물체에 유동방향으로 순 힘(net force)을 가하게 된다. 총 항력

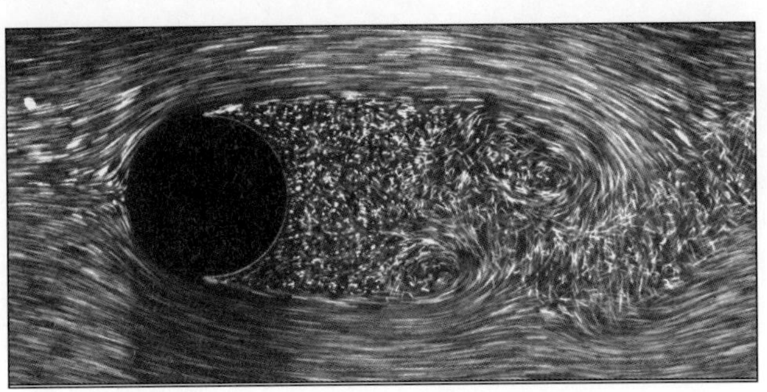

그림 11–33
층류 경계층의 박리와 난류 후류. Re=2000에서 원형 실린더 주위 유동.
Courtesy of ONERA. Photo by Werlé.

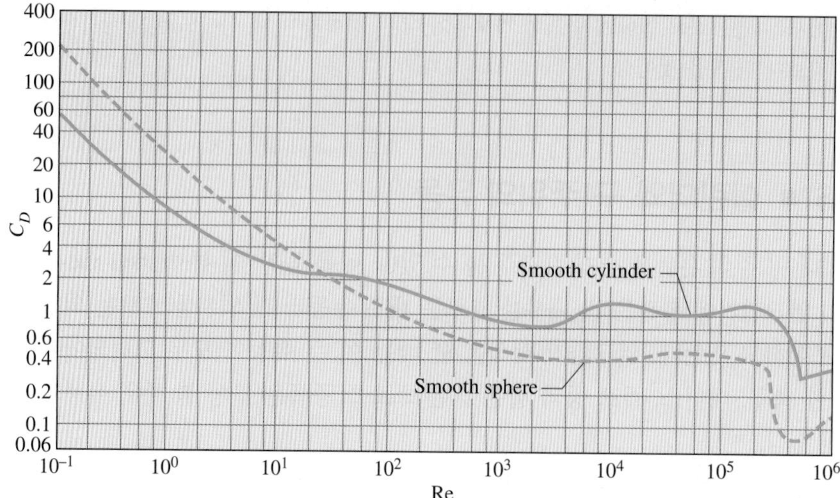

그림 11–34
매끄러운 원형 실린더와 매끄러운 구 주위 유동에서의 평균항력계수.
Data from H. Schlichting.

은 낮은 Reynolds 수(Re≲10)에서는 주로 마찰항력에 기인하고, 높은 Reynolds 수(Re≳5000)에서는 주로 압력항력에 기인하게 된다. 그 중간 Reynolds 수 영역에서는 영향이 모두 중요하다.

매끈한 원형 실린더와 구 주위를 지나는 유동의 평균항력계수 C_D가 그림 11-34에 나타나 있다. 그림에서 나타난 곡선은 Reynolds 수 영역이 달라지면서 서로 다른 특성을 보이고 있다.

- Re≲1인 경우는 크리핑 유동이며(10장 참조), 항력계수는 Reynolds 수가 증가함에 따라 감소한다. 구의 경우에 $C_D = 24/\text{Re}$이며, 이 영역에서 유동 박리는 나타나지 않는다.
- Re≅10 근처에서 물체 후방에 박리 현상이 시작되며, Re≅90 근처에서 와흘림(vortex shedding)이 시작된다. 박리 영역은 Reynolds 수가 증가함에 따라 커지는데, 이러한 현상은 Re≅10^3 근처까지 지속된다. 이때까지 항력은 대부분(약 95%)이 압력항력이다. 항력계수는 10≲Re≲10^3의 범위에서 Reynolds 수의 증가에 따라 감소한다(항력계수의 감소가 꼭 항력의 감소를 의미하지는 않는다. 항력은 속도의 제곱에 비례하며, 따라서 높은 Reynolds 수로 인하여 항력계수가 감소한다 해도 속도 증가가 항력계수의 감소를 상쇄하고도 남기 때문에 오히려 항력이 증가하게 된다).

  해당 Reynolds 수 범위에서 구의 항력계수에 관한 유용한 실험식은 다음과 같다.

$$C_D = \frac{24}{\text{Re}}(1 + 0.0916\ \text{Re}) \quad \text{for } 0.1 < \text{Re} < 5$$

$$C_D = \frac{24}{\text{Re}} \quad \text{for } 5 < \text{Re} < 1000$$

- 10^3≲Re≲10^5의 중간 영역에서 항력계수는 상대적으로 일정하게 나타난다. 이러한 현상은 일반적으로 뭉툭한 물체에서 나타난다. 이 영역에서 경계층 내부 유동

은 층류이나, 실린더나 구 후방의 박리 영역 유동은 넓은 난류 후류와 강한 난류 특성을 갖는다.

- $10^5 \lesssim \text{Re} \lesssim 10^6$인 영역 어딘가에서(일반적으로 약 2×10^5 근처), 항력계수의 갑작스러운 감소가 나타난다. 이러한 큰 C_D의 감소는 경계층 내부 유동이 난류가 되는데 기인하는데, 이때 박리점은 물체 후방으로 더 물러나며, 이에 따라 후류의 크기와 압력항력이 작아진다. 이는 유선형 물체의 경우처럼 경계층이 난류가 되면서 항력계수가 증가하는(대부분 마찰항력 때문에) 현상과는 대조적이다.
- $2\times10^5 \lesssim \text{Re} \lesssim 2\times10^6$에서 "천이" 영역이 존재하며, 여기서 C_D는 최솟값으로 급락하였다가 천천히 최종 난류조건의 값으로 상승한다.

경계층이 **층류**일 경우의 유동 박리는 $\theta \cong 80°$(실린더의 정체점에서부터 측정될 때) 근처에서, 경계층이 **난류**일 경우의 유동 박리는 $\theta \cong 140°$ 근처에서 나타난다(그림 11-35). 난류 유동에서의 박리 지연 현상은 유체의 빠른 횡방향 변동(fluctuation)에 따른 것이며, 이에 따라 박리 시작 전까지 난류 경계층이 표면을 따라 보다 멀리 이동할 수 있게 하며, 그 결과 보다 좁은 후류와 보다 작은 압력항력이 나타난다. 난류 유동은 층류 유동에 비하여 보다 꽉 찬(fuller) 속도 분포를 가지며, 따라서 벽면 근처의 더 커진 운동량을 극복하기 위해서는 보다 강한 역압력구배가 필요하다. 유동이 층류에서 난류로 변화하는 Reynolds 수 범위에서는 속도가 증가함(따라서 Reynolds 수도 증가함)에 따라 항력 F_D조차도 줄어든다. 그 결과 비행체에 작용하는 항력의 갑작스러운 감소[이를 **항력위기**(drag crisis)라고도 한다]와 비행 불안전성이 나타나기도 한다.

(a)

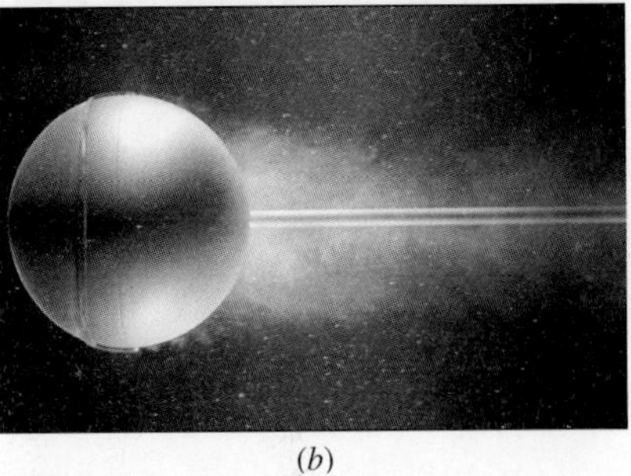

(b)

그림 11-35
(*a*) Re = 15,000인 매끄러운 구 주위의 유동가시화, (*b*) Re = 30,000이고, 트립 와이어(trip wire)를 장착한 구 주위의 유동가시화. 두 사진을 비교하면 경계층 박리의 지연을 명확히 관찰할 수 있다.
Courtesy of ONERA. Photo by Werlé.

표면조도의 영향

앞서 난류 유동에서 **표면조도**는 일반적으로 항력계수를 증가시킨다고 언급한 바 있다. 이는 유선형 물체에서 특히 그러하다. 그러나 구에 대한 그림 11-36과 같이, 원형 실린더나 구와 같은 뭉툭한 물체의 경우에는 표면조도를 증가시킴으로써 실제 항력계수를 **줄일** 수 있다. 이러한 현상은 낮은 Reynolds 수에서도 표면조도가 경계층을

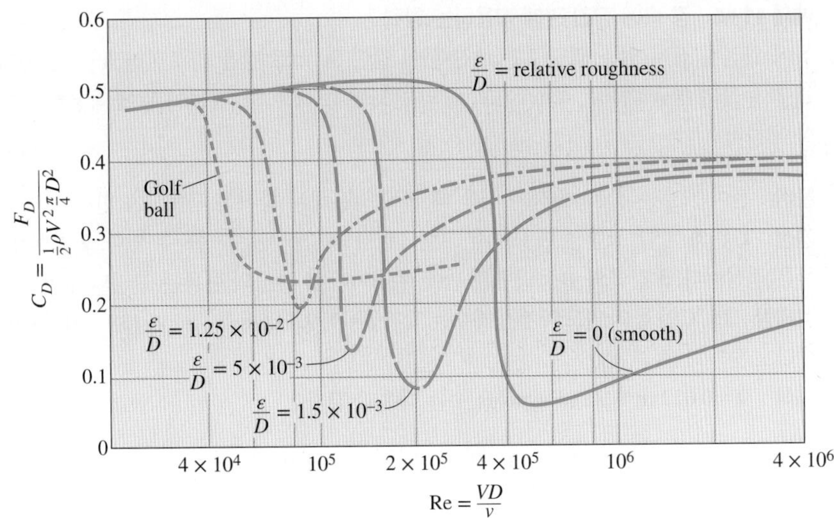

그림 11-36
표면조도가 구의 항력계수에 미치는 영향.
Data From Blevins (1984).

Re	C_D Smooth Surface	C_D Rough Surface, $\varepsilon/D = 0.0015$
2×10^5	0.5	0.1
10^6	0.1	0.4

그림 11-37
표면조도는 Reynolds 수의 값에 따라 구형 물체의 항력계수를 증가시키거나 감소시킬 수 있다.

난류로 유도하기 때문에 발생하며, 이는 유동 박리를 지연시키고, 유체를 물체 후방 가까이까지 흐르도록 하며, 따라서 후류가 좁아지고, 압력항력이 상당히 줄어들게 된다. 이 결과, 어떤 특정한 Reynolds 수 영역에서는 거친 표면의 실린더나 구가 동일한 속도와 크기의 매끄러운 실린더나 구보다 작은 항력계수와 항력을 갖게 된다. 예를 들어, $Re = 2 \times 10^5$에서 매끈한 구의 경우에는 $C_D \cong 0.5$이지만, $\varepsilon/D = 0.0015$인 거친 구의 경우에는 $C_D \cong 0.1$이다. 따라서 이 경우 단지 표면을 거칠게 하는 것만으로도 항력계수를 5배나 줄일 수 있게 된다. 그러나 $Re = 10^6$에서 매끈한 구의 경우에는 $C_D \cong 0.1$인 반면, 매우 거친 구의 경우에 $C_D \cong 0.4$로 나타남에 주의해야 한다. 이 경우 구의 표면을 거칠게 하면 항력이 4배로 증가한다(그림 11-37).

앞서의 논의에서 표면을 거칠게 하여 항력을 줄일 수 있다고 했는데, 만약 조심하지 않으면(즉, 올바른 Reynolds 수 영역에서가 아니라면) 반대 결과가 생길 수도 있다. 골프공의 경우, 이를 염두에 두고, 낮은 Reynolds 수에서 **난류**를 유도하여, 경계층에서 난류 시작 시 발생하는 항력계수의 급격한 감소를 이용하기 위하여 일부러 표면을 거칠게 만든 것이다(일반적으로 골프공의 속도 범위는 15에서 150 m/s이며, Reynolds 수는 4×10^5보다 작다). 홈(dimple)이 파인 골프공의 임계 Reynolds 수는 약 4×10^4이다. 그림 11-36에 나타난 바와 같이, 이 Reynolds 수에서 나타나는 난류 유동으로 항력계수가 약 반 정도 줄게 되며, 따라서 골프공이 보다 멀리 날아갈 수 있다. 골프를 잘 치는 사람은 공을 칠 때 공에 회전을 주기도 하는데, 이로써 거친 표면의 공에 양력이 발생하고, 따라서 공이 보다 높게 그리고 더 멀리 날아갈 수 있게 한다. 비슷한 이론을 테니스공에도 적용할 수 있다. 그러나 탁구공의 경우는 속도가 느리고 볼도 작아 공이 난류 영역에 도달하지 못한다. 따라서 탁구공의 표면은 부드럽게 만들어져 있다.

항력계수가 얻어지면, 식 (11-5)를 이용하여 물체에 작용하는 항력을 계산할 수 있다. 식 (11-5)의 A는 **정면도면적**이다(길이 L인 실린더의 경우 $A = LD$이고, 구의 경우 $A = \pi D^2/4$이다). 자유흐름의 난류 강도와 유동 내에 있는 다른 물체(관다발 주위 유동 등)에 의한 교란 또한 항력계수에 크게 영향을 줄 수 있음을 기억하자.

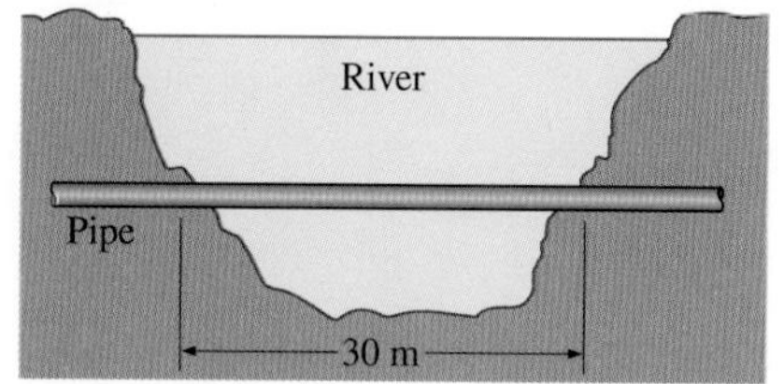

그림 11-38
예제 11-4에 대한 개략도.

예제 11-4 강 속에 잠긴 관에 작용하는 항력

물에 완전히 잠겨 있는 외경 2.2 cm인 관이 길이 30 m로 강을 가로질러 놓여 있다(그림 11-38). 물의 평균 속도는 4 m/s이고, 물의 온도는 15 ℃이다. 강물이 관에 작용하는 항력을 구하라.

풀이 관이 흐르는 강 속에 잠겨 있을 때 관에 작용하는 항력을 구하고자 한다.

가정 **1** 관의 바깥 표면은 매끈해서 그림 11-34의 항력계수를 쓸 수 있다. **2** 강물의 유동은 정상이다. **3** 강물의 유동방향은 관에 수직이다. **4** 강물의 난류는 고려되지 않는다.

상태량 15 ℃인 물의 밀도와 점성계수는 각각 $\rho = 999.1$ kg/m³와 $\mu = 1.138 \times 10^{-3}$ kg/m·s이다.

해석 $D = 0.022$ m이므로 Reynolds 수는 다음과 같다.

$$Re = \frac{VD}{\nu} = \frac{\rho VD}{\mu} = \frac{(999.1\ \text{kg/m}^3)(4\ \text{m/s})(0.022\ \text{m})}{1.138 \times 10^{-3}\ \text{kg/m·s}} = 7.73 \times 10^4$$

그림 11-34로부터 이 Reynolds 수에 해당하는 항력계수는 $C_D=1.0$이다. 또한 실린더를 지나는 유동에 대한 정면도면적은 $A=LD$이다. 따라서 관에 작용하는 항력은 다음과 같이 구한다.

$$F_D = C_D A \frac{\rho V^2}{2} = 1.0(30 \times 0.022\ \text{m}^2)\frac{(999.1\ \text{kg/m}^3)(4\ \text{m/s})^2}{2}\left(\frac{1\ \text{N}}{1\ \text{kg·m/s}^2}\right)$$

$$= 5275\ \text{N} \cong \mathbf{5300\ N}$$

토의 계산에서 구한 힘은 500 kg을 넘는 질량의 무게와 같다. 따라서 강물이 관에 작용하는 항력은 30 m 떨어진 양쪽 관 끝이 지지되는 상태에서 500 kg이 넘는 질량이 매달려 있는 것과 같다. 만약 관이 이 힘을 지지하지 못한다면 예방책을 마련해야만 한다. 만약 강이 빠른 속도로 흘러간다거나 강에서의 난류 변동(fluctuation)의 영향이 더욱 더 커지면 그 항력은 더 커질 것이며, 관에 걸리는 **비정상적** 힘(unsteady)도 커질 수 있다.

11-7 ■ 양력

앞서 양력은 유동방향에 수직으로 작용하는 순 힘(점성력과 압력에 의한)으로 정의한 바 있으며, 따라서 양력계수(lift coefficient)는 식 (11-6)에서 다음과 같이 표현하였다.

$$C_L = \frac{F_L}{\frac{1}{2}\rho V^2 A}$$

여기서 A는 일반적으로 **평면도면적**인데, 물체에 수직인 방향에서 위로부터 물체를 바라볼 때 보이는 면적이며, V는 유체의 상류 속도(혹은 정지해 있는 유체 속을 비행하는 물체 속도)이다. 폭(혹은 스팬)이 b이고 코드 길이(앞전과 뒷전 사이의 길이)가 c인 익형의 경우에 평면도면적은 $A=bc$이다. 날개 또는 익형의 두 끝단 사이의 거리를 **날개폭**(wingspan) 혹은 그냥 **스팬**(span)이라고 한다. 항공기의 경우, 날개폭은 두 날개 가운데에 있는 동체의 폭을 포함한 두 날개 끝 사이의 전체 거리이다(그림 11-39). 단위 평면도면적에 대한 평균양력 F_L/A를 **날개하중**(wing loading)이라 하는데, 이는 날개의 평면도면적에 대한 항공기의 무게비이다(일정한 고도 비행에서 항공기의 무게는 양력과 같기 때문이다).

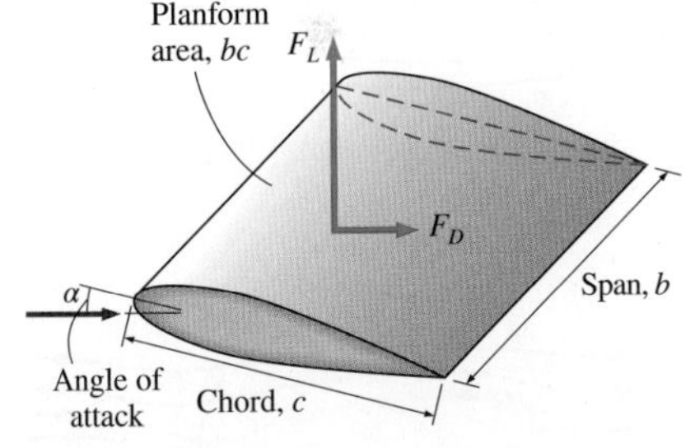

그림 11-39
익형과 관련된 다양한 용어의 정의.

항공기가 나는 것은 양력 때문이므로, 오랫동안 양력에 대한 올바른 이해와 양력 특성 향상을 위한 많은 연구가 진행되어 왔다. 이 절에서는 **익형**과 같이 항력은 최소화시키면서 양력을 발생시키는 장치를 주로 다루고자 한다. 그러나 경주용 차에 부착된 **스포일러**(spoiler)와 **역전 익형**(inverted airfoil)과 같이 노면 접지력 효과와 제어 능력 향상을 위해 양력을 발생시키지 않거나 더 나아가 음의 양력을 발생시킬 목적으로 설계된 장치들도 있다(일부 초기의 경주용 차들은 고속에서 양력이 발생하여 실제로 지면에서 뜨는 경우도 있어서 공학자들이 양력을 줄이기 위한 설계를 하게 되었다).

익형과 같이 양력을 발생시키는 장치의 경우, **점성 효과**에 의한 양력 발생은 항상

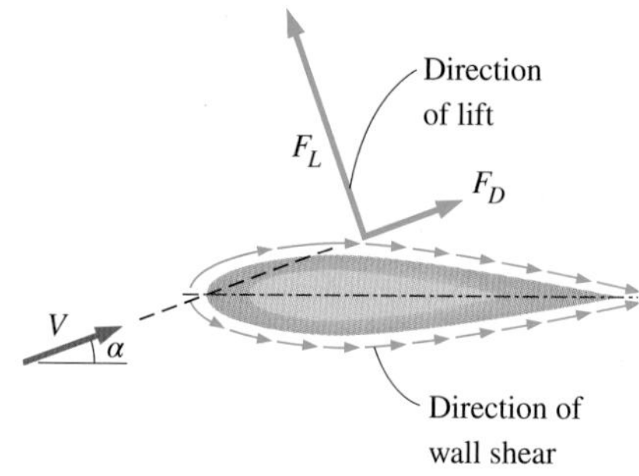

그림 11-40
익형의 경우 점성 영향이 양력에 미치는 효과는 항상 무시할 정도로 작은데, 이는 벽면 전단력이 표면과 나란하고, 따라서 양력방향에 대하여 거의 수직이기 때문이다.

무시할 정도로 작은데, 이는 물체가 유선형화되어 있고, 따라서 이런 물체의 표면에서 발생하는 벽면 전단력은 표면과 평행하여 거의 양력 방향과 수직이 되기 때문이다(그림 11-40). 따라서 양력은 실제 물체의 표면에서 나타나는 압력 분포에만 대부분 의존하며, 그러므로 물체의 형상이 양력에 주된 영향을 주는 인자이다. 익형을 설계하는 데 있어 주된 관점은 아랫면에서의 평균 압력을 최대로 하면서 윗면에서의 평균 압력을 최소화하는 데 있다. 고압과 저압의 영역을 확인하는 데 있어 Bernoulli 식이 사용될 수 있다. 즉, **압력은 유동 속도가 높은 곳에서는 작고, 유동 속도가 낮은 곳에서는 높다.** 또한, 보통의 영각에서 양력은 물체의 표면조도와는 실제로 무관한데, 이는 표면조도가 벽면 전단력에는 영향을 주지만 압력에는 영향을 미치지 않기 때문이다. 전단력이 양력에 영향을 미치는 경우는 저속에서(즉 낮은 Reynolds 수) 비행하는 매우 작은(가벼운) 물체의 경우로 한정된다.

점성 효과가 양력에 미치는 영향이 작으므로, 익형에 작용하는 양력은 익형 주위의 압력 분포를 적분함으로써 얻을 수 있다. 압력은 물체 표면을 따라 유동방향으로 변화하지만, 경계층 내에서는 표면에 수직방향으로는 변화하지 않는다(10장 참조). 따라서 익형 표면에서 발생하는 매우 얇은 경계층을 무시하고, 비교적 간단한 포텐셜 유동 이론(비점성, 와도가 영인 비회전 유동)을 이용하여 익형 주위의 압력 분포를 계산하는 것도 타당하다고 볼 수 있다.

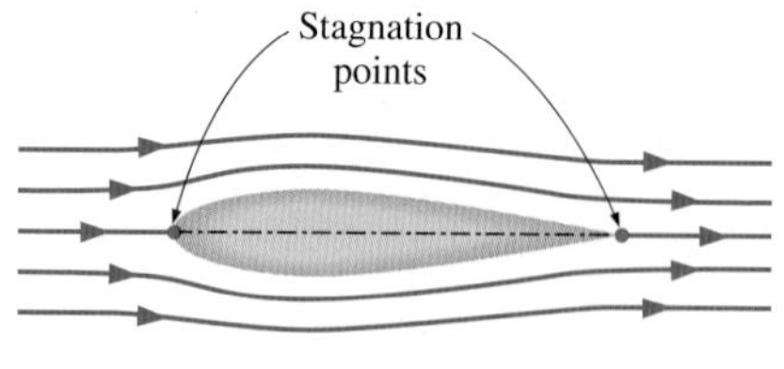

(*a*) 대칭 익형을 지나는 비회전 유동(양력은 0)

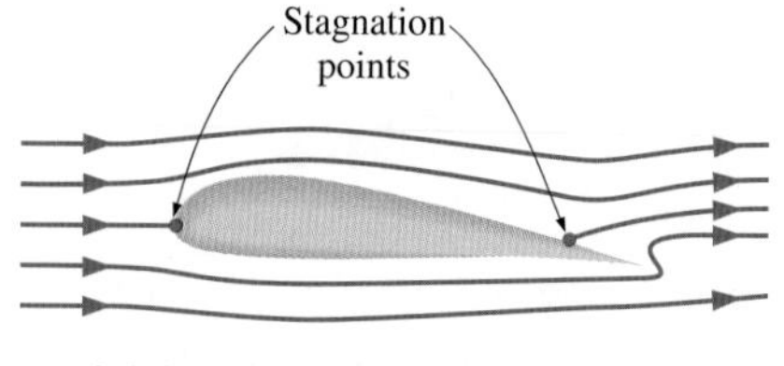

(*b*) 비대칭 익형을 지나는 비회전 유동(양력은 0)

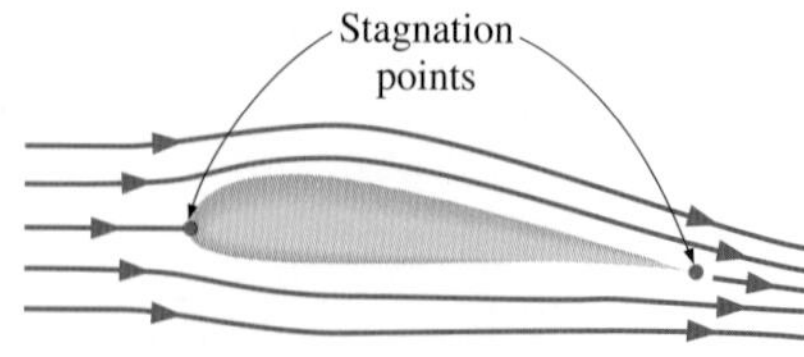

(*c*) 비대칭 익형을 지나는 실제 유동(양력>0)

그림 11-41
대칭과 비대칭 2차원 익형을 지나는 비회전 유동과 실제 유동.

얇은 경계층을 무시한 이러한 계산을 통하여 대칭형 그리고 비대칭형 익형에 대해 관찰되는 유동장이 그림 11-41에 나타나 있다. 예상한 대로 영각이 영인 경우, 대칭형 익형에서는 그 대칭성 때문에 양력은 존재하지 않으며, 이때 앞전과 뒷전에서 정체점이 나타난다. 비대칭형 익형의 경우, 작은 영각에서는 전방의 정체점이 앞전 아래로 이동하고, 후방의 정체점은 뒷전 근처 윗면으로 이동한다. 놀랍게도 이때 계산된 양력은 여전히 영인데, 이는 실험적으로 관찰되고 측정되는 결과와는 전혀 다르다. 따라서 관찰되는 현상에 일치시키기 위해서는 이론의 수정이 불가피하다.

이러한 모순의 원인은 후방의 정체점이 뒷전 대신에 윗면에서 나타나는 데에 있다. 이로 인하여 익형 아랫면의 유체는 표면에 부착된 채로 뒷전을 돌아 거의 U턴을 하면서 정체점에 이르게 되는데, 이는 실제로 불가능하며, 이러한 갑작스러운 회전은 실제 유동 박리를 발생시킨다(고속에서 이렇게 방향을 바꾸는 자동차를 상상해 보라). 그러므로 아랫면에서의 유체는 뒷전에서 부드럽게 박리되어야 하며, 이에 따라 윗면에서의 유체는 후방 정체점을 뒷전 쪽으로 밀게 된다. 결국 윗면의 정체점은 뒷전까지 이동하게 된다. 이로 인하여 익형의 윗면과 아랫면에서의 두 유동은 뾰족한 뒷전에 평행하게 부드럽게 흘러가서 뒷전에서 만나게 된다. 그 결과 윗면에서의 속도가 더 빠르고, Bernoulli 효과로 윗면에서의 압력이 더 낮아져 양력이 발생된다.

위에서 관찰된 현상과 포텐셜 유동 이론을 이용하여 다음과 같이 생각해 볼 수 있다. 이론을 통하여 예측한 바와 같이, 처음에는 양력이 없다가 속도가 어느 정도 이상이 되면 아랫면에서의 유동이 뒷전에서 박리된다. 이로 인하여 윗면에서 발생된 박리유동이 뒷전 가까이 움직이고, 이때 익형 주위로 시계방향의 순환(circulation)이 시작된다. 이러한 시계방향의 순환은 윗면의 유동 속도를 더욱 증가시키는 반면 아랫면의 속도는 감소시켜 양력을 발생시킨다. 반대 부호(반시계방향)의 **시동 와류**(starting vortex)가 하류방향으로 흘려지고(그림 11-42), 익형 주위로 부드러운 유동이 형성된다. 적당한 순환을 추가하여 정체점이 뒷전까지 이동되도록 포텐셜 유동 이론을 수정하면 양력과 유동장에 관한 이론과 실험결과는 매우 잘 일치하게 된다.

익형은 최대의 양력과 최소의 항력을 발생시킬 수 있어야 한다. 그러므로 익형의 성능은 **양항력비**(lift-to-drag ratio)로 결정되는데, 이는 양력계수의 항력계수에 대한 비 C_L/C_D와 같다. 양항력비는 영각의 변화에 따른 C_L과 C_D의 관계를 그리거나 [양력-항력 극선도(lift-drag polar)], C_L/C_D를 그려봄으로써 나타낼 수 있다. 특정 익형에 대하여 영각의 변화에 따른 C_L/C_D 자료가 그림 11-43에 나타나 있다. 여기서 2차원 익형이 실속(stall)되기 전까지 영각의 증가에 따라 C_L/C_D는 증가하며, 양항력비는 약 100 정도가 되는 것을 주목하라.

익형의 양력과 항력 특성을 변화시킬 수 있는 한 가지 분명한 방법은 영각을 변화시키는 것이다. 예를 들면, 비행기의 경우에는 양력을 증가시키기 위하여 전체 기체가 상향으로 기우는데, 이는 날개가 동체에 대하여 고정되어 있기 때문이다. 또 다른 방법은 가변 **앞전**과 **뒷전 플랩**을 사용하여 익형의 형상을 바꾸는 것인데, 이는 현대의 대형 항공기에서 자주 사용되고 있다(그림 11-44). 플랩을 이용하여 이륙과 착륙 시 양력이 최대화되도록 날개 형상을 바꾸어 비행기가 저속에서 이륙이나 착륙을 할 수 있도록 한다. 이륙과 착륙 시 나타나는 항력 증가는 이때 소요되는 시간이 상대적으로 짧기 때문에 크게 문제되지 않는다. 일단 순항 고도에 도달하면 플랩은 접혀지고 날개는 다시 원래의 형태로 돌아가 순항 시 연료 소모를 줄이기 위한 최소항력계수와 적절한 양력계수를 갖게 된다. 적은 양력계수라 하더라도 실제 비행 중에 나타나는 양력은 상당히 큰데, 이는 비행기의 순항 속도가 일반적으로 크고 양력이 유동속도의 제곱에 비례하기 때문이다.

플랩이 양력계수와 항력계수에 미치는 영향이 특정 익형에 대하여 그림 11-45에 나타나 있다. 최대양력계수는 플랩이 없는 경우 약 1.5에서 더블 슬롯 플랩의 경우 3.5까지 증가하고 있다. 그러나 최대항력계수 또한 플랩이 없는 경우 약 0.06에서 더블 슬롯 플랩의 경우 0.3까지 증가하고 있음에 유의하자. 즉, 항력계수는 5배까지 증가하는데, 이러한 항력을 이기기 위한 추력이 엔진에서 추가로 제공되어야 한다. 양력계수를 최대화하기 위하여 플랩의 영각을 증가시킬 수도 있다. 또한 플랩은 코드 길이를 연장하는 역할을 하며, 따라서 날개 면적 A를 증가시킨다. 보잉 727기는 뒷전에 세 개의 슬롯 플랩과 앞전에 한 개의 슬롯을 사용한다.

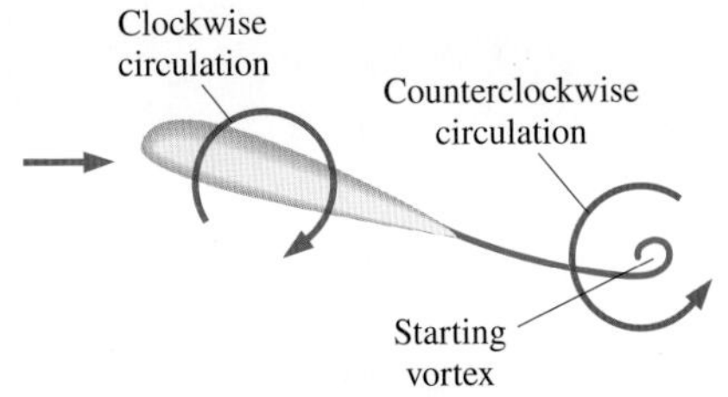

그림 11-42
영각이 갑자기 증가된 이후, 곧 반시계방향의 시동 와류가 익형으로부터 떨어져 나오고, 시계방향의 순환이 익형 주위로 나타나면서 양력이 발생한다.

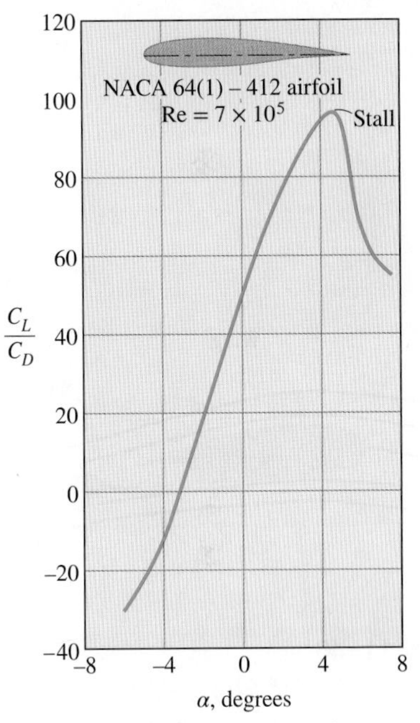

그림 11-43
2차원 익형에서 영각에 따른 양항력비의 변화.
Data from Abbott, von Doenhoff, and Stivers (1945).

(*a*) 플랩을 펼침(착륙)

(*b*) 플랩을 집어넣음(순항)

그림 11-44
가변 플랩의 사용으로 전체 익형의 형상이 달라지고, 이에 따라 이륙과 착륙 시 익형의 양력과 항력의 특성이 변화한다.
Photos by Yunus Çengel.

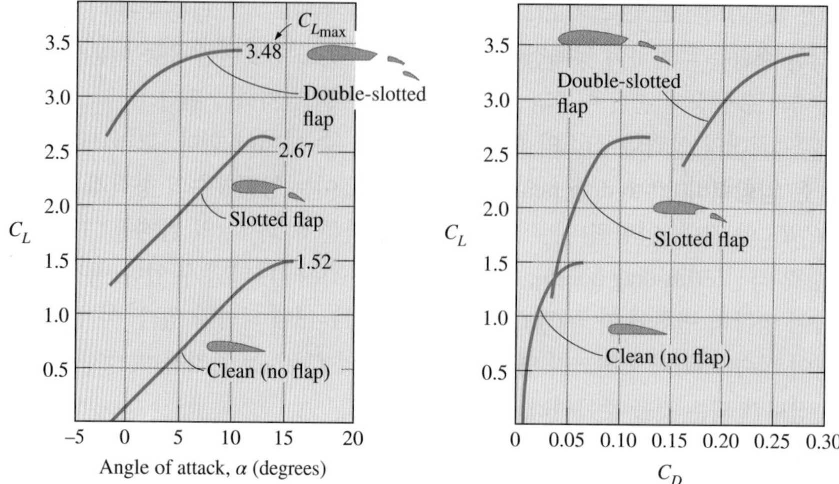

그림 11-45
플랩이 익형의 양력계수와 항력계수에 미치는 영향.
Data From Abbott and von Doenhoff, for NACA 23012(1959).

최소 비행 속도(minimum flight velocity)는 항공기의 전체 무게 W를 양력과 같게 하고, $C_L = C_{L,\max}$로 놓는 조건에서 다음과 같이 나타낼 수 있다

$$W = F_L = \tfrac{1}{2} C_{L,\max} \rho V_{\min}^2 A \quad \rightarrow \quad V_{\min} = \sqrt{\frac{2W}{\rho C_{L,\max} A}} \tag{11-24}$$

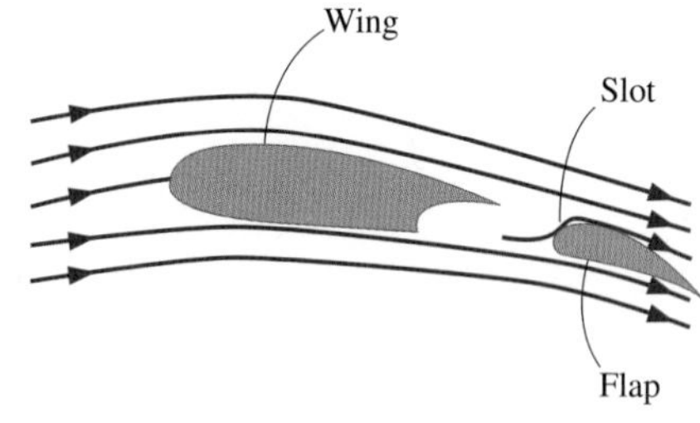

그림 11-46
슬롯이 있는 플랩 익형은 윗면에서의 경계층 박리를 방지하고, 따라서 양력계수를 증가시킨다.

주어진 무게에 대하여, 양력계수와 날개 면적의 곱 $C_{L,\max}A$를 최대로 함으로써 착륙이나 이륙 속도를 최소화시킬 수 있다. 이를 위한 한 가지 방법이 앞서 논의한 플랩의 사용이다. 또 다른 방법이 경계층 제어인데, 이는 그림 11-46에 나타난 바와 같이, 플랩 사이에 만들어진 유로(틈, 슬롯)를 이용하는 것이다. 슬롯은 날개와 플랩 윗면에서 경계층의 박리를 방지하는 데 사용된다. 즉, 날개 아랫면의 고압 영역에서 윗면의 저압 영역으로 공기가 이동되도록 하여 경계층 박리를 방지한다. 실속 조건에서 양력계수는 최댓값 $C_L = C_{L,\max}$를 갖고, 이때 비행 속도는 최소에 도달하는데, 이때는 운전상태가 불안정할 수 있기 때문에 피해야 한다. 미국의 연방항공국(Federal Aviation Administration, FAA)에서는 안전을 위하여 실속이 되는 속도의 1.2배 이하로는 운항을 못하도록 하고 있다.

식 (11-24)에서 또 하나 중요한 점은 이륙이나 착륙에 필요한 최소 속도는 밀도의 제곱근에 반비례한다는 것이다. 고도의 증가에 따라 밀도가 감소하므로(1,500 m에서 약 15% 정도), 덴버와 같은 높은 고도의 공항에서는 보다 높은 최소 이륙 속도와 착륙 속도를 맞추기 위하여 보다 긴 활주로가 필요하다. 공기의 밀도는 온도에 반비례하므로 뜨거운 여름날에는 상황이 보다 더 심각해질 수 있다.

1930년대에 효율적인(낮은 항력) 익형 개발을 위한 많은 실험적 연구가 진행되었다. 미국항공자문위원회(NACA, 현재 NASA)에 의하여 이때 개발된 익형들이 표준화되었고, 익형들에 대한 광범위한 양력계수 자료가 보고된 바 있다. 영각 변화에 따른 두 개의 2차원 (스팬 길이가 무한대) 익형(NACA 0012, NACA 2412)의 양력계수 C_L의 변화가 그림 11-47에 나타나 있다. 이 그림에서 다음과 같은 내용을 관찰할 수 있다.

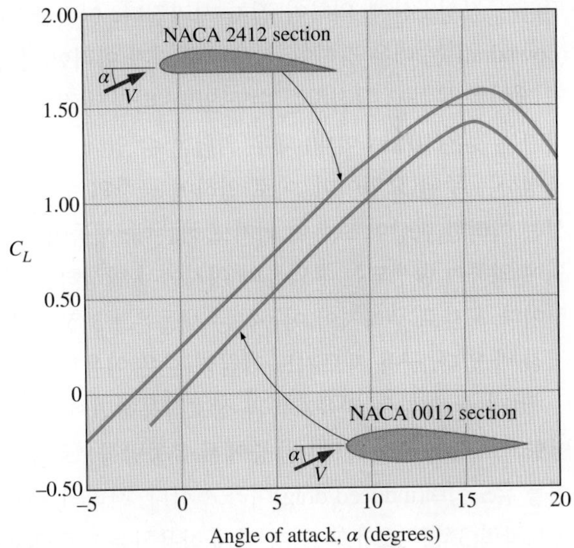

그림 11-47
대칭형과 비대칭형 익형의 영각에 따른 항력계수의 변화.
Data from Abbott (1945, 1959).

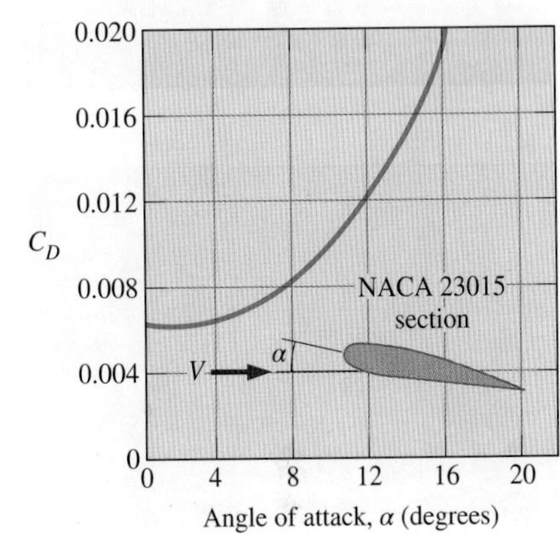

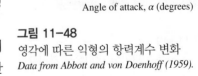

그림 11-48
영각에 따른 익형의 항력계수 변화
Data from Abbott and von Doenhoff (1959).

- 양력계수는 영각과 거의 선형적으로 증가하다가 약 $\alpha = 16°$에서 최대가 되고, 그 이후 갑자기 감소하기 시작한다. 이와 같은 영각의 큰 증가에 따른 양력의 감소를 **실속**(stall)이라고 한다. 이는 익형 윗면에 유동 박리와 넓은 후류 영역이 형성되기 때문에 나타난다. 실속이 되면 항력 또한 증가되기 때문에 매우 바람직하지 않은 현상이다.
- 영각이 0이면($\alpha = 0°$) 대칭형 익형에서는 양력계수 또한 0이지만, 익형 윗면의 곡률이 보다 큰 비대칭형 익형에서는 0이 아니다. 따라서 대칭형 날개를 가진 비행기는 동일한 양력을 얻기 위하여 높은 영각으로 비행해야 한다.
- 영각의 조정을 통하여 양력계수를 몇 배 이상 증가시킬 수 있다(비대칭 익형의 경우 $\alpha = 0°$일 때 0.25에서 $\alpha = 10°$일 때 1.25).
- 영각이 커짐에 따라 항력계수도 증가하는데, 많은 경우 그 증가가 기하급수적이다(그림 11-48). 따라서 연비 효율을 위하여 높은 영각은 가끔씩 그리고 짧은 시간 동안만 사용되어야 한다.

유한폭 날개와 유도항력

비행기 날개나 유한한 스팬 길이를 갖는 익형의 경우, 아랫면과 윗면 사이에서 나타나는 유동누수(fluid leakage) 때문에 날개 끝에서 나타나는 끝단효과(end effect)가 중요하다. 아랫면(고압 영역)과 윗면(저압 영역) 사이의 압력차로 인하여 유체는 날개 끝에서 위로 흐르는 동시에 유체와 날개의 상대운동 때문에 뒤로 흐르게 된다. 그 결과로 두 날개 끝에서 유동을 따라 나선형 선회운동(swirling motion)이 나타나는데, 이를 **날개 끝 와류**(tip vortex)라고 한다. 한편 양 날개 끝 사이의 익형을 따라서도 와류가 형성된다. 이들 와류는 날개 뒷전에서 떨어져 나가면서 날개 끝 와류와 결합하여 두 줄기의 강력한 **후와류**(trailing vortex)를 형성한다(그림 11-49). 대형 항공기에 의하여 발생되는 이러한 후와류는 긴 거리(10km 이상)를 걸쳐 오랜 시간동안 지속

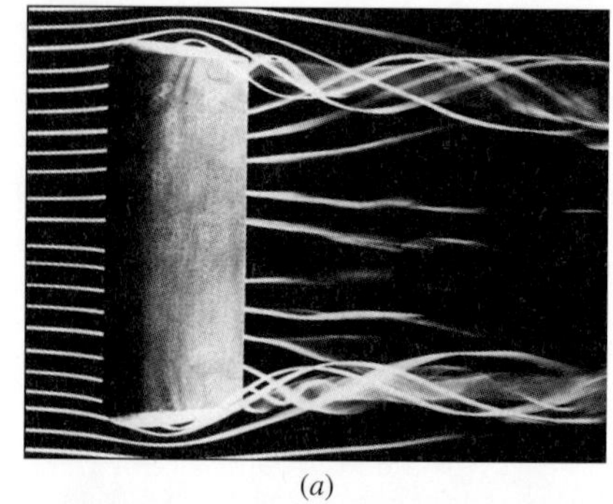
(a)

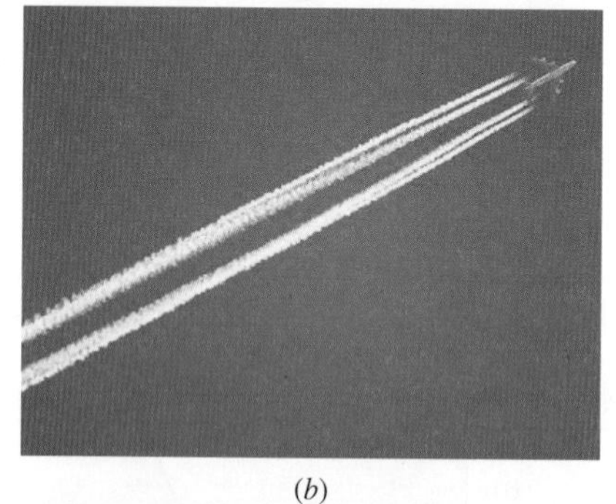
(b)

(c)

그림 11-49
날개 끝 와류는 다양한 방법으로 가시화될 수 있다.
(a) 풍동의 연기 유맥선이 직사각형 날개 뒷전을 지나는 날개 끝 와류를 보여 주고 있다. (b) 제트엔진 후방 저압부에서 수증기가 응축되면서 나타나는 네 개의 비행운이 결국 두 개의 엇회전하는(counter-rotating) 날개 끝 와류를 이루며, 이들은 먼 하류까지 지속된다. (c) 방제용 항공기가 연기 자욱한 하늘 속으로 날아가고 있다. 공기의 유동이 날개 끝에서 형성된 날개 끝 와류 주위에서 선회하는 것을 볼 수 있다.
(a) From Head, Malcolm R. 1982 in Flow Visualization II, W. Merzkirch. Ed., 399 - 403, Washington: Hemisphere; (b) © Geostock/Getty Images RF;(c) NASA Langley Research Center

되다가 점성소산에 의하여 점차 사라진다. 이러한 와류로 인하여 나타나는 하강류(downdraft)는 매우 강하여, 작은 비행기가 이러한 큰 항공기의 후와류 사이를 비행하면 제어를 못하고 뒤집혀질 수도 있다. 따라서 작은 비행기가 큰 비행기를 가깝게 따라가는 것은(10 km 이내) 매우 위험할 수 있다. 이는 공항에서 비행기의 이륙 간격을 조정하는 주된 요인이며, 이로 인하여 공항의 수용 능력이 제한되기도 한다. 자연에서는 이러한 현상이 도움이 되기도 하는데, 새들이 V자 형태로 이동하는 이유도 앞선 새에 의하여 발생되는 후와류와 여기에서 발생하는 상승류(updraft)를 활용하기 위한 것이다. V자로 무리지어 이동하는 새들은 1/3 정도의 에너지를 적게 쓰는 것으로 밝혀진 바 있다. 군용 제트기도 가끔씩 같은 이유로 V자 형태로 비행한다(그림 11-50).

날개 끝 와류는 자유흐름과 상호작용하면서 날개 끝에 유동방향을 포함한 모든 방향으로 힘을 가한다. 이 힘 중에서 유동방향으로 작용하는 힘은 항력에 더해지는데, 이를 **유도항력**(induced drag)이라고 한다. 따라서 날개에 작용하는 총 항력은 이러한 유도항력(3차원 효과)과 익형 면에 작용하는 항력(2차원 효과)의 합이 된다.

익형 평균 스팬의 제곱을 평면도면적으로 나눈 비를 **종횡비**(aspect ratio)라고 한다. 코드 길이가 c이고 스팬의 길이가 b인 직사각형 형태의 평면도를 갖는 익형의 경우 종횡비는 다음과 같이 표시된다.

$$\mathrm{AR} = \frac{b^2}{A} = \frac{b^2}{bc} = \frac{b}{c} \tag{11-25}$$

따라서 종횡비는 익형이 유동방향에 대해서 상대적으로 얼마나 좁은지를 나타내는 척도이다. 일반적으로 종횡비가 증가함에 따라 날개의 양력계수는 증가하고, 항력계수는 감소한다. 이는 길고 좁은 날개(큰 종횡비)는 끝단의 길이가 짧고, 따라서 같은 평면도면적을 갖는 짧고 넓은 날개에 비하여 끝단에서 나타나는 손실이 작고, 유도항력도 작기 때문이다. 따라서 큰 종횡비를 갖는 물체는 보다 효과적으로 날 수 있지만, 큰 관성 모멘트(중심으로부터 멀리 떨어진 거리로 인하여) 때문에 조종이 쉽지 않을 수 있다. 작은 종횡비를 갖는 물체들은 날개가 중심부에 가까이 위치하기 때문에 조종이 보다 쉽다. 이러한 이유로 **전투기**(매와 같은 맹금류도 마찬가지)의 날개는 짧고 넓게, **대형 상용기**(갈매기와 같이 활공하는 새도 마찬가지)의 날개는 길고 좁게 설계된다.

끝단효과는 날개 끝단에 윗면에 수직으로 **끝판**(endplates) 혹은 **윙렛**(winglet)을 설치함으로써 최소화시킬 수 있다. 끝판은 날개 끝단에서 나타나는 유동누수를 막음으로써 끝단 와류와 유도항력의 강도를 상당히 줄일 수 있다. 같은 이유로 새들의 경우 날개 끝에 있는 깃털을 부챗살 모양으로 펼치기도 한다(그림 11-51).

회전에 의한 양력 발생

공의 양력 특성을 바꾸고 공을 원하는 궤적을 따라 보내고 튈 수 있도록 하기 위하여, 테니스공에 회전을 주거나 테니스공이나 탁구공에 전방회전(fore spin)을 주어 공이 갑자기 떨어지는 드롭샷(drop shot)을 해 본 경험이 있을 것이다. 골프, 축구, 야구 선수들 또한 경기에서 이러한 공의 스핀(spin)을 이용한다. 이와 같이 고체 물체의 회전에 의하여 양력이 발생하는 현상을 독일 과학자 Heinrich Magnus(1802-1870)의 이름을 따서 **Magnus 효과**라고 하는데, 그는 그림 11-52에 나타난 바와 같이 비회전(포텐셜) 유동에서 물체 회전에 의한 양력에 관하여 최초로 연구한 사람이다. 공이 회전하지 않을 때에는 상하부의 대칭으로 인하여 양력은 없다. 그러나 실린더가 그 축을 중심으로 회전할 때에는 실린더가 점착 조건에 의하여 그 주위의 유체를 회전시키므로, 이때 유동장은 회전 유동과 비회전 유동의 중첩으로 나타난다. 이때 두 정체점은 밑으로 이동하고, 유동은 실린더 중심을 지나는 수평면에 대하여 더 이상 대칭이 아니다. Bernoulli 효과에 의하여 상반부의 평균 압력은 하반부의 평균 압력보다 낮게 되고, 따라서 **순 상향힘**(양력)이 실린더에 작용한다. 회전하는 공에서 발생하는 양력에 대해서도 비슷한 설명이 가능하다.

매끄러운 구의 회전율이 양력계수와 항력계수에 미치는 영향이 그림 11-53에 나타나 있다. 양력계수는 회전율과 밀접하게 관련되어 있으며, 특히 낮은 각속도에서 더욱 그러하다. 반면 회전율이 항력계수에 미치는 영향은 작다. 표면조도 또한 항력계수와 양력계수에 영향을 미친다. 특정한 Reynolds 수 범위에서, 표면조도는 양력계수를 증가시키는 반면 항력계수는 감소시키는 유용한 효과를 발생시킨다. 따라서 적당한 표면 조도를 갖는 골프공은 동일한 타격에 대하여 매끈한 공보다 높고 멀리 날아갈 수 있다.

그림 11-50
(*a*) 기러기들이 비행에 필요한 에너지를 줄이기 위하여 V자 대형을 이루고 날고 있다. (*b*) 전투 비행기들도 자연을 모방한다.
(a) © Corbis RF
(b) © Charles Smith/Corbis RF

예제 11-5 상용기의 양력과 항력

어떤 상용기의 질량이 70,000 kg이고, 날개 평면도면적이 150 m^{2}이다(그림 11-54). 이 비행기가 공기 밀도가 0.312 kg/m^{3}인 12,000 m 고도에서 558 km/h로 순항하고 있다. 비행기는 이륙과 착륙 시 사용할 이중 슬롯 플랩을 갖추고 있지만, 순항할 때는 모든 플랩을 접고 비행한다. 날개의 양력과 항력 특성이 NACA 23012(그림 11-45)와 비슷하다고 가정할 때, (a) 플랩을 펼칠 때와 펼치지 않을 때의 이착륙 최소 안전 속도, (b) 순항 고도에서의 안정된 비행을 위한 영각, (c) 날개 항력을 이겨내기 충분한 추력을 제공하는 동력을 구하라.

풀이 여객기의 비행 조건과 날개의 특성이 주어질 때, 최소 안전 이착륙 속도, 비행 시의 영각, 필요한 동력을 구하고자 한다.

가정 **1** 동체와 같은 비행기 날개 이외의 부분에서 발생하는 항력과 양력은 고려하지 않는다. **2** 날개는 2차원 익형 단면을 가지고 날개 끝단효과는 고려하지 않는다. **3** 날개의 양력과 항력 특성은 NACA 23012와 비슷하며, 따라서 그림 11-45의 결과를 적용할 수 있다. **4** 지상에서 공기의 평균 밀도는 1.20 kg/m^{3}이다.

상태량 공기의 밀도는 지상에서 1.20 kg/m^{3}이고, 순항 고도에서는 0.312 kg/m^{3}이다. 플랩이 있을 때와 없을 때의 날개 최대양력계수 $C_{L,\max}$는 각각 3.48과 1.52이다(그림 11-45).

해석 (a) 비행기의 무게와 순항 속도는 각각 다음과 같다.

$$W = mg = (70{,}000\ \text{kg})(9.81\ \text{m/s}^2)\left(\frac{1\ \text{N}}{1\ \text{kg}\cdot\text{m/s}^2}\right) = 686{,}700\ \text{N}$$

$$V = (558\ \text{km/h})\left(\frac{1\ \text{m/s}}{3.6\ \text{km/h}}\right) = 155\ \text{m/s}$$

플랩이 없을 때와 있을 때의 실속 조건에 해당하는 최소 속도는 식 (11-24)에 의하여 다

(*a*) 깃털이 부챗살 모양으로 펼친 흰머리독수리의 비행 모습.

(*b*) 유도항력을 줄이기 위하여 항공기에 윙렛이 사용된다.

그림 11-51
유도항력은 (*a*) 새 날개 끝의 깃털, (*b*) 끝판이나 윙렛 등에 의하여 줄일 수 있다.
(a) © Ken Canning/Getty Images RF; (b) Courtesy of Schempp-Hirth Flugzeugbau GmbH

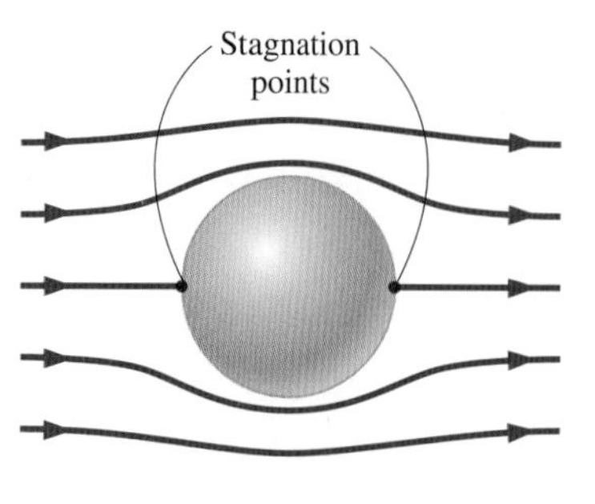

(a) 정지하고 있는 실린더 주위의 포텐셜 유동

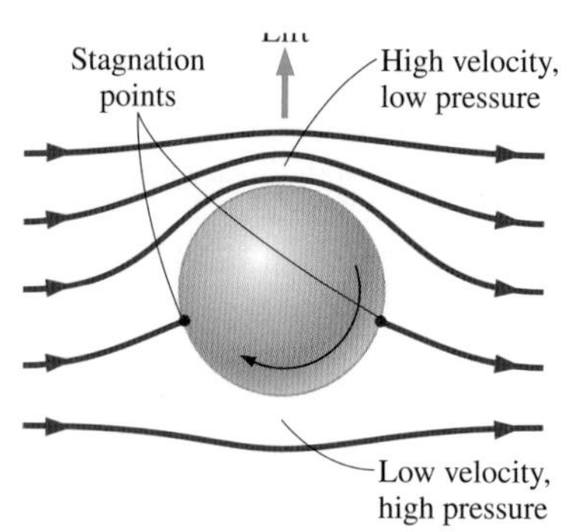

(b) 회전하는 실린더 주위의 포텐셜 유동

그림 11-52
이상화된 포텐셜 유동의 경우 회전하는 원형 실린더에서의 양력 발생(실제 유동에서는 유동 박리가 후류 영역에서 나타난다).

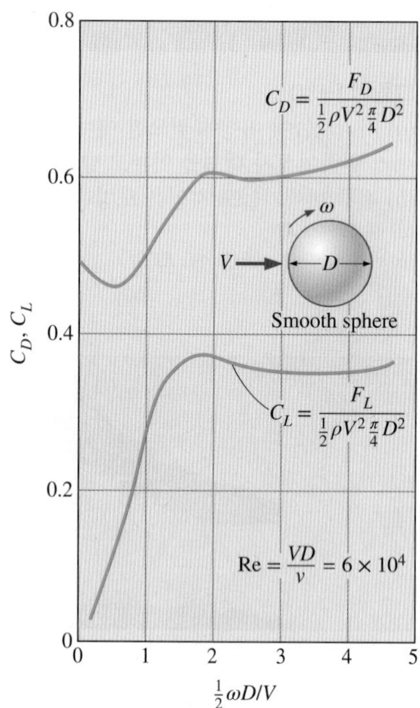

그림 11-53
$\text{Re}=VD/\nu=6\times10^4$일 때, 무차원화된 회전율에 따른 매끄러운 구의 양력계수와 항력계수 변화.
Data from Goldstein (1938).

음과 같이 얻어진다.

$$V_{\min 1} = \sqrt{\frac{2W}{\rho C_{L,\max 1} A}} = \sqrt{\frac{2(686{,}700\text{ N})}{(1.2\text{ kg/m}^3)(1.52)(150\text{ m}^2)}\left(\frac{1\text{ kg·m/s}^2}{1\text{ N}}\right)} = 70.9\text{ m/s}$$

$$V_{\min 2} = \sqrt{\frac{2W}{\rho C_{L,\max 2} A}} = \sqrt{\frac{2(686{,}700\text{ N})}{(1.2\text{ kg/m}^3)(3.48)(150\text{ m}^2)}\left(\frac{1\text{ kg·m/s}^2}{1\text{ N}}\right)} = 46.8\text{ m/s}$$

따라서 실속구간을 피하기 위한 “안전” 최소 속도는 각각의 값들에 1.2를 곱함으로써 구해진다.

플랩이 없을 때: $V_{\min 1,\text{ safe}} = 1.2V_{\min 1} = 1.2(70.9\text{ m/s}) = 85.1\text{ m/s} = \mathbf{306\text{ km/h}}$

플랩이 있을 때: $V_{\min 2,\text{ safe}} = 1.2V_{\min 2} = 1.2(46.8\text{ m/s}) = 56.2\text{ m/s} = \mathbf{202\text{ km/h}}$

여기서 1 m/s = 3.6 km/h이다. 플랩의 사용으로 상당히 낮은 속도에서 이착륙이 가능하고, 따라서 더 짧은 활주로에서도 이착륙이 가능하다.

(b) 비행기가 일정한 고도를 정상적으로 비행할 때, 양력은 비행기의 무게와 같아야 하므로 $F_L = W$이다. 따라서 양력계수는 다음과 같다.

$$C_L = \frac{F_L}{\frac{1}{2}\rho V^2 A} = \frac{686{,}700\text{ N}}{\frac{1}{2}(0.312\text{ kg/m}^3)(155\text{ m/s})^2(150\text{ m}^2)}\left(\frac{1\text{ kg·m/s}^2}{1\text{ N}}\right) = 1.22$$

플랩이 없을 경우에 이 C_L값에 해당하는 영각은 그림 11-45로부터 $\alpha \cong \mathbf{10°}$로 구해진다.

(c) 비행기가 일정한 고도를 정상적으로 비행할 때, 비행기에 작용하는 순 힘은 0이고, 따라서 엔진에 의해 발생하는 추력은 항력과 같아야 한다. 플랩이 없을 경우의 비행 양력계수 1.22에 해당하는 항력계수는 그림 11-45에 의하여 $C_D \cong 0.03$이다. 따라서 날개에 작용하는 항력은 다음과 같다.

$$F_D = C_D A\frac{\rho V^2}{2} = (0.03)(150\text{ m}^2)\frac{(0.312\text{ kg/m}^3)(155\text{ m/s})^2}{2}\left(\frac{1\text{ kN}}{1000\text{ kg·m/s}^2}\right)$$
$$= 16.9\text{ kN}$$

동력은 힘과 속도(단위 시간당 거리)의 곱이며, 따라서 항력을 극복하는 데 필요한 동력은 추력과 비행 속도의 곱이다.

$$\text{Power} = \text{Thrust} \times \text{Velocity} = F_D V = (16.9\ \text{kN})(155\ \text{m/s})\left(\frac{1\ \text{kW}}{1\ \text{kN·m/s}}\right)$$

$$= \mathbf{2620\ kW}$$

따라서 엔진은 비행 중 날개의 항력을 극복하기 위하여 2620 kW의 동력을 제공해야 한다. 추진 효율이 30%일 때(즉, 연료 에너지의 30%가 비행기를 추진하는 데 활용된다) 비행기는 8730 kJ/s의 에너지를 필요로 한다.

토의 계산된 동력은 단지 날개에 작용하는 항력을 극복하기 위한 것이고, 비행기의 나머지 부분(동체, 꼬리 등)에 작용하는 항력은 포함되지 않았다. 따라서 비행하는 동안 필요한 총 동력은 훨씬 더 커질 것이다. 또한 여기서 영각이 큰 상태로 이륙할 때 지배적으로 큰 유도항력은 고려되지 않았다(그림 11-45는 2차원 익형에 대한 것이고, 3차원 효과는 포함되지 않았다).

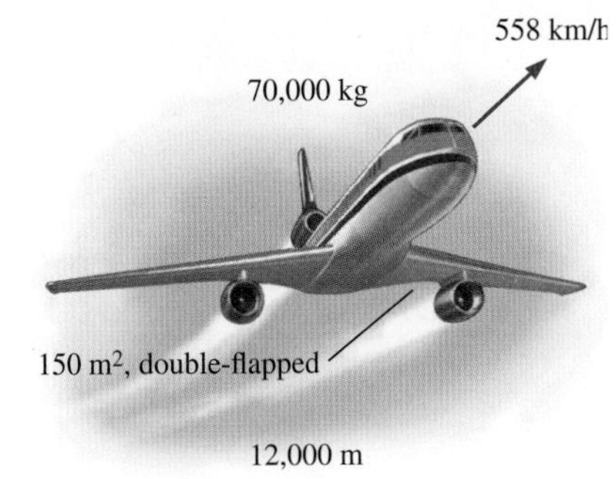

그림 11-54
예제 11-5에 대한 개략도.

예제 11-6 테니스공의 회전 효과

질량 0.0570 kg, 직경 6.37 cm인 테니스공을 4800 rpm의 후방회전(back spin)을 걸어 속도 72 km/h로 타격하였다(그림 11-55). 중력과 타격 직후 회전에 의해 생긴 양력의 효과를 고려하여 1 atm, 25 °C의 공기 속에서 공이 아래로 떨어질지 아니면 위로 떠오를지를 결정하라.

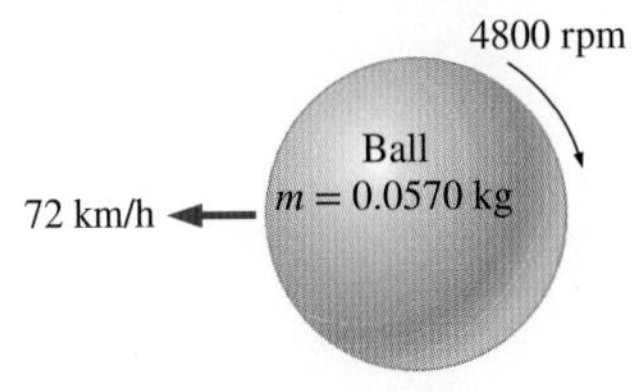

그림 11-55
예제 11-6에 대한 개략도.

풀이 테니스공을 후방회전이 걸리도록 타격할 때, 타격 후에 공이 떨어질지 혹은 떠오를지를 판단하고자 한다.

가정 **1** 공의 표면은 그림 11-53을 적용할 수 있을 정도로 충분히 매끈하다(이 그림은 바로 테니스공의 경우와 유사하다). **2** 공은 수평방향으로 타격되고, 수평으로 운동을 시작한다.

상태량 1 atm, 25°C에서 공기의 밀도와 동점성계수는 각각 $\rho = 1.184\ \text{kg/m}^3$, $\nu = 1.562 \times 10^{-5}\ \text{m}^2/\text{s}$이다.

해석 공은 수평방향으로 타격되고, 따라서 회전이 없으면 중력의 영향에 의하여 떨어질 것이다. 후방회전은 양력을 발생시키는데, 그 양력이 공의 무게보다 크다면 공은 떠오를 것이다. 양력은 다음과 같이 구한다.

$$F_L = C_L A \frac{\rho V^2}{2}$$

여기서 A는 공의 정면도면적이고, $A = \pi D^2/4$이다. 공의 병진속도와 각속도는 각각 다음과 같다.

$$V = (72\ \text{km/h})\left(\frac{1000\ \text{m}}{1\ \text{km}}\right)\left(\frac{1\ \text{h}}{3600\ \text{s}}\right) = 20\ \text{m/s}$$

$$\omega = (4800\ \text{rev/min})\left(\frac{2\pi\ \text{rad}}{1\ \text{rev}}\right)\left(\frac{1\ \text{min}}{60\ \text{s}}\right) = 502\ \text{rad/s}$$

따라서 무차원화된 각속도는 다음과 같다.

$$\frac{\omega D}{2V} = \frac{(502\ \text{rad/s})(0.0637\ \text{m})}{2(20\ \text{m/s})} = 0.80\ \text{rad}$$

이 값에 해당하는 양력계수는 그림 11-53으로부터 $C_L=0.21$이다. 따라서 공에 작용하는 양력은 다음과 같이 계산된다.

$$F_L = (0.21)\frac{\pi(0.0637 \text{ m})^2}{4}\frac{(1.184 \text{ kg/m}^3)(20 \text{ m/s})^2}{2}\left(\frac{1 \text{ N}}{1 \text{ kg}\cdot\text{m/s}^2}\right)$$
$$= 0.158 \text{ N}$$

공의 무게는 다음과 같다.

$$W = mg = (0.0570 \text{ kg})(9.81 \text{ m/s}^2)\left(\frac{1 \text{ N}}{1 \text{ kg}\cdot\text{m/s}^2}\right) = 0.559 \text{ N}$$

따라서 공의 무게가 **양력**보다 더 크게 나타나고, 회전에 의해 생기는 양력과 중력효과를 더한 합력이 0.559−0.158=0.401 N이 되어 공이 아래로 **떨어질** 것이다.

토의 이 예제는 공에 후방회전을 줌으로써 공이 훨씬 더 멀리 날아갈 수 있다는 것을 보여주고 있다. 전방회전(top spin)은 반대효과(양력이 음의 값)를 나타내고, 공이 바닥으로 더 빨리 떨어지게 할 것이다. 또한 이 문제에서의 Reynolds 수는 8×10^4이고, 이는 그림 11-53을 사용하기 위한 6×10^4에 충분히 가깝다.

비록 얼마간의 회전이 공이 날아가는 거리를 증가시키지만, 현재 대부분의 골프 선수들도 알다시피 발사 각도에 따라 최적 회전이 있음에 유의하라. 너무 많은 회전은 더 많은 유도항력을 발생시켜서 오히려 비행 거리를 감소시킬 수 있다.

그림 11-56
Kitty Hawk에서 비행하고 있는 Wright 형제.
Library of Congress Prints & Photographs Division [LC-DIG-ppprs-00626].

양력과 항력에 대한 토의를 끝내면서 마지막으로 Wilbur(1867-1912)와 Orville (1871-1948) Wright 형제의 공적에 대한 언급이 있어야 할 것 같다. Wright 형제는 역사상 가장 인상적인 엔지니어 팀이었다. 그들은 당시의 항공역학에 관한 이론을 모두 독학으로 습득하였으며, 그 분야에서의 다른 선구자들과 의견을 나누고 그들의 연구 결과를 공학 저널에 발표하기도 하였다. 그들이 비록 양력과 항력에 대한 개념을 확립하는 데 기여하지는 못했다 할지라도, Wright 형제는 이 개념을 이용하여 인류 최초로 공기보다 무거운 동력 비행기를 사람이 탑승하여 제어하는 비행에 성공하였다(그림 11-56). Wright 형제가 그들보다 앞선 사람들이 실패했던 이러한 일을 성공시킨 이유는, 그들이 비행기의 각 부품을 따로따로 계산하고 설계하였기 때문이다. Wright 형제 전의 연구자들은 전체 비행기를 한꺼번에 제작하여 실험하였다. 예상으로는 이러한 방법이 그럴듯하였지만, 어떻게 비행기를 잘 만들 수 있는가에 대한 올바른 결정에는 도움이 되지 못했다. 비행시간이 짧아 설계의 취약점에 대한 충분한 판단 근거를 확보하지 못했으며, 따라서 새로운 비행기는 이전의 비행기에 비해 나을 게 없었다. 즉, 계속되는 새로운 실험은 한갓 배치기(belly flop)에 불과했다. 그러나 Wright 형제는 이 모든 틀을 바꾸었다. 그들은 각각의 부품을 축소 모형 또는 실제 크기의 모형으로 만들어 풍동을 사용하거나 현장에서 직접 실험하며 연구하였다. 최초의 동력 비행기가 조립되기 훨씬 전, Wright 형제는 사람이 탑승한 비행기에 필요한 최고의 날개 형상과 개선된 프로펠러로 적절한 추력을 제공하는 데 필요한 엔진의 동력에 대하여 알고 있었다. Wright 형제는 세상에 인간이 어떻게 날 수 있는지를 보여주었을 뿐만 아니라, 공학자들에게 보다 개선된 비행기를 설계하기 위하여 이 장에서 제시한 방정식들을 어떻게 사용해야 하는가를 보여 주었다.

자연의 비행!*

새나 곤충, 그리고 다른 종류의 나는 동물들은 매우 민첩하고 효율적인 양력과 추력을 만들기 위하여 날개의 진동과 파동 움직임을 이용한다. 오래 전 레오나르도 다빈치(Leonardo da Vinci)가 새의 비행을 연구하고 플랩핑(날개짓, flapping) 날개 장치를 고안해내었지만, 현재까지 이 분야는 여전히 새롭고도 복잡하다. 고전 공기역학 이론은 고정익 항공기나 활공하는 동물에게 적용되는데, 이때 양력은 보통 딱딱한 날개를 지나는 유동에 의한 것이므로 곤충 날개에서 발생하는 양력을 예측하기 어렵다. 공기역학적으로는 충분한 양력이 발생되지 않을 것으로 보이는 호박벌(bumblebees)의 비행에 대한 의문이, 최근 양력발생의 비정상(unsteady) 메커니즘과 플랩핑 날개에서 발생하는 앞전 와류(leading-edge vortex, LEV)에 관한 원리가 발견되면서 상당 부분 해소되고 있다. Ellington 등[8]은 나방(hawkmoth)의 날개 주변에 연기(smoke)를 불어줌으로서 각 날개 앞전에서 발생하는 토네이도 형상의 와류구조를 가시화하는데 성공한 바 있다. Bomphrey 등[6]도 유사한 연구를 통하여 나방의 앞전 와류를 포함한 후류에서 발생하는 와류 루프(loop)를 발견한 바 있다(그림 11.57). 나방 날개 상부에서 발생한 LEV는 고전 공기역학에서 예측한 것보다 더 큰 양력을 발생시킨다.

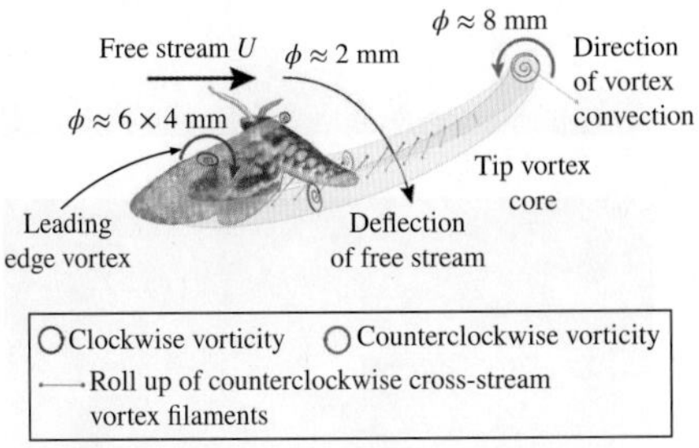

Free stream U
$\phi \approx 2$ mm
$\phi \approx 8$ mm
Direction of vortex convection
$\phi \approx 6 \times 4$ mm
Tip vortex core
Leading edge vortex
Deflection of free stream
Clockwise vorticity
Counterclockwise vorticity
Roll up of counterclockwise cross-stream vortex filaments

그림 11-57
루프 코어 단면에서 볼 수 있는 와류 루프 발생
© *Adrian Thomas, University of Oxford*

Ellington 이후 오랫동안 연구자들은 이러한 큰 양력의 이유를 밝히기 위하여 새나 곤충의 공기역학을 연구하고, 실제 동물과 같이 나는 로봇을 설계해왔다. 그림 11.58과 같이, 최근 Festo 회사가 이륙과 비행, 그리고 착륙까지 모두가 자동인 초경량의 우수한 비행체 모델을 설계 제작한 바 있다. 왜 이렇게 작은 비행 로봇이 필요할까? 실제 한 예로, 붕괴된 건물 내부에 이런 비행체를 날려 보내 구조팀이 부상자를 찾거나 화학물질 누출을 탐지할 수 있다. 이러한 비행 로봇은 비행에 관한 우리들의 생물학적 이해에 도움이 될 수 있다. 한 예로, 돌풍이나 대기의 교란 등에서 안정과 제어에 관한 몇 가지 가설을 시험할 때 해당 비행 로봇의 사용이 가능하다.[15] 이렇게 흥미로운 플랩핑 로봇 설계에 관하여 많은 발전이 있었지만, 여전히 인간이 고안한 기계장치는 동물이 자유롭게 날아다니는 난류유동 조건에서 완벽하지 않다. Shyy 등[18]이 언급했듯이, "비행 로봇은 상업이나 취미오락의 용도로 비행하지만, 실제 동물이야말로 정말 비행 전문가이다." 비행 동물들은 플랩핑의 형태, 중력작용점, 꼬리 조정 등을 통하여 거센 바람 속에서도 정확하게 목표물을 추적할 수 있다. 이런 비행 동물에서 관찰되는 다양한 플랩핑 방식이 아래에 간단하게 정리되어 있다.[19]

그림 11-58
독일 Esslingen 소재 Festo 회사에서 독일 사장 Christian Wuff가 스마트 새 Silvermoewe를 날리고 있다.
© *EPA European Pressphoto Agency b.v./Alamy*

활공(글라이더)

그림 11.59처럼 새가 날개짓을 멈추고 날개를 크게 펼치고 있을 때에도 양력이 발생한다. 이를 "활공(글라이딩)"이라 하는데, 이처럼 활공하는 동물은 그 움직이는 방향이 약간 아래로 향한다. 이 활공 각도에 따라 양항력비가 조절된다. 벌새처럼 예외는 있지만, 대부분의 새는 어느 정도 활공을 할 수 있다. 일반적으로 새의 크기가 작을수록 활공 거리가 짧고 하강속도도 빠르다. 한 예로 0.9 kg의 비둘기는 10 m 하강할 때

그림 11-59
붉은꼬리 말똥가리의 활공
© *Dr. Susa H. Stonedahl, St. Ambrose University.*

*이 절은 Penn State University at Berks의 Azar Eslam Panah가 작성하였음

(a)

(b)

그림 11-60
전진 비행하는 미국 펠리컨 (a) 하향 날개짓의 시작 (b) 상향 날개짓의 시작
© *Dr. Forrest Stonedahl, Augustana College*

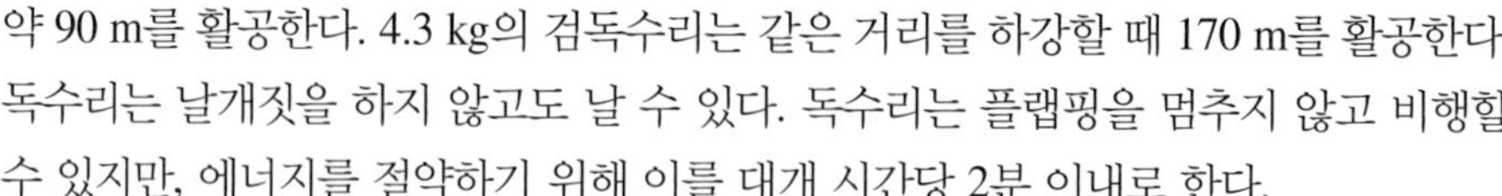

약 90 m를 활공한다. 4.3 kg의 검독수리는 같은 거리를 하강할 때 170 m를 활공한다. 독수리는 날개짓을 하지 않고도 날 수 있다. 독수리는 플랩핑을 멈추지 않고 비행할 수 있지만, 에너지를 절약하기 위해 이를 대개 시간당 2분 이내로 한다.

대형 새

펠리컨이나 거위 같은 대형 새들은 전진 비행할 때 하향 날개짓(downstroke)에서 날개의 회전운동과 수직운동을 혼합하여 추력과 양력을 발생시킨다. 반면 상향 날개짓(upstroke)에서는 유효 영각이 거의 영이 되도록 피동적으로 날개를 회전시킨다(그림 11.60). 이런 방식의 비행에서는 일반적으로 날개 크기와 비행 속도가 크다. 아울러 날개짓의 진동수는 매우 낮고, 진폭은 큰 것이 일반적이다. 이와 같은 날개짓에서 유동은 효율적으로 날개에 부착되고 거의 박리되지 않는다.

중간 크기 새

비둘기처럼 중간 크기의 새는 전진과 호버링 비행에서 양력과 추력 발생을 위하여 날개의 수직운동, 피칭과 회전운동을 혼합한다. 이때 수직 방향으로 순힘을 만들어내기 위하여 날개운동 면이 회전한다. 상향 날개짓에서는 자연스레 날개를 접어 유효면적을 최소화 한다. 하향 날개짓에서는 날개 주위유동이 박리되지 않은 채 충분한 힘이 발생되도록 날개 크기와 운동 속도를 적절히 조합한다. 그러나 고난도의 비행에서는 비정상(unsteady) 박리유동의 공기역학이 필요하다.

작은 크기의 새나 곤충

곤충이나 벌새처럼 날개 크기가 작은 동물은 비행속도가 크지 않고 날개짓의 진동수가 크다. 이 경우 날개운동 면은 거의 수평이며, 반복되는 날개짓 양쪽 끝에서 날개의 피치각이 커진다(그림 11.61). 이로서 상향과 하향 날개짓에서 효과적인 양의 영각을 가지며, 하향 날개짓만으로 발생되는 작은 양력을 보완한다. 사실 이러한 날개짓은 헬리콥터의 프로펠러 운동에 가깝다. 종류와 크기에 따라 약간씩 차이가 있으나, 벌새는 호버링에서 12-90 Hz 범위의 진동수로 날개를 움직인다. 이러한 작은 동물들은 낮은 Reynolds 수에 의한 작은 양력계수 때문에 활공할 수 없다. 날개 진동수가 크더라도, 실제 Reynolds 수는 크지 않아 양력계수 또한 크지 않은 것이다. 그러나 이때는 LEV가 양력발생에 주된 역할을 한다. 초소형 비행체(Micro Air Vehicles, MAVs)와 작은 새는 그 크기와 속도, 그리고 유동구조가 서로 밀접한 관계를 가지며, 해당 기초 문제와 응용분야는 많은 항공공학자들의 큰 관심의 대상이 되고 있다.

(a)

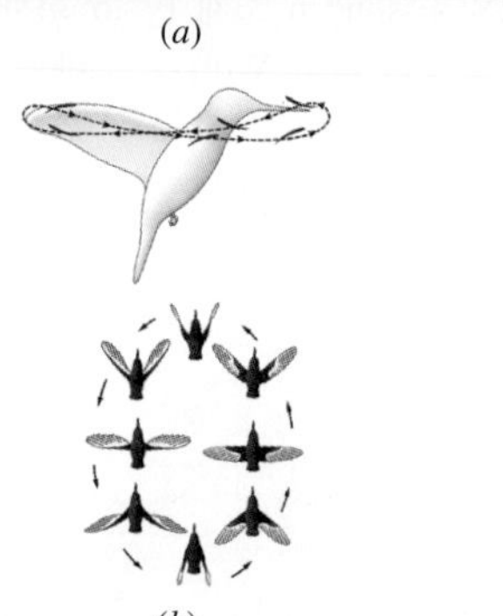

(b)

그림 11-61
(a) 벌새의 호버링과 (b) 플랩핑 단계별 날개 방향
(a) © Susa H. Stonedahl, St. Ambrose University. Reprinted by permission.
(b) © McGraw-Hill Education Korea, Ltd.

새나 곤충은 비행 중 어떻게 플랩핑 날개를 움직이나?

Newton의 제 2법칙과 3법칙을 이용하여 설명을 해보자. 날개가 공기를 뒤로 밀면 공기가 뒤로 가속하면서 날개에는 항력을 대항하는 전방 힘이 가해진다. 각 날개짓 동안 날개는 항공역학적 힘과 연관된 와류구조를 만들어낸다. 어떻게 이러한 구조가 만들어질까? 국소적인 유체의 회전을 의미하는 와류가 날개 주위로 형성된다. 높은 받음각에서 이런 와류가 떨어져 나가 후방으로 발달한다. 많은 새와 곤충은 공기 속에서 움직일 때 이런 커다란 후와류를 만들어낸다. LEV 또한 발생되는데, 이것이 양력 발생의 주된 인자가 되기 때문에, 플랩핑 날개 유동의 가장 중요한 특징이라 할 수 있다. 이는 헬리콥터 로터나 터빈 날개 등에서 나타나는 "동적실속(dynamic stall)" 현상과 유사하다.

이런 유동박리가 어떻게 양력을 발생시킬까? Sane[16]의 설명에 의하면, 영각이 증가하면 유동이 박리되고, 이때 날개 상부의 박리영역을 LEV가 채우게 된다. 이 박리유동은 날개 후단부분에 다시 부착되면서 Kutta 조건을 만족시킨다. 이때 이러한 박리영역에서 날개 수직방향의 흡입력(suction force)이 발생하면서 양력이 증가한다. 또 다른 양력상승 메커니즘에는 Weis-Fogh가 언급한 "clap-fling" 운동, Wagner 효과, 회전 양력(rotational lift), 그리고 wake capture 등이 있다.[16,18]

와류는 새나 벌레의 날개에서 떨어져 나가면서 후류에 남게 되는데, 이때 나타나는 진동 날개의 와류 흘림이 날개에 작용하는 공기역학적 힘에 큰 영향을 미친다. 이러한 와류 흘림은 후방에 존재하는 다른 날개에도 영향을 줄 수 있다. 따라서 이러한 와류 흘림의 발달과정을 이해하는 것이 초소형 비행체들의 제어뿐만 아니라 새나 물고기의 군집 이동을 이해하는데 도움이 된다. 2차원과 3차원 유동에서의 이러한 와류의 위상학(topology)에 대하여 많은 것이 밝혀졌으나, 여전히 후류에서 나타나는 와류에 관한 완벽한 모델이나 힘의 구성요소를 알지 못하고 있다. LEV가 생기지 않는 상향 운동 중인 판과 LEV가 나타나는 하향 운동 중인 판에서 나타나는 후류구조가 다음 그림 11.62에 나타나 있다. 날개가 반복운동을 할 때마다 매우 복잡한 3차원 비정상 와류가 서로 연결되어 나타난다. 곤충이나 새의 호버링에 관한 공기역학적 특성은 날개에 안정되게 부착되어 있는 LEV를 이용하여 설명이 가능하다. 이러한 와류구조에 대한 연구가 다양한 크기의 플랩핑 날개에 대한 공기역학적 모델 개발에 도움이 될 것이다.

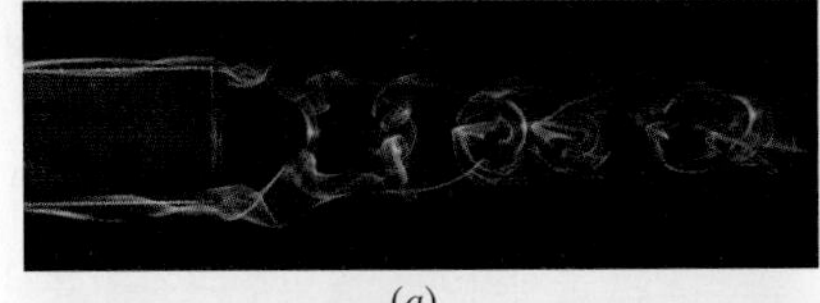

(*a*)

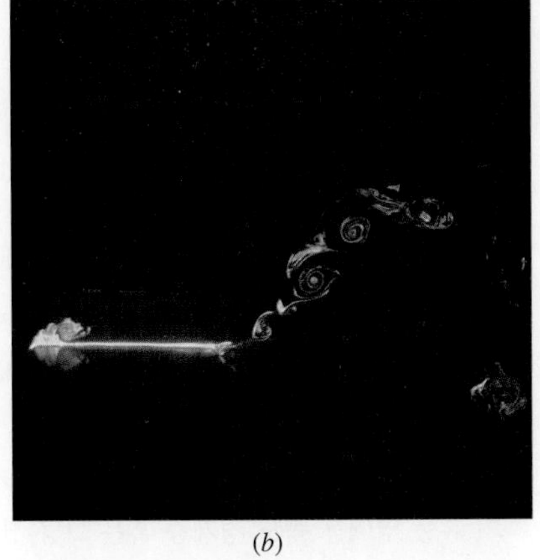

(*b*)

그림 11-62
물감 유동가시화를 이용한 (*a*) LEV가 생기지 않는 판의 피칭과정에서의 후류 위상구조와 (*b*) LEV가 생기는 판의 하향 동작에서의 와류 흘림.

(a) © Dr. Azar Eslam Panah, Penn State University

(b) Buchholz, J. H. J., and Smits, A. J., On the evolution of the wake structure produced by a low-aspect-ratio pitching panel. J. Fluid Mech., 546:433 - 443, 2006.

가까운 미래에 플랩핑 날개가 달린 대형 비행기가 개발될 수 있을까?

플랩핑 비행은 정말 흥미롭기는 하나 매우 복잡하여, 해당 비행체의 설계개선을 위해서는 보다 정확한 공기역학적 모델이 제시되어야 한다. 비록 인류가 새나 곤충이 어떻게 비행하는지 어느 정도 기초적인 이해를 했다 하더라도, 고난이도의 비행기술에 대해서는 아는 바가 거의 없다. 과거 1920년대와 1930년대에 고정익을 개발하였던 항공공학자들이 가졌던 열정과 노력으로 플랩핑 날개의 공기역학을 연구할 수 있는 연구자들이 필요하다.[19] 하늘을 나는 새를 보면서, 저런 플랩핑 날개를 갖는 대형 항공기가 잘 비행할 수 있을까 한번 생각해보자. 여러분의 상상력이 레오나르도 다빈치에 미치지 못하리란 법은 없다!

요약

이 장에서는 양력과 항력에 중점을 두고 물체 주위의 유동에 대하여 공부하였다. 유체는 물체에 여러 방향으로 힘과 모멘트를 발생시킨다. 유동이 물체에 유동방향으로 작용하는 힘을 **항력**이라 하고, 유동에 수직으로 작용하는 힘을 **양력**이라고 한다. 벽면 전단응력 τ_w에 직접적으로 연관된 항력을 **표면마찰항력**(skin friction drag)이라 하고(마찰 효과 때문에), 압력 P와 직접 연관된 일부 항력을 **압력항력** 혹은 물체의 형상과 관련되어 있기 때문에 **형상항력**(form drag)이라고 한다.

항력계수 C_D와 **양력계수** C_L은 물체의 항력과 양력 특성을 나타내는 무차원 수이며, 다음과 같이 정의된다.

$$C_D = \frac{F_D}{\frac{1}{2}\rho V^2 A} \quad \text{그리고} \quad C_L = \frac{F_L}{\frac{1}{2}\rho V^2 A}$$

여기서 A는 일반적으로 물체의 **정면도면적**(유동방향에 수직인 면에 투영된 면적)이다. 평판이나 익형의 경우 A는 **평면도면적**인데, 이는 물체를 위에서 바라보았을 때 보이는 면적이다. 일반적으로 항력계수는 **Reynolds 수**에 의존한다(특히, Reynolds 수가 10^4 이하일 때). 높은 Reynolds 수에서는 대부분 형상의 항력계수가 거의 변화하지 않는다.

항력을 줄이기 위하여, 유동장 내에서 기대되는 유선형태에 의도적으로 물체의 형상을 맞추는 것을 **유선형화**한다고 한다. 그렇지 않으면 물체는(예를 들면, 건물) 유동을 막게 되고, 이때 이 물체를 **뭉툭하다**(bluff)고 한다. 충분히 빠른 속도에서 유체흐름은 물체 표면으로부터 이탈될 수 있다. 이를 **유동 박리**라고 한다. 유체 흐름이 물체로부터 박리될 때 물체와 유체흐름 사이에는 **박리 영역**이 형성된다. 비행기 날개와 같은 유선형화된 물체에서도 **영각**(또는 받음각)이 클 경우에는 박리가 일어날 수 있다. 이때 영각이란 유입하는 유체흐름과 물체의 **코드**(앞전과 뒷전을 연결시키는 선)가 이루는 각도를 뜻한다. 날개 윗면에서의 유동 박리는 양력을 급격히 저하시키고, 비행기를 **실속**하게 한다.

유체점성에 의한 점성 전단력의 효과가 미치는 물체 표면 상부의 유동 영역을 **속도 경계층** 혹은 그냥 **경계층**이라고 한다. 경계층의 **두께** δ는 속도가 0.99 V가 되는 표면으로부터의 거리로 정의된다. 속도가 0.99 V인 점을 연결하는 가상선은 평판 위의 유동을 두 개의 영역으로 나눈다. 즉, 점성 영향이 미치고 속도 변화가 급격한 **경계층 영역**과 마찰 효과가 거의 무시되고 속도가 일정하게 유지되는 **비회전 외부 유동 영역**이다.

외부 유동의 경우 Reynolds 수는 다음과 같이 정의된다.

$$\text{Re}_L = \frac{\rho V L}{\mu} = \frac{VL}{\nu}$$

여기서 V는 상류 속도이고, L은 형상의 특성 길이인데, 이는 평판의 경우 유동방향의 평판 길이이며, 실린더나 구의 경우는 직경 D이다. 평판 전체에 대한 **평균**마찰계수는 다음과 같다.

층류: $$C_f = \frac{1.33}{\text{Re}_L^{1/2}} \qquad \text{Re}_L \lesssim 5 \times 10^5$$

난류: $$C_f = \frac{0.074}{\text{Re}_L^{1/5}} \qquad 5 \times 10^5 \lesssim \text{Re}_L \lesssim 10^7$$

공학적인 임계 Reynolds 수를 $\text{Re}_{cr} = 5 \times 10^5$으로 정하고, 그 전까지의 유동을 층류, 그 이후를 난류로 볼 때, 전체 평판에 대한 평균마찰계수는 다음과 같다.

$$C_f = \frac{0.074}{\text{Re}_L^{1/5}} - \frac{1742}{\text{Re}_L} \qquad 5 \times 10^5 \lesssim \text{Re}_L \lesssim 10^7$$

완전히 거친 난류 영역에서 평균마찰계수에 대한 실험식은 다음과 같다.

거친 표면: $$C_f = \left(1.89 - 1.62 \log \frac{\varepsilon}{L}\right)^{-2.5}$$

여기서 ε은 표면조도이고, L은 유동방향으로의 판 길이이다. 보다 더 좋은 식이 없다면 이 관계식이 $\text{Re} > 10^6$, 특히 $\varepsilon/L > 10^{-4}$인 거친 표면의 난류 유동에 대하여 사용될 수 있다.

일반적으로 표면조도는 난류 유동에서 항력계수를 증가시킨다. 그러나 원형 실린더나 구와 같은 뭉툭한 물체의 경우 표면조도의 증가는 항력계수를 **감소**시킬 수도 있다. 이러한 현상은 낮은 Reynolds 수에서 표면조도가 경계층을 난류로 유도하기 때문에 발생하며, 이는 물체 후방의 유체를 표면에 붙게 하여 후류의 크기를 줄이고, 따라서 압력항력이 상당히 줄게 된다.

익형은 최소한의 항력과 최대한의 양력을 발생시키는 것이 목적이다. 따라서 익형의 성능척도는 **양항력비** C_L/C_D이다.

비행기의 최소 안전 비행 속도는 다음과 같이 얻어진다.

$$V_{\min} = \sqrt{\frac{2W}{\rho C_{L,\max} A}}$$

주어진 무게에 대하여 양력계수와 날개 면적의 곱 $C_{L,\max}A$를 최대화함으로써 착륙 속도 혹은 이륙 속도를 최소화할 수 있다.

비행기 날개나 유한한 크기를 갖는 익형의 경우 아랫면과 윗면의 압력차에 의하여 유체는 날개 끝에서 위로 흐르게 된다. 그 결과 선회하는 에디가 나타나는데, 이를 **날개 끝 와류**(tip vortex)라고 한다. 날개 끝 와류는 자유흐름과 상호작용하면서 날개 끝에 유동방향을 포함한 모든 방향으로 힘을 가한다. 이 힘 중에서 유동방향으로 작용하는 힘은 항력에 더해지는데, 이를 유도항력(induced drag)이라고 한다. 따라서 날개의 총 항력은 유도항력(3차원 효과)과 익형면에 작용하는 항력(2차원 효과)의 합이 된다.

유동장 내에 있는 실린더나 구가 충분히 빠른 속도로 회전할 때 양력이 발생하는 것을 볼 수 있다. 이와 같이 고체 물체의 회전에 의하여 양력이 발생하는 현상을 **Magnus 효과**라고 한다.

일부 외부 유동의 경우, 속도장을 포함한 유동의 자세한 특성이 전산유체역학을 이용하여 계산되며, 15장에 그 내용이 제시되어 있다.

응용분야 스포트라이트 ■ 항력저감

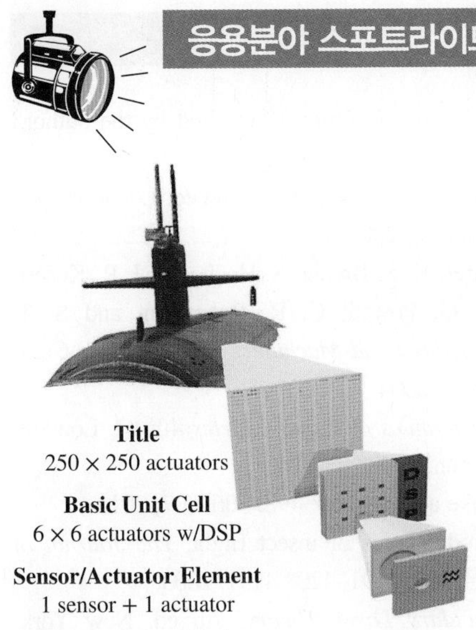

그림 11-63
잠수함 선체에 장착된 항력저감을 위한 마이크로엑츄에이터. 센서와 엑츄에이터를 포함한 단위 셀로 이루어진 타일 시스템의 구성을 보여 주고 있다.

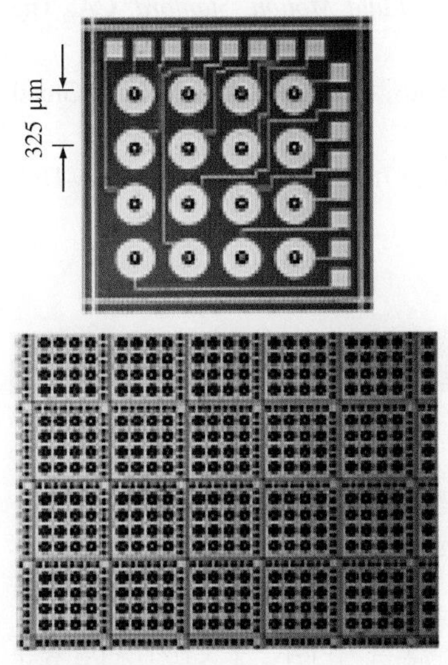

그림 11-64
수중에서 나타나는 항력을 줄이기 위하여 325 μm 간격으로 배열된 엑츄에이터 25,600개로 이루어진 실제 크기의 마이크로전자운동 엑츄에이터(MEKA-5). 위 그림은 한 개의 단위 셀을 확대한 그림이고, 아래 그림은 전체 판의 일부 모습이다.

초청 저자: Werner J. A. Dahm, The University of Michigan

비행체나 배 혹은 잠수함 등과 같은 수송체에 작용하는 항력을 다만 몇 퍼센트라도 감소시킬 수 있다면 연료의 무게와 운행비용의 큰 절감을 가져올 수 있고, 또는 운행 거리와 운송 무게를 크게 늘릴 수 있다. 이러한 항력저감을 위한 한 가지 방법이 수송체 표면에서 나타나는 난류 경계층의 점성저층에서 자연적으로 발생하는 유동방향의 와류를 능동적으로 제어하는 것이다. 난류 경계층 하부에 나타나는 이러한 얇은 점성저층은 매우 강력한 비선형 시스템인데, 이는 마이크로액추에이터에 의하여 발생된 작은 교란을 확대하여 수송체 항력을 크게 저감시킬 수 있다. 수많은 실험적, 수치적, 이론적 연구 결과, 이러한 저층의 구조를 적절히 제어함으로써 벽면 전단응력을 15%에서 25%까지 줄일 수 있음이 보고된 바 있다. 이러한 마이크로액추에이터를 표면에 촘촘히 부착하여 실제 항공 및 수중 수송체의 항력을 감소시키기 위한 노력이 진행 중이다(그림 11-63). 저층 구조는 그 크기가 일반적으로 수백 마이크론 정도이며, 따라서 **마이크로전자기계 시스템**(microelectromechanical systems, MEMS)의 크기와도 잘 어울린다.

그림 11-64는 미세 규모의 액추에이터 배열의 한 형태를 보여 주고 있는데, 이는 실제 수송체의 저층을 능동 제어할 수 있는 전자운동(electrokinetic) 원리를 이용하고 있다. 전자운동 유동은 매우 작은 장치 내부에서 빠른 속도로 움직이는데, 이를 이용하여 액추에이터가 벽면과 점성저층 사이에 있는 유체를 저층 와류의 효과가 상쇄되도록 순간적으로 이동시키도록 되어 있다. 이 시스템은 독립된 단위 셀로 되어 있어 서로 연결시켜 큰 판의 형태로 제작이 가능하고, 이에 따라 적은 수의 센서와 액추에이터로 구성된 각 단위 셀별로 제어하기 간편하다. 실제 수송체 조건에서의 난류 경계층 점성저층의 능동 제어를 위한 실제 크기의 전자운동 마이크로액추에이터 배열 개발을 위한 점성저층의 구조와 동역학 및 마이크로 제작 기술뿐만 아니라 전자운동 유동 이론에 관한 기초 연구가 진행되고 있다.

이러한 마이크로전자운동 액추에이터(MEKA) 배열이, 동일한 마이크로 전자기계 시스템에 기반을 둔 벽면 전단응력 센서와 같이 제작된다면, 향후 항공 및 수중 수송체의 항력을 크게 감소시킬 날이 올 것이다.

참고 문헌

Diez-Garias, F. J., Dahm,W. J. A., and Paul, P. H., "Microactuator Arrays for Sublayer Control in Turbulent Boundary Layers Using the Electrokinetic Principle," *AIAA Paper No. 2000-0548*, AIAA,Washington, DC, 2000.

Diez, F. J., and Dahm,W. J. A., "Electrokinetic Microactuator Arrays and System Architecture for Active Sublayer Control of Turbulent Boundary Layers," *AIAA Journal*, Vol. 41, pp. 1906-1915, 2003.

참고 문헌과 권장 도서

1. I. H. Abbott. "The Drag of Two Streamline Bodies as Affected by Protuberances and Appendages," *NACA Report* 451, 1932.
2. I. H. Abbott and A. E. von Doenhoff. *Theory of Wing Sections, Including a Summary of Airfoil Data*. New York: Dover, 1959.
3. I. H. Abbott, A. E. von Doenhoff, and L. S. Stivers. "Summary of Airfoil Data," *NACA Report* 824, Langley Field, VA, 1945.
4. J. D. Anderson. *Fundamentals of Aerodynamics*, 5th ed. New York: McGraw-Hill, 2010.
5. R. D. Blevins. *Applied Fluid Dynamics Handbook*. New York: Van Nostrand Reinhold, 1984.
6. R. J. Bomphrey, Lawson, N. J., Taylor, G. K., Thomas, A. L. R., Application of digital particle image velocimetry to insect aerodynamics: measurement of the leadingedge vortex and near wake of a Hawkmoth, *Experiments in Fluids*, 40, 546–554, 2006.
7. S. W. Churchill and M. Bernstein. "A Correlating Equation for Forced Convection from Gases and Liquids to a Circular Cylinder in Cross Flow," *Journal of Heat Transfer* 99, pp. 300–306, 1977.
8. C. P. Ellington, van den Berg, C., Willmott, A. P., and Thomas, A. L. R., Leading-edge vortices in insect flight, *Nature* 384, 626–630, 1996.
9. S. Goldstein. *Modern Developments in Fluid Dynamics*. London: Oxford Press, 1938.
10. J. Happel and H. Brenner. *Low Reynolds Number Hydrodynamics with Special Applications to Particulate Media*. Norwell, MA: Kluwer Academic Publishers, 2003.
11. S. F. Hoerner. *Fluid-Dynamic Drag*. [Published by the author.] Library of Congress No. 64, 1966.
12. J. D. Holmes. *Wind Loading of Structures* 2nd ed. London: Spon Press (Taylor and Francis), 2007.
13. G. M. Homsy, H. Aref, K. S. Breuer, S. Hochgreb, J. R. Koseff, B. R. Munson, K. G. Powell, C. R. Roberston, and S. T. Thoroddsen. *Multi-Media Fluid Mechanics* (CD) 2nd ed. Cambridge University Press, 2004.
14. W. H. Hucho. *Aerodynamics of Road Vehicles* 4th ed. London: Butterworth-Heinemann, 1998.
15. D. Lentink, Flying like a fly, *Nature* 498, 306–307, 2013.
16. S. P. Sane, The aerodynamics of insect flight, *The Journal of Experimental Biology* 206, 4191–4208 4191, 2003.
17. H. Schlichting. *Boundary Layer Theory*, 7th ed. New York: McGraw-Hill, 1979.
18. W. Shyy, Lian, Y., Tang, T., Viieru, D., and Liu, H., *Aerodynamics of Low Reynolds Number Flyers*, Cambridge University Press, 2008.
19. Unsteady Aerodynamics for Micro Air Vehicles, RTOTR-AVT-149, 2010.
20. M. Van Dyke. *An Album of Fluid Motion. Stanford*, CA: The Parabolic Press, 1982.
21. J. Vogel. *Life in Moving Fluids*, 2nd ed. Boston: Willard Grand Press, 1994.
22. F. M. White. *Fluid Mechanics*, 7th ed. New York: McGraw-Hill, 2010.

연습문제*

항력, 양력, 항력계수

11-1C 양력이란 무엇인가? 무엇이 양력을 발생시키는가? 벽면 전단이 양력에 기여하는가?

11-2C 몸을 바로 세우고 자전거를 타는 사람과 몸을 무릎까지 가까이 숙이고 자전거를 타는 사람 중 어느 쪽이 더 빨리 달리겠는가? 그 이유를 설명하시오.

11-3C 각진 모서리로 설계된 자동차와 타원형 모서리로 설계된 자동차 중 어느 것이 더 빨리 달리겠는가? 그 이유를 설명하시오.

11-4C 외부유동에서 물체의 정면도면적을 정의하라. 항력과 양력을 계산할 때에 정면도면적을 사용하는 것이 적합할 때는 어느 경우인가?

11-5C 외부유동에서 물체의 평면도면적을 정의하라. 항력과 양력을 계산할 때에 평면도면적을 사용하는 것이 적합할 때는 어느 경우인가?

11-6C 상류 속도와 자유흐름 속도의 차이점은 무엇인가? 어떤 종류의 유동에서 이 두 속도가 서로 같아지는가?

11-7C 유선형과 뭉툭한 물체의 차이점은 무엇인가? 테니스공은 유선형 물체인가 혹은 뭉툭한 물체인가?

11-8C 큰 항력이 요구되는 응용분야 몇 가지를 열거하라.

11-9C 어떤 물체 주위의 유동에서 항력, 상류속도, 그리고 유체의 밀도가 측정될 때 항력을 어떻게 구할 것인지 설명하라. 계산을 할 때에 면적은 어떤 것을 사용할 것인가?

11-10C 날개와 같이 가느다란 물체 주위의 유동에서 양력, 상류속도, 그리고 유체의 밀도가 측정될 때 양력을 어떻게 구할 것인지

*"C"로 표시된 문제는 개념 문제로서, 학생들에게 모든 문제에 대하여 답하도록 권장한다. 아이콘 [아이콘]으로 표시된 문제는 본질적으로 종합적인 문제로서, 적절한 소프트웨어를 사용하여 풀도록 의도된 것이다.

설명하라. 계산을 할 때에 면적은 어떤 것을 사용할 것인가?

11-11C 종단속도란 무엇인가? 이것은 어떻게 정의되는가?

11-12C 표면 마찰항력과 압력항력은 어떻게 다른가? 익형처럼 가느다란 물체에는 일반적으로 어떤 것이 더 큰가?

11-13C 층류와 난류유동에서 표면조도는 마찰항력에 어떤 영향을 미치는가?

11-14C 유선형화가 (a) 마찰항력과 (b) 압력항력에 어떤 영향을 미치는가? 물체에 작용하는 총 항력은 유선형화에 의하여 반드시 감소하는지 설명하라.

11-15C 유동 박리란 무엇인가? 무엇이 이를 발생시키는가? 유동박리는 항력계수에 어떤 영향을 미치는가?

11-16C 드래프팅(drafting)이란 무엇인가? 드래프팅이 뒤에서 따라가는(drafted) 물체의 항력계수에 어떤 영향을 미치는가?

11-17C 평판 위의 층류유동을 생각하자. 위치에 따라 국소 마찰계수는 어떻게 변하는가?

11-18C 일반적으로 (a) 낮거나 보통의 Reynolds 수와 (b) 높은 Reynolds 수(Re$>10^4$)에서 항력계수는 어떻게 변하는가?

11-19C 물체를 보다 유선형으로 만들기 위하여 유선형 덮개(fairings)가 원통형 물체의 앞뒤에 부착되어 있다. 이러한 변화가 (a) 마찰항력, (b) 압력항력, 그리고 (c) 총 항력에 어떤 영향을 미치는가? 두 경우 모두 Reynolds 수는 충분히 높고 유동은 난류로 가정한다.

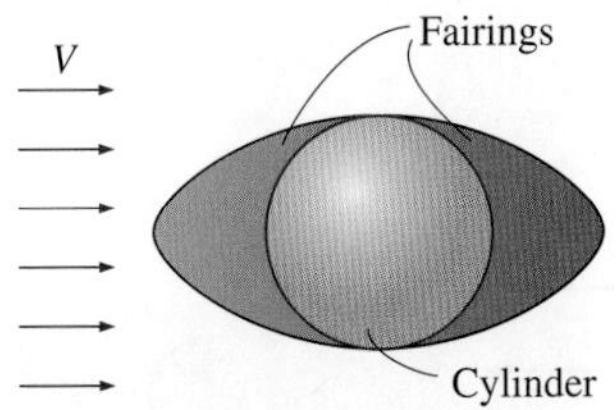

그림 P11-19C

11-20 자동차가 110 km/h의 일정한 속도로 달리고 있다. (a) 공기가 움직이지 않을 경우, (b) 자동차의 이동과 반대방향으로 30 km/h의 바람이 불 경우, 그리고 (c) 자동차의 이동과 같은 방향으로 30 km/h의 바람이 부는 세 가지 경우에 대하여 유체의 유동해석에 사용될 상류속도를 구하라.

11-21 물체에 작용하는 압력힘과 벽면 전단력의 합력은 유동방향의 30° 방향으로 430 N의 힘이 측정되고 있다. 물체에 작용하는 항력과 양력을 구하라.

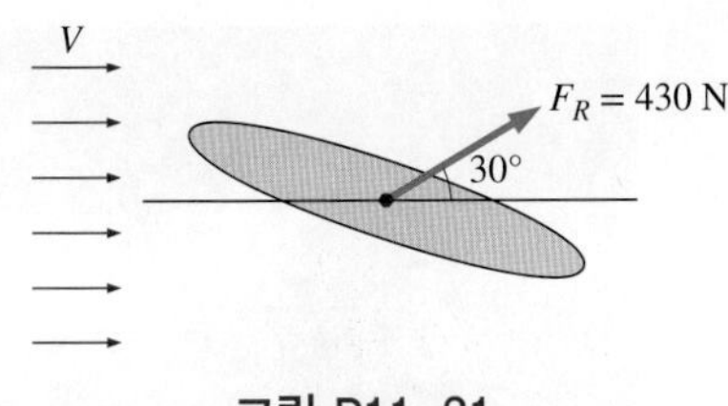

그림 P11-21

11-22 높은 Reynolds 수 실험에서, 1 atm, 5 ℃의 공기유동 내부에서 직경 $D=12$cm인 구형 물체에 작용하는 총 항력이 5.2 N으로 측정되었다. 물체에 작용하는 압력항력은 압력분포(표면 전체에 있는 압력센서에 의하여 측정된)를 적분함으로써 4.9 N으로 계산된다. 구의 마찰항력계수를 구하라.

답: 0.0115

11-23 1 atm, 25 ℃, 그리고 90 km/h의 설계조건에서 자동차의 항력계수는 큰 풍동을 사용한 실물 크기의 테스트에서 얻는다. 자동차의 높이와 폭은 각각 1.25 m와 1.65 m이다. 만약 자동차에 작용하는 수평방향 힘이 220 N일 때, 자동차의 총 항력계수를 구하라. **답**: 0.29

11-24 직경 50 cm인 원형 표지판이 10 ℃, 100 kPa의 조건에서 150 km/h 수직방향으로 불어오는 바람의 영향을 받는다. 표지판에 작용하는 항력을 구하라. 또한 기둥의 높이가 지면에서부터 표지판의 하부까지 1.5 m일 때 바닥에서의 굽힘 모멘트를 구하라. 이때 기둥에 걸리는 항력은 무시하라.

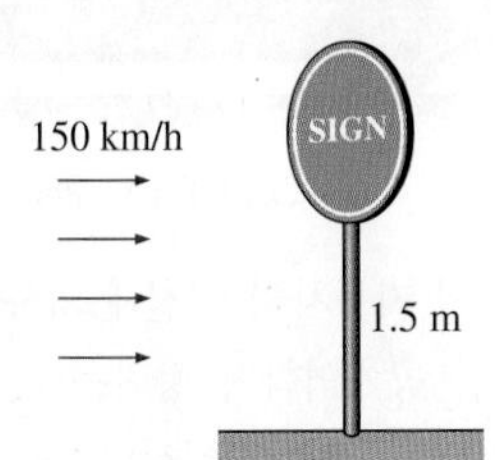

그림 P11-24

11-25 Suzy는 차 안테나 위에 비치볼(silly sun ball)을 달고 운전하기를 즐겨한다. 비치볼의 정면도면적은 $A=2.08\times10^{-3}$ m^{2}이다. 기름값이 오르면서 그녀의 남편은 볼에 작용하는 추가 항력으로 인한 낭비가 걱정되어, 그가 다니는 대학에서 간단한 실험을 해본 결과 볼의 항력계수가 거의 모든 공기의 속도에 대하여 $C_D=0.87$이 됨을 알아내었다. 그녀가 볼을 안테나에 달고 운전하면서 연간 낭비하는 기름의 양을 계산하라. 자동차는 일 년에 약 15,000 km를 평균속도 20.8 m/s로 달리며, 차의 전체 효율은 0.312, $\rho_{\text{fuel}}=0.802$ kg/L, 연료의 발열량은 44,020 kJ/kg으로 가정하자. 아울러 표준대기 조건을 사용하자. 연료의 낭비 정도가 큰지 판단하라.

그림 P11-25
photo by Suzunne Cimbala

11-26 부수입의 목적으로 설치되는 택시의 광고 표지판은 연료소비도 증가시킨다. 택시 위에 고정되어 있는 높이 0.3 m, 너비 0. 9 m 그리고 길이 0.9 m인, 네 측면 모두에서 정면도면적이 0.3 m × 0.9 m인 직육면체 표지판을 고려하자. 이 표지판에 의하여 생기는 택시의 연간 연료 비용증가를 구하라. 택시는 평균 50 km/h의 속도로 연간 60,000 km를 달리고 엔진의 전체효율은 28 %라고 가정하라. 가솔린의 밀도, 단위 가격, 그리고 열용량은 각각 0.72 kg/L, $1.10/L 그리고 42,000 kJ/kg로 하고, 공기의 밀도는 1.25 kg/m^{3}이다.

그림 P11-26

11-27 고속도로에서 자동차의 엔진에 의하여 제공되는 동력의 약 절반 정도가 공기역학적 항력을 극복하는데 쓰이고, 따라서 연료소비는 평탄한 길에서의 항력에 거의 비례한다. 보통 90 km/h의 속도로 운전하는 사람이 지금 120 km/h의 속도로 운전하기 시작할 때, 단위 시간당 자동차의 연료소비 증가율을 구하라.

11-28 어떤 잠수함이 직경 5 m, 길이 25 m인 타원형 물체로 간주될 수 있다고 하자. 이 잠수함이 밀도 1025 kg/m^{3}인 바닷물에서 40 km/h의 속도로 수평, 그리고 정속으로 움직이기 위하여 필요한 동력을 구하라. 또한 이 잠수함을 밀도 1.30 kg/m^{3}인 공기 중에서 끌기 위하여 필요한 동력을 구하라. 두 경우에 대하여 유동은 모두 난류로 가정하라.

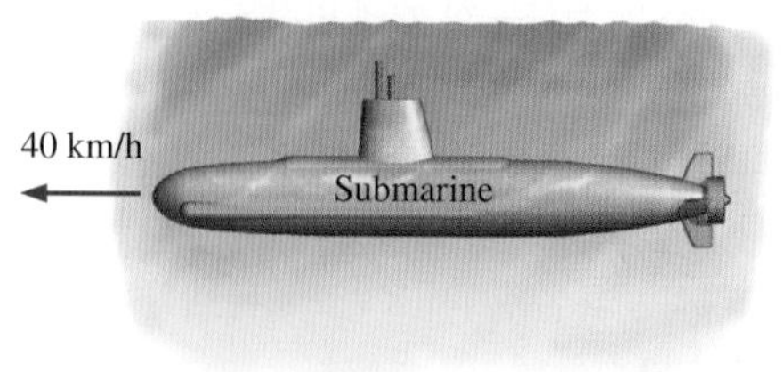

그림 P11-28

11-29 체중이 70 kg인 사람이 15 kg의 자전거를 페달이나 브레이크를 사용하지 않고 경사 8°의 내리막길을 내려가고 있다. 자전거를 타는 사람이 똑바른 자세일 때는 정면도면적은 0.45 m^{2}이고 항력계수는 1.1, 경주 자세일 때는 정면도면적이 0.4 m^{2}이고 항력계수는 0.9이다. 구름저항과 베어링의 마찰을 무시하고 두 자세에서의 자전거를 타는 사람의 종단속도를 구하라. 공기의 밀도는 1.25 kg/m^{3}을 사용하라. 답: 70 km/h, 82 km/h

11-30 두 개 혹은 네 개의 속이 빈 반구형 컵으로 구성되어 축에 연결된 풍력 터빈이 풍속을 측정하는데 사용되기도 한다. 그림 P11-30에 나타난 바와 같이 직경이 8 cm이고 컵 중심 사이의 거리가 40 cm인 네 개의 컵으로 구성된 풍력 터빈을 고려하라. 기계적 결함으로 인하여 축이 정지하고 컵들이 회전을 멈추었다. 그때 풍속이 15 m/s이고 공기의 밀도가 1.25 kg/m^{3}일 때, 이 터빈 회전 중심점에서 나타나는 최대 토크를 구하라.

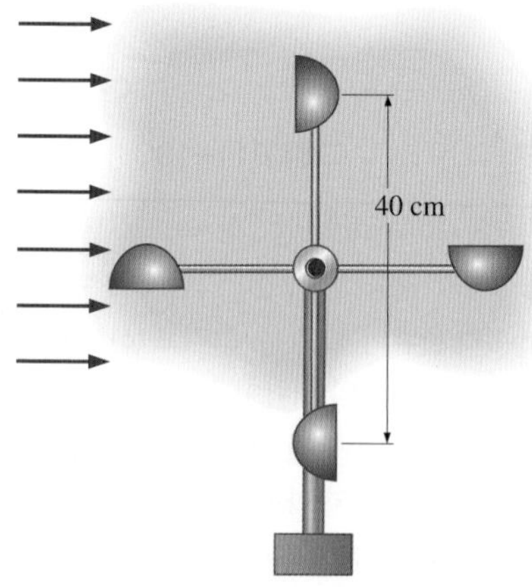

그림 P11-30

11-31 문제 11-30을 다시 생각해 보자. EES(혹은 다른) 소프트웨어를 사용하여 풍속이 회전 중심점에서 걸리는 토크에 미치는 영향을 조사하라. 풍속은 0에서 50 m/s까지 증분 5 m/s

로 변하게 하라. 결과를 표로 만들고 그래프로 나타내어라.

11-32 평지 위에서 자동차가 정속으로 달릴 때 바퀴에 전달되는 동력은 공기역학적 항력과 구름 저항(구름 저항계수와 자동차 무게의 곱)을 극복하기 위해 사용되는데, 이때 바퀴 베어링의 마찰은 무시할 수 있다고 가정하자. 총 질량이 950 kg, 항력계수 0.32, 정면도면적 1.8 m^2, 그리고 구름 저항계수는 0.04인 자동차를 생각하자. 엔진이 바퀴에 전달할 수 있는 최대 동력은 80 kW이다. 자동차의 (a) 구름저항이 공기역학적 항력과 같을 때의 속도, (b) 최대 속도를 구하라. 공기의 밀도는 1.20 kg/m^3으로 계산하라.

11-33 문제 11-32를 다시 생각해보자. EES(혹은 다른) 소프트웨어를 사용하여 자동차의 속도가 (a) 구름저항, (b) 공기역학적 항력, 그리고 (c) 그들이 합쳐진 효과를 극복하기 위해서 필요한 동력에 미치는 영향을 조사하라. 자동차의 속력은 0에서 150 km/h까지 15 km/h씩 변하도록 하라. 결과를 표로 만들고 그래프로 나타내어라.

11-34 Bill은 피자 배달부이다. 피자회사는 그의 차 위에 광고판을 하나 부착하라고 했는데, 그 광고판의 정면도면적은 $A=0.0569$ m^2이고, 항력계수는 모든 공기속도에 대하여 $C_D=0.94$이다. 광고판을 부착하고 다니면서 Bill이 일 년에 추가로 지불해야 되는 액수를 추정하라. 자동차는 일 년에 약 6,000 km를 평균속도 72 km/h로 달리며, 차의 전체 효율은 0.332, $\rho_{fuel}=804$ kg/m^3, 연료의 열용량은 45,700 kJ/kg으로 가정하자. 연료의 가격은 리터당 $0.925이다. 표준대기 조건을 사용하고, 단위 환산에 주의하라.

11-35 직경 0.80 m, 높이 1.2 m인 쓰레기통이 간밤에 강한 바람에 의하여 아침에 쓰러진 채로 발견되었다. 쓰레기의 평균 밀도를 150 kg/m^3으로 가정하고 공기의 밀도는 1.25 kg/m^3을 사용하여 쓰레기통이 쓰러졌던 간밤에 분 바람의 속도를 추정하라. 쓰레기통의 항력계수는 0.7을 사용하라. 답: 135km/h

11-36 밀도가 1150 kg/m^3이고 직경이 8 mm인 플라스틱 구가 20 ℃인 물속으로 떨어졌다. 물속에서 떨어지는 구의 종단속도를 구하라.

11-37 직경이 7 m이고 총 질량이 350 kg인 공기 풍선이 바람이 불지 않는 대기에 조용히 서 있다. 바람이 갑자기 40 km/h로 불 때, 초기에 작용하는 수평방향으로의 가속도를 계산하라.

11-38 자동차의 항력계수는 창문이 열려 있거나 선루프가 열려 있을 때 증가한다. 어떤 스포츠카는 창문과 선루프가 닫혀 있을 때, 정면도면적이 1.7 m^2이고 항력계수가 0.32이다. 선루프가 열려 있을 때는 항력계수가 0.41로 증가한다. 속도가 (a) 55 km/h와 (b) 110 km/h에서 선루프를 열었을 때 자동차의 추가적인 동력소비량을 구하라. 공기의 밀도는 1.2 kg/m^3으로 계산하라.

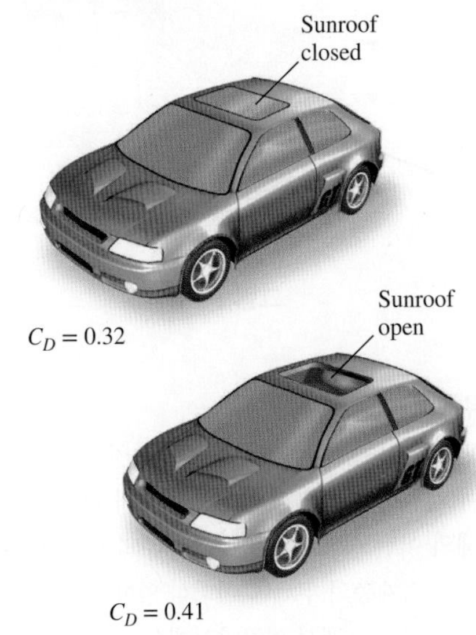

그림 P11-38

11-39 항력계수를 줄여 차량의 연료효율을 늘리고자, 최근 들어 사이드미러가 단순한 원판에서 유선형 현태로 크게 바뀌고 있다. 직경 13 cm인 평판 거울을 그림에서 나타난 바와 같이 반구형으로 바꿈에 따라 일 년간 절약할 수 있는 연료와 돈의 양을 계산하라. 자동차는 일 년에 21,000 km를 평균속도 80 km/h로 달리며, 가솔린의 밀도와 가격은 각각 0.75 kg/L와 $0.90/L로 생각하고, 가솔린의 발열량은 44,000 kJ/kg, 그리고 엔진의 전체 효율은 30%로 가정한다.

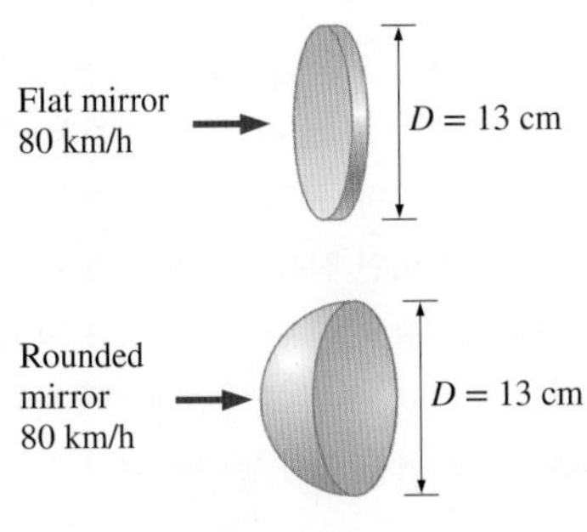

그림 P11-39

11-40 큰 폭풍이 불 때 탁 트인 공간에 있는 RV와 대형 트레일러 같이 높이가 높은 차량은 길 밖으로 전복되거나 지붕이 있는 화차의 경우는 선로에서 이탈될 수 있다. 길이 10 m, 높이 2.5 m, 그리고 너비 2 m인 6000 kg 대형 트레일러를 생각하자. 트럭의 밑면과 지면간의 거리는 0.8m이다. 지금 트럭의 옆면이 바람에 노출될 때, 트럭이 옆으로 쓰러질 수 있는 바람의 속도를 구하라. 공기의 밀도는 1.1 kg/m^3으로 하고 트럭의 무게는 균일하게 분포되어 있다고 가정하라.

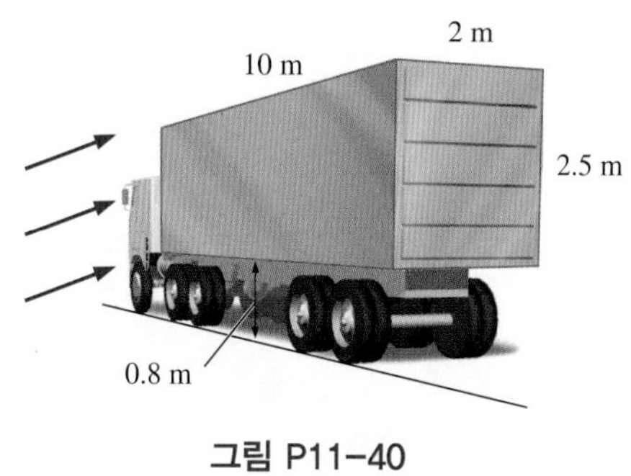

그림 P11-40

평판 위의 유동

11-41C 평판 위의 유동에서 마찰계수는 무엇을 나타내는가? 이것은 판에 작용하는 항력과 어떠한 관계가 있는가?

11-42C 유체의 어떤 상태량이 속도경계층의 발달에 원인이 되는가? 속도는 경계층의 두께에 어떠한 영향을 미치는가?

11-43C 평판 위의 유동에서 평균마찰계수는 어떻게 결정되는가?

11-44 20 ℃의 경유가 자유흐름 속도 2 m/s로 길이 4.5 m인 평판 위를 흐른다. 평판의 단위 폭당 총 항력을 구하라.

11-45 콜로라도 덴버(고도 1610 m)의 대기압은 83.4 kPa이다. 이 압력에 온도가 25 ℃인 공기가 2.5 m × 5 m인 평판 위를 9 m/s의 속도로 흐르고 있다. 공기의 유동이 (a) 5 m인 방향, 또는 (b) 2.5 m인 방향에 평행할 때, 평판의 윗면에 작용하는 항력을 구하라.

11-46 평판 위를 지나는 유체의 층류유동을 생각하자. 유체의 자유유동속도가 세 배가 될 때 평판에 걸리는 항력의 변화를 구하라. 유동은 층류로 유지된다고 가정하라. 답: 5.20배 증가한다.

11-47 공기가 1 atm, 25 ℃인 지역에서 105 km/h로 달리고 있는 냉동트럭을 생각하자. 트럭의 냉동칸을 폭 2.7 m, 높이 2.4 m, 그리고 길이 6 m인 직육면체의 박스로 생각할 수 있다. 모든 바깥면의 공기유동은 난류이고 부착되어(유동박리가 없다) 있다고 가정하고, 윗면과 옆면에 작용하는 항력과 이 항력을 극복하기 위하여 필요한 동력을 구하라.

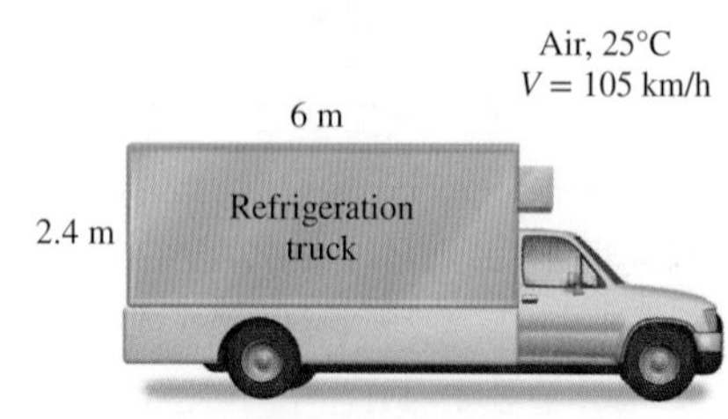

그림 P11-47

11-48 문제 11-47을 다시 생각하자. EES(혹은 다른) 소프트웨어를 이용하여 트럭의 속도가 윗면과 옆면에 걸리는 총 항력과 그것을 극복하는데 필요한 동력에 미치는 영향을 조사하라. 트럭의 속도를 0에서 150 km/h까지 10 km/h씩 변화시키자. 결과를 표에 나타내고 그래프를 그려라.

11-49 25 ℃, 1 atm의 공기가 8 m/s의 속도로 긴 평판 위를 지나고 있다. 판의 시작점부터 유동이 난류가 되는 지점까지의 거리, 그리고 그 지점에서의 경계층 두께를 구하라.

11-50 물의 경우일 때 문제 11-49를 풀어라.

11-51 겨울에 70 km/h, 5 ℃ 그리고 1 atm의 바람이 높이 4 m, 길이 15 m인 집의 벽에 평행하게 불고 있다. 벽 표면은 매끄럽다고 가정하고 벽에 걸리는 마찰항력을 구하라. 풍속이 두 배가 된다면 결과는 어떻게 변하는가? 측면 벽의 표면을 지나는 유동을 평판 위의 유동으로 취급해도 좋겠는가? 답: 35 N, 125 N

그림 P11-51

11-52 그림 P11-52와 같이 50 cm × 50 cm의 얇은 평판이 무게가 질량 2 kg의 평형추에 의하여 균형이 잡혀 있다. 선풍기가 켜져 1 atm, 25 ℃의 공기가 자유흐름 속도 10 m/s로 평판의 양쪽 면을 지나 아래 방향으로 흐른다. 이 경우에 평판의 균형을 잡기 위해 추가되어야 할 평형추의 질량을 구하라.

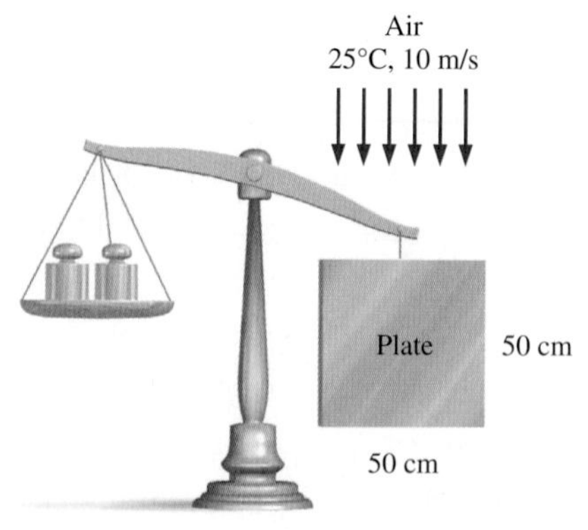

그림 P11-52

11-53 플라스틱 제조 기계의 제품 성형부에서 폭 1.2 m, 두께 2 mm의 플라스틱 박판을 속도 18 m/min으로 연속적으로 뽑아낸다. 박판의 이동방향에 수직한 상하면으로 속도 4 m/s의 공기가 흐르고 있다. 공기 냉각부의 길이는 플라스틱 박판의 고정

된 점이 2초 동안 지나가는 구간이다. 1 atm, 60 ℃인 공기 상태량을 이용하여 공기의 유동방향으로 공기가 플라스틱 박판에 가하는 항력을 구하라.

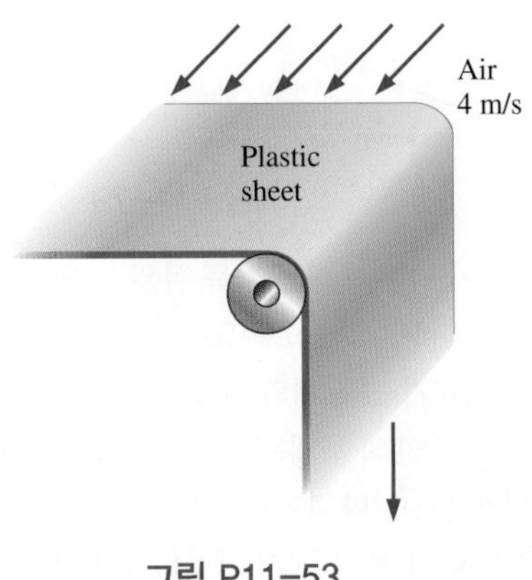

그림 P11–53

실린더와 구를 지나는 유동

11-54C 실린더와 같이 뭉툭한 물체를 지나는 유동에서 압력항력은 마찰항력과 어떻게 다른가?

11-55C 경계층이 난류일 때 실린더 주위를 지나는 유동의 박리가 왜 지연되는가?

11-56C 실린더를 지나는 유동에서 유동이 난류가 될 때, 왜 항력계수가 갑자기 떨어지는가? 난류는 항력계수를 감소시키기보다는 증가시킨다고 생각되지 않는가?

11-57 직경 5 mm인 송전선이 바람이 부는 공기 중에 노출되어 있다. 공기가 1 atm, 15 ℃이고 바람이 송전선을 가로질러 50 km/h의 속도로 부는 날에 길이가 160 m인 송전선에 작용하는 항력을 구하라.

11-58 직경 5 cm의 긴 증기 파이프가 바람이 부는 어떤 구역에 노출되어 있다. 공기가 1 atm, 5 ℃이고 바람이 50 km/h의 속도로 파이프를 가로질러서 불고 있을 때, 파이프에 작용하는 단위 길이당 항력을 구하라.

11-59 직경 0.8 cm의 우박이 1 atm, 5 ℃인 대기에서 자유낙하한다고 생각하자. 우박의 종단속도를 구하라. 우박의 밀도는 910 kg/m^{3}로 간주한다.

11-60 외경 3 cm인 파이프가 물에 완전히 잠긴 채로 폭 30 m의 강을 가로질러 뻗어 있다. 물의 평균 유속은 3 m/s이고 수온은 20 ℃이다. 강물의 흐름에 의하여 파이프에 걸리는 항력을 구하라. 답: 4450 N

11-61 길이 2 m, 직경 0.2 m인 원통형의 소나무 원목(밀도 = 513 kg/m^3)이 수평으로 기중기에 매달려 있다. 원목은 5 ℃, 88 kPa인 수직방향으로 불어오는 40 km/h의 바람의 영향을 받는다. 케이블의 무게와 항력을 무시하고 케이블이 수평방향과 이루는 각도 θ와 케이블에 걸리는 장력을 구하라.

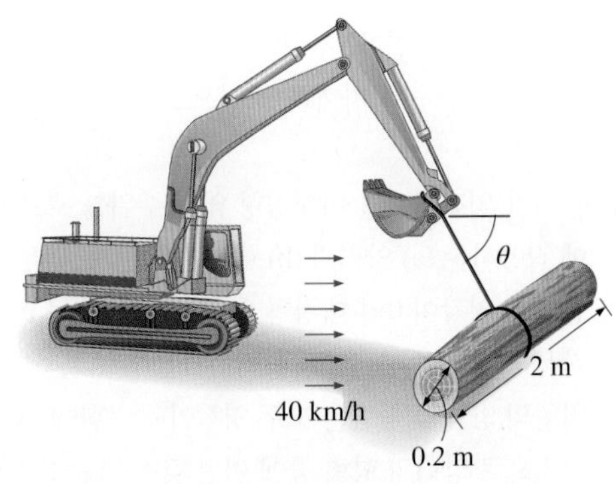

그림 P11–61

11-62 밀도가 2.1 g/cm^{3}이고 직경 0.12 mm인 먼지 입자가 1 atm, 25 ℃인 공기 중의 고정된 위치에서 떠 있는 것이 관찰되었다. 이 지점에서 공기의 상승속도를 추정하라. Stokes 법칙이 적용 가능하다고 가정하라. 이 가정은 유효한가?

답: 0.90 m/s

11-63 과학 박물관에서 가장 인기 있는 전시물 중의 하나는 위를 향하는 공기 제트에 의하여 떠 있는 탁구공이다. 아이들은 손가락으로 제트의 옆쪽으로 탁구공을 밀었을 때 항상 가운데로 다시 돌아오는 공을 보며 즐거워한다. 이 현상을 Bernoulli 방정식을 사용하여 설명하라. 또한 공이 질량 3.1 g, 직경 4.2 cm일 때 공기의 속도를 구하라. 공기는 1 atm, 25 ℃로 가정하라.

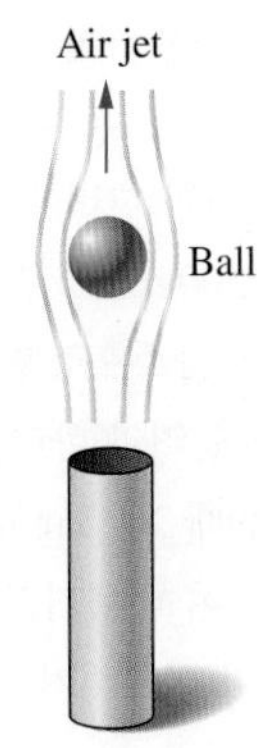

그림 P11–63

11-64 직경 0.06 mm, 밀도 1.6 g/cm^{3}인 먼지 입자가 강한 바람이 부는 동안 움직여 바람이 멈출 때 높이 200 m까지 상승했다고 하자. 먼지 입자가 1 atm, 30 ℃인 정지되어 있는 공기 중에서 다시 바닥으로 떨어지는데 얼마나 오래 걸리는가? 먼지 입자가 종단속도까지 가속되는데 걸린 초기의 천이구간은 무시

하고 Stokes 법칙이 적용 가능하다고 가정한다.

양력

11-65C 실속이란 무엇인가? 무엇이 익형의 실속을 발생시키는가? 왜 상용기는 실속에 가까운 조건으로 운행되는 것이 금지되어 있는가?

11-66C 공기가 영각이 0인 비대칭형 익형 주위를 흐르고 있다. 익형에 작용하는 (a) 양력과 (b) 항력은 영인가, 혹은 영이 아닌가?

11-67C 공기가 영각이 0인 대칭형 익형 주위를 흐르고 있다. 익형에 작용하는 (a) 양력과 (b) 항력은 0인가, 혹은 0이 아닌가?

11-68C 익형의 양력과 항력은 모두 영각이 증가함에 따라 커진다. 일반적으로 양력과 항력 중에 어떤 것이 더 높은 비율로 증가하는가?

11-69C 왜 대형 항공기가 이착륙할 때 날개의 앞전과 뒷전에 플랩이 사용되는가? 플랩 없이 이착륙이 가능한가?

11-70C 점성효과가 익형의 양력에 미치는 영향을 거의 무시할 수 있는 이유가 무엇인가?

11-71C 공기가 영각이 5°인 대칭형 익형 주위를 흐르고 있다. 익형에 작용하는 (a) 양력과 (b) 항력은 0인가, 아니면 혹은 0이 아닌가?

11-72C 공기가 구형 공 주위를 흐르고 있다. 공에 작용하는 양력은 0인가, 혹은 0이 아닌가? 공이 회전하고 있을 경우에 대하여 같은 질문에 답하라.

11-73C 날개끝 와류(날개의 아랫부분에서 윗부분으로의 공기 순환)는 항력과 양력에 어떠한 영향을 미치는가?

11-74C 날개에 작용하는 유도항력은 무엇인가? 길고 좁은 날개, 혹은 짧고 넓은 날개를 사용하여 유도항력을 최소화할 수 있는가?

11-75C 끝판이나 윙렛이 사용되는 이유를 설명하라.

11-76C 플랩은 날개의 양력과 항력에 어떠한 영향을 미치는가?

11-77 직경 6.1 cm이고 500 rpm으로 회전하는 매끈한 공이 1.2 m/s로 흐르는 15 °C의 물속으로 떨어진다. 물속에 처음 떨어졌을 때 공에 작용하는 양력과 항력을 구하라.

11-78 짐을 가득 실었을 때 260 km/h로 이륙하는 비행기를 생각하자. 과적재로 인하여 비행기의 무게가 10% 증가했을 때, 이 과적재된 비행기가 이륙하기 위한 속도를 구하라.
답: 273 km/h

11-79 이륙속도가 220 km/h이고 해수면에서 이륙하는데 15초 걸리는 어떤 비행기를 생각하자. 고도가 1600 m인 공항(예를 들면 덴버공항)에서 이 비행기에 필요한 (a) 이륙속도, (b) 이륙시간, 그리고 (c) 추가적인 활주로의 길이를 구하라. 두 경우에 대하여 가속도는 일정하다고 가정하라.

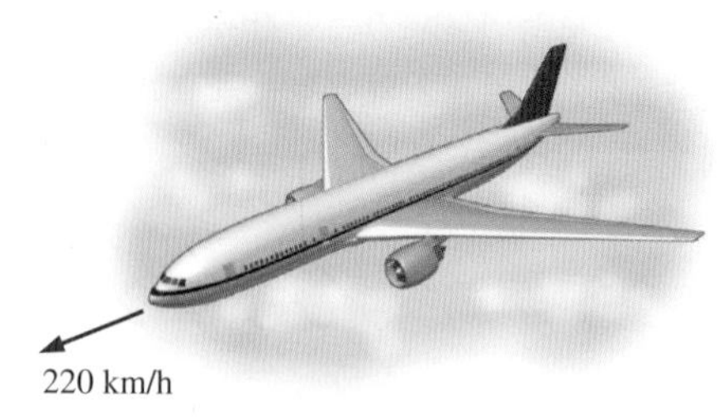

그림 P11-79

11-80 400명이 넘는 승객을 가득 실은 질량이 약 400,000 kg인 점보제트 비행기의 이륙속도는 250 km/h이다. 비행기에 150개의 빈자리가 있을 때의 이륙속도를 구하라. 여행용 가방을 포함한 각 승객의 무게는 140 kg이고 날개와 플랩의 설정은 동일하게 유지된다고 가정하라. **답:** 243 km/h

11-81 문제 11-80을 다시 생각하자. EES(혹은 다른) 소프트웨어를 이용하여 승객의 수가 비행기의 이륙속도에 미치는 영향을 조사하라. 승객의 수를 0에서 500명까지 50명씩 증가한다고 하자. 결과를 표에 나타내고 그래프를 그려라.

11-82 질량 57 g, 직경 6.4 cm인 테니스공이 초기속도 105 km/h로 타격되어 4200 rpm의 후방 회전이 걸리고 있다. 중력과 타격 직후에 발생하는 회전에 의한 양력의 조합으로 공은 떨어지는가, 혹은 떠오르는가? 공기는 1 atm, 25 °C로 가정하라.

그림 P11-82

11-83 어떤 작은 비행기의 날개면적이 40 m^2, 이륙시 양력계수가 0.45, 그리고 총 질량은 4,000 kg이다. (a) 표준 대기 조건의 해수면 높이에서 이 비행기의 이륙속도, (b) 날개하중, 그리고 (c) 순항 항력계수가 0.035일 때, 비행 속도가 360 km/h로 유지되기 위하여 필요한 동력을 구하라.

11-84 그림 11-43에 있는 NACA 64(1)-412 익형은 영각이 0°일 때 50의 양항비를 갖는다. 영각이 몇 도일 때 양항비가 80으로 증가하는가?

11-85 총 무게가 11,000 N이고 날개 면적이 39 m^2, 그리고 형상

이 NACA 23012 익형과 닮은 플랩이 없는 날개가 장착된 경비행기를 생각하자. 그림 11-45의 자료를 이용하여 해수면에서의 영각이 5°일 때의 이륙속도를 구하라. 또한 실속 속도를 구하라. **답:** 99.7 km/h, 62.7 km/h

11-86 어떤 작은 비행기의 총 질량이 1,800 kg이고 날개면적이 42 m^2이다. 4000 m 고도에서 일정 속도 280 km/h로 비행하고 이때 190 kW의 동력을 발생될 때, 이 비행기의 양력계수과 항력계수를 구하라.

11-87 어떤 비행기의 질량이 48,000 kg, 날개면적은 300 m^2이고, 고도 12,000 m에서의 최대 양력계수는 3.2, 그리고 순항중 항력계수는 0.03이다. (a) 실속 속도보다 20% 크다고 가정되는 해수면에서의 이륙속도, 그리고 (b) 900 km/h의 비행속도를 얻기 위해서 엔진이 공급해야 하는 추력을 구하라.

11-88 비행기가 일정속도로 일정고도 3,000 m에서 비행할 때, 20 L/min의 연료를 소비하고 있다. 항력계수와 엔진효율은 동일하다고 가정하고 고도 9,000 m의 고도를 같은 속도로 비행할 때의 연료 소비율을 구하라.

복습 문제

11-89 외경 1.2 m인 구형 탱크가 1 atm, 25 °C인 야외에 위치하여 48 km/h의 바람의 영향을 받는다. 바람에 의하여 탱크에 작용하는 항력을 구하라. **답:** 16.7N

11-90 그림 P11-90에 나타나 있듯이 높이 2 m, 폭 4 m인 직사각형 광고 표지판이 두 개의 직경 5 cm, 길이 4 m(노출된 부분)인 원봉에 의하여 폭 4 m, 높이 0.15 m인 직사각형 콘크리트 블록(밀도 = 2,300 kg/m^3)에 고정되어 있다. 표지판이 임의의 방향에서 불어오는 150 km/h의 바람을 이겨낼 수 있어야 할 때, (a) 표지판에 걸리는 최대 항력, (b) 원봉에 걸리는 항력, 그리고 (c) 표지판이 바람에 저항하기 위한 콘크리트 블록의 최소길이 L을 구하라. 공기의 밀도는 1.30 kg/m^3을 사용하라.

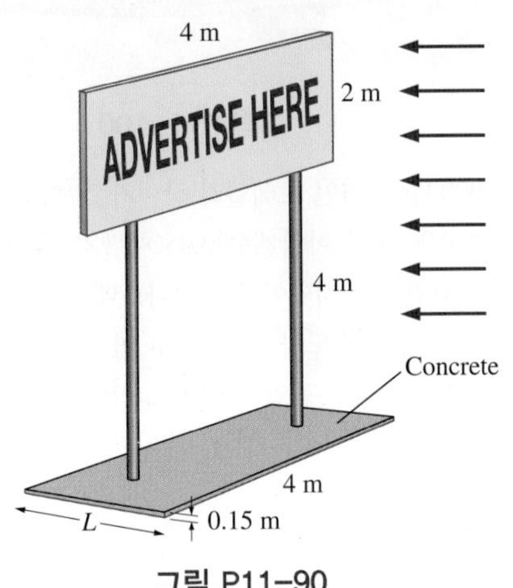

그림 P11-90

11-91 밑면을 폭 1.5 m, 길이 2 m인 평판으로 가정할 수 있는 플라스틱 배가 15 °C의 수면 위를 45 km/h의 속도로 움직인다. 물에 의하여 배에 걸리는 마찰항력과 그것을 극복하기 위하여 필요한 동력을 구하라.

그림 P11-91

11-92 문제 11-91을 다시 생각해보자. EES(혹은 다른) 소프트웨어를 이용하여 배의 속도가 배의 밑면에 작용하는 항력에 미치는 영향과 그것을 극복하기 위해서 필요한 동력을 조사하라. 배의 속도는 0에서 100 km/h까지 10 km/h씩 증가하도록 하자. 결과를 표에 나타내고 그래프를 그려라.

11-93 Stokes 법칙은 유체 내부에 구형 물체를 떨어뜨리고 그 물체의 종단속도를 측정함으로써 유체의 점성을 결정하는데 사용될 수 있다. 종단속도는 시간에 대한 이동거리를 그래프로 나타내고 그 곡선이 선형임을 관찰함으로써 얻을 수 있다. 어떤 실험에서 직경 3 mm의 유리 공(ρ= 2500 kg/m^3)이 밀도가 875 kg/m^3인 유체 속으로 떨어뜨렸을 때, 종단속도가 0.15 m/s로 측정되었다. 벽의 영향을 무시하고, 유체의 점성을 구하라.

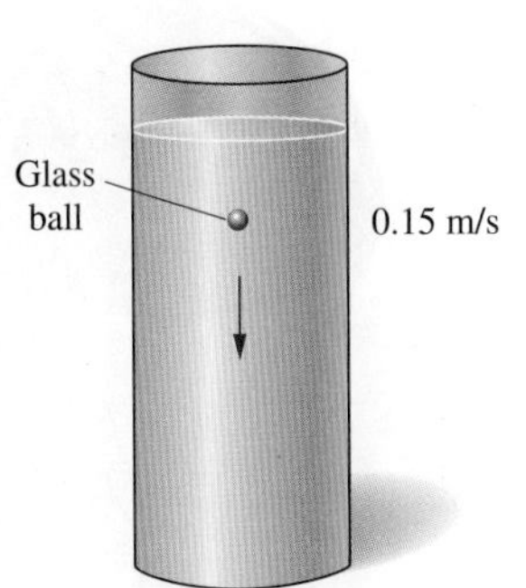

그림 P11-93

11-94 어떤 상용기의 총 질량이 70,000 kg이고 날개의 평면도면적이 170 m^2이다. 비행기의 순항속도는 900 km/h이고 고도는 공기 밀도가 0.333 kg/m^3인 11,500 m이다. 비행기는 이착륙에 사용하는 이중슬롯 플랩을 갖추고 있으나, 순항할 때는 그것을 집어넣은 채 비행한다. 날개의 양력과 항력특성이 NACA 23012와 유사하다고 가정할 때, (a) 플랩을 펼쳤을 때와 펼치지 않았을 때의 이착륙 최소 안전속도, (b) 비행고도에서 정상비행하기 위한 영각, 그리고 (c) 항력 극복을 위해

충분한 추력을 제공하는 동력을 구하라. 지상의 공기밀도는 1.2 kg/m이다.

11-95 자동차의 엔진을 높이 0.4 m, 폭 0.60 m, 그리고 길이 0.7 m인 직사각형 블록으로 가정할 수 있다. 주위의 공기는 1 atm, 15 ℃이다. 자동차가 120 km/h의 속도로 달릴 때 엔진블록의 바닥표면에 작용하는 항력을 구하라. 엔진블록의 일정한 진동으로 인하여 모든 면에서의 유동은 난류로 가정한다.

답: 1.22 N

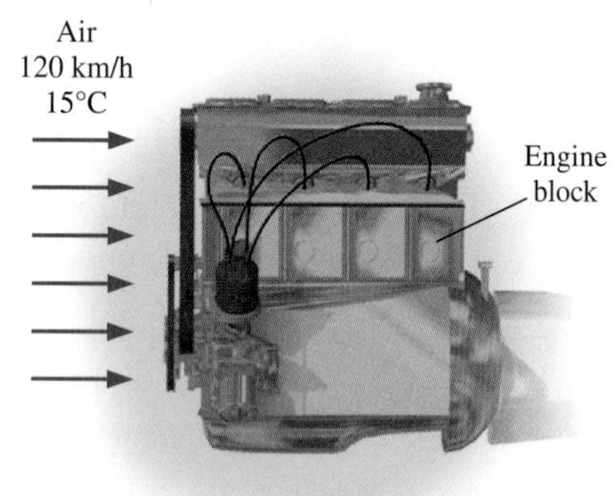

그림 P11–95

11-96 낙하산병과 직경 7 m인 낙하산의 총 무게는 1,200 N이다. 평균 공기밀도를 1.2 kg/m^{3}로 볼 때 낙하산병의 종단속도를 구하라. 답: 6.3m/s

그림 P11–96

11-97 레저용 차량(RV) 위에 길이 3 m, 직경 0.5 m의 원통형 탱크를 설치함으로써 물 수요를 충족시키려 한다. 탱크의 둥근 면이 RV의 (a) 그림에 제시된 바와 같이 앞뒤, (b) 또는 옆을 향하도록 설치될 때, 속도 80 km/h인 RV에 추가적으로 필요한 동력을 구하라. 대기조건은 87 kPa, 20 ℃로 가정하라.

답: (a) 1.05 kW, (b) 6.77 kW

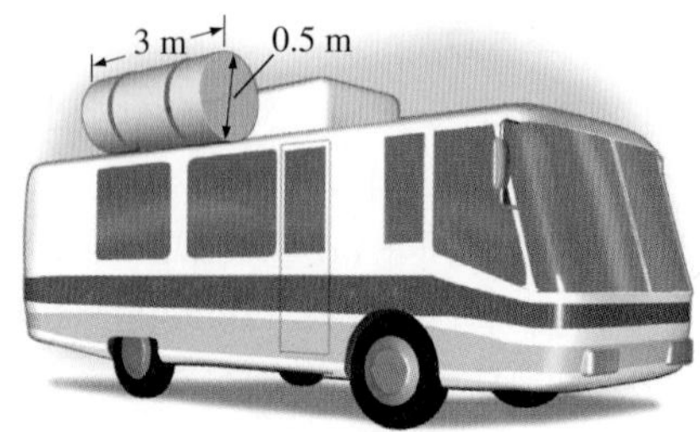

그림 P11–97

11-98 직경 9 cm의 매끈한 공이 타격 시에 36 km/h의 속도를 갖는다. 1 atm, 25 ℃의 공기 중에서 공이 3,500 rpm의 회전수를 가질 때, 항력계수의 백분율 증가를 구하라.

11-99 길이 2.5 m인 평판 위에 1 atm, 20 ℃인 (a) 공기, (b) 물, 그리고 (c) 엔진오일이 3 m/s 속도로 지날 때 경계층의 두께를 25 cm 간격마다 구하고 그 변화를 그려라

11-100 직경 3 m, 길이 8 m인 타원형으로 가정할 수 있는 비행선이 지상에 연결되어 있다. 바람이 없는 날 부력에 의하여 줄에 걸리는 장력이 120 N이다. 비행선에 50 km/h의 바람이 비행선 축과 나란하게 불 때 줄에 걸리는 장력을 계산하라.

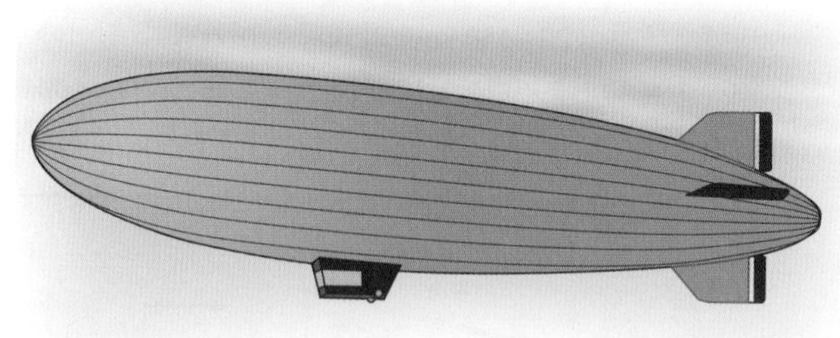

그림 P11–100

11-101 17,000 kg의 견인 트레일러 장비가 정면도면적 9.2 m^2, 항력계수 0.96, 구름마찰계수 0.05(차량의 무게와 구름저항계수를 곱하면 구름저항이 얻어진다), 베어링 마찰저항 350 N을 가지며, 공기 밀도가 1.25 kg/m^{3}인 고요한 날씨에 평지에서 정상운행을 하는 동안 최대속도 110 km/h를 갖는다고 하자.

박리를 방지하고 윗면의 유동을 유선형으로 만들기 위하여 유선형 덮개가 장비의 앞에 설치되고 이때 항력계수는 0.76으로 감소되었다. 덮개를 설치했을 때 장비의 최대속도를 구하라. **답:** 133 km/h

11-102 어떤 실험에서 직경이 각각 2 mm, 4 mm, 그리고 10 mm인 세 개의 알루미늄 공(ρ_s = 2,600 kg/m^3)이 22 °C의 글리세린(ρ_f=1,274 kg/m^3, 그리고 μ=1 kg/m·s)으로 가득 찬 탱크 안으로 떨어지고 있다. 공의 종단속도는 각각 3.2, 12.8 그리고 60.4 mm/s로 측정되었다. 이 결과들을 매우 낮은 Reynolds 수(Re≪1)에서 유효한 Stokes 법칙(항력 $F_D=3\pi\mu DV$)을 사용하여 얻은 속도들과 비교하라. 각각의 경우에 관련된 오차를 구하고 Stokes 법칙의 정확성을 평가하라.

11-103 문제 11-102를 $F_D=3\pi\mu DV+(9\pi/16)\rho V^2D^2$로 나타내는 Stokes 법칙의 일반적인 형태를 이용하여 다시 풀어라. 여기서 ρ는 유체의 밀도이다.

11-104 D=2 mm, ρ_s= 2,700 kg/m^{3}인 작은 알루미늄 공이 40 °C의 기름(ρ_f= 876 kg/m^3, 그리고 μ= 0.2177 kg/m·s)으로 가득 차 있는 큰 용기 속으로 떨어진다. Reynolds 수는 낮을 것으로 기대되고, 따라서 $F_D=3\pi\mu DV$인 Stokes 법칙이 적용 가능하다. 시간에 대한 속도의 변화가 $V=(a/b)(1-e^{-bt})$로 표현 가능함을 보여라. 여기서 $a=g(1-\rho_f/\rho_s)$, $b=18\mu/(\rho_s D^2)$이다. 시간에 대한 속도의 변화를 그래프로 나타내고 공의 속도가 종단속도의 99%에 도달할 때까지 걸리는 시간을 계산하라.

11-105 40 °C의 엔진오일이 6 m/s의 속도로 긴 평판 위를 흐르고 있다. 판의 앞전으로부터 유동이 난류가 되는 지점까지의 거리 x_{cr}을 구하고, $2x_{cr}$까지의 경계층 두께를 계산하고 그래프에 나타내어라.

11-106 어떤 공장의 원통형 굴뚝의 직경이 1.1 m이고 높이가 20 m이다. 110 km/h의 속도의 바람이 불 때 굴뚝 바닥에 작용하는 굽힘모멘트를 계산하라. 대기는 1 atm, 20 °C이다.

11-107 직경 D_p인 작은 구가 정지된 대기에서 떨어질 때 나타나는 종단속도를 구하는 몇 가지 식과 근사방법이 있다. 가장 간단한 방법은 Stokes 근사식(C_D = 24/Re)을 사용하는 것이다. 그러나 매우 작은 입자의 경우 (대개 마이크론 보다 작은), 희박기체의 영향이 작용하며, 이때는 **Cunningham 보정계수**를 사용하여 그 영향을 평가할 수 있다.

$$C = 1 + \text{Kn}\left[2.514 + 0.80\exp\left(-\frac{0.55}{\text{Kn}}\right)\right]\text{where Kn} = \lambda/D_p$$

여기서 K_n은 **Knudsen 수**이며, λ는 공기 분자의 평균자유경로(mean free path)이다. 이때 항력계수는 C_D를 C로 나누어, 즉, C_D 대신 C_D/C로 대체된다. Reynolds 수가 약 0.1보다 큰 경우 Stokes 근사식은 수정이 되어야 하는데, 아래 항력계수 관계식을 사용할 수 있다.

- $C_D = \dfrac{24}{\text{Re}}$ for Re < 0.1
- $C_D = \dfrac{24}{\text{Re}}(1 + 0.0916\,\text{Re})$ for 0.1 < Re < 5
- $C_D = \dfrac{24}{\text{Re}}(1 + 0.158\,\text{Re}^{2/3})$ for 5 < Re < 1000

25 °C의 정지된 대기에 밀도 1,000 kg/m^3 인 구형 입자가 있다고 하자. λ=0.06704 마이크론, ρ_{air} = 1.184 kg/m^{3}일 때, 다음과 같은 세 조건에서의 V_t vs. D_p 선도를 하나의 그래프 상에 그린다.

- **최적 계산**: Reynolds 수에 따라 가장 적절한 C_D 관계식을 사용한다. Cunningham 보정계수를 적용하여, 가장 올바른 항력계수와 종단속도가 수렴될 때까지 반복계산 한다.
- **Cunningham 보정계수를 사용한 Stokes 근사식**: Reynolds 수에 상관없이 C_D = 24/Re 관계식을 사용한다. Cunningham 보정계수를 적용하여, 종단속도가 수렴될 때까지 Stokes 유동을 기반으로 반복계산 한다.
- **Cunningham 보정 없이 C_D의 최적 계산**: Reynolds 수에 따라 가장 적절한 C_D 관계식을 사용한다. 이때 Cunningham 보정계수는 무시하고(즉 C = 1), 종단속도가 수렴될 때까지 반복계산 한다.

그래프는 log-log 선도로 그리고, 수평축의 D_p 범위는 10^{-3}에서 10^3 마이크론까지, 수직축 V_t의 범위는 10^{-8}에서 10^1 m/s로 정하라. 그래프를 프린트하여 각 축과 데이터들의 범례가 잘 표시되었는지 확인하라. 마지막으로 최종 결론을 내려라. 특히, 입자직경이 어느 범위에 있을 때 Cunningham 보정계수를 무시해도 좋겠는가? 입자직경이 어느 범위에 있을 때 Stokes 근사식을 써도 좋겠는가?

FE(Fundamentals of Engineering) 시험문제

11-108 물체를 지나는 유체 유동과 관련된 물리적 현상은?

I 자동차에 작용하는 항력
II 비행기 날개에 발생하는 양력
III 비와 눈의 상승류(upward draft)
IV 풍력터빈을 통한 전력생산

(a) I과 II (b) I과 III
(c) II와 III (d) I, II와 III
(e) I, II, III과 IV

11-109 유동방향에 수직인 압력과 전단응력의 합은?

(a) 항력 (b) 마찰력 (c) 양력
(d) 둥그스름한(bluff) (e) 뭉툭한(blunt)

11-110 자동차 제조사가 자동차의 외형과 설계를 변경하여 항력계수

를 0.38에서 0.33으로 감소시켰다. 만약, 평균적으로, 공기역학적 항력이 연료소비의 20%에 해당한다면 이러한 항력계수 감소로 인한 연료소비의 감소율은?

(a) 15% (b) 13% (c) 6.6%
(d) 2.6% (e) 1.3%

11-111 어떤 사람이 오토바이를 20 ℃의 공기 속에서 90 km/h의 속력으로 운전하고 있다. 운전자를 포함한 오토바이의 정면도 면적은 0.75 m^2이다. 만약 항력계수가 0.90이라면, 유동의 진행방향에 대해 작용하는 항력은?

(a) 379 N (b) 204 N (c) 254 N
(d) 328 N (e) 420 N

11-112 자동차가 20 ℃ 공기 속을 70 km/h로 움직이고 있다. 자동차의 정면도면적은 2.4 m^2이다. 만약 자동차의 진행방향에 대한 항력이 205 N 이라면, 자동차의 항력계수는?

(a) 0.312 (b) 0.337 (c) 0.354
(d) 0.375 (e) 0.391

11-113 물체의 영향으로 나타나는 물체 후방의 유동영역은?

(a) 후류 (b) 박리영역 (c) 실속
(d) 와류 (e) 비회전

11-114 난류 경계층은 4가지 영역으로 구성된다. 다음 중 아닌 것은?

(a) 완충층(Buffer layer)
(b) 중복층(Overlap layer)
(c) 천이층(Transition layer)
(d) 점성층(Viscous layer)
(e) 난류층(Turbulent layer)

11-115 30 ℃의 공기가 외경이 3.0 cm, 길이 45 m인 파이프를 가로 질러 6 m/s 속도로 흐르고 있다. 공기에 의하여 파이프에 작용하는 항력을 계산하라(30 ℃에서 공기의 물성치 : $\rho=1.164$ kg/m^3, $\nu = 1.608\times10^{-5}$ m^2/s).

(a) 19.3N (b) 36.8 N (c) 49.3 N
(d) 53.9 N (e) 60.1 N

11-116 10 ℃의 물이 4.8 m의 길이의 평판 상부를 1.15 m/s의 속도로 흐르고 있다. 이 평판의 너비가 6.5 m라고 한다면, 전체적인 평판에 작용하는 평균 마찰계수는?(10 ℃에서 물의 물성치 : $\rho=999.7$ kg/m^3, $\mu=1.307\times10^{-3}$ kg/m·s)

(a) 0.00288 (b) 0.00295 (c) 0.00309
(d) 0.00302 (e) 0.00315

11-117 10 ℃의 물이 1.1 m 길이의 평판 상부를 0.55 m/s의 속도로 흐르고 있다. 만약 이 평판의 너비가 2.5 m라고 한다면, 평판의 윗면에 작용하는 항력은?(10 ℃에서 물의 물성치 : $\rho=999.7$ kg/m^3, $\mu=1.307\times10^{-3}$ kg/m·s)

(a) 0.46 N (b) 0.81 N (c) 2.75 N
(d) 4.16 N (e) 6.32 N

11-118 외경이 0.8 m인 구형(spherical) 탱크가 2.5 m/s로 흐르는 물 속에 잠겨있다. 탱크에 작용하는 항력을 계산하라.(물의 물성치 : $\rho=998.0$ kg/m^3, $\mu=1.002\times10^{-3}$ kg/m·s)

(a) 878 N (b) 627 N (c) 545 N
(d) 356 N (e) 220 N

11-119 항공기가 공기밀도가 0.526 kg/m^3인 고도에서 950 km/h의 속도로 순항하고 있다. 항공기의 날개 면적이 90 m^2이다. 양력계수와 항력계수가 각각 2.0과 0.06로 평가될 때, 날개에서 작용하는 항력을 극복하기 위하여 필요한 엔진동력은?

(a) 21,500 kW (b) 19,300 kW (c) 23,600 kW
(d) 25,200 kW (e) 26,100 kW

11-120 날개 면적이 65 m^2이고 총 중량이 35,000 kg인 항공기가 고도 10,000 m에서 1,100 km/h의 속도로 순항하고 있다. 순항고도에서의 공기 밀도가 0.414 kg/m^3이라면, 항공기의 양력계수는 얼마인가?

(a) 0.273 (b) 0.290 (c) 0.456
(d) 0.874 (e) 1.22

11-121 날개 면적이 40 m^2이며 총 중량이 18,000 kg인 항공기가 있다. 지상에서의 공기의 밀도는 1.2 kg/m^3이다. 최대 양력계수는 3.48이다. 플랩을 펼친 상태에서 착륙과 이륙을 위한 최소 안전속도는 얼마인가?

(a) 199 km/h (b) 211 km/h (c) 225 km/h
d) 240 km/h (e) 257 km/h

설계 및 논술 문제

11-122 자동차의 항력계수 저감의 역사에 대한 보고서를 작성하고, 자동차 제조업체에서 제공하는 자료나 인터넷을 이용하여 최신 몇몇 자동차 모델들에 대한 항력계수를 조사하라.

11-123 대형 상용기의 날개 앞전과 날개 뒷전에 사용되는 플랩에 관한 보고서를 작성하라. 이착륙할 때 플랩이 항력계수와 양력계수에 어떠한 영향을 미치는지 논의하라.

11-124 비정상(unsteady) 유동에서 항력을 어떻게 계산하는지 논의하라.

11-125 대형 상용기는 연료를 절약하기 위하여 높은 고도(약 12,000 m까지)에서 비행한다. 높은 고도에서의 비행이 어떻게 항력을 감소하고 연료를 절약하는지 논의하라. 또한 왜 작은 비행기는 상대적으로 낮은 고도에서 비행하는지 논의하라.

11-126 많은 운전자들은 연료 절약을 위하여서 차량 에어컨을 끄고 창문을 열곤 한다. 그러나 이러한 "공짜 냉방"은 실제로 자동차의 연료소비를 증가시킨다고 보고되고 있다. 이 문제를 조사하고 어떤 조건에서 그리고 어떤 운전 습관이 휘발유를 절약하는데 도움이 되는지에 대한 보고서를 작성하라.

11-127 절대속도 U_{wind}로 부는 맞바람에 대하여 절대속도 V로 달리는 자동차를 생각하자. 이때 $U_{wind} < V$이다. 공기역학적 항력은 자동차가 느끼는 공기의 속도인 상대속도, $V-(-U_{wind}) = V + U_{wind}$ 로 계산되어야 한다. 이러한 공기역학적 항력을 이기기 위한 엔진의 동력 (여기서 동력은 힘과 속도의 곱이다)을 계산할 때 다음 두 가지 방법이 제안된다면;

방법 A: 공기역학적 항력과 바람에 대한 자동차의 상대속도를 곱한다.

방법 B: 공기역학적 항력과 바람에 대한 자동차의 실제(절대)속도를 곱한다.

어느 방법이 맞는지 논의하라.

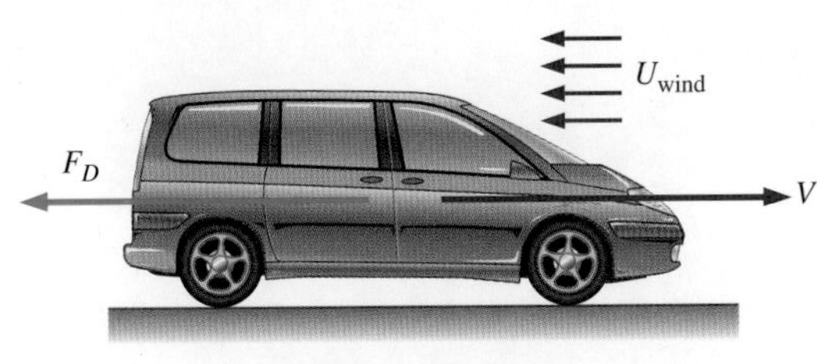

그림 P11-127

11-128 자유유동과 나란한 평판 위에 경계층이 발달한다고 생각하자. Reynolds 수가 $10^2 < Re_x < 10^5$ 범위에서 층류 평판 경계층이 나타나는 조건에서 국소 표면마찰계수 $C_{f,x}$를 Reynolds 수 Re_x의 관계로 그리시오. 그래프의 수평축 Re_x는 log 스케일로, 수직축 $C_{f,x}$는 선형 스케일로 나타내시오. 여기 그림에 제시된 길이가 다른 한쪽의 두 배인 두 개의 평판을 고려할 때. (a)와 (b) 중 어느 쪽 항력이 더 큰 지 판단하고, 그 이유를 설명하라.

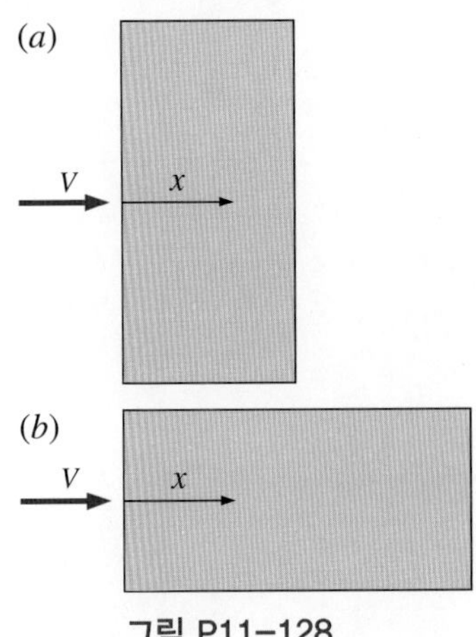

그림 P11-128

CHAPTER

12

압축성 유동

지금까지는 대부분 밀도 변화와 압축성 효과를 무시하는 유동만을 다루어왔다. 이 장에서는 이러한 제한 없이 큰 밀도 변화를 가지는 유동을 고려하기로 한다. 이러한 유동을 압축성 유동이라고 하는데, 매우 빠른 속도의 기체유동이 나타나는 장치에서 자주 마주치게 된다. **압축성 유동**을 논의하기 위해서는 유체역학 및 열역학과 관련된 지식이 요구된다. 이 장에서는 비열이 일정한 이상기체에 대하여 압축성 유동과 관련된 일반 관계식을 공부한다.

이 장에서는 압축성 유동의 **정체 상태**, **음속**, **Mach 수**의 개념에 대한 복습으로부터 시작한다. 이상기체의 등엔트로피 유동인 경우에 대하여 유체의 정(static) 상태량과 정체(stagnation) 상태량의 관계를 유도하고, 이를 비열비와 Mach 수의 함수로 나타낸다. **수축노즐**, **수축-확대노즐**에서의 등엔트로피 유동을 예로 들어, 1차원 등엔트로피 아음속과 초음속 유동에서의 면적 변화 효과에 대하여 설명한다. **충격파**의 개념, 수직충격파와 경사충격파를 지나면서 나타나는 유동 상태량의 변화에 대하여 논의한다. 마지막으로 압축성 유동에서 나타나는 마찰과 열전달 효과를 고려하고, 상태량 변화에 대한 관계식을 유도한다.

목표

이 장을 공부하면 다음과 관련된 지식을 얻을 수 있다.

- 기체 유동에서 압축성의 중요성 이해
- 초음속 가속을 위한 확대노즐의 필요성
- 충격파의 발생 예측 및 충격파를 지나면서 나타나는 상태량 변화 계산
- 압축성 유동의 마찰과 열전달 효과

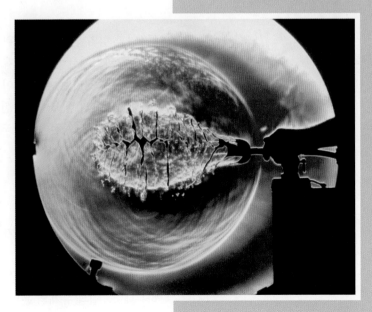

압축 공기에 의해 터지는 풍선의 고속 컬러 schlieren 영상: 1/1,000,000초 동안의 순간 영상이 찢어진 풍선 표피와 그 안에 있던 압축 공기가 팽창을 시작하는 모습을 보여 주고 있다. 풍선을 둘러싸고 있는 원은 풍선이 터지면서 생기는 약한 구형충격파이다. 영상의 가운데 오른쪽 밸브 위에 촬영자의 손이 보이고 있다.
© G.S. Settles, Gas Dynamics Lab, Penn State University. Used with permission.

(a)

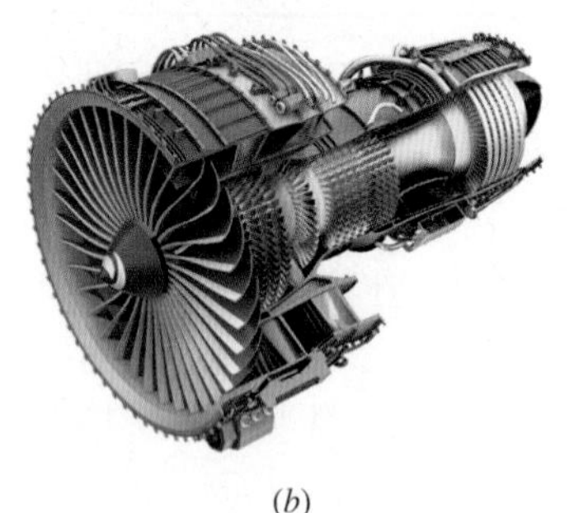

(b)

그림 12–1
항공기와 제트엔진은 고속유동을 포함하고 있어, 해석할 때 항상 운동에너지를 고려해야 한다.
(a) © Corbis RF; (b) © Shutterstock/Chesky

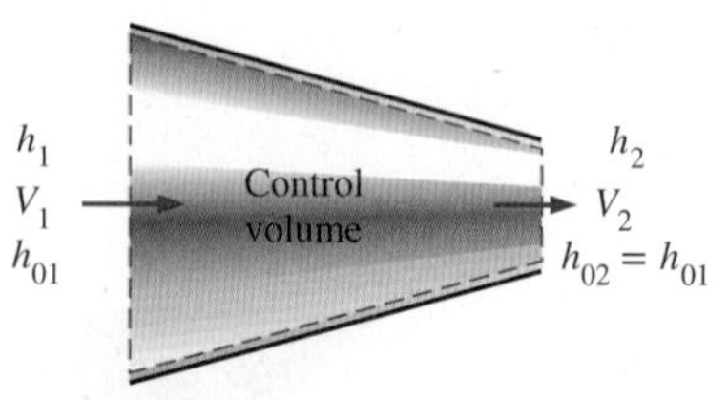

그림 12–2
단열 덕트를 통과하는 유체의 정상 유동.

12–1 ■ 정체 상태량

검사체적을 해석할 때, 유체의 **내부 에너지**와 **유동 에너지**를 더하여 $h=u+P/\rho$로 정의된 단위 질량당 **엔탈피**의 개념을 사용하는 것이 편리하다. 유체의 운동 에너지와 위치 에너지가 무시되는 경우(이런 경우는 자주 나타남), 엔탈피는 유체의 **총 에너지**를 나타낸다. 그러나 제트엔진의 고속 유동과 같은 경우(그림 12-1 참조), 유체의 위치 에너지는 무시할 수 있으나 운동 에너지는 그렇지 않다. 이때는 유체의 엔탈피와 운동 에너지를 합하여 **정체**[stagnation, 혹은 **전**(total)] **엔탈피** h_0를 사용하는 것이 편리하며, 단위 질량당 다음과 같이 정의된다.

$$h_0 = h + \frac{V^2}{2} \quad \text{(kJ/kg)} \tag{12-1}$$

유체의 위치 에너지가 무시될 때, 정체 엔탈피는 단위 질량당 **유동의 총 에너지**를 나타내는데, 이를 사용하면 고속 유동에서의 열역학적 해석이 간단해진다.

이 장에서 일반적인 엔탈피 h는 정체 엔탈피와 구분이 필요할 경우 **정**(static) **엔탈피**라고 한다. 정체 엔탈피 또한 정 엔탈피와 같이 유체 상태량의 조합으로 나타나는데, 유체의 운동 에너지가 무시될 때 이 두 엔탈피는 서로 같다.

그림 12-2에 나타난 바와 같이 축일과 전기적 일이 없고 단열된 노즐, 디퓨저 혹은 기타 다른 유체통로 내부를 흐르는 정상 유동을 생각해 보자. 이때 유체의 흐름에서 높이 변화가 거의 없어 위치 에너지의 차이를 무시하면, 이러한 단일 유로 정상 유동 장치에 대하여 에너지 보존식($\dot{E}_{\text{in}}=\dot{E}_{\text{out}}$)은 다음과 같이 나타난다.

$$h_1 + \frac{V_1^2}{2} = h_2 + \frac{V_2^2}{2} \tag{12-2}$$

또는

$$h_{01} = h_{02} \tag{12-3}$$

즉, 열과 일의 전달이 없고 위치 에너지의 변화가 없을 때, 유체의 정체 엔탈피는 정상 유동 과정에서 일정하게 유지된다. 노즐과 디퓨저를 통과하는 유동은 항상 이러한 조건을 만족시키며, 따라서 이러한 장치에서 유체의 속도 증가는 그에 상응하는 유체의 정 엔탈피의 감소를 동반한다.

만약 유체가 완전히 정지되면 상태 2에서의 속도는 영이 되고, 식 (12-2)는 다음과 같이 된다.

$$h_1 + \frac{V_1^2}{2} = h_2 = h_{02}$$

따라서 **정체 엔탈피는 유체가 단열 과정을 통하여 정지될 때의 유체의 엔탈피**를 나타낸다.

정체 과정에서 유체의 운동 에너지는 엔탈피(내부 에너지+유동 에너지)로 변화하는데, 그 결과 유체의 온도와 압력이 증가한다. 정체 상태에서 유체의 상태량을 **정체 상태량**(정체 온도, 정체 압력, 정체 밀도 등)이라 한다. 정체 상태와 정체 상태량은 하첨자 0을 사용하여 나타낸다.

정체 상태는 그 정체 과정이 단열일 뿐만 아니라 가역일 때(즉, 등엔트로피) **등엔트로피 정체 상태**라고 한다. 유체의 엔트로피는 이러한 등엔트로피 정체 과정에서 일정하게 유지된다. 실제(비가역) 정체 과정과 등엔트로피 정체 과정이 그림 12-3에 제시된 h-s 선도에 나타나 있다. 유체의 정체 엔탈피(또한 유체가 이상기체일 때 정체 온도)는 두 경우에 서로 같다. 그러나 실제 정체 과정에서는 유체의 마찰 효과로 인하여 엔트로피가 증가하고, 따라서 실제 정체 압력은 등엔트로피 정체 압력보다 낮다. 많은 실제 정체 과정을 등엔트로피 정체 과정으로 근사시키는 경우가 많으며, 따라서 등엔트로피 정체 상태량을 그냥 정체 상태량이라고도 한다.

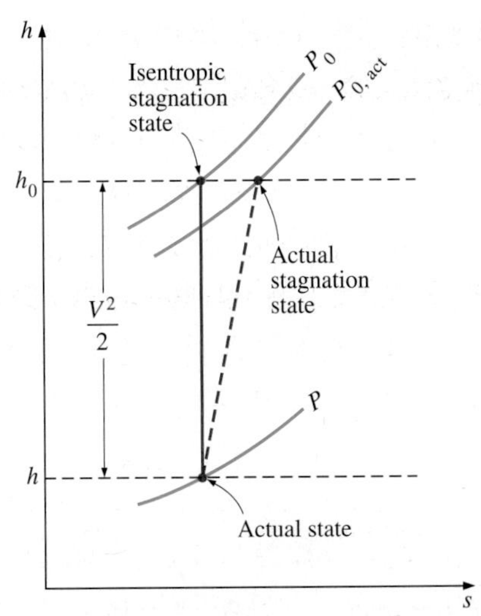

그림 12-3
유체의 실제 상태, 실제 정체 상태, 등엔트로피 정체 상태를 나타내는 h-s 선도.

유체를 비열이 일정한 **이상기체**로 볼 때 엔탈피는 c_pT로 표시되며, 따라서 식 (12-1)은 다음과 같이 나타난다.

$$c_pT_0 = c_pT + \frac{V^2}{2}$$

또는

$$T_0 = T + \frac{V^2}{2c_p} \tag{12-4}$$

여기서 T_0를 **정체**(혹은 **전**) **온도**라고 하며, 이는 **이상기체가 단열 과정을 통하여 정지될 때의 온도**를 나타낸다. $V^2/2c_p$항은 이러한 과정에서 나타난 온도의 상승에 해당하며, 이를 **동적 온도**(dynamic temperature)라고 한다. 예를 들어, 100 m/s로 흐르는 공기의 동적 온도는 $(100\ \text{m/s})^2/(2\times1.005\ \text{kJ/kg}\cdot\text{K})=5.0$ K이다. 따라서 온도가 300 K이고 속도가 100 m/s인 공기가 단열 과정을 통하여 정지될 때[예를 들면, 온도 프로브(probe) 앞에서], 공기의 온도는 305 K인 정체값까지 증가한다(그림 12-4). 저속 유동의 경우에는 이러한 정체 온도와 정(혹은 일반) 온도가 사실상 서로 같다. 그러나 고속 유동의 경우에는 그 유체 안에 정지해 있는 측정 프로브에 의해서 측정된 온도(즉, 정체 온도)는 유체의 정 온도보다 크게 높을 수 있다.

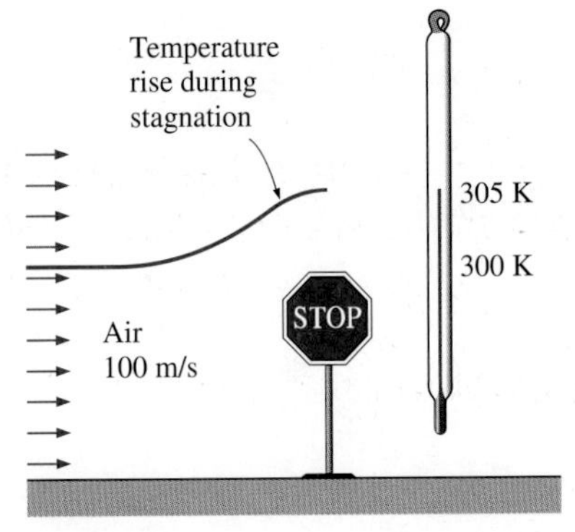

그림 12-4
속도 V로 흐르는 이상기체의 온도는 완전히 정지될 때 $V^2/2c_p$만큼 증가한다.

유체가 등엔트로피 과정을 거쳐 정지될 때 나타나는 유체의 압력을 **정체압**(stagnation pressure) P_0라고 한다. 일정한 비열을 갖는 이상기체일 경우에는 P_0와 유체의 정압 사이에 다음과 같은 관계가 성립한다.

$$\frac{P_0}{P} = \left(\frac{T_0}{T}\right)^{k/(k-1)} \tag{12-5}$$

$\rho=1/\upsilon$와 등엔트로피 관계식 $P\upsilon^k=P_0\upsilon_0^k$을 사용하면 정체 밀도와 정(적) 밀도의 비는 다음과 같이 나타난다.

$$\frac{\rho_0}{\rho} = \left(\frac{T_0}{T}\right)^{1/(k-1)} \tag{12-6}$$

정체 엔탈피를 이용하면 운동 에너지가 그 안에 포함되어 따로 고려할 필요가 없으며, 따라서 정상 유동에서 단일 유로 정상 유동 장치에 대한 에너지 보존식 $\dot{E}_{\text{in}}=\dot{E}_{\text{out}}$은 다음과 같이 나타난다.

$$q_{in} + w_{in} + (h_{01} + gz_1) = q_{out} + w_{out} + (h_{02} + gz_2) \tag{12-7}$$

여기서 h_{01}과 h_{02}는 각각 상태 1, 2에서의 정체 엔탈피를 나타낸다. 유체가 비열이 일정한 이상기체일 때, 식 (12-7)은 다음과 같다.

$$(q_{in} - q_{out}) + (w_{in} - w_{out}) = c_p(T_{02} - T_{01}) + g(z_2 - z_1) \tag{12-8}$$

여기서 T_{01}과 T_{02}는 각각 상태 1, 2에서의 정체 온도이다.

식 (12-7)과 식 (12-8)에서 운동 에너지는 직접 나타나지 않고 정체 엔탈피 안에 포함되어 있음에 유의하자.

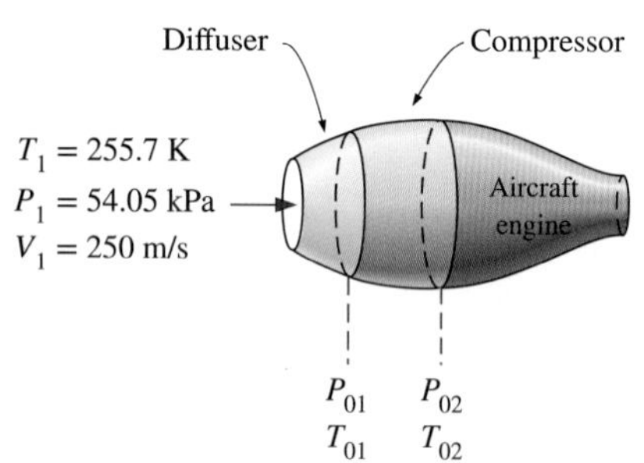

그림 12–5
예제 12-1에 대한 개략도.

예제 12–1 항공기에서의 고속 공기 압축

어떤 항공기가 대기압이 54.05 kPa이고 대기 온도가 255.7 K인 5,000 m 상공에서 250 m/s의 속도로 비행하고 있다. 주위의 공기는 압축기로 유입되기 전에 디퓨저에서 우선 감속된다(그림 12-5). 디퓨저와 압축기에서의 유동을 등엔트로피로 가정할 때, (a) 압축기 입구에서의 정체 압력과 (b) 압축기의 정체 압력비가 8일 때 요구되는 단위 질량당 압축기의 일을 계산하라.

풀이 고속의 공기가 항공기의 디퓨저와 압축기로 유입될 때, 공기의 정체 압력과 압축기의 일을 계산하고자 한다.

가정 **1** 디퓨저와 압축기에서의 유동은 모두 등엔트로피이다. **2** 공기는 실온에 해당하는 일정한 비열을 갖는 이상기체이다.

상태량 실온에서 공기의 정압비열 c_p와 비열비 k는 각각 다음과 같다.

$$c_p = 1.005 \text{ kJ/kg·K} \quad \text{그리고} \quad k = 1.4$$

해석 (a) 등엔트로피 조건에서 압축기 입구(혹은 디퓨저 출구)의 정체 압력은 식 (12-5)에 의하여 결정된다. 그러나 먼저 압축기 입구에서의 정체 온도 T_{01}부터 구할 필요가 있으며, 주어진 가정에서 T_{01}은 식 (12-4)로부터 결정된다.

$$T_{01} = T_1 + \frac{V_1^2}{2c_p} = 255.7 \text{ K} + \frac{(250 \text{ m/s})^2}{(2)(1.005 \text{ kJ/kg·K})}\left(\frac{1 \text{ kJ/kg}}{1000 \text{ m}^2/\text{s}^2}\right)$$
$$= 286.8 \text{ K}$$

따라서 식 (12-5)로부터 다음 식이 성립한다.

$$P_{01} = P_1\left(\frac{T_{01}}{T_1}\right)^{k/(k-1)} = (54.05 \text{ kPa})\left(\frac{286.8 \text{ K}}{255.7 \text{ K}}\right)^{1.4/(1.4-1)}$$
$$= \mathbf{80.77 \text{ kPa}}$$

즉, 공기의 속도가 250 m/s에서 0으로 감속됨에 따라 공기의 온도는 31.1 °C만큼 증가하고, 공기의 압력은 26.72 kPa만큼 증가한다. 이러한 공기의 온도와 압력의 증가는 운동 에너지가 엔탈피로 전환됨에 따라 나타난다.

(b) 압축기의 일을 구하기 위하여 압축기 출구에서의 정체 온도 T_{02}를 알아야 한다. 압축기의 정체 압력비 P_{02}/P_{01}은 8로 주어져 있다. 압축 과정을 등엔트로피 과정으로 근사할 수 있기 때문에, 이상기체의 등엔트로피 관계식(식 12-5)에 의해서 T_{02}가 결정될 수 있다.

$$T_{02} = T_{01}\left(\frac{P_{02}}{P_{01}}\right)^{(k-1)/k} = (286.8 \text{ K})(8)^{(1.4-1)/1.4} = 519.5 \text{ K}$$

위치 에너지 변화와 열전달을 무시하면, 공기의 단위 질량당 압축기 일은 식 (12-8)에 의하여 결정된다.

$$\begin{aligned} w_{in} &= c_p(T_{02} - T_{01}) \\ &= (1.005 \text{ kJ/kg·K})(519.5 \text{ K} - 286.8 \text{ K}) \\ &= \mathbf{233.9 \text{ kJ/kg}} \end{aligned}$$

따라서 압축기로 공급되는 일은 233.9 kJ/kg이다.

토의 정체 상태량을 사용하면 유체 흐름에서 나타나는 운동 에너지의 변화가 자동으로 포함됨에 유의하라.

12-2 ■ 1차원 등엔트로피 유동

압축성 유동을 공부할 때 중요한 매개변수 하나가 2장에서 제시된 **음속**(speed of sound) c인데, 다음과 같은 유체 상태량의 관계식으로 나타낼 수 있다.

$$c = \sqrt{(\partial P/\partial \rho)_s} \quad \textbf{(12-9)}$$

또는

$$c = \sqrt{k(\partial P/\partial \rho)_T} \quad \textbf{(12-10)}$$

이 식은 이상기체일 경우 다음과 같이 간단하게 표시된다.

$$c = \sqrt{kRT} \quad \textbf{(12-11)}$$

여기서 k는 기체의 비열비이고, R은 기체상수이다. 유동 속도의 음속에 대한 비를 나타내는 무차원 수를 Mach 수라고 한다.

$$\text{Ma} = \frac{V}{c} \quad \textbf{(12-12)}$$

노즐, 디퓨저, 터빈 블레이드 유로 등을 지나는 유동의 경우, 유체의 상태량은 주로 유동방향으로만 변화하며, 따라서 이러한 유동을 1차원 등엔트로피 유동으로 근사시킬 수 있다. 따라서 1차원 등엔트로피 유동이 매우 중요한데, 구체적인 논의에 앞서 예제를 통하여 몇 가지 중요한 관점을 살펴보자.

예제 12-2 수축-확대 덕트를 통과하는 기체 유동

이산화탄소가 그림 12-6에 제시된 노즐과 같은 단면적이 변화하는 덕트 내를 3.00 kg/s의 질량유량으로 정상 유동하고 있다. 이산화탄소는 압력 1400 kPa, 온도 200 °C이고, 낮은 속도로 덕트에 들어가고 노즐에서 200 kPa까지 팽창된다. 덕트는 유동이 등엔트로피로 근사될 수 있도록 설계되어 있다. 덕트를 따라 압력이 200 kPa씩 떨어지는 위치에서의 밀도, 속도, 단면적, Mach 수를 계산하라.

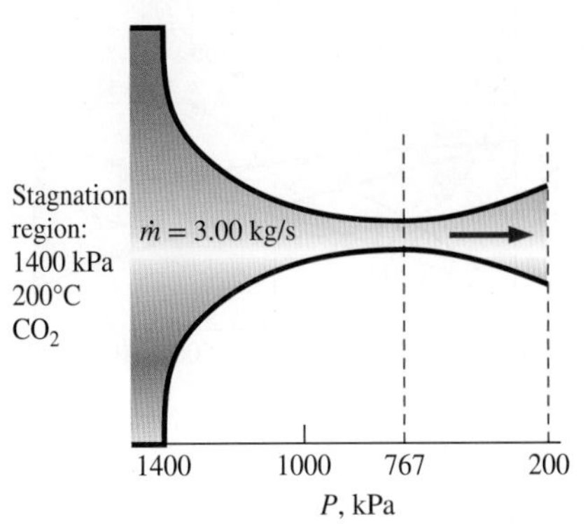

그림 12-6
예제 12-2에 대한 개략도.

풀이 위에서 기술한 조건으로 이산화탄소가 단면적이 변화하는 덕트로 유입될 때, 덕트를 따라 유동의 상태량을 결정하고자 한다.

가정 **1** 이산화탄소는 실온에 해당하는 일정한 비열을 갖는 이상기체이다. **2** 덕트 내부 유동은 정상, 1차원, 등엔트로피이다.

상태량 계산 과정에서 이산화탄소의 정압비열과 비열비는 각각 실온에서의 값인 c_p=0.846 kJ/kg · K와 k=1.289로 간단하게 생각한다. 이산화탄소의 기체상수는 R= 0.1889 kJ/kg · K이다.

해석 입구 속도가 작기 때문에 입구 온도는 정체 온도와 거의 같다. 유동은 등엔트로피이며, 덕트 내부에서 정체 온도와 정체 압력은 일정하게 유지되고, 그 값은 다음과 같다.

$$T_0 \cong T_1 = 200°\text{C} = 473 \text{ K}$$

그리고

$$P_0 \cong P_1 = 1400 \text{ kPa}$$

우선 압력이 1200 kPa인 지점(처음으로 압력 200 kPa이 떨어지는 지점)에서 원하는 상태량을 계산해 보자. 식 (12-5)로부터,

$$T = T_0\left(\frac{P}{P_0}\right)^{(k-1)/k} = (473 \text{ K})\left(\frac{1200 \text{ kPa}}{1400 \text{ kPa}}\right)^{(1.289-1)/1.289} = 457 \text{ K}$$

식 (12-4)로부터

$$V = \sqrt{2c_p(T_0 - T)}$$
$$= \sqrt{2(0.846 \text{ kJ/kg·K})(473 \text{ K} - 457 \text{ K})\left(\frac{1000 \text{ m}^2/\text{s}^3}{1 \text{ kJ/kg}}\right)}$$
$$= 164.5 \text{ m/s} \cong \mathbf{164 \text{ m/s}}$$

이상기체 방정식에서

$$\rho = \frac{P}{RT} = \frac{1200 \text{ kPa}}{(0.1889 \text{ kPa·m}^3/\text{kg·K})(457 \text{ K})} = \mathbf{13.9 \text{ kg/m}^3}$$

질량유량의 관계식에서

$$A = \frac{\dot{m}}{\rho V} = \frac{3.00 \text{ kg/s}}{(13.9 \text{ kg/m}^3)(164.5 \text{ m/s})} = 13.1 \times 10^{-4} \text{ m}^2 = \mathbf{13.1 \text{ cm}^2}$$

식 (12-11)과 (12-12)로부터

$$c = \sqrt{kRT} = \sqrt{(1.289)(0.1889 \text{ kJ/kg·K})(457 \text{ K})\left(\frac{1000 \text{ m}^2/\text{s}^2}{1 \text{ kJ/kg}}\right)} = 333.6 \text{ m/s}$$

$$\text{Ma} = \frac{V}{c} = \frac{164.5 \text{ m/s}}{333.6 \text{ m/s}} = \mathbf{0.493}$$

이 각각 얻어진다. 다른 압력 단계에서의 결과들은 표 12-1과 그림 12-7에 나타나 있다.

토의 압력이 감소함에 따라 유체 속도와 Mach 수는 유동방향으로 증가하는 반면, 온도

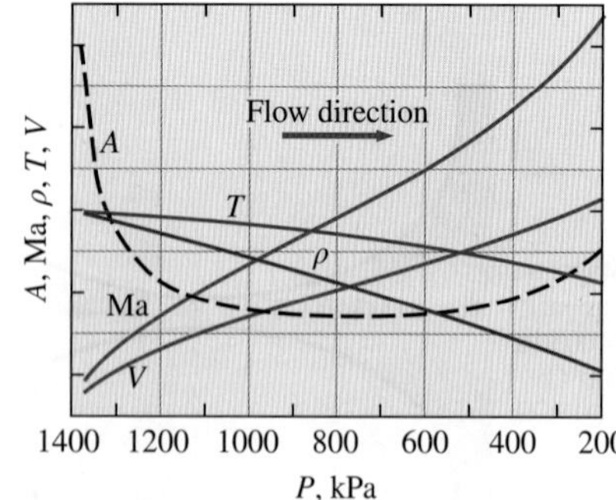

그림 12-7
압력이 1400 kPa에서 200 kPa로 떨어지면서 덕트를 따라 나타나는 정규화된 유체 상태량과 덕트의 단면적 변화.

표 12-1

예제 12-2에 기술한 덕트($\dot{m}$=3 kg/s =일정)에서 유동방향으로의 상태량 변화

P, kPa	T, K	V, m/s	ρ, kg/m^3	c, m/s	A, cm^2	Ma
1400	473	0	15.7	339.4	∞	0
1200	457	164.5	13.9	333.6	13.1	0.493
1000	439	240.7	12.1	326.9	10.3	0.736
800	417	306.6	10.1	318.8	9.64	0.962
767*	413	317.2	9.82	317.2	9.63	1.000
600	391	371.4	8.12	308.7	10.0	1.203
400	357	441.9	5.93	295.0	11.5	1.498
200	306	530.9	3.46	272.9	16.3	1.946

* 767 kPa은 국소 Mach 수가 1인 곳에서의 임계 압력이다.

와 음속은 감소하고 있다. 밀도는 처음에는 서서히 감소하다가 유체 속도가 증가함에 따라 나중에는 급격히 감소한다.

예제 12-2에서 압력은 Mach 수가 1이 되는 임계 압력값까지 감소하면서 유동 면적도 감소하다가, 임계점 이후 압력은 계속 감소하지만 단면적은 증가하고 있음을 알 수 있다. 이때 **목**(throat)이라고 부르는 가장 작은 유동 면적에서 Mach 수는 1이다(그림 12-8). 목을 지나면서 유동 면적이 급격히 증가함에도 불구하고 유체 속도는 계속 증가한다. 목을 지나면서 유체 속도가 증가하는 이유는 유체의 밀도가 줄어들기 때문이다. 이 예제에서 덕트의 유동 면적은 처음에는 감소하였다가 나중에는 증가하고 있다. 이러한 덕트를 **수축–확대노즐**(converging-diverging nozzles)이라고 한다. 이러한 노즐은 기체를 초음속 속도로 가속시키는 데 사용되며, 따라서 비압축성 유동에 한정된 **Venturi 노즐**과는 다르다. 수축-확대노즐은 1893년 스웨덴의 엔지니어 Carl G. B. de Laval(1845-1913)이 설계한 스팀터빈에서 처음 등장하였기 때문에 수축-확대노즐을 **Laval 노즐**이라고도 부른다.

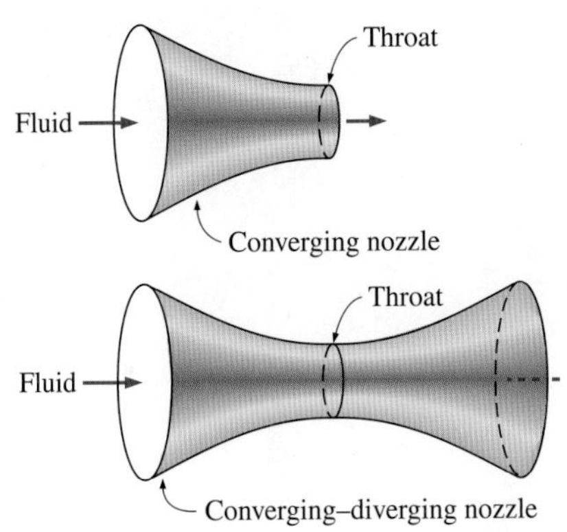

그림 12-8
가장 작은 유동 면적을 갖는 노즐의 단면적을 **목**이라고 한다.

유동 면적에 따른 유체 속도 변화

예제 12-2에 나타난 등엔트로피 덕트유동에서 속도, 밀도, 유동 면적은 다소 복잡하게 연관되어 있음을 알 수 있다. 이 절의 나머지 부분에서는 이러한 관계를 보다 구체적으로 알아보고, 압력, 온도, 밀도에 대해 Mach 수에 따른 정적 상태량과 정체 상태량의 비의 변화에 대한 관계식을 유도하고자 한다.

1차원 등엔트로피 유동에 대하여 압력, 온도, 밀도, 속도, 유동 면적, Mach 수의 관계부터 시작해 보자. 정상 유동 과정에서 질량 보존식은 다음과 같다.

$$\dot{m} = \rho A V = \text{일정}$$

이를 미분한 후 얻은 식을 질량유량으로 나누면 다음과 같은 식을 얻는다.

$$\frac{d\rho}{\rho} + \frac{dA}{A} + \frac{dV}{V} = 0 \tag{12-13}$$

여기서 위치 에너지를 무시하면 일의 전달이 없는 등엔트로피 유동에서의 에너지 보

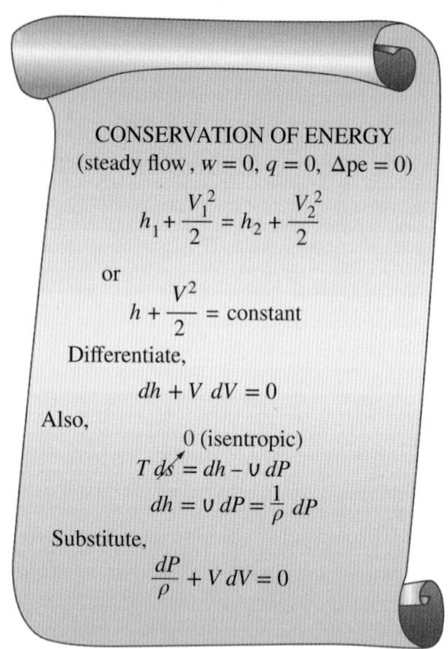

그림 12-9
정상, 등엔트로피 유동의 경우 미분 형태의 에너지 방정식의 유도.

존식은 다음과 같은 미분 형태로 표현될 수 있다(그림 12-9 참조).

$$\frac{dP}{\rho} + V\,dV = 0 \tag{12-14}$$

이 관계식은 또한 위치 에너지의 변화를 무시할 때 Bernoulli 방정식의 미분 형태이고, 정상 유동의 검사체적에서의 Newton의 제2법칙의 한 형태이다. 식 (12-13)과 식 (12-14)를 합하면 다음 식을 얻는다.

$$\frac{dA}{A} = \frac{dP}{\rho}\left(\frac{1}{V^2} - \frac{d\rho}{dP}\right) \tag{12-15}$$

식 (12-9)를 $(\partial\rho/\partial P)_s = 1/c_2$로 나타내고, 이를 식 (12-15)에 대입하면 다음과 같다.

$$\frac{dA}{A} = \frac{dP}{\rho V^2}(1 - \mathrm{Ma}^2) \tag{12-16}$$

이 식은 유동 면적에 따른 압력 변화를 나타내기 때문에 덕트 내부의 등엔트로피 유동에서 중요한 관계식이다. 여기서 A, ρ, V는 각각 양의 값이다. **아음속 유동**(Ma<1)의 경우 $1-\mathrm{Ma}^2$항은 양이며, 따라서 dA와 dP는 서로 같은 부호를 가져야 한다. 즉, 유체의 압력은 덕트의 유동 면적이 증가함에 따라 증가하고, 덕트의 유동 면적이 감소함에 따라 감소하여야 한다. 따라서 아음속 속도의 경우, 수축 덕트에서는 압력이 감소하며(아음속 노즐), 확대 덕트에서는 압력이 증가한다(아음속 디퓨저).

초음속 유동(Ma>1)의 경우 $1-\mathrm{Ma}_2$항은 음이며, dA와 dP는 서로 반대의 부호를 가져야 한다. 즉, 유체의 압력은 덕트의 유동 면적이 감소함에 따라 증가해야 하며, 덕트의 유동 면적이 증가함에 따라 감소해야 한다. 따라서 초음속 속도의 경우 확대 덕트에서는 압력이 감소하며(초음속 노즐), 수축 덕트에서는 압력이 증가한다(초음속 디퓨저).

유체의 등엔트로피 유동에서 중요한 또 다른 관계식은 다음과 같이 식 (12-14)에서 얻은 $\rho V = -dP/dV$를 식 (12-16)에 대입함으로써 구할 수 있다.

$$\frac{dA}{A} = -\frac{dV}{V}(1 - \mathrm{Ma}^2) \tag{12-17}$$

이 식으로 아음속 혹은 초음속 등엔트로피 유동의 노즐이나 디퓨저의 형상이 결정된다. 여기서 A와 V는 양의 값이기 때문에 다음과 같은 결론을 얻어낼 수 있다.

아음속 유동의 경우 (Ma<1), $\frac{dA}{dV} < 0$

초음속 유동의 경우 (Ma>1), $\frac{dA}{dV} > 0$

음속 유동의 경우 (Ma=1), $\frac{dA}{dV} = 0$

따라서 올바른 노즐의 형상은 노즐 출구에서 만들어내고자 하는 최대 속도(음속에 대한) 및 음속과 관련이 있다. 유체를 가속시키기 위하여 아음속 속도에서는 수축노즐, 초음속 속도에서는 확대노즐을 사용해야 한다. 일반적인 공학적 응용에서 대부분의 속도는 음속보다 크게 작으며, 따라서 이 경우 노즐은 수축 덕트이다. 하지만 수축노즐에서 얻을 수 있는 최대 속도는 음속까지이며, 이는 노즐 출구에서 나타난다. 그림 12-10에 나타난 바와 같이, 유체를 초음속으로 가속시키기 위하여 유동 면적을 좀 더 줄임으로써 이러한 수축노즐을 더 연장시킨다면 매우 실망스러운 결과가 나타난다. 왜냐하면 이 경우 음속은 원래 노즐의 출구가 아니라 연장된 노즐 출구에서 나타나며, 또한 이때 줄어든 출구면적으로 인하여 노즐을 통과하는 질량유량은 감소하게 된다.

질량 및 에너지의 보존을 나타내고 있는 식 (12-16)에 근거하여, 유체를 초음속으로 가속하기 위해서는 수축노즐에 확대노즐을 추가하여야 한다. 그 결과가 바로 수축-확대노즐이다. 유체는 처음에 아음속(수축) 구간에서 노즐의 유동 면적이 감소하면서 Mach 수가 증가하고, 노즐 목에 이르러 Mach 수가 1이 된다. 이후 유체는 초음속(확대) 구간을 지나면서 계속 가속하게 된다. 정상 유동에서 $\dot{m} = \rho AV$이므로 확대구간에서 가속이 되기 위해서는 밀도가 크게 감소하여야 함을 알 수 있다. 이러한 유동의 한 예가 가스터빈의 노즐을 통과하는 고온의 연소가스 유동이다.

초음속 항공기의 엔진 입구에서는 반대의 현상이 일어난다. 유체는 유동방향에 따라 유동 면적이 감소하는 초음속 디퓨저를 통하여 감속한다. 이상적으로 보면, 유동은 디퓨저 목에서 Mach 수가 1이 된다. 그림 12-11에 나타난 바와 같이 유체는 유동방향으로 유동 면적이 증가하는 아음속 디퓨저를 통하여 계속 감속한다.

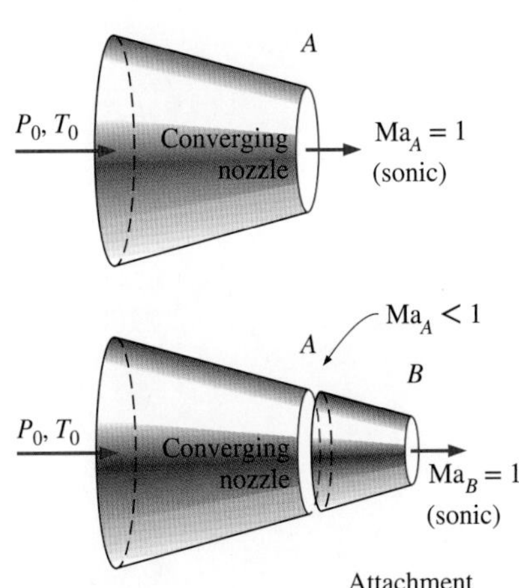

그림 12-10
수축노즐에 수축 구간을 더 연장함으로써 초음속 유동을 얻을 수 없다. 그렇게 하면 음속이 나타나는 단면이 더 하류로 이동하고, 질량유량은 감소할 뿐이다.

이상기체 등엔트로피 유동의 상태량 관계식

다음으로 이상기체의 정적 상태량과 정체 상태량의 관계를 비열비 k와 Mach 수 Ma로 나타내 보자. 이때 유동은 등엔트로피이고, 기체는 일정한 비열비를 갖는다고 하자.

유동 내부의 모든 위치에서 이상기체의 온도 T는 식 (12-4)를 이용하여 다음과 같

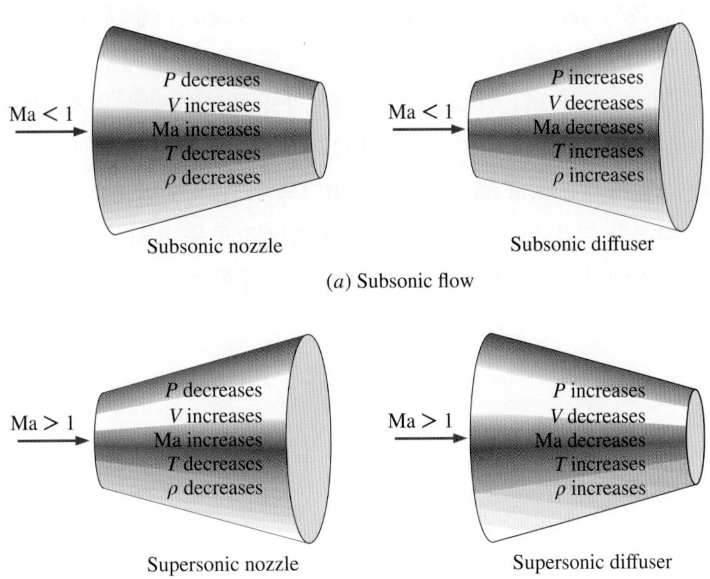

그림 12-11
아음속과 초음속 노즐과 디퓨저에서의 유동 상태량의 변화.

이 정체 온도 T_0와 연관시켜 나타낼 수 있다.

$$T_0 = T + \frac{V^2}{2c_p}$$

또는

$$\frac{T_0}{T} = 1 + \frac{V^2}{2c_pT}$$

여기서 $c_p = kR/(k-1)$, $c^2 = kRT$, $\mathrm{Ma} = V/c$이므로 다음 식이 성립하고,

$$\frac{V^2}{2c_pT} = \frac{V^2}{2[kR/(k-1)]T} = \left(\frac{k-1}{2}\right)\frac{V^2}{c^2} = \left(\frac{k-1}{2}\right)\mathrm{Ma}^2$$

이를 대입하면 원하는 T_0와 T의 관계식이 다음과 같이 얻어진다.

$$\frac{T_0}{T} = 1 + \left(\frac{k-1}{2}\right)\mathrm{Ma}^2 \tag{12-18}$$

정압에 대한 정체압의 비는 식 (12-18)을 식 (12-5)에 대입함으로써 다음과 같이 얻을 수 있다.

$$\frac{P_0}{P} = \left[1 + \left(\frac{k-1}{2}\right)\mathrm{Ma}^2\right]^{k/(k-1)} \tag{12-19}$$

정 밀도에 대한 정체 밀도의 비는 식 (12-18)을 식 (12-6)에 대입함으로써 다음과 같이 얻을 수 있다.

$$\frac{\rho_0}{\rho} = \left[1 + \left(\frac{k-1}{2}\right)\mathrm{Ma}^2\right]^{1/(k-1)} \tag{12-20}$$

T/T_0, P/P_0, ρ/ρ_0의 수치값들이 $k=1.4$일 때 Mach 수에 대하여 부록 표 A-13에 나타나 있으며, 공기를 포함하는 실제 압축성 유동 계산에 매우 유용하게 사용할 수 있다.

Mach 수가 1인 위치(노즐 목)에서의 유체 상태량을 **임계 상태량**(critical properties)이라 하고, 식 (12-18)에서 식 (12-20)까지 나타난 식에 Ma=1을 대입하여 얻은 비를 **임계비**(critical ratios)라고 한다(그림 12-12). 일반적으로 압축성 유동을 해석할 때 상첨자 별표(*)를 이용하여 이러한 임계값들을 표시한다. 식 (12-18)에서 식 (12-20)까지에서 Ma=1을 대입하면 다음 식을 구할 수 있다.

$$\frac{T^*}{T} = \frac{2}{k+1} \tag{12-21}$$

$$\frac{\rho^*}{\rho_0} = \left(\frac{2}{k+1}\right)^{1/(k-1)} \tag{12-22}$$

$$\frac{\rho^*}{\rho_0} = \left(\frac{2}{k+1}\right)^{1/(k-1)} \tag{12-23}$$

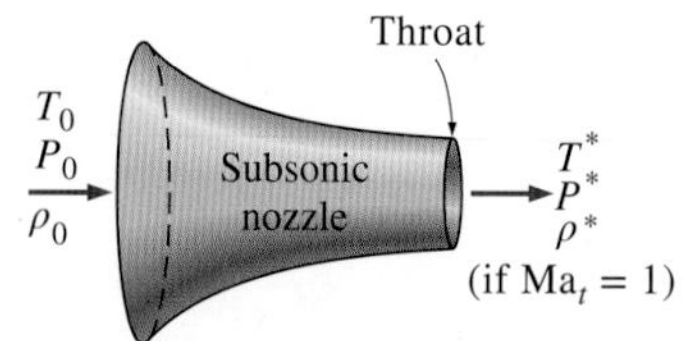

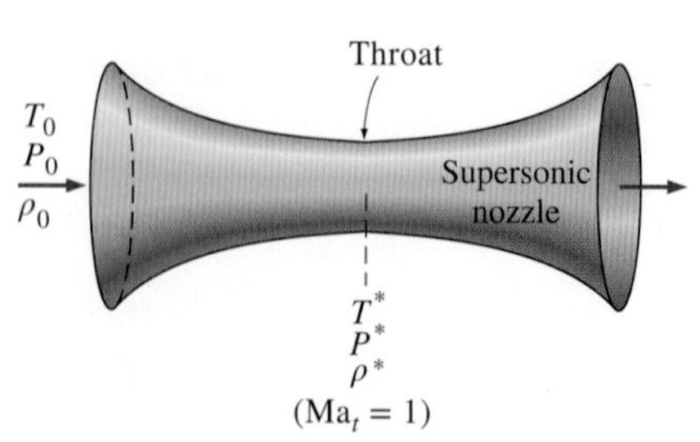

그림 12-12
$\mathrm{Ma}_t=1$일 때 노즐 목에서의 상태량이 임계 상태량이다.

표 12-2

몇 가지 이상기체 등엔트로피 유동의 임계 압력비, 임계 온도비, 임계 밀도비

	Superheated steam, $k = 1.3$	Hot products of combustion, $k = 1.33$	Air, $k = 1.4$	Monatomic gases, $k = 1.667$
$\frac{P^*}{P_0}$	0.5457	0.5404	0.5283	0.4871
$\frac{T^*}{T_0}$	0.8696	0.8584	0.8333	0.7499
$\frac{\rho^*}{\rho_0}$	0.6276	0.6295	0.6340	0.6495

표 12-2는 다양한 k값에 대하여 계산된 이들 비를 나타내고 있다. 압축성 유동의 이러한 임계 상태량들은 임계 온도 T_{cr}와 임계압력 P_{cr} 등과 같이 **임계점**(critical point)에서의 물질의 열역학적 상태량과는 다름에 유의하라.

예제 12-3 기체 유동에서 임계 온도와 임계 압력

예제 12-2의 유동 조건에서 이산화탄소의 임계 압력과 임계 온도를 계산하라(그림 12-13).

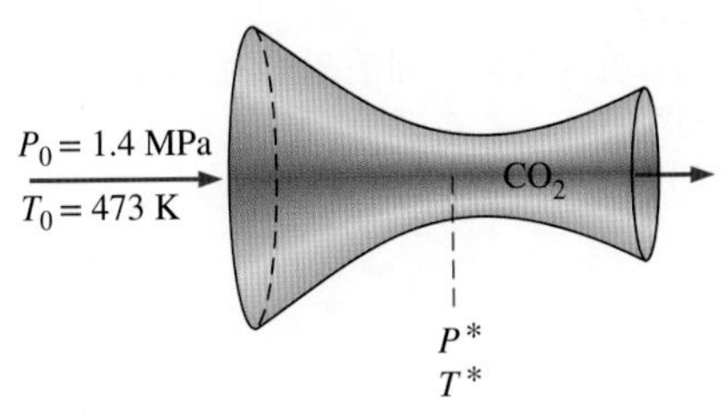

그림 12-13
예제 12-3에 대한 개략도.

풀이 예제 12-2에서 다룬 유동에 대하여 임계 압력과 임계 온도를 계산하고자 한다.

가정 **1** 유동은 정상, 단열, 1차원이다. **2** 이산화탄소는 일정한 비열을 갖는 이상기체이다.

상태량 실온에서 이산화탄소의 비열비는 $k=1.289$이다.

분석 정체 온도에 대한 임계 온도의 비와 정체 압력에 대한 임계 압력의 비는 다음과 같이 계산된다.

$$\frac{T^*}{T_0} = \frac{2}{k+1} = \frac{2}{1.289+1} = 0.8737$$

$$\frac{P^*}{P_0} = \left(\frac{2}{k+1}\right)^{k/(k-1)} = \left(\frac{2}{1.289+1}\right)^{1.289/(1.289-1)} = 0.5477$$

예제 12-2에서 정체 온도와 정체 압력은 각각 $T_0=473$ K, $P_0=1400$ kPa이므로 임계 온도와 임계 압력을 다음과 같이 구할 수 있다.

$$T^* = 0.8737T_0 = (0.8737)(473 \text{ K}) = \mathbf{413 \text{ K}}$$

$$P^* = 0.5477P_0 = (0.5477)(1400 \text{ kPa}) = \mathbf{767 \text{ kPa}}$$

토의 예상했던 대로, 이 값들은 표 12-1의 다섯 번째 줄에 나와 있는 값들과 일치하고 있다. 위치가 목이라 할지라도, 그곳에서 위 결과와 다른 상태량값들이 나타날 때는 유동이 임계 상태가 아니며, 그때 그곳에서의 Mach 수는 1이 아니다.

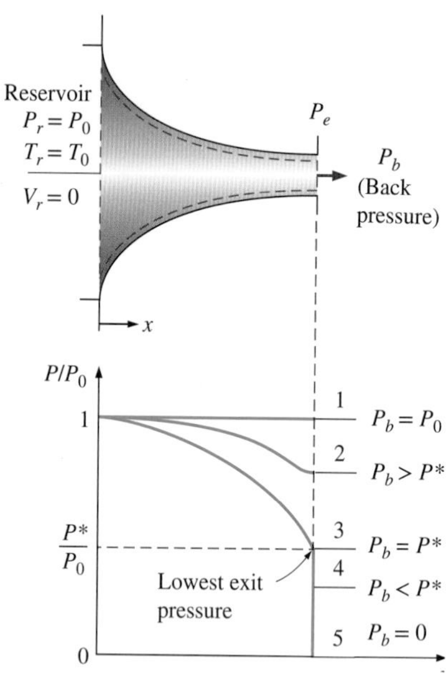

그림 12-14
배압이 수축노즐 내부 압력 분포에 미치는 영향.

12-3 ■ 노즐을 통과하는 등엔트로피 유동

수축 또는 수축-확대노즐은 스팀과 가스 터빈, 항공기 및 우주선 추진 시스템, 산업용 블라스팅 노즐(blasting nozzles), 토치 노즐(torch nozzles) 등을 포함한 많은 공학적 응용에서 관찰될 수 있다. 이 절에서는 **배압**(back pressure, 즉 노즐 출구 바깥의 압력)이 출구 속도, 질량유량, 노즐 내부의 압력 분포에 미치는 영향을 다루기로 한다.

수축노즐

그림 12-14에 나타난 바와 같은 수축노즐을 통과하는 아음속 유동을 고려해 보자. 노즐입구는 압력이 P_r이고 온도가 T_r인 큰 저장탱크(reservoir)에 연결되어 있다. 이 저장탱크는 충분히 커서 노즐 입구에서의 속도를 무시할 수 있다. 저장탱크 내에서 유체 속도는 0이고 노즐을 통과하는 유동을 등엔트로피로 볼 수 있기 때문에, 노즐의 어느 단면에서나 유체의 정체압과 정체 온도는 각각 저장탱크의 압력과 온도와 같다.

그림 12-14에 나타난 바와 같이 배압이 감소하면서 나타나는 노즐 길이방향으로의 압력 분포 변화를 살펴보자. 배압 P_b가 P_r과 같은 P_1일 때 노즐 내부에 유동은 나타나지 않으며, 따라서 압력 분포는 노즐을 따라 균일하다. 배압이 P_2로 감소하면 노즐 출구면에서의 압력 P_e 역시 P_2로 떨어진다. 이로 인하여 노즐 내부의 압력은 유동방향으로 감소하게 된다.

배압이 P_3($=P^*$, 노즐 출구 혹은 목에서 유체 속도가 음속으로 증가하는 데 필요한 압력)로 감소하면 질량유량은 최댓값을 갖게 되며, 이때 유동이 **초크**(choke)되었다고 한다. 배압을 P_4 또는 그 이하로 더 낮추게 되면 노즐 내부를 따라 압력 분포나 그 이외 다른 어떤 것도 더 이상 변화하지 않는다.

정상 유동 조건에서 노즐을 통과하는 질량유량은 일정하며, 다음과 같이 표시된다.

$$\dot{m} = \rho AV = \left(\frac{P}{RT}\right)A(\text{Ma}\sqrt{kRT}) = PA\text{Ma}\sqrt{\frac{k}{RT}}$$

식 (12-18)과 식 (12-19)에서 T와 P를 구하여 여기에 대입하면 다음 식을 얻는다.

$$\dot{m} = \frac{A\text{Ma}P_0\sqrt{k/(RT_0)}}{[1 + (k-1)\text{Ma}^2/2]^{(k+1)/[2(k-1)]}} \tag{12-24}$$

따라서 노즐을 통과하는 특정 유체의 질량유량은 그 유체의 정체 상태량, 유동 면적, Mach 수의 함수가 된다. 식 (12-24)는 노즐 내부 어느 단면에 대해서도 유효하며, 따라서 $\dot{m}$ 또한 노즐 내부 어느 위치에서도 이 식으로 계산될 수 있다.

어떤 특정한 유동 면적 A와 정체 상태량 T_0와 P_0에 대하여 최대 질량유량은 식 (12-24)를 Ma에 대하여 미분하고, 그 결과를 0으로 놓으면 얻을 수 있다. 그 결과 Ma=1이 얻어진다. 노즐에서 Mach 수가 1이 될 수 있는 곳은 최소 유동 면적(즉, 노즐 목)이므로 노즐을 통과하는 질량유량은 목에서 Ma=1일 때 최대가 된다. 이 유동 면적을 A^*라 하고, 식 (12-24)에 Ma=1을 대입하여 최대 질량유량에 관한 식을 다음과 같이 유도할 수 있다.

$$\dot{m}_{\max} = A^* P_0 \sqrt{\frac{k}{RT_0}} \left(\frac{2}{k+1}\right)^{(k+1)/[2(k-1)]} \quad \textbf{(12-25)}$$

따라서 어느 특정한 이상기체에 대하여 목 면적이 주어진 노즐을 통과하는 최대 질량 유량은 입구유동의 정체 압력과 정체 온도에 의하여 정해진다. 유량은 정체 압력이나 정체 온도가 변화되면 달라지므로 수축노즐은 유량계로도 사용될 수 있다. 물론 유량은 목 면적에 따라서도 조절된다. 이 원리는 화학 공정, 의료기기, 유량계, 기체의 질량 플럭스를 구하고 제어해야 하는 분야에서 중요하게 응용되고 있다.

수축노즐에 대한 $\dot{m}$와 P_b/P_0의 상관관계가 그림 12-15에 나타나 있다. P_b/P_0가 감소함에 따라 질량유량은 증가하고, $P_b=P^*$일 때 최대가 되며, P_b/P_0값이 이러한 임계비보다 작을 때 질량유량은 일정하게 유지된다. 또한 이 그림에는 배압이 노즐 출구 압력 P_e에 미치는 영향이 나타나 있는데, 다음을 알 수 있다.

$$P_e = \begin{cases} P_b, & P_b \geq P^* \\ P^*, & P_b < P^* \end{cases}$$

이를 요약하면, 임계 압력 P^*보다 작은 모든 배압의 경우에 수축노즐의 출구 압력 P_e는 P^*와 같으며, 이때 출구에서의 Mach 수는 1이고, 질량유량은 최대(또는 초크 상태)가 된다. 최대 질량유량일 때 목에서의 유동 속도는 음속이기 때문에, 임계 압력보다 낮은 배압은 노즐 상류로 전달될 수 없으며, 따라서 유량에 영향을 미치지 않는다.

그림 12-16은 정체 온도 T_0와 정체 압력 P_0가 수축노즐을 통과하는 질량유량에 미치는 영향을 나타내는데, 이때 질량유량과 목에서의 정압-정체압의 비 P_t/P_0와의 상관관계로 제시되어 있다. P_0의 증가(혹은 T_0의 감소)는 수축노즐을 통과하는 질량유량을 증가시키고, P_0의 감소(혹은 T_0의 증가)는 질량유량을 감소시킨다. 이는 식 (12-24)와 (12-25)를 주의 깊게 보면 알 수 있는 내용이다.

특정 유체의 동일한 질량유량과 정체 상태량에 대하여, 노즐 목 면적 A^*에 대한 노즐의 유동 면적 A의 비 변화는 식 (12-24)와 식 (12-25)를 조합하여 다음과 같이 구할 수 있다.

$$\frac{A}{A^*} = \frac{1}{\text{Ma}}\left[\left(\frac{2}{k+1}\right)\left(1 + \frac{k-1}{2}\text{Ma}^2\right)\right]^{(k+1)/[2(k-1)]} \quad \textbf{(12-26)}$$

공기($k=1.4$)의 경우에 A/A^*값이 Mach 수의 함수로 부록 표 A-13에 제시되어 있다. 각 Mach 수에 대하여 A/A^*값은 한 개이나, 한 개의 A/A^*값에 대하여 두 개의 가능한 Mach 수 (한 개는 아음속, 나머지 한 개는 초음속)가 존재한다.

1차원 이상기체 등엔트로피 유동해석에서 사용되는 또 다른 매개변수가 Ma*인데, 이는 다음과 같이 노즐 목에서의 음속에 대한 국소 속도의 비를 말한다.

$$\text{Ma}^* = \frac{V}{c^*} \quad \textbf{(12-27)}$$

식 (12-27)은 다음과 같이 나타낼 수도 있다.

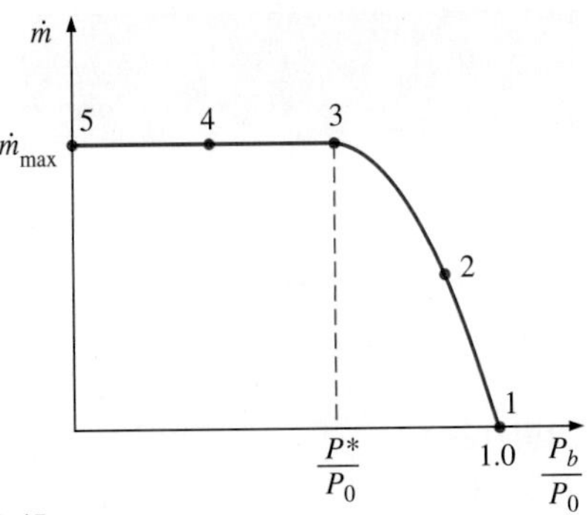

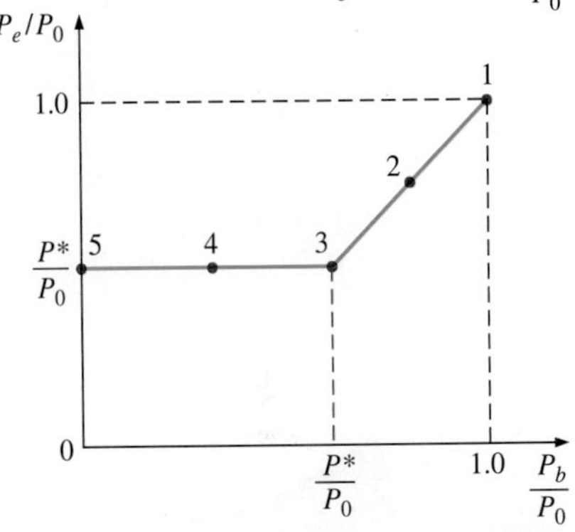

그림 12-15
배압 P_b가 수축노즐의 질량유량 $\dot{m}$와 출구 압력 P_e에 미치는 영향.

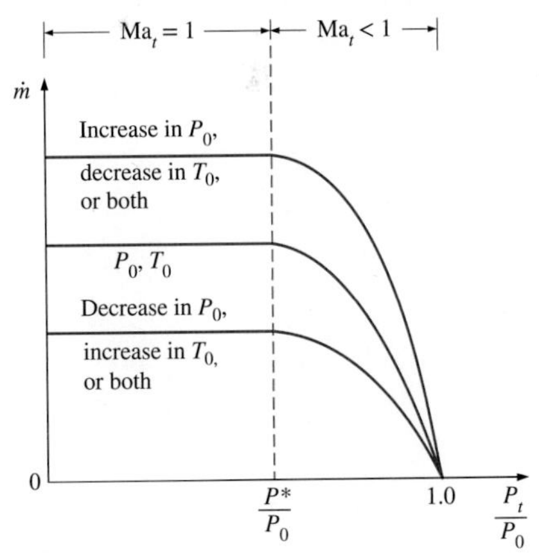

그림 12-16
입구 정체 상태량의 변화에 따른 노즐을 통과하는 질량유량의 변화.

Ma	Ma*	$\frac{A}{A^*}$	$\frac{P}{P_0}$	$\frac{\rho}{\rho_0}$	$\frac{T}{T_0}$
⋮	⋮	⋮	⋮	⋮	⋮
0.90	0.9146	1.0089	0.5913	⋮	⋮
1.00	1.0000	1.0000	0.5283	⋮	⋮
1.10	1.0812	1.0079	0.4684	⋮	⋮
⋮	⋮	⋮	⋮	⋮	⋮

그림 12-17
부록 표 A-13에 노즐과 디퓨저를 통과하는 등엔트로피 유동에 대한 다양한 상태량 비가 k =1.4(공기)인 경우에 대하여 나타나 있다.

$$\text{Ma}^* = \frac{V}{c}\frac{c}{c^*} = \frac{\text{Ma}\, c}{c^*} = \frac{\text{Ma}\sqrt{kRT}}{\sqrt{kRT^*}} = \text{Ma}\sqrt{\frac{T}{T^*}}$$

여기서 Ma는 국소 Mach 수, T는 국소 온도, T^*는 임계 온도이다. 식 (12-18)을 T에 대하여 그리고 식 (12-21)을 T^*에 대하여 풀어서 위 식에 대입하면 다음 식을 얻는다.

$$\text{Ma}^* = \text{Ma}\sqrt{\frac{k+1}{2+(k-1)\text{Ma}^2}} \tag{12-28}$$

k=1.4인 경우에 Ma*값과 Mach 수와의 관계가 역시 부록 표 A-13에 제시되어 있다(그림 12-17). Ma*가 **목**에서의 음속에 대하여 국소 속도를 무차원화시킨 반면, Ma는 국소 음속에 대하여 국소 속도를 무차원화시킨 점에서 Ma*는 Ma와 서로 다르다(노즐 내부에서 음속은 온도에 따라 달라지고, 따라서 노즐 위치에 따라 달라진다).

예제 12-4 공기의 등엔트로피 노즐유동

그림 12-18에 나타난 바와 같이 200 MPa, 350 K의 공기가 135 m/s의 속도로 수축노즐에 유입되고 있다. 등엔트로피 유동으로 근사하며, 공기속도가 음속과 같아지는 곳에서의 공기의 압력과 온도를 구하라. 그곳의 단면적을 입구면적에 대해 비로 계산하라.

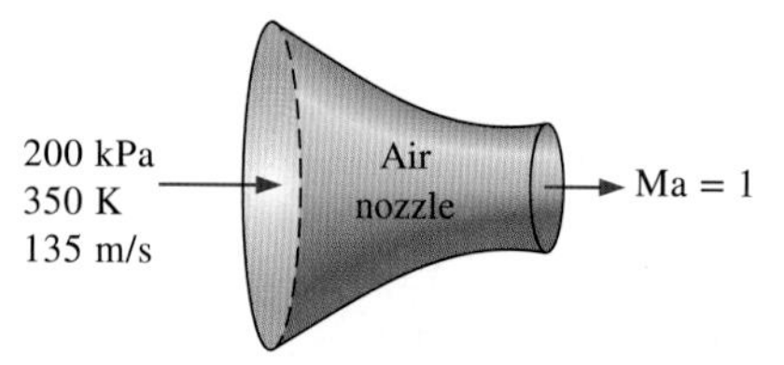

그림 12-18
예제 12-4에 대한 개략도.

풀이 공기가 수축노즐로 유입될 때 각각 다른 배압에 대하여 노즐을 통과하는 공기의 질량유량을 구하고자 한다.

가정 **1** 공기는 실온에 해당하는 일정한 비열을 갖는 이상기체이다. **2** 노즐을 통과하는 유동은 정상, 1차원, 등엔트로피이다.

상태량 공기의 정압비열과 비열비는 각각 c_p=1.005 kJ/kg · K, k=1.4이다.(표 A-1)

해석 노즐 입구의 상태량을 하첨자 i로 표시하고, Ma=1이 되는 위치에서의 임계상태량을 상첨자 *로 표시하자. 유동이 등엔트로피로 가정되어 있기 때문에 노즐 전체에 걸쳐 정체 온도와 정체 압력은 일정하게 유지되며, 따라서 다음이 성립된다.

$$T_0 = T + \frac{V_i^2}{2c_p} = 350\text{ K} + \frac{(135\text{ m/s})^2}{2(1.005\text{ kJ/kg·K})}\left(\frac{1\text{ kJ/kg}}{1{,}000\text{ m}^2/\text{s}^2}\right) = 359.1\text{ K}$$

$$P_0 = P_i\left(\frac{T_0}{T_i}\right)^{k/(k-1)} = (200\text{ kPa})\left(\frac{359.1\text{ K}}{350\text{ K}}\right)^{1.4/(1.4-1)} = 218.8\text{ kPa}$$

표 A-13[또는 식 (12-18)과 (12-19)]으로부터 다음이 얻어지고

$$T/T_0 = 0.8333$$
$$P/P_0 = 0.5283$$

따라서

$$T = 0.8333T_0 = 0.8333(359.1\text{ K}) = \mathbf{299.2\text{ K}}$$
$$P = 0.5283P_0 = 0.5283(218.8\text{ kPa}) = \mathbf{115.6\text{ kPa}}$$

또한

$$c_i = \sqrt{kRT_i} = \sqrt{(1.4)(0.287\text{ kJ/kg·K})(350\text{ K})\left(\frac{1000\text{ m}^2/\text{s}^2}{1\text{ kJ/kg}}\right)}$$

$$= 375.0 \text{ m/s}$$

$$\text{Ma}_i = \frac{V_i}{c_i} = \frac{135 \text{ m/s}}{375 \text{ m/s}} = 0.3600$$

표 A-13을 보면 계산된 이 마하수에서 A_i/A^*=1.7681임을 알 수 있다. 따라서 노즐입구 면적에 대한 목 면적의 비는,

$$\frac{A^*}{A_i} = \frac{1}{1.7681} = \mathbf{0.566}$$

토의 압축성 등엔트로피 관계식을 이용하여 문제를 풀어도, 결과는 세 유효숫자까지 같을 것이다.

예제 12–5 펑크 난 타이어로부터의 공기 누출

어떤 자동차 타이어의 공기압은 대기압이 94 kPa일 때 220 kPa(계기 압력)로 유지되도록 되어 있다. 타이어 내부의 공기 온도는 대기 온도와 같이 25 ℃이다. 이 타이어가 사고로 인하여 직경 4 mm의 구멍이 났다고 하자(그림 12-19). 유동을 등엔트로피로 근사하여, 초기에 누출되는 공기의 질량유량을 계산하라.

그림 12–19
예제 12-5에 대한 개략도.

풀이 사고로 인하여 자동차 타이어에 구멍이 났을 때, 그 구멍을 통하여 초기에 누출되는 공기의 질량유량을 구하고자 한다.

가정 **1** 공기는 일정한 비열을 갖는 이상기체이다. **2** 구멍을 통과하는 유동은 등엔트로피이다.

상태량 공기의 기체상수는 R=0.287 kPa · m³/kg · K이고, 실온에서 비열비는 k=1.4이다.

해석 타이어 공기의 절대압은 다음과 같다.

$$P = P_{\text{gage}} + P_{\text{atm}} = 220 + 94 = 314 \text{ kPa}$$

표 12-2에서 임계압은

$$P^* = 0.5283P_0 = (0.5283)(314 \text{ kPa}) = 166 \text{ kPa} > 94 \text{ kPa}$$

이고, 따라서 유동은 초크되어 구멍 출구에서의 속도는 음속이다. 따라서 출구에서의 상태량은 다음과 같다.

$$\rho_0 = \frac{P_0}{RT_0} = \frac{314 \text{ kPa}}{(0.287 \text{ kPa·m}^3/\text{kg·K})(298 \text{ K})} = 3.671 \text{ kg/m}^3$$

$$\rho^* = \rho\left(\frac{2}{k+1}\right)^{1/(k-1)} = (3.671 \text{ kg/m}^3)\left(\frac{2}{1.4+1}\right)^{1/(1.4-1)} = 2.327 \text{ kg/m}^3$$

$$T^* = \frac{2}{k+1}T_0 = \frac{2}{1.4+1}(298 \text{ K}) = 248.3 \text{ K}$$

$$V = c = \sqrt{kRT^*} = \sqrt{(1.4)(0.287 \text{ kJ/kg·K})\left(\frac{1000 \text{ m}^2/\text{s}^2}{1 \text{ kJ/kg}}\right)(248.3 \text{ K})}$$

$$= 315.9 \text{ m/s}$$

따라서 구멍을 통과하는 초기 질량유량은 다음과 같다.

$$\dot{m} = \rho AV = (2.327\text{ kg/m}^3)[\pi(0.004\text{ m})^2/4](315.9\text{ m/s}) = 0.00924\text{ kg/s}$$
$$= \mathbf{0.554\ kg/min}$$

토의 시간이 지남에 따라 타이어 내부 압력이 떨어지고, 질량유량 또한 감소한다.

수축–확대노즐

노즐이라 하면, 일반적으로 단면적이 유동방향으로 줄어드는 유로를 생각하게 된다. 그러나 수축노즐에서 유체가 가속될 수 있는 최대 속도는 노즐 출구(목)에서 나타나는 음속(Ma=1)으로 제한되어 있다. 유체를 초음속으로 가속시키기 위해서는(Ma>1) 아음속 노즐의 노즐 목 후방에 확대 구간을 추가해야 한다. 이러한 수축 구간과 확대 구간이 결합된 것이 수축-확대노즐이며, 초음속 항공기와 로켓 추진을 위한 기본 장치이다(그림 12-20).

수축-확대노즐을 통하여 단지 유체를 밀어냄으로써 유체가 초음속 속도로 가속되는 것은 아니다. 실제로, 만약 배압이 올바른 범위에 있지 않으면 유체는 확대 구간에서 가속하는 것이 아니라 오히려 감속하게 된다. 노즐 유동의 상태는 전체 압력비 P_b/P_0에 의해 결정된다. 따라서 주어진 입구 조건에 대해 수축-확대노즐을 통과하는 유동은 배압 P_b에 의해 결정되는데, 이에 관해 논의해 보자.

그림 12-21에 나타난 수축-확대노즐을 고려해 보자. 유체가 정체 압력 P_0인 상태에서 낮은 속도로 노즐에 유입된다고 하자. $P_b=P_0$(A 경우)일 때 노즐을 통과하는 유동은 나타나지 않는데, 이는 노즐 내부 유동이 노즐의 입구와 출구 사이의 압력차에 의해 구동되기 때문이다. 이제 배압이 서서히 낮아지는 경우를 보자.

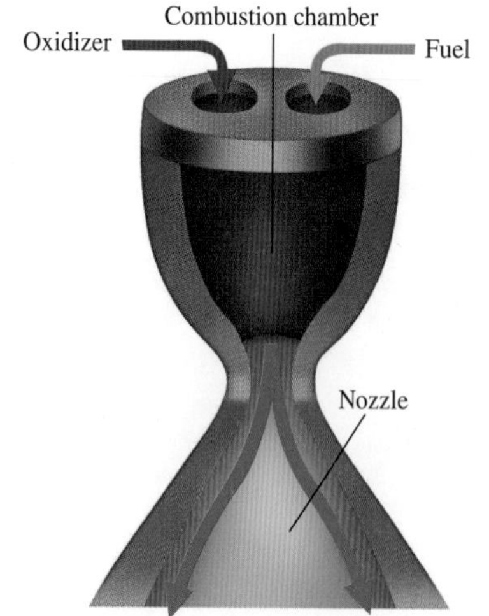

그림 12–20
수축-확대노즐은 로켓 엔진에서 높은 추력을 만들어 내기 위하여 일반적으로 사용된다.
(Right) Courtesy NASA

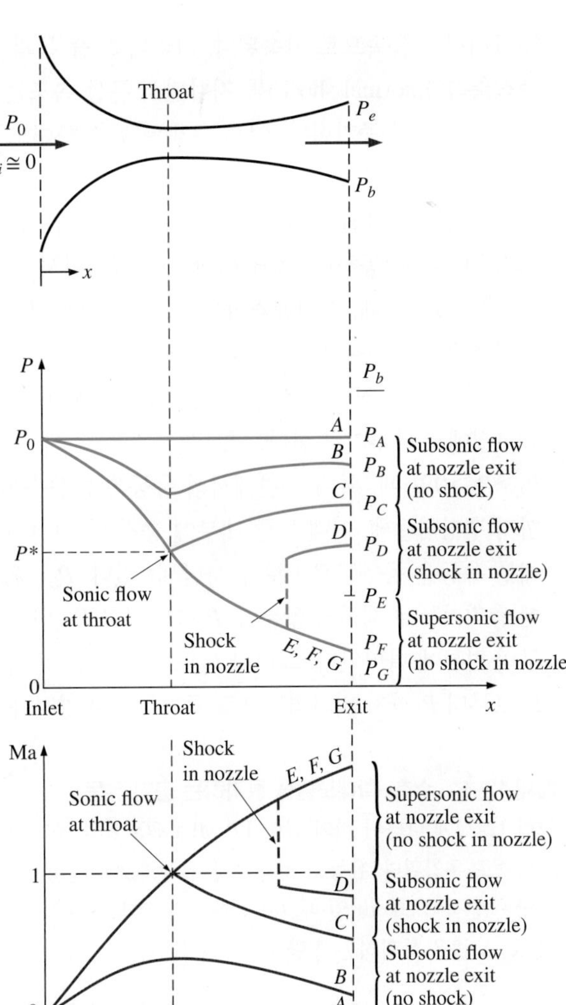

그림 12-21
배압이 수축-확대노즐을 통과하는 유동에 미치는 영향.

1. $P_0>P_b>P_C$일 때, 유동은 노즐 내에서 아음속으로 유지되고, 질량유량은 초크된 유동의 경우보다 작다. 유체의 속도는 첫 번째 노즐 구간(수축 구간)에서 증가하여 목에서 최대가 된다(그러나 여전히 Ma<1). 그러나 증가된 속도의 대부분은 디퓨저 역할을 하는 두 번째 노즐 구간(확대 구간)에서 다시 떨어지게 된다. 수축 구간에서 압력은 감소하고 목에서 최소가 되었다가, 확대 구간에서는 속도의 감소로 인하여 압력은 다시 증가한다.
2. $P_b=P_C$일 때, 목에서의 압력은 P^*가 되고, 유체의 속도는 목에서 음속에 도달한다. 그러나 노즐의 확대 구간은 여전히 디퓨저 역할을 하게 되며, 따라서 유체는 확대 구간을 지나면서 아음속으로 감속된다. P_b의 감소에 따라 질량유량은 증가하다가 여기서 최댓값에 도달한다. P^*는 목에서 나타나는 가장 낮은 압력이며, 음속은 수축노즐에서 얻을 수 있는 가장 큰 속도임을 기억하자. 따라서 P_b를 더 이상 낮추는 것은 노즐의 수축 구간 유동과 노즐 내부 질량유량에 영향을 미치지 않는다. 그러나 확대 구간의 유동 특성에는 영향을 미친다.
3. $P_C>P_b>P_E$일 때, 노즐 목에서 음속에 도달한 유체는 압력이 감소함에 따라 확대

구간에서 초음속으로 가속된다. 그러나 노즐 목과 노즐 출구 사이에서 발생하는 **수직충격파**(normal shock)를 지나면서 유동 속도는 갑자기 아음속으로 떨어지고, 압력은 갑자기 증가한다. 이후 유체는 수축-확대노즐의 나머지 구간에서 계속 감속한다. 충격파를 통과하는 유동은 매우 강한 비가역적 성질을 가지고, 따라서 등엔트로피로 근사될 수 없다. 발생된 수직충격파는 P_b가 감소하면서 목으로부터 점점 하류로 이동하며, P_b가 P_E에 가까워지면서 노즐 출구로 접근한다.

$P_b=P_E$일 때, 수직충격파는 노즐 출구에 위치한다. 이 경우 확대 구간 전체에서 유동은 초음속이며, 등엔트로피로 근사할 수 있다. 그러나 유체 속도는 노즐을 떠나기 바로 직전 수직충격파를 지나면서 아음속으로 떨어진다. 수직충격파는 12-4절에서 다루기로 한다.

4. $P_E>P_b>0$일 때, 확대 구간에서의 유동은 초음속이며, 유체는 노즐 출구에서 P_F까지 팽창하는데, 이때 노즐 내부에 충격파는 나타나지 않는다. 따라서 이때 노즐 내부 유동은 등엔트로피로 근사할 수 있다. $P_b=P_F$인 경우, 노즐의 내부와 외부에 충격파는 존재하지 않는다. $P_b<P_F$인 경우, 비가역적 혼합과 팽창파가 노즐 출구의 하류에 나타난다. 그러나 $P_b>P_F$인 경우, 유체의 압력은 노즐 출구 후류에서 P_F로부터 P_b까지 비가역적으로 증가하면서 **경사충격파**가 발생한다.

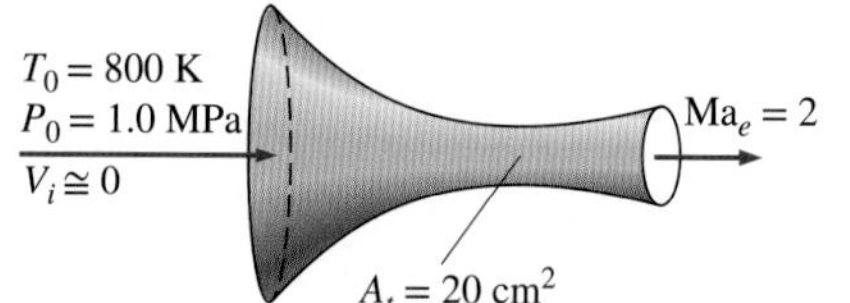

그림 12–22
예제 12-6에 대한 개략도.

예제 12–6 수축–확대노즐을 통과하는 공기 유동

그림 12-22에 나타난 바와 같이 1.0 MPa, 800 K의 공기가 무시할 정도의 속도로 수축-확대노즐로 유입된다. 유동은 정상, 1차원, 등엔트로피, $k=1.4$이다. 출구 Mach 수가 Ma=2, 목의 단면적이 20 cm^{2}일 때, (a) 목에서의 상태, (b) 출구면적을 포함한 출구 면에서의 상태, (c) 노즐을 통과하는 질량유량을 구하라.

풀이 공기가 수축-확대노즐을 지날 때 목과 출구에서의 상태와 질량유량을 구하고자 한다.

가정 **1** 공기는 실온에 해당하는 일정한 비열을 갖는 이상기체이다. **2** 노즐을 통과하는 유동은 정상, 1차원, 등엔트로피이다.

상태량 공기의 비열비는 $k=1.4$로 주어진다. 공기의 기체상수는 0.287 kJ/kg · K이다.

해석 출구 Mach 수는 2이다. 따라서 유동은 노즐 목에서 음속이어야 하고, 노즐의 확대 구간에서 초음속이다. 입구의 속도는 무시할 수 있기 때문에 정체 압력과 정체 온도는 각각 입구 압력과 입구 온도, $P_0=1.0$ MPa과 $T_0=800$ K와 같다. 공기를 이상기체로 가정하면, 정체 밀도는 다음과 같이 얻어진다.

$$\rho_0 = \frac{P_0}{RT_0} = \frac{1000 \text{ kPa}}{(0.287 \text{ kPa·m}^3\text{/kg·K})(800 \text{ K})} = 4.355 \text{ kg/m}^3$$

(a) 노즐 목에서 Ma=1이며, 부록 표 A-13을 이용하여 다음을 구한다.

$$\frac{P^*}{P_0} = 0.5283 \qquad \frac{T^*}{T_0} = 0.8333 \qquad \frac{\rho^*}{\rho_0} = 0.6339$$

따라서

$$P^* = 0.5283P_0 = (0.5283)(1.0 \text{ MPa}) = \mathbf{0.5283\ MPa}$$

$$T^* = 0.8333T_0 = (0.8333)(800 \text{ K}) = \mathbf{666.6\ K}$$

$$\rho^* = 0.6339\rho_0 = (0.6339)(4.355 \text{ kg/m}^3) = \mathbf{2.761\ kg/m^3}$$

또한

$$V^* = c^* = \sqrt{kRT^*} = \sqrt{(1.4)(0.287 \text{ kJ/kg·K})(666.6 \text{ K})\left(\frac{1000 \text{ m}^2/\text{s}^2}{1 \text{ kJ/kg}}\right)}$$
$$= \mathbf{517.5\ m/s}$$

(b) 유동이 등엔트로피이므로, 출구 면에서의 상태량은 부록 표 A-13을 이용하여 Ma=2에 대하여 다음과 같이 계산된다.

$$\frac{P_e}{P_0} = 0.1278 \quad \frac{T_e}{T_0} = 0.5556 \quad \frac{\rho_e}{\rho_0} = 0.2300 \quad \text{Ma}_e{}^* = 1.6330 \quad \frac{A_e}{A^*} = 1.6875$$

따라서

$$P_e = 0.1278P_0 = (0.1278)(1.0 \text{ MPa}) = \mathbf{0.1278\ MPa}$$
$$T_e = 0.5556T_0 = (0.5556)(800 \text{ K}) = \mathbf{444.5\ K}$$
$$\rho_e = 0.2300\rho_0 = (0.2300)(4.355 \text{ kg/m}^3) = \mathbf{1.002\ kg/m^3}$$
$$A_e = 1.6875A^* = (1.6875)(20 \text{ cm}^2) = \mathbf{33.75\ cm^2}$$

이며, 그리고

$$V_e = \text{Ma}_e{}^*c^* = (1.6330)(517.5 \text{ m/s}) = \mathbf{845.1\ m/s}$$

이 얻어진다. 노즐 출구 속도는 $V_e=\text{Ma}_e c_e$로부터 다음과 같이 구할 수 있는데, 여기서 c_e는 출구 조건에서의 음속이다.

$$V_e = \text{Ma}_e c_e = \text{Ma}_e\sqrt{kRT_e} = 2\sqrt{(1.4)(0.287 \text{ kJ/kg·K})(444.5 \text{ K})\left(\frac{1000 \text{ m}^2/\text{s}^2}{1 \text{ kJ/kg}}\right)}$$
$$= 845.2 \text{ m/s}$$

(c) 유동이 정상이므로, 유체의 질량유량은 노즐의 전 구간에서 같다. 따라서 질량유량은 노즐의 임의 단면에서의 상태량을 이용하여 계산할 수 있다. 목에서의 상태량을 이용하여 다음과 같이 질량유량을 계산한다.

$$\dot{m} = \rho^*A^*V^* = (2.761 \text{ kg/m}^3)(20 \times 10^{-4} \text{ m}^2)(517.5 \text{ m/s}) = \mathbf{2.86\ kg/s}$$

토의 이 질량유량은 주어진 입구 조건에 대하여 이 노즐을 통과하여 흐를 수 있는 최대 질량유량이다.

12–4 ■ 충격파와 팽창파

2장에서 음파는 매우 작은 압력교란에 의하여 발생되어 매질 사이를 음속으로 이동한다고 논의하였다. 아울러 이 장에서 어떤 특정한 배압에 대하여 초음속 유동 조건에서 수축-확대노즐 내부의 매우 얇은 구간에서 갑작스러운 유체 상태량의 변화가 나타나고 **충격파**(shock wave)가 발생하는 것을 확인한 바 있다. 이 절에서는 어떤 조건에서 충격파가 발생하고, 이 충격파가 유동에 어떻게 영향을 미치는가에 관하여 공부하기로 한다.

수직충격파

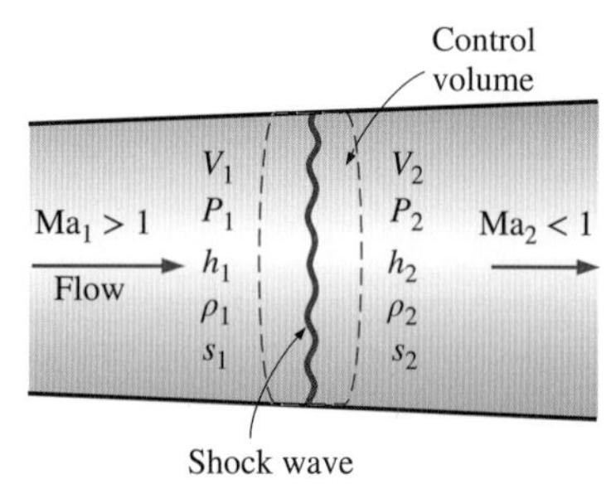

그림 12–23
수직충격파를 통과하는 유동에 대한 검사체적.

유동방향에 대해 수직한 면에서 발생하는 충격파를 **수직충격파**(normal shock waves)라고 한다. 충격파를 통과하는 유동과정은 매우 비가역적이며, 따라서 등엔트로피로 볼 수 **없다**.

Pierre Laplace(1749-1827), G. F. Bernhard Riemann(1826-1866), William Ran kine (1820-1872), Pierre Henry Hugoniot(1851-1887), Lord Rayleigh(1842-1919)와 G. I. Taylor(1886-1975)의 발자취를 따라 충격파 전후에서 나타나는 유체 상태량의 관계식을 유도해 보자. 그림 12-23에 나타난 바와 같이, 충격파를 포함하는 정지한 검사체적에 상태량 관계식과 질량, 운동량, 에너지 보존 관계식을 적용해 보자. 수직충격파는 매우 얇으며, 따라서 검사체적의 입구와 출구에서의 유동 면적은 거의 같다(그림 12-24).

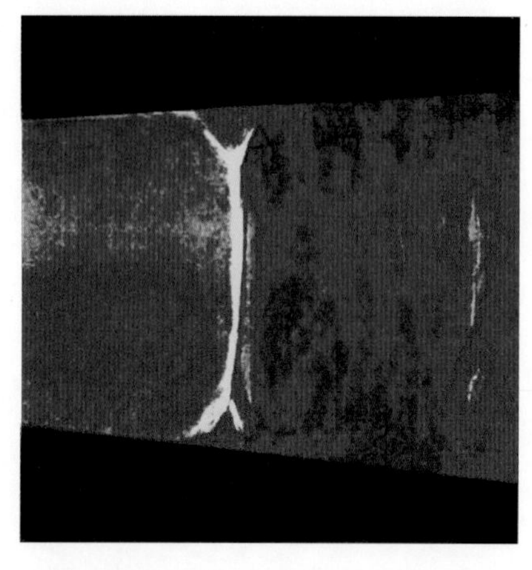

그림 12–24
Laval 노즐 내부에 나타나는 수직충격파의 schlieren 영상. 이 수직충격파의 상류(왼쪽)에서의 Mach 수는 약 1.3이다. 경계층이 벽면 근처의 수직충격파의 형태를 변형시키고, 충격파 하부에 유동 박리를 발생시킨다.

열과 일의 전달이 없고 위치 에너지의 변화가 없는 정상 유동에 대하여 충격파 상류 상태량을 하첨자 1로, 하류 상태량을 하첨자 2로 표시하면 다음과 같은 식을 얻는다.

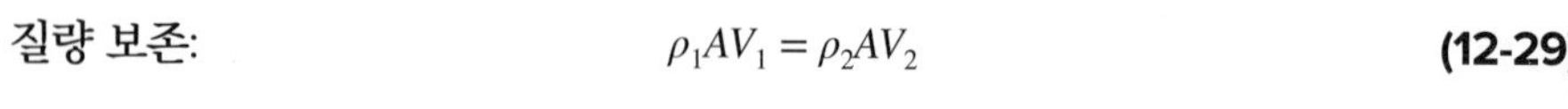

질량 보존: $$\rho_1 A V_1 = \rho_2 A V_2 \qquad \textbf{(12-29)}$$

또는

$$\rho_1 V_1 = \rho_2 V_2$$

에너지 보존: $$h_1 + \frac{V_1^2}{2} = h_2 + \frac{V_2^2}{2} \qquad \textbf{(12-30)}$$

또는

$$h_{01} = h_{02} \qquad \textbf{(12-31)}$$

선형 운동량 방정식: 식 (12-14)를 정리하여 적분하면 다음과 같게 된다.

$$A(P_1 - P_2) = \dot{m}(V_2 - V_1) \qquad \textbf{(12-32)}$$

엔트로피 증가: $$s_2 - s_1 \geq 0 \qquad \textbf{(12-33)}$$

질량과 에너지 보존식을 결합하여 하나의 식으로 만들고 상태량 관계식을 이용하면 이를 *h*-s 선도에 그릴 수 있다. 그 결과 나타나는 곡선을 **Fanno 선**(Fanno line)이라 하는데, 이는 *h*-s 선도에서 같은 정체 엔탈피와 질량 플럭스(단위 유동 면적당 질량 유동)를 갖는 상태들을 연결한 선이다. 마찬가지로, 질량과 운동량 보존식을 하나의 식으로 합쳐서, 이를 h-s 선도에 그리면 **Rayleigh 선**(Rayleigh line)이라고 하는 곡선이 나타난다. 그림 12-25에 이 두 선을 h-s 선도에 나타내었다. 예제 12-7에서 증명이 되겠지만, 이들 선에서 최대 엔트로피를 갖는 점(점 a와 점 b)들에서 Ma=1이다. 각 선의 윗부분에서의 상태는 아음속이고, 아랫부분에서의 상태는 초음속이다.

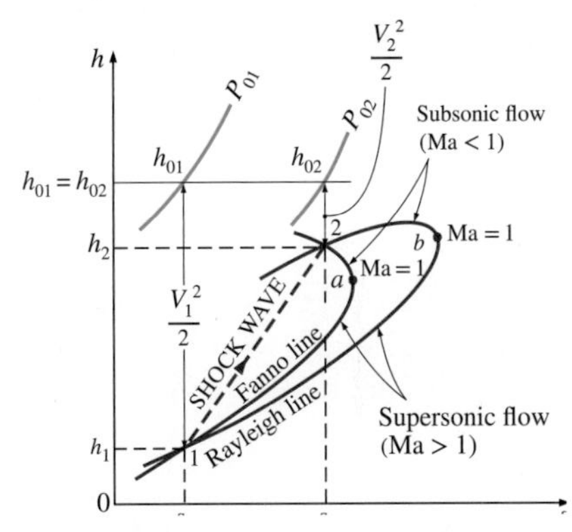

그림 12-25
수직충격파를 통과하는 유동의 h-s 선도.

Fanno 선과 Rayleigh 선은 두 점(점 1과 점 2)에서 교차하며, 이 두 점에서 세 개의 보존 방정식이 모두 만족된다. 이 중 하나(상태 1)는 충격파 전방의 상태에 해당하며, 나머지 하나(상태 2)는 충격파 후방의 상태에 해당한다. 충격파 전의 유동은 초음속이며, 그 이후의 유동은 아음속임에 유의하라. 따라서 충격파가 나타나면 유동은 초음속에서 아음속으로 변화해야 한다. 충격파 전방의 Mach 수가 클수록 충격파는 강해지며, Ma=1인 한계 조건에서 충격파는 단순히 음파(sound wave)가 된다. 그림 12-25에서 엔트로피는 $s_2 > s_1$로 증가하고 있음에 주목하자. 이는 충격파를 통과하는 유동이 단열이지만 비가역이기 때문에 이미 예상했던 바이다.

에너지 보존 법칙(식 12-31)에 의하여 정체 엔탈피는 충격파를 지나면서 일정하게 유지되어야 한다($h_{01}=h_{02}$). 따라서 $h=h(T)$인 이상기체에 대하여 다음이 성립한다.

$$T_{01} = T_{02} \tag{12-34}$$

즉, 이상기체의 정체 온도는 충격파를 지나면서 일정하게 유지된다. 그러나 정체 압력은 충격파를 지나면서 비가역성 때문에 감소하고, 반면에 일반적인(정적) 온도는 유체 속도의 큰 감소로 인해 운동 에너지가 엔탈피로 변환되기 때문에 급격히 상승한다(그림 12-26 참조)

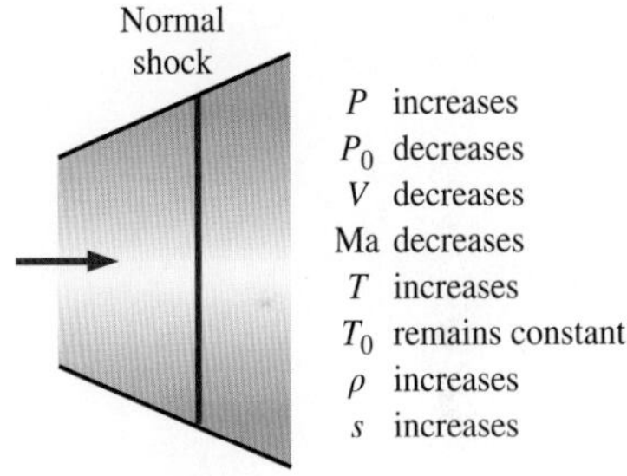

그림 12-26
수직충격파를 지나면서 나타나는 이상기체의 상태량 변화.

이제 비열비가 일정한 이상기체에 대하여 충격파 전후방에서 나타나는 다양한 상태량 사이의 관계식을 유도해 보자. 정적 온도비 T_2/T_1의 관계는 다음과 같이 식 (12-18)을 두 번 적용함으로써 얻을 수 있다.

$$\frac{T_{01}}{T_1} = 1 + \left(\frac{k-1}{2}\right)\text{Ma}_1^2 \quad \text{그리고} \quad \frac{T_{02}}{T_2} = 1 + \left(\frac{k-1}{2}\right)\text{Ma}_2^2$$

첫 번째 식을 두 번째 식으로 나누고, $T_{01}=T_{02}$이므로 다음 식을 얻는다.

$$\frac{T_2}{T_1} = \frac{1 + \text{Ma}_1^2(k-1)/2}{1 + \text{Ma}_2^2(k-1)/2} \tag{12-35}$$

이상기체 상태 방정식에서 다음의 관계가 성립한다.

$$\rho_1 = \frac{P_1}{RT_1} \quad \text{그리고} \quad \rho_2 = \frac{P_2}{RT_2}$$

이를 질량 보존식 $\rho_1 V_1 = \rho_2 V_2$에 대입하고, Ma=V/c와 $c=\sqrt{kRT}$를 이용하면 다음과 같은 전개가 가능하다.

$$\frac{T_2}{T_1} = \frac{P_2 V_2}{P_1 V_1} = \frac{P_2 \text{Ma}_2 c_2}{P_1 \text{Ma}_1 c_1} = \frac{P_2 \text{Ma}_2 \sqrt{T_2}}{P_1 \text{Ma}_1 \sqrt{T_1}} = \left(\frac{P_2}{P_1}\right)^2 \left(\frac{\text{Ma}_2}{\text{Ma}_1}\right)^2 \tag{12-36}$$

식 (12-35)와 식 (12-36)을 합하면 충격파를 지나면서 나타나는 압력비를 얻을 수 있다.

Fanno 선: $$\frac{P_2}{P_1} = \frac{\text{Ma}_1\sqrt{1 + \text{Ma}_1^2(k-1)/2}}{\text{Ma}_2\sqrt{1 + \text{Ma}_2^2(k-1)/2}} \qquad \textbf{(12-37)}$$

식 (12-37)은 질량 보존식과 에너지 보존식의 결합이며, 따라서 비열비가 일정한 이상기체의 Fanno 선에 관한 방정식이 된다. Rayleigh 선에 대한 비슷한 관계식도 질량 보존식과 운동량 보존식을 결합함으로써 구할 수 있다. 식 (12-32)로부터,

$$P_1 - P_2 = \frac{\dot{m}}{A}(V_2 - V_1) = \rho_2 V_2^2 - \rho_1 V_1^2$$

그러나

$$\rho V^2 = \left(\frac{P}{RT}\right)(\text{Ma}\ c)^2 = \left(\frac{P}{RT}\right)(\text{Ma}\sqrt{kRT})^2 = Pk\,\text{Ma}^2$$

따라서

$$P_1(1 + k\text{Ma}_1^2) = P_2(1 + k\text{Ma}_2^2)$$

또는

Rayleigh 선: $$\frac{P_2}{P_1} = \frac{1 + k\text{Ma}_1^2}{1 + k\text{Ma}_2^2} \qquad \textbf{(12-38)}$$

이며, 식 (12-37)과 식 (12-38)을 결합하면 다음 결과를 얻는다.

$$\text{Ma}_2^2 = \frac{\text{Ma}_1^2 + 2/(k-1)}{2\text{Ma}_1^2\,k/(k-1) - 1} \qquad \textbf{(12-39)}$$

위 식은 Fanno 선과 Rayleigh 선의 교차점을 나타내며, 충격파 전후방에서 나타나는 두 Mach 수 사이의 관계식이다.

그림 12-27
초음속 전투기의 공기 흡입구는 그곳에서 생기는 충격파를 통과하면서 공기가 엔진에 들어가기 전에 아음속으로 감속되고, 압력과 온도는 증가되도록 설계되어 있다.
© StockTrek/Getty Images RF

초음속 노즐에서만 충격파가 나타나는 것은 아니다. 이러한 현상은 공기가 엔진의 디퓨저로 유입되기 전에 충격파를 지나면서 아음속으로 감속되는 초음속 항공기의 엔진 흡입구에서도 관찰될 수 있다(그림 12-27). 폭발 또한 매우 파괴적이고 강력한 구형 수직충격파를 발생시킨다(그림 12-28).

부록 표 A-14에 충격파 전후에서 나타나는 다양한 유동 상태량의 비가 $k=1.4$인 이상기체에 대하여 제시되어 있다. 이 표를 살펴보면, Ma_2(충격파 후방의 Mach 수)는 항상 1보다 작고, 충격파 전방의 초음속 Mach 수가 클수록 충격파 후방의 아음속 Mach 수가 더 작아짐을 볼 수 있다. 또한 충격파 후방에서 정체 압력은 감소하는 반면 정압, 온도, 밀도는 모두 증가하고 있다.

충격파를 지나면서 나타나는 엔트로피 변화는 다음과 같은 충격파를 지나는 이상기체의 엔트로피 변화식을 적용함으로써 구할 수 있다.

$$s_2 - s_1 = c_p \ln\frac{T_2}{T_1} - R\ln\frac{P_2}{P_1} \qquad \textbf{(12-40)}$$

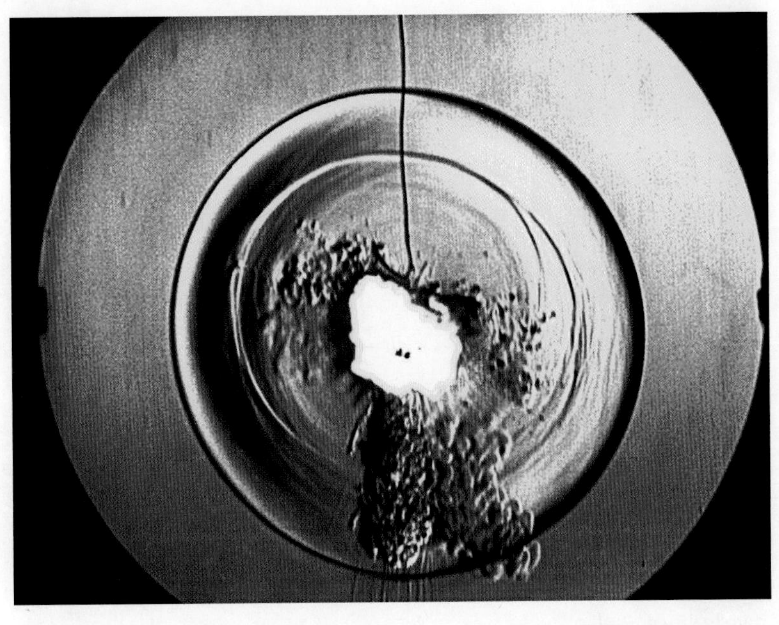

그림 12-28
폭죽의 폭발로 인하여 발생된 폭발파(팽창하는 구형 수직충격파)의 schlieren 영상. 충격파는 모든 방향에서 반경방향 바깥쪽으로 초음속으로 팽창하는데, 충격파의 속도는 폭발 중심으로부터 반경방향으로 감소한다. 마이크가 지나가는 충격파의 갑작스러운 압력 변화를 감지하는 순간, 광원을 터뜨려 사진을 찍는다.

위 식은 이 절의 앞에서 유도된 관계식들을 사용하여 k, R, Ma_1의 관계식으로 나타낼 수 있다. 수직충격파를 지나면서 나타나는 무차원 엔트로피 변화 $(s_2-s_1)/R$와 Ma_1의 관계가 그림 12-29에 도시되어 있다. 충격파를 지나는 유동은 단열이고 비가역이므로 열역학 제2법칙에 의하여 엔트로피는 증가하게 된다. 따라서 충격파는 Ma_1이 1보다 작은 경우에는 존재할 수 없다(즉, 엔트로피 변화량이 음이 될 수 없다). 단열 유동의 경우 충격파는 오직 초음속 유동에서만($Ma_1>1$) 존재한다.

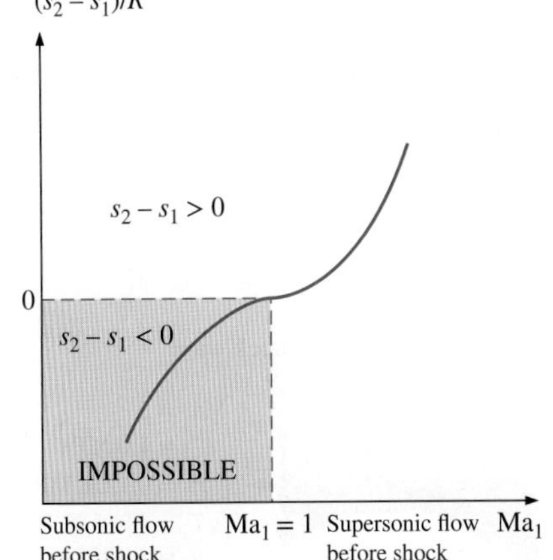

그림 12-29
수직충격파를 통과하면서 나타나는 엔트로피의 변화.

예제 12-7 Fanno 선에서 최대 엔트로피 점

덕트 내부의 정상, 단열 유동에 대하여 Fanno 선의 최대 엔트로피 점(그림 12-25의 점 *a*)은 음속(Ma=1)에 해당함을 보여라.

풀이 정상, 단열 유동에 대하여 Fanno 선의 최대 엔트로피 점은 음속에 해당함을 보이고자 한다.

가정 유동은 정상, 단열, 1차원이다.

해석 열과 일의 전달과 위치 에너지의 변화가 없을 때, 정상 유동 에너지 방정식은 다음과 같다.

$$h + \frac{V^2}{2} = \text{일정}$$

이를 미분하면 다음과 같다.

$$dh + V\,dV = 0$$

단면적의 변화가 무시될 수 있는 매우 얇은 충격파에 대하여 정상 유동의 연속 방정식(질량보존)은 다음과 같이 나타낼 수 있다.

$$\rho V = \text{일정}$$

이를 미분하면 다음과 같다.

$$\rho\, dV + V\, d\rho = 0$$

dV에 대하여 풀면 다음을 얻는다.

$$dV = -V\frac{d\rho}{\rho}$$

이를 에너지 방정식과 조합하면 다음과 같게 된다.

$$dh - V^2\frac{d\rho}{\rho} = 0$$

이 식은 Fanno 선에 대한 미분 형태의 방정식이다. 점 a(최대 엔트로피 점)에서 $ds=0$이다. 따라서 Tds 관계식($Tds=dh-\upsilon dP$)에서 $dh=\upsilon dP=dP/\rho$를 얻고, 이를 대입하면,

$$\frac{dP}{\rho} - V^2\frac{d\rho}{\rho} = 0 \quad (s=\text{일정})$$

V에 대하여 풀면

$$V = \left(\frac{\partial P}{\partial \rho}\right)_s^{1/2}$$

이 얻어진다. 이 식은 식 (12-9)의 음속에 대한 관계식이다. 따라서 $V=c$이며, 증명이 완료되었다.

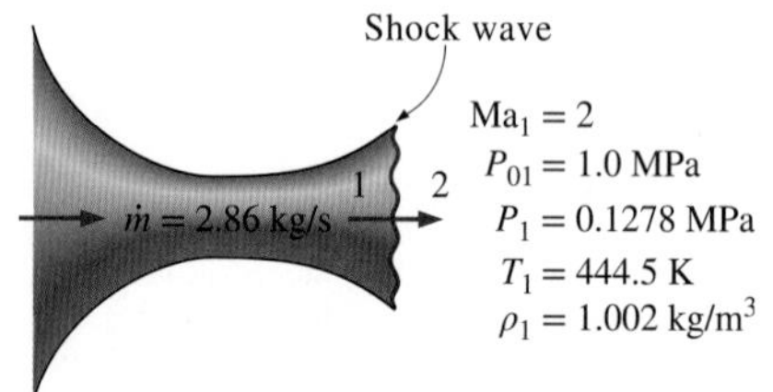

그림 12-30
예제 12-8에 대한 개략도.

예제 12-8 수축-확대노즐에서의 충격파

예제 12-6의 수축-확대노즐 내부에 공기가 흘러서 노즐 출구 면에 수직충격파가 발생하는 경우(그림 12-30), 충격파 후방에서 다음을 구하라. (a) 정체 압력, 정압, 온도, 밀도, (b) 충격파 전후의 엔트로피 변화, (c) 출구 속도, (d) 노즐을 통과하는 질량유량. 이때 노즐 입구로부터 충격파 위치까지 정상, 1차원, $k=1.4$인 등엔트로피 유동을 가정한다.

풀이 공기가 흐르는 수축-확대노즐의 출구에서 수직충격파가 발생하는 경우, 충격파에 의한 다양한 상태량 변화를 구하고자 한다.

가정 **1** 공기는 실온에 해당하는 일정한 비열을 갖는 이상기체이다. **2** 충격파가 발생하기 전까지 노즐을 통과하는 유동은 정상, 1차원, 등엔트로피이다. **3** 충격파는 노즐 출구에서 발생한다.

상태량 공기의 정압비열과 비열비는 각각 $c_p=1.005$ kJ/kg · K와 $k=1.4$이다. 공기의 기체상수는 0.287 kJ/kg · K이다.

해석 (a) 충격파 바로 직전 노즐 출구에서의 유체 상태량(하첨자 1로 표시)은 예제 12-6에서 다음과 같이 구한 바 있다.

$$P_{01} = 1.0 \text{ MPa} \qquad P_1 = 0.1278 \text{ MPa} \quad T_1 = 444.5 \text{ K} \qquad \rho_1 = 1.002 \text{ kg/m}^3$$

부록 표 A-14를 이용하면 $Ma_1=2.0$에 대하여 충격파 후방에서의 유체 상태량(하첨자 2로 표시)은 다음과 같다.

$$\text{Ma}_2 = 0.5774 \qquad \frac{P_{02}}{P_{01}} = 0.7209 \qquad \frac{P_2}{P_1} = 4.5000 \qquad \frac{T_2}{T_1} = 1.6875 \qquad \frac{\rho_2}{\rho_1} = 2.6667$$

따라서 충격파 후방에서의 정체 압력 P_{02}, 정압 P_2, 온도 T_2, 밀도 ρ_2는 다음과 같다.

$$P_{02} = 0.7209P_{01} = (0.7209)(1.0\text{ MPa}) = \mathbf{0.721\ MPa}$$

$$P_2 = 4.5000P_1 = (4.5000)(0.1278\text{ MPa}) = \mathbf{0.575\ MPa}$$

$$T_2 = 1.6875T_1 = (1.6875)(444.5\text{ K}) = \mathbf{750\ K}$$

$$\rho_2 = 2.6667\rho_1 = (2.6667)(1.002\text{ kg/m}^3) = \mathbf{2.67\ kg/m^3}$$

(b) 충격파 전후의 엔트로피 변화는 다음과 같이 계산된다.

$$\begin{aligned} s_2 - s_1 &= c_p \ln\frac{T_2}{T_1} - R\ln\frac{P_2}{P_1} \\ &= (1.005\text{ kJ/kg·K})\ln(1.6875) - (0.287\text{ kJ/kg·K})\ln(4.5000) \\ &= \mathbf{0.0942\ kJ/kg·K} \end{aligned}$$

따라서 공기의 엔트로피는 수직충격파를 지나면서 증가하며, 이는 강한 비가역성이다.

(c) 충격파 후방에서의 속도는 $V_2 = \text{Ma}_2 c_2$로 계산되는데, 여기서 c_2는 충격파 후방 출구 조건에서의 음속을 나타낸다.

$$\begin{aligned} V_2 &= \text{Ma}_2 c_2 = \text{Ma}_2\sqrt{kRT_2} \\ &= (0.5774)\sqrt{(1.4)(0.287\text{ kJ/kg·K})(750.1\text{ K})\left(\frac{1000\text{ m}^2/\text{s}^2}{1\text{ kJ/kg}}\right)} \\ &= \mathbf{317\ m/s} \end{aligned}$$

(d) 노즐 목에서 음속이 나타날 때 수축-확대노즐을 통과하는 질량유량은 노즐에서 발생하는 충격파의 존재에 영향을 받지 않는다. 따라서 이 경우의 질량유량은 예제 12-6에서 구한 값과 같다.

$$\dot{m} = \mathbf{2.86\ kg/s}$$

토의 (d)의 결과는 충격파 후방 노즐 출구에서의 상태량 값들을 이용하면 쉽게 확인될 수 있다.

예제 12-8로부터 충격파를 지나면서 정압, 온도, 밀도, 엔트로피는 증가하는 반면, 정체압과 속도는 감소하는 것을 알 수 있다(그림 12-31 참조). 충격파 하류의 유체 온도의 증가는 항공우주공학자들의 주된 관심사인데, 이는 충격파가 날개의 앞전과 우주 재진입 비행체(space reentry vehicle), 최근 개발 중인 극초음속 우주비행체(hypersonic space plane)의 전방에 심각한 열전달 문제를 발생시키기 때문이다. 실제 이러한 과열로 인하여 2003년 2월 우주왕복선 **콜롬비아호**가 지구 대기권으로 재진입할 때 비극적인 사고를 당한 적도 있다.

그림 12-31
사자 조련사가 채찍을 치면 채찍 끝에서 약한 구형충격파가 만들어져 반경방향으로 퍼져나간다. 이렇게 팽창하는 충격파 안쪽의 압력은 주위 공기압력보다 높아 이러한 충격파가 사자의 귀에 도달할 때 매우 날카로운 파괴음으로 들린다.
© Joshua Ets-Hokin/Getty Images RF

그림 12-32
펜실베이니아 주립대학교 기체역학 실험실에 있는 초음속 풍동을 이용하여 Mach 수 3에서 실험된 작은 우주왕복선 모형의 schlieren 영상. 모형 비행체 주위에 여러 개의 **경사충격파**가 보이고 있다.
© G.S. Settles, Gas Dynamics Lab, Penn State University. Used with permission.

경사충격파

모든 충격파가 유동방향에 수직인 수직충격파가 되는 것은 아니다. 예를 들어, 우주왕복선이 대기 중에서 초음속으로 비행할 때 **경사충격파**(oblique shocks)라고 불리는 기울어진 충격파로 구성된 복잡한 충격파 구조가 나타난다(그림 12-32). 그림에서 경사충격파의 일부분은 휘어져 있으며, 나머지 부분은 직선임을 볼 수 있다.

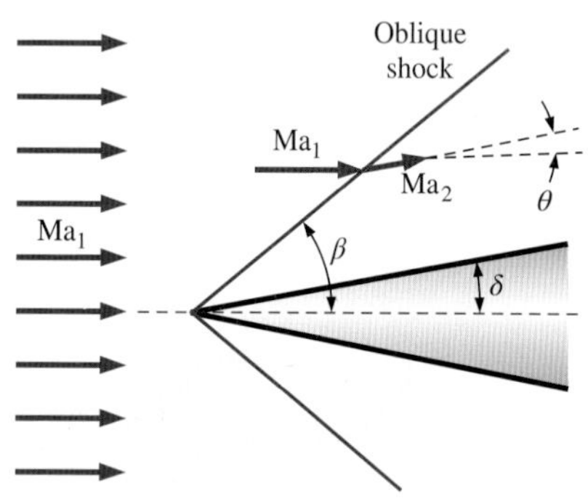

그림 12-33
반각이 δ인 얇은 2차원 쐐기에 의해서 형성된 **충격파 각도** β인 경사충격파. 유동은 충격파 하류로 **편향각** θ만큼 선회하며, Mach수는 감소한다.

먼저 균일한 초음속 유동($Ma_1>1$)이 반각이 δ인 얇은 2차원 쐐기(wedge)에 부딪힐 때 나타나는 직선형태의 경사충격파를 고려해 보자(그림 12-33). 초음속 유동에서는 쐐기에 관한 정보가 상류로 전달되지 않으므로 유체는 쐐기의 앞전에 도달하기 전까지 아무것도 알 수 없다. 유체는 앞전에서 쐐기를 통과하여 흐를 수는 없기 때문에 갑자기 **선회각**(turning angle) 혹은 **편향각**(deflection angle)이라고 하는 각도 θ만큼 꺾여진다. 그 결과 유입되는 유동방향에 대하여 **충격파 각도**(shock angle) 혹은 **파각도**(wave angle) β로 기울어진 직선형태의 경사충격파가 발생한다(그림 12-34). 질량이 보존되기 위하여 β는 δ보다 당연히 커야 한다. 초음속 유동의 Reynolds 수는 일반적으로 크기 때문에 쐐기를 따라 발달하는 경계층은 매우 얇아서 그 영향은 무시될 수 있다. 따라서 유체는 쐐기와 같은 각도만큼 꺾여진다. 즉, 편향각 θ는 쐐기 반각 δ와 같다. 경계층의 배제두께의 효과를 고려한다면(10장 참조), 편향각 θ는 쐐기 반각 δ보다 약간 크게 나타난다.

수직충격파의 경우와 같이 경사충격파를 지나면서 Mach 수는 감소하고, 경사충격파 또한는 상류 유동이 초음속일 경우에만 가능하다. 그러나 하류 Mach 수가 항상 아음속인 수직충격파와는 달리, 경사충격파의 하류 Mach 수 Ma_2는 상류 Mach 수 Ma_1과 선회각에 따라 아음속, 음속, 그리고 초음속이 될 수 있다.

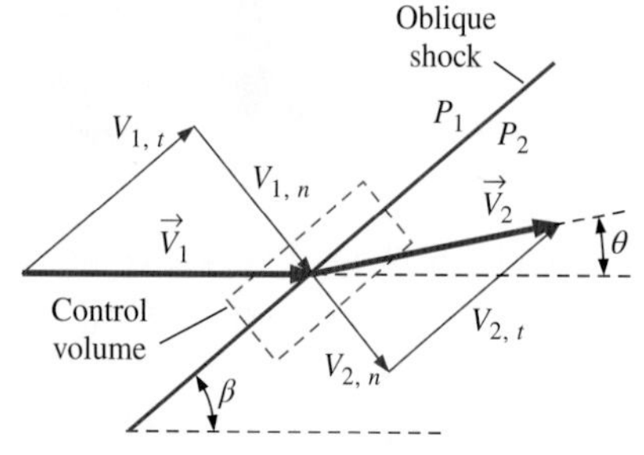

그림 12-34
충격파 각도 β와 편향각 θ인 경사충격파를 지나는 속도 벡터.

그림 12-34에 나타나 있는 바와 같이, 직선형태의 경사충격파 전후의 속도 벡터를 충격파에 수직방향과 접선방향인 두 성분으로 나누고, 충격파 주위에 작은 검사체적을 설정하여 해석해 보자. 충격파 상류에서, 검사체적 하부 왼쪽 면에서의 모든 유체 상태량(속도, 밀도, 압력 등)은 검사체적 상부 오른쪽 면에서의 유체 상태량과 동일하다. 충격파의 하류에서도 마찬가지이다. 따라서 이들 두 면을 출입하는 질량유량은 서로 상쇄되며, 결국 질량 보존식은 다음과 같이 줄어든다.

$$\rho_1 V_{1,n} A = \rho_2 V_{2,n} A \quad \rightarrow \quad \rho_1 V_{1,n} = \rho_2 V_{2,n} \tag{12-41}$$

여기서 A는 충격파에 평행한 검사면의 면적이다. A는 충격파의 양쪽에서 서로 같기 때문에 식 (12-41)에서 상쇄되었다.

여기서 예상할 수 있듯이, 속도의 접선 성분(충격파에 평행한)은 충격파를 지나면서 변화하지 않는다(즉, $V_{1,t}=V_{2,t}$). 이는 검사체적에 접선방향 운동량 방정식을 적용함으로써 쉽게 증명된다.

충격파에 **수직**방향으로 운동량 방정식을 적용하면 유일한 힘은 압력 힘이며, 따라서 다음의 관계가 성립한다.

$$P_1 A - P_2 A = \rho V_{2,n} A V_{2,n} - \rho V_{1,n} A V_{1,n} \rightarrow P_1 - P_2 = \rho_2 V_{2,n}^2 - \rho_1 V_{1,n}^2 \tag{12-42}$$

마지막으로, 검사체적에 의하여 수행된 일이 없고 검사체적을 출입하는 열전달이 없으므로 정체 엔탈피는 경사충격파를 지나면서 변화하지 **않으며**, 따라서 에너지 보존식은 다음과 같게 된다.

$$h_{01} = h_{02} = h_0 \rightarrow h_1 + \frac{1}{2}V_{1,n}^2 + \frac{1}{2}V_{1,t}^2 = h_2 + \frac{1}{2}V_{2,n}^2 + \frac{1}{2}V_{2,t}^2$$

여기서 $V_{1,t}=V_{2,t}$이므로 위 식은 다음과 같이 전개된다.

$$h_1 + \frac{1}{2}V_{1,n}^2 = h_2 + \frac{1}{2}V_{2,n}^2 \tag{12-43}$$

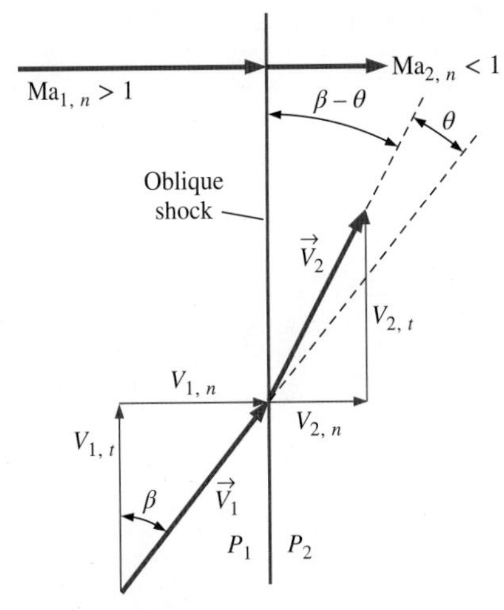

그림 12-35
그림 12-34와 동일한 속도 벡터. 그러나 경사충격파가 수직으로 나타나도록 $\pi/2-\beta$ 만큼 회전되어 있다. 또한 수직 Mach 수 $Ma_{1,n}$과 $Ma_{2,n}$이 정의되어 있다.

자세히 비교해 보면 경사충격파를 지나는 질량, 운동량, 에너지 보존식들[식 (12-41)에서 식 (12-43)까지]은 속도가 **수직** 성분으로만 표시된 것 이외에는 수직충격파에 관한 식들과 동일하다. 따라서 앞서 유도된 수직충격파 관계식들이 경사충격파에도 적용이 된다. 그러나 이때 Mach 수는 경사충격파에 수직인 $Ma_{1,n}$과 $Ma_{2,n}$으로 표시해야 한다. 이는 그림 12-34에 나타난 속도 벡터를 $\pi/2-\beta$ 각도만큼 회전시켜 경사충격파가 수직으로 보이도록 하면 쉽게 이해할 수 있다(그림 12-35). 또한 삼각함수 관계식에서 다음 식을 구할 수 있다.

$$Ma_{1,n} = Ma_1 \sin\beta \quad \text{그리고} \quad Ma_{2,n} = Ma_2 \sin(\beta - \theta) \tag{12-44}$$

여기서 $Ma_{1,n}=V_{1,n}/c_1$과 $Ma_{2,n}=V_{2,n}/c_2$이다. 그림 12-35 관점에서 보면 경사충격파는 접선방향의 유동($V_{1,t}$, $V_{2,t}$)을 중첩한 수직충격파처럼 보인다. 따라서

충격파 표를 비롯한 수직충격파에 관한 모든 식들은 Mach 수의 수직 성분만 사용한다면 경사충격파의 경우에도 동일하게 적용할 수 있다.

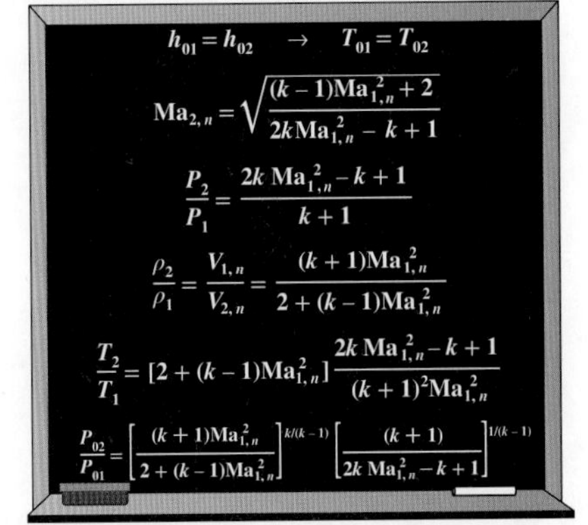

그림 12-36
상류 Mach 수의 수직 성분 $Ma_{1,n}$으로 나타낸 이상기체의 경사충격파 전후의 관계식.

사실 수직충격파를 충격파 각도 $\beta=\pi/2$ 혹은 90°인 특수한 경사충격파로 생각할 수도 있다. 따라서 경사충격파는 오직 $Ma_{1,n}>1$과 $Ma_{2,n}<1$인 경우에만 존재함을 알 수 있다. 그림 12-36은 이상기체의 경사충격파에 적용가능한 수직충격파 관계식을 $Ma_{1,n}$의 항으로 요약하고 있다.

충격파 각도 β와 상류 Mach 수 Ma_1을 알고 있는 경우, 식 (12-44)의 첫 번째 식을

사용하여 $Ma_{1,n}$을 계산하고, 이후 수직충격파 표(혹은 그에 상응하는 방정식들)를 이용하여 $Ma_{2,n}$을 계산할 수 있다. 또한 편향각 θ를 알고 있다면 식 (12-44)의 두 번째 식을 이용하면 Ma_2를 계산할 수 있다. 그러나 일반적으로 β나 θ 중 하나만 알고 두 가지를 다 알지 못하는 경우가 많다. 다행히도 약간의 계산을 더 수행하면 θ, β, Ma_1 사이의 관계식을 얻을 수 있다. $\tan\beta = V_{1,n}/V_{1,t}$와 $\tan(\beta-\theta) = V_{2,n}/V_{2,t}$(그림 12-35)를 먼저 이용하자. $V_{1,t} = V_{2,t}$이기 때문에 두 식을 합하면 다음을 구할 수 있다.

$$\frac{V_{2,n}}{V_{1,n}} = \frac{\tan(\beta-\theta)}{\tan\beta} = \frac{2+(k-1)Ma_{1,n}^2}{(k+1)Ma_{1,n}^2} = \frac{2+(k-1)Ma_1^2\sin^2\beta}{(k+1)Ma_1^2\sin^2\beta} \tag{12-45}$$

여기서 식 (12-44)와 그림 12-36의 네 번째 식이 같이 사용되었다. 또한 $\cos 2\beta$와 $\tan(\beta-\theta)$에 관한 삼각함수 항등식은 다음과 같으므로,

$$\cos 2\beta = \cos^2\beta - \sin^2\beta \quad \text{그리고} \quad \tan(\beta-\theta) = \frac{\tan\beta - \tan\theta}{1+\tan\beta\tan\theta}$$

약간의 대수 계산을 수행하면 식 (12-45)는 다음과 같이 줄어든다.

$\theta-\beta-$**Ma 관계식**:

$$\tan\theta = \frac{2\cot\beta(Ma_1^2\sin^2\beta - 1)}{Ma_1^2(k+\cos 2\beta)+2} \tag{12-46}$$

식 (12-46)은 편향각 θ를 충격파 각도 β, 비열비 k와 상류 Mach 수 Ma_1의 함수로 나타낸 것이다. 공기($k=1.4$)의 경우에 대하여 그림 12-37에 몇 가지 Ma_1값에 대한 θ와 β의 관계를 도시하였다. 실제로, 충격파 각도 β가 편향각 θ에 의해서 결정되기 때문에, 다른 압축성 유동 교재에서는 이 그림의 축이 반대로(β 대 θ) 설정되어 제시되기도 한다.

그림 12-37에서 많은 것을 알 수 있는데, 몇 가지 주요 내용을 정리하면 다음과 같다.

- 그림 12-37은 주어진 자유흐름 Mach 수에 대하여 가장 약한 것부터 가장 강한 것까지, 가능한 모든 충격파의 범위를 보여 주고 있다. 1보다 큰 임의의 Mach 수 Ma_1에 대하여 θ의 가능한 범위는 β값(0°과 90° 사이)에 대해 θ=0°부터 β의 중간

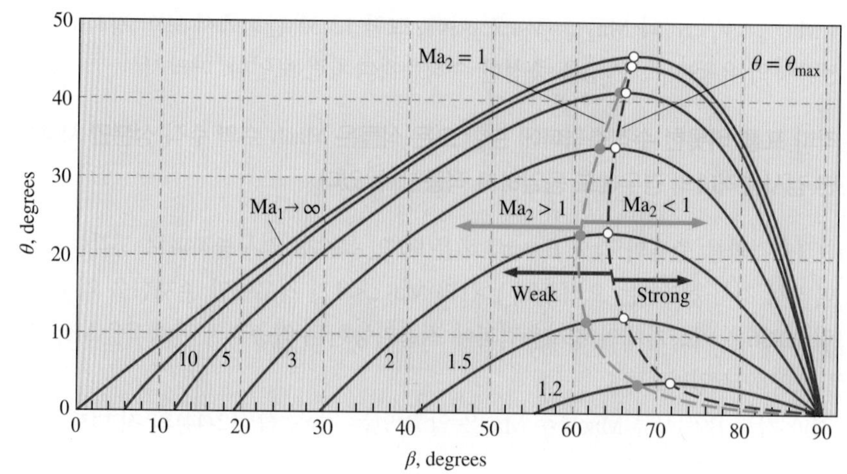

그림 12-37
몇 개의 상류 Mach 수 Ma_1에 대한 직선 형태 경사충격파의 편향각 θ와 충격파 각도 β의 상관관계. 계산 결과는 k=1.4인 이상기체의 경우이다. 적색 점선은 최대편향각($\theta=\theta_{max}$)의 점들을 연결한 것이다. **약한 경사충격파**는 이 선의 왼쪽에 위치하며, **강한 경사충격파**는 이 선의 오른쪽에 위치한다. 녹색 점선은 하류 Mach 수가 음속(Ma_2=1)인 점들을 연결한 것이다. 이 선의 왼쪽은 하류가 **초음속**(Ma_2> 1)인 경우이며, 이 선의 오른쪽은 하류가 **아음속**(Ma_2<1)인 경우이다.

값에 대해 최댓값 $\theta=\theta_{max}$까지이며, $\beta=90°$에서는 다시 $\theta=0°$이다. 이 범위 밖의 θ 혹은 β에 대하여 직선 형태의 경사충격파는 존재**할 수도 없으며**, 존재**하지도 않는다**. 예를 들어, 공기 유동 $Ma_1=1.5$에서 직선형태의 경사충격파는 42°보다 작은 충격파 각도 β 또는 12°보다 큰 편향각 θ에 대해서는 존재하지 않는다. 만약 쐐기 반각이 θ_{max}보다 크면 충격파는 휘어져서 쐐기 앞전에서 떨어져서 나타나게 되는데, 이를 **이탈경사충격파**(detached oblique shock) 혹은 **궁형파**(또는 선단파, bow wave)라고 한다(그림 12-38). 이탈충격파 각도 β는 앞전에서 90°이며, 충격파가 하류방향으로 휘어지면서 β는 줄어든다. 이러한 이탈충격파는 단순한 직선형 경사충격파보다 해석하기가 매우 복잡하여 간단한 해는 존재하지 않으며, 따라서 이탈충격파를 계산하기 위해서는 수치적 방법이 필요하다(15장 참조).

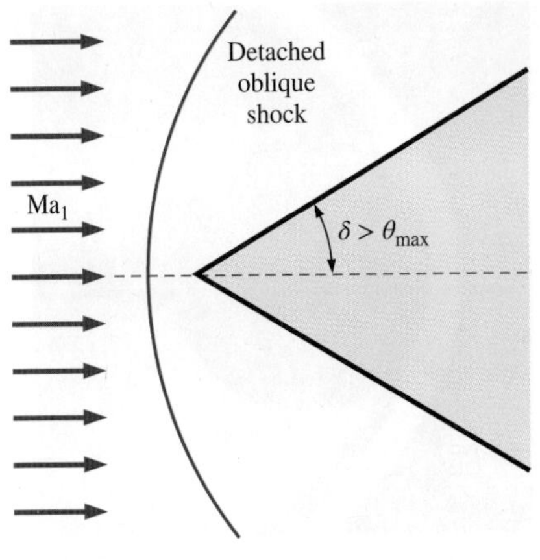

그림 12-38
반각이 δ인 2차원 쐐기의 상류에서 **이탈경사충격파**는 δ가 최대 편향각 θ_{max}보다 클 때 나타난다. 이러한 종류의 충격파를 뱃머리에서 나타나는 물결과 비슷하다고 해서 선단파, 또는 **궁형파**라고 부른다.

- 원추 주위 **축대칭 유동**의 경우에는 그림 12-39에 나타나 있는 것과 비슷한 경사충격파의 형태가 관찰된다. 그러나 축대칭에 관한 θ-β-Ma 관계식은 식 (12-46)과는 다르다.
- 초음속 유동이 뭉툭한 물체(전단이 날카롭지 않은 물체)에 부딪힐 때는 앞전에서의 쐐기 반각 δ가 90°이며, Mach 수에 상관없이 경사충격파는 전단에 부착되지 않는다. 사실 유동이 2차원, 축대칭 혹은 완전 3차원이든 상관없이 모든 뭉툭한 물체 앞에는 이탈경사충격파가 나타난다. 예를 들어, 그림 12-32에 나타난 우주왕복선 모델 전방이나 그림 12-40에 나타난 구의 전방에서는 이탈경사충격파가 관찰되고 있다.
- 주어진 k값에 대하여 θ는 Ma_1과 β에 의하여 결정되는 함수이지만, $\theta<\theta_{max}$인 경우에는 두 개의 β값이 가능하다. 그림 12-37에서 θ_{max}의 값들을 연결한 적색 점선이 **약한 경사충격파**(작은 β값)와 강한 **경사충격파**(큰 β값)를 구분하고 있다. 주어진 θ값에 대하여 약한 충격파가 보다 일반적이며, 후방 압력 조건이 강한 충격파를 만들 정도로 충분히 크지 않는 한 일반적으로 약한 충격파가 나타난다.
- 주어진 상류 Mach 수 Ma_1에 대하여 하류 Mach 수 Ma_2가 정확히 1이 되게 하는 특정한 θ값이 있다. 그림 12-37에 나타난 녹색 점선은 $Ma_2=1$인 점들을 연결한 것이다. 이 선의 왼쪽은 $Ma_2>1$이고, 오른쪽은 $Ma_2<1$이다. 하류의 음속 조건은 이 그림의 약한 충격파 부분(θ가 θ_{max}에 매우 가까운)에서 나타난다. 따라서 강한 경사충격파 하류 유동은 **항상 아음속**이다 ($Ma_2<1$). 약한 경사충격파의 하류 유동은 θ가 θ_{max}보다 약간 작은 좁은 영역을 제외하고는 **초음속**이다(약한 경사충격파라고는 하지만, 이 좁은 영역에서는 Ma_2가 아음속이다).

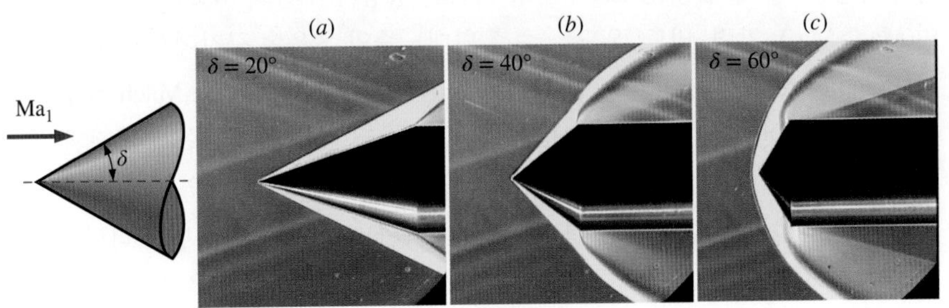

그림 12-39
Mach 수 3인 공기에서 원추 반각 δ가 증가함에 따라 경사충격파가 원추로부터 이탈되는 것을 보여 주는 schlieren 영상. (*a*) $\delta=20°$와 (*b*) $\delta=40°$ 경사충격파는 부착되어 있으나 (*c*) $\delta=60°$에서는 경사충격파가 이탈되어 궁형파를 이룬다.

그림 12-40
구 주위를 흐르는 Mach 수 3.0 유동(왼쪽에서 오른쪽으로)의 컬러 Schlieren, 구 전방에 궁형파가 형성되어 하류방향으로 휘어진다.
© G.S. Settles, Gas Dynamics Lab, Penn State University. Used with permission.

- 상류 Mach 수가 무한대에 가까워지면서 0과 90° 사이의 임의의 β에 대하여 직선형 경사충격파가 가능하지만, $k=1.4$(공기)의 경우 가능한 최대편향각은 $\theta_{max}\cong45.6°$이며, 이때 $\beta=67.8°$이다. Mach 수에 상관없이 θ_{max}값 이상의 편향각에서는 직선형 경사충격파가 나타나지 않는다.
- 주어진 상류 Mach 수에 대하여 **유동의 편향이 없는** 경우($\theta=0°$), 두 개의 충격파 각도가 가능하다. 즉, 강한 경우는 $\beta=90°$이며, 이는 **수직충격파**에 해당한다. 약한 경우는 $\beta=\beta_{min}$이며, 이는 그 상류 Mach 수에 대한 가장 약한 경사충격파를 나타내며, 이를 **Mach 파**(Mach wave)라고 한다. 예를 들어, 마하파는 초음속 풍동의 미세한 거친 벽면에서 발생된다(몇 개의 Mach 파가 그림 12-32와 그림 12-39에서 관찰되고 있다). Mach 파는 매우 약한 충격파이기 때문에 유동에 아무런 영향을 주지 않는다. 사실 극한의 경우 Mach 파는 **등엔트로피**이다. Mach 파의 경우 충격파 각도는 오직 Mach 수에 의하여 결정되는 함수이고, 일반적으로 기호 μ로 표시하는데, 이를 점성계수와 혼동해서는 안 된다. 각도 μ를 **Mach 각**(Mach angle)이라고 하는데, 식 (12-46)에서 θ를 0으로 놓고 $\beta=\mu$에 대해 풀어 작은 근을 취하면 다음과 같은 식을 얻는다.

Mach 각: $$\mu = \sin^{-1}(1/\text{Ma}_1) \qquad \textbf{(12-47)}$$

비열비는 식 (12-46)에서 오직 분모에만 나타나므로 μ는 k와 무관하다. 따라서 Mach 각을 측정해서 식 (12-47)에 대입함으로써 초음속 유동의 Mach 수를 쉽게 얻어낼 수도 있다.

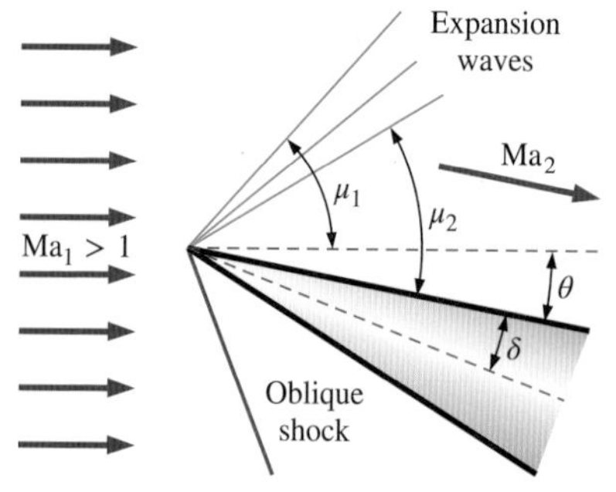

그림 12-41
초음속 유동에서 영각을 갖는 2차원 쐐기에서 유동 상부에 팽창팬이 형성된다. 유동은 각도 θ만큼 선회하며 팽창팬을 통과하면서 Mach 수는 증가한다. 팽창팬의 상류와 하류에서의 Mach 각이 나타나 있다. 그림에는 세 개의 팽창파만 간단하게 나타나 있으나, 실제는 무한히 많다(경사충격파가 쐐기 하부에 나타난다).

Prandtl–Meyer 팽창파

이제 쐐기 반각 δ보다 큰 영각을 갖는 2차원 쐐기 상부 면에서와 같이, 초음속 유동이 **반대**방향으로 편향되는 경우를 생각해 보자(그림 12-41). 경사충격파를 발생시키는 유동을 **압축 유동**(compressing flow)이라 부르는 반면, 이러한 형태의 유동을 **팽창 유동**(expanding flow)이라 부른다. 전과 마찬가지로 유동은 질량을 보존하기 위하여 방향이 바뀌게 된다. 그러나 압축 유동과는 달리 팽창 유동에서는 충격파가 나타나지 **않으며**, 오히려 **팽창팬**(expansion fan)이라고 하는 연속적인 팽창 영역이 나타나게 된다. 팽창팬은 무한히 많은 Mach 파로 구성되며, 이러한 Mach 파를 **Prandtl–Meyer 팽창파**(expansion wave)라고 한다. 다시 말하면 유동은 충격파처럼 갑작스럽게 편향되지 않고 **점차적**으로 선회하는데, 연속적인 각각의 Mach 파를 통하면서 아주 조금씩 선회한다. 이러한 각각의 팽창파는 거의 등엔트로피이기 때문에 전체 팽창팬을 지나는 유동 역시 거의 등엔트로피이다. 이러한 팽창파 후방의 Mach 수는 **증가**하는 반면($\text{Ma}_2>\text{Ma}_1$), 압력, 밀도, 온도는 수축-확대노즐의 초음속 구간에서처럼 **감소**한다.

Prandtl-Meyer 팽창파는 그림 12-41에 나타난 바와 같이 국소 Mach 각 μ만큼 기울어져 있다. 첫 번째 팽창파의 Mach 각은 $\mu_1=\sin^{-1}(1/\text{Ma}_1)$로 쉽게 결정된다. 마찬가지로 $\mu_2=\sin^{-1}(1/\text{Ma}_2)$인데, 이 각도는 팽창 하류 유동의 새로운 방향, 즉 벽면에서의 경계층 효과를 무시할 때 그림 12-41에 나타난 쐐기의 상부 벽면과 나란한 방향에 대해서 정의됨에 유의하자. 그러나 Ma_2는 어떻게 결정할 수 있을까? 팽창파를 지나는 선회각 θ는 등엔트로피 유동 관계식을 사용한 적분을 통하여 얻어진다. 이상기체의 경우, 그 결과는 다음과 같다(Anderson, 2003 참조).

팽창팬을 지나는 선회각: $$\theta = \nu(\text{Ma}_2) - \nu(\text{Ma}_1) \tag{12-48}$$

여기서 ν(Ma)는 **Prandtl–Meyer 함수**(동점성계수와 혼동되면 안 됨)라 부르는 각도이며 다음과 같다.

$$\nu(\text{Ma}) = \sqrt{\frac{k+1}{k-1}}\tan^{-1}\left(\sqrt{\frac{k-1}{k+1}(\text{Ma}^2-1)}\right) - \tan^{-1}\left(\sqrt{\text{Ma}^2-1}\right) \tag{12-49}$$

여기서 ν(Ma)는 각도이며, 도(degree) 또는 라디안(radian)으로 계산될 수 있다. 물리적으로 ν(Ma)는 Ma=1일 때 ν=0에서 시작하여 Ma>1인 초음속 Mach 수에 도달하기 위하여 팽창하는 유체의 선회각(또는 편향각)을 의미한다.

주어진 Ma_1, k, θ값에 대한 Ma_2를 결정하기 위하여 식 (12-49)에서 $\nu(\text{Ma}_1)$를 식 (12-48)에서 $\nu(\text{Ma}_2)$를 식 (12-49)에서 Ma_2를 계산하게 되는데, 이때 마지막 과정은 Ma_2에 대한 내재적(implicit) 방정식을 풀어야 한다. 열전달과 일이 개입되어 있지 않기 때문에 팽창 유동은 등엔트로피로 근사할 수 있으며, 따라서 T_0와 P_0는 일정하게 유지되고, T_2, ρ_2, P_2와 같은 팽창하류의 유동 상태량을 계산하기 위하여 앞서 유도한 등엔트로피 관계식을 사용할 수 있다.

Prandtl-Meyer 팽창팬은 원추-실린더의 모서리와 뒷전 등과 같은 초음속 축대칭 유동에서도 나타난다(그림 12-42 참고). 그림 12-43과 같이 "과대팽창된(overexpanded)" 노즐에 의해서 발생된 초음속 제트에서는 복잡하면서도 아름다운 충격파와 팽창파가 서로 상호작용하는 구조로 나타난다. 조종사들은 제트엔진 출구에서 나타나는 이러한 모양을 "호랑이 꼬리(tiger tail)"라고 부른다. 이러한 유동의 해석은 본 교재의 범위를 벗어나기 때문에, 관심 있는 독자들은 Thompson(1972), Leipmann과 Roshko(2001), Anderson(2003) 등과 같은 압축성 유동 교재를 참조하기 바란다.

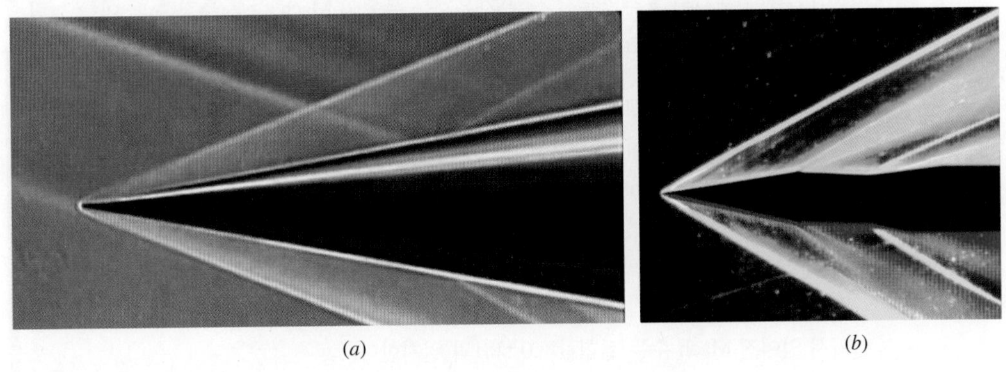

그림 12-42
(*a*) 반각 10°인 축대칭 원추 주위의 Mach 수 3 유동. 앞전 바로 뒤에서 경계층은 곧 난류가 되며, Mach 파가 발생하는 것을 컬러 schlieren 영상에서 관찰할 수 있다. (*b*) 이차원 11° 쐐기 주위의 Mach 수 3 유동에서 얻어진 컬러 schlieren 영상에서 유사한 구조가 관찰되고 있다. 쐐기가 수평이 되는 모서리에서 팽창파가 관찰된다.

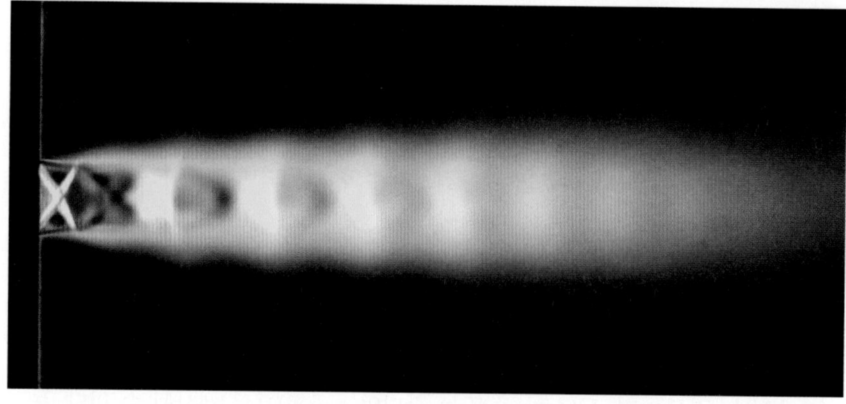

(*a*)

(*b*)

그림 12–43

"과대팽창된" 초음속 제트에서 나타나는 충격파와 팽창파 사이의 복잡한 상호작용 현상. (*a*) 컬러 schlieren 영상, (*b*) 호랑이 꼬리 닮은 충격파 구조

(a) © G.S.Settles, Gas Dynamics Lab, Penn State University. Used with permission. (b) Photo Courtesy Joint Strike Fighter Program, Department of Defense and Pratt & Whitney

예제 12–9 Mach 선(Mach line)으로부터 Mach 수의 추정

그림 12-32에 제시된 우주왕복선 상류 자유흐름 유동의 Mach 수를 추정하라. 이를 그림의 설명에서 주어진 Mach 수와 비교하라.

풀이 그림으로부터 Mach 수를 추정하고, 이를 알고 있는 값과 비교하고자 한다.

해석 각도기를 이용하여 자유흐름 유동의 Mach 선 각도를 측정하면 $\mu \cong 19°$이다. 식 (12-47)을 이용하여 Mach 수를 구하면 다음과 같다.

$$\mu = \sin^{-1}\left(\frac{1}{\text{Ma}_1}\right) \;\rightarrow\; \text{Ma}_1 = \frac{1}{\sin 19°} \;\rightarrow\; \text{Ma}_1 = \mathbf{3.07}$$

따라서 얻어진 Mach 수는 실험값 3.0±0.1과 일치한다.

토의 이 결과는 유체의 상태량과는 관련이 없다.

예제 12-10 경사충격파의 계산

Ma_1=2.0, 75.0 kPa의 초음속 공기가 반각 δ=10°인 2차원 쐐기에 부딪힌다(그림 12-44). 이 쐐기에서 나타나는 두 가지 가능한 경사충격파의 각도 β_{weak}와 β_{strong}을 계산하라. 각각의 경우에서, 경사충격파 하류에서의 압력과 Mach 수를 계산하고, 비교·토의하라.

풀이 2차원 쐐기에 의하여 나타나는 약한 경사충격파와 강한 경사충격파의 충격파 각도, 하류에서의 Mach 수와 압력을 계산하고자 한다.

가정 **1** 유동은 정상이다. **2** 쐐기 표면에서의 경계층은 매우 얇다.

상태량 유체는 k=1.4인 공기이다.

해석 가정 2에 의하여 유동의 편향각은 쐐기의 반각과 같다. 즉, $\theta \cong \delta$=10°이다. Ma_1=2.0과 θ=10°에 대해 식 (12-46)을 이용하여 두 가지 가능한 경사충격파 각도의 값, 즉 β_{weak}=**39.3°**와 β_{stron}g=**83.7°**를 계산한다. 이 값들로부터 상류의 수직 Mach 수 $Ma_{1,n}$을 계산하기 위해 식 (12-44)의 첫 번째 식을 이용하면 다음 결과를 얻는다.

약한 충격파: $Ma_{1,n} = Ma_1 \sin\beta \;\rightarrow\; Ma_{1,n} = 2.0 \sin 39.3° = 1.267$

그리고

강한 충격파: $Ma_{1,n} = Ma_1 \sin\beta \;\rightarrow\; Ma_{1,n} = 2.0 \sin 83.7° = 1.988$

하류의 수직 Mach 수 $Ma_{2,n}$을 계산하기 위하여 $Ma_{1,n}$값들을 그림 12-36의 두 번째 식에 대입한다. 약한 충격파의 경우 $Ma_{2,n}$=0.8032이고, 강한 충격파의 경우 $Ma_{2,n}$=0.5794이다. 또한 그림 12-36의 세 번째 식을 이용하여 각각의 경우에 대하여 하류의 압력을 계산하면 다음과 같다.

약한 충격파:

$$\frac{P_2}{P_1} = \frac{2k\,Ma_{1,n}^2 - k + 1}{k+1} \rightarrow P_2 = (75.0\text{ kPa})\frac{2(1.4)(1.267)^2 - 1.4 + 1}{1.4 + 1} = \mathbf{128\ kPa}$$

그리고

강한 충격파:

$$\frac{P_2}{P_1} = \frac{2k\,Ma_{1,n}^2 - k + 1}{k+1} \rightarrow P_2 = (75.0\text{ kPa})\frac{2(1.4)(1.988)^2 - 1.4 + 1}{1.4 + 1} = \mathbf{333\ kPa}$$

마지막으로, 하류의 Mach 수를 계산하기 위해 식 (12-44)의 두 번째 식을 이용하면 다음과 같다.

약한 충격파: $$Ma_2 = \frac{Ma_{2,n}}{\sin(\beta - \theta)} = \frac{0.8032}{\sin(39.3° - 10°)} = \mathbf{1.64}$$

그리고

강한 충격파: $$Ma_2 = \frac{Ma_{2,n}}{\sin(\beta - \theta)} = \frac{0.5794}{\sin(83.7° - 10°)} = \mathbf{0.604}$$

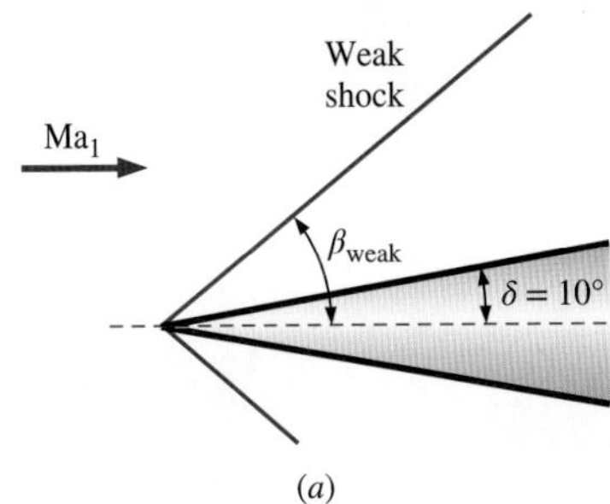

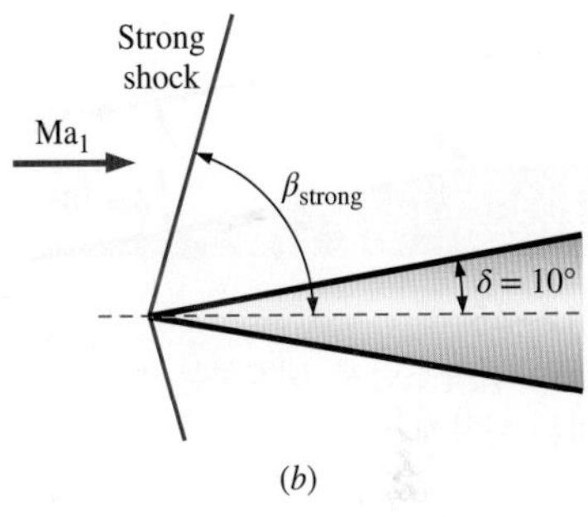

그림 12-44
반각 δ=10°인 2차원 쐐기에 의하여 형성된 두 가지 가능한 경사충격파의 각도. (a) β_{weak}, (b) β_{strong}.

예상했던 대로, **Mach 수와 압력의 변화는 약한 충격파를 지날 때보다 강한 충격파를 지날 때가 훨씬 더 크게 나타난다.**

토의 식 (12-46)에서 β를 직접 풀 수 없으므로, 반복계산법 또는 EES와 같은 프로그램을 이용한다. 약한 경사충격파와 강한 경사충격파 모두 $Ma_{1,n}$은 초음속이고, $Ma_{2,n}$은 아음속이다. 그러나 약한 경사충격파에서 Ma_2는 초음속이고, 강한 경사충격파에서는 아음속이다. 수식을 사용하는 대신 수직충격파 표를 이용할 수도 있지만, 정확도는 약간 떨어진다.

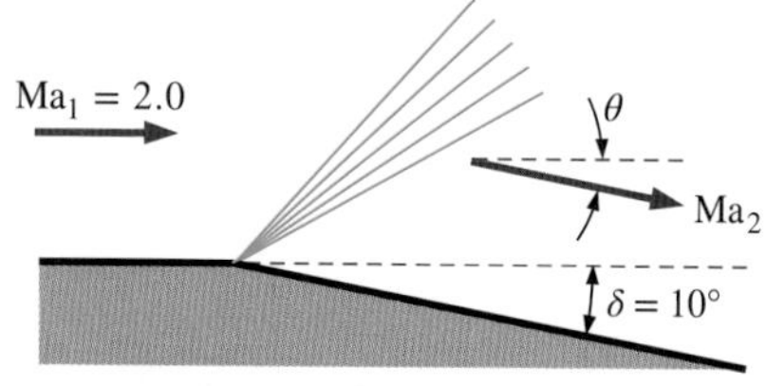

그림 12-45
$\delta=10°$로 갑작스럽게 팽창하는 벽면에서 발생하는 팽창팬.

예제 12-11 Prandtl-Meyer 팽창파 계산

$Ma_1=2.0$, 230 kPa의 초음속 공기가 갑자기 $\delta=10°$로 팽창되는 벽에 평행하게 유동한다(그림 12-45). 벽을 따라 나타나는 경계층에 의한 영향들을 무시할 때, 하류 Mach 수 Ma_2와 압력 P_2를 계산하라.

풀이 벽을 따라 갑작스럽게 팽창하는 하류에서 Mach 수와 압력을 계산하고자 한다.

가정 **1** 유동은 정상이다. **2** 벽의 경계층은 매우 얇다.

상태량 유체는 $k=1.4$인 공기이다.

해석 가정 2에 의해 유동의 총 편향각을 벽의 팽창각으로 근사시킬 수 있다. 즉, $\theta \cong \delta = 10°$이다. $Ma_1=2.0$에서 상류 Prandtl-Meyer 함수를 구하기 위하여 식 (12-49)를 풀면 다음과 같다.

$$\nu(\text{Ma}) = \sqrt{\frac{k+1}{k-1}}\tan^{-1}\left(\sqrt{\frac{k-1}{k+1}(\text{Ma}^2-1)}\right) - \tan^{-1}\left(\sqrt{\text{Ma}^2-1}\right)$$

$$= \sqrt{\frac{1.4+1}{1.4-1}}\tan^{-1}\left(\sqrt{\frac{1.4-1}{1.4+1}(2.0^2-1)}\right) - \tan^{-1}\left(\sqrt{2.0^2-1}\right) = 26.38°$$

다음으로, 하류 Prandtl-Meyer 함수를 구하기 위하여 식 (12-48)을 풀면 다음 결과를 얻는다.

$$\theta = \nu(\text{Ma}_2) - \nu(\text{Ma}_1) \quad \rightarrow \quad \nu(\text{Ma}_2) = \theta + \nu(\text{Ma}_1) = 10° + 26.38° = 36.38°$$

Ma_2는 식 (12-49)에서 얻어지는데, 이는 직접 계산할 수 없으므로 방정식 풀이기 프로그램을 사용하면 편리하다. 그 결과로 $Ma_2=2.38$을 얻을 수 있다. 인터넷에서 이러한 수직충격파와 경사충격파의 내재적 방정식을 풀 수 있는 압축성 유동 계산기를 찾아볼 수도 있다. 예를 들면, **www.aoe.vt.edu/~devenpor/aoe3114/calc.html**를 참고할 수 있다.

하류 압력을 계산하기 위해 등엔트로피 관계식을 이용하면 다음과 같다.

$$P_2 = \frac{P_2/P_0}{P_1/P_0}P_1 = \frac{\left[1+\left(\frac{k-1}{2}\right)\text{Ma}_2^2\right]^{-k/(k-1)}}{\left[1+\left(\frac{k-1}{2}\right)\text{Ma}_1^2\right]^{-k/(k-1)}}(230\text{ kPa}) = \mathbf{126\ kPa}$$

이 문제는 팽창과정이므로 기대했던 대로 Mach 수는 증가하고, 압력은 감소한다.

토의 적절한 등엔트로피 관계식을 이용하여 하류에서의 온도, 밀도 등을 구할 수 있다.

12-5 ■ 마찰이 무시되고 열전달이 있는 덕트 유동(Rayleigh 유동)

이제까지는 열전달이 없고 또한 마찰과 같은 비가역성이 없는 **가역단열 유동**이라는 **등엔트로피 유동**만 다루었다. 그러나 실제 많은 압축성 유동 문제들은 덕트 벽면을 통한 열획득(heat gain)이나 열손실(heat loss), 연소와 같은 화학 반응, 핵반응, 기화, 응축을 포함하게 된다. 이러한 문제들은 유동 중에 화학 성분의 큰 변화 및 잠열, 화학 에너지와 핵 에너지의 열 에너지로의 변환이 나타나기 때문에 정확하게 해석하기 어렵다(그림 12-46).

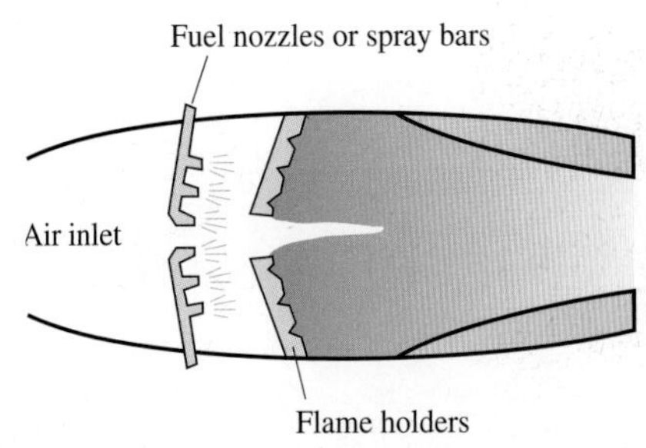

그림 12-46
실제 많은 압축성 유동 문제들은 연소 과정을 포함하고 있는데, 이를 덕트 벽면을 통하여 유동에 열이 전달되는 것으로 생각할 수 있다.

이렇게 복잡한 유동의 주된 특성은 열 에너지의 발생이나 흡수를 덕트 벽면을 통한 동일한 비율의 열전달로 모사하고 화학 성분 변화를 무시하는 간단한 해석으로 어느 정도는 파악될 수 있다. 그러나 이렇게 문제를 단순화하여도 여전히 마찰, 덕트의 면적 변화, 다차원의 효과가 개입되어 있기 때문에 문제는 여전히 너무 복잡하다. 따라서 이 절에서는 마찰 효과가 무시되고 단면적이 일정한 덕트 내부의 1차원 유동에 대해서만 다루기로 한다.

열전달은 있으나 마찰이 무시되고, 단면적이 일정한 덕트 내부를 흐르는 비열비가 일정한 이상기체의 1차원 유동을 생각해 보자. 이러한 유동을 Rayleigh 경(1842-1919)의 이름을 따서 **Rayleigh 유동**이라고 한다. 그림 12-47에 나타난 검사체적에 대하여 질량, 운동량, 에너지 보존식은 다음과 같이 나타난다.

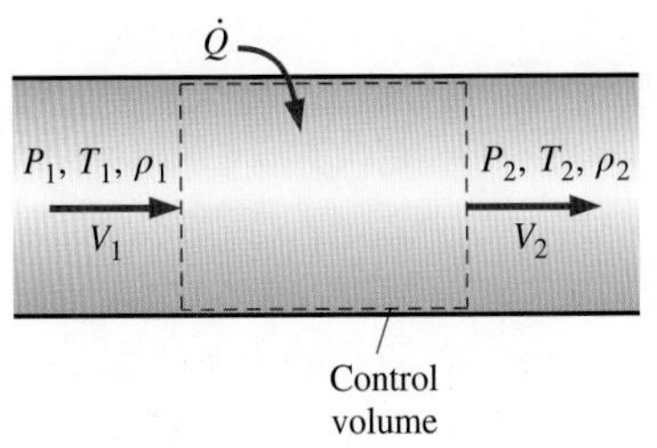

그림 12-47
마찰이 무시되고 열전달이 있는, 단면적이 일정한 덕트 내부 유동의 검사체적.

연속 방정식 덕트의 단면적 A가 일정할 때 $\dot{m}_1=\dot{m}_2$, 즉 $\rho_1A_1V_1=\rho_2A_2V_2$는 다음과 같이 줄어든다.

$$\rho_1 V_1 = \rho_2 V_2 \tag{12-50}$$

***x*방향 운동량 방정식** 마찰 효과가 무시되므로 전단력은 없으며, 외부 힘과 체적력을 무시하면 운동량 방정식 $\sum \vec{F} = \sum_{\text{out}} \beta \dot{m}\vec{V} - \sum_{\text{in}} \beta \dot{m}\vec{V}$의 유동방향(또는 x방향) 성분은 정압에 의한 힘과 운동량 **전달** 사이의 **평형 관계**가 된다. 유동이 고속, 난류이며, 마찰을 무시하고 있으므로 운동량 플럭스 보정계수는 약 1이 되어($\beta \cong 1$), 이를 무시하면 다음 식을 얻는다.

$$P_1A_1 - P_2A_2 = \dot{m}V_2 - \dot{m}V_1 \rightarrow P_1 - P_2 = (\rho_2V_2)V_2 - (\rho_1V_1)V_1$$

또는

$$P_1 + \rho_1 V_1^2 = P_2 + \rho_2 V_2^2 \tag{12-51}$$

에너지 방정식 주어진 검사체적에서 전단일, 축일 혹은 다른 형태의 일이 관련되어 있지 않고, 이때 위치 에너지의 변화도 무시한다. 열전달률이 $\dot{Q}$이고 유체의 단위 질량당 열전달이 $q=\dot{Q}/\dot{m}$ 일 때, 정상 유동의 에너지 보존식 $\dot{E}_{\text{in}}=\dot{E}_{\text{out}}$은 다음과 같이 쓸 수 있다.

$$\dot{Q} + \dot{m}\left(h_1 + \frac{V_1^2}{2}\right) = \dot{m}\left(h_2 + \frac{V_2^2}{2}\right) \rightarrow q + h_1 + \frac{V_1^2}{2} = h_2 + \frac{V_2^2}{2} \tag{12-52}$$

비열비가 일정한 이상기체의 경우에 $\Delta h=c_p\Delta T$이며, 따라서 다음 결과를 얻는다.

$$q = c_p(T_2 - T_1) + \frac{V_2^2 - V_1^2}{2} \tag{12-53}$$

또는

$$q = h_{02} - h_{01} = c_p(T_{02} - T_{01}) \tag{12-54}$$

따라서, Rayleigh 유동에서 정체 엔탈피 h_0와 정체 온도 T_0는 변화한다(유체로 열이 전달될 때는 둘 다 증가하고, 따라서 q는 양수이며, 유체로부터 열이 전달될 때는 둘 다 감소하고, 따라서 q는 음수이다).

엔트로피 변화 마찰과 같은 비가역성이 존재하지 않을 때, 시스템의 엔트로피는 오직 열전달에 의해서만 변화한다. 즉, 엔트로피는 열획득의 경우에는 증가하고, 열손실의 경우에는 감소한다. 엔트로피는 상태량이므로 상태함수이며, 상태 1에서 상태 2로 변화하는 과정에서 비열이 일정한 이상기체의 엔트로피 변화는 다음과 같이 주어진다.

$$s_2 - s_1 = c_p \ln\frac{T_2}{T_1} - R\ln\frac{P_2}{P_1} \tag{12-55}$$

Rayleigh 유동에서 유체의 엔트로피는 열전달의 방향에 따라 증가하거나 감소할 수 있다.

상태 방정식 $P=\rho RT$이며, 이상기체의 상태 1과 상태 2에서의 상태량 P, ρ, T에 대하여 다음과 같은 식을 얻는다.

$$\frac{P_1}{\rho_1 T_1} = \frac{P_2}{\rho_2 T_2} \tag{12-56}$$

어떤 기체의 상태량 R, k, c_p를 알고 있다고 하자. 특정한 입구 상태 1에서 입구 상태량 P_1, T_1, ρ_1, V_1, s_1을 알고 있을 때, 출구에서의 다섯 가지 상태량 P_2, T_2, ρ_2, V_2, s_2는 특정한 열전달 q값에 대하여 다섯 가지 식 (12-50), (12-51), (12-53), (12-55), (12-56)을 이용하여 계산할 수 있다. 속도와 온도를 알면, Mach 수는 $\text{Ma}=V/c=V/\sqrt{kRT}$로부터 구할 수 있다.

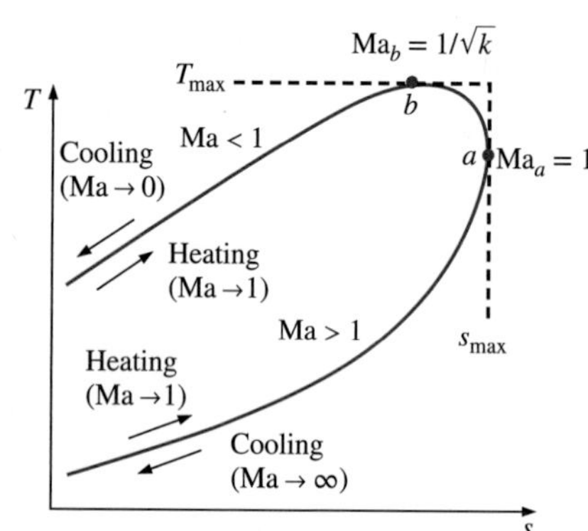

그림 12-48
마찰이 무시되면서 열전달이 있는, 단면적이 일정한 덕트 내부 유동(Rayleigh 유동)의 T-s 선도.

당연히 주어진 상류 상태 1에 대응하는 하류 상태 2는 무한 개가 존재한다. 이러한 하류 상태를 결정하는 실제 방법은 여러 개의 T_2값을 가정하고 식 (12-50)부터 식 (12-56)까지를 사용하여 가정된 각 T_2값에 대한 열전달 q와 기타 상태량을 계산하는 것이다. 이 결과를 T-s 선도로 나타내면 그림 12-48과 같이 특정한 입구 조건을 지나는 하나의 곡선이 얻어진다. 이처럼 T-s 선도에 Rayleigh 유동을 나타낸 것을 **Rayleigh 선**이라 부르는데, 이 선도와 계산결과에서 다음과 같은 몇 가지 주요 내용을 관찰할 수 있다.

1. Rayleigh 선상에 존재하는 모든 상태는 상태량 관계식뿐만 아니라 질량, 운동량,

에너지 방정식을 모두 만족시킨다. 따라서 주어진 입구 상태에서 유체의 하류 상태는 T-s 선도에 있는 Rayleigh 선 밖에서 존재할 수 없다. 사실 이 Rayleigh 선은 주어진 입구 상태에 대하여 물리적으로 가능한 모든 하류 상태를 연결한 궤적이다.

2. 열획득에 따라 엔트로피는 증가되며, 따라서 열이 유체로 전달됨에 따라 변화 과정은 Rayleigh 선의 오른쪽으로 진행한다. 최대 엔트로피 지점인 점 a에서 Mach 수는 1이다(증명은 예제 12-12 참조). 점 a를 기준으로 Rayleigh 선의 상부에 있는 모든 상태는 아음속이며, 하부에 있는 모든 상태는 초음속이다. 따라서 초기 Mach 수에 상관없이 변화 과정은 가열의 경우에는 Rayleigh 선의 오른쪽으로, 냉각의 경우에는 왼쪽으로 진행한다.
3. 가열은 아음속 유동의 경우에는 Mach 수를 증가시키지만, 초음속 유동의 경우에는 Mach 수를 감소시킨다. 두 경우 모두 가열될 때 Mach 수는 Ma=1로 다가간다(아음속 유동의 경우는 0에서부터, 초음속 유동의 경우는 ∞부터).

   에너지 보존식으로부터 $q=c_p(T_{02}-T_{01})$이므로, 가열은 아음속과 초음속 모두 정체 온도 T_0를 증가시키고, 냉각은 감소시킨다(최대 T_0값은 Ma=1에서 나타난다). 아음속 유동의 경우 $1/\sqrt{k}<\text{Ma}<1$인 좁은 Mach 수 영역을 제외하면, 온도 T도 같은 변화를 나타낸다(예제 12-12 참조). 아음속 유동에서 가열에 따라 온도와 Mach 수가 증가하는데, $\text{Ma}=1/\sqrt{k}$(공기일 경우 0.845)에서 T는 최댓값 T_{max}에 이르고, 이후 감소한다. 열이 유체로 전달되는데 유체의 온도가 감소한다는 것이 의아스럽게 생각될 수도 있을 것이다. 그러나 수축-확대노즐의 확대부에서 유체 속도가 증가했던 것처럼, 이것은 결코 이상한 일이 아니다. 이 영역에서의 냉각 효과는 유체 속도가 크게 증가하기 때문이며, 관계식 $T_0=T+V^2/2c_p$에 따라 온도가 감소하는 것이다. 또한 $1/\sqrt{k}<\text{Ma}<1$인 범위에서 냉각은 유체 온도를 증가시키고 있음에 유의하라(그림 12-49).
4. 운동량 방정식 $P+KV$=일정(여기서 연속 방정식으로부터 $K=\rho V$=일정)에서 속도와 정압은 서로 반대 경향을 가지는 것을 알 수 있다. 따라서 아음속 유동에서는 유체가 가열됨에 따라 정압은 감소하고(속도와 Mach 수가 증가하기 때문), 초음속 유동에서는 유체가 가열됨에 따라 정압은 증가한다(속도와 Mach 수가 감소하기 때문).
5. 연속 방정식(ρV=일정)은 밀도와 속도가 반비례함을 의미한다. 따라서 가열의 효과로 아음속 유동에서는 밀도가 감소하며(속도와 Mach 수가 증가하므로), 초음속 유동에서는 밀도가 증가한다(속도와 Mach 수가 감소하므로).
6. 그림 12-48의 왼쪽 절반 부분에서 Rayleigh 선의 아랫부분은 윗부분과 비교하여 경사가 더 급하다(s를 T의 함수로 볼 때). 이는 주어진 온도 변화(즉, 주어진 열전달량에 대하여)에 해당하는 엔트로피 변화가 아음속의 경우보다 초음속의 경우가 더 크게 나타남을 의미한다.

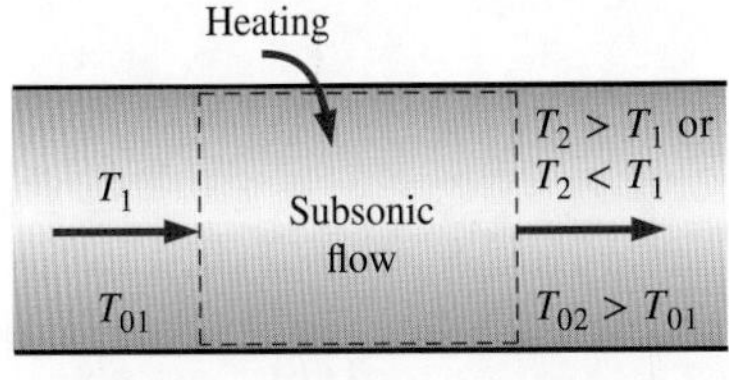

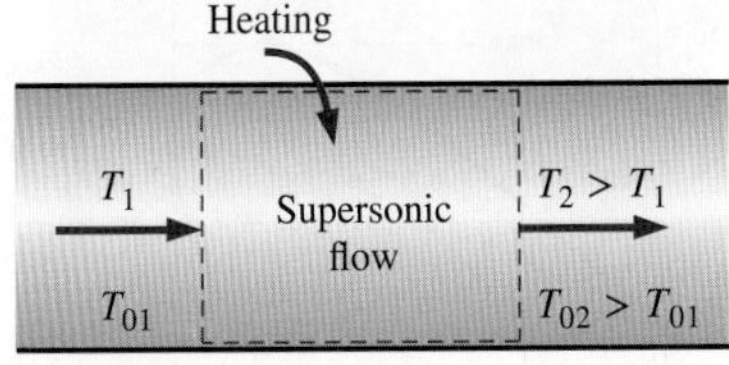

그림 12–49
Rayleigh 유동이 초음속일 경우는 가열을 통하여 유동온도가 항상 증가하지만, 유동이 아음속일 경우는 온도가 실제로 떨어질 수 있다.

표 12-3은 가열과 냉각이 Rayleigh 유동의 상태량에 미치는 영향을 보여 준다. 가열 또는 냉각은 대부분의 상태량에 대하여 서로 반대 효과를 나타낸다. 또한 아음속

표 12-3

가열과 냉각이 Rayleigh 유동의 상태량에 미치는 영향

	Heating		*Cooling*	
Property	Subsonic	Supersonic	Subsonic	Supersonic
Velocity, V	Increase	Decrease	Decrease	Increase
Mach number, Ma	Increase	Decrease	Decrease	Increase
Stagnation temperature, T_0	Increase	Increase	Decrease	Decrease
Temperature, T	Increase for Ma < $1/k^{1/2}$ Decrease for Ma > $1/k^{1/2}$	Increase	Decrease for Ma < $1/k^{1/2}$ Increase for Ma > $1/k^{1/2}$	Decrease
Density, ρ	Decrease	Increase	Increase	Decrease
Stagnation pressure, P_0	Decrease	Decrease	Increase	Increase
Pressure, P	Decrease	Increase	Increase	Decrease
Entropy, s	Increase	Increase	Decrease	Decrease

이나 초음속에 상관없이, 가열은 정체 압력을 감소시키고, 냉각은 정체 압력을 증가시킨다.

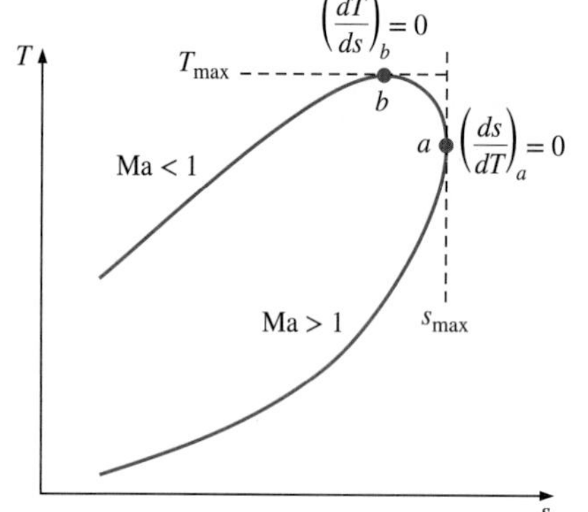

그림 12-50
예제 12-12에서 고려된 Rayleigh 유동의 T-s 선도.

예제 12-12 Rayleigh 선의 극한

그림 12-50에 나타난 Rayleigh 유동의 T-s 선도를 고려해 보자. 미분 형태의 보존 방정식과 상태량 관계식을 사용하여 최대 엔트로피 지점(점 a)에서 Mach 수가 $Ma_a=1$, 최대온도 지점(점 b)에서의 Mach 수가 $Ma_b=1/\sqrt{k}$임을 보여라.

풀이 Rayleigh 선의 최대 엔트로피 지점에서 $Ma_a=1$, 최대온도 지점에서 $Ma_b=1/\sqrt{k}$임을 보이고자 한다.

가정 Rayleigh 유동에 관련된 가정(마찰력을 무시할 수 있고, 일정 단면적의 덕트를 지나가는 일정한 상태량을 갖는 이상기체의 정상 1차원 유동)이 유효하다.

해석 미분 형태의 연속 방정식(ρV=일정), 운동량 방정식[$P+(\rho V)V$=일정], 이상기체 방정식($P=\rho RT$), 엔탈피 변화 방정식($\Delta h=c_p\Delta T$)은 다음과 같이 나타낼 수 있다.

$$\rho V=\text{일정} \;\rightarrow\; \rho\, dV + V\, d\rho = 0 \;\rightarrow\; \frac{d\rho}{\rho} = -\frac{dV}{V} \tag{1}$$

$$P+(\rho V)V=\text{일정} \;\rightarrow\; dP + (\rho V)\, dV = 0 \;\rightarrow\; \frac{dP}{dV} = -\rho V \tag{2}$$

$$P = \rho RT \;\rightarrow\; dP = \rho R\, dT + RT\, d\rho \;\rightarrow\; \frac{dP}{P} = \frac{dT}{T} + \frac{d\rho}{\rho} \tag{3}$$

일정한 비열을 갖는 이상기체의 엔트로피 변화 방정식의 미분 형태(식 12-40)는 다음과 같다.

$$ds = c_p\frac{dT}{T} - R\frac{dP}{P} \tag{4}$$

식 (3)을 식 (4)에 대입하면 다음과 같다.

$$ds = c_p\frac{dT}{T} - R\left(\frac{dT}{T} + \frac{d\rho}{\rho}\right) = (c_p - R)\frac{dT}{T} - R\frac{d\rho}{\rho} = \frac{R}{k-1}\frac{dT}{T} - R\frac{d\rho}{\rho} \quad (5)$$

여기서 아래의 관계를 이용하였다.

$$c_p - R = c_\upsilon \quad \rightarrow \quad kc_\upsilon - R = c_\upsilon \quad \rightarrow \quad c_\upsilon = R/(k-1)$$

식 (5)의 양변을 dT로 나누고 식 (1)에 대입하면 다음 식을 얻는다.

$$\frac{ds}{dT} = \frac{R}{T(k-1)} + \frac{R}{V}\frac{dV}{dT} \quad (6)$$

식 (3)을 dV로 나누고 이를 식 (1)과 식 (2)에 대입하여 정리하면 다음 식을 구한다.

$$\frac{dT}{dV} = \frac{T}{V} - \frac{V}{R} \quad (7)$$

식 (7)을 식 (6)에 대입하고 정리하면 다음과 같다.

$$\frac{ds}{dT} = \frac{R}{T(k-1)} + \frac{R}{T - V^2/R} = \frac{R(kRT - V^2)}{T(k-1)(RT - V^2)} \quad (8)$$

여기서 $ds/dT=0$으로 놓고 결과식 $R(kRT-V^2)=0$을 V에 대하여 풀면 점 a에서의 속도는 다음과 같게 된다.

$$V_a = \sqrt{kRT_a} \quad \text{그리고} \quad \text{Ma}_a = \frac{V_a}{c_a} = \frac{\sqrt{kRT_a}}{\sqrt{kRT_a}} = 1 \quad (9)$$

따라서 점 a에서 음속 조건이 나타나고, 그때 Mach 수는 1이다.

$dT/ds=(ds/dT)^{-1}=0$으로 놓고 결과식 $T(k-1)\times(RT-V^2)=0$을 점 b의 속도에 대하여 풀면 다음과 같게 된다.

$$V_b = \sqrt{RT_b} \quad \text{그리고} \quad \text{Ma}_b = \frac{V_b}{c_b} = \frac{\sqrt{RT_b}}{\sqrt{kRT_b}} = \frac{1}{\sqrt{k}} \quad (10)$$

따라서 점 b에서의 Mach 수는 $\text{Ma}_b=1/\sqrt{k}$이다. $k=1.4$인 공기의 경우 $\text{Ma}_b=0.845$이다.

토의 Rayleigh 유동에서 엔트로피가 최댓값에 도달했을 때 음속 조건이 되고, 최대온도는 아음속 유동에서 발생한다.

예제 12-13 열전달이 유동 속도에 미치는 영향

미분 형태의 에너지 방정식으로부터 열을 가했을 때 유동 속도가 아음속 Rayleigh 유동에서는 증가하고, 초음속 Rayleigh 유동에서는 감소함을 보여라.

풀이 열을 가했을 때 아음속 Rayleigh 유동에서는 유동 속도가 증가하고, 초음속 유동에서는 반대 현상이 일어남을 보이고자 한다.

가정 **1** Rayleigh 유동에 관련된 가정이 유효하다. **2** 일은 없고, 위치에너지 변화는 무시할 수 있다.

해석 유체에 미소 열량 δq가 전달된다고 하자. 에너지 방정식의 미분 형태는 다음과 같이 나타낼 수 있다.

$$\delta q = dh_0 = d\left(h + \frac{V^2}{2}\right) = c_p\, dT + V\, dV \quad \textbf{(1)}$$

c_pT로 나누고 dV/V를 공통인수로 정리하면 다음과 같다.

$$\frac{\delta q}{c_pT} = \frac{dT}{T} + \frac{V\,dV}{c_pT} = \frac{dV}{V}\left(\frac{V}{dV}\frac{dT}{T} + \frac{(k-1)V^2}{kRT}\right) \quad \textbf{(2)}$$

여기서 $c_p=kR/(k-1)$이다. $\text{Ma}^2=V^2/c^2=V^2/kRT$이므로 예제 12-12에서 dT/dV에 대한 식 (7)을 사용하면 다음과 같게 된다.

$$\frac{\delta q}{c_pT} = \frac{dV}{V}\left(\frac{V}{T}\left(\frac{T}{V} - \frac{V}{R}\right) + (k-1)\text{Ma}^2\right) = \frac{dV}{V}\left(1 - \frac{V^2}{TR} + k\,\text{Ma}^2 - \text{Ma}^2\right) \quad \textbf{(3)}$$

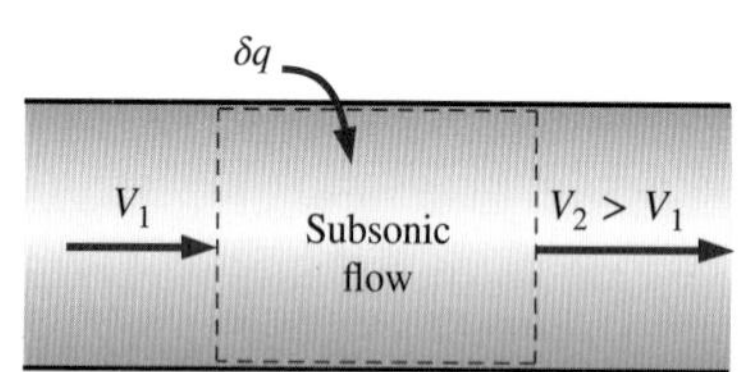

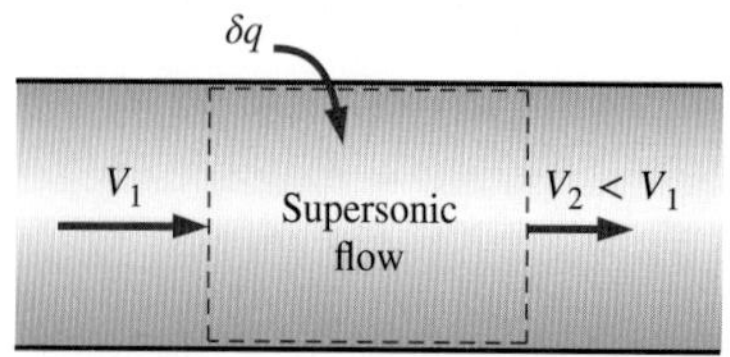

그림 12-51
가열은 아음속 유동에서 유동 속도를 증가시키지만, 초음속 유동에서는 감소시킨다.

$V^2/TR=k\,\text{Ma}^2$이므로 식 (3)의 가운데 두 개 항을 소거하고 정리하면 구하고자 하는 관계식을 얻는다.

$$\frac{dV}{V} = \frac{\delta q}{c_pT}\frac{1}{(1-\text{Ma}^2)} \quad \textbf{(4)}$$

아음속 유동에서는 $1-\text{Ma}^2>0$이므로 열전달과 속도 변화의 부호는 서로 같다. 그 결과 유체를 가열할 때 유동 속도는 증가되고($\delta q>0$), 그 반면에 냉각될 때 유동 속도는 감소된다. 그러나 초음속 유동에서는 $1-\text{Ma}^2<0$이므로, 열전달과 속도 변화의 부호는 서로 다르다. 그 결과, 유체를 가열할 때 유동 속도는 감소되고($\delta q>0$), 그 반면에 냉각될 때 유동 속도는 증가된다(그림 12-51).

토의 유체의 가열은 아음속 Rayleigh 유동과 초음속 Rayleigh 유동의 유동 속도에 서로 반대 영향을 미친다.

Rayleigh 유동의 상태량 관계식

상태량의 변화를 Mach 수 Ma로 나타내는 것이 바람직한 경우가 많다. $\text{Ma}=V/c=V/\sqrt{kRT}$이며, 따라서 $V=\text{Ma}\sqrt{kRT}$이다. 또한 $P=\rho RT$이므로 다음 식이 얻어진다.

$$\rho V^2 = \rho kRT\text{Ma}^2 = kP\text{Ma}^2 \quad \textbf{(12-57)}$$

이를 운동량 방정식(식 12-51)에 대입하면 $P_1+kP_1\text{Ma}_1^2=P_2+kP_2\text{Ma}_2^2$이다. 이를 재정리하면 다음과 같다.

$$\frac{P_2}{P_1} = \frac{1+k\text{Ma}_1^2}{1+k\text{Ma}_2^2} \quad \textbf{(12-58)}$$

다시 $V=\text{Ma}\sqrt{kRT}$를 이용하면 연속 방정식 $\rho_1V_1=\rho_2V_2$는 다음과 같이 나타난다.

$$\frac{\rho_1}{\rho_2} = \frac{V_2}{V_1} = \frac{\text{Ma}_2\sqrt{kRT_2}}{\text{Ma}_1\sqrt{kRT_1}} = \frac{\text{Ma}_2\sqrt{T_2}}{\text{Ma}_1\sqrt{T_1}} \quad \textbf{(12-59)}$$

그러면 이상기체 관계식(식 12-56)은 다음과 같게 된다.

$$\frac{T_2}{T_1} = \frac{P_2}{P_1}\frac{\rho_1}{\rho_2} = \left(\frac{1 + k\mathrm{Ma}_1^2}{1 + k\mathrm{Ma}_2^2}\right)\left(\frac{\mathrm{Ma}_2\sqrt{T_2}}{\mathrm{Ma}_1\sqrt{T_1}}\right) \tag{12-60}$$

식 (12-60)을 온도비 T_2/T_1에 대하여 풀면 다음을 얻게 된다.

$$\frac{T_2}{T_1} = \left(\frac{\mathrm{Ma}_2(1 + k\mathrm{Ma}_1^2)}{\mathrm{Ma}_1(1 + k\mathrm{Ma}_2^2)}\right)^2 \tag{12-61}$$

이 관계식을 식 (12-59)에 대입하면 밀도비 또는 속도비는 다음과 같이 나타난다.

$$\frac{\rho_2}{\rho_1} = \frac{V_1}{V_2} = \frac{\mathrm{Ma}_1^2(1 + k\mathrm{Ma}_2^2)}{\mathrm{Ma}_2^2(1 + k\mathrm{Ma}_1^2)} \tag{12-62}$$

음속 조건에서 유체 상태량은 항상 계산하기 쉬우므로 Ma=1에 해당하는 임계 상태가 압축성 유동에서 편리한 기준점이 될 수 있다. 상태 2를 음속 상태(Ma_2=1, 상첨자 * 사용), 상태 1을 임의의 상태(하첨자 없음)로 놓으면 식 (12-58), (12-61), (12-62)에 나타난 상태량 관계식은 다음과 같이 나타난다(그림 12-52).

$$\frac{P}{P^*} = \frac{1 + k}{1 + k\mathrm{Ma}^2} \qquad \frac{T}{T^*} = \left(\frac{\mathrm{Ma}(1 + k)}{1 + k\mathrm{Ma}^2}\right)^2 \quad \text{그리고} \quad \frac{V}{V^*} = \frac{\rho^*}{\rho} = \frac{(1 + k)\mathrm{Ma}^2}{1 + k\mathrm{Ma}^2} \tag{12-63}$$

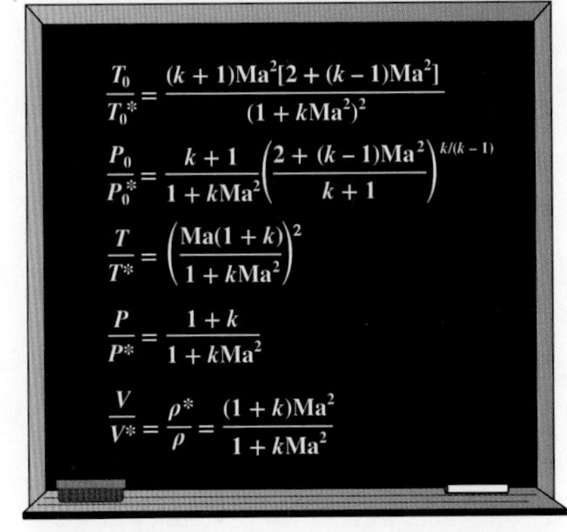

그림 12-52
Rayleigh 유동에 대한 관계식의 정리.

무차원 정체 온도와 정체 압력에 관한 유사한 관계식을 다음과 같이 얻을 수 있다.

$$\frac{T_0}{T_0^*} = \frac{T_0}{T}\frac{T}{T^*}\frac{T^*}{T_0^*} = \left(1 + \frac{k-1}{2}\mathrm{Ma}^2\right)\left(\frac{\mathrm{Ma}(1 + k)}{1 + k\mathrm{Ma}^2}\right)^2\left(1 + \frac{k-1}{2}\right)^{-1} \tag{12-64}$$

이는 다음과 같이 간단하게 정리된다.

$$\frac{T_0}{T_0^*} = \frac{(k + 1)\mathrm{Ma}^2[2 + (k - 1)\mathrm{Ma}^2]}{(1 + k\mathrm{Ma}^2)^2} \tag{12-65}$$

또한

$$\frac{P_0}{P_0^*} = \frac{P_0}{P}\frac{P}{P^*}\frac{P^*}{P_0^*} = \left(1 + \frac{k-1}{2}\mathrm{Ma}^2\right)^{k/(k-1)}\left(\frac{1 + k}{1 + k\mathrm{Ma}^2}\right)\left(1 + \frac{k-1}{2}\right)^{-k/(k-1)} \tag{12-66}$$

이는 다음과 같이 간단하게 정리된다.

$$\frac{P_0}{P_0^*} = \frac{k + 1}{1 + k\mathrm{Ma}^2}\left(\frac{2 + (k - 1)\mathrm{Ma}^2}{k + 1}\right)^{k/(k-1)} \tag{12-67}$$

식 (12-63), (12-65), (12-67)에 나타난 다섯 개의 관계식으로부터 주어진 Mach 수에 대하여 비열비가 일정한 이상기체의 Rayleigh 유동의 무차원 압력, 온도, 밀도, 속도, 정체 온도, 정체 압력을 계산할 수 있다. 부록 표 A-15에 그 대표적인 결과가 k=1.4인 경우에 대하여 표와 그림으로 나타나 있다.

초크된 Rayleigh 유동

앞서의 논의로부터 덕트 내부의 아음속 Rayleigh 유동은 열을 가함으로써 음속

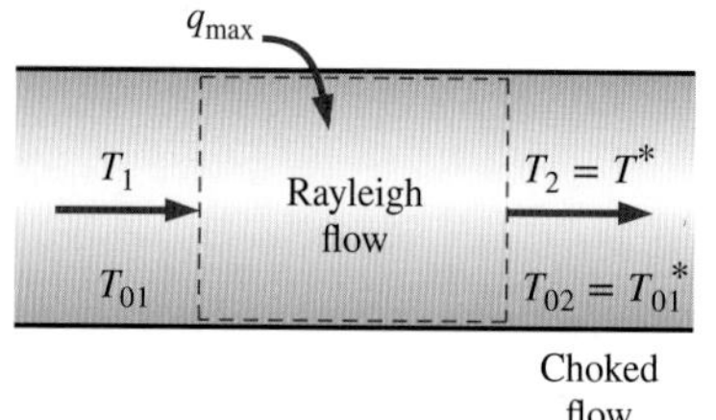

그림 12-53
주어진 입구 상태에서, 최대 가능한 열전달이 나타날 때 출구상태는 음속조건에 도달한다.

(Ma=1)으로 가속할 수 있음이 명백해졌다. 이 유체에 계속 열을 가하면 어떤 현상이 나타날까? 유체가 초음속으로 계속 가속될 수 있을까? Rayleigh 선을 살펴보면 Ma=1인 임계 상태에 있는 유체는 열을 가함으로써 초음속 속도로 가속될 수 없음을 알 수 있다. 결국 이때 유체는 **초크**되는데, 이러한 현상은 앞서 수축노즐을 유동방향으로 단지 연장시킴으로써 노즐 내부 유체를 초음속으로 가속시킬 수 없는 것과 유사하다. 만약 유체에 계속 열을 가한다면 단지 임계 상태가 보다 후방으로 이동하고, 이때 임계 상태에서의 유체 밀도는 더 낮아지기 때문에 유량이 감소하게 된다. 따라서 주어진 입구 상태에 해당하는 임계 상태는 정상 유동에서 전달가능한 최대 열전달량을 결정하게 된다(그림 12-53).

$$q_{max} = h_0^* - h_{01} = c_p(T_0^* - T_{01}) \qquad \textbf{(12-68)}$$

계속 더 열을 가하게 되면 초킹과 그에 따른 입구 상태의 변화(즉, 입구 속도가 감소함)가 나타나고, 유동은 더 이상 같은 Rayleigh 선을 따르지 않게 된다. 아음속 Rayleigh 유동을 냉각시키면 속도가 줄어들고, 온도가 절대온도 0으로 다가감에 따라 Mach 수 또한 0으로 접근하게 된다. 여기서 정체 온도 T_0는 Ma=1인 임계 상태에서 최대가 된다.

초음속 Rayleigh 유동에서 가열은 유체의 속도를 감속시킨다. 가열을 계속하면 온도는 증가하고, 임계 상태는 보다 뒤로 이동하며, 그 결과 유체의 질량유량이 감소하게 된다. 초음속 Rayleigh 유동은 무한히 냉각시킬 수 있는 것처럼 보일 수 있으나, 거기에도 한계가 있다. Mach 수가 무한대로 다가가므로 식 (12-65)에 극한을 취하면 다음 식이 얻어지는데,

$$\lim_{Ma\to\infty} \frac{T_0}{T_0^*} = 1 - \frac{1}{k^2} \qquad \textbf{(12-69)}$$

이 결과, k=1.4인 경우에 T_0/T_0^*=0.49가 된다. 따라서 임계 정체 온도가 1000 K이라면 Rayleigh 유동에서 공기는 490 K 이하로 냉각될 수 없다. 이는 온도가 490 K에 가까워지면서 유체 속도가 무한대에 이르는 것을 의미하는데, 이는 물리적으로 불가능하다. 초음속 유동이 유지될 수 없을 때, 유동은 충격파를 거쳐 아음속 유동이 된다.

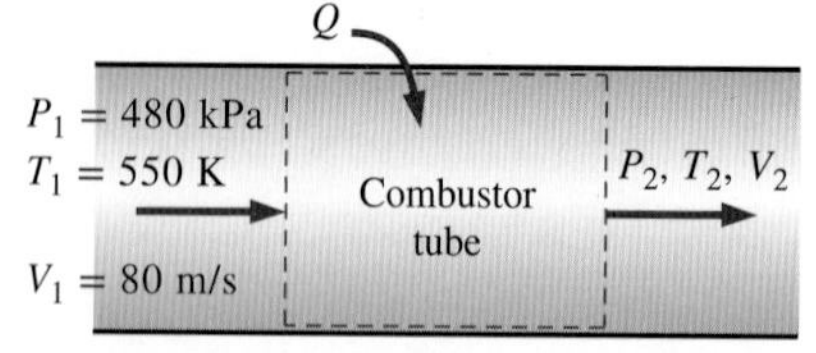

그림 12-54
예제 12-14에서 해석된 연소관(combustor tube)의 그림.

예제 12-14 관형 연소기에서의 Rayleigh 유동

연소실이 직경 15 cm의 관형 연소기(tubular combustor)로 구성되어 있다. 압축 공기가 550 K, 480 kPa, 80 m/s로 관에 유입된다(그림 12-54). 발열량 42,000 kJ/kg의 연료가 공기에 주입되어 공기-연료 질량비 40으로 연소된다. 연소과정을 공기로의 열전달 과정으로 근사시킬 때, 연소실 출구에서의 온도, 압력, 속도, Mach 수를 구하라.

풀이 연료가 압축 공기와 함께 관형 연소실에서 연소될 때, 출구에서의 온도, 압력, 속도, Mach 수를 구하고자 한다.

가정 **1** Rayleigh 유동에 관련된 가정(마찰력을 무시할 수 있는 일정 단면의 덕트를 지나가는 상태량이 일정한 이상기체의 정상 1차원 유동)이 유효하다. **2** 연소는 완전연소이고, 유동의 화학 성분 변화가 없는 가열 과정으로 취급한다. **3** 연료분사에 의한 질량유량

의 증가는 무시한다.

상태량 공기의 상태량은 $k=1.4$, $c_p=1.005$ kJ/kg · K, R=0.287 kJ/kg · K이다.

해석 입구에서의 공기 밀도와 질량유량은 각각 다음과 같이 구할 수 있다.

$$\rho_1 = \frac{P_1}{RT_1} = \frac{480 \text{ kPa}}{(0.287 \text{ kJ/kg·K})(550 \text{ K})} = 3.041 \text{ kg/m}^3$$

$$\dot{m}_{\text{air}} = \rho_1 A_1 V_1 = (3.041 \text{ kg/m}^3)\ [\pi(0.15 \text{ m})^2/4](80 \text{ m/s}) = 4.299 \text{ kg/s}$$

연료의 질량유량과 열전달률은 다음과 같이 계산된다.

$$\dot{m}_{\text{fuel}} = \frac{\dot{m}_{\text{air}}}{AF} = \frac{4.299 \text{ kg/s}}{40} = 0.1075 \text{ kg/s}$$

$$\dot{Q} = \dot{m}_{\text{fuel}} \text{HV} = (0.1075 \text{ kg/s})(42{,}000 \text{ kJ/kg}) = 4514 \text{ kW}$$

$$q = \frac{\dot{Q}}{\dot{m}_{\text{air}}} = \frac{4514 \text{ kJ/s}}{4.299 \text{ kg/s}} = 1050 \text{ kJ/kg}$$

입구에서의 정체 온도와 Mach 수는 다음과 같이 구한다.

$$T_{01} = T_1 + \frac{V_1^2}{2c_p} = 550 \text{ K} + \frac{(80 \text{ m/s})^2}{2(1.005 \text{ kJ/kg·K})}\left(\frac{1 \text{ kJ/kg}}{1000 \text{ m}^2/\text{s}^2}\right) = 553.2 \text{ K}$$

$$c_1 = \sqrt{kRT_1} = \sqrt{(1.4)(0.287 \text{ kJ/kg·K})(550 \text{ K})\left(\frac{1000 \text{ m}^2/\text{s}^2}{1 \text{ kJ/kg}}\right)} = 470.1 \text{ m/s}$$

$$\text{Ma}_1 = \frac{V_1}{c_1} = \frac{80 \text{ m/s}}{470.1 \text{ m/s}} = 0.1702$$

에너지 방정식 $q=c_p(T_{02}-T_{01})$로부터 출구에서의 정체 온도는 다음과 같이 구한다.

$$T_{02} = T_{01} + \frac{q}{c_p} = 553.2 \text{ K} + \frac{1050 \text{ kJ/kg}}{1.005 \text{ kJ/kg·K}} = 1598 \text{ K}$$

정체 온도의 최댓값 T_0^*는 Ma=1에서 발생하고, 그 값은 부록 표 A-15 혹은 식 (12-65)로부터 구할 수 있다. $\text{Ma}_1=0.1702$에서 $T_0/T_0^*=0.1291$이므로 다음 결과를 얻는다.

$$T_0^* = \frac{T_{01}}{0.1291} = \frac{553.2 \text{ K}}{0.1291} = 4284 \text{ K}$$

출구 상태에서의 정체 온도비와 그에 해당하는 Mach 수는 부록 표 A-15로부터 구할 수 있다.

$$\frac{T_{02}}{T_0^*} = \frac{1598 \text{ K}}{4284 \text{ K}} = 0.3730 \rightarrow \text{Ma}_2 = 0.3142 \cong \mathbf{0.314}$$

입구와 출구에서의 Mach 수에 해당하는 Rayleigh 유동의 함수들은 다음과 같다(부록 표 A-15).

$$\text{Ma}_1 = 0.1702: \quad \frac{T_1}{T^*} = 0.1541 \quad \frac{P_1}{P^*} = 2.3065 \quad \frac{V_1}{V^*} = 0.0668$$

$$\text{Ma}_2 = 0.3142: \quad \frac{T_2}{T^*} = 0.4389 \quad \frac{P_2}{P^*} = 2.1086 \quad \frac{V_2}{V^*} = 0.2082$$

따라서 출구에서의 온도, 압력, 속도는 다음과 같이 구해진다.

$$\frac{T_2}{T_1} = \frac{T_2/T^*}{T_1/T^*} = \frac{0.4389}{0.1541} = 2.848 \rightarrow T_2 = 2.848T_1 = 2.848(550\text{ K}) = \mathbf{1570\text{ K}}$$

$$\frac{P_2}{P_1} = \frac{P_2/P^*}{P_1/P^*} = \frac{2.1086}{2.3065} = 0.9142 \rightarrow P_2 = 0.9142P_1 = 0.9142(480\text{ kPa}) = \mathbf{439\text{ kPa}}$$

$$\frac{V_2}{V_1} = \frac{V_2/V^*}{V_1/V^*} = \frac{0.2082}{0.0668} = 3.117 \rightarrow V_2 = 3.117V_1 = 3.117(80\text{ m/s}) = \mathbf{249\text{ m/s}}$$

토의 기대했던 대로, 가열되는 아음속 Rayleigh 유동에서 온도와 속도는 증가하고, 압력은 감소하고 있다. 이 문제는 표에 주어진 값들 대신에 적절한 관계식을 사용하여 풀 수도 있는데, 코드화하여 컴퓨터로 해를 구할 수도 있다.

12–6 ■ 마찰이 있는 단열 덕트 유동(Fanno 유동)

대형 노즐과 같이 단면적이 크고 길이가 짧은 장치를 통과하는 고속 유동에서 벽 마찰은 종종 무시될 수 있고, 따라서 이러한 장치를 통과하는 유동은 마찰이 없는 유동으로 근사할 수 있다. 그러나 길이가 긴 덕트처럼 긴 유동 구간(특히 단면적이 작을 때)을 통과하는 유동을 연구할 때는 벽 마찰이 크고, 따라서 이를 반드시 고려해야 한다. 이 절에서는 벽 마찰은 중요하나 열전달은 무시할 수 있는 단면적이 일정한 덕트 내부의 압축성 유동을 다루기로 한다.

정상, 1차원, 단열 상태로 단면적이 일정하고 마찰 효과가 큰 덕트를 통과하는 비열비가 일정한 이상기체를 고려해 보자. 이러한 유동을 **Fanno 유동**이라고 한다. 그림 12-55에 나타난 검사체적에 대하여 질량, 운동량, 에너지 보존식은 다음과 같이 나타낼 수 있다.

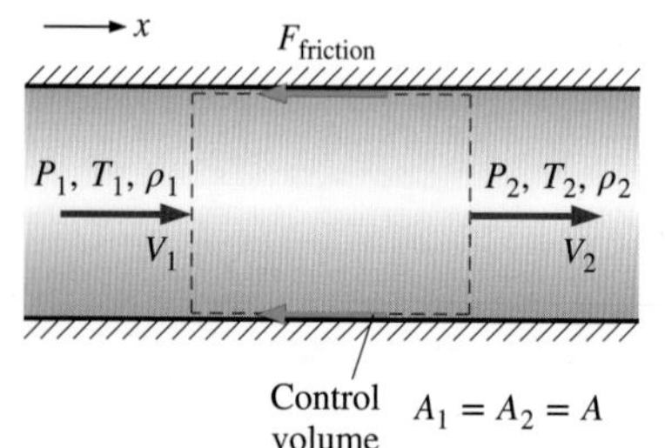

그림 12–55
마찰이 있는 단면적이 일정한 덕트 내부 단열 유동에 대한 검사체적.

연속 방정식 덕트의 단면적 A가 일정할 때($A_1 = A_2 = A_c$), 관계식 $\dot{m}_1 = \dot{m}_2$ 또는 $\rho_1 A_1 V_1 = \rho_2 A_2 V_2$는 다음과 같다.

$$\rho_1 V_1 = \rho_2 V_2 \quad \rightarrow \quad \rho V = \text{일정} \qquad \textbf{(12-70)}$$

x방향 운동량 방정식 덕트의 내벽에 작용하는 마찰력을 F_{friction}이라 표시하고, 외부 힘과 체적력을 무시하면 운동량 방정식 $\sum \vec{F} = \sum_{\text{out}} \beta \dot{m} \vec{V} - \sum_{\text{in}} \beta \dot{m} \vec{V}$의 유동방향 성분은 다음과 같이 쓸 수 있다.

$$P_1 A - P_2 A - F_{\text{friction}} = \dot{m}V_2 - \dot{m}V_1 \rightarrow P_1 - P_2 - \frac{F_{\text{friction}}}{A}$$
$$= (\rho_2 V_2)V_2 - (\rho_1 V_1)V_1$$

여기서 벽면에 마찰이 있고 속도분포가 균일하지 않다 하더라도, 유동이 일반적으로 완전발달된 난류이기 때문에 운동량 플럭스 보정계수 β는 단순히 1로 간주한다. 따라서 위 식은 다음과 같이 다시 쓸 수 있다.

$$P_1 + \rho_1 V_1^2 = P_2 + \rho_2 V_2^2 + \frac{F_{\text{friction}}}{A} \tag{12-71}$$

에너지 방정식 주어진 검사체적에는 열과 일의 전달이 없고, 위치 에너지의 변화가 무시된다. 따라서 정상 유동의 에너지 보존식 $\dot{E}_{\text{in}}=\dot{E}_{\text{out}}$은 다음과 같이 나타난다.

$$h_1 + \frac{V_1^2}{2} = h_2 + \frac{V_2^2}{2} \quad \rightarrow \quad h_{01} = h_{02} \quad \rightarrow \quad h_0 = h + \frac{V^2}{2} = \text{일정} \tag{12-72}$$

비열이 일정한 이상기체의 경우에 $\Delta h = c_p \Delta T$이며, 따라서 다음 식이 성립한다.

$$T_1 + \frac{V_1^2}{2c_p} = T_2 + \frac{V_2^2}{2c_p} \quad \rightarrow \quad T_{01} = T_{02} \quad \rightarrow \quad T_0 = T + \frac{V^2}{2c_p} = \text{일정} \tag{12-73}$$

따라서 Fanno 유동에서 정체 엔탈피 h_0와 정체 온도 T_0는 일정하다.

엔트로피 변화 열전달이 없는 경우 시스템의 엔트로피는 마찰과 같은 비가역성에 의해서만 변화하며, 이때 엔트로피는 항상 증가한다. 따라서 Fanno 유동에서 유체의 엔트로피는 증가해야 한다. 이 경우 엔트로피 변화는 엔트로피 증가 또는 엔트로피 생성과 동일하며, 비열이 일정한 이상기체의 엔트로피 변화는 다음과 같이 나타난다.

$$s_2 - s_1 = c_p \ln \frac{T_2}{T_1} - R \ln \frac{P_2}{P_1} > 0 \tag{12-74}$$

상태 방정식 $P = \rho RT$이며, 이상기체의 상태 1과 상태 2에서의 상태량 P, ρ, T는 다음과 같이 서로 연계할 수 있다.

$$\frac{P_1}{\rho_1 T_1} = \frac{P_2}{\rho_2 T_2} \tag{12-75}$$

단면적 A가 일정한 덕트 내부를 흐르는 기체의 상태량 R, k, c_p를 알고 있다고 하자. 특정한 입구 상태 1에서 입구 상태량 P_1, T_1, ρ_1, V_1, s_1을 알고 있을 때, 출구에서의 다섯 가지 상태량 P_2, T_2, ρ_2, V_2, s_2는 특정한 마찰력 F_{friction}값에 대하여 식 (12-70)에서 식 (12-75)까지를 이용하여 계산할 수 있다. 속도와 온도를 알면, 입구와 출구의 Mach 수는 $\text{Ma} = V/c = V/\sqrt{kRT}$로부터 구할 수 있다.

주어진 상류 상태 1에 대응하는 하류 상태 2는 무한 개가 있을 수 있음이 분명하다. 이러한 하류 상태를 결정하는 실제 방법은 여러 개의 T_2값을 가정하고 식 (12-70)부터 식 (12-75)까지를 사용하여 가정된 각 T_2값에 대한 마찰력과 기타 상태량을 계산하는 것이다. 이 결과를 *T-s* 선도로 나타내면 그림 12-56과 같이 특정한 입구 조건을 지나는 하나의 곡선이 얻어진다. 이처럼 *T-s* 선도에 Fanno 유동을 나타낸 것을 **Fanno 선**이라고 하는데, 이 선도와 계산 결과에서 다음과 같은 몇 가지 주요 내용을

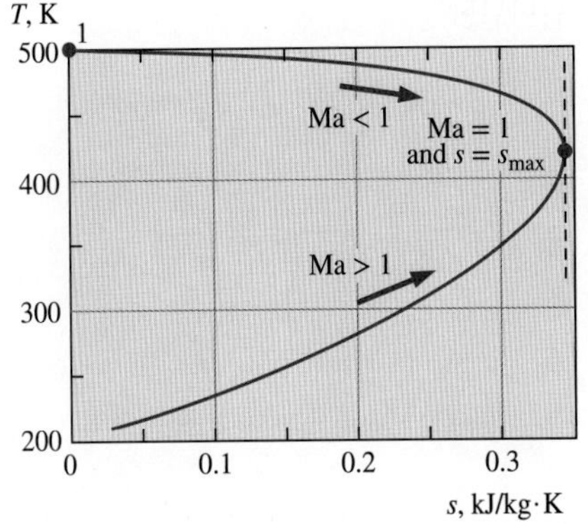

그림 12-56
단면적이 일정한 덕트 내부를 통하는 단열 마찰유동(Fanno 유동)에 대한 *T-s* 선도. 이때 수치값들은 $k = 1.4$인 공기이며, 입구조건이 $T_1 = 500$ K, $P_1 = 600$ kPa, $V_1 = 80$ m/s, $s_1 = 0$인 경우이다.

관찰할 수 있다.

1. 이 Fanno 선상에 존재하는 모든 상태는 상태량 관계식뿐만 아니라 질량, 운동량, 에너지 방정식을 모두 만족시킨다. 따라서 주어진 입구 상태에서 유체의 하류 상태는 T-s 선도에 있는 하나의 Fanno 선 밖에서 존재할 수 없다. 사실 이 Fanno 선은 주어진 입구 상태에 대하여 가능한 모든 하류 상태를 연결한 궤적이다. 만약 마찰이 없다면 Fanno 유동에서 유동 상태량은 덕트를 따라 일정하게 유지될 것이다.
2. 마찰은 엔트로피를 증가시키며, 따라서 변화 과정은 항상 Fanno 선의 오른쪽으로 진행한다. 최대 엔트로피 지점에서 Mach 수는 Ma=1이다. Fanno 선의 상부에 있는 모든 상태는 아음속이며, 하부에 있는 모든 상태는 초음속이다.
3. 마찰은 아음속 Fanno 유동의 경우에는 Mach 수를 증가시키지만, 초음속 Fanno 유동의 경우에는 Mach 수를 감소시킨다. 두 경우 모두 Mach 수는 1로(Ma=1)로 다가간다.
4. 에너지 보존식으로부터 정체 온도 $T_0=T+V^2/2c_p$는 Fanno 유동에서 일정하게 유지된다. 그러나 온도는 변화할 수 있다. 아음속 유동에서는 속도가 증가함에 따라서 온도는 감소하지만, 초음속 유동에서는 그 반대 현상이 나타난다(그림 12-57).
5. 연속 방정식(ρV=일정)은 밀도와 속도가 서로 반비례함을 의미한다. 따라서 마찰의 효과로 아음속 유동에서는 밀도가 감소하며(속도와 Mach 수가 증가하므로), 초음속 유동에서는 밀도가 증가한다(속도와 Mach 수가 감소하므로).

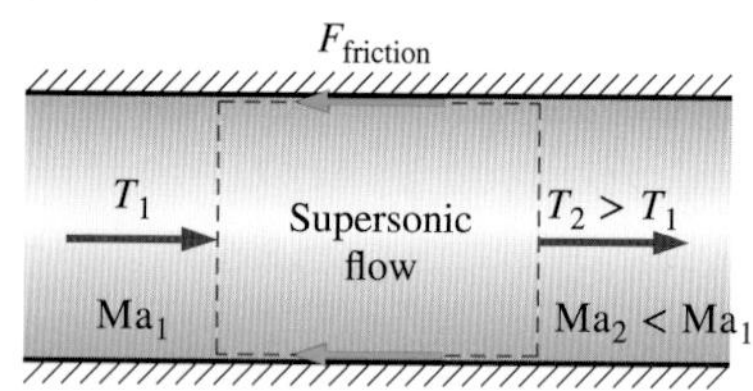

그림 12-57
아음속 Fanno 유동에서 마찰에 의하여 Mach 수는 증가하고 온도는 감소하지만, 초음속 Fanno 유동에서는 반대의 현상이 나타난다.

표 12-4는 마찰이 Fanno 유동의 상태량에 미치는 영향을 나타낸다. 마찰이 아음속 유동에서 대부분의 상태량에 미치는 효과는 초음속 유동 경우와 반대이다. 그러나 마찰 효과는 유동이 아음속이나 초음속에 상관없이 항상 정체 압력을 감소시킨다. 그러나 마찰은 단순히 기계적 에너지를 동일한 양의 열 에너지로 변환시키기 때문에 정체 온도에 대해서는 영향을 미치지 않는다.

Fanno 유동의 상태량 관계식

압축성 유동에서는 상태량의 변화를 Mach 수와의 관계로 표시하는 것이 편리한데, Fanno 유동도 예외는 아니다. Fanno 유동은 마찰력을 포함하고 있는데, 마찰력은 마찰계수가 일정하더라도 속도의 제곱에 비례한다. 압축성 유동에서는 속도가 유동을

표 12-4

마찰이 Fanno 유동의 상태량에 미치는 영향

Property	Subsonic	Supersonic
Velocity, V	Increase	Decrease
Mach number, Ma	Increase	Decrease
Stagnation temperature, T_0	Constant	Constant
Temperature, T	Decrease	Increase
Density, ρ	Decrease	Increase
Stagnation pressure, P_0	Decrease	Decrease
Pressure, P	Decrease	Increase
Entropy, s	Increase	Increase

따라 크게 변화하며, 따라서 마찰력의 변화를 정확히 알기 위하여 미분해석을 수행할 필요가 있다. 따라서 미분 형태의 보존 방정식과 상태량 관계식부터 생각해 보자.

연속 방정식 연속 방정식의 미분 형태는 연속 방정식(ρV=일정)을 미분하고 정리하여 다음과 같이 얻는다.

$$\rho\, dV + V\, d\rho = 0 \quad \rightarrow \quad \frac{d\rho}{\rho} = -\frac{dV}{V} \tag{12-76}$$

x방향 운동량 방정식 $\dot{m}_1 = \dot{m}_2 = \dot{m} = \rho AV$이고 $A_1 = A_2 = A$일 때, 운동량 방정식 $\sum \vec{F} = \sum_{\text{out}} \beta \dot{m} \vec{V} - \sum_{\text{in}} \beta \dot{m} \vec{V}$을 그림 12-58에 나타난 미소 검사체적에 대하여 적용하면 다음과 같게 된다.

$$PA_c - (P + dP)A - \delta F_{\text{friction}} = \dot{m}(V + dV) - \dot{m}V$$

여기서 다시 운동량 플럭스 보정계수 β를 1로 간주한다. 따라서 위 식은 다음과 같이 간단히 쓸 수 있다.

$$-\delta F_{\text{friction}} = \rho AV\, dV \quad \text{또는} \quad dP + \frac{\delta F_{\text{friction}}}{A} + \rho V\, dV = 0 \tag{12-77}$$

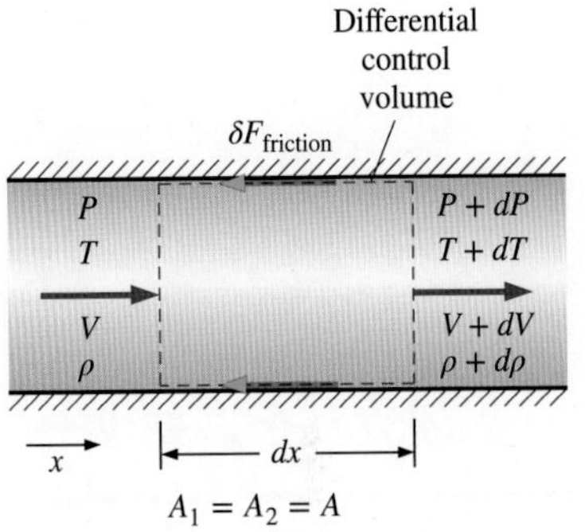

그림 12-58
단면적이 일정한 덕트를 통과하는 마찰이 있는 단열 유동에 대한 미소 검사체적.

마찰력은 벽면 전단응력 τ_w와 국소 마찰계수 f_x에 다음 식과 같이 연관되어 있다.

$$\delta F_{\text{friction}} = \tau_w\, dA_s = \tau_w p\, dx = \left(\frac{f_x}{8}\rho V^2\right)\frac{4A}{D_h}dx = \frac{f_x}{2}\frac{A\, dx}{D_h}\rho V^2 \tag{12-78}$$

여기서 dx는 유동 구간의 길이, p는 둘레 길이(perimeter), $D_h = 4A/p$는 덕트의 수력직경(hydraulic diameter, 원형 단면 덕트의 경우 D_h는 일반적인 직경 D와 같다)이다. 이를 대입하면 다음 식이 얻어진다.

$$dP + \frac{\rho V^2 f_x}{2D_h}dx + \rho V\, dV = 0 \tag{12-79}$$

여기서 $V = \text{Ma}\sqrt{kRT}$이고 $P = \rho RT$이므로 $\rho V^2 = \rho kRT\text{Ma}^2 = \text{kPMa}^2$, $\rho V = kP\text{Ma}^2/V$이다. 이를 식 (12-79)에 대입하면 다음 결과를 얻는다.

$$\frac{1}{k\text{Ma}^2}\frac{dP}{P} + \frac{f_x}{2D_h}dx + \frac{dV}{V} = 0 \tag{12-80}$$

에너지 방정식 $c_p = kR/(k-1)$이고 $V^2 = \text{Ma}^2 kRT$이므로 에너지 방정식 T_0=(일정) 혹은 $T + V^2/2c_p$=(일정)은 다음과 같이 쓸 수 있다.

$$T_0 = T\left(1 + \frac{k-1}{2}\text{Ma}^2\right) = \text{일정} \tag{12-81}$$

이를 미분하여 정리하면 다음 식이 얻어진다.

$$\frac{dT}{T} = -\frac{2(k-1)\text{Ma}^2}{2 + (k-1)\text{Ma}^2}\frac{d\text{Ma}}{\text{Ma}} \tag{12-82}$$

위 식은 온도의 미소 변화를 Mach 수의 미소 변화로 나타낸 것이다.

Mach 수 이상기체에 대한 Mach 수 관계식은 $V^2=\mathrm{Ma}^2kRT$이다. 이를 미분하여 정리하면 다음과 같은 전개가 가능하다.

$$2V\,dV = 2\mathrm{Ma}kRT\,d\mathrm{Ma} + kR\mathrm{Ma}^2\,dT \;\rightarrow \tag{12-83}$$

$$2V\,dV = 2\frac{V^2}{\mathrm{Ma}}\,d\mathrm{Ma} + \frac{V^2}{T}\,dT$$

각 항을 $2V^2$으로 나누고 정리하면 다음 식이 얻어진다.

$$\frac{dV}{V} = \frac{d\mathrm{Ma}}{\mathrm{Ma}} + \frac{1}{2}\frac{dT}{T} \tag{12-84}$$

식 (12-84)와 식 (12-82)를 조합하면 속도 변화를 Mach 수의 항으로 나타낼 수 있다.

$$\frac{dV}{V} = \frac{d\mathrm{Ma}}{\mathrm{Ma}} - \frac{(k-1)\mathrm{Ma}^2}{2+(k-1)\mathrm{Ma}^2}\frac{d\mathrm{Ma}}{\mathrm{Ma}} \quad \text{또는} \quad \frac{dV}{V} = \frac{2}{2+(k-1)\mathrm{Ma}^2}\frac{d\mathrm{Ma}}{\mathrm{Ma}} \tag{12-85}$$

이상기체 이상기체 방정식의 미분 형태는 $P=\rho RT$를 미분함으로써 얻어진다.

$$dP = \rho R\,dT + RT\,d\rho \;\rightarrow\; \frac{dP}{P} = \frac{dT}{T} + \frac{d\rho}{\rho} \tag{12-86}$$

이를 연속 방정식(식 12-76)과 합하면 다음과 같고,

$$\frac{dP}{P} = \frac{dT}{T} - \frac{dV}{V} \tag{12-87}$$

식 (12-82)와 식 (12-84)를 합하면 다음과 같은 Ma에 따른 P의 미소 변화에 관한 식이 얻어진다.

$$\frac{dP}{P} = -\frac{2+2(k-1)\mathrm{Ma}^2}{2+(k-1)\mathrm{Ma}^2}\frac{d\mathrm{Ma}}{\mathrm{Ma}} \tag{12-88}$$

식 (12-85)와 식 (12-88)을 식 (12-80)에 대입하여 간단히 하면 다음과 같은 x에 따른 Mach 수 변화에 관한 미분 방정식이 얻어진다.

$$\frac{f_x}{D_h}\,dx = \frac{4(1-\mathrm{Ma}^2)}{k\mathrm{Ma}^3\,[2+(k-1)\mathrm{Ma}^2]}\,d\mathrm{Ma} \tag{12-89}$$

모든 Fanno 유동이 Ma=1로 다가간다는 사실에서, 임계점(즉, 음속 상태)을 기준점으로 잡고 유동 상태량을 이 임계 상태량에 상대적인 값으로 표시하는 것이 편리하다(비록 실제 유동은 결코 이 임계점에 다다를 수는 없다 할지라도). 식 (12-89)를 임의의 상태(Ma=Ma 그리고 $x=x$)에서 임계 상태(Ma=1 그리고 $x=x_{cr}$)까지 적분하면 다음 식이 얻어진다.

$$\frac{fL^*}{D_h} = \frac{1-\mathrm{Ma}^2}{k\mathrm{Ma}^2} + \frac{k+1}{2k}\ln\frac{(k+1)\mathrm{Ma}^2}{2+(k-1)\mathrm{Ma}^2} \tag{12-90}$$

여기서 f는 x와 x_{cr} 사이의 평균마찰계수이며(따라서 일정하다고 가정), 또한 $L^*=x_{cr}-x$는 벽마찰의 영향으로 Mach 수가 1이 되는데 필요한 전체 덕트의 길이다. 따라서 L^*는 Mach 수가 Ma인 위치로부터 음속 조건이 나타나는 위치(덕트가 Ma=1에 도달하도록 충분히 길지 않다면 가상적인 위치)까지 사이의 거리를 나타낸다(그림 12-59).

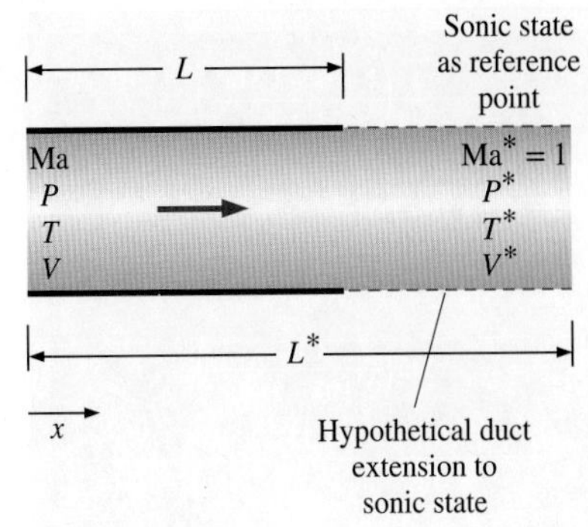

그림 12-59
길이 L^*는 Mach 수가 Ma인 지점과 Ma*=1인 실제 혹은 가상의 지점 사이의 거리를 나타낸다.

주어진 Mach 수에 대하여 fL^*/D_h는 고정되어 있으며, 따라서 fL^*/D_h값은 특정한 k에 대하여 Ma에 관한 표로 정리될 수 있다. 또한 음속 조건에 이르기 위한 덕트 길이 L^*(또는 "음속 길이"라고도 부름)의 값은 마찰계수에 반비례한다. 따라서 주어진 Mach 수에 대하여 L^*는 매끄러운 표면의 덕트인 경우에는 크고, 거친 표면의 덕트인 경우에는 작다.

Mach 수 Ma_1과 Ma_2인 두 지점 사이의 실제 덕트 길이 L은 다음 식으로부터 구한다.

$$\frac{fL}{D_h}=\left(\frac{fL^*}{D_h}\right)_1-\left(\frac{fL^*}{D_h}\right)_2 \qquad \textbf{(12-91)}$$

일반적으로 평균마찰계수 f는 덕트 구간에 따라 다르다. 만약 f가 전체 덕트(음속 상태까지 연장된 가상 길이까지 포함)에 대하여 일정하다고 가정하면 식 (12-91)은 다음과 같이 간단하게 된다.

$$L=L_1^*-L_2^* \quad (f=\text{일정}) \qquad \textbf{(12-92)}$$

따라서 식 (12-90)은 출구에서 Ma=1이 되기에 충분히 긴 덕트뿐만 아니라 출구에서 Ma=1이 되지 못하는 짧은 덕트에 대해서도 사용될 수 있다.

마찰계수는 덕트 위치에 따라 달라지는 Reynolds 수 $Re=\rho VD_h/\mu$와 표면조도비 ε/D_h의 영향을 받는다. 그러나 ρV=일정(연속 방정식)이므로 Re의 변화는 크지 않으며, 이때 Re의 변화는 오직 온도에 따른 점성계수 변화 때문이다.

따라서 8장에서 논의한 Moody 선도 혹은 Colebrook 식을 이용하여 평균 Reynolds 수에서 f를 구하고, 이를 일정하다고 생각해도 근사적으로 틀리지 않는다. 이러한 경우는 온도의 변화가 상대적으로 작은 아음속 유동일 경우에 해당한다. 초음속 유동에 대한 마찰계수의 처리는 본 교재의 범위를 벗어나므로 다루지 않는다. Colebrook 식은 f에 대한 내재적인(implicit) 식이므로 다음과 같이 외재적인(explicit) Haaland 관계식을 사용하는 것이 보다 편리하다.

$$\frac{1}{\sqrt{f}}\cong-1.8\log\left[\frac{6.9}{Re}+\left(\frac{\varepsilon/D}{3.7}\right)^{1.11}\right] \qquad \textbf{(12-93)}$$

압축성 유동에서 나타나는 Reynolds 수는 일반적으로 크며, 매우 높은 Reynolds 수(완전히 거친 난류유동)에서 마찰계수는 Reynolds 수와 무관하다. Re→∞인 경우의 Colebrook 식은 $1/\sqrt{f}=-2.0\log[(\varepsilon/D_h)/3.7]$로 줄어든다.

기타 유동 상태량들에 관한 관계식들은 식 (12-79), 식 (12-82), 식 (12-85)로부터의 dP/P, dT/T, dV/V 관계식들을 임의의 상태(Mach 수 Ma, 하첨자 없음)에서 음속상

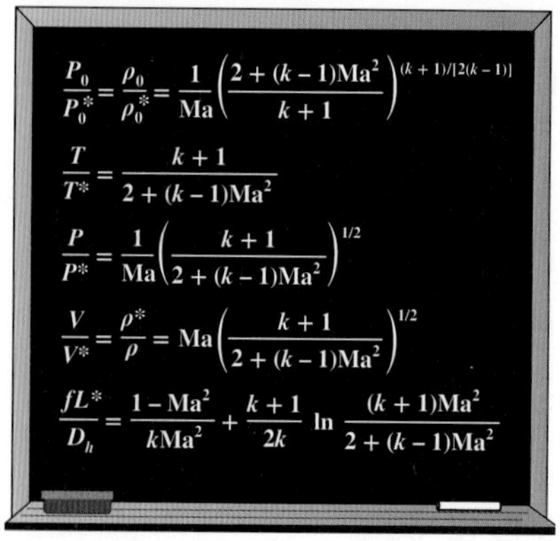

$$\frac{P_0}{P_0^*}=\frac{\rho_0}{\rho_0^*}=\frac{1}{\mathrm{Ma}}\left(\frac{2+(k-1)\mathrm{Ma}^2}{k+1}\right)^{(k+1)/[2(k-1)]}$$
$$\frac{T}{T^*}=\frac{k+1}{2+(k-1)\mathrm{Ma}^2}$$
$$\frac{P}{P^*}=\frac{1}{\mathrm{Ma}}\left(\frac{k+1}{2+(k-1)\mathrm{Ma}^2}\right)^{1/2}$$
$$\frac{V}{V^*}=\frac{\rho^*}{\rho}=\mathrm{Ma}\left(\frac{k+1}{2+(k-1)\mathrm{Ma}^2}\right)^{1/2}$$
$$\frac{fL^*}{D_h}=\frac{1-\mathrm{Ma}^2}{k\mathrm{Ma}^2}+\frac{k+1}{2k}\ln\frac{(k+1)\mathrm{Ma}^2}{2+(k-1)\mathrm{Ma}^2}$$

그림 12-60
Fanno 유동의 관계식에 대한 정리.

태(Ma=1, 상첨자 *로 표시)까지 적분함으로써 얻어지며, 그 결과는 다음과 같다(그림 12-60).

$$\frac{P}{P^*}=\frac{1}{\mathrm{Ma}}\left(\frac{k+1}{2+(k-1)\mathrm{Ma}^2}\right)^{1/2} \tag{12-94}$$

$$\frac{T}{T^*}=\frac{k+1}{2+(k-1)\mathrm{Ma}^2} \tag{12-95}$$

$$\frac{V}{V^*}=\frac{\rho^*}{\rho}=\mathrm{Ma}\left(\frac{k+1}{2+(k-1)\mathrm{Ma}^2}\right)^{1/2} \tag{12-96}$$

무차원 정체 압력에 대한 유사한 관계식을 다음과 같이 구할 수 있다.

$$\frac{P_0}{P_0^*}=\frac{P_0}{P}\frac{P}{P^*}\frac{P^*}{P_0^*}=\left(1+\frac{k-1}{2}\mathrm{Ma}^2\right)^{k/(k-1)}\frac{1}{\mathrm{Ma}}\left(\frac{k+1}{2+(k-1)\mathrm{Ma}^2}\right)^{1/2}\left(1+\frac{k-1}{2}\right)^{-k/(k-1)}$$

이를 간단히 하면 다음과 같다.

$$\frac{P_0}{P_0^*}=\frac{\rho_0}{\rho_0^*}=\frac{1}{\mathrm{Ma}}\left(\frac{2+(k-1)\mathrm{Ma}^2}{k+1}\right)^{(k+1)/[2(k-1)]} \tag{12-97}$$

여기서 정체 온도 T_0는 Fanno 유동에서 일정하며, 따라서 덕트 내부 모든 곳에서 $T_0/T_0^*=1$이다.

식 (12-90)에서 식 (12-97)까지를 이용하면 주어진 Mach 수에 대하여 특정한 k 값을 갖는 이상기체 Fanno 유동에 대하여 무차원 형태의 압력, 온도, 밀도, 속도, 정체 압력, fL^*/D_h를 계산할 수 있다. 부록 표 A-16에 그 대표적인 결과가 $k=1.4$인 경우에 대하여 표와 그림으로 나타나 있다.

초크된 Fanno 유동

앞서의 논의에서 단면적이 일정한 덕트 내부의 아음속 Fanno 유동은 마찰로 인하여 음속을 향하여 가속하며, 특정한 길이의 덕트 출구에서 Mach 수가 1이 되는 것을 확인하였다. 이때 이 덕트의 길이를 **최대 길이, 음속 길이**(sonic length), 또는 **임계 길이**(critical length)라 하며, L^*로 표시한다. 만약 덕트의 길이를 L^*보다 길게 연장시킨다면 어떤 일이 일어날지 궁금할 것이다. 유동이 초음속 속도로 가속이 될까? 대답은 단연코 **아니오**이다. 그 이유는 Ma=1에서 유동은 최대 엔트로피를 가지며, Fanno 선을 따라 초음속영역으로 진행하는 것은 유체의 엔트로피가 감소하는 것을 뜻하고 이는 열역학 제2법칙에 위배되기 때문이다(출구 상태는 모든 보존 법칙을 만족하기 위하여 Fanno 선상에 존재해야 함을 기억하라). 따라서 이때 유체는 초크된다. 이는 수축 노즐에서 단지 수축노즐을 연장한다고 기체가 초음속 속도로 가속될 수 없음과 비슷하다. 만약 덕트의 길이를 L^*보다 더 연장시킨다면 임계 상태는 보다 후방으로 이동하고, 유량은 감소하게 된다. 그 결과 입구의 상태는 변화되며(즉, 입구 속도가 감소함), 유동은 또 다른 Fanno 선으로 이동한다. 덕트의 길이를 추가로 더 연장하면 입구 속도는 더욱더 감소하며, 따라서 질량유량도 같이 감소하게 된다.

단면적이 일정한 덕트 내부 초음속 Fanno 유동은 마찰로 인하여 감속하고 Mach 수는 1을 향하여 감소하게 된다. 따라서 아음속 유동의 경우와 같이, 만약 덕트의 길이가 L^*이면 출구 Mach 수는 1이 된다. 그러나 아음속 유동과는 달리, 이때 유동(초음속)은 이미 초크되어 있으므로 L^*보다 덕트의 길이를 더 늘인다고 유동을 다시 초크시킬 수는 없다. 그 대신 수직충격파가 그 이후 나타나는 아음속 유동이 덕트 출구에서 음속이 되게끔 하는 위치에서 발생한다(그림 12-61). 덕트의 길이가 계속 늘어나면 수직충격파의 위치는 보다 상류로 이동한다. 결국 덕트의 입구에서 충격파가 발생하게 되는데, 덕트의 길이를 더 늘이면 충격파는 원래 초음속 유동을 만들어 내었던 수축-확대노즐의 확대부로 이동하게 된다. 그러나 질량유량은 영향을 받지 않는데, 그 이유는 노즐의 목에서 나타나는 음속 조건에서 이미 질량유량은 결정되었으며, 따라서 목에서의 조건을 변화시키지 않고서는 질량유량은 변하지 않는다.

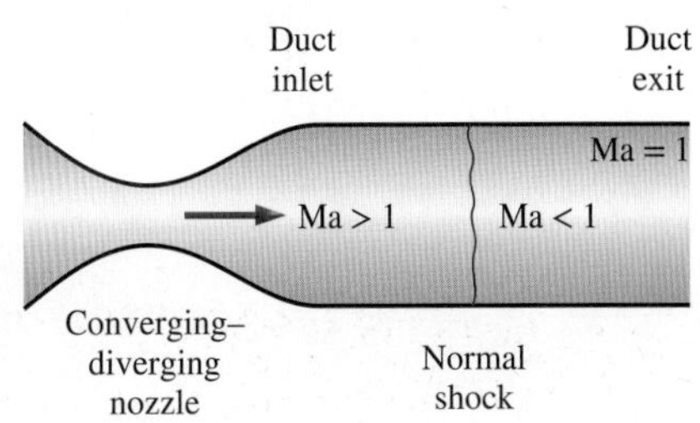

그림 12-61
덕트의 길이 L이 L^*보다 클 경우 초음속 Fanno 유동은 덕트 출구에서 항상 음속이다. 덕트의 길이를 늘이면 수직충격파의 위치가 상류로 이동할 뿐이다.

예제 12-15 덕트 내부에서 초크된 Fanno 유동

$Ma_1=0.4$, $T_1=300$ K, $P_1=150$ kPa인 공기가 직경 3 cm의 매끈하고 단열된 덕트로 유입되고 있다(그림 12-62). 만일 덕트 출구에서의 Mach 수가 1이면, 이때 덕트의 길이와 덕트 출구에서의 온도, 압력, 속도를 구하라. 또 덕트의 정체 압력 손실의 백분율을 구하라.

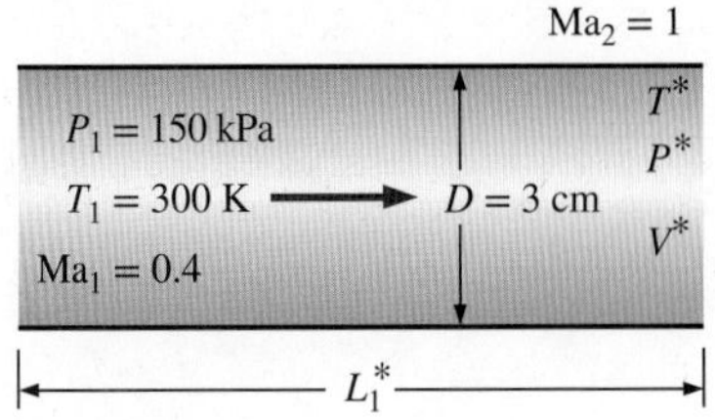

그림 12-62
예제 12-15에 대한 개략도.

풀이 위에 주어진 상태로, 공기가 단면적이 일정하고 단열인 덕트로 유입되어 음속 상태로 유출된다. 덕트의 길이, 출구에서의 온도, 압력, 속도, 덕트의 정체 압력 손실의 백분율을 구하고자 한다.

가정 **1** Fanno 유동과 관련된 가정(일정한 단면적의 단열 덕트를 통과하는 일정 상태량, 이상기체의 정상, 마찰이 있는 유동)이 유효하다. **2** 마찰계수는 덕트를 따라 일정하다.

상태량 공기의 상태량은 $k=1.4$, $c_p=1.005$ kJ/kg·K, $R=0.287$ kJ/kg·K, $\nu=1.58\times 10^{-5}$ m²/s이다.

해석 먼저 입구 속도와 입구 Reynolds 수를 다음과 같이 구한다.

$$c_1 = \sqrt{kRT_1} = \sqrt{(1.4)(0.287\text{ kJ/kg·K})(300\text{ K})\left(\frac{1000\text{ m}^2/\text{s}^2}{1\text{ kJ/kg}}\right)} = 347\text{ m/s}$$

$$V_1 = Ma_1 c_1 = 0.4(347\text{ m/s}) = 139\text{ m/s}$$

$$Re_1 = \frac{V_1 D}{\nu} = \frac{(139\text{ m/s})(0.03\text{ m})}{1.58\times10^{-5}\text{ m}^2/\text{s}} = 2.637\times10^5$$

마찰계수는 Colebrook 방정식에 의하여 계산된다.

$$\frac{1}{\sqrt{f}} = -2.0\log\left(\frac{\varepsilon/D}{3.7} + \frac{2.51}{Re\sqrt{f}}\right) \rightarrow \frac{1}{\sqrt{f}} = -2.0\log\left(\frac{0}{3.7} + \frac{2.51}{2.637\times10^5\sqrt{f}}\right)$$

따라서 다음과 같은 해가 얻어진다.

$$f = 0.0148$$

입구 Mach 수 0.4에 해당하는 Fanno 유동의 함수들은 다음과 같다(부록 표 A-16 참조).

$$\frac{P_{01}}{P_0^*} = 1.5901 \quad \frac{T_1}{T^*} = 1.1628 \quad \frac{P_1}{P^*} = 2.6958 \quad \frac{V_1}{V^*} = 0.4313 \quad \frac{fL_1^*}{D} = 2.3085$$

여기서 *는 출구에서 나타나는 음속 조건을 나타내며, 덕트의 길이와 출구에서의 온도, 압력, 속도는 다음과 같이 구한다.

$$L_1^* = \frac{2.3085D}{f} = \frac{2.3085(0.03\text{ m})}{0.0148} = \mathbf{4.68\ m}$$

$$T^* = \frac{T_1}{1.1628} = \frac{300\text{ K}}{1.1628} = \mathbf{258\ K}$$

$$P^* = \frac{P_1}{2.6958} = \frac{150\text{ kPa}}{2.6958} = \mathbf{55.6\ kPa}$$

$$V^* = \frac{V_1}{0.4313} = \frac{139\text{ m/s}}{0.4313} = \mathbf{322\ m/s}$$

따라서 주어진 마찰계수에 대하여, 덕트 출구에서 Mach 수가 Ma=1에 도달하기 위한 덕트의 길이는 4.68m가 되어야 한다. 덕트의 마찰에 의하여 생긴 입구 정체 압력 P_{01}의 손실의 백분율은 다음과 같이 계산된다.

$$\frac{P_{01} - P_0^*}{P_{01}} = 1 - \frac{P_0^*}{P_{01}} = 1 - \frac{1}{1.5901} = 0.371 \text{ 또는 } \mathbf{37.1\%}$$

토의 이 문제는 Fanno 함수에 대하여 표에서 제시된 값들 대신 적절한 관계식을 이용하여 풀 수도 있다. 또한 입구 조건에서 마찰계수를 구하여 이 값이 덕트 내부에서 일정하게 유지된다고 가정하였다. 이 가정의 타당성을 확인하기 위해 출구 조건에서의 마찰계수를 계산해 보자. 그러면 덕트 출구에서의 마찰계수가 0.0121임을 확인할 수 있는데, 이는 18% 낮아진 값이고, 그 차이는 작지 않다. 따라서 마찰계수의 평균값 (0.0148+0.0121)/2 =0.0135를 이용하여 주어진 문제를 다시 계산해야 한다. 이 결과, 새로운 덕트 길이 L_1^* =2.3085(0.03 m)/0.0135=**5.13 m**가 얻어지며, 이 값을 필요한 최종 덕트 길이로 정한다.

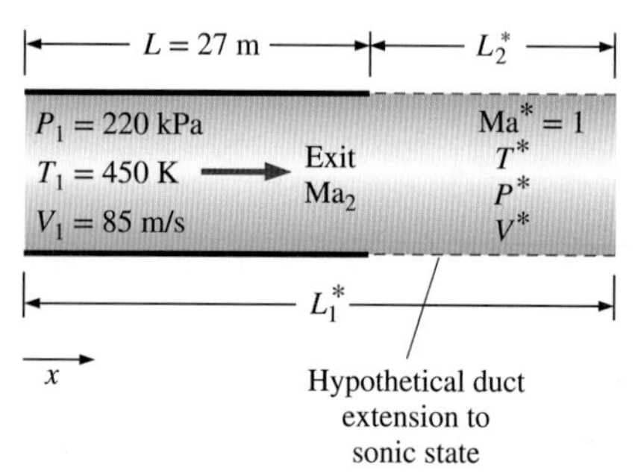

그림 12-63
예제 12-16에 대한 개략도.

예제 12-16 덕트 내부 Fanno 유동의 출구 조건

V_1=85 m/s, T_1=450 K, P_1=220 kPa인 공기가 길이 27 m, 직경 5 cm의 단열 덕트로 유입된다(그림 12-63). 덕트의 평균마찰계수를 0.023으로 추정할 때, 덕트 출구에서의 Mach 수와 공기의 질량유량을 구하라.

풀이 제시된 상태의 공기가 주어진 길이의 일정 단면, 단열 덕트로 유입될 때, 출구에서의 Mach 수와 질량유량을 구하고자 한다.

가정 **1** Fanno 유동에 관련된 가정(일정한 단면적의 단열 덕트를 통과하는 일정 상태량, 이상기체의 정상, 마찰이 있는 유동)이 유효하다. **2** 마찰계수는 덕트를 따라 일정하다.

상태량 공기의 상태량은 k=1.4, c_p=1.005 kJ/kg · K, R=0.287 kJ/kg · K이다.

해석 제일 먼저 알아야 할 것은 출구에서 유동이 초크되었는지의 여부이다. 따라서 먼저 입구에서의 Mach 수와 이에 해당하는 함수 fL^*/D_h 값을 다음과 같이 구한다.

$$c_1 = \sqrt{kRT_1} = \sqrt{(1.4)(0.287\text{ kJ/kg·K})(450\text{ K})\left(\frac{1000\text{ m}^2/\text{s}^2}{1\text{ kJ/kg}}\right)} = 425\text{ m/s}$$

$$\text{Ma}_1 = \frac{V_1}{c_1} = \frac{85\text{ m/s}}{425\text{ m/s}} = 0.200$$

이 Mach 수에 대하여 부록 표 A-16을 이용하면 $(fL^*/D_h)_1=14.5333$이다. 또한 실제 덕트 길이 L을 사용하면 다음의 결과를 얻을 수 있다.

$$\frac{fL}{D_h} = \frac{(0.023)(27\text{ m})}{0.05\text{ m}} = 12.42 < 14.5333$$

따라서 유동은 초크되지 않았고, 이때 출구 Mach 수는 1보다 작다. 출구 상태에서의 함수 fL^*/D_h의 값은 식 (12-91)로부터 계산된다.

$$\left(\frac{fL^*}{D_h}\right)_2 = \left(\frac{fL^*}{D_h}\right)_1 - \frac{fL}{D_h} = 14.5333 - 12.42 = 2.1133$$

부록 표 A-16에서 fL^*/D 값에 해당하는 Mach 수는 0.42이다. 따라서 덕트 출구에서의 Mach 수는 다음과 같다.

$$\text{Ma}_2 = \mathbf{0.420}$$

공기의 질량유량은 입구 조건으로부터 다음과 같이 계산된다.

$$\rho_1 = \frac{P_1}{RT_1} = \frac{220\text{ kPa}}{(0.287\text{ kJ/kg·K})(450\text{ K})}\left(\frac{1\text{ kJ}}{1\text{ kPa·m}^3}\right) = 1.703\text{ kg/m}^3$$

$$\dot{m}_{\text{air}} = \rho_1 A_1 V_1 = (1.703\text{ kg/m}^3)\,[\pi(0.05\text{ m})^2/4]\,(85\text{ m/s}) = \mathbf{0.284\text{ kg/s}}$$

토의 Mach 수가 0.20에서 0.42로 증가하기까지 총 덕트 길이는 27 m가 필요하지만, 0.42에서 1까지 증가하기까지는 덕트 길이가 4.6 m밖에 필요하지 않다. 따라서 Mach 수는 음속 조건에 접근할수록 매우 높은 비율로 증가한다.

좀 더 알아보기 위하여, 입구와 출구 상태에서의 fL^*/D_h값에 해당하는 길이를 구해 보자. f가 덕트 전체에서 일정하다고 가정하면, 입구와 출구 상태에서의 최대(혹은 음속) 덕트 길이는 다음과 같다.

$$L_{\max,1} = L_1^* = 14.5333\frac{D_h}{f} = 14.5333\frac{0.05\text{ m}}{0.023} = 31.6\text{ m}$$

$$L_{\max,2} = L_2^* = 2.1133\frac{D_h}{f} = 2.1133\frac{0.05\text{ m}}{0.023} = 4.59\text{ m}$$

(또는, $L_{\max,2}=L_{\max,1}-L=31.6-27=4.6$ m). 따라서 현재의 덕트에 추가 길이 4.6 m가 더해진다면 유동은 출구에서 음속 조건에 도달할 것이다.

요약

이 장에서는 기체 유동의 압축성 효과를 검토하였다. 압축성 유동을 다룰 때에는 유체의 엔탈피와 운동 에너지를 더하여 다음과 같이 단일 항으로 정의되는 **정체 엔탈피** h_0를 사용하는 것이 편리하다.

$$h_0 = h + \frac{V^2}{2}$$

정체 상태에서 유체의 상태량은 **정체 상태량**이라고 하며, 하첨자 0으로 표시된다. 일정한 비열을 갖는 이상기체의 **정체 온도**는 다음과 같다.

$$T_0 = T + \frac{V^2}{2c_p}$$

이는 단열 과정을 통하여 정지할 때 얻는 이상기체의 온도를 나타낸다. 이상기체의 정체 상태량은 다음과 같이 유체의 정적 상태량과 관계되어 있다.

$$\frac{P_0}{P} = \left(\frac{T_0}{T}\right)^{k/(k-1)} \quad \text{그리고} \quad \frac{\rho_0}{\rho} = \left(\frac{T_0}{T}\right)^{1/(k-1)}$$

무한히 작은 압력파가 매질 사이를 이동하는 속도를 음속이라고 한다. 이는 이상기체일 경우에 다음과 같이 표시된다.

$$c = \sqrt{\left(\frac{\partial P}{\partial \rho}\right)_s} = \sqrt{kRT}$$

Mach 수는 같은 상태에서의 음속에 대한 유체의 실제 속도의 비이다.

$$\text{Ma} = \frac{V}{c}$$

Ma=1인 유동을 **음속**이라 하며, Ma<1일 때를 **아음속**, Ma>1일 때를 **초음속**, Ma≫1일 때를 극초음속, Ma≅1일 때를 천음속이라고 한다.

유동방향으로 유동 면적이 감소하는 노즐을 **수축노즐**이라 고 한다. 유동 면적이 처음에는 감소하였다가 증가하는 노즐을 **수축-확대노즐**이라고 한다. 노즐의 가장 작은 유동 면적의 위치를 목이라고 한다. 수축노즐에서 유체가 가속할 수 있는 가장 높은 속도는 음속이다. 유체를 초음속 속도로 가속시키는 것은 오직 수축-확대노즐에서만 가능하다. 모든 초음속 수축-확대노즐에서 목에서의 유동 속도는 음속이다.

비열이 일정한 이상기체의 경우 정체 상태량과 정적 상태량의 비는 다음과 같이 Mach 수의 항으로 나타낼 수 있다.

$$\frac{T_0}{T} = 1 + \left(\frac{k-1}{2}\right)\text{Ma}^2$$

$$\frac{P_0}{P} = \left[1 + \left(\frac{k-1}{2}\right)\text{Ma}^2\right]^{k/(k-1)}$$

$$\frac{\rho_0}{\rho} = \left[1 + \left(\frac{k-1}{2}\right)\text{Ma}^2\right]^{1/(k-1)}$$

Ma=1일 때 온도, 압력, 밀도에 대한 정적 상태량과 정체 상태량의 비를 임계비라고 하며, 상첨자 *로 표시한다.

$$\frac{T^*}{T_0} = \frac{2}{k+1} \qquad \frac{P^*}{P_0} = \left(\frac{2}{k+1}\right)^{k/(k-1)}$$

$$\frac{\rho^*}{\rho_0} = \left(\frac{2}{k+1}\right)^{1/(k-1)}$$

노즐 출구 면 밖에서의 압력을 **배압**이라고 한다. P^*보다 낮은 모든 배압에서 수축노즐의 출구 면에서의 압력은 P^*와 같으며, 출구 면에서의 Mach 수는 1이고, 질량유량은 최대가 된다(초크 상태).

어떤 배압의 범위에서는 수축-확대노즐의 목에서 음속에 도달한 후 확대부에서 초음속으로 가속된 유체가 **수직충격파**를 만나는데, 이때 압력과 온도는 갑작스럽게 증가하고, 속도는 아음속으로 갑자기 감소한다. 충격파를 통과하는 유동은 매우 강한 비가역이며, 따라서 등엔트로피로 근사될 수 없다. 충격파 전방(하첨자 1)과 후방(하첨자 2)에서 비열이 일정한 이상기체의 상태량의 관계는 다음과 같이 나타난다.

$$T_{01} = T_{02} \qquad \text{Ma}_2 = \sqrt{\frac{(k-1)\text{Ma}_1^2 + 2}{2k\text{Ma}_1^2 - k + 1}}$$

$$\frac{T_2}{T_1} = \frac{2 + \text{Ma}_1^2(k-1)}{2 + \text{Ma}_2^2(k-1)}$$

$$\frac{P_2}{P_1} = \frac{1 + k\text{Ma}_1^2}{1 + k\text{Ma}_2^2} = \frac{2k\text{Ma}_1^2 - k + 1}{k+1}$$

이 방정식들은 Mach 수 대신에 경사충격파에 **수직**인 Mach 수 성분을 사용한다면 경사충격파에서도 성립한다.

마찰이 무시되고 열전달이 있는 단면적이 일정한 덕트를 흐르는 일정한 비열의 정상 1차원 이상기체를 **Rayleigh 유동**이라고 한다. Rayleigh 유동의 상태량 관계와 선도는 부록 표 A-15에 나타나 있다. Rayleigh 유동에서 나타나는 열전달은 다음과 같이 결정될 수 있다.

$$q = c_p(T_{02} - T_{01}) = c_p(T_2 - T_1) + \frac{V_2^2 - V_1^2}{2}$$

단면적이 일정한 덕트를 통과하는 일정한 비열을 갖는 정상, 마찰 효과가 있고 단열인 이상기체를 **Fanno 유동**이라고 한다. 벽면 마찰 효과에 의하여 Mach 수가 1에 도달하게 하는 덕트의 길이를 L^*로 표시하며, 다음과 같이 나타낸다.

$$\frac{fL^*}{D_h} = \frac{1 - \text{Ma}^2}{k\text{Ma}^2} + \frac{k+1}{2k}\ln\frac{(k+1)\text{Ma}^2}{2 + (k-1)\text{Ma}^2}$$

여기서 f는 평균마찰계수이다. Mach 수가 Ma_1과 Ma_2인 두 지점 사이의 덕트 길이는 다음과 같이 결정된다.

$$\frac{fL}{D_h} = \left(\frac{fL^*}{D_h}\right)_1 - \left(\frac{fL^*}{D_h}\right)_2$$

Fanno 유동에서 정체 온도 T_0는 일정하게 유지된다. Fanno 유동에서 기타 상태량의 관계와 선도는 부록 표 A-16에 나타나 있다.

이 장에서는 압축성 유동에 대하여 개략적으로만 다루었으며, 이 재미있는 주제에 대하여 흥미 있는 학생들은 보다 심도 있는 공부를 하기 바란다. 일부 압축성 유동 문제는 15장에서 전산유체역학을 통하여 다룰 것이다.

응용분야 스포트라이트 ■ 충격파와 경계층의 상호작용

초청 저자: Gary S. Settles, The Pennsylvania State University

충격파와 경계층은 서로 대립되는 자연현상이다. 10장에서 다루었듯이, 경계층은 강한 역압력구배가 발생하는 표면에서 박리되기 쉽다. 그 반면에 충격파를 지나면 무시할 수 있을 정도로 매우 짧은 유동방향 거리에서 압력이 증가하므로 충격파는 매우 강한 역압력구배를 발생시킨다. 따라서 경계층은 충격파를 만날 때 복잡한 유동 구조와 함께 표면에서 박리되기 쉽다.

고속 비행과 고속 풍동 실험에서는 이러한 현상을 피할 수 없으며, 따라서 매우 중요하다. 예를 들면, 상용 제트 여객기는 천음속영역보다 약간 낮은 속도로 순항하는데, 이때 비행기 날개 상부 유동은 실제 초음속이 되었다가 수직충격파를 통하여 아음속으로 돌아온다(그림 12-64). 만약 이러한 비행기가 설계 순항 Mach 수보다 훨씬 빨리 날게 되면 날개에서 충격파와 경계층의 상호작용에 의한 유동박리가 발생하고, 심각한 공기역학적 교란이 나타난다. 이러한 이유로 전 세계를 운항하는 여객기의 속도는 제한되어 있다. 몇몇 군용기는 이러한 한계를 피하면서 초음속으로 비행할 수 있도록 설계되어 있으나, 충격파/경계층 상호작용 현상은 여전히 군용기 엔진 흡입구에서 제한요소가 되고 있다.

그림 12-64
천음속 비행 중에 있는 상용 제트 비행기 L-1011 날개 상부에 나타난 수직충격파(배경인 태평양 상공 구름의 찌그러짐에 의하여 보이고 있음).
NASA Dryden Research Center. Photo by Carla Thomas.

충격파와 경계층의 상호작용은 경계층의 점성 유동이 자유흐름에서 발생하는 비점성 충격파와 만나게 되는 **점성-비점성 상호작용**의 한 형태이다. 이러한 상호작용이 일어나면 경계층은 충격파에 의하여 속도가 느려지고, 두께는 두꺼워지며, 따라서 박리될 수 있다. 그 반면에 충격파는 유동이 박리될 때 두 개로 갈라진(bifurcated) 형태로 나타난다(그림 12-65). 충격파와 경계층은 평형 상태에 도달할 때까지 서로 상호 변화하며, 이러한 상호작용 현상은 경계 조건에 따라 2차원 또는 3차원 그리고 정상 또는 비정상이 될 수 있다.

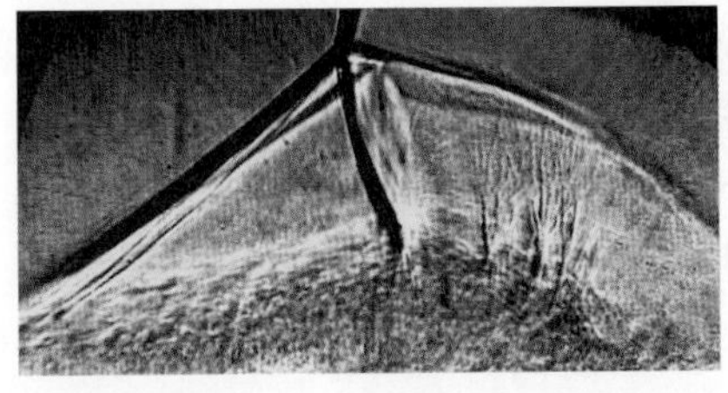

그림 12-65
Mach 수 3.5인 평판 위에 놓인 핀(fin)에 의하여 나타난 상호작용 현상의 그림자 영상. 핀에 의하여 생성된 경사충격파(영상의 상부)는 "λ-foot" 형태로 갈라지며, 이로 인하여 밑에 있는 경계층이 박리된다. "λ-foot"을 통과하는 공기 유동은 박리 영역 상부에서 초음속 제트를 형성하며, 이는 아래로 꺾이면서 벽면에 충돌된다. 이러한 3차원 상호작용 유동을 가시화하기 위해서는 원추형 그림자기법(conical shadowgraphy)이라는 특별한 광학 기술이 필요하다.
© Photo by F.S. Alvi and Gary S. Settles. Used with permission.

이와 같이 상호작용이 강한 유동은 해석이 매우 어렵고, 따라서 간단한 해가 존재하지 않는다. 게다가 실제 대부분 관심의 대상이 되는 문제에서 경계층은 일반적으로 난류이다. 최근에는 Reynolds 평균 Navier-Stokes 방정식을 슈퍼컴퓨터로 해석함으로써 이런 유동의 많은 특성을 예측할 수 있다. 풍동 실험 결과는 이러한 계산결과를 검증하는 데 매우 중요한 역할을 한다. 결론적으로 충격파와 경계층의 상호작용은 현대 유체공학 연구에서 직면하고 있는 중요한 문제 중의 하나이다.

참고 문헌

Knight, D. D., et al., "Advances in CFD Prediction of Shock Wave Turbulent Boundary Layer Interactions," *Progress in Aerospace Sciences* 39(2-3), pp. 121–184, 2003.

Alvi, F. S., and Settles, G. S., "Physical Model of the Swept Shock Wave/Boundary-Layer Interaction Flowfield," *AIAA Journal* 30, pp. 2252–2258, Sept. 1992.

참고 문헌과 권장 도서

1. J. D. Anderson. *Modern Compressible Flow with Historical Perspective*, 3rd ed. New York: McGraw-Hill, 2003.
2. Y. A. Çengel and M. A. Boles. *Thermodynamics: An Engineering Approach*, 8th ed. New York: McGraw-Hill Education, 2015.
3. H. Cohen, G. F. C. Rogers, and H. I. H. Saravanamuttoo. *Gas Turbine Theory*, 3rd ed. New York: Wiley, 1987.
4. W. J. Devenport. Compressible Aerodynamic Calculator, http://www.aoe.vt.edu/~devenpor/aoe3114/calc.html.
5. R. W. Fox and A. T. McDonald. *Introduction to Fluid Mechanics*, 8th ed. New York: Wiley, 2011.
6. H. Liepmann and A. Roshko. *Elements of Gas Dynamics*, Dover Publications, Mineola, NY, 2001.
7. C. E. Mackey, responsible NACA officer and curator. *Equations, Tables, and Charts for Compressible Flow*. NACA Report 1135.
8. A. H. Shapiro. *The Dynamics and Thermodynamics of Compressible Fluid Flow*, vol. 1. New York: Ronald Press Company, 1953.
9. P. A. Thompson. *Compressible-Fluid Dynamics*, New York: McGraw-Hill, 1972.
10. United Technologies Corporation. T*he Aircraft Gas Turbine and Its Operation*, 1982.
11. M. Van Dyke, *An Album of Fluid Motion. Stanford*, CA: The Parabolic Press, 1982.
12. F. M. White. *Fluid Mechanics*, 7th ed. New York: McGraw-Hill, 2010.

연습문제*

정체 상태량

12-1C 고속 항공기가 정체된 대기 속을 날고 있다. 항공기 앞전에서의 공기 온도는 항공기에서 멀리 떨어진 공기 온도와 어떤 차이가 있는가?

12-2C 공기조화 장치에서, 공기의 온도는 유동의 흐름에 삽입된 프로브에 의하여 측정된다. 따라서 프로브는 사실상 정체온도를 측정한다. 이것이 큰 오류를 만들어 내는가?

12-3C 어떻게 그리고 왜 정체 엔탈피 h_0가 정의되는가? 정체 엔탈피는 정 엔탈피와 어떻게 다른가?

12-4 덕트를 통해 흐르는 다음 물질들에 대한 정체온도와 정체압력을 계산하라. (a) 0.25 MPa, 50 °C, 그리고 290 m/s의 헬륨 (b) 0.15 MPa, 50 °C, 그리고 300 m/s의 질소 (c) 0.1 MPa, 350 °C, 그리고 340 m/s의 수증기.

12-5 36 kPa, 238 K, 그리고 325 m/s 조건인 공기 흐름에서의 정체온도와 정체압력을 구하라. 답: 291 K, 72.4 kPa

12-6 정체압력 0.4 MPa, 정체온도 400 °C 그리고 속도 520 m/s의 공기가 어떤 장치를 통하여 흐르고 있다. 이 상태에서의 공기의 정압과 온도를 구하라. 답: 545 K, 0.184 MPa

12-7 정체압력 800 kPa, 정체온도 400 °C, 그리고 속도 300 m/s의 수증기가 어떤 장치를 통하여 흐르고 있다. 이상기체로 가정하고, 이 상태에서의 수증기의 정압과 온도를 구하라.

12-8 정체압력 100 kPa, 정체온도 35 °C의 공기가 압축기로 유입되어 정체압력 900 kPa로 압축된다. 압축과정을 등엔트로피로 가정하고, 질량유량 0.04 kg/s에 대하여 압축기로 들어가는 동력을 구하라. 답: 10.8 kW

12-9 정체압력 0.90 MPa, 정체온도 840 °C의 연소생성물이 가스터빈으로 들어가, 정체압력 100 kPa으로 팽창한다. 연소생성물에 대하여 $k=1.33$, $R=0.287$ kJ/kg · K일 때, 팽창과정을 등엔트로피로 가정하고, 단위 질량유량당 터빈의 출력을 구하라.

1차원 등엔트로피 유동

12-10C 기체를 수축노즐에서 초음속으로 가속시키는 것이 가능한지 설명하라.

12-11C 주어진 정체온도와 정체압력의 기체가 어떤 수축-확대 노즐에서는 Ma = 2로, 다른 노즐에서는 Ma = 3으로 가속된다. 이 두 개 노즐의 목에서의 압력에 관하여 무엇을 설명할 수 있겠는가?

12-12C 기체가 초기에 아음속으로 단열 확대노즐로 들어가고 있다. 유체의 (a) 속도, (b) 온도, (c) 압력, 그리고 (d) 밀도에 어떤 영향이 나타날지 토론하라.

12-13C 속도가 초음속인 기체가 단열 수축덕트에 유입된다. 유체의 (a) 속도, (b) 온도, (c) 압력, 그리고 (d) 밀도에 어떤 영향이 나타날지 토론하라.

12-14C 속도가 아음속인 기체가 단열 수축덕트에 유입된다. 유체의

*"C"로 표시된 문제는 개념 문제로서, 학생들에게 모든 문제에 대하여 답하도록 권장한다. 아이콘 으로 표시된 문제는 본질적으로 종합적인 문제로서, 적절한 소프트웨어를 사용하여 풀도록 의도된 것이다.

(a) 속도, (b) 온도, (c) 압력, 그리고 (d) 밀도에 어떤 영향이 나타날지 토론하라.

12-15C 속도가 초음속인 기체가 단열 확대덕트에 유입된다. 유체의 (a) 속도, (b) 온도, (c) 압력, 그리고 (d) 밀도에 어떤 영향이 나타날지 토론하라.

12-16C 출구에서 음속이 나타나는 수축노즐을 고려하자. 지금 노즐의 입구조건이 일정하게 유지되는 가운데 노즐 출구면적은 감소한다. 노즐을 통과하는 (a) 출구속도와 (b) 질량유량은 어떻게 변하는가?

12-17 어떤 대형 상용기가 표준 공기온도가 −50 °C인 고도 10 km에서 1050 km/h로 순항하고 있다고 하자. 이 비행기의 속도가 아음속인지 초음속인지 결정하라.

12-18 (a) 200 kPa, 100 °C, 그리고 325 m/s의 공기, (b) 200 kPa, 60 °C, 그리고 300 m/s인 헬륨에 대하여, 임계온도, 임계압력, 그리고 임계밀도를 계산하라.

12-19 공기가 압력 1200 kPa와 무시할 수 있을 정도로 느린 속도로 수축-확대 노즐로 들어간다. 이 노즐 목에서 얻을 수 있는 가장 낮은 압력은 얼마인가?

12-20 0.7 MPa, 800 K, 그리고 100 m/s의 헬륨이 수축-확대 노즐로 들어간다. 노즐 목에서 얻을 수 있는 가장 낮은 온도와 압력은 얼마인가?

12-21 2004년 3월에 NASA는 실험용 초음속-연소 램엔진(scramjet 라 불림)을 성공적으로 발진시켜 Mach 수 7에 이른 바 있다. 공기의 온도를 −50 °C로 볼 때 이 엔진의 속도를 구하라. 답: 7550 km/h

12-22 12-21에서 다룬 scramjet 엔진을 다시 고려해 보자. 공기 온도가 −18 °C일 때 Mach 수 7에 해당하는 이 엔진의 속도를 구하라.

12-23 200 kPa, 100 °C, 그리고 Mach 수 0.8의 공기가 덕트를 통하여 흐르고 있다. 공기의 속도와 정체압력, 정체온도, 그리고 정체압력을 계산하라.

12-24 문제 12-23를 다시 고려하자. EES(혹은 다른) 소프트웨어를 사용하여 0.1에서 2까지 범위의 Mach 수가 공기의 속도, 정체압력, 정체온도, 그리고 정체밀도에 미치는 영향에 대하여 조사하라. 각각의 값들을 Mach 수의 함수로 그래프로 나타내라.

12-25 어떤 항공기가 대기온도 236.15 K인 12,000 m의 고도에서 Mach 수 Ma = 1.1로 비행하도록 설계되었다. 날개 앞전에서의 정체온도를 구하라.

등엔트로피 노즐 유동

12-26C 매개변수 Ma*는 Mach 수 Ma와 어떻게 다른가?

12-27C 만약 초음속 유체를 확대 디퓨저로 더 가속하려고 시도한다면 어떻게 해야 하나?

12-28C 노즐 목에서 음속이 아닌 초음속으로 유체를 가속할 수 있는가? 설명하라.

12-29C 노즐 목의 단면적이 서로 같은 수축노즐과 수축-확대 노즐을 생각하자. 동일한 노즐 입구조건에서 이 두 노즐을 통과하는 질량유량이 어떻게 비교될 수 있겠는가?

12-30C 제시된 입구조건으로 수축노즐을 통과하는 기체유동을 생각해 보자. 유체가 노즐출구에서 가질 수 있는 최대속도가 음속이고, 그때 노즐을 통과하는 질량유량은 최대임을 알고 있다. 만약 노즐 출구에서 극초음속을 얻을 수 있다고 가정하면, 이는 노즐의 질량유량에 어떠한 영향을 미치는가?

12-31C 고정된 입구조건을 가진 수축노즐을 통과하는 아음속 유동에서 출구압력이 임계압력일 때를 생각해 보자. 배압이 임계압력 이하로 떨어지면 (a) 출구속도, (b) 출구압력, 그리고 (c) 노즐을 통과하는 질량유량에 어떤 영향이 있는가?

12-32C 노즐 목에서 아음속인 수축-확대 노즐을 통과하는 유체의 등엔트로피 유동을 생각해 보자. 확대구간에서 유체의 (a) 속도, (b) 압력, 그리고 (c) 질량유량은 어떻게 변하는가?

12-33C 고정된 입구조건을 가진 수축노즐을 통과하는 아음속 유동을 생각해 보자. 배압이 임계압력까지 떨어지면 (a) 출구속도, (b) 출구압력, 그리고 (c) 노즐을 통과하는 질량유량에 어떤 영향이 있는가?

12-34C 만약 초음속 유체를 확대 디퓨저로 감속을 시도한다면 어떻게 되겠는가?

12-35 700 kPa, 400 K의 질소가 무시할 수 있는 속도로 수축-확대 노즐에 들어간다. 노즐 내의 임계속도, 임계압력, 임계온도 그리고 임계밀도를 구하라.

12-36 압력이 1.2 MPa이고, 무시할 수 있는 속도로 공기가 수축-확대 노즐에 들어간다. 등엔트로피 유동으로 가정하고, 출구 Mach 수가 1.8이 되기 위한 배압을 구하라. 답: 209 kPa

12-37 이상기체가 수축 후 확대되는 통로를 통하여 단열, 가역, 정상 유동 과정으로 흐르고 있다. 최소 유동면적에서의 Mach 수가 1일 때, 입구에서 아음속인 유동에 대해서 노즐의 길이에 따른 압력, 속도, 그리고 Mach 수의 변화를 그려라.

12-38 문제 12-37을 입구에서 초음속 유동인 경우에 대하여 다시 풀어라.

12-39 왜 주어진 이상기체의 단위 면적당 최대유량은 $P_0/\sqrt{T_0}$에만 의존하는지 설명하라. $k = 1.4$, 그리고 $R = 0.287$ kJ/kg · K인 이상기체에서, $\dot{m}/A^* = aP_0/\sqrt{T_0}$에서의 상수 a를 구하라.

12-40 이상기체에서, 정체온도를 기준한 음속에 대한 Ma = 1일 때의 음속의 비, c^*/c_0를 나타내는 식을 구하라.

12-41 k = 1.4 인 이상기체가 노즐을 통과하여 흐르고 있고, 유동면적이 45 cm^{2}인 곳에서 Mach 수는 1.6이다. 등엔트로피 유동

으로 가정하고 Mach 수가 0.8이 되는 위치에서의 유동면적을 구하라.

12-42 문제 12-41을 $k=1.33$인 이상기체에 대하여 다시 풀어라.

12-43 0.5 MPa, 420 K, 그리고 110 m/s의 공기가 노즐에 들어간다. 등엔트로피 유동으로 가정하고, 공기의 속도가 음속과 같아지는 위치에서의 압력과 온도를 구하라. 입구의 면적에 대한 이 위치에서의 면적비는 얼마인가? 답: 355 K, 278 kPa, 0.428

12-44 문제 12-43을 입구속도가 무시할 수 있을 정도로 작은 경우에 대하여 다시 풀어라.

12-45 900 kPa, 400 K인 공기가 무시할 수 있는 속도로 수축노즐로 들어간다. 노즐 목의 단면적은 10 cm^2 이다. 등엔트로피 유동으로 가정하고, $0.9 \geq P_b \geq 0.1$ MPa인 배압 P_b에 대하여 출구압력, 출구속도, 그리고 질량유량을 계산하고 이를 그래프로 나타내라.

12-46 문제 12-45를 다시 생각해 보자. EES(혹은 다른) 소프트웨어를 이용하여 입구조건 0.8 MPa, 1200 K에 대하여 문제를 다시 풀어라.

12-47 1 MPa, 37 °C의 공기가 낮은 속도로 초음속 풍동의 수축-확대 노즐로 들어간다. 시험부의 유동면적은 노즐 출구의 면적과 같고, 그 크기는 0.5 m^{2}이다. Mach 수 Ma=2에 대하여 시험부에서의 압력, 온도, 속도, 그리고 질량유량을 계산하라. 이때 왜 시험부에서 공기가 매우 건조해야 하는지 설명하라. 답: 128 kPa, 172 K, 526 m/s, 680 kg/s

충격파와 팽창파

12-48C 수직충격파 후방에서 유체의 Mach 수는 1보다 클 수 있는가? 설명하라.

12-49C Fanno 선과 Reyleigh 선 상의 상태들은 무엇을 나타내는가? 이 두 곡선이 교차하는 지점은 무엇을 나타내는가?

12-50C 속도의 수직성분(충격파 면에 수직)이 사용된다면 경사충격파도 수직충격파처럼 해석될 수 있다고 한다. 이 주장에 동의하는가?

12-51C 수직충격파는 (a) 유체의 속도, (b) 온도, (c) 정체온도, (d) 정압, 그리고 (e) 정체압력에 어떠한 영향을 미치는가?

12-52C 경사충격파는 어떻게 발생하는가? 경사충격파는 수직충격파와 어떻게 다른가?

12-53C 경사충격파가 발생하기 위하여 상류유동은 초음속이어야 하는가? 경사충격파의 하류유동은 아음속이어야 하는가?

12-54C 이상기체의 등엔트로피 관계식은 (a) 수직충격파, (b) 경사충격파, 그리고 (c) Prandtl-Meyer 팽창파를 통과하는 유동에 각각 적용 가능한가?

12-55C 초음속 공기유동이 2차원 쐐기의 앞부분에 접근하고 있고 이때 경사충격파가 발생한다고 하자. 어떤 조건에서 경사충격파는 쐐기의 앞부분으로부터 떨어져 궁형충격파(bow wave)가 나타나는가? 쐐기 앞부분에서 이탈된 충격파(detached shock)의 충격파 각도는 얼마인가?

12-56C 항공기의 둥근 앞전에 부딪치는 초음속 유동을 생각하자. 앞전 앞에 형성된 경사충격파는 부착되었는가, 아니면 이탈되었는가? 설명하라.

12-57C 수축-확대 노즐의 수축구간에서 충격파가 생성될 수 있는가? 설명하라.

12-58 26 kPa, 230 K 그리고 815 m/s의 공기가 수직충격파를 지나간다. 충격파 하류에서의 압력, 온도, 속도, Mach 수, 그리고 정체압력뿐만 아니라, 충격파 상류에서의 정체압력과 Mach 수도 계산하라.

12-59 문제 12-58에서 수직충격파를 통과하는 공기의 엔트로피 변화를 계산하라. 답: 0.242 kJ/kg · K

12-60 2.4 MPa, 120 °C의 공기가 낮은 속도로 수축-확대 노즐에 유입된다. 만약 노즐 출구의 면적이 목 면적의 3.5배이면, 노즐 출구면에 수직충격파가 나타나도록 하는 배압은 얼마인가? 답: 0.793 MPa

12-61 문제 12-60에서 수직충격파가 단면적이 목 면적의 두 배인 위치에서 발생할 때, 배압은 얼마인가?

12-62 1 MPa, 300 K인 낮은 속도의 공기가 초음속 풍동의 수축-확대 노즐로 유입된다. 만약 Ma=2.4인 노즐 출구면에서 수직충격파가 발생할 때, 충격파 이후의 압력, 온도, Mach 수, 속도 그리고 정체압력을 구하라. 답: 448 kPa, 284 K, 0.523, 177 m/s, 540 kPa

12-63 EES나 다른 소프트웨어를 이용하여, 상류 Mach 수 0.5에서 1.5까지 0.1 간격으로, 수직충격파를 통과하는 공기의 엔트로피 변화를 계산하고 그래프로 나타내라. 왜 상류 Mach 수가 Ma=1보다 클 때에만 수직충격파가 발생하는지 설명하라.

12-64 2차원 쐐기의 선단에 접근하는 Mach 수 3인 초음속 공기 유동을 생각해 보자. 그림 12-37을 이용하여 직선 형태의 경사충격파가 나타날 수 있는 최소 충격파 각도와 최대 편향각을 구하라.

12-65 32 kPa, 240 K, 그리고 $Ma_1=3.6$인 공기유동이 15° 팽창 선회(expansion turn)하고 있다. 팽창 이후, 공기의 Mach 수, 압력, 그리고 온도를 구하라. 답: 4.81, 6.65 kPa, 153 K

12-66 반각이 10° 인 2차원 쐐기를 지나는 유동의 상류조건이 70 kPa, 260 K, 그리고 Mach 수 2.4인 초음속 공기유동을 생

각하자. 만약 쐐기의 축이 상류 공기흐름에 대하여 25° 기울어져 있을 때, 쐐기 위에서의 하류 Mach 수, 압력 그리고 온도를 구하라. **답:** 3.105, 23.8 kPa, 191 K

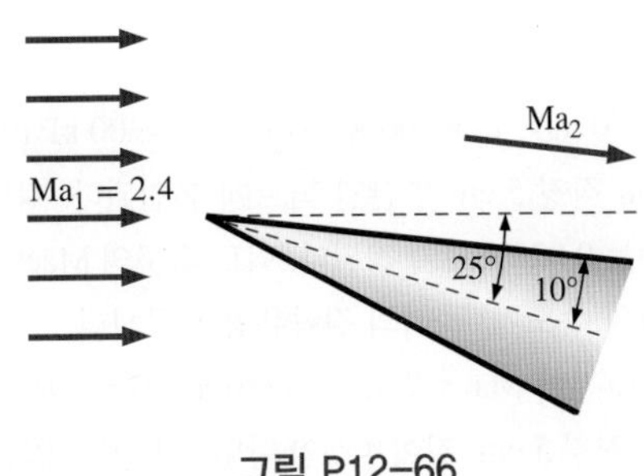

그림 P12–66

12-67 문제 12-66을 다시 생각해 보자. 상류 Mach 수가 5이고 쐐기 하부에 강한 경사충격파가 나타날 때, 쐐기 하부에서의 하류 Mach 수, 압력, 그리고 온도를 구하라.

12-68 55 kPa, −7 ℃, 그리고 Mach 수 2.0인 공기가 경사면에 의하여 유동방향이 위로 8° 기울어지고, 그 결과 약한 경사충격파가 형성된다. 충격파 후방에서의 파 각도, Mach 수, 압력 그리고 온도를 구하라.

12-69 40 kPa, 210 K, 그리고 Mach 수 3.4인 공기유동이 반각 8°의 2차원 쐐기에 부딪친다. 이 쐐기에서 나타날 수 있는 두 가지 가능한 경사충격파 각도, β_{weak}와 β_{strong}을 구하라. 각각의 경우에 대하여 경사충격파 하류에서의 압력, 온도 그리고 Mach 수를 계산하라.

12-70 공기가 노즐내부에서 정상유동 할 때, Mach 수 Ma=2.6인 곳에서 수직충격파가 발생한다. 충격파 상류의 공기의 압력과 온도가 각각 58 kPa 그리고 270 K일 때, 충격파 하류에서의 압력, 온도, 속도, Mach 수 그리고 정체압력을 구하라. 이 결과를 같은 조건에서 수직충격파를 통과하는 헬륨의 결과와 비교하라.

12-71 문제 12-70에서 수직충격파를 지나는 공기와 헬륨의 엔트로피 변화를 계산하라.

12-72 수직충격파를 지나면서 나타나는 V_2/V_1 관계식을 k, Ma_1, 그리고 Ma_2와의 관계로 나타내시오.

마찰력이 무시되고 열전달이 있는 덕트 유동(Rayleigh 유동)

12-73C Rayleigh 유동의 주요 특성은 무엇인가? Rayleigh 유동과 관계된 주된 가정은 무엇인가?

12-74C Rayleigh 유동의 *T-s*선도에서 Rayleigh 선상의 점들은 무엇을 나타내는가?

12-75C Rayleigh 유동에서 열을 얻거나 잃었을 때 유체의 엔트로피에는 어떤 영향을 미치는가?

12-76C Mach 수 0.92인 공기의 아음속 Rayleigh 유동을 생각하자. 현재 열이 유체로 전달되고 Mach 수가 0.95로 증가되었다. 이 과정동안에 유체의 온도 T는 증가, 감소 혹은 일정, 어느 것인가? 정체온도 T_0는 어떻게 되는가?

12-77C 가열은 아음속 Rayleigh 유동의 유동속도에 어떤 영향을 미치는가? 초음속 Rayleigh 유동에 대해 같은 질문에 대답하라.

12-78C 가열에 의하여 덕트 출구에서 음속(Ma=1)으로 가속되는 아음속 Rayleigh 유동을 생각하자. 만약 유체가 계속 가열된다면 덕트 출구에서의 유동은 초음속, 아음속, 혹은 음속, 어떻게 되나?

12-79 $Ma_1=0.2$, $P_1=320$ kPa 그리고 $T_1=$ 400 K의 아르곤 가스가 0.85 kg/s의 질량유량으로 단면적이 일정한 덕트로 유입된다. 마찰손실을 무시하고, 질량유량의 감소가 나타나지 않는 조건의 최대 열전달률을 구하라.

12-80 공기가 마찰을 무시할 수 있는 10 cm×10 cm 정사각형 덕트를 통해 흐르면서 가열되고 있다. 공기는 입구에서 $T_1=400$ K, $P_1=550$ kPa 그리고 $V_1=80$ m/s이다. 덕트 출구에서 유동이 초크되기 위하여 공기로 전달되어야 하는 열의 전달률, 그리고 이 과정 동안에 나타나는 공기의 엔트로피 변화를 구하라.

12-81 가스터빈의 압축기로부터 $T_1=700$ K, $P_1=600$ kPa 그리고 $Ma_1=0.2$의 압축된 공기가 0.3 kg/s로 연소실로 유입된다. 마찰을 무시할 수 있는 연소실 덕트에서 연소를 통하여 열이 150 kJ/s로 공기로 전달된다. 이때 출구에서의 Mach 수와 이 과정 동안의 정체압력의 손실 $P_{01}-P_{02}$를 구하라. **답:** 0.271, 12.7 kPa

12-82 문제 12-81을 300 kJ/s의 열전달률에 대하여 다시 풀어라.

12-83 마찰을 무시할 수 있는 공기가 직경 10 cm의 덕트를 2.3 kg/s로 흐르고 있다. 입구에서의 온도와 압력은 각각 $T_1=450$ K, $P_1=200$ kPa이고, 출구의 Mach 수는 $Ma_2=1$이다. 이 구간 덕트에서의 열전달률과 압력손실을 구하라.

12-84 공기가 덕트를 아음속으로 흐르면서 가열된다. 열전달량이 67 kJ/kg에 도달하였을 때 유동은 초크되고, 이때 덕트 입구에서의 속도와 정압은 각각 680 m/s, 그리고 270 kPa로 측정된다. 마찰손실을 무시하고, 덕트 입구에서의 속도, 온도, 그리고 정압을 구하라.

12-85 직사각형의 덕트에 $T_1=285$ K, $P_1=390$ kPa 그리고 $Ma_1=2$의 공기가 유입된다. 공기가 덕트를 지나면서 55 kJ/kg의 열이 공기로 전달된다. 마찰손실을 무시하고, 덕트 출구에서의 온도와 Mach 수를 구하라. **답:** 372 K, 1.63

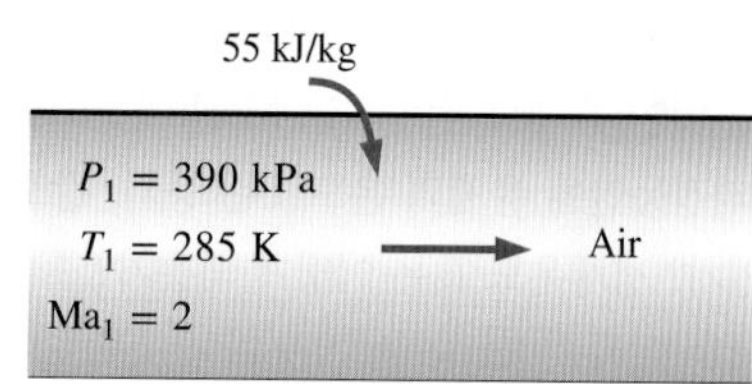

그림 P12-85

12-86 문제 12-85을 공기가 55 kJ/kg로 냉각된다는 조건에서 다시 계산하라.

12-87 마찰을 무시할 수 있는 직경 7 cm의 덕트를 통과하는 초음속 유동을 생각하자. 공기는 $Ma_1 = 1.8$, $P_{01} = 140$ kPa 그리고 $T_{01} = 600$ K로 덕트에 유입되고, 가열에 의하여 감속된다. 질량유량이 일정하게 유지되는 가운데 가열에 의하여 나타나는 공기의 가장 높은 온도를 구하라.

12-88 $V_1 = 70$ m/s, $T_1 = 600$ K 그리고 $P_1 = 350$ kPa의 공기가 마찰이 없는 덕트에 유입된다. 출구온도 T_2는 600에서 5000 K로 변한다고 놓고, 200 K 간격마다 엔트로피의 변화를 평가하고, *T-s* 선도에 Rayleigh 선을 그려라.

마찰이 있는 단열 덕트 유동(Fanno Flow)

12-89C Fanno 유동의 *T-s* 선도에서 Fanno 선상의 점들은 무엇을 나타내는가?

12-90C Fanno 유동의 주요 특성은 무엇인가? Fanno 유동에 관계된 주된 가정은 무엇인가?

12-91C Fanno 유동에서 마찰이 유체의 엔트로피에 미치는 영향은 무엇인가?

12-92C 아음속 Fanno 유동에서 마찰이 유동속도에 어떠한 영향을 미치는가? 초음속 Fanno 유동에 대한 같은 질문에도 답하라.

12-93C 마찰의 영향으로 덕트 출구에서 음속(Ma = 1)으로 감속되는 초음속 Fanno 유동을 생각하자. 만약 덕트의 길이가 더 길어진다면, 덕트 출구에서의 유동은 초음속, 아음속, 혹은 음속 중 어느 것인가? 덕트의 길이 증가에 의하여 유체의 질량유량은 증가, 감소, 혹은 일정 중 어느 것인가?

12-94C 입구 Mach 수가 1.8인 공기의 초음속 Fanno 유동을 생각하자. 마찰로 인하여 덕트 출구에서의 Mach 수가 1.2로 감소한다면, 이 과정동안 유체의 (a) 정체온도 T_0, (b) 정체압력 P_0, 그리고 (c) 엔트로피 *s*는 증가, 감소, 혹은 일정 중 어느 것인가?

12-95C 마찰의 영향으로 덕트 출구에서 음속(Ma = 1)으로 가속되는 아음속 Fanno 유동을 생각하자. 만약 덕트의 길이가 더 길어진다면, 덕트 출구에서의 유동은 초음속, 아음속, 혹은 음속 중 어느 것인가? 덕트의 길이 증가에 의하여 유체의 질량유량은 증가, 감소, 혹은 일정 중 어느 것인가?

12-96C 입구 Mach 수가 0.70인 공기의 아음속 Fanno 유동을 생각하자. 마찰로 인하여 덕트 출구에서의 Mach 수가 0.90으로 증가한다면, 이 과정동안 유체의 (a) 정체온도 T_0, (b) 정체압력 P_0, 그리고 (c) 엔트로피 *s*는 증가, 감소, 혹은 일정 중 어느 것인가?

12-97 $V_1 = 70$ m/s, $T_1 = 500$ K 그리고 $P_1 = 300$ kPa인 공기가 길이 15 m, 직경 5 cm의 단열 덕트에 유입된다. 덕트의 평균마찰계수는 0.023으로 추정된다. 덕트 출구의 Mach 수, 덕트 출구에서의 속도 및 공기의 질량유량을 구하라.

12-98 입구조건이 $Ma_1 = 2.8$, $T_1 = 380$ K 그리고 $P_1 = 80$ kPa인 공기가 직경 5 cm, 길이 4 m인 단열 덕트에 유입된다. 입구로부터 3 m 지점에 수직충격파가 발생하는 것이 관찰되고 있다. 평균마찰계수 0.007을 사용하여 덕트 출구에서의 속도, 온도, 그리고 압력을 구하라. 답: 572 m/s, 813 K, 328 kPa

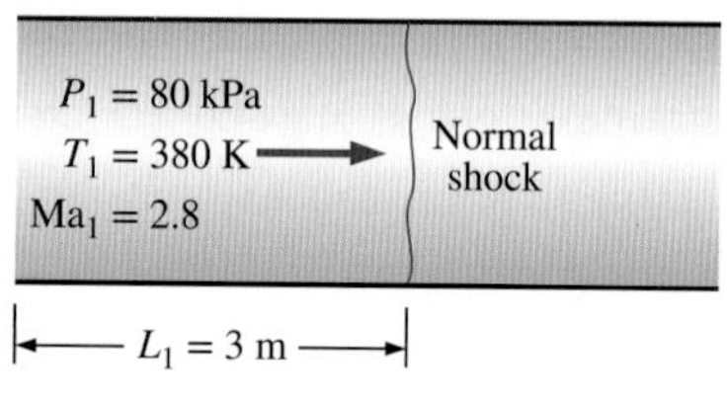

그림 P12-98

12-99 $k = 1.667$인 헬륨가스가 $Ma_1 = 0.2$, $P_1 = 400$ kPa 그리고 $T_1 = 325$ K의 조건으로 직경 15 cm인 덕트로 유입된다. 평균마찰계수 0.025에 대하여, 헬륨의 질량유량이 감소하지 않는 최대 덕트 길이를 구하라. 답: 87.2m

12-100 입구조건 $T_1 = 550$ K, $P_1 = 200$ kPa 그리고 $Ma_1 = 0.4$, 직경 12 cm인 단열 덕트를 흐르는 공기 유동을 생각하자. 덕트의 평균마찰계수는 0.021이다. 덕트 출구의 Mach 수가 0.8일 때 덕트 출구의 온도, 압력, 속도 그리고, 이때 덕트의 길이를 계산하라.

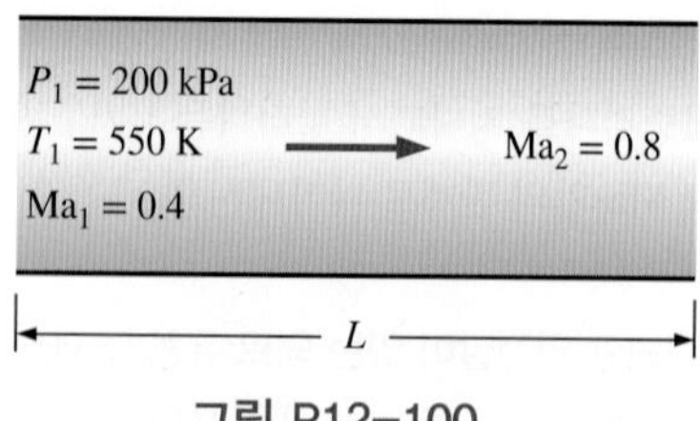

그림 P12-100

12-101 $V_1 = 150$ m/s, $T_1 = 500$ K 그리고 $P_1 = 200$ kPa의 공기가 직경 12 cm인 단열 덕트로 유입된다. 덕트의 평균마찰계수가 0.014일 때 속도가 입구속도의 두 배가 되는 지점까지의 길이를 계산하라. 또한 이 덕트구간에서 나타나는 압력강하를 구하라.

12-102 입구조건 $T_1=330$ K, $P_1=180$ kPa 그리고 $Ma_1=0.1$로 직경 20 cm인 단열 덕트를 흐르는 아음속 공기 유동을 생각하자. 평균마찰계수를 0.02로 할 때, Mach 수를 1로 가속시키기 위하여 필요한 덕트의 길이를 구하라. 또한, 입구 Mach 수가 0.1씩 증가할 때의 덕트 길이를 계산하고, 입구 Mach 수 $0.1 \le Ma \le 1$에 대한 덕트 길이를 그래프에 나타내라. 결과에 대하여 토의하라.

12-103 위의 문제 12-102를 헬륨가스에 대하여 풀어라.

12-104 $T_0=300$ K, $P_0=$ 100 kPa인 실내공기가 진공펌프에 의하여 직경 1.4 cm, 길이 35 cm이고 입구에 수축노즐이 장치된 단열 튜브를 통하여 정상적으로 빠져나간다. 노즐 내부의 유동은 등엔트로피로 가정할 수 있고 덕트의 평균마찰계수는 0.018로 볼 수 있다. 이 튜브를 통해 빨아들일 수 있는 공기의 최대 질량유량과 튜브 입구에서의 Mach 수를 구하라.

답: 0.0305 kg/s, 0.611

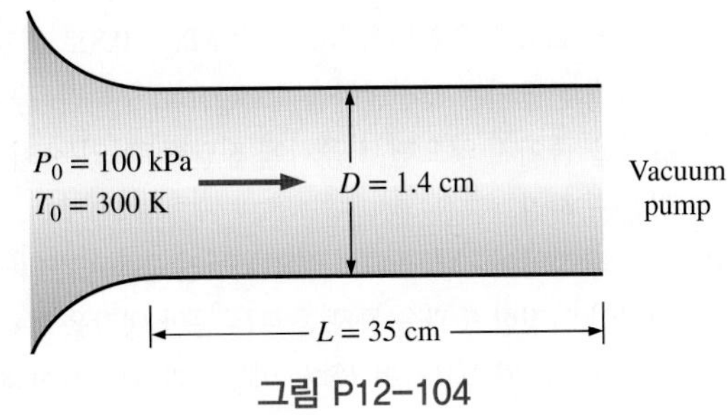

그림 P12–104

12-105 문제 12-104를 마찰계수 0.025, 그리고 튜브 길이 1 m에 대하여 다시 반복하라.

12-106 $k=1.667$, $c_p=0.5203$ kJ/kg·K 그리고 $R=0.2081$ kJ/kg·K인 아르곤 가스가 직경 8cm인 단열 덕트에 $V_1=70$ m/s, $T_1=520$ K, 그리고 $P_1=350$ kPa의 조건으로 유입된다. 평균마찰계수를 0.005, 그리고 출구온도 T_2는 540 K에서 400 K로 변한다고 할 때, 10 K 간격마다 나타나는 엔트로피 변화를 구하고, T-s 선도에 Fanno 선을 도시하라.

복습 문제

12-107 900 kPa, 500 K인 정지된 이산화탄소가 등엔트로피 과정을 통하여 Mach 수 0.6으로 가속되고 있다. 가속된 이후 나타나는 이산화탄소의 온도와 압력을 계산하라.

답: 475 K, 728 kPa

12-108 보잉 777기의 엔진이 약 380 kN의 추력을 발생시키고 있다. 유동이 노즐에서 초크되었다고 가정하고, 노즐을 통과하는 공기의 질량유량을 구하라. 주위 대기의 조건은 215 K와 35 kPa를 사용하라.

12-109 공기가 190 m/s로 흐르는 덕트 내부로 정체온도 프로브가 삽입되어 온도 85 ℃가 측정되었다. 공기의 실제 온도는 얼마인가? 답: 67.0 ℃

12-110 150 kPa, 10 ℃ 그리고 100 m/s의 정상유동 하는 질소가 열교환기로 유입되어 통과하면서 150 kJ/kg의 열을 받는다. 질소가 100 kPa, 200 m/s로 열교환기를 나갈 때, 입구와 출구상태에서 질소의 정체압력과 정체온도를 구하라.

12-111 40 kPa, 265 K, $Ma_1=2.0$인 공기가 15°로 압축선회(compression turn)한다. 압축 이후의 공기의 Mach 수, 압력과 온도를 계산하라.

12-112 아음속 비행기가 54 kPa, 256 K의 대기 조건을 가지는 5000 m 상공을 날고 있다. 정압 피토관에 의하여 정압과 정체압력의 차가 16 kPa로 측정된다. 비행기의 속도와 비행 Mach 수를 계산하라. 답: 199 m/s, 0.620

12-113 입구조건이 $Ma_1=2.2$, $T_1=250$ K, 그리고 $P_1=60$ kPa인 공기가 직경 5.5 cm인 단열 덕트에 유입되어, $Ma_2=1.8$로 빠져나가고 있다. 평균마찰계수를 0.03으로 할 때 출구에서의 속도, 온도, 그리고 압력을 구하라.

12-114 0.5 MPa, 600 K, 그리고 속도 120 m/s의 헬륨이 노즐에 유입된다. 등엔트로피 유동으로 가정하고 속도가 음속과 같아지는 위치에서의 헬륨의 압력과 온도를 구하라. 입구면적에 대한 이 위치에서의 면적비는 얼마인가?

12-115 문제 12-114를 입구 속도를 무시할 수 있다고 가정하고 다시 풀어라.

12-116 400 K, 100 kPa, 그리고 Mach 수 0.3인 질소가 유동면적이 변화하는 덕트로 들어가고 있다. 정상, 등엔트로피 유동을 가정하여, 유동면적이 20% 줄어든 위치에서의 온도, 압력, 그리고 Mach 수를 계산하라.

12-117 위의 문제 12-116을 입구 Mach 수가 0.5인 경우에 대하여 다시 계산하라.

12-118 620 kPa, 310 K의 질소가 무시할 수 있는 속도로 수축-확대 노즐에 유입되고, Mach 수가 $Ma=3.0$이 되는 지점에서 수직충격파가 발생한다. 충격파 하류에서의 압력, 온도, 속도, Mach 수, 그리고 정체압력을 계산하라. 이 결과를 같은 조건에서 공기가 수직충격파를 통과하는 경우에 얻은 결과와 비교하라.

12-119 어떤 항공기가 압력 41.1 kPa, 온도 242.7 K인 고도 7000 m 상공을 Mach 수 $Ma_1=0.9$로 비행하고 있다. 엔진 입구에 있는 디퓨저의 출구 Mach 수는 $Ma_2=0.3$이다. 질량유량이 50 kg/s일 때, 디퓨저를 지나면서 나타나는 정압 상승과 출구 면적을 구하라.

12-120 산소와 질소의 몰비가 같은 혼합물(equimolar mixture)을 생각하자. 정체온도와 정체압력이 각각 550 K, 350 kPa일 때의 임계온도, 임계압력, 그리고 임계밀도를 구하라.

12-121 노즐을 통하여 0.8 MPa, 500 K의 속도를 무시할 수 있는 헬륨이 0.1 MPa까지 팽창되고 있다. 유동을 등엔트로피로 가정하고, 질량유량이 0.34 kg/s일 때의 목과 출구의 면적을 계산하라. 왜 이 노즐은 수축-확대 노즐이어야 하는가?

답: 5.96 cm^2, 8.97 cm^2

12-122 압축성 유동에서 피토관에 의한 속도측정은 비압축성 유동에 대한 관계식을 그대로 사용하면 큰 오차가 발생할 수도 있다. 따라서 피토관을 이용하여 유동속도를 평가할 때는 압축성유동 관계식을 사용하는 것은 필수적이다. 통로를 통하는 공기의 초음속 유동을 생각하자. 유동 내부에 삽입된 피토관 상류에는 충격파가 발생되고, 정체압력과 정체온도가 각각 620 kPa와 340 K로 측정되었다고 하자. 피토관 상류의 정압이 110 kPa일 때, 유동속도를 구하라.

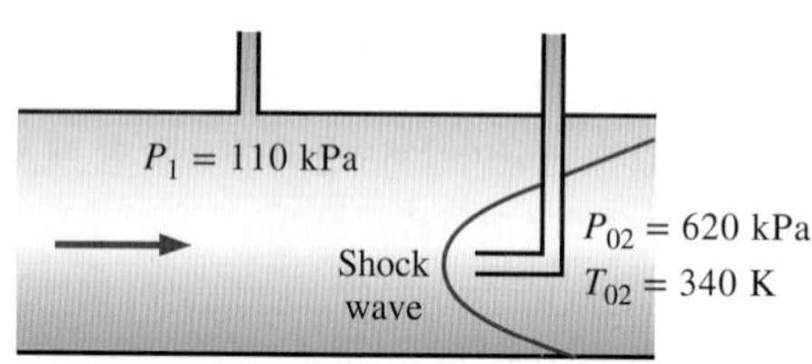

그림 P12-122

12-123 EES(혹은 다른) 소프트웨어와 표 A-14에 주어진 관계를 이용하여 $k=1.4$인 공기인 경우 1에서 10까지 0.5씩 증가하는 상류 Mach 수에 대하여 1차원 수직충격파 함수를 구하라.

12-124 문제 12-123을 $k=1.3$인 메탄에 대하여 다시 풀어라.

12-125 $T_0=290$ K, $P_0=90$ kPa인 실내공기가 진공펌프에 의하여 직경 3 cm, 길이 2 m이고 입구에 수축노즐이 장치된 단열튜브를 통하여 정상적으로 빠져나가고 있다. 노즐에서의 유동은 등엔트로피로 가정할 수 있다. 튜브의 입구에서 정압은 87 kPa이고 튜브 출구에서의 정압은 55 kPa이다. 덕트를 흐르는 공기의 질량유량, 덕트 출구에서의 공기속도, 그리고 덕트의 평균마찰계수를 구하라.

12-126 van der Waals 상태방정식, $P=RT(\upsilon-b)-a/\upsilon^2$를 기초로 한 음속의 관계식을 유도하라. 이 방정식을 사용하여 80 ℃, 320 kPa인 이산화탄소의 음속을 구하고, 이상기체 가정으로 얻어진 결과와 비교하라. 이산화탄소의 van der Waals 상수는 $a=364.3$ kPa · m^6/$kmol^2$와 $b=0.0427$ m^3/kmol이다.

12-127 입구조건 $T_1=500$ K, $P_1=80$ kPa, 그리고 $Ma_1=3$으로 직경 12 cm인 단열 덕트에 유입되는 초음속 공기유동을 생각하자. 평균마찰계수를 0.03으로 하고, 유동의 Mach 수가 1로 감속되기 위한 덕트의 길이를 구하라. 또 입구 Mach 수가 $1 \le Ma \le 3$의 범위에서 Mach 수의 증분이 0.25일 때의 덕트 길이를 계산하고, 그 변화를 그래프에 나타내라. 결과들에 대하여 토의하라.

12-128 공기가 10 cm×10 cm의 정사각형 덕트를 아음속으로 흐르면서 가열되고 있다. 입구에서의 공기 상태량은 $Ma_1=0.6$, $P_1=350$ kPa, 그리고 $T_1=420$ K로 일정하게 유지된다. 마찰손실은 무시하고, 입구조건에 영향을 주지 않으면서 덕트 내부의 공기에 전달할 수 있는 최대 열전달률을 구하라.

답: 716 kW

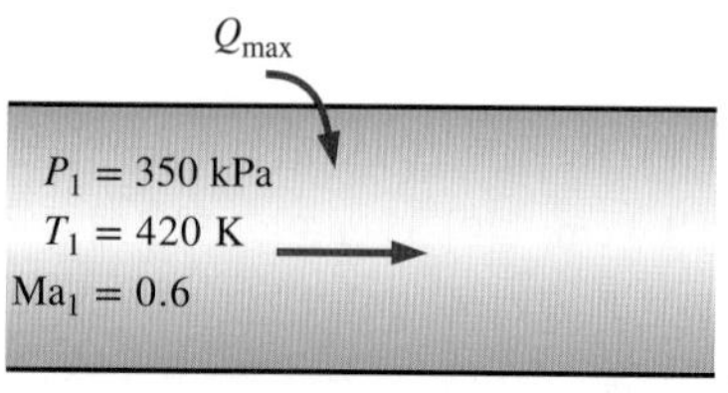

그림 P12-128

12-129 문제 12-128을 헬륨에 대하여 다시 풀어라.

12-130 공기가 마찰을 무시할 수 있는 덕트 내부에서 가열에 의하여 가속되고 있다. 공기는 $V_1=125$ m/s, $T_1=400$ K, 그리고 $P_1=35$ kPa로 유입되어 Mach 수 $Ma_2=0.8$로 빠져 나간다. 공기에 전달되는 열전달률을 kJ/kg으로 구하라. 공기의 질량유량을 줄이지 않으면서 공기에 전달할 수 있는 최대 열전달량을 구하라.

12-131 온도와 정압이 각각 340 K, 250 kPa인 음속조건의 공기가 단면적이 일정한 도관을 통해 흐르는 동안 냉각을 통하여 Mach 수 1.6으로 가속시키려 한다. 마찰효과를 무시할 때 필요한 열전달량을 kJ/kg로 구하라. 답: 47.5 kJ/kg

12-132 평균 비열비가 $k=1.33$이고 기체상수가 $R=0.280$ kJ/kg · K인 연소가스가 $Ma_1=2$, $T_1=510$ K 그리고 $P_1=180$ kPa의 입구조건으로 직경 10 cm인 단열 덕트에 유입된다. 입구로부터 2 m인 지점에서 수직충격파가 발생할 때, 덕트 출구에서의 속도, 온도, 그리고 압력을 구하라. 평균마찰계수는 0.010을 사용하라.

12-133 공기가 직경 30cm인 덕트를 지나면서 냉각되고 있다. 입구조건은 $Ma_1=1.2$, $T_{01}=350$ K, 그리고 $P_{01}=240$ kPa이고 출구 Mach 수는 $Ma_2=2.0$ 이다. 마찰에 의한 효과를 무시할 때 공기의 냉각률을 구하라.

12-134 EES 소프트웨어와 표 A-13의 관계를 이용하여 $k=1.667$인 이상기체에 대한 1차원 압축성 유동함수를 계산하고 그 결과를 표 A-13과 같이 만들어라.

12-135 EES 소프트웨어와 표 A-14의 관계를 이용하여 $k=1.667$인 이상기체에 대한 1차원 수직충격파 함수를 계산하고 그 결과를 표 A-14와 같이 만들어라.

12-136 공기가 $V_1=120$ m/s, $T_1=400$ K, 그리고 $P_1=100$ kPa의 입구조건으로 직경 6 cm의 단열 덕트로 유입되어, $Ma_2=1$의 출구 Mach 수로 나가고 있다. 덕트 길이가 질량유

량과 입구속도에 미치는 영향을 조사하기 위하여, P_1 과 T_1이 일정하게 유지되면서 덕트 길이가 두 배까지 늘어난다고 하자. 평균마찰계수를 0.02로 하고, 늘어난 다양한 길이에 대한 질량유량과 입구속도를 계산하고, 이를 그 늘어난 길이에 대하여 그래프에 나타내라. 그 결과들에 대하여 토의하라.

12-137 적절한 소프트웨어를 이용하여 질량유량이 3 kg/s이고 입구 정체조건이 1400 kPa, 200 °C인 공기에 대하여 수축-확대 노즐의 형상을 결정하라. 이때 유동은 등엔트로피로 가정한다. 출구 압력 100 kPa를 50 kPa씩 높이면서 계산을 반복하라. 노즐을 스케일에 맞게 도면을 그려라. 또한 노즐을 따라 나타나는 Mach 수를 계산하고 그래프로 나타내라.

12-138 6.0 MPa, 700 K의 수증기가 무시할 수 있는 속도로 수축노즐에 유입된다. 이때 노즐 목의 면적은 8 cm^{2}이다. 등엔트로피 유동을 가정하고, $6.0 \geq P_b \geq 3.0$ MPa 범위의 배압 P_b에 대하여 출구압력, 출구속도, 그리고 노즐을 통과하는 질량유량을 그래프에 나타내라. 수증기는 $k=1.3$, $c_p=1.872$ kJ/kg · K, 그리고 $R=0.462$ kJ/kg · K인 이상기체로 취급하라.

12-139 충격파 전방에서의 정압에 대한 충격파 후방에서의 정체압력의 비를 k와 충격파 상류 Mach 수 Ma_1의 함수로 나타내라.

12-140 적절한 소프트웨어와 표 A-13에 주어진 관계를 이용하여 $k=1.4$인 공기인 경우 1에서 10까지 0.5씩 증가하는 상류 Mach 수에 대하여 1차원 등엔트로피 압축성 유동함수를 계산하라.

12-141 문제 12-140을 $k=1.3$인 메탄에 대하여 다시 풀어라.

12-142 $k=$ 1.2, 1.4 그리고 1.6일 때의 Mach 수 범위 $0 \leq Ma \leq 1$에 대하여 질량유동 매개변수 $\dot{m}\sqrt{RT_0})/(AP_0)$와 Mach 수 관계를 그래프에 나타내라.

12-143 식 (12-9)로부터 시작하여 순환법칙(cyclic rule)과 아래 열역학 상태량 방정식을 이용하여 식 (12-10)을 유도하라.

$$\frac{c_p}{T} = \left(\frac{\partial s}{\partial T}\right)_p \quad \text{그리고} \quad \frac{c_\upsilon}{T} = \left(\frac{\partial s}{\partial T}\right)_\upsilon$$

12-144 등엔트로피 유동을 하는 이상기체들에 대하여 P/P^*, T/T^*, 그리고 ρ/ρ^*를 k와 Ma의 함수로 나타내라.

12-145 식 (12-4), 식 (12-13) 그리고 식 (12-14)를 이용하여 이상기체의 정상유동에 대하여 $dT_0/T = dA/A + (1-Ma^2)\,dV/V$임을 증명하라. 유동이 각각 (a) 아음속 유동, 그리고 (b) 초음속 유동일 경우에 대하여 가열과 면적변화가 이상기체의 정상유동 속도에 미치는 영향을 설명하라.

12-146 공기가 출구 면적이 목 면적의 2.896배인 수축확대 노즐 내부를 흐르고 있다. 노즐 입구 상류의 속도는 무시할 수 있을 정도로 작고, 압력과 온도는 각각 2.0 MPa, 150 °C이다. 수직충격파가 노즐 출구면에 위치하게 하는 노즐 바로 바깥에서의 배압을 계산하라.

FE(Fundamentals of Engineering) 시험문제

12-147 항공기가 5 °C의 정체된 공기 속에서 400 m/s의 속도로 순항하고 있다. 항공기의 기수에서 정체가 발생된 곳에서의 공기 온도는?

(a) 5 °C (b) 25 °C (c) 55 °C
(d) 80 °C (e) 85 °C

12-148 25 °C, 95 kPa, 250 m/s의 공기가 풍동 내부에서 흐르고 있다. 유동 안에 삽입된 프로브에서의 정체압은?

(a) 184 kPa (b) 98 kPa (c) 161 kPa
(d) 122 kPa (e) 135 kPa

12-149 12 °C, 66 kPa, 190 m/s의 공기가 풍동 내부에서 흐르고 있다. 유동의 Mach 수는?

(a) 0.56 (b) 0.65 (c) 0.73
(d) 0.87 (e) 1.7

12-150 어떤 항공기가 −20 °C, 40 kPa의 공기에서 Mach 수 0.86으로 순항 중이다. 이때 항공기의 속도는?

(a) 91 m/s (b) 220 m/s (c) 186 m/s
(d) 274 m/s (e) 378 m/s

12-151 입구에서의 유동속도가 작고 출구에서 음속인 수축노즐을 생각해보자. 노즐 입구의 온도와 압력이 일정하게 유지될 때, 노즐 출구 직경이 반으로 줄어든다. 이때 노즐 출구 속도는?

(a) 그대로 유지된다.
(b) 두 배로 증가한다.
(c) 4 배로 증가한다.
(d) 1/2 배로 줄어든다.
(e) 1/4 배로 줄어든다.

12-152 310 °C, 300 kPa의 이산화탄소가 수축확대 노즐에서 60 m/s의 속도로 유입되어 초음속으로 빠져나간다. 이때 노즐 목에서 이산화탄소의 속도는?

(a) 125 m/s (b) 225 m/s (c) 312 m/s
(d) 353 m/s (e) 377 m/s

12-153 20 °C, 150 kPa의 아르곤 가스가 수축확대 노즐에서 저속으로 유입되어 초음속으로 빠져나간다. 목의 단면적이 0.015 m^{2}일 때, 노즐을 통과하는 아르곤의 질량유량은?

(a) 0.47 kg/s (b) 1.7 kg/s (c) 2.6 kg/s
(d) 6.6 kg/s (e) 10.2 kg/s

12-154 12 °C, 200 kPa의 공기가 수축확대 노즐에서 저속으로 유입되어 초음속으로 빠져나간다. 이때 노즐 목에서 공기의 속도는?

(a) 338 m/s (b) 309 m/s (c) 280 m/s
(d) 256 m/s (e) 95 m/s

12-155 수축확대 노즐을 통과하는 기체유동을 생각해보자. 다음 다섯 가지 설명 중에서 틀린 것을 고르시오.

(a) 목에서 유체의 속도는 결코 음속을 초과할 수 없다.

(b) 목에서 유체의 속도가 음속보다 작다면, 확대 영역은 디퓨저 역할을 한다.

(c) 확대영역에서 유체가 1보다 큰 Mach 수로 유입된다면, 노즐 출구에서 유동은 초음속이 된다.

(d) 배압이 정체압과 같다면, 노즐 내부에서 유동은 흐르지 않는다.

(e) 유동이 수직충격파를 통과하는 동안 유체의 속도는 감소하고, 엔트로피는 증가하며, 정체 엔탈피는 일정하게 유지된다.

12-156 정체온도 350 °C, 정체압력 400 kPa인 조건에서 $k=1.33$인 연소기체가 수축노즐로 유입되어 20 °C, 100 kPa의 대기로 배출된다. 이때 노즐 내부에서 발생할 수 있는 가장 낮은 압력은 얼마인가?

(a) 13 kPa (b) 100 kPa (c) 216 kPa

(d) 290 kPa (e) 315 kPa

서술 및 논술 문제

12-157 여러분들 대학에 초음속 풍동이 있는지 보라. 만약 있다면, 풍동이 작동될 때 여러 위치에서의 Mach 수뿐만 아니라 풍동의 단면적 크기와 온도와 압력 변화를 알아보자. 일반적으로 어떤 실험에 그 풍동이 사용되는가?

12-158 온도계와 어떤 기체의 음속을 측정하는 장비를 가지고 있다고 가정하고, 헬륨과 공기의 혼합물에서 헬륨의 몰분율(mole fraction)을 어떻게 구할 수 있는지에 대하여 설명하라.

12-159 Mach 수 1.8로 작동하는 직경 25 cm, 길이 1 m의 원통형 풍동을 설계하라. 대기 중의 공기가 풍동으로 들어와 수축-확대 노즐을 통과하면서 초음속으로 가속된다. 공기는 수축-확대 디퓨저를 통하여 매우 낮은 속도로 감속되어 송풍기를 거쳐 빠져 나간다. 설계할 때 어떠한 비가역성도 무시하라. 정상유동 조건에서 공기의 질량유량뿐만 아니라 여러 지점에서의 온도와 압력을 계산하라. 공기를 초음속 풍동으로 불어 보내기 전에 건조시키는 이유는 무엇인가?

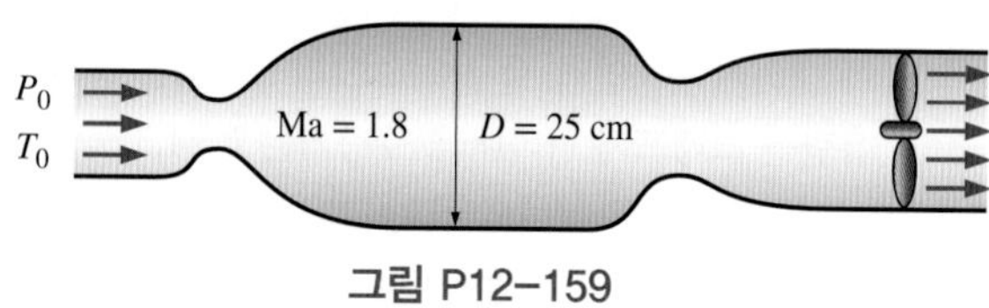

그림 P12–159

12-160 비압축성 유동, 아음속 유동, 초음속 유동 간의 차이점을 정리해보시오.

CHAPTER

13

개수로 유동

개수로 유동은 대기에 노출된 수로 내의 유동을 의미하지만, 액체가 도관을 완전히 채우지 않아서 자유표면이 있는 도관 내의 유동도 또한 개수로 유동이다. 개수로 유동은 단지 기체(주로 대기압 상태의 공기)에 노출된 액체(주로 물 또는 폐수)만이 관여한다.

파이프 내의 유동은 중력 그리고/또는 압력 차이에 의해서 구동되지만, 수로에서의 유동은 당연히 중력으로 구동된다. 예를 들면, 강에서 물의 유동은 상류와 하류의 높이 차이로 구동된다. 개수로 내의 유량은 중력과 마찰력의 동적 균형으로 결정된다. 비정상 유동에서는 흐르는 액체의 관성도 또한 중요하게 된다. 자유표면은 수력구배선(HGL)과 일치하며, 자유표면에서의 압력은 일정하다. 그러나 수로 바닥부터 자유표면까지의 높이와 이에 따른 수로의 유동 단면의 모든 치수를 **미리** 알 수는 없으며, 이는 평균 유속에 따라 달라진다.

이 장에서는 일반적인 단면 형상을 갖는 수로의 정상 1차원 유동에 대해 개수로 유동의 기본 법칙과 이와 관련되는 상관관계를 소개한다. 자세한 내용은 이 주제를 다루는 여러 책에서 찾을 수 있으며, 이들 중 일부는 참고 문헌에 열거하였다.

목표

이 장을 공부하면 다음과 관련된 지식을 얻을 수 있다.

- 개수로 유동과 파이프 내부 가압 유동의 차이에 대한 이해
- 개수로 유동에서 여러 가지의 유동 영역과 그 특성
- 유동에서 수력도약의 발생 여부 예측 및 수력도약 과정에서 소산되는 에너지 분율 계산
- 수문과 위어를 이용한 개수로 유량 측정 방법의 이해

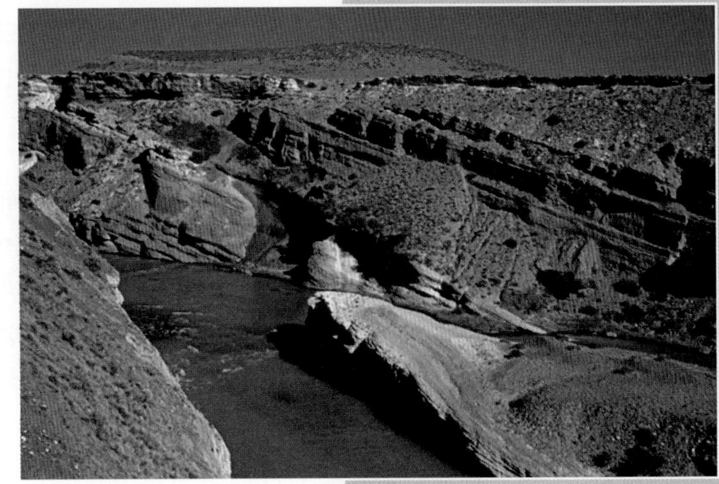

자연 및 인공 개수로 유동은 대기에 노출된 자유표면으로 특징지어진다.

(*a*)

(*b*)

그림 13–1
자연 및 인공 개수로 유동은 대기에 노출된 자유표면으로 특징지어진다.
(a) © Doug Sherman/Geofile RF;
(b) © Corbis RF

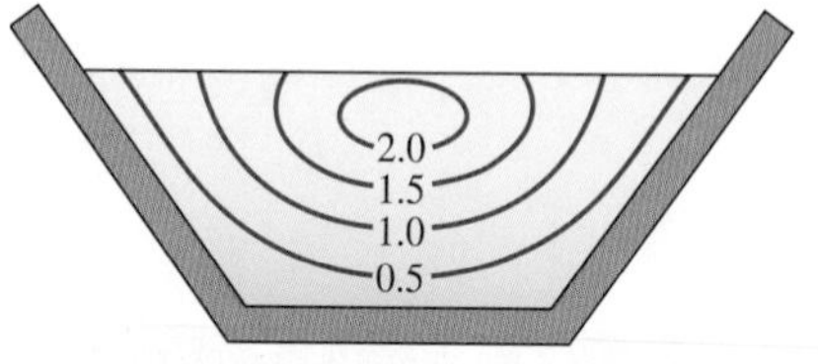

그림 13–2
사다리꼴 단면의 개수로에서 전형적인 축방향 속도 등분포도. 속도 값은 평균속도에 대한 상대적인 값이다.

13–1 ■ 개수로 유동의 분류

개수로 유동은 대기에 노출된 수로 내의 유동 또는 일부만 채워진 도관 내의 액체 유동을 의미하며, **자유표면**(그림 13-1)이라고 하는 액체-기체 계면(interface)의 존재로 특징지어진다. 고속도로, 주차장, 지붕의 빗물 배수뿐만 아니라 시냇물, 강물, 홍수처럼 실제로 마주치는 대부분 자연의 유동은 개수로 유동이다. 인간이 만든 개수로 유동 시스템으로는 관개 시스템, 하수관, 배수 도랑, 홈통 등이 포함되며, 이러한 시스템 설계가 공학적으로 중요한 응용분야이다.

개수로에서 유속은 점착 조건 때문에 측면과 바닥면에서는 0이며, 그림 13-2에 나타낸 것처럼 형상이 대칭인 경우에는 일반적으로 중간면의 자유표면 약간 아래에서 최대가 된다(수로가 좁을 때는 직선 수로에서도 발생하는 2차 유동 때문에 최대 축방향 속도는 일반적으로 자유표면으로부터 깊이가 약 25 % **이내**인 지점에서 발생한다.). 더욱이 대부분의 경우 유속은 유동방향으로도 변한다. 그러므로 개수로의 속도 분포는(따라서 유동도) 대체적으로 3차원이다. 그러나 실제 공학 분야에서 수식들은 수로 단면에서의 평균 속도로 나타낸다. 평균 속도는 단지 유동방향 거리 x에 따라서만 변하므로 V는 **1차원** 변수이다. 이러한 1차원성은 중요한 실제 문제들을 수계산(직접 계산)에 의해 간단히 풀 수 있도록 한다. 이 장에서는 우리의 관심을 1차원 평균 유속을 갖는 유동으로 제한한다. 그 단순성에도 불구하고 1차원 수식들은 매우 정확한 결과를 제공하며, 실제로 널리 사용된다.

수로 벽면의 점착 조건은 속도구배를 유발하며, 접수 표면(wetted surface)을 따라 벽면 전단응력 τ_w가 발달한다. 주어진 단면에서 벽면 전단응력은 접수둘레(wetted *p*erimeter)를 따라 변하며 유동에 저항을 준다. 이 저항의 크기는 벽면 거칠기와 이에 따른 속도구배뿐만 아니라 유체의 점성에 의해서도 달라진다.

개수로 유동은 또한 정상(steady)과 비정상(unsteady)으로도 분류될 수 있다. 유동이 주어진 위치에서 시간에 따라 변하지 않으면 **정상**이라고 한다. 개수로 유동에서 대표적인 값은 **유동깊이**(flow depth, 또는 그 대신에 평균 속도)이며, 이는 수로를 따라서 변할 수 있다. 만약 수로에서 유동깊이가 주어진 어느 위치에서도 시간에 따라 변하지 않으면(단 위치마다 다른 값을 가질 수 있다) 이 유동을 **정상**이라고 한다. 그렇지 않으면 유동은 **비정상**이다. 이 장에서는 오직 정상 유동만을 다룬다.

균일 유동과 변화 유동

개수로 유동은 또한 수로에서 유동깊이 y(수로 바닥으로부터 자유표면까지 수직방향 거리)가 어떻게 변하는가에 따라 균일 또는 **비균일**[**변화**(varied)라고도 한다]로 분류된다. 만약 유동깊이(따라서 평균 속도)가 일정하게 유지되면 수로의 유동은 **균일**(uniform)하다고 한다. 그렇지 않으면 유동은 **비균일**(nonuniform)하다 또는 **변화**(varied)한다고 하며, 이는 유동깊이가 유동방향으로 거리에 따라 변하는 것을 의미한다. 실제로 균일 유동 조건은 기울기, 표면조도 및 단면이 일정한 수로의 긴 직선 구간에서 흔히 나타난다.

기울기와 단면적이 일정한 개수로에서 마찰 손실에 의한 수두 손실이 고도 강하

(elevation drop)와 같아질 때까지 액체는 가속된다. 이 점에서 액체는 종단 속도에 도달하고, 균일 유동이 형성된다. 유동은 수로의 기울기, 단면적, 표면조도가 변하지 않는 한 균일하게 유지된다. 균일 유동에서 유동깊이를 **정상깊이**(normal depth) y_n이라고 하며, 이는 개수로 유동의 중요한 특성 매개변수이다(그림 13-3).

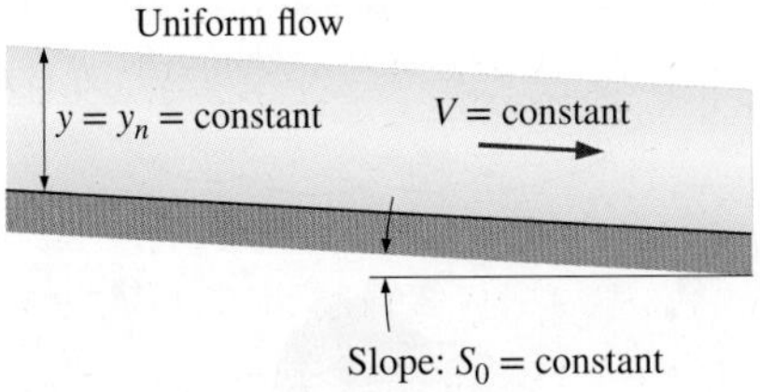

Uniform flow

$y = y_n$ = constant V = constant

Slope: S_0 = constant

그림 13–3
개수로의 균일 유동에서 유동깊이 y와 평균 유속 V는 일정하게 유지된다.

수로에서 수문, 기울기 또는 단면적의 변화와 같은 장애물의 존재는 유동깊이를 변화시키고, 이에 따라 유동은 **변화**하거나 **비균일**하게 된다. 이와 같은 비균일 유동은 강, 관개 시스템, 하수로와 같은 자연 또는 인공 수로에서 흔하게 나타난다. 만약 유동깊이가 유동방향으로 상대적으로 짧은 구간에서 크게 변하면(부분적으로 열린 수문 또는 폭포를 통과하는 물의 유동처럼) 이 비균일 유동은 **급변화 유동**(rapidly varied flow, RVF)이라 하고, 만약 수로를 따라 긴 거리에 걸쳐 유동깊이가 완만하게 변하면 **점진변화 유동**(gradually varied flow, GVF)이라고 한다. 그림 13-4에서 보여주는 것처럼, 점진변화 유동 영역은 일반적으로 급변화 유동과 균일 유동 영역 사이에서 발생한다.

점진변화 유동에서는 균일 유동에서 할 수 있는 것처럼 1차원 평균 속도를 가지고 다룰 수 있다. 하지만 급변화 유동에서는 평균 속도가 항상 가장 유용하거나 또는 가장 적절한 매개변수는 아니다. 그러므로 급변화 유동에 대한 해석은 특히 (해변에서 파도가 부서지는 것처럼) 유동이 비정상일 때 더욱 복잡하다. 방출유량을 알고 있는 경우, 주어진 개수로 내의 점진변화 유동 영역의 유동깊이(즉, 자유표면의 윤곽선)는 유동조건이 알려진 단면에서 해석을 시작하여 수두 손실, 고도 강하, 각 단계의 평균 속도를 계산하는 단계적인 방식으로 구할 수 있다.

수로 내의 층류와 난류 유동

파이프 유동과 마찬가지로, 개수로 유동은 다음과 같이 표현되는 **Reynolds 수**의 값에 따라 층류, 천이, 난류가 될 수 있다.

$$\mathrm{Re} = \frac{\rho V R_h}{\mu} = \frac{V R_h}{\nu} \tag{13-1}$$

여기서 V는 평균 액체 속도, ν는 동점성계수, R_h는 **수력반경**(hydraulic radius)이며 유동단면적 A_c와 접수둘레 p의 비로 정의된다.

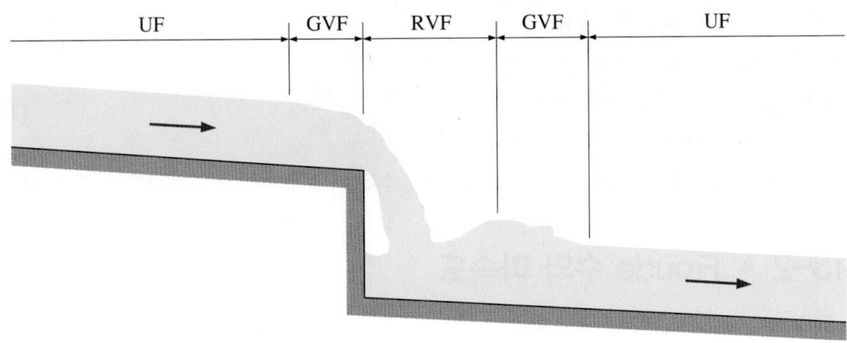

그림 13–4
개수로에서 균일 유동(UF), 점진변화 유동(GVF), 급변화 유동(RVF)

I've known since grade school that radius is half of diameter. Now they tell me that hydraulic radius is one-fourth of hydraulic diameter!
? ? ?

그림 13–5
수력반경과 수력직경 사이의 관계는 기대하는 것과 다르다.

수력반경: $$R_h = \frac{A_c}{p} \quad \text{(m)} \tag{13-2}$$

개수로가 다소 불규칙한 단면을 갖는다는 것을 고려하면, 수력반경은 개수로를 다루기 위한 특성 치수(characteristic dimension)의 역할을 하고, 개수로 취급에서 일관성을 준다. 또한 개수로에서 균일 유동 전 구간의 Reynolds 수는 일정하다.

수력반경이 수력직경의 반으로 정의된다고 생각할 수 있지만, 불행하게도 그렇지는 않다. 파이프 유동에서 수력직경 D_h는 $D_h = 4A_c/p$로 정의된다는 것을 기억하면, 원형 파이프에서 수력직경은 파이프 직경이 된다. 수력반경과 수력직경의 관계는

수력직경: $$D_h = \frac{4A_c}{p} = 4R_h \tag{13-3}$$

따라서 수력반경이 실제로는 수력직경의 반이 아니라 오히려 1/4이 된다는 것을 알 수 있다(그림 13-5).

따라서 특성 치수로 수력반경을 사용한 Reynolds 수는 수력직경 기준 Reynolds 수의 **1/4**이다. 따라서 파이프 유동에서는 $Re \lesssim 2000$에서 층류 유동이지만, 개수로 유동에서는 $Re \lesssim 500$에서 유동이 층류 유동인 것이 놀랄 만한 일이 아니다. 또한 개수로 유동은 일반적으로 $Re \gtrsim 2500$에서 난류이며, $500 \lesssim Re \lesssim 2500$에서 천이된다. 층류 유동은 얇은 층의 물(도로 또는 주차장의 빗물 배수와 같은)이 저속으로 흐르는 경우에 나타난다.

물의 동점성계수는 20 °C에서 1.00×10^{-6} m²/s이며, 개수로의 평균 유속은 일반적으로 0.5 m/s 이상이다. 또한 수력반경은 대개 0.1 m 이상이다. 그러므로 개수로의 물 유동에 관련되는 Reynolds 수는 일반적으로 50,000보다 크고, 따라서 유동은 거의 항상 난류이다.

접수둘레는 액체가 접촉하고 있는 수로의 측면과 바닥을 포함한다는 것에 유의하자. 즉, 자유표면과 공기에 노출된 면을 포함하지 않는다. 예를 들면, 깊이 y로 물이 차 있는 높이가 h, 폭이 b인 직사각형 수로의 접수둘레와 단면 유동 면적은 각각 $p = b + 2y$와 $A_c = yb$가 된다. 그러면 다음과 같다.

직사각형 수로: $$R_h = \frac{A_c}{p} = \frac{yb}{b + 2y} = \frac{y}{1 + 2y/b} \tag{13-4}$$

다른 예로, 폭 b인 주차장에서 깊이가 y인 물의 배수로에서 $b \gg y$이므로 수력반경은 다음과 같이 된다(그림 13-6)

두께 y의 액체층: $$R_h = \frac{A_c}{p} = \frac{yb}{b + 2y} \cong \frac{yb}{b} \cong y \tag{13-5}$$

그러므로 넓은 표면 위의 액막유동에 대한 수력반경은 단순히 액체층의 두께이다.

13–2 ■ Froude 수와 파속도

7장에서 언급되었고, 다음과 같이 정의되는 무차원 Froude 수의 값에 따라 개수로 유

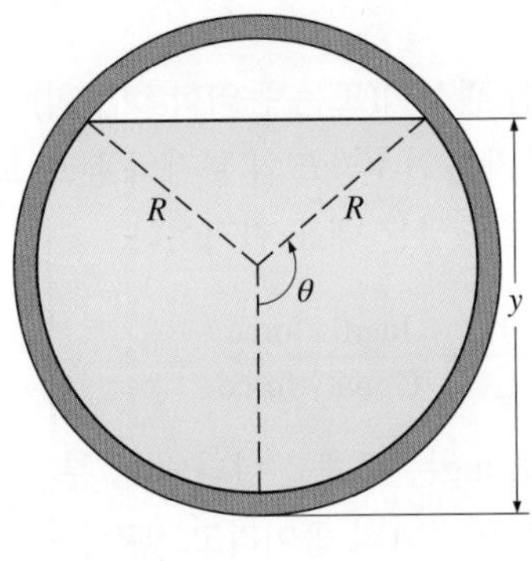

$$A_c = R^2(\theta - \sin\theta\cos\theta)$$
$$p = 2R\theta$$
$$R_h = \frac{A_c}{p} = \frac{\theta - \sin\theta\cos\theta}{2\theta}R$$

(*a*) Circular channel (θ in rad)

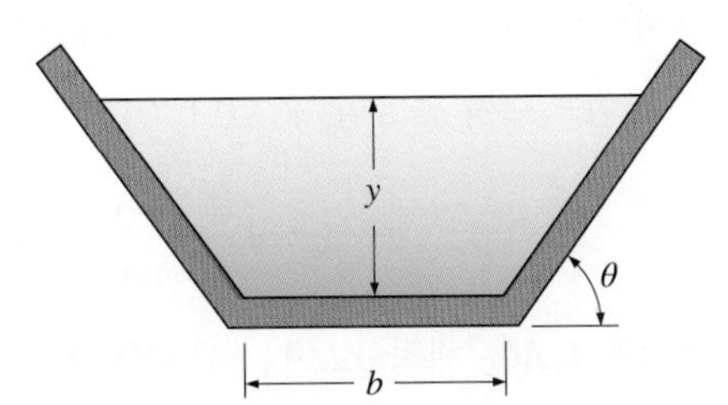

$$R_h = \frac{A_c}{p} = \frac{y(b + y/\tan\theta)}{b + 2y/\sin\theta}$$

(*b*) Trapezoidal channel

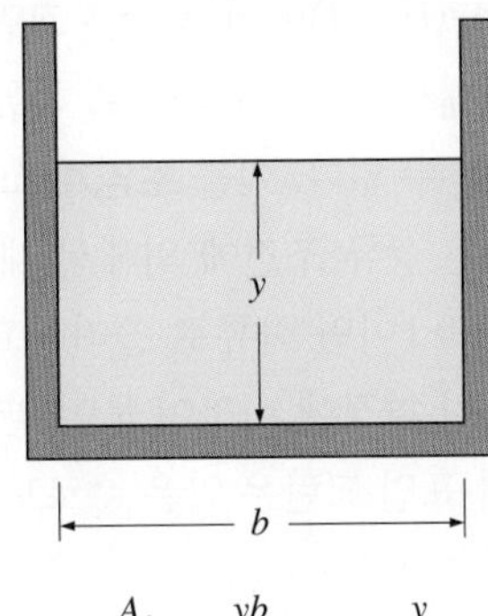

$$R_h = \frac{A_c}{p} = \frac{yb}{b + 2y} = \frac{y}{1 + 2y/b}$$

(*c*) Rectangular channel

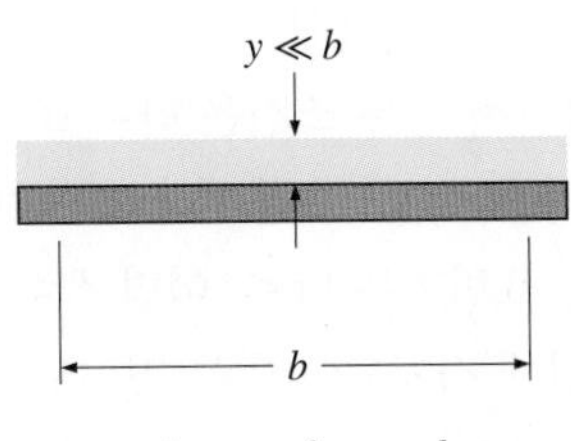

$$R_h = \frac{A_c}{p} = \frac{yb}{b + 2y} \cong \frac{yb}{b} \cong y$$

(*d*) Liquid film of thickness y

그림 13–6
다양한 개수로 형상에 대한 수력반경 관계식.

동은 **아임계**(subcritical), **임계**(critical), **초임계**(supercritical)로도 분류된다.

Froude 수:

$$\mathrm{Fr} = \frac{V}{\sqrt{gL_c}} \quad \textbf{(13-6)}$$

여기서 g는 중력가속도, V는 단면에서의 평균 액체 속도, L_c는 특성 길이이다. L_c는 넓은 직사각형 수로에서는 유동깊이 y로 하며, $\mathrm{Fr} = V/\sqrt{gy}$이다. Froude 수는 개수로 유동의 특성을 지배하는 중요한 매개변수가 된다. 유동은 다음과 같이 분류된다.

$\mathrm{Fr} < 1$ 아임계 또는 느린 유동(Subcritical or tranquil flow)
$\mathrm{Fr} = 1$ 임계 유동(Critical flow) **(13-7)**
$\mathrm{Fr} > 1$ 초임계 또는 빠른 유동(Supercritical or rapid flow)

이는 Mach 수에 따른 압축성 유동의 분류와 비슷하다. 즉, $\mathrm{Ma} < 1$이면 아음속, $\mathrm{Ma} = 1$이면 음속, $\mathrm{Ma} > 1$이면 초음속이다(그림 13-7). 실제로 Froude 수의 분모는 속도 차원을 가지며, 이는 이 절의 뒤에서 보여 주는 것처럼 정지된 액체에서 작은 교란이 전파되는 속도 c_0를 나타낸다. 따라서 마치 Mach 수가 음속에 대한 유동 속도의 비 $\mathrm{Ma} = V/c$로 표현되는 것처럼, 이와 유사하게 Froude 수는 **파속도에 대한 유동 속**

Compressible Flow	Open-Channel Flow
$\mathrm{Ma} = V/c$	$\mathrm{Fr} = V/c_0$
Ma < 1 Subsonic Ma = 1 Sonic Ma > 1 Supersonic	Fr < 1 Subcritical Fr = 1 Critical Fr > 1 Supercritical

V = speed of flow
$c = \sqrt{kRT}$ = speed of sound (ideal gas)
$c_0 = \sqrt{gy}$ = speed of wave (liquid)

그림 13–7
압축성 유동의 Mach 수와 개수로 유동의 Froude 수의 유사성

도의 비 $Fr = V/c_0$로 표현된다.

Froude 수는 또한 중력(또는 무게)에 대한 관성력(또는 동역학적인 힘) 비의 제곱근이라고 생각할 수 있다. 이는 Froude 수의 제곱인 V^2/gL_c의 분자와 분모 모두에 ρA를 곱함으로써 증명할 수 있다. 여기서 ρ는 밀도, A는 대표 면적이다.

$$\mathrm{Fr}^2 = \frac{V^2}{gL_c}\frac{\rho A}{\rho A} = \frac{2(\frac{1}{2}\rho V^2 A)}{mg} \propto \frac{\text{Inertia force}}{\text{Gravity force}} \tag{13-8}$$

여기서 L_cA는 체적, ρL_cA는 유체체적의 질량, mg는 무게를 나타낸다. 분자는 관성력 1/2 $\rho V^2 A$의 2배이며, 이는 동압 1/2 ρV^2과 단면적 A의 곱이라고 생각할 수 있다. 그러므로 개수로 내의 유동은 Froude 수가 크면 관성력에 의해서, Froude 수가 작으면 중력에 의해서 지배된다.

낮은 유동 속도($Fr < 1$)에서는 작은 교란은(고정 관찰자에 대해서 $c_0 - V$의 속도로) 상류로 전파되고, 상류 조건에 영향을 준다. 이를 **아임계**(subcritical) 또는 **느린**(tranquil) 유동이라고 한다. 그러나 **높은 유동 속도**($Fr > 1$)에서는 작은 교란은 상류로 전파되지 못하며(실제로 파는 고정 관찰자에 대해서 $V - c_0$의 속도로 하류로 쓸려간다), 따라서 상류 조건은 하류 조건의 영향을 받을 수 없다. 이를 **초임계**(supercritical) 또는 **빠른**(rapid) 유동이라고 하며, 이 경우 유동은 상류 조건에 의해서 제어된다. 그러므로 표면파는 $Fr < 1$이면 상류로 전파되고, $Fr > 1$이면 하류로 쓸려가고, $Fr = 1$이면 표면에 정지되어 있는 것처럼 보인다. 또한 교란 파장에 비하여 물이 얕을 때는 표면파 속도는 유동깊이 y에 따라 증가하며, 따라서 표면 교란은 얕은 수로보다 깊은 수로에서 훨씬 빠르게 전파된다.

체적유량이 $\dot{V}$, 단면적이 A_c인 직사각형 개수로의 액체 유동을 고려해 보자. 유동이 임계 조건일 때 Froude 수는 $Fr = 1$, 평균 유속은 $V = \sqrt{gy_c}$가 되며, 여기서 y_c는 **임계깊이**(critical depth)이다. $\dot{V} = A_cV = A_c\sqrt{gy_c}$라는 것을 고려하면 임계깊이는 다음과 같이 표현된다.

임계깊이(일반식):
$$y_c = \frac{\dot{V}^2}{gA_c^2} \tag{13-9}$$

폭 b인 직사각형 수로에 대해서는 $A_c = by_c$가 되고, 따라서 임계깊이 관계식은 다음과 같아진다.

임계깊이(직사각형):
$$y_c = \left(\frac{\dot{V}^2}{gb^2}\right)^{1/3} \tag{13-10}$$

아임계 유동의 액체깊이는 $y > y_c$이고, 초임계 유동의 액체깊이는 $y < y_c$가 된다(그림 13-8).

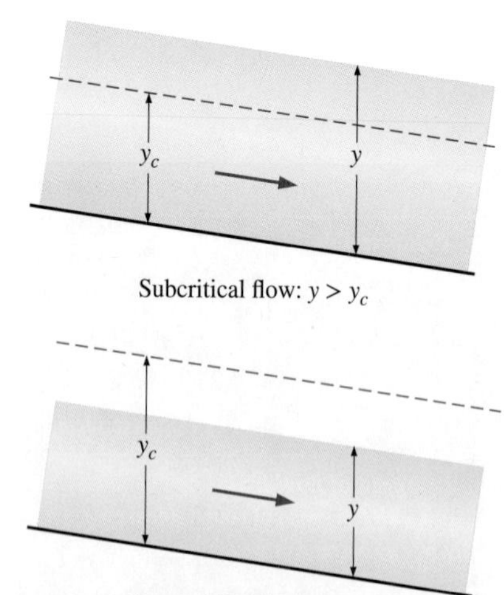

그림 13–8
임계깊이로 나타내는 아임계 유동과 초임계 유동의 정의.

압축성 유동에서처럼 액체는 아임계 유동에서 초임계 유동으로 가속될 수 있다. 물론 초임계 유동으로부터 아임계 유동으로 감속될 수도 있으며, 이는 충격(shock)을 겪으면서 가능하다. 이 경우의 충격을 **수력도약**(hydraulic jump)이라고 하며, 이는 압축성 유동의 **수직충격파**에 해당한다. 그러므로 개수로 유동과 압축성 유동 사이에는 상당한 유사성이 있다.

표면파의 속도

우리 모두는 바다, 호수, 강 심지어 수영장의 자유표면에서 형성되는 파도에 익숙하다. 표면파는 바다에서 보는 것처럼 매우 높거나 또는 간신히 알 수 있는 정도일 수도 있다. 어떤 것은 매끈하고 어떤 것은 표면이 부서진다. 개수로 유동을 공부하려면 파운동의 기본을 이해하는 것이 필요하므로 여기서 간단히 설명한다. 파 운동에 대한 상세한 설명은 다른 교재에서 찾아볼 수 있다.

개수로 유동을 공부하는 데 중요한 매개변수는 **파속도** c_0이며, 이는 표면 교란이 액체를 통하여 전파되는 속도이다. 초기에 높이가 y인 정지된 액체를 담고 있는 길고 넓은 수로를 고려해 보자. 그림 13-9*a*에 나타낸 것처럼, 수로의 한쪽 끝이 δV의 속도로 움직이며 정지된 액체 속으로 c_0의 속도로 전파되는 높이가 δy인 표면파를 만들고 있다.

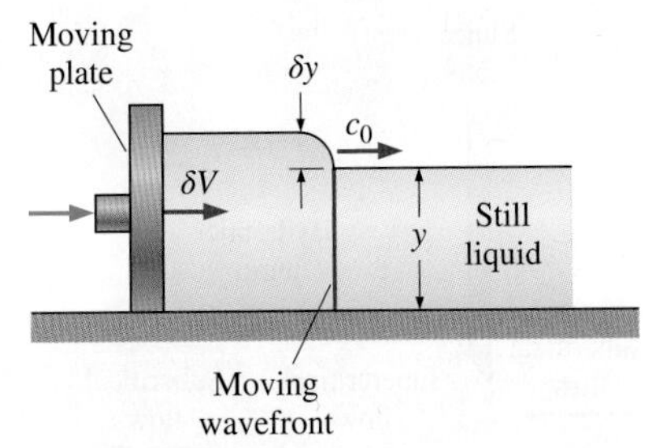

(*a*) Generation and propagation of a wave

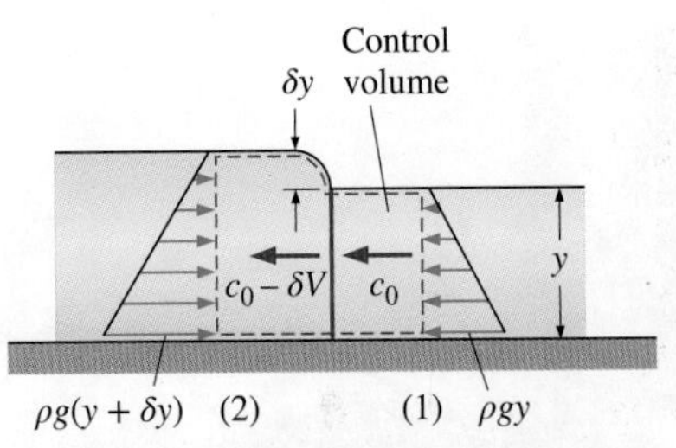

(*b*) Control volume relative to an observer traveling with the wave, with gage pressure distributions shown

그림 13-9
개수로에서 파동의 생성과 분석

지금부터 그림 13-9*b*에 보인 것처럼 파면(wave front)을 포함하며 함께 움직이는 검사체적을 고려해 보자. 파면과 함께 이동하는 관찰자에게 오른쪽의 액체는 파면을 향하여 속도 c_0로 다가오는 것처럼 보이며, 왼쪽의 액체는 파면으로부터 $c_0-\delta V$의 속도로 멀어져가는 것처럼 보인다. 관찰자는 당연히 파면(그리고 자기 자신)이 포함된 검사체적이 정지되어 있고 본인은 정상 유동 과정을 보고 있다고 생각할 것이다.

폭이 b인 이 검사체적에 대한 정상 유동 질량 평형 $\dot{m}_1=\dot{m}_2$(또는 연속 방정식)은 다음과 같이 표현된다.

$$\rho c_0 yb = \rho(c_0 - \delta V)(y + \delta y)b \quad \rightarrow \quad \delta V = c_0 \frac{\delta y}{y + \delta y} \tag{13-11}$$

다음과 같은 가정을 해보자. (1) 수로를 가로질러 속도가 거의 일정하며, 따라서 운동량 플럭스 보정계수들(β_1과 β_2)은 1이다. (2) 파를 지나는 거리가 짧으며, 따라서 바닥면의 마찰과 윗면의 공기항력은 무시할 수 있다. (3) 동적 효과는 무시할 수 있고, 따라서 액체 내의 압력은 정수력학적으로 변한다. 즉, 계기 압력으로 $P_{1,\,\text{avg}}=\rho g h_{1,\,\text{avg}}=\rho g(y/2)$와 $P_{2,\,\text{avg}}=\rho g h_{2,\,\text{avg}}=\rho g(y+\delta y)/2$이다. (4) 질량유량은 $\dot{m}_1=\dot{m}_2=\rho c_0\, yb$로 일정하다. (5) 외부 힘 또는 체적력(body force)이 없으며, 따라서 검사체적에 수평의 x방향으로 작용하는 유일한 힘은 압력 힘이다. 그러면 x방향 운동량 방정식 $\sum \vec{F} = \sum_{\text{out}} \beta \dot{m}\vec{V} - \sum_{\text{in}} \beta \dot{m}\vec{V}$는 정수압 힘과운동량 전달 사이의 평형이 된다.

$$P_{2,\,\text{avg}} A_2 - P_{1,\,\text{avg}} A_1 = \dot{m}(-V_2) - \dot{m}(-V_1) \tag{13-12}$$

입구와 출구의 평균 속도는 모두 음의 x 방향이므로 음수라는 것에 유의하자. 대입하면

$$\frac{\rho g(y + \delta y)^2 b}{2} - \frac{\rho g y^2 b}{2} = \rho c_0 yb(-c_0 + \delta V) - \rho c_0 yb(-c_0) \tag{13-13}$$

또는

$$g\left(1 + \frac{\delta y}{2y}\right)\delta y = c_0\, \delta V \tag{13-14}$$

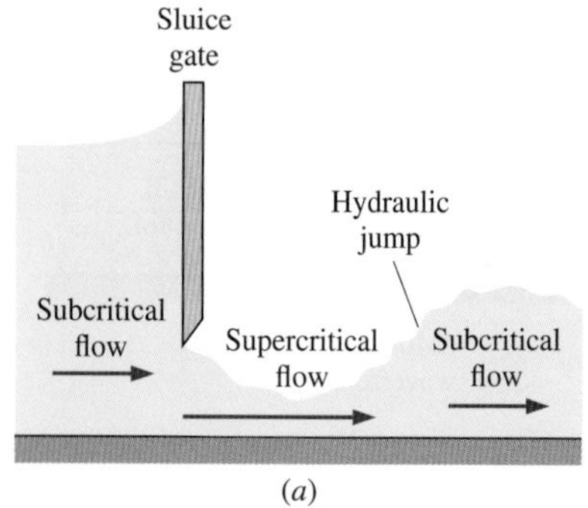

(*a*)

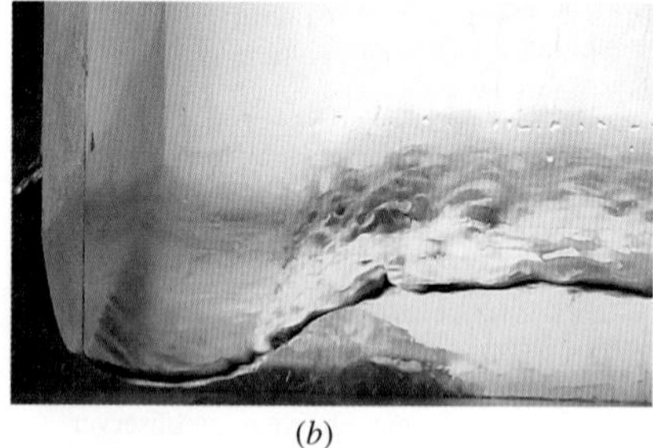

(*b*)

그림 13–10
(*a*) 수문을 통과하는 초임계 유동
(*b*) 수로에서 관찰되는 수력 도약
(b) © Girish Kumar Rajan

운동량 방정식과 연속 방정식을 조합하여 다시 정리하면 다음과 같다.

$$c_0^2 = gy\left(1 + \frac{\delta y}{y}\right)\left(1 + \frac{\delta y}{2y}\right) \qquad \textbf{(13-15)}$$

그러므로 파속도 c_0는 파높이 δy에 비례한다. 미소 표면파(infinitesimal surface waves)에 대해서는 $\delta y \ll y$이며, 따라서 다음과 같다.

미소 표면파: $$c_0 = \sqrt{gy} \qquad \textbf{(13-16)}$$

그러므로 미소 표면파의 속도는 액체깊이의 제곱근에 비례한다. 이런 해석은 단지 개수로에서 마주치는 것처럼 얕은 액체에 대해서만 유효하다는 것을 다시 한번 유의하자. 이와는 달리 바다처럼 깊은 액체에서는 파속도가 액체의 깊이와 관계가 없다. 파속도는 또한 연속 방정식과 운동량 방정식 대신에 에너지 평형 관계식을 사용하여 구할 수 있다. 파동은 궁극적으로 해석에서는 무시된 점성 효과에 의해서 소멸한다는 것에 유의하자. 또한 직사각형이 아닌 단면을 갖는 수로의 유동에서 **수력깊이**는 $y_h = A_c/L_t$로 정의되며, 여기서 L_t는 유동 단면의 **윗면 폭**으로, Froude 수의 계산에서 유동깊이 y 대신 사용되어야 한다. 예를 들어, 반이 차 있는 원형 수로의 수력깊이는 $y_h = (\pi R^2/2)/2R = \pi R/4$이다.

우리는 경험적으로 돌을 호수에 던질 때 형성된 동심원 파는 모든 방향으로 골고루 퍼져나가다가 어느 정도 거리가 되면 없어진다는 것을 알고 있다. 그러나 돌을 강에 던지면 상류방향에 형성된 파동은, 강의 흐름이 느리거나 아임계 조건($V < c_0$)이면 상류방향으로, 흐름이 빠르거나 초임계 조건($V > c_0$)이면 하류방향으로 이동하며, 흐름이 임계 조건($V = c_0$)이면 형성된 위치에 정지된 채로 남아 있게 된다.

여러분들은 우리가 왜 유동이 아임계 또는 초임계인가에 큰 관심을 가져야 하는지 궁금하리라 생각된다. 그 이유는 바로 유동 특성이 이와 같은 현상에 크게 영향을 받기 때문이다. 예를 들어, 강바닥에 있는 바위는 유동이 아임계 또는 초임계인지에 따라 그 위치에서 수위를 높이거나 낮출 수 있다. 또한 아임계 유동에서는 수위가 유동방향으로 점차적으로 낮아지지만, 초임계 유동(Fr > 1)에서는 유동이 아임계(Fr < 1) 속도로 감속되면서 수력도약이라고 하는 급격한 수위 상승이 발생할 수 있다.

이 현상은 그림 13-10에서 보여 주는 것처럼 수문의 하류에서 발생할 수 있다. 액체는 아임계 속도로 수문에 접근하지만, 상류의 액체 수위는 매우 높아 수문을 통과하면서 액체를 초임계 수준으로 가속한다(마치 수축-확대 노즐에서 기체가 흐르는 것과 같다). 하지만 만약에 수로의 하류 지역의 기울기가 충분하지 못하면 유동은 초임계 속도를 유지할 수 없게 되고, 액체는 더 큰 단면적을 가지는 더 높은 수위로 도약하고, 따라서 아임계 속도로 낮아진다. 마지막으로, 강, 운하, 관개 시스템의 유동은 전형적인 아임계 유동이다. 그러나 수문과 방수로(spillway)를 통과하는 유동은 일반적으로 초임계 유동이다.

여러분은 다음번에 접시를 닦을 때 멋있는 수력도약을 만들어 볼 수 있다(그림 13-11). 수도꼭지에서 나오는 물이 접시의 한가운데에 떨어지도록 하자. 물이 반경방향으로 빠르게 퍼지면서 깊이가 얕아지고 초임계 유동이 된다. 궁극적으로 수심이 갑자기 증가하는 수력도약이 발생한다. 시도해 보기 바란다!

13–3 ■ 비에너지

유동깊이가 y, 평균 유속이 V, 기준면으로부터 바닥 높이가 z인 수로의 한 단면을 흐르는 액체 유동을 고려해 보자. 단순화하기 위해 단면에서의 액체 속도 변화를 무시하고, 모든 곳에서 속도가 V라고 가정한다. 수두로 나타내는 수로 내 액체의 총 기계적 에너지는 다음과 같이 표현된다(그림 13-12).

$$H = z + \frac{P}{\rho g} + \frac{V^2}{2g} = z + y + \frac{V^2}{2g} \tag{13-17}$$

여기서 z는 **고도 수두**, $P/\rho g = y$는 **계기 압력 수두**, $V^2/2g$는 속도 또는 **동역학적 수두**(dynamic head)이다. 기준값의 선택과 이에 따른 위치 수두 z값이 다소 임의적이므로, 식 (13-17)로 표현되는 총 에너지는 현실적으로 유동하는 유체의 실제 에너지를 대표하는 값이 아니다. 만약 수로 바닥이 기준값으로, 즉 $z=0$인 지점으로 선택된다면 단면에서의 유체의 본질적 에너지를 좀 더 현실적으로 나타낼 수 있다. 그러면 수두로 나타내는 유체의 총 기계적 에너지는 압력과 동역학적 수두의 합이 된다. 개수로에서 액체의 압력과 동역학적 수두의 합을 **비에너지**(specific energy) E_s라고 하며, 그림 13-12에 나타낸 다음 식으로 표현된다(Bakhmeteff, 1932).

$$E_s = y + \frac{V^2}{2g} \tag{13-18}$$

폭이 b로 일정한 직사각형 단면의 개수로 유동을 고려해 보자. 체적유량이 $\dot{V} = A_c V = ybV$임에 유의하면, 평균 유속은 다음과 같다.

$$V = \frac{\dot{V}}{yb} \tag{13-19}$$

식 (13-18)에 대입하면, 비에너지는 다음과 같다.

$$E_s = y + \frac{\dot{V}^2}{2gb^2y^2} \tag{13-20}$$

이 식은 유동깊이에 따른 비에너지의 변화를 보여 주므로 매우 유용하다. 개수로에서 정상 유동 동안에는 유량이 일정하며, $\dot{V}$와 b가 일정할 때의 E_s-y 선도를 그림 13-13에 나타내었다. 이 그림으로부터 다음을 알 수 있다.

- 수직 y축상의 한 점에서 곡선까지의 거리는 그 y 값에서 비에너지를 나타낸다. $E_s = y$선과 곡선의 사이 부분은 그 액체의 동역학적 수두(또는 운동 에너지 수두) 그리고 나머지 부분은 압력 수두(또는 위치 에너지 수두)에 해당한다.
- y가 0으로 감에 따라서($y \rightarrow 0$) 비에너지는 무한대가 되며(속도가 무한대에 접근하기 때문), y값이 커지면 비에너지는 유동깊이 y와 같아진다(속도와 이에 따른 운동 에너지가 매우 작아지기 때문). 비에너지는 **임계점**이라고 하는 어떤 중간점에서 최솟값 $E_{s,\,\min}$에 도달하고, 임계점은 **임계깊이** y_c와 **임계 속도** V_c로 특징짓는다. 최소 비에너지는 또한 **임계 에너지**라고도 한다.
- 주어진 유량 $\dot{V}$을 유지하기 위해 요구되는 최소 비에너지 $E_{s,\,\min}$가 존재한다. 그러

(a)

(b)

그림 13–11
수력도약은 접시에서 (a) 올바른 방향일 경우에 관찰되지만, (b) 뒤집힌 경우에는 관찰되지 않는다.
Photo by Po-Ya Abel Chuang. Used by permission.

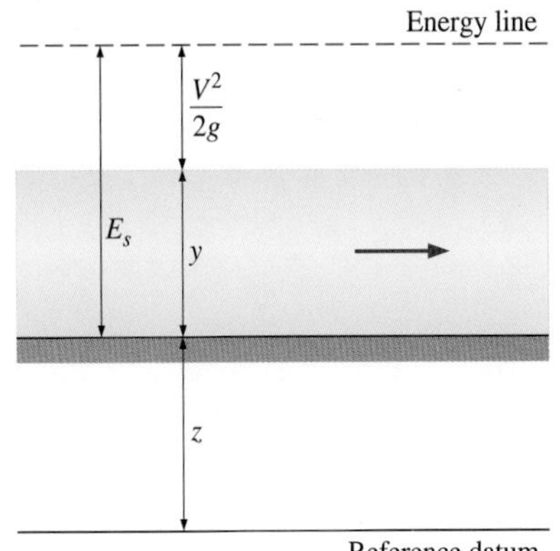

그림 13–12
개수로 내부 액체의 비에너지 E_s는 수로 바닥에 대한 상대적인(수두로 표현되는) 총 기계적 에너지이다.

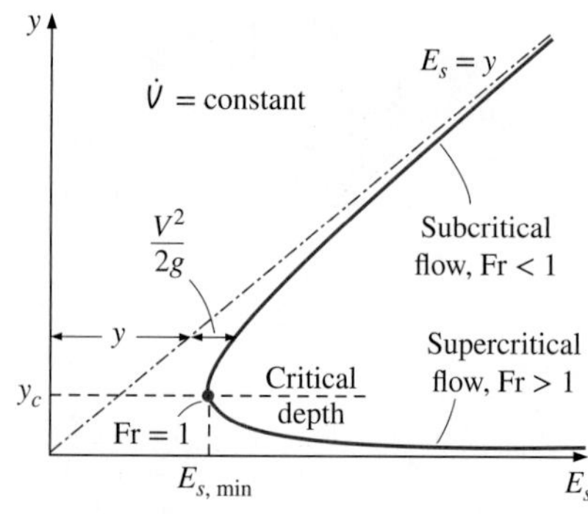

그림 13-13
주어진 유량에서 깊이 y에 따른 비에너지 E_s의 변화

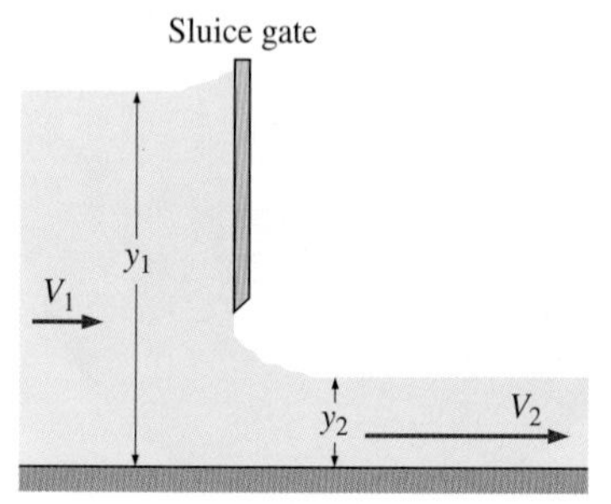

그림 13-14
수문에서의 대응깊이. 수문 상류의 깊은 액체와 수문 하류의 얕은 액체를 보여준다.

므로 주어진 유량 $\dot{V}$에 대해서 E_s는 $E_{s,\,\min}$보다 작을 수 없다.

- 수평선은 비에너지 곡선과 단지 한 점에서 교차하며, 따라서 유체깊이 값이 정해지면 비에너지 값이 정해진다. 이는 $\dot{V}$, b, y가 주어지면 속도가 정해진 값을 가지므로 당연하다. 그러나 $E_s > E_{s,\,\min}$일 경우, 수직선은 이 곡선과 두 점에서 교차하며, 이는 하나의 정해진 비에너지값에 대하여 두 개의 다른 깊이(따라서 두 개의 다른 속도)를 가질 수 있다는 것을 의미한다. 이 두 개의 깊이를 **대응깊이**(alternate depths)라고 한다. 마찰 손실이 무시되는 수문을 지나는 유동(즉, E_s = 일정)에서 상부깊이(upper depth)는 상류 유동에, 하부깊이(lower depth)는 하류 유동에 해당한다(그림 13-14).
- 임계점 근처에서 비에너지의 작은 변화는 대응깊이 사이에서 큰 차이를 유발하며, 유동 수위의 심한 변동을 초래할 수 있다. 그러므로 개수로를 설계할 때 임계점 부근에서의 운전은 반드시 피해야 한다.

최소 비에너지값과 이것이 발생하는 위치에서의 임계깊이는 식 (13-20)에서 b와 $\dot{V}$를 상수로 고정하고 E_s를 y에 대하여 미분하여 결정된다. 이 도함수를 0이라고 설정하면

$$\frac{dE_s}{dy} = \frac{d}{dy}\left(y + \frac{\dot{V}^2}{2gb^2y^2}\right) = 1 - \frac{\dot{V}^2}{gb^2y^3} = 0 \tag{13-21}$$

y에 대하여 풀면, 이는 임계깊이 y_c로, 다음과 같게 된다.

$$y_c = \left(\frac{\dot{V}^2}{gb^2}\right)^{1/3} \tag{13-22}$$

임계점에서의 유량은 $\dot{V} = y_c b V_c$로 표현될 수 있다. 이를 대입하면 임계 속도는 다음과 같이 구해진다.

$$V_c = \sqrt{gy_c} \tag{13-23}$$

이는 파속도이다. 이 점에서 Froude 수는 다음과 같다.

$$\text{Fr} = \frac{V}{\sqrt{gy}} = \frac{V_c}{\sqrt{gy_c}} = 1 \tag{13-24}$$

이는 **최소 비에너지점이 실제로 임계점**이라는 것을 의미하며, **비에너지가 최솟값에 도달할 때 유동은 임계 상태가 된다**.

유동은 낮은 유속, 즉 높은 유동깊이에서는 아임계(그림 13-13의 위 곡선), 높은 유속, 즉 낮은 유동깊이에서는 초임계(아래 곡선), 임계점에서는 임계 유동이 된다(최소 비에너지 점).

$V_c = \sqrt{gy_c}$이므로 최소(또는 임계) 비에너지는 단지 임계깊이만으로 다음과 같이 나타낼 수 있다.

$$E_{s,\,\min} = y_c + \frac{V_c^2}{2g} = y_c + \frac{gy_c}{2g} = \frac{3}{2}y_c \tag{13-25}$$

균일 유동에서는 $E_s = y + V^2/2g$이므로 유동깊이와 유속이 일정하고, 이에 따라 비에너지가 일정하게 유지된다. 수두 손실은 고도 강하(수로는 유동방향으로 기울어져 있다)로 보상된다. 그러나 비균일 유동에서는 수로의 기울기와 마찰 손실에 따라 비에너지가 증가하거나 감소할 수 있다. 예를 들어, 만약에 유동 구간에서 고도 강하가 그 구간의 수두 손실보다 더 크다면 고도 강하와 수두 손실의 차이에 해당하는 만큼의 비에너지가 증가한다. 비에너지 개념은 변화 유동을 학습할 때 특히 유용한 도구가 된다.

예제 13-1 유동 특성과 대응깊이

물이 폭 0.4 m의 직사각형 개수로를 유량 0.2 m³/s으로 일정하게 흐르고 있다(그림 13-15). 유동깊이가 0.15 m라고 할 때 유속을 구하고, 이 유동이 아임계인지 초임계인지를 정하라. 또한 만약에 유동 특성이 변한다면 유동의 대응깊이를 구하라.

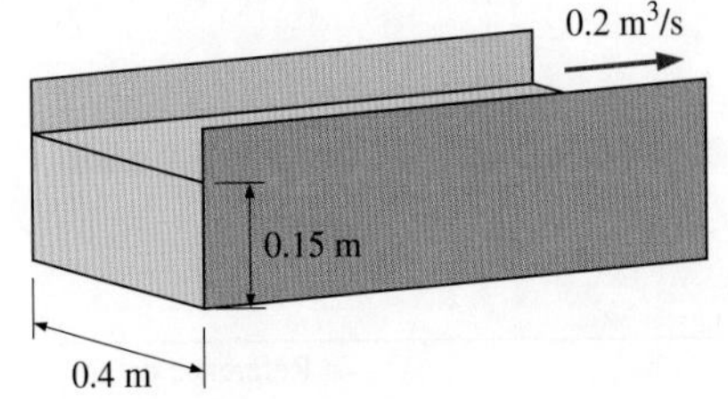

그림 13-15
예제 13-1에 대한 개략도

풀이 직사각형 개수로의 물 유동을 고려한다. 유동의 특성, 유속, 대응깊이를 구하고자 한다.

가정 비에너지는 일정하다.

해석 평균 유속은 다음으로부터 구한다.

$$V = \frac{\dot{V}}{A_c} = \frac{\dot{V}}{yb} = \frac{0.2 \text{ m}^3/\text{s}}{(0.15 \text{ m})(0.4 \text{ m})} = \mathbf{3.33 \text{ m/s}}$$

이 유동의 임계깊이는

$$y_c = \left(\frac{\dot{V}^2}{gb^2}\right)^{1/3} = \left(\frac{(0.2 \text{ m}^3/\text{s})^2}{(9.81 \text{ m/s}^2)(0.4 \text{ m})^2}\right)^{1/3} = 0.294 \text{ m}$$

따라서 실제 유동깊이가 $y = 0.15$ m이고, $y < y_c$이므로 유동은 초임계이다. 유동의 특성을 결정하는 다른 방법은 Froude 수를 계산하는 것이다.

$$\text{Fr} = \frac{V}{\sqrt{gy}} = \frac{3.33 \text{ m/s}}{\sqrt{(9.81 \text{ m/s}^2)(0.15 \text{ m})}} = 2.75$$

다시 한번, Fr > 1이므로 유동은 초임계이다. 주어진 조건에서의 비에너지는

$$E_{s1} = y_1 + \frac{\dot{V}^2}{2gb^2y_1^2} = (0.15 \text{ m}) + \frac{(0.2 \text{ m}^3/\text{s})^2}{2(9.81 \text{ m/s}^2)(0.4 \text{ m})^2(0.15 \text{ m})^2} = 0.7163 \text{ m}$$

그러면 대응깊이는 $E_{s1} = E_{s2}$로부터 다음과 같이 구해진다.

$$E_{s2} = y_2 + \frac{\dot{V}^2}{2gb^2y_2^2} \quad \rightarrow \quad 0.7163 \text{ m} = y_2 + \frac{(0.2 \text{ m}^3/\text{s})^2}{2(9.81 \text{ m/s}^2)(0.4 \text{ m})^2 y_2^2}$$

이를 y_2에 대하여 풀면 대응깊이는 $y_2 = \mathbf{0.69 \text{ m}}$가 된다. 그러므로 만약 비에너지가 일정하게 유지되면서 유동의 특성이 초임계에서 아임계로 변한다면 유동깊이는 0.15에서 0.69 m로 상승한다.

토의 만약 물이 일정한 비에너지로 수력도약을 겪는다면(마찰 손실이 고도 강하와 같다) 유동깊이는 0.69 m로 상승할 것이라는 것에 유의하자. 물론 수로 측벽이 충분히 높다고 가정한다.

13–4 ■ 질량보존과 에너지 방정식

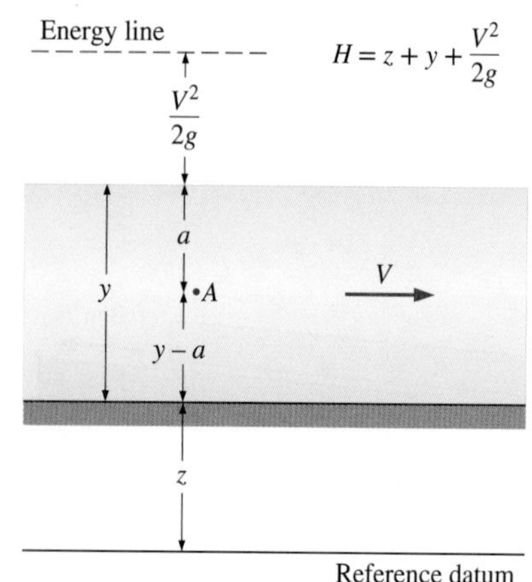

그림 13–16
개수로를 흐르는 액체의 총 에너지

개수로 유동에는 밀도가 거의 일정한 액체가 관여한다. 따라서 1차원 정상 유동 질량 보존 방정식은 다음과 같이 표현된다.

$$\dot{V} = A_c V = \text{일정} \tag{13-26}$$

즉, 유동 단면적과 평균 유속의 곱은 수로 전체에 걸쳐서 일정하다. 식 (13-26)은 수로의 두 단면 사이에서 다음과 같이 표현된다.

연속 방정식: $$A_{c1}V_1 = A_{c2}V_2 \tag{13-27}$$

이는 파이프 내의 액체 유동에 대한 정상 유동 질량보존 방정식과 같다. 유동 과정에서 유동 단면과 평균 유속은 모두 변할 수 있으나, 앞서 설명한 것처럼 두 값의 곱은 일정하다는 것에 유의하자.

그림 13-16에 나타낸 것처럼, 개수로 내를 흐르는 액체의 기준면에 대한 총 에너지를 구하기 위하여 자유표면으로부터 거리가 a인 위치(따라서 수로 바닥으로부터 거리 $y-a$)에 있는 액체 속의 점 A를 고려해 보자. A점에서의 고도, 압력(자유표면에 대한 상대적 정수압), 속도는 각각 $z_A = z+(y-a)$, $P_A = \rho g a$, $VA = V$임을 고려하면, 수두로 나타낸 액체의 총 에너지는 다음과 같다.

$$H_A = z_A + \frac{P_A}{\rho g} + \frac{V_A^2}{2g} = z + (y - a) + \frac{\rho g a}{\rho g} + \frac{V^2}{2g} = z + y + \frac{V^2}{2g} \tag{13-28}$$

이 값은 한 단면에서 A점 위치와 무관하다. 그러므로 개수로의 모든 단면에서 액체의 총 기계적 에너지는 수두로 다음과 같이 표현된다.

$$H = z + y + \frac{V^2}{2g} \tag{13-29}$$

여기서 y는 유동깊이, z는 수로 바닥의 고도, V는 평균 유속이다. 그러면 상류 단면 1과 하류 단면 2 사이의 개수로 유동에 대한 1차원 에너지 방정식은 다음과 같이 기술할 수 있다.

에너지 방정식: $$z_1 + y_1 + \frac{V_1^2}{2g} = z_2 + y_2 + \frac{V_2^2}{2g} + h_L \tag{13-30}$$

마찰 효과에 의한 수두 손실 h_L은 관 유동에서처럼 다음과 같이 표현된다.

$$h_L = f\frac{L}{D_h}\frac{V^2}{2g} = f\frac{L}{R_h}\frac{V^2}{8g} \tag{13-31}$$

여기서 f는 평균 마찰계수, L은 단면 1과 2 사이의 수로 길이이다. 수력직경 대신 수력반경을 사용할 때에는 반드시 $D_h = 4R_h$ 관계가 지켜져야 한다.

개수로 유동은 중력에 의해 구동되며, 따라서 전형적인 수로는 약간 아래로 기울어진다. 수로 바닥의 기울기는 다음과 같이 표현된다.

$$S_0 = \tan\alpha = \frac{z_1 - z_2}{x_2 - x_1} \cong \frac{z_1 - z_2}{L} \tag{13-32}$$

여기서 α는 수평면에 대한 수로 바닥의 각도이다. 일반적으로 바닥기울기 S_0는 매우 작으며, 따라서 수로 바닥은 거의 수평이다. 그러므로 $L \cong x_2 - x_1$이며, 여기서 x는 수평방향의 거리이다. 또한, 수직방향으로 측정되는 유동깊이 y는 수로 바닥에 수직인 깊이를 사용할 수 있으며, 이때의 오차는 무시될 수 있다.

만약 수로 바닥이 일직선이고 바닥기울기가 일정하면, 단면 1과 2 사이의 수직 강하는 $z_1 - z_2 = S_0 L$로 표현될 수 있다. 그러면 에너지 방정식[식 (13-30)]은 다음과 같게 된다.

에너지 방정식: $$y_1 + \frac{V_1^2}{2g} + S_0 L = y_2 + \frac{V_2^2}{2g} + h_L \tag{13-33}$$

이 식은 고도의 기준면과 무관하다는 장점이 있다.

개수로 시스템의 설계에서 바닥기울기는 마찰 수두 손실을 극복하고 원하는 유량으로 유동을 유지할 수 있는 적절한 고도 강하를 주도록 선정된다. 그러므로 수두 손실과 바닥기울기는 밀접한 관계가 있으며, 수두 손실을 기울기(또는 각의 탄젠트값)로 표현하는 것이 타당하다. 이는 **마찰기울기**(friction slope)를 다음과 같이 정의하여 이루어진다.

마찰기울기: $$S_f = \frac{h_L}{L} \tag{13-34}$$

그러면 에너지 방정식은 다음과 같이 기술할 수 있다.

에너지 방정식: $$y_1 + \frac{V_1^2}{2g} = y_2 + \frac{V_2^2}{2g} + (S_f - S_0)L \tag{13-35}$$

수두 손실이 고도 강하와 같을 때는 마찰기울기는 바닥기울기와 같다는 것에 유의하자. 즉, $h_L = z_1 - z_2$이면 $S_f = S_0$가 된다.

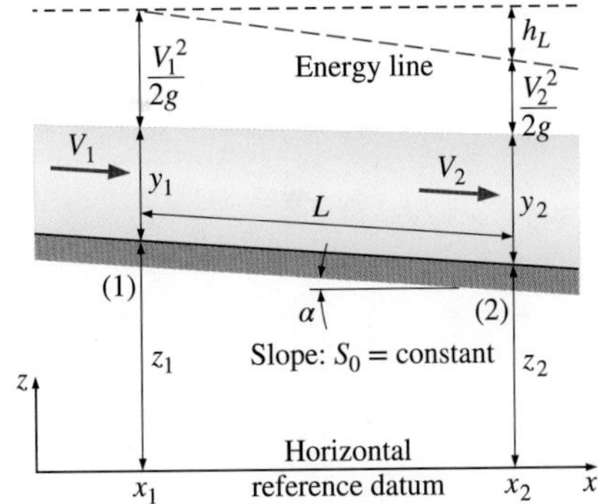

그림 13-17
개수로 두 단면에서의 액체의 총 에너지

그림 13-17은 에너지선(energy line)을 보여 주며, 이는 기준면으로부터 윗방향 거리 $z+y+V^2/2g$(수두로 표현된 액체의 총 기계적 에너지)이다. 에너지선은 일반적으로 마찰 손실로 인해 수로 자체와 같이 하향으로 기울어져 있으며, 수직강하는 수두 손실 h_L과 같고, 따라서 기울기는 마찰 기울기와 동일하다. 만약 수두 손실이 없다면 수로가 수평이 **아닐** 때도 에너지 선은 수평이 될 것이라는 점에 유의하자. 이 경우 고도와 속도 수두($z+y$와 $V^2/2g$)는 흐르는 동안 서로 변환이 가능하지만, 이들의 합은 일정하게 유지될 것이다.

13–5 ■ 수로 내의 균일 유동

13-1절에서 만약 유동깊이(정상 유동에서는 $\dot{V} = A_c V$ = 일정하며, 따라서 평균 유속)가 일정하게 유지되면 수로 내의 유동은 **균일 유동**이라고 부른다고 하였다. 실제로 균일 유동 조건은 일정한 기울기, 일정한 단면, 일정한 표면 라이닝을 갖는 긴 직선 수로에서 자주 마주친다. 개수로 설계에서는 시스템 대부분에서 균일 유동을 갖는 것이 매우 바람직하다. 이는 벽면 높이가 일정한 수로를 의미하며, 이런 수로는 설계와 건설이 쉽다.

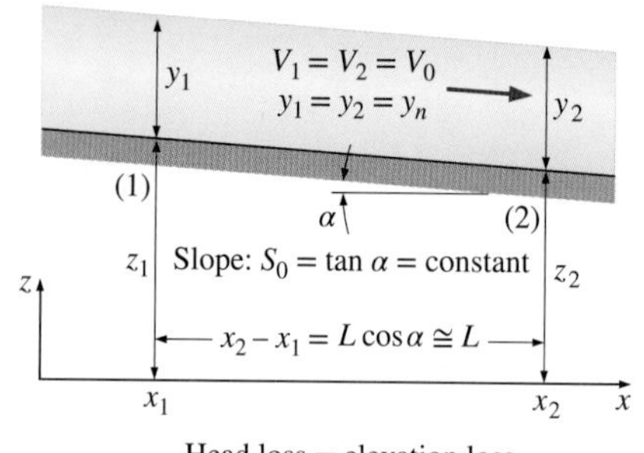

그림 13-18
균일 유동에서 유동깊이 y, 평균 유동 속도 V, 바닥기울기 S_0는 일정하게 유지되며, 수두 손실은 고도 손실과 같다. $h_L = z_1 - z_2 = S_f L = S_0 L$.

균일 유동에서 유동깊이는 **정상깊이**(normal depth) y_n라고 하며, 평균 유속은 **균일 유동 속도** V_0라고 한다. 유동은 수로의 기울기, 단면적, 표면조도가 변하지 않는 한 균일하게 유지된다(그림 13-18). 바닥기울기가 증가하면 유속은 증가하고, 유동깊이는 감소한다. 그러므로 새로운(얕은) 유동깊이를 갖는 새로운 균일 유동이 형성된다. 만약 기울기가 감소하면 반대 경우가 발생한다.

일정한 기울기 S_0, 일정한 단면적 A_c, 일정한 표면마찰계수 f를 갖는 개수로 내를 흐르는 동안 수두 손실이 고도 강하와 같아질 때 종단 속도에 도달하고, 균일 유동이 형성된다. 균일 유동에서 $h_L = S_0 L$이고 $D_h = 4R_h$이므로

$$h_L = f\frac{L}{D_h}\frac{V^2}{2g} \quad \text{또는} \quad S_0 L = f\frac{L}{R_h}\frac{V_0^2}{8g} \tag{13-36}$$

두 번째 관계식을 V_0에 대하여 풀면, 균일 유동 속도와 유량은 다음과 같이 구해진다.

$$V_0 = C\sqrt{S_0 R_h} \quad \text{그리고} \quad \dot{V} = CA_c\sqrt{S_0 R_h} \tag{13-37}$$

여기서

$$C = \sqrt{8g/f} \tag{13-38}$$

계수 C는 **Chezy 계수**라고 한다. 식 (13-37)과 계수 C는 1769년경 처음으로 유사한 관계식을 제안한 프랑스 엔지니어 Antoine Chezy(1718-1798)를 기리기 위해 명명되었다. Chezy 계수는 차원이 있는 양으로, 그 값은 거친 표면을 가지는 소형 수로에 대해 약 30 $\text{m}^{1/2}$/s로부터 표면이 매끈한 대형 수로에서 90 $\text{m}^{1/2}$/s까지의 범위를 갖는다.

Chezy 계수는 먼저 마찰계수 f를 8장 관 유동에서 Moody 선도 또는 완전히 거친 난류 한계(Re→∞)에 대한 Colebrook 식으로부터 구한 것처럼 결정하여 식 (13-38)로부터 간단하게 결정될 수 있다.

$$f = [2.0\log(14.8R_h/\varepsilon)]^{-2} \tag{13-39}$$

여기서 ε는 평균 표면조도를 나타낸다. 개수로 유동은 일반적으로 난류이고, 균일 유동이 형성될 시점이 되면 유동이 **완전히 발달한다**는 것에 유의하자. 그러므로 완전발달된 난류의 마찰계수 관계식을 사용하는 것은 타당하다. 또한, 큰 Reynolds 수에서는 주어진 상대 조도에 해당하는 마찰계수 곡선은 거의 수평이며, 따라서 마찰계수는 Reynolds 수와 무관하게 된다. 이 영역의 유동을 **완전히 거친 난류 유동**(fully rough turbulent flow)이라고 한다(8장).

Chezy 식이 소개된 이래 많은 연구자들이 평균 유속과 유량에 대한 더 간단한 실험적 관계식 개발에 적지 않은 노력을 기울여왔다. 가장 널리 사용되는 식은 1868년 프랑스인 Philippe-Gaspard Gauckler(1826-1905)와 1889년 아일랜드인 Robert Manning(1816-1897)에 의해 독자적으로 개발되었다.

Gauckler와 Manning 모두 Chezy 식의 상수를 다음과 같이 나타낼 것을 추천하였다.

$$C = \frac{a}{n}R_h^{1/6} \tag{13-40}$$

여기서 n은 Manning **계수**라고 하며, 그 값은 수로 표면의 조도에 따라 결정된다. 식 (13-37)에 대입하면 **Manning 식**(Gauckler가 최초로 제안하여서 **Gauckler-Manning 식**이라고도 한다)이라고 알려진 균일 유동 속도와 유량에 대한 다음 실험적 관계식을 얻게 된다.

$$\text{균일 유동:} \qquad V_0 = \frac{a}{n} R_h^{2/3} S_0^{1/2} \quad \text{그리고} \quad \dot{V} = \frac{a}{n} A_c R_h^{2/3} S_0^{1/2} \qquad \textbf{(13-41)}$$

계수 a는 차원 상수로, 그 값이 SI 단위계로 $a = 1\ \text{m}^{1/3}/\text{s}$이다. $1\ \text{m} = 3.2808\ \text{ft}$라는 것에 유의하면, 영미 단위계에서는

$$a = 1\ \text{m}^{1/3}/\text{s} = (3.2808\ \text{ft})^{1/3}/\text{s} = 1.486\ \text{ft}^{1/3}/\text{s} \qquad \textbf{(13-42)}$$

바닥기울기 S_0와 Manning 계수 n은 무차원량이라는 것에 유의하자. 그리고 R_h가 m로 표현될 때, SI 단위계에서 식 (13-41)의 속도는 m/s, 유량은 m^3/s가 된다.

다양한 자연 또는 인공 수로에 대해 실험적으로 결정된 n값이 표 13-1에 주어져 있다. 더 많은 내용이 포함된 표는 문헌에서 찾을 수 있다. n값은 유리 수로의 0.010으로부터 나무가 많은 홍수방지용 제방의 0.150(유리 수로의 15배)까지 다양하다는 것에 유의하자. n값에는 많은 불확실성이 있다. 예상할 수 있는 것처럼 자연 수로에서는 어떤 두 개의 수로도 똑같지 않기 때문에 특히 더 심하다. 산포가 20% 또는 그 이상일 수도 있다. 그럼에도 불구하고 계수 n은 수로의 크기나 형상과는 무관하다고 가정하며, 즉 표면조도에 의해서만 변한다고 근사된다.

표 13-1

개수로의 물 유동에서 Manning 계수 n의 평균값*

From Chow (1959).

Wall Material	n
A. Artificially lined channels	
Glass	0.010
Brass	0.011
Steel, smooth	0.012
Steel, painted	0.014
Steel, riveted	0.015
Cast iron	0.013
Concrete, finished	0.012
Concrete, unfinished	0.014
Wood, planed	0.012
Wood, unplaned	0.013
Clay tile	0.014
Brickwork	0.015
Asphalt	0.016
Corrugated metal	0.022
Rubble masonry	0.025
B. Excavated earth channels	
Clean	0.022
Gravelly	0.025
Weedy	0.030
Stony, cobbles	0.035
C. Natural channels	
Clean and straight	0.030
Sluggish with deep pools	0.040
Major rivers	0.035
Mountain streams	0.050
D. Floodplains	
Pasture, farmland	0.035
Light brush	0.050
Heavy brush	0.075
Trees	0.150

* n값의 불확실성은 ±20% 이상일 수 있다.

임계 균일 유동

개수로를 통과하는 유동은 Froude 수가 $\text{Fr} = 1$일 때 임계 유동이 되고, 따라서 유속이 파속도 $V_c = \sqrt{gy_c}$와 같아진다. 여기서 y_c는 앞에서[식 (13-9)] 정의된 임계 유동깊이다. 체적유량 $\dot{V}$, 수로기울기 S_0, Manning 계수 n을 알면, 정상 유동깊이 y_n은 Manning 식[식 (13-41)]으로부터 구할 수 있다. 그러나 A_c와 R_h가 모두 y_n의 함수이므로 이 식은 종종 y_n에 대하여 내재적(implicit)이 되며, 해를 얻기 위해서는 수치해석적(또는 시행착오법) 접근이 요구된다. 만약 $y_n = y_c$이면 유동은 **균일 임계 유동**이 되고, 이 경우 바닥기울기 S_0는 임계기울기 S_c와 같다. 유량 $\dot{V}$ 대신에 유동깊이 y_n을 알면 유량은 Manning 식으로부터, 임계 유동깊이는 식 (13-9)로부터 구할 수 있다. 다시 한번, $y_n = y_c$이면 유동은 임계 상태이다.

균일 임계 유동 동안에는 $S_0 = S_c$이고, $y_n = y_c$이다. Manning 식의 $\dot{V}$과 S_0를 각각 $\dot{V} = A_c\sqrt{gy_c}$와 S_c로 대체하고 S_c에 대해 풀면 다음과 같은 임계기울기에 대한 일반적인 관계식을 얻는다.

$$\textbf{임계기울기(일반):} \qquad S_c = \frac{gn^2 y_c}{a^2 R_h^{4/3}} \qquad \textbf{(13-43)}$$

박막 유동(film flow) 또는 $b \gg y_c$인 넓은 직사각형 수로에 대해서 식 (13-43)은 다음과 같이 단순화된다.

임계기울기 ($b \gg y_c$): $$S_c = \frac{gn^2}{a^2 y_c^{1/3}} \tag{13-44}$$

이 식은 Manning 계수 n을 갖는 넓은 직사각형 수로에서 임계 유동깊이 y_c를 유지하는 데 필요한 기울기를 제시한다.

비균일 둘레에 대한 중첩법

대부분의 자연 수로와 일부 인공 수로에 대한 표면조도와 Manning 계수는 접수둘레를 따라서 변하고, 심지어는 수로를 따라서조차 변한다. 예를 들어, 보통 강바닥은 돌이 있는 바닥이지만, 강과 연결된 홍수방지용 제방은 관목이 덮인 표면일 수도 있다. 이런 문제를 푸는 방법은 여러 가지로, 전체 수로 단면에 대한 유효 Manning 계수 n을 찾아내거나 또는 수로를 여러 개의 소단면(subsections)으로 나누고 중첩 원리를 적용하는 것이다. 예를 들어, 하나의 수로 단면을 각각 고유의 균일한 Manning 계수와 유량을 갖는 N개의 소단면으로 나눌 수 있다. 한 단면의 둘레를 결정할 때에는 그 단면의 접수 경계 부분만을 고려하며, 가상 경계는 무시한다. 예제 13-4에 예시된 것처럼 수로의 유량은 모든 단면을 흐르는 유량의 합이 된다.

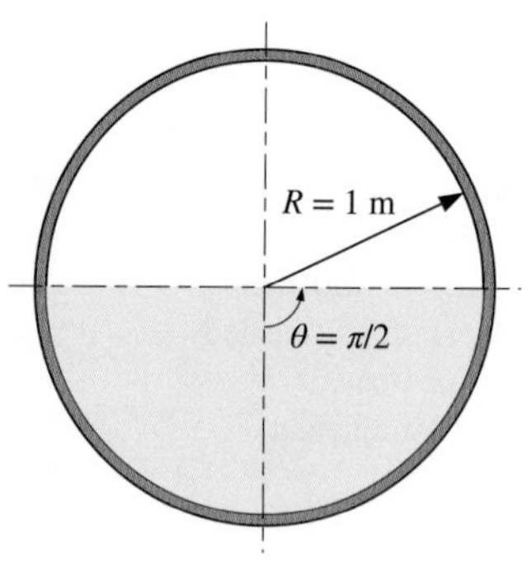

그림 13–19
예제 13-2에 대한 개략도

예제 13–2 균일 유동 개수로의 유량

그림 13-19에 보인 것처럼 바닥기울기가 1.5 m/km인 곳에 설치된 직경이 2 m인 원형 개수로에 물이 반쯤 차서 균일하게 흐르고 있다. 개수로가 마감질된 콘크리트로 건설되었을 때, 물의 유량을 구하라.

풀이 물이 원형 단면의 마감질된 콘크리트 개수로에 반쯤 차서 균일하게 흐르고 있다. 주어진 바닥기울기에 대해 유량을 구하고자 한다.

가정 **1** 유동은 정상이고, 균일하다. **2** 바닥기울기는 일정하다. **3** 표면의 조도는 수로를 따라서 일정하다.

상태량 마감질된 콘크리트 개수로의 Manning 계수는 $n = 0.012$이다(표 13-1).

해석 수로의 유동 단면적, 접수 둘레, 수력반경은

$$A_c = \frac{\pi R^2}{2} = \frac{\pi(1\text{ m})^2}{2} = 1.571\text{ m}^2$$

$$p = \frac{2\pi R}{2} = \frac{2\pi(1\text{ m})}{2} = 3.142\text{ m}$$

$$R_h = \frac{A_c}{P} = \frac{\pi R^2/2}{\pi R} = \frac{R}{2} = \frac{1\text{ m}}{2} = 0.50\text{ m}$$

그러면 유량은 Manning 식으로부터 다음과 같이 구해진다.

$$\dot{V} = \frac{a}{n} A_c R_h^{2/3} S_0^{1/2} = \frac{1\text{ m}^{1/3}/\text{s}}{0.012}(0.571\text{ m}^2)(0.50\text{ m})^{2/3}(1.5/1000)^{1/2} = \mathbf{3.19\ m^3/s}$$

토의 주어진 수로에서 유량은 바닥 경사각의 강한 함수라는 것에 유의하자. 다른 값들은 같고, 기울기만 두 배(3.0 m/km)가 된다면 유량은 $\sqrt{2}$배 증가하여 4.52 m³/s가 된다.

예제 13-3 직사각형 수로의 높이

바닥폭이 1.2 m인 마감질되지 않은 콘크리트 직사각형 수로에서 1.5 m^3/s의 유량으로 물이 이송되고 있다. 수로 바닥이 300 m당 0.6 m 낮아지는 지형이라고 한다. 균일 유동 조건에서 수로의 최소 높이를 결정하라(그림 13-20). 만약 바닥이 300 m당 단지 0.3 m만 낮아진다면 답은 어떻게 되겠는가?

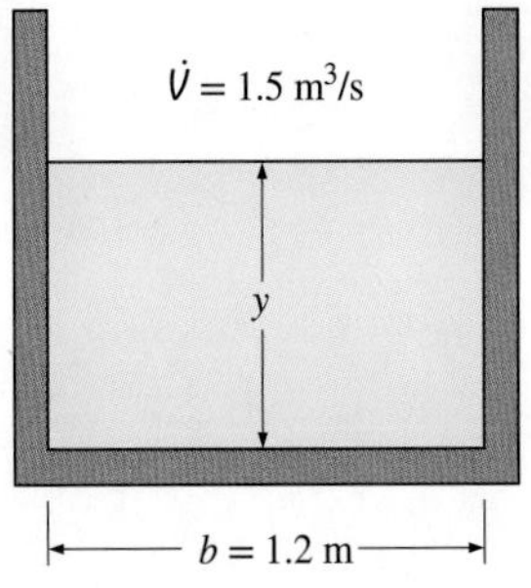

그림 13-20
예제 13-3에 대한 개략도

풀이 물이 주어진 바닥폭을 갖는 마감질되지 않은 콘크리트 직사각형 수로를 흐르고 있다. 주어진 유량에 해당하는 최소 수로 높이를 구하고자 한다.

가정 **1** 유동은 정상이고, 균일하다. **2** 바닥기울기는 일정하다. **3** 수로의 접수표면의 조도와 이에 따른 마찰계수는 일정하다.

상태량 마감질되지 않은 콘크리트 표면을 갖는 개수로의 Manning 계수는 $n=0.014$이다.

해석 수로의 단면적, 둘레, 수력반경은

$$A_c = by = (1.2\text{ m})y \quad p = b + 2y = (1.2\text{ m}) + 2y \quad R_h = \frac{A_c}{p} = \frac{1.2y}{1.2 + 2y}$$

수로의 바닥기울기는 $S_0=0.6/300=0.002$이다. Manning 식을 사용하면, 수로에 흐르는 유량은 다음과 같이 표현된다.

$$\dot{V} = \frac{a}{n} A_c R_h^{2/3} S_0^{1/2}$$

$$1.5\text{ m}^3/\text{s} = \frac{1\text{ m}^{1/3}/\text{s}}{0.014}(1.2y\text{ m}^2)\left(\frac{1.2y}{1.2 + 2y}\text{m}\right)^{2/3}(0.002)^{1/2}$$

이 식은 y에 대한 비선형 방정식이다. 방정식 풀이기를 사용하거나 반복법을 사용하여 유동깊이를 구하면

$$y = \mathbf{0.799\text{ m}}$$

만약 300 m의 길이당 바닥 강하가 단지 0.3 m라면, 바닥기울기는 $S_0=0.001$이 되고, 유동깊이는 $y=$**1.05 m**가 된다.

토의 y가 유동깊이라는 것에 유의하면, 이는 수로 높이의 최솟값이다. 또한 Manning 계수 n 값에는 상당한 불확실성이 있으며, 이는 건설될 수로의 높이를 결정할 때 반드시 고려되어야 한다.

예제 13-4 비균일 조도를 갖는 수로

바닥기울기가 0.003이고 단면이 그림 13-21과 같은 수로에 물이 흐르고 있다. 또한 그림

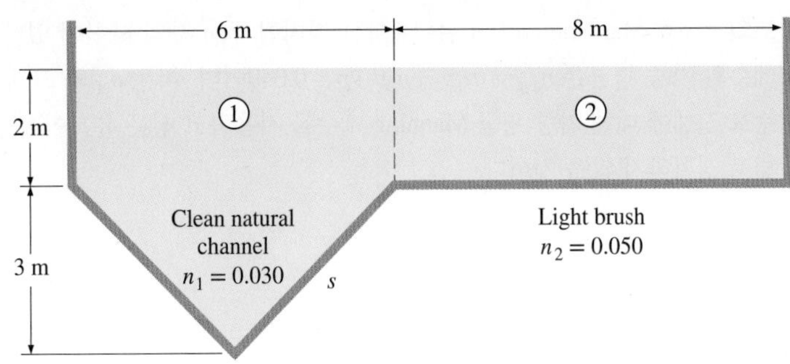

그림 13-21
예제 13-4에 대한 개략도

에는 치수들과 각각의 다른 소단면 표면에 대한 Manning 계수들이 주어져 있다. 수로를 흐르는 유량과 이 수로의 유효 Manning 계수를 구하라.

풀이 물이 비균일 표면 상태량을 갖는 수로를 통하여 흐르고 있다. 유량과 유효 Manning 계수를 구하고자 한다.

가정 **1** 유동은 정상이고, 균일하다. **2** 바닥기울기는 일정하다. **3** 수로를 따라서 Manning 계수들은 변하지 않는다.

해석 수로는 조도가 다른 두 개의 부분이 포함되어 있고, 따라서 그림 13-21에 나타낸 것과 같이 수로를 두 개의 소단면으로 나누는 것이 적절하다. 각각의 소단면의 유량은 Manning 식으로부터 구할 수 있으며, 총 유량은 그들의 합으로 구할 수 있다.

삼각형 수로의 측변의 길이는 $s=\sqrt{3^2+3^2}=4.243$ m이다. 그러면 각 소단면과 전체 수로의 유동 면적, 둘레, 수력반경은 다음과 같다.

소단면 1:

$$A_{c1} = 21\text{ m}^2 \quad p_1 = 10.486\text{ m} \quad R_{h1} = \frac{A_{c1}}{p_1} = \frac{21\text{ m}^2}{10.486\text{ m}} = 2.00\text{ m}$$

소단면 2:

$$A_{c2} = 16\text{ m}^2 \quad p_2 = 10\text{ m} \quad R_{h2} = \frac{A_{c2}}{p_2} = \frac{16\text{ m}^2}{10\text{ m}} = 1.60\text{ m}$$

전체 수로:

$$A_c = 37\text{ m}^2 \quad p = 20.486\text{ m} \quad R_h = \frac{A_c}{p} = \frac{37\text{ m}^2}{20.486\text{ m}} = 1.806\text{ m}$$

각 소단면에서 Manning 식을 사용하면, 수로를 흐르는 총 유량은 다음으로 구해진다.

$$\begin{aligned}\dot{V} &= \dot{V}_1 + \dot{V}_2 = \frac{a}{n_1}A_{c1}R_{h1}^{2/3}S_0^{1/2} + \frac{a}{n_2}A_{c2}R_{h2}^{2/3}S_0^{1/2} \\ &= (1\text{ m}^{1/3}/\text{s})\left[\frac{(21\text{ m}^2)(2\text{ m})^{2/3}}{0.030} + \frac{(16\text{ m}^2)(1.60\text{ m})^{2/3}}{0.050}\right](0.003)^{1/2} \\ &= 84.8\text{ m}^3/\text{s} \cong \mathbf{85\text{ m}^3/\text{s}}\end{aligned}$$

총 유량을 알면, 전체 수로에 대한 유효 Manning 계수는 Manning 식으로부터 구해진다.

$$n_{\text{eff}} = \frac{aA_cR_h^{2/3}S_0^{1/2}}{\dot{V}} = \frac{(1\text{ m}^{1/3}/\text{s})(37\text{ m}^2)(1.806\text{ m})^{2/3}(0.003)^{1/2}}{84.8\text{ m}^3/\text{s}} = \mathbf{0.035}$$

토의 유효 Manning 계수 n_{eff}는 예상한 것처럼 두 n 값의 사이에 있다. 수로의 Manning 계수의 가중 평균은 $n_{\text{avg}}=(n_1p_1+n_2p_2)/p=0.040$이며, 이는 n_{eff}와 크게 다르다. 그러므로 수로 전체에 대해 가중 평균 Manning 계수를 사용하고 싶은 유혹이 있을 수 있으나, 이는 별로 정확하지 않을 것이다.

13-6 ■ 최적 수력단면

개수로 시스템은 일반적으로 가능한 한 최소의 비용으로 중력을 이용하여 주어진 유량의 액체를 고도가 낮은 지역으로 이송하기 위해 설계된다. 요구되는 에너지 입력이 없다는 것을 고려하면, 개수로 시스템의 비용은 주로 초기 건설 비용이며, 이는 시스템의 크기에 비례한다. 그러므로 주어진 수로 길이에 대하여 수로의 둘레는 시스템 비용을 대표하며, 크기와 이에 따른 비용을 최소화하기 위해서 둘레는 최소로 유지되어야 한다.

다른 시각으로 보면, 유동 저항은 벽면 전단응력 τ_w와 수로의 벽 면적에 기인하며, 벽 면적은 단위 수로 길이당 접수둘레와 등가이다. 그러므로 주어진 유동단면적 A_c에 대하여 접수둘레 p가 작아지면 저항력이 작아지고, 따라서 평균 유속과 유량이 커진다.

또 다른 시각으로 보면, 주어진 바닥기울기 S_0와 표면 라이닝(즉, 조도계수 n)을 갖는 특정한 수로 형상에 대하여 유속은 Manning 공식 $V = aR_h^{2/3}S_0^{1/2}/n$에 의해서 주어진다. 그러므로 유속은 수력반경에 따라 증가하며, 평균 유속 또는 단위 단면적당 유량이 최대가 되기 위해서는 수력반경이 반드시 최대(따라서 $R_h = A_c/p$이므로 둘레는 최소)가 되어야 한다. 따라서 결론적으로 다음과 같다.

개수로에서 최적 수력단면은 최대 수력반경을 갖거나 또는 동등하게 주어진 단면적에 대해 최소 접수둘레를 가지는 단면이다.

단위 면적당 최소 둘레를 갖는 형상은 원이다. 그러므로 최소 유동 저항을 기준으로 개수로의 최적 단면은 반원(그림 13-22)이다. 그러나 일반적으로 반원형 수로 대신에 직선 변을 갖는 수로(예를 들어, 사다리꼴 또는 직사각형 단면의 수로)를 건설하는 것이 더 적은 비용이 들며, 수로의 전체적인 형상은 선험적으로 정해질 수도 있다. 따라서 각각의 기하학적 형상에 대하여 최적 단면을 별도로 분석하는 것이 타당하다.

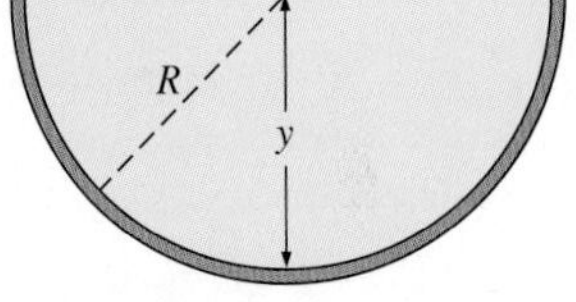

그림 13-22
주어진 단면적에 대해 최소 접수둘레와 이에 따른 최소 유동 저항을 가지므로 개수로에서 최적 수력단면은 반원이다.

동기 부여를 위한 예로 폭이 b, 유동깊이가 y, 바닥기울기가 1°인 마감질된 콘크리트($n = 0.012$) 직사각형 수로를 고려해 보자(그림 13-23). 단면적이 1 m^2인 단면에 대해 수력반경 R_h와 유량 $\dot{V}$에 종횡비 y/b가 미치는 영향을 알아보기 위해 Manning 공식으로부터 R_h와 $\dot{V}$를 계산하였다. 종횡비 0.1부터 5까지의 결과를 표 13-2와 그림 13-24에 나타내었다. 이 표와 그래프로부터 유동의 종횡비 y/b가 증가하면 유량 $\dot{V}$이 증가하고, $y/b = 0.5$에서 최대에 도달한 후 감소하기 시작하는 것을 알 수 있다($A_c = 1$ m^2이므로 $\dot{V}$ 값은 m/s로 나타내는 유속으로도 해석될 수 있다). 수력반경에 대해서는 같은 경향이, 접수둘레 p에 대해서는 반대 경향이 나타나는 것을 알 수 있다. 이 결과는 주어진 형상에서 최적 단면이 최대 수력반경을 갖거나 또는 이와 동등하게 접수둘레가 최소가 되는 단면이라는 것을 보여주고 있다.

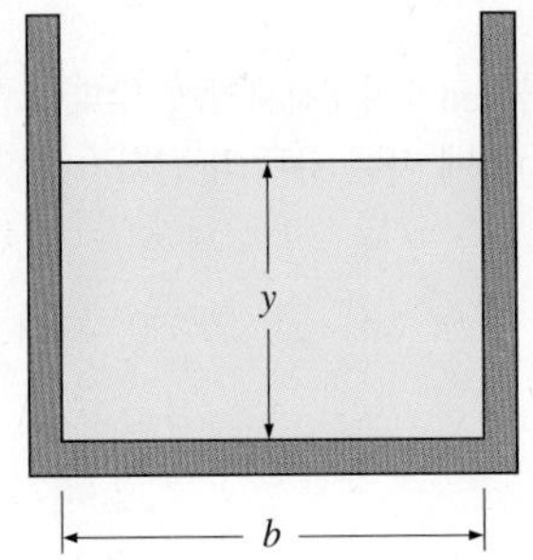

그림 13-23
폭 b와 유동깊이 y인 직사각형 개수로. 주어진 단면적에서 최대 유량은 $y = b/2$일 때 발생한다.

직사각형 수로

폭이 b이고 유동깊이가 y인 직사각형 단면의 개수로 내의 액체 유동을 고려해 보자. 유동 단면에서 단면적과 접수둘레는

표 13-2

$A_c = 1\ m^2$, $S_0 = \tan 1°$ 및 $n = 0.012$인 직사각형 수로에 대해 종횡비 y/b에 따른 수력반경 R_h와 유량 $\dot{V}$의 변화

Aspect Ratio y/b	Channel Width b, m	Flow Depth y, m	Perimeter p, m	Hydraulic Radius R_h, m	Flow Rate $\dot{V}$, m^3/s
0.1	3.162	0.316	3.795	0.264	4.53
0.2	2.236	0.447	3.130	0.319	5.14
0.3	1.826	0.548	2.921	0.342	5.39
0.4	1.581	0.632	2.846	0.351	5.48
0.5	1.414	0.707	2.828	0.354	5.50
0.6	1.291	0.775	2.840	0.352	5.49
0.7	1.195	0.837	2.869	0.349	5.45
0.8	1.118	0.894	2.907	0.344	5.41
0.9	1.054	0.949	2.951	0.339	5.35
1.0	1.000	1.000	3.000	0.333	5.29
1.5	0.816	1.225	3.266	0.306	5.00
2.0	0.707	1.414	3.536	0.283	4.74
3.0	0.577	1.732	4.041	0.247	4.34
4.0	0.500	2.000	4.500	0.222	4.04
5.0	0.447	2.236	4.919	0.203	3.81

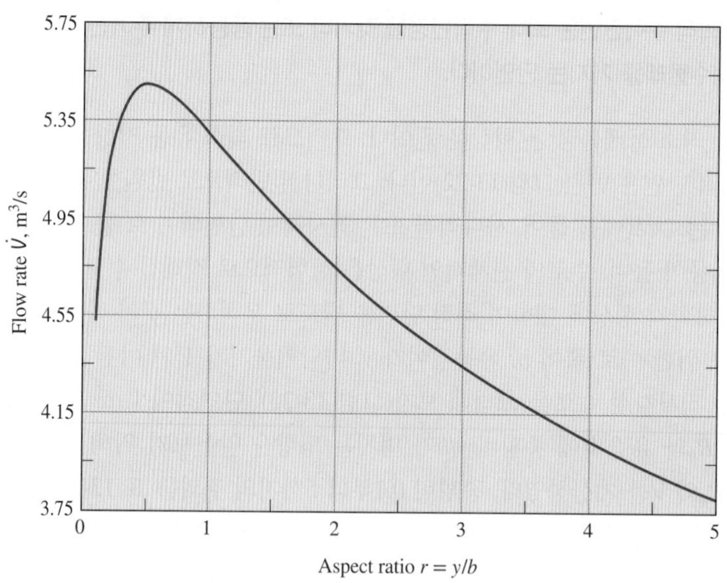

그림 13-24
$A_c = 1\ m^2$, $S_0 = \tan 1°$인 직사각형 수로에서 종횡비 $r = y/b$에 따른 유량의 변화

$$A_c = yb \qquad \text{그리고} \qquad p = b + 2y \tag{13-45}$$

식 (13-45)의 첫 번째 식을 b에 대하여 풀고 이를 두 번째 식에 대입하면

$$p = \frac{A_c}{y} + 2y \tag{13-46}$$

이제 개수로의 최적 수력단면은 주어진 단면적에서 접수둘레가 최소가 되는 단면이라는 기준을 적용하자. A_c를 일정하게 유지하면서 y에 대한 p의 도함수를 취하면 다음과 같다.

$$\frac{dp}{dy} = -\frac{A_c}{y^2} + 2 = -\frac{by}{y^2} + 2 = -\frac{b}{y} + 2 \tag{13-47}$$

$dp/dy = 0$으로 설정하고 y에 대하여 풀면, 최적 수력단면에 대한 기준은 다음과 같이 정해진다.

최적 수력단면(직사각형 수로):
$$y = \frac{b}{2} \tag{13-48}$$

그러므로 주어진 단면적에 대해, 유동저항을 최소화하거나 또는 유량을 최대로 하기 위해서 직사각형 개수로는 반드시 액체 높이가 수로폭의 반이 되도록 설계되어야 한다. 이는 둘레도 최소화하고, 따라서 건설 비용도 최소화된다. 이 결과는 표 13-2에서 찾은 $y = b/2$가 최적 단면이라는 것을 재확인해주고 있다.

사다리꼴 수로

실제로는 많은 인공 개수로는 직사각형이나 원형이 아니고 **사다리꼴**이다(그림 13-25*a*). 그림 13-25*b*에 보인 것처럼 바닥폭이 b, 유동깊이가 y, 수평으로부터 측정된 사다리꼴 각도가 θ인 사다리꼴 단면의 개수로 내의 액체 유동을 고려해 보자. 유동 단면에서 단면적과 접수둘레는

$$A_c = \left(b + \frac{y}{\tan\theta}\right)y \qquad \text{그리고} \qquad p = b + \frac{2y}{\sin\theta} \tag{13-49}$$

식 (13-49)의 첫 번째 식을 b에 대하여 풀고 이를 두 번째 식에 대입하면

$$p = \frac{A_c}{y} - \frac{y}{\tan\theta} + \frac{2y}{\sin\theta} \tag{13-50}$$

A_c와 θ를 일정하게 유지하면서 y에 대한 p의 도함수를 구하면 다음과 같다.

$$\frac{dp}{dy} = -\frac{A_c}{y^2} - \frac{1}{\tan\theta} + \frac{2}{\sin\theta} = -\frac{b + y/\tan\theta}{y} - \frac{1}{\tan\theta} + \frac{2}{\sin\theta} \tag{13-51}$$

$dp/dy = 0$으로 설정하고 y에 대하여 풀면, 임의의 주어진 사다리꼴 각도 θ에 대해 최적 수력단면에 대한 기준은 다음과 같이 얻어진다.

최적 수력단면(사다리꼴 수로):
$$y = \frac{b\sin\theta}{2(1 - \cos\theta)} \tag{13-52}$$

각도가 $\theta = 90°$(직사각형 수로)인 특수한 경우에서는 예상한 대로 이 식은 $y = b/2$로 간단해진다.

사다리꼴 수로의 수력반경 R_h는 다음과 같이 나타낼 수 있다.

$$R_h = \frac{A_c}{p} = \frac{y(b + y/\tan\theta)}{b + 2y/\sin\theta} = \frac{y(b\sin\theta + y\cos\theta)}{b\sin\theta + 2y} \tag{13-53}$$

식 (13-52)를 $b\sin\theta = 2y(1 - \cos\theta)$로 다시 정리하여 식 (13-53)에 대입하고 간단히 하면, 최적 단면을 갖는 사다리꼴 수로의 수력반경은 다음과 같게 된다.

최적 수력단면에 대한 수력반경:
$$R_h = \frac{y}{2} \tag{13-54}$$

(*a*)

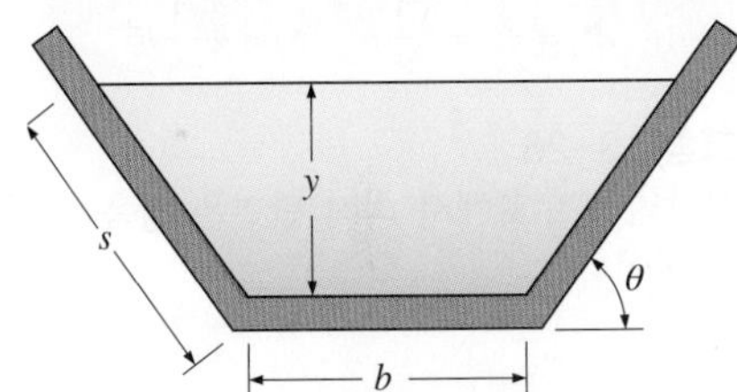

$$R_h = \frac{A_c}{p} = \frac{y(b + y/\tan\theta)}{b + 2y/\sin\theta}$$

(*b*)

그림 13-25
(*a*) 일부만 채워진 사다리꼴 수로 (*b*) 사다리꼴 수로의 매개변수들
(a) Photo by John M. Cimbala.

따라서 최적 단면을 갖는 사다리꼴 수로의 수력반경은 사다리꼴 각도 θ에 관계없이 유동깊이의 반이다.

이와 비슷하게, 최적 수력단면의 사다리꼴 각도는 A_c와 y를 일정하게 유지하고, θ에 대한 p(식 13-50)의 도함수를 취하여 $dp/d\theta=0$으로 설정하고 결과 식을 θ에 대해 풀면 다음과 같다.

최적 사다리꼴 각도: $$\theta = 60° \quad \textbf{(13-55)}$$

최적 사다리꼴 각도 $\theta=60°$를 최적 수력단면 관계식 $y=b\sin\theta/(2-2\cos\theta)$에 대입하면 다음을 얻는다.

$\theta=$**60°**에서의 최적 유동깊이: $$y = \frac{\sqrt{3}}{2}b \quad \textbf{(13-56)}$$

그러면 $\tan 60° = \sqrt{3}$이므로 유동 단면의 측변 길이와 유동 면적은 다음이 된다.

$$s = \frac{y}{\sin 60°} = \frac{b\sqrt{3}/2}{\sqrt{3}/2} = b \quad \textbf{(13-57)}$$

$$p = 3b \quad \textbf{(13-58)}$$

$$A_c = \left(b + \frac{y}{\tan\theta}\right)y = \left(b + \frac{b\sqrt{3}/2}{\tan 60°}\right)(b\sqrt{3}/2) = \frac{3\sqrt{3}}{4}b^2 \quad \textbf{(13-59)}$$

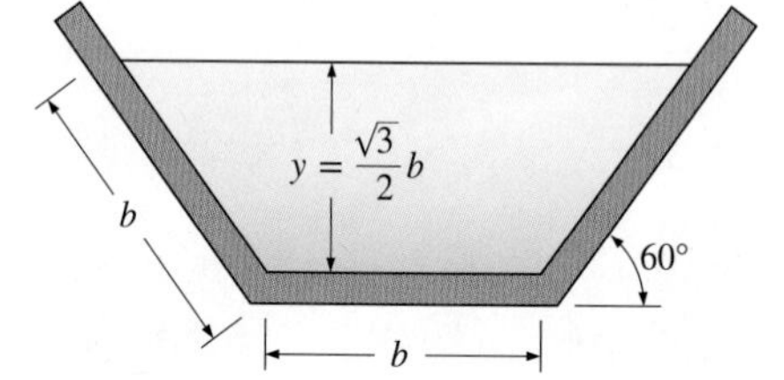

$R_h = \frac{y}{2} = \frac{\sqrt{3}}{4}b \quad A_c = \frac{3\sqrt{3}}{4}b^2$

그림 13-26
사다리꼴 수로에서 최적 단면은 **정육각형의 반**이다.

그러므로 사다리꼴 수로의 최적 단면은 **정육각형의 반**이다(그림 13-26). 정육각형은 원에 매우 근사적이므로 모든 사다리꼴 수로에서 1/2 정육각형이 단위 단면적당 최소 둘레를 갖는다는 것이 당연하다.

다른 형상의 수로에 대한 최적 수력단면도 비슷한 방법으로 구할 수 있다. 예를 들어, 직경이 D인 원형 수로의 최적 수력단면은 $y=D/2$가 된다는 것을 증명할 수 있다.

예제 13-5 개수로의 최적 단면

표면이 아스팔트 처리된 개수로에서 물을 유량이 2 m³/s인 균일 유동으로 이송하려고 한다. 바닥기울기는 0.001이다. 수로의 형상이 (a) 직사각형, (b) 사다리꼴(그림 13-27)일 때, 각각의 최적 단면의 치수를 구하라.

풀이 개수로에서 물을 주어진 유량으로 이송하고자 한다. 직사각형과 사다리꼴 형상에 대해 최적 수로 치수를 구하고자 한다.

가정 **1** 유동은 정상이고, 균일하다. **2** 바닥기울기는 일정하다. **3** 수로의 접수면의 조도와 이에 따른 마찰계수는 일정하다.

상태량 아스팔트 처리된 개수로의 Manning 계수는 $n=0.016$이다.

해석 (a) 직사각형 수로의 최적 단면은 유동높이가 수로폭의 반, 즉 $y=b/2$일 때 나타난다. 그러면 수로의 단면적, 둘레, 수력반경은

$$A_c = by = \frac{b^2}{2} \qquad p = b + 2y = 2b \qquad R_h = \frac{A_c}{p} = \frac{b}{4}$$

Manning 식에 대입하면

$$\dot{V} = \frac{a}{n} A_c R_h^{2/3} S_0^{1/2} \quad \rightarrow \quad b = \left(\frac{2n\dot{V}4^{2/3}}{a\sqrt{S_0}} \right)^{3/8} = \left(\frac{2(0.016)(2 \text{ m}^3/\text{s})4^{2/3}}{(1 \text{ m}^{1/3}/\text{s})\sqrt{0.001}} \right)^{3/8}$$

이로부터 $b = 1.84$ m가 된다. 따라서 $A_c = 1.70 \text{ m}^2$, $p = 3.68$ m, 그리고 최적 직사각형 수로의 치수는

$$\mathbf{b = 1.84 \text{ m}} \quad \text{그리고} \quad \mathbf{y = 0.92 \text{ m}}$$

(b) 사다리꼴 수로의 최적 단면은 사다리꼴 각도가 60°이고 유동높이가 $y = b\sqrt{3}/2$일 때 발생한다. 그러면

$$A_c = y(b + b\cos\theta) = 0.5\sqrt{3}b^2(1 + \cos 60°) = 0.75\sqrt{3}b^2$$

$$p = 3b \qquad R_h = \frac{y}{2} = \frac{\sqrt{3}}{4}b$$

Manning 식에 대입하면

$$\dot{V} = \frac{a}{n} A_c R_h^{2/3} S_0^{1/2} \quad \rightarrow \quad b = \left(\frac{(0.016)(2 \text{ m}^3/\text{s})}{0.75\sqrt{3}(\sqrt{3}/4)^{2/3}(1 \text{ m}^{1/3}/\text{s})\sqrt{0.001}} \right)^{3/8}$$

이로부터 $b = 1.12$ m가 된다. 따라서 $A_c = 1.64 \text{ m}^2$, $p = 3.37$ m, 그리고 최적 사다리꼴 수로의 치수는

$$\mathbf{b = 1.12 \text{ m}} \quad \mathbf{y = 0.973 \text{ m}} \quad \text{그리고} \quad \mathbf{\theta = 60°}$$

토의 사다리꼴 단면이 둘레 길이가 짧고(3.68 m에 비하여 3.37 m), 이에 따라 건설 비용이 적게 들기 때문에 더 좋다는 것에 유의하자. 이것이 많은 인공 수로의 형태가 사다리꼴인 이유이다(그림 13-28). 그러나 A_c가 더 작기 때문에 사다리꼴 수로를 통과하는 평균 속도가 더 크다.

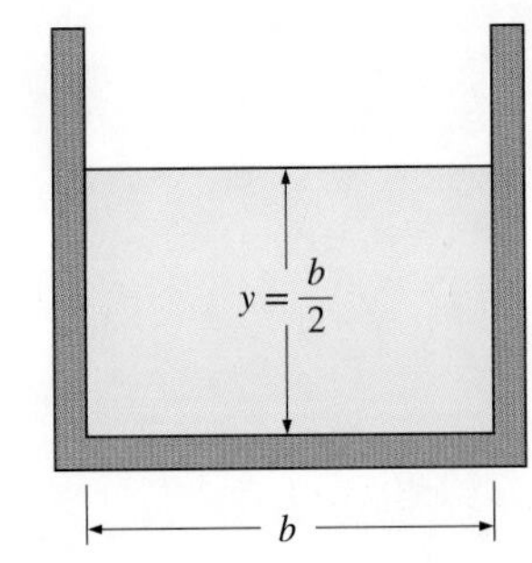

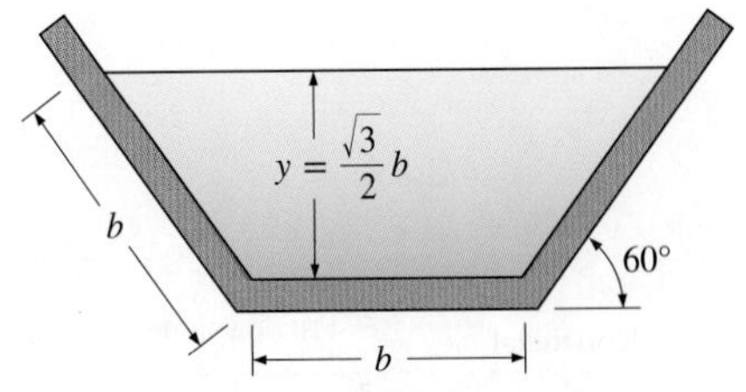

그림 13-27
예제 13-5에 대한 개략도

그림 13-28
건설 비용이 적고 성능이 좋아서 많은 인공 수로의 형상은 사다리꼴이다.
© *Pixtal/AGE Fotostock RF*

13-7 ■ 점진변화 유동

지금까지는 유동깊이 y와 유속 V가 일정하게 유지되는 **균일 유동**을 살펴보았다. 이 절에서는 **점진변화 유동**(gradually varied flow, GVF)을 다룬다. 이는 유동깊이와 속도가 점진적으로 변하고(기울기가 작고 급격한 변화는 없음) 자유표면이 항상 매끄럽게 유지되는(불연속성 또는 지그재그가 없는) 것이 특징인 정상 비균일 유동의 형태이다. 유동깊이와 속도가 급격히 변하는 **급변화 유동**(rapidly varied flows, RVF)은 13-8절에서 다룬다. 수로의 바닥기울기, 단면의 변화, 유동 경로에 있는 장애물은 수로에서 균일 유동이 점진변화 유동 또는 급변화 유동으로 변하는 원인이 될 수 있다.

급변화 유동은 비교적 표면적이 작은 수로의 짧은 구간에서 발생하며, 따라서 벽면 전단에 따른 마찰 손실을 무시할 수 있다. RVF의 수두 손실은 매우 국부적이며, 강한 교반(요동)과 난류 때문에 발생한다. 반면에 GVF의 손실은 주로 수로를 따르는 마찰 효과 때문이며, Manning 공식으로부터 구할 수 있다.

점진변화 유동에서는 유동깊이와 속도가 천천히 변하고, 자유표면이 안정적이다.

이는 질량과 에너지 보존 법칙을 바탕으로 수로의 유동깊이 변화를 수식화하고, 자유표면의 윤곽선에 대한 관계식을 구할 수 있도록 한다.

균일 유동에서는 에너지선의 기울기가 바닥 표면의 기울기와 같다. 그러므로 마찰기울기는 바닥기울기와 같다. 즉, $S_f=S_0$이다. 그러나 점진변화 유동에서는 이들 기울기가 다르다(그림 13-29).

폭이 b인 직사각형 개수로에서 정상 유동을 고려하자. 바닥기울기와 수심의 어떤 변화도 모두 다소 완만하다고 가정한다. 다시 한번 식들을 평균 속도 V로 나타내고, 압력 분포는 정수력학적이라고 가정한다. 식 (13-17)로부터 총 액체 수두는 모든 단면에서 $H=z_b+y+V^2/2g$이며, 여기서 z_b는 기준값으로부터 바닥 표면까지의 수직 거리이다. H를 x에 대하여 미분하면 다음 식을 얻는다.

$$\frac{dH}{dx}=\frac{d}{dx}\left(z_b+y+\frac{V^2}{2g}\right)=\frac{dz_b}{dx}+\frac{dy}{dx}+\frac{V}{g}\frac{dV}{dx} \tag{13-60}$$

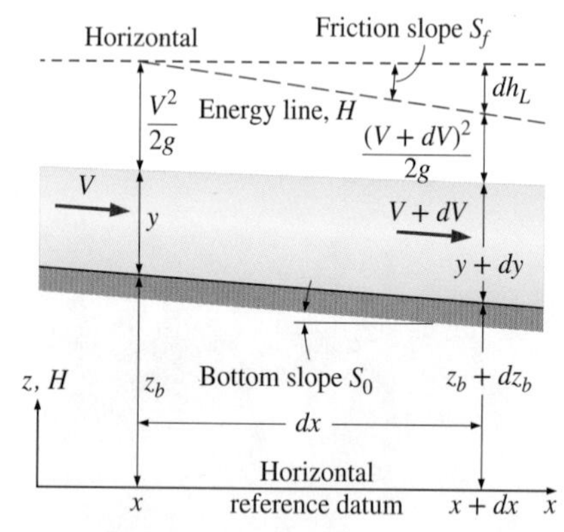

그림 13-29
점진변화 유동(GVF) 조건의 개수로에서 미소 유동 구간에서의 상태량 변화

그러나 H는 액체의 총 에너지이고, 따라서 dH/dx는 에너지선의 기울기(음의 값)이며, 이는 그림 13-29에 보인 것처럼 마찰기울기의 음의 값과 같다. 또한 dz_b/dx는 바닥기울기의 음의 값이다. 그러므로

$$\frac{dH}{dx}=-\frac{dh_L}{dx}=-S_f \qquad \text{그리고} \qquad \frac{dz_b}{dx}=-S_0 \tag{13-61}$$

식 (13-61)을 식 (13-60)에 대입하면

$$S_0-S_f=\frac{dy}{dx}+\frac{V}{g}\frac{dV}{dx} \tag{13-62}$$

직사각형 수로에서 정상 유동의 질량 보존 방정식은 $\dot{V}=ybV=$일정하다. x에 대하여 미분하면 다음과 같다.

$$0=bV\frac{dy}{dx}+yb\frac{dV}{dx} \quad\rightarrow\quad \frac{dV}{dx}=-\frac{V}{y}\frac{dy}{dx} \tag{13-63}$$

식 (13-63)을 식 (13-62)에 대입하고 $V/\sqrt{gy}$가 Froude 수라는 것에 주목하면

$$S_0-S_f=\frac{dy}{dx}-\frac{V^2}{gy}\frac{dy}{dx}=\frac{dy}{dx}-\mathrm{Fr}^2\frac{dy}{dx} \tag{13-64}$$

dy/dx에 대해 풀면 개수로에서 점진변화 유동의 유동깊이(또는 표면 윤곽선) 변화율에 대한 원하는 관계식을 구할 수 있다.

GVF 방정식:
$$\frac{dy}{dx}=\frac{S_0-S_f}{1-\mathrm{Fr}^2} \tag{13-65}$$

이는 압축성 유동에서 Mach 수의 함수로 나타나는 유동 면적의 변화와 유사하다. 이 관계식은 직사각형 수로에 대해 유도되었지만, 해당되는 Froude 수로 표현되는 단면적이 일정한 다른 수로에도 적용될 수 있다. 이 미분 방정식의 해석적 또는 수치적 해는 주어진 매개변수 세트에 대해 유동깊이 y를 x의 함수로 나타내며, 이때 함수 $y(x)$는 **표면 윤곽선**이다.

유동깊이가 수로를 따라 증가하거나, 감소하거나, 일정하게 유지하는가 하는 대략적인 경향은 dy/dx의 부호에 영향을 받으며, 이는 식 (13-65)의 분자와 분모의 부호에 따라 결정된다. Froude 수는 항상 양수이며, 마찰기울기 S_f도 항상 양수이다(단, 마찰효과를 무시할 수 있는 이상적인 유동의 경우는 예외, 이때 h_L과 S_f가 모두 0이 된다). 바닥기울기 S_0는 수로의 하향구배 구간(대부분의 경우에 해당)에서는 양수, 수평 구간에서는 0, 상향구배 구간(역류)에서는 음수이다. 유동깊이는 $dy/dx>0$이면 증가하고, $dy/dx<0$이면 감소하며, $dy/dx=0$이고 이에 따라 $S_0=S_f$이면 일정하게 유지된다(따라서 자유표면은 균일 유동처럼 수로 바닥과 평행하다, 그림 13-30). 주어진 S_0 및 S_f 값에 대하여 dy/dx 항은 Froude 수가 1보다 작은가 또는 큰가에 따라 양수 또는 음수가 된다. 따라서 유동의 거동은 아임계 유동과 초임계 유동에서 반대가 된다. 예를 들어, $S_0-S_f>0$이면, 아임계 유동에서는 유동깊이가 유동방향으로 증가하지만, 초임계 유동에서는 감소한다.

분모 $1-\text{Fr}^2$의 부호를 결정하기는 쉽다. 아임계 유동(Fr<1)이면 양수, 초임계 유동(Fr>1)이면 음수가 된다. 그러나 분자의 부호는 S_0와 S_f의 상대적 크기에 따라 달라진다. 마찰기울기 S_f는 항상 양수이며, 그 값은 $y=y_n$인 균일 유동에서 수로기울기 S_0와 같다는 것에 유의하자. 마찰기울기는 유선방향의 거리에 따라 변하는 양으로, 예제 13-6에서 보여 준 것처럼 각 유선방향 위치에서의 깊이에 기초하여 Manning 식으로 계산된다. 속도가 증가하면 수두 손실이 증가하고 속도는 주어진 유량에 대하여 유동깊이에 반비례한다는 것을 고려하면 $y<y_n$이면 $S_f>S_0$이고, 따라서 $S_0-S_f<0$이며, $y>y_n$이면 $S_f<S_0$이고, 따라서 $S_0-S_f>0$이 된다. 분자 S_0-S_f는 수평($S_0=0$)과 상향구배($S_0>0$) 수로에서는 항상 음수이고, 따라서 이와 같은 수로에서는 아임계 유동 구간 동안에 유동방향으로 유동깊이가 감소한다.

그림 13–30
Chicago 강처럼 근사적으로 일정한 깊이와 단면을 갖는 천천히 흐르는 강은 $S_0\approx S_f$와 $dy/dx\approx 0$인 균일 유동의 한 예이다.
© Hisham F. Ibrahim/Getty Images RF

개수로의 액체 표면 윤곽선, $y(x)$

개수로 시스템은 수로를 따라 예상되는 유동깊이에 바탕을 두고 설계되고 건설된다. 따라서 주어진 유량과 수로 형상에 대하여 유동깊이를 예측할 수 있는 것이 중요하다. 하류 거리에 대한 유동깊이 선도는 유동의 **표면 윤곽선**(surface profile) $y(x)$이다. 점진변화 유동에서 표면 윤곽선의 일반적 특성은 임계 및 정상깊이에 대한 상대적인 바닥기울기와 유동깊이에 영향을 받는다.

전형적인 개수로에는 바닥기울기 S_0와 유동 상태가 다른 다양한 구간이 있으며, 따라서 표면 윤곽선이 다른 다양한 구간이 존재한다. 예를 들어, 수로에서 하향구배 구간에서 일반적인 표면 윤곽선은 상향구배 구간의 표면 윤곽선과 다르다. 마찬가지로 아임계 유동의 표면 윤곽선은 초임계 유동의 것과 다르다. 관성력이 포함되지 않는 균일 유동과는 달리, 점진변화 유동은 액체의 가속과 감속을 포함하며 표면 윤곽선은 액체의 무게, 전단력, 관성 효과 사이의 동역학적 균형을 반영한다.

각각의 표면 윤곽선은 수로의 기울기를 나타내는 글자와 임계깊이 y_c와 정상깊이 y_n에 대한 상대적인 유동깊이를 나타내는 숫자로 구별된다. 수로의 기울기는 가파른(steep, S), 임계(critical, C), 완만한(mild, M), 수평(horizontal, H) 또는 역기울기(adverse, A)가 될 수 있다(그림 13-31). 수로의 기울기는 $y_n>y_c$이면 완만하고, $y_n<y_c$

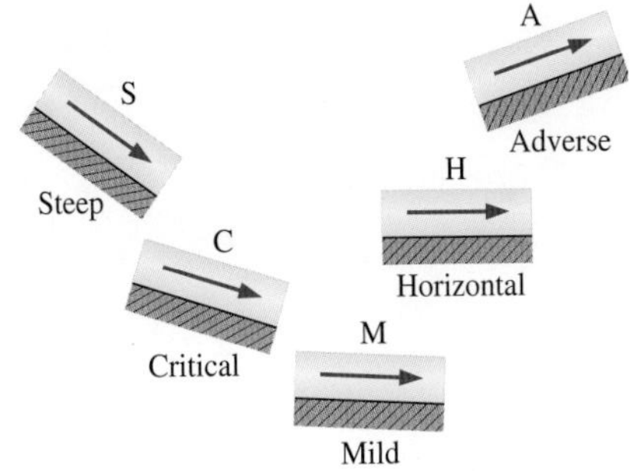

그림 13–31
여러 다른 기울기 유형에 대한 액체 표면 윤곽선을 나타내는 문자 S, C, M, H, A의 지정

이면 가파르며, $y_n = y_c$이면 임계, $S_0 = 0$(바닥기울기가 0)이면 수평, $S_0 < 0$(음의 기울기)이면 역기울기라고 한다. 역기울기를 가지는 개수로에서는 액체가 오르막 언덕으로 흐른다는 것에 유의하라.

수로 구간은 수로 바닥의 기울기뿐만 아니라 유량과 수로 단면에 따라서도 분류된다. 어떤 유동에 대해서 완만한 기울기를 갖는 것으로 분류된 수로 구간은 다른 유동에 대해서는 가파른 기울기를 가질 수 있으며, 심지어 세 번째 유동에 대해서는 임계기울기를 가질 수도 있다. 그러므로 기울기를 평가하기 전에 임계깊이 y_c와 정상깊이 y_n을 계산할 필요가 있다.

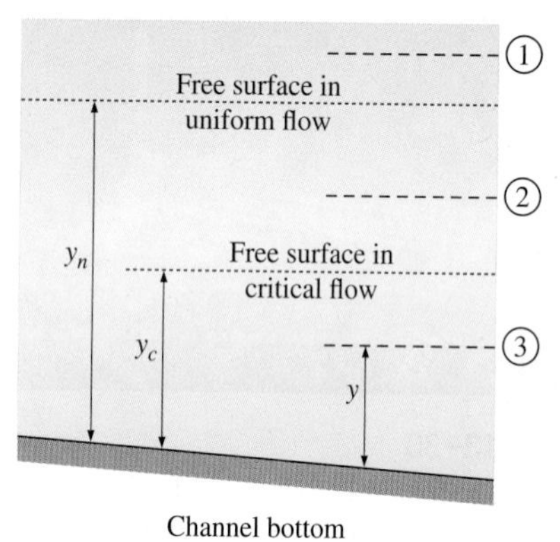

그림 13-32
정상깊이와 임계깊이에 대한 상대적인 유동깊이의 값을 기준으로 액체 표면 윤곽선에 대한 숫자 1, 2, 3의 지정

그림 13-32에 보여 주는 것처럼 표시된 숫자는 주어진 수로기울기에서 임계 유동과 균일 유동의 표면 수위에 대한 액체 표면의 상대적인 초기 위치를 나타낸다. 만약 유동깊이가 임계깊이와 정상깊이보다 위에 있으면($y > y_c$와 $y > y_n$) 표면 윤곽선은 1, 유동깊이가 둘 사이에 있으면($y_n > y > y_c$ 또는 $y_n < y < y_c$) 2, 유동깊이가 임계깊이와 정상깊이 모두 보다 아래에 있으면($y < y_c$와 $y < y_n$) 3으로 표기한다. 따라서 주어진 형태의 수로기울기에서 세 가지 다른 윤곽선이 가능하다. 그러나 수평과 상향 수로에서는 유동이 절대로 균일할 수 없으므로 기울기가 0 또는 역기울기인 수로에서는 유형 1의 유동이 존재할 수 없으며, 이에 따라 정상깊이는 정의되지 않는다. 또한 임계기울기를 갖는 수로에서는 정상깊이와 임계깊이가 동일하므로 유형 2의 유동이 존재하지 않는다.

설명한 다섯 종류의 기울기와 세 가지 유형의 초기 위치는 GVF에서 총 12개의 서로 다른 형태의 표면 윤곽선을 갖도록 하며, 표 13-3에 표와 그림으로 나타내었다. 또한 각각에 대하여, 식 (13-65)의 $dy/dx = (S_0 - S_f)/(1 - \mathrm{Fr}^2)$로부터 구한 표면 윤곽선의 기울기 dy/dx의 부호뿐만 아니라 $y < y_c$에서 $\mathrm{Fr} > 1$인 Froude 수도 함께 나타내었다. $S_0 - S_f$와 $1 - \mathrm{Fr}^2$가 모두 양이거나 음이면 $dy/dx > 0$이고, 따라서 유동방향으로 유동깊이가 증가한다는 것에 유의하자. 그렇지 않다면 $dy/dx < 0$이고, 유동깊이는 감소한다. 유형 1의 유동에서는 유동깊이가 유동방향으로 증가하고, 표면 윤곽선은 점근적으로 수평면에 가까워진다. 유형 2의 유동에서는 유동깊이가 감소하고, 표면 윤곽선은 y_c 또는 y_n 중 낮은 값에 가까워진다. 유형 3의 유동에서는 유동깊이가 증가하고, 표면 윤곽선은 y_c 또는 y_n 중 낮은 값에 가까워진다. 표면 윤곽선의 이러한 경향은 바닥기울기 또는 표면조도가 변하지 않는 한 계속된다.

표 13-3에서 M1으로 표기된 경우를 고려해 보자(완만한 수로기울기와 $y > y_n > y_c$). 유동은 $y > y_c$이므로 아임계이고, 따라서 $\mathrm{Fr} < 1$이고 $1 - \mathrm{Fr}^2 > 0$이다. 또한 $y > y_n$이므로 $S_f < S_0$, 이에 따라 $S_0 - S_f > 0$이며, 따라서 유속은 정상 유동(normal flow) 속도보다 느리다. 그러므로 표면 윤곽선의 기울기 $dy/dx = (S_0 - S_f)/(1 - \mathrm{Fr}^2) > 0$이고, 유동깊이 y는 유동방향으로 증가한다. 그러나 y의 증가에 따라 유속은 감소하고, 따라서 S_f와 Fr은 0에 접근한다. 결과적으로 dy/dx는 S_0에 접근하고, 유동깊이의 증가율은 수로의 기울기와 같아진다. 이는 큰 y 값에서 표면 윤곽선이 수평이 되는 것을 요구한다. 그러면 M1 표면윤곽선은 유동방향을 따라 처음에는 상승한 후 수평 점근선이 되는 경향이 있다고 결론을 내린다.

표 13-3

점진변화 유동에서의 표면 윤곽선 분류. 수직 척도는 매우 과장되어 있다.

Channel Slope	Profile Notation	Flow Depth	Froude Number	Profile Slope	Surface Profile
Steep (S) $y_c > y_n$, $S_0 < S_c$	S1	$y > y_c$	Fr < 1	$\frac{dy}{dx} > 0$	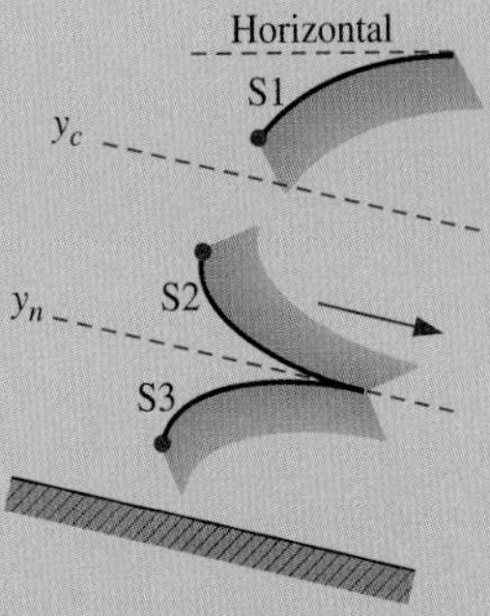 Horizontal, S1, y_c
	S2	$y_n < y < y_c$	Fr > 1	$\frac{dy}{dx} < 0$	y_n, S2
	S3	$y < y_n$	Fr > 1	$\frac{dy}{dx} > 0$	S3; Channel bottom, $S_0 > S_c$
Critical (C) $y_c = y_n$, $S_0 < S_c$	C1	$y > y_c$	Fr < 1	$\frac{dy}{dx} > 0$	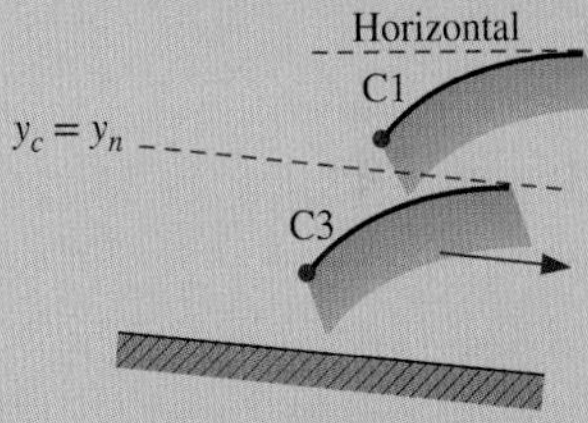 Horizontal, C1, $y_c = y_n$
	C3	$y < y_c$	Fr > 1	$\frac{dy}{dx} > 0$	C3; Channel bottom, $S_0 = S_c$
Mild (M) $y_c < y_n$, $S_0 < S_c$	M1	$y > y_n$	Fr < 1	$\frac{dy}{dx} > 0$	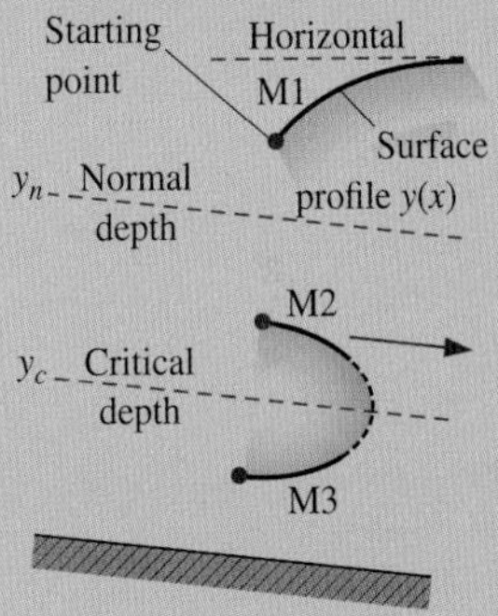 Starting point, Horizontal, M1, Surface profile $y(x)$, y_n Normal depth
	M2	$y_c < y < y_n$	Fr < 1	$\frac{dy}{dx} < 0$	M2, y_c Critical depth
	M3	$y < y_c$	Fr > 1	$\frac{dy}{dx} > 0$	M3; Channel bottom, $S_0 < S_c$
Horizontal (H) $y_n \to \infty$, $S_0 = 0$ 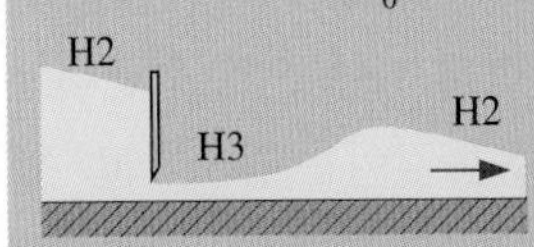	H2	$y > y_c$	Fr < 1	$\frac{dy}{dx} < 0$	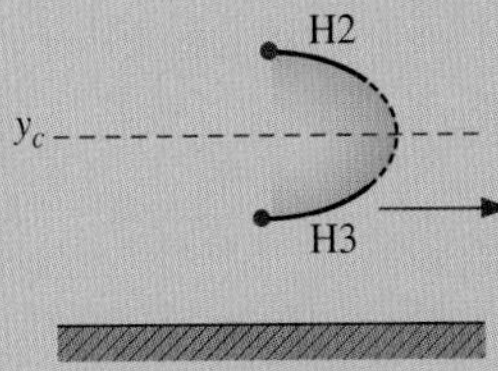 H2, y_c
	H3	$y < y_c$	Fr > 1	$\frac{dy}{dx} > 0$	H3; Channel bottom, $S_0 = 0$
Adverse (A) $S_0 < 0$, y_n: does not exist	A2	$y > y_c$	Fr < 1	$\frac{dy}{dx} < 0$	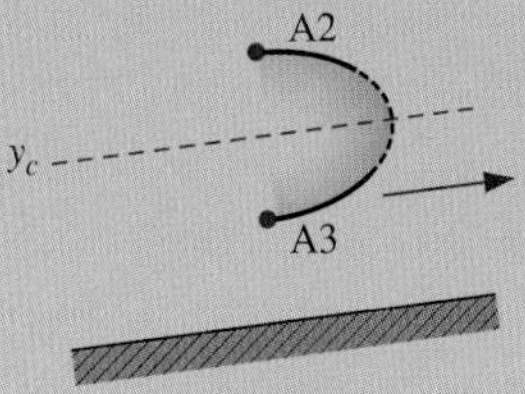 A2, y_c
	A3	$y < y_c$	Fr > 1	$\frac{dy}{dx} > 0$	A3; Channel bottom, $S_0 < 0$

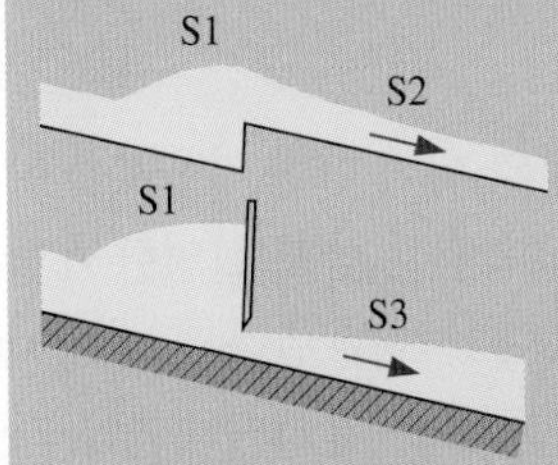

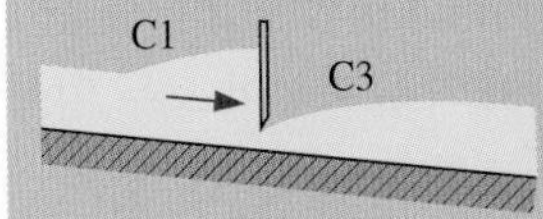

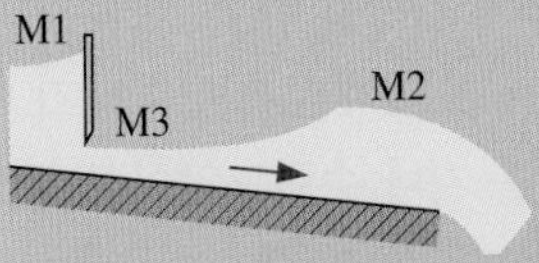

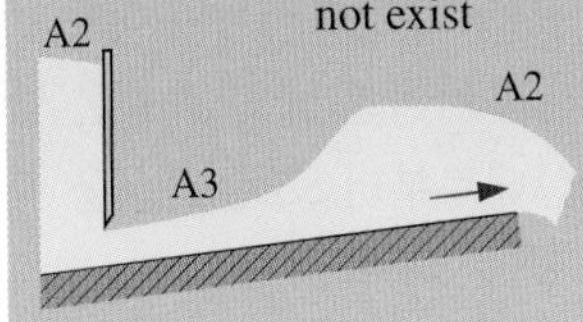

아임계 유동(M2, H2, A2와 같은)에서 $y \to y_c$에 따라 $\mathrm{Fr} \to 1$과 $1-\mathrm{Fr}^2 \to 0$이 되며, 따라서 기울기 dy/dx는 음의 무한대 값에 다가간다. 그러나 초임계 유동(M3, H3, A3와 같은)에서 $y \to y_c$에 따라 $\mathrm{Fr} \to 1$과 $1-\mathrm{Fr}^2 \to 0$이 되고, 이에 따라 양의 값인 기울기 dy/dx는 무한대에 접근한다. 즉, 자유표면은 거의 수직으로 상승하고, 유동깊이는 매우 빠르게 증가한다. 이는 물리적으로 유지될 수 없으며, 자유표면이 부서진다. 그 결과가 수력도약이다. 이런 일이 발생하면 1차원 근사를 더 이상 적용할 수 없게 된다.

몇 가지 대표적인 표면 윤곽선

대부분의 개수로 시스템은 **천이**(transition)라고 하는 연결부와 함께 다른 기울기를 갖는 여러 개의 구간을 포함한다. 따라서 유동의 전체 표면 윤곽선은 앞서 설명한 개별적인 윤곽선으로 구성된 연속적인 윤곽선이다. 개수로 유동에서 자주 만나는 몇 가지 대표적인 표면 윤곽선들을 복합적인 윤곽선을 포함하여 그림 13-33에 나타내었다. 각각의 경우에 대해 표면 윤곽선의 변화는 기울기의 급격한 변화 또는 수문과 같은 유동 장애물처럼 수로 형상의 변화에 의해서 발생한다. 더 많은 복합 윤곽선들은 참고문헌에 언급된 전문 서적들에서 찾아볼 수 있다. 표면 윤곽선 위의 한 점은 그 점에서 질량, 운동량, 에너지 보존 법칙을 만족시키는 유동높이를 나타낸다. 점진변화 유동에서는 $dy/dx \ll 1$과 $S_0 \ll 1$이며, 이 그림들에서는 수로기울기와 표면 윤곽선이 모두 알아보기 쉽도록 매우 과장되었다는 것에 유의하라. 대부분의 수로와 표면 윤곽선들은 실제 비율로 그리면 거의 수평으로 나타난다.

그림 13-33*a*는 완만한 기울기와 수문이 있는 수로에서 점진변화 유동의 표면 윤곽선을 보여 준다. 아임계 상류 유동(기울기가 완만하므로 유동이 아임계라는 것에 유의하라)은 수문에 다가가면서 느려지고(강물이 댐에 다가가는 것처럼), 액체 수위는 상승한다. 수문을 지난 유동은 초임계이다(개구부의 높이가 임계깊이보다 낮기 때문에). 그러므로 표면 윤곽선은 수문 전에는 M1이고, 수문을 지나 수력도약이 발생하기 전에는 M3이다.

그림 13-33*b*에 보인 것처럼 개수로의 어떤 구간에서는 음의 기울기를 갖고 오르막 유동을 수반한다. 관성력이 유체 운동을 방해하는 중력과 점성력을 이기지 못한다면 역기울기를 갖는 유동은 유지될 수 없다. 그러므로 오르막 수로 구간 다음에는 반드시 내리막 구간 또는 자유 배출구(free outfall)가 있어야 한다. 수문으로 접근하는 역기울기를 갖는 아임계 유동에서는 수문에 다가감에 따라 유동깊이는 감소하고, A2 윤곽선을 갖는다. 수문을 지난 유동은 일반적으로 초임계이며, 수력도약이 발생하기 전에는 A3 윤곽선을 갖는다.

그림 13-33*c*의 개수로 구간에서는 가파른 기울기가 덜 가파른 기울기로 변한다. 덜 가파른 부분의 유속이 더 늦고(유동을 구동하는 고도 강하가 더 작다), 따라서 균일 유동이 다시 형성될 때 유동깊이는 더 높아진다. 기울기가 가파른 균일 유동은 반드시 초임계($y < y_c$)라는 것에 유의하면, 유동깊이는 초기 상태로부터 S3 윤곽선을 따라서 부드럽게 새로운 균일한 수위로 증가한다.

그림 13-33*d*는 다양한 유동 구간이 포함된 개수로에 대한 복합적인 표면 윤곽선을 보여 준다. 처음에는 기울기가 완만하며, 유동은 균일하고, 아임계이다. 이후 기울

(*a*) Flow through a sluice gate in an open channel with mild slope

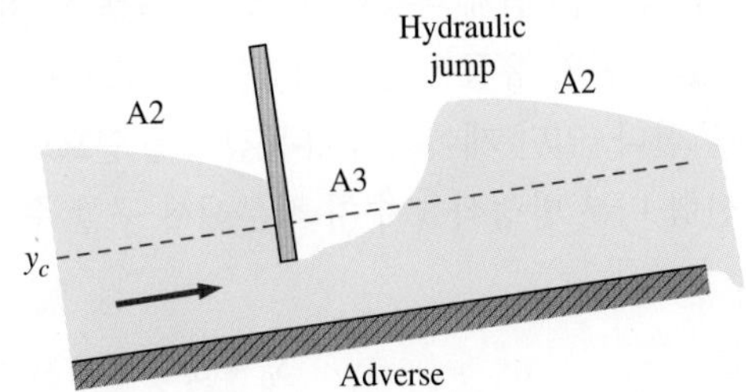

(*b*) Flow through a sluice gate in an open channel with adverse slope and free outfall

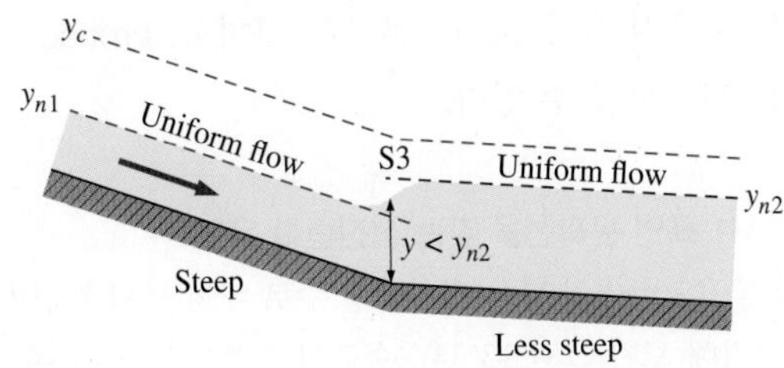

(*c*) Uniform supercritical flow changing from steep to less steep slope

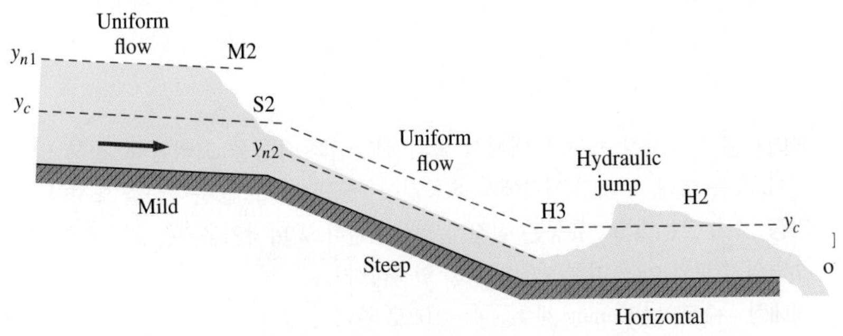

(*d*) Uniform subcritical flow changing from mild to steep to horizontal slope with free outfall

그림 13-33
개수로 유동에서 마주치는 몇 가지 대표적인 표면 윤곽선. 모든 유동은 왼쪽에서 오른쪽으로 흐른다.

기가 가파르게 되고, 균일 유동이 형성될 때 유동은 초임계가 된다. 임계깊이는 기울기가 급변하는 곳에서 발생한다. 기울기의 변화는 완만한 구간이 끝나는 지점에서는 M2 윤곽선을, 가파른 구간의 시작점에서는 S2 윤곽선을 통하여 유동깊이가 부드럽게 감소하면서 이루어진다. 수평구간에서 유동깊이는 처음에는 H3 윤곽선을 통하여 부드럽게 증가한 후 수력도약 동안에 급격히 증가한다. 이후 유동깊이는 액체가 수로 끝단의 자유 배출구 방향으로 가속되면서 H2 윤곽선을 따라 감소한다. 유동은 수로 끝에 도달하기 전에 임계가 되며, 배출구는 수력도약을 지난 상류 유동을 제어한다.

배출되는 유동은 초임계이다. 수평 수로에서는 중력에 유동방향의 성분이 없으므로 균일 유동이 형성될 수 없으며, 유동은 관성력으로 구동된다는 것에 유의하라.

표면 윤곽선의 수치해(numerical solution)

표면 윤곽선 $y(x)$의 예측은 개수로 시스템 설계에서 중요한 부분이다. 표면 윤곽선을 결정하려면, 유량 정보로부터 유동깊이가 계산되는 위치인 **제어점**(control points)을 수로를 따라서 찾아내는 것부터 시작하는 것이 좋다. 예를 들어, 직사각형 수로에서 **임계점**이라고 부르는 임계 유동이 발생하는 단면의 유동깊이는 $y_c=(\dot{V}^2/gb^2)^{1/3}$로부터 구할 수 있다. 균일 유동이 형성되었을 때 도달하는 유동깊이인 **정상깊이** y_n도 제어점 역할을 한다. 일단 제어점의 유동깊이를 얻으면 상류와 하류의 표면 윤곽선은 대부분 비선형 미분 방정식을 수치 적분해서 구할 수 있다(식 13-65, 여기에 다시 나타내었다).

$$\frac{dy}{dx}=\frac{S_0-S_f}{1-\mathrm{Fr}^2} \tag{13-66}$$

마찰기울기 S_f는 균일 유동 조건으로부터 구하고, Froude 수는 그 수로 단면에 적합한 관계식으로부터 구할 수 있다.

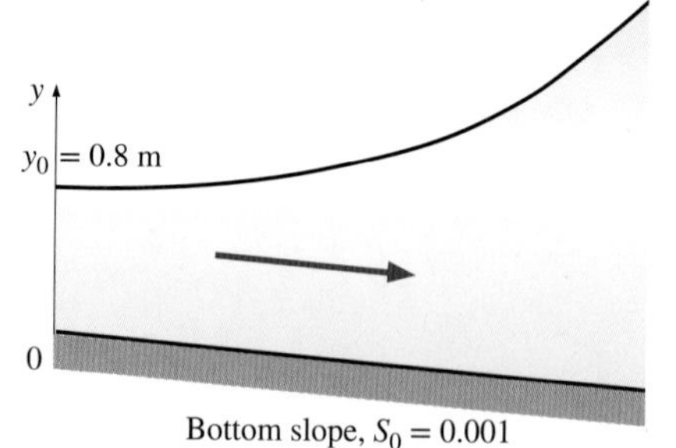

그림 13–34
예제 13-6에 대한 개략도

예제 13–6 M1 표면 윤곽선을 갖는 점진변화 유동

단위 폭당 유량이 1 m³/s인 넓은 직사각형 수로 내의 물의 점진변화 유동과 Manning 계수 $n=0.02$를 고려해 보자(그림 13-34). 수로의 기울기는 0.001이고, 위치 $x=0$에서 유동깊이는 0.8 m로 측정된다. (a) 유동의 정상깊이와 임계깊이를 구하고, 수면 윤곽선을 분류하라. (b) $x=1000$ m에서 유동깊이 y를 $0\le x\le 1000$ m의 범위에 걸쳐서 GVF 방정식을 수치적으로 적분하여 구하라. 다른 x 값들에서 유동깊이를 구하기 위하여 (b) 부분을 반복하고, 표면 윤곽선을 도시하라.

풀이 넓은 직사각형 수로 내에서 물의 점진변화 유동을 고려한다. 정상 및 임계 유동깊이, 유동 형태, 주어진 위치에서 유동깊이를 구하고, 표면 윤곽선을 도시하고자 한다.

가정 **1** 수로는 넓고, 유동은 점진적으로 변한다. **2** 바닥기울기는 일정하다. **3** 수로의 접수면의 조도와 이에 따른 마찰계수는 일정하다.

상태량 수로의 Manning 계수는 $n=0.02$로 주어져 있다.

해석 (a) 수로가 넓다고 하였으며, 따라서 수력반경은 유동깊이와 같다. 즉, $R_h\cong y$. 단위 폭당($b=1$ m) 유량을 알고 있으므로 정상깊이는 Manning 식으로부터 다음으로 구해진다.

$$\dot{V}=\frac{a}{n}A_cR_h^{2/3}S_0^{1/2}=\frac{a}{n}(yb)y^{2/3}S_0^{1/2}=\frac{a}{n}by^{5/3}S_0^{1/2}$$

$$y_n=\left(\frac{(\dot{V}/b)n}{aS_0^{1/2}}\right)^{3/5}=\left(\frac{(1\ \mathrm{m^2/s})(0.02)}{(1\ \mathrm{m^{1/3}/s})(0.001)^{1/2}}\right)^{3/5}=\mathbf{0.76\ m}$$

이 유동의 임계깊이는

$$y_c=\frac{\dot{V}^2}{gA_c^2}=\frac{\dot{V}^2}{g(by)^2}\rightarrow y_c=\left(\frac{(\dot{V}/b)^2}{g}\right)^{1/3}=\left(\frac{(1\ \mathrm{m^2/s})^2}{(9.81\ \mathrm{m/s^2})}\right)^{1/3}=\mathbf{0.47\ m}$$

$x=0$에서 $y_c<y_n<y$라는 것에 유의하면, 표 13-3으로부터 이 GVF 동안 수면 윤곽선은 **M1**으로 분류되는 것을 알 수 있다.

(b) 초기 조건 $y(0)=0.8$ m를 알고 있으므로, 임의의 x 위치에서의 유동깊이 y는 GVF 방정식을 수치적분 하여 구해진다.

$$\frac{dy}{dx}=\frac{S_0-S_f}{1-\mathrm{Fr}^2}$$

여기서 넓은 직사각형 수로에 대한 Froude 수는

$$\mathrm{Fr}=\frac{V}{\sqrt{gy}}=\frac{\dot{V}/by}{\sqrt{gy}}=\frac{\dot{V}/b}{\sqrt{gy^3}}$$

마찰기울기는 $S_0=S_f$로 설정하여 균일 유동 방정식으로부터 구해진다.

$$\dot{V}=\frac{a}{n}by^{5/3}S_f^{1/2}\rightarrow S_f=\left(\frac{(\dot{V}/b)n}{ay^{5/3}}\right)^2=\frac{(\dot{V}/b)^2n^2}{a^2y^{10/3}}$$

대입하면, 넓은 직사각형 수로에 대한 GVF 방정식은 다음이 된다.

$$\frac{dy}{dx}=\frac{S_0-(\dot{V}/b)^2n^2/(a^2y^{10/3})}{1-(\dot{V}/b)^2/(gy^3)}$$

이 식은 매우 비선형적이며, 따라서 해석적으로 적분하기가 어렵다(불가능하지 않다면). 다행히도, 요즘에는 EES 또는 Matlab과 같은 프로그램을 사용하여 이와 같은 비선형 방정식을 수치적으로 적분하여 비선형 미분 방정식의 해를 구하기는 쉽다. 이를 염두에 두고, 초기 조건 $y(x_1)=y_1$을 갖는 비선형 1차 미분 방정식의 해는 다음과 같이 표현된다.

$$y=y_1+\int_{x_1}^{x_2}f(x,y)dx\quad\text{where}\quad f(x,y)=\frac{S_0-(\dot{V}/b)^2n^2/(a^2y^{10/3})}{1-(\dot{V}/b)^2/(gy^3)}$$

여기서 $y=y(x)$는 주어진 x 위치에서의 수심이다. 주어진 수치적 값들에 대하여 이 문제는 EES를 사용하여 다음과 같이 풀 수 있다.

```
Vol = 1 “m^3/s, volume flow rate per unit width, b = 1 m”
b = 1 “m, width of channel”
n = 0.02 “Manning coefficient”
S_0 = 0.001 “slope of channel”
g = 9.81 “gravitational acceleration, m/s^2”

x1 = 0; y1=0.8 “m, initial condition”
x2 = 1000 “m, length of channel”

f_xy = (S_0-((Vol/b)^2*n^2/y^(10/3)))/(1-(Vol/b)^2/(g*y^3)) “the GVF equati
be integrated”
y = y 1+integral(f_xy, x, x1, x2) “integral equation with automatic step size.”
```

위의 작은 프로그램을 빈 EES 화면에 복사하고 계산하면 1000 m의 위치에서 수심을 구한다.

Distance along the channel, m	Water depth, m
0	0.80
100	0.82
200	0.86
300	0.90
400	0.96
500	1.03
600	1.10
700	1.18
800	1.26
900	1.35
1000	1.44

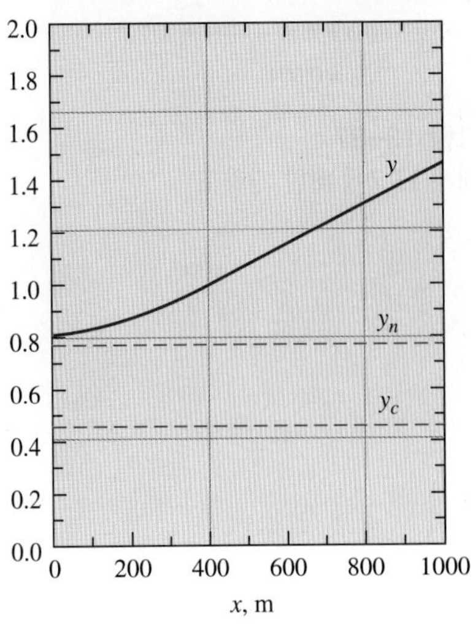

그림 13-35
예제 13-6에서 논의된 GVF 문제에 대한 유동깊이와 표면 윤곽선

```
clear all
domain=[0 1000]; % limits on integral
s0=.001; % channel slope
n=.02; % Manning roughness
q=1; % per-unit-width flowrate
g=9.81; % gravity (SI)
y0=.8; % initial condition on depth
[X,Y]=ode45('simple_flow_derivative',
[domain(1) domain (end)],y0,
[],s0,n,q,g,domain);

plot (X, Y, 'k')
axis([0 1000 0 max(Y)])
xlabel('x (m)');ylabel('y (m)');
**************

function
yprime=simple_flow_
derivative(x,y,flag,s0, n,q,g, (domain)
yprime=(s0-n.^2*q.^2./y.^(10/3))./(1-
q.^2/g./y.^3);
```

그림 13-36
예제 13-6의 GVF 문제를 풀기 위한 Matlab 프로그램

$$y(x_2) = y(1000\text{m}) = \mathbf{1.44\ m}$$

내장된 함수 "integral"이 주어진 경계 사이에서 자동적으로 조절된 스텝 크기를 사용하여 수치적으로 적분을 수행하는 것에 유의하라. 수로를 따라 다른 위치에서의 수심은 다른 x^2 값에서 이 계산을 반복하여 얻을 수 있다. 결과를 도시하면 표면 윤곽선을 그림 13-35에 나타낸 것처럼 구해진다. EES의 곡선 접합 기능을 사용하면 유동깊이 자료를 다음의 2차 다항식으로 곡선 접합할 수도 있다.

$$y_{\text{approx}}(x) = 0.7930 + 0.0002789x + 3.7727 \times 10^{-7}x^2$$

이 곡선 접합된 식으로부터 얻어진 유동깊이 결과가 도표화된 자료와 1%도 차이가 나지 않는다는 것을 알 수 있다.

토의 그림으로 나타낸 결과는 M1 윤곽선이 하류방향으로 수심이 증가해야만 한다는 표 13-3의 정량적인 예측을 확인해 준다. 이 문제는 그림 13-36에 주어진 코드를 사용하는 Matlab과 같은 다른 프로그램을 사용하여 해를 구할 수도 있다.

예제 13-7 수로기울기의 분류

마감질하지 않은 콘크리트 표면을 가진 직사각형의 개수로를 물이 균일하게 흐르고 있다. 수로의 폭은 6 m, 유동깊이는 2 m, 바닥기울기는 0.004이다. 이 수로가 완만한, 임계, 가파른 기울기 중 어느 것으로 분류되는지 결정하라(그림 13-37).

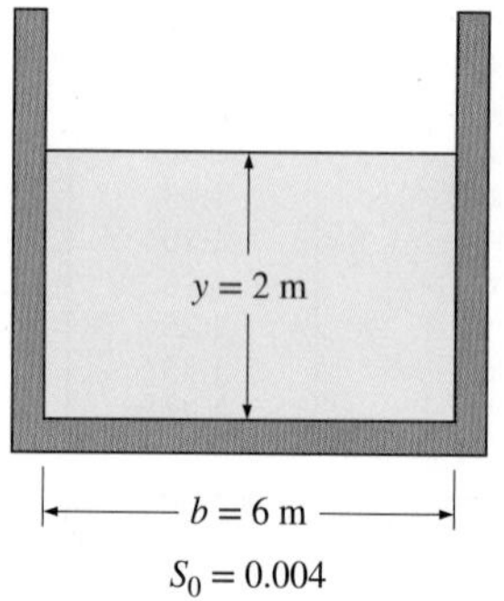

그림 13-37
예제 13-7에 대한 개략도

풀이 개수로에서 물이 균일하게 흐르고 있다. 수로의 기울기가 이 유동에 대해 완만한지, 임계인지, 가파른지를 결정하고자 한다.

가정 **1** 유동은 정상이고, 균일하다. **2** 바닥기울기는 일정하다. **3** 수로의 접수면의 조도와 이에 따른 마찰계수는 일정하다.

상태량 마감질하지 않은 콘크리트 표면 개수로의 Manning 계수는 $n = 0.014$이다.

해석 단면적, 둘레, 수력반경은

$$A_c = yb = (2\text{ m})(6\text{ m}) = 12\text{ m}^2$$
$$p = b + 2y = 6\text{ m} + 2(2\text{ m}) = 10\text{ m}$$
$$R_h = \frac{A_c}{p} = \frac{12\text{ m}^2}{10\text{ m}} = 1.2\text{ m}$$

유량을 Manning 식으로부터 구하면

$$\dot{V} = \frac{a}{n}A_cR_h^{2/3}S_0^{1/2} = \frac{1\text{ m}^{1/3}\text{/s}}{0.014}(12\text{ m}^2)(1.2\text{ m})^{2/3}(0.004)^{1/2} = \mathbf{61.2\ m^3/s}$$

유동이 균일하다는 것에 유의하면 주어진 유량은 정상깊이, 즉 $y = y_n = 2$ m이다. 이 유동에서 임계깊이는

$$y_c = \frac{\dot{V}^2}{gA_c^2} = \frac{(61.2\text{ m}^3\text{/s})^2}{(9.81\text{ m/s}^2)(12\text{ m}^2)^2} = 2.65\text{ m}$$

$y_n < y_c$이고 유동이 초임계이므로 이러한 유동 조건에서 이 수로는 가파르다고 분류된다.

토의 만약 유동깊이가 2.65 m보다 크다면 수로기울기는 **완만**하다고 말하게 될 것이다. 따라서 바닥기울기만으로는 내리막 수로가 완만한지, 임계인지, 가파른지를 구분하기에 충분하지 않다.

13–8 ■ 급변화 유동과 수력도약

만약 비교적 짧은 구간에서 유동방향으로 유동깊이가 현저하게 변한다면, 이 개수로 유동을 **급변화 유동**(RVF)이라고 한다는 것을 기억하자(그림 13-38). 이런 유동은 수문, 광봉 또는 예봉 위어(board-or sharp-crested weir), 폭포, 확대와 축소를 위한 수로의 천이 구간에서 발생한다. 수로 단면의 변화는 급변화 유동이 발생하는 원인 중 하나이다. 그러나 수문을 통과하는 유동과 같이 일부 급변화 유동은 수로 단면이 일정한 구간에서도 나타난다.

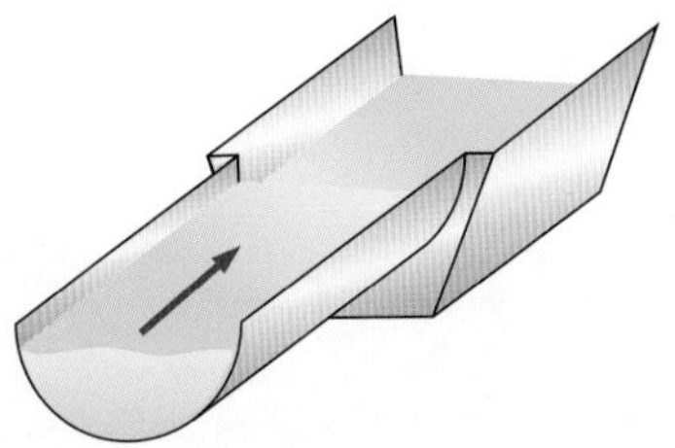

그림 13–38
단면의 급격한 변화와 같은 갑작스러운 변화가 있을 때 급변화 유동이 발생한다.

급변화 유동은 상당한 다차원적 과도 효과(transient effects), 역류, 유동 박리가 포함될 수 있으므로 대부분 복잡하다(그림 13-39). 그러므로 급변화 유동은 일반적으로 실험적 또는 수치해석적으로 연구된다. 그러나 이와 같은 복잡성에도 불구하고 일부 급변화 유동은 1차원 유동 근사를 이용하여 비교적 정확한 해석이 가능하다.

가파른 수로의 유동은 초임계일 수 있다. 만약 수로기울기가 줄어들거나 마찰 효과가 증가하여 수로에서 더 이상 초임계 유동이 유지되지 못하면 유동은 반드시 아임계로 변해야 한다. 이와 같은 모든 초임계 유동으로부터 아임계 유동으로의 변화는 수력도약을 거쳐서 일어난다. **수력도약**은 상당한 혼합과 교반 그리고 그에 따른 많은 양의 기계적 에너지 소산을 포함한다.

그림 13-40에 나타낸 것과 같은, 수력도약이 포함된 검사체적을 통과하는 정상유동을 고려해 보자. 단순한 해석이 가능하도록 다음과 같이 근사를 한다.

1. 수로의 단면 1과 2에서의 속도는 거의 일정하며, 따라서 운동량-플럭스 보정계수는 $\beta_1 = \beta_2 \cong 1$이다.
2. 액체 내부의 압력은 정수력학적으로 변하고, 대기압은 모든 표면에 작용하여 서로 상쇄되고, 따라서 단지 계기 압력만을 고려한다.
3. 수력도약 동안 격렬한 교반 때문에 발생하는 손실에 비하여 벽면 전단응력과 이에 관련된 손실은 작아서 무시할 수 있다.
4. 수로는 넓고, 수평이다.
5. 중력 이외의 다른 외력 또는 체적력은 없다.

그림 13–39
카약을 타는 사람은 급류를 탈 때 점진변화 유동(GVF)과 급변화 유동(RVF)의 몇 가지 특징들을 모두 만나며, 급변화 유동에서 더 흥미진진하다.
© Karl Weatherly/Getty Images RF

폭이 b인 수로에서, 질량 보존 방정식 $\dot{m}_1 = \dot{m}_2$은 $\rho y_1 b V_1 = \rho y_2 b V_2$, 또는 다음으로 표현된다.

$$y_1 V_1 = y_2 V_2 \tag{13-67}$$

검사체적에 수평인 x방향으로 작용하는 유일한 힘은 압력 힘이라는 것에 유의하면, x방향 운동량 방정식 $\sum \vec{F} = \sum_{\text{out}} \beta \dot{m} \vec{V} - \sum_{\text{in}} \beta \dot{m} \vec{V}$ 은 정수압 힘과 운동량 전달 사이의

평형이 된다.

$$P_{1,\,\text{avg}}A_1 - P_{2,\,\text{avg}}A_2 = \dot{m}V_2 - \dot{m}V_1 \tag{13-68}$$

여기서 $P_{1,\ \text{avg}} = \rho g y_1/2$이고, $P_{2,\ \text{avg}} = \rho g y_2/2$이다. 폭이 b인 수로에서는 $A_1 = y_1 b$, $A_2 = y_2 b$, $\dot{m} = \dot{m}_2 = \dot{m}_1 = \rho A_1 V_1 = \rho y_1 b V_1$이다. 대입하고 단순화하면 운동량 방정식은 다음과 같이 간단해진다.

$$y_1^2 - y_2^2 = \frac{2y_1V_1}{g}(V_2 - V_1) \tag{13-69}$$

$V_2 = (y_1/y_2)V_1$ 관계를 이용하여 식 (13-67)에서 V_2를 소거하면

$$y_1^2 - y_2^2 = \frac{2y_1V_1^2}{gy_2}(y_1 - y_2) \tag{13-70}$$

양변에서 공통 인자 $y_1 - y_2$를 없애고 다시 정리하면

$$\left(\frac{y_2}{y_1}\right)^2 + \frac{y_2}{y_1} - 2\text{Fr}_1^2 = 0 \tag{13-71}$$

여기서 $\text{Fr}_1 = V_1/\sqrt{gy_1}$이다. 이는 y_2/y_1에 대한 2차 방정식이며, 두 개의 근, 즉 음의 근 하나와 양의 근 하나를 갖는다. y_2와 y_1은 모두 양의 값이므로 y_2/y_1은 음수가 될 수 없다는 것에 유의하면, 깊이비 y_2/y_1은 다음과 같이 구해진다.

깊이비:
$$\frac{y_2}{y_1} = 0.5\left(-1 + \sqrt{1 + 8\text{Fr}_1^2}\right) \tag{13-72}$$

이 수평 유동 구간에 대한 에너지 방정식(식 13-30)은

$$y_1 + \frac{V_1^2}{2g} = y_2 + \frac{V_2^2}{2g} + h_L \tag{13-73}$$

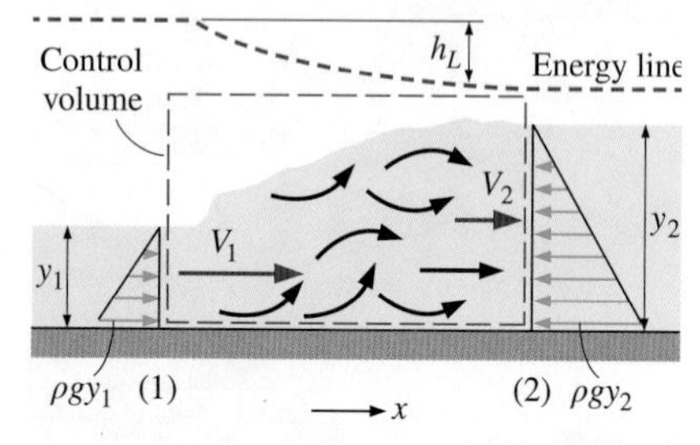

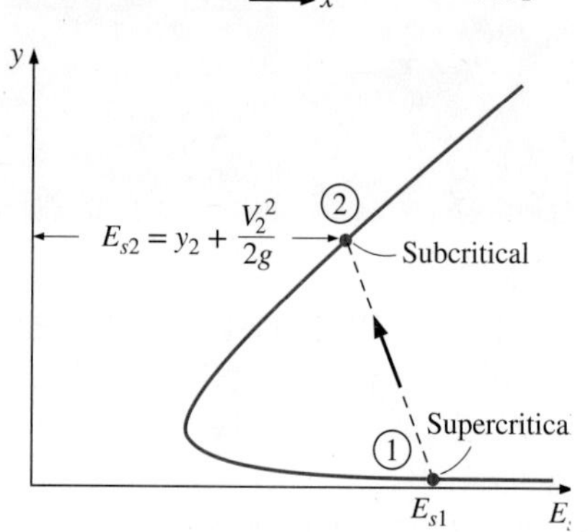

그림 13-40
수력도약에 대한 개략도와 유동깊이-비에너지 선도(비에너지는 감소한다)

$V_2 = (y_1/y_2)V_1$와 $\text{Fr}_1 = V_1/\sqrt{gy_1}$을 고려하면, 수력도약에 수반되는 수두 손실은 다음과 같이 표현된다.

$$h_L = y_1 - y_2 + \frac{V_1^2 - V_2^2}{2g} = y_1 - y_2 + \frac{y_1\text{Fr}_1^2}{2}\left(1 - \frac{y_1^2}{y_2^2}\right) \tag{13-74}$$

수력도약에 대한 에너지선을 그림 13-40에 나타내었다. 수력도약 전후의 에너지선의 강하는 도약에 수반되는 수두 손실 h_L을 나타낸다.

주어진 Fr_1과 y_1에 대해, 하류 유동깊이 y_2와 수두 손실 h_L은 각각 식 (13-72)와 (13-74)로부터 계산할 수 있다. Fr_1에 대한 h_L의 선도를 그리면 h_L은 $\text{Fr}_1 < 1$에서 음의 값이 되는데, 이는 불가능하다(이는 엔트로피 감소에 해당하며, 열역학 제2법칙을 위반하게 된다). 따라서 수력도약이 발생하려면 상류 유동은 반드시 초임계($\text{Fr}_1 > 1$)가 되어야만 한다는 결론이 나온다. 다시 말하면, 아임계 유동이 수력도약을 갖는 것은 불가능하다. 이는 기체 유동이 충격파를 갖기 위해서는 반드시 초음속(Mach 수 1 이상)이어야만 하는 것과 비슷하다.

수두 손실은 내부 유체 마찰을 통한 기계적 에너지 소산의 척도이며, 수두 손실은

일반적으로 소모된 기계적 에너지의 낭비를 나타내므로 바람직하지 않다. 그러나 때로는 수력도약이 정수지(stilling basin)와 댐의 방수로에 연계되어 설계되며, 물의 기계적 에너지와 이에 따른 피해 발생 가능성을 최소화하기 위하여 가능한 한 많은 기계적 에너지를 소모하는 것이 바람직하다. 이는 먼저 높은 압력을 빠른 선속도로 변환하여 초임계 유동을 형성한 후, 유동이 부서지고 아임계 속도로 감속되면서 교반이 일어나고 운동 에너지의 일부를 소산시키도록 하여 이루어진다. 그러므로 수력도약의 성능에 대한 척도는 에너지 소산 분율이다.

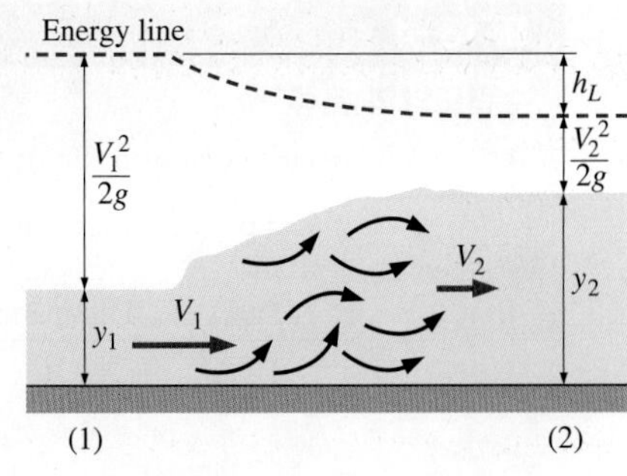

그림 13-41
에너지 소산비는 수력도약 동안 소산된 기계적 에너지의 분율을 나타낸다.

수력도약 이전의 액체의 비에너지는 $E_{s1} = y_1 + V_1^2/2g$이다. 그러면 **에너지 소산비**(그림 13-41)는 다음으로 정의된다.

$$\text{에너지 소산비} = \frac{h_L}{E_{s1}} = \frac{h_L}{y_1 + V_1^2/2g} = \frac{h_L}{y_1(1 + \mathrm{Fr}_1^2/2)} \quad \textbf{(13-75)}$$

에너지 소산 분율은 약한 수력도약($\mathrm{Fr}_1 < 2$)에서의 단지 수 퍼센트로부터 강한 도약($\mathrm{Fr}_1 > 9$)에서의 85 %까지 범위를 갖는다.

단면에서 발생하고, 따라서 두께가 무시될 수 있는 기체 유동의 수직충격파와는 다르게, 수력도약은 수로에서 상당한 길이에 걸쳐서 발생한다. 실제 관심이 있는 Froude 수 범위에서 수력도약의 길이가 하류 유동깊이 y_2의 4에서 7배가 되는 것이 관찰되었다.

기본적으로 상류 Froude 수 Fr_1의 값에 따라서 수력도약이 표 13-4에 나타낸 것처럼 5가지 종류로 분류될 수 있다는 것을 실험적 연구들이 보여 준다. Fr_1이 1보다 조금 더 크면 수력도약 동안 액체는 정재파(standing wave)를 형성하며, 수위가 약간 높아진다. 더 큰 Fr_1에서는 매우 파괴적인 진동파(oscillating wave)가 발생한다. 바람직한 Froude 수의 범위는 $4.5 < \mathrm{Fr}_1 < 9$이며, 이때 도약의 내부에서 매우 많은 에너지 소산과 함께 안정적이고 균형이 잘 잡힌 정상파(steady wave)가 생성된다. $\mathrm{Fr}_1 > 9$인 수력도약은 매우 거친 파동을 만든다. 깊이비 y_2/y_1는 약하고 작은 표면 수위 상승이 수반되는 **파상 도약**(undular jump)에서의 1보다 조금 큰 값으로부터 거칠고 큰 표면 수위 상승이 수반되는 **강한 도약**(strong jump)에서의 12 이상의 범위를 가진다.

이 절에서는 단지 넓고 수평인 직사각형 수로만을 고려하며, 따라서 끝단과 중력의 효과는 무시할 수 있다. 사각형이 아닌 그리고 경사진 수로에서의 수력도약도 유사하게 거동하지만, 유동 특성과 이에 따른 깊이비, 수두 손실, 도약 길이, 소산비에 대한 관계식은 다르다.

예제 13-8 수력도약

수문을 통하여 폭이 10 m인 직사각형 수평 수로로 방출되는 물이 수력도약을 겪는 것이 관찰되었다. 도약 이전의 유동깊이와 속도는 각각 0.8 m와 7 m/s이다. 다음을 구하라. (a) 도약 후의 유동깊이와 Froude 수, (b) 수두 손실과 소산비, (c) 수력도약에 의해 손실된 잠재동력 생산(power production potential) (그림 13-42).

풀이 수평 수로에서 주어진 깊이와 속도의 물이 수력도약을 겪는다. 도약 후의 깊이와 Froude 수, 수두 손실과 소산비, 잠재동력 손실을 구하고자 한다.

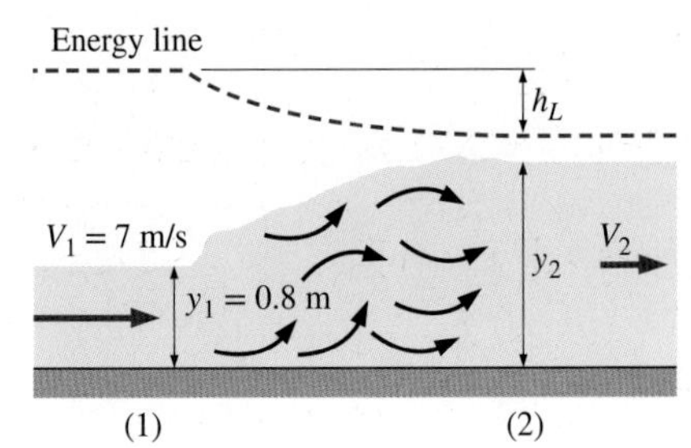

그림 13-42
예제 13-8에 대한 개략도

표 13-4

수력도약의 분류

출처: U.S. Bureau of Reclamation (1955).

Upstream Fr_1	Depth Ratio y_2/y_1	Fraction of Energy Dissipation	Description	Surface Profile
<1	1	0	*Impossible jump*. Would violate the second law of thermodynamics.	
1–1.7	1–2	<5%	*Undular jump* (or *standing wave*). Small rise in surface level. Low energy dissipation. Surface rollers develop near Fr = 1.7.	
1.7–2.5	2–3.1	5–15%	*Weak jump*. Surface rising smoothly, with small rollers. Low energy dissipation.	
2.5–4.5	3.1–5.9	15–45%	*Oscillating jump*. Pulsations caused by jets entering at the bottom generate large waves that can travel for miles and damage earth banks. Should be avoided in the design of stilling basins.	
4.5–9	5.9–12	45–70%	*Steady jump*. Stable, well-balanced, and insensitive to downstream conditions. Intense eddy motion and high level of energy dissipation within the jump. Recommended range for design.	
>9	>12	70–85%	*Strong jump*. Rough and intermittent. Very effective energy dissipation, but may be uneconomical compared to other designs because of the larger water heights involved.	

가정 **1** 유동은 정상 또는 준정상이다. **2** 수로가 충분히 넓어 끝단 효과는 무시할 수 있다.

상태량 물의 밀도는 1000 kg/m³이다.

해석 (a) 수력도약 이전의 Froude 수는

$$Fr_1 = \frac{V_1}{\sqrt{gy_1}} = \frac{7\ \text{m/s}}{\sqrt{(9.81\ \text{m/s}^2)(0.8\ \text{m})}} = 2.50$$

이는 1보다 크다. 그러므로 유동은 도약 이전에 초임계 상태이다. 도약 후의 유동깊이, 유속, Froude 수는

$$y_2 = 0.5y_1\left(-1+\sqrt{1+8Fr_1^2}\right) = 0.5(0.8\ \text{m})\left(-1+\sqrt{1+8\times 2.50^2}\right) = \mathbf{2.46\ m}$$

$$V_2 = \frac{y_1}{y_2}V_1 = \frac{0.8\ \text{m}}{2.46\ \text{m}}(7\ \text{m/s}) = 2.28\ \text{m/s}$$

$$\mathrm{Fr}_2 = \frac{V_2}{\sqrt{gy_2}} = \frac{2.28\ \mathrm{m/s}}{\sqrt{(9.81\ \mathrm{m/s^2})(2.46\ \mathrm{m})}} = \mathbf{0.464}$$

도약 후 유동깊이는 3배가 되고, Froude 수는 약 1/5로 감소한 것에 유의하라.

(b) 수두 손실은 에너지 방정식으로부터 다음과 같이 구한다.

$$h_L = y_1 - y_2 + \frac{V_1^2 - V_2^2}{2g} = (0.8\ \mathrm{m}) - (2.46\ \mathrm{m}) + \frac{(7\ \mathrm{m/s})^2 - (2.28\ \mathrm{m/s})^2}{2(9.81\ \mathrm{m/s^2})}$$
$$= \mathbf{0.572\ m}$$

도약 이전의 물의 비에너지와 소산비는

$$E_{s1} = y_1 + \frac{V_1^2}{2g} = (0.8\ \mathrm{m}) + \frac{(7\ \mathrm{m/s})^2}{2(9.81\ \mathrm{m/s^2})} = 3.30\ \mathrm{m}$$

$$\text{소산비} = \frac{h_L}{E_{s1}} = \frac{0.572\ \mathrm{m}}{3.30\ \mathrm{m}} = \mathbf{0.173}$$

그러므로 이 수력도약 동안 마찰 효과로 인해 17.3%의 액체의 가용 수두(또는 기계적 에너지)가 소모(열 에너지로 전환)되었다.

(c) 물의 질량유량은

$$\dot{m} = \rho\dot{V} = \rho b y_1 V_1 = (1000\ \mathrm{kg/m^3})(0.8\ \mathrm{m})(10\ \mathrm{m})(7\ \mathrm{m/s}) = 56{,}000\ \mathrm{kg/s}$$

그러면 수두 손실 0.572 m에 해당하는 동력 소산은 다음이 된다.

$$\dot{E}_{\text{dissipated}} = \dot{m}gh_L = (56{,}000\ \mathrm{kg/s})(9.81\ \mathrm{m/s^2})(0.572\ \mathrm{m})\left(\frac{1\ \mathrm{N}}{1\ \mathrm{kg{\cdot}m/s^2}}\right)$$
$$= 314{,}000\ \mathrm{N{\cdot}m/s} = \mathbf{314\ kW}$$

토의 이 결과는 수력도약이 매우 큰 소산 과정이라는 것을 보여 주며, 이 경우 잠재동력 생산 314 kW가 소모되었다. 즉, 만약 물이 수문으로 배출되는 대신 수력 터빈을 통과한다면 최대 314 kW의 동력이 생산될 수 있다. 그러나 이 잠재력은 유용한 동력 대신에 쓸모없는 열 에너지로 변환되며, 물의 온도를 다음과 같이 상승시킨다.

$$\Delta T = \frac{\dot{E}_{\text{dissipated}}}{\dot{m}c_p} = \frac{314\ \mathrm{kJ/s}}{(56{,}000\ \mathrm{kg/s})(4.18\ \mathrm{kJ/kg{\cdot}°C})} = 0.0013°\mathrm{C}$$

용량이 314 kW의 전기 히터는 유량 56,000 kg/s로 흐르는 물을 같은 온도만큼 상승시킬 것이다.

13–9 ■ 유동 제어와 측정

파이프와 덕트의 유량은 다양한 종류의 밸브에 의해서 제어된다. 그러나 개수로의 액체 유동은 갇혀 있지 않으며, 따라서 수로를 부분적으로 막아서 유량을 제어한다. 이는 액체를 장애물의 **위** 또는 **아래**로 흐르도록 하여 이루어진다. 액체가 위로 흐르게 하는 장애물은 **위어**(weir, 그림 13-43), 바닥의 조절 가능한 개구부를 통하여 액체가

그림 13–43
위어는 유동을 조절하는 장치로서 장애물 위로 물이 흐른다.
© Design Pics RF/The Irish Image Collection/ Getty Images RF

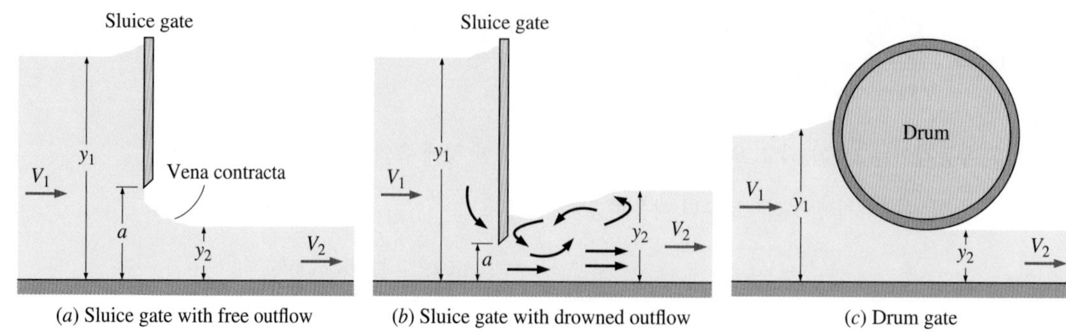

그림 13-44
유량 조절을 위한 대표적 유형의 저류 수문

아래로 흐르도록 하는 장애물은 **저류 수문**(underflow gate)이라고 한다. 이런 장치들은 수로를 통과하는 유량의 측정뿐만 아니라 제어에도 이용될 수 있다.

저류 수문

유량 제어에는 많은 종류의 저류 수문이 사용되며, 각각의 장단점이 있다. 저류 수문은 벽, 댐 또는 개수로의 바닥에 위치한다. 그림 13-44는 이런 수문의 두 가지 일반적인 유형인 **수문**(sluice gate)과 **드럼형 수문**(drum gate)을 보여 주고 있다. 수문은 일반적으로 수직이며 평면인 반면에, 드럼형 수문은 유선형 표면을 갖는 원형 단면을 갖고 있다.

수문이 부분적으로 열리면 상류의 액체는 수문으로 접근하면서 가속되고, 수문에서 임계 속도에 도달하며, 수문을 지나서 초임계 속도로 더 가속된다. 그러므로 저류 수문은 기체역학의 수축-확대 노즐과 유사하다. 저류 수문으로부터의 방출은 수문에서 흘러나오는 액체 제트가 대기에 노출되어 있다면(그림 13-44*a*) **자유 유출**(free outflow), 방출되는 액체가 역류되고(flash back) 제트가 **잠겨 있다면**(그림 13-44*b*) **수중 유출**(drowned or submerged outflow)이라고 한다. 수중 유동에서 액체 제트는 수력도약을 겪고, 따라서 하류의 유동은 아임계이다. 또한 수중 유출은 강한 난류와 역류 그리고 이에 따른 큰 수두 손실 h_L을 수반한다.

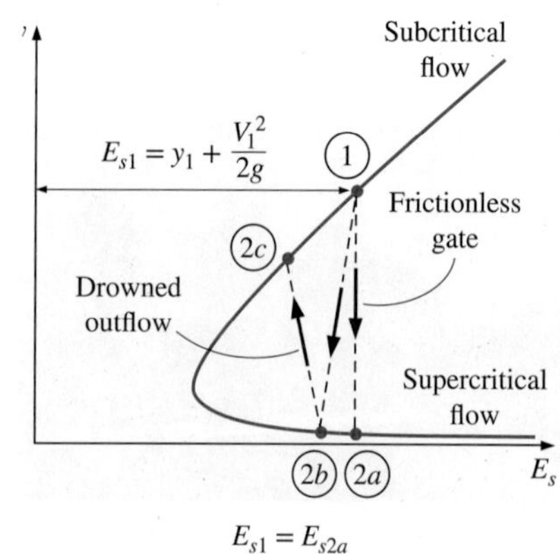

그림 13-45
저류 수문을 통과하는 유동에 대한 개략도와 유동깊이-비에너지 선도

저류 수문을 통과하는 자유 유출과 수중 유출이 있는 유동의 유동깊이-비에너지 선도를 그림 13-45에 나타내었다. 비에너지는 마찰 효과가 무시되는 이상적인 수문에서는 일정하지만(점 1에서 점 2*a*까지) 실제 수문에서는 감소한다는 점에 유의하자. 자유 유출이 있는 수문의 하류는 초임계이지만(점 2*b*) 수중 유출이 있는 수문의 하류는 아임계이다(점 2*c*). 왜냐하면 수중 유출에는 아임계 유동으로의 수력도약도 포함되며, 이는 상당한 혼합과 에너지 소산을 수반한다.

마찰 효과가 무시될 수 있고 상류(또는 저수조)의 유속이 느리다고 근사하면, 자유 제트의 방출 속도는 Bernoulli 방정식을 사용하여 나타낼 수 있다(상세 내용은 5장 참조).

$$V = \sqrt{2gy_1} \tag{13-76}$$

방출계수 C_d를 이용하여 이 관계식을 수정하면 마찰 효과를 반영할 수 있다. 그러면

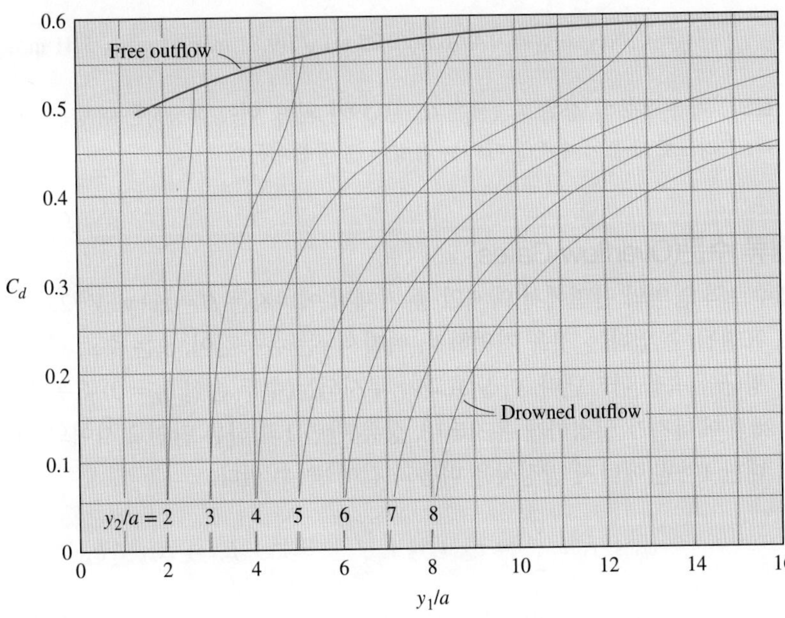

그림 13-46
저류 수문으로부터 수중 방출 및 자유 방출에 대한 방출계수
Data from Henderson, Open Channel Flow, 1st Edition, © 1966. Pearson Education, Inc., Upper Saddle River, NJ.

수문에서의 방출 속도와 유량은 다음이 된다.

$$V = C_d\sqrt{2gy_1} \quad \text{그리고} \quad \dot{V} = C_d ba\sqrt{2gy_1} \tag{13-77}$$

여기서 b와 a는 각각 수문 개구부의 폭과 높이가 된다.

이상적인 유동의 방출계수는 $C_d = 1$이지만, 실제로 수문을 통과하는 유동은 $C_d < 1$이다. 저류 수문에 대해 실험적으로 구한 C_d 값은 축소계수 y_2/a와 깊이비 y_1/a의 함수로 그림 13-46에 도시되어 있다. 수직형 수문으로부터의 자유 유출에 대한 C_d 값 대부분은 0.5와 0.6 사이에 있다는 것에 유의하자. 수중 유출에서는 예상한 대로 C_d 값이 급격히 감소하고, 동일한 상류 조건에 대해 유량이 줄어든다. 주어진 y_1/a의 값에서 y_2/a가 증가하면 C_d 값은 감소한다.

예제 13-9 수중 유출이 있는 수문

깊이가 3 m인 저수조로부터 수로 바닥에서 0.25 m 높이로 열려 있는 수문을 통하여 물이 폭이 6 m인 개수로로 방출되고 있다. 모든 난류가 진정된 후 유동깊이가 1.5 m로 측정되었다. 방출률을 구하라(그림 13-47).

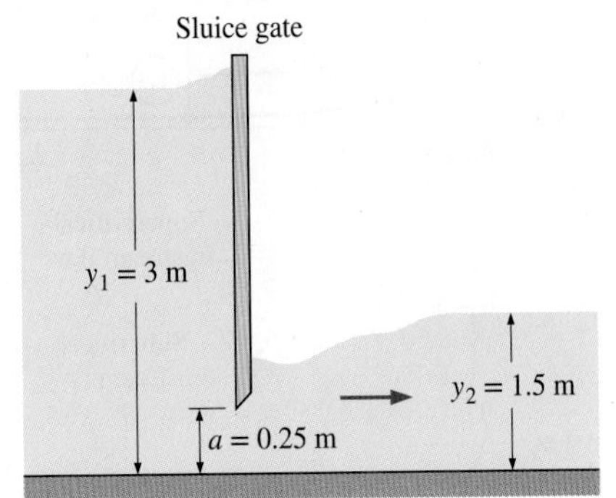

그림 13-47
예제 13-9에 대한 개략도

풀이 물이 저수조로부터 수문을 통하여 개수로로 방출되고 있다. 주어진 유동깊이에 대하여 방출률을 구하고자 한다.

가정 **1** 유동은 평균적으로 정상이다. **2** 수로는 충분히 넓어 끝단 효과를 무시할 수 있다.

해석 깊이비 y_1/a과 축소계수 y_2/a는

$$\frac{y_1}{a} = \frac{3\text{ m}}{0.25\text{ m}} = 12 \quad \text{그리고} \quad \frac{y_2}{a} = \frac{1.5\text{ m}}{0.25\text{ m}} = 6$$

그림 13-46으로부터 해당하는 방출계수를 구하면 $C_d = 0.47$이 된다. 그러면 방출률은 다음과 같다.

$$\dot{V} = C_d ba\sqrt{2gy_1} = 0.47(6\text{ m})(0.25\text{ m})\sqrt{2(9.81\text{ m/s}^2)(3\text{ m})} = \mathbf{5.41\ m^3/s}$$

토의 자유 유동의 경우 방출률은 $C_d=0.59$가 되며, 이에 해당하는 유량은 6.78 m^3/s이다. 그러므로 유출이 수중일 때에는 유량이 크게 줄어든다.

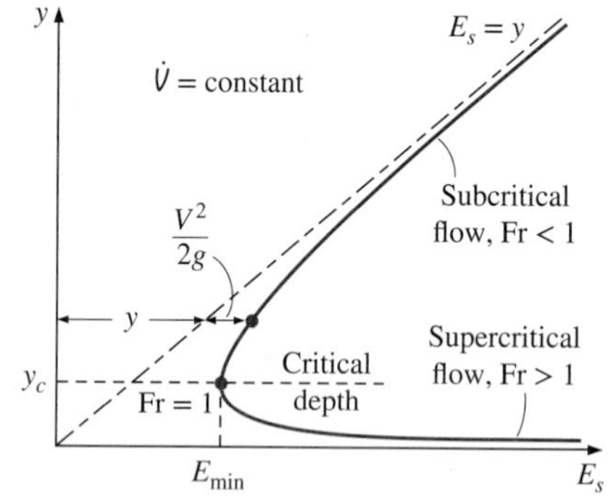

그림 13-48
폭이 일정한 수로에서 주어진 유량에 대한 깊이 y에 따른 비에너지 E_s의 변화

월류 수문(Overflow Gates)

개수로의 임의의 단면에서 액체의 총 기계적 에너지는 $H=z_b+y+V^2/2g$와 같이 수두로 표현될 수 있다는 것을 기억하자. 여기서 y는 유동깊이, z_b는 수로 바닥의 고도, V는 평균 유속을 나타낸다. 마찰 효과가 무시되는(수두 손실 $h_L=0$) 유동 동안에는 총 기계적 에너지가 일정하게 유지되며, 상류 단면 1과 하류 단면 2 사이의 개수로 유동에 대한 1차원 에너지 방정식은 다음과 같이 쓸 수 있다.

$$z_{b1} + y_1 + \frac{V_1^2}{2g} = z_{b2} + y_2 + \frac{V_2^2}{2g} \quad \text{또는} \quad E_{s1} = \Delta z_b + E_{s2} \tag{13-78}$$

여기서 $E_s=y+V^2/2g$는 비에너지이고, $\Delta z_b=z_{b2}-z_{b1}$는 단면 2에서의 유동 바닥 위치의 고도로 단면 1의 바닥 위치에 대한 상대적인 값이다. 그러므로 액체 흐름의 비에너지는 내리막 유동에서는 $|\Delta z_b|$만큼 증가하고(Δz_b는 아래로 경사진 수로에서 음수임에 유의하라), 오르막 유동에서는 Δz_b만큼 감소하며, 수평 유동에서는 일정하게 유지된다(만약 마찰 효과를 무시할 수 없다면 비에너지는 또한 모든 경우에 추가적으로 h_L만큼 감소한다.).

일정한 폭 b를 가지는 수로에서 정상 유동이면 $\dot{V}=A_cV=byV=$일정하고, $V=\dot{V}/A_c$이다. 그러면 비에너지는 다음과 같게 된다.

$$E_s = y + \frac{\dot{V}^2}{2gb^2y^2} \tag{13-79}$$

일정한 폭 b를 가지는 수로의 정상 유동에 대해 유동깊이 y에 따른 비에너지 E_s의 변화를 그림 13-48에 다시 나타내었다. 이 선도는 유동 중 가능한 상태를 보여 주는 것으로 아주 중요하다. 일단 유동 단면 1에서 상류 조건이 주어지면, E_s-y 선도상의 임의의 단면 2에서 액체 상태는 반드시 점 1을 통과하는 비에너지 곡선상의 한 점에 위치해야만 한다.

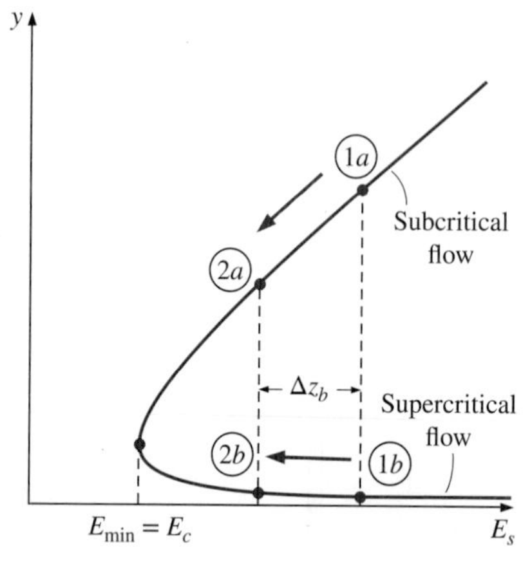

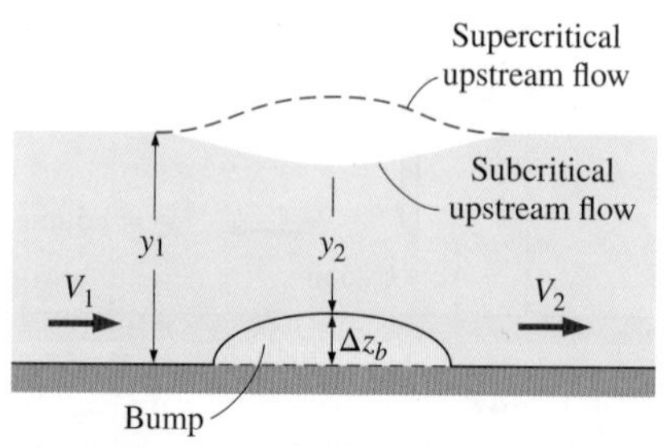

그림 13-49
아임계 및 초임계 상류 유동에 대한 융기부를 지나는 유동의 개략도와 유동깊이-비에너지 선도

마찰이 무시되는 융기부 위의 유동

이제 그림 13-49에 나타낸 것처럼 폭이 b로 일정한 수평 수로에서 높이가 Δz_b인 융기부(bump) 위를 흐르는 마찰이 무시되는 정상 유동을 고려해 보자. 이 경우 에너지 방정식은 식 (13-78)로부터

$$E_{s2} = E_{s1} - \Delta z_b \tag{13-80}$$

그러므로 액체의 비에너지는 융기부 위를 흐르며 Δz_b만큼 줄어들며, 그림 13-49에 나타난 것처럼 E_s-y 선도상에서 액체의 상태는 Δz_b만큼 왼쪽으로 이동한다. 폭이 넓은 수로에서 질량 보존 방정식은 $y_2V_2=y_1V_1$이고, 따라서 $V_2=(y_1/y_2)V_1$이다. 그러면 융

기부 위의 액체의 비에너지는 다음과 같이 표현될 수 있다.

$$E_{s2} = y_2 + \frac{V_2^2}{2g} \quad \rightarrow \quad E_{s1} - \Delta z_b = y_2 + \frac{V_1^2}{2g}\frac{y_1^2}{y_2^2} \tag{13-81}$$

다시 정리하면,

$$y_2^3 - (E_{s1} - \Delta z_b)y_2^2 + \frac{V_1^2}{2g}y_1^2 = 0 \tag{13-82}$$

이 식은 y_2에 대한 3차 다항식이고, 따라서 세 개의 해를 갖는다. 음의 해를 버리면 융기부 위의 유동깊이는 두 개의 값을 가질 수 있는 것처럼 보인다.

이제 궁금한 사항이 있다. 액체의 수위는 융기부 위에서 올라가는가 또는 내려가는가? 직관적으로 액체 전체가 융기부를 따르고, 따라서 액체 표면이 융기부 위에서 상승할 것으로 생각하지만, 그러나 반드시 그럴 필요는 없다. 비에너지는 유동깊이와 동역학적 수두의 합이라는 것에 유의하면 속도가 어떻게 변하는지에 따라 두 가지 시나리오가 모두 가능하다. 그림 13-49의 E_s-y 선도가 명확한 답을 제시한다. 만약 융기부 이전의 유동이 **아임계**(상태 1*a*)라면 유동깊이 y_2는 감소한다(상태 2*a*). 만약 유동깊이의 감소가 융기부 높이보다 더 크게 되면(즉, $y_1-y_2>\Delta z_b$) 자유표면은 강하한다. 그러나 만약 융기부로 접근하는 유동이 **초임계**(상태 1*b*)라면 자유표면을 따라 융기부를 생성하며 융기부 위에서 유동깊이가 상승한다(상태 2*b*).

만약 수로가 융기부 대신에 깊이 Δz_b의 함몰부를 갖는다면 상황은 반대가 된다. 이 경우 Δz_b가 음수이므로 비에너지는 증가한다(즉, E_s-y 선도에서 상태 2는 상태 1의 오른쪽에 있다). 그러므로 유동깊이는 다가오는 유동이 아임계이면 증가하고, 초임계이면 감소한다.

이제 앞서 논의한 것과 같은 융기부 위를 흐르는 마찰이 무시되는 유동을 다시 고려해 보자. 융기부의 높이 z_b가 증가함에 따라 점 2(아임계 또는 초임계 유동에 따라 2*a* 또는 2*b*)는 E_s-y 선도상에서 임계점에 도달할 때까지 계속하여 왼쪽으로 이동한다. 즉, 융기부 높이가 $\Delta z_c=E_{s1}-E_{sc}=E_{s1}-E_{\min}$일 때, 융기부를 지나는 유동은 **임계**가 되고, 액체의 비에너지는 최저 수준에 도달한다.

다음과 같은 질문이 떠오른다. 융기부 높이를 더 증가시키면 어떤 일이 일어날까? 액체의 비에너지가 계속 감소할까? 액체가 이미 최저 에너지 수준에 있어서 에너지는 더 이상 줄어들 수 없으며, 따라서 이 질문에 대한 답은 당연히 "아니오"이다. 다시 말하면, 액체는 E_s-y 선도상에서 이미 가장 왼쪽 점에 있으며, 더 이상의 왼쪽 점에서는 질량, 운동량, 에너지 보존 법칙을 만족시킬 수 없다. 그러므로 유동은 임계 상태로 유지되어야만 한다. 이 상태의 유동은 **질식**(choked)되었다고 한다. 이와 유사하게 기체역학에서 수축 노즐에서의 유동은 배압이 낮아짐에 따라 가속되고, 배압이 임계 압력에 도달할 때 노즐 출구에서 음속에 도달한다. 그러나 아무리 배압을 더 낮추어도 노즐 출구 속도는 음속 수준으로 유지된다. 여기서도 역시 유동이 질식된다.

광봉 위어(Broad-Crested Weir)

높은 융기부를 지나는 유동에 관한 설명은 다음과 같이 요약될 수 있다. **개수로에서**

충분히 높은 장애물을 넘는 유동은 항상 임계 상태이다. 유량을 측정하기 위하여 개수로에 의도적으로 설치되는 이와 같은 장애물을 **위어**(weir)라고 한다. 그러므로 충분히 넓은 위어 위의 유속은 임계 속도이며, 이는 $V=\sqrt{gy_c}$로 표현되고, 여기서 y_c는 임계깊이이다. 그러면 폭이 b인 위어를 넘는 유량은 다음과 같이 표현된다.

$$\dot{V} = A_c V = y_c b\sqrt{gy_c} = bg^{1/2}y_c^{3/2} \tag{13-83}$$

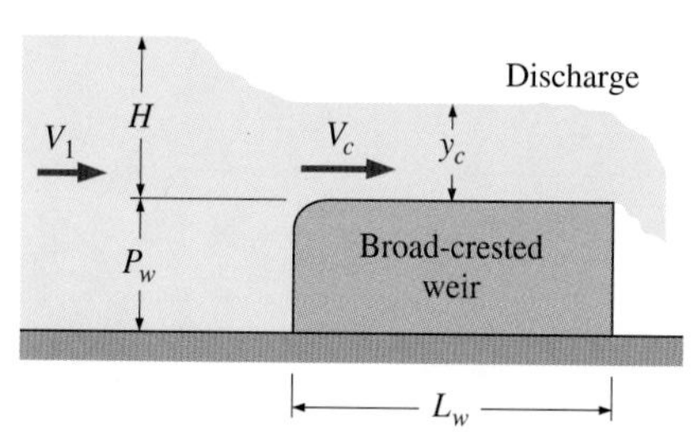

그림 13-50
광봉 위어 위를 지나는 유동

광봉 위어(broad-crested weir)는 높이가 P_w이고 길이가 L_w인 직사각형 블록으로, 수평 봉우리를 가지며, 그 위에서 임계 유동이 발생한다(그림 13-50). 위어 윗면 위의 상류 수두를 **위어 수두**(weir head)라고 하며, H로 표기한다. 임계깊이 y_c를 위어 수두 H로 나타내는 관계식을 얻기 위하여, 마찰이 무시되는 유동에 대해 상류 단면과 위어 위 단면 사이의 에너지 방정식을 다음과 같이 쓰고

$$H + P_w + \frac{V_1^2}{2g} = y_c + P_w + \frac{V_c^2}{2g} \tag{13-84}$$

양변에서 P_w를 소거하고 $V_c=\sqrt{gy_c}$를 대입하면 다음을 얻는다.

$$y_c = \frac{2}{3}\left(H + \frac{V_1^2}{2g}\right) \tag{13-85}$$

이것을 식 (13-83)에 대입하면, 이렇게 마찰이 무시되는 이상적인 유동에서 유량은 다음과 같이 구해진다.

$$\dot{V}_{\text{ideal}} = b\sqrt{g}\left(\frac{2}{3}\right)^{3/2}\left(H + \frac{V_1^2}{2g}\right)^{3/2} \tag{13-86}$$

이 관계식은 유동 매개변수에 대한 유량의 함수적 관계를 보여 주지만, 이는 마찰 효과를 고려하지 않았기 때문에 유량을 수 퍼센트 정도 크게 예측한다. 이 효과는 일반적으로 다음과 같은 실험적으로 구한 위어 **방출계수** C_{wd}를 사용하여 이론 관계식[식 (13-86)]을 수정함으로써 고려될 수 있다.

광봉 위어:
$$\dot{V} = C_{\text{wd, broad}}\, b\sqrt{g}\left(\frac{2}{3}\right)^{3/2}\left(H + \frac{V_1^2}{2g}\right)^{3/2} \tag{13-87}$$

여기서 광봉 위어에 대한 방출계수의 비교적 정확한 값은 (Chow, 1959)로부터 얻을 수 있다.

$$C_{\text{wd, broad}} = \frac{0.65}{\sqrt{1 + H/P_w}} \tag{13-88}$$

$C_{\text{wd, broad}}$에 대한 더 정확하지만 복잡한 관계식도 문헌(예를 들면, Ackers, 1978)에서 찾을 수 있다. 또한 상류 속도 V_1은 일반적으로 매우 느리며, 무시될 수 있다. 이는 특히 높은 위어의 경우에 해당한다. 그러면 유량은 다음과 같이 근사된다.

낮은 V_1을 갖는 광봉 위어:
$$\dot{V} \cong C_{\text{wd, broad}}\, b\sqrt{g}\left(\frac{2}{3}\right)^{3/2} H^{3/2} \tag{13-89}$$

식 (13-87)에서 (13-89)까지의 식을 사용하기 위한 기본적인 요구 조건으로 위어 위에 임계 유동이 형성되어야 한다는 것을 항상 기억해야 하며, 이는 위어 길이 L_w에 어느 정도 제한을 가한다. 만약 위어가 너무 길면($L_w > 12H$) 벽면 전단 효과가 지배적이고 위어를 지나는 유동은 아임계가 된다. 만약 위어가 너무 짧으면($L_w < 2H$) 액체는 임계 속도까지 가속되지 못할 수도 있다. 지금까지의 관찰을 근거로, 광봉 위어의 적절한 길이는 $2H < L_w < 12H$이다. 위어 수두 H의 값에 따라서 어떤 유동에서는 너무 긴 위어가 다른 유동에서는 너무 짧을 수 있다는 것에 유의하라. 따라서 위어를 선택하기 전에 반드시 유량의 범위를 알아야만 한다.

예봉 위어(sharp-crested weir)

예봉 위어는 수로에 설치된 수직 평판으로, 유량을 측정하기 위하여 개구부를 통하여 액체가 강제로 흐르게 한다. 이 위어의 유형은 개구부의 형상으로 특징지워진다. 예를 들어, 윗면이 직선인 얇은 수직 평판은 위어 위의 유동 단면이 직사각형이므로 직사각형 위어라 하고, 삼각형 개구부를 가지는 위어는 삼각형 위어라고 한다.

상류 유동은 아임계이며, 위어에 근접하면서 임계 상태가 된다. 액체는 계속하여 가속되고, 자유 제트와 유사한 초임계 유동의 흐름으로 방출된다. 가속되는 이유는 자유표면의 고도가 계속하여 낮아지고, 따라서 위치 수두가 속도 수두로 변환되기 때문이다. 아래에 주어진 유량 상관관계식은 위어로부터 떨어져 있으며, 위어를 지나서 방출되는 **냅**(nappe)이라고 하는 액체의 자유낙수에 기초한다. 때로는 냅 아래 공간의 압력이 확실히 대기압이 되도록 그 공간을 환기하는 것이 필요할 수도 있다. 수중 위어에 대한 실험적 관계식도 이용할 수 있다.

그림 13-51에서 보인 것처럼 수평 수로에 설치된 예봉 위어를 넘어가는 액체 유동을 고려해 보자. 단순화하기 위하여 위어 상류의 속도는 수직 단면 1에서 거의 일정하다고 근사한다. 수로 바닥에 대한 상대적인 수두로 표현되는 상류 액체의 총 에너지는 비에너지이며, 이는 유동깊이와 속도 수두의 합이다. 즉, $y_1 + V_1^2/2g$이고, 여기서 $y_1 = H + P_w$이다. 액체가 위어 위에서 속도와 방향이 크게 변하므로 위어를 넘어가는 유동은 1차원이 아니다. 그러나 냅 안에서의 압력은 대기압이다.

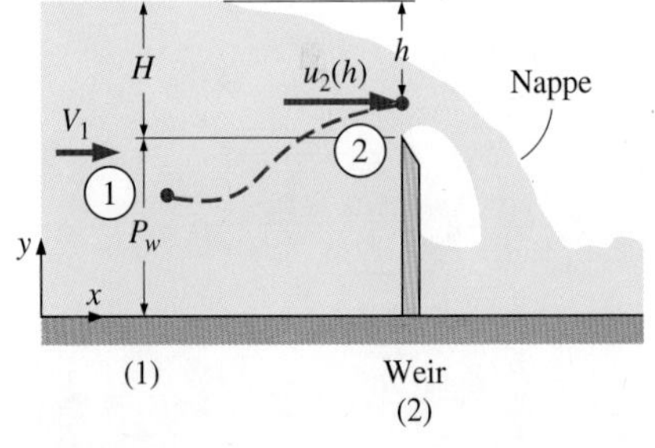

그림 13-51
예봉 위어 위를 지나는 유동

마찰이 무시된다고 가정하고 상류의 한 점(점 1)과 상류의 액체 수위로부터 h의 거리에 있는 위어 위의 한 점(점 2) 사이에 Bernoulli 방정식을 쓰면, 위어 위 액체 속도의 변화에 대한 간단한 관계식은 다음과 같이 얻어진다.

$$H + P_w + \frac{V_1^2}{2g} = (H + P_w - h) + \frac{u_2^2}{2g} \tag{13-90}$$

공통되는 항을 소거하고 u_2에 대해 풀면, 위어 위의 이상적인 속도 분포는 다음으로 구해진다.

$$u_2 = \sqrt{2gh + V_1^2} \tag{13-91}$$

실제로는 액체가 자유낙수를 시작하면서 액체의 표면 수위는 위어 위에서 약간 낮아지고(윗면에서의 수위 저하 효과) 그리고 위어 상단에서의 유동 박리는 냅을 더 좁게 만든다(아랫면에서의 수축 효과). 결과적으로 위어 위의 유동높이는 H보다 현저하게 작다. 해석의 단순화를 위하여 수위 저하와 수축 효과를 무시할 때, 유량은 유속과 미소 유동 면적의 곱을 전체 유동 면적에 걸쳐서 적분하여 얻어진다.

$$\dot{V} = \int_{A_c} u_2 \, dA_{c2} = \int_{h=0}^{H} \sqrt{2gh + V_1^2} \, w \, dh \tag{13-92}$$

여기서 w는 상류 자유표면으로부터 h 거리에 있는 유동 면적의 폭이다.

일반적으로, w는 h의 함수이다. 그러나 직사각형 위어에서는 $w=b$로 일정하다. 그러면 적분을 쉽게 수행할 수 있으며, 마찰이 무시되고 수위 저하와 수축 효과가 무시되는 이상적인 유동에서 직사각형 위어의 유량은 다음과 같이 구해진다.

$$\dot{V}_{\text{ideal}} = \frac{2}{3} b \sqrt{2g} \left[\left(H + \frac{V_1^2}{2g} \right)^{3/2} - \left(\frac{V_1^2}{2g} \right)^{3/2} \right] \tag{13-93}$$

위어 수두에 비하여 위어 높이가 클 때에는($P_w \gg H$), 상류 속도 V_1은 작고, 따라서 상류 속도 수두는 무시할 수 있다. 즉, $V_1^2/2g \ll H$이다. 그러면

$$\dot{V}_{\text{ideal, rec}} \cong \frac{2}{3} b \sqrt{2g} H^{3/2} \tag{13-94}$$

따라서 유량은 두 개의 기하학적 양, 즉 봉우리 폭 b와 위어 수두 H를 알면 구할 수 있으며, 여기서 H는 위어 봉우리와 상류 자유표면 사이의 수직거리이다.

이 단순화된 해석은 유량 관계식의 일반적인 형태를 제공하지만, 수위 저하와 수축 효과뿐만 아니라 부차적인 역할을 하는 마찰과 표면장력 효과도 반영되도록 수정될 필요가 있다. 이는 다시 한번, 이상적인 유량 관계식에 실험적으로 정해진 위어 방출계수 C_{wd}를 곱하여 이루어진다. 그러면 예봉 직사각형 위어에 대한 유량은 다음과 같이 표현된다.

예봉 직사각형 위어: $$\dot{V}_{\text{rec}} = C_{\text{wd, rec}} \frac{2}{3} b \sqrt{2g} H^{3/2} \tag{13-95}$$

여기서 참고 문헌 1(Ackers, 1978)로부터

$$C_{\text{wd, rec}} = 0.598 + 0.0897 \frac{H}{P_w} \quad \text{for} \quad \frac{H}{P_w} \le 2 \tag{13-96}$$

이 식은 $\text{Re} = V_1 H/\nu$으로 정의되는 상류 Reynolds 수의 넓은 범위에 걸쳐 적용될 수 있다. 더 정확하지만, 더 복잡한 상관관계식들도 문헌에서 찾을 수 있다. 식 (13-95)는 **폭을 가로지르는**(full-width) 직사각형 위어에 대해 유효하다는 것에 유의하자. 만약 위어의 폭이 수로의 폭보다 좁아서 유동이 강제로 수축된다면 이 효과를 반영하기 위하여 수축 보정을 위한 추가적인 계수가 포함되어야 한다.

유량을 측정하기 위하여 널리 사용되는 다른 유형의 예봉 위어는 그림 13-52에서 보여 주는 **삼각형 위어**(**V-노치 위어**라고도 한다)이다. 삼각형 위어는 H가 감소하면 유동 면적이 감소하기 때문에 작은 유량에 대하여도 높은 위어 수두 H를 유지할 수 있는 장점이 있으며, 따라서 이는 넓은 범위의 유량을 정확하게 측정하기 위하여 사용될 수 있다.

기하학적으로 살펴보면, 노치 폭은 $w=2(H-h)\tan(\theta/2)$로 나타낼 수 있으며, 여기서 θ는 V-노치 각도이다. 식 (13-92)에 대입하고 적분을 수행하면 삼각형 위어에 대

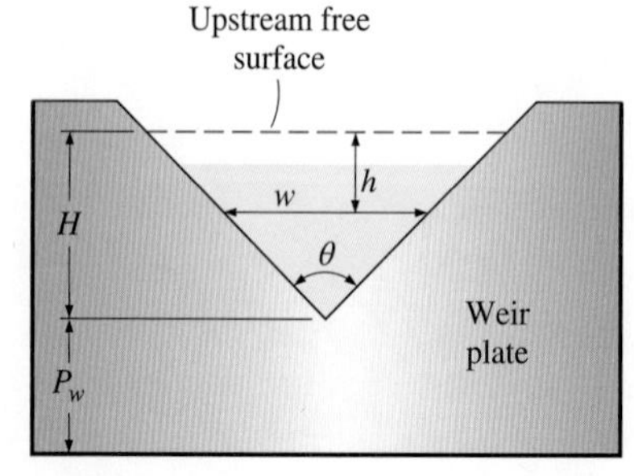

그림 13-52
삼각형(또는 V-노치) 예봉 위어 판 형상. 하류에서 상류를 바라본 그림

한 이상적인 유량은 다음과 같이 얻어진다.

$$\dot{V}_{\text{ideal, tri}} = \frac{8}{15}\tan\left(\frac{\theta}{2}\right)\sqrt{2g}H^{5/2} \tag{13-97}$$

여기서 다시 한번 상류 속도 수두는 무시하였다. 마찰과 추가적인 다른 소산 효과들은 위어 방출계수를 이상적인 유량에 곱함으로써 다시 간단하게 반영될 수 있다. 그러면 예봉 삼각형 위어의 유량은 다음이 된다.

예봉 삼각형 위어: $$\dot{V} = C_{\text{wd, tri}}\frac{8}{15}\tan\left(\frac{\theta}{2}\right)\sqrt{2g}H^{5/2} \tag{13-98}$$

여기서 $C_{\text{wd, tri}}$값은 일반적으로 0.58과 0.62 사이의 범위에 있다. 그러므로 유체 마찰, 유동 면적의 축소 및 그 이외의 소산 효과는 *V*-노치를 통과하는 유량을 이상적인 경우와 비교하여 약 40% 줄어들게 한다. 대부분의 실제 경우($H>0.2$ m, $45° < \theta < 120°$)에 대해, 위어 방출계수의 값은 약 $C_{\text{wd, tri}} = 0.58$이다. 더 정확한 값들은 문헌에서 찾을 수 있다.

예제 13-10 융기부를 지나는 아임계 유동

넓고 수평인 개수로를 흐르는 물이 수로 바닥에 있는 15 cm 높이의 융기부를 만난다. 만약에 융기부 이전의 유동깊이는 0.80 m이고 속도가 1.2 m/s라고 한다면, 융기부 위에서 수면이 낮아지는지 판단하고(그림 13-53), 만약 낮아진다면 얼마나 낮아지는지 구하라.

풀이 수평 개수로를 흐르는 물이 융기부를 만난다. 융기부 위에서 수면이 낮아지는지를 결정하고자 한다.

가정 **1** 유동은 정상이다. **2** 마찰 효과를 무시할 수 있으므로 기계적 에너지의 소산이 없다. **3** 수로의 폭이 충분히 넓어 끝단 효과를 무시할 수 있다.

해석 상류 Froude 수와 임계깊이는

$$\text{Fr}_1 = \frac{V_1}{\sqrt{gy_1}} = \frac{1.2 \text{ m/s}}{\sqrt{(9.81 \text{ m}^2/\text{s})(0.80 \text{ m})}} = 0.428$$

$$y_c = \left(\frac{\dot{V}^2}{gb^2}\right)^{1/3} = \left(\frac{(by_1V_1)^2}{gb^2}\right)^{1/3} = \left(\frac{y_1^2V_1^2}{g}\right)^{1/3} = \left(\frac{(0.8 \text{ m})^2(1.2 \text{ m/s})^2}{9.81 \text{ m/s}^2}\right)^{1/3} = 0.455 \text{ m}$$

$\text{Fr} < 1$이므로 유동은 아임계이며, 따라서 유동깊이는 융기부 위에서 감소한다. 상류의 비에너지는

$$E_{s1} = y_1 + \frac{V_1^2}{2g} = (0.80 \text{ m}) + \frac{(1.2 \text{ m/s})^2}{2(9.81 \text{ m/s}^2)} = 0.873 \text{ m}$$

융기부 위의 유동깊이는 다음 식으로부터 구할 수 있다.

$$y_2^3 - (E_{s1} - \Delta z_b)y_2^2 + \frac{V_1^2}{2g}y_1^2 = 0$$

대입하면

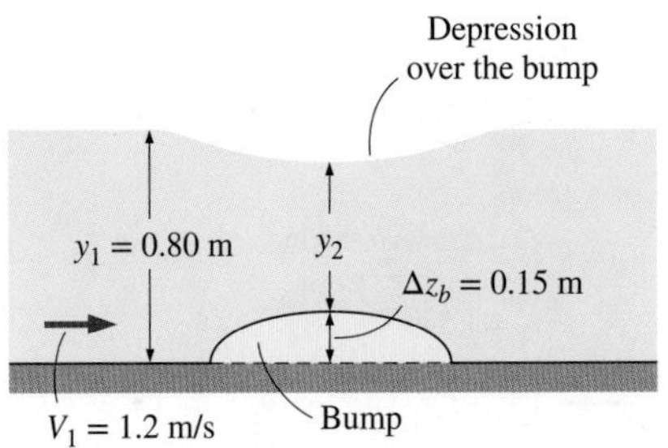

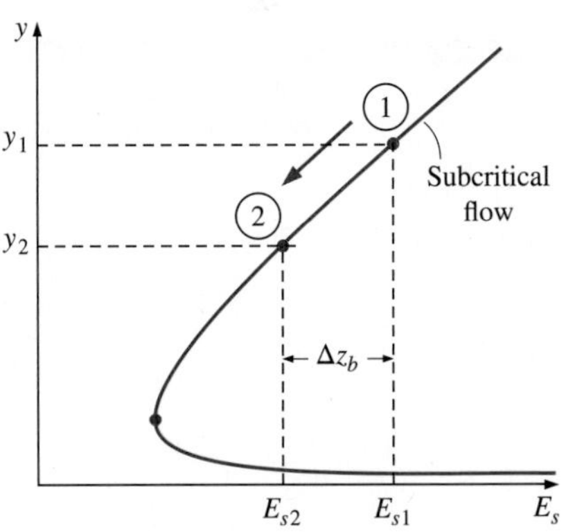

그림 13-53
예제 13-10에 대한 개략도와 유동깊이-비에너지 선도.

$$y_2^3 - (0.873 - 0.15\text{ m})y_2^2 + \frac{(1.2\text{ m/s})^2}{2(9.81\text{ m/s}^2)}(0.80\text{ m})^2 = 0$$

또는

$$y_2^3 - 0.723y_2^2 + 0.0470 = 0$$

방정식 풀이기(equation solver)를 사용하면 이 방정식의 세 가지 근은 0.59 m, 0.36 m, −0.22 m로 구해진다. 음의 해는 물리적으로 불가능하므로 버린다. 또한 임계깊이보다 작고 초임계 유동에서만 가능한 해인 0.36 m도 제외한다. 따라서 융기부 위의 유동깊이에 대해 유일하게 의미 있는 해는 $y_2 = 0.59$ m이다. 그러면 수로 바닥에서부터 융기부 위 수면까지의 거리는 $\Delta z_b + y_2 = 0.15 + 0.59 = 0.74$ m이며, 이는 $y_1 = 0.80$ m보다 작다. 따라서 수면은 융기부 위에서 다음 크기만큼 낮아진다.

$$\text{낮아짐} = y_1 - (y_2 + \Delta z_b) = 0.80 - (0.59 + 0.15) = \mathbf{0.06\text{ m}}$$

토의 $y_2 < y_1$이 반드시 수면이 낮아진다는 것을 의미하지는 않는 것에 유의하자(융기부 위에서 수면이 여전히 높아질 수도 있다). 표면은 오직 $y_1 - y_2$ 값이 융기부 높이 Δz_b보다 클 때만 융기부 위에서 낮아진다. 또한, 실제로 낮아진 값은 해석 과정에서 무시된 마찰 효과 때문에 0.06 m와 다를 수 있다.

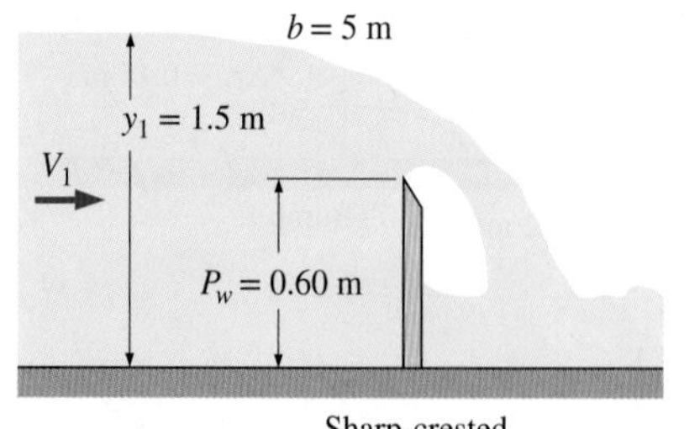

그림 13-54
예제 13-11에 대한 개략도

예제 13-11 위어를 이용한 유량 측정

폭이 5 m인 수평 개수로를 흐르는 물의 유량을 폭이 같고 높이가 0.60 m인 예봉 직사각형 위어를 사용하여 측정하고 있다. 이때 상류의 수심을 1.5 m라고 가정하고 물의 유량을 구하라(그림 13-54).

풀이 예봉 직사각형 위어가 설치된 수평 개수로 상류의 수심이 측정된다. 유량을 구하고자 한다.

가정 **1** 유동은 정상이다. **2** 상류의 속도 수두는 무시할 수 있다. **3** 수로의 폭이 충분히 넓어 끝단 효과를 무시할 수 있다.

해석 위어 수두는

$$H = y_1 - P_w = 1.5 - 0.60 = 0.90\text{ m}$$

이 위어의 방출계수는

$$C_{\text{wd, rec}} = 0.598 + 0.0897\frac{H}{P_w} = 0.598 + 0.0897\frac{0.90}{0.60} = 0.733$$

조건 $H/P_w < 2$는 $0.9/0.6 = 1.5$이므로 만족한다. 그러면 수로를 통과하는 유량은 다음이 된다.

$$\begin{aligned}\dot{V}_{\text{rec}} &= C_{\text{wd, rec}}\frac{2}{3}b\sqrt{2g}H^{3/2}\\ &= (0.733)\frac{2}{3}(5\text{ m})\sqrt{2(9.81\text{ m/s}^2)}(0.90\text{ m})^{3/2}\\ &= \mathbf{9.24\text{ m}^3/\text{s}}\end{aligned}$$

토의 상류 속도와 상류 속도 수두는

$$V_1 = \frac{\dot{V}}{by_1} = \frac{9.24 \text{ m}^3/\text{s}}{(5 \text{ m})(1.5 \text{ m})} = 1.23 \text{ m/s} \quad \text{그리고} \quad \frac{V_1^2}{2g} = \frac{(1.23 \text{ m/s})^2}{2(9.81 \text{ m/s}^2)} = 0.077 \text{ m}$$

이는 위어 수두의 8.6%로 상당한 값이다. 상류의 속도 수두가 고려되면 유량은 10.2 m³/s가 되며, 이는 위에서 구한 값보다 약 10%가 더 높다. 따라서 위어 높이 P_w가 위어 수두 H에 비해 매우 큰 경우가 아니라면 상류의 속도 수두를 고려하는 것이 좋은 습관이다.

응용분야 스포트라이트 ■ 교량 세굴

초청 저자: Peggy A. Johnson, Penn State University

교량 세굴(bridge scour)은 미국에서 교량 파괴의 가장 흔한 원인이다(Wardhana and Hadipriono, 2003). 교량 세굴은 교량 근처에서 개울이나 강의 바닥에 침식이 일어나는 것으로, 수로 바닥을 침식하고 낮출 뿐만 아니라 교각(bridge pier)이나 교대(abutment) 주위를 침식시킨다. 교량 기반 주위의 세굴은 미국 내에서 수로 위에 건설된 약 400,000개의 교량을 파괴하는 가장 큰 원인이 되고 있다. 교량을 지나는 빠른 유동에 의해 발생한 손실에 관한 최근 예들은 이 문제의 심각성을 잘 말해 주고 있다. 1993년 Mississippi 강 상류와 Missouri 강 하안에서 발생한 홍수 동안 적어도 22에서 28개의 교량이 세굴에 의해서 파괴되었으며, 발생한 손실은 약 8백만 달러로 추정된다(Kamojjala et al., 1994). 30개 이상의 카운티[county, 우리나라의 군과 비슷한 개념(역자 주)]가 주요 재난지역으로 선포된 Tennessee의 2010년 "대 홍수(Super Flood)" 동안에는 Tennessee 강의 범람으로 587개의 교량에서 제방 침식과 세굴이 발생하여 50개 이상의 교량이 폐쇄되었다. 2011년에 대서양 중부와 미국 북동부에서 발생한 허리케인 Irene과 열대성 폭풍 Lee는 강물을 범람시키고 세굴에 의해 많은 교량의 파괴와 손실을 가져왔다.

그림 13-55
강 수로에서 빠른 유동으로 San Diego 부근의 다리 기둥 주위에 발달한 세굴 구멍
Photo by Peggy Johnson, Penn State, used by permission.

교각에서의 세굴 메커니즘에 대한 연구가 실험실에서 그리고 컴퓨터 모델로 수행되고 있다. 주된 메커니즘은 홍수 동안에 교각이 교각 바로 앞에서 교각으로 접근하는 유동의 일부를 하향으로 보내기 때문에 역압력구배로 형성되는 "말굽(horseshoe)" 와류 때문이라고 생각되고 있다(Arneson et al., 2012). 세굴 구멍의 침식 속도는 하향류의 세기와 직접적으로 관련되며, 하향류의 세기는 다가오는 강물 유동의 속도와 관계된다. 강한 와류는 퇴적물을 구멍에서 꺼내서 후류 와류(wake vortex)의 하류에 침적시킨다. 그 결과로 교각의 상류에 깊은 구멍이 생기고, 교량의 기반이 불안정해진다.

강에서 교각을 보호하는 것은 전국적으로 여러 주에서 중요한 해결해야 할 문제로 남아 있다. 수로에서 홍수로 발생한 유동은 퇴적물과 돌을 움직일 수 있는 엄청난 능력이 있다. 따라서 때로는 사석 기초(riprap)와 같은 전통적인 방제법이 충분하지 않다. 강물이 흐르는 수로에 베인과 이와 비슷한 구조물을 사용하여 교각과 교대 주위의 유동방향을 조정하고 교량의 열린 지역을 통과하는 유동이 부드럽게 천이되도록 하는 연구가 많이 수행되고 있다(Johnson et al, 2010).

그림 13-56
1996년 Pennsylvania 주 중부에서 50년 만의 홍수로 다리 기반 주위에 발달한 세굴로, 이 다리는 붕괴되었다. 새로운 다리가 설계되는 동안 임시 철제 다리가 부서진 구간에 설치되었다.
Photo by Peggy Johnson, Penn State, used by permission.

참고 문헌

Arneson, L. A., L. W. Zevenbergen, P. F. Lagasse, P. E. Clopper (2012). Hydraulic Engineering Circular 18, Evaluating Scour at Bridges. Federal Highway Administration

Report FHWA-HIF-12-003, HEC-18, Washington, D.C.

Johnson, P. A., Sheeder, S. A., Newlin, J. T. (2010). Waterway transitions ar US bridges. *Water and Environment Journal*, 24 (2010), 274-281.

Kamojjala, S., Gattu, N. P., Parola, A. C., Hagerty, K. J. (1994), "Analysis of 1993 Upper Mississippi flood highway infrastructure damage," in ASCE Proceedings of the First International Conference of Water Resources Engineering, San Antonio, TX, pp. 1061-1065.

Wardhana, K., and Hadipriono, F. C., (2003). 17(3). *ASCE Journal of Performance of Constructed Facilities*, 144-150.

요약

개수로 유동은 대기에 노출된 수로 또는 부분적으로 채워진 도관의 액체 유동을 의미한다. 수로에서 유동깊이(따라서 평균 속도)가 일정하게 유지되면 유동이 **균일**하다고 한다. 그렇지 않으면 유동이 **비균일** 또는 **변화**한다고 한다. **수력반경**은 $R_h = A_c/p$로 정의된다. 무차원 Froude 수는 다음과 같이 정의된다.

$$\text{Fr} = \frac{V}{\sqrt{gL_c}} = \frac{V}{\sqrt{gy}}$$

유동은 Fr<1이면 아임계, Fr=1이면 임계, Fr>1이면 초임계로 분류된다. 임계 유동의 유동깊이는 **임계깊이**라고 하며, 다음과 같이 표현된다.

$$y_c = \frac{\dot{V}^2}{gA_c^2} \quad \text{또는} \quad y_c = \left(\frac{\dot{V}^2}{gb^2}\right)^{1/3}$$

여기서 b는 넓은 수로의 수로폭이다.

깊이가 y인 액체를 통해 표면 교란이 이동하는 속도는 **파속도** c_0이며, $c_0 = \sqrt{gy}$로 표현된다. 수로에서 수두로 표시되는 액체의 총 기계적 에너지는 다음과 같다.

$$H = z_b + y + \frac{V^2}{2g}$$

여기서 z_b는 위치 수두, $P/\rho g = y$는 압력 수두, $V^2/2g$는 속도 수두이다. 압력 수두와 동역학적 수두의 합을 **비에너지** E_s라고 한다.

$$E_s = y + \frac{V^2}{2g}$$

질량 보존 방정식은 $A_{c1}V_1 = A_{c2}V_2$이다. 에너지 방정식은 다음과 같이 표현된다.

$$y_1 + \frac{V_1^2}{2g} + S_0L = y_2 + \frac{V_2^2}{2g} + h_L$$

여기서 h_L은 수두 손실, $S_0 = \tan\theta$는 수로의 바닥기울기이다. **마찰기울기**는 $S_f = h_L/L$로 정의된다.

균일 유동의 유동깊이를 **정상깊이** y_n이라 하고, 평균 유속은 **균일 유동 속도** V_0라고 한다. 균일 유동에서 속도와 유량은 다음과 같다.

$$V_0 = \frac{a}{n}R_h^{2/3}S_0^{1/2} \qquad \text{그리고} \qquad \dot{V} = \frac{a}{n}A_cR_h^{2/3}S_0^{1/2}$$

여기서 n은 **Manning 계수**로, 그 값은 수로 표면의 조도에 따라 달라지며, $a = 1\ \text{m}^{1/3}/\text{s} = (3.2808\ \text{ft})^{1/3}/\text{s} = 1.486\ \text{ft}^{1/3}/\text{s}$이다. 만약 $y_n = y_c$이면 유동은 균일 임계 유동이며, 바닥기울기 S_0는 임계기울기 S_c와 같고, 다음과 같이 표현된다.

$$S_c = \frac{gn^2y_c}{a^2R_h^{4/3}}$$

이를 박막 유동 또는 $b \gg y_c$인 넓은 직사각형 수로의 유동에 대하여 간단히 하면

$$S_c = \frac{gn^2}{a^2y_c^{1/3}}$$

개수로에서 최적 수력단면은 최대 수력반경을 갖거나 또는 동등하게, 주어진 단면적에 대해 최소 접수둘레를 가지는 단면이다. 직사각형 수로에 대한 최적 수력단면의 기준은 $y = b/2$이다. 사다리꼴 수로의 최적 단면은 **정육각형의 반**이다.

점진변화 유동(GVF)에서 유동깊이는 하류 거리에 따라 점진적이고 부드럽게 변한다. **표면 윤곽선** $y(x)$는 GVF 방정식을 적분하여 계산된다.

$$\frac{dy}{dx} = \frac{S_0 - S_f}{1 - \mathrm{Fr}^2}$$

급변화 유동(RVF)에서 유동깊이는 유동방향으로 비교적 짧은 거리에서 현저하게 변한다. 모든 초임계에서 아임계 유동으로의 변화는 수력도약을 거쳐서 발생하며, 이는 소산이 매우 큰 과정이다. 수력도약 동안의 깊이비 y_2/y_1, 수두 손실 및 에너지 소산비는 다음으로 표현된다.

$$\frac{y_2}{y_1} = 0.5\left(-1 + \sqrt{1 + 8\mathrm{Fr}_1^{\,2}}\right)$$

$$h_L = y_1 - y_2 + \frac{V_1^2 - V_2^2}{2g}$$
$$= y_1 - y_2 + \frac{y_1 \mathrm{Fr}_1^{\,2}}{2}\left(1 - \frac{y_1^2}{y_2^2}\right)$$

$$\text{소산율} = \frac{h_L}{E_{s1}} = \frac{h_L}{y_1 + V_1^2/2g}$$
$$= \frac{h_L}{y_1(1 + \mathrm{Fr}_1^{\,2}/2)}$$

액체가 위로 흐르도록 하는 장애물은 **위어**, 액체가 아래로 흐르도록 바닥에 조절 가능한 개구부를 갖는 장애물은 **저류 수문**이라고 한다. **수문**을 통과하는 유량은 다음과 같이 주어진다.

$$\dot{V} = C_d b a \sqrt{2 g y_1}$$

여기서 b와 a는 각각 수문 개구부의 폭과 높이이며, C_d는 **방출계수**로서 마찰 효과를 반영한다.

광봉 위어는 직사각형 블록으로 수평 봉우리를 가지며, 그 위에서 임계 유동이 발생한다. 위어 윗면 위의 상류 수두를 **위어 수두** H라고 한다. 유량은 다음으로 표현된다.

$$\dot{V} = C_{\mathrm{wd,\,broad}}\, b \sqrt{g}\left(\frac{2}{3}\right)^{3/2}\left(H + \frac{V_1^2}{2g}\right)^{3/2}$$

여기서 방출계수는

$$C_{\mathrm{wd,\,broad}} = \frac{0.65}{\sqrt{1 + H/P_w}}$$

예봉 직사각형 위어에 대한 유량은 다음으로 표현된다.

$$\dot{V}_{\mathrm{rec}} = C_{\mathrm{wd,\,rec}} \frac{2}{3} b \sqrt{2g} H^{3/2}$$

여기서

$$\frac{H}{P_w} \le 2 \text{ 에 대해 } C_{\mathrm{wd,\,rec}} = 0.598 + 0.0897\frac{H}{P_w}$$

예봉 삼각형 위어에 대한 유량은 다음으로 주어진다.

$$\dot{V} = C_{\mathrm{wd,\,tri}} \frac{8}{15} \tan\left(\frac{\theta}{2}\right) \sqrt{2g} H^{5/2}$$

여기서 $C_{\mathrm{wd,\,tri}}$값은 일반적으로 0.58과 0.62 사이의 범위에 있다.

개수로 해석은 하수 시스템, 관개 시스템, 홍수방지로 및 댐의 설계에 널리 사용된다. 일부 개수로 유동들은 15장에서 전산유체역학(CFD)을 이용하여 해석되었다.

참고 문헌과 권장 도서

1. P. Ackers et al. *Weirs and Flumes for Flow Measurement*. New York: Wiley, 1978.
2. B. A. Bakhmeteff. *Hydraulics of Open Channels*. New York: McGraw-Hill, 1932.
3. M. H. Chaudhry. *Open Channel Flow*. Upper Saddle River, NJ: Prentice Hall, 1993.
4. V. T. Chow. *Open Channel Hydraulics*. New York: McGraw-Hill, 1959.
5. R. H. French. *Open Channel Hydraulics*. New York: McGraw-Hill, 1985.
6. F. M. Henderson. *Open Channel Flow*. New York: Macmillan, 1966.
7. C. C. Mei. *The Applied Dynamics of Ocean Surface Waves*. New York: Wiley, 1983.
8. U. S. Bureau of Reclamation. "Research Studies on Stilling Basins, Energy Dissipaters, and Associated Appurtenances," Hydraulic Lab Report Hyd.-399, June 1, 1955.

연습문제*

분류, Froude 수, 파속도

13-1C 개수로 유동은 내부유동과 어떻게 다른가?

13-2C 개수로 유동에서 유동이 변화(또는 비균일하게 되는)하는 요인은 무엇인가? 급변화 유동은 점진변화 유동과 어떻게 다른가?

13-3C 정상 깊이란 무엇인가? 이는 개수로에서 어떻게 만들어지는가?

13-4C 개수로 유동에서 균일 유동은 비균일 유동과 어떻게 다른가? 균일 유동은 어떤 종류의 수로에서 관찰되는가?

13-5C 평균 유동 속도와 유동깊이가 주어지면 그 개수로 유동이 느린, 임계, 빠른 유동 중 어느 것인지를 결정하는 방법에 관해 설명하라.

13-6C 개수로에서 유동이 수력도약을 겪고 있는 것이 관찰된다. 이 유동에서 도약의 상류는 반드시 초임계인가? 이 유동에서 도약의 하류는 반드시 아임계인가?

13-7C 개수로 유동에서 임계깊이란 무엇인가? 주어진 평균 유속에 대해 임계깊이는 어떻게 구해지는가?

13-8C Froude 수는 무엇인가? 어떻게 정의되는가? Froude 수의 물리적 중요성은 무엇인가?

13-9C 개수로에서 수력반경은 어떻게 결정되는가? 수력반경을 알고있을 때 수력직경은 어떻게 결정되는가?

13-10 20 ℃의 물이 직경 4 m인 원형 수로를 부분적으로 채우고 평균 속도 2 m/s로 흐르고 있다. 물의 최대 깊이가 1 m일 때 수력반경과 Reynolds 수를 구하고, 유동 영역(flow regime)을 결정하라.

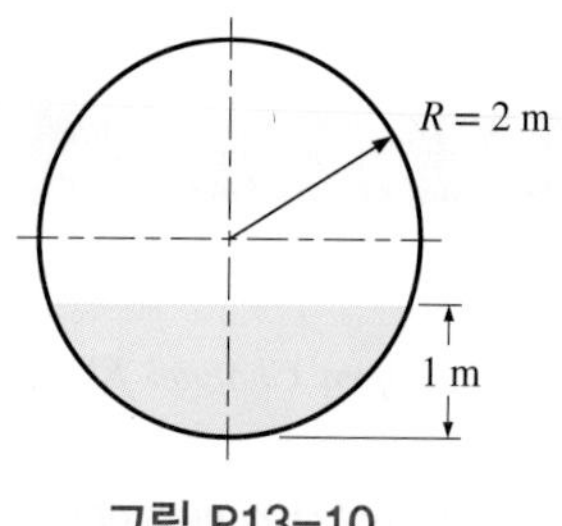

그림 P13-10

13-11 넓은 수로에서의 물의 유동을 고려해 보자. 만약 유동깊이가 다음과 같다면 유동에서 작은 교란의 속도를 구하라. (a) 50 cm, (b) 100 cm. 만약 유체가 기름이라면 답은 어떻게 되겠는가?

13-12 폭 2 m인 직사각형 수로에서 15 ℃의 물이 평균 속도 1.5 m/s로 균일하게 흐르고 있다. 물의 깊이가 24 cm일 때, 이 유동이 아임계인지 초임계인지를 결정하라. 답: 아임계

13-13 폭우가 내린 후 물이 콘크리트 표면을 평균 속도 1.3 m/s로 흐르고 있다. 물의 깊이가 2 cm일 때, 그 유동이 아임계인지 초임계인지를 결정하라.

13-14 폭이 넓은 직사각형 수로에서 20 ℃의 물이 평균 속도 1.5 m/s로 균일하게 흐르고 있다. 물의 깊이가 0.16 m일 때, (a) 이 유동이 층류인지 난류인지, (b) 이 유동이 아임계인지 초임계인지를 결정하라.

13-15 10 ℃의 물이 직경 3 m인 원형 수로의 반을 채우고 평균 속도 2.5 m/s로 흐르고 있다. 수력반경과 Reynolds 수를 구하고, 유동 영역(층류 또는 난류)을 결정하라.

13-16 직경이 2 m인 수로에 대해 문제 13-15를 반복하라.

13-17 바다에서 강력한 지진의 충격으로 단일파가 발생하였다. 물의 평균 깊이를 2 km로 바닷물의 밀도를 1,030 kg/m^{3}로 보고 이 파의 전파 속도를 구하라.

비에너지와 에너지 방정식

13-18C 동일한 2개의 직사각형 수로를 같은 유량으로 흐르는 물의 정상 유동을 고려해 보자. 한 수로에서는 아임계이고 다른 수로에서는 초임계일 때, 두 수로를 흐르는 물의 비에너지가 같을 수 있을까? 설명하라.

13-19C 폭이 넓은 직사각형 수로를 지나는 액체의 정상 유동을 고려해 보자. 마찰 손실이 무시될 수 있을 때는 유동의 에너지선은 수로 바닥과 평행하다고 주장하고 있다. 이에 동의하는가?

13-20C 폭이 넓은 직사각형 수로를 지나는 1차원 정상 유동을 고려해 보자. 어떤 사람이 한 단면의 자유표면에서 유체의 총 기계적 에너지는 같은 단면의 수로 바닥에서 유체의 총 기계적 에너지와 같다고 주장한다. 이에 동의하는가? 설명하라.

13-21C 넓은 직사각형 수로를 지나는 1차원 정상 유동에서 유체의 총 기계적 에너지는 수두로 어떻게 표현되는가? 이는 유체의 비에너지와 어떻게 관련되는가?

13-22C 개수로를 흐르는 유체의 비에너지는 수두로 어떻게 정의되는가?

13-23C 개수로를 지나는 주어진 유량에 대해, 유동깊이에 따른 비에너지의 변화를 연구하고 있다. 한 사람은 유동이 임계일 때 유체의 비에너지가 최소가 될 것이라고 주장하지만, 다른 사람은 유동이 아임계일 때 비에너지가 최소가 될 것이라고 주장한다. 여러분의 의견은 무엇인가?

*"C"로 표시된 문제는 개념 문제로서, 학생들에게 모든 문제에 대하여 답하도록 권장한다. 아이콘 으로 표시된 문제는 본질적으로 종합적인 문제로서, 적절한 소프트웨어를 사용하여 풀도록 의도된 것이다.

13-24C 일정한 유량으로 직사각형 개수로를 지나는 물의 정상상태 초임계 유동을 고려해 보자. 어떤 사람이 유동깊이가 클수록 물의 비에너지가 커진다고 주장한다. 이에 동의하는가? 설명하라.

13-25C 한 사람이 단면이 직사각형인 개수로를 지나는 정상 균일 유동 동안에는 비에너지가 일정하게 유지된다고 주장한다. 두 번째 사람은 마찰 효과와 이에 따른 수두 손실 때문에 비에너지는 유동을 따라 감소한다고 주장한다. 어느 사람에 동의하는가? 설명하라.

13-26C 마찰기울기는 어떻게 정의되는가? 어떤 조건에서 마찰기울기가 개수로의 바닥기울기와 같아지는가?

13-27 폭 6 m인 직사각형 수로에서 10 ℃의 물이 깊이 0.55 m, 유량 12 m^3/s로 흐르고 있다. (a) 임계깊이, (b) 유동이 아임계인지 또는 초임계인지, (c) 대응깊이를 결정하라.

답: (a) 0.742 m, (b) 초임계, (c) 1.03 m

13-28 폭이 넓은 직사각형 수로에서 18 ℃의 물이 평균 속도 4.3 m/s, 깊이 24 cm로 흐르고 있다. (a) Froude 수, (b) 임계깊이, (c) 유동이 아임계인지 또는 초임계인지를 결정하라. 만약, 유동깊이가 6 cm라면 답은 어떻게 달라지는가?

13-29 평균 속도 3.1 m/s에 대해서 문제 13-28을 반복하라.

13-30 평균 속도 5 m/s로 물이 폭이 2 m인 직사각형 수로를 흐르고 있다. 유동이 임계 상태일 때의 물의 유량을 구하라.

답: 25.5 m^3/s

13-31 직사각형 수로에서 20 ℃의 물이 평균 속도 4 m/s, 깊이 0.4 m로 흐르고 있다. 물의 비에너지를 구하고, 이 유동이 아임계인지 또는 초임계인지를 결정하라.

13-32 물이 바닥폭이 2 m인 정육각형 수로의 반을 채우고 60 m^3/s의 유량으로 흐르고 있다. (a) 평균 속도를 구하고, (b) 이 유동이 아임계인지 또는 초임계인지를 결정하라.

13-33 유량 30 m^3/s에 대하여 문제 13-32를 반복하라.

13-34 물이 2.3 m/s의 평균 속도로 직경이 38 cm인 강철 수로의 반을 채우고 흐르고 있다. 유량을 구하고, 유동이 아임계인지 또는 초임계인지를 결정하라.

13-35 물이 폭 1.75 m인 직사각형 수로를 0.85 m^3/s의 유량으로 정상 유동하고 있다. 유동깊이가 0.40 m일 때 유동 속도를 구하고, 이 유동이 아임계인지 또는 초임계인지를 결정하라. 또한 만약에 유동 특성이 변한다면 이때의 대응깊이를 구하라.

균일 유동과 최적 수력단면

13-36C 개수로에서 작은 수력반경 또는 큰 수력반경 중 어느 것이 더 좋은 수력단면인가?

13-37C 개수로에서 다음 중 어느 것이 최적 수력단면인가? (a) 원형, (b) 직사각형, (c) 사다리꼴, (d) 삼각형.

13-38C 직사각형 개수로에 대해 최적 수력단면은 유체의 높이가 수로폭의 (a) 반, (b) 2배, (c) 1배(폭과 동일), (d) 1/3이다.

13-39C 바닥폭이 *b*인 사다리꼴 형태의 수로에 대해 최적 수력단면은 유동 단면의 측면의 길이가 (a) *b*, (b) *b*/2, (c) 2*b*, (d) $\sqrt{3}b$이다.

13-40C 개수로에서 균일 유동이라고 하는 때는 언제인가? 개수로 유동이 어떤 조건에서 균일 유동으로 유지되는가?

13-41C 어떤 사람이 개수로에서 균일 유동 동안에는 단순히 바닥기울기와 수로 길이를 곱하여 수두 손실을 구할 수 있다고 주장한다. 이렇게 간단하게 구할 수 있는가? 설명하라.

13-42C 폭이 넓은 직사각형 수로를 흐르는 균일 유동을 고려해 보자. 바닥기울기가 증가한다면, 유동깊이는 (a) 증가한다. (b) 감소한다, (c) 일정하게 유지된다.

13-43 물이 바닥폭이 0.8 m, 사다리꼴 각도가 50°, 바닥 각도가 0.4°인 사다리꼴 단면을 가진 마감질된 콘크리트 수로를 균일하게 흐르고 있다. 유동깊이가 0.52 m로 측정될 때, 수로를 지나는 물의 유량을 구하라.

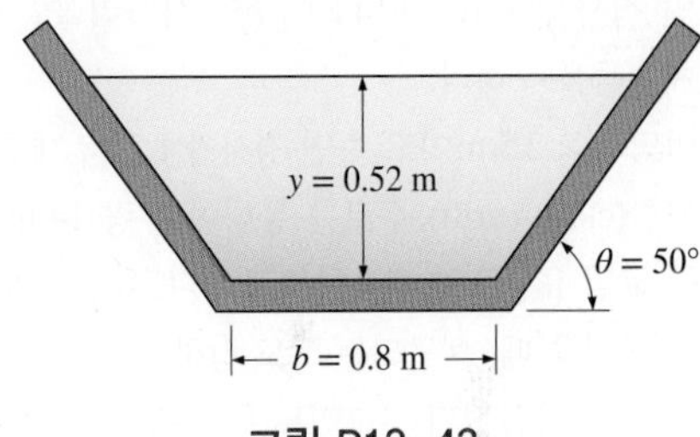

그림 P13-43

13-44 직경 1.8 m인 마감질되지 않은 콘크리트로 제작된 반원형 수로로 1.6 km 거리까지 물을 이송하려고 한다. 수로가 가득 찰 때 유량이 4.2 m^3/s에 이른다면 수로를 지나는 최소 고도차를 구하라.

13-45 바닥폭이 6 m, 자유표면의 폭이 12 m, 유동깊이가 1.6 m인 사다리꼴 수로에서 물이 유량 80 m^3/s로 방출된다. 수로의 표면이 아스팔트로 라이닝되어 있을 때($n=0.016$) 단위 km당 수로의 고도 강하를 구하라. **답:** 6.75 m

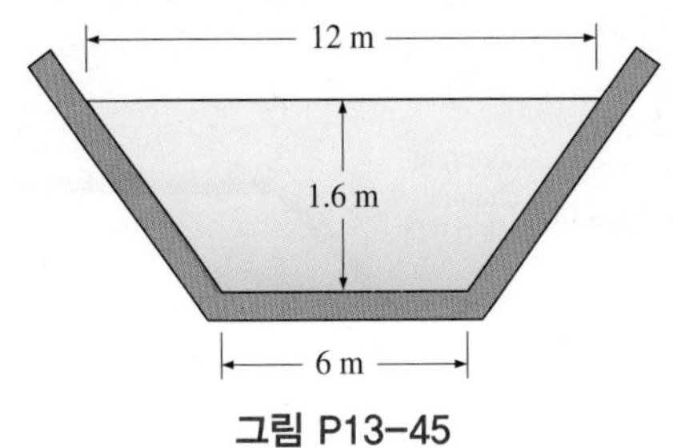

그림 P13-45

13-46 문제 13-45을 다시 고려해 보자. 수로가 수용할 수 있는 최대

유동 높이가 3.2 m일 때, 이 수로를 지나는 최대 유량을 구하라.

13-47 유동단면이 4 m×4 m의 정사각형인 2개의 동일한 수로를 지나는 물의 유동을 고려해 보자. 이제 두 수로가 합쳐져서 폭이 8 m인 수로를 형성한다. 유동깊이가 4 m로 일정하게 유지되도록 유량이 조절된다. 두 수로를 합침으로 인해 발생한 유량의 백분율 증가량을 구하라.

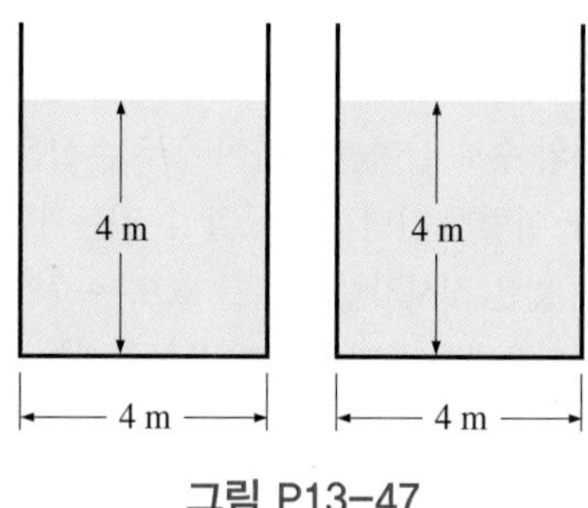

그림 P13-47

13-48 표면이 아스팔트로 라이닝된 개수로에서 물을 유량 10 m^3/s의 균일 유동으로 이송하려고 한다. 바닥기울기는 0.0015이다. 수로의 형상이 각각 (a) 직경이 D인 원형, (b) 바닥폭이 b인 직사각형, (c) 바닥폭이 b인 사다리꼴일 때, 최적 단면의 치수들을 구하라.

13-49 바닥폭이 2.5 m이고 측면 경사가 1:1인, 깨끗한 흙으로 된 매끈한(clean-earth) 수로를 통하여 유량 14 m^3/s로 1 km 거리를 균일 유동으로 배수하려고 한다. 유동깊이가 1.2 m를 초과하지 않을 때, 요구되는 고도 강하를 구하라. 답: 7.02 m

13-50 세 개의 마감질된 콘크리트 원형 수로로 0.0025의 일정한 기울기를 갖는 배수 시스템을 건설하려고 한다. 수로 두 개는 직경이 1.8 m이며, 세 번째 수로로 배출된다. 모든 수로는 반이 채워져 있고 접합부에서의 손실을 무시할 수 있을 때, 세 번째 수로의 직경을 구하라. 답: 2.33 m

13-51 그림 P13-51에 도시된 단면적을 갖고 바닥기울기가 0.002인 수로에 물이 흐르고 있다. 그림에는 또한 각기 다른 소단면의 표면에 대한 치수와 Manning 계수가 주어져 있다. 수로를 지나는 유량과 수로의 유효 Manning 계수를 구하라.

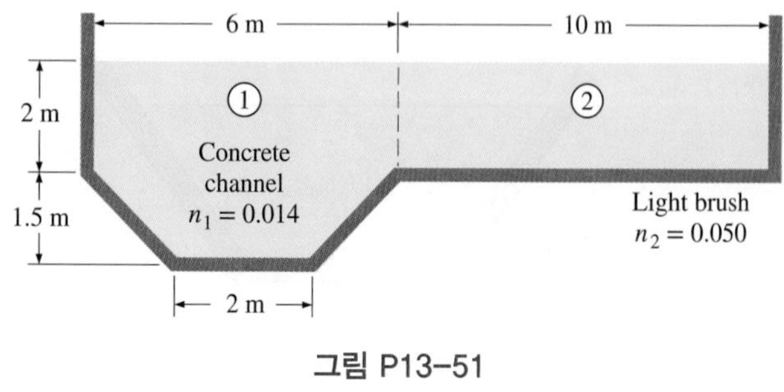

그림 P13-51

13-52 내경이 2 m인 폭우 배수용 원형 강관(n=0.012)이 12 m^3/s 유량의 균일 유동으로 1 km 거리를 배수하려고 한다. 최대 깊이가 1.5 m가 된다고 할 때, 요구되는 고도 강하를 구하라.

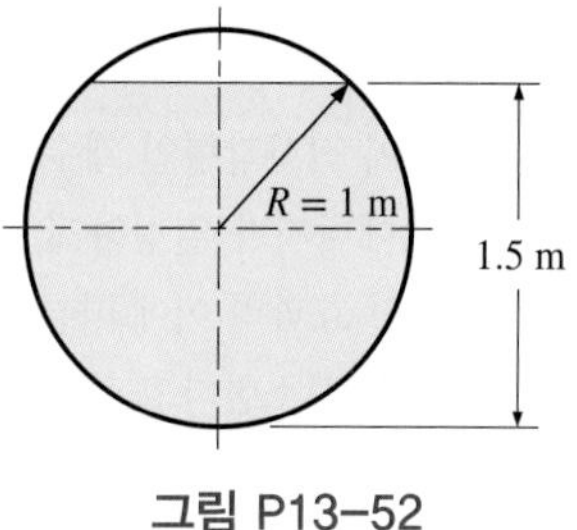

그림 P13-52

13-53 그림 P13-53에서 나타낸 주철 V형 수로는 0.5°의 바닥기울기를 갖고 있다. 중앙에서의 유동깊이가 0.75 m일 때, 균일 유동에서의 방출률을 구하라. 답: 1.03 m^3/s

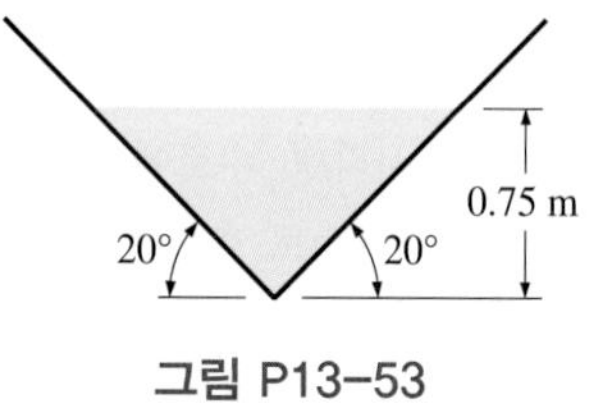

그림 P13-53

13-54 유동 면적이 2 m^{2}이고 바닥기울기가 0.0003인 아스팔트 라이닝의 직사각형 수로를 흐르는 균일 유동을 고려해 보자. 깊이 대 폭의 비율 y/b를 0.1에서 2.0까지 변화시키면서 유량을 계산하여 도시하고, 최적 유동 단면은 깊이 대 폭의 비가 0.5일 때 나타남을 확인하라.

13-55 물을 유량 20 m^3/s로 이송하기 위하여 바닥기울기가 0.0004인 직사각형 수로를 건설하려고 한다. 수로를 각각 (a) 마감질되지 않은 콘크리트, (b) 마감질된 콘크리트로 만들 때, 최적 단면의 치수를 구하라. 답: (a) 4.93 m×2.47 m (b) 4.66 m×2.33 m

13-56 유량 17 m^3/s에 대해 문제 13-55을 반복하라.

13-57 그림 P13-57에 보인 것처럼 바닥기울기가 1°, 바닥면 폭이 5 m, 측면 경사가 1:1인 마감질되지 않은 콘크리트로 만들어진 사다리꼴 수로가 있다. 유량 25 m^3/s에 대해 정상깊이 h를 구하라.

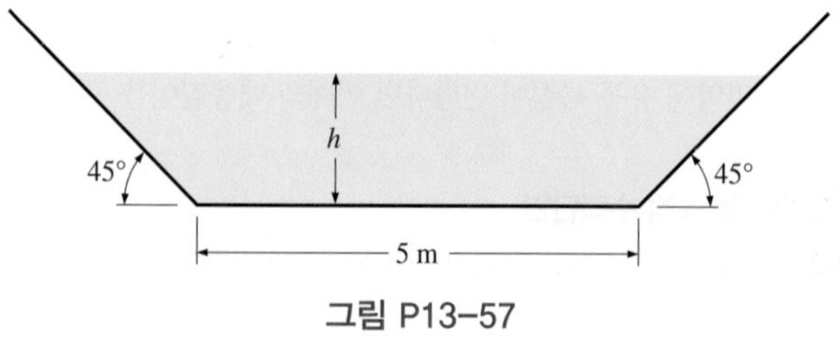

그림 P13-57

13-58 땅을 파서 만든 잡초가 있는(weedy earth) n=0.030인 수로

에 대해 문제 13-57을 반복하라.

13-59 Manning 계수가 $n=0.015$인 벽돌 라이닝을 갖는 개수로를 지나는 균일 유동을 고려해 보자. 유동 단면적은 일정하게 유지되지만, 벽면에 이끼가 자라서 Manning 계수가 2배가 되면 ($n=0.030$) 유량은 (a) 2배, (b) $\sqrt{2}$배로 감소, (c) 변하지 않는다, (d) 반으로 감소한다, (e) $2^{1/3}$배로 감소할 것이다.

13-60 개수로의 균일 유동에서 유동 속도와 유량은 $V_0=(a/n)R_h^{2/3}S_0^{1/2}$과 $\dot{V}=(a/n)A_cR_h^{2/3}S_0^{1/2}$로 나타나는 Manning 방정식으로부터 계산될 수 있다. 이 방정식에서 상수 a의 값과 차원은 SI 단위로 어떻게 되는가? 또한 마찰계수 f를 알고 있을 때, Manning 계수 n은 어떻게 구할 수 있는지 설명하라.

13-61 균일 임계 유동에서, $b \gg y_c$인 액막 유동의 일반 임계기울기 관계식 $S_c=(gn^2y_c)/(a^2R_h^{4/3})$가 $S_c=(gn^2)/(a^2y_c^{1/3})$이 되는 것을 보여라.

점진변화 유동 및 급변화 유동과 수력도약

13-62C 아임계 유동이 수력도약을 겪을 수 있는가? 설명하라.

13-63C 비균일 또는 변화 유동은 균일 유동과 어떻게 다른가?

13-64C 어떤 사람이 표면에서의 벽면 전단력에 관련된 마찰 손실은 급변화 유동의 해석에서는 무시될 수 있지만, 점진변화 유동의 해석에서는 반드시 고려되어야만 한다고 주장한다. 이 주장에 동의하는가? 답이 타당함을 보여라.

13-65C 직사각형 단면의 상향경사 수로에서 물의 정상 유동을 고려해 보자. 유동이 초임계일 때 유동깊이는 유동방향으로 (a) 증가, (b) 일정하게 유지, (c) 감소할 것이다.

13-66C 점진변화 유동(GVF)은 급변화 유동(RVF)과 어떻게 다른가?

13-67C 왜 수력도약이 때로는 기계적 에너지를 소산시키기 위하여 사용되는가? 수력도약에서 에너지 소산비는 어떻게 정의되는가?

13-68C 직사각형 단면의 수평 수로에서의 물의 정상 유동을 고려해 보자. 유동이 아임계일 때 유동깊이는 유동방향으로 (a) 증가, (b) 일정하게 유지, (c) 감소할 것이다.

13-69C 직사각형 단면의 하향경사 수로에서 물의 정상 유동을 고려해 보자. 유동이 아임계이고 유동깊이가 정상깊이보다 클 때 ($y>y_n$), 유동깊이는 유동방향으로 (a) 증가, (b) 일정하게 유지, (c) 감소할 것이다.

13-70C 직사각형 단면의 수평 수로에서의 물의 정상 유동을 고려해 보자. 유동이 초임계일 때 유동깊이는 유동방향으로 (a) 증가, (b) 일정하게 유지, (c) 감소할 것이다.

13-71C 직사각형 단면의 하향경사 수로에서 물의 정상 유동을 고려해 보자. 유동이 아임계이고 유동깊이가 정상깊이보다 작을 때 ($y<y_n$), 유동깊이는 유동방향으로 (a) 증가, (b) 일정하게 유지, (c) 감소할 것이다.

13-72 바닥기울기가 0.0018인 90° V형 주철 수로에서 물이 유량 3 m^3/s로 흐르고 있다. 이 유동에 대해 수로가 완만한, 임계, 가파른 중 어느 것으로 분류되는지 결정하라. **답:** 완만한

13-73 폭이 넓은 기울기 0.4°인 벽돌 수로에서 물의 균일 유동을 고려해 보자. 이 수로가 가파르다고 분류될 수 있는 유동깊이의 범위를 구하라.

13-74 바닥기울기가 0.5°인 폭 3.5 m의 마감질되지 않은 콘크리트 수로를 흐르는 물의 유동을 고려해 보자. 유량이 8.5 m^3/s일 때 이 수로가 완만한지, 임계인지, 가파른지를 결정하라. 또한 유동깊이 0.9 m에 대해 유동이 발달하는 동안 나타나는 표면 윤곽선을 분류하라.

13-75 마감질된 콘크리트 표면의 직사각형 수로를 물이 균일하게 흐르고 있다. 수로 폭은 3 m, 유동깊이는 1.2 m, 바닥기울기는 0.002이다. 이 유동에 대해 수로가 완만한, 임계, 가파른 중 어느 것으로 분류되는지 결정하라.

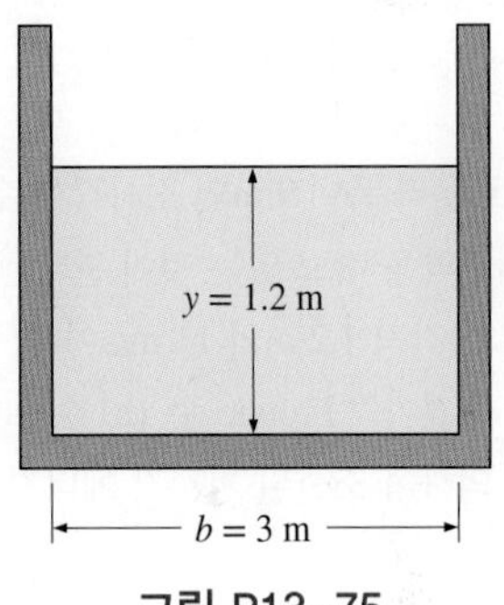

그림 P13–75

13-76 폭이 10 m인 수로에서 유량 70 m^3/s, 유동깊이 0.80 m인 물의 유동을 고려해 보자. 이때 물이 수력도약을 겪고, 도약 이후 유동깊이가 2.4 m로 측정되었다. 이 도약 동안 소모된 기계 동력(mechcnical power)을 구하라. **답:** 1.28 MW

13-77 수력도약을 겪은 후 물의 유동깊이와 속도가 각각 1.1 m와 1.75 m/s로 측정된다고 한다. 도약 전의 유동깊이, 속도, 그리고 소산된 기계적 에너지 분율(fraction)을 구하라.

13-78 폭당 유량이 1.5 $m^3/s \cdot m$이고 Manning 계수가 0.03인 폭이 넓은 직사각형 수로에서 물의 균일 유동을 고려해 보자. 수로의 기울기는 0.0005이다. (a) 이 유동의 정상깊이와 임계깊이를 계산하고, 균일 유동이 아임계인지 또는 초임계인지 결정하라. (b) 다음으로 상류의 물을 저수조에 가두기 위하여 댐($x=0$)이 건설되었다. 이는 상류의 수면 윤곽선을 상승시키고 "역류(backwater)" 곡선을 생성하였다(그림 P13-78). 댐 직전 상류의 새로운 수심은 2.5 m이다. "저수조"가 댐의 상류로 얼마나 멀리까지 연장되는지를 구하라. 수심이 최초의 균일 유동 수심의 5%가 되는 점을 저수조의 경계로 간주할 수 있다. **답:** (b) 3500 m

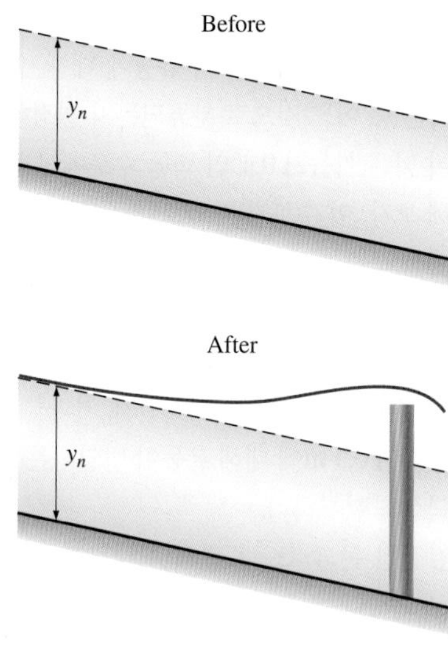

그림 P13-78

13-79 폭이 넓은 수평 수로에서 유동깊이가 56 cm이고 평균 속도 9 m/s로 흐르는 물이 수력도약을 겪고 있다. 이 수력도약에 관련된 수두 손실을 구하라.

13-80 수문으로부터 폭이 9 m인 직사각형 수평 수로로 방출되는 물이 수력도약을 겪고 있는 것이 관찰된다. 도약 전의 유동깊이와 속도가 각각 1.2 m와 11 m/s이다. 다음을 구하라. (a) 도약 이후 유동깊이와 Froude 수, (b) 수두 손실과 소산비, (c) 수력도약에 의하여 소산된 기계적 에너지.

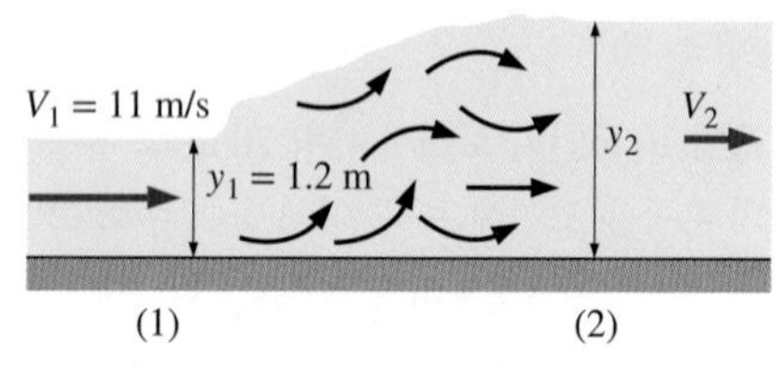

그림 P13-80

13-81 폭이 넓은 수로에서 수력도약 동안 유동깊이가 1.1 m에서 3.3 m로 증가하였다. 도약 전후에 나타나는 속도, Froude 수, 에너지 소산비를 구하라.

13-82 그림 P13-82에 나타낸 것과 같이 넓은 수로에서 융기부 위의 점진변화 유동을 고려해 보자. 초기 유동 속도는 0.75 m/s이고, 초기 유동깊이는 1 m이다. Manning 매개변수는 0.02이고, 수로 바닥의 고도는 다음으로 주어진다.

$$z_b = \Delta z_b \exp[-0.001(x - 100)^2]$$

여기서 최대 융기부 높이 Δz_b는 0.15 m이고, 융기부의 봉우리는 $x=100$ m에 위치한다. (a) 유동의 임계깊이(만약 존재한다면)와 정상깊이를 계산하고, 도시하라. (b) GVF 방정식을 $0 \leq x \leq 200$ m의 범위에서 적분하고, 표 13-3에 나타낸 분류 방식에 비추어 관찰된 자유표면의 거동에 대해 논하라.

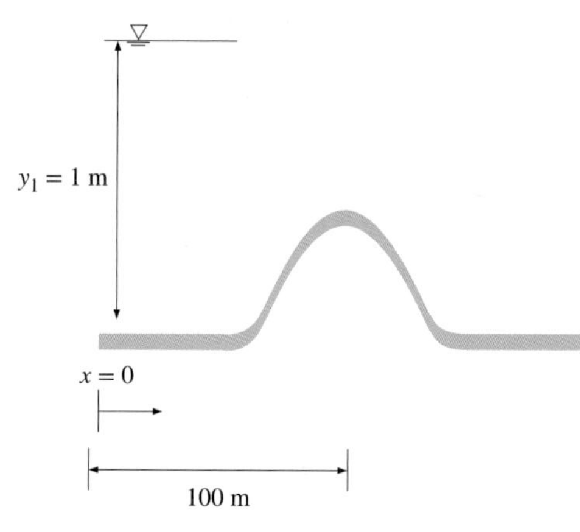

그림 P13-82

13-83 폭당 유량이 5 m³/s · m이고 Manning 계수가 $n=0.02$인 폭이 넓은 직사각형 수로를 고려해 보자. 이 수로는 기울기가 $S_{01}=0.01$인 100 m 구간과 계속되는 기울기가 $S_{02}=0.02$인 100 m 구간으로 구성되어 있다. (a) 두 수로 부분에 대해 정상깊이와 임계깊이를 계산하라. (b) 초기 수심이 1.25 m로 주어졌을 때 수로의 전체 200 m에 걸쳐서 수면 윤곽선을 계산하고 도시하라. 또한 두 수로 부분을 분류하라(M1, A2 등).

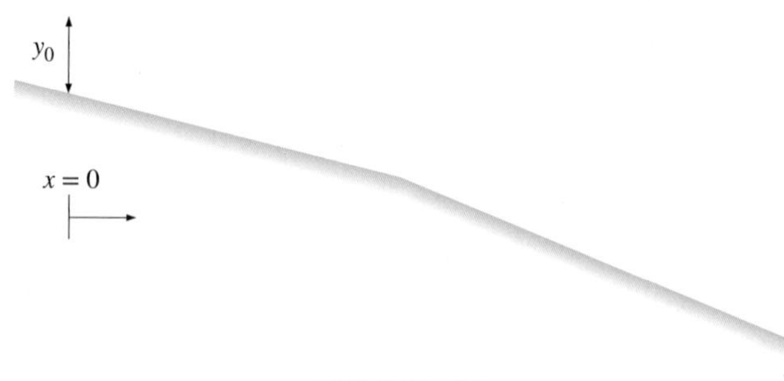

그림 P13-83

13-84 문제 13-83을 1.25 m 대신 초기 수심 0.75 m에 대해 반복하라.

13-85 GVF 방정식은 수력도약을 직접 예측하는 데 사용할 수 없지만, 이 식은 수로에서 도약이 일어나는 위치를 찾아내기 위하여 이상적 수력도약 깊이비 방정식과 함께 사용될 수 있다. 길이가 3 m이고 Manning 계수가 0.009인 폭이 넓은 ($R_h \approx y$) 수평($S_0=0$) 실험실 인공 수로에서 생성된 도약을 고려해 보자. 상류의 조절 수문(head gate) 아래 초임계 유동의 초기 깊이는 $x=0$에서 0.01 m이다. 테일게이트(tailgate)는 월류(overflow) 깊이를 $x=3$ m에서 0.08 m가 되도록 한다. 폭당 유량은 0.025 m³/s · m이다. (a) 이 유동의 임계깊이를 구하고, 초기와 최종 유동이 각각 초임계와 아임계임을 증명하라. (b) 수력도약의 위치를 구하라. (힌트: GVF 방정식을 $x=0$에서 도약이 "추정된" 위치까지 적분하고, 도약 깊이비 방정식을 적용한 후, GVF 방정식을 이 새로운 초기 조건

을 사용하여 도약 위치에서 $x=3$ m까지 적분한다. 만약 원하는 월류깊이가 얻어지지 않으면 새로운 도약 위치를 추정하여 반복한다.) 답: 1.80 m

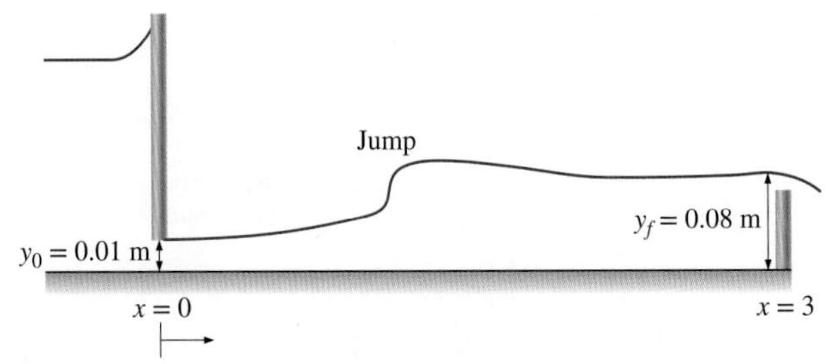

그림 P13-85

13-86 폭이 6 m인 폭이 넓은 직사각형 수로에서 유량이 8.5 m^3/s이고 Manning 계수가 0.008인 물의 점진변화 유동을 고려해 보자. 수로의 기울기는 0.01이고, $x=0$의 위치에서의 평균 유동 속도는 1.6 m/s로 측정되고 있다. 다음의 위치에서 수면 윤곽선을 분류하고, GVF 방정식을 수치적으로 적분하여 유동깊이 y를 계산하라. (a) $x=150$ m, (b) 300 m, (c) 600 m.

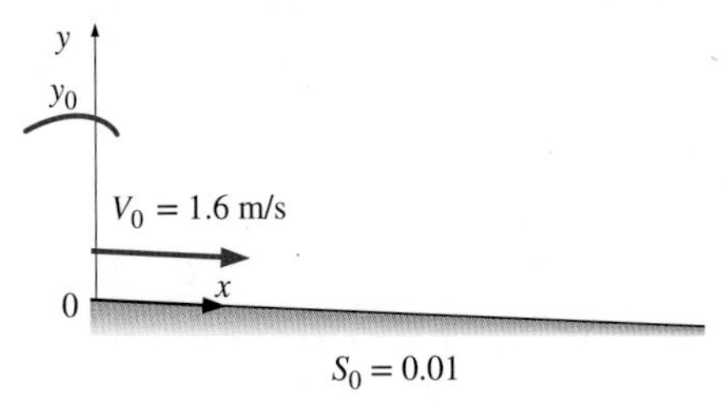

그림 P13-86

13-87 폭당 유량이 5 $m^3/s \cdot m$, 기울기가 0.01, Manning 계수가 0.02인 폭이 넓은 직사각형 관개수로에서 물의 점진변화 유동을 고려해 보자. 유동이 처음에는 균일한 깊이를 갖는다. 유동은 주어진 위치, $x=0$에서 유지보수를 하지 않은 결과로 수로의 조도가 0.03인 200 m 길이의 수로로 들어간다. 이 구간 이후 수로(유지보수가 된)의 조도는 처음의 값으로 돌아간다. (a) 두 개의 구분되는 부분에 대해 유동의 정상깊이와 임계깊이를 계산하라. (b) 점진변화 유동 방정식을 $0 \le x \le 400$ m의 범위에 걸쳐서 수치적으로 풀어라. 답을 도시(즉, x 대 y)하고, 수면의 거동에 관해 논하라.

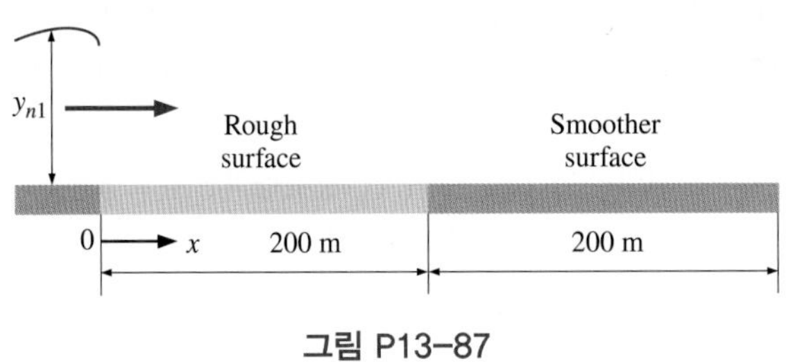

그림 P13-87

13-88 점진변화 유동 방정식을 고려해 보자.

$$\frac{dy}{dx} = \frac{S_0 - S_f}{1 - \mathrm{Fr}^2}$$

폭이 넓은 직사각형 수로의 경우에 대해, 이 식이 다음의 형태로 됨을 보여라. 이는 y, y_n, y_c 사이의 관계의 중요성을 구체적으로 보여준다.

$$\frac{dy}{dx} = \frac{S_0[1 - (y_n/y)^{10/3}]}{1 - (y_c/y)^3}$$

수로에서 유동 제어와 계측

13-89C 개수로 유동의 유량을 측정하기 위하여 사용되는 광봉 위어의 기본 작동 원리는 무엇인가?

13-90C 예봉 위어는 무엇인가? 예봉 위어는 어떤 기준에 의하여 분류되는가?

13-91C 수문에 대해 방출계수 C_d는 어떻게 정의되는가? 자유 유출 수문의 전형적인 C_d 값은 얼마인가? 수문을 지나는 이상적인 마찰이 없는 유동의 C_d 값은 얼마인가?

13-92C 폭이 b로 일정한 수평 수로에서 높이가 Δz인 융기부 위를 지나는 마찰이 없는 정상 유동을 고려해 보자. 유동이 융기부 위를 지나면서 유동깊이 y가 증가, 감소 또는 일정하게 유지되겠는가? 유동을 아임계로 가정하라.

13-93C 개수로에서 아임계 유동 동안 융기부 위를 지나는 액체 유동을 고려해 보자. 융기부 높이가 증가함에 따라 융기부 위에서의 비에너지와 유동깊이는 감소한다. 비에너지가 최솟값이 될 때 유동의 특성은 어떻게 되겠는가? 만약 융기부의 높이가 더 증가한다면 유동이 초임계가 되는가?

13-94C 저류 수문을 통과하는 유동에 대해 유동깊이-비에너지 선도를 그리고, 다음의 경우에 대해 수문을 통과하는 유동을 나타내어라. (a) 마찰없는 수문, (b) 자유 유출을 갖는 수문, (c) 수중 유출을 갖는 수문(아임계 유동으로 돌아가는 수력도약을 포함).

13-95 기울기 0.0022로 놓여 있는 마감질되지 않은 콘크리트로 만들어진 2 m 깊이의 넓은 직사각형 수로를 지나는 물의 균일 유동을 고려해 보자. 수로의 폭 m당 물의 유량을 구하라. 이제 물이 15 cm 높이의 융기부 위를 지나간다. 융기부 위에서 수면이 수평을 유지할 때(상승 또는 하강이 없음), 수로의 폭 m당 물의 방출률의 변화를 구하라. (힌트: 융기부 상부에서 수평 표면이 물리적으로 가능한지 조사하라.)

13-96 폭이 넓은 수로에서 속도 10 m/s, 유동깊이 0.65 m인 물의 균일 유동을 고려해 보자. 이제 물이 30 cm 높이의 융기부 위를 지나고 있다. 융기부 위에서 수면의 수위 변화(증가 또는

감소)를 결정하라. 또한 융기부 위의 유동이 아임계인지 또는 초임계인지 결정하라.

13-97 깊이가 12 m인 저수조에 있는 물이 바닥으로부터 1 m 높이로 열려 있는 수문을 통하여 폭이 6 m인 개수로로 배출되고 있다. 수문의 하류의 유동깊이가 3 m로 측정되었을 때, 수문을 통과하는 방출률을 구하라.

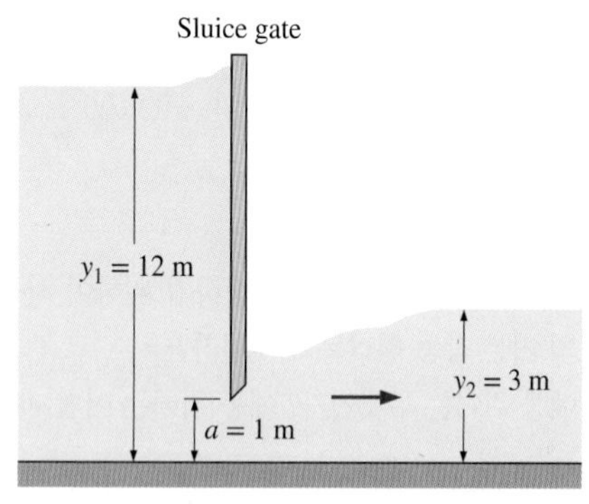

그림 P13–97

13-98 폭이 3.7 m인 직사각형 수로를 지나는 물의 유량을 측정하기 위하여 폭을 가로지르는 예봉 위어가 이용되고 있다. 수로를 지나는 최대 유량이 5.1 m^3/s이고, 위어 상류의 유동깊이는 1.5 m를 넘지 않는다. 위어의 적절한 높이를 구하라.

13-99 폭이 10 m인 수평 수로를 지나는 물의 유량을 높이 1.3 m의 수로를 가로지르는 예봉 직사각형 위어를 사용하여 측정하고 있다. 상류의 수심이 3.4 m일 때, 물의 유량을 구하라.
답: 66.8 m^3/s

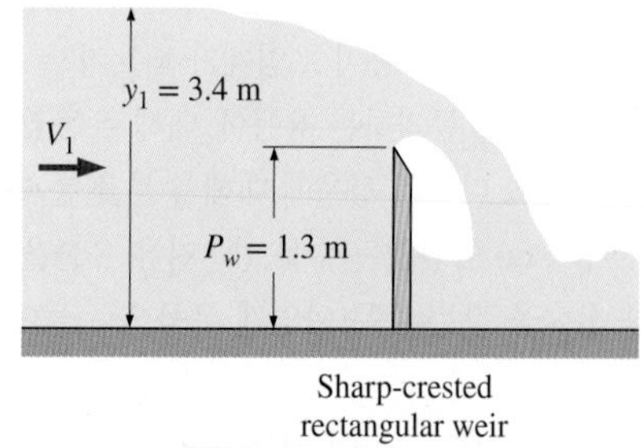

그림 P13–99

13-100 위어 높이가 1.6 m인 경우에 대하여 문제 13-99를 반복하라.

13-101 물이 1.5 m 높이의 예봉 직사각형 위어 위를 지나고 있다. 위어 상류의 유동깊이는 2.5 m이고, 위어를 지난 물은 동일한 폭의 마감질되지 않은 콘크리트 수로로 방출되어 균일 유동 조건을 형성한다. 하류에서 수력도약이 나타나지 않을 때, 하류 수로의 최대 기울기를 구하라.

13-102 깊이 8 m의 호수에서 폭이 5 m이고 바닥으로부터 열린 높이가 0.6 m인 수문을 통하여 물을 방출하려고 한다. 수문의 하류에서 유동깊이가 4 m로 측정될 때, 수문을 통과하는 방출률을 계산하라.

13-103 폭이 넓은 수로를 흐르는 물이 수로 바닥에서 높이 22 cm인 융기부를 만나고 있다. 융기부 이전에서 유동깊이가 1.2 m이고 속도가 2.5 m/s일 때, 유동이 융기부 위에서 초크되는지 결정하고, 토의하라.

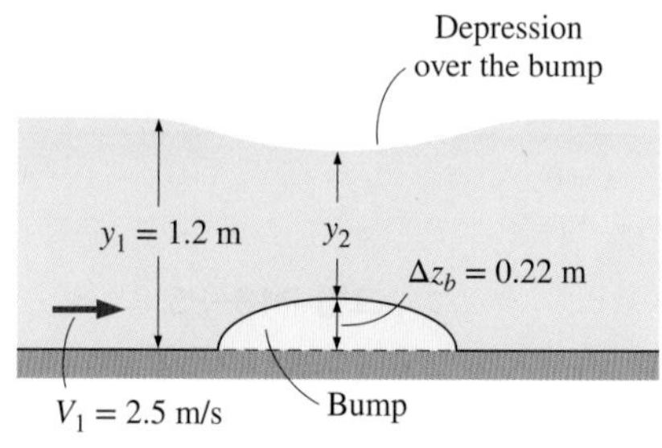

그림 P13–103

13-104 유동깊이가 2.5 m인 폭이 넓은 수로를 지나는 물의 유동을 고려해 보자. 이제 물이 높이 0.3 m로 열려 있는 수문을 통하여 자유 방출되고, 계속하여 수력도약을 겪는다. 수문 자체와 관련된 모든 손실을 무시하고 도약 전후의 유동깊이, 유속, 그리고 도약기간 동안 소산된 기계적 에너지의 분율(fraction)을 구하라.

13-105 폭이 5 m인 수로를 지나는 물의 유량을 수로 바닥으로부터 높이가 0.5 m이고 노치각이 80°인 삼각형 예봉 위어를 이용하여 측정하고자 한다. 위어 상류의 유동깊이가 1.5 m일 때, 수로를 지나는 물의 유량을 구하라. 이때 위어 방출계수는 0.60을 사용한다. **답**: 1.19 m^3/s

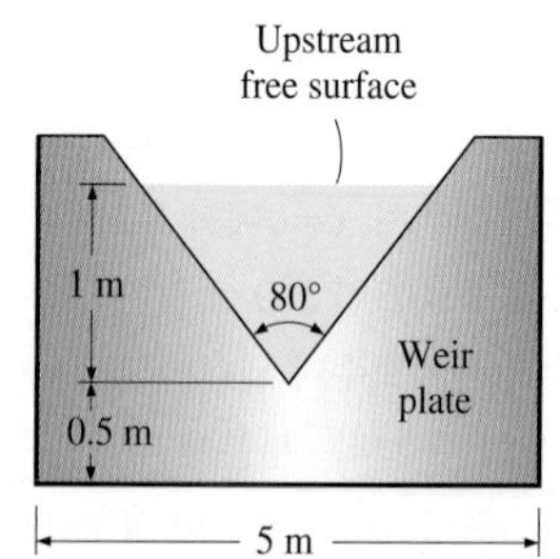

그림 P13–105

13-106 상류 유동깊이가 0.90 m에 대해 문제 13-105를 반복하라.

13-107 노치각이 100°인 예봉 삼각형 위어가 큰 호수에서 배수로로 방출되는 물의 방출률 측정에 사용된다. 노치각이 절반인 (θ=40°) 위어가 대신 사용될 때, 유량의 % 감소를 구하라. 호수의 수심과 위어 방출계수는 변하지 않는다고 가정한다.

13-108 폭 5 m인 직사각형 수로에서 높이가 0.80 m인 광봉 위어가 물의 유량 측정에 사용된다. 위어에서 멀리 떨어진 상류의 유

동깊이는 1.8 m이다. 수로를 지나는 유량과 위어 위의 최소 유동깊이를 구하라.

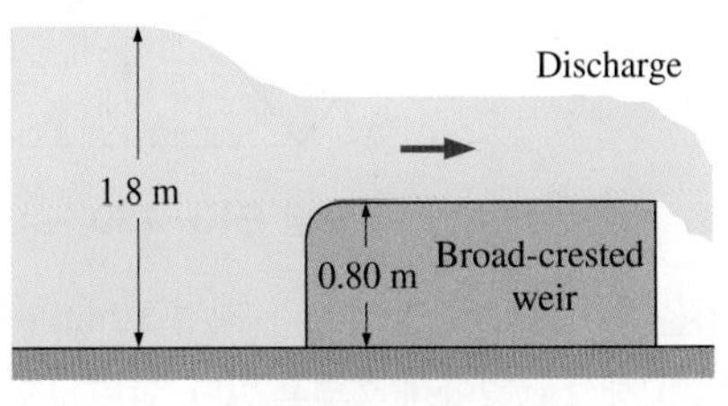

그림 P13-108

13-109 상류 유동깊이 1.4 m에 대해 문제 13-108을 반복하라.

13-110 기울기 0.0019로 놓여 있는 마감질되지 않은 콘크리트로 만들어진 넓은 수로를 지나는 물의 균일 유동을 고려해 보자. 이제 물이 20 cm 높이의 융기부 위를 지나간다. 융기부 위에서 유동이 정확히 임계 조건일 때(Fr=1), 유량과 융기부 위에서 폭 m당 유동깊이를 구하라. 답: 29.2 m³/s, 4.39 m

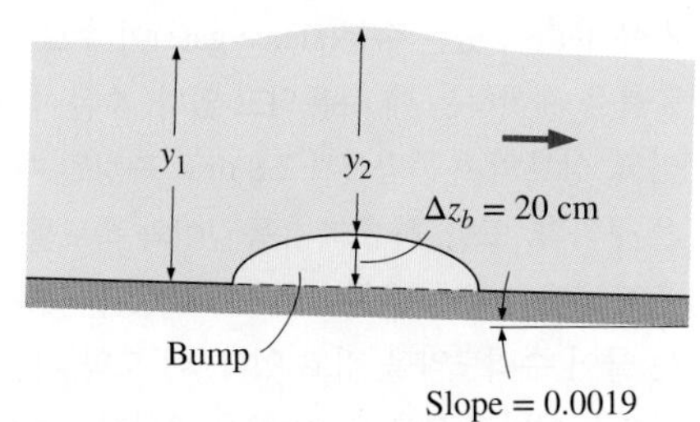

그림 P13-110

13-111 높이가 0.80 m인 충분히 긴 광봉 위어를 지나는 물의 유동을 고려해 보자. 위어 위의 최소 유동깊이가 0.50 m로 측정될 때, 수로의 폭 m당 유량과 위어 상류의 유동깊이를 구하라.

복습 문제

13-112 직사각형 수로의 폭은 4.0 m이고 7.0 m이다. 물은 바닥에서 6.0 m까지만 채워져 있다. 수로의 벽면은 파형강(corrugated metal)으로 만들어졌다. 수력직경을 구하라.

13-113 이전 문제와 동일한 직사각형 수로를 고려하자(폭이 4.0 m, 6.0 m까지 물이 차 있고, 파형강 벽면). 기울기가 0.65°일 경우 물의 체적 유량을 구하라.

13-114 운하에서 평균 속도 6 m/s로 물이 흐르고 있다. 다음의 유동깊이에 대해 각각의 유동이 아임계인지 또는 초임계인지 결정하라. (a) 0.2 m, (b) 2 m, (c) 1.63 m.

13-115 15℃의 물이 0.25 m 깊이에서 평균 속도 7 m/s로 사각형 수로를 흐르고 있다. (a) 임계깊이 (b) 대응깊이 (c) 최소 비에너지를 구하라.

13-116 바닥폭이 4 m, 측면기울기가 45°인 사다리꼴 수로에서 물이 18 m³/s로 방출되고 있다. 유동깊이가 0.6 m일 때, 이 유동이 아임계인지 또는 초임계인지 결정하라.

13-117 그림 P13-117에 도시된 것처럼 바닥기울기가 0.001, 바닥폭이 4 m, 측면각이 수평에서 25°인 벽돌로 라이닝된 사다리꼴 수로가 있다. 정상깊이가 1.5 m로 측정될 때, 이 수로를 지나는 물의 유량을 추정하라. 답: 22.5 m³

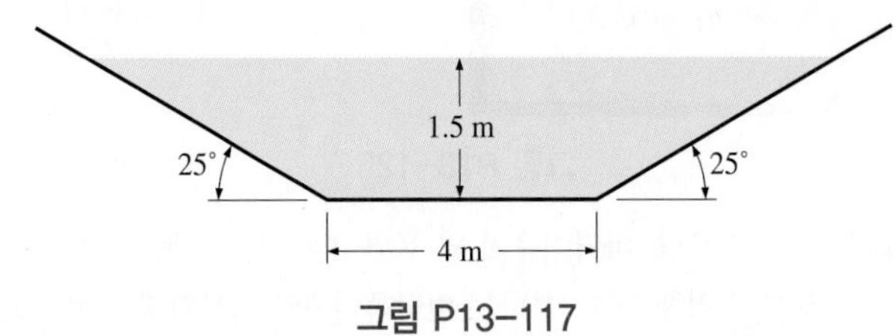

그림 P13-117

13-118 물이 Manning 계수가 $n=0.012$인 폭 1.8 m의 직사각형 수로를 흐르고 있다. 수심이 0.7 m이고 수로의 바닥기울기가 0.6°일 때, 균일 유동에서 수로의 방출률을 구하라.

13-119 바닥폭이 7 m인 직사각형 수로에서 물이 45 m³/s로 방출되고 있다. 그 이하에서는 유동이 초임계가 되는 유동깊이를 구하라. 답: 1.62 m

13-120 내경 1 m의 마감질한 콘크리트($n=0.012$)로 만들어진 수로를 고려해 보자. 수로의 기울기는 0.002이다. 중앙에서 유동깊이 0.36 m에 대해 이 수로의 유량을 구하라. 답: 0.322 m³/s

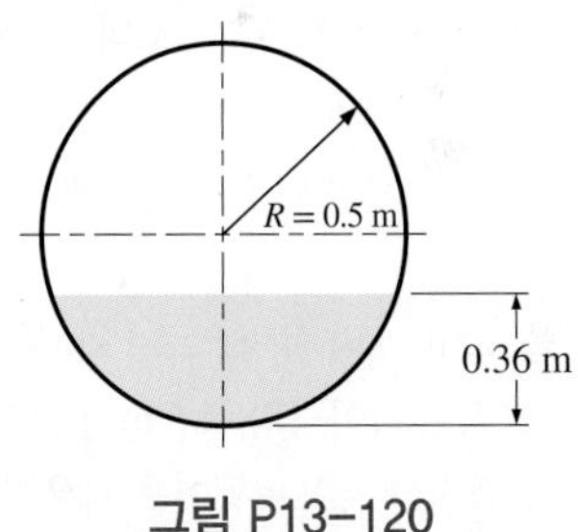

그림 P13-120

13-121 문제 13-120을 다시 고려해 보자. 유동 면적을 일정하게 유지하고 유동깊이 대 반경비 y/R를 0.1에서 1.9까지 변화시키면서 유량을 평가하여, 원형 수로를 지나는 유동에 대해 최적 단면이 수로가 반이 채워졌을 때 나타난다는 것을 보여라. 결과를 표와 선도로 나타내라.

13-122 범람을 피하고 홍수의 위험을 줄이기 위해 물이 댐으로부터 폭이 넓은 배수구로 방출되고 있다. 물의 파괴적인 동력(power)의 많은 부분이 수력도약에 의해 소산되며, 이 동안 수심은 0.7 m에서 5.0 m로 상승한다. 도약 전후에 나타나는 물의 속도와 배수로의 폭 m당 소산되는 역학적 동력(mechanical power)을 구하라.

13-123 바닥기울기가 0.5°이고, 단면이 그림 P13-123에 나타낸 것과 같은 수로에서 물이 흐르고 있다. 각기 다른 소단면의 치수와

표면의 Manning 계수도 또한 그림에 주어져 있다. 수로를 지나는 유량과 수로의 유효 Manning 계수를 구하라.

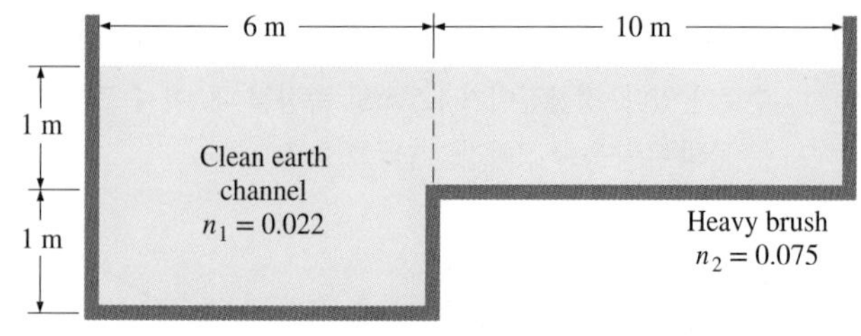

그림 P13–123

13-124 동일한 유량, 바닥기울기 및 표면 라이닝을 갖는 두 개의 수로를 고려해 보자. 하나는 바닥폭이 b인 직사각형 수로이고, 다른 하나는 직경이 D인 원형 수로이다. 직사각형 수로에서 유동높이가 b이고, 원형 수로는 반이 채워져 흐를 때, b와 D의 관계를 구하라.

13-125 수로를 가로지르는 높이 1.3 m의 예봉 직사각형 위어를 사용하여 폭이 6 m인 직사각형 수로에서 물의 유량을 측정하려고 한다. 위어 상류의 봉우리 위의 수두가 0.70 m일 때, 물의 유량을 구하라.

13-126 물을 8.5 m^3/s의 유량으로 균일하게 방출하기 위하여 마감질되지 않은 콘크리트 표면을 갖는 직사각형 수로를 건설하려고 한다. 최적 수력단면일 경우에 대해 가용 수직 강하가 km당 (a) 1 m, (b) 2 m일 때, 수로의 바닥폭을 구하라.

답: (a) 2.88 m, (b) 2.67 m

13-127 사다리꼴 수로 최적 단면의 경우에 대해 문제 13-126을 반복하라.

13-128 물을 12 m^3/s의 유량으로 1 km를 이송하기 위하여 마감질된 콘크리트 라이닝의 폭 5 m인 직사각형 수로를 설계하려고 한다. 적절한 소프트웨어를 사용하여 바닥기울기가 유동깊이(따라서 필요한 수로의 높이에)에 미치는 영향을 검토하라. 바닥 각도는 0.5°에서 10°까지 0.5°씩 증가시켜라. 유동깊이를 바닥 각도에 대해 표와 선도를 만들고, 그 결과를 토의하라.

13-129 폭이 5 m이고 측면각이 45°인 사다리꼴 수로에 대해 문제 13-128을 반복하라.

13-130 실제에서는 V-노치가 개수로의 유량을 측정하는 데 많이 사용되고 있다. 속도에 대해 이상적인 Torricelli 방정식 $V=\sqrt{2g(H-y)}$를 사용하여 V-노치를 지나는 유량을 각도 θ로 나타내는 관계식을 유도하라. 또한 θ=25°, 45°, 60°, 75°에 대해 유량을 평가하여 θ에 따른 유량의 변화를 보이고, 결과를 도시하라.

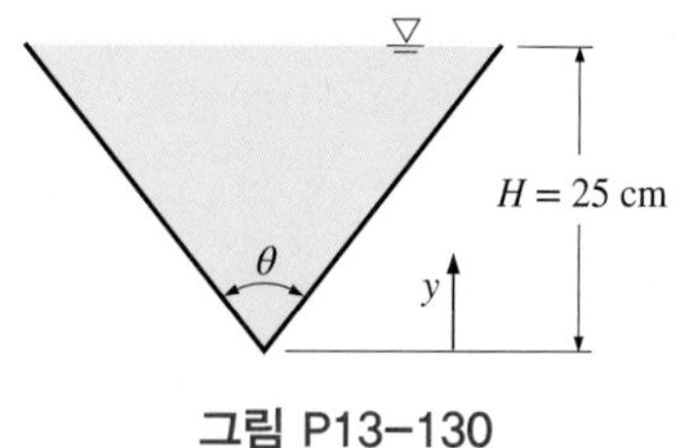

그림 P13–130

13-131 기울기가 0.004로 놓여 있는 직경 3.2 m의 원형 수로에 물이 반이 차서 균일하게 흐르고 있다. 물의 유량이 4.5 m^3/s로 측정될 때, 수로의 Manning 계수와 Froude 수를 구하라.

답: 0.0487, 0.319

13-132 수력도약을 겪고 있는 폭이 넓은 직사각형 수로를 지나는 물의 유동을 고려해 보자. 도약 전후에 나타나는 Froude 수의 비를 도약 전후에서 나타나는 각각의 유동깊이 y_1과 y_2의 관계로 다음과 같이 나타낼 수 있음을 보여라.

$$\mathrm{Fr}_1/\mathrm{Fr}_2 = \sqrt{(y_2/y_1)^3}$$

13-133 자유 유출이 있는 수문(sluice gate)이 수로를 지나는 물의 방출률을 제어하는 데 사용되고 있다. 수문이 50 cm 높이로 열리고, 상류의 유동깊이가 2.8 m로 측정될 때, 단위 폭당 유량을 구하라. 또한, 하류의 유동깊이와 속도를 구하라.

13-134 폭이 넓은 수로를 유동깊이 45 cm, 평균 속도 6.5 m/s로 지나는 물이 수력도약을 겪고 있다. 이 도약 기간 동안 소산되는 기계적 에너지 분율(fraction)을 구하라. 답: 27.1%

13-135 그림 P13-135에 나타낸 것처럼 수문을 통과한 물이 수력도약을 겪고 있다. 물의 속도는 수문에 도달하기 전에는 1.25 m/s이고, 도약 후에는 4 m/s이다. 폭 m당 수문을 통과하는 물의 유량, 유동깊이 y_1과 y_2, 도약의 에너지 소산비를 구하라.

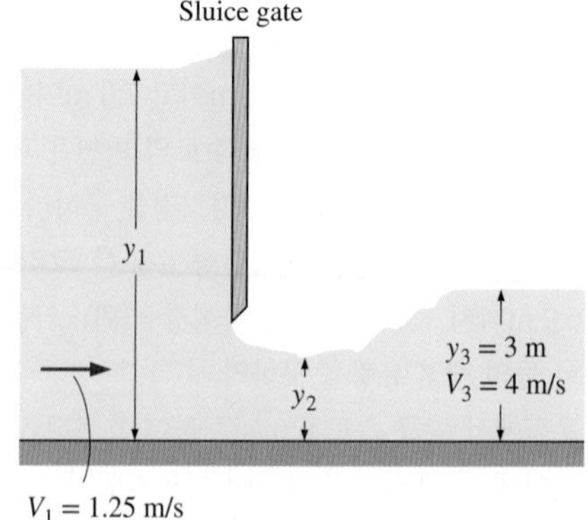

그림 P13–135

13-136 수력도약 후 속도가 3.2 m/s인 경우에 대해 문제 13-135을 반복하라.

13-137 깊이가 5 m인 호수로부터 물이 바닥에서 0.7 m 높이로 열려 있는 수문을 통하여 바닥기울기가 0.004인 마감질된 콘크리트 수로로 방출되고 있다. 초임계 균일 유동 조건이 형성된 바로 다음에 물은 수력도약을 겪는다. 도약 후의 유동깊이, 속도, Froude 수를 구하라. 수력도약을 해석할 때 바닥기울기는 무시하라.

13-138 그림 P13-138에 보인 포물선 노치를 통과하는 물의 유동을 고려해 보자. 유량에 대한 관계식을 유도하고, 유동 속도가 Torricelli 방정식 $V=\sqrt{2g(H-y)}$으로 주어진 이상적인 경우에 대해 그 수치 값을 계산하라. 답: 0.123 m^3/s

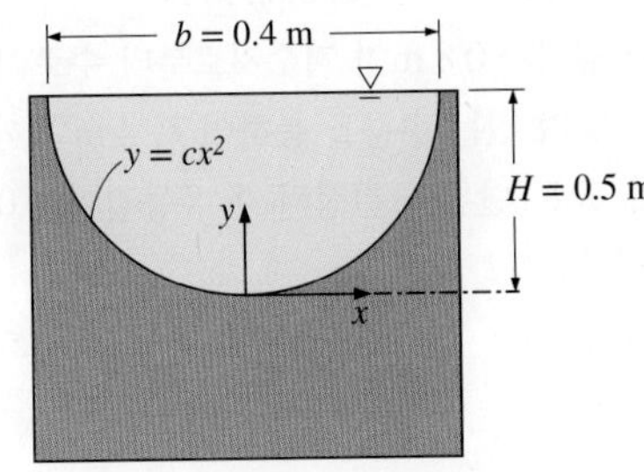

그림 P13-138

13-139 폭이 넓은 수평 수로를 흐르는 물이 속도 1.25 m/s, 유동깊이 1.8 m로 높이 20 cm인 융기부로 다가가고 있다. 융기부 위에서 속도, 유동깊이, Froude 수를 구하라.

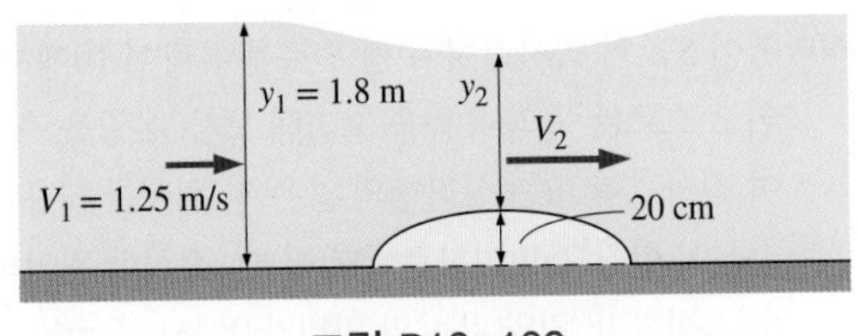

그림 P13-139

13-140 문제 13-139을 다시 고려해 보자. 융기부 위의 유동이 임계 조건(Fr = 1)이 되는 융기부 높이를 구하라.

13-141 V형 수로를 지나는 물의 유동을 고려해 보자. 유동이 가장 효율적일 때 수평면에 대한 수로의 각 θ를 결정하라.

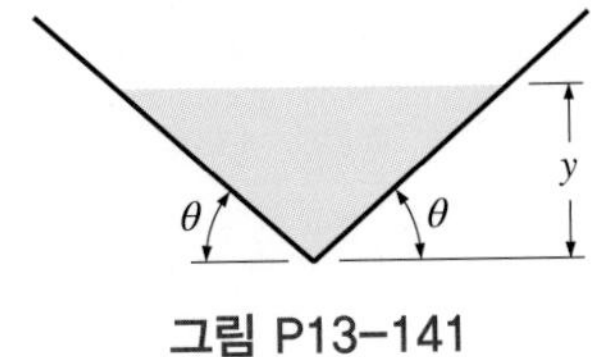

그림 P13-141

공학 기초(FE) 시험 문제

13-142 개수로 유동에서 유동깊이가 일정하게 유지된다면, 이 유동은 무엇이라고 부르는가?.

(a) 균일 유동 (b) 정상 유동 (c) 변화 유동
(d) 비정상 유동 (e) 층류 유동

13-143 어떤 선택이 개수로 유동의 예가 되는가?

I. 강물의 유동
II. 고속도로의 빗물 배수
III. 비와 눈을 위로 흡출(Upward draft of rain and snow)
IV. 배수 라인

(a) I, II (b) I, III (c) II, III
(d) I, II, IV (e) I, II, III, IV

13-144 높이 2 m, 폭 5 m인 직사각형 개수로 내에 물이 깊이 1 m로 흐른다고 하자. 이 유동의 수력반경은 얼마인가?

(a) 0.71 m (b) 0.82 m (c) 0.94 m
(d) 1.1 m (e) 1.3 m

13-145 폭이 5 m인 직사각형 개수로에 물이 7.5 m^3/s로 흐르고 있다. 이 유동의 임계깊이는 얼마인가?

(a) 5 m (b) 2.5 m (c) 1.5 m
(d) 0.96 m (e) 0.61 m

13-146 폭이 0.6 m인 직사각형 개수로에 물이 0.25 m^3/s로 흐르고 있다. 유동 깊이가 0.2 m일 때, 만약 유동 특성이 변한다면 대응 유동깊이(alternate flow depth)는 얼마인가?

(a) 0.2 m (b) 0.26 m (c) 0.35 m
(d) 0.6 m (e) 0.8 m

13-147 폭이 9 m인 직사각형 개수로에 물이 55 m^3/s로 흐르고 있다. 유동 깊이가 2.4 m일 때 Froude 수는 얼마인가?

(a) 0.682 (b) 0.787 (c) 0.525
(d) 1.00 (e) 2.65

13-148 바닥폭이 0.75 m이고 바닥기울기 각이 0.6°인 직사각형 단면을 갖는 깨끗한 직선 자연 수로를 물이 흐르고 있다. 유동깊이가 0.15 m일 때, 이 수로를 통과하는 물의 유량은 얼마인가?

(a) 0.0317 m^3/s (b) 0.05 m^3/s (c) 0.0674 m^3/s
(d) 0.0866 m^3/s (e) 1.14 m^3/s

13-149 바닥폭이 1.2 m인 마감질된 콘크리트 직사각형 수로에서 5 m^3/s의 유량으로 물을 이송하려고 한다. 수로 바닥은 500 m당 1 m씩 낮아진다. 균일 유동 조건에서 이 수로의 최소 높이는 얼마인가?

(a) 1.9 m (b) 1.5 m (c) 1.2 m
(d) 0.92 m (e) 0.60 m

13-150 폭이 4 m인 직사각형 개수로에서 물을 이송하려고 한다. 유량이 최대가 되는 유동깊이는 얼마인가?

(a) 1 m (b) 2 m (c) 4 m
(d) 6 m (e) 8 m

13-151 진흙 타일 표면을 갖는 직사각형 수로에서 0.8 m^3/s의 유량으로 물을 이송하려고 한다. 수로 바닥의 기울기는 0.0015이다. 최적 단면에 대한 수로폭은 얼마인가?

(a) 0.68 m (b) 1.33 m (c) 1.63 m
(d) 0.98 m (e) 1.15 m

13-152 진흙 타일 표면을 갖는 사다리꼴 수로에서 0.6 m^3/s의 유량으로 물을 이송하려고 한다. 수로 바닥의 기울기는 0.0015이다. 최적 단면에 대한 수로 폭은 얼마인가?

(a) 0.48 m (b) 0.63 m (c) 0.70 m
(d) 0.82 m (e) 0.97 m

13-153 바닥폭이 0.85 m인 마감질된 콘크리트 직사각형 수로에서 물이 흐르고 있다. 유동 깊이는 0.4 m이고, 바닥기울기는 0.003이다. 이 수로는 무엇으로 분류되겠는가?

(a) 가파른(Steep)
(b) 임계(Critical)
(c) 완만한(Mild)
(d) 수평(Horizontal)
(e) 역기울기(Adverse)

13-154 물이 수문으로부터 직사각형 수평 수로로 방출되고, 수력도약을 겪는다. 수로의 폭은 25 m이고, 도약 전 유동깊이와 속도는 각각 2 m와 9 m/s이다. 도약 후 유동깊이는 얼마가 되겠는가?

(a) 1.26 m (b) 2 m (c) 3.61 m
(d) 4.83 m (e) 6.55 m

13-155 물이 수문으로부터 직사각형 수평 수로로 방출되고, 수력도약을 겪는다. 도약 전 유동깊이와 속도는 각각 1.25 m와 8.5 m/s이다. 도약에 의해 발생하는 % 가용 수두 손실은 얼마인가?

(a) 4.7% (b) 7.2% (c) 8.8%
(d) 13.5% (e) 16.3%

13-156 물이 수문으로부터 폭이 7 m인 직사각형 수평 수로로 방출되고, 수력도약을 겪는다. 도약 전 유동깊이와 속도는 각각 0.65 m와 5 m/s이다. 도약에 의해 발생하는 잠재 동력 손실은 얼마인가?

(a) 158 kW (b) 112 kW (c) 67.3 kW
(d) 50.4 kW (e) 37.6 kW

13-157 폭이 3 m인 수평 개수로에서 폭이 같고 높이가 0.25 m인 예봉 직사각형 위어를 사용하여 물의 유량을 측정하고 있다. 상류에서의 물이 깊이가 0.9 m라면 물의 유량은 얼마인가?

(a) 1.75 m^3/s (b) 2.22 m^3/s (c) 2.84 m^3/s
(d) 3.86 m^3/s (e) 5.02 m^3/s

13-158 물이 깊이가 0.8 m인 저수지로부터 수로 바닥에서 0.1 m 높이로 열려 있는 수문을 통하여 폭 4 m의 개수로로 배출되고 있다. 모든 난류가 진정된 후 유동깊이는 0.5 m이다. 배출율은 얼마인가?

(a) 0.92 m/s (b) 0.79 m/s (c) 0.66 m/s
(d) 0.47 m/s (e) 0.34 m/s

설계 및 논술 문제

13-159 카탈로그나 웹사이트를 이용하여 세 개의 위어 제작사로부터 정보를 얻어라. 위어 설계의 차이점을 비교하고, 각 설계의 장단점을 토의하라. 각 설계에 가장 잘 맞는 응용분야를 제시하라.

13-160 폭이 5 m인 직사각형 수평 수로를 유량이 10에서 15 m^3/s 범위로 흐르는 물의 유동을 고려해 보자. 유량을 측정하기 위하여 직사각형 또는 삼각형의 얇은 판 위어를 사용하려고 한다. 수심이 항상 2 m 이하로 유지될 때, 적절한 위어의 형태와 치수를 정하라. 만약 유량의 범위가 0에서 15 m^3/s라면 답은 어떻게 되는가?

CHAPTER

14

터보기계

이 장에서는 유체역학에서 대표적이고 중요한 응용분야인 **터보기계**의 기본원리를 설명한다. 먼저 터보기계를 두 가지의 넓은 범주인 **펌프**와 **터빈**으로 분류한다. 그리고 이 두 가지 터보기계의 기본적인 작동 원리를 설명하면서, 주로 정성적으로 좀 더 자세하게 살펴본다. 여기서는 터보기계의 상세 설계보다 예비 설계와 전체적인 성능에 주안점을 둔다. 또한, 유체 유동 시스템의 요구 사항을 터보기계의 성능 특성에 적절히 맞추는 방법을 알아본다. 이 장의 상당한 부분을 차원해석의 실제적인 응용분야인 **터보기계 축척 법칙**에 할애하였다. 기존 터보기계와 기하학적으로 상사인 새로운 터보기계를 설계할 때 축척 법칙이 어떻게 사용되는가를 보여 준다.

목표

이 장을 공부하면 다음과 관련된 지식을 얻을 수 있다.

- 다양한 종류의 펌프와 터빈의 식별 및 작동 원리에 대한 이해
- 기존의 펌프 또는 터빈과 기하학적 상사성을 가지는 새로운 펌프 또는 터빈 설계에 차원해석 응용
- 펌프와 터빈으로 유입 또는 유출되는 유동에 대한 기초적인 벡터 해석
- 펌프와 터빈의 예비 설계 및 선정을 위한 비속도 이용

최신 상업용 비행기의 제트엔진은 펌프(압축기)와 터빈을 포함하는 고도로 복잡한 유체기계이다
© *Stockbyte/Punchstock RF*

14-1 ■ 분류와 용어

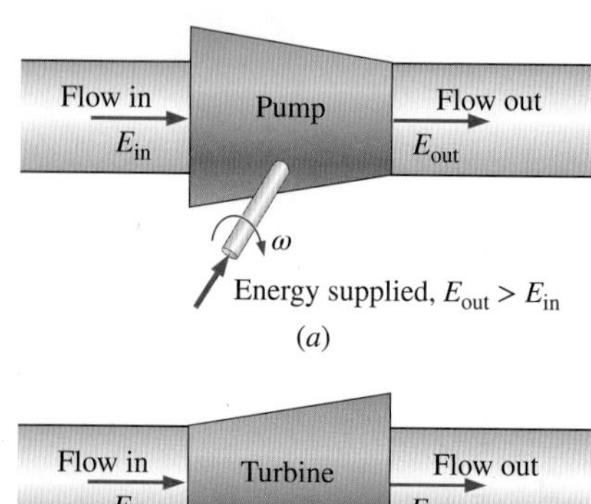

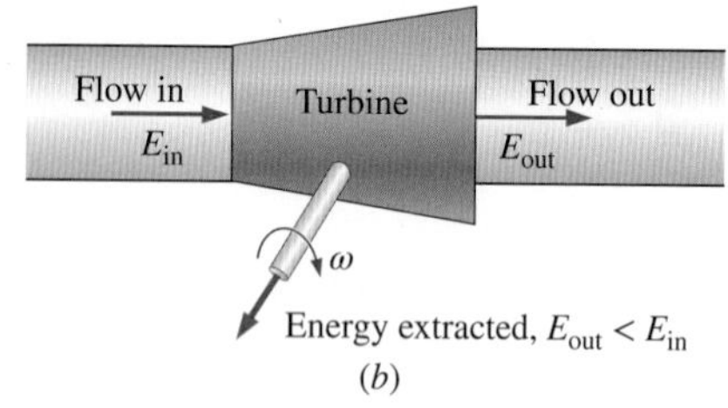

그림 14-1
(*a*) 펌프는 유체에 에너지를 공급하며, (*b*) 터빈은 유체로부터 에너지를 추출한다.

터보기계는 **펌프**와 **터빈**으로 대표되는 두 가지 범주로 나눌 수 있다. **펌프**라는 말은 유체에 에너지를 **추가하는** 모든 유체기계를 일컫는 일반적인 용어이다. 일부 저자들은 펌프를 **에너지 흡수 장치**라고 부른다. 이는 펌프로 에너지가 공급되고, 대부분의 공급된 에너지를 회전하는 축을 통해 유체에 전달하기 때문이다(그림 14-1*a*). 유체의 에너지 증가는 대개 유체의 압력 증가로 나타난다. 반면에 터빈은 에너지 생성 장치이다. 터빈은 유체로부터 에너지를 추출하고, 대부분의 추출된 에너지를 어떤 형태의 기계적 에너지 출력으로(일반적으로 회전하는 축 형태로) 전달한다(그림 14-1*b*). 터빈 출구에서는 주로 압력 손실 형태로 유체의 에너지 손실이 발생한다.

일반인들은 펌프에 공급되는 에너지는 펌프를 통과하는 유체의 속도를 증가시키고, 터빈은 유체의 속도를 줄여서 에너지를 추출하는 것으로 생각한다. 하지만 반드시 그렇지는 않다. 펌프를 둘러싸고 있는 검사체적을 고려해 보자(그림 14-2). 정상(steady) 조건이라고 가정한다. 이는 질량유량과 회전하고 있는 블레이드의 회전속도가 모두 시간에 따라 변하지 않는다는 것을 의미한다(물론 펌프 내의 회전 블레이드 주위의 상세 유동장은 정상 유동이 **아니지만**, 검사체적 해석에서는 검사체적 내부의 세부사항은 고려하지 않는다). 질량 보존 법칙에 따라서 펌프로 들어오는 질량유량은 펌프를 빠져나가는 질량유량과 반드시 같아야 한다는 것을 알고 있다. 만약 유동이 비압축성이라면 입구와 출구의 체적유량도 반드시 같아야 한다. 그뿐만 아니라 출구의 직경과 입구의 직경이 같다면 질량 보존 법칙에 따라서 출구의 평균 속도는 입구의 평균 속도와 반드시 같다. 다시 말하면, 펌프는 통과하는 유체의 **속도**를 반드시 증가시키지는 않으며, 오히려 유체의 **압력**을 증가시킨다. 물론, 만약 펌프가 정지하면 유동이 전혀 없게 된다. 그러므로 시스템에 펌프가 없는 경우와 비교하면 펌프는 사실 유속을 **증가**시킨다. 그러나 펌프 입구에서 출구까지 유동 변화 측면에서 유속이 반드시 증가하는 것은 아니다(만약 출구 직경이 입구 직경보다 크다면 출구 속도는 심지어 입구 속도보다 **낮을** 수도 있다).

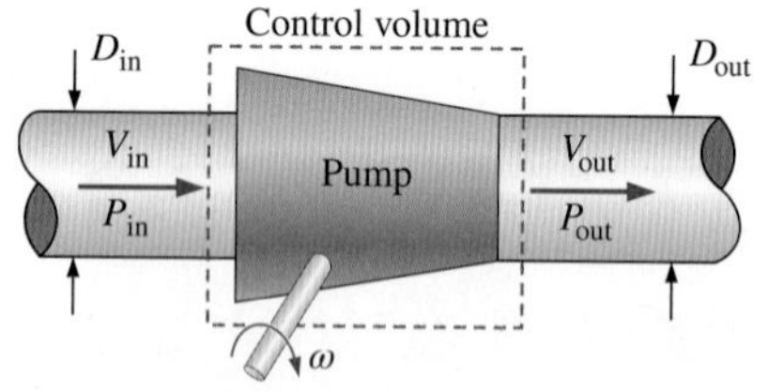

그림 14-2
정상 유동의 경우, 질량 보존 법칙에 따라 펌프에서 유출되는 질량유량은 반드시 펌프로 유입되는 질량유량과 같으며, 입구와 출구의 단면적이 동일한($D_{out} = D_{in}$) 비압축성 유동에서는 $V_{out} = V_{in}$이지만, $P_{out} > P_{in}$이다.

펌프의 목적은 유체에 에너지를 추가하는 것이며, 결과적으로 유체 압력을 증가시키고, 이때 펌프를 통과하는 유속이 반드시 증가하지는 않는다.

터빈의 목적에 대해서도 유사하게 서술할 수 있다.

터빈의 목적은 유체로부터 에너지를 추출하는 것이며, 결과적으로 유체 압력을 감소시키고, 이때 터빈을 통과하는 유속이 반드시 감소하지는 않는다.

	Fan	Blower	Compressor
ΔP	Low	Medium	High
$\dot{V}$	High	Medium	Low

그림 14-3
기체를 다루는 펌프는 압력 상승과 체적유량에 따라 **팬**(fan), **송풍기**(blower), **압축기**(compressor)라고 부른다.

액체를 이송하는 유체 기계를 **펌프**라고 하지만, 기체를 이송하는 기계에 대해서는 여러 가지 다른 이름이 있다(그림 14-3). **팬**(fan)은 상대적으로 낮은 압력 상승과 높은 유량을 갖는 기체 펌프이다. 예를 들면, 천장 팬, 주택용 팬, 프로펠러 등이 있다. **송풍기**(blower)는 비교적 중간에서 높은 압력 상승과 중간에서 높은 유량을 갖는 기체 펌프이다. 예를 들면, 자동차의 환기 시스템에 있는 원심형 송풍기와 다람쥐 집(squirrel cage) 형상의 송풍기, 화로 및 낙엽 청소용 송풍기 등이 있다. **압축기**(compressor)는 일반적으로 낮거나 중간 정도의 유량에서 매우 높은 압력 상승을 하도록 설계된 기체 펌프이다. 예를 들면, 공압 공구를 구동하고 자동차 정비소에서 타이어에 공기를 주입하는 공기 압축기와 열펌프, 냉장고나 에어컨에 사용되는 냉동 압축기 등이 있다.

라틴어로 접두어 **터보**(turbo)는 "회전(spin)"을 의미하므로, 회전축에 의해 에너지가 공급되거나 추출되는 펌프와 터빈을 **터보기계**(turbomachines)라고 부르는 것이 적절하다. 그러나 모든 펌프나 터빈이 회전축을 사용하는 것은 아니다. 자전거 타이어에 공기를 주입하는 수동식 공기 펌프가 가장 좋은 예다(그림 14-4*a*). 이런 형태의 펌프에서는 플런저 또는 피스톤의 상하 왕복운동이 회전축을 대신하므로 터보기계 대신에 단순히 **유체기계**라고 부르는 것이 더 적절하다. 구식 우물 펌프는 공기 대신 물을 퍼올리기 위하여 비슷한 방식으로 작동된다(그림 14-4*b*). 그런데도 문헌에서는 종종 회전축의 사용 여부와 관계없이 **모든** 형태의 펌프와 터빈을 언급하기 위하여 **터보기계**(turbomachine)와 **터보기계장치**(turbomachinery)라는 용어들을 사용한다.

유체기계는 에너지가 전달되는 방식에 따라 **용적식 기계**(positive displacement machine)와 **동역학적 기계**(dynamic machine)로 넓게 분류된다. **용적식 기계**에서는 유체가 밀폐된 체적으로 이송되며, 밀폐된 체적의 경계를 이동시켜 유체로 에너지를 전달한다. 이러한 경계의 이동은 체적을 팽창 또는 수축시키며, 이에 따라 유체가 흡입되거나 압착되어 배출된다. 사람의 심장은 **용적식 펌프**의 좋은 예가 된다(그림 14-5*a*). 심장은 심실이 팽창하면서 열려서 피가 유입되는 편도 밸브들과 심실이 수축되면서 열려서 피가 유출되는 다른 편도 밸브들이 있는 구조로 되어 있다. **용적식 터빈**의 예로는 집에서 널리 사용되는 수도 계량기가 있다(그림 14-5*b*). 여기서는 출력축에 연결된 체적이 확장되는 밀폐된 약실(chamber) 내로 물이 강제적으로 밀려들게 되어 있어서 물이 약실로 들어올 때마다 출력축이 회전하게 된다. 그러면 체적의 경계가 줄어들고, 출력축을 약간 더 회전시키고, 물은 계속해서 흘러서 싱크대나 샤워장 등에 이르도록 한다. 수도 계량기는 출력축이 360° 회전할 때마다 기록하므로, 계량기는 약실 내의 설정된 유체 체적에 대해 정밀하게 보정되어 있다.

(*a*) (*b*)

그림 14-4
모든 펌프가 회전축을 갖고 있지는 않다. (*a*) 공기를 주입하기 위하여 사람의 손이 상하 운동을 함에 따라 에너지가 수동식 타이어 펌프로 공급된다. (*b*) 구식 우물 펌프로 물을 퍼올리기 위하여 비슷한 메커니즘이 사용된다.
(a) Photo by Andrew Cimbala.
(b) © Bear Dancer Studios/Mark Dierker.

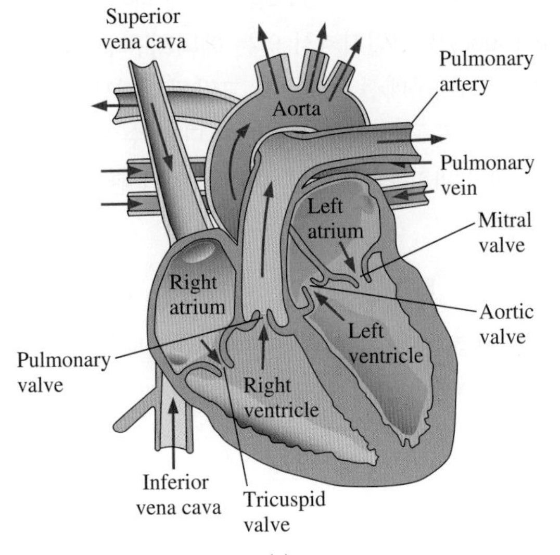

(*a*)

(*b*)

그림 14-5
(*a*) 인간의 심장은 용적식 펌프의 예이다. 심실이라고 부르는 심장 방의 팽창과 수축으로 피가 이송된다. (*b*) 일반적인 가정용 수도 계량기는 용적식 터빈의 예이다. 출력축이 회전할 때마다 정해진 체적의 방으로 물이 출입한다.
(b) © Shutterstock/AlexLMX

그림 14-6
풍력 터빈은 개방형 동역학적 기계의 좋은 예이며, 공기가 블레이드를 돌리고 출력축은 전기 발전기를 구동한다.
© *Shutterstock/oorka*

동역학적 기계에는 밀폐 체적이 없는 대신 회전 블레이드가 유체에 에너지를 공급하거나 유체로부터 에너지를 추출한다. 펌프에서는 이 회전 블레이드를 **임펠러 블레이드**(impeller blade)라고 부르지만, 터빈에서는 회전 블레이드를 **러너**(runner) **블레이드** 또는 **버킷**(bucket)이라고 한다. 동역학적 펌프의 예로는 **밀폐형 펌프**(enclosed pump)와 **덕트형 펌프**(ducted pump, 자동차 엔진의 냉각수 펌프처럼 블레이드 주위에 케이싱(casing)이 있는 펌프) 및 **개방형 펌프**(open pump, 집의 천장 팬, 항공기의 프로펠러 또는 헬리콥터의 로터처럼 블레이드 주위에 케이싱이 없는 펌프) 등이 있다. **동역학적 터빈**의 예로는 수력 발전용 댐에서 물의 에너지를 추출하는 수력 터빈과 같은 **밀폐형 터빈**(enclosed turbine)과 바람으로부터 에너지를 추출하는 풍력 터빈과 같은 **개방형 터빈**(open turbine) 등이 있다(그림 14-6).

14-2 ■ 펌프

펌프의 성능 해석에는 몇 가지의 기본 매개변수가 사용된다. 펌프를 지나는 유체의 **질량유량** $\dot{m}$은 명백히 주요 펌프 성능 매개변수이다. 비압축성 유동에서는 질량유량보다 **체적유량**을 사용하는 것이 더 일반적이다. 터보기계 산업에서는 체적유량을 **용량**(capacity)이라고 부르며, 이는 단순히 질량유량을 유체 밀도로 나눈 값이다.

체적유량(용량):
$$\dot{V} = \frac{\dot{m}}{\rho} \tag{14-1}$$

또한, 펌프의 성능은 펌프의 입구와 출구 사이의 Bernoulli **수두** 변화로 정의되는, 펌프의 **순 수두**(net head) H로 특성을 나타낸다.

순 수두:
$$H = \left(\frac{P}{\rho g} + \frac{V^2}{2g} + z\right)_{\text{out}} - \left(\frac{P}{\rho g} + \frac{V^2}{2g} + z\right)_{\text{in}} \tag{14-2}$$

순 수두의 차원은 길이로 물을 이송하지 않는 펌프에서도 종종 등가 물기둥(수주) 높이로 나타낸다.

액체가 펌프로 이송될 경우, 입구의 Bernoulli 수두는 그림 14-7에 나타낸 것처럼 입구에서 유동의 중심에 피토관(Pitot tube)을 정렬시켜서 얻는 **에너지구배선**(energy grade line) EGL_{in}과 같다. 출구에서의 에너지구배선 EGL_{out}도 그림에 나타낸 것과 같은 방법으로 얻어진다. 일반적으로 펌프의 출구와 입구는 높이가 다를 수 있으며, 출구의 직경과 평균 속도 또한 입구에서의 값과 다를 수 있다. 이런 차이와 관계없이 순 수두 H는 EGL_{out}과 EGL_{in}의 차이와 같다.

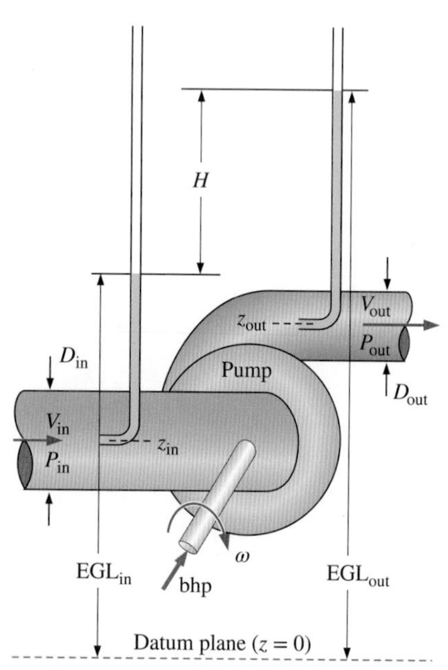

그림 14-7
펌프의 순 수두 H는 입구에서 출구까지의 Bernoulli 수두 차이로 정의되며, 액체에서 이는 임의의 기준면에 대한 에너지구배선의 변화 $H=\text{EGL}_{\text{out}}-\text{EGL}_{\text{in}}$과 같고, bhp는 **제동마력**으로, 펌프에 공급되는 외부 동력이다.

액체 펌프의 순 수두:
$$H = \text{EGL}_{\text{out}} - \text{EGL}_{\text{in}}$$

입구와 출구의 직경이 같고 높이의 변화 없이 펌프를 통과하는 비압축성 유동을 특수한 경우로 고려해 보자. 식 (14-2)는 다음과 같이 간단해진다.

$D_{\text{out}} = D_{\text{in}}$**이고** $z_{\text{out}} = z_{\text{in}}$**인 특수한 경우:**
$$H = \frac{P_{\text{out}} - P_{\text{in}}}{\rho g}$$

이렇게 단순화된 경우, 순 수두는 단순히 수두(액주 높이)로 표시되는 펌프에서의 압력 상승이다.

순 수두는 실제로 유체에 전달되는 유용한 동력에 비례한다. 펌프로 가압되는 유체가 물이 아니고, 동력이 마력의 단위로 측정되지 않을지라도 이 동력은 관습적으로 **수마력**(water horsepower)이라고 부른다. 차원의 관점에서 동력의 차원을 얻기 위해서는 식 (14-2)의 순 수두에 질량유량과 중력가속도를 곱해야 한다. 따라서,

수마력: $$\dot{W}_{\text{water horsepower}} = \dot{m}gH = \rho g\dot{V}H \tag{14-3}$$

모든 펌프는 마찰, 내부 누설, 블레이드 표면에서의 유동 박리, 난류 소산 등의 비가역적 손실을 겪는다. 따라서 펌프에 공급되는 기계적 에너지는 반드시 $\dot{W}_{\text{water horsepower}}$보다 더 **커야** 한다. 펌프 용어에서 펌프에 공급되는 외부 동력을 **제동마력**(brake horsepower)이라고 하며, bhp라는 약자로 나타낸다. 회전축으로 제동마력을 공급하는 일반적인 경우에는

제동마력: $$\text{bhp} = \dot{W}_{\text{shaft}} = \omega \text{T}_{\text{shaft}} \tag{14-4}$$

여기서 ω는 축의 회전 속도(rad/s)이고, T_{shaft}는 축에 공급되는 토크이다. **펌프 효율** η_{pump}는 공급된 동력에 대한 유용한 동력의 비로 정의한다.

펌프 효율: $$\eta_{\text{pump}} = \frac{\dot{W}_{\text{water horsepower}}}{\dot{W}_{\text{shaft}}} = \frac{\dot{W}_{\text{water horsepower}}}{\text{bhp}} = \frac{\rho g\dot{V}H}{\omega \text{T}_{\text{shaft}}} \tag{14-5}$$

펌프 성능 곡선과 배관 시스템의 펌프 선정

펌프를 통과하는 최대 체적유량은 순 수두가 0 ($H=0$)일 때 발생하고, 이 유량을 펌프의 **자유토출**(free delivery)이라고 부른다. 자유토출 조건은 펌프의 입구와 출구에서 유동 저항이 없을 때, 다시 말하면 펌프에 **부하**가 걸리지 않을 때 얻어진다. 이 운전점(operating point)에서는 $\dot{V}$은 크지만 H는 0이며, 또한 식 (14-5)로부터 명백하게 알 수 있는 것처럼 펌프가 아무런 유용한 일을 하지 않으므로 펌프 효율은 0이다. 다른 극단적인 경우로 **차단 수두**(shutoff head)는 체적유량이 $\dot{V}=0$일 때 발생하는 순 수두이며, 이는 펌프의 출구가 막혀있을 때 얻어진다. 이 조건에서는 H가 크지만 $\dot{V}$은 0이며, 펌프가 아무런 유용한 일을 하지 않으므로 펌프 효율[식 (14-5)]은 다시 0이 된다. 차단과 자유토출 두 가지의 극단적인 경우 사이에서 펌프의 순 수두는 유량의 증가에 따라 차단값으로부터 약간 증가할 수도 있지만, H는 체적유량이 자유토출값으로 증가하면 결국 0으로 감소해야 한다. 펌프의 효율은 차단 조건과 자유토출 조건 사이의 어떤 지점에서 최댓값에 도달하며, 효율이 가장 높은 운전점을 **최고 효율점**(best efficiency point, BEP)이라 하고, 별표(*)로 나타낸다(H^*, $\dot{V}^*$, bhp*). 체적유량($\dot{V}$)의 함수로 나타낸 H, η_{pump}, bhp 곡선을 **펌프 성능 곡선**(또는 **특성 곡선**, 8장)이라고 하며, 그림 14-8은 특정한 회전 속도에서의 전형적인 성능 곡선을 보여 준다. 펌프 성능 곡선은 회전 속도에 따라 변한다.

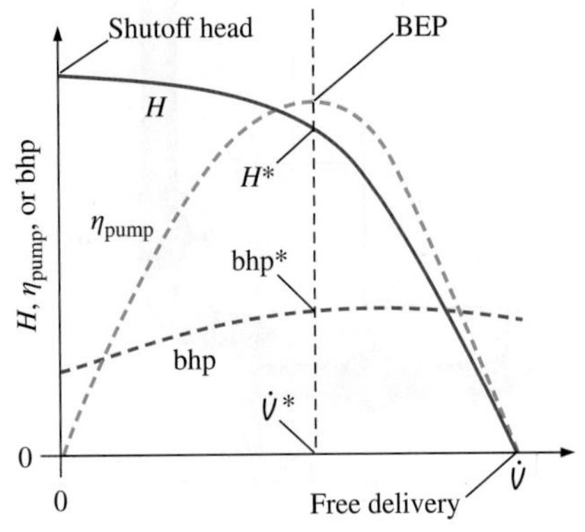

그림 14-8
후향경사 블레이드를 갖는 원심 펌프의 전형적인 **펌프 성능 곡선**, 다른 형태의 펌프의 곡선 형상은 다를 수 있으며, 축의 회전 속도가 변하면 곡선이 변할 수 있다.

정상 조건에서 펌프는 단지 자신의 성능 곡선을 따라서만 운전될 수 있다는 것을 이해하는 것이 중요하다. 따라서 배관 시스템의 운전점은 시스템 요구 사항(**요구** 순 수두)을 펌프 성능(**가용** 순 수두)에 일치시킴으로써 결정된다. 대부분의 응용에서

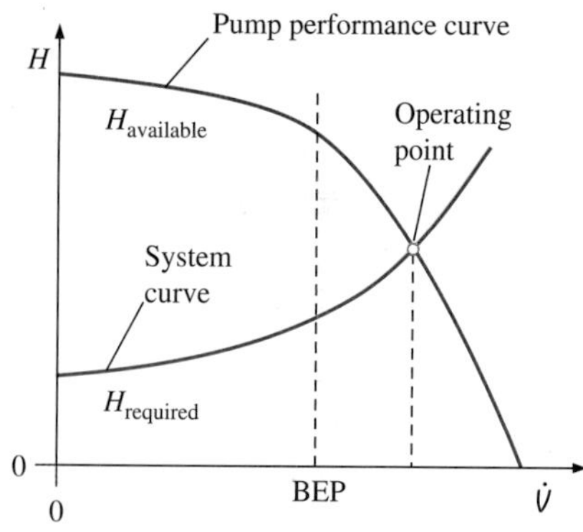

그림 14–9
배관 시스템의 **운전점**은 시스템 곡선과 펌프 성능 곡선이 교차하는 체적유량으로 정해진다.

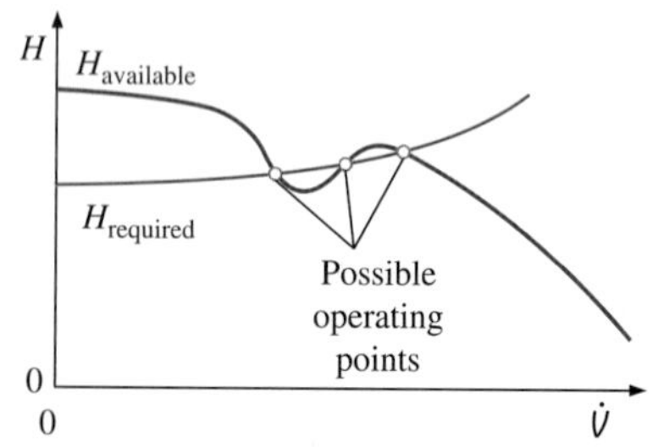

그림 14–10
운전점이 하나 이상 존재하는 상황은 반드시 피해야만 한다. 이런 경우에는 다른 펌프가 사용되어야만 한다.

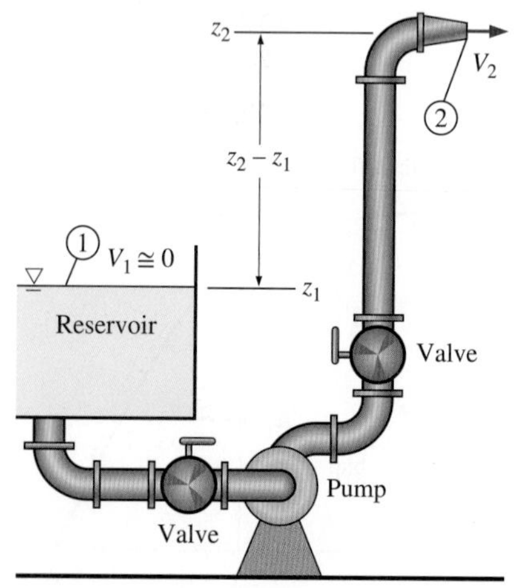

그림 14–11
식 (14-6)은 배관 시스템에서 펌프의 역할을 강조한다. 즉, 펌프는 정압, 동압, 유체의 고도를 증가(또는 감소)시켜서 비가역 손실을 극복한다.

$H_{required}$와 $H_{available}$은 단 하나의 유량 값에서 일치하며, 이는 시스템의 **운전점** 또는 **작동점**(duty point)이 된다.

배관 시스템의 정상 운전점은 $H_{required} = H_{available}$인 체적유량에서 정해진다.

주손실과 부차적 손실, 고도 변화 등이 있는 배관 시스템에서 요구 순 수두는 체적유량에 따라 **증가한다**. 반면에 그림 14-8과 같이, 거의 모든 펌프의 가용 순 수두는 적어도 대부분의 권장 운전 범위에서 유량에 따라 **감소한다**. 따라서 그림 14-9에 나타낸 것처럼 시스템 곡선과 펌프 성능 곡선이 교차하며, 이 점이 운전점으로 결정된다. 운이 좋다면 운전점은 펌프의 최고 효율점(BEP) 또는 그 부근에 있을 수 있다. 그러나 그림 14-9에서 보여 주듯이 대부분의 경우 펌프는 최적 효율로 운전되지 않는다. 만약 효율이 가장 중요한 관심사라면 반드시 운전점이 가능한 한 최고 효율점 가까이 있도록 펌프를 선택해야 한다(또는 새로운 펌프를 설계해야 한다). 어떤 경우에는 설계점(최고 효율점)에 매우 근접하여 기존의 펌프를 운전할 수 있도록 축의 회전 속도를 변경할 수 있다.

시스템 곡선과 펌프 성능 곡선이 한 개 이상의 운전점에서 교차하는 불운한 상황이 있다. 이 경우는 그림 14-10에서 보여 주는 것처럼 순 수두 성능 곡선에 골짜기(dip)가 있는 펌프를 매우 평평한 시스템 곡선에 맞출 때 발생할 수 있다. 드물기는 하지만 이런 상황이 발생할 수 있으며, 이는 피해야 한다. 왜냐하면, 시스템이 운전점을 "찾아 헤맬(hunt)" 수 있어서 비정상 유동 상태가 발생할 수 있기 때문이다.

일단 수두 형태의 에너지 방정식(5장)에서 사용되는 **유용 펌프 수두**($h_{pump,\,u}$)항이 이 장에서 사용되는 **순 수두**(H)와 같다는 것을 이해하면, 배관 시스템을 펌프에 맞추는 것은 아주 간단하다. 예를 들어, 고도의 변화, 주손실과 부차적 손실, 유체 가속이 있는 일반적인 배관 시스템을 고려해 보자(그림 14-11). 먼저 **요구 순 수두** $H_{required}$에 대한 에너지 방정식을 푸는 것으로 시작한다.

$$H_{required} = h_{pump,\,u} = \frac{P_2 - P_1}{\rho g} + \frac{\alpha_2 V_2^2 - \alpha_1 V_1^2}{2g} + (z_2 - z_1) + h_{L,\,total} \tag{14-6}$$

여기서 시스템에 터빈이 없다고 가정한다(물론 필요하면 터빈항을 다시 넣을 수 있지만). 터보기계 산업계에서는 운동 에너지 보정계수를 무시하는 것이 일반적이지만, 여기서는 정확도를 높이기 위하여 식 (14-6)에 운동 에너지 보정계수를 포함시켰다(유동이 난류이므로 α_1과 α_2는 대개 1이라고 가정한다).

식 (14-6)을 배관 시스템의 입구(점 1, 펌프의 상류)로부터 출구(점 2, 펌프의 하류)까지 적용하여 평가하였다. 유체에 전달된 유용 펌프 수두는 다음의 네 가지를 수행하므로 식 (14-6)은 우리의 직관과 일치한다.

- 점 1에서 점 2까지 유체의 **정압**을 증가시킨다(우변의 첫 번째 항).
- 점 1에서 점 2까지 유체의 **동압**(운동 에너지)을 증가시킨다(우변의 두 번째 항).
- 점 1에서 점 2까지 유체의 **고도**(위치 에너지)를 높인다(우변의 세 번째 항).
- 배관 시스템에서의 **비가역 수두 손실**을 극복한다(우변의 마지막 항).

일반 시스템에서 비가역 수두 손실은 **항상 양**이지만, 정압, 동압 및 고도의 변화는 양 또는 음일 수 있다. 다루는 유체가 액체인 기계공학과 토목공학의 많은 문제에서는 고도항이 중요하지만, 환기와 공기 오염 제어 문제와 같이 유체가 기체일 경우에는 고도항은 거의 언제나 무시할 수 있다.

펌프를 시스템에 맞추고 운전점을 결정하기 위해서는 식 (14-6)의 H_{required}를 체적 유량의 함수인 펌프의 순 수두(대개 알려진 값인) $H_{\text{available}}$과 같게 한다.

운전점: $$H_{\text{required}} = H_{\text{available}} \tag{14-7}$$

일반적으로 엔지니어는 실제로 요구되는 것보다 약간 크고 튼튼한 펌프를 선택한다. 그러면 배관 시스템을 통과하는 체적유량은 필요한 값보다 약간 크게 되고, 필요에 따라 유량을 감소시킬 수 있도록 밸브 또는 댐퍼를 관로에 설치한다.

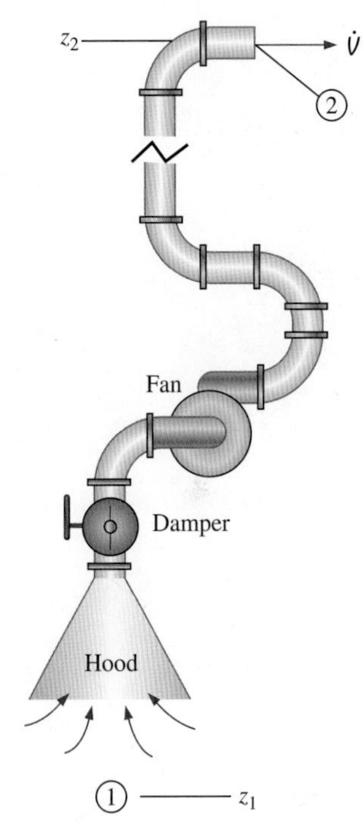

그림 14–12
팬과 모든 부차적인 손실을 보여주는 예제 14-1의 국부 환기 시스템

예제 14–1 환기 시스템에서 팬의 운전점

드라이클리닝 작업에서 발생하는 공기와 오염 물질을 배출하기 위하여 **국부 환기 시스템**(후드와 배기 덕트)이 사용되고 있다(그림 14-12). 덕트는 원형이고, 길이 방향 이음매와 매 0.76 m마다 연결부를 갖는 함석으로 만들어졌다. 덕트의 내경(ID)은 $D = 0.230$ m이고, 총 길이는 $L = 13.4$ m이다. 덕트를 따라 5개의 CD3-9 엘보가 있다. 덕트의 등가조도 높이는 0.15 mm이며, 각 엘보의 부차적(국부) 손실계수는 $K_L = C_0 = 0.21$이다. 환기 산업(ASHRAE, 2001)에서 널리 사용되고 있는 부차적 손실계수의 표기법 C_0에 유의하자. 적절한 환기를 보장하기 위해서는 25 °C에서 덕트를 통해 최소 $\dot{V} = 600$ cfm(ft^3/min) 또는 0.283 m^3/s의 체적유량이 요구된다. 이 후드 생산업체의 자료에는 덕트 속도에 따른 후드의 유입 손실계수가 1.3으로 적혀 있다. 댐퍼가 완전히 열려 있을 때, 그 손실계수는 1.8이다. 입구와 출구 직경이 22.9 cm인 원심 팬을 사용할 수 있다고 한다. 생산업체가 제시한 이 팬의 성능 데이터는 표 14-1에 주어져 있다. 이 국부 환기 시스템의 운전점을 예측하고, 팬의 요구 및 가용 압력 상승을 체적유량의 함수로 도시하라. 선택한 팬이 적절한가?

풀이 주어진 팬과 덕트 시스템에서 운전점을 추정하고, 팬의 요구 및 가용 압력 상승을 체적유량의 함수로 도시하고자 한다. 그리고 선택한 팬이 적절한지 결정하고자 한다.

가정 **1** 유동은 정상이다. **2** 공기 중 오염 물질의 농도가 낮아 유체의 상태량들은 순수한 공기와 같다. **3** 출구의 유동은 $\alpha = 1.05$인 완전히 발달한 난류 파이프 유동이다.

상태량 25 °C의 공기는 $\nu = 1.562 \times 10^{-5}$ m^2/s이고, $\rho = 1.184$ kg/m^{3}이다. 표준 대기압은 $P_{\text{atm}} = 101.3$ kPa이다.

해석 수두 형태로 표현된 정상 상태 에너지 방정식[식 (14-6)]을 실내의 정지된 공기 지역에 있는 점 1에서부터 덕트의 출구에 있는 점 2까지 적용하면,

$$H_{\text{required}} = \frac{P_2 - P_1}{\rho g} + \frac{\alpha_2 V_2^2 - \alpha_1 V_1^2}{2g} + (z_2 - z_1) + h_{L,\,\text{total}} \tag{1}$$

식 (1)에서 점 1의 위치는 후드의 입구로부터 멀리 떨어져 있도록 (현명하게) 선택되어 공기가 거의 정지되어 있으므로 점 1에서의 공기 속도는 무시할 수 있다. 점 1에서 P_1은 P_{atm}와 같으며, 점 2에서는 공기가 건물 지붕 위의 외부로 방출되므로 P_2도 P_{atm}과 같다. 따라서 식 (1)에서 압력항들이 제거되고, 식 (1)은 다음으로 간단해진다.

표 14–1
예제 14–1의 팬 생산업체의 성능 데이터*

$\dot{V}$, cfm	$H_{\text{available}}$, inches H_2O
0	0.90
250	0.95
500	0.90
750	0.75
1000	0.40
1200	0.0

* 유체가 **공기**일지라도 수두 데이터를 인치 단위 물의 수두로 나타낸 것에 유의하라. 이는 환기 산업계에서는 일반적인 방법이다.

요구 순 수두: $$H_{\text{required}} = \frac{\alpha_2 V_2^2}{2g} + h_{L,\text{ total}} \tag{2}$$

식 (2)에서 총 수두 손실은 주손실과 부차적 손실의 합이며, 체적유량의 영향을 받는다. 덕트의 직경이 일정하므로

총 비가역 수두 손실: $$h_{L,\text{ total}} = \left(f\frac{L}{D} + \sum K_L\right)\frac{V^2}{2g} \tag{3}$$

무차원 조도계수는 $\varepsilon/D = (0.15\text{ mm})/(230\text{ mm}) = 6.52\times10^{-4}$이다. 덕트를 흐르는 공기의 Reynolds 수는

Reynolds 수: $$\text{Re} = \frac{DV}{\nu} = \frac{D}{\nu}\frac{4\dot{V}}{\pi D^2} = \frac{4\dot{V}}{\nu\pi D} \tag{4}$$

Reynolds 수는 체적유량에 따라 변한다. 최소 요구 유량에서 덕트를 통과하는 공기 속도는 $V = V_2 = 6.81$ m/s이며, Reynolds 수는

$$\text{Re} = \frac{4(0.283\text{ m}^3/\text{s})}{(1.562\times10^{-5}\text{ m}^2/\text{s})\pi(0.230\text{ m})} = 1.00\times10^5$$

Moody 선도(또는 Colebrook 방정식)로부터 이 Reynolds 수와 조도계수에서의 마찰계수는 $f = 0.0209$이다. 모든 부차적 손실계수의 합은

부차적 손실: $$\sum K_L = 1.3 + 5(0.21) + 1.8 = 4.15 \tag{5}$$

최소 요구유량에서의 이 값들을 식 (2)에 대입하면, 최소 유량에서 팬의 요구 순 수두는

$$H_{\text{required}} = \left(\alpha_2 + f\frac{L}{D} + \sum K_L\right)\frac{V^2}{2g}$$

$$= \left(1.05 + 0.0209\,\frac{13.4\text{ m}}{0.230\text{ m}} + 4.15\right)\frac{(6.81\text{ m/s})^2}{2(9.81\text{ m/s}^2)} = 15.2\text{ m of air} \tag{6}$$

수두는 당연히 작동 유체의 액주 높이에 해당하는 단위로 표현되며, 이 경우 작동 유체는 공기이다. 물에 대한 공기의 밀도비를 곱하면 등가 수주 높이로 변환된다.

$$H_{\text{required, inches of water}} = H_{\text{required, air}}\frac{\rho_{\text{air}}}{\rho_{\text{water}}}$$

$$= (15.2\text{ m})\frac{1.184\text{ kg/m}^3}{998.0\text{ kg/m}^3}\left(\frac{1\text{ in}}{0.0254\text{ m}}\right)$$

$$= 0.709\text{ inches of water} \tag{7}$$

몇 개의 체적유량에 대하여 계산을 반복하고, 그 결과를 그림 14-13에서 팬의 가용 순 수두와 비교하였다. 운전점은 체적유량이 약 650 cfm인 지점이며, 이때 요구 순 수두와 가용 순 수두는 모두 약 0.83 in의 수주에 해당한다. 따라서 **선택된 팬은 이 작업에 충분하다고** 결론지을 수 있다.

토의 구입한 팬의 용량이 요구된 것보다 다소 크므로 필요 이상의 높은 유량을 가진다. 그 차이는 작아서 문제가 되지 않는다. 필요하다면 나비 댐퍼 밸브를 조금 닫아서 유량을 600 cfm으로 줄일 수 있다. 안전상의 이유로 공기 오염 제어 시스템에 사용되는 팬은 용량을 크게 하는 것이 작게 하는 것보다 좋음은 분명하다.

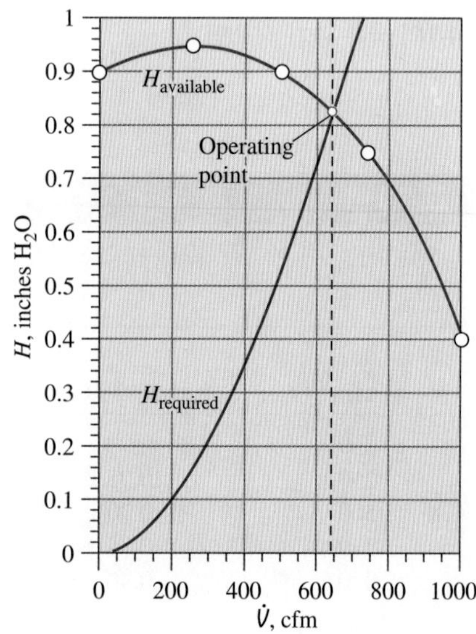

그림 14-13
예제 14-1의 환기 시스템에 대한 체적유량의 함수로서의 순 수두. H의 가용값과 요구값이 교차하는 점이 운전점이다.

펌프 산업에서는 한 개의 펌프 케이싱에 대해 여러 가지 직경의 임펠러 선택사양을 제공하는 것이 일반적이다. 여기에는 몇 가지 이유가 있는데, (1) 생산 비용을 절감하고, (2) 간단한 임펠러 교체로 용량 증가가 가능하고, (3) 설치 사양을 표준화하고, (4) 다른 응용분야에 장치를 재사용하기 위한 것이다. 이와 같은 "펌프군(family)"의 성능을 선도로 나타낼 때 펌프 생산업체는 그림 14-8에 도시한 것과 같은 H, h_{pump}와 bhp 선도를 각각의 임펠러 직경에 대해 별도의 곡선으로 나타내지는 않는다. 그 대신 임펠러 직경이 다른 전체 펌프군의 성능 곡선을 하나의 선도에 합하여 나타내는 것을 선호한다(그림 14-14). 구체적으로, 각 임펠러 직경에 대하여 그림 14-8과 같은 방법으로 H 곡선을 $\dot{V}$의 함수로 도시한다. 하지만 이번에는 다양한 임펠러 직경에 대하여 동일한 h_{pump}값을 갖는 점들을 매끄러운 곡선으로 연결하여 효율이 일정한 등분포선(contour line)을 그린다. bhp가 일정한 등분포선도 종종 같은 선도에 비슷한 방법으로 나타낸다. 그림 14-15는 Taco 사에서 제작한 원심 펌프군의 예를 보여 준다. 이 경우 5가지의 임펠러 직경이 있지만, 5가지 선택사양 모두 같은 케이싱을 사용한다. 그림 14-15에서 보는 것처럼 펌프 생산업체는 펌프 성능 곡선을 자유토출까지 항상 나타내지는 않는다. 이는 일반적으로 그 조건에서는 낮은 순 수두와 효율 때문에 펌프를 운전하지 않기 때문이다. 만약 더 높은 유량 또는 순 수두가 요구되면 고객은 크기가

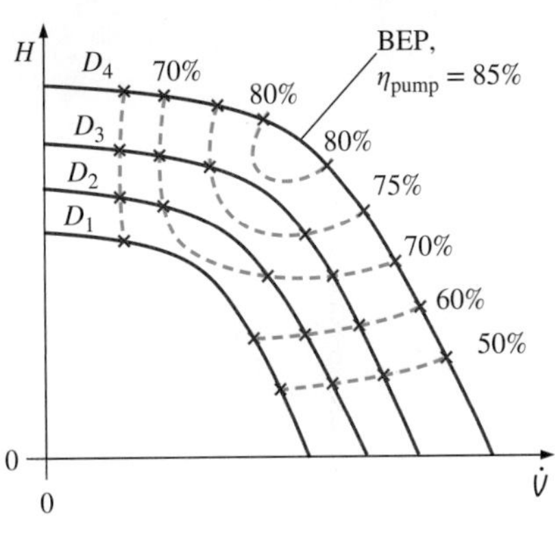

그림 14-14
동일한 케이싱에 다른 임펠러 직경을 갖는 원심 펌프군의 전형적인 펌프 성능 곡선

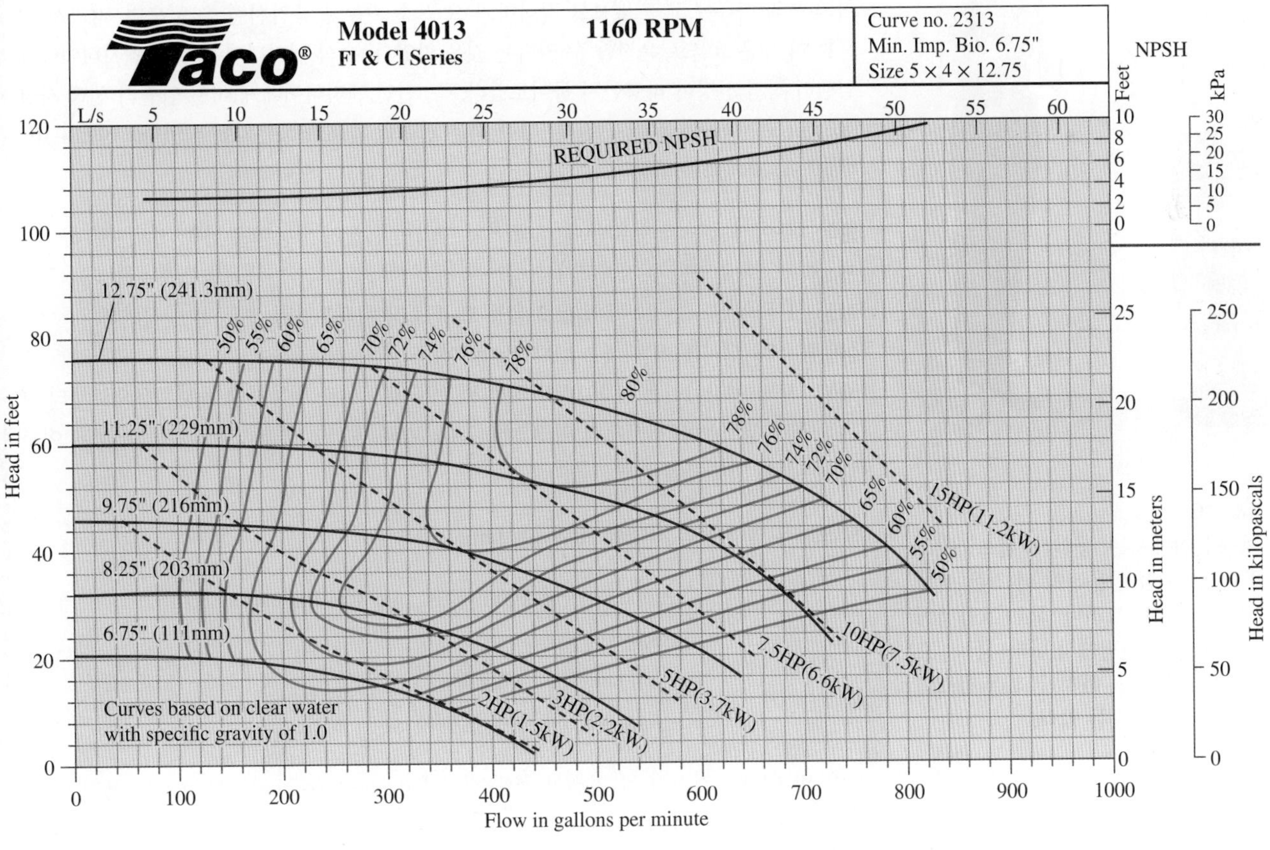

그림 14-15
생산업체의 원심 펌프군 성능 선도의 예. 각 펌프는 같은 케이싱을 가지고 있지만, 임펠러 직경은 다르다.
Courtesy of Taco, Inc., Cranston, RI. Used by permission. Taco® is a registered trademark of Taco, Inc.

다음 단계인 케이싱을 사용하거나, 직렬 또는 병렬로 펌프를 추가하여 사용하는 것을 고려해야 한다.

그림 14-15의 성능 선도로부터, 주어진 펌프 케이싱에 대하여 임펠러 직경이 커지면 얻을 수 있는 최대 효율이 높아진다는 것이 분명하다. 그러면 왜 작은 크기의 임펠러 펌프를 구입할까? 이 질문에 답하기 위해서는, 사용자의 사용 목적에 따라 특정한 유량과 순 수두의 조합이 필요하다는 것을 이해해야 한다. 만약 요구 조건이 특정한 임펠러 직경과 일치한다면 이 요구 조건을 만족하게 하기 위해서는 펌프 효율을 희생하는 것이 비용 효율이 더 높다.

Is she trying to tell me that the less efficient pump can actually save on energy costs?

그림 14-16
어떤 응용분야에서는 동일한 펌프군에서 효율이 더 낮은 펌프 운전이 더 적은 에너지를 필요로 한다. 그러나 최고 효율점이 그 펌프의 요구 운전점에서 나타나는 펌프가 더 좋은 선택이다. 하지만 그런 펌프의 구입이 항상 가능하지는 않다.

예제 14-2 펌프 임펠러 크기의 선택

발전소의 세척 작업에 370 gpm(분당 갤런) 또는 0.0233 m³/s의 물이 요구된다. 이 유량에서 요구되는 순 수두는 약 24 ft(7.3 m)이다. 신입 엔지니어가 카탈로그들을 조사하여 그림 14-15의 Taco 모델 4013 FI 시리즈 원심 펌프에서 8.25 in(203 mm) 임펠러 선택 사양을 구매하기로 결정하였다. 만약 펌프가 성능 선도에 나타난 것처럼 1160 rpm으로 운전된다면 펌프의 성능 곡선이 $H=24$ ft(7.3 m)에서 370 gpm(0.0233 m³/s)과 교차한다고 이 엔지니어는 판단하였다. 효율에 대해 관심이 많은 수석 엔지니어는 성능 곡선을 살펴본 후 이 운전점에서 펌프 효율이 단지 70%라는 것에 주목하였다. 또한 12.75 in(241.3 mm) 임펠러 선택 사양을 사용하면 동일한 유량에서 효율이 더 높다(약 76.5%)는 것도 알았다. 이 펌프의 하류에 교축 밸브를 장착하면 요구 순 수두를 증가시킬 수 있으며, 따라서 펌프를 더 높은 효율로 운전할 수 있다는 것을 알았다. 수석 엔지니어는 부하 엔지니어에게 임펠러 직경 선정이 타당한지 물어보았다. 즉, 신입 엔지니어에게 어떤 임펠러 선택 사양(8.25 in 또는 12.75 in)이 운전 시 가장 적은 전력을 필요로 하는지를 물었다(그림 14-16). 비교하고 결과를 토의하라.

풀이 주어진 유량과 순 수두에 대해 어떤 크기의 임펠러가 동력을 가장 적게 사용하는지 계산하고, 그 결과를 논의하고자 한다.

가정 **1** 물의 온도는 20 °C이다. **2** 유동 요구 조건(체적유량과 수두)은 일정하다.

상태량 20 °C의 물에 대해 $\rho=998$ kg/m³이다.

해석 부하 엔지니어는 그림 14-15의 성능 선도에 도시된 제동마력 등분포선으로부터 작은 임펠러 펌프는 모터로부터 약 3.2 hp(2.4 kW)의 동력이 필요하다고 추정하였다. 이를 식 (14-5)를 이용하여 증명하였다.

8.25 in 임펠러 선택 사양에 요구되는 bhp:

$$\text{bhp} = \frac{\rho g\dot{V}H}{\eta_{\text{pump}}} = \frac{(998\ \text{kg/m}^3)(9.81\ \text{m/s}^2)(0.0233\ \text{m}^3/\text{s})(7.3\ \text{m})}{0.70}$$

$$\times\left(\frac{1\ \text{N}}{1\ \text{kg}\cdot\text{m/s}^2}\right)\left(\frac{1\ \text{kW}}{1000\ \text{N}\cdot\text{m/s}}\right) = 3.28\ \text{kW}$$

같은 방법으로, 직경이 큰 임펠러 선택 사양에서 요구되는 bhp는 이 펌프의 운전점, 즉 $\dot{V}=370$ gpm(0.0233 m³/s), $H=72.0$ ft(22.0 m), $\eta_{\text{pump}}=76.5\%$(그림 14-15)를 이용하면 다음과 같다.

12.75in 임펠러 선택 사양에 요구되는 bhp: bhp = 6.56 kW

작은 직경의 임펠러 선택 사양이 낮은 효율에도 불구하고 사용 동력이 절반 이하이므로 분명히 더 좋은 선택이다.

토의 더 큰 임펠러 펌프가 약간 더 높은 효율로 운전되지만 요구되는 유량에서 약 72 ft(22.0 m)의 순 수두를 갖게 된다. 이는 과잉 사양이며, 이 순 수두와 요구되는 유동 수두인 물의 수두 24 ft(7.3 m) 사이의 차이를 보충하기 위하여 교축 밸브가 필요할 것이다. 그러나 교축밸브는 단지 기계적 에너지의 낭비만을 초래하므로 교축 밸브를 통한 손실이 펌프의 효율에서 얻은 것보다 더 커지게 된다. 만약 추후에, 요구되는 유동 수두 또는 용량이 증가하면 같은 케이싱에 사용되는 더 큰 임펠러를 구입할 수 있다.

펌프 공동현상과 유효 흡입 수두

펌프로 액체를 이송하는 경우, 펌프 내의 국부 압력이 액체의 **증기압** P_v 이하로 떨어질 수 있다(P_v는 **포화 증기압**(P_{sat})이라고도 하며, 열역학 표에 포화 온도의 함수로 나와 있다). $P < P_v$이면, **공동현상 기포**(cavitation bubble)라고 하는 증기로 채워진 기포가 발생한다. 다시 말하면, 일반적으로 압력이 가장 낮은 곳인 회전하는 임펠러 블레이드의 흡입면에서 액체가 국부적으로 **끓는다**(그림 14-17). 공동현상 기포는 생성된 후 펌프를 지나 압력이 더 높은 지역으로 전달되고, 이는 기포의 급격한 붕괴를 가져온다. 이러한 기포의 **붕괴**는 소음, 진동, 효율 저하, 그리고 무엇보다도 임펠러 블레이드의 손상을 가져오므로 바람직하지 않다. 블레이드 표면 부근에서 반복되는 기포의 붕괴는 블레이드에 피팅(pitting) 또는 부식을 초 래하고, 궁극적으로 끔찍한 블레이드 파괴를 가져온다.

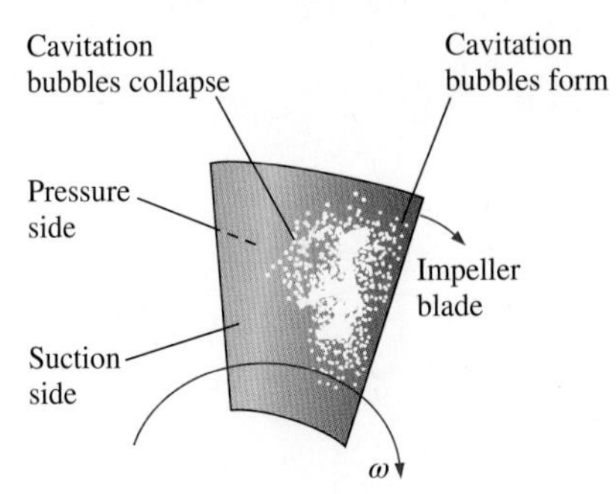

그림 14-17
임펠러 블레이드의 흡입면에서 형성되고 붕괴하는 공동현상 기포.

공동현상을 피하려면 펌프 내의 모든 곳에서 국부 압력이 확실히 증기압 **이상**이 되도록 해야 한다. 압력은 **펌프의 입구**에서 가장 쉽게 측정(또는 추정)되므로 공동현상의 기준은 일반적으로 펌프의 입구에서 지정된다. **펌프 입구의 정체압 수두와 증기압 수두의 차이**로 정의되는 **유효 흡입 수두**(NPSH, net positive suction head)를 유동 매개변수를 도입하는 것이 유용하다.

유효 흡입 수두:
$$\text{NPSH} = \left(\frac{P}{\rho g} + \frac{V^2}{2g}\right)_{\text{pump inlet}} - \frac{P_v}{\rho g} \tag{14-8}$$

펌프 생산업체는 펌프 시험 장치를 이용하여 체적유량과 입구 압력을 제어할 수 있는 방식으로 변화시키면서 펌프 내부의 공동현상에 대한 시험을 수행한다. 구체적으로, 주어진 유량과 액체 온도에서 펌프 입구의 압력을 펌프 내부 어딘가에서 공동현상이 발생할 때까지 천천히 낮춘다. 이 운전 조건에서 식 (14-8)을 이용하여 NPSH 값을 계산하고 기록한다. 이 과정을 몇 개의 다른 유량에서 반복한 후, 펌프 생산업체는 **펌프의 공동현상을 피하기 위해 필요한 최소 NPSH**로 정의되는 **요구 유효 흡입 수두**($\text{NPSH}_{\text{required}}$)라고 하는 성능 매개변수를 발표한다. 측정된 $\text{NPSH}_{\text{required}}$는 체적유량에 따라 변한다. 따라서 $\text{NPSH}_{\text{required}}$는 종종 순 수두와 동일한 펌프 성능 곡선 위에 나타난다(그림 14-18). $\text{NPSH}_{\text{required}}$가 펌프가 다루고 있는 액체의 수두 단위로 올바르게 표현되면, $\text{NPSH}_{\text{required}}$는 액체의 종류와 무관하게 된다. 하지만 만약 요구 유효 흡입 수두가 특정한 액체에 대해 Pa 또는 psi와 같은 압력 단위로 표현되었다면, 엔지니

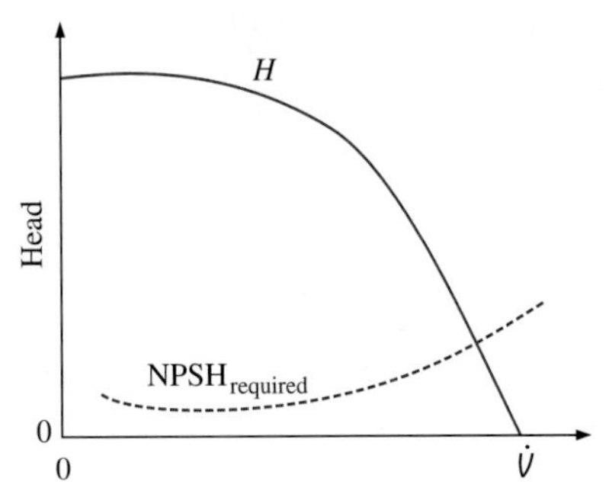

그림 14-18
순 수두와 요구 유효 흡입 수두가 체적유량에 대하여 그려져 있는 전형적인 펌프 성능 곡선.

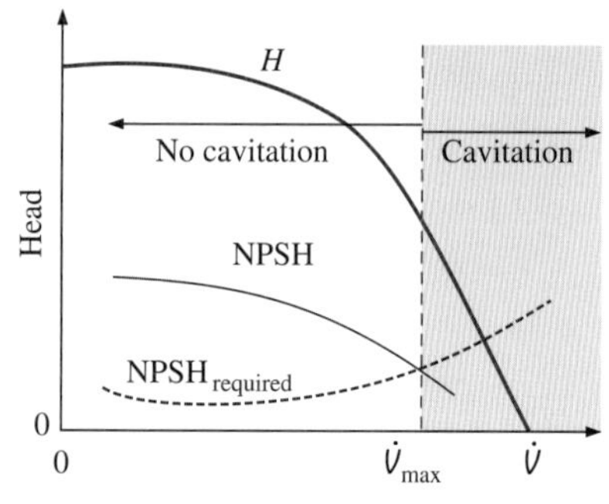

그림 14-19
실제 NPSH와 요구 NPSH가 교차하는 체적유량은 펌프가 공동형상의 발생 없이 토출할 수 있는 최대 유량을 나타낸다.

어는 이 압력을 실제로 다루고 있는 액체의 등가 액주 높이로 환산해야 한다는 점에 주의해야 한다. 일반적으로 대부분의 성능 곡선에서 $\text{NPSH}_{\text{required}}$는 H보다 훨씬 작으므로, 이를 상세히 나타내기 위해서 종종 별도의 확대된 수직축 눈금으로 나타내거나(그림 14-15 참조), 펌프군에 대해서는 등분포선으로 나타낸다는 점에 유의하자. 그림 14-18에 나타나 있는 것처럼 어떤 펌프에서 그 펌프가 비효율적으로 운전되는 매우 작은 유량에서 $\text{NPSH}_{\text{required}}$는 $\dot{V}$에 따라 감소하지만, 일반적으로 체적유량에 따라 증가한다.

펌프에서 공동현상을 확실하게 방지하려면 실제 또는 가용 NPSH는 $\text{NPSH}_{\text{required}}$보다 커야만 한다. P_v가 온도의 함수이므로, NPSH 값은 유량뿐만 아니라 액체의 온도에 따라서도 변한다는 점에 유의하는 것이 중요하다. 또한, 각 액체에는 고유의 P_v-T 선도가 있으므로, NPSH값은 사용되는 액체의 종류에 따라서도 변한다. 펌프 입구의 상류에 있는 배관 시스템에서 발생하는 비가역 수두 손실은 유량에 따라 **증가하므로** 펌프 입구의 정체압 수두는 유량에 따라 **감소한다**. 그러므로 NPSH 값은 그림 14-19에 나타낸 것처럼 $\dot{V}$에 따라 **감소한다**. 실제 NPSH와 $\text{NPSH}_{\text{required}}$ 곡선이 교차하는 점의 유량을 찾아내어 펌프에서 공동현상 없이 토출이 가능한 최대 체적유량을 추정한다(그림 14-19).

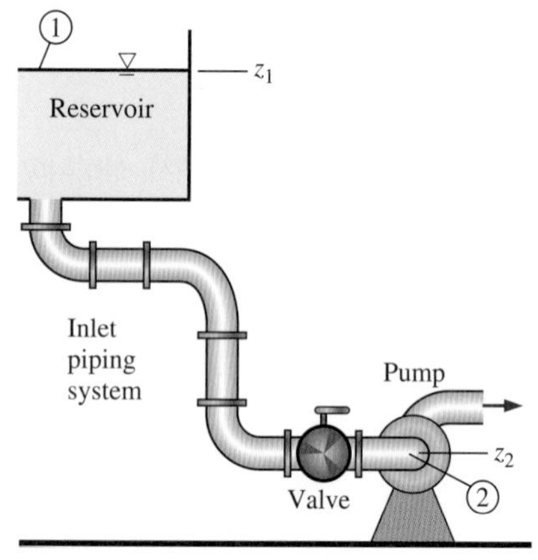

그림 14-20
예제 14-3의 저수조 (1)에서 펌프 입구 (2)까지의 입구 파이프 시스템

예제 14-3 펌프 공동현상을 피하기 위한 최대 유량

수면이 펌프의 입구 중심선보다 4.0 ft(1.2 m) 높은 저수조로부터 25 °C인 물을 이송하기 위하여, 그림 14-15의 Taco 모델 4013 FI 시리즈 원심 펌프에서 11.25 in(229 mm) 임펠러를 선택하여 사용하고 있다(그림 14-20). 저수조로부터 펌프까지의 배관 시스템은 내경이 4.0 in(10.2 cm)인 길이 10.5 ft(3.2 m)의 주철관으로 구성되었으며, 내부의 평균 조도 높이는 0.02 in(0.51 mm)이다. 몇 가지의 부차적 손실들이 있으며, 이는 끝이 각진 입구($K_L=0.5$), 플랜지가 달린 3개의 매끄러운 90° 정규 엘보(각각 $K_L=0.3$), 완전히 열린 플랜지 글로브 밸브($K_L=6.0$)이다. 공동현상의 발생 없이 양수할 수 있는 최대 체적유량을(gpm 단위로) 추정하라. 만약 물이 더 따뜻하다면 최대 체적유량은 증가할 것인가 아니면 감소할 것인가? 그 이유는? 공동현상을 피하면서 최대 체적유량을 증가시키는 방법에 대하여 토의하라.

풀이 펌프와 배관 시스템에 대하여 공동현상이 발생하지 않고 양수할 수 있는 최대 체적유량을 추정하고자 한다. 또한 물 온도의 효과와 최대 유량을 증가시키는 방법에 대해 토의한다.

가정 **1** 유동은 정상 상태이다. **2** 액체는 비압축성이다. **3** 펌프 입구의 유동은 $\alpha=1.05$인 완전발달된 난류이다.

상태량 물은 $T=25$ °C에서 $\rho=997.0\ \text{kg/m}^3$, $\mu=8.91\times10^{-4}\ \text{kg/m}\cdot\text{s}$, $P_v=3.169$ kPa이다. 표준 대기압은 $P_{\text{atm}}=101.3$ kPa이다.

해석 수두 형태로 나타낸 정상 상태 에너지 방정식을 저수조 표면의 점 1에서 유선을 따라 펌프 입구의 점 2까지 적용하면,

$$\frac{P_1}{\rho g}+\frac{\alpha_1 \cancel{V_1^2}}{\cancel{2g}}+z_1+\cancel{h_{\text{pump},u}}=\frac{P_2}{\rho g}+\frac{\alpha_2 V_2^2}{2g}+z_2+\cancel{h_{\text{turbine},e}}+h_{L,\text{total}} \quad \textbf{(1)}$$

식 (1)에서 저수조 표면의 물 속도는 무시하였다($V_1\cong0$). 배관 시스템에는 터빈이 없다. 또

한 시스템에 펌프가 있지만, 점 1과 점 2 사이에는 펌프가 없다. 즉, 펌프 수두항 역시 제거된다. 식 (1)을 수두로 표현한 펌프 입구 압력 $P_2/\rho g$에 대하여 풀면,

펌프 입구 압력 수두: $$\frac{P_2}{\rho g} = \frac{P_{atm}}{\rho g} + (z_1 - z_2) - \frac{\alpha_2 V_2^2}{2g} - h_{L,\,total} \quad \textbf{(2)}$$

식 (2)에서 저수조 표면이 대기압에 노출되어 있으므로 $P_1 = P_{atm}$이다.

펌프 입구에서의 가용 유효 흡입 수두는 식 (14-8)로부터 얻어진다. 식 (2)를 대입한 후 정리하면 다음과 같다.

가용 NPSH: $$\text{NPSH} = \frac{P_{atm} - P_v}{\rho g} + (z_1 - z_2) - h_{L,\,total} - \frac{(\alpha_2 - 1)V_2^2}{2g} \quad \textbf{(3)}$$

P_{atm}, P_v 및 고도 차이를 알고 있으므로 남은 것은 단지 배관 시스템에 걸쳐서 총 비가역 수두 손실을 추정하는 것이며, 이는 체적유량에 따라 달라진다. 파이프 직경이 일정하므로,

비가역 수두 손실: $$h_{L,\,total} = \left(f\frac{L}{D} + \sum K_L\right)\frac{V^2}{2g} \quad \textbf{(4)}$$

문제의 나머지 부분은 컴퓨터를 이용하면 쉽게 풀린다. 주어진 체적유량에 대하여 속도 V와 Reynolds 수 Re를 계산한다. Re와 파이프 조도로부터 마찰계수 f를 구하기 위하여 Moody 선도(또는 Colebrook 방정식)를 이용한다. 모든 부차적 손실계수의 합은

부차적 손실: $$\sum K_L = 0.5 + 3 \times 0.3 + 6.0 = 7.4 \quad \textbf{(5)}$$

설명을 위하여 한 조건에 대하여 손으로 계산을 해본다. 유량 $\dot{V} = 400$ gpm(0.02523 m^3/s)에서 파이프를 통과하는 물의 평균 속도는

$$V = \frac{\dot{V}}{A} = \frac{4\dot{V}}{\pi D^2} = \frac{4(0.02523\ \text{m}^3/\text{s})}{\pi(4.0\ \text{in})^2}\left(\frac{1\ \text{in}}{0.0254\ \text{m}}\right)^2 = 3.112\ \text{m/s} \quad \textbf{(6)}$$

따라서 Reynolds 수는 $\text{Re} = \rho VD/\mu = 3.538 \times 10^5$이 된다. Colebrook 방정식으로부터 이 Reynolds 수와 조도계수 $\varepsilon/D = 0.005$에서 $f = 0.0306$을 얻는다. f, D, L과 함께 주어진 상태량을 대입하고, 식 (4), (5), (6)을 식 (3)에 대입하면 이 유량에서 가용 유효 흡입 수두가 계산된다.

$$\text{NPSH} = \frac{(101{,}300 - 3169)\ \text{N/m}^2}{(997.0\ \text{kg/m}^3)(9.81\ \text{m/s}^2)}\left(\frac{\text{kg·m/s}^2}{\text{N}}\right) + 1.219\ \text{m}$$
$$- \left(0.0306\frac{10.5\ \text{ft}}{0.3333\ \text{ft}} + 7.4 - (1.05 - 1)\right)\frac{(3.112\ \text{m/s})^2}{2(9.81\ \text{m/s}^2)}$$
$$= 7.148\ \text{m} = 23.5\ \text{ft} \quad \textbf{(7)}$$

요구 유효 흡입 수두는 그림 14-15로부터 얻어진다. 예를 들고 있는 유량 400 gpm에서, $\text{NPSH}_{required}$는 4.0 ft보다 조금 높다. 실제 NPSH는 이보다 훨씬 더 높으므로, 이 유량에서는 공동현상을 걱정할 필요가 없다. EES(또는 스프레드시트)를 사용하여 체적유량의 함수로 NPSH를 계산하고, 그 결과를 그림 14-21에 도시하였다. 이 선도로부터 25 ℃에서 **공동현상은 유량 약 600 gpm 이상에서 발생하는 것을 명백하게 알 수 있으며, 이는 자유토출에 가깝다.**

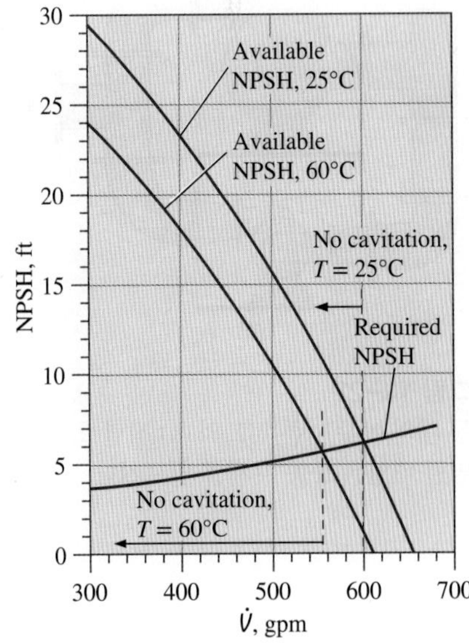

그림 14-21
예제 14-3의 펌프에 대한 두 온도에서의 체적유량에 따른 양의 유효 흡입 수두, 가용 NSPH와 요구 NSPH가 교차하는 점보다 큰 유량에서 공동현상의 발생이 예측된다.

만약 물의 온도가 25 ℃보다 높으면 증기압은 증가하고, 점성계수는 감소하며, 밀

도는 약간 줄어들 것이다. $T=60$ ℃에서 $\rho=983.3$ kg/m^3, $\mu=4.67\times10^{-4}$ kg/m · s, $P_v=19.94$ kPa의 값을 갖고 계산을 반복하였다. 이 결과도 역시 그림 14-21에 도시하였으며, 공동현상이 없는 **최대 체적유량이 온도에 따라 감소하는 것**을 알 수 있다(60 ℃에서 약 555 gpm으로). 더운 물은 처음부터 이미 끓는점에 더 가까우므로 이와 같은 감소는 우리의 직관과 일치한다.

마지막으로, **어떻게 최대유량을 증가시킬 것인가**? 가용 NPSH를 증가시키는 어떤 변경이라도 도움이 된다. 저수조 표면의 높이를 높일 수 있다(정수력 수두 증가를 위해). 단지 하나의 엘보만 필요하도록 배관을 변경하고, 글로브 밸브를 볼 밸브로 교체한다(부차적 손실 감소를 위해). 파이프 직경을 증가시키고, 표면 조도를 감소시킨다(주손실 감소를 위해). 이 특정한 문제에서는 부차적 손실들이 큰 영향을 주지만, 많은 문제에서 주손실이 더 중요하며, 파이프 직경을 증가시키는 것이 가장 효과적이다. 이것이 많은 원심 펌프이 출구 직경보다 더 큰 입구 직경을 갖는 한 가지 이유이다.

토의 $\text{NPSH}_{\text{required}}$는 물의 온도와 무관하지만, 실제 또는 가용 NPSH는 온도에 따라 감소한다는 것에 유의하자(그림 14-21).

직렬 및 병렬 펌프

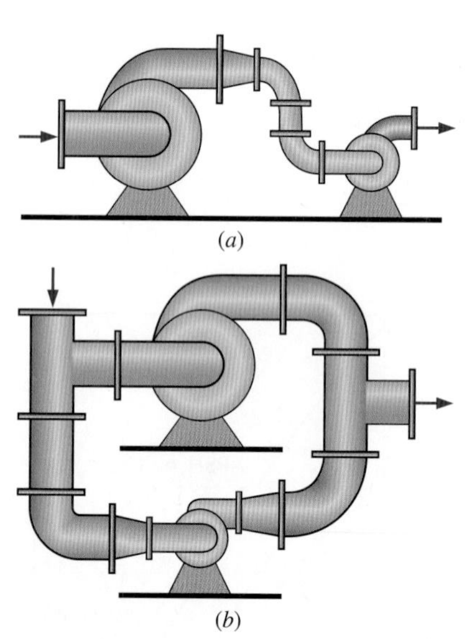

그림 14-22
두 개의 아주 다른 펌프의 (a) 직렬 또는 (b) 병렬 배열은 종종 문제를 일으킨다.

체적유량 또는 압력 상승을 약간 증가시킬 필요가 생기면 원래의 펌프에 작은 펌프를 직렬 또는 병렬로 추가하는 것을 생각할 수 있다. 어떤 응용분야에서는 직렬 또는 병렬 배열을 채택할 수 있지만, **유사하지 않은** 펌프를 직렬 또는 병렬로 배치하는 것은 한 펌프가 다른 것보다 매우 크면 문제가 될 수 있다(그림 14-22). 더 좋은 방법은 원래의 펌프 속도와 입력 동력(또는 둘 중 하나만)을 증가시키거나(더 큰 전기 모터), 임펠러를 더 큰 것으로 바꾸거나, 전체 펌프를 더 큰 것으로 바꾸는 것이다. **압력 상승과 체적유량이 서로 관계되어 있다는 것**을 이해한다면 이런 결정을 하는 논리적 근거는 펌프 성능 곡선으로부터 알 수 있다. 유사하지 않은 펌프의 직렬 배열에서 각 펌프를 통과하는 체적유량은 반드시 같지만 총 압력 상승은 한 펌프의 압력 상승에 다른 펌프의 압력 상승을 더한 것과 같으므로 문제가 될 수 있다. 만약 펌프들이 아주 다른 성능 곡선을 갖는다면, 작은 펌프에는 자신의 자유토출 유량을 초과하는 운전이 강요될 수 있으며, 이는 수두 **손실**처럼 작용하여 총 체적유량을 줄어들게 한다. 유사하지 않은 펌프의 병렬 배열에서 전체 압력 상승이 반드시 같아야 하지만, 순 체적유량은 각 지류를 통과하는 유량의 합이기 때문에 문제가 발생할 수 있다. 만약 펌프들이 적정한 크기가 아니라면 작은 펌프는 부여되는 큰 수두를 감당할 수 없고, 그 지류를 통과하는 유동은 실제로 **역류**할 수 있으며, 이는 의도와는 다르게 총 압력 상승의 감소를 가져온다. 어떤 경우에도 작은 펌프에 공급되는 동력은 낭비된다.

이런 주의사항을 고려하여 많은 응용분야에서 둘 또는 그 이상의 유사한(보통은 동일한) 펌프들을 직렬 또는 병렬로 운전한다. **직렬**로 운전될 경우(주어진 체적유량에서) 연합 순 수두(combined net head)는 단순히 각 펌프의 순 수두들의 합이다.

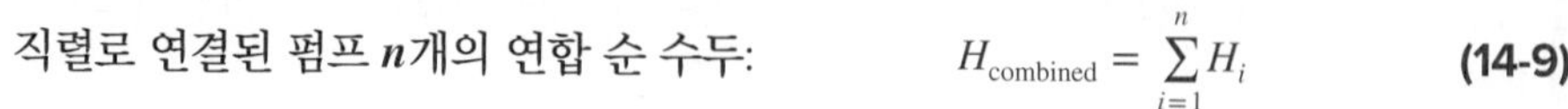

직렬로 연결된 펌프 n개의 연합 순 수두: $$H_{\text{combined}} = \sum_{i=1}^{n} H_i \quad \textbf{(14-9)}$$

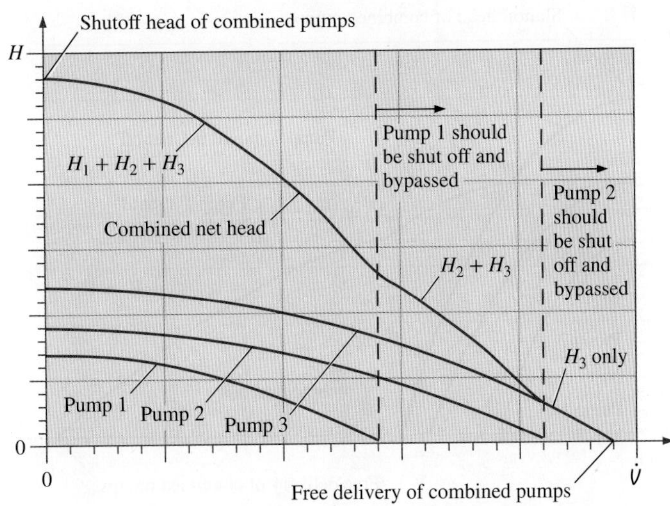

그림 14-23
직렬 연결된, 유사하지 않은 세 펌프의 펌프 성능 곡선(짙은 파란색), 낮은 체적유량에서 연합 순 수두는 각 펌프 자체의 수두들의 합과 같다. 그러나 펌프의 손상과 연합 순 수두의 손실을 피하기 위해서는 수직 붉은 점선으로 나타낸 것처럼 그 펌프의 자유토출보다 유량이 더 큰 곳에서는 어느 펌프라도 개별적으로 차단되고 우회되어야 한다. 만약 세 펌프가 동일하다면 각 펌프의 자유토출이 동일한 체적유량에서 발생하므로 어느 펌프도 정지시킬 필요가 없다

그림 14-23에 직렬로 연결된 세 개의 펌프에 대한 식 (14-9)를 예시하였다. 이 예에서 펌프 3이 가장 강하고, 펌프 1이 가장 약하다. 직렬로 결합된 세 개의 펌프의 차단 수두는 각 펌프 차단 수두의 합과 같다. 작은 체적유량값에서는 직렬로 연결된 세 펌프의 순 수두는 H_1+H_2+H_3과 같다. 펌프 1의 자유토출을 넘어서면(그림 14-23에서 오른쪽 방향의 첫 번째 수직 점선) **펌프 1은 차단되고 우회되어야만 한다**. 그렇지 않으면 펌프 1은 최대 설계 운전점을 넘어서 작동되고, 펌프 또는 모터가 손상될 수 있다. 더구나 이 펌프에서의 순 수두는 앞에서 설명한 것처럼 **음수**가 되고, 시스템의 순손실에 기여하게 된다. 펌프 1을 우회하면 연합 순 수두는 H_2+H_3이 된다. 비슷하게 펌프 2의 자유토출을 넘으면 이 펌프도 차단되고 우회되어야 하며, 이때 연합 순 수두는 그림 14-23에서 두 번째 수직 빨간색 점선의 오른쪽에 나타나는 것과 같이 단지 H_3과 같아진다. 이 경우, 다른 두 펌프는 우회되었다고 가정하면 연합 자유토출은 펌프 3 하나만 있는 경우와 같다.

두 개 또는 그 이상의 동일한(또는 유사한) 펌프가 **병렬**로 운전되는 경우, 각 펌프의(순 수두 대신에) 체적유량을 합한다.

병렬 연결된 펌프 *n*개의 연합 용량: $$\dot{V}_{\text{combined}} = \sum_{i=1}^{n} \dot{V}_i \tag{14-10}$$

예를 들어, 직렬이 아닌 병렬로 배열된 동일한 세 개의 펌프를 살펴보자. 그림 14-24는 연합 펌프 성능 곡선을 보여 준다. 세 개의 결합된 펌프의 자유토출은 펌프 각각의 자유토출의 합과 같다. 순 수두가 낮은 경우, 병렬 연결된 세 펌프의 용량은 $\dot{V}_1$+$\dot{V}_2$+$\dot{V}_3$과 같다. 펌프 1의 차단 수두 위에서는(그림 14-24의 첫 번째 수평 빨간색 점선 위) **펌프 1은 차단되고 그 지류를 밸브를 사용하여 닫아야만 한다**. 그렇지 않으면 이 펌프는 최대 설계 운전점을 넘어서 작동되고, 펌프 또는 모터가 손상될 수 있다. 더구나 이 펌프에서의 체적유량은 앞에서 언급한 것처럼 음수가 되고, 시스템의 순손실에 기여하게 된다. 펌프 1이 차단되고 닫히면 연합 용량은 $\dot{V}_2$+$\dot{V}_3$이 된다. 비슷하게 펌프 2의 차단 수두 위에서는 이 펌프도 차단되고 닫혀야 한다. 그러면 연합 용량은 그림 14-24의 두 번째 수평 빨간색 점선의 위로 표시되는 것처럼 단지 $\dot{V}_3$과 같다. 이

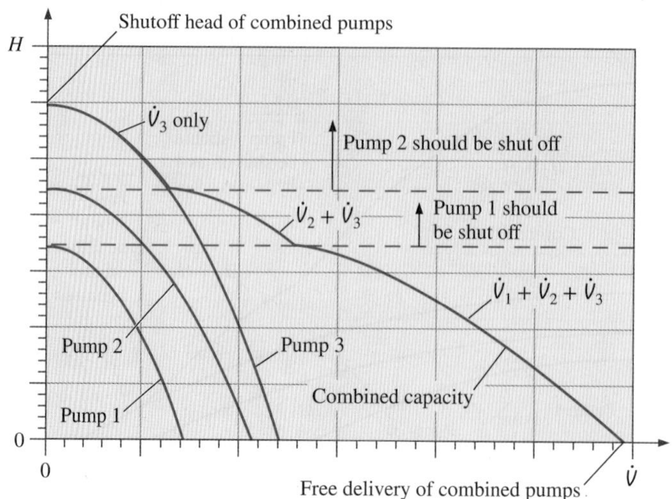

그림 14-24
병렬 연결된, 유사하지 않은 세 펌프의 펌프 성능 곡선(짙은 파란색). 낮은 순 수두에서 연합 용량은 각 펌프 자체 용량들의 합과 같다. 그러나 펌프의 손상과 연합 용량의 손실을 피하기 위해서는 수평 회색 점선으로 나타낸 것처럼 펌프의 자유토출보다 유량이 더 큰 곳에서는 어느 펌프라도 개별적으로 차단되고 우회되어야 한다. 만약 세 펌프가 동일하다면 각 펌프의 차단 수두가 동일한 순 수두에서 발생하므로 어느 펌프도 정지시킬 필요가 없다.

경우 연합 차단 수두는 펌프 3 하나만 있는 것과 같으며, 이때 다른 두 펌프는 차단되고 지류들은 막혔다고 가정한다.

실제로 더 큰 송출량을 얻기 위하여 몇 개의 펌프가 병렬로 결합될 수 있다(그림 14-25). 예를 들면, 펌프열(banks of pumps)이 냉각탑과 냉각수 순환회로에서 물을 순환시키는 데 사용된다(Wright, 1999). 이상적으로는 모든 펌프가 동일하므로 어떤 펌

그림 14-25
필요시 큰 체적유량을 얻을 수 있도록 여러 개의 동일한 펌프가 종종 병렬 형태로 운전된다. 세 개의 병렬 펌프가 나타나 있다.

프도 차단시킬 걱정을 할 필요가 없어야 한다(그림 14-24). 또한 각 지류에 체크 밸브를 장착하는 것이 현명하며, 따라서 한 펌프를 정지시켜야 할 때(정비를 위해서 또는 요구 유량이 낮을 때) 펌프를 통과하는 역류를 피할 수 있다. 병렬 펌프 망에 추가적으로 요구되는 밸브와 배관은 시스템의 추가적인 수두 손실을 유발하기 때문에 연합 펌프의 총 성능은 약간 나빠진다.

용적식 펌프

수 세기 동안 많은 용적식 펌프가 설계되어 왔다. 모든 설계에서, 유체는 확장하는 체적으로 흡입된 후 체적이 수축되면서 밀려나가지만, 다양한 설계에서 체적 변화를 발생시키는 메커니즘들에는 큰 차이가 있다. 어떤 설계에서는 작은 바퀴로 튜브를 압축하여 유체를 밀어내는 유연 튜브 **연동 펌프**(peristaltic pump)와 같이(그림 14-26*a*) 무척 단순하다(이 메커니즘은 바퀴 대신 근육으로 튜브를 압축하는 식도나 장의 연동 운동과 다소 비슷하다). 다른 설계들은 좀 더 복잡하며, 동기 로브(synchronized lobe)를 갖춘 회전 캠(그림 14-26*b*), 맞물림 기어(그림 14-26*c*), 스크루(그림 14-26*d*) 등을 사용한다. 용적식 펌프는 점성 액체 또는 진한 슬러리의 이송과 같은 고압 응용분야와 의료분야처럼 정확한 양의 액체를 분배 또는 계량하는 응용분야에 이상적이다.

용적식 펌프의 작동을 설명하기 위하여 두 개의 로터 각각에 두 개의 로브가 달

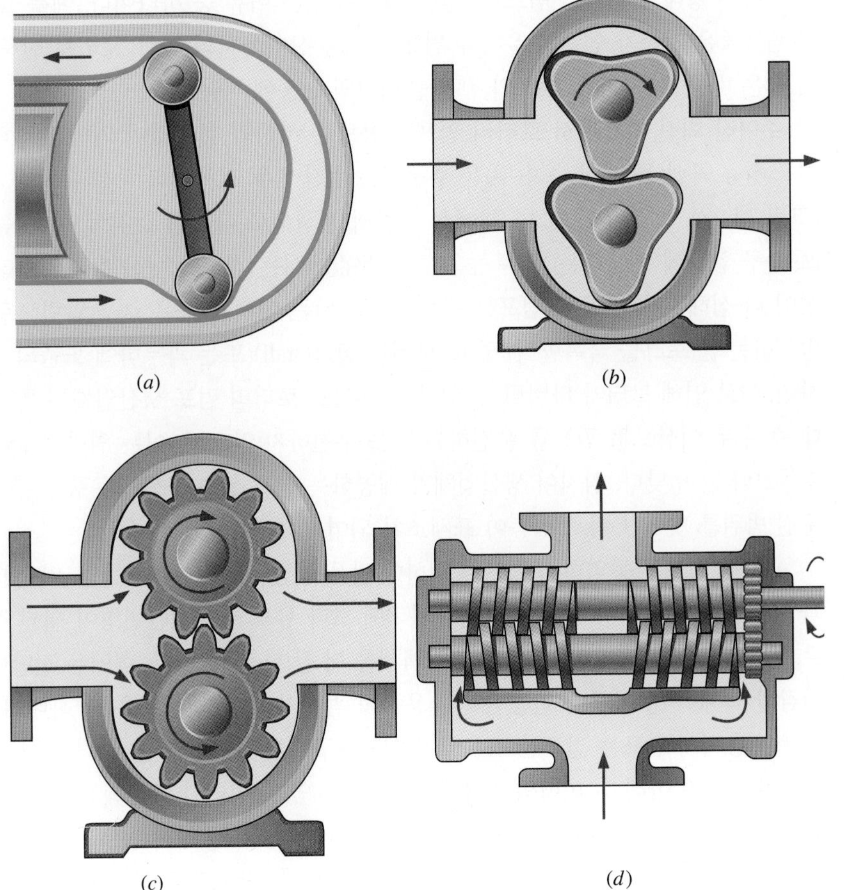

그림 14-26
용적식 펌프의 예. (*a*) 유연 튜브 연동 펌프, (*b*) 3-로브 로터리 펌프, (*c*) 기어 펌프, (*d*) 이중 스크루 펌프
Adapted from F. M. White, Fluid Mechanics 4/e. Copyright © 1999. The McGraw-Hill Companies, Inc.

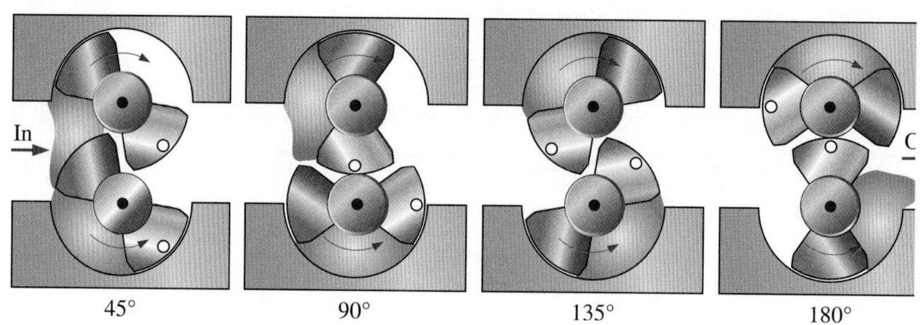

그림 14-27
용적식 펌프 한 종류인 2-로브 로터리 펌프가 운전되는 네 가지 위상(1/8 회전 간격). 파란색 영역은 위 로터를 지나는 유체 덩어리를 나타내며, 붉은색 영역은 아래 로터를 지나는 유체 덩어리를 나타낸다. 이때 로터리들은 서로 반대방향으로 회전한다. 유동은 왼쪽에서 오른쪽이다.

린 간단한 **로터리 펌프**(rotary pump)의 반 주기 동안 4개의 위상을 나타내었다(그림 14-27). 두 로터는 외부 기어박스에 의해 동기화되어 회전 방향은 서로 반대지만 동일한 각속도로 회전한다. 이 그림에서 위 로터는 시계방향, 아래 로터는 반시계방향으로 회전하면서 왼쪽으로부터 유체를 흡입하여 오른쪽으로 토출한다. 로터 회전의 가시화를 위하여 각 로터의 한쪽 로브에 흰점을 그렸다.

로터들과 하우징 사이 그리고 로터들의 로브 자체 사이에는 그림 14-27에 (과장되어) 나타낸 것처럼 간극이 존재한다. 유체가 이 간극을 통하여 누설될 수 있으며, 이때 펌프의 효율이 줄어든다. 점성이 큰 유체는 간극으로 침투하기가 쉽지 않으며, 따라서 그림 14-28에서 보여 주는 것처럼 로터리 펌프의 순 수두(그리고 효율)는 유체의 점도에 따라 **증가한다**. 이것이 점도가 큰 유체와 슬러리용 펌프로 로터리 펌프(그리고 다른 형태의 용적식 펌프)가 좋은 선택이 되는 이유 중 하나이다. 예를 들면, 이런 펌프들은 자동차 엔진의 윤활유 펌프와 식품 산업에서의 시럽, 토마토 반죽, 초콜릿 같은 비중이 큰 액체, 수프와 같은 슬러리의 이송에 사용된다.

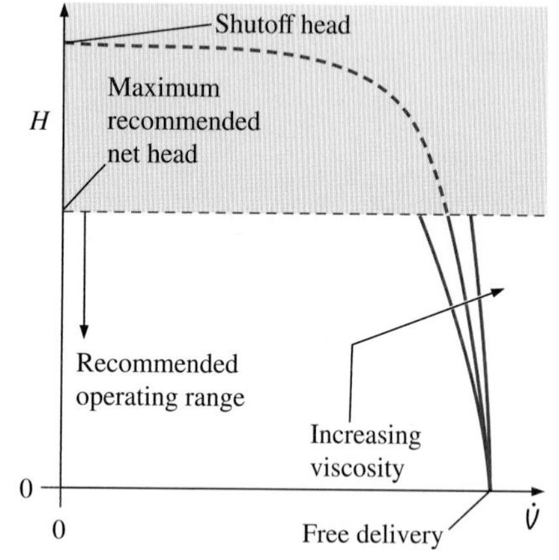

그림 14-28
동일한 속도지만 다양한 점성을 갖는 유체들로 운전되는 로터리 펌프의 펌프 성능 곡선 비교. 모터의 과부하를 피하기 위해 펌프는 그림에서 음영처리된 지역에서는 절대로 운영되지 말아야 한다.

주어진 회전 속도에서 로터리 펌프의 용량은 부하와 관계없이 거의 일정하므로, 펌프 성능 곡선(용량 대 순 수두)은 추천되는 운전 범위 전체에 걸쳐서 수직에 가깝다(그림 14-28). 그러나 그림 14-28에서 파란색 점선으로 나타낸 것처럼, 매우 높은 펌프 출구 압력에 해당하는 매우 높은 순 수두값에서는 점도가 높은 유체일지라도 누설이 더 심해진다. 더욱이 펌프를 구동하는 모터는 이렇게 높은 출구 압력으로 인해 발생하는 큰 토크를 극복할 수 없고, 모터는 실속(stall) 또는 과부하에 노출되기 시작하며, 이로 인해 모터가 타버릴 수 있다. 그러므로 로터리 펌프 생산업체는 특정한 최대 순 수두 이상으로 펌프를 운전하는 것을 추천하지 않으며, 이는 일반적으로 차단 수두보다 많이 낮다. 심지어 생산업체가 제공하는 펌프 성능 곡선에는 종종 추천하는 운전 범위를 벗어난 펌프 성능이 표시조차 되어 있지 않다.

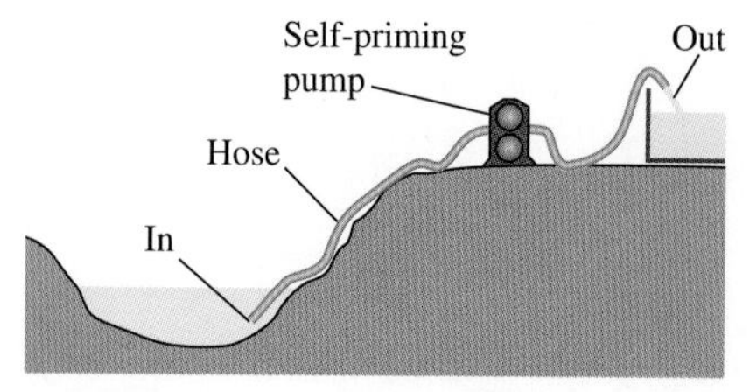

그림 14-29
펌프 자체가 "비어 있는" 경우에도 액체를 퍼올릴 수 있는 펌프를 자흡 펌프(self-priming pump)라고 한다.

용적식 펌프는 동역학적 펌프에 비하여 많은 장점이 있다. 예를 들면, 비슷한 압력과 유량에서 운전되는 동역학적 펌프의 경우보다 유도되는 전단변형이 훨씬 작으므로, 용적식 펌프는 전단변형에 민감한 액체를 더 잘 다룰 수 있다. 혈액은 전단변형에 민감한 액체이며, 이것이 인공심장에 용적식 펌프가 사용되는 이유 중 하나이다. 잘 밀봉된 용적식 펌프는 건조한 경우일지라도 입구에서 상당한 진공 압력을 형성할 수 있으므로 펌프 아래 수 미터의 액체를 퍼 올릴 수 있다. 이러한 종류의 펌프를 **자흡 펌프**(self-priming pump)라고 한다(그림 14-29). 마지막으로 용적식 펌프의 로터는 동역학적 펌프의 로터(임펠러)보다 저속으로 작동되므로 실(seal) 등의 유효 수명이 길어지는 장점이 있다.

용적식 펌프에는 몇 가지 단점도 있다. 회전 속도를 바꾸지 않는 한 체적유량을 바꿀 수 없다(대부분의 AC 전기 모터는 하나 또는 그 이상의 **고정된** 회전 속도로 운전되도록 설계되므로, 이는 말처럼 그렇게 간단하지 않다). 용적식 펌프의 출구 측에 매우 높은 압력이 생성되며, 앞에서 설명한 것처럼 만약 출구가 막히면 파열이 발생하거나 전기 모터가 과열될 수 있다. 이런 이유로 종종 과압 방지 장치(예를 들어, 감압 밸브)가 요구된다. 설계 특성상 용적식 펌프는 맥동식 유동을 흘려보내기도 하는데, 이것이 일부 응용분야에서는 허용되지 않을 수도 있다.

용적식 펌프의 해석은 비교적 단순하다. 펌프의 기하학적 형상으로부터 축의 매 n 회전당 채워지는(그리고 배출되는) **밀폐 체적**(V_{closed})을 계산한다. 이때 체적유량은 회전율 $\dot{n}$과 V_{closed}의 곱을 n으로 나누면 구해진다.

용적식 펌프의 체적유량:

$$\dot{V} = \dot{n}\frac{V_{closed}}{n} \tag{14-11}$$

예제 14-4 용적식 펌프를 통과하는 체적유량

그림 14-27과 유사한 두 개의 로브를 갖는 로터리 용적식 펌프가, 그림 14-30에 나타낸 것처럼, 각 로브 체적 V_{lobe}에 0.45 cm³의 유량으로 차량용 SAE 30 윤활유를 이송하고 있다. $\dot{n}=900$ rpm인 경우에 대해 윤활유의 체적유량을 계산하라.

풀이 주어진 로브 체적과 회전율에 대하여 용적식 펌프를 지나는 윤활유의 체적유량을 계산하려고 한다.

가정 **1** 유동은 평균적으로 정상이다. **2** 로브와 로브 또는 로브와 케이싱 사이 간극에서 누설이 없다. **3** 윤활유는 비압축성이다.

해석 그림 14-27을 검토하면 2개의 대향-회전하는 축이 반 바퀴 회전하는 동안($n=0.5$ 회전에서 180°) 이송되는 윤활유의 총 체적은 $V_{closed}=2V_{lobe}$이다. 그러면 체적유량은 식 (14-11)으로부터 계산된다.

$$\dot{V} = \dot{n}\frac{V_{closed}}{n} = (900 \text{ rot/min})\frac{2(0.45 \text{ cm}^3)}{0.5 \text{ rot}} = \mathbf{1620 \text{ cm}^3/\text{min}}$$

토의 만약 펌프에 누설이 있다면 체적유량은 더 작아진다. 윤활유의 밀도는 체적유량의 계산에 필요하지 않다. 그러나 유체 밀도가 높아질수록 요구되는 축 토크와 제동마력이 커진다.

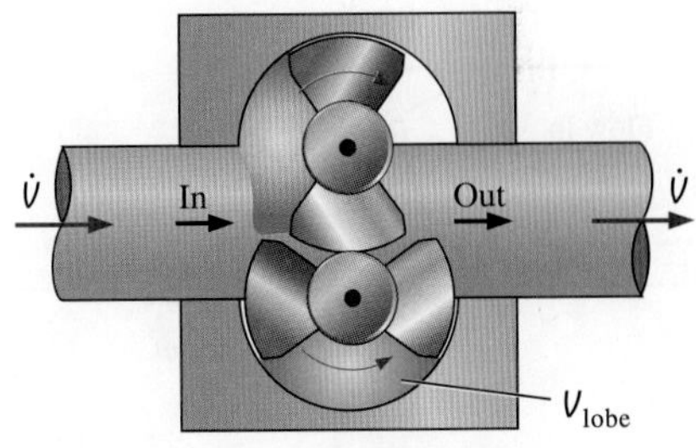

그림 14-30
예제 14-4의 2-로브 펌프. 유동은 왼쪽에서 오른쪽이다.

동역학적 펌프

임펠러 블레이드(impeller blade) 또는 **로터 블레이드**(rotor blade)라고 불리는 유체에 운동량을 전달하는 회전 블레이드가 있는 **동역학적 펌프**에는 세 가지 주된 형태가 있다. 이런 이유로 이들을 가끔 **로터다이나믹 펌프**(rotodynamic pump) 또는 간단히 **로터리 펌프**(rotary pump)라고 부른다(같은 이름을 사용하는 로터리 용적식 펌프와 혼동하지 말 것). 또한 제트 펌프와 전자기식 펌프(electromagnetic pump)처럼 몇 가지 비회전식(nonrotary) 동역학적 펌프도 있지만, 본 교재에서는 다루지 않는다. 로터

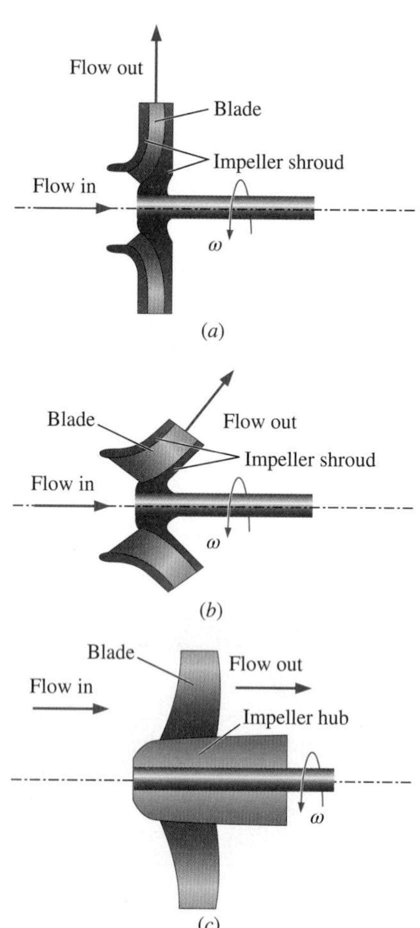

그림 14-31
세 가지 주된 부류의 동역학적 펌프의 **임펠러**(회전하는 부분): (*a*) **원심류 펌프**, (*b*) **혼류 펌프**, (*c*) **축류 펌프**

그림 14-32
전형적인 원심 송풍기와 그 특징인 달팽이 모양의 스크롤 혹은 볼류트
Courtesy of the New York Blower Company, Willowbrook, IL. Used by permission.

리 펌프는 펌프에서 토출되는 유동 방식에 따라 **원심류, 축류, 혼류**로 분류된다(그림 14-31). **원심류 펌프**(centrifugal-flow pump)에서는 유체가 펌프의 중심에서 축방향(회전축의 축과 같은 방향)으로 들어오지만 펌프 케이싱의 바깥 반경을 따라 반경방향으로(또는 접선방향으로) 토출된다. 이러한 이유로 원심 펌프는 또한 **반경류 펌프**(radial-flow pump)라고도 한다. **축류 펌프**(axial-flow pump)에서는 유체가 축방향으로 들어오고 나가며, 이때 축, 모터, 허브 등의 장애물 때문에 주로 펌프의 바깥 부분을 따라 흐른다. **혼류 펌프**(mixed-flow pump)는 원심류와 축류의 중간 형태이며, 유동은 반드시 축방향으로 들어오지만, 반드시 중심일 필요는 없으며 반경방향과 축방향 사이의 어떤 각도로 나간다.

원심 펌프

원심 펌프와 송풍기는 **스크롤**(scroll)[**볼류트**(volute)라고도 함]이라고 하는 달팽이 형상의 케이싱으로 쉽게 구별할 수 있다(그림 14-32). 이들은 식기세척기, 욕조, 세탁기와 건조기, 헤어드라이어, 진공청소기, 부엌 환기 장치, 화장실 환기팬, 낙엽 청소용 송풍기, 화로 등과 같이 집 근처 모든 곳에서 볼 수 있다. 이들은 엔진의 냉각수 펌프, 히터/에어컨 장치의 공기 송풍기 등과 같이 자동차에도 사용된다. 또한 원심 펌프는 산업 시설의 어디에나 존재하며, 빌딩의 환기 시스템, 세척 공정, 냉각조와 냉각탑 및 그 밖에 유체를 이송하는 수많은 산업 공정에서 사용된다.

그림 14-33은 원심 펌프의 개략도를 보여 준다. 블레이드의 강성(stiffness)를 증가시키기 위하여 종종 **슈라우드**(shroud)가 임펠러 블레이드를 감싼다는 것에 유의하라. 펌프 용어로 축, 허브, 임펠러 블레이드, 임펠러 슈라우드를 포함하는 회전 조립체를 **임펠러**(impeller) 또는 **로터**(rotor)라고 한다. 유체는 펌프의 비어 있는 중앙 부분(눈, eye)을 통하여 축방향으로 들어온 후 회전하는 블레이드를 만난다. 유체는 임펠러 블레이드의 운동량 전달에 의해 접선 및 반경 속도를 얻는다. 그리고 소위 원심력에 의해 반경 속도를 추가로 얻는데, 이 원심력은 실제로는 원운동을 지속하기 위한 충분한 **구심력**은 없는 것이다. 유동은 반경방향으로 튀어나와 스크롤 속으로 들어가면서 속도와 압력을 얻은 후 임펠러를 빠져나간다. 그림 14-33에 나타낸 것처럼 스크롤은 달팽이 형상의 **디퓨저**(diffuser)로서, 그 목적은 임펠러 블레이드 후단으로 나가는 빠른 유속의 유체를 감속하여 유체의 압력을 더욱 증가시키며, 모든 블레이드 경로의 유동을 합하여 공동 출구로 향하게 하는 것이다. 앞에서 설명한 것처럼, 만약 유동이 평균적으로 정상이고, 비압축성이며, 입구와 출구 직경이 같다면 출구의 평균 유속은 입구에서의 값과 같다. 따라서 원심 펌프의 입구에서 출구까지 증가하는 것은 속도가 아니라 압력이다.

그림 14-34에 나타낸 것처럼 임펠러 블레이드 형상에 따라 명백하게 설명되는 **후향경사 블레이드**(backward-inclined blade), **방사형 블레이드**(radial blade), **전향경사 블레이드**(forward-inclined blade)의 세 가지 원심 펌프 형태가 있다. 이 중에서 **후향경사 블레이드** 원심 펌프(그림 14-34*a*)가 가장 일반적이다. 이 펌프는 유체가 블레이드 경로로 흘러들어오고 나가면서 방향 전환이 가장 작으므로, 셋 중 가장 높은 효율을 갖는다. 때로는 블레이드가 에어포일(airfoil) 형상이며, 이때 비슷한 성능에서 더

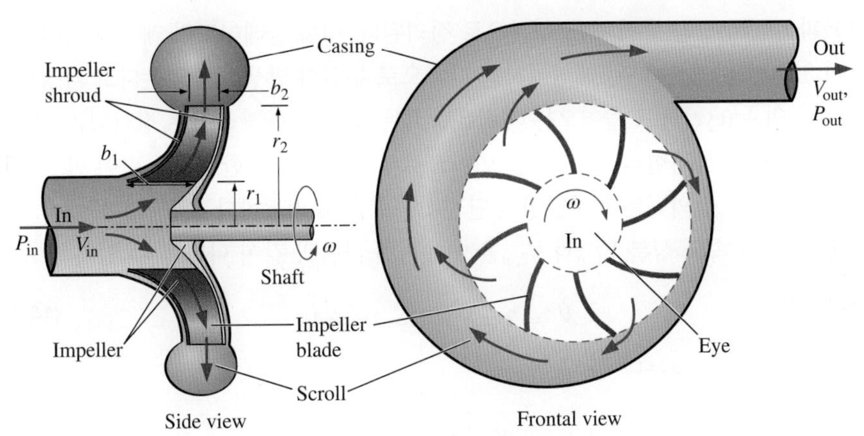

그림 14-33
전형적인 **원심 펌프**의 측면도와 정면도. 유체가 펌프의 가운데(**눈**, eye)에서 축방향으로 유입되고, 회전하는 블레이드 조립체(**임펠러**)에 의해서 바깥쪽으로 밀려나며, 확장 디퓨저(**스크롤**)로 확산되고, 펌프 밖으로 토출된다. 임펠러 블레이드에서 입구와 출구의 반경 위치를 각 r_1과 r_2로 정의하며, b_1과 b_2는 각각 임펠러 블레이드의 입구와 출구에서 축 블레이드의 폭이다.

높은 효율이 얻어진다. 압력 상승은 다른 두 형태의 원심 펌프의 중간이다. **방사형 블레이드**를 갖는 원심 펌프(**직선 블레이드**라고도 한다, 그림 14-34*b*)는 가장 단순한 형상을 하고 있으며, 넓은 체적유량 범위에서 셋 중에서 가장 큰 압력 상승이 발생하지만, 압력 상승이 최대 효율점 이후 급격히 감소한다. **전향경사 블레이드** 원심 펌프(그림 14-34*c*)는 방사형 또는 후향경사 블레이드보다는 낮지만 넓은 체적유량 범위에서 거의 일정한 압력 상승이 발생한다. 그림 14-34*c*에 나타낸 것처럼 전향경사 블레이드 원심 펌프는 일반적으로 더 많은 수의 블레이드를 갖지만 블레이드가 더 작다. 전향경사 블레이드 원심 펌프는 일반적으로 직선 블레이드 펌프보다 최대효율이 낮다. 요구되는 체적유량과 압력 상승값의 범위가 좁은 응용분야에서는 방사형 및 후향경사 원심 펌프가 선호된다. 만약 더 넓은 범위의 체적유량이나 압력 상승 또는 두 가지 모두를 원한다면 방사형 펌프와 후향경사 펌프의 성능은 새 요구 조건을 만족시키지 못할 수 있다. 즉, 이런 형태의 펌프들은 허용 범위가 더 작다(덜 강건하다). 전향경사 펌프는 성능에 여유가 있고 더 큰 변동에 적합하지만, 효율이 낮고 단위 입력 동력당 압력 상승이 작다는 대가를 치른다. 만약 넓은 체적유량의 범위에 걸쳐 높은 압력 상승이 발생하는 펌프가 요구된다면 전향경사 원심 펌프가 선호된다.

이 세 가지 형태의 원심 펌프들의 순 수두와 제동마력 성능 곡선을 그림 14-34*d*에 비교하여 나타내었다. 곡선들은 각 펌프가 동일한 자유토출(순 수두 0에서의 최대 체적유량)을 갖도록 조정되었다. 이 곡선들은 단지 비교하기 위하여 정성적으로 나타낸 것이며, 실제로 측정된 성능 곡선들은 펌프의 상세 설계에 따라 곡선의 형상이 상당히 다를 수 있다는 것에 유의하자.

어떤 임펠러 블레이드의 경사(후향, 방사형 또는 전향)에 대해서도 블레이드를 지나는 속도 벡터를 해석할 수 있다. 실제 유동장은 비정상이고, 완전한 3차원이며, 압축성일 수도 있다. 그러나 해석의 단순화를 위해 절대좌표와 임펠러를 따라서 회전하는 상대좌표 모두에서 정상 유동을 고려한다. 단지 비압축성 유동만을 고려하며, 또한 블레이드의 입구에서 출구까지 반경 또는 수직 속도 성분(하첨자 *n*)과 원주 또는 접선 속도 성분(하첨자 *t*)만을 고려한다. 축방향 속도 성분(그림 14-35에서 오른쪽 방향과 그림 14-33의 정면도에서 지면으로 들어가는 방향)은 고려하지 않는다. 다시 말하면 임펠러를 지나는 축방향 속도 성분이 0이 아니지만, 해석에는 포함하지 않는다. 그림 14-35는 단순화된 원심 펌프의 측면 확대도이다. 여기서 $V_{1,\,n}$과 $V_{2,\,n}$은 각각 반

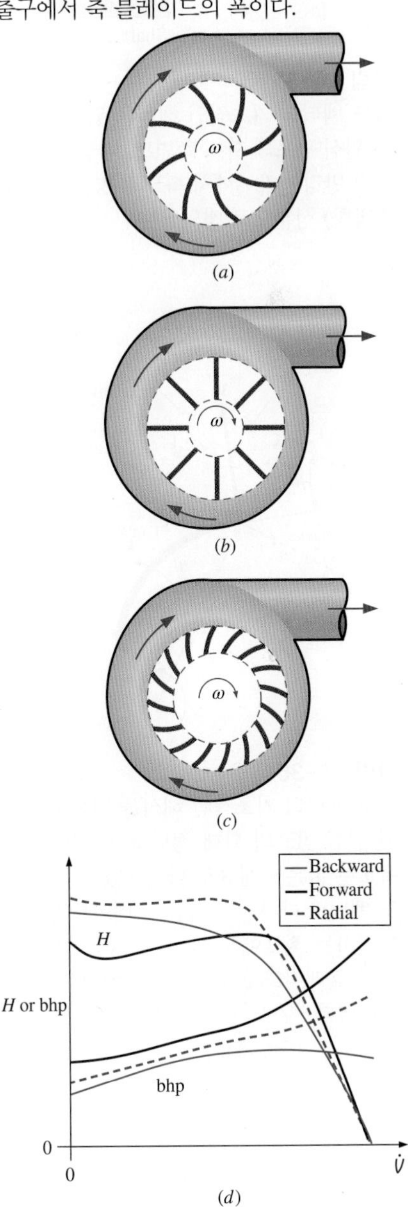

그림 14-34
세 가지의 주된 원심 펌프는 (*a*) **후향경사 블레이드**, (*b*) **방사형 블레이드**, (*c*) **전향경사 블레이드**를 가지는 형태이다. (*d*) 세 종류의 원심 펌프에 대한 순 수두 및 제동마력 성능 곡선의 비교.

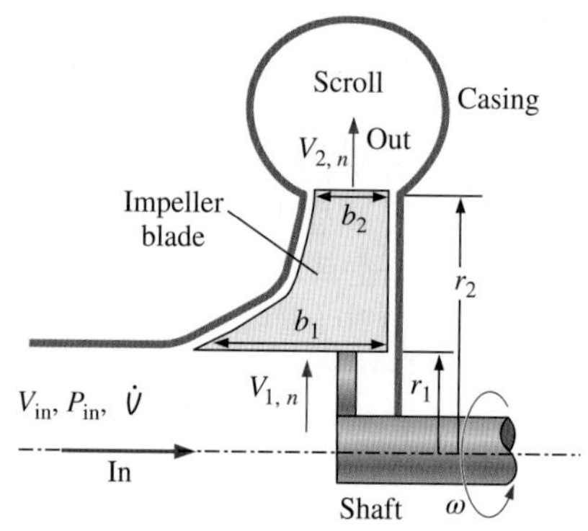

그림 14-35
속도 벡터의 기초적인 해석을 위한 단순화된 원심 펌프의 확대 측면도. $V_{1,n}$과 $V_{2,n}$은 각각 반경 r_1과 r_2에서 속도의 평균 수직(반경방향) 성분으로 정의된다.

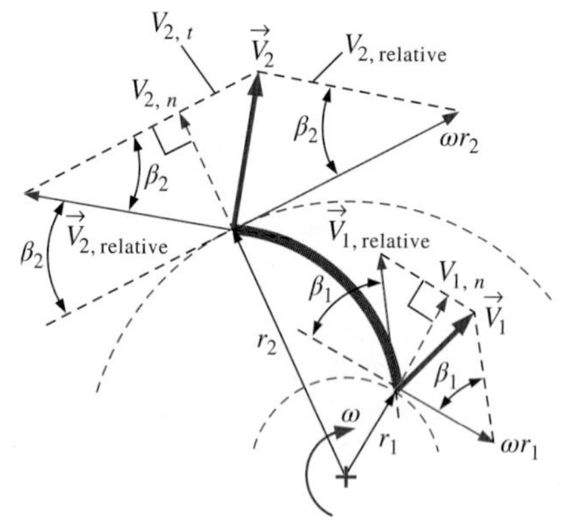

그림 14-36
속도 벡터의 기초적인 해석을 위한 단순화된 원심 펌프의 확대 정면도. 유체의 절대 속도는 굵은 화살표로 나타내었다. 상대 속도 벡터로 나타낸 것처럼, 블레이드와 함께 회전하는 좌표에서 볼 때 유동은 모든 곳에서 블레이드 표면에 접선방향이라고 가정하였다.

경 r_1과 r_2에서 평균 수직 속도 성분으로 정의된다. 비록 블레이드와 케이싱 사이에 간극이 있지만, 이 단순화된 해석에서는 간극으로 누설이 발생하지 않는다고 가정한다.

펌프의 눈(eye)으로 들어오는 체적유량 $\dot{V}$는 폭 b_1과 반경 r_1으로 정의되는 원주방향의 단면적을 통과한다. 질량 보존 법칙으로부터 이와 동일한 체적유량이 반드시 폭 b_2와 반경 r_2로 정의되는 원주방향의 단면적을 통과해야만 한다. 그림 14-35에서 정의된 평균 수직 속도 성분 $V_{1,n}$과 $V_{2,n}$을 이용하면 다음과 같이 나타낼 수 있다.

체적유량: $$\dot{V} = 2\pi r_1 b_1 V_{1,n} = 2\pi r_2 b_2 V_{2,n} \tag{14-12}$$

이로부터 다음을 얻는다.

$$V_{2,n} = V_{1,n}\frac{r_1 b_1}{r_2 b_2} \tag{14-13}$$

식 (14-13)으로부터 두 반경에서 b와 r에 따라 $V_{2,n}$은 $V_{1,n}$보다 작을 수도, 같을 수도 또는 클 수도 있다는 것이 명백하다.

그림 14-36은 임펠러 블레이드 한 개의 확대 정면도를 나타내며, 반경 속도와 접선 속도 성분을 모두 보여 주고 있다. 여기서는 후향경사 블레이드를 보여 주지만, 블레이드가 어떤 경사를 갖든지 해석 방법은 모두 같다. 블레이드의 입구(반경 r_1 위치)는 접선 속도 ωr_1로 움직인다. 마찬가지로 블레이드의 출구는 접선 속도 ωr_2로 움직인다. 그림 14-36으로부터 블레이드의 경사 때문에 이 두 접선 속도는 크기뿐만 아니라 방향도 다르다는 것을 명백하게 알 수 있다. **선단각**(leading edge angle) β_1은 반경 r_1에서 접선 반대방향에 대한 블레이드각으로 정의된다. 같은 방법으로 **후단각**(trailing edge angle) β_2는 반경 r_2에서 접선 반대방향에 대한 블레이드각으로 정의된다.

이제 아주 단순화시키는 근사를 하자. 유동은 **블레이드 선단과 평행하게** 블레이드에 부딪치고 **블레이드 후단과 평행하게** 블레이드를 빠져나간다고 가정한다. 다시 말하면

블레이드와 함께 회전하는 좌표에서 유동은 항상 블레이드 표면에 대해 접선방향이라고 가정한다.

입구에서의 이러한 근사를 때로는 **충격이 없는 진입 조건**(shockless entry condition)이라고 하는데, 이를 충격파(12장)와 혼동하지 말아야 한다. 이 용어는 오히려 급격한 방향 전환 "충격" 없이 유동이 부드럽게 임펠러 블레이드로 들어오는 것을 의미한다. 이 근사의 본질적인 개념은 블레이드 표면의 어디에서도 **유동 박리가 발생하지 않는다**는 가정이다. 만약 원심 펌프가 설계 조건 또는 그 부근에서 운전된다면 이 가정은 타당하다. 그러나 펌프가 설계 조건에서 크게 벗어나서 운전된다면 블레이드 표면에서 유동 박리가 일어날 수 있으며(일반적으로 역압력구배가 일어나는 흡입면), 이러한 단순화된 해석은 맞지 않는다.

단순화 가정에 따라 그림 14-36에 속도 벡터 $\vec{V}_{1,\text{relative}}$와 $\vec{V}_{2,\text{relative}}$를 블레이드를 표면에 평행하게 나타내었다. 이들은 회전하는 블레이드와 함께 움직이는 관찰자의 상대 좌표계에 나타나는 속도 벡터들이다. 그림 14-36에 나타낸 것처럼 평행사변형을 그려 접선 속도 ωr_1(반경 r_1에서의 블레이드 속도)과 $\vec{V}_{1,\text{relative}}$의 벡터합을 구할 경우,

합 벡터는 블레이드 입구에서 유체의 **절대** 속도 $\vec{V}_1$이다. 똑같은 방법으로 블레이드 출구에서 유체의 절대 속도 $\vec{V}_2$를 구한다(이 또한 그림 14-36에 나타내었다). 도표를 완성하기 위하여 그림 14-36에는 수직 속도 성분 $V_{1,n}$과 $V_{2,n}$도 나타내었다. 이 수직 속도 성분들은 절대좌표와 상대좌표 중 어느 좌표가 사용되던 차이가 없다는 것에 유의하자.

회전축의 토크를 평가하기 위해서 앞서 6장에서 설명한 것과 같이 검사체적에 대한 각운동량 관계식을 적용한다. 그림 14-37에 나타낸 것처럼 반경 r_1에서 반경 r_2까지 임펠러 블레이드를 둘러싸는 검사체적을 선택한다. 그림 14-37에는 각각 반경 r_1과 r_2에서 절대 속도 벡터가 수직방향으로부터 벗어난 각도인 α_1과 α_2를 나타내었다. 검사체적을 "블랙박스"처럼 취급하는 개념을 유지하며, 임펠러 블레이드 각각의 상세 내용은 무시한다. 그 대신 유동은 반경 r_1에서 전체 원주에 걸쳐 균일한 절대 속도 $\vec{V}_1$로 검사체적으로 들어오고, 반경 r_2에서 전체 원주에 걸쳐 균일한 절대 속도 $\vec{V}_2$로 검사체적을 빠져나간다고 근사한다.

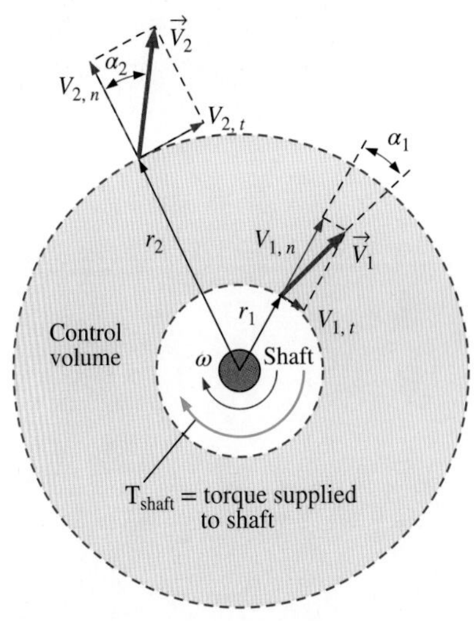

그림 14-37
원심 펌프의 각운동량 해석을 위해 사용되는 검사체적(음영처리된), 절대 접선 속도 성분 $V_{1,t}$와 $V_{2,t}$를 표시하였다.

운동량 모멘트는 벡터외적 $\vec{r} \times \vec{V}$ 정의되므로 단지 $\vec{V}_1$과 $\vec{V}_2$의 **접선방향** 성분만 축 토크와 관련이 있다. 이는 그림 14-37에서 $V_{1,t}$와 $V_{2,t}$로 나타내었다. 6장에서 유도된 **Euler 터보기계 방정식(Euler의 터빈공식**이라고도 함)에 주어진 것과 같이 축 토크는 입구에서 출구 사이의 운동량 모멘트 변화와 결과적으로 같게 된다.

Euler 터보기계 방정식:

$$T_{shaft} = \rho \dot{V} (r_2 V_{2,t} - r_1 V_{1,t}) \tag{14-14}$$

또는, 각도 α_1과 α_2 그리고 절대 속도 벡터의 크기로 나타내면,

다른 형태의 Euler 터보기계 방정식:

$$T_{shaft} = \rho \dot{V} (r_2 V_2 \sin \alpha_2 - r_1 V_1 \sin \alpha_1) \tag{14-15}$$

단순화된 해석에는 비가역 손실이 없다. 즉, 펌프 효율 $\eta_{pump} = 1$이고, 이는 수마력 $\dot{W}_{water\ horsepower}$와 제동마력 bhp가 같다는 것을 의미한다. 식 (14-3)과 (14-4)를 이용하면

$$bhp = \omega T_{shaft} = \rho \omega \dot{V} (r_2 V_{2,t} - r_1 V_{1,t}) = \dot{W}_{water\ horsepower} = \rho g \dot{V} H \tag{14-16}$$

이를 순 수두 H에 대하여 풀면

순 수두:

$$H = \frac{1}{g} (\omega r_2 V_{2,t} - \omega r_1 V_{1,t}) \tag{14-17}$$

예제 14-5 이상적인 송풍기 성능

원심 송풍기가 $\dot{n} = 1750$ rpm(183.3 rad/s)으로 회전한다. 그림 14-38에 나타낸 것처럼 공기가 임펠러의 블레이드에 수직으로($\alpha_1 = 0°$) 들어오고, 반경방향으로부터 40° 각도($\alpha_2 = 40°$)로 나간다. 입구 반경은 $r_1 = 4.0$ cm이며, 입구 블레이드 폭은 $b_1 = 5.2$ cm이다. 출구 반경은 $r_2 = 8.0$ cm이며, 출구 블레이드 폭은 $b_2 = 2.3$ cm이다. 체적유량은 0.13 m³/s이다. 이상적인 경우, 즉 효율 100%에 대해 이 송풍기에 의해서 생성되는 순 수두를 mm 단위의 수주 높이로 구하라. 또한 요구 제동마력을 W 단위로 구하라.

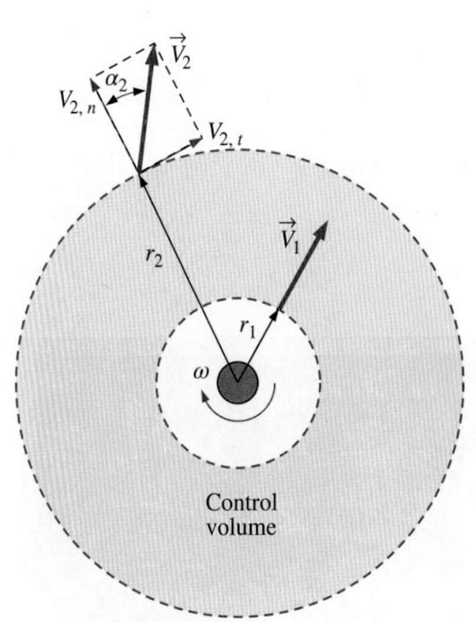

그림 14-38
예제 14-5의 원심 송풍기에 대한 검사체적과 절대 속도 벡터. 송풍기 축방향으로 본 모습이다.

풀이 주어진 체적유량과 회전 속도에서 이상적인 송풍기의 제동마력과 순 수두를 구하고자 한다.

가정 **1** 유동은 평균적으로 정상이다. **2** 로터 블레이드와 송풍기 케이싱 사이의 간극에서 누설이 없다. **3** 공기는 비압축성이다. **4** 송풍기의 효율은 100%(비가역 손실이 없음)이다.

상태량 공기의 밀도는 $\rho_{air} = 1.20\ \text{kg/m}^3$이다.

해석 체적유량(용량)이 주어졌으므로 식 (14-12)를 이용하여 입구의 수직 속도 성분을 계산하면

$$V_{1,n} = \frac{\dot{V}}{2\pi r_1 b_1} = \frac{0.13\ \text{m}^3/\text{s}}{2\pi(0.040\ \text{m})(0.052\ \text{m})} = 9.947\ \text{m/s} \tag{1}$$

$\alpha_1 = 0°$이므로 $V_1 = V_1, n, V_1, t = 0$이다. 유사하게 $V_{2,n} = 11.24$ m/s 그리고

$$V_{2,t} = V_{2,n} \tan \alpha_2 = (11.24\ \text{m/s}) \tan(40°) = 9.435\ \text{m/s} \tag{2}$$

이제 순 수두를 예측하기 위하여 식 (14-17)을 사용하면,

$$H = \frac{\omega}{g}(r_2 V_{2,t} - r_1 \underbrace{V_{1,t}}_{0}) = \frac{183.3\ \text{rad/s}}{9.81\ \text{m/s}^2}(0.080\ \text{m})(9.435\ \text{m/s}) = 14.1\ \text{m} \tag{3}$$

식 (3)의 순 수두는 작동 유체인 **공기**의 m 단위라는 것에 유의하자. 압력을 mm 단위의 수주 높이로 환산하기 위하여 물 밀도에 대한 공기 밀도의 비를 곱한다.

$$\begin{aligned} H_{\text{water column}} &= H \frac{\rho_{\text{air}}}{\rho_{\text{water}}} \\ &= (14.1\ \text{m}) \frac{1.20\ \text{kg/m}^3}{998\ \text{kg/m}^3}\left(\frac{1000\ \text{mm}}{1\ \text{m}}\right) = \mathbf{17.0\ mm\ of\ water} \end{aligned} \tag{4}$$

마지막으로, 요구되는 제동마력을 예측하기 위하여 식 (14-16)을 사용한다.

$$\begin{aligned} \text{bhp} &= \rho g \dot{V} H = (1.20\ \text{kg/m}^3)(9.81\ \text{m/s}^2)(0.13\ \text{m}^3/\text{s})(14.1\ \text{m})\left(\frac{\text{W}\cdot\text{s}}{\text{kg}\cdot\text{m}^2/\text{s}^2}\right) \\ &= \mathbf{21.6\ W} \end{aligned} \tag{5}$$

토의 식 (5)에서 kg, m, s 단위를 *W*로 변환한 것에 유의하라. 많은 터보기계 계산에서 이런 변환이 유용하게 될 것이다. 비효율성 때문에 공기로 공급되는 실제 순 수두는 식 (3)으로 예측되는 값보다 작게 된다. 유사하게, 송풍기의 비효율성, 축마찰 등의 이유로 실제 제동마력은 식 (5)로 예측되는 값보다 크게 된다.

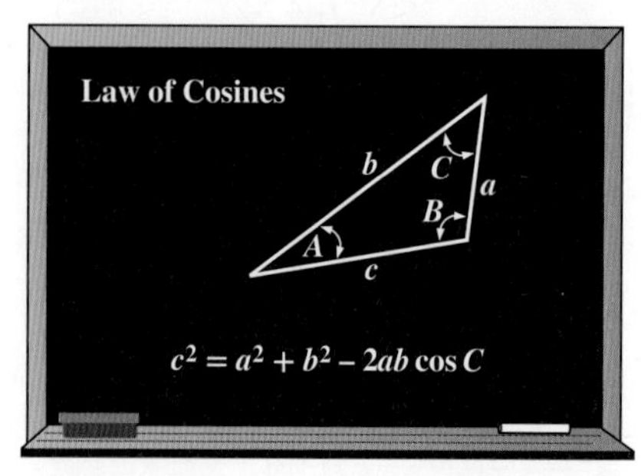

그림 14–39
원심 펌프의 해석에는 코사인 법칙이 사용된다.

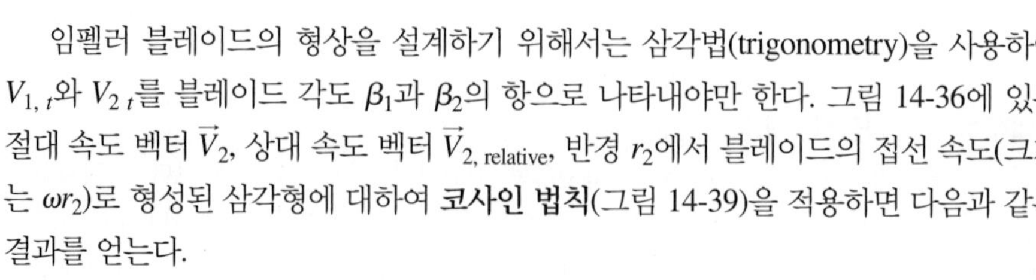

임펠러 블레이드의 형상을 설계하기 위해서는 삼각법(trigonometry)을 사용하여 $V_{1,t}$와 $V_{2,t}$를 블레이드 각도 β_1과 β_2의 항으로 나타내야만 한다. 그림 14-36에 있는 절대 속도 벡터 $\vec{V}_2$, 상대 속도 벡터 $\vec{V}_{2,\text{relative}}$, 반경 r_2에서 블레이드의 접선 속도(크기는 ωr_2)로 형성된 삼각형에 대하여 **코사인 법칙**(그림 14-39)을 적용하면 다음과 같은 결과를 얻는다.

$$V_2^2 = V_{2,\text{relative}}^2 + \omega^2 r_2^2 - 2\omega r_2 V_{2,\text{relative}} \cos \beta_2 \tag{14-18}$$

그러나 그림 14-36으로부터 다음도 알 수 있다.

$$V_{2,\text{relative}} \cos \beta_2 = \omega r_2 - V_{2,t}$$

이 식을 식 (14-18)에 대입하면 다음과 같다.

$$\omega r_2 V_{2,t} = \frac{1}{2}(V_2^2 - V_{2,\text{relative}}^2 + \omega^2 r_2^2) \tag{14-19}$$

블레이드 입구에서도 비슷한 식이 구해진다[식 (14-19)의 모든 하첨자 2를 하첨자 1로 바꾼다]. 이들을 식 (14-17)에 대입하면 다음을 얻는다.

순 수두:
$$H = \frac{1}{2g}[(V_2^2 - V_1^2) + (\omega^2 r_2^2 - \omega^2 r_1^2) - (V_{2,\text{relative}}^2 - V_{1,\text{relative}}^2)] \tag{14-20}$$

식 (14-20)은 이상적일 (비가역 손실이 없음) 때 순 수두는 절대 운동 에너지의 변화에 로터 끝단(rotor tip) 운동 에너지의 변화를 더하고 임펠러 입구에서 출구까지의 상대 운동 에너지 변화를 뺀 값에 비례한다는 것을 의미한다. 마지막으로, 식 (14-20)과 식 (14-2)를 같게 놓으면 다음을 알 수 있으며, 여기서 하첨자 2는 유출, 하첨자 1은 유입이라고 정한다.

$$\left(\frac{P}{\rho g} + \frac{V_{\text{relative}}^2}{2g} - \frac{\omega^2 r^2}{2g} + z\right)_{\text{out}} = \left(\frac{P}{\rho g} + \frac{V_{\text{relative}}^2}{2g} - \frac{\omega^2 r^2}{2g} + z\right)_{\text{in}} \tag{14-21}$$

이 해석이 입구와 출구에만 한정되지 않다는 것에 유의하자. 실제로 식 (14-21)은 임펠러를 따라 **임의**의 두 반경에 적용할 수 있다. 그러면 일반적으로 **회전하는 좌표계에서의 Bernoulli 방정식**이라고 하는 일반화된 식을 다음과 같이 쓸 수 있다.

$$\frac{P}{\rho g} + \frac{V_{\text{relative}}^2}{2g} - \frac{\omega^2 r^2}{2g} + z = \text{constant} \tag{14-22}$$

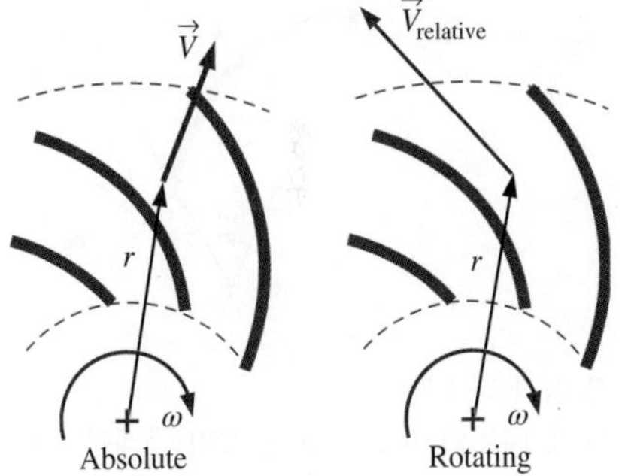

그림 14-40
비가역 손실 없이 임펠러를 지나는 유동의 근사를 위해서 종종 임펠러와 함께 회전하는 좌표를 사용하는 것 더 편리하다. 이 경우 Bernoulli 방정식은 식 (14-22)에 나타낸 것처럼 추가적인 항을 갖는다.

식 (14-22)는 일반적인 Bernoulli 방정식과 같다는 것을 알 수 있으며, 단지 속도가 **상대 속도**(회전좌표에서)이므로 회전 효과를 반영하기 위하여 식에 "추가" 항[식 (14-22) 좌변의 세 번째 항]이 나타난다(그림 14-40). 여기서 식 (14-22)는 단지 임펠러에 걸쳐서 비가역 손실이 없는 이상적인 경우에만 적용 가능한 근사식이라는 것을 강조한다. 그럼에도 불구하고 이 식은 원심 펌프의 임펠러를 지나는 유동에 대한 1차 근사로서 유용하다.

이제 순 수두에 대한 방정식인 식 (14-17)을 더 자세히 살펴보자. $V_{1,t}$를 포함하는 항은 음의 부호를 갖고 있으므로 $V_{1,t}$를 0으로 설정하면 최대 H를 얻을 수 있다(펌프의 눈에서는 **음**의 $V_{1,t}$ 값을 생성하는 메커니즘이 없다고 가정한다). 따라서 펌프의 **설계 조건**에 대한 1차 근사는 $V_{1,t}=0$으로 설정하는 것이다. 다시 말하면, 임펠러 블레이드로 유입되는 유동이 절대좌표에서 순전히 반경방향이고 $V_{1,n}=V_1$이 되도록 블레이드 입구각 β_1을 선택한다. 그림 14-36에 있는 $r=r_1$에서의 속도 벡터들을 그림 14-41에 확대하여 다시 나타내었다. 삼각법을 적용하면 다음을 알 수 있다.

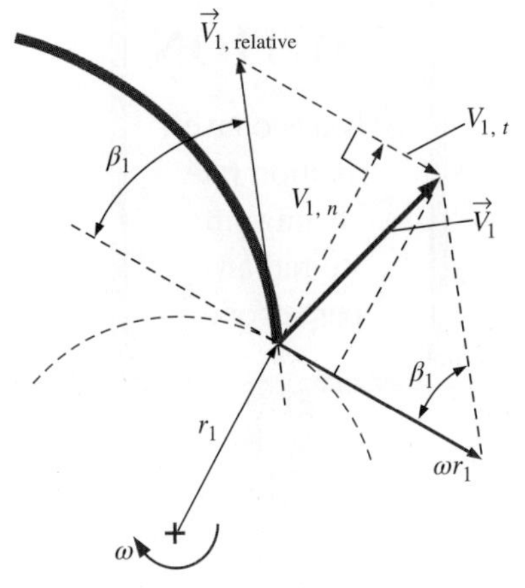

그림 14-41
임펠러 블레이드 입구에서 속도 벡터의 확대 정면도. 절대 속도는 굵은 화살표로 나타내었다.

$$V_{1,t} = \omega r_1 - \frac{V_{1,n}}{\tan \beta_1} \tag{14-23}$$

$V_{2,t}$에 대하여(하첨자 1을 2로 대체) 또는 실제로 r_1과 r_2 사이의 모든 반경에 대하여 유사한 식이 얻어진다. $V_{1,t}=0$이고 $V_{1,n}=V_1$일 때,

$$\omega r_1 = \frac{V_{1,\,n}}{\tan \beta_1} \tag{14-24}$$

마지막으로, 식 (14-24)를 식 (14-12)와 조합하면 체적유량을 입구 블레이드각 β_1과 회전 속도의 함수로 표현할 수 있다.

$$\dot{V} = 2\pi b_1 \omega r_1^2 \tan \beta_1 \tag{14-25}$$

예제 14-6에서 보여 주는 것처럼 식 (14-25)는 임펠러 블레이드 형상의 예비 설계에 사용될 수 있다.

그림 14-42
예제 14-6의 원심 펌프 임펠러 설계를 위한 형상과 절대 및 상대 속도 벡터

예제 14-6 원심 펌프의 예비 설계

상온의 대기압에서 액체 냉매 R-134a를 이송하기 위한 원심 펌프를 설계하고 있다. 임펠러 입구와 출구 반경은 각각 $r_1 = 100$ mm와 $r_2 = 180$ mm이다(그림 14-42). 임펠러 입구와 출구의 폭은 각각 $b_1 = 50$ mm와 $b_2 = 30$ mm이다(그림 14-42에서 지면 깊이 방향). 펌프는 임펠러가 1720 rpm으로 회전할 때 순 수두 14.5 m에서 0.25 m^3/s의 액체를 이송하려고 한다. 이 운전 조건이 펌프의 **설계 조건**인 경우(그림에 나타낸 것처럼 $V_{1,\,t} = 0$)에 대해 블레이드 형상을 설계하라. 구체적으로, 각도 β_1과 β_2를 계산하고, 블레이드의 형상에 대해 논의하라. 또한 펌프가 요구하는 마력을 예측하라.

풀이 주어진 유량, 순 수두, 원심 펌프의 치수에 대하여 블레이드 형상(선단각과 후단각)을 설계하고자 한다. 또한 펌프에 요구되는 마력을 예측하고자 한다.

가정 **1** 유동은 정상이다. **2** 액체는 비압축성이다. **3** 임펠러에서 비가역 손실은 없다. **4** 이는 단지 예비 설계이다.

상태량 $T = 20$ °C에서 냉매 R-134a는 $v_f = 0.0008157$ m^3/kg이고, 따라서 $\rho = 1/v_f = 1226$ kg/m^{3}이다.

해석 식 (14-3)으로부터 요구되는 수마력을 계산한다.

$$\begin{aligned}\dot{W}_{\text{water horsepower}} &= \rho g \dot{V} H \\ &= (1226 \text{ kg/m}^3)(9.81 \text{ m/s}^2)(0.25 \text{ m}^3\text{/s})(14.5 \text{ m})\left(\frac{\text{W}\cdot\text{s}}{\text{kg}\cdot\text{m}^2/\text{s}^2}\right) \\ &= 43{,}600 \text{ W}\end{aligned}$$

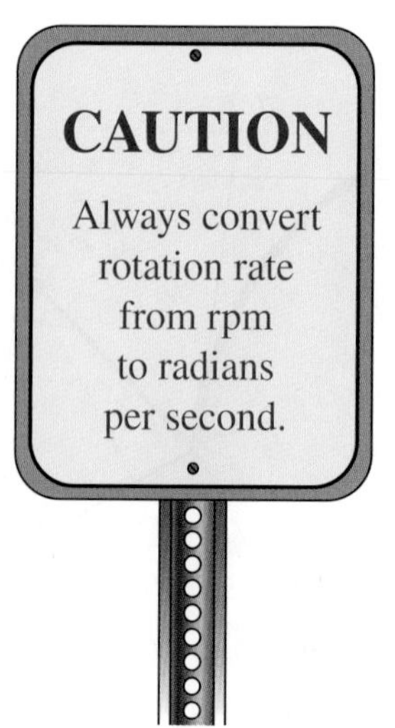

CAUTION
Always convert rotation rate from rpm to radians per second.

그림 14-43
회전율의 단위가 rad/s가 되도록 적절한 단위 변환이 요구된다.

실제로 펌프에서 요구되는 제동마력은 이보다 클 것이다. 그러나 이 예비 설계를 위한 근사에 따라, bhp가 $\dot{W}_{\text{water horsepower}}$와 근사적으로 같도록 효율을 100%로 가정한다.

$$\text{bhp} \cong \dot{W}_{\text{water horsepower}} = 43{,}600 \text{ W}\left(\frac{\text{hp}}{745.7 \text{ W}}\right) = 58.5 \text{ hp}$$

주어진 값들의 정밀도를 따라 최종 결과를 유효숫자 두 자리로 나타낸다. 따라서 **bhp ≈ 59 마력**.

그림 14-43에 나타낸 것처럼 회전에 따른 모든 계산에서 회전 속도를 $\dot{n}$(rpm)에서 ω (rad/s)로 전환할 필요가 있다.

$$\omega = 1720 \frac{\text{rot}}{\text{min}}\left(\frac{2\pi \text{ rad}}{\text{rot}}\right)\left(\frac{1 \text{ min}}{60 \text{ s}}\right) = 180.1 \text{ rad/s} \tag{1}$$

식 (14-25)를 이용하여 블레이드 입구각을 계산한다.

$$\beta_1 = \arctan\left(\frac{\dot{V}}{2\pi b_1 \omega r_1^{\,2}}\right) = \arctan\left(\frac{0.25\ \mathrm{m^3/s}}{2\pi(0.050\ \mathrm{m})(180.1\ \mathrm{rad/s})(0.10\ \mathrm{m})^2}\right) = 23.8°$$

앞의 기초적인 해석에서 유도된 식들을 이용하여 β_2를 찾을 수 있다. 우선 $V_{1,\,t}=0$인 설계 조건에서 식 (14-17)은 다음으로 간단해진다.

순 수두:

$$H = \frac{1}{g}(\omega r_2 V_{2,\,t} - \omega r_1 \underbrace{V_{1,\,t}}_{0}) = \frac{\omega r_2 V_{2,\,t}}{g}$$

이로부터 접선 속도 성분을 계산한다.

$$V_{2,\,t} = \frac{gH}{\omega r_2} \tag{2}$$

식 (14-12)를 이용하여 수직 속도 성분을 계산한다.

$$V_{2,\,n} = \frac{\dot{V}}{2\pi r_2 b_2} \tag{3}$$

다음으로 식 (14-23)을 유도하는 데 사용한 삼각법과 같은 계산을 블레이드의 선단이 아닌 후단에서 수행한다. 그 결과는 다음과 같다.

$$V_{2,\,t} = \omega r_2 - \frac{V_{2,\,n}}{\tan\beta_2}$$

마지막으로 이 식을 β_2에 대하여 풀면

$$\beta_2 = \arctan\left(\frac{V_{2,\,n}}{\omega r_2 - V_{2,\,t}}\right) \tag{4}$$

식 (2)와 (3)을 식 (4)에 대입한 후 값들을 넣으면 다음을 얻는다.

$$\beta_2 = 14.7°$$

최종 결과는 단지 유효숫자 두 자리로 나타낸다. 따라서 예비 설계에서는 $\beta_1 \cong$ **24°**, $\beta_2 \cong$ **15°**인 **후향경사** 임펠러 블레이드가 요구된다.

일단 선단 및 후단각을 알게 되면, 임펠러 블레이드의 세부 **형상**은 반경이 r_1에서 r_2로 커짐에 따라 블레이드각 β를 β_1에서 β_2까지 부드럽게 변화시켜서 설계한다. 그림 14-44에 나타낸 것처럼 블레이드는 $\beta_1 \cong 24°$와 $\beta_2 \cong 15°$를 유지하면서 반경에 따라 β를 변화시키는 방법에 따라 다양한 형상이 될 수 있다. 이 그림에서 세 가지 형상 모두 반경 r_1의 동일한 위치(절대각 0°)에서 시작하며, 세 가지 블레이드 모두 선단각이 $\beta_1 \cong 24°$이다. 중간 길이의 블레이드(그림 14-44에서 갈색선)는 r에 따라 β를 **선형적으로** 변화시키면서 만들어졌다. 블레이드의 후단은 반경 r_2와 절대각 약 93°에서 교차한다. 더 긴 블레이드(그림에서 검은선)는 β를 r_2보다 r_1 부근에서 더 급격하게 변화시켜서 만들어졌다. 다시 말하면, 블레이드의 곡률이 후단 부근보다 선단 부근에서 더 크다. 이 경우 출구 반경은 절대각 약 114°에서 교차한다. 마지막으로 가장 짧은 블레이드(그림 14-44에서 파란선)는 선단 부근에서는 작은 블레이드 곡률을 갖지만, 후단 부근에서는 더 큰 값을 갖는다. 이 경우에는 절대각 약 77°에서 r_2를 교차한다. **어느 블레이드 형상이 최적인지 바로 알 수는 없다.**

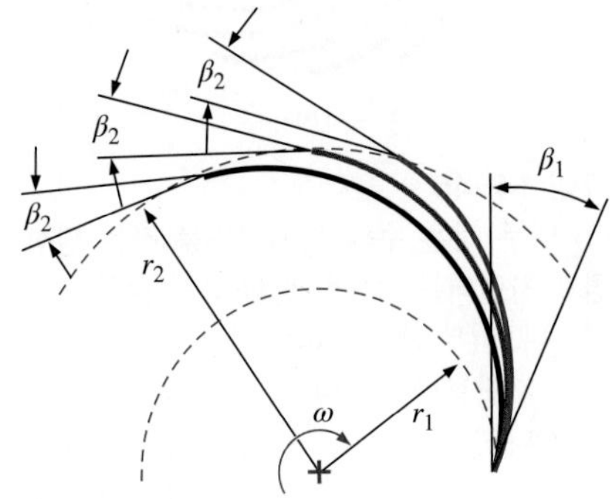

그림 14-44
예제 14-6의 원심 펌프 임펠러 설계에서 가능한 세 가지의 블레이드 형상. 세 블레이드 모두 선단각 $\beta_1 = 24°$과 후단각 $\beta_2 = 15°$을 갖지만, 반경에 따라 β가 변하는 방법이 다르다. 그림은 실제 축척이다.

토의 이 예제는 비가역 손실이 무시된 예비 설계라는 점에 유의하자. 실제 펌프에는 손실이 있고, 요구 제동마력은 여기서 추정된 것보다 더 높은 값(20%에서 30% 이상일 수도 있다)이 될 것이다. 손실이 있는 실제 펌프에서는 짧은 블레이드는 표면마찰항력이 더 작지만, 블레이드에 작용하는 수직응력이 더 크며, 그 이유는 유동의 속도가 가장 빠른 후단 부근에서 더 급하게 방향이 변하기 때문이다. 이때 만약 블레이드가 매우 두껍지 않으면, 특히 밀도가 큰 액체를 다룰 때, 구조적 문제를 일으킬 수 있다. 긴 블레이드는 더 큰 표면마찰항력을 갖지만, 더 작은 수직응력을 갖는다. 추가적으로, 그림 14-44의 단순한 블레이드 체적 추정으로부터, 블레이드는 유한한 두께를 갖고 있으므로 같은 수의 블레이드에 대하여 블레이드가 길어질수록 더 많은 유동 막힘이 발생한다는 것을 알 수 있다. 더구나 블레이드의 표면을 따라 발달하는 경계층의 배제두께 효과(10장)는 긴 블레이드에서 유동 막힘이 더 심하게 만든다. 블레이드의 정확한 형상을 결정하려면 약간의 공학적인 최적화가 필요하다는 것은 명확하다.

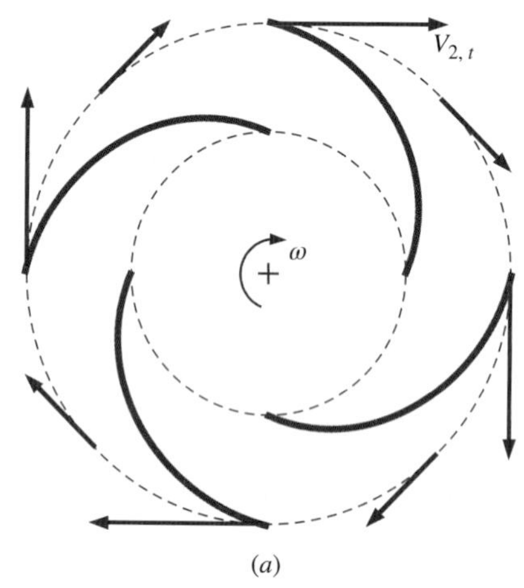

(*a*)

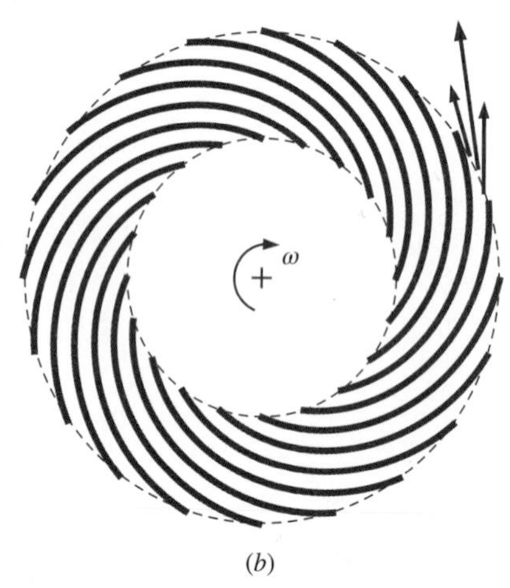

(*b*)

그림 14-45
(*a*) 너무 적은 수의 블레이드를 갖는 원심 펌프 임펠러는 과도한 **순환 유동 손실**을 가져온다. 외부 반경 r_2에서 접선 속도는 블레이드 후단보다 블레이드 사이의 간극에서 더 작다(절대 접선 속도 벡터를 나타내었다). (*b*) 반면에 실제 임펠러는 유한한 두께를 가진다. 너무 많은 블레이드를 갖는 임펠러는 과도한 **유동 방해**와 큰 표면 마찰항력에 의해서 경로 손실을 가져온다(임펠러와 함께 회전하는 좌표에서 속도 벡터들이 하나의 블레이드 열을 빠져나간다.) 요점은 펌프 엔지니어가 블레이드 형상과 블레이드 수를 모두 최적화해야 한다는 것이다.

하나의 임펠러에 몇 개의 블레이드를 사용해야만 하는가? 만약 너무 적은 수의 블레이드를 사용하면 **순환 유동 손실**(circulatory flow loss)이 크게 된다. 순환 유동 손실은 블레이드 수가 한정되어서 발생한다. 예비 해석을 다시 살펴보면, 검사체적의 출구 전체 원주에서 접선 속도 $V_{2,t}$가 균일하다고 가정하였다(그림 14-37). 엄밀히 말해서 이는 무한개의 극히 얇은 블레이드가 있을 때만 타당하다. 물론 실제 펌프에서는 블레이드의 수가 유한하고, 블레이드는 극히 얇지도 않다. 그 결과 그림 14-45*a*에 나타낸 것처럼 절대 속도 벡터의 접선방향 성분은 균일하지 않고 블레이드 사이에서는 작아진다. 결과적으로 $V_{2,t}$의 실제 값은 작아지고, 따라서 실제 순 수두가 감소한다. 이 순 수두(또한 펌프 효율)의 손실을 **순환 유동 손실**이라고 한다. 반면에 만약(그림 14-45*b*에서 처럼) 블레이드 수가 너무 많으면 과도한 유동 막힘 손실과 경계층의 발달에 따른 손실이 생기고, 이 역시 펌프 출구 반경에서 유속을 불균일하게 만들고, 펌프의 순 수두와 효율이 낮아진다. 이 손실을 **경로 손실**(passage losses)이라고 한다. 결론적으로 블레이드의 형상과 수를 선택하기 위해서는 어떤 공학적인 최적화가 필요하다는 것이다. 이러한 해석은 본 교재의 범위를 벗어난다. 터보기계 문헌들을 잠깐 살펴보면, 중간 크기의 원심 펌프에서 널리 사용되는 로터 블레이드 수는 11, 14, 16이라는 것을 알 수 있다.

일단 특정한 순 수두와 유량(설계 조건)에 대하여 펌프가 설계되면 설계 조건에서 **벗어난** 조건에서의 순 수두를 추정할 수 있다. 다시 말하면 b_1, b_2, r_1, r_2, β_1, β_2, ω를 고정하면서 설계유량의 위아래로 체적유량을 변화시킨다. 이에 대한 모든 식을 알고 있다. 절대 접선 속도 성분 $V_{1,t}$와 $V_{2,t}$의 항으로 나타내는 순 수두 H에 관한 식 (14-17), 절대 수직 속도 성분 $V_{1,n}$과 $V_{2,n}$의 함수인 $V_{1,t}$와 $V_{2,t}$에 관한 식 (14-23), 체적유량 $\dot{V}$의 함수인 $V_{1,n}$과 $V_{2,n}$에 관한 식 (14-12)가 있다. 예제 14-6에서 설계된 펌프의 H-$\dot{V}$ 선도를 그리기 위하여 그림 14-46에서 이 식들을 조합하였다. 파란색 실선은 예비해석을 근거로 예측한 성능이다. 예측된 성능 곡선은 모두 설계 조건의 위아래에서 $\dot{V}$에 대하여 거의 직선으로 나타나며, 이는 식 (14-17)에서 $\omega r_1 V_{1,t}$항이 $\omega r_2 V_{2,t}$ 항에 비하여 작기 때문이다. 예측한 설계 조건에서 $V_{1,t}=0$으로 설정하였다는 것을 기억하자. 체적유량이 이보다 더 커지면 식 (14-23)으로 예측되는 $V_{1,t}$는 **음수**가 된다. 그러나 앞에서의 가정을 따르면 $V_{1,t}$이 음의 값을 갖는 것은 불가능하다. 따라서 예측한 성능 곡선의 기울기는 설계 조건을 벗어나면 급격히 변한다.

그림 14-46에는 이 원심 펌프의 **실제** 성능도 함께 나타내었다. 설계 조건에서는 예측된 성능이 실제 성능에 가깝지만 설계 조건에서 멀어지면 두 곡선은 현저하게 차이가 난다. 모든 체적유량에서 실제 순 수두는 예측된 순 수두보다 **낮다**. 이는 블레이드 표면에서의 마찰, 블레이드와 케이싱 사이의 유체 누설, 펌프 눈(eye)에서의 유체의 예회전(선회류), 블레이드 선단의 유동 박리(충격 손실) 또는 유동 통로의 확대 부분에서의 유동 박리, 순환 유동 손실, 경로 손실, 볼류트에서의 선회하는 에디(swirling eddy)의 비가역 소산 등을 포함하는 비가역 효과 때문이다.

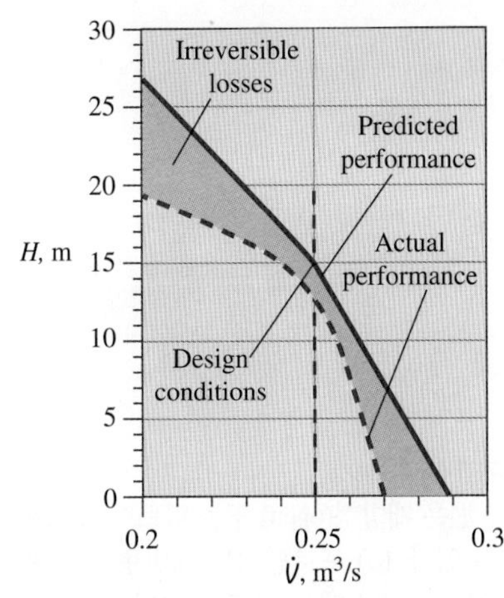

그림 14-46
예제 14-6의 펌프에서 체적유량의 함수로 나타낸 순 수두. 예측된 값과 실제 성능 사이에 차이가 있는 것은 예측에서 비가역성이 고려되지 않았기 때문이다.

축류 펌프

축류 펌프(axial pump)는 소위 말하는 원심력을 이용하지 않는다. 그 대신 임펠러 블레이드가 마치 항공기 날개처럼 거동하며(그림 14-47), 블레이드 회전에 따른 유체 운동량의 변화로 양력을 발생시킨다. 예를 들어, 헬리콥터 로터는 축류 펌프의 한 형태이다(그림 14-48). 블레이드에서의 양력은 블레이드 윗면과 아랫면의 압력 차이에 의해서 발생하며, 유동방향의 변화는 로터 평면을 지나는 **세류**(downwash, 하강 공기의 기둥)를 일으킨다. 시간평균의 관점에서, 하강 공기 유동을 유발하는 압력 도약이 로터 평면을 지나면서 생긴다. (그림 14-48).

로터 평면을 수직으로 회전시켰다고 상상하면, 이는 **프로펠러**가 된다(그림 14-49*a*). 헬리콥터 로터와 항공기 프로펠러는 모두 **개방형 축류 팬**의 예가 되며, 이는 블레이드 끝단 주위에 덕트 또는 케이싱이 없기 때문이다. 여름철 침실 창문에 장착하는 일반적인 환풍기도 같은 원리로 운전되지만, 그 목적은 힘을 제공하는 것이 아니라 공기를 불어내는 것이다. 그러나 팬 하우징에 작용하는 순 힘이 **있다**는 것을 분명히 인식해야 한다. 만약 공기를 왼쪽에서 오른쪽으로 불어내면 팬에는 왼쪽으로 힘이 작용하고, 팬은 창문틀에 의해 고정된다. 가정용 팬 둘레의 케이싱은 유동을 안내하고 블레이드 끝단의 손실을 약간 줄여 주는 짧은 덕트 역할도 한다. 컴퓨터 내부의 작은 냉각 팬은 전형적인 축류 팬이다. 이는 마치 소형 환풍기(그림 14-49*b*)처럼 생겼으며, **덕트형 축류 팬**(ducted axial-flow fan)의 한 예가 된다.

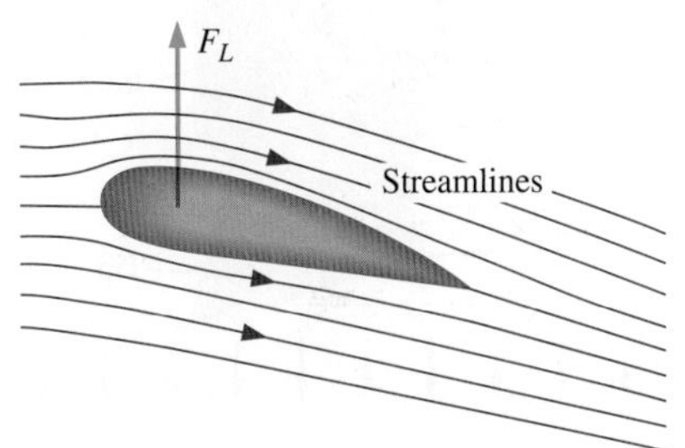

그림 14-47
축류 펌프의 블레이드는 항공기의 날개처럼 거동한다. 공기는 날개에 의해서 아래로 방향이 변하고, 양력 F_L을 생성한다.

만약 그림 14-49*a*에 있는 항공기 프로펠러 블레이드, 헬리콥터의 로터 블레이드, 무선 모형 항공기의 프로펠러 블레이드, 심지어 잘 설계된 환풍기의 블레이드를 자세히 살펴본다면 블레이드에 약간의 **비틀림**이 있다는 것을 알게 될 것이다. 특히 블레이드의 허브(hub) 또는 밑동(root) 부근 단면의 에어포일은 끝단 부근의 단면의 에어포일보다 더 큰 **피치각**(θ)을 갖는다. 즉, $\theta_{root} > \theta_{tip}$(그림 14-50). 이는 블레이드의 접선 속도가 반경에 따라 선형적으로 증가하기 때문이다.

$$u_\theta = \omega r \tag{14-26}$$

그러면 주어진 반경에서 **블레이드에 대한 상대적인** 공기 속도 $\vec{V}_{relative}$의 1차 근사 예측은 입구 속도 $\vec{V}_{in}$과 블레이드 속도 $\vec{V}_{blade}$의 음의 값의 벡터합이 된다.

$$\vec{V}_{relative} \cong \vec{V}_{in} - \vec{V}_{blade} \tag{14-27}$$

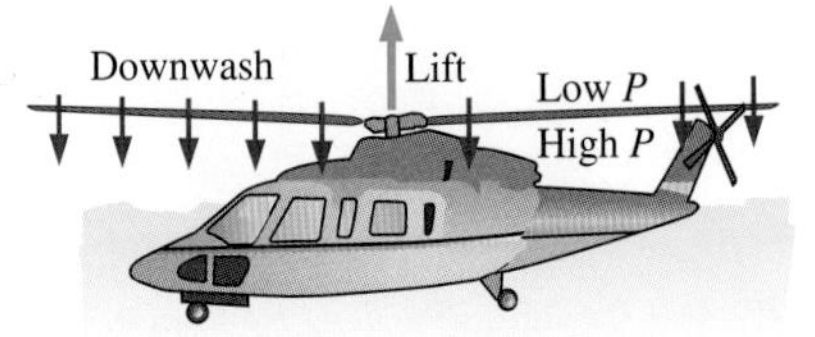

그림 14-48
축류 펌프의 일종인 헬리콥터의 로터 평면을 지나는 세류(downwash)와 압력 상승

(a)

(b)

그림 14-49
축류 팬은 개방형(open) 또는 덕트형(ducted)일 수 있다. (*a*) 프로펠러는 개방형 팬이며, (*b*) 컴퓨터 냉각팬은 덕트형 팬이다.
Photos by John M. Cimbala.

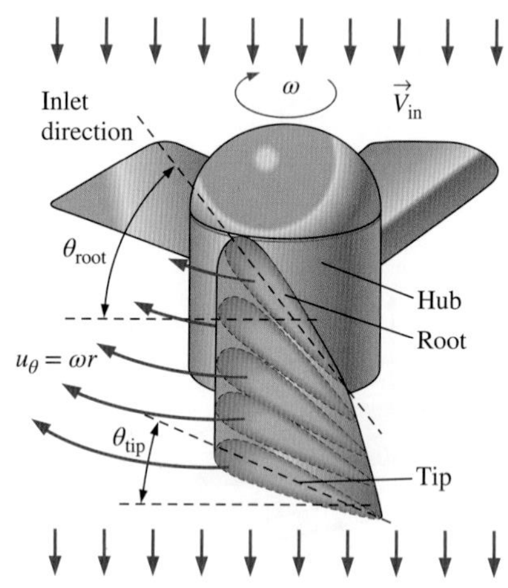

그림 14-50
세 블레이드 중의 하나의 단면들로 보여주는 것처럼 잘 설계된 로터 블레이드 또는 프로펠러 블레이드는 **비틀림**을 갖는다. 블레이드의 접선 속도가 반경으로 증가하기 때문에 블레이드 피치각 θ는 끝단에서보다 밑동에서 더 크다.

여기서 $\vec{V}_{blade}$의 크기는 식 (14-26)에 주어진 것처럼 블레이드의 접선 속도 $u\theta$와 같다. $\vec{V}_{blade}$의 방향은 블레이드 회전 경로의 접선방향이다. 그림 14-50에 나타난 블레이드 위치에서 $\vec{V}_{blade}$는 왼쪽을 향한다.

그림 14-51에서는 식 (14-27)을 사용하여 그림 14-50에 나타낸 로터 블레이드의 밑동 반경과 끝단 반경 두 위치에서 $\vec{V}_{relative}$를 그래픽으로 구하였다. 그림에서 알 수 있듯이 상대 영각(angle of attack) α는 두 경우 모두 같다. 실제로 비틀림 정도는 모든 반경에서 α가 같도록 피치각 θ를 설정하여 구한다.

또한 상대 속도 $\vec{V}_{relative}$의 크기가 밑동에서 끝단으로 증가하는 것도 유의하라. 이에 따라 블레이드의 단면에 걸리는 동압이 반경에 따라 증가하며, 그림 14-51에서 지면 깊이 방향의 단위 폭당 양력도 반경에 따라 증가한다. 프로펠러는 블레이드 끝단으로 갈수록 양력에 더 크게 기여를 하는 이점을 살리기 위하여 밑동 부분은 좁고, 끝단으로 갈수록 넓어지는 경향이 있다. 그러나 끝단에서는 블레이드가 보통 둥글게 다듬어지며, 이는 만약 블레이드가 그림 14-50에서처럼 갑자기 절단될 때 발생할 수 있는 과도한 **유도항력**(induced drag, 11장)을 피하기 위한 것이다.

몇 가지 이유로 식 (14-27)은 정확하지 않을 수 있다. 첫 번째로, 로터의 회전 운동은

(a) (b)

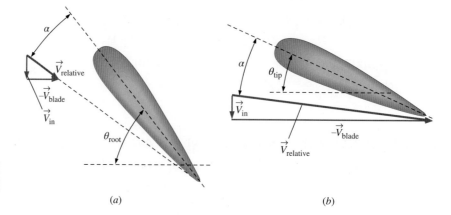

그림 14-51
두 반경에서 벡터 $\vec{V}_{relative}$에 대한 도식 계산. 그림 14-50에 나타낸 로터 블레이드의 (*a*) 밑동, (*b*) 끝단.

공기 유동에 어느 정도의 **선회류**(swirl)를 유발한다(그림 14-52). 이는 유입되는 공기에 대한 블레이드의 유효 접선 속도를 감소시킨다. 두 번째로, 로터 허브의 크기가 유한하므로, 그 주위에서는 공기가 가속되며, 이는 밑동 부분에 가까운 블레이드 단면에서 국부적으로 공기 속도를 증가시킨다. 세 번째로, 로터 또는 프로펠러의 축이 유입되는 공기와 정확히 평행이 아닐 수 있다. 마지막으로, 공기가 돌고 있는 로터로 접근함에 따라 가속되므로 공기 속도 자체를 결정하기가 쉽지 않다. 이런 효과들과 기타 2차 효과들을 근사하는 방법들이 있지만, 이들은 본 교재의 범위를 벗어난다. 예제 14-7에서 보여 주는 것처럼, 식 (14-27)로 주어진 1차 근사는 로터와 프로펠러의 예비 설계에 충분하다.

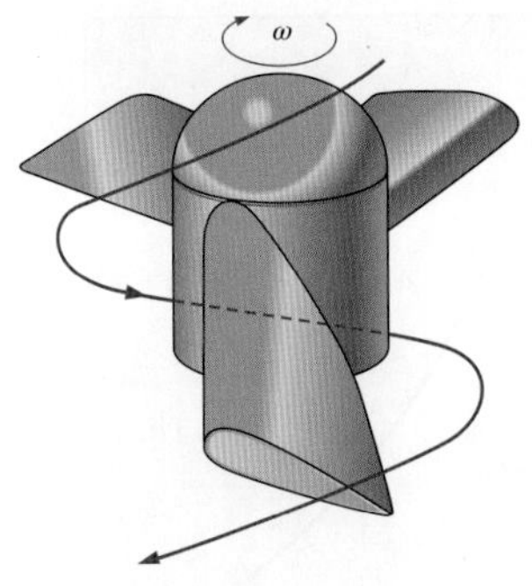

그림 14-52
로터 또는 프로펠러의 회전하는 블레이드는 주변의 유체에 선회류(swirl)를 만든다.

예제 14-7 항공기 프로펠러의 비틀림 계산

무선 모형 항공기의 프로펠러를 설계하고 있다고 가정하자. 프로펠러의 전체 직경은 34.0 cm이고, 허브 조립체의 직경은 5.5 cm이다(그림 14-53). 프로펠러가 1700 rpm으로 회전하며 프로펠러의 단면으로 선택한 에어포일은 영각 14°에서 최대 효율을 갖는다. 항공기가 30 mi/h(13.4 m/s)로 비행할 때, 프로펠러 블레이드 모든 곳에서 $\alpha = 14°$가 되도록 블레이드 밑동에서 끝단까지 블레이드 피치각을 계산하라.

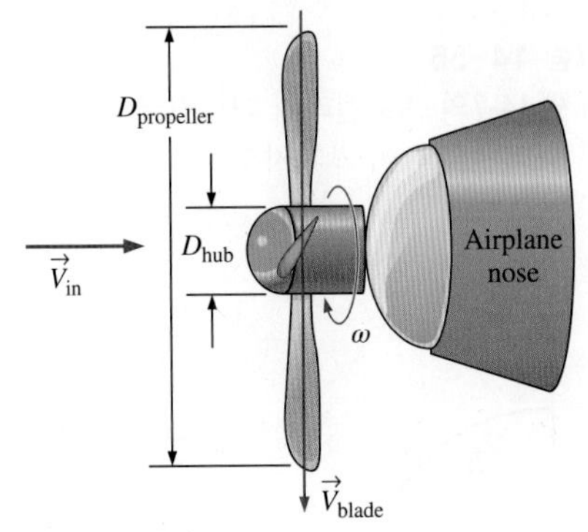

그림 14-53
예제 14-7의 모형 항공기 프로펠러의 설계를 위한 구성도. 축적에 맞지 않음.

풀이 프로펠러 블레이드의 모든 반경에서 영각이 $\alpha = 14°$가 되도록 프로펠러 밑동에서 끝단까지의 블레이드 피치각 θ를 계산하려고 한다.

가정 **1** 이런 저속에서 공기는 비압축성이다. **2** 프로펠러에 접근하는 공기의 가속과 선회류의 2차 효과를 무시한다. 즉, $\vec{V}_{\text{in}}$의 크기는 항공기 속도와 같다고 근사한다. **3** 항공기는 수평으로 비행하고, 프로펠러축은 유입되는 공기 속도와 평행하다.

해석 모든 반경에서 블레이드에 대한 공기의 상대 속도는 식 (14-27)을 이용하여 1차 근사된다. 임의의 반경 r에서 속도 벡터를 그림 14-54에 나타내었다. 기하학적 형상으로부터 다음을 알 수 있다.

임의의 반경 r에서 피치각:

$$\theta = \alpha + \phi \tag{1}$$

그리고

$$\phi = \arctan \frac{|\vec{V}_{\text{in}}|}{|\vec{V}_{\text{blade}}|} = \arctan \frac{|\vec{V}_{\text{in}}|}{\omega r} \tag{2}$$

여기서 반경 r에서의 블레이드 속도를 위해 식 (14-26)도 함께 사용하였다. 밑동 ($r = D_{\text{hub}}/2 =$ 2.75 cm)에서 식 (2)는 다음과 같게 된다.

$$\theta = \alpha + \phi = 14° + \arctan\left[\frac{13.4 \text{ m/s}}{(1700 \text{ rot/min})(0.0275 \text{ m})}\left(\frac{1 \text{ rot}}{2\pi \text{ rad}}\right)\left(\frac{60 \text{ s}}{\text{min}}\right)\right] = \mathbf{83.9°}$$

같은 방법으로, 끝단($r = D_{\text{propeller}}/2 = 17.0$ cm)에서의 피치각은

$$\theta = \alpha + \phi = 14° + \arctan\left[\frac{13.4 \text{ m/s}}{(1700 \text{ rot/min})(0.17 \text{ m})}\left(\frac{1 \text{ rot}}{2\pi \text{ rad}}\right)\left(\frac{60 \text{ s}}{\text{min}}\right)\right] = \mathbf{37.9°}$$

밑동과 끝단 사이의 반경에서 θ를 r의 함수로 계산하기 위하여 식 (1)과 (2)가 사용된다. 결과를 그림 14-55에 도시하였다.

토의 식 (2)의 아크탄젠트(arctangent)함수 때문에 피치각은 비선형이다.

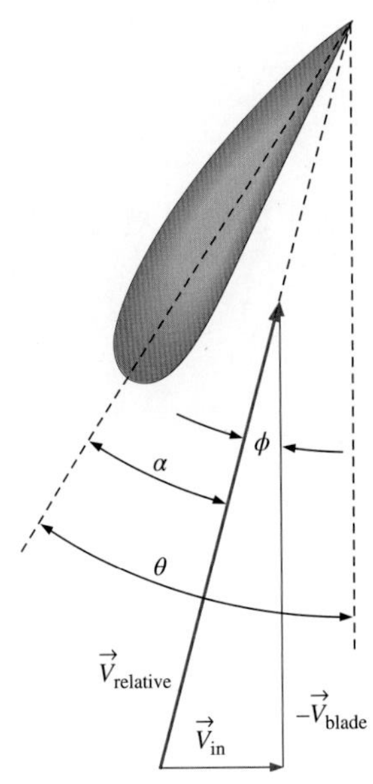

그림 14-54
예제 14-7의 프로펠러의 어떤 임의의 반경 r에서의 속도 벡터

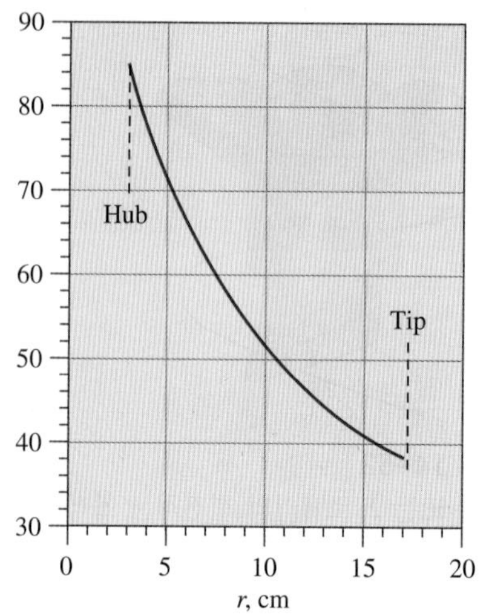

그림 14-55
예제 14-7의 프로펠러에 대해 반경의 함수로 나타낸 블레이드 피치각.

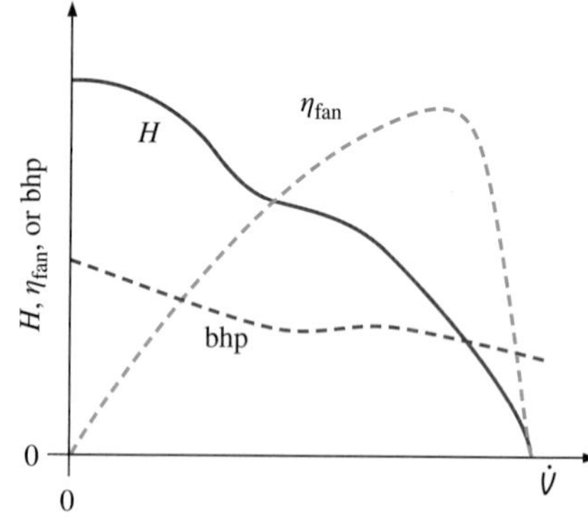

그림 14-56
프로펠러(축류) 팬의 전형적인 **팬 성능 곡선**

항공기 프로펠러는 **가변 피치**(variable pitch)를 갖는데, 이는 허브에 있는 기계적 링크 장치를 통해 블레이드를 회전시켜 전체 블레이드의 피치를 조정할 수 있다는 것을 의미한다. 예를 들어, 프로펠러 추진 항공기가 높은 rpm으로 엔진을 예열하며 공항에 멈춰 있을 때 항공기가 움직이기 시작하지 않는 이유는 무엇일까? 물론 브레이크가 걸려 있는 것이 한 가지 이유이다. 그러나 더 중요한 것은 에어포일 단면의 평균 영각이 0°에 가깝게 프로펠러 피치가 조절되어 순 추력(net thrust)이 거의 없다는 것이다. 항공기가 활주로를 향하여 주행할 때는 피치가 조절되어 약간의 추력을 얻는다. 항공기가 이륙하는 동안에는 엔진의 rpm이 높고 프로펠러가 최대 추력을 내도록 블레이드 피치가 조절된다. 많은 경우에 착륙 후 항공기 속도를 줄이기 위해 **역추력**(reverse thrust)을 내도록 피치는 심지어 "후향(backward)"(음의 영각)으로 조절될 수도 있다.

전형적인 프로펠러 팬의 정성적인 성능 곡선을 그림 14-56에 나타내었다. 원심 팬과는 달리 제동마력이 유량에 따라 **감소하는** 경향이 있다. 게다가 효율 곡선이 원심 팬(그림 14-8)에 비해 더 오른쪽으로 치우쳐 있다. 그 결과 최고 효율점보다 높은 체적유량에서는 효율이 급격히 낮아진다. 순 수두 곡선 또한 유량에 따라 계속하여 감소하며(조금은 변동이 있지만), 그 형상은 원심 팬의 경우와 비교하면 크게 다르다. 만약 수두 요구가 크지 않으면 프로펠러 팬은 더 큰 체적유량을 얻기 위하여 최고 효율점을 넘어서 운전될 수 있다. 큰 $\dot{V}$ 값에서는 bhp가 감소하므로, 높은 유량에서 팬이 운전될 때 동력 손실이 없다. 이런 이유로 약간 **크기가 작은**(undersized) 팬을 장착하고 강제로 최고 효율점을 넘기고 싶은 생각도 든다. 다른 극단적인 경우로, 만약 최고 효율점 **이하**로 운전된다면 유동은 소음이 나고 불안정할 수 있는데, 이는 팬이 (필요 이상으로) 너무 **크다**(oversized)는 것을 나타낸다. 이런 이유로 프로펠러 팬은 일반적으로 최고 효율점 또는 이를 약간 상회하는 점에서 운전하는 것이 가장 좋다.

덕트 내에서 유동을 전달하는 용도로 사용될 경우, 단일 임펠러(single-impeller) 축류 팬은 **관축류 팬**(tube-axial fan)이라고 부른다(그림 14-57*a*). 부엌의 배기 팬, 건물의 환기 덕트 팬, 흄 후드(fume hood) 팬, 자동차 라디에이터 냉각 팬 등과 같은 많은 실제적인 축류 팬의 공학적 응용에서, 회전하는 블레이드에 의해 발생하는 선회 유동(그림 14-57*a*)에는 관심이 없다. 그러나 선회 운동과 증가한 난류 강도는 하류로 꽤 멀리까지 지속될 수 있으며, 경우에 따라서 선회류(또는 이에 수반되는 소음과 난류)를 반드시 피해야 하는 응용분야가 있다. 예를 들면, 풍동 장치의 팬, 어뢰용 팬, 몇몇 특수 굴착기축 환기 팬 등이 있다. 선회류를 대체로 제거할 수 있는 두 가지 기본 설계가 있다. 기존의 로터에 **반대방향**으로 회전하는 두 번째 로터를 직렬로 추가하여 한 쌍의 대향회전(counter-rotating) 로터 블레이드를 형성할 수 있는데, 이런 팬을 **대향회전 축류 팬**(counter-rotating axial fan)이라고 한다(그림 14-57*b*). 상류 로터에 의해서 발생된 선회류는 하류 로터에서 발생하는 반대방향의 선회류에 의해 상쇄된다. 다른 방법으로, 회전하는 임펠러의 상류 또는 하류에 한 세트의 **고정자 블레이드**(stator blade)가 추가될 수 있다. 이름에서 알 수 있듯이 고정자 블레이드는 **고정된**(회전하지 않는) 안내깃(guide vane)으로, 단순히 유체의 진행 방향을 바꾼다. 한 세트의 로터 블레이드(**임펠러** 또는 **로터**)와 깃(**고정자**)이라고 하는 한 세트의 고정자 블레이드를 갖는 축류 팬을 **깃축류 팬**(vane-axial fan)이라고 한다(그림 14-57*c*). 깃축류 팬의 고정자 블레이드 설계는 대향회전 축류 팬의 설계에 비하여 훨씬 간단하고, 더 적은 비용으로 적용될 수 있다.

관축류 팬의 하류에서 선회하는 유체는 운동 에너지를 소모하고 강한 난류를 발생시키는데, 깃축류 팬은 이 소모되는 운동 에너지의 일부를 회수하고 난류의 세기를 약하게 한다. 따라서 깃축류 팬은 관축류 팬보다 더 조용하고, 에너지 효율이 더 높다. 적절하게 설계된 대향회전 축류 팬은 더 조용하고, 에너지 효율이 더 높을 수 있다. 더욱이 두 세트의 회전 블레이드가 있으므로 대향회전 설계로 더 높은 압력 상승을 얻을 수 있다. 대향회전 축류 팬의 제작은 물론 더 복잡하며, 2개의 동기화된 모터 또는 기어박스 중 하나가 필요하다.

축류 팬은 벨트로 구동되거나 직접 구동될 수 있다. 직접 구동 깃축류 팬의 모터는 덕트 중간에 장착된다. 모터 지지대를 제공하기 위하여 **고정자 블레이드**를 사용하는 것이 일반적인 방법(또한 좋은 설계)이다. 그림 14-58은 직접구동 깃축류 팬의 사진을 보여주며, 로터 블레이드의 뒤(하류)에 있는 깃축류 팬의 고정자 블레이드를 볼 수 있다. 다른 설계 방법으로 고정자 블레이드를 임펠러의 **상류**에 위치시켜 유체에 **예선회**(preswirl)를 주는 방법이 있다. 그러면 회전하는 임펠러에 의해서 생성되는 선회류가 예선회를 제거한다.

이러한 모든 축류 팬 설계에서 블레이드 형상을 적어도 1차까지 근사하여 설계하는 것은 아주 간단하다. 단순화하기 위하여 에어포일 형상의 블레이드 대신 얇은 블레이드(예를 들어, 금속판으로 만든 블레이드)를 가정한다. 예를 들어, 고정자 블레이드의 상류에 로터 블레이드가 있는 깃축류 팬(그림 14-59)을 고려해 보자. 이 그림에서 로터와 고정자 사이의 거리는 블레이드 사이에 속도 벡터를 나타내기 위하여 과장되었다. 고정자의 허브 반경은 로터의 허브 반경과 같다고 가정하였으며, 따라서 유동의 단면적은 일정하게 유지된다. 앞서 프로펠러에 대하여 한 것처럼 우리가 지금 바라보는 그림의 수직방향으로 지나가는 한 개의 임펠러 블레이드 단면을 고려해 보자. 다수의 블레이드가 존재하므로 다음 블레이드는 바로 뒤따라 지나간다. 선택된 반경 r에서, **블레이드열**(blade row) 또는 **익렬**(cascade)이라고 하는 **무한 연속**의 2차원 블레이드들이 지나가는 것으로 2차원 근사를 한다. 비록 정지되어 있지만, 고정자 블

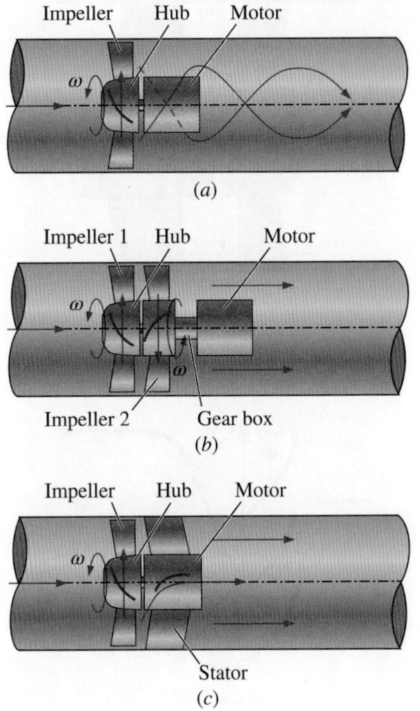

그림 14-57
관축류 팬은 (*a*) 배출되는 유체에 선회류(swirl) 주는 반면에 (*b*) **대향회전 축류 팬** 및 (*c*) **깃축류 팬**은 선회류를 제거하기 위하여 설계된다.

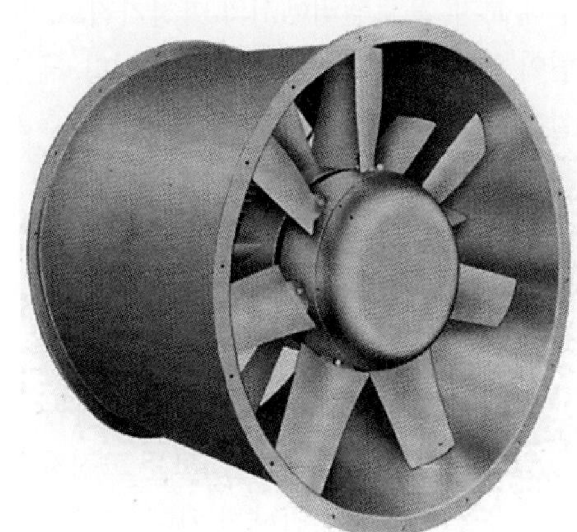

그림 14-58
축류 팬. 선회류를 줄이고 효율을 개선하기 위한 고정자 블레이드를 갖는 직접 구동 깃축류 팬

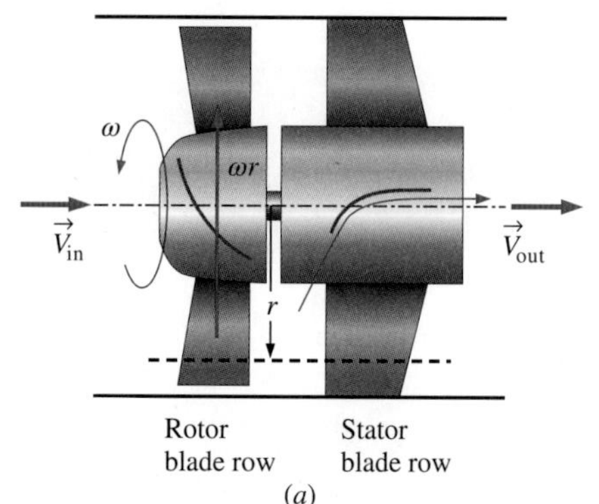

(a)

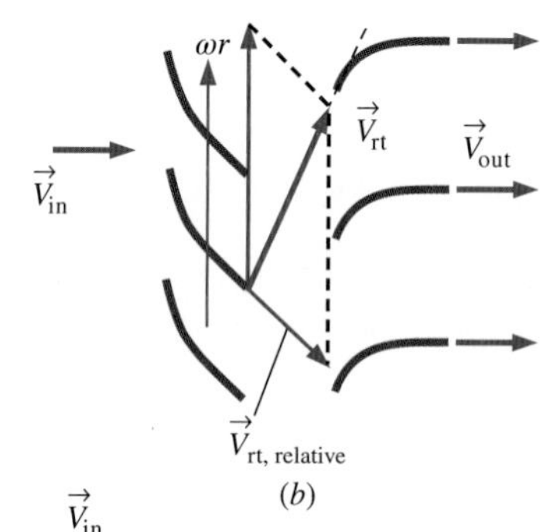

(b)

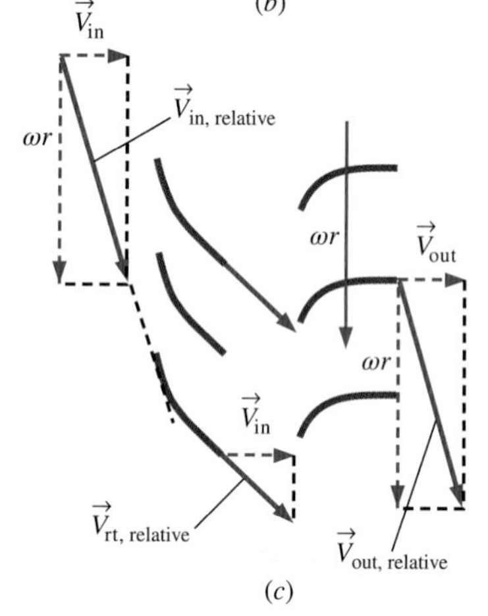

(c)

그림 14–59
2차원 블레이드열 근사를 이용한 반경 *r*에서의 깃축류 팬 해석. (*a*) 전체 모습, (*b*) 절대좌표. (*c*) 회전하는 로터 블레이드(임펠러)에 대한 상대좌표

레이드에 대해서도 유사한 가정을 한다. 두 블레이드열을 그림 14-59에 나타내었다.

그림 14-59*b*는 절대좌표, 즉 고정된 관찰자가 깃축류 팬에서 수평으로 보는 좌표로 나타낸 속도 벡터들을 보여 주고 있다. 유동은 수평(축)방향 속도 V_{in}으로 왼쪽에서 들어온다. 그림에 나타낸 것처럼 로터 블레이드열은 일정한 속도 ωr로 이 좌표계의 수직 윗방향으로 움직인다. 유동은 이 움직이는 블레이드에 의해 방향이 전환되고, 그림 14-59*b*의 벡터 $\vec{V}_{rt}$와 같이 상향으로 그리고 오른쪽으로 블레이드의 후단을 빠져나간다(하첨자 표기는 로터 후단을 의미한다). $\vec{V}_{rt}$의 크기와 방향을 구하기 위하여 블레이드열과 벡터들을 **상대**좌표(회전하는 로터 블레이드의 좌표)로 그림 14-59*c*에 다시 나타내었다. 이 좌표는 모든 속도 벡터에서 로터 블레이드 속도를 빼서(수직 하방을 가리키고 있는 크기가 ωr인 벡터를 더하여) 얻어진다. 그림 14-59*c*에서 보여 주는 것처럼 로터 블레이드 선단 대한 상대속도 벡터는 $\vec{V}_{in,\ relative}$이며, $\vec{V}_{in}$과 크기가 ωr인 하향 벡터의 벡터합으로 계산된다. 이 단면에서 $\vec{V}_{in,\ relative}$가 로터 블레이드 선단에 평행(접선방향)이 되도록 로터 블레이드의 피치를 조정한다.

유동은 로터 블레이드에 의해 방향이 전환된다. 유동이 그림 14-59*c*의 $\vec{V}_{rt,\ relative}$와 같이 블레이드 후단에 평행하게(상대좌표로부터) 로터 블레이드를 떠난다고 가정하자. 또한 질량 보존을 위해 $\vec{V}_{rt,\ relative}$의 수평(축) 성분은 반드시 $\vec{V}_{in}$과 같아야 한다는 것을 알고 있다. 여기서 유동은 비압축이고 그림 14-59의 지면에 수직인 유동 면적은 일정하다고 가정한 것에 유의하자. 따라서 속도의 축방향 성분은 어디에서나 V_{in}과 같아야만 한다. 이 정보는 벡터 $\vec{V}_{rt,\ relative}$의 크기를 결정하며, 이는 $\vec{V}_{in,\ relative}$의 크기와 같지 않다. 그림 14-59*b*의 절대좌표로 되돌아와서, 절대 속도 $\vec{V}_{rt}$는 $\vec{V}_{rt,\ relative}$와 크기가 ωr인 수직 상향 벡터의 벡터합으로 계산된다.

마지막으로 고정자 블레이드는 $\vec{V}_{rt}$가 고정자 블레이드 선단에 평행하도록 설계된다. 이번에는 고정자 블레이드에 의해서 유동의 방향이 다시 한번 전환된다. 고정자 블레이드의 후단은 수평이며, 따라서 유동은 축방향으로 빠져나간다(어떤 선회류도 없다). 만약 비압축성 유동과 지면에 수직인 일정한 유동 단면을 가정하면 질량 보존에 따라 최종 유출 속도는 반드시 유입 속도와 같아야 한다. 다시 말하면 $\vec{V}_{out} = \vec{V}_{in}$이다. 전체를 완성하기 위해, 그림 14-59*c*에 상대좌표에서의 유출 속도를 나타내었다. 또한 $\vec{V}_{out,\ relative} = \vec{V}_{in,\ relative}$임을 알 수 있다.

이제 허브에서 끝단까지 **모든** 반경에 대하여 이와 같은 해석을 반복하는 것을 상상해 보자. 프로펠러에서와 마찬가지로, 반경에 따라 ωr값이 증가하므로 약간의 **뒤틀림**이 있는 블레이드를 설계할 것이다. 금속판 블레이드 대신에 에어포일을 사용하면 설계 조건에서의 효율을 약간 개선할 수 있으며, 설계 조건에서 벗어난 조건에서 이 개선 효과는 더 두드러진다.

만약 깃축류 팬에서 7개의 로터 블레이드가 있다면 몇 개의 고정자 블레이드가 있어야만 할까? 먼저 7개가 되면 고정자와 로터가 조화를 이룰 것이라고 말할지 모르지만, 이는 매우 좋지 않은 설계가 된다! 왜 그럴까? 그 이유는 로터의 한 블레이드가 한 개의 고정자 블레이드 앞을 지나가는 그 순간에 나머지 6개의 블레이드에서도 같은 일이 일어나기 때문이다. 모든 고정자 블레이드는 로터 블레이드 후류(wake)의 교란된 유동을 동시에 만나게 된다. 그 결과로 유동이 맥동하고, 소음이 발생하며, 전체 장치가 심하게 진동할 수 있다. 그 대신에 고정자 블레이드의 수를 로터 블레이드 수와 **공통분모를 갖지 않도록** 선택하는 것이 실제로 좋은 설계가 된다. 로터와 고정자의 블레이드 수를 7과 8, 7과 9, 6과 7, 9와 11처럼 조합하는 것이 좋은 선택이다. 8과 10(공통분모 2) 또는 9와 12(공통분모 3)와 같은 조합은 **좋지 않은** 선택이다.

전형적인 깃축류 팬의 성능 곡선을 그림 14-60에 나타내었다. 일반적인 형상은 프로펠러 팬의 성능 곡선(그림 14-56)과 매우 비슷하며, 앞의 설명을 참고하기를 바란다. 결국 유동을 곧게 하고 성능 곡선을 부드럽게 하는 고정자 블레이드를 추가하는 것을 제외하면, 깃축류 팬은 실제로 프로펠러 팬 또는 관축류 팬과 같다.

그림 14-60
깃축류 팬의 전형적인 팬 성능 곡선

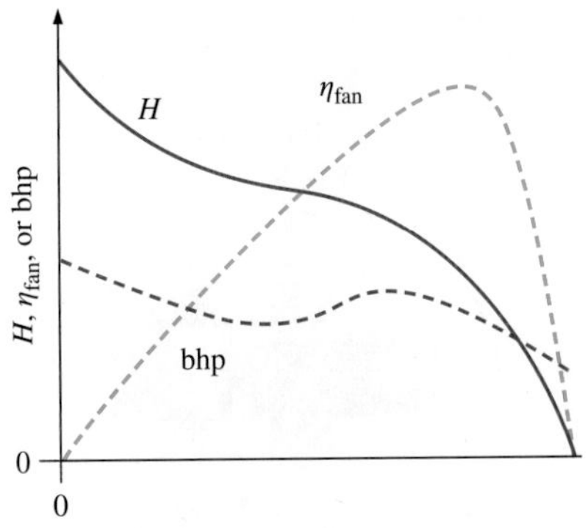

앞서 설명한 것처럼 축류 팬은 높은 체적유량을 송출하지만 압력 상승이 상당히 작다. 어떤 응용분야는 큰 유량**과** 높은 압력 상승을 모두 요구한다. 이런 경우에는 몇 개의 고정자-로터 쌍을 **직렬로** 결합할 수 있으며, 일반적으로 공통 축과 허브를 갖는다(그림 14-61). 이처럼 두 개 또는 그 이상의 로터-고정자 쌍이 결합된 경우 이를 **다단축류 펌프**(multistage axial-flow pump)라고 한다. 그림 14-59와 유사한 블레이드열 해석을 연속되는 각 단계에 적용한다. 그러나 압축성 효과로 인해, 그리고 허브에서 끝단으로 유동 면적이 일정하게 유지되지 않을 수 있어서 상세한 해석은 복잡해질 수 있다. 예를 들면, **다단축류 압축기**에서는 하류에서 유동 면적이 감소한다. 공기가 점점 압축될수록 연속되는 각 단의 블레이드는 점점 더 작아진다. **다단축류 터빈**에서는 일반적으로 연속되는 터빈 각 단에서 압력 손실이 발생함에 따라 하류에서 유동 면적이 **증가한다**.

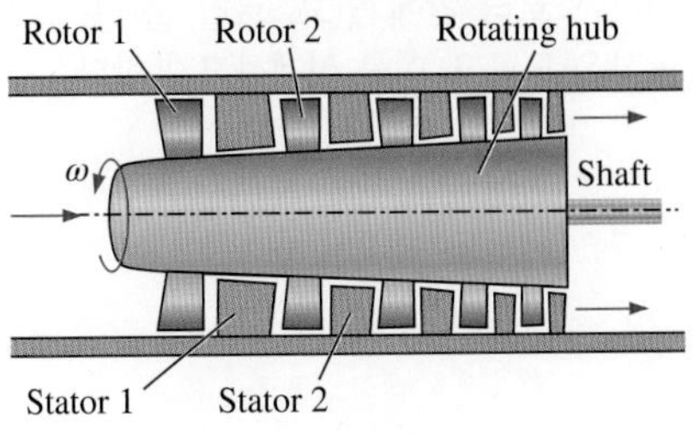

그림 14-61
둘 또는 그 이상의 로터-고정자 쌍으로 구성된 다단 축류 펌프

다단축류 압축기와 다단축류 터빈을 이용하는 터보기계의 예로 잘 알려진 것은 최신 상업용 항공기에 동력을 공급하는 데 사용되는 **터보팬 엔진**이다. 그림 14-62는 터보팬 엔진의 단면 개략도를 보여 준다. 일부 공기가 팬을 통과하고, 이는 프로펠러와 매우 흡사하게 추력을 발생시킨다. 나머지 공기는 저압 압축기, 고압 압축기, 연소실, 고압 터빈, 마지막으로 저압 터빈을 통과한다. 그런 다음 공기와 연소 생성물이 고속으로 배출되면서 더 큰 추력을 제공한다. 전산유체역학(CFD) 코드는 이와 같은 복

그림 14-62
다단 축류 터보기계의 예인 터보팬 엔진의 단면 개략도
© Shutterstock/Andrii Stepaniuk

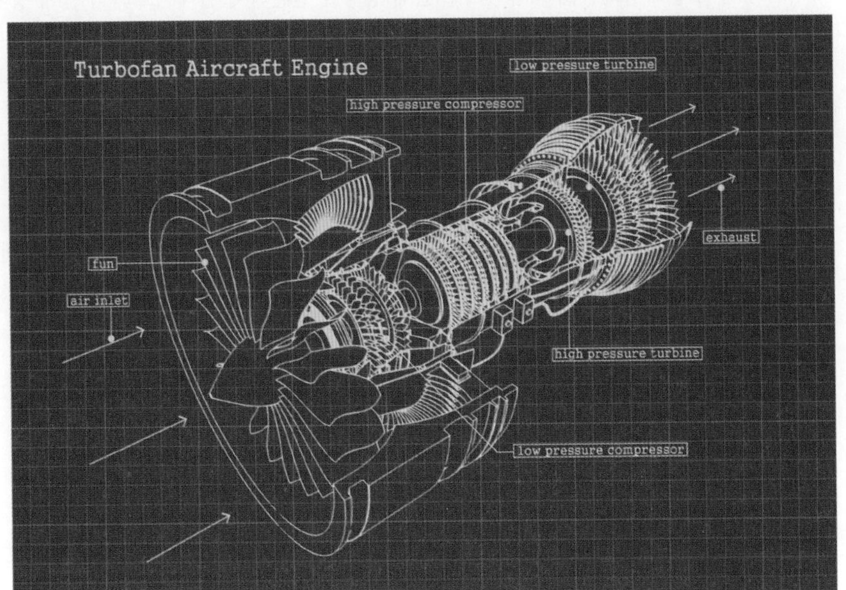

잡한 터보기계의 설계에 매우 유용하다(15장).

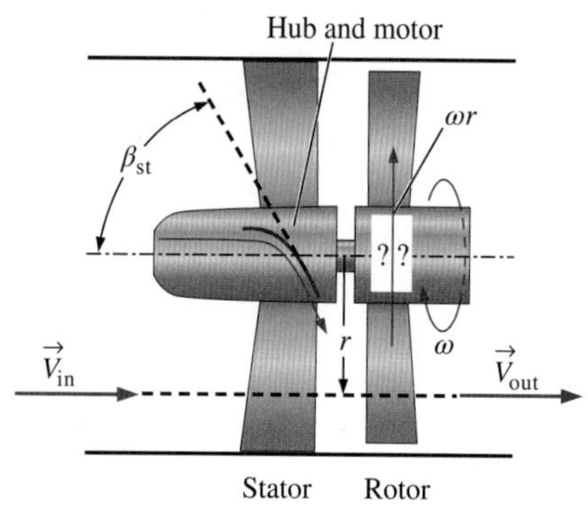

그림 14-63
예제 14-8의 깃축류 팬에 대한 개략도, 고정자가 로터 앞에 있고, 로터 블레이드의 형상은 모르고, 이를 설계하고자 한다.

예제 14-8 풍동용 깃축류 팬의 설계

풍동에 동력을 공급하기 위하여 깃축류 팬을 설계하고 있다. 팬의 하류에서는 유동에 어떤 선회류도 없어야 한다. 우연히 팬으로 날아 들어오는 물체에 의한 임펠러 손상을 방지하기 위하여 고정자 블레이드가 로터 블레이드의 **상류에** 있어야만 한다고 결정하였다(그림 14-63). 비용을 절감하기 위하여 고정자와 로터 블레이드는 모두 금속판으로 제작될 예정이다. 그림에서와 같이 고정자 블레이드 각각의 선단은 축방향으로 정렬되고($\beta_{sl}=0.0°$), 후단은 축으로부터 $\beta_{st}=60.0°$의 각도를 갖는다(하첨자 "sl"은 고정자 선단, "st"는 고정자 후단을 의미한다). 고정자 블레이드의 수는 16개이다. 설계 조건에서 블레이드를 통과하는 축류 속도는 47.1 m/s이고, 임펠러는 1750 rpm으로 회전한다. 반경 $r=0.40$ m에서 로터 블레이드의 선단각과 후단각을 계산하고, 블레이드의 형상을 그려라. 몇 개의 로터 블레이드가 있어야만 하는가?

풀이 주어진 유동 조건과 주어진 반경에서 고정자 블레이드 형상에 대해 로터 블레이드를 설계하고자 한다. 구체적으로 로터 블레이드의 선단각과 후단각을 계산하고, 그 형상을 그린다. 또한 몇 개의 로터 블레이드로 구성해야 하는지를 결정하고자 한다.

가정 **1** 공기는 비압축성에 가깝다. **2** 허브와 끝단 사이의 유동 면적은 일정하다. **3** 2차원 블레이드열 해석이 타당하다.

해석 먼저 고정자 블레이드의 익렬(블레이드열)에 대한 2차원 근사를 이용하여 절대좌표에서 고정자를 통과하는 유동을 해석한다(그림 14-64). 유동은 축방향(수평)으로 들어오고, 방향이 60.0° 하향으로 전환된다. 질량 보존을 위해서 속도의 축방향 성분은 반드시 일정하게 유지되어야 하므로 고정자의 후단을 떠나는 속도 $\vec{V}_{st}$의 크기는 다음처럼 계산된다.

$$V_{st} = \frac{V_{in}}{\cos\beta_{st}} = \frac{47.1\text{ m/s}}{\cos(60.0°)} = 94.2\text{ m/s} \quad \textbf{(1)}$$

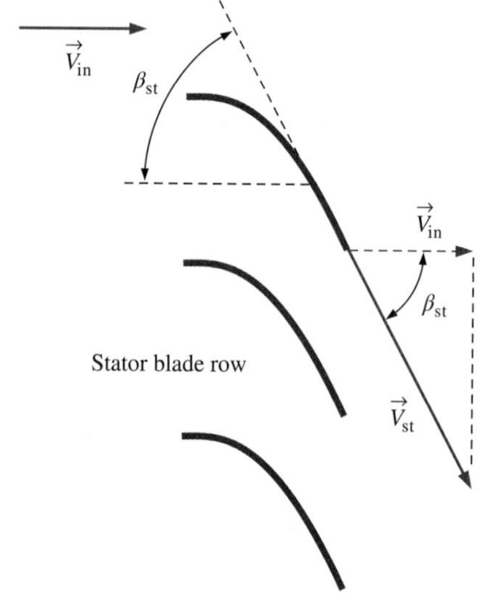

그림 14-64
예제 14-8의 깃축류 팬의 고정자 블레이드열의 속도 벡터 해석, 절대좌표

$\vec{V}_{st}$의 방향은 고정자 후단 방향이라고 가정한다. 다시 말하면 그림 14-64에서 보이는 것처럼 유동이 블레이드열을 지나서 부드럽게 방향을 전환하여 블레이드의 후단에 평행하게 나간다고 가정한다.

$\vec{V}_{st}$를 로터 블레이드를 따라 회전하는 **상대**좌표로 변환한다. 반경 0.40 m에서 로터 블레이드의 접선 속도는

$$u_\theta = \omega r = (1750\text{ rot/min})\left(\frac{2\pi\text{ rad}}{\text{rot}}\right)\left(\frac{1\text{ min}}{60\text{ s}}\right)(0.40\text{ m}) = 73.30\text{ m/s} \quad \textbf{(2)}$$

그림 14-63에서 로터 블레이드열이 상향으로 움직이므로, $\vec{V}_{st}$를 그림 14-65에 나타낸 회전하는 좌표로 전환하기 위하여 크기가 식 (2)로 주어진 **하향** 속도를 더한다. 로터의 선단각 β_{rl}은 삼각법을 이용하여 계산된다.

$$\begin{aligned}\beta_{rl} &= \arctan\frac{\omega r + V_{in}\tan\beta_{st}}{V_{in}}\\ &= \arctan\frac{(73.30\text{ m/s}) + (47.1\text{ m/s})\tan(60.0°)}{47.1\text{ m/s}} = 73.09° \quad \textbf{(3)}\end{aligned}$$

이제 공기는 절대좌표에서 0°로(축방향으로 선회류 없음) 로터 블레이드 후단을 떠나도록

로터 블레이드에서 방향 전환을 하여야 한다. 이는 로터의 후단각 β_{rt}를 결정한다. 구체적으로, 크기가 ωr인 **상향** 속도(식 2)를 로터의 후단에서 나오는 상대 속도 $\vec{V}_{strt,\ relative}$에 더할 경우 절대좌표로 다시 돌아가서 로터 후단을 떠나는 속도 $\vec{V}_{rt}$를 얻는다. 속도 $\vec{V}_{rt}$는 반드시 축방향(수평)이어야만 한다. 더욱이 비압축성 유동을 가정하였으므로 질량 보존을 위하여 $\vec{V}_{rt}$는 반드시 $\vec{V}_{in}$과 같아야 한다. 이 절차를 역순으로 진행하여 그림 14-66에 $\vec{V}_{rt,\ relative}$를 그린다. 삼각법으로부터

$$\beta_{rt} = \arctan\frac{\omega r}{V_{in}} = \arctan\frac{73.30\ \text{m/s}}{47.1\ \text{m/s}} = 57.28° \qquad \textbf{(4)}$$

이 반경에서 로터 블레이드는 약 **73.1°**의 선단각(식 3)과 약 **57.3°**의 후단각(식 4)을 갖는다고 결론짓는다. 이 반경에서 로터 블레이드의 그림이 그림 14-65에 나타나 있으며, 전체 곡률이 작고, 선단에서 후단까지 16° 이내에서 변한다.

마지막으로, 고정자 블레이드의 후류와 로터 블레이드 선단의 상호작용을 방지하기 위하여 로터 블레이드 수를 고정자 블레이드 수와 공통분모를 갖지 않도록 선택한다. 고정자 블레이드 수가 16이므로 로터 블레이드의 수는 **13, 15, 17**과 같은 수를 고른다. 블레이드 수 14를 선택하는 것은 16과 공통분모 2를 공유하므로 적절하지 않을 것이다. 블레이드 수 12의 선택은 공통분모로 2와 4를 둘 다 공유하므로 더 나쁠 것이다.

토의 로터 전체의 설계를 완성하기 위하여 이 계산을 허브에서 끝단까지 모든 반경에 대하여 반복할 수 있다. 앞에서 설명한 것처럼 비틀림이 있을 것이다.

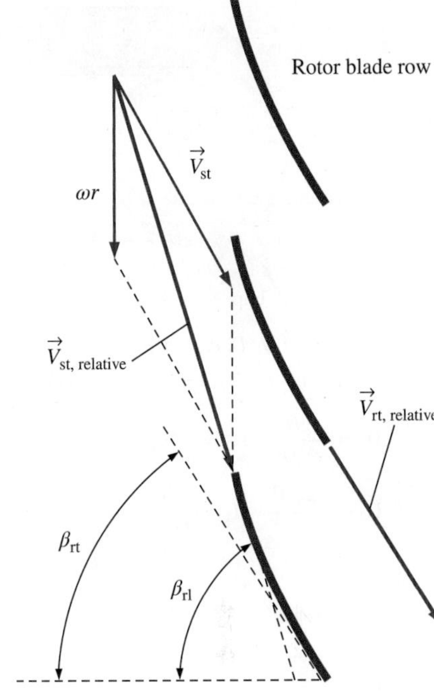

그림 14-65
예제 14-8의 로터 선단에 부딪히는 고정자 후단 속도의 해석, 상대좌표

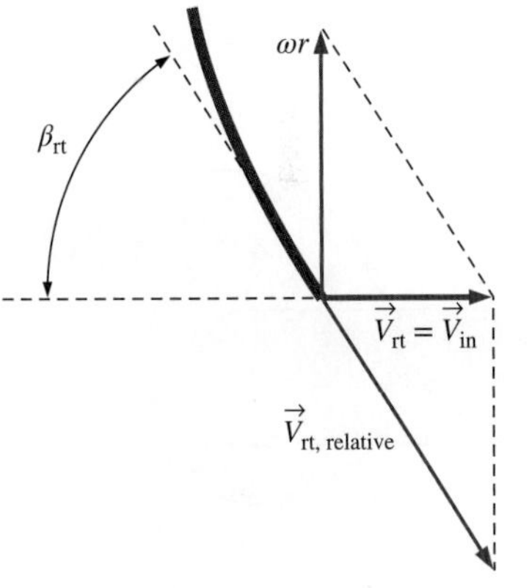

그림 14-66
예제 14-8의 로터 후단 속도 해석, 절대 좌표

14-3 ■ 펌프 축척 법칙

차원해석

터보기계는 **차원해석**(7장)의 가치와 유용성에 대한 매우 실제적인 예를 보여 준다. **반복변수법**을 중력과 순 수두의 곱(gH)과 펌프의 상태량 사이의 관계식에 적용한다. 펌프 상태량의 예로는 체적유량($\dot{V}$), 일반적으로 임펠러 블레이드의 직경(D)으로 정해지는 어떤 특성 길이, 블레이드 표면조도 높이(ε), 임펠러 회전 속도(ω) 등이 있으며, 밀도(ρ)와 점성계수(μ) 같은 유체의 상태량도 포함된다. 이때 그룹 gH를 하나의 변수로 처리한다는 점에 유의하자. 그림 14-67은 무차원 Pi 그룹들을 보여 주며, 그 결과는 무차원 매개변수를 포함하는 다음의 관계식이다.

$$\frac{gH}{\omega^2 D^2} = \text{function of}\left(\frac{\dot{V}}{\omega D^3},\ \frac{\rho\omega D^2}{\mu},\ \frac{\varepsilon}{D}\right) \qquad \textbf{(14-28)}$$

같은 변수들의 함수로서 입력 제동마력에 대해 유사한 해석을 하면 다음을 얻는다.

$$\frac{\text{bhp}}{\rho\omega^3 D^5} = \text{function of}\left(\frac{\dot{V}}{\omega D^3},\ \frac{\rho\omega D^2}{\mu},\ \frac{\varepsilon}{D}\right) \qquad \textbf{(14-29)}$$

여기서 ωD가 특성 속도이므로, 식 (14-28)과 (14-29)의 우변에 나타나는 두 번째 무차원 매개변수(또는 Π 그룹)는 명백히 **Reynolds 수**이다.

$$\text{Re} = \frac{\rho\omega D^2}{\mu}$$

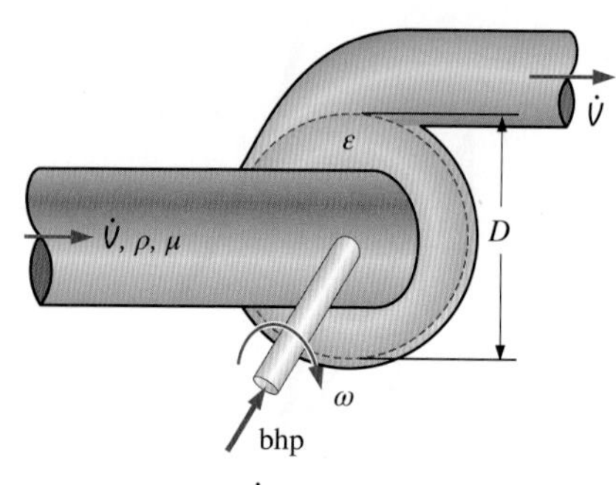

$$gH = f(\dot{V}, D, \varepsilon, \omega, \rho, \mu)$$
$k = n - j = 7 - 3 = 4$ Π's expected.

$$\Pi_1 = \frac{gH}{\omega^2 D^2} \quad \Pi_2 = \frac{\dot{V}}{\omega D^3}$$

$$\Pi_3 = \frac{\rho \omega D^2}{\mu} \quad \Pi_4 = \frac{\varepsilon}{D}$$

그림 14-67
펌프의 차원해석

우변의 세 번째 Π는 **무차원 조도 매개변수**이다. 이 두 식에서 세 가지의 새로운 무차원 그룹들에 대하여 다음의 기호와 이름이 주어진다.

무차원 펌프 매개변수들:

$$C_H = \text{수두계수} = \frac{gH}{\omega^2 D^2}$$
$$C_Q = \text{용량계수} = \frac{\dot{V}}{\omega D^3} \qquad \textbf{(14-30)}$$
$$C_P = \text{동력계수} = \frac{\text{bhp}}{\rho \omega^3 D^5}$$

용량계수의 기호에서 하첨자 Q에 유의하자. 이는 많은 유체역학 및 터보기계 교재에서 펌프를 통과하는 체적유량에 대한 용어로 $\dot{V}$ 대신에 Q를 사용한 것에서 왔다. 본 교재에서는 열전달과 혼동을 피하기 위해 체적유량에 $\dot{V}$를 사용하였지만, 터보기계 분야에서의 관습과 일관성을 위해서 C_Q를 사용한다.

액체를 이송하는 경우 공동현상이 우려될 수 있으며, 요구 유효 흡입 수두와 관련된 다른 무차원 매개변수가 필요하다. 다행히 둘 다 동일한 차원(길이)을 갖기 때문에 차원해석에서 H 자리에 $\text{NPSH}_{\text{required}}$를 단순히 대입할 수 있다. 그 결과는 다음과 같다.

$$\text{Suction head coefficient} = \frac{g\text{NPSH}_{\text{required}}}{\omega^2 D^2} \qquad \textbf{(14-31)}$$

필요하다면 블레이드 끝단과 펌프 하우징 사이의 간극 두께와 블레이드 두께 등과 같은 다른 변수들도 차원해석에 추가될 수 있다. 다행히 이 변수들은 일반적으로 그다지 중요하지 않으며, 여기에서는 고려하지 않는다. 사실, 간극 두께, 블레이드 두께, 표면조도가 기하학적으로 비례하지 않는다면 두 펌프는 엄밀한 의미에서 **기하학적 상사**를 만족하지 않는다고 할 수도 있다.

식 (14-28)과 (14-29)처럼 차원해석으로 유도된 관계식은 다음과 같이 해석될 수 있다. 만약 두 펌프 A와 B가 **기하학적 상사**이고(두 펌프의 크기가 다름에도 불구하고 펌프 A가 펌프 B에 기하학적으로 비례하고) **독립적인** Π들이 서로 같다면(이 경우 $C_{Q,\text{A}} = C_{Q,\text{B}}$, $\text{Re}_\text{A} = \text{Re}_\text{B}$, $\varepsilon_\text{A}/D_\text{A} = \varepsilon_\text{B}/D_\text{B}$라면), **종속적인** Π 또한 서로 같다는 것이 보장된다. 특히, 식 (14-28)로부터 $C_{H,\text{A}} = C_{H,\text{B}}$이고, 식 (14-29)로부터 $C_{P,\text{A}} = C_{P,\text{B}}$이다. 만약 이와 같은 조건이 성립되면, 두 펌프는 **역학적으로 상사하다**고 한다(그림 14-68). 역학적 상사를 얻은 경우, 펌프 A의 펌프 성능 곡선상의 운전점과 이에 대응하는 펌프 B의 펌프 성능 곡선상의 운전점은 **상응하다**(homologous)고 한다.

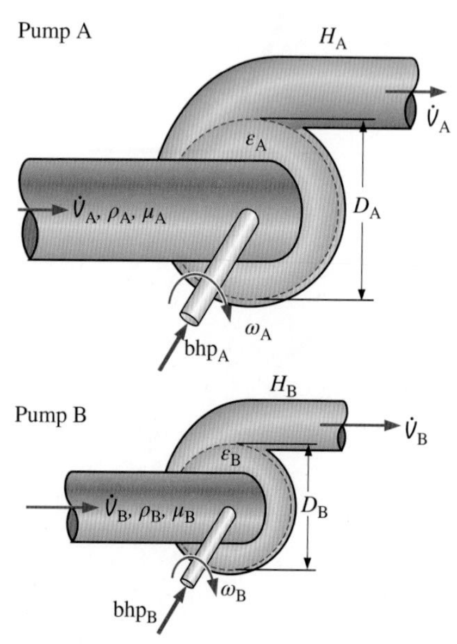

그림 14-68
차원해석은 두 개의 **기하학적으로 상사한** 펌프의 축적에 유용하다. 만약 펌프 A의 모든 무차원 펌프 매개변수가 펌프 B와 같다면 펌프는 **역학적으로 상사하다**.

3개의 독립 무차원 매개변수 모두가 같아야 한다는 요구 조건은 어느 정도 완화될 수 있다. 만약 펌프 A와 펌프 B의 Reynolds 수가 모두 수 천 이상이면 펌프 내부에 난류 유동이 존재한다. 난류 유동에서는 만약 Re_A와 Re_B의 값이 같지는 않더라도 크게 다르지 않다면 두 펌프 사이의 역학적 상사는 여전히 합리적인 근사가 된다. 이런 운이 좋은 조건은 **Reynolds 수 독립**(Reynolds number independence) 때문이다(7장, 만약 펌프가 **층류** 영역 또는 작은 Re에서 운전되면 일반적으로 Reynolds 수는 반드시 척도 매개변수로 남아 있어야만 한다는 것에 유의하라). 대부분의 실제 터보기계의 공학적 해석에서 매우 작은 펌프에서 매우 큰 펌프로(또는 그 반대로) 축척하는 것과 같이, 조도의 차이가 큰 경우가 아니면 조도 매개변수 차이의 효과도 역시 작다. 그러므로 많은 실제 문제에서 Re와 ε/D 효과를 모두 무시할 수 있다. 그러면 식 (14-28)과 (14-29)는 다음와 같이 간단해진다.

$$C_H \cong \text{function of } C_Q \qquad C_P \cong \text{function of } C_Q \tag{14-32}$$

항상 그런 것처럼 차원해석으로 식 (14-32)의 함수 관계식 **형태**를 예측할 수는 없다. 그러나 일단 특정 펌프에 대하여 이런 관계식들이 얻어지면 서로 다른 직경을 가지고, 다른 회전 속도와 유량으로 운전되며, 심지어는 다른 밀도와 점성의 유체를 가지고 운전되는 기하학적 상사가 있는 펌프들에 대하여 이를 일반화할 수 있다.

펌프 효율에 대한 식 (14-5)를 식 (14-30)의 무차원 매개변수의 함수로 변환하면,

$$\eta_{\text{pump}} = \frac{\rho(\dot{V})(gH)}{\text{bhp}} = \frac{\rho(\omega D^3 C_Q)(\omega^2 D^2 C_H)}{\rho\omega^3 D^5 C_P} = \frac{C_Q C_H}{C_P} \cong \text{function of } C_Q \tag{14-33}$$

η_{pump}는 이미 무차원이므로 그 자체로 또 다른 무차원 펌프 매개변수가 된다. 식 (14-33)은 η_{pump}가 세 개의 다른 Π들의 조합으로 얻을 수 있다는 것을 보여 주므로 η_{pump}는 펌프의 축척에 반드시 **필요하지는 않다**. 하지만 η_{pump}는 분명히 **유용한** 매개변수다. C_H, C_P, η_{pump}는 단지 C_Q만의 함수로 근사되므로 종종 이 세 매개변수를 같은 선도에 C_Q의 함수로 나타내어 **무차원 펌프 성능 곡선** 세트를 만든다. 그림 14-69에 전형적인 원심 펌프의 예가 주어져 있다. 물론 다른 종류의 펌프에서는 곡선 형상이 다르게 될 것이다.

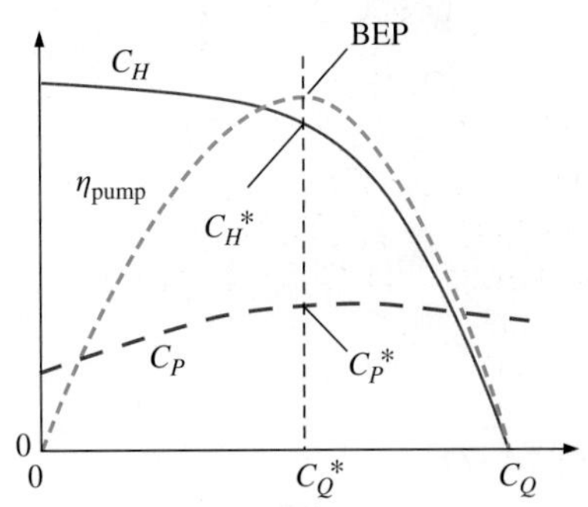

그림 14–69
무차원 펌프 매개변수로 도시할 경우, 기하학적으로 상사한 펌프군의 모든 펌프 성능 곡선은 한 세트의 **무차원 펌프 성능 곡선**으로 나타난다. 최고 효율점의 값은 별표(*)로 나타내었다.

실물 크기의 원형이 모형보다 매우 클 경우(그림 14-70)에는 식 (14-32)와 (14-33)의 단순화된 상사 법칙이 맞지 않으며, 일반적으로 원형의 성능이 **더 좋다**. 여기에는 몇 가지 이유가 있다. 원형 펌프는 종종 실험실에서는 얻을 수 없는 높은 Reynolds 수에서 운전된다. Moody 선도로부터 Re에 따라 경계층 두께가 줄어드는 것처럼 마찰계수도 줄어든다는 것을 알고 있다. 따라서 펌프 크기의 증가에 따라 경계층이 임펠러를 통과하는 유동 경로에서 더 적은 부분만을 점유하기 때문에 점성 경계층의 영향이 덜 중요해진다. 또한 모형 표면이 미세 연마되지 않는 한 원형 임펠러 블레이드 표면의 상대조도(ε/D)가 모형 펌프 블레이드 표면에서의 값보다 매우 작을 수 있다. 마지막으로, 커다란 실물 크기의 펌프는 블레이드 직경에 비하여 작은 끝단 간격을 가지며, 따라서 끝단 손실과 누설이 덜 중요하다. 여러 실험식이 소형 모형과 실물 크기 원형 사이의 효율 증가를 고려하기 위하여 개발되었다. 터빈에 대한 이와 같은 실험식 하나가 Moody(1926)에 의해서 제안되었지만, 이는 펌프에 대해서 1차 보정(first-order correction)으로 사용할 수 있다.

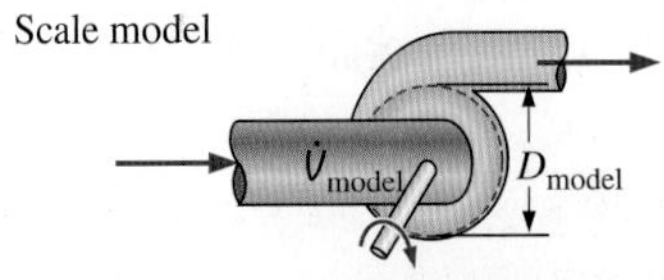

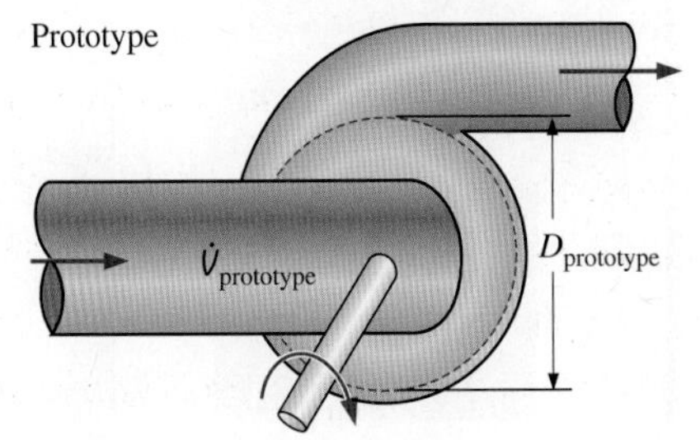

그림 14–70
실물 크기 원형 펌프의 성능을 예측하기 위해서 소형 모형을 시험할 경우 모형에서 측정된 효율은 일반적으로 원형의 효율보다 약간 **낮다**. 식 (14-34)와 같은 실험적 보정식이 펌프 크기에 따른 펌프 효율의 개선을 고려하기 위하여 개발되었다.

펌프에 대한 Moody 효율 보정식:

$$\eta_{\text{pump, prototype}} \cong 1 - (1 - \eta_{\text{pump, model}})\left(\frac{D_{\text{model}}}{D_{\text{prototype}}}\right)^{1/5} \tag{14-34}$$

그림 14-71
펌프 비속도가 무차원 매개변수임에도 불구하고 일관성이 없는 단위 사용으로 인해 펌프 비속도를 차원이 있는 양으로 나타내는 일이 실제로 흔히 발생한다.

펌프 비속도

또 다른 유용한 무차원 매개변수인 **펌프 비속도**(pump specific speed, N_{Sp})는 C_Q와 C_H의 조합으로 만들어진다.

펌프 비속도:
$$N_{Sp} = \frac{C_Q^{1/2}}{C_H^{3/4}} = \frac{(\dot{V}/\omega D^3)^{1/2}}{(gH/\omega^2 D^2)^{3/4}} = \frac{\omega \dot{V}^{1/2}}{(gH)^{3/4}} \tag{14-35}$$

만약 모든 엔지니어들이 단위를 주의 깊게 살펴본다면 N_{Sp}는 항상 무차원 매개변수로 남아 있게 될 것이다. 불행하게도 현장 엔지니어들은 식 (14-35)에 일관성 없는 단위들을 사용하는 것에 익숙하여(그림 14-71), 전혀 문제가 없는 무차원 매개변수 N_{Sp}를 복잡한 차원을 갖는 값으로 전환한다. 어떤 엔지니어는 회전 속도에 대하여 분당 회전수(rpm) 단위를 선호하는 반면에 다른 엔지니어들은 초당 회전수(Hz)를 사용하기 때문에 혼란이 가중된다. 유럽에서는 후자(Hz)가 더 일반적으로 사용된다. 또한 미국의 현장 엔지니어들은 일반적으로 N_{Sp}의 정의에서 중력 상수를 무시한다. 본 교재에서는 차원이 있는 펌프 비속도 형태를 무차원 형태와 구분하기 위하여 N_{Sp}에 하첨자 “Eur” 또는 “US”를 추가한다. 미국에서는 관습적으로 H는 ft 단위로(다루고 있는 유체에 해당하는 액주 높이로 표현되는 순 수두), $\dot{V}$는 분당 갤런(gpm) 그리고 회전율은 ω(rad/s) 대신에 $\dot{n}$(rpm)으로 나타낸다. 식 (14-35)를 사용하여 다음을 정의한다.

펌프 비속도, 관습적 미국 단위:
$$N_{Sp,\,US} = \frac{(\dot{n},\ \text{rpm})(\dot{V},\ \text{gpm})^{1/2}}{(H,\ \text{ft})^{3/4}} \tag{14-36}$$

유럽에서는 관습적으로 H는 m 단위로(식에 $g = 9.81\ \text{m/s}^2$을 포함하기 위해서), $\dot{V}$는 m^3/s, 회전율 $\dot{n}$은 ω(rad/s) 또는 $\dot{n}$(rpm) 대신에 초당 회전수(Hz)로 나타낸다. 식 (14-35)를 이용하면 다음이 정의된다.

펌프 비속도, 관습적 유럽 단위:
$$N_{Sp,\,Eur} = \frac{(\dot{n},\ \text{Hz})(\dot{V},\ \text{m}^3/\text{s})^{1/2}}{(gH,\ \text{m}^2/\text{s}^2)^{3/4}} \tag{14-37}$$

독자의 편리를 위해서 이 세 가지 형태의 펌프 비속도 사이의 변환을 그림 14-72에 환산비로 나타내었다. 현장 엔지니어가 되었을 때, 비록 항상 분명하지는 않을 수 있지만, 어떤 펌프 비속도가 사용되고 있는지 인식하는 데 많은 신경을 쓸 필요가 있을 것이다.

기술적으로 펌프 비속도는 어떤 운전 조건에도 적용할 수 있으며, 단지 또 다른 C_Q의 함수가 될 것이다. 그러나 이것이 펌프 비속도의 일반적인 사용법은 아니다. 그 대신에 **단지 하나의 운전점**, 즉 펌프의 최고 효율점(BEP)에서 펌프의 비속도를 정의하는 것이 일반적이다. 그 결과 펌프의 특성이 하나의 숫자로 나타난다.

펌프 비속도는 펌프의 최적 조건(최고 효율점)에서 펌프의 운전 특성을 나타내기 위하여 사용되며, 이 값은 펌프의 예비 선정 및 설계에 유용하다.

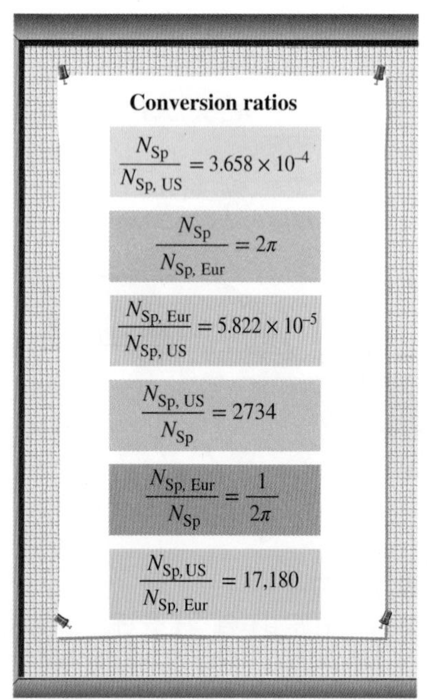

그림 14-72
무차원, 관습적인 미국식, 관습적인 유럽식으로 정의된 펌프 비속도 사이의 변환. 수치값들을 유효숫자 4자리로 나타내었다. $N_{Sp,\,US}$로 변환에서 표준 중력가속도를 가정한다.

그림 14-73에 나타낸 것처럼 원심 펌프는 N_{Sp} 값 1 근처에서 최적의 성능을 보이지만, 혼류와 축류 펌프는 각각 N_{Sp} 값 2와 5 부근에서 최고 성능을 나타낸다. 만약 N_{Sp} 값이 약 1.5보다 작다면 원심 펌프가 가장 좋은 선택이라는 것을 알 수 있다. 만약 N_{Sp}

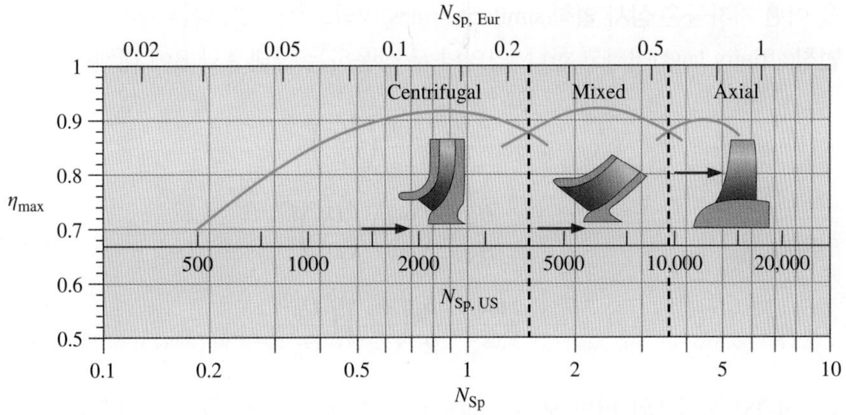

그림 14-73
세 가지의 주요한 동역학적 펌프에 대하여 펌프 비속도의 함수로 나타낸 최고 효율. 수평 눈금들은 무차원 펌프 비속도(N_{Sp}), 미국 관습 단위의 펌프 비속도($N_{Sp,\, US}$), 유럽 관습 단위의 펌프 비속도($N_{Sp,\, Eur}$)를 나타낸다.

값이 1.5와 3.5 사이에 있다면 혼류 펌프가 더 좋은 선택이다. N_{Sp} 값이 약 3.5 이상일 때에는 반드시 축류 펌프가 사용되어야 한다. 이 범위들이 그림 14-73에 N_{Sp}, $N_{Sp,\, US}$, $N_{Sp,\, Eur}$의 값으로 표시되었다. 참고로 이 도표에는 블레이드 형태의 그림들도 같이 나타내었다.

예제 14-9 펌프의 예비 설계를 위한 펌프 비속도의 이용

상온에서 320 gpm로 휘발유를 이송하기 위한 펌프를 설계하고 있다. 요구되는 순 수두는 23.5 ft(휘발유 기준)이다. 이미 펌프축은 1170 rpm으로 회전하기로 정해져 있다. 펌프 비속도를 무차원 형태와 관습적 미국 단위의 두 가지로 계산하라. 결과를 바탕으로 어떤 종류의 동역학적 펌프가 이 경우에 가장 적합한지를 결정하라.

풀이 펌프 비속도를 계산하고, 이 특정한 경우에 대하여 원심 펌프, 혼류 펌프, 축류 펌프 중 어느 것이 최선의 선택인지 알아보고자 한다.

가정 **1** 펌프는 최고 효율점 부근에서 운전된다. **2** 펌프 비속도 대 최대 효율 곡선은 그림 14-73을 비교적 잘 따른다.

해석 먼저 펌프 비속도를 관습적 미국 단위로 계산하면,

$$N_{Sp,\, US} = \frac{(1170 \text{ rpm})(320 \text{ gpm})^{1/2}}{(23.5 \text{ ft})^{3/4}} = \mathbf{1960} \tag{1}$$

그림 14-72에 주어진 환산계수를 사용하여 정규화된 펌프 비속도로 전환하면,

$$N_{Sp} = N_{Sp,\, US}\left(\frac{N_{Sp}}{N_{Sp,\, US}}\right) = 1960(3.658 \times 10^{-4}) = \mathbf{0.717} \tag{2}$$

식 (1) 또는 (2)를 사용하면, 그림 14-73은 원심 펌프가 가장 적절한 선택이라는 것을 보여준다.

토의 이 계산에서 유체의 상태량을 전혀 사용하지 않았다는 것에 유의하라. 물과 같은 어떤 다른 액체가 아니라 휘발유를 이송하고 있다는 사실은 상관이 없다. 그러나 펌프의 구동에 요구되는 제동마력은 유체의 밀도에 영향을 받는다.

친화 법칙

기하학적 상사와 역학적 상사 모두를 만족하는 두 펌프를 관련짓는 데 유용한 무차원 그룹을 유도하였다. 상사 관계식은 **비율**(ratio)로 요약하는 것이 편리하다. 이 관계식

을 어떤 저자들은 **상사 법칙**(similarity rules)이라고 하지만, 다른 저자들은 이를 **친화 법칙**(affinity laws)이라고 한다. 임의의 두 상응하는 상태 A와 B에 대해서

$$\frac{\dot{V}_B}{\dot{V}_A} = \frac{\omega_B}{\omega_A}\left(\frac{D_B}{D_A}\right)^3 \quad \textbf{(14-38a)}$$

친화 법칙:

$$\frac{H_B}{H_A} = \left(\frac{\omega_B}{\omega_A}\right)^2\left(\frac{D_B}{D_A}\right)^2 \quad \textbf{(14-38b)}$$

$$\frac{\text{bhp}_B}{\text{bhp}_A} = \frac{\rho_B}{\rho_A}\left(\frac{\omega_B}{\omega_A}\right)^3\left(\frac{D_B}{D_A}\right)^5 \quad \textbf{(14-38c)}$$

식 (14-38)은 펌프와 터빈 모두에 적용된다. 상태 A와 B는 기하학적으로 상사인 임의의 두 터보기계에서 **임의의** 두 개의 상응하는 상태가 될 수 있으며, 심지어 **동일한** 기계에서 두 개의 서로 상응하는 상태일 수도 있다. 예를 들면, 동일한 펌프에서 회전 속도를 변화시키거나, 또는 다른 유체를 이송하는 것 등이 있다. 주어진 펌프에서 ω가 변하지만, 동일한 유체를 다루는 간단한 경우에서 $D_A = D_B$이고, $\rho_A = \rho_B$이다. 이런 경우에 식 (14-38)은 그림 14-74에서 나타난 형태가 된다. 그림에 나타낸 것처럼 ω의 지수를 암기하는 것을 돕기 위한 기억법이 개발되었다. 또한 두 회전 속도(ω)의 비가 존재하는 곳 어디에서나 분모와 분자가 모두 동일하게 환산되기 때문에, 회전 속도(ω) 대신에 이에 해당하는 적절한 rpm($\dot{n}$) 값으로 대체할 수 있다.

V: **V**olume flow rate	$\frac{\dot{V}_B}{\dot{V}_A} = \left(\frac{\omega_B}{\omega_A}\right)^1 = \left(\frac{\dot{n}_B}{\dot{n}_A}\right)^1$
H: **H**ead	$\frac{H_B}{H_A} = \left(\frac{\omega_B}{\omega_A}\right)^2 = \left(\frac{\dot{n}_B}{\dot{n}_A}\right)^2$
P: **P**ower	$\frac{\text{bhp}_B}{\text{bhp}_A} = \left(\frac{\omega_B}{\omega_A}\right)^3 = \left(\frac{\dot{n}_B}{\dot{n}_A}\right)^3$

그림 14-74
친화 법칙을 단지 축 회전 속도 ω 또는 축 rpm $\dot{n}$만 변하는 1개의 펌프에 적용할 경우, 식 (14-38)은 위에 나타낸 것처럼 간단해진다. 이때 다음의 기억법이 ω의 지수를 암기하는 것을 돕기 위해서 사용될 수 있다.
*Very **H**ard **P**roblems are as easy as **1**, **2**, **3**.*

펌프 친화 법칙은 **설계 도구**로 무척 유용하다. 특히, 기존의 펌프의 성능 곡선이 알려져 있으며, 펌프가 적당한 효율과 신뢰성을 갖고 운전된다고 가정하자. 펌프 생산업체가 훨씬 무거운 유체를 다루거나 또는 현저하게 더 큰 순 수두를 전달하는 등 다른 응용분야에 사용하기 위해 새로운 더 큰 펌프를 설계하기로 하였다. 처음부터 새롭게 시작하는 대신에 **엔지니어는 종종 기존의 설계를 단순히 비례 확대한다.** 펌프 친화 법칙은 최소의 노력으로 이와 같은 축척 작업(scaling)을 수행할 수 있도록 한다.

예제 14-10 펌프 속도 배증의 효과

Seymour Fluids 교수는 유동가시화 연구를 수행하려고 작은 밀폐형 수동(water tunnel)을 사용하고 있다. 그는 시험부의 물 속도를 두 배로 만들려고 하며, 비용이 가장 적게 드는 방법은 유동 펌프의 회전 속도를 두 배로 증가시키면 된다는 것을 알았다. 그가 깨닫지 못한 것은 얼마나 더 강한 새로운 전기 모터가 필요한가이다. 만약 Fluids 교수가 유동 속도를 두 배로 한다면 모터 동력이 대략 몇 배로 증가되어야 하는가?

풀이 ω를 두 배로 하기 위해서는 펌프 모터에 공급되는 동력이 대략 몇 배로 증가되어야 하는지를 계산하고자 한다.

가정 **1** 물의 온도는 일정하다. **2** 펌프 속도를 두 배로 한 후 펌프는 처음 조건에 상응하는 조건에서 구동된다.

해석 직경과 밀도 어느 것도 변하지 않았으므로 식 (14-38c)는 다음과 같이 간단해진다.

요구되는 축 동력비:

$$\frac{\text{bhp}_B}{\text{bhp}_A} = \left(\frac{\omega_B}{\omega_A}\right)^3 \quad \textbf{(1)}$$

식 (1)에서 $\omega_B = 2\omega_A$라고 설정하면, $\text{bhp}_B = 8\text{bhp}_A$가 된다. 따라서 **펌프 모터에 공급되는**

동력은 8배 증가하여야 한다. 식 (14-38b)를 이용한 비슷한 해석은 펌프의 순 수두가 4배 증가한다는 것을 보여준다. 그림 14-75에서 알 수 있듯이 펌프 속도가 증가하면 순 수두와 동력은 모두 급격하게 증가한다.

토의 배관 시스템에 대한 어떤 해석도 포함되지 않았으므로 이는 단지 근사적인 결과이다. 펌프를 통과하는 유동 속도를 두 배로 하는 것은 가용 수두를 4배로 증가시키지만, 수동에서 유동 속도를 두 배로 증가시키기 위해서 시스템에서 **요구되는** 수두가 똑같이 4배로 증가될 필요는 없다(예를 들어, 매우 큰 값의 Re를 제외하고는 Reynolds 수에 따라 마찰계수가 감소한다). 다시 말하면, 두 번째 가정이 적절하지 않을 수도 있다. 물론 시스템은 요구 수두와 가용 수두가 일치하는 운전점으로 조정될 것이지만, 이 점이 반드시 처음 운전점에 상응할 필요는 없다. 그럼에도 불구하고 이 근사는 1차 결과로서 유용하다. Fluids 교수는 더 고속에서 공동현상의 발생 가능성을 걱정할 필요도 있을 것이다.

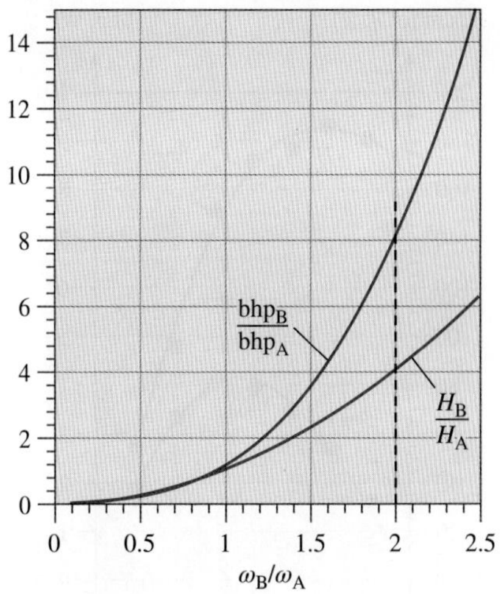

그림 14-75
펌프의 속도가 증가하면 순 수두는 급격히 증가하며, 제동마력은 더 급격히 증가한다.

예제 14-11 새로운 기하학적으로 상사한 펌프의 설계

졸업 후 당신은 펌프 생산회사에서 근무한다. 이 회사에서 가장 잘 팔리는 제품의 하나가 물 펌프이며, 이를 펌프 A라고 하자. 이 펌프의 임펠러 직경은 $D_A = 6.0$ cm이며, $\dot{n}_A = 1725$ rpm ($\omega_A = 180.6$ rad/s)으로 운전하는 경우의 성능 데이터는 표 14-2와 같다. 영업기획부에서 신제품, 즉 상온에서 액체 냉매 R-134a에 사용될 더 큰 펌프(펌프 B라고 하자)를 설계할 것을 제안하고 있다. 최고 효율점(BEP)이 체적유량 $\dot{V}_B = 2400$ cm³/s와 순 수두 $H_B = 450$ cm(R-134a 기준)에 가장 근접하도록 이 펌프를 설계하려고 한다. 수석 엔지니어(상사)가 기하학적으로 비례 확대된 펌프로 주어진 요구 조건을 만족하는 설계가 가능한지 결정하기 위하여, 펌프 축척 법칙을 사용하여 예비 해석을 진행하라고 지시하였다. (a) 펌프 A의 성능 곡선을 차원 형태와 무차원 형태로 모두 도시하고, 최고 효율점을 찾아라. (b) 신제품에 대해 요구되는 펌프 직경 D_B, 회전 속도 $\dot{n}_B$, 제동마력 bhp_B를 계산하라.

표 14-2
1725 rpm과 상온에서 운전되는 물 펌프의 생산업체 성능 데이터(예제 14-11)*

$\dot{V}$, cm³/s	H, cm	η_{pump}, %
100	180	32
200	185	54
300	175	70
400	170	79
500	150	81
600	95	66
700	54	38

* 순 수두는 cm 단위의 물의 수두.

풀이 (a) 주어진 물 펌프의 펌프 성능 데이터 표에 대해, 차원 형태와 무차원 형태 두 가지 모두의 성능 곡선을 도시하고 BEP를 찾으려고 한다. (b) 주어진 설계 조건의 BEP에서 운전되는 기하학적 상사인 냉매 R-134a용 새로운 펌프를 설계하고자 한다.

가정 **1** 기존 펌프와 기하학적 상사인 새로운 펌프의 제작이 가능하다. **2** 모든 액체(물과 냉매 R-134a)는 비압축성이다. **3** 두 펌프는 모두 정상 상태로 운전된다.

상태량 상온(20 °C)에서 물의 밀도는 $\rho_{water} = 998.0$ kg/m³이고, 냉매 R-134a의 밀도는 $\rho_{R\text{-}134a} = 1226$ kg/m³이다.

해석 (a) 먼저 부드러운 펌프 성능 곡선을 얻기 위하여 표 14-2의 데이터에 2차의 최소제곱다항식 곡선 접합을 수행한다. 이를 식 (14-5)로부터 얻어진 제동마력 곡선과 함께 그림 14-76에 나타내었다. 식 (1)은 $\dot{V}_A = 500$ cm³/s에서의 데이터에 대해 단위 환산을 포함한 계산의 예를 보여주며, 이는 근사적으로 최고 효율점이다.

$$\begin{aligned} bhp_A &= \frac{\rho_{water} g \dot{V}_A H_A}{\eta_{pump,A}} \\ &= \frac{(998.0\ \text{kg/m}^3)(9.81\ \text{m/s}^2)(500\ \text{cm}^3/\text{s})(150\ \text{cm})}{0.81}\left(\frac{1\ \text{m}}{100\ \text{cm}}\right)^4\left(\frac{\text{W}\cdot\text{s}}{\text{kg}\cdot\text{m}^2/\text{s}^2}\right) \\ &= 9.07\ \text{W} \end{aligned} \tag{1}$$

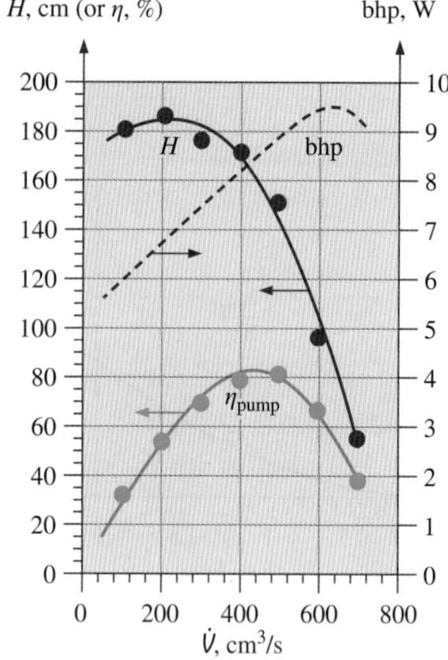

그림 14-76
예제 14-11의 물 펌프에 대한 데이터 점과 곡선 접합한 차원이 있는 펌프 성능 곡선.

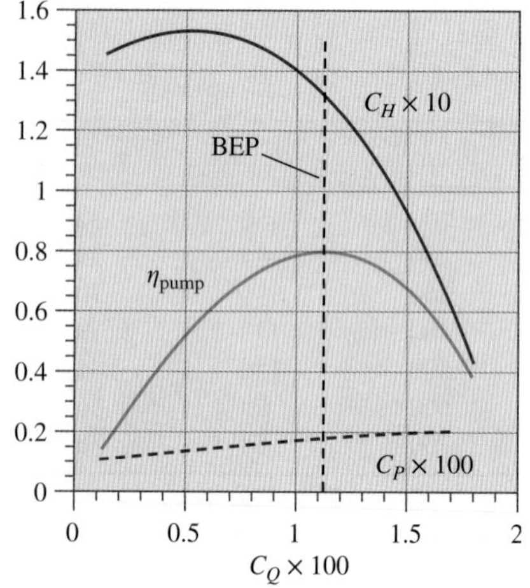

그림 14-77
예제 14-11의 물 펌프에 대한 곡선 접합한 무차원 펌프 성능 곡선, BEP는 η_{pump}가 최고인 운전점으로 예측된다.

최소제곱 곡선 접합은 원래 표로 된 데이터의 산포를 제거하기 때문에, 그림 14-76의 $\dot{V}_{\text{A}} = 500\ \text{cm}^3/\text{s}$에서의 실제 bhp_{A}값은 식 (1)의 값과 약간 다르다는 것에 유의하자.

다음으로 식 (14-30)을 이용하여 차원이 있는 표 14-2의 데이터를 무차원 펌프 상사 매개변수로 변환한다. 앞에서와 동일한 운전점(근사적으로 BEP 위치)에서 계산된 예를 식 (2)에서 식 (4)까지에 나타내었다. $\dot{V}_{\text{A}} = 500\ \text{cm}^3/\text{s}$에서 용량계수는 근사적으로

$$C_Q = \frac{\dot{V}}{\omega D^3} = \frac{500\ \text{cm}^3/\text{s}}{(180.6\ \text{rad/s})(6.0\ \text{cm})^3} = 0.0128 \tag{2}$$

이 유량에서 수두계수는 근사적으로

$$C_H = \frac{gH}{\omega^2 D^2} = \frac{(9.81\ \text{m/s}^2)(1.50\ \text{m})}{(180.6\ \text{rad/s})^2(0.060\ \text{m})^2} = 0.125 \tag{3}$$

마지막으로, $\dot{V}_{\text{A}} = 500\ \text{cm}^3/\text{s}$에서의 동력계수는 근사적으로 다음과 같다.

$$C_P = \frac{\text{bhp}}{\rho\omega^3 D^5} = \frac{9.07\ \text{W}}{(998\ \text{kg/m}^3)(180.6\ \text{rad/s})^3(0.060\ \text{m})^5}\left(\frac{\text{kg}\cdot\text{m}^2/\text{s}^2}{\text{W}\cdot\text{s}}\right) = 0.00198 \tag{4}$$

이와 같은 계산을(스프레드시트에서) $\dot{V}_{\text{A}}$ 값 100에서 700 cm^3/s까지 반복한다. 곡선 접합한 데이터가 사용되며, 따라서 정규화된 펌프 성능 곡선은 부드러우며, 이를 그림 14-77에 나타내었다. η_{pump}가 백분율이 아니고 소수로 표현된 것에 유의하라. 또한 세 곡선 모두를 수평좌표(x축)의 중심이 1이고, 같은 수직좌표(y축)를 갖는 하나의 선도로 나타내기 위하여 C_Q, C_H, C_P에 각각 100, 10, 100을 곱하였다. 이런 축척계수들이 매우 작은 펌프에서부터 매우 큰 펌프까지 넓은 범위에서 잘 맞는다는 것을 알게 될 것이다. 또한 곡선 접합한 데이터로부터 그림 14-77에 BEP에서 수직선을 표시하였다. 곡선 접합한 데이터는 BEP에서 다음의 무차원 펌프 성능 매개변수들을 산출한다.

$$C_Q{}^* = 0.0112 \qquad C_H{}^* = 0.133 \qquad C_P{}^* = 0.00184 \qquad \eta^*_{\text{pump}} = 0.812 \tag{5}$$

(b) 최고 효율점이 원래 펌프의 BEP에 상응하지만, 유체가 다르고 직경과 회전 속도가 다른 새 펌프가 설계되었다. 식 (5)에서 얻은 값들을 이용하여, 새 펌프의 운전 조건을 얻기 위해 식 (14-30)을 사용한다. 즉, $\dot{V}_{\text{B}}$와 H_{B} 모두가 알려져 있으므로(설계 조건) D_{B}와 ω_{B}를 동시에 구한다. 약간의 계산으로 ω_{B}를 제거한 후 펌프 B의 설계 직경을 계산한다.

$$D_{\text{B}} = \left(\frac{\dot{V}_{\text{B}}{}^2 C_H{}^*}{(C_Q{}^*)^2 g H_{\text{B}}}\right)^{1/4} = \left(\frac{(0.0024\ \text{m}^3/\text{s})^2(0.133)}{(0.0112)^2(9.81\ \text{m/s}^2)(4.50\ \text{m})}\right)^{1/4} = \mathbf{0.108\ m} \tag{6}$$

다시 말하면, 펌프 A는 $D_{\text{B}}/D_{\text{A}} = 10.8\ \text{cm}/6.0\ \text{cm} = 1.80$배로 비례 확대되어야 한다. 구한 D_{B} 값을 가지고 식 (14-30)으로 되돌아가서 펌프 B의 설계 회전 속도 ω_{B}를 구한다.

$$\omega_{\text{B}} = \frac{\dot{V}_{\text{B}}}{(C_Q{}^*)D_{\text{B}}{}^3} = \frac{0.0024\ \text{m}^3/\text{s}}{(0.0112)(0.108\ \text{m})^3} = 168\ \text{rad/s} \quad \rightarrow \quad \dot{n}_{\text{B}} = \mathbf{1610\ rpm} \tag{7}$$

마지막으로, 펌프 B에 요구되는 제동마력은 식 (14-30)으로 계산된다.

$$\text{bhp}_{\text{B}} = (C_P{}^*)\rho_{\text{B}}\omega_{\text{B}}{}^3 D_{\text{B}}{}^5$$

$$= (0.00184)(1226\ \text{kg/m}^3)(168\ \text{rad/s})^3(0.108\ \text{m})^5\left(\frac{\text{W}\cdot\text{s}}{\text{kg}\cdot\text{m}^2/\text{s}^2}\right) = \mathbf{160\ W} \tag{8}$$

다른 방법으로 친화 법칙을 직접 사용하여 중간 단계를 생략할 수 있다. ω_B/ω_A 비를 제거하여 식 (14-38a)와 D_B에 대한 b를 푼다. 그리고는 알고 있는 값 D_A와 BEP에서 곡선 접합한 $\dot{V}_B$ 및 H_B값을 대입한다(그림 14-78). 결과는 앞에서 계산한 것과 일치한다. 비슷한 방법으로 ω_B와 bhp_B를 구할 수 있다.

토의 비록 원하는 ω_B값이 정확하게 계산되었지만, 실제로 마주치는 문제는 정확하게 원하는 rpm으로 회전하는 전기 모터를 찾기가 (불가능하지는 않겠지만) 어렵다는 것이다. 표준 단상 60-Hz, 120-V AC 전기 모터는 일반적으로 1725 rpm 또는 3450 rpm으로 운전된다. 따라서 직접 구동 펌프로는 rpm 요구를 만족하지 못할 수 있다. 물론 만약 펌프가 벨트 구동이거나 기어박스 또는 주파수 제어 장치가 있다면 요구되는 회전율을 얻도록 배치 형태를 쉽게 조정할 수 있다. 또 다른 선택은 ω_B가 단지 ω_A보다 약간 작으므로 새 펌프를 표준 모터 속도(1725 rpm)로 구동하여 필요한 것보다 약간 더 강한 펌프를 제공하는 것이다. 이 선택의 단점은 새 펌프가 정확한 BEP가 아닌 점에서 운전되는 것이다.

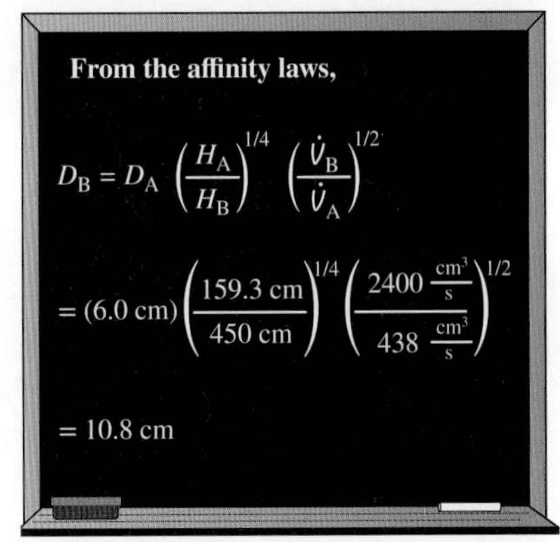

From the affinity laws,
$D_B = D_A \left(\frac{H_A}{H_B}\right)^{1/4} \left(\frac{\dot{V}_B}{\dot{V}_A}\right)^{1/2}$
$= (6.0\text{ cm})\left(\frac{159.3\text{ cm}}{450\text{ cm}}\right)^{1/4}\left(\frac{2400\ \frac{\text{cm}^3}{\text{s}}}{438\ \frac{\text{cm}^3}{\text{s}}}\right)^{1/2}$
$= 10.8\text{ cm}$

그림 14-78
새로운 펌프 직경 D_B에 대한 식을 얻기 위하여 친화 법칙을 활용할 수 있다. ω_B와 bhp_B도 비슷한 방법으로 구할 수 있다(여기에는 나타내지 않았다).

14-4 ■ 터빈

지난 수 세기 동안 무상으로 사용 가능한 강과 바람의 기계적 에너지를, 주로 축 회전으로 나타나는, 유용한 기계일로 변환하기 위하여 터빈이 사용되었다. 펌프의 회전부를 임펠러라고 하는 것에 반하여 수력 터빈의 회전부는 **러너**(runner)라고 한다. 작동 유체가 물인 경우의 터보기계를 **수력 터빈**(hydraulic turbine 또는 hydroturbine)이라고 한다. 작동 유체가 공기이고 바람으로부터 에너지를 추출하면 이에 알맞게 이 장치를 **풍력 터빈**(wind turbine)이라고 한다. 엄밀히 따지자면, **풍차**(windmill)라는 말은 옛날처럼 기계적 에너지 출력이 단지 제분에 사용될 때 사용되어야 한다(그림 14-79). 그러나 대다수의 사람들은 **풍차**라는 단어를 제분, 물의 이송 또는 전력 생산에 사용되는 모든 풍력 터빈에 사용한다. 석탄 화력 또는 원자력 발전소에서의 작동 유체는 대부분 수증기이며, 따라서 수증기로부터의 에너지를 축 회전의 기계적 에너지로 변환하는 터보기계를 **증기 터빈**(steam turbine)이라고 한다. 압축성 기체를 작동 유체로 사용하는 터빈에 대한 보다 포괄적인 이름은 **가스 터빈**(gas turbine)이다(최신 상업용 제트엔진은 가스 터빈의 한 형태이다).

그림 14-79
1800년대 제분을 위해 사용되었던 Klostermolle, Vestervig, Denmark에 위치한 오래된 풍차. (블레이드를 덮어야만 제대로 작동할 수 있다.) 전기를 생산하는 현대판 풍차들의 정확한 명칭은 **풍력 터빈**이다.
© OJPhotos/Alamy RF

일반적으로, 에너지를 생산하는 터빈은 에너지를 흡수하는 펌프보다 다소 높은 전체 효율(overall efficiency)을 갖는다. 예를 들어, 대형 수력 터빈에서는 95% 이상의 전체 효율을 얻을 수 있는 반면에, 대형 펌프의 최대 효율은 90%를 조금 상회한다. 이에는 몇 가지 이유가 있다. 첫 번째로, 펌프는 일반적으로 터빈보다 더 높은 회전 속도로 운전되며, 따라서 전단응력과 마찰 손실이 더 크다. 두 번째로, 운동 에너지에서 유동 에너지로의 변환(펌프)은 명백히 역과정(터빈)보다 손실이 더 크다. 이는 다음과 같이 생각할 수 있다. 압력은 펌프를 지나면서 **증가**하지만(역압력구배) 터빈을 통과하면서는 **감소**하므로(순압력구배) 펌프에서보다 터빈에서 경계층 박리가 잘 나타나지 않는 경향이 있다. 세 번째로 터빈(특히 수력 터빈)은 대부분 펌프보다 훨씬 크며, 크기가 증가하면 점성 손실이 덜 중요하게 된다. 마지막으로, 펌프는 대개 넓은 유량 범위에서 운전되는 반면에 대부분의 발전용 터빈은 제한된 좁은 운전 범위에서 작동하고, 일정한 속도로 제어된다. 그러므로 이들은 그러한 조건에서 매우 효율적으로 운전되도록 설계될 수 있다. 미국에서 공급되는 표준 AC 전기는 60 Hz(분당 3600 사이클)이다. 따라서 대부분의 풍력, 수력, 증기 터빈은 이 값의 자연 분수인 속도, 즉 7200 rpm을 일반적으로 짝수인 발전기 극의 수로 나눈 값에서 운전된다. 대형 수력 터빈들은 일반적으로 7200/60 = 120 rpm 또는 7200/48 = 150 rpm 처럼 저속에서 운전된다. 발전용으로 사용되는 가스 터빈은 훨씬 높은 속도로 작동되며, 때로는 7200/2 = 3600 rpm까지 이른다!

펌프와 같이, 터빈은 **용적식** 터빈과 **동역학적** 터빈의 두 가지 넓은 범주로 분류된다. 대부분 용적식 터빈은 체적유량 측정을 위한 소형 장치인 반면, 동역학적 터빈은 초소형에서 초대형까지 범위가 넓고, 유동 계측과 동력 생산에 모두 사용된다. 이 두 가지 범주 모두에 대해 상세하게 살펴본다.

용적식 터빈

용적식 터빈(positive-displacement turbine)은 용적식 펌프가 역으로 작동한다고 생각할 수 있다. 즉, 유체가 밀폐된 체적으로 밀려들어 가면서 축을 회전시키거나 왕복하는 막대를 움직인다. 그런 후 유체가 장치로 더 들어오면서 밀폐된 체적의 유체는 밖으로 밀려난다. 용적식 터빈을 지나면서 순 수두의 손실이 발생한다. 다시 말하면, 유동하는 유체로부터 에너지가 추출되고, 이는 기계적 에너지로 변환된다. 그러나 용적식 터빈은 일반적으로 동력 발생용이 **아니고** 오히려 유량 또는 유동 체적 측정에 사용된다.

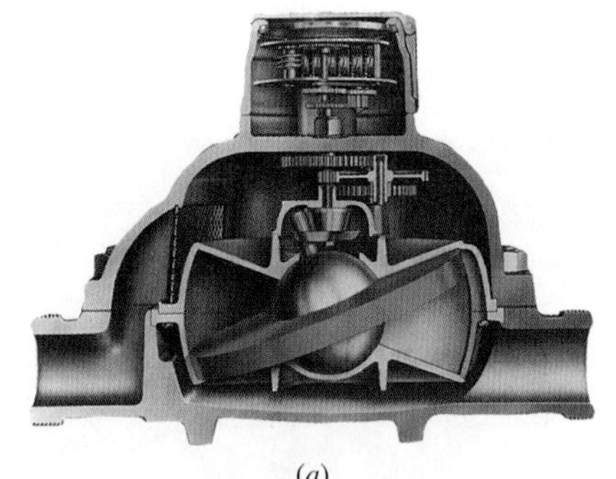

(*a*)

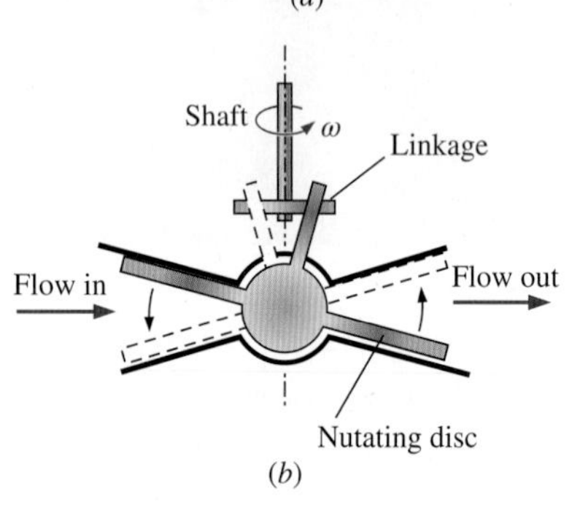

(*b*)

그림 14-80
요동원판(nutating disc) **유체 유량계**는 체적유량의 측정에 사용되는 **용적식 터빈**이다. (*a*) 단면도 (*b*) 요동원판의 운동을 나타내는 개략도. 이 형태의 유량계는 일반적으로 가정용 수도 계량기에 사용된다.
(a) Courtesy of Niagara Meters, Spartanburg, SC.

가장 흔한 예로써 집에 있는 수도 계량기가 있다(그림 14-80). 많은 상업용 수도 계량기는 계량기로 들어오는 물의 유동에 따라 흔들리며 회전하는 **요동원판**(nutating disc)을 사용한다. 판은 중심에 구와 적절한 연결 막대를 갖고 있어서 요동원판의 편심 회전 운동을 축 회전으로 전환한다. 축의 360° 회전마다 장치를 통과하는 유체의 체적을 정확히 알 수 있으며, 따라서 사용된 물의 전체 체적이 장치에 의해 기록된다. 집에서 물이 수도꼭지로부터 적당한 속도로 흐르고 있을 때 가끔 수도 계량기로부터 나는 작게 떨리는 소리를 들을 수 있는데, 이것이 계량기 내부에서 흔들리고 있는 요동원판의 소리이다. 용적식 펌프에 다양한 설계가 있는 것처럼 용적식 터빈에도 물론 다른 형태의 설계들이 있다.

동역학적 터빈

동역학적 터빈(dynamic turbine)은 유동 계측과 동력 생산에 모두 사용된다. 예를 들면, 기상학자는 풍속 측정에 3컵 풍속계를 사용한다(그림 14-81*a*). 실험 유체역학 연구원들은 공기와 물의 속도를 측정하기 위하여 다양한 형태의(대부분 소형 프로펠러처럼 생긴) 소형 터빈을 사용한다(8장). 이와 같은 응용에서는 축 출력과 터빈 효율에 거의 관심을 두지 않는다. 오히려 이 장치들은 장치의 회전 속도가 유체 속도에 정확하게 보정될 수 있도록 설계된다. 그러면 초당 블레이드 회전수를 전기적으로 계수하여 유체 속도가 계산되고, 장치에 표시된다.

그림 14-81*b*는 동역학적 터빈의 새로운 응용분야를 보여 준다. NASA 연구원들은

(a)

(b)

그림 14-81
동역학적 터빈의 예. (*a*) 풍속 측정에 사용되는 전형적인 3컵 풍속계와 (*b*) 날개 끝단의 와류로부터 에너지를 추출하도록 설계된 터빈을 장착한 Piper PA28 연구용 항공기.
(a) © Matthias Engelien/Alamy RF. (b) NASA Langley Research Center.

날개 끝단의 와류(11장)로부터 에너지를 추출하기 위하여 Piper PA28 연구용 항공기의 날개 끝단에 터빈을 장착하였고, 여기서 추출된 에너지를 기내에서 필요한 동력으로 사용하기 위해 전기로 변환하였다.

이 장에서는 발전용으로 설계된 대형 동역학적 터빈을 중점적으로 다룬다. 대부분의 설명은 댐을 지나는 큰 높이 변화를 이용하여 전기를 생산하는 수력 터빈과 바람에 의해 회전하는 블레이드로부터 전기를 생산하는 풍력 터빈과 관련된다. 동역학적 터빈에는 **충동형**(impulse)과 **반동형**(reaction)의 두 가지 형태가 있으며, 각각에 대하여 다소 상세하게 설명한다. 두 가지 동력 생산용 동역학적 터빈을 비교하면, 충동 터빈은 더 높은 수두가 요구되지만 작은 체적유량으로 운전될 수 있다. 반동 터빈은 훨씬 낮은 수두로 운전될 수 있으나 큰 체적유량이 요구된다.

충동 터빈

충동 터빈에서 유체는 노즐을 통하여 공급되며, 따라서 대부분의 가용 기계적 에너지가 운동 에너지로 변환된다. 그러면 고속 제트는 그림 14-82에 나타낸 것처럼 터빈 축으로 에너지를 전달하는 버킷 형상 깃(bucket-shaped vane)에 충돌한다. 가장 효율이 높고 현대적인 형태의 충동 터빈은 Lester A. Pelton(1829-1908)에 의해서 1878년에 발명되었으며, 지금의 회전 수차(wheel)는 그의 이름을 따라 **Pelton 수차**라 불린다. Pelton 수차의 버킷은 그림 14-82*b*에 나타낸 것처럼 유동을 둘로 분할하고, 유동의 방향을 거의 180° 뒤로(버킷과 함께 움직이는 좌표에 대하여) 전환하도록 설계되었다. 전해지는 말에 의하면 Pelton은 분할판(splitter ridge)의 형상을 소의 콧구멍을 본떠서 만들었다고 한다. 각 버킷의 가장자리 부분의 일부를 잘라내어 대부분의 제트가 제트와 조준되지 않은 버킷은 통과하고(그림 14-82*a*의 버킷 n+1) 제트가 가장 잘 조준된 버킷(그림 14-82*a*의 버킷 n)에 도달하도록 한다. 이런 방법으로 제트의 운동량을 최대로 이용할 수 있다. 이런 상세 내용은 Pelton 수차의 사진에서 볼 수 있다(그림 14-83). 그림 14-84는 작동 중인 Pelton 수차를 보여 주는데, 여기서 물 제트의 분할과 방향 전환을 잘 볼 수 있다.

Pelton 수차 터빈의 출력은 Euler 터보기계 방정식으로 해석한다. 축의 출력은

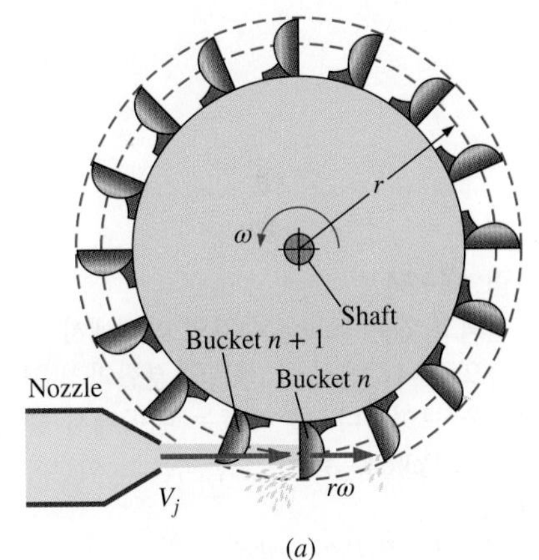

(a)

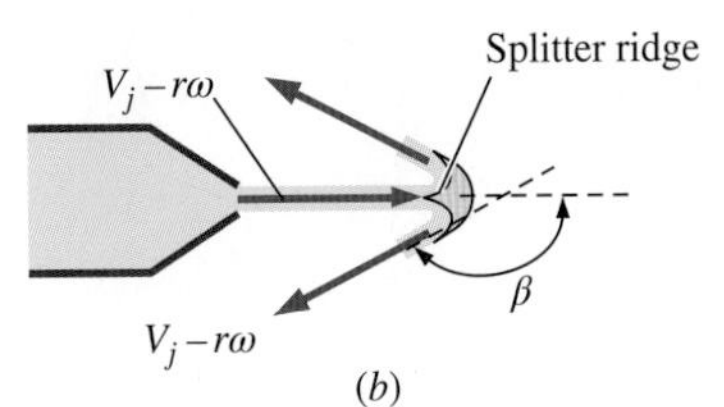

(b)

그림 14-82
Pelton 형식 **충동 터빈**의 개략도. 하나 또는 그 이상의 제트에서 나오는 고속 유체가 터빈 축에 장착된 버킷에 충돌할 때 터빈 축이 회전한다. (*a*) 측면도, 절대좌표, (*b*) 아래에서 본 버킷 n의 단면, 회전좌표.

그림 14-83
Pelton 수차의 확대 사진으로, 버킷의 상세 설계를 보여준다. 오른쪽은 발전기이다. 이 Pelton 수차는 Bothwell, Tasmania 근처의 Waddamana 발전소 박물관에 전시되어 있다.
Courtesy of Hydro Tasmania, www.hydro.com.au. Used by permission.

그림 14-84
운전되고 있는 Pelton 수차의 아래에서 본 모습으로 버킷에서 물 제트의 분할과 방향 전환을 보여준다. 물 제트는 왼쪽에서 들어오고, Pelton 수차는 오른쪽으로 회전하고 있다.
© *ANDRITZ HYDRO GmbH*

$\omega \mathrm{T}_{\text{shaft}}$이며, 여기서 $\mathrm{T}_{\text{shaft}}$는 식 (14-14)로 주어진다.

터빈의 **Euler** 터보기계 방정식:
$$\dot{W}_{\text{shaft}} = \omega \mathrm{T}_{\text{shaft}} = \rho\omega\dot{V}\,(r_2V_{2,\,t} - r_1V_{1,\,t}) \qquad \textbf{(14-39)}$$

터빈은 에너지 **흡수** 장치가 아니라 에너지 **생성** 장치이므로 음의 부호에 주의해야 한다. 터빈에서는 관습적으로 점 2를 입구로, 점 1을 출구로 정의한다. 버킷의 중심은 그림 14-82에 나타낸 것처럼 접선 속도 $r\omega$로 움직인다. 여기서 각 버킷의 가장자리 부분이 열려 있으므로, 해석하는 그 순간에 수차의 가장 아래에서 제트 전체가 버킷(그림 14-82*a*의 버킷 *n*)에 부딪힌다고 가정하여 해석을 단순화한다. 추가하여 버킷의 크기와 물 제트의 직경 모두 수차 반경에 비하여 작으므로 r_1과 r_2를 r과 같다고 근사한다. 마지막으로, 물은 속도를 전혀 잃지 않고 각도 β로 방향을 전환한다고 가정한다. 따라서 버킷과 함께 움직이는 상대좌표에서 상대 출구 속도는 그림 14-82*b*에 나타낸 것처럼 $V_j-r\omega$가 된다(상대 입구 속도와 동일). 식 (14-39)를 적용하는 데 필요한 절대좌표로 되돌아오면, 입구 속도의 접선성분 $V_{2,t}$는 단순히 제트 자체의 속도 V_j가 된다. 출구에서 절대 속도의 접선성분 $V_{1,t}$ 계산에 도움을 주기 위하여 그림 14-85에 속도 선도를 구성하였다. $\sin(\beta-90°)=-\cos\beta$에 유의하면서 삼각법을 적용하면,

$$V_{1,t} = r\omega + (V_j - r\omega)\cos\beta$$

이 식을 대입하면 식 (14-39)는

$$\dot{W}_{\text{shaft}} = \rho r\omega\dot{V}\{V_j - [r\omega + (V_j - r\omega)\cos\beta]\}$$

이는 다음과 같이 간단해진다.

축 출력:
$$\dot{W}_{\text{shaft}} = \rho r\omega\dot{V}(V_j - r\omega)(1 - \cos\beta) \tag{14-40}$$

분명히 이론적으로 $\beta=180°$이면 최대 동력을 얻는다. 그러나 이런 경우라면 한 버킷에서 나오는 물은 바로 뒤따르는 버킷의 뒷면을 치게 되고, 따라서 생성되는 토크와 동력이 줄어들게 된다. 실제로는 β를 약 160°에서 165° 정도로 줄이면 최대 동력이 얻어진다. β가 180°보다 작음에 따른 효율계수는

β에 따른 효율 계수:
$$\eta_\beta = \frac{\dot{W}_{\text{shaft, actual}}}{\dot{W}_{\text{shaft, ideal}}} = \frac{1-\cos\beta}{1-\cos(180°)} \tag{14-41}$$

예를 들어, $\beta=160°$일 때 $\eta_\beta=0.97$이며, 단지 약 3%의 손실만 발생한다.

마지막으로, 식 (14-40)으로부터 만약 $r\omega=0$(수차가 전혀 돌지 않음)이면 축 출력 $\dot{W}_{\text{shaft}}$는 0이라는 것을 알 수 있다. 만약 $r\omega=V_j$(버킷이 제트 속도로 움직인다)이면 $\dot{W}_{\text{shaft}}$는 역시 0이 된다. 이 두 개의 극단 사이 어딘가에 최적 수차 속도가 존재한다. $r\omega$에 대한 식 (14-40)의 도함수를 0으로 설정하면, 이 경우(최적 수차 속도)는 $r\omega=V_j/2$일 때 발생한다는 것을 알 수 있다(그림 14-86에 나타낸 것처럼 버킷이 제트 속도의 반으로 움직인다).

실제 Pelton 수차 터빈에는 식 (14-41)에 반영된 것 외에도 다른 손실들이 있는데, 이들은 기계적 마찰, 버킷의 공기역학적 항력, 버킷의 내벽을 따라 생기는 마찰, 버킷의 회전에 따른 제트와 버킷 정렬의 틀어짐, 거꾸로 물 튀김(backsplashing), 노즐손실 등이다. 그렇다 하더라도 잘 설계된 Pelton 수차 터빈의 효율은 90%에 근접할 수 있다. 다시 말하면, 물의 가용 기계적 에너지의 90%까지 회전 축 에너지로 변환된다.

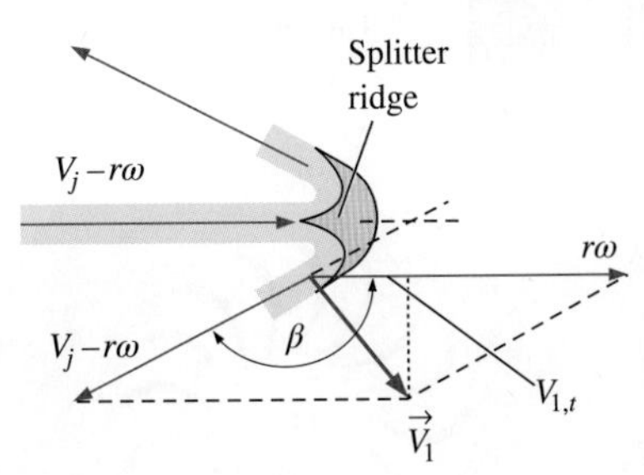

그림 14-85
Pelton 수차 버킷에 유입 및 유출하는 속도 선도. 유출 속도는 오른쪽으로 향하는 버킷 속도($r\omega$)를 더해서 이동좌표에서 절대좌표로 전환된다.

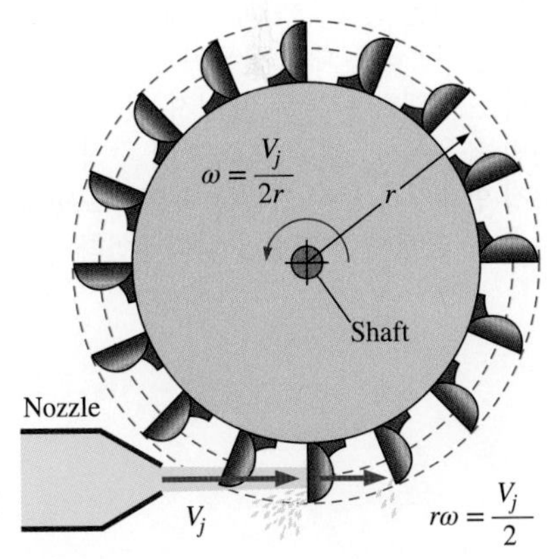

그림 14-86
Pelton 터빈으로 얻을 수 있는 이론적 최대 동력은 수차가 $\omega=V_j/(2r)$의 속도로 회전할 때, 즉 버킷이 물 제트 속도의 반으로 움직일 때 발생한다.

반동 터빈

에너지를 생산하는 다른 주된 형태의 수력 터빈은 **반동 터빈**이며, 이는 **정지깃**(stay vane)이라고 하는 고정 안내깃, **쪽문**(wicket gate)이라고 하는 조절 가능한 안내깃, **러너 블레이드**(runner blade)라고 하는 회전 블레이드로 구성되어 있다(그림 14-87). 접선방향으로 들어오는 고압의 유동은 나선형 케이싱 또는 **볼류트**(volute)를 따라서 움직이면서 정지깃에 의해서 러너를 향하여 방향이 전환되고, 커다란 접선 속도 성분

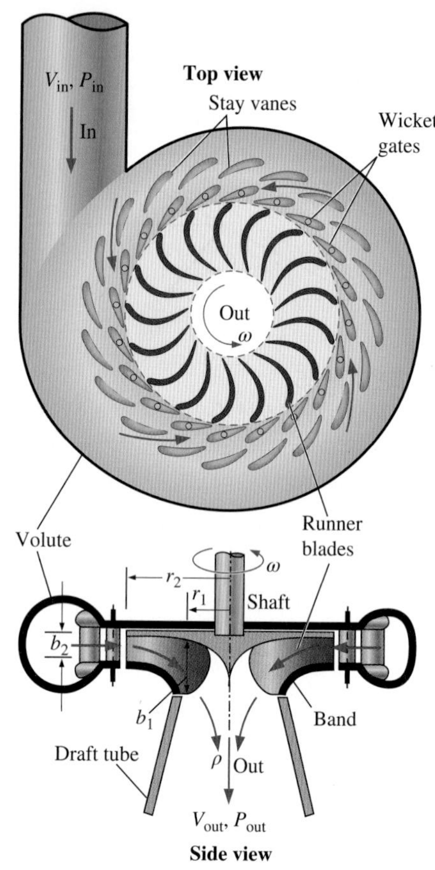

그림 14-87
반동 터빈은 충동 터빈과 크게 다르다. 물 제트를 사용하는 대신 **볼류트**가 러너를 구동하는 선회하는 물로 채워져 있다. 수력 터빈 응용에서 일반적으로 축이 수직이다. **고정 안내깃**과 조절 가능한 **쪽문**을 포함하여 위와 옆에서 본 모습을 나타내었다.

을 가지며 쪽문을 통과한다. 러너가 회전하면서 유체와 러너 사이에서 운동량이 교환되며 큰 압력 강하가 발생한다. 충동 터빈과는 달리 물은 반동 터빈의 케이싱을 완전히 채운다. 이런 이유로 반동 터빈은 일반적으로 동일한 직경, 순 수두 및 체적유량을 갖는 충동 터빈보다 더 큰 동력을 생산한다. 쪽문의 각도는 조절 가능하며, 따라서 러너를 통과하는 체적유량을 제어한다(대부분의 설계에서 쪽문은 러너로 들어오는 물을 차단하도록 서로 맞닿아 닫힐 수 있다). 설계 조건에서는 쪽문을 통과하는 유동은 충격 손실을 피하기 위하여 러너 블레이드의 선단에 평행하게(회전좌표계로부터) 충돌한다. 쪽문의 수가 러너 블레이드의 수와 공통분모를 갖지 않는 것이 좋은 설계라는 것에 유의하자. 그렇지 않으면 둘 또는 그 이상의 쪽문 후류가 러너 블레이드의 선단에 동시에 충돌하여 발생하는 심한 진동이 있게 된다. 예를 들어, 그림 14-87에서 러너 블레이드는 17개이고 쪽문은 20개이다. 이 숫자들은 그림 14-89와 14-90의 사진에서 보여 주는 것처럼 많은 대형 반동 수력 터빈의 전형적인 블레이드 개수이다. 일반적으로 정지깃과 쪽문의 수는 동일하다(그림 14-87에는 20개의 정지깃이 있다). 이 경우 둘 다 회전하지 않으므로 문제 되지 않고, 비정상 후류의 상호작용도 고려 대상이 아니다.

반동 터빈에는 크게 두 가지 형태가 있는데, **Francis**와 **Kaplan**이다. **Francis 터빈**은 원심 또는 혼류 펌프와 형상이 다소 비슷하지만, 유동이 반대방향이다. 그러나 역으로 작동되는 일반적인 펌프는 효율이 높은 터빈이 될 수 **없다**는 것에 유의하자. Francis 터빈은 1840년대에 설계를 구현시킨 James B. Francis(1815-1892)를 기려서 명명되었다. 반면에 **Kaplan 터빈**은 역으로 운전되는 **축류** 팬과 약간 비슷하다. 만약 창문을 통하여 돌풍이 불 때 창문 팬이 반대로 돌기 시작하는 것을 본 적이 있다면 Kaplan 터빈의 기본 작동 원리를 가시화할 수 있다. Kaplan 터빈은 발명자인 Viktor Kaplan(1876-1934)을 기려서 명명되었다. 실제로 Francis와 Kaplan 터빈에는 각각 몇 가지 세부 부류가 있으며, 수력 터빈 분야에서 사용되는 전문 용어가 항상 표준적인 것만은 아니다.

임펠러 블레이드를 떠나는 유동의 각도에 따라 동역학적 펌프를 원심(방사형), 혼류, 축류(그림 14-31)로 분류했다는 것을 기억해보자. 비슷하지만 역으로, 반동 터빈은 러너로 들어오는 유동의 방향에 따라 분류된다(그림 14-88). 만약 유동이 그림 14-88*a*처럼 러너에 반경방향으로 **들어오면 Francis 반경류 터빈**이라고 한다(또한 그림 14-87도 참조). 만약 유동이 반경방향과 축방향 사이의 어떤 각도로 러너로 들어오면(그림 14-88*b*) **Francis 혼류 터빈**이라고 한다. 혼류 터빈의 설계가 더 일반적이다. 일부 수력 터빈 엔지니어는 "Francis 터빈"이라는 용어를 단지 그림 14-88*b*에서와 같이 러너에 **밴드**(band)가 있을 때만 사용하기도 한다. Francis 터빈은 Pelton 수차 터빈의 높은 수두와 Kaplan 터빈의 낮은 수두 사이에 있는 수두에 가장 적합하다. 전형적인 대형 Francis 터빈은 16개 또는 그 이상의 러너 블레이드를 갖고 있으며, 90에서 95%의 터빈 효율을 얻을 수 있다. 만약 러너에 밴드가 없고 유동이 일부 방향 전환을 하며 러너에 들어온다면 이를 **프로펠러 혼류 터빈** 또는 간단히 **혼류 터빈**(mixed-flow turbine)이라고 한다(그림 14-88*c*). 마지막으로, 만약 유동이 러너에 들어오기 전에 축방향으로 완전히 전환된다면(그림 14-88*d*) 이 터빈은 **축류 터빈**(axial-flow turbine)이

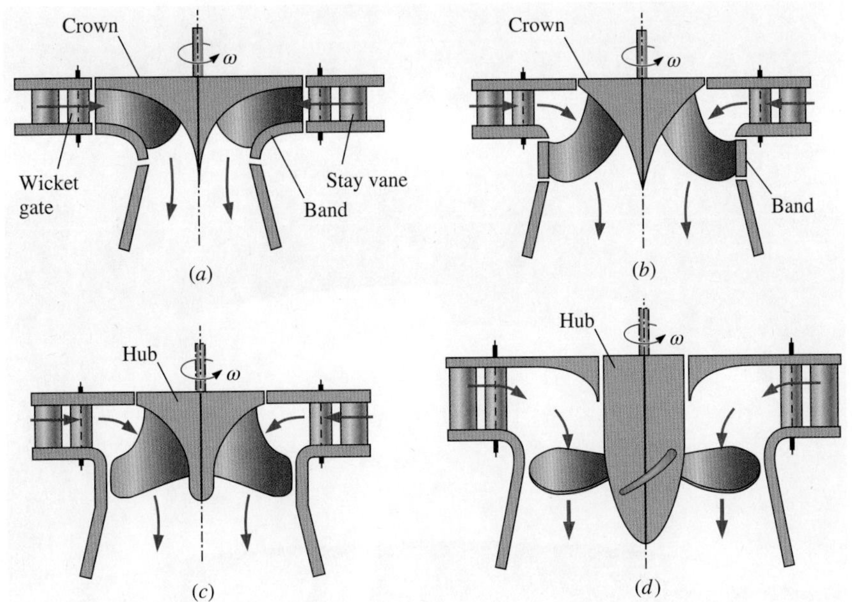

그림 14-88
반동 터빈 네 가지 소부류의 구별되는 특징. (*a*) **Francis 반경류**, (*b*) **Francis 혼류**, (c) **프로펠러 혼류**, (*d*) **프로펠러 축류**. (*b*)와 (*c*) 사이의 주된 차이점은 Francis 혼류 러너는 런와 함께 회전하는 밴드(band)가 있는 반면에 프로펠러 혼류 러너는 밴드가 없다. 프로펠러 혼류 터빈에는 두 가지 형태가 있다: **Kaplan 터빈**은 조절 가능한 피치 블레이드가 있는 반면에 **프로펠러 터빈**에는 피치 블레이드가 없다. 여기서 사용된 용어가 터보기계 교재나 수력 터빈 생산업체 사이에서 항상 통용되는 것은 아니라는 것에 유의하라.

라고 한다. 축류 터빈의 러너는 일반적으로 Francis 터빈보다 매우 적은 수인 단지 3에서 8개의 블레이드만을 갖고 있다. 이들에는 Kaplan 터빈과 프로펠러 터빈의 두 가지 형태가 있다. 쪽문을 회전시키고 러너 블레이드의 피치를 조절하는 두 가지 방법으로 유량이 조절되므로 Kaplan 터빈은 **이중 조절**(double regulated)이라고 한다. **프로펠러 터빈**은 블레이드가 고정되었다는 것(피치를 조절 못함)을 제외하고는 Kaplan 터빈과 거의 동일하며, 유량은 단지 쪽문에 의해서만 조절된다(**단일 조절, single regulated**). Pelton 및 Francis 터빈과 비교하면, Kaplan 터빈과 프로펠러 터빈은 낮은 수두와 큰 체적유량에 가장 적합하다. 이 터빈들의 효율은 Francis 터빈의 효율과 견줄 수 있으며, 최고 94%에 도달할 수 있다.

그림 14-89는 Francis 반경류 터빈의 반경류 러너 사진이다. 사진 속의 작업자로부터 수력 발전소의 러너가 얼마나 큰가를 알 수 있다. 그림 14-90은 Francis 터빈의 혼류 러너 사진이며, 그림 14-91은 축류 프로펠러 터빈의 사진이다. 이들은 입구(위)에서 본 모습이다.

그림 14-92는 발전용 Francis 반동 터빈을 사용하는 대표적인 수력 발전용 댐을 보여 주고 있다. 전체(overall) 또는 **총(gross) 수두** H_{gross}는 댐 상류의 저수조 표면과 댐을 떠나는 수면의 고도 차이로 정의되며, $H_{\text{gross}} = z_A - z_E$이다. 만약 시스템 **어디에서도** 비가역 손실이 없다면 터빈당 생산할 수 있는 동력의 최대량은 다음과 같다.

이상적인 동력 생산:
$$\dot{W}_{\text{ideal}} = \rho g \dot{V} H_{\text{gross}} \tag{14-42}$$

물론 시스템에 걸쳐서 비가역 손실이 있으며, 따라서 실제로 생산되는 동력은 식 (14-42)로 주어진 이상적인 동력보다 적을 것이다.

그림 14-92의 시스템 전체에 걸쳐서 용어를 정의하고 그 과정에서의 손실을 설명하면서 물의 유동을 따라가 보자. 물은 정지되어 있고, 대기압이며, 고도가 z_A로 가장 높은 댐 상류의 점 A에서 시작한다. 물은 유량 $\dot{V}$로 **도수로**(penstock)라고 하는 댐

그림 14-89
Spokane, WA 북쪽에 위치한 Pend Oreille River의 수력 발전소에서 사용하는 Francis 반경류 터빈의 러너. 외경이 5.6 m인 러너 블레이드가 17개가 있다. 터빈은 128.57 rpm으로 회전하며, 순 수두 78 m로부터 체적유량 335 m³/s에서 230 MW의 동력을 생산한다.

그림 14-90
Roanoke, VA에 있는 Smith Mountain 수력 발전소에서 사용하는 Francis 혼류터빈의 러너. 외경이 6.19 m인 러너 블레이드가 17개가 있다. 터빈은 100 rpm으로 회전하며 순 수두 54.9 m로부터 체적유량 375 m^3/s에서 194 MW의 동력을 생산한다.
© American Hydro Corporation. Used by permission.

그림 14-91
Cordele, GA의 Warwick 수력 발전소에서 사용하는 5-블레이드 프로펠러 터빈. 외경이 3.87 m인 5개의 러너 블레이드가 있다. 터빈은 100 rpm으로 회전하며, 순 수두 9.75 m로부터 체적유량 63.7 m^3/s에서 5.37 MW의 동력을 생산한다.
© American Hydro Corporation. Used by permission.

을 통과하는 커다란 관을 통하여 흐른다. 도수로로 가는 유동은 도수로 입구의 **취수문**(head gate)이라고 하는 큰 게이트 밸브를 닫아서 차단할 수 있다. 만약 그림 14-92에 나타낸 것처럼 터빈 바로 앞의 도수로 끝점 B에 피토관을 삽입한다면 관 내부의 물은 액주 높이가 터빈 입구에서의 에너지구배선 EGL_{in}과 같아지도록 상승할 것이다. 이 액주 높이는 도수로와 입구의 비가역 손실 때문에 점 *A*에서의 수위보다 낮게 된다. 그리고 유동은 전기 발전기와 축으로 연결된 터빈을 통과한다. 전기 발전기 자체에도 비가역 손실이 있다는 데 유의하라. 그러나 유체역학적 관점에서 오직 터빈과 터빈 하류에서의 손실에만 관심을 둔다.

터빈 러너를 통과한 후 나오는 유체(*C*점)는 아직 상당한 운동 에너지와 그리고 어쩌면 선회류를 갖고 있다. 이 운동 에너지의 일부를 회수하기 위하여(그렇지 않으면 낭비될 것이다), 유동은 **흡출관**(draft tube)이라고 하는 면적이 확장되는 디퓨저로 들어가며, 여기에서 유동은 수평으로 변하고, 유속이 느려지며, **방수로**(tailrace)라고 하는 하류로 방출되기 전에 압력이 증가한다. 만약 다른 피토관이 *D*점(흡출관의 출구)에 있다고 가정하면 관 내부의 물은 그림 14-92의 에너지구배선 EGL_{out}과 같아지도록 상승할 것이다. 흡출관은 터빈 조립체에 포함된 부분이라고 간주하므로 터빈을 지나는 순 수두는 EGL_{in}과 EGL_{out}의 차이로 나타낸다.

수력 터빈의 순 수두:
$$H = EGL_{in} - EGL_{out} \tag{14-43}$$

글로 표현하면,

> 터빈의 순 수두는 터빈의 바로 앞 상류의 에너지구배선과 흡출관 출구의 에너지구배선의 차이로 정의된다.

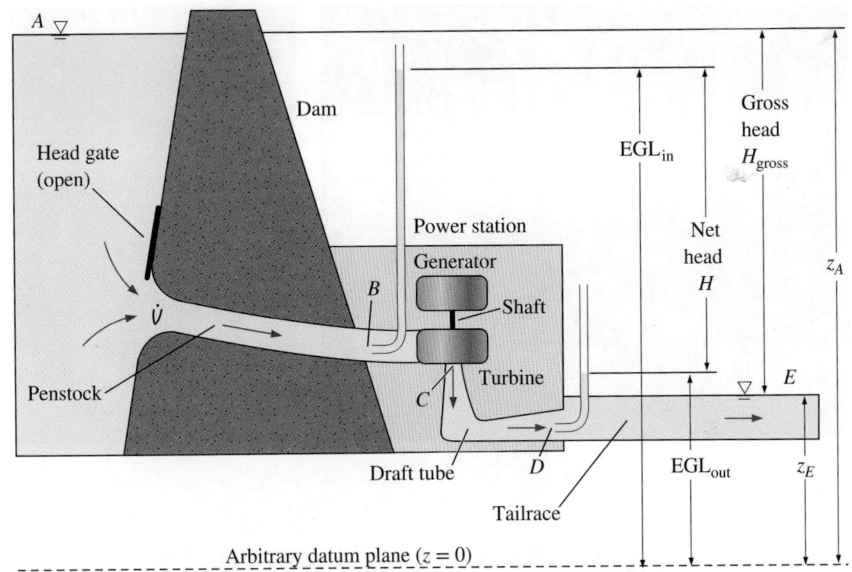

그림 14-92
전기를 생산하기 위해 Francis 터빈을 사용하는 수력 발전소의 전형적인 구성도 및 용어. 실제 축척이 아니다. 피토관은 단지 설명을 위하여 나타내었다.

흡출관 출구(D점)에서 유동 속도는 흡출관 상류 C점의 속도보다 현저하게 느리지만, 여전히 **유한**한 값을 가진다. 흡출관을 떠나는 모든 운동 에너지는 방수로에서 소산된다. 이는 비가역 수두 손실을 나타내며, EGL_{out}이 방수로 표면의 고도 z_E보다 높은 이유이다. 그럼에도 불구하고, 잘 설계된 흡출관에서는 상당한 압력이 회복된다. 흡출관은 러너 출구(C점)의 압력을 대기압 **이하로** 감소시키며, 그럼으로써 터빈이 가용 수두를 가장 효율적으로 사용할 수 있도록 한다. 다시 말하면, 흡출관은 러너 출구의 압력을 흡출관이 없는 것에 비하여 더 낮게 만들며, 터빈의 입구에서부터 출구까지 사이의 압력 변화를 증가시킨다. 하지만 대기압보다 낮은 압력은 공동현상을 유발할 수 있으므로 설계자는 이를 조심해야 한다. 공동현상은 앞에서 설명한 것처럼 여러 가지 이유로 바람직하지 않다.

만약 수력 발전소 전체의 순 효율에 관심이 있다면, 이 효율을 총 수두에 바탕을 둔 이상적인 동력(식 14-42)에 대한 실제로 생산되는 전력의 비로 정의할 수 있다. 이 장에서는 터빈 자체의 효율에 더 관심이 있다. 관습적으로 **터빈 효율**은 총 수두 H_{gross} **대신에 순 수두 H를 바탕으로 한다**. 특히 η_{turbine}은 수마력(water horsepower, 터빈을 통해 흐르는 물에서 추출된 동력)에 대한 제동마력 출력(실제 터빈 축 출력)의 비로 정의된다.

터빈 효율:

$$\eta_{\text{turbine}} = \frac{\dot{W}_{\text{shaft}}}{\dot{W}_{\text{water horsepower}}} = \frac{\text{bhp}}{\rho g H \dot{V}} \qquad \textbf{(14-44)}$$

bhp가 **요구 입력** 대신에 **실제 출력**이므로 터빈 효율 η_{turbine}은 펌프 효율의 역이라는 것에 유의하자(그림 14-93).

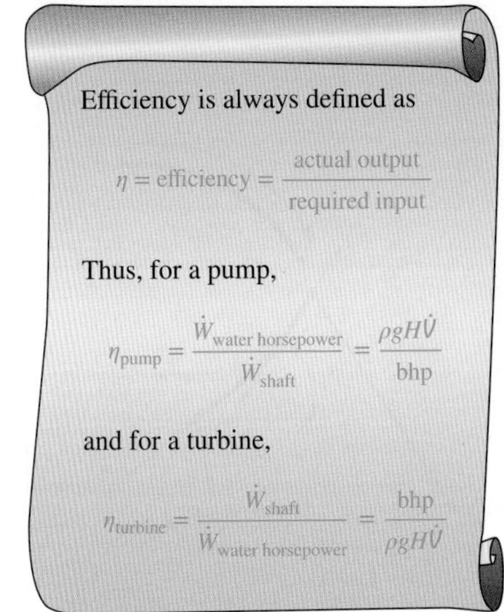

그림 14-93
정의로부터 효율은 항상 1보다 작아야만 한다. 터빈의 효율은 펌프 효율의 역이다.

또한 이 설명에서는 한 번에 단지 한 개의 터빈을 고려한다는 것에 유의하자. 대부분의 대형 수력 발전소는 병렬로 연결된 **여러 대**의 터빈을 갖고 있다. 이는 전기회사가 전력 수요가 적은 시간대에 그리고 정비를 목적으로 일부 터빈을 정지할 기회를 제공한다. 예를 들면, Nevada 주 Boulder City에 있는 Hoover 댐은 17개의 병렬 터빈

(a)

(b)

그림 14-94
(a) Hoover 댐 주변 풍경과 (b) Hoover 댐의 수력 터빈으로 구동되는 여러 개의 병렬 발전기 위(보이는) 부분.
(a) © Corbis RF (b) © Brand X Pictures RF

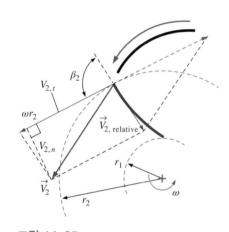

그림 14-95
상대 및 절대 속도 벡터와 Francis 터빈 러너의 외경에 대한 형상. 절대 속도 벡터는 굵은 화살표.

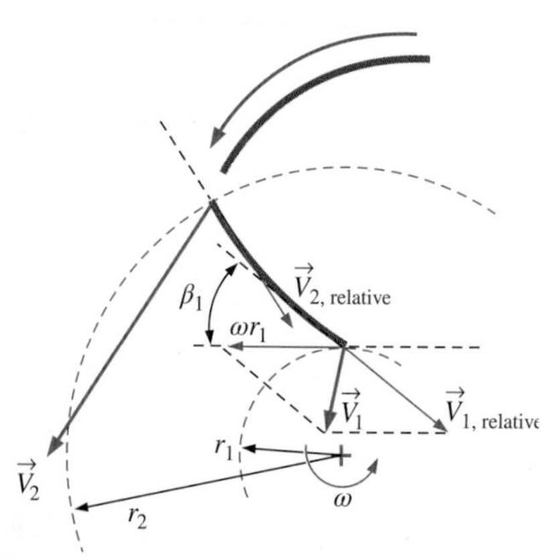

그림 14-96
상대 및 절대 속도 벡터와 Francis 터빈 러너의 내경에 대한 형상. 절대 속도 벡터는 굵은 화살표.

을 갖고 있으며, 이 가운데 15개는 각각 약 130 MW의 전기를 생산할 수 있는 동일한 대형 Francis 터빈이다(그림 14-94). 최대 총 수두는 180 m이다. 이 발전소의 최대 총 발전량은 2 GW(2000 MW)가 넘는다.

앞에서 펌프에서 수행한 것과 같은 방법으로, Euler 터보기계 방정식과 속도 선도를 사용하여 터빈의 예비 설계와 해석을 수행한다. 실제로, 같은 표기법을 유지하여 r_1은 회전하는 블레이드의 내부 반경, r_2는 외부 반경으로 나타낸다. 그러나 터빈에서는 유동방향이 펌프와 반대이므로 입구는 반경 r_2에, 출구는 r_1에 있다. 1차 근사 해석을 위하여 블레이드는 무한하게 얇다고 가정한다. 또한 블레이드는 유동이 언제나 블레이드 표면에 접선이 되도록 정렬되었다고 가정하며, 표면에서의 점성 효과(경계층)는 무시한다. 고차(higher-order) 보정은 전산유체역학 코드로 가장 잘 얻어진다.

예를 들어, 그림 14-87에 도시된 위에서 본 Francis 터빈 모습을 고려해 보자. 그림 14-95에는 속도 벡터가 절대좌표계와 러너와 함께 회전하는 상대좌표계 두 가지 모두에 대해 그려져 있다. 유동은 정지 안내깃(그림 14-95의 굵은 검은 선)에서 시작하여 방향이 전환되고, 러너 블레이드(굵은 갈색선)에 절대 속도 $\vec{V}_2$로 부딪친다. 그러나 러너 블레이드는 반시계방향으로 회전하며, 반경 r_2에서 접선방향으로 아래 왼쪽을 향하여 속력 ωr_2로 움직인다. 회전좌표로 변환하기 위하여, 그림에서 보여 주는 것처럼 $\vec{V}_2$와 **음**의 ωr_2의 벡터합을 구한다. 합벡터는 벡터 $\vec{V}_{2,\text{ relative}}$이며, 이는 러너 블레이드의 선단과 평행하다(원 r_2의 접선으로부터 각도 β_2). Euler 터보기계 방정식(식 14-39)에는 절대 속도 벡터 $\vec{V}_2$의 접선 성분 $V_{2,t}$가 요구된다. 약간의 삼각법 계산을 거치면 다음과 같다.

러너 선단:

$$V_{2,t} = \omega r_2 - \frac{V_{2,n}}{\tan \beta_2} \tag{14-45}$$

상대(회전)좌표에서 러너 블레이드를 따라 유동을 따라가면, 유동은 러너 블레이드의 후단에 평행하게 나가도록 방향이 전환되는 것을 알 수 있다(원 r_1의 접선으로부터 각도 β_1). 마지막으로, 다시 절대좌표로 변환하기 위하여 $\vec{V}_{1,\text{ relative}}$와 그림 14-96에 나타낸 것처럼 왼쪽으로 향하는 ωr_1의 벡터합을 구한다. 합벡터는 절대 속도 벡터

$\vec{V}_1$이다. 질량은 반드시 보존되어야 하므로 절대 속도 벡터의 수직 성분 $V_{1,n}$과 $V_{2,n}$은 식 (14-12)의 관계를 가지며, 여기서 축 블레이드 폭 b_1과 b_2는 그림 14-87에서 정의된다. 약간의 삼각법 계산을 한 후(이는 선단에서의 절차와 동일하다), Euler 터보기계 방정식에 사용하기 위한 절대 속도 벡터 $\vec{V}_1$의 접선 성분 $V_{1,t}$에 대한 식을 만든다.

러너 후단:

$$V_{1,t} = \omega r_1 - \frac{V_{1,n}}{\tan \beta_1} \qquad \textbf{(14-46)}$$

주의 깊은 독자는 터빈에 대한 식 (14-46)은 펌프에 대한 식 (14-23)과 같다는 것을 알게 될 것이다. 이는 우연이 아니며, 모든 것이 반대방향으로 흐른다는 것을 제외하고는 터빈에서의 속도 벡터와 각도 등이 펌프에서 정의된 것과 같게 정의되었다는 사실로부터 나온 결과이다.

몇몇 수력 터빈 러너 응용에서, 고출력/고유량 운전은 결국 $V_{1,t}<0$을 초래할 수 있다. 여기서 러너 블레이드가 유동방향을 아주 크게 변화시켜 러너 출구에서의 유동이 러너 회전과 반대 방향으로 회전되는데, 이 상황을 **역선회류**(reverse swirl)라고 한다(그림 14-97). Euler 터보기계 방정식은 최대 동력이 $V_{1,t}<0$에서 얻어진다고 예측하며, 따라서 역 선회류는 반드시 좋은 터빈 설계의 일부라는 생각을 할 수 있다. 그러나 실제로는, 대다수 수력 터빈의 최고 효율 운전은 러너가 적은 양의 **순선회류**(with-rotation swirl)를 러너에서 나가는 유동에 전할 때(러너 회전과 같은 방향으로의 선회류) 얻어진다는 사실이 밝혀졌다. 이것이 흡출관 성능을 향상시킨다. 그러나 많은 양의 선회류(역선회류 또는 순선회류)는 바람직하지 않으며, 그 이유는 흡출관 내에서 훨씬 더 큰 손실을 유발하기 때문이다(빠른 선회류 속도는 결국 운동 에너지의 "낭비"가 된다). 명백히, 주어진 설계 제한 조건 내에서 최대 효율의 수력 터빈 시스템(

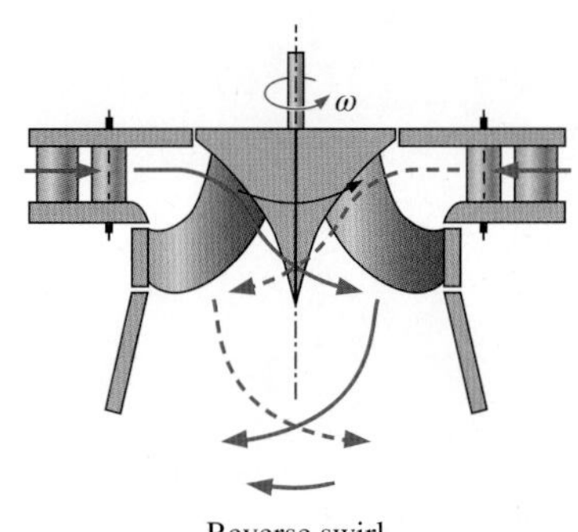

그림 14-97
몇몇 Francis 혼류 수력 터빈에서 고출력, 고유량 조건은 때로는 **역선회류**를 유발하며, 이때 그림에서 보여 주는 것처럼 러너에서 유출되는 유동은 러너 자체와 반대방향으로 선회한다.

그림 14-98
쪽문(wicket gate), 러너(runner), 흡출관(draft tube)을 포함하는 수력 터빈에 대한 CFD 해석을 통한 가시화. 러너 블레이드가 더 잘 보이도록 20개의 쪽문 중 5개가 숨겨져 있다. 하나의 물 분자가 터빈을 따라 흐르면서 지나가는 궤적인 유동 유적선(pathline)은 각 단의 각속도에 상대적으로 나타나 있으며, 물이 터빈의 각 부품으로 들어가고 나가는 것을 가시화하는 데 도움이 된다. 표면압력 등고선(surface pressure contours)은 정압으로 색이 나타나 있고, 쪽문과 러너 블레이드의 고압과 저압 영역을 나타낸다. 설계 반복 동안 CFD 모델로부터 수두, 유동, 동력을 추출하고, 이러한 가시화는 공동현상에 의한 손상이나 의도하지 않은 와류가 의심되는 곳을 파악하기 위한 정성적인 분석 방법으로 엔지니어에게 매우 유용하다.

전체의 일부로서 흡출관을 포함하여)을 설계하기 위해서는 많은 미세 조정이 이루어져야 할 필요가 있다. 또한 유동이 3차원이라는 것을 명심해야 한다. 즉, 유동이 전환되어 흡출관 속으로 들어감에 따라 속도에 **축방향** 성분이 있고, 또한 **원주방향**의 속도 차이도 생긴다. 컴퓨터 시뮬레이션 도구가 터빈 설계자에게 매우 유용하다는 것을 바로 알 수 있다. 사실, 최신 CFD 코드의 도움으로, 수력 발전소의 구형 터빈들을 리모델링하는 것이 경제적인 측면에서 현명하며 일상화될 정도까지 수력 터빈의 효율이 향상되었다. 그림 14-98은 Francis 혼류 터빈에 대한 CFD 결과의 예를 보여 준다.

예제 14-12 구성품의 효율이 발전소 효율에 미치는 영향

수력 발전소를 설계하고 있다. 저수조에서 방수로까지의 총 수두는 325 m이며, 각각의 터빈을 통과하는 물의 체적유량은 20 ℃에서 12.8 m³/s이다. 효율이 각각 95.2%인 동일한 12개의 병렬 터빈이 있으며, 모든 다른 기계적 에너지 손실(도수로 통과 등)은 출력을 3.5% 감소시키는 것으로 추정된다. 발전기 자체의 효율은 94.5%이다. 이 발전소에서 생산되는 전력을 MW 단위로 추정하라.

풀이 수력 발전소에서 생산되는 전력을 추정하고자 한다.

상태량 물의 밀도는 $T=20$ ℃에서 998 kg/m³이다.

해석 1개의 수력 터빈에서 생산되는 이상적인 전력은

$$\begin{aligned}\dot{W}_{\text{ideal}} &= \rho g \dot{V} H_{\text{gross}} \\ &= (998\ \text{kg/m}^3)(9.81\ \text{m/s}^2)(12.8\ \text{m}^3/\text{s})(325\ \text{m}) \\ &\quad \times \left(\frac{1\ \text{N}}{1\ \text{kg}\cdot\text{m/s}^2}\right)\left(\frac{1\ \text{W}}{1\ \text{N}\cdot\text{m/s}}\right)\left(\frac{1\ \text{MW}}{10^6\ \text{W}}\right) \\ &= 40.73\ \text{MW}\end{aligned}$$

그러나 터빈, 발전기 그리고 나머지 시스템 부분에서의 비효율성으로 실제 출력 전력은 줄어든다. 각 터빈에 대해

$$\begin{aligned}\dot{W}_{\text{electrical}} &= \dot{W}_{\text{ideal}}\eta_{\text{turbine}}\eta_{\text{generator}}\eta_{\text{other}} = (40.73\ \text{MW})(0.952)(0.945)(1-0.035) \\ &= 35.4\ \text{MW}\end{aligned}$$

마지막으로, 12개의 병렬 터빈이 있으므로 생산되는 총 전력은

$$\dot{W}_{\text{total electrical}} = 12\,\dot{W}_{\text{electrical}} = 12(35.4\ \text{MW}) = \mathbf{425\ MW}$$

토의 어떤 효율에도 작은 개선이 있으면 결과적으로 출력 전력이 증가하고, 따라서 전력 회사의 수익성이 증가한다.

예제 14-13 수력 터빈 설계

수력 발전용 댐의 구형 터빈을 대체하기 위한 개량용 Francis 반경류 수력 터빈을 설계하고 있다. 새 터빈은 기존의 장치와 적절하게 결합되기 위해 다음의 설계 제한 조건을 반드시 만족시켜야 한다. 러너 입구 반경은 $r_2=2.50$ m이고 출구 반경은 $r_1=1.77$ m이다. 러너 블레이드폭은 입구와 출구에서 각각 $b_2=0.914$ m와 $b_1=2.62$ m이다. 러너는 60 Hz

전기발전기를 돌리기 위하여 반드시 $\dot{n}=120$ rpm($\omega=12.57$ rad/s)으로 회전하여야 한다. 쪽문은 러너 입구에서 유동을 반경방향으로부터 $\alpha_2=33°$의 각도로 방향을 전환하고, 유동이 흡출관을 통하여 제대로 흐르기 위해서는 러너 출구에서 유동이 반경방향으로부터 $-10°$와 $10°$ 사이의 각 α_1을 가져야 한다(그림 14-99). 설계 조건에서 체적유량은 599 m³/s이고, 댐이 제공하는 총 수두는 $H_{gross}=92.4$ m이다. (a) 입구와 출구의 러너 블레이드각 β_2와 β_1을 계산하라. 그리고 비가역 손실이 무시될 때, 반경방향으로부터 $\alpha_1=10°$인 경우(순선회류)에 대해 출력과 순 수두를 예측하라. (b) 반경방향으로부터 $\alpha_1=0°$인 경우(선회류 없음)에 대해 계산을 반복하라. (c) 반경방향으로부터 $\alpha_1=-10°$인 경우(역선회류)에 대해서 계산을 반복하라.

풀이 주어진 일련의 수력 터빈 설계기준을 가지고, 러너 출구에서 세 가지 경우, 즉 선회류가 있는 두 가지 경우와 선회류가 없는 한 가지 경우에 대하여 러너 블레이드 각도, 요구 순 수두, 출력을 계산하고자 한다.

가정 **1** 유동은 정상이다. **2** 유체는 20 ℃의 물이다. **3** 블레이드는 무한하게 얇다. **4** 유동은 모든 곳에서 러너 블레이드의 접선방향이다. **5** 터빈에서의 비가역 손실은 무시한다.

상태량 20 ℃에서의 물의 밀도는 $\rho=998.0$ kg/m³이다.

해석 (a) 식 (14-12)를 사용하여 입구에서 수직 속도 성분에 대하여 풀면

$$V_{2,n}=\frac{\dot{V}}{2\pi r_2 b_2}=\frac{599\ \text{m}^3/\text{s}}{2\pi(2.50\ \text{m})(0.914\ \text{m})}=41.7\ \text{m/s} \tag{1}$$

그림 14-99를 지침으로 삼으면, 입구에서 접선방향 속도 성분은

$$V_{2,t}=V_{2,n}\tan\alpha_2=(41.7\ \text{m/s})\tan 33°=27.1\ \text{m/s} \tag{2}$$

이제 러너 선단각 β_2에 대하여 식 (14-45)를 풀면

$$\beta_2=\arctan\left(\frac{V_{2,n}}{\omega r_2-V_{2,t}}\right)$$
$$=\arctan\left(\frac{41.7\ \text{m/s}}{(12.57\ \text{rad/s})(2.50\ \text{m})-27.1\ \text{m/s}}\right)=\mathbf{84.1°} \tag{3}$$

식 (1)에서 (3)까지를 러너 출구에 대해 반복하여 풀면 다음의 결과를 얻는다.

$$\text{러너 출구:}\quad V_{1,n}=20.6\ \text{m/s},\quad V_{1,t}=3.63\ \text{m/s},\quad \beta_1=\mathbf{47.9°} \tag{4}$$

이 러너 블레이드의 위에서 본 모습을 (축척으로) 그림 14-100에 나타내었다.

식 (2)와 식 (4)를 이용하면 축 출력은 Euler 터보기계 방정식인 식 (14-39)로부터 추정된다.

$$\dot{W}_{shaft}=\rho\omega\dot{V}(r_2V_{2,t}-r_1V_{1,t})=(998.0\ \text{kg/m}^3)(12.57\ \text{rads/s})(599\ \text{m}^3/\text{s})$$
$$\times[(2.50\ \text{m})(27.2\ \text{m/s})-(1.77\ \text{m})(3.63\ \text{m/s})]\left(\frac{\text{MW}\cdot\text{s}}{10^6\ \text{kg}\cdot\text{m}^2/\text{s}^2}\right)$$
$$=461\ \text{MW}=\mathbf{6.18\times10^5\ hp} \tag{5}$$

마지막으로, 비가역성을 무시하였으므로 $\eta_{turbine}=100\%$로 가정하고, 식 (14-44)를 이용하여 요구되는 순 수두를 구한다.

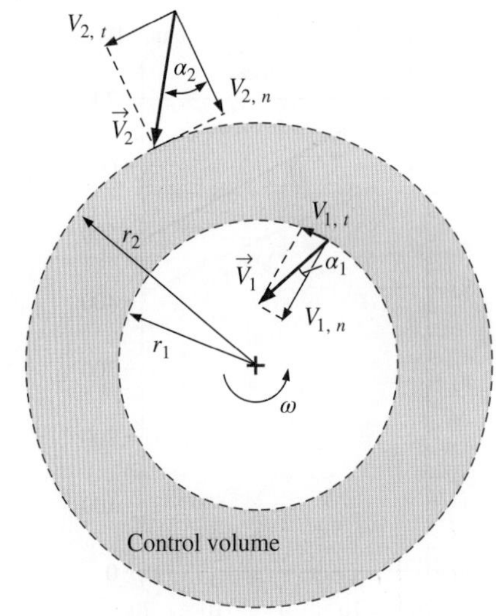

그림 14-99
수력 발전소용으로 설계된 Francis 터빈의 러너와 관련된, 위에서 본 절대 속도와 유동 각(예제 14-13). 검사체적은 러너의 입구부터 출구까지이다.

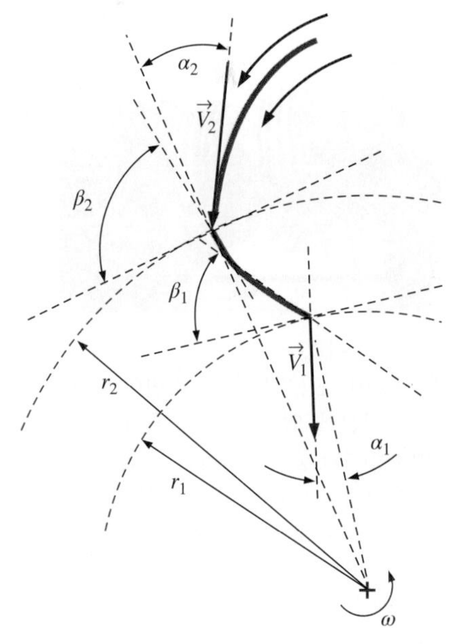

그림 14-100
예제 14-13의 러너 블레이드 설계를 위에서 본 개략도. 안내깃과 절대 속도 벡터도 나타나 있다.

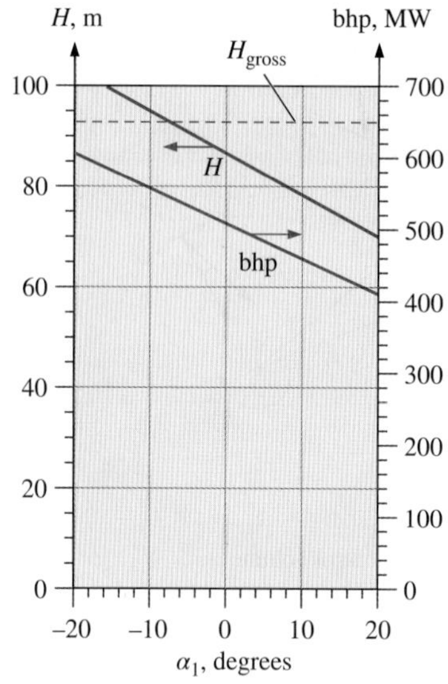

그림 14-101
예제 14-13의 터빈에서 러너 출구 유동각의 함수로서 나타낸 이상적인 요구 순 수두와 제동마력.

$$H = \frac{\text{bhp}}{\rho g \dot{V}} = \frac{461 \text{ MW}}{(998.0 \text{ kg/m}^3)(9.81 \text{ m/s}^2)(599 \text{ m}^3\text{/s})}\left(\frac{10^6 \text{ kg·m}^2\text{/s}^2}{\text{MW·s}}\right) = \mathbf{78.6 \text{ m}} \qquad \textbf{(6)}$$

(b) 러너 출구에서 선회류 없이($\alpha_1 = 0°$) 계산을 반복하면 러너 블레이드 후단각은 42.8°로 줄어들며, 출력은 509 MW(6.83×10^5 hp)로 증가한다. 요구되는 순 수두는 86.8 m로 증가한다.

(c) 러너 출구에서 역선회류($\alpha_1 = -10°$)가 있는 경우 대해 계산을 반복하면 러너 블레이드 후단각은 38.5°로 줄어들고, 출력은 557 MW(7.47×10^5 hp)로 증가한다. 요구되는 순 수두는 95.0 m로 증가한다. 그림 14-101은 러너 출구 유동각 α_1의 함수로 나타낸 동력과 순 수두의 선도를 보여준다. α_1의 감소에 따라 bhp와 H가 모두 증가하는 것을 알 수 있다. 토의 이론적인 출력은 러너 출구의 선회류를 제거하면 약 10% 증가하고, 10°의 역선회류가 있으면 거의 10%가 추가로 증가한다. 그러나 댐에서 가능한 총 수두는 단지 92.4 m이다. 따라서 예측된 순 수두가 H_{gross}보다 크게 요구되므로 (c)의 역선회류인 경우는 명백히 불가능하다. 이 결과는 비가역성을 무시한 예비 설계임을 명심하자. 실제 출력은 더 작고, 실제로 요구되는 순 수두는 여기서 예측된 값보다 더 클 것이다.

가스 및 증기 터빈

지금까지 우리가 살펴본 내용은 대부분 수력 터빈에 관한 것이었다. 이제부터는 연소 생성물 또는 증기와 같은 **기체**를 사용하도록 설계된 터빈에 대하여 살펴본다. 석탄 또는 원자력 발전소에서는 고압 증기가 보일러에서 생성되고 증기 터빈에 공급되어 전기를 생산한다. 재열, 재생 및 전체 효율을 높이기 위한 다른 노력 때문에 이런 증기 터빈들은 일반적으로 (고압 및 저압의) 두 개의 단(stage)을 갖는다. 대부분의 발전소 증기 터빈은 그림 14-102에 보인 것처럼 다단 축류 장치이다. 여기서 각 터빈 블레이드(**버킷**이라 불리는) 세트(set) 사이에서 유동의 방향을 정해 주는 고정자 깃(**노즐**이라 불리는)은 보이지 않는다. 축류 터빈의 해석은 14-2절에서 설명한 것처럼 축류 팬의 해석과 매우 유사하며, 여기에서 다시 설명하지는 않는다.

유사한 축류 터빈들이 제트 항공기 엔진(그림 14-62)과 가스 터빈 발전기(그림 14-103)에 사용된다. 가스 터빈 발전기는 추력을 제공하는 대신에 연료의 에너지를 가능한 한 많이 회전축으로 전달하도록 설계된 것을 제외하면, 제트엔진과 비슷하다. 발전용 가스 터빈은 지상용이기 때문에 일반적으로 제트엔진보다 훨씬 크다. 수력 터빈에서처럼, 전체 터빈의 크기가 증가하면 상당한 효율의 개선을 실현할 수 있다.

그림 14-102
발전소에 사용되는 증기 터빈의 저압 단의 회전 부분에 있는 터빈 블레이드. 고압의 과열 증기가 중간 부분으로 유입되고, 거대한 케이싱이 필요 없이 많은 유량을 수용하기 위해 좌우로 균등하게 반씩 나누어진다. 버킷의 곡선 형태는 그림의 왼쪽 단에서 명확하게 볼 수 있다. 압력은 매 단을 지나면서 감소하고, 유동 방향으로 점진적으로 더 큰 버킷이 필요하다.

풍력 터빈*

전 세계적으로 에너지 요구가 증가함에 따라 화석 연료의 공급이 부족하게 되고, 에너지 비용은 계속하여 증가하고 있다. 전 세계적 에너지 수요를 따라가기 위해서는 태양, 풍력, 파력, 조력, 수력, 지열 등과 같은 재생 에너지원에 대한 더 많은 연구가 수행되어야만 한다. 이 절에서는 발전에 사용되는 풍력 터빈을 중점적으로 다룬다. 비

* 이 절의 내용 대부분은 Manwell et al. (2010)에서 요약되었으며, 저자는 이 절을 검토해 주신 데 대하여 J. F. Manwell, J. G. McGowan 및 A. L. Rogers 교수님께 감사드립니다.

록 기술적으로는 두 장치가 모두 유체로부터 에너지를 얻어내는 터빈이지만, **기계적인** 동력(제분, 물의 이송 등)을 얻어내기 위한 **풍차**(windmill)와 전력을 생산하기 위한 **풍력 터빈**(wind turbine)으로 구별하여 서로 다른 용어를 사용한다는 것에 유의하자. 비록 바람이 "무료(free)"이고 재생 가능하지만, 최신 풍력 터빈은 비용이 많이 들고, 대부분의 다른 동력 생산 장치와 비교하여 명백한 단점을 갖고 있다. 즉, 풍력 터빈은 바람이 불 때만 동력을 생산할 수 있고, 따라서 본질적으로 출력이 일정하지 않다. 더욱이 풍력 터빈은 바람이 부는 장소에 설치되어야만 하며, 이런 장소는 대부분 전통적인 전력망으로부터 멀리 떨어져 있어 새로운 고압 송전 선로의 건설이 요구된다는 사실 또한 명백하다. 그럼에도 불구하고, 가까운 미래에 전 세계 에너지 수급에서 풍력 터빈의 역할이 계속 증가할 것으로 기대된다.

그림 14-103
가스 터빈의 로터 조립체
© *Shutterstock/wwwohmdotcom*

그림 14-104에 나타낸 것처럼 수 세기에 걸쳐서 수많은 혁신적인 풍력 터빈의 설계가 제시되고 시험되었다. 풍력 터빈은 일반적으로 회전축의 방향에 따라 **수평축 풍력 터빈**(HAWTs, horizontal axis wind turbines)과 **수직축 풍력 터빈**(VAWTs, vertical axis wind turbines)으로 분류된다. 다른 분류 방법으로는 회전하는 축에 토크를 제공하는 메커니즘, 즉 양력(lift) 또는 항력(drag)으로 구분하는 방법이 있다. 지금까지 어떤 VAWT 또는 항력형 설계도 양력형 HAWT만큼 효율적이거나 또는 성공적이지 않았다. 이는 전 세계적으로 거의 모든 풍력 터빈은 HAWT 형태로 건설되며, 종종 **풍력 발전 단지**(wind farms, 그림 14-105)라고 하는 집단을 형성하는 이유가 된다. 또한 이런 이유로 이 절에서는 양력형 HAWT만을 상세하게 설명한다[본질적으로 항력형 장치가 양력형 장치보다 효율이 낮은 이유에 대한 상세한 설명은 Manwell et al. (2010)을 참조하라].

모든 풍력 터빈은 특정한 동력 성능 곡선을 가지며, 그림 14-106은 전력 출력을 터빈 축 높이에서의 풍속 V에 대한 함수로 나타내고 있는 전형적인 예를 보여 주고 있다. 풍속의 크기에서 세 가지의 중요한 지점이 있음을 알 수 있다.

- **시동 속도**(cut-in speed)는 사용 가능한 동력을 발생시킬 수 있는 최소 풍속.
- **정격 속도**(rated speed)는 보통 최대 동력인 정격 동력을 공급하는 풍속.
- **차단 속도**(cut-out speed)는 풍력 터빈이 동력을 생산하도록 설계된 최대 풍속이다. 차단 속도 이상의 풍속에서는 파손을 피하고 안전을 위하여, 어떤 형태의 정지 메커니즘에 의해 터빈 블레이드가 정지된다. 빨간색 쇄선의 짧은 구간은 차단이 적용되지 않을 때 얻을 수 있는 동력을 나타내고 있다.

최대 성능을 갖도록 HAWT 터빈 블레이드의 설계에는 테이퍼(tapering)와 뒤틀림(twist)이 포함되며, 이는 14-2절에서 설명한 축류 팬(프로펠러)의 설계와 유사하므로 여기서는 반복하지 않는다. 예를 들면, 터빈 블레이드의 뒤틀림은 예제 14-7에서 다룬 프로펠러 블레이드의 뒤틀림 설계와 거의 같으며, 프로펠러와 매우 유사한 방식으로 블레이드 피치각이 허브에서 끝단 방향으로 줄어든다. 풍력 터빈 설계에서 유체역학이 가장 중요하지만, 동력 성능 곡선은 전기 발전기, 기어박스 및 구조적인 문제에 의해서도 영향을 받는다. 물론 모든 기계에서처럼 모든 구성 요소에 비효율성이 존재한다.

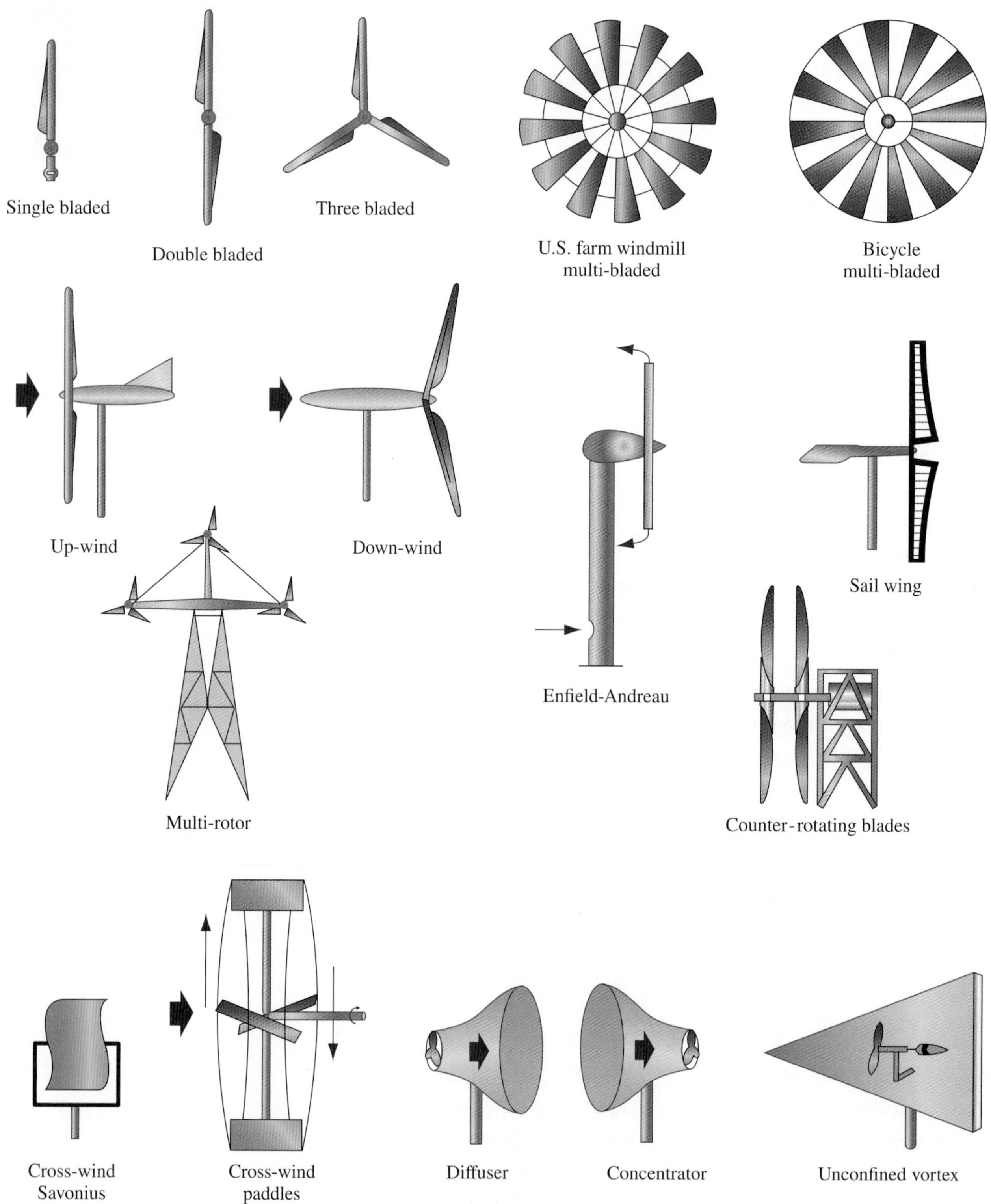
Horizontal axis turbines
Single bladed
Double bladed
Three bladed
U.S. farm windmill
multi-bladed
Bicycle
multi-bladed
Up-wind
Down-wind
Enfield-Andreau
Sail wing
Multi-rotor
Counter-rotating blades
Cross-wind
Savonius
Cross-wind
paddles
Diffuser
Concentrator
Unconfined vortex

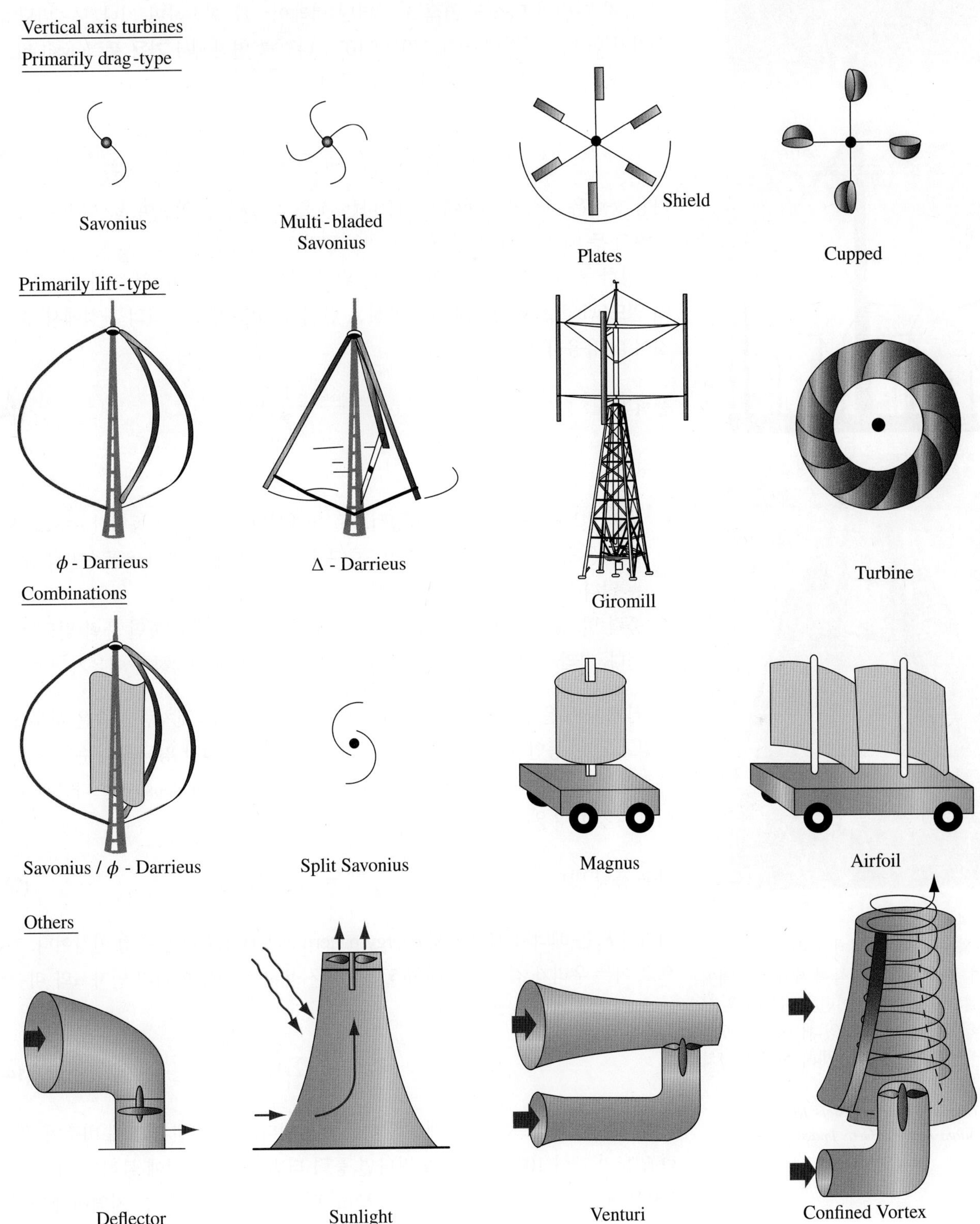

그림 14-104
다양한 풍력 터빈 설계와 이들의 분류. Manwell et al. (2010)에서 발췌.

그림 14-105
(a) 화석 연료의 전 세계적 수요를 줄이기 위하여 풍력 발전 단지들이 세계의 도처에서 건설되고 있다. (b) 어떤 풍력 터빈은 심지어 건물에 설치되고 있다! (이 세 개의 터빈은 바레인 세계무역센터 빌딩에 설치되었다.)
(a) © Digital Vision/Punchstock RF
(b) © Adam Jan/AFP/Getty Images

풍력 터빈의 **디스크 면적** A는 터빈 블레이드가 회전하며 지나가는 바람방향에 수직인 면적으로 정의된다(그림 14-107). 디스크 면적에서 **가용 풍력**(available wind power) $\dot{W}_{\text{available}}$은 바람의 운동 에너지 변화율로 계산된다.

$$\dot{W}_{\text{available}} = \frac{d(\frac{1}{2}mV^2)}{dt} = \frac{1}{2}V^2\frac{dm}{dt} = \frac{1}{2}V^2\dot{m} = \frac{1}{2}V^2\rho VA = \frac{1}{2}\rho V^3 A \qquad \textbf{(14-47)}$$

가용 풍력은 디스크 면적에 비례한다는 것을 바로 알 수 있으며, 즉 터빈 블레이드의 직경이 두 배가 되면 풍력 터빈의 가용 풍력은 4배가 된다.

다양한 풍력 터빈과 지역의 비교를 위해, 일반적으로 W/m^{2}의 단위로 표현되는 **풍력 밀도**(wind power density)라고 하는 **단위 면적당** 가용 풍력의 관점에서 생각하는 것이 더 유용하다.

풍력 밀도:

$$\frac{\dot{W}_{\text{available}}}{A} = \frac{1}{2}\rho V^3 \qquad \textbf{(14-48)}$$

따라서

- 풍력 밀도는 공기 밀도에 선형적으로 비례한다. 찬 공기는 동일한 속도로 불어오는 더운 공기보다 더 큰 풍력 밀도를 갖는다. 그러나 이 효과는 풍속만큼 중요하지는 않다.
- 풍력 밀도는 풍속의 세제곱에 비례한다. 풍속을 두 배로 하면 풍력 밀도는 8배가 된다. 따라서 풍력 발전 단지가 풍속이 높은 지역에 위치하는 이유가 명백하다!

식 (14-48)은 순간 식이다. 그러나 모두 잘 알고 있는 것처럼 풍속은 하루 동안에 그리고 일 년 동안에 걸쳐서 크게 변한다. 이런 이유로 시간 평균을 기준으로, 연중 평균 풍속 $\overline{V}$를 사용하여 **평균 풍력 밀도**(average wind power density)를 다음과 같이 정의하는 것이 유용하다.

평균 풍력 밀도:

$$\frac{\overline{\dot{W}}_{\text{available}}}{A} = \frac{1}{2}\rho_{\text{avg}}\overline{V}^3 K_e \qquad \textbf{(14-49)}$$

여기서 K_e는 **에너지 패턴 인자**(energy pattern factor)라고 하는 수정 인자이다. 기본적으로 이는 우리가 검사체적 해석(5장)에서 사용하는 운동 에너지 인자 α와 비슷하다. K_e는 다음과 같이 정의된다.

$$K_e = \frac{1}{N\overline{V}^3}\sum_{i=1}^{N} V_i^{\,3} \qquad \textbf{(14-50)}$$

여기서 $N=8760$으로, 일 년에 해당하는 시간이다. 일반적인 경험에 비추어, 평균 풍력 밀도가 대략 100 W/m^{2}보다 작다면 풍력 터빈을 설치하기에 불리한 지역이며, 약 400 W/m^2 정도이면 적합하고, 700 W/m^2 이상이면 매우 적합한 지역이라고 간주한다. 대기의 난류 강도, 지형, 장애물(건물, 나무 등), 환경 영향 등과 같은 다른 인자들도 풍력 터빈의 위치 선정에 영향을 미친다. 더 자세한 내용은 Manwell, et al. (2010)을 참조하라.

해석을 목적으로, 주어진 풍속 V에서 풍력 터빈의 공기역학적 효율은 터빈의 블레이드에서 얻어지는 가용 풍력의 분율로 정의된다. 일반적으로 이 효율을 **동력계수**(power coefficient), C_P라고 한다.

동력계수:

$$C_p = \frac{\dot{W}_{\text{rotor shaft output}}}{\dot{W}_{\text{available}}} = \frac{\dot{W}_{\text{rotor shaft output}}}{\frac{1}{2}\rho V^3 A} \qquad \textbf{(14-51)}$$

풍력 터빈에서 최대로 가능한 동력계수를 계산하는 것은 매우 간단하며, 이는 1920년대 중반에 Albert Betz(1885-1968)에 의해서 최초로 수행되었다. 그림 14-108에 나타낸 것처럼 V_1으로 표시되는 상류 풍속 V에 대하여 디스크 면을 포함하는 두 가지 검사체적(큰 검사체적과 작은 검사체적)을 고려한다.

축대칭 유관(stream tube, 그림 14-108의 위와 아래에 나타낸 유선들에 의해서 둘러싸여 있는)은 터빈을 흐르는 공기 유동에 대하여 가상의 "덕트"를 형성한다고 생각할 수 있다. 정상 유동에서 큰 검사체적에 대한 검사체적 운동량 방정식은

$$\sum \vec{F} = \sum_{\text{out}} \beta \dot{m}\vec{V} - \sum_{\text{in}} \beta \dot{m}\vec{V}$$

이며, 유선방향 (x)으로 해석된다. 위치 1과 2는 터빈으로부터 충분히 멀리 떨어져 있으므로 $P_1 = P_2 = P_{\text{atm}}$이라고 할 수 있고, 결과적으로 검사체적에 대한 순 압력 힘이 없어지게 된다. 입구 (1)과 출구 (2)에서의 속도를 각각 V_1과 V_2로 근사하면 운동량 플럭스 보정계수는 $\beta_1 = \beta_2 = 1$이 된다. 운동량 방정식은 다음과 같이 간단해진다.

$$F_R = \dot{m}V_2 - \dot{m}V_1 = \dot{m}(V_2 - V_1) \qquad \textbf{(14-52)}$$

그림 14-108에서 작은 검사체적은 터빈을 둘러싸고 있지만, 극단적으로 이 검사체적이 무한하게 얇기 때문에(터빈을 디스크로 근사하였다) $A_3 = A_4 = A$가 된다. 공기는 비압축성으로 취급되므로 $V_3 = V_4$가 된다. 하지만 풍력 터빈이 공기로부터 에너지를 추출하기 때문에 압력이 낮아진다. 즉, $P_3 \neq P_4$이다. 작은 검사체적에 대하여 검사체적 운동량 방정식의 유선방향 성분을 적용하면 다음 식을 얻는다.

$$F_R + P_3A - P_4A = 0 \quad \rightarrow \quad F_R = (P_4 - P_3)A \qquad \textbf{(14-53)}$$

터빈이 공기로부터 에너지를 추출하기 때문에 분명히 터빈을 지나서 Bernoulli 방정식을 적용할 수는 없다. 그러나 위치 1과 3 그리고 위치 4와 2 사이에서는 Bernoulli 방정식의 적용이 적절한 근사가 된다.

$$\frac{P_1}{\rho g} + \frac{V_1^2}{2g} + z_1 = \frac{P_3}{\rho g} + \frac{V_3^2}{2g} + z_3 \quad \text{그리고} \quad \frac{P_4}{\rho g} + \frac{V_4^2}{2g} + z_4 = \frac{P_2}{\rho g} + \frac{V_2^2}{2g} + z_2$$

이 이상적인 해석에서 압력은 멀리 떨어진 상류의 대기압($P_1 = P_{\text{atm}}$)에서 시작하여 P_1에서 P_3까지 점진적으로 증가하고, 터빈 디스크를 지나면서 P_3에서 P_4로 급격하게 감소한다. 그 다음에 P_4에서 P_2까지 점진적으로 증가하여 멀리 떨어진 하류에서 다시 대기압($P_2 = P_{\text{atm}}$)으로 끝난다(그림 14-109). $P_1 = P_2 = P_{\text{atm}}$과 $V_3 = V_4$로 설정하고, 식 (14-52)와 식 (14-53)을 더한다. 추가로, 풍력 터빈이 수평으로 놓여 있으므로 $z_1 = z_2 = z_3 = z_4$이다(어쨌든 공기에서 중력 효과는 무시된다). 약간의 수식 전개 후 다음을 얻는다.

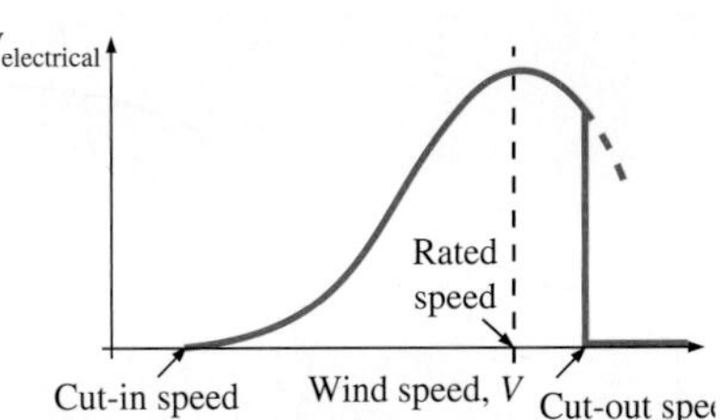

그림 14-106
전형적인 정성적 풍력 터빈 동력 성능 곡선으로 시동, 정격, 차단 속도의 정의를 함께 나타내었다.

그림 14-107
풍력 터빈의 원판 면적은 여기서 빨간색으로 나타낸 것과 같이, 다가오는 바람이 "보는(seen)" 터빈을 지나치는 면적(swept area) 또는 정면도면적(frontal area)으로 정의된다. 원판 면적은 (*a*) 수평축과 터빈에서 원형과 (*b*) 수직축 터빈에서 다이아몬드형이다.

(a) © Construction Photography/Corbis RF
(b) © Doug Sherman/GeoFile RF

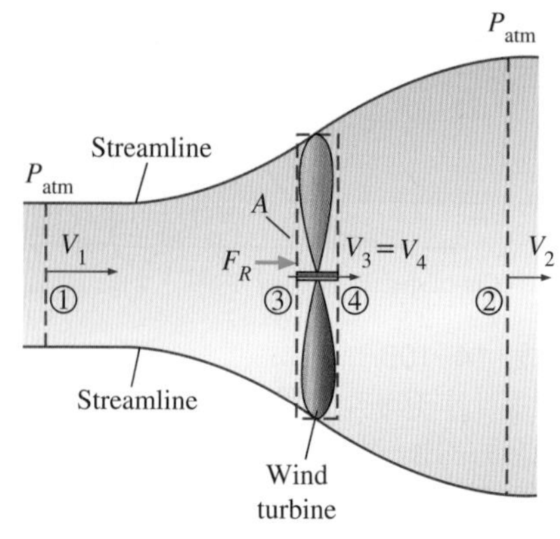

그림 14-108
축대칭 확대 유선관으로 둘러싸인 이상적인 풍력 터빈의 성능 해석을 위한 크고 작은 검사체적.

$$\frac{V_1^2 - V_2^2}{2} = \frac{P_3 - P_4}{\rho} \tag{14-54}$$

$\dot{m} = \rho V_3 A$를 식 (14-52)에 대입하고 그 결과를 식 (14-53) 및 식 (14-54)와 조합하면 다음이 된다.

$$V_3 = \frac{V_1 + V_2}{2} \tag{14-55}$$

따라서 **이상적인 풍력 터빈을 통과하는 공기의 평균 속도는 멀리 떨어진 상류 속도와 멀리 떨어진 하류 속도의 산술 평균**이라고 결론지을 수 있다. 물론 이 결과의 타당성은 Bernoulli 방정식이 적용 가능한 경우로 제한된다.

편의상, 멀리 떨어진 상류에서 터빈 디스크까지 속도의 손실 분율을 새로운 변수 a로 다음과 같이 정의한다.

$$a = \frac{V_1 - V_3}{V_1} \tag{14-56}$$

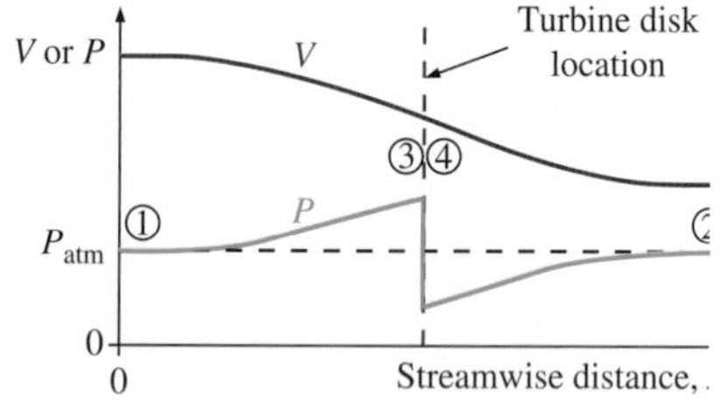

그림 14-109
풍력 터빈을 통과하는 평균 유선방향 속도와 압력 분포에 대한 정성적 개략도.

따라서 터빈을 통과하는 속도는 $V = V_1(1-a)$, 터빈을 통과하는 질량 유량은 $\dot{m} = \rho A V_3 = \rho A V_1(1-a)$이 된다. 이 V_3에 대한 식과 식 (14-55)를 조합하면 다음이 된다.

$$V_2 = V_1(1 - 2a) \tag{14-57}$$

마찰과 같은 비가역적 손실이 없는 이상적인 풍력 터빈에서 터빈이 생산하는 동력은 단순히 들어오고 나가는 운동 에너지의 차이다. 약간의 수식 전개를 하면 다음을 얻는다.

$$\dot{W}_{ideal} = \dot{m}\frac{V_1^2 - V_2^2}{2} = \rho A V_1(1-a)\frac{V_1^2 - V_1^2(1-2a)^2}{2} = 2\rho A V_1^3 a(1-a)^2 \tag{14-58}$$

다시 비가역적 손실 없이 터빈의 동력이 터빈의 축에 전달된다고 가정하면, 풍력 터빈의 효율은 식 (14-51)에서 정의된 동력계수로 표현되고, 이는 다음과 같다.

$$C_P = \frac{\dot{W}_{\text{rotor shaft output}}}{\frac{1}{2}\rho V_1^3 A} = \frac{\dot{W}_{ideal}}{\frac{1}{2}\rho V_1^3 A} = \frac{2\rho A V_1^3 a(1-a)^2}{\frac{1}{2}\rho V_1^3 A} = 4a(1-a)^2 \tag{14-59}$$

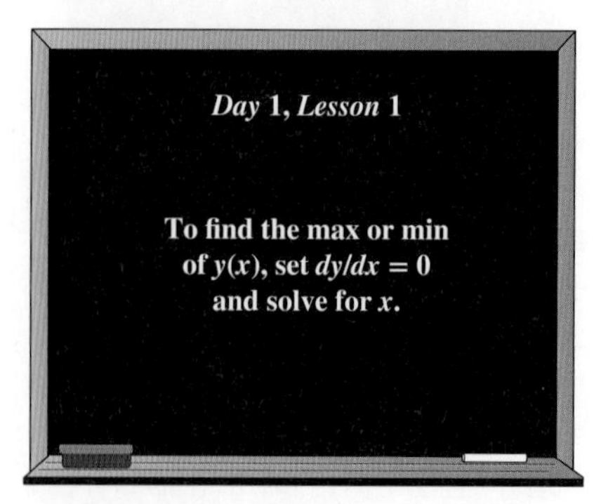

그림 14-110
최솟값 또는 최댓값을 계산하기 위한 도함수 사용은 엔지니어가 첫 번째로 배워야 하는 것들 중 하나이다.

마지막으로, 모든 훌륭한 엔지니어가 알고 있는 것처럼 $dC_P/da = 0$으로 설정하고 a에 대하여 풀어서 최대로 가능한 C_P값을 계산한다(그림 14-110). 이때 $a = 1$ 또는 1/3이 얻어지며, 상세한 과정은 연습문제로 남겨둔다. $a = 1$은 무의미한 경우(동력 생산이 없음)이므로 최대 가능 동력계수에 대해 a는 반드시 1/3이 되어야만 한다는 결론이 나온다. $a = 1/3$을 식 (14-59)에 대입하면 다음이 된다.

$$C_{P,\max} = 4\frac{1}{3}\left(1 - \frac{1}{3}\right)^2 = \frac{16}{27} \cong 0.5926 \tag{14-60}$$

이 $C_{P,\max}$ 값은 **모든 풍력 터빈에서 그 터빈의 최대 가능 동력계수**를 나타내며, **Betz 극한**(Betz limit)으로 알려져 있다. 이와 같은 이상적인 해석에서는 비가역적 손실을 무시하였기 때문에 모든 실제 풍력 터빈에서 최대로 얻어지는 동력계수는 이 값보

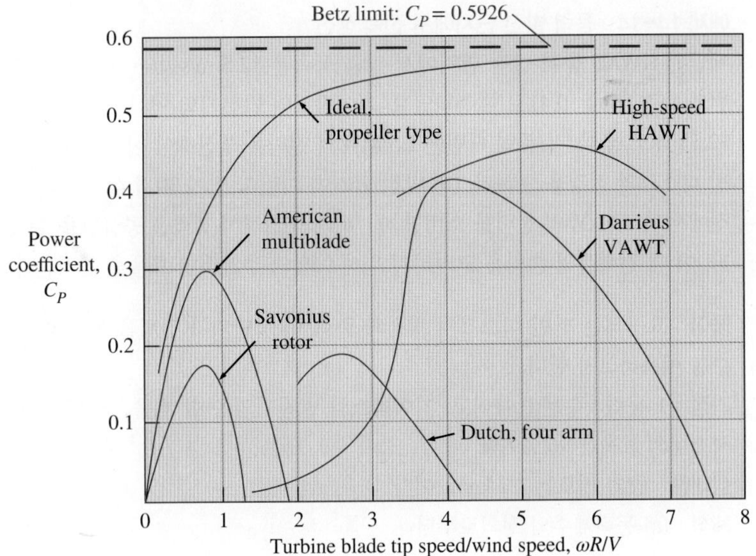

그림 14-111
터빈 블레이드 끝단 속도와 풍속의 비의 함수로 나타낸 다양한 형태의 풍력 터빈 성능(동력계수). 현재까지 수평축 풍력 터빈(HAWT)보다 더 좋은 성능을 갖는 설계는 없다. Robinson(1981, Ref. 10)에서 발췌.

다 더 작다.

그림 14-111에 여러 가지 형태의 풍력 터빈에 대하여 동력계수 C_P를 풍속 V에 대한 터빈 블레이드 끝단의 속도 ωR 비의 함수로 나타내었다. 여기서 ω는 풍력 터빈 블레이드의 각속도, R은 블레이드의 반경이다. 이 선도로부터 이상적인 프로펠러 형태의 풍력 터빈은 $\omega R/V$이 무한대에 접근하면 Betz 극한에 도달하는 것을 알 수 있다. 그러나 실제 풍력 터빈의 동력계수는 어떤 **유한한** $\omega R/V$ 값에서 최대가 되고, 그 이후에는 감소한다. 실제로는 다음 세 가지 주된 효과가 최대로 얻을 수 있는 동력계수를 Betz 극한보다 더 낮게 만든다.

- 로터 뒤에서 발생하는 후류의 회전(선회류)
- 한정된 수의 로터 블레이드와 이와 관련된 끝단 손실(유한한 크기의 비행기 날개에서 발생하는 것처럼 로터 블레이드의 후류에서 끝단 와류가 발생하며, 두 경우 모두 "양력"이 생성되기 때문이다, 11장 참조)
- 로터 블레이드에 작용하는 0이 아닌 공기역학적 항력(유도항력과 마찰항력, 11장 참조)

이와 같은 손실들을 고려하는 방법에 관한 더 자세한 내용은 Manwell, et al. (2010)을 참조하라.

추가로, 축 마찰에 따른 기계적 손실은 최대 가능 동력계수를 더 낮춘다. 앞서 언급한 것처럼 기어박스, 발전기 등에서 발생하는 기계적 손실과 전기적 손실 또한 풍력 터빈의 전체 효율을 낮춘다. 그림 14-111에서 보는 것처럼 "최고"의 풍력 터빈은 고속 HAWT이며, 이것이 전 세계에 걸쳐서 이 형태의 풍력 터빈이 설치되는 것을 보게 되는 이유이다. 요약하면, 풍력 터빈은 화석 연료에 대한 "녹색" 대안을 제공하며, 화석 연료의 가격 상승에 따라 풍력 터빈이 점점 더 일반화될 것이다.

그림 14-112
풍력 발전 단지
© T.W. van Urk/Getty Images RF

예제 14-14 풍력 발전 단지에서 전력 생산

제안된 HWAT 풍력 발전 단지에서 평균 풍속은 12.5 m/s이다(그림 14-112). 각 풍력 터빈의 동력계수는 0.41로 예측되었고, 기어박스와 발전기의 연합 효율은 92%이다. 바람이 12.5 m/s로 불 때 각 풍력 터빈은 2.5 MW의 전력을 생산해야 한다. (a) 필요로 하는 각 터빈 디스크의 직경을 구하라. (b) 발전 단지에 이런 터빈이 30개 설치되고 지역의 평균 가정에서 약 1.5 kW의 전력을 소비할 때, 몇 개의 가정이 전력을 공급받을 수 있는지 예측하라. 이 때 전력선의 손실을 고려하기 위해 96%의 추가적인 효율을 가정한다.

풀이 요구되는 터빈 디스크의 직경과 풍력 발전 단지가 전력을 제공할 수 있는 가정의 수를 예측하고자 한다.

가정 **1** 동력계수는 0.41이고, 기어박스와 발전기의 연합 효율은 0.92이다. **2** 전력 공급 시스템의 효율은 96 %이다.

상태량 공기 밀도는 1.2 kg/m^{3}이다.

해석 (a) 동력계수의 정의로부터

$$\dot{W}_{\text{rotor shaft output}} = C_P \frac{1}{2}\rho V^3 A = C_P \frac{1}{2}\rho V^3 (\pi D^2/4)$$

그러나 기어박스와 발전기의 비효율성 때문에 실제 생산되는 전력은 이보다 적다.

$$\dot{W}_{\text{electrical output}} = \eta_{\text{gearbox/generator}} \frac{C_P \pi \rho V^3 D^2}{8}$$

직경에 대해서 풀면

$$D = \sqrt{8\frac{\dot{W}_{\text{electrical output}}}{\eta_{\text{generator}} C_P \pi \rho V^3}} = \sqrt{8\frac{2.5\times10^6\ \text{W}\left(\frac{\text{N}\cdot\text{m/s}}{\text{W}}\right)\left(\frac{\text{kg}\cdot\text{m/s}^2}{\text{N}}\right)}{(0.41)(0.92)\pi\left(1.2\ \frac{\text{kg}}{\text{m}^3}\right)\left(12.5\ \frac{\text{m}}{\text{s}}\right)^3}}$$

$$= 84.86\ \text{m} \cong \mathbf{85\ m}$$

(b) 30개의 장치에서 생산되는 총 전력은

$$30(2.5\ \text{MW}) = 75\ \text{MW}$$

하지만 전력 공급 시스템의 비효율성으로 인해 이 중 일부가 손실된다(열로 변환되어 버려짐). 따라서 실제 가정으로 공급되는 전력은

$$(\eta_{\text{power distribution system}})(\text{total power}) = (0.96)(75\ \text{MW}) = 72\ \text{MW}$$

평균 가정에서 1500 kW로 전력을 소모하므로 풍력 발전 단지에서 전력을 공급받을 수 있는 가정의 수는 다음과 같이 계산된다.

$$\text{가정의 수} = \frac{(\eta_{\text{power distribution system}})(\text{number of turbines})(\dot{W}_{\text{electrical output per turbine}})}{\dot{W}_{\text{electrical usage per home}}}$$

$$= \frac{(0.96)(30\ \text{turbines})(2.5\times10^6\ \text{W/turbine})}{1.5\times10^3\ \text{W/home}}$$

$$= 4.8\times10^4\ \text{homes} = \mathbf{48{,}000\ homes}$$

토의 최종 답을 유효숫자 2자리까지 나타내었는데, 이보다 더 정확한 것은 기대할 수 없다. 이 정도 규모의 풍력 발전 단지와 더 큰 규모의 단지가 전 세계에 걸쳐 건설되고 있다.

14-5 ■ 터빈 축척 법칙

무차원 터빈 매개변수

터빈에 대한 무차원 그룹(Pi 그룹)을 14-3절에서 펌프에 대해 수행한 것과 동일한 방법으로 정의한다. Reynolds 수와 조도의 영향을 무시하고 같은 차원변수들을 다룬다. 이들은 그림 14-113에 나타낸 것처럼 중력과 순 수두의 곱(gH), 체적유량($\dot{V}$), 터빈의 특성 직경(D), 러너 회전 속도(ω), 출력 제동마력(bhp), 유체 밀도(ρ)이다. 터빈에서는 독립변수로 $\dot{V}$ 대신 bhp를 사용한다는 사실 이외에는, 펌프를 해석하든 또는 터빈을 해석하든, 무차원 해석은 사실상 동일하다. 추가로, 무차원 효율로서 h_{pump}를 대신하여 $h_{turbine}$[식 (14-44)]이 사용된다. 무차원 매개변수를 요약하여 나타내면 다음과 같다.

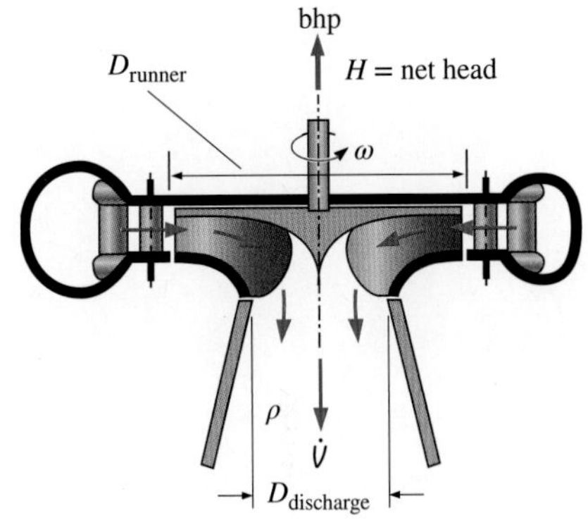

그림 14-113
터빈의 차원해석에 사용되는 주요 변수들. 특성 터빈 직경 D는 일반적으로 러너 직경 D_{runner} 또는 토출 직경 $D_{discharge}$이다.

무차원 터빈 매개변수:

$$C_H = \text{Head coefficient} = \frac{gH}{\omega^2 D^2} \qquad C_Q = \text{Capacity coefficient} = \frac{\dot{V}}{\omega D^3}$$
$$C_P = \text{Power coefficient} = \frac{\text{bhp}}{\rho\omega^3 D^5} \qquad \eta_{turbine} = \text{Turbine efficiency} = \frac{\text{bhp}}{\rho g H \dot{V}} \tag{14-61}$$

터빈 성능 곡선을 도시할 때 독립 매개변수로 C_Q 대신에 C_P를 사용한다. 다시 말하면, C_H와 C_Q는 C_P의 함수이고, 따라서 $h_{turbine}$ 또한 C_P의 함수이다. 왜냐하면

$$\eta_{turbine} = \frac{C_P}{C_Q C_H} = \text{function of } C_P \tag{14-62}$$

친화 법칙[식 (14-38)]은 펌프뿐만 아니라 터빈에도 적용할 수 있으며, 터빈의 크기를 비례하여 확대하거나 축소할 수 있도록 한다(그림 14-114). 앞서 펌프에 대하여 수행한 것과 같은 방법으로, 친화 법칙은 주어진 터빈이 다른 속도와 유량으로 운전될 때의 터빈 성능 예측에도 사용된다.

단순한 상사 법칙은 단지 모형과 원형이 동일한 Reynolds 수에서 운전되고(상대 표면조도와 끝단 간극을 포함하여), 기하학적으로 완전히 상사할 때만 전적으로 타당하다. 불행하게도, 모형 시험을 수행할 때 이 모든 기준을 만족시킬 수는 없다. 왜냐하면 모형 시험에서 가능한 Reynolds 수는 일반적으로 원형의 값보다 매우 작고, 모형 표면의 상대조도와 끝단 간극이 더 크기 때문이다. 실물 크기의 원형이 모형보다 상당히 클 때, 앞에서 펌프에 대하여 설명한 것과 같은 이유로, 일반적으로 원형의 성능이 **더 좋다**. 몇 가지 실험식들이 작은 모형과 실물 크기의 원형 사이에서 효율이 증가하는 것을 보정하기 위하여 개발되었다. 이런 식 하나가 Moody에 의해서 제안되었으며(1926), 이는 1차 보정으로 사용될 수 있다.

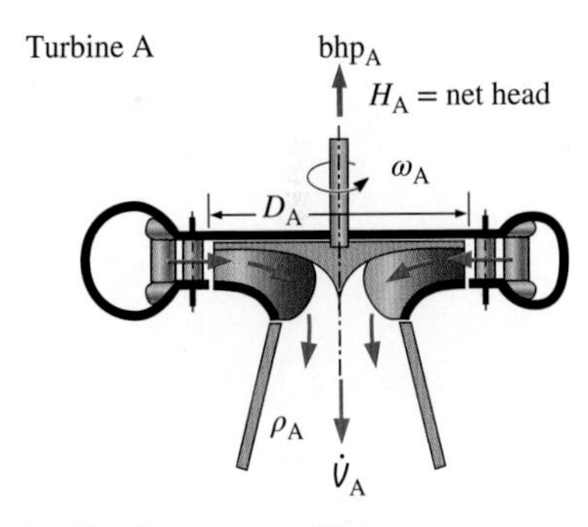

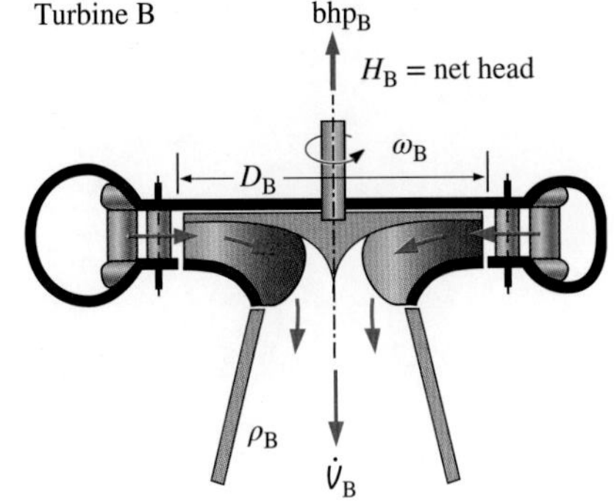

그림 14-114
차원해석은 **기하학적으로 상사**인 두 터빈의 축척에 유용하다. 만약 터빈 A의 모든 무차원 터빈 매개변수가 터빈 B와 동일하다면 두 터빈은 **역학적으로 상사**하다.

터빈에 대한 **Moody 효율 보정식**:

$$\eta_{turbine,\ prototype} \cong 1 - (1 - \eta_{turbine,\ model})\left(\frac{D_{model}}{D_{prototype}}\right)^{1/5} \tag{14-63}$$

식 (14-63)은 또한 모형 펌프를 실물 크기로 비례 확대할 때도 1차 보정으로 사용된다는 것에 유의하자(식 14-34).

실제로, 수력 터빈 엔지니어는 대개 모형에서 원형으로, 실제 증가하는 효율은 단지 식 (14-6)으로 주어진 값의 약 2/3라는 것을 발견하였다. 예를 들어, 1/10 모형의 효율이 93.2 %라고 하자. 식 (14-63)은 실물 크기 원형의 효율이 95.7 % 또는 2.5% 증가한다고 예측한다. 실제로는 단지 이 증가의 약 2/3 또는 93.2+2.5(2/3) = 94.9 %가 기대된다. 몇 가지의 더 개선된 보정식들은 범세계적 표준화 기구인 **국제전기기술위원회**(International Electrotechnical Commission, IEC)로부터 구할 수 있다.

예제 14-15 터빈 친화 법칙의 응용

수력 발전용 댐의 Francis 터빈을 설계하고 있다. 엔지니어는 처음부터 시작하는 대신 우수한 성능 이력을 가진 이미 설계된 수력 터빈을 기하학적으로 비례 확대하기로 결정하였다. 기존의 터빈(터빈 A)은 직경이 $D_A = 2.05$ m이고 $\dot{n}_A = 120$ rpm($\omega_A = 12.57$ rad/s)으로 회전한다. 최대 효율점에서 $\dot{V} = 350$ m³/s, $H_A = 75.0$ m의 수주, $\text{bhp}_A = 242$ MW이다. 새 터빈(터빈 B)은 더 큰 시설용이다. 발전기가 같은 속도(120 rpm)로 회전하지만 순 수두는 더 높게 된다($H_B = 104$ m). 최고 효율로 운전되도록 새 터빈의 직경을 계산하고, $\dot{V}_B$, bhp_B, $\eta_{\text{turbine, B}}$를 계산하라.

풀이 기존의 수력 터빈을 비례 확대하여 새 수력 터빈을 설계하고자 한다. 구체적으로 새 터빈의 직경, 체적유량, 제동마력을 계산하고자 한다.

가정 **1** 새 터빈은 기존의 수력 터빈과 기하학적으로 상사하다. **2** Reynolds 수 효과와 조도 효과는 무시된다. **3** 새 도수로도 역시 기존의 도수로와 기하학적으로 상사하므로, 새 터빈으로 유입되는 유동(속도 분포, 난류 강도 등)도 기존 터빈의 것과 유사하다.

상태량 20 °C에서의 물의 밀도는 $\rho = 998.0$ kg/m³이다.

해석 새 터빈 (B)가 기존 터빈 (A)와 역학적 상사이므로 단지 두 터빈에서 하나의 특정한 상응하는 운전점, 즉 최고 효율점에 대해서만 관심을 둔다. 식 (14-38b)를 D_B에 대해 풀면

$$D_B = D_A\sqrt{\frac{H_B}{H_A}\frac{\dot{n}_A}{\dot{n}_B}} = (2.05\text{ m})\sqrt{\frac{104\text{ m}}{75.0\text{ m}}\frac{120\text{ rpm}}{120\text{ rpm}}} = \mathbf{2.41\text{ m}}$$

그리고 식 (14-38a)를 $\dot{V}_B$에 대해 풀면

$$\dot{V}_B = \dot{V}_A\left(\frac{\dot{n}_B}{\dot{n}_A}\right)\left(\frac{D_B}{D_A}\right)^3 = (350\text{ m}^3/\text{s})\left(\frac{120\text{ rpm}}{120\text{ rpm}}\right)\left(\frac{2.41\text{ m}}{2.05\text{ m}}\right)^3 = \mathbf{572\text{ m}^3/\text{s}}$$

마지막으로 식 (14-38c)를 bhp_B에 대해 풀면

$$\text{bhp}_B = \text{bhp}_A\left(\frac{\rho_B}{\rho_A}\right)\left(\frac{\dot{n}_B}{\dot{n}_A}\right)^3\left(\frac{D_B}{D_A}\right)^5$$

$$= (242\text{ MW})\left(\frac{998.0\text{ kg/m}^3}{998.0\text{ kg/m}^3}\right)\left(\frac{120\text{ rpm}}{120\text{ rpm}}\right)^3\left(\frac{2.41\text{ m}}{2.05\text{ m}}\right)^5 = \mathbf{548\text{ MW}}$$

확인 차원에서 이 두 운전점이 실제로 상응하는지를 알아보기 위하여 식 (14-61)의 무

차원 터빈 매개변수를 계산하면, 두 터빈 모두에서 터빈 효율은 0.942로 계산된다(그림 14-115). 그러나 앞에서 설명한 것처럼 축척 효과(큰 터빈이 일반적으로 높은 효율을 갖는다) 때문에 이 두 터빈 사이에서 실제로 전체적인 역학적 상사를 얻지 못할 수 있다. 새 터빈의 직경은 기존 터빈보다 약 18% 크며, 따라서 터빈 크기에 따른 효율의 향상은 별로 크지 않을 것이다. 터빈 A를 "모형"으로, B를 "원형"이라고 설정하고, Moody 효율 보정식(식 14-63)을 사용하여 이를 확인할 수 있다.

효율 보정:

$$\eta_{\text{turbine, B}} \cong 1 - (1 - \eta_{\text{turbine, A}})\left(\frac{D_A}{D_B}\right)^{1/5} = 1 - (1 - 0.942)\left(\frac{2.05 \text{ m}}{2.41 \text{ m}}\right)^{1/5} = \mathbf{0.944}$$

또는 94.4%. 1차 보정으로 예상되는 큰 터빈의 효율은 작은 터빈의 효율보다 단지 몇 분의 1%밖에 크지 않다.

토의 만약 도수로에서 새 터빈으로 들어오는 유동이 기존 터빈의 유동과 다르다면(예를 들어, 속도 분포와 난류 강도), 엄밀한 역학적 상사를 기대할 수 없다.

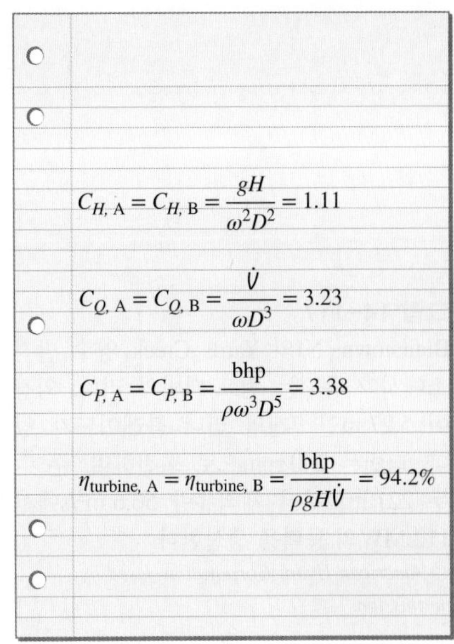

$C_{H,\text{A}} = C_{H,\text{B}} = \dfrac{gH}{\omega^2 D^2} = 1.11$
$C_{Q,\text{A}} = C_{Q,\text{B}} = \dfrac{\dot{V}}{\omega D^3} = 3.23$
$C_{P,\text{A}} = C_{P,\text{B}} = \dfrac{\text{bhp}}{\rho\omega^3 D^5} = 3.38$
$\eta_{\text{turbine, A}} = \eta_{\text{turbine, B}} = \dfrac{\text{bhp}}{\rho g H \dot{V}} = 94.2\%$

그림 14–115
예제 14-15의 두 터빈에 대한 무차원 터빈 매개변수. 두 터빈은 상응하는 점에서 운전되므로 무차원 매개변수들이 반드시 일치해야 한다.

터빈 비속도

펌프 축척 법칙의 설명(14-3절 참조)에서 또 하나의 유용한 무차원 매개변수, 펌프 비속도(N_{Sp})가 C_Q와 C_H에 기초하여 정의되었다. 터빈에 대해서도 동일하게 비속도를 정의할 수 있다. 그러나 터빈에서는 C_Q 대신에 C_P가 독립 무차원 매개변수이므로 **터빈 비속도**(N_{St})는 펌프와는 다르게, 즉 C_P와 C_H의 항으로 정의한다.

터빈 비속도:
$$N_{St} = \frac{C_P^{1/2}}{C_H^{5/4}} = \frac{(\text{bhp}/\rho\omega^3 D^5)^{1/2}}{(gH/\omega^2 D^2)^{5/4}} = \frac{\omega(\text{bhp})^{1/2}}{\rho^{1/2}(gH)^{5/4}} \tag{14-64}$$

어떤 교재에서는 터빈 비속도를 **동력 비속도**(power specific speed)라고도 한다. 펌프 비속도의 정의[식 (14-35)]와 터빈 비속도의 정의[식 (14-64)]에 대한 비교는 각자 수행해 보기 바라며, 비교 결과는 다음과 같다.

N_{St}와 N_{Sp} 사이의 관계식:
$$N_{St} = N_{Sp}\sqrt{\eta_{\text{turbine}}} \tag{14-65}$$

식 (14-51)는 역으로, 터빈처럼 운전되는 펌프에는 적용되지 **않으며**, 그 반대의 경우도 마찬가지라는 것에 유의하자. **동일한** 터보기계가 펌프와 터빈의 두 가지 역할을 다하는 응용분야가 있는데, 이런 장치는 이에 걸맞게 **펌프–터빈**(pump-turbine)이라고 한다. 예를 들면, 석탄 또는 원자력 발전소에서는 전력 수요가 적은 시간 동안 물을 높은 고도로 양수하고, 전력 수요가 많아지면 그 물을 다시 동일한 터보기계(터빈으로 운전되는)로 보낼 수 있다(그림 14-116). 이런 설비는 종종 산간 지방의 자연적인 고도차의 장점을 이용하며, 댐을 건설하지 않고도 상당한 총 수두(300 m 이상)를 얻을 수 있다. 그림 14-117은 펌프-터빈의 사진을 보여 준다.

펌프-터빈은 펌프로 작동될 때와 터빈으로 작동될 때 모두 비효율성이 있다는 것에 유의하자. 더구나 하나의 터보기계가 펌프와 터빈 두 가지로 운전되도록 설계되어야 하므로, h_{pump} 또는 h_{turbine} 어느 것도 펌프 또는 터빈 전용인 경우만큼 높지 않다. 그럼에도 불구하고, 잘 설계된 펌프-터빈 장치에서 이 형태의 에너지 저장의 전체 효

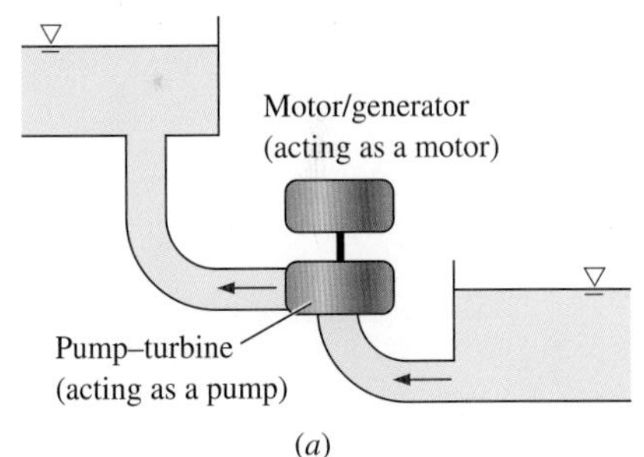

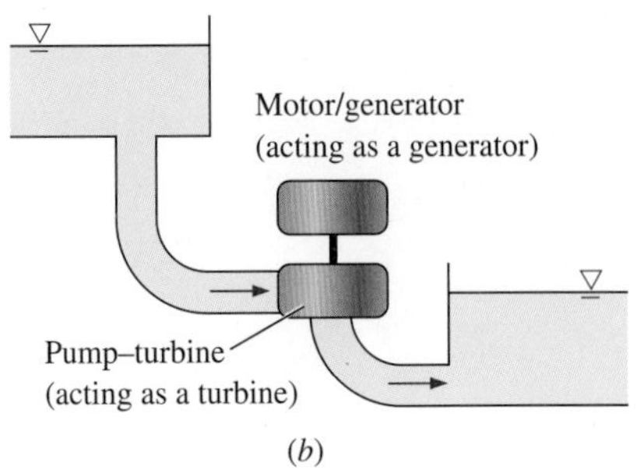

그림 14–116
펌프–터빈은 에너지 저장을 위하여 몇몇 발전소에서 사용된다. (*a*) 전력 수요가 적은 시간대에는 물이 펌프-터빈으로 양수되고, (*b*) 전력 수요가 많은 시간대에는 펌프-터빈으로 전기를 생산한다.

그림 14-117
Blairstown, NJ의 Yards Creek 양수 발전소에서 사용되는 펌프-터빈의 러너. 외경이 5.27 m인 7개의 러너 블레이드가 있다. 터빈은 240 rpm으로 회전하며, 순 수두 221 m로부터 체적유량 56.6 m^3/s에서 112 MW의 동력을 생산한다.

율은 약 80%이다.

실제로는 터빈의 최고 효율점이 펌프의 최고 효율점과 반드시 같을 필요는 없으므로 펌프-터빈이 터빈으로 작동할 때는 펌프로 작동할 때와 다른 유량과 rpm으로 운전될 수 있다. 그러나 펌프와 터빈을 동일한 유량과 rpm으로 운전하는 단순한 경우에는, 펌프 비속도와 터빈 비속도를 비교하기 위하여 식 (14-35)와 (14-64)를 사용한다. 약간의 수식 전개를 하면 다음과 같다.

동일한 유량과 rpm에서의 펌프−터빈 비속도 관계식:

$$N_{St} = N_{Sp}\sqrt{\eta_{turbine}}\left(\frac{H_{pump}}{H_{turbine}}\right)^{3/4} = N_{Sp}(\eta_{turbine})^{5/4}(\eta_{pump})^{3/4}\left(\frac{bhp_{pump}}{bhp_{turbine}}\right)^{3/4} \quad \textbf{(14-66)}$$

앞에서 펌프 비속도의 단위와 관련된 몇 가지 문제를 설명하였다. 불행하게도 이와 같은 문제들이 터빈 비속도에서도 발생한다. 즉, N_{St}가 무차원 매개변수로 정의됨에도 불구하고 현장 엔지니어들은 N_{St}를 복잡한 차원을 갖는 값으로 전환하여 일관성 없는 단위를 사용하는 것에 익숙하다. 미국에서는 대부분의 터빈 엔지니어들은 회전속도를 분당 회전수(rpm) 단위로, bhp를 마력 단위로, H를 ft 단위로 적는다. 더욱이 이들은 N_{St} 정의에서 중력 상수 g와 밀도 ρ를 무시한다(터빈은 지상에서 운전되고, 작동 유체는 물이라고 가정한다). 여기서 다음을 정의한다.

터빈 비속도, 미국 관습 단위:

$$N_{St,\,US} = \frac{(\dot{n},\, rpm)\,(bhp,\, hp)^{1/2}}{(H,\, ft)^{5/4}} \quad \textbf{(14-67)}$$

터보기계 문헌상의 두 형태의 터빈 비속도 사이의 환산 방법에는 약간의 차이가 있다. $N_{St,\,US}$를 N_{St}로 변환하기 위해서 $g^{5/4}$와 $\rho^{1/2}$로 나누고, 모든 단위를 소거하기 위하여 환산율을 사용한다. 이때 g=32.174 ft/s²로 설정하고, 물의 밀도는 ρ=62.40 lbm/ft³으로 가정한다. 각속도 ω를 rad/s로 환산하여 제대로 계산하면 $N_{St,US}=43.46N_{St}$ 또는 $N_{St}=0.02301N_{St,\,US}$로 변환된다. 그러나 어떤 저자는 ω를 초당 회전수로 환산하여 변환 과정에 π를 도입하며, 따라서 $N_{St,\,US}=273.1N_{St}$ 또는 $N_{St}=0.003662N_{St,\,US}$가 된다. 앞의 환산 방법($\omega$를

rad/s로)이 더 일반적이며, 이를 그림 14-118에 요약하였다.

터빈 비속도는 미터 또는 SI 단위로 나타내기도 한다. 최근에는 이 방법이 더 널리 사용되기 시작하였으며, 많은 수력 터빈 설계자들이 이를 선호한다. 이 터빈 비속도는 SI 단위가 사용되는 것을 제외하고는 미국 관습 펌프 비속도와 동일한 방법으로 정의된다(gpm 대신 m^3/s, ft 대신 m).

$$N_{\text{St, SI}} = \frac{(\dot{n}, \text{rpm})(\dot{V}, \text{m}^3/\text{s})^{1/2}}{(H, \text{m})^{3/4}} \tag{14-68}$$

이를 동력 비속도[식 (14-64)]와 구분하기 위하여 **용량 비속도**(capacity specific speed)라고 부르기도 한다. 한 가지 장점은 $N_{\text{St, SI}}$값이 펌프 비속도와 직접 비교될 수 있으며, 따라서 펌프-터빈의 해석에 편리하다. 그러나 이들 값의 정의가 기본적으로 달라서 $N_{\text{St, SI}}$값을 이미 발표된 N_{St} 또는 $N_{\text{St, US}}$값들과 비교하기에는 불편하다.

기술적으로, 터빈 비속도는 어떤 운전 조건에도 적용할 수 있으며, 단지 C_P의 또 다른 함수가 된다. 그러나 이것이 일반적인 사용 방법은 아니다. 그 대신 단지 하나의 운전점, 즉 터빈의 최고 효율점(BEP)에서 터빈 비속도를 정의하는 것이 보통이다. 그 결과 터빈의 특성이 하나의 숫자로 나타나게 된다.

터빈 비속도는 최적 조건(최고 효율점)에서 터빈의 운전 특성을 나타내기 위하여 사용되며, 터빈의 예비 선정에 유용하다.

그림 14-119에 도시한 것처럼 충동 터빈은 N_{St} 값 0.15 부근에서 최적의 성능을 보이지만, Francis 터빈과 Kaplan 또는 프로펠러 터빈은 각각 N_{St} 값 1과 2.5 근처에서 최고 성능으로 작동된다. 만약 N_{St} 값이 약 0.3 이하라면 충동 터빈이 최상의 선택이라는 것을 알 수 있다. 만약 N_{St} 값이 대략 0.3과 2 사이라면 Francis 터빈이 더 좋은 선택이다. N_{St} 값이 약 2 이상일 때는 반드시 Kaplan 또는 프로펠러 터빈이 사용되어야 한다. 이 범위들을 N_{St}와 $N_{\text{St. us}}$를 사용하여 그림 14-119에 나타내었다.

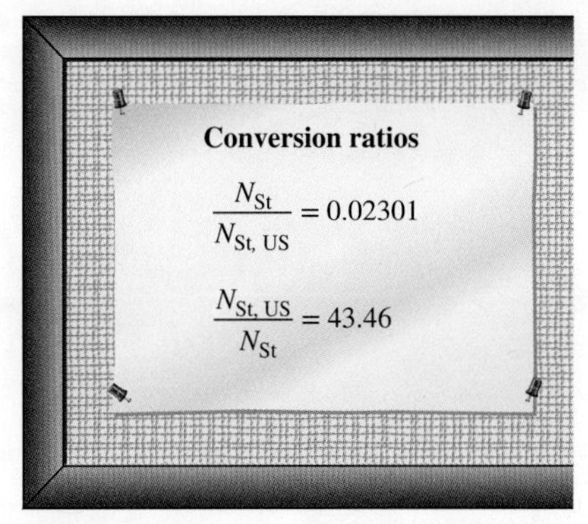

그림 14-118
무차원 터빈 비속도와 미국의 관습적인 터빈 비속도의 정의 사이의 변환. 숫자들을 유효숫자 4자리로 나타내었다. 변환에는 표준 중력가속도와 작동 유체로 물을 가정한다.

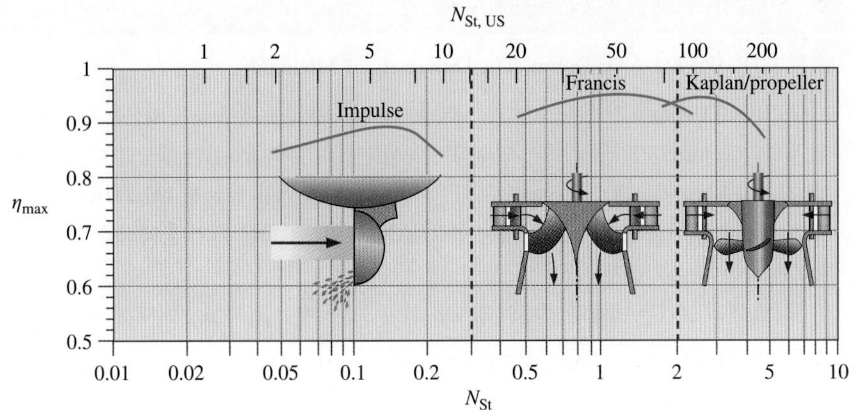

그림 14-119
세 가지 주요한 형태의 동역학적 터빈에 대하여 펌프 비속도의 함수로 나타낸 최고 효율, 수평 눈금은 무차원 터빈 비속도(N_{St})와 미국 관습 단위의 터빈 비속도($N_{\text{St, US}}$)를 나타낸다. 참고로 선도에 블레이드 형태의 그림도 함께 나타내었다.

예제 14-16 터빈 비속도

예제 14-15의 작은(A) 터빈과 큰(B) 터빈 모두에 대해 비속도를 계산하고 비교하라.

풀이 두개의 역학적으로 상사한 터빈의 비속도를 비교하고자 한다.

상태량 20 ℃에서의 물의 밀도는 $\rho = 998.0\ \mathrm{kg/m^3}$이다.

해석 터빈 A의 무차원 터빈 비속도를 계산하면

$$N_{\mathrm{St,\,A}} = \frac{\omega_{\mathrm{A}}(\mathrm{bhp_A})^{1/2}}{\rho_{\mathrm{A}}{}^{1/2}(gH_{\mathrm{A}})^{5/4}}$$

$$= \frac{(12.57\ \mathrm{rad/s})(242 \times 10^6\ \mathrm{W})^{1/2}}{(998.0\ \mathrm{kg/m^3})^{1/2}[(9.81\ \mathrm{m/s^2})(75.0\ \mathrm{m})]^{5/4}}\left(\frac{\mathrm{kg\cdot m^2/s^2}}{\mathrm{W\cdot s}}\right)^{1/2} = 1.615 \cong \mathbf{1.62}$$

그리고 터빈 B에 대해

$$N_{\mathrm{St,\,B}} = \frac{\omega_{\mathrm{B}}(\mathrm{bhp_B})^{1/2}}{\rho_{\mathrm{B}}{}^{1/2}(gH_{\mathrm{B}})^{5/4}}$$

$$= \frac{(12.57\ \mathrm{rad/s})(548 \times 10^6\ \mathrm{W})^{1/2}}{(998.0\ \mathrm{kg/m^3})^{1/2}[(9.81\ \mathrm{m/s^2})(104\ \mathrm{m})]^{5/4}}\left(\frac{\mathrm{kg\cdot m^2/s^2}}{\mathrm{W\cdot s}}\right)^{1/2} = 1.615 \cong \mathbf{1.62}$$

두 터빈의 터빈 비속도가 같다는 것을 알 수 있다. 수식 계산을 확인하는 차원에서 그림 14-120에서 N_{St}를 C_P와 C_H의 항으로 된 정의[식 (14-64)]를 이용한 다른 방법으로 계산하였다(반올림 오차를 제외하고는). 결과가 같았다. 마지막으로, 그림 14-118의 환산을 이용하여 터빈 비속도를 미국 관습 단위로 계산하였다.

$$N_{\mathrm{St,\,US,\,A}} = N_{\mathrm{St,\,US,\,B}} = 43.46N_{\mathrm{St}} = (43.46)(1.615) = \mathbf{70.2}$$

토의 터빈 A와 B는 상응하는 점에서 운전되므로 터빈 비속도가 같은 것이 당연하다. 사실 이 값들이 다르다면 틀림없이 식 또는 계산에 실수가 있을 것이다. 그림 14-119로부터, 터빈 비속도 1.6에 대해 Francis 수차가 정말로 적절한 선택이라는 것을 알 수 있다.

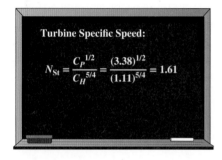

Turbine Specific Speed:

$$N_{\mathrm{St}} = \frac{C_P{}^{1/2}}{C_H{}^{5/4}} = \frac{(3.38)^{1/2}}{(1.11)^{5/4}} = 1.61$$

그림 14-120
예제 14-16의 무차원 매개변수 C_p와 C_H를 이용한 터빈 비속도의 계산(터빈 A와 터빈 B에 대한 C_p와 C_H값은 그림 14-115를 참조할 것).

응용분야 스포트라이트 ■ 회전식 연료 무화기

초청 저자: Werner J. A. Dahm, The University of Michigan

때때로 100,000 rpm에 가까운, 소형 가스 터빈 엔진이 작동하는 매우 높은 회전율은 회전식 원심 무화기(atomizer)가 연소기에서 연소되는 액체 연료의 무화(spray)를 생성할 수 있도록 한다. 직경이 10 cm이고 30,000 rpm으로 회전하는 무화기는 액체 연료에 490,000 m/s²의 가속도(50,000 g)을 전달하며, 이는 이러한 연료 무화기가 매우 작은 크기의 액적을 만들 수 있도록 한다는 데 유의하자.

실제 액적 크기는 액체와 기체의 밀도 ρ_L과 ρ_G, 점성계수 μ_L과 μ_G, 액체-기체 사이의 표면장력 σ_s 등을 포함하는 유체 상태량에 의존한다. 그림 14-121은 공칭 반경 $R \equiv (R_1+R_2)/2$에서 테두리 내에 방사형 채널을 가지고 있고, 회전율 ω로 회전하는 이러한 회전식 무화기를 보여 준다. 가속도 $R\omega^2$에 의해 채널 속으로 연료가 유입되고, 채널 벽 위에 액막이 형성된다. 큰 가속도는 일반적으로 막두께 t를 단지 10 μm 정도가 되게 한다. 채널의 형상은 바람직한 무화 성능(atomization performance)이 얻어지도록 선정된다. 주어진 형상에 대해, 얻은 액적의 크기는 액체와 기체의 상태량과 함께 채널의 출구에서 액막이 분출되는 속도인 직교류(cross-flow) 속도 $V_c \equiv R\omega$에 의존한다. 이들로부터 무화 성능을 결정하는 4개의 무차원 그룹을 얻게 되며, 이들은 액체-기체 밀도비 $r \equiv [\rho_L/\rho_G]$, 점성계수비 $m \equiv [\mu_L/\mu_G]$, 액막 **Weber 수** $We_t = [\rho_G V_c^2 t/\sigma_s]$, **Ohnesorge 수** $Oh_t = [\mu_L/(\rho_L\ \sigma_s t)^{1/2}]$이다.

We_t는 기체가 액체 표면 위에 작용하는 표면장력에 대한 액막 위에 작용하는 공기역학적 힘의 특성비를 제공하는 반면에, Oh_t는 액막에 작용하는 표면장력에 대한 액막 내에서의 점성력의 비를 제공한다는 것에 유의하자. 이는 무화 과정에 관여하는 3가지 주된 물리적 효과인 **관성**, **점성확산**, **표면장력**의 상대적 중요성을 나타낸다.

그림 14-122은 10 ns의 펄스 레이저 사진을 이용하여 가시화된 몇 가지 채널 형상과 회전율에서 얻는 액체 붕괴 과정의 예를 보여 주고 있다. 액적의 크기는 Ohnesorge 수의 변화에 상대적으로 민감하지 않은 것으로 판명되는데, 이는 실용적인 연료 무화기에 대한 값들이 $Oh_t \ll 1$의 한계에 있고, 따라서 점성 효과가 상대적으로 중요하지 않기 때문이다. 그러나 Weber 수는 표면장력과 관성 효과가 무화 과정을 지배하기 때문에 여전히 매우 중요하다. 작은 We_t에서 액체는 **아임계** 붕괴 과정을 겪게 되는데, 여기서 표면장력은 얇은 액막을 잡아당겨 하나의 단일 액주를 형성한 후 뒤이어 이를 붕괴시켜 상대적으로 큰 액적을 형성한다. We_t의 **초임계**값에서는 얇은 액막이 공기역학적으로 액막 두께 t 정도 크기의 미세한 액적으로 부서진다. 이와 같은 결과들로부터, 엔지니어들은 실제 적용할 수 있는 회전식 연료 무화기를 성공적으로 개발할 수 있다.

참고 문헌

Dahm, W. J. A., Patel, P. R., and Lerg, B. H., "Visualization and Fundamental Analysis of Liquid Atomization by Fuel Slingers in Small Gas Turbines," *AIAA Paper No. 2002-3183*, AIAA, Washington, DC, 2002.

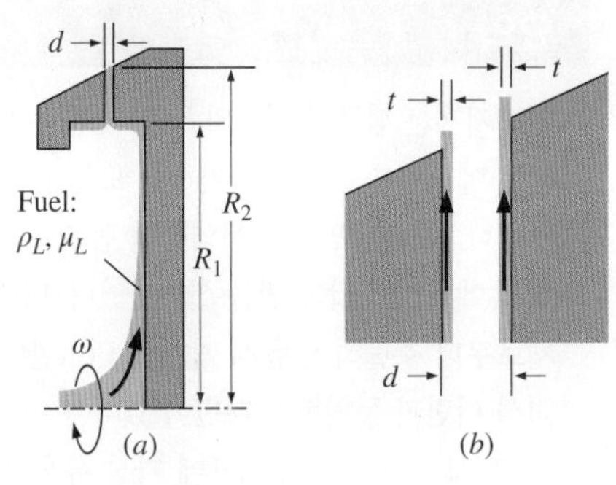

그림 14-121
(*a*) 회전식 연료 무화기와 (*b*) 채널 벽면을 따르는 액체 연료 박막을 확대한 개략도.
Reprinted by permission of Werner J.A. Dahm, University of Michigan.

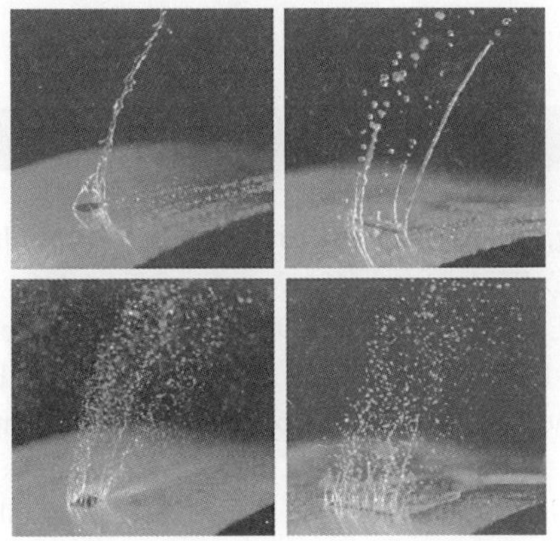

그림 14-122
회전식 연료 무화기에 의한 액체 붕괴(breakup)의 가시화는 비교적 작은 값의 We_t(위)에서의 아임계 붕괴(이 경우 관성 효과에 비하여 표면장력 효과가 충분히 강해서 얇은 액체 박막을 큰 액주로 끌어올릴 수 있다)와 큰 값의 We_t(아래)에서의 초임계 붕괴(이 경우 표면장력보다 관성이 지배적이며, 얇은 박막은 미세한 액적으로 부서진다)를 보여 준다.
Reprinted by permission of Werner J. A. Dahm, University of Michigan.

요약

터보기계는 **펌프**와 **터빈**의 두 가지 넓은 부류로 분류된다. **펌프**라는 말은 에너지를 **유체에 추가**하는 모든 유체 기계에 대한 일반적인 용어이다. **용적식 펌프**와 **동역학적 펌프**의 다양한 형태의 펌프 설계에 대해 에너지 전달 방법을 설명하였다. 터빈이라는 말은 에너지를 **유체로부터 추출**하는 유체 기계를 의미한다. 역시 몇 가지 종류의 **용적식 터빈**과 **동역학적 터빈**이 있다.

터보기계의 예비 설계에 가장 유용한 식은 **Euler 터보기계 방정식**이다.

$$T_{shaft} = \rho \dot{V}(r_2V_{2,t} - r_1V_{1,t})$$

펌프에서는 입구와 출구가 각각 반경 r_1과 r_2에 있지만, 터빈에서는 입구가 반경 r_2에 있고 출구가 반경 r_1에 있다는 것에 유의하자. 몇 가지의 예를 보여 주었으며, 이때 펌프와 터빈 모두 블레이드 형상은 원하는 유속을 바탕으로 설계된다. 그러면 Euler 터보기계 방정식을 사용하여 터보기계의 성능이 예측된다.

터보기계 축척 법칙(turbomachinery scaling laws)은 무차원 해석의 실제 응용을 보여 준다. 축척 법칙은 기존 터보기계와 기하학적 상사인 새로운 터보기계의 설계에 이용된다. 펌프와 터빈 모두에 대하여 주된 무차원 매개변수는 수두계수, 용량계수, 동력계수이며, 각각 다음으로 정의된다.

$$C_H = \frac{gH}{\omega^2D^2} \qquad C_Q = \frac{\dot{V}}{\omega D^3} \qquad C_P = \frac{\text{bhp}}{\rho\omega^3D^5}$$

여기에 더해서 서로 역수가 되는 **펌프 효율**과 **터빈 효율**을 정의하였다.

$$\eta_{pump} = \frac{\dot{W}_{\text{water horsepower}}}{\dot{W}_{\text{shaft}}} = \frac{\rho g\dot{V}H}{\text{bhp}}$$

$$\eta_{turbine} = \frac{\dot{W}_{\text{shaft}}}{\dot{W}_{\text{water horsepower}}} = \frac{\text{bhp}}{\rho g\dot{V}H}$$

마지막으로, **펌프 비속도**와 **터빈 비속도**라고 하는 두 가지의 유용한 다른 무차원 매개변수가 다음과 같이 각각 정의되었다.

$$N_{Sp} = \frac{C_Q^{1/2}}{C_H^{3/4}} = \frac{\omega\dot{V}^{1/2}}{(gH)^{3/4}} \qquad N_{St} = \frac{C_P^{1/2}}{C_H^{5/4}} = \frac{\omega(\text{bhp})^{1/2}}{\rho^{1/2}(gH)^{5/4}}$$

이 매개변수들은 주어진 응용에 가장 적합한 펌프 또는 터빈의 예비 설계와 종류를 선정하는 데 유용하다.

수력 터빈과 **풍력 터빈** 모두에 대하여 기본적인 설계 요점을 설명하였다. 풍력 터빈에 대해서 **Betz 극한**이라고 하는 동력계수의 상한 한계를 유도하였다.

$$C_{P,\,max} = 4\frac{1}{3}\left(1 - \frac{1}{3}\right)^2 = \frac{16}{27} \cong 0.5926$$

터보기계 설계에는 질량, 에너지 및 운동량 해석(5장과 6장), 차원해석과 모델링(7장), 파이프 내 유동(8장), 미분해석(9장과 10장), 공기역학(11장)을 포함한 유체역학의 여러 핵심 분야로부터 지식을 적용한다. 추가적으로, 가스 터빈과 기체를 다루는 다른 형태의 터보기계에는 압축성 유동해석(12장)이 요구된다. 마지막으로, 전산유체역학(15장)은 효율이 높은 터보기계 설계에서 그 어느 때보다 더 중요한 역할을 한다.

참고 문헌과 권장 도서

1. ASHRAE (American Society of Heating, Refrigerating and Air Conditioning Engineers, Inc.). *ASHRAE Fundamentals Handbook*, ASHRAE, 1791 Tullie Circle, NE, Atlanta, GA, 30329; editions every four years: 1993, 1997 2001, etc.
2. L. F. Moody. "The Propeller Type Turbine," *ASCE Trans*., 89, p. 628, 1926.
3. Earl Logan, Jr., ed. *Handbook of Turbomachinery*. New York: Marcel Dekker, Inc., 1995.
4. A. J. Glassman, ed. *Turbine Design and Application*. NASA Sp-290, NASA Scientific and Technical Information Program. Washington, DC, 1994.
5. D. Japikse and N. C. Baines. *Introduction to Turbomachinery*. Norwich, VT: Concepts ETI, Inc., and Oxford: Oxford University Press, 1994.
6. Earl Logan, Jr. *Turbomachinery: Basic Theory and Applications*, 2nd ed. New York: Marcel Dekker, Inc., 1993.
7. R. K. Turton. *Principles of Turbomachinery*, 2nd ed. London: Chapman & Hall, 1995.
8. Terry Wright. *Fluid Machinery: Application, Selection, and Design*. Boca Raton, FL: CRC Press, 2009.
9. J. F. Manwell, J. G. McGowan, and A. L. Rogers. *Wind Energy Explained — Theory, Design, and Application*, 2nd ed. West Sussex, England: John Wiley & Sons, LTC, 2010.
10. M. L. Robinson. "The Darrieus Wind Turbine for Electrical Power Generation," *J. Royal Aeronautical Society*, Vol. 85, pp. 244–255, June 1981.

연습문제*

일반적인 문제

14-1C 팬, 송풍기 및 압축기 사이의 주된 차이는 무엇인가? 압력 상승과 체적유량의 관점에서 논의하라.

14-2C 팬, 송풍기 및 압축기의 일반적인 두 가지 예를 제시하시오.

14-3C **용적식 터보기계**와 **동역학적 터보기계** 사이의 주된 차이점을 논의하라. 펌프와 터빈 모두에 대해 각각의 예를 들어라.

14-4C 회전좌표계에서 Bernoulli 방정식 내에 "추가적인" 항이 존재하는 이유를 설명하라.

14-5C 터빈에 대하여 **제동마력**과 **수마력** 사이의 차이점을 논의하고, 또한 이들의 항으로 터빈 효율을 정의하라.

14-6C 펌프에 대하여 **제동마력**과 **수마력** 사이의 차이점을 논의하고, 또한 이들의 항으로 펌프 효율을 정의하라.

14-7 물 펌프는 통과하여 흐르는 물의 압력을 증가시킨다(그림 P14-7). 유동은 비압축성으로 가정한다. 아래에 열거된 세 가지 경우 각각에 대해 펌프를 지나면서 물의 평균 속도는 어떻게 변할까? 구체적으로, V_{out}이 V_{in}보다 작아질까? 같을까? 커질까? 관계식을 보이고 설명하라.

(a) 출구 직경이 입구 직경보다 작다($D_{out} < D_{in}$).

(b) 출구와 입구 직경이 동일하다($D_{out} = D_{in}$).

(c) 출구 직경이 입구 직경보다 크다($D_{out} > D_{in}$).

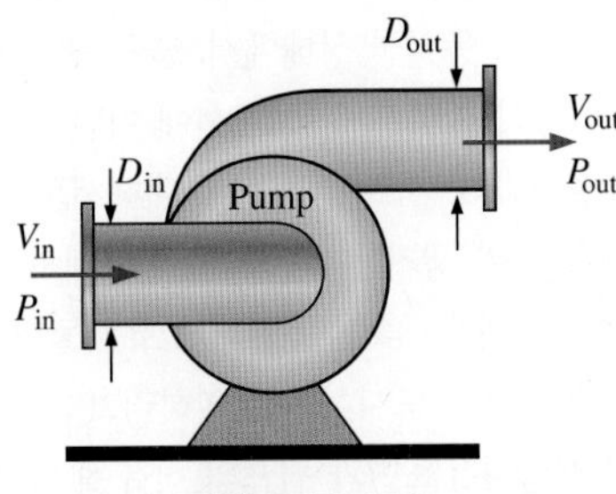

그림 P14-7C

14-8 공기 압축기는 통과하여 흐르는 공기의 압력($P_{out} > P_{in}$)과 밀도($\rho_{out} > \rho_{in}$)를 증가시킨다(그림 P14-8). 출구와 입구의 직경이 같을 경우($D_{out} = D_{in}$)에 대해, 공기의 평균 속도는 압축기를 지나면서 어떻게 변할까? 구체적으로, V_{out}이 V_{in}보다 작아질까? 같을까? 커질까? 설명하라. 답: 작아진다

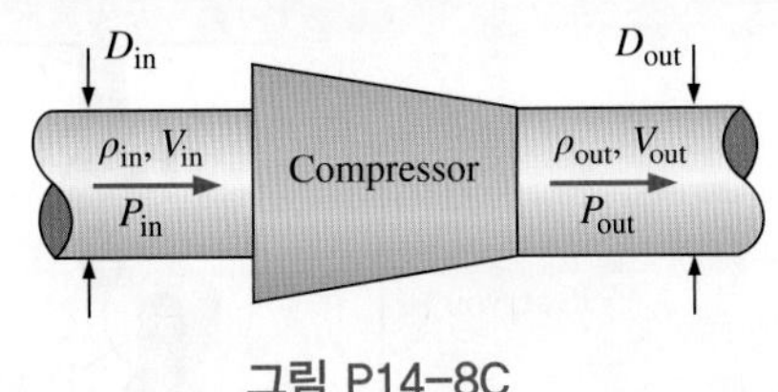

그림 P14-8C

펌프

14-9C **유효 흡입 수두**(net positive suction head)와 **요구 유효 흡입 수두**(required net positive suction head)를 정의하고, 펌프 내에서 공동현상이 발생하지 않음을 보장하기 위해 이 두 가지 양이 어떻게 사용되는지 설명하라.

14-10C 동역학적 펌프에는 세 가지 주요 부류가 있다. 그것을 열거하고 정의하라.

14-11C 원심 펌프에 대한 각각의 설명이 맞는지 또는 틀리는지 선택하고, 그 이유를 간단히 설명하라.

(a) 방사형 블레이드를 가진 원심 펌프는 후향경사 블레이드를 가진 동일한 펌프보다 효율이 높다.

(b) 방사형 블레이드를 가진 원심 펌프는 후향경사 블레이드 또는 전향경사 블레이드를 가진 동일한 펌프보다 넓은 $\dot{V}$ 범위에서 더 큰 압력 상승을 가져온다.

(c) 전향경사 블레이드를 가진 원심 펌프는 넓은 체적유량 범위에서 큰 압력 상승을 제공하기 위한 좋은 선택이다.

(d) 전향경사 블레이드를 가진 원심 펌프는 후향경사 또는 방사형 블레이드를 가진 동일한 크기의 펌프보다 적은 수의 블레이드를 가질 가능성이 매우 많다.

14-12C 그림 P14-12C는 물을 아래쪽 탱크로부터 위쪽 탱크로 퍼올리는 배관 시스템에서 가능한 양수기 위치 두 곳을 보여준다. 어느 위치가 더 나을까? 그 이유는 무엇인가?

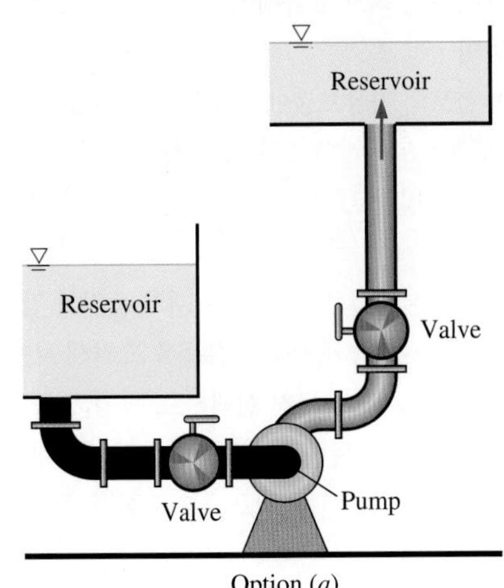

*"C"로 표시된 문제는 개념 문제로서, 학생들에게 모든 문제에 대하여 답하도록 권장한다. 아이콘 으로 표시된 문제는 본질적으로 종합적인 문제로서, 적절한 소프트웨어를 사용하여 풀도록 의도된 것이다.

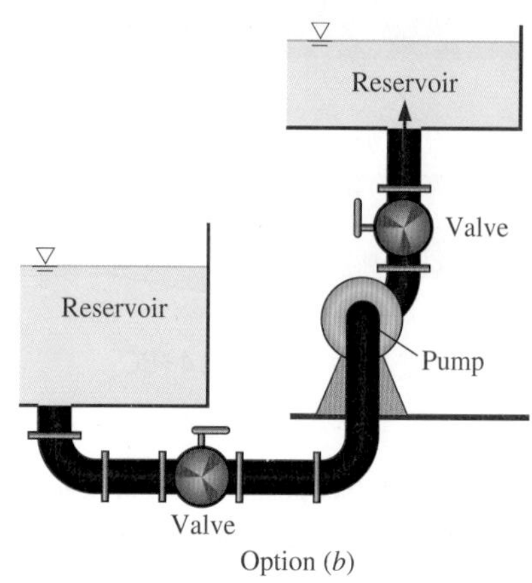

그림 P14-12C

14-13C 물 펌프를 통한 유동을 고려해 보자. 각각의 설명이 맞는지 또는 틀리는지 선택하고, 그 이유를 간단히 설명하라.

(a) 펌프를 통하는 유동이 빠를수록 공동현상이 발생할 가능성이 커진다.

(b) 물의 온도가 증가할수록 $NPSH_{required}$ 또한 증가한다.

(c) 물의 온도가 증가할수록 가용 NPSH 또한 증가한다.

(d) 물의 온도가 증가할수록 공동현상이 발생할 가능성이 적어진다.

14-14C 실제(가용) 유효 흡입 수두 NPSH를 정의하는 식을 적어라. 이 정의로부터 동일한 액체, 온도, 체적유량에 대해 펌프에서 공동현상의 발생 가능성을 줄이는 방법을 5가지 이상 설명하라.

14-15C 전형적인 원심 펌프를 고려해 보자. 각각의 설명이 맞는지 또는 틀리는지 선택하고, 그 이유를 간단히 설명하라.

(a) 펌프의 **자유토출**(free delivery)에서의 $\dot{V}$는 **최고 효율점**(best efficiency point)에서의 $\dot{V}$보다 크다.

(b) 펌프의 **차단 수두**에서 **펌프 효율**은 0이다.

(c) 펌프의 **최고 효율점**에서 펌프의 **순 수두**는 최댓값을 갖는다.

(d) 펌프의 **자유토출**에서 **펌프 효율**은 0이다.

14-16C 일반적으로 두 개(또는 그 이상)의 유사하지 않은 펌프를 직렬 또는 병렬로 배열하는 것이 현명하지 않은 이유를 설명하라.

14-17C 직렬 또는 병렬로 연결된 두 개의 동일한 펌프(펌프 1과 2)를 통과하는 정상, 비압축성 유동을 고려해 보자. 각각의 설명이 맞는지 또는 틀리는지 선택하고, 그 이유를 간단히 설명하라.

(a) 직렬로 연결된 두 펌프를 통한 체적유량은 $\dot{V}_1+\dot{V}_2$와 같다.

(b) 직렬로 연결된 두 펌프를 가로질러 전체 순 수두는 H_1+H_2와 같다.

(c) 병렬로 연결된 두 펌프를 통한 체적유량은 $\dot{V}_1+\dot{V}_2$와 같다.

(d) 병렬로 연결된 두 펌프를 가로질러 전체 순 수두는 H_1+H_2와 같다.

14-18C 그림 P14-18C에 펌프의 순 수두가 펌프의 체적유량 또는 용량의 함수로서 도시되어 있다. 그림에 차단 수두, 자유토출, 펌프 성능 곡선, 시스템 곡선, 운전점을 표시하라.

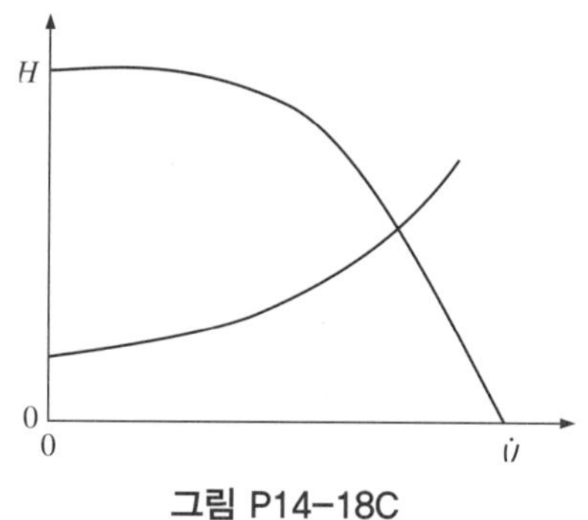

그림 P14-18C

14-19 그림 P14-18C의 펌프가 자유표면이 대기에 노출되어 있는 두 개의 물탱크 사이에 설치되어 있다고 가정하자. 펌프의 입구로 물을 공급하는 쪽의 탱크와 펌프의 출구에 연결된 탱크 중 어느 것의 자유표면이 높은 위치에 있는가? 두 자유표면 사이의 에너지 방정식을 이용하여 도출된 결과가 정당하다는 것을 보여라.

14-20 그림 P14-18C의 펌프가 자유표면이 대기에 노출되어 있는 두 개의 큰 물탱크 사이에 설치되어 있다고 가정하자. 다른 모든 조건이 동일한 상태에서, 출구 탱크의 자유표면의 수위가 높아졌다면 펌프 성능 곡선에 어떤 일이 일어날지 정성적으로 설명하라. 시스템 곡선에 대해서도 반복하라. 운전점에는 무슨 일이 생기는가? 즉, 운전점에서 체적유량이 감소할까? 증가할까? 아니면 동일하게 유지될까? H-$\dot{V}$의 정성적 선도 위에 변화를 도시하고 논의하라. (힌트: 펌프의 상류에 있는 탱크의 자유표면과 펌프의 하류에 있는 탱크의 자유표면 사이에 에너지 방정식을 이용하라.)

14-21 그림 P14-18C의 펌프가 자유표면이 대기에 노출되어 있는 두 개의 큰 물탱크 사이에 설치되어 있다고 가정하자. 다른 모든 조건이 동일한 상태에서, 배관 시스템 내의 밸브가 100% 개방에서 50% 개방으로 바뀌었다면 펌프 성능 곡선에 어떤 일이 일어날지 정성적으로 설명하라. 시스템 곡선에 대해서도 반복하라. 운전점에는 무슨 일이 생기는가? 즉, 운전점에서 체적유량이 감소할까? 증가할까? 아니면 동일하게 유지될까? H-$\dot{V}$의 정성적 선도 위에 변화를 도시하고 논의하라. (힌트: 상류 탱크의 자유표면과 하류 탱크의 자유표면 사이에 에너지 방정식을 이용하라.) **답**: 감소한다

14-22 소형 물 펌프 제조사가 펌프들의 성능 데이터를 $H_{available}=$

$H_0 - a\dot{V}^2$로 표현되는 포물선으로 곡선 접합하여 제시한다. 여기서 H_0는 펌프의 차단수두이고 a는 계수이다. 자유토출과 함께 H_0와 a는 펌프들에 대한 표에 나열되어 있다. 펌프 수두는 수주에 대한 미터 단위로, 용량은 분당 리터(liters per minute)로 주어져 있다. (a) 계수 a의 단위는? (b) 펌프의 자유토출 $\dot{V}_{max}$에 대한 식을 H_0와 a로 나타내시오. (c) 제조사의 펌프 중 하나가 큰 저수조로부터 높은 위치에 있는 다른 저수조로 물을 이송하는 데 사용된다. 두 저수조의 자유표면은 대기압에 노출되어 있다. 시스템 곡선은 $H_{required} = (z_2 - z_1) + b\dot{V}_2$로 단순화된다. 펌프의 운전점($\dot{V}_{operating}$과 $H_{operating}$)을 H_0, a, b, 고도차($z_2 - z_1$)로 나타내시오.

14-23 그림 P14-23에 나타낸 유동 시스템을 고려해 보자. 유체는 물이고, 펌프는 원심 펌프이다. 펌프 용량의 함수로서 펌프의 순 수두를 **정성적으로** 도시하라. 그림 위에 차단 수두, 자유토출, 펌프 성능 곡선, 시스템 곡선, 운전점을 표시하라. (힌트: 유량이 0인 조건에서 요구되는 순 수두를 주의깊게 고려하라.)

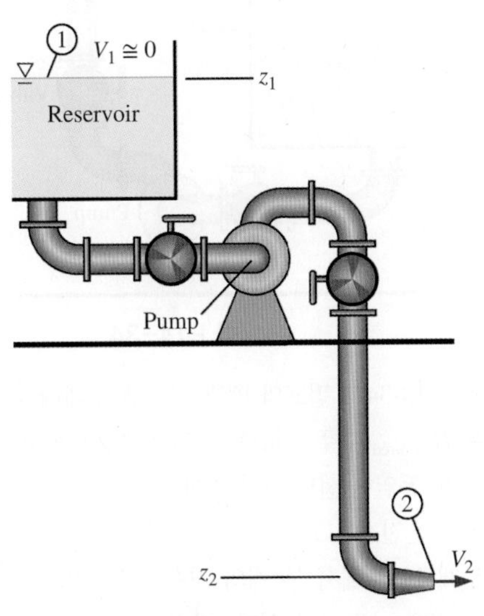

그림 P14-23

14-24 그림 P14-23의 펌프가 **자유토출 조건**에서 작동되고 있다고 가정하자. 펌프의 상류와 하류 모두에서 파이프의 내경은 2.0 cm이고, 조도는 거의 0에 가깝다. 날카로운 입구와 관련된 부차적 손실계수는 0.50이고, 각 밸브는 2.4인 부차적 손실계수를 가지며, 세 개의 엘보는 각각 부차적 손실계수 0.90을 갖는다. 출구에서의 수축부는 직경을 0.60배로 줄이며(파이프 직경의 60%), 수축부의 부차적 손실계수는 0.15이다. 이 부차적 손실계수는 평균 출구 속도를 기초로 한 것이며, 파이프 자체를 통과하는 평균 속도를 기준으로 한 것은 아니라는 것에 유의하라. 파이프의 총길이는 8.75 m이며, 높이의 차이는 $(z_1 - z_2) = 4.6$ m이다. 이 배관 시스템을 통과하는 체적유량을 예측하라. **답**: 34.4 Lpm

14-25 파이프 조도가 $\varepsilon = 0.12$ mm인 거친 파이프에 대해 문제 14-24를 반복하라. 문제 14-24에서와 같이 새로운 펌프가 그것의 자유토출 조건에서 운전되도록 변경된 펌프가 사용된다고 가정하라. 다른 모든 치수와 매개변수들은 문제 14-24의 값들과 동일하다고 가정하라. 계산 결과가 직관과 일치하는가? 설명하라.

14-26 모든 치수, 매개변수, 부차적 손실계수 등이 문제 14-24의 것과 같은 그림 P14-23의 배관 시스템을 고려해 보자. 펌프 성능은 포물선 곡선 접합 $H_{available} = H_0 - a\dot{V}_2$을 따르며, 여기서 $H_0 = 19.8$ m는 펌프의 차단 수두이고 $a = 0.00426$ m/(Lpm)^{2}는 곡선 접합의 계수이다. 운전 체적유량 $\dot{V}$를 Lpm(liters per minute) 단위로 예측하고 문제 14-24의 값과 비교하고, 논의하라.

14-27 매끈한 파이프 대신에 파이프 조도$=0.12$ mm인 조건으로 문제 14-26를 반복하라. 매끈한 파이프의 경우와 비교하고 논의하라. 결과가 직관과 일치하는가?

14-28 원심 물 펌프에 대한 성능 데이터를 20 ℃의 물에 대해 표 P14-28에서 보여주고 있다(Lpm=liters per minute). (a) **데이터의 각 열에 대해 펌프 성능을 계산하라**(%). 만점을 받으려면 모든 단위와 단위 환산을 적어라. (b) 펌프의 BEP에서 체적유량(Lpm)과 순 수두(m)를 추정하라.

표 P14-28

$\dot{V}$, Lpm	H, m	bhp, W
0.0	47.5	133
6.0	46.2	142
12.0	42.5	153
18.0	36.2	164
24.0	26.2	172
30.0	15.0	174
36.0	0.0	174

14-29 문제 P14-28의 원심 물 펌프에 대해, 기호만을 이용하여 (선을 그리지 말고) H(m), bhp(W), η_{pump}(%)를 $\dot{V}$(Lpm)의 함수로서 펌프의 성능 데이터를 도시하라. 세 개의 매개변수 모두에 대해 선형 최소제곱 다항식 곡선 접합을 수행하고, 같은 도표 위에 선으로서(기호 없이) 곡선 접합된 곡선들을 도시하라. 일관성을 위하여, $\dot{V}^2$의 함수로서 H에 대해 1차 곡선 접합을 이용하고, $\dot{V}$과 $\dot{V}^2$의 함수로서 bhp에 대해 2차 곡선 접합을 이용하며, $\dot{V}$, $\dot{V}^2$ 및 $\dot{V}^3$의 함수로서 η_{pump}에 대해 3차 곡선 접합을 이용하라. 만점을 받으려면 모든 곡선 접합 방정식과 계수(단위와 함께)를 제시하라. 곡선 접합한 식을 기초로 펌프의 BEP를 계산하라.

14-30 문제 14-28과 14-29의 펌프가 시스템의 요구 조건이 $H_{required}=(z_2-z_1)+b\dot{V}^2$이고, 고도 차이가 $z_2-z_1=13.2$ m이며, 계수 $b=0.0185$ m/(Lpm)^{2}인 배관 시스템에 이용된다고 가정하자. 시스템의 운전점, 즉 $\dot{V}_{operating}$(Lpm)과 $H_{operating}$(m)을 추정하라.

14-31 표 P14-31에 나타낸 성능 데이터를 갖는 물 펌프를 구매하려 한다고 가정하자. 당신의 상사가 그 펌프에 대해 좀 더 많은 정보를 요구한다. (a) 펌프의 차단 수두 H_0와 자유토출 $\dot{V}_{max}$를 추정하라. [힌트: $\dot{V}^2$ 대 $H_{available}$의 최소제곱 곡선 접합(회귀분석)을 수행하고, 표 P14-31에 제시된 데이터를 포물선 $H_{available}=H_0-a\dot{V}^2$으로 변환시키는 계수 H_0와 a의 가장 잘 맞는 접합값을 계산하라. 이들 계수로부터 펌프의 자유토출을 추정하라.] (b) 이 펌프의 응용에서는 펌프를 가로질러 압력 상승이 5.8 psi (약 40 kPa)인 조건에서 57.0 Lpm의 유량이 요구된다. 이 펌프가 요구 사항을 만족시킬 수 있겠는가? 설명하라.

표 P14-31

$\dot{V}$, Lpm	H, m
20	21
30	18.4
40	14
50	7.6

14-32 물 펌프의 성능 데이터는 곡선 접합인 $H_{available}=H_0-a\dot{V}^2$을 따르며, 여기에서 펌프의 차단 수두는 $H_0=7.46$ m, 계수 $a=0.0453$ m/(Lpm)^{2}이고, 펌프 수두 H의 단위는 m이며 $\dot{V}$의 단위는 분당 리터(Lpm)이다. 이 펌프가 하나의 큰 저수조로부터 높은 위치에 있는 다른 큰 저수조로 물을 이송하는 데 이용된다. 두 저수조 모두 자유표면은 대기압에 노출되어 있다. 시스템 곡선은 $H_{required}=(z_2-z_1)+b\dot{V}^2$로 간략화되며, 여기서 고도 차이는 $z_2-z_1=3.52$ m이고, 계수는 $b=0.0261$ m/(Lpm)^{2}이다. 펌프의 운전점($\dot{V}_{operating}$과 $H_{operating}$)을 적절한 단위(각각 Lpm과 m)로 계산하라. 답: 7.43 Lpm, 4.96 m

14-33 문제 14-32의 유량이 지금 적용하려는 응용에 적합하지 않다. 적어도 9 Lpm의 유량이 요구된다. 문제 14-32을 $H_0=8.13$ m와 $a=0.0297$ m/(Lpm)^{2}인 더 강력한 펌프에 대하여 반복하라. 원래의 펌프와 비교하여 개선된 유량의 %를 계산하라. 이 펌프는 요구되는 유량을 공급할 수 있는가?

14-34 물 펌프가 하나의 큰 저수조로부터 높은 위치에 있는 다른 큰 저수조로 물을 이송하는 데 이용된다. 두 저수조 모두 자유표면은 그림 P14-34에 나타낸 것처럼 대기압에 노출되어 있다. 치수와 부차적 손실계수는 그림에 제공되어 있다. 펌프의 성능은 근사적으로 $H_{available}=H_0-a\dot{V}^2$으로 나타낼 수 있으며, 여기서 차단 수두는 $H_0=40$ m의 수주이고, 계수 $a=0.053$ m/Lpm^{2}이며, 가용 펌프 수두 $H_{available}$의 단위는 수주의 m 단위이고, 용량 $\dot{V}$의 단위는 분당 리터(Lpm)이다. 펌프에 의해 토출되는 용량을 추정하라. 답: 24.7 Lpm

z_2-z_1 = 6.7 m (elevation difference)
D = 3.0 cm (pipe diameter)
$K_{L,\ entrance}$ = 0.50 (pipe entrance)
$K_{L,\ valve\ 1}$ = 2.0 (valve 1)
$K_{L,\ valve\ 2}$ = 6.8 (valve 2)
$K_{L,\ elbow}$ = 0.34 (each elbow—there are 3)
$K_{L,\ exit}$ = 1.05 (pipe exit)
L = 40 m (total pipe length)
ε = 0.0028 cm (pipe roughness)

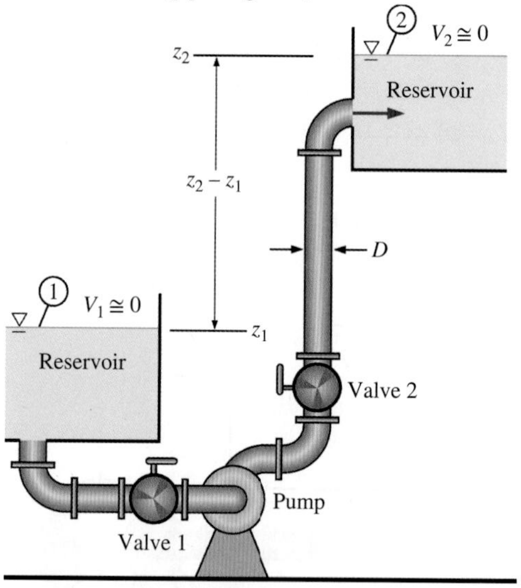

그림 P14-34

14-35 문제 14-34의 펌프와 배관 시스템에 대해 요구되는 펌프 수두 $H_{required}$(수주의 m)를 체적유량 $\dot{V}$(Lpm)의 함수로서 도시하라. 동일한 선도 위에 $\dot{V}$ 대 가용 펌프 수두 $H_{available}$을 비교하고 운전점을 표시하라. 논의하라.

14-36 문제 14-34에서 두 개의 저수조가 동일한 고도에서 수평으로 300 m 떨어져 있다. 파이프의 총 길이가 40 m 대신에 340 m인 것을 제외하고는 모든 상수들과 매개변수들이 문제 14-34와 동일하다. 이 경우에 대한 체적유량을 계산하고, 문제 14-34의 결과와 비교하라. 논의하라.

14-37 Paul은 차단 수두(40 m)가 요구되는 순 수두(10 m 미만)보다 훨씬 크고 용량이 상당히 작기 때문에, 문제 14-34에서 사용되고 있는 펌프가 이와 같은 용도에는 잘 맞지 않는다는 것을 깨달았다. 다시 말하면, 현재의 응용에서는 상당히 낮은 수두와 높은 용량이 요구되는 반면에, 이 펌프는 높은 수두와 낮은 용량에 응용되도록 설계되어 있다. Paul은 상사에게 낮은 차단 수두를 갖지만 높은 자유토출을 갖는 저가의 펌프가 두 저수조 사이에서 유량을 상당히 증가시킬 수 있다는 것

을 설득시키려고 노력하고 있다. Paul은 어떤 온라인 팸플릿을 통해서 표 P14-37에 나타난 성능 데이터를 갖는 펌프를 찾아내었다. 상사는 그에게 현재의 펌프를 새로운 펌프로 대체할 때 두 저수조 사이의 체적유량을 예측하도록 요구한다. (a) $H_{available}$과 $\dot{V}^2$의 최소제곱 곡선 접합(회귀분석)을 수행하고, 표 P14-37에 열거된 데이터를 포물선식 $H_{available}=H_0-a\dot{V}^2$으로 변환시키는 데 가장 잘 맞는 계수 H_0와 a를 계산하라. 비교를 위해 데이터 점들은 기호로 나타내고 곡선 접합은 선으로 도시하라. (b) 다른 조건은 같은 상태에서 현재의 펌프를 새로운 펌프로 대체할 때 펌프의 운전 체적유량을 추정하라. 문제 14-34의 결과와 비교하고 논하라. Paul이 옳은가? (c) 체적유량의 함수로서 가용 순 수두와 요구 순 수두의 선도를 만들고, 이 선도 위에 운전점을 표시하라.

표 P14-37

$\dot{V}$, Lpm	H, m
0	11.4
15	11.1
30	10.2
45	8.7
60	6.3
75	3.6
90	0

14-38 물 펌프가 하나의 큰 저수조로부터 높은 위치에 있는 다른 저수조로 물을 이송하는 데 이용된다. 두 저수조 모두 자유표면은 그림 P14-38에 나타낸 것과 같이 대기압에 노출되어 있다. 치수와 부차적 손실계수는 그림에 제공되어 있다. 펌프의 성능은 근사적으로 $H_{available}=H_0-a\dot{V}^2$으로 나타낼 수 있으며, 여기서 차단 수두는 $H_0=24.4$ m의 수주, 계수는 $a=0.0678$ m/(Lpm)^{2}이고, 가용 펌프 수두 $H_{available}$의 단위는 수주의 m 단위이며, 용량 $\dot{V}$의 단위는 분당 리터(Lpm)이다. 펌프에 의해 토출되는 용량을 추정하라. 답: 11.6 Lpm

$z_2 - z_1$ = 7.85 m (elevation difference)
D = 2.03 cm (pipe diameter)
$K_{L,\ entrance}$ = 0.50 (pipe entrance)
$K_{L,\ valve}$ = 17.5 (valve)
$K_{L,\ elbow}$ = 0.92 (each elbow—there are 5)
$K_{L,\ exit}$ = 1.05 (pipe exit)
L = 176.5 m (total pipe length)
ε = 0.25 mm (pipe roughness)

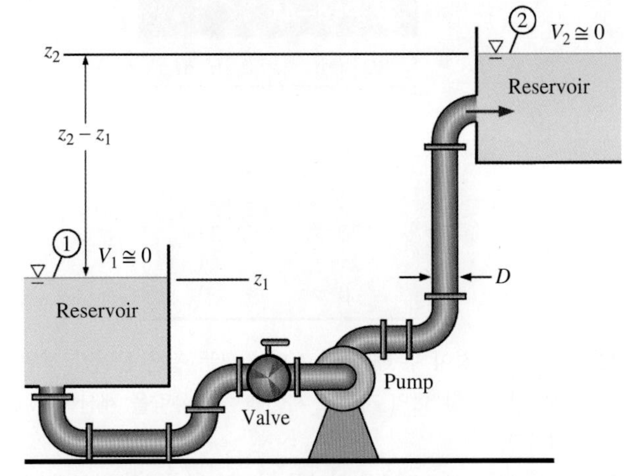

그림 P14-38

14-39 문제 14-38의 펌프와 배관 시스템에 대하여 요구되는 펌프 수두 $H_{required}$(수주의 m)를 체적유량 $\dot{V}$(Lpm)의 함수로서 도시하라. 동일한 선도 위에 가용 펌프 수두 $H_{available}$과 $\dot{V}$을 비교하고 운전점을 표시하라. 논의하라.

14-40 문제 14-38에서 입구측 저수조의 자유표면이 고도가 3.0 m 더 높아져 $z_2-z_1=4.85$ m라고 가정한다. 고도의 차이를 제외하고는 모든 상수와 매개변수들이 문제 14-38과 같다. 이 경우에 대해 체적유량을 계산하고 문제 14-38의 결과와 비교하라. 논의하라.

14-41 April의 상사는 그녀에게 문제 14-38의 배관 시스템을 통하는 유량을 두 배 이상 증가시킬 대체 펌프를 찾아보도록 요구한다. April은 어떤 온라인 팸플릿을 통해서 표 P14-41에 나타낸 성능 데이터를 갖는 펌프를 찾아내었다. 모든 치수와 매개변수들은 문제 14-38과 동일하고 단지 펌프만이 변경된다. (a) $H_{available}$과 $\dot{V}$의 최소제곱 곡선 접합(회귀분석)을 수행하고 표 P14-41에 열거된 데이터를 포물선 $H_{available}=H_0-a\dot{V}^2$으로 변환시키는데 가장 잘 맞는 계수 H_0와 a를 계산하라. 비교를 위해 데이터 점들은 기호로 나타내고, 곡선 접합은 선으로 도시하라. (b) 다른 조건은 같은 상태에서 현재의 펌프를 새로운 펌프로 대체할 때 펌프의 운전 체적유량을 추정하기 위하여 위의 (a) 부분에서 얻은 식을 이용하라. 문제 14-38의 결과와 비교하고 논의하라. April이 그녀의 목적을 달성하였는가? (c) 체적유량의 함수로서 가용 순 수두와 요구 순 수두 선도를 만들고, 이 선도 위에 운전점을 표시하라.

표 P14-41

$\dot{V}$, Lpm	H, m
0	46.5
5	46
10	42
15	37
20	29
25	16.5
30	0

14-42 파이프 직경이 두 배가 되고 다른 모든 것은 동일한 경우에 대해 문제 14-38의 저수조 사이의 체적유량을 계산하라. 논의하라.

14-43 문제 14-38과 14-42의 결과를 비교하면 기대한 것처럼 파이프의 내경이 두 배가 될 때 체적유량이 증가한다. Reynolds 수도 역시 증가한다고 기대할 수도 있다. 과연 그럴까? 설명하라.

14-44 모든 부차적 손실을 무시하고 문제 14-38을 반복하라. 문제 14-38의 결과와 체적유량을 비교하라. 이 문제에서 부차적 손실이 중요한가? 논의하라.

14-45 문제 14-38의 펌프와 배관 시스템을 고려해 보자. 아래의 저수조는 매우 크고 표면은 고도의 변화가 없지만, 위쪽 저수조는 그렇게 크지 않고 표면이 저수조가 차오름에 따라 서서히 높아진다고 가정하자. z_2-z_1 값이 0에서부터 펌프가 더 이상의 물을 이송하는 것을 멈출 때의 범위에서 체적유량 $\dot{V}$(Lpm)의 곡선을 z_2-z_1의 함수로 표현하라. z_2-z_1의 값이 얼마일 때 이것이 일어나는가? 그 곡선이 직선인가? 왜 직선인가 또는 직선이 아닌가? z_2-z_1가 이 값보다 클 때 무슨 일이 일어날까? 설명하라.

14-46 국부 환기 시스템(후드와 덕트 시스템)이 제약 실험실의 공기와 오염물을 제거하기 위해 사용된다(그림 P14-46). 덕트의 내경(ID)은 $D=150$ mm이고, 평균 조도는 0.15 mm이며, 총 길이는 $L=24.5$ m이다. 덕트를 따라서 각각의 부차적 손실계수가 0.21인 엘보 세 개가 있다. 후드 제조사의 데이터에 의하면 후드의 입구 손실계수는 덕트 속도를 기준으로 3.3이다. 댐퍼가 완전히 열렸을 때의 손실계수는 1.8이다. 90° 티(tee)를 통한 부차적 손실계수는 0.36이다. 마지막으로, 두 번째 후드로부터 유동이 "역류"되어 방이 오염되는 것을 방지하기 위하여 편도 밸브(one-way valve)가 창작되었다. (열린) 편도 밸브의 부차적 손실계수는 6.6이다. 팬의 성능 데이터는 $H_{available}=H_0-a\dot{V}^2$ 형태의 포물선 곡선에 접합되는데, 여기서 차단 수두는 $H_0=60.0$ mm의 수주이고, 계수는 $a=2.50\times10^{-7}$ mm/(Lpm)^{2}이고, 가용 수두 $H_{available}$는 mm 단위의 수주이며, 용량 $\dot{V}$의 단위는 공기의 Lpm 단위이다. 이 환기 시스템을 통과하는 체적유량을 Lpm 단위로 추정하라. **답**: 7090 Lpm

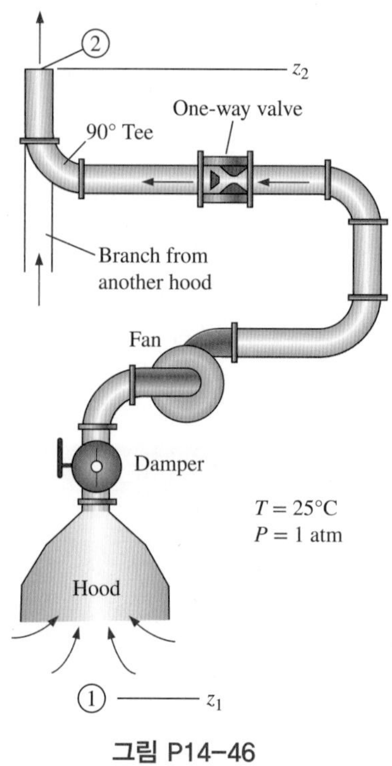

그림 P14-46

14-47 문제 14-46의 덕트 시스템에 대하여 요구 팬 수두 $H_{required}$(mm 수주)를 체적유량 $\dot{V}$(Lpm)의 함수로 도시하라. 동일한 선도 위에서 가용 팬 수두와 $\dot{V}$를 비교하고 운전점을 표시하라. 논의하라.

14-48 모든 부차적 손실을 무시하고 문제 14-46을 반복하라. 이 문제에서 부차적 손실은 얼마나 중요한가? 논의하라.

14-49 그림 P14-46의 편도 밸브가 부식으로 오작동하여 완전히 닫힌 위치에서 고착되어 있다(공기가 통과해 들어갈 수 없다)고 가정하자. 팬은 켜져 있고, 다른 모든 조건은 문제 14-46과 같다. 팬의 바로 하류 지점에서의 계기 압력을(Pa 단위와 수주 mm 단위로) 계산하라. 편도 밸브의 바로 상류 지점에 대해서도 반복하라.

14-50 국부 환기 시스템(후드와 덕트 시스템)이 용접 작업에 의해 발생된 공기와 오염물을 제거하기 위해 이용된다(그림 P14-50). 덕트의 내경(ID)은 $D=23$ cm이고, 평균 조도는 0.015 cm이며, 총 길이는 $L=10.4$ m이다. 덕트를 따라서 각각의 부차적 손실계수가 0.21인 엘보 3개가 있다. 후드 제조사의 데이터에 의하면 후드의 입구 손실계수는 덕트 속도를 기준으로 4.6이다. 댐퍼가 완전히 열렸을 때의 손실계수는 1.8이다. 입구가 22.9 cm인 다람쥐 집 모양 원심 팬을 사용할 수 있다. 이 팬의 성능 데이터는 $H_{available}=H_0-a\dot{V}^2$ 형태의

포물선 곡선에 접합되는데, 여기서 차단 수두는 $H_0=5.8$ cm 수주이고, 계수 a는 $(m^3/s)^2$당 96.9 cm의 수주이며, 가용 수두 $H_{available}$는 cm 단위의 수주이고, 용량 $\dot{V}$의 단위는 m^3/s(at 25 °C에서)이다. 이 환기 시스템을 통과하는 체적유량을 m^3/s 단위로 추정하라. **답:** 0.212 m^3/s

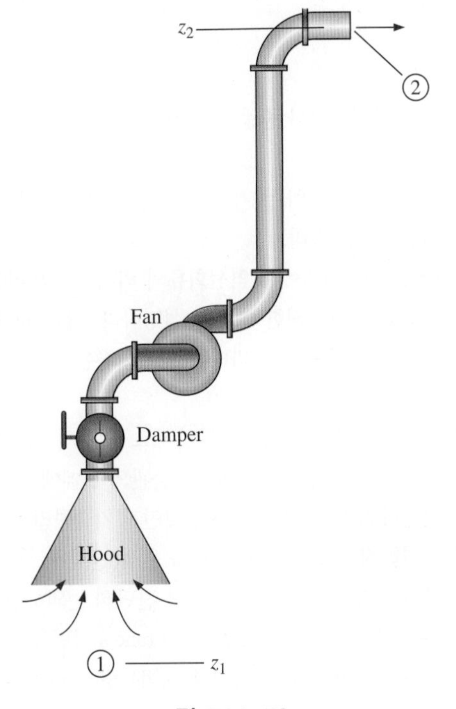

그림 P14–50

14-51 문제 14-50의 덕트 시스템과 팬에 있어서, 댐퍼를 일부 닫으면 유량이 감소하게 된다. 다른 모든 조건은 같으면서 체적유량을 반으로 감소시키는 데 필요한 댐퍼의 부차적 손실계수를 추정하라.

14-52 모든 부차적 손실을 무시하고 문제 14-50을 반복하라. 이 문제에서 부차적 손실은 얼마나 중요한가? 논의하라.

14-53 자흡(self-priming) 원심 펌프가 표면이 펌프 입구의 중심선보다 2.2 m 아래에 있는 저수조로부터 25 °C의 물을 이송하기 위하여 사용된다(그림 P14-53). 파이프는 내경이 24.0 mm인 PVC 파이프로, 평균 내부 조도 높이는 무시할 수 있다. 물에 잠겨 있는 파이프 입구로부터 펌프 입구까지의 관 길이는 2.8 m이다. 배관 시스템에서 파이프 입구에서 펌프 입구 사이에는 단지 두 가지 부차적 손실, 즉 날카로운 가장자리를 갖는 재진입(reentrant) 입구 ($K_L=0.85$)와 플랜지형 매끄러운 90° 정규 엘보($K_L=0.3$)가 있다. 펌프의 요구되는 유효 흡입 수두는 제조사로부터 $\text{NPSH}_{required}=2.2\text{ m} + [0.0013\text{ m/(Lpm)}^2]\dot{V}^2$인 곡선 접합으로 제공되며, 여기서 체적유량은 Lpm 단위이다. 공동현상이 없이 이송할 수 있는 최대 체적유량(Lpm 단위로)을 추정하라.

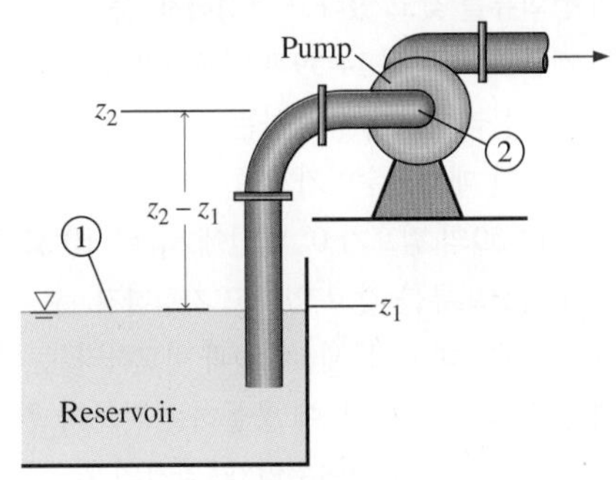

그림 P14–53

14-54 물의 온도 80 °C에서 문제 14-54를 반복하라. 물의 온도 90 °C에서도 반복하라. 논의하라.

14-55 파이프 직경을 두 배로 증가시켜서(다른 모든 조건이 같을 때) 문제 14-54를 반복하라. 직경이 더 큰 파이프에서 펌프 내에 공동현상이 발생하는 체적유량이 증가할까 아니면 감소할까? 논의하라.

14-56 그림 P14-56의 두 개의 로브(lobe)로 구성된 로터리 펌프가 각 로브 체적 V_{lobe}에서 0.55 L의 석탄 슬러리를 운반한다. $\dot{n}=220$ rpm일 때, 슬러리의 체적유량을 (Lpm 단위로) 계산하라. **답:** 484 Lpm

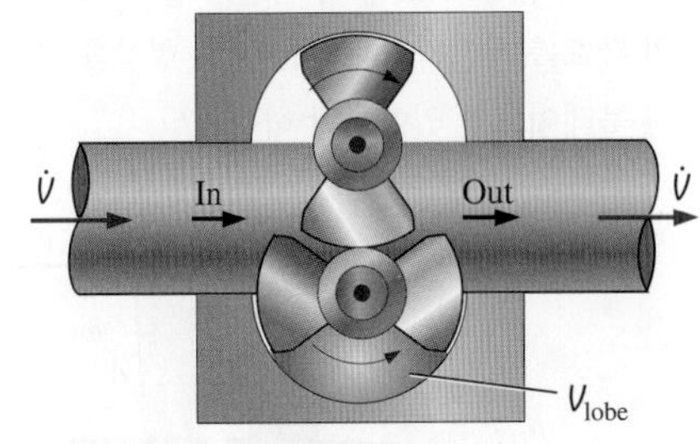

그림 P14–56

14-57 펌프가 각 로터에 두 개 대신에 **세** 개의 로브를 갖고 $V_{lobe}=0.39$ L인 경우에 대해 문제 14-56을 반복하라.

14-58 그림 14-26c의 기어 펌프를 고려해 보자. 두 기어 톱니 사이에 갇힌 유체의 체적이 0.350 cm^3이라고 가정하라. 회전당 운반되는 유체의 체적은 얼마인가? **답:** 9.80 cm^3

14-59 원심 펌프가 $\dot{n}=750$ rpm으로 회전한다. 물이 블레이드에 수직하게 임펠러로 들어가고($\alpha_1=0°$) 반경방향으로부터 35°의 각도로 나온다($\alpha_2=35°$). 입구 반경은 $r_1=12.0$ cm이며, 이곳의 블레이드 폭은 $b_1=18.0$ cm이다. 출구 반경은 $r_2=24.0$ cm이고, 이곳의 블레이드 폭은 $b_2=16.2$ cm이다. 체적유량은 0.573 m^3/s이다. 효율을 100%로 가정하고, 이 펌프에 의해 발생하는 순 수두를 cm 수주의 높이로 계산하라. 또한 W 단위로 요구 제동마력을 계산하라.

14-60 문제 14-59의 펌프가 0° 대신에 $\alpha_1 = 10°$로 하여 입구에 약간의 선회류를 갖고 있다고 가정하자. 순 수두와 요구되는 마력을 계산하고, 문제 14-59과 비교하라. 논의하라. 특히, 유체가 임펠러 블레이드에 충돌하는 각도가 원심 펌프의 설계에 아주 중요한 매개변수인가?

14-61 문제 14-59의 펌프가 0° 대신에 $\alpha_1 = -10°$로 하여 입구에 약간의 역선회류를 갖고 있다고 가정하자. 순 수두와 요구되는 마력을 계산하고, 문제 14-59과 비교하라. 논의하라. 특히, 유체가 임펠러 블레이드에 충돌하는 각도가 원심 펌프의 설계에 아주 중요한 매개변수인가? 약간의 역선회류는 펌프의 순 수두를 증가시키는가 또는 감소시키는가? 다시 말하면, 역선회류가 바람직한가? 주의: 여기에서는 손실을 무시하고 있다는 것을 명심하라.

14-62 깃 축류 팬이 로터 블레이드의 상류에 고정자 블레이드를 갖도록 설계되어 있다(그림 P14-62). 비용을 줄이기 위해 고정자와 로터 블레이드 모두를 철판으로 제작한다. 그림에 나타낸 것처럼 고정자 블레이드는 단순한 원호로서 전단부는 축 방향으로 후단부는 축으로부터 각도 $\beta_{st} = 26.6°$로 정렬되어 있다(하첨자 표기는 고정자 후단부를 나타낸다). 총 18개의 고정자 블레이드가 있다. 설계 조건에서 블레이드를 지나는 축류 유동 속도는 31.4 m/s이고, 임펠러는 1800 rpm으로 회전한다. 반경 0.50 m에서, 회전자 블레이드의 선단부와 후단부의 각도를 계산하고, 블레이드의 형상을 그려라. 몇 개의 회전자 블레이드가 있어야만 하는가?

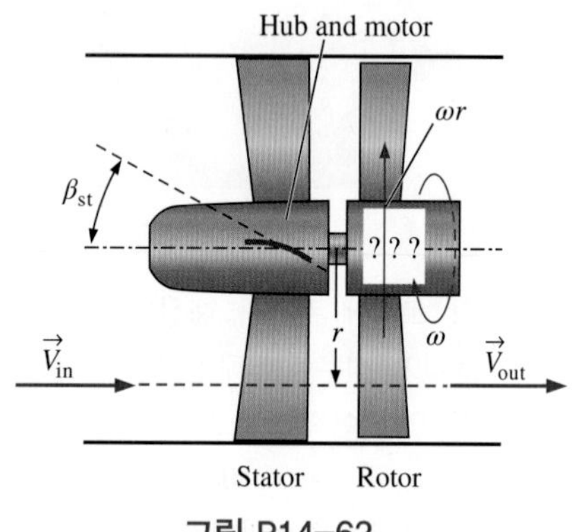

그림 P14-62

14-63 두 개의 물 펌프가 **직렬로** 배열되어 있다. 두 펌프에 대한 성능 데이터는 $H_{available} = H_0 - a\dot{V}^2$ 형태의 포물선 곡선에 접합된다. 펌프 1에 대해 $H_0 = 6.33$ m이고 계수는 $a = 0.0633$ m/Lpm^{2}이다. 펌프 2에 대해 $H_0 = 9.25$ m이고 계수는 $a = 0.0472$ m/Lpm^{2}이다. 어느 경우에도 펌프 수두 H의 단위는 m이고, 용량 $\dot{V}$의 단위는 Lpm이다. 직렬로 함께 운전되는 두 펌프의 연합 차단 수두와 자유토출을 계산하라. 어떤 체적유량에서 펌프 1이 차단되고 우회되는가? 설명하라.

답: 15.6 m, 14.0 Lpm, 10.0 Lpm

14-64 문제 14-63의 동일한 두 개의 펌프가 **병렬로** 배열되어 있다. 병렬로 함께 운전되는 두 펌프의 차단 수두와 자유토출을 계산하라. 어떤 연합 순 수두에서 펌프 1이 차단되고 우회되는가? 설명하라.

터빈

14-65C 터빈이 펌프보다 종종 높은 효율을 갖는 이유를 두 가지 이상 제시하라.

14-66C 동역학적 터빈의 두 가지 기본 형식 사이의 차이를 열거하고, 간단히 기술하라.

14-67C 반동 수력 터빈에서 **역선회류**의 의미를 논의하고, 약간의 역선회류가 바람직한 이유를 설명하라. 답을 뒷받침하기 위해 방정식을 이용하라. 과다한 역선회류는 현명하지 않은 이유는 무엇인가?

14-68C **흡출관**(draft tube)이란 무엇이고, 그것의 목적은 무엇인가? 만약 터보기계의 설계자가 흡출관의 설계에 관심을 기울이지 않는다면 무슨 일이 발생할 것인지 기술하라.

14-69C 동역학적 펌프와 반동 터빈을 원심(반경류), 혼류, 축류로 분류하는 데 있어서 주된 차이를 간단히 논의하라.

14-70 수력 발전소가 14개의 동일한 Francis 터빈을 갖고 있고, 총수두가 245 m이며 각 터빈당 체적유량은 11.5 m^3/s이다. 물의 온도는 25 °C이다. 효율은 $\eta_{turbine} = 95.9\%$, $\eta_{generator} = 94.2\%$와 $\eta_{other} = 95.6\%$이며, η_{other}는 모든 다른 기계적 에너지 손실을 포함한다. 이 발전소로부터 생산되는 전력을 MW로 추정하라.

14-71 Pelton 수차가 수력 발전에 이용된다. 수차의 평균 반경은 1.83 m이고, 10.0 cm인 직경을 갖는 노즐 출구로부터 제트의 속도는 102 m/s이다. 버킷의 방향 전환 각도는 $\beta = 165°$이다. (a) 터빈을 통과하는 체적유량을 m^3/s 단위로 계산하라. (b) 수차의(최대 동력을 위한) 최적 회전율(rpm 단위로)은 얼마인가? (c) 터빈의 효율이 82%일 때, 출력 축동력을 MW 단위로 계산하라. 답: (a) 0.801 m^3/s, (b) 266 rpm, (c) 3.35 MW

14-72 어떤 엔지니어들이 소수력 댐으로 가능성이 있는 장소를 평가하고 있다. 어느 한 장소에서 총수두가 340 m이고, 그들은 각 터빈을 통하는 물의 체적유량이 0.95 m^3/s일 것으로 추정한다. 터빈당 이상적인 동력 발생을 MW 단위로 추정하라.

14-73 주어진 제트 속도, 체적유량, 방향 전환 각도(turning angle) 및 수차 반경에 대해 Pelton 수차에 의한 최대 축동력은 터빈 버킷이 제트 속도의 절반으로 움직일 때 발생함을 증명하라.

14-74 HAWT 풍력 터빈을 통과하여 바람($\rho = 1.204$ kg/m^3)이 불고

있다. 터빈 직경은 60.0 m이다. 기어박스와 발전기의 연합 효율은 88%이다. (a) 현실적인 동력계수 0.42에 대해 바람이 9.5 m/s로 불 때, 생산되는 전력을 추정하라. (b) 동일한 기어박스와 발전기를 사용한다고 가정하고 Betz 극한을 사용하여 반복하고 비교하라.

14-75 Francis 반경류 수력 터빈이 설계되고 있다. 터빈의 치수는 $r_2=2.00$ m, $r_1=1.42$ m, $b_2=0.731$ m, $b_1=2.20$ m이다. 러너는 $\dot{n}=180$ rpm으로 회전한다. 쪽문(wicket gate)은 러너의 입구에서 반경방향으로부터 각도 $\alpha_2=30°$로 전환시키고, 러너 출구에서 유동은 반경방향으로부터 각도 $\alpha_2=10°$이다(그림 P14-75). 설계 조건에서 체적유량은 340 m^3/s이고 댐에 의한 총 수두는 $H_{gross}=$ 90.0 m이다. 예비 설계에서 비가역 손실은 무시된다. 입구와 출구의 러너 블레이드의 각도 β_2와 β_1을 각각 계산하고, 출력 동력(MW)과 요구되는 순 수두(m)를 예측하라. 이 설계가 실현 가능한가?

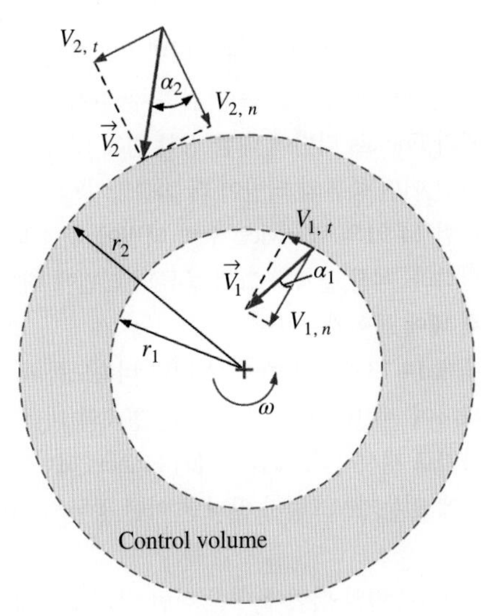

그림 P14-75

14-76 문제 14-75을 다시 고려해 보자. 적절한 소프트웨어를 사용하여 러너 출구 각도 α_1이 요구 순 수두와 출력에 미치는 영향을 조사하라. 출구 각도를 −20°에서 20°까지 1° 씩 증가시키면서 결과를 도시하라. 유동이 열역학 법칙들을 위배하지 않는 가능한 최소 α_1의 값을 결정하라.

14-77 수력 발전소를 설계하고 있다. 저수조부터 방수로까지의 총 수두는 262 m이며, 각 터빈을 통과하는 물의 체적유량은 10 ℃에서 717 m^3/min이다. 효율이 96.3%인 8개의 동일한 터빈이 병렬로 배열되어 있으며, 모든 기계적 에너지 손실(도수로 통과 등)은 출력을 3.6% 감소시킨다고 예상한다. 발전기 자체의 효율은 93.9%이다. 이 발전소로부터 생산되는 전력을 MW로 추정하라.

14-78 그림 P14-78에 보인 것처럼 관을 흐르는 물로부터 동력을 생산하기 위한 1단 축류 터빈을 설계하고 있다. 고정자와 로터는 얇다고(구부린 금속판) 근사한다. 16개의 고정자(상류) 블레이드는 $\beta_{sl}=0°$와 $\beta_{st}=50.3°$의 각도를 갖고 있으며, 여기서 하첨자 "sl"과 "st"는 각각 고정자 선단과 고정자 후단을 의미한다. 설계 조건에서 축방향 유속은 8.31 m/s이고, 로터는 360 rpm으로 회전하며, 터빈의 하류에는 선회류가 없는 것이 요구된다. 반경 0.324 m에서 각도 β_{rl}와 β_{rt}(로터 선단과 후단 각)을 계산하고, 로터 깃이 어떤 형상이 되는지 도시하고, 몇 개의 로터 깃이 있어야 하는지 명시하라.

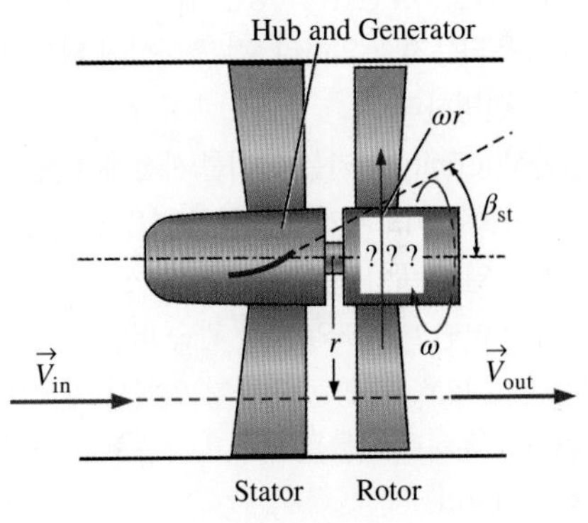

그림 P14-78

14-79 풍력 터빈 절에서 풍력 터빈의 이상 동력계수에 대하여 $C_P=4a(1-a)^2$ 식이 유도되었다. 최대 가능 동력계수가 $a=1/3$에서 발생하는 것을 증명하라.

14-80 Francis 반경류 수력 터빈의 치수는 $r_2=2.00$ m, $r_1=1.30$ m, $b_2=0.85$ m, $b_1=2.10$ m이고, 여기서 위치 2는 입구를 위치 1은 출구를 나타낸다. 터빈 입구와 출구에서 러너 블레이드의 각도는 각각 $\beta_2=71.4°$와 $\beta_1=15.3°$이다. 러너는 $\dot{n}=160$ rpm으로 회전한다. 설계 조건에서 체적유량은 80.0 m^3/s이다. 예비 해석에서 비가역 손실은 무시된다. 쪽문(wicket gate)이 유동의 방향을 전환시켜야 하는 각도 α_2를 계산하라. 여기서 α_2는 러너의 입구에서 반경방향으로부터 측정된 값이다(그림 P14-75). 선회류 각도 α_1을 계산하라. 여기서 α_1은 러너의 출구에서 반경방향으로부터 측정된 값이다(그림 P14-75). 이 터빈은 순선회류를 갖는가 아니면 역선회류를 갖는가? 출력(MW)과 요구되는 순 수두(m)를 예측하라.

펌프와 터빈 축척 법칙

14-81C 펌프 비속도와 터빈 비속도는 "추가적인" 매개변수로서 펌프와 터빈의 축척 법칙에서는 필요하지 않다. 그러면 이들의 목적을 설명하라.

14-82C 각각의 설명이 맞는지 또는 틀리는지 선택하고 그 이유를 간단히 설명하라.

(a) 다른 모든 조건이 동일한 채로 펌프의 rpm이 두 배가 되면 펌프의 용량은 약 2배로 증가한다.

(b) 다른 모든 조건이 동일한 채로 펌프의 rpm이 두 배가 되면 펌프의 순 수두는 약 2배로 증가한다.

(c) 다른 모든 조건이 동일한 채로 펌프의 rpm이 두 배가 되면 요구되는 축동력은 약 4배로 증가한다.

(d) 다른 모든 조건이 동일한 채로 터빈의 rpm이 두 배가 되면 터빈의 출력 축동력은 약 8배로 증가한다.

14-83C 주로 어떤 무차원 펌프 성능 매개변수가 독립적인 매개변수로 이용되는지 논의하라. 펌프 대신에 터빈에 대해서도 반복하라. 설명하라.

14-84C **친화성**(affinity)이라는 단어를 사전에서 찾아보아라. 일부 엔지니어들이 터보기계의 축척 법칙을 **친화 법칙**(affinity laws)이라고 일컫는 이유는 무엇이라고 생각하는가?

14-85 무차원 터빈 비속도와 미국 관습 터빈 비속도 사이의 관계식 $N_{St} = 43.46 N_{St,\ US}$를 증명하기 위해서 필요한 환산계수를 적용하라. 유체로서 물을 그리고 지구 표준 중력을 가정하는 것에 유의하라.

14-86 문제 14-46의 팬을 고려해 보자. 팬의 직경은 30.0 cm이고, $\dot{n} = 600$ rpm에서 운전하고 있다. 팬 성능 곡선을 무차원화하라. 즉, C_H와 C_Q의 관계를 도시하라. $\dot{V} = 13{,}600$ Lpm에서 C_H와 C_Q에 대한 샘플 계산 결과를 보여라.

14-87 BEP가 13,600 Lpm에서 발생되는 경우에 대해 최적 효율점에서 문제 14-46과 문제 14-87의 팬의 비속도를 계산하라. 답을 무차원 형태와 미국 관습 단위 모두로 제시하라. 이것은 어떤 종류의 팬인가?

14-88 최적 효율점에서 예제 14-11에 있는 펌프의 펌프 비속도를 계산하라. 답을 무차원 형태와 미국 관습 단위 모두로 제시하라. 이것은 어떤 종류의 펌프인가?

14-89 Len은 수족관용 소형 물 펌프를 설계해 달라는 요청을 받았다. 이 펌프는 최적 효율점에서 순 수두 1.6 m로 18.0 Lpm의 물을 공급해야 한다. 1200 rpm으로 회전하는 모터를 사용할 수 있다. Len이 설계해야 할 펌프(원심, 혼류, 축류)는 어떤 종류일까? 모든 계산 과정을 보이고, 선택이 타당함을 보여라. 이 펌프로 Len이 기대할 수 있는 최대 펌프 효율을 추정하라. **답:** 원심, 75%

14-90 문제 14-89의 펌프를 고려해 보자. 기존 펌프를 회전수가 1800 rpm인 다른 모터를 장착하여 변경하였다고 가정하자. 만약 펌프가 두 경우 모두에서 상응하는 점에서(즉, BEP에서) 운전된다면, 변경된 펌프의 체적유량과 순 수두를 예측하라. 변경된 펌프의 펌프 비속도를 계산하고, 기존 펌프의 값과 비교하라. 논의하라.

14-91 대형 물 펌프가 원자로를 위해 설계되고 있다. 이 펌프는 최적 효율점에서 순 수두 14 m로 9500 Lpm의 물을 공급해야 한다. 300 rpm으로 회전하는 모터를 사용할 수 있다. 어떤 종류의 펌프(원심, 혼류, 축류)를 설계해야 할까? 모든 계산 과정을 보이고, 선정한 이유를 정당화하라. 이 펌프로 기대할 수 있는 최대 펌프 효율을 추정하라. 이 펌프를 구동하기 위해 요구되는 동력(제동마력)을 추정하라.

14-92 문제 14-38의 펌프를 고려해 보자. 펌프의 직경은 1.80 cm이고, $\dot{n} = 4200$ rpm에서 운전된다. 펌프 성능 곡선을 무차원화하라. 즉, C_H와 C_Q의 관계를 도시하라. $\dot{V} = 14.0$ Lpm에서 C_H와 C_Q에 대한 샘플 계산결과를 보여라.

14-93 BEP가 14.0 Lpm에서 발생되는 경우에 대하여 최적 효율점에서 문제 14-92의 펌프에 대한 펌프 비속도를 계산하라. 답을 무차원 형태와 미국 관습 단위의 두 가지로 제시하라. 이것은 어떤 종류의 펌프인가? **답:** 0.199, 545, 원심

14-94 문제 14-75의 터빈에 대한 터빈 비속도를 계산하라. 답을 무차원 형태와 미국 관습 단위의 두 가지로 제시하라. 계산 결과가 Francis 터빈에 대한 정상 범위 내에 있는가? 그렇지 않다면 어떤 종류의 터빈이 더 적합한가?

14-95 그림 14-91의 Warwick 수력 터빈에 대한 터빈 비속도를 계산하라. 계산 결과가 그런 종류의 터빈에 대한 적절한 N_{St} 범위 내에 들어가는가?

14-96 예제 14-13의 터빈에 대한 터빈 비속도를 $\alpha_1 = 10°$일 경우에 대하여 계산하라. 답을 무차원 형태와 미국 관습 단위의 두 가지로 제시하라. 계산 결과가 Francis 터빈에 대한 정상 범위 내에 있는가? 그렇지 않다면 어떤 종류의 터빈이 더 적합한가?

14-97 문제 14-80의 터빈에 대한 터빈 비속도를 계산하라. 답을 무차원 형태와 미국 관습 단위의 두 가지로 제시하라. 계산 결과가 Francis 터빈에 대한 정상 범위 내에 있는가? 그렇지 않다면 어떤 종류의 터빈이 더 적합한가?

14-98 그림 14-89의 Round Butte 수력 터빈에 대한 터빈 비속도를 계산하라. 계산 결과가 그런 종류의 터빈에 대한 적절한 N_{St} 범위 내에 들어가는가?

14-99 수력 터빈의 1/5 축척 모형이 실험실에서 $T = 20$ °C의 조건으로 시험된다. 모형의 직경은 8.0 cm이고, 체적유량은 17.0 m^3/h이며, 1500 rpm으로 회전하고, 순 수두는 15.0 m로 운전된다. 최적 효율점에서 터빈은 축동력 450 W를 제공한다. 모형 터빈의 효율을 계산하라. 시험 중인 터빈은 어떤 종류의 터빈일 가능성이 가장 높은가? **답:** 64.9%, 충동 터빈

14-100 문제 14-99에서 논의된 1/5 축척 모형 터빈에 상응하는 원형 터빈이 순 수두 50 m에서 운전된다. 최적 효율을 위한 적절

한 rpm과 체적유량을 결정하라. 완전한 기하학적 상사를 가정하여 원형 터빈의 제동마력 출력을 예측하라.

14-101 모형 터빈(문제 14-99)과 원형 터빈(문제 14-100)에 대해 두 경우의 터빈 효율과 터빈 비속도를 비교하여 이들이 상응하는 점에서 운전됨을 증명하라.

14-102 완전한 역학적 상사를 가정하여, 문제 14-101에서 모형 터빈의 시험 결과를 실물 크기의 원형에 적용하였다. 그러나 교재에서 논의된 바와 같이 큰 실물 크기의 원형이 일반적으로 축소 모형의 효율보다 더 높은 효율을 나타낸다. 원형 터빈의 실제 효율을 추정하라. 더 높은 효율이 나타나는 이유를 간단히 설명하라.

14-103 터빈 비속도와 펌프 비속도가 다음의 관계를 갖는 것을 증명하라. $N_{St}=N_{Sp}\sqrt{\eta_{turbine}}$

14-104 펌프와 터빈 두 가지 모두로 운전되는 펌프-터빈을 고려해 보자. 펌프와 터빈에 대해 회전 속도 ω와 체적유량 $\dot{V}$이 동일한 조건에서 터빈 비속도와 펌프 비속도가 다음의 관계를 갖는 것을 증명하라.

$$N_{St}=N_{Sp}\sqrt{\eta_{turbine}}\left(\frac{H_{pump}}{H_{turbine}}\right)^{3/4}$$
$$=N_{Sp}(\eta_{turbine})^{5/4}(\eta_{pump})^{3/4}\left(\frac{bhp_{pump}}{bhp_{turbine}}\right)^{3/4}$$

복습 문제

14-105C **펌프-터빈**이란 무엇인가? 펌프-터빈이 유용한 응용분야를 논의하라.

14-106C 대부분의 가정에서 볼 수 있는 평범한 수도 계량기는 체적 계량 메커니즘에 연결된 축을 회전시키기 위해 흐르는 물로부터 에너지를 추출하기 때문에 터빈의 일종으로 생각될 수 있다(그림 P14-106C). 그러나 배관 시스템의 관점으로부터 볼 때(8장), 수도 계량기는 어떤 종류의 장치인가? 설명하라.

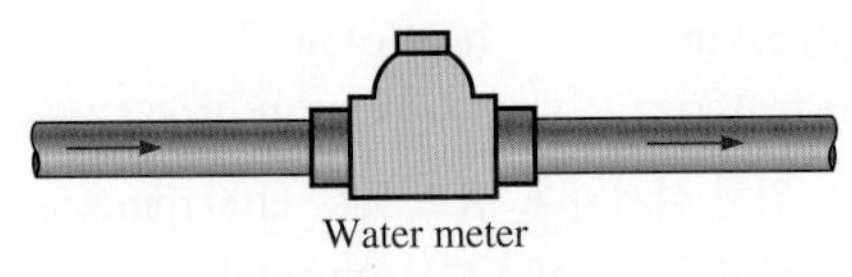

그림 P14-106C

14-107C 각각의 설명에 대하여 맞는지 또는 틀리는지를 선택하고, 그 이유를 간단히 설명하라.

(a) 기어 펌프는 용적식 펌프의 일종이다.

(b) 로터리 펌프는 용적식 펌프의 일종이다.

(c) 용적식 펌프의 펌프 성능 곡선(순 수두와 용량의 관계)은 주어진 회전 속도에서 추천 운전 범위 전체에 걸쳐 거의 수직이다.

(d) 주어진 회전 속도에서 용적식 펌프의 순 수두는 유체의 점도에 따라 감소한다.

14-108 그림 14-30과 유사한 2-로브 로터리 용적식 펌프가 각 로브 체적에서 3.64 m^3/s의 토마토 페이스트를 이송한다. $\dot{n}$=336 rpm인 경우에 대해 토마토 페이스트의 체적유량을 구하라.

14-109 두 개의 역학적으로 상사인 펌프에 대해 $D_B=D_A(H_A/H_B)^{1/4}(\dot{V}_B/\dot{V}_A)^{1/2}$임을 증명하기 위하여 무차원 매개변수를 이용하라. 같은 관계식이 두 개의 역학적으로 상사인 **터빈**에 적용되는가?

14-110 두 개의 역학적으로 상사인 터빈에 대해 $D_B=D_A(H_A/H_B)^{3/4}(\rho_A/\rho_B)^{1/2}(bhp_B/bhp_A)^{1/2}$임을 증명하기 위하여 무차원 매개변수를 이용하라. 같은 관계식이 두 개의 역학적으로 상사인 **펌프**에 적용되는가?

14-111 엔지니어 그룹이 기존 터빈을 비례 확대하여 새로운 수력 터빈을 설계하고 있다. 기존의 터빈(터빈 A)은 직경이 D_A=1.50 m이고, $\dot{n}$=150 rpm으로 회전한다. 이 터빈은 최적 효율점에서 $\dot{V}_A$=162 m^3/s, H_A=90.0 m, bhp_A=132 MW이다. 새로운 터빈(터빈 B)은 120 rpm으로 회전하고, 순 수두는 H_B=110 m가 될 것이다. 최적으로 운전되는 새로운 터빈의 직경을 계산하고, $\dot{V}_B$와 bhp_B를 계산하라. **답:** 2.07 m, 342 m^3/s, 341 MW

14-112 문제 14-111의 두 터빈의 효율을 계산하고, 비교하라. 역학적 상사를 가정하였으므로 같아야만 한다. 그러나 실제로는 큰 터빈이 작은 터빈보다 조금 더 효율적일 것이다. 새로운 터빈의 실제 기대되는 효율을 예측하기 위하여 Moody 효율 보정 방정식을 이용하라. 논의하라.

14-113 문제 14-111의 작은 터빈(A)과 큰 터빈(B) 모두에 대한 터빈 비속도를 계산하고, 비교하라. 이들은 어떤 종류의 터빈일 가능성이 가장 큰가?

14-114 그림 14-90의 Smith Mountain 수력 터빈에 대한 터빈 비속도를 계산하라. 계산 결과가 이런 종류의 터빈에 대한 적절한 N_{St} 범위 내에 들어가는가?

공학 기초(FE) 시험 문제

14-115 어떤 터보기계가 주로 작거나 적당한 유량에서 매우 높은 압력 상승을 제공하도록 설계되었는가?

(a) 압축기 (b) 송풍기 (c) 터빈
(d) 펌프 (e) 팬

14-116 터보기계 산업계에서 용량은 다음 중 무엇을 의미하는가?

(a) 동력(Power) (b) 질량유량 (c) 체적유량
(d) 순 수두 (e) 에너지구배선

14-117 펌프 성능 곡선에서 순 수두가 0인 점의 명칭은?

(a) 최적 효율점
(b) 자유토출
(c) 차단 수두
(d) 운전점(operating point)
(e) 작동점(duty point)

14-118 펌프가 0.5 m^3/min의 유량에서 물의 압력을 100 kPa에서 1.2 MPa로 증가시키고 있다. 입구와 출구의 직경은 같고, 펌프를 통과하면서 고도 변화가 없다. 만약 이 펌프의 효율이 77%라고 한다면, 이 펌프에 공급되는 동력은 얼마인가?

(a) 11.9 kW (b) 12.6 kW (c) 13.3 kW
(d) 14.1 kW (e) 15.5 kW

14-119 펌프가 35 m의 높이로 물의 압력을 100 kPa에서 900 kPa로 증가시키고 있다. 입구와 출구의 직경은 동일하다. 이 펌프의 순 수두는 얼마인가?

(a) 143 m (b) 117 m (c) 91 m
(d) 70 m (e) 35 m

14-120 펌프의 제동마력과 수마력이 각각 15 kW와 12 kW로 정해졌다. 만약 이 조건에서 펌프의 물 유량이 0.05 m^3/s라면, 이 펌프의 총 수두 손실은 얼마인가?

(a) 11.5 m (b) 9.3 m (c) 7.7 m
(d) 6.1 m (e) 4.9 m

14-121 화력 발전소에서 940 L/min의 물이 요구된다. 요구 순 수두는 이 유량에서 5 m이다. 펌프 성능 곡선을 검토한 결과 임펠러 직경이 다른 두 대의 원심 펌프로 이 유량을 공급할 수 있다는 것을 알았다. 임펠러 직경이 203 mm인 펌프는 효율이 73%이고, 10 m의 순 수두를 제공한다. 임펠러 직경이 111 mm인 펌프는 효율이 67%이고, 5 m의 순 수두를 제공한다. 임펠러 직경이 111 mm인 펌프에 대한 임펠러 직경이 203 mm인 펌프에서 요구되는 제동마력(bhp)의 비는 얼마인가?

(a) 0.45 (b) 0.68 (c) 0.86
(d) 1.84 (e) 2.11

14-122 증기 발전소의 펌프로 15 kPa와 50 °C의 물이 0.15 m^3/s의 유량으로 들어간다. 펌프 입구에서 관의 직경은 0.25 m이다. 펌프 입구에서 유효 흡입 수두(NPSH)는 얼마인가?

(a) 1.70 m (b) 1.49 m (c) 1.26 m
(d) 0.893 m (e) 0.746 m

14-123 두 개의 펌프가 직렬과 병렬로 연결되면 어떤 값이 더해지는가?

(a) 직렬: 압력 변화. 병렬: 순 수두
(b) 직렬: 순 수두. 병렬: 압력 변화
(c) 직렬: 순 수두. 병렬: 유량
(d) 직렬: 유량. 병렬: 순 수두
(e) 직렬: 유량. 병렬: 압력 변화

14-124 세 개의 펌프가 직렬로 연결되어 있다. 펌프 성능 곡선에 따르면 각 펌프의 자유 토출은 다음과 같다.

펌프 1: 1600 L/min 펌프 2: 2200 L/min
펌프 3: 2800 L/min

만약 이 펌프 시스템의 유량이 2500 L/min라고 한다면, 어떤 펌프(들)가 차단되어야 하는가?

(a) 펌프 1 (b) 펌프 2 (c) 펌프 3
(d) 펌프 1과 2 (e) 펌프 2와 3

14-125 세 개의 펌프가 병렬로 연결되어 있다. 펌프 성능 곡선에 따르면 각 펌프의 차단 수두는 다음과 같다.

펌프 1 : 7 m 펌프 2 : 10 m 펌프 3 : 15 m

만약 이 펌프 시스템의 순 수두가 9 m라고 한다면, 어떤 펌프(들)가 차단되어야 하는가?

(a) 펌프 1 (b) 펌프 2 (c) 펌프 3
(d) 펌프 1과 2 (e) 펌프 2와 3

14-126 두 개의 로브(lobe)가 있는 로터리 용적식 펌프가 각 로브 체적당 엔진 윤활유를 0.60 cm^3씩 이송한다. 축이 90° 회전할 때마다 하나의 로브 체적이 펌핑된다. 만약 회전 속도가 550 rpm이라면 윤활유의 체적유량은 얼마인가?

(a) 330 cm^3/min (b) 660 cm^3/min (c) 1320 cm^3/min
(d) 2640 cm^3/min (e) 3550 cm^3/min

14-127 원심 송풍기가 1400 rpm으로 회전한다. 공기가 블레이드에 수직($\alpha_1=0°$)으로 임펠러로 들어가며, 25°($\alpha_2=25°$)의 각도로 나온다. 입구 반경은 $r_1=6.5$ cm이며, 입구 블레이드의 폭은 $b_1=8.5$ cm이다. 출구 반경과 블레이드 폭은 각각 $r_2=12$ cm와 $b_2=4.5$ cm이다. 체적유량은 0.22 m^3/s이다. 이 송풍기에서 발생하는 순 수두는 공기 기준 m로 얼마인가?

(a) 12.3 m (b) 3.9 m (c) 8.8 m
(d) 5.4 m (e) 16.4 m

14-128 펌프가 요구 수두 8 m에서 유량 9500 L/min로 물을 이송하기 위해 설계된다. 펌프 축은 1100 rpm으로 회전한다. 무차원 형태의 펌프 비속도는 얼마인가?

(a) 0.277 (b) 0.515 (c) 1.17
(d) 1.42 (e) 1.88

14-129 회전 속도 1000 rpm에서 펌프로부터 순 수두 10 m가 제공된다. 만약 회전 속도가 두 배로 증가하였다면 제공되는 순 수두는 얼마가 되겠는가?

(a) 5 m (b) 10 m (c) 20 m
(d) 40 m (e) 80 m

14-130 터빈의 회전 부분을 무엇이라고 하는가?
(a) 프로펠러(propeller)
(b) 스크롤(scroll)
(c) 블레이드열(blade row)
(d) 임펠러(impeller)
(e) 러너(runner)

14-131 충동과 반동 터빈의 운전을 비교하면 어떤 선택이 올바른가?
(a) 충동: 높은 유량
(b) 충동: 높은 수두
(c) 반동: 높은 수두
(d) 반동: 적은 유량
(e) 모두 틀림

14-132 어떤 형태의 터빈이 충동 터빈인가?
(a) Kaplan (b) Francis (c) Pelton
(d) 프로펠러 (e) 원심

14-133 수력 발전소에서 물이 커다란 관을 통하여 댐을 통과하며 흐르고 있다. 이 관을 무엇이라고 하는가?
(a) 방수로(tailrace)
(b) 흡출관(draft tube)
(c) 러너
(d) 도수관(penstock)
(e) 프로펠러

14-134 터빈이 20 m 높이의 물의 바닥에 장착되었다. 터빈을 통과하는 물의 유량은 30 m^3/s이다. 만약 터빈이 축동력 5 MW를 제공한다면 이 터빈의 효율은 얼마인가?
(a) 85% (b) 79% (c) 88%
(d) 74% (e) 82%

14-135 총 수두가 240 m인 댐에 수력 발전소를 지으려고 한다. 수문과 도수로에서의 수두 손실은 6 m이다. 터빈을 통과하는 유량은 18,000 L/min이다. 터빈과 발전기의 효율은 각각 88%와 96%이다. 이 터빈에서 생산되는 전력은 얼마인가?
(a) 6930 kW (b) 5750 kW (c) 6440 kW
(d) 5820 kW (e) 7060 kW

14-136 풍력 터빈에서 유용한 동력이 발생하는 최소 풍속을 무엇이라고 하는가?
(a) 정격 속도(rated speed)
(b) 시동 속도(cut-in speed)
(c) 차단 속도(cut-out speed)
(d) 가용 속도(available speed)
(e) Betz 속도(Betz speed)

14-137 풍속이 8 m/s인 장소에 풍력 터빈을 장착하려고 한다. 공기 온도는 10 ℃이고, 터빈 블레이드의 직경은 30 m이다. 만약 총 터빈-발전기 효율이 35%라고 한다면 생산되는 전력은 얼마인가?
(a) 79 kW (b) 109 kW (c) 142 kW
(d) 154 kW (e) 225 kW

14-138 풍속이 5 m/s일 때 풍력 터빈의 가용 출력이 100 kW로 계산되었다. 만약 풍속이 두 배로 증가한다면 가용 출력은 얼마가 되겠는가?
(a) 100 kW (b) 200 kW (c) 400 kW
(d) 800 kW (e) 1600 kW

14-139 최적 운전점에서 다음과 같은 매개변수를 갖는 기존의 터빈과 유사한 새로운 수력 터빈을 설계하려고 한다. $D_A = 3$ m, $\dot{n}_A = 90$ rpm, $\dot{V}_A = 200$ m^3/s, $H_A = 55$ m, $\text{bhp}_A = 100$ MW. 새로운 터빈의 속도는 110 rpm이고, 순 수두는 40 m가 될 것이다. 최고 효율로 작동하는 새로운 터빈의 bhp는 얼마인가?
(a) 17.6 MW (b) 23.5 MW (c) 30.2 MW
(d) 40.0 MW (e) 53.7 MW

14-140 최적 운전점에서 다음과 같은 매개변수로 수력 터빈이 운전되고 있다. $\dot{n} = 110$ rpm, $\dot{V} = 200$ m^3/s, $H = 55$ m, bhp = 100 MW. 이 터빈의 터빈 비속도는 얼마인가?
(a) 0.74 (b) 0.38 (c) 1.40
(d) 2.20 (e) 1.15

설계 및 논술 문제

14-141 이 문제는 수력 터빈의 예비 설계에 유용하다. 물의 유량과 상류와 하류의 고도 차이만 주어진다면, 이 장에서 배운 내용으로부터 수력 터빈이 얼마나 전력을 생산하는지 예측하는 것은 아주 단순하다. 어떤 댐의 총 수두는 15.5 m이고 유량은 0.22 m^3/s 이다. 터빈/발전기의 총 효율을 75%로 가정하고 생산할 수 있는 전력(kW로)을 예측하라.

14-142 총 수두가 20.5 m, 유량이 4.52 m^3/s로 예상되는 댐에 수력 터빈이 제안된다. 발전기는 120 rpm으로 회전한다. 이 댐에 가장 잘 맞는 터빈의 종류를 찾으라는 요청을 받았다. 예측을 위해서, $\eta_{\text{turbine}} = 85\%$와 $\eta_{\text{other}} = 95\%$로 설정한다, 순 수두는 $H = \eta_{\text{turbine}}\eta_{\text{other}}H_{\text{gross}}$로 표현되는 적절한 가정에 유의하자. 전기 발전기의 효율은 $\eta_{\text{generator}} = 95\%$이다.
(a) 모든 유동이 한 터빈을 지나 흐를 때 터빈 비속도를 추정하고, 이 경우에 가장 적절한 터빈 종류를 선정하라.
(b) 유동이 8개의 동일한 터빈으로 나누어져 흐를 때 터빈 비속도를 추정하고, 이 경우에 가장 적절한 터빈 종류를 선정하라.
(c) 어느 경우가 전제적으로 가장 큰 동력을 생산하는가? 설명하라.

14-143 주어진 펌프(A)와 역학적으로 상사인 새로운 펌프(B)를 설계하기 위하여 친화 법칙을 사용하는 범용 컴퓨터 응용 프

로그램을 (적절한 소프트웨어를 이용하여) 개발하라. 펌프 A에 대한 입력은 직경, 순 수두, 용량, 밀도, 회전 속도, 펌프 효율이다. 펌프 B에 대한 입력은 밀도(ρ_B는 ρ_A와 다를 수 있다), 요구되는 순 수두, 요구되는 용량이다. 펌프 B에 대한 출력은 직경, 회전 속도, 요구되는 축동력이다. 다음의 입력을 이용하여 개발된 프로그램을 시험하라. 입력 데이터는 $D_A=5.0$ cm, $H_A=120$ cm, $\dot{V}_A=400$ cm³/s, $\rho_A=998.0$ kg/m³, $\dot{n}_A=1725$ rpm, $\eta_{pump,A}=81\%$, $\rho_B=1226$ kg/m³, $H_B=450$ cm, $\dot{V}_B=2400$ cm³/s이다. 그 결과를 수계산(직접 계산)으로 증명하라.

답: $D_B=8.80$ cm, $\dot{n}_B=1898$ rpm, $bhp_B=160$ W

14-144 기존의 펌프(A)에 대한 실험으로 다음의 BEP 데이터를 얻는다. $D_A=10.0$ cm, $H_A=210$ cm, $\dot{V}_A=1350$ cm³/s, $\rho_A=998.0$ kg/m³, $\dot{n}_A=1500$ rpm, $\eta_{pump,\ A}=87\%$. 다음의 요구 사항을 갖는 새로운 펌프(B)를 설계하려고 한다. 요구 사항은 $\rho_B=998.0$ kg/m³, $H_B=570$ cm, $\dot{V}_B=3670$ cm³/s. D_B(cm), $\dot{n}_B$(rpm), bhp_B(W)를 계산하기 위하여 문제 14-143에서 개발된 컴퓨터 프로그램을 사용하라. 또한 펌프 비속도를 계산하라. 이것은 어떤 종류(가장 가능성이 많은)의 펌프인가?

14-145 주어진 터빈(A)과 역학적으로 상사인 새로운 터빈(B)을 설계하기 위하여 친화 법칙을 사용하는 범용 컴퓨터 응용 프로그램을 (적절한 소프트웨어를 이용하여) 개발하라. 터빈 A에 대한 입력은 직경, 순 수두, 용량, 밀도, 회전 속도, 제동마력이다. 터빈 B에 대한 입력은 밀도(ρ_B는 ρ_A와 다를 수 있다), 가용 순 수두 및 회전 속도이다. 터빈 B에 대한 출력은 직경, 용량, 제동마력이다. 다음의 입력값을 이용하여 개발된 프로그램을 시험하라. 입력 데이터는 $D_A=1.40$ m, $H_A=80.0$ m, $\dot{V}_A=162$ m³/s, $\rho_A=998.0$ kg/m³, $\dot{n}_A=150$ rpm, $bhp_A=118$ MW, $\rho_B=998.0$ kg/m³, $H_B=95.0$ m, $\dot{n}_B=120$ rpm이다. 그 결과를 수계산(직접 계산)으로 증명하라. 답: $D_B=1.91$ m, $\dot{V}_B=328$ m³/s, $bhp_B=283$ MW

14-146 현재의 터빈(A)에 대한 실험으로 다음의 데이터를 얻는다. $D_A=86.0$ cm, $H_A=22.0$ m, $\dot{V}_A=69.5$ m³/s, $\rho_A=998.0$ kg/m³, $\dot{n}_A=240$ rpm, $bhp_A=11.4$ MW. 다음의 요구 사항을 갖는 새로운 터빈(B)을 설계하려고 한다. $\rho_B=998.0$ kg/m³, $H_B=95.0$ m, $\dot{n}_B=210$ rpm. D_B(m), $\dot{V}_B$(m³/s), bhp_B(MW)를 계산하기 위하여 문제 14-145에서 개발된 컴퓨터 프로그램을 사용하라. 또한 터빈 비속도를 계산하라. 이것은 어떤 종류(가장 가능성이 많은)의 터빈인가?

14-147 문제 14-146의 두 터빈의 효율을 계산하고, 비교하라. 역학적 상사를 가정하였으므로 그 둘은 같아야 한다. 그러나 큰 터빈이 실제로는 작은 터빈보다 약간 더 효율적일 것이다. Moody의 효율 보정 방정식을 이용하여 새로운 터빈의 실제로 기대되는 효율을 예측하고, 논의하라.

CHAPTER

15

전산유체역학의 소개

이 장에서는 전산유체역학(CFD)에 대하여 간단히 소개한다. 컴퓨터에 대한 지식이 있는 사람은 누구라도 CFD 코드를 실행할 수 있지만, 계산된 결과는 물리적으로 맞지 않을 수도 있다. 사실 격자가 적절하게 생성되어 있지 않은 경우 또는 경계 조건이나 유동변수가 적절하지 않게 적용되었을 경우, 결과는 완전히 틀릴 수도 있다. 이 장의 목적은 격자를 생성하는 방법, 경계 조건을 부과하는 방법, 컴퓨터로 얻은 계산 결과가 의미 있는 것인지를 판단하는 방법에 대한 **지침**을 소개하는 것이다. 또한 이 장에서는 격자 생성 기법, 이산화 기법, CFD 알고리즘 또는 수치 안정성에 대한 세부적인 내용보다는 공학 문제에 대한 CFD의 **적용**을 강조하고자 한다.

이 장에 제시된 예제들은 상용 전산유체역학 코드 ANSYS-FLUENT를 이용하여 계산하였다. 다른 CFD 코드를 사용하여도 유사한 결과를 얻을 수 있지만, 동일하지는 않다. 이들 예제는 비압축성과 압축성의 층류와 난류 유동, 열전달이 있는 유동, 자유표면이 있는 유동을 포함한다. 항상 그렇듯이 학생들은 실제 연습을 통하여 가장 잘 배우게 된다. 이러한 이유로 CFD 코드를 이용하는 몇 가지 과제가 주어져 있으며, 또한 많은 CFD 문제들이 본 교재의 웹사이트인 www.mhhe.com/cengel에 추가적으로 제공되어 있다.

목표

이 장을 공부하면 다음과 관련된 지식을 얻을 수 있다.

- 질과 해상도가 높은 격자의 중요성에 대한 이해
- 계산 영역에 적합한 경계 조건의 적용
- 기초적인 공학 문제에 CFD를 적용하는 방법과 그 결과가 물리적으로 의미 있는지 여부를 판단하는 방법
- CFD를 성공적으로 사용하기 위해서는 더 많은 공부와 연습이 필요하다는 점에 대한 인식

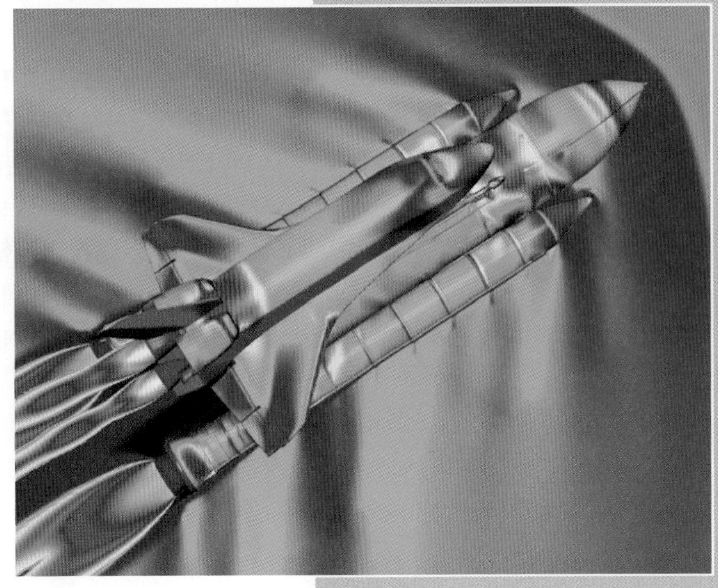

우주왕복선 발사 수송체(space shuttle launch vehicle, SSLV)의 상승에 대한 CFD 계산. 1천 6백만 개 이상의 격자로 구성되며 그림은 등압력 분포를 보여준다. 자유흐름 조건은 Ma = 1.25, 영각은 −3.3°이다.
NASA Photo/Photo by Ray J. Gomez, NASA Johnson Space Center, Houston, Texas.

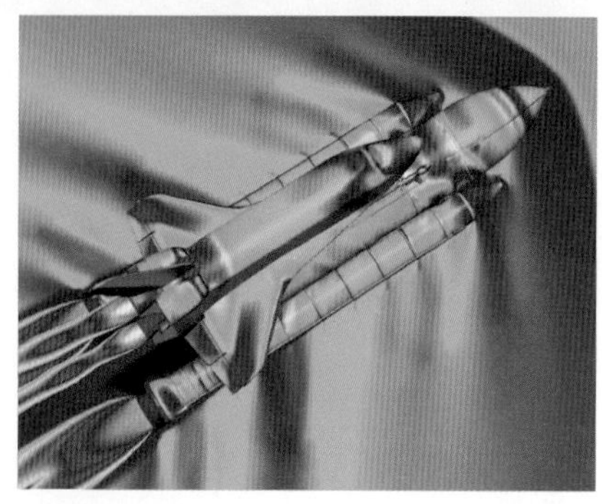

그림 15-1
우주왕복선 발사 수송체(space shuttle launch vehicle, SSLV)의 상승에 대한 CFD 계산. 1천 6백만 개 이상의 격자로 구성되며 그림은 등압력 분포를 보여준다. 자유흐름 조건은 Ma = 1.25, 영각은 −3.3°이다.
NASA Photo/Photo by Ray J. Gomez, NASA Johnson Space Center, Houston, Texas.

15–1 ■ 서론과 기초

동기 부여

유체 유동과 관련한 공학 시스템을 설계하고 해석하는 데에는 두 가지 기본적인 접근법이 있다. 즉 실험과 계산이다. 전자는 풍동이나 기타 설비에서 시험되는 모형의 구축과 관련되며(7장), 후자는 미분 방정식의 해석적(9장과 10장) 또는 수치적 풀이와 관련된다. 이 장에서는 컴퓨터(최근에는 병렬로 연결되어 작동하는 **다수**의 컴퓨터)를 이용하여 유체 유동 방정식의 해를 구하는 분야인 **전산유체역학**(Computational Fluid Dynamics, CFD)에 대하여 간단히 소개한다. 현대의 엔지니어들은 실험적 해석과 CFD 해석 모두를 수행하며, 이들은 서로 상호보완적인 관계에 있다. 예를 들면, 엔지니어들은 양력, 항력, 압력 강하 또는 동력과 같은 **포괄적**(global) **특성**을 실험을 통해 얻는다. 그러나 CFD는 전단응력, 속도와 압력 분포(그림 15-1), 유선과 같은 유동장의 **세부적 특성**을 구하기 위해 사용된다. 또한 수치적으로 구한 포괄적 양과 실험적으로 구한 포괄적 양을 비교함으로써 실험 데이터는 CFD 해를 **검증**하는 데 사용된다. 다음으로 CFD는 주의 깊은 매개변수 연구(parametric study)를 통해 설계 주기를 줄이기 위해 사용되며, 따라서 소요되는 총 실험량을 감소시킬 수 있다.

현재 전산유체역학은 층류 유동은 쉽게 해석할 수 있는 수준이며, 실제 공학적으로 관심이 큰 난류 유동은 **난류 모델**(turbulence model)을 사용하지 않고는 해석이 불가능하다. 그러나 어떤 난류 모델도 **범용적**이지 않으므로 난류 CFD 해의 정확도는 사용하는 난류 모델이 얼마나 적합한지에 따라 결정된다. 이러한 제약 조건에도 불구하고, 표준 난류 모델(standard turbulence model)은 많은 실제 공학 문제에서 타당성 있는 결과를 제공한다.

이 장에서는 격자 생성 기법, 수치 알고리즘, 유한차분과 유한체적 기법, 안정성 문제, 난류 모델 등과 같은 CFD 주제는 다루지 않는다. 사실 전산유체역학의 계산능력과 제약 조건을 충분히 이해하기 위하여 이들 주제에 대하여 공부할 필요가 있다. 그러나 이 장에서는 이 흥미로운 분야의 개요 정도만 소개한다. 따라서 이 장의 목적은 격자를 생성하는 방법, 경계 조건을 부과하는 방법, 컴퓨터 계산 결과가 물리적으로 의미 있는지의 여부를 판단하는 방법에 대한 지침을 제공함으로써 **사용자**의 관점에서 CFD의 기본을 설명하는 것이다.

이 절에서는 먼저 해석할 유체 유동의 미분 방정식을 제시하고, 다음으로 해석 절차의 개요를 설명한다. 이어지는 절에서는 층류 유동, 난류 유동, 열전달이 있는 유동, 압축성 유동, 개수로 유동에 대한 CFD 예제를 제시한다.

운동 방정식

자유표면 효과가 없는 점성, 비압축성, 뉴턴 유체의 정상 층류 유동에 대한 운동 방정식은 **연속 방정식**

$$\vec{\nabla}\cdot\vec{V} = 0 \tag{15-1}$$

그리고 **Navier-Stokes 방정식**으로 구성된다.

$$(\vec{V}\cdot\vec{\nabla})\vec{V} = -\frac{1}{\rho}\vec{\nabla}P' + \nu\nabla^2\vec{V} \tag{15-2}$$

엄밀히 말하면, 식 (15-1)은 **보존 방정식**이며, 식 (15-2)는 계산 영역을 통하여 선형운동량의 전달을 나타내는 **수송 방정식**이다. 식 (15-1)과 (15-2)에서 $\vec{V}$는 유체 속도, ρ는 밀도, ν는 동점성계수($\nu = \mu/\rho$)이다. 자유표면 효과가 없으므로 **수정 압력**(modified pressure) P'을 사용할 수 있고, 따라서 식 (15-2)에서 중력항이 제거된다(10장 참조). 식 (15-1)은 **스칼라** 식이며, 식 (15-2)는 **벡터** 식임에 유의하라. 식 (15-1)과 (15-2)는 ρ와 ν를 일정하게 가정한 비압축성 유동에만 적용된다. 따라서 직교좌표계의 3차원 유동에 대하여 **4개**의 미지수 u, v, w, P'을 가지는 **4개**의 연립 미분 방정식이 있다(그림 15-2). 유동이 압축성이면, 15-5절에 논의되어 있는 바와 같이, 식 (15-1)과 (15-2)는 적절히 수정할 필요가 있다. 액체 유동은 거의 모든 경우에 비압축성으로 간주되며, 대부분의 기체 유동도 Mach 수가 충분히 낮아 거의 비압축성 유체와 같이 거동한다.

Continuity:

$$\frac{\partial u}{\partial x} + \frac{\partial v}{\partial y} + \frac{\partial w}{\partial z} = 0$$

***x*-momentum:**

$$u\frac{\partial u}{\partial x} + v\frac{\partial u}{\partial y} + w\frac{\partial u}{\partial z} = -\frac{1}{\rho}\frac{\partial P'}{\partial x} + \nu\left(\frac{\partial^2 u}{\partial x^2} + \frac{\partial^2 u}{\partial y^2} + \frac{\partial^2 u}{\partial z^2}\right)$$

***y*-momentum:**

$$u\frac{\partial v}{\partial x} + v\frac{\partial v}{\partial y} + w\frac{\partial v}{\partial z} = -\frac{1}{\rho}\frac{\partial P'}{\partial y} + \nu\left(\frac{\partial^2 v}{\partial x^2} + \frac{\partial^2 v}{\partial y^2} + \frac{\partial^2 v}{\partial z^2}\right)$$

***z*-momentum:**

$$u\frac{\partial w}{\partial x} + v\frac{\partial w}{\partial y} + w\frac{\partial w}{\partial z} = -\frac{1}{\rho}\frac{\partial P'}{\partial z} + \nu\left(\frac{\partial^2 w}{\partial x^2} + \frac{\partial^2 w}{\partial y^2} + \frac{\partial^2 w}{\partial z^2}\right)$$

그림 15-2
CFD로 계산할 뉴턴 유체의 정상, 비압축성, 층류 유동에 대한 운동 방정식. 상태량은 일정하며 자유표면 효과는 없다. 직교좌표계가 사용되며, 4개의 방정식과 4개의 미지수 u, v, w와 P'이 있다.

해석 절차

식 (15-1)과 (15-2)를 수치적으로 풀기 위하여 다음 단계를 수행한다. 이 중 몇몇 단계(특히 2단계에서 5단계까지)의 순서는 바뀔 수 있다.

1. **계산 영역**(computational domain)을 선택하고 **격자**[grid 또는 **메시**(mesh)라고도 한다]를 생성한다. 계산 영역은 **셀**(cell)이라고 하는 많은 작은 요소로 나누어진다. 셀은 2차원(2-D) 영역에 대해서는 **면적**이며, 3차원(3-D) 영역에 대해서는 **체적**이다(그림 15-3). 각 셀은 이산화된 보존 방정식을 풀게 될 아주 작은 검사체적으로 생각할 수 있다. 여기서의 논의는 셀-중심(cell-centered) 유한체적 CFD 코드로 제한되는 것에 유의하라. CFD 해의 질은 격자의 질에 크게 좌우된다. 그러므로 다음 단계로 가기 전에 격자가 높은 질을 유지하고 있음을 확실히 하도록 권장한다(그림 15-4).
2. **경계 조건**은 계산 영역의 각 **변**(edge, 2-D 유동) 또는 각 **면**(face, 3-D 유동)에 부과된다.

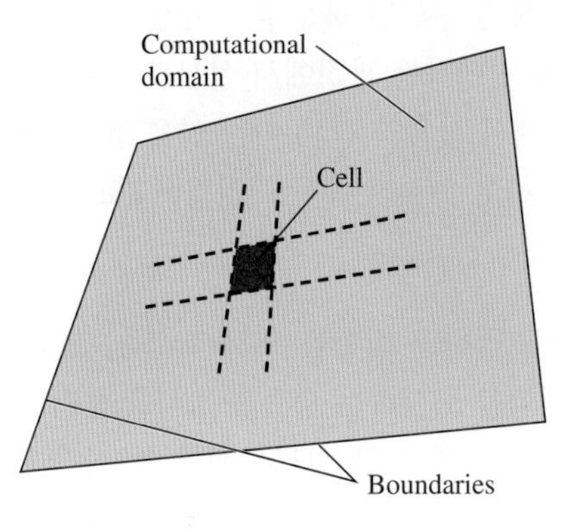

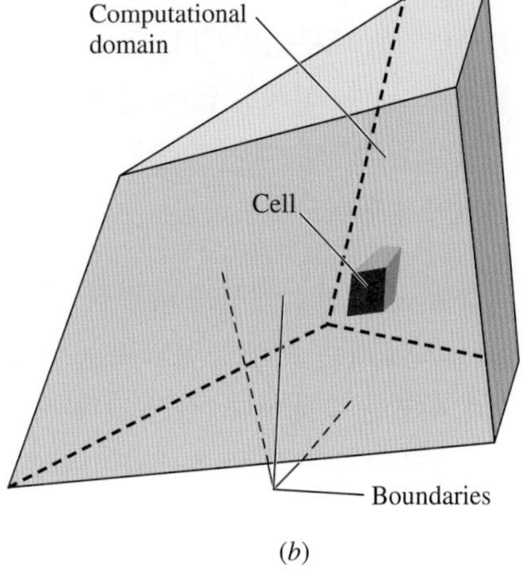

그림 15-3
계산 영역은 CFD로 운동 방정식을 계산할 공간상의 영역이다. **셀**은 계산 영역의 작은 요소이다. (*a*) 2차원 영역과 사변형 셀 (*b*) 3차원 영역과 육면체 셀. 2차원 영역의 경계는 **변**(edge)이라고 하는 반면, 3차원의 영역의 경계는 **면**(face)이라고 한다.

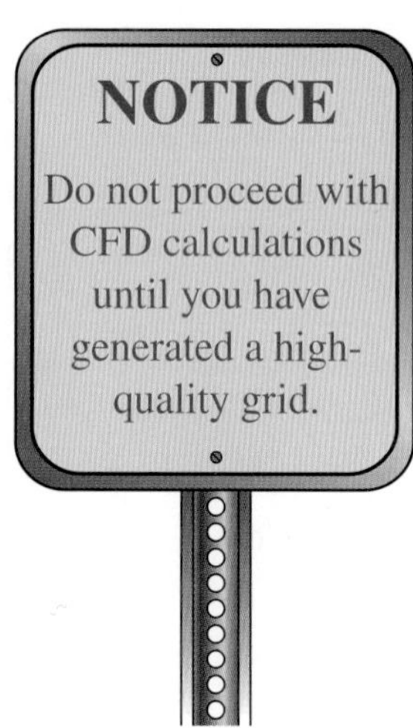

NOTICE
Do not proceed with CFD calculations until you have generated a high-quality grid.

그림 15-4
양질의 CFD 계산을 위해서는 양질의 격자가 필수적이다.

3. 유체의 상태량(온도, 밀도, 점성 등)과 함께 유체의 종류(물, 공기, 가솔린 등)를 지정한다. 많은 CFD 코드들이 일반적인 유체에 대한 상태량 데이터베이스를 내장하고 있으므로 이 단계는 그렇게 어렵지 않다.
4. 수치적 매개변수와 해석 알고리즘을 선택한다. 이들은 CFD 코드에 따라 다르므로 여기서 논의하지 않는다. 대부분의 최근 CFD 코드에 설정되어 있는 기본값(default)은 이 장에서 논의하는 단순한 문제에 적합하다.
5. 계산을 시작하기 위하여 모든 유동장 변수에 대한 초기값을 각 셀에 부과하며, 이들을 **초기 조건**(initial condition)이라 한다. 이들은 정확한 값일 수도 있고 아닐 수도 있지만, 반복 계산의 수행을 위하여 반드시 필요하다(6단계). 올바른 **비정상** 유동 계산을 위하여 초기 조건은 **반드시** 정확해야 함에 주의한다.
6. 식 (15-1)과 (15-2)를 이산화한 방정식을 보통 각 셀의 중심점에서 초기 가정으로부터 시작하여 반복적으로 계산한다. 식 (15-2)의 모든 항을 방정식의 한쪽 변에 놓고, 이들 항의 합을 구한 것을 **잔차**(residual)로 정의한다. 계산 영역의 모든 셀에서 잔차가 영이 될 때 해는 "엄밀하게(exact)" 된다. 그러나 CFD 계산에서는 잔차가 **결코** 영과 일치할 수 없으며, 반복 과정에서 (바라건대) 감소하게 된다. 잔차는 주어진 수송 방정식에 대한 해가 엄밀해로부터 얼마나 벗어나는지에 대한 척도로 간주할 수 있으므로, 언제 해가 수렴하는지를 판단하기 위하여 각 수송 방정식에 관련된 평균 잔차를 관찰한다. 최종 해로 수렴하기 위하여 때로는 수백 또는 수천의 반복 횟수가 필요하며, 이를 통하여 잔차는 수 차수의 크기(order of magnitude)만큼 감소될 수 있다.
7. 일단 해가 수렴하면 속도와 압력과 같은 유동장 변수를 그래프로 그리고 분석한다. 또한 유동장 변수를 대수적으로 조합한 사용자 지정함수(custom function)를 정의하고 분석할 수도 있다. 대부분의 상용 코드는 유동장에 대한 빠른 그래픽 분석을 위해 만들어진 **후처리기**(postprocessor)를 내장하고 있다. 또한 그래픽 분석만을 위해 만들어진 독립된 후처리 소프트웨어 패키지도 있다. 그래픽 출력이 종종 생생한 색채로 나타나므로, CFD는 **컬러풀한 유체역학**(colorful fluid dynamics)의 별칭을 얻고 있다.
8. 압력 강하와 같은 유동장의 **포괄적**(global) **특성**과 물체에 작용하는 힘(양력과 항력)과 모멘트와 같은 **총체적**(integral) **특성**은 수렴된 해로부터 계산된다(그림 15-5). 이는 대부분의 CFD 코드에서 반복을 진행하는 과정에서 실시간으로 처리될 수도 있다. 실제로 많은 경우, 반복 과정에서 잔차와 함께 이들 양을 관찰하는 것이 바람직하다. 해가 수렴될 때, 포괄적 그리고 총체적 특성도 일정한 값으로 안정되어야 한다.

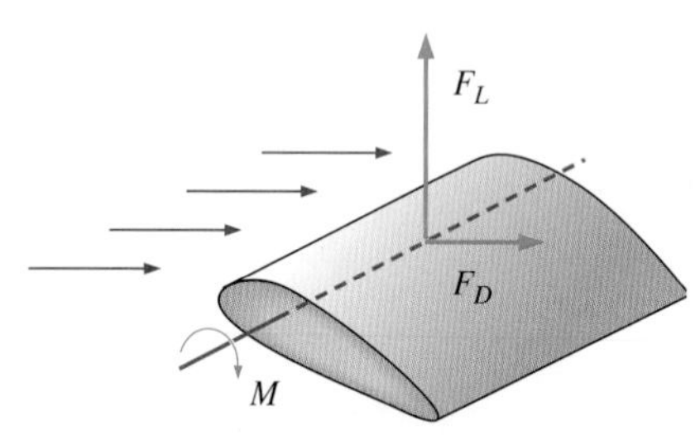

그림 15-5
물체에 작용하는 힘과 모멘트와 같은 유동의 **포괄적 그리고 총체적 특성**은 CFD 해가 수렴된 후에 계산된다. 이들은 수렴을 관찰하기 위하여 반복 과정 동안 계산될 수도 있다.

비정상 유동 계산에서는 물리적 시간 간격을 정하고 적합한 초기 조건을 부여한다. 그리고 이 작은 시간 동안의 유동장 내의 변화를 모사하는 수송 방정식을 풀기 위해 반복 루프를 수행한다. 시간 간격 사이의 유동 변화가 작으므로, 보통 각 시간 간격 사이에 비교적 작은 횟수(대략 수십 회 정도)의 반복 계산이 필요하다. 이 "내부 루프"가 수렴하면 코드는 다음 시간 간격으로 전진한다. 유동이 정상 상태 해를 가진다면 그 정상 상태 해는 종종 시간에 따라 바로 전진함으로써 보다 쉽게 구할 수 있다(충분한 시간이 지난 후, 유동변수는 정상 상태값으로 안정된다). 대부분의 CFD 코드는 이와 같은 점을 이용하기 위해 내부적으로 **인공적 시간**(artificial time)인 가상 시간 간격(pseudo-time step)을 설정하여 정상 상태 해로 전진한다. 이러한 경우 가상 시간 간격은 계산 영역 내의 셀마다 서로 다를 수 있고, 수렴 시간을 줄이기 위하여 적절한 값으로 조절할 수도 있다.

계산 시간을 줄이기 위하여 **다중격자**(multi-gridding)와 같은 다른 기법도 종종 사용된다. 이 방법에서는 유동변수가 먼저 성긴 격자에서 업데이트되며, 따라서 유동의 전체적 특성이 빨리 확립된다. 이 해는 점점 더 조밀한 격자로 보간법으로 처리되어, 마지막으로 사용자에 의하여 미리 설정된 최종 조밀 격자까지 보간법으로 처리된다(그림 15-6). 일부 상용 코드에서는 반복 과정 동안 사용자가 입력하지 않아도(또는 알지 못하게) 여러 단계의 다중격자 과정이 배후에서 수행된다. 독자들은 Tannehill, Anderson과 Pletcher(2012)와 같은 계산 방법을 다룬 CFD 교재들을 참조함으로써 수렴 속도를 증진시킬 수 있는 계산 알고리즘과 기타 수치 기법들에 대해 보다 깊이 배울 수 있다.

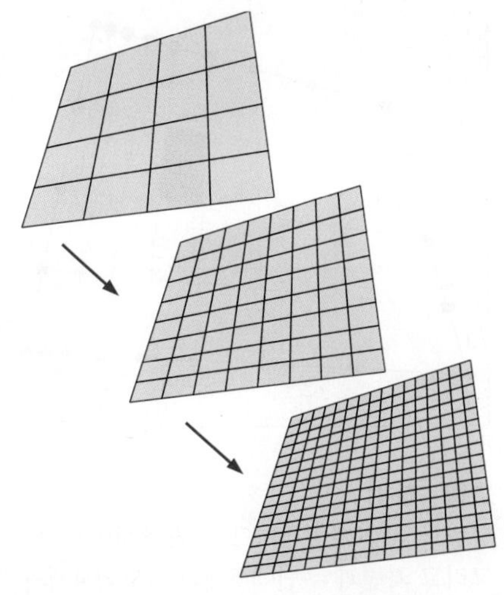

그림 15-6
다중격자 기법을 사용하는 경우, 운동 방정식의 해는 먼저 성긴 격자계에서 구하고, 그후 순차적으로 점점 더 조밀한 격자계를 적용하여 구한다. 이 기법은 수렴 속도를 증가시킨다.

추가적인 운동 방정식

문제에서 에너지 변환 또는 열전달이 중요한 경우에는 또 다른 수송 방정식인 **에너지 방정식**을 반드시 풀어야 한다. 온도차가 밀도를 크게 변화시킨다면 이상기체 법칙과 같은 **상태 방정식**이 사용된다. 부력이 중요하다면 온도의 밀도에 대한 영향이 중력항에 반영된다[이 경우 중력항은 식 (15-2)의 수정 압력항으로부터 분리되어야 한다].

주어진 경계 조건에 대하여 층류 유동 CFD 해는 "엄밀해"에 다가간다(이 엄밀해는 운동 방정식에 사용된 이산화 기법의 정확도, 수렴 정도 및 격자의 조밀도에 의해서만 영향을 받는다). 이는 모든 비정상 3차원 난류 에디를 해석할 수 있을 만큼 격자가 충분히 조밀하면 난류 유동 계산에도 마찬가지로 적용된다. 불행하게도 이와 같은 난류 유동의 직접 모사(direct simulation)는 컴퓨터의 한계로 인하여 실제 공학 문제에 적용할 수 없고, 대신 난류 모델과 같은 근사적 방법을 사용하여 난류 유동에 대한 해를 구하게 된다. 난류 모델은 난류의 향상된 혼합과 확산을 모델링하는 수송 방정식들을 추가하게 되며, 이 추가되는 방정식들은 연속 방정식 및 운동량 방정식과 함께 풀어져야 한다. 난류 모델링은 15-3절에 보다 상세히 논의되어 있다.

최근의 CFD 코드들은 입자 궤적(particle trajectories), 종(species)의 수송, 열전달과 난류의 계산을 위한 옵션을 포함하고 있다. 이들 코드는 사용하기 쉬우므로, 방정식들과 이들에 대한 제한 조건을 모르더라도 해를 구할 수 있다. 여기에 CFD의 위험성이 있다. 즉, 유체역학에 대한 지식이 없는 사람이 계산할 때는 잘못된 결과를 얻을 가능성이 크다(그림 15-7). 따라서 CFD 사용자가 CFD 해가 물리적으로 의미 있는지의 여부를 판단할 수 있도록 유체역학에 대한 기본적 지식을 갖추는 것은 매우 중요하다.

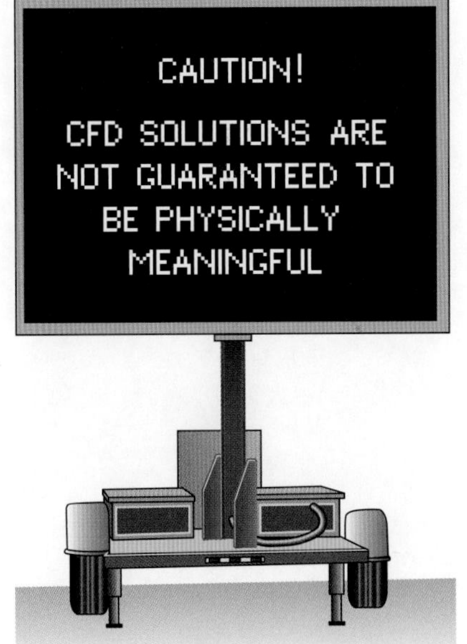

CAUTION!
CFD SOLUTIONS ARE NOT GUARANTEED TO BE PHYSICALLY MEANINGFUL

그림 15-7
CFD 해는 쉽게 얻을 수 있고, 그림으로 나타나는 결과는 멋있다. 그러나 정확한 해는 정확한 입력 데이터와 유동장에 대한 지식에 좌우된다.

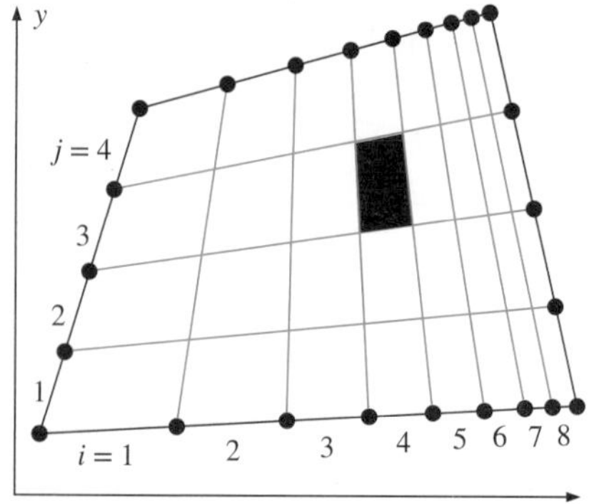

그림 15-8
상변과 하변에 9개의 노드와 8개의 간격, 그리고 좌변과 우변에 5개의 노드와 4개의 간격을 가지는 2-D 정렬 격자계의 예. 지수 i와 j가 나타나 있다. 적색 셀은 ($i=4$, $j=3$)에 있다.

격자 생성과 격자의 독립성

CFD 해를 구할 때의 첫 번째 단계(아마 가장 중요한 단계)는 계산 영역 내에서 유동변수(속도, 압력 등)가 계산되는 셀을 결정하는 격자계의 생성이다. 최근의 상용 코드는 대부분 자체적으로 격자 생성기(grid generator)를 갖추고 있으며, 타사의 격자 생성 프로그램도 역시 사용할 수 있다. 이 장에서 사용되는 격자는 ANSYS-FLUENT의 격자 생성 패키지로 생성하였다.

많은 CFD 코드는 정렬 또는 비정렬 격자를 사용하여 실행된다. **정렬 격자계**(structured grid)는 네 변(2-D)을 가지는 평면 셀로 구성되거나, 육 면(3-D)을 가지는 체적 셀로 구성된다. 셀들은 직사각형 형태로부터 변형될 수 있지만, 각 셀은 지수 (i, j, k)에 따라 번호를 붙인다. 여기서 지수 (i, j, k)는 꼭 x, y, z좌표와 일치할 필요는 없다. 그림 15-8은 2-D 정렬 격자계의 예를 보여 준다. 이 격자계를 만들기 위해 상변과 하변에 아홉 개의 **노드**(node)를 부여하였으며, 따라서 이들 변을 따라 여덟 개의 **간격**(interval)이 있게 된다. 유사하게 좌변과 우변에 다섯 개의 노드를 부여하였으며, 이들 변을 따라 네 개의 간격이 있게 된다. 그림 15-8에 표시된 바와 같이, 간격은 $i=1$에서 8까지와 $j=1$에서 4까지이다. 내부 격자는 셀이 변형된다 하더라도(반드시 직사각형일 필요는 없다) 행($j=$ 일정)과 열($i=$ 일정)이 명확하게 정의되도록, 영역을 가로질러 노드를 일대일로 연결하여 생성한다. 2-D 정렬 격자계에서 각 셀은 지수 (i, j)에 의하여 유일하게 결정된다. 예를 들면, 그림 15-8의 음영이 표시된 셀은 ($i=4$, $j=3$)에 있다. 일부 CFD 코드는 간격보다는 **노드**에 번호를 붙이는 것에 유의해야 한다.

비정렬 격자계(unstructured grid)는 다양한 형태의 셀로 구성될 수 있지만, 일반적으로 2차원에서는 삼각형(triangle) 또는 사변형(quadrilateral), 3차원에서는 사면체(tetrahedron) 또는 육면체(hexahedron)가 사용된다. 그림 15-8과 동일한 영역에 대하여, 그리고 각 변에 **동일한** 간격 분포를 사용하여 두 가지 비정렬 격자계를 생성하였다. 그림 15-9는 이들 격자계를 보여 준다. 정렬 격자계와 달리 비정렬 격자계에서는 셀을 지수 i와 j로 유일하게 결정할 수 없다. 대신 CFD 코드 내부에서 다른 방법으로 셀의 번호를 붙이게 된다.

복잡한 형상의 경우, 격자 생성 코드의 사용자는 보통 비정렬 격자를 훨씬 쉽게 생성할 수 있다. 그러나 정렬 격자에도 장점이 있다. 예를 들면, 일부(일반적으로 오래된) CFD 코드는 정렬 격자만을 대상으로 하여 작성되어 있다. 이들 코드는 정렬 격자

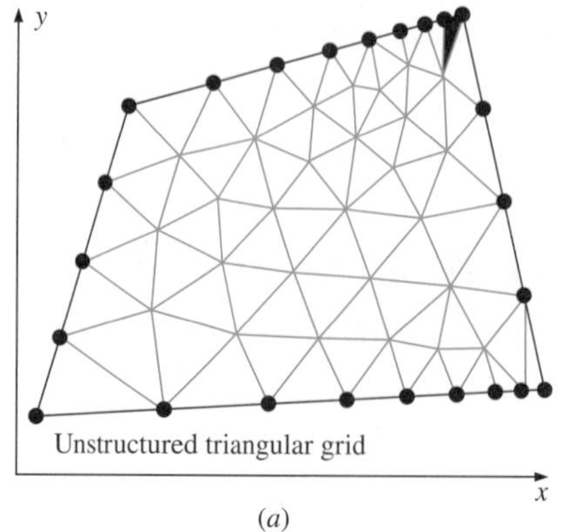

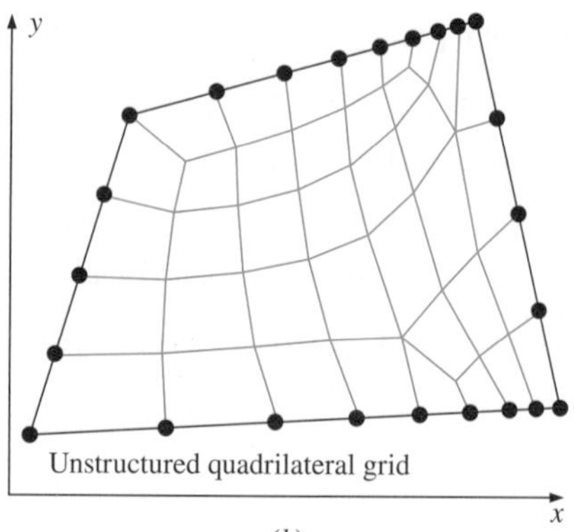

그림 15-9
상변과 하변에 9개의 노드와 8개의 간격, 그리고 좌변과 우변에 5개의 노드와 4개의 간격을 가지는 2-D 비정렬 격자계의 예. 이 격자계는 그림 15-8과 같은 노드 분포를 가진다. (a) 비정렬 삼각형 격자계, (b) 비정렬 사변형 격자계. (a)의 위편 오른쪽 모서리에 있는 적색 셀은 비교적 크게 비틀려 있다.

가 가지는 지수(index) 특성을 이용하여 보다 빠르고 정확하게 수렴한다. 그러나 정렬 격자와 비정렬 격자를 같이 운용하는 최근의 다용도 CFD 코드에서 이는 더 이상 문제되지 않는다. 더욱 중요한 것은 **보통 비정렬 격자보다 정렬 격자가 더 작은 격자수를 가진다**는 점이다. 예를 들면, 세 가지 경우 모두 똑같은 노드를 변에 적용하였음에도, 그림 15-8의 정렬 격자계는 $8\times4=32$셀을 가지지만, 그림 15-9*a*의 비정렬 삼각형 격자계는 76셀을 가지고, 비정렬 사변형 격자계는 38셀을 가진다. 또한 벽면에 수직인 방향으로 유동변수가 급격하게 변하고, 따라서 벽면 근처에서 매우 조밀한 격자가 요구되는 경계층에서 같은 셀 수를 사용하는 경우 정렬 격자가 비정렬 격자에 비해 더 높은 조밀도가 가능하다. 이는 그림 15-8과 15-9의 오른쪽 변 부근의 격자를 비교하면 알 수 있다. 정렬 격자 셀은 오른쪽 변에 얇게 밀집하여 있지만, 비정렬 격자는 그렇지 않다.

신뢰할 수 있는 CFD 해를 위해 가장 중요한 것은 격자의 종류(정렬 또는 비정렬, 사변형 또는 삼각형 등)에 관계없이 격자의 **질**이라는 점을 명심해야 한다. 특히 각각의 셀이 크게 비틀리지 않도록 주의하여야 한다. 왜냐하면 이는 수렴을 어렵게 하고, 부정확한 수치 해를 초래할 수 있기 때문이다. 그림 15-9*a*의 적색 셀은 다소 높은 **비틀림**(skewness)을 가지는 셀의 예이다. 여기서 비틀림은 대칭으로부터 벗어난 정도로 정의된다. 2차원과 3차원 셀에 대하여 여러 종류의 비틀림이 있다. 3차원 셀의 비틀림은 본 교재의 범위를 벗어나므로 다루지 않는다. **2차원** 셀에 가장 적합한 비틀림 측정 방법은 **등각 비틀림**(equiangle skewness)이며, 다음과 같이 정의된다.

등각 비틀림:
$$Q_{\text{EAS}} = \text{MAX}\left(\frac{\theta_{\max} - \theta_{\text{equal}}}{180^\circ - \theta_{\text{equal}}}, \frac{\theta_{\text{equal}} - \theta_{\min}}{\theta_{\text{equal}}}\right) \tag{15-3}$$

여기서 $\theta_{\min}$과 $\theta_{\max}$는 각각 셀의 임의의 두 변 사이의 최소 및 최대 각도이고, θ_{equal}은 변의 개수가 같은 이상적인 등변형 셀의 임의의 두 변 사이의 각도이다. 삼각형 셀에 대하여 $\theta_{\text{equal}}=60°$이며, 사변형 셀에 대하여는 $\theta_{\text{equal}}=90°$이다. 식 (15-3)으로부터 모든 2-D 셀에 대하여 $0<Q_{\text{EAS}}<1$임을 알 수 있다. 정의에 따라 정삼각형은 비틀림이 없다. 마찬가지로 정사각형 또는 직사각형은 비틀림이 없다. 심하게 변형된 삼각형이나 사변형 요소는 허용하기 어려울 정도로 큰 비틀림을 가질 수 있다(그림 15-10). 일부 격자 생성 코드는 비틀림을 최소화하기 위해 격자를 완만하게(smooth) 하는 수치 기법을 사용한다.

격자의 질에 영향을 미치는 요인들은 또 있다. 예를 들면, 셀 크기의 급격한 변화는 CFD 코드에서 수치적 또는 수렴의 어려움을 초래한다. 매우 큰 종횡비(aspect ratio)를 가지는 셀 역시 종종 문제를 야기한다. 비정렬 격자 대신 정렬 격자를 사용하면 셀의 수를 최소화할 수 있지만, 계산 영역의 형상에 따라 정렬 격자가 반드시 최선의 선택은 아니다. 즉, 항상 격자의 질을 중시하여야 한다. **질이 좋은 비정렬 격자가 질이 나쁜 정렬 격자보다 낫다**는 점을 잊지 말아야 한다. 그림 15-11은 위편 오른쪽 모서리에 작은 예각을 가지는 계산 영역의 예를 보여 준다. 직접적인 비교를 위해 어떤 경우에도 격자가 60 내지 70셀을 가지도록 노드 분포를 조정하였다. 정렬 격자(그림 15-11*a*)는 $8\times8=64$셀을 가지며, 완만화(smoothing) 기법을 적용한 후에도 최대

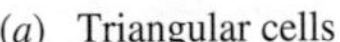

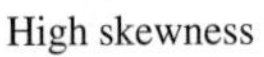

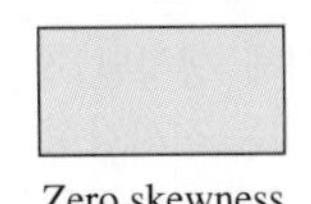

그림 15-10
2차원에서의 비틀림을 보여 준다. (*a*) 정삼각형은 비틀림이 영이지만, 크게 변형된 삼각형은 큰 비틀림을 가진다. (*b*) 유사하게 직사각형은 비틀림이 영이지만, 크게 변형된 사변형 셀은 큰 비틀림을 가진다.

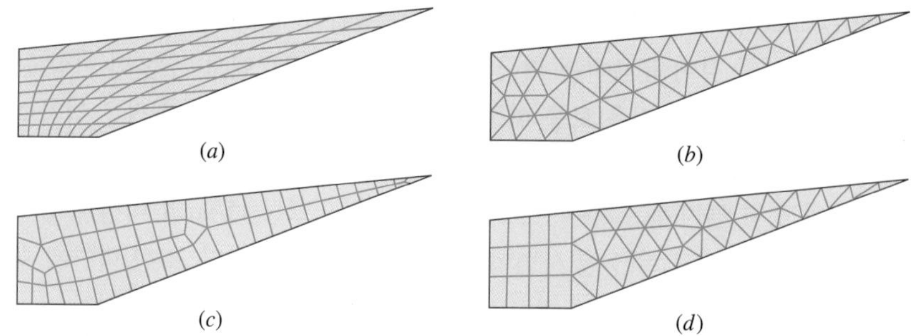

그림 15-11
크게 변형된 계산 영역에 대한 4가지 2-D 격자의 비교. (*a*) 64셀과 $(Q_{EAS})_{max}=0.83$을 가지는 정렬 8×8 격자 (*b*) 70셀과 $(Q_{EAS})_{max}=0.76$을 가지는 비정렬 삼각형 격자 (*c*) 67셀과 $(Q_{EAS})_{max}=0.87$을 가지는 비정렬 사변형 격자 (*d*) 62셀과 $(Q_{EAS})_{max}=0.76$을 가지는 하이브리드 격자.

등각 비틀림은 0.83이다(위편 오른쪽 모서리 부근의 셀은 크게 비틀려 있다). 비정렬 삼각 격자(그림 15-11*b*)는 70셀을 가지지만, 최대 비틀림은 0.76으로 감소한다. 그리고 더욱 중요한 점은 전 계산 영역에 걸쳐 전체적인 비틀림이 더 작다는 것이다. 비정렬 사변형 격자(그림 15-11*c*)는 67셀을 가진다. 이 경우 전체적인 비틀림이 정렬 격자에 비해 낫지만, 최대 비틀림은 0.87이다. 이는 정렬 격자의 최대 비틀림보다 더 크다. 그림 15-11*d*의 하이브리드 격자는 잠시 후 다시 논의할 것이다.

정렬 격자가 선호되는 경우도 있다(즉, CFD 코드가 정렬 격자만 요구하는 경우, 경계층 영역에서 높은 조밀도가 필요한 경우, 계산량이 가용 컴퓨터 메모리의 한계에 달하는 경우). 정렬 격자계의 생성은 직선 변을 가지는 형상에는 쉽다. 단지 계산 영역을 네 변(2-D) 또는 여섯 면(3-D)을 가지는 **블록**(block) 또는 **영역**(zone)으로 나누고, 각각의 블록 내부에 정렬 격자를 생성하면 된다(그림 15-12*a*). 이런 해석을 **다중블록**(multiblock) 해석이라고 한다. 곡면을 가지는 보다 복잡한 형상에 대해서는 계산 영역을 개별 블록으로 나누는 방법을 결정할 필요가 있으며, 이들 개별 블록은 직선 변(2-D)과 평면(3-D)을 가질 수도 또는 가지지 않을 수도 있다. 그림 15-12*b*는 원호를 포함하는 2차원 예를 보여 준다. 대부분의 CFD 코드는 블록 사이의 공통되는 변과 면에서 노드가 일치하도록 요구하고 있다.

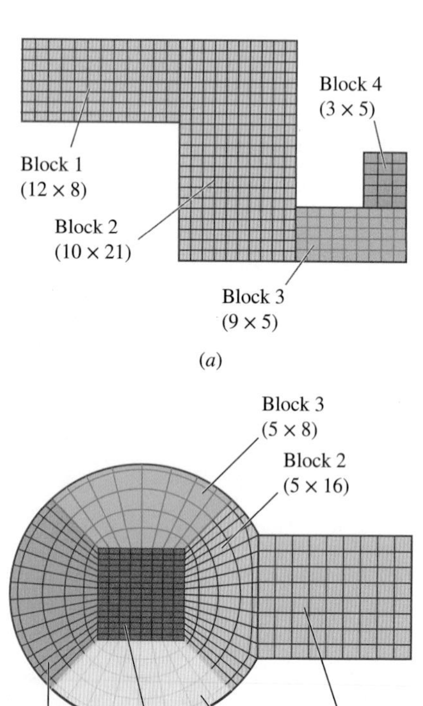

그림 15-12
다중블록 CFD 해석을 위해 생성된 정렬 격자의 예. (*a*) 네 변을 가지는 직사각형 블록으로 구성되는 간단한 2-D 계산 영역, (*b*) 네 변을 가지는 블록과 사변형 셀로 구성되는, 곡면을 가지는 보다 복잡한 2-D 영역. 여기서 각 블록에 대하여 *i*와 *j* 방향의 간격 수는 괄호 안에 표시되어 있다. 물론 이들 계산 영역을 블록으로 분할하는 다른 방법도 있다.

많은 상용 CFD 코드는 블록의 변 또는 면을 분할할 수 있게 하며, 이들 분할된 변 또는 면에 서로 다른 경계 조건을 줄 수 있다. 예를 들면, 그림 15-12*a*에서 블록 2의 왼쪽 변은 블록 1과의 접합부를 맞추기 위해 아래로부터 2/3 지점이 분할되어 있다. 이 변의 아래쪽 부분은 벽이며, 위쪽 부분은 내부 변(interior edge)이다(이들과 기타 경계 조건은 잠시 후 다시 논의할 것이다). 블록 2의 오른쪽 변과 블록 3의 위쪽 변도 유사하다. 일부 CFD 코드는 변과 면이 **분할될 수 없는 기초 블록**(elementary block)만을 사용한다. 예를 들어, 이런 제한 조건하에서 그림 15-12*a*의 네 개의 블록 격자에 대하여는 일곱 개의 기초 블록이 필요하다(그림 15-13). 두 경우의 총 셀 수는 같으며, 이는 독자들이 증명할 수 있다. 끝으로, 분할되는 변과 면을 가지는 블록을 사용할 수 있는 CFD 코드의 경우, 종종 두 개 이상의 블록을 하나로 합칠 수 있다. 예를 들면, 그림 15-12*b*의 정렬 격자를 단지 **세 개**의 비기초 블록으로 단순화시키는 것은 과제로 남겨 둔다.

그림 15-12*b*와 같이 복잡한 형상에 대하여 블록 구조를 만들 때, 목표는 격자계의 모든 셀이 크게 비틀리지 않도록 하는 것이다. 또한 셀 크기는 어떤 방향으로도 급격

하게 변하지 않아야 하며, 블록 형태가 경계층이 잘 해석될 수 있도록 고체 벽면 주위에 격자를 밀집시킬 수 있어야 한다. 이와 같은 다중블록 정렬 격자를 생성하는 기술에 숙달하기 위해서는 많은 연습이 필요하다. 복잡한 형상에 정렬 격자를 사용할 때 다중블록 격자가 **필요**하다. 다중블록 격자는 비정렬 격자에도 사용될 수 있지만, 셀 자체가 복잡한 형상에 적응할 수 있으므로 필요하지는 않다.

마지막으로 **하이브리드 격자계**는 정렬 격자와 비정렬 격자의 블록을 함께 사용하는 것이다. 예를 들면, 벽면 근처의 정렬 격자 블록을 경계층 영향 밖의 비정렬 격자 블록과 결합시킬 수 있다. 하이브리드 격자계는 벽면에서 떨어진 곳에서는 높은 조밀도를 가지도록 할 필요 없이 벽면 근처에서만 높은 조밀도를 가질 수 있게 한다(그림 15-14). 격자의 종류(정렬, 비정렬 또는 하이브리드 격자)에 관계없이 격자 생성 시에는 개별 셀이 크게 비틀리지 않도록 조심하여야 한다. 예를 들면, 그림 15-14의 격자계는 어떤 셀도 큰 비틀림을 가지지 않는다. 그림 15-11*d* 역시 하이브리드 격자의 예를 보여 준다. 여기서 계산 영역은 두 블록으로 나누어져 있다. 왼쪽의 사각형 블록은 정렬 격자로 구성되며, 오른쪽의 삼각형 블록은 비정렬 삼각형 격자로 구성되어 있다. 최대 비틀림은 그림 15-11*b*의 비정렬 삼각형 격자의 것과 같은 0.76이다. 그러나 셀의 총 수는 70에서 62로 감소하였다.

그림 15-11과 같이 매우 작은 각도를 가지는 계산 영역은 사용하는 격자의 종류와 관계없이 예리한 모서리에서 격자를 만들기 어렵다. 예리한 모서리에서 큰 비틀림을 피하는 한 가지 방법은 예리한 모서리를 잘라내든지 둥글게 하는 것이다. 이와 같은 방법은 형상의 수정이 전체적으로 볼 때 알아챌 수 없도록 그리고 유동에 거의 영향을 미치지 않도록, 그렇지만 비틀림을 줄여 CFD 코드의 성능이 크게 향상될 수 있도록 모서리 바로 가까이에 적용되어야 한다. 예를 들어, 그림 15-11의 예리한 모서리를 잘라내어 그림 15-15에 다시 나타내었다. 다중블록과 하이브리드 격자를 사용한 그림 15-15의 격자계는 62셀을 가지며, 최대 비틀림은 단지 0.53에 불과하고, 이는 그림 15-11의 어떤 격자보다 크게 향상된 값이다.

여기서 보인 예들은 2차원에 대한 것이다. 3차원에서도 정렬, 비정렬, 하이브리드 격자 중에서 선택할 수 있다. 정렬 격자를 가지는 네 변의 2-D 면을 세 번째 차원 쪽으로 전진하면 **육면체**(hexahedral) 셀로 구성된 정렬 3-D 격자계가 생성된다(셀당 $n=6$면). 비정렬 삼각형 격자를 가지는 2-D 면을 세 번째 차원 쪽으로 전진하면 생성되는 3-D 격자는 **프리즘**(prism) 셀(셀당 $n=5$면) 또는 **사면체**(tetrahedral) 셀(피라미드와 같이 셀당 $n=4$면)로 구성된다. 그림 15-16은 이들 셀을 보여 준다. 육면체 격자를 적용하기 어려울 때(예, 복잡한 형상), 사면체 격자(tet mesh라고도 함)가 일반적인 대안이다. 자동 격자 생성 코드는 종종 기본값으로 사면체 격자를 생성하게 되어 있다. 그

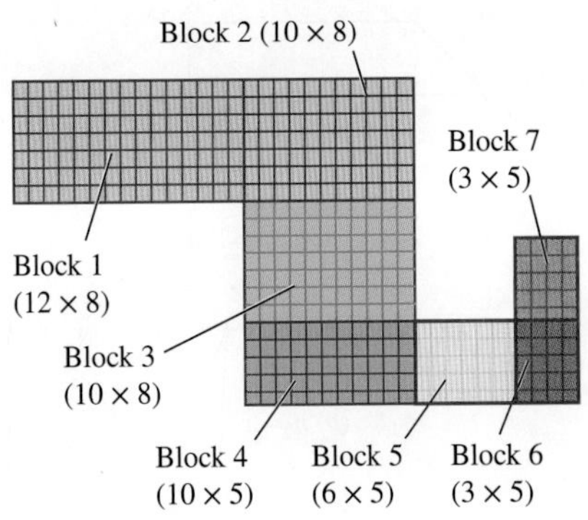

그림 15-13
기초 블록만을 사용할 수 있는 CFD 코드를 위해 그림 15-12*a*를 수정한 **다중블록** 격자.

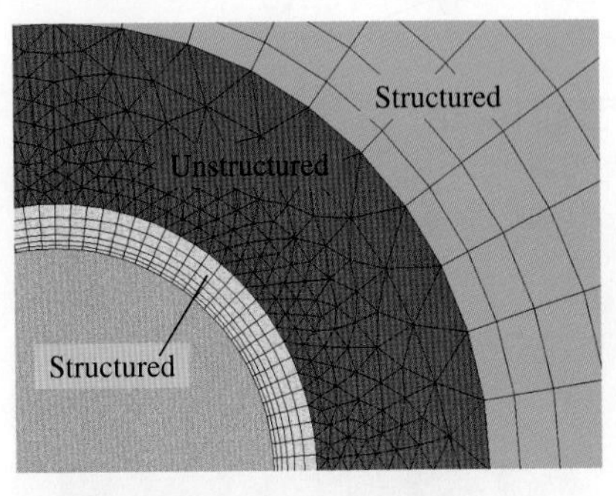

그림 15-14
곡면 주위의 2차원 하이브리드 격자의 예. 두 개의 정렬 구역과 한 개의 비정렬 구역이 표시되어 있다.

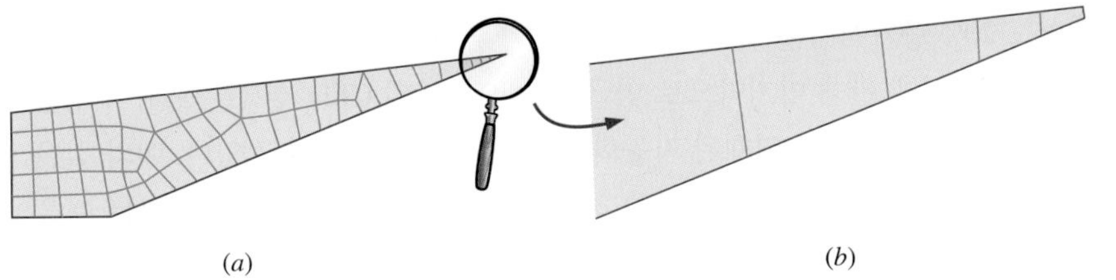

그림 15-15
그림 15-11의 계산 영역에서 예리한 모서리를 잘라낸 나머지 영역에 대한 하이브리드 격자계. (*a*) 전체 그림: 격자계는 62셀과 $(Q_{EAS})_{max}=0.53$을 가진다. (*b*) 잘라낸 모서리를 확대한 그림.

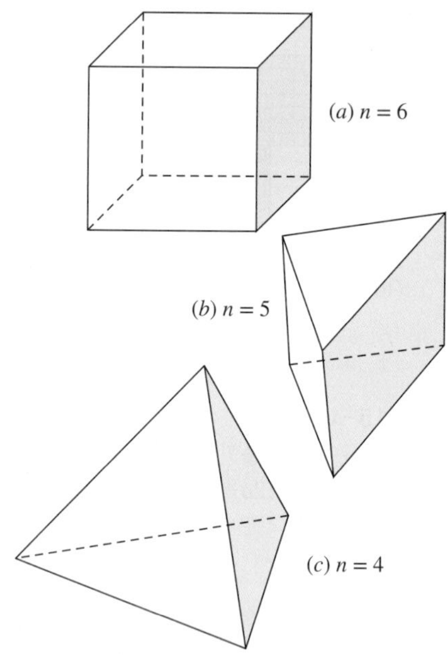

그림 15-16
3차원 셀의 예: (*a*) 육면체 (*b*) 프리즘 (*c*) 사면체. 각 경우에 면의 수 n을 표시하였다.

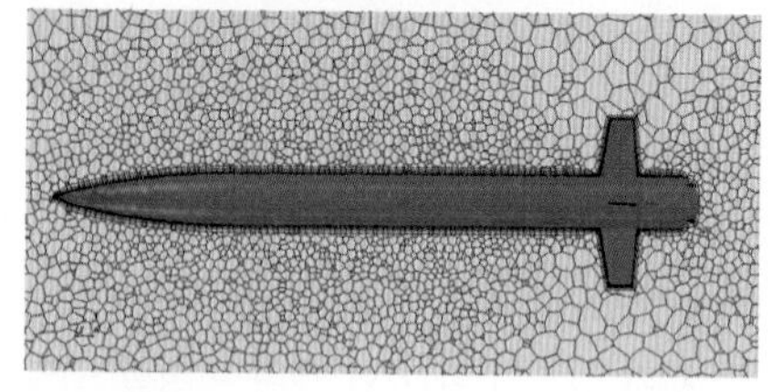

그림 15-17
하이브리드 정렬/다면체 격자의 예. 정렬 격자는 얇은 경계층이 있는 로켓의 벽면을 따라 사용되고, 다면체 격자는 경계층 격자로부터 외부로 확장되는 영역에 사용된다.

러나 2-D 경우와 마찬가지로 경계를 따라 같은 조밀도를 가지는 경우 3-D 비정렬 사면체 격자계는 정렬 육면체 격자계에 비해 전체 셀 수가 많아지게 된다.

격자 생성에 있어 최근에 가장 향상된 점은 **다면체**(polyhedral) 격자의 사용이다. 이름에서 알 수 있듯이, 이 격자는 다면체 셀로 불리는 다수의 면을 가지는 셀로 구성된다. 최신의 격자 생성기는 n변을 가지는 셀들이 혼합된 비정렬 3차원 격자를 생성한다. 여기서 n은 3보다 큰 임의의 정수이다. 그림 15-17은 다면체 격자의 예를 보여준다. 일부 코드에서는 사면체 셀을 합쳐 다면체 셀을 구성함으로써 전체 셀 수를 줄이며, 이는 상당한 컴퓨터 메모리를 절약하고 CFD 계산을 빠르게 한다. 해의 정확도를 저해하지 않는 범위에서 5배 정도까지의 전체 셀 수의 감소(그리고 CPU 시간의 절감)가 보고되고 있다. 다면체 셀의 또 다른 장점은 셀의 비틀림을 감소시킬 수 있어서 전체 격자의 질이 향상되며, 수렴 속도가 빨라지게 된다는 점이다. 마지막으로 n이 큰 다면체 셀은 사면체나 프리즘 셀에 비해 이웃하는 셀이 많다. 이는 유동변수의 구배(도함수) 등과 같은 계산에 유리하다. 상세한 내용은 본 교재의 범위를 벗어나므로 다루지 않는다.

좋은 격자를 생성하는 것은 종종 힘들고 시간이 많이 드는 일이다. CFD를 정기적으로 사용하는 엔지니어들은 격자 생성에 걸리는 시간이 CFD 계산 자체에 걸리는 시간보다 길다는 점에 동의할 것이다(CPU 시간이 아닌 엔지니어의 시간). 그러나 **좋은 격자를 생성하는 데 들인 시간은 가치 있는 시간**이다. 왜냐하면 CFD 결과가 보다 신뢰성이 있고, 보다 빨리 수렴할 것이기 때문이다(그림 15-18). 높은 질의 격자는 정확한 CFD 해에 매우 중요하다. 조밀도가 낮은 또는 저질의 격자는 **틀린** 해를 초래할 수도 있다. 그러므로 CFD 사용자는 해가 격자에 **독립적**(grid independent)인지를 시험하는 것이 중요하다. 격자의 독립성을 시험하기 위한 표준적인 방법은 조밀도를 증가시켜(가능하다면 모든 방향으로 두 배씩) 계산을 다시 하는 것이다. 결과가 눈에 띄게 변화하지 않는다면 원래의 격자가 적절하다고 판단할 수 있다. 반면에 두 해 사이에 상당한 차이가 있다면 원래의 격자는 아마 불충분한 조밀도의 격자일 것이다. 이러한 경우, 격자가 적절한 조밀도를 가질 때까지 계속해서 보다 조밀한 격자를 시도해야 할 것이다. 격자의 독립성을 시험하는 이 방법은 시간이 많이 걸리며, 특히 컴퓨터 자원이 한계에 이르도록 하는 대규모 공학 문제의 경우와 같이 항상 가능한 것은 아니다. 2차원 계산에서 각 변의 간격 수를 두 배로 하면 셀 수는 $2^2=4$배로 증가한다. 즉, CFD 해를 구하는 데 필요한 계산 시간 역시 약 네 배 증가하게 된다. 3차원 유동에 대하여 각 방향으로 간격 수를 두 배하면 셀 수는 $2^3=8$배 증가한다. 따라서 독자들은 격자 독립성에 대한 연구가 얼마나 컴퓨터의 메모리 용량과 CPU 가용 범위를 쉽게 벗어날 수 있는지 알 수 있을 것이다. 컴퓨터의 한계로 인하여 간격 수를 두 배로 할 수 없다면 격자 독립성을 시험하는 일반적인 방법은 모든 방향으로 간격 수를 적어도 20% 증가시키는 것이다.

격자 생성에 관해 마지막으로 언급하면, 오늘날의 CFD 추세는 오차 추정값에 근거한 자동 격자 밀집과 연계된 자동화된 격자 생성을 추구하고 있다. 이와 같은 새로운 추세에도 불구하고 격자가 CFD 해에 어떤 영향을 미치는지 이해하는 것은 매우 중요하다.

경계 조건

두 가지 CFD 계산에서 운동 방정식, 계산 영역 그리고 격자까지 같다 하더라도 유동 형태는 경계 조건에 의해 결정된다. **정확한 CFD 해를 구하기 위해서는 적절한 경계 조건이 필요하다**(그림 15-19). 여러 가지 경계 조건이 있지만, 다음에 열거한 유용한 몇 가지에 대하여 간단히 설명하도록 한다. 여기서 경계 조건의 명칭은 ANSYS-FLUENT에서 사용되는 것이다. 다른 CFD 코드는 다소 다른 용어를 사용할 수 있으며, 경계 조건의 세부 내용도 다를 수 있다. 아래의 설명에서 **면** 또는 **평면**의 단어가 사용되면 이는 3차원 유동을 의미하는 것이다. 2차원 유동에서는 **변** 또는 **선**의 단어가 **면** 또는 **평면**을 대체한다.

그림 15-18
좋은 격자를 생성하는데 들인 시간은 가치 있는 시간이다.

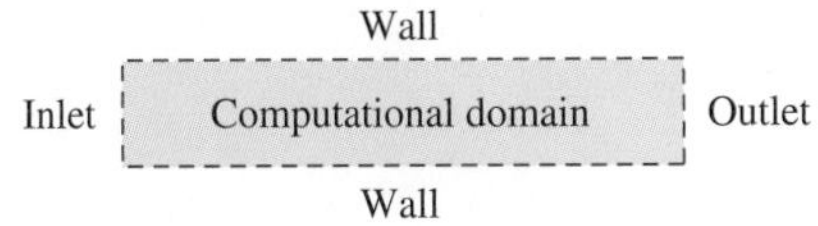

그림 15-19
경계 조건은 계산 영역의 **모든** 경계에 주의 깊게 적용되어야 한다. 정확한 CFD 해를 구하기 위해서는 적절한 경계 조건이 필요하다.

벽면 경계 조건

가장 간단한 경계 조건은 **벽면** 경계 조건이다. 유체가 벽면을 통과하지 못하므로 벽면 경계 조건이 부과된 면을 따라 속도의 수직 성분을 벽면에 상대적으로 영으로 놓는다. 또한 점착 조건으로 인하여 정지하고 있는 벽면에서 접선방향 속도 성분도 영으로 놓는다. 예를 들면, 그림 15-19와 같은 간단한 영역에서, 위와 아래쪽 변은 점착 조건을 가지는 벽면 경계 조건을 부과하였다. 에너지 방정식을 풀고 있다면 벽면에 온도 또는 열플럭스(heat flux)가 역시 지정되어야 한다(그러나 두 가지를 동시에 지정하는 것은 아니다. 15-4절 참조). 난류 모델을 사용한다면 난류 수송 방정식을 풀어야 하고, 이때 난류 경계층은 벽면 조도에 크게 영향을 받으므로 벽면 조도도 지정할 필요가 있다. 또한 독자들은 다양한 난류 벽면 처리법[**벽함수**(wall function) 등] 중 하나를 선택해야 한다. 이들 난류 옵션은 본 교재의 범위를 벗어나므로 여기서 다루지 않는다(Wilcox, 2006 참조). 다행히도 가장 최근의 CFD 코드가 갖고 있는 기본 옵션들은 난류를 포함하는 많은 응용 문제를 해석하는 데 충분하다.

많은 CFD 코드는 운동하고 있는 벽면과 전단응력값이 주어진 벽면에 대한 계산도 가능하다. 유체가 벽면을 따라 미끄러지기(slip)를 원하는 경우도 있다("비점성 벽면"이라고 한다). 예를 들면, 수영장 또는 온수 욕조의 자유표면을 따라 전단응력이 영인 벽면 경계 조건을 지정할 수 있다(그림 15-20). 이와 같은 단순화로 유체는 표면 위를 미끄러지게 됨을 주목하라. 이는 자유표면 위의 공기에 의한 점성 전단응력은 무시할 수 있을 만큼 작기 때문이다(9장). 그러나 이와 같이 근사시킬 때 표면파와 이와 관련된 압력 변동(pressure fluctuation)은 고려되지 않는다.

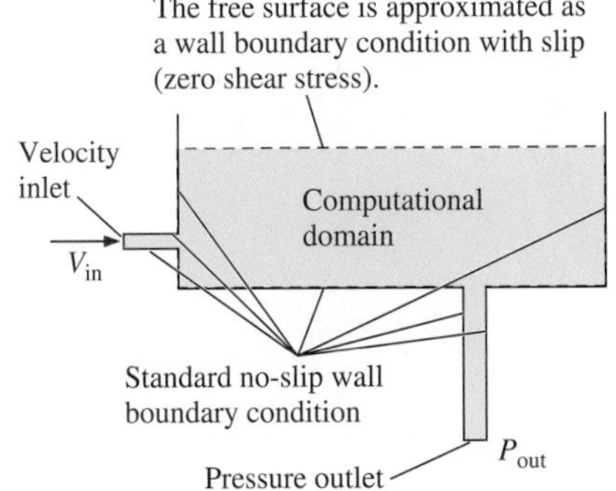

그림 15-20
정지 상태에 있는 고체의 경계에는 **벽면** 경계 조건을 부과한다. 이 고체의 경계에는 벽면 온도 또는 벽면 열플럭스를 역시 부과한다. 수영장의 경우에 볼 수 있는 것과 같은 액체의 자유표면을 모사하기 위해서는 벽면을 따른 전단응력이 영이 되도록 설정할 수 있다. 이 경우 자유표면(공기와 접촉하는)을 모사하는 "벽면"을 따라 미끄러짐(slip)이 있다.

유입/유출 경계 조건

유체가 계산 영역을 출입하는 경계에서는 여러 가지 옵션이 있으며, 이들은 일반적으로 **속도를 지정하는 조건** 또는 **압력을 지정하는 조건**으로 대별된다. **속도 입구**(velocity inlet)에서는 유입 유동의 속도를 입구면에 지정한다. 에너지 그리고/또는 난류 방정식을 푼다면 유입 유동의 온도 그리고/또는 난류 상태량을 역시 지정하여야 한다.

압력 입구(pressure inlet)에서는 입구면을 따라 정체압을 지정한다(예를 들면, 압력을 알고 있는 가압 탱크나 대기압을 알고 있는 원거리 영역으로부터 계산 영역으로 유입하는 유동). **압력 출구**(pressure outlet)에서 유체는 계산 영역 **밖으로** 유출한다. 이 경우 출구면을 따라 정압을 지정하며, 대부분의 경우 대기압을 지정한다(계기압으

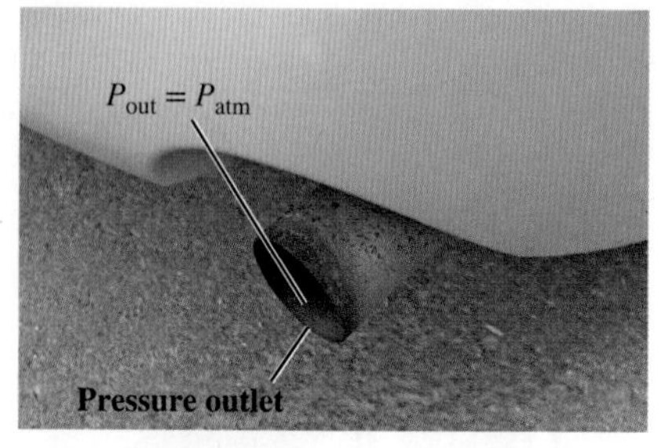

그림 15-21
대기에 노출되는 파이프나 덕트 출구를 가지는 비압축성 유동장을 계산할 때의 적절한 경계 조건은 $P_{out} = P_{atm}$인 압력 출구이다. 여기에 나타낸 그림은 자동차의 배기 파이프이다.
Photo by Po-Ya Abel Chuang. Used by permission.

로는 영이다). 예를 들면, 대기에 노출된 아음속 배기 파이프 출구의 압력은 대기압이다(그림 15-21). 온도와 같은 유동 상태량과 난류 상태량 역시 압력 입구와 압력 출구에서 지정된다. 그러나 출구의 경우 이들 상태량들은 출구를 가로지르는 **역류**에 대한 풀이를 필요로 하지 않는 한 사용되지 않는다. **압력 출구에서 역류가 발생하는 것은 보통 계산 영역이 충분히 크지 못함을 의미하는 것**이며, 따라서 CFD 해의 반복 과정에서 역류 경고가 지속된다면 계산 영역을 확장하여야 한다.

속도 입구에서 압력은 지정되지 **않는다**. 이는 압력과 속도가 운동 방정식에서 **연동**되어 있어 수학적으로 과결정(overspecification) 시스템이 되기 때문이다. 속도 입구에서의 압력은 오히려 나머지 유동장과 맞추어지도록 조절된다. 비슷하게, 속도는 압력 입구 또는 출구에서 지정되지 않으며, 이것도 역시 수학적으로 과결정 시스템이 되기 때문이다. 압력이 지정된 경계 조건에서 속도는 오히려 나머지 유동장에 맞추어지도록 속도 자체가 조절된다(그림 15-22).

계산 영역의 출구에서의 또 다른 옵션은 **유출**(outflow) 경계 조건이다. 유출 경계에서는 아무런 유동 상태량도 지정하지 않는다. 대신 속도, 난류 양들(turbulence quantities), 온도와 같은 유동 상태량이 **유출면에 수직방향으로 영의 구배**를 가지도록 지정된다(그림 15-23). 예를 들어, 덕트가 충분히 길어 출구에서 유동이 **완전발달**되었다면 속도는 출구면에 수직방향으로 변화하지 않으므로 유출 경계 조건이 적합할 것이다. 그림 15-23에 예시된 바와 같이, 유동방향은 유출 경계에 수직방향으로 제한되지 않음에 유의하라. 유동이 계속 발달하고 있지만 출구 압력을 안다면 압력 출구 경계 조건이 유출 경계 조건보다 더 적절할 것이다. 유출 경계 조건은 회전 유동(rotating flows)에서 압력 출구보다 종종 선호된다. 이는 선회(swirl) 운동이 압력 출구 경계 조건으로 쉽게 처리되지 않는 반경방향 압력구배를 초래하기 때문이다.

간단한 CFD 응용 문제에서 흔히 나타나는 상황은 계산 영역의 경계 일부에 한 개 또는 그 이상의 속도 입구를 지정하고, 경계의 다른 부분에 한 개 또는 그 이상의 압력 출구 또는 유출구를 지정하는 것이다. 그리고 나머지 계산 영역의 경계를 벽면으로 정의한다. 예를 들면, 수영장(그림 15-20)에서 계산 영역의 가장 왼쪽 면을 속도 입구로, 가장 아래쪽 면을 압력 출구로 지정하였다. 나머지 면들은 벽면인데, 이때 자유표면은 전단응력이 영인 벽면으로 모델링한다.

마지막으로 압축성 유동 계산에서는 입구와 출구를 출입하는 파동(wave)과 관련된 Riemann 불변량(invariants)과 특성 변수(characteristic variable)를 고려하게 되므로 입구와 출구 경계 조건은 더욱 복잡해진다. 이들에 대한 논의는 본 교재의 범위

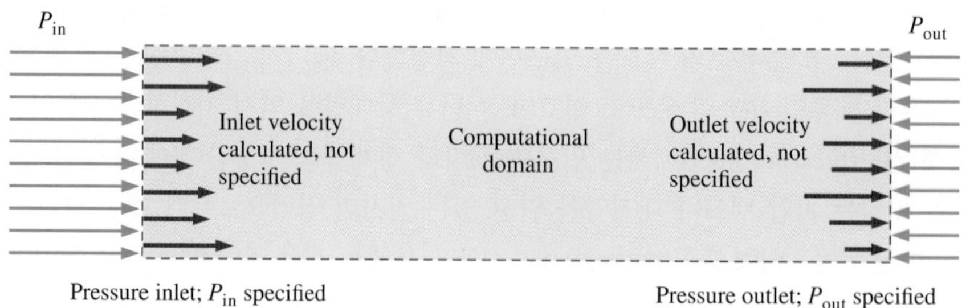

그림 15-22
압력 입구 또는 **압력 출구**에서는 경계면에 압력을 지정하지만, 그 면을 통과하는 속도를 지정할 수는 없다. CFD 해가 수렴함에 따라 속도는 부과된 압력 경계 조건을 만족하도록 조절된다.

를 벗어나므로 다루지 않는다. 다행히도 많은 CFD 코드는 압축성 유동에 대하여 **압력 원거리 구역**(pressure far field) 경계 조건을 가지고 있으며, 이 조건은 입구에서의 Mach 수, 압력과 온도를 지정하는 데 사용된다. 같은 경계 조건이 출구에도 적용된다. 즉, 유동이 계산 영역 밖으로 나갈 때, 출구의 유동변수는 영역 내부로부터 외삽법으로 처리하게 된다. 이때 출구에서 확실히 역류가 발생하지 않도록 주의해야 한다.

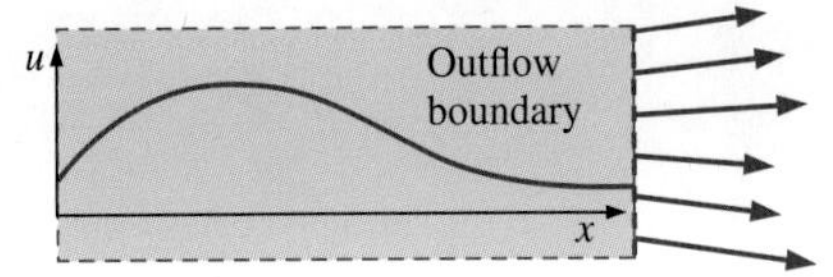

그림 15-23
유출 경계 조건에서 유출면에 수직방향으로의 속도구배는 영이다(u를 수평선을 따라 x의 함수로 예시한 바와 같이). 유출 경계에는 압력과 속도가 지정되지 않음에 유의하라.

기타 경계 조건

계산 영역의 일부 경계는 벽면이거나 입구 또는 출구도 아닌, 그러나 오히려 대칭성과 주기성이 요구되는 경우가 있다. 예를 들면, 형상이 반복되는 경우에는 **주기**(periodic) 경계 조건이 유용하다. 주기 경계의 한 면의 유동장 변수는 형상이 동일한 두 번째 면과 수치적으로 **결부되어** 있다(그리고 대부분의 CFD 코드에서 동일한 면 격자를 가짐). 따라서 첫 번째 주기 경계에서 나가는(가로지르는) 유동은 동일한 상태량(속도, 압력, 온도 등)을 가지고 두 번째 주기 경계로 들어오는(가로지르는) 유동으로 생각할 수 있다. 주기 경계 조건은 항상 **쌍**(pair)으로 나타나며, 터보기계의 블레이드 사이의 유동 또는 열교환기 튜브 배열을 지나는 유동과 같이 반복되는 형상을 가지는 유동에 유용하다(그림 15-24). 주기 경계 조건을 사용하면 전체 유동장에 비해 매우 작은 계산 영역으로 작업할 수 있으므로 컴퓨터 자원을 절약할 수 있다. 그림 15-24에 실제 계산 영역(옅은 청색의 음영 지역)의 위와 아래로 무한히 반복되는 영역(점선)을 상상할 수 있다. 주기 경계 조건은 **병진 조건**(그림 15-24에서와 같이 두 개의 평행면에 적용한 주기성)이나 **회전 조건**(두 개의 반경방향 면에 적용한 주기성)으로 지정되어야 한다. 두 개의 인접한 팬 블레이드 사이의 유동 영역(**유로**)은 회전 주기 영역의 예이다(그림 15-58 참조).

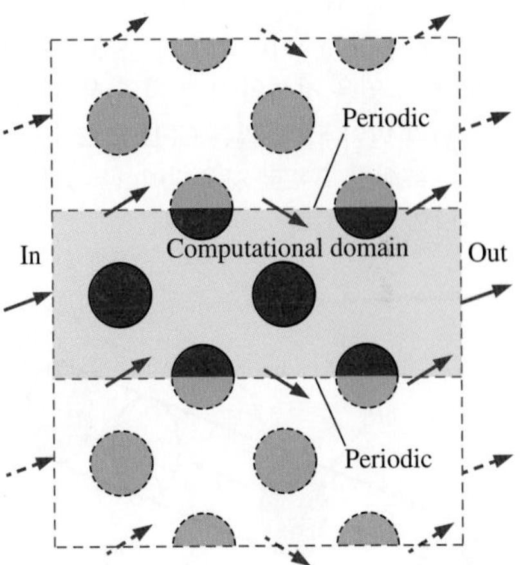

그림 15-24
주기 경계 조건은 두 개의 동일한 면에 부과된다. 주기적인 면을 가로지르는 속도 벡터에서 볼 수 있듯이, 한 면에서 발생한 모든 것은 반드시 주기적인 파트너 면에서도 발생해야 한다.

대칭(symmetry) 경계 조건은 대칭면을 가로질러 유동장 변수가 **거울상**(mirror-image)이 되게 한다. 대칭 경계 조건을 가로질러 일부 변수들은 우함수 그리고 일부 변수들은 기함수로 지정되지만, 수학적으로는 대부분의 유동변수들의 수직 **구배**를 대칭면에 대하여 영으로 설정하는 것이다. 이 경계 조건은 한 개 또는 그 이상의 대칭면을 가지는 실제 유동에 대하여 유동 영역의 **일부분**만 계산할 수 있게 하므로 컴퓨터 자원을 절약할 수 있다. 대칭 경계는 "짝을 이루는 파트너" 경계가 필요하지 않다는 점에서 주기 경계와는 다르다. 또한 유체는 대칭 경계를 **통과**하지 못하고 **평행하게** 흐르는 반면, 주기경계의 경우에는 유동이 경계를 **통과**하여 흐를 수 있다. 예를 들어, 열교환기 튜브 배열을 지나는 유동을 고려해 보자(그림 15-24). 계산 영역의 주기 경계를 통과하는 유동이 없다고 가정하면, 대칭 경계 조건을 대신 사용할 수 있다. 주의 깊은 독자들은 대칭면을 잘 선택함으로써 계산 영역을 반으로 줄일 수 있음을 알 수 있을 것이다(그림 15-25).

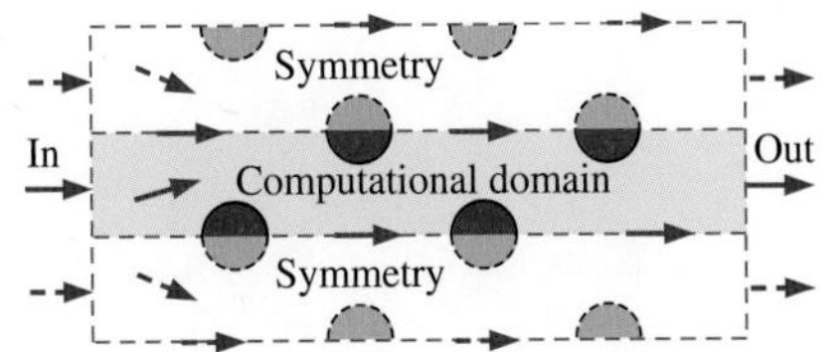

그림 15-25
대칭 경계 조건은 한 면에 부과되며, 그 면의 맞은편 유동은 계산된 유동의 거울상이 된다. 가상 영역(점선)을 계산 영역(옅은 청색의 음영 지역)의 위와 아래에 나타내었다. 가상 영역의 속도 벡터는 계산 영역 내의 속도 벡터와 거울상이다. 이 열교환기 예제에서 영역의 왼쪽 면은 속도 입구, 오른쪽 면은 압력 출구 또는 유출 출구, 실린더는 벽면, 그리고 윗면과 아랫면은 대칭면이다.

축대칭 유동에서 **축** 경계 조건은 대칭축을 나타내는 직선 변에 적용한다(그림 15-26*a*). 유체는 축에 **평행하게** 흐를 수 있지만, 축을 **통과하여** 흐를 수는 없다. 축대칭 조건을 사용하면 그림 15-26*b*에서와 같이 단지 2차원으로 유동을 해석할 수 있다. 계산 영역은 xy면에서 단순한 직사각형이며, 이 면을 x축 주위에 회전시킨다고 생각하면 축대칭을 만들 수 있다. 축대칭 선회 유동(swirling axisymmetric flow)의 경우,

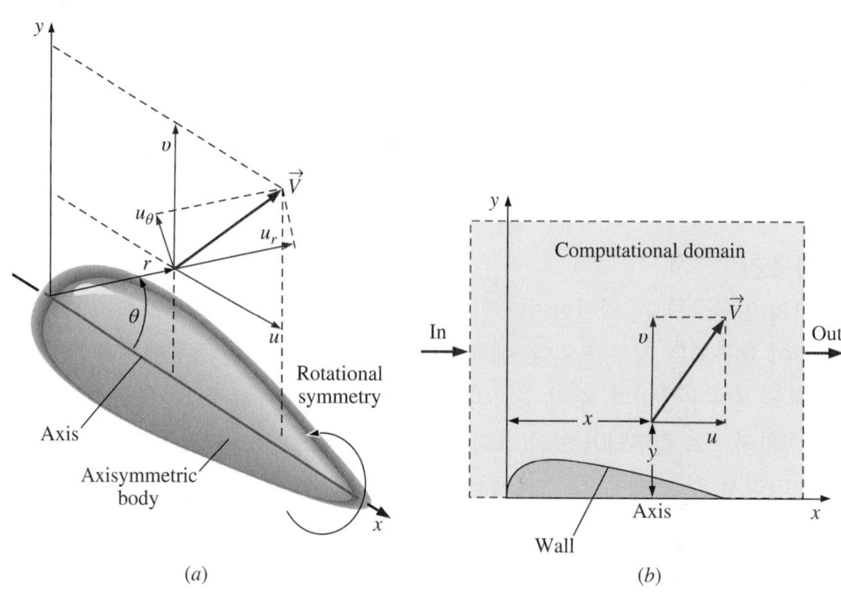

그림 15-26
축대칭 유동에서 **축** 경계 조건은 대칭축(여기서는 x축)에 적용한다(x축에 대하여 회전 대칭이므로). (*a*) xy 면 또는 $r\theta$ 면을 정의하는 단면을 보여 주며, 속도 성분은 (u, v) 또는 (u_r, u_θ)이다. (*b*) 이 문제에 대한 계산 영역(엷은 청색의 음영 지역)은 2차원(x와 y)의 면이 된다. 많은 CFD 코드에서 x와 y는 축대칭 좌표로 사용되며, y는 x 축으로부터의 거리이다.

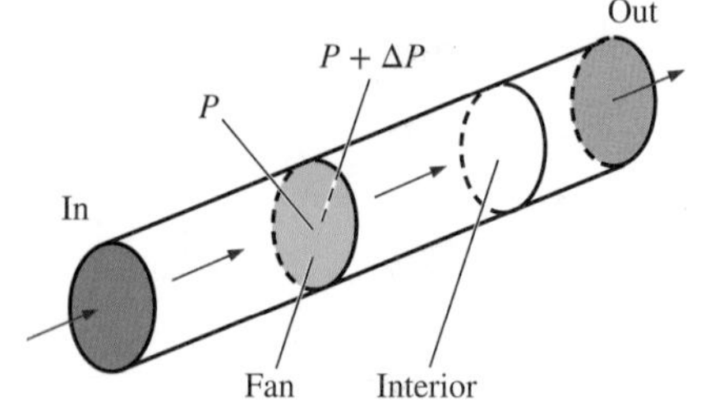

그림 15-27
덕트 내의 축류 팬을 모사하기 위하여, **팬** 경계 조건은 팬 면을 가로질러 급격한 압력 변화를 부과한다. 설정된 압력 상승이 영일 때, 팬 경계 조건은 다시 **내부** 경계 조건으로 돌아간다.

유체는 대칭축 주위의 원형 경로를 따라 **접선방향**으로 유동할 수 있다. 축대칭 선회 유동은 종종 **회전 대칭**(rotationally symmetric)이라고도 한다.

내부 경계 조건

마지막 종류의 경계 조건은 계산 영역의 경계를 정하는 면 또는 변이 아니라 영역 내부에 있는 면 또는 변에 부과된다. **내부**(interior) 경계 조건이 어떤 면에 지정될 때, 유동은 한 내부 셀을 통과하여 다른 내부 셀로 흐르는 것처럼 아무런 변화 없이 그 면을 통과하여 흐른다(그림 15-27). 이 경계 조건은 계산 영역이 여러 개의 블록 또는 구역(zone)으로 구분되어 있는 상황에서 필요하며, 블록 사이의 정보 교류를 가능하게 한다. 이 경계 조건은 후처리에도 유용하며, 이는 유동장 내에 사전에 설정된 면이 있으므로 이 면에 속도 벡터, 압력 분포도 등을 그릴 수 있기 때문이다. 슬라이딩 격자(sliding mesh) 또는 회전 격자(rotating mesh)를 포함하는 보다 복잡한 CFD 응용 문제에서는 한 블록에서 다른 블록으로 원활하게 정보를 전달하기 위해 두 블록 사이에 계면(interface)이 필요하다.

팬(fan) 경계 조건은 급격한 압력 증가(또는 감소)를 주고자 하는 면에 지정된다. 이 경계 조건은 강제적인 압력 상승 이외에는 내부 경계 조건과 비슷하다. 이 경우 CFD 코드는 개별의 팬 블레이드 사이를 흐르는 세부적인 비정상 유동장은 풀지 못하지만, 이 면을 압력 변화가 있는 무한히 얇은 팬으로 모델링한다. 예를 들면, 팬 경계 조건은 덕트 내부의 팬(그림 15-27), 방 안의 천장 팬 또는 비행기에 추력을 공급하는 프로펠러 또는 제트 엔진에 대한 간단한 모델로 유용하다. 팬을 지나 발생하는 압력 상승을 영으로 지정하면, 이 경계 조건은 내부 경계 조건과 동일하게 된다.

연습이 최고의 방법이다

전산유체역학을 배우는 최고의 방법은 예제와 **연습**을 통한 것이다. CFD에 대한 감각을 익히기 위해서는 다양한 격자, 경계 조건, 수치적 매개변수 등을 이용하여 실험해

보기를 권한다. 복잡한 문제를 시도하기 전에 간단한 문제, 특히 해석적 해 또는 실험적 해가 알려진 문제를 풀어보는 것이 가장 좋다(비교와 검증을 위하여). 이러한 이유로 본 교재의 웹사이트에 많은 연습 문제가 제시되어 있다.

다음 절에는 CFD의 다양한 능력과 제약 조건을 예시하기 위하여 공학적으로 흥미 있는 몇몇 예제를 소개한다. 먼저 층류 유동으로 시작하여, 다음으로 기초적인 난류 유동에 대한 예제를 제시하고, 마지막으로 열전달이 있는 유동, 압축성 유동, 자유표면이 있는 액체 유동의 예제를 제시한다.

15-2 ■ 층류 CFD 계산

전산유체역학은 격자가 충분히 조밀하고 경계 조건이 적합하게 지정된다면 비압축성, 정상 또는 비정상, 층류 유동에 대한 계산은 탁월하게 수행한다. 여기서는 격자 조밀도와 경계 조건의 적절한 적용에 중점을 두면서 층류 유동 해석의 몇 가지 간단한 예를 보이도록 하겠다. 이 절의 모든 예제에서 유동은 비압축성이며, 2차원(또는 축대칭)이다.

Re = 500에서의 파이프 유동 입구 영역

길이 $L = 40.0$ cm, 직경 $D = 1.00$ cm인 매끄러운 원형 파이프 내를 흐르는 실온의 물 유동을 고려해 보자. 물은 입구에서 $V = 0.05024$ m/s의 일정한 속도로 들어간다고 가정한다. 물의 동점성계수는 $\nu = 1.005 \times 10^{-6}$ m^2/s이며, Reynolds 수는 Re $= VD/\nu = 500$이다. 또한 비압축성, 정상, 층류 유동을 가정하며, 유동이 서서히 완전발달하게 되는 입구 영역에 관심이 있다. 축대칭이므로 계산 영역은 3차원 원통형 체적보다 축에서 벽면까지를 자른 2차원 단면으로 설정한다(그림 15-28). 이 계산 영역에서 6개의 정렬 격자를 생성한다. 즉, **매우 성긴**(축방향으로 40개 간격×반경방향으로 8개 간격), **성긴**(80×16), **중간의**(160×32), **조밀한**(320×64), **매우 조밀한**(640×128), **초조밀한**(1280×256) 격자들이다(즉, 각각의 연속되는 격자에 대해 격자의 간격 수는 양쪽 방향으로 2배가 됨을 주목하라. 그리고 각 격자에서 계산 영역의 셀 수는 4배 증가한다). 모든 경우에 노드는 축방향으로는 등간격으로 분포되지만, 파이프 벽면 주위에 큰 속도구배가 예상되므로 벽면 주위는 반경방향으로 밀집되어 있다. 그림 15-29는 처음 세 개의 격자에 대해 확대한 그림을 보여 주고 있다.

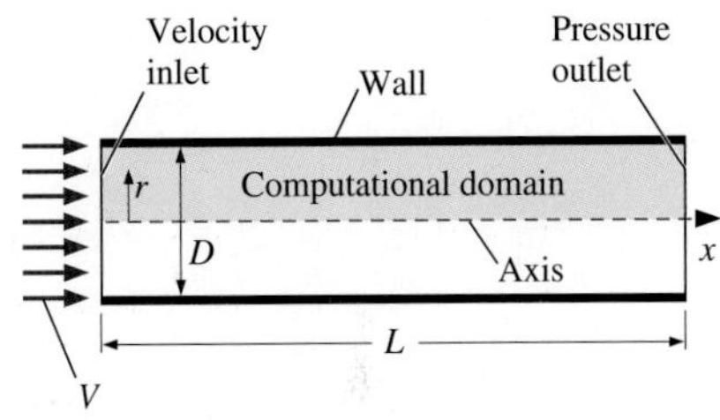

그림 15-28
원형 파이프를 지나는 유동은 x축 주위로 축대칭이므로 $r = 0$부터 $D/2$까지의 2차원 단면을 이용하여 계산할 수 있다. 계산 영역은 엷은 청색의 음영 지역이고 그림은 축척에 따라 그려진 것은 아니다. 경계 조건도 표시되어 있다.

CFD 프로그램 ANSYS-FLUENT를 배정도(double precision)로 실행하여 여섯 경우 모두를 계산하였다(배정도 계산은 공학 계산에서 반드시 필요한 것은 아니며, 여기서는 해를 비교할 때 가장 좋은 정확도를 얻기 위함이다). 유동이 층류, 비압축성과 축대칭이므로 세 개의 수송 방정식만을 풀었다(연속, x 운동량, y 운동량 방정식). CFD 코드에서는 회전축으로부터의 거리를 좌표 r 대신 y를 사용하였음에 유의하라(그림 15-26). CFD 코드를 수렴할 때까지 실행하였다(모든 잔차가 평평하게 된다). 여기서 잔차는 주어진 수송 방정식의 해가 엄밀해로부터 얼마나 벗어나는가에 대한 척도임을 기억하라. 따라서 잔차가 작을수록 수렴성은 좋다. 이는 매우 성긴 격자의 경우 반복 횟수 약 500번 이내에 나타나며, 잔차는 10^{-12}(초깃값에 상대적임) 이하에

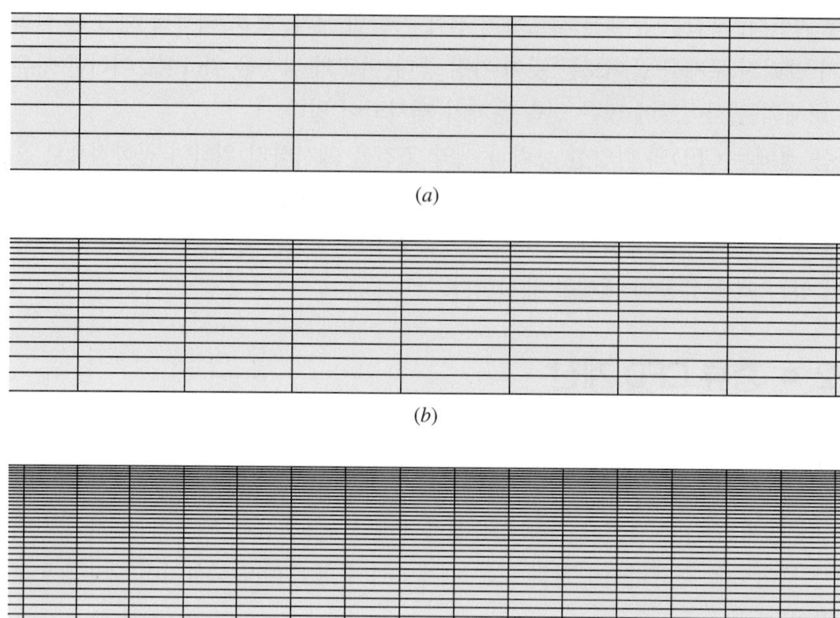

그림 15-29
층류 파이프 유동 예제를 위해 생성한 세 가지 가장 성긴 정렬 격자들의 일부분. (*a*) 매우 성긴 격자(40×8), (*b*) 성긴 격자(80×16), (*c*) 중간 격자(160×32). 셀 수는 각각 320, 1280과 5120이다. 그림 15-28과 같이 각 그림에서 윗면은 파이프 벽면이며 아랫면은 파이프 축이다.

서 평평해진다. 그림 15-30은 격자가 매우 성긴 경우에 대해 잔차가 감소하는 모양을 그린 그림이다. 보다 조밀한 격자를 가지는 복잡한 유동 문제에 대하여는 이와 같이 낮은 잔차를 항상 기대할 수는 없다는 점에 유의하라. 즉, 일부 CFD 해에서 잔차는 10^{-3}과 같이 상당히 높은 값에서 평평해진다.

P_1을 입구로부터 축방향으로 1 파이프 직경만큼 하류에서의 평균 압력으로 정의한다. 유사하게 20 파이프 직경 하류에서의 평균 압력은 P_{20}으로 정의한다. 따라서 1에서 20 직경까지 평균 축방향 압력 강하는 $\Delta P = P_1 - P_{20}$ 이며, 이는 매우 성긴 격자의 경우 4.404 Pa(유효숫자 4자리의 정밀도 이내에서)이 된다. 그림 15-31*a*는 중심선 압력과 축방향 속도를 하류방향 길이의 함수로 보여 주고 있다. 이 해는 물리적으로 타당한 것으로 보인다. 파이프 벽면의 경계층이 하류방향으로 성장하므로, 질량을 보존하기 위하여 중심선의 축방향 속도가 증가하는 것을 볼 수 있다. 파이프 벽면의 전단응력이 가장 높은 입구 부근에서 가파른 압력 강하를 볼 수 있다. 예상한 대로 유동이 거의 완전발달하게 되는 입구 영역의 끝부분에서 압력 강하는 선형에 근접한다. 마지막으로 그림 15-31*b*는 파이프 끝에서의 축방향 속도 분포와 완전발달된 층류 파이프 유동에 대해 알고 있는 해석해(8장 참조)를 비교하고 있다. 특히 반경방향으로 단지 8개의 간격만 있는 것을 고려하면, 해는 매우 잘 일치하고 있다.

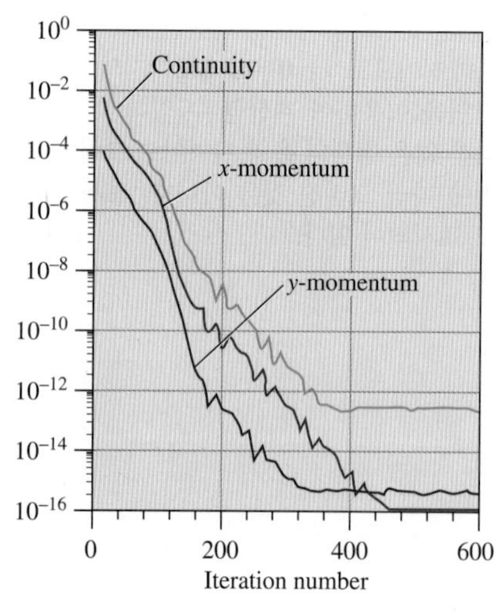

그림 15-30
매우 성긴 격자를 이용한 층류 파이프 유동 해석에서 반복 횟수에 따른 잔차의 감소(배정도 계산).

이 CFD 해가 격자에 독립적인가? 이를 알아보기 위하여 성긴, 중간, 조밀한, 매우 조밀한, 초조밀한 격자를 이용한 계산을 반복한다. 모든 경우에 잔차의 수렴은 그림 15-30과 질적으로 유사하지만, CPU 시간은 격자가 조밀해질수록 크게 증가하고, 최종 잔차의 크기는 성긴 격자의 잔차만큼 낮지 않다. 수렴에 도달하는 데 필요한 반복 횟수 역시 격자가 조밀해질수록 증가한다. 여섯 가지 경우 모두에 대하여 $x/D = 1$에서 20까지의 압력 강하량을 표 15-1에 표시하였다. 그림 15-32는 ΔP를 셀 수의 함

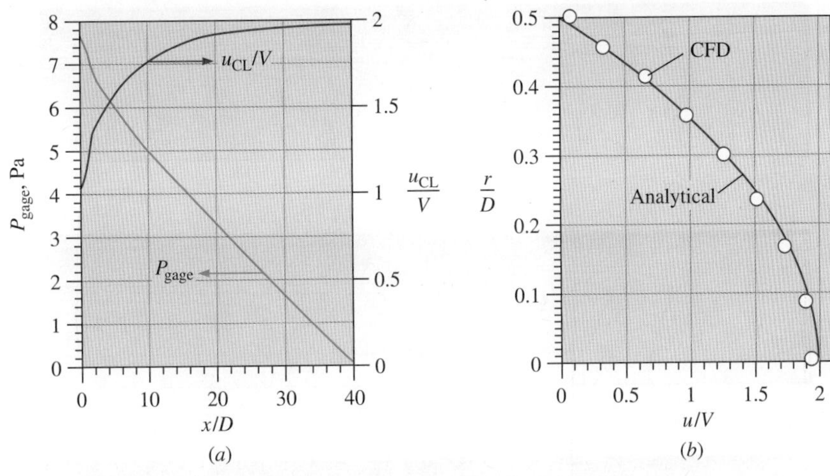

그림 15-31
매우 성긴 격자를 이용한 층류 파이프 유동에 대한 CFD 계산 결과 (*a*) 하류 길이를 따른 중심선 압력과 중심선 축방향 속도의 발달, (*b*) 파이프 출구에서의 축방향 속도 분포와 해석해의 비교.

수로 나타내고 있다. 매우 성긴 격자도 ΔP를 비교적 잘 예측하는 것을 볼 수 있다. 매우 성긴 격자에서 초조밀 격자까지의 압력 강하량의 차이는 10퍼센트 이하이다. 따라서 어떤 공학 계산에서는 매우 성긴 격자도 적합할 수가 있다. 그렇지만 높은 정밀도가 필요한 경우, 보다 조밀한 격자를 사용하여야 한다. 격자가 매우 조밀한 경우부터 3자리 유효숫자까지의 격자의 독립성을 볼 수 있다. 매우 조밀한 격자에서 초조밀 격자까지의 ΔP의 변화는 0.07퍼센트보다 작다. 따라서 실제 공학 문제의 해석에서 초조밀 격자와 같이 조밀하게 만든 격자는 필요하지 않다.

여섯 가지 경우에서 가장 큰 차이는 압력구배와 속도구배가 가장 크게 나타나는 파이프 입구로부터 매우 가까운 곳에서 발생한다. 사실 축방향 속도가 V로부터 점착조건으로 인해 벽면에서 영으로 급격히 변화하는 입구에서 **특이점**(singularity)이 존재한다. 그림 15-33은 파이프 입구 부근에서의 정규화된 축방향 속도 u/V의 등분포도를 보여 준다. 격자가 조밀하게 됨에 따라 유동장의 포괄적인 상태량(전체 압력 강하와 같은)의 변화는 단지 수 퍼센트에 불과하지만, **세부** 유동장(여기 나타낸 속도 등분포도와 같은)은 격자의 조밀도에 따라 크게 변한다. 격자가 조밀하게 될수록 축방향 속도 등분포도의 모양은 보다 매끄럽게 되며, 잘 정의된다. 등분포도 모양에서 가장 큰 차이는 파이프 벽면 근처에서 발생한다.

표 15-1

축대칭 파이프 유동의 입구 유동 영역에서 다양한 격자 조밀도에 따른 x/D = 1에서 20까지의 압력 강하량

Case	Number of Cells	ΔP, Pa
Very coarse	320	4.404
Coarse	1280	3.983
Medium	5120	3.998
Fine	20,480	4.016
Very fine	81,920	4.033
Ultrafine	327,680	4.035

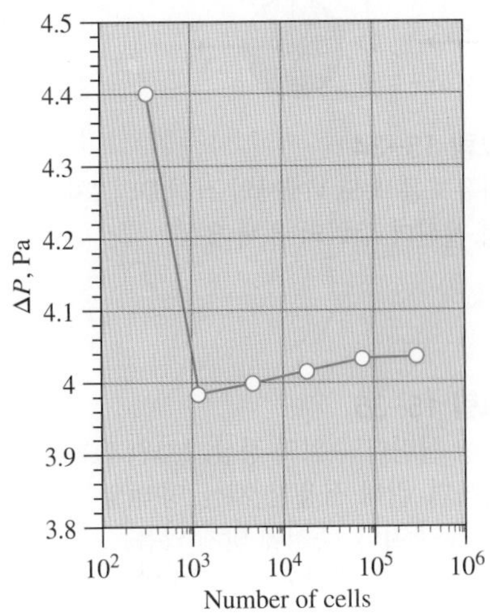

그림 15-32
축대칭 파이프 유동의 입구 유동 영역에서 셀 수의 함수로 나타낸 x/D = 1에서 20까지의 압력 강하량 계산값.

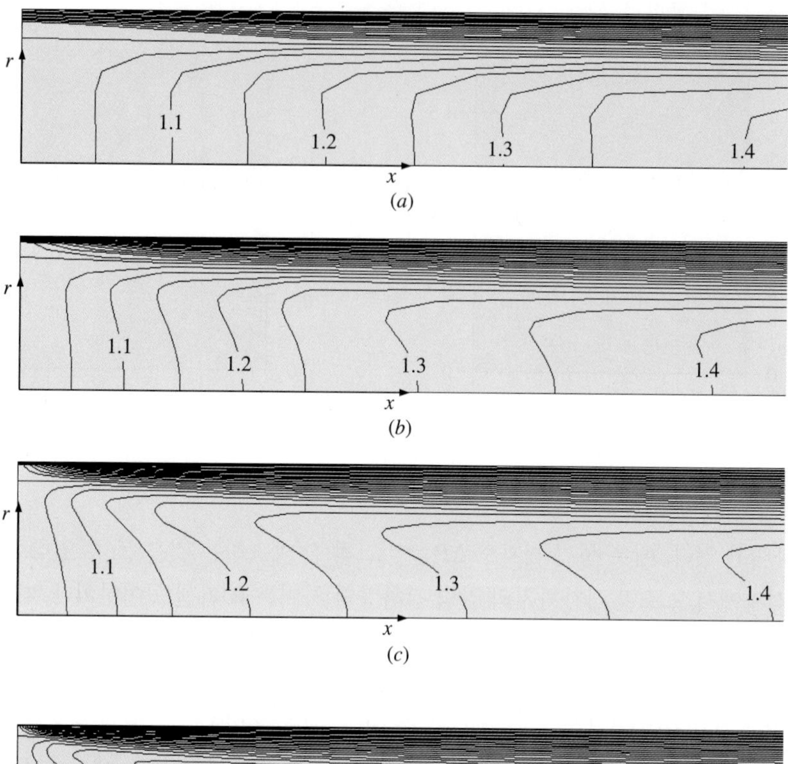

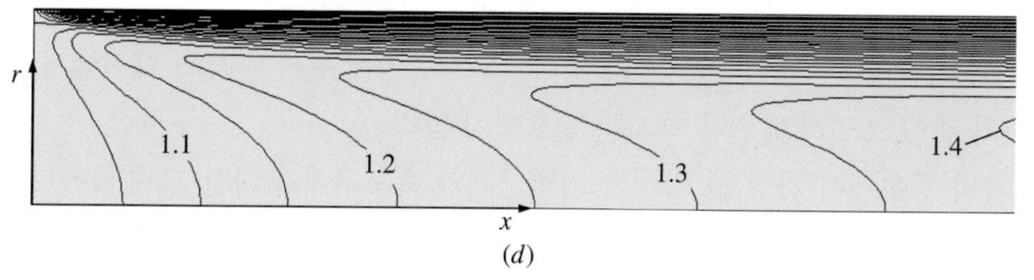

그림 15-33
층류 파이프 유동 예제에 대한 정규화된 축방향 속도의 등분포도(u/V). 다음 네 가지 격자에 대한 파이프 입구 영역의 확대 그림을 보여 준다. (*a*) 매우 성긴 격자(40×8), (*b*) 성긴 격자(80×16), (*c*) 중간 격자(160×32), (*d*) 조밀한 격자(320×64).

Re = 150에서의 원형 실린더 주위의 유동

문제를 정확하게 정의해야 신뢰성 있는 CFD 결과를 얻을 수 있다는 것을 예시하기 위하여, 직경 $D=2.0$ cm의 원형 실린더 위를 지나는 공기의 정상, 비압축성, 2차원 유동에 대하여 겉으로 보기에는 간단한 문제를 고려해 보자(그림 15-34). 그림 15-35는 이 계산에 사용된 2차원 계산 영역을 보여 준다. 계산 영역의 아랫변을 따라 대칭이므로 유동장의 상반부만 계산한다. 즉, 유동이 대칭면을 가로지르지 않도록 아랫변을 따라 대칭 경계 조건을 부과한다. 이와 같은 경계 조건은 계산 영역의 크기를 반

Cylinder
y
V
D
x

그림 15-34
자유흐름 속도 V에서의 직경 D의 2차원 원형 실린더 주위의 유체 유동.

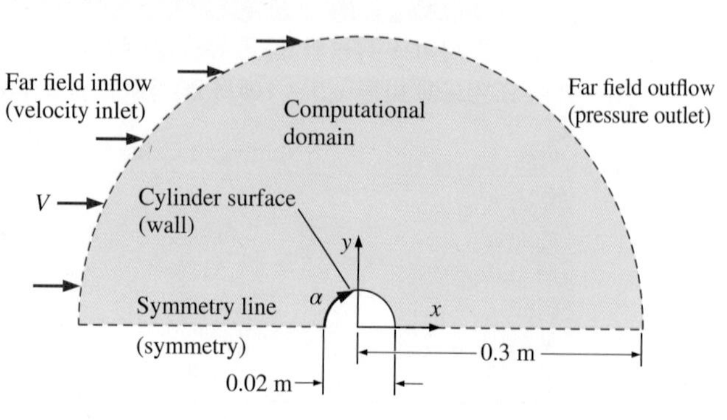

그림 15-35
원형 실린더 주위의 정상, 2차원 유동을 계산하기 위해 사용한 계산 영역(옅은 청색의 음영 지역, 축척에 맞지 않음). x축에 대하여 유동은 대칭으로 가정하였다. 각 변에 적용된 경계 조건은 괄호 내에 있다. 또한 전면 정체점으로부터 실린더 표면을 따라 측정된 각도 α가 정의되어 있다.

으로 줄게 한다. 실린더 표면에는 점착 벽면 경계 조건을 적용하였다. 계산 영역의 원거리 바깥변의 왼쪽 반은 속도 입구 경계 조건을 가지며, 속도 성분은 $u=V$와 $v=0$을 지정하였다. 계산 영역의 바깥변의 오른쪽 반에는 압력 출구 경계 조건을 적용하였다(여기서의 계기 압력은 영으로 하였다. 사실 비압축성 CFD 코드의 속도장은 압력의 절댓값이 아닌 압력 **차**에 의존하므로 압력 출구 경계 조건에 사용하는 압력값은 무의미하다).

비교를 위하여 세 개의 2차원 정렬 격자를 생성하였다. 그림 15-36은 **성긴**(30 반경방향 간격×60 실린더 표면을 따른 간격=1800 셀), **중간**(60×120=7200 셀), **조밀**(120×240=28,800 셀) 격자를 보여 주고 있다. 이 그림은 계산 영역의 작은 부분만을 나타내고 있음에 유의하라. 전체 영역은 원점으로부터 15 실린더 직경만큼 바깥쪽으로 확장되며, 셀은 실린더에서 멀어지면서 점차로 커지게 된다.

온도 25 ℃와 표준 대기압에서 속도 $V=0.1096$ m/s로 왼쪽에서 오른쪽으로 흐르는 공기의 자유흐름 유동을 실린더 주위에 적용한다. 실린더 직경($D=2.0$ cm)을 기준으로 한 유동의 Reynolds 수는 $\text{Re}=\rho VD/\mu=150$이다. 이 Reynolds 수에서의 실험으로부터 경계층은 층류이고, 박리는 실린더 정점 **앞** 약 10°, 전면 정체점으로부터 $\alpha\cong 82°$에서 발생하는 것으로 알려져 있다. 후류 역시 층류를 유지한다. 이 Reynolds 수에서 실험으로 측정된 항력계수는 문헌에 따라 상당한 차이를 보인다. 범위는 $C_D\cong 1.1$에서 1.4까지이며, 이 차이는 자유흐름의 질과 3차원 효과[경사 와흘림(oblique vortex shedding) 등]에 기인하는 것으로 보인다($C_D=2F_D/\rho V^2A$임을 기억하라. 여기서 A는 실린더의 정면도 면적(frontal area), $A=D\times$실린더 길이이다. 실린더 길이는 2차원 CFD 계산에서 단위 길이를 사용한다).

그림 15-36의 세 개의 격자에 대하여 정상 층류 유동을 가정하여 CFD 해를 구한다. 세 경우 모두 문제없이 수렴하지만, 결과는 물리적인 직관이나 실험 데이터와 반드시 일치하지 않는다. 그림 15-37은 세 개의 격자 조밀도에 대한 유선을 보여 준다. 모든 경우에 그림은 대칭선에 대한 거울상이며, 따라서 계산은 유동장의 상반부만 수행하였지만, 전체 유동장을 보여 준다.

성긴 격자의 경우(그림 15-37*a*), 경계층은 실린더 정점 부근을 훨씬 지나 $\alpha=120°$에서 박리되며, C_D는 1.00이다. 이 경우 정확한 박리점을 산출할 만큼 경계층이 충분히 조밀한 격자를 가지지 못하고, 항력도 올바른 값보다 다소 작다. 후류에 엇회전하는(counter-rotating) 두 개의 큰 박리 거품이 보이며, 이들은 실린더 직경의 수 배만큼 하류로 뻗쳐 있다. 중간 격자의 경우(그림 15-37*b*) 유동장은 상당히 다르다. 경계층은 약간 더 상류인 $\alpha=110°$에서 박리되며, 이는 실험 결과와 맞는 추세이다. 그러나 C_D는 약 0.982까지 감소한다. 즉, 실험값에서 오히려 더 멀어진다. 실린더 후류의 박리 거품은 성긴 격자에 비해 더욱 길어진다. 그렇다면 격자를 더욱 조밀하게 만들면 수치 결과를 향상시킬까? 그림 15-37*c*는 조밀 격자인 경우의 유선을 보여 준다. 결과는 $\alpha=109°$로서 중간 격자의 결과와 정성적으로 유사하지만, 항력계수는 더 작아지고($C_D=0.977$), 박리 거품도 더 길어진다. 더 조밀한 격자를 이용한 네 번째 계산(여기에 나타내지 않음)도 같은 경향을 보여 준다. 즉, 박리 거품은 하류로 뻗치고, 항력계수는 다소 감소한다.

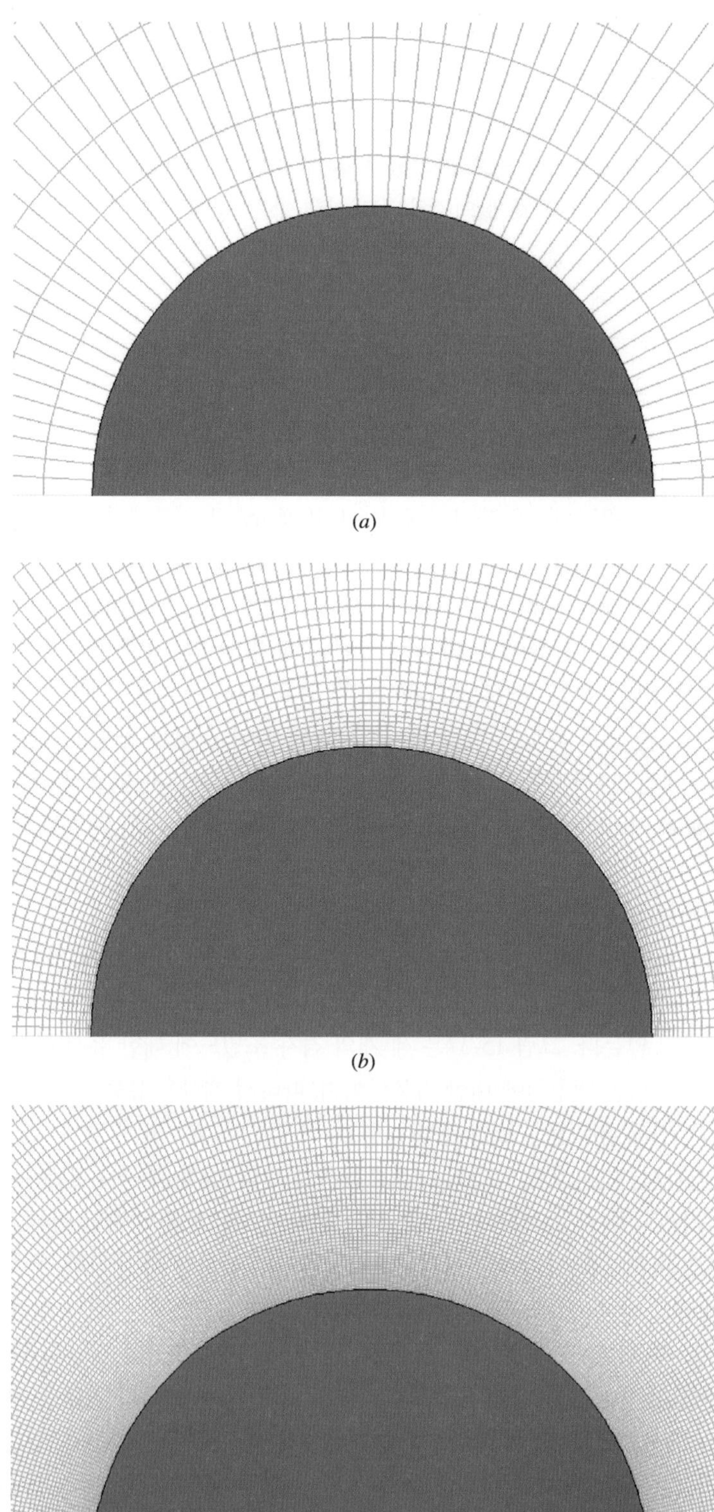

그림 15-36
원형 실린더 상반부 주위의 정렬, 2차원 격자. (*a*) 성긴 격자(30×60), (*b*) 중간 격자(60×120), (*c*) 조밀 격자(120×240). 바닥 변은 대칭선이다. 각 계산 영역의 일부만 보이며, 전체 영역은 여기에 보인 부분을 넘어 멀리 확장된다.

그림 15-38은 중간 격자에 대한 접선 속도 성분(u_θ)의 등분포도를 보여 주고 있다. 영 근처의 매우 작은 범위에 있는 u_θ 값을 나타내고 있어, 실린더를 따라 어디서 유동이 방향을 바꾸는지 명확하게 알 수 있다. 따라서 이 방법은 실린더 벽면을 따라 박리점을 찾을 수 있는 현명한 방법이다. 그러나 이 방법은 그 특이한 형상으로 인해 원형 실린더에만 적용됨에 유의하라. 박리점을 결정하는 보다 일반적인 방법은 벽면을 따라 전단응력 τ_w이 영인 점을 찾는 것이다. 이 방법은 형상에 관계없이 모든 물체에 적용된다. 그림 15-38로부터 경계층은 전면 정체점으로부터 $\alpha = 110°$에서 박리함을 알 수 있다. 이는 실험으로 구한 값 82°보다 훨씬 더 하류에 위치한다. 사실 앞의 모든 CFD 결과는 경계층 박리가 실린더의 전면보다 **후면**에서 발생함을 예측하고 있다.

이들 CFD 결과는 물리적으로 맞지 않는다. 이와 같이 긴 박리 거품은 실제 유동 상황에서 안정적으로 유지되지 못하며, 박리점도 너무 하류에 위치한다. 그리고 항력계수도 실험 데이터와 비교하여 너무 작다. 더욱이 격자를 계속 조밀하게 만들어도 결과는 나아지지 않는다. 오히려 결과는 **격자가 조밀해짐에 따라 더 나빠진다**. 왜 이들 CFD 계산이 실험과 잘 일치하지 않을까? 답은 두 가지이다.

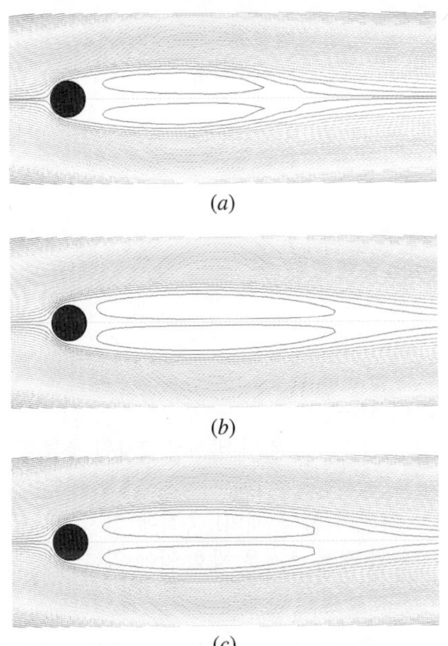

(a)

(b)

(c)

그림 15–37
Re = 150에서 원형 실린더 주위의 유동에 대하여 정상 상태 CFD 계산을 수행하여 구한 유선. (*a*) 성긴 격자(30×60), (*b*) 중간 격자(60×120), (*c*) 조밀 격자(120×240). 유동의 상반부만 계산하였음에 유의하라. 하반부는 상반부의 거울상을 이용하여 나타내었다.

1. 사실 현재의 Reynolds 수에서 원형 실린더 주위의 유동은 정상 상태가 아닌데도 CFD 해가 정상 상태가 되도록 강제하였다. 실험에서는 실린더 뒤쪽에 주기적인 **Kármán 와열**(Kármán vortex street)이 형성된다(Tritton, 1977, 본 교재의 그림 4-25 참조).
2. 그림 15-37의 세 가지 경우 모두 상반부만 풀었으며, x축에 대하여 대칭이 되도록 강제하였다. 실제로 원형 실린더 주위의 유동은 매우 비대칭적이다. 와류가 실린더의 위와 아래로부터 교대로 흘려지며 Kármán 와열을 형성한다.

이들 두 가지 문제를 바로 잡기 위해서는 **전체** 격자(상반부와 하반부)를 이용하여 **비정상** CFD 계산을 실행해야 한다. 이때 대칭 조건을 부과하지 않는다. 그림 15-39에 나타낸 계산 영역을 이용하여 비정상, 2차원 층류 유동 계산을 수행한다. 원거리 구역의 상변과 하변에는 후류의 비대칭적인 진동이 억제되지 않도록 주기 경계 조건이 지정된다(필요하면 유동은 이들 경계를 통과할 수 있다). 원거리 구역의 경계는 계산에 미치는 영향을 무시할 수 있을 만큼 멀리 떨어져 있다(75에서 200 실린더 직경).

경계층을 자세하게 해석하기 위하여 실린더 부근의 격자는 매우 조밀하다. 또한 하류로 이동하는 와흘림(vortex shedding)을 자세하게 해석하기 위하여 후류 지역의 격자 역시 조밀하다. 이 특정한 계산을 위해 그림 15-14에 보인 것과 같은 하이브리드 격자를 사용한다. 유체는 공기이며, 실린더 직경은 1.0 m, 자유흐름 공기 속도는 0.00219 m/s로 정하였다. 이들 값들로부터 실린더 직경을 기준으로 하는 Reynolds 수는 150이 된다. 이 문제에서 Reynolds 수가 중요한 매개변수임에 유의하라. 즉, D, V와 유체 종류의 선택은 이들의 조합으로 원하는 Reynolds 수를 만들 수 있는 한 중요하지 않다(그림 15-40).

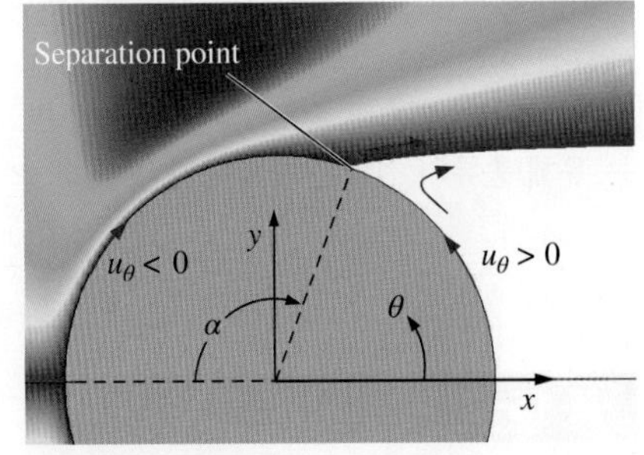

그림 15–38
Re = 150에서 원형 실린더 주위의 유동에 대한 접선 속도 성분(u_θ)의 등분포도. 중간 격자(60×120)를 사용한 결과이다. 경계층 박리의 정확한 위치(그림에 나타낸 바와 같이, u_θ가 실린더 벽 바로 바깥쪽에서 부호가 변화하는 곳)를 찾기 위하여 범위 $-10^{-4} < u_\theta < 10^{-4}$ m/s 내의 값을 그렸다. 이 경우 유동은 $\alpha = 110°$에서 박리된다.

시간을 따라 전진하면서 유동장 내의 작은 불균일성이 확대되고, 유동은 비정상이 되며, 또한 x축에 대하여 반대칭(antisymmetric)이 된다. 하나의 Kármán 와열이 자연스럽게 형성된다. 충분한 CPU 시간이 지나면 계산된 유동은 실제 유동과 흡사하

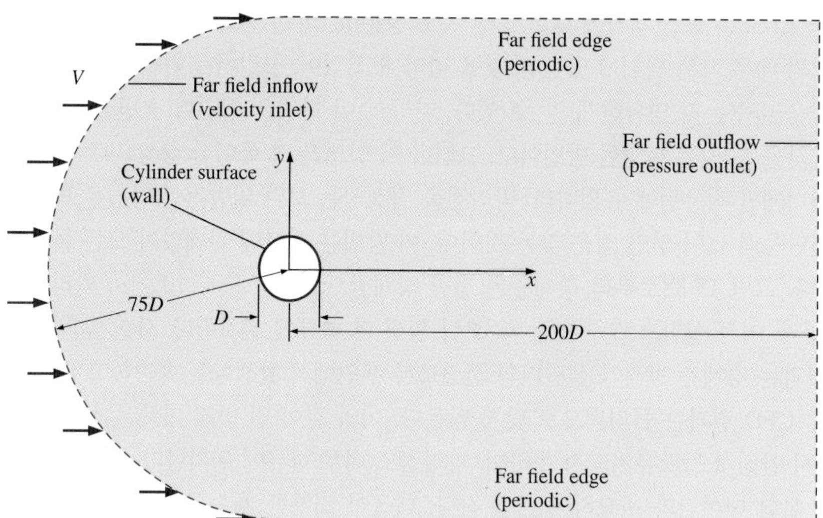

그림 15-39
원형 실린더 주위의 비정상, 2차원 층류 유동을 계산하기 위해 사용한 계산 영역(옅은 청색의 음영 지역, 축척에 맞지 않음). 적용된 경계 조건은 괄호 안에 있다.

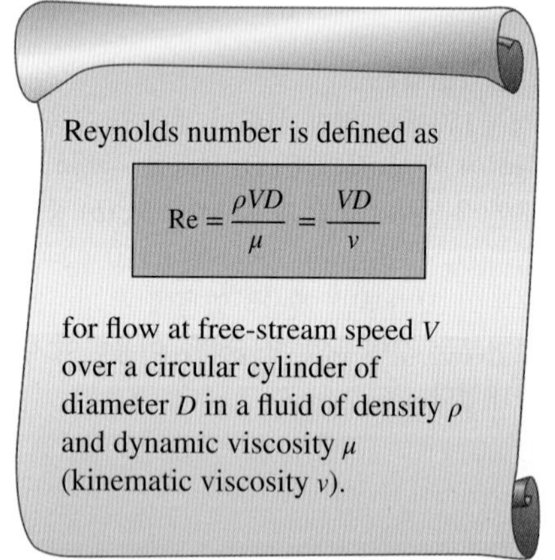

Reynolds number is defined as
$\mathrm{Re} = \frac{\rho VD}{\mu} = \frac{VD}{\nu}$
for flow at free-stream speed V over a circular cylinder of diameter D in a fluid of density ρ and dynamic viscosity μ (kinematic viscosity ν).

그림 15-40
실린더 주위의 유동에 대한 비압축성 CFD 계산에 있어, 원하는 Reynolds 수를 얻을 수 있다면, 자유흐름 속도, 실린더 직경, 또는 유체 종류의 선택은 중요하지 않다.

게 주기적인 와흘림 모양으로 안정된다. 그림 15-41은 풍동에서 실험적으로 구한 유맥선에 대한 사진과 함께, 어떤 특정 시각에서의 와도 등분포도를 보여 준다. CFD 계산 결과로부터 Kármán 와열이 하류에서 소멸하는 것을 명확하게 볼 수 있으며, 이는 와열 내 와도의 크기가 하류로 가면서 감소하기 때문이다. 이러한 소멸은 일부는 물리적인(점성), 일부는 인공적인(수치 소산, numerical dissipation) 이유에서 비롯된다. 그럼에도 불구하고 물리적 실험은 Kármán 와열의 소멸을 증명한다. 그러나 유맥선 사진에서 소멸은 그렇게 확실하지 않다(그림 15-41*b*). 이는 4장에서 언급하였듯이 유맥선의 시간적분 특성에 기인한다. 그림 15-42는 특정 시각에서 실린더로부터의 와흘림에 대한 확대 그림이며, CFD와 실험 결과를 비교하여 보여 준다. 실험 결과는 수로(water channel) 실험으로부터 구하였다. 와흘림의 동적 과정을 볼 수 있도록, 그림 15-42의 동영상은 교재의 웹사이트에 제공되어 있다.

표 15-2에 CFD 결과와 실험 결과를 비교하였다. 실린더에 대해 계산된 시간평균 항력계수는 1.14이다. 앞서 언급하였듯이, 이 Reynolds 수에서의 C_D 실험값은 1.1에서 1.4까지 변화하며, 따라서 실험적 분산 범위 내에서 일치한다. 그리고 현재의 계산이 경사 와흘림(oblique vortex shedding)이나 3차원 비균일성을 허용하지 않는 2차원 계산임을 유의하라. 이 점이 계산된 항력계수가 보고된 실험값 범위의 아래쪽에 있는 이유일 것이다. Kármán 와열의 Strouhal 수는 다음과 같이 정의된다.

표 15-2
Re = 150에서 원형 실린더 주위의 비정상, 층류 유동에 대한 CFD 계산 결과와 실험 결과의 비교*

	C_D	St
Experiment	1.1 to 1.4	0.18
CFD	1.14	0.16

* 결과가 일치하지 않는 주된 원인은 격자 조밀도나 수치적인 문제보다는 3차원 효과에 기인한다.

Strouhal 수:

$$\mathrm{St} = \frac{f_{\text{shedding}} D}{V} \qquad \textbf{(15-4)}$$

여기서 f_{shedding}은 와열의 흘림 주파수이다. CFD 결과로부터 St = 0.16을 계산할 수 있다. 이 Reynolds 수에서 실험으로 구한 Strouhal 수는 약 0.18이다(Williamson, 1989). 따라서 CFD 결과가 실험 결과에 비해 약간 낮지만, 비교적 잘 일치한다. 아마 보다 조밀한 격자를 사용하면 더 나아질 수 있겠지만, 이 차이의 주 원인은 2차원 계산에는 존재하지 않지만, 실험에서는 피할 수 없는 3차원 효과 때문인 것으로 보인다. 전체적으로 현재의 CFD 계산은 유동장의 모든 주요한 물리 현상을 포착하고 있으므

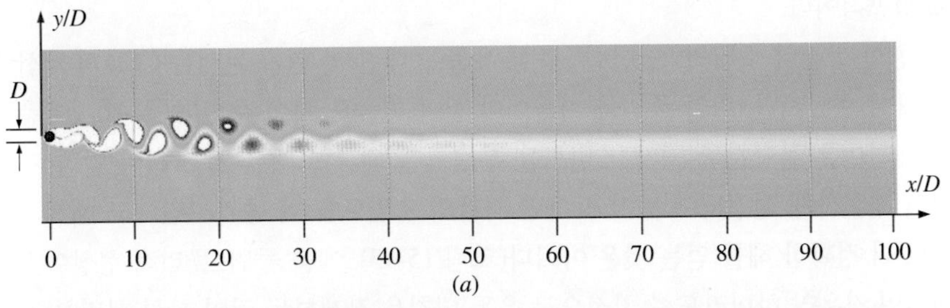

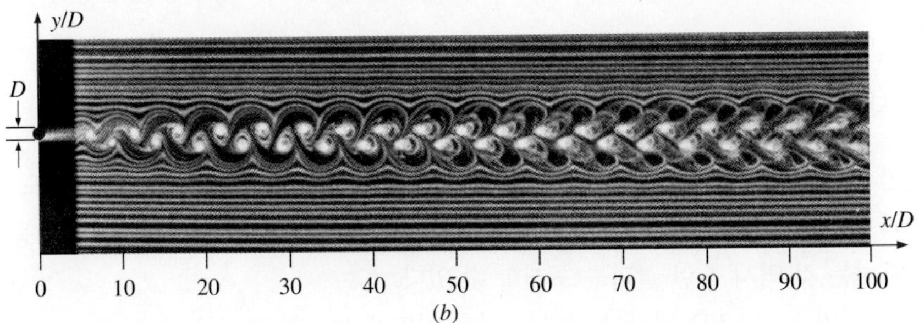

그림 15-41
Re ≅ 150에서 원형 실린더 후류에서의 층류 유동. (*a*) CFD로 계산된 와도 등분포도에 대한 순간 스냅 사진, (*b*) $x/D = 5$에 위치한 연기 선(smoke wire)에 의해 생성된 시간적분된 유맥선. 와도 등분포도는 Kármán 와열이 후류에서 급격히 소멸하는 것을 보여준다. 반면 유맥선은 상류로부터의 이력에 대한 기억을 유지하므로, 와류가 하류의 상당한 거리까지 지속되는 것처럼 보인다.
From Cimbala et al., 1988.

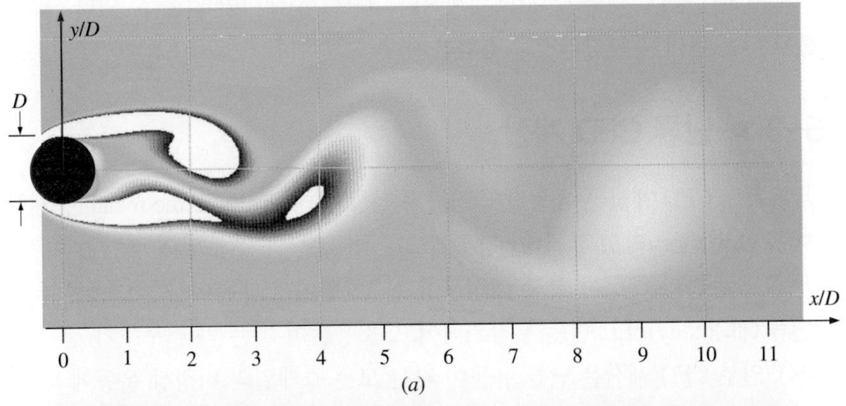

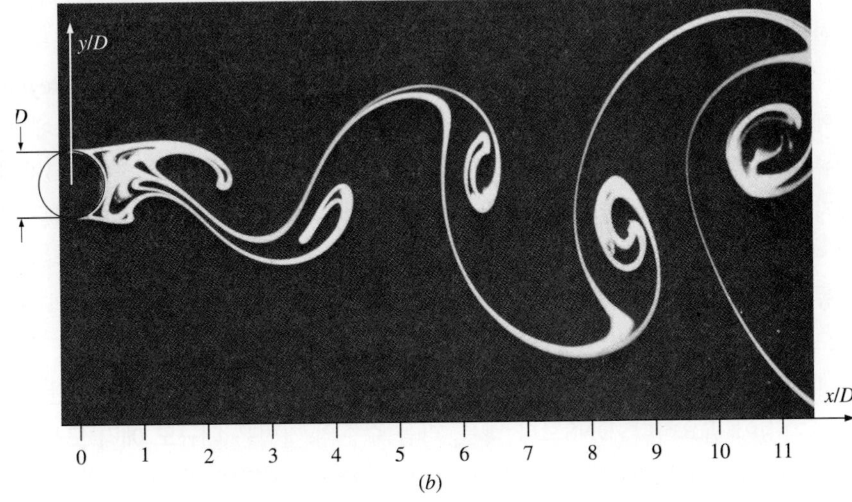

그림 15-42
원형 실린더로부터의 와흘림(vortex shedding)에 대한 확대 그림. (*a*) Re = 150에서 CFD로 구한 특정 시각에서의 와도 등분포도, (*b*) Re = 140에서 실린더 표면에 도입된 염료에 의해 생성된 염료 유맥선. 이 CFD 그림에 대한 동영상은 교재의 웹사이트에서 볼 수 있다.
(b) Reprinted by permission of Sadatoshi Taneda.

그림 15-43
격자 조밀도가 좋지 않으면 부정확한 CFD 결과를 초래할 수 있으나, 그렇다고 조밀한 격자가 물리적으로 더 정확한 해를 보장하는 것은 아니다. 만약 경계 조건이 적절하게 설정되지 않는다면, 격자가 아무리 조밀해도 결과는 물리적으로 맞지 않는다.

로 성공적이다.

원형 실린더 주위의 "간단한" 층류 유동에 대한 이 연습 문제는 CFD의 계산 능력을 보여 주었지만, 또한 주의를 기울여야 할 측면들도 보여 주었다. 특히 경계층 박리에 대하여는 불충분한 격자 조밀도는 부정확한 해를 초래한다. 그러나 만약 경계 조건이 적절하게 설정되어 있지 않다면 **격자의 조밀도를 더 증가시킨다고 해서 물리적으로 더 정확한 해를 얻는 것은 아니다**(그림 15-43). 예를 들면, 물리적 형상이 완전히 대칭인 경우라 하더라도 수치적으로 유동 대칭을 강제하는 것이 항상 현명한 것은 아니다.

대칭 형상이 대칭 유동을 보장하는 것은 아니다.

또한 유동이 본질적으로 불안정하고 진동할 때, 정상 유동으로 강제하는 것도 틀린 결과를 초래할 수 있다. 마찬가지로 유동이 본질적으로 3차원일 때, 2차원 유동으로 강제하는 것 역시 틀린 결과를 초래할 수 있다.

그러면 층류 CFD 계산이 맞다는 것을 어떻게 보장할 수 있는가? 이는 실험적 검증과 함께 계산 영역의 크기, 격자 조밀도, 경계 조건, 유동 형태(정상 또는 비정상, 2-D 또는 3-D 등)의 영향에 대한 체계적인 연구를 통해서만 얻을 수 있다. 공학의 대부분의 다른 분야와 마찬가지로 **경험**은 매우 중요하다.

15-3 ■ 난류 CFD 계산

난류 유동의 CFD 계산은 유동장이 평균적 정상 상태(steady in the mean, 통계학자들은 이를 stationary라고 부름)인 경우에도 층류 유동 계산에 비해 대단히 어렵다. 이는 난류 유동장의 특징이 **항상** 비정상이고, 3차원이기 때문이다. 즉, 난류 유동에서는 **난류 에디**(eddy)라고 하는 무작위적이고, 소용돌이 치는 와류 구조가 생긴다(그림 15-44). 일부 CFD 계산은 난류 유동이 갖는 모든 스케일의 비정상 운동에 대한 해석을 시도하는 **직접 수치 모사**(Direct Numerical Simulation, DNS)라고 하는 기법을 사용한다. 그러나 가장 큰 에디와 가장 작은 에디 사이의 크기 차이와 시간 척도의 차이는 수 차수의 크기일 수 있다(그림 15-44에서 $L \gg \eta$). 더욱이 이들 차이는 Reynolds 수에 따라 증가하며(Tennekes와 Lumley, 1972), 따라서 Reynolds 수의 증가에 따라 난류 유동에 대한 DNS 계산은 더욱 어렵게 된다. DNS 해는 극도로 조밀한 3차원의 격자, 대형 컴퓨터, 막대한 CPU 시간을 필요로 한다. 오늘날의 컴퓨터로는 실물 크기의 비행기 주위의 유동과 같은 공학적인 관심 대상이 되는 높은 Reynolds 수의 난류 유동에 대한 DNS 계산은 가능하지 않다. 컴퓨터의 발달이 오늘날과 같이 환상적인 속도로 지속되어도 이러한 상황은 앞으로 수십 년 동안 변하지 않을 것이다.

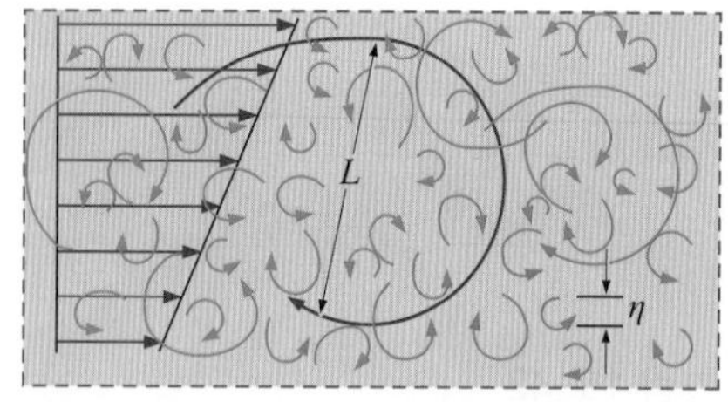

그림 15-44
모든 난류 유동은 **평균적 정상상태**(stationary)에 있다 하더라도 다양한 크기의 비정상, 3차원 **난류 에디**를 포함한다. 그림에 보인 것은 평균 속도 분포와 일부 에디이다. 가장 작은 난류 에디(크기 η)는 가장 큰 난류 에디(크기 L)보다 수 차수의 크기만큼 작다. **직접 수치 모사**(DNS)는 유동장에 있는 **모든** 난류 에디를 모사하는 CFD 기법이다.

따라서 높은 Reynolds 수의 복잡한 난류 유동장을 모사하기 위해서는 단순화시키는 가정이 필요하다. DNS보다 낮은, 다음 수준의 기법은 **대규모 에디 모사**(Large Eddy Simulation, LES)이다. 이 기법을 사용하여 난류 에디의 대규모 비정상 특성을 해석하고, 반면에 작은 스케일의 소산적인 난류 에디는 **모델링한다**(그림 15-45). 기본적인 가정은 작은 난류 에디는 **등방성**(isotropic)을 가진다는 것이다. 즉, 난류 유동장에 관계없이 작은 에디는 좌표계 방향에 독립적이고, 통계적으로 유사하고, 예측할 수 있는 방법으로 운동한다고 가정한다. 유동장 중의 가장 작은 에디는 해석할 필요가 없으므로, LES는 DNS에 비해 상당히 작은 컴퓨터 용량으로도 계산이 가능하다. 그럼에도 불구하고 오늘날의 기술을 사용하면 실제 공학해석과 설계에서 요구되는 컴퓨터 용량은 여전히 엄청나게 크다. DNS와 LES는 본 교재의 범위를 벗어나므로 더 이상 논의하지 않겠지만, 이들은 매우 최근의 연구 분야이다.

정교성이 다음으로 낮은 수준의 기법은 **난류 모델**을 이용하여 **모든** 비정상 난류 에디를 모델링하는 것이다. 이 기법에서는 가장 큰 에디를 포함한 어떤 난류 에디에 대하여도 비정상 해석을 시도하지 않는다(그림 15-46). 대신에 난류 에디로 인해 향상된 혼합과 확산을 고려하기 위하여 수학적 모델을 사용한다. 여기서는 간단하게 설명하기 위하여 정상 상태(즉, **평균적 정상 상태**), 비압축성 유동만을 고려한다. 난류 모델을 사용할 때, 정상 상태 Navier-Stokes 방정식(식 15-2)은 **Reynolds-averaged Navier-Stokes(RANS)** 방정식으로 대체되며, 이는 정상 상태(평균적 정상 상태), 비압축성 난류 유동에 대하여 다음과 같다.

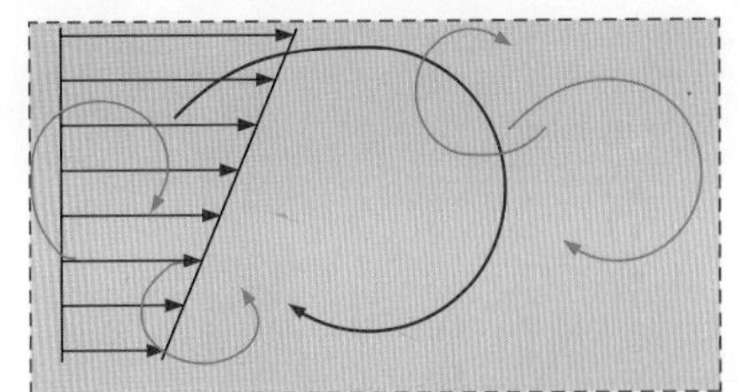

그림 15-45
대규모 에디 모사(LES)는 직접 수치 모사를 단순화시킨 것이며, **큰** 난류 에디만 해석한다. 작은 에디는 **모델링**되며, 따라서 필요한 컴퓨터 자원을 크게 감소시킨다. 그림은 평균 속도 분포와 해석된 에디를 보여준다.

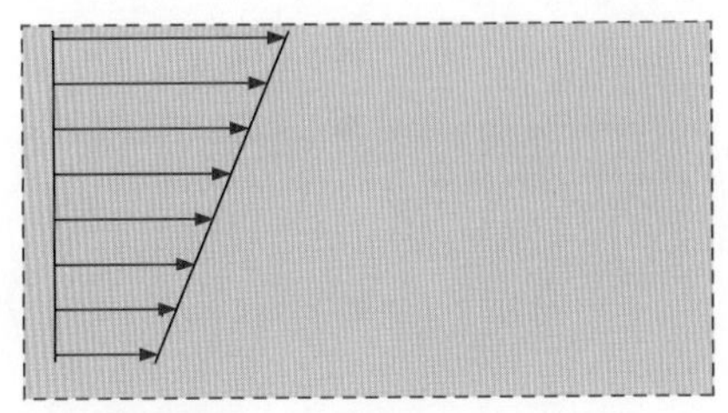

그림 15-46
CFD 계산에서 난류 모델을 사용할 때, 모든 난류 에디는 모델링되며, Reynolds 평균된 유동 특성만 계산된다. 그림은 평균 속도 분포를 보여주며, 어떤 난류 에디도 해석되지 않는다.

정상 상태 **RANS** 방정식:

$$(\vec{V}\cdot\vec{\nabla})\vec{V} = -\frac{1}{\rho}\vec{\nabla}P' + \nu\nabla^2\vec{V} + \vec{\nabla}\cdot(\tau_{ij,\text{ turbulent}}) \tag{15-5}$$

식 (15-2)와 비교하면, 식 (15-5)의 우변에는 난류 변동(turbulent fluctuation)을 나타내는 항이 추가되어 있다. $\tau_{ij,\text{ tubulent}}$는 **비 Reynolds 응력 텐서**(specific Reynolds stress tensor)로 알려져 있으며, 이와 같은 이름은 이 항이 점성응력 텐서 τ_{ij}(9장)와 비슷하게 작용하기 때문에 붙여졌다. 직교좌표계에서 $\tau_{ij,\text{ tubulent}}$는 다음과 같다.

$$\tau_{ij,\text{ turbulent}} = -\begin{pmatrix} \overline{u'^2} & \overline{u'v'} & \overline{u'w'} \\ \overline{u'v'} & \overline{v'^2} & \overline{v'w'} \\ \overline{u'w'} & \overline{v'w'} & \overline{w'^2} \end{pmatrix} \tag{15-6}$$

여기서 윗줄(overbar) 부호는 두 변동 속도 성분의 곱의 시간평균을 나타내며, 프라임(prime) 부호는 변동 속도 성분을 의미한다. Reynolds 응력은 대칭이므로 문제에 여섯 개(아홉 개가 아닌)의 미지수가 추가로 도입된다. 이들 새로운 미지수는 난류 모델에 의하여 다양한 방법으로 모델링된다. 난류 모델에 대한 구체적인 설명은 본 교재의 범위를 벗어나므로 상세한 내용은 Wilcox(2006) 또는 Chen과 Jaw(1998)를 참조하기 바란다.

현재 대수 방정식, 1-방정식, 2-방정식, Reynolds 응력 모델을 포함하여 많은 난류 모델들이 사용되고 있다. 가장 많이 사용되는 세 가지 모델은 k-ε 모델, k-ω 모델, q-ω 모델이다. **2-방정식**(two-equation) **난류 모델**이라고 하는 이 모델들은 두 개의 수송 방정식을 추가하게 되며, 이들은 질량과 선형운동량(그리고 필요하면 에너지 방정식도) 방정식과 함께 동시에 풀어야 한다. 2-방정식 난류 모델을 사용할 때, 반드시 풀어야 할 두 개의 추가된 수송 방정식과 함께, 입구와 출구에서 난류 상태량에 관한 두 개의 **경계 조건**이 추가로 지정되어야 한다(출구에 부과한 난류 상태량은 출구에서 역류가 발생하지 않는 한 사용되지 않음에 유의하라). 예를 들면, k-ε 모델에서 k(**난류 운동 에너지**, turbulent kinetic energy)와 ε(**난류 소산율**, turbulent dissipation rate)

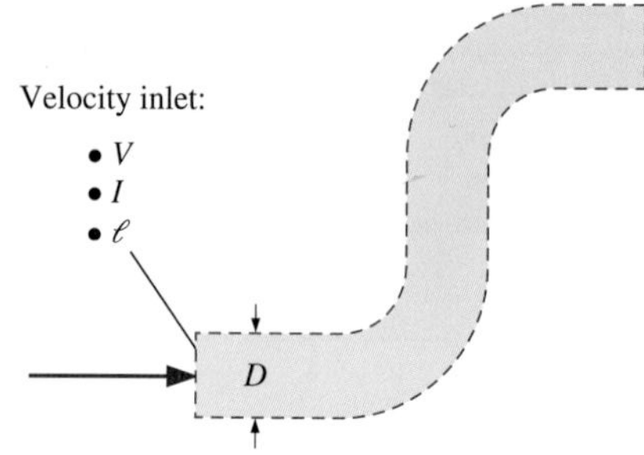

그림 15-47
압력 입구 또는 속도 입구 경계 조건에서 난류 특성을 정하기 위해 유용한 일반적인 법칙은 난류 강도를 10퍼센트로, 난류 길이 척도를 문제에 포함된 어떤 특성 길이 척도의 반으로 설정하는 것이다($\ell = D/2$).

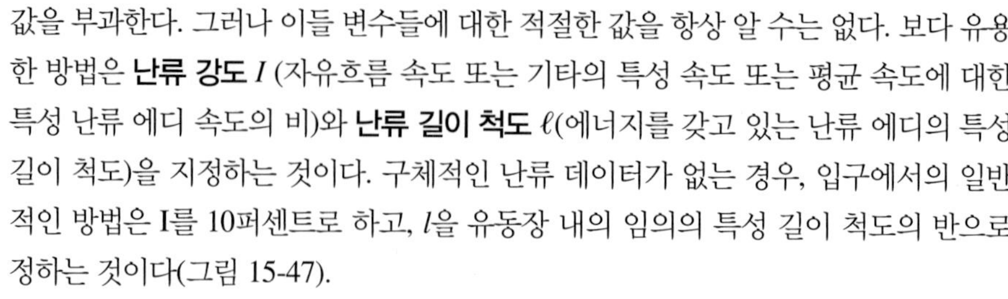

값을 부과한다. 그러나 이들 변수들에 대한 적절한 값을 항상 알 수는 없다. 보다 유용한 방법은 **난류 강도** I (자유흐름 속도 또는 기타의 특성 속도 또는 평균 속도에 대한 특성 난류 에디 속도의 비)와 **난류 길이 척도** ℓ(에너지를 갖고 있는 난류 에디의 특성 길이 척도)을 지정하는 것이다. 구체적인 난류 데이터가 없는 경우, 입구에서의 일반적인 방법은 I를 10퍼센트로 하고, l을 유동장 내의 임의의 특성 길이 척도의 반으로 정하는 것이다(그림 15-47).

난류 모델들은 방정식을 수학적으로 종결하기 위해 경험 상수에 크게 의존하는 **근사적** 방법임을 강조한다. 이들 모델은 직접 수치 모사와 평판 경계층, 전단층(shear layer)과 스크린 하류의 등방성으로 감쇠하는 난류와 같은 단순한 유동장으로부터 구한 실험 데이터에 의해 보정된다. 그러나 불행하게도 어떤 난류 모델도 **범용성**을 가지지는 않는다. 즉, 모델은 보정에 사용된 유동과 유사한 유동에는 잘 맞지만, 특히 유동 박리와 재부착 그리고/또는 대규모 비정상성을 포함하는 일반적인 난류 유동장에 적용하였을 때 항상 물리적으로 올바른 해를 도출하는 것은 아니다.

난류 CFD 해는 계산에 사용되는 난류 모델의 적합한 정도 그리고 유효한 정도만큼만 좋다.

계산 격자를 아무리 조밀하게 만든다 해도 위 문구는 여전히 유효하다는 것을 강조한다. CFD를 층류 유동에 적용할 때는 격자를 조밀하게 함으로써 계산의 물리적 정확도를 일반적으로 향상시킬 수 있다(물론 경계 조건이 올바르게 지정된다면). 그러나 이는 난류 모델을 사용하는 난류 유동 CFD 해석의 경우에는 사용하는 경계 조건이 맞더라도 해당되지 **않는다**. 조밀한 격자는 **수치적 정확도**를 향상시키는 반면, 해의 **물리적 정확도**는 항상 난류 모델 자체의 물리적 정확도에 의해 제한된다.

이와 같은 점에 유의하여 이제 난류 유동장에 대한 CFD 계산의 실제 예를 소개한다. 이 장에서 논의하는 난류 유동의 모든 예제에서는 벽함수(wall function)와 함께 k-ε 난류 모델을 사용한다. 이 모델은 ANSYS-FLUENT와 같은 많은 상용 코드에서 기본적인 난류 모델이다. 또한 모든 경우에 평균적 정상 유동을 가정한다. 즉, 뭉툭한 물체 후류의 와흘림과 같은 유동의 비정상 특성을 모델링하고자 하지 않는다. **난류 모델이 유동장 내의 난류 에디에 의해 기인하는 모든 본질적인 비정상성을 고려한다고 가정한다.** **비정상** 난류 유동도 시간 전진 기법(time-marching scheme)을 이용하여 난류 모델로 풀 수 있으나(비정상 RANS 계산), 이는 비정상성의 시간 척도가 개별 난류 에디의 시간 척도에 비해 매우 긴 경우로 한정됨에 유의한다. 예를 들면, 돌풍속을 통과하는 비행선이 받는 힘과 모멘트를 계산한다고 하자(그림 15-48). 입구 경계에 시간에 따라 변화하는 풍속과 난류 수준을 부과하고, 난류 모델을 이용하여 비정상 난류 유동 해를 계산할 수 있다. 유동의 크고 전체적인 스케일 특성(유동 박리, 물체가 받는 힘과 모멘트 등)은 비정상이지만, 예를 들면 난류 경계층의 미세한 스케일의 특성은 준정상(quasi-steady) 난류 모델에 의해 모델링된다.

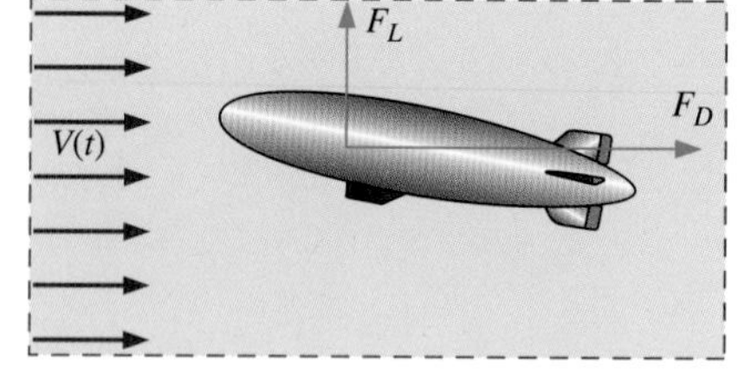

그림 15-48
난류 모델을 사용하는 대부분의 CFD 계산이 **평균적 정상 상태** 계산이지만, 난류 모델을 이용하여 **비정상** 난류 유동장을 계산하는 것도 가능하다. 물체 주위를 지나는 유동의 경우, 비정상 경계 조건을 부과하고 시간에 따라 전진하면 비정상 유동장의 전체적 특성을 예측할 수 있다.

Re = 10,000에서의 원형 실린더 주위의 유동

난류 유동 CFD 해의 첫 번째 예제로서 Re = 10,000에서의 원형 실린더 주위의 유동을 계산해 보자. 층류 실린더 유동 계산에 사용하였던 것과 동일한 2차원 계산 영역을 사용하며, 이는 그림 15-35에 나타나 있다. 여기서는 층류 계산과 마찬가지로 계산 영역의 아랫변을 따라 대칭이므로 유동장의 상반부만 계산한다. 층류 계산에 사용하였던 것과 같은 세 가지 격자를 사용한다. 즉, 성긴, 중간, 조밀한 격자이다(그림 15-36). 같은 형상에 대해 난류 유동 계산(특히 난류 모델과 벽함수를 이용하는)을 위한 격자는 층류 유동 계산을 위한 격자와 특히 벽면 부근에서 일반적으로 같지 않다는 점에 유의한다.

실린더 주위를 왼쪽에서 오른쪽으로 흐르는 온도가 25 ℃이며, 속도가 $V = 7.304$ m/s인 공기의 자유 유동을 고려해 보자. 실린더 직경($D = 2.0$ cm)을 기준으로 하는 이 유동의 Reynolds 수는 약 10,000이다. 이 Reynolds 수에서의 실험으로부터 경계층은 층류이며, 실린더 정점으로부터 몇 도 앞에서 박리되는 것으로 알려져 있다($\alpha \cong 82°$). 그러나 후류는 난류가 된다. 이와 같은 층류와 난류의 혼합 유동은 CFD 코드를 이용하여 해석하기가 특히 어렵다. 이 Reynolds 수에서 측정된 항력계수 $C_D \cong 1.15$이다(Tritton, 1977). 세 가지 격자에 대하여 모두 평균적 정상 상태의 난류 유동을 가정하여 CFD 계산을 수행한다. k-ε 난류 모델과 벽함수를 사용하고, 입구에서 난류 수준은 10퍼센트, 길이 척도는 0.01 m(실린더 직경의 반)로 지정하였다. 세 가지 경우 모두 잘 수렴하였다. 그림 15-49는 세 가지 격자에 대한 유선을 보여 준다. 각 그림에서 유동장의 상반부만 계산하였지만, 각 그림에서는 전체 유동장을 보이기 위해 대칭선에 대한 거울상을 도시하였다.

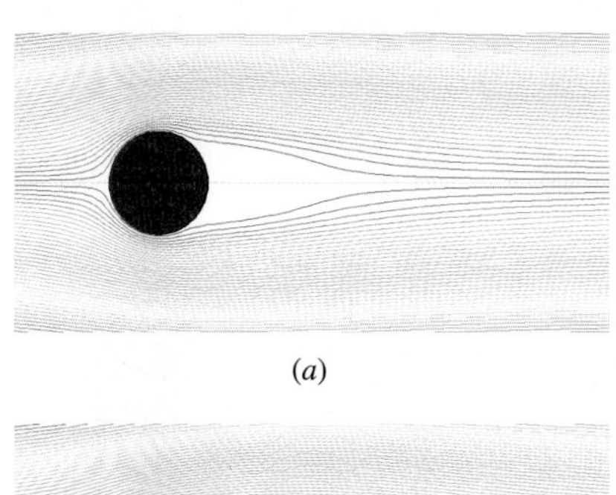
(*a*)

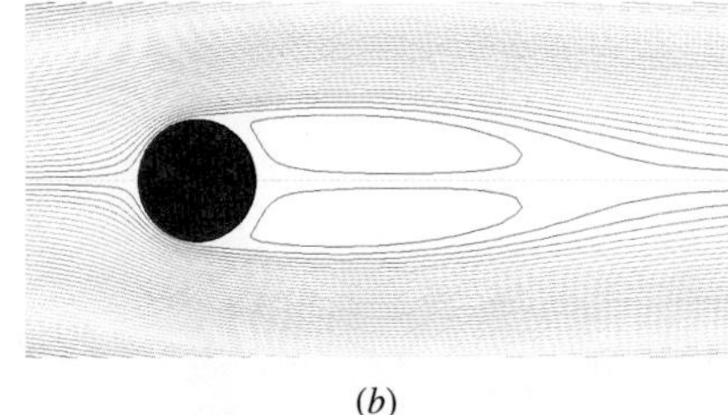
(*b*)

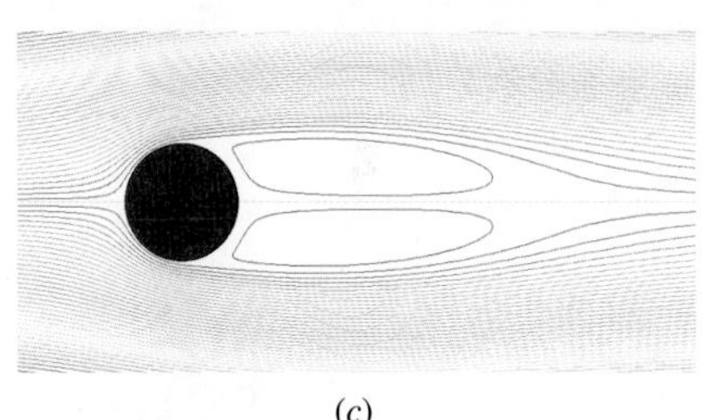
(*c*)

그림 15-49
Re = 10,000에서 원형 실린더 주위의 평균적 정상 상태 난류 유동에 대해 CFD 계산으로 구한 유선. (*a*) 성긴 격자(30×60), (*b*) 중간 격자(60×120), (*c*) 조밀 격자(120×240). 유동의 상반부만 계산하였음에 유의하라. 하반부는 상반부의 거울상을 보여 준다.

성긴 격자의 경우(그림 15-49*a*), 경계층은 실린더의 정점을 상당히 지난 $\alpha \cong 140°$에서 박리된다. 더욱이 항력계수 C_D는 실험값보다 거의 두 배나 작은 0.647에 불과하다. 보다 조밀한 격자의 결과가 실험 데이터와 더 일치하는지 보자. 중간 격자의 경우(그림 15-49*b*) 유동장은 상당히 다르게 나타난다. 경계층은 실린더의 정상에 더 가까운 곳인 $\alpha \cong 104°$에서 박리되고, C_D는 약 0.742까지 증가한다. 이는 실험값에 가까워졌지만, 여전히 실험값보다 상당히 작다. 실린더 후류에 나타나는 재순환 에디의 길이는 성긴 격자와 비교하여 거의 두 배가 커진다. 그림 15-49*c*는 조밀 격자에 대한 유선을 보여 준다. 결과는 중간 격자와 매우 유사하며, 항력계수는 약간 증가하였다($C_D = 0.753$). 이 경우 경계층 박리점의 위치는 $\alpha \cong 102°$이다.

더욱 조밀한 격자는(나타내지 않았음) 앞서의 조밀 격자에 비해 결과를 크게 변화시키지 않았다. 달리 말하면, 조밀 격자는 그 조밀도가 충분한 것으로 보이지만, 결과는 실험과 일치하지 않는다. 그 이유는 무엇일까? 현재의 계산에는 다음과 같은 몇 가지 문제점이 있다. 실제 물리적 유동이 비정상임에도 불구하고 정상 유동으로 모델링하고 있다. 물리적 유동이 비대칭임에도 불구하고 x축에 대하여 대칭성을 강제하고 있다(이 Reynolds 수의 실험에서 Kármán 와열이 관찰된다). 그리고 난류 유동의 모든 작은 에디를 해석하는 대신 난류 모델을 사용하고 있다. 현재의 계산에 나타나는 오류에 대한 또 다른 중요한 원인은 난류인 후류 영역을 잘 모델링하기 위하여 난류 옵션을 사용하여 CFD 코드를 실행하기 때문이다. 그러나 실린더 표면의 경계층은 실제로 여전히 **층류**이다. 본 계산에서 실린더 정점의 하류에서 예측되는 박리점의 위치는 현재보다 훨씬 높은 Reynolds 수[Re = 2×10^5 이상에서 나타나는 항력 위기(drag crisis) 이후]에서나 나타나는 **난류** 경계층 박리점의 위치와 더 가깝다.

요컨대 CFD 코드는 층류와 난류 사이의 천이 영역에 있을 때 그리고 같은 계산 영역에 층류와 난류가 혼재되어 있을 때 계산이 어렵다. 사실 대부분의 상용 코드에서는 사용자가 층류와 난류를 선택하도록 한다. 즉, 중간이 없다. 현재의 계산에서, 실제 경계층이 층류임에도 불구하고 난류 경계층으로 모델링하였으므로 계산 결과가 실험 결과와 잘 맞지 않는 것은 놀랄 일이 아니다. 그러나 전체 계산 영역을 층류 유동으로 설정하였다면 CFD 결과는 더욱 나빠졌을 것이다(덜 실제적이므로).

층류와 난류 유동이 혼합된 경우에 대한 물리적인 부정확성 문제를 극복할 방법이 있는가? 아마도 가능하다. 일부 CFD 코드는 상이한 유동 지역에 유동을 층류 또는 난류로 따로 설정할 수 있게 한다. 그러나 그렇게 하더라도 층류로부터 난류 유동으로의 천이 과정이 다소 급작스러우며, 따라서 여전히 물리적으로 맞지 않다. 더욱이 천이가 어디서 발생하는지를 미리 알 필요가 있는데, 이는 유체 유동 예측을 독립적으로 수행하는 CFD 계산의 목적에 어긋난다. 천이 지역에서 언젠가는 보다 나은 예측을 할 수 있는 고급의 벽처리 모델이 계속 개발되고 있다. 또한 낮은 Reynolds 수 난류 유동에 적합한 새로운 난류 모델들도 계속 개발 중에 있다. 현재 천이는 CFD에서 활발히 연구되는 분야이다.

요약하면 Re ~ 10,000에서의 실린더 주위 유동의 층류/난류 혼합 문제는 표준 난류 모델과 정상 상태 Reynolds-averaged Navier-Stokes(RANS) 방정식을 이용하여 정확하게 모델링할 수 없다. 정확한 결과는 수 차수가 큰 계산량을 필요로 하는 비정상 RANS, LES 또는 DNS 해를 통하여만 얻을 수 있는 것으로 보인다.

Re = 10^7에서의 원형 실린더 주위의 유동

마지막 실린더 예제로서 CFD를 사용하여 Re = 10^7에서의 원형 실린더 주위의 유동을 계산해 보자(Re = 10^7은 항력 위기를 훨씬 지난 값이다). 고려하는 실린더의 직경은 1.0 m이고, 유체는 물이며, 자유흐름 속도는 10.05 m/s이다. 이 Reynolds 수에서 실험으로 측정된 항력 계수값은 약 0.7이다(Tritton, 1977). 경계층은 120° 부근에서 발생하는 박리점에서 난류이다. 따라서 본 예제는 앞서의 낮은 Reynolds 수에 대한 예제와 같은 혼합된 층류/난류 경계층 문제는 아니다. 경계층은 실린더의 선단 부근을 제외한 모든 곳에서 난류이며, 따라서 CFD 계산으로부터 보다 나은 결과를 기대할 수 있다. 앞의 예제에서 사용한 조밀 격자와 유사한 2차원 격자(상반부)를 사용한다. 그러나 실린더 벽면 부근의 격자는 높은 Reynolds 수에 맞추어 적절하게 수정하였다. 앞서와 마찬가지로 k-ε 난류 모델과 벽함수를 사용한다. 입구에서 난류 수준은 10퍼센트로 하였으며, 길이 척도는 0.5 m이다. 불행하게도 항력계수는 0.262로 계산되었으며, 이는 현재의 Reynolds 수에서의 실험값의 반보다도 작다. 그림 15-50은 유선을 보여 주고 있으며, 경계층은 하류쪽으로 좀 더 멀어진 α = 129°에서 박리된다. 이와 같은 차이가 나는 데는 몇 가지 이유가 있다. 먼저 현재의 유동을 정상, 대칭 유동으로 강제하였으나, 실제 유동은 와흘림으로 인하여 정상도 대칭 유동도 아니다(와

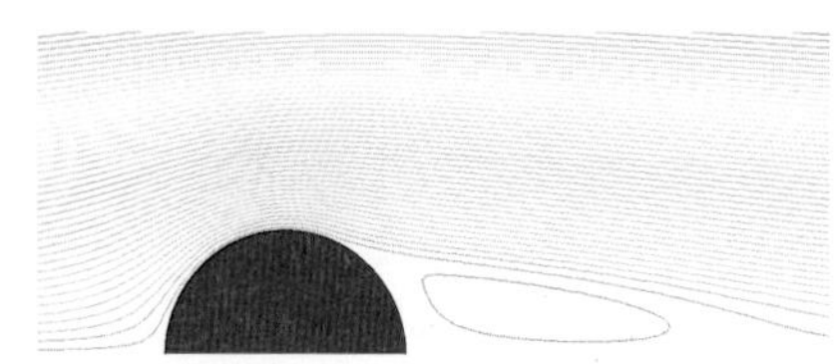

그림 15-50
Re = 10^7에서 원형 실린더 주위의 평균적 정상 난류 유동에 대해 CFD 계산으로 구한 유선. 불행히도 이 경우 계산된 항력계수는 여전히 정확하지 않다.

흐림은 높은 Reynolds 수에서도 발생한다). 또한 난류 모델과 벽처리법(벽함수)이 유동장의 올바른 물리 현상을 포착하지 못하는 것으로 보인다. 여기서 다음과 같은 결론을 내릴 수 있다. 원형 실린더 주위의 유동에 대한 정확한 결과는 유동장의 절반에 대한 격자가 아닌 전체에 대한 격자를 사용하여, 수 차수가 큰 계산량을 필요로 하는 비정상 RANS, LES 또는 DNS 계산을 통해야만 구할 수 있다.

깃-축류 팬 고정자의 설계

다음 난류 CFD 예제는 풍동을 구동시키기 위하여 사용되는 깃-축류 팬 고정자(vane-axial flow fan stator)의 설계에 관한 것이다. 전체 팬 직경 $D=1.0$ m이고, 팬의 설계점은 축류 속도 $V=50$ m/s이다. 고정자 깃(stator vane)은 허브에서 반경 $r=r_{\text{hub}}=0.25$ m로부터 팁에서 반경 $r=r_{\text{tip}}=0.50$ m까지의 범위에 있다. 현재 설계에서 고정자 깃은 로터 블레이드의 상류에 위치한다(그림 15-51). 예비 고정자 깃 형상은 후단 각도 $\beta_{\text{st}}=63°$와 20 cm의 코드 길이를 갖도록 선정되었다. 반경 r에서 실제 회전량은 고정자 깃의 개수에 따라 다르다. 깃의 개수가 작을수록 깃 사이의 간격이 커지므로 고정자 깃에 의해 회전하는 유동의 평균 각도는 작아질 것으로 예상된다. 로터 블레이드의 선단(고정자 깃의 후단으로부터 1 코드 길이 하류에 위치하는)에 충돌하는 유동이 적어도 45°의 **평균** 각도로 회전할 수 있는 고정자 깃의 최소 개수를 결정하는 것이 목적이다. 또한 고정자 깃 표면으로부터 큰 유동 박리가 없어야 한다.

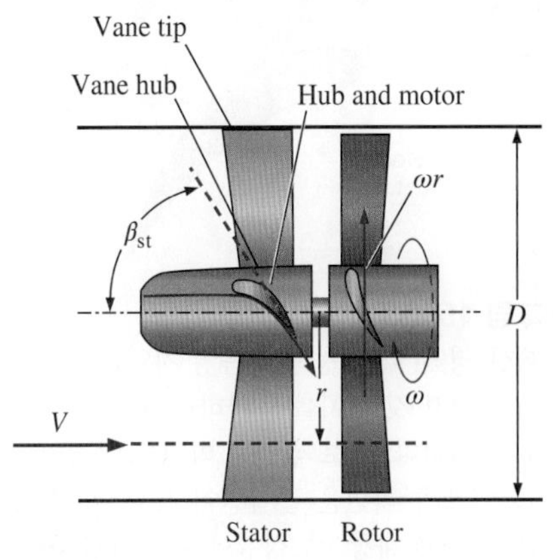

그림 15-51
설계하고자 하는 깃-축류 팬의 개요도. 고정자는 로터 앞에 있으며, 고정자 깃을 통과하는 유동을 CFD로 계산하고자 한다.

첫 번째 근사로, 임의의 반경 r에서의 고정자 깃을 2차원 **캐스케이드**로 모델링한다(14장 참조). 그림 15-52에 정의되어 있는 바와 같이, 이 반경에서 각각의 깃은 **블레이드 간격** s만큼 떨어져 있다. CFD를 사용하여 s의 최대 허용값을 예측하고, 이로부터 설계 조건을 만족하는 고정자 깃의 최소 개수를 계산한다.

고정자 깃의 2차원 캐스케이드를 지나는 유동은 y방향으로 무한히 주기적이므로, 계산 영역의 상변과 하변에 두 쌍의 주기 경계 조건을 설정함으로써 **한 개**의 유로만 고려한다(그림 15-53). 블레이드 간격이 다른 여섯 가지 경우의 계산을 실행한다. 블레이드 간격 $s=10$, 20, 30, 40, 50, 60 cm를 선택하여 각각의 경우에 정렬 격

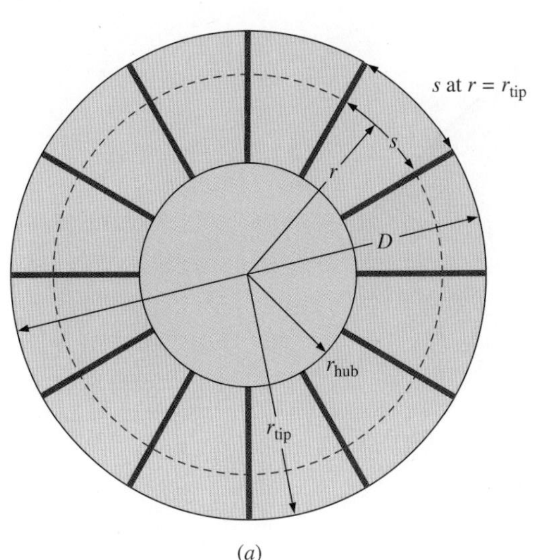

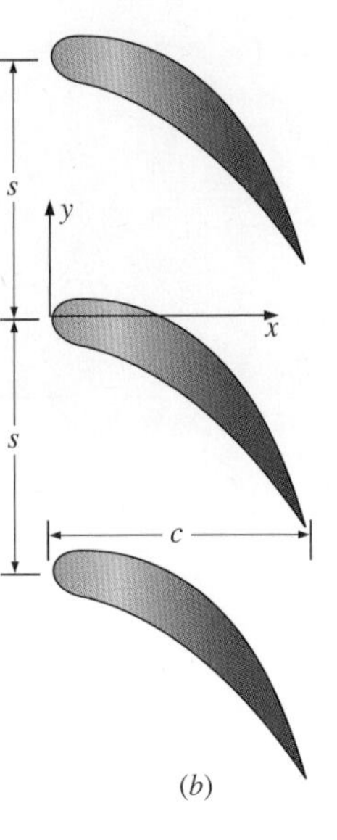

그림 15-52
블레이드 간격 s의 정의. (*a*) 고정자의 전면도, (*b*) 2차원 캐스케이드로 모델링한 고정자의 측면도. 전면도에 12개의 반경방향 고정자 깃이 보이지만, 실제 깃의 개수는 결정할 예정이다. 캐스케이드에 세 개의 고정자 깃이 보이지만, 실제 캐스케이드는 무한개의 깃으로 구성되며, 각각의 깃은 반경 r에 따라 증가하는 블레이드 간격 s만큼 떨어져 있다. 2차원 캐스케이드는 임의의 반경 r과 블레이드 간격 s에서의 3차원 유동을 근사한 것이다. 코드 길이 c는 고정자 깃의 수평 길이로 정의된다.

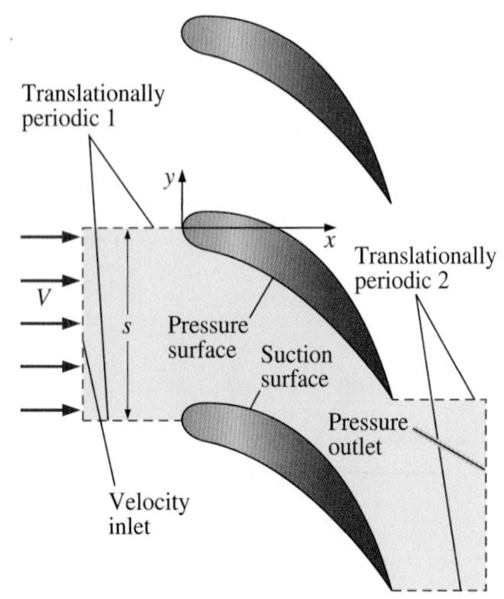

그림 15-53
계산 영역(엷은 청색의 음영 지역)은 두 개의 고정자 깃 사이를 통과하는 하나의 유로로 정의된다. 유로의 위쪽 벽면은 압력면이고, 아래쪽 벽면은 흡입면이다. 두 개의 병진 주기 경계쌍, 즉 상류에 주기 1과 하류에 주기 2가 정의되어 있다.

자를 생성한다. 그림 15-54는 $s = 20$ cm인 경우에 대한 격자를 보여 준다. 다른 격자도 유사하지만, s가 증가함에 따라 y방향으로 더 많은 격자를 사용하였다. 이 그림에서 경계층을 잘 해석하기 위하여 압력면과 흡입면 부근에 격자 간격을 얼마나 조밀하게 분포시켰는지에 유의한다. 경계 조건으로는 $V = 50$ m/s인 속도 입구, 계기 압력이 영인 압력 출구를 사용하고, 압력면과 흡입면에 점착 조건과 함께 매끈한 벽면 조건을 부과하였다. 난류 모델(k-ε과 벽함수)을 이용하여 유동을 계산하므로 속도 입구에 난류 상태량을 역시 지정하여야 한다. 본 계산을 위해 10퍼센트의 난류 강도와 0.01 m(1.0 cm)의 난류 길이 척도를 지정하였다.

여섯 가지 경우 모두 수렴이 가능한 한 많이 되도록 충분한 시간 동안 CFD 계산을 수행하였고, 그림 15-55에 여섯 개 블레이드 간격 $s = 10$, 20, 30, 40, 50, 60 cm에 대한 유선을 나타내었다. 한 개의 유로만을 지나는 유동을 해석하였지만, 유동장을 주기적인 캐스케이드로 나타내기 위하여 유로를 **복사하여** 여러 개 중첩하여 그렸다. 처음 세 가지 경우의 유선은 언뜻 보기에 매우 유사하지만, 자세히 보면 고정자 깃 후단 하류 유동의 평균 각도는 s에 따라 **감소한다**(여기서 유동 각도 β는 그림 15-55a에서와 같이 수평에 상대적인 값으로 정의한다). 또한 흡입면에 가장 가까운 유선과 벽면 사이의 간격(흰 공간)은 s가 증가함에 따라 그 크기가 증가하며, 이는 이 지역의 유동 속도가 감소하고 있음을 뜻한다. 사실 고정자 깃의 흡입면의 경계층은 블레이드 간격이 커짐에 따라 계속 증가하는 역압력구배(유속의 감소 및 양의 압력구배)를 견뎌야 한다. 그러나 충분히 큰 s에서는 흡입면의 경계층이 심한 역압력구배를 견딜 수 없으며, 따라서 벽면으로부터 박리된다. $s = 40$, 50, 60 cm(그림 15-55d에서 f까지)의 경우, 이들 유선 그림에서 흡입면으로부터의 유동 박리를 명확하게 볼 수 있다. 더욱이 유동 박리는 s가 증가함에 따라 더욱 심해진다. 이는 $s \to \infty$인 극한을 가정한다면 의외의 일은 아니다. 이런 경우 고정자 깃은 주위로부터 고립되며, 깃이 매우 큰 캠버를 가지므로 당연히 대량의 유동 박리를 예상할 수 있다.

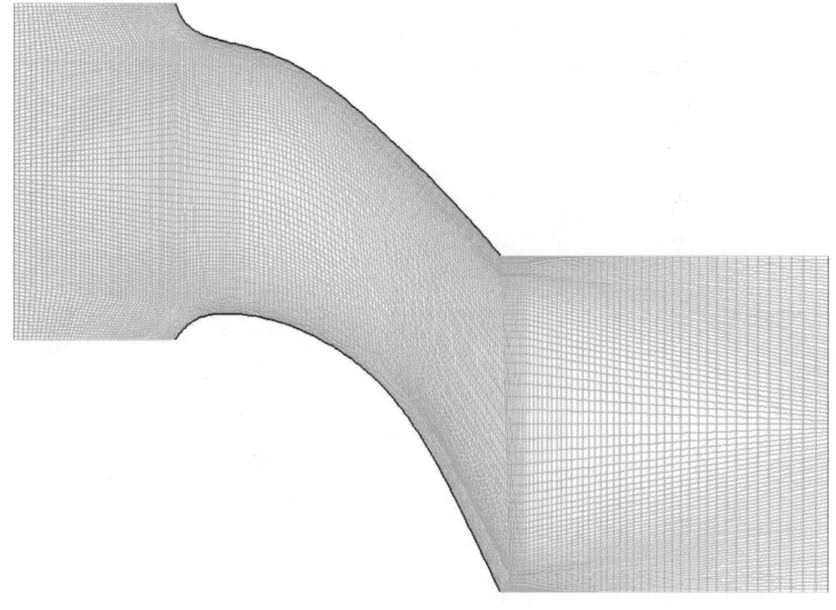

그림 15-54
블레이드 간격 $s = 20$ cm에서의 2차원 고정자 깃 캐스케이드에 대한 정렬 격자. 고정자 깃의 흡입면에서 유동 박리가 발생하는 경우, 압력 출구에서의 역류를 피하기 위하여 깃 후류에 있는 유출 영역은 고의적으로 입구 영역보다 더 길게 만들었다. 출구는 고정자 깃의 후단에서 1 코드 길이 하류에 있다. 출구의 위치는 로터 블레이드 선단의 위치와 같다(그림에 나타내지 않음).

표 15-3에 평균 출구 유동 각도 β_{avg}, 평균 출구 유동 속도 V_{avg}, 고정자 깃에 작용하는 단위 깊이당 항력 예측값 F_D/b를 블레이드 간격 s의 함수로 열거하였다(깊이 b는 그림 15-55의 지면 안쪽 방향이며, 현재와 같은 2차원 계산에서 1 m로 가정한다). β_{avg}와 V_{avg}는 s에 따라 계속 감소하지만, F_D/b는 처음에 증가하여 $s = 20$ cm 경우에 최대가 되며, 그 이후 감소한다.

본 예제에 대해 앞서 언급한 설계 기준으로부터 평균 출구 유동 각도는 45°보다 커야 하며, 심한 유동 박리가 발생하지 않아야 함을 상기하라. 현재의 CFD 결과로부터 이들 두 가지 기준이 $s = 30$ cm와 40 cm 사이 어딘가에서 만족되지 않는 것으로 보인다. 와도 등분포도를 그리면 유동 박리를 보다 명확하게 볼 수 있다(그림 15-56). 이 등분포도에서 청색은 큰 음의 와도(시계방향 회전), 적색은 큰 양의 와도(반시계방향 회전), 녹색은 영의 와도를 나타낸다. $s = 30$ cm에 대한 그림 15-56*a*에서 볼 수 있는 바와 같이 경계층이 부착되어 있다면 와도는 고정자 깃 표면을 따르는 얇은 경계층 내에 집중될 것을 예상할 수 있다. 그러나 $s = 40$ cm에 대한 그림 15-56*b*와 같이 경

표 15-3

블레이드 간격 s의 함수로 나타낸 평균 출구 유동 각도 β_{avg}, 평균 출구 유동 속도 V_{avg}, 그리고 단위 깊이당 항력 예측값 F_D/b의 변화*

s, cm	β_{avg}, degrees	V_{avg}, m/s	F_D/b, N/m
10	60.8	103	554
20	56.1	89.6	722
30	49.7	77.4	694
40	43.2	68.6	612
50	37.2	62.7	538
60	32.3	59.1	489

* 모든 계산 결과는 3자리 유효숫자까지 나타내었다. CFD 계산은 k-ε 난류 모델과 벽함수를 이용하여 수행되었다.

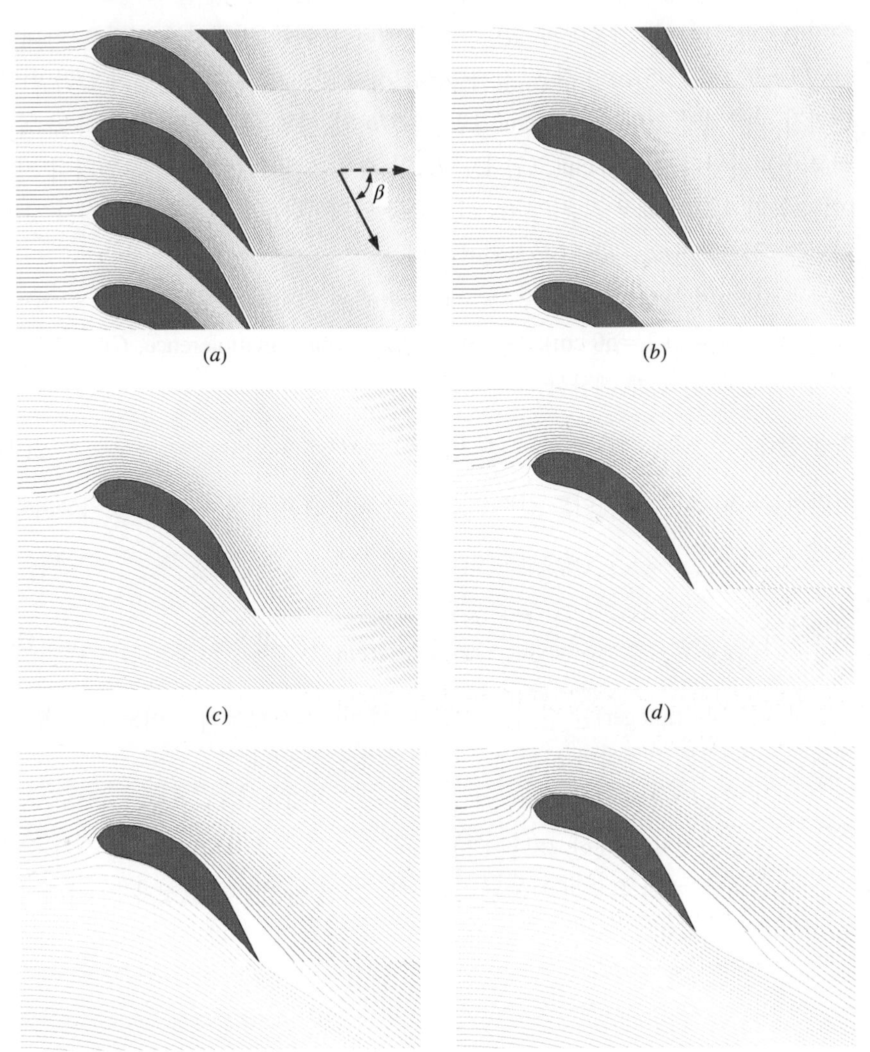

그림 15-55

고정자 깃 유로를 통과하는 평균적 정상 난류 유동에 대해 CFD 계산으로 구한 유선. (*a*) 블레이드 간격 $s = 10$ cm, (*b*) 20 cm, (*c*) 30 cm, (*d*) 40 cm, (*e*) 50 cm, (*f*) 60 cm. k-ε 난류 모델과 벽함수를 이용하여 CFD 계산을 수행한다. 그림 (*a*)에서 유동 각도 β는 고정자 깃 후단의 바로 하류 유동의 평균 각도(수평선에 상대적인)로 정의된다.

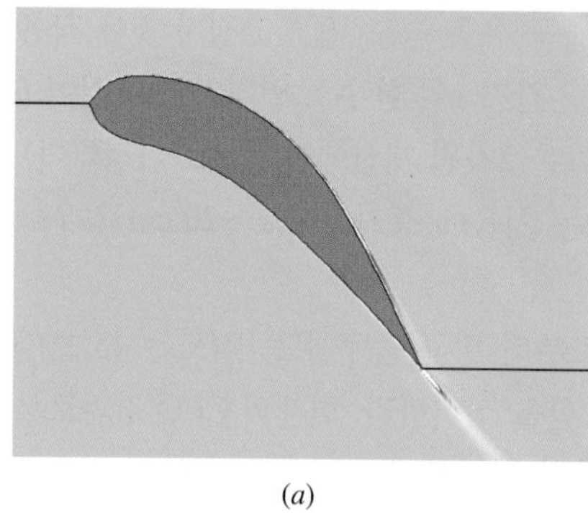
(a)

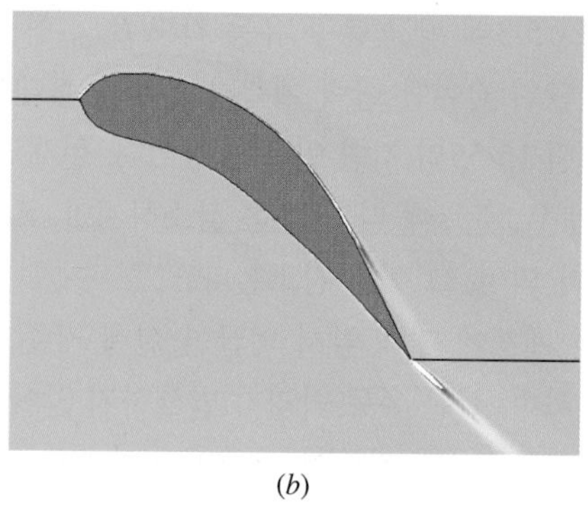
(b)

그림 15-56
고정자 깃 유로를 통과하는 평균적 정상 난류 유동에 대해 CFD 계산으로 구한 와도 등분포도. 블레이드 간격 (a) $s=30$ cm, (b) $s=40$ cm. 벽면을 따르는 얇은 경계층과 후류 내를 제외하고는 유동장은 거의 비회전이다(와도=0). 그러나 (b) 경우와 같이 경계층이 박리될 때, 와도는 박리 유동 영역 내로 퍼져나간다.

계층이 박리된다면 와도는 흡입면으로부터 밖으로 급격히 퍼져 나간다. 이들 결과는 큰 유동 박리가 $s=30$과 40 cm 사이에서 발생한다는 것을 입증한다. 또한 그림 15-56의 두 가지 경우에 어떻게 와도가 경계층뿐만 아니라 **후류**에도 집중되는지 주목한다.

마지막으로 세 가지 경우, 즉 $s=20$, 40, 60 cm의 속도 벡터를 그림 15-57에 비교하였다. 계산 영역에 등간격으로 분포된 여러 개의 평행선을 그렸으며, 각 선은 수평선으로부터 45° 기울어져 있다. 속도 벡터는 이들 평행선을 따라 나타내었다. $s=20$ cm(그림 15-57a)인 경우, 경계층은 고정자 깃의 양쪽면(흡입면과 압력면)의 후단까지 부착되어 있다. $s=40$ cm(그림 15-57b)인 경우, 흡입면을 따라 유동 박리와 역류가 나타난다. $s=60$ cm(그림 15-57c)인 경우, 박리 거품과 역류 영역이 커진다[이는 공기 속도가 매우 작은 "사(dead)" 유동 영역이다]. 모든 경우에 고정자 깃의 압력면(아래 왼쪽면)의 유동은 부착되어 있다.

$s=30$ cm의 블레이드 간격은 몇 개의 깃(N)을 의미하는가? s가 가장 큰 곳인 깃 팁에서($r=r_{tip}=D/2=50$ cm), 총 가용 둘레(available circumference, C)가 다음 식과 같게 되므로 N은 쉽게 계산할 수 있다.

가용 둘레:
$$C = 2\pi r_{tip} = \pi D \qquad \textbf{(15-7)}$$

따라서 $s=30$ cm의 블레이드 간격으로 이 둘레 내에 배치할 수 있는 깃의 개수는 다음과 같다.

최대 깃수:
$$N = \frac{C}{s} = \frac{\pi D}{s} = \frac{\pi(100\text{ cm})}{30\text{ cm}} = 10.5 \qquad \textbf{(15-8)}$$

당연히 N은 정수(integer)만 될 수 있으므로, 예비해석으로부터 적어도 10개 또는 11개의 고정자 깃을 가져야만 하는 것으로 결론지을 수 있다.

고정자 깃을 2차원 캐스케이드로 근사시키는 것이 얼마나 유효한가? 이 질문에 답하기 위해 고정자에 대한 3차원 CFD 해석을 수행한다. 여기서 다시 주기적 특성을 이용하여 한 개의 유로만을 모델링한다[두 개의 반경방향 고정자 깃 사이의 3차원 유로(그림 15-58)]. 주기 각도를 360/10=36°로 설정함으로써 고정자 깃의 개수 $N=10$을 선택한다. 식 (15-8)로부터 이는 깃 팁에서 $s=31.4$, 허브에서 $s=15.7$, 평균값 $s_{avg}=23.6$을 나타낸다. 속도 입구, 유출 출구, 허브와 팁에서의 원통형 벽의 단면, 깃의 압력면, 깃의 흡입면과 두 쌍의 주기 경계 조건으로 둘러싸인 계산 영역에서 육

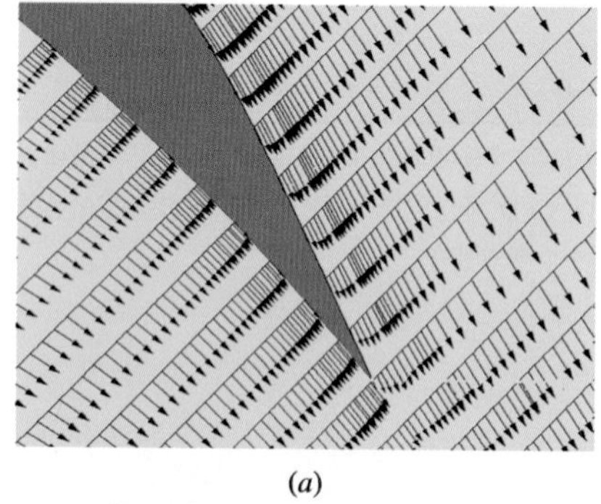
(a)

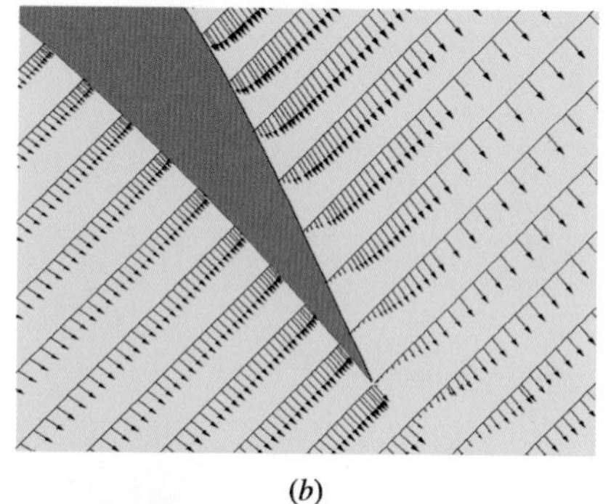
(b)

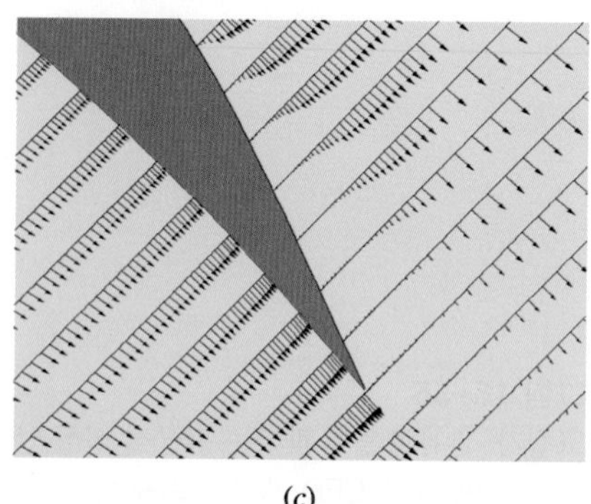
(c)

그림 15-57
고정자 깃 유로를 통과하는 평균적 정상 난류 유동에 대해 CFD 계산으로 구한 속도 벡터. 블레이드 간격 $s=$(a) 20 cm, (b) 40 cm, (c) 60 cm.

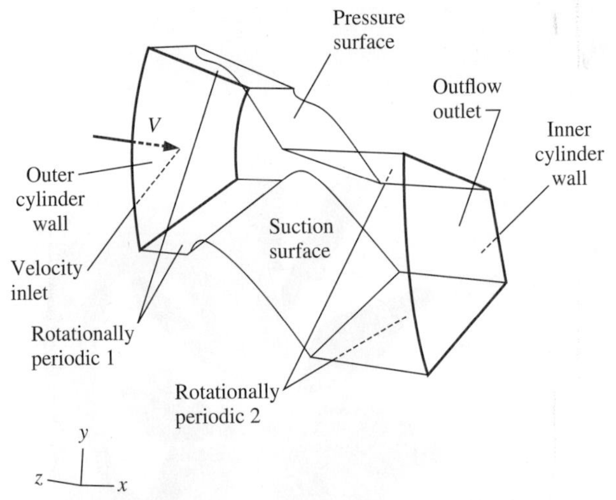

그림 15-58
$N=10$의 경우, 두 개의 고정자 깃 사이의 유로에 의해 정의되는 3차원 계산 영역(깃 사이의 각도=36°). 계산 영역의 체적은 고정자 깃의 압력면과 흡입면 사이, 내부와 외부 원통형 벽면 사이, 그리고 입구에서 출구까지로 정의된다. 두 쌍의 회전 주기 경계 조건이 그림과 같이 정의된다.

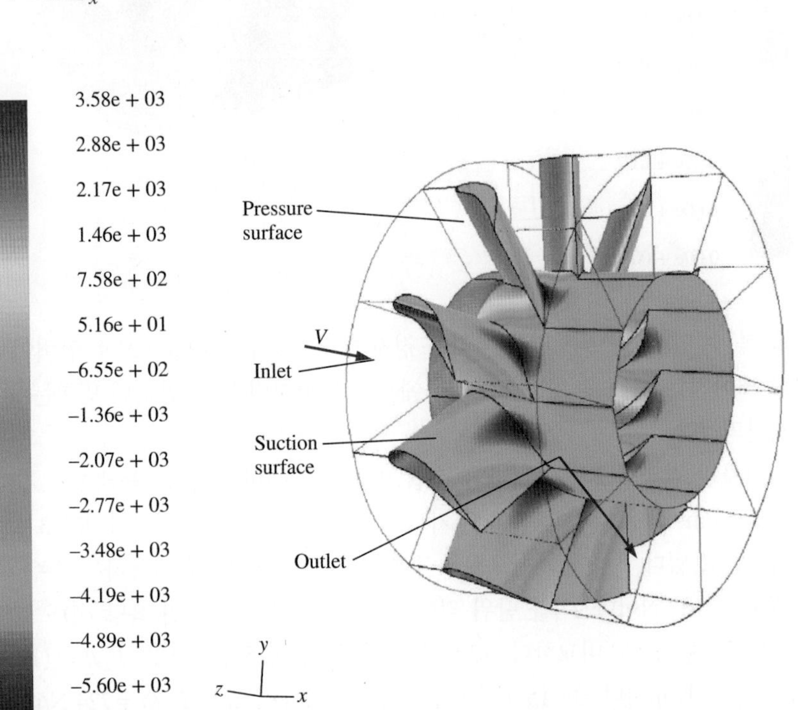

그림 15-59
고정자 깃 유로를 통과하는 평균적 정상 난류 유동에 대해 3차원 CFD 계산으로 구한 압력 등분포도. 압력은 깃 표면과 내부 원통형 벽면(허브)에서 N/m^2의 단위로 표시된다. 입구와 출구의 외형도 명확하게 그려져 있다. CFD 계산에서 하나의 유로만 모델링하였지만, 전체 고정자 유동장을 가시화하기 위하여 한 개의 유로 그림을 x축에 대해 원주방향으로 9번 복사하였다. 이 그림에서 높은 압력(깃의 압력면에서와 같이)은 적색, 낮은 압력(특히 허브 부근의 깃의 흡입면에서와 같이)은 청색으로 표시된다.

면체의 정렬 격자를 생성한다. 이러한 3차원의 경우, 주기 경계는 병진 주기적이기보다 **회전** 주기적이다. 또한 선회(swirl) 운동이 출구면에 반경방향의 압력 분포를 만들 것으로 예상되므로, 압력 출구 경계 대신 유출 경계 조건을 사용하는 데 유의하라. 또한 경계층을 잘 해석할 수 있도록 격자는 다른 어떤 곳보다 벽면 근처에 조밀하게 밀집시킨다(평소대로). 유입 속도, 난류 수준, 난류 모델 등은 모두 2차원 계산에 사용하였던 것과 같으며, 계산 셀의 총 수는 약 800,000이다.

그림 15-59는 고정자 깃 표면과 내부 원통형 벽면에서의 압력 등분포도를 보여 준다. 이 그림은 그림 15-58에서 보는 것과 같은 각도에서 본 그림이다. 그러나 유동장을 보기 쉽도록 먼저 계산 영역을 축소하고, 회전축(x축)에 대해 원주방향으로 9번 복사하여 총 10개의 유로를 만들었다. 흡입면(청색)보다 압력면의 압력이 높은 것(적색)

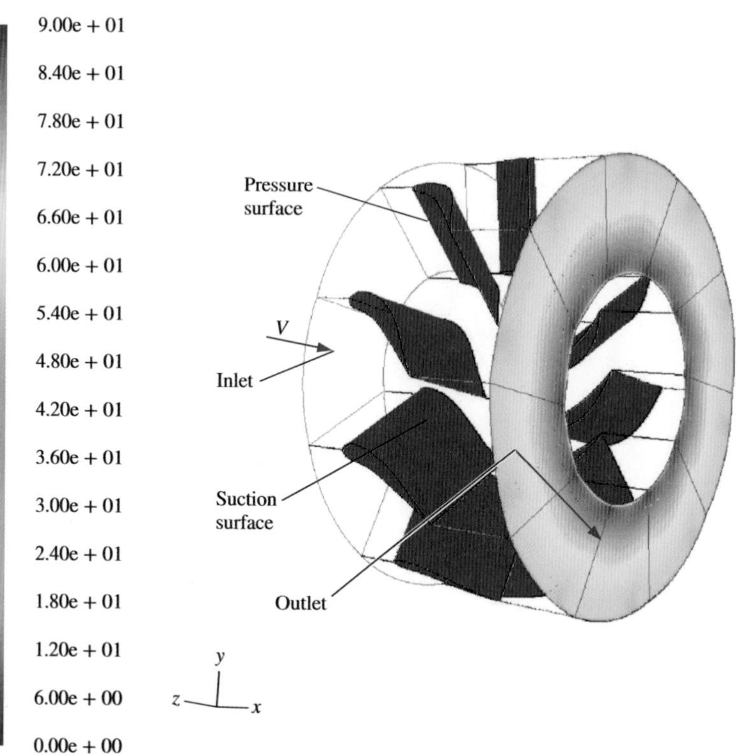

그림 15-60
고정자 깃 유로를 통과하는 평균적 정상 난류 유동에 대해 3차원 CFD 계산으로 구한 접선 속도 등분포도. 접선 속도 성분은 계산 영역의 출구에서(또한 속도가 영인 깃 표면에서도) m/s로 나타낸다. 계산 영역으로 들어가는 입구의 외형도 역시 명확하게 그려져 있다. 하나의 유로만 모델링하였지만, 전체 고정자 유동장을 가시화하기 위하여 유로 그림을 x축에 대해 원주방향으로 9번 복사하였다. 이 그림에서 접선 속도는 0(청색)에서 90 m/s(적색)까지 변화한다.

을 볼 수 있다. 허브 표면을 따라 고정자의 상류로부터 하류쪽으로 압력이 전체적으로 떨어지는 것을 볼 수 있다. 입구에서 출구까지의 평균 압력의 변화는 3.29 kPa로 계산되었다.

3차원 결과를 2차원 결과와 직접 비교하기 위하여, 평균 블레이드 간격 $s = s_{avg} = 23.6$ cm에서 2차원 계산을 추가로 수행하였다. 표 15-4는 2차원과 3차원 경우를 비교하고 있다. 3차원 계산으로부터 한 개의 고정자 깃에 작용하는 순수 축방향 힘은 $F_D = 183$ N이다. 이를 단위 깊이당 힘(고정자 깃의 단위 폭당 힘)으로 변환함으로써 2차원 값과 비교한다. 고정자 깃의 폭이 0.25 m이므로, $F_D/b = (183\text{ N})/(0.25\text{ m}) = 732$ N/m이다. 표 15-4로부터 대응하는 2차원 값은 $F_D/b = 724$ N/m이며, 따라서 매우 잘 일치한다(≅ 1퍼센트 차이). 3차원 계산 영역의 출구에서의 평균 속도는 $V_{avg} = 84.7$ m/s이며, 표 15-4의 2차원 값 84.8 m/s과 거의 일치한다. 따라서 2차원 계산은 1퍼센트 미만의 차이를 가진다. 마지막으로 3차원 계산으로부터 구한 평균 출구 유동 각도 β_{avg}는 53.3 °이며, 이는 설계 기준 45 °를 쉽게 만족한다. 또한 이를 표 15-4의 2차원 값인 53.9 °와 비교하면 그 차이는 역시 약 1퍼센트이다.

그림 15-60은 계산 영역 출구에서 접선 속도 성분의 등분포도를 보여 준다. 접선 속도 분포가 균일하지 않음을 볼 수 있다. 접선 속도는 예상하였듯이 허브에서 팁쪽으로 반경방향으로 바깥쪽으로 가면서 감소하며, 이는 블레이드 간격 s가 허브로부터 팁쪽으로 증가하기 때문이다. 또한 출구 압력도 허브에서 팁쪽으로 반경방향으로 증가함을 알 수 있다(나타내지 않았음). 접선 유동을 유지하기 위하여 반경방향의 압력 구배가 필요하므로, 이 역시 우리의 직관과 일치한다. 즉, 반경의 증가에 따른 압력 상

표 15-4
고정자 깃 유로를 통과하는 유동에 대한 CFD 계산 결과. 평균 블레이드 간격($s = s_{avg} = 23.6$ cm)에서의 2차원 캐스케이드 근사 결과와 3차원 계산 결과의 비교*

	2-D, $s = 23.6$ cm	Full 3-D
β_{avg}	53.9°	53.3°
V_{avg}, m/s	84.8	84.7
F_D/b, N/m	724	732

* 계산값은 3자리 유효숫자까지 나타내었다.

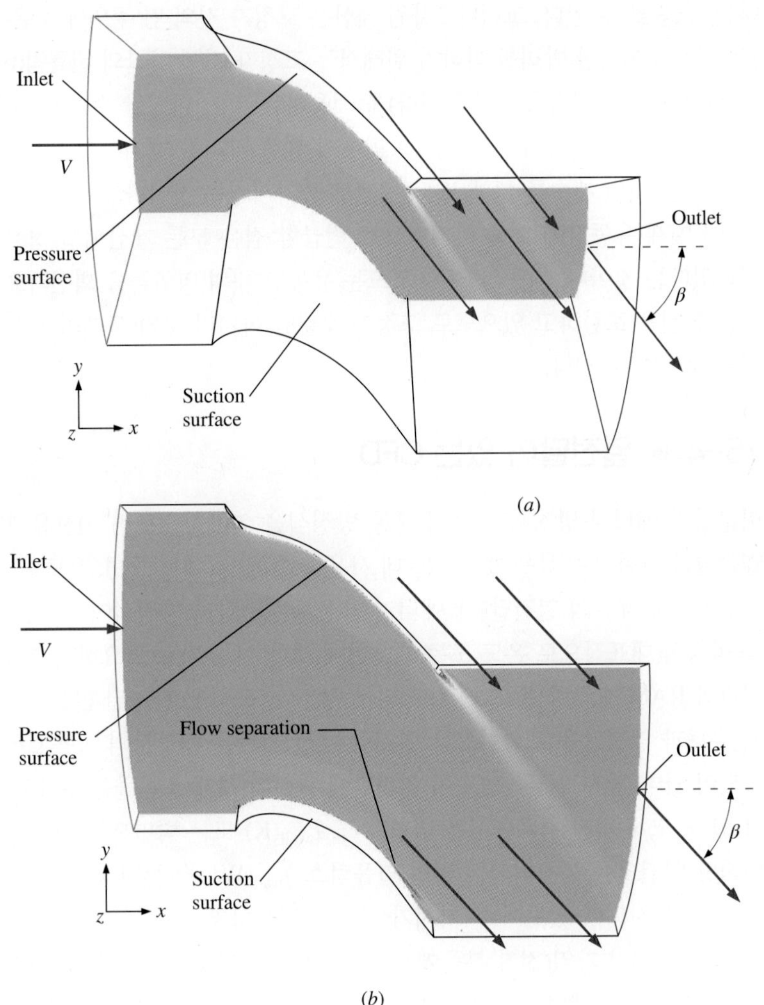

그림 15-61
고정자 깃 유로를 통과하는 유동에 대해 3차원, 평균적 정상 난류 CFD 계산으로 구한 와도 등분포도. (*a*) 허브 또는 깃 밑동 주위의 단면, (*b*) 깃의 팁 주위의 단면. 면이 z축에 거의 수직이므로, z방향 와도의 등분포도를 보여 준다. 이 그림에서 청색 지역(후류의 상반부와 박리 영역에서와 같이)은 음(시계방향)의 z방향 와도를 나타내고, 적색 지역(후류의 하반부에서와 같이)은 양(반시계방향)의 z방향 와도를 나타낸다. 허브 부근에는 유동 박리의 징후가 없으나, 팁 주위에는 깃 흡입면의 후단 근처에서 유동 박리의 징후가 있다. 또한 어떻게 주기 경계 조건이 작동하는지 보여 주는 화살표가 그려져 있다. 주기 경계의 **아래쪽**을 나가는 유동은 같은 속도와 방향으로 주기 경계의 **위쪽**으로 들어간다. 블레이드 간격 s가 팁보다 허브에서 더 작고, 또 팁 주위에 약한 유동 박리가 발생하므로, 유출 각도 β는 고정자 깃의 팁 주위보다 허브 주위에서 더 크다.

승은 x축 주위로 유동을 회전시키는 데 필요한 구심가속도를 제공한다.

2차원과 3차원 계산에 대한 또 다른 비교를 위해 깃 사이의 유로 내의 단면에서 와도 등분포도를 도시한다. 두 개의 단면을 만들었으며, 하나는 허브에 가까운 단면, 나머지 하나는 팁에 가까운 단면이다. 그림 15-61은 이들 단면에서의 와도 등분포도를 보여 준다. 두 단면에서 와도는 얇은 경계층과 후류에 국한되어 있다. 허브 부근에는 유동 박리가 나타나지 않으나, 팁 주위에는 고정자 깃의 후단 근처의 흡입면에서 유동이 박리되기 시작함을 볼 수 있다. 공기는 팁보다 허브에서 더 가파른 각도로 깃의 후단을 지나가는 것에 주목하라. 이는 허브에서의 블레이드 간격 s(15.7 cm)가 팁에서의 s(31.4 cm)보다 작으므로 2차원 계산(그리고 우리의 직관)과도 역시 일치한다.

결론적으로 3차원 고정자를 2차원 고정자 깃의 캐스케이드로 근사하는 것은 전체적으로 적절한 것으로 보인다. 이는 특히 예비해석의 경우에는 더욱 그렇다. 깃에 작용하는 힘, 출구 유동 각도 등과 같은 전체 유동 특성에 대한 2차원과 3차원 계산의 차이는 모든 보고된 양에 대해 약 1퍼센트 이하이다. 따라서 터보기계 설계에서 2차원 캐스케이드 접근 방법이 폭넓게 사용되는 것은 놀랄 일이 아니다. 또한 보다 상세한 3차원 해석은 10개의 깃을 가진 고정자가 현재의 축류 팬의 설계 기준을 충족시킨다는 것을 알 수 있다. 그러나 3차원 계산은 고정자 깃의 팁 주위에 작은 박리 지역을 보여 준다. 이러한 박리를 피하기 위해서는 고정자 깃에 약간의 **비틀림**(twist, 팁 쪽으로 피치각 또는 영각을 감소시킨다)을 적용하는 것이 현명할 수 있다(비틀림은 14장에 더욱 자세히 설명되어 있음). 깃 팁에서 유동 박리를 제거하기 위한 또 다른 방법은 고정자 깃의 개수를 11개 또는 12개로 증가시키는 것이다.

이 예제 유동장에 대해 마지막으로 언급할 점은 모든 계산이 고정좌표계에서 수행되었다는 것이다. 최근의 CFD 코드는 유동장 내의 영역들을 **회전좌표계**로 모델링하는 옵션을 포함하고 있으므로 고정자 깃뿐만 아니라 **로터** 블레이드에도 유사한 해석을 수행할 수 있다.

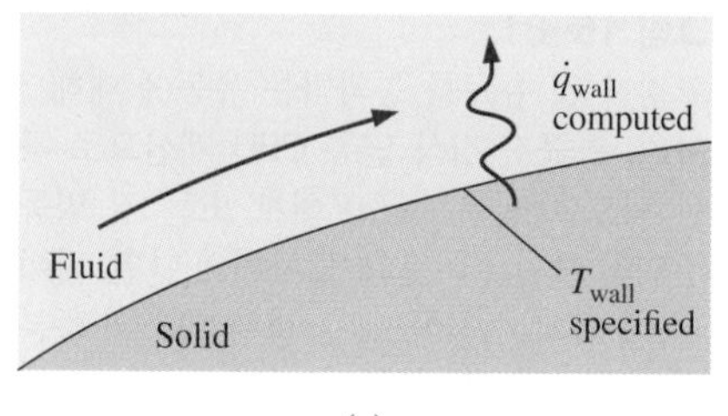

(*a*)

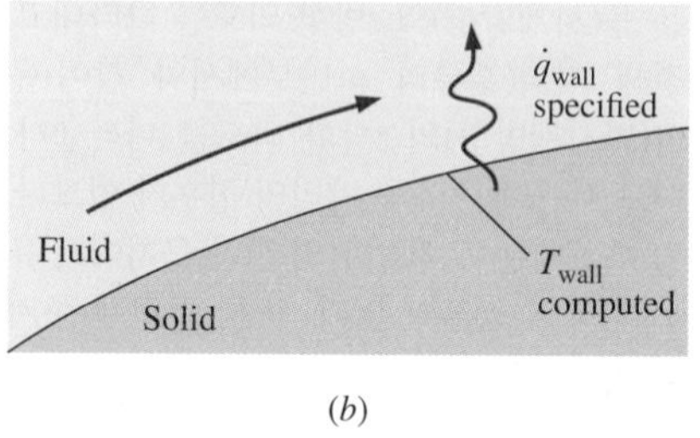

(*b*)

그림 15-62
벽면 경계에서 다음 중 하나를 지정할 수 있다. (*a*) 벽면 온도 또는 (*b*) 벽면 열플럭스. 수학적으로 과결정계가 되므로 두 가지를 동시에 지정할 수 없다.

15-4 ■ 열전달이 있는 CFD

미분형의 에너지 방정식과 유체 운동 방정식을 연계함으로써 전산유체역학 코드를 **열전달**과 관련된 특성을 계산하는 데 사용할 수 있다(예를 들면, 온도 분포 또는 고체 표면에서 유체로의 열전달률). 에너지 방정식은 스칼라 방정식이므로 단지 **하나의** 수송 방정식(대표적으로 온도 또는 엔탈피에 대한)이 추가로 필요하며, 계산 비용(CPU 시간과 RAM 요구량)은 크게 증가되지 않는다. 공학에 관련된 많은 실제 문제가 유체 유동과 열전달을 포함하므로 열전달 계산 기능은 대부분의 상용 CFD 코드에 내장되어 있다. 앞서 언급하였듯이 열전달에 관련된 경계 조건들을 추가로 지정할 필요가 있다. 고체 벽면 경계에서는 벽면 온도 T_{wall}(K) 또는 벽면으로부터 유체로의 단위 면적당 열전달률로 정의되는 **벽면 열플럭스** $\dot{q}_{wall}$(W/m^2)을 지정할 필요가 있다(그림 15-62에 예시되어 있듯이 **두 가지가** 동시에 필요하지는 않다). 또는 계산 영역 중의 한 영역을 전기 가열(전자 부품에서와 같이) 또는 화학 또는 핵반응(핵연료봉에서와 같이)을 통한 열 에너지를 생성하는 고체 물체로 모델링할 때, 고체 내부에서의 단위 체적당 열생성률 $\dot{g}$(W/m^3)를 지정할 필요가 있다. 이는 노출된 표면적에 대한 총 열생성률비가 평균 벽면 열플럭스와 같아야 하기 때문이다. 이러한 경우 T_{wall}이나 $\dot{q}_{wall}$을 지정하지 않는다(두 가지 값 모두 부과된 열생성률과 맞는 값으로 수렴한다). 추가로 고체 물체 내부의 온도 분포가 계산될 수 있다. 복사 열전달에 관련된 것과 같은 다른 경계 조건 역시 CFD 코드에 적용될 수 있다.

이 절에서는 운동 방정식이나 이들을 푸는 수치 기법의 세부적인 사항에 대해 기술하기보다 열전달을 포함하는 실제 유동에 대한 CFD 계산 능력을 예시하는 몇 가지 기본적인 예제들을 제시한다.

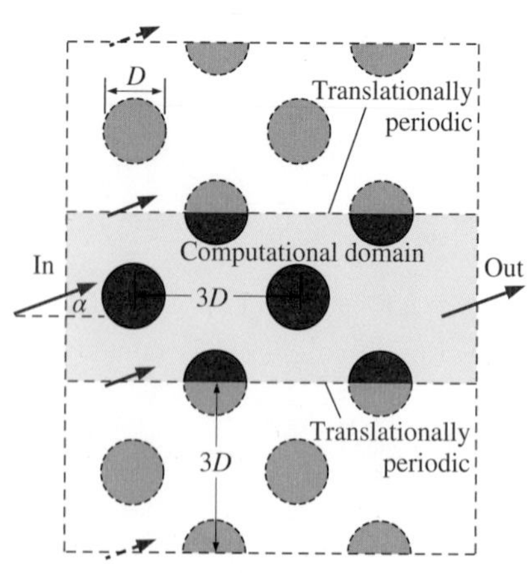

그림 15-63
직교류 열교환기를 통과하는 난류 유동을 계산하기 위하여 사용한 계산 영역(엷은 청색의 음영 지역). 유동은 수평에 대해 α의 각도로 왼쪽으로부터 들어간다.

직교류 열교환기를 통한 온도 상승

그림 15-63과 같은 일련의 뜨거운 관들을 통과하는 냉각 공기를 고려해 보자. 열교환기 용어로 이와 같은 형상을 **직교류 열교환기**(cross-flow heat exchanger)라고 한다. 공기 유동이 항상 수평으로($\alpha=0$) 들어간다면 계산 영역을 반으로 나눌 수 있고, 이 영역의 위와 아랫변에 대칭 경계 조건을 적용할 수 있다(그림 15-25 참조). 그러나 현재의 경우는 공기 유동이 임의의 각도($\alpha \neq 0$)로 계산 영역에 들어갈 수 있도록 되어 있다. 따라서 그림 15-63과 같이 **병진 주기** 경계 조건을 영역의 위와 아랫변에 부과한

다. 입구 공기 온도를 300 K, 각 관의 표면 온도를 500 K로 지정한다. 관의 직경과 공기의 속도는 관 직경을 기준으로 한 Reynolds 수가 약 1×10^5이 되도록 선정한다. 첫 번째 계산에서 관 표면은 수역학적으로 매끄럽다고(조도 = 0) 가정한다. 뜨거운 관은 그림 15-63과 같이 엇갈리게(staggered) 배열되며, 수평과 수직방향으로 직경의 세 배만큼 떨어져 있다. 중력 효과가 없는 2차원 평균적 정상 난류 유동을 가정하고, 입구 공기의 난류 강도를 10퍼센트로 정한다. 비교를 위하여 $\alpha=0$과 $\alpha=10°$의 두 가지 경우를 실행한다. 계산의 목적은 α가 영이 아닌 경우 공기로의 열전달이 향상되는지 또는 나빠지는지를 아는 것이다. 독자들은 어떤 경우가 열전달 효과가 크리라 보는가?

그림 15-64에 보인 바와 같이 관벽 근처에 매우 조밀한 격자를 가진 2차원, 다중 블록, 정렬 격자를 생성한다. 그리고 두 가지 경우에 대하여 수렴할 때까지 CFD 코드를 실행한다. 그림 15-65는 $\alpha=0°$, 그림 15-66은 $\alpha=10°$에 대한 온도 등분포도를 보여 준다. $\alpha=0°$의 경우 검사체적의 출구를 떠나는 평균 공기 온도의 상승은 5.51 K이며, $\alpha=10°$의 경우 5.65 K이다. 따라서 축방향을 벗어난 입구 유동은 단지 약 2.5퍼센트의 향상에 불과하지만, 보다 효과적으로 공기를 가열시킨다. 세 번째로 $\alpha=0°$이며 유입 공기의 난류 강도를 25퍼센트로 증가시킨 경우를 계산하였다(여기에 나타내지 않음). 이는 혼합을 향상시키고, 입구에서 출구까지 평균 공기 온도 상승은 약 6.5퍼센트 증가하여 5.87 K가 된다.

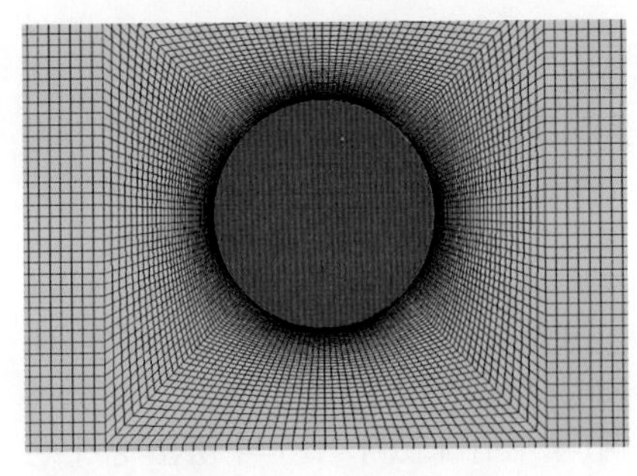

그림 15-64
직교류 열교환기의 한 개 관 주위에 대한 정렬 격자의 확대 그림. 벽면 경계층을 잘 해석할 수 있도록 격자는 관벽 부근에 밀집되어 있다.

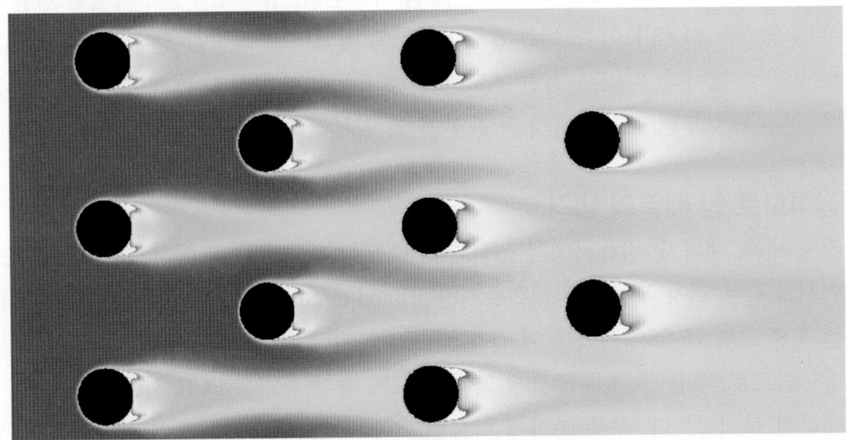

그림 15-65
직교류 열교환기를 통과하는 평균적 정상 난류 유동에 대해 CFD 계산으로 구한 온도 등분포도($\alpha=0°$이며 매끈한 관이다). 등분포도는 300 K(청색)에서 315 K(적색) 또는 그 이상(백색)의 범위에 있다. 출구의 평균 공기 온도는 입구 공기 온도에 비해 5.51 K 증가한다. 계산은 그림 15-63의 계산 영역에서 수행되었지만, 잘 볼 수 있도록 하기 위해 현재 그림은 3번 복사되었다.

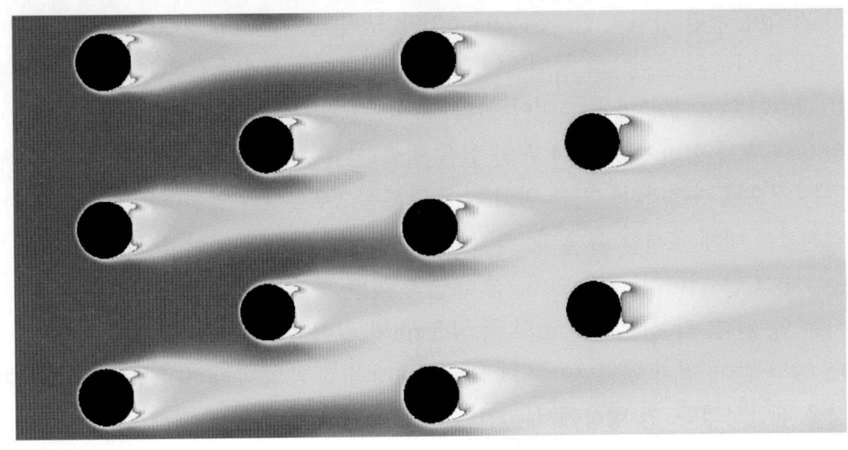

그림 15-66
직교류 열교환기를 통과하는 평균적 정상 난류 유동에 대해 CFD 계산으로 구한 온도 등분포도($\alpha=10°$이며 매끈한 관이다). 등분포도는 300 K(청색)에서 315 K(적색) 또는 그 이상(백색)의 범위에 있다. 출구의 평균 공기 온도는 입구 공기 온도에 비해 5.65 K 증가한다. 따라서 축방향을 벗어난 입구 유동의($\alpha=10°$) ΔT는 축방향과 같은 입구 유동($\alpha=0°$) 보다 2.5퍼센트 높다.

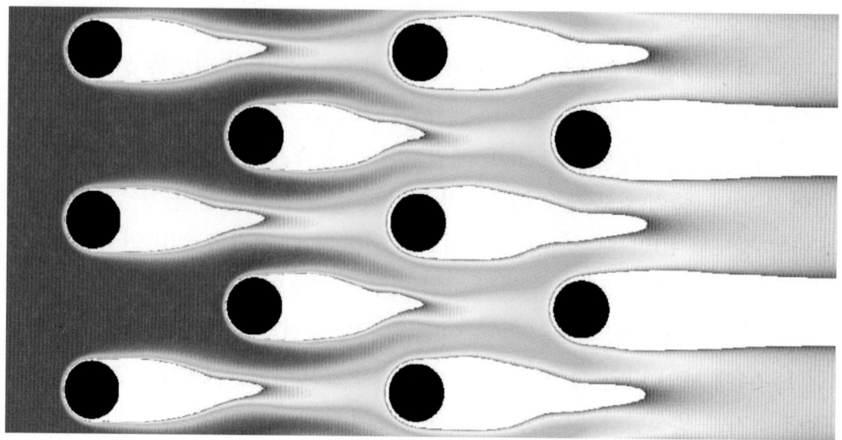

그림 15-67
직교류 열교환기를 통과하는 평균적 정상 난류유동에 대해 CFD 계산으로 구한 온도 등분포도($\alpha = 0°$의 거친 관이고, 평균 벽조도는 관 직경의 1퍼센트이다. CFD 계산에서 벽함수가 사용되었다). 등분포도는 300 K(청색)에서 315 K(적색) 또는 그 이상(백색)의 범위에 있다. 출구의 평균 공기 온도는 입구 공기 온도에 비해 14.48 K 증가한다. 따라서 이와 같이 작은 표면조도도 매끈한 관보다 163퍼센트 높은 ΔT를 초래한다.

마지막으로 거친 관 표면의 영향을 보자. 관 벽을 0.01 m(실린더 직경의 1퍼센트)의 특성 조도 높이를 가진 거친 표면으로 모델링한다. 가장 가까운 셀의 중심으로부터 벽면까지의 거리가 조도 높이보다 크게 하기 위하여 각 관의 벽면 부근에 격자를 다소 성기게 만들어야 한다. 이렇게 하지 않으면 CFD 코드에 내장된 조도 모델은 물리적으로 맞지 않게 된다. 이 경우 유입 각도는 $\alpha = 0°$로 설정하며, 유동 조건은 그림 15-65의 것과 동일하다. 그림 15-67은 온도 등분포도를 보여 준다. 등분포도에서 흰색 영역은 공기 온도가 315 K보다 큰 곳을 나타낸다. 입구에서 출구까지의 평균 공기 온도 상승은 14.48 K이며, 이는 $\alpha = 0°$에서의 매끄러운 벽면인 경우에 비해 163퍼센트 증가한 값이다. 따라서 벽면 조도는 난류 유동에서 중요한 매개변수임을 알 수 있다. 본 예제로부터 열교환기의 관 표면을 왜 일부러 거칠게 만드는지를 알 수 있다.

집적회로 칩 배열의 냉각

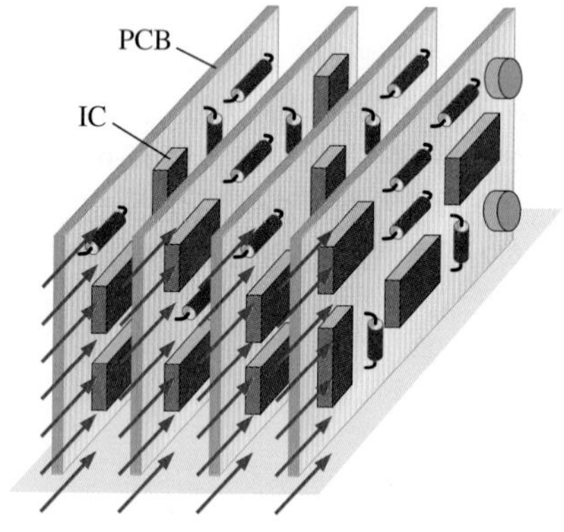

그림 15-68
네 개의 인쇄회로기판(PCB)의 배열. 냉각시키기 위해 각 PCB 사이에 공기가 통과한다.

전자 제품, 계기 및 컴퓨터에서 **집적회로**(IC 또는 칩), 저항, 트랜지스터, 다이오드, 컨덴서와 같은 전자 부품은 **인쇄회로기판**(printed circuit board, PCB)에 납땜된다. PCB는 종종 그림 15-68에서와 같이 열을 지어 배열된다. 이들 전자 부품의 대다수가 열을 방출하므로, 부품이 너무 뜨겁게 되지 않도록 냉각 공기를 PCB 사이의 공기 간격을 통하여 불어넣는다. 우주 분야에 사용될 PCB 설계를 고려해 보자. 먼저 그림 15-68과 같이 여러 개의 같은 PCB를 배열한다. 각 PCB는 10 cm의 높이와 30 cm의 길이를 가지며, 기판 사이의 간격은 2.0 cm이다. 냉각 공기는 속도 2.60 m/s와 온도 30 ℃로 PCB 사이의 간격으로 들어간다. 전기 엔지니어는 8개의 같은 IC를 각 기판 위의 10 cm×15 cm 부분에 맞추어야 한다. 각 IC는 윗면으로부터 5.40 W와 옆면으로부터 0.84 W를 합하여 총 6.24 W의 열을 방출한다(칩의 바닥에서 PCB로의 열전달은 없는 것으로 가정한다). 기판 위의 나머지 부품으로부터의 열전달은 8개 IC로부터의 열전달에 비해 무시할 수 있다. 적절한 성능을 유지하기 위하여 칩 표면의 평균 온도는 150 ℃를 넘어서는 안 되며, 칩 표면의 어떤 곳도 최대 온도가 180 ℃를 초과해서는 안 된다. 각 칩은 2.5 cm의 폭, 4.5 cm의 길이, 0.50 cm의 두께를 가진다. 그림 15-69와 같이, 전기 엔지니어는 PCB 위의 8개의 칩 배열에 대하여 두 가지 가능한 형상을 제안하였다. 긴 형상에서는 칩의 길이가 **긴** 쪽을 유동에 평행하게 칩을 배열하

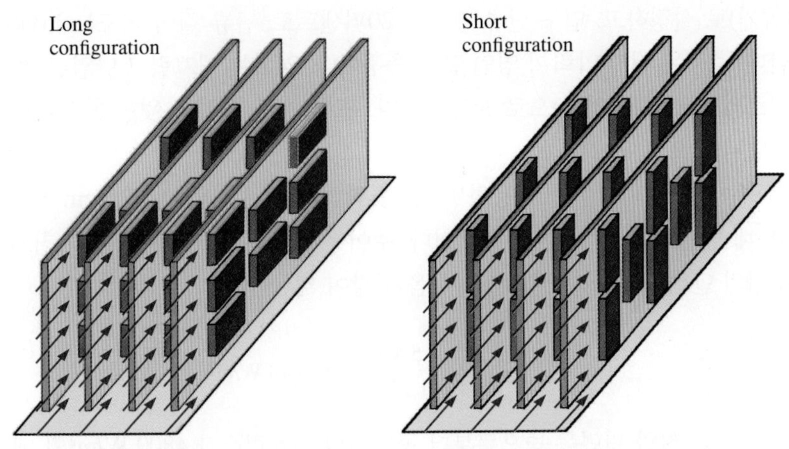

그림 15-69
PCB 위에 있는 8개의 IC 칩의 두 가지 가능한 형상(긴 형상과 짧은 형상). 교재를 미리 보지 않고 어떤 형상이 칩을 가장 잘 냉각시킬 수 있는지 생각해 보라.

고, 짧은 형상에서는 칩의 길이가 **짧은** 쪽을 유동에 평행하게 칩을 배열한다. 두 경우 모두에서 냉각을 향상시키기 위하여 칩을 엇갈리게 배열하였다. 여기서는 어떤 배열이 칩의 최대 표면 온도를 낮게 하는지 그리고 전기 엔지니어가 표면 온도 조건을 충족시킬 수 있는지를 결정하고자 한다.

각각의 형상에 대하여, 두 PCB 사이의 공기 간격을 지나는 단일 유로로 구성되는 3차원 계산 영역을 정의하고(그림 15-70), 267,520 셀의 육면체 정렬 격자를 생성한다. 기판 사이의 2.0 cm 간격을 기준으로 한 Reynolds 수는 약 3600이다. 단순한 2차원 채널 유동이라면, 이 Reynolds 수는 난류 유동을 확립하기 위한 여건을 간신히 충족하는 것이다. 그러나 속도 입구까지 도달하는 데 지나는 표면들이 매우 거칠기 때문에 유동은 거의 난류로 볼 수 있다. 낮은 Reynolds 수의 난류 유동은 대부분의 난류 모델로 계산하기 어려운 유동임에 유의한다. 이는 이들 난류 모델이 높은 Reynolds 수 유동에 대하여 보정되어 있기 때문이다. 그럼에도 불구하고 본 계산에서는 유동을 평균적 정상 난류 유동으로 가정하고, 벽함수를 이용한 k-ε 난류 모델을 적용한다. 낮은 Reynolds 수로 인하여 현재 계산의 절대적 정확도는 의문스럽지만, 긴 형상과 짧은 형상 사이의 비교는 의미가 있다. 이 문제는 우주 분야에 적용되는 문제이므로 계산에서 부력의 영향을 무시한다. 입구는 $V = 2.60$ m/s이며, $T_\infty = 30$ °C인 속도 입구

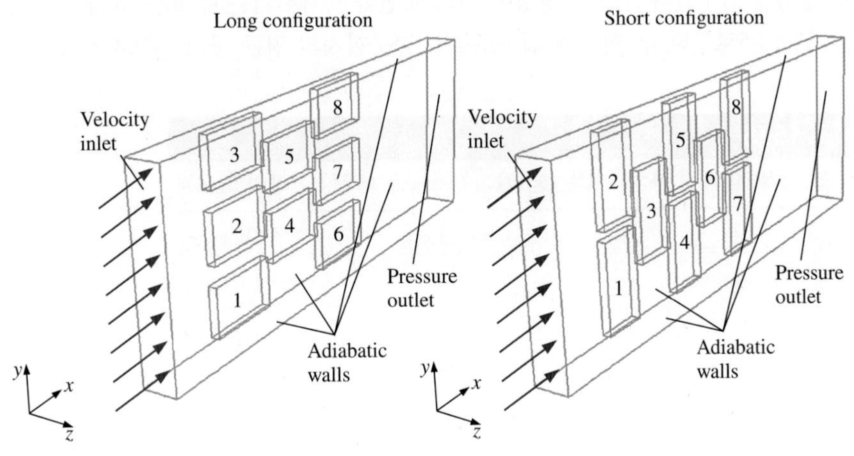

그림 15-70
칩 냉각 예제에 대한 계산 영역. 두 개의 PCB 사이의 간격을 흐르는 공기 유동을 계산한다. 긴 형상과 짧은 형상 각각에 대하여 별도의 격자를 생성한다. 참고로 칩 1에서 8까지가 표시되어 있다. 이들 칩의 표면은 공기로 열을 전달하며, 모든 다른 벽면은 단열되어 있다.

(공기)로 설정하고, 입구 난류 강도는 20퍼센트로, 난류 길이 척도는 1.0 mm로 설정한다. 출구는 계기 압력이 영인 압력 출구이다. PCB는 매끄럽고 단열된 벽(벽에서 공기로의 열전달은 없다)으로 모델링한다. 또한 계산 영역의 윗면과 옆면도 매끄럽고 단열된 벽으로 근사한다.

주어진 칩의 치수를 이용하면, 칩 윗면의 면적은 4.5 cm×2.5 cm = 11.25 cm^{2}이고, 네 옆면의 총 면적은 7.0 cm^{2}이다. 주어진 열전달률을 이용하여 각 칩의 윗면으로부터의 단위 면적당 열전달률을 다음과 같이 계산한다.

$$\dot{q}_{\text{top}} = \frac{5.4\ \text{W}}{11.25\ \text{cm}^2} = 0.48\ \text{W/cm}^2$$

따라서 각 칩의 윗면을 벽으로부터 공기로의 열플럭스가 4800 W/m^{2}인 매끄러운 벽면으로 모델링한다. 비슷하게, 각 칩의 옆면으로부터의 단위 면적당 열전달률은 다음과 같다.

$$\dot{q}_{\text{sides}} = \frac{0.84\ \text{W}}{7.0\ \text{cm}^2} = 0.12\ \text{W/cm}^2$$

칩의 옆면에는 전기 도선이 있으므로, 각 칩의 옆면을 0.5 mm의 등가조도 높이를 가지고 벽면으로부터 공기로의 표면 열플럭스가 1200 W/m^{2}인 거친 벽면으로 모델링한다.

각 경우에 대하여 CFD 코드 ANSYS-FLUENT를 수렴할 때까지 실행한다. 계산 결과는 표 15-5에 요약되어 있으며, 그림 15-71과 15-72는 온도 등분포도를 보여준다. 칩 윗면의 평균 온도는 두 가지 형상에 대하여 거의 같으며(긴 경우에 대하여 144.4 ℃, 짧은 경우에 대하여 144.7 ℃), 권장 제한값 150 ℃보다 낮다. 그러나 칩 **옆면**의 평균 온도는 제한값보다는 상당히 낮지만 다소 차이가 난다(긴 경우에 대하여 84.2 ℃, 짧은 경우에 대하여 91.4 ℃). 가장 큰 관심은 최대온도에 있다. 긴 형상에 대하여 $T_{\max}$ = 187.5 ℃이며 칩 7(마지막 열의 중간 칩)의 윗면에서 발생한다. 짧은 형상에 대하여 $T_{\max}$ = 182.1 ℃이며 기판의 중간부 근처의 칩 7과 8(마지막 열의 두 칩) 윗면에서 발생한다. 두 가지 형상 모두에 대하여, 이들 온도들은 그리 크지는 않지만 권장 제한값 180 ℃를 초과한다. 칩의 옆면을 따라 발생하는 약간 큰 압력 강하와 저조한 냉각을 감수한다면 짧은 형상이 칩의 윗면을 냉각시키는 데 보다 효과적이다.

표 15-5로부터 두 형상의 입구로부터 출구까지의 평균 공기 온도차가 같음을 주

표 15–5

칩 냉각 예제(긴 형상과 짧은 형상)에 대한 CFD 계산 결과의 비교

	Long	Short
$T_{\max}$, top surfaces of chips	187.5°C	182.1°C
T_{avg}, top surfaces of chips	144.5°C	144.7°C
$T_{\max}$, side surfaces of chips	154.0°C	170.6°C
T_{avg}, side surfaces of chips	84.2°C	91.4°C
Average ΔT, inlet to outlet	7.83°C	7.83°C
Average ΔP, inlet to outlet	−5.14 Pa	−5.58 Pa

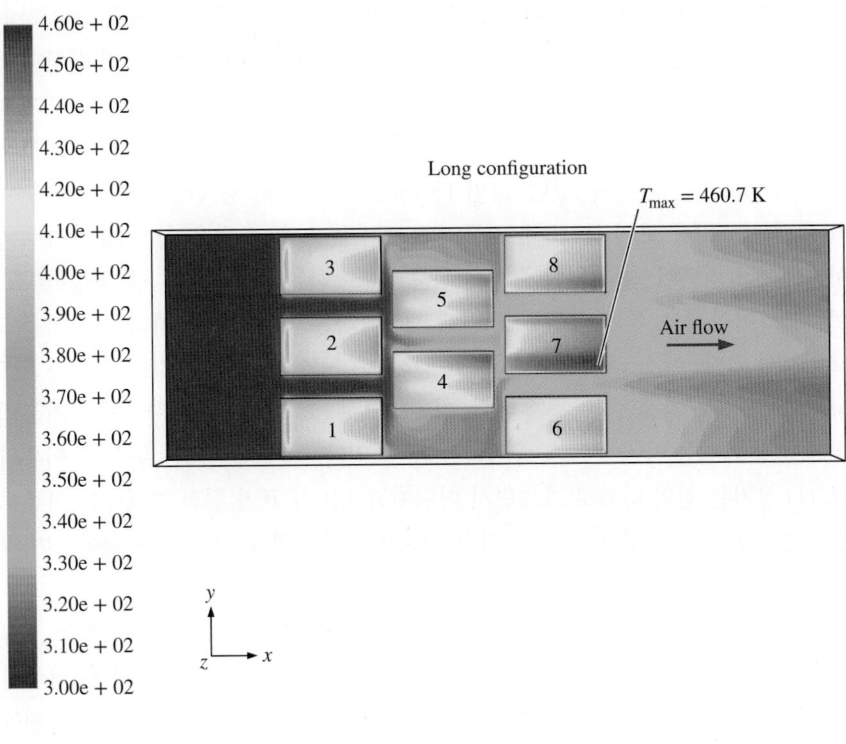

그림 15-71
긴 형상의 칩 냉각 예제에 대한 CFD 결과. 칩 표면 위에서 본 온도 등분포도. 범례에서 T 값은 K로 표시됨. 최대 표면 온도의 위치가 표시되어 있으며, 이는 칩 7의 끝부근에서 발생한다. 칩 1, 2, 3의 선단 부근에 적색 지역이 보이며, 이는 이 지역의 표면 온도가 높음을 뜻한다.

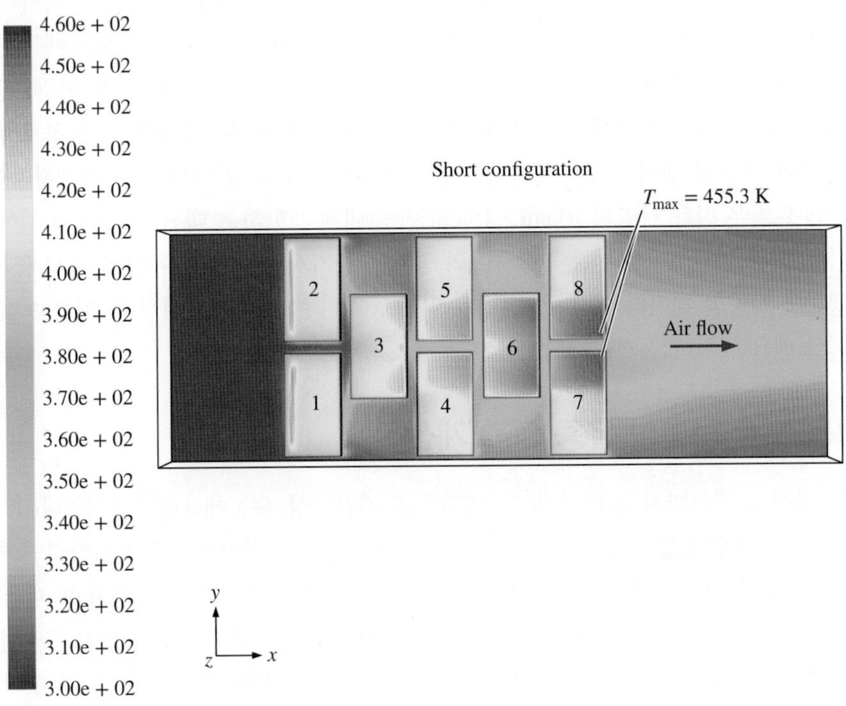

그림 15-72
짧은 형상의 칩 냉각 예제에 대한 CFD 결과. 칩 표면 위에서 본 온도 등분포도. 범례에서 T 값은 K로 표시됨. 그림 15-71과 같은 온도 척도가 사용되었다. 최대 표면 온도의 위치가 표시되어 있으며, 이는 PCB의 중앙 부근에 있는 칩 7과 8의 끝부근에서 발생한다. 칩 1과 2의 선단 부근에 적색 지역이 보이며, 이는 이 지역의 표면 온도가 높음을 뜻한다.

목하라(7.83 ℃). 칩의 형상과 관계없이 칩에서 공기로의 총 열전달률이 같으므로 이는 놀랄 일은 아니다. 사실 CFD 해석에 있어 이와 같은 값을 확인하는 것은 현명한 일이며, 만약 두 형상 사이의 평균 ΔT가 같지 **않다면** 계산에 어떤 오류가 있는 것으로 의심해야 한다.

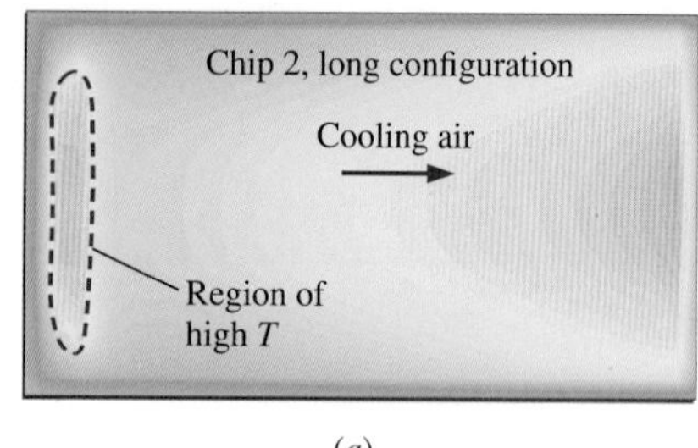

(*a*)

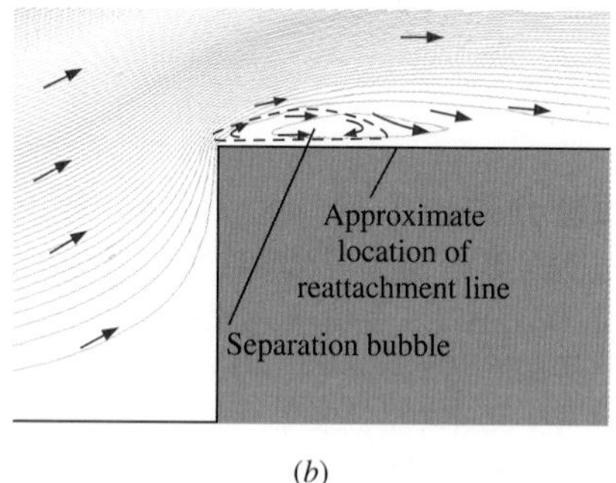

(*b*)

그림 15-73
(*a*) 긴 형상의 칩 2 표면에서의 온도 등분포도를 확대한 그림(평면도). 고온 지역의 윤곽이 표시되어 있다. 온도 등분포도의 레벨은 그림 15-71과 같다. (*b*) 고온 지역에 있는 박리 거품의 대체적인 윤곽을 보여 주는 유선을 확대한 그림(측면도). 칩 표면상에서 재부착선의 개략적 위치를 보여준다.

이 유동장에는 또 다른 흥미 있는 특성들이 많다. 두 가지 형상 모두 하류 칩의 평균 표면 온도가 상류 칩보다 크다. 이는 물리적으로 타당하다. 왜냐하면 상류의 칩들이 가장 찬 공기를 받는 반면, 하류의 칩들은 다소 더워진 공기에 의해 냉각되기 때문이다. 앞의 칩들(긴 형상의 1, 2, 3과 짧은 형상의 1, 2)은 선단의 바로 하류에 고온 지역을 가지고 있음을 볼 수 있다. 그림 15-73*a*는 이들 칩들 중 한 개에 대한 온도 분포를 확대한 그림을 보여 준다. 왜 이곳의 온도가 높을까? 유동은 칩 앞의 날카로운 모서리에서 박리되어 칩의 윗면에 **박리 거품**이라고 하는 재순환 에디를 형성한다(그림 15-73*b*). 이곳에서, 특히 유동이 표면에 재부착하는 **재부착선**을 따라 공기의 속도가 느려지게 된다. 이 느려진 공기 속도로 인하여 이곳에서 대류 냉각이 최소가 되므로 국소의 "뜨거운 지점"을 만들게 된다. 마지막으로 그림 15-73*a*로부터 박리 거품의 하류에서 칩 표면을 따라 온도가 증가함을 볼 수 있다. 이에 대하여는 두 가지 이유가 있다. (1) 공기는 칩의 하류로 흐르면서 더워지고, (2) 칩 표면 위의 경계층은 하류로 가면서 성장한다. 경계층의 두께가 커질수록 표면 주위의 공기 속도는 작아지며, 따라서 표면에서의 대류 냉각량이 작아진다.

요약하면, 본 CFD 계산은 짧은 형상이 칩 표면의 최대 온도를 더 낮추고, 따라서 언뜻 보기에 열전달에 대해 선호되는 형상인 것으로 보인다. 그러나 짧은 형상인 경우에는 같은 체적유량에서 더 큰 압력 강하가 발생한다(표 15-5). 주어진 냉각팬에 대하여 이 추가되는 압력 강하는 팬의 운전점을 보다 낮은 체적유량으로 이동시키며(14장), 따라서 냉각 효과를 감소시키게 된다. 그러나 이와 같은 운전점 이동 때문에 긴 형상이 더 낫다고 할 수는 없다(팬에 대한 보다 많은 정보와 해석이 필요하다). 결론은 어떤 형상이든지 간에 **모든 칩의 모든 곳에서 칩 표면 온도를 180 °C 이하로 유지할 만큼 충분히 냉각시키지 못한다**는 것이다. 이를 개선하기 위해서는 설계자들이 8개의 뜨거운 칩을 기판의 10 cm × 15 cm 면적 내에 제한하는 대신 전체 PCB 위에 분산시킬 것을 권고한다. 이는 칩 사이의 공간을 증가시켜 주어진 유량에 대해 충분한 냉각을 제공할 것이다. 또 다른 방법은 입구 공기의 속도를 증가시킬 수 있는 보다 강력한 팬을 설치하는 것이다.

15-5 ■ 압축성 유동 CFD 계산

이 장에서 지금까지 논의한 모든 예제들은 비압축성 유동에 대한 것이었다(ρ = 일정). 유동이 **압축성**일 때, 밀도는 더 이상 일정하지 않고 방정식계에서 추가적인 변수가 된다. 여기서 논의는 **이상기체**에 한정한다. 이상기체 법칙을 적용할 때 **또 다른** 미지수, 즉 온도 *T*를 도입한다. 따라서 압축성 형태의 질량 보존과 운동량 보존 방정식과 함께 에너지 방정식을 풀어야만 한다(그림 15-74). 또한 점성과 열전도계수와 같은 유체의 상태량들도 온도의 함수이므로 더 이상 일정한 값으로 간주하지 않는다. 따라서 이들은 그림 15-74의 미분 방정식의 미분연산자 내에 나타난다. 이 방정식들이 복잡해 보이지만, 많은 상용 CFD 코드는 충격파를 포함한 압축성 유동 문제를 해석할 수 있다.

CFD를 이용하여 압축성 유동 문제를 풀 때, 경계 조건은 비압축성 유동의 경계

Continuity: $\dfrac{\partial(\rho u)}{\partial x}+\dfrac{\partial(\rho v)}{\partial y}+\dfrac{\partial(\rho w)}{\partial z}=0$ Ideal gas law: $P=\rho RT$

x-momentum: $$\rho\left(u\frac{\partial u}{\partial x}+v\frac{\partial u}{\partial y}+w\frac{\partial u}{\partial y}\right)=\rho g_x-\frac{\partial P}{\partial x}+\frac{\partial}{\partial x}\left(2\mu\frac{\partial u}{\partial x}+\lambda\vec{\nabla}\cdot\vec{V}\right)+\frac{\partial}{\partial y}\left[\mu\left(\frac{\partial u}{\partial y}+\frac{\partial v}{\partial x}\right)\right]+\frac{\partial}{\partial z}\left[\mu\left(\frac{\partial w}{\partial x}+\frac{\partial u}{\partial z}\right)\right]$$

y-momentum: $$\rho\left(u\frac{\partial v}{\partial x}+v\frac{\partial v}{\partial y}+w\frac{\partial v}{\partial z}\right)=\rho g_y-\frac{\partial P}{\partial y}+\frac{\partial}{\partial x}\left[\mu\left(\frac{\partial v}{\partial x}+\frac{\partial u}{\partial y}\right)\right]+\frac{\partial}{\partial y}\left(2\mu\frac{\partial v}{\partial y}+\lambda\vec{\nabla}\cdot\vec{V}\right)+\frac{\partial}{\partial z}\left[\mu\left(\frac{\partial v}{\partial z}+\frac{\partial w}{\partial y}\right)\right]$$

z-momentum: $$\rho\left(u\frac{\partial w}{\partial x}+v\frac{\partial w}{\partial y}+w\frac{\partial w}{\partial z}\right)=\rho g_z-\frac{\partial P}{\partial z}+\frac{\partial}{\partial x}\left[\mu\left(\frac{\partial w}{\partial x}+\frac{\partial u}{\partial z}\right)\right]+\frac{\partial}{\partial y}\left[\mu\left(\frac{\partial v}{\partial z}+\frac{\partial w}{\partial y}\right)\right]+\frac{\partial}{\partial z}\left(2\mu\frac{\partial w}{\partial z}+\lambda\vec{\nabla}\cdot\vec{V}\right)$$

Energy: $$\rho c_p\left(u\frac{\partial T}{\partial x}+v\frac{\partial T}{\partial y}+w\frac{\partial T}{\partial z}\right)=\beta T\left(u\frac{\partial P}{\partial x}+v\frac{\partial P}{\partial y}+w\frac{\partial P}{\partial z}\right)+\vec{\nabla}\cdot(k\vec{\nabla}T)+\phi$$

그림 15-74

뉴턴 유체의 정상, 압축성, 층류 유동에 대한 직교좌표계의 운동 방정식. 6개의 방정식과 6개의 미지수 ρ, u, v, w, T, P가 있다. 방정식 중 5개는 비선형 편미분 방정식인 반면, 이상기체 법칙은 대수 방정식이다. R은 비 이상기체 상수(specific ideal-gas constant), λ는 종종 $-2\mu/3$로 규정되는 점성의 2차계수, c_p는 정압비열, k는 열전도계수, β는 열팽창계수, 그리고 Φ는 소산함수이다. 소산함수 Φ는 White(2005)에 의하면 다음과 같다.

$$\Phi=2\mu\left(\frac{\partial u}{\partial x}\right)^2+2\mu\left(\frac{\partial v}{\partial y}\right)^2+2\mu\left(\frac{\partial w}{\partial z}\right)^2+\mu\left(\frac{\partial v}{\partial x}+\frac{\partial u}{\partial y}\right)^2+\mu\left(\frac{\partial w}{\partial y}+\frac{\partial v}{\partial z}\right)^2+\mu\left(\frac{\partial u}{\partial z}+\frac{\partial w}{\partial x}\right)^2+\lambda\left(\frac{\partial u}{\partial x}+\frac{\partial v}{\partial y}+\frac{\partial w}{\partial z}\right)^2$$

조건과 다소 다르다. 예를 들면, 압력 입구에서 정체 온도와 함께 정체압과 정압을 모두 부과할 필요가 있다. 특수한 경계 조건[ANSYS-FLUENT에서는 **압력 원거리 구역**(pressure far field)이라고 한다] 역시 압축성 유동에 이용 가능하다. 이 경계 조건을 이용하여 Mach 수, 정압, 온도를 부과한다. 이는 입구와 출구 모두에 적용될 수 있으며, 초음속 외부 유동에 적합하다.

그림 15-74의 방정식은 층류에 대한 것이다. 반면에 많은 압축성 유동 문제는 유동이 **난류**가 되는 고속에서 발생한다. 그러므로 그림 15-74의 방정식은 앞서 논의하였듯이 난류 모델을 포함하도록 수정되어야 하며(RANS 방정식계로), 더 많은 수송 방정식이 추가되어야 한다. 이러한 경우 이들 방정식은 상당히 길어지고 복잡해지므로 여기에 포함시키지 않았다. 다행히 많은 경우 그림 15-74의 방정식으로부터 점성항을 제거함으로써 유동을 비점성으로 근사시킬 수 있다(Navier-Stokes 방정식은 Euler 방정식으로 줄어든다). 앞으로 설명하겠지만, 높은 Reynolds 수에서 벽면을 따르는 경계층이 매우 얇기 때문에 **비점성** 유동으로 근사하는 것은 많은 실제 고속 유동에 적합하다. 사실 압축성 CFD 계산은 종종 실험으로 구하기 어려운 유동 특성을 예측할 수 있다. 예를 들면, 많은 실험적 측정 기술은 광학적 접근법을 필요로 하지만, 이는 3차원 유동뿐만 아니라 일부 축대칭 유동에서조차도 제한이 있다. 그러나 CFD는 이런 측면에서 제한이 없다.

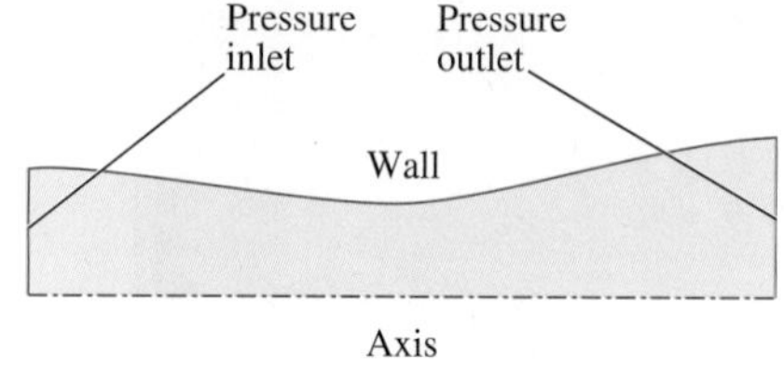

그림 15-75
수축-확대 노즐을 통과하는 압축성 유동에 대한 계산 영역. 축대칭 유동이므로 CFD 계산을 위해서는 한 개의 2차원 단면만 필요하다.

수축-확대 노즐을 통과하는 압축성 유동

첫 번째 예제로서 축대칭 수축-확대 노즐을 통과하는 공기의 압축성 유동을 고려해 보자. 그림 15-75는 계산 영역을 보여 준다. 입구 반경은 0.10 m, 목 반경은 0.075 m, 출구 반경은 0.12 m이다. 입구에서 목까지의 축방향 길이는 0.30 m이며, 목에서 출구까지의 축방향 길이도 같다. 본 계산에서는 약 12,000개의 사변형 셀을 가지는 정렬 격자를 사용하였다. 압력 입구 경계에서 정체압 $P_{0,\text{ inlet}}$은 220 kPa(절대압), 정압 P_{inlet}은 210 kPa, 정체 온도 $T_{0,\text{ inlet}}$은 300 K로 설정하였다. 첫 번째 경우로 압력 출구 경계에 정압 P_b를 50.0 kPa로 설정한다($P_b/P_{0,\text{ inlet}} = 0.227$). 이는 노즐 내부에 수직충격파를 발생시키지 않고, 전체 확대부를 지나는 유동이 초음속이 되기에 충분히 낮은 값이다. 이 배압비(back pressure ratio)는 그림 12-21의 *E*와 *F* 사이의 값에 해당하며, 이때 노즐 출구의 하류에서 복잡한 충격파 패턴이 발생하게 된다. 노즐을 나가는 유동이 초음속이므로 이들 충격파는 노즐 내부의 유동에 영향을 미치지 않는다. 여기서 노즐 출구 하류의 유동은 계산하지 않는다.

정상, 비점성, 압축성 유동 모드로 CFD 코드를 수렴할 때까지 실행한다. Mach 수 Ma와 압력비 $P/P_{0,\text{ inlet}}$의 평균값은 수축-확대 노즐을 따라 25개의 축방향 위치에서 (매 0.025 m마다) 계산되며, 이는 그림 15-76*a*에 도시되어 있다. 결과는 1차원 등엔트

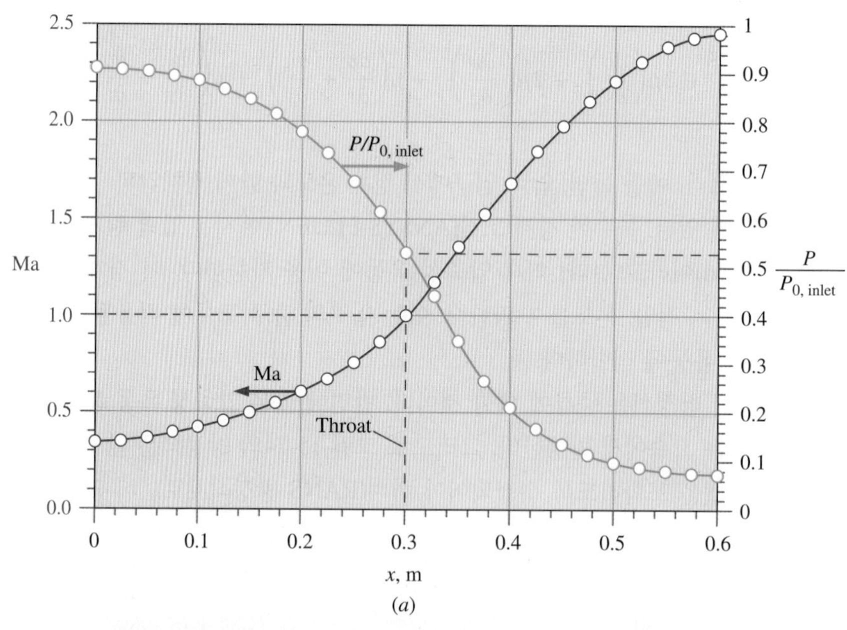

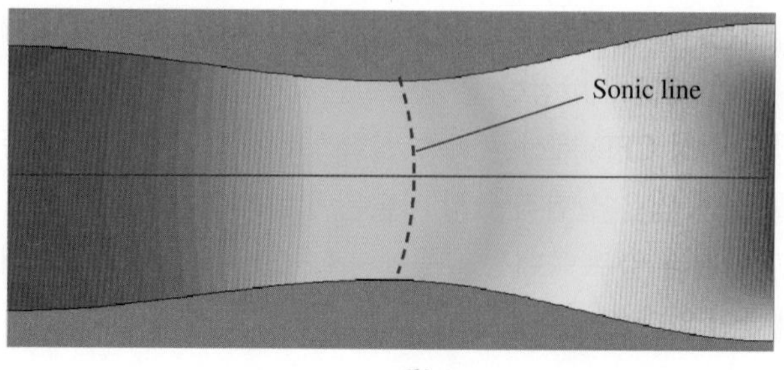

그림 15-76
축대칭 수축-확대 노즐을 통과하는 정상, 단열, 비점성, 압축성 유동에 대한 CFD 계산 결과. (*a*) 25개의 축방향 위치에서 계산된 평균 Mach 수와 압력비(원)를 등엔트로피, 1차원 압축성 유동 이론의 예측값(실선)과 비교한다. (*b*) Mach 수 등분포도는 Ma = 0.3에서(청색) 2.7까지(적색) 범위에 있다. 상반부만 계산하였지만, 명확하게 볼 수 있도록 *x*축에 대한 거울상도 같이 나타내었다. 음속선(Ma = 1)은 강조되어 표시되어 있다. Schreier(1982)에 논의되어 있는 바와 같이, 현재의 축대칭 유동에서 속도의 반경방향 성분 때문에 음속선은 직선이 아니라 포물선이다.

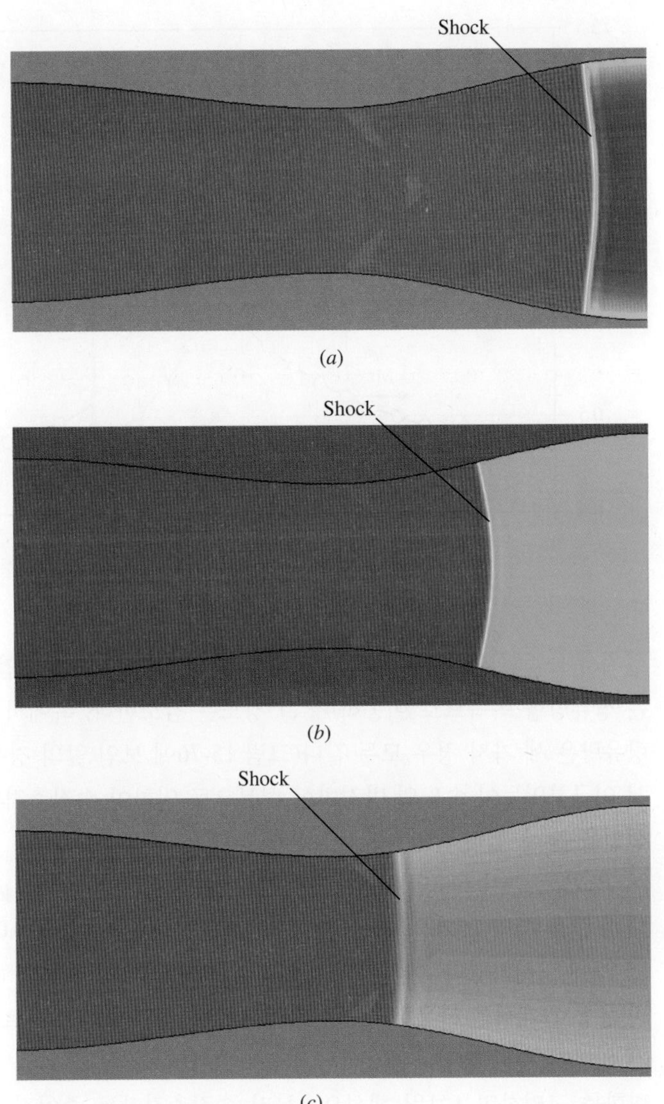

그림 15-77
수축-확대 노즐을 통과하는 정상, 단열, 비점성, 압축성 유동에 대한 CFD 계산 결과. 다음과 같은 $P_b/P_{0,\ \text{inlet}}$ 값에 대한 정체압비 $P_0/P_{0,\ \text{inlet}}$의 등분포도를 보여 준다 (*a*) 0.455, (*b*) 0.682, (*c*) 0.909. 정체압은 충격파 상류에서 일정하고, 충격파를 지나면서 급격히 감소하므로, 이는 노즐 내의 수직 충격파의 위치와 강도를 알려주는 편리한 지표가 된다. 이 등분포도에서 $P_0/P_{0,\ \text{inlet}}$은 0.5에서(청색) 1.01까지(적색) 범위에 있다. 충격파 하류의 컬러에서 명백히 볼 수 있듯이, 충격파가 하류로 갈수록 충격파가 더욱 강해진다(충격파를 가로질러 큰 정체압 강하). 속도의 반경방향 성분 때문에 충격파의 모양이 직선이 아니라 곡선이 됨에 유의한다.

로피 유동의 예측값과 거의 완벽하게 일치한다(12장). 목($x = 0.30$ m)에서 평균 Mach 수는 0.997이며, $P/P_{0,\ \text{inlet}}$의 평균값은 0.530이다. 1차원 등엔트로피 유동 이론은 목에서 Ma = 1과 $P/P_{0,\ \text{inlet}} = 0.528$을 예측한다. CFD와 이론 사이의 작은 차이는 계산된 유동이 실제로 1차원 유동이 **아니라는** 사실에 기인한다. 즉, 반경방향 속도 성분이 존재하고, 따라서 반경방향으로 Mach 수와 정압이 변화하기 때문이다. 그림 15-76*b*의 Mach 수 등분포선들을 자세히 살펴보면, 이들은 1차원 등엔트로피 이론이 예측하는 직선이 아니고 곡선임을 볼 수 있다. 그림에 음속선(Ma = 1)은 명확하게 표시되어 있다. 바로 목의 벽면에서 Ma = 1이지만, 노즐축을 따라서는 목의 약간 하류에 이를 때까지 음속 조건에 도달하지 않는다.

다음으로 모든 다른 경계 조건은 그대로 유지하면서 배압 P_b가 변하는 일련의 경우를 계산한다. 그림 15-77은 세 가지 경우의 결과를 보여 주고 있다. $P_b =$ (*a*) 100, (*b*) 150, (*c*) 200 kPa, 즉 $P_b/P_{0,\ \text{inlet}} =$ (*a*) 0.455, (*b*) 0.682, (*c*) 0.909이다. 세 가지 경우 모

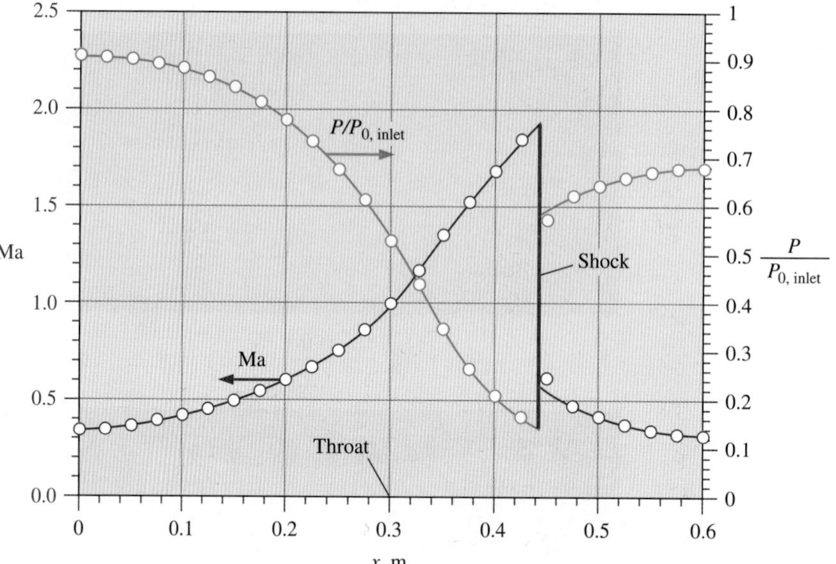

그림 15-78
$P_b/P_{0,\text{inlet}} = 0.682$인 경우, 수축-확대 노즐을 따르는 축방향 길이의 함수로서의 Mach 수와 압력비. 정상, 비점성, 단열, 압축성 유동에 대한 25개의 축방향 위치에서의 평균 CFD 계산 결과(원)를 1차원, 압축성 유동 이론의 예측값(실선)과 비교하고 있다.

두에서 노즐의 확대부에 수직충격파가 발생한다. 더욱이 배압이 증가할수록 충격파는 상류방향 목쪽으로 이동하며, 그 강도는 감소한다. 목에서 유동이 초크되므로 질량유량은 세 가지 경우 모두 같다(그림 15-76에 보인 앞의 경우도 마찬가지이다). 앞서 언급하였듯이 속도의 반경방향 성분으로 인하여 수직충격파는 직선이 아니고 곡선임을 볼 수 있다.

$P_b/P_{0,\text{ inlet}} = 0.682$인 (b)의 경우, Mach 수와 압력비 $P_b/P_{0,\text{ inlet}}$의 평균값을 수축-확대 노즐을 따라 25개의 축방향 위치에서 계산하였으며(매 0.025 m마다), 이를 그림 15-78에 도시하였다. 이론과의 비교를 위해 충격파의 상류와 하류는 1차원 등엔트로피 유동 관계식을 사용하여 계산하였으며, 충격파를 **가로지르는** 압력 상승을 계산하기 위하여 수직충격파 관계식이 사용되었다(12장). 충격파를 가로지르는 P_0와 A^*의 변화를 고려하면 1차원 해석으로부터 수직충격파는 주어진 배압을 맞추기 위하여 $x = 0.4436$ m에 위치함을 구할 수 있다. CFD 계산과 1차원 이론은 매우 잘 일치한다. 충격파 바로 하류의 압력과 Mach 수에서 나타나는 약간의 차이는 앞서 논의한 바와 같이 충격파의 곡선 형상에 기인한다(그림 15-77*b*). 또한 CFD 계산에서 나타나는 충격파는 1차원 이론에서 예측되는 것과 같이 극소로 얇은 것이 아니라 몇 개의 계산 셀에 걸쳐 퍼져 있다. 후자의 부정확성은 충격파 지역에 격자를 조밀하게 배치함으로써 다소 줄일 수 있다(그림으로 나타내지 않음).

앞에서의 CFD 계산은 정상, 비점성, 단열 유동에 대한 것이다. 충격파가 없을 때(그림 15-76), 유동은 단열 가역이므로(비가역 손실이 없음) **등엔트로피** 유동이다. 그러나 유동장에 충격파가 존재할 때(그림 15-77), 이 유동은 여전히 단열 유동이지만, 충격파를 가로질러 비가역 손실이 있으므로 더 이상 등엔트로피 유동은 아니다.

마지막 CFD 예제로 **마찰**과 **난류**의 두 가지 비가역성을 포함하는 경우를 계산한다. 그림 15-77*b*의 경우를 수정하여 k-ε 난류 모델과 벽함수를 이용한 정상, 단열, 난류 유동을 계산한다. 입구에서의 난류 강도는 10퍼센트로 설정하였으며, 난류 길이

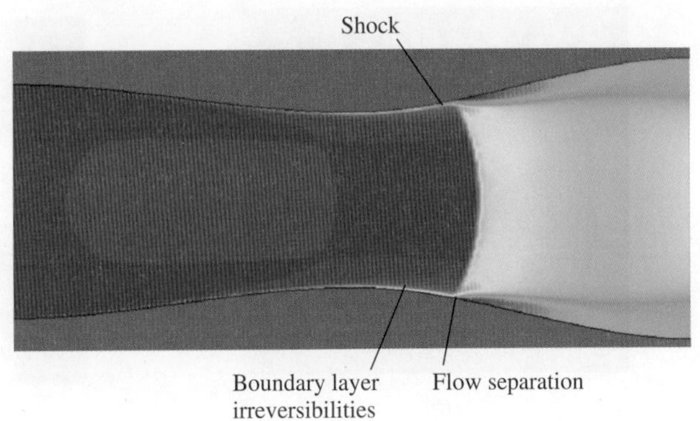

그림 15-79
수축-확대 노즐을 통과하는 평균적 정상, 단열, 난류 압축성 유동에 대한 CFD 계산 결과. 그림 15-77b의 것과 같은 배압인 $P_b/P_{0,\ \text{inlet}} = 0.682$와 컬러 척도에 대한 정체압비 $P_0/P_{0,\ \text{inlet}}$의 등분포도를 보여 준다. 경계층 내의 유동 박리와 비가역성을 볼 수 있다.

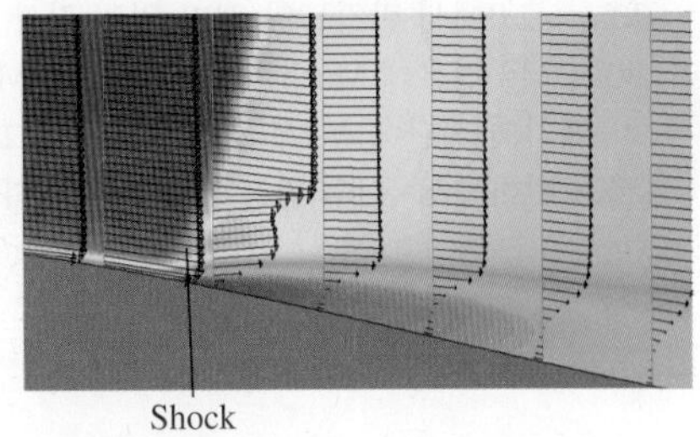

그림 15-80
그림 15-79에 보인 박리 유동 근처의 속도 벡터와 정체압 등분포도를 확대한 그림. 충격파를 가로질러 속도 크기가 급격히 감소하는 것과 충격파 하류에 역류 영역이 발생하는 것을 볼 수 있다.

척도는 0.050 m이다. 그림 15-79는 그림 15-77에 나타낸 컬러 스케일과 동일한 스케일을 이용한 $P_b/P_{0,\ \text{inlet}}$의 등분포도를 보여 준다. 그림 15-77*b*와 그림 15-79를 비교하면 난류의 경우 충격파가 더 상류에 발생하고, 따라서 다소 약한 것을 볼 수 있다. 또한 채널 벽면을 따라 매우 얇은 지역에서 정체압이 작다. 이는 얇은 경계층 지역 내의 마찰 손실에 기인한다. 경계층 지역 내의 난류와 점성의 비가역성이 이와 같은 정체압 감소의 원인이 된다. 더욱이 경계층은 충격파의 바로 하류에서 박리되어 더 큰 비가역성을 초래한다. 그림 15-80은 벽면을 따라 박리점 부근의 속도 벡터를 확대한 그림을 보여 준다. 이 경우의 계산은 수렴이 잘 되지 않으며, 본질적으로 비정상 유동임에 유의한다. CFD에서 충격파와 경계층의 상호작용 현상은 매우 어려운 과제이다. 벽함수를 사용하므로 현재의 CFD 계산에서 난류 경계층 내의 자세한 유동장은 해석되지 않는다. 그러나 12장의 응용분야 스포트라이트에서 논의한 바와 같이, 실험은 충격파가 경계층과 매우 강하게 상호작용하여 "λ-feet"를 생성시키는 것을 보여 준다.

마지막으로, 현재의 점성, 난류 경우의 질량유량을 비점성 경우와 비교하였으며, $\dot{m}$은 약 0.7퍼센트 정도 감소하는 것을 알 수 있었다. 왜 그럴까? 10장에서 논의한 대로 벽면을 따르는 경계층은 배제두께 δ^*와 같은 크기만큼 벽면이 두껍게 보이도록 외부 유동에 영향을 미친다. 따라서 **유효 목 면적(effective throat area)은 경계층의 존재에 의하여 다소 감소하게** 되며, 이는 수축-확대 노즐을 통과하는 질량유량을 감소시킨다. 이 예제에서 경계층이 노즐 크기에 비해 상대적으로 매우 얇으므로 그 영향은 작으며, 따라서 비점성 근사는 유효한 것으로 볼 수 있다(1퍼센트 오차 미만).

쐐기 위의 경사충격파

마지막 압축성 유동 예제로서 반각 θ의 쐐기(wedge) 위를 지나는 공기의 정상, 단열, 2차원, 비점성, 압축성 유동을 고려해 보자(그림 15-81). 유동의 상부와 하부가 대칭이므로 유동의 상반부만 고려하며, 바닥면을 따라 대칭 경계 조건을 사용한다. 입구 Mach 수 2.0에서 $\theta = 10°$, $20°$, $30°$의 세 가지 경우를 계산한다. 그림 15-82는 세 가지 경우에 대한 CFD 결과를 보여 준다. CFD 그림에서는 명확하게 보기 위해 대칭선의 맞은편에 계산 영역의 거울상을 투영하였다.

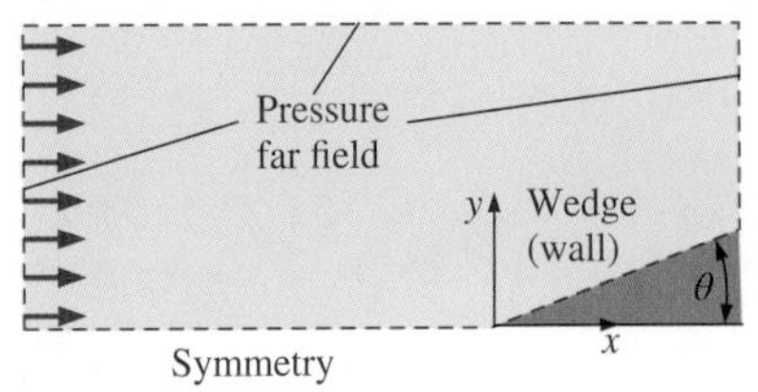

그림 15-81
반각 θ의 쐐기 위의 압축성 유동에 대한 계산 영역과 경계 조건. 유동이 x축에 대하여 대칭이므로 CFD 해석은 상반부만 수행하였다.

10°인 경우(그림 15-82*a*)에 쐐기의 정점에서 시작하는 직선의 경사충격파가 관찰되며, 이는 비점성 이론에서도 예측되는 것이다. 유동은 경사충격파를 가로질러 10°

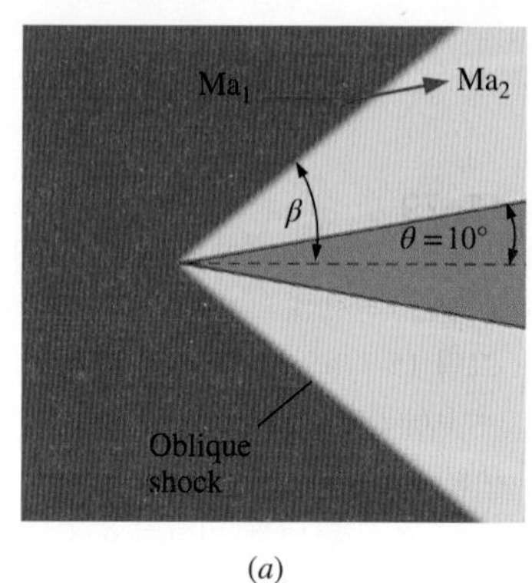

(*a*)

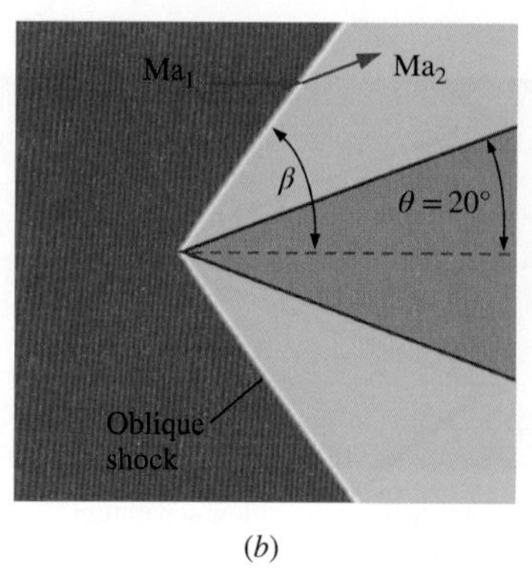

(*b*)

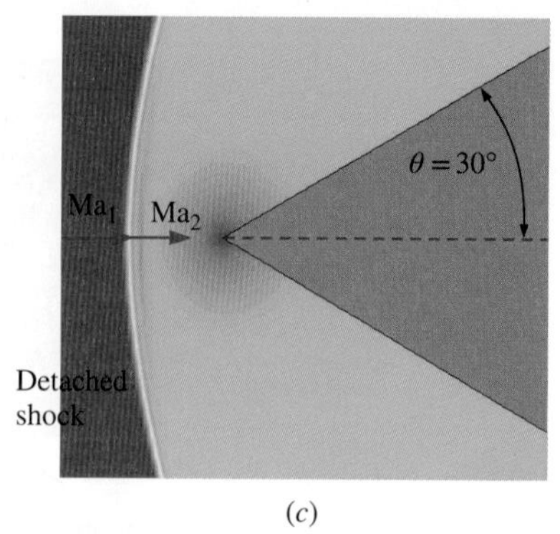

(*c*)

그림 15-82

$Ma_1 = 2.0$에서 반각 θ의 쐐기 위의 정상, 단열, 비점성, 압축성 유동에 대한 CFD 계산 결과(Mach 수 등분포도). θ = (*a*) 10°, (*b*) 20°, (*c*) 30°. 모든 경우에 Mach 수 등분포도는 Ma = 0.2에서(청색) 2.0까지(적색) 범위에 있다. 쐐기 반각이 작은 두 가지 경우, 약한 경사충격파가 쐐기의 선단에 부착되어 형성된다. 그러나 30°의 경우, 이탈충격파(궁형파)가 쐐기 앞에 형성된다. θ가 증가함에 따라 충격파 하류의 컬러 변화에서 볼 수 있는 것처럼 충격파 강도는 θ에 따라 증가한다.

크기로 방향을 바꾸며, 따라서 유동은 쐐기 벽면과 평행하게 된다. 비점성 이론에 의해 예측되는 충격파 각도 β는 39.31°이고, 충격파 하류에 예측되는 Mach 수는 1.64이다. 그림 15-82*a*에서 각도기로 측정한 값은 $\beta \cong 40°$이고, 충격파 하류의 Mach 수에 대한 CFD 계산 결과는 1.64이다. 따라서 이론과 매우 잘 일치한다.

20°인 경우(그림 15-82b)의 CFD 계산 결과는 충격파 하류에서 1.21의 Mach 수를 나타낸다. CFD 계산으로부터 측정한 충격파 각도는 약 54°이다. 비점성 이론은 1.21의 Mach 수와 53.4°의 충격파 각도를 예측하며, 따라서 이론과 CFD는 역시 매우 잘 일치한다. 20°인 경우의 충격파는 보다 가파른 각도를 가지므로(수직충격파에 더 가까워지는), 충격파 하류의 Mach 수 등분포도가 짙은 적색으로 표시되어 있는 바와 같이, 20°인 경우의 충격파가 10°인 경우의 충격파에 비해 더 강하다.

비점성 이론에 의하면 공기의 Mach 수 2.0에서는 최대 쐐기 반각 약 23°까지 직선의 경사충격파가 형성될 수 있다(12장). 이보다 큰 쐐기 반각에서 충격파는 쐐기 상류로 이동해야 하며(이탈되며), **궁형파**(또는 선단파, bow wave, 12장)의 형상을 가지는 **이탈충격파**(detached shock)를 형성한다. $\theta = 30°$에서의 CFD 결과(그림 15-82*c*)는 이러한 현상을 보여 준다. 선단 바로 상류에 위치하는 이탈충격파의 일부분은 수직충격파이고, 따라서 이 부분의 충격파 하류의 유동은 아음속이다. 충격파가 뒤쪽으로 굽어지면서 충격파는 점차 약해지고, 컬러로 표시된 바와 같이 충격파 하류의 Mach 수는 증가한다.

이상 유동에 대한 CFD 방법*

상(phase) 사이의 물질 상태량의 불연속성, 국소 계면력(interfacial force), 그리고 연속적으로 변하는 상의 공간적 분포로 인하여 액체와 기체를 함께 가지는 이상(Two-phase) 유동은 컴퓨터 모델링에 있어 중요한 도전 과제이다. 예로서 대기압에서 작동

---

* 이 절은 펜실베이니아 주립대학교의 Alex Rattner 교수가 기고하였다.

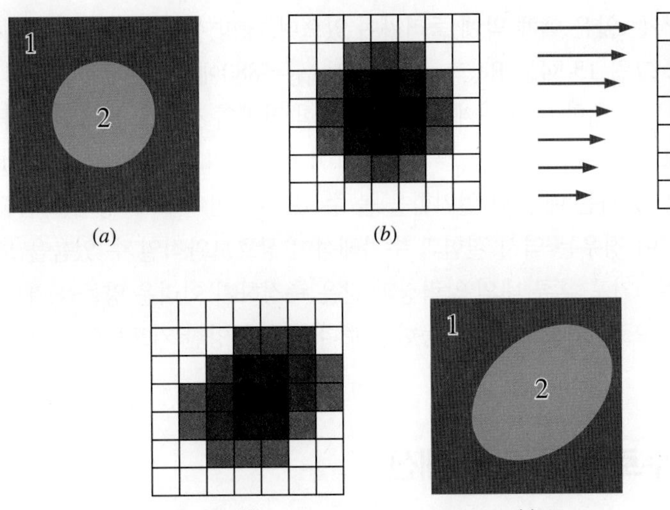

그림 15-83
VOF(Volume of Fluid) 법의 개략도. (*a*) 유체 2의 액적이 유체 1 내에 들어있다. (*b*) 각 셀에서의 유체 2의 체적 분율(α)이 계산된다. (*c-d*) 벡터장은 α장을 이송한다. (*e*) 수정된 α장은 새로운 상의 분포를 나타낸다.
Courtesy of Alex Rattner, Penn State University.

하는 온수 보일러에서 액체의 밀도는 증기의 밀도보다 1500배 크고, 열이 가해짐에 따라 증기 상이 차지하는 체적 분율(volume fraction)은 장치의 길이를 따라 증가하게 된다. 이와 같은 복잡한 특성에 의해 이상 유동에 대한 해석해는 거의 없으며, 따라서 컴퓨터 모델링 방법은 매우 유용하다.

여러 가지 다른 종류의 이상 유동을 해석하기 위해 많은 계산 방법들이 개발되어 왔다. **분산 이상 유동**(dispersed two-phase flow)에서는 많은 작은 입자, 기포 또는 액적들이 연속 매질 내에 분포되어 있다. 한 가지 예는 분무 스프레이 통에서 만드는 분무 액적(mist of liquid droplet)일 수 있다. **Lagrange** CFD 방법에서 이러한 액적들은 점 특성(작은 덩어리, parcel)으로 모델 되며, 이들 각각은 매 시간간격마다 중력, 항력 그리고 다른 입자와의 상호 작용력에 의해 전진한다. 각 셀에서 이들 덩어리(parcel)로부터의 순수 질량 및 운동량 수송은 연속적인 상에 대한 지배방정식에 생성항으로 적용된다. **Euler 방법**은 각 셀에서 연속 상과 분산 상 사이의 평균적인 상호작용을 예측하는 종결 모델(closure model)을 포함한다. 이들 상 간의 종결 모델은 아격자 스케일(sub-grid scale, SGS) 모델로 불리며, 이는 이 모델이 격자 스케일보다 작은 특성들의 평균 영향을 기술하기 때문이다. Euler 방법은 각 덩어리(parcel)의 상태보다 각 셀에서의 평균 양만을 추적하면 되므로 계산 비용을 줄일 수 있다.

Euler와 Lagrange 방법은 분산 이상 유동에 적합하지만, 국소적인 계면 간 역학은 예측하지 못한다. 이러한 현상이 중요한 유동에서는 **계면 해석법**(interface resolving method)이 필요하다. 한 가지 대표적인 방법은 **유체 체적법**(volume of fluid, VOF)이며(Hirt와 Nichols, 1981), 이 방법은 각 셀에서 한 개 상의 체적 분율(α)에 대한 수송 방정식을 푼다. 여기서 α는 0과 1 사이로 제한되며 속도장에 의해 운동하게 된다(그림 15-83).

계면 해석(VOF) CFD를 적용하는 한 가지 예는 수직 튜브 내의 이상 **Taylor 유동**에 대한 계산이다(Rattner와 Garimella, 2015). 여기서 기체는 연속하고 긴 형태의 탄환 모양의 Taylor 기포 형태로 상승한다(Davies와 Taylor, 1950). 이 기포는 튜브 벽면

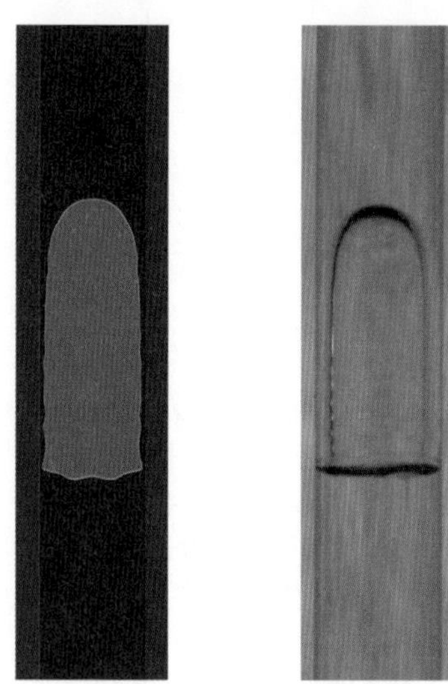

그림 15-84
거의 동일한 Reynolds 수에서 8.0 mm 직경의 튜브 내의 공기-물의 수직 상향 Taylor 유동에 대한 축대칭 VOF 계산 결과와 측정 실험 결과의 비교
Courtesy of Alex Rattner, Penn State University.

위로 하향 유동하는 얇은 액체 막에 둘러싸여 있으며, 상향 유동하는 액체 영역(슬러그)과 분리된다. 그림 15-84는 $\mathrm{Re_{exp}} = 885$와 $\mathrm{Re_{CFD}} = 880$에서 8.0 mm 직경의 튜브 내의 공기-물 유동에 대한 축대칭 계산 결과와 실험 결과의 사진을 함께 제시하고 있다. 이 경우 기포 상승 속도는 $U_{b,\,\mathrm{exp}} = 0.16 \pm 0.01$ m/s 그리고 $U_{b,\,\mathrm{CFD}} = 0.159$ m/s이므로 실험과 계산 결과는 매우 잘 일치함을 볼 수 있다. 실험이 CFD 방법을 검증하는 데 필요한 반면, 이 경우는 역시 실험과 수치해석이 상호보완적일 수 있음을 보여준다. 여기서 CFD는 기포 후류 내의 압력장과 같은 측정하기 어려운 양들을 제공한다. 실험은 계산 비용으로 인해 계산이 가능한 수보다 많고 다양한 기포들의 통계학적 특성을 제공한다.

15-6 ■ 개수로 유동 CFD 계산

지금까지 모든 예제는 단상(single-phase)의 유체(공기나 물)에 대한 것이었다. 그러나 많은 상용 CFD 코드는 기체의 혼합물 유동(예를 들면, 공기 중의 일산화탄소), 동일한 유체의 이상(two phase) 유동(예를 들면, 증기와 액체 상태의 물), 다른 상을 가지는 두 유체의 유동(예를 들면, 액체 상태의 물과 기체 상태의 공기)도 다룰 수 있다. 이 절에서는 후자의 경우, 특히 자유표면(위는 기체 상태의 공기)이 있는 물의 유동, 즉 개수로 유동에 관심이 있다. 따라서 개수로 유동의 CFD 계산에 대한 몇몇 간단한 예제를 제시한다.

수로 바닥의 융기부 위를 지나는 유동

평평하고 수평한 바닥을 가지는 2차원 수로를 고려해 보자. 수로 바닥을 따라 어떤 한 지점에 매끈한 융기부(bump)가 있으며, 그 길이는 1.0 m이고, 융기부 중심에서 높이는 0.10 m이다(그림 15-85). 속도 입구는 두 부분으로 구분되며, 아래쪽은 물이고, 위쪽은 공기이다. CFD 계산에서 공기와 물의 입구 속도는 V_{inlet}으로 설정된다. 계산 영역 입구에서의 물의 깊이는 y_{inlet}으로 설정되지만, 나머지 계산 영역에서 물 표면의 위치는 계산된다. 유동은 비점성으로 모델링한다.

아임계와 초임계 입구 두 가지 경우를 고려해 보자(13장). 그림 15-86은 세 가지 경우에 대한 CFD 계산 결과를 비교하고 있다. 첫 번째 경우(그림 15-86*a*)의 y_{inlet}은 0.30 m이며, V_{inlet}은 0.50 m/s이다. 이에 해당하는 Froude 수는 다음과 같이 계산된다.

Froude 수:
$$\mathrm{Fr} = \frac{V_{\mathrm{inlet}}}{\sqrt{g y_{\mathrm{inlet}}}} = \frac{0.50\ \mathrm{m/s}}{\sqrt{(9.81\ \mathrm{m/s^2})(0.30\ \mathrm{m})}} = 0.291$$

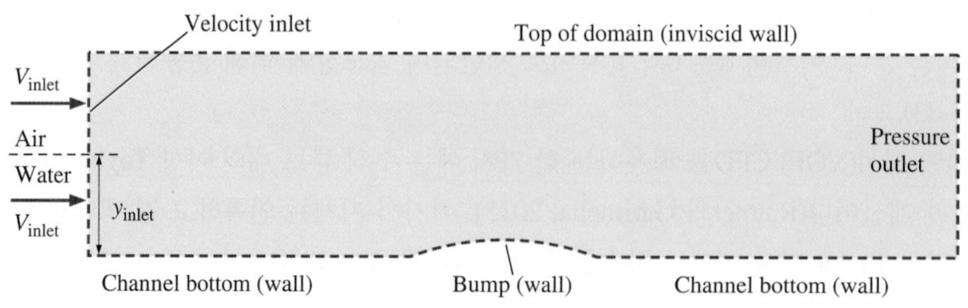

그림 15-85
수로 바닥의 융기부 위를 지나는 물의 정상, 비압축성, 2차원 유동에 대한 계산 영역과 경계 조건. 유동장에서 두 가지 유체를 모델링한다(액체 상태의 물과 자유표면 위의 공기). 액체 깊이 y_{inlet}과 입구 속도 V_{inlet}이 지정된다.

Fr<1이므로 입구 유동은 **아임계**이며, 액체 표면은 융기부 위에서 약간 **가라앉는다**(그림 15-86*a*). 유동은 융기부 하류에서 아임계로 유지되며, 액체 표면의 높이는 천천히 융기부 이전의 수위로 다시 상승한다. 따라서 유동은 모든 곳에서 아임계이다.

두 번째 경우(그림 15-86*b*)의 y_{inlet}은 0.50 m이며, V_{inlet}은 4.0 m/s이다. 이에 해당하는 Froude 수를 계산하면 1.81이 된다. Fr>1이므로 입구 유동은 **초임계**이며, 액체 표면은 융기부 위에서 **올라간다**(그림 15-86*b*). 하류 먼 곳에서 액체 깊이는 0.50 m, 평균 속도는 4.0 m/s로 되돌아가며, Froude 수는 입구값과 같은 1.81이 된다. 따라서 이 유동은 모든 곳에서 초임계이다.

마지막으로, 수로로 들어가는 유동이 아임계인 세 번째 경우(그림 15-86*c*)에 대한 결과를 본다($y_{inlet} = 0.50$ m, $V_{inlet} = 1.0$ m/s, Fr = 0.452). 이 경우 아임계 유동에 대해 예상한 바와 같이, 물 표면은 융기부 위에서 가라앉는다. 그러나 융기부의 하류에서 $y_{outlet} = 0.25$ m, $V_{outlet} = 2.0$ m/s, 그리고 Fr = 1.28이다. 따라서 이 유동은 아임계로 시작하지만, 융기부 하류에서 초임계로 변한다. 영역을 하류로 더 연장한다면 Froude 수가 다시 1 이하가 되게 하는(아임계) **수력도약**을 볼 수 있을 것이다.

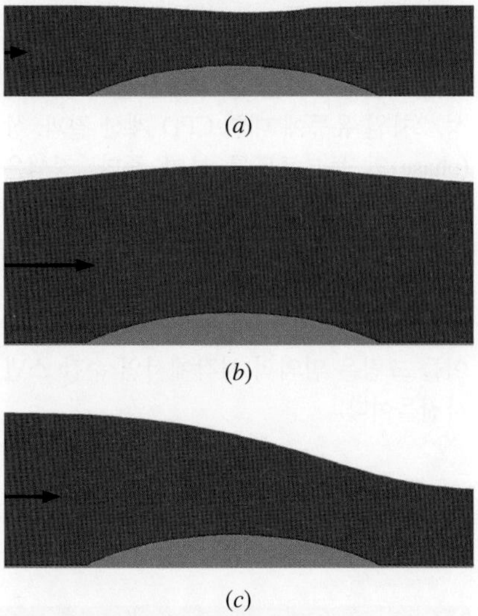

(*a*)

(*b*)

(*c*)

그림 15-86
수로 바닥의 융기부 위를 지나는 물의 비압축성, 2차원 유동에 대한 CFD 계산 결과. 상(phase)의 등분포도를 보여 준다. 청색은 액체 상태의 물을 나타내고 백색은 기체 상태의 공기를 나타낸다. (*a*) 아임계에서 아임계, (*b*) 초임계에서 초임계, (*c*) 아임계에서 초임계.

수문을 지나는 유동(수력도약)

마지막 예제로서 수문이 있는 바닥이 평평하고 수평한 2차원 수로를 고려해 보자(그림 15-87). 계산 영역의 입구에서 물의 깊이는 y_{inlet}, 입구 유동 속도는 V_{inlet}으로 지정하였다. 수로 바닥으로부터 수문 끝까지의 거리는 *a*이다. 유동은 비점성으로 모델링한다.

$y_{inlet} = 12.0$ m와 $V_{inlet} = 0.833$ m/s를 사용하여 CFD 코드를 실행한다. 이때 입구 Froude 수는 $Fr_{inlet} = 0.0768$(아임계)이다. 수문 끝은 수로 바닥으로부터 $a = 0.125$ m에 있다. 그림 15-88은 CFD 계산 결과를 보여 준다. 물이 수문 밑을 통과한 후, 평균 속도는 12.8 m/s로 증가하며, 깊이는 $y = 0.78$ m로 감소한다. 따라서 수문의 하류와 수력도약의 상류에서 Fr = 4.63(초임계)이다. 좀 더 하류로 내려오면 평균 물 깊이가 $y = 3.54$ m로 증가하고, 평균 물 속도가 2.82 m/s로 감소하는 수력도약을 볼 수 있다. 따라서 수력도약 하류에서 Fr = 0.478이다(아임계). 하류의 물 깊이는 수문의 상류에서보다 상당히 낮은 것을 볼 수 있다. 이는 수력도약을 통하여 비교적 큰 소산과 이에 상응하는 유동의 비에너지(specific energy)의 감소가 발생함을 의미한다(13장). 여기서 개수로 유동에서 수력도약을 통한 비에너지 손실과 압축성 유동에서 충격파를 통한 정체압 손실이 서로 유사하다는 점이 더욱 확실해진다.

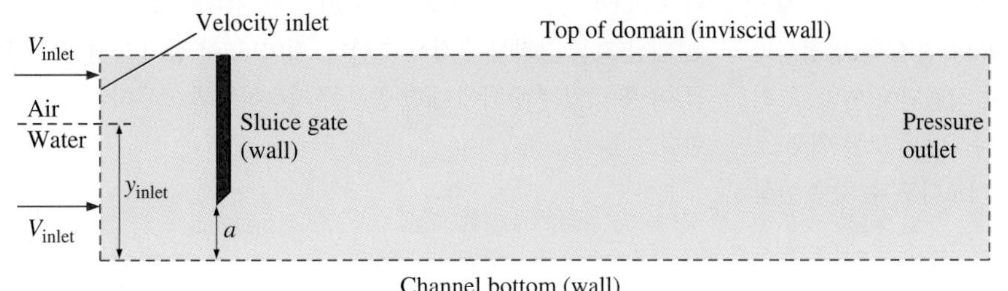

그림 15-87
수문을 지나는 물의 정상, 비압축성, 2차원 유동에 대한 계산 영역과 경계 조건. 유동장에서 두 가지 유체를 모델링한다(액체 상태의 물과 자유표면 위의 공기). 액체 깊이 y_{inlet}과 입구 속도 V_{inlet}이 지정된다.

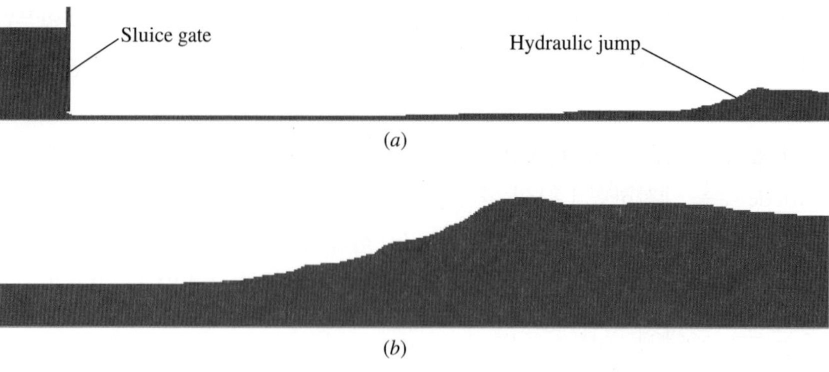

그림 15-88
개수로에서 수문을 통과하는 물의 비압축성, 2차원 유동에 대한 CFD 계산 결과. 상(phase)의 등분포도를 보여 준다. 청색은 액체 상태의 물을 나타내고 흰색은 기체 상태의 공기를 나타낸다. (*a*) 수문과 수력도약에 대한 개략도, (*b*) 수력도약에 대한 확대 그림. 유동이 매우 비정상 상태이므로, 이들 그림은 임의의 시각에서의 순간 스냅 사진들이다.

요약

스프레드시트와 같이 어디서나 접근이 가능하지도 않고, 수학적 소프트웨어 도구와 같이 쉽게 사용할 수도 없지만, 전산유체역학 코드는 현재 지속적으로 향상되고 있으며, 점점 더 일상화되고 있다. 전산유체역학은 한때 코드를 직접 작성하고 슈퍼컴퓨터를 사용하는 전문과학자의 영역이었지만, 다양한 특성과 사용자 친화적인 인터페이스를 가지는 상용 CFD 코드는 현재 퍼스널 컴퓨터용으로 적당한 가격에 구입할 수 있으므로, 모든 분야의 엔지니어들이 쉽게 이용할 수 있다. 그러나 이 장에서 보인 바와 같이, 컬러풀한 그래픽 출력은 항상 멋있게 보이지만, 질 나쁜 격자, 층류와 난류 유동의 부적당한 선택, 부적절한 경계 조건 그리고/또는 많은 다른 오류는 물리적으로 올바르지 않은 CFD 해를 초래할 수 있다. 그러므로 CFD 계산으로부터 틀린 답을 피하기 위해 CFD 사용자는 유체역학의 기초에 충실하여야 한다. 또한 CFD 계산 결과를 검증하기 위하여 가능한 언제라도 실험 데이터와 적절히 비교하여야 한다. 이와 같은 주의사항을 유념하면 유체 유동을 포함한 다양한 응용분야에 대한 CFD의 가능성은 실로 막대하다.

지금까지 층류와 난류의 CFD 계산에 대한 예제들을 제시하였다. 전산유체역학은 박리가 있는 비정상 유동을 포함하여 비압축성 층류 유동에 대한 계산에는 탁월하다. 사실 층류 CFD 해는 격자의 조밀도와 경계 조건에 의해 제한되는 범위 내에서 "엄밀하다". 불행하게도 실제 공학적으로 관심 있는 대부분의 유동은 **층류**가 아니고 **난류**이다. **직접 수치 모사**(DNS)는 복잡한 난류 유동장을 계산할 수 있는 큰 잠재력을 가지며, 운동 방정식(3차원 연속 방정식과 Navier-Stokes 방정식)을 푸는 알고리즘도 잘 정립되어 있다. 그러나 높은 Reynolds 수의 복잡한 난류 유동에 나타나는 모든 미세 스케일에 대한 해석은 오늘날의 가장 빠른 컴퓨터보다도 수 차수 이상의 빠른 컴퓨터를 필요로 한다. DNS가 실제 공학 문제를 푸는 데 유용한 도구가 될 수 있을 때까지 컴퓨터가 발달하기에는 앞으로 수십년이 더 걸릴 것이다. 그 동안에 할 수 있는 최선의 방법은 난류 에디로 인해 향상된 혼합과 확산을 모델링하는(풀기보다는) 준경험적인 수송 방정식인 난류 모델을 사용하는 것이다. **난류 모델**을 활용하는 CFD 코드를 실행할 때, 격자가 충분히 조밀한지 또는 모든 경계 조건이 적절하게 적용되었는지에 대하여 주의해야 한다. 그러나 결국에는 격자가 얼마나 조밀한지 또는 경계 조건이 얼마나 유효한지와는 무관하게, **난류 CFD 결과는 사용한 난류 모델 그 자체만큼만 좋다**. 어떤 난류 모델도 **범용적**이지(모든 난류 유동에 적용할 수 있는) 않지만, 그럼에도 불구하고 많은 실제 유동 계산에 대하여 합당한 결과를 얻을 수 있다.

또한 이 장에서는 CFD가 열전달이 있는 유동, 압축성 유동, 개수로 유동에 대하여도 유용한 결과를 도출할 수 있음을 보여 주었다. 그러나 모든 경우에 CFD 사용자는 적절한 계산 영역을 선택하였는지, 올바른 경계 조건을 적용하였는지, 질 좋은 격자를 생성하였는지, 적합한 모델과 근사법을 사용하였는지에 대하여 항상 주의해야 한다. 컴퓨터가 더욱 빨라지고 강력해짐에 따라 복잡한 공학 시스템의 설계와 해석에서 CFD는 점점 더 중요한 역할을 맡게 될 것이다.

이 짧은 장에서는 전산유체역학을 간단히 소개한 것에 불과하다. CFD에 숙달하기 위해서는 수치 방법, 유체역학, 난류와 열전달에 대한 고급 강좌를 수강해야 한다. 적어도, 이 장이 독자들로 하여금 이 흥미 있는 주제에 대한 공부를 지속하도록 고무하였기를 기대한다.

응용분야 스포트라이트 ■ 가상 위

초청 저자: James G. Brasseur와 Anupam Pal, The Pennsylvania State University

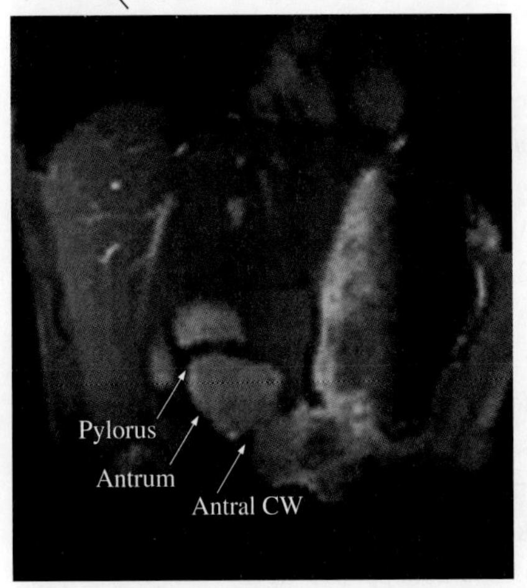

그림 15-89
임의의 시각에서 생체 인간의 위에 대한 자기공명영상. 위장의 끝 지역에서의(날문방, antrum) 연동(즉, 전파하는) 수축파(contraction wave, CW)를 보여 준다. 날문부는 영양소가 십이지장(소장의 일부)으로 들어갈 수 있도록 하는 괄약근 또는 밸브이다.
Developed by Anupam Pal and James Brasseur. Used by permission.

위장의 기계적 기능(위의 "운동성"이라 부른다)은 적절한 영양 섭취, 신뢰성 있는 약물 전달, 위장 마비와 같은 많은 위 기능장애에 중요하다. 그림 15-89는 위의 자기공명영상(MRI)을 보여 준다. 위는 혼합기, 분쇄기, 저장실이며, 또한 액체와 고체 상태의 위 내용물을 영양 섭취가 일어나는 소장으로 방출하는 것을 제어하는 복잡한 펌프이다. 영양분의 방출은 위장의 끝(날문부, pyrolus)에 있는 밸브의 개폐와 위장과 십이지장 사이의 압력차의 시간에 따른 변화에 의해 조절된다. 위의 압력은 위벽의 근육 긴장과 날문방(antrum)을 통과하는 연동수축파(peristaltic contraction *wave*)에 의해 조절된다(그림 15-89). 이 위 전정부 연동수축파는 또한 음식 입자를 부수고, 음식물과 약물 같은 위 내의 물질을 혼합시킨다. 그러나 현재 인간의 위에서 혼합하는 유체 운동을 측정하는 것은 불가능하다. 예를 들면, MRI는 위 안의 특수하게 자기화된 유체의 **윤곽**만을 제공할 뿐이다. 이들 보이지 않는 유체 운동과 그들의 영향을 연구하기 위하여 전산유체역학을 이용하여 위의 컴퓨터 모델을 개발하였다.

계산 모델의 기초가 되는 수학은 유체역학의 법칙으로부터 유도되었다. 이 모델은 시간에 따라 변화하는 위 형상에 대한 MRI 측정값을 위 내부의 유체 운동으로 확장한다. 컴퓨터 모델은 위 생리학 전체의 복잡함을 설명할 수 없는 반면, 매개변수의 체계적인 변화를 제어할 수 있다는 큰 장점을 가진다. 따라서 실험적으로 측정할 수 없는 민감도를 수치적으로는 연구할 수 있다. 가상 위(virtual stomach) 계산에는 복잡한 형상 내의 유체 유동에 적합한 lattice Boltzmann 알고리즘이라고 하는 수치 방법을 적용하며, 경계 조건은 MRI 데이터로부터 얻는다. 그림 15-90은 위 내에서 1 cm 크기의 지속형 정제의 운동, 분쇄와 혼합에 대한 예측 결과를 보여 준다. 이 수치 실험에서 정제는 그 주위의 높은 점도의 식사보다 밀도가 더 크다. 위 전정부 연동파는 재순환 에디와 역행성 제트를 위 내부에 생성시키고, 이는 다시 높은 전단응력을 생성하여 정제 표면을 마모시켜 약물을 방출하게 된다. 그리고 약물을 방출하는 것과 같은 유체 운동으로 약물은 혼합된다. 위장 내의 유체 운동과 혼합은 위 형상과 날문부의 시간에 따른 변화에 의존함을 알 수 있다.

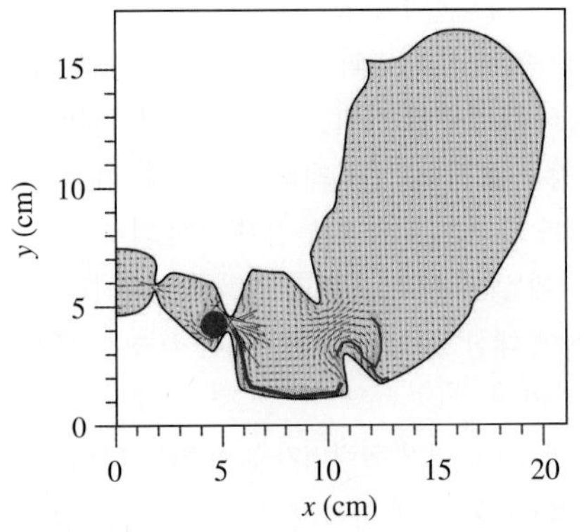

그림 15-90
전정부 연동수축파(그림 15-89)로 인한 위장 내부의 유체 운동에 대한 컴퓨터 계산 결과(속도 벡터)와 지속형 정제(적색 원)로부터의 약물의 방출(적색 궤적).
Developed by Anupam Pal and James Brasseur. Used by permission.

참고 문헌

Indireshkumar, K., Brasseur, J. G., Faas, H., Hebbard, G. S., Kunz, P., Dent, J., Boesinger, P., Feinle, C., Fried, M., Li, M., and Schwizer, W.,"Relative Contribution of 'Pressure Pump' and 'Peristaltic Pump' to Slowed Gastric Emptying," *Amer J Physiol*, 278, pp. G604-616, 2000.

Pal, A., Indireshkumar, K., Schwizer, W., Abrahamsson, B., Fried, M., Brasseur, J. G., "2004 Gastric Flow and Mixing Studied Using Computer Simulation," *Proc. Royal Soc. London, Biological Sciences*, October 2004.

참고 문헌과 권장 도서

1. C-J. Chen and S-Y. Jaw. *Fundamentals of Turbulence Modeling*. Washington, DC: Taylor & Francis, 1998.
2. J. M. Cimbala, H. Nagib, and A. Roshko. "Large Structure in the Far Wakes of Two-Dimensional Bluff Bodies," *Fluid Mech*., 190, pp. 265-298, 1988.
3. R. M. Davies and G. I. Taylor. "The Mechanics of Large Bubbles Rising through Extended Liquids and Through Liquids in Tubes," *Proc. R. Soc*. A, 200(1062), pp. 375-390, 1950.
4. C. W. Hirt and B. D. Nichols. "Volume of Fluid (VOF) Method for the Dynamics of Free Boundaries," *J. Comput. Phys*., 39(1), pp. 201-225, 1981.
5. A. S. Rattner and S. Garimella. "Vertical Upward Intermediate Scale Taylor Flow: Experiments and Kinematic Closure," *Int. J. Multiph. Flow*, 75, pp. 107-123, 2015.
6. S. Schreier. *Compressible Flow*. New York: Wiley-Interscience, Chap. 6 (Transonic Flow), pp. 285-293, 1982.
7. J. C. Tannehill, D. A. Anderson, and R. H. Pletcher. *Computational Fluid Mechanics and Heat Transfer*, 3rd ed. Washington, DC: Taylor & Francis, 2012.
8. H. Tennekes and J. L. Lumley. *A First Course in Turbulence*. Cambridge, MA: The MIT Press, 1972.
9. D. J. Tritton. *Physical Fluid Dynamics*. New York: Van Nostrand Reinhold Co., 1977.
10. M. Van Dyke. *An Album of Fluid Motion*. Stanford, CA: The Parabolic Press, 1982.
11. F. M. White. *Viscous Fluid Flow*, 3rd ed. New York: McGraw-Hill, 2005.
12. D. C. Wilcox. *Turbulence Modeling for CFD*, 3rd ed. La Cañada, CA: DCW Industries, Inc., 2006.
13. C. H. K. Williamson. "Oblique and Parallel Modes of Vortex Shedding in the Wake of a Circular Cylinder at Low Reynolds Numbers," *J. Fluid Mech*., 206, pp. 579-627, 1989.
14. J. Tu, G. H. Yeoh, and C. Liu. *Computational Fluid Dynamics: A Practical Approach*. Burlington, MA: Elsevier, 2008.

연습문제*

기본 사항, 격자 생성, 경계 조건

15-1C CFD 코드를 이용하여 자유표면이 없는 2차원(x와 y), 비압축성, 층류 유동을 해석하고자 한다. 유체는 뉴턴 유체이며, 적합한 경계 조건이 사용된다. 문제에 포함된 변수(미지수)와 컴퓨터로 해석할 방정식들을 열거하라.

15-2C 다음 각각에 대해 간단하게(몇 문장으로) 정의를 쓰고, 그에 대해 설명하라. 그리고 도움이 된다면 예도 제시하라. (a) 계산 영역, (b) 격자, (c) 수송 방정식, (d) 연계(coupled) 방정식.

15-3C **노드**와 **간격**의 차이점은 무엇인가? 그리고 이들이 **셀**과 어떻게 연관되는가? 그림 P15-3C에서 각 변에 있는 노드와 간격의 개수는 각각 몇 개인가?

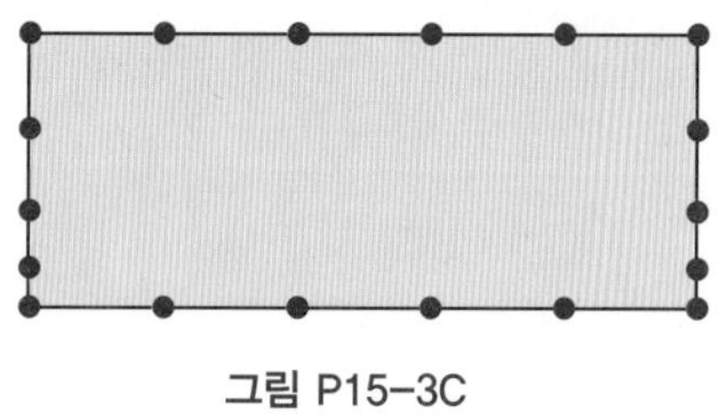

그림 P15-3C

*"C"로 표시된 문제는 개념 문제이며, 학생들은 모든 문제에 답하도록 권장된다. 추가적인 CFD 문제는 교재의 웹사이트에 게시되어 있다.

15-4C 그림 P15-3C의 2차원 계산 영역과 주어진 노드 분포에 대하여 4변 셀을 이용하여 간단한 정렬 격자를 그려라. 그리고 3변 셀을 이용하여 간단한 비정렬 격자를 그려라. 각각의 경우에 몇 개의 셀이 있는가? 논의하라.

15-5C 그림 P15-3C의 2차원 계산 영역과 주어진 노드 분포에 대하여 4변 셀을 이용하여 간단한 정렬 격자를 그려라. 그리고 3변, 4변, 5변 셀 각각을 적어도 한 개씩 이용하여 간단한 비정렬 다면체 격자를 그려라. 격자 비틀림이 크게 되지 않도록 한다. 각각의 경우에 셀 수를 비교하고, 결과를 논의하라.

15-6C 정상, 층류 유동장에 대한 일반적인 CFD 해석 절차에 포함되는 8단계를 요약하라.

15-7C 그림 P15-7C에서와 같이, 원형 실린더가 놓여 있는 덕트 내부를 통과하는 유동을 CFD를 사용하여 계산한다고 하자. 덕트는 길지만, 컴퓨터 자원을 절약하기 위하여 실린더 부근만을 계산 영역으로 선정한다. 계산 영역의 하류 변이 왜 상류 변보다 실린더로부터 더 멀리 있어야 하는지 그 이유를 설명하라.

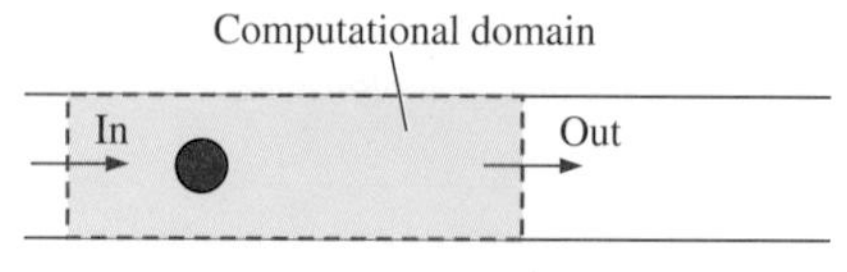

그림 P15-7C

15-8C 반복적 CFD 해법에 관련된 다음 각 사항의 중요성에 대하여 간단히(몇 문장으로) 논의하라.

(a) 초기 조건, (b) 잔차, (c) 반복, (d) 후처리.

15-9C CFD 코드에서 반복 과정의 속도를 향상시키기 위하여 다음 사항들이 어떻게 사용되는지 간단히 논의하라. (a) 다중격자, (b) 인공시간.

15-10C 이 장에서 논의한 경계 조건들 중에서, 그림 P15-10C에 그려진 2차원 계산 영역의 오른쪽 변에 적용될 수 있는 경계 조건을 모두 열거하라. 이 변에 왜 **다른** 경계 조건은 적용될 수 없는가?

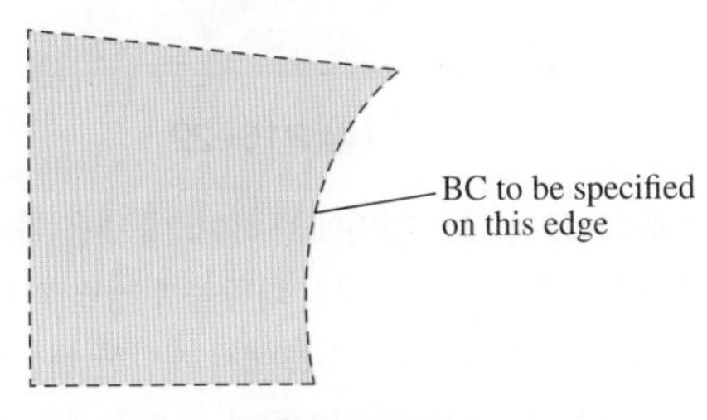

그림 P15-10C

15-11C CFD를 사용할 때 격자 조밀도의 적합성을 시험할 수 있는 일반적인 방법은 무엇인가?

15-12C 압력 입구와 속도 입구 경계 조건의 차이점은 무엇인가? 속도 입구 경계 조건 또는 압력 입구 경계 조건에 왜 압력과 속도를 함께 지정할 수 없는지 그 이유를 설명하라.

15-13C 2차원 직사각형 채널을 통과하는 공기 유동을 계산하기 위해 비압축성 CFD 코드를 사용한다(그림 P15-13C). 계산 영역은 표시된 바와 같이 네 개의 블록으로 구성된다. 그림에 보인 바와 같이, 유동은 오른쪽 위에 있는 블록 4로 들어가서 블록 1의 왼쪽으로 나간다. 입구 속도 V와 출구 압력 P_{out}은 주어진다. 이 계산 영역의 모든 블록의 모든 변에 적용할 경계 조건을 표시하라.

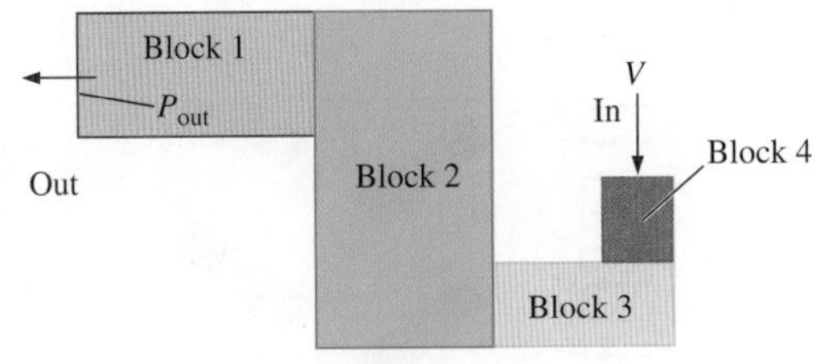

그림 P15-13C

15-14C 문제 15-13C를 다시 고려해 보자. 단, 블록 1과 2 사이의 공통되는 변에서의 경계 조건을 **팬**으로 설정한다. 이 경우 팬을 오른쪽에서 왼쪽으로 가로질러 압력 상승값이 주어져 있다. 두 가지 경우(팬이 있는 경우와 없는 경우)에 비압축성 CFD 코드를 실행한다고 가정하자. 모든 다른 조건이 같다면 입구에서 압력이 증가하는가 또는 감소하는가? 그 이유는? 출구에서의 속도는 어떻게 되는가? 설명하라.

15-15C CFD로 비압축성 유체 유동 문제를 해석할 때 사용되는 여섯 가지 경계 조건을 열거하라. 각각에 대하여 간단히 설명하고, 이들 경계 조건이 어떻게 사용되는지 예를 제시하라.

15-16 임의의 영각을 가지는 2차원 에어포일 위를 지나는 유동을 계산하기 위하여 CFD 코드를 사용한다. 그림 P15-16은 에어포일 주위의 계산 영역의 일부를 보인다(계산 영역은 점선으로 표시된 영역을 넘어서 크게 확장된다). 그림에 보이는 영역에 4변 셀을 이용하여 성긴 정렬 격자를 그리고, 3변 셀을 이용하여 성긴 비정렬 격자를 그려라. 셀을 적절한 곳에 밀집시켜라. 각 격자의 장점과 단점을 논의하라.

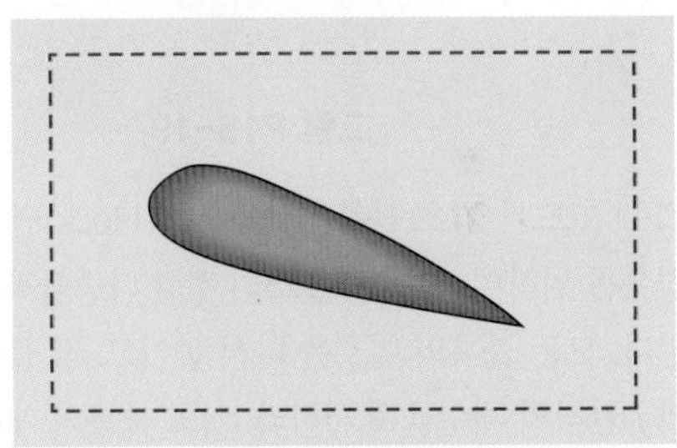

그림 P15-16

15-17 문제 15-16의 에어포일에 대하여 성긴 하이브리드 격자를 그리고, 이와 같은 격자의 장점을 설명하라.

15-18 비압축성 CFD 코드를 사용하여 원형 실린더를 포함하는 2차원 직사각형 채널을 통과하는 물의 유동을 계산한다(그림 P15-18). 난류 모델을 이용하여 시간평균된 난류 유동의 해를 구한다. 실린더는 상하 대칭으로 가정한다. 그림과 같이 유동은 왼쪽으로부터 들어가서 오른쪽으로 나가며, 입구 속도 V와 출구 압력 P_{out}은 주어진다. 네 변을 가지는 블록을 이용하여 정렬 격자에 대한 블록을 만들고, 4변 셀을 이용하여 성긴 격자를 그려라. 단, 셀은 벽면쪽으로 밀집되어야 한다. 또한 크게 비틀린 셀이 생기지 않도록 유의하라. 계산 영역의 모든 블록의 모든 변에 적용할 경계 조건을 표시하라. (**힌트**: 여섯 개에서 일곱 개의 블록이면 충분하다.)

그림 P15-18

15-19 비압축성 CFD 코드를 사용하여 큰 원형의 침전실을 포함하는 2차원 직사각형 채널을 통과하는 휘발유의 유동을 계산한다(그림 P15-19). 그림과 같이 유동은 왼쪽으로부터 들어가

서 오른쪽으로 나간다. 난류 모델을 이용하여 시간평균된 난류 유동의 해를 구하고자 하며, 계산 영역은 상하 대칭으로 가정한다. 또한 입구 속도 V와 출구 압력 P_{out}은 주어진다. 네 변을 가지는 블록을 이용하여 정렬 격자에 대한 블록을 만들고, 4변 셀을 이용하여 성긴 격자를 그려라. 단, 셀은 벽면쪽으로 밀집되어야 한다. 또한 크게 비틀린 셀이 생기지 않도록 유의하라. 계산 영역의 모든 블록의 모든 변에 적용할 경계 조건을 표시하라.

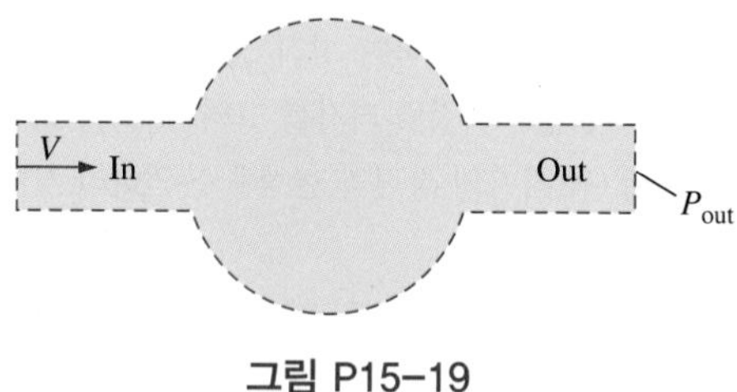

그림 P15–19

15-20 CFD 코드가 **기초 블록**(elementary block)만 사용할 수 있는 경우를 위하여, 그림 15-12b의 정렬 다중블록 격자를 다시 그린다. 모든 블록의 번호를 다시 붙이고, 각 블록에 포함되는 i와 j 간격의 개수를 표시하라. 기초 블록의 개수는 몇 개나 되는가? 모든 셀을 더해서 셀의 총 수가 변하지 않음을 증명하라.

15-21 CFD 코드가 **비기초 블록**(nonelementary block)을 사용할 수 있다고 가정한다. 그림 15-12b의 블록들을 가능한 한 많이 합쳐라. 여기서 유일한 제약 조건은 어떤 블록에서도 i 간격의 개수와 j 간격의 개수가 일정해야 한다는 것이다. 단지 **세 개**의 비기초 블록으로 정렬 격자를 만들 수 있음을 보여라. 모든 블록의 번호를 다시 붙이고, 각 블록에 포함되는 i와 j 간격의 개수를 표시하라. 모든 셀을 더해서 셀의 총 수가 변하지 않음을 증명하라.

15-22 새로운 열교환기를 설계하여, 각 단(stage) 하류의 유체를 가능한 한 완전히 혼합하고자 한다. Anita는 한 개의 단에 대한 단면이 그림 P15-22에 그려진 것과 같은 설계를 고안하였다. 전체 형상은 여기서 나타난 영역을 넘어 아래와 위로 주기적으로 확장된다. 그녀는 유동이 박리되어 후류에서 혼합할 수 있도록, 높은 영각으로 경사진 수십 개의 직사각형 관을 사용한다. 난류모델과 2차원 시간평균된 CFD 모사를 이용하여 이 형상의 성능을 계산하고, 그 결과를 다른 형상들과 비교하고자 한다. 이 유동을 계산하는 데 사용할 수 있는 가장 간단한 계산 영역을 그려라. 그리고 이 그림에 모든 경계 조건들을 표시하고, 논의하라.

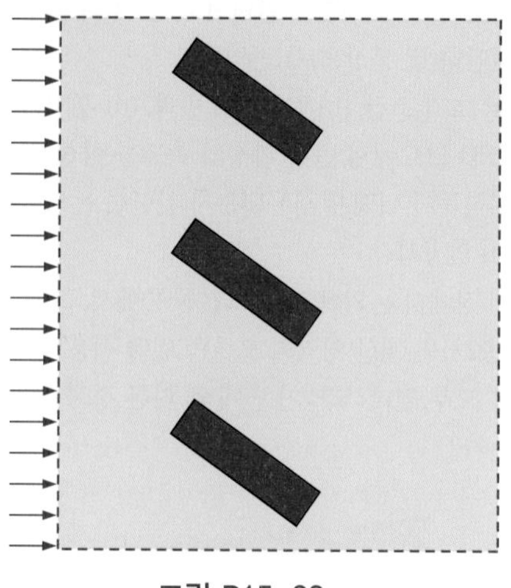

그림 P15–22

15-23 문제 15-22의 계산 영역에 대하여, 네 변을 가지는 기초 블록과 4변 셀을 이용하여 성긴 다중블록 정렬 격자를 그려라.

15-24 Anita는 문제 15-22와 15-23에서 개발한 계산 영역과 격자를 사용하여 CFD 코드를 실행한다. 불행하게도 CFD 코드는 수렴이 잘 되지 않았으며, Anita는 출구(계산 영역에서 멀리 떨어진 오른쪽 변)에 **역류**가 발생함을 알았다. 왜 역류가 출구에 생기는지 설명하고, 이 문제를 해결하기 위하여 Anita가 해야 할 일이 무엇인지 논의하라.

15-25 문제 15-22의 열교환기 설계의 후속 문제로서, 단단(single stage)에 대한 사전 CFD 해석의 결과에 기초하여 Anita의 설계가 선택되었다고 하자. 이제 그녀는 **2단** 열교환기를 계산해달라고 요청받았다. 혼합을 향상시키기 위하여 직사각형 관의 두 번째 열은 엇갈리게 배열되어 있으며, 첫 번째 열의 관들과 반대쪽으로 경사져 있다(그림 P15-25). 전체 형상은 여기에 보인 영역을 넘어 아래와 위로 주기적으로 확장된다. 이 유동을 계산하기 위하여 사용할 수 있는 계산 영역을 그려라. 그리고 이 그림에 모든 경계 조건들을 표시하고, 논의하라.

그림 P15–25

15-26 문제 15-25의 계산 영역에 대하여, 네 변을 가지는 기초 블록을 이용하여 다중블록 정렬 격자를 그려라. 각 블록은 4변 정렬 셀로 구성되지만, 격자를 그릴 필요는 없고 블록의 형상만 그린다. 모서리에서 크게 비틀리는 셀이 생기는 것을 피하기 위하여 모든 블록을 가능한 한 직사각형으로 만들도록 한다. CFD 코드는 변들의 주기 쌍(periodic pairs)에서 노드 분포가 동일할 것을 요구한다[격자 생성 과정에서 주기 쌍이 되는 두 변이 "연결(link)"되어 있다]. 또한 CFD 코드는 경계 조건의 적용을 위하여 블록의 변이 분할되는 것을 허용하지 않는다.

일반적인 CFD 문제**

15-27 그림 P15-27의 2차원 *Y*자 관을 고려해 보자. 치수는 미터로 표시되고, 그림은 축척에 맞지 않는다. 비압축성 유동이 왼쪽으로 들어가서 두 부분으로 나누어진다. 계산 영역의 모든 변에서 노드 분포가 동일한 세 가지 성긴 격자를 생성하라. (a) 정렬 다중블록 격자, (b) 비정렬 삼각형 격자, (c) 비정렬 사변형 격자. 각 경우에 셀 수를 비교하고, 격자의 질에 대해 간단히 설명하라.

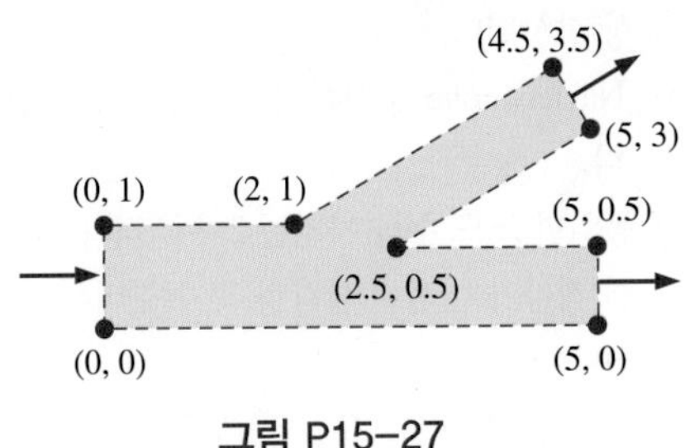

그림 P15-27

15-28 문제 15-27에서 생성한 격자 중 하나를 사용하여 0.02 m/s의 균일한 입구 속도를 가지는 공기의 층류 유동에 대한 CFD 해석을 수행하라. 두 개의 출구에서 출구 압력을 같은 값으로 설정하고, *Y*자 관을 통한 압력 강하를 계산하라. 또한 각 분관을 통해 빠져나가는 유량의 백분율을 계산하라. 유선을 그려라.

15-29 문제 15-28을 반복하라. 단, 10.0 m/s의 균일한 입구 속도를 가지는 공기의 **난류** 유동을 고려하라. 또한 입구에서 난류 강도를 10퍼센트, 난류 길이 척도를 0.5 m로 정하라. k-ε 난류 모델과 벽함수를 사용한다. 두 개의 출구에서 출구 압력을 같은 값으로 설정하고, *Y*자 관을 통한 압력 강하를 계산하라. 또한 각 분관을 통해 빠져나가는 유량의 백분율을 계산하라. 유선을 그려라. 이 결과를 층류에 대한 결과와 비교하라(문제 15-28).

15-30 Re = 10,000에서 평판 위를 지나 발달하는 층류 경계층을 공부하기 위한 계산 영역을 만든다. 먼저 매우 성긴 격자를 생성하고, 다음으로 해가 격자에 무관하게 될 때까지 격자의 조밀도를 계속 증가시켜라. 논의하라.

15-31 문제 15-30을 $Re = 10^6$에서의 **난류** 경계층에 대해 반복하고, 논의하라.

15-32 실내 환기를 해석하기 위한 계산 영역을 만든다(그림 P15-32). 특히 급기(공기)를 모델링하기 위하여 천장에 속도 입구가 있고, 배기를 모델링하기 위하여 천장에 압력 출구가 있는 직사각형 방을 만든다. 문제를 간단하게 하기 위하여 2차원으로 근사시킨다(방은 그림 P15-32의 지면에 수직방향으로 무한대로 길다). 정렬 직사각형 격자를 사용하라. 유선과 속도 벡터를 그리고, 논의하라.

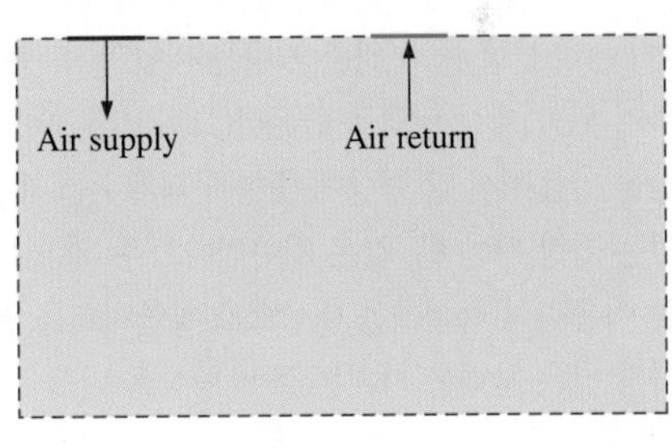

그림 P15-32

15-33 문제 15-32를 반복하라. 단, 비정렬 삼각형 격자를 사용하고, 그 외의 모든 다른 것은 동일하게 유지한다. 문제 15-32와 같은 결과를 얻는가? 비교하고, 논의하라.

15-34 문제 15-32를 반복하라. 단, 급기와 배기 벤트를 천장의 다양한 위치로 이동하라. 비교하고 논의하라.

15-35 문제 15-32와 15-34의 방 형상 중 하나를 선택하고, 계산에 에너지 방정식을 추가하라. 특히 급기는 차게($T = 18$ ℃) 하고, 반면에 벽, 바닥과 천장은 따뜻하게($T = 26$ ℃) 함으로써 **냉난방 조절**이 되는 방을 모델링한다. 실내의 평균 온도가 22 ℃에 가능한 한 가깝게 되도록 급기 속도를 조절하라. 이 방을 평균 온도가 22 ℃가 되도록 차게 하기 위해 얼마나 많은 환기(시간당 실내 공기 체적 변화의 횟수)가 필요한가? 논의하라.

15-36 문제 15-35를 반복하라. 단, 천장에 급기와 배기가 있는 **3차원** 방을 고려한다. 문제 15-35의 2차원 결과를 이 문제와 같은 보다 현실적인 3차원 결과와 비교하고 논의하라.

15-37 수축 노즐을 통과하는 공기의 압축성 유동을 해석하기 위한 계산 영역을 만든다(그림 P15-37). 노즐 출구는 대기압이며, 노즐 벽면은 비점성으로 근사할 수 있다(전단응력 = 0). 입구

** 이들 문제는 어떤 특정한 회사의 제품이 아닐지라도 CFD 소프트웨어를 필요로 한다. 학생들은 다음 문제들을 적절한 격자 생성을 포함하여 처음부터 수행해야 한다.

압력을 다양하게 변화시키면서 계산하라. 유동을 초크하기 위해 필요한 입구 압력은 얼마인가? 입구 압력이 이 값보다 높으면 어떻게 되는가?

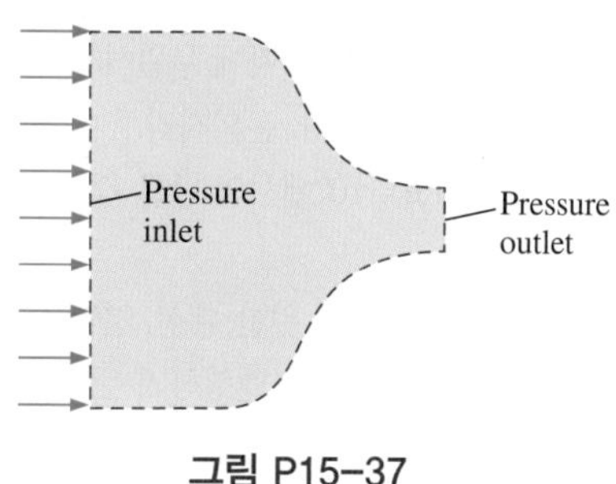

그림 P15-37

15-38 문제 15-37을 반복하라. 단, 비점성 근사 대신 점착 조건이 적용되며, 또한 매끈한 벽면을 가지는 난류 유동으로 간주한다. 현재의 결과를 문제 15-37의 결과와 비교하라. 이 문제에서 마찰의 주요한 영향은 무엇인가? 논의하라.

15-39 2차원 유선형 물체 위를 지나는 비압축성, 층류 유동을 해석하기 위한 계산 영역을 만든다(그림 P15-39). 다양한 물체 형상을 만들어서 각 형상에 대한 항력계수를 계산하라. 구할 수 있는 가장 작은 C_D 값은 얼마인가? (**주**: 흥미를 위해, 이 문제를 이용하여 학생들을 대상으로 경연대회를 열 수 있다. 누가 가장 낮은 항력을 가지는 물체 형상을 만들 수 있는가?)

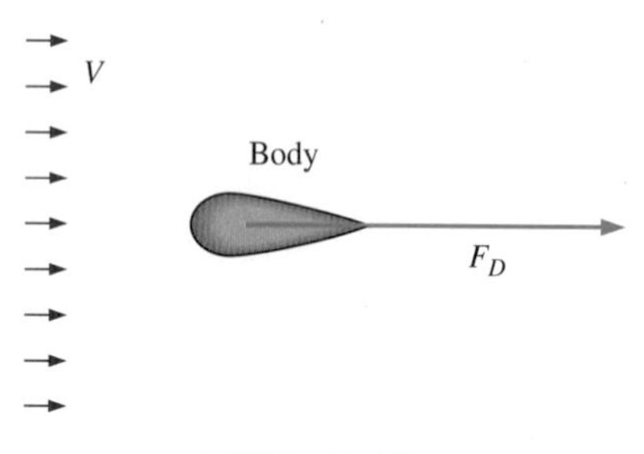

그림 P15-39

15-40 문제 15-39를 반복하라. 단, 2차원 대신 **축대칭** 물체를 고려하라. 결과를 2차원 경우와 비교한다. 같은 단면 형상에 대해 어떤 경우가 더 낮은 항력계수를 갖는가? 논의하라.

15-41 문제 15-40을 반복하라. 단, 층류 대신 **난류** 유동을 고려하라. 층류 결과와 비교하면, 어떤 경우가 더 낮은 항력계수를 갖는가? 논의하라.

15-42 2차원 초음속 채널에서 Mach 파를 해석하기 위한 계산 영역을 만든다(그림 P15-42). 특히 이 영역은 초음속 입구(Ma=2.0)와 아래 벽면에 매우 작은 융기부를 가지는 간단한 직사각형 채널로 구성되어야 한다. 비점성 유동으로 근사한 공기 유동에 대하여 그림에 나타낸 것과 같은 Mach 파를 생성하라. Mach 각도를 측정하고, 이론값(12장)과 비교하라. 또한 Mach 파가 반대편 벽에 부딪힐 때 어떻게 되는지를 논의하라. 사라지는가 또는 반사되는가? 반사되는 경우 반사 각도는 얼마인가? 논의하라.

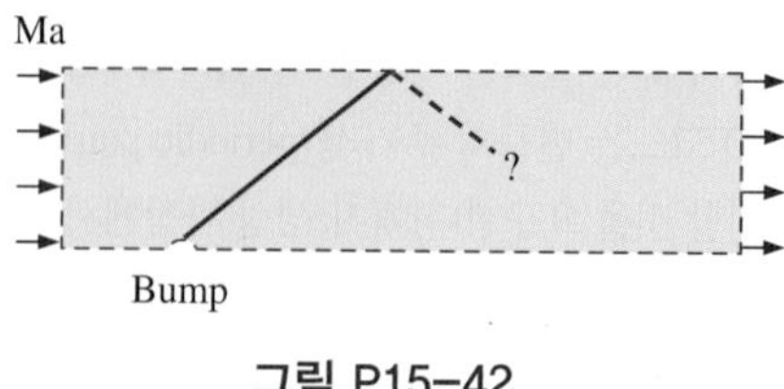

그림 P15-42

15-43 문제 15-42를 반복하라. 단, 1.10에서 3.0의 범위에 있는 Mach 수 중 몇 개를 선택하여 계산하라. 계산된 Mach 각도를 Mach 수의 함수로 도시하고, Mach 각도의 이론값(12장)과 비교하고 논의하라.

복습 문제

15-44C 다음의 각 설명이 참인지 거짓인지를 선택하고, 그 답에 대해 간단히 논의하라.

(a) CFD 해의 물리적 유효함은 격자가 조밀해짐에 따라 항상 향상된다.

(b) Navier-Stoke 방정식의 x 성분은 수송 방정식의 한 예이다.

(c) 동일한 노드 수를 가지는 2차원 격자에서, 일반적으로 정렬 격자가 비정렬 삼각형 격자에 비해 작은 수의 셀을 가진다.

(d) 시간평균된 난류 유동에 대한 CFD 해는 계산에 사용된 난류 모델 그 자체의 우수성만큼만 좋다.

15-45C 문제 15-19에서 계산 영역과 격자를 구성할 때 상하 대칭성을 이용하였다. 이 예제에서 왜 좌우 대칭성은 이용할 수 없는가? 포텐셜 유동의 경우에 대하여도 논의하라.

15-46C Gerry는 2차원 덕트 내의 급격 수축부를 지나는 유동을 계산하기 위하여 그림 P15-46C에 그려진 것과 같은 계산 영역을 만들었다. 그는 급격 수축부에 의해 발생하는 시간평균된 압력 강하와 부차적 손실계수에 관심이 있다. Gerry는 정상, 난류, 비압축성 유동을 가정하여(난류 모델과 함께) 격자를 생성하고, CFD 코드를 사용하여 유동장을 계산하였다.

(a) 약 절반의 컴퓨터 시간으로 **같은 결과를** 얻을 수 있도록, Gerry가 계산 영역과 격자를 향상시키는 방법 한 가지를 논의하라.

(b) Gerry가 계산 영역을 설정하는 방법에 기본적인 오류가 있을 수 있다. 무엇인가? Gerry의 설정과 무엇이 달라야 하는지 논의하라.

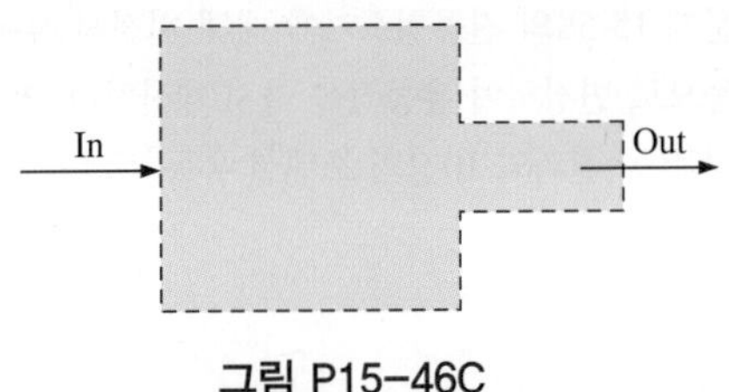

그림 P15-46C

15-47C 최신의 고속, 대규모 메모리의 컴퓨터 시스템을 생각해 보자. 이러한 컴퓨터의 어떤 특성이 각 블록에 거의 동일한 셀 수를 가지는 다중블록 격자를 이용한 CFD 문제의 해석에 적합한가? 논의하라.

15-48C **다중격자**와 **다중블록**의 차이점은 무엇인가? 이들 각각은 CFD 계산을 빠르게 하기 위하여 어떻게 사용될 수 있는가? 이들 두 가지가 함께 적용될 수 있는가?

15-49C 독자들은 형상이 꽤 복잡한 계산 대상과 삼각형 셀로 구성된 비정렬 격자를 처리할 수 있는 CFD 코드를 가지고 있다고 가정하자. 또한 독자들의 격자 생성 코드는 비정렬 격자를 매우 빠르게 생성할 수 있다. 그럼에도 불구하고 비정렬 격자 대신 다중블록 정렬 격자를 생성하는 데 시간을 쓰는 것이 현명할 수도 있는 이유를 제시하라. 즉, 이런 노력만큼의 가치가 있는가? 논의하라.

15-50 문제 15-22의 단단 열교환기를 통과하는 유동에 대한 계산 영역과 격자를 생성하고, 계산하라. 가열요소(heating element)는 수평에 대하여 45°의 영각으로 설치되어 있다. 입구 공기 온도를 20 °C, 가열요소의 벽면 온도를 120 °C로 설정하라. 출구의 평균 공기 온도를 계산하라.

15-51 가열요소의 영각을 0°(수평)에서 90°(수직) 사이에서 몇 가지 선택하여 문제 15-50의 계산을 반복하라. 각 경우에 동일한 입구 조건과 벽면 조건을 사용하라. 어떤 영각에서 공기로의 열전달이 가장 큰가? 구체적으로 어떤 영각에서 평균 출구 온도가 가장 높은가?

15-52 문제 15-25의 2단 열교환기를 통과하는 유동에 대한 계산 영역과 격자를 생성하고 계산하라. 첫 번째 단의 가열요소는 수평에 대하여 45°의 영각으로 설치되어 있고, 두 번째 단의 가열요소는 −45°의 영각으로 설치되어 있다. 입구 공기 온도를 20 °C, 가열요소의 벽면 온도를 120 °C로 설정하라. 출구의 평균 공기 온도를 계산하라.

15-53 가열요소의 영각을 0°(수평)에서 90°(수직) 사이에서 몇 가지 선택하여 문제 15-52의 계산을 반복하라. 각 경우에 동일한 입구 조건과 벽면 조건을 사용하라. 두 번째 단의 가열요소의 영각은 항상 첫 번째 단의 가열요소의 영각의 음의 값으로 설정됨에 유의하라. 어떤 영각에서 공기로의 열전달이 가장 큰가? 구체적으로 어떤 영각에서 평균 출구 온도가 가장 높은가? 이 각도는 문제 15-51의 단단 열교환기에 대해 계산된 각도와 같은가? 논의하라.

15-54 회전하는 원형 실린더 위를 지나는 평균적 정상 난류 유동에 대한 계산 영역과 격자를 생성하고, 계산하라(그림 P15-54). 물체에 작용하는 측면 힘은 어떤 방향인가(위쪽 또는 아래쪽)? 설명하라. 유동장에 유선을 그려라. 상류의 정체점은 어디에 위치하는가?

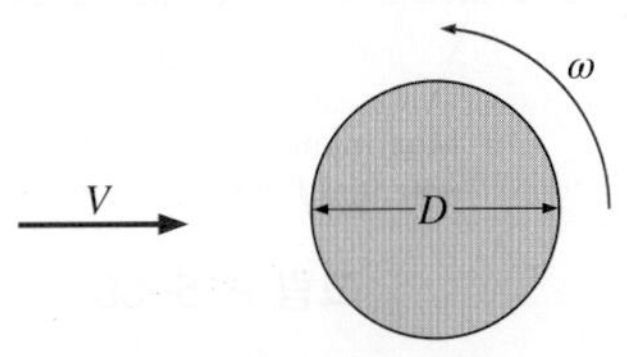

그림 P15-54

15-55 그림 P15-54의 회전하는 실린더에 대하여, 회전 속도에 대한 무차원 매개변수를 자유흐름 속도에 상대적인 값으로 구하라(변수 ω, D, V를 한 개의 무차원 Pi 그룹으로 나타낸다). 여러 개의 각속도 ω 값에 대하여 문제 15-54의 계산을 반복하라. 각 경우에 동일한 입구조건을 사용하라. 양력과 항력계수를 무차원 매개변수의 함수로 도시하고 논의하라.

15-56 큰 방의 바닥을 따라 존재하는 2차원 홈(slot)으로 들어가는 공기 유동을 고려해 보자. 여기서 바닥은 x축과 일치한다(그림 P15-56). 적절한 계산 영역과 격자를 생성하라. CFD 코드의 비점성 유동 근사를 이용하여 수직 속도 성분 v를 y축을 따라 홈으로부터 떨어진 거리의 함수로 계산하라. 선 싱크(line sink)로 들어가는 유동에 대한 10장의 포텐셜 유동 결과와 비교하고, 논의하라.

그림 P15-56

15-57 문제 15-56의 홈 유동에 대해 비점성 유동 대신 층류 유동으로 변경하여 유동장을 다시 계산하라. 계산 결과를 비점성 유동 결과와 10장의 포텐셜 유동 결과와 비교하라. 와도의 등분포도를 그려라. 비회전 유동 근사는 어디서 적합한가? 논의하라.

15-58 2차원 진공청소기의 입구로 들어가는 공기 유동(그림 P15-58)에 대한 계산 영역과 격자를 생성하고, CFD 코드의 비점성 유동 근사를 사용하여 계산하라. 계산 결과를 10장의 포텐셜 유동에서 예측한 결과와 비교하고, 논의하라.

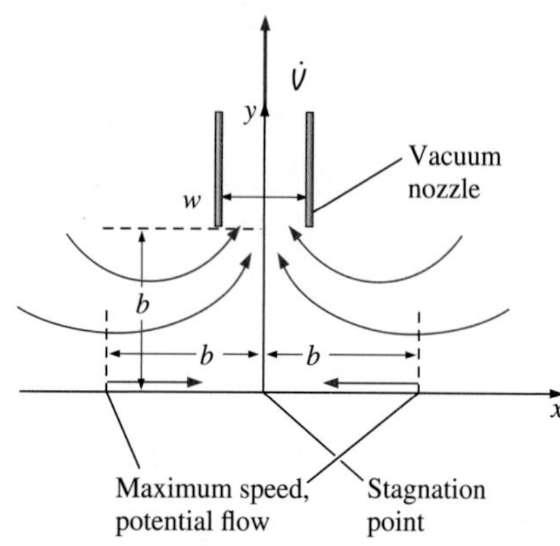

그림 P15-58

15-59 문제 15-58의 진공청소기에 대해 비점성 유동 대신 층류 유동으로 변경하여 유동장을 다시 계산하라. 계산 결과를 비점성 유동 결과와 10장의 포텐셜 유동 결과와 비교하고 논의하라.

상태량표 및 도표*

* 표에 있는 대부분의 상태량들은 EES의 상태량 데이터베이스로부터 얻은 것들이며, 원래 출처들은 표의 아랫부분에 기재되어 있다. 손 계산 시 축적되는 반올림 오차를 최소화하고 EES로 얻는 결과와 근접하게 일치시키기 위한 목적으로 상태량들은 간혹 제시한 정확도보다 많은 유효숫자 자릿수로 기재되어 있다.

표 A-1

몇 가지 물질의 몰 질량, 기체상수 및 이상기체 비열

Substance	Molar Mass M, kg/kmol	Gas Constant R, kJ/kg·K*	Specific Heat Data at 25°C		
			c_p, kJ/kg·K	c_v, kJ/kg·K	$k = c_p/c_v$
Air	28.97	0.2870	1.005	0.7180	1.400
Ammonia, NH_3	17.03	0.4882	2.093	1.605	1.304
Argon, Ar	39.95	0.2081	0.5203	0.3122	1.667
Bromine, Br_2	159.81	0.05202	0.2253	0.1732	1.300
Isobutane, C_4H_{10}	58.12	0.1430	1.663	1.520	1.094
n-Butane, C_4H_{10}	58.12	0.1430	1.694	1.551	1.092
Carbon dioxide, CO_2	44.01	0.1889	0.8439	0.6550	1.288
Carbon monoxide, CO	28.01	0.2968	1.039	0.7417	1.400
Chlorine, Cl_2	70.905	0.1173	0.4781	0.3608	1.325
Chlorodifluoromethane (R-22), $CHClF_2$	86.47	0.09615	0.6496	0.5535	1.174
Ethane, C_2H_6	30.070	0.2765	1.744	1.468	1.188
Ethylene, C_2H_4	28.054	0.2964	1.527	1.231	1.241
Fluorine, F_2	38.00	0.2187	0.8237	0.6050	1.362
Helium, He	4.003	2.077	5.193	3.116	1.667
n-Heptane, C_7H_{16}	100.20	0.08297	1.649	1.566	1.053
n-Hexane, C_6H_{14}	86.18	0.09647	1.654	1.558	1.062
Hydrogen, H_2	2.016	4.124	14.30	10.18	1.405
Krypton, Kr	83.80	0.09921	0.2480	0.1488	1.667
Methane, CH_4	16.04	0.5182	2.226	1.708	1.303
Neon, Ne	20.183	0.4119	1.030	0.6180	1.667
Nitrogen, N_2	28.01	0.2968	1.040	0.7429	1.400
Nitric oxide, NO	30.006	0.2771	0.9992	0.7221	1.384
Nitrogen dioxide, NO_2	46.006	0.1889	0.8060	0.6171	1.306
Oxygen, O_2	32.00	0.2598	0.9180	0.6582	1.395
n-Pentane, C_5H_{12}	72.15	0.1152	1.664	1.549	1.074
Propane, C_3H_8	44.097	0.1885	1.669	1.480	1.127
Propylene, C_3H_6	42.08	0.1976	1.531	1.333	1.148
Steam, H_2O	18.015	0.4615	1.865	1.403	1.329
Sulfur dioxide, SO_2	64.06	0.1298	0.6228	0.4930	1.263
Tetrachloromethane, CCl_4	153.82	0.05405	0.5415	0.4875	1.111
Tetrafluoroethane (R-134a), $C_2H_2F_4$	102.03	0.08149	0.8334	0.7519	1.108
Trifluoroethane (R-143a), $C_2H_3F_3$	84.04	0.09893	0.9291	0.8302	1.119
Xenon, Xe	131.30	0.06332	0.1583	0.09499	1.667

* 단위 kJ/kg·K는 kPa·m³/kg·K와 같다. 기체상수는 $R = R_u/M$으로부터 계산되고, 여기서 $R_u = 8.31447$ kJ/kmol·K는 일반 기체상수이고, M은 몰 질량이다.

출처: Specific heat values are obtained primarily from the property routines prepared by The National Institute of Standards and Technology (NIST), Gaithersburg, MD.

표 A-2

비등점과 빙점 상태량

Substance	Boiling Data at 1 atm: Normal Boiling Point, °C	Boiling Data at 1 atm: Latent Heat of Vaporization h_{fg}, kJ/kg	Freezing Data: Freezing Point, °C	Freezing Data: Latent Heat of Fusion h_{if}, kJ/kg	Liquid Properties: Temperature, °C	Liquid Properties: Density ρ, kg/m^3	Liquid Properties: Specific Heat c_p, kJ/kg·K
Ammonia	−33.3	1357	−77.7	322.4	−33.3	682	4.43
					−20	665	4.52
					0	639	4.60
					25	602	4.80
Argon	−185.9	161.6	−189.3	28	−185.6	1394	1.14
Benzene	80.2	394	5.5	126	20	879	1.72
Brine (20% sodium chloride by mass)	103.9	—	−17.4	—	20	1150	3.11
n-Butane	−0.5	385.2	−138.5	80.3	−0.5	601	2.31
Carbon dioxide	−78.4*	230.5 (at 0°C)	−56.6		0	298	0.59
Ethanol	78.2	838.3	−114.2	109	25	783	2.46
Ethyl alcohol	78.6	855	−156	108	20	789	2.84
Ethylene glycol	198.1	800.1	−10.8	181.1	20	1109	2.84
Glycerine	179.9	974	18.9	200.6	20	1261	2.32
Helium	−268.9	22.8	—	—	−268.9	146.2	22.8
Hydrogen	−252.8	445.7	−259.2	59.5	−252.8	70.7	10.0
Isobutane	−11.7	367.1	−160	105.7	−11.7	593.8	2.28
Kerosene	204–293	251	−24.9	—	20	820	2.00
Mercury	356.7	294.7	−38.9	11.4	25	13,560	0.139
Methane	−161.5	510.4	−182.2	58.4	−161.5	423	3.49
					−100	301	5.79
Methanol	64.5	1100	−97.7	99.2	25	787	2.55
Nitrogen	−195.8	198.6	−210	25.3	−195.8	809	2.06
					−160	596	2.97
Octane	124.8	306.3	−57.5	180.7	20	703	2.10
Oil (light)					25	910	1.80
Oxygen	−183	212.7	−218.8	13.7	−183	1141	1.71
Petroleum	—	230–384			20	640	2.0
Propane	−42.1	427.8	−187.7	80.0	−42.1	581	2.25
					0	529	2.53
					50	449	3.13
Refrigerant-134a	−26.1	216.8	−96.6	—	−50	1443	1.23
					−26.1	1374	1.27
					0	1295	1.34
					25	1207	1.43
Water	100	2257	0.0	333.7	0	1000	4.22
					25	997	4.18
					50	988	4.18
					75	975	4.19
					100	958	4.22

* 승화 온도. (삼중점 압력인 518 kPa 이하의 압력에서 이산화탄소는 고체 또는 기체로 존재한다. 또한 이산화탄소의 빙점 온도는 삼중점 온도인 −56.5 ℃이다.)

표 A-3

포화수의 상태량

Temp. T, °C	Saturation Pressure P_{sat}, kPa	Density ρ, kg/m³ Liquid	Density Vapor	Enthalpy of Vaporization h_{fg}, kJ/kg	Specific Heat c_p, J/kg·K Liquid	Specific Heat Vapor	Thermal Conductivity k, W/m·K Liquid	Thermal Conductivity Vapor	Dynamic Viscosity μ, kg/m·s Liquid	Dynamic Viscosity Vapor	Prandtl Number Pr Liquid	Prandtl Number Vapor	Volume Expansion Coefficient β, 1/K Liquid	Surface Tension, N/m Liquid
0.01	0.6113	999.8	0.0048	2501	4217	1854	0.561	0.0171	1.792×10^{-3}	0.922×10^{-5}	13.5	1.00	-0.068×10^{-3}	0.0756
5	0.8721	999.9	0.0068	2490	4205	1857	0.571	0.0173	1.519×10^{-3}	0.934×10^{-5}	11.2	1.00	0.015×10^{-3}	0.0749
10	1.2276	999.7	0.0094	2478	4194	1862	0.580	0.0176	1.307×10^{-3}	0.946×10^{-5}	9.45	1.00	0.733×10^{-3}	0.0742
15	1.7051	999.1	0.0128	2466	4186	1863	0.589	0.0179	1.138×10^{-3}	0.959×10^{-5}	8.09	1.00	0.138×10^{-3}	0.0735
20	2.339	998.0	0.0173	2454	4182	1867	0.598	0.0182	1.002×10^{-3}	0.973×10^{-5}	7.01	1.00	0.195×10^{-3}	0.0727
25	3.169	997.0	0.0231	2442	4180	1870	0.607	0.0186	0.891×10^{-3}	0.987×10^{-5}	6.14	1.00	0.247×10^{-3}	0.0720
30	4.246	996.0	0.0304	2431	4178	1875	0.615	0.0189	0.798×10^{-3}	1.001×10^{-5}	5.42	1.00	0.294×10^{-3}	0.0712
35	5.628	994.0	0.0397	2419	4178	1880	0.623	0.0192	0.720×10^{-3}	1.016×10^{-5}	4.83	1.00	0.337×10^{-3}	0.0704
40	7.384	992.1	0.0512	2407	4179	1885	0.631	0.0196	0.653×10^{-3}	1.031×10^{-5}	4.32	1.00	0.377×10^{-3}	0.0696
45	9.593	990.1	0.0655	2395	4180	1892	0.637	0.0200	0.596×10^{-3}	1.046×10^{-5}	3.91	1.00	0.415×10^{-3}	0.0688
50	12.35	988.1	0.0831	2383	4181	1900	0.644	0.0204	0.547×10^{-3}	1.062×10^{-5}	3.55	1.00	0.451×10^{-3}	0.0679
55	15.76	985.2	0.1045	2371	4183	1908	0.649	0.0208	0.504×10^{-3}	1.077×10^{-5}	3.25	1.00	0.484×10^{-3}	0.0671
60	19.94	983.3	0.1304	2359	4185	1916	0.654	0.0212	0.467×10^{-3}	1.093×10^{-5}	2.99	1.00	0.517×10^{-3}	0.0662
65	25.03	980.4	0.1614	2346	4187	1926	0.659	0.0216	0.433×10^{-3}	1.110×10^{-5}	2.75	1.00	0.548×10^{-3}	0.0654
70	31.19	977.5	0.1983	2334	4190	1936	0.663	0.0221	0.404×10^{-3}	1.126×10^{-5}	2.55	1.00	0.578×10^{-3}	0.0645
75	38.58	974.7	0.2421	2321	4193	1948	0.667	0.0225	0.378×10^{-3}	1.142×10^{-5}	2.38	1.00	0.607×10^{-3}	0.0636
80	47.39	971.8	0.2935	2309	4197	1962	0.670	0.0230	0.355×10^{-3}	1.159×10^{-5}	2.22	1.00	0.653×10^{-3}	0.0627
85	57.83	968.1	0.3536	2296	4201	1977	0.673	0.0235	0.333×10^{-3}	1.176×10^{-5}	2.08	1.00	0.670×10^{-3}	0.0617
90	70.14	965.3	0.4235	2283	4206	1993	0.675	0.0240	0.315×10^{-3}	1.193×10^{-5}	1.96	1.00	0.702×10^{-3}	0.0608
95	84.55	961.5	0.5045	2270	4212	2010	0.677	0.0246	0.297×10^{-3}	1.210×10^{-5}	1.85	1.00	0.716×10^{-3}	0.0599
100	101.33	957.9	0.5978	2257	4217	2029	0.679	0.0251	0.282×10^{-3}	1.227×10^{-5}	1.75	1.00	0.750×10^{-3}	0.0589
110	143.27	950.6	0.8263	2230	4229	2071	0.682	0.0262	0.255×10^{-3}	1.261×10^{-5}	1.58	1.00	0.798×10^{-3}	0.0570
120	198.53	943.4	1.121	2203	4244	2120	0.683	0.0275	0.232×10^{-3}	1.296×10^{-5}	1.44	1.00	0.858×10^{-3}	0.0550
130	270.1	934.6	1.496	2174	4263	2177	0.684	0.0288	0.213×10^{-3}	1.330×10^{-5}	1.33	1.01	0.913×10^{-3}	0.0529
140	361.3	921.7	1.965	2145	4286	2244	0.683	0.0301	0.197×10^{-3}	1.365×10^{-5}	1.24	1.02	0.970×10^{-3}	0.0509
150	475.8	916.6	2.546	2114	4311	2314	0.682	0.0316	0.183×10^{-3}	1.399×10^{-5}	1.16	1.02	1.025×10^{-3}	0.0487
160	617.8	907.4	3.256	2083	4340	2420	0.680	0.0331	0.170×10^{-3}	1.434×10^{-5}	1.09	1.05	1.145×10^{-3}	0.0466
170	791.7	897.7	4.119	2050	4370	2490	0.677	0.0347	0.160×10^{-3}	1.468×10^{-5}	1.03	1.05	1.178×10^{-3}	0.0444
180	1,002.1	887.3	5.153	2015	4410	2590	0.673	0.0364	0.150×10^{-3}	1.502×10^{-5}	0.983	1.07	1.210×10^{-3}	0.0422
190	1,254.4	876.4	6.388	1979	4460	2710	0.669	0.0382	0.142×10^{-3}	1.537×10^{-5}	0.947	1.09	1.280×10^{-3}	0.0399
200	1,553.8	864.3	7.852	1941	4500	2840	0.663	0.0401	0.134×10^{-3}	1.571×10^{-5}	0.910	1.11	1.350×10^{-3}	0.0377
220	2,318	840.3	11.60	1859	4610	3110	0.650	0.0442	0.122×10^{-3}	1.641×10^{-5}	0.865	1.15	1.520×10^{-3}	0.0331
240	3,344	813.7	16.73	1767	4760	3520	0.632	0.0487	0.111×10^{-3}	1.712×10^{-5}	0.836	1.24	1.720×10^{-3}	0.0284
260	4,688	783.7	23.69	1663	4970	4070	0.609	0.0540	0.102×10^{-3}	1.788×10^{-5}	0.832	1.35	2.000×10^{-3}	0.0237
280	6,412	750.8	33.15	1544	5280	4835	0.581	0.0605	0.094×10^{-3}	1.870×10^{-5}	0.854	1.49	2.380×10^{-3}	0.0190
300	8,581	713.8	46.15	1405	5750	5980	0.548	0.0695	0.086×10^{-3}	1.965×10^{-5}	0.902	1.69	2.950×10^{-3}	0.0144
320	11,274	667.1	64.57	1239	6540	7900	0.509	0.0836	0.078×10^{-3}	2.084×10^{-5}	1.00	1.97		0.0099
340	14,586	610.5	92.62	1028	8240	11,870	0.469	0.110	0.070×10^{-3}	2.255×10^{-5}	1.23	2.43		0.0056
360	18,651	528.3	144.0	720	14,690	25,800	0.427	0.178	0.060×10^{-3}	2.571×10^{-5}	2.06	3.73		0.0019
374.14	22,090	317.0	317.0	0	—	—	—	—	0.043×10^{-3}	4.313×10^{-5}				0

주1: 동점성계수 ν와 열확산계수 α는 그들의 정의로부터 계산될 수 있는데, 즉 $\nu = \mu/\rho$ 및 $\alpha = k/\rho c_p = \nu/\mathrm{Pr}$이다. 온도 0.01 °C, 100 °C, 374.14 °C는 각각 물의 삼중점, 비등점, 임계점 온도이다. 위에 열거된 상태량들은(증기 밀도를 제외하고) 임계점 근처의 온도를 제외하고는 무시할 만한 오차로 어떤 압력에서도 이용될 수 있다.

주2: 비열에 대한 단위 kJ/kg · °C는 kJ/kg · K와 같고, 열전도도에 대한 단위 W/m · °C는 W/m · K와 같다.

출처: Viscosity and thermal conductivity data are from J. V. Sengers and J. T. R. Watson, Journal of Physical and Chemical Reference Data 15 (1986), pp. 1291-1322. Other data are obtained from various sources or calculated.

표 A-4

포화 냉매-134a의 상태량

Temp. T, °C	Saturation Pressure P, kPa	Density ρ, kg/m³		Enthalpy of Vaporization h_{fg}, kJ/kg	Specific Heat c_p, J/kg·K		Thermal Conductivity k, W/m·K		Dynamic Viscosity μ, kg/m·s		Prandtl Number Pr		Volume Expansion Coefficient β, 1/K	Surface Tension, N/m
		Liquid	Vapor		Liquid	Vapor	Liquid	Vapor	Liquid	Vapor	Liquid	Vapor	Liquid	Liquid
−40	51.2	1418	2.773	225.9	1254	748.6	0.1101	0.00811	4.878×10^{-4}	2.550×10^{-6}	5.558	0.235	0.00205	0.01760
−35	66.2	1403	3.524	222.7	1264	764.1	0.1084	0.00862	4.509×10^{-4}	3.003×10^{-6}	5.257	0.266	0.00209	0.01682
−30	84.4	1389	4.429	219.5	1273	780.2	0.1066	0.00913	4.178×10^{-4}	3.504×10^{-6}	4.992	0.299	0.00215	0.01604
−25	106.5	1374	5.509	216.3	1283	797.2	0.1047	0.00963	3.882×10^{-4}	4.054×10^{-6}	4.757	0.335	0.00220	0.01527
−20	132.8	1359	6.787	213.0	1294	814.9	0.1028	0.01013	3.614×10^{-4}	4.651×10^{-6}	4.548	0.374	0.00227	0.01451
−15	164.0	1343	8.288	209.5	1306	833.5	0.1009	0.01063	3.371×10^{-4}	5.295×10^{-6}	4.363	0.415	0.00233	0.01376
−10	200.7	1327	10.04	206.0	1318	853.1	0.0989	0.01112	3.150×10^{-4}	5.982×10^{-6}	4.198	0.459	0.00241	0.01302
−5	243.5	1311	12.07	202.4	1330	873.8	0.0968	0.01161	2.947×10^{-4}	6.709×10^{-6}	4.051	0.505	0.00249	0.01229
0	293.0	1295	14.42	198.7	1344	895.6	0.0947	0.01210	2.761×10^{-4}	7.471×10^{-6}	3.919	0.553	0.00258	0.01156
5	349.9	1278	17.12	194.8	1358	918.7	0.0925	0.01259	2.589×10^{-4}	8.264×10^{-6}	3.802	0.603	0.00269	0.01084
10	414.9	1261	20.22	190.8	1374	943.2	0.0903	0.01308	2.430×10^{-4}	9.081×10^{-6}	3.697	0.655	0.00280	0.01014
15	488.7	1244	23.75	186.6	1390	969.4	0.0880	0.01357	2.281×10^{-4}	9.915×10^{-6}	3.604	0.708	0.00293	0.00944
20	572.1	1226	27.77	182.3	1408	997.6	0.0856	0.01406	2.142×10^{-4}	1.075×10^{-5}	3.521	0.763	0.00307	0.00876
25	665.8	1207	32.34	177.8	1427	1028	0.0833	0.01456	2.012×10^{-4}	1.160×10^{-5}	3.448	0.819	0.00324	0.00808
30	770.6	1188	37.53	173.1	1448	1061	0.0808	0.01507	1.888×10^{-4}	1.244×10^{-5}	3.383	0.877	0.00342	0.00742
35	887.5	1168	43.41	168.2	1471	1098	0.0783	0.01558	1.772×10^{-4}	1.327×10^{-5}	3.328	0.935	0.00364	0.00677
40	1017.1	1147	50.08	163.0	1498	1138	0.0757	0.01610	1.660×10^{-4}	1.408×10^{-5}	3.285	0.995	0.00390	0.00613
45	1160.5	1125	57.66	157.6	1529	1184	0.0731	0.01664	1.554×10^{-4}	1.486×10^{-5}	3.253	1.058	0.00420	0.00550
50	1318.6	1102	66.27	151.8	1566	1237	0.0704	0.01720	1.453×10^{-4}	1.562×10^{-5}	3.231	1.123	0.00456	0.00489
55	1492.3	1078	76.11	145.7	1608	1298	0.0676	0.01777	1.355×10^{-4}	1.634×10^{-5}	3.223	1.193	0.00500	0.00429
60	1682.8	1053	87.38	139.1	1659	1372	0.0647	0.01838	1.260×10^{-4}	1.704×10^{-5}	3.229	1.272	0.00554	0.00372
65	1891.0	1026	100.4	132.1	1722	1462	0.0618	0.01902	1.167×10^{-4}	1.771×10^{-5}	3.255	1.362	0.00624	0.00315
70	2118.2	996.2	115.6	124.4	1801	1577	0.0587	0.01972	1.077×10^{-4}	1.839×10^{-5}	3.307	1.471	0.00716	0.00261
75	2365.8	964	133.6	115.9	1907	1731	0.0555	0.02048	9.891×10^{-5}	1.908×10^{-5}	3.400	1.612	0.00843	0.00209
80	2635.2	928.2	155.3	106.4	2056	1948	0.0521	0.02133	9.011×10^{-5}	1.982×10^{-5}	3.558	1.810	0.01031	0.00160
85	2928.2	887.1	182.3	95.4	2287	2281	0.0484	0.02233	8.124×10^{-5}	2.071×10^{-5}	3.837	2.116	0.01336	0.00114
90	3246.9	837.7	217.8	82.2	2701	2865	0.0444	0.02357	7.203×10^{-5}	2.187×10^{-5}	4.385	2.658	0.01911	0.00071
95	3594.1	772.5	269.3	64.9	3675	4144	0.0396	0.02544	6.190×10^{-5}	2.370×10^{-5}	5.746	3.862	0.03343	0.00033
100	3975.1	651.7	376.3	33.9	7959	8785	0.0322	0.02989	4.765×10^{-5}	2.833×10^{-5}	11.77	8.326	0.10047	0.00004

주1: 동점성계수 ν와 열확산계수 α는 그들의 정의로부터 계산될 수 있는데, 즉 $\nu = \mu/\rho$ 및 $\alpha = k/\rho c_p = \nu/\text{Pr}$이다. 온도 0.01 °C, 100 °C, 374.14 °C는 각각 물의 삼중점, 비등점, 임계점 온도이다. 위에 열거된 상태량들은(증기 밀도를 제외하고) 임계점 근처의 온도를 제외하고는 무시할 만한 오차로 어떤 압력에서도 이용될 수 있다.

주2: 비열에 대한 단위 kJ/kg · °C는 kJ/kg · K와 같고, 열전도도에 대한 단위 W/m · °C는 W/m · K와 같다.

출처: Data generated from the EES software developed by S. A. Klein and F. L. Alvarado. Original sources: R. Tillner-Roth and H. D. Baehr, "An International Standard Formulation for the Thermodynamic Properties of 1,1,1,2-Tetrafluoroethane (HFC-134a) for Temperatures from 170 K to 455 K and Pressures up to 70 MPa," *J. Phys. Chem, Ref. Data*, Vol. 23, No. 5, 1994; M. J. Assael, N. K. Dalaouti, A. A. Griva, and J. H. Dymond, "Viscosity and Thermal Conductivity of Halogenated Methane and Ethane Refrigerants," *IJR*, Vol. 22, pp. 525-535, 1999; NIST REFPROP 6 program (M. O. McLinden, S. A. Klein, E. W. Lemmon, and A. P. Peskin, Physical and Chemical Properties Division, National Institute of Standards and Technology, Boulder, CO 80303, 1995).

표 A-5

포화 암모니아의 상태량

Temp. T, °C	Saturation Pressure P, kPa	Density ρ, kg/m³ Liquid	Density ρ, kg/m³ Vapor	Enthalpy of Vaporization h_{fg}, kJ/kg	Specific Heat c_p, J/kg·K Liquid	Specific Heat c_p, J/kg·K Vapor	Thermal Conductivity k, W/m·K Liquid	Thermal Conductivity k, W/m·K Vapor	Dynamic Viscosity μ, kg/m·s Liquid	Dynamic Viscosity μ, kg/m·s Vapor	Prandtl Number Pr Liquid	Prandtl Number Pr Vapor	Volume Expansion Coefficient β, 1/K Liquid	Surface Tension, N/m Liquid
−40	71.66	690.2	0.6435	1389	4414	2242	—	0.01792	2.926×10^{-4}	7.957×10^{-6}	—	0.9955	0.00176	0.03565
−30	119.4	677.8	1.037	1360	4465	2322	—	0.01898	2.630×10^{-4}	8.311×10^{-6}	—	1.017	0.00185	0.03341
−25	151.5	671.5	1.296	1345	4489	2369	0.5968	0.01957	2.492×10^{-4}	8.490×10^{-6}	1.875	1.028	0.00190	0.03229
−20	190.1	665.1	1.603	1329	4514	2420	0.5853	0.02015	2.361×10^{-4}	8.669×10^{-6}	1.821	1.041	0.00194	0.03118
−15	236.2	658.6	1.966	1313	4538	2476	0.5737	0.02075	2.236×10^{-4}	8.851×10^{-6}	1.769	1.056	0.00199	0.03007
−10	290.8	652.1	2.391	1297	4564	2536	0.5621	0.02138	2.117×10^{-4}	9.034×10^{-6}	1.718	1.072	0.00205	0.02896
−5	354.9	645.4	2.886	1280	4589	2601	0.5505	0.02203	2.003×10^{-4}	9.218×10^{-6}	1.670	1.089	0.00210	0.02786
0	429.6	638.6	3.458	1262	4617	2672	0.5390	0.02270	1.896×10^{-4}	9.405×10^{-6}	1.624	1.107	0.00216	0.02676
5	516	631.7	4.116	1244	4645	2749	0.5274	0.02341	1.794×10^{-4}	9.593×10^{-6}	1.580	1.126	0.00223	0.02566
10	615.3	624.6	4.870	1226	4676	2831	0.5158	0.02415	1.697×10^{-4}	9.784×10^{-6}	1.539	1.147	0.00230	0.02457
15	728.8	617.5	5.729	1206	4709	2920	0.5042	0.02492	1.606×10^{-4}	9.978×10^{-6}	1.500	1.169	0.00237	0.02348
20	857.8	610.2	6.705	1186	4745	3016	0.4927	0.02573	1.519×10^{-4}	1.017×10^{-5}	1.463	1.193	0.00245	0.02240
25	1003	602.8	7.809	1166	4784	3120	0.4811	0.02658	1.438×10^{-4}	1.037×10^{-5}	1.430	1.218	0.00254	0.02132
30	1167	595.2	9.055	1144	4828	3232	0.4695	0.02748	1.361×10^{-4}	1.057×10^{-5}	1.399	1.244	0.00264	0.02024
35	1351	587.4	10.46	1122	4877	3354	0.4579	0.02843	1.288×10^{-4}	1.078×10^{-5}	1.372	1.272	0.00275	0.01917
40	1555	579.4	12.03	1099	4932	3486	0.4464	0.02943	1.219×10^{-4}	1.099×10^{-5}	1.347	1.303	0.00287	0.01810
45	1782	571.3	13.8	1075	4993	3631	0.4348	0.03049	1.155×10^{-4}	1.121×10^{-5}	1.327	1.335	0.00301	0.01704
50	2033	562.9	15.78	1051	5063	3790	0.4232	0.03162	1.094×10^{-4}	1.143×10^{-5}	1.310	1.371	0.00316	0.01598
55	2310	554.2	18.00	1025	5143	3967	0.4116	0.03283	1.037×10^{-4}	1.166×10^{-5}	1.297	1.409	0.00334	0.01493
60	2614	545.2	20.48	997.4	5234	4163	0.4001	0.03412	9.846×10^{-5}	1.189×10^{-5}	1.288	1.452	0.00354	0.01389
65	2948	536.0	23.26	968.9	5340	4384	0.3885	0.03550	9.347×10^{-5}	1.213×10^{-5}	1.285	1.499	0.00377	0.01285
70	3312	526.3	26.39	939.0	5463	4634	0.3769	0.03700	8.879×10^{-5}	1.238×10^{-5}	1.287	1.551	0.00404	0.01181
75	3709	516.2	29.90	907.5	5608	4923	0.3653	0.03862	8.440×10^{-5}	1.264×10^{-5}	1.296	1.612	0.00436	0.01079
80	4141	505.7	33.87	874.1	5780	5260	0.3538	0.04038	8.030×10^{-5}	1.292×10^{-5}	1.312	1.683	0.00474	0.00977
85	4609	494.5	38.36	838.6	5988	5659	0.3422	0.04232	7.645×10^{-5}	1.322×10^{-5}	1.338	1.768	0.00521	0.00876
90	5116	482.8	43.48	800.6	6242	6142	0.3306	0.04447	7.284×10^{-5}	1.354×10^{-5}	1.375	1.871	0.00579	0.00776
95	5665	470.2	49.35	759.8	6561	6740	0.3190	0.04687	6.946×10^{-5}	1.389×10^{-5}	1.429	1.999	0.00652	0.00677
100	6257	456.6	56.15	715.5	6972	7503	0.3075	0.04958	6.628×10^{-5}	1.429×10^{-5}	1.503	2.163	0.00749	0.00579

주1: 동점성계수 ν와 열확산계수 α는 그들의 정의로부터 계산될 수 있는데, 즉 $\nu = \mu/\rho$ 및 $\alpha = k/\rho c_p = \nu/\mathrm{Pr}$이다. 위에 열거된 상태량들은(증기 밀도를 제외하고) 임계점 근처의 온도를 제외하고는 무시할만한 오차로 어떤 압력에서도 이용될 수 있다.

주2:: 비열에 대한 단위 kJ/kg · °C는 kJ/kg · K와 같고, 열전도도에 대한 단위 W/m · °C는 W/m · K와 같다.

출처: Data generated from the EES software developed by S. A. Klein and F. L. Alvarado. Original sources: Tillner-Roth, Harms-Watzenberg, and Baehr, "Eine neue Fundamentalgleichung fur Ammoniak," *DKV-Tagungsbericht* 20:167-181, 1993; Liley and Desai, "Thermophysical Properties of Refrigerants," *ASHRAE*, 1993, ISBN 1-1883413-10-9.

표 A-6

포화 프로판의 상태량

Temp. T, °C	Saturation Pressure P, kPa	Density ρ, kg/m^3 Liquid	Density ρ, kg/m^3 Vapor	Enthalpy of Vaporization h_{fg}, kJ/kg	Specific Heat c_p, J/kg·K Liquid	Specific Heat c_p, J/kg·K Vapor	Thermal Conductivity k, W/m·K Liquid	Thermal Conductivity k, W/m·K Vapor	Dynamic Viscosity μ, kg/m·s Liquid	Dynamic Viscosity μ, kg/m·s Vapor	Prandtl Number Pr Liquid	Prandtl Number Pr Vapor	Volume Expansion Coefficient β, 1/K Liquid	Surface Tension, N/m Liquid
−120	0.4053	664.7	0.01408	498.3	2003	1115	0.1802	0.00589	6.136×10^{-4}	4.372×10^{-6}	6.820	0.827	0.00153	0.02630
−110	1.157	654.5	0.03776	489.3	2021	1148	0.1738	0.00645	5.054×10^{-4}	4.625×10^{-6}	5.878	0.822	0.00157	0.02486
−100	2.881	644.2	0.08872	480.4	2044	1183	0.1672	0.00705	4.252×10^{-4}	4.881×10^{-6}	5.195	0.819	0.00161	0.02344
−90	6.406	633.8	0.1870	471.5	2070	1221	0.1606	0.00769	3.635×10^{-4}	5.143×10^{-6}	4.686	0.817	0.00166	0.02202
−80	12.97	623.2	0.3602	462.4	2100	1263	0.1539	0.00836	3.149×10^{-4}	5.409×10^{-6}	4.297	0.817	0.00171	0.02062
−70	24.26	612.5	0.6439	453.1	2134	1308	0.1472	0.00908	2.755×10^{-4}	5.680×10^{-6}	3.994	0.818	0.00177	0.01923
−60	42.46	601.5	1.081	443.5	2173	1358	0.1407	0.00985	2.430×10^{-4}	5.956×10^{-6}	3.755	0.821	0.00184	0.01785
−50	70.24	590.3	1.724	433.6	2217	1412	0.1343	0.01067	2.158×10^{-4}	6.239×10^{-6}	3.563	0.825	0.00192	0.01649
−40	110.7	578.8	2.629	423.1	2258	1471	0.1281	0.01155	1.926×10^{-4}	6.529×10^{-6}	3.395	0.831	0.00201	0.01515
−30	167.3	567.0	3.864	412.1	2310	1535	0.1221	0.01250	1.726×10^{-4}	6.827×10^{-6}	3.266	0.839	0.00213	0.01382
−20	243.8	554.7	5.503	400.3	2368	1605	0.1163	0.01351	1.551×10^{-4}	7.136×10^{-6}	3.158	0.848	0.00226	0.01251
−10	344.4	542.0	7.635	387.8	2433	1682	0.1107	0.01459	1.397×10^{-4}	7.457×10^{-6}	3.069	0.860	0.00242	0.01122
0	473.3	528.7	10.36	374.2	2507	1768	0.1054	0.01576	1.259×10^{-4}	7.794×10^{-6}	2.996	0.875	0.00262	0.00996
5	549.8	521.8	11.99	367.0	2547	1814	0.1028	0.01637	1.195×10^{-4}	7.970×10^{-6}	2.964	0.883	0.00273	0.00934
10	635.1	514.7	13.81	359.5	2590	1864	0.1002	0.01701	1.135×10^{-4}	8.151×10^{-6}	2.935	0.893	0.00286	0.00872
15	729.8	507.5	15.85	351.7	2637	1917	0.0977	0.01767	1.077×10^{-4}	8.339×10^{-6}	2.909	0.905	0.00301	0.00811
20	834.4	500.0	18.13	343.4	2688	1974	0.0952	0.01836	1.022×10^{-4}	8.534×10^{-6}	2.886	0.918	0.00318	0.00751
25	949.7	492.2	20.68	334.8	2742	2036	0.0928	0.01908	9.702×10^{-5}	8.738×10^{-6}	2.866	0.933	0.00337	0.00691
30	1076	484.2	23.53	325.8	2802	2104	0.0904	0.01982	9.197×10^{-5}	8.952×10^{-6}	2.850	0.950	0.00358	0.00633
35	1215	475.8	26.72	316.2	2869	2179	0.0881	0.02061	8.710×10^{-5}	9.178×10^{-6}	2.837	0.971	0.00384	0.00575
40	1366	467.1	30.29	306.1	2943	2264	0.0857	0.02142	8.240×10^{-5}	9.417×10^{-6}	2.828	0.995	0.00413	0.00518
45	1530	458.0	34.29	295.3	3026	2361	0.0834	0.02228	7.785×10^{-5}	9.674×10^{-6}	2.824	1.025	0.00448	0.00463
50	1708	448.5	38.79	283.9	3122	2473	0.0811	0.02319	7.343×10^{-5}	9.950×10^{-6}	2.826	1.061	0.00491	0.00408
60	2110	427.5	49.66	258.4	3283	2769	0.0765	0.02517	6.487×10^{-5}	1.058×10^{-5}	2.784	1.164	0.00609	0.00303
70	2580	403.2	64.02	228.0	3595	3241	0.0717	0.02746	5.649×10^{-5}	1.138×10^{-5}	2.834	1.343	0.00811	0.00204
80	3127	373.0	84.28	189.7	4501	4173	0.0663	0.03029	4.790×10^{-5}	1.249×10^{-5}	3.251	1.722	0.01248	0.00114
90	3769	329.1	118.6	133.2	6977	7239	0.0595	0.03441	3.807×10^{-5}	1.448×10^{-5}	4.465	3.047	0.02847	0.00037

주1: 동점성계수 ν와 열확산계수 α는 그들의 정의로부터 계산될 수 있는데, 즉 $\nu = \mu/\rho$ 및 $\alpha = k/\rho c_p = \nu/\text{Pr}$이다. 위에 열거된 상태량들은(증기 밀도를 제외하고) 임계점 근처의 온도를 제외하고는 무시할만한 오차로 어떤 압력에서도 이용될 수 있다.

주2: 비열에 대한 단위 kJ/kg · °C는 kJ/kg · K와 같고, 열전도도에 대한 단위 W/m · °C는 W/m · K와 같다.

출처: Data generated from the EES software developed by S. A. Klein and F. L. Alvarado. Original sources: Reiner Tillner-Roth, "Fundamental Equations of State," Shaker, Verlag, Aachan, 1998; B. A. Younglove and J. F. Ely, "Thermophysical Properties of Fluids. II Methane, Ethane, Propane, Isobutane, and Normal Butane, "*J. Phys. Chem. Ref. Data*, Vol. 16, No. 4, 1987; G. R. Somayajulu, "A Generalized Equation for Surface Tension from the Triple-Point to the Critical-Point," *International Journal of Thermophysics*, Vol. 9, No. 4, 1988.

표 A-7

액체의 상태량

Temp. T, °C	Density ρ, kg/m^3	Specific Heat c_p, J/kg·K	Thermal Conductivity k, W/m·K	Thermal Diffusivity α, m^2/s	Dynamic Viscosity μ, kg/m·s	Kinematic Viscosity ν, m^2/s	Prandtl Number Pr	Volume Expansion Coeff. β, 1/K
				Methane (CH_4)				
−160	420.2	3492	0.1863	1.270×10^{-7}	1.133×10^{-4}	2.699×10^{-7}	2.126	0.00352
−150	405.0	3580	0.1703	1.174×10^{-7}	9.169×10^{-5}	2.264×10^{-7}	1.927	0.00391
−140	388.8	3700	0.1550	1.077×10^{-7}	7.551×10^{-5}	1.942×10^{-7}	1.803	0.00444
−130	371.1	3875	0.1402	9.749×10^{-8}	6.288×10^{-5}	1.694×10^{-7}	1.738	0.00520
−120	351.4	4146	0.1258	8.634×10^{-8}	5.257×10^{-5}	1.496×10^{-7}	1.732	0.00637
−110	328.8	4611	0.1115	7.356×10^{-8}	4.377×10^{-5}	1.331×10^{-7}	1.810	0.00841
−100	301.0	5578	0.0967	5.761×10^{-8}	3.577×10^{-5}	1.188×10^{-7}	2.063	0.01282
−90	261.7	8902	0.0797	3.423×10^{-8}	2.761×10^{-5}	1.055×10^{-7}	3.082	0.02922
				Methanol [$CH_3(OH)$]				
20	788.4	2515	0.1987	1.002×10^{-7}	5.857×10^{-4}	7.429×10^{-7}	7.414	0.00118
30	779.1	2577	0.1980	9.862×10^{-8}	5.088×10^{-4}	6.531×10^{-7}	6.622	0.00120
40	769.6	2644	0.1972	9.690×10^{-8}	4.460×10^{-4}	5.795×10^{-7}	5.980	0.00123
50	760.1	2718	0.1965	9.509×10^{-8}	3.942×10^{-4}	5.185×10^{-7}	5.453	0.00127
60	750.4	2798	0.1957	9.320×10^{-8}	3.510×10^{-4}	4.677×10^{-7}	5.018	0.00132
70	740.4	2885	0.1950	9.128×10^{-8}	3.146×10^{-4}	4.250×10^{-7}	4.655	0.00137
				Isobutane (R600a)				
−100	683.8	1881	0.1383	1.075×10^{-7}	9.305×10^{-4}	1.360×10^{-6}	12.65	0.00142
−75	659.3	1970	0.1357	1.044×10^{-7}	5.624×10^{-4}	8.531×10^{-7}	8.167	0.00150
−50	634.3	2069	0.1283	9.773×10^{-8}	3.769×10^{-4}	5.942×10^{-7}	6.079	0.00161
−25	608.2	2180	0.1181	8.906×10^{-8}	2.688×10^{-4}	4.420×10^{-7}	4.963	0.00177
0	580.6	2306	0.1068	7.974×10^{-8}	1.993×10^{-4}	3.432×10^{-7}	4.304	0.00199
25	550.7	2455	0.0956	7.069×10^{-8}	1.510×10^{-4}	2.743×10^{-7}	3.880	0.00232
50	517.3	2640	0.0851	6.233×10^{-8}	1.155×10^{-4}	2.233×10^{-7}	3.582	0.00286
75	478.5	2896	0.0757	5.460×10^{-8}	8.785×10^{-5}	1.836×10^{-7}	3.363	0.00385
100	429.6	3361	0.0669	4.634×10^{-8}	6.483×10^{-5}	1.509×10^{-7}	3.256	0.00628
				Glycerin				
0	1276	2262	0.2820	9.773×10^{-8}	10.49	8.219×10^{-3}	84,101	
5	1273	2288	0.2835	9.732×10^{-8}	6.730	5.287×10^{-3}	54,327	
10	1270	2320	0.2846	9.662×10^{-8}	4.241	3.339×10^{-3}	34,561	
15	1267	2354	0.2856	9.576×10^{-8}	2.496	1.970×10^{-3}	20,570	
20	1264	2386	0.2860	9.484×10^{-8}	1.519	1.201×10^{-3}	12,671	
25	1261	2416	0.2860	9.388×10^{-8}	0.9934	7.878×10^{-4}	8,392	
30	1258	2447	0.2860	9.291×10^{-8}	0.6582	5.232×10^{-4}	5,631	
35	1255	2478	0.2860	9.195×10^{-8}	0.4347	3.464×10^{-4}	3,767	
40	1252	2513	0.2863	9.101×10^{-8}	0.3073	2.455×10^{-4}	2,697	
				Engine Oil (unused)				
0	899.0	1797	0.1469	9.097×10^{-8}	3.814	4.242×10^{-3}	46,636	0.00070
20	888.1	1881	0.1450	8.680×10^{-8}	0.8374	9.429×10^{-4}	10,863	0.00070
40	876.0	1964	0.1444	8.391×10^{-8}	0.2177	2.485×10^{-4}	2,962	0.00070
60	863.9	2048	0.1404	7.934×10^{-8}	0.07399	8.565×10^{-5}	1,080	0.00070
80	852.0	2132	0.1380	7.599×10^{-8}	0.03232	3.794×10^{-5}	499.3	0.00070
100	840.0	2220	0.1367	7.330×10^{-8}	0.01718	2.046×10^{-5}	279.1	0.00070
120	828.9	2308	0.1347	7.042×10^{-8}	0.01029	1.241×10^{-5}	176.3	0.00070
140	816.8	2395	0.1330	6.798×10^{-8}	0.006558	8.029×10^{-6}	118.1	0.00070
150	810.3	2441	0.1327	6.708×10^{-8}	0.005344	6.595×10^{-6}	98.31	0.00070

출처: Data generated from the EES software developed by S. A. Klein and F. L. Alvarado. Originally based on various sources.

표 A-8
액체 금속의 상태량

Temp. T, °C	Density ρ, kg/m^3	Specific Heat c_p, J/kg·K	Thermal Conductivity k, W/m·K	Thermal Diffusivity α, m^2/s	Dynamic Viscosity μ, kg/m·s	Kinematic Viscosity ν, m^2/s	Prandtl Number Pr	Volume Expansion Coeff. β, 1/K
				Mercury (Hg) Melting Point: −39°C				
0	13595	140.4	8.18200	4.287×10^{-6}	1.687×10^{-3}	1.241×10^{-7}	0.0289	1.810×10^{-4}
25	13534	139.4	8.51533	4.514×10^{-6}	1.534×10^{-3}	1.133×10^{-7}	0.0251	1.810×10^{-4}
50	13473	138.6	8.83632	4.734×10^{-6}	1.423×10^{-3}	1.056×10^{-7}	0.0223	1.810×10^{-4}
75	13412	137.8	9.15632	4.956×10^{-6}	1.316×10^{-3}	9.819×10^{-8}	0.0198	1.810×10^{-4}
100	13351	137.1	9.46706	5.170×10^{-6}	1.245×10^{-3}	9.326×10^{-8}	0.0180	1.810×10^{-4}
150	13231	136.1	10.07780	5.595×10^{-6}	1.126×10^{-3}	8.514×10^{-8}	0.0152	1.810×10^{-4}
200	13112	135.5	10.65465	5.996×10^{-6}	1.043×10^{-3}	7.959×10^{-8}	0.0133	1.815×10^{-4}
250	12993	135.3	11.18150	6.363×10^{-6}	9.820×10^{-4}	7.558×10^{-8}	0.0119	1.829×10^{-4}
300	12873	135.3	11.68150	6.705×10^{-6}	9.336×10^{-4}	7.252×10^{-8}	0.0108	1.854×10^{-4}
				Bismuth (Bi) Melting Point: 271°C				
350	9969	146.0	16.28	1.118×10^{-5}	1.540×10^{-3}	1.545×10^{-7}	0.01381	
400	9908	148.2	16.10	1.096×10^{-5}	1.422×10^{-3}	1.436×10^{-7}	0.01310	
500	9785	152.8	15.74	1.052×10^{-5}	1.188×10^{-3}	1.215×10^{-7}	0.01154	
600	9663	157.3	15.60	1.026×10^{-5}	1.013×10^{-3}	1.048×10^{-7}	0.01022	
700	9540	161.8	15.60	1.010×10^{-5}	8.736×10^{-4}	9.157×10^{-8}	0.00906	
				Lead (Pb) Melting Point: 327°C				
400	10506	158	15.97	9.623×10^{-6}	2.277×10^{-3}	2.167×10^{-7}	0.02252	
450	10449	156	15.74	9.649×10^{-6}	2.065×10^{-3}	1.976×10^{-7}	0.02048	
500	10390	155	15.54	9.651×10^{-6}	1.884×10^{-3}	1.814×10^{-7}	0.01879	
550	10329	155	15.39	9.610×10^{-6}	1.758×10^{-3}	1.702×10^{-7}	0.01771	
600	10267	155	15.23	9.568×10^{-6}	1.632×10^{-3}	1.589×10^{-7}	0.01661	
650	10206	155	15.07	9.526×10^{-6}	1.505×10^{-3}	1.475×10^{-7}	0.01549	
700	10145	155	14.91	9.483×10^{-6}	1.379×10^{-3}	1.360×10^{-7}	0.01434	
				Sodium (Na) Melting Point: 98°C				
100	927.3	1378	85.84	6.718×10^{-5}	6.892×10^{-4}	7.432×10^{-7}	0.01106	
200	902.5	1349	80.84	6.639×10^{-5}	5.385×10^{-4}	5.967×10^{-7}	0.008987	
300	877.8	1320	75.84	6.544×10^{-5}	3.878×10^{-4}	4.418×10^{-7}	0.006751	
400	853.0	1296	71.20	6.437×10^{-5}	2.720×10^{-4}	3.188×10^{-7}	0.004953	
500	828.5	1284	67.41	6.335×10^{-5}	2.411×10^{-4}	2.909×10^{-7}	0.004593	
600	804.0	1272	63.63	6.220×10^{-5}	2.101×10^{-4}	2.614×10^{-7}	0.004202	
				Potassium (K) Melting Point: 64°C				
200	795.2	790.8	43.99	6.995×10^{-5}	3.350×10^{-4}	4.213×10^{-7}	0.006023	
300	771.6	772.8	42.01	7.045×10^{-5}	2.667×10^{-4}	3.456×10^{-7}	0.004906	
400	748.0	754.8	40.03	7.090×10^{-5}	1.984×10^{-4}	2.652×10^{-7}	0.00374	
500	723.9	750.0	37.81	6.964×10^{-5}	1.668×10^{-4}	2.304×10^{-7}	0.003309	
600	699.6	750.0	35.50	6.765×10^{-5}	1.487×10^{-4}	2.126×10^{-7}	0.003143	
				Sodium–Potassium (%22Na-%78K) Melting Point: −11°C				
100	847.3	944.4	25.64	3.205×10^{-5}	5.707×10^{-4}	6.736×10^{-7}	0.02102	
200	823.2	922.5	26.27	3.459×10^{-5}	4.587×10^{-4}	5.572×10^{-7}	0.01611	
300	799.1	900.6	26.89	3.736×10^{-5}	3.467×10^{-4}	4.339×10^{-7}	0.01161	
400	775.0	879.0	27.50	4.037×10^{-5}	2.357×10^{-4}	3.041×10^{-7}	0.00753	
500	751.5	880.1	27.89	4.217×10^{-5}	2.108×10^{-4}	2.805×10^{-7}	0.00665	
600	728.0	881.2	28.28	4.408×10^{-5}	1.859×10^{-4}	2.553×10^{-7}	0.00579	

출처: Data generated from the EES software developed by S. A. Klein and F. L. Alvarado. Originally based on various sources.

표 A-9
1기압하의 공기의 상태량

Temp. T, °C	Density ρ, kg/m^3	Specific Heat c_p, J/kg·K	Thermal Conductivity k, W/m·K	Thermal Diffusivity α, m^2/s	Dynamic Viscosity μ, kg/m·s	Kinematic Viscosity ν, m^2/s	Prandtl Number Pr
−150	2.866	983	0.01171	4.158×10^{-6}	8.636×10^{-6}	3.013×10^{-6}	0.7246
−100	2.038	966	0.01582	8.036×10^{-6}	1.189×10^{-6}	5.837×10^{-6}	0.7263
−50	1.582	999	0.01979	1.252×10^{-5}	1.474×10^{-5}	9.319×10^{-6}	0.7440
−40	1.514	1002	0.02057	1.356×10^{-5}	1.527×10^{-5}	1.008×10^{-5}	0.7436
−30	1.451	1004	0.02134	1.465×10^{-5}	1.579×10^{-5}	1.087×10^{-5}	0.7425
−20	1.394	1005	0.02211	1.578×10^{-5}	1.630×10^{-5}	1.169×10^{-5}	0.7408
−10	1.341	1006	0.02288	1.696×10^{-5}	1.680×10^{-5}	1.252×10^{-5}	0.7387
0	1.292	1006	0.02364	1.818×10^{-5}	1.729×10^{-5}	1.338×10^{-5}	0.7362
5	1.269	1006	0.02401	1.880×10^{-5}	1.754×10^{-5}	1.382×10^{-5}	0.7350
10	1.246	1006	0.02439	1.944×10^{-5}	1.778×10^{-5}	1.426×10^{-5}	0.7336
15	1.225	1007	0.02476	2.009×10^{-5}	1.802×10^{-5}	1.470×10^{-5}	0.7323
20	1.204	1007	0.02514	2.074×10^{-5}	1.825×10^{-5}	1.516×10^{-5}	0.7309
25	1.184	1007	0.02551	2.141×10^{-5}	1.849×10^{-5}	1.562×10^{-5}	0.7296
30	1.164	1007	0.02588	2.208×10^{-5}	1.872×10^{-5}	1.608×10^{-5}	0.7282
35	1.145	1007	0.02625	2.277×10^{-5}	1.895×10^{-5}	1.655×10^{-5}	0.7268
40	1.127	1007	0.02662	2.346×10^{-5}	1.918×10^{-5}	1.702×10^{-5}	0.7255
45	1.109	1007	0.02699	2.416×10^{-5}	1.941×10^{-5}	1.750×10^{-5}	0.7241
50	1.092	1007	0.02735	2.487×10^{-5}	1.963×10^{-5}	1.798×10^{-5}	0.7228
60	1.059	1007	0.02808	2.632×10^{-5}	2.008×10^{-5}	1.896×10^{-5}	0.7202
70	1.028	1007	0.02881	2.780×10^{-5}	2.052×10^{-5}	1.995×10^{-5}	0.7177
80	0.9994	1008	0.02953	2.931×10^{-5}	2.096×10^{-5}	2.097×10^{-5}	0.7154
90	0.9718	1008	0.03024	3.086×10^{-5}	2.139×10^{-5}	2.201×10^{-5}	0.7132
100	0.9458	1009	0.03095	3.243×10^{-5}	2.181×10^{-5}	2.306×10^{-5}	0.7111
120	0.8977	1011	0.03235	3.565×10^{-5}	2.264×10^{-5}	2.522×10^{-5}	0.7073
140	0.8542	1013	0.03374	3.898×10^{-5}	2.345×10^{-5}	2.745×10^{-5}	0.7041
160	0.8148	1016	0.03511	4.241×10^{-5}	2.420×10^{-5}	2.975×10^{-5}	0.7014
180	0.7788	1019	0.03646	4.593×10^{-5}	2.504×10^{-5}	3.212×10^{-5}	0.6992
200	0.7459	1023	0.03779	4.954×10^{-5}	2.577×10^{-5}	3.455×10^{-5}	0.6974
250	0.6746	1033	0.04104	5.890×10^{-5}	2.760×10^{-5}	4.091×10^{-5}	0.6946
300	0.6158	1044	0.04418	6.871×10^{-5}	2.934×10^{-5}	4.765×10^{-5}	0.6935
350	0.5664	1056	0.04721	7.892×10^{-5}	3.101×10^{-5}	5.475×10^{-5}	0.6937
400	0.5243	1069	0.05015	8.951×10^{-5}	3.261×10^{-5}	6.219×10^{-5}	0.6948
450	0.4880	1081	0.05298	1.004×10^{-4}	3.415×10^{-5}	6.997×10^{-5}	0.6965
500	0.4565	1093	0.05572	1.117×10^{-4}	3.563×10^{-5}	7.806×10^{-5}	0.6986
600	0.4042	1115	0.06093	1.352×10^{-4}	3.846×10^{-5}	9.515×10^{-5}	0.7037
700	0.3627	1135	0.06581	1.598×10^{-4}	4.111×10^{-5}	1.133×10^{-4}	0.7092
800	0.3289	1153	0.07037	1.855×10^{-4}	4.362×10^{-5}	1.326×10^{-4}	0.7149
900	0.3008	1169	0.07465	2.122×10^{-4}	4.600×10^{-5}	1.529×10^{-4}	0.7206
1000	0.2772	1184	0.07868	2.398×10^{-4}	4.826×10^{-5}	1.741×10^{-4}	0.7260
1500	0.1990	1234	0.09599	3.908×10^{-4}	5.817×10^{-5}	2.922×10^{-4}	0.7478
2000	0.1553	1264	0.11113	5.664×10^{-4}	6.630×10^{-5}	4.270×10^{-4}	0.7539

주: 이상기체에 대하여, 상태량 c_p, k, μ 및 Pr은 압력과 무관하다. 1 atm이 아닌 압력 P(atm 단위)에서의 상태량 ρ, ν 및 α는 주어진 온도에서의 ρ값에 P를 곱하고, ν와 α를 P로 나눔으로써 결정된다.

출처: Data generated from the EES software developed by S. A. Klein and F. L. Alvarado. Original sources: Keenan, Chao, Kaye, Gas Tables, Wiley, 1983; and Thermophysical Properties of Matter, Vol. 3: Thermal Conductivity, Y. S. Touloukian, P. E. Liley, S. C. Saxena, Vol. 11: Viscosity, Y. S. Touloukian, S. C. Saxena, and P. Hestermans, IFI/Plenun, NY, 1970, ISBN 0-306067020-8.

표 A-10

1기압하의 기체의 상태량

Temp. T, °C	Density ρ, kg/m^3	Specific Heat c_p, J/kg·K	Thermal Conductivity k, W/m·K	Thermal Diffusivity α, m^2/s	Dynamic Viscosity μ, kg/m·s	Kinematic Viscosity ν, m^2/s	Prandtl Number Pr
				Carbon Dioxide, CO_2			
−50	2.4035	746	0.01051	5.860×10^{-6}	1.129×10^{-5}	4.699×10^{-6}	0.8019
0	1.9635	811	0.01456	9.141×10^{-6}	1.375×10^{-5}	7.003×10^{-6}	0.7661
50	1.6597	866.6	0.01858	1.291×10^{-5}	1.612×10^{-5}	9.714×10^{-6}	0.7520
100	1.4373	914.8	0.02257	1.716×10^{-5}	1.841×10^{-5}	1.281×10^{-5}	0.7464
150	1.2675	957.4	0.02652	2.186×10^{-5}	2.063×10^{-5}	1.627×10^{-5}	0.7445
200	1.1336	995.2	0.03044	2.698×10^{-5}	2.276×10^{-5}	2.008×10^{-5}	0.7442
300	0.9358	1060	0.03814	3.847×10^{-5}	2.682×10^{-5}	2.866×10^{-5}	0.7450
400	0.7968	1112	0.04565	5.151×10^{-5}	3.061×10^{-5}	3.842×10^{-5}	0.7458
500	0.6937	1156	0.05293	6.600×10^{-5}	3.416×10^{-5}	4.924×10^{-5}	0.7460
1000	0.4213	1292	0.08491	1.560×10^{-4}	4.898×10^{-5}	1.162×10^{-4}	0.7455
1500	0.3025	1356	0.10688	2.606×10^{-4}	6.106×10^{-5}	2.019×10^{-4}	0.7745
2000	0.2359	1387	0.11522	3.521×10^{-4}	7.322×10^{-5}	3.103×10^{-4}	0.8815
				Carbon Monoxide, CO			
−50	1.5297	1081	0.01901	1.149×10^{-5}	1.378×10^{-5}	9.012×10^{-6}	0.7840
0	1.2497	1048	0.02278	1.739×10^{-5}	1.629×10^{-5}	1.303×10^{-5}	0.7499
50	1.0563	1039	0.02641	2.407×10^{-5}	1.863×10^{-5}	1.764×10^{-5}	0.7328
100	0.9148	1041	0.02992	3.142×10^{-5}	2.080×10^{-5}	2.274×10^{-5}	0.7239
150	0.8067	1049	0.03330	3.936×10^{-5}	2.283×10^{-5}	2.830×10^{-5}	0.7191
200	0.7214	1060	0.03656	4.782×10^{-5}	2.472×10^{-5}	3.426×10^{-5}	0.7164
300	0.5956	1085	0.04277	6.619×10^{-5}	2.812×10^{-5}	4.722×10^{-5}	0.7134
400	0.5071	1111	0.04860	8.628×10^{-5}	3.111×10^{-5}	6.136×10^{-5}	0.7111
500	0.4415	1135	0.05412	1.079×10^{-4}	3.379×10^{-5}	7.653×10^{-5}	0.7087
1000	0.2681	1226	0.07894	2.401×10^{-4}	4.557×10^{-5}	1.700×10^{-4}	0.7080
1500	0.1925	1279	0.10458	4.246×10^{-4}	6.321×10^{-5}	3.284×10^{-4}	0.7733
2000	0.1502	1309	0.13833	7.034×10^{-4}	9.826×10^{-5}	6.543×10^{-4}	0.9302
				Methane, CH_4			
−50	0.8761	2243	0.02367	1.204×10^{-5}	8.564×10^{-6}	9.774×10^{-6}	0.8116
0	0.7158	2217	0.03042	1.917×10^{-5}	1.028×10^{-5}	1.436×10^{-5}	0.7494
50	0.6050	2302	0.03766	2.704×10^{-5}	1.191×10^{-5}	1.969×10^{-5}	0.7282
100	0.5240	2443	0.04534	3.543×10^{-5}	1.345×10^{-5}	2.567×10^{-5}	0.7247
150	0.4620	2611	0.05344	4.431×10^{-5}	1.491×10^{-5}	3.227×10^{-5}	0.7284
200	0.4132	2791	0.06194	5.370×10^{-5}	1.630×10^{-5}	3.944×10^{-5}	0.7344
300	0.3411	3158	0.07996	7.422×10^{-5}	1.886×10^{-5}	5.529×10^{-5}	0.7450
400	0.2904	3510	0.09918	9.727×10^{-5}	2.119×10^{-5}	7.297×10^{-5}	0.7501
500	0.2529	3836	0.11933	1.230×10^{-4}	2.334×10^{-5}	9.228×10^{-5}	0.7502
1000	0.1536	5042	0.22562	2.914×10^{-4}	3.281×10^{-5}	2.136×10^{-4}	0.7331
1500	0.1103	5701	0.31857	5.068×10^{-4}	4.434×10^{-5}	4.022×10^{-4}	0.7936
2000	0.0860	6001	0.36750	7.120×10^{-4}	6.360×10^{-5}	7.395×10^{-4}	1.0386
				Hydrogen, H_2			
−50	0.11010	12635	0.1404	1.009×10^{-4}	7.293×10^{-6}	6.624×10^{-5}	0.6562
0	0.08995	13920	0.1652	1.319×10^{-4}	8.391×10^{-6}	9.329×10^{-5}	0.7071
50	0.07603	14349	0.1881	1.724×10^{-4}	9.427×10^{-6}	1.240×10^{-4}	0.7191
100	0.06584	14473	0.2095	2.199×10^{-4}	1.041×10^{-5}	1.582×10^{-4}	0.7196
150	0.05806	14492	0.2296	2.729×10^{-4}	1.136×10^{-5}	1.957×10^{-4}	0.7174
200	0.05193	14482	0.2486	3.306×10^{-4}	1.228×10^{-5}	2.365×10^{-4}	0.7155
300	0.04287	14481	0.2843	4.580×10^{-4}	1.403×10^{-5}	3.274×10^{-4}	0.7149
400	0.03650	14540	0.3180	5.992×10^{-4}	1.570×10^{-5}	4.302×10^{-4}	0.7179
500	0.03178	14653	0.3509	7.535×10^{-4}	1.730×10^{-5}	5.443×10^{-4}	0.7224
1000	0.01930	15577	0.5206	1.732×10^{-3}	2.455×10^{-5}	1.272×10^{-3}	0.7345
1500	0.01386	16553	0.6581	2.869×10^{-3}	3.099×10^{-5}	2.237×10^{-3}	0.7795
2000	0.01081	17400	0.5480	2.914×10^{-3}	3.690×10^{-5}	3.414×10^{-3}	1.1717

(continued)

표 A-10

1기압하의 기체의 상태량

Temp. T, °C	Density ρ, kg/m^3	Specific Heat c_p, J/kg·K	Thermal Conductivity k, W/m·K	Thermal Diffusivity α, m^2/s	Dynamic Viscosity μ, kg/m·s	Kinematic Viscosity ν, m^2/s	Prandtl Number Pr
				Nitrogen, N_2			
−50	1.5299	957.3	0.02001	1.366×10^{-5}	1.390×10^{-5}	9.091×10^{-6}	0.6655
0	1.2498	1035	0.02384	1.843×10^{-5}	1.640×10^{-5}	1.312×10^{-5}	0.7121
50	1.0564	1042	0.02746	2.494×10^{-5}	1.874×10^{-5}	1.774×10^{-5}	0.7114
100	0.9149	1041	0.03090	3.244×10^{-5}	2.094×10^{-5}	2.289×10^{-5}	0.7056
150	0.8068	1043	0.03416	4.058×10^{-5}	2.300×10^{-5}	2.851×10^{-5}	0.7025
200	0.7215	1050	0.03727	4.921×10^{-5}	2.494×10^{-5}	3.457×10^{-5}	0.7025
300	0.5956	1070	0.04309	6.758×10^{-5}	2.849×10^{-5}	4.783×10^{-5}	0.7078
400	0.5072	1095	0.04848	8.727×10^{-5}	3.166×10^{-5}	6.242×10^{-5}	0.7153
500	0.4416	1120	0.05358	1.083×10^{-4}	3.451×10^{-5}	7.816×10^{-5}	0.7215
1000	0.2681	1213	0.07938	2.440×10^{-4}	4.594×10^{-5}	1.713×10^{-4}	0.7022
1500	0.1925	1266	0.11793	4.839×10^{-4}	5.562×10^{-5}	2.889×10^{-4}	0.5969
2000	0.1502	1297	0.18590	9.543×10^{-4}	6.426×10^{-5}	4.278×10^{-4}	0.4483
				Oxygen, O_2			
−50	1.7475	984.4	0.02067	1.201×10^{-5}	1.616×10^{-5}	9.246×10^{-6}	0.7694
0	1.4277	928.7	0.02472	1.865×10^{-5}	1.916×10^{-5}	1.342×10^{-5}	0.7198
50	1.2068	921.7	0.02867	2.577×10^{-5}	2.194×10^{-5}	1.818×10^{-5}	0.7053
100	1.0451	931.8	0.03254	3.342×10^{-5}	2.451×10^{-5}	2.346×10^{-5}	0.7019
150	0.9216	947.6	0.03637	4.164×10^{-5}	2.694×10^{-5}	2.923×10^{-5}	0.7019
200	0.8242	964.7	0.04014	5.048×10^{-5}	2.923×10^{-5}	3.546×10^{-5}	0.7025
300	0.6804	997.1	0.04751	7.003×10^{-5}	3.350×10^{-5}	4.923×10^{-5}	0.7030
400	0.5793	1025	0.05463	9.204×10^{-5}	3.744×10^{-5}	6.463×10^{-5}	0.7023
500	0.5044	1048	0.06148	1.163×10^{-4}	4.114×10^{-5}	8.156×10^{-5}	0.7010
1000	0.3063	1121	0.09198	2.678×10^{-4}	5.732×10^{-5}	1.871×10^{-4}	0.6986
1500	0.2199	1165	0.11901	4.643×10^{-4}	7.133×10^{-5}	3.243×10^{-4}	0.6985
2000	0.1716	1201	0.14705	7.139×10^{-4}	8.417×10^{-5}	4.907×10^{-4}	0.6873
				Water Vapor, H_2O			
−50	0.9839	1892	0.01353	7.271×10^{-6}	7.187×10^{-6}	7.305×10^{-6}	1.0047
0	0.8038	1874	0.01673	1.110×10^{-5}	8.956×10^{-6}	1.114×10^{-5}	1.0033
50	0.6794	1874	0.02032	1.596×10^{-5}	1.078×10^{-5}	1.587×10^{-5}	0.9944
100	0.5884	1887	0.02429	2.187×10^{-5}	1.265×10^{-5}	2.150×10^{-5}	0.9830
150	0.5189	1908	0.02861	2.890×10^{-5}	1.456×10^{-5}	2.806×10^{-5}	0.9712
200	0.4640	1935	0.03326	3.705×10^{-5}	1.650×10^{-5}	3.556×10^{-5}	0.9599
300	0.3831	1997	0.04345	5.680×10^{-5}	2.045×10^{-5}	5.340×10^{-5}	0.9401
400	0.3262	2066	0.05467	8.114×10^{-5}	2.446×10^{-5}	7.498×10^{-5}	0.9240
500	0.2840	2137	0.06677	1.100×10^{-4}	2.847×10^{-5}	1.002×10^{-4}	0.9108
1000	0.1725	2471	0.13623	3.196×10^{-4}	4.762×10^{-5}	2.761×10^{-4}	0.8639
1500	0.1238	2736	0.21301	6.288×10^{-4}	6.411×10^{-5}	5.177×10^{-4}	0.8233
2000	0.0966	2928	0.29183	1.032×10^{-3}	7.808×10^{-5}	8.084×10^{-4}	0.7833

주: 이상기체에 대하여, 상태량 c_p, k, μ 및 Pr은 압력과 무관하다. 1 atm이 아닌 압력 P(atm 단위)에서의 상태량 ρ, ν 및 α는 주어진 온도에서의 ρ값에 P를 곱하고, ν와 α를 P로 나눔으로써 결정된다.

출처: Data generated from the EES software developed by S. A. Klein and F. L. Alvarado. Originally based on various sources.

표 A-11

높은 고도에서 대기의 상태량

Altitude, m	Temperature, °C	Pressure, kPa	Gravity g, m/s^2	Speed of Sound, m/s	Density ρ, kg/m^3	Viscosity μ, kg/m·s	Thermal Conductivity, W/m·K
0	15.00	101.33	9.807	340.3	1.225	1.789×10^{-5}	0.0253
200	13.70	98.95	9.806	339.5	1.202	1.783×10^{-5}	0.0252
400	12.40	96.61	9.805	338.8	1.179	1.777×10^{-5}	0.0252
600	11.10	94.32	9.805	338.0	1.156	1.771×10^{-5}	0.0251
800	9.80	92.08	9.804	337.2	1.134	1.764×10^{-5}	0.0250
1000	8.50	89.88	9.804	336.4	1.112	1.758×10^{-5}	0.0249
1200	7.20	87.72	9.803	335.7	1.090	1.752×10^{-5}	0.0248
1400	5.90	85.60	9.802	334.9	1.069	1.745×10^{-5}	0.0247
1600	4.60	83.53	9.802	334.1	1.048	1.739×10^{-5}	0.0245
1800	3.30	81.49	9.801	333.3	1.027	1.732×10^{-5}	0.0244
2000	2.00	79.50	9.800	332.5	1.007	1.726×10^{-5}	0.0243
2200	0.70	77.55	9.800	331.7	0.987	1.720×10^{-5}	0.0242
2400	−0.59	75.63	9.799	331.0	0.967	1.713×10^{-5}	0.0241
2600	−1.89	73.76	9.799	330.2	0.947	1.707×10^{-5}	0.0240
2800	−3.19	71.92	9.798	329.4	0.928	1.700×10^{-5}	0.0239
3000	−4.49	70.12	9.797	328.6	0.909	1.694×10^{-5}	0.0238
3200	−5.79	68.36	9.797	327.8	0.891	1.687×10^{-5}	0.0237
3400	−7.09	66.63	9.796	327.0	0.872	1.681×10^{-5}	0.0236
3600	−8.39	64.94	9.796	326.2	0.854	1.674×10^{-5}	0.0235
3800	−9.69	63.28	9.795	325.4	0.837	1.668×10^{-5}	0.0234
4000	−10.98	61.66	9.794	324.6	0.819	1.661×10^{-5}	0.0233
4200	−12.3	60.07	9.794	323.8	0.802	1.655×10^{-5}	0.0232
4400	−13.6	58.52	9.793	323.0	0.785	1.648×10^{-5}	0.0231
4600	−14.9	57.00	9.793	322.2	0.769	1.642×10^{-5}	0.0230
4800	−16.2	55.51	9.792	321.4	0.752	1.635×10^{-5}	0.0229
5000	−17.5	54.05	9.791	320.5	0.736	1.628×10^{-5}	0.0228
5200	−18.8	52.62	9.791	319.7	0.721	1.622×10^{-5}	0.0227
5400	−20.1	51.23	9.790	318.9	0.705	1.615×10^{-5}	0.0226
5600	−21.4	49.86	9.789	318.1	0.690	1.608×10^{-5}	0.0224
5800	−22.7	48.52	9.785	317.3	0.675	1.602×10^{-5}	0.0223
6000	−24.0	47.22	9.788	316.5	0.660	1.595×10^{-5}	0.0222
6200	−25.3	45.94	9.788	315.6	0.646	1.588×10^{-5}	0.0221
6400	−26.6	44.69	9.787	314.8	0.631	1.582×10^{-5}	0.0220
6600	−27.9	43.47	9.786	314.0	0.617	1.575×10^{-5}	0.0219
6800	−29.2	42.27	9.785	313.1	0.604	1.568×10^{-5}	0.0218
7000	−30.5	41.11	9.785	312.3	0.590	1.561×10^{-5}	0.0217
8000	−36.9	35.65	9.782	308.1	0.526	1.527×10^{-5}	0.0212
9000	−43.4	30.80	9.779	303.8	0.467	1.493×10^{-5}	0.0206
10,000	−49.9	26.50	9.776	299.5	0.414	1.458×10^{-5}	0.0201
12,000	−56.5	19.40	9.770	295.1	0.312	1.422×10^{-5}	0.0195
14,000	−56.5	14.17	9.764	295.1	0.228	1.422×10^{-5}	0.0195
16,000	−56.5	10.53	9.758	295.1	0.166	1.422×10^{-5}	0.0195
18,000	−56.5	7.57	9.751	295.1	0.122	1.422×10^{-5}	0.0195

출처: U.S. Standard Atmosphere Supplements, U.S. Government Printing Office, 1966. Based on year-round mean conditions at 45° latitude and varies with the time of the year and the weather patterns. The conditions at sea level ($z=0$) are taken to be $P=101.325$ kPa, $T=15$ °C, $\rho=1.2250$ kg/m^3, $g=9.80665$ m^2/s.

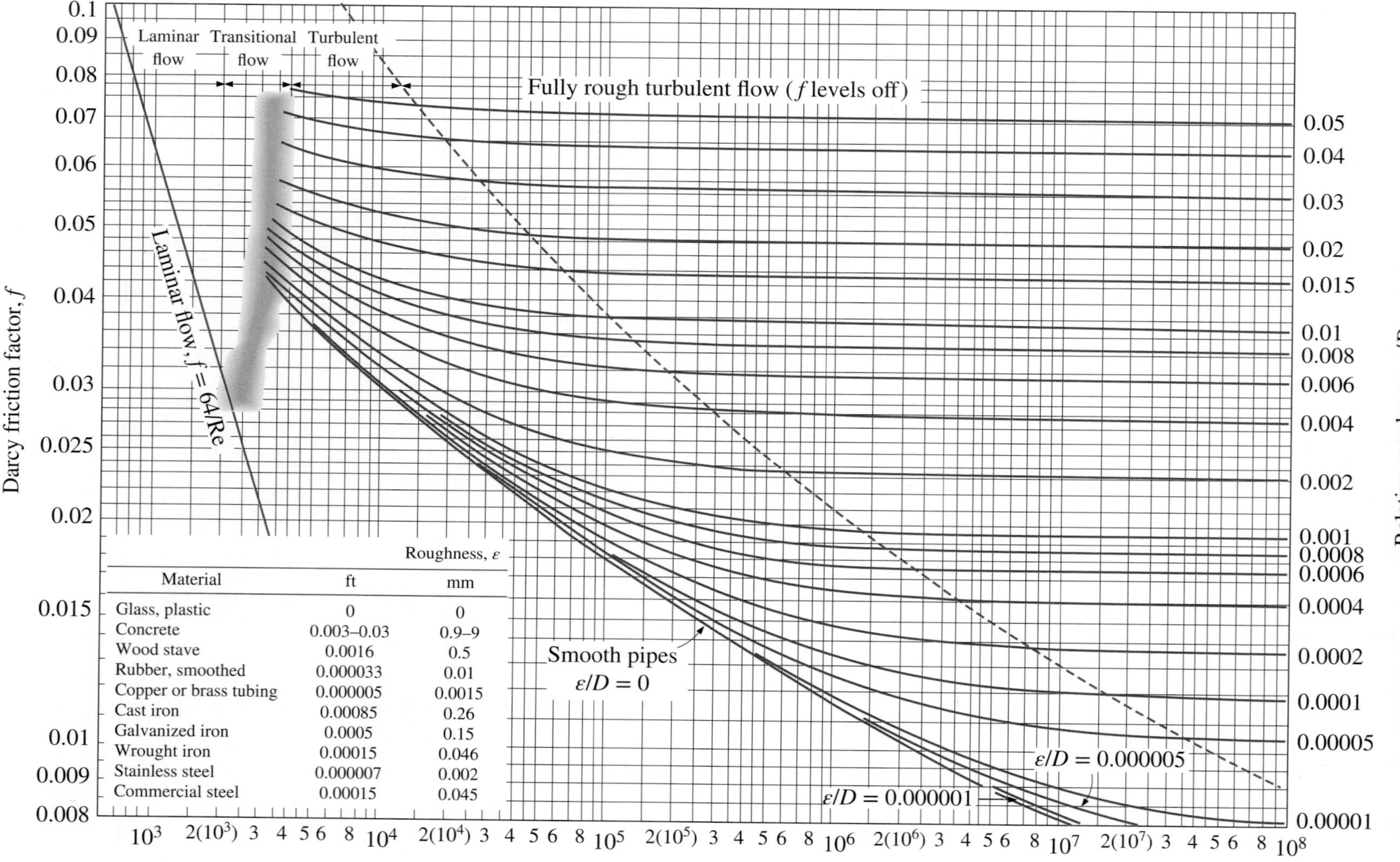

Material	Roughness, ε	
	ft	mm
Glass, plastic	0	0
Concrete	0.003–0.03	0.9–9
Wood stave	0.0016	0.5
Rubber, smoothed	0.000033	0.01
Copper or brass tubing	0.000005	0.0015
Cast iron	0.00085	0.26
Galvanized iron	0.0005	0.15
Wrought iron	0.00015	0.046
Stainless steel	0.000007	0.002
Commercial steel	0.00015	0.045

그림 A–12
수두 손실 관계식 $h_L = f\dfrac{L}{D}\dfrac{V^2}{2g}$에서 이용되는 원형 파이프 내 완전발달 유동의 마찰계수에 대한 Moody 선도. 난류 유동의 마찰계수는 Colebrook 공식 $\dfrac{1}{\sqrt{f}} = -2\log_{10}\left(\dfrac{\varepsilon/D}{3.7} + \dfrac{2.51}{\text{Re}\sqrt{f}}\right)$로부터 계산되었다.

표 A-13

k= 1.4인 이상기체에 대한 1차원 등엔트로피 압축성 유동의 함수

Ma	Ma*	A/A^*	P/P_0	ρ/ρ_0	T/T_0
0	0	∞	1.0000	1.0000	1.0000
0.1	0.1094	5.8218	0.9930	0.9950	0.9980
0.2	0.2182	2.9635	0.9725	0.9803	0.9921
0.3	0.3257	2.0351	0.9395	0.9564	0.9823
0.4	0.4313	1.5901	0.8956	0.9243	0.9690
0.5	0.5345	1.3398	0.8430	0.8852	0.9524
0.6	0.6348	1.1882	0.7840	0.8405	0.9328
0.7	0.7318	1.0944	0.7209	0.7916	0.9107
0.8	0.8251	1.0382	0.6560	0.7400	0.8865
0.9	0.9146	1.0089	0.5913	0.6870	0.8606
1.0	1.0000	1.0000	0.5283	0.6339	0.8333
1.2	1.1583	1.0304	0.4124	0.5311	0.7764
1.4	1.2999	1.1149	0.3142	0.4374	0.7184
1.6	1.4254	1.2502	0.2353	0.3557	0.6614
1.8	1.5360	1.4390	0.1740	0.2868	0.6068
2.0	1.6330	1.6875	0.1278	0.2300	0.5556
2.2	1.7179	2.0050	0.0935	0.1841	0.5081
2.4	1.7922	2.4031	0.0684	0.1472	0.4647
2.6	1.8571	2.8960	0.0501	0.1179	0.4252
2.8	1.9140	3.5001	0.0368	0.0946	0.3894
3.0	1.9640	4.2346	0.0272	0.0760	0.3571
5.0	2.2361	25.000	0.0019	0.0113	0.1667
∝	2.2495	∝	0	0	0

$$\text{Ma}^* = \text{Ma}\sqrt{\frac{k+1}{2+(k-1)\text{Ma}^2}}$$

$$\frac{A}{A^*} = \frac{1}{\text{Ma}}\left[\left(\frac{2}{k+1}\right)\left(1+\frac{k-1}{2}\text{Ma}^2\right)\right]^{0.5(k+1)/(k-1)}$$

$$\frac{P}{P_0} = \left(1+\frac{k-1}{2}\text{Ma}^2\right)^{-k/(k-1)}$$

$$\frac{\rho}{\rho_0} = \left(1+\frac{k-1}{2}\text{Ma}^2\right)^{-1/(k-1)}$$

$$\frac{T}{T_0} = \left(1+\frac{k-1}{2}\text{Ma}^2\right)^{-1}$$

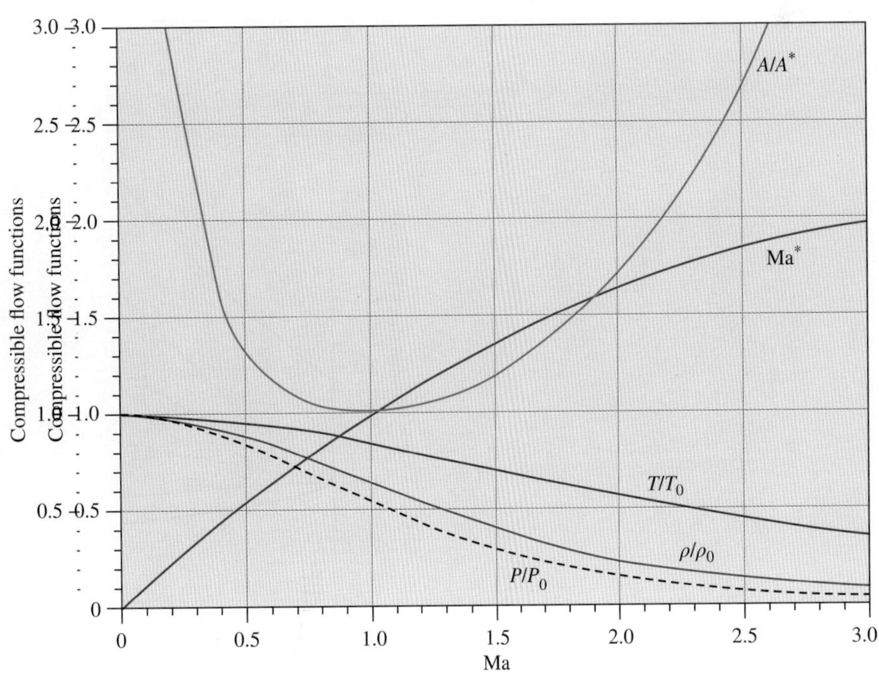

$$T_{01} = T_{02}$$

$$\mathrm{Ma}_2 = \sqrt{\frac{(k-1)\mathrm{Ma}_1^2 + 2}{2k\mathrm{Ma}_1^2 - k + 1}}$$

$$\frac{P_2}{P_1} = \frac{1 + k\mathrm{Ma}_1^2}{1 + k\mathrm{Ma}_2^2} = \frac{2k\mathrm{Ma}_1^2 - k + 1}{k + 1}$$

$$\frac{\rho_2}{\rho_1} = \frac{P_2/P_1}{T_2/T_1} = \frac{(k+1)\mathrm{Ma}_1^2}{2 + (k-1)\mathrm{Ma}_1^2} = \frac{V_1}{V_2}$$

$$\frac{T_2}{T_1} = \frac{2 + \mathrm{Ma}_1^2(k-1)}{2 + \mathrm{Ma}_2^2(k-1)}$$

$$\frac{P_{02}}{P_{01}} = \frac{\mathrm{Ma}_1}{\mathrm{Ma}_2}\left[\frac{1 + \mathrm{Ma}_1^2(k-1)/2}{1 + \mathrm{Ma}_1^2(k-1)/2}\right]^{(k+1)/[2(k-1)]}$$

$$\frac{P_{02}}{P_1} = \frac{(1 + k\mathrm{Ma}_1^2)[1 + \mathrm{Ma}_2^2(k-1)/2]^{k/(k-1)}}{1 + k\mathrm{Ma}_2^2}$$

표 A-14

k= 1.4인 이상기체에 대한 1차원 수직충격파의 함수

Ma_1	Ma_2	P_2/P_1	ρ_2/ρ_1	T_2/T_1	P_{02}/P_{01}	P_{02}/P_1
1.0	1.0000	1.0000	1.0000	1.0000	1.0000	1.8929
1.1	0.9118	1.2450	1.1691	1.0649	0.9989	2.1328
1.2	0.8422	1.5133	1.3416	1.1280	0.9928	2.4075
1.3	0.7860	1.8050	1.5157	1.1909	0.9794	2.7136
1.4	0.7397	2.1200	1.6897	1.2547	0.9582	3.0492
1.5	0.7011	2.4583	1.8621	1.3202	0.9298	3.4133
1.6	0.6684	2.8200	2.0317	1.3880	0.8952	3.8050
1.7	0.6405	3.2050	2.1977	1.4583	0.8557	4.2238
1.8	0.6165	3.6133	2.3592	1.5316	0.8127	4.6695
1.9	0.5956	4.0450	2.5157	1.6079	0.7674	5.1418
2.0	0.5774	4.5000	2.6667	1.6875	0.7209	5.6404
2.1	0.5613	4.9783	2.8119	1.7705	0.6742	6.1654
2.2	0.5471	5.4800	2.9512	1.8569	0.6281	6.7165
2.3	0.5344	6.0050	3.0845	1.9468	0.5833	7.2937
2.4	0.5231	6.5533	3.2119	2.0403	0.5401	7.8969
2.5	0.5130	7.1250	3.3333	2.1375	0.4990	8.5261
2.6	0.5039	7.7200	3.4490	2.2383	0.4601	9.1813
2.7	0.4956	8.3383	3.5590	2.3429	0.4236	9.8624
2.8	0.4882	8.9800	3.6636	2.4512	0.3895	10.5694
2.9	0.4814	9.6450	3.7629	2.5632	0.3577	11.3022
3.0	0.4752	10.3333	3.8571	2.6790	0.3283	12.0610
4.0	0.4350	18.5000	4.5714	4.0469	0.1388	21.0681
5.0	0.4152	29.000	5.0000	5.8000	0.0617	32.6335
∞	0.3780	∞	6.0000	∞	0	∞

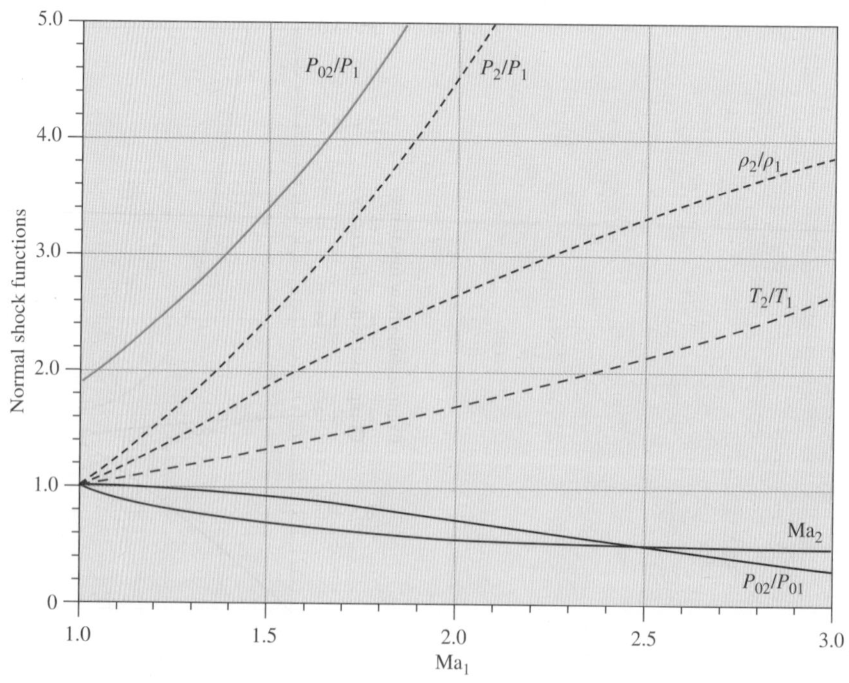

$$\frac{T_0}{T_0^*} = \frac{(k+1)\text{Ma}^2[2+(k-1)\text{Ma}^2]}{(1+k\text{Ma}^2)^2}$$

$$\frac{P_0}{P_0^*} = \frac{k+1}{1+k\text{Ma}^2}\left(\frac{2+(k-1)\text{Ma}^2}{k+1}\right)^{k/(k-1)}$$

$$\frac{T}{T^*} = \left(\frac{\text{Ma}(1+k)}{1+k\text{Ma}^2}\right)^2$$

$$\frac{P}{P^*} = \frac{1+k}{1+k\text{Ma}^2}$$

$$\frac{V}{V^*} = \frac{\rho^*}{\rho} = \frac{(1+k)\text{Ma}^2}{1+k\text{Ma}^2}$$

표 A-15

k= 1.4인 이상기체에 대한 Rayleigh 유동의 함수

Ma	T_0/T_0^*	P_0/P_0^*	T/T^*	P/P^*	V/V^*
0.0	0.0000	1.2679	0.0000	2.4000	0.0000
0.1	0.0468	1.2591	0.0560	2.3669	0.0237
0.2	0.1736	1.2346	0.2066	2.2727	0.0909
0.3	0.3469	1.1985	0.4089	2.1314	0.1918
0.4	0.5290	1.1566	0.6151	1.9608	0.3137
0.5	0.6914	1.1141	0.7901	1.7778	0.4444
0.6	0.8189	1.0753	0.9167	1.5957	0.5745
0.7	0.9085	1.0431	0.9929	1.4235	0.6975
0.8	0.9639	1.0193	1.0255	1.2658	0.8101
0.9	0.9921	1.0049	1.0245	1.1246	0.9110
1.0	1.0000	1.0000	1.0000	1.0000	1.0000
1.2	0.9787	1.0194	0.9118	0.7958	1.1459
1.4	0.9343	1.0777	0.8054	0.6410	1.2564
1.6	0.8842	1.1756	0.7017	0.5236	1.3403
1.8	0.8363	1.3159	0.6089	0.4335	1.4046
2.0	0.7934	1.5031	0.5289	0.3636	1.4545
2.2	0.7561	1.7434	0.4611	0.3086	1.4938
2.4	0.7242	2.0451	0.4038	0.2648	1.5252
2.6	0.6970	2.4177	0.3556	0.2294	1.5505
2.8	0.6738	2.8731	0.3149	0.2004	1.5711
3.0	0.6540	3.4245	0.2803	0.1765	1.5882

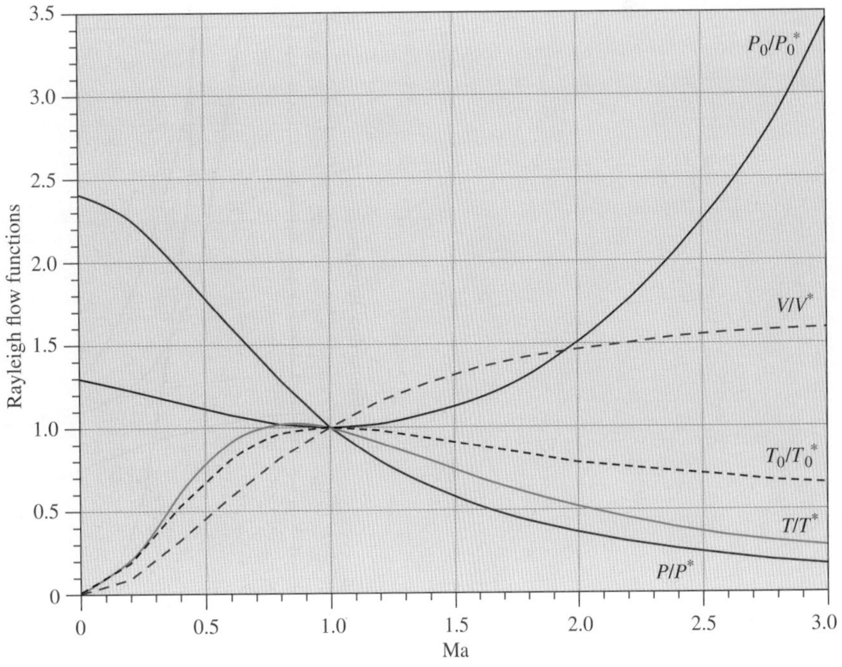

$$T_0 = T_0^*$$

$$\frac{P_0}{P_0^*} = \frac{\rho_0}{\rho_0^*} = \frac{1}{\text{Ma}}\left(\frac{2+(k-1)\text{Ma}^2}{k+1}\right)^{(k+1)/2(k-1)}$$

$$\frac{T}{T^*} = \frac{k+1}{2+(k-1)\text{Ma}^2}$$

$$\frac{P}{P^*} = \frac{1}{\text{Ma}}\left(\frac{k+1}{2+(k-1)\text{Ma}^2}\right)^{1/2}$$

$$\frac{V}{V^*} = \frac{\rho^*}{\rho} = \text{Ma}\left(\frac{k+1}{2+(k-1)\text{Ma}^2}\right)^{1/2}$$

$$\frac{fL^*}{D} = \frac{1-\text{Ma}^2}{k\text{Ma}^2} + \frac{k+1}{2k}\ln\frac{(k+1)\text{Ma}^2}{2+(k-1)\text{Ma}^2}$$

표 A-16

k= 1.4인 이상기체에 대한 Fanno 유동의 함수

Ma	P_0/P_0^*	T/T^*	P/P^*	V/V^*	fL^*/D
0.0	∞	1.2000	∞	0.0000	∞
0.1	5.8218	1.1976	10.9435	0.1094	66.9216
0.2	2.9635	1.1905	5.4554	0.2182	14.5333
0.3	2.0351	1.1788	3.6191	0.3257	5.2993
0.4	1.5901	1.1628	2.6958	0.4313	2.3085
0.5	1.3398	1.1429	2.1381	0.5345	1.0691
0.6	1.1882	1.1194	1.7634	0.6348	0.4908
0.7	1.0944	1.0929	1.4935	0.7318	0.2081
0.8	1.0382	1.0638	1.2893	0.8251	0.0723
0.9	1.0089	1.0327	1.1291	0.9146	0.0145
1.0	1.0000	1.0000	1.0000	1.0000	0.0000
1.2	1.0304	0.9317	0.8044	1.1583	0.0336
1.4	1.1149	0.8621	0.6632	1.2999	0.0997
1.6	1.2502	0.7937	0.5568	1.4254	0.1724
1.8	1.4390	0.7282	0.4741	1.5360	0.2419
2.0	1.6875	0.6667	0.4082	1.6330	0.3050
2.2	2.0050	0.6098	0.3549	1.7179	0.3609
2.4	2.4031	0.5576	0.3111	1.7922	0.4099
2.6	2.8960	0.5102	0.2747	1.8571	0.4526
2.8	3.5001	0.4673	0.2441	1.9140	0.4898
3.0	4.2346	0.4286	0.2182	1.9640	0.5222

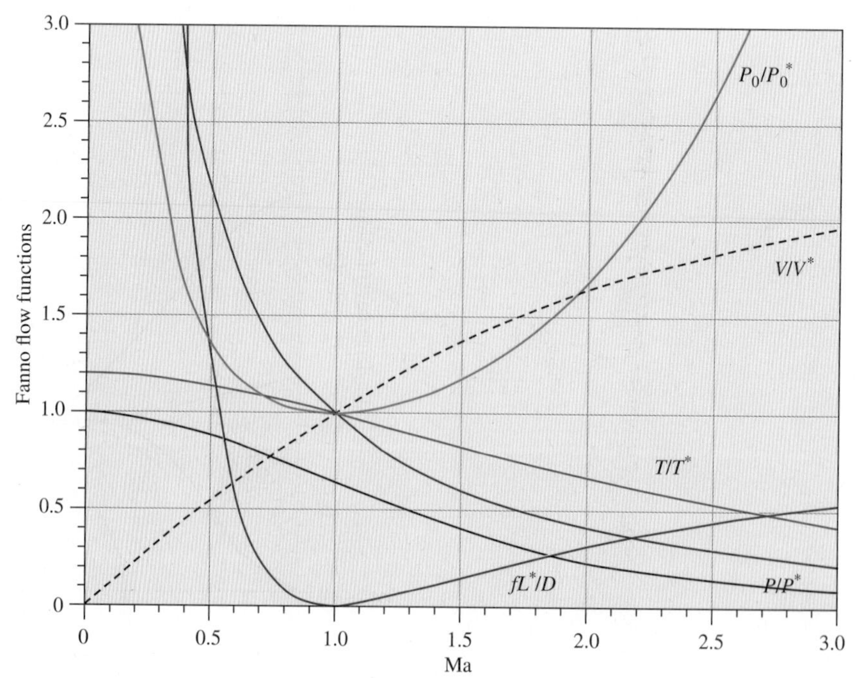

용어 해설

초청 저자: James G. Brasseur, The Pennsylvania State University

주 **컬러 볼드체** 용어는 교재 본문의 컬러 볼드체 용어와 일치한다. **볼드체**는 용어 해설 내 어딘가에 정의되었음을 의미한다. **고딕체**는 학생들의 복습을 위하여 교재 본문 중에는 없지만, 용어 해설 내에 정의되었거나 상호 인용된 용어이다.

가속도장(acceleration field) **장**(field) 참조.

강성적 상태량(intensive property) 총 체적이나 질량에 무관한 유체 상태량(즉, 단위 질량 또는 단위 체적당 **종량적 상태량**).

강제 유동(forced flow) 외력에 의한 유동. 예를 들면, 펌프로 구동되는 액체 유동이나 송풍기로 구동되는 컴퓨터 부품 냉각용 공기 유동이 있다. 이에 반해 **자연 유동**이란 중력장에서 유체 내의 온도(밀도)차에 의해 구동되는 부력의 결과이다. 예를 들면, 인체 주위나 대기에서 관측되는 부력 플룸(buoyant plume) 등이 있다.

검사질량(control mass) **시스템** 참조.

검사체적(control volume) 유체의 유출입이 가능한 해석을 위한 체적. **열린 시스템**(시스템 참조) 이라고도 함.

경계 조건(boundary condition) 속도, 온도 등 유동장 변수를 지배 방정식으로부터 구하기 위해서는 표면에서 변수의 함수를 규정할 필요가 있다. 이러한 수학적 표현을 경계 조건이라고 한다. 유동 속도가 벽면 속도와 반드시 같아야 하는 점착 조건은 속도장을 구하기 위해 Navier-Stokes 방정식과 함께 사용하는 경계조건의 한 예이다.

경계층(boundary layer) 높은 **Reynolds 수**에서 고체 표면에서 얇은 "경계층"이 형성된다(**점착 조건** 참조). 경계층은 높은 전단력의 특징을 지니고 경계층 내에서는 **마찰력, 전단응력, 와도** 등이 현저하다. 경계층 내에서 크기가 작은 항들을 생략하여 단순화된 Navier-Stokes 방정식은 **경계층 방정식**이라고 한다. 또한 **비회전** 또는 **비점성** 유동에 둘러싸인 얇은 경계층을 가정하여근사하는 것을 **경계층 근사**라고 한다.

경계층 근사(boundary layer approximation) **경계층** 참조.

주: 이 용어 해설은 1장부터 11장까지에 있는 **컬러 볼드체 용어**를 포함한다.

경계층 두께의 척도(boundary layer thickness measures) 유체유동 해석에 사용되는 경계층 두께에는 여러 가지 척도가 있다. 이들은 다음과 같다.

경계층 두께(boundary layer thickness) 경계층을 정의하는 점성층의 전체 두께[표면으로부터 변(edge)까지의]. 변을 정확히 정의하는 것은 어렵다. 주로 경계층 속도가 자유흐름 속도의 몇 %가 되는 곳으로 정의한다(예를 들면, δ_{99}는 벽면에서 유동방향 속도 성분이 자유흐름 속도의 99%가 되는 곳까지의 거리이다).

배제 두께(displacement thickness) 마찰로 인한 질량 감소의 결과로 유선이 표면으로부터 휜 정도를 정량화한 경계층 두께의 척도. 배제 두께(δ^*)란 이러한 질량 결핍층의 두께를 의미한다. 모든 경계층에서 $\delta^* < \delta$이다.

운동량 두께(momentum thickness) 전단응력으로 인한 표면근처의 운동량 결핍을 정량화한 두께. Newton의 제2법칙에 의하면, 힘은 운동량 변화의 시간변화율이므로 운동량두께(θ)는 벽면 전단응력과 비례한다. 모든 경계층에서 $\theta < \delta^*$이다.

경계층 방정식(boundary layer equation) **경계층** 참조.

계기 압력(gage pressure) 대기압(P_{atm})에 상대적인 **압력**(P). 즉 $P_{gage} = P - P_{atm}$이다. **응력, 압력응력** 참조. 따라서 $P_{gage} > 0$이나 $P_{gage} < 0$은 단순히 대기압 이상 또는 이하를 의미한다.

고체(solid) 전단력이 작용했을 때 일정 한도까지 변형하거나 파괴되는 물체. **유체** 참조.

공기역학(aerodynamics) **유체역학**을 하늘, 땅, 물속에서 움직이는 물체에 적용함. 때로는 물이나 다른 액체 중에서 움직이는 물체(**수역학**)에 대비하여 공기 중을 비행하는 물체로 국한하기도 한다.

공동현상(cavitation) 액체의 압력이 **증기압** 이하로 낮아짐으로 인한 액체 내 증기 기포 발생현상.

과도 기간(transient period) 정상 상태에 이르기까지 유동이 시간에 따라 변하는 기간. 예를 들면, 제트엔진 시동 후 정상(평형)제트 유동이 되기까지의 시동 기간을 들 수 있다.

관성(inertia/inertial) Newton 제2법칙의 가속도항. 또는 이 항과 관련된 효과. 따라서 관성이 큰 유동은 멈추는 데 큰 감속이 필요하다.

관성저층(inertial sublayer) 난류 경계층에서 벽면 부근 **점성저층**과 **완충층** 근처의 심한 난류 영역. **난류응력**이 **점성응력**보다 크다.

구배선(grade lines) 수두를 합한선.

수력구배선(hydraulic grade line) **압력 수두**와 **위치 수두**를 합한선. 수두 참조.

에너지 구배선(energy grade lines) **압력 수두, 속도 수두, 위치 수두**를 합한 선. 수두 참조.

구성 방정식(constitutive equations) **물리 보존 법칙** 내의 물리변수와 예측하고자 하는 방정식 내의 물리 변수들 사이의 경험적 관계. 예를 들면, 온도로 쓰인 에너지 방정식은 열유속 벡터를 포함한다. 경험적으로 대부분의 물질에서 열유속은 온도구배와 비례한다는 사실(Fourier의법칙)을 알고 있다. **유체 입자**에 적용된 **Newton의 법칙**에서 **점성응력 텐서**(응력 참조)는 속도의 함수로 나타나야 한다. 가장 일반적인 점성응력의 구성 관계식은 **뉴턴 유체**에 대한 것이다. **유변학** 참조.

구심가속도(centripetal acceleration) 물질 입자 속도의 방향(벡터) 변화와 관련된 가속도.

궤도(trajectory) **유적선 참조.**

그림자 기법(shadowgraph technique) 유체의 밀도 변화에 따른 빛의 굴절에 기초한 유동 가시화 기법. shadowgraph 영상의 휘도는 밀도의 2차 공간도함수와 대응한다.

극초음속(hypersonic) 음속보다 훨씬 큰 속도(Mach 수 ≫1).

기계적 에너지(mechanical energy) **에너지** 참조.

기본 차원(fundamental dimensions) **차원** 참조.

기압계(barometer) 대기압을 측정하는 장치.

기체역학(gas dynamics) 물리학의 거시적 보존 법칙을 활용한 기체와 증기에 대한 연구 및 해석(**유체 역학/동역학** 참조).

기초 차원(basic dimension) **차원** 참조.

기하학적 상사(geometric similarity) **상사** 참조.

난류 모델(turbulence models) 난류 유동에서 **Reynolds 응력**과 평균 속도장 사이의 구성 모델 관계식으로 평균 속도 방정식을 풀기 위해 필요하다. 간단하고 널리 사용되는 모델은 Reynolds 응력을 뉴턴 유체의 점성응력처럼 평균 변형률에 비례한다고 가정하고, 비례상수를 **난류 점성계수** 또는 **에디 점성계수**라고 한다. 하지만 뉴턴 유체와는 달리 에디 점성계수는 유동자체의 함수이고, 어떻게 유동 변수와 관련시키느냐에 따라 여러 종류의 에디 점성계수 모델이 있다. 한 가지 고전적인 방법은 에디 점성계수를 혼합 길이로 모델링하는 방법이다.

난류 유동(turbulent flow) 불안정하고 무질서한, 비정상이고 넓은 범위 크기의 에디를 포함하는 와류 유동. 난류 유동의 Reynolds 수는 1보다 훨씬 큰 임계값 이상이다. 난류 유동에서는 층류 유동에 비하여 혼합이 촉진되고, 표면 전단응력과 수두손실이 크게 증가한다.

난류응력(turbulent stress) **Reynolds 응력** 참조.

난류점성계수(turbulent viscosity) **난류 모델** 참조.

날개끝 와류(tip vortex) 비행기 날개의 끝에서 양력의 결과로 형성되는 **와류**. **후와류(trailing vortex)**와 동의어. **유도항력** 참조.

내부 에너지(internal energy) **에너지** 참조.

뉴턴 유체(Newtonian fluid) 유체에 **전단응력**이 작용하면 연속하여 변형한다. 뉴턴 유체에서는 변형률이 가해진 응력과 비례하고, 이때 비례상수가 **점성계수**이다. 일반 유동에서 **유체 입**자의 변형률은 **변형률** 텐서로 기술되고, **응력**은 **응력 텐서**로 기술된다. 뉴턴 유체에서 **응력 텐서**는 변형률 텐서에 비례하고, 비례상수가 점성계수이다. 입자나 고분자를 포함하지 않은 대부분의 유체(물, 오일, 가솔린, 공기, 대부분의 기체와 증기)는 뉴턴 유체이다.

단열 과정(adiabatic process) 열전달이 없는 과정.

단위(units) 물리량의 차원을 수치적으로 산정하는 시스템. SI (kg, N, m, s), 영미식(lbm, lbf, ft, s), BGS(slug, lb, ft, s), cgs(g, dyne, cm, s) 단위가 널리 사용된다. **차원** 참조.

닫힌 시스템(closed system) **시스템** 참조.

대류가속도(convective acceleration) **흐름대류가속도**와 동의어. Eulerian 좌표계에서는 **유체 입자**의 가속도를 산정하기 위해 속도의 편미분에 이 값을 더해야 한다. 예를 들면, 정상유동에서 축소부를 지나는 유체 입자는 가속되지만, 시간도함수는 0이다. 유체가속도를 산정하기 위해서(**Newton의 제2 법칙**) 추가되는 대류가속도항은 **대류도함수**라고 한다.

대류도함수(convective derivative) **물질도함수, 대류가속도** 참조.

동력(power) 단위 시간당 **일**.

동압(dynamic pressure) **비압축성 정상 유동**에서 **Bernoulli**

방정식과 유선을 따르는 **에너지 보존 방정식**을 힘/면적 **차원**으로 기술했을 때 나타나는 **운동 에너지**(단위 체적당)항 ($\frac{1}{2}\rho V^2$)이 동압이다.

동역학(dynamics) **정역학**과 비교하여 움직이는 물체에 Newton 제2법칙을 적용한다. **운동학**과 비교하여 Newton의 힘의 평형법칙을 통해 힘과 가속도를 다룬다.

동점성계수(kinematic viscosity) 유체 **점성계수**를 밀도로 나누어 얻은 점성계수.

등분포도(contour plot) 유동장 내의 일정 변수값을 선으로 그리는 방법이다. 예를 들면, **유선**이란 **2차원** 비압축성 정상 유동에서 유동함수값이 같은 선들이다.

레이저 도플러 속도계(laser Doppler velocimetry, LDV) 레이저 도플러 유속계(LDA)라고도 함. 두 레이저 광선을 겹치게 함으로써 형성되는 목표 체적을 작은 입자가 통과할 때 얻어지는 도플러 편이를 근거로 한 유속 측정 장치. **열선**이나 **열필름 유속계**와는 달리, 그러나 **입자 영상 속도계**(PIV)와는 유사하게, 유동 간섭이 없다.

마찰(friction/frictional) **뉴턴 유체**, **점성계수**, **점성력** 참조.

마찰계수(friction factor) **차원해석**과 **운동량 보존**으로부터 파이프 압력 강하의 마찰 손실 부분을 동압($\frac{1}{2}\rho V_{ave}{}^2$)으로 무차원화하면 길이와 직경의 비($L/D$)에 비례함을 알 수 있다. 이때 비례상수 f를 마찰계수라고 한다. 마찰계수는 실험식에서 실험(난류)이나 이론(층류)으로 구하고, 실험식이나 **Moody 선도**에서는 Reynolds 수와 무차원 조도의 함수로 표현된다. 운동량 방정식을 사용하여 마찰계수가 무차원 벽면 전단응력(**표면마찰**)과 비례함을 보일 수 있다.

마찰이 없는 유동(frictionless flow) 때로는 마찰항이 없는 운동량이나 에너지 방정식을 사용하여 유체 유동을 다룬다. 마찰이 없다는 것은 **점성력**(**Newton 제2법칙**)이나 **점성소산**(**열역학 제1법칙**)이 없다는 것이다. 하지만 실제 유동은 점성력, 소산, 수두손실이 있고, 따라서 마찰의 영향이 집중되는 영역을 찾아내야 한다. 또한 예측 모델 개발 시는 점성 영역이 미치는 영향을 고려하여 단순화에 따른 오차를 산정해야 한다. 높은 **Reynolds 수**에서 **경계층**, **후류**, **제트**, **전단층**, **와류** 주위 영역 등이 마찰 영역에 포함된다.

무차원화(nondimensionalization) 차원이 있는 변수를 동일 차원을 가진 **척도 매개변수**(한 개의 변수 또는 변수들의 조합)로 나누어 무차원화하는 과정. 예를 들면, 움직이는 공에 작용하는 표면 압력은 ρV^2(ρ: 밀도, V: 자유흐름 속도)으로 나누어 무차원화할 수 있다. **정규화** 참조.

물질 위치 벡터(material position vector) **물질 입자**의 위치를 시간의 함수로 정의하는 벡터[$x_{particle}(t)$, $y_{particle}(t)$, $z_{particle}(t)$]. 따라서 유체 유동의 물질 위치 벡터는 시간에 따른 **유체 입자**의 궤적을 정의한다.

물질가속도(material acceleration) 임의의 위치(x, y, z)와 시간 (t)에서 **유체 입자**의 가속도. 유체 속도의 **물질도함수** $D\vec{V}(x, y, z, t)/Dt$로 주어짐.

물질도함수(material derivative) **전**(total) **도함수**, **실질**(substantial) **도함수**, **입자**(particle) **도함수**와 동의어. **유체 입자**와 같이 움직이는 유체변수(온도, 속도 등)의 시간변화율을 의미한다. 예를 들면, 임의의 위치(x, y, z)와 시간 (t)에서 온도의 물질도함수는 그 위치와 그 시간에서 움직이는 입자에 부착된 온도의 시간도함수이다. **Lagrange 좌표계**(움직이는 입자에 부착된 좌표계)에서 입자온도 $T_{particle}$은 시간만의 함수이므로 시간도함수는 **물질도함수** $dT_{particle}(t)/dt$가된다. Euler 좌표계에서는 온도장 $T(x, y, z, t)$가 위치 (x, y, z)와 시간 t에 관련되므로 물질도함수는 시간에 대한 편미분항과 **대류도함수**를 포함한다. $dT_{particle}/dt = DT(x, y, z, t)/Dt = \partial T/\partial t + \vec{V} \cdot \vec{\nabla} T$. **장**(**field**) 참조

물질 입자(material particle) 항상 동일한 원자와 분자를 포함하는 미소 입자 또는 요소. 따라서 물질 입자의 질량 δ_m은 일정하다. 유체 유동에서는 유체 입자와 동의어이다.

뭉툭한 물체(bluff or blunt body) 뭉툭한 후방을 가진 움직이는 물체. 뭉툭한 물체 후방에는 큰 **유동 박리**로 인한 **후류**가 형성된다.

미분해석(differential analysis) 유동장 내의 한 점에서 해석함(**검사체적**과 반대개념).

미소 체적/면적/길이(differential volume/area/length) 체적/면적/길이가 한 점으로 모아지는 한계 체적 δV, 면적 δA, 길이 δx.도함수는 종종 이러한 극한에서 구한다(δ 대신 Δ 또는 d가 사용되기도 함).

변형량(strain) **변형률** 참조.

변형률(strain rate) **변형의 시간당 변화율**(deformation rate)이라고도 함. **유체 입자**가 주어진 위치와 시간에서 변형(형상의 변화)하는 비율이다. **3차원** 유체 입자의 형상 변화를 모

두 기술하기 위해서는 3×3 대칭행렬로 나타나는 6개의 독립 성분의 변형률 텐서가 필요하다. 변형량이란 변형률을 시간 적분한 값으로, 유체입자의 일정 시간 동안의 변형을 의미한다. 응력 참조.

신장변형률(extensional strain rate) 좌표계의 한 방향으로 **유체 입자**가 신장되거나 압축되는 것을 나타내는 변형률. 이들은 변형률 텐서의 세 대각선 요소들이다. 신장 변형의 정의는 좌표축의 선정에 따라 달라진다. **선형변형률**이라고도 한다.

전단변형률(shear strain rate) 전단력의 작용으로 상호 직교하는 평면 사이의 각의 변화로 나타나는 **유체 입자**의 변형을 기술하는 변형률. 이들은 변형률 텐서의 비 대각선 요소들이다. 전단변형량의 정의는 좌표축의 선정에 따라 달라진다.

체적변형률(volumetric strain rate) 단위 체적당 **유체 입자** 체적의 변화율. 체적변형률(bulk strain rate), 체적 팽창률(rate of volumetric dilatation)이라고도 한다.

변형의 시간당 변화율(deformation rate) **변형률**(strain rate) 참조.

보존 법칙(conservation laws) 모든 공학 해석이 기초한 법칙으로 질량, 운동량, 에너지, 엔트로피와 같은 물질 상태량은 힘, 일, **열전달**과 같은 물리적 상태량과 평형을 맞추어 변화해야 한다는 법칙이다. 이 법칙은 경계 조건, 초기 조건, 구성 관계식과 함께 수학적 형태로 기술된다.

에너지 보존 법칙(conservation of energy principle) **열역학 제1법칙**으로 일정한 질량(**시스템**) 내 총 **에너지**의 시간변화율은 질량에 행해진 일과 질량으로 전달된 **열에너지**와 평형을 이룬다는 물리 기본 법칙이다. 주 시스템 질량, 운동량, 유체질량의 에너지의 시간도함수는 **Reynolds 수송정리**를 사용하여 **검사체적** 내의 값들로 변환할 수 있다.

운동량 보존 법칙(conservation of momentum) **Newton의 제2운동 법칙**으로, 일정한 질량(시스템)의 운동량의 시간변화율은 질량에 작용하는 모든 힘의 합과 평형을 이룬다는 물리 기본 법칙이다.

질량 보존 법칙(conservation of mass principle) 같은 원자와 분자를 포함하는 체적(**시스템**) 내의 질량은 항상 일정하다는 물리 기본 법칙. 따라서 시스템의 질량의 시간 변화율은 0이다. Einstein의 상대성 법칙에 의하면 질량과 에너지는 교환이 가능하므로 물질의 속도가 광속에 접근하면 이 법칙은 수정되어야 한다.

부력(buoyant force) 유체 중에 잠겨 있는 또는 부분적으로 잠겨 있는 물체에 작용하는 순수 상향 정수압력 힘.

부차적 손실(minor losses) **손실** 참조.

분포도 (profile plot) 유체 상태량(온도, 압력, 변형률 등)의 공간변화에 대한 그래프 표현. 분포도는 **장**(field)의 일부분에서 상태량 변화를 정의한다. 예를 들면, 온도 분포는 온도장 내의 한 직선을 따른 온도 변화를 정의한다.

속도 분포(velocity profile) 유동 내 속도성분 또는 벡터의 공간적 변화. 예를 들면, 파이프 유동에서 속도 분포는 파이프 단면에서 반경방향으로 축방향 속도 변화를 정의한다. 또한 **경계층** 속도 분포는 표면에 수직으로 축방향 속도 변화를 정의한다. 속도 분포는 속도장의 일부분이다.

비뉴턴 유체(non-Newtonian fluid) 비뉴턴 유체는 응력에 비선형적으로 변형하는 유체이다. **변형률** 증가에 따라 **점성계수**가 감소하는 전단희박(shear thinning), **변형률** 증가에 따라 **점성계수**가 증가하는 전단농후(shear thickening), 전단력이 제거되었을 때 유체 입자가 예전 상태로 복귀하는 점탄성 유체로 구분된다. 고분자가 포함된 혼합물은 대체로 비뉴턴 유체이다. **뉴턴 유체, 점성계수** 참조.

비압축성 유동(incompressible flow) 밀도 변화가 무시할 정도로 작은 유체유동. 유체가 비압축성이거나(액체) Mach 수가 작을 때(Ma≤0.3) 비압축성이 된다.

비점성 유동(inviscid flow) 다른 힘(대표적으로 압력 힘)에 비해 점성력이 현저히 작아 **Newton의 제2법칙**에서 점성력을 무시할 수 있는 유동(점성 유동과 비교하라). 비점성 유동이 꼭 **비회전유동**일 필요는 없다. **마찰 없는 유동** 참조.

비정상 유동(unsteady flow) 주어진 위치에서 적어도 하나의 유동 변수가 시간에 따라 변하는 유동. 따라서 적어도 유동 내 한 점의 시간 편미분값은 0이 아니다.

비중(specific gravity) 4 ℃, 대기압의 물의 밀도(1 g/cm^3 또는 1000 kg/m^3)로 무차원화된 유체 밀도. 따라서 비중 SG$=\rho/\rho_{\text{water}}$이다.

비중량(specific weight) 단위체적당 유체무게. 즉, 유체 밀도와 중력가속도의 곱이다(비중량 $\gamma=\rho g$).

비회전 유동(irrotational flow) 와도(**유체 입자**의 회전)를 무시할 수 있는 유동. 포텐셜 유동이라고도 함. 비회전 유동은

비점성이다.

상사(similarity) 일정 조건이 부합할 때 하나의 유동과 다른 유동을 정량적으로 관련시키는 법칙. 예를 들면, **운동학적** 또는 **역학적 상사** 이전에 **기하학적 상사**가 만족되어야 한다. 두 유동간의 관계는 차원해석과 데이터(실험 또는 이론, 수치해석)로부터 얻어진다.

기하학적 상사(geometric similarity) 크기가 다른 두 물체의 기하학적 형상이 같다면(즉, 한 물체의 모든 치수가 다른 물체의 치수와 일정비를 이룬다면) 두 물체는 기하학적으로 상사이다.

역학적 상사(dynamic similarity) **기하학적, 운동학적으로 상사**인 두 물체 주위 유동의 각 점에 작용하는 힘(압력, 점성응력, 중력 등)의 비가 같다면 유동은 **역학적으로 상사**이다.

운동학적 상사(kinematic similarity) **기하학적으로 상사**인두 물체 주위 유동의 속도비가 모두 같다면 유동은 **운동학적으로 상사**이다.

선형변형률(linear strain rate) **신장변형률**과 동의어. **변형률** 참조. 속도(velocity) 물질 입자의 위치와 운동방향의 변화율을 나타내는 벡터.

속도 분포(velocity profile) **분포도** 참조.

속도장(velocity field) **장**(field) 참조.

손실(losses) 파이프 유동의 마찰 **수두 손실**은 관로의 완전발달유동에 의한 **주손실**과 다른 부분에서의 **부차적 손실**로 구성된다. 부차적 손실부에는 **입구 길이**, 파이프 연결부, 벤드, 밸브 등이 있다. 부차적 손실이 주 손실보다 큰 경우도 드물지 않다.

수두(head) 유체의 등가높이로 표현된 압력, 운동 에너지 등의 양. 하나의 입구와 출구를 가진 중심 **유선** 주위의 **검사체적**에 대한 **정상 유동**의 **에너지 보존** 법칙의 각 항은 길이의 **차원**으로 기술될 수 있다. 이 항들을 수두라고 한다.

속도 수두(velocity head) 수두 형태 **에너지 방정식**에서 **운동 에너**지를 나타내는 항($V^2/2g$).

수두 손실(head loss) 수두 형태 **에너지 방정식**(수두 참조) 중 마찰손실과 기타 비가역성을 나타내는 항. 유선에 대한 에너지방정식에서 이 항을 무시하면 **Bernoulli 방정식**이 된다.

압력 수두(pressure head) 수두 형태 **에너지 방정식** 중 압력을 나타내는 항($P/\rho g$).

위치 수두(elevation head) 수두 형태 **에너지 방정식** 중 정해진 z축에 대해 중력가속도 벡터와 반대방향으로의 거리를 나타내는 항.

수력구배선(hydraulic grade line) **구배선** 참조.

수리학(hydraulics) 파이프, 덕트, 개수로 내 액체나 증기의 **수역학**. 예를 들면, 물 배관 시스템이나 환기 시스템 등이 있다.

수역학(hydrodynamics) 물리학의 거시 보존 법칙을 활용한 액체에 대한 연구 및 해석(**유체역학/동역학** 참조). 때로 **비압축성** 증기나 기체 유동에도 사용된다. 하지만 공기의 경우 **공기역학**을 주로 사용한다.

수직응력(normal stress) **응력** 참조.

시간선(time line) 측정 시간 전에 주입된 염료나 연기가 측정 시간까지 형성한 곡선으로 **속도 분포** 가시화에 종종 활용됨. **유맥선**, **유적선**, **유선**과는 크게 다름.

시스템(system) 일반적으로 **닫힌 시스템**(closed system)을 의미함.

닫힌 시스템(closed system) 동일한 **유체 입자**를 포함하는 해석을 위한 체적. 따라서 체적을 통한 유체 유출입은 없고 유동과 함께 이동한다. 고체 입자 해석에는 주로 **닫힌 시스템**이 사용된다(자유물체라고도 함).

열린 시스템(open system) 체적의 표면을 통해 유체의 유출입이 가능한 해석용 체적. **검사체적**이라고도 한다.

신장변형률(extensional strain rate) **변형률** 참조.

실속(stall) 날개의 **영각**이 임계값을 넘어 양력이 급격히 감소하고 항력이 증가하는 현상. 실속이 발생한 항공기는 급히 떨어지고, 따라서 선단을 아래로 향하게 하여 경계층 유동을 재형성시켜 양력을 증가시키고 항력을 감소시켜야 한다.

아음속(subsonic) 음속보다 작은 속도(Mach 수 $<$ 1).

안정성(stability) 물질 입자나 물체(유체, 고체)가 원래 위치에서 조금 이동되었을 때 벗어나거나 돌아오려는 경향을 설명하는 용어.

불안정(unstable) **안정성** 참조. 입자나 물체가 조금 이동되었을 때 원래 위치에서 계속 멀어진다.

안정(stable) **안정성** 참조. 입자나 물체가 조금 이동되었을 때 원래 위치로 돌아온다.

중립적 안정(neutrally stable) **안정성** 참조. 입자나 물체

가 조금 이동되었을 때 이동된 위치에 그대로 있다.

압력(pressure) **응력** 참조.

압력 일(pressure work) **유동** 일 참조.

압력 힘(pressure force) 유동 내 압력 구배에 의해 **유체 입자**에 작용하는 힘. 응력, **압력 응력** 참조.

압력중심(center of pressure) 표면에 분포된 압력의 유효 작용점. 이 점을 중심으로 압력과 반작용 힘(압력의 합과 같음)에 의한 모멘트의 합은 0이 되어야 한다.

압축성(compressibility) 압력 또는 온도가 변화했을 때 **유체 입자**의 체적이 변화하는 정도.

압축성 계수(coefficient of compressibility) **유체 입자**의 체적 변화에 따른 압력변화의 비. 이 계수는 압력 변화에 따른 압축성을 정량화한 계수이며, 높은 Mach 수에서 중요하다.

체적 탄성계수(bulk modulus of elasticity) **압축성 계수**와 동의어.

체적 팽창계수(coefficient of volume expansion) **유체 입자**의 온도변화에 따른 밀도변화의 비. 이 계수는 온도변화에 따른 압축성을 정량화한 계수이다.

압축성계수(coefficient of compressibility) **압축성** 참조.

액주계(manometer) 액체에서 정수압 원리에 의해 압력을 측정하는 장치.

양력(lift force) 물체의 운동에 수직한 공기역학적 힘.

양력계수(lift coefficient) 에어포일이나 날개에 작용하는 양력을 자유흐름 유동의 동압과 물체의 평면도면적을 곱한 값으로 무차원화한 계수.

$$C_D = \frac{F_D}{\frac{1}{2}\rho V^2 A}$$

주) 높은 Reynolds 수에서(Re $\gg$ 1), C_L은 정규화된 변수인 반면, Re $\ll$ 1에서는 C_L은 무차원이지만 정규화되지는 않았다 (**정규화** 참조). **항력계수** 참조.

에너지 구배선(energy grade line) **구배선** 참조.

에너지(energy) 열역학 제1법칙에서 정의되는 물질의 상태로서 거시적 관점에서는 일을 통해, 미시적 관점에서는 열 에너지를 통해 상태가 바뀐다.

기계적 에너지(mechanical energy) 열 에너지를 제외한 에너지. 예를 들면, 운동 에너지 및 위치 에너지.

내부 에너지(internal energy) 물질 내의 원자나 분자, 분자나 원자를 구성하는 미립자들의 미시적 운동과 구조에 의한 에너지.

열 에너지(thermal energy) 분자나 원자의 미시적 운동과 관련된 내부 에너지. 단상 시스템에서 이 에너지는 온도로 나타난다.

열(전달)(heat (transfer)) 열(heat)과 **열 에너**지(thermal energy)는 동의어임. 열전달이란 한 위치에서 다른 위치로의 열 에너지 전달을 의미함.

운동 에너지(kinetic energy) 물질의 속력에 의한 거시적 (또는 기계적) 에너지.

위치 에너지(potential energy) 중력 방향과 상대적인 물질의 거시적 이동에 의해 변화하는 기계적 에너지.

유동 에너지(flow energy) **유동 일**과 동의어. **유체**에 작용하는 **압력**에 의한 일.

일 에너지(work energy) 힘에 의한 물체의 이동과 관련된 에너지.

총 에너지(total energy) 모든 형태의 에너지의 총합. 운동, 위치, 내부 에너지의 합이다. 또는 기계적 에너지와 열 에너지의 합으로 생각할 수 있다.

에디 점성계수(eddy viscosity) **난류 모델** 참조.

역학(mechanics) 물리학의 거시적 보존 법칙(질량, 운동량, 에너지, 제2법칙)을 활용한 물질에 대한 연구 및 해석.

역학적 상사(dynamic similarity) **상사** 참조.

역학적 점성계수(dynamic viscosity) **점성계수** 참조.

연속 방정식(continuity equation) 질량 보존을 유동중인 **유체입자**에 적용해 얻은 수학 방정식.

연속체(continuum) 물질을 연속적인(구멍이 없는) **미소 체적요소**의 분포로 생각한다. 각 체적요소는 충분히 많은 양의 분자들을 가져야 하며, 따라서 개별 분자를 고려할 필요 없이 분자들의 거시 효과를 모델링할 수 있어야 한다.

열(heat) **에너지** 참조.

열린 시스템(open system) **검사체적**과 동의어.

열선 유속계(hot-wire anemometer) 열선 주위 유동, 와이어 온도, 열선에 공급되는 전류 사이의 관계를 이용하여 국소 기체 속도를 측정하는 장치. **열필름 유속계** 참조.

열 에너지(thermal energy) **에너지** 참조.

열역학 제1법칙(first law of thermodynamics) **보존 법칙**, **에너지보존** 참조.

열필름 유속계(hot-film anemometer) **열선 유속계**와 유사함. 단지 와이어 대신 금속막을 사용함. 주로 액체에 사용됨. 열필름 프로브의 측정부는 열선 프로브보다 크고 단단함.

영각(angle of attack) 자유흐름 속도 벡터와 에어포일 또는 날개가 이루는 각도.

영미 시스템(English system) **단위** 참조.

와도(vorticity) **유체 입자**의 회전율 또는 각속도의 두 배 [rad/s의 단위이며, 속도 벡터의 컬(curl)로 주어지는 벡터]. **회전율** 참조.

와류(vortex) 축을 중심으로 회전하는 튜브형 코어 내 와도(**유체입자**의 회전)가 집중된 유동 구조. 예를 들면, 태풍이나 목욕통 와류 등이 있다. 난류 유동은 다양한 크기와 강도, 방향을 가진 작은 와류들로 가득 차 있다.

와류 유동(vortical flow) **회전 유동**과 동의어로, **와도**가 현저히 큰 유동장을 말한다.

완전발달(fully developed) 유동이 지정된 방향으로 속도장이 변하지 않는 영역을 의미한다. 파이프나 덕트 유동이 완전 발달되면 축방향(x 방향)으로 속도장이 일정하고, 따라서 x방향 속도 도함수는 0이 된다. 온도장의 경우는 열적 완전발달 영역이 존재한다. 하지만 속도 분포의 크기와 형상이 x방향으로 일정한 유체역학적 완전발달 영역과는 달리, 열적 완전발달 영역에서는 온도 분포의 형상만이 x방향으로 일정하다. **입구 길이** 참조.

완전 유체(perfect fluid) **이상 유체**라고도 함. 마찰 없이 흐르는 가상 유체로, 실제로는 존재할 수 없음.

완충층(buffer layer) **점성저층**과 **관성저층** 사이의 난류 경계층. **점성응력**이 지배적인 점성저층과 **난류응력**이 지배적인 관성층 사이의 천이 영역이다.

운동량 유속 보정계수(momentum flux correction factor) 검사체적 형태의 **운동량 보존 방정식** 중 운동량 유속을 면적 적분하는 과정에서 도입된 보정계수.

운동량(momentum) 물질 입자(또는 유체 입자)의 운동량은 물질입자의 질량과 속도의 곱이다. 물질 입자의 거시적 체적 운동량은 단위 체적당 운동량을 전 체적에 적분한 값이고, 단위 체적당 운동량은 물질 입자의 밀도와 속도를 곱한 값이다. 운동량은 벡터이다.

운동 에너지 보정계수(kinetic energy correction factor) **검사체적**을 사용하여 **에너지 보존** 방정식을 관 내 유동에 적용하면 운동 에너지 유속을 적분할 필요가 있다. 그 적분은 평균 속도 V_{avg}에 근거한 운동 에너지와 비례한다고 가정된다. 이때 나타나는 오차를 고려하여 운동 에너지 보정계수가 사용된다. 보정계수 α는 **속도 분포** 형상에 따라 달라지는데, 층류 유동(**Poiseuille 유동**)의 경우 가장 크고, 높은 **Reynolds 수 난류** 파이프 유동에서는 1에 가깝게 된다.

운동 에너지(kinetic energy) **에너지** 참조.

운동학(kinematics) 유체 유동 **운동학**에서는 Newton 제2법칙을 직접 사용하지 않고 질량 보존과 유동과 변형의 관계에 기초하여 방정식을 유도한다.

운동학적 상사(kinematic similarity) **상사** 참조.

위치 에너지(potential energy) **에너지** 참조.

유관(stream tube) 유선의 집합체. 원형 도입부에서 출발한 수많은 유선이 이루는 관 형상의 표면으로 생각할 수 있다.

유도차원(derived dimensions) **차원** 참조.

유도항력(induced drag) **항력** 참조.

유동 박리(flow separation) 유동 방향으로의 역압력구배(압력이 증가함)에 의해 **경계층**이 표면으로부터 박리되는 현상. 자동차 후면이나 뭉툭한 물체와 같이 표면의 곡률이 큰 경우에 발생한다.

유동 일(flow work) 유동에 미치는 압력 힘과 관련된 일. **에너지, 유동 에너지** 참조.

유동함수(stream function) 2차원 정상 비압축성 유동의 두 속도 성분은 하나의 2차원 함수 ψ로 정의될 수 있는데, 이 함수는 질량 보존(연속 방정식)을 자동적으로 만족하고, 두 속도장의 해를 하나의 유동함수의 해로 바꾼다. 두 속도 성분은 유동함수의 공간도함수로 정의되고, 유동함수의 **등분포도**는 **유선**으로 정의된다.

유맥선(streakline) 유동가시화에 사용되는 용어로, 유동 중 한 점에서 염료나 연기를 주입함으로써 얻어지는 곡선이다. 정상 유동의 경우 **유선**, **유적선**, **유맥선**은 일치한다. 하지만 비정상 유동에서는 세 곡선이 서로 다르다.

유변학(rheology) 표면력 또는 **응력**에 대한 유체의 변형에 대한 연구 또는 수학적 표현. 응력과 변형률의 수학적 관계는 **구성 방정식**이라고 한다. **응력**과 **변형률**에 대한 Newton 관계식은 유변학적 구성 방정식의 가장 간단한 예이다. **뉴턴 유체**, **비뉴턴 유체** 참조.

유선(streamline) 속도장의 속도 벡터에 접하는 곡선. 따라서 유선은 각 점의 유체 운동 방향을 지시한다. **정상 유동**에서 유선은 시간에 따라 변하지 않고, **유체 입자**는 유선을 따라 움직인다. **비정상 유동**에서 유선은 시간에 따라 변하고, **유체 입자**는 유선을 따라 움직이지 않는다. **유적선**과 대비된다.

유적선(pathline) 일정 시간 동안 **유체 입자**의 이동궤적을 그린 곡선. 수학적으로 일정 시간 동안 **물질 위치 벡터**[$x_{particle}(t)$, $y_{particle}(t)$, $z_{particle}(t)$]가 지나간 곡선이다. 따라서 각 유체 입자는 고유한 유적선을 가지고 있다. 정상 유동에서는 유체 입자가 유선을 따라 흐르고, 따라서 유적선과 유선은 일치한다. 하지만 비정상 유동에서는 유선과 유적선은 큰 차이가 있다. **유선**과 대비된다.

유체 역학/동역학(fluid mechanics/dynamics) 물리학의 거시적 보존 법칙, 즉 질량, 운동량(Newton의 제2법칙), 에너지(열역학 제1법칙) 보존과 열역학 제2법칙을 사용한 유체에 대한 연구 및 해석.

유체(fluid) 전단력이 작용했을 때 연속적으로 변형하는 물질. 반면에 고체에 전단력이 작용하면 어떤 위치까지 변형하고는 멈춘다. 따라서 고체 변형은 변형량(strain)을 사용하여 해석하지만, 유체유동의 경우는 변형률(strain rate)을 사용한다. **변형률** 참조.

유체역학적 완전발달(hydrodynamically fully developed) **완전발달** 참조.

유체역학적 입구 길이(hydrodynamic entry length) **입구 길이** 참조.

유체 입자/요소(fluid particle/element) 유체 유동에 포함된 항상 같은 원자나 분자를 가지는 미소 입자 또는 요소. 따라서 유체입자는 일정한 질량 δm을 가지며, 국소 유동 속도 V, 가속도 $\vec{a}_{particle} = D\vec{V}/Dt$, 궤적[$x_{particle}(t)$, $y_{particle}(t)$, $z_{particle}(t)$]을 가지는 유동과 같이 운동한다. 물질도함수, 물질 입자, 물질 위치 벡터와 유적선 참조.

음속(sonic) 소리의 속도(Mach 수 =1).

응력(stress) 미소 면적요소에 작용하는 힘 dF_i를 미소면적 dA_j(극한에서 $dA_j \to 0$)로 나눈 값(i, j는 좌표 x, y 또는 z를 의미함). 따라서 응력 $\sigma_{ij} = dF_i/dA_j$는 j 표면에 i 방향으로 작용하는 단위 면적당 힘이다. 응력을 주어진 면적에 적분하면 표면력을 얻는다. 수학적으로 3×3 대칭 행렬로 기술되는 6개 독립 성분의 대칭 응력 텐서가 존재한다.

난류응력(turbulent stress) **Reynolds 응력** 참조.

수직응력(normal stress) 면적에 수직으로 작용하는 응력(단위 면적당 힘). 따라서 σ_{xx}, σ_{yy}, σ_{zz}는 수직응력이다. 수직응력은 응력 텐서의 대각선 요소이다.

압력응력(pressure stress) 정지 중 유체에 작용하는 응력은 수직응력으로 표면 안쪽으로 작용한다. 주어진 점에 작용하는 세 수직응력은 크기가 같고, 그 크기를 압력이라고 한다. 즉, 정지 중 유체에서 $\sigma_{xx} = \sigma_{yy} = \sigma_{zz} = -P$이다. 움직이는 유체에는 압력 외에 **점성응력**이 작용한다. 표면에 작용하는 압력 힘은 압력응력을 표면에 적분하여 구한다. 또한 **유체 입자**에 작용하는 단위 체적당 압력 힘은 그 위치에서의 압력구배에 음수를 취한 값이다.

전단응력(shear stress) 면적의 접선 방향으로 작용하는 응력 (단위 면적당 힘). 따라서 σ_{xy}, σ_{yx}, σ_{xz}, σ_{zx}, σ_{yz}, σ_{zy}는 전단응력이다. 표면에 작용하는 전단력은 전단응력을 면적에 적분하여 구한다. 전단응력은 **응력 텐서**의 비대각선성분이다.

점성응력(viscous stress) 유동에서는 정수압 응력에 추가하여 응력이 생성된다. 이 추가 응력은 마찰에 의한 유체 변형에 의해 유발되므로 점성응력이라고 한다. 예를 들면, $\sigma_{xx} = -P + \tau_{xx}$, $\sigma_{yy} = -P + \tau_{yy}$, $\sigma_{zz} = -P + \tau_{zz}$이고, 여기서 τ_{xx}, τ_{yy}, τ_{zz}는 점성 수직응력이다. 모든 전단응력은 유동 마찰에 의해 생성되고, 따라서 점성응력이다. 표면에 작용하는 점성력은 점성응력을 면적에 대해 적분하여구한다. **유체 입자**에 작용하는 단위 체적당 점성력은 그 위치에서의 점성응력 텐서의 발산(divergence)과 같다.

Reynolds **응력**(Reynolds stress) **Reynolds 응력** 참조.

응력 텐서(stress tensor) **응력** 참조.

이상기체(ideal gas) 낮은 밀도와 고온에서 (a) 밀도, 압력, 온도가 $P = \rho RT$의 이상기체 방정식을 따르고, (b) 비내부 에너지와 엔탈피가 온도만의 함수인 기체.

이상 유체(ideal fluid) **완전 유체** 참조.

일(work) **에너지** 참조.

입구 길이(entry length) 파이프나 덕트 유동에서 유동방향으로 경계층이 성장하고, 따라서 축방향 도함수가 0이 아닌 영역의 길이. **유체역학적 입구 길이**는 속도 경계층의 성장과 관련이 있고, **열적 입구 길이**는 온도 경계층의 성장과 관련이 있다.

입자도함수(particle derivative) **물질도함수** 참조.

입자 영상 속도계(particle image velocimetry, PIV) 펄스 레이저를 이용한 유속계. 짧은 시간 동안의 작은 입자 운동을 추적하여 국부 유속을 측정하는 기술. **열선, 열필름 유속계**와 다르지만, 레이저 도플러 속도계와는 유사하게 유동 간섭이 없음.

자연 유동(natural flow) **강제 유동**과 대비됨.

장(field) Euler 좌표계(x, y, z)의 함수로 표현된 유동 변수. 예를 들면, **속도**와 **가속도장**은 규정된 시간 t에서 **Euler 기술 방법**에 따라 위치(x, y, z)의 함수로 기술된 유체의 속도와 가속도 벡터 $\vec{V}$, $\vec{a}$)를 말한다.

유동장(flow field) 유동 변수의 장. 일반적으로 속도장을 의미하지만, 유동의 모든 변수에 적용된다.

전 도함수(total derivative) **물질도함수** 참조.

전단(shear) 속도 성분에 수직한 방향으로의 속도 성분의 구배(도함수).

전단력(shear force) **응력**, **전단응력** 참조.

전단변형량(shear strain) **변형률** 참조.

전단율(shear rate) 속도에 수직방향으로의 유동방향 속도구배. 만일 유동방향 속도 u가 y방향으로 변한다면 전단율은 du/dy이다. **전단 유동**의 경우 전단율은 **전단변형률**의 두 배이다. **변형률** 참조.

전단응력(shear stress) **응력**, **전단응력** 참조.

전단층(shear layer) 유동방향 속도 성분의 구배가 큰 준2차원 유동 영역. 전단층은 **점성**과 **와류**가 강하다.

전단농후 유체(shear thickening fluid) **비뉴턴 유체** 참조.

전단희박 유체(shear thinning fluid) **비뉴턴 유체** 참조.

전산유체역학(computational fluid dynamics, CFD) 수학적으로 이산화된 운동 방정식, 경계 조건, 초기 조건을 적용하여 유동장 내의 유동 변수를 이산화된 격자[또는 메시(mesh)]에 대해 정량적으로 계산하는 분야.

절대 압력(absolute pressure) **응력**, **압력응력** 참조. **계기 압력**과 대비됨.

절대 점성계수(absolute viscosity) **점성계수** 참조.

점성(마찰)력(viscous or frictional force) **유체 입자**에 점성(마찰) 응력의 공간 구배로 인해 작용하는 힘. 표면의 점성력은 점성응력을 표면에 대해 적분하여 구한다. **응력**, **점성 응력** 참조.

점성계수(viscosity) **뉴턴 유체** 참조. 점성계수는 **유체 입자**에 작용하는 전단응력과 변형률의 비를 산정하는 유체 상태량이다. 따라서 응력/변형률, Ft/L^2 m/Lt의 차원을 가진다. 전단응력이 작용했을 때 유체가 변형에 저항하는 정도를 나타낸다. (**마찰저항** 또는 **마찰**) 점성계수는 유체의 측정된 상태량으로, 온도의 함수이다. 뉴턴 유체의 경우 점성계수는 응력과 변형률에 무관하다. **비뉴턴 유체**의 경우 점성계수는 변형률에 따라 변한다. **절대 점성계수**, **역학적 점성계수**와 **점성계수**는 동의어이다. **동점성계수** 참조.

점성 유동(viscous flow) **점성력**이 다른 힘(특히 압력힘)에 비해 현저히 큰 유동으로, 비점성 유동과 대비된다.

점성 응력텐서(viscous stress tensor) **응력** 참조. **편차응력 텐서**라고도 한다.

점성저층(viscous sublayer) 표면 근처 **점성응력**이 최대인 난류 경계층. 이 층의 벽면 속도구배는 매우 크다. **관성층**, **완충층** 참조.

점착 조건(no-slip condition) 유체와 고체 표면에서 유체와 표면의 속도는 같다는 조건. **표면**이 정지하고 있다면 표면에서의 유속은 0이 된다.

점탄성 유체(viscoelastic fluid) **비뉴턴 유체** 참조.

정규화(normalization) 무차원화된 변수의 최댓값 차수가 1(대략 0.5에서 2 사이)이 되도록 척도 **매개변수**를 선정하여 수행한 무차원화. 정규화는 **무차원화**보다 더욱 제한적이고 수행하기가 쉽지 않다. 예를 들면, **무차원화**에서 논의된 $P/(\rho V^2)$은 Re≫1인 날고 있는 야구공에서는 정규화된 압력이고, Re≪1인 꿀속에서 천천히 낙하하는 작은 유리알에서는 단지 표면 압력을 무차원화한 값일 뿐이다.

정상 유동(steady flow) 모든 유체 변수(속도, 압력, 밀도, 온도 등)가 시간에 따라 변하지 않는 유동(하지만 일반적으로 위치에 따라서는 변함). 따라서 정상 유동의 경우 모든 시간 편미분은 0이 된다. 엄밀하게 정상 상태는 아니지만 시간에 따른 변화가 느려 시간도함수를 무시해도 별다른 오차가 없는 유동을 **준정상**(quasi-steady) 유동이라고 한다.

정수압(hydrostatic pressure) 유동이 없이 중력의 영향으로 인한 유체 내 **압력** 성분. 정수압 방정식과 **Bernoulli 방정식**에 나타난다. **동압** 및 **정압** 참조.

정압(static pressure) **Bernoulli 방정식**에 사용되는 **동압**과 구별되는 **압력**.

정역학(statics) 특정 좌표계에서 정지하고 있는 물체에 대한 역학적 연구와 해석.

정체점(stagnation point) 유체 유동에서 속도가 0이 되는 점. 예를 들면, 움직이는 물체 선단과 만나는 **유선상**의 점은 정체점이다.

제트(jet) 튜브나 오리피스로부터 방출되는 마찰이 지배적인 영역으로, 높은 **전단력**이라는 특징이 있다. 중심에서 최대 속도이고, 변에서 최소 속도이다. 제트에서는 **마찰력**, **점성응**

력, **와도**가 현저하다.

종량적 상태량(extensive property) 총 체적이나 총 질량에 따라 변하는 유체 상태량(예를 들면, 총 내부에너지). **강성적 상태량** 참조.

주손실(major losses) **손실** 참조.

주차원(primary dimension) **차원** 참조.

주기적(periodic) 정상 평균값을 중심으로 진동하는 비정상 유동.

준정상 유동(quasi-steady flow) **정상 유동** 참조.

증기압(vapor pressure) 주어진 온도에서 증기 상태로 되는 압력. 공동현상, **포화 압력** 참조.

차원(dimensions) 물리량에 대한 규정. 단위 참조.

기본(주, 기초) 차원[fundamental (primary, basic) dimensions] 질량(m), 길이(L), 시간(t), 온도(T), 전류(I), 빛의 양(C), 물질의 양(N)이 있음. 힘의 차원은 Newton 법칙 $F=mL/t^2$으로부터 구해진다(따라서 질량 m을 Ft^2/L로 교체함으로써 힘을 기본 차원으로 사용할 수 있다).

유도(또는 2차) 차원(derived or secondary dimensions) 기본차원의 조합. 유도 차원의 예로는 속도(L/t), 응력 또는 압력[$F/L^2=m/Lt^2$], 에너지 또는 일($mL^2t^2=FL$), 밀도(m/L^3), 비중량(F/L^3), 비중(단위 없음)이 있다.

차원 동차성(dimensional homogeneity) 더해지는 항들은 같은 **차원**을 가져야 한다는 조건(예를 들면 ρV^2, 압력 P, 전단응력 τ_{xy}는 차원적으로 동차인 반면 동력, 비엔탈피 h, $P\dot{m}$은 그렇지 않다). 차원 동차성은 **차원해석**의 기초이다.

차원성(dimensionality) 어떤 특정 좌표계에서 속도 성분이나 다른 변수의 방향이 변화하는 공간좌표의 수. 예를 들면, 관내 **완전발달 유동**은 축방향(x 방향 성분) 속도 성분이 x와 θ방향으로 일정하고 반경방향(r 방향)으로만 변하므로 1차원이다. **평면유동**은 2차원이다. 자동차, 비행기, 빌딩과 같은 **뭉툭한 물체**를 지나는 유동은 3차원이다. 차원방향으로의 공간 도함수는 0이 아니다.

차원해석(dimensional analysis) 유동 시스템에 관련된 변수, 변수의 차원, 차원 동차성에 의거한 해석 절차. 관련되는 변수를 결정한 후(예를 들면, 자동차 항력은 속도, 차의 크기, 유체 점성, 유체밀도, 표면조도에 관련됨) **Buckingham Pi 정리**, 차원 동차성 원리를 적용하여 무차원 종속변수(예를 들면, 항력)와 다른 무차원 독립변수(예를 들면 Reynolds 수, 조도비, Mach 수)의 함수관계를 도출한다.

척도 매개변수(scaling parameter) 주어진 변수를 무차원화하기 위해 선택된 변수 또는 **변수의 조합**, **무차원화**, **정규화** 참조.

천이 유동(transitional flow) Reynolds 수가 층류 임계값보다는 크고 완전난류 유동값보다 작은 불안정한 **와류** 유동. **층류**와 난류 상태를 임의로 반복한다.

체적 탄성계수(bulk modulus of elasticity) **압축성** 참조.

초음속(supersonic) 음속보다 큰 속도 (Mach 수>1).

총 에너지(total energy) **에너지** 참조.

축대칭 유동(axisymmetric flow) 원통좌표계 (r, θ, x)로 적절히 규정되었을 때 방위각 θ방향의 변화가 없는 유동. 즉, θ에 대한 편미분은 모두 0이다. 따라서 유동은 1차원 또는 2차원이다. **차원성과 평면 유동** 참조.

층류 유동(laminar flow) 인접하는 **유체 입자**들이 섞이지 않고 서로 이웃하여 흐르는 안정되고 질서정연한 유동. 임계 Reynolds 수 이상이 되면 **천이**, **난류** 유동이 된다.

크리핑 유동(creeping flow) 마찰력이 가속력에 비하여 월등히 커 Newton 제2법칙의 가속항을 0으로 할 수 있는 유동. 이 유동의 Reynolds 수는 1보다 작다($Re \ll 1$). Reynolds 수란 특성 속도와 특성 길이의 곱을 동점성계수로 나눈 값이므로 (VL/ν), 크리핑 유동은 매우 작은 물체 주위를 느리게 움직이는 유동(예를 들면,공기 중 먼지 입자의 침전이나 물속의 정자 운동)이나 매우 점성이 큰 유체(예를 들면, 빙하나 타르 유동)에서 나타난다. Stokes유동이라고도 한다.

편차응력 텐서(deviatoric stress tensor) **점성응력 텐서**의 다른 이름. **응력** 참조.

평균(average) 유체 상태량의 면적/체적/시간 평균은 상태량을 면적/체적/시간 적분하여 상응하는 면적/체적/시간으로 나눈 값이다. **평균**(mean)이라고도 함.

평균(mean) **평균**(average)과 동의어.

평면 유동(planar flow) 직교 좌표계에서 2개 좌표방향으로만 변화하는 **2차원** 유동. 따라서 유동 평면에 수직인 편미분항은 0이 된다. **축대칭 유동**, **차원성** 참조.

포텐셜 유동(potential flow) **비회전 유동**과 동의어, **와도**(**유체입자**의 회전)를 무시할 수 있는 유동으로, 속도 **포텐셜 함수**가 존재한다.

포텐셜 함수(potential function) 만일 유동의 **와도**(**유체 입자**의 회전)가 0이라면 속도 벡터는 속도 포텐셜 함수(또는 포텐셜 함수)의 구배로 표현될 수 있다. 실제로는 와도가 작은 유동을 모델링하는 데 포텐셜 함수가 사용되기도 한다.

포화 압력(saturation pressure) 주어진 온도에서 단순 압축성 물질의 상(phase)이 액체와 기체 사이에서 변하는 압력.

포화 온도(saturation temperature) 주어진 압력에서 단순 압축성 물질의 상(phase)이 액체와 기체 사이에서 변하는 온도.

표면 마찰(skin friction) 적절한 **동압** $\frac{1}{2}\rho V^2$으로 무차원화된 표면 전단응력 τ_w. 표면 마찰계수 C_f 라고도 한다.

표면장력(surface tension) 액체-기체, 또는 액체-액체 계면에서 동일 유사 액체 분자 사이의 인력 불균형에 의해 유발되는 단위 길이당 힘.

피토-정압관(pitot-static probe) **정압**과 **정체압**을 동시에 측정하고 Bernoulli 방정식을 적용하여 유속을 측정하는 장치. Pitot-Darcy 프로브라고도 한다.

항력(drag force) 물체의 운동에 반하여 물체에 작용하는 힘. 유동방향으로 물체에 작용하는 힘으로, 여러 성분으로 구성된다.

- **마찰항력**(friction drag) 유동방향의 표면 **전단응력**에 의한 항력 성분.
- **압력**(**또는 형상**)**항력**(pressure or form drag) 유동방향의 표면 **압력**에 의한 항력 성분. **뭉툭한 물체**(자동차와 같은) 전방과 후방의 압력차에 의해 **유동 박리**와 **후류**가 형성된다.
- **유도항력**(induced drag) 양력과 **날개 끝 와류**에 의해 유발되어 날개에 작용하는 항력 성분.

항력계수(drag coefficient) 물체에 작용하는 **항력**을 자유흐름유동의 동압과 물체의 정면도면적으로 나누어 무차원화한 항력.

$$C_D = \frac{F_D}{\frac{1}{2}\rho V^2 A}$$

높은 Reynolds 수에서($\mathrm{Re} \gg 1$), C_D는 정규화된 변수이다. 하지만 $\mathrm{Re} \ll 1$이면 C_D는 무차원이긴 하지만, 정규화되지는 않는다. **정규화**, **양력계수** 참조.

혼합 길이(mixing length) **난류 모델** 참조.

회전(spin) **회전율**, **와도** 참조.

회전 유동(rotational flow) **와류 유동**(vortical flow)과 동의어. **와도**가 현저히 큰 유동장을 의미한다.

회전율(rotation rate) **유체 입자**의 각속도 또는 회전율[rad/s의 단위, 속도 벡터의 컬(curl)의 1/2로 주어지는 벡터]. **와도** 참조.

효율(efficiency) 장치로부터 얻을 수 있는 유효 동력의 손실 정도를 의미한다. 효율 1이란 손실이 없음을 의미한다. 예를 들면, 펌프의 기계 효율은 펌프에 의해 유체에 전달되는 유효 기계 동력을 펌프를 작동하는 데 필요한 기계적 에너지 또는 축일로 나눈 값이다. 펌프-모터 효율은 유체에 전달하는 유효 기계 동력을 펌프를 구동하는 데 필요한 전기 동력으로 나눈 값이다. 따라서 펌프-모터 효율은 손실이 추가되어 기계적 펌프 효율보다 작다.

후와류(trailing vortex) **날개끝 와류** 참조.

후류(wake) 물체 후방의 마찰이 지배적인 영역으로, 표면 경계층이 자유흐름 속도에 의해 후방으로 쓸려나가 형성된다. 후류는 중심선에서 최소 속도, 변에서 최대 속도가 나타나는, **전단력**이 강한 유동으로 **마찰 힘**, **점성응력**, **와도**가 매우 크다.

흐름대류가속도(advective acceleration) **부력**에 의해 생성되는 대류(convective) 유체 유동의 용어와 혼동을 피하기 위해 대류가속도(convective acceleration)를 흐름대류가속도로 대체한다.

1**차원**(one-dimensional) **차원** 참조.

2**차원**(two-dimensional) **차원** 참조.

2**차차원** (secondary dimension) **차원** 참조.

3**차원**(three-dimensional) **차원** 참조.

Bernoulli **방정식** 마찰력이 압력에 비해 미미한 유동에서 압력(**유동 일**), 속도(**운동 에너지**), 중력 벡터에 상대적인 **유체** 입자의 위치(위치 에너지) 간의 평형을 기술하는 **운동량 보존**(**에너지 보존**) 방정식의 축소 형태(**비점성 유동** 참조). Bernoulli 방정식은 여러 형태로 존재한다(비압축성 대 압축성, 정상상태 대 비정상상태, **Newton 법칙**에서 유도 대 **열역학 제1법칙**에서 유도). 가장 널리 사용되는 형태는 운동량 보존으로부터 유도된 정상 상태, 비압축성 유체 유동에 대한 것이다.

Buckingham Pi **정리**(Buckingham Pi theorem) **차원해석**에서 함수 관계에 있는 무차원 그룹의 수를 예측하는 수학 정리.

Euler **기술방법**(Eulerian description) **Lagrange 기술방법**과 달리 **유체 입자**가 통과하여 운동하는 좌표계를 선정한다. 이 좌표계에서 **속도장** 내를 움직이는 유체 입자의 속도의 변화를 의미하는 유체 입자의 가속도는 유체 속도의 시간도함수 외에도 대류가속도를 포함한다.

Euler **도함수**(Eulerian derivative) **물질도함수** 참조.

Froude **수**(Froude number) Newton 운동 법칙에 따른 관성항과 중력항의 비를 의미한다. Froude 수는 수로, 강, 표면 유동 등과 같은 자유표면 유동과 관련된 중요한 무차원 수이다.

Hagen-Poiseuille **유동**(Hagen-Poiseuille flow) **Poiseuille 유동** 참조.

Karman **와열**(Karman vortex street) 원형 실린더 후방에서 종종 관측되는 **2차원**의 교대로 흘려지는 비정상 **와류**(바람에 노출된 와이어 뒤의 와열은 때때로 들리는 뚜렷한 소리의 원인이 된다).

Lagrange **기술방법**(Lagrangian description) **Euler 기술방법**과 달리 Lagrange 해석에서는 움직이는 입자에 부착된 좌표계에 근거하여 운동을 기술한다. 예를 들면, 입자와 같이 움직이는 좌표계에서 Newton 제2법칙 $\vec{F}=m\vec{a}$ 가속도 $\vec{a}$는 입자 속도의 시간도함수이다. 이 방법은 고체 물체의 운동해석에 주로 사용된다.

Lagrange **도함수**(Lagrangian derivative) **물질도함수** 참조.

Mach **수**(Mach number) 유속과 음속의 **무차원** 비. Mach수는 유동내 압력 변화에 따른 **압축성** 정도를 의미한다.

Moody **선도**(Moody chart) 완전발달 파이프 유동에서 **마찰계수**를 Reynolds수와 조도 매개변수의 함수로 나타낸 선도. 이 선도는 층류 유동의 이론식과 여러 종류의 난류 모래알 조도 실험 자료로부터 구한 Colebrook 경험식을 그래프로 나타낸 것이다.

Navier-Stokes **방정식**(Navier-Stokes equation) **Newton 제2법칙**(**운동량 보존 법칙**)을 유체입자(미분 형태)에 적용한 방정식으로, **점성응력 텐서**를 뉴턴 유체의 **응력**과 **변형률** 사이의 **구성관계식**으로 대체하여 구하였음. 따라서 Navier-Stokes 방정식은 뉴턴 유체에 적용된 Newton 제2법칙이다.

Newton **제2법칙**(Newton's second law) **운동량 보존** 참조.

Poiseuille **법칙**(Poiseuille's law) **Poiseuille 유동** 참조.

Poiseuille **유동**(Poiseiulle flow) 파이프나 덕트 내 **완전발달 층류유동**. **Hagen-Poiseuille 유동**이라고도 함. Poiseuille 유동에서 유량, 속도 분포와 압력 강하, 점성계수, 형상과의 수학적 관계를 **Poiseuille 법칙**(엄밀하게 역학 법칙은 될 수 없음)이라고 한다. Poiseuille 유동의 속도 분포는 포물선이고, 축방향 압력 강하율은 일정하다.

Reynolds **수**(Reynolds number) **관성**(가속)력과 점성력의 비를 의미함. 대부분의 Reynolds 수는 특성 속도 V와 특성길이 L을 동점성계수 ν로 나누어 구한다($Re = VL/\nu$). Reynolds 수는 유체유동에서 가장 중요한 무차원 **상사** 매개변수로서, 주어진 유동에서 마찰력의 중요도에 대해 개략적인 산정을 할 수 있도록 한다.

Reynolds **수송정리**(Reynolds transport theorem) **시스템**(유체와 같이 움직이는 일정한 질량의 체적) 내 유체 상태량의 시간변화율과 **검사체적**(유체의 유출입이 가능한 공간상에 고정된 체적) 내 유체 상태량의 시간 변화율의 수학적 관계. 이 정리는 움직이는 **유체 입자**에 관련된 유체 상태량의 **물질(시간)도 함수**와 긴밀한 관계가 있다. **보존 법칙** 참조.

Reynolds **응력**(Reynolds stress) 난류 유동에서 속도 분포를 위시한 여타 변수는 평균값과 변동 성분으로 나누어진다. **Navier-Stokes 방정식**에서 평균 유동방향 속도 성분에 대한 방정식을 구할 때 유체 밀도와 두 속도 성분의 곱의 평균으로 주어지는 여섯 개의 새로운 항이 생성된다. 이 항들은 **응력** 단위를 가지고 난류응력 또는 Reynolds 응력(처음으로 난류 변수를 평균 +변동으로 정량화한 Osborne Reynolds를 기념하여)이라고 한다. **점성응력**이 텐서(또는 행렬)로 쓰는 것처럼 Reynolds 응력도 텐서이다. Reynolds 응력이 실제의 응력은 아니지만, 점성응력과 유사한 효과를 유발한다. 이는 미시적 분자 운동보다는 난류의 큰 **와류** 운동의 결과이다.

Schlieren **기법**(Schlieren technique) 유체의 밀도 변화에 따른 빛의 굴절에 기초한 유동 가시화 기법. Schlieren 영상의 휘도는 밀도의 1차 공간도함수와 대응한다.

SI **시스템**(SI system) **단위** 참조.

Stokes **유동**(Stokes flow) **크리핑 유동** 참조.

찾아보기

ㄹ

ㅁ

ㅂ

ㅅ

ㅇ

ㅈ

ㅊ

ㅎ

A

B

C

D

E

F

기호 설명 NOMENCLATURE

a	Manning 상수, $m^{1/3}/s$; 수로 바닥에서 수문 바닥까지 높이, m
$\vec{a}, a$	가속도 및 그 크기, m/s^2
A, A_c	면적, m^2; 단면적, m^2
Ar	Archimedes 수
AR	종횡비
b	폭 또는 기타 길이, m; RTT 해석에서 강성적 상태량; 터보기계 블레이드 폭, m
bhp	제동마력, hp 또는 kW
B	부력중심; RTT 해석에서 종량적 상태량
Bi	Biot 수
Bo	Bond 수
c	비압축성 물질의 비열, kJ/kg·K; 음속, m/s; 진공에서의 빛의 속도(광속), m/s; 에어포일의 코드 길이, m
c_o	파속, m/s
c_p	정압 비열, kJ/kg·K
c_v	정적 비열, kJ/kg·K
C	빛의 양(광량)에 대한 차원
C	Bernoulli 상수, m^2/s^2 또는 $m/t^2 \cdot L$, Bernoulli 방정식의 형태에 따름; Chezy 계수, $m^{1/2}/s$; 원주, m
Ca	캐비테이션(Cavitation) 수
$C_D, C_{D,x}$	항력계수; 국부 항력계수
C_d	방출계수
$C_f, C_{f,x}$	Fanning 마찰계수 또는 표면 마찰계수; 국부 표면 마찰계수
C_H	수두계수
$C_L, C_{L,x}$	양력계수, 국부 양력계수
C_{NPSH}	흡입 수두계수
CP	압력중심
C_p	압력계수
C_P	동력계수
C_Q	용량계수
CS	검사표면
CV	검사체적
C_{wd}	위어(Weir) 방출계수
D or d	직경, m (일반적으로 D보다 작은 직경은 d)
D_{AB}	화학종 확산계수, m^2/s
D_h	수력직경, m
D_p	입자직경, m
e	비 총 에너지, kJ/kg
$\vec{e}_r, \vec{e}_\theta$	r 및 θ방향으로의 단위 벡터
E	전압, V
$E, \dot{E}$	총 에너지, kJ; 에너지율, kJ/s
Ec	Eckert 수
EGL	에너지 구배선, m
E_s	개수로 유동의 비에너지, m
Eu	Euler 수
f	주파수, cycles/s; Blasius 경계층에 종속적인 상사 변수
f, f_x	Darcy 마찰계수; 국부 Darcy 마찰계수
$\vec{F}, F$	힘 및 그 크기, N
F_B	부력의 크기, N
F_D	항력의 크기, N
F_f	마찰에 의한 항력의 크기, N
F_L	양력의 크기, N
Fo	Fourier 수
Fr	Froude 수
F_T	장력의 크기, N
$\vec{g}, g$	중력가속도 및 그 크기, m/s^2
$\dot{g}$	단위 체적당 열 발생률, W/m^3
G	무게중심
GM	경심(metacentric height), m
Gr	Grashof 수
h	비엔탈피, kJ/kg; 높이, m; 수두, m; 대류 열전달계수, $W/m^2 \cdot K$
h_{fg}	증발 잠열, kJ/kg
h_L	수두 손실, m
H	경계층 형상 계수; 높이, m; 펌프 또는 터빈의 순수두, m; 개수로에서 수두로 표현되는 액체의 총 에너지, m; 위어(weir) 수두, m
$\vec{H}, H$	운동량 모멘트 및 그 크기, N·m·s
HGL	수력 구배선, m
H_{gross}	터빈에 작용하는 총 수두, m
i	CFD 격자에서 간격의 지수(index) (주로 x방향)
$\vec{i}$	x방향 단위 벡터
I	전류의 차원
I	관성 모멘트, $N \cdot m \cdot s^2$; 전류 A; 난류 강도

I_{xx}	2차 관성 모멘트, m^4
j	Buckingham Pi 정리에서의 감소; CFD 격자에서 간격의 지수(index) (주로 y 방향)
$\vec{j}$	y방향 단위 벡터
Ja	Jakob 수
k	비열 비; Buckingham Pi 정리에서 예상되는 Π수; 열전도 계수, W/m · K; 단위 질량당 난류 운동 에너지, m^2/s^2; CFD 격자에서 간격의 지수(index) (주로 z방향)
$\vec{k}$	z방향 단위 벡터
ke	비운동 에너지, kJ/kg
K	Doublet 강도, m^3/s
KE	운동 에너지, kJ
K_L	부차적 손실계수
Kn	Knudsen 수
ℓ	길이 또는 거리, m; 난류 길이 척도, m
L	길이 차원
L	길이 또는 거리, m
Le	Lewis 수
L_c	에어포일의 코드 길이, m; 특성 길이, m
L_h	수역학적 입구 길이, m
L_w	위어(weir) 길이, m
m	질량 차원
m, $\dot{m}$	질량, kg; 그리고 질량 유량, kg/s
M	몰 질량, kg/kmol
$\vec{M}, M$	힘의 모멘트 및 그 크기, N·m
Ma	Mach 수
n	Buckingham Pi 정리에서의 매개변수 수; Manning 계수
$n, \dot{n}$	회전수; 회전율 rpm
$\vec{n}$	단위 수직 벡터
N	물질 양(amount)의 차원
N	몰 수, mol 또는 kmol; 터보기계의 블레이드 수
N_P	동력(Power) 수
NPSH	유효 흡입 수두, m
N_{Sp}	펌프 비속도
N_{St}	터빈 비속도
Nu	Nusselt 수
p	접수 둘레, m
pe	비위치 에너지, kJ/kg
P, P'	압력 및 수정 압력, N/m^2 또는 Pa
PE	위치 에너지, kJ
Pe	Peclet 수
P_{gage}	계기 압력, N/m^2 또는 Pa
P_m	기계 압력, N/m^2 또는 Pa
Pr	Prandtl 수
P_{sat} or P_v	포화 압력 또는 증기압, kPa
P_{vac}	진공 압력, N/m^2 또는 Pa
P_w	위어(weir) 높이, m
q	단위 질량당 열전달, kJ/kg
$\dot{q}$	열 플럭스(단위 면적당 열전달률), W/m^2
$Q, \dot{Q}$	총 열전달, kJ; 열전달률, W 또는 kW
Q_{EAS}	CFD 격자의 등각 비틀림
$\vec{r}, r$	모멘트 팔 및 그 크기, m; 반경좌표, m; 반경, m
R	기체 상수, kJ/kg · K; 반경, m; 전기 저항, Ω
Ra	Rayleigh 수
Re	Reynolds 수
R_h	수력반경, m
Ri	Richardson 수
R_u	일반 기체 상수, kJ/kmol·K
s	판의 평면을 따라 잠긴 거리, m; 표면이나 유선을 따르는 거리, m; 비 엔트로피, kJ/kg·K; LDV에서의 프린지(fringe) 간격, m; 터보기계 블레이드 간격, m
S_0	개수로 유동의 수로 바닥기울기
Sc	Schmidt 수
S_c	개수로 유동의 임계기울기
S_f	개수로 유동의 마찰기울기
SG	비중
Sh	Sherwood 수
SP	정체점(stagnation point)에서의 상태량
St	Stanton 수; Strouhal 수
Stk	Stokes 수
t	시간 차원
t	시간, s
T	온도 차원
T	온도, ℃ 또는 K
$\vec{T}$, T	토크 및 그 크기, N·m
u	비 내부 에너지, kJ/kg; 직교좌표계의 x방향 속도 성분, m/s
u_*	난류 경계층의 마찰 속도, m/s
u_r	원통좌표계의 r방향 속도 성분
u_θ	원통좌표계의 θ방향 속도 성분
u_z	원통좌표계의 z방향 속도 성분
U	내부 에너지, kJ; 경계층 외부의 x방향 속도 성분(벽면에 평행), m/s
υ	직교좌표계의 y방향 속도 성분, m/s
v	비체적, m^3/kg
$V, \dot{V}$	체적, m^3; 체적유량, m^3/s
$\vec{V}, V$	속도 및 그 크기(속력), m/s; 평균 속도, m/s
V_0	개수로 유동의 균일 유동 속도, m/s
w	단위 질량당 일, kJ/kg; 직교좌표계의 z 방향 속도 성분, m/s; 폭, m
W	중량, N; 폭, m
$W, \dot{W}$	일 전달, kJ; 일률(동력), W 또는 kW
We	Weber 수
x	직교좌표(일반적으로 오른쪽 방향), m
$\vec{x}$	위치 벡터, m
y	직교좌표(일반적으로 윗방향 또는 지면 속 방향), m; 개수로 유동의 액체 깊이, m

y_n	개수로 유동의 수직 깊이, m
z	직교좌표(일반적으로 위방향), m

그리스 문자

α	각도; 영각; 운동 에너지 보정계수; 열확산계수, m^2/s; 등온 압축성계수, kPa^{-1} 또는 atm^{-1}
$\vec{\alpha}, \alpha$	각가속도 및 그 크기, s^{-2}
β	체적 팽창계수, K^{-1}; 운동량 플럭스 보정계수; 각도; 장애물식 유량계의 직경비; 경사 충격파 각도; 터보기계 블레이드 각도
δ	경계층 두께, m; 유선 사이의 거리, m; 각도; 양(quantity)의 작은 변화
δ^*	경계층 배제 두께, m
ε	평균 표면조도, m: 난류 소산율, m^2/s^3
ε_{ij}	변형률 텐서, s^{-1}
Φ	소산함수, $kg/m \cdot s^3$
ϕ	각도; 속도 포텐셜 함수, m^2/s
γ_s	비중량, N/m^3
Γ	순환 또는 와류 강도, m^2/s
η	효율; Blasius 경계층에 독립적인 상사변수
κ	체적 압축성 계수, kPa 또는 atm; 난류 경계층에서 로그 법칙 상수
λ	평균 자유경로 길이, m; 파장, m; 2차 점성계수, $kg/m \cdot s$
μ	점성계수, $kg/m \cdot s$; Mach 각
ν	동점성계수, m^2/s
ν(Ma)	팽창파에 대한 Prandtl-Meyer 함수, degree 또는 rad
Π	차원해석에서의 무차원 매개변수
θ	각도 또는 각도 좌표; 경계층 운동량 두께, m; 터보기계 블레이드의 피치각; 경사 충격파의 선회각 또는 편향각
ρ	밀도, kg/m^3
σ	수직응력, N/m^2
σ_{ij}	응력 텐서, N/m^2
σ_s	표면장력, N/m
τ	전단응력, N/m^2
τ_{ij}	점성응력 텐서(또한 전단응력 텐서라고도 한다), N/m^2
$\tau_{ij,\text{turbulent}}$	비 Reynolds 응력 텐서, m^2/s^2
$\vec{\omega}, \omega$	각속도 벡터 및 그 크기, rad/s; 각주파수, rad/s
ψ	유동함수, m^2/s
$\vec{\zeta}, \zeta$	와도 벡터 및 그 크기, s^{-1}

하첨자

∞	원거리 영역(far field)의 상태량
0	정체 상태량; 원점 또는 기준점에서의 상태량
abs	절대(값)
atm	대기압(상태)
avg	평균값
b	노즐의 후단 또는 출구의 상태량, 예, 배압 P_b
C	도심(centroid)에 작용하는
c	단면에 속하는
cr	임계 상태량
CL	중심선에 속하는
CS	검사표면에 속하는
CV	검사체적에 속하는
e	출구의 상태량; 추출된 부분
eff	유효 상태량
f	유체의 상태량, 일반적으로 액체
H	수평으로 작용하는
lam	층류의 상태량
L	비가역성에 의해 손실된 부분
m	모델의 상태량
max	최댓값
mech	기계적 성질(상태량)
min	최소값
n	수직 성분
P	압력중심에 작용하는
p	원형의 상태량; 입자의 상태량; 피스톤의 상태량
R	합성력(resultant)
r	상대적인(이동 좌표)
rec	직사각형 특성
rl	회전자 선단의 상태량
rt	회전자 후단의 상태량
S	표면에 작용하는
s	고체의 상태량
sat	포화 상태량; 인공위성의 상태량
sl	고정자 선단의 상태량
st	고정자 후단의 상태량
sub	잠긴 부분
sys	시스템에 속하는
t	접선 성분
tri	삼각형 특성
turb	난류의 상태량
u	유용한 부분
V	수직으로 작용하는
v	증기의 상태량
vac	진공
w	벽면에서의 상태량

상첨자

¯(overbar)	평균값
˙(overdot)	단위 시간당 양(quantity); 시간도함수
′(prime)	변동량; 변수의 도함수; 수정 변수
*	무차원 상태량; 음속 상태량
+	난류 경계층에서 벽법칙의 변수
→(over arrow)	벡터량